Gesamtverzeichnis des deutschsprachigen Schrifttums (GV) 1700 – 1910

Bearbeitet unter der Leitung von
Hilmar Schmuck und Willi Gorzny

Bibliographische und redaktionelle Beratung:
Hans Popst und Rainer Schöller

95

Mep - Mey

K · G · Saur München · New York · London · Paris 1983

CIP-Kurztitelaufnahme der Deutschen Bibliothek

Gesamtverzeichnis des deutschsprachigen Schrifttums :
(GV). – München, New York, London, Paris : Saur.
Bd. 1 – 6 bearb. unter d. Leitung von Peter Geils
u. Willi Gorzny.
ISBN 3-598-30000-X

1700 – 1910 / bearb. unter d. Leitung von Hilmar
Schmuck u. Willi Gorzny. Bibliograph. u. red.
Beratung: Hans Popst u. Rainer Schöller

NE: Schmuck, Hilmar [Bearb.]

95. Mep - Mey. -1983.

Techn. Realisierung und Druck: Norbert Gärtner, Mainz-Kastel
Binden: Karl Schaumann, Darmstadt
Printed in the Federal Republic of Germany
ISBN 3-598-30000-X (Gesamtwerk)

Mephisto. Illustrirter humoristisch-satyrischer Kalender für das Jahr 1863
8. (XVI. 95 S.) Wien. Wenedikt. 1862. 56 kr.

— — Derselbe ohne Zeitrechnung 48 kr.

Mephisto. Illustrirter humoristisch-satir. Kalender für das J. 1863. 8. (96 S. mit eingedr. Holzschn. und 1 Holzschntaf.) Wien, Wenedikt.

Mephisto: 1870 ? Carlinville, IL
Sub-title: Ein Illustrirtes, Satyrisches Wochenblatt

Mephisto. Social-satir. Flugblatt. Unter Miwirkung der bedeutendsten Satiriker und Humoristen hrsg von A. W. Gellrich. 1. Jahrg. 1875. Nr. 1 und 2. (à 1 Bog.) gr. 8. Berlin, Weichelt. à Nr. * 25 Pf. *
Nicht weiter erschienen.

Mephisto. Red.: Alfr. Loges. 1. Jahrg. April—Dezbr. 1898. 39 Nrn. (Bog. m. Abb.) gr. Fol. Berlin, Verlag d. Mephisto. 3. 75; einz. Nrn. — 10

Mephisto [Pseud.], s.a. Schneidt, Karl

Mephisto s.: Bade-Indiscretionen.

— — Diese Damen. Humoristisch-satirische Episode. 1863. Weller, Lex. Ps. p. 356.

MEPHISTO (ps.), Der Debardeur. Ein Beitrag zur Naturgeschichte dieses weiblichen Amphibiums der Neuzeit. 1863.
— — Dasselbe. 1864.

Mephisto (ps.), Erzherzog Ernst von Oesterreich, seine heimliche Ehe u. seine Kinder. Mit vielen Abbildgn., worunter die Photographie des Trauscheines und Porträts aller Beteiligten. (4 Mk. H. Streisand, Berlin, 1906.)
In Oesterreich verboten.

Mephisto, s.: Gebote, 10, f. Karlsbader Kurgäste.

Mephisto, Das wilde Heer in Deutschland. Wie Kaiser Napoleon III. die unvereinigten Staaten von Deutschland mit Fuchsfallen, Fischangeln, Jagdgarnen u. Leimruthen fangen, schlachten, abhäuten, in Vierräuberessig marinieren, sieden, an Bajonetten braten, eigenhändig tranchieren u. in Portionen an seine Büchsenspanner verteilen wollte. — Und was der Deutsche Michel trieb, daß ihm der Schnabel sauber blieb. Freysing. o. J. 8°. Rar! (4 Kr. Franz Malota, Wien, 1912.)

Mephisto, s.a. Lieder e. modernen Teufels.

Lieder eines modernen Teufels von Mephisto. Mit Zeichnungen von Arthur Johnson. Berlin: Harmonie [1906]. (63 S.) 8° [F.] 107. 5334

Mephisto, s.: Märchen-Modell, e.

— s.a. Roman, der, im Hause Coburg.

Mephisto (ps.). Der Roman im Hause Coburg. Zürich 1899. 8°. (2 Kr. 50 H. Halm & Goldmann; 3 Mk. der Vorige.)

Mephistopheles. Ein politisch-satyrisches Taschenbuch auf das Jahr 1833. Hrsg. von C. Herloßsohn. Leipzig. Brüggemann's Verlags-Expedition.
Mit kol. Kupfern von J. P. Lyser. 8°.
Mehr nicht erschienen.

MEPHISTOPHELES. Ein politisch-satyrisches Taschenbuch auf das Jahr 1833. Herausgegeben von C. Herlosssohn. Mit 8 color. Kupfern (Maskenkostüme) von J. P. Lyser. Leipzig, Brüggemann's Verlags-Expedition. Hoch-8°. Titel u. 289 S. in illustr. Orig.-Carton (mit demselben 15 Mk. Jos. Baer & Co., 1894).

Mephistopheles. Ein polit.-satyr. Taschenbuch auf d. Jahr 1833. Hrsg. v. C. Herloßsohn. M. (8 ill.) Kpfr. v. J. P. Lyser. Lex.-8. (18¼ B.) Leipzig 832, [O. Wigand.]

† **MEPHISTOPHELES.** Ein Unterhaltungs-Blatt für Humoristik, Satyre, Kritik und Tagesneuigkeiten. Red.: Gust. Schneiderreit. No. 1—16 [1836 Apr. 4—Mai 30]. Breslau, Friedländer. 4°.

Mephistopheles. Redig. von W. Marr. Jahrg. 1848. April—Decbr. 39 Nrn. (Bog. mit eingedr. Stnt.) gr. 8. Hamburg, Hoffmann und Campe. *

—— dass. — Redig. von Dems. Jahrg. 1849—52. à Jahrg. 52 Nrn. (Bog.) Mit eingedr. Stnt. gr. 4. Wandsbeck. (Ebds.) à Jahrg. *

Mephistopheles: 1856—?
Humorous paper. Edited & published by Victor Wilhelm Fröhlich & ? Steffens.
Cincinnati, OH

Mephistopheles: Anno I, no 1 28, June 27, 1874 Jan 1875 Rio de Janeiro

Mephistopheles im Hof-Frack und in der Blouse. Leipzig 1847. V: *Blumroeder, Aug. Fch. von.* (EGE S. 195) (Mitth. Dr. G. Herzfeld-Berlin.)

Mephistopheles im Hof-Frack und in der Blouse. Eine Reihe skizzirter Schilderungen aus dem socialen und politischen Leben der Gegenwart. Mit 9 Illustrationen. 8. (VIII und 557 S.) Leipzig 847, Kollmann.

Mephistopheles u. die Kaltwasserkur. Wahrheit u. Dichtung. 8. (2 B.) Düsseldorf 843. [Leipzig, Friedr. Fleischer.]

Mephistopheles und die Kaltwasserkur. Wahrheit und Dichtung. 8. Düsseldorf 843, Schreiner. ⅓ ₰

—— als Volksmann und Privatlehrer der Wühlologie und Michelhetzerei. In anarchischen Knittelversen. Als Nachtrag zu Göthe's Faust. 8. (31 S.) Karlsruhe 849, Bielefeld.

— der aufmerksame Wegweiser bei d. Begattung u. was damit verbunden ist. Hrsgg. v. Veritas in medio. 32. Leipz. (832.) Glück. 4 gr

Mephius, C. F., für Herz und Scherz. 16. (95 S.) Stuttgart 881, (Metzler'sche Buchh.) geb. *

Mephius, C. F., f. Kopf u. Herz. 16. (54 S.) Stuttgart 883. Metzler's Verl. geb. n. 1. 40

Meppen [Sachliches OW]

Meppen Bocksbart, od. wundersame Abentheuer e. peregrin. Kandidaten; e. wahre Geschichte, (v. K. Glo. Cramer). 2 Thle. 8. Leipz. 783—85. Schneider. 1 ₰ 8 gr

Meppen [Schlagwort]

Meppen s. Geologische Karten. Karte (Preussen). — Osnabrück, Reg.-Bez.

Méprise, double la, Comédie en 1 Acte en prose, par de Chazet. gr. 8. Rudolstadt, Hofbuchh. 8 gr. Rthlr.

Mer, van der, das aufgelöste Geheimniß d. ächten holländ. Tabacksfabrikation. Mit e. Anh., enth. e. Unterr. f. Tabacksraucher u. d. Mittheilung mehr. gewinnbring. Neben-Erwerbszweige f. Kaufleute. 8. (10 B. u. 1 Bl. Abbild.) Berlin 835, Schumann. (?)

Mer, Sora, aus Schaulen (Russland): Statistische Zusammenstellung der in der Schweiz in den Jahren 1901—1905 beobachteten Todesfälle von Neugeborenen, welche an Icterus gelitten hatten. Bern 1910. 15 S. 8°. [2 III. 10.]
Bern. Med. Diss. 1909/10.

Merabian, Georg, a. Tiflis (Kaukasus): Meningitis tuberculosa. Berlin (1908): G. Schade. (33 S.) 8°
Berlin, Med. Fak., Ref. Kraus, Diss. v. 10. März 1908
[Geb. 2. April 77 Tiflis; Wohnort: Tiflis; Staatsangeh.: Rußland; Vorbildung: Gymn. Tiflis Reife M. 95; Studium: Berlin 10 S.; Rig. 26. Febr. 08.]

Meran [Sachliches OW]

Meran, s. Trentinaglia, Jos. v.

Meran. [München 1892.] V: *Christomannos, Theodor.* (Margr)

Meran, über die Stadt, in Tyrol, ihre Umgebung u. ihr Klima. Nebst Bemerkk. über Milch-, Molken- u. Traubenkur u. nahe Mineralquellen. (Mit 1 Karte der Umgebung.) gr. 8. Wien 837. (Gerold.) n. 1/3 Rthlr

Meran, die Stadt, u. ihre Umgebungen. Ein Wegweiser für Fremde. Mit einer Ansicht der Stadt (in Kpfrst.) 12. (IV u. 94 S.) Bozen 850, Eberle. 7 ngr

Meran, die Stadt, und ihre Umgebungen. Ein Wegweiser für Fremde. 12. (III und 94 S. mit 1 Ansicht von Meran in Kpfrst.) Bozen 850, [Pfaundler'sche Buchh.]

Meran und Umgebung. Umgebungskt. Meran: Ellmenreich [um 1896]. XVI, 244 S. 8° [11. 1293 11

Meran und Umgebung. Prakt. Handbuch f. Kurgäste u. Touristen. 3. Aufl. neu bearb. von Alois Menghin. Mit 2 Karten. Berlin: A. Goldschmidt 1907–08. (90 S.) 8°
— Reiseführer, Griebens. Bd 70. [07. 13611

Meran und Umgebung. Prakt. Reiseführer. 4., neu bearb. Aufl. Mit 2 Kt. Berlin: A. Goldschmidt 1910–11. 73 S. 8°
(Griebens Reiseführer. Bd 70.) [10. 9398

Meran und Umgebungen. Prakt. Handbuch f. Kurgäste u. Touristen. 2. Aufl. neu bearb. von Carl Wolf in Meran. Mit 3 Karten. *Berlin: A. Goldschmidt 1901.* (IV, 86 S.) 8°
— Reisebücher, Griebens. Bd 70. [04. 3833

Meran [Schlagwort]

— s. a.: Bozen.

— s. a.: Radfahrerkarten. Lechner.

Meran. Häuserplan des Kurortes Meran. (Entwurf u. Zeichnung v. C. Horak.) 1 : 5490. 57,5×94 cm. Farbdr. Mit Text am Rande. Meran (909). (F. W. Ellmenreich.) 1.—

Meran. Plan von Meran u. Umgebung. 1 : 12,500. 55,5 × 61 cm. Farbdr. Meran 898. F. W. Ellmenreich. n. 1. 30; auf Leinw. od. Pappe n. 2.—

Meran. Plant, Fridolin, Plan v. Meran u. Umgebung. 8. verb. Aufl. 33,5×36 cm. Lith. Meran 898. F. Plant. n. — 40

Meran [Verfasser]

Meran, Ernst, Edelweiß u. Tannengrün. Tiroler Jagdbilder. 8. (148 S. m. Abbildgn.) Klagenfurt 901. (J. Leon sen.) Geb. in Leinw. n.n. 3.—

Meran, Franz Graf von: Das Landes-Zeughaus in Graz, s. Pichler, Fritz

Mérante, Sylvia, die Nymphe der Diana, s.: Delibes, Leo.

Merati, C. M., observat. et additat. ad Gavanti comment. in rubricas missalis et brev. Rom. adj. summ. pontif. et S. rituum congregat. decretis etc. IV Part. 4. Augsb. Rieger. 740.

Meraviglia, Gräfin Olga, eine Mittelmeerfahrt. Intime Reiseerinnergn. (180 S. m. 10 Vollbildern.) 8. Graz 910. Leykam. 3.—

— Reiseeindrücke aus Syrien u. Jerusalem (1909). (144 S. m. Abbildgn.) 8. Ebd. (909). 2. 20

Meraviglia, Gräfin Olga, Reise-Erinnerungen aus Indien. 1902. (V, 286 S. m. Abb.) 8. Graz (903.) Leykam. n. 3.—

Meraviglia-Crivelli, Graf R., der böhmische Adel, s. Siebmacher's, J., grosses und allgemeines Wappenbuch.

Méray, C. H. v., die Physiologie unserer Weltgeschichte u. der kommende Tag. Die Grundlagen der Sociologie. 1. Buch. I. Tl.: Genesis. — II. Tl.: Politik. (XV, 527 S.) Lex.-8. Budapest (904). Grill. n. 8.—

Meray, C. H. de, s.: Zeitschrift f. Zukunftsentwickelung.

Merbach, Curtius Frid., s. Merbach, Kurt Friedrich

Merbach, F. Th., Abbildungen d. vorzüglichsten Apparate etc., s. Herder, S. A. W. v.

—— die Anwendung d. erwärmten Gebläseluft im Gebiete d. Metallurgie. Nebst e. Beil.: üb. d. Bestimmung d. Schmelzpunkte mehr. Hüttenproducte u. d. Hitzgrade, bei denen sich verschied. Silicate bilden. A. d. Nachlassschriften d. verstorb. Hrn. Oberberghauptmann Frhrn. v. Herder hrsg. Lex.-8. (24 B.) Leipzig 840. [Berlin, Klemann.]

Merbach, F. Th., die Anwendung der erwärmten Gebläseluft im Gebiete der Metallurgie. Nebst einer Beilage: Ueber die Bestimmung der Schmelzpunkte mehrerer Hüttenprodukte u. der Hitzgrade, bei denen sich verschied. Silicate bilden. Aus den Nachlaßschriften des verstorb. Freiherrn von Herder herausg. Lex.-8. Leipzig 840. Georg Wigand. 3 Rthlr

Merbach, F. Th. Erläuterungen der vorzüglichsten Apparate zur Erwärmung der Gebläseluft. Aus dem Nachlasse des Freiherrn von Herder herausgegeben. Freiberg 1840. Atlas fehlt.

Merbach, F. Th., s. v. Herder, S. A. W., XXXV Tafeln Abbild. d. vorzügl. Apparate zur Erwärmung der Gebläseluft ꝛc.

Merbach, Fridericus: De Epicuri canonica. Weidae Thur. 1909: Thomas & Hubert. 54 S. 8°
Leipzig, Phil. Diss. v. 1. Dez. 1909, Ref. M. u. R. Heinze
[Geb. 26. Aug. 85 Zwickau i. S.; Wohnort: Meißen; Staatsangeh.: Sachsen; Vorbildung: Fürstensch. Meißen Reife O. 04; Studium: München 1, Leipzig 10 S.; Rig. 9. Juli 09.] [U 10. 3195

Merbach, G., Gastpredigt, s. Suppe, Ed.

Merbach, H. D., das Straßen-Bau-Mandat vom 28. April 1781 und seine geschichtl. Bedeutung für Sachsen. gr. 8. (16 S.) Dresden 849, Reinhold und Söhne.

Merbach, Hans, Armin. 8. (47 S. m. Bildern.) Grünstadt 890. J. Schäffer. Geb. in Leinw. m. Goldschn. n. 1. 40

Merbach, Hans (*in d. Vita:* Johann Friedrich) (*geb. Kalau 15. 10. 1859*): Das Meer in der Dichtung der Angelsachsen. Breslau (1884). (57 S.) 8° *[Im Buchhandel 1884 bei Köhler in Breslau.]*
Breslau, Phil. Diss. v. 20. Aug. 1884

Ein deutscher Nationalpark in der Ostmark. Von Dr. H[ans] **Merbach**-Wiesbaden. Lissa i. P.: F. Ebbecke 1906. (23 S.) 8° [F.] 06. 7350

Merbach, J. F., Geschichte d. Kreis-Stadt Calau im Markgrafth. Niederlausitz. 2 Thle. in Einem Bde. gr. 8. (21 B.) Lübben 833, (Gotsch.)

Merbach, J. G., Predigt am 3. Aug. 1870, s. Predigten, sechs.

Merbach, Johann Daniel

Merbach, Jh. Dn. Abhandlung über die unter jetzigen Zeitumständen zu wählenden Mittel, um Kriegslasten aufzubringen. 8°. Leipzig, Fr. Fleischer, 1809.

M e r b a c h, J. Dn.: „Entwickelung des innern Wesens öffentlicher Geschäftsvorträge, gegründet auf der Natur der Mittheilungen und nach den allgemeinen Grundsätzen des Staatsdienstes und des öffentlichen Geschäftsganges", Leipzig 1813 (Barth).

Merbach, Johann Daniel (Dresden), Quaestio juris Saxonici: De restitutione depositorum judicialium, orto in bonis domini jurisdictionis patrimonialis creditorum concursu, ad illustrand. § 15. general. de instruenda custodia depositorum apud judicia patrimonialia. Diss. Leipzig (Breitkopf-Haertel) 28. III. 1820. 42 S. (2.50) 23042

M e r b a c h, J. Dan.: „Theorie des Zunftzwanges oder des Zunft-Verbindungsrechts, nach allgemeinen deutschen und besonders königl. sächsischen Rechten, und Versuch einer Kritik der jetzt in Deutschland bestehenden Zunftverfassung", 2 Abhandlungen, Leipzig 1808 (Dürr). — Vorh.: Com. Bibl. Hamburg.

— kurzer ausführl. Unterricht f. d. Innungsverwandten u. Handwerker d. königl. sächs. Lande ꝛc. 8. Leipz. 811. Tauchnitz. 4 gl.

MERBACH, Joh. Dan. („Senator u. Mitgl. des Stadtpolizey-Collegii zu Dresden"), Ueber die Zulässigkeit u. Einrichtung öffentlicher Hurenhäuser in großen Städten. Dresden 1815, in der Waltherschen Hofbuchhdlg. 8°. 32 S. (incl. Titel). (In Dresden: Med. for. 508; daselbst auch in d. Bibl. d. Gehestiftg.) (3 fl. Gilhofer & Ranschburg, Wien, c. 1888.)

Merbach, Kurt Friedrich

Merbach, Curtius Frid. (geb. Calau 6. 1. 1819): De osse ac callo. Berolini (1842). (29 S.) 8°
Berlin, Med. Diss. v. 29. Okt. 1842

Merbach, Maximilian Emil

Merbach, Maxim. Emil, Anweisung für Vormünder, nach königlich sächsischen bürgerlichen Gesetzen bearb. Dresden 870. Türk's Verl. 16. (37 S.) 5 ngr.

Merbach, M. E., alphabet. Zusammenstellung der wesentlichsten Bestimmungen d. Gesetzes v. 6. Nov. 1843, so wie der dazu gehörigen Ausführungsverordnung üb. das Grund- u. Hypothekenwesen im Königr. Sachsen. 12. (2⅙ B. u. 1 Tab.) Grimma 844, Verlags-Comptoir.

Merbach, Otto, s. † Cecil.

— **Paul Moritz** (Dresden), De sani cordis dimensionibus earumque commutatione in nonnullis morbis chronicis conspicua. Diss. med. Leipzig (J. H. Nagel) 30. I. 1844. 40 S. (3.—) 23043
Seinem Vater gewidmet.

Merbach, Richard Paul, Rechtsanw.: Inhalt und Ziel des Rechts auf Wandelung. Vertrags- oder Restitutionstheorie? Dresden 1908: Schönfeld. 48 S. 8°
Leipzig, Jur. Diss. v. 17. Okt. 1908
[Geb. 25. Febr. 78 Dresden; Wohnort: Dresden; Staatsangeh.: Sachsen; Vorbildung: Kreuz-Gymn. Dresden Reife O. 98; Studium: Freiburg i. B. 1, Leipzig 5 S.; Rig. 20. Juli 01.] [U 09. 2606

Merbeth, J. Mich., neue Vorschrift. z. Gebr. f. Schulen. 4. Halle, Waisenh. 805.

Merbeth, Karl Gthe., chronolog. Register üb. die sowol in d. Codex Augusteus, als auch in d. Gesetzsammlung f. d. Königr. Sachsen u. in der an dieselbe sich anschließenden, bis mit Ende d. J. 1832 erschien. Samml. d. Gesetze u. Verordnungen, so wie in verschied. andern, die Kgl. Sächs. Gesetzgebung betreff. Büchern u. Schriften befindl. Gesetze, nebst nachweisendem authentischem Commentar üb. viele dieser Gesetze, u. e. alphabet. Verzeichnisse v. größtentheils solchen Gesetzen, die entweder blos dem Namen nach oder, nächst diesem, nur noch mit d. Jahrzahl oft angeführt werden. gr. 4. (58½ B.) Leipzig 834, Barth. Thlr.

Merbitz, Johann Valentin

***Merbitzii,** M. Joh. Valent., diss. I., de infantibus suppositoriis vulgo Wechselbälgen. 2) de Nymphis germanis Wassernixen. Lips. 678. 4. it Jen. 744. 4.

Merbitz, Jo. Val., De varietate faciei humanae disc. physicus sec. *Rabani Mauri,* carmina figurata. 69 pp. Dresd. 4°. 1776.

Merbot, Rhold. Forschungsweisen der Geistes-Wissenschaften. I. Beitrag: Forschungsweisen der Literatur-Wissenschaft, insbesondere dargelegt an den Grundlagen der Liedertheorie. gr. 8. (36 S.) Frankf. a. M. 889, Koenitzer's Verlag. * 1 —

[F. u. Aut.] Geschichte der Thätigkeit der Handelskammer Wiesbaden in den Jahren 1865—1896 v. Reinhold **Merbot,** Dr. phil., Sekr. d. Handelskammer i. Auftr. d. Handelskammer Wiesbaden hrsg. *Wiesbaden: Dr. v. C. Schnegelberger & C. 1896.* (32 S.) 1 Bd 8. 190 3581

Merbot, Reinhold *(geb. Pitschen in Oberschles. 9. 11. 1858)*: Ästhetische Studien zur angelsächsischen (altenglischen) Poesie. Breslau: W. Köbner 1883. (35 S.) 8° *[Ersch. Buchausg. ebenda]*
Breslau, Phil. Diss. v. 13. Jan. 1883

Merbot, Rhold., ästhetische Studien zur angelsächsischen Poesie. gr. 8. (III, 51 S.) Breslau 883, Koebner. *

Merbot, Rhold., d. Zollsätze f. Wein u. Schaumwein in allen Ländern d. Welt u. d. deutschen Zollvorschriften f. d. Einfuhr v. Wein, hrsg. im Auftrage d. Handelskammer Wiesbaden. 16. (90 S.) Wiesbaden 896. (Ch. Limbarth Verlag.) Kart. n. 1. 40

Mercalli, G., über den jüngsten Ausbruch des Vesuv. (7 S. m. 3 Abbildgn.) gr. 8. Laibach 903. (I. v. Kleinmayr & F. Bamberg.) n. — 80
Sonderabdruck aus: „Die Erdbebenwarte".

Mercantil- und **Firmen-Almanach,** österreichischer. Mit einem Anh. enth. alle protokollirten Firmen. Hrsg. von Carl Finsterbeck. Jahrg. 1866. Lex.-8. (176 S.) Wien, (Czermak.) *

Mercantil-Cellarius, s. Handlungswörterbuch.

Mercantil-Memoiren aus der Türkei ... Düsseld. 1841. V: *Dellenbusch, Eduard.* (CBH)

Mercanton, H., allgemeiner Bericht über Acker- und Pflanzenbau, s. Bericht über Gruppe 26 der schweizerischen Landesausstellung Zürich 1883.

Mercati, J., s.: Basilicorum libri LX.

Mercato: Il Mercato Svizzero di Lavoro.
v. Der schweizerische Arbeitsmarkt — Le Marché Suisse du Travail — Il Mercato Svizzero di Lavoro.

Mercator. Unterrichts- u. Belehrungsblatt f. Kaufleute. Organ f. Handelswissenschaft. Red.: Ed. Lintz. 1. Jahrg. Oktbr. 1890—Septbr. 1891. 24 Nrn. (à 1½—2 Bog.) gr. 4. [Düsseldorf.] Zittau, Pahl. [6. —] herabg. Pr. 3. —

—— neuer. Unterrichts- u. Belehrungsblatt f. Kaufleute. Organ f. Handelswissenschaft. 2. Jahrg. 1892. 24 Nrn. (à Nr. 1½ Bog.) gr. 4. [Düsseld., Lintz.] Zittau, Pahl. * 6 —

— dasselbe. Schriftleiter: E. Hönncher. 3. Jahrg. Oktbr. 1892—Septbr. 1893. 24 Nrn. (à 1½—2 Bog.) Fol. Ebd. [6. —] herabg. Pr. 3. —
Fortsetzung u. d. T.:

— neuer. Kaufmännisches Unterrichts- u. Belehrungsblatt. Organ f. Handelswissenschaft, Bank- u. Börsenwesen, sowie f. kaufmänn. Rechtspflege. Schriftleiter: E. Hönncher. 4. Jahrg. Oktbr. 1893—Septbr. 1894. 52 Nrn. (à 1½—2 Bog.) Fol. Ebd. n. 9. —

Mercator, neuer. Kaufmänn. Unterrichts- u. Belehrungsblatt. Organ f. Handelswissenschaft, Bank- u. Börsenwesen, sow. f. kaufmänn. Rechtspflege. Schriftleiter: E. Hönncher. V.—VIII. Jahrg. Oktbr. 1894—Septbr. 1898. à 52 Nrn. (à ca. 2 Bog.) Fol. Zittau, Leipzig, Pahl. à Jahrg. 9. —

Mercator, neuer, Fortsetzg., s.: Volkswirt, d. internat.

Mercator Heautontimorumenos. Parodie des Monopols aus Schillers Jungfrau von Orleans: Die Waffen ruhn ... O. O. u. J. V: *Schmorl, Ernst Heinrich.* (Schriften d. Ver. f. d. Gesch. Leipz. 10) (Zeitschr. f. Büch. N. F. 15, 1923, S. 116)

Mercator, s.: Bankfrage, die.

Mercator's Handels- u. Industriekalender 1910—1911. 1. Jahrg. (Finland.) (In schwed., finn., deutscher u. engl. Sprache.) (XII, 182, 180, 220, 13, 12, 64 u. 75 S.) Lex. 8. Helsingfors 910. (Akademiska Bokhandeln.) Geb. in Leinw. nn 20. —

— Die Nationalitätenfrage u. die ungarische Reichsidee. (73 S.) gr. 8. Budapest 908. M. Ráth. 2. —

Mercator, A., Grosskaufmannstöchter. Roman aus dem heut. Hamburg. (365 S.) 8. Mannheim 908. Dr. H. Haas. 3.—; geb. in Leinw. 4. —

Mercator, A., erstklassige Kaufleute. Roman aus dem heut. Bremen. (215 S.) 8. Mannheim 906. Dr. H. Haas. n. 3. —; geb. n. 4. —

[Umschlagt.:] Plan der Stadt Köln v. Arnold **Mercator** a. d. J. 1571 in 4 [vielm. 2] Bl. *(Köln: Aubeldr.-Anst. v. C. F. Kaiser [1897].)* 1 Ktnbl. quer-gr. 2 (...) in 2 Bl. [97. 333]

Mercator, Berta

Mercator, Berta, s.a. Josephson, Berta

—— in eines großen Königs Armen. 8. (VII, 236 S.) Gotha 885, F. A. Perthes. *ℳ 3.—.; geb. *

Mercator, B. In e. großen Königs Armen. 2. Aufl. 8. (VII, 236 S.) Gotha 890, F. A. Perthes. * 3 —; geb. * 4 —

— Blicke in allerlei Pfarrhäuser. 8. Tl. v. Die deutsche Pfarrfrau. Mit Buchschmuck u. Illustr. v. H. Warmführ. (125 S.) 8. Hamburg 909. G. Schloeßmann. Geb. in Leinw. 3. —

Mercator, B. (Frau Bertha Josephson), Erlebtes u. Erlauschtes f. einsame u. gemeinsame Stunden, s. a. Hausschatz christlicher Erzählungen. 1. 6.

Mercator, B, Erlebtes u. Erlauschtes f. einsame u. gemeinsame Stunden. 8. (166 S.) Berlin 897. Buchh. d. Berliner Stadtmission. n. 1. 50; geb. n. 2. 50

Mercator, B. (Frau Bertha Josephson), Erzählungen. 1.—10. Heft. (Mit Abbildgn.) 8. Hamburg (906). G. Schloeßmann. à — 20
1. Turm-Wilhelm. Klüger als Klaus. (31 S.) — 2. Vom verzauberten Trudchen. (32 S.) — 3. Hannas Ostern. (32 S.) — 4. Herr Aberdoch u. Fräulein Möchtegern. (32 S.) — 5. Edwins schöne Mama. (32 S.) — 6. Böckchen auf dem Freimarkt. (32 S.) — 7. Großvaters Geburtstag. Vom Fuhrmann ohne Zorn. (32 S.) — 8. Ohne Christbaum. Das Pflaster. (32 S.) — 9. Nur so. (32 S.) — 10. Der Eckart-Turm. (32 S.)

— **Erzählungen.** 11.—20. Heft. (Mit Abbildgn.) 8. Ebd. à p — 20
11. Das stille Kind. Von Jan u. der Bohnenstange. (32 S.) (907.)
12. Das Dummerchen. Schade. (32 S.) (907.)
13. Das Glöckchen v. Klarenbach. Das Zeitungskind. (32 S.) (907.)
14. Ums tägliche Brot. Drei Drachen. Ein Zauberer. Der Elefantenmaler. (31 S.) (907.)
15. Der Ritter. (27 S.) (907.)
16. 17. Fux u. Mux. (62 S.) (908.)
18. 19. Frohmut u. Dita. Ein Märchen m. Wahrheit. (61 S.) (908.)
20. Die Geburtstagspuppe u. Vom Puterhahn, der nicht geschlachtet werden wollte. (31 S.) (908.)

— **Freude**, s.: **Osterglocken.** 11. Hft.

— s.: **Für unsere Kleinen.**

— **Fux u. Mux.** Eine Geschichte f. Knaben u. Mädchen, nebst einigen anderen Gaben. 1. u. 2. Aufl. 8. (à 128 S. m. 3 Farbdr.) Berlin (900. 901). [U. Meyer.] Hamburg, G. Schloeßmann. Geb. n. 1. 60

Mercator, B. (Frau Bertha Josephson), **Gaben des Alltags.** Skizzen u. Novellen. (192 S.) 8. Hamburg (905). G. Schloeßmann. Geb. in Leinw. n. 3. —

— **Glück aus der Asche,** s.a. **Schneeflocken.**

[Umschlagt.:] [F.] Glück aus der Asche. Erzählg v. B. **Mercator.** *Berlin: M. Warneck [1898].* (16 S.) 1 Bd 8.
= Schneeflocken. H. 10. [98. 12534

— der **Glücksschmied** u. Anderes. (172 S.) 8. Danzig-Langfuhr (906). M. Spendig. Geb. n. 1. 80

Mercator, B., Gott will es! Erzählung aus der Zeit des ersten Kreuzzuges. 8. (VIII, 282 S.) Hamburg 888, Gräbener's Sortiment. *M 2.80.; geb. *

— d. **harte Herz,** s.a. **Schneeflocken.**

[Umschlagt.:] [F.] Das harte Herz. Von B. **Mercator.** *Berlin: M. Warneck [1897].* (16 S.) 1 Bd 8.
= Schneeflocken. H. 2. [98. 12520

— das **Hexenkind** u. and. Kinder. Geschichten f. kleine Leute u. solche, die sie verstehen. 8. (243 S. m. Abb.) Berlin 898. U. Meyer. Geb. in Leinw. n. 3. —

Mercator, B., nur e. Kind aus Israel. Eine alttestamentl. Erzählg. f. jung u. alt. 8. (XI, 119 S.) Gotha 883. F. A. Perthes. n. 2. —

— **nur e. Kind aus Israel.** Eine alttestamentl. Erzählg. f. jung u. alt. 2. Aufl. 8. (XI, 130 S.) Gotha 900. F. A. Perthes. n. 2. —; geb. in Leinw. n. 3. —

— d. schönste Kind, s.: **Himmelsblumen.**

— **Kinder auf Reisen u. Kinder daheim.** 8. (VII, 151 S. m. 6 Vollbildern. Berlin (901). Vaterländ. Verlags- u. Kunstanstalt. Geb. n. 1. 50

— aus **Kinderwelt u. Märchenwald.** Geschichten u. Märchen f. kleine Leute u. solche, die sie verstehen. Illustriert von F. v. Kulas. (IV, 331 S.) 8. Hamburg (904). G. Schloeßmann. Geb. in Leinw. n. 4. —

— für unsere Kleinen, s.: **Dieffenbach, G. Chr.**

— dasselbe, s.: **Für unsere Kleinen.**

— **40 Minuten,** s.: **Waldesrauschen — Waldesfrieden.**

— d. **Neger.** Eine Weihnachtserzählg. gr. 8. (32 S. m. Abb.) Berlin 902. (Buchh. d. ostdeutsch. Jünglingsbundes.) n. — 30

— dasselbe, s.: **Weihnachten. II.**

Mercator, B, vier Novellen. 8. (V, 299 S.) Gotha 892. F. A. Perthes. n. 4. —; geb. n. 5. —

— **Osterlicht,** s.: **Osterglocken.** 1. Hft.

— die deutsche Pfarrfrau, s.: **Josephson, Herm.**

— das **Pflaster,** s.: **Waldesrauschen — Waldesfrieden.**

— **sieht er's wirklich,** s.a. **Schneeflocken.**

[F.] Sieht er's wirklich? Erzählg v. B. **Mercator.** *Berlin: M. Warneck [1898].* (15 S.) 1 Bd 8.
= Schneeflocken. H. 13. [98. 12533

— d. **Sonntagskind,** s.a. **Schneeflocken.**

[Umschlagt.:] [F.] Das Sonntagskind. E. Erzählg aus d. Jahre 1870. Von B. **Mercator.** *Berlin: M. Warneck [1897].* (15 S.) 1 Bd 8.
= Schneeflocken. H. 5. [98. 12519

— **unter Jerusalems Thoren.** Erzählg. aus d. Zeit d. ersten Kreuzzuges. 8. (VI, 274 S.) Lengerich 900. [Bischof v. Klein.] Hamburg, G. Schloeßmann. n. 2. —; geb. n. 3. —

— **tot od. lebend,** s.a. **Schneeflocken.**

[Umschlagt.:] [F.] Tot oder lebendig? Erzählg v. B. **Mercator.** *Berlin: M. Warneck [1897].* (15 S.) 1 Bd 8.
= Schneeflocken. H. 8. [98. 12532

— **Ueberraschungen u. Anderes.** Bilder aus d. Leben. 8. (227 S.) Berlin 902. Vaterländ. Verlags- u. Kunstanstalt. n. 1. 50; geb. in Leinw. n. 2. 20

— **was braucht mein Kind?** Fragen u. Antworten f. Mütter v. e. Mutter. (52 S.) 8. Potsdam 906. Stiftungs-Verlag. — 50; feine Ausg., geb. in Leinw. n. 1. 25

— **wie es kam,** s.: **Schneeflocken.** 19. Hft.

— **wie Trudchen das ganze Haus beschenkte,** s.: **Schneeflocken.** 23. Hft.

Mercator, Ernst, Differenzen. Ein volkswirthschaftl. Versuch. Bei Anlaß der Eröffnung der neuen Börse in Frankfurt a. M. gr. 8. (83 S.) Frankfurt a. M. 879, Baer und Comp. *

Mercator, Frz., 100 Jahre deutsche Kolonien. Rede, geh. beim Rektoratswechsel 1984 d. Hamburger Akademie. (47 S.) gr. 8. Berlin 908. D. Reimer. 1. 20

Mercator, G., Anleitung z. Herstellung v. negativen u. positiven Lichtpausen, s.a. **Encyklopädie d. Photographie.**

Anleitung zur Herstellung von negativen und positiven Lichtpausen auf Papier, Leinen, Seide u. s. w. nach älteren, neueren u. neuesten Verfahren, mit Berücks. d. Bedürfnisse d. prakt. Photographen. Von G. **Mercator.** Mit 7 Abb. *Halle a. S.: W. Knapp 1899.* (VI, 108 S.) 8°
= Encyklopädie d. Photographie. II. 34. [00. 5544 3

Mercator, G., Anleitung zum Kolorieren photographischer Bilder, s.a. Encyklopädie der Photographie. 44. Hft.

Anleitung zum Kolorieren photographischer Bilder jeder Art mittels Aquarell-, Lasur-, Öl-, Pastell- u. anderen Farben. Von G. **Mercator.** *Halle a. S.: W. Knapp 1903.* (VI, 84 S.) 8°
— **Encyklopädie** d. Photographie. H. 44.

Mercator, G., das Arbeiten m. mod. Flachfilmpackungen, s.a. Encyklopädie der Photographie.

Das Arbeiten mit Modernen Flachfilmpackungen. Von G. **Mercator.** Mit 8 Abb. Halle a. S.: W. Knapp 1907. (32 S.) 8°
— **Encyklopädie** d. Photographie. H. 56.

Mercator, G., die Diapositivverfahren, s.a. Encyklopädie d. Photographie, Hft. 27.

Die Diapositivverfahren. Prakt. Anleitg z. Herstellg v. Fenster-, Stereoscop- u. Projektionsbildern mittels älterer, neuerer u. neuesten (Umschlagt.: neuester) Druckverfahren. Von G. **Mercator.** *Halle a. S.: W. Knapp 1897.* (3 Bl., 93 S.) 1 Bd 8.
— **Encyklopädie** d. Photographie. H. 27.

Die Diapositivverfahren. Prakt. Anleitung z. Herstellung von Fenster-, Stereoskop- u. Projektionsbildern mittels älterer, neuerer u. neuester Druckverfahren. Von G. **Mercator.** 2. Aufl. Halle a. S.: W. Knapp 1908. (81 S.) 8°
— **Encyclopädie** d. Photographie. H. 27.

— **d. modernen photograph. Druckverfahren. Leitfaden zur Ausübg. d. gebräuchl. Copirmethoden nach Mittheilgn. hervorrag. Fachmänner.** gr. 8. (89 S.) Bunzlau 892. (Leipzig, P. Beyer.) n. 2.—

— **Der Entwicklungs-Druck auf Bromsilber-, Chlorbrom- u. Chlorsilber-Gelatineemulsionspapieren, s.: Liesegang's photographischer Bücherschatz. 5. Bd.**

Mercator, G., der Entwicklungsdruck auf Gelatine-Emulsions-Papier u. die Vergrösserung direct nach dem Negativ. gr. 8. (VII, 120 S. m. 28 Abbildgn.) Düsseldorf 891. Liesegang. n. 2.—

— **die Ferrotypie, s.a. Encyklopädie d. Photographie,**

Die Ferrotypie. Anleitung z. Ausübung d. verschied. älteren u. modernen Ferrotypverfahren auf Kollodion, Kollodionemulsion u. **Bromsilbergelatine** mittels Tages- u. Blitzlicht. Von G. Mercator. *Halle a. S.: W. Knapp 1902.* (VI, 58 S.) 8°
— Encyklopädie d. Photographie. H. 42.

— **Leitfaden f. d. Ausübg. d. gebräuchl. Kohledruckverfahren, s.a. Encyklopädie d. Photographie, Hft. 24.**

Leitfaden für die Ausübung der gebräuchlichen Kohledruckverfahren nach älteren und neueren Methoden v. G. **Mercator.** *Halle a. S.: W. Knapp 1897.* (VIII, 100 S.) 1 Bd 8.
— **Encyklopädie** d. Photographie. H. 24.

— **s.: Magnetica, rara.**

— **die Photokeramik u. ihre Imitationen, s.a. Encyklopädie d. Photographie.**

Die Photokeramik u. ihre Imitationen. Anleitung z. Herstellung von eingebrannten Bildern auf Email, Porzellan u. s. w. in einfarbiger u. vielfarbiger Ausführung (Dreifarbendruckkeramik), sowie Methoden z. Erzielung von Imitationen derselben ... Von G. **Mercator.** Mit 4 Abb. *Halle a. S.: W. Knapp 1900.* (99 S.) 8°
— **Encyklopädie** d. Photographie. H. 37.

— **d. photograph. Retouche, nebst e. Anleitung zum Koloriren v. Photographien, s.a. Encyklopädie d. Photographie,**

Die Photographische Retouche m. bes. Berücks. d. modernen chem., mechan. u. opt. Hilfsmittel. Nebst e. Anleitg z. Koloriren v. Photographien. Von G. **Mercator.** M. 5 Fig. im Text. *Halle a. S.: W. Knapp 1896* (VI S., 1 Bl., 79 S.) 1 Bd 8.
— **Encyklopädie** d. Photographie. H. 21.

Die Photographische Retusche mit besond. Berücks. d. modernen chemischen, mechan. u. opt. Hilfsmittel. Nebst e. Anleitung z. Kolorieren von Photogr. Von G. **Mercator.** Mit 5 Abb. 2. Aufl. Halle a. S.: W. Knapp 1905. (80 S.) 8°
— **Encyklopädie** d. Photographie. H. 21.

— **die Verwendg. künstl. Lichtquellen zu Portraitaufnahmen u. Kopirzwecken, s.a. Encyklopädie d. Photographie,**

Die Verwendung künstlicher Lichtquellen zu Portraitaufnahmen und Kopirzwecken. Von G. **Mercator.** M. 29 in d. Textgedr. Abb. *Halle a. S.: W. Knapp 1898.* (VIII, 112 S.) 1 Bd 8.
— **Encyklopädie** d. Photographie. H. 30.

Drei Karten von Gerhard Mercator.
1. Europa. 1554. 15 Bl.
2. Britische Inseln. 1564. 8 Bl.
3. Weltkarte. 1569. 18 Bl.
Berlin 1891.
Facsimile-Lichtdruck nach den Originalen der Stadtbibliothek zu Breslau, hergestellt von der Reichsdruckerei, hrsg. von der Gesellschaft für Erdkunde.

DREI KARTEN VON GERHARD MERCATOR — Europa-, Britische Inseln-Weltkarte — Facsimile-Lichtdruck nach den Originalen der Stadtbibliothek zu Breslau hergestellt von der Reichsdruckerei. Herausgegeben von der Gesellschaft für Erdkunde zu Berlin. 41 Tafeln. Berlin 1891. W. H. Kühl. gr. fol.

Mercator, Gerhard: De Ratione Magnetis circa Navigationem (1540). *Berlin 1897.*
in: Rara magnetica 1269–1599
— **Neudrucke** v. Schriften u. Karten üb. Meteorologie u. Erdmagnetismus. No 10.

Mercator, Jul., der Kampf um die Krone. Praktische Anleitung zur vollkommenen Tugend inmitten der Welt. 16. (VIII, 420 S.) Dülmen 884, Laumann'sche Verlagsh. *
geb. *

Mercator, Jul., der Kampf um die Krone. Prakt. Anleitung zur vollkommenen Tugend inmitten der Welt. 2. verb. und mit einem Anhang von Gebeten verseh. Aufl. 16. (VIII, 448 S.) Dülmen 887, Laumann'sche Verlagsh. *
geb. von *M 1.50 bis *

Mercator, R. P. Bern, nucleus catechet. oder Kern christl. Unterweis. 12. Cölln. 731.

— — **id. lib.** 12. Budae, Typ. 776.

Mercedes Bureau-Maschinen-Gesellschaft m. b. H: Addiermaschine »Mercedes«. Berlin (1910?)

Mercedes Bureau-Maschinen-Gesellschaft m. b. H: Rechenmaschine »Mercedes Euklid«. Berlin (1910?)

Mercedes Bureau-Maschinen-Gesellschaft m. b. H: Rechenmaschine »Mercedes« (Verbesserte Gauß). Berlin (1910?)

Mercedes Bureau-Maschinen-Gesellschaft m. b. H: Mercedes Schreibmaschine. Berlin (1910?)

Researches upon the antiquity of Man. By Henry C[hapman] **Mercer.** (Boston: Ginn & Co.; Halle a. S.: M. Niemeyer 1897.) (178 S.) 8°
— **Publications** of the University of Pennsylvania. Ser. in Philol., Literat. and Archæol. Vol. 6.

Die fossilen Vögel Patagoniens. Ein Beitrag z. Entwickelungsgesch. u. syst. Stellung der Stereornithes von Alcide **Mercerat.** *Buenos Aires: G. van Woerden & Cie in Komm. (1899).* (14 S.) 8° [Kopft.]
— **Veröffentlichungen** d. Deutschen Akademischen Vereinigung zu Buenos Aires. Bd 1, H. 1.

Mercer County Bote: 1883? - 1920?

Democratic weekly. Circulation: 1890, 1200; 1900, 1400, 1907, 1152; 1910, 1250; 1915, 1200. Edited & published by William Stelzer, 1883- 97; by Hugo J. Purpus, 1898- 99; edited by W. Hager, & published by George F. Pulskamp, 1900- 99; edited & published by George F. Pulskamp, 1910- 20.

Celina, OH

Mercer County Post: 1900? –1902?

Weekly. Edited & published by Karl Semmler. Combined with German-American.

Mannhaven, ND

Mercer County Republican: Vol. 1—31, No. 13, 1887—Mar. 29, 1917.

Republican weekly, published in English and German. Circulation: 1918, 820. Edited & pub. by C. F. Schweigert.

Stanton, ND

Mercerisirungs-Verfahren, Ueber das, für Garne und Gewebe. Reichenberg (Böhmen) 1897

Mercey, Baron de. — Siehe: Grand, Le.

Mercey, Friedr., Oesterreichisch-Italien u. Tyrol. Reisebilder, Sittenschilderungen, Rückblicke, Anekdoten, Meinungen u. Ansichten. A. d. Franz. v. A. Kaiser. 2 Bde. 8. (28½ B.) Leipzig 834, Literar. Museum.

'Made in Germany'. Das englische Gesetz der Waarenbezeichnung (The Merchandise Marks Act 1887) 50 & 51 Victoria Chapter 28 im Originaltext u. in deutscher Uebers. nebst Ausführungsbestimmungen u. Erl. Von Robert Breitrück, Dolmetscher in Hamburg. *Hamburg: L. Friederichsen & Co. 1895.* (67 S.) 8° [Ä. u. Ant.]

Merchant, the London, or: the hist. of George Barnwell. 8. Gött. Bossiegel. 776.

Merchant, the, of London. Comedy by Lille. 8. Götting. Vandenhök. 776.

Merchant, Franciscus Ioannes [Americanus]: De Ciceronis partitionibus oratoriis commentatio. . . . Berolini, typ. expr. Gustavus Schade (Otto Francke) (1890); 85 + 1 S. + 1 Bl. 8°
Berlin, Phil. Fak., Inaug.-Diss. v. 5. Jul. 1890

Merchant, Frz. Johs., de Ciceronis partitionibus oratoriis commentatio. Dissertatio inauguralis philologica. gr. 8. (87 S.) Berlin 890. (Heinrich & Kemke.) n. 1.50

Merchant Shipping Act, the, Kauffahrteischifffahrts-Akte für die Vereinigten Königreiche von Großbritannien u. Irland. Vom 10. Aug. 1854, nebst der Ergänzungsacte vom 14. Aug. 1855. Aus dem Engl. übers. Bremen 855. Strack. gr. 8. (XXIII, 244 S.) n. 1 ⅌. 10 ngr.

Merchant Shipping Act, die britische, 1876, und ihre Einwirkung auf die deutschen Handels- und Schiffahrtsverhältnisse. Danzig 1876

Merchich, Matthaeus, Isagoge in principia mathematica oeconomices politicae, quam eruditis orbis catholici, congressum quintum mense augusto anni 1900 Monaci celebraturis. gr. 8. (26 S.) Vienna 900. Horvát-Kimle (Ungarn), Selbstverlag. n. — 40

Merchich, Matthaeus, De veris geometriae integrae principiis contra geometras Euclideos simul et Noneuclideos. (37 S.) gr. 8. Zagrabiae 903. Horvát-Kimle, Komitat Moson, Selbstverlag. n. 1. —

— **Utrum** in dialectica Aristotelea recte distinguantur figurae modique syllogismi. [Aus: „Compte rendu du 4. congrès scientifique international des catholiques, tenu à Fribourg (Suisse) du 16. au 20. VIII. 1897".] gr. 8. (28 S.) Friburg (Suisse) 898. Ebd. n. — 40

Merchtschersky, W., Die Kursistin oder weibliche Studenten. Aus dem Russ. von F. Leoni. 2 Tle. 8°. Breslau 1888.

Merci, s. Pinetti.

Mercier, d. Adeliche, wie er weiland war. Lstspl. in 3 A. Aus d. Französ. 8. ... 793. (Wienbrack in Leipz.) 6 ℋ

Mercier, Dr. A., Anatomie et physiologie de la vessie au point de vue chirurgical. 83 pp. gr. in-8. Berne, Huber & Co. 2. 50

Mercier, la diminution de poids du cerveau dans la paralyse générale, s.: Mitteilungen aus Kliniken u. medicin. Instituten d. Schweiz.

Mercier, A. L'influence du climat des altitudes dans la lutte contre la tuberculose pulmonaire. Causerie médicale. In-18°. 75 p. Genève et Bâle, Georg & Co. 1896. 1 25

Mercier, A., siehe: *Mitteilungen aus Kliniken.*

Mercier, B. J., le cheval. Manuel du cavalier suisse. Ouvrage orné de 70 figures. IV et 156 pp. in-12. Genève et Bâle, H. Georg. 1874. 2. 50

Mercier, Carl Julius, s. Mercier, Julius

Mercier, D., s. Mercier, Desiré Joseph

Mercier, Desiré Jos. Card., der Modernismus. Zwei Kundgebgn. Mit e. Vorwort des Willibrord Benzler. (32 S.) 8. Köln 908. J. P. Bachem. — 80

— Die Pflichten des Ehelebens. Eine Kundgebg. Ins Deutsche übertr. v. Bernh. Bahlmann, S. J. (40 S.) 8. Kevelaer (910). Butzon & Bercker. — 40

— Priesterwürde u. Priesteramt. (A mes séminaristes.) Genehmigte dtsch. Übertragg. nach d. 5. Aufl. d. französ. Urschrift v. Alb. Sleumer. (190 S.) 8. Dülmen 910. A. Laumann. 1.80; geb. 2. 50

Mercier, D., Psychologie. Nach der 6., völlig umgearb. Aufl. des Französischen übers. u. m. e. Einleitg. versehen v. L. Habrich. 1. Bd.: Das organ. u. das sinnl. Leben. Mit 4 Taf. in Steindr. (XIX, 381 S. m. 4 Bl. Erklärgn.) gr. 8. Kempten 906. J. Kösel. n. 6. —

— Psychologie. Nach der 6. u. 7. Aufl. des Französischen ins Deutsche übers. u. m. e. Einleitg. versehen v. L. Habrich. 2. Bd.: Das Verstandes- od. Vernunftleben. (VI, 400 S.) gr. 8. Kempten 907. J. Kösel.
Bd. I. Ebd. 906. 6.—; geb. 7.—. 6.—; geb. 7. —

Mercier, Emile, rasch Französisch. Zum prakt. Gebrauche f. jedermann auf der Reise, während des Aufenthaltes in Frankreich, sowie f. den Kontorgebrauch u. den schriftl. Verkehr. 12. (VI, 160 S.) Zittau 893. Pahl. Kart. n. 1. 50

Mercier, Ernest

Mercier, E., Cuirs et peaux, s. Weltausstellung, internationale, 1878 in Paris.

Mercier, E.: Cuirs et peaux (Suisse). Zürich 1879

Mercier, E., rapport sur des cuirs et peaux s. Welt-Austellung, Wiener.

Mercier, Ernest, rapport sur le groupe 7 de l'exposition nationale suisse à Zurich 1883: Industrie du cuir. gr. 8. (16 S.) Zürich 884. Orell Füssli & Co. Verl. n. — 50

Mercier, G., Reagentien f. spez. chem. u. pharmazeut. Zwecke, s.: Jean, Ferd.

Mercier, Joachim, bacc. iur. a. Glarus: Die Vollmacht des Prokuristen. Basel 1905: M. Werner-Riehm. (44 S.) 8°
Leipzig, Jur. Fak., Diss. v. 23. Jan. 1905
[Geb. 1. Dez. 78 Glarus; Wohnort: Glarus; Staatsangeh.: Schweiz; Vorbildung: Obergymn. Zürich Reife M. 98; Studium: Lausanne 2, Leipzig 4, Zürich 1, Leipzig 1 S.; Rig. 8. Juni 03.]

Mercier, (Car.) Julius (geb. Les Brenets im Kant. Neuenburg): De hypospadia et epispadia. Berolini (1841). (26 S.) 8°
Berlin, Med. Diss. v. 17. Dez. 1841

Mercier, Karl Julius, s. Mercier, Julius

Mercier, L., s. Mercier, Louis Sebastien

Mercier, Louis Sebastien

Mercier, L. S. Philosophische Abhandlungen und Lobreden über Preisaufgaben . . . A. d. Franz. Leipzig 1777-78. Ü: *Caesar, Carl Adolph.* (MGT)

Mercier, L., philosoph. Abhandll. üb. wichtige Gegenstände; aus d. Französ. 2 Thle. 8. Salzb. 788. Mayr. 1 ℛ.

— l'an deux mille quatre cent quarante. 8. Dresd. 772. Walther. 16 ℊ — Dass. gr. 12. Leipz. 775. (W. Vogel). 16 ℊ (Vergl. Jahr 2240.)

— mon Bonnet de nuit. IV Vols. gr. 8. 783—85. (Köchly in Berl.) 4 ℛ — le même. IV Vols. gr. 8. Bern 783—86. Haller. 2 ℛ

— s. a. Deserteur, der.

Mercier, L. S. Der Deserteur ein Drama in fünf Handlungen. A. d. Franz. Hamb. 1771. Ü: *Zinck, Sophia Maria geb. Grund.* (schr)

Mercier, L. S. Der Deserteur; ein Drama in fünf Handlungen; übersetzt von einem Offizier. Berlin 1771. 2. Aufl. 1772. Ü: *Beulwitz, Carl August von.* (GGr) (ML) (Mn) (EE) (MGT) (Ky)

— Deserteur, der, e. Schspl. eine freie Uebersetzung aus d. Französ. (v. Chr. Fr. Schwan). 8. Manh. 771. Schwan u. G. 5 ℊ

— Dass., aus d. Französ. (v. Fr. Frz. Westarp). 8. Berl. 774.

Mercier, L. S. Der Deserteur; ein Drama a. d. Franz. Berlin 1774. Ü: *Westarp, Friedrich Franz.* (Ky) (ML)

— déstruction de la Ligue, ou la réduction de Paris. 8. Leipz. 783. Haller in Bern. 9 ℊ

— moral. Dichtungen; aus d. Französ. 1r Thl. 8. Hamb. 792. Hoffmann. 20 ℊ

— moral. Dichtungen; aus d. Französ. 1r Thl. 8. Hamb. 793. (Campe). 20 ℊ

Mercier, L. S. Der Dürftige; ein Drama in vier Aufzügen; a. d. Franz. Breslau 1772. Ü: *Milack, Johann.* (ML) (Ky)

— Dass., (von Jh. Milack). 8. Bresl. 772. Gutsch. 8 ℊ

— der Dürftige; Schspl., aus d. Französ. (v. Chr. Fr. Schwan). 8. Manh. 772. Schwan u. G. 6 ℊ

(L. Seb.) **Mercier** üb. d. Einsamk. u. ihren Einfluss auf Geist u. Herz nach *Zimmermann;* e. Buch f. d. reif. Jugend — übers. u. m. psycholog. Reflexionen begl. v. K. H. **Heydenreich.** *Lpz.*, Weygand. 797. 8° 20 ℊ

— Erscheinungen u. Träume, übers. v. G. Schatz. 2 Thle. 8. Leipz. 781. Dyck. 1 ℛ 16 ℊ

MERCIER, Louis Sébastien 1740 - 1814
Erscheinungen und Träume von Mercier und einigen deutschen Gelehrten.
übersetzt und herausgegeben von G[eorg]. Scha[t]z.
Erster [- Zweyter] Theil.
Leipzig: Dyk. 1791. 8°.
Universitätsbibliothek Leipzig
Übers. v. Songes et visions philosophiques.
Georg Schatz, 1763-1795
Darin enthalten:
[Johann Gottfried DYCK,] Franklin [in Bd. II, S. 361-392].
Johann Gottfried Dyck, 1750-1813
Benjamin Franklin, 1706-1790

Mercier, L. S. Erscheinungen nnd Träume am Ende des 18. Jahrh. Trauerspiel . . . Germanien 1799. Ü: *Dyk, Joh. Gfr., Joh. Gebhard Ehrenr. Maass, Joh. Casp. Frar. Manso & Georg Schatz.* (GGr)

— moral. Erzählungen. 8. Leipz. 771. (Brockhaus). 8 ℊ

— moral. Erzählungen. 8. Leipz. Gleditsch. 771.

Mercier, ..., der Essighändler, s. Bühnen-Repertoir, Bd. XIV.

Mercier, der Essighändler, s. Theater-Bibliothek, classische.

Mercier, L. S. Der Essigmann mit seinem Schubkarren. Ein Drama von drei Aufzügen a. d. Franz. . . . Gotha 1776. Ü: *Helmold, H. von.* (Mn) Ü: *Helmolt, Christian Georg von.* (Ky) (MGT)

— der Essigmann mit seinem Schubkarren; übersetzt von H. v. H. (C. G. v. Helmolt). 8. Gotha 776. a. 803. Ettinger. 10 ℊ

Mercier, L. S. Der falsche Freund; ein Drama in drey Aufzügen; a. d. Franz. Breslau 1774. Ü: *Milack, Joh.* (Ky) oder *Westarp, Friedrich Franz.* (ML)

— der falsche Freund. Drama, aus d. Französ. (v. Jh. Milack). 8. Bresl. 774. (Leipz. 805. Nauck). 8 gr

Mercier, L. S. Gemählde der Könige von Frankreich. A. d. Franz. Meissen u. Pirna 1792—94. Ü: *Mursinna, Friedrich Samuel.* (MGT) (Adel) »1792—95« (Ky)

— Gemälde der Könige v. Frankreich; aus d. Französ. (v. F. S. Mursinna). 3 Thle. 8. Meiß. 792—95. (Gödsche). (à 1 rthl 8 gr) 4 rthl

§ **GEMÄLDE**, Neuestes, von Berlin, auf das Jahr 1798 nach *Mercier*. (4 Zeilen französ. Motto aus J. J. Rousseau.) Kölln, bey Peter Hammer (Berlin, F. Oehmigkke in Commiss.), 1798. 8°. (In Dresden.) (3 Mk. 50 Pfg., schadhaftes Expl., Kühl, Berlin, ca. 1882.)

— neueste Gemälde von Paris, f. Reisende u. Nichtreisende; aus d. Französ. (v. H. A. O. Reichard). 2 Bde. Mit 1 Kpf. 8. Leipz. 789. (Aue in Altona). 2 rthl

— — Neuestes Gemälde von Paris. Für Reisende und Nichtreisende. (Aus d. Französ. von Heinr. Aug. Ottokar Reichard). 2 Bde. Mit 1 color. Ansicht der Bastille. Leipzig, Jacobäer, 1789—90. 8°. (5 Mk., nur Bd. 1: VI u. 824 S., Taussig, Prag, 1906.) (Cplt. in Rostock, Landesbibl.)

— s. Gerhard v. Felsen.

— Geschichte einer jungen Protestantin; aus d. Französ. 2 Thle. 8. Frankf. 793. Eichenberg. 1 rthl 4 gr

— histoire de France depuis Clovis jusqu'au règne de Louis XVI. VI Vol. 8. Paris. (Tourneisen à Cassel). 802.

— l'homme de ma connaissance. Comédie. gr. 8. Hamb. 791. Herold. 3 gr

Mercier, l'homme sauvage, histoire veritable. gr. 12. Heilbr. 770. Glass. 10 gr

— le même livre. gr. 8. Basel 784. Serini. 8 gr

— le même livre. IV Vols. gr. 8. Berl. 785. (Köchly in Leipz.) 4 rthl

— l'homme sauvage, hist. 8. Berne, Typ. 790.

— d. Jahr 2440, s. Jahr.

Mercier, Louis Sebastien. Das Jahr Zweitausend Vierhundert und Vierzig, ein Traum aller Träume. A. d. Franz. N. A. Leipzig 1772. Ü: *Weisse, Christian Felix.* (EE) S. a. »Zweitausend Vierhundert und Vierzig, Das Jahr«.

Jahr 2440 (Das). Ein Traum aller Träume; aus dem Französ. (des Mercier) (von Chr. F. Weisse). 8°. Leipzig 1772. N. Aufl. 8°. Leipzig 1782. — Dasselbe zum zweitenmale geträumt (von K. H. Wachsmuth). 8°. Leipzig 1783.

Mercier. L. S. Jenneval, oder der Französische Barneveld: ein Schauspiel a. d. Franz. Frankfurt 1770. Ü: *Faber, Johann Heinrich.* (ML) (Ky) (GGr)

— Jenneval, oder d. französ. Barnevelt. Schspl., aus d. Französ. (v. J. H. Faber). 8. Frankf. 770. Varrentrapp. 3 gr gr. 8. Basel 770. Schweighäuser. 5 gr

— Jenneval, ou le Barnevelt français. Drame. 8. Paris 774. Varrentrapp in Frankf. 6 gr

* **JEZENNEMOURS.** — Geschichte eines jungen lutherischen Frauenzimmers. Vom Verf. des Jahres 2440. Aus d. Französ. (des *Louis Sébast. Mercier*, 1740—1814). 2 Thle. (Theil 2 mit d. Tit.: Jezennemours. E. dramatischer Roman. A. d. Französ. Zweiter Theil.) Leipzig, bey Carl Friederich Schneidern. 1787. 8°.

386 fortlaufend gez. S., nebst 2 Bll. Reg. (üb. die 73 fortlauf. num. Kap.). Liebesroman, dessen Helden Susanne u. Jezennemours; nach dem letzteren Namen ist die erste ebend. 1778 erschienene Aufl. betitelt.

Orig.: Jezennemours, ou histoire d'une jeune luthérienne. 3 tom. avec 3 grav. Buckingham, s. d. 16°. (Heberle's Cölner Jan.-Auct. 1892, no. 1953.)

Mercier, L. S. Nachtmütze. A. d. Franz. Berlin 1784—86. Ü: *Reichard, Hnr. August Ottokar & Friederike Helene Unger geb. v. Rothenburg.* (ErschDL) (MGT) (Schl)

— Nachtmütze; aus d. Französ. (v. H. A. O. Reichard u. Friederike H. Unger). 4 Thle. 8. Berl. 784—87. (Reimer). 3 rthl

Mercier, L. S. Natalie, ein Drama. A. d. Franz. Gotha [Berlin] 1778. H & Ü: *Beulwitz, Carl Aug. von.* (EE) (GGr) (Wr) (BrMm) (ML) (MGT) »1779« Ü: *Helmolt, Chn Georg von.* (Ky)

— Natalie. Drama, aus d. Französ. (v. C. G. v. Helmolt). 8. Gotha 779. Ettinger. 5 gr s. auch Natalie.

— der Naturmensch; aus d. Französ. v. C. G. J. Brückmann. 8. Hamb. 787. Matthießen. (Nauck in Leipz.) 16 gr

— Naturmensch, a. d. Franz. von Brückmann. 8. Hamb. Matthießen. (Sommer in Leipz.) 787.

— notions sur le gouvernement. II Vol. 8. Berne, Typ.

— Olind u. Sophronia. Drama, aus d. Französ. 8. Frankf. 771. Varrentrapp. 4 gr

MERCIER (Louis-Sébastien, 1740—1814), Paris ein Gemälde (aus d. Französ. von B. G. Walch). 8 Bde. Leipzig 1783—84. 8°. (18 Mk. Scheible, c. 1880; jetzt theurer!)

Interessante Sittenschilderungen, mit freien Details. Sehr seltene deutsche Uebersetzung, welche im Anon.-Lex. fehlt.

Orig. (in Berlin: Rg. 3590, 4 vols.): *Mercier*, Tableau de Paris. Nouvelle édition corrigée et augmentée. 8 volumes. Amsterdam 1782—83. Gr. in-8°. (15 Mk., bel expl., der Vorige.) Cont. e. a.: sybarites, grisettes, indécor des femmes, maisons de joie etc.

Ed. antér.: Hambourg 1781. 8°. VII. ($1^1/_2$ Rthlr. Maske, Breslau, vor 1870.) Les deux premiers volumes de l'ouvrage furent proscrits et ont fait grand bruit à Paris. Voyez Peignot I. 302. — Nouv. édition. 12 tomes. Amsterdam 1783—88. 8°. (9 Mk. Heberle, Cöln, c. 1875; jetzt theurer!)

Mercier, Louis Sebastien. Paris ein Gemälde. Leipzig 1783—1784. Ü: *Walch, Bernhard Georg.* (BGE VI[2], 85/6)

—Paris, ein Gemälde; verdeutscht v. B. G. Walch. 8 Thle. 8. Leipz. 783, 84. Schwickert. 5 ℛ 8 gr

— — Das neue Paris. Vom Bürger *Mercier*. Uebersetzt vom Bürger C. F. Cramer. 2 Thle. Braunschweig, Fr. Vieweg, 1799. 8°. (1 Mk. Ferd. Raabe's Nachf., Königsb., 1894; jetzt theurer!)

Orig. (in Berlin: Rg. 3658, 6 in 2 vols.): *Mercier*, Le nouveau Paris. 6 tomes. Brunswick 1800. 8°. (Ed. I. 1799?)

— — Dasselbe. 2 Thle. Paris (Berlin, Vieweg) 1800.
Weller, fing. Druckorte.

—le nouveau Paris en VI Vols. gr. 8. Braunschw. 800. Vieweg. 5 ℛ 12 gr Velinp. 7 ℛ 12 gr in 12. VI Vols. 2 ℛ

—Philipp II., König v. Spanien, Ein dramat. Gedicht; aus d. Französ. 8. Liegn. 788. Siegert. 12 gr

– s. Pinkerton, Mercier u. K. F. Cramer ...

(Mercier, L. Séb.) Portrait de Philippe II., roi d'Espagne. 8. Amsterdam 1785. — 8. Bâle 1785.

—recueil de Contes choisies des meill. auteurs français. 8. Quedlinb. 811. Basse. 12 gr

Mercier, L. S. Schilderung von Paris; a. d. Franz. Auszugsweise übersetzt. Breslau 1783—84. Ü: *Bürde, Samuel Gottlieb*, oder *Claudius, Matthias*. (MGT) S. a. »Schilderung von Paris«.

* — — Dasselbe, tit.: Schildrung (so!) von Paris. Aus d. französ. (!) auszugsweise übersezt (!) (von Samuel Gottlieb Bürde). 4 Bde. Breslau, bey Gottlieb Löwe, 1783—84. 8°. (1½ Rthl.) (In Berlin: Rg 3598, 2 voll.) (10 Mk. 50 Pfg. E. Frensdorff, 1906.)

Anon.-Lex. IV. p. 35: „1782—84" (nach Schröder, Goedeke, Jördens, Meusel, Kayser); „Matthias Claudius" wird als Uebersetzer genannt in: Kordes, Schlesw.-Holst. u. Eutin. Schriftsteller. Schleswig 1797.

Handelt u. A. von gewissen Frauen, öffentl. Dirnen, Buhlerinnen, Demoisellen, Galanterie, Carneval, Hofsitten, kleinen Mädchen, mannbaren Mädchen etc. etc.

Mercier, Louis Sebastien. Der Schubkarn des Essighändlers. Ein Lustspiel in drey Aufzügen. Aus dem Französischen ... Frankfurt a. M. 1775. Ü: *Wagner, Heinrich Leopold*. (schstr S. 175) Vgl. III, 4539.

— Dass., aus d. Französ. (v. H. L. Wagner). 8. Frankf. 776. Eichenberg. 6 kr

— der Schubkarren des Essighändlers. Lstspl. in 3 A., aus d. Französ. 8. Wien 803. Wallishausser. 6 kr

(MERCIER, LOUIS SEB.), Nogle Stykker af Tableau de Paris, fremstillede med Anmerkninger til dem, hvis Indflydelse paa en Stats Regering er betydelig. Kiel. 1786. (U. B.).

* — — Dasselbe (nur Auszug), tit.: Kleines Tableau von Paris. Aus d. französ. (so!) übersetzt und mit Anmerkungen begleitet. O. O. (Halle, Hemmerde) 1784. 8°. (In Berlin: Rg 3610.)

Mercier, Louis Sébastien. Kleines Tableau von Paris. Aus dem Französischen übersetzt und mit Anmerkungen begleitet. [Halle] 1784. Ü: *Walch, Bernhard Georg*. (BGE VI³, 86)

— Tableau de Paris. 8 Tomes. gr. 8. Leipz. Crusius. (F. C. W. Vogel). 782.

— — l. m. l. X Vol. 8. Amst. (Sommer, Leipz.) 783–90.

— l. m. 2 Vol. gr. 8. Loud. Virchaux. 781.

Mercier, L. S. Taschenbüchel für junge Leute zu Hause und auf Reisen ... a. d. Franz. ... Ravensberg 1801. Ü: *Gradmann, Ulrich Chph.* (Ky)

Mercier, L., Taschenbüchel f. junge Leute, zu Hause u. auf Reisen, an allen Orten u. Zeiten zu benutzen; frei aus d. Französ. übers. (von U. C. Gradmann). 12. Ravensberg 801. Gradmann.

—philosoph. Träume u. Visionen; aus d. Französ. 2 Thle. 8. Dresd. 807. Richter. (W. Nauck in Leipz.) 1 ℛ 8 gr

— philosoph. Träume u. Visionen, a. d. Franz. 2 Thle. 8. Dresd. Richter. (Sommer in Leipz.) 807.

— neuer Versuch üb. d. Schauspielkunst rc. s. Versuch.

— neuer Versuch üb. d. Schauspielkunst rc.; aus d. Französ. Mit e. Anh.: Etwas aus J. W. v. Göthes Brieftasche. 8. Leipz. 776. Schwickert. 1 ℛ

Mercier, L. S. Die Zerstöhrung des heiligen Bundes, oder die Übergabe von Paris; ein Nationalschauspiel a. d. Franz. Leipzig 1782. Ü: *Wichmann, Christian August*. (Ky) (MGT)

—die Zerstörung des heil. Bundes, oder d. Uebergabe von Paris; e. Nationalschspl.; aus d. Französ. (v. Chr. A. Wichmann). 8. Leipz. 782.

Mercier, Marguerite. Deutsch-französisches Lesebuch. 80 S. 8. Genf, F. Weber, 1906.

Mercier, Marguerite. Wörterverzeichnis zum Bildersaal Egli, Heft 9. [Zum Gebrauch an der] École de la Cour Saint-Pierre [in Genf]. 40 S. 8. Genf, W. Kündig & Fils, 1907.

Mercier, Marguerite. Wörterverzeichnis zum deutsch-französischen Lesebuch. 45 S. 8. Genf, F. Weber, 1906.

Mercier, Marianne G., Entretiens moraux d'une Gouvernante av. son Elève. 8. Bresl. Korn l'ainé. 763.

Mercier, Th. Ph., s. Reden zur Gedächtnisfeier der Schlacht bei Näfels.

Mercier, B., S. J., der hl. Joseph, Gemahl Mariä, Nährvater Jesu, Patron d. Kirche, nach d. hl. Schrift u. Tradition. Theolog., moral. u. histor. Erwäggn. m. e. Entwurf v. Betrachtgn. u. Lesgn. f. d. Monat März. Autor. Uebersetzg. v. G. Plett. gr. 8. (XII, 424 S. m. 1 Stahlst.) Kevelaer 898. Butzon & Bercker. n. 4. —; geb. n.n. 5. —

Mercierclair, Adelheid, Eintritt einer jungen Dame in die Welt. Od. Anweisg. wie sich ein junges Mädchen bei Besuchen, auf Bällen, beim Mittag u. Abendessen, im Theater, Concert u. in Gesellschaften zu benehmen hat. Nebst Belehrungen üb. Toilette; Anweisungen zu einigen beliebten Spielen u. dgl. m. 1. Aufl. (3½ B.) 842. 10 Ngr. u. 2. Aufl. 16. (7½ B.) Quedlinburg 846, Basse.

Merck, Dem geliebten Br. Heinr. Joh., zur Feier seiner 50jährigen Maurerweihe Am 6. Juni 1850. »Lasst durch die geweihten Hallen ...« Hamburg 1850. V: *Prätzel, Karl Gottlieb*. Comp: *Schäffer, Johann Heinrich*. (wolfstieg I, 872/3)

Merck

— s. a. **Merk.**

Merck, Carl Emanuel, s. M e r c k , Karl Emanuel

MERCK, Christian (Friedberg): Die croupöse Pneumonie.- München: Wild 1850. 40 S. 10.0.1850 - Urk (Titel: De pneumonia crouposa.); F 67
Diss. Ingolst.-Landsh.-Mchn.

MERCK, E. A. Ueber die blausauren Salze organischer Basen. Freiburg i. B., 1883.

Merck, Emanuel

Merck, E: Wissenschaftliche Abhandlungen aus den Gebieten der Pharmakotherapie, Pharmazie und verwandter Disziplinen. Nr 1—24. Darmstadt 1900—1915

Merck, Emm., s. Annalen der Pharmacie.

Merck, E., Bericht üb. d. J. 1896. Hrsg. im Jan. 1897. gr. 8. (191 S.) **Darmstadt 897. (Stuttgart, H. O. Sperling.)** n.n. 1. —

Merck, E: World's Columbian Exposition. Katalog der Ausstellungen von E. Merck (Darmstadt). Th. 1. 2. Chicago 1893

Merck's, E., **Jahresbericht** üb. Neuerungen auf d. Gebieten d. Pharmakotherapie u. Pharmazie. XXII. u. XXIII. Jahrg. 1908 u. 1909. (II, 409 u. II, 403 S.) 8. Darmstadt 909. 910. (Berlin, J. Springer.) à nn 1. 50

— dasselbe, frühere Jahrgge., s.: **Bericht** üb. Neuerungen auf dem Gebiete der Pharmakotherapie u. Pharmazie.

Merck's, E., Index (f. Drogen u. Chemikalien). II. Aufl. (Abgeschlossen Ende Juli 1902.) Lex.-8. (VI, 374 S.) Darmstadt (902). (Berlin, J. Springer.) Geb. n.n. 4. —

Merck, E., Index. 3. Aufl. Abgeschlossen Ende Mai 1910. (XII, 392 S.) Lex. 8. Darmstadt (910). A. Bergsträsser. Geb. in Leinw. 8. —

Merck, E: **Manual of the materia medica together with a summary of therapeutic indications and a classification of medicaments. Darmstadt 1899. [Nebst:] Suppl. 1. Embracing the principal changes in the British pharmacopoeia, rev. ed. 1898. Darmstadt 1899**

Merck, E. Pharmako-therapeutische **Neuheiten des Jahres 1896.** Darmstadt. **1897.**

Merck, E. Pharmako-therapeutische **Neuheiten** des **Jahres 1898,** desgl. 1901. Darmstadt **1899** und **1902.**

Merck, E: Chemische Präparate für photographische Zwecke. Darmstadt (Um 1906)

Preis-Liste der Chemischen Fabrik von E. **Merck** in Darmstadt. *(Darmstadt) 1902: (G. Otto).* (254 S.) 8° 102. 13489 3

— Prüfung der chemischen Reagenzien auf Reinheit. (IV, 281 S.) gr. 8. Darmstadt 905. (Berlin, J. Springer.) Geb. in Leinw. n. 2. 50

Merck, E: Prüfungsvorschriften für die pharmazeutischen Spezial-Präparate. Darmstadt 1906

— Reagentien-Verzeichnis, enth. die gebräuchl. Reagentien u. Reactionen, geordnet nach Autornamen. (III, 174 S.) Lex.-8. Ebd. 903. Geb. n.n. 4. —

— Reagenzien-**Verzeichnis, enth. die gebräuchlichsten Reagenzien u. Reaktionen, geordnet n. Autornamen. Zum Gebrauch f. chem., pharmazeut., physiolog. u. bakteriolog. Laboratorien sowie f. klinisch-diagnost. Zwecke. 2. Aufl. (VI, 326 S.) Lex. 8. Berlin 908. (J. Springer.) Geb. nn 5. —**

E. **Merck**, Darmstadt. Über die Verwendung von Reagenztabletten zur quantitativen Bestimmung von Zucker und zum Nachweis von Eiweiß im Harn. (Darmstadt: E. Merck [1908].) (13 S.) 8° 108. 7361 3

— Verzeichniss sämmtlicher Präparate, Drogen u. Mineralien m. Erläuterungen. 1897. gr. 8. (VI, 306 S.) Ebd. 897. (Berlin, J. Springer.) In Leinw. kart. n.n. 3. 50

REISE-ERINNERUNGEN aus London und Paris (von *Ernst v. Merck*). Zweiter Abdruck. Hamburg 1852. (In Hamburg, Commerzbibl.)
Anon.-Lex. V. p. 148 (nach Schröder u. dem Cat. genannter Bibl.)

Merck Ev, **Reiseerinnerungen aus London und Paris 1851. Herausgegeben von** G Schiefler. (172 S) (Liebhaberbibliothek, Hamburgische) **Hamburg 1900**

Merck, Friederike, s. a. Liederbuch, unser.

MERCK, F. **Unser Liederbuch. [1. Band].** ***Die beliebtesten Kinderlieder,*** **ausgewählt von Friederike Merck, mit Bildern von Ludwig von Zumbusch, für Kinderstimmen gesetzt von Fritz Volbach. Mainz, Schott, [c. 1900]. Titel und viele teils ganzseitige Textillustrationen in Farbendruck. Quer-gr.-8°. Illustr. Or.-Pappband. Sehr schönes Buch.** 15.—

Merck, Georg Franz (Darmstadt)
Ueber Papaverin, eine neue organische Base im Opium.
[In: Annalen d. Chemie u. Pharmacie Bd 66 (1848) 125.]
Dr. phil. Giessen 5.4.1848.

[5.] Geschichte des 2. Rheinischen Feldartillerie-Regiments Nr. 23. Auf dienstl. Veranl. f. Unteroffiziere u. Mannschaften zsgest. v. [Heinr.] **Merck**, Premierlt. im 2. Rhein. Feldart.-Reg. Nr. 23. *Coblenz: W. Groos (1897).* (172 S., 2 Bl.) 1 Bd 8. 98. 5608

Merck, Heinrich (Hrsg.), s. Q u e l l e n s a m m l u n g zum deutschen öffentlichen Recht seit 1848.

Merck, Henri: F a m i l i e n - S t u d i e n s t i f t u n g , errichtet um in der Merck'schen Familie eine nützliche Nacheiferung zur wissenschaftlichen Bildung zu erwecken. Bedburg-Reifferscheidt 1836. 24 S. 12°

Merck, Joh. Heinrich (Hrsg.), s. A n z e i g e n , Frankfurter gelehrte.

Merck, siehe: Briefe aus dem Freundeskreise v. Göthe.

Merck, Joh. Heinr., ausgewählte Schriften z. schönen Literatur u. Kunst. Ein Denkmal, hrsg. v. Ad. Stahr. gr. 8. (23 B. u. M's. Bildn. nach Lips, Stahlst. v. C. Mayer.) Oldenburg 840, Schulzesche Buchh. (W. Berndt.)
Vgl. Merk.

Merck's, Joh. Heinr., Schriften u. Briefwechsel. In Auswahl hrsg. v. Kurt Wolff. 2 Bde. (XVI, 303 u. 298 S. m. 2 Bildnissen u. 1 Fksm.) 8. Leipzig 909. Insel-Verl. 14.—; geb. in Halbldr. 18. —

Silhouetten aus der Goethezeit. Aus d. Nachlasse Johann Heinrich Merck's hrsg. u. eingel. von Dr. Leo Grünstein. Wien: Löwy 1909. 46 S., 100 Taf. 4°
lnp. 4682

Merck, Karl Emanuel

Merck, Carl Emanuel [aus Darmstadt]: Ueber Furfuräthenpyridin und über Cocain. . . . Kiel, Druck v. L. Handorff, 1888; 38 S. + 1 Bl. 8°
Kiel, Phil. Fak., Inaug.-Diss. v. 16. Okt. 1888

Merck, Carl Eman., über Fufuräthenpyridin und über Cocain. Inaugural-Dissertation. gr. 8. (38 S.) Kiel 888, (Lipsius und Tischer.) *

Merck, Karl Heinrich (Darmstadt) [Auctor]
Dissertatio inauguralis De anatomia et physiologia lienis ejusque abscessu feliciter curato.
Giessae-Cattorum [10.] Dez. 1784: Braun. 44 S. 4°
pro gradu doctoris summisque in medicina honoribus rite capessendis.

Merck's, Klem., Warenlexikon für Handel, Industrie und Gewerbe. Mit Vorwort von Carl Birnbaum. Beschreibung der im Handel vorkommenden Natur- und Kunsterzeugnisse unter besond. Berücksicht. der chemisch-techn. und anderer Fabrikate, der Droguen- und Farbewaren, der Kolonialwaren, der Landesprodukte, der Material- und Mineralwaren. Hrsg. unter Mitwirkung von C. Birnbaum, Lor. Brauer, Paul Degener etc. 3. gänzlich umgearb. Aufl. 15 Lfgn. gr. 8. (LVI, 687 S.) Leipzig 882, Gloeckner. à Lfg. * 50 Pf. *
geb. *

Merck's, Klem., Warenlexikon für Handel, Industrie und Gewerbe. Mit Vorwort von Carl Birnbaum. Beschreibung der im Handel vorkommenden Natur- und Kunsterzeugnisse unter besond. Berücksicht. der chemisch-techn. und anderer Fabrikate, der Droguen- und Farbewaren, der Kolonialwaren, der Landesprodukte, der Material- und Mineralwaren. Hrsg. unter Mitwirkung von Lor. Brauer, Paul Degener, G. Heppe etc. 3. gänzl. umgearb. Aufl. 2. Abdr. Nebst einem Nachtrag. gr. 8. (LVI, 668, 50 S.) Leipzig 886, Gloeckner. *ℳ 8.—; geb. *

Merck's, Klemens, Warenlexikon für Handel, Industrie u. Gewerbe. Beschreibung der im Handel vorkomm. Natur- u. Kunsterzeugnisse, unter besond. Berücksicht. der chemisch-techn. u. anderer Fabrikate, der Drogen u. Farbwaren, der Kolonialwaren, der Landesprodukte, der Material- u. Mineralwaren. Unter Mitwirkg. von Lorenz Brauer, Paul Degener, C. Fuchs u. A. hrsg. v. G. Heppe. 4., wesentlich verm. Aufl. 20 Lfgn. gr. 8. (VIII, 722 u. 48 S.) Leipzig 890. Gloeckner. à — 50 (cplt: n. 10. —; geb. n. 12. —)

Merck's, Klem., Warenlexikon f. Handel, Industrie u. Gewerbe. Beschreibg. d. im Handel vorkomm. Natur- u. Kunsterzeugnisse unter besond. Berücksicht. der chemisch-techn. u. anderer Fabrikate, der Drogen- u. Farbwaren, der Kolonialwaren, der Landesprodukte, der Material- u. Mineralwaren, hrsg. v. A. Beythien u. Ernst Dressler, unter Mitwirkg. v. Paul Bohrisch, Heinr. Ernemann A.-G., J. Th. Heinze u. a. 5., völlig neu bearb. Aufl. (IV, 568 S.) Lex. 8. Leipzig (908). G. A. Gloeckner. Geb. in Leinw. 10. —

Merck, K., neuestes Waaren-Lexikon für Handel und Industrie. br. 8. Leipzig 870, Gloeckner. *ℳ 4,50.; geb. * 5 50

Merck, Klem., neuestes Waaren-Lexikon für Handel und Industrie. Beschreibung der im Handel vorkomm. Natur- und Kunsterzeugnisse, namentlich der Kolonial-, Material-, Droguerie- und Farbwaaren, Mineralien- und Bodenprodukte, chemisch-techn. und anderer Fabrikate. Unter Mitwirkung bewährter Fachmänner bearb. 2 Halbbde. br. 8. (IV, 568 S.) Leipzig 870, Loës. [Spamer.] (à Halbbd. *ℳ 2.) *
geb. *

Merck, K: Neuestes Waaren-Lexikon für Handel und Industrie. 2. Aufl. Leipzig 1876

Merck, Mathilde, die Muttertráne, m. (farb.) Bildern v. Camilla v. Senarclens-Grancy. (16 S.) 25×32,5 cm. Darmstadt (908). J. Waitz. Kart. 3. —

Merck, Willy [aus Darmstadt]: Ueber Cocain . . . . Kiel, Druck v. C. F. Mohr, 1886; 37 + 2 S. 8°.
Kiel, Phil. Fak., Inaug.-Diss. v. 22. Mai 1886.

Merck, Willy, üb. Cocain. gr. 8. (37 S.) Kiel 886. (Lipsius & Tischer.) n. 1. —

MERCK, Wolfgang Christoph (Schweinfurt): Der Schwefeläther in seiner Bereitung, Wirkung und Anwendung.- München: Wolf 1847. VI,56 S.
5.8.1847 - Urk (Titel: De aethere sulphurico.); F 66 (= Merk)
Diss. Ingolst.-Landsh.-Mchn.

Merck, Wolfg. Friedrich (Schweinfurt/Franken), De injuria magistratui illata. Diss. jur. Präs. Conr. Wilhelm Strecker. Erfurt (Hering) 13. IV. 1739. 39 S. (4.50) 23044

Merckel

— s. a. Merkel.

Merckel, Ad.: Methodus proband. operationes arithmeticas per novenarii objectionem, ... s. Wetterhold, M. Go.

Merckel, Balthasar Adam (Schmalkalden), Conclusiones theoretico-practicae de concursu ac praelatione creditorum. Marburg/Hessen (Ph. C. Müller) 28. X. 1730. 23 S. (—.—) 23045

Merckel, Curt, s. Merckel, Kurt

Merckel, D., Confirmations-Rede am 19. April 1849 zu Lüneburg gehalten. gr. 8. (14 S.) Lüneburg 849, (Engel's Buchh.) **

—— wie lehrt uns Christus der Noth unsrer Zeit begegnen? Eine Predigt, gehalten am 7. Sonnt. nach Trin. zu Lüneburg. gr. 8. (15 S.) Lüneburg 849, (Engel's Buchh.) **

Merckel, Geo. Erinnerungen an Langensalza. (58.) 8. Hannover 1867. 0.50.

Merckel, J. D., de baptismo, non mera ceremonia. Rint. 1751. 4.

Merckel, Joh. Christoph

Merckel, Jh. Chr., Beweis v. d. Wirklichkeit d. Quadratur d. Zirkels. Mit Kpf. 4. Stett. 765. (Ernst in Quedlinb.) 6 gl.

[Merckel, Joh. Chrph.]: Kommentar zur allgemeinen Gerichts-Deposital- und Hypotheken-Ordnung, nebst Bemerkungen zur Theorie von Protestationen. Breslau u. Leipzig: Korn 1803.

Merkel, Jh. Cph., Commentar z. allgem. Gerichts-, Deposital- u. Hypothekenordnung rc. gr. 8. Bresl. 805. 2e Aufl. 2 Bde. 812. 3e A. 817. W. G. Korn. 4 ℛ 12 gℊ

Merckel, Joh. Chrph.: Commentar zur allgemeinen Gerichts-Deposital- und Hypotheken-Ordnung nebst Bemerkungen zur Theorie von Protestationen. 3. Ausg. Breslau u. Leipzig 1812.

— Neuer Commentar . . . Bd 1. 2. 1817. 2 Bde

Merckel, Joh. Chrph.: Historisch-kritisch-exegetischer Kommentar zur neuen u. alten Ausg. des allgemeinen Landrechts. Breslau u. Leipzig 1804.

— 2. Ausg. Th. 1. 2. 1812, 2 Bde

MERKEL, J. Ch.: Histor. krit. exeget. Commentar zu neuen u. alten Ausg. d. allgem. Landrechts. *Breslau, Korn.* (804.) 2. A. *Eb.* 812. 2 Bde. gr. 8, (3 Thl. 12 Gr.)

— Commentar z. allgem. Landrechte f. d. preuß. Staaten. 8. Bresl. 804. 2e verm. Aufl. 2 Bde. gr. 8. 812 W. G. Korn. 3 ℛ 12 gℊ

Merkel, J. C., neuer Commentar zur allgem. Gerichtsdepositals und Hypotheken-Ordnung, nebst Bemerkungen von Theorie und Protestation. 2 Bände. gr. 8. Breslau, W. G. Korn. 817.

Die Wirklichkeit der Quadratur des Cirkuls, in der Proportion des Quadrati diametri zu dem Innhalt des Cirkuls, wie 1225 zu 961. bewiesen von *Johann Christoph Merkel*, Evangel. Prediger zu Takenſpurg in Schwaben. Erlangen bey Johann Caſpar Müller. 4. 16 S. nebſt einer Tafel mit Figuren. (2 gr.) 1751.

— — unterſucht und mit Anmerkungen verſehen von M. *Joh. Chriſtoph Biſchof.* Stettin. Drevenſtädt, m. Kupſt. 4. (6 gr.) 1765.

Merckel, Joh. Friedr., über den Zins-Wucher, nach dem in der bair. Pfalz geltenden franzöſ. Geſetz vom 3. Sept. 1807 in Vergleichung mit anderen Geſetzgebungen. Heidelberg 855. Mohr. gr. 8. (125 S.) n. 16 ngr

— **Johann Gottlob** (Annaberg), Diss. solennem de fluxu hepatico. Präs. Adam Brendel. Wittenberg/Sa. (Gerdes) 18. III. 1715. 31 S. (4.50) 23046

— **Johann Wilhelm** (Eisenberg), De stellionatu. Präs. Augustin Leyser. Wittenberg (Eichsfeld) Dez. 1733. 8 S. (3.50) 23047

Merckel, Kurt

Merckel, Curt, Bilder aus der Ingenieurtechnik, s. a. Aus Natur u. Geisteswelt. 60. Bdchn.

Bilder aus der Ingenieurtechnik. Von Curt **Merckel**, Ing. Mit 43 Abb. Leipzig: Teubner 1904. 136 S. 8°
(Aus Natur u. Geisteswelt. Bdch. 60.)

Merckel, Curt, die Ingenieurtechnik im Alterthum. Mit 261 Abbildgn. im Text u. e. Karte. Lex.-8. (XIX, 658 S.) Berlin 899. J. Springer. Geb. in Leinw. n. 20.—

Merckel, Curt, die Kanalisation d. freien u. Hansestadt Hamburg. Bearb. im Auftrage d. Baudeputation. (XV, 245 S. m. 6 Taf. u. 1 farb. Plan.) Lex. 8. Hamburg 910. Boysen & Maasch. 18.—; geb. in Halbfrz. 21.—

— Schöpfungen der Ingenieurtechnik der Neuzeit, s. a. Aus Natur u. Geisteswelt.

Schöpfungen der Ingenieurtechnik der Neuzeit. Von Curt **Merckel**, Bauinsp. Mit 50 Abb. Leipzig: B. G. Teubner 1901. (139 S.) 8° [F.]
— Natur, Aus, u. Geisteswelt. Bdch. 28.

Merckel, Curt. Schöpfungen der Ingenieurtechnik der Neuzeit. Mit 55 Abbildungen im Text und auf (2) Tafeln. 2. Aufl. IV + 144 S. 8. Leipzig, B. G. Teubner, 1907. (M. 1.—, geb. 1.25)
Aus Natur und Geisteswelt. Sammlung wissenschaftlich-gemeinverständlicher Darstellungen (aus allen Gebieten des Wissens). Bändchen 28.
Darin: Gebirgsstrassen — Gebirgsbahnen — Bergbahnen — *etc.*

Merckel, C., siehe Weltverkehr.

— **Salomo Tobias**, De dimidio acquaestus conjugalis uxoribus Smalcaldensibus competente, vulgò Von der Weiber Halb-Erworbenen. Diss. jur. Präs. Christoph. Ignatius von Guden. Erfurt (Grosch) 13. V. 1727. 27 S. (—.—) 23049

Merckel, W(ilh.) v., Aphorismen zur Verfassung. gr. 8. (32 S.) Berlin 849, Mittler und Sohn. *

— — darf das Heer auf die Verfassung vereidigt werden? s. Darf.

(Merckel, W. v.) Darf das Heer auf die Verfassung vereidigt werden? Berlin, Mittler u. Sohn 1849. 16 S. 8.

Merckel, Wilh. v., das Denkmal Herrmanns. Gedicht. Lex.-8. (1 B.) Magdeburg 841, Heinrichshofen.

— — zwei fünfte Dezember. Bezirks-Vereins-Vortrag. gr. 8. (20 S.) Berlin 850, Schlesinger'sche Buchh. *

Merckel, W. v., Zwei fünfte Dezember. Bezirks-Vereins-Vortrag. Berlin, J. F. Starcke, 1850. 20 S. 8°.

Merckel, Wilh. v., die Diftelbinger. Leipzig 853. Simion. (Voigt u. Günther.) 16. (44 S.) 7½ ngr

(Merckel, W. v.), Die deutsche Frage und die Preußischen Kammern. 16 S. 8°.

Merckel, Wilhelm v. Zur deutschen Frage. Als Manuscript gedruckt. (Berlin, Oktober 1848.) 15 S. 8.

— — die Furcht vor den dresdener Conferenzen. Bezirks-Vereins-Vortrag. gr. 8. (15 S.) Berlin 851, Schlesinger'sche Buchh.

— — des Königs letzter Gang. Sylvester-Gedicht. gr. 8. (1 B.) Berlin 840, Bechtold u. Hartje. (Röse.) *

Merckel, Wilh. v., Gedichte. 16. (XII und 212 S.) Berlin 866, Th. C. F. Enslin. *

Merckel, W(ilh.) v., zwanzig Gedichte. 8. (IV und 89 S. Berlin 850, A. Duncker. Thlr

— — alter und neuer Konservatismus. gr. 8. (22 S.) Berlin 852, Allgemeine deutsche Verlagsanstalt. *

— Maria vom blühenden Dornstrauch. Eine Legende. Berlin 854. Schroeder. 8. (30 S.) n. 10 ngr

Nachruf an Franz Kugler (Lessing.) Im Literarischen Sonntags-Verein zu Berlin am 21sten März 1858 gesprochen vom zeitigen Haupte desselben W. v. MERCKEL. (Immermann.) (Als Manuskript gedruckt.) s. l. & a. (Druck von J. F. Starcke in Berlin.) 8°.

Merckel, W. v. Ein Preußenwort an alle Preußen. Druck von J. F. Starcke. 4 Bl. 4.
Flugblatt. Berlin, 12. Juni 1849.

Merckel, W. v. Die deutschen Reichstagswahlen. Druck von J. F. Starcke. 2 Bl. 4.
Flugblatt. Berlin, 1. Dez. 1849.

—— Sigelin. Ein Normal-Lustspiel. Aus dem Sanscrit eines wiener Originals in das Pracrit allgemeiner teutscher Nation frei und getreu verdollmetscht. 16. (116 S.) Berlin 854, Schindler. *

—— kleine Studien. Novellen und Skizzen. Nebst einem Vorwort von Th. Fontane. 8. (VII und 208 S.) Berlin 863, Th. C. F. Enslin. *

—— ein Urlaub. (Gedichte.) Hrsg. zum Besten der Noth leidenden in Oberschlesien. 16. (53 S.) Berlin 848, Simion.

—— die konstituirenden Versammlungen in Berlin und Frankfurt a. M. gr. 8. (18 S.) Berlin 848, Mittler und Sohn

Mercken, J. C., observationes criticae in passionem Jesu Christi. Duisb. 1732. 4.
vgl. Merken, I. Kasp.

Merckens, Friedrich Wilhelm, s. Merckens, Wilhelm

Merckens, H.

Merkens, H., de Aanwending van de voornaamste geneesmiddelen voor uitwendig gebruik, s. Huisbibliotheek, homoeopathische.

Merckens, H., de homoiopatische huisdokter. Bevattende de noodigste aanwijzingen om de meest voorkomende ziekten te kennen en volgens de beginselen van Dr. Hahnemann te behandelen. Hoofdzakelijk bewerkt naar Hirschel's Arzneischatz. Onder toezicht van Verwey. 8. (XII, 336 S.) Leipzig 875, Schwabe's homoeopathische Buchh. *

Merckens, H., de homoiopathische huisdokter, bevattende de noodigste aanwijzingen, om de meest voorkomende ziekten te kennen en volgens de beginselen van Hahnemann te behandelen. Gevolgd van een leiddraad voor de homoiopathische behandeling van zieke huisdieren. Naar de nieuwste bronnen bewerkt. 2. verbeterde en vermeerderde uitgave. 8. (XII, 448 S.) Leipzig 881, Schwabe's Homöopath. Buchh. *

Merckens, H., de homoeopathische huisdokter, bevattende de noodigste aanwijzingen, om de meest voorkomende ziekten te kennen en volgens de beginselen van Hahnemann te behandelen. Gevolgd van een leiddraad voor de homoeopathische behandeling van zieke huisdieren. Naar de nieuwste bronnen bewerkt. 3., verbeterde en vermeerderde uitgave. 8. (XVI, 446 S.) Leipzig 895. Dr. W. Schwabe. n. 4. 20;
Einbd. n.n. — 80

Merckens, Otto [aus Eschweiler, Rhlde.]: Über die α-Phenylglutarsäure und ihre Kondensation mit Benzaldehyd. Die $\gamma\delta$-Diphenyl- $\gamma\delta$-Pentensäure. Basel 1902. 39 S. 8°.
Basel. Phil. Diss. 1901/1902.

Merckens, Otto. Über die α-Phenylglutarsäure und ihre Kondensation mit Benzaldehyd. Die $\gamma\delta$-Diphenyl-$\gamma\delta$-pentensäure. Diss. Phil. Basel. 39 S. 8. Basel, Emil Birkhäuser, 1902.

Merckens, Otto, Referendar aus Hünshoven-Geilenkirchen: **Das Recht des Bürgen auf Verwertung von Einwänden aus der Person des Hauptschuldners nach gemeinem Recht und dem Recht des Bürgerlichen Gesetzbuches.** *Geilenkirchen 1900: C. van Gils.* (XV, 74 S.) 8° [J.]
Freiburg i. B., Rechts- u. staatswiss. Diss. v. 15. Dez. 1899

Merckens, W. Bemerkungen über Schillers Metrik, besonders im Taucher. 22 S. Progr. *Birkenfeld* 1884.

Merckens, (Fridericus) Guilelmus (*geb. Schwerte in Westf. 2. 5. 1837*): Quomodo Romani Asiam provinciam constituerint, exponitur. Vratislaviae (1860). (30 S.) 8°
Breslau. Phil. Diss. v. 20. Dez. 1860

Mercker, s. Merker.

Mercker, A., Turnerfeindinnen. Erinnerungsblätter an das 3. deutsche Turnfest in Leipzig. gr. 16. (175 S.) Wien 864, Schönewerk. [Troppau, Kolck.]

Mercker, Friedr. Wilh., der Architekt im Kleinen; od. Zeichnungen von mit Beifall aufgenomm. größtentheils ausgeführten einzelnen Gegenständen an u. in Gebäuden u. Gärten, als Muster f. Baulustige. 4. Hft. M. 15 Kpfr. 4. (½ B. Text.) Leipzig 830, Baumgärtner.
1–3. Hft. Ebendas. ... à 1 Thlr., drdas. Pr. à 18 Gr.

Merker, Fr. Wilh., der Architekt im Kleinen; od. Zeichnungen v. mit Beifall aufgenomm. größtenth. ausgeführten einzelnen Gegenständen an u. in Gebäuden u. Gärten, als Muster für Baulustige. 4s Hft. Mit 15 Kpf. 4. Leipz. 831. Baumgärtner. 18 gl. (1s–3s Hft. s. Architekt.)

—— Decorationen d. Innern v. öffentl. u. Privat-Gebäuden, od. ganze Anordnungen d. Verzierung v. Concert- u. Ball-Sälen, verschied. Zimmern, Vorsälen, Treppen u. a. Räumen; f. Architekten etc., auch z. Gebr. als Vorlege-Blätter f. Gewerbs- u. a. Schulen. 1. Hft. gr. 4. (6 Kpfrt.) Leipzig (833), Baumgärtner.

—— Decorationen d. Innern v. öffentl. u. Privat-Gebäuden etc. f. Architekten, Decorationsmaler etc. Auch z. Gebr. als Vorlegeblätter f. Gewerbs- u. a. Schulen. 2. Hft. gr. 4. (6 Bl. Kpfrst.) Leipzig 836, Baumgärtners Buchh. *
1. Hft. Ebendas. 1833. * 8 Gr.

—— Constructionen v. Oefen nach Grundsätzen d. Aesthetik u. d. Feuerungskunde dargestellt, f. Architekten, Baugewerken u. z. Auswahl in Mustern f. diejen., welche in ihren Zimmern Wärme verbreitende, nicht rauchende Oefen v. geschmackvollem Aeussern errichten lassen wollen; so wie auch als Vorlegeblätter. 2. u. 3. Hft. gr. Fol. (à 8 Kpfrt. u. 1 B. Erklär.) Leipzig 829, 32, Baumgärtner. à
Schliesst sich an „K. W. Schwarze, prakt. Anleitung z. Baue v. Oefen rc." 1. Hft. Ebendas. 1827. 1 Thlr.

Mercker, Friedr. Wilh., Constructionen von Oefen, nach Grundsätzen d. Arithmetik u. d. Feuerungskunde dargest., f. Architekten, Baugewerken u. z. Auswahl in Mustern, wie auch als Vorlegeblätter in Sonntags- u. Industrie-Schulen anwendbar. 4. Hft. gr. Fol. (1 B. Text u. 8 Kpfrt.) Leipzig 837, Baumgärtners Buchh.
1–3. Hft. Ebendas. 1827–32. à 1 Thlr.

—— die Mappe d. Bautischlers, od. Ideen zu Thorwegen, Hausthüren, Doppelthüren, Vorsetzern, Stuben-, Gewölb- u. Glasthüren, Bogen u. and. Fenstern; mit ihren vergrössert dargestellten Grund- u. Profilriss u. d. beigefügten Maasstabe, mit besond. Rücksicht auf leichte Ausführbarkeit, auch als Musterblätter anwendbar. 1–4. Hft. gr. 4. (à 6 Kpfrt.) Leipzig 832–34, Baumgärtner. à

—— die Mappe d. Bautischler's, od. Ideen zu Thorwegen, Hausthüren, Doppelthüren, Vorsetzern, Stubenthüren, Gewölbethüren, Glasthüren, Bogen- u. a. Fenstern, mit ihren vergrössert dargestellten Grund- u. Profilriss u. dem beigefügten Maasstabe; zum Gebr. f. Architecten, etc.; auch als Vorlegeblätter anwendbar. 5–17. Hft. gr. 4. (à 6 Kpfrt.) Leipzig 835–42, Baumgärtners Buchh. à *
1–4. Hft. Ebendas. 1832–34. à * 8 Gr.

Mercker, Fr. Wlh., die Mappe des Bautischler's, od. Ideen zu Thorwegen, Hausthüren, Doppelthüren, Vorsetzern, Stubenthüren, Gewölbethüren, Glasthüren, Bogen- u. a. Fenstern, mit ihrem vergrößert dargestellten Grund- u. Profilriß und dem beigefügten Maaßstabe; zum Gebrauche für Architecten, rc.; auch als Vorlegeblätter anwendbar. 17. u. 18. Heft. gr. 4. (6 Kupfertaf.) Leipzig 842, 43, Baumgärtner's Buchh. (à) n. 1/3 ℛ

—— der Metallarbeiter, od. Ideen zu Balcons, Treppengeländern, Thorwegen, Thüren, Fenstern etc. etc. Für Architecten, Baugewerken etc., auch als Vorlegeblätter f Gewerbs- u. a. Schulen. 1—4. Hft. gr. 4. (à 6 Blätt.) Leipzig 832—35, Baumgärtner. à

—— der Metallarbeiter, od. Ideen zu Balcons, Treppengeländern, Thorwegen, Thüren, Fenstern etc. f. Architecten, Baugewerken, Fabrikanten etc., auch als Vorlegeblätter f. Gewerbs- u. a. Schulen. 5—15. Hft. gr. 4. (à 6 Kpfrt.) Leipzig 836—42, Baumgärtners Buchh. à *
1—4. Hft. Ebendas. 1832—35. à * 8 Gr.

—— architekton. Pläne, od. Details, Grund-, Auf- u. Profilrisse zu öffentl. u. Privatgebäuden, so wie zu anderen z. Verschönerung, z. Vergnügen od. z. Nutzen bestimmten Bauwerken, f. Maurer, Steinmetzen etc., auch z. Behuf als Vorlegeblätter f. Gewerbs- u. a. Schulen. 1. Hft. gr. Fol. (6 Kpfrt. mit Erklär. auf d. Umschlage.) Leipzig (834), Baumgärtner.

—— der Tapezirer, od. Drappirungen v. ganzen Zimmern, Plafonds, einzel. Wänden, Fenstern, Betten etc. f. Architecten etc., auch als Vorlegeblr. f. Gewerbs- u. a. Schulen. 1—5. Hft. gr. 4. (à 6 Kpfrt.) Leipzig 832—35, Baumgärtner.

—— der Tapezirer, od. Drapirungen v. ganzen Zimmern, Plafonds, einzeln. Wänden, Fenstern, Betten etc. f. Architecten etc. Auch als Vorlegeblätter f. Gewerbs- u. a. Schulen. 6—18. Hft. gr. 4. (à 6 Kpfrt.) Leipzig 836—42, Baumgärtners Buchh. à *
1—5. Hft. Ebendas. 1832—35. à * 8 Gr.

—— der Tapezirer, od. Drapirungen von ganzen Zimmern, Plafonds, einzelnen Wänden, Fenstern, Betten u. s. w. für Architecten, Decorateurs, Tapezirer etc. 19. u. 20. Heft. gr. 4. (à 6 Kpfrt.) Leipzig 843, 44, Baumgärtners Buchh. à * 10 Ngr. *
Hft. 1—18. Ebendas. 1832—42. à * 10 Ngr.

—— der Tischler, od. theoret.-prakt. Anleitung z. Erfinden, Zeichnen u. Anfertigen aller Arten Meubles. Erläut. durch deutl. Zeichnungen, welche zugleich als Vorlegeblr. in Gewerbs- u. a. Schulen dienen können. 1. u. 2. Abthl., jede m. 12 Kpfr. (qu. gr. 4.) gr. 8. (6 u. 9 B.) Leipzig 834, 35, Baumgärtner. à

—— der Tischler, od. theoret.-prakt. Anleit. z. Erfinden, Zeichnen u. Anfertigen aller Arten Meubles. 3. (letzte) Abthl. gr. 8. (11½ B. u. 12 Kpfrt.) Leipzig 836, Baumgärtners Buchh. *
1. u. 2. Abthl. Ebendas. 1834, 35. à * 16 Gr.

—— Vasen, Gefässe u. and. architekton. Verzierungen f. Architekten etc., anwendbar zugleich als Vorlegeblr. f. Industrie- u. Sonntags-Schulen. 1. Hft. Enthalt. 42 Vasen u. Prachtgefässe, ausführbar in allen Metallen u. Erden. gr. 4. (12 Blätt. Kpfrst.) Leipzig 829, Lauffer.

—— pract. Zeichnungen v. Meubles im neust. u. geläut. Geschmacke, mit beigefügt. Maasstab f. Architekten etc.; mit besond. Rücksicht auf leichte Ausführbarkeit, auch als Vorlegeblr. f. Sonntags- u. Ind.-Schulen anwendbar. 1—14. Zimmer. gr. 4. (à 6 Kpfrt.) Leipzig 832—35, Baumgärtner. à

—— pract. Zeichnungen v. Meubles im neuesten u. geläutertsten Geschmacke, mit beigefügtem Maasstab, mit besond. Rücksicht auf leichte Ausführbarkeit, auch als Vorlegeblätter f. Sonntags- u. Industrie-Schulen anwendbar. 15—28. Zimmer. gr. 4. (à 6 Kpfrt. u. Erklär. auf d. Umschlage.) Leipzig 836—42, Baumgärtners Buchh. Thlr. à *
1—14. Hft. Ebendas. 1832—35. à * 8 Gr.
Vgl. Merker.

—— pract. Zeichnungen von Meubles im neuesten u. geläutertsten Geschmacke, m. beigefügtem Maasstabe, m. besond. Rücksicht auf leichte Ausführbarkeit etc. 29. u. 30. Zimmer. gr. 4. (à 6 Kpfrt.) Leipzig 843, Baumgärtners Bh. à * 10 Ngr. *
1—28. Zimmer. Ebendas. 1832—42. à * 10 Ngr.

Mercker, G., Deutsch-französische Sprichwörter u. Redensarten. Gesammelt u. alphabetisch geordnet. 16. (46 S.) Osterode 850, Sorge. 1/12 ℛ

Mercker, Ludov. (August. Ern.) (geb. Neubrandenburg [29. 7.] 1840):
De gravidi uteri rupturis. Berolini (1866). (30 S.) 8°
Berlin, Med. Diss. v. 27. Apr. 1866

Merckle, Anna, Gedichte. (69 S.) 12. Neustadt a. d. H (903). (H. Epp.) n. 1. —

Merckle, Elsa: Über desmotrope Verbindungen in der Triazolreihe. München 1909: Höfling. 43 S. 8°
München, Phil. Diss. v. 22. Juli 1909, Ref. v. Baeyer
[Geb. 19. Jan. 74 Frankenthal i. B.; Wohnort: Frankenthal; Staatsangeh.: Bayern; Vorbildung: Gymn. Heidelberg Reife Juli 03; Studium: München 11 S.; Rig. 22. Juli 09.] [U 10. 3679

Merckle, Kurt, das Denkmal König Friedrichs d. Großen in Berlin. Aktenmäßige Geschichte u. Beschreibg. d. Monuments. Preisgekrönt v. der Berliner Grimmstiftg. gr. 8. (XV, 200 S. m. 1 Lichtdr.) Berlin 894. Besser. n. 5. —; geb. n. 6. —

Merckle, Wolfgang, approb. Arzt aus Frankenthal: 164 Kropfoperationen an der chirurg. Klinik zu München. *München 1902: C. Wolf & Sohn.* (31 S.) 8°
München, Med. Diss. v. 1902

Mercklin, Aug., Studien über primäre Verrücktheit. Inaugural-Dissertation. gr. 8. (102 S.) Dorpat 879, (Karow.) *

Mercklin, Carl Eugen von, s. Mercklin, Karl Eugen von

Mercklin, Ernst, aus Hannover: Ueber Alkyl- und Dialkyl-α-Aminonitrile. *Heidelberg 1904: K. Rößler.* (33 S.) 8°
Heidelberg, Naturw.-math. Diss. v. 1904

Mercklin, Eugen von: Der Rennwagen in Griechenland. T. 1. Leipzig 1909: Radelli & Hille. 66 S. 8°
Leipzig, Phil. Diss. v. 13. Juli 1909, Ref. Studniczka, Bethe
[Geb. 13./26. Jan. 84 Petersburg; Wohnort: Leipzig; Staatsangeh.: Rußland; Vorbildung: St. Annen-Gymn. Petersburg Reife Juni 01; Studium: Petersburg 2, Berlin 2, Leipzig 10 S.; Rig. 27. Okt. 08.] [U 09. 3020

Mercklin, Hermann [aus Hannover]: Beiträge zur Kenntniss der Aluminiumchlorid-Reaction.... Freiburg i. B., Druck d. Fr. Wagner'schen Buchdr., 1885; 36 S. 8°.
Freiburg i. B., Phil. Fak., Inaug.-Diss. v. 1885.

Mercklin, Karl Eugen von

Mercklin, C. E. v., Beobachtungen an dem Prothallium der Farrnkräuter. Eine Prüfung und Berichtigung der neuester Entdeckungen in der Entwickelungsgeschichte derselben Imp.-4. (IV und 84 S. mit 7 von dem Verf. nach der Natur gezeichneten ill. Kpfrt.) St. Petersburg 850. (Leipzig, Voss.) **

Mercklin, Carl Eugen v., zur Entwicklungsgeschichte der Blattgestalten. Beobachtungen. gr. 8. (5¾ B. u. 2 Taf. Abbild.) Jena 846, Hochhausen. *

— über eine Missbildung an Taraxacum dens leonis, siehe: Bulletin de la société Imp. des naturalistes de Moscou, tome XXIII, 1. partie.

v. Mercklin, C. E., Monstrositäten in den männlichen Kätzchen von Ostrya vulgaris u. Virginica, siehe: Bulletin de la société Imp. des naturalistes de Moscou, tome XXIII, 1. partie.

Mercklin (C. von). Anatomisch-physiologisch Notizen ueber einige seltner bluehende Pflanzen der Kaiserl. Gewaechsh. zu St. Petersburg. Riga, 1851. 8°.

Mercklin, C. E. v., Palaeodendrologikon rossicum. Vergleichende anatomisch-mikroskopische Untersuchungen fossiler Hölzer aus Russland. Ein Beitrag zur vorweltlichen Flora. Imp.-4. (VI und 101 S. mit 20 lithogr. und theilweise chromolith. Taf. Abbild. in Imp.-Fol. vom Verf. nach der Natur gez.) St. Petersburg 855. (Leipzig, Voss.) **

Mercklin, Ludov., Anonymus Magliabecchianus, s. a. Anonymus.

Mercklin, Ludwig

— De Varronianis hebdomadibus animadversiones. Pr. 1857. 16 S. 4°.

—— Aphrodite Nemesis mit der Sandale. Griechisches Erzbild des dorpater Kunstmuseums, erläutert. gr. 4. (III und 16 S. mit 1 Stnt.) Dorpat 854, (Glaeser's Verlag.) *

— A. Gellii Noctium Atticarum capita quaedam ad fontes revocata. Pr. 1861. 15 S. 4°.

—— über den Einfluss des Orients auf das griechische Alterthum. Rede, gehalten am 25jähr. Krönungstage Sr. kaiserl. Maj. Nikolai Pawlowitsch am 22. Aug. 1851. gr. 8. (45 S.) Dorpat 851, (Glaeser's Verlag.)

—— de Fenestella historico et poeta. 4 maj. (2 B.) Dorpati 844. (Gläser's Verl.)

— De Varronis tralaticio scribendi genere quaestiones. Pr. 1858. 14 S. 4°.

Mercklin, Lud., de Junio Gracchano commentat. Pt. I. et II. 8maj. (6½ B.) Dorpati 840, 41, (Rigae, Götschel.)

Mercklin, Ludw., die Cooptation der Römer. Eine sacralrechtl. Abhandlung. gr. 8. (X und 238 S.) Mitau 848, Reyher'sche Vrlgsh.

—— Carl Morgenstern. Gedächtnissrede, gehalten am Tage der Thronbesteigung Sr. kais. Maj. Nikolai Pawlowitsch den 20. Novbr. 1852 im grossen Hörsaale der Universität Dorpat. gr. 4. (35 S. mit lithogr. Portr.) Dorpat 853, (Glaeser's Verlag.) *

— Observationes ad S. Pompeii Festi Paulique excerpta. Pr. 1860. 14 S. 4°.

Mercklin, L., De curiatorum comitiorum principio. Pr. 1855. 16 S. 4°.

Mercklin, L., De Osculana pugna commentatio. Pr. 1854. 15 S. 4°.

— Quaestiones Varronianae. (Index scholarum in universitate Dorpatensi 1852 habendarum.) gr. 4. (48 S.) Dorpati. (Glaeser.) n. ⅓ ₰

Mercklin, L. Symbolae exeget. ad Curculionem Plautinam Pr. 1862. 14 S. 4°.

— die Talos-Sage u. das Sardonische Lachen. Ein Beitrag zur Geschichte Griechischer Sage u. Kunst. [Aus den Mémoires des savants étrangers, tome VII abgedr.] Mit 2 lith. Taf. (in qu. Fol.) Imp. 4. (90 S.) St. Petersburg 851. Leipzig, Voss in Comm. n. n. 1 ₰ 12 ngr

— De novem tribunis Romae combustis. Pr. 1856. 25 S. 4°.

— De Varrone coronarum Romanarum militarium interprete praecipue quaestiones. Pr. 1859. 15 S. 4°. 1.—

Mercklin. L., De vase vitreo populoniensi. Pr. 1851. 14 S. u. 1 Taf. 4°.

— de vase vitreo Populoniensi brevis disputatio. [Index scholarum in universitate litteraria caesarea Dorpatensi per semestre prius et alterum a. 1851 habendarum.] gr. 4. (XIV u. 22 S. m. 1 lith. Taf. in Fol.) Dorpati 851. (Glaeser.) n. ⅓ ₰

—— de vase vitreo Populoniensi brevis disputatio. (Index scholarum in universitate litteraria caesarea Dorpatensi per semestre prius et alterum a. 1851 habendarum.) 4maj. (XIV und 22 S. mit 1 Stnt. in Fol.) St. Petersburg 851. (Leipzig, Voss.) *

Mercklin, Ludov., de Corneliae P. f. Gracchorum matris vita, moribus et epistolis commentatio. 8. (3 B.) Dorpati 844. (Gläser's Verl.)

Mercklin, Ludw., die Citiermethode und Quellenbenutzung des A. Gellius in den Noctes Atticae. (Abdr. aus dem 3. Suppl.-Bd. der Jahrbücher für class. Philologie.) Leipzig 860. Teubner. gr. 8. (78 S.) n. 16 ngr

Mercklin, Septimus Andreas (Nürnberg), De plagio militari ex decreto. Diss. jur. Nürnberg (D. Meyer) Nov. 1728. 48 S. (4.50) 23050
Widm. v.: G. H. Linck, Joh. Abraham Mercklin, A. G. Kesler.

Mercklinghaus, P. F. Ludwig (Lippstadt/Westfalen), De blepharoblennorrhoea neonatorum. Diss. med. Berlin (A. Petsch) 17. XI. 1826. 28 S. mit Biogr. (M.: Fr. L. Drever.) (3.50) 23051
Oppon.: C. Alcken, Peter Tosetti, Carl Weiß. — Gew.: Friedrich Wilhelm Mercklinghaus (Vater).

Merck-Mahl eines wahren u. falschen Christen, s. Bäumler, Gottfried Samuel

Merckwürdigkeiten. – Neue Merckwürdigkeiten von politischen und gelehrten Sachen. –
Königsberg. – 1741 – 1742.
Vorh. u.d.T.: Königlich preußische Fama.
Fortges. u.d.T.: Königsbergische Zeitungen.

Merclinus, Ge. Abr., s. Merklein, Georg Abraham

Mercur, s. a.: Merkur.

Mercur. Pest-Ofner Kundschafts- und Auctionsblatt. LXX. Jahrg. Verantw. Red. *Wilhelm Lechner*. Eigenth. und Verl. *Edmund Szuppiny*. Gedruckt in der *Jos. Gyurian'schen* Buchdr.
Erscheint in **Pest**, Dinstag und Freitag, 1 Bog. in Fol., 3-spalt. Prän.-Pr. ¼-jähr. 1 fl. 40 kr.

Mercur oder neueste Nachrichten von politischen, literarischen, ökonomischen und Handlungssachen. Münster 1805—Febr. 1806. H: *Schmölder, Friedr. Theodor.* Red: *Rassmann, Chn Frch.* (1806 ff.): *Cramer.* (GGr IX, 355)

Mercur. Abhandlungen über Handel, Industrie u. Gewerbe in deutscher, französischer und englischer Sprache für Handels- und Realschulen sowie für alle Handelsbeflissene herausg. von Jac. Schantz. 1—6. Heft. Freiberg 855—57. (Leipzig, Schäfer.) gr. 8. (160 S.) Jedes Heft n. 8 ngr.

Mercur. Zeitschrift für Kaufleute. Red. v. Herm. Bischof. 1. Jahrg. 1868. 24 Nrn. (Bgn.) Graz, Pock. gr. 8. n. 2 ℛ

—— Zeitschrift zur Hebung des deutschen Ausfuhr-Handels. Redact.: Jul. Aug. Jenckel. 1. und 2. Jahrg. 1882 und 1883. à Jahrg. 3 Ausgaben (deutsch, englisch und spanisch) à 12 Nrn. (à Nr. 2—2½ Bog. mit Illustr.) Fol. Hamburg, Gassmann'sche Sortimentsh. à Jahrg. *
Jede Ausgabe einzeln *

—— dass. — 3. Jahrg. 1884. 3 Ausgaben (deutsch, englisch und spanisch) à 12 Nrn. (à Nr. 2—2½ Bog. mit Illustr.) Fol. Hamburg, J. F. Richter. *
Jede Ausg. einzeln *

Mercur. Zeitschrift zur Hebung des Ausfuhr-Handels. Redact.: J. H. A. Hagemann. 4. Jahrg. 1885. 3 Ausgaben (deutsch, engl. und span.). à Ausg. 12 Nrn. (à Nr. 2—2½ Bog. mit Illustr.) Fol. Hamburg, [J. F. Richter.] Verlagsanstalt und Druckerei vorm. J. F. Richter. *
Einzeln à Ausg. *
Erscheint nicht mehr.

„Mercur". Monatstabellen der wichtigsten Vorgänge im Bereiche der Börse, Volkswirtschaft, Politik. Hrsg.: Wilh. Mannes. Jahrg. 1906. 12 Nrn. (à 1 Bl.) qu. gr. Fol. Berlin, Verlag „Berliner Mercur". n. 6. —; einzelne Nrn. n. — 60

Mercur. – Altonaer Mercur. –
Hamburg-Altona. – 1.I.1839 – IV.1875.
Vorh. u.d.T.: Altonaischer Mercurius und desselben Relation aus dem Parnasso.

Altonaer Mercur. Zeitung und Intelligenzblatt für die Herzogthümer Schleswig, Holstein u. Lauenburg. 1848 53. 1860 68. Altona. (Unvollständig!) Fol.

— Badischer, Jahr 1831, No. 1 — 105. (Mai — Decbr.) gr. 4. Karlsr., Bräun. 2 ℛ 16 ℊ

Mercur für Damen. Wien 1783 bis 1784. H: *Ehrenberg, Johann.* (BGE ²VIII, 1473) (zenker S. 150, Nr. 217) ([Hch. Wolfgang Behrisch] Die Wiener Autoren. Pressburg 1784. S. 59) (Bespr. Realzeitung 1784, Nr. 13, S. 210—212) (BiblPort)

— f. Damen. 5 Stcke. 8. Wien 784. Hartmann. 1 ℛ 1 ℊ

Mercur, Dem, geweiht. [Breslau 1820.] V: *Kudrass, C. J.* (Kat. d. Druckschr. üb. Breslau. Breslau 1903. S. 163.)

Mercur, literarischer, oder wöchentl. Unterhaltungsblatt für alle Stände. Jahrg. 820 und 821. gr. 4. Dresden, Hilscher. à 3 Rtblr.

— — livländischer, s. G. Merkel, Livl. M.

Mercur, Der Magdeburgische, ein politisches Drama am Ende des 18. Jahrh. Altona 1799. V: *Lehmann, Heinrich Ludwig.* (Graupe, Kat. 57, Nr. 282) (Zeitschr. f. Büch. N. F. 15, 1923, S. 116)

Mercur, Der neue teutsche. Weimar 1790—1810. H: *Wieland, Christoph Martin.* (GGr)

Mercur, Neuer Niedersächsischer. Upsala [Hamburg] 1798. V: *Schütz, Friedrich Wilhelm von.* (Ky) (Wr) (Collin, Anonymer. Kiobenh. 1869.)

Mercur, Nieder-Elbischer. 2 Bde. od. 12 Hfte. 8. Hamb. Perthes u. B. 815.

Mercur, Nieder-Elbischer. 3 Bde. in 18 Stücken. (1s, 2s 3s Stück à 5 Gr. 4s 5s St. à 6 Gr. 6s — 9s St. à 5 Gr. 10 St. à 10 Gr. 11s, 12s 13s St. à 9 Gr. 14s St. à 12 Gr. 15s St. à 3 Gr. 16s St. à 9 Gr. 17s St. à 6 Gr. 18s St. à 12 Gr.) 8. Hamburg, Perthes und Besser. 815. 816. Rthlr.

Nieder-Elbischer Merkur. 1—17. — Hamburg: Wörmer 1815. 8°

Mercur, Der Niedersächsische. Hamburg 1792—93. H: *Schütz, Friedrich Wilhelm von.* (Kordes, Schlesw.-holst. u. eutin. Schriftst. Schleswig 1797.) (MGT) »Mercur, Niedersächsischer« (Ky)

— Niedersächsischer. Als Einleit. zum neuen grauen Ungeheuer, (v. Fr. W. v. Schütz). 2 Thle. 8. Hamb. 792, 93. (Herold jun.) 1 ℛ — Neuer Niedersächs., (v. Fr. W. v. Schütz). 3 Thle. Als Beilage zum neuen grauen Ungeheuer. 8. Ebd. 1 ℛ (Vollmer in Hamb.)

Niedersächsischer Merkur als Einleitung zum neuen grauen Ungeheuer. 4. ganz umgearbeitete, verbess. und mit musikalischen Beilagen vermehrte Aufl. Altona. 1797. [Udg. af FR. WILH. V. SCHÜTZ].

Mercur, Rheinischer. Koblenz 1814—16. H: *Görres, Johann Joseph von.* (Kn) (BrMm) (GGr)

— Rheinischer; hrsgg. v. Görres. 2 Jahrgg. Fol. Frankf. a. M. 814—16. (Eichenberg). 16 ℛ 12 ℊ

Görres, J. J. (Herausgeber): „Rheinischer Mercur", 2 Jahrgänge, Frankfurt a. M. 1814 bis 1816 (Eichenberg). — Fortsetzung u. d. T.: „Der neue rheinische Mercur", Jena Oktober bis Dezember 1817. Derselbe, ebenda 1818. Derselbe, ebenda 1819 Januar bis Juli.

Mercur, Der schwäbische. Stuttgart 1822. H: *Elben, Christian Gottfried:* (MGT) S. a. Nr. 4562.

Mercur, Schwäbischer. Stuttgart 1785 ff. H: *Elben, Christian Gottfried.* (MGT) S. a. Nr. 4555.

Mercur, Der teutsche. Jahrg. 1773—90. Weimar. H: *Wieland, Christoph Martin.* (GGr) (Kl)

Mercur, Der teutsche, nebst zu besserer Einsicht der neuesten Begebenheiten dienenden Anmerkungen. Nürnberg 1746—54. H: *Kiener, Johann.* (ML) (Will)

Mercur von Ungarn, oder Literaturzeitung für das Königreich Ungarn . . . Pest 1786—87. H: *Kovachich, Martin Georg.* (Jes)

— von Ungarn, od. Literaturzeitung f. d. Königr. Ungarn rc. auf die Jahre 1786, 87. 12 Hefte. Pesth u. Ofen, Kilian. 8 ℔

Mercur d. Aeltere, s.: Elend, das, d. Kaufmannsstandes.

Mercure d'Allemagne. S. l. 1763. H: *Schulin, Joh. Phil.* (MGT)

Mercure [de Berne]

⑮ In einem Bericht über den Tod des Majors Davel, erschienen in der zürcherischen Monatsschrift «Historischer Mercurius», August 1723, findet sich folgender Passus: «In der Nachricht von dem Tod des Majors Davells zu Lausanne ist versprochen worden, daß noch ein mehreres davon sollte berichtet werden, aber die eingeloffene Berichte enthalten nichts anders als was auch der zu Bern gedrückte Mercure schon längstens berichtet hat . . .» Entweder handelt es sich hier um einen Vorläufer des «Bernischen Mercurius», bekannt aus dem Jahre 1743, um die «Nouvelles de divers endroits» oder um eine bis heute verschollene Zeitschrift, die vielleicht den Titel «Mercure de Berne» trug.

Mercure de Berne

③ Nouvelles politiques ou Gazette de Berne ⑤ 2. 7. 1802—31. 12. 1802 ⑥ in-8° ⑦ bihebdomadaire ⑧ Berne: F. Fischer ⑪ probablement Amédé Frédéric Fischer et August Sigismond d'Arnay ⑫ neutre en politique, peut-être soutenu par le gouvernement ⑬ BGSZ: 107, 114 (VIII. p. 302), 963, 973 ⑭ Be: L; Lu: Z ⑮ Selon Markus la feuille précédente est «Nouvelles Politiques et Nationales». v. BGSZ 107, p. 41.

Mercure du Département de la Roër 1811. gr. 8. Cöln, Schmitz.

Mercure, (le) de Francfort, ou recueil choisi de mémoires, itineraires, reflexions morales et critiques etc. par J. Pierre. 1826 et 27, April—Dec. gr. 8. Frankf. Sauerländer. à 3 Rthl. 12 gr.

Mercure, (le) de Francfort, ou recueil choisi de mémoires, itinéraires, reflexions morales et critiques etc., par J. Pierre, II Vols. gr. 8. Frankf. 828. (Sauerländer). 3 ℔ 14 ℊ.

Mercure galant
v. Variétés agréables

Mercure de Hollande

⑤ 1745—? ⑧ Berne: Esther Bondeli; Yverdon: Esther Bondeli (?) ⑮ Müller (BGSZ 979) écrit: 1745 erlangte die Bondeli ein neues Privilegium, nämlich zum Druck des ins Französische übersetzten «Holländischen Mercurs». Perret: Les Imprimeries d'Yverdon au XVIIe et XVIIIe siècle (Lausanne 1945), p. 78: Il est possible que Mme Bondeli ait réimprimé le Mercure de Hollande à Yverdon comme elle le faisait, en tout cas, précédemment.

Mercure, Méthode d'extraire les métaux parfaits des minérais et autres substances métalliques. 8. Berne, Typ.

Mercure et Minerve ou Choix des nouvelles politiques et littéraires . . . H: *Formey, Joh. Hnr. Samuel.* (ML) (MGT)

Mercure et Minerve, ou Choix de nouvelles politiques et littéraires les plus intéressantes pour l'année 1738 (à Berlin). Kl. 252. Ramsay wird hier als Verf. der Relation apologique bezeichnet.

Mercure, Nouveau, de France. Gotha 1775—77. H: *Reichard, Heinrich August Ottocar.* (Ky) (ErschDL) (MGT)

Mercure Politique. Stuttg. 1761. V: *Erhard, Johann Christoph.* (ML) (Ky)

Mercure de Suisse. S. l. 1744 ff. Red: *Henzi, Sam.* (Waniek, Gottsched. Leipz. 1897. S. 53.)

Mercuria. Verbandsorgan der kaufmänn. Congregationen u. kathol. kaufmänn. Vereine Deutschlands. 12. Jahrg. 1892. 52 Nrn. (Bog.) gr. 4. Berl., Germania. ** 3 —
11. Jahrg. erschien im Verlage v. P. Leidinger in Mainz. — Bis dahin nicht im Buchhandel.

— Organ des Verbandes der kathol. kaufmänn. Vereiniggn. Deutschlands u. seiner Hülfskassen. Red.: Fridolin Gunkel. 13. u. 14. Jahrg. 1893. 1894. à 52 Nrn. (Bog.) gr. 4. Ebd. à Jahrg. n.n. 3. —

Mercuria. Organ d. Verbandes d. kathol. kaufmänn. Vereiniggn. Deutschlands u. s. Hülfskassen. Red.: Fridolin Gunkel. 15.—18. Jahrg. 1895—1898. à 52 Nrn. (Bog.) gr. 4. Berlin, Germania. à Jahrg. n.n. 3. —
Kann auch vierteljährlich bezogen werden.

Mercuria. Organ des Verbandes kathol. kaufm. Vereiniggn. Deutschlands u. seiner Hülfskassen. Red.: Amand Tschirsch. 19.—22. Jahrg. 1899—1902. à 52 Nrn. gr. 4. (à ca. 8 S.) Berlin, Germania. à Jahrg. n.n. 3. —
Der 19. Jahrg. ist v. Fr. Gunkel redigiert.

Mercuria, Fortsetzg., s.: Merkuria.

Mercurialis oder Wintergrün. Nürnb. 1733. V **nicht:** *Megerle, Joh. Ulrich* (ADB)

Mercurius oder populärer Botschafter für die badischen Kaufleute, Fabrikanten u. Handelsgesellschaften, sowie für die im Sinne des deutschen Handelsgesetzbuches zu den Handelsleuten gehör. Gewerbetreib. mit vielen Mustern zu Klagen in Handelssachen u. zu verschiedenart. Handelsverträgen. Freiburg i. Br. 868. G. Mayer. 8. (XII, 140 S.) n. 20 ngr.

Altonaischer Mercurius. Anno 1765. Nr. 1—103. (Altona.) 8°. 1788. Nr. 105—200. ebd 8°.
Viele einzelne Nummern aus dem 18. und dem Anfange des 19. Jahrh.
⊙ 1814. Nr. 1—170. mit starken Lücken. 1815—1829. 8°. 1830—38. 4° k.
Beyblätter zum Altonaer Mercur. Nr. 1—312. Altona. 1835 bis 38. 4° k.
Fortges. u. d. T.:
Altonaer **Mercur.** Zeitung und Intelligenzblatt für die Herzogthümer Schleswig. Holstein und Lauenburg. Altona. 1839—49, 1.—3. Quartal. Fol. Fortges. u. d. T.:
Altonaer **Mercur.** Zeitung und Anzeigeblatt für die Herzogthümer etc. ebd. 1849. 1. Quartal 1862; 1864—66. Fol. Fortges. u. d. T.:
Altonaer **Mercur.** Provinzial-Zeitung für Schleswig-Holstein und Lauenburg. ebd. 1868. Fol. Fortges. u. d. T.:
Altonaer **Mercur.** Schleswig-Holsteinische Zeitung. ebd. Fol. 1869 1870. 1.—3. Quartal. Fortges. u. d. T.:

Mercurius, Altonaischer. Vom 57. Stücke 1815—106. Stücke 1816. Altona. H: *Reinhard, Carl von.* (LS) (Hitzig)

Altonaischer gelehrter **Mercurius** auf das Jahr . . . Altona. 8° Bd. 1. 1763. Bd. 2. 1764. Bd. 19. 1781.

Mercurius. – Altonaischer Mercurius und desselben Relation aus dem Parnasso. –
Hamburg-Altona. – 1688(?) – 1727.
Fortges. u.d.T.: Stats- und gelehrte Zeitung des hollsteinischen gantz unpartheyischen Correspondenten.

Mercurius. – Altonaischer Mercurius und desselben Relation aus dem Parnasso. –
Hamburg-Altona. – 1751 – 31.XII.1838.
[„Altonaische Oktav-Zeitung"]
Vorh. u.d.T.: Staats- und Gelehrte Zeitung des Königlich Dänischen unpartheyischen Correspondenten.
Fortges. u.d.T.: Altonaer Mercur.

Mercurius: Bernerischer Mercurius, Mitbringend Die wahrhafft – und neueste Begebenheiten Europä und anderer Welt-Theilen, auf das Jahr 1743
(5) März 1743—Dezember 1743 (6) 4° (7) Monatsblatt (8) Bern: Joh. Bondeli seel. Wittib (10) lt. BGSZ 99. p. 29 f., vermutlich Hieronymus Stettler — lt. BGSZ 979. p. 187. Witwe Bondeli (11) Hieronymus Stettler (?) (12) Nachrichtenblatt (13) BGSZ: 35. 99. 973. 979 (14) Be: L; Lu: Z (15) Titel des ganzen Jahrgangs v. BGSZ. p. 29. Textproben in BGSZ 973. p. 31 f. Titel des ganzen Jahrganges: Berner-Mercurius, Welcher alles, Was sich im abgelauffenen 1743ten Jahr von dem Mertzen an bis End Decembers in allen Vier Erd-Theilen . . . zugetragen hat.

Der aller Orten, wegen des in der Christnacht 1714 zu Jena geschehenen magischen Casus, mit magischen Grillen beschäftigte Mercurius. 715. 4.

* **MERCURIUS,** Der in einem Wald-Garten- u. Haus-Guckuck sich verwandelte —, welcher besondere neue Begebenheiten der jetzigen Welt wohlmeinend vor Augen stellet. Mit Titelkpf. (unsign.). Franckfurt u. Leipzig (o. Adresse), 1750. 8°. Sehr selten! (4 Mk. R. Levi, Stuttgart, 1895; 7 Mk. Friedr. Klüber, München, 1905.)
Tit. u. 220 S.

Mercurius, der mit allerley Merkwürdigk. gel. Leute a. alt. u. n. Zeit. beschäft. 6 Abfertig. 8. Schwab. 738–40.

MERCURIUS, Einkommender verliebter, Dienstäglicher Zeitungen, vom 18. Martii, Ao. 1702. — Negroponte vom 17. hujus. — Lissabona vom vorigen dito. (Lasciver Prosa-Scherz.)
In: *S. v. O.* Auferweckte Gedichte.... Franckf. u. Lpz. (Stettin), Joh. Adam Plener, 1702. 8°. S. 198—199. — Sep.-Abdr. Cöln [Franz Teubner] 1890. Kl. 8°. Büttenpap. (Wirkl. Druckort Budapest.) — Vergriffen!

Fliegender *Mercurius*, Oder Neuer allgemeiner Reichs- und alter Julianischer Christencalender ...
Wiesbaden: Frey
1790.

MERCURIUS, Geflügelter, worinnen zwar etliche kurtzweilige Sachen zu lesen seyn, jedoch mit untermengter sittlichen Lehr. Wienn 1701. 8°. 94 SS. u. 1 Bl. Ungemein rar! (8 Mk. Jacques Rosenthal, München, c. 1903.)

Mercurius Historicus Oder Kurze Monatliche Erzehlung
Mercurius Historicus, oder Vnpartheyische Monatliche Erzehlung (etc.)
Mercurius: Historischer Mercurius, Der das Merckwirdige . . . monatlich berichtet
v. Historischer und Politischer Mercurius, Das ist, Kurze Monatliche Erzehlung (etc.).

Mercurius: Historischer und Politischer Mercurius, Das ist, Kurze Monatliche Erzehlung, was sich durch das ganze 1694.ten Jahr, in Europa von allerhand Welt-Händeln in Kriegs- und Friedes (1695: n) Sachen, auch in der Natur und Freyen Künsten neues zugetragen, samt einigen Politischen Anmerkungen darüber
(1) Samt einer Zugaab aller Monatlich ans Licht kommender Bücheren (1695; später geändert) (2) Mercurius Historicus Oder Kurze Monatliche Erzehlung. Was sich durch das ganze 1696. Jahr in Europa auch andern Welt-Theilen in Kriegs- und Fridenssachen, auch in der Natur und freyen Künsten neues zugetragen, mit nuzlichen und ergetzlichen Anmerkungen auß der Histori, Politic, Erdbeschreibung und andern Künsten und Wüssenschaften beleuchtet samt einer Zugab der vornemsten Monatlich ans Liecht kommender Bücheren und behörigem Register (1696). Mercurius Historicus, oder Unpartheyische Monatliche Erzehlung alles dessen. Was sich durch das ganze Europa in Staats-, Kriegs- und Friedenshändeln merkwürdiges zugetragen, durchauß mit nohtwendigen Anmerkungen versehen (1718). Das eröffnete Post-Paquet, Enthaltend die in dem Mercurio Historico begriffenen Stat- und Kriegs-Geschichten, Europae, Samt anderen Merkwürdigkeiten (1719). Historischer Mercurius, Der das Merckwirdige so wol aus der Gelehrten als Politischen Welt monatlich berichtet, Mit einigen Reflexionen. (1722) (4) Neuer Historischer Mercurius (etc.) (5) Januar 1694—Dezember 1723 (6) 12° (7) Monatsblatt, aber 1719 nur 4 Nummern, 1720 5 Nummern, 1721 9 Nummern (8) Zürich: Simler, Joseph Lindinner, Johann Lindinner (10) Johann Heinrich Geßner, Gotthard Heidegger, Johann Felix Corrodi, Johann Rud. Ziegler (?) (12) historisch-politisches Journal (13) BGSZ: 99; Weiß, Leo: Die politische Erziehung im alten Zürich (1940). S. 140 (14) Zh: Z (1694—1718); Fr: U (bis 1723); SG: Y (1694—1713, nicht vollständig) (15) Vom Jahrgang 1723 (vielleicht auch schon früher) existiert eine Ausgabe mit dem Vermerk «Schaffhausen, bey Onophrion Seiler». (Exemplar in Aa: K).

Mercurius, Historischer, worinnen das Wichtigste, was zu disen Zeiten in gantz Europa vorgehet, durch eine unpartheyische Feder zusammengetragen wird. Jahrg. 1712, 1713 u. 1715. Augspurg, C. Brechenmacher, 1712—1715. Hprgt. 120.—
Monatsschrift mit Nachrichten aus allen Ländern über Friedens- und Kriegsereignisse. Ganz besonders reichhaltig und wichtig sind die Beiträge zum Nordischen Kriege: (Schweden, Karl XII.), Polen, Sachsen, Rußland, Dänemark. Ereignisse in Deutschland, England, Frankreich, Italien, Spanien, Portugal, Niederlande, Schweiz, Ungarn, Türkei usw.

Mercurius: Neuer Historischer Mercurius, der das Merckwürdigste, theils aus der Politisch — theils aus der Gelehrten Welt berichtet — Desgleichen Vermischte Sammlungen auserlesener alter und neuer Merckwürdigkeiten, aus der Philosophie, Gottsgelahrtheit, Sittenlehr, Natur-Wissenschaft, Vaterländischen- und Kirchen-Geschichten, Mechanic, Critic, Dicht-Kunst, wie auch übrigen Künsten und Wissenschaften.
(3) Historischer und Politischer Mercurius (etc.) von 1694—1723 (5) 1741 (4 Stück) und 1742 (1 Stück) (6) 8° (7) alle 6 Wochen (8) Zürich: Geßner (10) Johann Rudolf Ziegler (13) BGSZ: 99; Weiß, Leo: Die politische Erziehung im alten Zürich (1940), S. 142 (14) Zh: Z (15) Die Zeitschrift besteht aus 2 Teilen, dem eigentlichen politischen Mercurius und den «Vermischten Sammlungen», auf die auch einzeln abonniert werden konnte.

Mercurius, Neuester Altonaischer gelehrter, auf die Jahre 1787 und 1788. Altona. V: *Schütze, Johann Friedrich.* (KY) (MGT) (Collin, Anonymer. Kiobenh. 1869.) (Kordes, Schlesw.-holst. u. eutin. Schriftst. Schleswig 1797.)

Mercurius. – Nordischer Mercurius. –
Hamburg. – VII.(?)1695 – XII.1730.

Mercurius in der Sonne, d. i. kurze Beschreibung einer merkwürdigen Himmelsbegebenheit . . . Nürnberg 1756. V: *Eichhorn, Joh. Ägid.* (Bibliotheca Norica Williana. Altdorf 1772—78. II, 1, 56 f.)

— der wahrsagende, od. Glücksbüchlein. 4. Nürnb. 770. Bauer u. R. 6 gl

§ **MERCURIUS,** Der wahrsagende: Oder das gantz neu-vermehrte Glückes-Büchlein für das männliche und weibliche Geschlecht, worinnen über hundert Fragen von allerhand Begebenheiten enthalten, und nach dem Fall dreyer Würffel beantwortet werden. Mit TKpf. Nürnberg 1717. 4°. (In München: Gymn. 26s.) (12 Mk. Adolf Weigel, 1908.)
Rar, jocos u. pikant. — Frühere Ausgabe ebd. 1697. 4°. (2 Mk. 50 Pfg. Theod. Ackermann, München, 1887; jetzt theurer!)

— — Dasselbe. Ibid. 1762. 4°. 3 Bll., 112 S. (3 Mk. 50 Pfg. B. Seligsberg, Bayreuth, 1906.)

— — Dasselbe, titulo: Der wahrsagende MERCURIUS. Oder: neuvermehrtes Glücksbüchlein, worinnen hundert u. vier (oft recht drollige u. verfängl.) Fragen über allerhand Begebenheiten, welche sowol dem männ- als weiblichen Geschlechte vorfallen können, nach dem Fall dreyer Würfel beantwortet werden. Zu keiner sichern Warheit (sic!), sondern bey Zusammenkünften guter Freunde, zum Scherz u. Kurzweil, auch angenehmer Lust u. zuläßigen Zeitvertreib erdacht. Mit (unsign.) Titelkpf. (2 Damen u. 2 Herren beim Würfeln). Nürnberg, bey Gabr. Nicolaus Raspe, 1770. 4°. (6 Mk., schönes Expl. in gleichzeit. Buntpap.-Ppb., Fr. Klüber's Nachf., München, c. 1906.)
Ganz in Prosa. 4 Bll., 112 S.

MERCURIUS (ps.), Sechs Abfertigungen. 1738.
Weller, Lex. Ps. p. 357. — Rar!

Mercursdurchgang, Der, durch die Sonnenscheibe vom 8. Mai 1845... Leipzig 1845. V: *Jahn, Gustav Adolph.* (BiblMath) (Ky)
vgl. Merkursdurchgang ...

Mercy, Emmy Baudiss -, s. Baudiss-Mercy, Emmy

Mercy, H.

Mercy's Anzeiger. V. Jahrg. Eigenth. und Herausg. *H. Mercy.* Verantw. Red. *H. Schindler. Vetterl'sche* Buchdr. *(A. Renn.)*
Erscheint in **Prag**, Dinstag, Donnerstag, Samstag, Sonntag, 1 Bogen in Fol. Prän.-Pr. 1/4-jähr. 1 fl. 12 kr. — pr. Post 2 fl. Für die Abonnenten der „Prager Morgenpost als Prämienblatt". Ins.: pr. Zeile 1- und 2mal 2 kr., bei Wiederhol. 1 kr.

Mercy's Taschenkalender pro 1884 Prag. H. Mercy. 16 kr. 1883.

Mercy, Josef Aloys, s.a. Apologie der Madame Schuwitz

SCHUWITZ, Madame (Elise), (berüchtigte Berliner Buhlerin, Inhaberin des vornehmsten der dortigen Bordelle, † 1798). — Apologie Der Madame ** (Schuwitz), ein Sendschreiben im Namen derselben an den Verfasser ihrer Lebensbeschreibung. (Honny soit qui mal y pense.) (Verf.: *Jos. Aloys Mercy.*) Berlin 1792. 8°.

— — Dasselbe. Ibid. 1793. 8°.
Vgl. Meusel, Gel. Teutschl., 5. Ausg., u. Gradmann, Gel. Schwaben p. 377.

Mercy, J. A. Kurfürst Joachim II., ein erklärter Feind der Pluderhosen seiner Zeit. [Berlin 1804.]
Kopftit., 65—69 S. 8°.
Aus: Preussisch-Brandenburg. Miscellen. 3. Quartal. H. 1. 1804.

* **NACHTE,** Berlinische (von *Josef Alois Mercy*, geb. 1764, † nach 1810).
Jamque dies exactus erat, tempusque subibat,
Quod tu nec tenebras, nec possis dicere lucem.
OVID.
2 Thle. Leipzig u. Züllichau, in der Darnmannschen Buchhandlung. 1803—4. 8°. Bd. I hat, wie bei allen Expl., ein etwas abweichendes Format von Bd. II. (Cplts. Expl. auch in der Bibl. des Vereins f. d. Gesch. Berlins; Th. 2 auch in der dortigen Magistratsbibl.) (22 Mk. 50 Pfg. E. Frensdorff, 1807; 35 Mk. mit eigenhänd. Widm. d. Verfassers in beiden Bänden, Bernh. Liebisch, Lpz., 1908.) VIII 372, 355 und 8 SS.
Eine französische Uebersetzung erschien in 2 Theilen: „Les Nuits de Berlin. Paris 1838." 8°. (1 1/3 Rthl. H. W. Schmidt, Halle, c. 1870; jetzt theurer!)

Mercy, Jos. Aloys, s. Reise in die Rheingegenden.

HEGENDORF (=Ludwig v. MERCY): Der Gebrauchshund, seine Erziehung und Dressur. - Berlin 1910. XII, 349 S., 55 Abb. - 10. neubearb. Aufl. u. d. T.: Der Gebrauchshund. Eine Anleitung für die Zucht und Abrichtung. - Hamburg, Berlin 1966. 175 S., 37 Abb. v. Hermann Eisenhardt

Mercy, Wlh., für die künft. Bischöfe. gr. 12. Tübing. 822. Laupp. 4 gr.

— über (Pracher's) Entwurf e. kathol. Rituals, oder: Soll man jetzt d. Kultus reformiren? 8. Ulm 806. Wohler. 6 gr.

— Grundsätze d. Beredsamkeit, f. junge Geistliche. 8. Ulm 810. Wohler. 7 gr.

— üb. die aufgehobenen Klöster. 8. Tübingen, Heerbrand. 806.

— üb. die aufgehobenen Klöster. 8. Tübing. 806. (Osiander). 5 gr.

— Leidens- u. Lebensgeschichte Mariä. gr. 8. Memming. 785.

— über die Preisfrage des Bisthums Constanz. 8. Ulm, Wohler. 810.

Mercy-Argenteau, bevollmächt. Minister in den österr. Niederlanden Graf, Briefe an den k. k. ausserordentlichen Gesandten zu London Grafen Louis Starhemberg [vom 26. Decbr. 1791 bis 15. Aug. 1794]. Orig.-Documente aus dem schriftl. Nachlasse d. Letzteren, gesammelt u. geordnet, nebst Erläutergn. v. dessen Enkel A. Graf Thürheim. gr. 8. (XX, 288 S. m. 1 Fcsm.) Innsbruck 884. Wagner. n. 7. 60

Merdas, Max, Einj.-freiw. Arzt im 4. Niederschles. Inf.-Reg. No 51: Die erwerbliche Sehschärfe, ihre Untersuchung und Berechnung. *Breslau 1899: Bresl. Genossenschafts-Buchdr.* (26 S.) 8°
Breslau, Med. Diss. v. 12. Aug. 1899

Merder, üb. d. Bedürfniß einer Holzkultur etc. m. K. gr. 8. Wien, Geistinger.

Mère coupable, la, s. Répertoire du Théâtre français, No. 246.

v. Meré, Baronin, s. Therese v. Wolmar.

Meré, Baronin v., die Waise aus Genf. Roman in 3 Bdn., übers. v. d. Baronin v. B. Neue, wohlf. Ausg. 8. (34 B.) Zittau 834, [Birr.] Thlr.

Méré, Elisa Guénard de (Wirkl. Name), s. Boissi, A. L. de (Pseud.)

Mereau, Friedrich Ernst Karl

— Abhandl. über die Verfassung Deutschlands bis auf die Herzoge in Franken 1742. 8. Nürnb. 802. Schneider u. W. 16 gr.

— zwei rechtl. prakt. Abhandll. 1) Ueber Fertigung der Notariatsinstrumente. 2) Ueber Fertigung d. Wechselbriefe. 8. Jena 797. Cröker. 8 gr.

Mereau, F. E. K.: „Auserlesene Actenstücke zum Behuf der Erläuterung des Versuchs . . . .“ (s. Lfd. Nr. 12541), Jena 1793 bis 1799 (Cröker). 2 Sammlungen.

— Beitrr. zum peinlichen Recht. 1r Bd. 8. Lübeck. 797. Bohn. (Riemann). 1 Rthlr.

MEREAU, F. E. K.: Beyträge z. peinliches Recht. *Lübeck* u. *Lpz.*, Bohn. 797. 8. (1 Thl.)

— — (Resp.) **August Hager** (Sachsen - Altenburg). Diss. philos. sistens fata quae studio artis diplomaticae in academiis praesertim contigerunt. Jena (Fiedler) 20. III. 1793. 16 S. (4.—) 23056

— diplomat. Lesebuch z. Beförder. d. demonstrativen Lehrmethode, aus d. besten neuest. diplomat. Werken gesammelt u. mit prakt. Anmerkk. versehen. 2 Thle. Mit 42 Kpfr. 4. Jena 791. (Hennings in Reisse). 3 Rthlr. 12 gr. Hbg. Pr. 1 Rthlr. 4 gr.

MEREAU, Fr. Er. K.: Miscellaneen zum deutschen Staats- u. Privatrechte. 2 Thle. *Jena*, (Perthes in *Gotha*.) 791. 92. gr. 8. (1 Thl. 21 Gr.)

Mereau, Fr. Er. Karl, Miscellen zum deutschen Staats- u. Privatrecht. 2 Thle. gr. 8. Jena 791, 92. Perthes in Gotha. 1 Rthlr. 21 gr.

Mereau, Friedrich Ernst Carl, Tractatus de passibus capitulationum novissimarum contradictis in genere. Jena (J. Chr. G. Göpferdt) 1789. 82 Seiten. (5.50) 23054

— — (Sachsen-Gotha), De passibus capitulationum novissimarum contradictis in genere. Diss. inaug. Jena (Göpferdt) 29. VIII. 1789. 82 S. (5.50) 23055

— tract. de passibus capitulationum novissimar. contradict. in genere. 4. Ienae. (Graeff in Leipz.) 789.

Mereau, Fr. Er. Karl, Samml. auserles. Actenstücke, zum Behuf u. Erläuter. seiner Anleit. zu rechtl. prakt. Arbeiten. 2 Sammll. Fol. Jena 793—96. Cröker. 2 Rthlr. 16 gr.

— Taschenbuch der deutschen Vorzeit auf 1794. Mit Kpf. kl. 8. Jena. (Schneider u. W. in Nürnb.) 18 gr.

MEREAU, Fr. Er. K.: Versuch ein. Anleit. zur richtigen Abfassung jeder Art rechtl. Geschäfte, mit e. Anh. auserlesener Actenstücke. 2 Thle, *Jena*, Cröcker. 792—95. gr. 8. (2 Thlr. 4 Gr.)

— Versuch e. Anleit. zu prakt. Arbeiten überhaupt, nebst Anh. auserles. Aktenstücke. 2 Thle. gr. 8. Jena 792—95. Cröker. 2 Rthlr. 4 gr. Anh. dazu, od. 2 rechtl. prakt. Abhandll. 797. 8 gr.

— — der deutschen Vorzeit, von Fr. E. C. Mereau (in Jena). Mit 6 Kpfrn. Nürnberg 1794. 12°. 276 S.

Mereau, F. C. K., vom Zustande des Studiums d. Diplomatik im allgemeinen, hauptsächlich auf Akademien. 8. Jena, Acad. Buchhdl. 793. Rthlr.

— vom Zustande des Studiums d. Diplomatik im Allgem., hauptsächl. auf Akademien. 8. Jena 793. (Hennings in Reisse). 2 gr.

Mereau, Karl Hubert

MEREAU („weiland Hoftanzmeister zu Gotha“), Betrachtungen über den wahren Anstand und die Mittel, die Haltung des Körpers zu verschönern. Ein Handbuch für Erzieher, Künstler etc. Nach dem Französ. des — frei bearbeitet von Carl Reinhold, Herzogl. Weimar. Hofschauspieler. Göttingen 1808, bey Heinrich Dieterich.

Bartholomäus p. 19 (ohne Formatsangabe).

Orig.: Reflexions sur le maintien et sur les moyens d'en corriger les défauts. Gotha, Mevius & Dietrich, 1760. (l. c. p. 17.)

— s. Histoire de ce qui concerne la lection.

— reflexions sur le maintien et sur les moyens d'en corriger les défauts. 8. Gotha 760. Dieterich in Götting. 12 gr.

Mereau, Sophie, (NB. ist mit Sophie Brentano identisch), Amanda u. Eduard. 2 Thle. 8. Frankf. 803. Fr. Wilmans. 1 Rthlr. Mit Kpf. 2 Rthlr. 8 gr. Velinp. 3 Rthlr.

— Auswahl neuer engl. Romane. 8. Berl. 803. Unger. 1 Rthlr.

Mereau, Sophie, Briefwechsel, s.: Brentano, Clem.

Mereau, Sophie, (nachher Sophie Brentano). Gedichte. 2 Bdchen. (2s Bdchen. Auch u. d. T.: Serafine.) 8. Berl. 800—802. Unger. (Schade). Schrbp. 1 Rthlr. 12 gr. Velinp. 2 Rthlr.

— Kalathiskos. 1s, 2s Hft. 8. Berl. 801—2. (Duncker u. H.) 1 Rthlr. 12 gr.

— s. Musenalmanach, Göttinger, f. 1803.

— s. Prinzessin v. Cleve, die,

— s.a. Samml. neuer Romane.

— Samml. neuer Romane, a. d. Engl. 1r Thl. d. Margarethenhöhle. 8. Berl. Unger. 803.

— s. Sappho u. Phaon.

Meredig, Gli. Dn., († d. 16. Nov. 1818.) Diss. inaug. med. de occulta et chronica jecinoris inflammatione. 8maj. Dorpat 811.

Meredith, George

— Harry Richmonds Abenteuer. Deutsch v. Fel. Paul Greve. 2 Bde. (392 u. 396 S.) 8. Ebd. (904). n. 5. 50; geb. n. 7. 50

Meredith, George, the adventures of Harry Richmond, s.: Library, the English.

Meredith, Geo., Sandra Belloni. Roman de la vie anglaise. Rédigé en français par E. D. Forgues. 2 Vols. (Bibliothèque choisie. Vol. 762 et 763.) Naumburg 865. Pätz. 16. (288 S.) 20 ngr.

Meredith, G., Beauchamp's Career, s. Collection of British Authors.

Meredith, George, the tragic Comedians, s. Collection of British Authors.

Meredith, George: Diana vom Kreuzweg. [Diana of the crossways; 1885.] Ein Roman. Deutsch v. Felix Paul Greve. Bd 1. 2. — Minden i. W.: Bruns (1905). XV, 592 S. 8°

Meredith, George, the egoist, s.a. Collection of British authors.

The Egoist. A comedy in narrative. By George **Meredith**. Copyright ed. In 2 vol. Vol. 1. 2. Leipzig: Tauchnitz 1910. 8°
(Collection of British authors. Tauchnitz Ed. Vol. 4194/5.)

George **Meredith**. Rhoda Fleming. Übers. von Sophie v. Harbou. Bd 1. 2. Minden i. W.: J. C. C. Bruns [1905]. 2 Bde 8°

— Rhoda Fleming. Uebers. v. Sophie v. Harbou. 2 Tle. in 1 Bde. (319 u. 335 S.) 8. Ebd. (905). n. 4. 50; geb. n. 5. 50

— Die tragischen Komödianten. (Eine in Betracht gezogene alte Gesch.) Übers. v. J. L. Benecke. (280 S.) 8. London 909. Siegle, Hill & Co. 5. —

Meredith, Geo., the amazing marriage, s.a. Collection of British authors.

The amazing marriage by George Meredith. In 2 vols. Vol. 1. 2. Leipzig: B. Tauchnitz 1897. 2 Bde 8°
(Collection of Brit. Authors. Tauchnitz Ed. Vol. 3195.)

— one of our conquerors, s.: Library, the English.

— The Ordeal of Richard Feverel, s. Collection of British Authors.

— Lord Ormont and his Aminta, s.a. Collection of British authors.

Lord Ormont and his Aminta. A novel. By George **Meredith**. Copyright ed. In 2 vol. Vol. 1. 2. Leipzig: Tauchnitz 1895. 8°
(Collection of British authors. Tauchnitz Ed. Vol. 3077/8.)

George **Meredith**. Richard Feverels Prüfung [The ordeal of Richard Feverel]. Die Geschichte e. Vaters u. e. Sohnes. Deutsch von Felix Paul Greve. 2. Aufl. Bd 1. 2 [in 1 Bde]. Minden i. W.: J. C. C. Bruns [1904]. (316, 328, III S.) 8°

— Gesammelte Romane. 1.—3. Bd. 8. Berlin, S. Fischer Verl. n. 14. —; geb. n.n. 17. 50

1. Richard Feverel. Eine Geschichte v. Vater u. Sohn. Autoris. Uebertragg. von Julie Gotteck. 2. Aufl. (VIII, 677 S.) 904. n. 4. —; geb. n.n. 5. —
2. Der Egoist. Autoris. Uebertragg. v. Julie Gotteck. (773 S.) 905. n. 6. —; geb. n.n. 7. 50
3. Lord Ormont u. seine Aminta. Autoris. Uebertragg. v. Julie Gotteck. (447 S.) 907. n. 4. —; geb. n.n. 5. —

— Gesammelte Romane. 4. Bd.: Die tragischen Komödianten. Eine Studie nach e. wohlbekannten Geschichte. Autoris. Übertragg. v. Julie Gotteck. (249 S.) 8. Berlin 908. S. Fischer, Verl. 3.50; geb. n 4. 50
Bd. 1—3. Ebd. 904—07. 14.—; geb. n 17.50.

Meredith, Helene, Gabrielle Mentonini, Johann Rissolle u. andere christliche Geschichten. Bremen 868. Verl. der Tractath. 8. (III, 284 S.) n. 12⅓ ngr.

Sursum corda. Symphon. Tongemälde f. Orchester u. gemischt. Chor ... Komp. von M. **Meredith** A symphon. tone poem ... Deutsche Übers. von Julius Buths. 3. Aufl. [Textbuch]. Leipzig: F. Schuberth Jr. [usw.]: [1910]. 2 Bl. 4°

Meredith, O., poems, s. Collection of British Authors.

Merejkowsky, C., Etudes sur les éponges de la Mer blanche, s. Mémoires de l'Académie impériale des sciences de St.-Pétersbourg.

Merenburg, die, u. ihre Dynastie. Nebst e. kurzen Religions- u. Kirchen-Geschichte d. Kirchspiele Allendorf u. Merenberg. 8. Wisbaden 819. (288 Seiten)

Merena Julian: Kolonisation der Sunda-Inseln durch die Holländer.
H. 1891 PN 654 **Diss.** Wien, Univ. 2346

Merenberg [Schlagwort]

Merenberg, s.: Preussen. Messtischblätter.

Merensky, Alexander

Merensky, A., statistische Angaben üb. den Stand des gesamten evangel. Missionswerkes an der Jahrhundert-Wende, s.a. Beiträge zur Missionskunde. 3.

Statistische Angaben über den Stand des gesamten evangelischen Missionswerkes an der Jahrhundert-Wende. Von D. A[lexander] Moronsky, Missionsinsp. *Berlin: Berl. ev. Missionsges.* 1902. (24 S.) 8° [F.]
— Beiträge z. Missionskunde. H. 3.

Merensky, A., deutsche Arbeit am Njaßa, Deutsch-Ostafrika. gr. 8. (VII, 368 S. m. Abbildgn.) Berlin 894. Buchh. der Berliner evangel. Missionsgesellschaft. Geb. in Leinw. n. 5. —

Merensky, die Arbeit der deutschen Missionen, s.a. Beiträge zur Missionskunde. 11. Hft.

Die Arbeit der deutschen Missionen. Von D. [Alexander] **Merensky**. Missionsinsp. Berlin: Berliner ev. Missionsgesellsch. 1905. (30 S.) 8° [F.]
— **Beiträge** z. Missionskunde. H. 11.

Merensky, A., Missionar Arnot, d. einsame Bote Christi im Innern Afrikas, s.: Missionsschriften, neue.

Merensky, A., Beiträge zur Kenntniß Süd-Afrikas, geograph. ethnograph. u. histor. Inhalts. gr. 8. (IV, 171 S.) Berlin 875. Wiegandt & Grieben in Comm. n. 2. 25

— Bemerkungen üb. Natur u. Behandlung d. afrikanischen Malaria-Fiebers. gr. 8. (8 S.) Ebd. 893. — 20

Merensky, A., Bereitet dem Herrn den Weg! Jesaia 40, 3—5. Bericht am fünften Jahresfest der Deutschen Evangel. Buch- und Tractat-Gesellschaft, gehalten am Sonntage Trinitatis, den 8. Juni 1884, Abends 6 Uhr in der Dankeskirche zu Berlin. gr. 8. (7 S.) Berlin 884, Deutsche Evangel. Buch- und Tractat-Gesellschaft. *

— Dalana, der Sulukaffer, s.: Missionsschriften für Kinder.

Merensky, A., Erinnerungen aus dem Missionsleben in Südostafrika [Transvaal]. 1859—1882. gr. 8. (IV, 495 S. mit 20 Abbild. und 1 Karte in Farbendr.) Bielefeld 888, Velhagen und Klasing. geb. *

— Erinnerungen aus dem Missionsleben in Transvaal 1859—1882. 2. durchgeseh. u. verm. Aufl. gr. 8. (IV, 416 S. m. Abbildgn.) Berlin (899). Buchh. d. Berliner ev. Missionsgesellschaft. n. 3.60; geb. in Leinw. n. 4.20

— Erklärung zu d. Bildern aus den Missions-Gebieten Ost- u. Süd-Afrikas f. dreizöll. Nebelbilder-Apparate. 12. (14 S.) Berlin 893. Buchh. d. Berliner evang. Missionsgesellschaft. n. — 20

— Etwas aus der Mission in Kaiser-Wilhelmsland, Neuguinea, s. a. Missionsschriften f. Kinder. Nr. 48.

Etwas von der Mission unter den Indianern in Nordamerika. Von D. A[lexander] **Merensky**. *Berlin: Berliner ev. Missionsges. [1901].* (16 S.) 8° [F.]
— **Missionsschriften** für Kinder. No 37.

Merensky, A., die alte blinde Eva, s.: Missionsschriften f. Kinder.

— ein Geschwisterpaar, s.: Missionsschriften, neue.

— Heidenkind u. Christenkind, s.: Missionsschriften für Kinder.

— der blinde Josef, s.: Missionsschriften für Kinder.

— Kinderleben in Afrika, s.: Missionsschriften f. Kinder.

Kinderleben in Kamerun. Von D. A[lexander] **Merensky**. *Berlin: Berliner ev. Missionsges. [1901].* (16 S.) 8° [F.]
— **Missionsschriften** für Kinder. No 42.

—— Kolonisation und Mission. gr. 8. (12 S.) Berlin 888, (Mattbies). *

—— Kolonisation u. Mission. 2. Aufl. 8. (12 S.) Berl. 890, Buchh. der Berliner evangel. Missionsgesellschaft. * — 20

Krieg mit den Wahehe und Eroberung des Hehelandes in Deutsch-Ostafrika. Von D. A[lexander] **Merensky**. *Berlin: Berliner ev. Missionsges. [1901].* (16 S.) 8° [F.]
— **Missionsschriften** für Kinder. No 39.

— ein afrikanischer Kriegszug, s.: Missionsschriften für Kinder.

—— europäische Kultur und Christentum gegenüber dem südafrikanischen Heidentum. gr. 8. (24 S.) Ebendas. 888. *

—— Europäische Kultur u. Christentum gegenüber dem südafrikanischen Heidentum. 2. Aufl. 8. (24 S.) Ebd. 890. * — 25

— Leiden u. Siege d. Missionskirche in Madagaskar, s. a. Missionsschriften, neue.

Leiden und Siege der Missionskirche in Madagaskar. Ein Vortrag. geh. zu Berlin 1896 von A[lexander] **Merensky**. (Berlin: Berliner Ev. Missionsgesellsch. 1896.) (16 S.) 8° [Kopft. F.]
— [**Missionsschriften**, Neue.] No 51.

— eine Löwengeschichte, s.: Missionsschriften für Kinder.

— Makuba u. Ujojo, s.: Missionsschriften für Kinder.

Rut Mampatsze. (Verf.: A[lexander] **Merensky**.) Berlin: Buchh. d. ev. Missionsgesellsch. [1901]. 14 S. 8°
(Poln. Missionsschriften. Nr 7.)

Merensky, A. Original map of South African Colonies and native territories. Compiled from all available information, combined with the results of his own explorations. 1 : 2 500 000. Berlin 1884. 4 Bl. c. L. Ff.

Süd-Afrika. — **Merensky, A.** Original map of South Africa. Containing all South African colonies and native territories. Compiled from all available information, combined with the results of his own explorations. 1 : 2,500,000. 4. and revised ed. 4 Blatt. Lithogr. u. color. Imp.-Fol. Berl. 889, Schropp. * 12 —

Merensky, A., original Map of South Africa containing all South African colonies and native territories, compiled from all available information, combined with the results of his own explorations. 1 : 2,500,000. 4 Bl. 4. Aufl. Chromolithogr. Imp.-Fol. Berlin 889, Schropp'sche Hof-Landkartenh. * 12 —

— „Mapule", s. a. Weihnachts-Rosen.

'Mapule'. Eine afrikan. Geschichte. Erzählt von A[lexander] **Merensky**. *Cöthen: Ev. Vereinsh. [Berlin: Sonntagsschulbuchh. 1895].* (S. 21–28.) 8° [F.]
= **Weihnachts-Rosen**. H. 3.

— Martha Sabina, e. Zeugnis v. der Kraft d. Evangeliums, s.: Missionsschriften, neue.

— Martha Sabine, d. Afrikanerin, s.: Missionsschriften, neue.

Marta Zabina, Afrykanka. Swiadectwo o mocy Ewangielii. Ułożył A[lexander] **Merensky**. (Berlin: Buchhandl. d. Berl. ev. Missionsgesellsch. [1901].) (16 S.) 8° [F.]
[Die Afrikanerin Martha Sabina. Zeugnis von d. Macht d. Evangeliums.]
— **Missionsschriften**, Polnische, No 5.

— die Menschenfresserei in Afrika, s.: Missionsschriften f. Kinder.

Missions-Atlas über die Arbeitsgebiete der Berliner evangel. Missionsgesellschaft Berlin I ... in Südafrika, Deutsch-Ostafrika, Südchina (Prov. Kanton) u. Nordchina (Kiautschou) von D. A[lexander] **Merensky**. 10 Haupt- u. zahlr. Nebenkarten mit ausführl. Text. *Berlin: Berliner ev. Missionsges. (1900).* (50 S., 10 Karten.) 4° [00. 11276]

—— die allgemeine evangelische Missionskonferenz in London. Vom 9. bis 19. Juni 1888. gr. 8. (58 S.) Ebendas. 888.

— s.: Missionsschriften f. Kinder.

—— s. Missionsschriften, neue.

— eine neue Missionsstation im Innern v. Deutsch-Ostafrika, s.: Missionsschriften für Kinder.

— Mohammedanismus u. Christentum im Kampfe um d. Negerländer Afrikas. [Aus: „Missions-Zeitschr."] gr. 8. (20 S.) Ebd. 895. n. — 20

— Deutschlands Pflicht gegenüber den Heiden u. dem Heidentum in seinen Kolonien, s. Beiträge zur Missionskunde, 13. Hft.

Deutschlands Pflicht gegenüber den Heiden und dem Heidentum in seinen Kolonien. Von D. [Alexander] **Merensky**. Berlin: Berliner ev. Missionsgesellsch. 1905. (28 S.) 8° [F.]
— **Beiträge** z. Missionskunde. H. 13. [07. 3876]

Die Schreckenstage von Kimberley. Von D. A[lexander] **Merensky**. *Berlin: Berliner ev. Missionsges. [1901].* (16 S.) 8° [F.]
— **Missionsschriften** für Kinder. No 40. [03. 14636]

Der alte Sefanaja. Eine Geschichte von d. Witi-Inseln. Von D. A[lexander] **Merensky**. *Berlin: Berliner ev. Missionsges. [1901].* (16 S.) 8° [F.]
— **Missionsschriften** für Kinder. No 38. [03. 14634]

— soll d. christliche Missionsthätigkeit e. nationalen od. internat. Charakter tragen? gr. 8. (14 S.) Berlin 895. Buchh. d. Berliner ev. Missionsgesellschaft. n. — 20

— der gegenwärtige Stand der evangelischen Mission in Südafrika. [Aus: „Allg. Missions-Zeitschrift".] gr. 8. (63 S.) Berlin 891. Buchh. der Berliner evangel. Missionsgesellschaft. n. — 60

— die Stellung der Mission zum Volkstum der Heidenvölker. gr. 8. (16 S.) Berlin (901). Buchh. der Berliner ev. Missionsgesellschaft. n. — 20

Merensky, A., was lehren uns die Erfahrungen, welche andere Völker bei Kolonisationsversuchen in Afrika gemacht haben? gr. 8. (59 S.) Berlin 890. [Matthies.] Buchhdlg. d. Berliner evang. Missionsgesellschaft. n. — 60

— wie die Menschenfresser auf Tongra Christen wurden, s.: Missionsschriften f. Kinder.

— wie erzieht man am besten den Neger zur Plantagen-Arbeit? Preisgekrönt v. der Deutsch-Ostafrikan. Gesellschaft. gr. 8. (89 S.) Berlin 886. Walther & Apolant. n. — 60

—— Wörterverzeichnis zum Gebrauch bei Bearbeitung afrikanischer Sprachen. 4. (208 S.) Ebd. 891. geb. * 4 50

Wyprawa wojenna afrykańska. Napisal A[lexander] **Merensky**. Berlin: Buchhandl. d. Berl. ev. Missionsgesellsch. [1901]. (13 S.) 8° [F.]
[Der afrikanische Feldzug.]
— **Missionsschriften**, Polnische. No 2. [03. 2644]

Merensky, Hans, die Diamantvorkommen in Lüderitzland, Deutsch-Südwestafrika. (8 S. m. 3 Fig. u. 1 Taf.) Lex. 8. Berlin 909. M. Krahmann. 1. —
Sonderabdr. aus: „Ztschr. f. prakt. Geol."

Der Freimaurer im Leben. Festrede, gehalten am 22. März 1888 in der Loge „Eötvös" [in Budapest] aus Anlass der Ueberreichung der Ehrendiplome an die Bbr. Franz Pulszky und Stefan Rakowszky. [Unterz.:] Jos. Merény. [Budapest 1888: Fanda.] 4 S. 4° [Kopftit.]
(Beil. z. O. 1888 Nr. 6.)

Mères les Rivales ou la Calomnie, par Mad. de Genlis. 3 Vol. gr. 8. Berlin, Lagarde. 800.

Mereschkowsky, C. v., s. Merežkovskij, K. S.

Mereschkowski, Dimitrij Sergěevič, s. Merežkovskij

Meretta, Anna, Mann und Frau des 20. Jahrhunderts. Vortrag. 8°. Troppau, O. Gollmann, 1911.

Meretta, Anna, ein freies Wort vom Standpunkte d. Frau u. Mutter zu d. letzten Sittlichkeitsdelikten in Troppau. 2. Aufl. (16 S.) 8. Troppau 907. (O. Gollmann.) — 25

Merežkovskij, Dimitrij Sergěevič

Mereschkowski, Dmitri Sergejewitsch, der Anmarsch des Pöbels. Übers. v. Harald Hoerschelmann. (VII, 131 S.) 8. München 907. R. Piper & Co. 2. 50

Mereschkowski, Dmitry Sergewitsch, Julian Apostata, der letzte Hellene auf dem Throne der Cäsaren. Ein biograph. Roman. Deutsch von Carl v. Gütschow. gr. 8. (325 S.) Leipzig 903. Schulze & Co. n. 3.—; geb. n. 4.—

— Leonardo da Vinci. Ein biograph. Roman aus der Wende des 15. Jahrh. Deutsch von Carl v. Gütschow. gr. 8. (V, 615 S.) Ebd. 903. n. 6.—; geb. n. 7. 50

Mereschkowski, Dmitry Sergejewitsch, Leonardo da Vinci. Historischer Roman aus der Wende des 15. Jahrh. Deutsch von Carl v. Gütschow. 2. Aufl. (V, 629 S.) 8. Leipzig 906. Schulze & Co. n. 6.—; geb. n. 7. 50

(Auferstehung der Götter [Vosskresšie bogi]). Leonardo da Vinci. Histor. Roman aus d. Wende d. 15. Jh. von Dmitry Sergejewitsch Mereschkowski [Dmitrij Sergěevič Merežkovskij]. Vom Verf. autor. Ausg. Übers. von Carl v. Gütschow. Leipzig: Schulze & Co. 1908. 562 S. 8°
(Merežkovskij: Christ u. Antichrist [Christ i Antichrist]. 2.) [09. 16219 II]

Mereschkowski, Dmitry Sergejewitsch, Michelangelo u. andere Novellen aus der Renaissancezeit. Deutsch von C. v. Gütschow. (V, 224 S.) 8. Leipzig 905. Schulze & Co. n. 2.—; geb. n. 3.—

— Peter der Große u. sein Sohn Alexei. Historischer Roman aus Rußlands großer Zeit. Deutsch von Carl v. Gütschow. (V, 512 S.) 8. Ebd. 905. n. 6.—; geb. in Leinw. n. 7.—

[Ant. u. Russ.] Der Tod Paul I. Schauspiel von D. Mereschkowski. D[mitrij Sergěevič] **Merežkovskij**. Smert Pavla I. P'esa v 5 dějstv. 2. izd. Berlin: Ladyschnikow 1909. 124 S. 8° [10. 5934

— Kaiser Pauls Tod. Tragödie in 5 Aufzügen. Deutsch v. Aug. Scholz. (137 S.) 8. Ebd. (910). 2. —

Tolstoi und Dostojewski als Menschen und als Künstler [L. Tolstoj i Dostoevskij, T. 1]. Eine krit. Würdigung ihres Lebens u. Schaffens von Dmitry Sergewitsch Mereschkowski [Dmitrij Sergěevič **Merežkovskij**]. Deutsch von Carl v. Gütschow. *Leipzig: Schulze & Co. 1903.* (302 S.) 8° [F.] [03. 6809

— **Tolstoi u. Dostojewski als Menschen u. als Künstler. Eine krit. Würdigg. ihres Lebens u. Schaffens. Deutsch von Carl v. Gütschow. (394 S.) gr. 8. Ebd. 903.** n. 4. 50; geb. n. 5. 50

— Zinaida **Hippius**, Dmitri **Philosophoff**, der Zar u. die Revolution. 2. Aufl. (205 S.) 8. München 908. R. Piper & Co. (Urspr. Pr. 3.—; geb. 4. —)

Das irdische Paradies. Ein Märchen aus d. 27. Jh. Eine Utopie von C. von Mereschkowsky [K. S. **Merežkovskij**: Raj zemnoj, deutsch]. Aus d. Russ. von H[elene] Mordaunt. *Berlin: F. Gottheiner 1903.* (486 S.) 8° [F.] [03. 16080

Mereschkowsky, C. v., das irdische Paradies. Ein Märchen aus dem 27. Jahrh. Eine Utopie. (In russ. Sprache.) 8. (III, 471 S.) Berlin 903. F. Gottheiner. n. 6. —

[Russ.] Raj zemnoj ili Son v zimnjuju noč'. Skazka-utopija XXVII věka. K. S. **Merežkovskago**. *Berlin: F. Gotgejner 1903.* (471 S.) 8°
(Auf d. Umschl.: Das irdische Paradies. [Eine Märchen-Utopie aus d. 27. Jh.] Von C. v. Mereschkowsky.) [03. 16099

Merežkovskago, K. S., s. Merežkovskij

Erneuertes Andenken des durch verschiedene milde Stiftungen und Legate um seine Vaterstadt Flensburg hochverdienten Bürgermeisters Gerdt von **Merfeldt** v. Olaus Heinrich Moller. Flensburg. 1773. 4°. Gymn.-Progr.

Merfield, Charles J., definitive orbit elements of comet 1901 I., s. a. Abhandlungen, astronomische. Nr. 4.

Definitive orbit elements of Comet 1901 I. By Charles J. **Merfield**. *Kiel: Astron. Nachrichten 1903.* (S. 17–28.) 4°
— Abhandlungen, Astronomische. No 4, T. 2. [04. 3147 7

Merfort, Karl, u. Mich. **Hofer**, alphabet. Nachschlage-Register zu d. österr. Reichsgesetzen, Landesgesetzen u. Verordnungen. (VII, 1195 u. V S.) gr. 8. Wien 908. J. Lenobel. Geb. in Leinw. 20. —

Merg, H[einrich]: Zum 25 jährigen Jubiläum des „Deutschen Vereins für das höhere Mädchenschulwesen“ oder: Der Kampf um die höhere Mädchenschule. Ein Streifzug durch d. Jahrgänge 1888-1896 d. „Zeitschrift f. weibl. Bildung in Schule u. Haus“. — Halle: Schroedel 1898. 45 S. 8°

Merg, H., Neues u. Altes v. Schreibunterricht, s. a. Abhandlungen, pädagogische, Hft. 42.

Neues und Altes vom Schreibunterricht. Von H. **Merg**. *Bielefeld: A. Helmich [1898].* (34 S.) 8° [F.]
= Abhandlungen, Pädagogische. H. 42. [99. 1481

Merg, Heinr., Joh. Heinrich Pestalozzi, s. a. Klassiker, die pädagog.

Merg, Heinrich. Joh(ann) Heinrich Pestalozzi. Sein Leben und seine wichtigsten Schriften. Band 1: Pestalozzis Leben. Abendstunde eines Einsiedlers. Lienhard und Gertrud. VIII + 72 S. 8. Halle a. Saale, Hermann Schroedel, 1903. [cart. M. 1. —]
Die pädagogischen (*Umschlag: Schroedels pädagogische) Klassiker. Zur Einführung in ihr Leben und ihre Schriften. ... hrg. von E Friedrich, ... und Herm[ann] Gehrig... . Band 13.

Mergel-Katechismus f. die Landbewohner d. Heid- u. Gerst-Gegenden des Königr. Hannover, insonderheit des Fürstenth. Lüneburg. 8. Celle 823. Schulze. 12 gr

Mergelsberg, Frdr., s.: Fricken, Tonnius.

Mergen, Jean Pierre: Die Besoldungsfrage der Luxemburger Lehrerschaft. Luxemburg: J. P. Nimax 1896. 126 S. 8°

Mergenbaum, Herm., Kopfrechenaufgaben, in Verbindung stehend mit der Aufgabensammlung: Das Zehnersystem u. die 4 Species. 12. (23 S.) Schwelm 847, Laurenz. 1/24 ℛ

Mergenbaum, Herm., das Zehnersystem u. die vier Species in unbenannten ganzen Zahlen, eine sorgfältig geordnete Aufgabensammlung für d. ersten Anfänger im Rechnen. gr. 12. (1 B.) Schwelm 846, Laurenz.

—— das Zehnersystem und die vier Species in unbenannten ganzen Zahlen, eine sorgfältig geordnete Aufgabensammlung für die ersten Anfänger im Rechnen. 1. Aufl. 1847. und 2., erweiterte Aufl. 12. (23 S.) Schwelm 849, Laurenz.

Mergenbaum, Herm., das Zehnersystem und die vier Species in unbenannten ganzen Zahlen, eine sorgfältig geordnete Aufgabensammlung für die ersten Anfänger im Rechnen. 3. Aufl. 12. (23 S.) Schwelm 853, Laurenz.

Mergenbaum, Herm., das Zehnersystem und die vier Spezies in unbenannten ganzen Zahlen, eine sorgfältig geordnete Aufgabensammlung für die ersten Anfänger im Rechnen. 4. Aufl. 16. (28 S.) Schwelm 858, Laurenz.

Mergenbaum, Herm., das Zehnersystem und die vier Species in unbenannten ganzen Zahlen, eine sorgfältig geordnete Aufgabensammlung für die ersten Anfänger im Rechnen. 5. Aufl. 12. (23 S.) Schwelm 862, Laurenz.

Mergenthal, August Philipp von (Meißner Adel), Electa processus matrimonialis. Diss. jur. Präs. Jo. Heinrich Berger. Wittenberg (Chr. Schroedter) 3. XI. 1702. 70 S. (5.50) 23058
Widm. v.: Jo. Heinrich Berger.

Mergenthal, Aug. Ph. v., Erklärung der ordentl. Epist. u. Evangel. 4. Zwickau, Stössel. 740.

Mergenthaler, A., französ. Sprachschule, s.: Bechtle, R.

Mergenthaler's, Ottmar, Setz- u. Giess-Maschine „Linotype“, ihr Siegeszug durch die Welt u. ihr Erscheinen in Deutschland im Jan. 1895. M. Illustr. u. e. Anh.: D. Entwickelg. d. Satzes u. d. Setz-Maschine. gr. 8. (52 S.) Berlin 895. E. Morgenstern. n. 1. 50

Mergenthaler Setzmaschinenfabrik, G. m. b. H.: Beschreibung und Behandlung der Linotype-Zeilen-Setz-, Gieß- und Ablegemaschine. (Berlin 1903?)

Mergenthaler Setzmaschinenfabrik, G. m. b. H.: Bestandteile der Linotype. Berlin 1903

Mergentheim [Sachliches OW]

Bad **Mergentheim.** Zur 78. Versammlung deutscher Naturforscher u. Ärzte in Stuttgart 1906. Hrsg. von d. Badedirektion unter Mitw. von ... Mergentheim 1906. 163 S. 8° [11. 3749 11

Mergentheim [Schlagwort]

Mergentheim, s.a. **Deutschland.** Kürschner-Peip.

— s.a. Geognostische Karten (Württemberg).

Mergentheim. Karte von Mergentheim u. Umgebung. Hrsg. v. dem k. statist. Landesamt. 1:50,000. Stuttgart 890. (München, Literar.-artist. Anstalt.) n. 1. —

Mergentheim. Karte v. Mergentheim m. Umgebung, hrsg. v. dem königl. statist. Landesamt. 1:50,000. Lith. 60,5×49,5 cm. Stuttgart 890. (K. Aue. — J. B. Metzler's Sort.) [1. —] n.n. — 75

Mergentheim [Verfasser]

Mergentheim, Jul. v., ein Freiheitskrieg in Böhmen (1681). 8. (VI und 248 S.) Leipzig (861)62, Grunow. *

Mergentheim, Leo, a. Cöln: Einleitung und Quellen zur Entstehungsgeschichte der Quinquennalfakultäten pro foro externo. Stuttgart 1908: Union. (68 S.) 8° ¶ (Erscheint vollst. u. d. T.: „Die Entstehung der Quinquennalfakultäten pro foro externo und ihre erste Einführung in deutsche Bistümer. Zugleich e. Beitrag z. Technik d. Gegenreformation u. z. Vorgesch. d. Febronianismus" als „Kirchenrechtl. Abhandlungen", hrsg. v. U. Stutz, H. 52 bis 55.)

Bonn, Jur. Fak., Ref. Stutz, Diss. v. 7. Mai 1908

[Geb. 20. Jan. 82 Cöln; Wohnort: Cöln; Staatsangeh.: Preußen; Vorbildung: Marzellen-Gymn. Cöln Reife O. 01; Studium: Freiburg i. B. 2, Straßburg 1, Bonn 9 S.; Rig. 25. April 06.]

Mergentheim, Leo., die Quinquennalfakultäten pro foro externo, s.a. Abhandlungen, kirchenrechtl. Heft 52. 53.

Die Quinquennalfakultäten pro foro externo. Ihre Entstehung u. Einführung in deutschen Bistümern. Zugleich e. Beitrag z. Technik d. Gegenreformation u. z. Vorgeschichte d. Febronianismus. Von Dr. iur. Leo **Mergentheim**. Bd 1. 2. Stuttgart: F. Enke 1908. 2 Bde 8°
— **Abhandlungen**, Kirchenrechtliche. H. 52/53. 54/55. [08. 1364

Merger, Paul., Theologia scholastica. IV Tmi. fol. Augsb. 719.

Merges, Nic., Lehrbuch der Wurst- u. Fleischwaaren-Fabrikation, mit Berücksichtigung des Groß- u. Kleinbetriebes, sowie für den Haushaltungsbedarf u. f. Anfänger. Auf Grundlage selbsterprobter u. selbstbewährter Methoden zur Herstellung von Rohwurst, Garwurst u. Fleischpräparaten u. mit gründl. Anweisung zum Salzen, Pökeln, Räuchern, Konservieren, Behandeln der Därme x. 8. (V, 156 S.) Köln 881. Büttmann. n. 1. 50

Merges, Nic., Lehrbuch der Wurst- u. Fleischwaren-Fabrikation m. Berücksicht. d. Groß- u. Kleinbetriebes, sowie f. den Haushaltungsbedarf u. f. Anfänger. 2. Aufl. 8. (VII, 159 S.) Köln 885. Büttmann. n. 1. 50

Merges, Nic., Lehrbuch der Wurst- und Fleischwaren-Fabrikation mit Berücksicht. des Groß- und Kleinbetriebes, sowie für den Haushaltungsbedarf und für Anfänger. Auf Grundlage selbsterprobter und bestbewährter Methoden zur Herstellung von Rohwurst, Garwurst und Fleischpräparaten und mit gründl. Anweisung zum Salzen, Pökeln, Räuchern, Konservieren, Behandeln der Därme x. 2. verb. und verm. Aufl. (VII, 159 S.) 1885 und 3. verb. und verm. Aufl. 8. (VIII, 162 S.) Köln 888, Büttmann. *

Merges, Nic. Die internationale Wurst- u. Fleischwaaren-Fabrikation. Mit 29 Abbildgn. 8. (XII, 172 S.) Wien 889, Hartleben. * 3 —; geb. * 3 80

Merges N, die internat. Fleisch- u Wurstfabrikation. (Bibl. Chem.-techn. 173) Wien 1889

Merges, Nik., die internationale Wurst- u. Fleischwaren-Fabrikation. Nach den neuesten Erfahrgn. bearb. 2. von Geo. Wenger durchgeseh. u. m. Anmerkgn. u. neuen Rezepten versehene Aufl. (XIII, 184 S. m. 29 Abbildgn.) 8. Wien 903. A. Hartleben. n. 3. —; geb. n. 3. 80

Merges, Pierre: A n d a c h t s b u c h zu Ehren Unserer Lieben Frau von der immerwährenden Hülfe. Mit einem Anhange von Mess-, Vesper-, Beicht-, Communion- und anderen Gebeten, von einem Priester aus der Versammlung des allerheiligsten Erlösers. Mit einem Stahlstich. Saarlouis. VI, 504 S. 16°
[10 Auflagen.]

– – – 12° [4 Auflagen.]

Merget, Adalbert

Merget, A., A n w e i s u n g die nothwendigsten weiblichen Handarbeiten schulgerecht anzufertigen. Entworfen von den Handarbeitslehrerinnen der königl. neuen Töchterschule zu Berlin. 8. (XII und 88 S.) Berlin 861, Plahn'sche Buchh.

Merget, A., A n w e i s u n g die nothwendigsten weiblichen Handarbeiten schulgerecht anzufertigen. Entworfen von den Handarbeitslehrerinnen der k. Augustaschule zu Berlin. 8. verb. Aufl. 8. (XX, 43 S.) Berlin 874, Plahn'sche Buchh.

Merget, A., B e m e r k u n g e n aus der Schule über das Gesangbuch für evangelische Gemeinen als Entwurf herbg. vom königl. Consistorium der Prov. Brandenburg. Berlin 869. Frdr. Schulze. gr. 8. (43 S.) n. 5 ngr.

— kurzgefaßte B i b e l k u n d e für Lehrer und Lehrerinnen an Bürger- und höheren Töchterschulen. 1. Aufl. 1871. * 80 Pf., und 2. verb. Aufl. gr. 8. (VII, 112 S.) Berlin 875, Plahn'sche Buchh. *

Merget, A., der C h r i s t b a u m, s. S c h m i d t ' s, Ferd., Jugendbibliothek.

Merget, A[dalbert]: Über Erzieherinnen. Ein Wort z. Verständigung üb. Beruf, Ausbildung u. Leistungen derselben. M. e. Anh. enthaltend d. Aufnahmebedingungen u. d. Ordnung d. Entlassungsprüfungen b. d. Königl. Bildungs-Anstalt f. Lehrerinnen u. Erzieherinnen zu Berlin. — Berlin: Reimer 1853. 20 S. 8°

— über Erzieherinnen. Ein Wort zur Verständigung über Beruf, Ausbildung und Leistungen derselben. (Aus dem Schulblatt der Provinz Brandenburg abgedr.) Mit einem Anh., enth. die Aufnahme-Bedingungen und die Ordnung der Entlassungs-Prüfungen bei der königl. Bildungs-Anstalt für Lehrerinnen und Erzieherinnen zu Berlin. 2., verb. Aufl. Berlin 863. G. Reimer. gr. 8. (29 S.) 3 ngr.

Merget, A., geistliche Gedichte für Kinder, s. Gedichte, geistliche.

Merget, A., kleine Gesangbuchkunde, Hymnologie für höhere Schulen und Liebhaber des geistlichen Gesanges. gr. 8. (VII, 112 S.) Berlin 876, Plahn'sche Buchh. *

— Geschichte der deutschen Jugendliteratur. Berlin 867. Plahn'sche Buchh. br. 8. (VI, 220 S.) n. 20 ngr.

Merget, A., Geschichte der deutschen Jugendliteratur. 2., sehr vervollständigte u. m. einem Nachtrag über Volksschriften vermehrte Aufl. 8. (VIII, 272 S.) Berlin 877. Plahn. n. 2. 20

—— Geschichte der deutschen Jugendlitteratur. 3. Aufl., revid. und mit einem Kataloge von Jugendschriften für die Oberstufe der Berliner Gemeinde-Schulen versehen von Ludw. Berthold. gr. 8. (XII, 300 S.) Berlin 882, Plahn'sche Buchh. *

— Heimathskunde von Berlin und Umgegend, ein Lehr- und Lesebuch. Berlin 858. Plahn. gr. 8. (VII, 330 S.) n. 1 ₰. 10 ngr.

Merget, A., Kinder-Wochenblatt, s. Kinder-Wochenblatt.

Merget, A., das Leben Jesu in 55 neutestamentl. Geschichten, ein Erbauungsbuch f. die Jugend. 8. (Mit 8 col. Bildern.) Berlin 845, Winckelmann u. Söhne. geb. 1¹/₆ ₰

Merget, A., Lebensbeschreibungen u. Denkwürdigkeiten aus der allg. Weltgesch., s. K. Vogel's Kinderfreund, 2e Abthl; 2r Bd.

— Nachtrag zu der Geschichte der deutschen Jugendliteratur. 8. (36 S.) Ebend. 873. n. — 60

— Predigt vom Meineide. gr. 8. (8 S.) Ebend. 883. n. — 10

Merget, A., Weihnachten, siehe: Jugend-Bibliothek, hrsg. v. F. Schmidt. II. Jahrg. 1. Bd.

—— Weihnachten, s. Schmidt's, Ferd., Jugendbibliothek.

Mergner, Friedrich. Ein Lebensbild. Mit e. Vorwort v. Aug. Sperl. (VI, 276 S. m. Bildnis.) 8. Leipzig 910. A. Deichert Nachf. 3.—; geb. 3. 60

Mergner, Fr., offener Brief an Hrn. G. Fr. Heinisch. Eine Kritik des Satzes, daß es in der evangel. Kirche zu keiner Zeit einen rhythm. Gemeindegesang gegeben habe. gr. 8. (90 S.) Passau 849, Pustet. 6 ngr.

Mergner, Fr., der Prediger Buße. Synodal-Predigt gehalten am 29. Septbr. 1852. gr. 8. (16 S.) Nürnberg 853, (Raw'sche Buchh.) Thlr.

Mergner, Frdr., Choralbuch, zunächst zu dem Gesangbuche der ev.-luth. Kirche in Bayern, f. den Hausgebrauch bearb. qu. gr. 4. (III, 103 S.) Erlangen 883. Deichert. n. 2. 40

Mergner, Frdr., 50 geistliche Lieder, f. Chor u. Einzelstimme in Sang u. Spiel gebracht. 1. Thl. Lex.-8. (47 S.) Leipzig 890. Deichert Nachf. n. 2. —

Mergner, Frdr., 50 geistl. Lieder f. Chor u. Einzelstimme in Sang u. Spiel gebracht. Billige Volksausg. (47 S. m. Bildnis.) Lex. 8. Ansbach (908). (C. Junge.) 1. —

Paulus Gerhardts geistliche Lieder in neuen Weisen von Friedrich Mergner. 30 ausgewählte Lieder neu hrsg. von Karl Schmidt. Leipzig: A. Deichert 1907. (39 S.) 4°

Mergner, Frdr., neue Weisen zu Paul Gerhardt's trostreichen Liedern. Ein Beitrag zur Hausmusik. 1. Heft. Erfurt 860. Körner'sche Buchhdlg. in Comm. Lex.-8. (16 S.) n. 5 ngr.

Mergner, Friedr., neue Weisen zu Paul Gerhardt's trostreichen Liedern. Neue Folge. An die Gliedmassen des Herrn Jesu. (Aus dem Latein. des heil. Bernhard.) Lex.-8. (23 S.) Regensburg 864, Bössenecker. *

Merguet, Adelbert, Bemerkungen über die Trennung der Kirche vom Staate. gr. 8. (32 S.) Insterburg 848. (Königsberg, Gräfe und Unzer.) *

Merguet, Adelbert, Bemerkungen üb. die Trennung der Kirche vom Staate. gr. 8. (32 S.) Insterburg 849. (Königsberg, Gräfe & Unzer.) n. 3 ngr.

—— Bemerkungen über die Volks-Schule, deren Lehrer und ihren Zusammenhang mit der Kirche. gr. 8. (16 S.) Insterburg 848. (Königsberg, Gräfe und Unzer.) *

Merguet, Adalb., geistliche Lieder. 8. (VII und 141 S.) Berlin 863, Beck. *

Merguet, Hugo

Merguet, H., die Ableitung der Verbalendungen aus Hilfsverben u. die Entstehg. der latein. e-Declination unter Berücksicht. der gegen d. Verf. „Entwickelg. der latein. Formenbildg." gemachten Einwendgn. nochmals untersucht. gr. 8. (41 S.) Berlin 871. Bornträger. n. 1. —

Merguet, H[ugo], Prof. Dr.: Bemerkungen über die Entwickelung der Sprache. *Insterburg 1899: A. Bittner.* (10 S.) 4°
Insterburg, k. G u. RG, OP 1899 (6 [vielm. 5])

Merguet, Hugo: Ueber den Einfluss der Analogie und Differenzirung auf die Gestaltung der Sprachformen. — 16 S. — Königsberg i. Pr. — Wilhelms-G. — (16).

— über den Einfluss der Analogie u. Differenzirung auf die Gestaltung der Sprachformen. gr. 4. (16 S.) Königsberg 876. (Nürnberger's Sort.) — 75

Merguet, H., die Entwickelung der lateinischen Formenbildung unter beständ. Berücksicht. der vergleichenden Sprachforschung. Berlin 870. Gebr. Borntraeger. gr. 8. (XVI, 270 S.) n. 1 ₰ 20 ngr.

Merguet, H., Handlexikon zu Cicero. Probehft. (a-adfero). Lex.-8. (16 S.) Leipzig 896. G. Freytag. n. — 75

Merguet, H., Handlexikon zu Cicero. (IV, IV, 816 S.) Lex.-8. Leipzig 905. Dieterich. n. 24. —; geb. n. 26. —

Handlexikon zu Cicero von H[ugo] Merguet. (In 4 H.) Leipzig: Dietrich 1905(-06). (816 S.) 4°

Merguet, H(ugo, Prof. Dr.): Über Lexikographie. *Insterburg 1900: A. Bittner.* (9 S.) 4°
Insterburg, k. G u. RG, OP 1900 (5)

— Lexicon zu den Reden d. Cicero m. Angabe sämmtl. Stellen. 1. Bd. 1. Lfg. hoch 4. (40 S.) Jena 873. Dufft. n. 2. —

—— Lexikon zu den Reden des Cicero mit Angabe sämmtlicher Stellen. 1. Bd. hoch 4. (VI, 770 S.) Jena 877, [Dufft.] Fischer. *
—— dass. — 2. Bd. 23 Lfgn. Lex.-8. (III, 826 S.) Jena 878—80, Fischer. *

—— Lexikon zu den Reden des Cicero mit Angabe sämmtlicher Stellen. 3. Bd. 28 Lfgn. hoch 4. (III; 852 S.) Ebendas. 881,82. à Lfg. *ℳ 2. *
1. und 2. Bd. Ebendas. 1877—80. *ℳ 83.

—— dass. — 4. (Schluss-)Bd. 30 Lfgn. Lex.-8. (III, 1065 S.) Ebendas. 883,84. à Lfg. *ℳ 2. *

Merguet, H., Lexikon zu den Schriften Cäsars und seiner Fortsetzer mit Angabe sämtlicher Stellen. 1. Lfg. Lex.-8. (S. 1—144.) Jena 884, Fischer. *

Merguet, H., Lexikon zu den Schriften Cäsars und seiner Fortsetzer mit Angabe sämmtlicher Stellen. 2.—7. Lfg. Lex.-8. (IV, S. 145—1142.) Jena 885,86, Fischer. 2.—6. Lfg. à ℳ 8.—; 7. Lfg. *ℳ 7.—. *
1. Lfg. Ebendas. 1884. *ℳ 8.—.

Merguet, H., Lexikon zu den Schriften Cäsars u. seiner Fortsetzer m. Angabe sämtlicher Stellen. Lex.-8. (IV, 1242 S.) Jena 884—86. Fischer. n. 55. —

Merguet, H., Lexikon zu den Schriften Cicero's m. Angabe sämtlicher Stellen. 2. Tl. Lexikon zu den philosoph. Schriften. 1.—9. Hft. Lex.-8. (1. Bd. VI, 938 S.; 2. Bd. S. 1—320.) Jena 887—890. Fischer. n. 63. —
1.—4. Hft. à n. 8. —; 5. u. 6. Hft. n. 15. —; 7.—9. Hft. n. 16. —.
Den 1. Tl. bildet: Merguet, Lexikon zu den Reden des Cicero. 4 Bde. Ebd. 877—884. n. 189. —.

Merguet, H., Lexikon zu den Schriften Cicero's m. Angabe sämtlicher Stellen. 2. Tl. Lexikon zu den philosoph. Schriften. 10.—12. Hft. (2. Bd. 9.—20. Lfg.) Lex.-8. (S. 321—860.) Jena 891. 892. G. Fischer. n. 27. — (1—12 = 1. u. 2. Bd.: n. 90. —)
10. Hft. n. 8. —. — 11. Hft. n. 8. —. — 12. Hft. n. 11. —.

— dasselbe. 2. Tl. Lexikon zu den philosoph. Schriften. 13.—16. Hft. (3. Bd. 1.—18. Lfg.) Lex.-8. (716 S.) Ebd. 893. 894. n. 36. —
13. Hft. n. 12. —. — 14.—16. Hft. à n. 8. —.

— Lexikon zu den Schriften Cicero's m. Angabe sämtl. Stellen. 2. Tl. Lexikon zu d. philosoph. Schriften. 17. (Schluss-) Hft. (3. Bd. 19.—23. Lfg.) Lex.-8. (VI u. S. 717—918.) Jena 894. G. Fischer. n. 10. — (2. Tl. kplt.: n. 136. —; kplt. 7 Bde.: n. 325. —)

Merguet, H., Lexikon zu Vergilius m. Angabe sämtl. Stellen. (In 7—8 Lfgn.) 1.—5. Lfg. (S. 1—400.) Lex. 8. Leipzig-R. 909. 10. Rich. Schmidt. à Lfg. 5. —

Merguet, Hugo, de usu syntactico infinitivi latini, maxime poetico. Dissertatio inauguralis philologica. gr. 8. (43 S.) Königsberg 868, (Akademische Buchh. von Schubert und Seidel.) *

Merguet, V[ictor], Prof. Dr.: Die Glaubens- und Sittenlehre des Buches Jesus Sirach. T. 2. *Königsberg Pr. 1901: Hartung.* (23 S.) 4° ¶ [Forts. d. P-Beil. 1874.]
Königsberg Pr., k. Friedrichs-K, P 1901 (6)

Merguet, V. Der Sprachgebrauch des anglo-normannischen religiösen Dramas (Mystère) Adam. Königsberg i/Pr., Friedrichs-Kollegium. 1892. 25 S. 4. *Progr.*

Merguin, F. G. C., nouvo Dizionario Italiano-Francese-Tedesco, ad usu delle tre Nazioni. III Tomi. gr. 8. Wien 825—27. Geistinger. 4 fl 12 kr — Dass. gr. 12. Ebd. 829. (Gerold). 2 fl 12 kr Schrbp. 3 fl 8 kr

— deutsch-französ. u. französ.-deutsche Sprüchwörter. gr. 8. Wien 828. (Volke). 12 kr

Merguin, F. J. H., kleine Franz. Sprachlehre f. Kinder. 8. (6 B.) Wien 834, Wimmer.

—— neueste franz. Sprachlehre, in welcher alle Aufgaben u. Beispiele aus mehr als 60 franz. meist klass. Schriftstellern, lehrreich u. anziehend gewählt, d. Regeln viel einfacher u. leichter dargest., auf kompetente Autoritäten, vorzügl. auf d. Dictionnaire de l'Académie Française, gestützt, u. also durch unumstößl. Beweise begründet worden sind. In 3 Thln., z. Erleichterung f. d. Lernenden. gr. 8. (35 B.) Wien 833, Wimmer.

Merguin, F. J. H., neueste französ. Sprachlehre, in welcher alle Aufgaben u. Beispiele aus mehr als 60 französ. klass. Schriftstellern, lehrr. u. anzieh. gewählt, die Regeln viel einfacher u. leichter dargest., auf kompetente Autoritäten, vorzügl. auf d. Dictionnaire de l'Acad. franç., gestützt, u. also durch unumstößl. Beweise begründet worden sind. 3 Thle. 2., durchgeh. umgearb. Ausg. gr. 8. (31 B.) Wien 838, [Wimmer, Schmidt u. Leo.]

—— neues Wörterbuch d. teutschen, italien. u. franz. Sprache, z. Gebr. d. drei Nazionen bearb. u. mit d. eigenen Namen d. Nazionen u. d. Personen, wie auch mit d. seit d. Revolution neugeschaff. französ. Wörtern bereichert. 3. Bd. Teutsch, Italien. u. Franz. gr. 18. (690 Seit.) Wien 828, [Gerold.]
1. u. 2. Bd. Ebendas. 1824—27. 4 Thlr. 12 Gr. — 3 Bde., hrbgs. Pr. 2 Thlr. 12 Gr., Schrbp. 3 Thlr. 8 Gr.

Mergy, Bernh., od. d. Bartholomäusnacht. Histor.-romant. Gemälde a. d. 16. Jahrh. Nach d. Franz. frei übers. v. Karl v. Lutzow. 2 Thle. 8. (22¾ B.) Braunschweig 832, Vieweg.

Merhar, J[ohann]: Valvasor als Ethnograph. Eine Charakteristik. S. 3—26. 8. Progr. K. k. Staats-Gymn. *Triest* 1910.

Merhar Johann: Würdigung der Tätigkeit Valvasors als Ethnograph.
1900 PN 1346 Diss. Wien. Univ 2671

Merhaut, Elisab., Glimpses of America. Ausgewählt u. hrsg. Mit Anmerkgn., e. Verzeichnis d. Eigennamen u. 18 Abb. (205 S.) 8. Leipzig 908. G. Freytag. — Wien, F. Tempsky. Geb. 1. 80

Merhaut, E., A practical German grammar, based on the analytical-direct method. gr. 8. (189 S.) Leipzig 898. A. Twietmeyer. Geb. in Leinw. 3. 50

Merhély, Herr Prof. Theodor Levin und das Städelsche Institut. gr. 8. (15 S.) Berlin 887, Walther und Apolant. *

Merian, Matthäus, Skizze seines Lebens, s. Eckardt, H.

Merian, mittelalterliche Bauwerke, s.   : Statz, Binz.

Merian, der erneuerte, s. Engelmann.

— Städtebuch, s. Städtebuch.

Merian und Zeiller. Topographia. Franckfurt am Mayn **1642—1726.** Fol.

Hormayr. — (Merian, v.). Biographische Züge aus dem Leben deutscher Männer. (I. Der Freiherr v. .....) 8. Leipzig 1815.

Merian, A., üb. Eisenbahnen in der Schweiz u. insbesond. e. Stammeisenbahn von Basel nach Olten als erste Verbindung u. Fortsetzung der benachbarten großen Bahnen. 2. Aufl. gr. 8. (1½ B.) Basel 845. (Schabelitz.)

Merian, A. (Obstzftm.) Oel aus allerhand Saamen zu ziehen. Etwa 1798.

Merian, Alfons. Studien an gesteinsbildenden Pyroxenen. Stuttgart 1884.

Merian, Andreas. Anrede an die Angehörigen des Mönchensteiner-Amts, gehalten am Huldigungstage, den 25 Juny 1797. 8. Basel.

Merian, Andreas: De officio praetoris. 18 S.– Basel, Jur.Diss.v. 13Juni 1794.

Merian, Andreas: Variae ex jure naturae et philosophia morali theses, s. Burckhardt, Joh.Balthasar (Praes.)

Merian, Christoph: De castitate, s. Passavant, Franz (Praes.)

Merian, E[duard] P[aul]. Mars und Erde. Eine vergleichend planetographische Studie. [Mit 2 Karten.] 42 S. 8. Basel, Komm. Friedrich Reinhardt, 1908. [fr. 2. —]

Merian, Emanuel

Merian, E., das Bild eines merkwürd. Regenten. 4. Basel 761. Turneisen. 3 gr.

Merian, Emanuel. Christliche Leichenrede über die Worte Hebr. 2, 14. 15. bey dem Leichenbegängniss des ... Herrn Andreas Weiss, ... des Raths, den 7. Aprils 1792 ... [zu Basel] vorgetragen. 8. Basel.

Merian, Emanuel. Christliche Leichenrede über die Worte Spr. Sal. 11, 2. bey der ... den 27. May 1790. ... zu Basel geschehenen Leichenbestattung des ... Herrn Johannes Ryhiner, regierenden Bürgermeisters der Stadt Basel, vorgetragen. 8. Basel.

Merian, Emanuel. Christliche Leichenrede über die Worte 1 Thess. 4, 13. bey dem Leichenbegängniss der ... Frau Anna Katharina Passavant, Herrn Ulrich Dienasts ... gewesenen Frau ..., den 3. Aprils 1808 ... [zu Basel] vorgetragen. 8. Basel.

Merian, Emanuel: De libertate humana. (Resp.: Joh.Heinrich Gleser). 9 S.– Basel, Jur.Diss.v. 4.März 1749.

Merian, Emanuel, Observationes theologicae circa doctrinam de providentia Dei. [Basel] (J. Schweighauser) 18. IV. 1820. 29 S. (3.50) 23060

Merian, Emanuel. Predigt aus Anlass der Erneuerung der Münsterkirche zu Basel, in derselben gehalten den 21sten Weinmonats 1787. 8. Basel.

— Samml. geistl. Lieder u. Gesänge mit Melodien. 12. Basel 782. Turneisen. 9 gr.

Merian, Emanuel. Der Segen des Herrn ... ward bey der den 22. Horn. 1768 ... [zu Basel] geschehenen ehlichen Verbindung ... Herrn Jacob Christoph Debary mit Jungfer Anna Margretha Wertenmann und Herrn Johann Rudolf Burkhardts mit Jungfer Anna Maria Debary angepriesen von Herrn E' M'.... 4. [Basel.]

Merian, Emanuel. Die Würde und Wichtigkeit des Ehestandes, in einer Trauungsrede vorgestellt bey der Einsegnung Herrn Johann Jakob Miville, Ehegerichtschreibers, und Jungfrau Sara Merian ... [zu Basel] den 10. Jenners 1791. 8. Basel.

Merian, Er., Observationes criticae in quaed. Prudentii loca. Basil. 789. 4.

Der Bärenhäuter von Siegfried Wagner, erl. von **Hans Merian**. *Leipzig: H. Seemann Nachf. [1900]* (35 S.) 8° [F.]
= Opernführer. No 12.

Merian, Hans, Karl Bleibtreu als Dramatiker. Ein Wort an die deutschen Bühnenleiter. gr. 8. (74 S.) Leipzig 892. W. Friedrich. n. 1. —

—— Aus der vierten Dimension. Briefe d. alten Drinkwitz. 8. (100 S.) Lpz. 890, Reissner. * 1 50

Merian, Hans, Geschichte der Musik im 19. Jahrh. Mit 139 Abbildgn. im Text u. 38 Beilagen. 10 Lfgn. gr. 8. (VIII, 716 S.) Leipzig 900—902. H. Seemann Nachf. Subskr.-Pr. à n. 1. —; (kplt. n. 13. —; geb. in Leinw. n. 15. —;)

Merian, Hans, Geschichte der Musik im 19. Jahrh. Neu durchgeseh. u. vielfach ergänzte 2. Aufl. m. 174 Abbildgn. im Text u. 42 Beilagen. (VIII, 737 S.) gr. 8. Leipzig 906. O. Spamer. n. 13. —; geb. in Leinw. n. 15. —

— Hermann Heiberg, s.a. Litteratur, die moderne, in biographischen Einzel-Darstellungen.

(Die moderne Litteratur in biographischen Einzeldarstellungen. H. 2.)
Hermann Heiberg v. Hans Merian. Mit Heiberg's Portrait. Leipzig. [1891.] 8°

Die Hochzeit des Figaro. Oper in 4 Akten nach Beaumarchais von Lorenzo da Ponte. Musik von W. A. Mozart. Textlich u. musikalisch erl. von **Hans Merian**. *Leipzig: H. Seemann Nachf. [1900].* (68 S.) 8° [F.]
— **Opernführer.** No 7. 8.

Don Juan von W. A. Mozart erl. von **Hans Merian**. *Leipzig: H. Seemann Nachf. [1900].* (81 S.) 8° [F.]
— **Opernführer.** No 5. 6.

—— die sogenannten „Jungdeutschen“ in unserer zeitgenössischen Litteratur. Ein Vortrag, gehalten am 20. Febr. 1888 in Leipzig. 8. (41 S.) Leipzig 888, [Werther.] Friedrich. *

—— Die sogenannten „Jungdeutschen“ in unserer zeitgenössischen Litteratur. 2. Aufl. 8. (41 S.) Lpz. 889, W. Friedrich. * — 60

Merian, Hans. Mozarts Meisteropern: I. Mozart als Dramatiker. II. Die Hochzeit des Figaro. III. Don Juan. IV. Die Zauberflöte. IV + 300 S. 8. Leipzig, Hermann Seemann Nachfolger, [1901]. [geb. M. 4. —]
(Musiker und ihre Werke. [Band 7.])

Die Meistersinger von Nürnberg. Von Richard Wagner. Erl. von **Hans Merian**. *Leipzig: H. Seemann Nachf. [1900].* (128 S.) 8° [F.]
— **Opernführer.** No 22. 23.

— u. Ferd. Pfohl, Rich. Wagner's Musikdramen, erläutert, s.a. Meisterführer.

Richard Wagner, Musikdramen. Erl. von Hans Merian u. Ferdinand Pfohl. Berlin: Schlesinger; Wien: Haslinger [1910]. 304 S. 8°
(Meisterführer. Nr 11.)
(Schlesinger'sche Musik-Bibliothek.) [12. 4838

—— der Nilbräutigam. Roman. 2. Aufl. 8. (VIII, 84 S.) Leipzig 888, Werther. *
1. Aufl. s. Rebeg, G.

Merian, Hans, Richard Wagner's Opern, s.: Meisterführer. (Emolian, Arth.)

— s.: Opernführer.

— s.: Sang u. Klang im XIX. Jahrh.

— in der zwölften Stunde. Ein wüster Traum. 5. Aufl. (v. „Von Elisen bis Zwölisen“). gr. 8. (IV, 102 S.) Ebd. 890. n. 1.—

Tannhäuser und der Sängerkrieg auf Wartburg. Handlung in 3 Aufz. von Richard Wagner. Erl. von Hans Merian. *Leipzig: H. Seemann Nachf. [1901].* (86 S.) 8° [F.]
— Opernführer. No 34. 35. [03. 3796

— Richard Strauß' Tondichtung. Also sprach Zarathustra. Eine Studie üb. die moderne Programmsymphonie. gr. 8. (55 S.) Leipzig 899. [C. Meyer's graph. Institut.] Herm. Seemann Nachf. n. — 60

—— die Urahnen. Ein Zyklus vorsündfluthl. Romane. 8. (VII, 307 S.) Ebendas. 888. *

Merian, Hans, die Varusschlacht, s.a. Friedrich's Bücherei.

— die Varusschlacht. Ein Fastnachtspiel in 3 Aufzügen. 8. (VIII, 215 S.) Leipzig 894. W. Friedrich. n. 3. —

Merian, Hans, von Elisen bis Zwölisen. 4. Aufl. 8. Leipzig 888, Friedrich. * 1 50

Merian, Hans [†G. Rebeg], von Elisen bis Zwölisen. Ein wüster Traum, nicht von Georg Ebers, sondern v. H. M. 8. (V, 102 S.) Leipzig 888, Werther. *
2.—4. Aufl. *

— wo fehlt es unserem Stadttheater? Ein ruh. Wort zur Leipziger Theaterfrage. gr. 8. (48 S.) Leipzig (899). (E. Haberland.) — 50

Die Zauberflöte. Oper in 2 Akten von Emanuel Schikaneder. Musik von W. A. Mozart. Hist., textlich u. musikalisch erl. von Hans Merian. *Leipzig: H. Seemann Nachf. [1900].* (77 S.) 8° [F.]
— Opernführer. No 9. 10. [00. 5618

Merian, Hans Bernhard

(Hs. Bh.) Merian: Discours sur la Métaphysique. *Berl.*, Voss. (765.) 775. 8° 3 gl
vgl. Merian, Matthäus

Merian, **Hans Bhrd., († d. 12. Febr. 1807.) s. *Claudien*, l'enlevement.**

– s. ***Michaelis*, recueil de questions.**

– s. J. G. Sulzers Lebensbeschreibung.

Merian, Joh. Bernhard: De autocheiria..., s. Weiss, Andreas (Praes.)

Merian, Johann Jakob

Merian, J. J., Geschichte der Bischöfe von Basel. 1. Abth. Zur Feier des 400jähr. Jubiläums der Universität Basel herausg. Basel 860. (Bahnmaier.) gr. 8. (84 S.) n. 12 ngr

Merian, J. J., Geschichte der Bischöfe von Basel. 2. Abthl. 1215 — 1885. gr. 8. (121 S.) Basel 862, Bahnmaier's Verlag. *
1. Abthl. Ebendas. 1860. * 12 Ngr.

Merian, Joh. Jakob: De jure victoriae, s. Weiss, Andreas (Praes.)

Merian, J[ohann] J[acob]. Die Topographie von Delphi. Eine Vorlesung von J. J. M', gehalten den 6. Mai 1853. 8. Basel 1853.

Merian, Joh. Rudolf

Merian, J. Rud., über d. Bewegung tropfbarer Flüssigkeiten in Gefäßen. Abhandl. gr. 4. (7 B.) Basel 828, Schweighauser.

Merian, Joh. Rud. Grundsätze der Linearperspective. Basel 1832. 4.

Merian, Louis, Arzt aus Basel: Ein Beitrag zur pathologischen Anatomie des Tetanus beim Menschen. (Aus der medizinischen Klinik in Zürich. Direktion: Prof. Eichhorst.) Grüningen 1909. 37 S. 8°. [15. III. 09.]
Zürich. Med. Diss. 1908/09.

Merian, Louis. Ein Beitrag zur pathologischen Anatomie des Tetanus beim Menschen. Diss. Med. Univ. Zürich. *Kopftitel:* Aus der medizinischen Klinik in Zürich... . 37 S. 8. Grüningen, J. Wirz, 1909.

Merian, Ludwig. Collegienhefte und Skizzen. fol.

Merian, M[atthäus], eigentliche Abbildung der Veste vnnd Vniversitet Gießen. 1650. qu. Fol. (2 S. Text mit 1 Facs.-Holzschn.) Gießen 886, Roth.

Merian, M. Das lange bestrittene Königreich Candia. Mit Kpf. u. Pl.
Frankfurt 1670. 87 S. 4°

Merian, Matthäus: La Danse des morts, comme elle est dépeinte dans la louable et célèbre ville de Basle, pour servir d'un miroir de la nature humaine. Dessinée et gravée sur l'original... On y a ajouté une description de la ville de Basle, et des vers à chaque figure. Todten-Tans, wie derselbe in der löbl.u.Welt-berühmten Stadt Basel, als ein Spiegel menschlicher Beschaffenheit künstlich gemahlet und zu sehen ist. Nach dem Original in Kupfer gebracht nebest einer Beschreibung von der Stadt Basel. (Frz.u.Dt.) 132 S., gbd., Abb.

Basle: Im-Hof 1744

JB 5.617

Merian, Matth., Discours sur la méthaphysique. 8. ibid. 766.
vgl. Merian, Hans Bernhard

Merian, Matth., von dem Einfluß der schönen Wissenschaften auf die Dichtkunst; aus d. Französ. v. Jh. Bernoulli. 2 Bde. 8. Leipz. 784, 87. Müller. 1 ℛ 8 gl

Merian, Matthaeus *I* [1593–1650]. Facsimile des Planes der Stadt Basel von M' M' 1615. Ein Titelblatt. 1 Uebersichtsplan und neun farbige Tafeln. *In Mappe.* Mitteil. Hist. und Ant. Ges. Basel. N. F. [Heft] 4. fol. Basel 1894.
Beilage s. [Stehlin, Carl.] Die Entwickelung des Basler Stadtbildes bis auf Matthaeus Merian den Aeltern. Basel 1894.

Merian, Matthaeus *II* [1621–1687]. Selbstbiographie des jüngern M' M'. Veröffentlicht von Rudolf Wackernagel. ⟨SA.⟩ 8. [Basel 1895.]

. *Theatrum Europaeum, Oder, Ausführliche und Warhafftige Beschreibung ... jetzo zum drittenmal ... an Tag gegeben und verlegt, Durch Weyland Matthäi Merians seel. Erben in Franckfurt ...*
——— *Fünffter Theil ... Franckfurt ... bey Johann Philipp Andreä. Im Jahr 1707.*
——— *Zehender Theil ... Gedruckt ... bey Johann Görlin, und Joh. Bauer. Anno 1703.*
——— *Eilffter Theil ... Gedruckt bey Johann Philipp Andreä. Im Jahr Christi 1682.*
——— *Zwölffter Theil ... Im Jahr 1691.*
——— *Dreyzehender Theil ... Im Jahr 1698.*
——— *Vierzehender Theil ... Im Jahr 1702.*
——— *Funffzehender Theil ... Durch Weiland Carl Gustavs Merians Seel. Erben. Franckfurt ... Gedruckt bey Johann Philipp Andreä. Im Jahr 1707.*
——— *Sechszehender Theil ... Durch Weyland Carl Gustav. Merians seel. Erben. Franckfurth am Mayn, gedruckt bey Anton Heinscheit. Im Jahr Christi Anno 1717.*
——— *Siebenzehender Theil ... An. 1718.*
——— *Achtzehender Theil ... 1720.*
——— *Neunzehender Theil ... Im Jahr Christi 1723.*
——— *Zwantzigster Theil ... Franckfurth am Mayn, gedruckt bey Johann Benjamin Andreä. Im Jahr Christi 1734.*

— Todtentanz der Stadt Basel, m. K. 4. Frankf. 733.

[Merian, M.] Todtentanz der Stadt Basel. In Kupfer gestochen nach d. Frescogemälden an d. ehemal. Kirchhofsmauer d. Predigerkirche. Basel, Fuchs, ca. 1840. Gr.8°. Illustr. OUmschl. Mit Abdruck der 43 von Chovin aufgearbeiteten Orig.-Kupfer nach M. Merian.
Wohl die letzte Ausgabe des erstmals ca. 1620 in Basel erschienenen Totentanzes. Mit den alten Versen, für die ebenso wie für die Einleitung engl. u. französ. Versionen beigegeben sind.

Merian, P. (Rathsherr). Siehe: *Rütimeyer, L.*

Merian, Paul, aus Basel: Die Bedeutung der Araneen für die Tiergeographie. Zürich-Selnau 1910. 75 S. und eine Tafel. 8°. [24. VIII. 10.]
Zürich, Univ. Phil. Diss. II. S. 1909/10.

Merian, P., die Bedeutung der Araneen f. die Tiergeographie. (73 S. m. 1 Karte.) 8. Zürich-Selnau 910. Gebr. Leemann & Co. 1.80

Merian, Peter

Merian, Peter, Abhandlung über die Wärme der Erde in Basel. Eine akademische Einladungsschrift. Basel 1823.

Merian, (Pet.,) Abhandlung üb. die Wärme d. Erde in Basel. 4. Basel 823, (Schweighäuser.)

Merian, Pet., Beyträge zur Geognosie. 1r Bd. Mit 1 Karte und 1 Steintafel. 8. Basel, Schweighäuser. 821.
Auch unter dem Titel:
Uebersicht der Beschaffenheit der Gebirgsbildungen in den Umgebungen von Basel rc.

Merian, Peter, Beiträge z. Geognosie. 2. Bd. — A: u. d. T.: Geognost. Uebersicht d. südl. Schwarzwaldes. M. 1 geognost. Karte (Fol.) gr. 8. (17½ B.) Basel 832, Schweighauser.
1. Bd. Ebendas. 1821. 20 Gr.

Merian, Peter, die Mathematiker Bernoulli. gr. 4. (61 S.) Basel 860, (Bahnmaier's Verlag.) *

Merian, Peter. Die Mathematiker Bernoulli. 4. Basel 1860.
(Jubelschrift zur vierten Säcularfeier der Universität Basel. 6. September 1860. Im Auftrage der philosophischen Facultät verfasst.)

(Merian, Peter. Über die gegenseitigen Beziehungen der warmen Quellen zu Baden im Kanton Aargau. [Mit 2 Tabellen und 1 Plan. SA.] 8. Basel 1853.

Merian, Peter. Ueber die dem grossen Rath des Kantons Basel, in der Novembersitzung 1830. vorgelegte Bittschrift. 8. Basel 1830.

Merian, Peter. Darstellung der Leistungen der Schweizer im Gebiete der Naturwissenschaften. Basel 1838.

Darstellung der geol. Verhältnisse des Rheinthales bei Basel. (Eröffnungsrede bei der 41. Jahresversammlung d. allgem. schweiz. Ges. für d. gesammt. Naturw.) 1856. 8.

Merian, Peter. Dichtergrüsse beim Festessen der Basler naturforsch. Gesellschaft zu Ehren der 50j. Mitgliedschaft des Rathsherr P. M. 1869.

Merian, Peter. Geognostischer Durchschnitt durch das Jura-Gebirge von Basel bis Kestenholz bey Aarwangen, mit Bemerkungen über den Schichtenbau des Jura im Allgemeinen. [Mit 2 Tafeln.] (Denkschr. Schweizer. Ges. für Naturwiss. Band 1, Abtheilung 1.) 4. (Zürich 1829.)

Geognostischer Durchschnitt durch das Juragebirge von Basel bis Kestenholz bei Aarwangen, mit Bemerkungen über den Schichtenbau des Jura im Allgem. Basel. 1856. 8.

Merian, Peter. Ueber die in Basel wahrgenommenen Erdbeben, nebst einigen Untersuchungen über Erdbeben im Allgemeinen. 4. Basel 1834.
([Einladungsschrift] der Universität [Basel].)

Merian, Peter. Festrede bei der vierten Säcularfeier der Univ. Basel. Basel 1860. 4.

Merian, Peter. Ueber die Geologie der Vorarlbergischen Alpen. 1852.

Merian, P. Zur Geschichte der in dem neuen Museum aufgestellten akademischen Sammlungen. Basel 1849. 4°.

Merian, Peter, über die Grenze zwischen Jura- und Kreideformation. gr. 8. (15 S.) Basel 868, Schweighauser'sche Buchh.

Merian, Peter s. Mittel und Hauptresultate aus den meteorologischen Beobachtungen.... (Neuchâtel 1838.)

— Mittel und Hauptresultate aus den meteorologischen Beobachtungen in Basel von 1826—36, angestellt von P. Merian; in Bern von 1826—36, angestellt von F. Trechsel; in St. Gallen von 1827—32, angestellt von Daniel Meyer. [O. O. u. J.]

Merian, Peter. Die Peter Merian Stiftung in Basel. 1884.

Merian, Peter. [1.] Ueber einige Tertiär-Versteinerungen von Therwyler bei Basel.... ([2.] Die Versteinerungen von St. Verena bei Solothurn....) [SA.] 8. [Basel 1869.]

Merian, Peter. Ueber die Theorie der Gletscher. [SA.] 8. [Basel 1843.]

Merian, P. Uebersicht der Beschaffenheit der Gebirgsbildungen in den Umgebungen von Basel. Auch unter dem Titel: Beiträge zur Geognosie. 1. Vol. Basel. 1821. 8.

Merian, P., Geognostische Übersicht des südlichen Schwarzwaldes. Basel, 1831. 270 S. mit 1 Karte.

Merian, Peter. Uebersicht des Zustandes unserer Kenntniss der Naturkunde des Kantons Basel. 8. Basel (1826).
Einladungsschrift zur Promotionsfeier des Pädagogiums....

Merian, P., Geognostische Umrisse der Rheinländer. Basel 1825.

Merian, Peter. Ueber das Vorkommen der St. Cassianformation in den italienischen Alpen. (1851).

Merian (P.), Ueber die Wärme der Erde in Basel. Basel 1823. 4.

Merian, Peter. Einige Worte zur Beherzigung an meine Mitbürger bei Entwerfung einer neuen Verfassung. Basel den 31. August 1833. 8. [Basel.]

Merian, Rud., Abhandl. über die Bewegung tropfbarer Flüssigkeiten in Gefäßen. gr. 4. Basel 828. Schweighäuser. 15 gr.

Merian, Rud., Versuch einer Schiesstheorie für schweizerische Offiziere der Infanterie und Cavallerie. 1. und 2. durchgeseh. Aufl. gr. 8. (63 S. mit eingedr. Holzschn. und 1 Tab.) Basel 878, Schwabe. *

Merian, R., und G. Dollfus, über die Wasserversorgung der Stadt Basel, s. Dollfus, G.

Merian-Genast, Johann Wilhelm Julius

Merian-Genast, Hans *Wilhelm Julius* Ausführungen zum Lehrplan (Fortsetzung): Die Lehrstoffe der Quarta im Lichte der Konzentration. 4 (S. 11—21). G. Carolo-Alexandrinum *Jena* 1892 (672). Progr.

[J.] **Merian-Genast,** *H.* (in s. Diss.: Johann Wilhelm Julius) [Dr.]: Ausführungen zum Lehrplan. '(Forts.)' D. Lehrstoffe d. Quarta im Lichte d. Konzentration. (Forts. d. P-Beil. 1891.) Jena, Druck v. G. Neuenhahn, *1892;* 11—21 S. 4.
Jena, G Carolo-Alexandrinum, OP 1892 (672)

Merian-Genast, Ioannes [Basileensis]: De Paulo Silentiario Byzantino Nonni sectatore . . . Lipsiae, *aulae Vimariensis offic. typogr.*, 1889; VI + 108 S. 8°
Leipzig, Phil. Fak., Inaug.-Diss. v. 18. Mai 1889

Méric, Elie. Die socialen Irrthümer d. Gegenwart. Autorisirte Uebersetzg. 8. (XII, 351 S.) Mainz 889, Kirchheim. 4 —

Méric, Elie, das andere Leben. Autoris. Uebersetzung. 8. (XV, 424 S.) Mainz 882, Kirchheim.

—— das Wiederfinden im Himmel. Autoris. Uebersetzung. 16. (III, 187 S.) Ebendas. 882.

Merici, Die hl. Ordensstifterin Angela von, (1474—1540) in 12 Zeichnungen von einem Mitgliede des Ursulinenklosters in Innsbruck mit einem Begleittexte von Cölestin Wolfsgruber. Innsbruck 1906. V: *Wörndle, Felicitas von.* (MARGR)

Merici, die hl. Ordensstifterin **Angela v.,** (1474—1540) in 12 Zeichnungen v. einem Mitgliede des Ursulinenklosters in Innsbruck. Mit einem Begleittexte v. Cölestin Wolfsgruber, O. S. B. (IV, 73 S.) qu. 8. Innsbruck 906, Vereinsbuchh. u. Buchdr.
Geb. in Leinw. n. 4. —

Méricourt-Farges, s.a. Farges-Méricourt.

Mericourt, Fargès, Annuaire historique et statistique du département du Bas-Rhin pour l'an 1814 — 16. 12. Strasbourg, Levrault.

Meridian-Grad zwischen Paris und Amiens, Messung der Erde, Abirrung der Fixsterne. Zürich 1742. V: *Picard, Jean.* (Kat. d. Bibl. d. Techn. Hochsch. Berlin 1900.)

Meridionale, la, e il territorio del suo movimento nell'Austria-Ungheria. Edito dalla I. R. priv. società della Ferrovia Meridionale, con la cooperazione dei seguenti scrittori e artisti: Pet. Rosegger, Vinc. Chiavacci, Thdr. Christomanos etc. Riproduzioni fotografiche: Bernh. Johannes, Alois Beer. Con 197 illustr., 4 carte e un orario delle corse per tutte le linee dell' I. R. priv. Società della Ferrovia Meridionale. 8. (XVIII, 485 u. 45 S.) Brünn (899). [R. M. Rohrer.] Wien, W. Braumüller. Geb. n. 1.20

Merigarto. Bruchstück eines bisher unbekannten deutschen Gedichtes ... Prag 1834. H: *Hoffmann genannt von Fallersleben, August Heinrich.* (ML)

Merigarto. Bruchstück ein. bisher unbekannten deutschen Gedichtes aus d. XI. Jahrh., hrsg. v. (A. H.) Hoffmann v. Fallersleben. M. 1 Fac-simile. gr. 8. (1½ B.) Prag 834, Enders.

Meril, Edelstan du, Essai philosophique sur le principe et les formes de la versification. gr. in-8. (14¾ B.) Leipzig 841, Brockhaus et Avenarius. *

Merillii, Edm., observationum libres VIII ed. K. A. de Martini. 4maj. Wien 761. Gerold. 1 ₰

Mérimée, J. F. L., u. A. D. Vergnaud, Handbuch f. Kunst- u. Zimmermaler, Vergolder, Restaurateurs alter Oelgemälde, Farben- u. Tapetenfabrikanten. Frei bearb. n. d. Franz. u. mit d. Erfahrn. geschickter deutscher, italien. u. engl. Künstler in diesen Fächern bereichert v. H. C. Hebra. 2 Bdchn. gr. 12. (31 B. u. 1 ill. Zeichn.) Ulm 839, Ebner.

Mérimée, Prosper: Carmen

—— dass. — Uebers. von Otfr. Mylius, s. Collection Spemann.

Mérimée, Prosper
Carmen. 1846
s.a Erzählungen, vier.

Merimée, Prosper, Carmen. Novelle. Uebers. von Wilh. Geist, s.a Universal-Bibliothek Nr. 1602.

Merimée, Prosper, Carmen. Novelle. Deutsch von Rud. Weiß. 8. (VIII, 101 S.) Berlin 882. Freund & Jeckel. n. 1. 50; geb. n. 2. —

Mérimée, Prosper, Colomba, hrsg. v. F. J. Wershoven, s.a. Auteurs français. XII.

— dasselbe, s.a Bücher, die, des deutschen Hauses.

Colomba. Von Prosper Mérimée. Übers. von Mario Spiro. Berlin: Buchverlag fürs Deutsche Haus 1909. 303 S. 8°
(Die Bücher d. Deutschen Hauses. Bd 77.) [09. 11318

— dasselbe, hrsg. von Bertha v. der Lage, s.a. Bibliothèque française. 59. Bd.

— dasselbe, ed. par B. Nuck, s.a Collection des auteurs célèbres.

—— dass. — Uebers. von Otfr. Mylius, s.a Collection Spemann.

— Kolomba, s.a Erzählungen, klassische, der Weltliteratur. 13. Bd.

(F) Mérimée, P., Kolomba. Aus dem Französischen. [Klassische Erzählungen der Weltliteratur. Bd. 13. Sammlung Prochaska] 8°. (170 S.) Teschen: Karl Prochaska 1905. geb. K 1.—

— dasselbe, hrsg. v. G. Buchner, s.a Klassiker-Bibliothek, französ.-englische.

Mérimée, P., Colomba, s.a Meyer's Volksbücher.

— dasselbe, hrsg. v. Aug. Sturmfels, s.a Perthes' Schulausgaben englischer u. französischer Schriftsteller. Nr. 50.

— dasselbe, hrsg. v. Th. Engwer, s.a Prosateurs français.

— dasselbe, hrsg. v. Johs. Leitritz, s.a Schulbibliothek, französische u. englische. A 66.

Merimée, Prosper, Colomba, dramatisiert, s.a Süß, Rud.

— dasselbe. s.a Universal-Bibliothek.

– dasselbe, s.a Volksbücher, Wiesbadener. Nr. 40.

Mérimée, Prosp., Colomba. Corsisches Sittengemälde a. d. neuesten Zeit. A. d. Franz. übers. v. A. Dietzmann. 8. (18½ B.) Leipzig 841, Kollmann.

Mérimée, Prosper, Colomba. Nouv. édit. gr. 16. (178 S.) Leipzig 871, Wilfferodt. *

Mérimée, Prosper, Colomba. Nouv. édit. 8. (165 S.) Leipzig 876, Wilfferodt. *

— Colomba. Erklärt v. Osc. Schmager. gr. 8. (XXIX, 162 S.) Berlin 880. Weidmann. 1. 80

Mérimée, Prosper, Colomba. In gekürzter Fassung hrsg. u. erklärt v. Osk. Schmager. 2. Aufl. gr. 8. (IV, 183 S.) Berlin 894. Weidmann. n. 1. —

Colomba par Prosper Mérimée. Im Ausz. mit Anm. z. Schulgebr. hrsg. von Dr. Gerhard Franz, Prof. zu Dresden. [Nebst] Wörterbuch. *Bielefeld & Leipzig: Velhagen & Klasing 1896[–1900].* 2 Bde 8°
— Sammlung, Velhagen & Klasings, franz. u. engl. Schulausgaben. Prosateurs franç. Lfg 109 B. [01. 4696

— dasselbe. Im Auszug zum Schulgebrauch hrsg. von Gg. Buchner. Mit e. Wörterverzeichnis. 8. (IV, 101 S.) München 899. J. Lindauer. n. — 80; geb. n. 1. —

Mérimée, Prosper, Colomba. Für den Schulgebrauch hrsg. v. Max Kuttner. 8. (X, 126 S.) Leipzig 903. G. Freytag. Geb. in Leinw. n. 1. 50; Wörterbuch (42 S.) n. — 50

Colomba. Par Prosper Mérimée. In gekürzter Fassung hrsg. u. erkl. von Oskar Schmager, Prof. in Gera. 3. Aufl. Text. Anmerkungen. Berlin: Weidmann 1906. 2 Bde 8°
(Weidmannsche Sammlung franz. u. engl. Schriftsteller.) [06. 10909

Colomba. Erzählung von Prosper Mérimée. Leipzig: Reclam [1909]. 261 S. 8°
(Bibliothek August Scherl. Bd 537.) [10. 13923

Mérimée, Prosper, der falsche Demetrius, s.a Geschichtschreiber, moderne.

Mérimée, der falsche Demetrius. Episode aus der Geschichte Rußlands. Aus dem Französ. von W. E. Drugulin. Neue (Titel-)Ausg. Leipzig (853) 865. Senf. gr. 8. (323 S.) 1 ₰

—— der falsche Demetrius. Episode aus der Geschichte Rußlands. Aus dem Französ. von W. E. Drugulin. 8. (Titel-) Ausg. gr. 8. (323 S.) Leipzig (865)69, Senf.

—— Ausgewählte Erzählungen, s. Sammlung französischer u. englischer Textausgaben.

Mérimée, P., Geschichte Peter's des Grausamen, s.a Hausbibliothek, historische, 25. Bd.

—— Geschichte Peter's des Grausamen. Aus dem Französ. Neue (Titel-)Ausg. gr. 8. (VIII und 383 S. mit dem Portr. Peter's nach A. Carnicero in Stahlst.) Leipzig (852)65, Senf.

—— Geschichte Peter's des Grausamen. Aus dem Französ. Mit dem Portr. Peter's nach A. Carnicero (in Stahlst.). 3. (Titel-)Ausg. gr. 8. (VIII, 383 S.) Ebendas. (865)69.

— Die Mißvergnügten, s.a Handbibliothek, Cotta'sche.

Die Mißvergnügten (Les mécontents). Lustspiel in 1 Aufz. von Prosper Mérimée. Deutsch von Anton Bettelheim. Stuttgart & Berlin: Cotta [1908]. 56 S. 8°
(Cotta'sche Handbibliothek. Nr 154.) [09. 3879

Mérimée, P., Nouvelles. [Sammlung französischer und englischer Autoren.] 8°. (51 S.) Troppau: Buchholz & Diebel 1910. —.80

—— ausgewählte Novellen, s.a Bibliothek ausländ. Klassiker.

— ausgewählte Novellen, s.a Meistererzähler, romanische.

Ausgewählte Novellen von Prosper Mérimée. Deutsch von [Oskar] Schultz-Gora. Leipzig: Deutsche Verlagsactienges. 1906. XIII, 132 S. 8°
(Romanische Meistererzähler. Bd 8.) [06. 5269

—— dass. — s.a Meyer's Volksbücher.

— dasselbe. s. a. Universal-Bibliothek.

—— ausgewählte Novellen. Aus dem Französischen von Adf. Laun. 8. (241 S.) Leipzig 886, Bibliograph. Institut. geb. *

MÉRIMÉE, Prosper, Ausgewählte Novellen. Deutsch von Prof. Dr. O. Schultz-Gora. (Romanische Meistererzähler. Bd. XIII. Hrsg. von F. S. Krauss.) Leipzig 1905. Gr. 8°. (Br. 2,50; eleg. geb. 3,50; Ganzldrbd. 4,50.) (2 Mk. 50 Pfg., br., O. Rauthe, 1909.)

— **Ausgewählte Novellen.** Ins Deutsche übertr. u. eingeleitet v. Rich. Schaukal. (1. Bd.) (V, 257 S. m. Bildnis.) 8. München 908. G. Müller. 5.—; geb. 7.—

— Die Venus v. Ille u. andere Erzählungen, s. a. Universal-Bibliothek.

Die Venus von Ille und andere Erzählungen. Von Prosper **Mérimée**. Aus d. Franz. übers. u. mit e. Einl. vers. von Dr. M. Uebelhör. Leipzig: Reclam [1910]. 92 S. 8°
(Universal-Bibliothek. 5168.) [10. 6975

— **la vicomtesse du Peloux**, hrsg. v. Grube, s.: Prosateurs français.

Merimée, Prosper, Werke, s. Taschenbibliothek class. Romane des Auslandes.

Merimé, Prosper, Werke, übersetzt v. H. Elsner u. A. 7 Bde. 16. Stuttgart 845, Becher. (à 9 ngl) 2 *ß* 3 ngl

Merimer, Gaston, die Krankheiten d. Lunge u. Leber, namentlich: Lungenabscesse, Lungenkrebs, Asthma, Lungenblutungen rc. u. deren Ursachen, Verlauf, Verhütung u. Heilung. Aus dem Franz. übers. 12. (6½ B.) Nordhausen 846, Fürst.

Mering, Ernst, Referendar a. Wattenscheid i. W.: **Die Rechtsstellung des mittelbaren Besitzers nach dem B.G.B.** Wattenscheid 1907: C. Busch. (76 S.) 8° [F.]
Rostock, Jur. Fak., Ref. Bernhöft, Diss. v. 10. März 1908
[Geb. 14. März 82 Wattenscheid; Wohnort: Wattenscheid; Staatsangeh.: Preußen; Vorbildung: Gymn. Attendorn Reife O. 01; Studium: Tübingen 1, Marburg 2, Münster 3 S.; Rig. 29. Juli 07.]

Mering, Eugen von, Regierungs-Referendar in Posen: **Die Verjährung von Ansprüchen aus Rechten, die im Grundbuch nicht eingetragen oder zu Unrecht gelöscht sind** (§ 901 B.G.B.). Halle a. S. 1907: C. A. Kaemmerer & Co. (VIII, 43 S.) 8°
Leipzig, Jur. Fak., Diss. v. 9. Nov. 1907
[Geb. 19. Juni 82 Straßburg (Elsaß); Wohnort: Posen; Staatsangeh.: Preußen; Vorbildung: Stadtgymn. Halle a. S. Reife M. 99; Studium: Halle 1, Heidelberg 1, Bonn 2, Halle 2 S.; Rig. 17. Mai 04.]

Mering, F. E. Frh. v., Beiträge z. Geschichte d. ehemal. Churkölnischen u. Alt-Stadtkölnischen Verfassung bis 1798, als d. Einführungsjahre d. Franz. Gesetzgebung. Nebst e. Anh. üb. d. Frei- u. Vehmgerichte, so wie üb. d. Einführung d. Inquisition- u. Ketzergerichte in Bezug auf d. Stadt Köln, mit vielen meistens noch unbekannten Notizen. gr. 8. (7½ B.) Köln 830, (Arend.)

—— u. Ludw. Reischert, die Bischöfe u. Erzbischöfe von Köln, nach ihrer Reihefolge, nebst Geschichte des Ursprunges, des Fortganges u. des Verfalles der Kirchen u. Klöster innerhalb der Stadt Köln, mit besond. Bezugnahme auf die Kirchen u. Klöster der Erzdiöcese. 1. Thl. 12 Lfgn. u. 2. Thl. 6 Lfgn. gr. 8. (51⅜ B. u. 2 Stnt.) Köln 842—44, (Lengfeld.) à Lfg. 6¼ Ngr. 8

—— und Ernst Weyden, Gesch. d. Burgen, Rittergüter, Abteien u. Klöster in d. Rheinlanden u. d. Provinzen Jülich, Cleve, Berg u. Westphalen, nach archival. u. authent. Quellen gesamm. u. bearb. I. u. II. Hft. gr. 8. Köln. [Bonn, Habicht.] [I. (10 B. u. Abbild. d. Schlosses Lechenich, gr. 4.) 833., II. (12 B. u. Abbild. d. Schlosses Andernach, gr. 4.) 834. à 1 Thlr.]
Das 1. Hft. wurde v. M. allein hrsg.

Mering, F. E. v., Geschichte d. Burgen, Rittergüter, Abteien u. Klöster in d. Rheinlanden u. d. Provinzen Jülich, Cleve, Berg u. Westphalen, nach archivar. u. a. authent. Quellen gesamm. u. bearb. III—VI. Hft. gr. 8. Köln, Eisen. [III. (10 B. u. 1 Kpfr.) 836., IV. (8½ B. u. 1 Kpfr.) 837., V. (9½ B., Johann v. Werth's Bildn., 1 Abbild. u. 1 Stammtaf.) 840., VI. (10 B. u. Clemens August's Bildn.) 842. à * 1 Thlr.] *
I. u. II. Hft. Bonn 833, 34, Habicht. à * 1 Thlr.

Mering, F. E. v., Geschichte der Burgen, Rittergüter, Abteien u. Klöster in den Rheinlanden u. den Provinzen Jülich, Cleve, Berg u. Westphalen rc. 7. Hft. gr. 8. (9 B. u. M's. Bildn.) Köln 844, (Lengfeld.)

—— dass. 8. Hft. gr. 8. (9¾ B.) Cöln 845, Mathieux.
Hft. 1—6. * 6 Thlr. Vergl. 9. Bd. 2 Abthl. S. 30.

Mering, F. E. v., Geschichte der Burgen, Rittergüter, Abteien u. Klöster in den Rheinlanden und den Provinzen Jülich, Cleve, Berg und Westphalen nach archivarischen u. anderen authent. Quellen gesammelt u. bearb. 9—11. Heft. Köln 853—58. Heberle. gr. 8. (9. Heft: VIII, 207 S.; 10. Heft: VII, 154 S. u. 1 Lithogr.; 11. Heft: 3 Bl., 135 S. u. 1 Lithogr.) Jedes Heft. 1 *ß*.

Mering, F. E. v., Geschichte der Burgen, Rittergüter, Abteien und Klöster in den Rheinlanden und den Provinzen Jülich, Cleve, Berg nach archivarischen u. andern authent. Quellen gesammelt u. bearb. 12. Heft. Köln 861. Heberle. gr. 8. (VIII, 166 S.) 1 *ß*

v. **Mering**, F. E. u. **Reischert**, L. Zur Geschichte der Stadt Köln am Rhein, von ihrer Gründung bis zur Gegenwart. 4 Bde. 8. M. K. Köln 1838–40.

v. **Mering**, F. E. Geschichte der Stadt Cöln. 8. Cöln 1842.

Mering, F. E.
Frhr. v., Clemens August, Herzog von Baiern, Kurfürst u. Erzbischof zu Köln. Biograph. Versuch. Köln, Heberle, 1851. 8°. Ppb.
130 S. (incl. X S. Vorst.). „Joh. Jac. Merlo, dem fleissigen u. geistreichen Geschichtsforscher der vaterländ. (Kölner) Kunst" gewidmet.

— die vormalige Missions-, nunmehrige Pfarrkirche zu Kreuzberg, mit Rücksicht auf ihre Stifter. Mit 2 (lith.) Abbildgn. Köln 854. Heberle in Comm. 12. (28 S.) n. 12 ngr.

– u. Ludwig Reischert

— — historische Nachrichten über Teufelsbanner, Wahrsager, Wundermenschen rc. in den Rheinlanden u. Westphalen, seit Beginn dieses Jahrh. rc. 16. Köln 843, Dunst. ⅙ *ß*

—— —— historische Nachrichten üb. Teufelsbanner, Wahrsager, Wundermenschen rc. in den Rheinlanden u. Westphalen, seit Beginn dieses Jahrhunderts rc. 16. (2 B.) Köln 845, Dunst.

—— die Peterskirche u. Cäcilienkirche in Cöln am Rhein. In ihren Denkwürdigkeiten beschrieb. 1. Aufl. 8. (4½ B.) Cöln 834, (Renard u. Dübyen.) 8 Gr., 2., bedeut. verm. A. gr. 12. (4 B.) Cöln 836, Eisen.

— die Reichsgrafen von Hohenzollern in ihren Beziehungen zu Stadt und Erz-Diöcese Köln. Leipzig 859. E. H. Mayer. gr. 8. (36 S.) n. 10 ngr.

—— Versuch e. Geschichte d. Cunibertskirche, nebst e. Anh. üb. jene d. Apostelnkirche in Köln. Nach vorhand. Urkunden u. d. besten Quellen bearb. M. 1 Abbild. (d. St. Cunibertskirche, 4.). 8. (4¼ B.) Köln 833, Arend.

—— die hohen Würdenträger d. Erzdiöcese Köln, zunächst die Weihbischöfe, Generalvicare u. Offiziale, mit besond. Bezugnahme auf die päpstlichen Nuncien zu Köln. Historisch-biograph. Versuch nach archivarischen u. andern Quellen. gr. 8. (9⅝ B.) Cöln 846, Mathieux.

Mering, Ferdinandus: De alliteratione Luciliana. Wattenscheid, Druck v. C. Busch, 1891; S. 3—12; 4°
Wattenscheid, RPG, P 1891 (372)

Mering, H., Jesus Du guter Hirt, erbarme Dich unser! Gebet- und Erbauungs-Buch für katholische Christen jedes Standes. Besonders den Bedürfnissen des Münsterlandes angepaßt. Nebst 1 Stahlst. Münster (853). Cazin. 8. (XIV, 514 S.) 16 ngr.

Mering, Joseph von: Ein Beitrag zur Chemie des Knorpels. Cöln, Buchdruckerei von J. S. Steven (1873). 8. 23 S.

Mering, J., Freih. v., s.: Jahrbuch, klinisches.

Mering, J., das chlorsaure Kali, seine physiologischen, toxischen u. therapeutischen Wirkungen. gr. 8. (III, 142 S.) Berlin 885. Hirschwald. n. 3. —

— s.a. **Lehrbuch der inneren Medizin.**

Lehrbuch der Inneren Medizin. Bearb. von ... Hrsg. von Dr. J[oseph] v. Mering. Mit 6 Taf. u. 212 Abb. 3., verb. u. verm. Aufl. Jena: G. Fischer 1905. (XIII, 1153 S.) 8° [05. 3926 9

Mering, Joseph von. J. von Mering's Lehrbuch der inneren Medizin. Bearb. von Prof. Dr. D[ietrich] Gerhardt, Basel; Medizinalrat Prof. Dr. [Ferdinand] Gumprecht, Weimar; Prof. Dr. [Wilhelm] His [d. J.], Berlin; ... weil. Prof. Dr. Joseph v. Mering, Halle a. S.; ... Prof. Dr. H[ugo] Winternitz, Halle a. S. Hrg. von L[udolf von] Krehl, ... Heidelberg. 5. verbesserte und vermehrte Aufl. Teil 1. Mit 84 Abbildungen im Text. II + 626 S. gr.-8. Jena, Gustav Fischer, 1908. (*cpl., 2 Teile*, M. 13. —, geb. 15. 50)
Darin S. 375–402: Krankheiten des Mundes, des Rachens und der Speiseröhre. Von D[ietrich] Gerhardt (Basel). Mit 1 Abbildung im Text.

— Lehrbuch der inneren Medizin. Bearb. v. D. Gerhardt, F. Gumprecht, W. His u. a. Hrsg. v. L. Krehl. 6. verb. u. verm. Aufl. (XVI, 1307 S. m. 245 Abbild. u. 8 Taf.) Lex. 8. Jena 909. G. Fischer. 13.—; geb. in Halbfrz. n 15. 50
5. Aufl. (XVI, 1238 S. m. 238 Abb. u. 6 Taf.) 908.

— Prüfung der resorptiven Thätigkeit des Magens. gr. 8. (18 S.) Jena 899. G. Fischer. n. — 60
Sonderabdruck aus: „Klin. Jahrbuch".

Mering, Otto v., Referendar: Die Revenuen-Hypothek, -Grundschuld und -Rentenschuld nach geltendem preussischen Recht. Halle a. S. 1909: Kaemmerer. XII, 110 S. 8°
Halle, Jur. Diss. v. 21. Dez. 1909, Ref. Stammler
[Geb. 19. Okt. 88 Straßburg; Wohnort: Halle a. S.; Staatsangeh.: Preußen; Vorbildung: Stadtgymn. Halle Reife M. 05; Studium: Halle 1, Jena 1, Halle 1, Berlin 1, Zürich 1, Halle 1 S.; Rig. 10. Dez. 09.] [U 10. 1672

Mering, T. E. v.: Beiträge zur Geschichte der ehemaligen Churkölnischen und Alt-Stadtkölnischen Verfassung bis 1798 als dem Einführungsjahre der französischen Gesetzgebung. Nebst e. Anh. Köln 1830.

Meringer, Rud., das deutsche Bauernhaus. [Aus: „Mittheilgn. d. Anthropolog. Gesellsch. in Wien".] 8. (17 S. m. 8 Illustr.) Wien 892. (A. Hölder.) n. — 80

— Beiträge zur Geschichte der indogermanischen Declination. [Aus: „Sitzungsber. der k. Akad. d. Wiss."] Lex.-8. (54 S.) Wien 891. (F. Tempsky.) n. 1. —

Meringer, Rud., Etymologien zum geflecht. Haus, s.: Abhandlungen zur german. Philologie.

Meringer, Rud., das deutsche Haus u. sein Hausrat, s. a. Aus Natur u. Geisteswelt.

Das deutsche Haus und sein Hausrat. Von Dr. Rudolf **Meringer**, Prof. Mit 106 Abb. Leipzig: B. G. Teubner 1906. (VIII, 111 S.) 8° [F.]
= **Natur**, Aus, u. Geisteswelt. Bdch. 116. [07. 9060

Meringer, Rud., das volksthüml. Haus in Bosnien u. der Hercegovina, s. a. Mitteilungen, wissenschaftl., aus Bosnien u. der Hercegovina. VII.

MERINGER, Rudolf
Das volksthümliche Haus in Bosnien und der Hercegovina. Von Dr. Rudolf Meringer. (Mit 2 Tafeln und 90 Abbildungen im Texte.) (Separat-Abdruck aus „Wissenschaftliche Mittheilungen aus Bosnien und der Hercegovina", VII. Bd. 1900.) Wien. 1900. In Comm. Gerold's Sohn. Lex.-8°. 44 S. K 3.—

Meringer, Rud., aus dem Leben der Sprache. Versprechen. Kindersprache. Nachahmungstrieb. Festschrift d. k. k. Karl Franzens-Universität in Graz aus Anlass der Jahresfeier am 15. XI. 1906. (XVIII, 244 S.) gr. 8. Berlin 908. Zehlendorf, B. Behr's Verl. 8. —

— **indogermanische Sprachwissenschaft, s. a. Sammlung Göschen.**

Indogermanische Sprachwissenschaft von Dr. Rudolf **Meringer**, Prof. 2., durchges. Aufl. Leipzig: Göschen 1899. 136 S. 8°
(Sammlung Göschen. 59.) [11. 13967 II

— üb. Spuren römischer Dachconstructionen in Carnuntum. — Architektonisches auf den Reliefs der Matres aus Carnuntum. Von J. Dell. [Aus: „Mittheilungen d. anthropolog. Gesellsch. in Wien".] gr. 4. (8 S. m. 13 Abbildgn.) Wien 894. (A. Hölder.) n. 1. —

— **die Stellung des bosnischen Hauses u. Etymologien zum Hausrath. gr. 8. (118 S. m. 62 Fig.) Wien 901. (C. Gerold's Sohn.) n. 4. 60**
Sonderabdruck aus: „Sitzungsber. d. k. Akad. d. Wiss."

— Studien zur germanischen Volkskunde. Das Bauernhaus u. dessen Einrichtg. [Aus: „Mittheilgn. d. anthropolog. Gesellsch. in Wien".] gr. 4. (S. 101—152 m. 83 Text-Fig.) Ebd. 891. n. 5. —

— dasselbe. II. [Aus: „Mittheilgn. d. anthropolog. Gesellsch. in Wien".] gr. 4. (47 S. m. 127 Illustr.) Ebd. 893. n. 5. —

— **Studien zur germanischen Volkskunde. III. D. Hausrath d. oberdeutschen Hauses. [Aus: „Mittheilgn. d. anthropolog. Gesellsch. in Wien".] gr. 4. (14 S. m. 41 Abb.) Wien 895. (A. Hölder.) n. 1. 60**
(I.—III.: n. 16. 60)

Meringer, Rud., u. Karl Mayer. Versprechen u. Verlesen. Eine psycholog.-linguist. Studie. 8. (XIV, 204 S.) Stuttgart 895. Berlin, B. Behr's Verlag. n. 4. 50

-- drei Vorträge üb. d. ethnograph. Ausstellg. in Prag 1895, s.: Murko, M.

— s.: Wörter u. Sachen.

Mérinos, s.a. Mouton, Eugène.

Mérinos (Mouton, Eugène), s. Collection d'auteurs français.

Merinski, O., Marie. Novelle. 8. (322 S.) Wien 876. Seidel & Sohn. n. 4. —

Merinski, O. v., Viktor. Novelle. 8. (218 S.) Wien 879. Seidel & Sohn. n. 2. —

MERINSKY, Josef: Das Eingreifen des heiligen Petrus Damiani in die kirchlichen Verhältnisse seiner Zeit. — (1908) 118 Bl. 4° (Handschr.) Diss. Wien, Univ. Diss. 836

Merinval, Drama, aus d. Französ. d. d'Arnaud (v. Fr. Frz. Westarp). 8. Bresl. 775. (Leipz., Rauck). 6 gl.

— Drama, a. d. Franz. 8. Bresl. (Sommer in Lpz.) 775.

Merinval. Trspl., aus d. Französ. des d'Arnaud (v. Karl Aug. Seidel). 8. Dessau 783. (Leipz., Wienbrack). 4 gl.

Merinval. Trauersp. a. d. Franz. 8. Dessau. (Gräff in Leipz.) 794.

Merita, Electorum Moguntinensium insignia, circa vindicandas ecclesiae Germanicae libertates . . . Moguntiae 1788. V: *Roth, Johann Richard von.* (HS) (MGT)

Merivale, Charles, Geschichte der Römer unter dem Kaiserthume. Aus dem Engl. 1. u. 2. Bd. à 2 Hälften u. 3. Bd. 1. Hälfte. Leipzig, Dyk'sche Buchh. gr. 8. [1. Bd. 1. Hälfte. (X u. S. 1—304 mit 1 lithogr. Karte in qu. Fol.) 866. n. 1 ₰ 22⅔ ngr, 2. Hälfte. (V u. S. 305—626 mit 2 lithogr. Karten in gr. 8. u. 4.) 866. n. 1 ₰ 22⅔ ngr, 2. Bd. 1. Hälfte. (IV u. S. 1—320.) 868. n. 1 ₰ 15 ngr, 2. Hälfte. (S. V—VI u. 321—620.) 868. n. 1 ₰ 15 ngr, 3. Bd. 1. Hälfte. (288 S. nebst d. lith. Plan von Rom zur Zeit des Augustus.) 870. 1 ₰ 15 ngr] n. 8 ₰

Merivale, Charles, Geschichte der Römer unter dem Kaiserthume. Aus dem Engl. 3. Bd. 2. Hälfte u. 4. Bd. 2 Hälften. gr. 8. (3. Bd. VI u. S. 289—622 u. 4. Bd. VIII, 552 S.) Leipzig 870—72. Dyk. à Hälfte n. 4. 50 (cplt.: n. 37. 50)

— dasselbe. Ausführliches Namen- u. Sachregister. Nebst e. (lith.) Plane u. e. (lith.) Karte [zu Bd. IV gehörig]. gr. 8. (106 S.) Ebend. 875. n. 6. —

Merivale, John Herm., s. v. Schiller, Fr., minor poems.

Merk' auf! E. Bilderbüchlein v. Tante Marie. 16. (11 S. m. farb. Bild.) Fürth 896. (Leipzig, W. Opetz.) — 15

— es Dir! E. Bilderbuch auf Leinw. qu. 4. (6 farb. Blatt m. eingedr. Text.) Eßlingen 896. J. F. Schreiber. n. — 50

Merk

— s. a. Merck.

Merk, ..., s. Annalen der Großherzogl. Badischen Gerichte.

Merk. Zur Frage der Verteilung der Gebäudeversicherungslast usw. Badische Notars-Zeitschr. Karlsruhe 1910. 3.

Merk, Geschichte der Stadt Weinsberg und ihrer Burg „Weibertreu". 12. (56 S.) Weinsberg 880. (Heilbronn, Scheurlen's Sortiment.) *

Merk's deutsch. Leseb. f. Anf. m. K. gr. 8. Frankf. Varrentrapp u. W. 793.

illum.

Merk, Adalbert: Beiträge zur Pathologie und Chirurgie der Gallensteine. *Jena: G. Fischer 1902.* (161 S.) 8°
Heidelberg, Med. Diss. v. 1902

Merk's, Al., Entwurf eines Beicht- u. Communionunterrichts, sammt kleinen Erläuterungspredigten üb. denselben. 2 Bdchn. 8. Augsb. 817. Kranzfelder. 18 gl.

Merk, Albert [app. Arzt aus Strassburg i. E.]: Frequenz der Lage- und Habitusanomalien je nach der Jahreszeit ... Strassburg i. E., Buchdr. C. Goeller, 1895; 33 S., 2 Bl., 3 Bl. Taf. 8.
Strassburg, Med. Fak., Inaug.-Diss. v. 1895

Merk, Andreas Karl

Ueber die Geschichte des Studiums der Kunstarchäologie in neuerer Zeit von A. K. Merk, G. P. — 1841. Amberg, Carl Klöber. — S. 3—10.
Progr. Amberg

11) Ueber das Studium der Archäologie. Von Andr. Karl Merk, G. P. — 1835. Amberg, Anna Bieckele. — S. 3—10.
Progr. Amberg

Merk, Ant., Blumen auf den Altar der allzeit unbefleckten Jungfrau und Gottesmutter Maria, gepflückt aus den Gebeten der Kirche und den Schriften der Heiligen Gottes. Mit dem apostol. Sendschreiben Sr. Heil. Papst Pius IX. vom 8. Decbr. 1854, und einer Maiandacht zur Feier des Marien-Monats. Ein Lehr- und Gebetbuch. 12. (XII und 360 S. mit 1 Stnt. und lithogr. Titel.) Einsiedeln 855, Gebr. Benziger.

— geistliche Blumenlese aus den Schriften des heil. Alphons Maria von Liguori und einiger anderen Heiligen. Ein vollständ. Gebet- und Erbauungsbuch mit Unterrichten, 31 Altarsbesuchungen, 26 verschied. Betrachtungen, 5 Meßandachten rc. 2. Aufl. Mit 6 (lith.) Bildern u. lith. Titel. Einsiedeln 855. Benziger. 12. (550 S.) 13 ngr

Merk, Ant., geistliche Blumenlese aus den Schriften des heil. Alphons Maria v. Liguori und einiger anderen Heiligen. Ein vollständ. Gebet- und Erbauungsbuch, mit Unterrichten, 31 Altarsbesuchungen, 26 verschied. Betrachtungen rc. 7., durchaus verb. Aufl. 12. (550 S. mit 6 lithogr. Bildern.) Einsiedeln 860, Gebr. Benziger. Thlr.

Merk, Ant., geistliche Blumenlese aus den Schriften des heil. Alphons Maria v. Liguori und einiger anderen Heiligen. Ein vollständ. Gebet- und Erbauungsbuch rc. 9., durchaus verb. Aufl. 24. (570 S. mit 6 lithogr. Bildern.) Einsiedeln 862, Gebr. Benziger.

Merk, Ant., geistliche Blumenlese aus den Schriften d. heil. Alphons Maria v. Liguori u. einiger anderer Heiligen. Ein vollständ. Gebet- u. Erbauungsbuch m. Unterrichten, 31 Altarsbesuchgn., 26 verschiedenen Betrachtgn., 5 Meßandachten u. allen gewöhnl. Andachten e. kathol. Christen. gr. 16. (552 S. m. 3 Steintaf.) Einsiedeln 875. Eberle, Kälin & Co. 1. 9

— fleurs choisies pour l'autel de l'immaculée conception de la très-sainte Vierge, recueillies dans les livres les plus accredités composés en son honneur. Avec des Exercices pour le Mois de Marie et autres pratiques de piété. Edition ornée de (6 lith.) gravures. Einsiedeln 856. Benziger. 12. (VI, 483 S.) 10 ngr.

Merk, Anton. Katholisches Gebetbuch. Ausgabe Nr. 1. mit schwarzer Einfassung. In-24°, 448 S. 3 Stahlstiche. Einsiedeln, Benziger. 1880. 1 20

—— die Gnadenschätze der katholischen Kirche in ihren Ablässen und Segnungen. Ausgespendet zum Lobe der göttlichen Barmherzigkeit 2c. Mit einer Zugabe der gewöhnlichen Andachtsübungen. 12. (432 S. mit 2 Stnt.) Einsiedeln 852, Gebr. Benziger.

—— O salutaris hostia! Leichter vierstimmiger Gesang vor dem Hochwürdigsten für Sopran, Alt, Tenor und Baß. (Mit latein. und deutschem Text.) qu. gr. 8. (6 S.) Einsiedeln 862, Gebr. Benziger.

Merk, Anton [Hrsg.], s. Liguori, Alfonso Maria de: Katholisches Gebetbuch.

— katholisches Missions-Buch, oder: Unterricht und Gebete zur Begründung und Bewahrung eines gottseligen Lebenswandels. Saarlouis 854. Stein. 12. (336 S. u. 1 Holzschn.) 6 ngr.; feine Ausg. mit 1 Stahlst. u. Titel in Farbendr. 7½ ngr.

Merk, Ant., kathol. Missions-Buch, od.: Unterricht u. Gebete zur Begründg. u. Bewahrg. e. gottsel. Lebenswandels. 11. Aufl. gr. 16. (415 S. m. Titelbild.) Saarlouis (901). F. Stein Nachf. — 60; geb. in Leinw. n. — 75

Katholisches Missions-Buch, oder: Unterricht u. Gebete z. Begründung u. Bewahrung e. gottsel. Lebenswandels. Von P. Anton Merk, Priester. 12. Aufl. *Saarlouis: Hausen & Co. [1901].* (415 S.) 8° [3.]

— Missionsperlen. Ein Unterrichts- u. Andachtsbuch zur Begründung u. Bewahrung eines gottseligen Lebenswandels. 5. Ster.-Ausg. 8. (VIII u. 416 S. m. 1 Lith.) Saarlouis 852, Stein. ⅓ ℔

— Missionsperlen. Ein Unterrichts- u. Andachtsbuch zur Begründung u. Bewahrung eines gottseligen Lebenswandels. (6. Stereot.-Ausg.) Saarlouis 853. Stein. 8. (2 Bl., IV, 416 S. u. 1 Holzschn.) 10 ngr.; mit 1 Stahlst. u. Titel in Golddr. 11 ngr.

Merk, Ant., Missionsperlen. Ein Unterrichts- und Andachtsbuch zur Begründung und Bewahrung eines gottseligen Lebenswandels. 11. Aufl. Ebend. 857. 8. (IV, 443 S. u. 1 Holzschn.) 10½ ngr.; weiß Pap. mit 1 Stahlst. u. lith. Titel in Farbendr. 12 ngr.

—— Missionsperlen. Ein Unterrichts- und Andachtsbuch zur Begründung und Bewahrung eines gottseligen Lebenswandels. Ausg. mit grober Schrift. 8. (544 S. mit 1 Stahlst.) Saarlouis 858, Stein.

— — (Neue Ausg. in grobem Druck.) Ebend. 858. 8. (544 S. u. 1 Stahlst.) 15 ngr.

Merk, Ant., des Christen Pilgerstab auf der Reise in die Ewigkeit. Gedrängter Inhalt der vorzügl. Missionspredigten nebst Unterricht u. Gebeten f. gottliebende u. heilsbegierige Seelen. 2. Aufl. (16½ B. u. 2 Stnt.) 845. 8¾ Ngr. u. 3., verm. Aufl. gr. 12. (17 B., Ttlbld. u. verziert. Ttl.) Einsiedeln 846, Gebr. Benziger.

Merk, Ant., des Christen Pilgerstab auf der Reise in die Ewigkeit. Gedrängter Inhalt der vorzüglichern Missionspredigten nebst Unterricht und Gebeten für gottliebende und heilsbegierige Seelen. 5. Aufl. 12. (432 S. mit 1 Stnt. und Titel in Golddr.) 1847. und 6., verm. Aufl. gr. 18. (212 S. mit 2 Stnt. und Titel in Golddr.) Einsiedeln 848, Gebr. Benziger.

— des frommen Christen Pilgerstab auf der Reise in das Reich Gottes. Stimmen der Bußprediger od. immerwährende Haus-Mission nebst Unterricht u. Gebeten für kathol. Christen. 8. (412 S. m. 3 Lith.) Saarlouis 852, Stein. ⅓ ℔

—— des Christen Pilgerstab auf der Reise in die Ewigkeit. Gedrängter Inhalt der vorzüglichern Missionspredigten nebst Unterricht und Gebeten für heilsbegierige und gottliebende Seelen. Auszug aus dem gleichnamigen größern Werke. (Kleine Ausg. Nro. 3 mit 4 [lithogr.] Bildern.) 16. (383 S.) Einsiedeln 861, Gebr. Benziger.

Merk, Ant., des Christen Pilgerstab auf der Reise in die Ewigkeit. Gedrängter Inhalt der vorzüglichern Missionspredigten nebst Unterricht u. Gebeten für heilsbegier. u. gottlieb. Seelen. Auszug aus dem gleichnamigen größern Werke. 6. Aufl. Einsiedeln 865. Gebr. Benziger. 16. (415 S. mit eingedr. Holzschn. u. 4 Steintaff.) 8½ ngr.

—— des Christen Pilgerstab auf der Reise in die Ewigkeit. Gedrängter Inhalt der vorzüglichern Missionspredigten nebst Unterricht und Gebeten für heilsbegier. und gottlieb. Seelen. Auszug aus dem gleichnamigen größern Werke. 6. Aufl. 16. (415 S. mit eingedr. Holzschn. und 4 Stnt.) Einsiedeln 867, Gebr. Benziger.

Merk, Ant., C. Ss. R., des Christen Pilgerstab auf der Reise in die Ewigkeit. Gedrängter Inhalt der vorzügl. Missionspredigten, nebst Unterricht u. Gebeten f. heilsbegier. u. gottlieb. Seelen. 16. Aufl. (383 S. m. 3 Vollbildern.) kl. 8. Einsiedeln (903). Verlagsanstalt Benziger & Co. Geb. in Leinw. 1. —

Merk, Ant., rette deine Seele! Kleine Hausmission f. christl. Eheleute. Aus den Schriften des M. zusammengestellt v. Jos. Mayer. (160 S. m. Titelbild.) 16. Saarlouis 907. F. Stein Nachf. Geb. — 50

— dasselbe f. christl. Jugend. Aus den Schriften des M. zusammengestellt v. Jos. Mayer. (160 S.) 16. Ebd. 907. Geb. — 50

— s. Rousseau, Abbé, Züge aus dem Leben und Sterben der 70 Diener Gottes.

—— Unterrichts-, Betrachtungs- und Gebetbuch, s. Unterrichts- 2c. Buch.

—— der Weg zu Gott. Ein Unterrichts- und Andachtsbuch für die christl. Jugend. 32. (254 S. und 1 Stahlst.) Saarlouis 851, Stein.

—— der Weg zu Gott. Ein Unterrichts- und Andachtsbuch für die kathol. Jugend. 2. Aufl. 32. (254 S. mit 1 Stahlst.) Saarlouis 853, Stein. mit Titel in Farbendr.

Merk, Attal [app. Arzt]: Die Veränderlichkeit der Beckenmaasse und deren Ursachen. . . . Würzburg, k. Universitätsdr. v. H. Stürtz, 1891; 34 S. 8°
Würzburg, Med. Fak., Inaug.-Diss. v. 1891

Merk, Aug., s.a. Lohn-, Arbeits- u. sanitarischen Verhältnisse, die, der Bäckereiarbeiter Zürichs.

Lohn-, Arbeits- u. sanitarischen Verhältnisse (Die) der Bäckerarbeiter Zürichs. (Von Aug. Merk.) 4°. Zürich, Buchhdlg. des schweiz. Grütlivereins in Komm., 1903.

Merk, Bernhard, aus Radolfzell: Neue Beiträge zur Kenntniss des Digitogenins und seiner Abbauprodukte. *Freiburg i. B. 1901: E. Kuttruff.* (41 S.) 8°
Freiburg i. B., Phil. Diss. v. 1901

Merk, C., Abhandlung über die thierische Bewegung. 8. Bamberg, Göbhardt (in Comm.) 819.

— — prakt. Handbuch für Stallmeister, Offiziere, Oekonomen, Thierärzte u. s. w. nebst einer tabellar. Uebersicht d. in versch. Krankheiten behandelten Pferde. 8. München, Lindauer (in Comm.) 818.

— — der prakt. Pferdearzt. Ein Handbuch f. Pferdeliebhaber und Oekonomen. Mit deutschen Recepten. 8. Ebend. 820.

Merk, Carl, s. Merk, Karl

Merk, Conrad, s. Merk, Konrad

Merk, E. v., s. Merck, Ernst von

Merk, Emma, Chiemsee-Novellen. 8. (III, 192 S.) Leipzig 897. A. Schumann's Verl. n. 2. —

— dasselbe, s.a. Roman-Gallerie f. Salon u. Reise.

Merk, Emma, drei Frauen. Münchener Roman. (307 S.) gr. 8. Dresden 902. C. Reißner. n. 4. —; geb. n. 5. —

Merk, Emma (Frau Emma Haushofer), Freundinnen. Novelle. (104 S.) 8. Berlin 905. A. Goldschmidt. n. — 50; geb. in Leinw. n. — 75

— in enger Gasse, s.: Roman-Gallerie f. Salon u. Reise.

— Sepp's Geist, s.: „Daheim". Stenographen-Bibliothek, 18. Bd.

— die junge Generation, s.a. Kürschner's, Jos., Bücherschatz.

Die junge Generation. Roman von Emma Merk. *Berlin, Eisenach, Leipzig: H. Hillger [1903].* (112 S.) 8° [F.]
— Bücherschatz, Kürschners. No 395. [04. 11134

— am Hochzeitstage, s.a. Goldschmidt's Bibliothek f. Haus u. Reise.

Am Hochzeitstage. Roman von Emma Merk. *Berlin: A. Goldschmidt 1903.* (109 S.) 8° [F.]
— Bibliothek, Goldschmidts, f. Haus u. Reise. Bd 114. [04. 3083

— Irrwege der Liebe. Novellen. 8. (159 S.) Berlin 899. H. Schmidt. n. 1. —

— das Klosterkind. Novellen. 8. (96 S.) Ebd. 899. n. 1. —

— Mädchen v. heute. Novellen. 8. (149 S.) Leipzig 898. A. Schumann's Verl. n. 1. —

— das Rätsel der Bergnacht, s.a. Goldschmidt's Bibliothek f. Haus u. Reise.

Das Rätsel der Bergnacht. Roman von E[mma] Merk. *Berlin: A. Goldschmidt 1903.* (101 S.) 8° [F.]
— Bibliothek, Goldschmidts, f. Haus u. Reise. Bd 112. [04. ,081

Merk, Emma, Evas Töchter, s.: Spitzer, Eman.

— d. Trennung, s.: Roman-Gallerie f. Salon u. Reise.

Merk, Franz Hubert, aus Staad b. Konstanz: Über die Einwirkung von Schwefelammonium auf fettaromatische Ketone. *Freiburg i. B.: Speyer & Kaerner 1903.* (31 S.) 8°
Freiburg i. B., Phil. Diss. v. 1903

Merk, G., Choralmelodieen für Volks-, Mittel- u. höhere Mädchenschulen, sowie f. Präparanden-Anstalten u. Seminare der Prov. Brandenburg. Auf Grund der neuesten Verordnungen. d. königl. Provinzial-Schul-Kollegiums zu Berlin u. der königl. Regierg. zu Frankfurt a/O. zusammengestellt u. hrsg. 8. (48 S.) Berlin 891. Wiegandt & Grieben. n. — 40

Merk, Gust., schlesisches Choralmelodieenbuch, enth. 95 Choralmelodieen in der v. dem kgl. Konsistorium zu Breslau f. d. Prov. Schlesien festges. Lesart, sow. d. 30 nach d. Militär-Melodieenbuche einzuüb. Melodieen. F. d. Schulgebrauch zusammengest. 8. (68 S.) Bunzlau 898. G. Kreuschmer. n. — 40

Merk, Gust., schlesisches Choralmelodienbuch, enth. 100 Choralmelodien in der v. dem königl. Konsistorium zu Breslau f. die Prov. Schlesien festgesetzten Lesart, sowie die 30 nach dem Militär-Melodieenbuche einzuüb. Melodieen. Für den Schulgebrauch zusammengestellt. (In neuer Rechtschreibung.) 2., verm. Aufl. (4.—6. Taus.) (72 S.) 8. Bunzlau 904. G. Kreuschmer. n. — 40

Merk, Gust., schlesisches Choralmelodienbuch, enth. 100 Choralmelodien in der neuen v. dem königl. Konsistorium zu Breslau f. die Prov. Schlesien festgesetzten Lesart, sowie die 40 nach dem Fest- u. Schulbüchlein einzuüb. Melodien. Für den Schulgebrauch zusammengestellt. 3. Aufl. (7.—9. Taus.) (68 S.) kl. 8. Bunzlau 910. G. Kreuschmer. — 40

Merk, Gust., Elementar-Gesanglehre. Anleitung zur Erteilung des Gesangunterrichts in deutschen Volksschulen. gr. 8. (175 S.) Breslau 888, F. Hirt. *ℳ 1.75.; geb. **

Merk, Gust., allgemeine Musik- u. Harmonielehre. Ein Lehr- u. Lernbuch f. Seminare, Präparanden- u. Musikanstalten, sowie zum Selbstunterricht. 8. (IV, 130 S.) Quedlinburg 883. Vieweg. n. 1. 20; cart. 1. 50

—— Allgemeine Musik- u. Harmonielehre. Ein Lehr- u. Lernbuch f. Seminare, Präparanden- u. Musikanstalten, sowie zum Selbstunterricht. 2. verb. u. erweit. Aufl. 8. (VIII, 223 S.) Quedlinb. 889, Vieweg. * 2 20

— allgem. Musik- u. Harmonielehre. E. Lehr- u. Lernbuch f. Seminare, Präparanden- u. Musikanstalten, sow. z. Selbstunterricht. 3., verm. u. verb. Aufl. gr. 8. (VIII, 274 S.) Quedlinburg 896. C. F. Vieweg. n. 2. 70

Merk, Gust., allgemeine Musik- u. Harmonielehre. Ein Lehr- u. Lernbuch f. Seminare, Präparanden- u. Musikanstalten, sowie zum Selbstunterricht. 4., verm. u. verb. Aufl. gr. 8. (VIII, 288 S.) Quedlinburg 901. Gr.-Lichterfelde. Ch. F. Vieweg. n. 2. 80

Merk, Gust., allgemeine Musik- u. Harmonielehre. Ein Lehr- u. Lernbuch f. Seminare, Präparanden- u. Musikanstalten, sowie zum Selbstunterricht. 5., verb. u. erweit. Aufl. (IV, 318 S.) 8. Berlin-Gr.-Lichterfelde (905). Ch. F. Vieweg. Geb. in Leinw. n. 3. 50

Merk, Heinrich Andreas (Rosenburg / Sachsen), De ventis, incendii tempore orientibus. Präs. Joach. Christian Westphal. Leipzig (Chr. Goez) 22. I. 1087 (?). (4.—) 23061
Widm. v.: Joh. Olearius.

Merk, J. H. Lettre à M. de Cruse sur les os fossiles d'Eléphans et de Rhinocéros, qui se trouvent dans les pays de Hesse-Darmstadt. Darmstadt. 1782. 4.

Merk, J. N., acht Vorträge über das Paudschab. Gehalten in mehreren Städten der Schweiz. Bevorwortet von Dr. A. Ostertag. Bern 869. Mann & Baeschlin. 8. (VII, 228 S.) 18 ngr.

Merk, Jh. Hnr., († d. 27. Juni 1791.) s. 1) Reinhart d. Jüng. 2) Samml. russ. Gesetze.

Merk, Johann Matthias:

De Curationibus ulcerum difficilium, praesertim in cruribus obviorum. Goettingae (1776:) Rosenbusch. 39 S. 8°

Göttingen, Med. Diss. v. 3. Juli 1776

Merk, Johanne Marie Elisab., geb. Neubauer, († d. 18. Nov. 1773.) Gedichte. 8. Frankf. a. M. 760. Fleischer. 3 gr.

— Versuche in prosaischen Stücken. 4 Samml. 8. Frankf. u. Leipz. 767—75. Fleischer. 1 rf 13 gr

Merk, Karl [app. Arzt aus Achern, Baden]: Vier Fälle von Missbildung an den Extremitäten bei Geisteskranken ... Bühl '(Baden)', Druck d. Aktienges. Konkordia, 1895; 29 S., 1 Bl. 8.
Freiburg i. B., Med. Fak., Inaug.-Diss. v. 1895

Merk, Carl, Clemens Alexandrinus in seiner Abhängigkeit von der griechischen Philosophie. gr. 8. (IV, 90 S.) Leipzig 879, Böhme. *

Merk, Konrad

Merk, K., der Höhlenfund im Kesslerloch bei Thayngen, s. a. Mittheilungen der antiquar. Gesellschaft in Zürich.

Merk, Konrad, der Höhlenfund im Kesslerloch bei Thayngen. Originalbericht des Entdeckers Konr. Merk, Reallehrer (Mittheilungen d. antiquarischen Gesellschaft XIX. Heft 1.) Mit 8 lithogr. Tfln. 44 Stn. Zürich, Hans Staub. 4. 1875. 5. —

Merk, Ludw., über die Anordnung der Kerntheilungsfiguren im Centralnervensystem und der Retina bei Natternembryonen. [Aus dem Institute für Histologie und Embryologie in Graz.] Lex.-8. (20 S. mit 1 lithogr. Taf.) Wien 885, (Tempsky.) *
Aus: Sitzungsberichte der k. Akademie der Wissenschaften, besonders abgedruckt.

Merk, Ludw., üb. die Anordnung der Kerntheilungsfiguren im Centralnervensystem u. der Retina bei Natternembryonen. [Mit 1 (lith.) Taf.] [Aus dem Institute f. Histologie u. Embryologie in Graz.] Lex.-8. (20 S.) Wien 885. (Gerold's Sohn.) n. — 80

Merk, Ludw., Experimentelles zur Biologie der menschlichen Haut. 1. u. 2. Mittheilg. gr. 8. Wien 899. (C. Gerold's Sohn.) n. 3. 20
1. Die Beziehgn. der Hornschicht zum Gewebesafte. (48 S. m. 1 Fig. u. 3 Taf.) 899. n. 2. 10
2. Vom histolog. Bilde bei der Resorption. (33 S. m. 1 Taf.) 901. n. 1. 10
Sonderabdrucke aus: „Sitzungsber. d. k. Akad. d. Wiss."

Merk, Ludw., die Hauterscheinungen der Pellagra. Aus den Erträgnissen des Legates Wedl subventioniert v. der kaiserl. Akademie der Wissenschaften in Wien. (VII, 105 S. m. 7 Abbild. u. 21 z. Tl. farb. Taf.) 35,5×27 cm. Innsbruck 909. Wagner. 15.50; geb. 17. 80

— Le manifestazioni cutanee della pellagra. Ed. italiana per cura del Ettore Weiss. Opera sovvenzionata dalla imperiale academia delle scienze in Vienna coi proventi del legato Wedl. (VII, 99 S. m. 7 Abbildgn. u. 21 [11 farb.] Taf.) 35,5×27 cm. Innsbruck 910. Wagner. 15.50; geb. 17. 80

—— die Mitosen im Centralnervensysteme. Ein Beitrag zur Lehre vom Wachsthum derselben. Imp.-4. (42 S. mit 4 lithogr. Taf.) (Ebendas.) 887. *
Aus: Denkschriften der k. Akademie der Wissenschaften, besonders abgedruckt.

—— über die Schleimabsonderung an der Oberhaut der Forellenembryonen. Lex.-8. (28 S. mit 2 Taf.) (Ebendas.) 886. **
Aus: Sitzungsberichte der k. Akademie der Wissenschaften, besonders abgedruckt.

Merk, Ludw., die Verbindung menschlicher Epidermiszellen unter sich u. m. dem Corium. (14 S. m. 1 Abbildg. u. 1 Taf.) gr. 8. Wien 903. (A. Hölder.) — 50
Sonderabdruck aus: „Sitzungsber. d. k. Akad. d. Wiss."

Merk, Mathias, approb. Arzt aus Stetten ⟨Bayern⟩: Über Papillom der Harnblase. *Augsburg 1900: F. C. Kremer.* (34 S.) 8°
Freiburg i. B., Med. Diss. v. 1900

Merk, Theodor (auch: Thomas)

Merk, Thdr., Abhandl. üb. d. thierische Bewegung. 8. Bamb. 819. (Wesché in Frankf.) 14 gr

Merk, Th., Abhandlung üb. Brustseuche (Influenza), nach Beobachtungen an 1626 erkrankten Pferden. gr. 8. (1¾ B.) München 842. [Augsburg, Jaquet's Verl.] Thlr. -

Merk, Thomas, Abhandlungen üb. Brustseuche (Influenza), nach Beobachtungen an 1626 erkrankten Pferden. (28 S.) Augsburg 42. Jaquet. M. -.60

Merk, Theod., Abhandlung üb. Lungenseuche beim Hornviehe, z. Gebr. f. Thierärzte, Oekonomen u. Landleute. gr. 8. (1 B.) München 830, Lindauer.

Merk, Th., Anleitung z. prakt. Hufbeschlag d. Pferde, so wie z. Kenntniß u. Kur d. vorzügl. Hufkrankheiten. Ein gründl., aber leichtfaßl. Unterr. f. Beschlagschmiede, Landwirthe, Cavallerieoffiziere u. jed. Pferdebesitzer. gr. 8. (5 B.) München 840, Fleischmann.

Merk, Th[eodor]: Geschichtliche Darstellung der Behandlung eines vollkommen geheilten Pferde-Beinbruches. Mit e. Kupfertaf. München 1814. VIII, 30 S.

Merk, Th., geschichtl. Darstellung d. Behandlung eines vollkommen geheilten Pferdebeinbruchs. Für Thierärzte u. Pferdeliebhaber, mit 1 K. 8. Münch. Lindauer. 815.

– H a n d b u c h der Hausthierheilkunde 7. Aufl., s. M e r k : Vollständiges Handbuch der praktischen Haustier-Heilkunde.

—— leichtfaßl. Handbuch üb. d. Viehseuchen, f. Aerzte, Thierärzte u. Beamten, besond. aber f. Oekonomen u. Landleute. gr. 8. ($7\frac{3}{4}$ B. u. 1 Tab.) München 837, (Fleischmann.) * Vgl. Merck.

—— prakt. Handbuch d. Pferdezucht, f. Pferdebesitzer u. Pferdeliebhaber, mit besond. Rücksicht auf Bayern. gr. 8. ($10\frac{1}{2}$ B., 2 Stnt. u. 1 B. Tab.) München 835, Fleischmann.

Merk, T[heodor]: Praktisches Handbuch für Stallmeister, Officiere, Oekonomen, Thierärzte und Pferdeliebhaber . . . Nebst e. tabellarischen Übersicht d. in verschiedenen Krankheiten behandelten Pferde. München 1818. 148 S.
— 1819. 4 Bl., 148 S.

Merk, Thdr., prakt. Handbuch f. Stallmeister, Officiere, Oekonomen, Thierärzte u. Pferdeliebhaber. Nebst tabell. Uebersicht d. in verschied. Krankheiten behandelten Pferde. 8. Münch. 819. J. Lindauer. 18 kr 825. Hdg. Pr. 12 kr

—— vollständ. Handbuch d. prakt. Hausthier-Heilkunde, enthalt. alle innerl. u. äußerl. Krankheiten d. Pferde, d. Rindviehes, d. Schafe, Schweine, Ziegen u. Hunde. Mit e. kurzen Anleit. z. Zucht u. Wartung d. Hausthiere. — A. u. d. T.: Der Haus-Thierarzt als Hausfreund ꝛc. Ein nützl. Handb. f. Landwirthe. gr. 8. ($30\frac{1}{4}$ B.) München 833, Fleischmann.

—— vollständ. Handbuch d. prakt. Hausthier-Heilkunde, enth. alle innerl. u. äußerl. Krankheiten d. Pferde, d. Rindviehes, d. Schafe, d. Schweine, Ziegen u. Hunde. Mit e. kurzen Anleit. z. Zucht u. Wartung d. Hausthiere. — A. u. d. T.: Der Haus-Thierarzt als Hausfreund. (2., u. 3. verm. u. verb. Aufl.) gr. 8. (à $22\frac{1}{2}$ B.) München 838, 40, Fleischmann. à

Merk, Thom., vollständiges Handbuch der praktischen Hausthier-Heilkunde, enthltd.: alle innerlichen und äußerlichen Krankheiten der Pferde, des Rindviehes, der Schafe, der Schweine, Ziegen und Hunde. Mit einer kurzen Anleitung zur Zucht u. Wartung der Hausthiere. 5. unveränd. Aufl. A. u. d. T.: Der Haus-Thierarzt als Hausfreund ꝛc. München 858. Fleischmann. 16. (XXVI, 447 S.) 1 ₰.

Merk, Th., vollständiges Handbuch der praktischen Hausthier-Heilkunde, enth.: alle innerl. und äußerl. Krankheiten der Pferde, des Rindviehes, der Schafe ꝛc. Nebst ausführl. Belehrung über die Rinderpest und einer kurzen Anleitung zur Zucht und Wartung der Hausthiere. 6. verm. und verb. Aufl. 8. (XXIII, 501 S.) München 869, Fleischmann'sche Hofbuchh. [Stuttgart, Ulmer.] (ℳ 3.) ℳ 2,20.; geb.

Merk's, Thdr., Handbuch der Hausthierheilkunde, enthaltend die wichtigsten innerl. und äußerl. Krankheiten der Pferde, des Rindviehes, der Schafe, Schweine, Ziegen, Hunde und des Hausgeflügels und eine kurze Anleitung zur Zucht und Wartung der Hausthiere. Nebst einem Anhang über das Erkennen der Krankheiten, über die gebräuchlichsten Instrumente und deren Anwendung, über die wichtigsten Formen der Arzneistoffe und über die in der Hausapotheke der Landwirthe vorhanden sein sollenden Arzneimittel, sowie über die Hufpflege und den Hufbeschlag. 7. dem heut. Stand der Wissenschaft entsprechend umgearb. Aufl. von E. Reicherter. gr. 8. (VIII, 200 S. mit 16 in den Text gedr. Holzschn.) Stuttgart 880, Ulmer. cart. *

Merk, Th., vollst. Handbuch der prakt. Haustier-Heilkunde. 8., verm. Aufl., durchaus neu bearb f. Landwirte u. Tierärzte v. L. Hoffmann. gr. 8. (XII, 372 S. m. 128 Abb.) Stuttgart 897. E. Ulmer. Geb. n. 4.20

Merk, Th[eodor]: Der Haus-Thierarzt als Hausfreund bei allen Krankheiten und Seuchen der Pferde, des Rindviehes, der Schafe, Schweine, Ziegen und Hunde. Mit e. kurzen Anleitung z. Zucht u. Wartung d. Hausthiere. E. nützliches Handbuch für Landwirthe. München 1833. XIX, 464 S.
[Nebentit.:] M e r k , Th.: Vollständiges Handbuch der praktischen Hausthier-Heilkunde . . .

Merk, Th., der Haus-Thierarzt als Hausfreund bei allen Krankheiten u. Seuchen der Pferde, des Rindviehes, der Schafe, Schweine, Ziegen u. Hunde. Mit einer kurzen Anleitung zur Zucht u. Wartung der Hausthiere. Ein nützliches Handbuch f. Landwirthe. 4. verm. u. verb. Aufl. A. u. d. T.: Vollständiges Handbuch der prakt. Hausthier-Heilkunde ꝛc. 4. verm. u. verb. Aufl. 8. (XXVI u. 447 S.) München 851, Fleischmann. 1 ₰

Merk, Th., der Haus-Thierarzt als Hausfreund. A. u. d. T.: Vollständiges Handbuch der praktischen Hausthier-Heilkunde, enthaltend: alle innerl. und äußerl. Krankheiten der Pferde, des Rindviehes, der Schafe ꝛc. Mit einer kurzen Anleitung zur Zucht und Wartung der Hausthiere. 5., unveränd. Aufl. 8. (XXVI und 447 S.) München 858, Fleischmann's Separat-Conto.

Merk's, Th., Haustier-Heilkunde f. Landwirte. 9. verm. Aufl., neu bearb. v. L. Hoffmann. gr. 8. (XII, 391 S. m. 152 Abbildgn.) Stuttgart 903. E. Ulmer. Geb. n. 4.—

Merk's, Th., Haustier-Heilkunde f. Landwirte. 10. verm. Aufl., neu bearb. von L. Hoffmann. (XII, 398 S. m. 167 Abbildgn.) 8. Stuttgart 906. E. Ulmer. Geb. in Leinw. n. 4.—

Merk's, Th., Haustier-Heilkunde f. Landwirte. 11. Aufl., neu bearb. v. L. Hoffmann. (XII, 420 S. m. 168 Abbild.) 8. Stuttgart 910. E. Ulmer. Geb. in Leinw. 4.—

Merk, T[heodor]: Der praktische Hausvieh-Arzt. E. Handbuch für Oekonomiebesitzer u. Landleute. Mit deutschen Rezepten u. e. besondern Anh. über d. Krankheiten d. Schafe. München 1822. 156 S.

— der prakt. Hausvieharzt. Ein Handbuch f. Oekonomie-Besitzer u. Landleute. Mit deutschen Reecepten u. einem besondern Anhange üb. die Krankheiten d. Schafe. Wohlf. Ausg. 8. München 825, Lindauer.

Merk, T[heodor]: Der praktische Pferde-Arzt. E. Handbuch für Pferdeliebhaber u. Oekonomen. Mit deutschen Recepten... München 1820. IV, 162. IV S.

— d. prakt. Pferdearzt. Ein Handbuch f. Pferdeliebhaber u. Oekonomen. Mit deutschen Recepten. 8. Münch. 820. J. Lindauer. 16 gr.

— der praktische Pferdearzt. Ein Handbuch f. Pferdeliebhaber u. Oekonomen. Mit deutschen Recepten. 8. München 825, Lindauer.

Merk, Thomas, Der praktische Pferdearzt. Ein Handbuch f. Pferdeliebh. u. Ökonomen. Mit deutschen Rezepten. N. Ausg. 8. Ebd. (20.) 26. M. 2.—

Merk, Thomas, s. Merk, Theodor

MERKANDERS ungebundene poetische Briefe vom Tanzen, Spielen und Schlittenfahren. Frankf. 1751. 8°. 48 S. Rar! (1 Rthl. Maske, Breslau; 3 Mk. 50 Pfg. L. Rosenthal, vor 1885.)

Merkantilgebäude, das, u. der Merkantilmagistrat in Bozen. Anlässlich des 200jähr. Bestandes des Hauses hrsg. v. der Handels- u. Gewerbekammer in Bozen. (37 S. m. Abbildgn. u. 14 Taf.) 32×24,5 cm. Wien 908. A. Schroll & Co. Geb. 13. —

Merkantil-Korrespondenz, Pesth-Ofner. Red. M. Hamburger. Herausg. Eigenth. und Druck. Engel und Mandello. 4. Jahrg. 4. 2spaltig, täglich excl. Sonn- und Feiertag; 9 fl. jährlich. 1853

Merkatz, Frdr. v., das Maschinengewehr 08. Auszug aus dem Unterrichtsbuch f. die Maschinengewehr-Kompagnien. 3. Aufl. Mit Genehmigg. des königl. preuß. Kriegsministeriums vom 9. 9. 1907 hrsg. (50 S. m. Abbildgn.) 8. Berlin 910. R. Eisenschmidt. — 40

Unterrichtsbuch für die Maschinengewehr-Abteilungen. Mit Genehm. d. Insp. d. Jäger u. Schützen u. d. Kriegsminist. hrsg. von Friedrich v. Merkatz, Lt. 2. verb. Aufl. Mit e. Bildn. Sr. Maj. u. vielen auf 2 Taf. gedr. Abb. Berlin: R. Eisenschmidt 1907. (V, 232 S.) 8° [F.]

— Unterrichtsbuch f. die Maschinengewehr-Abteilungen. „M. G. 01 in Schlittenlafette 03". Mit Genehmigg. der königl. Inspektion der Jäger u. Schützen u. des königl. preuß. Kriegsministeriums vom 5. 9. 1905 u. vom 9. 9. 1907 hrsg. 6. verb. Aufl. (IV, 232 S. m. Abb., 1 Taf. u. 1 Bildnis.) 8. Ebd. 910. 1. —

— Unterrichtsbuch f. die Maschinengewehr-Kompagnien. Gerät 08. Mit Genehmigg. des königl. preuß. Kriegsministeriums vom 9. 9. 1907 hrsg. 3. Aufl. (IV, 214 S. m. Abb., 1 Taf. u. 1 Bildnis.) 8. Ebd. 910. 1. —

Merkblatt f. Arbeiter in Chromogerberei-Betrieben. Bearb. im kaiserl. Gesundheitsamte. (1 S.) 32×16 cm. Berlin (907). J. Springer. p nnn — 05

— für Feilenhauer. Bearb. im kaiserl. Gesundheitsamte. (2 S.) 32×16 cm. Ebd. 908. p nnn — 05

Deutsche Gesellschaft zur Bekämpfung der Geschlechtskrankheiten. — MERKBLATT für Frauen und Mädchen. (Berlin. Ohne bes. Titelblatt.) 8°.

MERKBLATT der Deutschen Gesellschaft zur Bekämpfung der Geschlechtskrankheiten (für Männer). (Berlin. Ohne bes. Titelblatt.) 8°.

MERKBLATT der Deutschen Gesellschaft zur Bekämpfung der Geschlechtskrankheiten. (Berlin 1903. Geschäftsstelle der Gesellschaft. Ohne bes. Titelblatt.) 8°.

Merkblatt für Kieler Konfirmanden. Kiel 1905. V: *Stubbe*, *Chn.* (Berl)

Merkblatt für die Vereins- und Abteilungsturnwarte des Arbeiter-Turnerbundes, Leipzig, 24 S., 16°.

Deutsche Gesellschaft für öffentliche Gesundheitspflege zu Berlin. — MERKBLATT zur Verhütung des Plattfusses. Zusammengestellt von MUSKAT-Berlin. Berlin. Druck von L. Schumacher. fol.

— über das ansteckende Verkalben der Kühe. Bearb. im kaiserl. Gesundheitsamte. (4 S.) 32×16 cm. Ebd. (909). p nnn — 05

Verband für weibliche Vormundschaft E. V. in Berlin. — MERKBLATT FÜR VORMÜNDER (Insonderheit Vormünder unehelicher Kinder.) (Flugblatt.) 4°.

Merkblatt für die Vorturner des Arbeiter-Turnerbundes, hrsg. v. Arbeiter-Turnerbund Leipzig. 5 Bde.
— Nr. 2: z. Übungsstoff f. d. Vereinsturnstunden u. auf d. Spiel- u. Sportplatz.
— Nr. 3: — —.
— Nr. 4: — f. Winterhalbjahr.
— Nr. 5: — auf dem Sommerturnplatz 1919 inkl. d. Pflichtübungen z. Bundeswertungsturnen, 16°.

Merkblätter der Arbeitsgemeinschaft für Jagd- und Wildforschung der Deutschen Akademie der Landwirtschaftswissenschaften zu Berlin. - Berlin. Nr. 1 ff.

Merkblätter der Hauptstelle für Forstlichen Pflanzenschutz Eberswalde. - Neudamm. Nr. 1 u. 2. o. J. (vor 1943). - (M. n. erm.)

Merkblätter für's Haus. Allerlei Nützliches f. Haus u. Herd. Mit 10 Illustr. in Farbendr. (2. [Titel-]Ausg.) gr. 8. (168 S.) Lpz. 890, [Zehl.] Haberland. geb. m. Goldschn. * 4 —

Merkblätter, landwirtschaftliche. Kurzgefaßte anreg. Darstellgn. aus dem Leben auf dem Lande, dem Acker- u. Pflanzenbau, der Tierzucht u. Tierhaltg., der Betriebslehre u. Volkswirtschaft, dem Heimatschutz u. der Wohlfahrtspflege auf dem Lande. Hrsg.: Fr. Maier-Bode. 1.—30. Stück. 8. Stuttgart 910. E. Ulmer. à p — 25
Carl, A., die Gründüngung. (16 S. m. Abbildgn.) (16. Stück.)
Christmann, Geo., die Zucht u. Haltung des Schweines. (16 S. m. 9 Abbildgn.) (29. Stück.)
Felber, A., die Kalisalze, ihre Entstehung u. Verwendung in der Landwirtschaft. (16 S. m. Abbildgn.) (14. Stück.)
Gaul, F., die Ziegenzucht. (16 S. m. 2 Abbildgn.) (6. Stück.)
Hanne, K., die Entstehung u. Zusammensetzung des Ackerbodens. (16 S. m. 1 Abbildg.) (2. Stück.)
Heinrichsen, Karl, der Kunstdünger u. seine Anwendg. (16 S.) (3. Stück.)
Hirschberg, Geo., woran erkennt man e. gute Milchkuh? (16 S. m. Abbildgn.) (18. Stück.)
Hoffmann, Philipp, der Tabakbau. (16 S. m. Abb.) (15. Stück.)
Kindshoven, J., der Feldgemüsebau. (16 S.) (12. Stück.)
Lefèvre, ein gutes Buch, der treueste Freund. (16 S.) (30. Stück.)
— Zurück zur Scholle. (16 S.) (1. Stück.)
Lehnert, Ernst, Hopfenbau. (16 S.) (8. Stück.)
Luithlen, die bäuerliche Anspannung u. das Einfahren junger Pferde. (16 S.) (23. Stück.)
Maier-Bode, Fr., Wehrkraft u. Landwirtschaft. (16 S. m. 7 Abbildgn.) (25. Stück.)
Martens, F., der Peru-Guano. (16 S. m. Abb.) (19. Stück.)
Nebesky, Geo., das Vermessen v. Grundstücken. (16 S. m. 36 Abbildgn.) (5. Stück.)
Rebholz, Fr., die Obstbaumpflege. (16 S. m. 10 Abbildgn.) (9. Stück.)
Renner, B., die Ernährung unserer Haustiere. (16 S.) (26. Stück.)
Riß, Karl, das Glück auf dem Lande. (16 S.) (21. Stück.)
Schmauß, A., Wetterregeln. (16 S.) (4. Stück.)
Scholter, K., Grundsätze rationeller Viehzucht. (16 S.) (22. Stück.)
Schüler, Rud., Maßnahmen in Futternotjahren. (16 S.) (7. Stück.)
Ulrich, K., Schlachtentenzucht, e. rentabler landwirtschaftlicher Nebentrieb. (16 S. m. 7 Abbildgn.) (28. Stück.)
Wacker, die Ölfrüchte. (16 S. m. 5 Abbildgn.) (27. Stück.)
Wagner, die Zusammensetzung u. Gewinnung des Stalldüngers. (16 S. m. 5 Abbildgn.) (24. Stück.)

Weidringer, W., die Aufzucht des Jungviehs. (16 S. m. Abbildgn.) (20. Stück.)
Wiedemann, Frdr., 1. Hilfe bei Unglücksfällen. 16 S.) (11. Stück.)
Zahnbrecher, Frz. Xav., die Lebensversicherung. (16 S.) (17. Stück.)
— Die Selbsthilfe des Landwirts. (16 S.) (13. Stück.)
— Landwirtschaft u. Versicherungswesen. (16 S.) (10. Stück.)

. . . .

Merkbuch. Schröter's Merkbuch für Jedermann 1901. [IV + 68 S.] 8. Zürich, Th. Schröter. [cart. fr. —. 30];

Merkbuch. Schröter's Merkbuch für Jedermann 1902 u. 1903. [IV + 76 S.] u. [IV + 72 S.] 8. Zürich, Th. Schröter. [*je* cart. fr. —. 30]

Merkbuch. Schröter's M' für Jedermann 1905. 102 S. 8. Zürich, Th. Schröter. [fr. —. 40]
M' pro 1904 ist nicht erschienen.

Merkbuch. Schröter's M'. Praktischer Notizkalender für 1906. Jahrg. 7. VIII + 100 S. 8. Zürich, Th. Schröter. [cart. fr. —. 40]

Merkbuch. Schröter's M'. Praktischer Notizkalender für 1907. Jahrg. 8. VIII + 76 S. 8. Zürich, Th. Schröter. [fr. —. 40]

Merkbuch, Alterthümer aufzugraben und aufzubewahren . . . Berlin 1888. 2. Aufl. 1894. V: *Voss, Albert.* (KA) (Berl)

Merkbuch, Alterthümer aufzugraben und aufzubewahren. Eine Anleitung für das Verfahren bei Aufgrabungen, sowie zum Konserviren vor- und frühgeschichtl. Alterthümer. Hrsg. auf Veranlassung des Hrn. Ministers der geistl., Unterrichts- und Medizinal-Angelegenheiten. 12. (70 S.) Berlin 888, Mittler und Sohn. * 40 Pf.; geb. *

Merkbuch, Alterthümer aufzugraben u. aufzubewahren. Eine Anleitg. f. das Verfahren bei Aufgrabgn., sowie zum Konserviren vor- u. frühgeschichtl. Alterthümer. Hrsg. auf Veranlassg. des Hrn. Ministers der geistl., Unterrichts- u. Medizinal-Angelegenheiten. 2., wesentlich erweit. Aufl. Mit 8 Steindr.-Taf. 12. (99 S.) Berlin 894. E. S. Mittler & Sohn. Kart. n. 1. 20; geb. in Leinw. n. 1. 50

Merkbuch, vorgeschichtliche Alterthümer aufzugraben u. aufzubewahren. Im Anschluß an das auf Veranlassg. d. Königl. preuß. Ministers der geistl., Unterrichts- u. Medizinal-Angelegenheiten hrsg. „Merkbuch" f. Bayern bearb. im Auftrage d. Kommission f. Erforschg. d. Urgeschichte Bayerns in München. 12. (80 S.) Berl. 889, Mittler u. Sohn. cart. * — 60

Merkbuch. Basler M' (für) 1904 u. (für) 1905 u. (für) 1906. [Illustrierter Kalender. Jahrg. 1 u. 2 u. 3.] IV + 48 u. IV + 40 [+ 4] u. IV + 32 [+ 4] S. fol. Basel, Gasser & Cie, (1903 u. 1904 u. 1905).

Merkbuch f. den inneren Batteriedienst. 24. (95 S.) Berlin 897. R. Eisenschmidt. n. — 50

Merkbuch, forstbotanisches. Nachweis der beachtenswerthen u. zu schütz. urwüchs. Sträucher, Bäume u. Bestände im Königr. Preussen. I. Prov. Westpreussen. Mit 22 Abbildgn. Hrsg. auf Veranlassg. des Ministers f. Landwirthschaft, Domänen u. Forsten. 8. (XII, 94 S.) Berlin 900. Gebr. Borntraeger. Geb. in Leinw. n. 2. 50

Merkbuch, forstbotanisches. Nachweis der beachtenswerten u. zu schütz. urwüchs. Sträucher, Bäume u. Bestände im Königr. Preussen. II.—IV. Hrsg. auf Veranlassg. des Ministers f. Landwirtschaft, Domänen u. Forsten. 8. Berlin, Gebr. Borntraeger. Geb. in Leinw. 9. 40
II. Prov. Pommern. Mit 27 Abb. (VIII, 113 S.) 905. 2. 80
III. Prov. Hessen-Nassau. Mit 26 Abb. (XII, 209 S.) 905. 3. 60
IV. Prov. Schleswig-Holstein. (VII, 112 S. m. 26 Abbildgn.) 906. n. 3. —

Merkbuch, forstbotanisches. Nachweis der beachtenswerten u. zu schützend. urwüchs. Sträucher, Bäume u. Bestände im Königr. Preussen. Prov. Hannover. Hrsg. auf Veranlassg. des Ministers f. Landwirtschaft, Domänen u. Forsten. (VIII, 223 S. m. 37 Abbildgn.) kl. 8. Hannover 907. C. Brandes. Geb. in Leinw. 3. —

— f. Fortbildungsschulen f. d. J. 1910. 2. Jahrg. Bearb. v. B. Wersch u. R. Wernicke. (87 S.) kl. 8. Berlin 910. F. Ashelm. Geb. in Leinw. — 50

— f. Geburts- u. Gedenktage, Adressen ꝛc. 16. (158 S.) Lahr 899. G. A. Wagenmann. Geb. — 60

Merkbuch und Geschäfts-Kalender für das Jahr 1868, welches ein Schaltjahr von 366 Tagen ist. 8. (111 S. u. Notizbl.) Wien, Lechner Sort.Conto. in Comm. in Leinwdbd. 2 fl. (Nur baar.

Merkbuch und Geschäfts-Kalender für das J. 1869. gr. 8. (331 S.) Wien, (Lechner's Sortiment.) geb. *

Merkbuch für das J. 1866. Wien 865. (Lechner's Universitäts-Buchh.) 16. (168 S.) geb. n. 20 ngr.
Ausg. in gr. 8. (304 S.) geb. n. 1 ₰ 10 ngr.

— f. den inneren Kompagniedienst, 3. Aufl., s.a. Egersdorff.

— f. den inneren Kompagniedienst. Zusammengest. v. e. Kompagnie-Chef. 16. (IV, 78 S.) Ebd. 897. n. — 50

[F.] Merkbuch für Kriegervereine. (A. d. Umschl.: Erinnerungen an meine Dienstjahre.) *[Berlin-München: A. Thümecke Nachf. 1897.]* (26 Bl., 1 Portr., 1 Taf., 2 Anl.) 1 Bd 4. (98. 5360

Merkbuch, kurzes, zum neuen Exerzier-Reglement, enth. e. übersichtl. Verzeichniß der Verändergn. d. Exercir-Reglements v. 1871 gegenüber dem v. 1847. 16. (24 S.) Berlin 871. Mittler & Sohn. n. — 30

Preußisch-Hessische Staatseisenbahnen. Merkbuch für Reisende. Erfurt [1905]: Ohlenroth. (18 S.) 8° [F.] (05. 6670 3

Merkbuch für den Stückgutversand. Zsstell. d. wicht. Bestimm. z. Verhütung von Verwechsl. . . Hrsg. von d. Preuss.-Hess. Eisenbahndirektionen. Elberfeld 1908. 8°.

Merk- und Tagebuch für allerlei gebildet Volk. gr. 16. (383 S.) [Berlin 877, Donny und Sohn.] Leipzig, Mertens. geb.

Merk- und Tage-Buch für allerlei gebildet Volk. 2. Aufl. (383 S.) 1880; geb. *ℳ 3.; 3. Aufl. 12. (383 S.) Leipzig 882, Mertens. geb. ℳ 2,50.; mit Goldschn.

— für Touristen (in Dresden u. der sächs. Schweiz). (48 S.) kl. 8. Dresden (908). C. C. Meinhold & Söhne. — 20

Merkbuch und Literarischer Wegweiser für das Jahr 1903. Seinen Geschäftsfreunden gewidmet von L. A. Jent (Nachf. von W. Goeppor), Buch- und Kunsthandlung, Bern.... [Illustrierter Kalender.] [32 S.] 4. (Leipzig und Wien, Bibliographisches Institut.)

— f. d. Wein-Keller. gr. 8. (III, 103 S. Notizpap. m. 6 farb. Taf.) Wiesbaden 898. R. Bechtold & Co. Geb. n. 4. —; feine Ausg., geb. in Ldr. n. 5. —

Merk- u. Wirthschafts-Buch f. Beamte u. Lehrer. schmal Fol. (56 S.) Berlin 893. B. Moedebeck. Kart. n. — 80

— — für Beamten- u. Lehrer-Frauen. schmal Fol. (56 S.) Ebd. 893. Kart. n. — 80

Merkbuch über die Wohlfahrtseinrichtungen der Farbenfabriken vorm. Friedr. Bayer & Co. Werk Leverkusen. Aufl. vom April 1908. Elberfeld (1908): Müller. 302 S. 8°

Merkbüchlein. Zusammenstellg. wicht. Wörter der latein. Sprache m. bes. zu merk. Rechtschreibung, sow. leicht m. einander zu verwechs. Wortformen u. Wörter etc. Nebst e. Verzeichnis d. gebräuchlichsten Abkürzgn. u. e. kurzen Übersicht üb. röm. Geld, Mass. Gewicht u. d. röm. Kalender. gr. 8. (12 S.) Prüm 895. P. Plaum Nachf. n. — 20

Merkbüchlein f. Frauen u. Jungfrauen. 8. (74 Bl., wovon 24 in Buntdr.) München 883. Obpacher. geb. m. Goldschn. 20. —

Freisinniges Merkbüchlein. (Hrsg.: [Reinhold] Issberner.) *Berlin: Fortschritt (um 1898).* (IV, 68 S.) 8° [Umschlagt. F.]

Ein Merkbuechlein für Die Hochehrbaren Gäste, ehrbaren Collegen nebst deren lieben Frauen und anmuthiglichen Fräulein dieweil sich heut versammelt/um im Jahre 1901 am 23. Juni(us) gemeinsamlich zu begehen eine Bestehungsfeier des 25 jährigen Deutschen Malerbundes/ und eine/XVII. Deutsche Malerbundestagesfeier/abgehalten in der ... Stadt Danzig... (Danzig 1901: A. Müller.) (11 S.) 8° [F.]

Merkbüchlein f. Geburtstage u. Familienfeste. Mit 12 farb. Monatsbildern. (128 S.) 8. Nürnberg 909. Th. Stroefer. Kart. 1. —

Merkbüchlein und Leitfaden für den Realunterricht in Stadt- und Land-Schulen. Mit 4 (lith.) Kärtchen. 1—5. verb. Aufl. Zwickau 861—63. Buchhdlg. des Volksschriften-Vereins. 8. (II, 26 S.) n. 2 ngr.

Merkbüchlein und Leitfaden für den Realunterricht in Stadt- und Landschulen. 5. Aufl. 1863. und 6., verb. Aufl. 8. (28 S. mit 4 lithogr. Kärtchen.) Zwickau 865, Buchh. des Volksschriften-Vereins. *

— aus der Liturgik. (23 S. m. Abbild.) 8. Warnsdorf (910). (A. Opitz.) — 12

Merkbüchlein, neues, für den Unterricht in der Geographie, Geschichte und Naturlehre. 8. (36 S. mit 2 chromolithogr. Karten in qu. 4.) Meißen 868, Mosche. cart. *

Merkbüchlein, neues, für den Unterricht in der Geographie, Geschichte und Naturlehre. 2. und 3. vollständig umgearb. Aufl. 8. (32, 16 und 40 S.) Meißen 877, Schlimpert. cart. *

—— neues, für den Unterricht in der Geographie, Geschichte und Naturlehre. 4. verb. Aufl. 8. (100 S.) Meißen 881, Schlimpert. cart. *

Merkbüchlein üb. das Recht im gewerblichen Arbeitsvertrag, bearb. nach dem bürgerl. Gesetzbuch f. das Deutsche Reich u. der Reichsgewerbeordng. 12. (16 S.) Leipzig (900). R. Lipinski. n. — 10

Merkbüchlein für den Reform-Zeichenunterricht. *Berlin: M. Rockenstein [1903].* (96 S.) 8° [F.]

Merkbüchlein für den Reform-Zeichenunterricht. 2. veränd. u. verm. Aufl. *Berlin: M. Rockenstein [1904].* (160 S.) 8° [F.]

Merkbüchlein f. den Reform-Zeichenunterricht. 4., veränd. u. verm. Aufl. (14.—18. Tausd.) (244 S.) kl. 8. Berlin (906). M. Rockenstein. n. 1. —
1.—3. Aufl. (41 bis 95 S.) 903. 904. à n. — 50.

Merkbüchlein für Schulausflüge. Hrsg. v. d. Turnvereinigung Berliner Lehrer. Berlin um 1910. 12 S. Sonderdr. aus: Pädagogische Zeitung.

Merke, Heinrich

Merke, H., die erste öffentliche Desinfections-Anstalt der Stadt Berlin, s. Guttmann, P.

Merke, H., Verwaltung, Betrieb u. Einrichtung der Krankenhäuser, s. Handbuch der Hygiene. 38. Lfg.

Verwaltung, Betrieb und Einrichtung der Krankenhäuser. Bearb. v. H[einrich] Merke, Verwaltgs-Dir. d. städt. Krankenhauses Moabit-Berlin. M. 30 Abb. im Text. *Jena: G. Fischer 1899.* (IV, 286, 11 S.) 4.(8.) = Handbuch d. Hygiene. Bd 5. Lfg 3.

Adolf Merkel. (Trauerreden, geh. am 1. April 1896.) *(Straßburg 1896: Neueste Nachrichten.)* (16 S.) 8° [Umschlagt. F.]

Anonym: „Merkel und Dismembration. Oder Prüfung der Beyträge des Herrn General-Landschaftssyndikus Merkel zur Untersuchung über die Zulässigkeit und den Nutzen der gänzlichen Dismembration adelicher Güter in Schlesien", Breslau 1804. — Vorh.: Preuß. Staatsbibl. Berlin (s. auch „Annalen der schlesischen Landwirthschaft", Jahrgang 1804, S. 84 — 111).

Merkel u. Dismembration, od. Prüfung der Beyträge Merkels zur Untersuch. über d. Zulässigk. u. den Nutzen der Dismembrat. adelicher Güter in Schlesien. 8. Breslau, Barth. 804.

Merkel und Dismembration, oder Prüfung der Beiträge Merkel's zur Untersuchung über die Zulässigkeit und den Nutzen der Dismembration adlicher Güter in Schlesien. 8°. Breslau, Holäufer, 1804.

Merkel, Gustav, königl. sächs. Hoforganist, sein Leben und Wirken, s. Janssen, P.

Merkel, Dem Br. und Freunde Joh., als ein Beweis der herzlichsten Theilnahme von P. u. M. »Ist dies nicht der Liebe Wonne ...« Ueberreicht in der Johannesfest-Loge z. d. drei Pfeilen in Nürnberg 5818. Nürnberg 1818. V: *Platner, G. Z. & G. A. Mitzky.* (rt 2539) (wolfstieg I, 874)

Merkel, Dem Br. Joh., gewidmet von den Brüdern der g. u. v. Loge z. d. 3 Pfeilen [in Nürnberg]. Am 28. Juni 5818. St. [Nürnberg 1818.] V: *Strobel.* (wolfstieg I, 874)

Merkel, Dem Joh., gewidmet am 24. Juny 1818 von B. und E. »In Osten stieg die Sonne glänzend auf; —« [Nürnberg 1818.] V: *Braun* ... & ... *Eisenbach.* (wolfstieg I, 874)

Merkel, Dem Br. Joh., bei Niederlegung des seit fünf Jahren ruhmvoll geführten ersten Hammers in der g. u. v. Loge zu den 3 Pfeilen: Brüder! unsrer sanften Leyer ... Von S. Nürnberg am 28. VI. 5818. Nürnberg 1818. V: *Strobel.* (wolfstieg I, 874)

Merkel, Paul Wolfgang, dem Bruder und Stifter, nach seiner Zurückkunft von der Ständeversammlung. Gesungen den 3. Aug. 1819 im Kreise der Brüder (Loge z. d. 3 Pfeilen in Nürnberg). Druck v. Milbradt. 4. 2 Bl.
Fehlt bei Kloss.

Merkel

— s. a. **Merckel.**

Merkel (II.), die Abhängigkeit zwischen Reiz und Empfindung, s. Studien, philosophische.

Discours à l'occasion de l'exclusion de quelques indignes frères le 23 du 3 m.·. de l'an de la V.·. L.·. 5809 prononcé dans les tr.·. de la r.·. □.·. de St.·. Jean sous le t.·. d.·. Royal [ ] Jérome Napoléon de la fidélité à l'Or. de Cassel par **Merkel.** [Kassel 1809.] 4 Bl. 4° [Umschlagtit.]
[Nebentit.:] **Rede bei der Ausschliessung einiger unwürdigen Brüder am 23. der 3. M.·. im J.·. d.·. w.·. L.·. 5809 gehalten in der □.·. Königl. Hieronymus Napoleon zur Treue im Or.·. von Cassel von Merkel.**
Kl. 5288. Text franz. u. deutsch. Rüge der ausgeschlossnen Brr. F. W. K. v. Dörnberg u. Martin d. J., die eine Verschwörung gegen König Jérome anzetteln wollten.

Merkel's Geheimniß ein einziges Weizenkorn binnen Jahresfrist mehr als 500,000fach zu vermehren u. v. kleinen Flächen einen enormen Körnerertrag zu erzielen. Gegründet auf prakt. Versuche, mitgetheilt v. ihm selbst. gr. 8. Lützen 848, Grimm. Verklebt 1 ₰

—— das psychophysische Grundgesetz in Bezug auf Schallstärken, s. Studien, philosophische.

Merkel, die Schlachtsteuer u. die Uebergangsabgabe v. Fleischwerk im Königr. Sachsen sonst u. jetzt. Eine systemat. Zusammenstellg. der früher u. noch jetzt darüber gelt. gesetzl. u. reglementären Bestimmgn. gr. 8. (80 S.) Leipzig 892. Roßberg. n. 1. 20

Merkel. Ueber die Verbindlichkeit des Unterthans zum Dienste für sein Vaterland. o. O. (c. 1780.) 8°. (Aus: ?) (Verm. Jähns.)

— das Verfahren bei Zuwiderhandlungen gegen die Vorschriften üb. die Erhebung öffentlicher Abgaben u. Gefälle [Zoll- u. Steuerstrafverfahren] im Königr. Sachsen. Eine Zusammenstellg. der wichtigsten einschläg. Bestimmgn., namentlich der Verordngn. der kgl. sächs. Zoll- u. Steuerdirection zu Dresden. gr. 8. (50 S.) Ebd. 891. n. 1. —

Merkel, Wandtafel f. Freunde d. Obstbaumzucht. 2., erweit. Ausg. gr. Fol. (1 B.) Hannover 829, Hahn.

Merkel A.: Der Wirthschafter, od. Aufsichts- u. Anordnungs-Verpflichtungen desselben durch das ganze Jahr ... Neisse 1829. 272 S. 1 Tvl.

Merkel, A., der Wirthschafter, od.: Aufsichts- u. Anordnungs-Verpflichtungen desselben durch d. ganze Jahr, als Leitfaden z. Betriebe d. Landwirthschaft. Durchaus prakt. bearb. u. in systemat. Ordnung dargestellt. M. 1 oekonom. Chartencharaktere-Tafel. 8. (18¼ B.) Neiße 829, Hennings. Thlr.

Merkel, A. A., s. Merkel, Emil August

Merkel, A. M., Theatrum amoris et doloris. 8. Regensb. Montag et W.

Merkel, Adf., kriminalistische Abhandlungen. I. und II. gr. 8. Leipzig 867, Breitkopf und Härtel.
Inhalt:
(Bd.) 1. Zur Lehre von den Grundeintheilungen des Unrechts und seiner Rechtsfolgen. (VII und 115 S.) 20 Ngr.
2. Die Lehre vom strafbaren Betruge. 1. Abthl. Die Entwicklung des Thatbestandes. (VI und 239 S.) 1 Thlr. 24 Ngr.

Merkel, A., juristische Encyclopädie. 8. (XII, 380 S.) Berlin 885, Guttentag. *ℳ 4.50.; geb. *

Merkel, Adf., juristische Encyclopädie. 2. Aufl. Nach dem Tode des Verf. besorgt v. R. Merkel. 8. (XII, 330 S.) Berlin 900. J. Guttentag. n. 4. 50; geb. n. 5. —

Merkel, Adf., juristische Encyklopädie. 3. neu durchges. Aufl. Hrsg. v. Rud. Merkel. (XII, 385 S.) 8. Berlin 904. J. Guttentag. n. 5. —; geb. in Leinw. n. 5. 50

Merkel, Adf., jurist. Enzyklopädie. 4. Aufl. Hrsg. v. Rud. Merkel. (XII, 411 S.) 8. Berlin 909. J. Guttentag. 5.50; geb. in Leinw. 6. —

Merkel, Adolph. Hinterlassene Fragmente und Gesammelte Abhandlungen. Strassburg 1898—99. H: *Merkel, Rud.* (Berl)

Merkel, Adf., hinterlass. Fragmente u. gesammelte Abhandlgn. 1. Tl. Fragmente z. Sozialwissenschaft. M. e. Bildnis d. Verf. in Heliograv. gr. 8. (VII, 354 S.) Straßburg 898. K. J. Trübner. n. 9. —

— hinterlassene Fragmente u. gesammelte Abhandlungen. 2. Tl. Gesammelte Abhandlgn. aus dem Gebiet der allgemeinen Rechtslehre u. des Strafrechts. 2 Hälften. gr. 8. (VII, S. 1—428 u. VI u. S. 429—895.) Straßburg 899. K. J. Trübner. n. 23. —
1. Tl. Ebd. 898. n. 9. —.

[F.] Fragmente zur Sozialwissenschaft. Von Adolf **Merkel**, zul. Prof. ... an d. Univ. Strassburg ... M. 1 Bildn. d. Vfs in Heliogr. *Strassburg: K. J. Trübner 1898.* (4 Bl., 354 S., 1 Bl., 1 Portr.) 1 Bd 8.
— **Merkel**, A: Hinterlass. Fragmente u. Ges. Abh. Tl 1. [98. 11608

Merkel, Adf., Rudolf v. Jhering. [Aus: „Jhering's Jahrbb."] gr. 8. (37 S. m. rad. Bildnis.) Jena 893. G. Fischer. n. 1. 20

—— Lehrbuch des deutschen Strafrechts. 8. (XV, 427 S.) Stuttg. 889, Enke. * 8 —; geb. * 9 —

Merkel, Adolf
Zur Lehre vom fortgesetzten Verbrechen.
Darmstadt: Leske 1862. 124 S.
Habil. jur. Giessen 22.2.1862. vorh. 26. 11.

Merkel, Adf., zur Lehre vom fortgesetzten Verbrechen. gr. 8. (171 S.) Darmstadt 862. (Giessen, Ferber'sche Universitäts-Buchh.) *

— zur Reform der Strafgesetze. Ein Vortrag, gehalten bei Eröffnung der Vorlesgn. des Verf. über österreich. Strafrecht im Oktbr. 1868. Prag 869. Dominicus. 8. (32 S.) n.n. 5 ngr.

Der **Rectoratswechsel** an der Kaiser-Wilhelms-Universität Strassburg am 1. Mai 1889. [Darin: a) Jahresbericht erstattet von dem Prorector Dr. F. Goltz o. Prof. d. Med. b) Bericht über die Preisbewerbung für das Jahr 1888/1889 und über die Preisaufgaben für das Jahr 1889/1890 sowie über die Preisaufgaben der Lamey-Stiftung der Lobstein-Preisstiftung und der Max Müller'schen Preisstiftung. c) Über den Zusammenhang zwischen der Entwicklung des Strafrechts und der Gesammtentwicklung der öffentlichen Zustände und des geistigen Lebens der Völker. *Rede, gehalten von dem Rector Dr. Adolf* **Merkel** *o. Prof. d. Jurisprud.*] ... Strassburg, Univ.-buchdr. v. J. H. Ed. Heitz (Heitz & Mündel), 1889; 67 S. 8°

Merkel, Adolf: Stoffwechselprodukte des Chinin. *Leipzig 1902: J. H. Hirschfeld.* (15 S.) 8°
Strassburg, Med. Diss. v. 1902

— Vergeltungsidee u. Zweckgedanke im Strafrecht. Zur Beleuchtg. der „neuen Horizonte" in der Strafrechtswissenschaft. [Aus: „Jhering, R. v., Festgabe f. ihn".] 8. (69 S.) Strassburg i/E. 892. K. J. Trübner, Verl. n. 1. 50

— dasselbe, s: Jhering, R. v., Festgabe der rechts- u. staatswissenschaftlichen Fakultät zu Strassburg f. ihn.

—— Ueber den Zusammenhang zwischen der Entwicklung des Strafrechts u. der Gesammtentwicklung der öffentlichen Zustände u. d. geistigen Lebens der Völker. Rede, geh. am 30. April 1889 beim Antritt d. Rectorats der Kaiser-Wilhelms-Universität Strassburg. 1. u. 2. Aufl. gr. 8. (23 S.) Strassb. i. E. 889, Heitz. * — 40

Merkel, C., s.a. Merkel, Karl

Merkel, C., güldnes A-B-C, s. A-B-C, güldnes.

Merkel, C., s. Luther's, Dr. M., kl. Katechismus.

Merkel, C. A., s.a. Warnungsstimme f. unsere Jugend.

Warnungsstimme für unsere Jugend. Belehrung über d. gefährlichsten Jugendfeind (Onanie, Selbstbefleckung), dessen Folgen, Heilung u. Verhütung. Aus d. Schriften hervorragender Aerzte gesammelt, mit Beispielen aus d. Leben erl. u. Eltern, Lehrern u. Erziehern an's Herz gelegt. Von e. Jugendfreunde (C. A. **Merkel**, Gernsbach) hrsg. 2. vergröss. Aufl. *Gernsbach: Selbstverl.*; [aufgestempelt: *A. Falkenroth, Bonn] 1901.* (111 S.) 8° [F.] [02. 11622

Merkel, C. F. G., s. Merkel, Karl Friedrich Gottlieb

Merkel, C. H. G., s.a. Merkel, Garlieb Helwig

Merkel, C. H. G., s.a. Merkel, K. H. G.

Merkel, C. Rich., im Weihnachtsglanze. Drei Weihnachts-Aufführgn. ernsten u. heiteren Charakters f. Vereine. 8. (24 S.) Berlin 900. Schriftenvertriebsanstalt. — 50

Merkel, C. Rich., im Weihnachtsglanze. Drei Weihnachts-Aufführgn. ernsten u. heit. Charakters f. Vereine. 2. Aufl. (24 S.) 8. Berlin (908). Schriftenvertriebsanstalt. — 50

Merkel, Carl, s. Merkel, Karl

Merkel, Carl Gottlob, s. Merkel, Karl Gottlob

Merkel, Carl Ludwig, s. Merkel, Karl Ludwig

Merkel, Christian Valentin

Merkel, Chr. Val., († im Sept. 1793.) Auflösung der Petersb. Preisfr.: Ist es nützl., daß d. Bauer Land, od. auch bewegl. Güter als Eigenthum besitze? 1s Heft. 4. Leipz. 768. (W. Nauck). 7 gr

Merkel, Christian Valentin: „Politische und cameralistische Auflösung der Preisfrage der Petersburger ökonomischen Gesellschaft: Ist es dem gemeinen Wesen vortheilhafter, daß der Bauer Land ..... als Eigenthum besitze?" 1. (einziges) Heft, Leipzig 1768 (Sommer).

Merkel C. V.: Politische u. cameralische Auflösung derjenigen Preis-Frage ...: Ist est dem gemeinen Wesen vortheilhafter u. nützlicher, dass der Bauer Land, od. nur bewegliche Güter, zum Eigenthum besitze? ... Stück 1. Leipz. 1768. (20) 108 S.

— s. Cuvier, ..

— 2 Predigten f. d. Einimpf. d. Pocken. 8. Leipz. Hilscher 777.

— s. J. H. Schütte, oryctographia

— Sendschreiben an die ökonom. Gesellschaft zu St. Petersburg üb. d. Verbesserung u. Einrichtung derselben. 8. Leipz. 768. Hilscher. 5 gr

Merkel, Chr. Val. Sendschreiben an die Landesdeputation in Bayreuth, wegen der Einrichtung der dortigen Finanz- und Kammerverbesserung. 4°. Erfurt, Mevius, 1765.

Merkel, Christian Valentin:
Wahre Ursachen der jetzt herschenden hitzigen Krankheiten mit der besten Verwahrungsart vor dieselben. ... Von Christian Valentin Merkel. Frankfurt & Leipzig 1776. 88 s. 8°

— wahre Ursachen d. jetzt herrschenden hitzigen Krankheiten. 8. Frankf. 776. Hermstädt. 4 gr.

— patriot. Wünsche f. die nöthigste Reform e. ganz. Staats. 8. Leipz. 773. Hilscher. 10 gr.

Merkel, Curt, s. Merkel, Kurt

Merkel, D. G., s. Merkel, Gottlieb

Merkel, Dankeg. Imm.

— s. ferner: Auswahl d. Interess. u. Merkwürdigsten.

Merkel, Dankeg. Imm.., († d. 4. Oct. 1798.) Erdbeschreib. v. Kursachsen u. den dazu gehörigen Ländern, f. d. Jugend. 1r—3r Bd. 8. Leipz. 796, 97. 4r—6r Bd. v. K. A. Engelhard. 8. Ebd. 799—800. 3e A. umgearb. v. K. A. Engelhardt. 1r—9r Bd. 8. Dresd. 804—11. Autor. (Leipz., Barth). 7 Thlr. 8 gr. (5r u. 6r Bd. Auch u. d. T.: Erdbeschreibung d. Marksgrafth. Ober- u. Niederlausitz. 1r u. 2r Bd. 800.) (9r Bd. Auch u. d. T.: Erdbeschreib. d. Ober- u. Niederlausitz. 3e A 1 Thlr. 4 gr.)

— s. Geschichte d. französ. Niederlande.

— s. Geschichte d. Russ. Reichs.

— der neue Kinderfreund. s. K. A. Engelhardt.

— s. Wochenblatt z. Kenntniß der Staaten.

E. MERKEL, Molluskenfauna von Schlesien. Herausgegeben mit Unterstützung der Schlesischen Gesellschaft für vaterländische Kultur. Breslau 1894. J. U. Kern's Verlag (Max Müller). 8°. (VII, 293 S.)

Merkel, C. W., Unterricht im Zeichnen. 63 Bl. 16. Schweinfurt 845, Wetzstein. In Etui. 1/2 Thlr.

Merkel, Eduard, aus Nürnberg: Beitrag zur Kenntnis der aus Eieralbumin dargestellten Peptone und Albumosen. *Erlangen 1901: F. Junge.* (53 S.) 8°
Erlangen, Phil. Diss. v. 18. Febr. 1901

— Emil August (Leipzig), De confirmatione judiciali quaestiones selectae. Commentatio juris Saxonici. Leipzig (B. Tauchnitz) 10. IX. 1846. 26 S. (3.—) 23064

Merkel, A. A., zur Geschichte der sächsischen Erbfolgeordnung, s. Mittheilungen der deutschen Gesellschaft zur Erforschung vaterländ. Sprache und Alterthümer in Leipzig.

Merkel, Aemil Aug., das gerichtl. Verfahren in Sachen d. sogenannten freiwilligen Gerichtsbarkeit nach kgl. sächs. Rechten system. zusammengest. gr. 8. (21 B.) Leipzig 846, Bernh. Tauchnitz jun.

Merkel, Emma, Adolf u. Olgas Garten. Eine Anleitung zum Gartenbau f. die Jugend v. 10—16 Jahren. (VII, 139 S.) kl. 8. Leipzig (909). E. Twietmeyer. 2.—

Merkel, Erich, der Gemeindebeamte, s.: Handbibliothek, jurist.

Merkel, Erich, der Leichenraub. Eine histor. u. dogmat. Studie. (Diss.) (X, 50 S.) gr. 8. Leipzig 904. Veit & Co. n. 1.60

Methodische und praktische Anleitung zum Denkrechnen. Von Eugen Merkel. Abt. 1. München: Selbstverl. 1892. 8° [F.] [08. 8917]

Merkel, Eug., methodische u. praktische Anleitung zum Denkrechnen. 1. Abtlg. Das Normalrechnen. Sichere Anleitg., richtig u. rasch zu rechnen f. Lehrer, Geschäfts- u. Privatleute. 8. (IV, 27 S.) München 894. (M. Kellerer.) Kart. n. —50

Merkel, Eug., über Fabrik-Buch-Führung. Vortrag, gehalten am 24. Jan. 1887 im polytechn. Vereine zu München. Lex.-8. (34 S.) München 888, (Literarisch-artist. Anstalt.) *
Aus: Bayerisches Industrie- und Gewerbeblatt, besonders abgedruckt.

— Handelskunde, Bank- und Börsenwesen, — das Handelsrecht, } s. Handbibliothek der gesamten Handelswissenschaften.

Mittel und Wege zur Lösung der sozialen Frage, e. sozialpolit. Studie in volkstüml. Darstellung von Eugen Merkel, Hauptlehrer a. D. Traunstein ⟨Oberbayern⟩: M. Endter in Komm. 1905. (VIII, 80 S.) 8° [08. 8919]

— Normalbuchführung f. Kleinkaufleute, Geschäfts- u. Privatleute; zum Selbststudium u. zum Gebrauche in Handelsschulen, kaufmänn. Kursen u. Fortbildungsschulen. Muster-Darstellg. e. Geschäftsganges f. 3 Monate m. Eröffng., Abschluss u. Fortführg. der Bücher u. m. ausführl. Erklärg. gr. 8. (V, 81 S.) Zittau 893. Pahl. Kart. n. 1.—

Das Normalrechnen. Sichere Anleitung, richtig u. rasch zu rechnen f. Lehrer, Geschäfts- u. Privatleute von Eugen Merkel. München: Selbstverl. 1892. (IV, 26 S.) 8° [F.]
— Merkel: Method. Anleitung z. Denkrechnen. 1. [08. 8918]

— Spar-Haushalts-Buch. Eine prakt. Anleitg. zur richt. Führg. e. Haushalts m. Beispielen u. Mustern, nebst Tabellen zur Aufschreibg., ausreichend f. 1 Jahr. gr. 8. (XXXVI, 183 S.) Hannover 894. Edler & Krische. Geb. in Halbldr. 4.50

Merkel, Felix

Merkel, Fel., neuester Briefsteller. E. Handbuch f. d Comptoir- u. Privatgebrauch. M. Anh.: Kleines Fremdwörterbuch. 8. (96 S.) Berlin 898. A. Weichert. —50

Merkel, Ferdinand [app. Arzt aus Nurnberg]: Ueber Myome des Uterus und die galvanische Behandlung derselben. . . . Göttingen, Druck d. Univ.-Buchdr. v. W. F. Kastner, 1891; 50 S. 8°
Göttingen, Med. Fak., Inaug.-Diss. v. [24. Febr.] 1891

Merkel, Ferd., üb. Myome d. Uterus u. die galvanische Behandlg. derselben. Diss. gr. 8. (50 S.) Göttingen 891. (Vandenhoeck & Ruprecht.) n. 1.—

Merkel, Franz Theodor, s. Merkel, Friedrich Theodor

Merkel, Friedrich

— u. E. Kallius, makroskopische Anatomie des Auges, s.: Graefe, Alfr., u. Thdr. Saemisch, Handbuch der gesammten Augenheilkunde.

Merkel, Fr., die Anatomie zu Rostock. Vorlesung, gehalten am 4. Novbr. 1878 beim Beginn der Arbeiten in dem neuen anatom. Institut. gr. 8. (16 S. mit 1 Photogr.) Rostock 878, Stiller'sche Hofbuchh. *

Merkel, Friedr., Anleitung zur Muskelpräparation im Königsberger Präparirsaal. [Als Mscr. gedr.] gr. 8. (28 S.) Königsberg 884, Gräfe und Unzer. **

Merkel, Frdr., Atmungsorgane, s.: Handbuch der Anatomie des Menschen. 9.

Merkel, Friedrich [approb. Arzt]: Beitrag zur Casuistik der Castration bei Neurosen .... Nürnberg, Buchdr. J. L. Stich, 1887; 66 S. 8°.
Strassburg, Med. Fak., Inaug.-Diss. v. 1887.

—— Beiträge zur Kenntniss der postembryonalen Entwicklung des menschlichen Schädels. gr. 4. (22 S. mit 7 lithogr. Taf.) Bonn 882, Cohen und Sohn. *
Aus: Beiträge zur Anatomie und Embryologie, als Festgabe Jacob Henle dargebracht, besonders abgedruckt.

Merkel, Friedrich: Beiträge zur Kenntnis von Polytrema miniaceum Pallas sp. Mit 2 lith. Taf. u. 2 Fig. im Text. *Leipzig: W. Engelmann 1900.* (34 S.) 8° ¶(Aus: Zeitschrift für wiss. Zoologie, Bd 67, H. 2.)
Heidelberg, Naturw.-math. Diss. v. 1900

Merkel, Fr., menschliche Embryonen verschiedenen Alters, auf Medianschnitten untersucht. Ein Beitrag zur Mechanik der Entwicklg. [Aus: „Abhandlgn. d. k. Gesellsch. d. Wiss. in Göttingen".] gr. 4. (30 S. m. 3 Taf.) Göttingen 894. Dieterich's Verl. n. 6. 40

—— die Endigungen der sensiblen Nerven in der Haut der Wirbelthiere. gr. 4. (VII, 214 S. mit 15 photolithogr. Taf.) [Rostock 880, Stiller'sche Hofbuchh.] Leipzig, Fues's Verlag. cart. **

Festrede im Namen der Georg-Augusts-Universität zur akademischen Preisvertheilung am 3. Juni 1893 geh. v. Friedrich **Merkel**. [Von der Entwickelung der Anatomie im 19. Jahrhundert.] Göttingen, Druck d. Dieterichschen Univ.-Buchdr., *1893;* 25 S. 8.

Merkel, Fr., s.: Ergebnisse d. Anatomie u. Entwickelungsgeschichte.

— Grundriss d. Anatomie des Menschen, s.: Henle, J.

Merkel, Fr., Handbuch der topographischen Anatomie zum Gebrauch für Aerzte. 1. Bd. 1. und 2. Lfg. gr. 8. Braunschweig, Vieweg und Sohn. [1. Lfg. (S. 1—176 mit 1 Tab.) 885. *M 10.—.; 2. Lfg. (S. 177—352.) 887. *M 8.—.] *

Merkel, Fr. Handbuch d. topographischen Anatomie. Zum Gebrauch f. Aerzte. Mit zahlreichen mehrfarb. Holzst. 1. Bd. 3. (Schluss-) Lfg. gr. 8. (X, S. 353—602.) Braunschw. 890, Vieweg u. Sohn. * 10 —
1. u. 2. Lfg. Ebd. 1885,87. * 18 .

— Handbuch der topographischen Anatomie. Zum Gebrauch f. Ärzte. 2. Bd. 1. Lfg. gr. 8. (S. 1—176 m. z. Tl. farb. Holzst.) Braunschweig 893. F. Vieweg & Sohn. n. 8. — (I u. II, 1.: n. 36.—)

— Handbuch d. topograph. Anatomie. Zum Gebrauch f. Ärzte. 2. Bd. 2. Lfg. gr. 8. (S. 177 bis 416 m. z. Tl. farb. Holzst.) Braunschweig 896. F. Vieweg & Sohn. n. 12. — (I—II, 2.: n. 48.—

— Handbuch der topographischen Anatomie. Zum Gebrauch f. Ärzte. 2. Bd. 3. Lfg. gr. 8. (XI u. S. 417—608 m. z. Tl. farb. Abbildgn.) Braunschweig 899. F. Vieweg & Sohn. n. 8.—; (2. Bd. kplt. n. 28.—; geb. in Halbfrz. n. 30. 75)

— Handbuch der topographischen Anatomie. Zum Gebrauch f. Aerzte. III. Bd. 1.—3. Lfg. (644 S. m. z. Tl. farb. Abbildgn.) gr. 8. Braunschweig 903. 904. 906. F. Vieweg & Sohn. n. 26. 60

— Handbuch der topograph. Anatomie. Zum Gebrauch f. Ärzte. III. Bd. 4. Lfg. (XI u. S. 645—846 m. z. Tl. farb. Abb.) gr. 8. Braunschweig 907. F. Vieweg & Sohn. 10.—; (kplt. 92.50; geb. 100. 50)

— s.: Hefte, anatomische.

—— Jacob Henle, Rede gehalten in der öffentl. Sitzung der Königl. Gesellschaft der Wissenschaften zu Göttingen am 4. Decbr. 1886. gr. 4. (16 S.) Göttingen 887, Dieterich'sche Verlagsb. *
Aus: Abhandlungen der k. Gesellschaft der Wissenschaften zu Göttingen, Bd. 33, besonders abgedruckt.

— Jacob Henle. Ein deutsches Gelehrtenleben. Nach Aufzeichngn. u. Erinnergn. erzählt. Mit 1 Portr. in Holzst. gr. 8. (XII, 411 S.) Braunschweig 891. F. Vieweg & Sohn. n. 10. —

— Jakob Henle. Gedächtnisrede, geh. im anatom. Institut zu Göttingen am 19. VII. 1909, dem 100. Geburtstag des Gelehrten. (19 S. m. 1 Bildn.) 8. Braunschweig 909. F. Vieweg & Sohn. — 50

Merkel, Friedr., die Linea nuchae suprema. Anatomisch und anthropologisch betrachtet. gr. 8. (IV, 22 S. mit 7 photogr. Taf.) Leipzig 872, Engelmann. *

Merkel, Fr., über die Macula lutea des Menschen u. die Ora serrata einiger Wirbelthiere. Mit 2 lith. Taff. Leipzig 870. Engelmann. gr. 4. (V, 20 S.) n. 20 ngr.

Merkel, F., das Mikroskop und seine Anwendung, s. a. Naturkräfte, die.

Merkel, F: Das Mikroskop und seine Anwendung. München 1875

—— die Musculatur der menschlichen Iris. gr. 4. (VI, 13 S. mit 1 Stndr.-Taf.) Rostock 873, Stiller'sche Hofbuchh. *

-- üb. das Jacobsonsche Organ d. Erwachsenen u. die Papilla palatina. Aus dem anatomischen Institut zu Göttingen. Festschrift zum 50jähr. medizin. Doktorjubiläum A. v. Kölliker's. [Aus: „Anatom. Hefte".] Lex.-8. (V, 18 S. m. 7 Abbildgn.) Wiesbaden 892. J. F. Bergmann. n. 1. 20

—— die Speichelröhren. Rectoratsprogramm. gr. 8. (28 S. mit 2 lithogr. und chromolithogr. Taf.) Leipzig 883, F. C. W. Vogel. *

Merkel, Friedrich, a. Hannover; Untersuchungen über die Beeinflussung der Milchsekretion durch Nähr- und Reizstoffe. Breslau 1906: H. Fleischmann. (114 S.) 8°
Breslau, Phil. Fak., Ref. Pfeiffer, Diss. v. 30. März 1906
[Geb. 25. Nov. 81 Hamburg; Wohnort: Hannover; Staatsangeh.: Preußen; Vorbildung: Realgymn. Ludwigslust i. M. Reife O. 01; Studium: Breslau 3, München 1, Breslau 3 S.; Rig. 28. Febr. 06.]

—— Untersuchungen aus dem anatomischen Institut zu Rostock. gr. 8. (IV, 99 S. mit 3 Kpfrt. in qu. 4.) Ebendas. 874. *

—— Deutschlands Ureinwohner. Vortrag, gehalten in der Aula der Universität vor einer Versammlung von Herren und Damen. gr. 8. (28 S.) Ebendas. 873. *

— die Zonula ciliaris. Habilitationsschrift. gr. 8. (23 S. mit 2 lithogr. Taf. in gr. 8. und qu. Fol.) Leipzig 870, Engelmann. *

— Friedrich Gottlieb (Liebenwerda/Sachs.), Utrum Athenienses cum florentissimam haberent rempublicam vere felices fuerint disputatio historico philosoph. Präs. Franz Volkmar Reinhard. Wittenberg (C. Chr. Dürr) 13. IX. 1781. 34 Seiten. (4.50) 23065

Widm. v.: Franz Volkmar Reinhard.

Merkel, Friedrich Theodor

Merkel, F. Th., Ueber die Anwendbarkeit der Dismembration bei adlichen Gütern, Cämmereivorwerken und Domainen. 8°. Glogau 1804.

— Beitrag zur Untersuchung über die Zulässigkeit und den Nutzen der gänzlichen Dismembration adlicher Güter in Schlesien. 8°. Breslau 1803. Mit n. T.: Breslau, 1804. (Gehr).

— Beurtheilung einer Schrift über die Zulässigkeit und den Nutzen der gänzlichen Dismembration adlicher Güter in Schlesien und Gedanken über den wahren dauerhaften Nutzen und die Zulässigkeit, oder aber, über den sowohl mittelbaren als unmittelbaren Schaden und die Unzulässigkeit dieser Dismembrationen. (Von Gr. A. M.) 8°. s. l. 1803.

— Mein Gutachten über die Dismembrationen der Landgüter, veranlasst durch die neulich erschienenen Gedanken über die Schrift des Herrn Gr. M. über die Dismembrationen u. s. w. 8°. Breslau 1804.

— Vide: Poser: Widerlegung der M.'schen Schrift.

Merkel, G., die neueren Anschauungen über das Wesen der Infektionskrankheiten; ihr Einfluß auf Haus- und Gemeinwesen. Vortrag. gr. 8. (28 S.) Nürnberg 887, [v. Ebner'sche Buchh.] Ballhorn. *

Merkel, G., die ostfriesische Insel Borkum, s. Insel, die.

Merkel, G., Handbuch der öffentlichen Gesundheits-Pflege und der Gewerbe-Krankheiten, s. Handbuch der speciellen Pathologie und Therapie.

Merkel, G., Handbuch der Krankheiten des chylopoëtischen Apparates, s. Handbuch der speciellen Pathologie und Therapie.

Merkel, G., die Staubinhalations-Krankheiten, s. Handbuch der speciellen Pathologie und Therapie.

Merkel, G. N., observat. in Plinii Lib. IX. Ep. XXVI. 4. Nürnb. Lechner. 782.

Merkel, Garlieb Helwig

Merkel, G., Hume's und Rousseau's Abhandlungen über den Urvertrag, nebst einem Versuch über Leibeigenschaft, den Liefländischen Erbherrn gewidmet. 2 Thle. 8°. Leipzig 1797.

Merkel, Garlieb, kritische Antiken. Ein Beitr. z. Literatur-Geschichte Deutschlands. 8. (5 B.) Riga 837, Götschel.

— s. Bruder Anton.

Merkel, Garl. Helw., Aufsätze während d. Kriegs geschrieben. 3 Hefte. gr. 8. Riga 813. Meinshausen. 1 ₰

Merkel, Garl. Helw., Beweis, dass es halb so viel koste, seine Ländereien von Taglöhnern, als von leibeigenen Bauern bestellen zu lassen. 8°. Riga, Meinshausen, 1815.

— Briefe an ein Frauenzimmmer üb. d. wichtigsten Produkte d. schönen Literatur. 1r u. 2r Jahrg. (à 12 Stücke.) 8. Berl. 801, 2. Quien. 6 ₰ 3r J. 1s u. 2s Stck. 8. Lpz. 863. Schmidt. 16 gr.

— — ders. 25s 26s Heft. 8. Leipz. Schmidt. 805.

— Briefe üb. Hamburg u. Lübeck. (A u. d. T.: Briefe üb. einige merkwürdige Städte Deutschlands. 1r Bd.) 8. Leipz. 801. Hartknoch. 1 ₰ 12 gr. Postp. 1 ₰ 16 gr. Hbfz. Pr. 12 gr.

MERKEL, Garlieb (1769—1850), Briefe über einige der merkwürdigsten Städte im nördlichen Deutschland. (Auch m. d. Tit.: Briefe über Hamburg und Lübek [!].) Leipzig 1801. 8°. VIII—428 S.

Neue Allg. dtsch. Bibl. 71, 165. — Goedeke VI, 382, 12, wo auch die folg. rare Schrift:

— Charaktere u. Ansichten in Deutschland gesammlet. 1r Bd. Ebend. 811.

Darstellungen und Charakteristiken aus meinem Leben. Von G[arlieb] **Merkel.** Bd. 1. 2. — Leipzig: Köhler; Riga u. Mitau: Götschel in Comm. 1839—40. 8°

— Darstellungen u. Charakteristiken aus meinem Leben. 2 Bde. 8. (21¾ u. 24¾ B.) Riga 839, 40, (Götschel.) * 4 Thlr., hrbgf. Pr.

Merkel, Garlieb, über Deutschland zur Schiller-Goethe-Zeit. [1797—1806.] Nach des Verf. gedruckten und handschriftl. Aufzeichnungen zusammengestellt und mit einer biograph. Einleitung versehen von Jul. Eckardt. 8. (208 S.) Berlin 887, Gebr. Paetel. *ℳ 5.—.; geb. **

Merkel, C. H. Garlieb, Ueber Deutschland, wie ich es nach zehnjähriger Abwesenheit wiederfand. Heidelberg 1811. 6.

— — über Deutschland, wie ich es nach meiner zehnjährigen Entfernung wieder fand. 2 Bde. 8. (Offenbach, Brede, Heidelb. Groos.) 818.

— üb. Deutschland, wie ich es nach meiner 10jähr. Entfernung wiederfand. 2 Bde. 8. Riga 818. Fr. Wilmans in Frankf. 2 ℔

— s. a. : Ernst u. Scherz.

— Ernst u. Scherz. Ein Unterhaltungsbl. liter. u. artist. Inh. Nr. 1—48. gr. 8 Berl. 805. Duncker u. H. 1 ℔

— Erzählungen. 16 Bdchn. 8. Berl. 800. Sander. 22 gl

— s. Europens Lage.

— s. Feierrede auf Moreau.

— s. Freimüthige, der.

— s. Hume, üb. Urvertrag.

— ist das stete Fortschreiten d. Menschheit ein Wahn. Sendschreiben an A. H. L. Heeren. 8. Riga 810. 2e Aufl. 811. Deubner. 10 gl

— s. a. Klatschgeschichte, eine.

KLATSGESCHICHTE, Eine, aus d. Engl. (Deutsches Original von *Garlieb Helwig Merkel*). Leipzig 1795.
Anon.-Lex. II. p. 362 (nach Kayser u. Engelmann).

— Europas Lage u. Aussichten im Aug. 1813. 8. Riga, Deubner u. Treuy. 813.

Merkel, Garl. Helw., d. freien Letten u. Esthen. Eine Erinnerungsschrift zu dem am 6ten Jan. 1820 gefeierten Freiheitsfeste. 8. Riga 820. Hartmann. 1 ℔ 16 gl

— d. Letten vorzügl. in Liefland, am Ende d. philos. Jahrh. Ein Beytr. zur Völker- u. Menschenkunde. 8. Leipz. Gräff. 800.

— d. Letten vorzügl. in Liefland, am Ende d. philosoph. Jahrhund. Ein Beitr. z. Völker- u. Menschenkunde. 8. Leipz. 797. (Wiegbrack). 2e A. Ebd. 800. 1 ℔ 12 gl — Supplem., od. Erklär. üb. e. rc. Anfrage des Ritter v. Brasch; nebst e. Urkunde. 8. Weim. 798. Hoffmann. 10 gl

— — liefländischer Merkur. Jahrg. 1818. 4 Hefte. 8. (Riga, Deubner und Treu in Comm.) 818.

— s. Montesquieu, Tempel.

Merkel, G(arlieb), noch einmal über das Dörren des Getraides. Eine Denkschrift. 8. (2 B.) Riga 845, Götschel.

— s. Pope, Lockenraub.

— s. Zuschauer.

§ * **MERKEL,** G(arlieb), (1769—1850), Randzeichnungen. Ein Buch, dem der Verfasser viel Leser wünscht. Sechste Auflage (vgl. d. Vorrede). Berlin, bei C. Quien, 1802. — *A. E.:* Berlin, gedr. bei Louis Quien. Mohrenstr. Nro. 50. 8°. XIV, 1 Bl. Inh., 252 S. (In Berlin: Yw 4826; in München: P. o. germ. 929m.)

— Randzeichnungen; ein Buch, dem d. Verf. viel Leser wünscht. 6e A. (e. Scherz, es ist die erste.) 8. Berl. 802. (Leipz., Taubert). 18 gl

— Randzeichnungen, mit Kupf. 8. Leipzig, Kranz. 802.

— s. a Reisegeschichte, eine.

REISEGESCHICHTE, Eine; Halbroman vom Verfasser der Rückkehr ins Vaterland (*Garlieb Helwig Merkel,* 1769—1850) Berlin 1800. 8°. (8 Mk. E. Frensdorff, 1906.)
352 S., 1 Bl. Neue Allg. deutsche Bibl. 55, 57. Enth. u. a.: Die Weibergallerie. — Berlin. — Louisen's Geschichte.

— Samml. von Völkergemälden, a. d. Gesch. d. Menschh. 8. Lübeck, Bohn. (Niemann u. C.) 800.

— erzähl. Schriften. 2 Bde. 8. Riga, Hartmann. 808. Schreibp. Velinp.

§ — — Sämmtliche Schriften. Bd. 1—2: Erzählende Schriften (soviel ersch.). Leipzig und Riga 1808. 8°. (In München: P. o. germ. 929z, 1 vol., od. 930, 1 vol.)

— sämmtl. Schriften. 1r u. 2r Bd. Erzähl. Schriften 2 Bde. 8. Riga 807, 8. Hartmann. 2 ℔ 16 gl Schreibp. 3 ℔ 8 gl Velinp. 4 ℔ 8 gl

— Skizzen aus meinem Erinnerungsbuche. 1s bis 4s Heft. (4s Heft. A. u. d. T.: G. Merkels Uebersicht seiner Leistungen rc.) 8. Riga 812—16. Meinshausen. 2 ℔ 8 gl N. A. 8. Ebd. 824. 1 ℔ 8 gl

— — Skizzen aus meinem Erinnerungsbuche. 1s bis 4s Heft. 8. Riga, Meinshausen. 818.

— Supplementblätter z. Freimüthigen. Nr. 1—30. u. 1 Beil. gr. 8. Riga 807.

— s. Versuch üb. Dichtkunst.

— die Vorzeit Lieflands; ein Denkmal d. Ritter- u. Pfaffengeistes. 2 Bde. Mit Kpf. 8. Berl. 798, 99. N. A. 807. Voß. 3 ℔

Merkel, Garl. Helw., Wannem Ymanta, e. lettische Sage. 8. Leipz. 802. Hartknoch. 1 ℔ Velinp. 1 ℔ 16 gl

Merkel. York und Paulucci. Aktenstücke und Beiträge zur Geschichte der Convention von Tauroggen. (18./30. December 1812.) Aus dem Nachlass Garlieb Merkel's herausgegeben von Julius Eckardt. 8. Leipzig 1865.

— Zeitung f. Literatur u. Kunst, s. Zeitung.

— s. Zuschauer.

Merkel, Geo., Erinnerungen an Langensalza. Geschrieben im Juli 1867. Hannover 867. Schmorl & v. Seefeld. 8. (58 S.) n. 5 ngr

[F.] Erinnerungen an meine fünfundzwanzigjährigo Thätigkeit als Bürgermeister von Göttingen. Von Georg J. **Merkel** ... *Göttingen: L. Horstmann 1897.* (2 Bl., 104 S.) 1 Bd 8. [97. 3936

Merkel, Gottlieb

Merkel, Gli., († d. 3. Juli 1807.) üb. allgem. u. besondere Beichte; meine Vorstellungen u. Ueberzeugungen. 8. Chemnitz. 800.

– s. **Briefe üb. d. Charakter &c. e. Predigers.**

— freundschaftl. Erinnerungen an J. G. F. Franz. 8. Frankf. u. Leipz. 768.

Merkel, D. G., kurze Geschichte d. Beichte der Protestanten. Chemn. 1808. 8.

— s. a. Jüngling, d., in d. Einsamkeit.

JÜNGLING, Der, in der Einsamkeit. (Zahmes moral. Vademecum von M. *Gottlieb Merkel*, Rektor in Liebenwerda.) Mit Titelvignette. Berlin, Chrn. Friedr. Voss, 1761. Gr. 8⁰. 8 Bll., 206 S., 1 Bl. (2 Mk. 25 Pfg., zus. mit dem „Frauenzimmer in der Einsamkeit" M. Edelmann, Nürnb., 1907.)
Fehlt im Anon.-Lex.

Die Loge „Zu den drei Pfeilen" in Nürnberg während der ersten fünfundsiebenzig Jahre ihres Bestehens. [Unterz.: Gottlieb] **Merkel.** [Leipzig 1864: Weber.] 48 S. 8⁰ [Kopftit.]
Aus: L. 23 (1864) S. 97—144.
Recens: Bh. 7 (1864) S. 366.
cf. Z. 5 (1875) S. 10—11, 21—22, 28—29.
Tt. 552. Stellt auch Werden u. Vergehen von Bodes „Deutschem Bunde" dar.

Merkel, G., Die Loge zu den 3 Pfeilen in Nürnberg während der ersten 75 Jahre ihres Bestehens. Leipzig, Druck v. Weber. 1864. 8. 48 S.
Separatabdruck aus der Latomia XXIII. S. 97—144.

Merkel, Gli., Predigten über die Bildung des neuen Menschen. 8. Leipz. Hilscher. 772.

— Zwei Predigten f. Einpfropfung d. Blattern. 8. Leipz.

— Gottlieb, Lutherum de sacerdotum ratione vivendi praecipientem simulque sacerdotibus plurimum admodumque reverendis clarissimis atque doctissimis dioecesi Torgauiensi adscriptis amicam sui memoriam commendat. Torgau (Ruidel) (Aug. 1773). (4.50) 23066

— — (Torgau), Nova revelatio novaque miracula a Deo nostris temporibus neque sunt promissa neque etiam necessaria. Asseveratio. Leipzig (Jacobaeer) 30. XI. 1775. 38 S. (4.50) 23067

Des Menschen Streben, Wirken, Hoffen. [Unterz.:] G[ottlieb] **Merkel.** Nürnberg: Soldan [1864]. 1 Bl. 42,5×56,4 cm. [Kopftit.]
Abgedr. in: FZ. 18 (1864) S. 202—203; L. 23 (1864) S. 165—166.
cf. FZ. 18 (1864) S. 184.
Begleitwort zu einem Gedenkblatt, gez. von Joh. Maar, gestochen von Walther, das eine allegorische Darstellung der Frmrei enth.

Merkel, (G.,) üb. die Verbindlichkeit d. Aeltern f. d. Leben u. die Gesundheit d. Kinder zu sorgen. 8. Chemnitz 783, Starke.

* — üb. die Verbindlichkeit d. Aeltern f. das Leben d. Kinder zu sorgen. 8. Chemnitz, Starke. 785.

Vom ärztlichen Intelligenzblatt zur Münchener Medizinischen Wochenschrift. Festrede geh. von Med.R. Dr. Gottlieb **Merkel.** Geschichtl. u. statist. Mitteilungen über d. Münchener Med. Wochenschrift. *München: J. F. Lehmann 1903.* (60 S.) 8⁰
[Vort.s] Festschrift z. 50jähr. Stiftungsfest d. Münchener Medizin. Wochenschrift. [03. 7190

— Vorschläge z. e. allgemeinen Verbess. d. Schulen. 8. Chemnitz 800.

Merkel, Gustav. Orgelschule. Opus 177. Dritte Auflage. Leipzig. [quer 8⁰.]

Merkel, Gust., Taschen-Choralbuch. 142 Choräle für Singechöre an Kirchen, Gymnasien, Seminarien u. Volksschulen in 4 Stimmheften. Dresden 868. Brauer. 8. Jedes Heft (51 S.) n. 2½ ngr

Merkel, H., die Koronararterien des menschlichen Herzens, s.: Jamin, F.

Merkel, H. G., Adreßbuch v. Dresden, enth. sämmtl. Adressen v. Fabrikanten, Kaufleuten u. die wichtigsten Adressen d. Handwerkerstandes, sowie der Beamten u. Künstler, nach Branchen alphabetisch geordnet u. zusammengestellt. gr. 8. (III, 92 S.) Dresden 884. Merkel. n. 1. —

Merkel, H. G., Adreßbuch von Europa, enthaltend Adressen von Fabrikanten, Kaufleuten, Beamten, Künstlern, Handwerkern, Privatpersonen &c., nach Ländern, Provinzen und Branchen alphabetisch geordnet und zusammengestellt. 1.—31. Lfg. oder 1.—3. Bd. gr. 8. Dresden 883,84, Merkel.
à Lfg. 60 Pfg.; Einzelpr. à Lfg. à Bd. ℳ 6.

Inhalt:
Bd. 1. Herzogth. Anhalt. (S. 1—60.) ℳ 1,50. — Großherzogth. Baden. (S. 61—227.) ℳ 3. — Königr. Bayern. (S. 229—432.) ℳ 4,50. — Herzogth. Braunschweig. (S. 433—476.) ℳ 1.
" 2. Bremen. (S. 1—48.) ℳ 1. — Elsaß-Lothringen. (S. 49—160.) ℳ 2,50. — Hamburg. (S. 161—304.) ℳ 3. — Hessen-Darmstadt. (S. 305—404.) ℳ 2,50. — Lübeck. (S. 405—424.) 50 Pf. — Mecklenburg. (S. 425—472.) ℳ 1,50.
" 3. Königr. Sachsen. (III, 538 S.) ℳ 6.

Merkel, H. G., Adreßbuch von Europa, enthaltend Adressen von Fabrikanten, Kaufleuten, Beamten, Künstlern, Handwerkern, Privatpersonen &c., nach Ländern, Provinzen und Branchen alphabet. geordnet und zusammengestellt. 32.—63. Lfg. gr. 8. (4. Bd. S. 1—703; 5. Bd. S. 1—452; 6. Bd. S. 1—352.) Dresden 885—87, Merkel. Subscr.-Pr. à Lfg. 60 Pf. * Einzelpr. à Lfg. *
1.—31. Lfg. (oder 1.—3. Bd.) Ebendas. 1883,84. Subscr.-Pr. ℳ 18.—.

— Adreßbuch vom Königr. Sachsen, enth. Adressen v. Fabrikanten, Kaufleuten, Beamten, Künstlern, Handwerkern &c., nach Ortschaften u. Branchen alphabetisch geordnet u. zusammengestellt. Special-Abth. aus dem Adreßbuche v. Europa. gr. 8. (III, 538 S.) Ebend. 884. n. 8. —

Merkel, Heinrich: Über Bromprodukte und Alkalimetallverbindungen des Chinophtalons und ein Isomeres desselben. 1902. 50 S., 1 Taf. 8⁰ ¶ Vgl. Berichte d. Deutschen Chem. Gesellschaft. Jg. 35.
München, Dr.-Ing.-Diss. v. 5. 8. 1902

Merkel, Heinrich: Ueber das alttestamentliche Buch der Klagelieder. . . Halle a. S., *Druck v. Wold. Fiedler Nachf. Fr. Wattrodt in Wittenberg*, 1889; 45 + 1 S. 8°
Halle, Phil. Fak., Inaug.-Diss. v. [1. März] 1889

Vortrag bei der fünfzigjährigen Stiftungsfeyer der g. u. v. □ z. d. 3 Pf[eilen] im Or. von Nürnberg am 18. März 1839 von Heinr. Merkel. Als Ms. f. Brr. [Nürnberg 1839: Milbradt.] 26 S. 4° [Kopftit.]
Kl. 3017, Tt. 551. Gesch. der Loge.

Merkel, Helene, aus alten u. neuen Tagen. Skizzen u. Erzählgn. (58 S.) 8. Leipzig (907). Berlin, E. Philipp. 1. —

Merkel, Hermann, cand. med. aus Nürnberg: **Beitrag zur Kenntniss** der sog. embryonalen Drüsengeschwülste der Niere. *Naumburg a. S. 1898: Lippert & Co.* (27 S.) 8°
Erlangen, Med. Diss. v. 16. Dez. 1897

Merkel, Hermann, Dr. med., 1. Assist. am pathol.-anat. Inst. zu Erlangen: Die Betheiligung der Gefäßwand an der Organisation des Thrombus mit besonderer Berücksichtigung des Endothels. Eine experimentelle Studie, zugleich als Beitrag zur Endothelfrage. *Erlangen 1903: F. Junge.* (115 S.) 8°
Erlangen, Med. Hab.-Schr. v. [17. Jan.] 1903

Merkel, Herm., Predigt nach dem am 11. Septbr. 1842 zu Brambach entstandenen Brande. Dom. XVII. p. Trin. gr. 8. (1 B.) Adorf 844. (Müller.) *

Merkel, J., Altes und Neues für Gesang und Declamation. Nebst einem Polterabendspiel: Hans und Hanne. 2. Aufl. 16. (IV und 76 S.) Leer 867, (Meyer's Buchh.) *

Merkel, J., Anleitung z. zweckmäß. Einrichtung u. Führung e. Justiz-Registratur. Prakt. dargest. gr. 8. (2¼ B.) Regensburg 835, Pustet.

Merkel, J., Erdbeschreibung von Chursachsen, fortges. v. K. A. Engelhardt. s. Engelhardt, K. A.

Merkel, J., Erdbeschreibung von Chursachsen u. d. jetzt dazu gehör. Ländern, f. die Jugend, umgearb. größtentheils nach handschriftl. Quellen, von K. A. Engelhardt. 8 Bde. 8. Dresden, Autor. (Barth in Leipz.) 805—11. (I. II. à 16 gr. III. IV. à 18 gr. V. VI. 1 Rthlr. 12 gr. VII. 20 gr. VIII. 22 gr.)

Merkel, J. F., s.a. Merckel, Johann Friedrich

Merkel, J. F., deutsche Vorschriften für Jünglinge, welche sich eine gute kaufmänn. Hand aneignen wollen. 4. Nürnberg, Monath und K. 820.

Merkel Ida, Hilfsbuch f. d. Unterr. in Koch- u Haushaltungsschulen. (88 S) Meiningen

Merkel, Johann

Zu Sarsena oder Der vollkommene Baumeister, enthaltend die Geschichte und Entstehung des Freymaurerordens und die verschiedenen Meynungen darüber, was er in unsern Zeiten seyn könnte, was eine Loge ist u. s. w. Treu und wahr niedergeschrieben von einem wahren und vollkommenen Bruder Freymaurer [Karl Friedr. Ebers]. Eine Vorrede zu diesem Buche [von Joh. Merkel; für Personen die es kaufen wollen. [Nürnberg 1816.] 8 S. 8° [Umschlagtit.]
cf. EzALZ. 4 (1817) Sp. 853.
Kl. 1995, Tt. 1375. Gegen Sarsena gerichtet.

Merkel, J. Ueber d. sogenannten Sepulcralmulten. Lex.-8. (56 S.) Lpz. 892, Deichert Nachf. * 1 50
Aus: Festschrift f. Rud. v. Jhering, besonders abgedruckt.

Vortrag bey dem J[ohannes] F[est] d. □ z. d. 3 Pf[eilen] in Nürnberg am 5. VII. 5816. [Von Joh. Merkel.] [Nürnberg 1816.] 1 Bl. 4° [Kopftit.]
Abgedr. in: Mrische Mitteilung f. Brr d. □ z. gold. Apfel, Dresden. 1 (1817) S. 19—23; Mrische Mittheilungen aus d. L. z. gold. Apfel, Dresden. 1818 S. 21—25.
Tt. 2129. Üb. die Grundzüge der äusseren Formen der Frmr-Brrschaft in England u. Schottland.

Merkel, Joh., statistische Zusammenstellung von 128 erhaltenden Operationen bei Caries und Nekrose. gr. 8. (31 S.) Nürnberg 882, v. Ebner'sche Buchh. *

Merkel, Johann Christoph, s. Merckel

Merkel, Joh. F.

Merkel, Joh. F., der erfahr. Haararzt, od. d. Haare d. Menschen in ihr. gesunden u. kranken Zustande. Eine vollständ. Anweis., alle Krankheiten d. Haare zu heilen; nebst e. Anh. üb. d. physiognom. Bedeutung, diagnost. Würde, d. Nutzen u. Schaden d. Abschneidens d. Kopf- u. Barthaare rc. Für Aerzte u. Nichtärzte. gr. 12. (10½ B.) Leipzig 834, Geibel. (Hartleben's Vrls.-Exped.)

Merkel, Joh. F., der erfahrene Haararzt, od. d. Haare d. Menschen in ihrem gesunden u. kranken Zustande. Eine vollständ. Anweis. alle Krankheiten d. Haare zu heilen; nebst e. Anh. Für Aerzte u. Nichtärzte. Neue Ausg. gr. 12. (10⅔ B.) Leipzig 840. [Pesth, Hartleben's Vrls.-Expedit.] Thlr.

Merkel, Johs., Abhandlungen aus dem Gebiete des römischen Rechts. 1. Hft. Ueber die Begnadigungscompetenz im römischen Strafprocesse. gr. 8. (III, 71 S.) Halle 881. Niemeyer. n. 1. 60

Merkel, Johs., Abhandlungen aus dem Gebiete d. römischen Rechts. 2. Hft. Ueber die Geschichte der klass. Appellation. gr. 8. (V, 176 S.) Halle 883. Niemeyer. n. 4. 50 (1. u. 2.: n. 6. 10)

Merkel, Johs., Abhandlungen aus dem Gebiete des römischen Rechts. 3. Heft: Ueber die Entstehung des römischen Beamtengehaltes und über römischen Gerichtsgebühren. gr. 8. (VI, 174 S.) Halle 888, Niemeyer. *
1. und 2. Heft. Ebendas. 1881,83. *M 6.10.

—— über Arrest und einstweilige Verfügungen nach dem geltenden deutschen Prozeßrecht. gr. 8. (XII, 251 S.) Ebendas. 880. Halle *

Merkel, Johannes [aus Leipzig]: Betrachtungen über d. deutsche Tonkunst im 18. Jahrhundert .... Leipzig, Breitkopf u. Härtel, 1886; 9 + 65 + 1 S. 8°.
Leipzig, Phil. Fak., Inaug.-Diss. v. 22. Jan. 1886.

Merkel, Joh., Fréd. Chopins Klavierkonzert in E-moll, s.a. Musikführer, der.

Fréd. Chopin, Klavierkonzert in E-moll. op. 11. Erl. v. Dr. Johannes Merkel. *Frankfurt a. M.: H. Bechhold [1897].* (18 S.) 1 Bd 8.
— Musikführer, Der. No 116.

(**Merkelius**, Johannes: Commentatio qua iuris Siculi sive assisarum regum regni Siciliae fragmenta ex codicibus manu scriptis proponuntur.) Halis (1856): Hendel; [Anton in Komm. 1858]. 40 S. 8° (4°)
Halle-Wittenberg, Glückwunsch der jur. Fak. z. 50jähr. Dr.-Jubil. v. Hermann Wilhelm Eduard Henke am 24. Sept. 1856

Merkel, Johs., Commentatio, qua juris Siculi sive assisarum regum regni Siciliae fragmenta ex codicibus manu scriptis proponuntur. gr. 4. (40 S.) Halle 859, (Anton.)

Merkel, Johs., die Justinianischen Enterbungsgründe, s.a. Untersuchungen zur deutsch. Staats- u. Rechtsgesch.

Die Justinianischen Enterbungsgründe. Eine rezeptionsgeschichtl. Studie von Dr. Johannes Merkel, Prof., Göttingen. Breslau: M. & H. Marcus 1908. (152 S.) 8°
— Untersuchungen z. Deutschen Staats- u. Rechtsgeschichte. H. 94.

Merkel, Johs., die geschichte des Langobardenrechts. Eine abhandlung als Beitrag zu Savignys geschichte des Röm. rechts im mittelalter. Lex. 8. (63 S.) Berlin 848, Hertz. n. 24 *ngr*

Merkel, Johs., die geschichte des Langobardenrechts. Eine abhandlung als Beitrag zu Savignys geschichte des röm. rechts im mittelalter. Lex.-8. (63 S.) Berlin 850, Besser'sche Sortimentsh. [Herz.] *

Merkel, Johs., Gregorius Heimbürger und Lazarus Spengler. Ein Vortrag auf Veranstaltung des Ev. Vereins für kirchl. Zwecke gehalten am 7. April 1856. Berlin 856. W. Schultze. gr. 8. (32 S.) n. 5 *ngr*

Merkel, Johannes: Gustav Hugo. *Göttingen 1900: Dieterich.* (S. 1—24.) 8°
Göttingen, Festrede zur akadem. Preisverteilung 1900

Merkel, Johs., Gustav Hugo. Festrede, im Namen der Georg-Augusts-Universität zur akadem. Preisverteilg. am 30. V. 1900 geh. Lex.-8. (32 S.) Göttingen 900. Vandenhoeck & Ruprecht. n. — 40

Merkel, Johs., Heinrich Husanus. (1536—1587.) Herzogl. sächs. Rath, mecklenburg. Kanzler, lüneburg. Syndicus. Eine Lebensschilderg. gr. 8. (V, 408 S. m. 2 Abb.) Göttingen 898. L. Horstmann. n. 12. —

Merkel, Johs., der Kampf des Fremdrechtes mit dem einheimischen Rechte in Braunschweig-Lüneburg, s.a. Quellen u. Darstellungen zur Geschichte Niedersachsens. 19. Bd.

Der Kampf des Fremdrechtes mit dem einheimischen Rechte in Braunschweig-Lüneburg. Eine hist. Skizze entworfen von Prof. Dr. Johannes **Merkel** in Göttingen. *Hannover & Leipzig: Hahn 1904.* (94 S.) 8° [F.]
— **Quellen** u. Darstellungen z. Geschichte Niedersachsens. Bd 19.

Merkel, Johannes: Ueber den Konkurs der Aktionen nach roemischem Privatrecht. Halle a. S.: Niemeyer 1877. 142 S. 8°
Halle-Wittenberg, [Jur.] Hab.-Schr. v. [20. Okt.] 1877

Merkel, Johs., kurzgefasstes Lehrbuch der Harmonik. Für seinen Unterricht verf. (III, 68 S.) gr. 8. Leipzig 907. Breitkopf & Härtel. 2.50; geb. n 3.50

—— die Lehre von der successio graduum unter Intestaterben. gr. 8. (VII, 131 S.) [Tübingen 876, Laupp'sche Buchh.] Freiburg i. Br., Mohr. *

Merkel, Joh.: Lex Angliorum hoc est Thuringorum. Berlin 1851.

Merkel. d. lex salica. Mit Vorrede von Grimm. Berl. 850. (5. —)

Merkel, Joh.: Lex Saxonum. Berlin 1853.

—— Rechtsgutachten zum Process des Grafen H. v. Arnim, s. Rechtsgutachten.

—— de republica Alamannorum commentarii illustrandis legum alamannicarum libris inter monumenta Germaniae historica nuper editis. 8maj. (124 S.) Berolini 849, libr. Besser. [Hertz.] *

— **Anton Rubinsteins Ocean-Symphonie**, s.a. Musikführer, der.

Anton Rubinstein, Ocean-Symphonie op. 42. Erl. v. Dr. Joh. Merkel. *Frankfurt a. M.: H. Bechhold [1897].* (22 S.) 1 Bd 8.
— Musikführer, Der. No 121.

— **Rob. Schumanns Der Rose Pilgerfahrt**, s.a. Musikführer, der.

Robert Schumann, Der Rose Pilgerfahrt '(m. Text)'. op. 112. Erl. v. Dr. Johannes Merkel. *Frankfurt a. M.: H. Bechhold [1897].* (31 S.) 1 Bd 8.
Musikführer, Der. No 117/118.

Merkel, Johs., der lutherisch-kirchliche Verein der k. preußischen Provinz Sachsen. Eine für die Vereinsglieder entworfene und anstatt handschriftl. Mittheilung gedr. Denkschrift. gr. 8. (63 S.) Halle 856(62), (Fricke.)

—— das Verfahren in bürgerlichen Rechtsstreitigkeiten vor den Amtsgerichten. In tabellar. Uebersicht zusammengestellt. Tab. in Imp.-Fol. Berlin 879, Guttentag. In Lex.-8. cart. *

—— das Verfahren in bürgerl. Rechtsstreitigkeiten vor den Landgerichten, Oberlandesgerichten, obersten Landesgerichten und dem Reichsgericht. In tabellar. Uebersicht zusammengestellt. Tab. in Imp.-Fol. Ebendas. 879. In Lex.-8. cart. **

Merkel, Johannes, Rechtspraktikant von Nürnberg: Die Vermögensbeschädigung beim Betrug. *Nürnberg 1900: F. Monninger.* (43 S.) 8° [F.]
Erlangen, Jur. Diss. v. 18. Dez. 1899

Merkel, Jos., siehe: Domschatz, der Mainzer.

Merkel, J., Geschichte u. Beschreibung von Aschaffenburg u. dem Spessart, s. Behlen, St.

Des Marcus Manilius Himmelskugel. Lateinisch und deutsch. Im Versmaße des Originals zum ersten Male übersetzt und mit Anmerkungen begleitet von Joseph Merkel, P. u. Hofbibl. — 1844. Ebend. · IV u. 1—67 S. in 8.
Progr. Aschaffenburg

Des Marcus Manilius Himmelskugel, oder der als ein Ganzes für sich bestehende astronomische Theil seines Werkes. Im Versmaße des Originals zum ersten Male übersetzt und mit Anmerkungen begleitet von Dr. Joseph Merkel, P. u. Hofbibl., R. des k. B. O. I. Cl. v. hl. Michael. — Zweite verb. Aufl. mit 2 lithogr. Abbildungen der Farnesischen Himmelskugel. — 1857. 4., Wailandt. — S. III—VIII u. 9—43 in 8. [S. Nr. 122.]
Progr. Aschaffenburg

Merkel, Jos., s. Horatius Fl., Episteln.

Merkel, Initialen des Mittelalters, s. Hoefling, B.

Merkel, J., die Künste des Mittelalters, s. Künste, die, des Mittelalters.

— s. Legende, die, von dem heil. Christoph.

M. A. Lucanus Pharsalia oder der Bürgerkrieg zwischen Pompejus und Cäsar. Erstes Buch, lateinisch und deutsch. Uebersetzt im Versmaße des Originals von Joseph Merkel, L. P. und Hofbibliothekar. — 1849. ebend. — S. 3—48 in 8.
Progr. Aschaffenburg

— s. Manilius, Marcus, Himmelskugel.

Merkel, Jos., die Miniaturen u. Manuscripte d. k. bayer. Hofbibliothek in Aschaffenburg, beschrieben u. erläutert. kl. Fol. (5 B. u. 15 Bl. m. Umrissen.) Aschaffenburg 836, Pergay. *

— s. Sawitri

Ueber Philologisches Studium und einige Abwege desselben von Jos. Merkel, P. der Philol. — 1826. Aschaffenburg, M. J. Wailandt's Witt. — S. 1—8.
Progr. Aschaffenburg

Merkel, Jos., krit. Verzeichniß höchst seltener Incunabeln u. alter Drucke, welche in d. Hofbibliothek zu Aschaffenburg aufbewahrt werden. Nebst Bemerk. aus e. v. W. Heinse hinterlassenen Manuscripte. gr. 8. Aschaffenb. 832. Pergay. 4 gr.

Merkel, Jos., krit. Verzeichniss höchstselt. Incunabeln u. alter Drucke, welche in d. ehemals Kurfürstl. Mainzischen jetzt Kgl. Bayer. Hof-Bibliothek in Aschaffenburg aufbewahrt werden. Nebst Bemerkn. aus ein. v. Wilh. Heinse hinterlass. Manuscripte. gr. 8. (1½ B.) Aschaffenburg 832, Pergay.

Merkel, Julius: Die elektrische Anlage des Königlichen Realgymnasiums. *Zittau 1898: M. Böhme.* (19—21 S.) 4°
Zittau, k. RG m. h. Handels-S, OP 1898 (581)

Merkel, Julius [Dr.]: Die Aufgaben und Methoden der Psychologie in der Gegenwart. Zittau, Druck v. M. Böhme, 1895; 1—36 S. 4.
Zittau, k. RG m. h. Handels-S, OP 1895 (568)

Merkel, Jul., das Notariat und die willkürliche Gerichtsbarkeit nach gemein-deutschen und königl.-sächs. Rechten, dem österreich. Gesetze über das gerichtl. Verfahren in Rechtsangelegenheiten außer Streitsachen, den preuß. Gerichts-, Deposital- und Hypothekenordnungen und den neuesten deutschen Notariatsordnungen mit den einschlagenden Lehren der Diplomatik und Heurematik. (Wiederholter, mit einer Concordanz der sächs., österreich. und hannöverischen Notariatsordnungen, einem Repertorium rc. versehener Abdr. des Rechtslexikonartikels „willkürliche Gerichtsbarkeit.") gr. 8. (XV und 221 S.) Leipzig 860, O. Wigand. *

Merkel, Jul., über Quinquagesima und Lehnware, nach Justinians und Kurf. August Constitutionen und über Lehnwarenablösung nach k. sächs. Ablösungsgesetzen. Vermehrter Wiederabdr. aus der Zeitschrift für Rechtspflege rc. gr. 8. (X und 110 S.) Leipzig 847, Bernh. Tauchnitz.

Merkel, Jul., symbolae linguam et antiquitatem romanam in juris romani fontibus aliisque libris coaevis nobis servatam illustrantes. Lipsiae 856. O. Wigand. gr. 8. (VIII, 55 S.) 12 ngr.

— **Julius (Heinrich Julius)** (Hirschfelde bei Zittau). Die zeitlichen Verhältnisse der Willensthätigkeit. Diss. Leipzig (W. Engelmann) 1883. 57 S. u. Biogr. u. 2 Taf. (1.50) 23068

Merkel, K. Benedikt, a. Nürnberg: Zur Kenntnis der Bildung bicyklischer Kohlenstoff- und Kohlenstoff-Stickstoffringe aus Cyklohexanon-2-carbonsäure-estern-1. Hildesheim 1908: A. Lax. (63 S.) 8°
Göttingen, Phil. Fak., Ref. Wallach, Diss. v. 10. März 1908
[Geb. 2. Febr. 82 Nürnberg; Wohnort: Nürnberg; Staatsangeh.: Bayern; Vorbildung: Realgymn. Nürnberg Reife M. 02; Studium: München 4, Göttingen 6 S.; Rig. 4. Dez. 07.]

Merkel, K. H. G.

Merkel, C. H. G.: Die Vortheile einer von der Civiljustiz getrennten Criminalrechtspflege. Halle u. Leipzig 1817.

Merkel, K. H. G., die Vortheile einer v. d. Civiljustiz getrennten Criminalrechtspflege. 8. Halle 817. Reinicke u. C. 6 gr.

Merkel, C. H. G., die Vortheile einer von der Civiljustiz getrennten Criminalrechtspflege. 8. Halle, Ruff. 817.

Merkel, Karl

Merkel, (C.,) vollst. topograph.-statistische Beschreibung des jetz. Königr. Sachsen. 1r Bd. (1s u. 2s Heft.) 8. Pulsnitz Verf. 823, (Leipz., Hinrichs.)

Merkel, Karl, Biela, od. Beschreib. d. westl. sächs.-böhmischen Schweiz. Ein Taschenbuch f. Freunde d. schönen Natur. 8. Bautzen, Lehmannsche Buchdruckerei 826. 8 gr. (Kummer in Leipz.) 16 gr.

Merkel, Carl, Biela, od. Beschreibung d. westl. sächs.-böhm. Schweiz. Ein Taschenb. f. Freunde d. schönen Natur. 8. (6 B.) Leipzig 829, (Kummer.)

Merkel, Carl, Bilder des Todes od. Todtentanz f. alle Stände. In Holz geschn. v. J. G. Flegel. br. gr. 8. (13 Bl. m. Text.) Leipzig 849, W. Engelmann. n. ⅔ ℔

Merkel, C., Bilder des Todes, oder: Todtentanz für alle Stände. In Holz geschn. von J. G. Flegel. br. gr. 8. (13 Bl. mit Text.) Leipzig 850, W. Engelmann. *

Merkel, Karl: Ueber die Entstehung und inhaltliche Veraenderung der beiden philosophischen Ausdruecke a priori und a posteriori. Halle a. S. 1885: (Lebinsky in Torgau). 56 S. 8°
Halle-Wittenberg, Phil. Diss. v. [20. Juli] 1885
Geb. Wittenberg 7. 3. 1863. V.

Merkel, Carl, biblische Geschichten in Bildern nach den vier Evangelien; erfunden und gezeichnet. In Holz geschn. von Ed. Engelmann, in Farben gedr. von J. G. Wassermann. gr. 4. (24 Bl. in Tondr. mit Text.) Berlin 853, A. Duncker. *
mit erhabener Prägung *

Merkel, Carl, biblische Geschichte in Bildern nach den vier Evangelien; erfunden und gezeichnet. In Holz geschn. von Ed. Engelmann, in Farben gedr. von J. G. Wassermann. 2. Ausg. gr. 4. (24 Bl. in Tondr. mit Text.) Berlin 859, A. Duncker. *
geb. *

Merkel, Karl, approb. Arzt aus Ziegenhain: Zur Kasuistik der Myositis (auf d. Umschl.: Myositis) rheumatica. *München 1901: O. Boek.* (18 S.) 8°
München, Med. Diss. v. 1901

—— deutsche Mährchen mit Randzeichnungen, s. Mährchen.

Merkel, Karl Fr. Gottlieb

— s. Politik, Rechtspflege.

Merkel, C. F. G., Theorie des allgem. Privatrechts. 8. Leipz. Göthe. 803.

— Theorie d. allgem. Privatrechts. 2r Thl. 8. Dresden, Arnold. 805.

Merkel, K. Fr. Gli.: Theorie d. allgem. Privatrechts. 1. Th. *Leipz.* 803. 2. Th. *Leipz.* u. *Dresden.* 806. 8. (1 Thl. 6 Gr.)

Merkel, Carl Gottlob (Elterlein-Montanus), Variae quaestionum forensium observationes. Leipzig (J. Sommer) 25. IV. 1805. 42 S. (3.50) 23062

Merkel, Carl Ludw., Anatomie und Physiologie des menschlichen Stimm- und Sprach-Organs (Anthropophonik). Nach eigenen Beobachtungen und Versuchen wissenschaftlich begründet und für Studirende und ausübende Aerzte, Physiologen, Akustiker, Sänger und Gesanglehrer etc. dargestellt. 2 Hälften. Lex.-8. (1. Hälfte. S. 1—480 mit eingedr. Holzschn.) Leipzig 856(57,) Abel. Thlr. *

Merkel, Carl Ludw., Anatomie und Physiologie des menschlichen Stimm- und Sprach-Organs (Anthropophonik). Nach eigenen Beobachtungen und Versuchen. 2., mit zahlreichen Berichtigungen und Zusätzen verseh. Ausg. gr. 8. (XL und 976 S. mit 269 in den Text gedr. Abbild. in Holzschn.) Leipzig 863, Abel.

Merkel (I.), die tuberculöse Erkrankung siderotischer Lungen, s. Beiträge zur pathologischen Anatomie, experimentellen Pathologie und praktischen Medicin. Festschrift für F. A. v. Zenker.

Merkel, Carl Ludw., die Funktionen des menschlichen Schlund- und Kehlkopfes besonders beim Schlingen, Brechen, Athmen, Singen und Sprechen. Nach eigenen pharyngo- und laryngoskopischen Untersuchungen dargestellt. gr. 8. (VIII und 156 S. mit 1 Stnt. Abbild. in qu. 4.) Leipzig (861)62, O. Wigand. *

Merkel, Karl Lud., der Kehlkopf od. die Erkenntniß u. Behandlg. d. menschl. Stimmorgans im gesunden u. erkrankten Zustande. Mit 35 in Text gedr. Abbildgn. (in Holzschn.) vielen Musikbeispielen 2c. 8. (XVI, 326 S.) Leipzig 873. Weber. n. 3. —

Merkel C, der Kehlkopf. (Gesundheitsbücher 9) Leipzig 1873

Merkel, Carl Ludw., d. Kehlkopf im gesunden u. erkrankten Zustande. 2. Aufl., bearb. v. O. Heinze. 12. (XII, 223 S. m. 33 Abb.) Leipzig 896. J. J. Weber. n. 3. —; geb. in Leinw. n. 4. —

—— Physiologie der menschlichen Sprache (physiologische Laletik). gr. 8. (VIII und 444 S. mit eingedr. Holzschn., 10 Stnt. und 7 Noten- und Sprachlauttab. in gr. 8. und 4.) Leipzig 866, O. Wigand. *

— **Carl Ludwig** (Stötteritz-Leipzig), De nasi secretionibus specimen I. Diss. med. Leipzig (Staritz) 22. V. 1838. 28 S. (3.50) 23063
Gew.: Johann Christ. August Clarus, Albert Braune.

Merkel, Kurt

Merkel, Curt, s.: Baugewerbeschule.

Merkel, L., s. Merkel, T.

Festgruss, dem K. B. Hofrathe und Dir. des Lyc. in Asch., Herrn Dr. J. J. J. v. Hoffmann, R. des V. O. der b. Kr., R. I. Kl. des k. b. V. O. v. hl. M., dem Hochverdienten Jubilar, als Derselbe nach einer bis zum Beginne dieses Jahrhunderts zurückreichenden wissenschaftlichen Thätigkeit, und weithin ruhmlichst und dankbar anerkanntem unermüdetem und segenreichem Wirken, bei dem am heutigen Tage zurückgelegten Fünfzigjährigen Dienstjahre im öffentlichen Lehramte, durch allerhöchste Gnade Seiner Majestät des Königs mit dem k. Ludwigs-Orden geschmückt wurde, dargebracht vom Lyceum. Aschaffenburg den 17. Januar 1857. — ½ Bog. — Ein Sonett [v. L. P. Dr. Merkel.] ohne Druckort.
Progr. Aschaffenburg

Merkel, Ludwig [app. Arzt, aus Grünenplan]: Beiträge zur Lehre von der Caries des Felsenbeins ... Göttingen, Druck d. Dieterichschen Univ.-Buchdr., 1892; 32 S. 8.
Göttingen, Med. Fak., Inaug.-Diss. v. [30. Juli] 1891

Merkel, Ludw. Beiträge zur Lehre v. der Caries d. Felsenbeins. Diss. gr. 8. (32 S.) Gött. 892, (Vandenhoeck u. Ruprecht.) * — 80

Merkel, Mich.

— Abhandl. u. Prüfung einiger neuen Abhandll. d. H. Michaelis, Schmidt, Tychsen u. A. 2c. 8. Leipz. 776. Hertel. 16 gr.

— verm. Anmerkungen aus d. Philologie, Kritik u. Theologie. 1r Thl. 8. Zwickau 772. (W. Vogel in Leipz.) 4 gr.

— Aufklär. d. Streitigkeit d. Aloger u. and. Lehrer üb. d. Apokalypse. 8. Altenb. 782. (Hennings in Neisse). 14 gr.

— hist. krit. Aufklär. d. Streitigk. d. Aloger u. a. alten Lehrer üb. d. Apokalypse. 8. Altenb. Richter. (Acad. Handl. in Jena). 782.

Merkel, Mich., Beweis, daß die Apokalypse ein untergeschobnes Buch sey. 8. Frkf. Vierling. (Grau in Hof). 785.

— s. Chronik d. Stadt Zwickau.

(Merkel, Mich.) Chronik od. Geschichte der Stadt Zwickau. 2 Bde. 4. Zwickau 180*.

— Leben d. beiden unglückl. Markgrafen Albrechts d. Stolzen u. Dietrichs d. Bedrängten. 8. Schneeb. 806. Verlags-Buchhandl. 1 rf.

— Prüf. einig. n. Abhandl. d. H. Michaelis, Tychsen 2c. 8. Leipz. Hertel. 776.

Merkel, Mich., unparth. Untersuchung d. dämonischen Leute d. N. T. 1e Abthlg. 8. Leipz. 768.

Merkel, M., unpart. Unters. d. dämon. Leute des N. T. Leipz. 1778. 8.

Merkel, O., u. K. v. Fritsch, der unteroligocäne Meeressand in Klüften d. Bernburger Muschelkalkes. [Aus: „Zeitschr. f. Naturwissensch."] gr. 8. (18 S.) Leipzig 897. C. E. M. Pfeffer. n. — 40

Merkel, O. P., Christus der Weg, d. Wahrheit u. d. Leben. Ein Leitfaden f. d. Unterr. d. Confirmanden. gr. 8. (3½ B.) Coburg 836, Sinner'sche Hofbuchh.

— s. Kinderleben.

Merkel, O. P., Nachklänge christl. Feierstunden, in zwanzig Festpredigten gehalten. gr. 8. (15 B.) Coburg 842, Sinner'sche Hofbuchh. *

Merkel, Paul, Amtsbetrieb od. Parteibetrieb im künftigen Strafprozess. (S. 71—147.) gr. 8. Berlin 910. F. Vahlen. 2. 40
Sonderabdr. a.: „Festgabe f. Dr. Karl Güterbock".

Merkel, Paul, Aussprache u. Deklamation. Ein Beitrag zur Hebg. des Männergesanges. (37 S.) 8. Leipzig (904). C. F. W. Siegel. n. — 80
Sonderabdruck aus: „Die Sängerhalle".

Merkel, Paul *Artur* [aus Plauen i. V.]: Die Basalte des Grossen und Kleinen Teuchelberg und des Langholz. E. Beitr. z. Kenntnis d. Basalte d. Fichtelgebirges ... Erlangen, k. b. Hof- u. Univ.-Buchdr. v. F. Junge, 1895; 32 S., 1 Bl., 1 Kt. 8.
Erlangen, Phil. Fak., Inaug.-Diss. v. 13. März 1895

[F.] **Merkel,** Paul [Rechtspraktikant in Nürnberg]: Begehung durch Unterlassung ... Nürnberg, W. Tümmel's Buch- u. Kunstdr., 1895; 65 S. 8.
Göttingen, Jur. Fak., Inaug.-Diss. v. [3. Jan.] 1896

— der Instrumentenbauer, s.: Miniatur-Bibliothek.

— Konkurrenz, s.: Darstellung, vergleichende, des deutschen u. ausländ. Strafrechts. V.

— der Opern- u. Konzertsänger, s.: Miniatur-Bibliothek.

— der norwegische Komponist Johan Selmer. Ein Lebensbild. (20 S. m. 1 Bildnis.) gr. 8. Leipzig (904). C. F. W. Siegel. Unberechnet.

Merkel, Paul, Dr. jur., Privatdozent an der Universität Marburg: Die Urkunde im deutschen Strafrecht. Erste Abteilung: Die geschichtliche Entwicklung des strafrechtlichen Urkundenbegriffes. München: C. H. Beck 1901. (IV, 182 S.) 8° [F.] ¶ Erschien vollst. mit XI, 502 S. 1902. [Nachträgl. eingesendet.]
Marburg, Jur. Hab.-Schr. v. [27. Febr. 1900] 1901
(Nicht für den Austausch)

Merkel, s.: Verbrechen u. Vergehen wider die öffentl. Ordnung.

Vorlesung über den besonderen Teil des Strafrechts. System d. Einzeldelikte. 4. Gruppe: Verbrechen gegen d. Staat u. d. Staatsverwaltung. [Verf.: Paul **Merkel.**] (Marburg [1904]: Bauer.) (16 S.) 8° [Kopft. F.]
[oS. 869 4

Merkel, Paul: Zurechnungsfähigkeit, s. Lilienthal, Karl

Merkel, Rich., Gerechtigkeit, s. a Kürschner's Bücherschatz.

Gerechtigkeit. Bauerngeschichte aus d. Vogtland von Richard Merkel. Mit Ill. von A. Lewin. Berlin, Leipzig: Hillger [1909]. 94 S. 8°
(Kürschners Bücherschatz. Nr 649.) [oJ. 6618

Merkel, Rich., aus protestantischem Lager. Lieder und Gedichte. (31 S.) 8. Neudietendorf 903. Elfert & Scheibe. n. — 25

Merkel, R., s.: Monatsblätter, vogtländische.

— Pechsieders Weihnacht. Deklamatorium (scen. Bearbeitg. v. Peter Roseggers Erzählg.: „Der liebe Gott geht durch den Wald") für evangel. Jünglingsvereine 2. Aufl. (12 S.) 8. Dresden 902. Verbandsbuchhandlg. (E. Zacharias). n. — 20

Merkel, Rudolf

Merkel, R. Metrisch-kritische Abhandlung über Apollonius Rhodius. 11 S.
Magdeburg, Kl., Progr. 1844

Merkel, R., Abhandlungen für Aeschylus-Studium. I. Bd. 1. Heft: Ueber Trilogie u. staatliche Grundlage der Tragödie. 1867. 128 S. Nicht im Handel. 4.50

— Aeschylus in italienischen Handschriften. 1868. 80 S.

Merkel, R.. Zur Aeschylus-Kritik und Erklärung. Pr. 1863. 17 S. 4°.

Merkel: Zur Aeschylus-Kritik und Erklärung. 17 S. - Schleusingen, Progr. 1865

Merkel, Rudolf [Referendar am Landger. Strassburg]: Der römisch-rechtliche Begriff der Novatio und dessen Anwendbarkeit im heutigen gemeinen Recht ... Strassburg, K. J. Trübner, 1892; 1 Bl., III, 146 S., 1 Bl. 8.
Strassburg, Rechts- u. staatswiss. Fak., Inaug.-Diss. v. 1892

Merkel, Rud., d. Kollision rechtmäß. Interessen u. d. Schadensersatzpflicht bei rechtmäß. Handlgn. Im Hinblick auf d. Entwurf e. bürgerl. Gesetzbuches f. d. deutsche Reich in 2. Lfg. 8. (V, 237 S.) Straßburg 895. K. J. Trübner, Verl. n. 4. —

Merkel, R.: Aeschyli Cod. Laurentiani Oxoniae typis expressi praefationis lineamenta. 16 S. 4° – Quedlinburg, Progr. 1871.

Merkel, R., s. Ovidii Nas., P., fastorum etc.

Merkel, Rud., s. Ovid, Tristium.

Derselbe Ein Capitel Prolegomena zu Apollonius Rhodius. 11 S.
Schleusingen, Progr. 1850

Merkelius, Rudolphus: Quaestiones Ovidianae criticae. Halis 1835: Baentsch. 42 S. 8°
Halle-Wittenberg, Phil. Diss. v. 12. Mai 1835
Geb. [Düben (Kr. Bitterfeld 28. 3. 1811]
Enthält nur p. 1 und ist nur die 2. Abt. der eingereichten Meletemata critica in P. Ovidium Nasonem. Ersch. mit p. 2 vollst. mit gleichem Tit.: Halis 1835: Baentsch. XVIII, 94 S. vorh. Leipzig UB — Vom Verf. erschienen mehrere Ausgaben des Ovid: Tristium libri 5 et Ibis. Berolini 1837; Fastorum libri 6. Berolini 1841; und des ganzen Ovid, T. 1—3. Lipsiae 1852/58, auch 1872/78. — Verf. erlebte die Diplomerneuerung 1885 als Gymnasial-Professor a. D. (in Quedlinburg) in Dresden, vgl. Anh. Nr. 589.

— Rudolph (Zeitz), Quaestiones Ovidianae criticae. (Pars I.) Halle (Baentsch) 12. V. 1835. 42 S. (2.—) 23069
Advers. erunt: Friedr. Aug. Eckstein, Const. Matthiae, Carl Scheibe.

— — Quaestiones Ovidianae criticae. (Pars I. II.) Halle (Baentsch) 12. V. 1835. XVIII, 94 Seiten. (3.50) 23070
Advers. erunt.: Friedr. Aug. Eckstein, Const. Matthiae, Carl Scheibe. — Gew.: Seinem Vater, Fr. Gott. Wilh. Hertel.

Merkel, R.: Uebersetzung aus Ovidii Fastis. lib. 1. 8 S. – Progr. Schleusingen 1856.

Merkel, Sal. C., göttl. Wunderwerke, w. s. d. Dreyfaltigk. offenb., in Betracht. verf. 8. Hildburgh. 749. -

Merkel, Sal. Fr.

— Freundschaft u. Liebe auf d. Thron; ein Denkmal d. herzl. Verbindung Rußlands u. Preußens erhab. Monarchen. 8. Cassel 802.

Merkel, S. F., s. Kroneisler.

Merkel, S. F.: Vertheidigung der öffentlichen Rechtspflege. Frankfurt u. Leipzig 1817.

Merkel, Sal. Fr., Vertheidigung d. öffentl. Rechtspflege. gr. 8. Marburg 817. Krieger. 6 gr

(Merkel, S. F.): Wahrer Zusammenhang des Rechtsstreites, welcher vom Kammerherrn v. Spiegel zu Borlinghausen, als Kläger, gegen den Domherrn Frh. Spiegel zum Diesenberg, zu Dalheim, als Beklagten, an den Kassationshof zu Düsseldorf gebracht worden ist. (Kassel) 1814.

Merkel, Sal. Tob., († d. 23. Aug. 1777.) d. Kunst, reich zu werden. 8. Schmalkald. 773.

— s. 1) Processualis usus brevis. 2) Wahrnehmungen, polit.-medicin.

Merkel, Siegmund [approb. Arzt]: Antifebrin als Nervinum .... Nürnberg, Buchdr. v. J. L. Stich, 1888; 34 S. 8°
Strassburg, Med. Fak., Inaug.-Diss. v. 1888

Merkel, Siegmund, Antifebrin als Nervinum. Diss. Strassburg i. Els. 1888, Trübners Buchh. u. Antiqu. (E. d'Oleire). 8°. 34 S.

Merkel, S., s.: Sitzungsberichte des ärztlichen Vereins Nürnberg.

Merkel, Sigm., s.: Vierteljahrsschrift, deutsche, für öffentliche Gesundheitspflege.

Merkel, Theodor (auch: Timoth.)

— Die deutsch-französische Aussprache. I. Teil. 39 S. II. Teil. S. 41—76. Progr. HB. *Freiburg Br.* 1881. 1882.

Merkel, T., die deutsch-französische Aussprache. 2 Tle. 4. (78 S.) Freiburg i/Br. 881. (Troemer.) n. 1. 50

Merkel, T., die deutsch-französische Aussprache. 2 Tle. 4. (76 S.) Freiburg i. Br. 882, (Trömer's Universitäts-Buchh.) *

Theodor Merkel. Die ersten 25 Jahre der Anstalt. S. 1—16 des Jahresberichts.
Freiburg, P 1867

Derselbe. Das neue Schulgebäude der höheren Bürgerschule zu Freiburg i. B. mit den Grundrissen der Stockwerke und 2 Lithographien vom Schulgebäude. 24 S.
Freiburg, P 1875

Merkel: Zwölf Thesen üb. d. deutsch-französische Aussprache. Freiburg 1865.
Schul-/Univ.-Schrift

Merkel, T., Vortrag über das encyklopädische Wörterbuch der französischen und deutschen Sprache von C. Sachs, gehalten in der Gesellschaft für neuere Sprachen in Freiburg i. Br. Nebst Anhang enth. Kritiken über dasselbe Lexikon von A. Strodtmann [Augsburger Allgemeine Zeitung] und Paul Lindau [Gegenwart]. Lex.-8. (16 S.) Berlin 875, Langenscheidt'sche Verlagsb.

Merkel, Timoth. Der französische Wortton. 39 S. HB. *Freiburg Br.* 1880. Progr.

Merkel, W. Der Schatz, s. Schweberský, W.

Merkel, Wilh., Sammlung von saccharo-metrischen Tabellen zur rationellen Anwendung des Dënsi-Saccharometers in der Brennerei und Brauerei. Lex.-8. (80 S.) Leipzig 872, Quandt und Händel. *

Merkel, William, Lachgas. 20 Dutzend heitere Schnurren zum Vortrag in lust. Gesellschaft. (116 S.) 8. Leipzig (90)8. O. Teich. 1. —

MERKEL, William. Stiefkinder der Muse. Ernste und heitere Kabaretvorträge von —. Leipzig, Teich (1908). 8°. 134 S.

Merkel, Wolfgang, Referendar in Radeberg i. S.: Die Entwicklung des evangelisch-lutherischen Kirchenpatronats im Königreiche Sachsen. Borna-Leipzig 1908: R. Noske. (VIII, 118 S.) 8° [J.]
Leipzig, Jur. Fak., Diss. v. 11. Juli 1908
[Geb. 15. Aug. 82 Außig (Böhmen); Wohnort: Radeberg; Staatsangeh.: Sachsen; Vorbildung: Vitzthumsches Gymn. Dresden Reife O. 02; Studium: Lausanne 1, München 2, Berlin 1, Leipzig 4 S.; Rig. 16. Jan. 06.]

— **Wolfgang Andreas** (Nürnberg), De variis juris patronatus ad quirendi modis. Präs. Jo. Salom. Brunnquell. Jena (J. Fr. Ritter) 21. IV. 1731. 60 S. (5.—) 23071
Widm. v.: Jo. Salom. Brunnquell, Johann Benjamin Abner (dtsch.) u. eine Widm. in französ. Sprache.

Merkelbach, F. W., Halleluja! Sammlung geistl. Lieder für vierstimm. Männergesang zu allen kirchl. Festen und Gelegenheiten, nebst einer Liturgie, in leicht ausführbarer Weise bearb. gr. 8. (II, 31 S.) Gütersloh 886, Bertelsmann. *

Merkelbach, F. W., Halleluja! Sammlg. geistl. Lieder f. vierstimm. Männergesang zu allen kirchl. Festen u. Gelegenheiten, nebst e. Anh. liturg. Chöre, in leicht ausführbarer Weise bearb. 2., sehr verm. Aufl. gr. 8. (IV, 52 S.) Gütersloh 896. C. Bertelsmann. n. — 80; geb. n. 1. —

— Psalter u. Harfe. 75 Choräle d. evang. Gesangbuches f. Rheinland u. Westfalen f. d. vierstimm. Männergesang in d. Lehrerseminarien, Gymnasien u. and. höh. Lehranst., sow. in Jünglings- u. Männergesangvereinen, nebst e. kurzen Darstellg. d. Kirchentonarten. gr. 8. (VIII, 51 S.) Ebd. 898. n. — 80

Merkelbach, W.: Ueber Rollcurven, die von einer Geraden eingehüllt werden. 1881. 8°
Diss. Marburg

Merkelbach, Walter, a. Barmen: Die chemische Zusammensetzung der Zellwände bei einigen Gefäss-Kryptogamen. Emmendingen: Druck- u. Verlagsges. vorm. Dölter 1907. (43 S.) 8°
Freiburg i. B., Phil. Fak., Ref. Gattermann, Diss. v. 1907
[Geb. 5. Nov. 81 Barmen; Wohnort: Freiburg i. B.; Staatsangeh.: Preußen; Vorbildung: Gymn. Barmen Reife O. 01; Studium: Marburg 2, Freiburg i. B. 9 S.; Rig. 20. Dez. 06.]

Merkels, J., s. Merkel, Dankeg. Imm.

Merkelt, Robert

Merkelt, R., Der Freyamythus. Breslau 1876, 4°. 18 S., Progr. d. Matthiasgymn.

Merkelt, Rob. Untersuchungen über den Freyja-Mythus. XVIII S. Progr. Matth. G. *Breslau* 1876.

Merken, Fr., Predigt über 1. Petri 4, 18. ... Elberfeld ... Hassel. 1/12 gr

Merken, I. Casp., observat. criticae 532 in passionem Iesu C. 4. Duisb. 732.
vgl. Mercken. J. C.

Merken, Paul, Arzt aus Schwelm: **Fibroma molluscum ⟨Virchow⟩.** *Leipzig (1899): A. Edelmann.* (47 S.) 8°
Leipzig, Med. Diss. v. 23. März 1899

Merkendorf, G. v., s. Skatspieler, der lustige, in der Westentasche.

Merkens, Dav., aus Dorf u. Flur. Gedichte. (VI, 135 S.) kl. 8. Glückstadt 907. M. Hansen. 1.50; geb. n 2.50

Heimat v. David Merkens. Dresden u. Leipzig. 1910. 8°

Auctions-Catalog einer bedeutenden Sammlung Griechischer Münzen, dabei bemerkenswerte Serie Gross-Griechenland u. Sicilien, u. Römischer Münzen, nebst numismat. Bibliothek aus d. Nachlasse d. † Herrn Franz **Merkens** in Köln ... Öff. Versteigerung ... Nov. 1905 ... unter Leitung d. Experten Dr. Jacob Hirsch. München: J. Hirsch 1905. (98 S., 19 Taf.) 4°(8°) [illegible]

Katalog der reichhaltigen nachgelassenen Archäologischen Kunstsammlung des Herrn Franz **Merkens** in Cöln, als Ton-Lampen, Terrakotten ... nebst Gegenständen aus verschiedenen Kunstepochen ... Versteigerung ... 1905. (Vorr.: Jos. Poppelreuter.) Cöln: M. Lempertz 1905. (30 S.) 2°(4°)
(Math. Lempertz'sche Kunstversteigerung. 87.) [illegible]

Merkens, H., s. Merckens, H.

Merkens, Heinr., s. Deutschland in seiner tiefsten Erniedrigung.

—— das Gastmahl des Trimalchio. Ein Cultur- und Sittengemälde aus der Zeit des Kaisers Nero. Nach den Satiren des Petronius. gr. 8. (VIII, IX, 76 S.) Jena 876, Costenoble. *

Merken's, Heinr., Gedanken Friedrich's des Grossen vorzüglich in ihrer Beziehung auf die Gegenwart. Aus seinen Schriften gesammelt. gr. 8. (XV, 76 S.) Würzburg 871, Stuber. *

Merkens, Heinr. Deutscher Humor, s. Meyer's Volksbücher.

Merkens, Heinr., deutscher Humor alter Zeit. Ein Beitrag zur Cultur- und Sittengeschichte von Anfang des 16. bis gegen Mitte des 18. Jahrh. 8. (XXXII, 563 S.) [Würzburg 879, Stuber's Verlagsh.] Gera, Griesbach's Verlag.
geb.
Ausg. auf holländ. Büttenpap. *M* 11.; geb.

—— und Rich. Weitbrecht, deutscher Humor neuer Zeit. Ein Buch für Freunde des Humors und zugleich ein Beitrag zur Cultur- und Sittengeschichte Deutschlands von der Mitte des 18. bis in die 30er Jahre unseres Jahrh. 8. (XIV, 656 S.) Ebendas. 881. *M* 8.; geb.

Merkens, Heinr., Friedrich des Grossen Philosophie, Religion und Moral. gr. 8. (16 S.) Würzburg 876, Stuber. *

—— Was sich das Volk erzählt. Deutscher Volkshumor. Gesammelt u. nacherzählt. 8. (XIII, 280 S.) Jena 892, Costenoble.
* 5 —; geb. ** 6 —

Merkens, Heinr., was sich das Volk erzählt. Deutscher Volkshumor. Gesammelt u. nacherzählt. 3 Tle. in 1 Bde. (Neue [Titel-]Ausg. (III, 280, 20 u. 264 S.) 8. Berlin [895/901] (903). Jena, H. W. Schmidt.
Geb. in Leinw. n. 6. —

— dasselbe. 1. Bd. 2. (Titel-)Aufl. 8. (XIII, 280 S.) Ebd. (892) 895. n. 5. —; geb. n.n. 6. —

Merkens, Heinr., was sich d. Volk erzählt. Deutscher Volkshumor. Gesammelt u. nacherz. 2. Bd. 8. (IX, 201 S.) Jena 895. H. Costenoble. n. 3. —; geb. n.n. 4. —

Merkens, Heinr., was sich das Volk erzählt. Deutscher Volkshumor. Gesammelt u. nacherzählt. 2. Bd. 2. Aufl. u. 3. Bd. 8. (VII, 201 u. VII, 264 S.) Jena (901). Berlin, H. Costenoble. à n. 3. —

Merkens, Heinr., s.: Wilhelm's, d. Großen, Kaiser, Gedanken.

Merkens, Wilhelm [app. Arzt aus Hedewigenkoog]: Aus d. chirurg. Poliklinik d. Univ. Kiel. Ein Beitrag zu der Lehre von den congenitalen Hämangiomen ... Kiel, Druck v. P. Peters, 1894; 19 S. 8.
Kiel, Med. Fak., Inaug.-Diss. v. [23. Apr.] 1895

Merker, der. Halbmonatsschrift. Hrsg.: Otto Flake u. René Schickele. 1. Jahrg. April—Dezbr. 1903. 18 Nrn. (à ca. 16 S.) gr. 8. Straßburg (C. Bongard). à Nr. n. — 40
Erscheint nicht mehr.

Merker, der. Literarisch-ästhet. Monatsschrift, hrsg. v. Ed. Philipp. 1. Jahrg. Aug. 1906—Juli 1907. 12 Hefte. (à ca. 32 S. m. 1 Bildnis.) 8. Arnstadt-Holzhausen, Verlag des Merker. 5. —

Merker, der. Österreich. Zeitschr. f. Musik u. Theater. Hrsg.: Rich. Batka u. Rich. Specht. Chef-Red.: Rich. Specht. Red.: Otto König. 1. u. 2. Jahrg. Oktbr. 1909 —Septbr. 1911. à 24 Hefte. (1. Jahrg. 976 S. m. Abb. u. 89 Taf.) gr. 8. Wien, Verlag Der Merker.
à Jahrg. 18. —; geb. 26. —

Merker, Adolfus (geb. Erfurt 22. 5. 1817): De vincturis immobilibus. Berolini (1840). (32 S.) 8°
Berlin, Med. Diss. v. 27. Jan. 1840

Merker, Arnold, a. Sprottau: Die Steuerreform im Herzogtum Nassau von 1806 bis 1814. T. 1. Göttingen 1907 (Wiesbaden: R. Bechtold & Co.). (32 S.) 8° ¶ (Erscheint vollst. in: „Annalen d. Vereins f. nassauische Altertumskunde u. Geschichtsforschung" Bd 37.)
Göttingen, Phil. Fak., Ref. Lehmann, Diss. v. 18. Okt. 1907
[Geb. 6. Mai 84 Sprottau; Wohnort: Sprottau; Staatsangeh.: Preußen; Vorbildung: Gymn. Bunzlau Reife O. 03; Studium: Göttingen 2, Berlin 1, Göttingen 5 S.; Rig. 31. Juli 07.]

Merker, Bernardus, P[ater], O. S. Aug., Gymnasialassist.: Die historischen Quellen zu Kingsleys Roman 'Hypatia'. Heiligenstadt ⟨Eichsfeld⟩ [1909]: Cordier. 133 S. 8°
Würzburg, Phil. Diss. v. 26. Nov. 1909, Ref. Förster
[Geb. 20. Sept. 76 Rimbach; Wohnort: Münnerstadt; Staatsangeh.: Bayern; Vorbildung: Gymn. Münnerstadt Reife Juli 98; Studium: Theol. später Phil. Würzburg 17 S.; Rig. 27. Nov. 08.] [U 10. 3398

Merker, Charl., s. Rückkehr, die.

Merker, Ernst ['(aus Thorn W.-Pr.)']: Die Dupuytrensche Fingerkontraktur ... Berlin, Druck v. E. Rieger, *1897;* 32 S. 8.
Berlin, Med. Fak., Inaug.-Diss. v. 12. Aug. 1897

Merker, Fr., der heilige Kreuzweg unsers Herrn Jesu Christi. 2. Aufl. 851. (35 S.) 3 *ngr.* — 3. Aufl. Meißen 857. Goedsche. 8. (32 S.) n. 2 *ngr.*

Merker, Fr., der heilige Kreuzweg unsers Herrn Jesu Christi. 2. Aufl. 8. (35 S.) Meißen 855, Goedsche'sche Buchh.

Merker, Fr. Wlh., s. Mercker, Friedrich Wilhelm

Merker, Gust., Exkursionsflora f. Mähren u. Österreich.-Schlesien. Tabellen zur leichten u. sicheren Bestimmung der wildwachs. u. der häufiger verwilderten Blüten- u. Farnpflanzen. (XXXII, 532 S. m. üb. 1040 Abbild. auf 18 Taf.) 8. Mährisch-Weisskirchen 910. Prof. G. Merker. nn 3.35; geb. in Leinw. nn 3.75

Merker, Herm., s.: Dalen's, C. van, Kalender f. Freimaurer.

Merker

— Andeutungen, wie durch eine zweckmäßige Benutzung d. besteh. Einrichtt. in ganz Deutschland bei geringerer Belästigung d. Publikums eine höhere Sicherheit gegen Raub, Diebstahl u. ähnliche Verbrechen zu erreichen sein würde. 8. Erfurt 818. (Otto). 12 gr.

Merker, (Polizeirath,) Beitrr. z. Erleichterung des Gelingens d. prakt. Polizei. 1r—5r Jahrgg. 1823—27. gr. 4. Berlin, Maurersche Buchh. (1r Jahrg. bei Dunker u. H.) à 5 Rthl. 8 gr.

Merker, Beiträge z. Erleichterung d. Gelingens d. prakt. Polizei. 6—12. Jahrg. 1828—34. à 52 Nrn. (Bog.) gr. 4. Berlin, (Krause; Hayn.) [6. u. 7. à 5 Thlr. 8 Gr., 8. 4 Thlr. 12 Gr., 9—12. à 4 Thlr.]
1—5. Jahrg. 1823—27. Ebendas. 19 Thlr. 16 Gr.

Merker, Beiträge zur Erleichterung d. Gelingens d. prakt. Polizei. 13—18. Jahrg. 1835—40. à 52 Nrn. (Bog.) gr. 4. Berlin, Krause'sche Buchh. à T. *

—— dass. — Jahrg. 1842. 52 Nrn. (à 1—1½ Bog.) gr. 4. Berlin, (Gropius'sche Buchh.) *

—— einige Betrachtungen üb. die von Hrn. v. Feuerbach geschild. Geschichte Caspar Hausers. Enthalt. d. Nachweis, daß im 19. Jahrh. d. Glaube an Wunder u. Mährchen nicht erloschen ist. gr. 4. (13¼ B.) Berlin 833, Krause.
Ist auch in dess. „Beiträgen z. Erleichterung d. Gelingens d. prakt. Polizei, 1833 Nr. 11—23" enthalten.

—— über d. Erwerb d. Heimath u. d. solidar. Verpflichtung z. Armenpflege. Eine Entwickelung d. Gründe geg. d. Haupt-Principien d. desfalls vorgeschlag. Gesetzes, unt. Beifügung einiger f. dass. vielleicht anwendbar. Materialien. gr. 8. (17 B.) Berlin 833, Hayn.

Merker, Polizey-Rath, Handbuch für Polizey-Beamte im ausübenden Dienste. Mit 1 Kupf. 8. Erfurt, Maring. 818.

— Handbuch f. Polizeibeamte im ausübenden Dienste. Mit 1 Kpf. 8. Erfurt 818. (Otto). 12 gr.

—— die Hauptquellen d. Verbrechen geg. d. Eigenthums-Sicherheit in Berlin, mit Hindeutung auf d. Möglichkeit d. Verminderung derselben. gr. 8. (15½ B.) Berlin 839, Krause'sche Buchh.

Merker, [Joh. Friedr. Karl]: Caspar Hauser, nicht unwahrscheinlich ein Betrüger. Berlin 1830.

—— Caspar Hauser, nicht unwahrscheinlich e. Betrüger. 8. (6 B.) Berlin 830, Rücker.

—— Mittheilungen z. Beförderung d. Sicherheitspflege. 1—17. Jahrg. 1819—35. à 52 Nrn. (½ B.) 4. Berlin, (Krause; Hayn.) à T.
Von 1823 an auch u. d. T.: Beitrr. z. Erleichterung d. Gelingens d. prakt. Polizei. 1r—11r Jahrg. gr. 4. Berl. (Maurers B.; auch Krause).

—— Mittheilungen z. Beförderung d. Sicherheitspflege. 18—22. Jahrg. 1836—40. à 104 Nrn. (à ½ Bog.) 4. Berlin, Krause'sche Buchh. à T. *

—— Nachrichten üb. Caspar Hauser, aus authent. Quellen, u. Betrachtn. üb. deren Beweiskraft f. d. Einkerkerungs-Gesch. d. Jünglings. 8. (9 B.) Berlin 831, Krause.

— die Nothwendigkeit d. Paßwesens z. Erhaltung der öffentl. Sicherheit. 8. Erfurt 813. Keyser. 3 gr.

— — die Nothwendigkeit des Paßwesens zur Erhaltung der öffentlichen Sicherheit. 8. Erfurt, Keyser. 818.

Merker, Julius, aus Krefeld: Laut- und Formenlehre der altfranzösichen [!] Dialoge Gregoire lo Pape. *Bonn 1899: A. Henry.* (2 Bl.) 8° ¶ [Nur Titelblatt, Vita u. Thesen.]
Bonn, Phil. Diss. v. 9. Aug. 1899

Merker, Jul., indirecte Steuern wie wir sie geben und wie viel wir dazu beitragen. 2. Aufl. br. 8. (32 S.) Stettin 849. (Berlin, Springer.) *

Gotthold Ephr. Lessing. Ein Vortrag zum Gedächtniss seines hundertjährigen Todestages von Karl **Merker**. Augsburg 1881: [Himmer]. 16 S. 8° [Umschlagtit.]

Merker, M., s.: Bildersaal deutscher Geschichte.

Merker, M., die Masai. Ethnographische Monographie e. ostafrikan. Semitenvolkes. Mit 89 Fig., 6 Taf., 61 Abbildgn. u. 1 Uebersichtskarte. (XVI, 424 S.) Lex.-8 Berlin 904. D. Reimer. Geb. in Leinw. n. 8. —

Die Masai. Ethnogr. Monographie e. ostafrikan. Semitenvolkes. Von M(oritz) Merker, Hauptm. 2. verb. u. verm. Aufl. Berlin: D. Reimer 1910. XXXI, 456 S. 4° [10. 3044 4

Merker, M., Rechtsverhältnisse u. Sitten der Wadschagga, s. a. Petermann's Mitteilungen. 138. Erg.-Hft.

Rechtsverhältnisse und Sitten der Wadschagga. Von M. **Merker**, Oberlt. in d. Schutztruppe f. Deutsch-Ostafrika. Mit Taf. u. 26 Fig. *Gotha: J. Perthes 1902.* (41 S.) 4°
— Mitteilungen, Petermanns, aus J. Perthes' Geogr. Anstalt. Erg.H. No 138. [02. 6158

Merker, Osk., s.: Festschrift zum 100jährigen Geburtstag Emil Adolf Rossmässlers.

Merker, Paul [aus Berlin]: Gunnera macrophylla Blum
Marburg, Druck v. Georg Schirling, 1888; 23 S. u. 3 Taf. 4°
Marburg, Phil. Fak., Inaug.-Diss. v. [27. Jul.] 1888

Merker, Paul, Simon Lemnius, s. a. Quellen u. Forschungen zur Sprach- u. Culturgeschichte der germanischen Völker. 104. Heft.

Merker, Paul, Dr. phil. et iur.: Simon Lemnius ein Humanistenleben. Straßburg: Trübner 1908. VI, 109 S. 8° ¶ (Ersch. auch als: Quellen u. Forschungen z. Sprach- u. Culturgesch. d. german. Völker. H. 104.)
Leipzig, Phil. Hab.-Schr. v. 28. Okt. 1908 [U 09. 3099

Merker, Paul: Das Strafrecht der Altisländischen Grágás. Altenburg 1907: Pierer. (98 S.) 8°
Heidelberg, Jur. Fak., Ref. Schroeder, Diss. v. 1907
[Geb. 24. April 81 Dresden; Wohnort: Dresden; Staatsangeh.: Sachsen; Vorbildung: Gymn. Dresden Reife O. 00; Studium: Leipzig 2, Heidelberg 1, Leipzig 9, Berlin 1 S.; Rig. 1. Aug. 07.]

Merker, Paul, Studien zur neuhochdeutschen Legendendichtung, s. a. Probefahrten. 9. Bd.

Merker, Paul, a. Dresden: Studien zur neuhochdeutschen Legendendichtung. Ein Beitrag zur Geschichte des deutschen Geisteslebens. Leipzig: R. Voigtländer 1906. (VIII, 153 S.) 8° [F.] ¶ [= Probefahrten Bd 9.]
Leipzig, Phil. Fak., Ref. Köster, Sievers, Diss. v. 3. März 1906
[Geb. 24. April 81 Dresden; Wohnort: Dresden; Staatsangeh.: Sachsen; Vorbildung: Gymn. Dresden-N. Reife O. 00; Studium: Leipzig 3, Heidelberg 1, Leipzig 8 S.; Rig. 13./24. Juli 05.]

Merker, Rich., das Buch zum Totlachen. Orig.-Deklamationen. Witze — Scherzfragen — Anekdoten. 1.—3. Heft. (30, 29 u. 30 S.) kl. 8. Dresden (910). R. Merker. à — 30

— Vorträge. Nr. 1—5. Lex. 8. Dresden 908. E. Neumann & Co. à 1. —
1. Familie Schmerbauch. Humorist. Duett. (4 S.)
2. Rekrut Pulvermann. Komische Soloszene. (4 S.)
3. Student Biertöter. Komische Soloszene m. Gesang. (4 S.)
4. Ein Pantoffelheld. Komische Soloszene. (4 S.)
5. Bliemchen bei der Kavallerie. Orig.-Vortrag. (3 S.)

Merkert, Alexander: Aus der Chir. Univ.-Klin. zu Breslau. Beitrag zur Kasuistik des Dünndarm-Volvulus und Wringverschlusses. Breslau 1909: Breslauer Genossensch.-Buchdr. 35 S. 8°
Breslau, Med. Diss. v. 1. Juni 1909, Ref. Küttner
[Geb. 28. Jan. 81 Bonn; Wohnort: Zabrze; Staatsangeh.: Preußen; Vorbildung: Städt. Gymn. Bonn Reife O. 02; Studium: Würzburg 5, Bonn 6 S.; Coll. 18. Jan. 09.] [U 09. 566

Merkert, Hermann, Referendar in Metz: Prozessrechtliche Fragen aus dem Gebiete der Erbenhaftung. Metz 1907: Druck des Lothringer Verlags- und Hilfsvereins. (86 S.) 8°
Heidelberg, Jur. Fak., Ref. Endemann, Diss. v. 1907
[Geb. 14. Dez. 80 Metz; Wohnort: Metz; Staatsangeh.: Elsaß-Lothringen; Vorbildung: Gymn. Metz Reife Juli 00; Studium: München 2, Berlin 1, Heidelberg 1, Straßburg 4 S.; Rig. 22. Apr. 07.]

Merkert, Julius [aus Arzheim bei Landau]: Weiteres Schicksal der in den letzten Jahren zu Erlangen operierten Gesichtscarcinome. . . , Würzburg, Druck d. F. Röhrl'schen Buchdr., 1890; 1 Bl., S. 5—33; 8°
Erlangen, Med. Fak., Inaug.-Diss. v. 1890

Merkert, Paul, a. Striegau: Kirche und Staat im Zeitalter der Ottonen. (Kap. 2 u. 3 der Gesamtarbeit.) Breslau 1905: H. Fleischmann. (38 S.) 8° ¶ (Die ganze Arbeit erscheint später.)
Breslau, Phil. Fak., Ref. Kampers, Diss. v. 5. Sept. 1905
[Geb. 11. März 81 Striegau; Wohnort: Striegau; Staatsangeh.: Preußen; Vorbildung: Matthias-Gymn. Breslau Reife O. 01; Studium: Breslau 8 S.; Rig. 21. Juni 05.]

Merkes, K. Thdr. Anleitung zur Merkes'schen Stenographie (enth. die vollständ. Schul- od. Korrespondenz-Schrift), m. Genehmigg. d. Begründers f. Schul-, Privat- u. Selbst-Unterricht methodisch bearb. 4. u. 5. (Titel-)Aufl. 12. (56 S.) Lpz. 891,93, (Robolsky). ** 1 20

Merkes, Thdr., Anleitg. zur Merkes'schen Stenographie, enth. d. vollständ. Schul- od. Korrespondenz-Schrift, m. Genehmigg. d. Begründers f. Schul-, Privat- u. Selbst-Unterricht method. bearb. 6. Aufl. 12. (64 S.) Ebd. 895. n.n. 1. 20

Merkes, K. Th., praktischer Lehrgang der Merkes'schen Stenographie, m. Genehmigg. d. Begründers in 3 Abtlgn.: 1) Anleitung, 2) Schlüssel u. Lesebuch, 3) Lehrgang der Debattenschrift, methodisch bearb. 1. Tl.: Anleitung, enth. die vollständ. Schul- od. Korrespondenz-Schrift. 2. u. 3. Aufl. 8. (56 S.) Leipzig 888. Robolsky. n.n. 1. 20

Merkes, P., s. Merkes, Peter Wilhelm

Merkes, Peter Wilhelm

Merkes, P., Beiträge zur Lehre v. Gebrauch d. Infinitivs im Neuhochdeutschen, auf histor. Grundlage. 1. Tl. gr. 8. (171 S.) Leipzig 896. J. H. Robolsky. n. 3. —

Merkes, Peter Wilhelm: Der neuhochdeutsche Infinitiv als Teil einer umschriebenen Zeitform. Historisch-grammat. Betrachtgn . . . Leipzig, *Druck v. W. Drugulin*, 1895; 2 Bl., 128 S. 8.
Göttingen, Phil. Fak., Inaug.-Diss. v. [21. Juli] 1895

Merkes, P. Wilh., Leitfaden einer neuen, einzeiligen, in wenigen Stunden erlernbaren, zu jedem Gebrauche gleich geeigneten Stenographie. [Verkehrs- und Parlaments-Schrift.] Mit allseit. Beziehung auf das Gabelsberger'sche System bearb. 8. (23 S.) Bonn 880, (Leipzig, Robolski.) *
—— dass. — Mit allseit. Beziehung auf das Stolze'sche System bearb. 8. (21 S.) Ebendas. 880. *

Merkes, Thdr., s. Merkes, K. Thdr.

Merkesiana. Herausgegeben von F. Kistinger. Frankfurt: Miemczjk 1885. 8°

Merkh, Nane, Reutlingen und ein Lebensbild. gr. 16. (X, 120 S. mit 2 Stnt.) Reutlingen 879, (Kocher's Buchh.) cart. *

Merkheft zur Geographie in Bayern in Fragen u. Antworten f. d. Mittelklasse d. Volksschule. 2., verb. Aufl. 12. (40 S.) Würzburg 897. J. Staudinger's Verl. n. — 20

Merk- u. Zeichenheft, geographisches. Hrsg. vom Bezirkslehrerverein München. 4. Hefte. (Je 8 Bl.) gr. 8. München (903). (M. Kellerer.) à n.n. — 15

***Merkin,** Aron. Osteogenesis imperfecta. Diss. Med. Bern. [Mit 6 Tafeln.] I + XVI Bl. 27,5 · 21 cm. [Bern] 1933. *In Maschinenschrift.* Vq Bern

Merkin, J. M. E., ein Gedicht, der deutsch. Gesellsch. in Gött. gew. 8. Frankf. Fleischer. 761. -

— Vers. in prosaisch. Werk. 4 Thle. 8. Ebend. 763-76.

Merkin, M., über Nitroderivate des Orthokresol. Inaugural-Dissertation. gr. 8. (47 S.) Tübingen 881. (Stuttgart, Schaumann.) *

Merk-Kalender für das J. 1867. 16. (162 S.) Wien 867, (Lechner's Universitäts-Buchh.) geb. *

Merk-Kalender für die J. 1867—1869. Wien 867—69. (Lechner's Universitäts-Buchh.) 16. Jeder Jahrg. (ca. 162 S.) geb. n. 20 *ngr.*

Merkl, Friedrich v.: Studie über die Anwendbarkeit der elektrischen Arbeitsübertragung bei der Regulierung der Kraftmaschinen. – 1906.
Diss. Wien, TH

MERKL, Johann Gallus (München): De vulnere cum haemorrhagia arteriosa complicato.- Monachii: Fleischmann 1826. 12 S.
16.8.1826 - Pe 424; f 59
Diss. Ingolst.-Landsh.-Mchn.

Merkl, Josef

Merkl, J., „Flitterwochen" u. andere heitere Geschichten, s.: Schreiber's humoristische Bibliothek. Nr. 10.

Merkl, Jos., „Im Hörselberg". Lustsp. in 4 Akten. 8. (141 S.) München 897. J. Lindauer. n. 1. 80

— lustige Liebe, s.: Schreiber's humoristische Bibliothek. Nr. 13.

Merkl, Rob., Leitfaden für den Unterricht des Kanoniers und fahrenden Artilleristen der königl. bayerischen Armee. Nach den bestehenden Vorschriften zusammengestellt. 8. (VIII, 162 S.) München 879, Oldenbourg. *

Merkl's Leitfaden f. den Unterricht d. Kanoniers u. fahrenden Artilleristen der königl. bayer. Feldartillerie. 4. Aufl. Nach den neuesten Verordngn. ergänzt v. Hans Pöllmann. 8. (VIII, 158 S. m. Abbildgn.) Münch. 890, Oldenbourg. * — 75

Merkl's Leitfaden f. den Unterricht d. Kanoniers u. fahrenden Artilleristen der königl. bayer. Feldartillerie. 6, Aufl. Nach den neuesten Verordngn. ergänzt v. Hans Pöllmann. 8. (VIII, 168 S. m. Abbildgn.) München 894. R. Oldenbourg. n. — 75

Merkl, Leitfaden f. d. Unterr. d. Kanoniers u. fahr. Artilleristen d. kgl. bayer. Feldartillerie. 8. Aufl. Nach d. neuesten Verordngn. ergänzt v. Hans Pöllmann. 8. (VII, 144 S. m. Abb.) München 898. R. Oldenbourg. n. — 75

Merkl's Leitfaden f. den Unterricht des Kanoniers u. Fahrers der königl. bayerischen Feldartillerie. 11. Aufl. Nach den neuesten Verordngn. ergänzt v. Hans Pöllmann. 8. (VIII, 159 S. m. Abbildgn.) München 901. R. Oldenbourg. n. — 75

Merkl's Leitfaden f. den Unterricht des Kanoniers u. Fahrers der königl. bayerischen Feldartillerie. 14. Aufl. Nach den neuesten Verordngn. ergänzt von Ludw. Pöllmann. (VII, 155 S.) 8. München 906. R. Oldenbourg. n. — 75

Merkl's Leitfaden f. d. Unterricht d. Kanoniers u. Fahrers der kgl. bayer. Feldartillerie. 14. Aufl. Nach d. neuesten Verordngn. ergänzt v. Ludw. Pöllmann. Anh.: Feldartilleriematerial 96 n/A. u. Berichtigungen. (35 S.) 8. München 907. R. Oldenbourg. — 20
Hauptwerk Ebd. 906. — 75

Merkl, Wenzel

Merkl, W., Deutsches Lesebuch für österreichische Taubstummenschulen. I. Theil. Lese- und Sprachstoffe für das zweite Schuljahr. Wien, K. k. Schulbücher-Verlag. 1902. Preis, halbsteif 55 h.

Merkl, W., Deutsches Lesebuch für österreichische Taubstummenschulen. II. Theil. Lese- und Sprachstoffe für das dritte Schuljahr. Wien. K. k. Schulbücher-Verlag. 1902. Preis in Halbleinen gebunden 65 h.

Merkl, W., Deutsches Lesebuch für österreichische Taubstummenschulen. III. Teil. Lese- und Sprachstoffe für das vierte Schuljahr. Wien 1902. K. k. Schulbücher-Verlag. Preis, in Halbleinen gebunden 1 K.

Merkl, W., Deutsches Lesebuch für österreichische Taubstummenschulen. IV. Teil. Lese- und Sprachstoffe für das fünfte Schuljahr. Wien. K. k. Schulbücher-Verlag. 1903. Preis, in Halbleinen gebunden 90 h.

Merkl, W., Deutsches Lesebuch für österreichische Taubstummenschulen. V. Teil. Lese- und Sprachstoffe für das sechste Schuljahr. Wien 1903. K. k. Schulbücher-Verlag. Preis, in Halbleinen gebunden 1 K 80 h.

Merkl W., Deutsches Lesebuch für Taubstummenschulen. I. Teil. Lese- und Sprachstoffe für das zweite Schuljahr. 2. Auflage. Wien 1908. Schulbücherverlag. Geb. K —.55.

Merkl W., Deutsches Lesebuch für österreichische Taubstummenschulen II. Teil. Lese-, Anschauungs- und Sprachstoffe für das 3. Schuljahr. 2., veränderte Auflage. Wien 1909. Schulbücherverlag. Geb. K —.65.

Merkl Wenzel, Sprachübungen für die Oberklassen von Taubstummenschulen. Wien 1907. K. k. Schulbücherverlag. In Halbleinen geb. K 1.—

Merklas Ladislaus: Geschichte Thessaliens vom Jahre 371 bis zum Jahre 338 v. Chr.
II. 1888 PN 540 Diss.Wien, Univ. 719

Merklas, Vácslav

Merklasa, Václava, maly zemepisny Atlas, dle nejnovejsich zpráv a pomucek sestaveny a spolu s potrebnym textem vydany. Svazeček I. qu. gr. 8. (6 col. Bl.) Prag 843. (Kronberger'sche Buchh.) *

Merklas, Vacslav, Atlas k prirodnimu zemepisu. I. qu. Fol. (3 ill. Karten u. Text.) V Praze 843. (Kronberger et Rz.) n. 5/12 ℛ

—— příručni školní atlas všech částí země obsahující 26 listů za pomoci Karla Vlad. Zapa zhotoven. Nové vydání. qu. gr. 4. (26 ill. Karten in Kpfrst.) Prag 853, Kronberger. **

Merklas, V., geschichtliches u. topografisches Gemälde v. Prag u. seinen Umgebungen. Ein Fremdenführer. [Zugleich als 6. gänzlich umgearb. Aufl. v. Gerle's Prag 2c.] gr. 16. (XXII u. 141 S. m. 1 Stahlst. u. 1 in Kpfr. gest. Plan in Fol.) Prag 852, André. 1/2 ℛ; m. 12 Stahlst. 5/6 ℛ; m. 24 Stahlst. 1 ℛ 6 ngr

Merklas, V., Gemälde von Prag und dessen Umgebungen. Nach der Natur geschildert und geschichtlich erläutert. Ein Führer für Fremde und Heimische. 7., gänzlich umgearb. Aufl. von Gerle's Prag. 16. (XIV und 144 S. mit 1 Stahlst. und 1 in Stahl gest. Plan in qu. gr. Fol.) Prag 858, André.

Merklas und Wagner, Gemälde von Prag und dessen Umgebungen. Nach der Natur geschildert und geschichtlich erläutert. Ein Führer für Fremde und Heimische. 8., gänzlich umgearb. Aufl. Prag 863. André. 16. (2 Bl., 128 S. m. Holzschn., 1 Stahlst. u. 1 Karte in Stahlst. in Fol.) 15 ngr; mit 24 Stahlst. 1 ℛ 6 ngr

Merklas und Wagner, Gemälde von Prag und dessen Umgebungen. Nach der Natur geschildert und geschichtl. erläutert. Ein Führer für Fremde und Heimische. 8., gänzlich umgearb. Aufl. gr. 16. (III und 128 S. mit eingedr. Holzschn., 1 Stahlst. und 1 Karte in Stahlst. in gr. Fol.) Prag 863, [Reichenecker.] cart. 15 Ngr.; cart. mit 24 Stahlst.

—— Geographie des Königr. Böhmen für Schule und Haus. 8. (IV und 116 S. mit einer in Kpfr. gest. und ill. Karte von Böhmen.) Prag 852, André.

MERKLAS, WENZEL: Die Zipser Kathedralkirche bei Kirchdrauf in Ungarn. In: Mitt. d. Centr. com. Jg. 6. 1861, S. 200-211.

Merklas: Zur mittelalterlichen Kunst. 16 S.–Leutschau kth., Progr. 1859, 1860

Merklas, Wenzel, die mittelalterl. Kunstwerke der Jakobskirche in Leutschau. (17 S. m. 2 Holzschn. u. 2 Taf.) 4. Wien 860. (A. Schroll & Co.) nn 4. —
Sonderabdr. a.: „Mittheilgn. d. k. k. Central-Comm. z. Erforschg. u. Erhaltg. d. Baudenkmale".

MERKLAS, WENZEL: Die Marien-Capelle zu Donnersmark in Ungarn. In: Mitt. d. Centr. com. Jg. 5. 1860, S. 174-178.

MERKLAS, WENZEL: Die Stadtpfarrkirche S. Jacobi Maioris in der königlichen Freistadt Leutschau. Eigenthum der Kirche. Leutschau 1882: J. Wertmüller u. Sohn. 52, 5 S. 1 t. - 180 mm

Merklasa, Vácslava, s. Merklas, Vácslav

Merklas, Wenzel, s. Merklas, Vácslav

Merkle (I.). Die Reiseskizzen aus Frankreich, Spanien u. Portugal [vom 12. April bis 25. Mai 1891]. 12. (VII, 160 S.) Wurzach 891. (Stuttg., J. Roth.) * — 80

Merkle, Fr., e. Belehrung f. die Frau in gesunden u. kranken Tagen. Die Menstruation u. ihre Krankheiten, sowie die bei Frauenkrankheiten vorkomm. Blutgn. Mit besond. Berücksicht. der Behandlg. populär dargestellt. Mit e Schnittmuster zur Herstellg. e. Monatsgürtels u. Monatsbinde. gr. 8. (32 S. m. Abbildgn.) Berlin 894. (H. Steinitz' Verl.) n. 1. —

Merkle, Fr., die Periode u. ihre krankhaften Erscheinungen sowie die bei Frauenkrankheiten vorkommenden Blutungen. Mit besond. Berücksicht. der Behandlg. populär dargestellt. Mit e. Muster zur Herstellg. e. Monatsgürtels m. Monatsbinde. (32 S.) München 894. Leipzig, R. Lipinski. n. 1. —

Merkle, Franz Joseph: Ein Fall von Carcinom der Clitoris. . . . München, Verl. v. J. F. Lehmann, 1891; 16 S. 8°
München, Med. Fak., Inaug.-Diss. v. 1891

Merkle, Hermann: Untersuchungen an Tintinnodeen der Ost- und Nordsee. Kiel 1909: Schmidt & Klaunig. S. 142—186. 4° ¶(Aus: Wissensch. Meeresuntersuchungen. Abt. Kiel. Bd 11.)
Kiel, Phil. Diss. v. 22. Juni 1909, Ref. Brandt
[Geb. 25. Juli 84 Stuttgart; Wohnort: Kiel; Staatsangeh.: Württemberg; Vorbildung: Realgymn. Stuttgart Reife Sommer 03; Studium: Freiburg i. B. 3, Kiel 6 S.; Rig. 13. Febr. 09.] [U 09. 2326

Merkle, Jakob

Merkle, J., s.: Briefwechsel d. Großfürstin Katharina Paulowna m. Johann Georg Müller in Schaffhausen.

Merkle, J., Jugendjahre der Kaiserin Maria Feodorowna v. Rußland, geb. Prinzessin v. Württemberg. 1759—1776. Mit dem Bilde der Kaiserin (in Photograv.) u. e. Anh.: Nachkommenschaft d. Herzogs Friedrich Eugen v. Württemberg [36 Taf.]. 8. (V, 121 S.) Stuttgart 892. W. Kohlhammer. n. 1. 50

Merkle, J. Katharina Pawlowna, Königin v. Württemberg. Beiträge zu e. Lebensbeschreibg. d. Fürstin, besonders nach neueren russ. Quellen. gr. 8. (IX, 102 S. m. 1 Portr.) Stuttg. 890, Kohlhammer. * 1 50

Merkle, J., das königl. Katharinenstift zu Stuttgart. gr. 8. (VII, 50 S. m. 1 Bildnis.) Stuttgart 899. Fr. Stahl. n. 1. —
Sonderabdruck aus: „Mitth. d. Gesellsch. f. deutsche Erziehungs- u. Schulgesch."

— segensreiche Wirksamkeit durch vier Generationen. Vier Lebensbilder in Vorträgen. (Dorothea, Herzogin v. Württemberg. Maria Feodorowna, Kaiserin v. Rußland. Katharina Pawlowna, Königin v. Württemberg. Olga Nikolajewna, Königin v. Württemberg.) gr. 8. (III, 96 S.) Stuttgart 893. C. Malcomes. n. 1. 50

Merkle, Matthias (auch: Michael)

Merkle, M., Aehrenlese, s. Aehrenlese.

Merkle, Math., Archiv für die Pastoral-Conferenzen, s. Archiv.

Merkle, M., Zeitgemäße Bemerkungen zu dem Dogma: Extra Ecclesiam nulla salus. (Mit Rücksicht auf das päpstliche Rundschreiben vom 8. Dez. 1864.) Augsburger Pastoralbl. 1865, Nr. 4 u. 5.

Merkle, M., offene Briefe an Hrn. Pfarrer Georg Lutz in Oberroth als Antwort auf dessen Beleuchtung einiger religiösen Zeitfragen. gr. 8. (48 S.) Dilingen 856, Kränzle.

Merkle's (H.) Grundsätze der Erziehung. Nach dessen Vorlesgn. am Lyceum zu Dillingen bearb. von Gratian v. Linden. 8. (VIII, 64 S. m. Bildnis.) Augsb. 892, Literar. Institut v. Huttler. * 1 —

Merkle, M., Ist es Wahrheit oder Parteimanöver? Eine Frage aus Anlaß der Schrift des Herrn Lehrer Brand: „die Reform der Volksschule und der Schulgesetz-Entwurf" kurz beantwortet. 8. (16 S.) Augsburg 868, Kollmann'sche Buchh. [Regensburg, Manz.]

—— Kritik des Gutachtens, das die Majorität der Münchener theologischen Fakultät über den Begriff einer päpstlichen Lehrentscheidung ex cathedra abgegeben hat. gr. 8. (46 S.) Dillingen 870, (Blättermann.) *

Merkle, Mich., Die Toleranz nach kath. Principien. Dillingen 1865. 4°, 41 S., Progr. des Lyceums.

Merkle, M., die Toleranz nach katholischen Principien. Ein Schulprogramm. gr. 4. (51 S.) Dillingen 865. (Augsburg, Kollmann'sche Buchh.)

Merkle, M., Vorarlberg, s. Weizenegger, J.

Merkle, M. Vorarlberg, aus den Papieren des in Bregenz verstorbenen Priesters Franz Josef Weizenegger. In 3 Abth. (2 Bde.) 8. Innsbruck 1839.

—— Was versteht man unter einer päpstlichen Lehrentscheidung ex cathedra? (Mit besonderer Rücksicht auf das Majoritätsvotum der Münchener theol. Fakultät.) A. a. O. Nr. 39—45.

Das Wesen des Bösen. Eine moraltheologische Abhandlung von Matthias Merkle, L. P. — 1847. Ebend. — S. 3—32.
Progr. Dillingen

Merkle, Matthias, Woher die Furcht der liberalen Katholiken vor der Infallibilität des ex cathedra entscheidenden Papstes? Augsburger Pastoralbl. 1869, Nr. 30 - 6.

Merkle, Prosper

Merkle, P., Die Gnosis des Clemens von Alexandrien. Münnerstadt, 1849, 4°, 33 S., Programm.

Merkle, Seb., die kirchliche Aufklärung im kathol. Deutschland. Eine Abwehr u. zugleich e. Beitrag z. Charakteristik „kirchl." u. „unkirchl." Geschichtsschreibg. (XVI, 200 S.) 8. Berlin (910). Reichl & Co. 4. —

— Die kathol. Beurteilung des Aufklärungszeitalters. Vortrag, auf dem internat. Kongress f. histor. Wissenschaften zu Berlin am 12. VIII. 1908 geh. (XIV, 112 S.) gr. 8. Berlin 909. F. Curtius. 2.—; erm. Pr. 1. —

Merkle, Seb., die theologischen Fakultäten u. der religiöse Friede. Vortrag, geh. am 17. II. 1905 in der Vereinigg. f. staatswissenschaftl. Fortbildg. an der Universität Berlin. 2. Aufl. (44 S.) 8. Berlin 905. Germania. n. — 80
Rev. Sonderabdr. a. d. wiss. Beilage z. „Germania".

Merkle, Sebastian, Dr., o. ö. Prof. d. Kirchen- u. Dogmengesch. u. d. christl. Archäologie, z. Z. Rektor: Das Konzil von Trient und die Universitäten. (Enthält außerdem: Chronik.) Würzburg 1905: H. Stürtz. (56 S.) 4°
Würzburg, Festrede zur Feier d. 323j. Bestehens der Univ., zugl. z. Gedächtnis von Schillers 100. Todestage.

— auf den Pfaden des Völkerapostels. Gedächtnisrede bei der akadem. Totenfeier f. Hermann Schell, geh. in der Universitätskirche zu Würzburg am 11. VI. 1906. (21 S. m. 1 Bildnis.) gr. 8. Mainz 906. Kirchheim & Co. n. — 60

Merkle, Seb., s.: Severolus, Hercules, de concilio Tridentino commentarius.

— reformationsgeschichtliche Streitfragen. Ein Wort zur Verständigg. aus Anlaß des Prozesses Beyhl-Berlichingen. (VIII, 76 S.) gr. 8. München 904. Mainz, Kirchheim & Co. n. 1. 20

Merkle, Seb., d. ambrosianischen Tituli. Eine litterarhistorisch.-archäolog. Studie. M. e. Ausg. d. Tituli als Anh. [Aus: „Röm. Quartalschrift".] gr. 8. (VII, 42 S.) Rom 896. (Freiburg i/B. 896. Herder.) n. — 80

— s.: Weltgeschichte in Karakterbildern.

Merkle, W., die Lage des Hausbesitzers hinsichtlich der Besteuerung f. Staat u. Gemeinde u. seine Stellung zur bevorstehenden Steuerreform. (Vortrag auf dem II. Verbandstag der bad. Grund- u. Hausbesitzervereine in Pforzheim am 28. VII. 1904.) (48 S.) 8. Karlsruhe (Schützenstraße 63) (904). Fr. Lang'sche Buchdr. n. — 40

M. *Albert Daniel Merklein's* Mathematische Anfangsgründe, 5 Theile. Erster Theil, darinnen die Arithmetic so gründlich als möglich, und vor Anfänger tauglich in fünf Sectionibus ist abgehandelt worden etc. 2ter Theil von der Geometria etc. Frankf. und Leipz. Verlegts Carl Friedrich Jungnickel. (m. Fig.) 1. Th. pp. 320. 2. Th. pp. 494. 8. 1732-37. *

Merklein, Albr. Daniel, mathemat. Anfangsgr. 5 Thle. m. K. 8. Frankf. u. Leipz. (Jungnickel in Erf.). 735-37.

Merklein, F., Beitrag zur Kenntniß der Erdoberfläche um Schaffhausen. gr. 8. (VIII, 110 S.) Schaffhausen 869, (Schoch.) *

Merklein, Frz., prakt. Handbuch f. d. ges. Wagenbau. Anleitg. zum Entwurf u. zur Ausführg. aller Arten v. Luxus- u. Gebrauchswagen, Schlitten u. Leichenwagen, m. Angabe d. f. d. einz. hierbei beschäft. Gewerbe wicht. Arbeiten u. deren Ausführg., üb. Materialien, Dimensionen d. Wagen u. s. w. M. 44 Abb. u. e. Atlas m. 14 grossen u. 111 kleinen lith. u. Farbendr.-Taf., enth. Zeichngn. v. Wagen, Wagenbestandteilen u. Details f. verschied. Arbeiten an Wagen (in Leinw.-Karton). gr. 8. (XIV, 212 S.) Wien 896. A. Hartleben. n. 13. 50; geb. n. 15. —

Merklein F, praktisches Handbuch für den gesamten Wagenbau. Mit Atlas. (212 S 125 T) (Bibliothek, Mechanisch-technische 4) Wien 1896

Merklein, F[riedrich]. Beitrag zur Kenntniss der Erdoberfläche um Schaffhausen. [Progr.] 8. Schaffhausen (1869).

Merklein, Friedr., Die Gefässpflanzen in der Umgebung von Schaffhausen. Schaffhausen 1861.
Progr.

MERKLEIN, Friedrich (Nürnberg): Ueber die grünen Stühle, welche nach dem Gebrauche des Calomels in typhösen Fieber entleert werden.- München: Deschler 1842. 31 S.
4.8.1840 - Urk; F 65
Diss.Ingolst.-Landsh.-Mchn.

Merklein, Friedrich. Verzeichniss der Gefässpflanzen, welche in der Umgebung von Schaffhausen vorkommen. Zusammengestellt von Prof. Dr. F. M. [Progr.] 8. Schaffhausen 1861.

Merklein, Georg Abraham

Mercklinus, Ge. Abr., Tract. phys.-med. de incantamentis, sexaginta casus, maxime prae caeteris memorabiles, complectens, cum subnexis eorundem judiciis et curationibus. 254 pp. c. tab. Norimb. 4°. 1715.

Merklim, Georgii Abrahami, Sylloge Physico-medicinalium Casuum incantationi vulgo adscribi solitorum. Norimberg. 698 et 715. 4.

Merklein, Geo. Abr., neu ausgefert. hist.-medicin. Thierbuch, in 4 Thle abgef. m. K. 8. Nürnb. 739.

Merklein, Gg. Abr., Historisch-medizin. Tierbuch. (II.) 8 vo. Nürnberg 751.

Merklein, K., neu enthüllte Geheimnisse der gesammten Färberei. 230 bisher unbekannte u. geheim gehaltene werthvolle Recepte, die sich durch langjähr. Erfahrungen u. oftmal. Anwendungen als ganz vorzüglich erwiesen haben u. sich im Kleinen mit Nutzen ausführen lassen. Nebst Anh. von vorzügl. Fleckreinigungsmitteln. Wien 867. Venedikt. 16. (104 S.) 12 ngr.

Merklein, Rud., zur Schulreform. Eine Erweiterg. d. deutschen Lehrstoffs f. die oberen Klassen. Progr. gr. 4. (8 S.) Bernburg 892. (Leipzig, G. Fock.) n. 1. —

Merklein, Th., Präparation zu Ovids Metamorphosen, s.: Krafft u. Ranke's Präparationen f. die Schullektüre.

Merklein, Th., Präparation zu Ovids Metamorphosen, s.: Präparationen f. die Schullektüre.

Merklein, Th., Präparation zu Ovid's Metamorphosen, s.: Ranke, Jul.

— Verzeichnis d. Abiturienten etc., s.: Lange, Adb., Verzeichnis sämtl. Lehrer etc.

Merklen, François, die Kernseifen, ihre Zusammensetzg. u. Fabrikation vom Standpunkte der physikal. Chemie. Antoris. Übersetzg. aus dem Franz. v. Frz. Goldschmidt. (X, 124 S.) gr. 8. Halle 907. W. Knapp. 5. —

Merklin, C. E. v., s. Mercklin, Karl Eugen von

Merklin, Georg Abraham, s. Merklein

Merklinghaus: Repertorium der Reichsgesetze u. Verordnungen nebst Ausführungsbestimmungen. Aus d. Reichs-Gesetzbl. u. dem Centralbl. f. das Deutsche Reich aufgestellt, u. am 1. April 1882 geschlossen. 2. Aufl. Cassel 1882.

Merklinghaus, P., die allgemeine kommunale Verwaltung in der Rheinprovinz, } s. Maaßen, J.
— die allgemeine staatliche Verwaltung in Preußen, } s. Maaßen, J.

— Verwaltungsgesetze für die Provinz Hessen-Nassau. Mit Regulativen, Instruktionen rc., Auszügen aus Ministerial-Erlassen und Entscheidungen des Oberverwaltungsgerichts, sowie einem Sachregister. gr. 8. (VI, 349 S.) Wiesbaden 886, Limbarth. geb. *

Merklinghaus, Peter [Referendar]: Die Busse im Deutschen Reichs-Strafrecht ... Köln, Druck, Greven & Bechtold, 1891; 63 S. 8.
Göttingen, Jur. Fak., Inaug.-Diss. v. [21. Aug.] 1891

Merklinghaus, Pet., die Busse im deutschen Reichs-Strafrecht. Diss. gr. 8. (63 S.) Köln 891. (Göttingen, Vandenhoeck & Ruprecht.) n. 1. 50

Merklinský, Ed. V., dívčí zpěvy. Prag 863. Kober. 8. (VII, 176 S.) n. 11 ngr.

— syn palečkův. Jediný dědic čepičky a karabáče tatíka svého. Pro třetí dobu země České vysílá jej vandr. Prag 862. (Kuranda.) 16. (90 S.) n. 4 ngr.

Merkmal, das verlorene, des Winkelbegriffes, eine Folge der fortschreitenden Bewegung auf dem Gebiete der geometrischen Formenlehre nach wesentlichen Ideen und neuen Gesichtspunkten. gr. 8. (23 S.) Teschen 883, (Kotula.) *

Merkmale, Elemente, Richtungen und Wirkungen, Die hervortretenden, der Zeit auf das positive Christentum . . . Berlin 1845. V: *Hast, Johann* [?]. (Th)

Merkmale, Elemente, Richtungen u. Wirkungen, die hervortretenden, der Zeit auf das positive Christenthum im Allgemeinen, insbesond. aber auf den Stand der römisch-kath. Kirche u. die Einwirkungen zum Abfall von derselben. Von ein. Katholiken. gr. 8. (3¼ B.) Berlin 845, Eyssenhardt'sche Bh. ?*

Die Merkmale der wahren Kirche Jesu Christi u. ihre Beziehung auf den christlichen Staat. Eine dogmatisch-symbolische Abhandlung. Von einem Konvertiten. Innsbruck, Wagner, 1856, 8°, XV, 220 S., fl. 1,28.

Recens. Kath. Littztg 1856, S. 867—8.

Verschwiegenheit: Die **Merkmale** des Menschen in der Verschwiegenheit. In einer Rede, welche in der Grossen Loge zu den dreien Welt-Kugeln [in Berlin], an dem Johannis-Tage 1754 gehalten wurde, vorgestellet, von D. A. S. Redner der Loge. Berlin [1754]: Henning. 15 S. 4⁰ [Umschlagtit.]

Recens: ⁰Vossische Ztg. (Berlin) 1754 Stück 77 (S. E. Lessing), abgedr. in: L. 3 (1880) S. 66 u. Lgisl. 8 (1880—1881) No 21.

Kl. 832.

MERKMALE der Tugenden und Laster. Eine Sittenschrift. Zerbst 1741. 8⁰.

Bibl. Martin. Berlin 1779. p. 153. — Rar!

Merkmale d. Tugenden u. Laster, eine Sittenschr. 52 Stck. 8. Zerbst. 741.

Merkow P. Antonjn — Bezpečná berla na cestu do sstastné wečnosti Modlitebnj i poučnj kniha pro nabožné křestany, kromě některých řečj konaných na poswátnjmissi a těch neypotřebnégssjch wýkladů powinnostj a krásných modliteb ke mssi swaté, k swátosti pokánj a oltárnj, k odpoledním a gjným pobožnostem weyročnjm. Dle — —, patnáctého wydánj. W čestinu přeložil P. Josef Pohořelý. W Gindřichowě Hradci 1856. Tisk a sklad Aloisia J. Landfrasa. (408 S. und 4 Bl. 8.) (Der sichere Stab für die Reise zur glücklichen Ewigkeit. Gebet- und belehrendes Buch für fromme Christen 2c. 2c. Nach P. Anton Merkow's 15ter Auflage. Ins Böhmische übersetzt von P. Josef Pohorely. Neuhaus. Druck und Verlag von Alois Landfraß.) (Böhmisch.)

Merkpunkte, Die knöchernen, in den verschiedenen Regionen der Körperoberfläche. Weimar 1892. V: *Pfeiffer, Ldw.* (Kat. d. Lipperheide'schen Kostümbibl. Berl. 1898 ff.)

[Pfeiffer, L.] I. Die knöchernen Merkpunkte in den verschiedenen Regionen der Körperoberfläche. Weimar 1892. Druck von R. Wagner. [Umschlagtit.]
(8 S. m. 4 blattgrossen Abb. 8°

Merk's Deutschland! 12. (16 S.) Berlin 888, Mickisch.

Merk's, Deutschland! 8. (16 S. m. Bildnis Kaiser Wilhelms I) Leipzig 897. C. Stacglich. n. — 20

Merk's Wien! Auch ein Wahlbrief. gr. 8. (15 S.) Wien. Prandel & Meyer. 1861. 3 kr.

Merkt, Alfons

Merkt, A., d. schriftl. Arbeiten in d. allgem. Fortbildungsschule, s.: Neher, J. B.

Merkt, Alfons, der Aufsatz in der Volksschule, s.: Kleins, Frz.

Merkt, Alfons, Haushaltungskunde, s.: Schmid, Frz.

Merkt, Hermann „Grundlinien der Mathematik". pg. 3—18. 4⁰. Mit einer Tafel. Carl Klöber.
Amberg, Progr. 1843/44

Merkt, Jos., die Wundmale des hl. Franziskus v. Assisi, s.a. Beiträge zur Kulturgeschichte des Mittelalters u. d. Renaissance. 5. Heft.

Merkt, Josef: Die Wundmale des heiligen Franziskus von Assisi. Leipzig 1910: Teubner. 68 S. 8° ¶(Ersch. auch als: Beiträge z. Kulturgesch. d. Mittelalters u. d. Renaissance. H. 5.)

Tübingen, Phil. Diss. v. 5. Febr. 1910, Ref. Goetz

[Geb. 4. Okt. 85 Munderkingen; Wohnort: Tübingen; Staatsangeh.: Württemberg; Vorbildung: Gymn. Ehingen a. D. Reife M. 05; Studium: Kath. Theol. u. Phil. Tübingen 7 S.; Coll. 4. März 09.] [U 10. 4188

Merkt, Otto, Die deutsche Arbeiterversicherung als sociale Einrichtung. Mit besonderer Berücksichtigung der Verhältnisse in Kempten. 8⁰. Kempten, Tag- u. Anzeigeblatt, 1905.

Merkt, Otto, aus Kempten, Rechtspraktikant: **Der Begriff der** gemeindlichen Selbstverwaltung mit besonderer Berücksichtigung des bayerischen Rechtes. T. 1. *Kempten 1904: J. Kösel.* (57 S.) 8°
Erlangen, Jur. Diss. v. 11. Juli 1903
(Nicht für den Austausch)

Merktafel der Abkürzungen f. die Verbindung zwischen Batteriechef u. Batterie beim Schießen aus verdeckter Stellung. 3. Aufl. (4 S. auf Karton.) 16. Metz 908. R. Lupus. — 15

Merktafeln f. sämtl. Frei-, Gewehr- u. Turnübungen nach dem Entwurf der Turnvorschrift v. 3. V. 1910, sowie f. das Gewehrfechten nach der Vorschrift v. 15. X. 1908. (20 S.) 16. Berlin 910. E. S. Mittler & Sohn. p — 20

Merktafeln f. das Geschütz-Exerziren der Feldartillerie nach dem Exerzir-Reglement f. die Feldartillerie v. 10. VIII. 1899. Material C. 96 u. 98. gr. 16. (5 S.) Metz 900. Deutsche Buchh. — 15

Merktafeln f. d. Turnen der Infanterie, bearb. nach d. neuen „Turnvorschrift f. d. Infanterie" v. Dezbr. 1894. 16. (7 S.) Metz 895. Deutsche Buchh. n.n. — 15

— f. das Turnen der Infanterie nach der Turnvorschrift f. die Infanterie v. 24. X. 1895 nebst Nachtrag v. 1897. 8. Aufl. gr. 16. (7 S. auf Karton.) Ebd. 901. — 15

Merkur, s. a.: Mercur.

Merkur

Mercur. Mittheilungen aus Vorräthen d. Heimath u. d. Fremde, f. Wissenschaft, Kunst u. Leben; hrsgg. von F. Philippi. Jahrgg. 1820—31. Mit Lit.-Blatt; die Wochenschr. Janus, u. d. Beiblatt: Der Sächs. Stadtverordnete u. Communalgardist. gr. 8. Dresd., Hilscher. (à J. 6 ₰) Alle 13 Jahrgg. 17 ₰ 12 gl.

Merkur. Mittheilungen aus Vorräthen d. Heimath u. d. Fremde, f. Wissenschaft, Kunst u. Leben. Herausgg. v. F. Philippi. Jahrgg. 1824—27. Mit Lit.-Blatt. gr. 8. Dresden, Hilscher. à 6 Rthl.

—— Mittheilungen aus Vorräthen d. Heimath u. d. Fremde, f. Wissenschaft, Kunst u. Leben. Hrsg. v. F. Philippi. 10—13. Jahrg. 1828—31. à 156 Nrn. (½ Bog.) Mit Literatur-Bl. u. Stndrn. gr. 4. Dresden, Hilscher. (Grimmer ?) à J. Jahrg. 1830 mit d. Wochenschr.: Janus. — J. 1831 mit d. Beibl.: Der sächs. Stadtverordnete u. Communalgardist, 96 Nrn. 1—9. Jahrg. 1819—27. Ebendas. 48 Thlr. 12 Gr. — 13 Jahrge. zusammen, hrbgs. Pr. 17 Thlr. 12 Gr.

Merkur. Beilage zu den „Neuigkeiten." Redakteur Ferd. Buschak. Verleger Buschak und Irrgang. Druck. Fr. Gastl. 1. Jahrg. 4. 3spaltig. Wöchentlich 1mal. (Siehe 18). 20 kr. vierteljährig. 1853

Merkur. Wochenblatt für Industrie, Handel und Verkehr. (Donnerstagsbeilage der Neuigkeiten.) (II. Jahrgang.) Redakteur Ferd. Buschak. Verleger Buschak und Irrgang. Schnellpressendruck von Frz. Gastl. 4. 2spaltig. 30 und 40 kr. viertelj.
Brünn 1854

Merkur. Zeitschrift für junge Kaufleute. Herausg.: Eman. May. Jahrg. 1860. October—Decbr. 13 Nrn. (à 1 Bgn.) Mit Illustr. Berlin. (Leipzig, Hübner.) gr. 4. n. 25 ngr.

— — Jahrg. 1861. 52 Nrn. (à 1 Bgn.) Mit Illustr. Berlin, Schotte & Co. in Comm. gr. 4. n. 3 ₰ 10 ngr.

Mercur, 1. Jahrg. (1. Octbr. 1862—30. Sept. 1863.) Anzeiger der gezogenen Nummern aller österreichischen u. ausländischen in Oesterreich erlaubten Lotterie-Effecten, sowie aller verlosbaren Staats- u. Privat-Obligationen. Erscheint nach jeder Ziehung. kl. Fol. (à 1 Bg.) Wien, Expedition d. Merkur. jährlich 1862 1 fl. 50 kr.
Mit Postversendung 1 fl. 80 kr.

Mercur. Authentischer Verlosungs-Anzeiger aller österreichischen und ausländischen Lotterie-Effecten, aller verlosbaren Staats- und Privat-Obligationen, Eisenbahn- und Industrie-Actien und Prioritäts-Obligationen, Pfandbriefe ꝛc. Beilagen: Finanzieller Wegweiser, Zeitschrift für Bank-, Finanz- und Eisenbahnwesen, und: Assecuranz, Allgemeine Versicherungs-Zeitung. 18.—22. Jahrg. 1880—1884. (Erscheinen unregelmäßig.) à Nr. 1 Bog. Fol. Wien, Administration. à Jahrg. **

Merkur. Authentischer Verlosungs-Anzeiger aller österreichischen und ausländischen Lotterie-Effecten, aller verlosbaren Staats- u. Privat-Obligationen, Eisenbahn- u. Industrie-Actien, Prioritäts-Obligationen, Pfandbriefe ꝛc. Beilagen: Finanzieller Wegweiser, Zeitschrift für Bank-, Finanz- und Eisenbahnwesen und Assecuranz. Allgemeine Versicherungs-Zeitung. Redacteur: Prof. Dr. Carl Rausch. XXIX. Jahrgang. 1891. Folio. Pro complet 1.80, zugest. 2.30, Nummer apart —.06

Merkur. Notiztaschenbuch für Gewerbtreibende für das J. 1874. 16. (117 S.) Berlin, Schlingmann. cart.

Merkur. Notiztaschenbuch für Geschäftsleute für die J. 1875—1880. 16. (à Jahrg. ca. 245 S.) Leipzig, Fest. geb. à Jahrg. *

—— Notiztaschenbuch für Geschäftsleute für die J. 1881—1885. 16. (à Jahrg. ca. 245 S.) Leipzig, Fest. geb. à Jahrg. *

—— Notiztaschenbuch für Kaufleute für das J. 1874. 16. (127 S.) Ebendas. cart.

—— dass. — für Kaufleute für die J. 1875—1880. 16. (à Jahrg. ca. 189 S.) Ebendas. geb. à Jahrg. *

—— dass. — für Kaufleute für die J. 1881—1885. 16. (à Jahrg. ca. 189 S.) Ebendas. geb. à Jahrg. *

—— Zeitschrift für nationale Handelspolitik und Volkswirthschaft. Redig. von F. Stöpel. 2.—4. Jahrg. 1876—1878. à Jahrg. 52 Nrn. (Bog.) hoch 4. Frankfurt a. M., Expedition. à Jahrg. *
Jg. 1. 1875 vorh. u. d. T.: Das Vaterland

—— dass. — Zeitschrift für Volkswirthschaft und Finanzen. Organ für die amtl. Bekanntmachungen des Centralverbandes deutscher Industrieller. Redact.: F. Stöpel. 5. Jahrg. 1879. 52 Nrn. (à 1—1½ Bog.) gr. 4. Ebendas. *

—— Monatsblätter für Handel und Verkehr, unter besond. Berücksicht. der Münz-, Maß-, Gewichts- und Usancenkunde, sowie des Eisenbahn-, Post- und Telegraphenwesens. Hrsgbr.: Ludw. Arnold. 1. Jahrg. 2 Nrn. (à Nr. ½ Bog.) Lex.-8. Leipzig 880, Pfeil. *
Nicht weiter erschienen.

— Deutsche u. internationale Revue. Hrsg. von Frz. Stöpel. 1. Jahrg. 1880. 12 Hfte. gr. 8. (1. Hft. 90 S.) Berlin, Exped. d. Merkur. n. 12. —

—— Offizielles Organ des Vereins schweizer. Geschäftsreisender. 1. Jahrg. 1882. 24 Nrn. (à Nr. ½ Bog.) gr. 4. Zürich, Orell, Füßli und Comp. *
—— dass. — 2. und 3. Jahrg. 1883 und 1884. à Jahrg. 24 Nrn. (à Nr. ½ Bog.) gr. 4. Ebendas. à Jahrg. *

Merkur. Offizielles Organ des Vereins schweizerischer Geschäftsreisender. 4. Jahrg. 1885. 52 Nrn. (Bog.) gr. 4. Zürich, Orell, Füßli und Comp., Verlag. *
—— dass. — Redact.: W. Niedermann. 5.—7. Jahrg. 1886—1888. à Jahrg. 52 Nrn. (Bog.) gr. 4. Ebendas. à Jahrg. *

—— Offizielles Organ d. Vereins schweizer. Geschäftsreisender. Redact.: W. Niedermann. 8.—11. Jahrg. 1889—1892. à 52 Nrn. (Bog.) Fol. Zür., Art. Institut Orell, Füßli Verlag. à Jahrg. * 5 —

—— Taschenkalender für Kaufleute. Hrsg. von Alf. Brennwald. (1. Jahrg.) 1884. gr. 16. (VIII, 199, 90 S. mit 1 Eisenbahnkarte.) Zürich, Schmidt. geb. *
Nicht weiter erschienen.

—— Taschenkalender für Kaufleute. Hrsg. von Alf. Brennwald. 2.—4. Jahrg. 1887—1889. gr. 16. (VIII, 207, 80; VI, 256; VIII, 148, 88 S. mit je 1 Eisenbahnkarte.) Aarau, Sauerländer's Verlag. geb. à Jahrg. *
Der 1. Jahrg. für das J. 1884 erschien bei Schmidt in Zürich. — 1885 und 1886 nicht erschienen.

—— Taschenkalender f. Kaufleute. Hrsg. von Alfr. Brennwald. 5.—7. Jahrg. 1890—1893. 16. (VIII, 150; VII, 138; VII, 128; VIII, 168 S. u. je 1 Schreibkalender m. 1 Titelbild u. 1 Karte.) Aarau, Sauerländer u. Comp. geb. à Jahrg. * 2 —

Merkur, Taschenkalender für Kaufleute. Hrsg. v. *A. Brennwald.* VIII. Jahrg. 1893. In-16°. VII, 168 S. M. 1 Ansicht u. 1 Karte. Aarau, H. R. Sauerländer & Co. Lwd. 2 50

Merkur. Taschenkalender für Kaufleute. Herausg. von *A. Brennwald.* IX. Jahrg. 1894. Gr. in-16°. VIII, 174 S. u. Schreibkalender m. 1 Ans. u. 1 Karte. Aarau, H. R. Sauerländer & Co. Geb. Leinwd. 2 50

— Taschenkalender f. Kaufleute. Hrsg. v. Alfr. Brennwald. X. Jahrg. 1895. 12. (VII, 162 S. m. Bildnis u. 1 Karte.) Aarau, H. R. Sauerländer & Co. Geb. in Leinw. n. 2. —

— Taschenkalender f. Kaufleute. Hrsg. v. Alfr. Brennwald. XI. Jahrg. 1896. 12. (VII, 165 S. u. Schreibkal. m. Bildn. u. 1 Karte.) Aarau, H. R. Sauerländer & Co. Geb. in Leinw. n. 2. —

Merkur. Adressbuch der Fabrikanten Deutschlands u. deren Vertreter am Berliner Platze nach Branchen u. Artikeln geordnet. Lex.-8. (IV, 275 S.) Berlin 892. W. Baensch. Geb. in Leinw. n. 5. —

— kaufmännisches Unterrichtswerk. Lex.-8. Zittau 896. Leipzig, Pahl's Verl. In Mappe: n. 20. —
Handelslehre u. Volkswirtschaftslehre. Bank- u. Börsenwesen. (V, 54 u. V, 94 S.) — Handelsgeographie u. Handelsgeschichte. (VII, 109 S.) — Einf., dopp. u. amerikan. Buchführg. (V, 201 S.) — Kaufmänn. Arithmetik. Münz-, Maß- u. Gewichtskunde. Kontokorrentlehre. (V, 116; V, 15 u. V, 26 S.) — Deutsche Handelskorrespondenz. (V, 86 S.) — Französ. Sprache u. Handelskorrespondenz. (III, 181 S.) — Engl. Sprache u. Handelskorrespondenz. (III, 179 S.) — Italien. u. span. Sprache u. Handelskorrespondenz. (V, 75 u. V, 92 S.) — Kaufmänn. Rechtskunde. (V, 124 S.) — Kaufmännische Warenkunde. (III, 148 S.)
Erschien auch in 30 Lfgn. à — 60.

„Merkur" Kalender für Handels-Akademiker und Handelsschüler. IV. Jahrgg. 1897/98. 16. (152 S. mit Agenda.) In Lnwd. geb. —.80
Wien: Perles 1897

Merkur. Kalender f. Handelsakademiker u. Handelsschüler. V. Jahrg. Studienj. 1898/99. 16. (IV, 128 S. m. 1 Bildn. u. Agenda.) Wien, M. Perles. Geb. in Leinw. n. 1. 60

„Mercur" Kalender für Handelsakademiker und Handelsschüler. VI. Jahrgang. — Studienjahr 1900/1901. Wien. Perles. 16°. 108 S. und Agenda Geb. K 1.60

„Mercur". Kalender für Handelsakademiker und Handelsschüler. VII. Jahrgang. — Studienjahr 1901/1902. Wien. Perles. 16°. 116 S. mit Agenda. Geb. K 1.60

„Merkur". Kalender für Handelsakademiker und Handelsschüler. 8. Jahrg. Studienjahr 1902/1903. 16°. (124 S.)

Wien: Perles 1902

Merkur. Kalender f. Handelsakademiker u. Handelsschüler. IX. Jahrg. Studienj. 1902/1903. 16. (III, 118 S. m. 1 Bildnis u. Agenda.) Wien, M. Perles. Geb. in Leinw. n. 1. 60

„Merkur." Kalender für Handelsakademiker und Handelsschüler. Studienjahr 1903/1904. 9. Jahrg. 8°. (112 S.) geb. K 1.60

„Merkur." Kalender für Handelsakademiker und Handelsschüler. 10 Jahrg. Studienjahr 1904/05. 16°. (124 S. mit 1 Tafel) geb. K 1.60

— Kalender für Handelsakademiker u. Handelsschüler. Hrsg. vom Vereine der Lehrkräfte an österreich. Handelslehranstalten. XII. Jahrg. Studienj. 1906/1907. (III, 88 S. u. Agenda.) 16. Wien, M. Perles. Geb. in Leinw. n. 1. 60

Merkurkalender für Handelsakademiker und Handelsschüler. XIV. Jahrg. 1808/09. 8°. (92 S.) geb. K 1.60
Wien: Perles 1908

Merkur. Kalender für Handelsakademiker und Handelsschüler. XV. Jahrg. Studienjahr 1909/1910. 8°. (100 S.) geb. K 1.60

— Zeitschrift f. stenographier. Kaufleute, System Stolze-Schrey. Schriftleitung: Max Kullnick. 1. Jahrg. Oktbr. 1902—Dezbr. 1903. 15 Nrn. (à ca. 16 S.) gr. 8. Berlin, Frz. Schulze. n. 3. 75

— dasselbe 2. Jahrg. 1904. 12 Nrn. (à ca. 16 S.) gr. 8. Ebd. n. 3. —
Erscheint nicht mehr.

„Merkur". Monats-Tabellen der wichtigsten Vorgänge im Bereiche der Börse. Volkswirtschaft, Politik. Hrsg.: W. Mannes. Jahrg. 1906. 12 Nrn. (Nr. 1. 1 Bl.) 42,5×58,5 cm. Berlin, Verlag „Berliner Merkur". 1906. 6. —; einzelne Nrn. —. 60.

Merkur. – Aachener Merkur. –
24.XI.1798 – 25.I.1799.
Vorh. u. fortges. u.d.T.: Aachener Wahrheitsfreund.

Merkur. – Aachener Merkur. –
29.IV.1799 – 28.XII.1807.
Vorh. u.d.T.: Aachener Wahrheitsfreund.
Fortges. u.d.T.: Neuer Aachener Merkur.

Merkur. – Aachener Merkur. –
31.III.1808 – 30.VIII.1809.
Vorh. u.d.T.: Neuer Aachener Merkur.
Fortges. u.d.T.: Aachener Wahrheitsfreund.

Merkur. – Aachener Merkur. –
1.I.1826 – 30.VI.1827.
Vorh. u.d.T.: Aachener Wahrheitsfreund.

Merkur. – Augsburgischer musikalischer Merkur.
Augsburg: Späth 1795. 8°

Merkur, Badischer, Jahr 1831. Nr. 1—105. (Mai—Dec.) gr. 4. Karlsruhe, Braun.
Umfaßt die Verhandlungen des Landtags im J. 1831

Merkur. – Badischer Merkur. –
Mannheim. – 1.VII.1849 – 22.VI.1850.
Vorh. u.d.T.: Mannheimer Abendzeitung.

— Berliner. Wochenschrift f. Volkswirtschaft, Finanz, Versicherungswesen, Industrie. Hrsg. u. Red.: Max Hirsch. 16.—19. Jahrg. 1907—1910. à 52 Nrn. (à ca. 12 S.) 36,5×27 cm. Berlin, Verlag Berliner Mercur à Jahrg. 12. —

Merkur, Deutscher. Organ für die katholische Reformbewegung im Auftrage der Comités zu Cöln und München herausg. von Franz Hirschwälder (später von anderen). Jhg. 1—12. München 1873—81. gr. 4.

— deutscher. Populär-wissenschaftl. Organ des deutschen Altkatholizismus. Hrsg.: F. Mülhaupt. 35. u. 36. Jahrg. 1904 u. 1905. à 26 Nrn. (à Jhrg. 104 S.) 4. Bonn (Schumannstr. 45), Redaktion d. deutschen Merkur. n. 8.—

— der Fränkische, od. Unterhalt. gemeinnütz. Inhalts, von J. K. Bundschuh. 7 Jahrgg. 1791—1800. 4. Schweinfurth.

— d. Fränk., oder Unterh. gem. Inh. von J. K. Bundschuh. 16 J. 4. Leipzig, Gräff. 795.

Mercur, Fränkischer, oder **Bamberger politische Zeitung.** Bamb. 1810 —14. H: *Wetzel, Carl Frdr. Glob.* (MGT)

Merkur. – Fränkischer Merkur. – Bamberg. – 1.I.1830(?) – 6.VIII.1848.

— der Französische, f. d. J. 1801—4; hrsgg. v. Jul. Graf v. Soden. 8 Bde. 8. Osnabrück, Blothe. 18 ℛ

Merkur Hohenrhätiens
(3) Rhätischer Staatsbothe (5) Juli 1798—August 1798 (?) (6) 8° (7) Wochenblatt (8) Malans: J. G. Berthold (10) J. G. Berthold (11) Heinrich Zschokke (12) helvetikfreundlich (13) BGSZ: 1000 (14) Ch: K.

Merkur des 19. Jahrhunderts
(5) Probebogen vom 1. Juli 1848 (6) 8° (7) Monatsblatt (8) Solothurn: Fr. X. Zepfel (10) Fr. X. Zepfel, Solothurn (11) Werner Munzinger-Pascha und Jakob Schibler (12) liberal; moralische Monatsschrift zur Bildung und Veredelung der Menschheit (13) H. Dietschi: Urteil eines Politikers vor 100 Jahren (Oltner Tagblatt Nr. 235 vom 8. 10. 1948) (14) So: Z.

— literarischer. Mittheilungen aus dem geistigen Leben der Gegenwart u. Nachrichten f. Bücherfreunde üb. empfehlenswerthe Neuigkeiten des In- u. Auslandes. 1—3. Jahrg. 1881—1883. à 24 Nrn. (B.) gr. 8. Berlin, Neugebauer. à Jahrg. 3. —

— litterarischer. Mittheilungen aus dem geist. Leben der Gegenwart u. Nachrichten f. Bücherfreunde üb. erschienene Neuigkeiten d. In- u. Auslandes. Hrsg. unter Red. v. Karl Siegen. 4. u. 5. Jahrg. Oktbr. 1883—Septbr. 1885. à 24 Nrn. (B.) gr. 8. Berlin, Neugebauer. à Jahrg. 3. —

—— litterarischer. Mitteilungen aus dem geist. Leben der Gegenwart und Nachrichten für Bücherfreunde über erschienene Neuigkeiten des In- und Auslandes. Redact.: Th. Ebner. 7. und 8. Jahrg. Oktbr. 1886—Septbr. 1888. à Jahrg. 36 Nrn. (à Nr. 1—1½ Bog.) hoch 4. Weimar, Weißbach. à Jahrg. *

— litterarischer. Kritisches u. bibliograph. Wochenblatt. Red.: K. Geiger. IX. Jahrg. 1889. 52 Nrn. (1½ B.) kl. 4. Weimar, Weissbach. n. 4. —

— dasselbe. X. Jahrg. 1890. 52 Nrn. (1½ B.) hoch 4. Ebd. n. 6. 40

— litterarischer. Kritisches u. bibliograph. Wochenblatt. Red.: Curt Weissbach. XI.—XIII. Jahrg. 1891—1893. à 52 Nrn. (Bog.) hoch 4. Weimar, H. Weissbach. à Jahrg. n. 6. 40

— litterarischer. Mitteilgn. aus d. geist. Leben d. Gegenwart u. Nachrichten f. Bücherfreunde üb. erschien. Neuigkeiten d. In- u. Auslandes. Red.: Karl Fr. Pfau. 14. Jahrg. 1896. 52 Nrn. (Bog.) hoch 4. Leipzig (K. F. Pfau). n. 6. 40

MERKUR der Männerkrämer. Gesungen von einem Bänkelsänger. Mit TKpf. u. Musik. Wien 1781. 8°. Ungemein selten!

Merkur neue deutsche

Der Neue Teutsche Merkur vom Jahre 1798, hrsg.von C(hristoph) M(artin) Wieland. Bd 2, 404 S., gbd.

Weimar: 1798
enthält: Ratschky, J(oseph) F(ranz): An Herrn Dr.Guldener von Lobes. (Gedicht.)

JB 5.752

Merkur. – Neuer Aachener Merkur. – 29.XII.1807 – 30.III.1808. Vorh. u. fortges. u.d.T.: Aachener Merkur.

— neuer Rheinischer. Octbr.—Decbr. 1817. 8. Jena, Bran. 1 ℛ 10 gr — Ders. für 1818. 8. Ebd. 6 ℛ — Ders. für 1819. Jan.—Juli. 8. Ebd. 3 ℛ

Merkur, neuer rheinischer. Zeitschrift f. d. Interessen d. Gegenwart. Red.: Friedr. Steinmann. 1. Hft. gr. 8. (7 B.) Solingen 846, Amberger. pro 4 Hfte. *

Merkur (Neuer Rheinischer), von Fr. Steinmann. 1. Bd. 6 Hefte, 8°. Solingen u. Mühlheim a/R., Fr. Amberger, 1846.

Merkur. – Der nordische Merkur. Herausgegeben von Karl Julius Lange. Bd 1-3. Berlin: Fröhlich 1805. 8°

— Oestreichischer, od. wöchentl. Verzeichniß d. neuest. Bücher, (n. Inh.-Anz.), d. im Oestreich. Staate erschienen sind. 4 Quartale. gr. 8. Wien 793. Döll. 1 ℛ

Merkur, Pfälzischer, s. Anzeiger, Zweibrückener.

— politischer, od. neueste Zeitgeschichte; e. Lesebuch z. Uebung f. Französ.-Lernende. 4 Thle. Marb., Krieger. 1 ℛ

Merkur. – Politischer Merkur. – Aachen. – 1.IV.1790 – 1.VI.1791. Fortges. u.d.T.: Aachener Zuschauer.

— politischer; hrsgg. v. B. S. Nau u. Winkopp, f. 1791, 92. Mainz.

Merkur. – Rheinischer Merkur. – Koblenz. – 23.I.1814 – 10.I.1816.

Merkur. – Rheinischer Merkur. – Köln. – 1878 – 29.VI.(?)1922.

—— der Russische, Zeitschr. z. Kunde Rußlands, in geschichtl., geograph. u. belletrist. Beziehung. Hrsg. v. Aug. v. Oldekop. 1. Jahrg. 1831. 52 Nrn. Nebst literar. Begleiter. Mit Vign. gr. 8. St. Petersburg, Brieff.

Merkur. – Schwäbischer Merkur. – Stuttgart. – 3.X.1785 – 31.V.1941.

Merkur. S c h w ä b i s c h e r. Eine politische Zeitung aus Stuttgart. Verfaßt von C h r n. G o t t f r i e d E l b e n. 1792—1795. Stuttgart, im Verl. d. Verf. (In Verbindung mit:) S c h w ä b i s c h e C h r o n i k. Eine Zeit-Schrift, welche Materialien zur neuesten Geschichte Schwabens enthält. Iahr 1792—1795. Herausgegeben von dems. Stuttgart, auf Kosten des Verf. Insgesamt 8 Bde. 4°. Pp. 100.—

Vgl. A.D.B. VI. 1 u. Salomon. Gesch. d. Deutschen Zeitungswesens I. 164. Es fehlen im „Merkur" 27 Blätter, in der „Chronik" 13 Blätter.

Merkur, Schwäbischer. Nebst Schwab. Kronik. 1854-58.61-63u65. fol Stuttgart 1854-65

Beilage zum S c h w ä b i s c h e n M e r k u r. Stuttgart, den 16. September 1850. Darin:

1. **Kirchengebet** für Schleswig-Holstein von der Statthalterschaft angeordnet.
2. **Manifest** der Statthalterschaft der Herzogthümer von Schleswig-Holstein. Kiel. 22. Juli 1850. 4 Bl. 4°.

Merkur: Schweizerischer Merkur (Be)

① Eine Monatsschrift ③ Schweizerblätter oder schweizerischer Merkur ⑤ 1835—1836 ⑥ 8° ⑦ Monatsschrift ⑧ Burgdorf: C. Langlois ⑨ Literarischer Anzeiger ⑩ mehrere schweizerische Schriftsteller (J. J. Reithard. J. Jak. Schweizer u. a.) ⑫ politisch neutral ⑬ BGSZ: 973; Der Eidgenosse (Sursee). 1835. Nr. 1. 9 ⑭ Be: L: Lu: Z: Zh: Z ⑮ Inhalt: Lied- und Sagengut der Schweiz. Altertumskunde. Sprachliches. Biographien. Darstellungen aus dem Volksleben. Erläuterungen zu verschiedenen gesetzlichen Institutionen. Besprechung literarischer Neuerscheinungen.

Merkur: Schweizerischer Merkur (Zh)

① Belletristische Monatsschrift ④ Schweizerblätter oder schweizerischer Merkur (SG) ⑤ 1832 (2 Hefte) ⑥ 8° ⑦ als Monatsschrift geplant ⑧ Zürich: Geßner ⑫ radikal; enthält heftige Angriffe gegen das konservative Basel ⑱ Be: L.

Merkur, Vídeňský. Orgán slovanského obchodnického spolku ve Vídni. Ročník I. Číslo 1. Ve Vídni dne 15. října 1904. Majitel a vydavatel: Slovanský obchodnický spolek ve Vídni. Odpovědný redaktor Josef Hníšek. Tiskem Frant. Šaška v Boskovicích. (Wiener Merkur. Handels-Monatszeitschrift. I. Jahrgang.) Erscheint am 15. jedes Monats gr.-Fol. (8 S.) Ganzjährig * K 4.—.

Wien: Vidensky Merkur 1904.

Merkur, westdeutscher. Monatshefte für sämmtl. Handels- und Verkehrs-Interessen mit besond. Berücksicht. Westdeutschlands, nebst einem Feuilleton für Unterhaltungslectüre, Poesien ꝛc. 1. Jahrg. 1873. 9 Hefte. (à 2—2 1/2 Bog.) gr. 8. Minden. (Leipzig, Siegismund und Volkening.) *

Westlicher Merkur: Nov. 1836 – ?

Whig weekly. Edited by Christian Burghalter.
Cincinnati, OH

Westlicher Merkur: vol. 1, no. 1–4?, Feb.–Mar. 1840?

Whig tri-weekly. Probably printed weekly edition also. In only issue seen, dated Mar. 7, 1840, the tri-weekly is advertised at $ 4.00, and weekly at $ 2.50. Sub-title: Gegründet von dem „Deutschen Harrison Club". Small folio, each issue 4 pages, of which pages 1–2 were printed in German, pages 3–4 in English. Followed by Der Ohio Volksfreund. Edited & published by Benjamin Bofinger (sic.)
Cincinnati, OH

— Westphälischer. Jahrg. 1841. Fol. Münster, Coppenrath. 4 2/3 ₰

Merkuria. Organ des Verbandes kathol. kaufm. Vereiniggn. Deutschlands u. seiner Hülfskassen. Red.: Amand Tschirsch. 23.—26. Jahrg. 1903—1906. à 52 Nrn. (à 8 S.) gr. 4. Berlin, Germania. à Jhrg. n.n. 3. —

Jahrg. 1903 erschien noch u. d. T.: Mercuria.

Merkuria. Organ d. Verbandes kathol. kaufm. Vereiniggn. Deutschlands u. seiner Hülfskassen. Red.: Amand Tschirsch. 27. Jahrg. 1907. 52 Nrn. (à ca. 8 S.) 31×23 cm. Berlin, Germania. nnn 3. —

Nicht mehr durch den Buchhandel zu beziehen.

Merkurius. — N e u e r historischer Merkurius. Herausgegeben von Johann Rudolf Ziegler. 6 St. Zürich 1741-42.

Der O r i e n t a l i s c h e M e r k u r i u s: Nachrichten der siegreichen Waffen der Russischen Beherrscherin gegen Türken u. Tartaren. I. Th. 8. M. Krtc. Frankfurt u. Leipzig 1737.

Merkurkalender, s. M e r k u r. Kalender für Handelsakademiker und Handelsschüler.

Merkursdurchgang, der, durch die Sonnenscheibe d. 8. Mai 1845, u. die Sonnenfinsterniß den 6. Mai 1845 in ihren verschied. Umständen beschrieben. Nebst ein. kurz. Erklärung der Merkurs- u. Venusdurchgänge, sowie der Sonnenfinsternisse überhaupt. (Von G. A. Jahn.) gr. 8. (2 B. u. 1 Taf. Abbild.) Leipzig 845. [Berlin, Gebauer'sche Buchh.] *

vgl. Mercursdurchgang ...

Merkur's Mußestunden. Blätter der Unterhaltung für die Geschäftswelt in Heimath und Fremde. Hrsg. von Ed. Amthor. Jahrg. 1867 oder 1.—4. Bd. à Bd. 3 Hefte. 8. (à Heft ca. 80 S.) Gera, Amthor. à Heft * 5 Ngr. *

Merkwitz, Konrad

Merkwitz, Conrad, aus Cletzen (Kr. Delitzsch): Über eine neue Reaktion der Semicarbazone. *Hildesheim 1904: A. Lax.* (51 S.) 8°

Göttingen, Phil. Diss. v. [31. Mai] 1904

Merkwitz, Conr., über e. neue Reaktion der Semicarbazone. Diss. (51 S.) 8. Hildesheim 904. (Göttingen, Vandenhoeck & Ruprecht.) n. 1. —

Merk- und Leitworte (15) für die Fabrikarbeiter u. s. w., nebst einem Kapitel vom Pfarrer Pflüger über die Notwendigkeit der gewerkschaftlichen Organisation. 8°. Hamburg, Heinr. Martens, 1905.

Merkworte f. die Tätigkeit der Schiedsrichter bei Truppenübungen aller Art. Zusammenstellg. nach der Manöver-Ordng. u. Felddienst-Ordng. 1908. (19 S.) 11,5×8 cm. Berlin 908. Liebel. p — 25

Merkwürdige, das, aus d. kleinen deutschen theolog., philosoph. u. philolog. Schriften. 2 Bände od. 24 Stücke. 8. Leipz. 752. Hilscher. 2 ₰

Merkwürdiges oder charakteristisch Einzelnes von Angelika Kaufmann. [Tübing. 1811.] V: *Grass, Carl Gotthard.* (R-N)

Merkwürdigkeiten, Aegyptische, aus alter u. neuer Zeit, ein raisonnir. Auszug aus Herodots, Diodors, Strabos, Plutarchs u. a. Werke ꝛc. 2 Thle. gr. 8. Leipz. 786, 87. Weygand. 1 ₰ 21 Gr

Merkwürdigkeiten der Stadt Altona nach chronologischer Ordnung . . . Altona 1780. V: *Praetorius, W. C.* (Bruun, Bibl. Danica III, 691.) (ML) (Adel) »von Altona« (CBH)

Merkwürdigkeiten August Wilhelms, Prinzens von Preussen. Frankf. u. Leipzig 1758. V: *Müchler, Johann Georg.* (MGT) (Adel) »1759« (Ky)

— August Wilhelms, Prinz v. Preußen, (v. J. G. Müchler). 8. Frankf. u. Leipz. 759. Lange. 3 Gr

Merkwürdigkeiten, Äussere, der St. Stephanskirche in Wien. 2. u. 3. Aufl. Wien 1797. V: *Gaheis, Franz de Paula Anton.* (EB)

Merkwürdigkeiten der Baschkiren, Mestscheräken, Wogulen . . . Frankfurt u. Leipzig 1777. H: *Hupel, August Wilhelm.* (R-N) (EngG)

Merkwürdigkeiten der hochlöblichen Stadt Bern. Zürich 1732. V: *Gruner, Johann Rudolph.* (BSchwLk V, 9 f.)

Merkwürdigkeiten, Die besondern, der Helden- Staats- und Lebensgeschichte des . . . preussischen Königs Friedrich d. Gr. Strassburg [Breslau] 1787. V: *Bucquoi, Erdmann Friedrich von.* (Wr) (BrMm) S. a. Nr. 4596.

— über die, der Camburger Bibliothek. Fol. Oehringen, Schmeißer. 809.

Merkwürdigkeiten, Die, der Königlichen Bibliothek ausführlich beschrieben . . . Bd. 1—3. Dressden 1743—48. H: *Götze, Johann Christian.* (Petz) (CBH) »1744—46« (AarK) (Kat. d. stat. Bureaus. Dresden 1890.) »1744—48» (EB)

Merkwürdigkeiten der Zapfischen Bibliothek. Augsburg 1787. V: *Zapf, Georg Wilhelm.* (EB)

— d. Zapfischen Bibliothek. 2 Stcke. gr. 8. Augsb. 787. Bürglen. 1 ₰ 8 gr.

Merkwürdigkeiten, Bordesholmische, oder Nachlese einiger besondern Nachrichten . . . Altona 1737. V: *Noodt, Joh. Frdr.* (Bruun, Bibl. Danica III, 694.) (Ml.)

Merkwürdigkeiten, Brandenburgische. Onolzbach 1737—39. V: *Christ, Gottlieb Paul.* (Hauptkat. d. Univ.-Bibl. Tübingen. F. S. 278.)

— von Charakteren, Sitten, Lebensart u. Religionsgebräuchen fremder Völker u. Länder. 8. Altona 792. Pinkvoß. 20 gr.

— der churfürstl. Sächsischen Stadt Dahme, aus d. handschr. Nachrr. Krakows bearb. u. herausgg. v. Rinne. 3 Thle. 4. Dahme 805. (Wittenb., Kühne). 1 ₰ 22 gr.

Merkwürdigkeiten Dresdens u. d. Umgegend. Ein Taschenbuch f. Fremde, nach W. A. Lindau's Werke: Dresden u. d. Umgegend, bearbeitet u. mit einer neuen Beschreibung der wissenschaftl. u. artist. Sammlungen vermehrt. Mit 1 neuen Plane d. Stadt. gr. 16. Dresd. u. L. 826, Arnold.

—— Dresdens u. d. Umgegend. Ein Taschenb. f. Fremde u. Einheimische. Nach W. A. Lindau's topograph. Werken bearb.; mit e. neuen Beschreib. d. Sammlungen f. Wissenschaft u. Kunst. 2., durchgängig verb. u. viel verm. Aufl. Mit e. neuen Plane d. Stadt. 16. (14 B.) Dresden 829, Arnold.

— Dresdner, gemeinnütz. Inh., ein Wochenbl. 4 Quart. 4. Dresd. Richter. 792.

Merkwürdigkeiten, Dresdnische. Dresden 1792. V: *Schlenkert, Friedrich Christian.* (MGT)

— aus d. Erdbeschr. 4 Hefte. Q. Fol. Leipz. Ind. Comt. 805.

Merkwürdigkeiten, Fortgesetzte, zur Erläuterung der Brandenburgischen Historie. Frankf. u. Leipz. 1750. V: *Friedrich II. König v. Preussen* (EB)

— des geheimnißr. Freym.-Ordens. 8. Bamb. Göbhard. 795.

— des geheimnißr. Freimaurer-Ordens. 8. Bamb. 795. (Wesché in Frankf.) 4 gr.

Merkwůrdigkeiten des geheimnissreichen Freymåurerordens und dessen verdienstlicher Arbeiten. Dedicirt der verehrungswůrdigen Gesellschaft der Augsburger H. H. Kritiker. Wien, mit Pressefreyheits Schriften 1795. 73 S. 8⁰
Kl. 541, Tt. 1685. Streitschrift. Parallele zwischen der Sekte der Manichäer u. den Frmrn.

Merkwürdigkeiten Friedrichs II., Königs in Preussen. 6 Thle. 8. s. l. 1762—63.

— Friedrichs II. Kön. von Preuß. 2 Thle. m. K. 8. Altona, Kaven. (a. Meyer in Bresl.) 787.

Merkwürdigkeiten, Geographisch-statistische, von Kurland. [Hamb. 1789.] V: *Czarnewski (Zernewski), Johann Georg Martin Frdr. August.* (R-N)

— zur brandenburgischen Geschichte, a. d. Franz. 3 Thle. 8. Frankf. Andreä. 758.

Merkwürdigkeiten zur Geschichte der Gelehrten und besonders der Streitigkeiten derselben von Homer an bis auf unsre Zeiten. Leipz. 763. 2 Th. 8.

— u. Geschichte der k. k. Hofburg. 8. Wien. 802. Al. Doll. 3 gr.

Merkwürdigkeiten aus der Nürnbergischen Geschichte. [Bayreuth 1786.] V: *Siebenkees, Johann Christian.* (WILL)

— z. Preuß. Brandenburg. Geschichte; aus ungedr. Nachrr. 8. Frankf. a. M. 786. Strauß. 8 gl. (Acad. Handl.).

— der Russischen Geschichte u. Peter's III., s. Anekdoten, russische.

Merkwürdigkeiten der Russischen Geschichte unter Peter III., der Tod K. Iwan und die Thronerhebung Katharina II. Leipzig 1790. V: *La Marche, de (= Christian Friedrich Schwan).* (KY)

— der Russischen Gesch. u. Peter III. n. Gesch. Cathar. I. d. Tod. K. Jvan u. d. Thronerheb. Cathar. II. (N. Tit. der Russ. Anekdoten.) 8. Leipz. Sommer. 790.

MERKWÜRDIGKEITEN für die Großen dieser Welt. O. O. 1782. 8°.
Lippert i. Halle, Cat. 30. (1858).

MERKWUERDIGKEITEN. – f. d. Großen der Welt. O. V. o. O. 1782. 1 vol. 94 S.

Merkwürdigkeiten der tiefen Hauptstölln des Bergamtsreviers Freyberg ... Dresden 1804. V: *Trebra, Friedrich Wilhelm Heinrich von.* (MGT)

Merkwürdigkeiten, die, Heidelberg's, seine Studenten und Philister vor 50 Jahren. 8. (32 S.) Heidelberg 880, (L. Schweiß) *

Merkwürdigkeiten, die, Heidelberg's, seine Studenten u. Philister vor 50 Jahren. 8. (32 S.) Heidelberg 880. (Weiß.) n. — 50

Merkwürdigkeiten, die, Heidelberg's, seine Studenten und Philister der letzten 50 Jahre. 8. (47 S. mit Illustr.) Heidelberg 886, (C. Winter's Sortiment.) *

Merkwürdigkeiten der Helden-Staats- und Lebensgeschichte Friedrichs des Grossen jetzt glorwürdigst regierenden Fürsten zu Brandenburg souveränen Herzogs von Schlesien etc. mit unparteilicher Feder beschrieben. O. O. 1762—1763. V: *Boucquoi, Erdmann Fch. von.* (Ed. Meyer 25/285) (BIBLPORT) S. a. III, 4596 u. 4613.

— der Helden-, Staats- u. Lebensgeschichte Friedrich II. Königs v. Preußen; (v. E. F. Bucquoi). 2 Thle. Mit Kpf. 8. Altona 786. Kaven. 3e A. 787. (Gosohorsky in Bresl.) 1 Rthl.

Merkwürdigkeiten der Helden-Staats- und Lebensgeschichte Friedrichs des Grossen. Breslau 1786. V: *Bucquoi, Erdmann Frdr. von.* (KY) (MGT) S. a. Nr. 4613.

— d. Brandenburg. Historie. gr. 8. Berl. 760. Haude u. Sp. 1 Rthl. 4 gr.

Merkwürdigkeiten, Historische, der Annenkirche zu Dresden. Dresden 1821—1823. V: *Hohlfeldt, Chph Chn.* (Kat. d. stat. Bureaus. Dresden 1890.)

Merkwürdigkeiten, Historische, die Königin Christina von Schweden betreffend. Leipzig u. Amsterdam 1751—60. V: *Arckenholz, Joh.* (Hauptkat. d. Univ.-Bibl. Tübingen. F. S. 196.) Ü: *Reifstein, Joh. Frdr.* (Baumgarten, Nachrichten v. merkw. Büchern. Halle 1752—57. 2, 85.)

Merkwürdigkeiten, Historische, und literarische Erholungen. Neustadt a. d. Orla 1822. H: *Vulpius, Christian August.* (BRMM)

— histor., u. literar. Erholungen. 1s u. 2s Bdchen. 8. Neustadt 822, Wagner. 1s Bdchen 18 gr. 2s Bdch. 1 Rthl.

— histor., in Erzählungen u. Anekdoten zur Lehre u. Unterhaltung f. d. gebildete Jugend. Mit Kpfrn. 2 Thle 8. Nürnb. 822 u. 24, Campe. à 1 Rthl. 12 gr.

MERKWÜRDIGKEITEN, Historische, in Erzählungen und Anekdoten. 2 Bde. Mit 8 Kpfrn., gest. v. Fleischmann. Nürnberg 1834. 8°.
547 u. 568 SS. Enth. viele interess. Beiträge zur Geschichte der Sitten, Gebräuche und Moden. (4 Mk. Kühl, Berlin, c. 1882.)

— historische, in Erzählungen u. Anekdoten. Zur Lehre u. Unterhaltung für die gebildete Jugend. 2 Thle. 2e verb. Aufl. Mit Kpfrn. 8. Nürnberg 834. Campe. 3 Rthl.

— histor., das Leben d. Königin Christina v. Schweden betr. &c. 4 Bde. Mit Kpf. gr. 4. Leipz. u. Amsterd. 751—60. (Chr. Fr. Günther in Glogau). 16 Rthl. Hbg. Pr. 8 Rthl.

Merkwürdigkeiten, Historische, topographische und oekonomische, des Kantons Luzern ... Luzern 1785-89. V: *Balthasar, Joseph Anton.* (BRMM)

Merkwürdigkeiten der kurfürstlichen Hofkirche der Theatiner zu München. München 1789. V: *Sterzinger, Ferd.* (Bücher-Samml. d. hist. Ver. v. u. f. Oberbayern. München 1867.)

Merkwürdigkeiten der kurfürstl. Hofkirche der P. P. Theatiner in München. Gedr. bey Joseph Zängl .... 1789. 8°. Cart. Selten! 5 Bll. Verst. (incl. Tit. m. Vign. u. 1 Kpftaf.), 46 S., 1 Bl. Err.

Merkwürdigkeiten, Innere, der St. Stephanskirche in Wien. 2. Aufl. Wien 1797. V: *Gaheis, Franz de Paula Anton.* (EB)

Merkwürdigkeiten aus Italien. Quedlinb. 1828-29. V: *Menadier, Frdr. A.* (KY)

Merkwürdigkeiten v. Cassel u. Wilhelmshöhe nebst d. nächsten Umgebung. Ein Wegweiser f. Fremde u. Einheimische. Mit e. geschichtl. Einleitung. Nebst 1 lith. Plane (qu. Fol.) u. 6 Ansichten. 1. Aufl. 830., u. 2., (unveränd.) Ausg. (à 8½ B.) 8. Cassel 832, Luckhardt. à

Merkwürdigkeiten, Komische, aus alten theologischen Makulaturen. Rom u. Madrid 1789. Katzenellenbogen 1790. V: *Güntherode, Carl von.* (Rapp, Freimaurer, S. 111) (BiblPort)

MERKWÜRDIGKEITEN, Komische, aus alten theologischen Makulaturen. 2 Thle. Mit (9) erbaulichen (z. Theil recht freien) Kupfern. Rom u. Madrid, u. Katzenellenbogen (Wien, Moesle) 1789. 8°. (15 Mk., mit nur 6 Kpfrn., v. Zahn & Jaensch, Dresden, 1904.)
338 SS. u. Reg. — Sehr selten mit allen Kpfrn.
— — Dasselbe. Mit 3 Kpfrn. u. 1 Titelvignette. Katzenellenbogen 1790. 8°. 374 S. (10 Mk. Franz Deuticke, Wien, 1899:)

— bei d. Röm. Königswahl u. Kaiserkrönung; (v. Jul. W. Hamberger). 8. Gotha 790. 2e A. 791. 3e A. 792. Perthes. 12 gr. Reimp. 18 gr.

Merkwürdigkeiten d. gegenwärt. Kriegsläufte in d. ganzen Welt. 8. Frankfurt 1757—58.

Merkwürdigkeiten der feierlichen Krönung eines Königs von Böhmen. Nebst dem Krönungszeremoniel einer Königinn von Böhmen ... Prag, in der königlichen Hofbuchdruckerey 1791.
Tit., 2 Bl., 2?0 S.; 2 Taf. in Kupferst., davon 1 kol. 8°.

— bei d. Krönung e. Böhmischen Königs. 8. Prag. 791. Schönfeld. 10 gr.

— aus d. Leben d. Griech. Weisen Solon, u. d. berühmten Römers Publicola; aus d. Französ. v. Chrst. Wlh. Kindlebn. 8. Leipz. 779. Müller. (Joachim). 6 gr.

Merkwürdigkeiten aus der Lebensgeschichte Tate Wilkinsons ... Berlin u. Stettin 1795. V: *Meyer, Johann Heinrich.* (NN) (MGT)

— üb. d. literar. s. Briefe.

— die, der Marien- und Dom-Kirche in Lübeck; nebst Nachtrag, das Overbeck'sche Gemälde betreff. Neue umgearb. Aufl. 8. Lübeck 834. (v. Rohden'sche Buchh.) n. ½ Thlr.

Die Merkwürdigkeiten der Marien- und Dom-Kirche in Lübeck, nebst Beschreibung des Todtentanzes. Neue umgearbeitete Ausgabe mit den lithographirten Ansichten beider Kirchen und des Todtentanzes. Lübeck 1834—1835. 8°.

Merkwürdigkeiten, Die, der Marien-Kirche in Lübeck. Neue ... Aufl. ... Lübeck [1841]. V: *Funk, Joh. Aegid. Ludw.* (BrMm)

Merkwürdigkeiten, mechanische, s.: Wochenbände.

— medicin. f. Criminalrichter, Aerzte u. Prediger. gr. 8. Leipz. 803. Bruder. (Krieger in Marb.) 1 Thlr. 4 gr.

Medizin. Merkwürdigkeiten, f. Kriminalrichter, Ärzte u. Prediger. Kassel 1805.

— aus d. Menschen- u. Thierwelt u. den übrigen Schöpfungen auf u. in der Erde; nebst einigen Darstellungen aus d. Götterlehre u. dem Gebiete der schönen Künste, für die angenehme Selbstbelehrung d. Jugend, bearb. v. Ros. Gutsmuth. Mit 151 ill. Kpf. gr. 8. Berl. 825, Flittner.

— d. Metropolitandomkirche z. heil. Stephan in Wien. 8. Wien 814. Al. Doll. 4 gr.

Merkwürdigkeiten der Morduanen, Kosaken, Kalmüken ... Riga 1773—77. V (Theil 1): *Hartknoch, Johann Friedrich.* (EngG) (2—3): *Hupel, August Wilhelm.* (Ml.) (MGT)

— d. Morduanen, Kosaken, Kalmücken, Kirgisen, Baschkiren ꝛc. nebst andern dahin gehörigen Nachrr. Ein Auszug aus Pallas Reisen, (v. Jh. Fr. Hartknoch u. A. W. Hupel). 3 Thle. (1r Thl. mit 10 Kpft. 2r. Thl. mit 11 Kpft. 3r Thl. mit ... Kpft.) 8. Frankf. u. Leipz. 773—77. Hartknoch in Leipz. 2 Thlr. 20 gr. 3r Thl. Auch. u. d. T.: Merkwürdigk. d. obischen Ostjaken, Samojeden ꝛc. 1 Thlr.

Merkwürdigkeiten der Stadt Münster 1854. Den Mitgliedern des Gesammtvereins deutscher Geschichts- und Alterthumsforscher gewidmet ... Münster 1854. 2. Aufl. 1856. V: *Geisberg, H.* (EngG)

— der Natur, enth. kleine Insektenlehre f. die Jugend ꝛc. in Erzähl. vorgetr. 8. Leipz. Gräff. 805.

— aus d. Natur- u. Länderkunde, z. Belehrung u. Unterhaltung f. d. Jugend, aus Funke, Lippold u. A. 2 Hfte. 12. Straßb., Heitz. 12 gr.

— neueste, d. kathol. Kirche im Hochstift Hildesheim. 8. Weim. 796. Hoffmann. 5 gr.

Merkwürdigkeiten, Oberlausitzische; den Freunden der Natur, Ökonomie und Länderkunde gewidmet. Leipzig 1794. V: *Leske, Nath. Gotth.* (EngG) (LVS)

— Oberlausitzische. Mit Kpf. 4. Leipz. 794. Müller. (Joachim). 3 Thlr.

Merkwürdigkeiten der obischen Ostjaken, Samojeden, daurischen Tungusen ... Frankf. u. Leipzig 1777. H: *Hupel, August Wilhelm.* (R-N) (EngG)

Merkwürdigkeiten von Portugall. Frankf. u. Leipz. [Salzb.] 1777—79. V: *Korn, Christoph Heinrich.* (Ky) (Ml.)

Merkwürdigkeiten v. Portugal u. d. Staatsveränderungen dies. Reichs. 4 Stcke. 8. Salzb. 778 Mayr. 16 gr.

Merkwürdigkeiten, Potsdam's, beschrieben . . . Potsdam 1798. H: *Horvath, Carl Christian.* (BrMm)

— Potsdams, beschrieben u. durch Pläne u. Prospekte erläutert. gr. 8. Potsd. 798. Horvath. 18 gr. Mit 5 Prospekten 2 Rthlr. Mit 17 Prospekten 4 Rthlr. 16 gr.

— Preußische, od. Nachlese einiger, z. bürgerl. Kirchen- u. Gel. Gesch. von Pr. geh. Nachr. z. Forts. d. erläut. Preuß. u. d. Actor. Borussicor. 12 Stck. 8. Königsb. 743.

Früher u. d. T.: Erläutertes Preußen. 1723 ff.

Merkwürdigkeiten, Pyrmonts, eine Skizze für Reisende und Kurgäste . . . Leipz. 1800. V: *Trampel, Joh. Erhard* oder *Gfr. Hildebrand Kappel* [?]. (Call) Ü: *Käppel, H. G.* (MGT) (Ky)

Merkwürdigkeiten von Russland. Wien 1789. V: *Schweighofer, Joh. Mich.* (EB)

Merkwürdigkeiten, Sächsische; oder vollständige alte, mittle und neue Historie von Sachsen . . . Leipzig 1724. V: *Rüdiger, Johann Christoph.* (BrMm)

Merkwürdigkeiten Schlesiens. Reichenbach 1804. V: *Tiede, Thomas Franz.* (Nent)

— Schwäbische od. Abhandll. u. Ausz. v. Schwäb. Sachen (v. J. J. Moser). 8. Frankfurt u. Leipz 765. (Stettin in Ulm). 18 gr.

Merkwürdigkeiten aus der Schweiz. Quedlinburg 1828. V: *Menadier, Frdr. A.* (Ky) (EngG)

Merkwürdigkeiten der Frau v. Staël. 2 Thle. 8. Leipz. 782. Junius. 14 gr.

— von Stuttgart u. seinen Umgebungen, ein Wegweiser besond. f. Fremde nebst Plan u. Ansicht v. Stuttgart. gr. 8. Ulm, Jakob Ebner. -

Merkwürdigkeiten von Stuttgart und seinen Umgebungen. Stuttg. 1814. V: *Demian, Joh. Andr.* (Kat. der ständ. Bibl. Stuttg. 1907. S. 534.)

Merkwürdigkeiten Thüringens, aus d. Gebiete d. Natur, d. Kunst, d. Menschenlebens ꝛc. Eine Zeitschr. in zwangl. Hftn. Hrsg. v. H. J. Meyer. 1—3. Hft. M. 20 theils ill. Stntaf. gr. 8. (28½ B.) Arnstadt 827, [Ohlenroth.] Thlr.

— Thüringens, aus d. Gebiete d. Natur, d. Kunst, d. Menschenlebens. Eine Zeitschrift in zwanglosen Heften herausgeg. v. H. J. Meyer. 1s—5s Hft. M. 20 Steintaf. gr. 8. Arnst. 827—29. Mirus. 1 Rthlr. 16 gr.

—— aus d. Thier- u. Pflanzenwelt. Ein nützl. u. interess. Leseb. f. d. Jugend. M. 8 ill. Kpfr. 8. (5¼ B.) Frankfurt a. d. O. 831, Trowitzsch u. Sohn.

Merkwürdigkeiten und Geschichten, Tiroler. Wien [1802—04]. H: *Hormayr zu Hortenburg, Joseph Freih. v.* (Feil) (BrMm)

Merkwürdigkeiten der Stadt Tübingen. Tübingen 1829. Ü: *Schönhuth, Othmar.* (Heyd)

Merkwürdigkeiten aus der europäischen Türkei. Quedlinburg 1830. V: *Menadier, Frdr. A.* (EngG)

Merkwürdigkeiten, Türkische, oder kurzgefasste Nachrichten von der Geschichte, Staatsverfassung . . . dieses berühmten Volks. Tübingen 1771. V: *Korn, Christoph Heinrich.* (ML)

Merkwürdigkeiten, Türkische, od. Nachr. a. Schriftstellern v. der Gesch. dieses Volks. 8. Tübing. Cotta. 771. Rthlr.

— unterhalt., die Menschheit interessirende, aus verschied. Fächern. 2 Thle. 8. Bresl. 780. J. F. Korn. 20 gr.

Merkwürdigkeiten, Verschiedene, von Breslau, in Hinsicht der Getreidepreise. O. O. 1804. V: *Sturm, Joh. Gfr.* (LVS) V: *Sturm, Joh. Frdr.* (Kat. d. Druckschr. über Breslau. Breslau 1903. S. 72.)

Merkwürdigkeiten verschiedener unbekannten Völker d. russ. Reiches. Ausz. aus Georgis Bemerkungen. Frankfurt u. Leipzig 1777. H: *Hupel, Aug. Wilh.* (?) (Mitth. Alex. E. Seeligmüller-Riga-Sassenhofen.)

Merkwürdigkeiten. Der Stadt Bern vornehmste M'.... Bern 1808 s. aW[agner]. S[igmund] v[on].

— verschied. unbekannter Völker d. russ. Reichs, in e. Ausz. mit Kpf. 8. Frankf. u. Leipz. 777. Hartknoch in Leipz. 1 Rthlr.

Merkwürdigkeiten, Der Stadt Bern vornehmste, sammt einer kurzen Chronik der Geschichte dieser Stadt . . . Bern 1808. V: *Wagner, Sigmund von.* (EngG) (Ky) (MGT)

Merkwürdigkeiten, Die vornehmsten, der Stadt Augsburg. Augsburg 1772. V: *Stetten, Paul von.* (Ky) (EngG) (BrMm) (MGT)

—die vornehmsten, d. Stadt Augsburg. (v. Paul v. Stetten II.) 8. Augsb. 772. v. Jenisch u. Stage. 4 gr.

—die vornehmsten, d. Stadt Bern. Chronik der Geschichte der Stadt ꝛc. Mit Kpf. u. Pl. gr. 8. Bern, Burgdorfer. 1 fl. 12 kr.

—die vorzügl., auf d. Leipziger Messen. 1s Heft. Ostermesse 1819: das Rhinozeros od. Nashorn. Mit Kpf. gr. 8. Leipz., Seeger. 8 gr.

—der Welt, od. Erscheinungen d. Natur u. Kunst aller Welttheile. 8 Bde. od. 95 Hfte, m. Kpf. 4. Wien 810. Schrämbl. 32 fl. Mit illum. Kpf. 42 fl. 16 kr.

Merkwürdigkeiten der neuen deutschen Welt aus allen Ständen und Lagen, in der Geschichte des Herrn von M.., 8. Frankfurt, (Nürnb.) 792. (Monath) 1 Rthl. 5 sgl.

Merkwürdigkeiten der neuesten Welt-Geschichten
① So auf den... dieses Jahres eingelaufen ② Hurterische Zeitung (vom 1. 1. 1767—Ende 1779); Hurterische Schaffhauser Zeitung (vom 1. 1. 1780—Ende 1813) ④ Allgemeiner Schweizerischer Korrespondent ⑤ 1718 oder 1734—1813 ⑥ 8° ⑦ wöchentlich 2× ⑧ Schaffhausen: Emanuel Hurter, Benedikt Hurter (seit 29. 1. 1766), Benedikt Hurter & Sohn (1. 1. 1774), Hurter'sche Buchdruckerei ⑨ Mittwoch- und Samstag-Zeitungs-Vortrab (bis 1. 2. 1766). Vermischte Nachrichten, gelegentlich »Beiblatt der Hurterischen Schaffhauser Zeitung« genannt ⑩ Emanuel Hurter, dann Benedikt Hurter, David Hurter, Franz Hurter ⑫ konservativ ⑬ BGSZ: 1052—1055; Klages (Zeitschriften) S. 115 ⑭ Sh: S; Be: S.

—d. fremden Welttheile. 2 Thle. zu 12 Heften. Mit Kpf. 4. Wien 810, 11. Schrämbl. 12 fl.

—d. k. k. Haupt- u. Residenzstadt Wien 8. Wien 799. Al. Dolle 5 kr.

Merkwürdigkeiten, Wolfenbüttelsche. Wolfenbüttel 1729. V: *Wolterecк, Christoph.* (JStBH)

Merkwürdigkeiten der Stadt und Landschaft Zürich. 1805 s.a. [Werdmüller, Johann Heinrich].

Merkwürdigkeiten der Stadt und Landschaft Zürich vom Jahre 1801. [Zürich] 1805. V: *Werdmüller von Elgg, Anton.* (Cat. d. Stadtbibl. Zürich. Zürich 1864—97.)

Merkwürdigste, das, der Universit. Altdorf, m. K. 8. Nürnb. Endter.

Merkwürdigste, Das, aus den besten Beschreibungen vom Vorgebürg der guten Hoffnung ... Stuttgart 1787. V: *Bernhard, Johann Ernst Friedrich.* (Ky) (ML)

—das, aus d. Lebensgeschichte e. Appenzellers, d. 10 Jahre in afrikan. Sclaverei war. Von ihm selbst erzählt. 8. St. Gallen 825. Huber u. C. 3 kr.

Merkwürdigste, das, aus d. Lebensgesch. e. Appenzellers, der 10 Jahre in afrikan. Sklaverei war. Von ihm selbst erzählt. 8. (1¾ B.) St. Gallen 830, Huber u. Comp.

Merkwürdigste. – Das Merkwürdigste von Politischen Neuigkeiten. –
Stuttgart. – 1735 (1751) – 14.(?)I.1755.
[„Cottasche Zeitung"]
Vorh. u.d.T.: Die Neu curieuse Friedens- und Kriegs-Fama.
Fortges. u.d.T.: Stuttgarter privilegirte Zeitungen.

—das, aus Reisebeschreibungen. s.a. Quartalschrift, neue, 1792—97.

Merkwürdigste, Das, aus Reisebeschreibungen. O. O. 1792-97. H: *Schulz, Joach. Chph Frdr.* (Ky)

—das, aus d. neuesten Reisen nach dem Vorgebirge d. guten Hoffnung u. d. Innern v. Afrika. (v. Jh. Er. Fr. Bernhard). Mit 1 Kpf. gr. 8. Frankf. 787. Metzler in Stuttg. 1 fl.

—das, aus d. Schicksalen einiger Kaufmannsdiener u. Handwerksbursche, in Briefen. 1s Bdchn. 8. Fürth. 792. Geyer. 16 kr.

Merkwürdigste, das, d. Kopernikanischen Weltsystems, für Liebhaber der Astronomie. 8. Nürnb. 805. Monath u. K. 6 kr.

Merl, F. Neue Theorie der Bodenentwässerung. Mit 16 eingedr. Abbildgn. u. 2 lithogr. Taf. gr. 8. (V, 70 S.) Ansbach 890, Eichinger. * 4 50; geb. * 5 --

Merl, Theodor, aus Nürnberg: Zur Kenntnis des Pyridins. *Erlangen 1901: E. Th. Jacob.* (35 S.) 8°
Erlangen, Phil. Diss. v. 11. Dez. 1900

Merle, le bourgmestre de Saardam, s. Mélesville.

Merle, Alfred, a. Spremberg N.-L.: Massingers ,The picture' und painter II, 28. Halle a. S. 1905: C. A. Kaemmerer & Co. (54 S.) 8°
Halle, Phil. Fak., Ref. Wagner, Diss. v. 27. März 1905
[Geb. 26. Jan. 80 Spremberg; Wohnort: Rohla a. H.; Staatsangeh.: Preußen; Vorbildung: Realgymn. Görlitz Reife O. 00; Studium: Leipzig 2, Heidelberg 2, Halle 6 S.; Rig. 9. Febr. 05.]

MERLE, Franz Xaver (Aichach): De matris imaginatione in foetus formationem efficaci.- Augustae Vindelicorum: Geiger 1810. 51 S.
1810 - Kal 1811
Diss. Ingolst.-Landsh.-Mchn.

Merle, Joh. Karl Friedr.: De convulsionibus tonicis particularibus, s. Baumer, Joh. Wilh. [Praes.]

Merle's, Melch., Reimchronik von Eisenach, Thüringen und Hessen. Hrsg. von Herrm. Müller. gr. 8. (XII, 28 S.) Eisenach 877, Bacmeister. *

Merle, Wilhelm: Ueber die Bewegung eines Punktes auf einem Rotationsparaboloid. Halle a. S. 1882: Plötz. 32 S., 2 Taf. 8°
Halle-Wittenberg, Phil. Diss. v. [22. Juli] 1882
Geb. Spremberg (Nieder-Lausitz) 1. 7. 1857. V.

Merle, Wilh., über die Bewegung eines Punktes auf einem Rotationsparaboloid. Inaugural-Dissertation. gr. 8. (31 S.) Halle 882. (Liegnitz, Reisner'sche Buchh.) *

Merle, [**Wilhelm**]: Tertiär und Quartär bei Liegnitz. Liegnitz (1909): Seyffarth. S. 42—58. 8°
Liegnitz, st. ev. G, in Festschr. z. 600j. Jubil. 1909, P 1910 (281) [S 10. 290

Merle, Jean Henri, s.a. Aubigné, Jean Henry Merle d'

Merle d'Aubigné, Jean Henri (Mitarb.), s. Abdruck zweier im Jahre 1837 u. 1839 in der Evang. Kirchenzeitung erschienenen Aufsätze, betr. den Irvingismus.

Merle d'Aubigné, J. H., die geschichtliche Bedeutung Calvin's und der Reformation von Genf. Ein Vortrag. Aus dem Französ. von Friedr. Merschmann. Autoris. Ausg. 12. (48 S.) Lissa. (Elberfeld 865, Langewiesche.) *

Merle d'Aubigné, J. H., caractère du réformateur et de la réformation de Genève. Discours prononcé le vendredi 6. Sept. 1861, à Genève, St. Pierre, dans la conférence des chrétiens évangél. de tout pays. Basel 862. Georg. gr. 8. (39 S.) n. 8 ngr.

Merle d'Aubigné, J. H., l'église et la diète de l'église (Kirchentag) sermon prononcé à Berlin le 25. Septbr. 1853. gr. 8. (39 S.) Berlin 853, Wiegandt und Grieben.

Merle d'Aubigné, J. H., die Erweckung der Kirche unsrer Zeit und die Einwürfe dagegen. Rede gehalten bei der Eröffnungsfeierlichkeit der theolog. Schule zu Genf den 3. Oktbr. 1859. gr. 8. (16 S.) Basel 860, Bahnmaier's Verlagsb. Thlr. *

Aus: Mittheilungen über Erweckungen in verschiedenen Gegenden, 1860, Nr. 4, besonders abgedruckt.

— die religiöse Freiheit vom christlichen Standpunkte. Ein Sendschreiben an den Königl. Preuß. Geh. Reg.-Rath Hrn. v. Bethmann-Hollweg, Präsident des Kirchentags rc. als eine Antwort auf ein Schreiben eines Mitgliedes der Madiai'schen Deputation in Toskana. Frankfurt a. M. 854. Völcker. gr. 8. (30 S.) 5 ngr.

—— Geschichte der Reformation in Europa zu den Zeiten Calvin's. Einzige rechtmäß. deutsche Ausg. 4 Bde. gr. 8. Elberfeld, Friderichs.

Inhalt:
Bd. 1. Genf und Frankreich. (XV und 472 S.) 863. 2 Thlr.
" 2. —— dass. — (IV und 516 S.) 864. 2 Thlr.
" 3. Frankreich, Schweiz, Genf. (IV und 430 S.) 865. 1 Thlr.
" 4. England, Genf, Frankreich, Deutschland und Italien. (VIII und 496 S.) 866. 1 Thlr.

Merle d'Aubigné, J. H., Geschichte der Reformation des 16. Jahrh. Aus dem Französ. von Mart. Runkel. 1—4. Bd. gr. 8. Stuttgart, J. F. Steinkopf. [1. (XXIV und 348 S.) 848., 2. (VIII und 343 S.) 848., 3. (XI und 403 S.) 849., à 22½ Ngr., 4. (X und 414 S.) 850. 27 Ngr.]

— Geschichte der Reformation des 16. Jahrhunderts. Aus dem Französ. übertragen. 5. Bd. Stuttgart 854. J. F. Steinkopf. gr. 8. (XVIII, 572 S.) 1 ₰. 3 ngr.

—— Geschichte der Reformation des 16. Jahrh. Aus dem Französ. übertragen. 2., verb. Aufl. (In 6 Bdn.) 1—5. Bd. 8. Stuttgart 861. [Elberfeld, Friderichs.] [1. Bd. (428 S.) 22½ Ngr., 2. Bd. (895 S.) 22½ Ngr., 3. und 4. Bd. (969 S.) 3. Bd. 22½ Ngr., 4. Bd. 27 Ngr., 5. Bd. (... S.) 1 Thlr. 8 Ngr.]

Merle d'Aubigné, J. H., Geschichte der Reformation des 16. Jahrhunderts. Aus dem Französ. übertragen. 2. verb. Aufl. 1—5. Bd. Stuttgart 861, 62. J. F. Steinkopf. 8. (2322 S.) 4 ₰ 7½ ngr.

Merle d'Aubigné, J. H., der häusl. Gottesdienst. Eine Pred. üb. Josua XXIV, 15. A. d. Franz. gr. 8. (2¼ B.) Hamburg 828, Perthes u. Besser.

Merle d'Aubigné, Jean Henri. Grundsätze der französischen Sprache. A. d. Franz. . . . Gera 1803. Ü: *Menzel, Carl Adolph.* (Ky)

—— der Hausgottesdienst. Pred. üb. Josua XXIV, 15. A. d. Franz. gr. 8. (2 B.) Basel 828, Schneider.

Merle d'Aubigné, J. H., Histoire de la Réformation du seizième siècle. Tome I. gr. in-8. Paris 835. Firmin Didot Frères. (Francfort, Schmerber.) n. 2⁵⁄₆ ₰

Merle d'Aubigné, histoire de la réformation. vol. VII. XVI, 731 pp. 8. Paris, Culman Levy. Bd. VII enthält die Fortsetzg. von Calvin's Lebensbeschreibung. 1540—1542. 1877.

Merle d'Aubigné, J. H., die Kirche und der Kirchentag. Eine Predigt am 25. Sept. 1853 zu Berlin gehalten. Berlin 853. Wiegandt u. Grieben. gr. 8. (31 S.) n. 5 ngr.

—— die lutherische und die reformirte Kirche. Ihre wesentl. Verschiedenheit bei ihrer Einheit. Uebersetzt von Friedr. Merschmann. gr. 8. (47 S.) Berlin 861, Rauh.

—— die schottische Kirche in ihrem dreihundertjähr. Kampfe. Deutsche Ausg., besorgt und bevorwortet von Otto Fiebig. gr. 8. (XXIV und 421 S.) Leipzig 851, Gerhard.

—— Luther und Calvin, oder: Die lutherische und reformirte Kirche in ihrer Verschiedenheit und wesentl. Einheit. In deutscher Uebertragung nebst Vorwort von Paul Edward Gottheil. 12. (XVI und 68 S.) Bayreuth 849, Buchner'sche Buchh.

— Predigten z. Besten d. evangel. Missions-Seminars zu Berlin. Aus d. Französ. übersetzt. gr. 8. Berl. 824. Maurer'sche B. 1 ₰.

— der Protector, oder die Republik Englands zur Zeit Cromwell's. Aus dem Französ. übertr. von Karl Thdr. Pabst. Weimar 858. Böhlau. gr. 8. (XXIII, 367 S.) n. 1 ₰. 15 ngr.

—— der Protector oder die englische Republik zur Zeit Cromwell's. Aus dem Französ. übertragen von Friedr. Merschmann. gr. 8. (XI und 324 S.) Elberfeld 859. [Köln,] Hassel. *

—— Rede am ersten Tag der berliner Versammlung von evangel. Christen, s. Andenken an den ersten Tag der berliner Versammlung rc.

Merle d'Aubigny, J. H., s. F. v. *Schiller*, Guillaume Tell.

— Sermon de dieu, prononcé le 29 Juin 1823 dans le temple de la communauté reformé-française de Hamburg. gr. 8. Hamb. 823. Perthes u. B. 4 gr.

— Sermons laissés à mes auditeurs, comme un souvenir de mon affection. gr. 8. Hamb. 813. Perthes u. B. 1 ₰

Merle d'Aubigné, (J. H.,) Sermons laissés à mes auditeurs, comme un souvenir de mon affection. gr. 8. Hamburg 823, Perthes et B.

—— die Verkündigung d. Christenthums unt. d. heidn. Völkern, od. d. Verpflichtungen d. Christen. Missionsrede. Uebers. u. hrsg. v. d. Hamburg. Missionsverein. 2. Aufl. gr. 8. (2¼ B.) Hamburg 831, (Perthes u. Besser.)

Merleker, C. F., s. Merleker, Karl Friedrich

Merleker, Karl, s. Merleker, Karl Friedrich

Merleker, Karl Friedrich

Merleker, Car. Frid., Achaicorum lib. III. 8maj. (31 B.) Darmstadii 837, Leske. 3 Thlr., Postpap.

Merleker, C. F. Aratus als Feldherr und Staatsmann. 18 S. . . . . .
Gumbinnen, Progr. 1830

Derſ. Bellum Cleomenicum. 16 S. . . . .
Königsberg, F., Progr. 1832

Merleker, C. F. Hiſtoriſch-geographiſche Darſtellung des Landes. und der Bewohner von Epeiros. 20 S. . . . .
Königsberg, F., Progr. 1841

—— histor.-geograph. Darstellung d. Landes u. d. Bewohner v. Epeiros. Thl. I. gr. 4. (3¼ B.) Königsberg 841, (Theile.) *

Merleker. Hiſtoriſch-geographiſche Darſtellung der Länder und der Bewohner von Epeiros. 18 S.
Königsberg, Fr. G., Progr. 1852

Merleker: Historisch-geographische Darstellung der Länder und der Bewohner von Epeiros. 18 S. – Progr. Königsberg Fr.G. 1852.

—— ſynchroniſt. Darſtellung d. allgem. Geſchichte. 12 Tab. Fol. Gumbinnen 829. (Berlin, Th. Enslin.)

—ſyſtematiſche Darſtellung d. allgem. Geſchichte. 12 Tabell. in Fol. Gumbinnen 829. (Berl., Enslin). 1 ℛ

Merleker Die Epirotiſche Dynaſtie. 11 S.
Königsberg, F. G., Progr. 1844

—· hiſtoriſch-politiſche Geographie, oder allgemeine Länder- u. Völkerkunde. 4. Buch. 1. u. 2. Thl. — A. u. d. T.: Lehrbuch der hiſtoriſch-comparativen Geographie. gr. 8. Darmſtadt 841, 43, Leske. 1. n. 1⅚ ℛ 2. n. 3 ℛ

—— die Geſchichte d. Aetoliſch-Achäiſchen Bundesgenoſſen-Krieges, nach d. Quellen dargeſtellt. gr. 8. (6½ B.) Königsberg 831, Unzer.

Merleker, Karl Friedr., Geſchichte der Politik der Päpſte. Hamburg 856. Hoffmann u. Campe. 8. (XV, 307 S.) 1 ℛ. 15 ngr.

Merleker, Carl Friedr., Klio. Historisch-comparative Darstellung der allgem. Verhältnisse des Erdkörpers u. d. Geschichte des Menschengeschlechts v. den ältesten Zeiten bis auf die Gegenwart in tabell. Uebersicht. qu. Roy.-4. (15 B. u. 3 Tab.) Darmstadt 846. Leske.

Merleker, Karl Frdr., Kosmogeographie. Für höhere Unterrichts-Anstalten u. zum Selbstunterricht. 2. erweit. Aufl. des Leitfadens zu Vorträgen über die histor.-comparative Geographie. gr. 8. (VIII u. 544 S.) Leipzig 848, Teubner. 2 ℛ

—— Lehrbuch d. hiſtor.-comparativen Geographie. In 4 Büchern. Für höhere Unterrichtsanſtalten u. Freunde d. Erdkunde. gr. 8. Darmſtadt, Leske. *

A. u. d. Ttln.:

Buch 1. Geſchichte d. Geographie u. d. geograph. Entdeckn. in Verbind. mit d. wichtigſten Momenten aus d. Geſch. d. Schifffahrt, d. Kolonien u. d. Handels, von d. älteſten bis auf d. neueſte Zeit. (14¼ B.) 839. * 22 Gr.

" 2. Umriſſe d. mathemat. u. aſtronom. Geographie. (7½ B.) 839. * 12 Gr.

" 3. Umriſſe d. allgem. phyſikal. Geographie. (26¾ B.) 1840. * 1 Thlr. 16 Gr.

" 4. Allgemeine Länderkunde. 2 Thle.

Thl. 1. Die Continente Aſien, Afrika u. Auſtralien. (29 B.) 841. * 1 Thlr. 20 Gr.

" 2. Die Continente Oceanien, Amerika u. Europa. (46½ B.) 843. * 3 Thlr.

—— Leitfaden zu Vorträgen üb. d. allgem. Weltgeſchichte. Für höh. Unterrichts-Anſtalten. 1. Aufl. (21½ B.) Königsberg 835, (Gebr. Bornträger.) 2. verb. Aufl. gr. 8. (17 B.) Braunſchweig 840, Weſtermann. à *

Logen-Vorträge und Lieder von Karl Friedr. **Merleker.** Als Ms. gedr. Königsberg i. Pr. 1853: Dalkowski. XIV, 106 S. 8°
D. Vortr. in Versen, d. Lieder ohne Noten.

— Musologie. Systematische Uebersicht des Entwickelungsganges der Sprachen, Schriften, Drucke, Bibliotheken, Lehranstalten, Literaturen, Wissenschaften und Künste, der Bibliographie und des literarhistor. Studiums. Leipzig 857. Brockhaus. gr. 8. (XVI, 439 S.) n. 2 ℛ. 12 ngr.

Merleker, Karl. Nachträge zu Gottholds Autobiographie. 14 S.
Königsberg, Fr.C., Progr. 1851

Merleker, Car. Frider., de Achaicis rebus antiquissimis. Dissertat. 8maj. (4 B.) Regiomonti Pruss. 831, (Unzer.)

—— die wichtigſten Regeln üb. d. Griech. Accente. 8. (7½ B.) Königsberg 831, Gebr. Bornträger.

—— die hiſtor. Schul-Disciplinen als Repetitionsbuch zunächſt f. d. obern Claſſen gelehrter Schulen, ſo wie f. jeden Freund d. Geſch., der in kurzer Ueberſicht mit d. Wichtigſten d. bezeichn. Gegenſtandes ſich bekannt zu machen geneigt iſt, nach d. Quellen u. d. vorzügl. Hilfsſchriften entworfen. 1. Thl. 8. (27¾ B.) Königsberg 831, Unzer.

—— die hiſtor. Schul-Disciplinen als Repetitionsbuch zunächſt f. d. obern Claſſen gelehrter Schulen, ſo wie f. jeden Freund d. Geſch., der in kurzer Ueberſicht mit d. Wichtigſten d. bezeichneten Gegenſtandes ſich bekannt zu machen geneigt iſt, nach d. Quellen u. d. vorzügl. Hilfsſchriften entworfen. 2. Thl. 8. (47 B.) Königsberg 835, Unzer.
1. Thl. Ebendaſ. 1831. 2 Thlr.

—— praktiſche vergleichende Schul-Grammatik der griechiſchen und lateiniſchen Sprache. gr. 8. (X und 327 S.) Augsburg 851, Rieger'ſche Buchh.

Was ist Freimaurerei? und Die Bilder des kleinen Logensaales der Vereinigten St. Johannis-Loge zum Todtenkopf und Phönix zu Königsberg in Pr. Zwei Vorträge am Johannisfeste 1854 von Karl Friedr. **Merleker.** Königsberg 1854: Dalkowski. 31 S. 8°
[Umschlagtit.:] Zwei Logen-Vorträge gehalten am 24. Juni 1854.
In Versen.

Merleker, W., der Ehrgeiz und ſeine verderbliche Frucht, oder: Leben, Verbrechen und Hinrichtung des Gutsbeſitzers Frz. Kammer. Hrsg. als ein warnendes Beiſpiel vor ähnlicher Verirrung. gr. 12. (60 S.) Inſterburg 850, Wilhelmi's Buchh. *

—— die Erziehung der Kinder des Volkes. Zwei an der Strafanſtalts-Kirche gehaltene Vorträge. gr. 8. (27 S.) Inſterburg 848, Wilhelmi's Buchh.

Merlen, Melch., Reimchronik v. Eiſenach u. der Wartburg. (31 S.) kl. 8. Eiſenach (909). Eiſert & Scheibe. —30

Merlin, s. Herrig.

Der Graf Merlin. (Siehe in: F. A. Mignet, Historische Schriften und Abhandlungen. Th. 1.) 8°.

Merlin, ein Dragoner; od. die erzwung. Heirath. 8. 749. Rthlr. –

Merlin, d. Zauberers Gesch. – s. Samml. romantischer Dichtungen d. Mittelalters xr.

Merlin, Rügande u. andere Märchen. 8. (III, 149 S. m. Abbildgn.) Freiburg i/B. (900). F. E. Fehsenfeld. n. 2. —; geb. n. 3. —

Merlin, Gräfin v., Erinnerungen aus d. Leben einer Creolin. A. d. Franz. übers. v. L. Kruse. 4 Thle. 8. (57¼ B.) Leipzig 837, Kollmann.

Merlin, la Comtesse- Madame Malibran. Tome I. II. Bruxelles 1838.

——, Maria Malibran als Weib u. Künstlerin, nebst Characterzügen u. Anecdoten aus ihrem Leben. N. d. Franz. v. Geo. Los. 8. (11 B.) Leipzig 839, Kummer.

Merlin, Hans, das große Buch der Träume u. ihrer Deutung. Nach den Aufzeichngn. des Artemidoros. (112 S.) 8. Berlin (904). H. Steinitz. n. 1. —

Merlin, Hans, das große Buch der Träume u. ihrer Deutg. Nach den Aufzeichngn. Artemidoros. (5. u. 6. Taus.) (112 S.) 8. Berlin (910). H. Steinitz. 1. —

Merlin, Hans, das große Buch der Wahrsage-Kunst. Eine kurze, allgemeinverständl. Darstellg. der Kleromantie, Chiromantie, Kartomantie, Onomantie, Kephalomantie, nebst e. Anh. üb. das kabbalistisch-astronom. Lotto-Orakel u. kabbalistisch-mathemat. Glücksrad. 8. (168 S.) Berlin (901). H. Steinitz. n. 1. 50

Merlin, Hans, die Kunst, die Karten zu schlagen u. daraus wahrzusagen. (95 S. m. Fig.) 8. Berlin (905). H. Steinitz. n. 1. —
Sonderabdruck aus: „M., das große Buch der Wahrsagekunst".

Was ist Okkultismus und wie erlangt man okkulte Kräfte? Einführung in d. modernen Okkultismus u. d. Geheimwissenschaften d. alten Kulturvölker. Von Hans **Merlin**. *Berlin: H. Steinitz (1903).* (79 S.) 8° [F.] [oj. 8046

Merlin, J: Ueber die Behandlung der acuten Gonorrhöe und der venerischen Bubonen mit Airolemulsionen. (Wien) 1896

Merlin, Paul, der Pastor Oberlin. Elsassische Novelle, nach d. Franz. von Mor. Wilh. Gotthard Müller. (Mit Oberlin's Bildniß.) gr. 12. Blankenhain 836. Anholt. 1 ₰

Merlin, Paul, der Pastor Oberlin. Elsass. Novelle, n. d. Franz. v. Mor. Wilh. Gthard. Müller. gr. 12. (7⅚ B. u. O's. Bild.) Blankenhain 836. (Leipzig, Klinkhardt.)

Merlin-Ausgabe. Bd 1. *(Berlin & Leipzig: Schuster & Loeffler 1900.)* 8° [F.] [oj. 1479

Merlinau, A. S. B., Gedichte. gr. 12. (4½ B.) Berlin 842. (Mittler, Berl.) *

Merling, die Eisenbahn- u. Strassenbahnbrücke üb. den Oberhafen in Hamburg. (16 S. m. 21 Abb. u. 6 Taf.) 35.5×27 cm. Berlin 907. W. Ernst & Sohn. 4. —
Sonderabdruck aus: „Ztschr. f. Bauwesen".

Merling, A., elektrotechnische Bibliothek. 1. und 2. Bd. gr. 8. Braunschweig, Vieweg und Sohn. *

Inhalt:

Bd. 1. Die elektrische Beleuchtung in systematischer Behandlung. (Construction und Betriebsverhältnisse der Lichtmaschinen, elektr. Lampen und Kerzen. Für Ingenieure, Architekten, Industrielle und das gebildete Publikum. Mit in den Text eingedr. Holzst. (XII, 504 S.) 882. *ℳ 16.; 2. auf die neuesten Einrichtungen vervollständ. Aufl. (XII, 630 S.) 884. *ℳ 14.

» 2. Die elektrischen Uhren in allgemein verständlicher Darstellung der Construction und Betriebsverhältnisse, Anordnung der Uhrenkreise, Batterien und Leitung. Für Uhrmacher, Elektrotechniker, Mechaniker, Ingenieure und das gebildete Publikum. (IX, 323 S. mit in den Text eingedr. Holzst.) 884. *ℳ 10.

Merling, A., die Telegraphen-Technik der Praxis im ganzen Umfange zum Gebrauch für den Unterricht für Bau- und Maschinen-Ingenieure, Telegraphen- und Eisenbahn-Techniker, Mechaniker, Militair-Ingenieure, und für die der Militair-Telegraphie nahestehenden Personen bearb. Mit 1 (lithogr. und color.) Karte (in qu. gr. 4.), 2 lithogr. Taf. und 530 in den Text eingedr. Holzschn. gr. 8. (XI, 764 S.) Hannover 879, Meyer. *

Merling, Frid., Dissertatio inaug. med., sistens processus vermiformis anatomiam patholog. 4maj. (3¼ B. u. 2 Stnt.) Heidelbergae 836, J. C. B. Mohr.

Merling, H. [aus Birkenfeld]: Beiträge zur Casuistik der Tracheotomie bei Croup und Diphtheritis. Strassburg, Buchdruckerei von R. Schultz & Comp. (Berger-Levrault's Nachfolger), 1879. 8. 43 S.

Merling, Jul., hundert musikalische Aufgaben für Lehrer und Lernende zur Beförderung eines gründl. Unterrichts in der Tonkunst hrsg. 8. (35 S.) Leipzig 857, Merseburger. *

Merling, Jul., der Gesang in der Schule, seine Bedeutung und Behandlung zur Förderung musikalischer Einsicht und religiös-ästhetisch-gemüthlicher Bildung. gr. 8. (III und 148 S.) Leipzig 856, Merseburger.

—— theoretisch-praktischer Gesangs-Cursus. Zum Gebrauch in höheren und mittleren Schulen, in Seminarien, beim Privatunterrichte für Lehrende und Lernende nach vier Stufen bearb. I—IV. gr. 8. Magdeburg 855, Heinrichshofen'sche Buchh. -

Inhalt:

(Nr.) 1. Untere Stufe. Das Alter von 8 und 9 Jahren. (IV und 22 S.) 5 Ngr.
2. Mittlere Stufe. Das Alter von 10 und 11 Jahren. (IV und 32 S.) 5 Ngr.
3. Mittlere Stufe B. Das Alter von 12 und 13 Jahren. (IV und 40 S.) 5 Ngr.
4. Obere Stufe. Das Alter von 13 bis 15 Jahren. (IV und 76 S.) 7½ Ngr.

—— musikalisches Laienthum. 8. (VIII und 119 S.) Leipzig 857, Merseburger.

Merlis, Miron, aus Minsk (Russland): Über die Zusammensetzung der Samen und der etiolierten Keimpflanzen von Lupinus angustifolius L. [S. A. aus: Die landwirtschaftl. Versuchs-Stationen — Nobbe. Bd 48. S. 419—454]. Merseb 1897. 40 S. 8°.
Zürich. Phil. Diss. [v. 3. Mai 1897].

Merlo, C., s. Merlo, Karl

Merlo, Emma, neuestes Portefeuille f. Freundinnen weiblicher Kunstarbeiten. qu. 4. Pirna 815. Friese. 2 ₰ 12 gr

— die künstl. Strickerin. qu. 4. Ebd. 815. 1 ₰ 16 gr

Merlo, Ernst (geb. am 3 Sept. 1846 in Köln): Ueber Vaginismus ... Bonn, gedr. bei J. F. Carthaus (1869). 32 S., 1 Bl. 8.
Bonn, Med. Fak., Diss. v. 27 Juli 1869

Merlo, Johann Jakob

Merlo, J. J., die Familie Hackeney zu Köln, ihr Rittersitz und ihre Kunstliebe. gr. 8. (IV und 94 S.) Köln 863, DuMont-Schauberg'sche Buchh. *

— die Familie Jabach zu Köln und ihre Kunstliebe. Mit 2 (lith.) Abbildgn. (Abgedr. aus den Annalen des histor. Vereins für den Niederrhein.) Köln 861. Heberle. gr. 8. (80 S.) n. 22⅔ ngr

Merlo, J. J., Köln im J. 1531. Das Lobgedicht Johann Haselbergs auf die Stadt Köln. Mit einer Nachbildung des Prospekts der Stadt Köln von Ant. Woensam von Worms. gr. 8. (39 S.) Köln 886, Boisserée. *
Aus: Annalen des historischen Vereins für den Niederrhein, besonders abgedruckt.

Merlo, Joh. Jac., Kunst und Künstler in Köln. Abtheilung der Künstlernachrichten. A. u. d. T.: Nachrichten von dem Leben und den Werken kölnischer Künstler. Lex.-8. (VIII und 576 S. mit 174 Monogrammenabbildungen auf 3 Stnt.) Köln 850, (Heberle.) *

Merlo, Joh. Jac., köln. Künstler in alter u. neuer Zeit, hrsg. v. Ed. Firmenich-Richartz unt. Mitwirkg. v. Herm. Keussen, s. a. Publikationen d. Gesellschaft f. rhein. Geschichtskunde.

Merlo, Joh. Jac., Kölnische Künstler in alter u. neuer Zeit. J. J. M.'s neu bearb. u. erweiterte Nachrichten v. dem Leben u. den Werken Kölnischer Künstler. Hrsg. v. Ed. Firmenich-Richartz unter Mitwirkg. v. Herm. Keussen. Mit zahlreichen bildlichen Beilagen. 1.—17. Lfg. hoch 4. (Sp. 1–832 m. Abbildgn. u. 17 Lichtdr.-Taf.) Düsseldorf 893. 894. L. Schwann. à 1. 50

Merlo, Joh. Jac. Nachrichten von dem Leben und den Werken Kölnischer Künstler. Mit 174 Monogrammenabbildungen. Köln 1850. 8°.

Merlo, Joh. Jac., Nachrichten von dem Leben und den Werken kölnischer Künstler. 1. Fortsetzung. A. u. d. T.: Die Meister der altkölnischen Malerschule. Mit Rücksichtnahme auf die verwandten Kunstzweige der Kalligraphen, Rubricatoren, Illuminatoren, Glasmaler, Emailmaler und Kunststicker. Urkundliche Mittheilungen. Lex.-8. (VIII und 246 S. mit 1 lithogr. Abbild. und 5 Orig.-Holzschn. von Ant. v. Worms.) Köln 852, (Heberle.) Thlr. *

—— Anton Woensam von Worms, Maler und Xylograph zu Köln. Sein Leben und seine Werke. Eine kunstgeschichtl. Monographie. gr. 8. (146 S.) Leipzig 864, R. Weigel. *

Merlo, J. J., Anton Woensam v. Worms, Maler und Xylograph zu Köln. Sein Leben und seine Werke. Nachträge. gr. 8. (56 S. mit 2 Holzschn.) Leipzig 884, Barth. *
Hauptwerk. Leipzig 1864, [R. Weigel.] Barth. * ℳ 4.

Ulrich Zell, Koelns erster Drucker von Dr. Johann Jakob Merlo. Nach dem hinterlassenen Ms. bearb. von Dr. Otto Zaretzky. Hrsg. von der Stadtbibliothek in Koeln. Mit 8 Taf. *Köln: Kölner Verl.-Anst. & Dr. 1900.* (76 S.) 4°(8°) [F. u. Ant.]
— Veröffentlichungen d. Stadtbibliothek in Köln. Beih. 3. [00. 77.] 6

Merlo, Karl

[F.] Die Ausführung des Kommunalabgaben-Gesetzes Seitens der Aufsichtsbehörden v. C[arl] Merlo, Landgerichtsr. a. D. Hrsg. v. d. Provinzialverbänden der Rhein.-Westfäl. u. d. Schles. Grundbesitzer-Ver. 4. bis 12. Taus. *Köln (Rhein): P. Neubner 1895.* (26 S., 1 Bl.) 1 Bd 8. [94. 36..]

Merlo, C., d. Ausführg. d. preuß. Kommunalabgabengesetzes u. d. neuesten ministeriellen Verfüggn. [Aus: „Monatsbl. f. d. städt. Grundbesitz."] gr. 8. (20 S.) Köln 895. P. Neubner. n. — 40

Merlo, C., der Entwurf e. Gesetzes betr. die Umlegung v. Grundstücken in Frankfurt a. M. (neue lex Adickes) u. die Wohnungsfrage. Hrsg. v. dem preuß. Landesverband der städt. Haus- u. Grundbesitzer-Vereine. gr. 8. (42 u. 11 S.) Köln 901. P. Neubner. n. 1. —

Merlo, C., der Gesetzentwurf betr. Stadterweiterungen u. Zonenenteignungen (lex Adickes). gr. 8. (42 S.) Köln 894. (Kölner Verlags-Anstalt u. Druckerei.) 1. —

— die Grund-(Haus-)Besitzer unter dem Kommunalabgabengesetz vom 14. Juli 1893. Nebst dem vollständ. Gesetzestext, der Ausführungsanweisg., den Uebergangsbestimmgn. u. Mustersteuerordngn. gr. 8. (IV, 168 S.) Köln 894. P. Neubner. n. 3. —

Merlo, C., d. Antrag Stelzmann-Lent betr. d. Einführg. e. „besond. Grund- u. Gebäudesteuer". Hrsg. v. d. Kölner Haus- u. Grundbesitzer-Verein. 1.—3. Taus. gr. 8. (49 S.) Barmen 896. (Köln, P. Neubner.) n. — 60

— dasselbe Seitens d. Aufsichtsbehörden. Hrsg. v. d. Provinzialverbänden d. rheinisch-westfäl. u. d. schles. Grundbesitzer-Vereine. gr. 8. (26 S.) Ebd. 895. n. — 40

Merlo, C., neue Steuern f. den Haus- u. Grundbesitz, insbesondere die Wertzuwachssteuer. (40 S.) gr. 8. Köln 906. P. Neubner. n. — 70

— die Ungesetzlichkeit der die Straßenreinigung betr. Polizei-Verordnungen u. Ortsstatute. gr. 8. (44 S.) Ebd. 894. n. — 90

Merlo-Horstius, Jakob

Merlo-Horstius, J., Aphorismen über die heilige Eucharistie s. a. Bibliothek für innerliche Seelen.

—— Aphorismen üb. d. heil. Eucharistie, od. Anleit., fromm u. heilig Messe zu lesen u. zu kommuniziren. In kurz. Sätzen aus d. bewährt. Aszeten gesamm. u. erläut. Uebers. v. M. W. Kerp. Nebst e. Anh. 8. (19 B. u. H.-M's. Bildn.) Cöln 828, Bachem.

Merlohorstii, Iac., aphorismi eucharistici. 8. Augsb. Doll. 748.

Merlo-Horstii, Jac., Aphorismi Eucharistici, id est piae et sanctae celebrationis et communionis monita. Ex praecipuis ascetis collecta et illustr. Edit. nova cui adjecta authoris vita, procur. a M. W. Kerp. 8. (12 B. u. M-H's. Bildn.) Coloniae 828, Bachem.

Merlo-Horstius, Jac., Aphorismi eucharistici, i. e. piae et sanctae celebrationis monita ex praecipuis ascetis collecta et illustrata opera M.-H. Textum recensuit adjectisque precibus ante et post missam denuo ed. Jos. Alois. Krebs, C. Ss. R. Praemittitur vita auctoris una cum effigie ejus. 8. (XVI, 168 S.) Regensburg 902. F. Pustet. 1. 20; geb. in Leinw. n. 1. 70

Merlo Horstius, (Jac.), Paradies der christl. Seele. Ein Gebet- u. Erbauungsbuch. A. d. Latein. übers. u. mit ein. Anh. begleitet v. J. Annegarn. 12. (56 B. u. 1 Stahlst.) Münster 843, Deiters. 22½ Ngr.; Velinp.

Merlo-Horstius, Paradies der christlichen Seele. Ein vollständ. Gebet-, Unterrichts- u. Erbauungsbuch aus der heiligen Schrift u. den Werken der Väter u. Heiligen der kath. Kirche. 2. Aufl., nach Annegarn's Uebersetzung neu bearb. Mit einem Anhang von kirchlichen Gebeten ꝛc. 12. (XVI u. 806 S. m. 1 Stahlst.) Münster 848, Deiters. — 3. Aufl., nach Annegarn's Uebersetzung mit Berücksichtigung des latein. Originals neu bearb. von dem Herausgeber des Gebetbuchs u. d. T.: „So sollet ihr beten." Mit einem Anhang von kirchl. Gebeten, Gesängen, Litaneien ꝛc. 16. (XVI u. 782 S. m. 1 Stahlst.) Ebd. 851. 3/4 Thlr.

Merlo-Horstius, Paradies der christlichen Seele. Ein vollständiges Gebet-, Unterrichts- u. Erbauungsbuch aus der heil. Schrift und den Werken der Väter und Heiligen der katholischen Kirche. 4. Aufl., nach Annegarns Uebersetzung mit Berücksichtigung des latein. Originals neu bearb. von dem Herausgeber des Gebetbuchs u. d. T.: „So sollet ihr beten." Mit einem Anhange von kirchlichen Gebeten, Gesängen, Litaneien ꝛc. Münster 857. Deiters. 16. (XVI, 782 S., lith. Titel in Farbendr. u. 1 Stahlst.) 1 Thlr.

—— Paradies der christlichen Seele. Ein vollständ. Gebet-, Unterrichts- und Erbauungsbuch aus der heil. Schrift und den Werken der Väter und Heiligen der kathol. Kirche. Mit einem Anhang von kirchl. Gebeten, Gesängen, Litaneien ꝛc. 4. Aufl. 16. (XVI und 782 S. mit 1 Stahlst.) Münster 860, Aschendorff'sche Buchh.

— paradisus animae christi. II pts. 8. maj. Bamb. Goebhard. 763.

— paradisus animae Christi. II Prts. 8maj. Bamb. 763. (Wesché in Frankf.) 2 pf.

— Paradisus animae christianae, lectissimus omnigenae pietatis deliciis amoenus. 24. Mechlinae 841. (Mainz, Kirchheim, Schott et Thielmann.) n. 1 Thlr.

— paradisus animae christianae lectissimis omnigenae pietatis deliciis amoenus. Nova editio. Accessit manuale pietatis. 12. (XVI, 1024 S. m. Titelbild.) Dülmen 898. A. Laumann. Geb. in Ldr. n. 5. 25

Merlo-Horst, Jak., kleines Seelen-Paradies, od.: Betrachtungen u. Gebethe z. Nutzen u. Frommen kathol. Christen. A. d. Latein. (2 Abthln.) gr. 12. (27½ B. u. 1 Stahlst.) Innsbruck 838. (Regensburg, Manz.)

—— das Vater Unser als Morgen-, Abend-, Meß-, Beicht- u. Communiongebet, nebst 12 Betrachtn. üb. d. Leben u. Leiden Jesu Christi, übers. v. Geo. Geuß. gr. 12. (5 B.) Bamberg 833, Dresch. 5 Gr., Bind.

Merloff, Frz., Im Coupé! Drei Novellen. gr. 16. (355 S.) München 872, Homolatsch.

Merlotscha. La M'. Canzuns per tuttas classas della scola, dedicadas era allas familias e compagnias della giuventetgna. Ediziun fatga per commissiun de biars Scolasts romontschs. ([Daus ora tras] Florin Camathias [plevon a Breil].) VIII + 152 p. 8. Luzern, J. Schill, [1905]. [fr. —. 75, geb. —. 90]

Mermagen, C., was jeder v. der Wasserbehandlung wissen sollte. (VII, 71 S.) 8. Stuttgart 907. F. Enke. 1. 20

Mermagen, C., die Wasserkur. Briefe an e. jungen Freund. (VI, 226 S.) gr. 8. Stuttgart 904. F. Enke. n. 2. 80; geb. n. 3. 60

Mermagen, Karl

Mermagen, Carl (geb. Flamersheim im Rheinl. [20. 7. 1842]): Die künstliche Frühgeburt in ihrer Beziehung zum verengten Becken. Berlin (1868). (34 S.) 8°
Berlin, Med. Diss. v. 28. Juli 1868

Mermann, Alfons

Mermann, A., Indikationsverschiebungen in der Geburtshilfe, s. a. Sammlung klinischer Vorträge. Nr. 425.

Indikationsverschiebungen bei der Geburtshilfe von A[lfons] **Mermann**, Mannheim. Leipzig: Breitkopf & Härtel 1906. (23 S.) 8° [Umschlagt.] — Sammlung Klinischer Vorträge. N. F. No 425. Lfz. 1907 10

Mermann, Friedrich [app. Arzt aus Mannheim]: **Beitrag zur Gallenblasenchirurgie** ... (Aus: Beitr. z. klin. Chir., Bd. IX Heft II.) Tübingen, H. Laupp, 1892; 28 S. 8.
Heidelberg, Med. Fak., Inaug.-Diss. v. [9. Mai] 1892

Mermet aîné. Histoire de la ville de Vienne de 438 à 1040. (25½ f.) 8. Vienne 1833.

Mermet aîné. Suite de l'histoire de la ville de Vienne de 1040 à 1801. 8. Vienne 1853 6 fr.

Mermet, Bollioud v., Abhandl. v. dem Verderben des Geschmacks in d. franz. Musik. 8. Altenb. Richter. 750.

Mermillod. Son Éminence le Cardinal M'. Fribourg 1890 s. (G[rospellier], A[lexandre]).

Mermillod, Caspar, s. Mermillod, Kaspar

Mermillod, Gaspard, s. Mermillod, Kaspar

Mermillod, Kaspar

— du sollst den Sonntag heiligen, s. Stimmen, kathol., aus der Schweiz.

Mermillod, Casp., die christliche Frau in unserer Zeit. Vorträge. Unter Mitwirkung von Arth. König übers. von Frz. Riedinger. Mit Autoris. des Verf. gr. 8. (125 S.) Neiße 875, Huch's Buchh.

Mermillod, Casp., die Freiheit u. Unabhängigkeit der Kirche. Hirtenbrief auf die heil. Fastenzeit des Jahres 1867. Aus dem Französ. in's Deutsche übertragen von Thom. Stocker. Zürich 867. Woerl. gr. 8. (32 S.) 3 ngr.

— die Kirche u. die Arbeiter im 19. Jahrhundert. Rede, geh. bei St. Clotilde in Paris. [Aus dem Franz.] gr. 8. (26 S.) Augsburg 874. Ostertag. — 40

Mermillod, Gaspard. Oraison funèbre de Mgr Alexandre-François-Marie de La Bouillerie, ... Coadjuteur de Bordeaux, prononcée ... [à] Bordeaux le 11 septembre 1882. 3e éd. (E.) 8. Bordeaux, Paris ... Fribourg 1882.

Mermillod, Gaspard. Oraison funèbre de Sa Grandeur Mgr Hector-Albert Chaulet-d'Outremont, Évêque du Mans, Prononcée ... [au] Mans le 29 octobre 1884. [E.] 8. [Fribourg 1885.]

Mermillod, [Gaspard]. Panégyrique de Saint François de Sales, prononcé le 23 avril 1865 ... [à] Annecy, à l'occasion des fêtes de l'anniversaire bi-centenaire de la canonisation de ce Saint. 8. Fribourg 1865.

Mermillod, L., die Andacht zur heiligen Anna, ihr Grund, ihre Wirkung, ihre Uebung. Uebersetzt u. bearb. von Aug. Oswald. Paderborn 869. Schöningh. 16. (VIII, 454 S.) n. 9 ngr.

Mermod, Eric, a. Ste. Croix ⟨Schweiz⟩: **Über die Einwirkung von Grignardschem Reagens auf o-Aldehydosäuren.** (Berlin 1906: G. Schade.) (60 S.) 8°
Berlin, Phil. Fak., Ref. Gabriel, Diss. v. 11. Aug. 1906
[Geb. 3. Mai 83 Ste. Croix; Wohnort: Ste. Croix; Staatsangeh.: Schweiz; Vorbildung: Gymn. Neuchâtel Reife Juli 02; Studium: Karlsruhe T.H. 4, Charlottenburg T.H. 3, Berlin 2 S.; Rig. 23. Juli 06.]

Mernell, E. Taube und Habicht. Roman. In-8°. Schaffhausen, Rothermel. 1883. 5 —

Mero, Opsonius [Pseud.], s.a. Mauricius, J. J.

MERO, Opsonius (d. i. *J. J. Mauricius*), Der gesäuberte Parnassus. 1716.
Weller, Lex. Ps. p. 358. — Höchst selten!

Merobaudes, Flavius

Merobaudes et Corippus. Recogn. Imm. Bekkerus. 8maj. (34½ B.) Bonnae 836, Weber.
* 2⅔ Thlr., Schrbp. * 3½ Thlr., Vlnp. Thlr. *

Merobaudes, Fl., Reliquiae, ed. Frider. Vollmer, s.a. Monumenta Germaniae historica.

Fl[avii]Merobaudis reliquiae. Blossii Aemilii Dracontii Toletani carmina. Eugenii Toletani episcopi carmina et epistulae. Cum appendicula carminum spuriorum ed. Fridericus Vollmer. Berolini: Weidmann 1905. (II, 455 S.) 4°
— Monumenta Germaniae historica. Auctorum antiquiss. T. 14. [05. 1176

Merobaudis, (Fl.,) carminum panegyricique reliquiae ex membranis Sangallens. editae a B. G. Niebuhrio. Edit. II. emend. 8 maj. Bonnae 824, Weber.

Merode, Graf H., u. Marquis v. Beauffort, von dem Geist des Lebens u. von dem Geiste des Todes. Eine polit. Mystik f. die Gegenwart. (Neue Titel-Ausg.) gr. 8. (VIII u. 192 S.) Aachen 850, Hensen & Co. in Comm. n. ⅓ ℛ (Auf d. Titel steht fälschlich Marode statt Merode.)

Merolt, Franz (Tschekowitz in Böhmen), Sätze aus allen Theilen der Rechtsgelehrtheit und der Politik .... um die Doktorswürde sämmtlicher Rechte zu erlangen .... (Prag (Gerzabek) 6. XII. 1825). 15 S. (3.—) 23072

Méron, L., Auch eine Tante. Lustspiel in 1 Act. (Den Bühnen gegenüber Mscr.) gr. 8. (39 S.) Berlin 860, Kahn.

— Marie Antoinette. Schauspiel in 5 Akten. (Den Bühnen gegenüber Mscr.) gr. 8. (V und 93 S.) Berlin 860, Kahn.

— Marie v. Vienne, oder: Die Belagerung von Calais. Drama in 5 Akten. (Den Bühnen gegenüber Mscr.) gr. 8. (108 S.) Berlin 859(61), Kahn.

— Schlau muß man sein. Schwank in 1 Act. (Den Bühnen gegenüber Mscr.) gr. 8. (25 S.) Berlin 860, Kahn.

Merope

— Trspl. in 5 A. Metrisch übersetzt von F. L. Graf v. W., s. Alfieri.

Merope, ein Trauerspiel in Versen und fünf Aufzügen. Nach der Tragödie des Herrn Voltaire. Wien o. J. V: *Sternschütz, Johann Stöhr v.* (BIBLPORT)

Merope; e. Trspl. Aus d. Italien. v. Fr. Molter. 8. Wien 751. ...

Merope. Trauersp. des Herrn Voltaire, a. d. Franz. 8. Hamburg. (Walther in Dresd.) 754. —

Merope. Ein deutsches Originaltrauerspiel in Versen von fünf Aufz. Wien 1772. V: *Weidmann, Paul.* (Jahrb. d. Grillp.-Ges. XIII.)

— Trauersp. v. Weidmann. 8. Wien, Wallishäußer.

Merope, ein Trauerspiel. Gotha 1774. V: *Gotter, Frdr. Wilh.* (Cat. d. Stadtbibl. Zürich. Zürich 1864—97.)

— Trauersp. von Gotter. 8. Gotha, Ettinger. 774. —

Merores Margarete: Beiträge zur Geschichte der Stadt Gaeta im Mittelalter.
M. 1909 PN 2816 Diss. Wien, Univ. 1027

Merrem, Augustus Car. Ludov. Blas(ius) (geb. Colo a. Rh. 5. 6. 1818): De tenotomia. Berolini (1840). (33 S.) 8°
Berlin, Med. Diss. v. 8. Sept. 1840

Merrem, Blasius

— verm. Abhandl. aus d. Thiergeschichte. Mit Kpf. gr. 4. Götting. 778—81. Vandenhöck u. R. 1 ℛ ill. 2 ℛ

Merrem, Blasius:
Vermischte Abhandlungen aus der Thiergeschichte. Von Blasius Merrem. Göttingen: Boßiegel 1781. 172 S. 8°

— systemat. Anfangsgr. d. reinen Mathematik, Physik u. Naturgeschichte. 1r Bd. Auch u. d. T.: Anfangsgründe d. reinen Mathematik 2c. 1 ℛ 12 gl. 2r Bd. A. u. d. T.: Anfangsgr. d. Physik 2c. 1 ℛ 20 gl gr. 8. Duisb. 793, 96. Bädecker. 3 ℛ 8 gl — Daraus apart: Anfangsgr. d. allgem. Wesenlehre u. Erkenntnißwissenschaft. 8. Ebd. 793.

Merrem, Bl., animadversiones quaedam chirurg. experiment. in animal. illustratae, od. Abhandl. üb. Trepanationswunden. m. K. gr. 8. Gießen, Müller. 810.
vgl. Merrem, Daniel Karl Theodor

Blas. Merrem de animalibus scythicis apud Plinium. Disp. inaug. philos. Gotting. 1781. 4. — *Redit in* Ludw. opuscc. delect. Vol. I. p. 82 sq.; *german. vers. et auct. in* Ruperti und Schlichthorst Magaz. f. Philologie II. 1797. Art. 11. (Ad. Plin. VIII. 15.)

— Beyträge z. Gesch. d. Amphibien. 2 Hefte m. K. gr. 8. Leipz. Beer. 790. (ist das folgende.)

Merrem, Blasius
Beyträge [Beiträge] zur besonderen Geschichte der Vögel. Gesammelt von Blasius Merrem. H.1.2. Goettingen: Verf.; Vandenhoeck in Komm.; Leipzig: J. F. Müller (2: Leipzig: Müller) 1784-86. 1 Bd 4°

Merrem, Blas., Beitrr. z. Naturgeschichte. (Auch u. d. T.: Beitrr. z. Geschichte d. Amphibien.) 1s u. 2s Heft. Mit 24 ill. Kpf. gr. 4. Duisb. u. Leipz. 792. 3s Heft. (Naturgesch. d. Schlangen.) Mit 13 illum. Kpf. gr. 4. Essen 822. Bädecker. Alle 3 Hefte. 12 ℛ

Merrem, (B.,) Beitrr. z. Naturgeschichte d. Amphibien. 1s—3s Heft. Mit illum. Kupf. gr. 8. Essen, Bädeker. 1s u. 2s Heft. 797. 8 Rthl. — 3s Hft. 822, 6 Rthl.

— Beiträge zur Naturgeschichte der Schlangen. Mit 13 ausgemalten Kupfern. gr. 8. Essen 822, Bädeker.

— descriptio avium rarior. II fascic. c. tab. color. fol. Lips. Müller. 786. 87.

— — dass. auch m. deutsch. Text.

— kurzer Entwurf d. Naturlehre. 8. Duisb. 786. Müller. 5 gr.

— kurzer Entw. d. Naturlehre f. seine Zuhörer. 8. Leipz. Müller.

— allgem. Grundsätze d. bürgerl. Wirthschaft u. Haushaltung. gr. 8. Götting. 817. Röwer. 1 Rthlr 8 gr.

— Handbuch d. Pflanzenkunde nach d. Linn. System. gr. 8. Marb. 809. Krieger. 3 Rthlr 8 gr.

Merrem (B.). Index horti acad. marburgensis. Marburg, 1807. 8°.

— s. Reise nach Paris.

REISE nach Paris. Im August u. Septemb. 1798. Vorzügl. in Hinsicht des öffentlichen Geistes und nützlich für diejenigen, welche eine Reise dahin machen wollen. Aus italiän. Handschriften (verfasst von *Blasius Merrem*). Deutschland (Duisburg, Bädeker) 1800. 8°. (Im British Museum.) (8 Mk. 50 Pfg., Edm. Meyer, Berlin, c. 1906.)
Weller, fing. Druckorte; Anon.-Lex. III. p. 359 (nach Kayser, Engelmann, Meusel, Rotermund, Weller).

— Vers. ein. allgem. Gesch. d. Vögel, u. dessen System der Ornithologie. in Thls 1r Bd. 1s Heft und 2r Bd. 1s—4s Heft. m. K. Fol. Leipz. Müller. 787. 88.

— — dass. auch m. lat. Text.

— Versuch e. Grundrisses z. allgem. Gesch. u. natürl. Eintheilung d. Vögel. In Thls. 1r Bd. 1s Heft u. 2r Bd. 1s—4s Heft. Mit Kpf. Fol. Leipz. 787, 88. (Centr.-Compt.) 10 Rthlr Dass. mit latein. Text 10 Rthlr

— Versuch eines Systems d. Amphibien. Tentamen systematis Amphibiorum. 8. Marb. 820. Krieger. 1 Rthlr 18 gr.

Merrem, C. T., s. Merrem, Daniel Karl Theodor

Merrem, Carl Blasius, s. Merrem, Karl Blasius

Merrem, Dn. Karl Thdr., animadversiones quaedam chirurg. experimentis in animalibus factis illustratae. C. fig. 8. Giessen 810. (Heyer). 8 gr. Hbg. Pr. 4 gr.

* **Merrem, C. T.,** Animadversiones quaedam chirurgicae experim. in animalibus illustratae; od. Abhandl. üb. eine schnelle Heilart d. Trepanationswunden, mit K. 8. Gießen, Müller. 810. –

Merrem, Daniel Carolus Theodorus
Animadversiones quaedam chirurgicae experimentis in animalibus factis illustratae.
Gissae: Tasche et Mueller 1810. 46 S. u. 1 Taf.
Diss. med. 1810. vorh. 4.

Merrem, Dan. Karl Theod., Auszug aus ein. Berichte d. Hrn. Dr. Barchewitz etc., s. Auszug etc.

—— über d. Cortex adstringens Brasiliensis. M. 4 ill. Abbild. gr. 8. (7 B.) Köln 828, Bachem.

Merrem, Karl Blasius

Merrem, Carl *Blasius* [aus Berlin]: Über cerebrale Muskelatrophie ... Berlin, Buchdr. v. G. Schade, *1895;* 40 S., 2 Bl. 8.
Berlin, Med. Fak., Inaug.-Diss. v. 30. Juli 1895

Merres, Ernst, a. Berlin: Untersuchungen über die Wirkung der Enzyme der Pancreasdrüse und der Magenschleimhaut auf vegetabilische Eiweissstoffe. Königsberg i. Pr. [1908]: R. Gruel. (104 S.) 8° [J. u. Ant.]
Königsberg, Phil. Fak., Ref. Stutzer, Diss. v. 24. Febr. 1908
[Geb. 16. März 79 Berlin; Wohnort: Königsberg i. Pr.; Staatsangeh.: Preußen; Vorbildung: Victoria-Gymn. Potsdam Reife O. 01; Studium: Berlin Univ. 9, Landw. Hochsch. 2, Univ. Königsberg 1 S.; Rig. 4. Febr. 08.]

Merres, Friedrich, appr. Arzt a. Berlin: Ueber Meniskusverletzungen. Leipzig 1908: B. Georgi. (36 S.) 8°
Leipzig, Med. Fak., Ref. Trendelenburg, Diss. v. 10. Mai 1908
[Geb. 1. Okt. 80 Berlin; Wohnort: Hermannswerder; Staatsangeh.: Preußen; Vorbildung: Humboldt-Gymn. Berlin Reife O. 01; Studium: Berlin 9 S.; Coll. 29. Mai 08; Approb. 16. Mai 06.]

Merres, Osk., der treue Deutsche, s.: Weichert's Wochen-Bibl.

Merres, O., Garnison- und Entfernungs-Karte für die Deutsche Armee in ihrer territorialen Eintheilung. Speciellste Übersicht sämmtlicher deutschen Staats- u. Privat-Bahnen. Bearb. u. herausg. Berlin 1879. 16 Bll. . . . . (Br. Mus.)

Merres, Osk., das Geheimnis d. Gräfin Elisabeth. Zeitroman in 2 Bdn. M. Illustr. v. H. Baudouin. (In 60 Hftn.) 1.—8. Hft. gr. 8. (1. Bd. S. 1—192.) Berlin 897. H. Liebau. à — 10

Merres, Osc., Glück auf! Neue sinn. Original-Gedichte f. Jung u. Alt. gr. 8. (72 S.) Berlin 874. Osc. Sachse. 1. –

—— Handbuch für den materiellen Gebrauch des Militair-Wochenblattes von 1848 bis 1867 und des Armee-Verordnungsblattes von 1867 bis incl. April 1874. 2. verm. Aufl. 4. (IV, 120 S.) Ebendas. 874. *

—— Handbuch über Vorspann- und Transport-Kosten, Marschgeld der Heerespflichtigen, Kriegsleistungen, Natural-Verpflegungs-Sätze. Uebersichtliche Zusammenstellung der darauf bezügl. Bestimmungen zum dienstl. Gebrauch für die Truppen, sowie für die Behörden der Stadt- und Landgemeinden. 2. verm. Aufl. gr. 8. (VI, 80 S.) Berlin 872, Mittler und Sohn. *

—— das Marschgeld der Heerespflichtigen. Uebersichtliche Zusammenstellung der darauf bezügl. Bestimmungen mit dazu gehörigen Tab. für die Truppen, sowie für die Behörden der Stadt- und Land-Gemeinden. gr. 16. (28 S.) Ebendas. 871. *

—— der Remonte-Transportführer. Uebersichtliche Zusammenstellung der darauf bezügl. publizirten Bestimmungen über Remonte-Transport; deren Instradirung, Verpflegung und Kosten-Liquidirung. Nebst Anhang. 8. Ebendas. 873. *

—— Tabelle zur schnellen und sicheren Berechnung der Servissätze nach Tagen und Köpfen für die Mannschaften vom Feldwebel ꝛc. abwärts. [Nach dem Servistarif vom 21. Dezbr. 1867.] gr. Fol. (1 lithogr. Bl.) Ebendas. 871.

—— Taschenbuch über Reisekosten, Tagegelder und Umzugskosten nebst Liquidationsmodus. Uebersichtliche Zusammenstellung der darauf bezügl. publizirten Bestimmungen pro 1848 bis 1870. 16. (IV, 46 S. mit 1 Tab. in qu. Fol.) Ebendas. 871. *

—— Vorspann- und Transportkosten. Uebersichtliche Zusammenstellung der darauf bezügl. Bestimmungen. 8. (IV, 48 S.) Ebendas. 871. *

Merres, Paul Wilh. (geb. Sagan 19. 8. 1843): Ueber Schenkelhalsbrüche. Berlin (1867). (32 S.) 8°
Berlin, Med. Diss. v. 17. Aug. 1867

Merriam, A. C., The greek and latin inscriptions on the obelisk-crab in the Metropolitan Museum, New-York. 1883. 49 S. u 2 Taf. 2.—

Merriam, A. C., Inscribed sepulchral vases from Alexandria. S.-A. o. J. 17 S.

Merriam, Edmund Sawyer, a. Hartford, Conn. U.S.A.: Zur Theorie des Reststroms. Göttingen 1906: Dieterich. (38 S.) 8°
Göttingen, Phil. Fak., Ref. Dolezalek, Diss. v. 24. Febr. 1906
[Geb. 4. Mai 80 Easthampton, Mass.; Wohnort: Hartford, Conn.; Staatsangeh.: Vereinigte Staaten; Vorbildung: H. A. des Trinity College in Hartford Juni 03; Studium: Hartford 2, Göttingen 5 S.; Rig. 15. Nov. 05.]

Merriam, John C. [aus d. Vereinigten Staaten]: Ueber die Pythonomorphen der Kansas-Kreide ... (Aus: Palaeontographica, Bd. XLI. — M. 4 Taf.) Stuttgart, E. Schweizerbart, 1894; 1 Bl., 39 S. 4.
München, Phil. Fak., Inaug.-Diss. v. 1894

Merrick, Chas. S., über die Einwirkung von Jodallyl auf Anhydrobenzoyldiamidobenzol. Inaugural-Dissertation. gr. 8. (84 S.) Göttingen 882, (Vandenhoeck und Ruprecht's Verlag.) *

Merrick, Leonard, the actor-manager, s.a. Collection of British authors.

The Actor-Manager. By Leonard Merrick. Copyright ed. Leipzig: Tauchnitz 1898. 291 S. 8°
(Collection of British authors. Tauchnitz Ed. Vol. 3296.) [11. 8431

Merrick, Leonard, eine persönliche Ansicht, s.: Engelhorn's allgem. Romanbibliothek, 14. Jahrg.

Merrick, Leonard, ein Bombenerfolg u. andere Novellen, s.a. Universal-Bibliothek.

Ein Bombenerfolg und andere Novellen von Leonard Merrick. Autor. Übers. aus d. Engl. von Anna Kellner. Leipzig: Reclam jun. [1909]. 93 S. 8°
(Universal-Bibliothek. 5145.) [10. 2127

Merrick, Leonard, The quaint companions, s.a. Collection of British authors.

The quaint Companions. By Leonard Merrick. Copyright ed. Leipzig: Tauchnitz 1904. 278 S. 8°
(Collection of British authors. Tauchnitz Ed. Vol. 3711.) [11. 8338

— **Conrad in quest of his youth,** s.a. Collection of British authors.

Conrad in quest of his youth. An extravagance of temperament. By Leonard Merrick. Copyright ed. Leipzig: Tauchnitz 1903. 288 S. 8°
(Collection of British authors. Tauchnitz Ed. Vol. 3668.) [11. 8303

— **Cynthia, a daughter of the Philistines,** s.a. Collection of British authors.

Cynthia, a daughter of the Philistines. By Leonard Merrick. Copyright ed. Leipzig: Tauchnitz 1897. 277 S. 8°
(Collection of British authors. Tauchnitz Ed. Vol. 3194.) [11. 8136

— **The house of lynch,** s.a. Collection of British authors.

The House of Lynch. By Leonard Merrick. Copyright ed. Leipzig: Tauchnitz 1908. 290 S. 8°
(Collection of British authors. Tauchnitz Ed. Vol. 4017.) [11. 8769

— **Liebe u. Ruhm,** s.: Deva-Roman-Sammlung.

— **The man who understood women, and other stories,** s.a. Collection of British authors.

The Man who understood women, and other stories. By Leonard Merrick. Copyright ed. Leipzig: Tauchnitz 1908. 288 S. 8°
(Collection of British authors. Tauchnitz Ed. Vol. 4083.) [11. 8813

— **the man who was good,** s.a. Collection of British authors.

The Man who was good. A novel. By Leonard Merrick. Copyright ed. Leipzig: Tauchnitz 1895. 268 S. 8°
(Collection of British authors. Tauchnitz Ed. Vol. 3064.) [11. 8069

— **this stage of fools,** s.a. Collection of British authors.

This Stage of fools. By Leonard Merrick. Copright ed. Leipzig: Tauchnitz 1896. 286 S. 8°
(Collection of British authors. Tauchnitz Ed. Vol. 3151.) [11. 8120

Die Sünde. Von Leonard Merrick. Einzig autor. Übers. aus d. Engl. von Anna Kellner. Berlin: A. Goldschmidt 1906. (224 S.) 8° [J.]
(Goldschmidts Bibliothek f. Haus u. Reise.) [07. 8050

Merrick, Leonard, der Theaterdirektor, s.: Universal-Bibliothek.

— **one man's view,** s.a. Collection of British authors.

One man's View. By Leonard Merrick. Copyright ed. Leipzig: Tauchnitz 1897. 276 S. 8°
(Collection of British authors. Tauchnitz Ed. Vol. 3226.) [11. 8181

— **when love flies out o'the window,** s.a. Collection of British authors.

When Love flies out o' the window. By Leonard Merrick. Copyright ed. Leipzig: Tauchnitz 1902. 282 S. 8°
(Collection of British authors. Tauchnitz Ed. Vol. 3572.) [11. 8491

— **Whispers about women,** s.a. Collection of British authors.

Whispers about women. By Leonard Merrick. Copyright ed. Leipzig: Tauchnitz 1906. 286 S. 8°
(Collection of British authors. Tauchnitz Ed. Vol. 3898.) [11. 8672

— **the worldlings,** s. a. Collection of British authors.

The Worldlings. By Leonard Merrick Copyright ed. Leipzig: Tauchnitz 1900. 288 S. 8°
(Collection of British authors. Tauchnitz Ed. Vol. 3457.) [11. 8330

Merrill, N. Fred., of Cambridge, Massachusetts, U. S.: Monograph upon guanidine and its derivatives, with an account of some new guanidine compounds. Cambr., Mass., Univ. Press 1873. 55 S. 8°.
Zürich, Phil. Diss. [v. 6. Mai 1873].

Merrill, W. A., On the influence of Lucretius on Horace. S.-A. 1905. 19 S.

Die Panzerschiffe Merrimac u. Monitor und das Seegefecht in den Hampton Roads am 8. und 9. März 1862. Mit 1 Abb. Darmstadt 1862. 12 S.

Merriman, Charles Eustace, Briefe an Papa. Diese Briefe schrieb Pierrepont Graham, der Sohn des Dollarkönigs John Graham, an seinen Vater, den Chef der Schweinefleisch-Versand-Großhandlg. Graham & Co. in Chicago. Einzige autoris. deutsche Uebersetzg. v. Alfr. Brieger. 1.—3. Aufl. (Je VIII, 342 S.) 8. Berlin 904. E. Fleischel & Co. n. 3. 50; geb. n. 5. —

Merriman, Henry Seton (Hugh Stawell Scott), Barlasch of the guard, s.a. Collection of British authors.

Barlasch of the Guard. By Henry Seton Merriman [d. i. Hugh S. Scott]. Copyright ed. Leipzig: Tauchnitz 1903. 288 S. 8°
(Collection of British authors. Tauchnitz Ed. Vol. 3682.) [11. 8318

— **der rosa Brief,** s.: Engelhorn's allgem. Roman-Bibliothek.

— **Roden's Corner,** s.a. Collection of British authors.

Roden's Corner. By Henry Seton **Merriman** [d. i. Hugh S. Scott]. Copyright ed. Leipzig: Tauchnitz 1898. 325 S. 8°
(Collection of British authors. Tauchnitz Ed. Vol. 3318.)

Merriman, Henry Seton. Flotsam, s.a. Collection of British authors.

Flotsam. The study of a life. By Henry Selon **Merriman** [d. i. Hugh S. Scott]. Copyright ed. Leipzig: Tauchnitz 1896. 287 S. 8°
(Collection of British authors. Tauchnitz Ed. Vol. 3160.)

— **Tomaso's fortune, and other stories**, s.a. Collection of British authors.

Tomaso's Fortune, and other stories. By Henry Seton **Merriman** [d. i. Hugh S. Scott]. Copyrighted. Leipzig: Tauchnitz 1904. 295 S. 8°
(Collection of British authors. Tauchnitz Ed. Vol. 3736.)

Merriman, Henry Seton, from one generation to another, s.a. Collection of British authors.

From one Generation to another. By Henry Seton **Merriman** [d. i. Hugh S. Scott]. Copyrighted. Leipzig: Tauchnitz 1893. 286 S. 8°
(Collection of British authors. Tauchnitz Ed. Vol. 2889.)

— **the velvet glove**, s.a. Collection of British authors.

The Velvet Glove. By Henry Seton **Merriman** [d. i. Hugh S. Scott]. Copyright ed. Leipzig: Tauchnitz 1902. 286 S. 8°
(Collection of British authors. Tauchnitz Ed. Vol. 3550.)

— **The last hope**, s.a. Collection of British authors.

The last Hope. By Henry Seton **Merriman** [d. i. Hugh S. Scott]. Copyright ed. In 2 vol. Vol. 1. 2. Leipzig: Tauchnitz 1904. 8°
(Collection of British authors. Tauchnitz Ed. Vol. 3763/4.)

Merriman, Henry Seton, the isle of unrest, s.a. Collection of British authors.

The isle of unrest. By Henry Seton Merriman. Leipzig: B. Tauchnitz 1900. (287 S.) 8°
(Collection of Brit. Authors. Tauchnitz Ed. Vol. 3458.)

— **and S. G. Tallentyre, the money-spinner, and other character notes.** s.a. Collection of British authors.

The Money-Spinner, and other character notes. By Henry Seton **Merriman** [d. i. Hugh S. Scott], and S[tephen] G. Tallentyre. Copyright ed. Leipzig: Tauchnitz 1897. 264 S. 8°
(Collection of British authors. Tauchnitz Ed. Vol. 3208.)

Merriman, H. S., Schloß Osterno, s.: Lutz' Kriminal- u. Detektiv-Romane.

Merriman, Henry Seton. Prisoners and captives, s. Collection of British authors.

— **the slave of the lamp**, s.: Library, the English.

— **the sowers**, s.a. Collection of British authors.

The Sowers. By Henry Seton **Merriman** [d. i. Hugh S. Scott]. Copyright ed. In 2 vol. Vol. 1. 2. Leipzig: Tauchnitz 1896. 8°
(Collection of British authors. Tauchnitz Ed. Vol. 3123/4.)

— **In Kedar's tents**, s.a. Collection of British authors.

In Kedar's Tents. By Henry Seton **Merriman** [d. i. Hugh S. Scott.] Copyright ed. Leipzig: Tauchnitz 1897. 295 S. 8°
(Collection of British authors. Tauchnitz Ed. Vol. 3248.)

— **with edged tools**, s.a. Collection of British authors.

With edged Tools. By Henry Seton **Merriman** [d. i. Hugh S. Scott]. Copyright ed. In 2 vol. Vol. 1. 2. Leipzig: Tauchnitz 1894. 8°
(Collection of British authors. Tauchnitz Ed. Vol. 3008/9.)

— **the vultures**, s.a. Collection of British authors.

The Vultures. By Henry Seton **Merriman** [d. i. Hugh S. Scott]. Copyright ed. Leipzig: Tauchnitz 1902. 327 S. 8°
(Collection of British authors. Tauchnitz Ed. Vol. 3603.)

Merriman, Jacobus Nathanael (London)
De lar_yngitite et tracheitite. [In engl.Sprache.]
[lt. Dekanatsbuch nur handschriftlich eingereicht.]
Dr. med. Giessen 20.6.1844.

Merriman, John, Thomas Alva Edison, der große Erfinder. (5 Bde.) Deutsche Ausg. 8. Berlin (908). Schreiter. à 2.—; geb. in Leinw. à 3.—
Das lenkbare Luftschiff. (295 S.) — Die Marsmenschen kommen. (332 S.) — Die künstlichen Menschen. (350 S.) — Die Welt verhungert. (287 S.) — Der Weltstreik. (289 S.)

Das lenkbare Luftschiff. Von John **Merriman**. Deutsche Ausg. Berlin: Schreiter [1908]. 295 S. 8°
(Merriman: Thomas Alva Edison, der große Erfinder. [3.])

Die Marsmenschen kommen. Von John **Merriman**. Deutsche Ausg. Berlin: Schreiter [1908]. 332 S. 8°
(Merriman: Thomas Alva Edison, der große Erfinder. [1.])

Die künstlichen Menschen. Von John **Merriman**. Deutsche Ausg. Berlin: Schreiter [1908]. 350 S. 8°
(Merriman: Thomas Alva Edison, der große Erfinder. [5.])

Die Welt verhungert. Von John **Merriman**. Deutsche Ausg. Berlin: Schreiter [1908]. 287 S. 8°
(Merriman: Thomas Alva Edison, der große Erfinder. [2.])

Der Weltstreik. Von John **Merriman**. Deutsche Ausg. Berlin: Schreiter [1908]. 289 S. 8°
(Merriman: Thomas Alva Edison, der große Erfinder. [4.])

Merriman, Samuel

Merriman, (S.,) die regelwidrigen Geburten u. ihre Behandlung. Aus d. Engl. nach den letzten bedeutend verm. Ausg. d. Originals, übers. v. H. Fr. Kilian. Mit 5 Steint. gr. 8. Mannh. 826, Schwan u. G.

Merriman, Samuel: Die regelwidrigen Geburten und ihre Behandlung. (A Synopsis of the various kinds of difficult parturitions. Last edition. Dt.) Übers. von Herm(ann) Friedr(ich) Kilian. 2.Ausg. 354 S., gbd., 5 Taf.

Mannheim u. Leipzig: Schwan & Götz 1831

JB 4.004

Merriman, Sam., die regelwidrigen Geburten u. ihre Behandlung. Aus d. Engl. v. Herm. Friedr. Kilian. 2. Ausg. gr. 8. (23 B. u. 5 Stnt.) Mannheim 845, Schwan u. Götz.*

Merrimée, s. Chronik d. Zeit Karl IX.

—— die Freibeuter v. Paris, s. Freibeuter, die.

Merry Companion, the, ... s. Companion, the merry ...

Les hommes religieux ou patriotiques peuvent-ils incliner vers les Démocrates-socialistes? A. **Merry**. Breslau: H. Winkler [1908]. (32 S.) 8°

Merry, A., über die Macht des Schutzengels, e. Beitrag zur Linderg. der sozialen Noth. 8. (85 S.) Berlin-Neu-Weißensee 898. (C. Bartels.) n. — 40

Merry, Robert (London)
On the history of a supposed hermaphrodite.
[In: Guy's Hospital Reports. London. Vol. 6, 1840, S. 243-250.]
Dr. med. Giessen 25.3.1841.

Merry-Garden and other stories by „Qu" (A. T. Quiller-Couch), s.: Collection of British authors.

Mersch, Charles, s. Mersch, Karl

Mersch, Émile: Gedenkblätter zur Erinnerung an das fünfundzwanzigste Stiftungsfest des Gesellen-Vereins von Luxemburg (Jubel-Pfingsttage 1889). Aus den Zuschriften mehrerer Freunde und Mitglieder des Vereins zusammengestellt. Paris: J. Mersch 1889. 81,1 S. 8°

Mersch, Frz., die Leiden Jesu C. 2c. in Fastenpredigten. 4. Liegnitz, Siegert. 749.

Mersch, Fritz: Großherzogtum Luxemburg. Gesetze und Verordnungen betreffend die Bekämpfung der Reblaus und anderer Schädlinge der Rebe im Großherzogtum Luxemburg. Grevenmacher 1908: Meyer-Schock. 86 S. -- 121

Mersch, Gerh., Geschichte d. christl. Kirche, s.: Siemers, Klem.

Mersch, H. B., Blüten v. Dornstrauch. Gedichte. 8. (IV, 94 S.) Dresden 898. E. Pierson. n. 2.—

Mersch, Karl, drei Erzählungen. [Noblesse oblige. Der Porträtmaler. Eine wahre Geschichte] gr. 8. (V, 59 S.) Luxemburg 883. Brück. 1.50
Aus: Das Luxemburger Land.

Mersch, Charles: Gruss an Ihre Königl. Hoheit die Prinzessin Heinrich der Niederlande. Luxemburg: Peter Brück 1878. 2 S. 8°

Mersch, Charles: Der Kinderfreund. Ein Büchlein für die Schuljugend des Luxemburger Landes. Mit vierzehn Originalzeichnungen von Prof. O. Pietsch. Genehmigt von der Königl.-Grossh. Unterrichts-Commission.
Luxemburg: Vict. Bück 1883. 51,1 S. 8°

Mersch, Karl: Die Luxemburger Kinderreime. Ges. u. hrsg. — Luxemburg: Bück 1884. VIII, 252, XII S.

Mersch, Charles (Hrsg.), s. Land, Das Luxemburger.

Mersch, Charles: Noblesse oblige. Eine Erzählung von Nemo. [Luxemburg: Pierre Brück 1883.] 16 S. 8°
Aus: Das Luxemburger Land.

Mersch-Wittenauer, Jean, u. Michel Weyer: Bericht über den Stand der Gemeinde-Angelegenheiten der Stadt Luxemburg für den Zeitraum vom 1. Oktober 1869 bis zum 1. Oktober 1870. (Art. 29 des Gesetzes vom 24. Februar 1843.) Luxemburg: Gebr. Heintzé [1870]. 16 S. 4°

Mersch-Wittenauer, Jean, u. Michel Weyer: Bericht über den Stand der Gemeinde-Angelegenheiten der Stadt Luxemburg für den Zeitraum vom 1. September 1870 bis zum 1. September 1871. Luxemburg: Gebr. Heintzé [1871]. 20 S. 4°

Mersch-Wittenauer, Jean, u. Michel Weyer: Bericht über den Stand der Gemeinde-Angelegenheiten der Stadt Luxemburg für den Zeitraum vom 1. September 1871 bis zum 1. September 1872. Luxemburg: J. Joris [1872]. 27 S. 4°

Merschberger, *Georg Friedrich* Die Anfänge Shakespeares auf der Hamburger Bühne. 4 (44 S.).
Progr. Rg. des Johanneums *Hamburg* 1890 (716).

Merschberger, die Anfänge Shakespeare's auf der Hamburger Bühne. gr. 4. (44 S.) Hamburg 890. (Herold's Verl.) n.n. 2.50

Merschberger, *Georg Friedrich* [Prof.]: *Professor Dr. Hermann Karl Lorenz Richard, gest. am 31. Aug. 1892.* Hamburg, gedr. bei Lütcke & Wulff, 1893; 28—31 S. 4.
Hamburg, RG d. Johanneums, OP 1893 (731)

Merscheim, Anton (geb. am 25 Nov. 1843 in Düsseldorf): Ueber die hypodermatische Sublimat-Injection ... Bonn, Druck v. F. Krüger 1868. 1 Bl., 34 S., 1 Bl. 8.
Bonn, Med. Fak., Diss. v. 31 Juli 1868

Merscheim, Otto, aus Essen: Ein Beitrag zur Kenntniss des Gehaltes der Zwiebeln von Narcissus-Pseudonarcissus an Kohlehydraten. *Mülheim a. d. Ruhr 1900: H. Bleoh.* (35 S.) 8°
Erlangen, Phil. Diss. v. 25. Juli 1900

Merschinsky, Karl, 400 Ausflüge v. Linz, Urfahr u. Umgebung, s.: Richter's, Frdr., Ausflugsführer.

Merschmann, F., die Idee der Unsterblichkeit in ihrer geschichtlichen Entwickelung, s. Sammlung gemeinverständl. wissenschaftl. Vorträge.

Merschmann, F., über die Tragödie Rhesos. Fraustadt. 4. 13 S.
Schul-/Univ.-Schrift 1865

Merschmann, Friedr., die Arbeiterfrage. Ein Wort zur socialen Bewegung der Gegenwart. 8. (16 S.) Leipzig 878, Böhme. *

Merschmann, Frdr., zur Beurtheilung des Gesangbuches zum Gebrauche der evangelischen Kirchen im Großherzogthum Posen. Breslau 860. Korn. gr. 8. (2 Bl., 32 S.) n. 5 ngr.

Merschmann, Friedr., Leitfaden zum Unterricht in der Preußischen Geschichte für die mittleren Gymnasial- und Realklassen. Berlin 854. Rauh. 8. (2 Bl., 79 S.) n. 6 ngr.

Merschoff, H. A., de placentae solutione artificiali. 8maj. Berolini. (Lipsiae, Weygand in comm.) 817.

Merseburg [Sachliches OW]

Merseburg in 16 (Lichtdr.-)Bildern, nach d. Natur aufgenommen. gr. 8. Merseburg 898. F. Stollberg. n.n. 2.25

Merseburg [Schlagwort]

— s. a.: Hand- u. Reisekarten.

— s.a. Heimatskärtchen. 23.

— s. a.: Geologische Karten. Karte (Preussen).

— s. a.: Preussen. Messtischblätter. — Radfahrerkarten. Ravenstein.

Merseburg, Stadt. Elfert, Paul, Plan der Stadt Merseburg. 1:7500. 35,5×37,5 cm. Farbendr. Merseburg 889. F. Stollberg. n. — 75

Merseburg, Reg.-Bez. Entfernungs- u. Reisekarte, amtliche, des Reg.-Bez. Merseburg. Unter Benutzg. der Messtischblätter bearb. bei der königl. Regierg. (Auf Grund amtl. Unterlagen im Katasterbureau der königl. Regierg. bearb.) 1 : 75,000. Farbdruck. Berlin (910). C. Flemming.
Kreise: Delitzsch. 53,5×79,5 cm. 1.50. — Liebenwerda. 58×72,5 cm. 1.50. — Torgau. 70,5×61 cm. 1.50.

Merseburg. Entfernungs- u. Reise-Karten der Kreise des Reg.-Bez. Merseburg. 5 Bl. Unter Benutzg. der Messtischblätter u. der Generalstabskarten bearb. bei der königl. Regierung. 1 : 75,000. Farbdr. Magdeburg. Berlin, C. Flemming. à n. 1.20
Kreise: Bitterfeld. 46×77 cm. — Eckartsberga. 49,5×64 cm. — Mansfelder Gebirgs-Kreis. 54×?8 cm. — Naumburg. 41×48 cm. — Sangerhausen. 56,5×79 cm.

Merseburg. Karte des Kreises Merseburg, nebst e. grossen Teile der angrenz. Kreise Delitzsch, Eckartsberga, Naumburg, Querfurt, Weissenfels, des Mansfelder Seekreises u. des Saalkreises etc. 1 : 90,000. 66×56 cm. Lith. u. Farbdr. Merseburg (899). F. Stollberg. n. 2. —; auf Leinw. in Mappe n.n. 2. 80; m. Stäben n.n. 3. —

— Liebenow, W., neue Spezial- u. Verkehrskarte f. den Reg.-Bez. Merseburg. Neue Bearbeitg. der Karte von Mittel-Europa nach amtl. Kartenwerken durch Hans Ravenstein. (Volksausg.) 1:300,000. 48×73,5 cm. Farbdr. Frankfurt a/M. (906). L. Ravenstein. n. 1. —

Merseburg, Reg.-Bez. Liebenow, W., neue Spezial- u. Verkehrskarte f. den Reg.-Bez. Merseburg. Neue Bearbeitung nach amtl. Kartenwerken durch Hans Ravenstein. 1 : 300,000. (Volksausg.) 48×73,5 cm. Farbdr. Frankfurt a/M. (907). L. Ravenstein. 1. —

Merseburg, Reg.-Bez. Meinke, Osw., Handkarte d. Reg.-Bez. Merseburg. 1 : 600,000. Farbendr. 25,3×38 cm. Merseburg 891. Steffenhagen. — 80

— Miedlig, W., Plan der Stadt Merseburg, nach amtl. Quellen entworfen u. gezeichnet. 1 : 3000. 84,5×57,5 cm. Farbdr. Mit Strassenverzeichnis etc. an den Seiten. Ebd. 901. n. 1. 20

Merseburg, Stadt. Miedlig, W., Plan der Stadt Merseburg. Nach amtl. Quellen entworfen u. gezeichnet. Neubearbeitung v. Chr. Hahne. 1 : 6000. 51,5×34 cm. Farbdr. Merseburg (910). F. Stollberg. — 80

Merseburg. Nowack, Special-Karte v. d. Reg.-Bez. Merseburg. 1 : 300,000. Kpfrst. u. color. qu. gr. Fol. Berlin 888. Schropp. n. 2. —

— Nowack, Special-Karte v. dem Reg.-Bez. Merseburg, nach den besten Materialien entworfen u. zusammengetragen. Ergänzt 1900. 1 : 300,000. 45×75 cm. Farbdr. Berlin 900. S. Schropp. n. 2. —

— Nowack, Special-Karte v. dem Reg.-Bez. Merseburg, nach den besten Materialien entworfen u. zusammengetragen. 1 : 300,000. (Neue Ausg.) 1891. Kpfrst. u. kolor. 44×74 cm. Berlin, S. Schropp. n. 2.—

— Wensierski, J. v., Spezial-Karte vom Reg.-Bez. Merseburg. 1 : 200,000. 2 Blatt. Farbendr. gr. Fol. Magdeburg 890. (Rathke.) n. 6. —; auf Leinw. in Mappe od. m. Stäben n. 9. —

— — Wandkarte d. Reg.-Bez. Merseburg u. seiner nächsten Umgebung. 1 : 150,000. 4 Blatt. Farbendr. 51×71 cm. Ebd. 891. n. 9. —; auf Leinw. m. Stäben n.n. 14. —

Merseburg [Verfasser]

Merseburg, altsächsische Kirche in Grossrückerswalde, s. Künstler-Steinzeichnungen f. die sächs. Volksschule. 2.

Merseburg, s.: Städtebilder u. Landschaften aus aller Welt.

— Stube im sächs. Erzgebirge, s.: Künstler-Steinzeichnungen f. die sächs. Volksschule. 1.

Merseburg, A., Rechenbuch f. Volksschulen, s.: Francke, H.

Merseburger, Geo., s.: Kalender, Leipziger.

Merseburger, Max, Vereins-Chronik, s. Geschichte des allgemeinen Buchhandlungs-Gehilfen-Verbandes.

Merseburger, Otto

Geschichte der Freimaurerloge „Zum Tempel der Freundschaft" im Or. Heiligenstadt. Festschrift zur Jubelfeier des 100jährigen Bestehens. Von Otto **Merseburger,** Heiligenstadt 1910: Brunn. 73 S. 1 Taf. 8°
Recens: L. 33 (1910) S. 253.

Mersellin, Johann Wilhelm (Berlin), De vasorum ossificatione et concrescentia ut caussis morborum. Diss. med. Präs. Andreas Elias Büchner. Halle/Magdeburg (Hendel) 20. V. 1757. 32 Seiten. (4.50) 23073

v. Mersi, ..., s. Beiträge zur Geschichte, Statistik, Naturkunde u. Kunst v. Tyrol ꝛc.

Mersich Andreas. Karte des Großfürstenthums Siebenbürgen nach der definitiven politischen und gerichtlichen Eintheilung. Herausgegeben von der k. k. Organisirungs-Landes-Kommission, durch den k. k. Kataſtral-Landes-Obergeometer . . . . . 1854. 2 Bl. 26'' hoch, 17'' breit, mit Zeichenerklärung und Uebersicht der Landeseintheilung vom 11. Nov. 1853 und 17. Februar 1854, lith. von L. Bäßler, bei F. A. Krabs in Hermannstadt.

Mersmann, Geschichte des königl. preuß. Garde-Pionier-Bataillons. Mit dem Bildniß Sr. Maj. d. Kaisers u. Königs, mehreren Karten u. Abbildgn. gr. 8. (IX, 261 S.) Berlin 889. Mittler & Sohn. n. 7. —; geb. n.n. 8. 50

Mersmann, Merktafel f. die Unterweisung des Schützen in der selbstständigen Gefechts-Verwendung seiner Waffe. 2. unveränd. Aufl. gr. 16. (8 Bl. m. 8 Fig.) Metz 899. G. Scriba. — 15

Mersmann, F., der Jungfrau Tugendspiegel, s.: Saglio, 3.

Mersmann, Heinr., der Begriff der Rechtmässigkeit der Amtsausübung im Vergehen des Widerstandes gegen Vollstreckungsbeamte, s. a. Abhandlungen, strafrechtliche.

Mersmann, Heinrich, Referendar: Der Begriff der Rechtmässigkeit der Amtsausübung im Vergehen des Widerstandes gegen Vollstreckungsbeamte. § 113 St.G.B. Breslau: Schletter 1909. XV, 134 S. 8° ¶(Ersch. auch als: Strafrechtl. Abhandlungen. H. 96.)
Kiel, Jur. Diss. v. 18. Febr. 1909, Ref. Kleinfeller
[Geb. 7. Febr. 86 Kiel; Wohnort: Kiel; Staatsangeh.: Preußen; Vorbildung: Gymn. Kiel Reife O. 04; Studium: Freiburg i. B. 2, München 1, Kiel 3 S.; Rig. 25. Juli 08.] [U 09. 2245

Merssaeus, Petr.: De electorum ecclesiasticorum archi-episcoporum ac episcoporum Coloniensium origine et successione a primo Christianae religionis exordio usque in praesens saeculum histor. tractatio . . . denuo rec. Coloniae Agripp. 1736.

Merswin, Rulmann, das Buch von den neun Felsen, s. Buch, das.

Merswin, Rulemann, s.a. Gottesfreund, der, im Oberland.

Des Gottesfreundes im Oberland '[= Rulmann **Merswin's**]' Buch von den zwei Mannen. Nach d. ältesten Strassburger Hs. hrsg. v. Prof. Dr. Friedrich Lauchert. *Bonn: P. Hanstein 1896.* (XI, 94 S.) 1 Bd 8.

Mersy, Anton R. von Durch welche Mittel kann der Schüler bei der häuslichen Präparation für die Classiker-Lectüre unterstützt werden? 8 (29 S.). **Progr.** Staats-Ober-G. *Mies* 1887.

Mersy, B., s. Kraus, Jos., Lehr- u. Handbuch f. Lehrer ꝛc.

— dess. Lehr- u. Handbuch ꝛc. in weibl. Feiertagsschulen.

Mersy, Frz. Ludw., die Diözesan-Synode im Erzbisthum Freiburg, als e. Erwiderung auf d. Schrift d. Hrn. Prof. Dr. Joh. Seb. v. Drey: „Was ist in uns. Zeit v. Synoden zu erwarten?" gr. 8. (6 B.) Offenburg 835, Braun'sche Buchh.

Mersy, F. L., s. Sind Reformen.

Mersy, Frz. Ludw., sind Reformen in d. kathol. Kirche nothwendig? Auf welchem Wege sind dieselben zu bewirken, u. welche Hindernisse stehen etwa entgegen? Beantw. in d. Pastoral-Conferenz d. Distr. Offenburg am 24. Juli 1832. 2. Aufl. Verm. durch e. bescheid., aber freimüth. Beleucht. d. darauf erfolgt. Erlasses d. hochwürd. Erzbischöfl. Ordinariates in Freiburg, u. einige d. Sache erläut. Beiln. 8. (8 B.) Offenburg 833, Braun.

Merta, A., d. Gefahr f. d. Gesundheit durch d. frühe Bewohnen v. Neubauten, s.: Volksschriften der österr. Gesellschaft f. Gesundheitspflege.

Merta, Adalb., Scherz-Raketen. Humoristische Vorlesungen. Wien 867. (Dirnböck's Buchh.) 8. (81 S. mit 1 Holzschntaf.) 12 ngr

Merta, Eman., die Kavallerie-Uebungs-Reise in Mähren vom J. 1878. Ueber Auftrag des k. k. Generalstabes bearb. Hrsg. auf Befehl des k. k. Reichs-Kriegs-Ministeriums. gr. 8. (IV, 228 S. mit 2 chromolithogr. Karten.) Wien 880, Seidel und Sohn. *

Merte, H., Bilder aus dem Kinderleben. 12 Taf. Bilder in prachtvollem Farbendr. Text von Hermine. 3. Aufl. gr. 4. (12 S.) Leipzig 877, Oehmigke's Verlag. cart. *

Merte, H., Kinderspiele in Bildern u. Reimen. Stuttgart 869. Kröner. gr. 4. (12 Chromolith. mit Text.) cart. 1 ℳ 5 ngr

Merte, H., Kinderspiele in Bildern und Reimen. 4. (12 Chromolithogr. mit Text.) Stuttgart 870, Kröner. geb.

Merté, Heinr., Lust u. Leid der Jugendzeit, s.: Lechler, Cornelie.

Merte, Wilhelm [aus Wiesbaden]: Ueber Halogenderivate des o- und p-Diazophenols ... Marburg, Buchdr. v. J. Hamel, 1895; 1 Bl., 33 S., 1 Bl. 8.
Marburg, Phil. Fak., Inaug.-Diss. v. [7. Febr.] 1895

Mertel, B., das Zauberschloß im Spessart. Ein Mährchen. Mit 1 (lith. u. color.) Titelkpfr. 8. (32 S.) Nürnberg 849, Renner & Co. 6 ngr

Mertel, Geo., fachkundlicher Anhang f. Metallarbeiter zu dem Lesebuche f. gewerbliche Fortbildungsschulen. Unter Mitwirkg. v. Thdr. Seyfried. (96 S.) gr. 8. Nürnberg 908. F. Korn. — 90

— Lesebuch f. gewerbliche Fortbildungsschulen. Unter Mitwirkg. mehrerer Schulmänner hrsg. (VII, 351 S. m. Abb.) gr. 8. Ebd. 910. Geb. 1. 50

Mertel, Hans: Die biographische Form der griechischen Heiligenlegenden. München 1909: Wolf. 100 S. 8°
München, Phil. Diss. v. 27. Juli 1908, Ref. Krumbacher, Weyman
[Geb. 29. April 82 Ingolstadt; Wohnort: München; Staatsangeh.: Bayern; Vorbildung: Maximilians-Gymn. München Reife Juli 01; Studium: München 10 S.; Rig. 27. Juli 08.] [U 09. 3480

Mertelmeyer, Bruno, Altmecklenburgische Plaudereien. 1. und 2. Aufl. 16. (VIII, 115 S.) Berlin 881, Hanow. cart. *

Mertelsmann, Martin: Über die Sulfonierung des Benzols. 1910. 30 S. 8°
¶ Vgl. J. Liebig's Annalen d. Chemie. Bd 378. 1911.
Hannover, Dr.-Ing.-Diss. v. 31. 10. 1910

Merten, die Vererbung von Krankheiten und die etwaigen Mittel, derselben entgegenzuwirken. Eine hygien. Monographie. gr. 8. (48 S.) Stuttgart 879, Enke. *

Merten, Aug. Zur Geschichte der Provinz Preussen während der Zeit des Nordischen Krieges. (27) 4. Culm 1875.

Merten, A. Das königliche oder Polnisch-Preußen während der Zeit des nordischen Krieges. Culm 1875. 8°.

Merten, B., Proletariers Lehr-Jahre. Ein Kapitel „Soziale Frage". gr. 8. (42 S.) Luxemburg 890. Brück. n. — 50

Merten, B., Novize. Erzählung aus dem Luxemburgischen. 8. (101 S.) Luxemburg 891. P. Brück. — 60

Merten, Carl Fritz, s. Merten, Karl Fritz

Merten, E., und Co.: Druckluftanlage zur Kanalisation und Wasserversorgung im Terrain der Berliner Gewerbe-Ausstellung 1896. Berlin 1895/96

[Umschlagt.:] [J.] Die Gemeinde Jesu Christi mit ihren Einrichtungen nach der heiligen Schrift. Von E. **Merten**, Prediger ... (Vorr.: Ludwig Henrichs.) *Witten: In Komm. bei d. Buchh. d. Stadtmiss.; (Dr. v. Spengler & Co.) (1897).* (16 S.) 1 Bd 8. [98. 1490

Merten, Ericus, Sondershusanus: De bello Persico ab Anastasio gesto. Lipsiae 1905: B. G. Teubner. (S. 141—201) 8°
¶ (Ersch. in: Commentationes phil. Jen. vol. VII, Fasc. 2.)
Jena, Phil. Fak., Ref. Gelzer, Diss. v. 5. Dez. 1905
[Geb. 1. Juli 81 Sondershausen; Wohnort: Sondershausen; Staatsangeh.: Schwarzburg-Sondershausen; Vorbildung: Gymn. Sondershausen Reife O. 00; Studium: Göttingen 1, Leipzig 2, Berlin 1, München 1, Göttingen 1, Jena 4 S.; Rig. 4. Aug. 05.]

Merten, Frdr., die Grundlage der Harmonie. II. Ausg. gr. 8. (IV, 62 S.) Leipzig u. Baden-Baden 892. (C. Wild's Verl.) n. 2. —

— harmonische Klangbildung, nach dem Grundakkord gebildet u. erklärt. gr. 8. (VIII, 275 S.) Siegen 891. (H. Montanus.) n. 9. —

— dasselbe. II. Ausg. gr. 8. (VIII, 275 S.) Leipzig u. Baden-Baden 892. (C. Wild's Verl.) n. 5. —

Merten, G[otthold], Dr.: Zur Kaiserfeier. Deutsche Helden. Verbindender Text. Lippstadt 1906: A. Staats. (S. 3—8.) 4°
Lippstadt, RG u. R OP 1906 (455)

Merten, Gotthold, Diaconus: Das Problem der Willensfreiheit bei Voltaire, im Zusammenhange seiner Philosophie historisch-genetisch betrachtet. *Wolfenbüttel 1901: R. Angermann.* (43 S.) 8°
Jena, Phil. Diss. v. (13. Nov.) 1901

Merten, Hans, Referendar: Die Rechtsstellung des Bürgen bezüglich der Einreden des Hauptschuldners. Demmin 1904: W. Gesellius. (VIII, 37 S.) 8° [F.]
Greifswald, Jur. Fak., Ref. Stampe, Diss. v. 8. Okt. 1904
[Geb. 24. Juni 77 Demmin; Wohnort: Demmin; Staatsangeh.: Preußen; Vorbildung: Gymn. Demmin Reife O. 88; Studium: Freiburg i. B. 1, Berlin 2, Greifswald 3 S.; Rig. 12. Febr. 02.]

Merten, Heinrich [aus Sprauden in Westpreussen]: Beitrag zur Behandlung der eitrigen Keratitis .... Berlin, Buchdr. v. Gustav Schade (Otto Francke) (1887); 30 S. + 1 Bl. 8°.
Berlin, Med. Fak., Inaug.-Diss. v. 18. Aug. 1887.

Merten, Heinrich, Beitrag zur Behandlung der eitrigen Keratitis. Diss. Berlin 1887, Mayer & Müller. 8°. 30 S.

Merten, Heinr., modernes Komplimentirbuch oder die Quintessenz des Anstandes und der Eleganz. Ein unentbehrl. Rathgeber für Personen beiderlei Geschlechts. 32. (XII und 173 S.) Reutlingen 863, Fleischhauer und Spohn. cart.

Merten, Heinr., modernes Complimentirbuch oder die Quintessenz des Anstandes und der Eleganz. Ein unentbehrl. Rathgeber für Personen beiderlei Geschlechts. 2. Aufl. 32. (XII, 173 S.) Reutlingen 873, Fleischhauer und Spohn. cart.

Merten, J., Bemerkungen über die Aenderung der Lichtesgeschwindigkeit im Quarz durch Druck, s. Mach, E.

Merten, J., der sel. Frings u. sein Freund als Antiguntherianer. gr. 8. (83 S.) Trier 852, Lintz. 5/12 ℛ

Merten, Jac., über die Bedeutung der Erkenntnißlehren des heil. Augustinus u. des heil. Thomas v. Aquin für den geschichtlichen Entwicklungsgang der Philosophie als reiner Vernunftwissenschaft. Eine historisch-philosoph. Abhandlung. Trier 865. Lintz' Verlag. gr. 8. (V, 76 S.) n. 20 ngr.

Merten, Jac., Grundriß der Metaphysik. Für Vorlesungen. gr. 8. (VII und 208 S.) Trier 848, Lintz'sche Buchh.

Merten, Jac., die Hauptfragen d. Metaphysik in Verbind. mit d. Speculation. Ein kurzer Versuch, veranlaßt durch die von Dr. Volkmuth in seinem dreieinigen Pantheismus ausgesproch. Ansicht üb. d. Methode d. Günther'schen Philosophie. gr. 8. (15½ B.) Trier 840, Lintz'sche Buchh.

Merten, Jacobus, Qui in Sem. Trevirensi philosophiam docet (geb. am 11 Aug. 1809 in Wittlich): De Herbartii absoluta Positione, qua ens reale definitur ... Treviris, F. Lintz 1847. 66 S., 1 Bl. 8.
Bonn, Phil. Fak., Diss. v. [10 Aug.] 1847

Merten, Jean Baptiste: Alltagslieder. Luxemburg: Joseph Brück 1894. 29 S. 8°

Merten, Jean Baptiste: Baroness Ina. Pädagogisch-sociale Skizze. Luxemburg: Pierre Brück 1890. 35,1 S. 8°

Merten, Jean Baptiste: Proletarier's Lehrjahre. Ein Kapitel „Sociale Frage". Luxemburg: Pierre Brück 1890. 42 S. 8°

Merten, Jean Baptiste: Novize. Erzählung aus dem Luxemburgischen. Luxemburg: Peter Brück 1891. 101 S. 8°

Merten, Jean Baptiste: Pedantenverse. Diekirch: J. B. Müller-Welter; Luxemburg: Verlag des Verfassers 1893. 32 S. 8°

Merten, Josef Anwendung der Hamilton'schen Quaternionen auf die Statik. I. Theil: Theorie der Kräftepaare und der Momente. Mit 19 Figuren im Texte. 8 (S. 3—24). II. Theil: Theorie der Momente. Mit 3 Figuren im Texte. 8 (S. 3—20).
Progr Staats-Ober-G. *Saaz* 1888. 1889.

Merten, J.: Einige Anwendungen der Hamilton'schen Quaternionen. 35 S. – Saaz, P 1882

Merten, Jos[ef]: Katalog der Lehrerbibliothek des k. k. Staats-Obergymnasiums in Saaz. T. 1—[5]. Saaz 1899—1903. Saaz, Staats-Ober-G., Jahresb. 1899—1903.

Merten, Josef: Katalog der Lehrerbibliothek des Staats-Ober-Gymnasiums in Saaz. 1. Theil (enthaltend die Abtheilungen: I. Encyklopaedie, II. Philosophie und Aesthetik, III. Paedagogik, IV. Religionswissenschaften), redigiert von J. M. 8 (32 S.). (1. Fortsetzung.) (Umschlagtitel: Katalog der Lehrerbibliothek. II. Theil, enthaltend die Abteilung V: Classische Philologie (mit Einschluss der Autoren) und Archaeologie, Neulateiner.) 8 (34 S.).
Progr. K. k. Staats-Ober-G. *Saaz (Böhmen)* 1899. 1900.

Merten, J[osef] und Toischer, W[endelin]: Katalog der Lehrerbibliothek des k. k. Staats-Obergymnasiums in Saaz. (3. Fortsetzung.) (Umschlagtitel: ... bibliothek. IV. Theil, enthaltend die Abtheilungen VIII—X: Erd-, Länder- und Völkerkunde und Geschichte.) S. 5—27. 8. **Progr.** K. k. Staats-Ober-Gymn. *Saaz* 1902.

— : Katalog ... Saaz. (4. Fortsetzung.) (Umschlagtitel: ... bibliothek. V. Teil, (Schluß) enthaltend die Abteilungen XI—XVII und Nachträge.) 30 S. 8. **Progr.** K. k. Staats-Ober-Gymn. *Saaz* 1903.

Merten, Jos. Kurze Theorie der Hamiltonschen Quaternionen. 31 S. 8. **Progr.** *Saaz* 1881.

Merten, Joseph Christian, De usufructu adcrescendo. Diss. jur. Erfurt (H. R. Nonn) **26. VIII. 1773.** 32 S. (4.—) **23074**.

Merten, Karl Fritz

[F.] **Merten,** Carl Fritz [Referendar]: Die rechtliche Natur der Postanweisung ... Greifswald, Druck v. J. Abel, 1895; 72 S. 8.
Greifswald, Jur. Fak., Inaug.-Diss. v. 1895

Merten, Robert, a. Gülpe: Über die Bedeutung von Leibniz' „Nouveaux essais sur l'entendement humain" für den Standpunkt Kants in der Dissertation „De mundi sensibilis atque intelligibilis forma et principiis" von 1770. Borna-Leipzig 1908: R. Noske. (IX, 59 S.) 8°
Erlangen, Phil. Fak., Ref. Falckenberg, Diss. v. 10. Febr. 1908
[Geb. 4. Nov. 72 Gülpe; Wohnort: Halensee b. Berlin; Staatsangeh.: Preußen; Vorbildung: Victoria-Gymn. Potsdam Reife M. 02; Studium: Berlin 8 S.; Rig. 8. Jan. 08.]

Merten, Guilelmus [Guestphalus]: De particularum copulativarum apud veteres Romanorum scriptores usu ... Marpurgi Catt., typ. Friederici typogr. acad., 1893; 2 Bl., 73 S., 1 Bl. 8.
Marburg, Phil. Fak., Inaug.-Diss. v. [25. Juli] 1893

Mertens, das Erbbaurecht als Mittel zur Bekämpfung der Wohnungsnoth. Bericht, erstattet auf dem hannoverschen Städtetag in Celle am 10. VI. 1901. gr. 8. (40 S.) Hannover 901. Th. Schulze. — 75

Mertens variarum theoriarum circa lithogenesin historia atque recensio. Erford. 1799. 4.

Mertens, der Cavallerist, od. Verhalten desselb. bei vielen Gelegenheiten in u. außer d. Dienste, im Frieden, wie im Kriege; z. Selbstbelehr. u. z. Gebr. in d. Unterhaltungs-Stunden. 2., verm. u. verb. Aufl. 12. (8 B.) Aschersleben 829, (Lorleberg.)

Mertens. Der Cavallerist. 3. Aufl. Aschersleben 1833. 8°.

Mertens, der Cavallerist, od. Verhalten desselben bei vielen Gelegenheiten in u. außer dem Dienste im Frieden, wie im Kriege; zur Selbstbelehrung ꝛc. **5., verm. u. verb. Aufl. 12. (10⅓ B.) Aschersleben 845. (Laue.)** *

Mertens, k. preuss. Major a. D. Der Cavallerist, oder Verhalten desselben bei vielen Gelegenheiten in und ausser dem Dienste, im Frieden wie im Kriege, zur Selbstbelehrung und zum Gebrauch in den Unterhaltungst. 6. verm. und verb. Aufl. 8. Aschersleben 1852.

MERTENS, Dr. med. (ps.?), Die Kunst, Männer zu fesseln! (190*.) (Mk. 2—.) (1 Mk. Alfons Grünfeld, Berlin, 1908.)

— Lezioni italiane ossia raccolta di pezzi scelti de piu excell. scrittori d'Italia. 8. ibid. 787.

Mertens, Märchenspiele. Für Aufführungen in Schule und Haus bearb. 2 Bdchn. 8. (VII, 182; III, 171 S.) Hannover 880, Schmorl und v. Seefeld. à Bdchn. *M 2. *

Mertens, Seraphin u. d. Kritikaster-Union. 8. Berlin, Petit. 789.

Mertens, Hundert Zahlen aus der Weltgeschichte. 1. und 2. Aufl. Tabelle in qu. gr. Fol. Hannover 877,79, Helwing'sche Verlagsh. *

Mertens, A. (Hrsg.), s. Abhandlungen und Berichte aus dem Museum für Natur-u. Heimatkunde zu Magdeburg.

Mertens, A., Landeskunde der Prov. Sachsen u. des Herzogt. Anhalt, s.: Hertel, G.

Mertens, Albert, z. Zt. Referendar beim Kgl. Oberlandesgericht in Hamm i. W.: Die rechtliche Natur und die Bedeutung der Einigung im Grundbuchrecht des Bürgerlichen Gesetzbuchs. Borna-Leipzig 1907: R. Noske. (VIII, 33 S.) 8°
Leipzig, Jur. Fak., Diss. v. 1. Juli 1907
[Geb. 25. Nov. 80 Iserlohn; Wohnort: Essen (Ruhr); Staatsangeh.: Preußen; Vorbildung: Gymn. Attendorn Reife O. 00; Studium: Freiburg i. B. 1, Leipzig 3, Bonn 2 S.; Rig. 27. Juli 03.]

Mertens, Aloys: Beiträge zur Morphographie und Siedlungskunde des Ahrgebietes. Ahrweiler 1910: Plachner. 111 S. 8°
Bonn, Phil. Diss. v. 10. Aug. 1910, Ref. Rein
[Geb. 3. Sept. 84 Oberholzweiler; Wohnort: Oberholzweiler; Staatsangeh.: Preußen; Vorbildung: Friedrich-Wilhelm-Gymn. Trier Reife O. 06; Studium: Bonn 7 S.; Rig. 2. März 10.] [U 10. 404

Mertens, Anna, Geliebte Dr. Fritz Friedmanns, Selbstbekenntnisse. Erlebtes auf d. Flucht üb. Paris nach Afrika u. zurück nach Bordeaux. gr. 8. (31 S.) Leipzig 896. C. Minde. n. — 50

Mertens, August [aus Gardelegen]: Die südliche Altmark. Ein Beitrag zur Landeskunde. Klima, Thier- und Pflanzenleben. . . . Halle a. S., *Faber'sche Buchdr., Magdeburg,* 1891; 46 S., 1 Bl. 8°
Halle, Phil. Fak., Inaug.-Diss. v. [8. Jun.] 1891

Mertens, August, Dr.: Der Hopfenbau in der Altmark. Ein Beitrag zur Landeskunde u. Wirtschaftsgeschichte. Mit 1 Kt. *Halle a. S. 1899: Waisenhaus.* (57 S.) 8°
Magdeburg, st. R, OP 1899 (286)

Mertens, Aug., der Hopfenbau in der Altmark. Ein Beiblatt zur Landeskunde u. Wirtschaftsgeschichte. gr. 8. (55 S. m. 1 farb. Karte.) Halle 899. Tausch & Grosse. n. 2. —

A[ugust] **Mertens**: Der Ur, Bos primigenius Bojanus (mit besond. Berücks. der im städt. 'Museum f. Natur- u. Heimatkunde' zu Magdeburg befindl. Reste). Magdeburg 1906: (E. Baensch jun.). (S. 46–119.) 8°
Erschien auch als Beilage z. Jahresbericht d. Guerickeschule in Magdeburg 1906.
— Museum f. Natur- u. Heimatkunde zu Magdeburg. Abhandlungen u. Berichte. Bd 1, II. 2. [illegible]

Geschichte der Herrschaft Züsch, namentlich auch d. Fögte fon Hunoltstein als Herren zu Züsch, sowi d. ewangel. u. d. katol. Pfarrei Züsch. Fon August W. T. **Mertens**, em. Pfarrer. Mit 1 Karte. Wisbaden: Auf Kosten d. Ferfassers 1904/5. (XIX, 816 S.) 8° [F.] [illegible]

Mertens, C., s.: Zeitschrift f. vaterländ. Geschichte u. Alterthumskunde (Westfalen).

Mertens, C. E., Friedenspredigt. 8. Hannover, Gebr. Hahn. 814.

Mertens, Carl, s. Mertens, Karl

Mertens, Carl Gottfried Ludwig,
s. Mertens, Karl Gottfried Ludwig

Mertens, Carl Heinrich, s. Mertens, Karl Heinrich

Mertens, Caspar Joseph, s. Mertens, Kaspar Joseph

Mertens, Chr. Die Auslegung der Bergpredigt. Erster Teil: Matth. 5, 1—16 für den Schulgebrauch. 32 S. G. *Lübeck* 1883.
Progr.

Mertens, Christoph August Ludwig, s. Mertens, Ludwig

Mertens, Conrad, s. Mertens, Konrad

Mertens, E. (Hrsg.), s. Anschütz, Ottomar: Album prämiierter und hervorragender Pferde.

Mertens, E. Bericht über Gruppe 20 der schweizer. Landesausstellung Zürich 1883: Der Gartenbau. Gr. in-8°. Zürich, Orell Füssli & Cie. 1 25

Mertens, E., Bericht über Gruppe 29 der schweizerischen Landesausstellung Zürich 1883: Der Gartenbau. gr. 8. (35 S.) Zürich 884, Orell, Füssli und Comp. *

Mertens, E., W. Kunze u. L. Wolff, das Ganze der Landwirthschaft oder landwirthschaftliche Boden-, Dünger-, Bearbeitungs-, Bestellungs- u. Pflanzenkunde, sowie Viehzucht. gr. 8. (379 S.) Nordhausen 847, Fürst. 1 ℳ

Merten, E., die Gemeinde Jesu Christi m. ihren Einrichtgn. nach d. Hl. Schrift. 8. (16 S.) Melsungen (897). (Witten, Buchh. d. Stadtmission.) n. — 15

Mertens, E., Nervenmenschen. Roman. (288 S.) 8. Leipzig 909. Modernes Verlagsbureau. 5. —

Mertens, E., das sexuelle Problem u. seine moderne Krise, nebst den Grundlagen zu e. Sexualreform der Zukunft u. zur wahren Lösung der wichtigsten Lebensfrage. Nach Burdach, H. Busch, Casper u.a. hrsg. (IV, 476 S.) gr. 8. München 910. M. Kupferschmid. 4. 50

Mertens, E., der Weg zum Standesamt. Von e. Elternpaar, das fünf Töchter ohne Mitgift unter die Haube brachte. Autorisch bearb. v. M. (84 S.) kl. 8. Leipzig 905. R. Nitzschke. n. 2. —

Mertens, Eduard [aus Berlin]: Ueber die Einwirkung von Ammoniak und Aminen auf Ketonsäuren . . . . Berlin, Druck v. Julius Feiertag, 1888; 1 Bl. + 69 + 1 S. + 1 Bl. 8°
Berlin, Phil. Fak., Inaug.-Diss. v. 17. Jul. 1888

Mertens, Ed. s. a. Kaiserheim, ein.

Mertens, Eduard. Ein Kaiserheim. Darstellungen aus dem Palais weiland Seiner Majestät des Kaisers und Königs Wilhelm I. und Ihrer Majestät der Kaiserin und Königin Augusta. Mit einem erklärenden Text von Oberstlieutenant z. D. **Transfeldt.** Berlin 1890. Fol.

Adolph Hess Nachf., Frankfurt a. M. Catalog der Medaillen-Sammlung des Herrn Eduard **Mertens** sen. in Hannover. Versteigerung Montag, den 7. März 1904 u. folgende Tage. — Frankfurt a. M. 1904: Osterrieth. 136 S. 6 Taf. 8°

Mertens, Eduard Hesiodische Studien. 20 S. *Diedenhofen* 1885. Prgr.

Mertens, F. (Hrsg.), s. Sophokles: Aias. – Sophokles: König Ödipus

Mertens, F., d. spec. Tuberculose d. Knochen u. Gelenke, s.: Koenig, F.

Mertens, F. C., Deutschlands Flora, s. Röhling, Joh. Chr.

Mertens, F. H., s. Papebrochius, Annales.

Mertens, Ferd., fliegende Blätter über die geheimen Praktiken der aachener und münchener Feuer-Versicherungs-Gesellschaft. Nr. 1 und 2. gr. 8. (à Nr. 16 S.) Berlin 861, (Mertens.) à Nr. 2 1/3 Ngr. Thlr.

Mertens, Franz

Mertens, F., Antworten, s.: Kleinpaul, E., Aufgaben zum praktischen Rechnen.

Mertens, F., üb. d. Aequivalenz d. reducirten binären quadrat. Formen v. positiver Determinante. [Aus: „Sitzungsber. d. k. Akad. d. Wiss."] Lex.-8. (10 S.) Wien 896. C. Gerold's Sohn. n. — 30

MERTENS, F.
Eine asymptotische Aufgabe von F. Mertens. Aus den Sitzungsberichten der kaiserl. Akademie der Wissenschaften in Wien. Mathem.-naturw. Classe; Bd. CVIII. Abth. II. a. Februar 1899. Wien. 1899. In Comm. Gerold's Sohn. Gr.-8°. 6 S. fl. —.10

Mertens, F., über die Malfatti'sche Aufgabe und deren Construction und Verallgemeinerung von Steiner. Imp.-4. (42 S. mit 1 lithogr. Taf.) Wien 875, (Gerold's Sohn.) *
Aus: Denkschriften der k. Akademie der Wissenschaften, besonders abgedruckt.

— die Malfatti-Steiner'sche Aufgabe. [Aus: „Sitzungsber. d. k. böhm. Gesellschaft d. Wiss."] gr. 8. (21 S.) Prag 894. (F. Řivnáč.) n. — 40

Mertens, F., Aufgaben z. prakt. Rechnen, s.: Kleinpaul, Ernst.

— über einen asymptotischen Ausdruck. [Aus: „Sitzungsber. d. k. Akad. d. Wiss."] gr. 8. (11 S.) Ebd. 897. n. — 30

Mertens, Frz., die Baukunst des Mittelalters. Lex.-8. (VII und 151 S.) Berlin 850, (Gropius'sche Buchh.) *

Mertens, Frz., die Baukunst des Mittelalters. Lex. 8. (VIII u. 151 S.) Berlin 850, Frz. Mertens. n. 1 ℳ

— — die Baukunst des Mittelalters. 1. Abthl.: Die Baukunst in Deutschland vom J. 900 bis zum J. 1600 nach Chr. Chronographische Taf. begleitet von einem erklär. Text. 1. Hälfte. Imp.-Fol. (2 Stnt. und 1 Bog. Text.) Berlin 851, Frz. Mertens. **

Mertens, F., über die Bedingungen der algebraischen Theilbarkeit eines ganzen Ausdruckes von n^2 willkürlichen Elementen durch die Determinante der letzteren. Lex.-8. (11 S.) Wien 880, (Gerold's Sohn.) **

Mertens, F., e. einfache Bestimmung d. Potentials e. homogenen Ellipsoids. Lex.-8. (4 S.) Wien 885. (Gerold's Sohn) — 15

Mertens, F. (I.), eine einfache Bestimmung des Potentials eines homogenen Ellipsoids. Lex.-8. (4 S.) Wien 885, (Tempsky.)

Mertens, F., üb. die Bestimmung e. Fundamentalsystems f. e. gegebenen Gattungsbereich algebraischer Functionen e. Veränderlichen X. [Aus: „Sitzungsber. d. k. Akad. d. Wiss."] Lex.-8. (26 S.) Wien 893. (F. Tempsky.) n. — 50

Mertens, F., Beweis der Darstellbarkeit irgend e. ganz invarianten Gebildes e. binären Form als ganze Function einer geschlossenen Anzahl solcher Gebilde. [Aus: „Sitzungsber. d. k. Akad. d. Wiss."] Lex.-8. (6 S.) Wien 889. (Tempsky.) n. — 20

MERTENS, F.
Beweis, dass jede lineare Function mit ganzen complexen theilerfremden Coëfficienten unendlich viele complexe Primzahlen darstellt von F. Mertens. Aus den Sitzungsberichten der kaiserl. Akademie der Wissenschaften in Wien. Mathem.-naturw. Classe; Bd. CVIII. Abth. II. a. Mai 1899. Wien. 1899. In Comm. Gerold's Sohn. Gr.-8°. 40 S. fl. —.35

— über den Dedekind'schen Beweis der Irreduktibilität der Gleichung f. die primitiven n^{ten} Einheitswurzeln. (4 S.) gr. 8. Ebd. 905. n. — 20

— über Dirichlets Beweis d. Satzes, dass jede unbegrenzte ganzzahl. arithmet. Progression, deren Differenz zu ihren Gliedern theilerfremd ist, unendlich viele Primzahlen enthält. [Aus: „Sitzungsber. d. k. Akad. d. Wiss."] gr. 8. (33 S.) Ebd. 897. n. — 70

— ein Beweis des Fundamentalsatzes der Algebra. [Aus: „Sitzungsber. d. k. Akad. d. Wiss."] Lex.-8. (18 S.) Ebd. 889. n. — 40

— ein Beweis des Galois'schen Fundamentalsatzes. gr. 8. (21 S.) Ebd. 901. n. — 50

— Über die Darstellung der Legendre'schen Symbole der biquadratischen, kubischen u. bikubischen Reste durch Thetareihen. (22 S.) gr. 8. Ebd. 906. — 70

Mertens, F., üb. e. Darstellung des Legendre'schen Zeichens. (6 S.) gr. 8. Wien 904. (A. Hölder.) n. — 20

Mertens, Franz. Denkmal-Karte des Abendlandes. Zweite und dritte Ausgabe. 2 Bde. und 1 Bd. Karten. Berlin 1868 und 1872. 4° und Fol.

Mertens, Franz. Denkmalkarte des Abendlandes im Mittelalter. Neue Ausg. Berlin 1868-69. 8. — 3. Ausg. 1873. 4. — Dazu: Ergänzungen. 1875. (1 Bogen.) 4. [Neue Ausg. 3 Ex., bei zweien die Karte bes. u. Fol.]

— üb. windschiefe Determinanten. [Aus: „Sitzungsber. d. k. Akad. d. Wiss."] Lex.-8. (11 S.) Ebd. 888. n. — 24

MERTENS, F.
Über eine Eigenschaft der Riemann'schen ζ-Function von F. Mertens. Aus den Sitzungsberichten der kaiserl. Akademie der Wissenschaften in Wien. Mathem.-naturw. Classe; Bd. CVII. Abth. IIa. December. 1898. Wien. 1898. In Comm. Gerold's Sohn. Gr.-8°. 6 S. fl. —.10

— über e. Eigenschaft der Riemann'schen ζ-Function. gr. 8. (6 S.) Ebd. 899. — 15

—— über die bestimmenden Eigenschaften der Resultante von n-Formen mit n-Veränderlichen. Lex.-8. (40 S.) (Ebendas.) 886. *

— Über die einfachen Einheiten des Bereiches $(a, \sqrt{D})$, wo a e. primitive Einheitswurzel v. Primzahlgrad u. D e. negative Zahl bezeichnen. (6 S.) gr. 8. Ebd. 907. — 30
4 Sonderabdrucke aus: „Sitzungsber. d. k. Akad. d. Wiss."

— üb. komplexe Einheiten. (4 S.) gr. 8. Ebd. 906. n. — 20
3 Sonderabdrucke aus: „Sitzungsber. d. k. Akad. d. Wiss."

— Über die cyklischen Einheitsgleichungen v. Primzahlgrad in dem Bereich der Quadratwurzel aus e. negativen Zahl. (11 S.) Lex. 8. Berlin 907. G. Reimer. — 50
Sonderabdr. aus: „Sitzungsber. d. preuss. Akad. d. Wiss."

—— über eine Formel der Determinantentheorie. Lex.-8. (15 S.) (Ebendas.) 885. **

— üb. die Fundamentalgleichung e. Gattungsbereiches algebraischer Zahlen. [Aus: „Sitzungsber. d. k. Akad. d. Wiss."] Lex.-8. (36 S.) Ebd. 894. n. — 70

— der Fundamentalsatz der Algebra. [Aus: „Sitzungber. d. k. Akad. d. Wiss."] Lex.-8. (10 S.) Ebd. 892. n. — 30

— über e. zahlentheoretische Function. [Aus: „Sitzungsber. d. k. Akad. d. Wiss."] gr. 8. (70 S.) Ebd. 897. n. 1. 10

— Über die in Bezug auf e. Primzahl des Bereichs der Quadratwurzel aus e. negativen Zahl irreduktibeln ganzen Funktionen e. Variablen. (8 S.) gr. 8. Ebd. 907. — 30
3 Sonderabdrucke aus: „Sitzungsber. d. k. Akad. d. Wiss."

— über die invarianten Gebilde e. ternären cubischen Form. [Aus: „Sitzungsber. d. k. Akad. d. Wiss."] Lex.-8. (82 S.) Ebd. 888. n. 1. 40

— üb. invariante Gebilde quaternärer Formen. [Aus: „Sitzungsber. d. k. Akad. d. Wiss."] Lex.-8. (49 S.) Ebd. 889. n. — 80

Mertens, F., über invariante Gebilde ternärer Formen [Aus: „Sitzungsber. d. k. Akad. d. Wiss."] Lex.-8. (50 S.) Wien 887. (Tempsky.) n. — 80

— invariante Gebilde von Nullsystemen. [Aus: „Sitzungsber. d. k. Akad. d. Wiss."] Lex.-8. (19 S.) Ebd. 888. n. — 40

— üb. die Gestalt der Wurzeln e. Klasse auflösbarer Gleichungen, deren Grad e. Primzahlpotenz ist. (7 S.) Lex.-8. Berlin 906. (G. Reimer.) n. — 50
Sonderabdruck aus: „Sitzungsber. d. preuss. Akad. d. Wiss."

—— die Gleichung des Strahlencomplexes, welcher aus allen die Kanten des gemeinschaftlichen Poltetraëders zweier Flächen II. Ordnung schneidenden Geraden besteht. Lex.-8. (8 S.) (Ebendas.) 885. *

Mertens, Frz., über Abel'sche Gleichungen u. den Satz v. Kronecker üb. die Teilungsgleichgn. der Lemniskate. (47 S.) gr. 8. Wien 909. A. Hölder. 1. 80

— Die kubischen Abel'schen Gleichungen des Bereichs $(-\sqrt{31})$. (5 S.) gr. 8. Ebd. 908. — 30

— Algebraisch lösbare Gleichungen. S. 123. IIa. 907 . . . . 2.40
Separatabdruck

— über zyklische Gleichungen. (44 S.) gr. 8. Wien 905. (A. Hölder.) n. — 80

—— über die Invarianten dreier ternären quadratischen Formen. Lex.-8. (16 S.) (Ebendas.) 886. *

— die Invarianten dreier quaternären quadratischen Formen. [Aus: „Sitzungsber. d. k. Akad. d. Wiss."] Lex.-8. (18 S.) Ebd. 890. n. — 40

— üb. die Irreduktibilität d. binomischen Gleichung. (3 S.) gr. 8. Ebd. 905. n. — 20
2 Sonderabdrucke aus: „Sitzungsber. d. k. Akad. d. Wiss."

— Über die Irreduktibilität der Kreisteilungsgleichgn. (2 S.) gr. 8. Wien 908. A. Hölder. nn — 15
Sonderabdr. aus: „Sitzungsber. d. k. Akad. d. Wiss."

— Über einen Kegelschnitt, welcher die Kombinantenseigenschaft in bezug auf ein Kegelschnittbüschel hat. S. 91. II. 637 . . . . vgr.
Separatabdruck

Mertens, Franz [app. Arzt aus Göttingen]: Zur Kenntnis der Schilddrüse. . . . Göttingen, Druck d. Dieterichschen Univ.-Buchdr. W. Fr. Kaestner, 1890; 38 S. 8°
Göttingen, Med. Fak., Inaug.-Diss. v. 25. Jan. 1890

Mertens, Frz. Zur Kenntnis der Schilddrüse. Diss. gr. 8. (38 S.) Gött. 890, (Vandenhoeck u. Ruprecht). * — 80

— Über die Koeffizienten und Irreduktibilität der Transformationsgleichungen der elliptischen Funktionen mit singulärem Modul. S. 119. IIa. 1910 . . . . 1.70
Separatabdruck

— über d. Composition d. binären quadrat. Formen. [Aus: „Sitzungsber. d. k. Akad. d. Wiss."] Lex.-8. (41 S.) Ebd. 895. n. — 70

— s.: Monatshefte f. Mathematik u. Physik.

— Zur komplexen Multiplikation. (47 S.) gr. 8. Wien 910. A. Hölder. 1. 80

— dasselbe. (2. Mitteilg.) (31 S.) gr. 8. Ebd. 910. — 90

— üb. d. Nichtverschwinden Dirichlet'scher Reihen m. reellen Gliedern. [Aus: „Sitzungsber. d. k. Akad. d. Wiss."] gr. 8. (9 S.) Ebd. 895. n. — 30

— zum Normalenproblem der Kegelschnitte. [Aus: „Sitzungsber. d. k. Akad. d. Wiss."] Lex.-8. (15 S.) Ebd. 889. n. — 40

— üb. d. quadrat. Reciprocitätssatz u. d. Summen v. Gauss. [Aus: „Sitzungsber. d. k. Akad. d. Wiss.] Lex.-8. (18 S.) Ebd. 894. n. — 40

— üb. Dirichlet'sche Reihen. [Aus: „Sitzungsber. d. k. Akad. d. Wiss."] gr. 8. (61 S.) Ebd. 895. n. 1. 20

— üb. e. Satz der höheren Algebra. [Aus: „Sitzungsberichte d. k. Akad. d. Wiss."] Lex.-8. (3 S.) Wien 890. (F. Tempsky.) n.n. — 10

— üb. e. algebraischen Satz. [Aus: „Sitzungsber. d. k. Akad. d. Wiss."] gr. 8. (9 S.) Ebd. 897. n. — 30

— üb. e. Satz v. Dirichlet. gr. 8. (66 S.) Ebd. 900. n. 1.20

— Über einen Satz der Kegelschnittlehre. S. 94. II. 794 . . . . vgr.
Separatabdruck

Mertens, Fr., Ueber das System der Weltgeschichte. Programm zu den Vorlesungen über Monumentalgeschichte etc. Berlin 1847. 8°.

MERTENS, F.
Zur Theorie der Elimination (I. Theil) von F. Mertens. (Aus den Sitzungsberichten der kaiserl. Akademie der Wissenschaften in Wien. Mathem.-naturw. Classe; Bd. CVIII. Abth. II. a. October 1899.) Wien. 1899. In Comm. Gerold's Sohn. Gr.-8°. 56 S. fl — .50

MERTENS, F.
Zur Theorie der Elimination (II. Theil). Anwendungen von F. Mertens. (Aus den Sitzungsberichten der kaiserl. Akademie der Wissenschaften in Wien. Mathem.-naturw. Classe; Bd. CVIII. Abth. IIa. November 1899.) Wien. 1899. In Comm. Gerold's Sohn. Gr.-8°. 43 S. fl. —.40

—— zur Theorie der elliptischen Functionen. Lex.-8. (7 S.) (Ebendas.) 885. *
Vorstehende zehn Schriften sind aus: Sitzungsberichte der k. Akademie der Wissenschaften, besonders abgedruckt.

Mertens, F., zur Theorie der symmetrischen Functionen. [Aus: „Sitzungsber. d. k. Akad. d. Wiss."] Lex.-8. (18 S.) Wien 880. (Gerold's Sohn.) n.n. — 30

— zur Theorie der symmetrischen Functionen. gr. 8. (4 S.) Ebd. 899. n.n. — 10
7 Sonderabdrucke aus: „Sitzungsber. d. k. Akad. d. Wiss."

— über d. Transcendenz d. Zahlen e u. π. [Aus: „Sitzungsber. d. k. Akad. d. Wiss."] gr. 8. (17 S.) Ebd. 896. n. — 40

—— Vorstufe zu den Dr. Ernst Kleinpaulschen Aufgaben zum praktischen Rechnen. Für die Vorschulen der Gymnasien und Realgymnasien, sowie für die Unterklassen der mehrstuf. Bürger- und Töchterschulen. gr. 8. (VIII, 76 S.) Bremen 886, Heinsius Nachf. * 50 Pf.; cart. *

— Über die Zerfällung einer ganzen Funktion einer Veränderlichen in zwei Faktoren. S. 120. IIa. 1895 . . . . —.20
Separatabdruck

— die Kummer'sche Zerfällung der Kreisteilungsresolvente. (17 S.) gr. 8. Wien 905. (A. Hölder.) — 40
Sonderabdruck aus: „Sitzungsber. d. k. Akad. d. Wiss."

Mertens, Franc. Car. Joseph. (geb. Schroda 20. 3. 1840): De functione potentiali duarum ellipsoidium homogenearum. Berolini (1864). (13 S.) 4° ¶ Aus: Journal für die reine und angewandte Mathematik. Bd 63 1864.
Berlin, Phil. Diss. v. 7. Nov. 1864

Mertens, Franc. Car. Jos., de functione potentiali duarum ellipsoidium homogenearum. Dissertatio inauguralis. Berlin 865. (Calvary & Co.) 4. (14 S.) n. 15 ngr.

Mertens, Friedrich Quaestiones Theocriteae. Particula I. 4 (25 S.) Progr. Prg. Lötzen 1887 (12).

Mertens, Fritz, appr. Arzt a. Domnau ⟨Ostpr.⟩, Assistenzarzt im Inf.-Reg. Graf Dönhoff ⟨7. Ostpr.⟩ Nr. 44: Aus der Entbindungsanstalt der Königlichen Charité. Direktor: Geh. Med.-Rat Prof. Dr. Bumm. Über Cervixrisse bei Spontangeburten Erstgebärender. Berlin (1906): G. Schade. (29 S.) 8°
Berlin, Med. Fak., Ref. Bumm, Diss. v. 30. Nov. 1906
[Geb. 31. Jan. 82 Domnau, Ostpr.; Wohnort: Goldap; Staatsangeh.: Preußen; Vorbildung: Gymn. Bartenstein Reife O. 00; Studium: Berlin K. W. A. 9 S.; Coll. 28. Nov. 06; Approb. 12. Apr. 06.]

Mertens, Fritz, bacc., Ref. in Magdeburg: Der Kausalbegriff in § 833 B.G.B. und der § 227 B.G.B. Borna-Leipzig 1905: R. Noske. (VIII, 54 S.) 8°
Leipzig, Jur. Fak., Diss. v. 18. Sept. 1905
[Geb. 15. Jan. 82 Biere b. Schönebeck; Wohnort: Magdeburg; Staatsangeh.: Preußen; Vorbildung: Domgymn. Magdeburg Reife O. 01; Studium: Heidelberg, Bonn, Halle; Rig. 25. Febr. 05.]

Mertens, G., Verzeichniss von Büchern, Landkarten etc., zu herabgesetzten Preisen, mit Angabe der Bezugsquellen, der Ladenpreise, der herabgesetzten Preise und anderen Nachweisungen bearb. und hrsg. 8. (II und 520 S.) Berlin 851, G. Mertens.

Mertens, Georg [app. Arzt aus Göttingen]: Ueber einen Fall von Neuritis traumatica ascendens ... Göttingen, Druck d. Dieterichschen Univ.-Buchdr., 1895; 30 S. 8.
Göttingen, Med. Fak., Inaug.-Diss. v. [23. Jan.] 1895

Mertens, Geo., über e. Fall Neuritis traumatica ascendens. Diss. gr. 8. (30 S.) Göttingen 895. (Vandenhoeck & Ruprecht.) n. — 80

Mertens, G., das Hühnerauge, seine Entstehung, Verhütung u. Behandlung, nebst e. Kapitel üb. Blutvergiftg. u. deren Verhütg. gr. 8. (32 S.) Berlin 893. [S. Frankl.] Neufeld & Henius. n.n. — 50

Mertens, Geo., die Krankheiten des Halses u. des Kehlkopfes. Ihre Entstehg., Verhütg. u. Heilg. 2. verm. Aufl. (80 S.) 8. Berlin (905). H. Steinitz. n. 1. 50

Mertens, Hans Willy, des Heilands Erdenwallen. (108 S. m. 7 Vollbildern.) 8. Hamm (908). Breer & Thiemann. 2.—; geb. in Leinw. 3. —

Mertens, Hans Willy, Till Eulenspiegel. s.a. Bibliothek, kleine.

Mertens, H. W., Till Eulenspiegel, nach den ältesten Ausgaben von 1515 und 1519 neu bearbeitet. Hamm, Breer & Thiemann. 133 S. (Kleine Bibliothek 113–114.)

— Goldene Kindheit. (77 S.) 8. Köln (908). Hourich & Bechstedt. Kart. 2. —

Mertens, Hans Willy, Leben u. Lieben am Rhein. Lieder. 16. (110 S.) Köln 893. Rimbach & Licht. Geb in Leinw. m. Goldschn. n. 2. 50

Mertens, Hans Willy, Leben u. Lieben am Rhein. Lieder. 2., reich verm. Aufl. schmal 8. (VI, 240 S. m. Bildn.) Köln 898. Kölner Verl.-Anst. u. Druckerei. n. 2. —; geb. 3. —

— Leben u. Lieben am Rhein. Lieder u. Dichtungen. 3. verb. Aufl. 16. (X u. 234 S. m. Illustr.-Tafeln u. 1 Portr.) Köln 904. Kölner Verlags-Anstalt u. Druckerei A.-G. Geb. in Leinw. n. 3. —

— s.: Lehrer-Kalender, katholischer.

Mertens, Hans Willy, e. Liederkranz d. Liebe. 8. (30 S.) Köln 893. Rimbach & Licht. n. 1. —

— des Freiherrn v. Münchhausen wunderbare Reisen u. Abenteuer, s.: Bibliothek, kleine. Nr. 98. 99.

— meine Schule. (80 S.) 8. Köln (906). J. P. Bachem. Geb. in Leinw. n. 2. —

— Aus des Lebens Tiefe. Dichtgn. (110 S.) 8. Cöln (910). F. Kratz & Co. Geb. in Leinw. 2. 50

— d. Untergang d. „Elbe". Dichtg. 8. (15 S.) Ebd. 895. n. — 50

Mertens, Heinr. Jos., Bischof oder Professor? wer ist maßgebende Autorität in der Kirchenlehre? Beantwortet nach den Briefen des apostol. Vaters Ignatius von Antiochien. 8. (38 S.) Paderborn 872, Junfermann'sche Buchh. *

Mertens, Heinr. Jos., über die Einführung des Christenthums in England. gr. 8. (63 S.) Würzburg 877, Woerl.

— eine heilige Königsfamilie od. Leben der Heiligen: König Richard der Sachse, Willibald, Winibald, Walburga, Bonifazius. Nach dem Engl. d. H. J. Newmann u. Latein. d. heil. Willibald deutsch bearb. 8. (175 S.) Regensburg 875. Pustet. 1. —

Mertens, Heinr. Jos., das bevorstehende ökumenische Concil. Köln 869. Rommerskirchen. gr. 8. (26 S.) n. 2 ngr.

Mertens, Herm., Topogr.-statist. Post-Lexicon oder Alphabet. Verzeichniss sämmtlicher in Deutschland u. d. Schweiz gelegenen Städte, Marktflecken u. namhaften Dörfer, mit besond. Bezeichnung der Postanstalten, Eisenbahnstationen, Fabrikorte u. Handelsplätze. 2. bericht. u. verm. Aufl. des topograph.-statist. Handlexicons v. Deutschland u. der Schweiz. 4. (VI u. 123 S.) Grimma 847, Gebhardt. n. 24 ngr

Mertens, Herm., neuestes Städte-Lexicon, enthalt. sämmtl. Städte, Flecken u. Verkehrsorte von Europa, sowie die aussereuropäischen Handelsplätze. Ein Handbuch f. Beamte u. Geschäftsleute. gr. 8. (20 B.) Leipzig 844, Hinrichssche Buchh. 1 Thlr. 15 Ngr.; Schreibpap.

Mertens, Herm., neuestes Städte-Lexicon, enthltd. sämmtliche Städte, Flecken und Verkehrsorte von Europa, sowie die ausser-europäischen Handelsplätze. Ein Handbuch für Beamte u. Geschäftsleute. 2. umgearb. u. verm. Aufl. Leipzig 854. Hinrichs. gr. 8. (2 Bl., 269 S.) 1 af. 15 ngr

Mertens, Herm., neuestes Städte-Lexicon enth. sämmtl. Städte, Flecken u. Verkehrsorte von Europa, sowie die bedeutenderen aussereurop. Handelsplätze etc. 3., wesentlich verm. Aufl., vollständig umgearb. von Ferd. Hartung. Leipzig 868. Hinrichs' Verl. Lex.-8. (IV, 350 S.) 1 af 15 ngr; geb. n. 1 af 20 ngr; in engl. Einb. n. 1 af 22½ ngr

Mertens, Herm., neuestes Städte-Lexikon, enthaltend sämmtl. Verkehrsorte von Europa, sowie die bedeutenderen aussereurop. Handelsplätze etc. 4. wesentlich verm. Aufl., vollständ. umgearb. von Ferd. Hartung. gr. 8. (IV, 476 S.) Leipzig 880, Hinrichs'sche Buchh. *
geb. in Halbldr. *

Mertens, Herm., neuestes Städte-Lexicon, enth. sämmtl. Verkehrsorte von Europa, sowie die bedeutenderen aussereurop. Handelsplätze etc. 4. wesentlich verm. Aufl., vollständig umgearb. von Ferd. Hartung. Neue Ausg. mit Nachträgen bis 1885. gr. 8. (536 S.) Leipzig 885, Hinrichs'sche Buchh. Verlag. *M 5.—; geb. *
Nachträge allein (S. 464—536.) *

Mertens, Hieron. Andr. Auszug aus John Boswell's Beschreibung von Corsika, nebst einigen Anecdoten vom General Pasquale Paoli. 8. Augsburg 1760.

Mertens, Hier. Andr., († d. 17. Jan. 1799.) Rhapsodische Betracht. üb. Erziehung u. Unterricht d. Jugend. 4. Augsb. 785.

— s. Boswel, Beschr. v. Corsika.

Mertens, Hi. And., Chrestom. d. deutschen Sprache, ist d. s. Schönheit d. deutsch. Spr. 2c.

— Colilichet; dialogue familiée fait à l'occasion du mariage de Mr. de Baron Schnurbein avec Justine Rosine d'Ammon. Fol. Erlang. 766. (4 Bog.)

Mertens, Hier. Andr., hodeget. Entwurf e. vollständ. Geschichte der Gelehrsamkeit, für Leute, die bald auf d. Universitäten gehen wollen. 2 Bde. 8. Augsb. 779, 80. Klett. 1 af 20 gr

— auserlesene kleinere Gedichte aus d. besten deutschen Dichtern. 8. Augsb. 772. 2e Aufl. unt. d. T.: auserlesene Gedichte aus Originaldichtern. 8. Ebd. 780. Dassenberger (Steeng in Frankf.) 14 gr

— s. Genie, das, d. französ. u. deutsch. Sprache.

— v. einigen Hauptfehlern d. heutigen Erziehung. 2 Reden. 4. Augsb. 774, 75.

— der Augsburg. Kinderfreund, od. Gedächtniß= u. Lesebuch für Knaben u. Mädchen. 8. Augsb. 779. 2e Aufl. 787. 3e Aufl. 8. Ebd. 795. Klett. 8 gr

— s. Kunstzeitung, Augsburg.

— der kleine Lateiner, s. d. Augsb. Gymnasium. 8. Augsb. 779. 2e A. 783. 3e A. u. d. T.: latein. Lesebuch f. d. kl. Schüler. 8. Ebd. 786. Klett. 5 gr. 4e A. u. d. T.: der kleine Lateiner 2c. 8. Ebd. 791. 5 gr

Mertens, H. A., Lateinisches Lesebuch für Anfänger. Augsb. 786. 8. 5 gr.

— latein. Lesebuch für die klein. Schüler 2c. 8. Augsburg, Klett. 786.

— Nachricht v. d. Verfassung d. evangel. Gymnasiums zu Augsburg. 4. 771. 1e — 6e Fortsetz. 776 — 78. Nachtrag 1e—4e Stck. 4. Augsb. 786—89.

— la naiveté de la langue française, ou Morceaux choisies de quelques auteurs français, qui sont regardés comme classiques. Augsb. 769. Nouv. Ed. revue, corrigée et augmentée par Deuter. Av. grav. 8. Ebd. 812. v. Jenisch u. St. 1 af

Mertens, la naiveté de la langue française, ou Morceaux choisies de quelques Auteurs français, qui sont regardés comme classiques. nouv. Ed. revue, corrigée et augmentée par Deuter. av. grav. 8. Augsburg, Stage. 812. Rthlr.

— Raccolta ossia varii pezzi de' più classici autori in Augusta 8. 774. 2e A. 777. 3e A. unt. d. T.: lezioni Italiane, ossia raccolta di pezzi scelti de' più eccell. scrittori d'Italia. Tom. I. 8. Augsb. 787. Klett. 20 gr

— Rede üb. die nothwend. Verbindung d. Staats mit d. öffentl. Schulen. 4. Augsb. 773.

— die Schönheit d. deutschen Sprache in verschied. Mustern aus klass. Schriftstellern, für Leute, die ganze Werke nicht lesen wollen. 2 Bdchn. 8. Augsb. 772. 2e verb. Aufl. 8. Ebd. 786. Klett. 1 af 2 gr

— die Schönheit d. deutschen Sprache in Must. a. klass. Schriftst. 2 Thle. 8. Augsbg. Klett. 786, 87. (1r 12 gr. 2r Chrestom. 14 gr.)

— üb. d. Verbindlichkeit d. Eltern, auf d. Verhalten ihrer Kinder ein wachsames Auge zu haben. 4. Augsb. 784.

— s. Voltaire, hist. de Charl. XII

— s. Vorbereitung zur Erlern. d. nützl. Wissensch.

— Vorles. üb. die zeichnenden Künste, f. die Zögl. der Kunstakad. 1r Bd. 8. Leipz. Weidmann. 783.

Mertens, J., über die von einem hohen Ministerio für Handel und Gewerbe beabsichtigten Aenderungen der Prüfung und des Gewerbebetriebs der Bauhandwerker. Ein freimüthiges Wort an die Gewerberäthe des preuß. Staats. gr. 8. (23 S.) Magdeburg [und Leipzig 852, Gebr.] Baensch.

Mertens, J., und F. Siedentopf, Anleitung zur rationellen Einrichtung und Bewirthschaftung von Bauerhöfen und kleinen Landgütern. Zwei Abhandlungen. Mit einer gekrönten Preisschrift von A. Heinecke. 8. (XVI und 129 S.) Hildesheim 858, Gerstenberg'sche Buchh.

Mertens, J., über das Hannoversche Enteignungs-Verfahren behufs Eisenbahnanlagen. Eine Zusammenstellung der dabei vom Verf. aufgestellten u. befolgten Grundsätze. Hildesheim 867. Gerstenberg'sche Buchh. gr. 8. (IV, 56 S.) n. 12 ngr.

Mertens, J. L. E.

—— Trauerrede auf Se. Heil. d. Papst Leo XII. gr. 8. (1½ B.) Köln 829, DuMont-Schauberg.

—— die Verpflichtungen d. Pfarrers geg. seine Gemeinde. 8. (2 B.) Köln 828, DuMont-Schauberg.

Mertens, J. L. E., wie soll d. Seelsorger durch seine Predigten auf d. Gemeinde wirken? 8. (4 B.) Köln 828, DuMont-Schauberg. Thlr.

Mertens, J. Peter, die letzten fünfzig Jahre der Kirche St. Cunibert in Köln. Mit einer (lithogr.) Ansicht der Kirche in ihrer zukünft. Vollendung (in Tondr.). 8. (III, 80 S. mit eingedr. Holzschn.) Köln 870, (J. und W. Boisserée.) geb. **

— **Johann Adam** (Dahlen / Rhein), De ambustionibus. Diss. med.-chir. Halle (H. Ruff) 7. IX. 1838. 28 S. u. Biogr. (M.: M. M. Brandt.) (3.—) 23078
Advers. partes suscep.: G. Draeger, R. von Ibell. — Gew.: Peter Krukenberg, Ernst Blasius.

Mertens, Johann Anton

— Abhandl. v. dem Religionsverhältnisse d. Reichstagsstimme. 2e Aufl. 8. Freyburg 789, Wagner.

– s.a. Briefe e. Schweizers.

[Mertens, Johann Anton.] Briefe eines Schweizers an seinen Freund in Teutschland über die Vikariatsgerechtsame. 8. *o. O.* 1790.

— etwas ub. d. Zustand d. deutschen Gesetzgebung. Eine Rede. gr. 8. Ulm 804. Wohler. 1½ gr.

Mertens, Jh. Ant., Geschichte d. Deutschen aus d. ältesten Zeiten bis auf d. J. 1810. 2 Bde. gr. 8. Freiburg 810. Herder. 2 ß 16 gr (Gräffer u. Schmidl in Wien). 2 ß

— Grundsätze d. gemeinen Lehnrechts. 8. Freiburg 780. Wagner. 20 gr.

Mertens, (J. A.,) Grundsätze d. gemeinen Lehenrechts. 8. Freiburg 789, Wagner.

— memorium Tob. Paurmeisteri a Kochstet etc. 4. Freiburg 809. Herder. 12 gr

— von d. Religionsverhältnissen d. deutschen Reichstagsstimmen. gr. 8. Wien 784. 2e A. 8. Freiburg 789. Wagner. 8 gr. 3e A. gr. 8. Wien 804. Hörling. 5 gr

— sollen d. Deutschen beim wissenschaftl. Unterr. d. deutsche od. latein. Sprache gebrauchen? eine Rede. gr. 8. Freiburg 803.

— **Johann Peter** (Köln), De famoso rescripto imperatorio L. 2. C. de Rescind. Vend. Diss. jur. Präs. Ernst Tenzell. Erfurt (J. H. Grosch) 17. I. 1711. (4.—) 23079
Gew.: Philipp Wilhelm von Bolneburg.

Mertens, Johann Wilhelm Josef (Düsseldorf)
Ueber Ueberschwängerung und Ueberfruchtung.
Giessen: Brühl I. 1850. 36 S. (in Δ mit Thesen)
Diss. med. 25.5.1850. vorh. 26. 11.Δ.

Mertens, Karl

—, Diss. Analecta ad artem obstetriciam. Fref. ad V. 4°. 1784

Mertens, Carl, appr. Arzt aus Gerbstedt: Ein **Beitrag zur** Statistik der Aethernarkosen. *München 1897 [vielm. 1901]: Kastner & Lossen.* (68 S.) 8°
München, Med. Diss. v. 1901

— prakt. Bemerkk. üb. verschied. Volkskrankheiten; aus d. Latein. 8. Leipz. 785. Weygand. 15 gr

Mertens, Carl Edler von.

Beobachtungen der faulen Fieber ... a. d. Latein. ... Göttingen 1779. Ü: *Lentin, Lebrecht Frdr. Benjamin.* (Adel) (EngM) (MGT)

— Beobachtt. der faulen Fieber, d. Pest u. and. Krankheiten; aus d. Latein. mit Anmerkk. (v. L. F. B. Lentin.) 8. Götting. 779. Vandenhöck u. R. 12 gr

Mertens, Karl von: Medizinische Beobachtungen. Bd 1: Beobachtungen der faulen Fieber, der Pest und einiger andern Krankheiten. Bd 2: Praktische Bemerkungen über verschiedene Volkskrankheiten. (Observationes medicae. Dt.) Aus dem Lateinischen übers.und mit Anmerkungen und Zusätzen vermehrt. Bd 1-2, gbd.

Bd 1: Göttingen: Bossiegel 1779
Bd 2: Leipzig: Weygand 1785

— Diss. Epidemiae Viennae observatae febris catarrhalis anni 1762 et dysenteriae anni 1763. 8maj. Wien 766.

v. *Mertens*, Edler Karl, († d. 26. Sept. 1788.) observat. med. de febribus putridis, de peste nonnullisq. aliis morbis. II Tom. 8. Wien 778, 84. (Bock). 22 gr Hbg. Pr. 12 gr Dess. Portrait 4 gr

Mertens, Karl von: Observationes medicae. Tom.1-2, gbd.

Tom.1: Vindobonae: Graeffer 1778
Tom.2: Vindobonae: typ.Wappler 1784

JB 2.179

— von d. Schwindsucht; aus d. Latein. v. J. L. K. Mümler. 8. Helmst. 780.

Mertens, Karl von: Traité de la peste, contenant l'histoire de celle qui a regné à Moscou en 1771. (Observationes medicae de febribus putridis, de peste, nonnullisque aliis morbis. Auszug. Frz.) Ouvrage...actuellement mis en François et augmenté de plusieurs pièces intéressantes, par l'auteur. 142 S., gbd.

Vienne et Strasbourg: Gay } 1784
Paris: Didot et Méquignon }

JB 5.014

— traité de la Peste, cont. l'hist. de celle qui a regné à Moscou en 1771. gr. 8. Wien. 784. Sammer. 12 gr

Mertens, Karl Gottfried Ludwig

Mertens, Carl Gottfr. Ludw. (Jeßnitz / Anhalt), De confirmatione judiciali pactorum successoriorum e principiis juris Saxonici necessaria. Diss. inaug. Leipzig (Fr. Chr. W. Vogel) 21. VIII. 1827. 38 S. (3.50) 23075
Gew.: Ernst Friedrich Carl Emil von Werthern.

Mertens, Karl Heinrich

Mertens, Carolus Henricus: Anatomiae batrachiorum prodromus sistens observationes nonnullas in osteologiam batrachiorum nostratium. Halae (1820): Grunert. 33 S. 8°
Halle-Wittenberg, Med. Diss. v. 5. Juli 1820
Geb. Bremen [7.5.] 1796. V.

Mertens, Kaspar Joseph

— Caspar Joseph (Blanchenau), Diss. jur., sistens quaestionem systematicam: Quomodo judicandum seu sententionandum sit? Erfurt (Hering) 29. V. 1737. 32 S. (4.50) 23076
Widm. v.: F. C. A. Cam. de Worm. von Dalberg.

Mertens, Konr., die Bildnisse der Fürsten u. Bischöfe v. Paderborn v. 1498 bis 1891. Mit erläut. Texte. Lex.-8. (24 Photogr. m. VI, 49 S. Text.) Paderborn 892. F. Schöningh. Geb. in Leinw. m. Goldschn. n.n. 16. –

Mertens, Konrad, Medizinalpraktikant a. Herten in Westf.: Aus d. Chirurg. Poliklinik d. Univ. Leipzig. Congenitale Fisteln und Cysten des Halses. Leipzig 1905: B. Georgi. (31 S.) 8°
Leipzig, Med. Fak., Ref. Trendelenburg, Diss. v. 5. Mai 1905
[Geb. 29. Okt. 79 Herten, Westf.; Wohnort: Herten; Staatsangeh.: Preußen; Vorbildung: Gymn. Recklinghausen Reife O. 00; Studium: Freiburg i. B. 1, Würzburg 3, München 1, Berlin 1, Leipzig 4 S.; Coll. 17. Mai 05; Approb. 2. März 05.]

Mertens, Conr., der heilige Liborius. Sein Leben, seine Verehrg. u. seine Reliquien. Nach gedruckten u. ungedruckten Quellen. Mit 4 photolith. Taf. gr. 8. (XI, 343 S.) Paderborn 873. Schöningh. n. 4. —

—— Hermann v. Mallinckrodt. Erinnerungen aus seinem Leben zu Nordborchen. gr. 8. (40 S.) Ebendas. 874.

Mertens, Conr., die Todtenklage um Hermann v. Mallinckrodt. 4. (V, 424 S. mit 1 Holzschntaf.) Paderborn 880, F. Schöningh. *

Mertens, L. (Hrsg.), s. Wernecke, E.: Sammlung der für die Stadtgemeinde M.– Gladbach erlassenen Polizeiverordnungen ...

Mertens, Ludw. v., ein deutscher Bürgermeister. Episches Gedicht. gr. 16. (VIII, 295 S.) Wien 877, Rosner. *

Mertens, Ludw., eiserne Dächer u. Hallen in England. Hrsg. von der königl. techn. Hochschule zu Berlin. Louis Boissonnet-Stiftg. 1894. Fol. (17 S. m. 1 Fig. u. 20 Taf.) Berlin 899. J. Springer. Kart. n. 12. —

Mertens, Ludw. v., Falad. Kleine Bilder aus der Zeit der Völkerwanderung. 8. (235 S.) Wien 886. Konegen. n. 3. —

Mertens, Ludw. v., die moderne Gesellschaft. Episches Gedicht. Hamburg 870. J. F. Richter. gr. 16. (225 S.) n. 1 ♂

Mertens, Ludw. v., die vornehme Gesellschaft. 8. (VIII, 171 S.) Wien 872. Perles. n. 2. 80

Mertens, Ludwig v., ein Idyll auf dem Kahlenberge. 12. (151 S.) Wien 864, Schönewerk. [Troppau, Kolck.] *

Mertens, Ludwig, Dr., Das Luftschiff, erfunden von —. Berlin 1852.

Mertens, Ldw., zur Physiologie der Anatomie. gr. 8. Berlin 841, Trautwein. 2/3 ♂

Mertens, Ludw., zur Physiologie d. Anatomie. 2. Bdchn. Das Mark. gr. 8. (7⅛ B.) Berlin 845, Aug. Hirschwald, Verl. *
1. Bdchn. Berlin 1841, Trautwein u. Comp. 20 Ngr.

Mertens, Ludw., zur Physiologie der Anatomie. 1. Bdchn. Das Gerippe. — 2. Bdchn. Das Mark. 2. (Titel-)Aufl. Dessau (845.) 855. Neubürger. gr. 8. (VII, 198 S.) n. 1 ♂.

—— eine weibliche Reise nach Suez. Aus den Jugenderinnerungen Lauras. Mit (eingedr. Holzschn.-)Illustr. von A. Oberländer. 8. (55 S.) München 878, Braun und Schneider. cart. *

Mertens, (Christoph. Aug.) Ludov. (geb. Havelberg 17. 10. 1812): In tegumentis salus. Berolini (1839). (26 S.) 8°
Berlin, Med. Diss. v. 1. Febr. 1839

Mertens, Ludwig von, Das belagerte Wien. Eine Reimchronik. 2. verb. u. verm. Aufl. fl. 8. (VII. 448 S.) Wien 186?, Markgraf. 3 fl.

—— das belagerte Wien. Eine Reimchronik. 3., verb. und verm. (Titel-)Aufl. 16. (XIV und 448 S.) Hamburg (861)68, J. F. Richter. *

Mertens, M., Quaestiones Ausonianae. Diss. 1880. 46 S. 1..20

Mertens, Mart., historisch-politisches ABC-Buch. Zur Förderg. des Geschichtsunterrichts u. zur Selbstbelehrg. (IV, 216 S.) 8. Berlin 907. Weidmann. Geb. 3. 40

Mertens, Martin, Dir. Dr.: Bericht über die Feier der Anerkennung der Anstalt als Gymnasium und die Einweihung des neuen Gymnasialgebäudes am 23. u. 24. April 1902. *Brühl 1903: K. Martini.* (S. 29—44.) 4°
Brühl, G, P 1903 (496)

Mertens, Martin, Dir. Dr.: Zur Geschichte der Anstalt während der Jahre 1865—1902. *Brühl 1902: K. Martini.* (68 S.) 8°
Brühl, G (i. E.), Festschr. 1902 (481)

— Goethes Hermann u. Dorothea, s.: Klassiker, die deutschen, erläutert u. gewürdigt. (Kuenen, Eduard.)

Mertens, Martin. Hilfsbuch f. den Unterricht in der alten Geschichte. gr. 8. (IV, 152 S.) Freib. i. Br. 890, Herder. * 1 40; geb. ** 1 75

Mertens, Mart., Hilfsbuch f. den Unterricht in der alten Geschichte. 5. u. 6., verb. Aufl. gr. 8. (VIII, 154 S.) Freiburg i/B. 902. Herder. n. 1. 60; Einbd. in Halbldr. n.n.n. — 35

Mertens, Mart., Hilfsbuch f. den Unterricht in der alten Geschichte. 9. u. 10. verb. Aufl. (VIII, 154 S.) gr. 8. Freiburg i/B. 906. Herder. n. 1. 60; geb. n. 2. —

— Hilfsbuch f. den Unterricht in der alten Geschichte. 13. u. 14. verb. Aufl. (VIII, 154 S.) gr. 8. Freiburg i/B. 910. Herder. 1.80; geb. 2. 20

Mertens, Mart., Hilfsbuch f. d. Unterricht in d. deutschen Geschichte. In 3 Tln., nebst e. Anh. gr. 8. Freiburg i/B. 896. Herder. Kplt. in 1 Bd. n. 3. 80; Einbd. in Halbldr. n.n.n. — 50

1. Deutsche Geschichte v. d. ältesten Zeiten bis z. Ausgange d. Mittelalters. (VIII, 140 S.) n. 1. 40
2. V. Beginn d. Neuzeit bis z. Thronbesteigg. Friedrichs des Großen. (S. 141—240.) n. 1. —
3. V. d. Throndeeigg. Friedrichs d. Großen bis z. Gegenwart, nebst e. Anh. (S. 241—386.) n. 1. 40

— Hilfsbuch f. den Unterricht in der deutschen Geschichte. In 3 Tln. gr. 8. Ebd. n. 4. 20; Einbd. n.n.n. — 30

1. Deutsche Geschichte von den ältesten Zeiten bis zum Ausgange des Mittelalters. 5. u. 6., verb. Aufl. (VIII, 140 S.) 902. n. 1. 40
2. Deutsche Geschichte vom Beginn der Neuzeit bis zur Thronbesteigung Friedrichs des Großen. 3. u. 4. verb. Aufl. (S. 141—240.) 901. n. 1. 20
3. Deutsche Geschichte von der Thronbesteigung Friedrichs des Großen bis zur Gegenwart, nebst e. Anh. 3. u. 4. verb. Aufl. (S. 241—386.) 901. n. 1. 60

— Hilfsbuch f. den Unterricht in der deutschen Geschichte. 3 Tle. gr. 8. Ebd. n. 4. 20; geb. n. 5. 40
1. Deutsche Geschichte von den ältesten Zeiten bis zum Ausgange des Mittelalters. 9. u. 10. verb. Aufl. (VIII, 140 S.) 905. n. 1. 40; geb. n. 1. 80
2. Deutsche Geschichte vom Beginn der Neuzeit bis zur Thronbesteigung Friedrichs des Großen. 7. u. 8., verb. Aufl. (S. 141—240.) 905. n. 1. 20; geb. n. 1. 60
3. Deutsche Geschichte von der Thronbesteigung Friedrichs des Großen bis zur Gegenwart, nebst e. Anh. 7. u. 8. verb. Aufl. (S. 241—356.) 906. n. 1. 60; geb. n. 2. —

— Hilfsbuch f. den Unterricht in der deutschen Geschichte. 3 Tle. gr. 8. Ebd. 4.70; geb. 5. 90
1. Deutsche Geschichte von den ältesten Zeiten bis zum Ausgange des Mittelalters. 15. u. 16. verb. Aufl. (VIII, 139 S.) 910. 1.60; geb. 2. —
2. Deutsche Geschichte vom Beginn der Neuzeit bis zur Thronbesteigung Friedrichs des Großen. 11. u. 12., verb. Aufl. (S. 141—240.) 909. 1.30; geb. 1. 70
3. Deutsche Geschichte von der Thronbesteigung Friedrichs des Großen bis zur Gegenwart, nebst e. Anh. 9. u. 10., verb. Aufl. (S. 241—356.) 909. 1.80; geb. 2. 20

Mertens, Martin [Dir. Dr.]: Katalog der Lehrerbibliothek des Progymnasiums zu Brühl. Brühl, Druck v. J. Martini, 1896; IV S., 1 Bl., 88 S. 8.
Brühl, PG, P 1896 (437)

Mertens, Martin, Dir. Dr.: Die höhere **Lehranstalt** zu Brühl während der Jahre 1783—1821. *Brühl 1900: K. Martini.* (53 S.) 8°
Brühl, PG (G in Entw.), P 1900 (461)

— Schillers Maria Stuart, s.: Kuenen, Eduard.

Mertens, *Martin* [Dr.]: Nachtrag VIII *zu dem 1882 erschienenen Katalog der Bibliothek des Realgymnasiums.* [Nachtr. I—VII: P-Beil. 1886—92.] Köln, Druck v. J. P. Bachem, 1893; 23—26 S. 4.
Köln, st. RG m. Gymn.-Parallelkl. u. VS, P 1893 (473)

— Schillers Wilhelm Tell, s.: Klassiker, die deutschen, erläutert u. gewürdigt. (Kuenen, Eduard.)

Mertens, O., illustrierte Weltgeschichte. Mit üb. 600 Text-Illustr., 1 Titelbilde u. 6 Tafelbildern. (VIII, 792 S.) gr. 8. Berlin (Leipzig, G. Fock Verl.) Geb. 14. —; in Liebhaberbd. 15. —

Mertens, Osc., Beitrag zur Lösung der Lagerhaus- u. Warrantbelehnungsfrage f. Riga, s.: Hennings, C.

Mertens, Osc. Zur Frage der Zufuhrbahnen in Russland. Nebst statist. Nachweisg. üb. die in den J. 1866—1885 bewegten Getreidequantitäten. Lex.-8. (VI, 115 S. m. 2 graph. Taf. u. 1 Karte.) Riga 889, (Kymmel's Sort.) * 6 —
Aus: Rigaer Handels-Archiv, besonders abgedruckt.

— das Zufuhrgebiet Rigas f. Getreide, Mehl u. Grütze. gr. 8. (V, 136 S. m. 1 chromolith. Karte) Riga 883. (Bruhns.) n. 4. —

— dasselbe. 1. Fortsetzg. Die J. 1882—1884. Lex.-8. (VIII, 75 S. m. 1 Karte.) Ebend. 886. n. 3. —

—— Das Zufuhrgebiet Rigas f. Getreide, Mehl u. Grütze. 2. Fortsetzg. Die J. 1885—1887. Nebst Darstellg. d. gesammten Getreide- u. Mehlverkehrs Russlands. Lex.-8. (III, 122 S. m. 1 Karte.) Riga 890, (Bruhns). * 4 —
Hauptwerk u. 1. Fortsetzung. Ebd. 1883.86. * 7 —.

Mertens, Otto

— In 5 Minuten Redner! Nebst e. Anleitg.: Befangenheit, Angst (Lampenfieber), Unruhe u. Nervosität im Entstehen zu unterdrücken v. Harry Bondegger, s.a. Georgi's, Carl, Bücherei.

Mertens, Otto, in fünf Minuten Redner!, nebst e. Anleitg.: Befangenheit, Angst (Lampenfieber), Unruhe u. Nervosität im Entstehen zu unterdrücken. 4. Aufl. (76 S.) 8. Berlin 904. C. Georgi. n. 1. —

Mertens, Paul [aus Charlottenburg]: Ueber Laesionen des Nervus ulnaris nach Brüchen des Oberarms.... Berlin, Buchdr. v. M. Niethe (1890); 31 S. 8°
Berlin, Med. Fak., Inaug.-Diss. v. 29. Okt. 1890

Mertens, Paul, aus Berlin: Die kulturhistorischen **Momente** in den Romanen des Chrestien de Troyes. *Berlin 1900: G. Chasté.* (68 S.) 8°
Erlangen, Phil. Diss. v. 21. Dez. 1899

Mertens, Paul, die kulturhistor. Momente in den Romanen des Chrestien de Troyes. Diss. gr. 8. (V, 69 S.) Berlin 900. (Vossische Buchh.) n. 2. —

Mertens, Paul: Über gewisse räumliche Punktmengen, die sich als stetige Flächen auffassen lassen. Leipzig 1910: Hoffmann. 86 S. 8°
Königsberg, Phil. Diss. v. 17. Okt. 1910, Ref. Schoenflies, Meyer
[Geb. 22. März 88 Schleusenau; Wohnort: Bromberg; Staatsangeh.: Preußen; Vorbildung: Gymn. Bromberg Reife O. 06; Studium: München 1, Berlin 3, Königsberg 5 S.; Rig. 22. Juli 10.] [U 11. 2756

Mertens, Paul [Gerichts-Ref. aus Cleve]: „Welche Unterschiede bestehen zwischen Niessbrauch, der Mehreren pro parte indivisa zusteht, und Miteigentum?“ ... Cleve, Buchdr. v. W. Startz, 1892; 70 S., 1 Bl. 8.
Erlangen, Jur. Fak., Inaug.-Diss. v. 1892

Mertens, Paul Norbert, ein Kampf um Nifleheim. Ein Beitrag zur Ruhmesgeschichte der Nordpolarforschg. (101 S.) 8. Berlin 908. R. Trenkel. 2.50; geb. 3. 50

Mertens, Peter, die heiligen Ewalde. Martyrer. Ihr Martertod und ihre Reliquien, nebst Beschreibung des wiederhergestellten Schreines. 8. (35 S.) Köln 879, Theissing. *

Mertens, Peter [aus Dürboslar (Rheinland)]: Ueber Tuberculose der Nasenschleimhaut. ... Würzburg, Druck d. Ferdinand Röhrl'schen Buchdr., 1889; 32 S. 8°
Würzburg, Med. Fak., Inaug.-Diss. v. 1889

Mertens, Reinh.

Mertens, R., s.: Aepfel u. Birnen.

— Dörrbüchlein f. Haushalt u. Kleinbetrieb. Anleitg. z. Trocknen v. Obst u. Gemüse auf d. Geisenheimer Herddörre u. d. and. Geisenheimer Trockenapparaten, nebst Schlußwort üb. d. Zubereitg. d. Dörrgemüse in d. Küche. 4., umgearb. Aufl. 8. (VIII, 64 S. m. 13 Abb.) Wiesbaden 897. R. Bechtold & Co. n. 1. —

Mertens, Reinh. Dörrbüchlein f. den kleinen Haushalt. Anleitung zum Trocknen v. Obst u. Gemüse vornehmlich auf der Geisenheimer Herddörre, nebst Schlußwort üb. die Verwendg. der Dörrgemüse in der Küche. 1. Aufl. (IV, 36 S. m. 8 Abbildgn.) 891; 2. verm. Aufl. 8. (VIII, 44 S. m. 8 Abbildgn.) Wiesb. 892, Bechtold u. Comp. * 1 —

Mertens, Reinh., Dörrbüchlein, f. den kleinen Haushalt. Anleitung zum Trocknen v. Obst u. Gemüse auf der Geisenheimer Herddörre, nebst Schlußwort üb. die Verwendg. der Dörrgemüse in der Küche. 8. (IV, 36 S. m. 8 Abbildgn.) Wiesbaden 891. R. Bechtold & Co. n. 1. —

— dasselbe. 2. u. 3., verm. Aufl. 8. (VIII, 44 S. m. 8 Abbildgn.) Ebd. 892. 893. n. 1. —

—— s. Jahrbuch d. deutschen Landwirthschafts-Gesellschaft. 4. Bd. Ergänzungsheft.

Mertens, R., die Kernobstsorten d. deutschen Obstbaues, s.: Goethe, R.

— s.: Kernobstsorten, die wichtigsten deutschen.

— s.: Mitteilungen üb. Obst- u. Gartenbau.

— Obsteinkochbüchlein f. den bürgerlichen u. feineren Haushalt. Ausführliche Anleitg. zur Herstellg v. Pasten, Mus, Marmelade, Kraut, Gelee, Latwerge, Saft, Dunst- u. Einmachobst, Limonadenessig u. Essigfrüchten, anhangsweise auch v. Beerenobstweinen u. Obstessig. 2., verm. Aufl. m. 44 Abbildgn. 8. (VIII, 116 S.) Wiesbaden 894. R. Bechtold & Co. n. 1.50

— Obsteinkochbüchlein f. d. bürgerl. u. fein. Haushalt. Ausführl. Anleitg. z. Herstellg. v. Pasten, Mus, Marmelade, Kraut, Gelee, Latwerge, Saft, Dunst- u. Einmacheobst, Limonadenessig u. Essigfrüchten, anhangsweise auch v. Beerenobstweinen, Obstlikören u. Obstessig. 3., durchgeseh. Aufl. m. 44 Abb. 8. (VIII, 124 S.) Wiesbaden 896. R. Bechtold & Co. n. 1.50

Mertens, R., Obsteinkochbüchlein für den bürgerl. u. feineren Haushalt. Ausführl. Anleitg. zur Herstellung v. Pasten, Mus, Marmelade, Kraut, Gelee, Latwerge, Saft, Dunst- u. Einmachobst, Limonadenessig u. Essigfrüchten, anhangsweise auch v. Beerenobstweinen, Obstlikören u. Obstessig. 5. Aufl. m. 59 Abbildgn. Neubearb. v. E. Junge. 8. (VIII, 134 S.) Wiesbaden (902). R. Bechtold & Co. n. 1.50; kart. 1.75

Mertens, R., Obsteinkochbüchlein f. den bürgerlichen u. feineren Haushalt. Ausführliche Anleitg. zur Behandlg. des Frischobstes, sowie zur Herstellg. v. Pasten, Mus, Marmelade, Kraut, Gelee, Latwerge, Saft, Dunst- u. Einmachobst, Limonadenessig u. Essigfrüchten, anhangsweise auch v. Beerenobstweinen, alkoholfreien Weinen, Obstlikören u. Obstessig. 8. Aufl. m. 66 Abbildgn. Neu bearb. v. E. Junge. (VIII, 168 S.) 8. Wiesbaden (906). R. Bechtold & Co. n. 1.50

Mertens, R., Obsteinkochbüchlein f. den bürgerl. u. feineren Haushalt. Ausführl. Anleitg. zur Behandlg. des Frischobstes, sowie zur Herstellg. v. Pasten, Mus, Marmelade, Kraut, Gelee, Latwerge, Saft, Dunst- u. Einmachobst, Limonadenessig u. Essigfrüchten, anhangsweise auch v. Beerenobstweinen, alkoholfreien Weinen, Obstlikören, u. Obstessig. 11. Aufl. m. 66 Abbildgn. Neu bearb. v. E. Junge. (VII, 173 S.) 8. Wiesbaden (909). R. Bechtold & Co. 1.50

R. Mertens, Die Obstsorten für Bayern.
1902 Nürnberg

— Unterweisungen im Obstbau, bes. auch im Kronenschnitt. Leichtfaßl. Abhandlg. üb. d. Pflanzen, Schneiden, Ausputzen, Reinigen, Verjüngen, Umpfropfen u. Düngen d. hoch- u. halbhochstämm. Obstbäume in Gärten, auf Feldern u. an Straßen. Für Landwirte, Obstzüchter, Baumwärter, Wegebau-Beamte u. and. Freunde d. Obstbaues auf Grund prakt. Erfahrgn. bearb. Mit 134 v. Verf. gezeichn. Abb. gr. 8. (XI, 174 S.) Ebd. 895. n. 3.—

— Unterweisungen im Obstbau, besonders im Kronenschnitt. Leichtfaßl. Abhandlg. üb. das Pflanzen, Schneiden, Ausputzen, Reinigen, Verjüngen, Umpfropfen u. Düngen der hoch- u. halbhochstämm. Obstbäume in Gärten, auf Feldern u. an Straßen. Für Landwirte, Obstzüchter, Baumwärter, Wegebau-Beamte u. andere Freunde des Obstbaues auf Grund prakt. Erfahrgn. bearb. Mit 134 vom Verf. gezeichneten Abbildgn. 2. Aufl. gr. 8. (XI, 174 S.) Ebd. (901). n. 3.—

— Vorschläge z. Förderg. d. Obstbaues im Hinblick auf s. wirtschaftl. Bedeutg. f. d. deutsche Volk. Auf Grund e. Preisaufgabe d. „Prakt. Ratgebers im Obst- u. Gartenbau" zu Frankfurt a. Oder bearb. gr. 8. (VIII, 65 S.) Frankfurt a/O. 897. Trowitzsch & Sohn. n. 1.—

Mertens, Siegfr., die Eigenschaften u. physikalischen Gesetze der Luft u. des Dampfes, sowie deren Anwendung bei der Berechnung v. Trockenanlagen. Formeln, Tabellen u. Beispiele zum Gebrauche in der Praxis. (VIII, 61 S) gr. 8. Leipzig 904. C. Scholtze. n. 2.50; geb. n. 3.—

Mertens, Th., wider die Fremdwörter. gr. 8. (50 S.) Hannover 871, Helwing's Verlag. *

Mertens, Th., Stadthannover'sche Geschlechtsnamen. [Nach dem Adreßbuch von 1874.] gr. 8. (64 S.) Hannover 875, (Schulbuchh.)

— die Kerkerscene aus Goethe's Faust. 8. (60 S.) Ebendas. 878. *

— Schläge in der Schule? gr. 8. (47 S.) Ebendas. 878. *

— Schläge in der Schule? 2. unveränd. (Titel-)Aufl. gr. 8. (47 S.) Hannover (878)78, Helwing'sche Verlagsh. *

Mertens, Th.: Was heisst Schule? Hannover.
Schul-/Univ.-Schrift. 1867.

Mertens, Viktor 1. Entwicklung der Newtonschen Formel aus den ersten Kepplerschen Gesetzen. 2. Über Krümmungsradien. 9 S.
Progr. *Prüm* 1882.

Mertens, Victor: Ueber eine Verallgemeinerung der Schroeter'schen Multiplicationsformeln für Thetareihen. Köln, Druck v. J. P. Bachem, Verlagsbuchh. u. Buchdr., 1889; S. 1—16; 4°
Köln, k. kath. G an Aposteln, OP 1889 (404)

Mertens, Victor E.: Aus d. chirurg. Universitätsklinik zu Königsberg i. Pr. Experimentelle Beiträge zur Frage der knöchernen Deckung von Schädeldefecten. *Königsberg i. Pr. 1900: M. Liedtke.* (40 S.) 8°
Königsberg, Med. Diss. v. 14. Mai 1900

Mertens, Wilhelm: Aus d. Universitätspoliklin. f. Ohren-, Hals- u. Nasenkrankh. in Bonn. Ueber die Bedeutung der Knochenblasen an der mittleren Nasenmuschel. Bonn 1910: Foppen. 41 S. 8°
Bonn, Med. Diss. v. 18. Juni 1910, Ref. Garrè
[Geb. 23. Sept. 84 Solingen; Wohnort: Solingen; Staatsangeh.: Preußen; Vorbildung: Gymn. Solingen Reife O. 04; Studium: Marburg 4, München 1, Freiburg i. B 1, Berlin 2, Bonn 2 S.; Coll. 23. Nov. 09; Approb. 9. Juni 10.]
[U 10. 321

Mertens, Wilh., e. Bekehrte. Lustspiel m. Gesang in 3 Aufzügen aus der stenogr. Praxis. 8. (24 S.) Berlin 885. Hohn. n. — 50

Mertens, Wilhelm, Dipl.-Ing.: Zur Bewegung der technischen Privatbeamten. Tübingen 1907: H. Laupp jr. (65 S.) 8° ¶ (Aus: Archiv f. Sozialwissenschaft u. Sozialpol. Bd 25 S. 649—713.)
Heidelberg, Phil. Fak., Ref. Gothein, Diss. v. 25. Nov. 1907
[Geb. 7. März 81 Halle a. S.; Wohnort: Braunschweig; Staatsangeh.: Braunschweig; Vorbildung: Gymn. Braunschweig Reife O. 00; Studium: Techn. Hochsch. Braunschweig 8, Univ. Heidelberg 3 S.; Rig. 20. Febr. 07.]

Mertens, Wilhelm, Die Fabrication und Raffinirung des Glases. Genaue übersichtliche Beschreibung der gesammten Glasindustrie, wichtig für den Fabrikanten, Raffineur, wie auch für das Betriebs-Aufsichtspersonal; mit Berücksichtigung der neuesten Errungenschaften auf diesem Gebiete und auf Grund eigener, vielseitiger, praktischer Erfahrungen bearbeitet. Mit 86 Abbildungen. 8. (XIV, 390 S.) (Chemisch-technische Bibliothek. Bd. 172.) 3.—, geb. (nur fest) 3.45

MERTENS, WILHELM.
Die Fabrikation und Raffinirung des Glases. Genaue, übersichtliche Beschreibung der gesammten Glasindustrie, wichtig für den Fabrikanten, Raffineur, als auch für das Betriebsaufsichtspersonal, mit Berücksichtigung der neuesten Errungenschaften auf diesem Gebiete und auf Grund eigener vielseitiger, praktischer Erfahrungen bearbeitet. Wien, Pest und Leipzig, 1888.

Mertens, Wilh. Die Fabrikation u. Raffinirung d. Glases. Genaue übersichtl. Beschreibg. der gesammten Glasindustrie. Mit 86 Abbildgn. 8. (XIV, 390 S.) Wien 889, Hartleben. * 5 40; geb. * 6 20

Mertens, Wilh., Lesebuch für Stolzesche Stenographen. Hrsg. von den Verbänden der W. Stolzeschen Schule. (In 4 Lfgn.) 1. Lfg. gr. 8. (32 autogr. S.) Leipzig 888, Klinkhardt. *

Mertens, Wilhelm, Das Sandstrahl=Gebläse im Dienste der Glasfabrikation. Genaue übersichtliche Beschreibung des Mattirens und Verzierens der Hohl= und Tafelgläser mittelst des Sandstrahles, unter Zuhilfenahme von verschiedenartigen Schablonen und Umdruckverfahren mit genauer Skizzirung aller neuesten Apparate und auf Grund eigener, vielseitiger und praktischer Erfahrungen verfaßt. Mit 27 Abbildungen. 8. (VI, 76 S.) [Chemisch=technische Bibliothek. Band 187] 1.10
Dasselbe. Elegant gebunden. (Nur fest) 1.55
Wien: Hartleben 1890.

— das Sandstrahl=Gebläse im Dienste der Glasfabrikation. Genaue übersichtl. Beschreibg. d. Mattirens u. Verzierens der Hohl= u. Tafelgläser mittelst d. Sandstrahles, unter Zuhilfenahme v. verschiedenart. Schablonen u. Umdruckverfahren m. genauer Skizzirg. aller neuesten Apparate u. auf Grund eigener, vielseit. u. prakt. Erfahrgn. verf. 8. (76 S. m. 27 Abbildgn.) Ebd. 891. n. 2. —; geb. n. 2. 80

Mertens, Wilh, s.: Stenographen-Kalender, deutscher.

— allgem. Taschen=Liederbuch für Stolzesche Stenographen. Hrsg. v. der stenograph. Gesellschaft nach Stolze zu Berlin. 10. Aufl. Mit dem Bildnis Wilhelm Stolzes. 16. (VIII, 152 S.) Berlin 900. (Frz. Schulze.) Geb. in Leinw. n.n. — 25

Mertens, v. Görne, und v. Scherff, die Gymnastik, s. Gymnastik, die.

Mertes, Pet., das Baden. E. Beitrag zur Beförderg. d. Gesundheitspflege. 8. (16 S.) Dresden 898. Trachenberge, A. Herrmann & Co. — 15

— s.: Dewora, Viktor Joseph, d. triersche Overberg.

Mertes, Pet., Hautkrankheiten (Flechten), deren Besserung u. Heilung auf naturgemäße Weise. (20 S.) kl. 8. Mettmann (907). (A. Frickenhaus.) — 50

Mertes, Pet., 150 der bekanntesten u. vorzüglichsten Heilpflanzen, s.a. Sammlung kl. Volksschriften. Nr. 33.

150 der bekanntesten und vorzüglichsten Heilpflanzen. Mit Berücks. d. Kneippschen Heilkräuter f. Freunde d. Pflanzenheilverfahrens hrsg. von Pet. Mertes, Lehrer. *Barmen: D. B. Wiemann [1902].* (90 S.) 8° [F.]
= Sammlung kleiner Volksschriften. No 33. [03. 10

— 300 der bekanntesten u. vorzüglichsten Heilpflanzen. Mit besond. Berücksicht. der Kneippschen Heilkräuter f. Freunde des Pflanzenheilverfahrens hrsg. 3. verb. u. verm. Aufl. (124 S.) 8. Barmen (909). D. B. Wiemann. 1.50

Mertes, Pet., 200 der bekanntesten u. vorzüglichsten Heilpflanzen, s.a. Sammlung kleiner Volksschriften. Nr. 33.

200 der bekanntesten und vorzüglichsten Heilpflanzen. Mit bes. Berücks. der Kneippschen Heilkräuter f. Freunde d. Pflanzenheilverfahrens hrsg. von Pet. Mertes, Lehrer. 2. verb. u. verm. Aufl. *Barmen: D. B. Wiemann [1903].* (118 S.) 8° [F.]
= Sammlung kleiner Volksschriften. No 33. [03. 12238

— Lieder f. Kneipp=Vereine u. Anhänger d. Naturheilmethode. Nach bekannten Melodieen. Ges. u. hrsg. gr. 16. (80 S.) Donauwörth 896. L. Auer. Kart. n. — 40

Merth, Stellenwerttabelle der Maße, Gewichte und Münzen aufgezogen auf Pappe K 3.—
Wien: A. Pichlers Witwe & Sohn 1907.

Merth, Bernh., Andenken an meine Schulzeit. Hrsg. v. der Lehrer-Conferenz des Schulbez. Krems. Unter Mitwirkg. mehrerer Schulmänner verf. gr. 8. (100 S. m. 1 Bildnis.) Krems (900). (F. Oesterreicher.) Geb. in Leinw. n. 1.60

— über landwirtschaftliche Berufsgenossenschaften. gr. 8. (36 S.) Budweis 899. Oesterr. Bauernbund. n. — 20

Merth, Bernh., die vier Fälle des persönlichen Fürwortes. — Die vier Fälle des Geschlechtsw. Wandtafel. (3 Bl.) Je 95,5 × 64 cm. Korneuburg (904). J. Kühkopf. n. 2. —; auf Pappe u. lackiert n. 4. 50

— d. österr. Volksschullehrers Freud u. Leid, s.: Universal-Bibliothek.

Merth, Bernh., die kulturellen Grundlagen u. Ziele der christlichen Lehrer-Organisationen. (VIII, 61 S.) 8. Wien 908. H. Kirsch. — 80

Merth, Bernh.: D. Kriegsjahr 1683, s. Universal-Bibliothek f. die österr. Jugend

— kleine Landeskunde des Erzherzogt. Oesterreich unter der Enns. Ein Lehr= u. Lesebuch. 3., umgearb. Aufl. (124 S.) gr. 8. Ebd. 903. Kart. n. 1. —

— u. Frz. Wollmann, Sprachlehrübungen f. 4= u. mehrklassige Volksschulen. (Nebst e. Anh., enth.: Rechtschreiben, Aufsatz u. Wortkunde.) Ein Handbuch f. Lehrer. Unter Mitwirkg. v. Joh. Wandl verf. 1. u. 2. Heft. 8. Wien 906. F. Tempsky. n. 4. 60
1. (Für das 2. u. 3. Schulj.) (128 S.) n. 1. 60
2. (Für das 4.—8. Schulj.) (231 S.) Kart. n. 3. —

— Sprachübungen f. ein= bis dreiklassige Volksschulen. Im Anschlusse an das Lehrbuch aus dem k. k. Schulbücher=Verlage. Ein Handbuch f. Lehrer. Unter Mitwirkg. v. Joh. Wandl u. Frz. Wollmann verf. 1. Tl. Übungen im mündl. u. schriftl. Gedankenausdrucke. gr. 8. (VIII, 123 S.) Wien 902. A. Pichler's Wwe. & Sohn. n. 1. 50

— Sprachübungen f. ein= bis dreiklassige Volksschulen. Im Anschlusse an das Lesebuch aus dem k. k. Schulbücher=Verlage. Ein Handbuch f. Lehrer. Unter Mitwirkg. v. Joh. Wandl. u. Frz. Wollmann verf. 2. u. 3. Tl. gr. 8. Wien, A. Pichler's Wwe. & Sohn. n. 6. 60
2. Sprachlehr=Uebgn.: 1. Unter= u. Mittelstufe. 2. Oberstufe. (X, 256 S.) 903. n. 3. —
3. Wortbedeutung, Mehrdeutigkeit u. Sinnverwandtschaft der Wörter, Wortbildg. u. Rechtschreiben. (X, 298 S.) 905. n. 3. 60

— Sprachübungen f. ein= bis dreiklassige Volksschulen. Im Anschlusse an das Lesebuch aus dem k. k. Schulbücher=Verlage. Ein Handbuch f. Lehrer. Unter Mitwirkg. v. Joh. Wandl u. Frz. Wollmann verf. 1. u. 2. Tl. 8. Wien, A. Pichler's Wwe. & Sohn. 4. 50
1. Übungen im mündl. u. schriftl. Gedankenausdrucke. 2. Aufl. (IV, 139 S.) 907. 1. 50
2. Sprachlehr=Übungen: 1. Unter= u. Mittelstufe. 2. Oberstufe. 2. Aufl. (X, 256 S.) 908. 3. —

— s.: Sprachunterricht, der deutsche, in der Volksschule.

— s.: Volksschul=Bibliothek, neue österr.

– D. Waffenthaten d. Österreicher im J. 1809, s. Universal-Bibliothek f. die österr. Jugend.

– Aus d. Zeit d. Franzosenkriege, s. Universal-Bibliothek f. die österr. Jugend.

Merth, G., s. Merth, Bernhard

Mertins, H., Beiträge zur Kenntnis d. mechanischen Gewebe-Systems der Pflanzen. Inaug.-Diss. gr. 8. (42 S.) Berlin 889. (Dames.) n. 1. —

Merth, Heinr., die Trunksucht u. ihre Bekämpfung durch die Schule. (IV, 275 S.) 8. Wien 904. A. Pichler's Wwe. & Sohn. n. 2. 50

Merth, Ludw., Tabellen zur Berechnung der Querschnittflächen der Auf- u. Abträge v. variablen Planirbreiten f. Strassen- u. Eisenbahnkoerper. Imp.-Fol. (24 S.) Wien 873. Gerold's Sohn. n. 5. —

Merthiven, F. v., am Berg Isel. Illustr. populär-histor. Skizze. (60 S.) qu. 16. Innsbruck (905). E. Lorenz. n. — 80

Merthiven, F. v., am Berg Isel. Andreas Hofer u. seine Zeit. Illustr. populär-histor. Schilderg. des Tiroler Befreiungskampfes 1809. 4. Aufl. (61 S. m. Abb.) 11,5×16,5 cm. Innsbruck 909. L. Neurauter's Nachf. — 60

Mertian, Ign., kleines Gebetbuch f. Knaben u. Mädchen. 8. Augsb. 802. Wolf. 4 gr

– s. Journal, moral.

– s. Kempis, Nachfolge Christi.

— theoret. u. prakt. Lehrbuch d. Katechetik. 8. Bresl. 800. J. F. Korn. 12 gr

— die Moral in einzelnen Aufsätzen entwickelt. 2 Thle. 8. Augsb. 796. Lotter. 1 ℔

Mertian, Ign., d. Moral in Beispielen. 2 Thle. 8. Augsb. 797. Doll. 16 gr

— s. Paulsset, Erklärung.

— Predigten auf alle Sonn- u. Feiertage d. Jahres. 2 Bde. 8. Bresl. 800. J. F. Korn. 2 ℔

— kurze Predigten auf alle Sonntage d. Jahres od. Sonntags-Abende. 8. Bresl. 800. J. F. Korn. 1 ℔ 3 gr

— kathol. Sonntagsabende; e. Erbauungsschrift. 6 Hefte. 8. Bresl. 800.

— allgem. Sprachkunde. 8. Braunschw. 796. Schulbuchhandl. 16 gr

— kurzgef. französ. Sprachlehre. 8. Bresl. 800. J. F. Korn. 6 gr

Mertian, P. H., eine Stimme aus Frankreich über die Gründung einer freien katholischen Universität in Deutschland. (Uebers. aus den Etudes historiques et littéraires.) Mainz 865. Kirchheim. gr. 8. (16 S.) n. 2⅓ ngr

Mertig, Anleitung zum experimentellen Studium der Physik, s.: Meiser.

Mertig, Alfr., Anleitungsbuch zur Sammlung v. Apparaten zum Studium der Elektrotechnik. gr. 8. (VI, 126 u. 28 S. m. Abbildgn.) Berlin 901. (L. Simion.) Geb. in Leinw. n. 5. –

Mertig, Johannes

Mertig, J., des Handwerks goldener Boden. Zeitgemäßes Selbstbelehrungs-, Fortbildungs- u. Nachschlagewerk f. den streb. u. erfolgsuch. Handwerker, Gewerbetreibenden, Industriellen u. Kaufmann zur Einführg. in den mod. Geschäfts- u. Verkehrsgeist. Unter Mitwirkg. v. Günth. Haase, A. Haenig, Jul. Hoch u. a. 3 Bde. (XIV, 458; VII, 360 u. VIII, 462 S. m. Abb.) gr. 8. Leipzig (907). Vereinigte Verlags- u. Reisebuchhandlungen. Geb. in Leinw. 24. —

Mertig, J., u. Bruno Volger, die Buchführung des Gewerbetreibenden s.a. Volger's, Bruno, Bücherei f. den Gewerbe- u. Handwerkerstand. 3. Bd.

Die Buchführung des Gewerbetreibenden ⟨f. jeden Gewerbebetrieb anwendbar⟩ nebst 97 Buchhaltungs- u. Wiederholungsfragen u. e. Anh.: Wechsellehre z. Gebr. in d. Meisterkursen u. z. Selbststudium. Von J[ohannes] **Mertig**, Handelsschuldir., Halle a. S., u. Bruno Volger. *Berlin: A. Goldschmidt 1903.* (VIII, 194 S.) 8° [F.]
— **Bücherei**, Bruno Volgers, f. d. Gewerbe- u. Handwerkerstand. Bd 3.
[04. 4030]

— der praktische Geschäftsbetrieb f. den Gewerbetreibenden u. Handwerker, s.a. Volger's, Bruno, Bücherei f. den Gewerbe- u. Handwerkerstand. 4. Bd.

Der praktische Geschäftsbetrieb für den Gewerbetreibenden und Handwerker. Ratschläge u. Winke f. Geschäftsführung u. Erweiterung d. Absatzgebiete. Zum Gebr. in gewerbl. Fortbildungs- u. Fachschulen ... bearb. von J[ohannes] **Mertig**, Handelsschuldir., Halle a. S., u. Bruno Volger. *Berlin: A. Goldschmidt 1903.* (VIII, 200 S.) 8° [F.]
— **Bücherei**, Bruno Volgers, f. d. Gewerbe- u. Handwerkerstand. Bd 4.
[04. 4038]

Mertig, J., was der Handwerker von kaufmännischen Kenntnissen wissen muss. Eine kurzgefasste Zusammenstellg. der f. die gewerbl. Buchführg., das kaufmännisch-gewerbl. Rechnen u. f. den schriftl. Verkehr des Handwerkers u. Gewerbetreibenden geltend. Regeln u. Lehrsätze, besonders f. die Meisterkurse bearb. (Dr. Ludw. Huberti's prakt. gewerbl. Bibliothek.) gr. 8. (VII, 57 S.) Leipzig 902. H. Klasing. Geb. in Leinw. n. 1. 80

Mertins

Mertins, Hugo [aus Potsdam]: Beiträge zur Kenntnis des mechanischen Gewebe-Systems der Pflanzen. . . . Berlin, *Druck v. George Chasté*, 1889; 42 S. + 1 Bl. 8°
Berlin, Phil. Fak., Inaug.-Diss. v. 2. März 1889

Mertins, Oscar: Robert Greene and The Play of George-a-Greene, the pinner of Wakefield . . . . Breslau, Buchdr. Lindner, 1885; 40 S. 8°.
Breslau, Phil. Fak., Inaug.-Diss. v. 10. Okt. 1885.

Mertins, Osc., Robert Greene und the play of George-a-Greene, the pinner of Wakefield. Inaugural-Dissertation. gr. 8. (88 S.) Breslau 885, (Köhler.) *

Mertins, Osk., Wegweiser durch die Urgeschichte Schlesiens u. der Nachbargebiete. Hrsg. vom schles. Altertums-Verein. Mit 352 Abbildgn. im Text nach Zeichnungen. v. Erwin Süss u. nach Photographien. 1. u. 2. Aufl. (V, 150 S.) gr. 8. Breslau 906. Preuss & Jünger. n. 3. —

Mertke, Ed., appendice aux exercices techniques, s.: Riemann, Hugo, instruction pour l'étude des exercices techniques.

Adnotationes ad Sophoclis Electram in usum discipulorum conscriptae. Part. I. V. 1—660. Scrips. Raphael Mertl, O. P. — 1854. Ibid. — S. I—XXX.
Progr. Augsburg

MERTL, JOSEPH: Das Apostolat des Gebetes. Pest 1870.

MERTL, JOSEPH: Kurze Beschreibung des Gnadenbildes Mariahilf in Csepel. Budapest 1877.

MERTL, JOSEPH: Böse Räthe sind nicht christlich. Pest 1867.

MERTL, JOSEPH: Catechetisches Brautexamen. Budapest 1877.

MERTL, JOSEPH: Fasching und Fasten. Pest 1868.

MERTL, JOSEPH: Die Judentaufe oder Salemsfrage. Pest 1858.

MERTL, JOSEPH: Die streitende Kirche. Pest 1867.

MERTL, JOSEPH: Die Confessionsschule. Pest 1869.

MERTL, JOSEPH: Das Marienbild zu Promontor-Csepel. In: Der kath. Christ. Jg. 12 1859. Nr. 10. v. 11. III. 1859, S. 84 ff.

MERTL, JOSEPH: St. Johannes Nep. Statue in Csepel. Budapest 1877.

MERTL, JOSEPH: Das Priesterjubiläum. Pest 1868.

MERTL, JOSEPH: Die Volksmission. Pest 1863.

Mertl, P. Raphaël, die allgemeine Geschichte nach Uscholds Grundriss f. Schulen u. zum Privatgebrauch mnemonisch bearb. gr. 8. (XII u. 162 S.) Augsburg 847, Schmid. 1/2 ℔

Mertlick, Franz Johann (Kromau/Böhmen), De saburra. Diss. Präs. Johann Gottlob Haase. Leipzig (Klaubarth) 12. XII. 1786. 18 S. (4.50) 23080

Mertner, Otto: Moltke als Erzieher. Rede, geh. ... am 27. Jan. 1902. *Bromberg 1903: A. Dittmann.* (S. 1—8.) 4° [J.]
Bromberg, k. RG, OP 1903 (203)

Merto, il, delle donne; le rimembranze; la malinconia e le pompe funebri, poemetti di G. Legouvé. 18. Bolachi, Parigi. (Levrault in Strasb.) Vel. Pap.

Merton, Caroline a. d. Engl. 8. Lpz. Hilscher. (Compt. für Lit.) 795.

Ergebnisse einer zoologischen Forschungsreise in den südöstlichen Molukken ⟨Aru- u. Kei-Inseln⟩ im Auftr. d. Senckenberg. Naturforsch. Gesellsch. ausgeführt von Dr. Hugo **Merton**. Reisebericht. Mit 10 Taf., 2 Kt. u. 60 Abb. (Frankfurt a. M.: Senckenb. Naturf. Gesellsch. 1910.) XIII, 208 S. 4°
(Abhandlungen hrsg. von d. Senckenberg. Naturforsch. Gesellsch. Bd 33, H. 1. 2.)
[11. 3276 7

Merton, Hugo: Über die Retina von Nautilus und einigen dibranchiaten Cephalopoden. Mit drei Tafeln und zwei Figuren im Text. Leipzig: W. Engelmann 1905. (74 S.) 8°
¶(Aus: „Zeitschrift f. wiss. Zoologie" Bd 79, H. 3.)
Heidelberg, Naturw.-math. Fak., Ref. Bütschli, Diss. v. 21. Juli 1905
[Geb. 18. Nov. 79 Frankfurt a./M.; Wohnort: Berlin; Staatsangeh.: Preußen; Vorbildung: Goethe-Gymn. Frankfurt Reife M. 98; Studium: Bonn 2, Berlin 2, Heidelberg 6 S.; Rig. 19. Juli 04.]

Mertsching, Arthur

Mertsching, A. [approb. Arzt aus Sommerfeld]: Beiträge zur Histologie des Haares und Haarbalges .... (Aus: Archiv f. mikrosk. Anat. Bd. XXXI.) München, *Bonn, Cohen & Sohn*, 1887; 2 Bl. + S. 32—53 u. 2 Taf. 8°
München, Med. Fak., Inaug.-Diss. v. 1887

Mertsching, Richard, a. Hoyerswerda O. L.: Aus d. chemischen Institut d. Universität Breslau. Über die Einwirkung von o-Methoxy-Benzaldehyd auf Chinolinbasen und α-Methyl-Indol. Einige Salze des Diphenyl-Pyridyl-Trimethylens und α-Stilbazolins. Breslau 1905: Grass, Barth & Co. (71 S.) 8°
Breslau, Phil. Fak., Ref. Gadamer, Diss. v. 2. Juni 1905
[Geb. 1. März 79 Hoyerswerda O./L.; Heimatsort: Hoyerswerda O./L. Staatsangeh.: Preußen; Vorbildung: Luisenstädtische Oberrealschule Berlin Reife O. 00; Studium: Breslau 4, Tübingen 1, Breslau 5 S.; Rig. 10. Mai 05.]

Mertschinski, A. — und E. Zimmermann —. Arithmetik von — —. 8. (38 S.) Wien. Druck von Karl Gerold und Sohn. 1854.

Mertschinski, P. v. Russischer Dolmetscher, s. Klibanski, H.

Mertschinsky, A., Ruf. Wer Ohren hat zu hören, der höre! 8. (16 S.) Dresden 883. (Knecht.) n. — 20

Mertschinsky, P. v., Beiträge zur Wärme-Dyspnoe. gr. 8. (21 S. mit 2 lithogr. Taf.) Würzburg 881, Stahel'sche Universitäts-Buchh. *
Aus: Verhandlungen der physikalisch-medicinischen Gesellschaft zu Würzburg, besonders abgedruckt.

Merttens, Joseph [aus Wissen a. d. Sieg. Assistenzarzt an d. K. Univ.-Frauenklinik zu Marburg]: Fünf Fälle von Kaiserschnitt aus der Marburger Entbindungsanstalt.... Marburg, Druck v. Joh. Hamel, 1890; 37 S. + 3 Bl. 8°
Marburg, Med. Fak., Inaug.-Diss. v. [23. Jul.] 1890

Mertz, Beitrag zur Feststellung der Lage u. der jetzigen Beschaffenheit der Römermauer zu Köln. Pr. 1888. 28 S. u. 2 Taf. 4°. 1.20

Mertz: Über den Unterschied zwischen Mensch und Thier. Biedenkopf. 4. 4° 1867.
Schul-/Univ.-Schrift

Mertz, A., ich will mich verbessern. Erzählung. gr. 8. (86 S.) Berlin 888, (Deutsche Evangel. Buch- und Tractat-Gesellschaft.) *

—— Pfarrfrauen. Pastorentöchter. Alte Jungfern, s. Zeitfragen des christlichen Volkslebens.

Mertz, Albrecht [aus St. Johann a. d. Saar]: Beitrag zur Statistik der Tumoren am Ober-Schenkel. St. Johann a. d. Saar, Druck von Gustav Schaede, 1882. 8. 69 S.

Mertz, C., Sammlung von Aufgaben aus der einfachen und zusammengesetzten Regeldetri mit besond. Berücksichtigung des höheren Geschäftsrechnens. Nach Stern, Diesterweg-Heuser u. A. für Elementar- (1. Stufe) und Realschulen (1. und 2. Stufe) zusammengestellt und geordnet. 2 Stufen. 2., verm. und verb. Aufl. 8. (86, 32 S.) Gießen 864, Ricker. à Stufe 4 Ngr. *

Mertz, Carl, s. Mertz, Karl

Mertz, Emil. Eine Blüte baslerischer Irrenpflege und Bevogtigungspraxis. Eigene Erlebnisse von E' M'. Basel. Band 2. II + 152 S. 8. (Biel, W. Gassmann, [1910].)

(Mertz, Emil.) Wider (Dr. Ad[olf]) Strockeisen (II. Physikus [in] Basel). (Basel, den 12. Oktober 1910.) V S. 8. (Biel, W. Gassmann.)

MERTZ, FRANC(ISCUS): Fons / felicitatum. Brunn-Quell wahrer Glückseeligkeiten. Das ist: Jährliche Lob-Rede Von der allerheiligsten Dreyfaltigkeit, welche an dessen hohen Fest-Tag ... in Pressburg ... vorgestellet von Franc. Mertz. Pressburg 1748. Gedr. b. Franz Anton Royer. 6 f. - kl. 8°

(**Mertz,** Friedrich Wilhelm v.) Darstellung der Ereignisse und des Verfahrens, wodurch der k. k. FML. von Mertz, 2. Inhaber des 12. Lin.-Infr. Reg. Erzherzog Wilhelm etc. vorhin Commandant der Festung Comorn in Ungarn, zu Wien cassirt worden ist. Aus dessen nachgelassenen Papieren zusammengestellt. Als Manuscript gedruckt. 8. Frankfurt a. M. 1860.

Mertz, G., üb. Mädchenturnen, f. Eltern u. Erzieher bearb. Nebst e. Anh.: Ueber den Nutzen d. Turnens im Allgemeinen. 16. (28 S.) Aachen 875. (Barth.) n.n. — 30

Mertz, (G. A. C.), ein neuer Vorschlag zu unserem Wahlmodus hauptsächlich gegen den Saegert'schen gerichtet. gr. 8. (15 S.) Potsdam 849, Riegel'sche Buchhandlung. n. 2 ngr

Mertz, G. A. L., „Selig ist der Mann, der die Anfechtung erduldet." Pred., geh. am 19. Juli 1840 bei d. Gedächtnißfeier d. Königs Friedrich Wilhelm d. Dritten v. Preußen. gr. 8. (1 B.) Berlin 841, Nauck'sche Buchh.
Vgl. Merz.

Mertz, Geo., die Pädagogik d. Jesuiten, nach d. Quellen von d. ältesten bis in d. neueste Zeit dargest. gr. 8. (VIII, 191 S.) Heidelberg 898. C. Winter. n. 4. —

Mertz, Geo., das Schulwesen der deutschen Reformation im 16. Jahrh. 10 Lfgn. gr. 8. (VII, 681.) Heidelberg 901: 902. C. Winter. Subskr.-Pr. à n. 1. 20; (kplt. n. 16.. —; geb. in Halbfrz. n. 18. —)

Mertz, Georg: Über Stellung und Betrieb der Rhetorik in den Schulen der Jesuiten, mit besonderer Berücksichtigung der Abhängigkeit von Auctor ad Herennium. *Heidelberg: C. Winter 1898.* (60 S.) 8° [F. u. Ant.]
Erlangen, Phil. Diss. v. 26. Juli 1897

Mertz, Geo., was jeder Protestant vom christl. Glauben u. Leben wissen soll. In Form e. kurzgef. christozentr. Katechismus dargestellt. 1. Bd. (VIII, 385 S.) 8. Gütersloh 905. C. Bertelsmann. n. 3. 60; geb. n. 4. 50

Mertz, H., Licenz, s. Abhandlgn. z. schweiz. Recht.

Mertz, J., Handbuch für die Polizei-Verwaltung im Regierungs-Bezirk Magdeburg. Im Auftrage der königl. Regierung zu Magdeburg nach amtl. Quellen hrsg. gr. 8. (XIII und 690 S.) Magdeburg 860, E. Baensch. *

Mertz, J. L. W., Predigt am 22. Sonntage nach Trinitatis d. 7. Nov. 1819, als in der Kirche zu Carve die Gedächtnißtafeln d. Gebliebenen aufgestellt u. der Altar mit Kreuz u. Leuchter geschmückt wurden. Berl. Nauck. 3 gr

Mertz, Karl

Mertz, Carl [app. Arzt aus Stuttgart]: Zwei seltenere Fälle von Meningitis tuberculosa … Leipzig, G. Thieme, 1892; 14 S. 8.
Tübingen, Med. Fak., Inaug.-Diss. v. 1892

Mertz, Karl, Assistenz-Arzt am Bürgerspital zu Strassburg, aus Saarunion (Unt.-Els.): Ueber Verletzungen des Halsmarks, mit besonderer Berücksichtigung eines Falles von Schussverletzung mit hohen Temperaturen. *Strassburg i. E. 1902: C. & J. Goeller.* (44 S.) 8°
Strassburg, Med. Diss. v. 1902

Mertz, Carl, die Wahrscheinlichkeitsrechnung in ihrer Anwendung auf Glücksspiele, Lotterien, Lebensversicherungsrenten, Wahlen, Zeugenaussagen, Urtheilssprüche 2c. Für die Gebildeten aller Stände bearb. Frankfurt a. M. 854. Bechhold. 8. (3 Bl., 37 S.) 7½ ngr

Mertz, Ludw., Notizen über verschiedene Rechtsmaterien. gr. 8. (IV und 70 S.) Hanau 853, Edler'sche Buchh.

Mertz, Mich., Beitrag zur Feststellung der Lage u. der jetzigen Beschaffenheit der Römermauer zu Köln. 4. (28 S. m. 2 Taf. in Aubeldr.) Köln 883. (Neubner.) n. 2. —

Mertz, Paul *(geb. Klein-Waltersdorf bei Bolkenhain 11.12.1860)*: Aus der Königl. Universitäts-Frauenklinik zu Breslau: Zwölf Fälle von Neubildungen der Vulva. Breslau 1885. (42 S.) 8°
[Im Buchhandel 1885 bei Köhler in Breslau.]
Breslau, Med. Diss. v. 31. Juli 1885

Mertz, Xavier, die patentrechtliche Licenz insbesondere der Licenzzwang, s. a. Abhandlungen zum schweizer. Recht.

Mertz, Xavier, Die patentrechtliche Licenz insbesondere der Licenzzwang. Bern 1907. VIII + 96 S. 8°. Abhandlungen zum schweizerischen Recht, hg. v. Max Gmür. Heft 22.
Bern. Jur. Diss. 1907/08.

Die patentrechtliche Licenz, insbesond. der Licenzzwang. Von Dr. Xavier Mertz. Bern: Stämpfli & Cie 1907. (VIII, 96 S.) 8°
— Abhandlungen z. schweizerischen Recht. H. 22. 07. 1840

Mertzen, Ph., Entweder katholisch oder wider die Bibel, das ist: Richtiger Grund von der gewissen Hoffnung, die Seligkeit nach Anweisung der hl. Schrift allein in der röm.-kath. Kirche zu erlangen. Augsburg 1726.

Mertznich, Joannes Josephus (geb. am 14 [nicht 19] Aug. 1809 in Köln): De cognitione morborum tracheae … Coloniae, typ. Bueschleri sociique (1834). VI, 7—48 S. 8.
Bonn, Med. Fak., Diss. v. 13 Sept. 1834

Meru, Johs., Walpurgis. — Am Quell der Zeiten, s.: Barnick, Eug.

Meru-Berg [Schlagwort]

Meru-Berg, s.: Missionskarten.

Meruell, E., Anna v. Cleve od. die Gürtelmagd der Königin. Drama in 5 Aufzügen. 8. (82 S.) Schaffhausen 881. Rothermel. n. 1. 50

Meruell, E., ein Haar am Handschuhknopf. Lustspiel in 5 Aufzügen (mit Zugrundelegung eines franzōs. Motivs). 8. (III, 120 S.) Wiesbaden 887, (Bischkopff.) geb. *

— Otto der Große. Drama in 5 Aufzügen. 8. (105 S.) Ebend. 881. n. 1. 50

—— Taube und Habicht. Roman. 8. (217 S.) Ebendas. 883. *
geb. * M 5,20.; mit Goldschn. *

Mervarid (Frl. Luz Scheibe), das Erbe des Ikaros. Roman. (206 S.) 8. Berlin (910). S. Schottlaender's schles. Verlagsanstalt. 3. —

Mervarid, ihr treuster Freund. Roman. (296 S.) 8. Görlitz 908. R. Dülfer. n. 3. —

— nicht verwandt m. seinem Vater. Roman. (191 S.) 8. Berlin (906). Verlag Continent. n. 2. 50; geb. n. 3. 50

Mervart, der wiener, eine mittelhochdeutsche Erzählung, mit Anmerkungen v. Carl Schädel. — Gedruckt als Programm d. Gymnasiums zu Clausthal zu Ostern 1842. Lex.-8. (2¼ B.) Clausthal, Schweiger'sche Buchh. *

Merveilles biographiques et historiques ou chroniques du Cheikh Abd-el-Rahman el Djabarti, traduites de l'arabe par Cheïk Mansour Bey, Abdulaziz Kalil Bey, Gabriel Nicolas Kalil Bey et Iskender Ammoun Effendi. Ouvrage publié sous les auspices du Ministère de l'instruction publique. Tome I. Lex.-8. (X, 334 S.) Le Caire 888. (Leipzig, Brockhaus' Sortiment und Antiqu.) **

Merveilles biographiques et historiques ou chroniques du Cheikh Abd-el-Rahman el Djabarti, traduites de l'arabe par Cheïk Mansour Bey, Abdulaziz Kalil Bey, Gabriel Nicolas Kalil Bey et Iskender Ammoun Effendi. Ouvrage publié sous les auspices du Ministère de l'instruction publique. Tome II—VI. Lex.-8. (312; 278; 300; 238; 330 S.) Le Caire 889—91. (Lpz., Brockhaus' Sortiment.) à tome ** 12 50

Merveilleux, David Francois de

Mémoire Presenté aux Magnifiques Seigneurs les Chefs, Conseils, & Communes des Trois Ligues = Memorial, So von Hn. De M'... ist eingegeben worden. 4 *o. O.* [1711].

Zeitvertreib, Angenehmer, in den Bädern zu Baaden in der Schweitz, zu Schintznach und Pfeffers, nebst der Beschreibung und Vergleichung ihrer Wasser mit den Bädern zu Schwalbach und andern des Reichs. Alles mit artigen Geschichten .... verfasset, und mit Kpfrn. (d. h. 1 Karte u. 4 Prospecten) gezieret. Aus dem Frantzösischen (des *Dav. Franç. de Merveilleux* de Berne) übersetzet. Dantzig, b. J. H. Rüdigern. 1739. 8°. (In Aarau, Marburg u. Stuttgart.) (4 Mk. 50 Pfg. G. Salomon Dresden; 8 Mk. Scheible.)

Stellenw. derb-pikante Geschichten. Sehr selten! 12 Bll. Vorst., 332 S. (26 Briefe), 1 Bl. Err. Vgl. Haller, Bibl. d. Schweizer-Gesch. Bd. I. S. 465.

Orig. (in Aarau u. Stuttgart): Amusemens des Bains de Bade en Suisse, de Schinznach et de Pfeffers; enrich. de tailles-douces. Londres (fing.?) 1739. 8°. (2 fr. 50 cts. H. Georg, Basel, 1874); rep. ib. 1749. 8°. (4 Mk. Schaper, Hannover, 1902.) Gay, Bibliogr. de l'amour I. 221.

Merveilleux, Rodolphe de. Fréquence et répartition du sarcôme en Suisse de 1892 à 1901. Thèse Méd. Berne. [Avec 1 figure.] Extrait du «Journal de statistique suisse», Année [41e,] 1905 [Band 1, Liefg. 1]. 61 p. 8. Berne, Stæmpfli & Cie, 1905.

Merveld, Mathilde von, e. Roman, v. K. L. v. Woltmann, m. K. 2 Thle. 8. Altenb. Richter. (Schnuphase.) 799. ohne Kupf.

Merville, die versöhnten Feinde. Trspl. 8. Frankf. 757. Garbe. 2 K

Merville, le nouveau Secrétaire franç., od. d. neue franz. Briefsteller. 2 Thle. 8. Breslau. 742.

Ueber die Vortheile eines Frei-Maurers. Rede, gehalten in der ger. und vollk. □ des Arts et l'amitié im Or.·. von Kassel von dem Br.·. P[ierre] F[rançois] C[amus] Merville am St. Johannis-Feste im J.·. d.·. w.·. L.·. 5810. Cassel 1811: Kgl. Buchdr. 38 S. 8°
[Nebentit.:] Des Avantages attachés au titre de franc-maçon. Discours prononcé dans la r.·. L.·. des arts et l'amitié, à l'O.·. de Cassel (Westphalie), le jour de la tenue de St. Jean d'été de l'an 5811, par le f.·. P[ierre] F[rancois] C[amus] Merville. Suivi d'une ode lue par le même f.·. le jour de la célébration de l'anniversaire de naissance de Sa Majesté le roi de Westphalie.
Text deutsch u. franz.; die Ode nur franz.

Merville, M., La première affaire, s. Théâtre franç., 4. Série, No. 3, et Théâtre franç. en vers p. Schütz, II. Série, No. 11.

Merwart, Karl, Madame Ackermann. Eine literarhistor. Skizze. gr. 8. (16 S.) Wien 882, (Hölder.) *

Merwart, Karl, der psychologische Augenblick. Schwank in 1 Akt. (64 S.) kl. 8. Wien 904. (C. Fromme.) n. 1. —

Merwart Dr. K.: Zum 2. December 1888. (Gedicht.) Wien U.-R. II. 89. Progr.

Merwart, Karl, Ferienblüten. Ernste u. heitere Dichtgn. 12. (104 S.) Wien 902. C. Fromme. n. 1. 20

Merwart Dr. Karl: Festgedicht, zur Feier des 25jährigen Bestandes der Anstalt. Wien II. 2. St. R. (XX. Franz Jos. R.) 00. Progr.

Merwart, Karl, Reckenspässe. Eine heitere Märe. M. Benützg. e. altfranzös. Sage. 12. (62 S.) Leipzig 896. Literar. Anstalt, A. Schulze. n. 1. —

Merwart, K. Eine grammatische Untersuchung über: Quatre livres des Rois, par le Roux. Marburg i. Oest., R., 1878. 48 S. Progr.

— Die Verbalflexion in den Quatre Livres des Rois. Wien, U. R. II. Bez., 1880. 17 S. Progr.

Merwart, Karl, erster Zusammenstoss Polens m. Deutschland, seine Bedeutg. u. seine Folgen. gr. 8. (118 S.) Graz 874. Verlag „Leykam-Josefsthal." n. 2. —

Merwe, Charl van der: Kondensation des Dicyans mit aromatischen Kohlenwasserstoffen. Halle a. S. 1910: Nietschmann. 56 S. 8°
Halle, Phil. Diss. v. 4. Mai 1910, Ref. Vorländer
[Geb. 4. Sept. 82 Wellington, Kapland; Wohnort: Halle a. S.; Staatsangeh.: Großbritannien; Vorbildung: Victoria-College Stellenbosch Bach. Dez. 06; Studium: Halle 6 S.; Rig. 20. Dez. 09.] [U 10. 1775

Merwein, s. Meerwein.

Merwich. Ein Trauerspiel. 8. (10⅛ B.) Berlin 839, (Trautwein u. Comp.)

Merwin, die Welt als das Nichts? Auf der Gottsuche fin de siècle. 8. (IV, 51 S.) Leipzig 899. W. Friedrich. n. 1. —

Merwin, Berthold, Detlev v. Liliencron, s. a. Beiträge zur Literaturgeschichte.

Detlev von Liliencron von Bertold Merwin. Leipzig: Verl. f. Lit., Kunst u. Musik 1906. (140 S.) 8° [F.]
— Beiträge z. Literaturgeschichte. H. 23. [07. 4017

Merwin, Berthold: Zwei Motive aus Detlev von Liliencrons Schöpfung (Krieg und Geschichte.) S. 3—32. 8. Progr. K. k. zweites Obergymn. *Lemberg* 1906.

Merwin, Peter: Das wirtschaftliche Cherchez la femme oder „Die Frau ist schuld". Sociale Studien. — Leipzig: Reißner [1890]. 120 S. 8° ([Merwin: Aus d. Mappe e. Gerichtsvollziehers. 4.])

Merwin, Pet., pessimistische Gedichte. 8. (IV, 88 S.) Leipzig 894. W. Friedrich. n. 1. 50

Merwin, Pet., pessimistische Gedichte. 2. Bdchn. 8. (82 S.) Leipzig 895. W. Friedrich. à n. 1. 50

Merwin, Peter. Aus der Mappe e. Gerichtsvollziehers. 4 Bde. 8. Lpz. 890, Reißner. à Bd. * 1 —
1. Der Garçon in der Zwangsvollstreckung u. andere Erzählungen. (III, 106 S.)
2. Ein Robinson vor dem Thore u. andere Erzählungen. (III, 123 S.)
3. Halsabschneider, Winkelschreiber u. andere dunkle Existenzen. Sociale Plaudereien. (III, 148 S.)
4. Das wirtschaftliche Cherchez la femme od. „Die Frau ist Schuld!" Sociale Studien. (120 S.)

— e. Primaner-Proletarier u. andere soziale Seelen-Dramen. 8. (III, 92 S.) Ebd. 894. n. 1. 50

Merwin, Pet., ein Sekundaner-Don Juan. Trauerspiel in 1 Akt. 8. (III, 71 S.) Dresden 902. E. Pierson. n. 1. —

— der Tod des ewigen Juden. 8. (III, 90 S.) Ebd. 902. n. 1. 50; geb. n. 2. 50

— menschliche Tragikomödie, s.: Garde, Arn.

Merx, Wissenschaftliches Gutachten über den wahren Sinn der Stellen aus dem Schulchan aruch und aus Vital's Ioqutim auf die Herr Prof. Rohling seine Blutbeschuldigung gründen will. Wien 1885.

Merx, Adalbert

Merx, Adb., üb. die heutigen Aufgaben d. Evang. Bundes, s.: Flugschriften d. Evangelischen Bundes.

Merx, (Ernst Otto) Adalb., Bardesanes v. Edessa, nebst einer Untersuchung über das Verhältniss der clementin. Recognitionen zu dem Buche der Gesetze der Länder. gr. 8. (III und 131 S.) Halle 863, Pfeffer. *

Merx, A., chrestomathia targumica, s. Porta linguarum orientalium.

Merx, (Ernst Otto) Adalb., cur in libro Danielis juxta hebraeam aramaea adhibita sit dialectus explicatur. Dissertatio inauguralis. Halle 865. Anton. gr. 8. (41 S.) 10 ngr

—— s. Dionysii Thracis ars grammatica.

— documents de paléographie hébraïque et arabe, publiés avec 7 planches photo-lithographiques. gr. 4. (59 S.) Leiden 894. E. J. Brill. n.n. 18. —

Die Evangelien des Markus und Lukas nach d. syr., im Sinaikloster gefundenen Palimpsesths. erl. von Adalbert Merx. Mit 4 Originalaufnahmen Jerusal. Grabstätten. Berlin: G. Reimer 1905. (X, 545 S.) 8°
— Evangelien, Die vier kanonischen, nach ihrem ältesten bekannten Texte. T. 2, Hälfte 2. [06. 4830

Merx, Adb., die vier kanonischen Evangelien nach ihrem ält. bekannten Texte. Uebersetzg. u. Erläuterg. d. syr. im Sinaikloster gefund. Palimpsesthandschrift. 1. Thl. Uebersetzg. gr. 8. (V, 258 S.) Berlin 897. G. Reimer. n. 5. —

Merx, Adb., die vier kanonischen Evangelien nach ihrem ältesten bekannten Texte. Uebersetzung u. Erläuterg. der syr. im Sinaikloster gefundenen Palimpsesthandschrift. II. Thl., 1. Hälfte. Erläuterung. Das Evangelium Matthaeus. gr. 8. (XXIII, 438 S.) Berlin 902. G. Reimer. n. 12. —

Merx, Adalb., die vier kanon. Evangelien nach ihrem ältesten bekannten Texte. Uebersetzg. u. Erläuterg. der syr. im Sinaikloster gefund. Palimpsesthandschrift. II. Tl., 2. Hälfte. Erläuterung. Die Evangelien Markus u. Lukas. Mit 4 Orig.-Aufnahmen jerusalem. Grabstätten. (X, 545 S.) Lex.-8. Berlin 905. G. Reimer. n. 16. —
I. Tl. u. II. Tl. 1. Hälfte. Ebd. 897. 902. n. 17. —.

Merx, Adalb., das Gedicht v. Hiob. Hebräisch. Text, kritisch bearb. u. übers., nebst sachl. u. krit. Einleitg. gr. 8. (CVIII, 218 S.) Jena 871. Dufft. n. 6. —

—— Grammatica syriaca, quam post opus Hoffmanni refecit. Part. 1. Lex.-8. (VIII und 136 S. mit 1 Tab. in Fol.) Halle 867, Buchh. des Waisenhauses. *

Merx, Adalb., Grammatica syriaca, quam post opus Hoffmanni refecit. Partic. II. Lex.-8. (S. 137—387 mit 9 Tab. in qu. gr. 4.) Halle 870, Buchh. des Waisenhauses. *

— historia artis grammaticae apud Syros, s.: Abhandlungen f. die Kunde d. Morgenlandes.

Idee und Grundlinien einer allgemeinen Geschichte der Mystik. Akademische Rede, zum Geburtsfeste des höchstseligen Grossherzogs Karl Friedrich [von Baden] am 22. Nov. 1892 beim Vortrage des Jahresberichtes und der Verkündung der akademischen Preise gehalten von Adalbert Merx. [Nebst] Anmerk. Heidelberg 1893: Hörning. [Anmerk.: Leipzig: Drugulin.] 78 S. 4°

— Idee u. Grundlinien e. allgemeinen Geschichte der Mystik. Akademische Rede, am 22. Novbr. 1892 geh. gr. 4. (62 S.) Heidelberg 893. (O. Petters.) n. 1. 50

Die Ideen von Staat und Staatsmann im Zusammenhange mit der geschichtlichen Entwicklung der Menschheit. Festrede z. Feier d. vierzigj. Regiergsjub. S. Kgl. Hoheit d. Grossh. Friedrich von Baden geh.... am 28. Apr. 1892 v. d. derz. Prorector Geh. Hofrath Prof. Dr. Adalbert Merx. Heidelberg, Univ.-Buchdr. v. J. Hörning, 1892; 1 Bl., 46 S. 4.

—— Die Ideen v. Staat u. Staatsmann im Zusammenhange m. der geschichtlichen Entwicklung der Menschheit. Festrede zur Feier d. 40jähr. Regierungsjubiläums Sr. königl. Hoh. d. Grossherzogs Friedrich v. Baden, geh. in der Aula der Universität Heidelberg am 28. April 1892. gr. 4. (46 S.) Heidelb. 892, (Petters). * 1 20

Merx, Adalb., neusyrisches Lesebuch. Texte im Dialecte v. Urmia gesammelt, übersetzt u. erklärt. gr. 4. (64 S.) Breslau 874. (Giessen, Ricker) n. 4. —

Das Evangelium Matthaeus nach der syrischen im Sinaikloster gefundenen Palimpsesthandschrift. Erl. von Adalbert Merx. *Berlin: G. Reimer 1902.* (XXIII, 438 S.) 8°
— Evangelien, Die vier kanonischen, nach ihrem ältesten bekannten Texte. Th. 2, Hälfte 1. [02. 8068

Merx, (Ernst Otto) Adalbert *(geb. Bleicherode bei Nordhausen 2. 11. 1838)*: Meletemata Ignatiana. Critica de epistolarum Ignatianarum versione Syriaca commentatio. Vratislaviae (1861). (82 S.) 8° *[Buchausg. 1861 bei Anton in Halle.]*
Breslau, Phil. Diss. v. 8. [vielmehr 9.] Aug. 1861

Merx, Adalb., Meletemata Ignatiana. Critica de epistolarum Ignatianarum versione syriaca commentatio. gr. 8. (IV und 81 S.) Halle 861, Anton.

Merx, Adalb., der Messias oder Ta'eb der Samaritaner, s.a. Zeitschrift f. die alttestamentliche Wissenschaft. 17. Beiheft.

Der Messias oder Ta'eb der Samaritaner. Nach bisher unbekannten Quellen von Adalbert Merx, weil. Prof. Mit e. Gedächtniswort von Karl Marti. Gießen: Töpelmann 1909. 92 S. 8°
(Zeitschrift f. d. alttestamentliche Wissenschaft. Beihefte. 17.) [09. 11980

— Die Bücher Moses u. Josua, s.a. Volksbücher, religionsgeschichtliche. II, 3.

Die Bücher Moses und Josua. Eine Einführung f. Laien. Von Adalbert Merx. 1.–10. Taus. Tübingen: J. C. B. Mohr 1907. (160 S.) 8° [F.]
— Volksbücher, Religionsgeschichtl., f. d. deutsche christl. Gegenwart. Reihe 2, 3, 1. 2. [07. 14070

Merx, Adb., die Prophetie des Joel und ihre Ausleger von den ältesten Zeiten bis zu den Reformatoren. Eine exegetisch-kritische und hermeneutisch-dogmengeschichtl. Studie. Beigegeben ist der äthiop. Text des Joel, bearb. von A. Dillmann. gr. 8. (VIII, 458 S.) Halle 879, Buchh. des Waisenhauses. *

— Psalm IX u. X u. andres Maccabaeische. gr. 8. (28 S.) Berlin (899). S. Calvary & Co. n. 1. 20
Sonderabdruck aus: „Recueil des travaux réd. en mémoire du jubilé scient. de M. D. Chwolson".

—— eine Rede vom Auslegen ins Besondere des Alten Testaments. Vortrag, gehalten zu Heidelberg im wissenschaftl. Predigerverein Badens und der Pfalz am 3. Juli 1878. 8. (75 S.) Ebendas. 879. *

— die morgenländ. Studien u. Professuren an der Universität Heidelberg vor u. besonders im 19. Jahrh., s.: Professoren, Heidelberger, aus dem 19. Jahrh.

— aus Muallim Nadschi's Sünbüle, s.: Nadschi, Muallim.

Merx, Adalb.: Theses theologicae. Berolini (1864). (2 Bl.) 4°
Berlin, Theol. Thes. v. 1. Juni 1864

Merx, A., die Saadjanische Uebersetzung des hohen Liedes in's Arabische, nebst andern auf das hohe Lied bezügl. arab. Texten hrsg., s. Festschrift für die orientalische Section der XXXVI. Versammlung deutscher Philologen und Schulmänner in Karlsruhe.

Merx E., schlesische Gutsnachbaren. Roman. 2 Bde. 8. (229 u. 196 S.) Leipzig 876. Richter. n. 5. —

Merx, E., Kaleidoskop. Novellen. 8. (248 S.) Leipzig 893. R. Claußner. n. 5. —; geb. n. 6. —

Merx, E., Asyl Lea-Hof. Eine Erzählung. Leipzig 868. Grunow. 8. (223 S.) 1 ₰ 10 ngr.

Merx, E., Ministerfieber u. Schwiegersöhne. Kein sentimentaler Roman. 2 Bde. Leipzig 868. Grunow. 8. (452 S.) 3 ₰

Merx, E., nicht nach der Schablone. 2 Bde. 8. Leipzig 868, Licht und Meyer. 6 —

— nicht nach der Schablone. Novellen. 2 Bde. Leipzig 868. Matthes. 8. (539 S.) 2 ₰

Merx, E., von Haus zu Haus. Novellen-Cyclus. 8. (356 S.) Gotha 888, F. A. Perthes. geb. *

Merx, Eulalie, geb. Hoche, Blätter aus dem Tagebuche einer Christin. gr. 16. (IV und 168 S. mit 1 Stnt.) Magdeburg 847, Falckenberg und Comp. *

—— Cäcilie. Eine Novelle in drei Abtheilungen. 8. (III und 316 S.) Berlin 852, Duncker und Humblot.

Merx, E(ulalie), Auf dem Lande. Ein Roman. 2 Bde. 8. (495 S.) Nordhausen 850(57,) Büchting.

—— Lebens-Skizzen. Der reiferen Jugend gewidmet. gr. 16. (IV und 348 S.) Magdeburg 848, Falckenberg und Comp.

Merx, Eulalie, geb. Hoche, Mutter u. Tochter. Ein Lebensbild. 16. (12⅙ B.) Magdeburg 846, Falckenberg u. Comp. Thlr. *

—— Mutter und Tochter. Ein Lebensbild. gr. 16. (194 S.) Berlin 850, Brandis.

— Philine, s.: Lese-Zirkel für höhere deutsche Belletristik, 4 u. 5. Bd.

Merx, geb. Hoche, Eulalia, Psalter-Klänge. Eine Samml. geistl. Gedichte. 8. (7½ B.) Leipzig 841, Friese.

—— Psalter-Klänge. Eine Sammlung geistl. Gedichte. 2. Ausg. 8. (7⅝ B.) Leipzig 843, Friese.

—— Schloß und Hütte. Eine Erzählung für die reifere Jugend. br. 8. (170 S. mit 4 Kpfrn. und lithogr. Farbendr. nach Originalzeichnungen von F. Koska.) Breslau 855(56,) [Trewendt.]

—— ein Seelengemälde. 3 Bde. gr. 8. (715 S.) Königsberg 855, Samter.

Merx, Ernst Otto Adalbert, s. Merx, Adalbert

Merx, Johann [aus Bamberg]: Papillom und Carcinom ... Würzburg, Druck d. Bonitas-Bauer'schen k. b. Hofbuchdr., 1894; 17 S. 8.
Würzburg, Med. Fak., Inaug.-Diss. v. 1894

Merx, O., Der Aufstand der Handwerksgesellen auf der Gartlage bei Osnabrück am 13. VII. 1801. Eine kulturhistorische Skizze. 8⁰. Osnabrück, J. G. Kisling, 1902.

Merx, O., der Aufstand der Handwerksgesellen auf der Gartlage bei Osnabrück am 13. VII. 1801. Eine kulturhistor. Skizze. gr. 8. (II, 109 S.) Osnabrück 902. (Rackhorst.) n. 1. 50
Sonderabdruck aus: „Mitth. d. Vereins f. Geschichte u. Landeskunde zu Osnabrück".

Merx, Otto (aus Bleicherode a. H.): Thomas Münzer und Heinrich Pfeiffer 1523—1525. Ein Beitrag zur Geschichte des Bauernkrieges in Thüringen. Theil I. Thomas Münzer und Heinrich Pfeiffer bis zum Ausbruch des Bauernkrieges. . . . Göttingen, Druck d. Univ.-Buchdr. v. E. A. Huth, 1889; 1 Bl. + 64 S. + 1 Bl. 8°
Göttingen, Phil. Fak., Inaug.-Diss. v. 16. Mai 1888

Merx, Otto. Thomas Münzer u. Heinrich Pfeiffer 1523—1525. Ein Beitrag zur Geschichte d. Bauernkrieges in Thüringen. I. Thl.: Thomas Münzer u. Heinrich Pfeiffer bis zum Ausbruch d. Bauernkrieges. gr. 8. (IV, 113 S.) Gött. 889, Vandenhoeck u. Ruprecht. * 2 40

Merx, O., s.: Urkundenbuch des Clarissenklosters, späteren Damenstifts Clarenberg bei Hörde.

Merxlo, (H. J.,) de vi et efficacia oraculi Delphici in Graecorum res gravissimas. gr. 8. Traj. ad Rhen. 822, (Leipzig, Weidmann.)

Méry, Eug., durch das Telephon. Lustspiel in 1 Aufzug. gr. 8. (32 S.) München 878, Th. Ackermann. *

Méry, Francois-Joseph-Pierre-André
Les Damnes de Java.
s. Méry, F.J.P.A.: Gräfin Aurora Despremonts. 1861.

—— Gräfin Aurora Despremonts. Scenen aus dem Ansiedlerleben auf Java. Nach „Les damnés de Java." Deutsch bearb. von Friedr. Goßmann. 2 Thle. (in 3 Abthlgn.) 8. (IX und 625 S.) Leipzig 861, Hübner.

Méry, J., s. Bagno, das.

Mery, Joseph

Mery, die Ansiedler von Samarang, s. Roman-Zeitung.

Méry, Monsieur Auguste. Roman inédit. 2 Vols. (Bibliothèque choisie. Vol. 868 et 869.) 16. (816 S.) Naumburg 861, Paetz.

— s. Barthélemy Napoleon.

Méry, les étoiles, s. Grandville.

Mery, Joseph, u. Aug. Marseille Barthélemy

Méry et (A.) Barthélemy, le fils de l'homme, ou souvenirs de Vienne. 8. (3 B.) Stuttgart 829, [Weise.]

—— (dass.) der Sohn d. Mannes, od. Erinnerungen aus Wien. A. d. Franz. 8. (3¼ B. u. 1 Portr.) Augsburg 829. (Wolff; Kollmann.)

—— dass. a. d. Franz. (metr. übers.) v. A. Sch.... 8. (3¼ B. u. 1 Portr.) Gmünd 829, Stahl. (Leipzig, Lauffer.)

—— le même. 8. ... Stuttgart 829, [Brodhag.]

—— le même — des Mannes Sohn, od. Erinnerungen an Wien. Franz. u. deutsch hrsg. v. Fr. Lenz. 16. (9½ B. u. 1 Portr.) Tübingen 829, Eifert.

—— dass. Ein Gedicht, mit Anmerkn. Dem General Bourmont (gewid.). Metr. nachgebild. v. K. Geib. gr. 8. (5 B.) Zweibrücken 829, Ritter.
Vgl. Barthélemy, (A.)

—— dass. Dem General Bourmont (gewid. — A. d. Franz.). gr. 12. (3 B.) Augsburg 830, Wolff. (Kollmann.)

—— le même. Avec la traduction en vers de G. J. Schütz parallèle. (Franz. u. Deutsch.) 8. (7 B.) Stuttgart 830, Neff.

— die Florida oder eine Ansiedelung im Inneren Afrikas. Frei nach dem Französ. von Heinr. Grans. Wien 856. Hartleben. 8. (266 S.) 24 ngr.

—— Héva. — Anglais et Chinois. — Boudha. — Var. — Un Amour au serail, s. Collection des meilleurs auteurs franç.

Méry, Heva. Indische Erzählung. In's Deutsche übers. v. Emilie Wille. 8. (18 B.) Leipzig 843, Kollmann.

—— Hortensia. Deutsch v. Emilie Wille. 8. (23 B.) Leipzig 843, Kollmann.

Méry, die Jüdin im Vatican, s.a. Novellen-Sammlung, 109—119. Bdchn.

Méry, die Jüdin im Vatican od. Amor u. Roma. Ein Roman unserer Zeit. Deutsch v. Wilh. v. Blankenburg. 6 Bde. 8. (1: IV u. 195 S. 2: 198 S. 3: 189 S. 4: 197 S. 5: 203 S. 6: 178 S.) Leipzig 851, Kollmann. (à ⅔ ₰) 4 ₰

— — Dasselbe, übers. von P. Uttecn. (Auch titulo: Novellen-Sammlung.) 3 Bde. Berlin, Sacro, 1852. 8⁰.

—— der Krieg des Nizam od. die Würgerbanden Indiens. Nach d. Französ. v. Wilh. Sauerwein. 2 Bde. 8. (31¼ B.) Frankfurt a. M. 845, Debler.

—— der Krieg des Nizam, oder: Die Würgerbanden Indiens. Nach dem Französ. von Wilh. Sauerwein. 2 Bde. (Neue Titel-Ausg.) 8. (479 S.) Frankfurt a. M. 849, Debler. *

Méry, Napoléon en Egypte, s. Barthélemy.

— Salons u. Souterrains, siehe: Bibliothek, Europäische, 676. 677 u. 687. Bd.

— der Sohn d. Mannes, od. Erinnerungen aus Wien. Aus d. Französ. Mit 1 Portr. 12. Augsb. 829. Kollmann u. Himmer. 9 gr

Méry, [Joseph] und [Aug. M.] Barthelemy. Der Sohn des Mannes ... Aus dem Franz. metrisch übers. von A. Sch. Gmünd 1829. Ü: *Schäffer, August.* Vgl. Oettinger, Bibliogr. biogr. 1854, Sp. 1289. — Méry hat an dem Gedichte keinen Anteil. (DARP) S. a. VII, 7073.

— Dass. aus d. Französ. metrisch übers. v. A. Sch.... Mit 1 Portr. 8. Gmünd. 829. Stahl. (Leipz., Lauffer). 6 gr

—— Ursule. Roman inédit. 2 Vols. (Bibliothèque choisie. Vol. 878 et 879.) 16. (308 S.) Naumburg 861, Paetz.

— Waterloo. Au général Bourmont. 8. Stuttg. 829. Hoffmann. 6 gr

—— Waterloo. Au Général Bourmont. 8. (3 B.) Stuttgart 829, [Weise.] (?)

— Waterloo. Ein Gedicht mit Anmerkk. Dem General Bourmont (gewidmet). Metrisch nachgebildet v. K. Geib. gr. 8. Zweibrücken 829. Ritter. 8 gr

— Waterloo, Dem General Bourmont (gewidmet. Aus d. Französ.). gr. 12. Augsb. 830. Kollmann u. H. 8 gr

— Waterloo. Au général Bourmont; avec la traduction en vers de G. J. Schütz, parallèle. (Französ. u. deutsch.) 8. Stuttg. 830. Neff. 12 gr

Méry, wie den Mädchen der Verstand kömmt, s.a. Bergson's Eisenbahnbücher.

MERY, Wie den Mädchen der Verstand kömmt. Eine humoristische Skizze. Leipzig, o. J. (vor 1870). 8⁰. Vergriffen! (6 Sgr. Heberle, Cöln, c. 1872.)

—— die Würger Indiens, s. Lese-Cabinet, neuestes belletristisches.

Méry, M., der Schachspieler, s. Franzosen, die, d. neuesten Zeit.

Merz, Der von Herrn Johann Friedel einmal gründlich widerlegte, D. Aloys, Domprediger zu Augsburg. München 1784. V: *Merz, Alois.* (Gustav Gugitz, Johann Friedel, S. 227) (BIBLPORT)

Merz, Elisabeth, oder: Drei Tage aus dem Leben einer Näherin. gr. 12. (66 S.) Hamburg 851, Agentur des Rauhen Hauses. Thlr.

—— dass. s.a. Schillings-Bücher.

Merz, Ritter v., s. † Spruner, C.

Merz: Über öffentliche Erziehung und Anstalten, s. Erziehung...

Merz, Maler, Notizen. Herausgeg. durch Veith. gr. 8. Tübing. 810. v. Cotta. 18 gr

Merz, A., unter den Bambarrasnegern, s.a. Bibliothek für die reifere christliche Jugend.

Merz, A., unter den Bambarrasnegern. Erzählg. f. Volk u. Jugend. Mit 1 Stahlst. (Autotypie.) 8. (247 S.) Regensburg 884. Verlags-Anstalt. 1. 80

Merz', A., Führer durch Rothenburg, neue Ausg., s.: Tag, e., in Rothenburg.

Merz, A., Mathias Holtzwart. Eine literarhistorische Untersuchung. (Progr.) Rappoltsweiler 1885. 4°. 31 S. (1 Mk. Simmel & Co., Lpz., 1911.)

Merz, A., Rothenburg in alter und neuer Zeit. 2. verm. Aufl. 8. (V, 244 S. mit Illustr. [Holzschntaf., 1 Lichtdr. und 2 lithogr. Plänen].) Ansbach 881, Brügel und Sohn. geb. *

Merz, A., ein Tag in Rothenburg o/T. Führer durch die Stadt u. ihre nächste Umgebg. Mit 2 (lith.) Plänen (in 4.) 8. (31 S.) Ansbach 875. Brügel & Sohn. n. 1. —

Merz, A. Die Verpflegung der Truppen der IV. Armee-Division in den Herbstmanövern 1883. In-8°. Schüpfheim, Selbstverlag des Verfassers. 1883. — 60

Merz, Agnellus, De arbore scientiae boni et mali secundum Scripturas sanctas et ecclesiae ac magni patriarchae Augustini doctrinam exposita. München. 1765, 10 Bg., 4°.

Merz Alfred: Niederschlag und Abfluß im Flußgebiete des San Juan. Diss. Wien, Univ. 1905 PN 1902 2384

Merz Alfred, Dr.: Hydrographische Untersuchungen im Golfe von Triest (mit 11 Taf. und 1 Karte). D 87. 161 . . . . 12.20 Separatabdruck

Merz, Aloys, sehr verdienstliche Andachtsübungen für Gesunde, Kranke u. Sterbende. 12. Augsburg 795. M. Rieger. 1 fl

MERZ, ALOYSIUS: Antwort auf die Frage: was ist der Pabst? (Antwort auf Eybels Flugschrift.) Gedr. bey Franz Augustin Patzko. 92 S. - 8°

— schriftmäß. Beweis v. N. Testam. Opfer, in 8 Reden. 8. Augsb. 768. Wolf. 6 gr

Merz, Aloys, Schriftmäßiger u. überzeugender Beweis, daß die protest. u. reform. Kirche wegen Abschaffung des neutestam. Opfers unmöglich mehr die wahre christliche u. evangel. Kirche sein u. ausmachen könne. Augsburg u. Innsbr. 1768, 8°, 237 S.

Merz, Aloys, unumstößl. Beweis d. kathol. Christenthums. gr. 8. Augsb. Wolf. 793.

Merz, Aloys, Unumstößlicher Beweis des kathol. Christentums, aus den Werken des Bischofs Huetius wider die Hartnäckigkeit der heutigen Freidenker, zusammengetragen von A. Merz. Ebendas. 1793, 4°

Merz, Alois. Acht Ermahnungsreden . . . Regensburg 1842. B: *Blum, Georg.* (Vereinsbuchh. in Innsbruck.)

—— Frag: In was für Stücken die Katholiken den HH. Protestanten u. in wem die HH. Protest. den Katholiken zur Beförderung der Vereinigung Recht geben können u. sollen? Das. 1774, 31 S.

—— Frag: Ob das Bedenken des Herrn Abts Jerusalem (s. nachstehend) von der Kirchenvereinigung dem Christentum überhaupt zum Vorteil, der luth.-ev. Kirche aber u. dem H. Vers. insonderheit zur Ehre gereiche? Das. 1772, 4°, 39 S.

Von der Kirchenvereinigung. Ein Bedenken des Herrn Abts Jerusalem. Mit einem Vorbericht. Neuer nach dem Sinn des H. Autoris [Al. Merz] abgeändert. Druck. Das. 1772, 8°, 50 S.

—— Frag: Ob der berühmte Herr Abt Jerusalem von d. Glauben seiner Väter u. der ganzen luth.-ev. Kirche in der so wichtigen Lehre von dem Abendmahle nicht vollkommen abgefallen sei? Das. 1772, 4°, 40 S.

—— Frag: Ob die Christenheit in den allerersten 500 Jahren das Abendmahl jederzeit unter zwoen Gestalten empfangen u. über dies ein Gebott erkennet habe? Das. 1768, 4°, 48 S.

Merz, Al., Frag: Ob die HH. Protestanten nicht weit leichter mit uns Katholiken als mit den Hussiten eine Religionsvereinigung treffen könnten? Augsburg u. Innsbr., Wolff, 1772, 4°, 48 S.

—— Frag: Ob die HH. Protestanten unerachtet aller Mißbräuche u. Aberglauben, die etwa unter Katholiken eingeschlichen sind, nicht dennoch mit der kath. K. sich zu vereinigen verpflichtet sein? Das. 1783, 4°, 28 S.

—— Frag: Ob die Kirche den Gebrauch einer Gestalt bei d. Kommunion habe können u. wollen einführen u. verordnen? Das. 1769, 4°, 36 S.

Diese 8 Streitreden richtete Merz gegen Dr. Joh. Rud. Kießling u. die theol. Fakultät zu Erlangen.

Merz, Aloys, Frag: Ob die Kirche löblich u. vorsichtig gehandelt habe, da sie bei d. Kommunion den Gebrauch einer Gestalt wirklich eingeführt u. bestätiget habe? Das. 1769, 4°, 31 S.

Merz, Aloys, Frag: Ob die Lehre der Protestanten von dem notwendigen Gebrauch beeder Gestalten in d. Abendmahl wahrhaft evangelisch sei etc.? Augsburg u. Innsbrugg, Wolff, 1768, 4°, 47 S.

Merz, Aloys, Frag: Ob die Pflicht, seine Sünden zu beichten, erst nach dem 12. Jahrh. eingeführt worden sei? Wider einen offenbaren Falsarius beantwortet. Innsbr. u. Augsb., Wolff, 1784, 36 S.

—— Frag: Ob die Pflicht zu beichten sowohl in Rücksicht der Partikularpersonen als des ganzen Staats u. Publikums nicht eine sehr nützliche u. erwünschliche Pflicht sei? Das. 1784, 32 S.

—— Frag: Ob die protest. Christen nicht ebenso wie die katholischen im Gewissen verbunden sein, den Entscheidungen des allgem. Kirchenrats zu Trient sich zu unterwerfen u. dessen Glaubensformul anzunehmen? Das. 1777, 4°, 38 S.

Merz, Al., Frag: Ob die protest. Herrn Pastoren ihre Gewalt, das Abendmahl gültig handeln zu können, nur mit der allergeringsten Wahrscheinlichkeit zu rechtfertigen fähig seien? Augsb. u. Innsbr., Wolff, 1769, 4°, 36 S.

Merz, Aloys, Frag: Ob die Simplicität oder Gesparsamkeit in den Ceremonien den wesentlichen Charakter einer göttl. Religion ausmache u. ob die Pracht derselben dem Wesen der Religion allzeit höchst gefährlich sei? Wider d. Herrn Abt Jerusalem beantwortet. Augsb. u. Innsbr., Wolff, 1775, 32 S.

Merz, Aloys, Frag: Ob Dr. Luther u. die Reformation selbst mit Gott den Anfang genommen haben? Augsburg u. Innsbrugg, Wolff, 1764, 4°, 48 S.

—— Frag: Ob ein prächtiger Gottesdienst mit dem Wesen der Religion nicht vielmehr höchst verträglich als höchst schädlich u. gefährlich sei? Wider den H. Abt Jerusalem beantw. Das. 1775, 28 S.

—— Frag: Ob es nicht unvergleichlich vorteilhafter sei, mit den Katholiken unter einer, als mit den Protestanten unter zwoen Gestalten zu kommunizieren? Das. 1769, 4°, 32 S.

—— Frag: Ob unter allen christl. Religionen die christkatholische nicht die allerdienlichste sei, sowohl die innere Ruhe der Herzen als die äußerliche der Staaten zu verschaffen? Das. 1783, 4°, 23 S.

Merz, Aloys, Frag: Was ist die Kirche? Und was für eine ist unter so vielen die wahre u. alleinseligmachende? Augsburg, Doll, 1785, 8°, 4. Aufl., 220 S.

(Merz, Aloys.: Verschiedene Fragen.)
Augsburg u. Innsbruck, (25 ff.:) Augsburg. Sammelbd.

[Darin:]

[1.] Warum Augsburg, ja ganz Deutschland nach so überzeugenden Streitreden noch nicht katholisch seye. 1764.
[2.] Ob D. Luther, u. die Reformation selbst, mit Gott den Anfang genommen haben. 1764.
[3.] Ob D. Luther u. die sog. Reformation mit einem guten u. heiligen Geist fortgesetzt habe. 1764.
[4.] Ob D. Luther als Reformator wenigst in den wesentl. Stücken der protestant. Kirche, von einem guten Geist seye belehrt u. erleuchtet worden. 1764.
[5.] Ob D. Luther aus Antrieb des reinen Evangeliums wider das Pabstthum gestritten habe. 1765.
[6.] Ob D. Luther nicht unverantwortl. gehandelt, da er die Mönche u. Nonnen zur Ehe angehalten hat. 1765.
[7.] Ob es wahrscheinl. sey, daß die Zunge u. Feder des D. Luther von dem heiligen Geist sey geleitet worden. 1765.
[8.] Ob D. Luther von Christo, dessen Mutter u. andern Heiligen evangel. gelehrt u. geschrieben habe. 1765.
[9.] Durch was für Mittel sich Luther so viele Anhänger zugezogen habe. 1766.
[10.] Ob es einem Wunder gleiche daß Luther in kurzer Zeit sich so viele Anhänger zugezogen habe. 1766.
[11.] Ob nicht vielmehr der habsüchtige Eigennutz, als die Liebe der Wahrheit sehr viele zur Annehmung des Lutherthums beredet habe. 1766.
[12.] Ob der luther.-evangel. Glaube älter sey, als Luther, wider Phil. Engelbert Schade u. die erlangische theolog. Facultät. 1767.
[13.] Ob das päbstl. Amt eine erst in späteren Zeiten u. ganz neu aufgebrachte Sache sey; wider Magister Engelbert Schade, u. die theolog. Facultät zu Erlang. 1767.
[14.] Ob der M. Schade, da er das päbstl. Kirchenregiment neu u. ganz neu zu machen gesucht, dasselbe nicht werkthätig recht alt u. uralt gemacht habe. 1768.
[15.] Schrifftmäßiger u. überzeugender Beweiß, daß die protestant., u. reformirte Kirche, wegen Abschaffung des neutestamentischen Opfers, unmögl. mehr die wahre christl. u. evangel. Kirche seyn, u. ausmachen könne. 1768.
[16.] Ob die Lehre der Protestanten von dem nothwendigen Gebrauch beeder Gestalten in dem Abendmahl wahrhaft evangel. sey, wider Doctor Joh. Rud. Kiesling, Decan der hohen Schule zu Erlangen. 1768.
[17.] Ob die Christenheit in den allerersten 500 Jahren das Abendmahl jederzeit unter zwoen Gestalten empfangen, u. über dieß ein Gebott erkennet habe. Wider Doctor Rud. Kießling zu Erlang. 1768.
[18.] Ob die Kirche den Gebrauch einer Gestalt bey der Communion habe können u. wollen einführen, u. verordnen, wider Joh. Rud. Kießling zu Erlang. 1769.
[19.] Ob die Kirche löbl., u. fürsichtig gehandelt habe, da sie bey der Communion den Gebrauch einer Gestalt wirkl. eingeführt u. bestättiget hat. 1769.
[20.] Ob es nicht unvergleichl. vortheilhafter sey mit den Katholiken unter einer, als mit den Protestanten unter zwoen Gestalten zu communiciren. 1769.
[21.] Ob die protestant. Pastoren ihre Gewalt, das Abendmahl gültig handeln zu können, nur mit der allergeringsten Wahrscheinlichkeit, zu rechtfertigen fähig seyn. 1769.
[22.] Woher die Unwissenheit in Religionssachen einer Seits bei den Katholicken, anderer Seits bey den Protestanten entstehe. Wider den hamburgischen Journalisten u. seine Gesellschaft. 1770.
[23.] Woher die heutige, u. so sehr einreissende Freydenkerey ihren Ursprung habe. Wider die hamburgische Journalisten, und die ganze protestant. Kirche. 1770.
[24.] Ob die Grundsätze der protestant. Kirche den Freydenkern nicht Gelegenheit geben, die Göttlichkeit der Bibel, mit Nachdrucke bestreiten zu können. Wider die Hamburg. Journalisten. 1771.
[25.] Ob die Einwürfe, welche der Magister Schade gegen das Alterthum der kathol. Glaubenslehre gemacht hat, nicht recht offenbar, sowohl wider die evangel., als histor. Wahrheiten streiten. Wider diesen, u. den Doctor Kießling zu Erlang. 1774.
[26.] Ob der Magister Schade in seinem ganz neuen Papstthume die kathol. Lehre sowohl, als die göttl. Schrift selbst nicht recht offenbar mißhandelt habe. Wider ihn u. die theolog. Fakultät zu Erlang. 1774.
[27.] In was für Stücken die Katholiken den Protestanten, u. in wem die Protestanten den Katholiken zur Beförderung der Vereinigung recht geben können u. sollen. 1774.
[28.] Ob der berlinische Recensent, durch seine über meine Predigten gemachte Recension, nicht neuerdings dasjenige bestättiget habe, was ich th. von dem Ursprung der Freydenkerey, th. von seinem eigenen, th. von dem Charakter Luthers, behauptete. Wider diesen u. den Sempronius April. 1774.
[29.] Ob der Grundsatz des Herrn Abts Jerusalem: die Simplicität in Dogmen, oder eine ganz geringe Zahl der Glaubenslehren, ist der wesentl. Charakter des wahren Christenthums, ein christl. Grundsatz sey? 1775.

Merz, Aloys, († d. 8. Oct. 1792.) 53 Fragen an d. geistl. Rath gestellt, der meine Pfingst-Predigt v. d. Toleranz mit den unschicklichsten Noten mißhandelt hat. 4. Augsb. 782. J. Wolf. 4 gr.

— üb. den Gebr. u. Ceremon. bey d. Meßopfer. 8. Augsb. Wolf. 773.

Merz, Alois. Der englische Gruß. Acht Ermahnungsreden, zur Belehrung und Erbauung frommer katholischer Christen. Aus den älteren Schriften des Verfassers neu bearbeitet vom Verfasser des Gebetbuches: »Schritte zur vollkommenen Liebe Gottes.« Regensburg 1842. H: *Blum, Georg.* (Russell IX, 641)

Merz, Aloys, der englische Gruß. Acht Ermahnungsreden, zur Belehrung u. Erbauung frommer kathol. Christen. Aus dess. ältern Schriften neu bearb. v. d. Verf. der „Schritte z. vollkomm. Liebe Gottes rc." 8. (10½ B.) Regensburg 842, Manz. —

Merz, Aloys, Hat wohl die Hartnäckigkeit u. Verwegenheit der Naturalisten, der Freidenker u. aller Unchristen eine ihres Gleichen? Anhang wider den Herrn Gottfried Leß, Prof. zu Göttingen, der in seinem Werke: „Wahrheit des Christentums" das christkathol. Christentum auf die abscheulichste Weise mißhandelt hat. Augsburg, Wolff, 1787, 4°, XII, 215 S.

— s. Jesuit, d.

— zwei Kanzelreden üb. d. Dispensation einiger Feiertage gehalten. 8. Augsb. 790. Kranzfelder. 2 gr.

— Kanzelreden üb. d. Gebräuche u. Ceremonien bei d. heiligen Messe. 8. Augsb. 772. J. Wolf. 6 gr.

—— Kanzelreden über die Gebräuche u. Ceremonien, welche in der kath. Kirche bei dem Opfer der hl. Messe eingeführt u. üblich sind. Das. 1773, 8°, 236 S.

— s. Katechismus, schriftmäßiger.

—— Neun Kontroverspredigten, gehalten im J. 1765 u. 1766. Augsburg u. Innsbruck, Wolff, 1770, 4°.

— sämmtl. Controverspredigten. Cöln 811.

—— Systematische Methode, die Protestanten von der Wahrheit der kath. Kirche zu überzeugen. Augsburg 1779, 8°.

— system. Methode, Protestant. von d. Wahrh. d. kathol. Religion zu überzeugen. 8. Augsburg. (Mayr in Salzb.) 781.

— — dass. 8. Augsb. Doll. 787.

MERZ, ALOYSIUS: Systematische Methode, die Protestanten von der Wahrheit der katholischen Religion zu überzeugen aus einer Unterredung oder Gespräch in ein förmliche polemische Abhandlung zusammen gesetzt und mit einigen Einschaltungen vermehrt zur Erleichterung des sechswochentlichen Unterrichts durch Johann Nep. Nimez. Kaschau 1793: Bey Joh. Mich. Landerer. 16 f. 475 S. - 8°

—— systemat. Methode, die Protestanten von der Wahrheit der kathol. Kirche zu überzeugen. Neu bearb. 2 Thle. gr. 8. Regensburg 844, Manz. à 25 Ngr.
A. u. d. Ttln.:
Thl. 1. Der christl. Glaube in seiner Wahrheit, od. der Katholicismus. Ein Versuch der Selbstbelehrung v. e. Protestanten. (11½ B.)
2. Der christl. Glaube in seiner Verirrung, od. der Protestantismus. Ein Versuch der Selbsterkenntniß v. e. Protestanten. (16½ B.)

— Predigten bei außerordentl. Gelegenheiten. 8. 775.

— Rede von d. Consecration eines kathol. Bischofs u. d. Ordination eines Superintendenten. Fol. Augsb. 780. Wolf. 3 gl.

— responsum catholicum ad quaestionem etc. 8maj. Augsb. 782. Wolf. 4 gl.

— Recension Merzischer Werke, wie sie seyn soll. gr. 8. Augsb. 786. Kranzfelder. 3 gl.

– s. Samml. auserlesener Gebete.

Merz, Aloys, Neueste Sammlungen jener Schriften, die von einigen Jahren her über verschiedene wichtige Gegenstände zur Steuer der Wahrheit im Druck erschienen sind. Augsburg 1783—84. 8°. 40 Bde.

— Sittenreden üb. d. Engl. Gruß. 8. Augsb. 782. Wolf. 6 gl.

— heil. Streitreden. üb. wichtige Glaubensfragen v. J. 1763—84 in 3 Bdn. 4. Augsb. 764—784. Kranzfelder. 6 ℛ

Merz, Aloys, Warnung an alle sowohl protestant. als kathol. Christen, vor d. grundverderbl. Religionsplane d. sogenannten vereinigten Religionslehrer sich zu hüten. gr. 8. auch in 4. Augsb. 785. Wolf. 4 gl.

— Warnung an alle, ꝛc. Christen, sich vor dem Religionsplane d. Religionslehrer zu hüten. gr. 8. Augsburg, Wolf. 786.

—— Was für ein Unterschied ist zwischen der Konsekration eines kath. Bischofs u. der Ordination eines protest. Superintendenten? Augsburg 1780, Fol.

— was für Grundsätzen u. Lehren pflichtete d. heil. Augustin bei, nachdem er Katholik geworden ist? Aus d. eigenen Schriften d. heil. Kirchenvaters beantwortet. 8. Augsb., 787. Doll. (Landshut, Krüll). 3 gl.

— was ist die Kirche? u. welche unter ihnen ist die wahre? 8. Augsb. Doll.

— was ist die Kirche? u. welche unter ihnen ist die wahre allein selig machende Kirche? ꝛc. 8. Augsb. 786. Wolf. 6 gl.

(Merz, Arnold.) Festschrift zum 50jährigen Jubiläum des Aargauischen Kantonalturnvereins. 1860—1910. [Mit Illustrationen und 1 Tafel.] II + 104 S. 8. Brugg, »Effingerhof A.-G.«, 1910. [fr. 1. 40]

(Merz, Arnold.) Geschichte des Turnvereins Brugg, 1856 bis 1906. II + 36 S. 8. Brugg, Effingerhof A.-G., 1906.

Merz, C., siehe: *Neujahrsblatt, Zug.*

Merz, Carl, s. Merz, Karl

Merz, Carl S., s. Merz, Karl S.

Merz, Chr. Fr. August

Uebersetzung einiger Stücke aus dem Werke des Bischofs Hieronymus Osorius: de rebus Emmanuelis, regis Lusitaniae invictissimi, virtute et auspicio gestis. Von Chr. Fr. Aug. Merz, Stud. — 1858. Ebend. — 2. 8—20.
Progr. Rothenburg o.d.T.

Merz, Constantin, s. Merz, Konstantin

Merz, C. H., das Büchlein vom wahren und falschen —ismus. Ausführlicher vom Pauperismus, der bittern Frucht alles falschen —ismus. Ein Recept wider die leidige Begriffsverwirrung unsrer Zeit, in 110 —ismus-Artikeln, entweder alle auf einmal, oder, wenn die Arznei allzu bitter schmecken sollte, täglich zwei bis drei zu nehmen. Von dem (scheintodtbegrabenen) Rechtsanwalt ꝛc. Greiz 855. Henning. gr. 8. (2 Bl., 132 S.) 9 ngr.

Merz, C. H., über Ehe und Ehescheidung. 8. (61 S.) Leipzig 861, Bredt.

Merz, C. H., Herr Prof. Hengstenberg! Keine „Farce," sondern — ein Wort für Jedermann, der hör'n und sehen kann. gr. 8. (23 S.) Leipzig 862, Bredt.

— die streitende Kirche oder das Reich Gottes auf Erden, in Christi Tauf- und Zuchtbefehl, Matth. 28, 18—20. und 18, 15—18, verfaßt. Nebst einer Anleitung zum Kampfe für Kirchen-, Landes- u. Hausväter, der Reußischen Bekenntnißschrift vom Jahre 1567 entlehnt. Leipzig 856. Dörffling u. Franke. gr. 8. (72 S.) n. 5 ngr.

Merz, C. H., das Kirchengut. Ein Zeugniß für dessen Unverletzlichkeit, auf Grund der Schrift und des bestehenden Kirchenrechts und unter Berufung auf die Geschichte abgelegt. gr. 8. (104 S.) Dresden 849, Naumann. *

—— Weckeruf an allerlei Volk vom deutschen Brudergeschlecht am Neujahrstage des 1850. Jahres der Gnade. (Von wegen der inneren Mission.) gr. 8. (20 S.) Dresden 850, Naumann.

—— ein Wort zur Verständigung in diesem gegenwärtigen Wirrsal, zunächst an meine Mitbürger, sodann auch an allerlei Volk des deutschen Brudergeschlechts gerichtet. gr. 8. (20 S.) Leipzig 848. (Grimma, Gebhardt.) *

— etliche Zeichen der Zeit, nach den Worten der Weissagung im 1. bis 7. Cap. der Offenbarung des heil. Johannes betrachtet. Mit Einschluß eines Grundrisses vom christl. Staatshause. gr. 8. (VIII u. 400 S.) Dresden 852, Naumann. n. 1⅓ ℛ

— etliche Zeichen der Zeit, nach den Worten der Weissagung im 1. bis 7. Kap. der Offenbarung des heil. Johannes betrachtet. Mit Einschluß eines Grundrisses vom christlichen Staatshause. Neue wohlf. (Titel-)Ausg. Greiz (852.) 855. Henning. gr. 8. (VIII, 400 S.) n. 15 ngr.

Merz, Emil, die Reinigung v. Wasserleitungsröhren m. bes. Berücksicht. d. Reinigg. auf mechan. Wege. 2., verm. u. verb. Aufl. gr. 8. (19 S. m. Fig. u. 5 Taf.) Karlsruhe 896. A. Bielefeld's Hofbuchh. n. 3. —
1. Aufl., s. Merz, F.

Merz, Emil, Vorzugsgaspreise für bestimmte Gasverbrauchszwecke bezw. Zeiten oder Einheitsgaspreise? gr. 4. (7 S. m. 2 Fig.) München 901. R. Oldenbourg. n. — 50
Sonderabdr. a.: „Journal f. Gasbeleuchtg. u. Wasserversorgg."

Merz, F., die Reinigung der Wasserleitungsröhren. gr. 4. (5 S. mit eingedr. Fig.) Karlsruhe 883, (Bielefeld's Hofbuchh.) *
Aus: Deutsche Bauzeitung, besonders abgedruckt.
2. Aufl., s. Merz, Emil

Merz, F., das Entlebuch und seine Viehzucht, Alpen- und Milchwirthschaft. Kulturgeschichtl. Monographie. gr. 8. (VI, 210 S. mit Tab., graph. Darstellungen und Grundrissen.) Zürich 887, Schmidt. *

Merz, F. J., Trauerrede auf Franz Egon, Frhrn. v. Fürstenberg, Fürstbischof v. Hildesheim u. Paderborn. gr. 8. Hannov. 825. Helwing. 4 gGr.

— **Franz Anton** (Ravensburg), Varias hasce ex tempore subnatas juris publici et feudalis theses. Präs. Gottfried Daniel Hoffmann. Tübingen (Bauhof u. Franck) 3. XII. 1753. 24 S. (4.—) 23082

Merz, Friedrich, in [und von] Chur [Kt. Graubünden]: Beiträge zur Kenntniss der Variola nach Beobachtungen und Untersuchungen aus der Pockenepidemie des Kinderspitals in Zürich im Jahre 1885. Chur Manatschal u. Ebner Dr. 1888. 46 S., 1 Bl., 2 Taf., 1 Tab. 8°.
Zürich, Med. Diss. [v. 15. Febr. 1889].

Merz, F[riedrich]. 50 Jahre Taubstummen-Fürsorge in Graubünden, 1859—1909. Jubiläumsbericht des Bündnerischen Hülfsvereins für arme Taubstumme. Erstattet von dessen Präsidenten Dr. med. F. M'. [Mit 11 Tafeln.] 52 S. 8. [Chur, Manatschal Ebner & Cie., 1910.]

Merz, F., die forstlichen Verhältnisse des Kantons Tessin. Vortrag, geh. an der Jahresversammlg. der schweizer. naturforsch. Gesellschaft am 3. IX. 1903 in Locarno. (26 S. m. 6 Taf. u. 2 farb. Karten.) gr. 8. Zürich 903. (Bern, A. Francke.) n. 1. 20
Sonderabdruck aus: „Verhandlgn. d. schweiz. naturforsch. Gesellsch. bei ihrer 86. Jahresversammlg in Locarno"

Merz, G., Weidmanns Heil! 42 Lieder m. Melodie u. einfacher Klavierbegleitg. f. Forstmänner, Jäger u. Jagdfreunde. 8. (VIII, 72 S.) Stuttgart 891. Metzler's Verl. Geb. n. 1. 80

Merz, G. J., die Aussichten, die d. Grab d. Auferstandenen auf d. Gräber uns. eignen Lieben bietet. Eine Homilie üb. Evang. Joh. XX, 11—18. gr. 8. (1½ B.) Hanau 833, König.

—— Gedächtniß-Predigt auf d. Hingang J. P. Hufnagels, Dr. d. Theologie rc. Gehalt. an Sonnt. Cantate 1831. gr. 8. (1 B.) Hanau, König.

Merz, Geo. Cph. Fr., Geschäftsbuch f. die kathol. u. protest. Geistlichkeit in Baiern. 4. Rothenb. 817.

—— und Goetz, Mittheilungen üb. d. äußern u. innern Zustand d. Kgl. Bayer. protestant. Schullehrer-Seminariums zu Altdorf, verbunden mit pädagog. Miscellen. 1. Hft. gr. 8. (6 B.) Altdorf 828. (Nürnberg, Riegel u. Wießner.)

Merz, Geo. Chrstph. Friedr., Musentempel, s. Musentempel.

— s. Religions- u. Kirchengeschichte, Rothenburger.

— die Reorganisation d. baierischen Elementarunterrichts-Anstalten. 8. Ulm 822. Ebner. 12 gGr.

— s. Zeitung f. Deutschl. Volksschullehrer.

Merz, Geo. Fr., centuria positionum ex universo jure. (Praef. Mich. Weber.) 8. Bamb. 797.

Merz, Geo. Jonas, wir haben nicht einen Hohenpriester, der nicht könnte Mitleid haben mit unserer Schwachheit, Bußtagspredigt über Hebr. V, 14—16. Gehalten am 1. Novbr. 1851. gr. 8. (11 S.) Frankfurt a. M. 851, Auffarth. *

Merz, German [aus Nürnberg]: Zur Kenntnis neuer Synthesen von Phenmiazinderivaten ... Erlangen, k. b. Hofbuchdr. v. A. Vollrath, 1894; 65 S. 8.
Erlangen, Phil. Fak., Inaug.-Diss. v. [1. März] 1894

Merz, H.
Der Phosphor und die Phosphorsäure. Burgdorf. 1898. 8vo.

Merz, Hans, ein Fall v. Kloakbildg. bei geschloss. Blase u. Missbildg. d. äuss. Genitalien. s. a. Abhandlungen, Münchener medicin., Hft. 28.

Merz, Hans [aus Rothenburg o. Tb.]: Ein Fall von Kloakbildung bei geschlossener Blase und Missbildung der äusseren Genitalien. '(M. 2 Abb.)' ... München, kgl. Hofbuchdr. Kastner & Lossen, 1897; 20 S. 8.
München, Med. Fak., Inaug.-Diss. v. 1897

Merz, Hans [pract. Arzt von Aarau, in Basel]: Untersuchungen über Gallicin, ein neues Präparat der Gallussäure, seine antibakteriellen Eigenschaften und seine therapeutische Verwendung in der Ophthalmologie. Aarau 1896. 42 S. 8°.
Basel. Med. Diss. 1896/97.

Merz, Hans, Untersuchgn. üb. Gallicin, e. neues Präparat d. Gallussäure, s. antibakteriellen Eigenschaften u. s. therapeut. Verwendg. in d. Ophthalmologie. gr. 8. (39 S.) Aarau 896. (H. R. Sauerländer & Co.) n. 1. 20

Merz, Heinrich

Merz, H., stilistische Arbeiten, aus dem Inhalte des 1. Teiles des Lesebuches für die Oberklassen katholischer Volksschulen [Dortmund bei Crüwell], in Form von Ausarbeitungen, Plänen u. Aufgaben gebracht. 1. u. 2. Lfg.: Enth. die Lesestücke von Nr. 1—75. 8. (158 S.) Neuwied 882. Heuser's Verl. à n. 1. —

Merz, H., stilistische Arbeiten, aus dem Inhalte d. I. Teiles d. Lesebuches f. die Oberklassen kathol. Volksschulen [Dortmund bei Crüwell], in Form v. Ausarbeitgn., Plänen u. Aufgaben gebracht. 3. u. 4. (Schluß-) Lief.: Enth. die Lesestücke v. Nr. 76—Schluß. 8. (VII u. S. 159—301.) Neuwied 883. 84. Heuser's Verl. à n. 1. —

Merz, Heinr., Armuth u. Christenthum. Bilder u. Winke zum christl. Communismus u. Socialismus. gr. 8. (XII u. 237 S.) Stuttgart 849, Cotta. n. ⅔ Thlr.

Merz, Heinr., Bilder-Atlas zu Weltgeschichte, s.: Weisser, Ludw.

Merz, Heinr., Albrecht Dürer, s. Jugend- und Volksbibliothek, deutsche.

Merz, Heinrich: Ein Fall von Cardiolyse bei Mediastino-Pericarditis. Erlangen 1909: Junge. 49 S. 8°
Erlangen, Med. Diss. v. 18. Aug. 1909, Ref. Penzoldt
[Geb. 18. April 84 Wunsiedel; Wohnort: Wunsiedel; Staatsangeh.: Bayern; Vorbildung: Gymn. Hof Reife 02; Studium: Erlangen 5, München 2, Erlangen 4 S.; Coll. 3. März 08; Approb. 20. Dez. 07.] [U 10. 813

Merz, Heinr. v.: Festrede am 100jährigen Todestage des Landschaftskonsulenten Johann Jakob Moser, zur Enthüllung seines Denkmals in der Moserstrasse. Stuttgart: Steinkopf. 30. Sept. 1885.

Merz, [Heinr.] v.: Die Fortbildungsschule und der Sonntag. Stuttgart: Steinkopf 1892.

—— zwei edle Frauen, s. Beispiele des Guten.

—— christliche Frauenbilder. Zur innern Mission gesammelt und bearb. 2 Thle. 8. (XII und 753 S.) Stuttgart 851(52,) J. F. Steinkopf.

Merz, Heinr., christliche Frauenbilder aus der Geschichte der Kirche zur innern Mission gesammelt und bearb. 2., vielverm. und verb. Aufl. 2 Thle. 8. (XX und 998 S.) Stuttgart 854(55,) J. F. Steinkopf. Thlr.

Merz, Heinr., christliche Frauenbilder. 2 Bde. 3., neu verm. und verb. Aufl. 8. (XII und 1050 S.) Stuttgart 861, J. F. Steinkopf. 2 Thlr. 7½ Ngr.; geb. *

Merz, Heinr., christliche Frauenbilder. 4. verb. Aufl. 2 Bde. Stuttgart 869. J. F. Steinkopf. 8. (VI, 497 u. IV, 486 S.) 2 ℛ 7½ ngr; in engl. Einb. n. 2 ℛ 20 ngr.

Merz, Heinr., christliche Frauenbilder I. u. II. 5. Aufl. 8. Stuttgart, J. F. Steinkopf. à n. 4.—; geb à n. 5.—
I. Vom Anfang der Kirche bis in die Reformationszeit. (VI, 444 S.) 885.
II. Aus der neueren Zeit. (472 S.) 886.

Merz, Heinr., christliche Frauenbilder. II. Aus d. neueren Zeit. 6. Aufl., bearb. u. verm. v. Johs. Merz. 8. (IV, 460 S.) Stuttgart 898. J. F. Steinkopf. n. 4.—; geb. in Leinw. n. 5.—

Merz, Heinr., christliche Frauenbilder. I. Vom Anfang der Kirche bis in die Reformationszeit. 6. Aufl., besorgt durch Johs. Merz. (IV, 440 S.) 8. Stuttgart 907. J. F. Steinkopf. 4.—; geb. in Leinw. 5.—

Merz, Heinr. (I.), enthülltes Geheimniß d. Bier-Brauerei, od. leichtfaßl. Unterweisg. alle Sorten Bier, mit wenig Kosten zu brauen. Ferner das Nöthige vom Lager- u. Flaschenbier, dem Schönen u. Klären des Bieres; d. Wiederherstellung u. Conservirung ꝛc. Ein Noth- u. Hülfsbuch für Brauerei-Besitzer, Gast- u. Schenkwirthe ꝛc. 8. (3 B.) Erfurt 846, Bartholomäus.

Merz, Heinr. (II.), die Jahrbücher der Gegenwart u. ihre Helden. Wider die Hrn. DDr. Schwegler, Vischer u. Zeller in Tübingen. gr. 8. (4⅞ B.) Stuttgart 845, Weise.

—— der evangelische Kirchhof und sein Schmuck. gr. 8. (16 S. mit Illustr.) Stuttgart 884, J. F. Steinkopf. *
Aus: Christliches Kunstblatt, besonders abgedruckt.

Merz, Heinr., der evangelische Kirchhof und sein Schmuck. 2. Aufl. gr. 8. (16 S. mit Fig.) Stuttgart 886, J. F. Steinkopf. *
Aus: Christliches Kunstblatt, besonders abgedruckt.

Merz, Heinr., das Leben des christlichen Dichters und Ministers Christoph Karl Ludwig Pfeil. Nach dessen hinterlass. Werken und Papieren bearb. 8. (475 S.) Stuttgart 862, J. F. Steinkopf.

— — kleiner Liederschatz für Volksschulen. Nach den Bestimmungen königl. Regierung hrsg. gr. 16. (IV, 64 S.) Ebend. 879. n.n. — 25

—— und J. Schuth, kleiner Liederschatz für Volksschulen. Nach den Bestimmungen der königl. Regierung hrsg. 2.—4. Aufl. gr. 16. (IV, 64 S.) Ebendas. 881—84. **

Merz, H., und J. Schuth, kleiner Liederschatz für Volksschulen. 5. Aufl. Neu bearb. und hrsg. von E. Scharbach. 12. (IV, 74 S.) Neuwied 887, Heuser's Verlag. **

Merz, H., Liederschatz f. Volksschulen. Eine Sammlg. v. 60 der bewährtesten Schul-, Volks- u. Vaterlandslieder. In meist zweistimm. Bearbeitg. Nebst e. Anh. religiöser Lieder gesammelt v. Fr. Düngelmann. Ausg. f. evangel. Schulen. 16. (76 S.) Neuwied 874. Heuser. n. — 40

— dasselbe. Ausg. f. kathol. Schulen. 16. (80 S.) Ebend. 874. n. — 40

— u. J. Schuth, Liederschatz für Volksschulen. 1. u. 2. Abth. 2., verm. Aufl. gr. 16. Neuwied 877. Heuser's Verl. n. — 90
1. 110 1- u. 2stimmige Lieder für die Unterstufe der Elementarschule. (IV, 60 S.) n. — 30
2. 139 2- u. 3stimmige Lieder für die Mittel- u. Oberstufe der Elemementarschule. (III, 122 S.) n. — 60

Merz, Heinr., Luise, Königin v. Preußen, s.: Jugend- u. Volksbibliothek, deutsche.

Merz, Heinr., das System d. christl. Sittenlehre in seiner Gestaltung nach d. Grundsätzen d. Protestantismus im Gegensatze z. Katholicismus. gr. 8. (15 B.) Tübingen 841, Fues.

— über die zunehmende Verwilderung der Jugend u. die Mittel gegen dieselbe. Conferenz-Vortrag geh. im Lehrer-Seminar zu Boppard a/Rh. am 15. Apr. 1875. gr. 8. (16 S.) Neuwied 875. Heuser. — 30

Ueber die zunehmende Verwilderung der Jugend und die Mittel gegen dieselbe. Conferenz-Vortrag von H[einrich] Merz, Lehrer. *Neuwied & Leipzig: Heuser [1892?].* (16 S.) 8° [J.]
= Schule, Für die, aus der Schule. H. 41.

— Nostiz u. Hof, Volkslieder f. Schule u. Leben. Mittlere u. obere Stufe. 16. (IV, 112 S.) Ebend. 874. — 50

—— und Herm. Kurz, s. Weisser, Ludw., Bilder-Atlas zur Weltgeschichte.

Merz, Herm., über die Ausbildung des Infanteristen zum Schützen im Gelände u. vor der Scheibe, s.a. Militärzeitung, allgem. schweizerische. Beilage 3.

Merz, Hermann. Über die Ausbildung des Infanteristen zum Schützen im Gelände und vor der Scheibe. Eine Studie. II + 36 S. 8. Basel, Benno Schwabe, 1902. [fr. 1.—]
Beilage zur Allgemeinen Schweizerischen Militärzeitung 1902. Redaktion: Oberst U[lrich] Wille. Heft 3.

Merz, Hermann. Streifzüge im Aargauer Jura. Plaudereien. 35 S. 8. Burgdorf, P. Eggenweiler, 1902. [fr. —.60]

Merz, Herm., über Verstellung u. Schutzfärbung in der Tierwelt. (10 S.) gr. 8. Aarau (904). (H. R. Sauerländer & Co.) n. — 30
Sonderabdruck aus: „Tierwelt".

Merz, J., der elementare Anschauungs- und Religionsunterricht, zugleich ein Fingerzeig für die Mütter, ihre vorschulpflicht. Kinder im Beobachten, Denken und Sprechen zu fördern. gr. 8. (VIII, 211 S.) Constanz 878, Meck. *

Merz, J., der elementare Anschauungs- und Religions-Unterricht. Zugleich ein Fingerzeig für die Mütter, ihre vorschulpflicht. Kinder im Beobachten, Denken und Sprechen zu fördern. 2. Aufl. gr. 8. (VIII, 196 S.) Tauberbischofsheim 880, Lang.

J. Merz. Die Methode der Wortbildungslehre in der Volksschule. 21 S. Meersburg, P 1873

Merz, J., die Ruhr als Epidemie u. als Krankheit im Individuum m. besond. Rücksicht auf ihren epidemischen Verlauf im Egerithale, während d. J. 1811, 1812 u. 1813. gr. 16. (6½ B.) Zürich 844. (Meyer u. Zeller.) *

— Skizzen aus der Erziehungs-Geschichte für Seminarzöglinge bearb. gr. 8. (VI, 57 S.) (Ebendas.) 872. *

Merz, J. A. Gesch. der Gymn. Biblioth. Nebst einigen Beilagen. 18 S.
Progr. Elbing 1840

Merz, J. A. Dies. Fortf. 23 S. . . . .
Progr. Elbing 1841

Merz, J. A. Dritte Fortsetzung der Geschichte der Stadtbibliothek. . 24 S. Schluß 34 S. . . . . .
Elbing, Progr. 1847, 1848

Merz, J. A. Lect. Xenophontearum specim. I. II. (Ueber die Memorabilien: Inhalt und Anfang.) 22 und 10 S. . . .
Elbing, Progr. 1832, 36

Merz. Johann Georg Mund. Ein Lebensbild. 25. Schluß 25 S.
Elbing, Progr. 1854, 1855

Merz, J. A. De vero ac genuino particular. μή et μὴ οὐ usu. 38 S.
Elbing, Progr. 1827

Merz, J. M., Lebensgeschichte d. seligsten Jungfrau Maria ꝛc. Mit Morgen-, Meß-, Beicht- u. Kommunion-, Vesper- u. Abendandachten. Ein Hausb. f. christl. Familien. M. 1 Stndr. 8. (20½ B.) Nördlingen 827, Beck.

Merz, J. Th., Frühlingsblüthen. Gedichte, Erzähln. u. Novellen. gr. 12. (6 B.) Spaichingen 839. (Reutlingen, Fleischhauer u. Spohn.)
Vgl. Merz.

[Merz, Johann]: Beschreibung des eidgenössischen Freischießens in St. Gallen 1838. St. Gallen, 1838.

Merz, Joh., Erlebnisse e. Soldaten d. 3. bad. Infant.-Regts. „Markgraf Ludwig Wilhelm" Nr. 111, s.a. Badener im Feldzug 1870/71.

[F.] Erlebnisse eines Soldaten des 3. bad. Infant.-Regiments 'Markgraf Ludwig Wilhelm' Nr. 111 im Feldzuge 1870/71. Von Johann **Merz**, Ratschreiber. *Karlsruhe: J. J. Reiff 1897.* (4 Bl., 155 S., 1 Kt.) 1 Bd 8.
— Badener im Feldzug 1870/71. Bd 13. [97. 6678]

Merz, Joh. Thdr., Leibniz. Aus dem Engl. 8. (IV, 222 S.) Heidelberg 886. Weiß' Verl. n. 3. —; geb. n.n. 4. 50

Merz, Johs., die Bildwerke an der Erzthüre d. Augsburger Doms. Mit 2 Taf. gr. 8. (52 S.) Stuttgart 885. J. F. Steinkopf. n. 1. 60

Merz, Johs. Das ästhetische Formgesetz d. Plastik. gr. 8. (VIII, 301 S. m. 44 Abbildgn.) Lpz. 892, E. A. Seemann. * 4 —

Merz, Johannes, aus Chemnitz: Carlo Goldoni in seiner Stellung zum französischen Lustspiel. Eine Quellenuntersuchung. *Leipzig 1903: E. Glausch.* (69 S.) 8°
Leipzig, Phil. Diss. v. [31. Dez.] 1902

Merz, Johs., s.: Kunstblatt, christliches.

— die Marienkirche in Reutlingen, s.: Gradmann, E.

— Theodor Schüz, e. weltlicher Maler m. evangelisch-christlichen Gedanken. gr. 8. (15 S.) Stuttgart 902. J. F. Steinkopf. n. — 50
Sonderabdruck aus: „Christl. Kunstblatt".

Merz, Julius [Pseud.], s. W a l d a u , Eduard

Merz, Jul., und Carl Weiss, Dir. Ein Liedercyclus. br. 8. (XV und 124 S.) Nürnberg 856, Bauer und Raspe.

WALDAU, Eduard (d. i. *Julius Merz*), Genre-Bilder aus Nürnberg. Nürnberg 1837. 8⁰. (1 Mk. 50 Pfg., Beck, Nördl., 1892.)
Weller, Lex. Pseud. p. 603. — Selten!

Merz, Jul., Göthe von 1770 bis 1773 oder seine Beziehungen zu Friederike v. Sesenheim und Werther's Lotte. gr. 8. (VIII und 24 S.) Nürnberg 850, Bauer und Raspe.

Merz, Jul., Göthe von 1770—1773 od. seine Beziehungen zu Friederike v. Sesenheim u. Werther's Lotte. Neuer Abdr. gr. 8. (IV, 24 S.) Nürnberg 885. Bauer & Raspe. n. — 50

Merz, Jul., Schillers Leben dem deutschen Volke erzählt. 16. (47 S.) Nürnberg 859, Bauer und Raspe.

Merz, K. Zur Behandlung der Uterusruptur. M. Tub. In-8⁰. 91 S. Basel. These. 1894.

Merz, K., die Spinnerin, — das Wort e. Gentlemann, } s.: Familien-Bibliothek.

Merz, Karl

Merz, C[arl]. Über die Notwendigkeit einer Enquete zur Erforschung der Ursachen der Tuberkulosensterblichkeit in der Schweiz und die Art und Weise ihrer Durchführung. Referat der Schweiz. statist. Gesellschaft vorgelegt bei ihrer Jahresversammlung im September 1902, in Luzern. Separatabdruck aus der 3. Liefg. der «Zeitschrift für schweiz. Statistik», Jahrg. 38, 1902. 31 S. 4. [Bern, Stämpfli & Cie.]

Merz, Carl. Ueber das Verhalten des Alloxans zu Asparagin, Malamid, Caffeïn, Chlorbarium und Ammoniak. Tübingen, 1865.

Merz, Karl: Der Versicherungs-Agent. Würzburg 1910: Staudenraus. 138 S. 8°
Würzburg, Jur. Diss. v. 5. Dez. 1910, Ref. Mayer
[Geb. 25. Juni 86 Burggräfenrode; Wohnort: Hermannstein; Staatsangeh.: Preußen; Vorbildung: Gymn. Wetzlar Reife O. 06; Studium: Erlangen 1, Gießen 2, Kiel 1, Berlin 1, Marburg 2, Würzburg 1 S.; Rig. 26. Okt. 10.] [U 11. 4530

Merz, Karl Fr., († d. . . ., Nov. 1813.) Uebersicht d. Mineralkörper ꝛc. s. v. Leonhard.

Merz, Karl S.

Merz, Carl S. v., der letzte Bruderkampf im Hause Wittelsbach. Historisches Drama in 5 Acten. 8. (XII und 156 S.) Leipzig 858, Brockhaus. *

Merz, Konstantin

Merz, Constantin (Franz Moritz Leuthold) (Wohlbach/Vogtland), De pronominum primae personae in libris . . . . usu [Japanische Schriftzeichen]. Wien (A. Holzhausen) 1882. 37 S. u. Biogr. (2.—) 23081
Gew.: J. Legge.

Merz, L., siehe: Bayerns Erhebung.

Merz, Dr. L., *Gewerbestand, Proletariat.* Vermittlungsgedanken, vorgetr. in einem polit. Clubb. München, Chrn. Kaiser, 1848. 8°. 39 S. Cart.

Merz, L., Sammlung v. Erbteilungsfällen f. Notariatskandidaten u. Justizreferendäre, m. den bei der Notariatsdienstprüfg. im J. 1890 u. 1891 gegebenen theoret. Fragen u. dem Rechnungsfall, sowie den Aufgaben f. die Vorprüfg. v. Notariatskandidaten. II. Bdchn. 16. (IV, 144 S.) Stuttgart 892. W. Kohlhammer. n. 1.—; geb. n. 1.50 (I u. II. geb.: n. 4.—)
Das I. Bdchen s.: Siegle, D.

MERZ, Leander (ps.), Die Garnisonstratsche. Lustige Geschichten aus dem österreichisch-ungarischen Offiziersleben. Graz, o. J. 8°. (1 Kr. 50 H. Halm & Goldmann, Wien, 1904.)

— — Die Geheimnisse der Frauen. Ein Buch für verheiratete Damen. Verlag von Sofie Lasswitz. (189*.)
Verboten vom L.-G. Wien, 9. Februar 1894. § 516.

— — Die Kunst Weiber zu erobern. Druck von Hauswirth in Graz.
Verboten vom L.-G. Graz, 4. Juni 1890. § 516.

— — Nonne und Offizier und andere Erzählungen. Graz, o. J. 8°. (1 Kr. 50 H. Halm & Goldmann, 1904.)

— — Psyche und Hymen oder Geheimnisse aus dem Liebe- und Eheleben aller Nationen. Selbstverlag, Graz, gedruckt bei H. Schlick in St. Veit a. d. Glan. (189*.)
Verboten vom L.-G. Klagenfurt, 5. Mai 1895. § 516.

— — Die Welt in ihrer Verkommenheit oder Keulenschläge nach rechts und links. Druck von Aug. Wagner. Verlag von Paul Gieslar, Graz.
Verboten vom L.-G. Graz, 17. Juni 1894. § 516.

Merz, Leander. Die Welt in ihrer Verkommenheit od. Keulenschläge nach rechts u. links. gr. 8. (255 S.) Graz 889, Cieslar. * 2 —

Merz, Leander (Red.), s. Zungen. – Böse Zungen

Merz, Louis, a. Oberreifenberg i. T.: Ueber das Verhalten der Elemente und Verbindungen der Schwefelgruppe im Vakuum. Heidelberg 1905: J. Hörning. (45 S.) 8°
Heidelberg, Naturw.-math. Fak., Ref. Curtius, Diss. v. 3. März 1905
[Geb. 15. Aug. 80 Oberreifenberg; Wohnort: Darmstadt; Staatsangeh.: Preußen; Vorbildung: Oberrealschule Darmstadt Reife O. 00; Studium: Darmstadt T.H. 4, Heidelberg 4 S.; Rig. 18. Jan. 05.]

Merz, Ludw., Blick auf unser gesammtes Schulwesen. gr. 8. (44 S.) Regensburg 850, Manz. 1/6 ₰

Merz, Ludwig. Buch der Erde. Naturgeschichte des Erdballs und seiner Bewohner. Mit einer Lebensskizze und dem Porträt des Verewigten. Regensburg 1860. H: *Sepp, Joh. Nep.* (ADB 21, 484)

Merz, Ludw. (I.), allgem. Erdkunde, als Einleitg. zur Länder-, Völker- u. Staaten-Kunde. gr. 8. (9¾ B.) Augsburg 846, Schmid'sche Buchh.

— allgemeine Erdkunde als Einleitung zur Länder-, Völker- u. Staaten-Kunde. gr. 8. (156 S.) Augsburg 847, Schmid. ¾ ₰

Merz, Ludw., Grundriß der allgemeinen Erdkunde. Mit einer Lebensskizze und dem (in Stahl gest.) Portr. des Verewigten. gr. 8. (XVI und 367 S.) Regensburg 860, Pustet.

—— über die Linderung des herrschenden Nothstandes, mit Benützung der über die Preisfrage des Königs Max II. von Bayern erschienenen Schriften bearb. gr. 8. (116 S.) Regensburg 850, Manz.

Merz, Ludw. (II.), Optik, besond. f. Augenärzte. gr. 8. (6½ B.) München 845, Literarisch-artist. Anstalt. *

—— die neueren Verbesserungen am Micoscrope nebst den sie begleitenden Aenderungen in d. Dioptrik. gr. 8. (4½ B.) München 843, Palm's Hofbuchh.

Merz, (M.,) Lebensgeschichte d. Jungfrau Maria. 8. Nördl. 827, Beck.

Merz, Max., die Patience. Gründliche Anleitg., dieselbe in den verschiedensten Formen nach gegebenen Beispielen zu legen. 8. (IV, 63 S.) Berlin 886. Cronbach. geb. n. 1. 50

Merz, Max, die Patience. Anleitg., dieselbe in d. verschied. Formen nach gegeb. Beispielen zu legen. 3. Aufl. 8. (67 S.) Berlin 899. S. Cronbach. Geb. in Leinw. n. 1. 50

Merz, Max, das Skat-Spiel. Anleitung zur gründl. Erlernung desselben. Berlin 867. Cronbach. 8. (64 S.) 10 ngr

Merz, Max, das Scat-Spiel. Anleitung zur gründl. Erlernung desselben. 3. Aufl. 1872, und 4. verb. Aufl. gr. 16. (62 S.) Berlin 874, Cronbach.

Merz, Max, das Skat-Spiel. Anleitung zur gründl. Erlernung desselben. 5. und 6. verb. Aufl., vermehrt mit einer Anleitung zum Bierskat, einer Skatberechnungs-Tabelle und den neuesten Spielarten. 8. (67 S.) Berlin 880,82, Cronbach.

Merz, Max, das Skat-Spiel. Anleitung zur gründl. Erlerng. desselben. 7., verb. Aufl., verm. m. e. Anleitg. zum Bierskat, e. Skatberechnungs-Tabelle u. den neuesten Spielarten. 12. (63 S.) Berlin 892. S. Cronbach. 1. —

— das Skat-Spiel. Anleitg. zur gründl. Erlerng. desselben. 8., verb. Aufl., verm. m. e. Anleitg. z. Bierskat, e. Skatberechnungs-Tabelle u. den neuesten Spielarten. 12. (63 S.) Ebd. 899. Geb. in Leinw. 1. —

Merz, O: Die Behandlung der Papiermaschine. Berlin (1897)

Merz, Osk., zur Chronik der Münchener Oper. 1. und 2. Bd. 8. München 888, Franz' Verlag. à Bd. *ℳ 1.20. *
Inhalt:
Bd. 1. Theaterbriefe und -Berichte von Anfang Novbr. 1885 bis Ende Oktbr. 1886. (VIII, 159 S.)
" 2. —— dass. — von Anfang Novbr. 1886 bis Ende Oktbr. 1887. (VIII, 160 S.)

Merz, Oskar (Red.), s. Taschenkalender. – Bayreuther Taschenkalender

Merz, Paul, fort m. dem Sport!, s.: Lustspiele, turnerische.

Merz, Paul, frisch auf!, s.: Lustspiele, turnerische.

— Der Riege Geburtstag, s.: Lustspiele, turnerische.

— Nein, diese Turner, s.: Lustspiele, turnerische.

— Gut Quartier, s.: Lustspiele, turnerische.

— Ein neuer Sieg, s.: Lustspiele, turnerische.

Merz, Paulus, Thesaurus biblicus, completus, locupletissimus, i. e. dicta et exempla biblica seu concordantiae reales. Augsburg und Graz, 4°, 1734, 1751. Mit dem onomasticon biblicum. Augsburg, 1734, 4°, 2 Bde.
Zuletzt Augsburg, Veith, 1791, 8 Mk. Auch im Auslande mehrfach nachgedruckt.

Merz, Paul Constantin (geb. Vöhrenbach in Baden 7. 4. 1856): Ein Fall von Carcinom der männlichen Brustdrüse. Berlin (1885). (32 S.) 8°
Berlin, Med. Diss. v. 31. Jan. 1885

Merz, Phil., aus dem Gedächtniß des Herzens. Gedenkblätter zum 50. Jahrestage des Friedberger Lehrer-Seminars. Darmstadt 867. Schorkopf. gr. 8. (28 S.) n.. 4 ngr.

Merz, Philipp, der Gips in der Landwirtschaft als Konservierungs- u. Düngemittel. Bearb. im Auftrage des deutschen Gips-Vereins. 2. Aufl. (40 S.) kl. 8. Berlin 907. Tonindustrie-Zeitg. —20

—— Goethe als Erzieher. Lichtstrahlen aus seinen Werken. Ein Handbuch für Haus und Familie. 8. (III und 360 S.) Leipzig 864, Brockhaus. * 1 Thlr.; geb. mit Goldschn. *

Grundzüge der Freimaurerei. Ueberzeugungstreu dargest. und der sehr ehrw. Loge zum wiedererb. Tempel der Brliebe im Or. von Worms in treuer Bruderliebe zugeeignet von ihrem, zur Zeit, ältesten Mitgl. [d. i. Phil. Merz]. (Als Ms. gedr.) Worms 1873. IV, 44 S. 8°
Tt. 1636. Betrachtungen u. Aphorismen üb. Wesen d. Frmrei u. deren Beziehungen z. Gesellschaft, Staat, Kirche, Leben.

Merz, Rudolf

Merz, R., das Gotteshaus von Sankt Peter und zwölf Boten zu Ammerswyl und die Sankt Marien-Kapelle zu Othmarsingen in der Grafschaft Lenzburg. Eine heimathgeschichtliche Studie. gr. 8. (XI, 332 S.) Aarau 879, Sauerländer's Verlag. *

Merz, Th., Frühlingsblüthen. Gedichte, Erzählungen u. Novellen. 4. Ravensberg., Gradmann u. Knapp. 1/6 ℳ

Merz, Th., s.: Gedanken, religiöse, verf. v. e. deutschen Arzte.

Merz, Thdr., über die Rückkehr eines Planeten an den nämlichen geocentrischen Punct des Himmels. Inaugural-Dissertation. gr. 4. (20 S.) Göttingen 862, (Dieterich'sche Buchh.) *

(Merz, V[ictor].) Hermann Lienhard (Bundesrichter, † 10. September [1905. Nekrolog]. Separatabdruck aus der Zeitschrift des bern. Juristenvereins ..., Band 41, 1905, Heft 10). IV + 8 S. 8. [Bern, Büchler & Co.]

Merz, Victor, aus Herisau [Kt. Appenzell]: Untersuchungen über das Titan. Silicium und Boron. [S. A. aus: Vierteljahrsschrift der Naturforsch. Ges. in Zür., Bd IX. S. 77—110]. Zür. Zürcher u. Furrer Dr. 1864. 33 S., 1 Bl. 8°.
Zürich. Phil. Diss. v. Mai [8. Juni] 1864.

Merz, Walth., die Stadt Aarau als Beispiel e. landesherrlichen Stadtgründung. Dem schweizer. Juristenverein zu seiner 47. Jahresversammlg. am 6. u. 7. IX. 1909 in Aarau überreicht. (IV, 42 S. m. Abb. u. 1 Taf.) 32,5×24,5 cm. Aarau 909. H. R. Sauerländer & Co. 3. 20

Merz, Walth. (Hrsg.), s.a. Abryss d. Statt Arouw.

Merz, Walther. Abryss der Statt Arouw, Sampt der Vorstatt vnd die nächste Gelegenheit darum nach Hans Ulrich Fisch 1671, hrg. von W' M'. [Mit 2 Illustrationen und 2 Tafeln.] II + 21 S. 4. Arau, H. R. Sauerländer & Co., 1910. [fr. 5.—]

Merz, Walther (Hrsg.), s.a. Aktenstücke z. Geschichte d. Schützenwesens...

Merz, Walther: Aktenstücke zur Geschichte des Schützenwesens in Aarau vom Ende des 15. bis zum Anfang des 17. Jahrhunderts. Mit Abb. Aarau, Emil Wirz, 1896, 33 S. 394

Merz, Walther. Bilderatlas zur aargauischen Geschichte. In Verbindung mit Dr. A[ugust] Gessner, Professor, Dr. A[rnold] Hirzel, Rektor, und S[amuel] Zimmerli, Bezirkslehrer, hrg. von W' M'. VI S. + 104 Bl. 4. Aarau, H. R. Sauerländer & Co., 1908. (Subskr. geb. fr. 4. —, [im Buchh. 8. —])

Merz, Walther. Johannes Brandenberg (1661—1728) malt das Rathaus in Aarau. SA. 8. Aarau 1894.

Merz, Walther. Die mittelalterlichen Burganlagen und Wehrbauten des Kantons Argau. Mit Unterstützung der historischen Gesellschaft und in Verbindung mit mehreren Mitarbeitern hrg. von W' M'. [Mit Illustrationen, 42 Tafeln, 30 Stammtafeln und 1 Karte.] (9 Lieferungen.) 2 Bände. XII + 10* + X + 714 S. 4. Arau, H. R. Sauerländer & Co., (1904)—1906.
(Liefg. 1 u. 3. 1904; — Liefg. 2 u. 4 u. 5. 1905; — Liefg. 6—9. 1906.) [pro Liefg.: 1—8 Subscr. fr. 5. —, im Buchh. 6 —; 9 Subscr. 3. 50, im Buchh. 4. —]
Band 1. XII + 10* S. + S. 1—300. (1904—)1905. [cpl. geb. im Buchh. 30. —.] — Band 2. X S. + S. 301—714. (1905—)1906. [cpl. geb. im Buchh. 34. —]

— Die Burgen des Sisgaus. Im Auftrage der histor. u. antiquar. Gesellschaft in Basel u. in Verbindg. m. mehreren Mitarbeitern hrsg. 1.—8. Lfg. (1. Bd. XII, 308 S. m. Abb., 47 Taf. u. 18 Stammtaf.; 2. Bd. X, 312 S. u. 3. Bd. S. 1—40 m. Abb., 58 Taf. u. 10 Stammtaf.) 32,5×24,5 cm. Ebd. 909. 10. à Lfg. 5. —; Luxusausg. auf Büttenpap. à 10. —

(Merz, Walther.) Joh[annes] Burger (geb. 1829). ([Biographische Skizze. Mit] Verzeichnis der Burgerschen Kupferstiche [und Porträt-Tafel. SA.].) 8. [Aarau 1896.]

Merz, Walther. Joh[annes] Bürger (geb. 1829). Kupferstecher. ([Biographische Skizze. Mit] Verzeichnis der Burger'schen Kupferstiche [und Porträt-Tafel. SA.]) 8. Reinach 1896.

Merz, Walther. Bürgerrecht und Hausbesitz in den argauischen Städten. Sonderabdruck aus Argovia, Jahresschrift der hist. Gesellschaft des Kantons Aargau, Bd. 23. 14 S. 8. Aarau, H. R. Sauerländer & Co., 1909. [fr. —. 80]

(Merz, Walther.) Exorcismus gegen Engerlinge. 1479. SA. 8. [Aarau 1898.]

Merz, Walther, Hans Ulrich Fisch. Ein Beitrag zur Kunstgeschichte des Aargaus. Hrsg. v. der mittelschweizer. geographisch-kommerziellen Gesellschaft in Aarau. gr. 8. (III, 40 S. m. Abbildgn., 4 Taf. u. 1 Stammtaf.) Aarau 894. (E. Wirz.) Kart. n. 1. 80

—s.a. Führer durch die Klosterkirche zu Königsfelden.

[Merz, Walther.] Führer durch die Klosterkirche zu Königsfelden. 2. umgearbeitete Aufl. [Mit Titelvignette.] 25 S. 8. Reinach, S. Tenger [Comm. H. R. Sauerländer & Cie., Aarau], 1903. [im Buchh. fr. —. 60]

— zur Geschichte der Festung Arburg. Denkschrift zur Eröffng. der Zwangserziehungsanstalt auf derselben. Im Auftrag der Aufsichtsbehörde verf. [Aus: „Fernschau“.] gr. 8. (64 S. m. 11 Taf.) Aarau 893. (J. J. Christen.) n. 2. —

— d. Habsburg. Studie, im Auftrage d. h. Baudirektion d. Kantons Aargau verf. M. 31 Abb. im Text, 19 Taf., e. Plane u. 6 Stammtaf. gr. 8. (VII, 100 S.) Aarau 896. E. Wirz. n. 4. —

Merz, Walther. Schloss Kasteln. [Mit Illustrationen und 1 Stammtafel.] II + 16 S. 8. Aarau, H. R. Sauerländer & Co., [1907]. [fr. 1.20]

(... Text, etwas umgearbeitet und ergänzt, aus: W' M', Die mittelalterlichen Burganlagen ... des Kts. Argau I... .)
Der Reinertrag ist zugunsten der abgebrannten Anstalt bestimmt.

— die Lenzburg. Mit 42 Taf., 27 Abbildgn. im Text u. 3 Stammtaf. (XIII, 172 u. 110 S.) Lex.-8. Aarau 904. H. R. Sauerländer & Co. n. 7. —; auf Handpap. n n. 11. —

Merz, Walther. Die Ritter von Liebegg. Vortrag an der Jahresversammlung der aargauischen geschichtforschenden Gesellschaft zu Menziken am 9. Weinmonat 1893. Mit einer Siegeltafel (° *Umschlag:* Mit Siegel- und Stammtafel). 8. Reinach 1894.

Merz, Walther *s.* Meyer, Gabriel. G' Meyers... Berichte über die Einführung der Reformation in Aarau.... Lenzburg 1894.

Merz, Walt., Berner Novellen. gr. 8. (III, 268 S.) Bern (901). Neukomm & Zimmermann. n. 2. 50; geb. n. 3. 50

– s.a. Rechtsquellen, die, des Kantons Argau.

— d. Rechtsquellen d. Kantons Argau. 1. Tl.: D. Rechtsquellen d. Stadt Arau. I. Bd. von 1283—1526. M. 1 Siegeltaf. u. 2 Ansichten d. Stadt Arau. gr. 8. (XXI, 245 S.) Aarau 895. H. R. Sauerländer & Co. n. 4. —

Merz, W. Die Ritter von Rinach im Argau. Nach Urkunden dargestellt. Mit 1 Plan u. 1 Stammtaf. Gr. in-8°. 164 S. Aarau, H. R. Sauerländer. 1891. 3 —

— die Ritter v. Rinach im Aargau. Nach Urkunden dargestellt. gr. 8. (164 S. m. 1 Plan u. 1 genealog. Taf.) Aarau 891. H. R. Sauerländer & Co. n. 2. 80

Merz, Walter. Der arme Roland. Eine Geschichte aus unsern Tagen. 8. (141 S.) Bern 889. (Jent u. Reinert). * 1 80

Merz, Walther, s. Sammlung schweizer. Rechtsquellen

— die Schultheissen der Stadt Aarau. gr. 8. (23 S.) Aarau 899. H. R. Sauerländer & Co. n. — 80

— Siegel u. Wappen des Adels u. der Städte des Kantons Argau. (III, 76 S. m. Abb.) Lex. 8. Aarau 907. H. R. Sauerländer & Co. 3. —

Merz, Walther. Städte, Burgen und Adel des Kantons Argau. Sonderabzug aus Mittelalterliche Burganlagen und Wehrbauten des K' A'. [Illustriert.] II S. + S. 619—668. 4. Arau, H. R. Sauerländer & Co., 1907. [fr. 2. —]

Das Stadtrecht von Arau. Bearb. u. hrsg. von Dr. Walther Merz. *Arau: H. R. Sauerländer & Co. 1898.* (XXVII, 558 S.) 8°
= Rechtsquellen d. Kantons Argau. T. 1, Bd 1.
= Sammlung schweizer. Rechtsquellen. Abt. 16, T. 1, Bd 1. (00. 7749

Das Stadtrecht von Brugg bearb. u. hrsg. von Walther Merz. *(Arau: H. R. Sauerländer & Co. 1899.)* (XIII, 346 S.) 8°
= Rechtsquellen d. Kantons Argau. T. 1, Bd 2, [2.]
= Sammlung schweizer. Rechtsquellen. Abt. 16, T. 1, Bd 2. [2.] (00. 7751

Merz, W., Stadtrechte, s. Sammlung schweizer. Rechtsquellen.

Merz, Walt., die Stadtrechte v. Baden u. Brugg, s.: Welti, F. E.

Die Stadtrechte von Bremgarten und Lenzburg. Bearb. u. hrsg. von Walther Merz. Arau: Sauerländer 1909. XVI, 424 S. 4°(8°)
(Rechtsquellen d. Kantons Argau. T. 1, Bd 4.)
(Sammlung schweizer. Rechtsquellen. Abt. 16. T. 1, Bd 4.) 09. 13588

(Merz, Walther.) Der Burgeren ze Burg Stamm- und Wapenbuech. [Mit Illustrationen und 5 Tabellen.] 8. Rynach 1895.

(Merz, Walther.) Ein Stammbuch aus dem dreissigjährigen Krieg. SA. 8. [Aarau 1898.]

— die Vorschriften des allgem. bürgerl. Gesetzbuches f. den Kanton Aargau üb. die Vormundschaft m. den Entscheidungen u. Weisungen der oberen Vormundschaftsbehörden, auf Veranlassg. der Justizdirektion hrsg. gr. 8. (IV, 187 S.) Aarau 900. H. R. Sauerländer & Co. n. 4. —

Merz, Wilhelm [aus München]: Studien über gebromte Propionsäuren und die daraus durch Einwirkung von alkoholischem Kali entstehenden Reaktionsprodukte. . . München, akad. Buchdr. v. F. Straub, 1889; 31 S. 8°
Erlangen, Phil. Fak., Inaug.-Diss. v. 1889

Merz a Quirnheim, I. W., speculum successionis univ. civilis, canon. et feudal. 4. Norimb. Monath. 730.

Merz a Quirnheim, Ph. Paul, (✝ d. 15. Oct. 1754.) vollständ. Christenlehrer, od. Ausleger d. 3 Hauptstücke d. Katechismus. 5 Thle. 4. Augsb. 752. Wolf. 3 ℔ 12 gr

— thesaurus biblicus locupletiss. compl. textus ad formand. conciones, habend. cateches. etc. II Tomi. 8maj. Augsb. 733—38. Ed. II. 751. Ed. III. 792. Rieger. 2 ℔ 16 gr

Merzahn, T. (Lübeck), Commentationis academicae, de vero, a vero aberrandi, modo. Präs. Sveno Gud. Strömwall. Greifswald (C. Höppfer) 13. III. 1733. 56 S. (5.—) 23083
Gew.: Johann August von Meyerfeldt. — Widm. v.: Sveno Gud. Strömwall. — Gew.: Gustav von Zülich.

Merzbach, Albert, Gerichtsassessor: Begriff und rechtliche Natur der Schenkung nach bürgerlichem Gesetzbuch. *Greifswald 1904: J. Abel.* (57 S.) 8°
Greifswald, Jur. Diss. v. [6. Febr.] 1904

Merzbach, Ernst, Referendar in Magdeburg: Der Mäkler-Vertrag des Bürgerlichen Gesetzbuches. *Magdeburg 1903: E. Loewenthal & Co.* (X, 54 S.). 8°
Leipzig, Jur. Diss. v. 1903

Merzbach, Geo., die krankhaften Erscheinungen des Geschlechtssinnes, s.a. Handbibliothek, medizin. 17. Bd.

MERZBACH, Georg. Die krankhaften Erscheinungen des Geschlechtssinnes. Wien 1909. 8°. VII, 469 S.

Merzbach, Georg [aus Magdeburg]: Ueber Gewerbe-Ekzeme ... Berlin, Druck v. B. Paul, 1896; 26 S., 3 Bl. 8.
Berlin, Med. Fak., Inaug.-Diss. v. 10. Jan. 1896

— Zur Psychologie des Falles Moltke. (44 S.) 8. Wien 907/08. A. Hölder. — 80

Merzbach, Geo., das Zeugungsvermögen s.a. Volksbücherei, medizinische. 19. Hft.

Das Zeugungsvermögen von Dr. Georg Merzbach, Berlin. Halle a.S.: C. Marhold 1905. (16 S.) 8° [F.]
= Volksbücherei, Medizinische. H. 19. [illegible]

Merzbach, Rudolf, aus Offenbach a. M., Gerichtsaccessist am Grh. Amtsgericht zu Offenbach a. M.: **Der Mord und seine Behandlung nach geltendem deutschen Recht.** *Offenbach a. M. 1903: J. Rothschild.* (48 S.) 8°
Erlangen, Jur. Diss. v. 5. März 1903

Merzbacher, Eugen (geb. München 4. 12. 1845): De siclis, nummis antiquissimis Iudaeorum. Berolini (1873). (28 S.) 8°
Berlin, Phil. Diss. v. 29. März 1873

Merzbacher, Gottfr., vorläufiger Bericht üb. e. in den J. 1902 u. 1903 ausgeführte Forschungsreise in den zentralen Tian-Schan, s.a. Petermann's A., Mitteilungen. 149 Erg.-Hft.

Vorläufiger Bericht über eine in den Jahren 1902 und 1903 ausgeführte Forschungsreise in den zentralen Tian-Schan von Dr. Gottfried Merzbacher. Mit 1 Karte u. 2 Panor. Gotha: J. Perthes 1904. (100 S.) 4°
= Mitteilungen, Petermanns, aus J. Perthes' Geogr. Anst. Erg.-H. 149.

— **Forschungsreise im Tian-Schan.** (S. 277—369.) gr. 8. München 904. (G. Franz' Verl.) n. 1. 80
Sonderabdruck aus: „Sitzungsber. d. bayer. Akad. d. Wiss."

Merzbacher, Gfr., aus den Hochregionen des Kaukasus. Wanderungen, Erlebnisse, Beobachtgn. 2 Bde. gr. 8. Leipzig 901. Duncker & Humblot. Geb. in Leinw. n. 40. —
1. Mit 144 Abbildgn., nach Photographien gezeichnet v. E. T. Compton, Ernst Platz u. M. Z. Diemer u. 2 Karten. (XXXVII, 957 S.)
2. Mit 102 Abbildgn., nach Photographien gezeichnet v. E. T. Compton, Ernst Platz, M. Z. Diemer u. R. Reschreiter u. 1 Karte. (IX, 963 S.)

Merzbacher, Ludo: Ueber die Beziehungen der Sinnesorgane zu den Reflexbewegungen des Frosches. 1. Das Auge. *Bonn 1900: (Pierer in Altenburg).* (43 S.) 8°
Strassburg, Med. Diss. v. 1900

Merzbacher, (Ludw.), eine eigenartige familiär-hereditäre Erkrankungsform (Aplasia axialis extracorticalis congenita.) (138 S. m. 40 Ahh.) gr. 8. Berlin 910. J. Springer. 4. 80
Sonderabdr. a.: „Ztschr. f. d. ges. Neurol. u. Psychiatrie."

Merzbacher, Ludwig, Dr. med., Assistent der psychiatrischen Klinik: Untersuchungen über die Morphologie und Biologie der Abräumzellen im Zentralnervensystem. Jena: G. Fischer 1907. (137 S.) 8° ¶(Aus dem Laboratorium der psychiatrischen Klinik in München und Tübingen. Histologische u. histopathologische Arbeiten Bd 3.)
Tübingen, Med. Fak., Hab.-Schr. v. 1907

Merzbacher, Siegfried: Beiträge zur Kenntnis der Kondensationsreaktionen der Azide. München 1909: Höfling. 47 S. 8°
München, Phil. Diss. v. 4. Dez. 1908, Ref. v. Baeyer
[Geb. 21. Juni 83 München; Wohnort: München; Staatsangeh.: Bayern; Vorbildung: Wilhelms-Gymn. München Reife Juli 02; Studium: Berlin 1, München 11 S.; Rig. 4. Dez. 08.] [U 09. 3487

Merzbacher, Sigm., Aktiengesetz. Handelsgesetzbuch vom 10. V. 1897. II. Buch, 3. u. 4. Abschn.: Aktiengesellschaft u. Kommanditgesellschaft auf Aktien erläutert u. m. Satzungsentwurf hrsg. 12. (XII, 381 S.) München 901. C. H. Beck. Geb. in Leinw. n. 3. 50

— **Gebührenordnung f. Rechtsanwälte in der Fassung v. 20. V. 1898, nebst den einschlägigen Bestimmungen des Gerichtskostengesetzes, erläutert.** Mit Tabellen. 12. (VI, 249 S.) Ebd. 900. Geb. in Leinw. n. 3. —

Merzbacher, Sigm., Gebührenordnung f. Rechtsanwälte, in der Fassung vom 20. V. 1898 u. der Novelle v. 1. VI. 1909 nebst den einschläg. Bestimmungen des Gerichtskostengesetzes erläutert. 2. vollst. neu bearb. Aufl. (VIII, 303 S. m. Tab.) kl. 8. München 910. C. H. Beck.
Geb. in Leinw. 3. 50

Merzbacher, Sigm., Gesetz, ein. Bestimmgn. üb. die Inhaberpapiere betr. v. 18. März 1896. M. Einleitg., Erläutergn. auf Grund d. Motive, d. Verhandlgn. der beiden Kammern d. Landtages, d. Motive u. der Denkschrift z. Entwurfe e. bürgerl. Gesetzbuches f. d. Deutsche Reich, sow. d. einschläg. Gesetze and. deutscher u. außerdeutscher Staaten, dann e. Anh. u. Sachregister hrsg. v. M. gr. 16. (VIII, 229 S.) München 896. C. H. Beck.
Kart. n. 2. 25

Merzbacher, Sigm., Gesetz, betr. die Anfechtung v. Rechtshandlungen e. Schuldners außerhalb des Konkursverfahrens in der Fassung vom 20. V. 1898. (Deutsche Reichsgesetze, Textausg. m. Anmerkungen u. Register.) (X, 97 S.) 12. München 903. C. H. Beck.
Geb. in Leinw. n. 1. 20

— **Hypothekenbankgesetz v. 13. VII. 1899. Erläutert v. M.** 12. (XIV, 145 S.) Ebd. 900. Geb. in Leinw. n. 2. 50

— Das Reichsbankgesetz, s.: Gunz.

— **das Reichsgesetz,** betr. die Erwerbs- u. Wirthschafts-Genossenschaften in der Fassung der Bekanntmachung vom 20. V. 1898, m. Anh., enth. die Ausführungsverordngn., Musterstatuten rc. 12. (VIII, 424 S.) Ebd. 900.
Geb. in Leinw. n. 3. —

— Das Reichsgesetz, betr. die Erwerbs- u. Wirtschaftsgenossenschaften in der Fassung der Bekanntmachung v. 20. V. 1898 m. Anh., enth. die Ausführungsverordngn., Musterstatuten rc. 2. gänzlich umgearb. Aufl. (VIII, 366 S.) kl. 8. München 907. C. H. Beck.
Geb. in Leinw. 3. —

— **Reichsgesetz, betr. die Gesellschaften m. beschränkter Haftung, in der Fassung vom 20. V. 1898, auf Grund des bürgerl. Gesetzbuches, des neuen Handelsgesetzbuches u. weiterer am 1. I. 1900 in Kraft tret. Gesetze bearb.** 12. (VIII, 189 S.) Ebd. 900. Geb. in Leinw. n. 2. —

— **Reichsgesetz betr. die Gesellschaften m. beschränkter Haftung in der Fassung der Bekanntmachung vom 20. V. 1898, erläutert u. m. Entwurf e. Gesellschaftsvertrages hrsg.** 2. neu bearb. Aufl. (X, 214 S.) 12. Ebd. 904.
Geb. in Leinw. n. 2. 50

— Reichsgesetz, betr. die Gesellschaften m. beschränkter Haftung in der Fassung der Bekanntmachung vom 20. V. 1898, erläutert u. m. Entwürfen v. Gesellschaftsverträgen hrsg. (Deutsche Reichsgesetze. Textausg. m. Anmerkgn. u. Register.) 4., neu bearb. Aufl. (X, 239 S.) kl. 8. Ebd. 910. Geb. in Leinw. 2. 80
3. Aufl. (XI, 221 S.) 907. Geb. 2. 50

— **Reichsgesetz, betr. die gemeinsamen Rechte der Besitzer v. Schuldverschreibungen vom 4. XII. 1899. Erläutert v. M.** 12. (XVII, 118 S.) Ebd. 900.
Geb. in Leinw. n. 2. —

— Sammlung v. Entscheidungen in Warenzeichensachen. Bd. I. s.: Veröffentlichungen des bayerischen Vereins f. gewerblichen Rechtsschutz, eingetr. Verein, Nürnberg.

Merzbacher, Sigm., Scheckgesetz vom 11. III. 1908 samt den Bekanntmachungen v. 19. III. 1908. Textausg. m. Einleitg., Anmerkgn. u. Sachregister. (VIII, 106 S.) kl. 8. München 908. C. H. Beck. Geb. in Leinw. 1. 20

Die bayerischen Verordnungen vom 26. März 1902 über die Gebühren der Rechtsanwälte erl. von Sigmund **Merzbacher**, Rechtsanw. in Nürnberg., Mit Anh. u. Tab. *München: C. H. Beck 1902.* (XIV, 243 S.) 8° [F.]
(Bayerische Justizgesetze. Textausg. mit Anm. u. Reg.)

— Warenzeichen, s. Veröffentl. f. gewerbl. Rechtschutz.

— die allgem. deutsche Wechselordng., s.: Brentano, Heinr.

Merzdorf, Jh. Fr. Alex., s. *de Laroche*, ... Zergliederung.

Merzdorf, Johann Friedrich Ludwig Theodor

Merzdorf, J.F.L.Th. (Red.), s. Abhandlungen. Maurerische.

Merzdorf, Th., s. Alberti Stadensis Troilus.

Beiträge zur aelteren Logengeschichte Bremens. Mitgeth. von [Theod.] Merzdorf. (Hs. f. Brr.) Bremen: Heinsius 1877. 91 S. 8°
Recens: Bh. 19 (1876) S. 366 (J. P. Peters); FZ. 30 (1876) S. 343.
cf. FZ.(Wien) 6 (1879) S.150—151 (G. Brabbée).
Tt. 554. Aus Überresten der Archivalien der früheren Bremer Logen zsgest.

Merzdorf, J. F. L. Theodor, s. Bibliothek des litterarischen Vereins in Stuttgart C, CI.

— s. Cleanthis Hymnen.

Die Denkmünzen der Freimaurerbrüderschaft verzeichnet und beschrieben von J[oh.] F[riedr.] L[udw.] Th[eod.] Merzdorf. Mit e. Taf. Abb. Oldenburg: Stalling 1851. XXX, 151 S. 8°
Recens: Brblr. 1851 S. 140—142; FZ. 5 (1851) S. 127—128, 302—303 (F. Voigts); Frmr-Kalender. 1855—1856 S. 103—106 (H. Bretschneider).
cf. HZC. 118 (1840) S. 1—8 der 9. Pag.; Vrt. 4 (1873) S. 265—267 (Ch. de Prins).

Merzdorf, Dr. J. F. L. Th., Die Denkmünzen der Freimaurerbrüderschaft verzeichnet und beschrieben. Mit einer Tafel Abbildungen. Oldenburg, Stalling. 1851. 8. XXXI. 151 S. 1 Tafel Abbild.
Das verdienstliche Werk beschreibt mit grossem Fleiss nach Ländern und Städten geordnet im Ganzen [illegible] Denkmünzen: Deutschland [illegible]. England 14. Frankreich [illegible]. Holland und Belgien 33. Dänemark 3. Schweden 12. Russland 4. Moldau [illegible]. Italien [illegible]. Spanien 2. Amerika 5. Asien 4 u. scheinbar mit der Freimaurerei im Zusammenhange stehende 9. Merzdorf beschrieb auch in Latomia XXV. S. [illegible] die Münzen der Frmrbruderschaft Schwedens; später Leipzig [illegible] als Buch in 25 Exempl. gedruckt.

—— Lessing's, G. E., Ernst und Falk, s.a. Lessing.

Merzdorf, J. F. L. Th., Gotthold Ephraim Lessing's Ernst und Falk. Gespräche für Freimaurer historisch-kritisch erläutert. Hannover 855. Rümpler. gr. 8. (VIII, 76 S.) 15 ngr.

Die Freimaurer-Logen und die Annexion. Von einem alten Freimaurer [d. i. Theod. Merzdorf. Oldenburg]: Schulze [1866]. 31 S. 8° [Umschlagtit.]
Recens: Bh. 10 (1867) S. 37—38 (J. G. Findel); Reform. 2 (1867) S. 142—143.
cf. FZ. 21 (1867) S. 349—350 (W. Smitt).
Tt. 397. Überblick der geschichtl. Entwicklung des Bundes u. der einzelnen Systeme der deutschen Grlogen. Empfiehlt Hannover u. Frankfurt den Anschluss an Royal York, Berlin. Taute gibt Oldenburg als Verlagsort an, KB.: „Berlin".

[Gedicht.] Ihrem geliebten Br. Carl Jac. Alex. v. Rennenkampff bei seinem fünfzigjährigen Maurer-Jubiläum 25. März 1852 seine dankbaren Brüder. [Unterz.: Theod.] M[erzdorf]. [Oldenburg 1852: Berndt.] 2 Bl. 4° [Umschlagtit.]
„Es sei vergönnt in dieser Feierstunde, . . ."

Merzdorf, Theod. (Hrsg.), s.a. Geheimstatuten, Die, des Ordens der Tempelherren ...

—— die Geheimstatuten des Ordens der Tempelherren, nach der Abschrift eines vorgeblich im Vatikan. Archive befindl. Mscr. zum ersten Male in der latein. Urschrift und in deutscher Uebersetzung hrsg. Ein Beitrag zur Geschichte des Tempelherrensordens und der Freimaurerei zur Ergänzung des Wilcke'schen Werkes über den Tempelherrenorden. Mit einer Nachschrift von Gust. Schwetschke. gr. 8. (III, 158 S.) Halle 877, Schwetschke'scher Verlag. *

Geschichte der Freimaurerbrüderschaft in Schottland nach Will. Alex. Laurie's history of free masonry and the Grand Lodge of Scotland frei bearb. von [Theod.] Merzdorf. Cassel: Luckhardt 1861. VIII, 167 S. 8°

Merzdorf, Dr. J. F. L. Th., Geschichte der Freimaurerbrüderschaft in Schottland nach Will. Alex. Laurie's history of Free Masonry and the Grand Lodge of Scotland frei bearbeitet. Zweite Ausgabe. Cassel. Grobel. 1879. 8. VIII. 167 S.
Klare und anschauliche Darstellung der Frmrei in Schottland von ihrem ersten Ursprung ab. Dieses Buch ist keine Uebersetzung des engl. Originals (vgl. Nr. 317), sondern eine für deutsche Leser berechnete Bearbeitung, aus welcher alles das entfernt wurde, was nichts mit dem Bunde zu thun hat. Die erste Ausgabe erschien 1861, beide sind völlig gleichlautend.

Geschichte der Freimaurerlogen im Herzogthume Oldenburg. Zsgest. vom Br J[oh.] F[riedr.] L[udw.] Th[eod.] Merzdorf. Oldenburg: Berndt 1852. 154 S. 8°
Recens: Frmr-Kalender 1855—1856 S. 102 (H. Bretschneider).
cf. FZ. 7 (1853) S. 84—86 (F. Voigts).
Tt. 396. Gesch. der Logen zu Oldenburg, Kniphausen, Jever und Varel. In den Anl. Briefe von Stolberg, Voss, Mumssen, Ungern-Sternberg; Reden von v. Trede üb. Idee der Frmrei u. Zweck des Frmbundes; Bericht von Br. von der Pforte üb. die Vorgänge zu Jena zwischen Johnson u. Hund. 23. 25.

Merzdorf, J. F. L. Th., Geschichte der Freimaurerlogen im Herzogth. Oldenburg. gr. 8. (VI und 154 S.) Oldenburg 852, Schulze'sche Buchh. *

Merzdorf, J. F. L. Th., Geschichte der Freimaurerbrüderschaft in Schottland nach Will. Alex. Laurie's history of free masonry and the grand lodge of Scotland frei bearb. gr. 8. (VIII und 167 S.) Cassel 861, J. G. Luckhardt.

Merzdorf, J. F. L. Th., die deutschen Historienbibeln d. Mittelalters, s.: Bibliothek d. litterar. Vereins in Stuttgart. 100. 101.

Merzdorff, J. F. L. Thdr., die deutschen Historienbibeln des Mittelalters. Nach 40 Handschriften zum erstenmal hrsg., s. Bibliothek des litterarischen Vereins in Stuttgart, Bd. 100 und 101.

Oldenburg: Johannis-Gruss, allen Brüdern der ger. u. vollk. St. Joh. Loge zum „Goldnen Hirsch" im Morgen von Oldenburg, dargebracht vom Br. Joh. Friedr. Ludw. Theod. **Merzdorf** II. 58 24/VI. 43. Als Hs. f. Brr. [Oldenburg 1843.] 8 S. 8°

Gedicht: „Des Tages Leuchte war hinabgesunken, . . ."

Johannis-Gruss, allen Brüdern der ger. u. vollk. St. Joh. Logen zu den „Drei Schwertern und Astraea zur Grünenden Raute", so wie zum „Goldenen Apfel", im Morgen von Dresden, dargebracht vom Br. Joh. Friedr. Ludw. Theod. **Merzdorf**. (Nur als Hs. f. Brr.) Leipzig [1837]: Polz. 8 S. 8°

Gedicht: „Des Tages Leuchte war hinabgesunken, . . ."

Die Mutter Kilwinning, Schottlands Stammloge. Nach [David] Murray Lyon frei bearb. von [Theod.] **Merzdorf**. Oldenburg: Schulze 1868. VI, 53 S. 8°

cf. Bh. 11 (1868) S. 109, 118—119 (J. G. Findel), engl. Übers. in: FMaM. (NS.) 18 (1868) S. 308, 407—408; vgl. ferner: MitthW. 1 (1869—1870) S. 24—26 (K. F. v. Messerschmidt).
Tt. 398.

Merzfeld, J. F. L. Th., des Büheler's Königstochter von Frankreich, s. a. Büheler.

Merzdorf, J. F. L. Th., des Büheler's Königstochter von Frankreich mit Erzählungen ähnlichen Inhalts verglichen. Oldenburg 867. Schulze'sche Buchh. gr. 8. (VI, 26 S.) n. 1 Thlr 26 ngr.

Rennenkampff, Alex.: [Lied?] Ihrem gel. Br. Al. v. Rennenkampff am Tage Sanct Johannis des Täufers die Loge zum goldnen Hirsch in Oldenburg (von [Theod.] **Merzdorf**) 1845. Oldenburg 1845: Stalling. 4 Bl. 8°

Üb. Rennenkampff s. Allgem. Deutsche Biographie Bd 28 1889 S. 226—227 (Mutzenbecher).
[Merzdorf, J. F. L. Th.: Gesch. d. Frmrlogen i. Herzogthume Oldenburg. 1852 S. 74.]

Die Münzen der Freimaurerbrüderschaft Schwedens beschrieben und erl. von J[oh.] F[riedr.] L[udw.] Theod.] **Merzdorf**. Mit einer Taf. Leipzig: Weber 1866. VI, 7—25 S. 8°

Abgedr. in: L. 25 (1866) S. 51—68.

— die Münzen und Medaillen Jeverland's auf Grund verschiedener Münzsammlungen namentlich der Sr. königl. Hoh. des Grossherzogs von Oldenburg historisch-kritisch beschrieben. Oldenburg 862. Stalling. gr. 8. (VIII, 24 S.) n. 15 ngr.

— Oldenburgs Münzen und Medaillen auf Grund der Münzsammlung Sr. königl. Hoheit des Grossherzogs von Oldenburg historisch-kritisch beschrieben. gr. 8. (VI und 140 S.) Oldenburg 860, G. Stalling. *

Merzdorf, Johann Friedrich Ludwig Theodor (Hrsg.), s. Oelsner, Karl Ernst: Briefe an den oldenburgischen Justizrath Gerhard Anton von Halem.

Säcularfeier der ger. und vollk. St. Johannis-Loge zum goldnen Hirsch im Or. von Oldenburg 6. Dec. 1852. [Unterz.: Theod.] **Merzdorf**. o. O. [1852]. 12 S. 8° [Kopftit.]

Abgedr. in: FZ. 7 (1853) S. 68—71, 73—78.
Tt. 553. Festbericht.

Die Symbole, die Gesetze, die Geschichte, der Zweck der Masonei schliessen keine Religion von derselben aus. Von J[oh.] F[riedr.] L[udw.] Theod. **Merzdorf**. Nur f. Masonen. Leipzig 1836: [Fest]. 47 S. 8°

Kl. 2718, Tt. 1687. Verficht die Sache der Humanität im Bunde in Bezug auf Aufnahme der Israeliten.

Merzdorf, J. F. L. Theod., die Symbole, die Gesetze, die Geschichte, der Zweck der Masonei schließen keine Religion von derselben aus. (Nur für Brüder Masonen.) gr. 8. (3 B.) Leipzig 5836 (836), (Hartung.)

Merzdorf der Sohn, J. F. L. Theod., die Symbole, die Gesetze, die Geschichte, der Zweck der Masonei schließen keine Religion von derselben aus. (Nur für Brüder Masonen.) gr. 8. Leipzig 5836 (1836). (Wunder.) 1/2 Thlr

Merzdorf, J. F. L. Th., bibliothekarische Unterhaltungen. Mit Urkunden. gr. 8. (17 B.) Oldenburg 844, Schulze'sche Bh.*

—— bibliothekarische Unterhaltungen. Neue Sammlung. gr. 8. (VII und 239 S.) Oldenburg 850, Schulze'sche Buchh. *
1. Sammlung. Ebendas. 1844. * 1 Thlr.

Die Würde der Loge. Vortrag in der Versammlung der vereinigten Bauhütten Bremens, Hannovers, Nienburgs, Oldenburgs, gesprochen zu Hannover am 20. Mai 1855 von [Theod.] Merzdorf. Nach dem Wunsche vieler Br.·. Br.·. als Hs. gedr. Oldenburg 1856: Stalling. 11 S. 8° [Umschlagtit.]
Abgedr. in: FZ. 10 (1856) S. 121—124; Merzdorf, Th.: Zwischen Zirkel u. Winkel. 1875 S. 1—11. Holländ. Übers. in: Acacia. (Utrecht) 5 (1856) S. 247—256. Tt. 2131.

Merzdorf, zwischen Zirkel und Winkel. 8. Hannover 875. Erfurt, Bartholomäus. 2 —

Zwischen Zirkel und Winkel. Freimaurerische Vorträge von [Theod.] Merzdorf. Hannover: Rümpler 1875. VIII, 275 S. 8°

[Dasselbe.] Erfurt: Bartholomäus 1875. VIII, 275 S. 8°
Recens: Bh. 18 (1875) S. 357; FZ. 29 (1875) S. 348—349; 43 (1889) S. 261; KfF. 17 (1877) S. 240.
cf. DrL. 5 (1875—1876) S. 312; Z. 6 (1876) S. 8. Tt. 1895.

Merzdorf, R., Die sogenannten aeolischen Bestandtheile des nördlichen Dorismus. S.-A. 1874. 22 S. 1.—

Merzdorf, R., Quaestiones grammaticae de dialecto Herodotea. Diss. 1875. 98 S.

Merzdorf, Theodor, s. Merzdorf, Johann Friedrich Ludwig Theodor

Merzdorff, Johann Friedrich Ludwig Theodor, s. Merzdorf

Merzenfeld, Gregor

— institutiones imperiales. 4. ibid. 716.

— jus public. 4. ibid. 715.

Merzenfeld, Greg., de statu ecclesiae rom. 4. Colon. 714.

Merzenich, J., der Umbau der Gemälde-Galerie in dem alten Museum in Berlin. Imp.-4. (14 S. mit 2 Kpfrt.) Berlin 886, Ernst und Korn. *
Aus: Zeitschrift für Bauwesen, besonders abgedruckt.

Merzer

Merzer, C., der Blöde und der Schüchterne, s. Both's, L. W., Bühnen-Repertoir des Auslandes.

Merzer, W., bewährte Geheimmittel f. Bierbrauer, Wirthe u. Bäcker, um saueres u. verdorbenes Bier wieder gut zu machen, Bier zu klären, Hefen zu machen ꝛc. nebst noch mehreren andern nützlichen Mitteln. 16. (21 S.) M. Gladbach 849. (Leipzig, Wengler.) baar 6 ngl

Merzfeld, J. F. L. Th., s. Merzdorf, Johann Friedrich Ludwig Theodor

Merzig [Schlagwort]

Merzig, Kreis, s.a.: Trier, Reg.-Bez.

Merzig, Kreis. Ludt, A., Handkarte des Kreises Merzig. Für den Schul- u. Privatgebrauch bearb. u. gezeichnet unter Benutzg. seiner Wandkarte des Kreises u. der von der königl. Kataster-Inspektion zu Trier hrsg. Entfernungs- u. Reisekarte des Kreises. 1 : 80,000. 36,5×44 cm. Farbdr. Trier (905). F. Lintz. n. — 75; auf Leinw. 1. 35; m. Stäben n. 1. 60

Merzig, Kreis. Ludt, A., Schul-Wandkarte des Kreises Merzig. 1 : 25,000. 4 Blatt à 64×71 cm. Farbdr. Trier. (900). F. Lintz. Auf Leinw. m. Stäben n.n. 18. —

Merziger, Franz, Referendar aus Trier: Das Verhältnis von Konzentration und Annahmeverzug bei der Gattungsschuld. Trier 1902: J. Lintz. (X, 81 S.) 8°
Leipzig, Jur. Diss. v. 1902

Merzweiler, Albert, approb. Arzt aus Freiburg: Über die Verbreitung coxitischer Abscesse. Freiburg i. B. 1903: K. Henn. (37 S.) 8°
Freiburg i. B., Med. Diss. v. 1903

Mesā

— E. S. [Recension von:] 1. Ch. Clermont-Ganneau, La stèle de Mesa. 2. Konst. Schlottmann, Die Siegessäule Mesa's. 3. Theod. Nöldeke, Die Inschrift des Königs Mesa von Moab erklärt. Theologisches Literaturblatt ... 47. Jahrgang. Darmstadt 1870.

Mesallianz, die, aus d. Papieren d. Freyh. v. B., v. Aug. Lujak. 2 Thle. 8. Lpz. Schäfer. (Kühn.) 794-95. (I. 18 gr. II. 16 gr.)

Mesalliancen, die; Lstspl. in 3 A. 8. Leipz. 802. Compt. f. Literat. 10 gr

Mesalliancen, die, Lustspiel mit Gesang in 3 Aufz. von A. Freyh. v. Seckendorf. gr. 8. Leipzig, Comtoir f. Lit. (Engelbach.) 821.

Mesam, Gg., Leitfaden z. Behandlung d. Formen- u. Größen-Lehre in Verbind. mit d. Zeichnungsunterr. f. Elementarschulen auf d. Lande u. in kleinen Städten. 8. (9½ B., 48 Vorlegebl. u. 4 lith. Erläuterungstab., nebst Angabe des jedesmal. Zeichnungsverfahrens.) Sigmaringen 838. (Freyburg, Wagner'sche Bh.) *

Mesangui

— Abhandl. v. d. Liebe Gottes u. von d. christl. Gebete. gr. 8. Salzb. 776. (Duyle). 20 gr

Mesangui. Andachtsübungen. Aus dem Französischen des Herrn Abts Mesangui, ins Deutsche übersetzet vom Joseph Lauber. Klgft., Kleinmayer, 1782. 276 S.

Mesangui, Andachtsübungen a. d. heil. Schrift; aus d. Französ. v. Jos. Lauber. 8. Wien 784. N. A. 796. (Schaumburg u. C) 12 gr

— Ausleg. d. christl. Lehre, od. Unterweis. in d. Grundwahrheiten d. Religion. Aus d. Französ. v. Greg. Mayer. 4 Thle. gr. 8. Wien 782. Salzb., Waisenh. 3 fl

— Auslegung d. heil. Meßopfers. gr. 8. Salzb. 786. (Duyle). 3 kr

— exercitia pietatis desumta e sacr. literis et liturgia eccles. 12maj. Pest 790. Strohmayr. 10 kr

— kurze Geschichte d. Alt. Testam. nebst Erklär. u. Gedanken, aus d. Französ. 10 Thle. 8. Wien 770. Trattner. 10 fl

— kurze Geschichte d. N. Testam. Aus d. Französ. übers. v. A. Wittola. 3 Bde. gr. 8. Wien. Trattner. 2 fl

— Lebensgeschichte d. Heiligen auf alle Tage d. Jahres; aus d. Französ. (v. Frz. Schönemann). 4 Thle. gr. 8. Würzb. 789, 90. Stahel. 2 fl 12 kr

— gründl. Unterr. v. d. Ablässen, f. geübte Leser. 8. Salzb., Duyle. 2 kr

Mesch, Georg Christoph Michael (Mainobernheim), De peripneumonia. Diss. med. Erlangen (Kunstmann) 18. VIII. 1809. 30 S. (2.50) 23084
Gew.: D. P. F. Hofmann.

— **Joh. Martin** (Schalkov./Franc.), De successione clerici in geradam maternam. Diss. jur. Saxon Präs. Martin Lange. Leipzig (Titius) Okt. 1708 32 S. (4.50) 23085
Gew.: Christ. August Hubner.

— — Dasselbe. Leipzig (Titius) Okt. 1708. 32 S. (4.50) 23086

Meschayeff, V., über die Anpassungen zum Aufrechthalten der Pflanzen und die Wasserversorgung bei der Transpiration. gr. 8. (26 S.) Moskau 883, (Deubner.) **
Aus: Bulletin de la société des naturalistes de Moscou, besonders abgedruckt.

Meschobowsky, Heinrich. Über die Darmresektion u.-Naht. Diss. Med. Basel. *Kopftitel:* Aus der Basler Chirurgischen Klinik ⟨Vorsteher: Prof. M[ax] Wilms⟩. 67 S. 8. Basel, Brin & Cie., 1908.

Meschede [Schlagwort]

Meschede, Kreis, s.: Arnsberg, Reg.-Bez.

Meschede, Kreis, s.: Westfalen. Wegekarte.

Meschede, Frz., üb. d. Entwickelungsgang d. Psychiatrie u. üb. d. Bedeutg. d. psychiatr. Unterrichts f. d. wissenschaftl. u. prakt. Ausbildg. der Ärzte. Antrittsvorlesg., geh. bei Eröffng. der neubegründeten psychiatrischen Universitätsklinik zu Königsberg am 29. Octbr. 1892. [Aus: „Deutsche med. Wochenschr."] gr. 8. (21 S.) Leipzig 895. G. Thieme. n. 1.—

Meschede, Fritz, appr. Arzt a. Halbeswig ⟨Westfalen⟩: Zwei Fälle von Chordom. Würburg 1905: F. Staudenraus. (27 S.) 8°
Würzburg, Med. Fak., Ref. v. Rindfleisch, Diss. v. 9. März 1905
[Geb. 12. Juli 77 Halbeswig; Wohnort: Halbeswig; Staatsangeh.: Preußen; Vorbildung: Gymn. Warburg Reife O. 00; Studium: Würzburg 4, München 1, Berlin 1, Leipzig 2, Würzburg 1 S.; Coll. 24. Febr. 05; Approb. 20. Jan. 05.]

Meschelsohn, Max: Wirthschaftl. G r u n d s ä t z e des neuen deutschen Handelsgesetzbuches,
s.a. Z e i t f r a g e n , Volkswirthschaftliche.

Wirthschaftliche Grundsätze des neuen deutschen Handelsgesetzbuches v. 10. Mai 1897. Von Dr. [Max] **Meschelsohn,** Rechtsanw. *Berlin: L. Simion 1897.* (33 S.) 8.
— **Zeitfragen,** Volkswirthschaftliche. H. 147. '(Jg. 19. H. 3.)' (97. 6.6)

– Hypothekar. V o r r e c h t für Bauhandwerker,
s.a. Z e i t f r a g e n , Volkswirthschaftliche.

Meschelsohn M, hypothekarisches Vorrecht für Bauhandwerker. (Zeitfragen, volkswirtschaftliche 127) Berlin 1895

Meschelssohn, S. — Erinnerungen aus dem Leben eines gewesenen Bochurs. Von — —. Wien, 1855. Druck von Adalbert della Torre. (144 S. 8.) geh.

Meschelssohn, S., Sabbathey Zwy, historische Erzählung aus dem 17. Jahrh. in zwei Bänden mit Benützung der besten Quellen. (1. Bd.) Glogau (856.) (Berlin, C. Heymann.) 16. (147 S.) n. 20 ngr.

Meschendörfer: Die G e b i r g s a r t e n im Burzenlande. Ein Beitrag z. Geognosie von Siebenbürgen. 69 S. 8° – Kronstadt ev., Progr. 1860.

Meschendörfer: Versuch einer urweltlichen Geschichte des Burzenlandes. 49 S. 8° und 6 Karten. – Kronstadt ev., Progr. 1866.

Meschendörfer, Ad., s.: Karpathen, die.

Meschendörfer, Adolf: Heinrich von Kleist als Prosaschriftsteller. 33 S. 8.
Progr. Honterus-Gymn. u. verb. Lehranstalten *Brassó (Kronstadt)* 1910.

Meschendörfer, Adf., Vorträge üb. Kultur u. Kunst. (72 S.) 8. Kronstadt 906. H. Zeidner. n.n. 1.25

Meschendörfer, J. T., Lehrbuch der Natur-Geschichte für die untern Klassen der Gymnasien und Realschulen, wie auch für Bürgerschulen und gehobene Volksschulen. 4. erweit. und mit Bildern verseh. Aufl. gr. 8. (VI, 178 S.) Kronstadt 888, Zeidner. cart. *

Meschendörfer, J. T., Wilh. Morres u. Ed. Morres, Lese- u. Lehrbuch f. d. ländl. Fortbildungsschulen, hrsg. auf Veranlassg. d. Oberverwaltg. d. siebenbürgisch-sächs. Landwirtschaftsvereines. gr. 8. (III, 481 S.) Kronstadt 895. H. Zeidner. n. 2.—

Meschendörfer, J. T., Wilh. Morres u. Eduard Morres, Lese- u. Lehrbuch f. die ländl. Fortbildungsschulen. 3. verm. u. verb. Aufl. (IV, 482 S. m. 1 Bildnis.) 8. Brassó (Kronstadt) 904. H. Zeidner. Geb. in Leinw. n. 2.25

Meschewetski, Peisach, aus Slonim (Rußland): Die Fabrikgesetzgebung in Rußland. Tübingen, H. Laupp jr., 1911. VIII, 124 S. 8°. S.-A. aus dem Ergänzungsheft XXXIX der Zeitschrift für die gesamte Staatswissenschaft.
Bern. Jur. Diss. 1910/11.

Meschinelli, A.

— et X. **Squinabol**, flora tertiaria italica. gr. 8. (LXII, 575 S.) Patavii 892. (Berlin, R. Friedländer & Sohn.) n.n. 32.—

Meschinelli, A., fungi fossiles, s.: Saccardo, P. A., sylloge fungorum.

Meschler, Moritz

Meschler, M., die Andacht zum göttlichen Herzen. 12. (IV, 185 S.) Freiburg i. Br. 886, Herder'sche Verlagsh.
Aus: Stimmen aus Maria-Laach, besonders abgedruckt.

Meschler, M., S. J., die Andacht zum göttlichen Herzen Jesu, erläutert f. Priester u. gebildete Laien. 2. Aufl. 12. (IV, 193 S.) Freiburg i/B. 899. Herder. n. 1. 20; geb. in Halbleinw. n. 1. 60

— Die Andacht zum göttlichen Herzen Jesu, erläutert f. Priester u. gebildete Laien. 3., verm. Aufl. (IV, 270 S.) 16. Ebd. (910). 1.40; geb. in Leinw. 1. 90

— die 7 Bitten des Vaterunsers, s.: Blüten aus dem Himmelsgarten.

Meschler, M., die Gabe des heiligen Pfingstfestes. Betrachtungen üb. den heil. Geist. 8. (VIII, 439 S.) Freiburg i/Br. 887. Herder. n. 3. —

Meschler, M., die Gabe d. heil. Pfingstfestes. Betrachtungen üb. den heil. Geist. 2., verm. Aufl. gr. 8. (VIII, 518 S.) Freiburg i/B. 892. Herder. n. 3.50; geb. in Halbfrz. n. 5. —

Meschler, M., S. I., d. Gabe d. hl. Pfingstfestes. Betrachtgn. üb. den hl. Geist. 3. Aufl. gr. 8. (VIII, 518 S.) Freiburg i/B. 896. Herder. n. 3. 50; geb. in Halbfrz. n. 5. —

— die Gabe des hl. Pfingstfestes. Betrachtungen üb. den hl. Geist. 4. Aufl. gr. 8. (VIII, 506 S.) Freiburg i/B. 900. Herder. n. 3. 50; geb. in Halbfrz. n. 5. —

Meschler, Mor., S. J., die Gabe des hl. Pfingstfestes. Betrachtungen üb. den Hl. Geist. 5. Aufl. (VI, 506 S.) 8. Freiburg i/B. 905. Herder. n. 3. 60; geb. in Halbfrz. n. 5. 20

— Die Gabe des hl. Pfingstfestes. Betrachtungen üb. den Hl. Geist. 6., verm. Aufl. (VI, 560 S.) 8. Ebd. 909. 4.40; geb. in Halbfrz. 6. —

— Drei Grundlehren des geistl. Lebens. 1. u. 2. Aufl. (X, 171 S.) 8. Ebd. 909. 10. 2.—; geb. in Leinw. 2. 80

— der göttliche Heiland. Ein Lebensbild, der studier. Jugend gewidmet. 1. u. 2., unveränd. Aufl. Mit e. Karte v. Palästina zur Zeit Jesu. (XVIII, 670 S.) 8. Freiburg i/B. 906. Herder. n. 4. 50; geb. in Halbldr. n. 6. 50

Meschler, Mor., S. J., Jardín de rosas de nuestra Señora. Excelencias del santísimo rosario y modo de rezarle bien. (III, 204 S. mit farb. Titelbild.) 16. Freiburg i/B. (903). Herder. Geb. in Leinw. n. — 80

— Der hl. Joseph in dem Leben Christi u. der Kirche. Mit 1 Stahlst. nach J. Settegast u. 8 Bildern nach J. Schraudolph. 3., verb. Aufl. (XI, 159 S.) 8. Ebd. (910). 1. 80; geb. in Leinw. 2. 50
1. u. 2. Aufl. (XI, 155 S.) 907. 1.80; geb. 2. 50.

— Die selige Jungfrau v. Orleans. Eine Heldin des Glaubens, des Gottvertrauens u. der Vaterlandsliebe. Dargestellt in den „Stimmen aus Maria-Lach" 1909 Heft 1 u. 2. Mit Erlaubnis des Autors u. des Verlages als Sep.-Abdr. besorgt v. C. R. vom Grünten. (VII, 55 S.) kl. 8. Augsburg 909. Kranzfelder. — 30

— das katholische Kirchenjahr. Betrachtungen üb. das Leben unseres Herrn Jesus Christus, des Sohnes Gottes. 1. u. 2. unveränd. Aufl. 2 Bde. (Je VI, 380 u. VI, 459 S.) 8. Ebd. 905. n. 6. —; geb. in Halbfrz. n. 9.50

— Aus dem katholischen Kirchenjahr. Betrachtgn. üb. die kleineren Feste des Herrn, der Mutter Gottes u. üb. die vorzügl. Heiligen jedes Monats. 3., verb. u. verm. Aufl. 2 Bde. (VI, 416 u. VI, 491 S.) 8. Freiburg i/B. 909. Herder. 6.80; geb. in Halbfrz. 10. 40

— Kreuzwegbüchlein. (XII, 96 S. m. 14 Vollbildern.) 16. Ebd. 907. — 75; geb. in Leinw. 1. 30

—— Leben d. hl. Aloysius v. Gonzaga, Patrons der christl. Jugend. Zur 300jähr. Feier seines Todestages. 1.—3. Aufl. 8. (XII, 302 S. m. 3 Lichtdr.-Bildern.) Ebd. 891. * 2 50; geb. * 3 60

— Leben des hl. Aloysius v. Gonzaga, Patrons d. christlichen Jugend. Mit 3 Lichtbildern. 5. u. 6. Aufl. gr. 8. (à XII, 311 S.) Ebd. 899. 901. n. 2. 50; geb. in Leinw. n. 3. 60

— Leben des hl. Aloysius v. Gonzaga, Patrons der christlichen Jugend. 7. u. 8. Aufl. (XII, 311 S. m. 3 Lichtdr.-Taf.) 8. Ebd. 904. 906. n. 2. 50; geb. in Leinw. n. 3. 60

— Leben des hl. Aloysius v. Gonzaga, Patrons d. christlichen Jugend. 9. u. 10. Aufl. (XII, 311 S. m. 8 Lichtdr.-Taf.) 8. Ebd. (908. 09). 2.50; geb. in Leinw. 3. 60

— das Leben unseres Herrn Jesu Christi, des Sohnes Gottes, in Betrachtungen. 2 Bde. gr. 8. Ebd. 890. n. 6. 80; geb. n. 9. 60
1. Mit e. Karte v. Palästina zur Zeit Jesu. (XX, 582 S.) n. 3. 60; geb. n. 5. —. — 2. (VII, 525 S.) n. 3. 20; geb. n. 4. 60.

— das Leben unseres Herrn Jesu Christi, d. Sohnes Gottes, in Betrachtgn. 2., verm. Aufl. 2 Bde. gr. 8. Ebd. n. 7. 50; geb. in Halbfrz n. 10. 70
1. Mit e. Karte v. Palästina zur Zeit Jesu, aus R. v. Rieß' Bibel-Atlas. (XX, 640 S.) 891. n. 4. —; geb. n. 5. 60
2. (VII, 578 S.) 892. n. 3. 50; geb. n. 5. 10

Meschler, M., das Leben unseres Herrn Jesu Christi, d. Sohnes Gottes, in Betrachtgn. 3. Aufl. 2 Bde. gr. 8. Freiburg i/B. Herder. n. 7. 50; geb. n. 10. 70
1. Mit 1 (farb.) Karte v. Palästina zur Zeit Jesu, aus R. v. Rieß' Bibel-Atlas. (XXI, 645 S.) n. 4. —; geb. in Halbfrz. n. 5. 60
2. (IX, 580 S.) n. 3. 50; geb. in Halbfrz. n. 5. 10

— dasselbe. 4., verm. Aufl. gr. 8. (XIII, 311 S.) Ebd. 893. n. 2. 50; geb. in Leinw. n. 3. 60

— d. Leben uns. Herrn Jesu Christi, d. Sohnes Gottes, in Betrachtgn. 4. Aufl. 2 Bde. 8. Ebd. 898. n. 7. 50; geb. in Halbfrz. n. 10. 70
1. Mit e. Karte von Palästina z. Zeit Jesu, aus R. v. Rieß' Bibel-Atlas. (XXI, 653 S.) — 2. (IX, 586 S.)

— das Leben unseres Herrn Jesu Christi, des Sohnes Gottes, in Betrachtungen. 5. u. 6. Aufl. 2 Bde. Mit e. Karte v. Palästina zur Zeit Jesu. (XXI, 653 u. IX, 586 S.) 8. Ebd. 902. 906. n. 7. 50; geb. in Halbfrz. n. 11. —

— Das Leben unseres Herrn Jesu Christi, des Sohnes Gottes, in Betrachtungen. 7. Aufl. 2 Bde. Mit e. (farb.) Karte v. Palästina zur Zeit Jesu. (XXI, 653 u. IX, 586 S.) 8. Ebd. (910). 8.—; geb. in Kunstldr. 11. —

— The life of our Lord Jesus Christ, the son of god, in meditations. Translated from the 4. ed. of the German original by a Benedictine of the perpetnal adoration. 2 vols. 8. Ebd. 909. 12.—; geb. in Leinw. 14.—
I. With a map of Palestine at the time of Christ and a plan of the journeys of Jesus. (XXIII, 671 S.)
II. With a plan of Jerusalem at the time of its destruction and a sketch of the temple. (VIII, 620 S.)

Meschler, Novene zu Unserer Lieben Frau v. Lourdes. Mit dem (phototyp.) Bild der Grotte u. der Kirche v. Lourdes. 2., verm. u. veränd. Aufl. gr. 16. (VIII, 234 S.) Freiburg i/Br. 877. Herder. 1.—; geb. 1. 35

Meschler, M., Novene zu Unserer Lieben Frau v. Lourdes. Mit dem (phototyp.) Bild der Grotte u. der Kirche von Lourdes. 3., verm. u. veränd. Aufl. gr. 16. (VIII, 239 S.) Freiburg i/Br. 877. Herder. 1. 20

— dasselbe. 4. Aufl. 12. (VIII, 225 S.) Ebend. 880. 1. 60

Meschler, M., Novene zu Unserer Lieben Frau von Lourdes. Mit dem (Lichtdr.-)Bilde der Grotte und der Kirche von Lourdes. 4. und 5. Aufl. 12. (VIII, 225 S.) Freiburg i. Br. 880,84, Herder'sche Verlagsh.

— Novene zu Unserer Lieben Frau v. Lourdes. 6. Aufl. Mit 1 Titelbild. 12. (VI, 224 S.) Ebend. 886. 1. 50; geb. n. 1. 80

— Novene zu unserer Lieben Frau v. Lourdes. 7., verb. Aufl. 12. (VIII, 224 S. m. Titelbild.) Ebd 892. 1. 50; geb. n. 1. 80

— Novene zu Unserer Lieben Frau v. Lourdes. 8., verb. Aufl. (VIII, 225 S. m. Titelbild.) kl. 8. Ebd. 905. n. 1. 50; geb. in Leinw. n. 2.—

Meschler, M., der Rosengarten Unserer Lieben Frau. Aufmunterung und Anleitung zum heil. Rosenkranzgebet. 1. Aufl. (111 S. mit 1 Stahlst.) 1878; 2. Aufl. 16. (116 S. mit 1 Stahlst.) Paderborn 879, Junfermann'sche Buchh. *

—— der Rosengarten Unserer lieben Frau. Aufmunterung und Anleitung zum heil. Rosenkranzgebet. 3. Aufl. 16. (119 S. mit 1 Stahlst.) Paderborn 882, Junfermann'sche Buchh. *

—— der Rosengarten Unserer Lieben Frau. Aufmunterung und Anleitung zum heil. Rosenkranzgebet. 4. Aufl. 16. (118 S. mit 1 Titelbild.) Paderborn 887, Junfermann'sche Buchh. *

— der Rosengarten unserer Lieben Frau. Aufmunterg. u. Anleitg. zum hl. Rosenkranzgebet. 5. Aufl. 16. (119 S. m. 1 Stahlst.) Paderborn 892. Junfermann. n. — 40

Meschler, M., d. Rosengarten. Uns. Lieben Frau. Aufmunterg. u. Anleitg. z. hl. Rosenkranzgebet. 6. Aufl. 16. (119 S. m. 1 Stahlst.) Paderborn 896. Junfermann. n. — 40; geb. in Leinw. n. — 60

— der Rosengarten Unserer Lieben Frau. Aufmunterung u. Anleitg. zum hl. Rosenkranzgebet. 7. u. 8. Aufl. 16. (à 119 S. m. 1 Stahlst.) Paderborn 899. 902. Junfermann. n. — 40; geb. in Leinw. n. — 60; m. Goldschn. n. — 80

Der Rosengarten Unserer Lieben Frau. Aufmunterung u. Anleitung z. heil. Rosenkranzgebet von M[oritz] Meschler. Priester d. Ges. Jesu. 9. Aufl. *Paderborn: Junfermann 1908.* (118 S.) 8° [F.]

— Der Rosengarten Unserer Lieben Frau. Aufmunterung u. Anleitg. zum hl. Rosenkranzgebet. 11. Aufl. (119 S. m. 1 Stahlst.) 16. Paderborn 910. Junfermann. —45; geb. — 65

Meschler, Mor., J. S., gesammelte kleinere Schriften. 1.—3. Heft. 8. Freiburg i/B., Herder. 5. 20; geb. in Leinw. 7.—
1. Zum Charakterbild Jesu. 1. u. 2. Aufl. (VII, 112 S.) 908. 09. 1.40; geb. 2.—
2. Leitgedanken kathol. Erziehg. 1. u. 2. Aufl. (V, 155 S.) 909. 1.80; geb. 2. 40
3. Aus dem kirchl. Leben. 1. u. 2. Aufl. (III, 180 S.) 909. 2.—; geb. 2. 60

— Seelenschmuck zum göttlichen Gastmahl. Die Lehre vom heiligsten Altarssakrament in Gebeten zur öfteren Kommunion. 1. u. 2. Aufl. (XI, 246 S. m. 1 Farbdr.) 13×7,9 cm. Freiburg i/B. (910). Herder. — 90; geb. in Ldr. 1.30; m. Goldschn. 1. 50

— la vida de S. Luis Gonzaga, patrono de la juventud christiana. Relatada con motivo del tercer centenario del Santo. gr. 8. (XXIV, 321 S. m. 3 Phototyp.) Freiburg i/B. 891. Herder. 2. 80; geb. n. 4.—

— Vida de san Luis Gonzaga, patrona de la cristiana juventud. 2. ed. Con 3 fototipias sacadas de originales auténticos. (XVI, 318 S.) 8. Ebd. 906. n. 2. 80; geb. in Leinw. n. 4.—

Meschoirer, Joseph [aus Odessa]: Über Arsenomolybdate und Phosphormolybdate des Ammoniums ... Berlin, C. Vogt's Buchdr., *1894*; 49 S., 1 Bl. 8.
Berlin, Phil. Fak., Inaug.-Diss. v. 24. Febr. 1894

Meschtschersky, s. Meščerskij

Meščerskij, K. W., s. Meščerskij, Wladimir

Meščerskij, W. P., s. Meščerskij, Wladimir

Meščerskij, Wladimir

Meschtscherski, Fürst W., Einer von unsern Bismarcks. Satirischer Roman. Aus dem Russ. v. G. Keuchel. 2. Aufl. 8. (375 S.) Berlin 886. Deubner. n. 4.—

Meschtscherski, Fürst W., Einer v. unseren Bismarcks. Satirischer Roman. Aus dem Russ. v. G. Keuchel. 3. (Titel-)Aufl. 8. (375 S.) Berlin 887. [Deubner.] Bibliograph. Bureau. n. 3.—

Meschtschersky, W. Fürst, Einer v. unsern Moltke's. Satyrisches Zeitbild aus dem serbisch-türk. Kriege. Deutsch v. F. Leoni. 8. (318 S.) Breslau 891. Schles. Verlags-Anstalt. n. 4. 50; geb. n. 5. 50

— Einer v. uns. Moltke's. Satyr. Zeitbild aus dem serbisch-türk. Kriege. Deutsch von F. Leoni. (Neue [Titel-] Ausg.) 8. (318 S.) Ebd. (891) 898. n. 2.—

— dasselbe, s.a. Universal-Bibliothek.

—— die Frauen der Petersburger Gesellschaft. Roman. Mit Autoris. des Verf. aus dem Russ. ins Deutsche übertr. von J. Clark. [1. Abthl.] 3 Bde. 1.—3. Aufl. 8. (298; 298; 315 S.) Breslau 885—87, Schottländer. *
geb. *

—— dass. — 2. und 3. Abthl. 8. Ebendas. 886.
à Abthl. *M 4.50. *
geb. à Abthl. *M 5.50. *

Inhalt:
Abthl. 2. Fürstin Lisa und Gri-Gri. (329 S.)
3. Mißverständnisse. 2. Folge von „Die Frauen der Petersburger Gesellschaft". Roman. (328 S.)

— die Frauen der Petersburger Gesellschaft. Roman. Mit Autoris. d. Verf. aus dem Russ. in's Deutsche übertr. v. J. Clark. 2. u. 3. Abth. 8. Breslau 887. Schottländer. à n. 4. 50; geb. à n. 5. 50
(1—3.: n. 21. —; geb. n. 26. —)
2. Fürstin Lisa u. Gri-Gri. (329 S.)
3. Mißverständnisse. 2. Folge v. „Die Frauen der Petersburger Gesellschaft". Roman. (328 S.)

—— Geheimnisse v. Petersburg. Die Nihilisten. Ins Deutsche übertr. v. Herm. Roskoschny. 2 Bde. 8. (258; 216 S.) Lpz. 889, Greßner u. Schramm. * 8 —

— die Kursistin od. weibliche Studenten. Roman. Mit Autoris. d. Verf. aus dem Russ. ins Deutsche übertr. v. F. Leoni. 2 Thle. 8. (260 u. 295 S.) Breslau 888. Schlesische Verlagsanstalt. n. 9. —; geb. n. 11. —

Meschtscherskij, Fürst W. P., die Männer der St. Petersburger Haute-Volée, s.: Enthüllungen aus der russischen Gesellschaft. 3./5. Bd.

Meschtschersky, W. Fürst, d. Männer d. Petersburger großen Welt. 4 Bde. Deutsch v. F. Leoni. gr. 8. Breslau 899. Schles. Buchdruckerei rc. n. 15. 50; Einbde. à n. 1. —
1. Petersburger high life. Roman. (399 S.) n. 4. 50
2. Ein kluger Mann. Roman. (320 S.) n. 4. 50
3. Auf d. Glücksleiter. Roman. (225 S.) n. 3. —
4. Glück u. Glas. (X, 217 S.) n. 3. —

[F.] W[ladimir] Fürst Meschtschersky [Meščerskij]. Die Männer der Petersburger grossen Welt. (Deutsch v. F. Leoni [d. i. Francisca Lortsch].) [Bd] I—IV. *Breslau: S. Schottlaender 1899.* 4 Bde 8.
I. [A. T.:] [F. u. Ant.] Petersburger High life. Roman v. . . Meschtschersky . . (399 S.)
II. [A. T.:] Ein kluger Mann. Rom. v. . . . Meschtschersky . . . (2 Bl., V, 5—320 S.)
III. [A. T.:] Auf d. Glücksleiter. Rom. v. . . Meschtschersky . . (2 Bl., VII, 5—225 S.)
IV. [A. T.:] Glück u. Glas. Rom. v. . . . Meschtschersky . . . (2 Bl., X, 5—217 S.)
[98. 1018]

— Fürst Roni. 24 Stunden aus dem Leben e. Weltmannes. Deutsch v. F. Leoni. 8. (244 S.) Breslau 892. Schles. Verlags-Anstalt. n. 4. —; geb. n. 5. —

— Fürst Roni. 24 Stunden aus dem Leben e. Weltmannes. Deutsch von F. Leoni. (Neue [Titel-] Ausg.) 8. (244 S.) Ebd. (892) 898. n. 2. —

—— die Realisten der großen Welt. Mit Autoris. des Verf. aus dem Russ. in's Deutsche übertr. von F. Leoni. 8. (IV, 281 S.) Breslau 885, Schottländer. *
geb. *

— Scheinheilige der großen Welt. Roman. Deutsch v. F. Leoni. 2 Bde. gr. 8. (268 u. 290 S.) Ebd. 895. n. 6. - ; geb. n. 8. —

—— Petja Skurátow, s. Taschenbibliothek, russische.
Vgl.: Meschtschersky, Fürst W.

— Tag f. Tag. Aufzeichnungen e. Landgeistlichen. Aus dem Russ. 8. (IV, 348 S.) Leipzig 891. Slavische Buchh. n. 4. —

Meschtscherski, Fürst W[lademir], Olga Nikolajewna's Tagebuch. Erlebnisse einer Dame der hohen russ. Aristokratie. Deutsche Ausg. von F. Leoni. 8. (382 S.) Berlin 886, Deubner. *

— dasselbe. Übers. aus dem Russ. v. Herm. Roskoschny. (Neue [Titel-]Ausg.) 8. (IV, 348 S.) Ebd. 893. n. 2. —

Meschullam b. Mose, R., Sefer Hasohlamah zum talmud. Tractat Berachot (um 1200). Nach e. Handschrift in d. Hamburger Stadtbibliothek zum 1. Male hrsg. v. M. Schochor. M. e. Einleitg. u. Anmerkgn. vers. von Heinr. Brody. (In hebr. Sprache.) gr. 8. (XIV, XX u. 44 S.) Berlin 893. Wiesbaden (Nerostr. 6), Selbstverl. 3. —

Meschwitz, Frdr. Wilh., praktische Erfahrungen im Bereiche d. Kultur- u. Forstverbesserungswesens. gr. 8. (VIII, 67 S.) Dresden 882. (Höckner.) n. 1. 50

Meschwitz, Heinr., Willy Baumann. Eine Händlergeschichte aus der deutschen Südsee. Der reiferen Jugend u. dem Volke gewidmet. Mit 4 Bildern v. Arno Grimm. (154 S.) 8. Leipzig (903). H. Lautenschläger. Geb. n. 2. 50

Meschwitz, Heinr., Boxer u. Blaujacke. Eine Kriegsgeschichte aus China. gr. 8. (156 S. m. 4 Vollbildern u. 1 farb. Karte.) Dresden (900). A. Köhler. Geb. 4. —

Geschichte des Königlich Sächsischen Kadetten- und Pagen-Korps von dessen Begründung bis zur Gegenwart von Heinrich Meschwitz, Lt. a. D. Mit 14 Uniform-Taf., gezeichn. von Rosa Meschwitz, mehreren Lichtdr. u. Plänen, e. Quellen- u. Biographienverz. u. 9 Anl. Dresden: C. Damm 1907. (XI, 434 S.) 8° [F.] [07. 1063]

Meschwitz, Heinr., Geschichte des königl. sächsischen Kadetten- u. Pagen-Korps von dessen Begründung bis zur Gegenwart. Mit 14 (farb.) Uniform-Taf., unter Benutzung v. Originalen gezeichnet v. Rosa Meschwitz, mehreren Lichtdr. u. Plänen, e. Quellen- u. Biographienverzeichnis u. 9 Anlagen. (XI, 422 S.) gr. 8. Dresden 907. C. Höckner's Verl. 10.—; geb. in Leinw. 12.—;
erm. Pr. 3.—; geb. 4. —

— in Poseidons Lehrstube. Eine Erzählg. aus d. Seekadettenleben. Mit e. Anh.: Stand der deutschen Kriegsmarine u. Laufbahn in der kaiserl. Marine nebst Übersichtsplan derselben. Der reiferen Jugend u. dem Volke gewidmet. gr. 8. (172 S. m. Abbildgn. u. 4 [1 farb.] Vollbildern) Dresden (901). A. Köhler. n. 3. —; geb. in Leinw. n. 4. —

— auf schmalem Pfad. Roman. 8. (225 S.) Dresden 902. E. Pierson. n. 2. 50; geb. n. 3. 50

Meschwitz, Rosa, seine Frau. Roman. (188 S.) 8. Dresden 904. E. Pierson. n. 2. —; geb. n. 3. —

Mesciri, A.: Das W e r k der Heidenbekehrung. Berlin: Wohlgemuth

Mese, il, di maggio o il mese di Maria. Raccolta di meditazioni sui principali misteri della vita di Maria santissima, con preghiere ed esempi per onorare la b. v. nel mese di maggio e nelle principali sue feste fra l'anno. 3. ediz. ampliata e corretta. Coll' aggiunta delle sei domeniche in onore di S. Luigi Gonzaga. 16. (366 S.) Trient 863, Seiser. *

Mesec Marije, ali castenje presveto device Marije skoz eden celi mesec s vsakdanjimi premišlevanji, molitvami in izgledi iz življenja svetnikov, ter z molitvami v jutro, vecer, pri sv. maši, za spoved ino sv. obhajilo, kak tudi s kratkim opisom najimenitnejših Marijinih svetstev, katere slovenski romarji obiskavajo. Drugi natis. U Gradcu, 1856. Tisk od J. A. Kienreiha. (260 S. und 2 Bl. 8.) (Der Monat Mariens oder die Verehrung der heiligsten Jungfrau Maria durch einen ganzen Monat, sammt täglichen Betrachtungen, Gebeten u. s. w. wie auch eine kurze Beschreibung der vorzüglichsten Wallfahrts-Kirchen Mariens, welche von den slovenischen Wallfahrern besucht werden. Gratz. Gedr. bei J. A. Kienreich.) (Slovenisch.)

Mesengui, François Philippe. Lebensgeschichte der Heiligen auf alle Tage des Jahres, nebst einem Gebete und Nutzanwendungen . . . a. d. Franz. Würzb. 1788—89. Ü: *Schönemann, Franz.* (ML) (Ky)

Meser, Heinr., Durch Central-Asien. Die Kirgisensteppe — Russisch-Turkestan — Bochara — Chiwa — das Turkmenenland und Persien. Reiseschilderungen. Leipzig 1888. (11917)

Meſereh (türkiſch: Mamuret-ul-Aſis) am Euphrat. Geſchichte der Hauptſtation des deutſchen Hülfsbundes f. chriſtl. Liebeswerk im Orient. (48 S. m. Abbildgn. u. 1 Karte.) Lex.-8. Frankfurt a/M. 906. Verlag Orient. n.n. — 40

Meseritsch [Schlagwort]

Meseritsch, s.: **Geologische Karten.** Spezialkarte. (Oesterr.-Ungarn.)

Meseritz [Schlagwort]

— s. a.: **Deutschland.** Karte (Abt. Preussen). — **Forstkarten.**

Meseritz, Kreis, s.a. **Posen,** Reg.-Bez.

Meseritz, s.a. **Radfahrerkarten.**

Meseritz, Kreis. Baron, Paul, Specialkarte der Kreise Meseritz, Schwerin a. W., Züllichau-Schwiebus; wie z. Thl. der benachbarten Kreise Landsberg a. W., Ost-Sternberg, Crossen, Bomst, Neutomischel u. Birnbaum. 1:150,000. 56×54,5 cm. Farbdr. Meseritz (901). C. Haug. n. 1. 50; auf Leinw. in Futteral n. 2. 50

— **Mühmelt, O.,** Wandkarte des Kreises Meseritz. 1:37,500. 6 Blatt à 58×49,5 cm. Farbdr. Lissa (901). F. Ebbecke. n. 12. —; auf Leinw. n. 15. —

— **Spezialkarte** des Kreises Meseritz in 5 fachem Farbendruck. 1:100,000. Rev. von den zuständ. Behörden. 45,5×56 cm. Ebd. (901). n. — 50

Meseritz. Spezialkarte des Kreises Meseritz. Rev. v. d. zuständ. Behörden. 1:100,000. 2. Aufl. 45,5×56 cm. Farbdr. Lissa (909). O. Eulitz. — 50; auf Leinw. 1. —

Meseritz [Verfasser]

Meseritz, C. F. von: „Ueber die gegenwärtige Volksnoth in Deutschland und die Mittel zu deren Abhülfe", Stuttgart und Tübingen 1822. — Vorh.: Com. Bibl. Hamburg.

Meseritz, L. F. Essai sur les revenues de l'État. 8°. Giessen, Heyer, 1811.
— Dass. deutsch. 8°. Frankfurt 1812.

— Theorie der franzöſ. Sprache. gr. 8. Gießen 813. Heyer. 20 Gr.

Meseritz, L. F., Ueber die gegenwärtige Volksnoth in Deutschland, und Mittel zu deren Abhülfe, mit besonderer Beziehung auf die von den Verhandlungen des zu Darmstadt versammelten Handelscongresses zu erwartenden Resultate. (1. Thl.) gr. 8°. Stuttgart, v. Cotta, 1822.

Meseritzer, Arth., der Irrtum bei der condictio indebiti. Eine rechtsphilosoph. Studie. gr. 8. (69 S.) Berlin 899. C. Skopnik. n. 1. —

Mesgnien Meninski, Franz von. Lexicon arabico-persico-turcicum . . . Viennae 1780-1802. H: *Jenisch, Bhd. von* & *Franz von Klezl.* (ErschDL) (BrMm) (Ebert) (CBII) »1780—81« (Ky)

Mesgnil Adu, Handbuch für den Flachsbau in Algier. Bielefeld (1867)

Meshov, Arnold & Michael von Isselt. Religionsgeschichte der Cölnischen Kirche, unter dem Abfall der zweien Erzbischöfen und Churfürsten Herman Grafen von Wied und Gebhard Grafen von Truchses. Aus der lateinischen Beschreibung ins Teutsche übersetzt. Cöln a. Rh. 1784. Ü: *Neuwirth, Franz Balthasar.* (KGBerlin II,

Mesi. — Sette mesi della vita de Fouché de Nantes. Zürich. 1816.

[Russ.] **Mesjacoslov** Pravoslavnoj Kafoličeskoj Vostočnoj Cerkvi. Německij perevod s parallel'nym slavjanskim tekstom, prověrennym po grečeskim originalam, protoiereja Alekséja Mal'ceva. Čast' 1. *Berlin: K. Sigismund 1900.* 8°
[Nebent.:] Menologion d. Orthodox-Kath. Kirche d. Morgenlandes. Deutsch u. slav. unter Berücks. d. griech. Urtexte v. Alexios v. Maltzew. [00. 7250

Mesk, J., Der Aufbau der XXVI. Rede des Aelius Aristides. Pr. 1909. 28 S.

Mesk, Josef: Der Panathenaikos des Isokrates. 15 S.
Progr K. k. II. deutsches Staats-Gymn. *Brünn* 1902.

Mesk, J., Isokrates' Panegyrikos. [Meisterwerke der Griechen und Römer. II]. Gr.-8°. (Textheft 48 S., Kommentar 66 S.)

Mesk Josef: De rationibus quae in disticho Graecorum elegiaco inter hexametrum et pentametrum intercedunt.
H. 1894 PN 880 **Diss.** Wien, Univ. 1524

Mesk, Josef: Satz und Vers im elegischen Distichon der Griechen.
8 (13 S.). **Progr.** K. k. II. deutsches Staats-G. *Brünn* 1900

Meskatis, Jurgis, s. Apdumojimas

Meske, Aug. Friedr., Ferd. v. Schill, s. Volksbücher, preussische.

Meško, Ksaver. Na smrt obsojeni? Dramtska slika v treh dejanjih. V Celovcu. St. Hermagoras-Druck.. 1908. 98 S.

Neuestes russisch-deutsches Taschenwörterbuch... Nach den neuesten Quellen von Alexis v. Mieskowsky (Aleksěj **Meskovskij**). Vol. 1. 2. Leipzig: B. G. Teubner [1907]. 2 Bde in 1 Bde 8°
1. Russisch-Deutsch. [Neue Ausg.] 2 [u. d. T.:] Deutsch-russ. Taschenwörterbuch ... von A[dolf] Garbell. Vol. 2. Deutsch-Russisch.
[Nebent.:] [Russ.] Novějšij russko-německij karmannyj slovar'...sostavil... Aleksěj Meskovskij (2: Německo-russkij karmannyj slovar' sostavil A. Garbel').
(Collection Feller.) 107. 9486

Meslettes, J. M. des, Rodoald, der letzte Sprößling der Longobardenkönige, s. Zeitbilder in Erzählungen aus der Geschichte der christlichen Kirche.

Meslier, Jean

Meslier, Jean, Glaube u. Vernunft od. der gesunde Menschenverstand, nebst e. Anh.: Mein Testament. Nach dem französ. Original übers. v. Frl. Anna Knoop. (215 S. m. Bildnis.) gr. 8. Bamberg (908). Handels-Druckerei u. Verlagsh. 3.—; geb. in Leinw. n 4.25

Meslier, der gesunde Menschenverstand oder das religiöse Testament. Eine religiös-philosoph. Abhandlung über den Begriff „Religion" und über die Existenz eines göttl. schöpfer. Wesens. Aus dem Engl. von Hs. R. Detwiler. Hrsg. von dem „Verein zur Verbreitung radikaler Principien". 8. (IV, 321 S.) St. Gallen 878, Fuhrmann. *

Meslier, Der Pfarrer, und sein Testament. A. d. Franz. Lausanne [Zerbst] 1827. H: *Voltaire, François Marie Arouet de.* (WT)

Meslier, der Pfarrer, u. sein Testament. 8. Lausanne 827. (Kummer in Zerbst). 16 gr

Meslin, D., s. Philosophen, des, von Sans-souci Kriegskunst.

Mesmer, s.a. Messmer

MESMER d. Jüngere, P. (ps.), Die Clairvoyants oder Dialogen und Erzählungen aus dem Reiche der Schlafenden. (Motto aus Wekhrlin.) Elwangen, in dem Gasnerschen (so!) Industrie-Comtoir (Zerbst, Kummer). 1804. 8°. (5 Mk. Paul Graupe, Berlin, 1909.)

Mesmer, Franz Anton

Mesmer, F. A., Neue Beitr. z. prakt. Anwendung des thier. Magnetismus. A. d. Franz. Strasb. 8°.
1786

MESMER (Franz Anton). –'s Beschwerden und Vorstellung an das Parlament zu Paris, wider den Bericht der koniglichen Kommissare vom Thierischen Magnetismus . . . Aus dem Französischen übersetzt von F. R. K. W. Holle. Wien 1785. 1 vol. 19 S.

Mesmer, F. Ant., († d. 5. März 1815.) Briefe über d. Ursprung d. Blattern rc. Aus d. Französ. 2e A. 8. Kempt. 803. Dannheimer. 3 gr

— üb. meine Entdeckungen u. d. thierisch. Magnetismus überhaupt; aus d. Fanzös. 8. Jena. 800. (Schmid). 6 gr

— allgem. Erläuter. üb. d. Magnetismus u. Somnambulismus. gr. 8. Halle 813. Waisenhausbuchhandl. 8 gr

Mesmer, der gerechtfertigte, od. üb. thierisch. Magnetismus; aus d. Französ. 8. Lübeck 785. Riemann u. C. 3 gr

— kurze Geschichte d. thierisch. Magnetismus. 8. Karlsr. 783. Macklot. (Gebhardt u. K. in Frankf. a. M.) 22 gr

Mesmer, F. A., Kurze Geschichte d. thier. Magnetismus bis April 1781. A. d. Franz. 128 S. Karlsr. 8°. Comm. Lps. XXVI, 668.
1783

— Gesch. des thier. Magnetism. 8. Carlsruh, Macklot. (Gebhardt u. K. in Frankf.) 783.

— Lehrsätze üb. d. thierisch. Magnetismus. 8. Straßb. 785. (Hinrichs in Leipz.) 9 gr — Nachtrag hierzu, od. Beitr. zur Anwend. d. thierisch. Magnetismus. 8. Ebd. 8 gr

Lehrsäzze des Herrn [Friedr. Anton] **Mesmers** so wie er sie in den geheimen Versammlungen der Harmonia mitgeteilt hat, und worinnen man seine Grundsäzze, seine Theorie, und die Mittel findet selbst zu magnetisieren; in 344 Paragraphen abgeteilt, zum leichteren Gebrauche der Commentare über den thierischen Magnetismus. Hrsg. vom Herrn Caullet de Veaumorel. Und zu haben in Paris bey Quinquet, dem Älteren. Aus dem Original mit aller möglichen Treue in die teutsche Sprache übersetzt, und mit einem Briefe des Hrn. Mesmers und einem magnetischen Recept vermehrt. Strasburg: akadem. Buchhandlung 1785. 112 S. 8°.
Selten.

Mesmer, Fr. Ant., Mém. sur la découverte du magnétisme animal. 85 pp. Gen. et Par. 1779. 1781. 8°. Deutsch. 64 pp. Karlsr. 1781. 1783. 12°.
1779

— — dass. in deutscher Uebersetz. 8. Ebend. 781.

— Nachtrag hierzu, od. Beytr. z. Anwend. des thier. Magnetism. 8. Ebend.

— mémoire sur la découverte du magnétisme animal et observations d'Eslon. 8. Frkf. 781. Gebhardt u. K. 12 gr

— — Mémoires sur mes découvertes. (1799) an VII. Paris 8. ib. 1826. 8. deutsch. Jena 808. 8.

Mesmer, Franz Anton: Mesmerismus oder System der Wechselwirkungen. Theorie und Anwendung des thierischen Magnetismus als die allgemeine Heilkunde zur Erhaltung des Menschen. Hrsg.von Karl Christian Wolfart. 356 S., gbd., Abb.

Berlin: Nicolai 1814

JB 2.681

Mesmerismus, od. System d. Wechselwirkung, Theorie u. Anwendung d. thierisch. Magnetismus, als die allgem. Heilkunde zur Erhaltung d. Menschen, v. F. A. Mesmer, mit Erläut. v. Wohlfarth. Mit Kpf. 2 Bde. gr. 8. Berl. 815. Nicolai. 3 ℛ

— — précis historique des faits relatifs au magnétisme jusqu'en avril 1781. (Paris). Lond. 781. 8. — deutsch: Kurze Geschichte des thierischen Magnetismus bis April 1781. Karlsr. 783. 8.

— Schreiben an e. auswärtigen Arzt üb. d. Magnetismus. 8. Wien 775. Zweites Schreiben. 8. Ebd. 775.

Mesmer, Ant., Schreiben üb. d. Magnetkur. Wien. 8°. A. D. B. XXVI, 181.

1775

— üb. d. Ursprung u. wahre Natur d. Pocken, so wie üb. die gewöhnl. Ausrottung ꝛc. gr. 8. Halle 813. Waisenhaus-B. 4 gℊ

Mesmer, Friedrich Anton

s.: Mesmer, Franz Anton

Mesmer, Jh. Jak., († d. 24. Juni 1814.) s. Samml. e. Predigten üb. auserlesene Texte.

Mesmer, Jos. Anton, Das hl. Land u. die hl. Stätten. Ein Pilgerbuch in ausgewählten Bildern mit erläuterndem Texte. München, Vogel, 1860 ff.

MESMER, Maximilian (Wasserburg): De mortalitate liberorum.- Landishuti: Storno 1826. 24 S. 17.8.1826 - Pe 424; F 39
Diss. Ingolst.-Landsh.-Münch.

Mesmerismus, s. M e s m e r , Franz Anton: Mesmerismus

Mesnard, Jac., Wegweiser d. Geburtshelfer, od. d. Meister d. Kunst die Entbind. zu befördern, m. K. 8. Kopenh. Mumme. 748.

Mesnard, M. A., s. la Cathédrale de la Cologne.

Mesnewi od. Doppelverse des Scheich Mewlânâ Dschelâl-ed-din Rûmî. Aus d. Pers. übertr. von Geo. Rosen. gr. 8. (XXVI u. 217 S.) Leipzig 849, Vogel. n. 1⅓ ℛ

Mesnil, du, Beiträge zur Anatomie u. Aetiologie einiger Hautkrankheiten. Mit 2 Taf. [Aus: „Verhandlgn. der phys.-med. Gesellsch. zu Würzburg".] gr. 8. (56 S.) Würzburg 890. Stahel. n. 2.—

Mesnil, du, Nebengedanken e. Landarztes. 8. (IV, 56 S.) Dresden 903. E. Pierson. n. 1.—; geb. n. 2.—

du Mesnil, Adolf: Adnotationes ad Aeschyli Supplices. 32 S. 4. Progr. Kgl. Friedrichs-Gymn. *Frankfurt a. d. O.* 1906 (82).

du Mesnil, *Adolf* Begriff der drei Kunstformen der Rede. Komma, Kolon. Periode. nach der Lehre der Alten. 8 (S. 32—121). Zum 200jähr. Jubiläum des Kgl. Friedrichs-G. *Frankfurt a. O.* 1894 (zu 71).
Progr.

du Mesnil, *Adolf*: Erklärende Beiträge zu lateinischen Schulschriftstellern, vornehmlich zu Cicero, Tacitus, Horaz 4 (37 S.). Progr. Kgl. Friedrichs-G. *Frankfurt a. O.* 1896
Cic Orat § 205. 206 § 160 § 202 § 213 de fin III 55 III 23 V 61 de nat. deor I 21 de div I 82 II 101 102 Tac Agr XLIII Germ XIII XLVI Sall hist IV Epist Mithr § 16 Hor sat I 6 19; I 9 21flg; Od I 3; I 7; I 12; I 14 17; I 15 12; I 23 5; II 15. 17flg II 18 23flg. Verg Georg IV 259 Culex 310. Ov Met XI 166 186 Trist V 14 12 Iuv sat XIV 188 Plaut Men I 1 30 107

du Mesnil, Adolf Kritisch-exegetische Beiträge zu Horaz und Vergil. 22 S. Progr. *Gnesen* 1877.

Du Mesnil, J. A., De rebus Pharsalicis. Diss. 1860. 64 S.

Mesnil, Jaques: Die freie Ehe. Autoris. Übers. v. Karl Federn. — Schmargendorf-Berlin: Renaissance 1903. 41 S. 8°

Mesnil, Jacques, die freie Ehe. Autoris. Uebersetzg. v. Karl Federn. 2., durch e. Nachtrag verm. Aufl. (2.—6. Taus.) (III, 53 S.) 8. Schmargendorf-Berlin 904. Verlag „Renaissance". n. — 60

Mesnil, Johann (Red.), s. W o c h e n b l a t t der k. k. Landwirtschafts-Gesellschaft in Salzburg

Mesnil, Joh. Nep. Freiherr von — Das Pinzgauer Rind. Seinen Freunden im Gebirge gewidmet von — —. Salzburg, 1857. Zaunrith'sche Buchdruckerei. In Kommission der Mayr'schen Buchh. (45 S. 8.)

Mesnil, Lud. du, doctr. et disciplina ecclesiast. IV Tmi. fol. Colon. 730.

Mesnil Durant, François Jean de Graindorge d'Orgeville Baron de. Bemerkungen über das Geschütz in Rücksicht auf die Infanterie überhaupt . . . Dresden 1792. Ü: *Königsdörfer, Anton August.* (Adel)

Mesnil de Rochemont, du, u. Kölling, zur Pathogenese d. Blasenentzündg., s.: Festschrift zur Feier d. 80jähr. Stiftungsfestes d. ärztl. Vereins zu Hamburg.

Mesopotamia, s.: Geschichtskarten. Kiepert.

Mess, der Vollzug der Freiheitsstrafe mit Rücksichtnahme auf Bayern. Lex.-8. (81 S.) Würzburg 860, Stahel'sche Buchh.

Mess, Warnungen f. d. Seestrand. 4. Ausg. gr. 8. (18 S.) Scheveningen 882. (Haag, Gebr. Belinfante.) n. — 60

Meß, A., Kritik einiger Textstellen vom poetischen Standpunkt. 8. (32 S.) Riga 888, (Bruhns.) *

Meß, A. v., völkerpsychologische u. genetische Studien. gr. 8. (20 S.) Wernigerode 900. (P. Jüttner.) n. — 30

Meß, Ad., der evangel. Bruderverein oder die Gustav-Adolph-Stiftung. Eine Predigt, gehalt. am 28. Januar 1844. gr. 8. Neuwied 844, van der Beeck. 1/8 ℛ

Mess, Adolfus de: Quaestiones de epigrammate Attico et tragoedia antiquiore dialecticae. *Bonnae 1898: C. Georgi.* (45 S.) 8°
Bonn, Phil. Diss. v. 6. Aug. 1898

Mess, E., die öffentl. Meinung gegenüber den Gefängnissen. Umrisse über die Zustände in Gefangenhäusern mit gemeinsamer Haft, zunächst in Bayern u. für die Gegenwart. München 865. (Lindauer'sche Buchh. gr. 8. (57 S.) n. 8 ngr

Meß, Friedr., Beitrag zur Kriegsgeschichte von Lindau. Mit Beigaben von Reinwald. Lex.-8. (14 S.) Lindau 888, (Stettner.) *
Aus: Schriften des Vereins für Geschichte des Bodensees und seiner Umgebung, besonders abgedruckt.

Mess, Johann Jakob

Meß, J. J., Glaubensbekenntniß Sr. Durchl. d. Prinzen Wilh. Herm. Karl, Erbprinzen zu Wied; nebst d. bei d. Confirmationshandlung am 28. Nov. 1830. gehalt. Reden. 8. Neuwied 831. Lichtfers u. F. 6 gl

Meß, J. J., der heidelberger (oder pfälzer) Katechismus, s. a. Katechismus.

— d. Heidelberger od. Pfälzer Katechismus. Mit d. Ausgabe v. 1563 genau übereinstimmend u. durch die ausführl. beigefügten Schriftstellen z. Schulgebrauch geeignet. (Aus d. 2n Thl. d. Sammlung symbol. Bücher d. reform. Kirche.) 2e A. 12. Neuwied, 832. Hofbuchhandl. 4 gl

Meß, Jh. Jak., d. Heidelberger (Pfälzer) Katechismus. Nach der Angabe von 1563 revidirt, mit wörtlich abgedr. Schriftstellen versehen u. zum Schulgebrauch eingerichtet. 5. Aufl. 12. Neuwied 844, van der Beeck. geb. 1/6 ℛ

Meß, J. J., der Heidelberger [oder Pfälzer] Katechismus. Nach der Ausg. v. 1563 rev., m. wörtlich abgedr. Schriftstellenversehen u. zum Schulgebrauch eingerichtet. Mit e. Anh., enth. die Fragstücke u. Antworten, womit die Kinder bei Aufnahme zum heil. Abendmahl ihr öffentl. Glaubensbekenntniß ablegen. [Nach der churpfälz. Kirchen-Ordng. v. 1684.] Hrsg. v. C. Maaß. 11. Aufl. 16. (119 S.) Minden 872. Hufeland. n. — 35; geb. n. — 50

Meß, J. J., der Heidelberger [oder Pfälzer] Katechismus. Nach der Ausg. von 1563 revidirt, mit wörtlich abgedr. Schriftstellen versehen und zum Schulgebrauch eingerichtet. Mit einem Anhang, enth. die Fragstücke und Antworten, womit die Kinder bei Aufnahme zum heil. Abendmahl ihr öffentl. Glaubensbekenntniß ablegen. [Nach der churpfälz. Kirchen-Ordnung von 1684.] Hrsg. von C. Maaß. 12. verb. Aufl. gr. 16. (119 S.) Kreuznach 876, Voigtländer. geb. **

Meß, J. J., die Confessionen d. reform. Kirche, s. Sammlung symbol. Bücher rc.

Mess, Johann Jakob, s. Sammlung symbolischer Bücher der reformirten Kirche.

— Trauer- u. Gedächtnißrede bei d. Ableben d. Fürstin Marie Luise Wilh. zu Wied, d. 19n u. 20n Nov. 1823. Nebst 2 Liedern v. ihr. 8. Neuwied 824. (Lichtfers u. F.); a. Guilhaumann in Frankf. 6 gl

Mess-Adressbuch, s. a. Adressbuch

Mess-Adressbuch, Berliner. Herbstmesse 894. 8. (VII, 56; 248, 4 u. 47 S.) Berlin, E. Billig Nachf. Geb. in Leinw. n. 1. —

Mess-Adressbuch, Berliner. Frühjahrsmesse 1895. 12. (VI, 48; 208 u. 39 S.) Berlin, E. Billig Nachf. Geb. in Leinw. n. 1. —

— für Leipzig, Frankfurt a. O., Frankfurt a. M., Braunschweig etc. Verzeichniss der Messfirmen mit Angabe der Branchen u. Geschäftlokale u. Verzeichniss der Firmen nach Waaren, Fabrikaten u. Geschäftsbranchen geordnet. Enthltd. ca. 8000 Adressen des Grosshandels u. Fabrikstandes. 1868. Nach officiellen Quellen bearb. Leipzig, Pardubitz. gr. 16. (590 Sp.) 18 ngr

— — Im Anh. Orientirungspläne von Leipzig (in eingedr. Holzschn.) u. viele pract. Notizen über Leipzig u. die Leipziger Messen. 11. u. 12. Aufl. Leipzig 869, 70. Serbe. gr. 16. (254 S.) 15 ngr

— für Leipzig, Frankfurt a. O., Frankfurt a. M., Braunschweig etc. Verzeichniss der Messfirmen mit Angabe der Branchen und Geschäftslokale und Verzeichniss der Firmen nach Waaren, Fabrikaten und Geschäftsbranchen geordnet. Nach officiellen Quellen bearb. 10.—21. Aufl. gr. 16. (188 S.) Leipzig 869—74, Serbe's Verlagsh.
10.—18. Aufl. à
19.—21. Aufl. à *

Mess-Adressbuch für Leipzig, Frankfurt a. M., Frankfurt a. O., Braunschweig etc. Nach officiellen Quellen bearb. 22.—36. Aufl. 1875—1879. Neujahrs-Ausg. gr. 16. (à ca. 300—500 S.) Leipzig, Serbe's Verlagsh. à Jahrg. *
— dass. — 37. Aufl. 1880. Neujahrs-Ausg. 16. (VIII, 473 S.) Ebendas. *

Mess-Adressbuch für Leipzig, Frankfurt a. M., Frankfurt a. O., Braunschweig etc. Nach officiellen Quellen bearb. 38.—51. Aufl. gr. 16. (à ca. 470 S.) Leipzig 880—84, Serbe'sche Verlagsh. à *

Mess-Adressbuch für Leipzig, Frankfurt a/M., Frankfurt a/O., Braunschweig etc. Nach officiellen Quellen bearb. 46. Aufl. 1882. Michaelis-Ausg. gr. 16. (V, 439 S.) Leipzig, Serbe. n. 2. —

Mess-Adressbuch für Leipzig, Frankfurt a. M., Frankfurt a. O., Braunschweig etc. Nach officiellen Quellen bearb. 52.—63. Aufl. gr. 16. (à ca. 400 S.) Leipzig 885—88, Serbe'sche Verlagsh. cart. à Jahrg. *
geb. à Jahrg. *

Mess-Adressbuch f. Leipzig, Frankfurt a/M., Frankfurt a/O., Braunschweig etc. 57. Aufl. 1886. Michaelismess-Aufl. 8. (384 S.) Leipzig, Serbe. cart. n. 2. —

Mess-Adressbuch f. Leipzig, Frankfurt a/M., Frankfurt a/O., Braunschweig etc. Nach officiellen Quellen bearb. 69. Aufl. 1890. Michaelismess-Aufl. gr. 16. (IV, 390 S.) Leipzig, Serbe. n. 2. —

Mess-Adressbuch f. Leipzig, Frankfurt a. M., Frankfurt a. O., Braunschweig etc. Nach officiellen Quellen bearb. 75. Aufl. 1892. Michaelismess-Aufl. 12. (IV, 436 S.) Lpz., Serbe. * 2 —
geb. * 2 25
Erscheint jährlich in 3 Ausgaben: Neujahr, Ostern u. Michaelis.

— für Leipzig. 91. Aufl. 1898. Oster-Vormess-Ausg. Nach offiz. Quellen bearb. 12. (IV, 82, 290, 68, 224, 44 u. 30 S.) Leipzig, C. H. Serbe. Kart. n. 2. —

— dasselbe. 92. Aufl. 1898. Michaelismess-Ausg. Nach offiz. Quellen bearb. 12. (IV, 79, 292, 62, 23, 41, 128 u. 51 S.) Ebd. Kart. n. 2. —

Mess-Adressbuch f. Leipzig. 99. Aufl. 1902. Oster-Vormess-Ausg. Nach offiziellen Quellen bearb. 12. (IV, 104, 428, 61, 146, 41 u. 46 S.) Leipzig, C. H. Serbe. Geb. n. 2. —

— dasselbe. 99 b. (Oster-Hauptmess-)Ausg. 1902. 12. (47, 32 u. 40 S.) Ebd. n. — 50

— dasselbe. 100. (Jubiläums-)Aufl. 1902. Michaelismess-Ausg. Nach offiziellen Quellen bearb. 12. (IV, 104, 434, 61, 9, 32, 146, 41 u. 46 S.) Ebd. Kart. n. 2. —

Mess-Adressbuch f. Leipzig. 107. Aufl. 1906. Oster-Vormess-Ausg. Nach offiziellen Quellen bearb. (IV, 94, 355, 51, 12 u. 8 S. m. 1 farb. Plan.) kl. 8. Leipzig, C. H. Serbe. Geb. n. 2. —

— dasselbe 107 b. (Oster-Hauptmess-)Ausg. 1906. Nach offiz. Quellen bearb. (26 u. 61 S.) kl. 8. Ebd. n. — 50

— dasselbe. 108. Aufl. 1906. Michaelis-Mess-Ausg. Nach offiziellen Quellen bearb. (IV, 101, 352, 53, 61, 12 u. 8 S. m. 1 farb. Plan.) kl. 8. Ebd. Geb. n. 2. —

Mess-Adressbuch f. Leipzig. 116. Aufl. 1910. Michaelismess-Ansg. Nach offiziellen Quellen bearb. (112, 328, 84 u. 8 S.) kl. 8. Leipzig, C. H. Serbe. Geb. 2. —

Meß-Adreßbuch, leipziger. Ostern 846. Enth. Fremde, die Messe besuchende Käufer nach d. Städten geordnet. Fremde, die Messe besuchende Verkäufer nach den Waarenbranchen geordn. Consulate. Wechsel-Commissions- u. Speditionsgeschäfte ꝛc. gr. 8. (4 1/8 B.) Leipzig 846, Brauns. *

Meß-Adreßbuch, Leipziger. gr. 8. (91 S.) Leipzig 847, Brauns. 1/2 ℛ — 1848. (Abdr. aus dem Handbuch f. Leipzig.) br. 8. (70 S.) Ebd. 1/4 ℛ

Mess-Adressbuch, leipziger. Enthaltend ein Verzeichniss der Mess-Firmen mit Angabe der Branchen und Geschäftslocale in Leipzig, Braunschweig und Frankfurt a. O. etc. und ein Verzeichniss der Firmen nach Waaren, Fabrikaten und Geschäftsbranchen von H. Rudolph. 1860 und 1861. 10. und 11. Jahrg. durchgängig neu bearb. 16. Leipzig, Hübner. [10. Jahrg. (243 S.) 11. (265 S.)] à Jahrg. *

Mess-Adressbuch, Leipziger. Enthaltend ein Verzeichniss der Mess-Firmen mit Angabe der Branchen und Geschäftslocale in Leipzig, Braunschweig und Frankfurt a. O. etc. und ein Verzeichniss der Firmen nach Waaren, Fabrikaten und Geschäftsbranchen von H. Rudolph. 1860—63. 10—13. Jahrg. Durchgängig neu bearb. Leipzig, A. Hoffmann in Comm. 16. Jeder Jahrg. n. 18 ngr

Mess-Adressbuch, Leipziger. Enth. ein Verzeichniss der Mess-Firmen mit Angabe der Branchen und Geschäftslocale in Leipzig, Braunschweig und Frankfurt a. O. etc. und einem Verzeichniss der Firmen nach Waaren, Fabrikaten und Geschäftsbranchen von H. Rudolph. 1862—64. 12.—14. Jahrg. Durchgängig neu bearb. 16. (à ca. 275 S.) Leipzig, (A. Hoffmann.) à Jahrg. *

—— dass. — 1865. 15. Jahrg. Durchgängig neu bearb. 16. (237 S.) Leipzig, Rudolph's Selbst-Verlag. * *

—— dass. — 1866 und 1867. 16. und 17. Jahrg. Durchgängig neu bearb. 16. (à Jahrg. 240 S.) Leipzig, (Pardubitz.) Jahrg. 1866 * 18 Ngr.; Jahrg. 1867 *

Messadressbuch, Leipziger. Enthaltend ein Verzeichniss der Mess-Firmen mit Angabe der Branchen und Geschäftslocale in Leipzig, Braunschweig, Frankfurt a. O. etc. und ein Verzeichniss der Firmen nach Waaren, Fabrikaten und Geschäftsbranchen von H. Rudolph. 1868. 18. Jahrg. Durchgängig neu bearb. Nebst einem kurzen Wegweiser für Leipzig. 8. (161 S.) Leipzig, Fr. Fleischer. geb. *
Vgl.: Rudolph, H.

— Leipziger. Verzeichniss der d. Leipziger Messen besuch. Verkäufer, hrsg. v. Mess-Ausschuss d. Handelskammer Leipzig. IV. Aufl. Oster-Vormesse u. Oster-Hauptmesse. 1898. 8. (VII, 636 u. Nachtrag 6 S.) Leipzig. (J. C. Hinrichs' Verl.) Kart. n. 1. —

— dasselbe. V. Aufl. Michaelismesse 1898. Neujahrsmesse 1899. 12. (VII, 694 S. u. Nachtrag 3 S.) Ebd. Kart. n. 1. —

— Leipziger. (Verkäufer-Verzeichnis) hrsg. v. Mess-Ausschuss der Handelskammer Leipzig. Michaelismesse 1899. — Neujahrsmesse 1900. 2 Bde. 12. Leipzig 899. (J. C. Hinrichs' Verl.) Kart. n. 1. —
1. Keramische, Glas-, Metall-, Kurz-, Galanterie-, Spielwaren u. verwandte Branchen nebst Ortsverzeichnis. (VII, 659 S. m. 1 farb. Plan.)
2. Leder, Rauchwaren, Borsten u. Rosshaare, sowie Textilbranche nebst Ortsverzeichnis. (VII, 259 S. m. 1 farb. Plan.)

Meß-Adreß- und Anzeige-Buch, leipziger. Ostermesse 1852. gr. 16. (IV und 108 S.) Leipzig 852, Matthes. *

—— dass. — Michaelismesse 1852. gr. 16. (IV und 108 S.) Ebds. 852. *

Meß-Adreß- und Anzeige-Buch, Leipziger. Für das Jahr 1853. 3. Jahrg. Neu u. vollständig revidirt. Leipzig 853. Matthes. 16. (110 S.) n. 10 ngr

—— neuestes leipziger. Ostern 1850. 16. (160 S.) Leipzig 850, Brauns. *

— officielles, f. Leipzig, Frankfurt a/M., Frankfurt a/O. Braunschweig etc. Unter Mitwirkg. der Handelskammer zu Leipzig bearb. 80. Aufl. 1894. Ostermess-Aufl. 12. (IV, 151, 294 S., II, 23 Bl., 80 u. 94 S.) Ebd. Kart. n. 1. —

— officielles, f. Leipzig. Unter Mitwirkg. der Handelskammer zu Leipzig bearb. 81. Aufl. 1894. Michaelismess-Aufl. 12. (IV, 151; 300, 83 u. 94 S.) Nebst Beilage: Verzeichniss der die Leipziger Messen besuch Einkäufer. Hrsg. vom Mess-Ausschus der Handelskammer. (135 S.) Leipzig, C. H. Serbe. Geb. n. 1. —

— dasselbe. 82. Aufl. 1895. Neujahrsmess-Aufl. 12. (IV, 151, 300, 83 u. 94 S.) Ebd. Geb. n. 1. —

Message du Conseil d'état du canton de Fribourg au Grand-Conseil concluant à l'allocation d'une subvention de deux millions à l'entreprise du percement du Simplon. In-8⁰, 24 p. Fribourg, imprimerie de St-Paul. 1887

Message du Conseil d'Etat du Canton de Fribourg au Grand Conseil sur les événements du 22 Avril 1853. 8. Fribourg 1853.

Message du Conseil d'Etat du Canton de Fribourg au Grand Conseil sur la situation politique du district de Morat. 8. Fribourg 1870.

Message du Conseil fédéral au Conseil national concernant l'abolition de la pénalité contre les embaucheurs suisses. ⟨Du 19 Juillet 1861.⟩ [Avec 1 tableau. E.] 8. [Berne 1861.]

Message du Conseil fédéral à l'Assemblée fédérale concernant l'allocation d'une subvention au canton du Tessin pour des travaux de protection au Sasso rosso, au-dessus du village d'Airolo. ⟨du 31 mai 1899.⟩ [Avec 1 carte. E.] 8. [Berne 1899.]

(Confédération suisse.) Message du Conseil fédéral ... sur le budget pour l'année 1901. Du 19 octobre 1900. II + 366 p. 8. ([Berne, C.-J. Wyss,] 1900.)

Chemins de fer fédéraux. Message du Conseil fédéral concernant le budget.... 8. [Berne, C.-J. Wyss.]
...pour 1901. ⟨Du 26 février 1901.⟩ 12 p. 1901.
...pour l'exercice 1902. ⟨Du 26 novembre 1901.⟩ 56 p. 1901.
...pour l'année 1903. ⟨Du 3 novembre 1902.⟩ 3 p. 1902.

(Confédération suisse.) Message du Conseil fédéral... sur le Budget de l'exercice 1902. ⟨Du 21 octobre 1901.⟩ II + 365 p. 8. Berne, C.-J. Wyss, 1901.

(Confédération suisse.) Message du Conseil fédéral... sur le Budget de l'exercice 1903. ⟨Du 18 octobre 1902.⟩ II + 384 p. 8. Berne, C.-J. Wyss, 1902.

Budget d'exploitation de la Régie des alcools.... Message du Conseil fédéral. 8. [Berne, C.-J. Wyss.]
... pour l'année 1901. ⟨Du 30 octobre 1900.⟩ 18 p.
... pour l'année 1902. ⟨Du 18 octobre 1901.⟩ 21 p.
... pour l'année 1903. ⟨Du 25 octobre 1902.⟩ (25 p.)

Message du Conseil fédéral à la h. Assemblée fédérale concernant les capitulations militaires. ⟨Du 3 novembre 1850.⟩ [E.] 8. [Berne 1850.]

Chemin de fer funiculaire de Meiringen au Hasliberg. Message du Conseil fédéral concernant la concession. ⟨Du 11 janvier 1901.⟩ 12 p. 8. [Berne, C.-J. Wyss, 1901.]

Message du Conseil fédéral à l'Assemblée fédérale concernant la continuation et la publication des levés topographiques. ⟨Du 27 Novembre 1868.⟩ 8. [Berne 1868.]

Message du Conseil fédéral à l'Assemblée fédérale concernant la convention de commerce conclue entre la Suisse et la France le 20 octobre 1906. ⟨Du 5 novembre 1906.⟩ 116 p. 8. [Berne, C.-J. Wyss,] 1906.

Message (du Conseil fédéral suisse) concernant les conventions internationales conclues le 12 juin 1902 à la Haye: 1º pour régler les conflits de lois en matière de mariage; 2º pour r' les c' de l' et de juridictions en m' de divorce et de séparation de corps; 3º pour r' la tutelle des mineurs. ⟨Du 18 novembre 1904.⟩ [Avec les textes des conventions.] 49 p. 8. [Berne, C.-J. Wyss,] 1904.

Convention internationale pour la protection des oiseaux utiles à l'agriculture. Message du Conseil fédéral. ⟨Du 30 mai 1902.⟩ 18 p. 8. [Berne, C.-J. Wyss,] 1902.

Création d'un bureau central de police. Message du Conseil fédéral. ⟨Du 16 juin 1902.⟩ 15 p. 8. [Berne, C.-J. Wyss,] 1902.

Développement des secours volontaires en vue de la guerre. Message du Conseil fédéral. ⟨Du 4 décembre 1902.⟩ (41 p.) 8. Berne, C.-J. Wyss, 1902.

Message du Conseil fédéral à l'Assemblée fédérale concernant les enrôlements pour le service militaire étranger. ⟨Du 13 Juillet 1859.⟩ [E.] 8. [Berne 1859.]

Message du Conseil fédéral à l'Assemblée fédérale concernant l'établissement d'un relief de la Suisse à l'échelle du 1 : 100.000. ⟨Du 4 décembre 1896.⟩ [E.] 8. ([Berne] 1896.)

(Compagnie des chemins de fer électriques veveysans.) Chemin de fer électrique de Vevey à Chamby par Blonay et (*Mess.:* chemin de fer électrique) de Vevey à Châtel-St-Denis (frontière (*Mess.:* cantonale)). 8. [Berne, C.-J. Wyss,] 1901. V
Message du Conseil fédéral concernant la fusion des concessions. ⟨Du 24 juin 1901.⟩ 9 p.
Arrêté fédéral portant concession. ⟨Du 28 juin 1901.⟩ 8 p.

Message du Conseil fédéral à la haute Assemblée fédérale sur le maintien de l'interdiction des enrôlements pour le service militaire étranger. ⟨Du 13 Juillet 1855.⟩ [E.] 8. [Berne 1855.]

Message du Conseil fédéral à la haute Assemblée fédérale concernant les pétitions de Fribourg. ⟨Du 30 novembre 1850.⟩ [E.] 8. [Berne 1850.]

Message du conseil fédéral à l'assemblée fédérale concernant le projet de code civil suisse, s.a. **Botschaft des Bundesrates an die Bundesversammlung zum Bundesgesetz, enth. das schweizerische Zivilgesetzbuch.**

Message du Conseil fédéral à l'Assemblée fédérale concernant le projet de code civil suisse. Du 28 mai 1904. Avec des figures. II + 453 p. Berne, A. Francke. fr. 3.

Message du Conseil fédéral à l'Assemblée fédérale concernant le projet de code civil suisse. ⟨Du 28 mai 1904.⟩ [Avec des figures.] II + 453 p. ([Berne, Impr. C.-J. Wyss,] 1904.)
(Rédacteur de l'avant-projet: M. le professeur E[ugen] Huber.)
Ed. A: 4. Nº 2880 — Lesesaal
Ed. B: 8. [Berne, Comm. A. Francke.] [fr. 3. —]

Message du Conseil fédéral à l'Assemblée fédérale touchant un projet de loi sur les assurances contre les maladies et les accidents. ⟨Du 10 décembre 1906.⟩ 189 p. 8. [Berne, C.-J. Wyss,] 1906.

Message du Conseil fédéral à l'Assemblée fédérale concernant le projet de loi destiné à compléter le projet du Code civil suisse (droit des obligations et titre final). ⟨Du 3 mars 1905.⟩ II + 332 p. 4. ([Berne, C.-J. Wyss,] 1905.)
p. 67—332: [Projet du C' c' s',] Livre Vᵉ: Des obligations ([avec] Titre final).

Message du Conseil fédéral à l'Assemblée fédérale sur le projet d'une loi fédérale concernant le contrat d'assurance. Message du Conseil fédéral. ⟨Du 2 février 1904.⟩ 112 p. 8. [Berne, C.-J. Wyss, 1904.]

Message du Conseil fédéral à l'Assemblée fédérale relatif au projet de loi créant une nouvelle organisation militaire. ⟨Du 10 mars 1906.⟩ 86 p. 8. [Berne, C.-J. Wyss,] 1906.

Message du conseil fédéral à l'assemblée fédérale concernant la publication d'une carte murale pour les écoles de la Suisse. ⟨Du 20 mars 1893.⟩ [E.] 8. ([Berne] 1893.)

Organisation du service des fortifications. Message du Conseil fédéral relatif à la publication d'une loi fédérale ([et] Projet). ⟨Du 6 octobre 1902.⟩ 28 p. 8. [Berne, C.-J. Wyss,] 1902.

Message du Conseil fédéral à l'assemblée fédéral sur la question de l'alcoolisme (du 20 Novembre 1884). In-8°, 128 p. 1 tableau, 2 cartes. Berne.

Message du Conseil fédéral suisse aux h. Conseils législatifs de la Confédération concernant la question de Savoie. ⟨Du 28 Mars 1860.⟩ [E.] 8. [Berne 1860.]

Ecole polytechnique [à Zurich]. Message du Conseil fédéral sur la revision de l'arrêté fédéral du 4 avril 1895..., et sur l'allocation d'un subside à la caisse en voie de fondation pour les veuves et les orphelins des professeurs. ⟨Du 5 mars 1901.⟩ 24 p. 8. [Berne, C.-J. Wyss,] 1901.

Nebst: Arrêté fédéral allouant un subside à la caisse des veuves et des orphelins.... ⟨Du 27 juin 1901.⟩ 2 p.

Révision de la loi fédérale du 20 juin 1890, concernant les élections des membres du Conseil national. Message du Conseil fédéral. ⟨Du 26 février 1902.⟩ [Avec 1 carte.] 122 p. 8. [Berne, C.-J. Wyss,] 1902.

Message du Conseil fédéral à l'Assemblée fédérale concernant la révision de la loi fédérale sur la naturalisation suisse et la renonciation à la nationalité suisse. ⟨Du 20 mars 1901.⟩ 111 p. 8. [Berne, C.-J. Wyss, 1901.]

Message du Conseil fédéral à l'Assemblée fédérale concernant la révision de la loi sur le tarif des douanes (suisses). ⟨Du 12 février 1902.⟩ 142 p. 8. [Berne, C.-J. Wyss,] 1902.

Message du Conseil fédéral à l'Assemblée fédérale concernant la rupture des relations diplomatiques entre la Suisse et l'Italie. ⟨Du 15 avril 1902.⟩ II + 22 p. 8. Berne, C.-J. Wyss, 1902.

Message du Conseil fédéral à la haute Assemblée fédérale concernant les Suisses revenus du service pontifical. ⟨Du 28 Novembre 1870.⟩ [E.] 8. [Berne 1870.]

Message du Conseil fédéral à l'Assemblée fédérale concernant le traité de commerce signé avec l'Autriche-Hongrie le 9 mars 1906 et les conventions conclues à la même date avec ce pays relativement aux opérations douanières dans le service des chemins de fer et à la police des épizooties. ⟨Du 24 (*i. e.* 26) mars 1906.⟩ 36 p. 8. [Berne, C.-J. Wyss,] 1906.

Message du Conseil fédéral à l'Assemblée fédérale concernant le traité de commerce avec l'Italie conclu le 13 juillet 1904. II + 187 p. 8. Berne, C.-J. Wyss, 1904.

Message du Conseil fédéral à l'Assemblée fédérale concernant le traité de commerce conclu entre la Suisse et l'Espagne le 1er septembre 1906. ⟨Du 2 novembre 1906.⟩ 51 p. 8. [Berne, C.-J. Wyss,] 1906.

Message du Conseil fédéral à l'Assemblée fédérale concernant le traité de commerce conclu entre la Suisse et la Serbie le 28 février 1907. ⟨Du 30 mars 1907.⟩ 42 p. 8. [Berne, C.-J. Wyss,] 1907.

Message du Conseil fédéral à la haute Assemblée fédérale concernant l'usage des pleins pouvoirs extraordinaires. ⟨Du 28 novembre 1866.⟩ [E.] 8. [Berne 1866.]

Messager, s.a. Messagère

Messager: Le Messager (Fr I)
① Journal des Campagnes et Feuille d'Annonces ② Messager du Peuple (1869) ④ L'Union (Fr) ⑤ 1865—1881 ⑥ in-2°, puis in-4° ⑦ 2× par semaine ⑧ Fribourg: Mme Meyll ⑫ agricole ⑭ Fr: A. C.

Messager: Le Messager (Fr II)
① Organe des Conservateurs catholiques ② Messager de la Gruyère, de la Glâne et de la Veveyse (1902—1907) ⑤ 1897—31. 12. 1907 ⑥ in-2° ⑦ 2× par semaine ⑧ Bulle: Müller-Chiffelle ⑩ Müller-Chiffelle ⑪ Louis Morard ⑫ catholique-conservateur ⑬ BGSZ: 986: Le Messager du 31. 12. 1907 ⑭ Fr: C.

Messager. Le M' des Alpes. (Recettes [publiées avec le] concours de Ch[arles] Baumgartner, chef de cuisine [par la] Société laitière des Alpes Bernoises,) Stalden. [Illustré.] IV + 20 p. 8. [Berne 1904.]

Messager bernois
v. Feuille officielle du Jura.

—— le bon, pour l'an de grâce 1886—1889. 57me—60me année. 4. (à Jahrg. ca. 60 S. mit Abbild.) Lausanne. (Ebendas.) à Jahrg. **

Messager de l'école du dimanche. XVme année. 1878. par an 52 Nros. à 4 p., avec une vign. Lausanne, (Bâle, Georg). par an — 90

Messager, le, de l'école du dimanche. XVIIIe année. 1881. Par an 52 N[os] de 4 p. in-12°, avec vignettes sur bois. Lausanne, Société des écoles du dimanche. (Bâle, H. Georg).

Messager boiteux, le grand, de Strasbourg. Almanach historique, moral et récréatif pour l'année 1888 et 1889. 73me et 74me année. 4. (à Jahrg. 80 S.) Strassburg, Le Roux und Comp. à Jahrg. **

Messager boiteux, le grand, de Strasbourg. Almanach historique, moral et récréatif. 75.—78. année 1890—93. (à Jahrg. 80 S. m. Illustr.) 4. Strassb. i. E., Le Roux u. Comp. à Jahrg. ** — 21

Messager boiteux, le grand, de Strasbourg. Almanach historique, moral et récréatif pour 1895. 80. année. 4. (80 S. m. Bildern.) Strassburg 894. F. X. Le Roux & Co. n.n. — 24

Messager boiteux, le grand, de Strasbourg. Almanach historique, moral et récréatif pour 1899. 84. année. 4. (80 S. m. Bild.) Strassburg, F. X. Le Roux & Co. n.n. — 24

Messager boiteux, le grand, de Strasbourg. Almanach historique, moral et récréatif pour 1903. 88. année. 4. (80 S. m. Abb.) Strassburg, F. X. Le Roux & Co. n.n. — 24

Messager boiteux, le grand, de Strasbourg. Almanach historique, moral et récréatif pour 1907. 92. année. (80 S. m. Abbildgn.) 8. Strassburg, F. X. Le Roux & Co. n.n. — 24

Messager, le grand boiteux, de Strasbourg. Almanach historique, moral et récréatif pour 1911. 96. année. (80 S. m. Abbildgn.) 8. Strassburg, F. X. Le Roux & Co. nn — 24

Messager de la Gruyère, de la Glâne et de la Veveyse
v. Le Messager (Fr II).

Messager: Le Messager jurassien
① Feuille d'avis de Bienne et du Jura bernois ⑤ 24. 12. 1859—22. 12. 1860 ⑥ in-2° ⑦ hebdomadaire ⑧ Bienne: Imprimerie du «Courrier du Commerce Suisse» (Schuler) ⑩ Ernest Schuler ⑪ Ernest Schuler ⑫ libéral ⑬ BGSZ: 1 (no. 6402 avec l'indication «St-Imier») 959. 973 ⑭ Be: L.

Messager de Neuchâtel
v. Der Bote von Neuchâtel — Messager de Neuchâtel.

Message de Noël aux Prisonniers de Guerre
v. Le Messager du Prisonnier de Guerre.

Messager: Nouveau Messager suisse
⑮ BGSZ 12, p. 51, le mentionne sous les journaux politiques: c'était un almanach, publié chez Lador et puis chez Bonnant à Genève.

Messager du peuple
v. Le Messager (Fr I).

Messager des sciences et des arts de la Belgique, ou nouvelle Archives historiques, littéraires et scientifiques; recueil publié avec la coopération de plusieurs d'autres savans par MM. L. de Bast, F. de Reiffenberg, E. Jacquemyns, C. P. Serrure, A. van Lokeren, A. Voisin et L.A. Warnkoenig Année 1833. 4 Livr. (Mit Kupfer: u. Steintaf.) gr. in-8. Gand. (Bonn, Marcus.) n. 5 ₰ — Année (II.—VII.) 1834 —1839. à 4 Livr. à n. 5 ₰

Messager des sciences historiques de Belgique. Recueil publié par MM. de Saint-Genois, Archiviste de la Flandre Orientale; C. P. Serrure, Prof. à l'Université; Ph. Blommaert, Docteur en droit; A. Voisin, Conservateur de la Bibliothèque de l'Université; A. van Lokeren, Avocat; à Gand. Avec la coopération habituelle de MM. F. de Reiffenberg, Conservateur de la Bibliothèque nationale, et A. Schayes, Employé aux Archives du royaume, à Bruxelles. Année 1841. 4 Livrs. gr. in-8. Gand 841. (Bonn, Marcus.) n. 6 ₰

Messager: Le Messager suisse
⑮ BGSZ 12, p. 58 (feuilles politiques); c'était une revue de finances pour 1889/90.

Messager du Valais
s.a. **Walliser-Bote** — Messager du Valais.

Messager du Valais
① Journal agricole, industriel et commercial ⑤ 3. 1. 1897—20. 5. 1899 ⑥ in-2° ⑦ hebdomadaire ⑧ Sion: Joseph Beeger ⑩ Joseph Beeger ⑪ Marius Martin, Joseph Morand ⑫ neutre ⑭ Si C.

Messager **boiteux**, le veritable, de Bale. p. 1872. 4. Bâle. Schweighauserische Vrlgshdl. —. 40

Messager boiteux, le véritable, de Bâle p. 1873. 65 pp. in-4. Bâle, Schweighauser. —. 45

Messager boiteux, le véritable, de Berne et Vevey. 19e siècle. An 1880. 4. (72 S. mit eingedr. Holzschn.) Vevey 879. (Bern, Jenni's Verlag.) **

Messager boiteux, le véritable, de Berne et Vevey. 1881 —1885. 4. (à Jahrg. ca. 60 S. mit eingedr. Holzschn.) Vevey. (Bern, Jenni's Buchh.) à Jahrg. *

—— boiteux, le véritable, de Berne et Vevey. 179me—182me année. 1886—1889. 4. (à Jahrg. ca. 60 S. mit Illustr.) Vevey. (Bern, Koehler'sche Buchh.) à Jahrg. *

Messager (le) de la vérité. (Journal russe.) Nr. 9, 10. Bâle et Genève, Georg. 1878.

—, Le, de la vérité. Journal en russe. Nr. 11. Genève et Bâle, Georg. 1878. — 50

Messager, le, de la vérité (Journal en russe). Nr. 12. Genève et Bâle, Georg. 1878.

Messager (le) de la vérité (journal en russe). N° 13. Genève et Bâle, Georg. 1878.

Messager de la vérité. Journal en russe, Nr. 14. Genève et Bâle, H. Georg. 1878.

Messager de la Volonté du Peuple
v. **Věstnik** Narodnoje Woli.

Messager, André: Die Braut-Lotterie. ‹La Fiancee en loterie.› Vaudeville-Operette in 3 Akten. Text nach C. de Roddaz u. Alfred Douane, von Charles Adair. Musik von –. Als Ms. gedr. [Textbuch.] München: Prôfit [1908]. 92 S. 8°

Brigitte. **Véronique.** Kom. Oper in 3 Akten. Text von A[lbert] Vanloo & G[eorges] Duval. Deutsch von [Heinrich] Bolten-Baeckers. Musik von André **Messager**. Klavier-Auszug. *Paris: Choudens 1898.* (VIII, 230 S.) 4° [oo. 9491

Brigitte. Kom. Oper in 3 Akten. Text nach Albert Vanloos und Georges Duvals 'Véronique' von [Heinr.] Bolten-Baeckers. Musik von Andrée[!] **Messager**. *Berlin, Köln, Leipzig: A. Ahn 1899.* (35 S.) 8°
= **Operntext-Bibliothek**, Ahns. No 78. [oo. 9503

Madame **Chrysanthème**. Spieloper in 4 Aufz. Mit e. Vor- u. e. Nachspiel. Nach Pierre Loti von G[eorges] Hartmann u. A[ndré] Alexandre, Musik von André **Messager**. Ins Deutsche übertr. von Henriette Marion. [Text.] *Berlin, Köln, Leipzig: A. Ahn 1901.* (48 S.) 8°
= **Operntext-Bibliothek**, Ahns. No 80. [o3. 10441

Messager, André: Fortunio. Kom. Oper in 4 Akten ‹5 Bilder› nach d. Musset'schen Komödie 'Le chandelier' von G[aston] A[rmand] de Caillavet u. Robert de Flers. Deutsch von Walther Ehrenberg. Musik von –. Berlin, Köln, Leipzig: Ahn 1907. 72 S. 8°
(Ahns Operntext-Bibliothek. Nr 129.)

Die kleinen **Michu's**. Operette in 3 Aufzügen von A[lbert] Vanloo u. G[eorges] Duval. Musik von André **Messager**. Deutsch von [Heinrich] Bolten-Baeckers. *Berlin, Köln, Leipzig: A. Ahn 1897.* (32 S.) 8°
= **Operntext-Bibliothek**, Ahns. No 74. [oo. 9500

Die kleinen **Michu's**. Operette in 3 Akten von A[lbert] Vanloo & Georges Duval. Musik von André **Messager**. Deutsch von H[einr.] Bolten-Baeckers. Klavierauszug. *Paris: Choudens 1897.* (147 S.) 4° [oo. 9490

Messagère, la, de Chrischona. **Extrait de la correspondance des ouvriers de la mission des pélerins. 5. année. 4 Nrs. (½ B.) gr. 4. Basel 873. Spittler. n. —40**

— le même. 6—8. année. à 4 Nrs. (½ B.) gr. 4. Ebend. 874—76. à Jahrg. — 60

Messagère, la, de Crischona. Extrait de la correspondance des ouvriers de la mission des pèlerins. 7e à 11e année 1875—1879. à Jahrg. 4 Nrn. (à ½ Bog.) gr. 4. Basel, Spittler. à Jahrg.

Messagère, la, de Chrischona. Extrait de la correspondance des ouvriers de la mission des Pèlerins. Rédact.: C. H. Rappard. 11e—15e année. 1880—1884. à Jahrg. 4 Nrn. (à Nr. ½ Bog.) gr. 4. Basel, Spittler. à Jahrg. **

—— **la, de chrischona. Extrait de la correspondance des ouvriers de la mission des pélerins. Rédact.: C. H. Rappard. 16me—19me année. 1885—1888. à Jahrg. 4 Nrn. (à Nr. ½ Bog.) gr. 4. Basel, Spittler. à Jahrg. ****

Messagère, la, de chrischona. Extrait de la correspondance des ouvriers de la mission des pèlerins. Réd.: C. H. Rappard. 17.—20. année. 1886—1889. à 4 Nrn. (½ B.) gr. 4. Basel, Spittler. à Jahrg. n.n. — 40

Messagère, la, de Chrischona. 21.—24. année 1889—92. à Jahrg. 4 nrs. (à Nr. ½ Bog.) gr. 4. Basel, [Spittler.] Jaeger u. Kober. à Jahrg. — 60

Messagère, la, de Chrischona. 23.—26. année. 1891 —1894. à 4 nrs. (½ Bog.) gr. 4. Basel, Jaeger & Kober. à Jahrg. n. — 60

La **Messagère** de Crischona. 25e année. 1893. (4 Nos). Réd. par *C. H. Rappard.* N° 1. Gr. in-4°. 4 p. Bâle, C. F. Spittler. Par an — 40

La **Messagère** de Crischona. 26e année. 1894. (4 Nos). Réd. par *C. H. Rappard*. No 1. Gr. in-4°. 4 p. Bâle, C. F. Spittler. Par an — 40

Messagère, la, de Chrischona. 27.—30. année 1895 —1898. à 4 nrs. (à ca. 4 S.) gr. 4. Basel, Kober. à Jahrg. — 60

— du monde païen. Publiée par la Société des missions de Bâle. Réd.: L. Nagel, pasteur. 12 Nos in-12°. Bâle, Librairie des missions. Par an pour la Suisse 1 50

Messagère, la, du monde païen. Feuille de missions pour les enfants. 20. année, 1883. (12 Nrs.) In-8°. Basel, Missionsbuchhandlung. N° 1, pro cplt. 1 —

Messagère, la, du monde païen, 21 année 1884. In-8°. Basel, Missionsbuchh. pro Jhrg. 1 25

— la, du monde païn. Feuille de missions pour les enfants. Réd.: L. Nagel. 22. et 23. année 1885 et 1886. à 12 nrs. (B.) Basel, Missionsbuchh. à Jahrg. n. 1. —

— la, du monde païen. Feuille de missions pour la jeunesse. Réd.: Ch. Piton. 24.—27. année. 1887—1890. à 12 nrs. (B.) 8. Neuchâtel. Basel, Missionsbuchhdlg. à Jahrg. n. 1. —

— la, du monde païen. Feuille de missions pour la jeunesse. Red.: Ch. Piton. 28.—30. année. 1891—1893. à 12 nrs. (Bog.) 8. Neuchâtel. Basel, Missionsbuchh. à Jahrg. n. 1. —

La **Messagère** du monde païen. Feuille de missions pour la jeunesse. 31e année. 1894. (12 Nos). Red. par *Ch. Piton*. N° 1. Avec illustr. In-12°. 16 p. Neuchâtel, Impr. H. Wolfrath & Cie. (Bâle, Librairie des missions.) Par an 1 — Union postale 1 50

— la, du monde païen. Red.: Ch. Piton. 32.—35. année. 1895—1898. à 12 nrs. (Bog. m. Abb.) 8. Neuchâtel. Basel, Missionsbuchh. à Jahrg. n. 1. —

Messagère, la, du monde païen. Journal des missions pour le famille. Publié par Ch. Piton. 36 et 37 année 1899 et 1900. à 12 nrs. br. 8. (à ca. 16 S. m. Abb.) Neuchâtel. (Basel, Missionsbuchh.) à Jahrg. n. 1. —

Messages adressés par les Gouvernements suisse, allemand et italien à leur parlement en vue de la ratification de la convention intervenue le 13 octobre 1909 entre la Suisse, l'Allemagne et l'Italie et de l'accord italo-suisse de même date concernant le chemin de fer du St-Gothard. 1909/1910. ([Publié par le] Département fédéral des Chemins de fer.) [Avec 1 croquis.] IV + 114 p. 8. (Berne, [Stæmpfli & Cie.,] 1910.)

Messaggio del Consiglio federale alla Assemblea federale intorno alla rottura delle relazioni diplomatiche fra la Svizzera e l'Italia. (Del 15 aprile 1902.) II + 21 p. 8. ([Berna, Stämpfli & Cia,] 1902.)

La ferrovia Locarno-Feriolo quale linea d'allacciamento tra la ferrovia del Gottardo e quella del Sempione e quale linea diretta a Torino e, per il colle di Tenda, al mare. Messaggio [del] Consiglio di Stato ... del Ticino al lod. Gran Consiglio. 26 novembre 1901. Messaggio N° 48. 11 p. 8. [Bellinzona, Tipografia Cantonale.]

Comune [di Lugano]. Messaggio accompagnante i Conto-resi del Comune, dell' Acqua Potabile, dell' Officina del Gas e del Civico Ospitale per l'Anno 1900 ([e] Messaggio speciale accompagnante la Liquidazione delle spese di Costruzione del Nuovo Cimitero). 8 p. 4.

Città di Bellinzona. Messaggio municipale accompagnante progetto di aggiunta al Regolamento Comunale, per l'introduzione di una speciale Amministrazione per l'esercizio degli impianti idro-elettrici comunali. 23 Luglio 1902. 15 p. 8. Bellinzona, El. Em. Colombi & C., 1902.

Messala, Marcus, s.a. **Weihnachten, merkwürdige.**

Merkwürdige Weihnachten. 2 theosoph. Weihnachts-Erzählungen. Aus d. Engl. übers. von Marcus **Messala**. *Berlin: P. Rautz [1901]*. (59 S.) 8° [04. 8908

Messala Corvinus, M. Valerius, s. Messalla Corvinus

Messalina. Eine Satyre vom Verfasser der „Scherben" (Richard Voss). In-12°. 284 S. Zürich, Cäsar Schmidt. 1881.

MESSALINA, Roman eines nymphomanen Weibes. Band IV(?). London und New-York, Freier Verlag (um 1900). 8°. Verb. d. Ldg. III Berlin A. 4 J. 197/12.

MESSALINA, Eine neue. Dresden, Dresdener Romanverlag (= Moderne Bibliothek, Band 66). Verb. d. Ldg. Dresden 5 A. 217/07.

Messalinen, Die, Berlins. Realistische Novellen und Sittenbilder aus dem high life der Reichshauptstadt von ***. Berlin 1887. 1889. V: *Sacher-Masoch, Leopold Ritter von.* f(BGE I*, 295)

Messalinen, die, Berlins. Realistische Novellen und Sittenbilder aus dem high life der Reichshauptstadt von ***. 8. (VII, 209 S.) Berlin 887, Jacobsthal. *

Messalinen, die, Berlins. Realistische Novellen u. Sittenbilder aus dem high life der Reichshauptstadt v. *** 2. verb. Aufl. 8. (193 S.) Berl. 889, Jacobsthal. * 3 —

Messalinen, die, Berlins. Realistische Novellen u. Sittenbilder aus dem high life der Reichshauptstadt v. ***. 5. Aufl. 8. (VIII, 378 S.) Berlin 893. Neufeld & Henius. n. 3. —

Messalinen, die, Berlins. Realistische Novellen u. Sittenbilder aus dem high life der Reichshauptstadt, von ***. 9. Aufl. 8. (VIII, 378 S.) Berlin (900). [Neufeld & Henius.] Schreiter. 3. —

Messalinen, die, an der Donau. Pikante Geschichten aus der lust. Kaiserstadt. (96 S.) 8. Neuweißensee (905). E. Bartels. 2. —

— die, an der Spree. Spannende Geschichten aus mehreren Zeitaltern der Reichshauptstadt. (96 S.) 8. Ebd. (905). 2. —

Messalla Corvinus, M. Valerius

Messala Corvinus, Marc. Valer., Lucius Ampelius u. Sextus Rufus, übersetzt von Fr. Hoffmann. 16. Stuttgart 830. Metzler. 1/6 ₰. So ist der Titel Thl. IV. S. 91 zu berichtigen.

Messala, Corvinus, Marc. Valer., Lucius, Ampelius und Sextus Rufus, übers. von Fr. Hoffmann. Vollständig in 1 Bdchn. 16. Stuttgart ..., Metzler. Subscr.-Pr. 1/6 ₰

— Luc. Ampelius u. Sept. Rufus; übersetzt v. Fr. Hoffmann. 16. Stuttg. 830. Metzler. 4 gr

M. Valerius Messala Corvinus. Das Geschlecht des Octavianus Augustus, übersetzt von Friedrich Hoffmann. Stuttgart 1830. 8°.

Messalae, M. Valerii Corvini, libellus de Augusti progenie in us. scholarum subjectis notis editus ex rec. Thom. Hearnii, cum not. ed. Karl Hnr. Tzschucke. 12. Leipz. 793. (W, Vogel). 4 gr

Messala, Corvinus Marc. Valer., übers. v. Hoffmann, s. Prosaiker, röm.

Messalae, *Liber de Augusti progenie.* Cum notis edid. Tzschucke. Lips. 793. 12. 4 gr.
Das Buch steht in einigen Ausgaben des Eutrop.

Meßandacht. 8 (32 S.) Wien. Gedruckt bei J. P. Sollinger's Witwe. 1834.

Meß- und Abendandacht zu Ehren des heil. Antonius von Padua. 32. (32 S.) Aachen 879, Cremer'sche Buchh.

Messandacht zum frommen Andenken an Verstorbene ... Salzburg [1789—91.] V: *Reiter, Matthäus.* (Hr)

Meß-, Beicht-, Kommunion- und Kreuzweg-Andacht für katholische Christen. Auch als Anhang zu jedem Andachtsbuche zu gebrauchen. 8. (78 S.) Gmunden, Druck und Verlag von Johann Habacher, 1853.

Messandacht und Anbetung, Dreyfache, Jesu Christi ... Salzburg [1789—91]. V: *Reiter, Matthäus.* (Hr)

Messandacht im Geiste der hl. Kirche. Salzburg [1886]. V: *Hager, Edmund.* (Hr)

Meßandacht, gemeinschaftliche, zunächst bestimmt f. d. Schuljugend, dann auch f. jede Pfarrgemeinde. 8. Münch. 806. (Landsh., Krüll). 2 gr Regensb., Pustet. 3 gr

Meß-Andacht, gemeinschaftliche. Für die kathol. Schuljugend. 8. (16 S.) Leipzig 848, Jackowitz. *

Meß-Andacht, gemeinschaftliche. 2. Aufl. Leipzig 858. Jackowitz. 16. (16 S.) n. 2 ngr

Meßandacht, gemeinschaftliche. Von e. Priester d. Bist. Rottenburg. 16. (16 S.) Stuttgart 898. Süddeutsche Verlagsbuchh. n. — 5

[F.] Gemeinschaftliche **Mess-Andacht**. Von e. Pfarrer d. Diözese Paderborn ... *Erfurt: G. A. Brodmann 1895.* (16 S.) 1 Bd 8.

— gemeinschaftliche, für Kinder und Erwachsene. 8. Aufl. Kempten 854. Kösel. 12. (24 S.) 1 ngr

Meßandacht, gemeinschaftliche, für Kinder u. Erwachsene. 9. Aufl. Kempten 868. Kösel. 8. (24 S.) 1 ngr

Meß-Andacht, gemeinschaftliche, für Kinder und Erwachsene. 10. unveränd. Aufl. 16. (32 S.) Kempten 879, Kösel'sche Buchh. *

Meß-Andacht, gemeinschaftliche, f. Kinder u. Erwachsene. 12. Aufl. gr. 16. (32 S.) Kempten 890, Kösel. * — 10

— gemeinschaftliche, f. Kinder u. Erwachsene. 13. unveränd. Aufl. 16. (32 S.) Kempten 894. J. Kösel. n. — 10

Meß-Andacht, gemeinschaftl., f. Kinder u. Erwachsene. 14., unveränd. Aufl. 16. (32 S.) Kempten 897. J. Kösel. n. — 10

Meßandacht zu Ehren des hl. Ignatius. (Für Ordenspersonen.) (16 S.) 12×7,9 cm. Saarlouis 907. F. Stein Nachf. — 10

Meß-Andachten

—— gemeinschaftliche, für die Schuljugend zum Gebrauche beim öffentlichen Gottesdienste mit einer Auswahl von Liedern nebst Morgen-, Abend- und Beicht-Gebeten. 2., verm. Aufl. gr. 16. (80 S.) Crefeld 855, Klein.

Meß-Andachten in Gesang und Wechselgebet für Schulen und Gemeinden. 8. (28 S.) Köln 853, [Bollig's Buchh.]

Meß-Andachten für die Schuljugend. gr. 16. (68 S.) Neuß 849, Schwann. n. 1/12 ₰

Messanguay

— Abhandl. von d. Liebe Gottes u. von dem christl. Gebete. gr. 8. Salzb. Waisenh. (Duyle.) 776.

Messanguay, Andachtsübungen a. d. heil. Schrift, a. d. Franz. v. Lauber. 8. Wien, Rötzl. (Kaulfuß.) 796.

— Ausleg. d. christl. Lehre, od. Unterweis. in den Grundwahrheit. d. Religion. 6 Thle. gr. 8. Salzburg, Waisenh. 786.

— Ausleg. des heil. Meßopfers. gr. 8. Ebend. 786.

— exercitia pietatis desumta e sacr. literis et liturgia ecces. 12. maj. Pest, Strohmayr. 790.

Messanguay (Abbé), Kurzgefaßte Geschichte des Alten Testamentes nach Erklärung und Gedanken. Aus dem Französ. übers. von Martius Anton Wittola. Wien, Trattner, 1770, 8°, 10 Teile.

—— Geschichte des Neuen Testamentes. Ebendaselbst, 1770, gr. 8°, 3 Bde.

— Leben der Heiligen. 4 Thle. gr. 8. Würzburg, Stahel. 789. 90.

— für alle Zeiten d. Jahres. 32. (24 S. m. Titelbild.) Einsiedeln 892. Benziger & Co. Geb. in Leinw. m. Goldschn. n. — 50

Messanstalten

Meß= u. Abendmahls=Anstalten, üb. die deutschen, in d. kathol. Hofkapelle zu Stuttgart, (v. B. M. Werkmeister). 8. Stuttg. 787. Wohler in Ulm. 4 gr.

Messanzeigen, Frankfurter,

oder Journal der Landesindustrie ... Frankfurt a. d. O. 1798. H: *Reitemeier, Johann Friedrich.* (Ky) (MGT)

Meßanzeiger, Frankfurter, od. Journal d. Landes=Industrie f. Kaufleute, (v. J. F. Reitemeier). 3 Hefte. 8. Frankf. a. d. O. 798. Acad. Handl. (à 5 gr.) 15 gr.

Grossbilder-Katalog der Königl. Preuss. Messbildanstalt. [Berlin] 1900. 30 Taf., 11 Bl. 4° [Umschlagt.] (10. 7358 9

Meß-Bilder in 14 Abschnitten, als: Guter Anfang; vertauschte Geheimnisse; eine Nacht in Alhambra; eine Soirée, etc. etc. 178 Seiten. (Eduard Rosenbaum in Washington. ca. 1860.) Längst vergriffen!

Meßbilder, Leipziger. Heitere Lebensbilder aus der Gegenwart. Nr. 1. u. 2. Leipzig 867. Purfürst. 8. Jede Nr. n. 2½ ngr.

Nr. 1. Leipziger Harfenmädchen. (16 S.)
= 2. Unter den Buden. (16 S.)

Meß(-blatt): Meß- & Märitblatt der Stadt Bern

① Meß- und Märitblatt der Stadt Bern (Nr. 3, vielleicht schon Nr. 2). Meß- und Märit-Blatt der Stadt Bern (ab Nr. 5) ⑤ November 1886—Dezember 1886 ⑥ 2° ⑧ Bern: Suter & Lierow (Nr. 1, evtl. auch Nr. 2); Biel: Andres & Weber (ab Nr. 2 oder 3) ⑩ Wilhelm König, gen. Dr. Bäri ⑪ Wilhelm König, gen. Dr. Bäri ⑫ satirisches Blatt ⑬ Schweizerspiegel Novembre 1954 ⑭ Be: L (Nr. 1 und 3—7) ⑮ Wilhelm König hatte schon 1867 unter dem Titel «Dr. Bäri» ein satirisches Oppositionsblatt veröffentlicht. — In Nr. 7 schreibt er: «Zum Schlusse was wollte ich? Meine Mitbürger auf einige böse Übelstände aufmerksam machen, mehrere Dinge an die Öffentlichkeit ziehen, die zwar längst stadtbekannt waren, die sich die Spatzen auf den Dächern längst zu- und vorpfiffen, die aber niemand zur Öffentlichkeit bringen mochte ...» Auf Nr. 1 Marktfrau (von Gehri), von Nr. 3 an zwei Bären und Berner Wappen.

Messbote, Der Leipziger,

von den beyden Messen. Leipzig 1786. V: *Masius (Meese), Johann Nicolaus (später Gottfried Lebrecht).* (MGT) (StAt)

„Der Leipziger Messbothe von der Ostermesse 1786", Stück 1, 2, Cöthen 1786 (Glandenberg; auch Leipzig Masius). — Vorh.: UB Halle und Landesbibliothek Dresden.

Meßbuch

— nach d. römisch=latein. Meßbuche auf alle Tage d. Jahres eingerichtet. 2 Bde. gr. 8. Wien 810. Binz. (Armbruster). 3 fl. Hbz. Pr. 1 fl 8 gr.

— Enth. 52 verschied. heilige Meßandachten, eine Erklärung des heil. Meßopfers u. andere gewöhnl. Andachtsübungen. Neue umgearb. u. verb. Ausg. 18. (Mit 1 Lithogr.) Einsiedeln 843, Gebr. Benziger. ⅓ fl

CHRIST-CATHOLISCHES Meß- und Betbuch, zum Gebrauch deren weltlichen Stands-Personen, besonders frommer Haus-Vater, und Mütter von einer Gott liebenden Seele zusammen getragen, für alle täglich und feyerliche Andachts-Zeiten, nach dem Geist der Heil. Römischen Kirchen eingerichtet, zur Ehre des Allerhöchsten, und Heil des Nächsten in Druck befördert. Erlau 1766: Buchdr. der Bischöflichen Schul. 14, 436, 10 S. - 160 mm
- Dass. Pressburg 1762: Druck Joh. Michael Landerer. (14) 438 (10).
- Dass. Pressburg o. J.: Druck Joh. Michael Landerer. 3. Aufl.

CHRIST-CATHOLISCHES Mess- und Gebet-Buch, zum Gebrauch deren weltlichen Stands-Personen, besonders frommer Hausväter, und Mütter von einer Gott liebenden Seele zusammen getragen für alle täglich und feyerliche Andachts-Zeiten, nach dem Geist der h. röm. Kirchen eingerichtet. Pressburg 1773, dritte Aufl.: Bey Joh. Mich. Landerer. 422 S. 5 f. 12 t. - 8°

Meß= u. Gebetbuch in großem Druck. Auswahl aus dem „Missale", dem „Vesperale" u. dem „Chor= u. Meßbuch" v. Wilh. Karl Reischl. 12. (IV, 362 S.) München 885. Stahl. n. 1. 60

Messbuch, Des Kindes.

Nach dem Französischen bearbeitet. Freiburg i. Br. 1872. V: *Brugier, Gust.* (Kat. Herder 1801—95)

Meßbuch, d. Kindes. Nach dem Franz. bearb. u. m. e. Meßerklärg. nebst Anh. vermehrt v. e. Priester der Erzdiöcese Freiburg. Mit vielen Illustr. (in eingedr. Holzschn.) 16. (95 S.) Freiburg i/Br. 874. Herder. n. n. — 25

Meßbuch, das, der römisch=kathol. Kirche. Aus dem Latein. übersetzt, u. mit e. Anhange von kirchl. Morgen=, Nachmittags=, Abend=, Beicht= u. Kommunionandachten, so wie von Gebeten für verschied. Lebensverhältnisse, u. den Kirchengesängen auf die verschied. Tagszeiten, die Sonntage und Feste des Herrn, u. der Heiligen versehen. Ein tägl. Erbauungsbuch für kathol. Christen von Marcus Adam Nickel. 2 Thle. oder 5 Liefg. gr. 8. München 839—41. (Regensb., Manz.) n. 3 fl — Dass. 2. verb. Aufl. 1. u. 2. (Schluß=) Liefg. gr. 12. (Mit 1 Stahlst.) Frankfurt a/M. 844, 45, Sauerländer. à ⅞ fl (compl. 1¾ fl)

Meßbuch, das, der römisch=katholischen Kirche. Aus dem Latein. übers., und mit einem Anhange von kirchl. Morgen=, Nachmittags=, Abend= rc. Andachten, so wie von Gebeten für verschied. Lebensverhältnisse rc. versehen. Ein tägl. Erbauungsbuch für kathol. Christen, von Marcus Adam Nickel. Supplementheft. Die neueren und neuesten vom heil. apostol. Stuhle vorgeschriebenen und bewilligten Messen und Hymnen enth. br. 8. (VII und 114 S.) Frankfurt a. M. 860, Sauerländer's Verlag.

Meßbuch, mein. Eine Erklärg. des hl. Meßopfers nach mehreren der besten Schriftsteller, nebst sechs Meßandachten u. anderen Gebeten. Hrsg. f. die Mitglieder der St. Josef=Bücherbruderschaft. (VIII, 376 S. m. Abbildgn.) 16. Klagenfurt 904. Buch= u. Kunsth. des St. Josef=Vereines. Geb. in Leinw. n. 1. —

Meß=Buch, Weltlicher Leuten, begreifend sehr kräftige, andächt. u. herzl. Meß=Gebeter, von 52 Messen, dergl. niemal in Druck gekommen, u. deren Kraft u. Nutzen unerschätzlich groß ist. 8. Neiße 826, (Leipz., Centr.=Compt.)

—— weltlicher Leuten, begreifend 52 sehr kräft., andächt. u. herzl. Meßgebethe, sammt Morgen=, Abend=, Beicht=, Kommunion= u. a. Gebethen. Neu bearb. Aufl. gr. 18. (120 Seit. u. Ttlbild.) Einsiedeln 839. (Regensburg, Manz.) •

Meßbuch, weltlicher Leute, enthaltend 52 sehr kräftige, andächtige u. herzliche Meßandachten auf alle Sonn= u. Feiertage, alle heil. Zeiten u. auf alle Tage eingerichtet, sammt einer Erklärung des heil. Meßopfers u. andern gewöhnlichen Andachtsübungen. 17. von einem Priester aus dem Orden des heil. Benediktus umgearb., verb. u. verm. Aufl. 12. (384 S. m. lith. Titel in Golddr. u. 1 Lith.) Einsiedeln 850, Gebr. Benziger. 9 ngr

Meßbuch, weltlicher Leute, enth. 52 sehr kräftige, andächtige und herzliche Meßandachten auf alle Sonn= und Feiertage, alle heil. Zeiten und auf alle Tage eingerichtet, sammt einer Erklärung des heil. Meßopfers und andern gewöhnl. Andachtsübungen. 17., von einem Priester aus dem Orden des heil. Benediktus umgearb., verb. und verm. Aufl. 12. (384 S. mit lithogr. Titel in Golddr. und 1 Stnt.) Einsiedeln 851, Gebr. Benziger.

Meßbuch, weltlicher Leute, enthaltend sehr kräftige und andächtige Meßgebete. In 52 heil. Messen auf alle Sonn- und Feiertage, alle heil. Zeiten und auf alle Tage eingerichtet, sammt Morgen-, Abend-, Beichtgebeten rc. Verb. und neu hrsg. von Andr. Büschl. 19. Aufl. 12. (336 S. mit 1 Holzschn.) Augsburg 854, Schmid'sche Vrlgsh.

—— weltlicher Leute, enthaltend sehr kräftige und andächtige Meßgebete. In 52 heil. Messen auf alle Sonn- und Feiertage, alle heil. Zeiten, und auf alle Tage eingerichtet, sammt Morgen-, Abend-, Beicht-, Communion- und Ablaßgebeten und dem heil. Kreuzwege. Verbessert und neu hrsg. von Andr. Büschl. 20. Aufl. 12. (836 S. mit eingebr. Holzschn.) Augsburg 858, Schmid'sche Verlagsbuchh.

—— weltlicher Leute, enthaltend: 52 sehr kräftige, andächtige und herzliche Meßandachten, nebst allen gewöhnl. Andachtsübungen. 21., von einem Priester aus dem Orden des heil. Benediktus umgearb., verb. und verm. Aufl. 12. (392 S. mit 1 Stut. und lithogr. Titel.) Einsiedeln 859, Gebr. Benziger.

Meßbuch, weltlicher Leute, enthltd.: 52 sehr kräftige, andächtige u. herzliche Meßandachten, nebst allen gewöhnl. Andachtsübungen. 26., von einem Priester aus dem Orden des heil. Benediktus umgearb., verb. u. verm. Aufl. Einsiedeln 867. Gebr. Benziger. gr. 16. (438 S. mit eingebr. Holzschn. u. 2 Steintaff.) 10 ngr.

Meß-Buch, weltlicher Leute, enthaltend 52 heil. Messen, nebst Beicht- und Kommuniongebeten und allen gewöhnl. Andachtsübungen. Neue umgearb. Aufl. 12. (336 S. mit farb. Titel und 1 Tondr.) Salzburg 881, Pustet. *

Weltlicher Leute Meßbuch, enth. 52 sehr kräftige, andächtige u. herzl. Meßandachten nebst allen gewöhnl. Andachtsübungen. Von e. Priester aus d. Orden d. heil. Benedictus umgearb., verb. u. verm. Aufl. *Einsiedeln, Köln: Benziger & Co. [um 1902].* (400 S.) 8° [F.]

— in Liedern auf die Feste des Herrn. (Mit Titelvign.) gr. 12. Innsbruck 836. (Augsb., Kollmann; Regensb. u. Landshut, Manz.) $^{3}/_{8}$ ₰

Meßbuch für das katholische Pfarrkind, in lateinischer und deutscher Sprache von G. M. Pachtler. Mainz 854. Kupferberg. 18. (XVIII, 780, XX S.) 27 ngr.

Meßbuch, Trostreiches — begreifend sehr kräftige und andächtige Meßgebete. In zwei und fünfzig heiligen Messen auf alle Sonn- und Feiertage, auf alle Zeiten und alle Tage eingerichtet. Mit einem Titelbild. Neuhaus, 1855. Druck und Verlag von Alois Josef Landfraß. (XIX. 346 S. 4 Bl. 16.)

Meßbuch, trostreiches — begreifend sehr kräftige und andächtige Meßgebete. Neuhaus, 1857. Druck und Verlag von Alois Josef Landfraß. (354 S. 3 Bl. 8. Mit einem Titelbilde.)

Meß-Buch, trostreiches, begreifend sehr kräftige u. andächtige Meßgebete. In zwei u. fünfzig heiligen Messen auf alle Sonn- u. Feiertage, auf alle Zeiten u. alle Tage eingerichtet. Durchaus verb. u. mit vielen Bildern verm. Aufl. kl. 8. (347 S.) Neuhaus, Landfraß & Sohn. 32 kr.
1863.

—— trostreiches, begreifend sehr kräftige und andächtige Meßgebete. In 52 heil. Messen auf alle Sonn- und Feiertage, auf alle Zeiten und alle Tage eingerichtet. Sammt heilsamen Morgen-, Abend-, Beicht-, Communion- und andern nützlichen Gebeten, der Kreuzweg-Andacht in Bildern und allen Andachtsliedern, nebst einem geistl. Betkalender in Form einer Litanei verfaßt. Durchaus verb. und mit vielen Bildern verm. Aufl. 8. (347 S.) Neuhaus 865, Landfraß und Sohn. *

Meßbuch, verdeutschtes, einger. nach d. neuen Röm. Missale. 6 Thle. 8. Wien. 768. Krauß. 5 ₰

— vollständiges. 4 Thle. 8. Wien, Tendler.

— vollständiges, 4 Thle. 8. Wien 799. Trattner. 3 ₰ 8 gr.

Meßbuch, vollständiges, für Weltleute. Neu bearb. und ver... von Michael Sintzel. Enth.: 52 verschied. heil. Meßandachten nebst Morgen-, Abend-, Beicht- rc. Gebeten. gr. 16. (642 S. mit 1 Stahlst.) Regensburg 862, Manz.

—— f. Weltleute. Enth. 52 verschied. heilige Meßandachten, eine Erklärung des heil. Meßopfers u. andere gewöhnl. Andachtsübungen. Neue umgearb. u. verb. Ausg. 12. (16 B. u. 1 Stnt.) Einsiedeln 843, Gebr. Benziger.

— f. Weltleute, enth. 52 sehr kräft., andächt. u. herzl. Meßandachten nebst allen gewöhnl. Andachtsübgn. Von e. Priester aus der Diözese Basel. Neu rev. v. Joh. Tschümperlin. 40. verb. Aufl. (656 S. m. Abbildgn., 15 Volltaf. u. 1 Stahlst.) 16. Einsiedeln 905. Verlagsanstalt Benziger & Co. Geb. in Leinw. n. 1. 40; in Halbldr. m. Goldschn. n. 1. 80; in Ldr. m. Goldschn. n. 2. 60

Meßbüchel, katholisches, sammt beigefügten schönen Morgen-, Abend-, Beicht- u. Kommuniongebeten rc. 32. Grätz, Miller. 2 gr.

KATHOLISCHES Meßbüchel oder andächtige sehr nützliche Weise, der heiligen Messe in Betrachtung des Leidens und Todes Jesu Christi beyzuwohnen, mit Andachtsübungen und Liedern auf alle Festtäge vermehrt. Kaschau o. J.: Ellinger'sche Buchdr. - 12°

Meßbüchel, kathol., oder: Andächtige u. nützl. Weise, der heil. Messe in Betrachtung des bittern Leidens und Sterbens Jesu Christi beizuwohnen, sammt Morgen-, Abend-, Beicht- und Kommuniongeb. rc. 18. Linz 832. Hümer. (Haslinger.) $^{1}/_{8}$ ₰

Meßbüchlein

—— oder nützl. Weise d. heil. Messe durch Betrachtungen d. Leidens u. Todes Jesu Christi andächtig anzuhören. Nebst Morgen-, Abend-, Vesper-, Beicht- u. Kommuniongebeten, mit Litaneien u. Andachten zu d. Heiligen Gottes, wie auch e. marianisch-wochentl. Befehlung. 18. (6 B. u. 16 Holzschn.) Einsiedeln 829. (Augsburg, Kollmann.)

Meßbüchlein, od. Betrachtungen d. Leidens u. Todes Jesu Christi während d. heil. Messe. Nebst d. gebräuchl. Andachtsübungen f. kathol. Christen. Sammt d. heil. Kreuzweg. gr. 32. (196 Seit. u. 52 Holzschn.-Vign.) Einsiedeln 830. (Regensburg, Manz.) *

Ohne Vignetten

— oder: Nützliche Weise die heil. Messe durch Betrachtungen des Leidens und Todes Jesu Christi andächtig anzuhören rc. Mit Bildern. 18. Einsiedeln 841, Gebr. Benziger. $^{1}/_{8}$ ₰ — Dass. m. 36 Vorstellgn. d. heil. Messe. 18. Ebd. 840. $4^{1}/_{4}$ ngr.

—— oder nützliche Weise d. heil. Messe durch Betrachtungen d. Leidens u. Todes Jesu Christi andächtig anzuhören rc. Mit Bildern. 18. Einsiedeln 841, Gebr. K. u. N. Benziger.

Meßbüchlein. Betrachtung des Leidens u. des Todes Jesu während der heil. Messe. Mit allgemeinen Andachten. 44. Aufl. Großer Druck. Einsiedeln 867. Gebr. Benziger. 18. (192 S.) 2 ngr.

—— Mit 36 Holzschn. bei der heil. Messe. 19. Aufl. Ebend. 866. 18. (228 S.) 3 ngr.
Mit Meßanhang (324 S.) 3½ ngr.

Meß- u. Gebetbüchlein f. die Pfarrschulen. 12. Neuwied 827. Lichtfers u. F. 4 gr.

Meßbüchlein. – Heiliges Meßbüchlein

Meßbüchlein, H — in Gesängen zum Gebrauche der Schuljugend des St. Ursula-Conventes zu Tirnau. 1854. Tirnau. Druck von Sig. Winter. (50 S. 16.) geh.

—für d. liebe Jugend, worin die Handlungen der heil. Messe, mit Beziehung auf d. Leidensgeschichte Jesu in 36 Bildern vorgestellt sind. 32. Zweibr. 827. Ritter. 2 gr.

Meßbüchlein f. d. liebe Jugend. 16. (200 S. m. farb. Abb. u. farb. Titelbild.) Einsiedeln 896. Verlagsanst. Benziger & Co. Geb. in Ledertuch n. — 48

— dasselbe. 24. (200 S. m. farb. Textabb. u. 1 Farbdr.) Ebd. 896. Geb. in Ledertuch m. Goldschn. n. — 55

Meßbüchlein f. die liebe Jugend. Ein kathol. Gebetbüchlein f. fromme Kinder. 16. (IV, 181 S. m. Abbildgn.) M. Gladbach (898). A. Riffarth. Geb. n. — 40

Meßbüchlein für die liebe Jugend. 3. Aufl. *Einsiedeln, Köln: Benziger & Co. [um 1902].* (200 S.) 8° [ǂ.]

KATHOLISCHES Meßbüchlein, oder Anweisung, der heiligen Messe mit Betrachtung des bittern Leidens Jesu Christi beizuwohnen; sammt schönen Morgen-, Abend-, Beicht- und Kommunion-Gebeten, nebst den Tagzeiten von der unbefleckten Empfängniß. Ofen 1815. Gedr. mit kön. Universitäts-Schriften. - kl. 16°
- Dass. Ofen 1825: Kön. Ung. Univ.-Buchdruck. - 16°
- Dass. Ofen 1831: Kön. Ung. Univ.-Buchdruck. - 16°

KATHOLISCHES Meßbüchlein oder: andächtige und sehr nützliche Weis der heiligen Mess, in Betrachtung des bittern Leidens und Sterbens Jesu Christi beyzuwohnen. Sammt anmüthigen und kräftigen Morgen-, Beicht- und Kommuniongebetern. Mit vielen Holzschnitten. Komorn 1807: Wwe. Klara Weinmüller. 89 f. - kl. 16°
- Dass. Komorn 1852: Gebrüder Siegler. 119 F. - kl. 16°

KATHOLISCHES Messbüchlein oder andächtige und nützliche Weise der heiligen Meß in Betrachtung des bittern Leidens und Sterbens Jesu Christi beizuwohnen, sammt anmuthigen und kräftigen Morgen-, Abend-, Beicht- und Communion-Gebether. Pest 1854: Trattner-Károlyi. (232 S) - 160 mm
- Dass. Pest 1856: Trattner-Károlyi.

KATHOLISCHES Messbüchlein, worin bildlich das bittere Leiden und Sterben Jesu Christi dargestellt wird, nebst anmuthigen und kräftigen Morgen-, Abend-, Beicht- und Communion Geboten, so wie auch Litaneyen und Meßlieder zu finden sind. Pesth 1855: Alois Bucsánszky. 215 S. - 100 mm
- Dass. Pesth 1860: Bucsánszky. 221 S. 3 f. - 100 mm
- Dass. Budapest 1899. Verlag Col. Rózsa u. Frau. 244 S. - 100 mm
- Dass. Budapest 1904. Verlag Col. Rózsa u. Frau. 224 S. - 100 mm
- Dass. Budapest 1907: Verlag C. Rósza u. Frau. 224 S. - 100 mm

Meßbüchlein, kathol., od. geistreiche Erklärung u. Ausleg. d. heil. Messe nach allen ihr. Theilen, so wie auch Verdeutsch. d. latein. Textes. Zuletzt hrsg. im J. 1583 zu Dillingen. Jetzt z. Nutzen u. Troste aller christglaub. Seelen v. neuem aufgelegt. 16. (20½ B. u. Titbild.) Coblenz 834, Hölscher.

Meßbüchlein, katholisches, od. geistreiche Erklärung u. Auslegung d. heil. Messe nach allen ihren Theilen, so wie auch Verdeutschung des latein. Textes. Zuletzt hrsg. im J. 1583. 2. Aufl. 16. (20½ B. u. 1 Stnt.) Coblenz 843, Hölscher. Thlr. -

Meßbüchlein, katholisches, für die Jugend. Ein Auszug aus „Jesus der göttl. Kinderfreund." 3. Aufl. 32. (128 S.) Salzburg, Pustet. 8 kr.
1861.

Meß-Büchlein, katholisches, für die Jugend, das auch Erwachsene brauchen können. 10. Aufl. 24. (176 S. mit 1 Tondr.) Salzburg 877, Pustet. *

Meß-Büchlein, katholisches, für die Jugend, das auch Erwachsene brauchen können. 11. Aufl. 32. (192 S. m. 1 Tondr.) Salzb. 890, Pustet. * — 25

— katholisches, f. d. lieben Kleinen. V. e. Priester d. Diöcese Passau. 11. Aufl. 32. (16 S. m. Abb.) Salzburg (890). A. Pustet. — 24

Mess-, Rosenkranz- und Kreutzweg-Büchlein, Katholisches. Augsburg 1817. 3. Aufl. 1825. H: *Königsdorfer, Martin.* (schmal) (KY) (MGT)

Meß-Büchlein, kleines — bestehend in Vorstellungen des bittern Leidens unsers Erlösers Jesu Christi und aus Morgen-, Abend-, Meß-, Beicht- und Kommuniongebeten. Druck von Alois Landfraß in Neuhaus 1857. Maria-Zell. Im Verlage und allein zu haben bei Josef Emler. (177 S. 8.)

KORPORISCHES Messbüchlein, sammt Morgen-, Abend- Beicht- und Kommunion-Gebethen zur Mutter Gottes. Skalitz 1. J.: Skarnitzl

—— mein liebes. Eine kurze Meßandacht zum gemeinschaftl. Gebrauch f. Kinder. [Von J. Gapp.] 2. Aufl. (47 S. m. Abbildgn.) 890. — 15; 3. Aufl. 16. (48 S. m. Bildern.) Regensb. 890, (Verlagsanstalt). — 15; cart. ** — 20

Meßbüchlein, mein liebes. Eine kurze Meßandacht zum gemeinschaftl. Gebrauch f. Kinder. (Von J. Gapp.) 3. Aufl. 16. (48 S. m. Bildern.) Regensburg 891. (Nationale Verlags-Anstalt.) — 15; kart. n.n. — 20

Messbüchlein, Mein liebes. Eine kurze Messandacht zum gemeinschaftlichen Gebrauch für Kinder. 5. Aufl. Dülmen i. W. [1894]. 10. Aufl. [1896]. 17. Aufl. 1901. 22. Aufl. 1904. V: *Gapp, Jul.* (Berl)

Meßbüchlein. – Mein liebes Messbüchlein. Eine kurze Messandacht zum gemeinschaftl. Gebrauche für Kinder. 14. Aufl. (Mit Morgen-, Abend- u. Beichtandacht.) Dülmen i. W.: A. Laumann [1898]. (68 S.) 8°

— mein liebes. Eine kurze Meßandacht zum gemeinschaftl. Gebrauch f. Kinder. 16. Aufl. (Mit Morgen-, Abend- u. Beichtandacht.) 16. (68 S. m. 20 Abbildgn.) Dülmen 899. A. Laumann. Kart. — 15

— mein liebes. Eine kurze Meßandacht zum gemeinschaftl. Gebrauch f. Kinder. 24. Aufl. (Mit Morgen-, Abend- u. Beichtandacht u. Vesperpsalmen.) (80 S. m. Abb.) 16. Dülmen 906. A. Laumann. Geb. — 15

Meßbüchlein. – Mein liebes Meßbüchlein. Eine kurze Meßandacht z. gemeinschaftl. Gebrauch f. Kinder. 25. Aufl. (Mit Morgen-, Abend- u. Beichtandacht u. Vesperpsalmen.) Dülmen: A. Laumann 1907. (80 S.) 8°

— neues, worin die verschied. Handll. d. heil. Messe mit Beziehung auf d. Leidensgeschichte Jesu in 36 Bildern vorgestellt. Straßb. 826. (Müller in Mainz). 8 gr.

Meßbüchlein, neues. Enth. einen vollständ. Unterricht über die Ceremonien der heil. Messe, Betrachtungen über das Leiden und Sterben Jesu Christi während der heil. Messe und eine Sammlung der vorzüglichsten Andachtsübungen für kathol. Christen. 32. (192 S. mit 1 Holzschntaf.) Einsiedeln 870, Gebr. Benziger.

—— neues. Enthaltend einen vollständ. Unterricht über die Ceremonieen der heil. Messe. Betrachtungen über das Leiden und Sterben Jesu Christi während der heil. Messe und eine Sammlung der vorzüglichsten Andachts-Uebungen für kathol. Christen. Neue umgearb. und mit vielen Ablaßgebeten verm. Aufl. 32. (196 S.) Einsiedeln 880, Gebr. Benziger.

— neues. Gebetbüchl. f. Schul- u. Christenlehrkinder, enth. d. hl. Messe in Beziehg. auf d. Leidens-Geschichte Jesu m. vielen Bild. Die deutsche Singmesse, christl. Unterricht, sow. d. gebräuchlichsten Andachts-Uebgn. f. kath. Christen. Neueste Aufl. 82. (192 S. m. farb. Titelbild.) Kevelaer 895. J. Thum. Kart. — 30

Neues **Meßbüchlein.** Mit vollst. Unterr. über d. Ceremonien d. heil. Messe. Betrachtungen über d. Leiden u. Sterben Jesu Christi während d. heil. Messe u. d. vorzüglichsten Andachts-Übungen. *Einsiedeln, Köln: Benziger & Co. 1902.* (222 S.) 8° [F.] [illegible]

Meß-Büchlein, auch zum Vor- u. Nachsprechen f. die katholische Jugend, samt Beicht- u. Kommunion-Andacht. (46 S.) 16. Kufstein (906). (E. Lippott.) — 15

Meßbüchlein in Wechselgebeten. Zum Gebrauch bei der Schulmesse. 16. (64 S.) Paderborn 879, Junfermann'sche Buchh.

Messdiener

Meßdiener, der. Eine Anweisung, den kirchl. Vorschriften gemäß bei Stillmessen, einfachen Aemtern und Leviten-Aemtern zu dienen. 8. (16 S.) Mainz 861, Kirchheim.

Messediener, die. Anleitung, wie sie dem Priester bei der heil. Messe dienen und antworten sollen. 12. (8 S.) Paderborn 869, Schöningh. *

Meßdiener, der andächtige, d. i.: Regeln u. Vorschriften für das andächtige Meßdienen, nebst einer Unterweisung über die Wichtigkeit dieses Dienstes. 32. (64 S.) Münster 852, Aschendorff. 1 ngl

Meßdiener, der fromme, oder Anleitung, dem Priester bei der heil. Messe gut und andächtig zu dienen. Nebst den nothwendigsten Gebeten eines guten Kindes. Von einem geistl. Kinderfreunde. 16. (160 S. mit eingedr. Holzschn. und 1 Chromolithogr.) Dülmen 879, Laumann'sche Verlagsh. *

Meßdiener, der fromme. Gebetbüchlein zum Gebrauche beim Dienen der hl. Messe. Ausg. m. deutschen Lettern. 16. (30 S.) Straßburg 902. F. X. Le Roux & Co. Geb. n. — 15

—— der kleine. Anleitung einem Priester zur heil. Messe zu dienen. Nebst kurzen Gebeten. 64. (23 S.) Paderborn 878, Junfermann'sche Buchh.

Meßdienerbüchlein. Kurze Anleitg., wie d. Ministrant d. Priester bei d. hl. Messe dienen soll. 24. (31 S.) Habelschwerdt 895. Franke. n. 10

— kurze Anleitg., d. Priester am Altare gut u. andächtig zu dienen. Hrsg. v. e. Priester d. Diöcese Paderborn. 16. (31 S.) Hamm 897. Breer & Thiemann. n. — 10

Meßdienerbüchlein. Kurze Anleitg., wie der Ministrant dem Priester bei der hl. Messe dienen soll. 16. (31 S.) Habelschwerdt 902. Franke. n. — 10

Messdorf [Schlagwort]

Messdorf, s.: Preussen. Messtischblätter

Messe (Missa solemnis) m. deutscher Übersetzung, s.: Text-Bibliothek des Musikführers. Nr. 10.

Messe, die deutsche, wie solche der Priester am Altare liest, 12. Wien ... Riedl's Wittwe u. Sohn. 1/6 rf

—— die heil., a. d. Lat. übers., durch (35) Abbildn. erläut., f. Jedermann faßl. dargest., mit heil. Meßgebeten versehen u. d. christl. Brüdern z. Belehr. u. Erbauung gewidmet, v. A. Streitberger. 8. (6 1/4 B.) Magdeburg 837, [Baensch.] *

– Dass. Magdeburg: Richter 1837.

—— die heil., aus d. Latein. übersetzt rc. v. A. Streitenberger. (Neue Ausg.) 8. (6 1/4 B. u. 35 Stnt.) Magdeburg 842, Baensch. *

— die heilige, um Abwendung d. Seuchen od. d. Pest. Aus d. Münsterschen Meßbuche übers. v. Annegarn. 8. Münster 832. Theissing. 2 gr

— die heilige, vom heil. Altarssakramente, wie sie der Priester am Altare betet. Aus dem römischen Meßbuche übersetzt von J. Weinzierl. .. Regensburg 840. Reitmayr. 1 gr

Messe, die heilige, mit Aschen- und Palmen-Weihe, der Charfreitagsliturgie, der Befehlung der scheidenden Seele, und der Gebete zur Austheilung des Weihwassers. Nach dem röm. Missale und Rituale von J. F. H. Schlosser. gr. 12. (III und 158 S. mit 1 Radirung.) Mainz 852, [Kirchheim.]

—— dass. — 18. (150 S. mit 1 Holzschn.) Ebds. 852.

— die heilige, ein wahres Opfer, s. Broschüren-Cyclus.

Messe, die heilige, zu Rheims. 8. Leipz. 805. Joachim. 22 gr

Messe, die heilige, unser größter Schatz. Meßandachten nebst Erklärg. der hl. Ceremonien u. Gebete. [Aus: „Seelengärtlein".] 16. (86 S.) Augsburg 890. Literar. Institut v. Dr. M. Huttler. n.n. — 25; geb. n.n. — 50

Messe, Die heilige, an allen Sonn- und Feyertagen des Jahres, a. d. Latein. . . . **Mainz 1788.** V: *Müller, Johann Caspar.* (Adel) (Ky) (MGT)

Messe, die heil., an allen Sonn- u. Feiertagen d. Jahres; aus d. Latein. mit einem Anhange (v. Jh. Ksp. Müller). gr. 8. Mainz 791. 16 gr (Wienbrack in Leipz.) 20 gr

Messe, die heilige, an allen Sonn- und Feyertagen des Jahrs, aus d. Latein. übersetzt. Neueste Auflage. 8. Kempten, Dannheimer. (Manheim, Löffler.) 819.

— die heil., an allen Sonn- u. Feiertagen; aus d. Latein. übersetzt. 4e Aufl. 8. Kempten 821. Dannheimer. 16 gr 6e Aufl. 827. Ebd. 14 gr 8e A. gr. 12. Ebd. 829. 9e A. 832. 12 gr Schreibp. 16 gr

—— die heil., an allen Sonn- u. Feiertagen d. Jahres, aus d. Latein. ins Deutsche übers., mit e. Anh. v. Beicht-, Communion- u. a. Gebeten, nebst Kreuzweg-Andachten. 7—9., verb. u. verm. Aufl. gr. 12. (à 22 B.) Kempten 828—32, Dannheimer. à

Messe, die heil., an allen Sonn- u. Feiertagen d. Jahres. A. d. Lat. ins Deutsche übers. (Die Episteln u. Evangelien nach d. Alliolischen Uebersetz.) Mit e. Anh. v. Beicht-, Kommunion- u. a. Gebeten. 2. Ausg., umgearb. v. Alex. Schmid. gr. 18. (578 Seit., Ttlbild. u. lith. Ttl.) Einsiedeln 838. (Regensburg, Manz.) * 5/6 Thlr., Vlnp. Thlr. *

Messe, die heil., an allen Sonn- u. Feiertagen d. Jahres, aus d. Lat. ins Deutsche übers., mit e. Anh. v. Beicht-, Communion- u. a. Gebeten, nebst Andachten z. heil. Kreuzweg. 11. Aufl. gr. 12. (18 B.) Kempten 839, Dannheimer.

—— die heil., an allen Sonn- u. Feiertagen des Jahres aus d. Latein. ins Deutsche übers. m. e. Anhange von Beicht-, Communion- u. anderen Gebeten, nebst Andachten zum heil. Kreuzweg. 12., verb. Aufl. 16. (30 B.) Kempten 843, Dannheimer.

—— die heil., an allen Sonn- u. Feiertagen des Jahres. Aus d. Latein, ins Deutsche übers. Mit e. Anhang von Gebeten. 3. Aufl. umgearb. v. Alex. Schmid. 12. (24 B., 1 Stnt. u. verziert. Ttl.) Einsiedeln 845, Gebr. Benziger. 15 Ngr. Velp. -

—— die heil., an allen Sonn- u. Feiertagen des Jahrs aus d. Latein. ins Deutsche übers. u. m. ein. Anhange d. nöthigsten Gebete. gr. 8. (28 B.) Mannheim 846, Zeiler. *-

Messe, die heilige, an allen Sonn- u. Feiertagen des Jahres aus dem Latein. ins Deutsche übers. mit einem Anhange v. Beicht-, Communion- u. andern Gebeten, nebst Andachten zum heil. Kreuzweg. 13. verb. Aufl. Die Evangelien u. Episteln nach Allioli's Uebersetzung. gr. 16. (XVI u. 462 S.) Kempten 851, Dannheimer. 1/2 ℛ

—— die heilige, an allen Sonn- und Feiertagen des Jahres aus dem Latein. ins Deutsche übers. mit einem Anhang von Beicht-, Communion- und andern Gebeten rc. Vollständiges Gebetbuch für kathol. Christen. 13., mit Kirchengesängen verm. Aufl. Die Evangelien und Episteln nach Allioli's Uebersetzung. 8. (XVI und 494 S. mit lithogr. Titel.) Kempten 854, Dannheimer.

Messe, die heilige, an allen Sonn- und Feiertagen des Jahres aus dem Latein. ins Deutsche übers., mit einem Anhang von Beicht-, Communion- und andern Gebeten nebst Andachten zum heil. Kreuzweg und Kirchenliedern, die Evangelien und Episteln nach Allioli's Uebersetzung. 14. Aufl. 8. (XVI und 464 S. mit Anhang 32 S. und 1 Stahlst.) Kempten 858, Dannheimer.

Messe, die heilige, an allen Sonn- u. Feiertagen des Jahres, aus dem Latein. in's Deutsche übersetzt. Mit einem Anh. von Beicht-, Communion- u. anderen Gebeten, nebst Andachten zum heil. Kreuzweg u. Kirchenliedern. Die Evangelien u. Episteln nach Allioli's Uebersetzung. 14. Aufl. Mit einem Stahlst. Lindau 869. Stettner. 8. (XVI, 496 S. mit eingedr. Holzschn.) 15 ngr.

—— die heil., größtenth. wie sie d. Priester am Altare bethet. Nebst Beicht-, Communion-, Vesper-, Kreuzweg-Andacht u. a. Gebethen. Hrsg. v. e. kathol. Pfarrer. 2. Aufl. 18. (2 B.) 830. 2 Gr., 3. A. Mit Ttlkpfr. u. Holzschn. 12. (5½ B.) München 832, [Jaquet.]
Die Kreuzweg-Andacht, apart 1½ Gr.

Messe, die heilige, wie sie der Priester am Altare betet, sammt den latein. Gebeten f. die Altardiener. 16. St. Gallen 842, Scheitlin u. Zollikofer. 1¾ ngl — 2. durchgesehene Aufl. 16. Ebend. 844. 1/24 ℛ

—— die heil., wie sie der Priester am Altare betet, sammt den latein. Gebeten f. Altardiener. 1. Aufl. 842 u. 2. Aufl. 16. (à 2 B.) St. Gallen 844, Scheitlin u. Zollikofer. à

— die heil., größtentheils wie sie der Priester am Altare betet. Nebst Beicht-, Communion-, Vesper-, Kreuzweg-Andacht u. anderen Gebeten. Herausgeg. v. e. kathol. Pfarrer. 4. Aufl. 32. (Mit eingedr. Holzschn. u. 2 Kupferst.) Augsburg 846, Jaquet. 4½ ngl

Messe, die heil., wie solche nach d. armenisch-kathol. Ritus gelesen wird. Uebers. v. e. Priester d. Mechitaristen-Congregat. in Wien. 12. (3¾ B.) Wien 830, Mechitaristen-Congregat.-Buchhandlung. Thlr.

Messe, d. heilige, in ihrem Ceremonien. gr. 12. Regenb. 824, (Landshut, Krüll)

— die heil. in ihren Ceremonien. gr. 12. Regensb. 824. 2e A. 12. Ebd. 829. Reitmayr. 12 gl

— dass. A. d. latein. 6e Aufl. 8. Kempten 827, Dannheimer.

— die heilige, in ihren Ceremonien dargestellt von Stadler. 3e Ausg. 8. Regensburg 834. Reitmayr. 1/2 ℛ

Messe, Die Leipziger, eine Monatsschrift. Leipzig 1769. H: *Mitsching, Ernst Gottlob.* (MGT) (Adel) (OL)

Messe, Die Leipziger. Eine humoristische Skizze . . . Leipz. 1804. V: *Wagner, Johann Jacob.* (GGr) (MGT) (Ky)

— die Leipziger, e. humorist. Skizze, (v. Jh. Jak. Wagner III.) 8. Leipz. 804. Bauer. (Andrä). 16 gl

— d. Leipziger, e. humoristische Skizze. 8. Lpz. Klefeld. (Bauer.) 804.

Messe, die Leipziger. Red.: Heinr. Pudor. 1.—6. Heft. Leipzig-Stötteritz, Moderner Kunstverlag Dr. Trenkler & Co. à 2.—; Subskr.-Pr. f. 4 Hefte 6.—
1. Ostermesse 1908. (40 S. m. Abb.) 41,5×30 cm. (908.)
2. Dokumente des mod. Kunstgewerbes. 2. Heft. Michaelismesse 1908. (104 S. m. Abbildgn.) 41,5×30 cm. (908.)
3. Dasselbe. 3. Heft. Ostermesse 1909. (74 S. m. Abb.) 36,5×26 cm. (909.)
4. Rundschau des mod. Kunstgewerbes. 4. Heft. Michaelismesse 1909. (97 S. m. Abb. u. 1 farb. Taf.) 35×25 cm. (909.)
5. Dasselbe. 5. Heft. Ostermesse 1910. (116 S. m. Abb. u. 2 farb. Taf.) 35×25,5 cm. (910.)
6. Dasselbe. 6. Heft. Michaelismesse 1910. (76 S. m. Abbildgn. u. 2 farb. Taf.) 35×25,5 cm. (910.)

— et office de la bienheureuse Jeanne d'Arc, vierge. I. Messe d'après l'édition vaticane contenant avec traduction française les pièces de chant entièrement notées et le texte des prières et lectures. Précédée de l'antienne, etc. tierce. II. Office des Ires et IIes vêpres d'après l'édition vaticane contenant avec traduction française les pièces de chant entièrement notées et le texte des psaumes, cantique, etc. Avec l'antienne, etc. de none. (Le dimanche dans l'octave de l'ascension.) (28 S.) gr. 8. Düsseldorf 910. L. Schwann. — 32

— u. Offizium vom Allerheiligsten Sakramente. Lateinisch m. gegenübersteh. deutscher Uebersetzg. u. m. Erklärgn. versehen. 1. Tl. Messe, Vesper, Complet. (252 S.) kl. 8. Buchs 905. Verlag des Emmanuel. 1.—

Messe, Die Roemisch-katholische, lateinisch und teutsch; mit Bemerkung der dabey vorkommenden Ceremonien . . . Nürnb. u. Sulzb. 1785. H: *Dreykorn, Johann.* (ML) (Ky) (MGT)

— die Röm.-kathol., latein. u. deutsch, mit Bemerk. d. Ceremonien, unpartheiisch u. freimüthig erläutert (v. J. Dreykorn). gr. 8. Sulzb. 786. 4 gl Mit Erläuter. gr. 8. Ebd. 785. 16 gl Anmerkk. u. Beil. gr. 8. Ebd. 785. 6 gl

Messe, Die römisch katholische heil., in teutscher Sprache, nebst angehängten Gebeten. Ulm 1784. H: *Lumper, Gottfried.* (Adel) (MGT) (BB) (Ky)

Messe, die Röm.-katholisch heilige, in deutscher Sprache; nebst angehängten Gebeten (v. G. Lumper.) 12. Ulm 784.

Messe, die, a. allen Sonn- u. Feyert. d. J., a. d. Lat. gr. 8. Bamberg, Gobhard. 788. Rthlr.

— — — a. d. Lat. übers. m. ein. Anh. der nöthigst. Gebete. gr. 8. Leipzig, Gräff.

— — — a. d. Lat. m. einem Anhange. gr. 8. Maynz, Fischer. 791.

—die, an allen Sonn- u. Feiertagen d. Jahres; aus d. Latein. ins Deutsche übers. Mit e. Anhange d. nöthigsten Gebete. N. Aufl. 8. Mainz 828. Müller. 16 gr Velinp. 1 ℔ 8 gr

—— die, an allen Sonn- u. Feyertagen d. Jahrs; aus d. Latein. in's Deutsche übers.; mit e. Anh. d. nöthigsten Gebete. Neue Aufl. 8. (32½ B.) Mainz 828, [Kirchheim, Schott u. Thielmann.] 16 Gr., Vlnp.

Messe, die, zu Venedig; e. Operette. 8. Münch. ... (Fleischmann). 4 gr

Messel, Alfred. Berlin 1905. V: *Rapsilber, Maximilian.* (Berl)

Messel, Alfr. (Messel & Altgelt), d. Arbeiterwohnhaus, s.: Albrecht, H.

— ausgef. Architekturen in Berlin. Photograph. Orig.-Aufn. nach d. Natur, in Lichtdr. hrsg. v. Herm. Rückwardt. gr. Fol. (36 Taf.) Gross-Lichterfelde 896. (Leipzig, P. Schimmelwitz.) In Mappe n. 36. —

Messel, Alfr., Ausstellungsbauten, s.: Handbuch der Architektur.

Messel, Alfr., Normal-Miethshäuser m. kleinen Wohnungen, s.: Weisbach, Val.

Messel, A., der Wertheim-Bau. Einzelheiten seiner Façaden u. seiner Innenräume, sowie Grundriss u. Durchschnitt. Nach den Entwürfen v. M. in den J. 1896—1897 ausgeführt v. Messel & Altgelt. 30 Taf. in Lichtdr. gr. Fol. (III S. Text.) Berlin 899. B. Hessling. In Mappe n. 24. —

Messelhäusser, Haus, appr. Arzt u. Bahnarzt a. Lehrberg: Myom als Geburtshindernis. München 1907: C. Wolf & Sohn. (45 S.) 8°
München, Med. Fak., Ref. v. Winckel, Diss. v. 27. Juni 1907
[Geb. 3. Nov. 72 Ickelheim (Mittelfranken); Wohnort: Lehrberg b. Ansbach; Staatsangeh.: Bayern; Vorbildung: Gymn. Ansbach Reife Juli 94; Studium: Erlangen Theol. 2, Med. 11 S.; Rig. 27 Juni 07; Approb. 10. Mars 02.]

Messell, J., Saggi dello stile familiare, s. Saggi.

Messelière, Frott. de la, Reise nach Petersburg, siehe Reise.

MESSELREUTER, Joh. — Neu-eröffneter MASQVEN-Saal / Oder: Der verkleideten Heydnischen Götter / Göttinnen und vergötterter Helden THEATRALISCHER Tempel / Darinnen In ... Kupffer-Stichen vorgestellet wird / wie solche Gottheiten der Alten / bey jetziger Zeit in OPERN, COMŒDIEN, Aufzügen und MASQUERADEN eingekleidet und præsentiret werden können colligiret / und zu finden Bey *Johann Meßelreuter* .. Bayreuth / gedruckt bey Joh. Lobern ... [1723.] Fol.' (90 Mk. G Lau, München, 1892) (Bibl. Lipperheide no. 3198)
Titelkupfer, Tit., 3 Bl., 87 S., 4 Bl.; 207 Taf. (bez. 1—200. 101—103. *130. **130. ***130. 152) in Kpfst. von J. C. Dehne.

— — Dasselbe, titulo: PANTOSCHEMATISMUS CURIOSUS, Das ist Curieuse ... Vorstellung Wie an Grosser Herren Höfen Die alten heidnischen Götter und Göttinnen ... imgleichen die Welt- Jahrs- und Tages-Zeiten / die Trachten fremder Nationen, alte Moden verschiedener ... Standes-Personhen .... In Opern / Comœdien / Masqueraden / Carouseln ... præsentiret werden ... Nach denen besten Originalien gezeichnet ... Franckfurth und Leipzig 1738. (Ebd., no. 3199:)

Messelreuter, Masquen-Saal. Bayreuth 1729. (In Carlsruhe: Lb 10.) Sehr rar!

Messen

Die Messen der höchsten Festtage [**Graduale** Romanum, Ausz.]. Nach d. vatikan. Ausg. in moderner Notenschrift m. deutschen Rubriken u. deutscher Übers. Ed. Schwann S 5. Ausz. aus d. Ausg. Schwann S 1 (Röm. Gradualbuch in moderner Notenschrift mit deutschen Rubriken u. deutscher Übers. Düsseldorf Schwann (1909). 40 S. 8° A 12. 2069

Messen, Lateinische u. Griechische, aus d. 2. bis 6. Jahrhundert. Hrsg. v. Frz. Jos. Mone. Mit 1 (lith.) Schrifttaf. (in Imp. 4.) 4. (VI u. 170 S.) Frankfurt a. M. 850, Lizius. 2⅔ ℔

Messen, die Leipziger, s.: Skizzen, Leipziger.

MESSEN, Die 4, der frommen Brüder im Kloster Mit 4 obscönen Bildern. (c. 188*.) Quer-8°. (2 Mk. 50 Pfg. Theod. Ackermann, München, 49. no. 356.) (Die Bilder in Wien, Stadtbibl., sekretirt.)
Kaum noch aufzufinden.

Messen, 10 deutsche, mit abwechs. Texte, z. Gebrauch f. Landschullehrer. qu. Fol. Landsh. 805. Thomann. 1 ℔

Messenbeck, Maria Klara

Messenbeck, M. Kl., bayersches Kochbuch. 2 Thle. m. K. 8. Stadt am Hof, Daisenberg. 809.

Messenbeck, Maria Klara, allgem. baiersches Kochbuch. 2 Thle. Mit Kpf. 8. Stadt am Hof ... 6e verm. Aufl. 2 Bde. herausgeg. v. Maria Kl Daisenberger. 8. 813. 10e A. 822. A. u. d. T.: Kunst, eine geschickte Köchin u. Haushälterin zu werden 2c. Ebd. Daisenberger. 1 ℔

The Messenger of the German Reformed Church: vol. 1–4, Nov. 1827–Dec. 1831; new series, vol. 1–4, no. 12, Jan. 1832–Jan. 15, 1835.
Monthly Nov. 1827–June 29, 1834; semi-monthly, July 1, 1834–Jan. 15, 1835. Published in English and German. Variation in numbering: vol. 1, no. 1, also as vol. 5, no. 1. Octavo, usually 32 pages, paged continuously; title-page & contents, 4 pages. Organ of Deutsch-Reformirte Kirche in den Vereinigten Staaten. Title varies: The Magazine of the German Reformed Church Nov. 1827–Dec. 1831. Place of publication varies: York, Pa., 1830–35. Continued as The Weekly Messenger of the German Reformed Church, later The Reformed Church Messenger (Phila., Pa.). Edited at the Theological Seminary by the Rev. Dr. Lewis Mayer, 1827–28; by the Rev. Daniel Young, 1829–1835? Published by the Board of Missions of the Church Nov. 1827–1829; by D. May & H. Flory, 1830; by D. May Jan.–Dec. 1831; by May & Glessbrenner Jan. 1832–June 1834; by Daniel May July 1, 1834–Jan. 15, 1835.
Chambersburg, PA

The Messenger from St. James' Home: 1898–? Baltimore, MD
Roman Catholic. Printed in English and German.

Messenhauser, biographisches Denkmal für Freunde und Gegner ... Leipzig 1849. V: *Friedmann, Bernhard.* (Pr)

Messenhauser, W. Vide: Volkstribüne (Die).

Messenhauser, W., Wegweiser durch die Gallerie der besten Staatsverfassungen. 8°. Wien 1848.

Messenhauser, Wenzel Fr. C.

Messenhauser, W. Fr. C., Demosthenes. Ein Trauersp. in 4 Act. 8. (8½ B.) Wien 841, (Gerold's Vrlsh.) •

Messenhauser, Wenzel Fr. C., Erzählungen d. österreichischen Hausfreundes. Ein Andenken. 8. (IV u. 99 S.) Wien 848, Jasper, Hügel & Manz. a. ⅓ ℛ

— ernste Geschichten. 2 Bde. 2. (Titel-) Aufl. 8. (1: VI u. 254 S. 2: VI u. 243 S.) Leipzig (848) 849, Thomas. 2⅔ ℛ (1. Aufl. s.: Geschichten, ernste.)

— s.: Hausschatz, polit. — March, W., (Pseud.)

—— Novellen und Erzählungen. 5 Bde. 8. (1206 S. mit des Verf. Portr. in Stahlst.) Wien 849—50, Stöckholzer v. Hirschfeld.

— Novellen u. Erzählungen. 5 Bde. 8. (1206 S. m. des Verf. Portr. in Stahlst.) Wien 849. 50, Stöckholzer v. Hirschfeld. 5 ℛ (München, Oberdorfer. 2 ℛ)

— letzte Novellen u. Erzählungen. 2 Bde. 8. (434 S. m. des Verf. Portr. in Stahlst.) Wien 850. (Gerold.) n. 2½ ℛ (München, Oberdorfer. ⅔ ℛ)

— Polengräber. 2. (Titel-) Aufl. 8. (IV u. 171 S.) Leipzig (848) 849, Thomas. 24 Ngr. (1. Aufl. s.: March, W.)

—— der Rathsherr. Ein nationaler Roman. Mit einer Weihe der Erinnerung. 4 Bde. 8. 1. und 2. Aufl. (XVI und 1024 S.) Leipzig 849, Wienbrack.

—— Wildniß und Parket. Gesammelte Novellen. 3 Bde. 8. (863 S.) Wien 847, Stöckholzer v. Hirschfeld.

— Wildniß u. Parket. Gesammelte Novellen. 3 Bde. 8. (863 S.) Wien 850, Stöckholzer v. Hirschfeld. 3 ℛ

Messenverein zur Verehrung des heil. Blutzeugen Georgius und der unbefleckten Empfängniß Mariä in der landschäftlichen Pfarre Mariahilf zu Innsbruck. Innsbruck. 1855. Gedr. bei Felician Rauch. (24 S 8)

Messenzehl, Karl, appr. Tierarzt: Aus d. hyg. Inst. d. Tierärztl. Hochsch. zu Hannover. Leiter: Dammann. Automora. Hildesheim 1910: Lax. 28 S. 8°
Gießen, Veterinär-Med. Diss. v. 21. Juni 1910, Ref. Geppert
[Geb. 6. Okt. 83 Aschaffenburg; Wohnor.: Aschaffenburg-Damm; Staatsangeh.: Bayern; Vorbildung: Gymn. Eisleben Reife O. 09; Studium: München Tierärztl. Hochsch. 10 S.; Rig. 7. März 10.] [U 10. 1234

Messer u. Feile. Früher (bis Nr. 4) „Säge u. Feile". Einz. Organ u. Offertenblatt der Messer-, Scheeren- u. Feilen-Industrie u. verwandte Branchen f. Deutschland, Oesterreich-Ungarn u. d. Schweiz. Offiz. Organ d. norddeutschen Feilenhauermeister-Verbandes, Sitz Hamburg. 5. Jahrg. 1898. 12 Nrn. (à ca. 2 Bog.) gr. 4. Ludwigshafen, Verlag von Messer u. Feile. n. 2.—

Messer u. Feile. Einziges Organ u. Offertenblatt der Messer-, Scheeren- u. Feilen-Industrie u. verwandter Branchen. Offizielles Organ des Verbandes der Feilenindustriellen f. den niederrhein.-westfäl. Industriebezirk, Sitz Düsseldorf, m. Anschluß v. Mittel- u. Süddeutschland, u. des nordd. Feilenhauermeister-Verbandes, Sitz Hamburg. Red.: Carl Kohler. 6. u. 7. Jahrg. 1899 u. 1900. à 12 Nrn. gr. 4. (à ca. 16 S.) Ludwigshafen, Verlag v. Messer u. Feile. à Jahrg. n.n. 2.—

Messer, A.: Quintilian als Didaktiker und sein Einfluß auf die didaktisch-pädagogische Theorie des Humanismus. Leipzig 1897. 136 S.

Messer, Alfred

Messer, A., Ornamente. 32 Schülerarbeiton, hrsg. v. M. (32 Taf. m. III S. Text.) qu. 16. Zürich (906). M. Kreutzmann. n. 2. —

Messer, Adam, Hand-Wörterbuch der russischen u. deutschen Sprache, s.: Booch, Frdr.

[Kopft.:] **Messer**, August [prov. Gymnasiall. Lehramtsassessor Dr.]: Joh. Jos. Friedr. Steigenteschs „Abhandlung von Verbesserung des Unterrichtes der Jugend in den Kurfürstlich. Mainzischen Staaten 1771". Hrsg. u. m. e. Einl. vers. 1. Tl. *Giessen, 1897;* 24 S. 4.
Giessen, grossh. G, OP 1897 (658)

Messer, August: Joh. Jos. Friedr. Steigenteschs „Abhandlung von Verbesserung des Unterrichtes der Jugend in den Kurfürstlich. Mainzischen Staaten 1771". Herausgegeben und mit einer Einleitung versehen. n. T. *(Giessen 1898: W. Keller.)* (20 S.) 4° ¶ [Fortsetzung d. P-Beilage 1897.] [Kopft.]
Giessen, grossh. G, OP 1898 (667)

Messer, August, Dr.: Joh. Jos. Friedr. Steigenteschs 'Abhandlung von Verbesserung des Unterrichtes der Jugend in den Kurfürstlich. Mainzischen Staaten 1771'. Hrsg. u. mit einer Einl. versehen. T. 3. *Giessen 1899: W. Keller.* (S. 1—27.) 4° ¶ [Forts. d. P-Beil. 1897. 98.]
Giessen, grossh. G, OP 1899 (675)

Messer, Aug., s.: Beiträge zur hessischen Schul- u. Universitätsgeschichte.

— Einführung in die **Erkenntnistheorie,** s.a. Bibliothek, philosophische.

Messer, August: Einführung in die Erkenntnistheorie. Von Dr. August Messer, Prof. Leipzig: Dürr 1909. VI, 199. 8°
(Philosophische Bibliothek. [Neue Ausg.] Bd 118.)

— Empfindung u. Denken. (VII, 199 S.) gr. 8. Leipzig 908. Quelle & Meyer. 3.80; geb. in Leinw. 4. 40

— **Kants Ethik. Eine Einführung in ihre Hauptprobleme u. Beiträge zu deren Lösg. (XII, 407 S.) gr. 8. Leipzig 904. Voit & Co.** n. 9. —

Messer, August: Geschichte des Landgraf-Ludwigs-Gymnasiums zu Giessen. Giessen 1908: Brühl. 63 S. 8°
Gießen, großh. Landgraf-Ludwigs-G OP 1908 (830) [S 08. 305

— Geschichte des Landgraf Ludwigs-Gymnasiums zu Giessen. Progr. (63 S.) 8. Giessen 908. (E. Roth.) — 70

Messer, Aug., d. Reform d. Schulwesens im Kurfürstent. Mainz unt. Emmerich Joseph (1763—1774). Nach ungedr. amtl. Akten dargest. gr. 8. (XII, 173 S.) Mainz 897. F. Kirchheim. n. 2. 50

Messer, Aug., die Reformbewegung auf dem Gebiete des preuß. Gymnasialwesens von 1882 bis 1901. gr. 8. (VI, 173 S.) Leipzig 901. B. G. Teubner. n. 3. 20

— **Hermann Schiller als P?dagog. Lex.-8. (16 S.) Karlsruhe 902. (Giessen, J. Ricker.)** n. — 60
Sonderabdruck aus: „Südwestdeutsche Schulblätter".

— **krit. Untersuchungen üb. Denken, Sprechen u. Sprachunterricht,** s.a. Sammlung v. Abhandlungen aus d. Gebiete der pädagog. Psychologie. III. 6.

Kritische Untersuchungen über Denken, Sprechen und Sprachunterricht von Dr. August Messer, Oberl. zu Giessen. *Berlin: Reuther & Reichard 1900.* (51 S.) 8°
— Sammlung v. Abhandlungen aus d. Geb. d. pädag. Psychologie u. Physiologie. Bd 3, H. 6.

— die Wirksamkeit der Apperception in den persönl. Beziehungen des Schullebens, s.a. Sammlung von Abhandlungen a. d. Gebiete der pädagog. Psychologie.

Messer, August: Die Wirksamkeit der Apperception in den persönlichen Beziehungen des Schullebens. Von Dr. August Messer, Gymn. L. zu Giessen. Berlin: Reuther & Reichard 1899. (69 S.) 8°
= Sammlung v. Abhandlungen aus d. Geb. d. pädag. Psychologie u. Physiologie. Bd 2, H. 8.

Messer, C. Satzlehre f. den deutschen Unterricht. — Übungsaufgaben f. den deutschen Sprachunterricht. f. Dittmer, C.

Messer, C., Uebungsaufgaben f. den deutschen Sprachunterricht, f.: Dittmer, C.

Messer, Carl, s. Messer, Karl

Messer, Friedr., Handwörterbuch der russischen und deutschen Sprache, s. Booch-Arkossy, Friedr.

Messer, Hans, approb. Arzt aus Glückstadt i. Holst.: Aus d. Psychiatr. u. Nerven-Klinik zu Kiel. Kasuistische Beiträge zur Lehre von der Syringomyelie. *Glückstadt 1903: J. J. Augustin.* (21 S.) 8°
Kiel, Med. Diss. v. [30. Jan.] 1903

Messer, Jakob

Messer, J., Führer durch Bad Kreuznach, Münster a. Stein u. Umgebung. Mit 1 Plan v. Kreuznach u. 1 Karte. (52 S.) kl. 8. Kreuznach (905). W. Pullig. n. 1. —

— Führer durch Bad Kreuznach, Bad Münster a. Stein u. das Nahetal m. seinen angrenzenden Gebieten. Mit 3 Karten u. 1 Plan v. Kreuznach. (VIII, 194 S.) kl. 8. Ebd. (905). Geb. in Leinw. n. 2. —
Neue Bearbeitg. v. Voigtländer's Bad Kreuznach.

Messer, J., Führer durch Bad Kreuznach, Bad Münster a. St. u. das übrige Nahegebiet. Mit 3 (farb.) Karten u. 1 Plan v. Kreuznach. 15. Aufl. (2. Neubearbeitg.) (VIII, 211 S.) kl. 8. Kreuznach (909). F. Harrach Nachf. Geb. in Leinw. 2. —

— Führer durch das Nahetal, den Soon- u. Idarwald. Sonder-Ausg. (VIII, 211 S. m. 1 farb. Karte u. 2 [1 farb.] Plänen.) kl. 8. Ebd. (910). Geb. in Leinw. 2. —

Messer, J., der Kreis Kreuznach, s.: Geisenheyner, L.

Messer, Jac., Stern-Atlas für Himmelsbeobachtungen. Darstellung aller bis zum 35. Grade südl. Declination mit blossen Augen sichtbaren Sterne und Kennzeichnung der veränderlichen, Doppelsterne, Sternhaufen und Nebelflecke, welche mit freien Augen oder mit gewöhnl. Fernröhren zu beobachten sind. Eine grosse Uebersichtskarte und 26 Specialkarten mit 12 Bog. erläut. Text und 37 Abbild. Entworfen, gezeichnet und mit Text versehen. qu. 4. (IV, 176 Sp.) St. Petersburg 888, Ricker. geb. *
In 8. geb. *

Messer, Jacob: Stern-Atlas für Himmelsbeobachtungen. 2 Übersichtskarten d. nördl. u. südl. Himmels u. 26 Spezialkarten aller mit freien Augen sichtbaren Sterne u. Kennzeichnung d. Veränderlichen, Doppelsterne, Sternhaufen u. Nebelflecke. Mit 244 Seiten erl. Text u. 45 Abb. Entw., gez. u. beschrieben von —. 2. verb. u. erg. Aufl. Leipzig: K. L. Ricker 1902. (XVIII, 244 S., 26, 2 Karten.) 8°

Messer, Joh. Friedr. (Eisenach)
Dissertatio inauguralis medica de naturali mensium suppressione.
Giessae Hass. Juni 1711: baer. Vulp. 25 S. 4°

Messer, Karl

Messer, Carl (geb. am 6 Apr. 1846 in Bonn): Beiträge zur colorimetrischen Analyse ... Bonn, Druck v. C. Georgi 1868. 2 Bl., 28 S., 1 Bl., 1 Taf. 8.
Bonn, Phil. Fak., Diss. v. [25 Juli] 1868

Messer, L., die Kunst, unfehlbar gefüllte Levkojen zu ziehen. 16. (2¼ B. u. 2 Holzschn.) Cahla 828. (Neustadt a. d. O., Wagner.)

Messer, L., d. Kunst, unfehlbar gefüllte Levkojen z. ziehen. (Mit 2 Holzschn.) 16. Cahla, 1828. (Plauen, Schroeter.) — 10

MESSER, Max

(F) Max Messer. Wiener Bummelgeschichten. Umschlagbild von Rud. Jettmar. Wien. 1900. Wiener Verlag. (Rosner.) 8°. 133 S. K 2.40

Messer, Max. Moderne Essays. VIII + 280 S. 8. Dresden und Leipzig, Carl Reissner, 1901. [M. 6. —] —
Darin S. 19—27: Ricarda Huch, *S. 89—92:* Am Todestage Conrad Ferdinand Meyer's.

— die moderne Seele. gr. 8. (VII, 123 S.) Leipzig 899. H. Haacke. n. 2. 50

— dasselbe. 2. Aufl. gr. 8. (VIII, 123 S.) Dresden 901. C. Reissner. n. 3. —; geb. n. 4. —

Messer, Max, die moderne Seele. 3. Aufl. (VIII, 134 S.) gr. 8. Leipzig 903. Berlin, H. Seemann Nachf. n. 2. 50; geb. n. 3. 50

Messer, Max, Max Stirner, s.a. Literatur, die.

Max Stirner von Max Messer. Mit e. Titelbild. Berlin: Bard, Marquardt & Co. (1907). (71 S.) 8°
— Literatur, Die. Bd 24.

— der Traum vom Weibe. Roman. 8. (212 S.) Ebd. 900. n. 3. —; geb. n. 4. —

— Variété des Geistes. 12. (III, 110 S.) Leipzig 902. H. Seemann Nachf. n. 2. —

Messer, Wilhelm August [aus Mainz]: Das Verhältnis von Sittengesetz und Staatsgesetz bei Thomas Hobbes ... Mainz, Druck v. J. Falk III. Söhne, 1893; 33 S. 8.
Giessen, Phil. Fak., Inaug.-Diss. v. 1893

Messerbeck

Messerbeck, M. Kl., baiersches Kochbuch. 6te vermehrte Aufl. 2 Bde.
Auch unt. d. Titel:
Kunst, eine geschickte Köchin u. Haushälterin zu werden ec. 2te Aufl. 8. Regensb. Daisenberger. 814.

Messerer, De arte et religione iis, qui altioribus se dedunt studiis, summo amore colendis. — Schulnachrichten des Königl. Gymnasiums Saarbrücken. Saarbrücken (Hofer) 25. u. 26. IX. 1834. 24, 13 S. mit Namen. (—.—) 23088

Messerer — Explicantur loci aliquot, qui in Sallustii bello Jugurthino leguntur. 12 S. . . . .
Saarbrücken, Progr. 1843

Messerer, Otto, über Elasticität und Festigkeit der menschlichen Knochen. gr. 4. (V, 103 S. mit 16 lithogr. Taf. und 1 eingedr. Holzschn.) Stuttgart 880, Cotta'sche Buchh. *

Messerer, Otto, s.: Friedreich's Blätter f. gerichtl. Medicin u. Sanitätspolizei.

MESSERER, Otto (Passau): Gelisterte Schädelwunden. Zwei Gehirnquetschwunden mit Ausfluss von Gehirn, rasche Heilung.- München: Rieger 1878. 1 Bl., 18 S.
30.7.1877 - Urk (Titel: De calvare et cerebri vulneribus.); Chr 1877/78,9
Diss. Ingolst.-Landsh.-Mchn.

—— experimentelle Untersuchungen über Schädelbrüche. gr. 8. (36 S. mit 8 lithogr. Taf.) München 884, Rieger'sche Universitäts-Buchh. *

Messerer, Therese, s.a. Winkler - Messerer

Messerer, Th., kleine Abenteuer aus der Kinderwelt. Geschichten für die muntere Jugend. gr. 8. (142 S. mit 4 prachtvollen Farbendr.-Bildern nach Aquarellen von F. Lipps.) Stuttgart 886, [Hänselmann.] Süddeutsches Verlags-Institut. geb. *

Messerer, Th., Alpenrosen. Zwei Erzählungen aus dem Hochland. Neue Ster.-Ausg. 8. (107 S. mit 1 Bilde.) Reutlingen 886, Enßlin und Laiblin. cart. *

—— an einem Alpensee, s. Familienfreund.

Messerer, Th., Bei dem Alten auf dem Sulzberg. Erzählung aus den bayer. Bergen. gr. 16. (80 S.) Bremen 878, Nordwestdeutscher Volksschriften-Verlag. *

—— bei dem Alten auf dem Sulzberg. Eine Erzählung aus den bayr. Bergen. Ster.-Ausg. 8. (64 S.) Reutlingen 886, Enßlin und Laiblin. *

Messerer, Th. (Frau Therese Winkler), Bergluft & Tannengrün. Hochlandsgeschichten f. die reifere Jugend u. das Volk. Neue Ster.-Ausg. (120 S. m. Titelbild.) 12. Reutlingen (903). Enßlin & Laiblin. — 40; geb. — 60

Humoristische Bilder | aus | Alt-Bayern | von | Th. Messerer. | A' Federl am Huat, | A' Frischen im Bluat, | Im Herzen a' Schneid | Hamm richtige Leut'. | Der Durscht is nit schlecht | Und's Bierl is g'recht, | Da trinkt ma' halt gern, | Dem Bierl zu Ehr'n. | Stereotyp-Ausgabe. | Reutlingen. | Druck und Verlag von Enßlin und Laiblin. (= *Neue Volksbücher*, 199 i).
o. J., 61 S., 165 × 108.
LBS d. D. oct K 3206.

—— humoristische Bilder aus Alt-Bayern. Ster.-Ausg. 8. (61 S.) Ebendas. 886. *

Messerer, Th., der Christabend. Für kleine Knaben und Mädchen. 8. (III und 91 S. mit 4 lithogr. und ill. Bildern.) Stuttgart 862, Gebr. Scheitlin. cart

—— der Christmorgen. Erzählungen für die Jugend. 8. (III und 88 S. mit 4 lithogr. und ill. Bildern.) Stuttgart 863, Gebr. Scheitlin. cart.

—— gemüthliche Dorfgeschichten. 8. (III und 164 S.) München 862, [Merhoff's Verlag.] cart.

— gemüthliche Dorfgeschichten. München 862. Fleischmann. 8. (2 Bl., 164 S.) 18 ngr.

Messerer, Th. (Therese Winkler), Dorfgeschichten f. die Jugend, s.a. Bachem's Volks- u. Jugend-Erzählungen. 14. Bd.

Messerer, Th. Edelweißsterne. Hochlandsgeschichten f. d. reifere Jugend. 8. (III, 211 S.) Gotha 890. F. A. Perthes. geb. * 3 —

—— s. Ferientage.

— am Gamshörnl. Der Schnaps-Michl, s.: Bachem's Jugend-Erzählungen. 20.

Messerer, Th., Gemüth u. Humor. Erzählungen für die Jugend. Stuttgart 865. Nitzschke. 8. (IV, 226 S. mit 8 color. Steintaff. in Tondr.) cart. 27 ngr.

Messerer, Th., Gemüth u. Humor. Erzählungen f. die Jugend. gr. 16. (IV, 226 S. m. 1 Chromolith.) Stuttgart 871. Nitzschke. geb. 3. —

— der kleine Hauptmann u. seine Compagnie. Für frische deutsche Knaben. Leipzig 867. Schlicke. gr. 8. (70 S. mit 4 lith. Illustr. in Buntdr.) 22½ ngr.

— treue Herzen. Zwei Erzählgn. aus den bayr. Bergen. Mit e. Bilde (Holzschntaf.) v. L. Bechstein. 8. (146 S.) Bremen 875. Nordwestdeutscher Volksschriften-Verl. n. 1. —

— treue Herzen. Zwei Erzählgn. aus den bayr. Bergen. Mit e. Bilde v. L. Bechstein. Ster.-Ausg. 12. (128 S.) Reutlingen (901). Enßlin & Laiblin. — 25

— in Treue fest, s.: Bachem's Roman-Sammlung.

— aus seligster Jugendzeit. Erzählungen f. Knaben u. Mädchen. 1.—4. Bd. 2. Aufl. (Mit je 2 Vollbildern.) kl. 8. Regensburg 906. J. Habbel. Geb. à n. 1. 20
1. Christabend. Christmorgen. (176 S.) — 2. Kleine Abenteuer aus der Kinderwelt. (147 S.) — 3. Sonntagsgeschichten. Die Muttergottesbüchse. (186 S.) — 4. Tapfere kleine Soldaten. Der kleine Hauptmann u. seine Kompagnie. Kinder der Alpen. (173 S.)

— Aus seliger Jugendzeit. Erzählungen f. Knaben u. Mädchen. 5.—8. Bd. kl. 8. Regensburg 907. J. Habbel. Geb. à 1. 20
5. Drollige Streiche. 2. Aufl. (124 S. m. 2 Vollbildern.)
6. Gemüt u. Humor. 2. Aufl. (105 S. m. 2 Vollbildern.)
7. Aus fröhlicher Knabenzeit. 2. Aufl. (111 S. m. 2 Vollbildern.)
8. Für Klein u. Groß. 2. Aufl. (144 S. m. 2 Vollbildern.)

—— Der Kampf um den Lieutenant, s.a. Volksbücher, neue.

Der | Kampf um den Lieutenant. | Ein heiteres Bild | aus ernster Zeit | von | Th. Messerer. | Stereotyp-Ausgabe. | Reutlingen. | Druck und Verlag von Enßlin und Laiblin. (= *Neue Volksbücher*, 199 q).
o. J., 64 S., 165 × 109, U.-Fig.: *»Weil Sie nur wieder da sind, Herr Sprenger«, hebt sie zwischen Lachen und Weinen an ...*, 72 × 85.
LBS d. D. oct K 3486.

— der Kampf um den Lieutenant. Ein heiteres Bild aus ernster Zeit. Ster.-Ausg. 8. (64 S.) Reutlingen 887. Enßlin & Laiblin. — 25

—— aus der fröhlichen Knabenzeit. 8. (110 S. mit 4 lithogr. und ill. Bildern.) Stuttgart 862, Gebr. Scheitlin. cart.

Messerer, Th., Krieg und Frieden, s. Universal-Bibliothek für die Jugend.

— der Muckl an der Wand. Eine Erzählung aus dem bayer. Hochgebirge. Ster.-Ausg. 12. (108 S. m. Titelbild.) Ebd. (901). Geb. — 80

—— Nur keinen Preußen! Ein Bild aus Süddeutschland. gr. 16. (53 S.) Ebendas. 878. *

— nur keinen Preußen! Ein Bild aus Süddeutschland. Neue Ster.-Ausg. 8. (46 S.) Reutlingen 885. Enßlin & Laiblin. — 15

Messerer, Th., d. Achmüllers Recht, s.: Bachem's Novellen-Sammlung.

—— der Schlagring. Eine Erzählung. Mit einem Bilde (Holzschntaf.) von L. Bechstein. 8. (127 S.) Bremen 874, Nordwestdeutscher Volksschriften-Verlag. cart.

Messerer, Th., die Schneidemühle an der Klamm. Ein Bild aus den bayer. Bergen. 8. (66 S.) Bremen 878, Nordwestdeutscher Volksschriften-Verlag. *

— die Schneidemühle an der Klamm. Ein Bild aus den bayr. Bergen. Neue Ster.-Ausg. 8. (63 S.) Ebend. 886. n. — 20

—— der Schützenkönig. Ein Bild aus dem bayer. Hochland. gr. 16. (58 S.) Ebendas. 878. *

— der Schützenkönig. Ein Bild aus dem bayr. Hochland. Neue Ster.-Ausg. 8. (61 S.) Ebend. 886. n. — 20

— tapfere kleine Soldaten. Ein Bilderbuch mit Kriegsgeschichten für lustige Knaben. Stuttgart 867. Gebr. Scheitlin. qu. 4. (III, 42 S. mit 8 lith. u. color. Bildern.) cart. 15 ngr.

Messerer, Th., Großonkels Sonntagsgeschichten. Für kleine Knaben und Mädchen. gr. 8. (87 S. mit 4 lithogr. und ill. Bildern.) Stuttgart 861, Gebr. Scheitlin.

—— Großonkels Sonntagsgeschichten. Für kleine Knaben und Mädchen. Neue Ausg. gr. 8. (87 S. mit 4 lithogr. und ill. Bildern.) Stuttgart 863, Gebr. Scheitlin. cart.

— In der Staffelklamm. Der Kasperl, s.: Bachem's Jugend-Erzählungen. 19. Bd.

—— drollige Streiche. Erzählungen für die Jugend. 8. (III und 112 S. mit 4 lithogr. und ill. Bildern.) Stuttgart 863, Gebr. Scheitlin. cart.

—— die falschen Tiroler. Erzählung aus dem baier. Hochgebirge. Mit 1 (Holzschn.-)Bilde von Karl Röhling. 8. (111 S.) Ebendas. 879. *

Messerer, Th., d. falschen Tiroler. E. Erzählg. aus d. bayr. Hochgebirge. M. e. Bilde v. Carl Röhling. Neue Ster.-Ausg. 12. (111 S.) Reutlingen 895. Enßlin & Laiblin. Kart. in farb. Umschlag — 60; in 1farb. Umschlag — 50

Messerer, Therese: Die beiden Vettern, s. Bachem's Novellen-Sammlung.

—— der Wachter-Davidl. Eine Erzählung aus den bayer. Bergen. 12. (112 S. mit 1 Bild.) Reutlingen 888, Enßlin und Laiblin. cart. *

– Die Waisen, s. Bachem's Novellen-Sammlung.

— Der Wurzer-Gidi, s.a. Verein f. Verbreitung guter Schriften, Basel.

Messerer, Th. Der Wurzer-Gidi. (Hochlandsgeschichte. Abgedruckt aus Edelweissterne....) [Mit illustriertem Titel.] II + 51 S. 8. Basel, Verein für Verbreitung guter Schriften, Oktober 1909. fr. —. 10
Verein für Verbreitung guter Schriften. Basel, Nr. 83.

Meßerklärung, darin eine ausführl. u. nachdrückliche d. höchsten Vortrefflichkeit u. größten Nutzbarkeit d. allerheiligsten Opfer d. heil. Messe 2c. 8. Landsh., Kepp. 5 gl.

Messerklinger, J. (Hrsg.), s. Röll, Victor: Österr. Eisenbahngesetze

Messerschmid, s.a. Messerschmidt

Messerschmid, Stadtpfarrer, Fastenpredigten, s. Fritz, M. Jos.

Messerschmid, J. H., Julianus imp. scholas Christianorum occludens. Leucopetrae 1734. 4.

Messerschmid, J. H., de singulari Dei potentia in miraculis conspicua. Lips. 1744. 4.

— **Jo. Heinrich,** De dictione sacra *ΑΦΙΕΝΑΙ ΤΑ ΟΦΕΙΛΗΜΑΤΑ* ex Matth. VI comm. XII contra Syriasmum praelocutus patronos atque fautores elegantioris litteraturae ad orationem die veneris proxime futuro audiendam summa cum observantia parique humanitate invitat. Leipzig (J. Chr. Langenheim) (7. XII. 1742). 16 S. (4.—) 23096

— — Providentiam divinam contra veteres recentioresque philosophos quampotest paucissimis delineat ac musarum patronos atque ex omni ordine eruditos ad orationes duas die veneris proximo audiendas omni qua par est observantia invitat. Leipzig (Langenheim) (8. XII. 1743). 16 Seiten. (4.—) 23097

Messerschmid, Jh. Chr., († d. 21. Jan. 1794.) s. 1) Betrachtt., erbaul., im Beichtstuhle, u. setze hinzu: (v. Jh. Chr. Messerschmid). 2) Abulgasi. 3) F. C. Baumeister, Denkungswissenschaft. 4) Geo. Fr. Bärmann, Anleit. zur deutschen Sprachkunst. 5) *Cebetis* tabulae. 6) Eigene, d., d. Völkerschaften. 7) *Erasmi* Rotterd. Civilitas et ejusd. Proverbiorum. 8) Gaichie, Beredsamkeit. 9) J. G. *Lagritz*, synopsis historiae. 10) Lamy, Kunst zu reden. 11) Nachrr. v. kl. Erklärungsschriften. 12) Nachrr. v. alten u. neuen exeget. Schriften. 13) Polyhistor, e. Wochenschrift. 14) Auson. *Popma* de differentiis. 15) Chr. H. *Weisse*, Latium.

Messerschmid, Johann Christian

— Commentatio de Ambubaiis. Lips. 753. 4. (40 S.)

— — (Wittenberg), Antiquitates balneares ex C. Plinii Caecilii secundi epistolis collectas. Wittenberg (J. Chr. Tzschidrich) 1762. 28 S. (4.—) 23093
Gew.: Gottlob Carl Springsfeld.

Messerschmid, J. Chr., Commentatio de augurio salutis. Jenae 756. 4. (16 S.)

— — (Weißenfels), De gestatione. Commentatio. Jena (Schill) (15. IX.) 1755. 16 S. (4.—) 23092
Gew.: Gottlob Carl Springsfeld.

— — (Leipzig) u. (Resp.) Jo. Gottfried Dising (Wittenberg), De Romanorum grammatice ab Graecis petita primum disserit. Wittenberg (Gerdes) 5. VII. 1765. 18 S. (4.—) 23094

— — De Romanorum grammatice ab Graecis petita postremo disserit. Wittenberg (Gerdes) (27. IX. 1766). (4.—) 23090

Messerschmid, Jo. Christian, Viro amplissimo jureconsultissimo doctissimoque Gottlob Christian Klügel . . . . occasione anni quinquagesimi quo . . . . summis jurium honoribus decoratus est jureconsultum scholasticum gratulabundus offert. Wittenberg (C. Chr. Dürr) 4. I. 1737. 18 Seiten. (4.—) 23089

— — (Jena), De vulcanalibus litteratorum Romanorum lucubrationibus sacris prolusio qua lectiones annuas in schola Dondorpiensi habendas indicit. Leipzig (Jacobaeer) (Sept.) 1756. 16 S. (4.—) 23091

— Johann Georg Friedrich, Carmine saeculari inclytae Universitati Literarum Lipsiensi fausta saeculi quinti auspicia . . . . gratulatur pietas almae matris olim alumnorum nunc Alteburgi degentium interprete. Altenburg (Aulic) 9. XII. 1809. Mit Namen. (3.—) 23095

Messerschmidt's, Frz. Xav., Leben u. Werke, s.: Ilg, A.

Messerschmidt, s.a. Messerschmid

Messerschmidt, Dem Nationalgrossmeister Br. (Karl Friedr. von) Messerschmidt gewidmet von der Loge z. Morgenröthe des höheren Lichts in Stolp am 23. Sept. 1860. 8. 2 Bl. — Handb. d. Frmrei III, S. 600.

Messerschmidt, Denkschrift betr. die im Bereich der königl. Domäne Sillium (Reg.-Bez. Hildesheim) in den J. 1895 bis 1897 geschaffenen elektrischen Kraftübertragungs- u. Beleuchtungs-Anlagen zur Ausnutzung der vorhandenen Wasserkraft. Hrsg. auf Veranlassg. der Landwirthschaftskammer f. die Prov. Sachsen. gr. 8. (85 S. m. 7 Abbildgn.) Halle 900. O. Thiele. n. 1. 20

Messerschmidt, Anna, Vorlagen zum Wäsche-Zeichnen. qu. 12. (12 S.) Leipzig (Sophienstr. 60 III) 897. Selbstverlag. n. — 10

Messerschmidt, C., Wegweiser zur Reformirung der Gesellschaft, od. die Mittel zur Verwirklichung des Christenthums. 8. (72 S.) Stuttgart 851, Sonnewald. 6 ngr

Messerschmidt, C. W., Predigt am 24. Juni 1814 z. Feier d. Friedensfestes. 8. Lüneb. 815. Herold u. W. 3 gl.

Messerschmidt, Ernst, Referendar aus Nordenburg O.-Pr.: Das Notverordnungsrecht nach preussischem Staatsrecht. *Königsberg i. Pr. 1901: E. Rautenberg.* (VI, 40 S.) 8°
Rostock, Jur. Diss. v. [5. Dez.] 1901

Messerschmidt, Ernst, das Notverordnungsrecht nach preuss. Saatsrecht. Diss. gr. 8. (VI, 40 S.) Königsberg (902). (F. Beyer). n. 1. —

Messerschmidt, Eugen: Über die Kolpaporrhexis während der Geburt unter Mitteilung von vier neuen Fällen. Berlin [1909]: Loewenthal. 39 S. 8°
Freiburg i. B., Med. Diss. v. 1909, Ref. Krönig
[Geb. 23. Aug. 84 Berlin; Wohnort: Berlin; Staatsangeh.: Preußen; Vorbildung: Askan. Gymn. Berlin Reife M. 03; Studium: Berlin 8, Freiburg i. B. 2 S.; Coll. 4. Dez. 08.] [U 10. 989

Bilder aus der Geschichte der Freimaurer-Loge Prinz von Preussen zu den drei Schwertern in Solingen. Zur Feier des fünfzigjährigen Bestehens der Loge am 1. Juni 1890. [Von Ewald Messerschmidt.] (Hs. gedr. f. Bbr.·.) [Solingen 1890]: Flocke & Odendahl. 21 S. 8° [Umschlagtit.]
Auf Grund der Protokolle u. sonstigen Akten entworfen. S. 24—26: Verzeichn. der Beamten u. Ehrenmitgl. von 1840—1890 u. Mitgl.-Statistik.

Messerschmidt's, Frz. Xav., Werke. Mit biographisch-krit. Einleitg. v. Ludw. Hevesi. Hrsg. v. Jos. Wlha. (35 Taf. m. 10 S. illustr. Text.) 34×26 cm. Wien-Baden 909. (Wien, J. J. Plaschka.) In Leinw.-Mappe 40. —

Messerschmidt, Frieda, durch Kampf zum Sieg. Eine Novelle. gr. 16. (101 S.) Leipzig 893. G. Fock. Geb. in Leinw. m. Goldschn. n. 1. 50

Messerschmidt, Friedrich Gustav (Berthelsdorf / Lausitz), De pure et sanie. Diss. med. Leipzig (W. Engelmann) 8. II. 1842. 20 S. (1.50) 23098

Messerschmidt, Frdr. Rob., das Ich-Evangelium. Schauspiel in 4 Aufzügen. (56 S.) 8. Dresden-Blasewitz 904. R. v. Grumbkow. n. 1. 20

Messerschmidt, G.: „Ist ein Nothstand zu besorgen? Und welche Mittel und Wege giebt es, ihm entgegenzuarbeiten?" Berlin 1853. — Vorh.: Com. Bibl. Hamburg.

Messerschmidt, G., die Militair-Oeconomie, ein Handbuch für Militairverwaltungs-Beamte, Militairs und diejenigen, welche sich mit der Militair-Oeconomie vertraut machen wollen. 1—8. Lfg. gr. 8. (1. Bd.: Die Verpflegung der Kriegsheere. XX und 543 S., Beilagen 39 S. und 2 Stnt. in Fol.) Berlin 851, Bahn und Faudel. Pränum.-Pr. à Lfg. * 12½ Ngr. *

Messerschmidt, G. Die Verpflegung der Kriegsheere. Berlin 1854. 8°. (Messerschmidt: Die Militair-Oecon. 1.)

— die Verwaltung des Militär-Haushalts in Preußen. Berlin 853. Grobe. (Bergemann.) 8. (VII. 149 S.) n. 24 ngr.

Messerschmidt, Georg Friedrich, prakt. Arzt in Werdau: Ueber Ostitis deformans beider Schienbeine und des linken Wadenbeines. ⟨Mit 1 Abb.⟩ *Jena 1902: G. Neuenhahn.* (19 S.) 8°
Jena, Med. Diss. v. (3. Okt.) 1902

Messerschmidt, H. Chr., Und das Gute behaltet! (1. Teff. 5. 21.) Ein Aufruf an die luther. Gemeinden Hannovers für ihren durch königl. Verordnung vom 14. April 1862 eingeführten Katechismus. Gegen Baurschmidt. gr. 8. (54 S.) Peine 862, Heuer.

Messerschmidt, Heinr., naturwissenschaftl. Abhandlung (philosoph. u. rein physikal. Inhalts) d. 10. Hochansehnl. Versamml. deutsch. Naturforscher u. Aerzte im Sept. 1832 zu Wien als Ergebniß eigener Forschung gewid. u. im Mscpt. vorgelegt; nun noch im Druck hrsg., nebst 7 Stndr. (Fol.) gr. 8. (9½ B.) Leipzig 833, Reclam.

—— Beweisführung, daß d. Häusersperre als Abwehrungsmittel geg. d. Verbreitung d. asiat. Cholera nicht allein nicht nützt, sondern vielmehr schädlich u. darum zu unterlassen ist, bei Gelegenheit d. Zusammentritts d. hies. Gesundheits-Commité abgefaßt. 8. (5¼ B.) Naumburg 831, Wild.

Messerschmidt, Heinr., über die Falschheit des von den Physikern aufgestellten Naturgesetzes, daß d. gleichnam. Elektricitäten, so wie d. gleichnam. magnet. Pole, sich vermöge einer, ihnen von Natur eigenen, dynam. Kraft gleichsam feindl. abstoßen sollen. Eine nothwend. Vervollständig. d. im Sept. 1836 zu Jena unvollendet geblieb. Vortrags üb. dies. Gegenstand. gr. 8. (3¾ B. u. 1 Stnt.) Zeitz 837, Schieferdecker.

—— über d. zweckmäß. Gebrauch d. Präservative geg. d. asiat. Cholera, u. üb. die, f. d. erste Anwend. beim Ausbruche ders. im Hause vorräthig zu haltenden, Hülfsmittel; d. großen Publiko gewid. 8. (3¼ B.) Naumburg 831, Wild.

Messerschmidt, Dr. Heinrich. Hand- und Lehrbüchlein für Deutschlands Krieger, und diejenigen im Volke, welche zu diesem hohen Stande berufen sind. (Gesundheitslehre.)
8. Leipzig und Altenburg 1815.

Messerschmidt, H., Hand- u. Lehrbüchlein f. Deutschlands Krieger u. diejenigen im Volke, welche zu diesem hohen Stande berufen sind. 8. Leipz. Brockhaus. 815. -

— Hand- u. Lehrbüchlein f. Deutschlands Krieger u. diejenigen im Volke, welche zu diesem hohen Stande berufen sind. 8. Leipz. 816. Brockhaus. 6 ℊ

—— die hochwichtl. Lebensfrage: Sind die Aeußerungen d. höh. geistigen Thätigkeiten beim Menschen bloß Wirkungen seiner vollkomm. Organisation, od. ein. mit dies. in inniger Verbind. stehenden Wesens von unsterbl., geistig an sich höh. Natur? auf d. einzig sichern Wege d. Naturforschung evident beantwortet. Mit erläut. u. erweit. wissenschaftl. wicht. Zusätzen. gr. 8. (10¾ B.) Zeitz 837, Schieferdecker.

Messerschmidt, Heinr., Nachrichten üb. die Schützengesellschaft zu Aschersleben. 8. (6 B. u. 1 Tab.) Aschersleben 810, Laue.

—— über d. Rechtmäßigkeit d. Todesstrafe durch Enthauptung u. üb. die bis jetzt gebräuchl., aber verwerfl. Verfahrungsarten beim Enthaupten; nebst genauer Beschreib. einer unt. d. Namen Collumpön neu erfund., allen vernünft. Anforderungen entsprechenden Enthauptungs-Maschine. gr. 8. (5 B. u. 5 Stnt.) Weimar 840, Voigt.

—— Sieg d. Wahrheit! Berichtigende u. erweit. Zusätze zu d. Schrift: „Die Offenbarung Gottes durch d. Vernunft" als Sendschr. an d. Verf. ders., Hrn. Dr. Heinr. Stephani, ꝛc. Nebst angehängtem Antwortschreiben Desselben nebst Erwiederung darauf. gr. 8. (9 B.) Zeitz 837, Schieferdecker.

— Heinrich Gottlob (Pirna), De natura morborum, ipsisque medendi ratione. Diss. inaug. Präs. Adam Michael Birkholz. Leipzig (Klaubarth) 8. III. 1805. 37 S. (3.50) 23099

Messerschmidt, J. A., die bamberger Bierbrauerei. 8. Bamberg 836. (Leipzig, T. O. Weigel.) *

Messerschmidt, J, B. Das schweizer. Dreiecknetz, herausg. von der Schweizerischen geodätischen Commission. Sechster Bd. Lotabweichungen in der Westschweiz. Mit 1 Tfl. In-4°. 200 S. Zürich, Fäsi & Beer. 10 —

Messerschmidt, J B.: Ueber die Veränderlichkeit der Nivellier-Latten. ([S.-A.] Schweizerische Bauzeitung. Bd. 23. Nr 5 und 6.) [Zurich 1894.] 4 S. 4°.

Messerschmidt, J. H., de Paulo idiota sermonis. Lips. 1740. 4.

Jo. Chr. Messerschmidt Aesculapius σωτηρ. Hal. 1752. 4.

Messerschmidt, Joh. Ad., die bayerische Bierbrauerei im Allgemeinen, insbesondere die in Bamberg und Umgegend übliche Brauart nach ihrem ganzen Umfange praktisch beschrieben. 3. (Titel-)Aufl. Nürnberg (836.) 854. Lotzbeck. 8. (6 Bl., 99 S.) 7½ ngr.

— Johann Georg (Radeberg), De finibus potestatis ecclesiasticae regundis. Präs. Joh. Theophil Seger. Leipzig (Langenheim) 29. III. 1768. 24 S. (4.—) 23100
Widm. v.: Joh. Theophil Seger.

Eine Lotosblume dem [Br.] Erhard. Mit gerührten und dankbaren Gefühlen auf die Urne gelegt von seinem wahren Verehrer [Joh.] G[eorg] **Messerschmidt.** Leipzig, am 20. Febr. 1813. 2 Bl. 4° [Umschlagtit.]
Abgedr. in: Erhard's Genius. [1813] Bl. 3—6.
Gedicht: „Mit geweihter heil'ger Sitte, ..."

Messerschmidt, Johs., praktische Behandlung der biblischen Geschichte in Unterklassen. 2 Thle. 8. Frankenberg 880, Roßberg. à Thl. *ℳ 1,50. *
Inhalt:
Thl. 1. Ausgewählte Geschichten des Alten Testamentes. (VIII, 177 S.)
„ 2. Ausgewählte Geschichten des Neuen Testamentes. (149 S.)

—— dass. — Ausgewählte Geschichten des Alten und Neuen Testamentes. 2. veränd. Aufl. gr. 8. (VIII, 341 S.) Ebendas. 884. *

Messerschmidt, Johs., prakt. Behandlg. der biblischen Geschichte in Unterklassen. Ausgew. Geschichten des Alten u. Neuen Testamentes. 3., veränd. Aufl. 2 Tle. gr. 8. (VIII, 310 S.) Frankenberg 894. 95. C. G. Roßberg. n. 2. 50

Messerschmidt, Johs., das bürgerliche Gesetzbuch zur Behandlung in der Fortbildungsschule. (Bürgerkunde I.) (47 S.) 8. Dresden 910. A. Huhle. — 60

Messerschmidt, Johs. Der einfache Haushalt. Ein Hilfsbuch zum Unterricht für Haushaltungeschulen u. für Hausfrauen in einfachen Verhältnissen. 12. (172 S.) Lpz. 890, Siegismund u. Volkening.
[* 1 20; geb. * 1 60] 1 —; geb. * 1 50

Messerschmidt, Johs., Katechesen und Entwürfe für den Religionsunterricht in Unterklassen. 2 Hefte. 8. Meißen 884. Frankenberg, Roßberg. à Heft * — 90

—— Katechesen und Entwürfe für den Religionsunterricht in Unterklassen. 2 Hefte. gr. 8. Meißen 884, Schlimpert. à Heft * 90 Pf. *
Inhalt:
Heft 1. Wesen, Eigenschaften und Werke Gottes; Pflichten gegen Gott. (88 S.)
„ 2. Pflichten gegen den Nächsten, gegen die Tiere und gegen die leblose Schöpfung. (84 S.)

Messerschmidt, Johs., Katechesen und Entwürfe für den Religionsunterricht. 3. Heft: Der erste Katechismusunterricht. 5. Schulj.: Katechetische Entwürfe über das 1. Hauptstück. gr. 8. (IV, 236 S.) Frankenberg i. S. 888, Roßberg. *
1. und 2. Heft. [Meißen 1884, Schlimpert.] Ebendas. à * 90 Pf.

— Katechesen u. Entwürfe f. den Religionsunterricht. 4. Heft. Katechesen u. Entwürfe üb. den ersten Artikel. gr. 8. (96 S.) Frankenberg i. S. 890, Roßberg. * 1 —
1.—3. Heft: Ebd. 1884—85. * 4 05.

— biblische Lebensbilder od. ausgewählte bibl. Erzählungen f. die Kinder der Unter- u. Mittelklassen. Nebst Anh.: die Hauptstücke d. luther. Katechismus enth. 19. Aufl. Nach der neuen Rechtschreibg. umgearb. u. m. den Sprüchen d. „Memorierstoffes f. die evangel. Volksschulen Sachsens" versehen v. Johs. Messerschmidt. 8. (IV, 180 S.) Frankenberg 885. Roßberg. — 60

— biblische Lebensbilder od. ausgewählte bibl. Erzählungen für die Kinder d. Unter- u. Mittelklassen. Nebst Anh.: die Hauptstücke des luther. Katechismus enth. 20. Aufl. Nach der neuen Rechtschreibung umgearb. u. mit den Sprüchen des „Memorierstoffes für die evangel. Volksschulen Sachsens" versehen. 8. (IV, 180 S.) Ebd. 887. — 60

— 32 Lektionen über Gesetzes- und Verfassungskunde, Sachsen u. das Deutsche Reich, f. Fortbildungsschulen. gr. 8. (72 S.) Dresden 889. Huhle. n. — 80

Messerschmidt, Johs., 32 Lektionen üb. Gesetzes- u. Verfassungskunde Sachsen u. das Deutsche Reich f. Fortbildungsschulen. 2. Aufl. (76 S.) 8. Dresden 906. A. Huhle. n. 1.—

Messerschmidt, Johs., katechetische Unterredungen üb. den 2. Artikel. gr. 8. (VIII, 110 S.) Leipzig 893. B. G. Teubner. n. 1. 20; geb. in Leinw. n. 1. 60

Messerschmidt, Julius, Kammergerichtsrefer.: Die Versteigerung eines gepfändeten Wechsels mit Blankoindossament als Inhaberpapier. ⟨Ein Beitr. z. Lehre von der rechtl. Natur d. Wechsels m. Blankoindossament und dem rechtl. u. tatsächl. Zusammenhang von Gläubigerrecht u. Papiereigentum.⟩ Borna-Leipzig 1910: Noske. VIII, 64 S. 8°
Leipzig, Jur. Diss. v. 12. März 1910
[Geb. 29. Febr. 84 Kottbus; Wohnort: Berlin; Staatsangeh.: Preußen; Vorbildung: Gymn. Kottbus Reife O. 03; Studium: Freiburg i. B. 3, München 1, Berlin 2 S.; Rig. 12. März 10.] [U 10. 2799

Messerschmidt, K. A. Fr., Anleitung zu schriftl. Aufsätzen aus d. bürgerl. Geschäftsleben; als Muster zu Vorschriften f. d. fertigsten u. best. Schreiber in d. Oberklassen d. Dorfschulen. Ein Hülfsb. f. Schulmeister u. Kinderlehrer, so wie f. Dorfrichter u. nicht ganz ungebild. Landleute. 8. (8 B.) Zwickau 832, Gebr. Schumann.

— Dictirstunden, od. Anleit., wie man es anzufangen habe, um d. Kindern in e. Dorfschule d. nothwendigsten Regeln d. deutsch. Rechtschreibung beizubringen. 2., ganz umgearb. u. verm. Aufl. 8. (6 B.) Zwickau 829, Gebr. Schumann.

Messerschmidt, Leop.: B e m e r k u n g e n zu d. hethitischen Inschriften, s.a. M i t t e i l u n g e n d. vorderasiat. Gesellschaft.

Bemerkungen zu den hethitischen Inschriften v. Leopold **Messerschmidt**. *Berlin: W. Peiser (1898).* (1 Bl., 48 S.) 8.
— **Mitteilungen** der Vorderasiat. Gesellschaft. 1898. [H.] 5. [98. 6609

Messerschmidt, L., Corpus inscriptionum Hettiticarum, s.: Mitteilungen d. vorderasiat. Gesellschaft. 1900. 4.

Messerschmidt, Leop., die Entzifferung der Keilschrift, s.a. Orient, der alte. V. 2.

Die Entzifferung der Keilschrift. Dargest. von Dr. Leopold **Messerschmidt**. Mit 3 Abb. *Leipzig: J. C. Hinrichs 1903.* (32 S.) 8° [F.]
— **Orient**, Der alte. Jg. 5, H. 2. [03. 7...

Die Entzifferung der Keilschrift. Dargest. von Dr. Leopold **Messerschmidt**, Kustos. Mit 3 Abb. 2. verb. Aufl. Leipzig: Hinrichs 1910. 32 S. 8°
(Der alte Orient. Jg. 5, H. 2.) [10. 1..7

— die Hettiter, s.a.: Orient, der alte. IV. 1.

Messerschmidt, Leopold: Die H e t t i t e r. Von Dr. –. Mit 9 Abb. Leipzig: J. C. Hinrichs 1902. (32 S.) 8°
= Orient, Der alte. Jg. 4, H. 1.

Messerschmidt, Leopold: Die H e t t i t e r. Von Dr. –. Mit 9 Abb., erw. Aufl. Leipzig: Hinrichs 1903. 35 S. 8°
(Der alte Orient. Jg. 4. H. 1.)

– Die I n s c h r i f t der Stele Nabuna'id's, Königs v. Babylon, enth. die erste inschriftl. Nachricht üb. d. Fall Ninives, s. M i t t e i l u n g e n d. vorderasiat. Gesellschaft.

— Mitanni-Studien, s.a. Mitteilungen der vorderasiat. Gesellschaft. 4. Jahrg. 4. Hft.

Mitanni-Studien von L[eopold] **Messerschmidt**. *Berlin: W. Peiser 1899.* (134 S.) 8°
— **Mitteilungen** d. Vorderasiat. Gesellschaft. 1899, 4. [00. 3873

Messerschmidt, Leopold, s. R o t t, Hans: Kleinasiatische Denkmäler ...

Messerschmidt, Leopold [Berolinensis]: Tabula Babylonica V. A. Th. 246 musei Berolinensis primum editur commentarioque instruitur ... Kirchhain N.-L., typ. M. Schmersow, *1896;* 2 Bl., 33 S., 1 Bl. 8.
Berlin, Phil. Fak., Inaug.-Diss. v. 8. Aug. 1896

Messerschmidt, Leop., Zur Technik des Tontafel-Schreibens. (59 S.) gr. 8. Berlin 907. [W. Peiser.] Leipzig, J. C. Hinrichs'Verl. 1.20
Erweit. Sonderabdr. aus: „Orientalist. Litteratur-Zeitg."

Messerschmidt, Rob., biblische Lebensbilder oder ausgewählte biblische Erzählungen f. die Kinder der Unter- u. Mittelklassen mit beigefügten Sprüchen, Denk- u. Liederversen. 2. verm. u. verb. Aufl. 8. (138 S.) Frankenberg 851. Chemnitz, Ernesti in Comm. n. 1/6 ₰

Messerschmidt, Rob., biblische Lebensbilder, oder: Ausgewählte biblische Erzählungen für die Kinder der Unter- und Mittelklassen, mit beigefügten Sprüchen, Denk- und Liederversen. Nebst Anhang: die Hauptstücke des lutherischen Katechismus enthaltend. 3. sehr verm. u. verb. Aufl. Frankenberg 854. (Chemnitz, Ernesti.) 8. (173 S.) n. 6 ngr.

Messerschmidt, Rob., biblische Lebensbilder, oder: ausgewählte biblische Erzählungen für die Kinder der Unter- und Mittelklassen, mit beigefügten Sprüchen, Denk- und Liederversen. Nebst Anhang: Die Hauptstücke des luther. Katechismus enthaltend. 4., sehr verm. und verb. Aufl. 8. (180 S.) Frankenberg 859. Chemnitz, Ernesti. *

Messerschmidt, Rob., biblische Lebensbilder, oder: ausgewählte biblische Erzählungen für die Kinder der Unter- und Mittelklassen, mit beigefügten Sprüchen, Denk- und Liederversen. Nebst Anhang: Die Hauptstücke des lutherischen Katechismus enth. 4. sehr verm. u. verb. Aufl. Frankenberg 861. (Chemnitz, Ernesti.) 8. (180 S.) n. 6 ngr.

Messerschmidt, Rob., biblische Lebensbilder, oder: ausgewählte bibl. Erzählungen für die Kinder der Unter- und Mittelklassen, mit beigefügten Sprüchen, Denk- und Liederversen. Nebst Anh. die Hauptstücke des luther. Katechismus enth. 9.—18. Aufl. 8. (180 S.) Frankenberg 871—75, Roßberg'sche Buchh.

Messerschmidt, Rob., biblische Lebensbilder oder ausgewählte biblische Erzählungen für die Kinder der Unter- und Mittelklassen, mit beigefügten Sprüchen, Denk- und Liederversen. Nebst Anhang, die Hauptstücke des luther. Katechismus enth. 14. und 15. Aufl. 8. (180 S.) Frankenberg 876,78, Roßberg.

Messerschmidt, Rob., biblische Lebensbilder oder ausgewählte biblische Erzählungen für die Kinder der Unter- und Mittelklassen. Nebst Anhang: die Hauptstücke des luther. Katechismus enthaltend. 16. Aufl. Umgearb. und mit den Sprüchen des „Memorirstoffes für die evangel. Volksschulen Sachsens" versehen von Johs. Messerschmidt. 8. (IV, 177 S.) Frankenberg 880, Roßberg.

—— dass. — 17. Aufl. Nach der neuen Rechtschreibung umgearb. und mit den Sprüchen des „Memorierstoffes für die evangel. Volksschulen Sachsens" versehen von Johs. Messerschmidt. 8. (IV, 180 S.) Ebendas. 882.

Messerschmidt, Rob., biblische Lebensbilder oder ausgewählte bibl. Erzählungen für die Kinder der Unter- und Mittelklassen. Nebst Anhang: die Hauptstücke des luther. Katechismus enth. 18.—20. Aufl. Nach der neuen Rechtschreibung umgearb. und mit den Sprüchen des „Memorierstoffes für die evangel. Volksschulen Sachsens" versehen von Johs. Messerschmidt. 8. (IV, 180 S.) Ebendas. 883—87.

Messerschmidt, Theodor: Aus d. Instit. f. Bakteriol. u. Hyg. zu Straßburg. Eine einfache Technik zur Bestimmung der phagocytären Zahl; vergleichende Untersuchungen über die phagocytäre Eigenschaft des Blutserums und des Blutplasmas. Hannover 1910: Höltje. 24 S. 8°
Straßburg, Med. Diss. v. 22. Dez. 1910, Ref. Forster
[Geb. 10. Mai 86 Hannover; Wohnort: Straßburg; Staatsangeh.: Preußen; Vorbildung: Realgymn. Hannover Reife O. 05; Studium: München 1, Straßburg 10 S.; Coll. 16. Juni 10; Approb. 6. Juni 10.] [U 11. 4256

Messerschmidt, Wilh.. Lehrgang u. Anleitung f. den Modellierunterricht, s.: Koch, Bernh., u. A. Kuntzsch.

Messerschmidt, Wilhelm, a. Werdorf: Der rheinische Städtebund von 1381—1389. Marburg 1906: J. A. Koch. (229 S.) 8°
Marburg, Phil. Fak., Ref. v. d. Ropp, Diss. v. 19. Sept. 1906
[Geb. 26. Mai 78 Werdorf, Kr. Wetzlar; Wohnort: Werdorf; Staatsangeh.: Preußen; Vorbildung: Gymn. Wetzlar Reife O. 98; Studium: Heidelberg 4, Marburg 2, Heidelberg 1, Paris 1, Marburg 7 S.; Rig. 7. Febr. 06.]

Messerschmidt-Gersdorf, Anna, praktisches Kochbuch. Eine Anleitung f. sparsame Hausfrauen und die es werden wollen zur Herstellg. e. billigen u. doch kräft. Familientisches. 2. Aufl. 12. (110 S.) Leipzig 890. Siegismund & Volkening. — 50; geb. — 80

Messerschmied, Daniel Gottlieb (Danzig), De ratione praeside universae medicinae. Diss. solenn. med. Präs. Friedrich Hoffmann. Halle/Magdeburg (Chr. Henckel) Mai 1713. 46 S. (5.—) 23101
Widm. v.: Friedrich Hoffmann.

Messerschmitt, Alfred

Messerschmitt, A., die Calculation in der Eisen-Giesserei u. der Giesserei-Techniker in seinem Betriebe, nebst Anhang über Accord-Verträge u. die gebräuchlichsten Accord-Sätze, sowie Beispiel der Anwendung der Calculation auf Form-Maschinen-Betrieb. 8. (79 S.) Essen 881. Bädeker. geb. n. 2. 50

Messerschmitt, A., die Calculation in der Eisen-Giesserei und bei Form-Maschinen-Betrieb, sowie Accordverträge und Bestimmung aller Accord-Gedinge der Formstücke wie der Modelltischlerei, erläutert durch vielfache Beispiele und Skizzen, nebst Einführung in alles Wissenswerthe der Giesserei-Technik, Anhang über die Inoxydation des Gusseisens und die gebräuchlichsten Giesserei-Schmelzöfen und den Formmaschinenbetrieb, nebst Zeichnungen. 2. durchgesehene und sehr erweiterte Aufl. 8. (283 S. mit verschiedenen Holzschn. und Taf.) Essen 886, Bädeker. geb. *

Messerschmitt, A., die Kalkulation in der Eisengiesserei u. der Giesserei-Techniker in seinem Betriebe sowie die Arbeits-Verträge u. die Akkord-Gedinge, Giessereiverbands-Verträge, Preiskurant u. Grundpreise, Tabellen üb. Gusseisen-Konstruktionsteile nebst Mathematisches — Physikalisches. 4. Aufl. (III, 215 S.) 8. Essen 907. G. D. Baedeker.
Geb. in Leinw. 5. —

Messerschmitt, A., die Calculation der Eisenconstruktionen, insbesondere der Brücken, Dampf- u. Lokomotivkessel, wie der Gerüstbauten, u. der Ingenieur in seinem Betriebe, nebst Bestimmg. aller einschläg. Accordgedinge, erläutert durch vielfache Beispiele u. Zeichngn. v. Gerüstbauten. Mit Holzschn. u. (6 autogr.) Taf. 8. (178 S.) Essen 884. Bädeker. geb. n. 4. 75

—— die Calculation im Maschinenwesen und der Ingenieur in seinem Betriebe, nebst Anleitung zur Bestimmung der allgemeinen wie specialisirten Accord-Gedinge aller Thätigkeitsarten des Maschinenbaues und der Modelltischlerei, durch viele Beispiele erläutert, sowie Anhang von Accord-Verzeichnissen zur raschen Calculation und zum Ueberschlage. 8. (132 S.) Essen 882, Bädeker. geb. *

— die Kalkulation im Maschinenwesen, nebst Anleitg. zur Bestimmg. der allgemeinen wie spezialisierten Akkord-Gedinge u. der Wahl der Materialien, sowie Anh. v. Akkord-Verzeichnissen u. Preisen maschineller Gegenstände. 2., durchgeseh. u. erweit. Aufl. (164 S. m. Fig.) 8. Ebd. 903. Geb. in Leinw. n. 3. 50

Messerschmitt, A., Calculation u. Technik der Eisengiesserei. 3. erweit. u. durchgeseh. Aufl. in 2 unabhäng. Bdn. 1. Bd. 8. Essen, G. D. Baedeker.
Geb. in Leinw. n. 4. —
Die Calculation in der Eisengiesserei u. der Giesserei-Techniker in seinem Betriebe, sowie die Arbeits-Verträge u. Accord-Gedinge, Giesserei-Verbands-Verträge u. Preiscourant, Gewichtstabellen u. Mathematisches, nebst Maass- u. Gewichts-Einheiten des metr. Systems. (210 S. m. 67 Fig.) 903.

Messerschmitt, A., Kalkulation u. Technik der Eisengiesserei. 3., erweit. u. durchgeseh. Aufl. in 2 unabhäng. Bdn. II. Bd. die Technik in der Eisengiesserei u. prakt. Wissenschaft. Analysen, Gattiergn., Festigkeiten, Schmelzöfen, Trockenkammern, Inoxydation, Formmaschinen, Allgemeines, sowie die Schweissverfahren u. Gusseisen-Veredelg. nach dem Verfahren v. Goldschmidt, erläut. m. 15 Zeichnungen u. 28 Skizzen. (VIII, 329 S.) 8. Essen 904. G. D. Baedeker.
Geb. in Leinw. n. 8. — (vollständig n. 12. —)

Messerschmitt, A[lfred]: Kalkulation und Technik der Eisengießerei von —. (4. Aufl.) [T. 1.]
Essen: Baedeker 1907. 8°

Das Recht auf Arbeit. Beitrag z. Lösung d. sozialen Frage von Ing. A[lfred] **Messerschmitt.** Essen-Ruhr: (Selbst-Verl.); G. D. Baedeker [in Komm.] 1907. (61 S.) 8° [5.] [08. 11591

— Die Technik in der Eisengiesserei u. praktische Wissenschaft. Analysen, Gattiergn., Festigkeiten, Schmelzöfen, Trockenkammern, Inoxydation, Formmaschinen, Allgemeines, sowie die Schweissverfahren u. Gusseisen-Veredelg. nach dem Verfahren v. Dr. Goldschmidt, erläutert m. 15 Zeichngn. u. 28. Skizzen. 4. Aufl. (VIII, 418 S.) 8. Ebd. 909. Geb. in Leinw. 8. —

Messerschmidt, Alfred [aus Hamburg]: Untersuchungen über die Brom- und Bromwasserstoff-Additionsproducte der Allylessigsäure und das Valerolacton. Hamburg, Druck von Th. G. Meissner, 1880. 8. 35 S.

Messerschmitt, Anton, aus Bochum i. Westf.: Die Reaktionsgeschwindigkeit in heterogenen Systemen. *Heidelberg 1900: Ph. Wiss.* (82 S.) 8°
Heidelberg, Naturw.-math. Diss. v. 1900

Messerschmidt, C., Wegweiser zur Reformirung der Gesellschaft. 8°. Stuttgart 1851.

Messerschmid, Ch., De Romanorum grammatice ab Graecis petita. Diss. 1765. 18 S. 4°. 1.—

Messerschmitt, Johann Baptist

Messerschmitt, Joh. Bapt., Beeinflussung der Magnetographen-Aufzeichnungen durch Erdbeben u. einige andere terestrische Erscheinungen. (S. 135 bis 168.) Lex.-8. München 905. (G. Franz' Verl.) n. — 60
Sonderabdruck aus: „Sitzungsber. d. bayer. Akad. d. Wiss."

— magnetische Beobachtungen in München, s.a. Veröffentlichungen des erdmagnetischen Observatoriums bei der königl. Sternwarte in München. 1. Hft.

Magnetische Beobachtungen in München aus den Jahren 1899 und 1900. Mit 3 Taf. Bearb. von Dr. J[ohann] B[aptist] Messerschmitt. *München: K. B. Akad. d. Wiss. 1904.* (92 S.) 4°
Veröffentlichungen d. Erdmagnetischen Observatoriums bei d. Kgl. Sternwarte in München. H. 1. [04. 8186 7

Messerschmitt, Joh. Bapt., magnetische Beobachtungen in München aus den J. 1901—1905 u. Erdbebenregistrierungen vom J. 1905, s.: Veröffentlichungen des erdmagnetischen Observatoriums u. der Erdbebenhauptstation bei der königl. Sternwarte in München. 2. Heft.

— meteorologische Beobachtungen der k. Sternwarte in München f. die J. 1901—1905, s.a. Annalen, neue, der k. Sternwarte in München.

Meteorologische Beobachtungen der K. Sternwarte in München f. d. Jahre 1901–1905 bearb. von Joh. Bapt. **Messerschmitt.** München: Akad. d. Wiss. 1906. (54 S.) 4°
— **Annalen,** Neue, d. K. Sternwarte in München. Suppl. H. 1. [07. 8431 2

Messerschmitt, J. B. Über die Bestimmung der Meereshöhen in der Schweiz. Zürich 1890.

Messerschmitt, J. B.: Die wichtigsten Beziehungen zwischen der Geodäsie und der Geologie. (Wissenschaftliche Beilage zum Sechsten Jahresbericht der Physikalischen Gesellschaft in Zürich 1892.)
in: Messerschmitt: Einige erdmagnetische Untersuchungen. S. 15—40. Zürich 1893. 26 S. 8°.

— Die Erde als Himmelskörper, s.: Wegweiser, naturwissenschaftlicher. B. 1.

— Ergebnisse v. Sextantenprüfungen an der deutschen Seewarte. (II, 44 u. IV S. m. Fig.) gr. 4. Hamburg 902. (L. Friederichsen & Co.) n.n. 3. —
Sonderabdr. a.: „Aus dem Archiv der deutschen Seewarte".

Messerschmitt, J. B.: Die Gestalt der Erde in der modernen Geodäsie. Die Bedeutung der Präzisions-Nivellements. Zwei Vorträge. ([S.-A.] Jahresbericht der Physikalischen Gesellschaft in Zürich für 1898.) Uster-Zürich 1899. 39 S. 8°.

Messerschmitt, J. B.: Ueber Höhenmessungen und Höhenänderungen. ([S.-A.] Schweizerische Bauzeitung. Bd. 34.) Zürich 1899. 15 S. 8°.

Messerschmitt, J. B., siehe: *Jahresbericht.*

Messerschmitt, J. B., Lotabweichungen in der Westschweiz, s.: Dreiecknetz, das schweizerische.

— s.: Mitteilungen der geographischen Gesellschaft in München.

Messerschmitt, Joh. Bapt., magnetische Ortsbestimmungen in Bayern. (S. 69—83.) gr. 8. München 905. (G. Franz' Verl.) n. — 40

— Magnetische Ortsbestimmung in Bayern. 2. Mitteilg. (S. 545—579 m. 1 Karte.) gr. 8. München 906. (G. Franz' Verl.) — 60

— dasselbe. III. Mitteilg. (S. 381—399.) gr. 8. Ebd. 908. — 40
2 Sonderabdr. aus: „Sitzungsber. d. bayer. Akad. d. Wiss."

Messerschmitt, J. B., zur Photometrie der Himmelskörper, s.: Jahresbericht, 3., der physikalischen Gesellschaft in Zürich.

Messerschmitt, J. B., Polhöhen u. Azimutmessungen. Das Geoid d. Schweiz, s.a. Dreiecknetz, d. schweizer.

Messerschmitt (J. B.). Polhöhen und Azimutmessungen. Das Geoid der Schweiz. Band 9: Das Schweizerische Dreiecksnetz. Herausgegeben von der Schweiz. geodätischen Kommission. Zürich 1901. 4. Mit 4 Tafeln.

Messerschmitt, J. B. [aus Bamberg]: Ueber diffuse Reflexion .... Leipzig, Druck v. Metzger & Wittig, 1888; 35 + 1 S. u. 1 Taf. 8°
Erlangen, Phil. Fak., Inaug.-Diss. v. 1888

— Registrierungen einiger südeuropäischer Erdbeben auf der Münchener Erdbebenstation, s.a. Sitzungsberichte der kgl. bayer. Akademie der Wissenschaften. Mathem.-phys. Klasse. 1909. XVI.

Registrierungen einiger südeuropäischer Erdbeben auf der Münchener Erdbebenstation. Von J[ohann] B[aptist] **Messerschmitt.** Mit 3 Fig. München: K. Bayer. Akad. d. Wiss. 1909. 10 S. 8°
(Sitzungsberichte d. Kgl. Bayer. Akad. d. Wiss. Math.-physik. Kl. Jg. 1909. Abh. 16.) [10. 7201 3

— Die Schwerbestimmg. an der Erdoberfläche, s.a. Wissenschaft, die. 27. Heft.

Die Schwerebestimmung an der Erdoberfläche. Von Prof. Dr. Joh. Bapt. **Messerschmitt.** Mit 25 Abb. Braunschweig: F. Vieweg & Sohn 1908. (VIII, 158 S.) 8°
= **Wissenschaft,** Die. H. 27. [08. 15491

Messerschmitt, J. B.: Relative Schwerebestimmungen, s. Dreiecknetz. — Das schweizer Dreiecknetz.

— definitive Seitenlängen u. geographische Coordinaten der Punkte des schweiz. Dreiecknetzes u. der Anschlussnetze. [Aus: „Schweiz. Dreiecknetz" V. Bd.] gr. 4. (36 S. m. 1 farb. Karte.) Zürich 890. (Fäsi & Beer.) n. 2. —

— Der Sternenhimmel s.a. Universal-Bibliothek.

Der Sternenhimmel. Von Prof. Dr. J[ohann] B[aptist] **Messerschmitt.** Mit dem Bildn. d. Verf., 4 farb., 9 schwarzen Taf. u. 24 Zeichn. Leipzig: Reclam (1910). 195 S. 8°
(Bücher d. Naturwissenschaft. Bd 6.)
(Universal-Bibliothek. 5228/5230.) [10. 14405

— das magnetische Ungewitter vom 31. X. 1903. (S. 29—39 m. 1 Taf.) gr. 8. Ebd. 904. n. — 40
2 Sonderabdr. aus: „Sitzungsber. d. bayer. Akad. d. Wiss."

Messerschmitt, J. B.: Einige erdmagnetische Untersuchungen. (Wissenschaftliche Beilage zum sechsten Jahresbericht der Physikalischen Gesellschaft in Zürich 1892.) Uster-Zürich 1893. 6 S. 8°.

Messerschmitt, J. B. Spectralphotometrische Untersuchungen einiger photographischer Sensibilisatoren. 1885.

— Vulkanismus u. Erdbeben, s.: Wegweiser, naturwissenschaftliche. A. 13.

Messerschmitt, Josef, a. Homburg v. d. Höhe: Die Emissionsspektren des Selens. Mit einer Tafel. Leipzig 1907: J. A. Barth. (34 S.) 8°
Bonn, Phil. Fak., Ref. Kayser, Diss. v. 9. Juli 1907
[Geb. 23. Aug. 83 Homburg v. d. Höhe; Wohnort: Homburg; Staatsangeh.: Preußen; Vorbildung: Kaiserin-Friedrich-Gymn. Homburg v. d. Höhe Reife O. 02; Studium: München 2, Bonn 1, Berlin 1, Bonn 4 S.; Rig. 6. Febr. 07.]

Messerschmitt, P. F., s.: Schattenfiguren zum Ausschneiden fürs Schattenspiel.

Messerschmitt, R., siehe: *Erdmessung.*

Messert, s.: Worte, zeitgemäße an die Landeigenthümer.

Meßfeier, die, der deutsch-kathol. Gemeinde zu Berlin. Nebst e. Vorbericht. gr. 8. (2½ B.) Berlin 845. [Schulz.] *

Messfremden, Die; Posse mit Gesang. Leipzig 1792. V: *Schöpfel, Joh. Wolfg. Andr.* (Ky)

Meßfremden, die; Posse mit Gesang (v. J. W. A. Schöpfel) 8. Leipz. 792. Köhler.

Meßgebet

(*U.-Titel:*) Flehentliches Meßgebet einer besorgten christlichen Mutter. ; Donauwörth. Druck und Verlag der Buchhandlung L. Auer. ; Agentur in New York bei Joseph Schaefer. ; 60 Barclay Street 60. (= *Schutzengelbrief.* 80).
o. J. (Imprimatur 1882). 32 S., 120 × 83.
Diöz.-B. Rottenburg.

Meßgebetbuch, deutsches, f. kathol. Christen, auf alle Tage, Zeiten u. Feste d. ganzen Kirchenjahres. Zwölffache Meßgebete u. Gesänge, nebst vielen andern allgem. u. besond. Andachtsübungen f. d. kirchl. Vor- u. Nachmittags-Gottesdienst. Herausgeg. v. e. Seelsorger d. Seckauer-Diöcese. Mit 1 Kpf. gr. 8. Grätz 833. Ferstl. 9 gr.

Meß-, Beicht- u. Kommunion-Gebete f. Schulkinder. [Aus: „Vorbetbuch der Diöz. Brixen".] 6., vollst. umgearb. Aufl. (22 S.) 16. Brixen 910. O. Weger. Kart. — 20

Meßgebete, gemeinschaftliche, d. Kinder; v. e. kathol. Pfarrer. Freiburg 828. Fr. Wagner. 1 gr.

— für die Schuljugend. 12. Rotweil 820. Herder. (Barth in Leipz.) 1 gr.

Meßgebete für die Schuljugend. 12. Rotweil, Herder. 821.

Meßgebete f. d. Schuljugend. Zum gemeins. Gebrauche bei d. hl. Schul-Messe. Nebst Anh.: Übung d. 3 göttl. Tugenden. Neue u. gute Meinung. 4., verb. Aufl., verm. von e. Missionspfarrer. 16. (64 S.) Paderborn 895. F. Schöningh. n. — 15

Meßgebete, zwölf, zusammengetr. v. ein. Landpfarr. zum öffentl. u. allgem. Gebr. seiner Gemeinde. 12. Augsburg, Vieart. 802.

MESSGESANG. Oedenburg 1815: Sießische Erben. 4 l. - 8°
- Dass. Preßburg 1815. Gedr. bei Karl K. Sneschek. - 170 mm

MESSGESANG. Pesth 1855: A. Bucsánszky. 7 S. - 8°

Meßgesang f. die Hörer d. Philosophie. 8. Brünn Traßler. 1 gr.

Messgesang, Neuer, welcher bei der Segenmesse in dem adelichen Theresianum gesungen wird. V: *Denis, Joh. Nep. Cosm. Michael.* (wrztg 1802, S. 1161) (Biblport)

MESSGESÄNGE. Lose Blätter. Preßburg 1813: Belnay. Karl Matthias Patzko. 56 S. - 170 mm

MESSGESÄNGE. Preßburg o. J.: Karl Matthias Patzko. 56 S. - 170 mm
- Vgl. Meßgesänge. J. 1813. T. 1221. J. 1815. T. 1236.

Meßgesange. An Sonn- und Festtagen. Leitomischl, 1855. Druck A. Augusta. (32 S. 8.)

Meß- u. Vesper-Gesänge, auserlesene, in 3stimm. Melodien. Mit 1 Abbild. 8. Frankf. a. M. 822. Andreä. 6 gr.

Mess- und Vesper-Gesänge, Deutsche. Kreuznach 18?? V: *Stangen, Jacob August.* (Ky)

— deutsche, (v. Jak. Aug. Stangen). 8. Kreuznach, Kehr. 2 gr.

Meßgesänge, deutsche. 8. Freiburg 819. Fr. Wagner. 1 gr.

— für d. Bisthum Ermland. Mit 1 Vign. 8. Danzig 827. Wedel. 2 gr.

— Festlieder, Litaneien u. Gebete, nebst Morgen- u. Abendgebeten vor u. nach d. Christenlehre rc. 8. Insbruck 822. Wagner. 4 gr.

Meßgesänge für die Jugend der Pfarrschulen zu Altlerchenfeld. Wien, 1855. Mechitharisten-Buchdruckerei. (24 S. 8.)

MESSGESÄNGE für die studierende Jugend. Hermannstadt 1859: Th. Steinhaußen. 48 S. - kl. 8°

KATHOLISCHE Meßgesänge und Kirchenlieder. Sammlung von gottesdienstlichen Liedern für alle Tage und Zeiten des katholischen Kirchenjahres. Nezsider (Neusiedl) am See *1906. Verlag J. Horváth. 287, VII S. - 180 mm

Meß-Gesänge und Kirchen-Lieder, katholische, für die Jugend. 3. Aufl. (172 S.) 1878; 4. verb. Aufl. 16. (192 S.) Wien 881, Kirsch. *

Meßgesänge und Kirchenlieder. Dürnholz, 1856. Druck von Alois Landfraß in Neuhaus. Verlegt und zu haben bei Johann Pochop. (121 S. kl. 8.)

Meßgesänge u. Kirchenlieder. Nebst e. Anh. v. Marienliedern f. den Monat Mai. 15. Aufl. 16. (144 S.) Wien 886. Mayer & Co. n. — 25

Meßgesänge u. Kirchenlieder. 13. Aufl. 12. (104 S.) Korneuburg 888. Kühkopf. n. — 20

Meßgesänge u. Kirchenlieder. 17. Aufl. (96 S.) 12. Korneuburg 900. J. Kühkopf. n. — 20

—, — und Gebete, zum Gebrauche beim öffentlichen Gottesdienste. 8. (88 S. mit einem Titelbild.) Neutitschein 860, Enders.

Meßgesänge und Kirchenlieder, nebst einigen besondern Gebeten zum Gebrauche der Niemeser Schuljugend. kl. 8. Prag, Vetterl'sche Druck. 1852.

Meßgesänge und Kirchenlieder für die Jugend. 8. (80 S.) Gratz. Druck von A. Leykam's Erben. Marburg bei Anton Ferlinz jun. 1853.

Meßgesänge und Kirchenlieder für die Jugend. Achte Auflage. 8. (80 S.) Wien. Druck und Verlag der Mechitharisten-Kongregations-Buchhandlung. 1854.

Meßgesänge und Kirchenlieder für die Jugend an der Josefstädter Haupt- und Unterrealschule. Wien, 1855. Gedruckt bei Josef Stöckholzer von Hirschfeld. Zu haben bei Georg Schulz. (75 S. 8.)

Meßgesänge und Kirchenlieder für die Jugend. Neunte Auflage. Wien, 1856. Druck und Verlag der Mechitharisten-Kongregations-Buchhandlung. (80 S. 8.)

— und Kirchenlieder für die Jugend. Wien 857. Mayer u. Co. 32. (80 S.) 3 ngr.

—— und Kirchenlieder für die Jugend. (Lieder für die zweite, dritte und vierte Hauptschulclasse. 12. (80 S.) Marburg 860, Leyrer's Buchh.

Meßgesänge und Kirchenlieder für die Jugend. 2. Aufl. 12. (71 S.) Laibach, Millitz. 1861. 10 kr.

Meß-Gesänge und Kirchen-Lieder für die Jugend. 1. Aufl. (95 S.) 1870, und 2. verm. Aufl. 82. (108 S.) Wien 873, Kirsch.

—— dass. — Melodien dazu von Jos. Gabler. qu. 8. (18 S.) Ebendas. 870.

Messgesänge u. Kirchenlieder nebst d. üblichen Morgen- u. Abend-, Beicht-, Communion- u. heil. Messgebeten u Litaneien. kl. 8. (173 S.) Brünn, Benedict.-Buchdr. Geb. 35 kr
1885.

Meßgesänge und Kirchenlieder für die Schuljugend an der Hauptschule zu Leoben. Gesammelt von einem Lehrer allda. Gratz, 1856. Druck und Papier von A. Leykam's Erben. (74 S. kl. 8)

— und Kirchenlieder für die Schuljugend. Wien 858. Mechitharisten-Congreg.-Buchhdlg. 8. (48 S.) 5 ngr.

Meßgesänge und Kirchenlieder zum Gebrauche für die Schul-Jugend. 16. (96 S.) Wien 864, Gorischek's Universitäts-Buchh.

—— —— zum Gebrauch für die Schul-Jugend. 18. Aufl. 16. (94 S.) Wien 882, [Gorischek.] Szelinski. *

Meßgesänge und Kirchenlieder zum Gebrauche für die Schuljugend. 24. (94 S.) * —.12
Wien: Szelinski 1889.

— — zum Gebrauche f. die Schuljugend. [20. Aufl.] 24. (96 S.) Wien 891. G. Szelinski. n. —20

Meßgesänge und geistliche Lieder sammt einem Gebete vor und nach der heil. Messe für die Schuljugend. Wien, 1855. Gedr. bei A. Pichler's Witwe & Sohn. Zu haben bei Johann Heinzelmann. (91 S. 3 Bl. 16.)

Meßgesänge und Lieder zum Gebrauche beim Gottesdienste des Teiner Nächstenliebe-Vereins. Prag. 1855. Druck von Fr. Rohlicek. (58 S) geh.

— neue, u. deutsche Vesper-Andachten, f. d. kathol. Gottesdienst. N. Aufl. 12. Heidelb. 812. Meder. 4 gl.

Meß- und Schulgesänge für die Jugend in katholischen Schulen. 2. Aufl. 8. (64 S.) Regensburg 858, Manz. *

Meßgesänge für die Schuljugend. Brünn 856. (Winiker.) 16. (64 S.) n. 2 ngr.

Meßgesänge für die Schuljugend. Wiener-Neustadt, 1856. Gedruckt bei A. Pichlers Witwe und Sohn. (32 S. 8.)

Meßgesänge für die Schuljugend. Wiener-Neustadt, 1857. Zu haben bei M. Stupiza. Gedr. bei A. Pichlers Witwe & Sohn. (32 S. 8.)

MESSGESÄNGE für die Schuljugend. Temesvár 1857: J. Polatsek'sche Buchhandlung. 48 S. - 12°
- Dass. Hermannstadt 1859: Theodor Steinhausen. 12°

Messgesänge so von der Luxemburger, unter Wache stehenden Bürgerschaft am 24. August 1791, als am Tage der Ankunft Ihrer K. K. Hoheiten um die Huldigung abzunehmen vor dem Neuthor bei der Kapelle, während dem darin gehaltenen Gottesdienst abgesungen wurden. Luxemburg, bei Franz Perl sel. Erben. [1791]

Meß- und Vespergesänge nebst andern kirchlichen Gesängen zu verschiedenen Zeiten und bei verschiedenen Anlässen des kathol. Gottesdienstes. (Lateinischer und deutscher Text mit Zugrundelegung des Reihing'schen Choralwerkes.) 3. Aufl. 8. (78 S.) Ravensburg 859, (Dorn'sche Buchh.) *
— Mit Melodien. (28 S.) *

Meß- u. Vesper-Gesänge f. d. Bisthum Ermland. 8. (3½ B. u. 1 Bign.) Danzig 827, Wedel. (Leipzig, Rein.)

Meßgesänge für alle kirchlichen Zeiten und Feste. 16. (40 S.) Düsseldorf 860, Schaub'sche Buchh.

Mess-Geschäfts-Kalender u. Notizbuch, Leipziger. Besonderer Abdr. aus dem Leipziger Mess-Taschenbuch. 24. (140 S.) Leipzig 849, Spamer. n. ⅓ rß

Meßgeschenk für Liebhaber der Pferde. 1798—1803
s. Meßgeschenk zur belehrenden Unterhaltung für Liebhaber der Pferde.

Meßgeschenk zur belehrenden Unterhaltung für Liebhaber der Pferde. Hrsg. v. [Christian Ehrenfried] Seyffert von Tennecker... Mit... Kupf. ([von] C[arl Moritz] Berggold, Hoppe [u. a. — Stecher:] Hoppe, [Johann Adolf oder Friedrich?] Ros[s]maes[s]ler [u. a.])
Leipzig: Theod. Seeger 1798—1803. 12°
[Umschlagt.:] Meßgeschenk für Liebhaber der Pferde.
Fortges. u. d. T.: Taschenbuch zur belehrenden Unterhaltung für Liebhaber der Pferde. Bdch. 4—6.
[1:] Ostermesse 1798. XXXII, 190 S., 8 Kupfertaf. davon 5 kol.
2: Michaelmesse 1798. XXXII, 215 S., 8 Kupfertaf., davon 5 kol.
3: 1799. VIII, 172 S., 3 Kupfertaf. davon 2 kol.
4: 1801. XXIV, 160 S., 7 Kupfertaf. davon 3 kol., 1 Notenbl.
5: 1802. VIII, 178 S., 4 Kupfertaf. [*1 Kupf. fehlt.*]
6: 1803. XX, 172 S., 8 Kupfertaf.
Forts. s. Neues Leipziger Taschenbuch für Liebhaber der Pferde. Bdch. 1. 2. 1804.

Messgeschenk an die Xenophoren. O. O. 1797. V: *Smid, Joh.* (KY) (MGT)

Meßgeschenk an die Xenophoren, (v. Jh. Smid). 8. o. O. 797.

Messhandel in Leipzig. Adressbuch f. Geschäftsleute zur leichten u. bequemen Auffindung der die Leipziger Messe besuchenden fremden Kaufleute u. Fabrikanten. 1. Jahrg. 8. (72 S.) Leipzig 849. (H. Fritzsche.) n. n. 1/4 ß

Messhelfer

Anonym: „Der allzeit fertige Mess- und Marcktheiffer", verbesserte Auflage, Leipzig und Halle 1738. — Vorh.: Com. Bibl. Hamburg.

— — derselbe. 8. Jena, Manke. 782.

Meß- u. Markthelfer, der allezeit fertige,. 8. Weimar, Hoffmann. 782.

— der kleine, enth.: Preisberechnung von Pfunden auf Lothe, v. Centnern auf Pfunde u. umgekehrt, v. 1—1000 Stck. 2c. 8. Erfurt. 817. (Otto). 7 gl.

Meß- und Markthelfer, der kleine, welcher enthält: Preisberechnung von Pfunden auf Lothe, von Centnern auf Pfunde, und umgekehrt von 1 bis 1000 Stück, Resolvirung der Pfennige in Groschen und dieser in Thaler. Interessenberechnung 2c. 8. Erfurt, Maring. 817.

Messi, A. G., Saggio di letture italiane tratte dai più celebri autori moderni cioè Alfieri, Baretti, Bini, Botta, Cantù ecc., e corredate di note tedesche. gr. 12. (VIII und 237 S.) Pest 836, (Lauffer und Stolp.) *

Messiade in zwölf Gesängen. Amsterdam [Frankf.] 1762. V: *Cuno, Johann Christian.* (WR) (ZK X, 490) (JL) (GGR) (Verz. d. v. Meusebachschen Bibl. Berl. 1855. S. 85.)

Messiade, die kleine, s. Encyklopädie d. d. Musterschrift.

Messiaden, die ältesten deutschen, s.: Denkmäler der älteren deutschen Litteratur. II. 3.

Messiaden, Gralsagen und Gralorden. Gralschülern und Gralfreunden gewidmet vom Ordens-Kapitel des Gral-Ordens. Schmiedeberg u. Leipzig: Baumann o. J. 31 S. 8°.

Messias, der. Ein Cyklus von Darstellungen nach Motiven aus Klopstocks Messias, gezeichnet von Hnr. Füger, gestochen von J. F. Leybold u. Alb. Reindel. 14 Platten. Mit erläuterndem Text. Stuttgart o. J., Göpel. 17 ß Abdr. vor der Schrift 25 ß

Messias, Der, ein Heldengedicht. Halle 1749. 1751. Koppenhagen 1755. 2. Aufl. Halle 1760. 1769. 1773. V: *Klopstock, Friedrich Gottlieb* (MN) (GGR) (BRMM) (Neuer dtsch. Bücherschatz [v. Biltz]. Berl. 1898. S. 193.) »Halle 1751—55« (MGT)

Messias, Der. Elfter Gesang. Potsdam 1764. V: *Hudemann, Ludwig Friedrich.* (GGR)

Messias, der, od. Reform d. Juden in religiös. u. moral. Hinsicht. 8. Berl. 805. Späth. 12 gl.

Messias, Der, ein Oratorium ... Wien 1815. V: *Jennens, Charles.* (EB)

Messias, der, oder die heilige evangelische Geschichte von der Erlösung der Menschheit durch Jesus Christus, in homiletischen Betrachtungen. 8. (Bamberg, Compt. der Zeitung.) 820.
Schreibpap.

— der. od. die heil. evangel. Geschichte v. d. Erlösung d. Menschheit durch Jesus Christus, in homilet. Betrachtt. 8. Bamb. 820. Drausnick. 1 ß Schrbp. 1 ß 6 gl.

Messias! oder die Stimme des Himmels. Neues vollständ. Gebet- u. Erbauungsbuch zu häusl. u. kirchl. Gebrauche für römisch-kathol. Christen. Von dem Verf. des neuen Gebetbuches „Gloria." (L. Weller.) 16. (Mit 1 Stahlst.) Berlin 845, Eyssenhardt'sche Buchh. n. 1/2 ß

Messias! od. die Stimme des Himmels. Neues vollständ. Gebet- u. Erbauungsbuch zu häusl. u. kirchl. Gebrauche f. römisch-kathol. Christen. Von d. Verf. des neuen Gebetbuches „Gloria." (L. Weller.) 1. Ausg. Berlin 845. * 15 Ngr. u. 2. Ausg. 16. (à 22 1/2 B. u. 1 Stahlst.) [Regensburg 846, Manz.]

Messias! oder: die Stimme des Himmels. Neues vollständ. Gebet- u. Erbauungsbuch 2c f. kath. Christen. Von dem Verf. des neuen Gebetbuchs „Gloria". 2. Ausg. Mit 1 Stahlst. 16. (XVI u. 344 S.) Regensburg 847, Manz. 1/2 ß

Messias. Leipzig 1907. V: *Liesegang, Raphael Eduard.* (BERLZU 1926, II, 1518)

Messias, der, v. Amsterdam. Aus den simplician. Schriften bearb. v. e. Niederdeutschen. 12. (40 S.) Dresden 893. Druckerei Glöß. n. — 50

Messias, der falsche. Eine Erzählung aus Kaiser Hadrians Zeit. Rev. Sep.-Abdr. aus dem illustr. Sonntagsblatt „Gotthold". 8. (43 S.) Kottbus 877. (Leipzig, Böhme.) n. — 30

Messias, der falsche. Eine Erzählung aus Kaiser Hadrians Zeit. Revidirter Sep.-Abdr. aus dem illustr. Sonntagsblatt „Gotthold". 8. (43 S.) Kottbus 877, Gotthold-Expedition. *

Messias, Händels. [Weimar 1780.] V: *Herder, Johann Gfr. von.* (GGr)

Messias, die Hoffnung Israels und aller Heiden Trost . . . Halle 1772. V: *Loder, Johann.* (R-N)

Der Messias ist erschienen. Ein Lehrbuch für Christen und Israeliten. Bamberg, Dederich, 1826, 8°. 108 S.
Recens. Katholik 1826, Bd. 20 S. 378.

— Messias Judaeorum, libris eorum paulo ante et paulo post Christum natum conscriptis illustratus. Ed. Adolphus Hilgenfeld. — Lipsiae : Fues 1869. LXXVI,491 S.
1:Bl 8039. 12:B. gr. 251. 300:153.544-B. 2. 3. 4. 5. 7. 8. 9. 10. 11.
5,7585

Der neue Messias oder wann kommt die vom Volke längst ersehnte Verfassung? Verlag von L. Löwenberz. 1 Bl. Fol.
Flugblatt. Berlin, 29. Aug. 1848.

Messias nimmer fern: Sein Volk Israel ruft Johovah=Jesus in Sein Neues Jerusalem. gr. 8. (5 B.) Tübingen 840, Zu-Guttenbera, Brlsbuchh.

Messias, der, im Triumphe David's, s. a. Stern.

Messias, Der, im Triumphe Davids als Vorbild seiner herrlichen Zukunft. Hannover 1831. V: *Pick, Israel B.* (zu)

Messien, H., s.: Kalender f. Handelslehranstalten.

Messien, H., Leitfaden der Handelswissenschaft, s.: Findeisen, C. F.

Messien, H., Materialien f. die schriftlichen Arbeiten in der Fortbildungsschule. Auf Grund des Lehrplanes f. die Fortbildungsschulen d. Königr. Sachsen zum Gebrauche in der allgemeinen Fortbildungsschule, sowie in den gewerbl. Fortbildungsschulen u. in den Fachschulen bearb. gr. 8. (64 S.) Meißen 891. H. W. Schlimpert. u. — 50

— Rechenbuch f. gewerbl. Fortbildungsschulen, sowie f. Fortbildungsschulen im Allgemeinen. Mit e. Vorworte v. R. Enke. 2 Tle. gr. 8. Dresden 891. Minden & Wolters. n. 2. 10
1. Für die Hand d. Lehrers. (VIII, 66 S.) n. 1. 50
2. Für die Hand d. Schülers. (60 S.) n. — 60

— Rechenbuch f. gewerbliche Fortbildungsschulen sowie f. Fortbildungsschulen im allgemeinen. I. Tl. 2 Hälften u. II. Tl. 8. Meißen 904. H. W. Schlimpert. n. 2. —
I, 1. Mit e. Vorworte v. R. Enke. Für die Hand des Lehrers. 2. Aufl. (VIII, 52 S. m. 28 Fig.) n. 1. —
2. Auflösungen zum Schülerheft. Für die Hand des Lehrers. 2. Aufl. (11 S.) n. — 50
II. Für die Hand des Schülers. 2. verb. Aufl. (64 S.) n. — 50

— Übungssätze u. Musterbriefe zur Einführung in die französische Handelskorrespondenz, s.: Witzel, K.

— Verzeichnis v. entbehrlichen Fremdwörtern aus der Handels- u. Verkehrssprache u. Ersatz derselben durch entsprechende deutsche Ausdrücke. Auf Grund der vom allg. deutschen Sprachvereine hrsg. Verdeutschungsbücher bearb. Angenommen vom Vereine sächs. Handelsschul-Direktoren. gr. 8. (7 S.) Dresden 891. Minden & Wolters. n.n. — 10

Erklärung der Aufnahme in den Freimaurerbund. Von Herm. Messien. Leipzig: Zille 1910. 59 S. 8°. (Grundsteine zum Tempelbau. 1.)

Antiquitäten-Auktion Zürich. Auktionatoren: H[einrich] Messikommer (und) A[lphons] Meyer, Zürich. Waffensammlung aus baslerischem Privatbesitz und Möbel, Silbergegenstände etc. aus verschiedenem Besitze. Am 9. und 10. März 1905 im Zunfthaus zur Meise. [Prospekt.] II S. + 8 Bl. quer-8. (Zürich, Orell Füssli.)

Messikommer, H., die Auferstehungssekte u. ihr Goldschatz. Ein Beitrag zur Sektiererei im zürcher. Oberlande. Mit 2 Ansichten u. 4 Taf. des Schatzes. (58 S.) 8. Zürich 908. Art. Institut Orell Füßli. 1.60; erm. Pr. — 80

Auction. Auktion Schweiz. Münzen und Medaillen ..., Zürich. ... 17. und ... 18. April (1905).... Illustrierte Kataloge ... durch die Auktionatoren H[einrich] Messikommer zur «Meise» und A[lphons] Meyer.... [Katalog, mit 4 Tafeln.] 55 S. 8. Zürich, Fritz Amberger, 1905.

Messikommer, H., praehistorische Varia, s.: Forrer, R.

Messikommer, H[einrich]. Aus alter Zeit. Ein Beitrag zur Volkskunde. 3 Teile. 8. Zürich, Orell Füssli, 1909—1911.
(Teil 1:) Sitten und Gebräuche im zürcherischen Oberlande. 200 S. 1909. (fr. 4 50)
Teil 2: Volksleben ‹im Dialekt›, Gesang und Humor im zürch' Ob'. 247 S. 1910. (fr 4. 80)
Teil 3: Bäuerische Speisekarte im zürch. Ob' bis ca. 1840. II + 40 S. 1911. [fr. 1. —]

Messikommer, Jacob. [1.] Grabhügel und Einzel-Gräber im zürcherischen Oberland. Von Jakob M'.... (-[2.] Noch einmal Herr [Ludwig] von Török. Entgegnung von J[ulius] Kollmann.) [A.] .4. (München 1892.)

Messikomer, Jak. Der Umschwung in der schweiz. Landwirthschaft. Enthalten in Nr. 8 des „Ausland". Stuttgart, Cotta. 1879.

Messikommer, Jacob. Die geologischen Verhältnisse des Zürcher Oberlandes oder Die Veränderungen an der Oberfläche des Bezirkes Hinwil seit dem Beginn der Molasseperiode, der Gletscherzeit und ihren Folgen. Nach Beobachtungen von Dr. Jakob M'. [Sep.-Abdr. aus: Der Freisinnige. Anzeiger des Bezirkes Hinwil....] 15 S. 8. [Wetzikon, Aktienbuchdr., April 1905.]

Messmer, W. L., das Siechenhaus, od. äußere Krankenhaus v. Bern. Mit 8 Tabellen. 8. Bern 828. Stampfli. (XII u. 148 S.)

Messing. A[dolf]: Beschreibung des neuen Schulgebäudes. S. 1—2. 6 Taf. 4. — Die feierliche Einweihung des neuen Schulgebäudes. S. 13—17. 4. **Progr.** Realprogymn. *Bünde i. W.* 1906 (478).

Messing, Bernhard: Papst Gregors VII. Verhältnis zu den Klöstern. Greifswald 1907: J. Abel. (95 S.) 8°
Greifswald, Phil. Fak., Ref. Bernheim, Diss. v. 20. Febr. 1907
[Geb. 24. Aug. 65 Amelsbüren b. Münster; Wohnort: Greifswald; Staatsangeh.: Preußen; Vorbildung: Gymn. Osnabrück Reife O. 01; Studium: Freiburg i. B. 2, Berlin 2, München 2, Greifswald 4 S.; Rig. 15. Jan. 07.]

Messing, Ludw. u. A. Landesberg. Ausstellungs-Bilder. Skizzen v. der land- u. forstwirthschaftl. Ausstellg. Wien, 1890. gr. 8. (140 S. m. 2 Portr.-Taf.) Wien 890, (Künast). * 1 20

Messing, Ludw., die Wiener Fleischfrage. m. Ausblicken auf Production, Gewerbe u. Consumverhältnisse. gr. 8. (IV. 59 S.) Wien 899. W. Frick. n. 2. —

Messing, Mich. v., ueb. Behandlung der Metrorrhagien Neuentbundener m. Beschreibg. e. neuen Verfahrens. gr. 8. (66 S.) Würzburg 873. Frank. n. 1. —

Messing, Otto, Steuer- u. Finanzwesen Chinas an der Hand d. Geschichte, s.a. Verhandlungen d. deutschen Kolonial-Gesellschaft. VI. 5.

Steuer- und Finanzwesen Chinas an Hand der Geschichte. Vortrag von Otto **Messing**. *(Berlin: D. Reimer 1902.)* (S. 110–134.) 8°
= Abteilung Berlin-Charlottenburg der Deutschen Kolonial-Gesellschaft. Verhandlungen. 1901/1902, H. 5.

Messing, S. Beitrag zur Kenntnis der Oxyazofarbstoffe. In-8°. 51 S. Basel. These. 1896.

MESSING, S. Beitrag zur Kenntniss der Oxyazofarbstoffe. Basel, 1896.

Messing, S. [Ps.] Balthasar Piests Hochzeitslied, mit Kilian Ellies Anmerkungen und Peter Röseners Probe einer zu entwerfenden Chronologisch-genealogischen Geschichte des Herrn Piests und des Piastischen Geschlechts, von neuem übersehen, verbessert und zum Druck befördert durch Serapian Messing. Paris [= Helmstedt?] gedruckt im Jahr 1754. 8°. 16 Bl. Neuere Buntpapierbroschur.

H.-G. III, 303: „Seltenes Curiosum! Die drollige Vorrede Messings unterzeichnet M. als Policeydiener, Instrumententräger, Thorwärter und Scheibenzeiger". H**** im Winter 1753." Ein scherzhaftes Hochzeitsgedicht mit mehreren prosaischen Zutaten; der Autor verbirgt sich unter drei verschiedenen Verfassern und macht zahlreiche Anspielungen auf verschied. Personen. Aus einigen Stellen, wie „Herr Syndicus der Stadt, die von St. Lüders Hund (=Helim) den Namen H**** hat", der Nennung des Klosters Marienthal, Ostendorfs, Kommt H-st-ts Bürger kommt mit Hauffen" usw. ist zu schließen, daß es sich um eine sehr witzig aufgezogene Helmstedter Angelegenheit handelt. Das Hauptstück, das Piestische Gedicht, besteht aus 27 achtzeiligen Strophen

Messing, Wladimir

Messing Wl.: Anatomische Untersuchungen üb. den Testikel d. Säugethiere m. besond. Berücks. d. Corpus Highmori. Inaug.-Diss. Dorpat 1877. 97 S. 1 Tvl.

Messing-Doppelzünder

Erleichterter Messing-Doppelzünder mit Rohrsicherung. Rheinische Metallwaaren- u. Maschinenfabrik Düsseldorf. Mit Abb. Düsseldorf 1901. 4 S.

Messinger, Josef, aus Donnersmark, Zipser Comitat, Ugarn: Ueber das Thioxen des Steinkohlentheers. Zür. Orell Füssli Cie Dr. 1885. 39 S. 8°.
Zürich, Phil. Diss. [v. 31. Juli 1885].

Messinger, L. J., stigmographisches Schulzeichnen. 1. Abthl.: Geradlinige Uebungen. 3 Hefte. qu. gr. 4. (à 16 Stnt.) Frankfurt a. M., Jaeger'sche Buchh. à Heft * 60 Pf. *
Inhalt:
Heft 1. 1 Cm. Punktweite. 1. und 2. Aufl. 877,79.
„ 2. 2 Cm. Punktweite. 877.
„ 3. 3 Cm. Punktweite. 877.

—— dass. — 2. Abthl.: Die krumme Linie. 2 Hefte. qu. gr. 4. (à 16 Stnt.) Ebendas. 877. à Heft * 60 Pf. *
Inhalt:
Heft 1. Einfache Curve und Curve mit Wendepunkt.
„ 2. Geschwungene Linie, Kreislinie, Ovale.

Messinger, L. J., stigmographisches Schulzeichnen. 1—5. Hft. 2. Aufl. (à 16 Bl.) qu. gr. 4. Frankfurt a/M. 881. Jaeger. à n. — 60
1. Geradlinige Uebungen. 1 Ctm. Punktweite.
2. Geradlinige Uebungen. 2 Ctm. Punktweite.
3. Geradlinige Uebungen. 3 Ctm. Punktweite.
4. Die krumme Linie. Einfache Curve u. Curve mit Wendepunkt.
5. Die krumme Linie. Geschwungene Linie, Kreislinie, Ovale.

Messinger, L. J., stigmographisches Schulzeichnen. 2. und 4. Heft. qu. gr. 4. Frankfurt a. M., Jaeger's Verlag. à Heft ** 50 Pf. **
Inhalt:
Heft 2. Geradlinige Uebungen. 2 Cm. Punktweite. 4. Aufl. (16 Bl.) 886.
„ 4. Die krumme Linie. Einfache Curve und Curve mit Wendepunkt. 4. Aufl. (16 Taf.) 888.
1., 3. und 5. Heft. Ebendas. 1881. à * 50 Pf.

Messinger, L. J., u. G. C. **Thomas,** Zirkelzeichen f. Schüler der Handwerker-Fortbildungsschulen. 1. u. 2. Aufl. 12. (16 S. m. 6 lith. Taf.) Frankfurt a/M. 890. 892. A. Detloff. n. — 50

Messinger, L. J., u. G. C. **Thomas,** Zirkelzeichnen f. Schüler der Handwerker-Fortbildungsschulen. 3. Aufl. 12. (16 S. m. 5 Taf.) Frankfurt a/M. 897. A. Detloff. n. — 50

Messinger, L. J., u. G. C. Thomas, Zirkelzeichnen f. Schüler der Handwerker-Fortbildungsschulen. 4. Aufl. 12. (16 S. m. 6 Taf.) Frankfurt a/M. (900). A. Detloff. n. — 50

Messinger, L. J., u. G. C. **Thomas,** Zirkelzeichnen f. Schüler der Handwerker-Fortbildungsschulen. 5. Aufl. (16 S. m. 6 Taf.) kl. 8. Frankfurt a/M. (910). A. Detloff. — 50

Messinstrumente, die Cerebotani'schen. 3. Aufl. gr. 8. (18 S. mit eingedr. Holzschn.) Berlin 882, (Springer.) *
Aus: Wochenblatt für Architekten und Ingenieure, besonders abgedruckt.

Meßirka, Jos., das goldene Buch der Landwirthschaft auf Grundlage der Naturwissenschaft. Ein Leitfaden für Volkslehrer beim landwirthschaftl. Unterricht in Fortbildungsschulen — zugleich ein nützl. Lehr- und Lesebuch zum zeitgemäßen Gebrauche der Landwirthe und Gewerbsleute. 3. verb. und verm. Aufl. gr. 8. (314 S.) Wien 868, Leo. *

—— **die Kunst des Ackerbaues. Ein Leitfaden für Kleingrundbesitzer zum regelrechten Wirthschaftsbetriebe; zugleich ein nützl. Lesebuch für Volksschulen. 5 Thle. 8. Wien, Hartleben's Verlag. à Thl. 75 Pf.**
Inhalt:
Thl. 1. Naturwissenschaftliche Vorschule. (IV, 88 S.) 869.
„ 2. Ackerbau und Wiesenbau. (112 S.) 869.
„ 3. Viehzucht und Thierheilkunde. (III, 96 S.) 870.
„ 4. Landwirthschaftliche Nebenzweige. (100 S.) 870.
„ 5. Landwirthschaftliche Gewerbe. (80 S.) 870.

Meßirka, Jos., der fortschreitende Landwirth. Ein leicht faßl. Lehr- und Lesebuch über Acker-, Getreide-, Futter- und Wiesenbau, Viehzucht, Thierheilkunde ꝛc. gr. 8. (X und 566 S. mit 30 Abbild. der neuesten Ackerwerkzeuge auf 8 Stn.- und 2 Holzschntaf.) Wien 864, (Typographisch-literarisch-artistische Anstalt.) *

—— dass. — Neue wohlf. (Titel-)Ausg. 5 Hefte. gr. 8. (X und 566 S. mit 30 Abbild. der neuesten Ackerwerkzeuge.) Wien 864, Literarisch-artistische Anstalt. à Heft * 10 Ngr. *

Meßirka, Jos., die kluge Land- und Hauswirthin. Ein nützl. Lesebuch für erwachsene Mädchen, enth. eine gründl. Unterweisung in den wichtigsten Zweigen der landwirthschaftl. Hauswirthschaft. 8. (116 S.) Ebendas. 870.

Meßirka, Jos., Porádce pro obecnj predstawené a pjsaři, w záležitostech obecnjch, policegnjch, wogenských, bernjčnjch, žiwnostnických, saudu trestnjho a civilnjho, w záležitostech pozůstalosti, poručnictwj, gruntownj knihy a gjných občanských záležitostech. 1. Swazek. gr. 8. (VIII und 96 S. mit 1 Stnt.) Brünn 854, (Karafiat.) pro complet *

Meßirka, Jos., porádce pro obecnj předstawené a pjsaři, w záležitostech obecnjch, policegnjch, wogenských, bernjčnjch, žiwnostnických, saudu trestnjho a civilnjho, w záležitostech pozůstalosti, poručnictwj, gruntownj knihy a gjných občanských záležitostech. Brünn 855. Karafiat in Comm. gr. 8. (XXVIII, 599 S. u. 1 Lithogr.) n. 2 ₰.

—— der Rathgeber für Gemeindevorsteher und Gemeindeschreiber, in Gemeinde-, Polizei-, Militär-, Straf- und Civilgerichts-, Verlassenschafts-, Vormundschafts-, Grundbuchs- und sonstigen bürgerlichen Angelegenheiten. 1. Heft. gr. 8. (S. 1—96.) Brünn 854, (Karafiat.) pro complet *

— der Rathgeber für Gemeindevorsteher und Gemeindeschreiber, in Gemeinde-, Polizei-, Militär-, Steuer-, Gewerbs-, Straf- und Civilrechts-, Verlassenschafts-, Vormundschafts-, Grundbuchs- und sonstigen bürgerlichen Angelegenheiten. 1. Bd. (Politischer Theil.) Brünn 854. Karafiat in Comm. gr. 8. (4 Bl., 339 S. u. 1 Lithogr.) n. 2 ₰.

Messirka, Josef, das goldene Schulbuch. Ein leichtfaßliches, lehrreiches und gemeinnütziges Lesebuch zum Gebrauche für Volksschulen und auch sonst für jeden nach Wissenschaft Strebenden: enthaltend: das Wichtigste aus der Weltkunde, Naturlehre, Naturgeschichte des Menschen, der Thiere, Pflanzen und Mineralien, ferner aus der Gebirgskunde, Witterungskunde und aus der Landwirthschaftslehre, u. z. über Ackerbau, landwirthschaftliche Chemie und Mechanik, Getreide-, Futter- und Wiesenbau, Viehzucht, Thierheilkunde, landwirthschaftliche Haushaltung, Obst- und Waldbaumzucht, Wein-, Garten- und Seidenbau, dann Bienen-, Geflügel- und Fischzucht. 1866. gr. 8. (142 S.) Wien, Mayer & Comp. in Comm. 1 fl.

Messis liliorum. S. l. 1684. V: *Bobola, Sebastian.* (Jes)

* **MESS-CATALOGUS**, Ein, Von Büchern und Tractaten, Wie junge Leute sich Beym Freyhen sollen rathen; Ward bey dem Pontius-Pilatschen Hochzeit-Feste, Zum nützlichen Gebrauch der Gäste, Von einem Der auf Bücher hält, Im DruCk Hervor geStellt. 1736. 4°. (In Berlin: an Yz 1763.)
4 Bll. Rücks. des 1. leer. In Versen.

Meßkatalog, s.a. Jahrbuch, bibliographisches.

Meßkatalog, s.a. Verzeichniß, allgemein. der Bücher rc.

Meßkatalog, s.a. Verzeichniß neuer Bücher.

Meßkatalog. Verzeichniß der Bücher, Zeitschriften u. Landkarten, welche von Michaelis 1850 bis Ostern 1851 im Gebiete des deutschen Buchhandels erschienen sind u. in der nächsten Zeit erscheinen werden, mit Angabe der Verleger, Bogenzahl u. Preise. Nebst einem wissenschaftlich geordneten Verzeichniß der wichtigeren Werke. Neue Folge Nr. 1. gr. 8. (XX u. 299 S.) Leipzig, Expedition. (Avenarius u. Mendelssohn.) — von Ostern bis Michaelis 1851. Neue Folge. Nr. 2. gr. 8. (XVI u. 328 S.) Ebd. — von Michaelis 1851 bis Ostern 1852. Neue Folge. Nr. 3. gr. 8. (XVIII u. 315 S.) Ebd. — von Ostern bis Michaelis 1852. Neue Folge Nr. 4. gr. 8. (XX u. 371 S.) Ebd. baar à 1 ₰ (vergl.: Verzeichniß, allgemeines, der Bücher rc.)

Meßkatalog. Verzeichniß der Bücher, Zeitschriften und Landkarten, welche von Ostern bis Michaelis 1852 im Gebiete des deutschen Buchhandels erschienen sind und in der nächsten Zeit erscheinen werden, mit Angabe der Verleger, Bogenzahl und Preise. Neue Folge. Nr. 4. gr. 8. (XX und 371 S.) Leipzig 852, Expedition. **
Die Fortsetzung erschien u. d. T.: Jahrbuch, bibliographisches.

Anonym: „Der Wucherer Messkram oder Jarmarckt. Ein newer Pasquillus, ob der Wucher Sünde, ob und wo er verboten . . .", o. O. 1544. — Vorh.: Bibl. des German. Nationalmuseums Nürnberg.

Meßkunst f. die Jugend, nach Jakobi u. A. Mit 4 Kpf. 8. Landsh. 790. R. A. 815. Storno. 8 gr.

Meßkunst f. die Jugend, nach Jacobi. 8. Landshut, Hagen. 796.

Meßkunst f. die Jugend nach Jacoby, neue verb. Aufl. m. K. 8. Landsh. Kopp. 815.

-

MESSLIED (nebst andern Liedern). Ofen 1858. Gedr. in der k. k. Pesther Universitäts. Buchdruckerei. 16 S. - kl. 8°
- Dass. Ungarisch-Altenburg 1858. Gedr. bei Alexander Czéh. 4 f. - 12°

MESSLIED I. u. II. Pesth 1859. Druck v. Johann Herz. 8, 8, f. - 12°

Neuestes zehntes Programm des k. k. kath. Obergymnasiums zu Unghvár. Ausgegeben am Ende des Schuljahres 1859. Kassa (Kaschau) 1859: Karl Werfer. 24 S. - 4°

MESSLIED an Festtagen. Stuhlweißenburg 1855: Witwe Sammer's Buchdruckerei. 8, 7 S.

MESSLIEDER. (Kremnitz o. J.: J. Paxner u. H. Biron) 32 S. - 8°
- Vgl. Meßlied. J. 1858. T. 2019.

MESSLIEDER für die Wieselburger Gemeinden. Ungarisch-Altenburg 1837: Druck von Alexander Czéh. 8 f. - 8°

Meß- und Segenlieder, dann einige Gesänge für besondere Feste. Sternberg. 1855. Druck von Vinzenz Josef Riesner. (46 S. 8.)

Messmer. Elementar-Zeichnungs-Lehrbuch. Landschafts-Abtheilung. 15 Blatt Lithographien. Wien. Fol.

Messmer, A.

Messmer: Die trigonometrische Auflösung der kubischen Gleichungen. 18 S.–Innsbruck OR., Progr. 1866

***Messmer A.*: Bestimmung des Rauminhaltes einer tropfbaren Flüssigkeit in vollen und in nicht vollen liegenden Fässern. Nebst einem Anhang über den cubischen Visirstab. 35. u. 5 Fig. Innsbruck R. 76. Progr.**

Messmer, A.: Geom. Betrachtungen über Centralbewegung mit 1 Tafel. 42 S. -- Innsbruck, Progr. 1878.

Messmer: Theoretische Betrachtungen aus verschiedenen Gebieten der Naturlehre. 24 S. und Tab. – Innsbruck OR., Progr. 1860.

Messmer, Al.: Die zweideutigen Fälle bei der Auflösung der sphärischen Dreiecke. 44 S. 8° u. Taf. – Innsbruck, OR., Progr. 1871.

Messmer: Über die Konstruktion einer Dichteskala für Aräometer. 18 S. 8°. – Innsbruck OR., Progr. 1868.

Messmer, Alois

Meßmer, Alois, Erklärung des Briefes an die Galater. Hrsg. von J. C. Mitterrutzner. gr. 8. (IV und 192 S.) Brixen 862, Weger's Buchh.

Meßmer Al., Erklärung des Jakobusbriefes. Herausgegeben von J. Chr. Mitterrutzner. Brixen, Weger, 1863, 8°, 80 Pf. (40 Kr.)

— Erklärung des Johannes-Evangeliums. Mit einer Vorrede des hochwürd. Fürstbischofs von Brixen. Herausg. von Joh. Chrys. Mitterrutzner. Innsbruck 860. Wagner. gr. 8. (XII, 446 S.) n. 1 ₰ 10 ngr.

Meßmer, Aloys, Erklärung des Kolosserbriefes. Herausgegeben von J. Chr. Mitterrutzner. Brixen, Weger, 1863, gr. 8°, V und 107 S., 1,20 Mk.

—— Erklärung des ersten Korinther-Briefes. Hrsg. von J. C. Mitterrutzner. gr. 8. (VI und 312 S.) Innsbruck 862, F. Rauch's Buchh.

Meßmer, Alois, biblische Geschichte der Offenbarung für Gymnasien. 2., umgearb. Aufl. 1. Bd. Innsbruck 869. F. Rauch. gr. 8. (IV, 283 S.) 24 ngr.

—— Geschichte der Offenbarung oder: Grundlegung, Vorbereitung und Ausführung der göttlichen Anstalten zum Heile der Menschen. 2 Bde. gr. 8. Freiburg im Br. 857, Herder'sche Verlagsbuchh. [1. Bd. (VIII und 816 S.) 2. (VIII und 815 S.) à Bd. * 24 Ngr.] *

—— Introductio in libros Novi Testamenti. gr. 8. (VIII und 148 S.) Innsbruck 858, Wagner'sche Universitäts-Buchh.

Meßmer's, Alois, Leben u. Gedichte, hrsg. v. Joh. Geo. Bonbank. 8. (138 S. m. Bild.) Natal 890. (Düren, Vetter u. Comp.) * 2 —

—— Predigten. 2 Bde. gr. 8. (VII und 655 S.) Innsbruck 859, F. Rauch.

Meßmer, Alois, Reiseblätter gesammelt zwischen Venedig und Amsterdam. 2 Bdchn. gr. 12. (XVIII und 766 S.) Innsbruck 855, Wagner'sche Buchh.

—— Reiseblätter gesammelt zwischen Venedig und Amsterdam. 3. Bdchn. Mit einem doppelten Anhang: I. A. Plattner, ein Lebensbild. II. Gedichte. gr. 8. (VII und 275 S. mit lithogr. Portr.) Innsbruck 858, Wagner'sche Universitäts-Buchh.
1. und 2. Bdchn. Ebendas. 1855. 2 Thlr. 10 Ngr.

Meßmer, Alois, Religion und Kunst. 18. (VII und 43 S.) Innsbruck 862, (F. Rauch's Buchh.)

—— Sammlung alt-, ober- und niederdeutscher Gemälde, s. Sammlung.

Messmer, Beat Ludwig

Messmer, B. L., Ueber die Bauerngüter und Grundgerechtigkeiten im Canton Bern. 1. (einz.) Heft. 8°. Baden 1816.

Messmer, Beat Ludwig. Der Burgerspital von Bern. [Mit 1 Tabelle.] 8. Bern 1831.

Messmer, B[eat] L[udwig]. Der Insel-Spital in Bern. Gedruckt, auf Kosten der Stadt-Verwaltung von Bern. 8. Bern 1825.

Messmer, B[eat] L[udwig]. Das Siechenhaus oder Aussere Krankenhaus von Bern. [Mit 9 Tabellen.] 8. Bern 1828.

Messmer, B[eat] L[udwig]. Die Burgerlichen Stadtfelder von Bern. 8. Bern 1830.

Messmer, Ehrhard

Meßmer, E., Sagen u. Gesänge vom Lauenstein u. Loquitzthal. Mit Bildern von Frz. Müller-Münster. 4. (VI, 40 S.) Berlin (902). Düsseldorf, Fischer & Franke. n. 1.20

(8) Meßmer, E., Sagen u. Gesänge v. Lauenstein u. Loquitzthal. 902. (sVBL 32.) Jetzt: Würzburg, A. Herzer.

Meßmer, Friedr., Rubriken des Breviers und der heil. Messe. 1. Thl. gr. 8. (V, 78 S.) Eichstätt 880, Hornik. *

Meßmer, G., Kritik des Deutsch-Katholizism. gr. 8. (48 S.) München 849. (Kaiser.) n. 1/6 ß

Meßmer, G., s.: Shakespeare's Macbeth.

Messmer, Gottfried, approb. Arzt aus Neunkirchen: Über einen Fall von ausgedehnter Tuberkulose mit eigentümlicher Localisation. *Tübingen: F. Pietzcker 1901.* (15 S.) 8°
Tübingen, Med. Diss. v. 1901

Messmer, Herm., die Mineral-Kohle u. die Entwickelg. der Pflanzenwelt. gr. 8. (23 S.) Magdeburg 900. Heinrichshofen's Verl. n. —80
Sonderabdruck aus: „Himmel u. Erde".

Messmer, Oscar. Lehrbuch der Psychologie für werdende und fertige Lehrer. Von Dr. Oskar M', Professor am Lehrerseminar in Rorschach. [Mit Figuren.] VIII + 331 S. 8. Leipzig, Julius Klinkhardt, 1909. [M. 3. 60, geb. 4. 20]

— zur Psychologie des Lesens bei Kindern u. Erwachsenen, s.a. Sammlung v. Abhandlungen zur psycholog. Pädagogik. I. 1.

Messmer, Oskar. Zur Psychologie des Lesens bei Kindern und Erwachsenen. Diss. Phil. I. Univ. Zürich. Mit 5 Figuren im Text. (Sonderabdruck aus dem «Archiv für die gesamte Psychologie», Bd. 2. Heft 2/3.) 112 S. 8. Leipzig, Wilhelm Engelmann, 1903.

Messmer, S. G., outlines of bible knowledge. (XII, 298 S. m. 70 Abb. u. 4 farb. Karten.) gr. 8. Freiburg i/B. 910. Herder. 5.—; geb. in Leinw. 6. —

Meßmer, Vincent (Trient), De Chorea St. Viti. Diss. med. Landshut (J. Thomann) 1809. 38 S. (3.50) 23103

Messner, üb. das sogenannte Dérangement interne der Gelenke. s.: Klinik. Berliner.

Messner, A.: Beiträge zur pathologischen Anatomie des Nervensystems. Stuttgart, Druck der J. B. Metzler'schen Buchdruckerei, 1881. 8. 23 S.

Messner, Adf., ges. Abhandlungen bakteriolog., anatom. u. chirurg. Inhalts. Hrsg. von J. M. Oertel. gr. 8. (V, 72 S. m. 1 Tab. u. 4 Taf.) München 895. J. F. Lehmann's Verl. n. 2. —

Messner, A. Gesammelte Abhandlungen bakteriologischen, anatomischen und chirurgischen Inhalts. In-8°. 72 S. Zürich, E. Speidel. 1895 2 50

Messner Anton und Linhart Johann, Fibel für Blinde. Wien 1907. Druck und Verlag des k. k. Blinden-Erziehungsinstituts. K 2.25.

Messner, Emil: Aus d. anatom. Inst. d. Tierärztl. Hochsch. zu Stuttgart. Über die Veränderungen des Nervensystems bei Defektmissbildungen der Gliedmassen. Leipzig: Barth 1909. 37 S. 4°(8°) ¶(Aus: Journal f. Psychol. u. Neurol. Bd 12, H. 5. 6.)
Gießen, Veterinär-Med. Diss. v. 22. Febr. 1909, Ref. Martin
[Geb. 16. März 86 Stuttgart; Wohnort: Berlin; Staatsangeh.: Württemberg; Vorbildung: Realgymn. Stuttgart Reife M. 04; Studium: Stuttgart Tierärztl. Hochsch. 7 S.; Rig. 15. Dez. 08.] [U 09. 1163

Messner, Eug., s.a. Schematismus f. fachlich-gewerbl. Unterrichtsanstalten in Österreich.

Meßner, E., Schematismus für Koch- und Haushaltungsschulen in Österreich. [Schematismen für fachlich-gewerbliche Unterrichtsanstalten in Österreich. Bd. I.] 8°. (41 S.) K 1.—

Messner, Frid., De ictero adversaria qvædam. Specimen inaug. med. Kiliæ. 1801. P.

Messner, Fritz

— die chronische Stuhlverstopfung [Hartleibigkeit] m. besond. Berücksicht. d. Hämorrhoidalleidens u. deren Heilung. Gemeinverständlich dargestellt. 2. Aufl. gr. 8. (37 S.) Berlin 886. Zimmer. n. 1. —

Messner, Fritz, wie schützt man sich vor Infectionskrankheiten? Mit besond. Berücksicht. v. Diphtherie — Flecktyphus — Scharlach — Lungenschwindsucht — Masern — Cholera — Wechselfieber — Blattern etc. gr. 8. (63 S.) Berlin 886. Steinitz. n. 1. 50

Messner, Hans

Messner H.: Ein Beitrag z. bakteriologischen Fleischuntersuchung m. besond. d. Berücks. d. Verhältnisse in der praktischen Fleischbeschau. Diss. Wien 1910. 32 S. (Sætr.). 4°.

Messner, Hans, Taschenbuch f. die Lebensmittelkontroliorgane der Gemeinden. Leitfaden f. die Praxis m. den einschläg. Gesetzen u. Verordngn. (VIII, 284 S.) kl. 8. Wien 905. W. Braumüller. Geb. in Leinw. n. 3. —

Meßner, Herm., die Lehre der Apostel. gr. 8. (X und 421 S.) Leipzig 856, Hirzel.

Messner, Joh.: Schiller und seine Freunde. Rede gehalten am 9. Mai 1905. Solingen 1908: Boll. S. 13—23. 8°
Solingen, st. HM P 1908 [237] [S 08. 306

Messner, Johannes, aus Berlin, Kand. d. Predigtamts: Theologische Thesen ... zur Erwerbung des Grades eines Lizentiaten der Theologie ... *Berlin (1904): G. Schade.* (2 Bl.) 4°
Berlin, Theol. Thes. v. 3. März 1904

Meßner, Jos., zwei Brüder. Bilder aus dem Feldzuge in Italien 1848. 3 Bde. 2. Ausg. 16. (VIII und 630 S.) Leipzig 854, (Hübner.)

— **Gretl unter d. Stauden,** s.: National-Bibliothek, allgem.

— Handwerksburschen, s.a. Album. Bibliothek deutscher Originalromane.

— **Handwerksburschen,** s.a. **National-Bibliothek,** allgem.

Meßner, Jos., die Handwerksburschen, s.a. **Volksbücherei,** Nr. 12. 13.

Meßner, Jos., Handwerksburschen. Bilder aus dem Volksleben. 16. (VIII und 218 S.) Prag 857. [Wien, Markgraf.]

MESSNER, Josef
(F) Handwerksburschen. Bilder aus dem Volksleben von Josef Messner. (Allgemeine National-Bibliothek. Nr. 209—211.) Wien. [1899.] Daberkow. 8°. 138 S. fl. —.30

(F) **Messner, J.,** Die Handwerksburschen. Bilder aus dem Wanderleben. [Volksbücherei. Nr. 12/13.] 8°. (140 S.) K —.40
Graz: Styria 1903.

Messner, Josef [aus Würzburg]: Über krystallisierte Kupferferrocyanide ... (Hamburg, L. Voss, 1895.)'; 30 S., 1 Bl. 8.
Würzburg, Phil. Fak., Inaug.-Diss. v. 1895

—— Margarethe Maultasch, s. Album. Hrsg. von J. L. Kober.

Meßner, Jos., Prachatitz. Ein Städtebild. Mit besond. Berücksicht. der noch erhaltenen Baudenkmäler hrsg. 8. (V, 141 S. m. 1 Bild.) Budweis 885. (J. L. Hanser.) n. 1.50

Meßner, Jos., Prachatitz. Ein Städtebild. Mit besond. Berücksicht. der noch erhaltenen Baudenkmäler. gr. 8. (VII, 143 S. m. Illustr.) Prachatitz 885. (Budweis, Hansen.) n. 2. —

— **Prachatitz. Ein Städtebild m. besond. Berücksicht. der noch erhaltenen Baudenkmäler. 2., erweiterte Aufl. m. 1 Titelbilde u. 10 Voll-Bildern in Platindr. Im Anh.: Führer durch das Gebiet v. Prachatitz nebst 2 Umgebungskarten v. Edm. Kaltofen. 12. (VIII, 181 u. 19 S.) Pilsen 899. C. Maasch. n. 3. —**

— Treu, s. Album. Bibliothek deutscher Originalromane.

Waldgeschichten, s.a. Album. Bibliothek deutscher Originalromane.

—— **Waldgeschichten. 16. (248 S.) Prag 857. [Wien, Markgraf.]**

[F.] Josef **Messner,** Ausgewählte Werke. Hrsg. u. eingel. v. Paul Messner. M. Port. *Prag, Wien, Leipzig: F. Tempsky [&] G. Freytag 1897.* (xv, 306 S.) 1 Bd 8.
— **Bibliothek** deutscher Schriftsteller aus Böhmen. Bd 7. [01. 3160

— dasselbe, s.a. **Bibliothek deutscher Schriftsteller aus Böhmen.**

Meßner, Jos., ausgew. Werke. Hrsg. u. eingeleitet von Paul Meßner. 1.—3. Bd. 8. (XV, 306 S. m. Bildn., 305 u. 393 S.) Prachatitz 897. 98. (Leipzig, J. C. Hinrichs' Sort.) à n. 3. —; geb. à n. 4. —

Meßner, Jos., ausgewählte Werke. 4. Bd. Hrsg. u. eingeleitet v. Paul Meßner. 8. (III, 220 S.) Prachatitz 899. (Leipzig, J. C. Hinrichs' Sort.) n. 2. 50; geb. n.n. 3. 50; (kplt. n. 11. 50; geb. n.n. 15. 50)

Meßner, Max, Joachim v. Brandenburg. Schauspiel in 5 Akten. 8. (126 S.) Berlin 898. Charlottenburg, J. Lieber. n. 2. —

Meßner, Max, Michael Servet. Historisches Drama in 5 Akten. gr. 8. (127 S.) Berlin 884. (Leipzig, Uhlig.) n. 2. —

Meßner, Paul, drei deutsche Böhmerwalddichter. 8. (100 S.) Leipzig 901. (J. C. Hinrichs' Sort.) n. 1. —

Meßner, Paul, drei deutsche Böhmerwalddichter. 2. Aufl. (94 S.) gr. 8. Prachatitz 902. (Leipzig, J. C. Hinrichs' Sort.) n. 1. —

Messner, Paul: Joseph Messner. E. Lebensbild von —. Gedr. m. Unterstützg. d. Ges. z. Förd. deutscher Wissenschaft ... in Böhmen. Lobzow bei Krakau: Selbstv.; (Dr. v. L. Ellwanger. Bayreuth) [1896?]. (38 S., 1 Portr.) 1 Bd 8°

Meßner, Paul, Joseph Meßner. E. Lebensbild. Gedruckt m. Unterstützg. d. Gesellschaft zur Förderg. deutscher Wissenschaft, Kunst u. Literatur in Böhmen. gr. 8. (38 S. m. 1 Bildn.) Lobzów bei Krakau (896). (Leipzig, J. C. Hinrichs' Sort.) n. 1. —

Meßopfer, das heil., mit d. Erklär. seiner Ceremonien. 12. (1 B.) Freiburg 839, Wagner'sche Buchh.

Meßopfer, das heilige. Zur Belehrung und Erbauung von einem Priester der Erzdiözese Freiburg. 1. Abthl. 12. (83 S.) Freiburg im Br. 851, Herder'sche Vrlgsh.

Meßopfer, das heilige, als Sühnopfer od. Meßandacht zur Erlangg. e. bußfertigen Gesinng. 16. (87 S.) München 871. Stahl. — 30

Meßopfer, das hl., u. die Stationen des hl. Kreuzweges. Von e. Schwester des Dominikanerordens. (39 S.) 16. Augsburg 905. Kranzfelder. — 15

Meßordnung nach dem römischen Gebrauche, sammt der Art und Weise, wie man den Priestern des Predigerordens bei dem Altare dienen soll. Neutitschein, 1857. Dr. und Verlag von Joh. N. Enders. (24 S. 8.)

Meßordnung. 12. (24 S.) Wien 860, Ueberreuter.

Meßordnung nach dem römischen Gebrauche sammt der Weise, wie man den Priestern des Predigerordens bei dem Altare dienen soll. Wien 868. (Mechithar.-Congreg.-Buchh.) 16. (24 S.) 1 ngr.

Meß-Ordnung nach dem römischen Gebrauche, sammt der Weise, wie man den Priestern des Predigerordens bei dem Altare dienen soll. 16. (24 S.) Wien 869, Kirsch.

Meß-Ordnung [Ministrir-Büchel] nach dem römischen Gebrauche, sammt der Weise, wie man den Priestern des Predigerordens bei dem Altare dienen soll. 16. (24 S.) Wien 877, Kirsch. *

Meß-Ordnung (Ministrir-Büchel) nach dem römischen Gebrauche, sammt der Weise, wie man den Priestern d. Prediger-Ordens bei dem Altare dienen soll. 32. (24 S.) Wien 892. H. Kirsch. n. — 12

Messow, (Königl. Rendant u. Postsecretair,) topograph.-statistisches Handbuch des Preuß. Staats oder alphabet. Verzeichniß sämmtl. Städte, Flecken, Dörfer, Rittergüter rc., welche einen eignen Namen führen, mit genauer Bezeichnung der letztern; ferner Angabe der Provinz, des Regierungsbezirks, des Kreises u. d. Bürgermeisterei rc. Nach amtl. Mittheilungen und allen vorhandenen Quellen bearb. 1. Bd. 1. Liefg. A—Fink. kl. Fol. Magdeb. 846, Baensch. n. 1 1/6 Thlr.

Messow, topograph.-statistisches Handbuch d. preuß. Staats od. alphab. Verzeichniß sämmtl. Städte, Flecken, Dörfer, Rittergüter rc., welche einen eignen Namen führen, m. genauer Bezeichnung der letztern: ferner Angabe d. Provinz, des Regierungsbezirks, des Kreises u. d. Bürgermeisterei u. s. w. Nach amtl. Mittheilung u. allen vorhandenen Quellen bearb. 1. Bd. 1. u. 2. Lfg. A—K. Fol. (51 B.) Magdeburg 846, Baensch. à Lfg. * 1 Thlr. 5 Ngr., Schrbp. *

Messow, topographisch-statistisches Handbuch des preuß. Staats, oder: Alphabetisches Verzeichniß sämmtl. Städte, Flecken, Dörfer, Rittergüter rc. 3. und 4. Lfg. Fol. (II. Bd.: L — Z. IV und 462 S.) Magdeburg 847,48, Baensch. à Lfg. * 1 Thlr. 5 Ngr. *

— — Topographisch-statistisches Handbuch des preussischen Staats oder: Alphabetisches Verzeichniss sämmtlicher Städte, Flecken, Dörfer, Rittergüter, Vorwerke, Mühlen, oder sonstiger bewohnter Anlagen, Fabriken und Grundstücke, welche einen eigenen Namen führen, mit genauer Bezeichnung der letztern: ferner Angabe der Provinz, des Regierungsbezirks, des Kreises und der Bürgermeisterei etc. Nach amtlichen Mittheilungen und allen vorhandenen Quellen bearbeitet. Fol. Magdeburg und Leipzig 1858.

— alphabetisches Verzeichniß sämmtlicher Ortschaften d. Preuß. Staates wie selbige nach der neuen Justiz-Organisation vom 1. April 1849 u. nach Aufhebung der bisherigen Königl. Patrimonialgerichte den resp. Appellations- u. Kreisgerichten, Gerichts-Deputationen u. Gerichts-Commissionen zugetheilt sind; mit Angabe der Staats-Anwaltschaften u. Schwurgerichte. Als Supplement zu dem „Topograph.-statist. Handbuche des Preuß. Staates". Imp. 4. (XIV u. 124 S.) Ebd. 850. n. 1 1/3 Thlr.

Messow, (Ern. Franc. (geb. Calbe a. S. 27. 7. 1817): De inflammatione venae portarum seu pylephlebitide. Berolini (1841). (56 S.) 8°
Berlin, Med. Diss. v. 2. Aug. 1841

Messow, J. D., latein. Lesebuch f. Anfänger. (Auch u. d. T.: Formenlehre.) 8. Berl. 809. Nauck. 6 Gr.

Amerikanische Zustände im Deutschen Reiche. Von Paul Messow, Dresden. Dresden [1907]: R. E. Schmidt. (14 S.) 8° [F.] 07. 9938 3

Meßplätze, Deutschlands vorzüglichste, ein Handb. für Kaufleute rc. 8. Leipz. 802. Schäfer. (Kühn). 1 Thlr.

Meßrelation, Frankf., od. Erzähl. d. neuesten Staats- u. Weltgesch. 34 Jahrg. zu 2 Stck. 4. Frankf. Jäger. 771 — 804. (à 6 gr.)

Meßrelation, Frankfurter, od. Erzähl. d. neuesten Staats- u. Weltgeschichte. 35 Jahrgänge. à 2 Stcke. 4. Frankf. a. M. 771—805. Jäger. (à 6 Gr.) 17 Thlr. 16 Gr.

Meß-Relation, Frankfurter, Das ist: Halbjährliche Erzehlungen der neuesten Staats- u. Welt-Geschichten. Wie solche zwischen der Frankfurter Herbstmesse 1783. u. besagter Ostermesse 1784, durch zuverläßige Nachrichten zu unserer Wissenschaft gekommen. Mit Kupfern (nur 1 Kpf., betreffend Luftballonfahrt der Gebr. Montgolfier in Paris, 1783, ist erschienen). Franckfurt am Mayn. Jägerische Buchhandlung. 4°. 112 S.

Messrelation, Frankfurter, oder Erzählung der merkwürdigsten Staats- und Weltbegebenheiten. Frankfurt 1785-97. H: *Purmann, Johann Georg.* (MGT)

— Frankfurter, od. der halbjähr. unterhalt. Erzähler. Jahrg. 1805. 2 Stck. 8. Ebend.

Meß-Rosenkranz- u. Kreuzweg-Büchlein, kathol., (von Königsdörfer). 3e Aufl. 18. Augsb. 825. Veith u. Rieger. 2 Gr.

Meßschema

— v. Frankfurt a. M., od. Verzeichniß aller auf dasige Messen kommenden Handelsleute, was sie f. Waaren führen, wo sie feil halten rc. 8. Frankf. a. M. 789. (N. A.) 819. Streng. 8 Gr.

Meßschema, Leipziger. 8. Leipz. 805. Baumgärtner. 1 Thlr.

Mess-Stipendien. 8. (202 S.) Nördlingen (891). (Th. Reischle.) Geb. n. 1. 20

Meßtaschenbuch

Messtaschenbuch, leipziger. Ostermesse 1849. 24. (254 S.) Leipzig 849, Spamer. Thlr. *
Mit Beibuch und Mappe. *

—— dass. — Michaelismesse 1849 und Ostermesse 1850. 24. Ebds. [1849. (VIII und 246 S.) 1850. (VI und 242 S.) à * 20 Ngr.] *

Meßtechnik

Heinke C, J Kollert, RO Heinrich, D Bercovitz und R Ziegenberg, die Messtechnik. 4-6. (Handbuch der Elektrotechnik II, 4-6) Leipzig 1908

Meßtisch, d. verbesserte, f. Freunde d. prakt. Geometrie. Mit 5 Kpf. gr. 8. Frankf. a. M. 789. Guilhaumann. 16 Gr.

* Der verbesserté Messtisch für Freunde der practischen Geometrie. Frankfurt u. Leipzig, Fleischer, 55 S. m. 5 Kpft. 8. (16 gr.)
1798.

Meßtischblätter der Kgl. Preußischen Landesaufnahme. [Mit Einzeichnung der Sandfelder des Ruhrreviers für den Schlammversatz]. 1:25000. Berlin. 31 Bl.

Meßtischblätter der Kgl. Preußischen Landesaufnahme. [Mit Einzeichnung der Sandfelder des Ruhrreviers für den Schlammversatz.] 1:25000. 31 Bl. Berlin.

Borken (2292).	Issum (2499).	Raesfeld (2366).
Burgwaldniel (2715).	Kaldenkirchen (2645).	Recklinghausen (2431).
Dingden (2364).	Kempen (2646).	Rheinberg (2500).
Dinslaken (2501).	Krefeld (2647).	Straelen (2571).
Dorsten (2429).	Lathen (1586).	Üdem (2425).
Drevenack (2428).	Lohne (1671).	Viersen (2716).
Dülmen (2231).	Lüdinghausen (2359).	Wesel (2427).
Geldern (2499).	Marl (2430).	Willich (2717).
Gr. Reken (2293).	Mörs (2573).	Wulfen (2357).
Haltern (2368).	Nieukerk (2572).	Xanten (2426).
Haren (1656).		

—— von der Königl. Preussischen Landes-Aufnahme veröffentlicht von 1877—1893. Berlin, R. Eisenschmidt.

[W. = Ausgangspunkt an der Westgrenze.]

No. 14 Lintrup, 15 Schottburg, 16 Skudstrup [Nordsee].

[W.] 21 Högum, 22 Rödding, 23 Jels, 24 Christiansfeld, 25 Aller [Ostsee].

[W.] 33 Hviddingufer, 34 Hvidding, 35 Spandet, 36 Gramm, 37 Skrydstrup, 38 Hadersleben, 39 Grarup, 40 Aarö.

[W.] 50 Haff-Sand, 51 Kirkeby, 52 Bröns, 53 Arrild, 54 Branderup, 55 Rauberg, 56 Hoptrup, 57 Söderwilstrup, 58 Halk-Hoved [Ostsee].

[W.] 70 List, 71 Jerpstedt, 72 Schads, 73 Lugumkloster, 74 Bedstedt, 75 Jordkirch, 76 Apenrade, 77 Warnitz, 78 Norburg, 79 Tarup [Ostsee].

[W.] 91 Westerland, 92 Kampen, 93 Emmerleff-Kliff, 94 Hoyer, 95 Tondern, 96 Bülderup, 97 Tingleff, 98 Klipleff, 99 Gravenstein, 100 Sonderburg, 101 Augustenburg, 102 Mummark [Ostsee].

[W.] 122 Rantum, 123 Gr. Mersum, 124 Horsbüll, 125 Neukirchen, 126 Süd-Lügum, 127 Ladelund, 128 Weibek, 129 Bau, 130 Glücksburg, 131 Broacker, 132 Kekenis, 133 Lysabbel [Ostsee], 134/173 Sassin, 135 Wittenberg, 136 Dembek, 137 Ostrau [Ostsee].

[W.] 158 Hörnum-Odde, 159 Borgsum, 160 Midlum, 161 Deezbüll, 162 Leck, 163 Achtrup, 164 Wallsbüll, 165 Flensburg, 166 Husby, 167 Sterup, 168 Gelting, 169 Öhe [Ostsee], 170 Scholpin, 171 Leba-See, 172 Leba, 173 Sassin, 174 Ossecken, 175 Zarnowitz, 176 Mechau [Westpreussen].

[W.] 199 Knipshafen, 200 Nieblum, 201 Wyk, 202 Ockholm, 203 Bredstedt, 204 Dreisdorf, 205 Gr. Jörl, 206 Eggebek, 207 Clsby, 208 Süderbrarup, 209 Kappeln, 210 Schönhagen, 212 Wiek, 213 Altenkirchen [Ostsee], 214 Neu-Strand, 215 Wobesde, 216 Schmolsin, 217 Glowitz [Westpreussen], 218 Charbrow, 219 Tauenzin, 220 Saulin, 221 Gohra, 222 Neustadt i. W.-Pr.

[W.] 244 See-Sand, 245 Hooge, 246 Nordstrandischmoor, 247 Wobbenbüll, 248 Hattstedt, 249 Viol, 250 Jubek, 251 Schleswig, 252 Brodersby, 253 Sieseby, 254 Dorotheenthal [Ostsee], 255 Wester-Markelsdorf, 256 Krummensiek, 257 Kloster, 258 Trent, 259 Rappin, 260—261 Sagard [Ostsee], 262 Vitte, 263 Lanzig, 264 Saleske, 265 Stolpmünde, 266 Freist, 267 Dammen, 268 Stojentin, 269 Schurow, 270 Lauenburg i. Pom., 271 Roslasin, 272 Lusin, 273 Soppieschien [Westpreussen].

[W.] 295 Süderoog, 296 Südfall, 297 Simonsberg, 298 Husum, 299 Ostenfeld, 300 Hollingstedt, 301 Kropp, 302 Hütten, 303 Eckernförde, 304 Krusendorf, 305 Barsbek, 306 Wiech, 307 Petersdorf, 308 Burg [Ostsee], 309 Ibenhorst, 310 Prerow, 311 Zingst, 312 Pramort, 313 Clausdorf, 314 Gingst, 315 Bergen auf Rügen, 316 Lubkow [Ostsee], 316a zu 370, 317 Rügenwalde, 318 Grupenhagen, 319 Peest, 320 Zitzewitz, 321 Stolp, 322 Sageritz, 323 Lupow, 324 Mickrow, 325 Zewitz, 326 Linde, 327 Pobletz, 328 Schönwalde [Westpreussen].

[W.] 352 Ording, 353 Garding, 354 Tönning, 355 Friedrichstadt, 356 Süderstapel, 357 Meggerdorf, 358 Owschlag, 359 Rendsburg, 360 Flemhude, 361 Kiel, 362 Friedrichsort, 363 Bendfeld, 364 Giekau, 365 Hohwacht, 366 Heiligenhafen, 367 Grossenbrode [Ostsee], 368 Wustrow, 369 Lüdershagen, 370 Barth, 371 Niepars, 372 Stralsund, 373 Samtens, 374 Putbus, 375 Vilmnitz, 376 Middelhagen [Ostsee], 377 Beelkow, 378 Altenhagen, 379 Karwitz, 380 Schlawe, 381 Koloow, 382 Rathsdamnitz, 383 Gr. Dubsow, 384 Budow, 385 Damerkow, 386 Gr. Rakitt, 387 Sierakowitz, 388 Chmelno, 389 Carthaus [Westpreussen].

[W.] 417 Kohl (Kr. Eiderstedt), 418 Vollerwiek, 419 Wesselburen, 420 Weddingstedt, 421 Tellingstedt, 422 Deilstedt, 423 Hamdorf, 424 Bokelholm, 425 Westensee, 426 Gr. Flintbek, 427 Preetz, 428 Selent, 429 Lütjenburg, 430 Hansühn, 431 Oldenburg i. Holst., 432 Grube [Ostsee], 433 Fischer-Buden, 434 Müritz, 435 Ribnitz, 436 Ahrenshagen, 437 Velgast, 438 Richtenberg, 439 Gr. Elmenhorst, 440 Stahlbrode, 441 Zudar, 442 Zickersches, 443 Gr. Zicker, 444 Greifswalder Oie [Ostsee], 445 Lassehne, 446 Sorenbohm, 447 Gr. Moll. u. 448 Zanow, 449 Damerow, 450 Zirchow, 451 Wussow, 452 Varzin, 453 Zeckern, 454 Alt Kolziglow, 455 Wundichow, 456 Jassen, 457 Sullentschin, 458 Stendritz, 459 Schönberg, 460 Kolpin [Westpreussen]. [Nordsee] 465a Helgoland.

[W.] 488 Blauort, 489 Büsum, 490 Heide, 491 Nordhastedt, 492 Hademarschen, 493 Todenbuttel, 494 Holtdorf, 495 Nortorf, 496 Brügge, 497 Stolpe, 498 Plön, 499 Eutin, 500 Neustadt i. Holstein, 501 Grömitz, 502 Klostersee, [Neustadter Bucht], 503 Alt-Gaarz, 504 Brunshaupten, 505 Doberan, 506 Warnemunde, 507 Bentwisch, 508 Dasschenberg, 509 Marlow, 510 Dechow, 511 Franzburg, 512 Grimmen, 513 Horst, 514 Neuenkirchen, 515 Wusterhusen, 516 Cröslin, 517 Karlshagen [Ostsee], 518 Kirchhagener Fichten, 519 Bobe, 520 Laugenhagen, 521 Kolberg, 522 Degow, 523 Kordeshagen, 524 Alt-Belz, 525 Koslin, 526 Kosternitz, 527 Alt-Zowen, 528 Pollnow, 529 Bretzen, 530 Friedrichsheld, 531 Lubben, 532 Bütow, 533 Lonken, 534 Nakel i. W.-Pr., 535 Berent, 536 Alt-Grabau, 537 Schönfliess [Westpreussen].

[W.] 564 Buschsand (West), 565 Buschsand (Ost), 566 Dieksand, 567 Meldorf, 568 Süderhastedt, 569 Schenefeld, 570 Hohenwestedt, 571 Hermstedt, 572 Neumünster, 573 Gr. Kummerfeld, 574 Bornhöved, 575 Schlamersdorf, 576 Ahrensbök, 577 Sbsel, 578 Rettin, 579 Warnkenhagen, 580 Gr. Klütz-Hoved, 581 Kaltenhof (Insel Poel), 582 Russow, 583 Kröpelin, 584 Hanstorf, 585 Rostock, 586 Petschow, 587 Tessin, 588 Thelkow, 589 Tribsees, 590 Glewitz, 591 Gr. Rakow, 592 Griebenow, 593 Greifswald, 594 Hanshagen, 595 Wolgast, 596 Zinnowitz, 597 Ückeritz [Ostsee], 599 Fritzow, 600 Gr. Justin, 601 Karnitz, 602 Treptow a. d. Rega, 603 Gützlaffshagen, 604 Gr. Jestin, 605 Kerstin, 606 Belgard, 607 Bulgrin, 608 Seeger, 609 Klannin, 610 Kurow, 611 Sydow, 612 Rummelsburg i. Pom., 613 Rohr, 614 Cremerbruch, 615 Borzyskowo, 616 Sommin, 617 Kalisch, 618 Lorenz, 619 Neu-Paleschken, 620 Alt-Paleschken [Westpreussen].

[W.] 648 Insel Neuwerk (West), 649 Insel Neuwerk (Ost), 650 Kaiser Wilhelm-Koog, 651 Marne, 652 Buchholz, 653 Wilster, 654 Itzehoe, 655 Kellinghusen, 656 Bramstedt, 657 Heidmuhlen, 658 Segeberg, 659 Warder, 660 Curau, 661 Schwartau, 662 Travemünde, 663 Kalkhorst, 664 Hohenkirchen, 665 Kirchdorf, 666 Neuburg, 667 Kirch-Mulsow, 668 Neu-Kirchen, 669 Schwaan, 670 Hoh. Sprenz, 671 Laage, 672 Walkendorf, 673 Gnoien, 674 Neuendorf, 675 Demmin, 676 Bentzin, 677 Gützkow, 678 Zussow, 679 Rubkow, 680 Lassan, 681 Bruz, 682 Swinemünde, [Ostsee], 683 Misdroy, 684 Kolzow, 685 Cammin i. Pom., 686 Schwirsen, 687 Stuchow, 688 Greifenberg i. Pom., 689 Kölpin, 690 Roman, 691 Ramelow, 692 Standemin, 693 Boissin, 694 Gr. Tychow, 695 Gr. Voldekow, 696 Bublitz, 697 Gr. Carzenburg [Westpreussen].

[W.] 734 Altenwalde, 735 Cuxhaven, 736 Otterndorf, 737 Neuhaus a. d. Oste, 738 Freiburg a. d. Elbe, 739 Krempe, 740 Hohenfelde, 741 Hornerkirchen, 742 Kaltenkirchen, 743 Stuvenborn, 744 Leezen, 745 Oldesloe, 746 Hamberge, 747 Lubeck, 748 Schönberg i. Meckl., 749 Mummendorf, 750 Grevesmühlen, 751 Wismar, 752 Zurow, 753 Warin, 754 Bützow, 755 Laasow, 756 Kritzkow, 757 Warnkenhagen, 758 Thurkow, 759 Neu-Kalen, 760 Verchen, 761 Leistenow, 762 Daberkow, 763 Grien, 764 Medow, 765 Anklam, 766 Usedom, 767 Zirchow, 768 Caseburg, 769 Lebbin, 770 Wollin, 771 Dobberphul, 772 Gulzow, 773 Schwessow, 774 Plathe, 775 Witzmitz, 776 Petershagen, 777 Stolzenberg, 778 Arnhausen, 779 Wusterbarth, 780 Gr. Krössin, 781 Gramenz, 782 Wurchow, 783 Kasimirshof [Westpreussen].

[W.] 820/21 Norderney, 822 Baltrum, 823 Langeoog, 824 Spiekeroog, 825 Wangeroog, [Wesermündung], 826/922 Hooksiel, 828 Midlum, 829 Westerwanna [Hannover], 833 Glückstadt, 834 Elmshorn, 835 Barmstedt, 836 Quickborn, 837 Wakendorf, 838 Bargteheide, 839 Eichede, 840 Crummesse, 841 Ratzeburg, 842 Carlow, 843 Gadebusch, 844 Muhlen-Eichsen, 845 Dambeck, 846 Hohen-Viecheln, 847 Bruel, 848 Gr.-Raden, 849 Zehna, 850 Güstrow, 851 Lalendorf, 852 Teterow, 853 Malchin, 854 Ivenack, 855 Torpin, 856 Gultz, 857 Sieden-Bollentin, 858 Spantekow, 859 Ducherow, 860 Leopoldshagen, 861 Ückermunde, 862 Neuwarp, 864 Paulsdorf, 865 Pribbernow, 866 Moratz, 867 Zickerke, 868 Gr. Sabow, 869 Regenwalde, 870 Rutzenhagen, 871 Schivelbein, 872 Reinfeld, 873 Polzin, 874 Kollatz, 875 Bärwalde, 876 Persanzig, 877 Neustettin [Westpreussen], 889 Kanth.

[W.] 915 Juist [West], 916 Juist [Ost], 917 Hage, 918 Dornum, 919 Esens, 920 Karolinensiel, 921 Hohenkirchen, 922 Hooksiel [Jade], 923 Langwarden, 924 Schmarren, 925 Dorum [Hannover], 929 Neuenwalde, 930 Stade, 931 Uetersen, 932 Pinneberg, 933 Niendorf, 934 Bergstedt, 935 Ahrensburg, 936 Trittau, 937 , 938 Mölln, 939 Seedorf, 940 Gr. Salitz, 941 Gr.-Brütz, 942 Schwerin, 943 Langen-Brütz, 944 Demen, 945 Borkow, 946 Dobbertin, 947 Krakow, 948 Serrahn, 949 Dahmen, 950 Schwinkendorf, 951 Stavenhagen, 952 Rosenow, 953 Treptow a. d. T., 954 Roga, 955 Friedland i. M., 956 Galenbeck, 957 Ferdinandshof, 958 Eggesin, 959 Rieth., 960 Althagen, 961 Gr. Stepenitz, 962 Münchendorf, 963 Basenthin, 964 Naugard, 965 Farbezin, 966 Gr. Borchenhagen, 967 Labes, 968 Lubenz, 969 Wusterwitz, 970 Neu-Wuhrow, 971 Pöhlen, 972 Pielburg, 973 Gelten, 974 Thurow [Westpreussen].

[W.] 1011 Insel Borkum, 1012 Westermarsch, 1013 Norden, 1014 Westerhold, 1015 Middels, 1016 Wittmund, 1017 Jever, 1018 Wilhelmshaven, 1019 Eckwarden, 1020 Stollhamm, 1021 Bremerhaven [Hannover], 1022 Bramel, 1026 Hagen, 1027 Horneburg, 1028 Wedel, 1029 Hamburg, 1030 Wandsbeck, 1031 Glinde, 1032 Schwarzenbek, 1033 Siebeneichen, 1034 Gudow, 1035 Zarrentin, 1036 Wittenburg, 1037 Parum, 1038 Sülstorf, 1039 Crivitz, 1040 Frauenmark, 1041 Herzberg, 1042 Goldberg, 1043 Karow i. Mekl., 1044 Nossentin, 1045 Jabel, 1046 Waren, 1047 Mollenhagen, 1048 Penzlin, 1049 Neubrandenburg, 1050 Pragsdorf, 1051 Gohn, 1052 Strasburg i. d. Uckerm., 1053 Pasewalk, 1054 Krugsdorf, 1055 Stolzenburg, 1056 Falkenwalde, 1057 Pölitz, 1058 Gollnow, 1059 Speck, 1060 Eichenwalde, 1061 Dabor, 1062 Silligsdorf, 1063 Wangerin, 1064 Dramburg, 1065 Zulshagen, 1066 Falkenburg, 1067 Tempelburg, 1068 Neblin, 1069 Gr. Born, 1070 Barkenbrügge [Westpreussen].

[W.] 1104 Pewsum, 1105 Lopperzum [Hannover], 1121 Harburg, 1122 Allermöhe, 1123 Bergedorf, 1124 Hamwarde, 1125 Potzau, 1126 Gresse, 1127 Camin, 1128 Korchow, 1129 Hagenow, 1130 Lublow, 1131 Hohewisch, 1132 Spornitz, 1133 Parchim, 1134 Lubz, 1135 Plau, 1136 Malchow, 1137 Klink, 1138 Federow, 1139 Kratzeburg, 1140 Hohenzieritz, 1141 Stargard, 1142 Ballin, 1143 Woldegk, 1144 Fahrenholz, 1145 Nechlin, 1146 Brussow, 1147 Locknitz, 1148 Kreckow, 1149 Stettin, 1150 Gr. Christinenberg, 1151 Priemhausen, 1152 Masow, 1153 Schönebeck, 1154 Freienwalde i. Pom., 1155 Norenberg, 1156 Zamzow, 1157 Gr. Lubbe-See, 1158 Virchow, 1159 Gr. Linichen, 1160 Bussen, 1161 Zippnow, 1162 Jastrow [Westpreussen].

[W.] 1196 Loquard, 1198 Emden [Hannover], 1212 Hittfeld, 1213 Stelle, 1214 Winsen a. d. Luhe, 1215 Artlenburg, 1216 Lauenburg a. d. Elbe, 1217 Boizenburg, 1218 Besitz, 1219 Lübtheen, 1220 Redefin, 1221 Ludwigslust, 1222 Neustadt b. Ludwigslust, 1223 Karenzin, 1224 Marnitz, 1225 Darz, 1226 Meyenburg, 1227 Dammwolde, 1228 Robel, 1229 Rechlin, 1230 Blankenforde, 1231 Neu-Strelitz, 1232 Thurow, 1233 Feldberg, 1234 Furstenwerder, 1235 Dedelow, 1236 Prenzlau, 1237 Wallmow, 1238 Hohenholz, 1239 Mandow-Colbitzow, 1240 Podejuch, 1241 Alt-Damm, 1242 Koblank, 1243 Stargard i. Pom., 1244 Marienfliess, 1245 Jakobshagen, 1246 Gr. Mellen, 1247 Kahnwerder, 1248 Gr. Spiegel, 1249 Markisch-Friedland, 1250 Petznick, 1251 Neugolz, 1252 Freudenfier, 1253 Retkenhammer [Westpreussen].

[W.] 1291 Landschaftspolder, [Hannover], 1300 Luneburg, 1301 [fehlt noch] … 1303 Neuhaus a. d. Elbe, 1304 Jessenitz, 1305 Lenssow, 1306 Eldena, 1307 Grabow, 1308 Balow, 1309 Hulsebeck, 1310 Putlitz, 1311 Schmolde, 1312 Freyenstein, 1313 Wredenhagen, 1314 Murow, 1315 Wesenberg, 1316 Ahrensberg, 1317 Lychen, 1318 Thomsdorf, 1319 Boitzenburg i. d. Uckerm., 1320 Hindenburg, 1321 Bietikow, 1322 Gramzow, 1323 Pencun, 1324 Greifenhagen, 1325 Woltin, 1326 Neumark, 1327 Werben, 1328 Kollin, 1329 Zachan, 1330 Ravenstein, 1331 Reetz, 1332 Neuwedell, 1333 Callies, 1334 Spechtsdorf, 1335 Marzdorf, 1336 Deutsch-Krone, 1337 Breitenstein, 1338 Alt-Lebehnke [Westpreussen], 1345 Wtelno, 1346 Zolondowo.

[W.] 1362 [Hannover] fehlt noch, 1384 Bredenbock, 1385 Dannenberg, 1386 Dömitz, 1387 Gorleben, 1388 Rambow, 1389 Karstedt, 1390 Bäk, 1391 Gr. Pankow, 1392 Pritzwalk, 1393 Wittstock, 1394 Babitz, 1395 Zehlin, 1396 Rheinsberg, 1397 Fürstenberg, 1398 Himmelpfort, 1399 Gandenitz, 1400 Templin, 1401 Gerswalde, 1402 Polssen, 1403 Passow, 1404 Cunow, 1405 Fiddichow, 1406 Bahn, 1407 Schwochow, 1408 Pyritz, 1409 Prillwitz, 1410 Dölitz, 1411 Arnswalde, 1412 Bellnow, 1413 Fürstenau, 1414 Zatten, 1415 Tütz, 1416 Ruschendorf, 1417 Arnsfelde, 1418 Gr. Wittenberg, 1419 Schneidemühl, 1420 Schmilau, 1421 Wissek, 1422 Wirsitz, 1423 Sadke, 1424 Nakel a. d. Netze, 1425 Slesin, 1426 Ossowitz, 1427 Bromberg, 1428 Fordon.

[W.] 1442 [Hannover fehlt noch] …, 1464 Gülden, 1465 Breese, 1466 Gr. Gussborn, 1467 Lenzen, 1468 Schnackenburg, 1469 Schilde, 1470 Perleberg, 1471 Lindenberg, 1472 Kolrep, 1473 Wuticke, 1474 Rossow, 1475 Zühlen, 1476 Dierberg, 1477 Gransee, 1478 Dannenwalde, 1479 Hammelspring, 1480 Gollin, 1481 Ringenwalde, 1482 Greiffenberg i. d. Uckerm., 1483 Angermunde, 1484 Schwedt, 1485 Uchtdorf, 1486 Wildenbruch, 1487 Beyersdorf, 1488 Lippehne, 1489 Schoenig, 1490 Bernstein, 1491 Granow, 1492 Schwachenwalde, 1493 Bernsee, 1494 Werder, 1495 Schloppe, 1496 Kl. Dreusen, 1497 Schönlanke, 1498 Radolin, 1499 Usch, 1500 Murzewo, 1501 Samotschin, 1502 Jactorowo, 1503 Gromaden, 1504 Szaradowo, 1505 Schubin, 1506 Wolfthal, 1507 Brzoza, 1508 Schulitz, 1509 Pensau, 1510 Thorn, 1511 Grembocziu.

[W.] [Hannover fehlt noch] …, 1537 Clenze, 1538 Luchow, 1539 Woltersdorf, 1540 Lenzitz, 1541 Gr. Garz, 1542 Wittenberge, 1543 Wilsnack, 1544 Glöwen, 1545 Demertin, 1546 Kyritz, 1547 Tramnitz, 1548 Neu-Ruppin, 1549 Lindow, 1550 Gr. Mutz, 1551 Kl. Mutz, 1552 Zehdenick, 1553 Gr. Schönebeck, 1554 Joachimsthal, 1555 Gr. Ziethen, 1556 Stolpe, 1557 Zachow, 1558 Konigsberg i. d. Neumark, 1559 Schönfliess, 1560 Schildberg, 1561 Soldin, 1562 Karzig, 1563 Berlinchen, 1564 Bussow, 1565 Wugarten, 1566 Woldenberg, 1567 Friedrichsdorf, 1568 Eichberg, 1569 Gr. Drensen, 1570 Stieglitz, 1571 Czarnikau, 1572 Gembitz, 1573 Kolmar i. Pos., 1574 Margonin, 1575 Gollantsch, 1576 Exin, 1577 Kralikowo, 1578 Grunhagen, 1579 Labischin, 1580 Penchowo, 1581 Gr. Wodek, 1582 Schirpitz, 1583 Podgorz, 1584 Schillno.

[W.] 1585 [Hannover fehlt noch] … 1607 Schmolen, 1608 Barnebeck, 1609 Salzwedel, 1610 Kl. Pretzier, 1611 Arendsee, 1612 Leppin, 1613 Seehausen, 1614 Werben, 1615 Havelberg, 1616 Lohm, 1617 Wusterhausen a. d. Dosse, 1618 Wildberg, 1619 Fehrbellin, 1620 Wustrau, 1621 Beetz, 1622 Nassenheide, 1623 Liebenwalde, 1624 Ruhlsdorf, 1625 Eberswalde, 1626 Hohenfinow, 1627 Oderberg, 1628 Zehden, 1629 Mohrin, 1630 Wartenberg, 1631 Rosenthal, 1632 Staffelde, 1633 Gr. Fahlenwerder, 1634 Lotzen, 1635 Altenfliess, 1636 Friedeberg i. d. Neum., 1637 Driesen [West], 1638 Driesen (Ost), 1639 Kreuz, 1640 Filehne, 1641 Gulcz, 1642 Lubasz, 1643 Schrotthaus, 1644 Budsin, 1645 Zelitz, 1646 Wongrowitz, 1647 Stempuchowo, 1648 Elsenau, 1649 Znin, 1650 Bartschin, 1651 Pakosch, 1652 Jakschitz, 1653 Argenau, 1654 Schonau.

[W.] 1655 [Hannover fehlt noch] …, 1677 Waddekath, 1678 Abbendorf, 1679 Bretzendorf, 1680 Gr. Apenburg, 1681 Plathe, 1682 Meedorf, 1683 Osterburg, 1684 Hindenburg, 1685 Sandau, 1686 Strodehne, 1687 Rhinow, 1688 Friesack, 1689 Brunne, 1690 Linum, 1691 Cremmen, 1692 Oranienburg, 1693 Wandlitz, 1694 Biesenthal, 1695 Grunthal, 1696 Wolsickendorf, 1697 Freienwalde, 1698 Neu-Lewin, 1699 Barwalde, 1700 Furstenfelde, 1701 Neudamm, 1702 Massin, 1703 Hohenwalde, 1704 Landsberg a. d. W., 1705 Zantoch, 1706 Lipke, 1707 Gottschimm, 1708 Altsorge, 1709 Schneidemuhlchen, 1710 Neubruck, 1711 Wronke, 1712 Obersitzko, 1713 Polajewo, 1714 Gosciejewo, 1715 Rogasen, 1716 Miotschisko, 1717 Janowitz, 1718 Rogowo, 1719 Gonsawa, 1720 Kaiserfelde, 1721 Bronlowice, 1722 Inowrazlaw, 1723 Freitagsheim, 1724 Luisenfelde.

[W.] 1725 [Hannover fehlt noch] …, 1750 Mellin, 1751 Clotze, 1752 Kakerbek, 1753 Calbe a. M., 1754 Bismark, 1755 Unglingen, 1756 Stendal, 1757 Arneburg, 1758 Schollene, 1759 Rathenow, 1760 Haage, 1761 Ribbeck, 1762 Nauen, 1763 Marwitz, 1764 Hennigsdorf, 1765 Schoenerlinde, 1766 Bernau, 1767 Werneuchen, 1768 Protzel, 1769 Moglin, 1770 Neu-Trebbin, 1771 Letschin, 1772 Quartschen, 1773 Tamsel, 1774 Vietz, 1775 Kutschen, 1776 Dechsel, 1777 Trebisch, 1778 Schwerin a. d. W., 1779 Waitze, 1780 Birnbaum, 1781 Zirke, 1782 Kletzisko, 1783 Scharfenort, 1784 Samter, 1785 Obornik, 1786 Lukowo, 1787 Schocken, 1788 Jabkowo, 1789 Kletzko, 1790 Modliszewko, 1791 Goscieszyn, 1792 Mogilno, 1793 Kwieciszewo, 1694 Strelno, 1795—1796 Chelmce.

[W.] 1797 [Hannover fehlt noch] …, 1822 Seimke, 1823 Rowitz, 1824 Jeggau, 1825 Gardelegen, 1826 Klinke, 1827 Lüderitz, 1828 Tangermunde, 1829 Jerichow, 1830 Vieritz, 1831 Ramme, 1832 Garlitz, 1833 Tremmen, 1834 Marhau, 1835 Rohrbeck, 1836 Spandau, 1837 Berlin, 1838 Friedrichsfelde, 1839 Alt-Landsberg, 1840 Strausberg, 1841 Muncheberg, 1842 Trebnitz, 1843 Seelow, 1844 Küstrin, 1845 Sonnenburg, 1846 Alt-Limmeritz, 1847 Kriescht, 1848 Koenigswalde, 1849 Bleşen, 1850 Gollmutz, 1851 Pattisch, 1852 Kähme, 1853 Kwiltsch, 1854 Pinne, 1855 Ottorowo, 1856 Kazmierz, 1857 Wargowo, 1858 Owinsk, 1859 Murowana-Goslin, 1860 Welnau, 1861 Lubowo, 1862 Gneven, 1863 Tremessen, 1864 Tschomzal, 1865 Gembitz, 1866 Schirakowo, 1867 Popowo.

[W.] 1868 [Hannover fehlt noch] …, 1893 Obisfelde, 1894 Bösdorf, 1895 Sachau, 1896 Letzlingen, 1897 Dolle, 1898 Schernebeck, 1899 Weissewarthe, 1900 Genthin, 1901 Schlagenthin, 1902 Plaue, 1903 Brandenburg a. H., 1904 Gr. Kreutz, 1905 Ketzin, 1906 Fahrland, 1907 Teltow, 1908 Tempelhof, 1909 Copenick, 1910 Rüdersdorf, 1911 [fehlt noch] …. 1920 Tempel, 1922 Betsche, 1923 Lewitz, 1924 Zembowo, 1925 Neustadt b. Pinne, 1926 Duschnik, 1927 Grätz, 1928 Sady, 1929 Posen, 1930 Schwersenz, 1931 Pudewitz, 1932 Schwarzenau, 1933 Schildowo, 1934 Witkowo, 1935 Powidz, 1936 Orchowo, 1937 Schidlimowo.

[W.] 1948 [Hannover fehlt noch] …, 1951 Sachsenhagen, 1952 Nenndorf, 1954 [fehlt noch] …, 1962 Weferlingen, 1963 Calvörde, 1964 Uthmöden, 1965 Crochern, 1966 Rogatz, 1967 Parey, 1968 Parchen, 1969 Karow b. Genthin, 1970 Gr. Wusterwitz, 1971 Gottin, 1972 Lehnin, 1973 Werder, 1974 Potsdam, 1975 Gr. Beeren, 1976 Lichtenrade, 1977 Konigs-Wusterhausen, 1978 Alt-Hartmannsdorf, 1979 [fehlt noch] …. 1991 Tirschtiegel, 1992 Neutomischel, 1993 Wonsowo, 1994 Opalenitza, 1995 Buk, 1996 Dombrowka, 1997 Gurtschin, 1998 Gondek, 1999 Kotechin, 2000 Nekla, 2001 Wreschen, 2002 Mieltschin, 2003 Radlowo.

[W.] 2004 [Hannover fehlt noch] …, 2017 Oberukirchen, 2018 Cathrinhagen, 2019 [fehlt noch] …. 2029 Walbeck, 2030 Erxleben, 2031 Neuhaldensleben, 2032 Wolmirstedt, 2033 Niegripp, 2034 Burg a. d. Ihle, 2035 Theesen, 2036 Ziesar, 2037 Glienecke, 2038 Golzow, 2039 Damelang, 2040 Beelitz, 2041 Wildenbruch, 2042 Trebbin, 2043 Zossen, 2044 Mittenwalde, 2045 Friedersdorf, 2046 [fehlt noch] …, 2058 Deutschen, 2059 Borui, 2060 Konkolewo, 2061 Grutz, 2062 Granowo, 2063 Stenschewo, 2064 Moschin, 2065 Kurnik, 2066 Schroda, 2067 Miloslaw, 2068 Gozdowo, 2069—2070 Sobotka.

[W.] 2071 [Westfalen fehlt noch] …, 2085 Rinteln, 2086 Oldendorf, 2087 [fehlt noch] …, 2097 Badeleben, 2098 Eilsleben, 2099 Eichenbarleben, 2100 Magdeburg, 2101 Neu-Königsborn, 2102 [fehlt noch] …, 2126 Köbnitz, 2127 Wollstein, 2128 Rakwitz, 2129 Wielichowo, 2130 Konojad, 2131 Czempin, 2132 Brodnica, 2133 Santomischel, 2134 Buloncin, 2135 Pieaschkowo, 2136—2137 Pogorschelitze.

[W.] 2138 [Westfalen fehlt noch] …, 2161 Hornburg, 2162 Veltheim, 2163 Jerxheim, 2164 Neuwegersleben, 2165 Gr. Oschersleben, 2166 Gr. Wanzleben, 2167 Dodendorf, 2168 Schönebeck, 2169 [fehlt noch] …, 2193 Unruhstadt, 2194 Kiebel, 2195 Priment, 2196 Poln. Wilke, 2197 Poln. Wilke, 2198 Kosten, 2199 Dalewo, 2200 Schrimm, 2201 Xions, 2202 Neustadt a. d. Warthe, 2203 Zerkow, 2204 Robakow.

[W.] 2206 [Westfalen fehlt noch] …, 2227 Gr. Freden, 2228 Lamspringe, 2229 Hahausen, 2230 Goslar, 2231 Vienenburg, 2232 Osterwiek, 2233 Dingelstedt, 2234 Schwanebeck, 2235 Gröningen, 2236 Egeln, 2237 Atzendorf, 2238 Calbe a. S., 2239 Barby, 2240 Zerbst, 2241 Mühlstedt, 2242 Ziebe, 2243 Straach, 2244 Zahna, 2245 Wolmsdorf, 2246 Jüterbogk, 2247 [fehlt noch] …, 2263 Kontopp, 2264 Altkloster, 2265 Weine, 2266 Luschwitz, 2267 Leipe, 2268 Storchnest, 2269 Lubin, 2270 Dolzig, 2271 Borek, 2272 Gora, 2273 Jarotschin, 2274 Tschermin, 2275 Grodschisko.

[W.] 2276 [Westfalen fehlt noch] …, 2300 Einbeck, 2301 Gandersheim, 2302 Seesen, 2303 Zellerfeld, 2304 Neustadt-Harzburg, 2305 Wernigerode, 2306 Derenburg, 2307 Halberstadt, 2308 Wegeleben, 2309 Cochstädt, 2310 Stassfurt, 2311 Nienburg, 2312 Diebzig, 2313 Aken, 2314 Dessau, 2315 Coswig, 2316 Wittenberg, 2317 Dabrun, 2318 Seyda, 2319 Hartmannsdorf, 2320 Schönewalde, 2321 [fehlt noch] …, 2336 Liebenzig, 2338 Fraustadt, 2339 Schwetzkau, 2340 Lissa, 2341 Garzyn, 2342 Seyde, 2343 Gostyn, 2344 Pogorschella, 2345 Koschmin, 2346 Dobrschytza, 2347 Pleschen, 2348—2349 Turske.

[W.] 2350 Grafwegen, 2351 Cleve, 2352 Calcar, … 2359 Lüdinghausen, 2360 Ascheberg, 2361 Drensteinfurt …, 2374 Moringen, 2375 Westerhof, 2376 Osterode, 2377 Riefensbeek, 2378 Braunlage, 2379 Elbingerode, 2380 Blankenburg, 2381 Quedlinburg, 2382 Ballenstedt, 2383 Aschersleben, 2384 Güsten, 2385 Bernburg, 2386 Cothen, 2387 Quellendorf, 2388 Gräfenhaynchen, 2389 Kemberg, 2390 …, 2391 Pretzsch, 2392 Jessen, 2393 [fehlt noch] …, 2407 Wesel, 2411 Kuttlau, 2412 Schlichtingsheim, 2413 Seitsch, 2414 Tschirnau, 2415 Bojanowo, 2416 Kröben, 2417 Pompowo, 2418 Kobylin, 2419 Rosatschin, 2420 Rosdraschewo, 2421 Raschkow, 2422 Sobotkau, 2423 Wengry.

[W.] 2424 Goch, 2425 Udem, 2426 Xanten, ... 2428 Drevenack, 2429 Dorten, 2430 Marl, 2431 Recklinghausen, 2432 Waltrop, 2433 Lunen, 2434 .... 2447 Nörten, 2448 Lindau, 2449 Gieboldehausen, 2450 Lauterberg, 2451 Zorge, 2452 Benneckenstein, 2453 Hasselfelde, 2454 Harzgerode, 2455 Pansfelde, 2456 Leimbach, 2457 Gerbstädt, 2458 Cönnern, 2459 Grobzig, 2460 Zörbig, 2461 Bitterfeld, 2462 Burgkemnitz, 2463 Tornau, 2464 Schmiedeberg, 2465 [fehlt noch] ..., 2483 Quaritz, 2484 Hamm, 2485 Weisholz, Glogau, 2486 Schüttlau, 2487 Guhrau, 2488 Triebusch, 2489 Rawitsch, 2490 Dubin, 2491 Jutroschin, 2492 Krotoschin, 2493 Sulmirschütz, 2494 Ostrowo, 2495 Gr. Wysotzko, 2496 Oloboh.

[W.] 2497 Lindenhof, 2498 Geldern, 2499 Issum, 2500 Rheinberg, 2501 Dinslaken, 2502 Bottrop, 2503 Gelsenkirchen, 2504 Castrop, 2505 Dortmund, 2506 Camen, 2507 Unna, 2520 Göttingen, 2521 Waake, 2522 Duderstadt, 2523 Gerode, 2524 Ellrich, 2525 Nordhausen, 2526 Stolberg, 2527 Schwenda, 2528 Wippra, 2529 Mansfeld, 2530 Eisleben, 2531 Wettin, 2532 Petersberg, 2533 Landsberg, 2534 Delitzsch, 2535 Reibitz, 2536 Düben, 2537 Wildenhain, 2538 Söptitz, 2539 [fehlt noch] .... 2547 Spremberg, 2548 [fehlt noch] .... 2556 Gr.-Logisch, 2557 Polkwitz, 2558 Raudten, 2559 Köben, 2560 Gimmel, 2561 Herrnstadt, 2562 Kurzeus, 2563 Skarsdowo, 2564 Militsch, 2565 Gr. Tschunkawe, 2566 Utschieschow, 2567 Adelnau, 2568 Mixstadt, 2569—2570 Grabow a. d. Prosna.

[W.] 2571 Straelen, 2572 Nieukerk, 2573 Mors, 2574 Duisburg, 2575 Mülheim a. d. Ruhr, 2576 Essen, 2578 Witten, 2579 Hörde, 2580 Menden, 2592 Jühnde, 2593 Reinhausen, 2594 Gellichausen, 2595 Berlingerode, 2596 Worbis, 2597 Bleicherode, 2598 Hayn, 2599 Heringen, 2600 Kelbra, 2601 Sangerhausen, 2602 Riestedt, 2603 Schraplau, 2604 Teutschenthal, 2605 Halle, 2606 Grobers, 2607 Kölsa, 2608 Crostitz, 2609 Eilenburg, 2610 Strelln, 2611 [fehlt noch], ... 2614 Crobeln, 2615 Elsterwerda, 2616 Muckenberg, 2617 Ruhland, 2618 Hohenbocka, 2619 Hoyerswerda, 2620 Weisskolm, 2621 Nochten, 2622 Rietschen, 2623 Priebus, 2624 Freiwaldau, 2625 Rauscha, 2626 Loos, 2627 Ober-Leschen, 2628 Armadebrunn, 2629 Kotzenau, 2630 Glaesersdorf, 2631 Kostitz, 2632 Steinau, 2633 Winzig, 2634 Gr.-Bargen, 2635 Trachenberg, 2636 Gr.-Cainowe, 2637 Katholisch-Hammer, 2638 Kraschnitz, 2639 Tscheschen, 2640 Honig, 2641 Schildberg, 2642 Bukownica, 2643 Plugawice.

[W.] 2644 [fehlt noch] ..., 2644/45 Kaldenkirchen, 2646 Kempen, 2647 Krefeld, 2648 Kaiserwerth, 2649 Kettwig, 2651 Hattingen, 2652 Hagen i. W., 2653 Hohenlimburg, 2654 Iserlohn, 2663 Zierenberg, 2664 Wilhelmshohe, 2665 Cassel, 2666 [fehlt noch], 2667 Ahrenshausen, 2668 Heiligenstadt, 2669 Dingelstadt, 2670 Ndr-Orschel, 2671 Gr.-Keula, 2672 Immenrode, 2673 Sondershausen, 2674 Frankenhausen, 2675 Artern, 2676 Ziegelroda, 2677 Querfurt, 2678 Schafstadt, 2679 Merseburg, 2680 Kotzschau, 2681 Schkeuditz [Kgr. Sachsen], 2682 gehört zu 2609, 2683 zu 2612, 2684 zu 2613, 2685 Hirschfeld, 2686 Ortrand, 2687 Lipsa, 2688 Bernsdorf, 2689 Wittichenau, 2690 Lohsa, 2691 Uhyst, 2692 Mucka, 2693 Rothenburg i. d. O.-Laus., 2694 Neuhammer, 2695 Tiefenfurt, 2696 Klitschdorf, 2697 Kittlitztreben, 2698 Modlau, 2699 Reisicht, 2700 Lerchenborn, 2701 Luben, 2702 Porschwitz, 2703 Wohlau, 2704 Stroppen, 2705 Prausnitz, 2706 Trebnitz, 2707 Schawoine, 2708 Festenberg, 2709 Rudelsdorf, 2710 Gr.-Wartenberg, 2711 Rogaszyce, 2712 Mikorzyn, 2713 Tonia.

[W.] 2714 Elmpt, 2715 [fehlt noch], 2715 Burgwaldniel, 2716 Viersen, 2717 Willich, 2718 Dusseldorf, 2720 Elberfeld, 2721 Barmen, 2722 Radevormwald, 2723 Ludenscheid, 2724 Altena, 2734 Ossese, 2735 Ober-Kaufungen, 2736 Grossallmerode, 2737 Altendorf, 2738 Asbach-Kella, 2739 Lengenfeld, 2740 Muhlhausen i. Thur., 2741 Körner, 2742 Ebeleben, 2743 Greussen, 2744 Kindelbrück, 2745 Schillingstedt, 2746 Wiehe, 2747 Bibra, 2748 Freiburg, 2749 Weissenfels, 2750 Lützen, 2751 Meuchen [Kgr. Sachsen], 2752 Weigersdorf, 2753 Niesky, 2754 Horka, 2755 Penzig, 2756 Kohlfurt, 2757 Siegersdorf, 2758 Bunzlau, 2759 Kaiserswaldau, 2760 Haynau, 2761 Liegnitz, 2762 Kunitz, 2763 Parchwitz, 2764 Regnitz, 2765 Dyhernfurth, 2766 Auras, 2767 Wiese, 2768 Perschütz, 2769 Oels, 2770 Stradam, 2771 Trembatschau, 2772 Kempen, 2773 Baranow, 2774 Boleslawice.

[W.] 2775 [fehlt noch] ... 2794 Fritzlar, 2795 Felsberg, 2796 Melsungen, 2797 Lichtenau, 2798 Waldkappel, 2799 Eschwege, 2800 Treffurt, 2801 Langula, 2802 Langensalza, 2803 Tennstedt, 2804 Gebesee, 2805 Sömmerda, 2806 Cölleda, 2807 Buttstadt, 2808 Eckartsberga, 2809 Naumburg a. d. S., 2810 Stössen, 2811 Molsen, 2812 Predel, 2813 zu Predel [Kgr. Sachsen], 2814 Reichenbach i. d. O.-Laus., 2815 Görlitz, 2816 Lichtenberg, 2817 Lauban, 2818 Naumburg a. Queis, 2819 Löwenberg, 2820 Gröditzberg, 2821 Goldberg i. Schl., 2822 Kroitzsch, 2823 Wahlstadt, 2824 Gr.-Tinz, 2825 Neumarkt i. Schl., 2826 Leuthen, 2827 Deutsch-Lissa, 2828 Breslau, 2829 Sibyllenort, 2830 Gr.-Zöllnig, 2831 Bernstadt, 2832 Schmograu, 2833 Reichthal, 2834 Reinersdorf, 2835 Pitschen, 2836 Uschütz.

[W.] 2837 [Rheinprovinz fehlt noch], ... 2853 Battenberg, 2854 Frankenberg, 2855 [fehlt noch]... 2857 Borken, 2858 Homberg, 2859 Altmorschen, 2860 Seifertshausen, 2861 Sontra, 2862 Netra—Herleshausen, 2863 Creuzburg i. Th., 2864 Berka, 2865 Henningshausen, 2866 Gräfentonna, 2867 Andisleben, 2868 Stotternheim, 2869 Neumark, 2870 Rossla, 2871 Apolda, 2872 Camburg, 2873 Osterfeld, 2874 Zeitz, 2875 Meuselwitz, 2876 Windischleuba, 2877 Bocka [Kgr. Sachsen], 2878 zu 2814, 2879 Nickrisch, 2880 Seidenberg, 2881 Marklissa, 2882 Greiffenberg a. Queis, 2883 Liebenthal, 2884 Lähn, 2885 Schönau, 2886 Kolbnitz, 2887 Jauer, 2888 Kuhnern, 2889 Kostenblut, 2890 Canth, 2891 Schmolz, 2892 Cattern, 2893 Gr.-Nädlitz, 2894 Laskowitz, 2895 Lampersdorf, 2896 Namslau, 2897 Noldau, 2898 Konstadt, 2899 Schönwald, 2900 Landsberg i. O.-Schl., 2901 Goller Mühle.

[W.] 2902 Gangelt, 2903 Jülich, 2918 Biedenkopf, 2919 Wetter, 2920 Rosenthal, 2921 [fehlt noch], 2922 Ziegenhain, 2923 Schwarzenborn, 2924 Ludwigseck, 2925 Rotenburg, 2926 Rönebach, 2927 Gerstungen, 2928 Eisenach, 2929 Wutha, 2930 Fröttstedt, 2931 Gotha, 2932 Neu-Dietendorf, 2933 Erfurt, 2934 Weimar, 2935 Magdala, 2936 Jena, 2937 Bürgel, 2938 Eisenberg, 2939 Langenberg, 2940 Grossenstein, 2941 Altenburg, 2942 Lohma [Kgr. Sachsen], 2943 zu 2880, 2944 Wigandsthal, 2945 Friedeberg am Queis, 2946 Alt-Kemnitz, 2947 Hirschberg am Bober, 2948 Kauffung, 2949 Bolkenhain, 2950 Hohenfriedeberg, 2951 Striegau, 2952 Ingramsdorf, 2953 Morschelwitz, 2954 Koberwitz, 2955 Rothsürben, 2956 Ohlau, 2957 Peisterwitz, 2958 Gr.-Leubusch, 2959 Schwirtz, 2960 Carlsruhe i. Schl., 2961 Bodland, 2962 Kreuzburg i. O.-Schl., 2963 Boroschau, 2964 Rotzanowitz.

[W.] 2965 [Rheinprovinz fehlt noch] ... 2979 Rittershausen, 2980 Eibelshausen, 2981 Buchenau, 2982 Marburg, 2983 [fehlt noch], 2984 Neustadt i. Hess., 2985 Schrecksbach, 2986 Neukirchen, 2987 Niederaula, 2988 Hersfeld, 2989 Friedewald, 2990 Vacha, 2991 Salzungen, 2992 Brotterode, 2993 Friedrichroda, 2994 Ohrdruf, 2995 Arnstadt, 2996 Osthausen, 2997 Kranichfeld, 2998 Blankenhain, 2999 Kahla, 3000 Roda, 3001 Gangloff, 3002 Gera, 3003 Ronneburg, 3004 Gössnitz, 3005 Ndr-Wiera [Kgr. Sachsen], 3006 Tafelfichte, 3007 Flinsberg, 3008 Schreiberhau, 3009 Warmbrunn, 3010 Kupferberg, 3011 Rohnock, 3012 Freiburg i. Schl., 3013 Schweidnitz, 3014 Weizenrodau, 3015 Zobten, 3016 Jordansmuhl, 3017 Wäldchen, 3018 Wansen, 3019 Brieg, 3020 Stoberau, 3021 Alt-Poppelau, 3022 Kupp, 3023 Alt-Budkowitz, 3024 Sausenberg, 3025 Rosenberg i. O.-Schl., 3026 Lomnitz, 3027 Brzegi.

[W.] 3028 [fehlt noch] .... 3042 Vollweiss, 3043 Rennborn, 3040 Langenbach, 3041 Wildenstein, 3042 Dillenburg, 3043 Ober-Scheld, 3044 Gladenbach, 3045 Ndr-Weimar, 3046 [fehlt noch] ... 3051 Eiterfeld, 3052 Geisa, 3053 Lengsfeld, 3054 Altenbreitungen, 3055 Schmalkalden, 3056 Tambach, 3057 Crawinkel, 3058 Plaue, 3059 Stadt Ilm, 3060 Stadt Remda, 3061 Rudolstadt, 3062 Orlamunde, 3063 Neustadt a. d. Orla, 3064 Triptis, 3065 Weida, 3066 Waltersdorf, 3067 Fraureuth [Kgr. Sachsen], 3068 Strickerhauser, 3069 Schneegrubenbaude, 3070 Krummhübel, 3071 Schmiedeberg, 3072 Landeshut, 3073 Waldenburg, 3074 Charlottenbrunn, 3075 Reichenbach a. d. Eule, 3076 Lauterbach i. Schl., 3077 Nimptsch, 3078 Strehlenau, 3079 Marienau, 3080 Böhmischdorf, 3081 Löwen, 3082 Schurgast, 3083 Gr.-Döbern, 3084 Konigshuld, 3085 Radau, 3086 Guttentag, 3087 Czissnau, 3088 Lissau, 3089 Ollschin.

[W.] 3099 Herbesthal ... 3101 Ober-Hachenburg, 3102 Marienberg, 3103 Rennerod, 3104 Herborn, 3105 Ballersbach, 3106 Rodheim a. d. B., 3107 [fehlt noch] ... 3113 Hünfeld, 3114 Neuswarts, 3115 Tann, 3116 Oberkatz, 3117 Wasungen, 3118 Schwarza, 3119 Suhl, 3120 Ilmenau, 3121 Konigsee, 3122 Schwarzburg, 3123 Saalfeld, 3124 Ziegenrück, 3125 Pörmitz, 3126 Zeulenroda, 3127 Naitschau, 3128 Greiz, 3129 zu 3128 [Kgr. Sachsen], 3130 Tschöpsdorf, 3131 Schömberg, 3132 Friedland b. Waldenburg, 3133 Rudolfswaldau, 3134 Langenbielau, 3135 Gnadenfrei, 3136 Teplivoda, 3137 Munsterberg, 3138 Arnsdorf, 3139 Grottkau, 3140 Falkenberg i. Schl., 3141 Dambrau, 3142 Oppeln, 3143 Chronstau, 3144 Malapane, 3145 Voswowka, 3146 Pawonkau, 3147 Lublinitz, 3148 Koschentin, 3149 Ellguth.

[W.] 3150 [Rheinprovinz fehlt noch] ... 3160 Selters, 3161 Westerburg, 3162 Mengerskirchen, 3163 Merenberg, 3164 Braunfels, 3165 Wetzlar, 3166 [fehlt noch] ... 3171 Grossenlüder, 3172 Fulda, 3173 Kleinsassen, 3174 Hilders, 3175 Helmershausen, 3176 Meiningen, 3177 Themar, 3178 Schleusingen, 3179 Masserberg, 3180 Breitenbach, 3181 Grafenthal, 3182 Probstzella, 3183 Liebengrün, 3184 Schleiz, 3185 Mielesdorf, 3186 Schönbach [Kgr. Sachsen], 3187 Brunnenkress, 3188 Wunschelburg, 3189 Neurode, 3190 Frankenstein, 3191 Camenz i. Schl., 3192 Lindenau, 3193 Bechau, 3194 Bauerwitz, 3195 Tillowitz, 3196 Psychod, 3197 Proskau, 3198 Gr.-Stein, 3199 Gr.-Strehlitz, 3200 Himmelwitz, 3201 Keltsch, 3202 Tworog, 3203 Ludwigsthal, 3204 Woischnik.

[W.] 3205 Bürgenville, 3207 Elsenborn ... 3215 Nauort, 3216 Montabaur, 3217 Girod, 3218 Hadamar, 3219 Weilburg, 3220 Weilmünster, 3221 Cleeberg, 3222 [fehlt noch] ... 3226 Hintersteinau, 3227 Neuhof, 3228 Weyhers, 3229 Gersfeld, 3230 Sondheim, 3231 Ostheim, 3232 Rentwertshausen, 3233 Dingsleben, 3234 Hildburghausen, 3235 Eisfeld, 3236 Steinheide, 3237 Spechtsbrunn, 3238 Lehesten, 3239 Lobenstein, 3240 Hirschberg, 3241 Gefell [Kgr. Sachsen], 3242 Lewin, 3243 Reinerz, 3244 Glatz, 3245 Konigshain, 3246 Reichenstein, 3247 Patschkau, 3248 Neisse (West), 3249 Neisse (Ost), 3250 Friedland, 3251 Scholitz, 3252 Krappitz, 3253 Gogolin, 3254 Leschnitz, 3255 Blottnitz, 3256 Tost, 3257 Broslawitz, 3258 Tarnowitz, 3259 Brinitz.

[W.] 3260 [Rheinprovinz fehlt noch] ... 3270 Ndr-Lahnstein, 3271 Ems, 3272 Schaumburg, 3273 Limburg, 3274 Eisenbach, 3275 Gemünden, 3276 Usingen, 3277 [fehlt noch] ... 3280 Birstein, 3281 Steinau, 3282 Schluchtern, 3283 [fehlt noch], [Kgr. Bayern] 3284 Mendhausen, 3285 Römhild, 3286 Rodach, 3287 Meeder, 3288 Neustadt a. d. Heide, 3289 Sonneberg, 3290 zu 3288, 3291 Titschendorf, 3292 zu 3240, 3293 Tassau, 3294 Grunwald, 3295 Alt-Lomnitz, 3296 Ullersdorf, 3297 Landeck i. Schl., 3298 Ober-Hermsdorf, 3299 Kalndorf, 3300 Ziegenhals, 3301 Neustadt i. O.-Schl., 3302 Deutsch-Rasselwitz, 3303 Ober-Glogau, 3304 Cosel, 3305 Kandrzin, 3306 Ujest, 3307 Peiskretscham, 3308 Zabrze, 3309 Beuthen, 3310 Laurahutte.

[W.] 3311 [Rheinprovinz fehlt noch] ... 3320 Braubach, 3321 Dachsenhausen, 3322 Rettert, 3323 Kettenbach, 3324 Idstein, 3325 Feldberg, 3326 Homburg, 3327 [fehlt noch] ..., 3330 Geln-

Messtischblätter der Preuss. Provinz Sachsen, der Thüringischen Staaten, sowie angrenzender Gebietstheile. Aufgenommen vom Kgl. Preuss. Generalstabe, bearb. auf Anordnung des H. Ministers für Handel etc. vom kartograph. Büreau dieses Ministeriums. 1 : 25000. Berlin 1868—1874. 319 Bll. Lith., kolor. . . . . . . (RPA.)

Messtischblätter von **Schleswig-Holstein** (ohne Lauenburg). Hrgg. von der Königl. Preuss. Landesaufnahme. 1 : 25000. Farbendruck. Fol., 60/57 cm. Die Aufnahme erfolgte von 1877—79, die Herausgabe 1879—81.

Messtischblätter vom preussischen Staate. Aufgenommen vom königl. preuss. Generalstabe. Hrsg. vom königl. Ministerium für Handel etc. 1 : 25,000. Sect. 38—40, 50/66, 51—56, 67—72, 82—87, 97—102, 112—117, 127—131, 141—145, 155—159, 169—176, 186a—c, 187—201, 203a—c, 204—220, 220a. b, 221—234, 237, 237b, 238—250, 254b, 255—269, 272—288, 292—330, 332—343, 349a. b, 350—397, 398a. b, 399—413, 414a. b, 415—426, 427a—c, 428—444, 448—453 und Titelblatt. Fol. Berlin 868—74, (Schropp'sche Landkartenh.) à Sect. * *

Inhalt:

38. Ziemendorf. — 39. Gr. Garz. — 40. Wittenberge. — 50/66. Schmölau. Waddekath. — 51. Barnebeck. — 52. Salzwedel. — 53. Deutsch Pretzier. — 54. Arendsee. — 55. Leppin. — 56. Seehausen. — 67. Abbendorf. — 68. Beetzendorf. — 69. Gr. Apenburg. — 70. Plathe. — 71. Mesdorf. — 72. Osterburg. — 82. Mellin. — 83. Clötze. — 84. Kakerbeck. — 85. Calbe a. M. — 86. Bismark. — 87. Uenglingen. — 97. Steinike. — 98. Röwitz. — 99. Jeggau. — 100. Gardelegen. — 101. Klinke. — 102. Lüderitz. — 112. Oebisfelde. — 113. Boesdorf. — 114. Sachau. — 115. Letzlingen. — 116. Dolle. — 117. Scherneböck. — 127. Weferlingen. — 128. Calvörde. — 129. Uthmöden. — 130. Cröchern. — 131. Rogätz. — 141. Walbeck. — 142. Erxleben. — 143. Neuhaldensleben. — 144. Wolmirstedt. — 145. Niegripp. — 155. Badeleben. — 156. Eilsleben. — 157. Eichenbarleben. — 158. Magdeburg. — 159. Neu-Königsborn. — 169. Hornburg. — 170. Veltheim. — 171. Jerxheim. — 172. Neuwegersleben. — 173. Gr. Oschersleben. — 174. Gr. Wanzleben. — 175. Dodendorf. — 176. Schöneböck. — 186a. Langelsheim. — 186b. Goslar. — 186c. Abbenrode. — 187. Osterwieck. — 188. Dingelstedt. — 189. Schwanebeck. — 190. Gröningen. — 191. Egeln. — 192. Atzendorff. — 193. Calbe a. S. — 194. Barby. — 195. Zerbst. — 196. Mühlstädt. — 197. Zieko. — 198. Straach. — 199. Zahna. — 200. Wölmsdorf. — 201. Jüterbogk. — 203a. Clausthal. — 203b. Zellerfeld. — 203c. Harzburg. — 204. Wernigerode. — 205. Derenburg. — 206. Halberstadt. — 207. Wegeleben — 208. Cochstädt. — 209. Stassfurth. — 210. Nienburg. — 211. Diebzig. — 212. Aken. — 213. Dessau. — 214. Coswig. — 215. Wittenberg. — 216. Dabrun. — 217. Seyda. — 218. Hartmannsdorf. — 219. Schönewalde. — 220. Braunlage. — 220a. Osterode. — 220b. Riefensbeck. — 221. Elbingerode. — 222. Blankenburg. — 223. Quedlinburg. — 224. Ballenstedt. — 225. Aschersleben. — 226. Güsten. — 227. Bernburg. — 228. Cöthen. — 229. Quellendorf. — 230. Raguhn. — 231. Gräfenhaynchen. — 232. Kemberg. — 233. Pretzsch. — 234. Jessen. — 237. Zorge. — 237b. Herzberg. — 238. Benneckenstein. — 239. Hasselfelde. — 240. Harzgerode. 241. Pansfelde. — 242. Leimbach. — 243. Gerbstedt. — 244. Cönnern. — 245. Gröbzig. — 246. Zörbig. — 247. Bitterfeld. — 248. Burgkemnitz. — 249. Tornau. — 250. Schmiedeberg. — 254b. Gerode. — 255. Ellrich. — 256. Nordhausen. — 257. Stolberg. — 258. Schwenda. 259. Wippra. — 260. Mansfeld. — 261. Eisleben. — 262. Wettin. — 263. Petersberg. — 264. Landsberg. — 265. Delitzsch. — 266. Reibnitz. — 267. Düben. — 268. Wildenhain. — 269. Söptitz. — 272. Siemerode. — 273. Berlingerode. — 274. Worbis. — 275. Bleicherode. — 276. Hayn. — 277. Heringen. — 278. Kelbra. — 279. Sangerhausen. — 280. Riestedt. — 281. Schraplau. — 282. Teutschenthal. — 283. Halle. — 284. Gröbers. — 285. Kölsa. — 286. Crostitz. — 287. Eilenburg. — 288. Strelln. — 292. Arenshausen. — 293. Heiligenstadt. — 294. Dingelstädt. — 295. Ndr.-Orschla. — 296. Gr. Keula. — 297. Immenrode. — 298. Sondershausen. — 299. Frankenhausen. — 300. Artern. — 301. Ziegelroda. — 302. Querfurt. — 303. Schafstaedt. — 304. Merseburg. — 305. Kötzschau. — 306. Schkeuditz. — 307. Kella. — 308. Lengenfeld. — 309. Mühlhausen. — 310. Körner. — 311. Ebeleben. — 312. Geussen. — 313. Kindelbrück. — 314. Schillingstedt. — 315. Wiehe. — 316. Bibra. — 317. Freiburg. — 318. Weissenfels. — 319. Lützen. — 320. Meuchen. — 321. Eschwege. — 322. Treffurt. — 323. Langula. — 324. Langensalza. — 325. Tennstedt. — 326. Gebesee. — 327. Sömmerda. — 328. Cölleda. — 329. Buttstedt. — 330. Eckardtsberga. — 332. Stössen. — 333. Mölsen. — 334. Predel. — 335. Herleshausen. — 336. Creuzburg. — 337. Berka. — 338. Henningsleben. — 339. — Gräfen Tonna. — 340. Andisleben. — 341. Stotternheim. — 342. Neumark. — 343. Rossla. — 344. Apolda. — 345. Camburg. — 346. Osterfeld. — 347. Zeitz. — 348. Meuselwitz. — 349a. Windischleuba. — 349b. Bocka. — 350. Hönebach. — 351. Gerstungen. — 352. Eisenach. — 353. Wutha. — 354. Fröttstedt. — 355. Gotha. — 356. Neu-Dietendorf. — 357. Erfurt. — 358. Weimar. — 359. Magdala. — 360. Jena. — 361. Bürgel. — 362. Eisenberg. — 363. Langenberg. — 364. Grossenstein. — 365. Altenburg. — 366. Lohma. — 367. Friedewald. — 368. Vacha. — 369. Salzungen. — 370. Brotterode. — 371. Friedrichsroda. — 372. Ohrdruff. — 373. Arnstadt. — 374. Osthausen. — 375. Kranichfeld. — 376. Blankenhain. — 377. Cahla. — 378. Roda. — 379. St. Gangloff. — 380. Gera. — 381. Ronneburg. — 382. Gössnitz. — 383. Nieder-Wiera. — 384. Geisa. — 385. Lengsfeld. — 386. Altenbreitungen. — 387. Schmalkalden. — 388. Trambach. — 389. Crawinkel. — 390. Plaue. — 391. Stadt-Ilm. — 392. Stadt Remda. — 393. Rudolstadt. — 394. Orlamünde. — 395. Neustadt. — 396. Triptis. — 397. Weida. — 398a. Waltersdorf. — 398b. Fraureuth. — 399. Neuswarts. — 400. Tann. — 401. Oberkatz. — 402. Wasungen. — 403. Schwarza. — 404. Suhl. — 405. Ilmenau. — 406. Königsee. — 407. Schwarzburg. — 408. Saalfeld. — 409. Ziegenrück. — 410. Pörmitz. — 411. Zeulenroda. — 412. Naitschau. — 413. Greiz. — 414a. Kleinsassen. — 414b. Hilders. — 415. Helmershausen. — 416. Meiningen. — 417. Themar. — 418. Schleusingen. — 419. Mauerberg. — 420. Breitenbach. — 421. Graefenthal. — 422. Probstzella. — 423. Liebengrün. — 424. Schleiz. — 425. Mielesdorf. — 426. Schönbach. — 427a. Weyhers. — 427b. Gersfeld. — 427c. Sondheim. — 428. Ostheim. — 429. Reutwertshausen. — 430. Dingsleben. — 431. Hildburghausen. — 432. Eisfeld. — 433. Steinheid. — 434. Spechtsbrunnen. — 435. Lehesten. — 436. Lobenstein. — 437. Hirschberg. — 438. Gefell. — 439. Mendhausen. — 440. Römhild. — 441. Rodach. — 442. Meeder. — 443. Neustadt a. d. Heide. — 444. Sonneberg. — 448. Ried. — 449. Heldburg. — 450. Coburg. — 451. Oeslau. — 452. Steinach. — 453. Rossach.

Messtisch-Blätter des preussischen Staates. Königl. preuss. Landes-Aufnahme 1875. Hrsg. 1877. 1:25,000. Nr. 1—69. Lithogr. Fol. Berlin, (Schropp'sche Landkartenh.) à Nr. **

Inhalt:

1. Wittenberg. — 2. Dambeck. — 3. Ostrau. — 4. Ossecken. — 5. Zarnowitz. — 6. Mechau. — 7. Saulin. — 8. Gohra. — 9. Neustadt in Westpr. — 10. Roslasin. — 11. Lusin. — 12. Soppieschin. — 13. Lupow. — 14. Mickrow. — 15. Zewitz. — 16. Linde. — 17. Pobiotz. — 18. Schönwalde. — 19. Budow. — 20. Damerkow. — 21. Gr. Rakitt. — 22. Sierakowitz. — 23. Chmelno. — 24. Carthaus. — 25. Wundichow. — 26. Jassen. — 27. Sullentschin. — 28. Stendsitz. — 29. Schönberg. — 30. Kölpin. — 31. Brotzen. — 32. Friedrichshuld. — 33. Lubben. — 34. Bütow. — 35. Lonken. — 36. Nakel i. Wpr. — 37. Bernet. — 38. Alt-Grabau. — 39. Schönfließ. — 40. Rummelsburg. — 41. Rohr. — 42. Cremerbruch. — 43. Borzyskowo. — 44. Sommin. — 45. Kalisch. — 46. Lorenz. — 47. Neu-Paleschken. — 48. Alt-Paleschken. — 49. Gr. Voldekow. — 50. Bublitz. — 51. Gr. Carzenburg. — 52. Gramenz. — 53. Wusehow. — 54. Kasimirshof. — 55. Bärwalde. — 56. Persanzig. — 57. Neu-Stettin. — 58. Wusterwitz. — 59. Neu-Wuhrow. — 60. Pöhlen. — 61. Pielburg. — 62. Gellen. — 63. Thurow. — 64. Zülshagen. — 65. Falkenburg. — 66. Tempelburg. — 67. Neblin. — 68. Gr. Born. — 69. Barkenbrügge.

Meßmer, J. J., im Strom der Zeit od. Kapital u. Arbeit. Bilder aus dem Arbeiterleben der Gegenwart. 8. (324 S.) Cincinnati 883. (Philadelphia, Schäfer & Koradi.) geb. n. 5. —

Meßmer, Johs., Jesus v. Nazareth. Ein freireligiöses Schauspiel in 4 Aufzügen. (III, 48 S.) 8. Dresden 905. E. Pierson. n. 1.—

Messmer, Josef Anton

Meßmer, J. A., die Corruption in der römischen Kirche, s.: Huber.

Meßmer, J. A., das heilige Land und die heiligen Stätten. Ein Pilgerbuch in ausgewählten Bildern mit erläut. Texte. (In ca. 24 Lfgn.) 1—4. Lfg. gr. 4. (S. 1—64 mit 4 Stahlst. in Buntdr. und 8 Holzschnt.) München 860, v. Vogel'sche Verlagsbuchh. à Lfg. * 8 Ngr. *

Meßmer, J. A., das heilige Land und die heiligen Stätten. Ein Pilgerbuch in ausgewählten Bildern mit erläuterndem Texte. München 861. Vogel. gr. 4. (IX, 356 S. m. Holzschn., 24 Stahlst. in Farbendr., 54 Holzschntaf., 1 lith. Taf., 1 lith. Karte u. Titel in Kpfrst.) n. 6 ₰ 12 ngr.

Meßmer, J. A., das heilige Land und die heiligen Stätten. Ein Pilgerbuch in ausgewählten Bildern mit erläut. Texte. 5.—24. (Schluß-)Lfg. gr. 4. (IX und S. 65—356 mit eingedr. Holzschn., 20 Stahlst. in Buntdr., 46 Holzschntaf. in Tondr., 1 Stnt., Titel in Kpfrst. und 1 lithogr. und ill. Karte in Fol.) München 861. [Regensburg, Pustet.] à Lfg. * 8 Ngr. *

1.—4. Lfg. Ebendas. 1860. * 1 Thlr. 2 Ngr.

— Dr. Jos. Hubert Reinkens, katholischer Bischof. 8. (11 S.) Linz 874, Danner's Verlag. *

Meßmer, J. A., Joh. Mich. Sailer, s. Bilder aus der Geschichte der katholischen Reformbewegung des 18. und 19. Jahrh.

Messmer, Jos. Ant., über den Ursprung, die Entwickelung und Bedeutung der Basilika in der christlichen Baukunst. Eine philosophisch-kunstgeschichtliche Abhandlung. Lex.-8. (II und 86 S.) Leipzig 854, T. O. Weigel. *

Meßmer, O., zwei vom Ballet od. der Herr Pfiffikus vom Theater, s.: Kühling's, A., Album f. Liebhaber-Bühnen.

Messmer, O[scar]. Grundlinien zur Lehre von den Unterrichtsmethoden auf logischer und experimenteller Basis nebst kritischen Bemerkungen über die «formalen Stufen» von Ziller. Von O. M', Seminarlehrer in Rorschach. XII + 238 S. 8. Leipzig und Berlin, B. G. Teubner, 1905. [M. 3. —, geb. 3. 60]

Meßmer, Osk., Grundzüge e. allgemeinen Pädagogik u. moral. Erziehg. 1. u. 2. Tl. gr. 8. Leipzig, J. Klinkhardt. 17.20; geb. in Leinw. 19. 20

1. Grundzüge e. allgem. Pädagogik. Mit e. psycholog. Beilage. (X, 570 S.) 908. 6.80; geb. 7. 60
2. Die moral. Erziehg. u. die Erziehg. des Willens überhaupt. 1. Bd. (VI, 463 S.) 909. 6.—; geb. 6. 60

2. II. Dasselbe. 2. Bd. (III u. S. 464—812.) 909. 4.40; geb. 5. —

Messmer, O[scar]. Kritik der Lehre von der Unterrichtsmethode. Von Dr. O. M', Seminarlehrer in Rorschach. [Mit Figuren.] VIII + 180 S. 8. Leipzig und Berlin, B. G. Teubner, 1905. [M. 3. 60, geb. 4. 20]

Messmer, Oscar. Lehrbuch der allgemeinen Pädagogik. Von Dr. Oskar M'.... [Mit Figuren.] XII + 247 S. 8. Leipzig, Julius Klinkhardt, 1910. [M. 3. —, geb. 3. 60]

— dass. — Königl. preussische Landes-Aufnahme 1876. Hrsg. 1878. 1:25,000. Ost-Gruppe: Bl. 1—58. — West-Gruppe: Bl. 61—79. Lithogr. Imp.-Fol. Berlin, (Schropp'sche Landkartenh.) à Bl. **

Inhalt:

Ost-Gruppe. 1. Gr. Lubbe-See. — 2. Virchow. — 3. Gr. Linichen. — 4. Büssen. — 5. Zippnow. — 6. Jastrow. — 7. Gr. Spiegel. — 8. Märk. Friedland. — 9. Petznick. — 10. Neugolz. — 11. Freudenfier. — 12. Betkenhammer. — 13. Callies. — 14. Spechtsdorf. — 15. Marzdorf. — 16. Deutschkrone. — 17. Breitenstein. — 18. Alt-Lebehnke. — 19. Wtelno. — 20. Zolondowo. — 21. Zatten. — 22. Tütz. — 23. Ruschendorf. — 24. Arnsfelde. — 25. Gr. Wittenberg. — 26. Schneidemühl. — 27. Schmilau. — 28. Wissek. — 29. Wirsitz. — 30. Sadko. — 31. Nakel i. Pos. — 32. Slesin. — 33. Ossowitz. — 34. Bromberg. — 35. Fordon. — 36. Werder. — 37. Schloppe. — 38. Kl. Drensen. — 39. Schönlanke. — 40. Radolin. — 41. Usch. — 42. Morzewo. — 43. Samotschin. — 44. Jactorowo. — 45. Gromaden. — 46. Szaradowo. — 47. Schubin. — 48. Wolfhals. — 49. Brzoza. — 50. Schulitz. — 51. Pensau. — 52. Thorn. — 53. Gremboczin. — 54. Schirpitz. — 55. Podgorz. — 56. Schilno. — 57. Gniekowo. — 58. Schönau. — West-Gruppe. 61. Gr. Freden. 62. Lamspringe. — 63. Hahausen. — 64. Goslar. — 65. Einbeck. — 66. Gandersheim. — 67. Seesen. — 68. Zellerfeld. — 68a. Neustadt-Harzburg. — 69. Moringen. — 70. Westerhof. — 71. Osterode. — 72. Riefensbeek. — 73. Nörten. — 74. Lindau. — 75. Gieboldehausen. — 76. Lauterberg. — 77. Göttingen. — 78. Waake. — 79. Duderstadt.

— dass. — Königl. preussische Landes-Aufnahme 1877. Hrsg. 1879. Nr. 1--104, 106—112, 114 und 115. Lithogr. qu. gr. Fol. (Ebendas.) à Nr. **

Inhalt:

1. Christiansfeld. — 2. Aller. — 3. Hadersleben. — 4. Grarup — 5. Aarö. — 6. Hoptrup. — 7. Lüderwilstrup. — 8. Halk-Hoved. — 9. Apenrade. — 10. Warnitz. — 11. Norburg. — 12. Tarup. — 13. Klipleff. — 14. Gravenstein. — 15. Sonderburg. — 16. Augustenburg. — 17. Mummark. — 18. Bau. — 19. Glücksburg. — 20. Broacker. — 21. Kekenis. — 22. Lysabbel. — 23. Flensburg. — 24. Husby. — 25. Sterup. — 26. Gelting. — 27. Oehe. — 28. Eggebeck. — 29. Uelsby. — 30. Süderbrarup. — 31. Kappeln. — 32. Schönhagen. — 33. Jübek. — 34. Schleswig. — 35. Brodersby. — 36. Sieseby. — 37. Dorotheenthal. — 38. Westermarkelsdorf. — 39. Krummensiek. — 40 Hollingstedt. — 41. Kropp. — 42. Hütten. — 43. Eckernförde. — 44. Krusendorf. — 45. Barsbeck. — 46. Wisch. — 47. Petersdorf. — 48. Burg. — 49. Meggerdorf. — 50. Owschlag. — 51. Rendsburg. — 52. Flemhude. — 53. Kiel. — 54. Friedrichsort. — 55. Bendfeld. — 56. Gilkau. — 57. Hohwacht. — 58. Heiligenhafen. — 59. Grossenbrode. — 60. Westensee. — 61. Gr. Flintbek. — 62. Preetz. — 63. Selent. — 64. Lütjenburg. — 65. Hansühn. — 66. Oldenburg. — 67. Grube. — 68. Fischer-Buden. — 69. Müritz. — 70. Nortorf. — 71. Brügge. — 72. Stolpe. — 73. Plön. — 74. Eutin. — 75. Neustadt i. Holst. — 76. Grömitz. — 77. Klostersee. — 78. Alt-Gaarz. — 79. Brunshaupten. — 80. Doberan. — 81. Warnemünde. — 82. Bentwisch. — 83. Neumünster. — 84. Gr. Kummerfeld. — 85. Bornhöved. — 86. Schlamersdorf. — 87. Ahrensbök. — 88. Süsel. — 89. Rettin. — 90. Warnkenhagen. — 91. Gr. Klützhöved. — 92. Kaltenhof. — 93. Russow. — 94. Kröpelin. — 95. Hanstorf. — 96. Rostock. — 97. Petschow. — 98. Warder. — 99. Gurau. — 100. Schwartau. — 101. Travemünde. — 102. Kalkhorst. — 103. Hohenkirchen. — 104. Kirchdorf. — 106. Kirch-Mulsow. — 107. Oldesloe. — 108. Hambergo. — 109. Lübek. — 110. Schönberg i. Mecklb. — 111. Mummendorf. — 112. Grevesmühlen. — 114. Zurow. — 115. Warin.

Messtischblätter des preussischen Staates. 1 : 25,000. Preussische Landesaufnahme 1878. Ausg. 1880. Tabl. B.

65 Thecsen. — 66. Zienar — 67 Glietzke — 68 Golzow. — 69 Damelang. — 70 Ewringen. — 71 Deutsch-Oth. — 72 Wolmeringen. — 73 Kattenhofen — 74 Sierck — 75 Merzig — 76 Remelbach — 77 Fentsch — 78 Hayingen — 79 Diedenhofen — 80 Monnerren — 81 Gross-Hemmersdorf — 82 Saarlouis — 83 Ste-Marie aux-Chênes (Nord) — 84 Gross Moyeuvre — 85 Lottingen — 86 Gelmingen — 87 Busendorf — 89 Saarbrucken — 90 St Johann — 91 Ste-Marie aux-Chênes — 92 Gravelotte — 93 Metz — 94 Gorze — 95 Ars a. d. Mosel — 96 Verny — 97 Lorry — 98 Solgne — 99 Aulnois a. d. Seille — 6.. Neu-Kirchen — 6.. Schwaan — 6.. Hohen-Sprenz — 754 Butzow — 75. Lyssow — 75. Kritzkow — 846 Gross-Raden — 84. Zehna — 850 Gustrow — 91. Borkow — 94. Dobbertin — 947 Krakow.

—— dass. — 1 : 25,000. Preussische Landesaufnahme 1881 und 1882. Hrsg. 1883 und 1884. Nr. 851—853, 948, 950, 1044, 1046, 1052, 1139, 1140, 1142, 1144, 1230—1235, 1314, 1318, 1319, 1398—1401, 1476—1481, 1549, 1551—1554, 1620—1625, 1970, 1971, 2951—2954, 2957, 2963, 2964, 3013—3015, 3019, 3020, 3025—3027, 3074—3077, 3079, 3081, 3083—3089, 3134, 3135, 3142—3145, 3147—3149, 3188—3190, 3198—3204, 3242, 3243, 3245—3248, 3254—3259, 3293—3299, 3302—3310, 3339, 3340, 3344—3352, 3354, 3355, 3381—3393, 3415—3422, 3424, 3445—3448, 3450—3452, 3472—3474, 3553, 3554, 3556—3560, 3565, 3566, 3568—3574, 3578—3582, 3588, 3590—3595, 3601, 3603—3606, 3608, 3611—3615, 3619—3621, 3628, 3637. Lithogr. und color. Imp.-Fol. Berlin, (Schropp'sche Hof-Landkartenh.) à Nr. ** 1 —

Inhalt:

851. Lalendorf — 852 Teterow. — 853 Malchin. — 948 Serrahn. 950 Schwinkendorf. — 1044 Nossentin — 1046 Waren. — 1052 Strasburg i. d. Uckerm. — 1139. Ratzeburg — 1140 Hohenzieritz. — 1142 Ballin. — 1144 Fürstenhagen — 1230 Blankenförde — 1231 Neu-Strelitz. — 1232 Thurow — 1233 Feldberg — 1234 Fürstenwalde — 1235 Dedelow — 1314 Mirow — 1318 Thomsdorf — 1319 Boitzenburg i. d. Uckerm. — 1398 Himmelpfort — 1399 Gandenitz. — 1400. Templin — 1401 Gerswalde — 1476 Dierberg. — 1477 Gransee. — 1478 Dannenwalde — 1479 Hammelspring — 1480 Gollin. — 1481. Ringenwalde. — 1549. Lindow. — 1551 Klein Mutz — 1552 Zehdenick — 1553 Gross Schönebeck — 1554 Joachimsthal — 1620 Wustrau. — 1621. Beetz — 1622. Nassenheide — 1623. Liebenwalde. — 1624. Ruhlsdorf — 1625. Eberswalde. — 1970. Gross Wusterwitz. — 1971 Gollin. — 2951 Striegau — 2952 Ingramsdorf — 2953. Mörschelwitz — 2954 Kobelwitz — 2957 Fenstermitz? — 2963. Borschau — 2964. Bodzanowitz. — 3013 Schweidnitz — 3014 Weizenrodau. — 3015 Zobten — 3019 Brieg. — 3020 Stoberau — 3025 Rosenberg — 3026. Lomnitz — 3027. Brzegi — 3074. Charlottenbrunn — 3075 Reichenbach u. d. Eule. — 3076 Lauterbach [Kr. Reichenbach]. — 3077. Nimptsch — 3078 Marienau — 3079 Löwen — 3081 Gross-Döbern — 3084 Königshuld — 3085 Kadau — 3086. Guttentag — 3087 Czissnau — 3088 Lissau. — 3089 Olleschau. — 3134 Langenbielau. — 3135. Gnadenfrei — 3142 Oppeln — 3143. Chronstau — 3144 Malapane — 3145 Vossowska — 3147 Lublinitz. — 3148 Koschentin — 3149 Ellguth — 3188 Wünschelburg — 3189 Neurode — 3190. Frankenstein. — 3198 Gross-Stein — 3199 Gross-Strehlitz — 3200 Himmelwitz. — 3201. Keltsch. — 3202 Tworog. — 3203. Ludwigsthal — 3204 Woischnik — 3242 Lewin. — 3243 Reinerz. — 3245. Königshain — 3246 Reichenstein — 3247 Patschkau — 3248 Neisse West — 3254 Leschnitz — 3255 Blottnitz — 3256 Tost — 3257 Pruslawitz — 3258 Tarnowitz — 3259 Brinitz — 3293 Tassau. — 3294 Grunwald — 3295 Alt-Lomnitz — 3296 Ullersdorf. — 3297. Landeck i. Schl. — 3298 Ober-Hermsdorf — 3299. Kalsdorf — 3302 Deutsch-Rasselwitz — 3303 Ober-Glogau. — 3304 Cosel — 3305 Kandrzin — 3306 Ujest — 3307 Peiskretscham — 3308 Zabrze — 3309 Beuthen — 3310 Laurahütte. — 3339 Langenbrück. — 3340 Habelschwerdt — 3344 Arnoldsdorf. — 3345 Kunzendorf — 3346 Leobschütz — 3347. Leisnitz — 3348 Polnisch-Neukirch — 3349 Birawa — 3350 Jakobswald. — 3351. Kieferstädtel — 3352 Gleiwitz — 3354 Kattowitz. — 3355. Brzezinka — 3381 Rosenthal — 3382 Mittelwalde — 338. Tropplowitz — 3384 Sauerwitz — 3385 Bauerwitz — 3386 Polnisch-Krawarn — 3387 Nendza — 3388 Gross-Rauden — 3389 Gotteow — 3390 Orzeche — 3391 Nicolai — 3392 Lendzin — 3393 Imielin — 3415. Braunitz — 3416. Deutsch Neukirch. — 3417 Katscher. — 3418 Ratibor — 3419 Loslau — 3420 Rybnik — 3421 Sohrau — 3422 Kobier. — 3424 Neuberun. — 3445 Filtsch — 3446 Deutsch-Krawarn — 3447 Hultschin — 3448 Gross Gorzütz — 3450 Pawlowitz — 3451 Pless — 3452 Grawa — 3472. Hultschin. — 3473 Pilgramsdorf — 3474 Petersdorf (Colonie) — 3553 Bolchen — 3554 Lubeln — 3556 Forbach — 3557 Saargemünd. — 3558 Bliesbrücken — 3559 Wolmünster — 3560 Roppweiler. — 3565 Falkenberg — 3566 Vahl-Ebersing — 3568 Saaralben — 3569 Rohrbach — 3570 Bitsch — 3571 Sturzelbronn — 3572. Lembach. — 3573 Weissenburg — 3574 Weissenburg (Ost) [Gem. Altenstadt] — 3578. Morchingen — 3579 Gross-Tänchen — 3580 Insmingen — 3581. Saarunion. — 3582 Diemeringen. — 3588 Lauterburg i. Els. — 3590. Delme — 3591 Chateau-Salins — 3592 Dieuze — 3593. Lauterfingen — 3594 Finstingen — 3595 Lützelstein — 3601 Chambrey — 3603 Maizières — 3604 Largenburg — 3605 Saarburg in Lothringen — 3606 Pfalzburg — 3608 Hochfelden — 3611 Stattmatten — 3612 Avricourt. — 3613 Rixingen — 3614 Alberschweiler — 3615 Dagsburg — 3619 Grandfontaine — 3620 Lascomburg — 3621 Lützelhausen — 3628 Erstein — 3637 Geispolsheim

Messtischblätter des Preussischen Staates. 1 : 25,000. Königl. preuss. Landesaufnahme 1883, 1884, 1885, 1885/86 und 1887. Nr. 211/257, 212, 213, 258—261, 309—316, 368—376, 435—444, 508—517, 570, 587—589, 591—597, 598/684 599, 671—683, 685, 757—771, 854—865, 951—956, 960—962, 1047—1051, 1056—1058, 1148—1150, 1239—1241, 1324—1326, 1723, 1724, 1795/96, 1865—1867, 1936, 1937, 2002, 2003, 2069/70, 2135, 2275, 2348/49, 2419—2423, 2492—2496, 2565—2568, 2569/70, 2619, 2632, 2635—2643, 2685, 2687—2689, 2703, 2705—2713, 2752, 2755, 2756, 2758—2760, 2762, 2766—2774, 2791, 2814—2818, 2820—2823, 2827—2836, 2878/79, 2880/2943, 2882—2884, 2886, 2887, 2891—2901, 2944—2950, 2955, 2956, 2958—2962, 3006—3012, 3016—3018, 3021—3024, 3068—3073, 3078, 3080, 3082, 3130—3132, 3136—3141, 3191—3196, 3249—3251, 3300, 3301, 3356—3363, 3391, 3394—3398, 3400, 3401, 3425—3432, 3453—3459, 3475/76, 3492, 3493, 3509—3511, 3583—3587, 3596—3600, 3607, 3609, 3610, 3616, 3617, 3622—3627, 3629, 3633—3636, 3643—3647, 3651—3653, 3659—3663, 3667—3671, 3675—3679, 3682—3690, 3692—3695, 3697, 3698. Lithogr. und color. Fol. Berlin 885—88, (Eisenschmidt.) à Nr. ** 1 —

Uebersicht in alphabetischer Folge

Die Zahl am Schluss eines jeden Titels bezeichnet den Jahrgang der Landesaufnahme.

Nr.	2567	Adelnau 1886	Nr.	3360	Daun. 1886.
»	436.	Ahrensbagen. 1884	»	505	Dauschenburg 1884.
»	3400.	Alf. 1886	»	675.	Demmin. 1884.
»	313	Altenkirchen 1885	»	3617	Diebolsheim. 1884.
»	960	Althagen. 1886	»	771.	Dobberphul 1886
»	3686.	Altkirch 1885	»	510	Drechow 1884
»	765	Anklam 1884	»	659	Ducherow. 1884
»	3136.	Arnsdorf. 1884	»	3643	Eckkirch. 1884.
»	2768.	Auras 1885/86.	»	439	Gr. Ellmenhorst. 1885/86.
»	2773.	Baranow. 1884	»	3678	Ensisheim. 1885.
»	3627.	Barr. 1885	»	3140	Falkenberg i. Oberschl. 1883
»	370.	Barth. 1884	»	1056	Falkenwalde. 1886.
»	3153.	Bechau. 1883	»	2706	Festenberg 1885
»	3636.	Benfeld. 1883	»	3007.	Flinsberg 1884
»	676.	Bentzien 1884	»	511	Franzburg 1884.
»	681.	Benz. 1886.	»	3012	Freiburg i. Schl. 1885.
»	315.	Bergen 1885.	»	1723.	Freitagsheim. 1887.
»	3431.	Berncastel 1885.	»	3310.	Freudenburg. 1885.
»	2666.	Bernsdorf. 1887.	»	2945.	Friedeberg a. Queis. 1885.
»	2531.	Bernstadt 1885	»	955.	Friedland i. Mecklb. 1883
»	3610	Bischweiler 1884.	»	3250.	Friedland i. Oberschles. 1883.
»	3426	Bitburg. 1885	»	3137.	Friedland b. Waldenburg. 1885.
»	2961.	Bodland. 1884.	»	3092	Friesen. 1885.
»	3080	Böhmischdorf. 1883	»	599.	Fritzow. 1885/86
»	2774	Boleslawice. 1884.	»	956.	Galenbeck 1883.
»	2949.	Bolkenhain. 1885	»	3669.	Gebweiler 1885
»	3451.	Bollendorf. 1885/86.	»	3623	Geispolsheim. 1883.
»	3194.	Bosdorf 1884.	»	3653	Gemar. 1884.
»	2826	Breslau 1885.	»	1865.	Gembitz. 1887.
»	3609.	Brumath 1883	»	3425.	Gemünd. 1885.
»	3596.	Buchsweiler. 1884	»	3357.	Gillenfeld. 1886
»	3073.	Alt-Budkowitz 1884	»	314.	Gingst. 1885/86.
»	3042	Bukowince 1885.	»	678	Gnoien. 1885
»	2759	Bunzlau 1886.	»	2821.	Goldberg i. Schl. 1886
»	3356.	Burg-Reuland. 1886	»	1058	Gollnow. 1886
»	2030.	Gr. Calmenu. 1885	»	2901.	Goller-Mühle 1884
»	3191	Camenz 1883	»	1051.	Golm 1884
»	655	Cammin 1886	»	2815.	Görlitz. 1886.
»	2960	Carlsruhe in Schl. 1885.	»	2569/70.	Grabow a. d. Prosna. 1886.
»	763	Caseburg 1886	»	1324	Greifenhagen. 1887.
»	2692	Cattern 1885	»	2882.	Greiffenberg. 1886.
»	1795/96	Cholmice. 1887	»	593	Greifswald 1885.
»	1150.	Gr. Christinenberg. 1886.	»	444	Greifswalder Oie 1885.
»	513	Clausdorf. 1885	»	592	Griebenow. 1885.
»	3362	Cochem 1886	»	512.	Grimmen. 1885.
»	1239	Colbitzow 1886	»	2820.	Gröditzberg. 1887.
»	3662	Colmar. 1885	»	2275.	Grodschisko. 1886.
»	2959.	Constadt. 1884	»	3139.	Grottkau. 1883.
»	763	Crien. 1884	»	856.	Gültz. 1885.
»	516	Cröslin 1885	»	677.	Gützkow. 1885.
»	762	Daberkow. 1884	»	3598.	Hagenau i. E. 1883.
»	1241	Alt-Damm. 1887.	»	3391.	Hasborn 1886.
»	3635	Dambach. 1883	»	594.	Haushagen. 1885.
»	3141	Dambrau. 1884			
»	3657.	Dammerkirch. 1885			
»	3394	Dasburg 1886.			
Nr.	2766.	Haynau 1886	Nr.	3690.	Neudorf 1885.
»	3671	Hetteren. 1884.	»	514	Neuenkirchen 1885.
»	3646	Hilsenheim. 1884.	»	3395	Neuerburg 1887.
»	2947.	Hirschberg a. Bober. 1884.	»	759.	Neu-Kaliss. 1884.
»	3665	Hirschfeld. 1887.	»	3457	Neumagen 1885
»	3693.	Hirsingen. 1885	»	1326	Neumark 1886.
»	2950	Hohenfriedeberg 1887	»	3301	Neustadt i. Oberschl. 1883.
»	570	Hohenwestedt 1884.	»	862/63	Neuwarp 1886
»	3606	Homburg. 1885	»	2878/79.	Nickrisch 1887.
»	3640	Honig 1885.	»	3584	Niederbronn. 1884.
»	513	Horst 1885	»	3676	Niederenzen 1884.
»	3459	Hottenbach. 1885	»	872	Niepars. 1884
»	3019.	Hoyerswerda 1887	»	2897	Noldau 1886.
»	3691	Hüningen. 1885.	»	674	Nossendorf. 1884.
»	3067	Jauer. 1886.	»	3427	Oberweis 1885/86.
»	530	Ibenhorst 1884.	»	2956	Ohlau 1883
»	3016	Jordansmühl 1887.	»	2496	Olobok 1886
»	854	Ivenack 1884	»	2765	Oels 1885.
»	2759	Kaiserswaldau. 1887.	»	3698	Oltingen 1885
»	517.	Karlshagen. 1885.	»	1936	Orchowo 1887
»	3637.	Katholisch-Hammer. 1887	»	2494	Ostrowo 1887
»	2948.	Kauffung 1885	»	864	Paulsdorf 1885/86.
»	2946	Alt-Kemnitz 1885	»	2755.	Penzig 1887.
»	2773.	Kempen. 1884	»	1047	Penzlin 1884
»	2887	Kielburg 1887	»	2760	Perschütz. 1885
»	3509	Kirf 1885/86.	»	3597	Pfaffenhofen 1884.
»	211/257	Kloster 1885.	»	3697	Pfirt 1885.
»	2758.	Kohlfurt. 1887	»	2135	Pieruschkowo 1887.
»	2886	Kolbnitz. 1886.	»	3633	Pitschen 1886
»	598/684	Kulzow. 1887	»	3625	Plaine 1884
»	3630	Kroschnitz 1885	»	3629	Plobsheim 1884
»	1140	Krakow. 1886.	»	2643	Plonawice. 1886
»	2962	Kreuzburg i. Schl. 1885	»	1240	Podjuch. 1886
»	3023	Kroitsch 1886.	»	1057	Pölitz 1886
»	2495	Krotoschin. 1886.	»	3021.	Alt Poppelau 1887.
»	3070	Krummhübel. 1884.	»	1867.	Popowo 1887.
»	2762.	Kunitz. 1886	»	1050.	Pragsdorf. 1884.
»	3010	Kupferberg 1884.	»	212	Pramort 1884.
»	3022	Kupp 1884.	»	2705	Prausnitz 1885.
»	671	Lange 1885.	»	213.	Prerow. 1884.
»	2884	Lähn. 1886.	»	865	Pribbernow. 1886.
»	3695	Lampersdorf 1885.	»	374	Putbus. 1885

» 2900. Landsberg, Oberschl. 1885.
» 3439. Landscheid. 1885.
» 3669. Landser. 1885.
» 3072. Landshut 1885.
» 2894. Laskowitz. 1886.
» 680. Lassan 1886.
» 2817. Lauban. 1886.
» 2868. Lautenbach 1884.
» 989. Lebbin. 1885/86.
» 3357. Leidenborn. 1887.
» 761. Leistenow. 1884.
» 880. Leopoldshagen. 1887.
» 2958. Gr. Leubusch. 1883.
» 2816. Lichtenberg. 1887.
» 2983. Liebenthal. 1887.
» 2791. Lingnitz. 1885.
» 3192. Lindenau. 1883.
» 3667. Lipsa 1887.
» 2877. Lissa. 1885.
» 3511. Losheim. 1885.
» 316. Lubkow. 1885.
» 859. Lüdershagen. 1884.
» 1734. Luisenfelde. 1887.
» 3395. Manderscheid. 1886.
» 3644. Markirch 1885.
» 809. Marlow. 1884.
» 3657. Masmünster. 1883.
» 764. Medow. 1884.
» 3636. Mettendorf. 1885.
» 376. Middelhagen. 1885.
» 2869. Mieltschin. 1887.
» 2712. Mikorzyn. 1885.
» 683. Mindrey. 1885/86.
» 2546. Minstadt. 1886.
» 1047. Mollenhagen 1884.
» 3628. Molsheim. 1886.
» 3450. Morbach. 1885.
» 3587. Mothern. 1884.
» 3685. Mülhausen (Ost). 1885.
» 3684. Mülhausen (West) 1885.
» 962. Münchendorf. 1887.
» 3660. Münster i. Els 1885.
» 3137. Münsterberg. 1883.
» 2359. Murlenbach. 1886.
» 3093. Gr. Naedlitz. 1885.
» 3096. Namslau. 1881.
» 3616. Naumburg a. Queis. 1887.
» 3249. Neisse. 1884.
» 1019. Neubrandenburg. 1883.
» 3363. Neubreisach. 1884.
Nr. 3643. Sentheim. 1885.
» 3039. Sibyllenort. 1885.
» 857. Sieden-Bollentin. 1883.
» 3432. Sobotka. 1886.
» 3412. Sohrau. 1885.
» 3069/70. Sokolnik. 1887.
» 658. Spantekow. 1884.
» 660. Stahlbrode. 1885/86.
» 951. Stavenhagen. 1884.
» 2832. Steinau a. O. 1887.
» 961. Gr. Stepenitz. 1886.
» 1149. Stettin 1886.
» 2770. Stradam. 1885.
» 372. Stralsund. 1885.
» 3634. Strassburg i. Els. 1888.
» 3078. Strehlen. 1883.
» 3068. Strickerhäuser. 1884.
» 3589. Sufflenheim 1884.
» 2693. Sulmirschütz. 1886.
» 2586. Sulz unt Wald. 1888.
» 682. Swinemünde. 1885/86.
» 3008. Tafelfichte. 1884.
» 3136. Teplivoda. 1883.
» 587. Tessin. 1884.
» 3676. Thann. 1885.
» 585. Tholkow. 1884.
» 758. Thurkow. 1884.
» 3195. Tillowitz. 1884.
» 2713. Tonin. 1885.
» 855. Torpin. 1886.
» 2635. Trachenberg 1885.
» 2706. Trebnitz. 1885.
» 3363. Treis. 1887.
» 2771. Trembatschau 1884.
» 958. Trent. 1885.
» 953. Treptow (a. d. Tollense). 1883.
» 589. Tribsees. 1884.
» 3475/76. Trier. 1885/86.
» 3617. Truchtersheim. 1886.
» 2635. Tschechen. 1885.
» 3130. Tschöpsdorf. 1884.
» 2562. Gr. Tschunkawe. 1887.
» 2368/69 Turzko. 1886.
» 597. Ueckeritz. 1885.
» 861. Ueckermünde. 1885/86.
» 3651. Urbeis. 1884.
» 3675. Urbis 1885.
» 2836. Uschütz. 1883.

» 3196. Psychod. 1884
» 2003. Radlowo. 1887.
» 391. Gr. Rakow. 1885.
» 279. Rappin 1885
» 3653. Rappoltsweiler. 1886.
» 3421. Raschkow 1886.
» 2814. Reichenbach (i. d. Oberl.) 1886.
» 2683. Reichthal. 1886.
» 2834. Reinersdorf 1884.
» 435. Ribnitz. 1884.
» 430. Richtenberg. 1886.
» 264. Rogs 1883
» 2711. Rogaszyce. 1885/86.
» 3419. Rosnitschin. 1886.
» 3420. Rosdrazewo. 1886.
» 957. Rossnow. 1886.
» 3659. Rothenbach. 1884.
» 2965. Rothsurben. 1883.
» 679. Rubkow. 1884.
» 2708. Rudelsdorf. 1885.
» 3011. Ruhbank. 1885.
» 3679. Rumersheim. 1885.
» 3633. Saales. 1883.
» 3493. Saarburg. 1885.
» 3563. Saarreinsberg. 1886.
» 3460/61. Sagard 1885/86.
» 273. Samtens. 1885.
» 3494. Sausenberg. 1884.
» 2767 Schawoine. 1885.
» 3351. Schelitz. 1883.
» 1987. Schidlimowo. 1887.
» 2641 Schildberg 1885
» 1866. Schirakowo 1887.
» 3626 Schirmeck. 1884.
» 3645. Schlettstadt. 1885.
» 3071. Schmiedeberg 1885.
» 2637. Schmograu. 1885.
» 2891. Schmolz. 1885.
» 3069 Schneegruben-Baude. 1884.
» 3131. Schömberg. 1885.
» 3358. Schönecken. 1886.
» 2899. Schönwald 1885.
» 3006. Schreiberhau. 1885.
» 3032. Schurgast. 1883.
» 3456. Schweich. 1885.
» 2959 Schwirtz. 1884.
» 2960/2943. Seidenberg. 1887.
» 3600 Selz. 1884.
» 3677. Sennheim. 1883.
Nr. 768. Usedom. 1885/86.
» 2566. Utschiechow. 1886.
» 437. Vilgast. 1884.
» 375. Vilmnitz. 1885/86.
» 760. Virchow. 1884
» 3696 Volkensberg 1885.
» 2833. Wahlstatt. 1886.
» 3017. Waldchen. 1883.
» 3073. Waldenburg i. Schl. 1885.
» 673. Walkendorf. 1885.
» 3453. Wallendorf. 1885.
» 3016. Wansen. 1883.
» 727. Warkenhagen. 1884.
» 3009. Warmbrunn 1885
» 2710 Gr. Wartenberg. 1885.
» 3616 Wasselnheim. 1883.
» 3396. Waxweiler. 1886.
» 2752 Weigelsdorf 1886.
» 3636. Weiler. 1884.
» 3455 Welschbillig 1885.
» 3433 Wengry. 1885/86.
» 319. Wiek 1885.
» 2767. Wiese. 1885.
» 2944. Wigandsthal. 1884.
» 3067. Wildenstein 1884.
» 3492. Wincheringen. 1885.
» 3661. Winzenheim. 1884.
» 2889. Wittichenau 1887.
» 3430. Wittlich. 1885.
» 2763. Wohlau. 1887.
» 595. Wolgast. 1885/86
» 770. Wollin. 1886.
» 1325. Woltien. 1886
» 3585. Wörth a. d. Sauer 1884.
» 512. Wusterhausen. 1885.
» 368. Wustrow. 1884.
» 2695. Gr.-Wysotzko. 1885/86.
» 3607. Zabern. 1884.
» 3601. Zell 1886.
» 443. Gr. Zicker. 1885.
» 442 Zickersche Höft. 1885.
» 3300. Ziegenhals. 1883.
» 311. Zingst. 1884.
» 596 Zinnowitz. 1885.
» 767 Zirchow. 1885/86.
» 2880 Gr. Zöllnig. 1885.
» 441 Zudar. 1885.
» 678. Züssow. 1884.

Messtischblätter des preussischen Staates. 1 : 25,000. Lithogr. u. color. (à Blatt ca. 46×45 cm.) Berl., (Eisenschmidt).
à Blatt ** 1 —

524. Alt-Bela. 892.
370. Altenhagen. 891.
484. Alt-Kolziglow. 891.
597. Alt-Zowen. 891.
1442. Angermünde. 890.
3628. Armsdebrunnen. 889.
770. Arnhausen. 891.
1411. Arnswalde. 891.
1408. Bahn. 890.
3106. Ballersbach. 892.
832. Baltrum. 892.
1650. Bentschin. 890.
963. Bassenthin. 891.
2832. Battenberg. 891.
377. Beelkow. 892.
656. Belgard. 890.
1400. Bernsee. 890.
1439. Bernstein. 892.
1457. Beyersdorf. 890.
2918. Biedenkopf. 891.
1391. Bietikow. 889.
893. Boissin. 891.
2412. Bojanowo. 891.
2271. Borek. 889.
916. Insel Borkum. 893.
3164. Braunfels. 892.
1020. Bremerhaven. 892.
3122. Brodnica. 892.
1721. Bronislawice. 890.
1346. Brüssow. 889.
2801. Buchenau. 892.
1666. Budzin. 890.

1998. Buk. 891.
607. Bulgrin. 891.
218. Charbrow. 891.
2198. Chorzyn. 892.
2614. Crobsin. 889.
1404. Cunow. 890.
1571. Czarnikau. 890.
2131. Czempin. 892.
1061. Daber. 892.
2190. Dalewo 892.
469. Damerow. 891.
967. Dammen. 891.
522. Degow. 891.
2346. Dobrschytza. 889.
1410. Dölitz. 892.
2870. Dolzig. 889.
1998. Dombrowka. 891.
1364. Dramburg. 892.
2490. Dubin. 890.
1926. Duschnik. 892.
2765. Dyhernfurth. 889.
1019. Eckwarden. 892.
958. Eggesin. 889.
2880. Eibelshausen. 891.
1069. Eichenwalde. 892.
1649. Elsenau. 889.
2615. Elsterwerda. 889.
1576. Exin. 890.
965. Farbezin. 891.
857. Ferdinandshof. 889.
1405. Fiddichow. 890.
1697. Freienwalde a. d. Oder. 890.
1154. Freienwalde (in Pomm.). 892.
266. Freist. 891.
2624. Freiwaldau. 889.
1413. Fürstenau. 892.
2341. Garzyn. 892.
1572. Gembitz. 892.
2508. Gimmel. 892.
3044. Gladenbach. 892.
2630. Gläsersdorf. 889.
217. Glowitz. 891.
1063. Gnesen. 889.
1575. Gollantsch. 890.
1598. Gondek. 890.
1719. Gonsawa. 890.
2272. Gora. 889.
1714. Gosciejewo. 890.
1791. Gosciencyn. 890.
2343. Gostyn. 892.
2086. Gozdowo. 889.
1372. Gramzow. 889.
1491. Granow. 892.
2062. Granowo. 892.
2061. Gratz. 892.
688. Greifenberg (in Pomm.). 891.
1442. Greiffenberg (in d. Uckermark). 890.
1578. Grünhagen. 890.
318. Grupenhagen. 891.
2634. Gr. Bargen. 889.
966. Gr. Borckenhagen. 892.
382. Gr. Dubzow. 891.
1987. Gr. Gay. 892.
606. Gr. Jestin. 891.
608. Gr. Justin. 891.
790. Gr. Krössin. 892.
1266. Gr. Mellen. 892.
447. Gr. Möllen. 891.
968. Gr. Sabow. 891.
2696 Gr. Tinz. 889.
694. Gr. Tychow. 891.
1581. Gr. Wodek. 890.
1555. Gr. Ziethen. 889.
2467. Guhrau. 892.
1641. Gulcz. 892.
772. Gülzow. 891.
1997. Gurtschin. 890.
603. Gutzlaffshagen. 891.
917. Hage. 892.
488a. Helgoland. 892.
2561. Herrnstadt. 889.
2618. Hohenbocka. 889.
1698. Hohenfinow. 890.
1238. Hohenholz. 889.
2754. Horka. 892.
1788. Jablkowo. 890.
1245. Jakobshagen. 892.
1632. Jaschütz. 890.
1717. Janowitz. 890.
2271. Jarotschin. 889.
1778. Inowrazlaw. 890.
915. Juist (West). 892.
830/31. Norderney. 893.
1155. Nörenberg. 892.
2637. Ober-Leschen. 889.
3043. Ober-Scheld. 891.
1712. Obersitzko. 892.
1785. Obornik. 892.
1627. Oderberg. 890.
1994. Opalenitza. 892.
1855. Ottorowo. 892.
1858. Owinsk. 890.
1651. Pakosch. 889.
2763. Parchwitz. 889.
1053. Pasewalk. 889.
1403. Passow. 890.
319. Peest. 891.
2417. Pempowo. 889.
1580. Penchowo. 890.
1323. Pencun. 889.
776. Petershagen. 891.
774. Plathe. 891.

2491. Jutroschin. 890.
1720. Kaisersfelde. 890.
2890. Kanth. 889.
601. Karnitz 891.
379. Karwitz. 891.
1563. Karzig 891.
1836. Kasmiers. 892.
605. Kerstin. 891.
518. Kirchhagener Fichten. 890.
2697. Kittlitztreben. 889.
609. Klannin. 891.
1789. Kletzko. 889.
2696. Klitschdorf. 889.
2550. Koben. 892.
2418. Kobylin. 890.
531. Kolberg. 890.
874. Kolbatz. 891.
1238. Kollin. 892.
1573. Kolmar (in Posen). 890.
649. Kolpin. 891.
2130. Konojad. 892.
523. Kordeshagen. 891.
2569. Korsenz. 890.
2345. Koschmin. 892.
525. Köslin. 891.
2631. Koslitz. 889.
2197. Kosten. 892.
2869. Kostenblut. 889.
526. Kösternitz. 891.
1990. Kostschin. 889.
2689. Kotzenau. 889.
2416. Kroben. 889.
1054. Krugsdorf. 889.
1577. Krulikowo. 889.
1242. Kublank. 891.
2848. Kuhnern. 889.
301. Kulsow. 891.
2063. Kurnik. 890.
610. Kurow. 891.
1844. Küstrin. 890.
1793. Kwiecischewo. 890.
968. Labenz. 892.
967. Labes. 892.
1579. Labischin. 890.
1201. Landschaftspolder. 892.
520. Langenhagen. 890.
838. Langeoog (Ostende). 893.
923. Langwarden. 892.
263. Lanzig. 890.
445. Lassehne. 890.
270. Lauenburg (in Pomm.). 891.
172. Leba. 891.
171. Lebasee. 891.
2367. Leipe. 891.
2700. Lerchenborn. 889.
2626. Leuthen. 889.
1406. Lippehne. 890.
2340. Lissa. 892.
1167. Löckwitz. 889.
2690. Loben. 889.
2628. Loos. 889.
1642. Lubasz. 892.
2701. Lüben. 892.
2269. Lubin. 890.
1861. Lubowo. 889.
1736. Lukowo. 890.
2266. Luschwitz. 889.
1574. Margonin. 889.
1244. Marienfliess. 891.
1153. Massow. 891.
1716. Mietschisko. 890.
2544. Militsch. 890.
2698. Modlau. 889.
1790. Modliszewko. 890.
1792. Mogilno. 890.
1769. Möglin. 890.
866. Moratz. 891.
2064. Moschin. 890.
2698. Mücka. 889.
1641. Müncheberg. 891.
1989. Murowana-Goslin. 890.
984. Naugard. 891.
1145. Nechlin. 889.
2880. Nekla. 889.
2694. Neuhammer. 889.
1698. Neu-Lewin. 890.
2825. Neumarkt i. Schles. 889.
2202. Neustadt a. d. Warthe. 889.
214. Neu-Strand. 890.
1770. Neu-Trebbin. 890.
1332. Neuwedell. 892.
2753. Niesky. 892.
2821. Nochten. 889.
1932. Schwarzenau. 889.
1484. Schwedt. 889.
1930. Schwersenz. 890.
773. Schwessow. 891.
2339. Schwetzkau. 892.
686. Schwirsen. 891.
1407. Schwochow. 889.
608. Seeger. 891.
2342 Seide. 889.
2413. Seitsch 891.
1419. Selnow. 892.
2757. Siegersdorf. 889.
1062. Silligsdorf. 892.
1561. Soldin. 890.
1845. Sonnenburg. 892.
446. Sorenbohm. 890.
1032. Speck. 892.
692. Standemin. 891.
1243. Stargard i. P. 891.
1647. Stempuchowo. 890.

2136.37. Pogorschelitze. 889.
1713. Polajewo. 892.
528. Pollnow. 891.
2196. Poln. Wilke. 892.
1402. Polssen. 890.
873. Polzin. 891.
2344. Porgorschelle. 889.
2702. Porschwitz. 889.
1929. Posen. 890.
1935. Powiels. 889.
1236. Prenzlau. 889.
2623. Priebus. 892.
1151. Priemhausen. 891.
1409. Prillwitz. 892.
1768. Protzel. 890.
1931. Pudewitz. 890.
1408. Pyritz. 892.
1347. Rahnwerder. 892.
891. Ramelow. 891.
382. Rathsdamnitz. 891.
2625. Rauscha. 889.
1330. Ravenstein. 892.
2489. Rawitsch. 890.
1331. Reetz. 892.
889. Regenwalde. 890.
572. Reinfeld. 891.
2699. Reisicht. 889.
2764. Reknitz. 889.
959. Rieth. 889.
2622. Rietschen. 889.
2204. Robakow. 889.
519. Robe. 890.
2106. Rodheim (a. d. Bieber). 892.
1715. Rogasen. 890.
1713. Rogowo. 889.
1.40. Roman. 891.
2693. Rothenburg in d. Oberlausitz. 889.
317. Rugenwalde. 891.
670. Rutzenhagen. 891.
1928. Sady. 890.
322. Sageritz. 891.
764. Saleske. 891.
1784. Samter. 892.
2133. Santomischel. 890.
134/173. Sassin. 891.
1783. Scharfenort. 892.
1933. Schidlowo. 889.
871. Schivelbein. 890.
350. Schlawe. 891.
324. Schmarsow. 890.
216. Schmolsin. 891.
1787. Schocken. 890.
170. Scholpin. 891.
1153. Schoenebeck. 891.
1489. Schonow. 891.
2200. Schrimm. 890.
2066. Schroda. 890.
1643. Schrotthaus. 892.
269. Schurow. 891.
2156. Schuttlau. 892.
1492. Schwachenwalde. 892.
2063. Stenschewo. 892.
1570. Stieglitz. 892.
268. Stojentin. 891.
321. Stolp. 891.
1556. Stolpe. 889.
265. Stolpmunde. 891.
777. Stolzenberg. 891.
2268. Storchnest. 892.
1840. Strausberg. 891.
1794. Strelno. 890.
2704. Stroppen. 889.
687. Stuchow. 891.
2134. Sulencin. 890.
611. Sydow. 891.
2563. Szkaradowo. 890.
219. Tauenzin. 890.
2695. Tiefenfurt. 889.
1842. Trebnitz. 891.
1863. Tremessen. 889.
602. Treptow (an d. Rega). 891.
2488. Triebusch. 892.
1864. Tschemsal. 889.
2274. Tschermin. 889.
2214. Tschirnau. 891.
1485. Uchtdorf. 890.
2691. Uhyst. 889.
2193. Unruhstadt. 890.
452. Varzin. 890.
262. Vitte. 890.
1837. Wallmow. 889.
1063. Wangerin. 892.
825. Wangerooge. 892.
1857. Wargowo. 892.
2620. Weiss-Kollm. 889.
1360. Welnau. 890.
1327. Werben. 891.
3165. Wetzlar. 892.
2129. Wiellchowo. 892.
1018. Wilhelmshaven. 892.
2633. Winzig. 889.
1934. Witkowo. 889.
775. Witzmitz. 891.
215. Woboade. 891.
1696. Wolsickendorf. 890.
1646. Wongrowitz. 890.
2001. Wreschen. 889.
451. Wussow. 891.
779. Wusterbarth. 891.
2201. Xions. 890.
1329. Zachan. 892.
1557. Zachow. 889.
1156. Zamzow. 892.
448. Zanow. 891.
1628. Zedden. 890.
1645. Zeltz. 890.
2203. Zerkow. 889.
567. Zickerke. 890.
450. Zirchow. 891.
720. Zitzewitz. 890.
1549. Zutu. 889.
453. Zuckers. 891.

Messtischblätter vom Reg.-Bez. Wiesbaden. Aufgenommen vom königl. preuss. Generalstabe. Hrsg. vom königl. Ministerium f. Handel etc. 1:25,000. Nr. 33–37, 39–44 u. 46–52. Lith. Imp.-Fol. Berlin, Schropp. à n.n. 1. —
33. Rettert. — 34. Kettenbach. — 35. Idstein. — 36. Feldberg. — 37. Homburg. — 39. Algenroth. — 40. Langenschwalbach. — 41. Platte. — 42. Königstein am Taunus. — 43. Rödelheim. — 44. Frankfurt a/M. — 46. Pressberg. — 47. Eltville. — 48. Wiesbaden. — 49. Hochheim. — 50. Schwanheim. — 51. Sachsenhausen. — 52. Rüdesheim.

Messtisch-Blätter vom Reg.-Bez. Wiesbaden. Aufgenommen vom königl. preuss. Generalstabe. Hrsg. vom kgl. Ministerium für Handel etc. 1 : 25,000. Nr. 1—30, 33—37, 39—44 und 46—52. Lithogr. Imp.-Fol. Berlin 876—78, (Schropp'sche Landkartenh.) à Nr. ¹ ⁺

Messtorff, Joh. J.

Dem Herrn Lehrer **H. Panje** in Kiel zum 50jährigen Amtsjubiläum am 19. April 1870. [Von] Joh. J. Messtorff. — o. O. 1870. 1 Bl. 8° (4°) [Kopft.]

Messtorff, Otto, Rechtsanwalt, Neumünster i. H.: Finden bei dem Konkurse über das Vermögen der offenen Handelsgesellschaft, der Kommanditgesellschaft und der Kommanditgesellschaft auf Aktien die Vorschriften des § 183 der Konkursordnung auf die Ehegatten der Gesellschafter Anwendung? Rostock 1905: C. Hinstorff. (64 S.) 8°
Rostock, Jur. Fak., Ref. Wachenfeld, Diss. v. 30. Juni 1905
[Geb. 20. Jan. 78 Hellebäk b. Helsingör a. Seeland; Wohnort: Neumünster in Holstein; Staatsangeh.: Preußen; Vorbildung: Gymn. Kiel Reife O. 96; Studium: Tübingen 1, Berlin 3, Kiel 2 S.; Rig. 3. Apr. 05.]

Messuhrordnung, s. Branntweinsteuer-Ausführungsbestimmungen, 3. Tl.

Geodetische und astronomische *Messungen eines Bogens im mittleren Parallel;* ausgeführt in Piemont und Savoyen in den Jahren 1821, 1822 und 1823. Zwei Theile in Quartformat mit 20 Kupfertafeln in französischer Sprache).

Messungen der verwundbaren Trefffläche des Schützen mittelst Photographie, s.a. **Beiheft zum Militär-Wochenblatt. 1898. 11. Hft.**

Messungen. — Messungen der verwundbaren Trefffläche des Schützen mittels Photographie. Mit 3 Fig. im Text u. 4 Taf. Berlin: E. S. Mittler & Sohn (1898). (S. 513-519.) 8°
Beihefte z. Militär-Wochenblatt. 1898. H. 41.

* Messwarb, Karl [pr. Arzt aus Hannover]: Beiträge über die Wirkung des Antifebrins in fieberhaften Erkrankungen.... Hannover, Druck v. Wilh. Riemschneider, 1887; 32 S. u. 13 Taf. 4°
Würzburg, Med. Fak., Inaug.-Diss. v. 1887

Messwarb, Wilhelm [aus Hannover]: Ueber Acetanhydroisodiamidotoluol Aethenylisotoluylendiamin.... Göttingen, Druck d. Univ.-Buchdr. v. E. A. Huth, 1885; 31 S. 8°.
Göttingen, Phil. Fak., Inaug. Diss. v. 1885.

Messwarb, Wilh., üb. Acetanhydroisodiamidotoluol [Aethenylisotoluylendiamin]. gr. 8. (31 S.) Göttingen 885. (Vandenhoeck & Ruprecht.) n. — 80

Mess-Weiser, Der, zu Frankfurt an der Oder. Frankf. a. d. O. 1797. V: *Reitemeier, Joh. Frdr.* (MGT) »1798« (Ky)

Meßweiser, der, zu Frankfurt a. d. O. (v. J. F. Reitemeier). Mit Nachtrag. 8. Frankf. a. d. O. 798. Academ. Buchhandl. 14 gr.

Mess-Zeitung, Leipziger. Verbandszeitung des „Vereins Leipz. Messe". Offertenblatt f. alle einschläg. Branchen. Organ zur Förderg. der Leipz. Engros-Messe. Hrsg.: Rob. Grosser. 2. u. 3. Jahrg. 1905 u. 1906. à 40 Nrn. (à ca. 16 S.) 4. Leipzig, Verlag der Leipz.-Mess-Zeitg. à Jhrg. n. 4. —

Mess-Zeitung, Leipziger. Organ des „Deutschen Erfinder-Verein u. Bund", Leipzig. Offertenblatt f. alle einschläg. Branchen. Hrsg.: Rob. Grosser. 4.—7. Jahrg. 1907—1910. à 40 Nrn. (à ca. 8 S.) 31×23.5 cm. Leipzig, R. Grosser. à Jahrg. 4. —

Mester, Bruno [aus Bremen Assist. am pathol. Institut zu Freiburg i. Br.]: Beiträge zur Kenntniss der Cystinurie.... (Aus: Zeitschr. f. physiolog. Chemie. Bd. 14.) Strassburg, Verl. v. Karl J. Trübner, 1889; 46 S. 8°
Freiburg i. B., Med. Fak., Inaug.-Diss. v. 1889

Mester, Bruno [Dr. med., Assistenzarzt an d. Kgl. med. Klinik zu Breslau]: Über Magensaft und Darmfäulniss ... Breslau, Druck d. Bresl. Gen.-Buchdr., *1893;* 43 S., 3 Tab. 8.
Breslau, Med. Fak., Hab.-Schr. v. 15. März 1893

Mester, C. J., Mittheilungen über zweckmäßigsten Betrieb der Branntweinbrennerei, s. **Mittheilungen.**

Mester, Friedrich, Arzt: Ueber die Tuberkulose der Harnröhre. Tübingen 1909: Schnürlen. 15 S. 8°
Tübingen, Med. Diss. v. 25. April 1909, Ref. v. Bruns
[Geb. 29. Dez. 74 Billmerich; Wohnort: Schwerte; Staatsangeh.: Preußen; Vorbildung: Gymn. Gütersloh Reife M. 97; Studium: Tübingen 5, Kiel 2, Tübingen 3 S.; Coll. 5. Dez. 08; Approb. 12. März 03.] [U 09. 3937

Mestern, J. C. A.: Sendschreiben (v. J. C. A. Mestern) an die Herrn Chr. C. Magnussen und A. F. Woldsen. Ersterer als Mit-Unterzeichner einer Aufforderung zur Theilnahme an revolutionaire Umtriebe in den Herzogthümern Schleswig und Holstein; Letzterer als ernannten Cassirer von Geldbeiträgen für diesen Zweck. (Hamburg. 1863.) 8°

Mestingh, Derk (Kampen/Holland)
Ueber Retentio Placentae.
Giessen: Wenzel 1884. 22 S.
Diss. med. 1884. vorh. 26. 7. la.

Ein Wort zu seiner Zeit. (Verf.: Ignaz **Mestitz**.) Für Juden u. Christen mitgeteilt von Karl Kunert in Königsberg i. Pr. *Königsberg i. Pr.: [Ev. Buchh. d. ostpr. Prov. Ver. f. inn. Mission 1903]*. (16 S.) 8° [F.]
Aus: Saat auf Hoffnung. 1903.
(04. 7317 10

Meston, W., kurzer Abriß der Grundsätze, Verfassung u. Geschichte der freien schottischen Kirche. Aus d. Franz. übers. von Osc. Fraas. gr. 8. (36 S.) Tübingen 849, Buchhandlung Zu Guttenberg. n. 1/6 ₰

Mestorf, Johanna

Mestorf, J., die vaterländischen Alterthümer Schleswig-Holsteins. Ansprache an unsere Landsleute. Veröffentlicht im Auftrage des königlichen Ministeriums für geistliche, Unterrichts- u. Medicinal-Angelegenheiten. gr. 8. (32 S. m. 15 Holzschntaf.) Hamburg 877. O. Meißner. n. 1. —

Mestorf, J., vorgeschichtliche Alterthümer aus Schleswig-Holstein. Zum Gedächtniss d. 50jähr. Bestehens d. Museums vaterländ. Alterthümer in Kiel hrsg. 766 Fig. auf 62 Taf. in Photolith. nach Handzeichngn. v. Walter Prell. Lex.-8. (35 S.) Hamburg 885. O. Meissner's Verl. geb. n. 10. —

Mestorf, J., der internationale Anthropologen- u. Archäologen-Congress in Budapest vom 4. bis 11. Septbr. 1876. 8. Versammlg. Aufzeichnungen. gr. 8. (63 S.) Hamburg 876. O. Meissner. n. 1. —

Mestorf, J., s.: **Bericht d. schleswig-holstein. Museums vaterländ. Alterthümer bei der Universität Kiel.**

Führer durch das Schleswig-Holsteinische Museum vaterländischer Altertümer in Kiel [v. Johanna **Mestorf**]. Kiel. 1909. 8°

Mestorf, J[ohanna]. Zur Geschichte der Spitzen ...
Tit., 199—224 S. 8°.
Aus: Zeitschrift der Gesellschaft für Schleswig-Holstein-Lauenburgische Geschichte. Bd. 14, 1884.

Mestorf, J., der archäologische Congress in Bologna. Aufzeichnungen. gr. 8. (48 S.) Hamburg 871, O. Meissner. *

— der internationale archäologische u. anthropologische Congress in Stockholm am 7. bis 16. Aug. 1874. 7. Versammlung. gr. 8. (75 S.) Ebend. 874. n. 1. —

Wiebeke Kruse, eine holsteinische Bauerntochter. Ein Blatt aus der Zeit Christians IV. v. Johanna **Mestorf**. Hamburg. 1866. 8°.

Mestorf, J., Wibeke Kruse, eine holsteinische Bauerntochter. Ein Blatt aus der Zeit Christians IV. Hamburg 867. O. Meißner. gr. 8. (199 S.) 22½ ngr.

— Moorleichen. [„42. Bericht des Museums vaterländ. Altershümer bei der Univertität Kiel".] gr. 8. (28 S. m. Abbildgn.) Kiel 900. Universitäts-Buchh. n. 1. —

—— s. Nilsson, S., das Steinalter.

Dr. Ingwald Undset v. Johanna Mestorf. o. O. 1894. 1 Bl. 4° Separat-Abdruck aus dem Correspondenz-Blatt der Deutschen Anthropologischen Gesellschaft. Nr. 1, 1894.

Mestorf, J., Urnenfriedhöfe in Schleswig-Holstein. Mit 21 Fig., 12 Taf. u. 1 Karte. Lex.-8. (XI, 104 S.) Hamburg 886. O. Meissner's Verl. n. 6. —

— Wohnstätten der älteren neolithischen Periode in der Kieler Föhrde, s.: Weber, C. A.

Mestral, A(rmand) v., Beruf der freien waadtländ. Kirche unter den protestant. Kirchen der Schweiz. Uebers. mit Vorwort von C. Brusch. 8. (XI und 96 S.) Bern 849, Huber und Comp.

Mestral, Armand de, l'école théologique d'Oxford. Recueil de documens. gr. in-8. (10⅔ B.) Lausanne 843. (Bern, Huber u. Comp.) °—

—— die theolog. Schule Oxfords. Sammlung von Aktenstücken. Aus d. Franz. gr. 8. (11¾ B.) Aarau 844, Christen. °

—— die Vermittelungskirche in Frankreich. 8. (32 S.) Bern 849, Huber und Comp. *
Aus: Evangelische Kirchenzeitung 2c., besonders abgedruckt.

Mestrik, Adf., a launig's Büachl. Österreichische Dialektdichtgn. zum Vortrag in gesell. Kreisen. 8. (III, 111 S.) Wien 902. A. Meistrik. 1. 35

— humoristische Geschichten aus Wien. 8. (III, 191 S.) Ebd. 901. 2. —

— wos zan Locha. Österreich. Dialektdichtgn. zum Vortrag in gesell. Kreisen. 8. (103 S.) Ebd. 902. 1. 35

Mestrum, Xaver

Mestrum, X. (Hrsg.), s. Arztwahl, Die freie, in Köln.

Mestrum, Xav., und Aug. Pfeiffer, die Vivisection und die Agitation ihrer Gegner. Gemeinverständlich besprochen. gr. 8. (X, 134 S.) Wiesbaden 882, Limbarth. *

Meschtscherski, Fürst W., Einer von unsern Bismarcks. Roman. Aus dem Russ. von G. Keuchel. 8. (375 S.) Berlin 886, Deubner. *
S. Meschtscherskij, Fürst W.

Mestschersky, Alex. Fürst, Spanien. 35 maler. Ansichten nach Aquarellen von F. Eibner und Fürst A. Mestschersky in Farbendr. ausgeführt von Storch und Kramer. gr. Fol. (35 Chromolithogr. und 2 Bl. Text.) Berlin 868, Sachse und Comp.) In Mappe **

Mestwerdt (A.), Wissenschaftliche Ergebnisse bei der Aufnahme von Blatt Detmold im Jahre 1908.
Aus: Jahrbuch d. Kgl. Preuss. Geol. Landesanstalt. f. 1908, Bd 29, T. 2, H. 3.

————, Über Faciesverhältnisse im Rät und untersten Lias in Nordwestdeutschland. s. Geologie, Schriften einz. Format.

————, Die Quellen von Germete bei Warburg und von Calldorf in Lippe. s. Mineral- u. Heilquellen.

Mestwerdt, Adolf, a. Bremen: Der Teutoburger Wald zwischen Borgholzhausen und Hilter. Göttingen 1904: Dieterich. (45 S.) 8°
Göttingen, Phil. Fak., Ref. v. Koenen, Diss. v. 22. Sept. 1904
[Geb. 18. Jan. 80 Bremen; Wohnort: Bremen; Staatsangeh.: Bremen; Vorbildung: Gymn. Bremen Reife O. 99; Studium: Göttingen 3, Berlin 1, Göttingen 6 S.; Rig. 27. Juli 04.]

[F.] **Mestwerdt,** *Georg* [Prof. Dr.]: Zur clevischen Geschichte aus der Zeit der französischen Herrschaft. II. 1795—1798. (Forts. d. P-Beil. 1883.) Cleve, Druck d. Koch'schen Buchdr., 1895; 25 S. 4.
Cleve. k. G. OP 1895 (430)

Mestwerdt, Georg: Das clevische Land seit der Vereinigung mit Brandenburg-Preußen. 1. Die Zeit bis 1740. Cleve 1909: Koch. 48 S. 8°
Kleve, k. G P 1909 (585) [S 09. 322

Mestwerdt, Georg: Das clevische Land seit der Vereinigung mit Brandenburg-Preußen. 2. Die Zeit von 1740 bis zur Fremdherrschaft. Cleve 1910: Koch. S. 49—94. 8° ¶(Forts. d. P-Beil. 1909. Ersch. auch als Buch b. Char, Cleve.)
Kleve, k. G P 1910 (594) [S 10. 291

Mestwerdt, Geo., das clevische Land seit der Vereinigung m. Brandenburg-Preußen. 1. u. 2. 8. Cleve (F. Char). nn 1. 10
1. Die Zeit bis 1740. (48 S.) 909. — 50
2. Die Zeit von 1740 bis zur Fremdherrschaft. (S. 49—94.) 910. nn — 60

Mestwerdt, G.: De Dionysii Halicarnassensis et Hermogenis in aestimandis veterum scriptoribus inter se ratione. 13 S. — Cleve, Progr. 1872.

— Sigillata-Stempel und Formen der städt. Altertumssammlung in Cleve. S.-A. 1899. 5 S. 4°.

Mestwerdt, (Georg), Prof. Dr.: Die römischen **Thongefässe** der Altertumssammlung in Cleve. 1. *Cleve 1899: Koch.* (18 S.) 8°
Cleve, k. G. OP 1899 (455)

Mestwerdt, (Georg), Prof. Dr.: **Die römischen Tongefässe** der Altertumssammlung in Cleve. T. 2. Cleve 1906: Koch. (23 S.) 8° ¶(Forts. d. P-Beil. 1899.)
Cleve, k. G P 1906 (537)

Mes'ud, Mehmed, ein muhammedan. Katechismus, bearb. v. F. C. Andreas, s.: Hefte zum Christl. Orient. II, 4.

Mesue jun., Johs., angebliche Chirurgie, s.: **Pagel,** Jul. Leop.

Mesunius, L., vom Hammer zum Schwert. Kämpfe um Leben, Lieb' und Treue. Erzählung aus der Gegenwart. 26 Hefte oder 3 Bde. gr. 8. (432; 462; 318 S.) Heidelberg 877, Gebr. v. Schenk. à Heft 50 Pf.

MESZAROS, Johannes: De suffragiis, quae fiunt pro mortuis. — (1901) 103 Bl. 4° (Handschr.) Diss. 797
Diss. Wien, Univ.

Meszirka, Jos., das goldene Buch der Landwirthschaft auf Grundlage der Naturwissenschaft. Ein Leitfaden für Volkslehrer beim landwirthschaftl. Unterricht in Fortbildungsschulen — zugleich ein nützl. Lehr- u. Lesebuch zum zeitgemäßen Gebrauche der Landwirthe u. Gewerbsleute. 3., verb. u. verm. Aufl. Wien 868. Leo. gr. 8. (314 S.) n. 1 *rf*

— **die Kunst des Ackerbaues.** Ein Leitfaden für Kleingrundbesitzer zum regelrechten Wirthschaftsbetriebe; zugleich ein nützl. Lesebuch für Volksschulen. 5 Thle. Wien 869, 70. Hartleben. 8. 1 *rf* 7½ *ngr.*
1. Thl. Naturwissenschaftliche Vorschule. (IV, 88 S.)
2. „ Ackerbau u. Wiesenbau. (112 S.)
3. „ Viehzucht u. Thierheilkunde. (III, 96 S.)
4. „ Landwirthschaftliche Nebenzweige. (100 S.)
5. „ Landwirthschaftliche Gewerbe. (80 S.)

— **der fortschreitende Landwirth.** Ein leicht faßl. Lehr- u. Lesebuch für Acker-, Getreide-, Futter- u. Wiesenbau, Viehzucht, Thierheilkunde rc. Neue wohlf. (Titel-)Ausg. 5 Hefte. Wien 864. Literarisch-artistische Anstalt. gr. 8. (X, 506 S. mit 30 Abbildungen der neuesten Ackerwerkzeuge.) Jedes Heft n. 10 *ngr.*

— **die kluge Land- u. Hauswirthin.** Ein nützl. Lesebuch für erwachsene Mädchen, enthltd. eine gründliche Unterweisung in den wichtigsten Zweigen der landwirthschaftl. Hauswirthschaft. Wien 868. Hartleben. 8. (116 S.) 10 *ngr.*

— **das goldene Schulbuch.** Ein leichtfaßl. lehrreiches u. gemeinnütziges Lesebuch zum Gebrauche für Volksschulen u. auch sonst für jeden nach Wissenschaft Strebenden. Wien 866. (Mayer & Co.) gr. 8. (248 S.) n. 20 *ngr.*

Meszléay, Arth., Kartelle u. Trusts, s.: Baumgarten, Ferd.

Meszlény, Arth., das Vermögen im bürgerl. Gesetzbuch f. das Deutsche Reich u. im schweizer. Zivilgesetzbuch, s.a. **Abhandlungen zum schweizer. Recht. 29.**

Meszlény, Arthur. Das Vermögen im Bürgerlichen Gesetzbuch für das Deutsche Reich und im schweizerischen Zivilgesetzbuch. Skizze einer neuen Vermögenslehre. VIII + 90 S. 8. Bern, Stämpfli & Cie., 1908. [fr. 2. —]
Abhandlungen zum schweizerischen Recht, hrg. von Dr. Max Gmür, Professor..., Heft 29.

Meszlény, Rich., Friedrich Hebbels Genoveva, s.a. **Hebbel-Forschungen. Nr. 4.**

Meszlény, Richard. Friedrich Hebbels Genoveva. Eine Monographie. IV + 176 S. 8. Berlin-Zehlendorf, B. Behr, 1910. [M. 3. —, geb. 4. —]
Hebbel-Forschungen. Hrg. von R[ichard] M[aria] Werner und W[alther] Bloch-Wunschmann. Nr. 4.

Meszlény, Richard. Tell-Probleme. [Umschlag illustriert.] IV + 116 S. 8. Berlin-Zehlendorf, B. Behr, (1910). [M. 2. 50]

Meszstetten [Schlagwort]

Meszstetten, s.: Württemberg. Höhenkurvenkarte.

Meta [Sachliches OW]

Meta; eine poet. Phantasie (v. K. Ferd. Schmid). 8. Eisen. 779. Wittekind. 5 *gr*

Meta. Kleine Darstellungen ... Leipzig 1827. H: *Jördens, Gustav.* (Ky)

Meta. Kleine Darstellungen von v. Benzel-Sternau, Engel, Geßner, v. Halem, v. Herder rc. 12. Leipz. 827. Centr.-Compt. 16 *gr*

Meta [Schlagwort]

Meta, Mündungsgebiet, s.: Seekarten.

Meta [Verfasser]

Meta, Friedr., die Galvanoplastik, s.: Hering, A.

Meta, Oskar

Meta, O.: Das Gesamtgebiet des Ueberdruckes. Wien und Leipzig 1900

Meta, O: Der Steindrucker an der Schnellpresse nebst einer Abhandlung über die Farben in der Chromolithographie. Wien und Leipzig 1884

Meta, Osc., der Steindrucker an der Schnellpresse, nebst einer Abhandlung über die Farben in der Chromolithographie. 8. (IV, 59 S.) Wien 884, Heim. *

Metabiosis. Dämmerungslichter des ewigen Tages im Gesichtskreis der empirischen Forschung. Zur Abwehr materialistischer Kreisbewegungen unserer Tage. Stuttg. 1866. V: *Plieninger, Wilh. Hnr. Theod.* (Tt)

Metabiosis. Dämmerungslichter des ewigen Tages im Gesichtskreis der empirischen Forschung. Zur Abwehr materialist. Kreisbewegungen unserer Tage. Stuttgart 866. Oetinger. gr. 8. (76 S.) 9 ngr.

Metakritick zur Kritick der Schriften, die gegen des Herrn von Hess Agonieen der Republik Hamburg etc. herausgekommen sind. Eine freimüthige Beleuchtung dieser Gegenstände: Wahrheitsfreunden gewidmet. Altona. 1816. 8°.

Metall, das, des Teufels, oder wie gewonnen, so geronnen. Ein Lebensbild der neuesten Zeit für Jung und Alt von Anton. 8. (72 S.) Urfahr-Linz 878, Kraußlich.

Metallarbeiter, der. Fachblatt für Spängler, Broncearbeiter, Gürtler etc. Waarenhalle für Metallwaarenhändler. Hrsgbr.: Carl Pataky. 1.—4. Jahrg. 1875—1878. à Jahrg. 52 Nrn. (à 1—1½ Bog. mit eingedr. Holzschn.) Imp.-4. Wien, Verlag des Herausgebers. à Jahrg. *

—— dass. — Organ für die geschäftl. Interessen des gesammten Eisen- und Metallwaarenhandels. Hrsgbr.: Carl Pataky. 5. Jahrg. 1879. 52 Nrn. (à 1—1½ Bog. mit eingedr. Holzschn.) Imp.-4. Ebendas. *

Metallarbeiter, der. Hrsgbr.: Carl Pataky. 6.—10. Jahrg. 1880—1884. à Jahrg. 52 Nrn. (à Nr. 1—1½ Bog. mit eingedr. Holzschn.) Imp.-4. Berlin, Pataky. à Jahrg. *

Metallarbeiter, der. Hrsgbr.: Carl Pataky. 11.—13. Jahrg. 1885—1887. à Jahrg. 52 Nrn. (à Nr. 1—1½ Bog. mit eingedr. Holzschn.) Imp.-4. Berlin, Pataky. à Jahrg. *

— dasselbe. 14.—16. Jahrg. 1888—1890. à 104 Nrn. (B. m. eingedr. Holzschn.) Imp.-4. Ebd. à Jahrg. n. 14. —

Metallarbeiter, der. Fachblatt f. Bronzearbeiter, Galvaniseure, Gas- u. Wasserleitungs-Installateure rc. Organ f. die geschäftl. Interessen d. gesammten Eisen- u. Metallwaarenhandels. Hrsg.: Carl Pataky. 17.—20. Jahrg. 1891—1894. à 104 Nrn. (Bog. m. Holzschn.) Imp.-4. Berlin, C. Pataky. à Jahrg. n. 14. —

Metallarbeiter, der. Fachblatt f. Bronzearbeiter, Galvaniseure, Gas- u. Wasserleitungs-Installateure rc. Organ f. d. geschäftl. Interessen d. ges. Eisen- u. Metallwarenhandels. Hrsg.: Carl Pataky. 21.—24. Jahrg. 1895—1898. à 104 Nrn. (Bog. m. Abb.) gr. 4. Berlin, C. Pataky. à Jahrg. n. 14. —
Kann auch vierteljährlich bezogen werden.

Metallarbeiter, der. Fachblatt f. Bronzearbeiter, Galvaniseure, Gas- u. Wasserleitungs-Installateure rc. Organ f. die geschäftl. Interessen des gesamten Eisen- u. Metallwarenhandels. Hrsg.: Carl Pataky. Red.: Walth. Häntzschel. 25.—28. Jahrg. 1899—1902. à 104 Nrn. gr. 4. (à ca. 8 S. m. Abb.) Berlin, C. Pataky. à Jahrg. n. 14. —

Metallarbeiter, der. Fachblatt f. Bronzearbeiter, Galvaniseure, Gas- u. Wasserleitungs-Installateure rc. Organ f. die geschäftl. Interessen des gesamten Eisen- u. Metallwarenhandels. Hrsg.: Carl Pataky. Red.: Walth. Häntzschel. 29. Jahrg. 1903. 104 Nrn. (à ca. 8 S. m. Abbildgn.) gr. 4. Berlin, C. Pataky. n. 14. —

— dasselbe. Illustriertes Fachblatt f. die gesamte Metallindustrie. Hrsg.: Carl Pataky. Red.: Walth. Häntzschel. 30.—32. Jahrg. 1904—1906. à 104 Nrn. (à ca. 8 S.) gr. 4. Ebd. à Jhrg. n. 8. —

Metallarbeiter, der. Illustr. Fachblatt f. d. gesamte Metallindustrie. Hrsg.: Carl Pataky. Red.: Walth. Häntzschel. 33. Jahrg. 1907. 1.—3. Viertelj. Jan.—Septbr. 39 Nrn. (VI, 312 S.) 32,5×24,5 cm. Berlin, C. Pataky. 6. —
Fortsetzung, s.: Metall-Technik.

Metallarbeiter (Der). Zeitschrift. New York 1888. 14 Nrn.

Metallarbeiter! Genossen! Flugblatt beginnend: Den Beschluss der ....., endigend: Es lebe die Organisation der Arbeit! Mit der Unterschrift: Ludw. Exner. Wien, Druck der Gesellsch.-Buchdr.,

Leipziger Metallarbeiter (Die) und der Arbeitsnachweis der Metallindustriellen. 8°. Leipzig, K. Probst, 1910.

— ungarischer. Nebst Beiblatt: Centralblatt f. die deutsche Metall-Industrie. 2. Jahrg. 1883. 52 Nrn. (3 B.) Fol. Berlin, Gust. Hofmann. n. 8. —

—— ungarischer. Erstes ungarisches Fachblatt für Eisen- und Metallwaarenhändler, Eisenwerke und Eisengiessereien, Broncearbeiter, Galvaniseure etc. Hrsgbr.: B. Jakab. 1. und 2. Jahrg. 1883 und 1884. à Jahrg. 52 Nrn. Fol. Budapest, Administration. à Jahrg. **

—— ungarischer. Erstes ungarisches Fachblatt für Eisen- und Metallwaarenhändler, Eisenwerke und Eisengiessereien, Broncearbeiter, Galvaniseure etc. Redakt.: A. Hoffmann und J. Nagel. 3.—6. Jahrg. 1885—1888. à Jahrg. 52 Nrn. Fol. Budapest, Administration. à Jahrg. **

(F) **Österr. Metallarbeiterkalender** für das Jahr 1904. I. Jahrg. 16°. (XLVIII, 144 S.) geb. K 1.—
Wien: Wiener Volksbuchhandlung (Brand) 1903.

(F) **Österr. Metallarbeiterkalender** für das Jahr 1905. 2. Jahrg. 16°. (192 S.) geb. K 1.—
Wien: I. Wiener Volksbuchhandlung 1904.

(F) **Österr. Metallarbeiterkalender** für das Jahr 1906. 3. Jahrg. 8°. (192 S.) geb. K 1.—
Wien: J. Wiener Volksbuchhdlg. 1905.

Metallarbeiter-Kalender, österreichischer, f. d. J. 1907. Hrsg. im Auftrage des Verbandes der Eisen- u. Metallarbeiter Oesterreichs. 4. Jahrg. (208 S. u. Schreibkalender m. 1 Bildnis.) 16. Wien, Wiener Volksbuchh. Geb. in Leinw. n.n. 1. —

(F) **Österreichischer Metallarbeiterkalender** für das Jahr 1909. VI. Jahrg. 8°. (192 S.) Wien: Brand 1908. geb. K 1.—

(F) Österreichischer Metallarbeiterkalender für das Jahr 1910. VII. Jahrg. 8°. (208 S.) geb. K 1.—
Wien: Brand 1909.

Metallarbeiter-Kalender, österreich., f. d. J. 1911. Hrsg. im Auftrage des österreich. Metallarbeiterverbds. 8. Jahrg. (159 S. u. Schreibkaldr. m. 1 Taf.) 16. Wien, Wiener Volksbuchh. Geb. in Leinw. 1.—

Metallarbeiterverband, der deutsche. Jahr- u Handbuch 1904. Stuttgart 1905

Metallarbeiter-Verband, d.deutsche. Jahr- u Handb. 1908-12. Stuttgart 1909-13

Metallarbeiterzeitung. deutsche. 1884-1900. fol Nürnberg 1884-1900
Stuttgart: Expedition

Metallarbeiterzeitung. Deutsche. 1901-07. 4° Nürnberg 1901-07

Metallarbeiterzeitung, deutsche. 1908-13. fol Stuttgart 1908-13

Metallarbeiter-Zeitung: Schweizerische Metallarbeiter-Zeitung — Journal suisse des ouvriers sur Métaux
① Offizielles Organ des schweizerischen Metallarbeiter-Verbandes — Organe officiel de la Fédération suisse des ouvriers sur métaux; geringe Abweichung ab 6. 11. 1906; Wegfall des französischen Titels ab 7. 7. 1906. Offizielles Organ des Schweiz. Metall- und Uhrenarbeiter-Verbandes (ab 3. 7. 1915) ② Schweizerische Metallarbeiter-Zeitung (7. 7. 1906—25. 12. 1946). Schweizerische Metall- und Uhren-Arbeiter-Zeitung (ab 1947) ⑤ 1902 (lt. Schweizerischer Zeitschriftenkatalog: 1900) (cont.) ⑥ 2° ⑦ zuerst Monatsblatt; halbmonatlich (1903—1904): Wochenblatt (ab 30. 7. 1904) ⑧ Bern: Unionsdruckerei ⑨ Aus Technik und Leben; später: Die technische Seite. Unterhaltung und Wissen. Die Arbeit; später: Stimme der Arbeit. Helfer für Garten und Feld ⑩ Zentralvorstand des Schweizerischen Metall- und Uhrenarbeiterverbandes ⑪ O. Schneeberger. K. Dürr. Konrad Ilg; unter den Beiträgen: Peter Bratschi, Fritz Marbach, Ernst Reinhard ⑫ Verbandsorgan sozialistischer Färbung, mit politischem Einschlag ⑬ Schweizerische Metallarbeiter-Zeitung Nr. 1, 3. 1. 1903; Nr. 1; 6. 1. 1906; Nr. 39. 28. 9. 1907 ⑭ Be: L.

Metallbearbeitung, autogene. Zentralblatt f. die Interessen d. autogenen Schweiss- u. Schneidverfahren. Hrsg. u. red. v. Theo. Kautny. 1. Jahrg. Juli—Dezbr. 1908. 6 Hefte. (IV, 66 S. m. 59 Abb.) Lex. 8. Halle, C. Marhold. 2.50

— dasselbe. Offizielles Organ des Verbandes f. autogene Metallbearbeitg. Hrsg. u. red. v. Theo. Kautny. 2. u. 3. Jahrg. 1909 u. 1910. à 12 Hefte. (IV, 142 u. IV, 168 S. m. Abb.) Lex. 8. Ebd. à Jahrg. 5.—

Metalle. Ueber die mögliche Fortpflanzung der Metalle durch das analoge Mittel ihrer Auflösung. Aus dem Nachlasse eines Hermetikers. Berlin. 1826. 8.

Metallgefässe, Altindische, aus der Sammlung des Bayerischen Gewerbemuseums. Nürnberg 1889. V: *Stockbauer, Jac.* (EB)

Metall-Gefässe, altindische, aus der Sammlung des Bayerischen Gewerbemuseums. Hrsg. vom Bayer. Gewerbemuseum in Nürnberg. gr. 4. (IV, 68 S. m. Abbildgn.) Nürnberg 889. Verlags-Anstalt d. bayer. Gewerbemuseums (C. Schrag). n. 10.—

Metall- u. Papiergeld, über, u. die Täuschungen des Banknoten-Systems. Nach d. Engl. v. C. G. Allhusen. 8. (64 S.) Kiel 850. Leipzig, Costenoble in Comm. n. 1/6 ℛ

Deutsche **Metall-Industrie**. Fach- u. Offertenblatt sämtl. Branchen d. Metall-Industrie mit d. Verkaufs-Anzeiger von Patenten u. Gebrauchsmustern d. Deutschen Reichs. [Jg. 1, No 1.] Eberswalde: E. Kähler 1903. 4° [Z. u. Ant.]

Metall-Industrie, deutsche. Fach- u. Offerten-Blatt sämtl. Branchen der Metall-Industrie, insbesondere f. Eisen-, Eisenwaren-, Werkzeug-, Kurzwaren-Handlgn., Küchenmagazine, Fahrrad-Handlgn., Maschinen-Fabriken u. -Handlgn., Eisengiessereien, sowie f. Gas- u. Wasserleitungs-Installateure u. verwandte Geschäftszweige. Septbr. 1904—Aug. 1905. 52 Nrn. (à ca. 12 S. m. Abbildgn.) gr. 4. Eberswalde, E. Kähler. (Nur direkt.) n. 3.—

— dasselbe. Illustrierte Fach-Zeitschrift f. die techn. u. wirtschaftl. Interessen sämtl. Zweige der Metallbranche. 3. Jahrg. Septbr. 1905—Aug. 1906. 52 Nrn. (à ca. 12 S. m. Abbildgn.) 4. Eberswalde. Gr. Lichterfelde, R. Paeprer. n. 4.—

Metall-Industriekalender pro 1884. V. Jahrg. Redig. v. Carl Pataky. Taschenf. (152 S) Ebds. Geb. 1 fl. 10 kr., in Leder geb. 1 fl. 50 kr. Wien: Moritz Perles 1883

Metall-Industrie-Kalender pro 1886—1889. Hrsg. von Carl Pataky etc. 7.—10. Jahrg. Mit vielfach verm. Text. Reich illustrirt. gr. 16. (à Jahrg. ca. 300 S.) Berlin, Pataky. geb. in Leinw. à Jahrg. *
geb. in Leder à Jahrg. *

Metallindustrie-Kalender f. 1890—1892. Hrsg. v. Carl Pataky. 10.—12. Jahrg. gr. 16. (à Jahrg. ca. 350 S. m. Abbildgn.) Berl., Pataky. à Jahrg. geb. in Leinw. * 2 —; in Ldr. * 2 50

Metall-Industriekalender pro 1890. 11. Jahrg. Herausgegeben von Carl Pataky, Herausgeber des „Metallarbeiter". Gr. 8. (192 S. mit Notizblättern.) In Leinwd. geb. Wien: Perles 1889. 1.30

—— dass. — 13. Jahrg. 2 Thle. gr. 16. (XV, 128, 160; III, 122 S. m. Abbildgn.) Ebd. 892. geb. in Leinw. u. geh. * 2 —

Metallindustrie-Kalender f. 1895. Hrsg. von Carl Pataky unter Mitwirkg. vieler Fachleute. 15. Jahrg. 2 Thle. gr. 16. (XV, 128, 160 u. 120 S. m. Abbildgn.) Berlin, C. Pataky. Geb. in Leinw. u. geh. n. 2.—

Metallindustrie-Kalender für 1899. Hrsg. v. Carl Pataky unt. Mitwirkg. vieler Fachleute. 19. Jahrg. 2 Tle. 12. (XV, 128, 160 u. 116 S. m. Fig.) Ebd. Geb. in Leinw. u. geh. n. 2.—

Metallindustrie-Kalender f. 1903. Hrsg. v. Carl Pataky unter Mitwirkg. vieler Fachleute. 23. Jahrg. 12. (XV, 128 u. 160 S. m. Fig.) Ebd. Geb. in Leinw. n. 2.—

Metallindustrie-Kalender f. 1906. Hrsg. v. Carl Pataky unter Mitwirkg. vieler Fachleute. 26. Jahrg. (XV, 128 u. 168 S. m. Fig.) kl. 8. Berlin, C. Pataky. Geb. in Leinw. n. 2.—

Metallindustrie-Kalender f. 1911. Hrsg. v. Carl Pataky unter Mitwirkung vieler Fachleute. 31. Jahrg. (XV, 128 u. 158 S. m. Fig.) kl. 8. Berlin, C. Pataky. Geb. in Leinw. b 2.—

Metall-Industrie-Kalender, deutscher, pro 1880—1885. Hrsg. von Carl Pataky. 1.—6. Jahrg. [mit vielfach verm. Text]. gr. 16. (à Jahrg. ca. 280 S.) Berlin, Pataky. geb. à Jahrg. *

Metall-Industrie-Kalender, Oesterreichisch-ungarischer pro 1883. Herausgeg. von Carl Pataky. IV. Jahrg. mit vielfach vermehrtem Text. Taschenformat. (256 u. XXXII S.) geb. 1 fl. 10 kr. Wien: Perles 1882.

—— —— österreich-ungarischer, f. 1889. Hrsg. von K. Pataky. 16. (112, 176 S.) Wien, (Perles' Verlag.) geb. in Leinw. *

—— österreichisch-ungarischer, f. 1890—1893. Hrsg. v. Carl Pataky. gr. 16. (à Jahrg. ca. 250 S. m. Illustr.) Wien, (Perles). à Jahrg. geb. in Leinw. * 2 60

— österreichisch-ungarischer, f. 1894. Hrsg. v. Carl Pataky unter Mitwirkg. v. E. Dalchow, G. Langbein, A. Ledebur etc. gr. 16. (VIII, 16 u. 184 S. m. Illustr.) Wien, (M. Perles). Geb. in Leinw. n. 2. 50

Metall-Industrie-Kalender, Oesterr.-ungar., für 1896. XVII. Jahrg. Herausgegeben von Carl Pataky. Reich illustrirt. 16. (160 S.) In Leinwand gebunden. Wien: Moritz Perles 1895. 1.30

Metall-Industrie-Kalender, Oesterr.-ungar., für 1897. XVII. Jahrg. Herausgegeben von Carl Pataky. Reich illustrirt. 16. (160 S.) In Lnwd. geb. Wien: Perles 1896. 1.30

Metall-Industrie-Kalender, Oesterr.-ungar., für 1899. XIX. Jahrg. Herausgegeben von Carl Pataky. Reich illustrirt. 16. (160 S.) In Lnwd. geb. Wien: Perles 1898. 1.30

Oesterreich-Ungarischer Metall-Industrie-Kalender für 1900. Herausgegeben von Carl Pataky. Reich illustrirt. Wien. Perles. 8°. 160 S. Geb. fl. 1.30, in Leder fl. 1.60

Oesterreich.-Ungarischer Metall-Industrie-Kalender für 1901. Herausgegeben von Carl Pataky. Reich illustrirt. XXII. Jahrgang. Wien. Perles. 8°. 160 S. geb. K 2.60, in Leder K 3.20

Oesterreich.-Ungarischer Metall-Industrie-Kalender für 1902. Herausgegeben von Carl Pataky. Reich illustrirt. XXIII. Jahrgang. Wien. Perles. 8°. 160 S. Geb. K 2.60, in Leder K 3.20

— österreich-ungarischer, f. 1903. Hrsg. v. Carl Pataky. 24. Jahrg. 12. (VI, 160 S. m. Fig.) Wien, M. Perles. Geb. in Leinw. n. 2. 60

Österreichisch-ungarischer Metallindustriekalender für das Jahr 1904. 8°. (ill. 160 S.) Wien: Perles 1903. geb. K 2.60

Österr.-ungar. Metallindustriekalender für 1905. 16°. (160 S.) Wien: Perles 1904. geb. K 2.60

— (österr.-ungar.), f. 1906. Hrsg. v. Carl Pataky unter Mitwirkg. vieler Fachleute. 26. Jahrg. (XV, 168 S. m. Fig.) kl. 8. Wien, M. Perles. Geb. in Leinw. n. 2. 60

Österreichisch-ungarischer Metallindustriekalender für 1909. XXIX. Jahrg. 8°. (176 S.) Wien: Perles 1908. geb. K 2.60

— österreichisch-ungarischer, f. 1911. 31. Jahrg. (VIII, 16, 158 S. m. Fig. u. Tagebuch.) kl. 8. Wien, M. Perles. Geb. in Leinw. 2. 60

Metall-Industrie-Zeitung, deutsche. Fachblatt für Metall-Dreher, Metall-Drucker, Metall-Lackirer etc. Hrsg. von Karl Kohn. 1. und 2. Jahrg. à Jahrg. 52 Nrn. gr. 4. (à Nr. 1½ Bog.) Berlin 877,78, (F. Schulze's Verlag.) à Jahrg. *

—— dass. — Fachblatt für Schlosser, Klempner, Schmiede etc. Hrsg. von Karl Kohn und J. Scherf. 3. Jahrg. 1879. 52 Nrn. (à 2—2½ Bog.) Fol. (Ebendas.) *

Metall-Industrie-Zeitung, deutsche. Fachblatt für Metallwaren-Fabrikation und -Handel. Redact. und Hrsgbr.: Karl Wilh. Türck. 4. Jahrg. 1888. 52 Nrn. (à Nr. 3 Bog.) hoch 4. Remscheid, Türck. *.
Die frühern Jahrgänge waren nicht im Buchhandel.

Metall-Industrie-Zeitung, deutsche. Fachblatt f. Metallwaaren-Fabrikation u. Handel. Anzeiger f. Metall- u. Maschinen-Industrie. Organ d. Bergischen Fabrikanten-Vereins zu Remscheid, der Gewerbe-Vereine zu Schmalkalden, Steinbach-Hallenberg u. s. w. Hrsg. u. Red.: Karl Wilh. Türck. 5. u. 6. Jahrg. 1889. 1890. à 52 Nrn. (à ca. 3 Bog.) gr. 4. Remscheid, Karl Wilh. Türck. à Jahrg. n. 8. —

— dasselbe. 7.—9. Jahrg. 1891—1893. à 52 Nrn. (à ca. 3 Bog.) gr. 4. Ebd. à Jahrg. n. 10. —

— dasselbe. 10. Jahrg. 1894. 52 Nrn. (à ca. 2 Bog.) gr. 4. Remscheid, H. Krumm. n. 4. —

Metall-Industrie-Zeitung, deutsche. Fachblatt f. Metallwaaren-Fabrikation u. -Handel. Anzeiger für Metall- u. Maschinen-Industrie. Organ d. rhein.-westfäl. Maschinenbau- u. Kleineisenindustrie-Berufsgenossenschaft zu Düsseldorf u. des Bergischen Fabrikanten-Vereins zu Remscheid. Hrsg. u. Red.: Karl Wilh. Türck. 11.—14. Jahrg. 1895—1898. à 52 Nrn. (à ca. 2 Bog. m. Abb.) gr. 4. Remscheid, H. Krumm. à Jahrg. n. 4. —
Kann auch vierteljährlich bezogen werden.

Metall-Industrie-Zeitung, deutsche. Fachblatt für Metallwaaren-Fabrikation u. -Handel. Offizielles Organ des bergischen Fabrikanten-Vereins zu Remscheid, des Vereins der märk. Kleineisenindustrie zu Hagen in Westf. etc. Hrsg. u. Red.: Karl Wilh. Türck. 15. Jahrg. 1899. 52 Nrn. gr. 4. (à ca. 8. S. m. Abb.) Remscheid, Bergisch-märk. Druckerei u. Verlagsanstalt. n. 4. —

— dasselbe. 16. Jahrg. 1900. 52 Nrn. gr. 4. (à ca. 20 S. m. Abbildgn.) Ebd. n. 6. —

— dasselbe. 17. u. 18. Jahrg. 1901 u. 1902. à 52 Nrn. gr. 4. (à ca. 40 S. m. Abb.) Ebd. à Jahrg. n.n. 8. —

Metall-Industrie-Zeitung, deutsche. Hrsg. u. Haupt-red.: Karl Wilh. Türck. Verantwortlich f. den wirtschaftl. Tl.: Pet. Pfaffenbach. 19.—22. Jahrg. 1903—1906. à 52 Nrn. (1870, 1664, 1664 u. 1664 S. m. Abbildgn.) 4. Remscheid, Bergisch-märk. Druckerei u. Verlagsanstalt. (Nur direkt.) à Jhrg. n.n. 10. —

Metall- und Montan-Industrie-Zeitung, österr.-ungar. Herausg. von Gustav Pappenheim. XX. Jahrg. 1886. 52 Nrn. (à 1 B.) fol. Wien, Perles. fl. 8.—.

Metallröhren-Industrie. Fachzeitschrift für die Herstellung, Bearbeitung und Verwendung von Metallröhren aller Art. Red. von Civil-Ing. Anton Bousse. Jg. 1. Berlin: Gernbeck 1907. 4° [illegible]

Metallröhren-Industrie. Fachzeitschrift f. die Herstellg., Bearbeitg. u. Verwendg. v. Metallröhren aller Art. Red. v. Ant. Bousse. 1.—3. Jahrg. Oktbr. 1907—Septbr. 1910. à ca. 24 Nrn. (à ca. 24 S. m. Fig.) Lex. 8. Berlin, Concordia. à Jahrg. 15.—; vierteljährl. 4. —

Metallsorten-Tarif f. die k. u. k. Artillerie. gr. 4. (V, 135 S. m. 13 Taf.) Wien 890, (Hof- u. Staatsdruckerei). * 4 —

Metall-Technik. Fachblatt f. galvan., chem. u. mechan. Metall-Behandlg. Neue Folge der Fachzeitschrift: Der Metallarbeiter. Gegründet 1875. Red.: P. Eydam u. Jul. Müller. 33. Jahrg. 1907. 4. Viertelj. Oktbr.—Dezbr. 13 Nrn. (S. 313—414 m. Abb.) 32,5×25 cm. Berlin, C. Pataky. 2. —

— dasselbe. Hrsg.: Carl Pataky. Red.: Waldem. Petit. 34.—36. Jahrg. 1908—1910. à 52 Nrn. (VI, 416; VI, 421 u. VI, 424 S. m. Abb.) 32,5×24,5 cm. Ebd. à Jahrg. 8. —

Metallurgia Generation Geburt
Metallurgia, das ist von der Generation und Geburt der Metallen und daß aus ihnen allein der grosse Stein der Weisen könne gemachet werden... Publiciret durch Joachim Tanck.
66 S.(S.325 - 390), gbd.

Nürnberg: Kraus (1747)
an: Bernhardus Graf von der Marck und Tervis: Chymische Schriffen von dem gebenedeyten Stein der Weisen. 1747

JB 254

Metallurgie. Hrsg. von W. Borchers. Jg. 1—9. 1904—1912. Halle (Saale)
(Forts. in: »Metall und Erz«; = k $\frac{111}{50}$ und »Ferrum«; = k 72)
(Sonderbeilage: Verzeichnis der ... metallurgischen Patente s. unter Signatur Mc 3152)

Metallurgie. Zeitschrift f. die gesamte metallurg. Technik: Aufbereitung. — Metallgewinng. — Metallverwertg. unter Ausschluss des Eisenhüttenwesens. Hrsg. v. W. Borchers. 1. u. 2. Jahrg. 1904 u. 1905. à 24 Hefte. (à ca. 32 S.) Lex.-8. Halle, W. Knapp.
à Jhrg. n. 16. —

— dasselbe. Zeitschrift f. die gesamte Hüttenkunde: Aufbereitung. — Eisen- u. Metallhüttenkunde. — Metallographie. Hrsg. v. W. Borchers u. F. Wüst. 3. Jahrg. 1906. 24 Hefte. (à ca. 32 S. m. Abbildgn. u. Taf.) Lex.-8. Ebd. n. 20. —

Metallurgie. Zeitschrift f. die gesamte Hüttenkunde: Aufbereitung — Eisen- u. Metallhüttenkunde — Metallographie. Hrsg. v. W. Borchers u. F. Wüst. 4.—7. Jahrg. 1907—1910. à 24 Hefte. (à ca. 32 S. m. Abb. u. Taf.) Lex. 8. Halle, W. Knapp. à Jahrg. 20. —

Métallurgiste: Le Métallurgiste
① Journal (dès 4. 7. 1908: Organe) officiel de la Fédération suisse des ouvriers sur métaux (ajouté dès 3. 7. 1915: et horlogers) ③ Schweizerische Metallarbeiter-Zeitung ④ La Lutte Syndicale (Ne) ⑤ 7. 7. 1906—31. 12. 1919 ⑥ in-4°; in-2° (dès le 4. 7. 1908) ⑦ hebdomadaire ⑧ Berne: Imprimerie de l'Union (Coopérative) (7. 7. 1906—25. 12. 1915); La Chaux-de-Fonds: Imprimerie Coopérative (dès 1. 1. 1916) ⑩ Fédération suisse des ouvriers sur métaux et horlogers ⑪ A. Huggler. Achille Graber. Charles Hubacher ⑫ socialiste ⑭ Be: L.

Metallwaaren, als Eisen, Stahl zc. des niederrheinisch. deutschen Gebirgs, in Kupferstich., mit Namen u. Addreß: Regist. d. Kaufleute, herausg. v. Zappe. 18 Heft. 4. Duisburg, Bädecker. 805.

Metallwaaren- und Maschinen-Farik, Rheinische, Düsseldorf: Catalog. Düsseldorf 1902

Metallwaaren- und Maschinenfabrik, Rheinische: Das 5 cm Schnellfeuer-Feldgeschütz C/1902. Düsseldorf. (Um 1904)

Metallwaaren- und Maschinenfabrik, Rheinische: Das Brisanzschrapnel Ehrhardt-van Essen und das Kruppsche Granatschrapnel. Eine Entgognung auf Wille's »Einheitsgeschosse«. Düsseldorf 1910

Rheinische Metallwaren- und Maschinenfabrik Düsseldorf. Auszüge aus Berichten über Versuche mit Schnellfeuer-Feldgeschützen System Ehrhardt. Ausg. 1903. Mit Abb. Düsseldorf 1903. Getr. Pag. 4°

— Metallwaren- u. Maschinenfabrik Düsseldorf. Die 10,5, 12 u. 15 cm Haubitzen System Ehrhardt mit veränderlich langem Rohrrücklauf. Mit Abb. Düsseldorf, um 1907. 12 Bl. 4°

Metall- und Eisen-Zeitung: 1890—1911.
Monthly trade journal. Title varies: DEUTSCHE INDUSTRIE. Absorbed DER DEUTSCH-AMERIKANISCHE HOLZARBEITER. Quarto, each issue 36—52 pages. Circulation: 1891, 8200; 1895, 6900. Edited & published by Eugene A. Sittig, 1890—1911.
Chicago, IL

Metall- u. Eisen-Zeitung. Hrsgbr.: Eugene A. Sittig u. Son. (Deutsch u. englisch.) 1.—3. Jahrg. 1890—1892. à Jahrg. 12 Hefte. gr. 4. (à Heft ca. 36 S. m. Abbildgn.) Chicago. (Lpz., Schäfer.)
à Jahrg. * 6 —

Metall- u. Eisen-Zeitung. Hrsg.: Eugene A. Sittig & Son. (Deutsch u. englisch.) 3.—5. Jahrg. Febr. 1892 —Jan. 1895. à 12 Hfte. (à ca. 4 Bog. m. Abbildgn.) gr. 4. Chicago, (Leipzig, M. Schäfer). à Jahrg. n. 6. —

Metamorphose, die. Eine Parabel. 8. (1 B.) Berlin 844. Springer.

Metamorphose, la, d'une Belle en Dame galante, od. die Verwandlung ein. Schönen in eine galante Dame, franz. u. deutsch. 8. Nürnb. 750.

Die Metamorphose des Dichters. Zur Schillerfeier der Breslauer Dichterschule am 10. November 1878. Gewidmet von OSCAR JUSTINUS. s. l. & a. 8°.

REINHARD - Querkopfs Metamorphosen und Ehestands-Erfahrungen. Ein Gemälde aus der wirklichen Welt. Leipzig, Bruder u. Hofmann, 1806. 8°. (4 Mk. Lesser, Breslau.) Selten!
VI u. 266 SS. Anstössig.

Metamorphosen u. Ehestandserfahrungen Reinhard Querkopfs. 8. Leipz. 806. (Schönian in Elferf.) 21 ℛ

Metamorphosen, neue, eine Samml. von 5832 komischen Figuren, welche durch Zusammenstellung von 54 in Kupfer gestoch. u. illum. Theilen entstehen. — Nouvelles Métamorphoses etc. 16. Wien ... Müller. In einer Schachtel 3/4 ß

Metamorphosen, die, d. Trigeminus. Comedia medicopractica in e. Paroxismus f. Aerzte, Apotheker u. Naturforscher beider Hemisphären v. Supinator Longus. 2. Aufl. 8. (64 S.) Berlin 883. T. C. F. Enslin.
n. 1. —

Metamorphoses, les, ou l'âne d'or d'Appulé, philosophe Platonicien etc. II Vol. 8. Strasb. König.

Métamorphoses: Les Métamorphoses Uechtlandiques
⑤ Die »Freiburger Nachrichten« brachten am 7. November 1953 einen Aufsatz »Die Freiburger Presse aus geschichtlicher Schau«. Darin heißt es: »... Die Schlagworte der französischen Revolution hielten dann aber auch im Kanton Freiburg Einzug und lösten alsbald heftige politische Kämpfe zwischen den demokratischen Tendenzen einiger Bürger und der herrschenden Aristokratie aus. Dies war gleichbedeutend der Auslösung der ersten politischen Zeitungen zur Unterstützung des politischen Kampfes; und zwar handelte es sich um eine recht robuste, hemdärmelige Unterstützung in Erzeugnissen, wie: ‚Le Tocsin Fribourgeois', ‚Le Cri du Peuple', ‚La Lettre d'un membre de la communauté', ‚Les Métamorphoses Uechtlandiques' ...« Bei diesen Erzeugnissen handelte es sich nicht um periodische Zeitungen oder Zeitschriften.

Metamorphosion, od. Bilderverwandlungen. Eine angenehme Beschäftigung f. die Jugend u. für erwachsene Personen. Bestehend in 36 Bruchstücken v. illum. Bildern, durch deren willkührliche Zusammensetzung viele Millionen Veränderungen hervorgebracht werden können. In Etui. Wien, Müller. 1 ß 10 ℛ

Metamorphosis Austriae sive Relatio fabulosa de Ortu et Progressu Austriae. Viennae 1732. V: *Dolfin, Franz.* (Jes)

Metamorphosis Locustarum ... [Viennae] 1750. V: *Filnbaum, Ferdinand.* (Jes)

Metamorphosis Poesis elegiacae in Eclogam Heroicam, Satyricam et Comico-Tragicam . . . Viennae Austriae 1731. V: *Maister, Franz Xaver.* (Jes) (So)

Metamorphosis Styriae. Carmen. Graecii 1722. Viennae 1755. V: *Debiel, Ludwig.* (Jes) (Feil)

Μετανοεῖτε! — Bekehret Euch! (v. J. F. Fries). 8. Heidelb. 814. Winter. 8 gr.

Metaphysica exemplis theologicis illustrata. Helmst. 1711. V: *Koch, Cornelius Dietrich.* (Adel)

Metaphysik, Haloph. Irenaei, in der Connexion mit der Chemie. Schwäbisch Hall 1770. H: *Oetinger, Friedrich Christoph.* (ML)

Metaphysik, die verzweifelte, (v. J. H. Obereit). gr. 8. o. O (Berl.) 787. Rottmann. 4 gr.

Metastasio, Artaxerxes, s. Artaxerxes.

Metastasio, Pietro

(Metastasio). Acchille in Sciro. Dramma per musica. Achilles in Scirus, e. Singspiel zur Vermählung d. Prinzen v. Preußen mit Elisabeth Christine Ulrike v. Braunschweig aufgef. Berlin, Haude & Spener, 1765. 116 S.

— Alexander; Schspl. 8. Manh. 766. Löffler. 6 gr.

— Cato in Utica. Sgspl. 4. Tübing. 755. 6 gr.

Metastasio, Pietro. Die Triumphirende Clälia, Ein Theatralisch-Musikalisches Schauspiel. So bey der glücklich erfolgten Entbindung der durchlauchtigsten Erzherzogin Isabella Auf Beyder regierenden Majestäten Allerhöchsten Befehl In Wien aufgeführet worden im Jahr 1762, in das Deutsche übersetzt von J. A. v. G. Wien. Ü: *Ghelen, Jacob Anton von.* (BiblPort)

Metastasio, LA CLEMENZA // DI TITO, // DRAMMA PER MUSICA // rappresentato // ALLA REGIA // ELETTORAL // CORTE DI DRESDA, // il Carnovale // dell'Anno MDCCXXXVIII. Gegenüber der deutsche Titel: Die Gütigkeit // Des Titi, // Ein // Musicalisches Drama, // Welches // Am // Königl. Chur-Fürstl. // Hofe // zu Dreßden // Zur Zeit des Carnevals // im Jahr 1738. // aufgeführet worden. // Dreßden, zu finden bey der verwittibt. Hof- //Buchdr. Stößelin. - 189 S. (Italienisch und deutsch).
B. S. T. 8°.714.

— David; Trspl. 8. Hamb. 772. Bode. 12 gr.

— Demetrius; Schspl. 8. Wittenb. 791. Kühne. 6 gr.

- s. Dion u. Endymion.

Metastasio, Didone abbandonata, s.: Bibliotheca romanica.

(Pietro) **Metastasio**, Dramen. Ausgew. u. übertr. von Maximilian Rudolph Schenck. Buchschmuck d. venez. Orig.-Ausg. von 1748. Halle a. S.: Hendel [1910]. VIII, 366 S. 8°
(Bibliothek d. Gesamtliteratur d. In- u. Auslandes. Nr 2209–2214.) (11. 4080 S

Metastasio, due drammi. 1) Temistocle. 2) Guiseppe Riconosciuto. 24. (82 S.) Monaco 847, Franz. 1/8 Thlr

Metastasio, Pet., dramat. Gedichte, in e. rein. Uebers. (v. Jh Ant. Koch). 8 Thle. 8. Wien. 768—76. Krauß. 5 Thlr 8 gr.

— Hadrian in Syrien. Musikal. Schspl. gr. 8. Manh. 769. Löffler. 6 gr.

— die heil. Helena am Calvarberge. 8. Leipz. ... (Rauck). 2 gr.

Metastasio, Pietro. Helene am Kalvar: ein Drama nach Metastasio übersetzt und der Hassischen Composition unterlegt. O. O. 1782. Ü: *Eichholtz, Fch. Wilhelm.* (GGr IV/761, zu § 215, Nr. 24/8) (BiblPort)

L'Innocenza justificatu festa teatrale per musica. Wien 1755. V: *Metastasio, Pietro.* (Friedrich Walter, Bibliothek in Mannheim. Leipz. 1899. S. 214) (BiblPort)

Metastasio: Die unbewohnte Insel. Lustspiel a. d. Ital. Augsburg, Lotter, 1759. 31 S.

Metastasio, P. A. D. B. Die unbewohnte Insel ... a. d. Ital. O. O. 1784. Ü: *Trost, Carl Friedrich.* (Ky) (MGT)

— Joas, König v. Juda; e. geistl. Sgspl. in 2 Handl. Aus dem Italien. (v. Karl Förg). 8. Münch. 778.

— Joseph u. seine Brüder; e. musikal. Drama; nach d. Italien. 8. Berl. 783. Maurers B. 2 gr.

— Ipermnestra, opera drammatica, colla trad. tedesca. 8 Dresd. 752. Walther 8 gr.

— Impermnestra. Opera dramatica, col. trad. tedesca. 8. Dresd. 762. Walther. 8 gr.

— Isaak, ein Sinnbild des Erlösers; e. geistl. Schspl. in 2 Handl. Aus d. Italien. (v. Karl Förg). 8. Münch. 778.

— Lettere inedite. 8. Braunschw. 796. Pluchart. 12 gr.

— Lettere precedate da due ragionamenti etc. II Tmi. 8. Triest. (Geistinger in Wien.) 795.

Metastasio, Pietro, melodrammi sacri. Mit erklär. Anmerkgn. f. den Schulgebrauch u. zum Privatstudium hrsg. von G. Lardelli. gr. 8. (68 S.) Davos 889. Richter. n. 1. —

— die Olympiade; e. musikal. Schspl., (aus d. Italien, von K. Spener). 8. Berl. 791.

— Opere. VII Vol. 12. Firenze. (Levrault in Strasb.) 791.

— il medesimo. VII Vol. 12. Firenze. (Varrentrapp et W. in Francf.) 793.

Metastasio, Pietro, Opere. gr. Lex.-8. (1114 S. mit Portr. in Holzschn.) Triest 857, Direction des oesterreichischen Lloyd. *

Metastasio, Abt, Opere dramatiche. VII Vols. 12. Dresd. 753. ... 3 Thlr 12 gr.

— Opere drammatiche. 8 Voll. 8. (1854 8. mit Portr in Holzschn.) Triest 857(61), Direction des oesterreichischen Lloyd. *

— opere postume date alla luce dall' abate Conte d'Ayala. III Tom. 8. (Leipz.) 795. Joachim. 2 ℔

— il medesimo. III Vol. 4. Vien. (Levrault in Strasb.) 795.

— il medesimo. III Tom .12. Wien. 795. Schaumburg. 2 ℔ 8 ℊ

— il medesimo III Vol. 4. Wien 795. (Volke). 9 ℔

— opere scelte; publicate da P. W. Hausleitner. Vol. I. 8. Stuttg. 798. Löflund. 1 ℔ 4 ℊ ch. script. 1 ℔ 12 ℊ

Metastasio, P., tutte le Opere. 20 Tomi con 62 rami. 12. Mantova. 818 — 820. (Vienna. Volke.)

Metastasio, il Re Pastore, und Romolo ed Ersilia. Dramen. Für d. Schulgebr. bearb., nebst e. Biographie d. Dichters, v. Jos. Frühauf. gr. 8. (10 B.) Carlsruhe 837, Müller'sche Hofbuchh.

Metastasio, P. A. D. B. Die Sanftmuth des Titus; eine Oper, aus und mit d. Ital. Stuttgart 1786. Ü: *Hausleutner, Philipp Wilhelm Gottlieb.* (Ky) (MGT)

— scelta dei capi d'opera, tratta dalle migliori e più corrette edizioni, colla vita del poeta, data in luce da P. L. Costantini III Vol. 16. Berl. 801. Duncker u. H. 2 ℔ 12 ℊ

— geistl. Schaubühne; aus d. Italien. von P. P. Obladen. 8. Augsb. 775. Rieger. 5 ℊ

Siroes, ein *musikalisches Schau-Spiel*, welches aus höchsten Befehl Sr. Churfl. Durchläucht in Bayern, ..., auf den (!) *Churfürstl. neuen Theater* in der Carnevals-Zeit Anno 1767. ist aufgeführet worden. Die Poesie ist von dem berühmten Herrn Abbé *Peter Metastasio*, K. K. Majestät Hof-Poeten. Die Music ist von dem Herrn *Thomas Trajetta*, Neapolitan. Capellmeister. (Nur Text, deutsch u. italien.) München, gedr. bey Maria Magd. Mayrin. 8°. Hübscher Ppb.

173 S. u. Anh. 12 Bll.: „Persée et Andromède. Ballet serieux". — „La liaison de l'Amour et de Bachus. Ballet demi-caractère (!) et comique." (Inhalt beider Ballets französ. u. deutsch.) — Selten!

— s. Themistokles.

Metastasio, P., und C. Mazzola, Titus, s. Breitkopf und Härtel's Text-Bibliothek Nr. 22.

Metastasio, P. A. D. B., Titus, s.: Mode's Opern-Text-Bibliothek.

— der Tod Abels. 4. Wien, Camesina. 763.

— Tod d. Dido; übers. v. A. v. Klein. 8. Manh. 779.

Metastasio, P. A. D. B. Tragédies-opéra, trad. en franç. Vienne 1751 —61. Ü: *Richelet, César Pierre.* (Ebert)

METAXAS, Peter Andr. (Athen): De crimine falsi. (Titel nach der Urkunde) 22.7.1843 - Urk
Diss. Ingolst.-Landsh.-Mchn.

Metcalf, Henry *Clayton* [aus Boston U. S. A.]: Entwickelungsgeschichte und gegenwärtiger Stand des öffentlichen Verkehrswesens von Paris m. bes. Berücks. d. französ. Kommunalsteuersystems . . . (Enth. nur Kap. 1 u. 2. — Soll vollst. ersch.) Berlin, Buchdr. v. G. Schade, *1897*; 57 S., 1 Bl. 8.
Berlin, Phil. Fak., Inaug.-Diss. v. 11. Aug. 1897

Metchnikoff, L. L'empire japonais. 1. partie. 8°. Genève. Imp. Turettini. (Bâle, Georg.) 1878

Metcke, Albert, a. Stettin: Die Lieder des altfranzösischen Lyrikers Gille le Vinier. Halle a. S. 1906: C. A. Kaemmerer. (49 S.) 8°
Halle, Phil. Fak., Ref. Suchier, Diss. v. 14. Febr. 1906
[Geb. 22. Jan. 81 Stettin; Wohnort: Halle a. S.; Staatsangeh.: Preußen; Vorbildung: Schiller-Realgymn. Stettin Reife M. 01; Studium: Halle 2, Greifswald 1, Halle 6 S.; Rig. 2. Aug. 05.]

METEBACH, Hans von, eine interessante (Liebes-) Geschichte aus dem Jahre 1781. Mit TKpfr. (Endner del. et sc.). Eisenach, Wittekindtische Hofbuchhandlung, 1782. 8°. (2 Mk. 50 Pfg. A. Bielefeld, Carlsruhe, 1891; jetzt theurer!)
Seltene Wertheriade in Briefen. 203 S.

v. Metebach, Hans; eine interessante Geschichte aus d. Jahre 1781; (von Th. Gf. Otto). 8. Eisenach 781. Wittekind. 12 ℊ

Metebach, Hans von, eine interessante Geschichte, aus dem Jahre, 781. 8. Eisenach, 782. Krumbhaar. 15 sgl.

Meteleercamp Cappenberg, Mart. Car., specimen medicum inaugurale, de morbis placentae universim, et de placuntitide ejusque sequelis in specie. 8maj. Groningae 844. (Leer, Praetorius et Seyde.) n. ⅓ ℔

Metelis, Joël-Selman. Über Milzruptur und ihre Therapie. Diss. Med. Basel. 42 S. 8. Basel, Friedrich Reinhardt, 1906.

Metelka, Milan, aus Agram: Über die Wanderung der Ionen. *Berlin (1899): G. Schade.* (28 S.) 8°
Berlin, Phil. Diss. v. 19. Juli 1899

Metelkina, N. Zur Ätiologie u. Symptomatologie der Chorea minor. In-8°. 52 S. Bern. These. 1897

Metella, neueste Original-Polterabendscherze. gr. 16. (II und 78 S.) Berlin 854, Abelsdorff.

Metellus, F., Gedichte. 8. (6 B.) Berlin 830, Reimer.

—— Karl d. Kühne, Herzog v. Burgund. Ein Drama in 5 Akt. 8. (12¼ B.) Berlin 828, Reimer.

—— Otto d. Große, König d. Deutschen. Ein Schausp. 8. (10 B.) Berlin 830, Reimer.

—— die Scioten. Ein dramat. Gedicht in 5 Akt. 8. (14¼ B.) Berlin 828, Reimer.

Metellus, Ida, Gedichte für Polterabend und Hochzeit. 2. Aufl. 8. (VIII, 84 S.) Leipzig 881, Baensch. *

Metelmann, A., d. Lithograph u. Steindrucker, s.: Was willst Du werden?

Metelmann, Diedr. (Frz. Telmann), in der Liebe Land. Gedichte. (Buchschmuck nach Orig.-Zeichnungen v. Erich Gruner.) (111 S.) 8. Leipzig (907). Verlag f. Literatur, Kunst u. Musik. Kart. 2. 50

[Verschiedene Aufsätze über] Detlef von **Liliencron** v. Diedrich Metelmann [u. a.]. Kiel. 1909. Fol., geb. in Quer-4° Ausschnitte aus: Kieler Neueste Nachrichten. Jg. 15. 1909, Nr. 170. 171. 172. 179. 194. 212.

Das Kieler Stadtkloster. Gedenkschrift z. Einweihung s. Neubaues 1909. Im Auftr. d. Klostervorsteher bearb. von Diedrich **Metelmann** jun. (Kiel 1909: Handorff.) 40 S. 4° [11. mei 8

Meteorik, od. Witterungs- u. Wetterkunde, z. Erläuter. alltägl. Erscheine im Dunstkreise u. deren Voraussicht. A. d. Franz. übers. u. nach d. tellur. Gründen u. neuesten phys. Ansichten bearb. v. S. G. Dietmar. M. 32 erläut. Zeichn. u. col. Plane zu e. Wetter-Telegraphen (auf 3 Stnt.) 8. (22½ B.) Ilmenau 832, [Weimar,] Voigt.

Meteoriten-Kreisreihen, die, als Erzeuger der Kometen, Sonnenflecke u. s. w. 1884?

Meteorologia, deutl. Exempel u. richtige Regeln von der Witterung. 4. Hamb. Brand. 744.

Meteorologia, od. Anfangsgründe z. Berechnung d. Witterung. 8. Braunschw. 764. Meyer. 4 gr

Meteorologie [Sachliches OW]

Meteorologie, die, s.a. Wochenbände.

Die Meteorologie im Dienste des Land- und Gartenbaues. Berlin 1880. Hamburg: Deutsche Seewarte

Meteorologie, die moderne. Sechs Vorlesungen, gehalten auf Veranlassung der meteorolog. Gesellschaft zu London von Rob. James Mann, John Knox Laughton, Rich. Strachan, W. Clement Ley, George James Symons und Rob. H. Scott. Deutsche Orig.-Ausg. gr. 8. (X, 217 S. mit 2 farb. Taf.) Braunschweig 882, Vieweg und Sohn. *

London. Meteorological Society.

Meteorologie u. Pflanzenleben. Ein Beitrag zur forstl. Chronik der Domainewaldgn. im Wiesenthale, gewidmet dem bad. Forstvereine u. den Gästen derselben zu seiner 25. Jahresversammlg. zu Schopfheim 21—23. Septbr. 1873. gr. 8. (87 S.) Freiburg i/B. 873. Scheuble. n. 2.—

Meteorologie [Schlagwort]

Meteorologie. Hann, J., Atlas der Meteorologie, s.: Atlanten. Berghaus' physikalischer Atlas.

Meteorologische Karten. Karten, meteorologische, v. E. Halley, A. v. Humboldt, E. Loomis, U. J. L. Verrier, E. Renou, s. im Alphabet der Bücher: Neudrucke v. Schriften u. Karten üb. Meteorologie u. Erdmagnetismus.

Meteorstein-Regen. Darstellung, geschichtliche, des Ereignisses und des angeblichen Meteorstein-Regens bei Iwan in Ungarn, mit kritischer Beleuchtung der hierüber erschienenen gedruckten Nachrichten. Nach Mittheilungen von Seite der k. k. Hof-Naturalien-Kabinets-Direction. (Aus Holgers Zeitschrift für Physik.) Wien. 1842. 8.

Meteorum igneum duplici igne inflammatum ... Viennae 1711. V: *Magnet, Paul.* (Jes)

Meter, ein halbes Hundert, „Maisses". [Jüdische Schwänke und Anekdoten.] Verschliffen von Abraham, Isak und Jakobsohn. 8. (89 S.) Wien 885, Reibl. *

Meterlink, Moris [russ. Transkription]
s. **Maeterlinck**, Maurice. log. 7430

Metermaß. Abbildung desselben mit Vergleich des alten bayerischen Maßes. Fol. Ein Blatt auf Papyrolin gedruckt. Mit Oesen zum Aufhängen. München 869, Oldenbourg. *

Metermass und rheinischer Fuss. Vergleichender Massstab auf Leinwand. 8,5 m.

—— das, für den täglichen Gebrauch in Haushaltungen, im Handel und Wandel, in Künsten und Gewerben. Fünf kleine Preis-Umwandlungsbücher. 16. Langensalza 871,72, Schulbuchh. von Greßler.

Inhalt:

Buch 1. Für Hausfrauen. Mit einem Anh.: Allerlei Praktisches für Haus, Küche und Garten. 1.—3. Aufl. (16 S.) 20 Pf.
" 2. Für Gewerbetreibende, Materialhandlungen, Schankwirthschaften, Fleischer und Bäcker. Mit einem Anh.: Allerlei Praktisches für Laden, Niederlage und Keller. 1. und 2. Aufl. (22 S.) 25 Pf.
" 3. Für Landwirthe. Mit einem Anh.: Allerlei Praktisches für Hof, Acker und Schuttboden. 1. und 2. Aufl. (32 S.) 30 Pf.
" 4. Für Bauleute. Mit einem Anh.: Allerlei Praktisches für Bauhandwerker und Bauherren. (31 S.) 40 Pf.
" 5. Für Leser von Zeitungen, Geschichtswerken, Reisebeschreibungen 2c. (42 S.) 45 Pf.

—— das, im Vergleich zu sächsischen, rheinländischen und englischen Zollen übersichtlich und für den Schulgebrauch praktisch dargestellt. qu. Fol. Dresden 869.
Auf Lnwnd. *

—— das, im Vergleich zum englischen Yard, zur Wiener, Brabanter, Berliner, rheinischen und sächsischen Elle, übersichtl. und für den Schulgebrauch praktisch dargestellt. 3. Aufl. qu. Imp.-Fol. Dresden 869, Meinhold und Söhne.
Auf Lnwnd. *
Ausg. in Taschenformat in Umschlag

Meter-Tableau. Bildliche Darstellung des Meters im Vergleiche mit den bisher gebräuchl. Massstäben. Nr. 1. Das Meter und der sächsische Fuss. qu. gr. Fol. Leipzig 869, Giesecke und Devrient. *
Auf Lnwnd. *

Meteyard, Eliza [Silverpen], Dr. Olivers' maid. A story in 4 chapters. gr. 8. (187 S.) London 857. Berlin, Th. Chr. Friedr. Enslin. *

Metge, Gustav, aus Jerxheim (Braunschw.): Über die Einwirkung von Essigsäureanhydrid und konzentrierter Schwefelsäure auf Dibenzalaceton. *Halle a. S. 1904: E. Karras.* (46 S.) 8°
Halle, Phil. Diss. v. 1904

Metger. Explication d'un drame français. Verden. G., 1871. 19 S. 4. (L'abbé de l'épée. Comédie historique en cinq actes par M. J. N. Bouilly.) Progr.

Metger, Nachklänge. 1. Heft. gr. 8. (107 S.) Emden 851. (Aurich, Prätorius und Seyde.)

Metger, C. H., s. Metger, Konrad Hermann

Metger, Heinr., nautische Geographie. 1. Thl.: Mathematisch-astronom. Geographie. Mit Figuren (Holzschn. im Text) u. 1 (lith.) Sternkarte (in 4.). Hannover 858. Helwing. gr. 8. (2 Bl., 54 S.) n. 10 ngr.

Metger, H. Jahresbericht der naturforschenden Gesellschaft zu Emden. Emden. 1862. 2 Ex.

Metger, Heinr., die Insel Norderney und ihr Seebad. gr. 8. (40 S.) Rheydt 868, Hahn. *
—— dass. — 8. (40 S.) Rheydt 873, Langewiesche. *

Metger, deutsche Satz- und Interpunktationslehre. Emden.
Schul-/Univ.-Schrift 1864

Metger, Heinr., deutsche Satz- und Interpunktionslehre. gr. 8. (60 S.) Emden 864, Haynel.

— die hannoversche Westbahn und ihre Eröffnungsfeier in Emden am 20. Junius 1856. Geschichtliche Skizze. Emden 856. (Leipzig, E. Fleischer.) gr. 8. (IV, 72 S.) n. 10 ngr.

Metger, Johannes

Metger, J., s.: Kongress des deutschen Schachbundes.

Metger, Johs., die Schachschule. Leichtfasslicher Lehrgang zur raschen u. gründl. Erlerng. d. Schachspiels. 8. (VIII, 104 S. m. Diagrammen.) Leipzig 886. Voit & Co. n. 1. 20; geb. n. 1. 60

Metger, Konrad

Metger, Conr., Lehrbuch der Gleichungen 3. u. 4. Grades, nebst der trigonometr. Auflösg. der Gleichgn. 2. Grades. Sammlg. v. 253 Zahlen-, Buchstaben- u. Textaufgaben, grossenteils in vollständig gelöster Form. Mit 251 Erklärgn. Für das Selbststudium u. zum Gebrauche an Lehranstalten bearb. nach System Kleyer. gr. 8. (VIII, 243 S. m. 10 Fig.) Stuttgart 893. J. Maier. n. 6. —

Metger, Conr., Lehrbuch d. Gleichungen d. II. Grades (quadrat. Gleichgn.) m. 2 u. mehreren Unbekannten. Sammlg. v. 361 Zahlen-, Buchstaben- u. Textaufgaben, grossenteils in vollst. gelöster Form. M. 185 Erklärgn. u. 8 in d. Text gedr. Fig. f. d. Selbststudium u. zum Gebrauche an Lehranstalten bearb. nach System Kleyer. gr. 8. (IV, 160 S.) Stuttgart 896. J. Maier. n. 4. —

Metger, Konr. Niederdeutsche Übersetzungen der ältesten flensburger Privilegien. 11 S. Progr. *Flensburg* 1884.

Metger, Konr. Herm., üb. die Ausgießungen d. heil. Geistes am 1n Pfingstfeste. Eine gekr. Preisschr. 8. Norden 818. (Hamb., Perthes u. B.) 18 gl

Metger, Conr. Herm., die Botschaft des Lebens. Vier Predigten. Emden 855. (Leer, Bock.) 8. (VIII. 88 S.) n. 10 ngr.

Ueber Endosmose v. Conrad Hermann Metger. Flensburg. 1875. 4°. Gymn.-Progr.

— die Lehre v. d. höhern göttl. Natur Christi, nach d. heiligen Schrift u. in ihrer großen Wichtigkeit dargestellt. gr. 8. 817. (Hamb., Perthes u. B.) 12 gl

Metger, Konrad: Status der Schmiedegesellen in Flensburg. — Flensburg. — [illegible] — 28 S. — [illegible].

Metger, C. H., die Statuten d. Verbandes der Flensburger Schmiedegesellen aus dem 15—17. Jahrh. gr. 4. (28 S.) Berlin 883. (Mayer & Müller.) n 1. —

— das angeborene sittl. Verderben d. Menschen aus d. Erfahrung u. Bibel, mit Hinsicht auf d. Einwürfe u. Mißgriffe besonders d. neuern Zeit. gr. 8. Emden 830. Wortman jun., (Engelmann in Leipz.) 2 ℛ

Metger, Steph., Einwirkung von Jodmethyl auf Anhydrobenzdiamidobenzol. Inaugural-Dissertation. gr. 8. (20 S. mit 1 Tab.) Kiel 881. (Göttingen, Vandenhoeck und Ruprecht's Verlag.) *

Meth, Bernh., s.a. Schulgeschichten.

Schulgeschichten aus dem Aiten Göriitzer Kloster hrsg. von Bernhard Meth. Berlin: Trowitzsch 1909. XI, 189 S. 8°

Meth, Bernhard Untersuchungen über die asymptotische Fläche dritten Grades. 4 (S. 3—20). Kön. Rsch. (Rg.) *Berlin* 1887 (90) Progr.

Meth, Bernhard, Prof. Dr.: Über ein älteres Verfahren der Zerlegung ganzer rationaler Funktionen in irreduktible Faktoren. *Berlin 1902: A. W. Hayn's Erben.* (S. 3—27.) 4°
Berlin, k. Kaiser Wilhelms-RG, OP 1902 (104)

Meth, Friedrich, Referendar am Kgl. Amtsgericht Dresden: Die Ehrenzahlung des Wechselrechts. Leipzig 1905: W. Wigand. (106 S.) 8°
Leipzig, Jur. Fak., Diss. v. 8. Aug. 1905
[Geb. 3. Dez. 80 Tarnopol, Österreich; Wohnort: Dresden; Staatsangeh.: Sachsen; Vorbildung: Wettiner Gymn. Dresden Reife O. 00; Studium: Straßburg 4, Leipzig 2 S.; Rig. 17. Juli 03.]

Meth, J., Euphrosine, oder Gedichte zur Beförderung des Frohsinns und Religiosität. 8. Koblenz, Gelehrt. Buchhdl. 820.

Meth, Paul, a. Berlin: Ueber die aiigemeinen Jupiterstörungen von ⟨138⟩ Tolosa. (Berlin: Mayer & Müller 1907.) (50 S.) 8°
Berlin, Phil. Fak., Ref. Bauschinger, Diss. v. 1. Juni 1907
[Geb. 4. Juli 81 Berlin; Wohnort: Frankfurt a. O.; Staatsangeh.: Preußen; Vorbildung: Joachimsthalsches Gymn. Berlin Reife O. 00; Studium: Berlin 2, Bonn 1, Berlin 4 S.; Rig. 28. Febr. 07.]

Meth, Richard, a. Berlin: Ueber die optisch-aktiven α-Amidoaethylbenzole. (Berlin 1904: E. Ebering.) (50 S.) 8°
Berlin, Phil. Fak., Ref. Landolt, Fischer, Diss. v. 17. Dez. 1904
[Geb. 10. Juli 83 Berlin; Heimatsort: Charlottenburg; Staatsangeh.: Preußen; Vorbildung: Joachimsthalsches Gymn. Berlin Reife O. 01; Studium: Bonn 1, Berlin 6 S.; Rig. 8. Dez. 04.]

Metha u. Jehren, e. Hexengeschichte. Ein Beitr. z. Gerechtigkeitspflege d. vorigen Jahrhund., aus gerichtl. Acten gezogen. 8. Leipz. 799. Kummer. 18 gl

de la Metherie, s. *de Lametherie.*

Methfessel, Ad(olf). Der Alto Paraná und die Wasserfälle des Rio Yguazú. Vortrag. Hierzu eine Tafel. SA. 8. [Bern 1896.]

Methfessel, Alb., s. Archiv f. Natur u. Kunst.

Methfessel, Albert, Gesellschafts-Liederbuch f. Guitarre. Eingerichtet nach dem Commersbuch. 3. verb. u. verm. Aufl. qu. gr. 8. (162 S.) Hamburg 847, Niemeyer. n. ½ ℛ

Methfessel, Alb., Journal f. die Guitarre. 3 Hfte. Fol. Leipz. Hofmeister. 815.

Methfessel, Alb., allgem. Commers- u. Liederbuch mit mehrstimmigen Melodien u. beigefügter Clavierbegl. qu. gr. 8. Rudolst. 819. 2e A. 820. 3e A. 824. Hofbuchh. 1 ℛ 8 gl — Dass. 4e verb. u. verm. Aufl. 4 Lieferr. qu. gr. 8. Hamb. 831, 32. Schubert u. Niemeyer. 1 ℛ 8 gl

Methfessel, A., allgem. Lieder- u. Commersbuch. 4., verm. u. verb. Aufl. für d. Guitarre. qu. gr. 8. Hamburg ..., Niemeyer.

—— allgemeines Lieder- und Commersbuch. 5., verb. und verm. Aufl. Sammlung der beliebtesten Volks-, Vaterlands-, Kriegs- und Studenten-Lieder für Gesang und Pianoforte componirt und arrangirt. (Nr. 1000.) qu. 4. (IV und 100 S.) Hamburg 851, G. W. Niemeyer.

Methfessel's, Alb., deutsches Lieder- u. Commersbuch. Sammlung der beliebtesten Volks-, Vaterlands-, Kriegs- u. Studentenlieder f. Gesang u. Pianoforte. Rev. u. neugestaltet v. Ernst Methfessel, 6., m. üb. 100 Liedern verm. Aufl. (In 5 Lfgn.) 1. Lfg. gr. 8. (S. 1—48.) Leipzig 875. M. Schäfer. — 75

— Liederkranz. 1s—3s Heft. 4. Rudolst., Hof- Buch- u. Kunsthandl. 16 gl

Mauer-Lied. [Komp. von] A[lbert] Gottlieb] **Methfessel.** o. O. u. J. 2 Bl. quer 4° [Kopftit.]
Mit Noten: „Maurerwort zieht uns fort ...“

Methfessel, Ernst, Anweisung auf leichte einfache Weise die Guitarre spielen u. Lieder begleiten zu lernen, nebst einer Anzahl Uebungsstücke u. Lieder in progressiver Folge. 2 Hefte. Schaffhausen 866, 67. Brodtmann'sche Buchh. 8. (38 u. 42 S.) Jedes Heft 7½ ngr.

Methfessel, Ernst, 41 dreistimmige Chor-Lieder [Original-Compositionen] für Schulen, Lehranstalten und kleinere Gesangvereine componirt. qu. 16. (III, 86 S.) Schaffhausen 871, Brodtmann'sche Buchh.

Methfessel, Ernst, 100 Jugendlieder älterer und neuerer Dichter und Componisten. Für Primar- und Volksschulen zweistimmig bearb. gr. 8. (V, 82 S.) Zürich 880, Schmidt. *

— Lieder-Album für Jung und Alt. Für eine Singstimme mit leichter Klavierbegleitung componirt und arrangirt. 2 Hefte. Lex.-8. (IV und 28 S., III und 28 S.) Schaffhausen 865,67, Brodtmann'sche Buchh. à Heft 6 Ngr.

Methfessel, Ernst, Liedersammlung für gemischten Chor. Schaffhausen 863. Brodtmann. 16. (IV, 276 S.) 12 ngr.

— Liedersammlung für gemischten Chor. 1. Aufl. 1863. und 2., verm. und verb. Aufl. gr. 8. (VIII und 272 S.) Schaffhausen 867, Brodtmann'sche Buchh.

— Liedersammlung für den gemischten Chor. Hrsg. unter Mitwirkung deutscher und schweizerischer Tonsetzer. 1. Thl. 3. und 4. Aufl. (274 S.) 1871,76. ℳ 1,50.; 5. Aufl. 8. (274 S.) Schaffhausen 886, Brodtmann'sche Verlagsh.
2. Thl. Ebendas. 1875. ℳ 1,80.

Methfessel, Ernst, Liedersammlung für den gemischten Chor. Hrsg. unter Mitwirkung deutscher und schweizerischer Tonsetzer. 2. (Schluß-)Thl. 8. (VIII, 349 S.) Schaffhausen 875, Brodtmann'sche Buchh.
1. Thl. Ebendas. 1867. *ℳ 1.20.

Methfessel, Ernst, Liedersammlung f. gemischten Chor. 1. Thl. 5. Aufl. gr. 8. (VIII, 274 S.) Schaffhausen 886. Stötzner. 1. 80

— drei Marschlieder für vier Männerstimmen. Gedichte von Fröhlich. qu. 4. (8 S.) Zürich 862. (Schaffhausen, Brodtmann'sche Buchh.)

— sechs Schweizerlieder verf. von schweizer. Dichtern, für den gemischten Chor componirt. 1. Heft. Partitur. gr. 4. (8 S.) Schaffhausen 862, Brodtmann'sche Buchh.
Die Stimmen (à 8 S. in qu. 4.) à

— Taschenliederbuch f. Jung u. Alt, zur frohen Unterhaltung. N. d. 4. Aufl. d. Lieder-Commersbuchs. 4., verm. u. verb. Aufl. 32. (224 Seit.) Hamburg 841, Riemeyer.

Methling, Kurt

Methling, Curt, approb. Arzt aus Stettin: Aus d. med. Poliklinik zu Kiel. Zur Kenntnis des Vorkommens accidenteller Herzgeräusche in den ersten Lebensjahren. *Kiel 1901: H. Fiencke.* (23 S.) 8°
Kiel, Med. Diss. v. [2. Dez.] 1901

Methner, Alf., Organismen u. Staaten, s.a. Natur u. Staat. 8. Tl.

Organismen und Staaten. Eine Untersuchung über d. biolog. Grundlagen d. Gesellschaftslebens u. Kulturlebens. Von Dr. med. Alfred **Methner** in Breslau. Jena: G. Fischer 1906. (X, 172 S.) 8° [F.]
= Natur u. Staat. T. 8. [illegible]

Methner, Julius

Methner: Zur Einführung in die deutsche Sprachlehre. 30 S. 8°.– Gnesen, Progr. 1867.

Methner, J., Einführung in die deutsche Sprachlehre. Gnesen 868. Lange. gr. 8. (V, 94 S.) n. 10 ngr.

Methner, J., Grundzüge einer Metrik und Rhythmik für den Schulgebrauch. gr. 8. (28 S.) Leipzig 881, Teubner. cart. *

Methner, Julius Die ersten 25 Jahre des Gymnasiums in Gnesen. Beiträge zu einer Geschichte der Anstalt. 4 (37 S.).
Progr. G. *Gnesen* 1888 (141).

Methner, Julius *(geb. Lissa in Pos. [29.]9. 1825)*: De praepositionum Graecarum natura atque usu. Part. I. Lesnae (1848). (42 S.) 8°
Breslau, Phil. Diss. v. 8. [vielmehr 11.] Mai 1848

Methner, J., Poësie u. Prosa, ihre Arten und Formen. I. Pr. 1883. 36 S. 4°.
— — II. Pr. 1884. 29 S. 4°

Methner, Julius Poesie und Prosa, ihre Arten und Formen. III. Teil. 4 (36 S.). IV. Teil. 4 (26 S.).
Progr. G. *Gnesen* 1886 (138). 1887 (140)
Vgl. desselben Titel. (XI, 338 S.) 8. Halle 1888, Buchh. des Waisenh. ℳ 2,80.

Methner, J., Poesie und Prosa, ihre Arten und Formen. 8. (XI, 338 S.) Halle 888, Buchhandlung des Waisenhauses. *

Methner, J., Friedrich Schiller. Am 10. Novbr. 1859 in Gymnasium zu Lissa gesprochen. gr. 8. (24 S.) Lissa 859 Günther's Verlag. *

Methner: Specimen eines lateinischen Vocabulariums. Vorbemerkungen. 10 S. 4° und 26 S. 8°.– Lissa, Progr. 1857.

Methner, J., Turnbuch für Schulen, besonders für Gymnasien, Real- und höhere Bürgerschulen. 8. (VIII und 184 S. mit 40 in den Text eingedr. Holzschn. und 8 Stut.) Berlin 862, Hertz. *

— Vocabularium latinum. Etymologisch zusammengestellt. 8 (IV und 153 S.) Lissa 857, Günther's Verlag. *

Methner, Karl Heinrich Alexander

Methner, Carolus Henricus Alexander *(geb. Hünern bei Breslau 18.3.1817)*: Specimen quoddam singulare paracentesis naturae ope peractae in thoracis empyemate. Vratislaviae (1845). (30 S.) 8°
Breslau, Med. Diss. v. 23. Dez. 1845

Methner, Konstantin

Methner, C., der kaufmänn. Agent. Eine Erläuterg. der Rechte u. Pflichten der kaufmänn. Agenten auf Grund des 7. Abschn. des 1. Buches des Handelsgesetzbuches vom 10. V. 1897. Für Inhaber v. kaufmänn. Agenturen u. f. Geschäftsherren zum prakt. Gebrauche bearb. (Dr. Ludw. Huberti's kaufm. Bibliothek.) gr. 8. (X, 88 S.) Leipzig 900. Dr. L. Huberti. Geb. in Leinw. n. 2. 75

— Aktionär, Aufsichtsrat u. Vorstand u. ihre Rechte u. Pflichten bei Aktiengesellschaften bezw. Kommanditgesellschaften auf Aktien. Eine umfass. Darstellg. des gesamten auf Vorstand, Aufsichtsrat u. Aktionär bezügl. Rechtsstoffes einschliessl. der d. Aktiengesellschaften berühr. Steuer- u. Stempelfragen, unter Benutzg. der einschläg. Rechtsprechg. f. den prakt. Gebrauch dargestellt. (Dr. Ludw. Huberti's moderne kaufm. Bibliothek.) gr. 8. (VIII, 180 S. m. 1 Abbildg.) Ebd. (902). Geb. in Leinw. n. 2. 75

Aktionär, Aufsichtsrat und Vorstand und ihre Rechte und Pflichten bei Aktiengesellschaften bezw. Kommanditgesellschaften auf Aktien. Eine umfass. Darst. d. gesamten Rechtsstoffes einschliessl. der d. Aktiengesellschaften berührenden Steuer- u. Stempelfragen unter Benutzung d. einschläg. Rechtsprechung dargest. von C[onst.] Methner, Landrichter in Ratibor. Leipzig: L. Huberti [1902]. (180 S.) 8°
(Ludwig Huberti's moderne kaufm. Bibliothek.)

— das neue u. das alte Handelsgesetzbuch in ihren Abweichungen dargestellt. gr. 8. (III, 196 S.) Breslau 899. M. & H. Marcus. n. 1.80

Methner, R(udolf), Prof. Dr.: Die Darstellung der lateinischen Temporalsätze in der Obertertia. Nebst einem Anhang: Über die Bedeutung von postquam. *Bromberg 1902: A. Dittmann.* (47 S.) 8°
Bromberg, k. G. OP 1902 (171)

Methner, Rud., die Darstellung der lateinischen Temporalsätze in der Obertertia. Nebst e. Anh. über die Bedeutg. v. postquam. Progr. gr. 8. (47 S.) Bromberg 902. (Mittler.) n. 1. —

Methner, R(udolf): Die Grundbedeutungen und Gebrauchstypen der Modi im Griechischen. Bromberg 1908: Dittmann. 75 S. 8°.
Bromberg, k. G OP 1908 (210) [S 08. 307

Methner, R., d. Grundbedeutungen u. Gebrauchstypen der Modi im Griechischen. Progr. (75 S.) 8. Bromberg 908. (Mittler.) — 75

Methner, Rudolfus *(geb. Lissa in Pos. 23. 9. 1853)*: De tragicorum Graecorum minorum et anonymorum fragmentis observationes criticae. Part. 1. Gnesnae (1876). (43 S.) 8° *[Forts. als Progr. d. Gymn. zu Bromberg 1882 u. 1883.]*
Breslau, Phil. Diss. v. 27. Apr. 1876

Methner, Rud., Untersuchungen zur lateinischen Tempus- u. Moduslehre m. besond. Berücksicht. des Unterrichtes. gr. 8. (VIII, 315 S.) Berlin 901. Weidmann. n. 6. —

Methner, Theodor [aus Breslau]: Aus d. chem. Institut d. Univ. Breslau. Über die Einwirkung von Formaldehyd auf Chinaldin ... Breslau, Buchdr. z. Gutenberg A. Schreiber, 1895; 3 Bl., 34 S., 1 Bl. 8.
Breslau, Phil. Fak., Inaug.-Diss. v. 20. März 1895

Methner, Thdr., üb. die Einwirkg. v. Formaldehyd auf Chinaldin. Diss. gr. 8. (34 S.) Breslau 895. (Schletter.) n. — 50

Méthode abrégée d'étudier la religion par principes, et d'en demontrer la vérité. 8. Strasb. Levrault. 783. Rthlr.

Méthode pour l'Accordion, f. *Information.*

Methode Alvincy. Enseignement direct et rationnel des langues. Direkter u. rationeller Sprachunterricht. Deutsch-Französisch — Français-Allemand. La vie pratique. Das prakt. Leben. Manuel complet de conversation pour l'étude rapide et facile du français ou de l'allemand parlé. Vollständ. Gesprächbuch zur schnellen u. leichten Erlerng. der französ. od. deutschen Umgangssprache. (XVI, 288 S.) kl. 8. Leipzig 910. O. Holtze's Nachf. Geb. in Leinw. 2. 40

— dasselbe. Deutsch-Französisch — Français-Allemand. La vie intellectuelle et morale. Das geist. u. sittl. Leben. (VIII, 184 S.) kl. 8. Ebd. (910). Geb. in Leinw. 2. 40

— pour apprendre aux Dames à bien habiller. 8. Frankf. 747.

Methode zur Ausbildung in der zerstreuten Fechtart. 8. (26 S.) Wien 867, Mechitharisten-Congregations-Buchh.

—— zur Ausbildung im Felddienst. 8. (37 S.) Wien 867, Mechitharisten-Congregations-Buchh.

— die beste, aus Erdäpfeln sehr schmackhaftes Brod zu backen. gr. 8. (Ulm, Ebner). 818.

Methode zu Bestimmung des Areals der Länder. [Leipzig 1777.] V: *Öder, Georg Christ.* (MS)

Programm, sechstes — des k. k. Neuhauser Gymnasiums am Schlusse des Studienjahres 1857, veröffentlicht durch den k. k. Gymnasial-Direktor Hubert Hudec, Neuhaus, 1857. Druck von Alois Landfras. (24 S. und 2 Tafeln. Halbf.)
Enthält: Methode einer elementären Bestimmung des Maximums und Minimums algebraischer Funktionen einer Variablen, verbunden mit einigen Anwendungen.

—— sehr einfache neu erfundene, e. trockne Sulzesubstanz zu Gelée, Creme, Compote rc. zu erzeugen. Ingleichen e. and. ebenfalls trockne zu Gallerte, Sulze rc., erfund. u. beschrieb. v. ein. prakt. Koche. 12. (2 B.) Leipzig 837, Baumgärtners Bh.

— erleicht., des Lernens lat. u. frz. Vocabeln. 8. Mannh. Schwan. 787.

— die erprobte, engl., wie die Runkelrüben zur größten Vollkommenheit erbaut werden. A. d. Engl. übers. Mit einer Vorrede von Pohl. 8. Leipzig, Baumgärtner. 820.

Méthode pour étudier l'histoire. Leipsic 1714. V: *Lenglet du Fresnoy, Nicolas.* (EB)

— facile, pour connaitre le genre des substantifs de la langue franç. 8. Braunschw. 814. Pluchart. 8 gr.

— facile, par laquelle les enfans sont mis en état de lire la langue française, à l'ouverture de toutes sortes de livres, sans faute et en fort peu de tems. 8. Kopenh. 815. Brummer. 4 gr.

Fränklinisch-Reimarische Methode das Einschlagen des Blitzes abzuwenden. In einem Auszug von G. B. D. P. P. P.
Frankfurt-Leipzig: Johann Georg Fleischer. 1770. 24 S. 8°.
Bayerische Staatsbibliothek München

— katechetische, in Unterredungen über moral. relig. Gegenstände. 8. Schleswig. 802. Jetzt Hammerich in Altona.

— katechetische, in Unterred. üb. moral. Gegenstände. Ein Beytr. z. Beförder. d. wahren katechet. Lehrart. 8. Schlesw. Christiani. 803.

— katechetische, in Unterredungen üb. moral. Gegenstände. Ein Beitr. zu Beförder. d. wahren katechet. Lehrart. 8. Schlesw. 803. (Hammerich in Altona). 22 ℊ

— alle Handschrift. zu copiren. gr. 8. Hamb. (Sommer in Leipz.) 800.

Methode, Kurze und leichte. wie die Gewissheit der Religion wieder die Deisten zu beweisen ... Leipzig 1710. Ŭ: *Seidel, Chph Matthäus.* (Myl)

— kurze, wie im Militair d. Liturgie-Sänger organisirt u. in d. Musik unterrichtet werden können. gr. 8. (3 B. u. 1 Musikbeil.) Berlin 829, Mittler.

— kurzgefaßte, alle Arten v. Scheintodten wieder zu beleben ꝛc. v. e. reisenden Deutschen (Leop. Graf v. Berchtold). gr. 8. (Wien 791.)

Methode, eine leicht ausführbare, zur Untersuchung des Genußwassers. [Vom k. k. Militär-Sanitäts-Comite gekrönte Preisschrift von Florian Kratschmer.] 8. (75 S.) Wien 875, (Seidel und Sohn.) *

Methode, e. leicht ausführbare, zur Untersuchung d. Genußwassers. [Vom k. k. Militär-Sanitäts-Comité gekrönte Preisschrift d. Florian Kratschmer.] 8. (75 S.) Wien 876. (Seidel & Sohn.) n. 1. —

Methode, eine leicht ausführbare, zur Untersuchung des Genußwassers [vom J. 1876]. 2. unveränd. Aufl. 8. (75 S.) Wien 881, Hof- und Staatsdruckerei. *

Methode (über die leichteste), hölzerne Brücken für den nachfolgenden oder für den an Mannschaft weit überlegenen und anrückenden Feind unbrauchbar zu machen, ohne dieselben zu verbrennen, zu zerstören etc. 8. München 1813.

— f. junge Leute, um sich selbständig zu machen. Anleitung zur Ausbildg. nach logischem Denken v. H. Kr. (Elementar-Unterricht, verbunden m. zeitgemäßem Lehrgang f. die einzelnen Erwerbszweige, das Aufsuchen v. Erwerbszweigen, das Ermitteln v. Handgriffen, Bildg. der Genossenschaften.) (39 S.) gr. 8. Köln (908). (M. Coenen.) Kart. — 80

— geschickte Excerpte zu machen. 4. Chemnitz, Putscher. 724.

— über meine, beim ersten Religionsunterricht. Ein Beitr. zur Berichtig. herrschender Vorstellungsarten, v. Verf. d. Schrift: Philalethes, üb. Jesum u. seine Religion ꝛc. 8. Leipz. 802. Joachim. 4 ℊ

Methode, Meine, beym ersten Unterricht im Lesen und Nachdenken ... Pressb. 1809. V: *Uhl, Carl.* (Pk)

Methode, Münchner, Menschen, die von wüthenden Hunden gebissen wurden, zu kuriren. [Gera 1784.] V: *Bispink, Frdr. Hnr.* (MGT)

Methode, Neu abgefasste, die Geometrie von sich selbst zu erlernen. Breslau 1780—87. V: *Moller, Ludwig Daniel Adolph.* (Müller, Repert. d. math. Litt.)

— neue, die weitläuftigsten u. beschwerlichsten Staffel-Rechnungen ganz kurz, leicht u. sicher abzuthun. 8. Mainz 782. (Coppenrath in Münstir). 5 ℊ

Neue Methode, die Grösse der leeren Zwischenräume in einer Klafter Scheitholz zu bestimmen. - o.O. o.J. 12 S.

Methode, neue einfache, jede Art grünes Holz beinahe ohne alle Kosten binnen einigen Stunden so zu trocknen, daß es sofort verarbeitet werden kann, ohne daß es während d. Trocknens, od. später, während u. nach d. Arbeit Risse u. Sprünge bekommt. Vielfach erprobt u. physikal. erwiesen v. e. prakt. Geschäftsmann. Ein versigeltes Couvert in qu. 8. Bresl. 833. (Aderholz). 10 ℊ

— neue, die Kinder ohne Brust groß zu ziehen, (v. Ph. Baldini). 2 Abthlgn. Mit Kpf. 8. Wien 795. Gerold. 6 ℊ

— neue, Briefe, Facturen, Rechnungen ꝛc. ohne Maschinen u. Kosten zu copiren ꝛc. 8. Leipz. Sommer. 801.

Methode, neue, Briefe, Fakturen, Rechnungen ꝛc. ohne Maschine u. ohne Kosten in einigen Minuten zu copiren. 2te Aufl. 16. Leipz. Sommer. 816.

Methode, neue, leichte u. angenehme, zum Elementar-Zeichnen-Unterricht. Mit viel. lith. Zeichnn. (auf 24 Blättern.) br. qu. 8. (3/4 B. Text.) Hirschberg 835, [Waldow.]

— neue, leichte u. angenehme, zum Elementar-Zeichnen-Unterricht. Mit vielen lithogr. Zeichnungen (auf 24 Blättern). breit qu. 8. Hirschberg 835. Zimmer. 1/4 ℛ

— neue leicht faßliche u. sehr bewährt gefundene ꝛc., französisch schreiben, sprechen u. lesen zu lernen. 8. Frankf. ... 2e A. 812. Brönner. 12 ℊ

Methode, Neue, unauflössliche Malter und Kitte zu machen ... A. d. Franz. Wien 1775. V: *Loriot, Ant. Jos.* & *Pierre Patte.* (Gatterer, Repert. d. mineral. Litt. Giessen 1798—99. II, 40.)

— neue, d. Bauholz zu verbessern; nebst e. neuen Zimmerungs-System. gr. 4. Leipz. 802. Joachim. 8 ℊ

— neue, die Luftheizung bei gewöhnl. Kachelöfen zu verwenden. gr. 8. (3/4 B. u. 1 Abbild.) Brünn 840, [Winiker.]

Methode, Neue, leinenes und baumwollnes Zeng zu waschen ... Leipz. 1806. V: *O'Reilly, R.* & *Jean Ant. Chaptal Comte de Chanteloup.* (EB)

— eine ganz neue, die qualvolle lange Weile durch sehr kurzweilige u. unterhaltende Scherzspiele auf eine schlaue Art wegzutändeln ꝛc. Nebst e. Punschpredigt, e. Punschliede ꝛc. von Belthas. Kurzweil. 8. Grätz 793. Kienreich. 1/4 ₰

Methode, Conradi Heliandri neuerfundene, ohne Eingebung einiger Medicin zu curiren. Hamb. o. J. V: *Haccius, Hermann Conrad.* (SCHR)

— neu erprobte, Kindern Verstand u. Witz beizubringen; s. Trichter, der neue ꝛc.

Methode, Neueste, Litteratur und Buchhandel zu befördern. [Gera 1784.] V: *Bispink, Frdr. Hnr.* (MGT)

—— neueste u. gründliche, der Bierbrauerei, nach deutschen, engl. u. franz. Mustern, um e. kräftiges, weinart. u. gesund. Bier ohne große Kosten zu erhalten ꝛc. Mit vielen wicht. Lehren verm. u. bearb. v. e. prakt. Brauherrn ꝛc. Mit Abbild. (2 lith. Taf.) 8. (16 B.) Berlin 834, (Schumann.)

Methode, neueste, das rauhe Wachs ohne Presse zu läutern. Hrsg. v. J. G. D. 8. (1/2 B.) Grätz 813, Kienreich. Thlr. -

Methode, Die neueste und leichteste, gute Briefe schreiben zu lernen. Prag 1791. V: *Eichler, Andreas Chrysogon* (nicht *Gustav*). (GGr)

— neueste u. leichteste, gute Briefe zu schreiben, v. A. G. Eichler. 8. Prag, Widtmann. 804.

Methode, neueste unfehlbare, Brüche jeglicher Art, die noch nicht so vernachlässigt sind, daß sie wieder in ihre ursprüngliche Lage zurückgebracht werden können, durch zwei zusammenwirkende Mittel zu heilen. Von einem Geheilten. Mit Inlage von 2 Pflastern. Weida (854.) Huth. 16. versiegelt n. 20 ngr.

— d. chemisch. Nomenclatur f. d. antiphlogist. System, v. Morveau, Lavoisier, Berthollet u. de Fourcroy. Nebst e. neuen System ꝛc. d. chem. Zeichen v. Hassenfratz u. Adet. Aus d. Französ. v. K. v. Meidinger. Mit 7 Kpf. 8. Wien 801. Camesina'sche Buchhandl. (Heubner). 1 ₰ 16 gl. Daraus apart: Hassenfratz u. Adet, System d. chemischen Zeichen f. d. antiphlogist. Chemie u. Nomenclatur. Mit 6 Kpft. gr. 8. Wien 793. Ebd. 16 gl.

— nouv., p. apprendre la langue allem. p. le moyen de l. françoise, av. fig. 8. Strasb. 760.

— nouv., p. apprendre à bien lire la langue française etc. 8. Augsb. 784. Rieger. 4 gl.

— nouv., pour apprendre à bien lire et à bien orthographier, à l'usage des écoles. 8. Potsd. 790. Horvath. 12 gl.

— nouvelle, pour copier sur le Champ. sans machine et sans dépense etc. Avec la traduction allemande. Nouv. edit. Leips. Sommer. 816.

Méthode nouvelle pour copier en un instant, sans machine . . . les lettres . . . Leipsic 1800. V: *Blatspiel, Chn Lebrecht.* (Ky) (MGT)

— nouvelle, pour copier sans machine et sans dépense les lettres, factures, les comptes etc. (par Ch. L. Blatspiel). 16. Leipz. 800. N. A. 816. (W. Nauck). 16 gl. — Dass. deutsch: Methode, neue, Briefe, Facturen, Rechnungen ꝛc. ohne Maschinen u. Kosten zu copiren ꝛc. 8. Ebd. 801. 8 gl.

— nouvelle, pour copier sans machine les lettres etc. 16. Leipz. Sommer. 800.

— nouvelle, facile et abr., p. apprendre la langue italienne. II Tom. 8. Strasb. König. 785.

Méthode de H. G. Ollendorff pour l'étude de la langue Allemande. 2. édit. revue et corrigée par C. Rosenberg. 12. (IV u. 500 S.) Genève 847, Kessmann. 1 1/2 ₰

Methode, Pestalozzis neue, die alten Sprachen zu lehren . . . Karlsruhe u. Baden 1817. V: *Marx, C. M. Phil.* (Jen. Allg. Litt.-Ztg. 1818. Nr. 69.) (Leipz. Litt.-Ztg. 1818. Nr. 127.)

— (über die Pestalozzische) u. ihre Einführung in Volksschulen. 8. Stuttg., Steinkopf. 8 gl.

Methode, Die Pestalozzische, und ihre Einführung in die Volksschulen. Stuttgart 1811 [1810]. V: *Süsskind, Friedrich Gottlieb.* (ErschDL)

Methode petite, pour le Piano-Forte à l'usage des Commençans. Extraite de la grande Méthode de J. Pleyel et Dussek. Nouv. Edit. Fol. (3 B. incl. 1 Abbild.) Bonn 834, Simrock.

Praktische Methode zur Ausbildung in der zerstreuten Fechtart, basirt auf die Bestimmungen des Reglements und die Erfahrungen des Feldzuges 1870. 3. Aufl. Wien 1873. 8°.

— pour prendre copie de toutes les écritures. gr. 8. Hamb. 796. Fauche. 8 gl.

— progressive, od. prakt. Anleitung zum erfolgreichen Empfang der hl. Beichte u. zur geistlichen Leitung. Nach der Methode des hl. Ignatius u. im Geiste des hl. Franz v. Sales. I. u. II. Bd. 12. 8. Paris, P. Lethielleux. — Knechtsteden, Missionshaus Knechtsteden. à 1.60
I. Von der Lauheit zum Eifer. (384 S.) 906.
II. Vom Eifer zur Vollkommenheit. (540 S.) (909.)

Methode der kleinsten Quadrate mit Rücksicht auf praktische Astronomie. (Als Manuscript gedruckt.) O. O. [ca. 1830.] V: *Littrow, Jos. Joh. Edler von.* (Mitth. Hofr. Dr. W. Haas-Wien.)

— raisonnée et nouvelle pour apprendre en peu de tems l'art d'écrire la langue française par principes. 8. Brünn 781. Gastl. 12 gl.

Methode Schliemann zur Erlerng. d. französ. Sprache. Nach d. Schliemann vorgelegten u. v. ihm gebill. Plane bearb. v. Otto Badke u. A. Wagnon auf Grund einer Orig.-Novelle v. Hans Wachenhusen u. m. Beiträgen üb. Land u. Leute Frankreichs von P. v. Melingo. 20 Hfte. gr. 8. (412 S.) Leipzig 885. 96. P. Spindler. à Hft. n. 1.—

Methode Schliemann zur Erlernung fremder Sprachen. Hrsg. v. Paul Spindler. Englisch. Bearb. v. E. Penner u. C. Massey. Mit 1 (farb.) Plan v. London u. 1 Nr. d. Daily Telegraph. 20 Lfgn. gr. 8. (XII, 480 u. Suppl. 53 S.) Leipzig 892. P. Spindler. In Karton. n. 20. —

— dasselbe. Neue verb. Aufl. 20 Lfgn. gr. 8. (320 S.) Ebd. 893. n. 20. —

— dasselbe zur Erlerng. der spanischen Sprache. Auf Grund e. Orig.-Novelle v. F. Fliedner u. m. Beiträgen üb. Land u. Leute Spaniens bearb. v. A. Keller. 20 Hfte. gr. 8. (400 S.) Ebd. 896. 97. à Hft. n. 1. —

— dasselbe z. Erlerng. d. italienischen Sprache. Bearb. v. C. Weber auf Grund e. Orig.-Novelle v. C. B. Giusti u. m. Beiträgen üb. Land u. Leute Italiens v. R. Schöner. 20 Hfte. gr. 8. (400 S.) Ebd. 896—898. à Hft. n. 1. —

Methode Schliemann zur Selbsterlernung der englischen Sprache. Nach e. v. Heinr. Schliemann gebilligten Plane bearb. v. C. Massey, E. Penner u. Paul Spindler. 8., verb. u. verm. Aufl., durchgesehen v. Frederick C. Akehurst. Mit e. Plane v. London, e. engl. Münztaf. u. anderen Beigaben. 22 Briefe. (XVI, 544 S.) gr. 8. Stuttgart (905). W. Violet. In Leinw.-Mappe n. 22. —; einzelne Briefe n. 1. —

— dasselbe, der französischen Sprache. Nach e. v. Heinr. Schliemann gebilligten Plane bearb. in Verbindg. m. Jos. Aymeric, E. Penner, A. Keller u. andern Fachgelehrten v. der Redaktion der Methode Schliemann. 2., veränd., verb. u. verm. Aufl. Mit e. Plane v. Paris. 20 Briefe. (408 S.) gr. 8. Ebd. (906). In Mappe n. 20. —; einzelne Briefe n. 1. —

— Schliemann zur Selbsterlernung der italienischen Sprache. Nach e. v. Heinr. Schliemann gebilligten Plane bearb. v. Carl Weber. 2., verb. u. verm. Aufl. Mit 1 Karte v. Italien, 1 italien. Münztaf. u. anderen Beigaben. 20 Briefe. (496 S.) gr. 8. Stuttgart (907—09). W. Violet. Hülse: 20. —; m. Sprechmaschinenplatte 22. 50

Methode Schulz, Französisches encyklopädisches Original-Sprachbuch zum Selbstunterrichte etc. I.—III. Theil. 8. (I. Theil. Elementar-Sprachlehre, XLVIII, 148 S. II. Theil. Theoretischer Theil, XIV, 604 S. III. Theil. Praktischer Theil, XXXII, 1240 S., mit 3 Plänen und Heften) 8.50
Reichenberg: Fritsche 1894.

Die sicherste und beste Methode die meisten Krankheiten, Gebrechen und Schwachheiten des menschlichen Leibes sicher und geschwind zu heilen. ... Frankfurt & Leipzig 1761. 563 S. 8°

Methode, sicherste, die Anwesenheit des Arseniks bei Arsenikvergiftungen zu ermitteln, im Auftrag der kgl. Akademie der Medicin zu Paris bekannt gemacht von Husson, Adelon, Pelletier, Chavalier u. Caventou. Aus d. Französ. übers. von Walther u. hrsg. v. K. H. Rohatzsch. gr. 8. (2¼ B.) München 842. (Lentner'sche Buchh.) *

— sicherste, d. meisten Krankheiten zu heilen. 4. Nürnb. 761. Monath u. K. 1 ß

— des deutschen Stylunterrichtes. gr. 8. (3¼ B.) Bern 843, Dalp. *

Methode Toussaint-Langenscheidt. Brieflicher Sprach- u. Sprech-Unterricht f. das Selbststudium der russischen Sprache v. Adph. Garbell unter Mitwirkg. v. W. Köner u. P. Perwow. (In 36 Briefen.) 1.—23. Brief. gr. 8. (S. 1—404.) Berlin (902). Langenscheidt's Verl. à n. 1. —

— dasselbe f. das Selbststudium der spanischen Sprache v. S. Gräfenberg unter Mitwirkg. v. Antonio Paz y Mélia. (In 36 Briefen.) 1.—16. Brief u. III. Beilage. gr. 8. (S. 1—336 u. 1—31.) Ebd. (902). à n. 1. —

— dasselbe. Russisch, verf. v. Adph. Garbell, beendet v. K. Blattner unter Mitwirkg. v. P. Perwow, W. Körner, L. v. Marnitz. 24—36. (Schluß-)Brief. (S. 405—624; I—IV. Beilage XI, 205; 20, 16, 20 u. Sachregister 24 S.) gr. 8. Ebd. (903). à n. 1. — (Vollständig in Karton n. 27. —; in 2 Kursen à n. 18. —)

— dasselbe. Spanisch, v. S. Gräfenberg unter Mitwirkg. v. Antonio Paz y Mélia. 17—36. Brief. (S. 337—668 u. I., II., IV—VI. Beilage. (107, 16, 15, 16 u. 24 S. u. Sachregister 18 S.) gr. 8. Ebd. 903. à n. 1. — (In 2 Kursen à n. 18. —; zusammen bezogen n. 27. —)

— dasselbe der schwedischen Sprache v. Emil Jonas unter Mitwirkg. v. Ebbe Tuneld u. C. G. Morén. 36 Briefe, 6 Beilagen u. Sachregister. (600, 8, 34, 14, 12, 19, 19 u. 15 S.) Lex.-8. Ebd. 904 (905). n. 27. —; in 2 Kursen à n. 18. —

— Toussaint-Langenscheidt. Brieflicher Sprach- u. Sprechunterricht f. das Selbststudium Erwachsener. Italienisch, v. Heinr. Saberský unter Mitwirkg. v. Gust. Sacerdote. 36 Briefe. VII Beilagen u. Sachregister. (711, 12, 12, 32, 16, 16, 19, 48 u. 43 S.) Lex.-8. Berlin-Schöneberg (904—906). Langenscheidt's Verl. n. 27. —; in 2 Kursen à n. 18. —

— dasselbe. Italienisch v. Heinr. Saberský unter Mitwirkg. v. Gust. Sacerdote. 4. Aufl. 36 Briefe u. 8 Beilagen. (711, 44, 12, 32, 16, 16, 19, 48 u. 43 S.) Lex. 8. Ebd. 907. In Mappe 27. —; in 2 Kursen à 18. —; einz. Briefe 1. —

— dasselbe. Spanisch, v. S. Gräfenberg unter Mitwirkg. v. Antonio Paz y Mélia. 4. Aufl. 36 Briefe u. 7 Beilagen. (667, 107, 16, 31, 15, 16, 24 u. 18 S.) Lex. 8. Ebd. 907. In Mappe 27. —; in 2 Kursen à 18. —; einz. Briefe 1. —

— dasselbe. Französisch v. Charles Toussaint u. G. Langenscheidt. Unter Mitwirkg. v. A. Gornay neu bearb. v. Karl Schmidt. 90. Aufl. 36 Briefe, 6 Beilagen u. Sachregister. (948, 40, 95, 51, 32, 47, 32 u. 31 S.) Lex. 8. Ebd. (908). In Leinw.-Mappe 27. —; in 2 Kursen à 18. —; einz. Briefe 1. —
I. Beilagen allein (zum I. Kurs.): L'aide-copiste. (Der Schreibhelfer.) Ein Hilfsbuch zur Ersparg. unnöt. Schreiberei. (40 S.) 1. —
II. Satzbildung. (95 S.) 2. —
III. Modèles de conjugaison de tous les verbes français, tant réguliers qu'irréguliers. (51 S.) 1. —
IV. (Zum II. Kurs.): Darstellung der französischen Aussprache in systematischer Ordnung. (84 S.) 1. —
V. Der französische Briefstil unter Berücksicht. der geschäftlichen Korrespondenz. (47 S.) 1. —
VI. Vue d'ensemble sur le développement de la langue et de la littérature française. (32 S.) 1. —
Sachregister. (31 S.) 1. —

Methode Toussaint-Langenscheidt. Original. Brieflicher Sprach- u. Sprech-Unterricht f. das Selbststudium Erwachsener. Rumänisch v. Ghiță Pop unter Mitwirkg. v. Gust. Weigand. 36 Briefe, 7 Beilagen u. Sachregister. (664, 24, 36, 56, 16, 16, 16, 32 u. 19 S.) Lex. 8. Berlin-Schöneberg (908). Langenscheidt's Verl.
In Mappe 27. —; in 2 Kursen à 18. —; einz. Briefe 1. —
I. Beilagen allein (zum I. Kurs.): Der Schreibhelfer. Copistul. Ein Hilfsbuch zur Ersparg. unnöt. Schreiberei. (24 S.) 1. —
II. Der Wiederholer. Repetitorul. (36 S.) 1. —
III. Deklinations- u. Konjugationsmuster. (56 S.) 1. —
IV. (Zum II. Kurs.): Rumänismen. (16 S.) 1. —
V. Germanismen. (16 S.) 1. —
VI. Der rumänische Briefstil unter Berücksicht. der geschäftlichen Korrespondenz, des Telegramm- u. Anzeigenstils etc. (16 S.) 1. —
VII. Abriß der Geschichte der rumänischen Sprache u. Literatur (32 S.) 1. —; Sachregister. (19 S.) 1. —

— Toussaint-Langenscheidt. Original. Brieflicher Sprach- u. Sprech-Unterricht f. das Selbststudium Erwachsener. Englisch v. C. van Dalen, Henry, Lloyd u. G. Langenscheidt. Im J. 1908 ganz neu bearb. u. erweit. v. H. Baumann. 90. Aufl. 36 Briefe, 5 Beilagen u. Sachregister. (696, 104, 28, 140, 20, 24 u. 72 S.) Lex. 8. Berlin-Schöneberg (908). Langenscheidt's Verl. In Leinw.-Mappe 27.—; in 2 Kursen à 18.—; einz. Briefe 1. —

I. Beilagen allein (zum I. Kurs.) The repeater. Ein Nachhelfer f. Lernende, die kein außergewöhnlich gutes Gedächtnis haben. (104 S.) 2. —
II. (Zum II. Kurs.) Die engl. Aussprache in systemat. Ordnung. (28 S.) 1. —
III. Geschichte der englischen Sprache u. Literatur von der Eroberung Englands bis auf die Gegenwart. (Aus: „Brooke, Geschichte der engl. Literatur, deutsch v. A. Matthias, neu bearb. v. J. Bube".) (140 S.) 2. —
IV. Der engl. Briefstil unter Berücksicht. der geschäftl. Korrespondenz. (Auszug aus van Dalens „Englisch f. Kaufleute", m. neueren Zusätzen.) (20 S.) 1. —
V. Anglicisms proverbs, and proverbial phrases. (24 S.) 1. —
Sachregister. (72 S.) 2. —

— dasselbe. Niederländisch, v. C. J. Vierhout u. Ch. Altena. 36 Briefe m. 3 Beilagen u. Sachregister. (IV, 816 S., 80, 23, 44 u. 32 S.) Lex. 8. Ebd. (909). In Mappe 27.—; in 2 Kursen à 18.—; einz. Briefe 1. —

— dasselbe. Ungarisch v. J. Balassa u. L. Palóczy. 36 Briefe. (616 S. I.—VI. Beilage, 31, 15, 55, 23, 15, 40 u. Sachregister 16 S.) Lex. 8. Ebd. (909. 10). In Karton 27.—; in 2 Kursen à 18.—; einz. Briefe 1. —

Über Methode des geographischen Unterrichts an Gymnasien. 1. Hälfte. S. 21 - 27 u. 2 Taf. 8°.– Graz II. OG, Progr. 1871.

— üb. die, des theoret. Unterrichtes. 8. Münch. 821. Lindauer. 6 gr.

— verbesserte, das Talg geruchlos, ohne Rückstand von Säuren u. bei Entbehren der Presse zu reinigen u. zu läutern. 8. (26 S. m. 1 Lith.) Berlin 847, Weinholz. 6 ngr.

— z. Verfertigung d. trocknen Bärme. Nach d. zu Schiedam gebräuchl. Verfahrungsart. 8. Prenzlau 819. Ragoczy. 6 gr.

— verschied., Moräste u. Sümpfe auszutrocknen. Mit Kpf. 4. Leipz., Hartknoch. 9 gr.

—— die vortheilhafteste, d. Einschlachtens, Einpöckelns u. Räuchern d. Fleisches. 8. (1¼ B.) Breslau 850, (Aderholz.)

—— die vortheilhafteste, des Einschlachtens, Einpöckelns u. Räucherns des Fleisches. 2. Ausg. 16. (1½ B.) Magdeburg 842, Baensch. *

— für Wissen, Erkenntniß u. Verständniß d. Spiritismus als neue Offenbarg. Seit 1846. (Von Maurer.) gr. 8. (IV, 82 S.) Preßburg 898. Leipzig, W. Besser. n. — 85

— die Wohnzimmer im Winter ohne Oefen zu heizen. 8. Prag. 798. Neureutter. 1 gr.

Methoden zur Bestimmg. der Gasausbeute aus Calciumcarbid. Hrsg. vom deutschen Acetylenverein. gr. 8. (12 S. m. Abbildgn. u. 2 Taf.) Halle 900. C. Marhold. n. — 40

Methoden, die, der organischen Chemie. Ein Handbuch f. die Arbeiten im Laboratorium. Bearb. v. K. Arndt, A. Aufrecht, F. Baum u. A., hrsg. v. Th. Weyl. 1.—13. Lfg. (I. Bd. XIX, 360 S. u. II. Bd. IV, IV, VI. IV, VI u. S. 1—1132.) Lex. 8. Leipzig 908—10. G. Thieme. 40. 40

— dasselbe. 1. Bd. Allgemeiner Tl. (XIX, 360 S. m. 257 Abbildgn.) Lex. 8. Ebd. 909. 10.—; geb. in Leinw. 11. 20

— des gewerblichen Einigungswesens, s.a. Schriften der Gesellschaft f. soziale Reform. II, 11. 12.

Methoden des gewerblichen Einigungswesens. Verhandlungen der 3. Generalversammlung der Gesellschaft für sociale Reform am 3. u. 4. XII. 1906 in Berlin. Nach stenogr. Aufnahme. Mit dem Tätigkeitsbericht für 1905/06, den Statuten und dem Verzeichnis der Vorstands- und Ausschussmitglieder. 8°. Jena, G. Fischer, 1907. (Schriften der Gesellsch. f. sociale Reform, Bd. 2, Heft 11—12.)

Methoden zur Untersuchg. der Kunstdüngemittel. Hrsg. v. Verein deutscher Dünger-Fabrikanten. [Aus: „Die chem. Industrie".] 2., verb. u. verm. Aufl. gr. 8. (41 S.) Berlin 898. R. Gaertner. n. 1. 20

Methoden zur Untersuchung der Kunstdüngemittel. Hrsg. vom Verein deutscher Dünger-Fabrikanten. 3., verb. u. verm. Aufl. (IV, 31 S. m. 1 Fig.) Lex.-8. Berlin 903. Weidmann. n. 1. —

— zur Untersuchg der Kunstdüngemittel. Hrsg. vom Verein deutscher Dünger-Fabrikanten. 4., verb. u. verm. Aufl. (88 S.) Lex. 8. Berlin 907. P. Parey. 2. —

Methodenbuch, od. Anleit. zu zweckmäß. Führung d. Lehramtes, f. Lehrer in Trivial- u. Hauptschulen. 8. Wien 823. (Prag, Calve). 16 gr.

Methodenbuch oder Anleitung zur zweckmäßigen Führung des Lehramtes für Lehrer in Trivial- und Hauptschulen. 8. (406 S.) Wien. Gedruckt bei L. Grund. 1848. Ungebunden 26 kr.; gebunden 34 kr. C. M. Verlag der Schulbücher-Verschleiß-Administration

— für d. ersten Cursus d. Semler-Schützischen neuen Elementarwerks. gr. 8. Halle 783. Gebauer. 18 gr.

— f. d. Lehrer d. Normalschulen d. Republ. Solothurn. 8. Basel 786. Turneisen. 5 gr.

— f. Lehrer d. deutschen Schulen in d. k. k. Erblanden, s.a. Anleitung f. Lehrer.

Methodenbuch f. Lehrer der deutsch. Schulen in d. K. K. Erbland. 8. Bamberg, Göbhard. 777.

METHODENBUCH FÜR LEHRER

Methodenbuch ¦ für ¦ Lehrer der deutschen Schulen ¦ in den ¦ kaiserl.-königlichen Niederlanden, ¦ darinn ¦ ausführlich gewiesen wird, wie die in der ¦ Schulordnung bestimmte Lehrart nicht allein ¦ überhaupt, sondern auch insbesondere, bey jedem ¦ Gegenstand, der zu lehren befohlen ist, soll ¦ beschaffen seyn. Kostet gebunden in ledernen Rücken 21 Stüber. ¦ [Vignette] ¦ Mit Ihro röm. kais. auch königl. apost. Maj. ¦ allergnädigster Druckfreyheit. ¦ Lützemburg, Im Verlag der Normalbuchdruckerey, bey ¦ Franz Perl sel. Erben. ¦ 1789. 18 ungez., 193 gez., 195 gez. S., kl-8° (175 × 105 mm).

— f. Lehrer deutscher Schulen, in Tabell. 8. Freiburg, Fr. Wagner. 6 gr.

Methodenlehre, allgem., f. Studirende, s. Ueber.

Methodik des Handarbeitsunterrichts in der Volksschule. Hrsg. vom Erziehungs-Institut Gießen. 3. völlig neu bearb. Aufl. der „Anleitung zur method. Erteilg. des Handarbeitsunterrichts". Mit 66 Abbildgn. nach Orig.-Vorlagen. (XII, 207 S.) 8. Stuttgart 908. Muth. Geb. in Leinw. 4. —

Methodik des Kopfrechnens in Verbindung mit zahlreichen Uebungs-Aufgaben für die I. Klasse der Volksschulen im Kaiserthume Oesterreich. Für Lehrer und Lehramtskandidaten. 8. (198 S.) Wien. Gedruckt bei Leopold Grund. 1854. Gebunden in Leinwandrücken 18 kr. C. M
Verlag der Schulbücher-Verschleiß-Administration

Methodik des Kopfrechnens. 8. (200 S.) Wien 860, Schulbücherverlag. geb

Methodik der wichtigsten Lehrgegenstände, als Product der Erfahrung, aus der Schule selbst hervorgegangen. A. u. d. Tit.: Vortheile u. Abkürzungen beim Kopfrechnen. Verfaßt von C. B....., hrsg. v. e. Lehrervereine. 8. (2 B.) Langensalza 843, Schulbuchh. d. Thüringer Lehrer-Vereins. –

Methodik des Turn-Unterrichtes. Nach den für die sechsclassigen Volksschulen der Bukowina vorgeschriebenen Lehrplänen bearbeitet von Franz Grillitsch. Czernowitz. 1899. [Pardini] Gr.-8°. 87 S. * fl. —.6

Methodik des deutschen Unterrichts in katechetischer Form. Von einem Schulmanne. gr. 16. (III, 34 S.) Leipzig 879, Lesimple's Verlag. *

Methodik. Zur Methodik des Unterrichts in der Mädchen-Fortbildungsschule. Fünf Vorträge gehalten in den Versammlungen der Sektion Zürich des Schweiz. Lehrerinnenvereins. Hrg. von der Sektion.... 68 S. 8. (Zürich, W. Coradi-Maag,) 1903.
1. Gesundheitslehre. Referentin Frl. L[uise] Eberhard. 2. Deutsche Sprache. Referentin Frau Dr. (Hedwig) Bleuler-Waser. 3. Haushaltungskunde. Referentin Frau (Emma) Coradi-Stahl. 4. Rechnen und Rechnungsführung. Referentin Frl. E(milie) Benz. 5. Erziehungslehre. Referent Herr Seminarlehrer (G[ottlieb]) Gattiker.

Methodik. Zur M' des Unterrichts in der Mädchen-Fortbildungsschule. Fünf Vorträge gehalten in den Versammlungen der Sektion Zürich des Schweiz. Lehrerinnenvereins. 2. Aufl. Hrg. von der Sektion Z'.... 68 S. 8. Bezugsstelle: »Pestalozzianum Zürich« (Druck: W. Coradi-Maag, Z'), 1910. [fr. —.80]
1. Gesundheitslehre. Referentin Frl. L[uise] Eberhard. 2. Deutsche Sprache. Ref' Frau Dr. (Hedwig) Bleuler-Waser. 3. Haushaltungskunde. Ref' Frau (Emma) Coradi-Stahl. 4. Rechnen und Rechnungsführung. Ref' Frl. E(milie) Benz. 5. Erziehungslehre. Referent Herr Seminarlehrer (G[ottlieb]) Gattiker.

— der kaufmännischen Unterrichtsfächer, hrsg. v. Alex. Doerr unter Mitwirkg. berufener Fachschulmänner. Lex. 8. Leipzig, B. G. Teubner.
Oberbach, Johs., Methodik der Handelsbetriebslehre. (IV, 44 S.) 910. 1. —
Penndorf, B., Methodik des kaufmännischen Rechnens. (IV, 57 S.) 910. 1. 20

Methodik des Volks- und Mittelschulunterrichts. In Verbindung mit namhaften Schulmännern u. unter Mitw. des Geh. Reg. Rat E. Friedrich hrsg. von Hermann Gehrig. (1, 5.) Leipzig & Berlin: B. G. Teubner 1905. 8° [F.]

— des Volks- u. Mittelschulunterrichts. In Verbindg. m. namhaften Schulmännern u. unter Mitwirkg. des E. Friedrich hrsg. v. Herm. Gehrig. gr. 8. Ebd.
Altmann, Elisab., Methodik des Handarbeitsunterrichts. 2., ergänzte Aufl. (m. Ergänzungsheft). (IV, 60 u. 28 S. m. 2 Taf.) 910. 1. —; Ergänzungsheft allein (28 S.) — 40
Berndt, Johs., Methodik des Unterrichts in der evangelischen Religion. (VI, 139 S.) 909. 2. —

— dasselbe. Vollständige Ausg. (A). I. Bd. Die ethischen u. sprachlichen Fächer. (XVI, 159, 128, 245, 98 u. 110 S.) gr. 8. Ebd. 910. 8.80; geb. 9. 60

— dasselbe. Ausg. B (ohne kathol. Religion). I. Bd. Die ethischen u. sprachlichen Fächer. (XV, 159, 245, 98 u. 110 S.) gr. 8. Ebd. 910. 7.20; geb. 8. —

— dasselbe. Ausg. C (ohne evangel. Religion). I. Bd. Die eth. u. sprachl. Fächer. (XII, 128; 245, 98 u. 106 S.) 8. Ebd. 907. 6.80; geb. in Leinw. 7. 60

Methodik des Volks- und Mittel schulunterrichts. In Verbindung mit namhaften Schulmännern u. unter Mitw. d. Geh. Reg. E. Friedrich hrsg. von Hermann Gehrig, Schulr. Voll-st. Ausg. (A.). Bd 1. Leipzig & Berlin: Teubner 1910. 8°

Methodik des Zifferrechnens in angemessener Verbindung mit dem Kopfrechnen. Eine Anweisung zum Gebrauche des Uebungsbuches beim Rechnungsunterrichte für die III. u. IV. Klasse der Volksschulen. Für Lehrer und Lehramtskandidaten. *Wien* 1856. Im *k. k. Schulbücherverl.* 258 S. 8°. Preis 21 kr.

—— des Zifferrechnens. 8. (260 S.) Wien 860, Schulbücherverlag. geb

Bischöfliche Methodistenkirche. Sammlung von geistlichen Liedern. Cincinnati, 1847.

Μεθοδίου, Ὀλυμπιώτου λόγοι εἰς τὴν ἁγίαν καὶ μεγάλην τεσσαρακοστήν. Λειψ. 766. 4.

Methodius, des heiligen, Offenbarungen, m. K. 4. Nrnb. Raspe. 774.

Methodius, des heiligen, Offenbarungen. Nach dem zu Basel durch Mich. Furter im J. 1494 gedr. Exemplar. Neuerlich in Druck befördert u. mit einer Vorrede versehen durch J. M. L. u. Ambros Oschwald. 12. (XVIII u. 90 S.) Villingen 850, Förderer. 1/6 ₰

Methodii, S., opera et S. Methodius Platonizans. Edidit Alb. Jahnius. 2 Partes. Halle 865. Pfeffer. hoch 4. (XXIII, 286 S.) n. 4 ₰

Methodi, Prophezeihungen, s.: Buch, das, der Geheimnisse.

Methodo, de optima, legendorum ecclesiae patrum. 8. Augsb. 756. M Rieger. 5/12 ₰

Methodus recte cogitandi in scriptis eruditis et ingeniosis . . . Augustae Vind. 1716. V: *Bouhours, Dominique.* (EB)

Methodus compendiosa horologium horizontale construendi. Ingolstadii 1780. V: *Zallinger, Johann Baptist von.* (MARGR)

Methodus cujuscumque numeri non perfecte quadrati Radicem . . . determinandi . . . Ingolstadii 1762. V: *Kraz, Georg.* (JES) (ML) (SO)

Methodus, Facilis addiscendae lingvae graecae, pro classe grammatices. Monachii 1795. V: *Kirchmaier, Chn Albert,* **nicht:** *Kirchmaier, Alex.* (Goovaerts, Ecrivains de l'ordre de Prémontré I. Bruxelles 1899.)

Methodus, Nova, argumenta calculandi in foro: Entwurf einer neuen Methode die Stärke der Beweise . . . mit Zahlen zu berechnen . . . Coburg 1766. V: *Springer, Johann Christoph Erich v.* (stri)

— oxcellentis pietatis in dies ardenter Deum trinum adorandi etc. 8maj. Wien 771. Krauss. 16 ℛ

Methodus certi vitae status deligendi practica a quodam societatis Jesu sacerdote. 24. (178 S.) Linz 860, (Danner.) ¹

Methodus, pract. dispensationum matrimonial. 8. Bamb. Goebhard. 773.

Methodus pract. dispensationum matrimonial. 8. Bamb. 773. (Wesché in Frankf.) 4 ℛ

Rationalis Methodus ad praxin clinicam, d.ist Eine vernünfftige Anweisung zu der gründlichen Erkäntnüß u. glücklichen Curirung derer innerlichen menschlichen Kranckheiten, in welcher alles nach denen neuesten principiis derer in diesem Seculo berühmtesten doctorum medicinae eingerichtet, u. zu beliebten Nutzen an das Licht gegeben worden ist Leipzig: Lanckisch 1722. 433 S. 8°

Methodus studiorum, tum humaniorum, cum severiorum, prout ea deinceps in gymnasiis et universitatibus catholicis per Germaniam majori cum fructu tradenda superiorum nutu praescribuntur. S. l. 1752. V: *Legipont, Oliverius.* (Erman & Horn, Bibliogr. d. dtsch. Universitäten. 1. Leipz. u. Berl. 1904.)

Methodus et ordo, Theologiae dogmaticae tradendae. Viennae 1778. V: *Rautenstrauch, Franz Stephan von.* (Ky) (ML)

Methfieder, Joh. Frdr., Erinnerungen aus meinem Leben nach e. 53jährigen Dienste in der Schule. (VII, 118 S.) gr. 8. Nürnberg 905. F. Korn. n. 1. 50; geb. in Leinw. n. 2. 20

Methusalah, d. Niederlausitzische. 4. Cor. 730.

Methusalem, Der neue, oder lange leben und gesund bleiben ohne Doctor und Medicin . . . Wien 1850. V: *Macher, Matthias.* (GGr)

Methusalem, der neue, oder lange leben u. gesund bleiben ohne Doktor u. Medizin. Eine auf vieljähr. Erfahrungen u. sorgfältige Prüfung aller neueren Heilmethoden gegründete prakt. Anleitung zur Erzielung des höchsten Erdenglückes, der Gesundheit u. des langen Lebens, nebst allgemein faßlichen Belehrungen, den Krankheiten möglichst vorzubeugen 2c. Ein Hausschatz f. jede Familie 2c. von einem Menschenfreunde. 2 Bde. 8. (VI u. 462 S.) Wien 850, Dirnböck. n. 1⅓ ℛ

Methusalem, der neue, oder lange leben u. gesund bleiben ohne Doctor u. Medizin. Eine auf vieljähr. Erfahrungen u. sorgfältige Prüfung aller älteren u. neueren Heilmethoden gegründete prakt. Anleitung zur Erzielung des höchsten Erdenglückes, der Gesundheit u. des langen Lebens, nebst allgemein faßlichen Belehrungen, den Krankheiten möglichst vorzubeugen u. sie durch die einfachsten, naturgemäßesten Hausmittel mit möglichster Vermeidung der latein. Küche gründlichst zu heilen. Ein Hausschatz für jede Familie, für jeden Menschen, dem sein Leben u. seine Gesundheit am Herzen liegen, vorzüglich für Landbewohner, welche sich bei plötzlich eintretenden Krankheiten Rath u. Hilfe verschaffen wollen. Von einem praktischen Arzte u. Menschenfreunde. 4. Aufl. Wien 864. Dirnböck's Buchh. 8. (XXX, 262 S.) geb. 1 ℛ

Metilius, Jureconsulti Academici Roboretani ad praecellentissimum doctissimum Benedikt Winckler jureconsultum celeberrimum Scabinorum Lipsiens. protosecretarium cet. De Judaeo Christianorum infanticida epistola. Leipzig (Langenheim) (5. III. 1771). 24 S. (4.—) 23104

Metius, Jo. Christian Theophil (Eisenach), Disputatio de persecutione Christianorum Pliniana. Präs. Christoph August Heumann). Göttingen (J. Fr. Hager) Aug. 1731. 22 S. (4.—) 23105

Metke, Sylvester. De theologia Sophoclis. 19 S. Neiße, Progr. 1858

Metlakahtla, die christliche Indianer-Kolonie in Britisch-Columbia. 8. (88 S.) Basel 878, Missionsbuchh. *

Metlikovitz Hermann: De Sophoclis codice Laurentiano. Diss. Wien. Univ.
D: Wien, 1890.
1887 PN 487 1470

Metlinger, Barthololm., Kinderbuch, s.a. Unger, Ludw.

Das Kinderbuch des Bartholomäus **Metlinger** [Ein regiment der jungen kinder, Ausz.] 1457–1476. Ein Beitrag z. Gesch. d. Kinderheilkunde im Mittelalter von Dr. Ludwig Unger, Doz., Wien. Leipzig & Wien: F. Deuticke 1904. (45 S.) 8° [04. 1789]

METLITZKY, Vinzenz: Immerwährender Wirthschafts-Kalender, zugleich ein Hilfsbuch mit Berechnungs-Tafeln aller Art, für Forst-, Land- und Gartenwirthschaft, Jagd und Fischerei, Holzhandel, Fabrik- und Bauwesen. Gesammelt und compendiös zusammengestellt aus den Werken, Kalendern etc. der berühmtesten Autoren Behm, Buchmayer, Burckhardt ... - Mährisch-Weisskirchen 1877. 465 S.

Metmann, Leo. (1.) Zur Regenerationsarbeit in Palästina. Vortrag, gehalten im akademischen Zionistenverein Bern. (2. Statuten des Akademischen Vereins zur Förderung der Naturkunde in P.) IV + 28 S. 8. Bern, Verlag des A. Z. V. Bern. (fr. —. 60) *Ausg. A:* [1908.] — *Ausg. B, (Aufdruck:* 1908).

Metmann, Leo. Die Hebräische Sprache. Ihre Geschichte und lexikalische Entwicklung seit Abschluss des Kanons und der grammatischer Bau des Verbums in der Gegenwart. Diss. Phil. Bern. (... angenommen 4 Juli 1904.) II + 169 S. 8. Jerusalem. A. M. Luncz. [1908].

Metnitz, Josef

Metnitz, J. v., Atlas zur Pathologie der Zähne, s.: Heider, M., u. C. Wedl.

— Lehrbuch der Zahnheilkunde f. praktische Ärzte u. Studierende. gr. 8. (VIII, 375 S. m. 229 Holzschn.) Wien 891. Urban & Schwarzenberg. n. 10. —

Metnitz, Jos. R. v., Lehrbuch d. Zahnheilkunde f. prakt. Aerzte u. Studierende. 2., verb. Aufl. gr. 8. (VIII, 371 S. m. 229 Holzschn.) Wien 895. Urban & Schwarzenberg. n. 10. —

Metnitz, Jos. Ritter v., Lehrbuch der Zahnheilkunde f. prakt. Aerzte u. Studierende. 3., verb. u. verm. Aufl. gr. 8. (XII, 451 S. m. 255 Abbildgn.) Wien 903. Urban & Schwarzenberg. n. 10. —; geb. in Leinw. n. 12. —

Metzitz, Jos. Ritter v., Pathologie der Zähne, s.: Wedl, Carl.

Metochites, Theodorus

Metochitae, Theod., *Ἀνέκδοτα* nonnulla, c. var. lection. vulg. a I. Bloch. 8. Coph. Proft. 790.

Theodorus Metochites. Dichtungen des Gross-Logotheten Theodoros Metochites hsg. v. M. Treu. Pr. 1895. 54 S.

Metochitae, Theod., miscellanea philosoph. et historica. Graece. Textum e codice Cirensi descripsit, lectionisque varietatem ex aliquot aliis codicibus enotatam adiecit M. G. Müller. Edit. auctoris morte praeventa cui praefatus est Th. Kiessling. 8maj. Lips., W. Vogel. 821. Druckp.
Schreibp.
Velinpap.

Metodo

—— nuovissimo, per la conversazione tedesca ossia raccolta di voci e frasi nonchè di dialoghi intorno alle principali esigenze della vita. Opera utilissima agli studiosi di detta lingua, ai commercianti, ai marittimi, ai viaggiatori etc. etc. 16. (IV und 108 S.) Triest 858, Coen. *

Metodo, nuovissimo, per la conversazione tedesca ossia raccolta di voci e frasi nonchè di dialoghi intorno alle principali esigenze della vita. Opera utilissima agli studiosi di detta lingua, ai commercianti, ai marittimi, ai viaggiatori ecc. 2. ediz. Triest 865. Coen. 16. (112 S.) n. 6 ngr.

Metodo, nuovo, pratico e facile per imparare la lingua francese secondo il sistema di F. Ahn. Nuovissima edizione diligentemente corretta ed accresciuta. 8. (III und 224 S.) Triest 860, Coen. *

—— nuovo, pratico e facile per imparare la lingua francese secondo il sistema di F. Ahn. Nuovissima ediz. diligentemente corretta ed acresciuta. 8. (224 S.) Triest 865, Coen. *

—— nuovo, pratico e facile per imparare la lingua tedesca secondo il sistema di F. Ahn. Nuovissima ediz. diligentemente corretta ed accresciuta. 8. (176 S. mit 1 Stnt. in qu. 4.) Triest 866, Coen. *

Metra, A., il Mentore perfetto de Negozianti etc. V Tom. gr. 4. Frankf. 793—97. Gebhardt u. K. 24 ₰

— — dasselbe. 4. Triest. (Geistinger in Wien.)

Metrie, de la, s. Mettrie

Metrik, Adf., Vorträge f. Künstler. 8. (36 S.) Wien 884. Mejstrik. n. — 60

Metrodori Epicurei fragmenta, s. Koerte, Alfr.

Metrophanis critica emendat. et animadv. in Meursii glossarium graeco-barbarum ed. Franz. 8. Stendal 787. 8 gr.

Metrophanis Critopuli confessio, siehe: Appendix librorum symbolicorum.

Der Metropole: Apr. 1859 – 1860.

Republican weekly. Continued as TÄGLICHE METROPOLE. Edited & published by Werner Koch & R. Schellhaas.
Washington, DC

Tägliche Metropole: Oct. 1, 1860—Jan. 7, 1861.

Republican daily, except Sunday. Edited & published by Werner Koch & R. Schellhaas, Oct. 1–Nov. 14, 1860; by Werner Koch & Co. [H. Wernich] Nov. 16, 1860–Jan. 7, 1861.
Washington, DC

Metropole, die ungarische. Neuer Budapester localer und commercieller Führer. Redig: von Mich. Szalai und Jos. Kahn. 12. (VI, 346 S. mit Lichtdr.-Illustr. aus dem Atelier Geo. Klösz.) Budapest 888, (Kilián.) geb. *

Wiener Metropolitan-Central- und Peripherie-Bahn sammt Abzweigungen u. Verbindungen, mit allen in Wien einmündenden Bahnen, n. dem Projecte v. A. M. Leinwather u. Consorten. Massstab 1 : 14.400. Gr.-Qu.-Fol. Mit Farben-Tracen. Wien, Carl Teufen. 80 kr. 1883. S. 38

Metropolitan-Domkapitel, Das, zu Köln in seinem Rechte, oder Verhalten desselben und seine Verhandlungen mit dem Apostolischen Stuhle in der Erzbischöflichen Sache ... Köln 1828. V: *München, Nicolaus.* (StBKöln I, 132)

Metropolitan-Domkapitel, das, zu Köln in seinem Rechte, od. Verhalten dess. u. seine Verhandln. mit d. Apostol. Stuhle in d. Erzbischöfl. Sache. Eine kanonist. Abhandl. mit authent. Aktenstücken. gr. 8. (10¼ B.) Köln 838, Eisen.

Metropolitan- und Stadtpfarrkirche zu Unserer Lieben Frauen in München, die, e. ausführl. Beschreib. ders., den Bewohnern v. München u. jed. Geschichtsfreunde gewid. Lex.-8. (2¾ B. u. 4 Abbildn.) München 839, Franz. Thlr. *
Mit Abbildn. auf chines. Pap. *

Metropulos, Charalambos P., geschichtliche Untersuchungen über das lacedämonische und das griechische Heerwesen überhaupt. Als Fortsetzung der geschichtl. Untersuchungen über die Schlacht bei Mantinea. gr. 8. (126 S.) Göttingen 858, (Vandenhoeck und Ruprecht's Verlagsbuchh.) Thlr. * *

—— geschichtliche Untersuchungen über die Schlacht bei Mantinea um die Mitte des peloponnesischen Krieges, insbesond. über die Staerke der beiden feindl. Heere in dieser Schlacht. Inaugural-Dissertation. gr. 8. (54 S.) Göttingen 858, (Vandenhoeck und Ruprecht's Verlagsbuchh.) *

v. Mets, Jos., († d. 4. Jan. 1819.) Leitfaden z. christkathol. Religionsunterricht. 8. Gmünd 815. 2e A. 8. Rotenb. 820. Hoch. (Drechsler in Heilbr.) 3 gr.

Mets, J. von, Leitfaden zum christkathol. Religionsunterricht. 8. Gmünd, Ritter. 815.

Metsch, Edmund, meine Erlebnisse als Einjährig-Freiwilliger beim k. b. Infanterie-Leibregiment im Kriege gegen Frankreich 1870—1871. 8. (96 S.) München 871. Wagner. 1. —

Metsch, Eugenie. In der Nacht vor Allerseelen, s. Familien-Bibliothek.

Metsch, J. C., Flora Hennebergica, enthalt. die wildwachsenden u. angebauten Gefäßpflanzen, sowie die Armleuchtergewächse (Characeen) der Grafschaft Henneberg, kgl. preuß. Antheils. Ein Beitrag zur Flora des thüringer Waldes. 8. (25¼ B.) Schleusingen 845, Glaser.

Metsch, Johann Christian (Suhl), De blepharophthalmia blennorrhoica recens natorum. Diss. med. Berlin (Brueschcke) 4. I. 1821. 61 S. mit Biogr. (M.: Chr. M. Stoll.) (3.50) 23106
Oppon.: Carl Wilhelm Walther, Carl Vogel, Carl Rudolph Schroeter. — Gew.: C. A. Hoffmann, J. G. Schulze.

v. Metsch, Karl, Versuch üb. d. einfachste u. zweckmäßigste Art, die Geschützladung mittelst Percussion zu entzünden. Mit 3 Kpft. u. 5 Tabell. gr. 8. Weimar 827. Ind.-Compt. 1 ₰ 21 gr.

Metsch, Rud. (Guil.) (geb. Suhl 17. 2. 1825): De abortus origine Berolini (1849). (32 S.) 8°.
Berlin, Med. Diss. v. 17. Nov. 1849

Metsch, Rudolf [aus Torgau]: Ueber perforirende Schädelschüsse nebst einem Fall mit nachfolgendem Gehirnabscess .... Berlin, Buchdr. v. Knoll & Wölbling (1886); 30 S. + 2 Bl. 8°.
Berlin, Med. Fak., Inaug.-Diss. v. 13. Nov. 1886.

Metsch, Rudolf. über perforirende Schädelschüsse nebst einem Fall mit nachfolgendem Gehirnabscess. Diss. Berlin 1886, Mayer & Müller. 8⁰. 30 S.

Metscher, E., s.: Schülerkalender, deutscher.

Metscher, Heinr., Causal-Nexus zwischen Leib u. Seele u. d. daraus resultier. psycho-phys. Phänomene. gr. 8. (177 S.) Dortmund 896. F. W. Ruhfus. n. 3. —

Metscher, H., üb. ansteckende Krankheiten u. deren Verhütung u. Bekämpfung. (Cholera, Typhus, Diphtherie, Scharlach od. Scharlachfieber, Masern, Ruhr, Grippe, Keuchhusten, Pocken od. Blattern, Tuberkulose.) Nebst den vom kaiserl. Gesundheitsamte zusammengestellten „Schutzmaßregeln gegen Cholera". 8. (27 S.) Leipzig 892. K. F. Pfau. — 30

Die Spielhölle in Monte Carlo. Offener Brief an d. Fürsten v. Monaco. Von Dr. [Heinrich] **Metscher**-Wanne i. W. Berlin-Leipzig: Wigand 1910. 25 S. 8° (11. 0161

Metscher, die Spielhölle in Monte Carlo. Offener Brief an den Fürsten v. Monaco. (25 S.) 8. Leipzig 910. Modern. Verlagsbureau. — 60

— wie schütze ich mich vor ansteckenden Krankheiten? (Cholera, Typhus, Diphtherie, Scharlach x.) Nebst d. v. Kaiserl. Gesundheitsamt zusammengest. „Schutzmaßregeln gegen Cholera". Zusammengest. u. bearb. v. M. 3. unveränd. Aufl. 8. Leipzig 894. G. Wimmer. n. — 40'

Metscke, Hans: Bergbau und Industrie in Westfalen und im Ruhrgebiet der Rheinprovinz unter der Herrschaft der Caprivischen Handelsverträge. Breslau 1905: C. Dülfer. (99 S.) 8° ¶ [Erschien auch 1905 im Buchh. b. F. Siemenroth, Berlin. (VIII, 99 S.)]

München, Staatswirtsch. Fak., Ref. Lotz, Diss. v. 20. März 1905

[Geb. 7. Aug. 76 Myslowitz (Ob.-Schl.); Wohnort: Myslowitz; Staatsangeh.: Preußen; Vorbildung: Gymn. Beuthen Reife M. 97; Studium: Breslau 3 (jur.), München 1 (jur.), München 7 S. (staatsw.); Rig. 26. Juni 03.]

Metschl, Karl, Wiener Lehrlingselend. Im Auftrage d. Leitg. d. Vereins genossenschaftl. Gehilfenvertreter in Wien verf. (56 S.) 8. Wien (907). (Wiener Volksbuchh.) — 40

Metschnikoff, Ed., medusologische Mittheilungen. Mit 2 (chromolith.) Taf. gr. 8. (30 S.) Wien 886. Hölder. n. 4. 80

Metschnikoff, Elias, s.a. Mečnikov, Il'ja Il'ič

Metschnikoff, Elias, Beiträge zu e. optimistischen Weltauffassg. Mit Erlaubnis des Verf. ins Deutsche übers. v. Heinr. Michalski. (309 S. m. 27 Abbildgn.) gr. 8. München 908. J. F. Lehmann's Verl. 6.—; geb. 7. —

Metschnikoff, Elias, Embryologie d. Skorpions. Mit 4 Taf. in gr. 4. wovon 3 in Kpfrst. u. 1 in Lith. gr. 8. (III, 29 S.) Leipzig 870. Engelmann. 2. 40

Metschnikoff, E: Die natürlichen Heilkräfte des Organismus gegen Infektionskrankheiten. Vortrag. Leipzig und Berlin 1909

Metschnikoff, Elias, die natürlichen Heilkräfte des Organismus gegen Infektionskrankheiten. Vortrag, geh. im „wissenschaftl. Verein" zu Berlin am 8. IV. 1908. (26 S.) Lex. 8. Leipzig 909. B. G. Teubner. 1. 20
Sonderabdruck aus: „Himmel u. Erde".

Metschnikoff, Elias, Immunität, s.a. **Handbuch der Hygiene, Lfg. 32.**

Metschnikoff, Elias: Immunität. Jena 1897. 62 S.
(Handbuch d. Hygiene. Hrsg. von Theodor Weyl. Bd 9, Lfg 1.)

Metschnikoff, Elias, Immunität bei Infektionskrankheiten. Einzig autoris. Übersetzg. v. Jul. Meyer. gr. 8. (XI, 456 S. m. 45 Fig.) Jena 902. G. Fischer. n. 10. —

Metschnikoff, Elias, medusologische Mittheilungen. gr. 8. (30 S. mit 2 chromolithogr. Taf.) Wien 886, Hölder. *
Aus: Arbeiten des zoolog. Instituts zu Wien, besonders abgedruckt.

Metschnikoff, Elias, embryologische Studien an Insecten. Leipzig 866. Engelmann. gr. 8. (VII, 112 S mit 10 Kpfrtaf., wovon 6 color., in 4.) n. 2 ℛ 20 ngr

Metschnikoff, Elias, embryologische Studien an Medusen. Ein Beitrag zur Genealogie der Primitiv-Organe. Mit 9 Holzschn. u. e. Atlas, enth. 12 lith. Taf. (m. 12 Bl. Erklärgn., in Imp.-4.). gr. 8. (VI, 159 S.) Wien 886. Hölder. n. 20. —

Metschnikoff, Elias, Studien über die Entwickelung der Echinodermen u. Nemertinen, s. Mémoires de l'acad. impér. des sciences de St. Pétersbourg.

Metschnikoff, Elias, Studien üb. die Natur des Menschen. Eine optimist. Philosophie. Autoris. Ausg. Eingeführt durch Wilh. Ostwald. (XIV, 399 S. m. Abbildgn.) gr. 8. Leipzig 904. Veit & Co. n. 5. —; geb. in Leinw. n. 6. —

— Studien üb. die Natur des Menschen. Eine optimist. Philosophie. Autoris. Ausg. 2. durchgeseh. Aufl. (VIII, 399 S. m. Abbildgn.) 8. Leipzig 910. Veit & Co. 5.—; geb. in Leinw. 6. —

Metschnikoff, El., das medicinische Studium u. die ärztliche Praxis der Frauen, s.: Erismann.

Metschnikoff, Elias, Untersuchungen über die intracellulare Verdauung bei wirbellosen Thieren. gr. 8. (28 S. mit 2 lithogr. Taf.) Wien 883, Hölder. *
Aus: Arbeiten aus dem zoologischen Institute der Universität Wien, besonders abgedruckt.

Metschnikoff, I.. Die neuen Departements-Hauptstädte von Japan. 1 : 7 500 000. Gotha 1876. 1 Bl. c. I.. Ff.

Metta, K., wie belehren wir unsere Kinder in Schule u. Haus üb. das Geschlechtsleben?, s.a. Möller's Bibliothek f. Gesundheitspflege.

Wie belehren wir unsere Kinder in Schule und Haus über das Geschlechtsleben? K. **Metta**. *Berlin: W. Möller [1903].* (39 S.) 8° [F.]
— **Bibliothek**, Möller's, f. Gesundheitspflege, Erziehung u. Volksaufklärung. H. 11. (04. 939

Mettauer, Thomas

Mettauer, Th., Die Fehmgerichte Westphalens. Muri 1886.
Progr.

Mettauer, Thom. De Platonis scholiorum fontibus. Dissertatio inaugur. In-8⁰, 122 S. Turici, Zürcher & Furrer. 1880

Mettauer, Th., Cornelius Nepos, sein Leben und seine Schriften. Muri 1882.
Progr.

Mettauer, Th., Die Philosophie des Sokrates. Muri 1889.
Progr.

Mettauer, Th., Solon als Dichter. Muri 1884.
Progr.

Mette [Sachliches OW]

Mette u. Vesper. Der tägl. Morgen- u. Abend-Gottesdienst in den Kirchen luther. Bekenntnisses, nebst Psalterium Minden 865. Müller. gr. 16. (X, 180 S.) n. 5 ngr
geb. n. 7½ ngr

Mette [Verfasser]

Mette. Der Kupferschiefer-Bergbau im Anhaltischen. Bernburg, 1864.

Mette, A., die große Dortmunder Fehde von 1388 und 1389, s. Beiträge zur Geschichte Dortmunds und der Grafschaft Mark.

Mette, Alexander [Prof.]: Geschichte des Gymnasiums zu Dortmund. (Darin m. bes. Seitenzählung: Urkundenbuch.) Dortmund, Druck v. H. Meyer, 1893; 103, LXVII S., 4 Taf. 8.
Dortmund, G. Festschr. 1893

Mette, B., katholische Populär-Liturgik, od. leichtfaßl. Darstellg. u. Erklärg. der heil. Orte, Geräthe, Handlgn. u. Zeiten der kathol. Kirche. gr. 8 (XIX, 344 S.) Regensburg 874. Manz. 4. 50

Mette: De satira Romana et satyrica Graecorum poesi. 37 S.–Brilon, Progr. 1868

Mette, Emil *Ludwig Paul* [Kgl. Unterarzt aus Dortmund]: Ueber rheumatoïde Gelenkserkrankungen infolge von Syphilis ... Berlin, gedr. bei Goedecke & Gallinek, *1893;* 45 S., 1 Bl. 8.
Berlin, Med. Fak., Inaug.-Diss. v. 24. März 1893

Mette, Ferdinand, Tierarzt in Hettstedt: Aus der chirurgischen Klinik der Königlichen Tierärztlichen Hochschule zu Berlin. Vorstand: Prof. Dr. Eberlein. Untersuchungen über die Pathologisch-histologischen Veränderungen an der Linse bei den verschiedenen Kataraktformen des Pferdes. Stuttgart 1906: Union. (37 S. u. 4 Taf.) 8° (Aus: Monatshefte für praktische Tierheilkunde Bd 18.)
Gießen, Veterinär-Med. Koll., Ref. Pfeiffer, Diss. v. 20. Dez. 1906
[Geb. 6. Juni 82 Düben (Prov. Sachsen.; Wohnort: Hettstedt (Südharz); Staatsangeh.: Preußen; Vorbildung: Gymn. Saarbrücken Reife O. 02; Studium: Göttingen 3, Tierärztl. Hochsch. Stuttgart 2, Berlin 3 S.; Rig. 31. Juli 06.]

Mette, Friedrich, a. Gießen: Ueber einige Abkömmlinge des Laktyl-p-phenetidids. Amorbach 1907: G. Volkhardt. (28 S.) 8°
Gießen, Phil. Fak., Ref. Elbs, Diss. v. 14. Juni 1907
[Geb. 15. Mai 83 Gießen; Wohnort: Gießen; Staatsangeh.: Hessen; Vorbildung: Realgymn. Gießen Reife O. 01; Studium: Gießen 10 S.; Rig. 13. März 06.]

Mette, Fritz, approb. Arzt aus Zerbst: Methoden zum Nachweis der Blutplättchen. *Leipzig 1903: B. Georgi.* (27 S.) 8°
Leipzig, Med. Diss. v. (25. Juli) 1903

Mette, Hugo, appr. Arzt a. Braunschweig: Kann man in menschlichen fettig degenerirten Organen den Gang der Autolyse wiedererkennen? Göttingen 1905: Dieterich. (32 S.) 8°
Göttingen, Med. Fak., Ref. Waldvogel, Ebstein, Diss. v. 6. Sept. 1905
[Geb. 13. Aug. 80 Braunschweig; Wohnort: Göttingen; Staatsangeh.: Braunschweig; Vorbildung: Neues Gymn. Braunschweig Reife O. 00; Studium: Göttingen 10 S.; Coll. 26. Juni 05; Approb. 15. März 05.]

Mette, Karl Gustav

Mette, Car. Gust. (geb. Sommerschenburg [24. 1. 1840]): De tabe dorsali. Berolini (1864). (31 S.) 8°
Berlin, Med. Diss. v. 23. März 1864

Mettegang, Ludwig (Dortmund/Westfalen), De diabete praesertim mellito. Diss. med. Berlin (Friedlaender) 19. V. 1838. 48 S. mit Biogr. (M.: Bockelkamp.) (3.—) 23107
Oppon.: S. Schueler, F. Schulte, A. Meyer. — Gew.: Wilh. Landfermann, Friedrich Begiebing.

Mettel, Herm., Senne-Blüten. Ein Sträußlein Gedichte. (Neue Ausg.) kl. 8. Kassel (906). (Dortmund, H. Brunsöhler.) Geb. n. 1. 25

Mettel, L., Trifels-Erinnerungen. (IV, 91 S.) 8. Kaiserslautern 888. H. Kayser. 1.—

Mettel, Ludw., Altes und Neues zur Erklärung und Erweiterung des ersten Theiles des Katechismus für die vereinigte protestant.-evangel.-christl. Kirche der Pfalz. 8. (158 S.) Kaiserslautern 873, Tascher. *

Mettel, Ludw., biblische Geschichte für die vereinigte protestantisch-evangelisch-christliche Kirche der Pfalz. 2 Hälften. Katechetisch bearb. gr. 8. Kaiserslautern 883, A. Gotthold's Verlagsh. à Hälfte *ℳ 1,50. *
Inhalt:
Hälfte 1. Geschichten des alten Testaments. (III, S. 1—117.)
" 2. Geschichten des neuen Testaments. (S. 119—263.)

—— Schaffet, daß ihr selig werdet! Ein Confirmationsbüchlein. 8. (VI, 90 S.) Speyer 869, Lang.

Metten, die, an den drei letzten Abenden der hl. Charwoche nach dem römischen Brevier lateinisch u. deutsch. 12. (164 S.) Rottenburg a/N. 883. Bader. geb. n. — 80

Metten- und Vesperandachten für die höhern Festtage der katholischen Kirche . . . Gmünd 1807. V: *Rink, Jos. Alois.* (MGT)

Mettenborn, Erich v., Frauenpolitik u. Frauenliebe an europ. Höfen. gr. 8. (319 S. m. 6 Bildn.) Berlin 898. H. Steinitz. n. 4. 80

— am dänischen Hofe unter Königin Caroline Mathilde, s.a. Weiberregiment, das, an den Höfen Europas.

Am Dänischen Hofe unter Königin Caroline Mathilde von Erich v. **Mettenborn.** Berlin: H. Steinitz (1900). (149 S.) 8° [F.]
= Weiberregiment an d. Höfen Europas in d. letzten 3 Jh. 4. (01. 1937

Mettenborn, Erich v., an den Höfen der Balkanstaaten, s.a. Weiberregiment, das, an den Höfen Europas.

An den Höfen der Balkanstaaten. Von Erich v. **Mettenborn.** Berlin: H. Steinitz [1901]. (179 S.) 8° [F.]
= Weiberregiment an den Höfen Europas in d. letzten 3 Jh. 8. (01. 1373

Mettenborn, E. v., Das Weiberregiment am Hofe der Königin Karoline Mathilde von Dänemark. Berlin 1901. 8°. (Mk. 2—.) (1 Mk. 35 Pfg. Schaper, 1906.)

Mettenhorn, E. v., Das Weiberregiment an den Höfen der Balkanstaaten. Berlin 1901. 8°. (Mk. 2.—.) (1 Mk. 35 Pfg. Schaper, Hannover, 1906.)

Mettenbüchlein f. das Volk. 3. verm. Aufl. 8. (48 S.) Nürnberg 902. C. Koch. n. — 25

Mettendorf [Schlagwort]

Mettendorf, s.: **Deutschland.** Uebersichtskarte.

Mettendorf, s.: **Geologische Karten** (Preussen).

– s. Kriegsschauplatzkarten.

– s. Militärkarten.

Mettendorf, s.: Preussen. Messtischblätter.

Mettenheimer [Sachliches OW]

Mettenheimer, Dr. med. Carl v., Geh. Medicinalrath u. grossherzogl. mecklenburg-schwerinscher Leibarzt. Ein Lebensbild. gr. 8. (58 S. m. Bildnis.) Schwerin (899). E. Herberger. n. — 90

Mettenheimer [Verfasser]

Mettenheimer, C., s. Mettenheimer, Karl

Mettenheimer, Heinrich [pr. Arzt]: Ein Beitrag zur topographischen Anatomie der Brust-, Bauch- und Beckenhöhle des neugeborenen Kindes ... (Gekr. Preisarb.) Jena, G. Fischer, 1893; 1 Bl., 98 S. 8.
Strassburg, Med. Fak., Inaug.-Diss. v. 1893

Mettenneimer, Johann Friedrich Wilhelm (Frankfurt/M.)
De inventis et accuratius examinandis novis partibus constitutivis latentibus in aqua minerali ad officinam salariam Theodors-Halle.
MS. 51 S. 8°
Diss. phil. Giessen 14.3.1827. vorh. Univ.-Archiv.

Mettenheimer, Karl

Mettenheimer C.: Ueber eine eigenthümliche Art v. Querstreifung an den Muskeln d. Anneliden. U. St. 1860. (3) S. (Sartr.). 1 kol. Tvl. P.

Mettenheimer, C., über die hygienische Bedeutung der Ostsee mit besond. Berücksicht. der Kinderheilstätten an den Seeküsten. Vortrag, gehalten zu Berlin am 3. und 4. Octbr. 1883 im Auftrage des Ausschusses der Allgemeinen Deutschen Ausstellung auf dem Gebiete der Hygiene und des Rettungswesens. Hrsg. von dem Verein für Kinder-Heilstätten an den deutschen Seeküsten. 8. (64 S.) Schwerin 883. (Berlin, Hirschwald.) *

Mettenheimer, C., nosologische und anatomische Beiträge zu der Lehre von den Greisenkrankheiten. Eine Sammlung von Krankengeschichten und Nekroskopien eigner Beobachtung. gr. 8. (VIII und 356 S.) Leipzig 863, Teubner.

Mettenheimer, C., Beobachtungen über die typhoiden Erkrankungen der französischen Kriegsgefangenen in Schwerin. gr. 8. (87 S.) Berlin 872, Hirschwald. *

Mettenheimer, Car. (geb. Frankfurt a. M.): Disquisitiones anatomico-comparativae de membro piscium pectorali. Berolini (1847). (VI, 63 S.) 4°
Berlin, Med. Diss. v. 10. Aug. 1847

Mettenheimer, C., disquisitiones anatomico-comparativae de membro piscium pectorali institutae in museo regio Berolinensi. Adjectis tabulis II (lith.). gr. 4. (IV u. 64 S.) Berolini 847, A. Hirschwald. n. 1 ₰

Mettenheimer, C., die Einführung einer ärztlichen Standesordnung erörtert. gr. 8. (32 S.) Stuttgart 878, Enke. *

Mettenheimer, C. v., Erfahrgn. u. Beobachtgn. üb. Kinderkrankheiten, ges. in d. J. 1876—1897 u. hrsg. aus Anlaß der 60jähr. Wiederkehr seiner Doctorpromotion am 10. VIII. 1897. gr. 8. (VII, 64 S. m. 1 farb. Taf.) Schwerin 897. Stiller. n. 1. 50

—— zur Erinnerung an Dr. med. Adolph Brückner, Geheimen Sanitätsrath in Schwerin. Vortrag, gehalten zu Schwerin in der Sitzung des westmecklenburg. Aerztevereins den 25. Octbr. 1881. gr. 8. (12 S.) Ludwigslust 881, Hinstorff'sche Buchh. *

— Geschichte der Schweriner Säuglingsbewahranstalt [Krippe] in den ersten 5 Jahren ihres Bestehens. Ein Beitrag zur Geschichte der öffentl. Wohlthätigkeit u. Gesundheitspflege in Mecklenburg. gr. 8. (91 S.) Ludwigslust 881. Hinstorff's Verl. n. 1. 50

— das Seebad Groß-Müritz an der Ostsee u. das Friedrich-Franz-Hospiz [Kinderasyl] daselbst, s.a. Annalen f. die medizinisch-hygienischen Interessen der Ostseebäder u. besonders der Kinderhospize an der Ostsee.

— das Seebad (Groß-)Müritz an der Ostsee u. das Friedrich-Franz-Hospiz (Kinderheilstätte) daselbst. In Verbindg. m. Garthe u. Wagner beschrieben. Nebst 1 Kärtchen d. Gegend v. (Groß-)Müritz u. 1 kleinen Situations-Plan d. Friedrich-Franz-Hospizes. 2., veränd. u. m. e. Anh. üb. das Ostseebad Graal verseh. Aufl., bearb. v. Wagner. 8. (V, 79 S.) Ribnitz 895. C. Sparkuhl. n. 1. —

—— ärztlicher Jahresbericht über das Schweriner Kinderkrankenhaus für den Zeitraum vom 1. Octbr. 1876 bis 1. Octbr. 1877, nebst einigen Reflexionen über die Wirksamkeit und über die Zukunft dieser Wohlthätigkeitsanstalt. gr. 8. (28 S.) Schwerin 877, (Schmale.) *

—— ärztlicher Jahresbericht über das Schweriner Kinderkrankenhaus für den Zeitraum von 1878—1884. gr. 8. Schwerin.
Nicht im Handel.

— Leben u. Wirken d. weil. Geh. Med.-Raths Dr. F. W. Beneke, Professors der Medicin in Marburg &c. Biographische Skizze. 8. (40 S.) Oldenburg 885. Schulze. n. — 60

Mettenheimer, C., über Luft- und Badecuren an unsern deutschen Seeküsten und über die Versuche, dieselben unbemittelten kranken Kindern des Binnenlandes zugänglich zu machen. Vortrag, gehalten im Kaufmänn. Verein zu Frankfurt a. M. am 2. Febr. 1886. Nebst einigen Bemerkungen über die Aufgaben der Local- und Transport-Comité's an Orten in großer Entfernung von der Seeküste. gr. 8. (40 S.) Frankfurt a. M. 886, Jügel's Verlag. *

—— medicinische Schediasmen. I. Einige Capitel über die Gewerbeordnung und ihren Einfluss auf die Medicin. gr. 8. (III, 40 S.) Ludwigslust 880, Hinstorff'sche Buchh. *

—— Sectiones Longaevorum. Eine Zusammenstellung und Uebersetzung der Berichte über die ältesten Menschen, die einer anatom. Untersuchung unterworfen worden sind, nebst erläut. Anmerkungen. Denkschrift zur Feier des 100jähr. Bestehens des Dr. Senckenberg. medicin. Instituts in Frankfurt a. M. Lex.-8. (VIII und 56 S.) Frankfurt a. M. 863, Sauerländer's Verlag.

Mettenheimer, C., über die Verwachsung der Gefässhaut des Gehirns mit der Hirnrinde. Schwerin. 4. 13 S.
Schul-/Univ.-Schrift 1865

Mettenheimer, C., über die Verwachsung der Gefässhaut des Gehirns mit der Hirnrinde. Ein Beitrag zur patholog. Anatomie des Gehirns u. seiner häut. Hüllen. Schwerin 865. Stiller'sche Hofbuchh. gr. 4. (13 S.) n. 7½ ngr.

Mettenheimer, Carl v., Viaticum, Erfahrungen u. Rathschläge e. alten Arztes, seinem Sohn beim Eintritt in die Praxis mitgegeben. Nach dem Tode des Verf. hrsg. 8. (IV, 67 S.) Berlin 899. A. Hirschwald. n. 1.60

—— die Zulassung der Realschul-Abiturienten zum medicinischen Studium und ihre muthmaßliche Bedeutung für den ärztlichen Stand. gr. 8. (16 S.) Ebendas. 880.

Mettenius, C., Alexander Braun's Leben, nach seinem handschriftl. Nachlaß dargestellt. Mit A. Braun's (Stahlst.-)Bildniß. gr. 8. (VIII, 706 S.) Berlin 882, G. Reimer. *

Mettenius, Georg

Mettenius (G.). Azolla nilotica ... Vindob. 1865. fol.

Mettenius, G., uber den Bau von Angiopteris. Mit 10 (lith.) Taf. (Aus den Abhdlgn. der k. sächs. Ges. d. Wiss.) Leipzig 863. Hirzel. Lex.-8. (72 S.) n. 1 ₰ 14 ngr.

Mettenius, G., Beiträge zur Anatomie der Cycadeen. Ueber Seitenknospen bei Farnen. Zwei Abhandlungen. gr. Lex.-8. (64 S. mit 5 Stnt.) Leipzig 860, Hirzel. *
Aus: Abhandlungen der mathemat.-phys. Classe der k. sächs. Gesellschaft der Wissenschaften, besonders abgedruckt.

Mettenius, G(eorg), Beiträge zur Botanik. 1. Heft. gr. 8. (63 S. und 6 Stnt.) Heidelberg 850, K. Mohr. *

Mettenius, Geo., Beiträge zur Kenntniß der Rhizokarpeen. Mit 3 lith. Taf. gr. 4. Frankfurt a/M. 846. (Schmerber'sche Buchh.) n. 11/12 ♂

Mettenius, Geo., Cryptogamae vasculares, s. Reise der oesterreich. Fregatte Novara um die Erde.

—— über einige Farngattungen. 1—3. (Thl.) gr. 4. Frankfurt a. M. 857—59, Brönner. *
Inhalt:
(Thl.) 1. I. Polypodium. (138 S. mit 3 Stnt.) * 2 Thlr. 20 Ngr.
» 2. II. Plagiogyria. III. Ueber die mit einem Schleier versehenen Arten von Pteris. IV. Phegopteris und Aspidium. (158 S. mit 4 Stnt. in gr. 4. und Fol.) * 3 Thlr.
» 3. V. Cheilanthes. VI. Asplenium. (210 S. mit 4 Stnt.) * 3 Thlr.
Der 2. und 3. Thl. wurden aus: Abhandlungen der Senkenberg'schen naturforschenden Gesellschaft in Frankfurt a. M., besonders abgedruckt.

Mettenius, Geo., Filices horti botanici Lipsiensis. Die Farne des botan. Gartens zu Leipzig. Mit 30 (lithogr.) Taf. gr. Fol. (135 S.) Leipzig 856, Voss. *

—— Filices Lechlerianae, Chilenses et Peruanae. Fasc. II. gr. 8. (38 S.) Leipzig 859, Voss. *
Fasc. I. Ebendas. 1856. * 1 Thlr.

—— über die Hymenophyllaceae. hoch 4. (104 S. mit 5 Stnt.) Leipzig 864, Hirzel. *
Vorstehende Schrift des Verf. wurde aus: Abhandlungen der mathemat.-phys. Classe der k. sächs. Gesellschaft der Wissenschaften besonders abgedruckt.

Mettenleiter, Bernhard

Mettenleiter, Bernh., die Behandlung der Orgel. Erste Vereinsgabe [pro 1868] des allgemeinen deutschen Cäcilien-Vereins. 1. Aufl. 1869, und 2. Aufl. 8. (96 S.) Regensburg 870, Pustet.

Mettenleiter, Bernh., die Behandlung der Orgel. 3. sehr verm. Aufl. 8. (168 S.) Regensburg 886. Pustet. geb. n. 1. 20

Mettenleiter, die sonntäglichen Episteln des katholischen Kirchenjahres durch Erzählungen erläutert, s. Erzählungen, katholische, für die reifere Jugend und das Volk.

—— Erzählungen über die Festtage des kathol. Kirchenjahres, s. Unterhaltungsschriften, lehrreiche, von kathol. Verfassern.

—— die sonntäglichen Evangelien des katholischen Kirchenjahres, durch Erzählungen erläutert, s. Erzählungen, katholische, für die reifere Jugend und das Volk.

Mettenleiter, Bernh., das Harmonium-Spiel, in stufenweiser gründlicher Anordnung zum Selbstunterricht. 1. Tl. Op. 30. 1. und 2. Aufl. gr. 8. (VIII, 135 S.) Kempten 880,81, Kösel'sche Buchh. *

—— dass. — 2. Thl., hauptsächlich Kompositionen zur Erbauung und für Geübtere enthaltend. Op. 34. gr. 8. (IV, 160 S.) Ebendas. 882. *

— das Harmonium-Spiel in stufenweiser, gründlicher Anordnung zum Selbstunterricht, verf. u. allen Freunden tiefernster Musik gewidmet. 1. Tl. Op. 30. 3. Aufl. gr. 8. (VIII, 136 S.) Kempten 885. Kösel. n. 3. —; geb. n. 3. 40

Mettenleiter, Bernh. Das Harmonium-Spiel in stufenweiser gründlicher Anordnung zum Selbstunterricht, verf. u. allen Freunden tiefernster Musik gewidmet. 2. Tl., hauptsächlich Kompositionen zur Erbauung u. f. Geübtere enth. Op. 34. 2. sorgfältig rev. u. verm. Aufl. gr. 8. (IV, 164 S.) Kempten 892, Kösel. * 3 —; geb. ** 3 50
1. Tl. Ebd. 1885. * 3 —; geb. * 3 40.

Mettenleiter, Bernh., das Harmonium-Spiel in stufenweiser gründlicher Anordnung zum Selbstunterricht. 1. u. 2. Tl. gr. 8. Kempten, J. Kösel. à n. 3. —; geb. in Leinw. n.n. 3. 50
1. Op. 30. 4. Aufl. (VIII, 136 S.) 894.
2. Hauptsächlich Kompositionen zur Erbauung u. f. Geübtere enth. Op. 34. 2., sorgfältig rev. u. verm. Aufl. (IV, 164 S.) 892.

Mettenleiter, Bernh., das Harmonium-Spiel in stufenweiser, gründl. Anordng. z. Selbstunterr. 3. Tl., hauptsächl. Tonsätze aus d. Schatze religiöser Musik — den Messen, Oratorien u. d. sonst. tiefernsten Kompositionen — anerkannt großer Meister enth. Op. 91. gr. 8. (III, 332 S.) Kempten 899. J. Kösel. n. 3. 60; geb. in Leinw. n. 4. 20 (kplt.: n. 9. 60; geb. n.n. 11. 20; in 1 Bd. n. 10. 50)

Mettenleiter, Bernh., das Harmonium-Spiel in stufenweiser, gründlicher Anordnung zum Selbstunterricht, verf. u. allen Freunden tiefernster Musik gewidmet. 1. Tl. Op. 30. 5. Aufl. (VIII, 136 S.) gr. 8. Kempten 904. J. Kösel. n. 3. —; geb. in Leinw. n. 3. 60

Mettenleiter, Bernh., deutsche Lieder f. Geist u. Herz. 1. u. 2. Hft. 8. Kempten 883. Kösel. n. 2. 10
1. Dreistimmige Gesänge [Chor od. Soli] zu ausgewählten Dichtungen v. F. W. Weber u. F. A. Muth f. 2 Sopran-Stimmen u. 1 Alt-Stimme od. 2 Tenor-Stimmen u. 1 Baß-Stimme. Op. 35. (87 S.) n. — 65
2. Vierstimmige Gesänge zu auserlesenen deutschen Dichtungen f. Männer-Stimmen in einfacher, praktisch eingerichteter Partitur-Ausg. Op. 37. (216 S.) n. 1. 45

Mettenleiter, B., lauretanische Litanei, s. Volksgesänge, liturgische.

— einstimmige lateinische Messe, s.: Volksgesänge, liturgische.

—— Missa de S. S. Eucharistiae sacramento. Preismesse. 2. umgearb. Aufl. für Sopran, Alt, Tenor und Bass. Mit Begleitung von 2 Violinen, Viola, [Cello,] Contrabass und Orgel, Flöte, 2 Clarinetten, 2 Hörner, 2 Trompeten oder für Chor und Orgel allein. Op. 15. Fol. (58 S.) Kempten 873, Kösel'sche Buchh.

—— Orgelbegleitung zur Vesper für die Sonntage und Marienfeste, s. Volksgesänge, liturgische.

—— 2 Pange lingua für Sopran, Alt, Tenor, Bass und Orgel [als Directions-Stimme] ad lib. Op. 18. qu. 4. (12 S.) Kempten 873, Kösel'sche Buchh.

— Preis-Messe für Alto, Tenor u. 2 Bässe mit obligater Orgelbegleitung. Luxemburg 867. Bück. gr. 4. (26 S.) 24 ngr.

— V psalmi vespertini pro dominica et canticum „magnificat" quatuor vocum in falsobordono, [comitante organo ad lib.] [Partitur u. Stimmen.] Regensburg 870. Coppenrath. hoch 4. (Partitur 11 u. Stimmen à 4 S.) n. 14 ngr.
Die Partitur einzeln: n. 8 ngr., die Stimmen einzeln: à n. 2 ngr.

Mettenleiter, Bern., Sequentia Stabat Mater dolorosa, composita ad voces inaequales sive organo comitante, sive comitantibus violinis, viola, cello et violone [clarinettis et trombonis ad libitum]. Op. XVI. Partitur. hoch 4. (37 S.) Regensburg 878, Pustet. *
Stimmen *

— Vesper für die Sonntage u. Marienfeste, s.: Volksgesänge, liturgische.

—— s.a. Volksgesänge, liturgische.

—— liturgische Volksgesänge zum allgemeinen Gebrauch für das kathol. Volk, mit deutscher Uebersetzung. 1.—6. Heft. 16. Kempten, Kösel'sche Buchh. à Heft * 25 Pf. *

Inhalt:

Heft 1. Vesper für die Sonntage und Marienfeste. 4. Aufl. [1. Ster.-Aufl.] (48 S.) 881.
" 2. Litaneien, Te Deum und verschiedene kirchliche Gesänge. 3. Aufl. [1. Ster.-Aufl.] (40 S.) 882.
" 3. Einstimmige lateinische Messe, Requiem mit Libera, die Responsorien des Hochamtes und des Seelengottesdienstes, Adoro te. 5. Aufl. [1. Ster.-Aufl.] (32 S.) 882.
" 4. Gesänge für die verschiedenen Festzeiten des Kirchenjahres. (48 S.) 884.
" 5. Der Ritus bei dem Begräbnisse Erwachsener. Die heil. Messe an den Hochfesten [nach dem Graduale romanum]. Parce Domine. (34 S.) 884.
" 6. Gesänge zum Kompletorium. (31 S.) 884.

— lithurgische Volksgesänge zum allgem. Gebrauch f. das kath. Volk, m. deutscher Uebersetzg. 3—6. Heft. 16. Ebend. à n. — 25

3. 6. Aufl. [2. Ster.-Aufl.] (32 S.) 886.
4. Gesänge f. die verschiedenen Festzeiten d. Kirchenjahres. (48 S.) 884.
5. Der Ritus beim Begräbnisse Erwachsener. Die hl. Messe an den Hochfesten [nach dem Graduale romanum]. Parce Domine. (34 S.) 884.
6. Gesänge zum Kompletorium. (31 S.) 884.

—— liturgische Volksgesänge zum allgemeinen Gebrauch für das katholische Volk, mit deutscher Übersetzung. 1.—3. Heft. 16. Ebendas. à Heft * 25 Pf.; *

Inhalt:

Heft 1. Vesper für die Sonntage und Marienfeste. 5. Aufl. [2. Ster.-Aufl.] (48 S.) 887.
" 2. Litaneien, Te Deum und verschiedene kirchliche Gesänge. 4. Aufl. [2. Ster.-Aufl.] (40 S.) 887.
" 3. Einstimmige lateinische Messe, Requiem mit Libera, die Responsorien des Hochamtes und des Seelengottesdienstes, Adoro te. 6. und 7. Aufl. [2. und 3. Ster.-Aufl.] (32 S.) 886,87.
4.—6. Heft. Ebendas. 1884. à Heft * 25 Pf.

Mettenleiter, B., liturgische Volksgesänge zum allgemeinen Gebrauch f. das kath. Volk, m. deutscher Übersetzg. 1.—3. Hft. 16. Kempten 887. Kösel. à n. — 25

1. Vesper f. die Sonntage u. Marienfeste. 5. Aufl. [2. Ster.-Aufl.] (48 S.)
2. Litaneien, Te Deum und verschiedene kirchliche Gesänge. 4. Aufl. [2. Ster.-Aufl.] (40 S.)
3. Einstimmige lateinische Messen, Requiem m. Libera, die Responsorien des Hochamtes und des Seelengottesdienstes, Adoro te. 7. Aufl. [3. Ster.-Aufl.] (32 S.)

—— Liturgische Volksgesänge zum allgemeinen Gebrauch f. das katholische Volk, m. deutscher Uebersetzg. 1., 3. u. 7. Heft. 16. Ebd. à Heft * — 25

1. Vesper f. d. Sonntage u. Marienfeste. 6. (3. Ster.-) Aufl. (48 S.) 891.
3. Einstimmige lateinische Messe, Requiem mit Libera, d. Responsorien d. Hochamtes u. d. Seelengottesdienstes, Adoro te. 8. (4. Ster.-) Aufl. (32 S.) 892.
7. Missa in honorem S. Francisci. Messe f. jede, auch die letzte Land-Kirche, nach Art der Präfationen deklamatorisch-melodisch componirt f. 2 einstimm. Chöre, nebst e. Vorbemerkg. v. Joh. B. Tresch. Op. XII. 2. Aufl. (24 S.) 892.
2., 4.—6. Heft. Ebd. 1884—97. à * — 25.

— liturg. Volksgesänge z. allgem. Gebr. f. d. kath. Volk, m. deutscher Uebersetzg. 1. u. 3. Hft. 16. Ebd. à n. — 25

1. Vesper f. d. Sonntage u. Marienfeste. 7. Aufl. (4. Ster.-Aufl.) (48 S.) 897.
3. Einstimm. latein. Messe. — Requiem m. Libera. — D. Responsorien des Hochamtes u. des Seelengottesdienstes. — Adoro te. 9. Aufl. (5. Ster.-Aufl.) (32 S.) 898.

— liturgische Volksgesänge zum allgemeinen Gebrauch f. das kath. Volk, m. deutscher Uebersetzg. hrsg. 1. Heft: Vesper f. die Sonntage u. Marienfeste. 8. Aufl. (5. Ster.-Aufl.) (48 S.) 16. Ebd. 906. n. — 25

Mettenleiter, Domin., Das ist der Wille Gottes: Eure Heiligung. (1. Thessal. 4, 3.) Ein katholisches Lehr- u. Gebetbuch in neun Abschnitten. Einsiedeln 853. Benziger. 12. (VIII, 526 S. u. 1 Lithogr.) 16 ngr.

— die sonntäglichen Episteln ɩc., s.a. Erzählungen, katholische ɩc.

Mettenleiter, Dom., die sonntäglichen Episteln d. katholischen Kirchenjahres, durch Erzählgn. erläutert. 2. Aufl. Mit 1 Stahlst. 8. (XII, 260 S.) Regensburg 883. Verlags-Anstalt. 1. 50

— Erzählungen über die Festtage des kathol. Kirchenjahres, s. Unterhaltungsschriften, lehrreiche.

Mettenleiter, Domin., die sonntägl. Evangelien d. kathol. Kirchenjahres, durch Erzählungen erläutert, s.a. Zehnpfennigbibliothek, Regensburger.

— die sonntäglichen Evangelien d. katholischen Kirchenjahres, durch Erzählgn erläutert. 2. Aufl. Mit 1 Stahlst. 8. (416 S.) Ebend. 883. 2. 10

Mettenleiter, Domin., Frühlings-Blumen, s.a. Erzählungen, katholische, für die reifere Jugend.

— Frühlingsblumen od. Unterhaltgn. üb. das menschl. Leben in seinen wichtigsten Verhältnissen. 2. Aufl. Mit 1 Stahlst. 8. (VIII, 256 S.) Ebend. 883. 1. 20

—— Frühlingsblüthen, s. Unterhaltungsschriften, lehrreiche.

Mettenleiter, Dom., Frühlingssprossen u. moralische Erzählungen mit religiösen u. zeitgemäßen Erwägungen für kathol. Leser aller Stände u. Alter. 12. (IV u. 138 S.) Augsburg 852, Schmid. n. 1/3 ℛ

Mettenleiter, Dominik., eine Garbe von Gottes Waizenacker. Sonntags-, Festtags- u. Gelegenheits-Predigten. Landshut 866. Thomann'sche Buchh. 16. (XLIV, 688 S.) 1 ℛ

— Johann Gerson und seine Zeit. Nach dem Französ. Augsburg 857. Kollmann. 8. (XI, 338 S.) 27 ngr.

—— Geschichte des heiligen Thomas v. Aquin. gr. 8. (XLII und 374 S.) Regensburg 856, Pustet.

Mettenleiter, Domin., faßliche u. praktische Grammatik der katholischen Kirchen-Sprache, s.a. Nißl, Thdr.

— faßliche u. praktische Grammatik der katholischen Kirchensprache. Für Chorregenten, Lehrer, Laienbrüder, Ordensfrauen, überhaupt für Alle, welche ohne humanist. Studien gemacht zu haben, ein Verständniß derselben anstreben. Nebst einer religions-philosoph. Abhandlung über die Wichtigkeit u. Bedeutung des Latein. als Kirchensprache. Regensburg 866. Bößenecker. gr. 8. (XV, 267 S.) 27 ngr.

— — 2. (Titel-) Ausg. Ebend. 869. gr. 8. (XV, 267 S.) 15 ngr.

— kurze Heiligen-Legende auf alle Tage des Jahres. Nebst kurzen Morgen-, Abend-, Meß- ɩc. Gebeten. 2. Aufl. Ebend. 869. 16. (119 S.) n. 2⅓ ngr.

— kurze Heiligen-Legende auf alle Tage des Jahres. Nebst kurzen Morgen-, Abend-, Meß-, Beicht-, Communion- u. and. Gebeten. 3. [Titel-] Aufl. 16. (119 S.) Regensburg (869) 895. J. G. Boeßenecker's Verl. n. — 20

—— Lehr- und Gebetbuch der Brüder und Schwestern des dritten Ordens des heil. Dominikus. 8. (IV und 256 S. mit 1 Stlkpfr.) Regensburg 854, Manz.

—— Maiglöcklein auf den Fest-Altar der stets jungfräulichen und allzeit unbefleckten Gottes-Mutter Maria, der holden Maien-Königin. 16. (88 S.) Landshut 858, Thomann'sche Buchh. Mit Melodien

— Joh. Georg Mettenleiter, weil. Stifts-Chorregent an der alten Kapelle in Regensburg. Ein Künstlerbild. Brixen 866. Theologische Verlags-Anstalt. 8. (189 S.) n. 16 ngr.

—— Musikgeschichte der Oberpfalz. Aus Archivalien und andern Quellen zusammengestellt. (2. Bd. der Musikgeschichte Bayerns.) gr. 8. (XII und 268 S.) Amberg 867. Pohl. *

Mettenleiter, Dominik — Ogledalo keršanskih čednosti v poduk in posnemanje. Poleg — —. Izdalo družtvo sv. Mohora. V Celovcu, 1856. Natisnil Janez Leon. (1 Bl. 176 S. 8.) (Beispiele christlicher Bescheidenheit zur Belehrung und Erheiterung. Nach — —. Herausgegeben von dem Vereine des heil. Moher. Klagenfurt, 1856. Gedr. bei Johann Leon.) (Slovenisch.)

— Orlando di Lasso, s.a. Orlando di Lasso.

Mettenleiter, Dom. Orlando di Lasso. Registratur für die Geschichte der Musik in Bayern. 1. Heft. Brixen 1868.

— Philomele. Taschenbuch auf das Jahr 1866. Für Alle, welche die edle Musica lieb haben u. treu pflegen. 1. Jahrg. Regensburg 866. Bößenecker. 32. (XI, 152 S., wovon 8 lith.) 6 ngr.

— Philomele. Noten u. Klänge aus dem Reiche der Töne. 2. Folge. Brixen 867. Theologische Verlags-Anstalt. 8. (XVI, 277 S.) n. 20 ngr.

— Karl Proske, weil. Med. Dr., Canonicus-Senior am k. Collegiatstifte U. L. F. zur alten Kapelle in Regensburg ꝛc. Ein Lebensbild. Regensburg 868. Bößenecker. 8. (VIII, 88 S.) n. 12 ngr.

— Karl Proske, weil. Med. Dr. Canonicus-Senior am kgl. Collegiatstifte U. L. F. zur alten Kapelle in Regensburg, Pfarrvikar v. St. Kassian, bischöfl. geistl. Rath ꝛc. ꝛc. Ein Lebensbild. 2. (Titel-)Aufl. 8. (VIII, 88 S.) Ebd. (868) 895. n. 1. —

—— der Rosenkranz der heiligen katholischen Kirche. Eine Gabe für gottliebende Seelen. Mit 12 verschiedenen Rosenkranzandachten und einem vollständigen Gebetbuche. 18. (XXXIV und 380 S. mit 4 Stnt.) Einsiedeln 853, Gebr. Benziger.

—— die sieben heiligen Sakramente und die wichtigsten Segnungen der heil. katholischen Kirche. Aus kirchlich approbirten Werken in Uebersetzung und Erklärung zusammengestellt und mit einigen darauf bezüglichen Andachts-Uebungen versehen. 8. (XII und 300 S.) Sulzbach 854, v. Seidel'sche Buchh.

— Taschen-Gebetbüchlein. Kurze Morgen-, Abend-, Meß-, Beicht-, Communion- u. andere Andachten aus kirchlich approbirten Werken f. kathol. Christen jeden Standes u. Alters. 8. (Titel-)Aufl. 16. (120 S.) Ebd. (866) 895. In Ledertuch kart. n. — 25

—— Thautropfen oder kurze Erzählungen mit eben so kurzen Erwägungen für kathol. Leser jeden Standes und Alters. 1. Bdchn. 12. (VIII und 208 S.) Straubing 853, Schorner.

—— dass. — 2. Bdchn.: Blümlein und Denksprüche der großen Heiligen des 13. Jahrh. Franziskus und Dominikus. 12. (VIII und 232 S.) Ebds. 854.

—— dass. — 3. Bdchn.: Sieben geistliche Schauspiele. Nach dem Latein. von Neumayr. Bearb. und der gesammten kathol. Lesewelt gewidmet. 12. (VII und 264 S.) Ebds. 854.

—— die Verehrung der Heiligen in kurzen Gedenkversen auf alle Tage des Jahres. Ein Album für kathol. Christen. 2. Aufl. 32. (191 S.) Ebendas. (866)69. *
geb. mit Goldschn.

— die Verehrung der Heiligen in kurzen Gedenkversen auf alle Tage des Jahres. Ein Album für katholische Christen. 2. Aufl. Ebend. 869. 32. (191 S.) n. 4 ngr.; in engl. Einb. mit Goldschn. 7½ ngr.

—— aus der musikalischen Vergangenheit bayrischer Städte. Musikgeschichte der Stadt Regensburg. Aus Archivalien und sonst. Quellen bearb. gr. 8. (VIII und 288 S.) Regensburg 866, Bössenecker. *

Mettenleiter, Domin., die Zelle in der Welt. Ein Lehr- u. Gebetbuch für die katholischen Christen überhaupt und für die Mitglieder des dritten Ordens insbesondere. Aus mehreren kirchlich approbirten Werken zusammengestellt. 853. (IV, 884 S.) — 2., sehr verm. u. verb. Aufl. Mit 1 Titelkpfr. Regensburg 858. Manz. 8. (8 Bl., 926 S.) 25 ngr.

—— die Zelle in der Welt. Ein Lehr- und Gebetbuch für kathol. Christen überhaupt und für die Mitglieder des dritten Ordens insbesondere. Aus mehreren kirchl. approbirten Werken zusammengestellt. 2. Aufl. 1858. und 3., sehr verm. und verb. Aufl. 8. (XIV und 926 S. mit 1 Titelkpfr.) Regensburg (861)62. Manz.

Mettenleiter, Domin., die Zelle in der Welt. Ein Lehr- und Gebetbuch für die katholischen Christen überhaupt u. für die Mitglieder des 3. Ordens insbesondere. Aus mehreren kirchlich approbirten Werken zusammengestellt. 3. Aufl. 861. — 4., sehr verm. u. verb. Aufl. Mit 1 Titelkpfr. Regensburg 864. Manz. 8. (XV, 926 S.) 25 ngr.

— die Zelle in der Welt. Ein Lehr- u. Gebetbuch für die katholischen Christen überhaupt u. für die Mitglieder des 3. Ordens, insbesond. Aus mehreren kirchl. approbirten Werken zusammengestellt. 5., sehr verm. u. verb. Aufl. Regensburg 865. Manz. 8. (XIV, 926 S. mit 1 Titelkpfr.) 25 ngr.

Mettenleiter, Domin., die Zelle in der Welt. Ein Lehr- und Gebetbuch für die kathol. Christen überhaupt und für die Mitglieder des 3. Ordens insbesondere. Aus mehreren kirchlich approbirten Werken zusammengestellt. 6. Aufl. (XIV, 926 S.) 1870; 7. sehr verm. und verb. Aufl. 8. (926 S. mit 1 Titelkpfr.) Regensburg 877, Manz.

— die Zelle in der Welt. Ein Lehr- u. Gebetbuch f. kathol. Christen überhaupt u. f. die Mitglieder d. 3. Ordens insbesondere. Aus mehreren kirchlich approbirten Werken zusammengestellt. 8., sehr verm. u. verb. Aufl., m. der Verordng. Sr. Heil. d. Papstes Leo XIII. üb. die Regel d. weltl. 3. Ordens d. h. Franziskus. Mit 1 Titelkpfr. 8. (XV, 937 S.) Ebend. 883. 2. 50

— die Zelle in d. Welt. Vollständ. kathol. Gebet- u. Lehrbuch, namentl. f. Tertiaren d. hl. Franziskus. 9. Aufl., vollst. neu bearb. v. Philib. Seeböck, O. S. Fr. 12. (XXVIII, 891 S. m. 1 Titelbild.) Regensburg 896. Nationale Verlagsanstalt. 2. 50; geb. in Leinw. n. 3. 50

Mettenleiter, Joh. Evang., aeltere u. fremde Alphabete u. Vorschriften. Enth. französ. u. russ. Ronde-, Bastorde-, Coulia- u. Current-Schriften, alte lat. Zier- u. Choraltext-Buchstaben; belgische, griech., poln., hebrä., arab., sarazen., ägypt., slavon., indische etc. u. and. Alphabete. gr. 4. (12 Blätt. Stndr.) München, [Roller.]

Mettenleiter, Jh. Evangel., Fraktur u. verzierte altdeutsche Schriften. Der calligraph. Handsamml. 4. Hft. Roy.-4. (12 lith. Bl.) München 844, Roller. ⅔ ℛ

Mettenleiter JE, kalligraphische Handsammlung. (445 Bl) München (1840-54)

Mettenleiter, Jb. Evang., calligraph. Handsammlung, oder Sammlung der meisten in Deutschland übl. Schriftarten aus älterer, neuerer u. neuester Zeit, dann vielen fremden Alphabeten, nebst verschiedenart. Zügen u. Compositionen, als Leitfaden zum Selbstunterrichte in der Calligraphie. In Stein gravirt. 42 Bl. (qu. Fol.) in 8 Abthl. 16. München 840. (Bergmann u. Roller.) Ungetrennt 4 ₰

—— calligraphische Handsammlung, od. Samml. d. meisten in Deutschland übl. Schriftarten aus älterer, neuerer u. neuester Zeit, dann vielen fremden Alphabeten, nebst verschiedenart. Zügen u. Compositionen, als Leitfaden z. Selbstunterr. in d. Calligraphie. In Stein gravirt. II Abthln. qu. ½ gr. Fol. München 840, 41, [Roller.] [I. (42 Stnt.) * 4 Thlr., II. (14 Stnt.) * 1⅓ Thlr.] *

— dass. kleine Ausg. 56 Hftchn., à 8 Bl. 16. Ebd. à H. ⅙ ₰

Mettenleiter, Joh. Evangelist, die Calligraphie. Sammlung von 250 Alphabeten, aus älterer, neuerer u. neuester Zeit nebst verschiedenartigen Zügen u. Compositionen. Leitfaden zum Schul- u. Selbstunterrichte in der Calligraphie, sowie f. Maler, Lithographen rc. 1—6. Lfg. 4. (24 lith. Taf.) München 852, Roller. (à 6 ngr) 1 ₰ 6 ngr

Mettenleiter, Joh. Evangelist, die Calligraphie. Sammlung von 250 Alphabeten aus älterer, neuerer und neuester Zeit nebst verschiedenartigen Zügen und Compositionen. Leitfaden zum Schul- und Selbstunterrichte in der Calligraphie, sowie für Maler, Lithographen, Bildhauer, Steinmetzen, Graveure rc. 7—28. Liefg. München 852. Roller. 4. Jede Liefg. von 4 lith. Taf. 6 ngr

Mettenleiter, Joh. Ev., die Calligraphie. Sammlung von 250 Alphabeten aus älterer, neuerer und neuester Zeit nebst verschiedenartigen Zügen und Compositionen. Leitfaden zum Schul- und Selbstunterrichte in der Calligraphie, sowie für Maler, Lithographen rc. 1—28. Lfg. 4. (112 Stnt.) München 852—53, Roller. à Lfg. 6 Ngr.

Mettenleiter, Joh. Evangelist, Schriften-Magazin für Freunde der Kalligraphie und zum Unterrichte. 13 Hefte. Fol. (104 lithogr. Bl.) München 847, Hochwind. *
Jedes Heft einzeln * -
Jedes Bl. einzeln *

Mettenleiter, Joh. E. v., Schriften-Magazin für Freunde der Kalligraphie und zum Unterricht. Auf's neue revidirt und mit stylreinen Initialen versehen von Ad. M. Hildebrand. Fol. (70 lithogr., theils chromolithogr. Taf.) Erfurt 874, Bartholomäus. In Mappe *

—— und Ad. M. Hildebrandt, Schriften-Magazin, für Freunde der Kalligraphie, für Künstler, Gewerbtreibende und zum Unterricht. 7 Hefte. 2. Aufl. Fol. (71 zum Theil color. Stnt.) Ebendas. 881. à Heft *
compl. in Mappe *

— und AM Hildebrandt. Schriften-Magazin. (70 T) in 2 Bdn fol Erfurt (1881)

Mettenleiter, Joh. Ev. v., kleines Schriften-Magazin. 1. u. 2. Bd. qu. 4. (à 50 z. Thl. farb. Steintaf.) Erfurt 882. Bartholomäus. In Mappe. à 7. 50

Mettenleiter, Joh. Evang., Schriftzeichen aus aelt. u. neuerer Zeit. qu. ½ gr. Fol. (32 lith. Bl.) München (834). (Eichstädt, Beyer.)

—— dass. 8 Hfte. qu. ½ gr. Fol. Ebds.

—— dass. 6 Hfte. gr. 8. (72 Bl.) München 831, (Hochwind.) 3 Thlr., f. Pap.

—— Schriftzüge, Compositionen u. Verzierungen. Verschiedenartige Zieralphabete, Züge, Compositionen u. Verzierungen z. Gebr. f. Lithographen etc. gr. 4. (12 Blätt. Stndr.) München, [Roller.]

—— deutsche u. engl. Schulvorschriften, nebst vielen Alphabeten etc. gr. 4. (12 Blätt. Stndr.) München, [Roller.]

—— deutsche u. englische Schulvorschriften. Der calligraph. Handsammlung 1. Hft. Roy.-4. (12 lithogr. Bl.) München 843. [Roller.]

—— einfache u. verzierte römische Vorschriften. Enth. einfache u. verzierte Rotund-, Stuccatur-, Metall- u. Eisen-Buchstaben, so wie Noten-, Ketten-, ägypt. u. and. Lapidar-Schriften. gr. 4. (12 Blätt. Stndr.) München, [Roller.]

—— einfache u. verzierte römische Vorschriften. Der calligraph. Handsammlung. 3. Hft. Roy.-4. (12 lithogr. Bl.) München 844. [Roller.]

—— gothische u. altdeutsche Vorschriften, in verschiedenen modernen u. alten stehenden u. liegenden Monumenten-, Kirchen-, Mönchs- u. Lapidar-Schriften, altdeutschen, engl., latein., Mönchs- u. Albr. Dürers-Alphabeten etc. gr. 4. (12 Blätt. Stndr.) München, [Roller.]

—— gothische u. altdeutsche Vorschriften. Der calligraph. Handsammlung 2. Hft. Roy.-4. (12 lithogr. Bl.) München 843. [Roller.]

Mettenleiter, Joh. Geo., Crux fidelis. Hymnus für 2 Singechöre u. obligate Blasinstrumente. 1. Sektion seiner ausgewählten Werke. Hersg. von Dom. Mettenleiter. Brixen 868. Theolog. Verl.-Anst. hoch 4. (VI, 30 S.) n. 20 ngr

Mettenleiter, J. G., Enchiridion chorale, s.a. Enchiridion chorale.

— enchiridion chorale juxta ritum sanctae romanae ecclesiae. Redegit ac comitante organo edidit. [Organum.] Sectio V. [Schluss.] Regensburg 869. Pustet. qu. gr. 4. (S. 713—868.) n. 25 ngr

Mettenleiter, Wilh., methodisch geordnete Beispiele, Lehrsätze und Aufgaben für den Sprachunterricht an Volksschulen. 8. (IV, 48 S.) Schwäb.-Gmünd 877, Schmid'sche Buchh. *

Mettenleiter, Wilh., Lesebuch für weibliche Sonntagsschulen mit besond. Berücksicht. der Haushaltungskunde und Hauswirthschaft. gr. 8. (IV, 195 S.) Ravensburg 878, Dorn'sche Buchh. *
geb. *

Mettenleiter, Wilh., Lesebuch f. weibliche Sonntagsschulen, m. besond. Berücksicht. der Haushaltungskunde u. Hauswirthschaft. 2. theilweise verb. Aufl. gr. 8. (XI, 204 S.) Ravensburg 876. Dorn. n. 1. 20; cart. n. 1. 60

Mettenleiter, Xaver, u. Söhne, Natur-Geschichte, auf Stein gez. 1—3. Hft. — A. u. d. T.: Naturhistor. Bilderbuch. Vorlegeblätter beim Unterr. d. Naturgesch. u. z. Nachzeichnen. 1—3. Hft. qu. ½ gr. Fol. (40 Bl.) München 837, Liter.-artist. Anstalt. à

Metter, Emmerich, histor. romant. Erzählung aus d. Zeiten Karls des Großen, m. K. 8. Lpz. Joachim.

Metter, H., Leitfaden zur Vorbereitung für das Examen zum Subalternbeamten im Staatseisenbahndienst. Zum Selbstunterricht bearb. 8. (V, 121 S.) Stralsund 881, (Bremer.) **

—— dass. — 2. verb. Aufl. 8. (V, 142 S.) (Ebendas.) 882. **

Metter, H., Leitfaden zur Vorbereitung für das Examen zum Subalternbeamten im Staatseisenbahndienst. Zum Selbstunterricht bearb. 3. verb. Aufl. 8. (V, 164 S.) Stralsund 886, (Bremer.) **

— die Stempelverpflichtung in der preußischen Staats-Eisenbahn-Verwaltung. Nach den neuesten Bestimmgn. in gedrängter Darstellg. bearb. 8. (16 S.) Ebend. 886. n.n. — 25

Metterhausen, Bernhard [app. Arzt, aus Esperke '(Hannover)']: Ueber Combination von Krebs und Tuberkulose ... Göttingen, Druck d. Dieterich'schen Univ.-Buchdr., 1897; 29 S. 8.
Göttingen, Med. Fak., Inaug.-Diss. v. [6. März] 1897

Metterhausen, Bernh., üb. Combination v. Krebs u. Tuberkulose. Diss. gr. 8. (29 S.) Göttingen 897. (Vandenhoeck & Ruprecht.) n. — 40

Metterhausen, Frdr., die Dogmenschieber. Ein Fastnachtsschwank. (55 S.) 8. Hamburg 906. Gutenberg-Verlag Dr. E. Schultze. n. 1. —; geb. n. 2. —

Die Dogmenschieber. Ein Fastnachtsschwank von Friedrich **Metterhausen**. Hamburg: E. Schultze 1906. (55 S.) 8° [F.] 07. 1130 9

Metterhausen, Fdr., über Kurpfuscher. gr. 8. (36 S.) Frankfurt a/M. 899. J. Alt. n. — 80

Metterhausen, Otto

Metterhausen, O., im Kampf ums Neuland in Südwest, s.a. Jugendbücher, Stuttgarter.

Im Kampf ums Neuland in Südwest. Eine Erzählung aus d. Hereroaufstande von O[tto] **Metterhausen**. Mit 4 Abb. von H. Grobet. Stuttgart, Berlin, Leipzig: Union [1907]. (168 S.) 8° [F.]
— **Jugendbücher**, Stuttgarter. 1. 08. 2425

[F.] **Metterhausen**, Wilhelm *Karl Aemilian* [aus Kritzkow in Mecklenb.-Schw.]: Die direkten Landessteuern im Grossherzogtum Mecklenburg-Schwerin seit dem landesgrundgesetzlichen Erbvergleich vom 18. April 1755 ... Marburg, *Druck d. Sandmeyerschen Hofbuchdr. in Schwerin '(Meckl.)'*, 1894; 4 Bl., 119 S. 8.
Marburg, Phil. Fak., Inaug.-Diss. v. [3. Juli] 1894

Metterhausen, Wilh., die direkten Landessteuern im Großherzogt. Mecklenburg-Schwerin seit dem landesgrundgesetzlichen Erbvergleich vom 18. Apr. 1755. gr. 8 (VIII, 119 S.) Güstrow 894. Opitz & Co. n. 2. —

Die Oberweserschiffahrt im letzten Jahrzehnt. Festschrift z. 10jähr. Bestehen d. Freien Vereinigung d. Weserschiffahrts-Interessenten (gegr. in Cassel am 3. Juli 1892) im Auftr. d. Freien Vereinigung verf. von Dr. Wilhelm **Metterhausen**. *Cassel 1902: Gebr. Gotthelft.* (115 S., 70 Taf.) quer-8° 03 [illegible]

Metterhausen [Sachliches OW]

Metternich. 8. Leipzig 844, Reclam jun. 1 ℳ

— Deutschlands größter Komödiant außer Engagement. (Gedicht.) 1 Bl. in gr. 8. Leipzig 848, Naumburg. *

Metternich u. Kübeck. Ein Briefwechsel. Suppl.-Bd. der „Tagebücher des Karl Frdr. Frhrn. Kübeck v. Kübau". Hrsg. u. eingeleitet von Max Frhrn. v. Kübeck. (VIII, 227 S.) 8. Wien 910. Gerold & Co. 4. —

Metternich am Pranger und sein System vor dem Richterstuhle der Geschichte. Eine Warnungsstimme an das deutsche Volk. Leipzig, C. W. B. Naumburg, 1848. 32 S. 8°.

Metternich, Le Prince Clement de. Leipzig 1860. V: *Dumreicher, Alois Baron von.* (Hdschr. Mitth. Josef von Rodakowski-Meran.)

Metternich [Verfasser]

Metternich, Ant. Frz., über einige Pflichten d. Aerzte. 8. Frankf. a. M. 803. Simon. 3 gr.

— vom Schaden d. Brechmittel in d. Lungensucht. 8. Mainz 792. (Andreä in Frankf. a. M.) 5 gr.

— üb. d. gute Wirkung d. sibirisch. Schneerose in d. Gichtkrankheiten. 8. Mainz. 810. Kupferberg. 4 gr.

Metternich, Germ., s. Ausland, das belletrist., von K. Spindler, 530.—536. Bdchn.

Metternich, J. B. [aus Mainz]: Ueber operative Behandlung der Perforations-Peritonitis. ... Würzburg, Druck d. Bonitas-Bauer'schen Buchdr., 1889; 25 S. 8°
Würzburg, Med. Fak., Inaug.-Diss. v. 1889

Metternich, Klemens Wenzel Nepomuk Lothar Fürst von

Auszüge aus den geheimen Memoiren des Fürsten Metternich, ehemaligen k. k. österreichischen Staatskanzlers. Mitgetheilt von seinem Privatsecretair E . . . L . . . . (hrsg. von F. Meinhart). Weimar, B. Fr. Voigt 1849. VIII 102 S. 8.

— s. Bibliothek, Europäische, 257 u. 258.

Metternich, Briefe, s. Briefe.

Metternich, Denkschriften u. Briefe, s.: Kübeck.

Katalog der wertvollen Büchersammlung aus dem Besitze des Staatskanzlers Fürsten Clemens Lothar **Metternich** und der fürstlichen Privatbibliothek enth. Werke über Kunst ..., Seltenheiten, Ms. u. Autogr. Wien: C. J. Wawra 1907. (VI, 140 S.) 4°(8°) 07. 14712

Metternich, Fürst, Memoiren, s.a. Auszüge aus den geheimen Memoiren.

Metternich, Fürst, über Napoleon Bonaparte. gr. 8. (39 S.) Wien 875, Braumüller. *

Metternich. Aus ..... nachgelassenen Papieren. Herausgegeben von dem Sohne des Staatskanzlers Fürsten Richard Metternich-Winneburg. Geordnet und zusammengestellt von Alfons v. Klinkowström. Autorisirte deutsche Original-Ausgabe. I Th. (1. u. 2. Bd.) Von der Geburt Metternich's bis zum Wiener Congress 1773—1815. 1. Bd. Mit dem Portrait des Staatskanzlers und 2 facsimilirten Beilagen. II. Th. (3.—7. Bd.) Friedens-Aera 1816—1848. III. Th. (8. Schluss-Bd.) In der Ruhezeit 1848—1859. (8 Bde.) 8. Wien 1880—1884.

Metternich's nachgelassenen Papieren, aus. 3 Thle. oder 8 Bde. gr. 8. Wien 880—84. Leipzig, Greßner und Schramm. In 8 Leinwbdn. * 112 —

Metternich's, Aus, nachgelassenen Papieren; herausg. v. d. Sohne des Staatskanzlers Fürsten Richard Metternich-Winneburg. Geordnet u. zusammengest. v. Alfr. v. Klinkowström. gr. 8. II. Theil. 1. Band. (XIV u. 596 S.), 2. Bd. (IX u. 605 S.) geh. 12 fl.
Wien: Wilh. Braumüller 1881.

Metternich. Aus Metternich's nachgelassenen Papieren. Herausgegeb. v. dem Sohne des Staatskanzlers Fürsten Richard Metternich-Winneburg. Zusammengest. v. Alfons Klinkowström. gr. 8. V. Bd. (VIII u. 654 S.) geh. 6 fl. 50 kr., geb. 7 fl. 50 kr.
Wien: Wilh. Braumüller 1881.

Aus Metternich's nachgelassenen Papieren. Herausgeg. von dem Sohne d. Staatskanzlers Fürsten Richard Metternich-Winneburg. Geordn. u. zusammengest. von Alf. v. Klinkowström. Autorisirte deutsche Original-Ausgabe. VI—VII. Bd. (II. Thl. 4.—5 Bd. Friedens-Aera 1816—1815.) gr. 8. XI 677 u. VII 696 S.) Wien, Wilhelm Braumüller. 14 fl. 50 kr. 1883

Metternichs Testament oder dessen politische Prophezeiungen der nächsten Zukunft. Berlin, L. Weyl u. Co., 1848. 8 S. 8°.

Metternich, Matth., geometr. Abhandl. üb. d. Theilung d. Dreyeckes durch drei Linien nach bestimmten Richtungen, d. sich in einem einzigen Punkte schneiden ꝛc. Mit 2 Figurentaf. gr. 4. Mainz 821. Kupferberg. 20 gr

— Anfangsgr. d. Geometrie u. Trigonometrie. gr. 8. Mainz 789. Kupferberg. 16 gr

Gründliche Anweisung zur Rechenkunst für Anfänger in öffentlichen Schulen, neue ganz umgearbeitete Aufl. von *M. Metternich* zu Maynz. Mainz und Frankfurt. Herrmann 189 Seit. 8. (8 gr.) 1783. *

1788. — 4te verb. und verm. Aufl. Mainz, auf Kosten des Schulfonds. 244 S. 8.

Metternich, Matth., der Bürgerfreund. 8. Mainz 792.

— Erläuterung d. Lehre v. Verhältniß d. Kreises im Durchmesser. 4. Frankf. a. M. 786

* Dissertatio physico-mathematica de frictione auctore *Matth. Metternich*. Erford. 4. 82 S. 6 Kupf. 1786.

— s. Lacroix, Anfangsgr. d. Algebra.

Mthi. *Metternich* — erläutert die Lehre von der Verhältniss des Kreises zum Durchmesser. Frankfurt a. M. Andreae. Viertehalb Bog. 4. m. 1 K. 1786.

— gründl. Rechenkunst in Decimalbrüchen u. andern Zahlen ꝛc. gr. 8. Mainz 808. Kupferberg. 16 gr

— vollständ. Theorie d. Parallellinien od. geometrischer Beweis d. eilften Euklidischen Grundsatzes. Mit 1 Fig.-Taf. 8. Coblenz 815. 2e A. 822. (Lanz in Weilburg). 9 gr

Metternich, (M.,) vollständ. Theorie, der Parallellinien od. geometrischer Beweiß des eilften Euklidischen Grundsatzes. 2e Aufl. mit 1 Fig.-Tafel. 8. Coblenz 823. N. Gelehrten-B.

Metternich, M.: Von dem Widerstande der Reibung. Gekr. Preisschr. Frankfurt und Mainz 1789

1789. Von dem Widerstande der Reibung, eine von der fürstl. Jablonowskischen gel. Gesellschaft zu Leipzig gekrönte Preisschrift. Aus dem Lateinischen übersetzt und mit einem Anhange von der Straffheit der Seile vermehrt von dem Verf. *Matthias Metternich*. Frankf. am Mayn. b. Varrentrapp und Wenner. 8. 64 S.

— die reine und angewandte Zahlenlehre für Lehrer und Lernende. gr. 8. Hadamar, neue Gelehrtenbuchhandl. 818.

— die reine u. angewandte Zahlenlehre, f. Lehrer u. Lernende. gr. 8. Hadamar 818. Hergt. 1 rß 6 gr

Metternich-Winneburg, R. Fürst, s.a. Oesterreichs Theilnahme an den Befreiungskriegen.

Metternich-Winneburg, Richard, Fürst. Oesterreichs Theilnahme an den Befreiungskriegen. (Nachtrag zu „Aus Metternich's nachgelassenen Papieren". Siehe Biographien.) Ein Beitrag zur Geschichte der Jahre 1813 bis 1815 nach Aufzeichnungen von Friedrich v. Gentz nebst einem Anhang: „Briefwechsel zwischen den Fürsten Schwarzenberg und Metternich". Geordnet und zusammengestellt von Alfons Freiherrn v. Klinkowström. Mit einem Stahlstich-Porträt „Friedrich v. Gentz" und einem Facsimile-Briefe des Feldmarschall Blücher.
Gerold's Sohn. fl. 8.—. 8. Wien 1887.

Metternich-Galopp. (Gedicht.) 1 Bl. in gr. 8. Leipzig 848, Naumburg. n. 1 ngr

Metternich's System oder die Ministerverschwörung in Wien vom Jahre 1834. Schlußprotocoll d. Wiener Ministerial-Conferenz vom 12. Juni 1834 im authent. Abdr. mit dem Einleitungs- u. Schluß-Vortrage des Fürsten Metternich. gr. 8. (31 S.) Leipzig 848, Verlagsbureau. n. 1/6 rß

Metteyya, s.: Maitriya.

Mettgenberg, C., Ritualismus und Romanismus in England. gr. 8. (39 S.) Bonn 877, Hochgürtel. *

Mettgenberg, Carolvs (geb. am 7 Okt. 1848 in Börlinghausen bei Gummersbach): Theses theologicae ... ad obtinendvm gradvm licentiati S. S. theologiae ... Bonnae, form. C. Georgi (1875). 2 Bl. 8.
Bonn, Ev.-theol. Fak., Thes. v. 24 Juli 1875

Mettgenberg, Wolfg., die Attentatsklausel im deutschen Auslieferungsrecht, s.a. Abhandlungen aus dem Staats-, Verwaltungs- u. Völkerrecht. II, 4.

Mettgenberg, Wolfgang: Die Attentatsklausel im Deutschen Auslieferungsrecht. Tübingen 1906: H. Laupp jr. (XII, 56 S.) 8° ¶(Erscheint vollst. in: Abhandlungen a. d. Staats-, Verwaltungs- u. Völkerrecht als H. 4 d. 2. Bandes.)
Bonn, Jur. Fak., Ref. Bergbohm, Diss. v. 15. Nov. 1906
[Geb. 10. Okt. 82 Kleve; Wohnort: Koblenz; Staatsangeh.: Preußen; Vorbildung: Gymn. Kleve, Koblenz Reife O. 02; Studium: Grenoble 1, Bonn 3, Berlin 1, Bonn 2 S.; Rig. 20. Juli 06.]

Die Attentatsklausel im Deutschen Auslieferungsrecht. Von Dr. jur. Wolfgang **Mettgenberg**. Tübingen: J.C.B. Mohr 1906. (XII, 114 S.) 8° = **Abhandlungen** aus d. Staats-, Verwaltungs- u. Völkerrecht. Bd 2, H. 4.
[07. 94]

Metthing, Bern. Clem. s. Mettingh, Bern. Clem.

Mettich, C., s. Mettig, Konstantin

Mettier [Sachliches OW]

Mettier. Hans Mettier, Redacteur des «Grütlianer» (in Zürich). Geboren ... 1851 in Langwies. Gestorben den 11. August 1901 in Chur. (Gedenkblatt.) [Mit Porträt.] 27 S. 8. Zürich, Buchdr. des Schweiz. Grütlivereins, 1901. [fr. —.60]

Mettier [Verfasser]

Mettier, H., d. Grütliverein Zürich. 1848—1898. Dargest. in s. Werden u. Wachsen. gr. 8. (83 S.) Zürich 898. (Buchh. d. schweiz. Grütlivereins.) n.n.1.—

Mettier, H., die Volksbegehren (Initiativen) betr. Wahl des Bundesrates durch das Volk u. Proportionalwahl des Nationalrates. In kurz gefaßter Darstellg. [Aus: „Grütlianer".] 8. (IV, 68 S.) Zürich 899. (Buchh. des schweiz. Grütlivereins.) n. — 30

Mettier, Peter. Die Bergüner Berge. Von P' M', Bergführer in Bergün. Im Selbstverlage des Verfassers. [Illustriert.] 91 S. 8. Chur, Druck Manatschal, Ebner & Cie., [1904]. [fr. 1.30]

(Mettier, Peter.) Für Bergfreunde. 8. Thusis o. J. [ca 1890].

Mettier, P[eter]. Die Pfandhaftung der Früchte (Miet- und Pachtzinse) eines Immobile. Dargestellt nach der deutschen und schweizerischen Gesetzgebung, unter besonderer Berücksichtigung des schweizerischen Vorentwurfes. Dogmatische Studie. 8. Zürich, Schulthess & Co., 1904.

Ausg. A: Diss. Jur. Bern von P. M'... II + 109 S.
Ausg. B: Von Dr. P. M'. 109 S. [fr. 3.--]

Mettig, Konstantin

Mettig, C., das älteste Amtsbuch der Schmiede zu Riga u. der Schragen derselben v. 1578. gr. 8. (37 S.) Riga 891. (Kymmel's Sort.) n. 1. —

Erinnerungen an Peter den Großen in Riga und an die Zeit der Belagerung z. Jubiläum d. 200-jähr. Vereinigung Rigas mit Rußland verf. von C[onstantin] Mettig. Mit 2 Bild. Riga: Mellin 1910. 54 S. 8°
[Umschlagt.:] Peter d. Große in Riga ... von C. Mettig. [10. 12940

Führer durch das Haus der Kompagnie der Schwarzen Häupter zu Riga von C[onstantin] Mettig. Riga 1910: Häcker. 40 S. 8° [10. 14760

— Führer durch das Haus der Kompagnie der schwarzen Häupter zu Riga. (41 S. m. 8 Taf.) gr. 8. Riga 910. (Jonck & Poliewsky.) 1.20

Mettig, C., u. F. Moll, illustrirter Führer durch Riga u. Umgebung. 12. (108 S. m. 24 Ansichten u. 2 farb. Plänen.) Riga 892. A. Stieda. n. 2. —

Mettig, Const., illustr. Führer durch Riga m. Umgebung u. Runö. M. 29 Ansichten u. 3 Plänen. 3., verb. u. verm. Aufl. 12. (121 S.) Riga 896. A. Stieda. n. 1.20

Mettig, C., illustr. Führer durch Riga m. Umgebung u. Runö. Bearb. v. M., der 2., lokale Thl. v. G. Keuchel. 4. verm. u. verb. Aufl. zur Jubiläums-Ausstellung in Riga 1901. Mit 4 Extrabildern, 25 Abbildgn. im Text u. 4 Plänen. 8. (VI, 116 S.) Riga 901. Jonck & Poliewsky. n. 1.25

Illustrierter Führer durch Riga mit Umgebung und Runö. Bearb. von C[onstantin] Mettig. 5. verm. u. verb. Aufl. 26 Abb. u. 4 Pl. Riga: Jonck & Poliewsky 1904. (VIII, 143 S.) 8° [F.] [04. 9…

Mettig, C., illustrierter Führer durch Riga m. Umgebung u. Runö. 6., verm. u. verb. Aufl. (VIII, 151 S. m. 32 Abbildgn. u. 3 Plänen.) 8. Riga 906. Jonck & Poliewsky. n. 1.60

— Illustrierter Führer durch Riga m. Umgebung u. Runö. 7. verm. u. verb. Aufl. Mit 2 (farb.) Stadtplänen. (VIII, 168 S. m. Abb. u. 3 eingedr. Plänen.) 8. Ebd. 909. 1.60

Mettig, Const., zur Geschichte der Rigaschen Gewerbe im 13. u. 14. Jahrh. gr. 8. (VI, 101 S.) Riga 883. Kymmel. n. 3. —

Mettig, Const[antin]: Kurze Geschichte der Stadt Pernau (Livland). — Pernau: Treufeldt 1901. 33 S.

[F.] Geschichte der Stadt Riga v. C(onstantin) Mettig. M. Ansichten u. Pl., sowie Abb. im Text. *Riga: Jonck & Poliewsky 18(95—)97.* (VIII, 489 S., 1 Facs., 6 Pl., 3 Portr., 1 Taf.) 1 Bd 8. [97. 5397

— Geschichte d. Stadt Riga. Mit Ansichten u. Plänen, sow. Abb. im Text. gr. 8. (VIII, 489 S.) Riga 897. Jonck & Poliewsky. n. 9.60; geb. in Halbfrz. n. 12. —
Erschien auch in 8 Lfgn. à n. 1.20.

Mettig, C[onstantin]: Geschichte der Stadt Riga. 2. Aufl. — Riga: Jonck & Poliewsky 1907. VIII, 460 S. mit Plänen und Abb. [1. Aufl. 1897.]

Die Schragen der Großen Gilde zu Dorpat. Materialien z. Verfassungsgeschichte d. Stadt Dorpat von C[onstantin] Mettig. Riga 1907: W. F. Häcker. (V, 111 S.) 4°(8°) [08. 4019

— Die Schragen der Grossen Gilde zu Dorpat. Materialien zur Verfassungsgeschichte der Stadt Dorpat. (VII, 111 S.) Lex. 8. Riga 907. (Dorpat, J. G. Krüger.) 3. —

Mettig, C[onstantin]: Baltische Städte. Skizzen aus d. livl. Geschichte. Riga '01. 214 S.

Mettig, Constantin: Baltische Städte. 2. Aufl. — Riga: Jonck & Poliewsky 1905. VIII, 417 S. [1. Aufl. 1901.]

Mettig, Robert, a. Frankfurt a. M.: Die französischen Elemente im Alt- und Mittelenglischen (800—1258). Ein Beitr. z. Geschichte d. engl. Wortschatzes. Marburg (Lahn) 1910: (Pierer, Altenburg). 90 S. 8° ¶(Aus: Engl. Studien. Bd 41.)
Marburg, Phil. Diss. v. 20. Jan. 1910, Ref. Viëtor
[Geb. 27. Sept. 69 Mainz; Wohnort: Oberhausen Rhpr.; Staatsangeh.: Preußen; Vorbildung: Oberrealsch. Marburg Reife O. 07; Studium: Marburg 11 S.; Rig. 22. Juli 09.] [U 10. 3374

Mettin, *Eduard Wilhelm* [aus Zeitz]: Die Composition des Ezzoleichs ... Halle a. S., Druck d. Buchdr. d. Waisenhauses, 1892; 30 S., 1 Bl. 8.
Halle, Phil. Fak., Inaug.-Diss. v. [16. Febr.] 1892

Mettin, F. E., Aufgaben und Stoffe für den Unterricht im schriftlichen Gedankenausdruck. Im Anschluß an den Kinderfreund von Preuß u. Vetter. Zeitz 861. Webel. 8. (VII, 55 S.) 7½ ngr.

Mettin, F. E., Beiträge für den Sprachunterricht in der Volksschule. 2 Hefte. 8. Zeitz, Webel. à Heft 7½ Ngr.
Inhalt:
Heft 1. Aufgaben und Stoffe für den Unterricht im schriftlichen Gedankenausdruck. Im Anschluß an den Kinderfreund von Preuß und Vetter. 2., erweit. Aufl. (XIV und 62 S.) 863.
2. Lehrgang für den Sprachunterricht in der Mittelklasse. (VII und 76 S.) 864.

Mettin, F. E., Beiträge für den Sprachunterricht in der Volksschule. 1. Heft. A. u. d. T.: Aufgaben und Stoffe für den Unterricht im schriftl. Gedankenausdruck. 8. umgearb. Aufl. von A. Kneiß. 8. (X, 70 S.) Leipzig 879. Webel. *

Mettin, F. E., u. C. Schreiber, Glückwünsche für alle Festtage des Lebens aus den Classikern unseres Volkes nebst Originalbeiträgen. Der „Liebesgaben in Festgrüßen" 2. (Titel-) Ausg. Zeitz 866. Leipzig, Webel. 8. (V, 166 S.) 12 ngr.

— Liebesgaben in Festgrüßen. Schule und Haus dargeboten. 8. (IV und 166 S.) Zeitz 863, Webel.

Mettin, F. H. O., offener Brief für die handel- und gewerbtreibende Geschäftswelt. 8. (18 S.) Leipzig 868, Rhode. [Lucius.] *

— der Weltmarkt. Ein zuverläss. Vermittler für Käufer u. Verkäufer, Pächter u. Verpächter, welche ein Grundstück oder Etablissement irgend welcher Art bald zu kaufen oder zu verkaufen, zu pachten oder zu verpachten geneigt sind. Ebend. 868. 16. (45 S.) n. 12½ ngr.

Mettin, F. H. G., offener Brief für die handel- u. gewerbtreibende Geschäftswelt. Leipzig 868. F. Voigt. 8. (13 S.) n. 4 ngr.

Mettin, G., unentbehrliches Handbuch f. Herrenkleidermacher. 8. Forst 847. Guben, Berger. Verklebt n. 1/2 ℛ

Mettin, Gust., gründlich practische Anleitung zur Selbstbereitung aller In- u. ausländischen Liqueure, resp. aller Sorten einfacher u. doppelter Branntweine, der verschied. Magentropfen u. Punsch-Extracts, Rum, Arac, Cognac, Franz- u. Nordhäuser Branntwein etc., sowie schließlich noch einige der besten, resp. wirksamsten u. für den Handel geeigneten Brust-Syrups. Nach den neuesten pract. Erfahrungen bearb. Zum Gebrauch für Kaufleute, Destillateure, Gast- u. Schenkwirthe etc. Leipzig 867. Rhode. [Lucius.] 8. (VI, 105 S.) cart. 1 ℛ 15 ngr.

Mettin, Hans Leo, der Tag des Gerichtes. Militär-Roman. (240 S.) 8. Berlin (910). H. Bermühler. 3.—

Mettin, Willy, appr. Arzt a. Berlin, Assistenzarzt im Inf.-Reg. Lübeck ⟨3. Hanseat.⟩ Nr. 162: Sind die modernen Kriege humaner geworden? Berlin (1906): G. Schade. (31 S.) 8°
Berlin, Med. Fak., Ref. Hildebrand, Diss. v. 22. Nov. 1900
[Geb. 30. Dez. 79 Berlin; Wohnort: Lübeck; Staatsangeh.: Preußen; Vorbildung: Luisenstädt. Gymn. Berlin Reife M. 98; Studium: Berlin 10 S., davon 5 S. K. W. A.; Coll. 17. Nov. 06; Approb. 22. Juli 05.]

Metting, Johannes: ⟨Aus der chirurgischen Klinik zu Marburg⟩. Casuistischer Beitrag zur Kenntnis der Mesenterialcysten. *Marburg 1898: J. A. Koch.* (46 S.) 8°
Marburg, Med. Diss. v. 8. März 1898

METTINGH, BERN. CLEM., Status militiæ Germanorum principalis et accessoriæ veteris et medii ævi; ad illustrationem juris publici et feudalis Germanici ex veterum monumentis enucleavit. Altonavii. 1742. 4. — Lubecæ et Altonæ. 1760. 4. (Kun Titelbl. og Dedikation er omtrykt).

Mettingh, Bern. Clem., Status militiae Germanorum principalis et accessoriae veteris et medii aevi quem ad illustrationem juris publici et feudalis Germanici ex veterum monumentis enucleavit, usuque practico firmavit. Altona (H. Chr. Hüllen) 1742. 671 S. (15.—) 23108

Metthing, Bhrd. Klem., (+ ...) status militiae Germanor. principal. et accessoriae veteris etc. 4. Altona 742. Mit n. Titelbl. 760. Iversen. 1 ℛ 8 gr.

Mettingh, C., üb. d. vortheilhafte Einwirkung d. Reformation auf d. bürgerl. Zustand d. Völker. Wesel 817. Becker. 5 gr.

Mettingh, Frhr. F. v., Abende über Kunst u. Dichtung. [Autographirt als Manuscript.] Nürnberg 870. (Schrag's Kunst-Verl.) 4. (IV, 104 S.) baar n. 1 ℛ 2 ngr.

Mettingh, Frhr. F. v., Abende üb. Kunst u. Dichtung. Studien üb. griech. Sage, Kunst u. Dichtg., m. Hinweisgn. auf die Nachahmg. d. griech. Styls in Rom. 8 (VI, 125 S.) Nürnberg 875. Schrag in Comm. n. 2. —

— Anthologie aus Xenophon. gr. 8. (45 S.) Ebend. 873. n. 1. 40

Mettingh, Frhr. F. v., Erzählungen aus der römischen Geschichte nach der Darstellung des Titus Livius, mit historisch-geograph. Erläuterungen. 8. (V, 178 S.) Wolfenbüttel 880, Zwißler. *

— Klio. Tagebuch aus Italien m. Bezug auf Kunst u. Geschichte. 8. (IV, 71 S.) Nürnberg 878. Schrag in Comm. 1. 50

— Lebens-Skizzen deutscher Tonsetzer. Ein Beitrag zur Geschichte der Oper. (Als Mscr. gedr.) Nürnberg 868. Korn'sche Buchh. gr. 8 (VII, 30 S.) n. 10 ngr.

— Gerhard Dominikus (Frankfurt/Main) De mercibus in commissionem datis Von Commissions-Waaren. Diss. jur. Präs. Jo. Christoph Koch. Gießen (Braun) 20. III. 1766. Rec. 1782. 20 S. (4.—) 23109

Mettingh, Philippine von
Aurelie die unglückliche Fürstentochter oder Wahrheit und Trugschlüsse. Roman. Bdchn 1. Quedlinburg, Leipzig: Basse, 1820. 223 S. 8°

Mettingh, Philippine v., Charakterschilderungen. 8. (15¼ B.) Cassel 845, Hotop. *

v. Mettingh, Philippine, Emma v. Reinhold; Roman. 8. Quedlinb. 818. Basse. 1 ℛ

Mettingh, Philippine von
Der Fluch der Weissagung. Roman. Bdchn 1. Quedlinburg, Leipzig: Basse 1819. 189 S. 8°

Mettingh, Ph. v., Momente aus der Geschichte und der Gesellschaft. 2 Thle. Kassel 854. Hotop. 8. (2 Bl., 263; 2 Bl., 238 S.) 1 ℛ. 10 ngr.

v. Mettingh, Philippine, Novellen. (Inhalt: Die Schwestern Ottejano. Der Coadjutor von Paris. Das letzte Jahr einer Herrscherin. — Die Sendung nach Frankreich. Die Marquise von Prie. — Die Verschwörung der Damen. Der Märtyrer Die Priester-Herrschaft im J. 1786.) 3 Thle. kl. 8. Frankfurt 838. Sauerländer. 4 ℛ

— Opfer des Zeitgeistes. 2 Thle. 8. Quedlinb. 821. Basse. 2 ℛ 8 gr.

— d. Schicksals Tücke, od. Auguste. 8. Quedl. 818. Basse. 16 gr.

— Samuel Jakob (Frankfurt), De legum imperii fundamentalium et civilium differentia. Diss. inaug. Präs. Johann Stephan Pütter. Göttingen (Pockwitz u. Barmeier) 6. VIII. 1763. 32 S. (4.50) 23110

Mettler, A., das Kastell Benningen. gr. 4. (19 S. m. Abbildgn. u. 4 Taf.) Heidelberg 902. O. Petters. n. 4.20
Sonderabdr. aus: „Der obergerm.-raet. Limes d. Roemerreiches".

Mettler, A., das Kastell Jagsthausen. Einzelfunde bearb. v. Fr. Drexel. (62 S. m. Abb., 4 Taf. u. 1 Karte.) 32,5×24,5 cm. Heidelberg 909. O. Petters. 8. 80
Sonderabdr. aus: „Der obergerm.-raet. Limes d. Römerreiches".

Mettler, A., u. P. Schultz, die Kastelle bei Welzheim. (18 S. m. Abbildgn. u. 4 Taf.) 4. Heidelberg 904. O. Petters. n. 4. —
Sonderabdr. a.: „Der obergerm.-raet. Limes d. Roemerreiches".

— Zur Klosteranlage der Zisterzienser u. zur Baugeschichte Maulbronns. (159 S. m. 38 Abbildgn.) gr. 8. Stuttgart 909. W. Kohlhammer. 2. 50
Sonderabdruck aus: „Württ. Vierteljahrsh. f. Landesgesch."

— Das Kastell Köngen. (62 S. m. Abbildgn. u. 7 Taf.) 32×24,5 cm. Heidelberg 907. O. Petters. 8. 80

— Das Kastell Meinhardt. Einzelfunde bearb. v. Fr. Drexel. (18 S. m. Abbildgn., 2 Taf. u. 1 Karte.) 32,5×24,5 cm. Ebd. 909. 3. 40
2 Sonderabdrucke aus: „Der obergerm.-raet. Limes d. Römerreiches".

Mettler, A., Kastell Walheim. [Aus: „Der obergerm.-raet. Limes d. Römerreiches".] gr. 4. (16 S. m. 6 Abb. u. 3 Taf.) Heidelberg 898. O. Petters. n. 2. 60

Mettler, Alfons, der Splügen als ostschweizerische Alpenbahn, s.a. Studien, Zürcher volkswirtschaftliche. 10.

Mettler, Alfons. Der Splügen als ostschweizerische Alpenbahn. VIII + 287 S. 8. Zürich ... 1907.
Ausg. A: Diss. Staatsw. Univ. Zürich. Zürich, Buchdr. J. Leemann.

Ausg. B: Verkehrspolitische Untersuchungen. Zürich, Verlag Rascher & Co. (M. 4. —.) — Zürcher volkswirtschaftliche Studien..., Heft 10.

Mettler, Emil. Experimentelles über die bakterizide Wirkung des Lichtes auf mit Eosin, Erythrosin und Fluoreszein gefärbte Nährböden. Diss. Med. Univ. Zürich. [Sep.-Abdr. aus: Archiv für Hygiene. Band 53.] *Kopftitel:* Aus der bakteriologischen Abteilung des Hygiene-Institutes der Universität Zürich. Abteilungsvorstand: Privatdozent Dr. W[illiam] Silberschmidt. 53 S. 8. München, R. Oldenbourg, 1905.

Mettler, Hans, automatisch stabiler Aeroplan, konstruiert nach den Resultaten vergleichender Studien üb. Auftrieb, Fahrtwiderstand, Geschwindigkeit u. Energiebedarf der Luftfahrzeuge. (61 S. m. Fig.) gr. 8. Zürich (909). Gebr. Leemann & Co. 3. —

Mettler, Hans. Graphische Berechnungs-Methoden Im Dienste der Naturwissenschaft und Technik, mit 43 (*d. i.* 11) Zeichnungen [wovon 11 auf 2 Tafeln]. [Band] 1. 71 S. 8. Zürich-Selnau, Gebr. Leemann & Co., 1910. [geb. fr. 2. —]

— Widerstand der Gase, an terrestrischen u. kosmischen Vorgängen erläutert. (29 S. m. Fig.) gr. 8. Ebd. 909. — 80

Mettler, Jacob. Untersuchungen über Potentiale und Normal-Anziehungskomponenten von unstetig mit Masse belegten Ebenen, mit Anwendungen auf die Theorie des Poissonschen Integrals. Diss. Phil. [II.] Univ. Zürich von Jakob M'.... [Mit Figuren.] VI+56 S. 4. Zürich, Zürcher & Furrer, 1904.

Mettler, Joh. Rud., Toggenburg: Dissertatio inauguralis medica de usu et abusu instrumentorum in partu.
Basel; med. Diss. 1757

Mettler, Karl

Mettler, Carl, aus St. Gallen ⟨Schweiz⟩: Über die Einwirkung von Phosgen und Pyridin auf Oxysäuren und Säureamide.
München 1902: V. Höfling. (50 S.) 8°
München, Phil. Diss. v. 1902

Mettler, R., deutsches Volksbuch, s. Volksbuch.

Mettler, Rud., dramat. Bilder f. 1839, nach d. neuesten französ. Originalen gez. 8. (23 B.) Leipzig 838, Verf. •
Inh.: Hans u. Peter, Posse in 1 Akt. — Liebe u. Entsagung, Lustsp. in 3 Akt. — Reisebilder, Posse in 2 Akt.

Mettler, Rud., dramat. Bilder für 1839, nach den neuesten französ. Originalen gezeichnet. (Inhalt: Hans u. Peter, Posse in 1 Akt. — Liebe u. Entsagung, Lustsp. in 3 Akten. — Reisebilder, Posse in 2 Akten.) 8. Leipzig 838. Literar. Museum, jetzt Schreck. n. 1⅚ ₰

Mettler, Rud., Garten- u. Blumenzeitung, s. Garten- u. Blumenzeitung.

—— und Jul. Hammer, das Nordlicht, s. Nordlicht, das.

Mettler, R. und H. Staub. Verbrennungsanlagen für Haus- und Strassenkehricht. Zürich 1896.

– s. Zeit, die, Organ der Epigonen.

Mettlerkamp [Sachliches OW]

Mettlerkamp, Meinem Bruder und Freunde Matthias Andreas, an Seinem Geburtstage . . . Hamb. 1806. V: *Curio, Joh. Carl Daniel.* (GGr) (Schr)

Mettlerkamp [Verfasser]

Mettlerkamp, ..., über unser Bauwesen. gr. 8. Hamburg 841, Nestler u. Melle. ⅙ ₰

Mettlerkamp, Aug., Liederschwalben. gr. 8. Braunschweig 846, Westermann. n. 1 ₰

Mettlerkamp, Chr.

— üb. Blitzableitungen gegen Busses Theorie. 8. Hamb. 812. Perthes u. B. 8 gr.

Mettlerkamp, Chr., üb. Blitzableitungen gegen Busses Theorie. 8. Leipz. Rein u. Comp. 812.

Mettlerkamp, neues Landwehr-System, s.a. Landwehr-System.

(v. Mettlerkamp.) Neues Landwehrsystem, dem deutschen Volke gewidmet von einem Veteranen von 1813 u. 1814. (VII, 61) 8. Mit 4 Pl. Hamburg 1848. 2,00.

Mettlerkamp. Neues Landwehr-System. 2. Aufl. Mit Pl. Hamburg 1848. 64 S.

Mettlerkamp, D. C., Beschr. d. Spur d. Blitzes, a. d. Thurm d. Rathskellers z. Haarburg, m. Zus. v. Reimarus, m. K. gr. 8. Hamb. Bohn. 800,

Mettlerkamp, Dav. Cph., Beschreib. d. Spur d. Blitzes, an d. Thurm d. Rathskellers zu Haarburg; mit Zusätzen v. Reimarus. M. Kpf. gr. 8. Hamb. 800. Campe. (Altenb., Schnuphase). 4 gr.

Mettlerkamp, D. C., Verfassungs-Vorschläge für Hamburg. gr. 8. (8 S.) Hamburg 849, Hoffmann & Campe. n. 2 ngr

— üb. Hamburgs Vertheidigung im Frühjahr 1813. Des Hrn. H. Heß Agonieen entgegengesetzt. 8. Hamb. 816.

Mettlich, C., Schulgesangbuch zunächst für höhere Unterrichts-Anstalten. s. **Bohn, P.**

Mettlich, Jos. [Hülfsl.]: Bemerkungen zu dem anglo-normannischen Lied vom wackern Ritter Horn. Münster, Druck d Coppenrathschen Buchdr., 1890; 24 S. 4°
Münster i. W., k. Paulinisches G, P 1890

Mettlich, Josef [aus Trier]: Bemerkungen zu dem anglo-normannischen Lied vom wackern Ritter Horn ... (Ist 2. verb. u. erweit. Aufl. d. Progr.-Abh. Münster, Gymn. 1890.) Münster, Druck v. J. Bredt, 1895; 46 S., 1 Bl. 8.
Kiel, Phil. Fak., Inaug.-Diss. v. [4. März] 1895

Mettlich, Jos[eph], Dr.: Ein Kapitel über Erziehung aus einer altfranzösischen Dichtung des 14. Jahrhunderts. Zum 1. Male veröffentlicht. *Münster i. W. 1902: Aschendorff.* (32 S.) 8° [F.]
Münster i. W., k. Paulinisches G, P 1902 (400)

Mettlich, Jos[ef], Prof. Dr.: Die Schachpartie in der Prosabearbeitung der allegorisch-didaktischen Dichtung „Les Eschez amoureux." Münster i. W. 1907: Aschendorff. (28 S.) 8°
Münster i. W., k. Paulinisches G OP 1907 (438)

Mettmann [Schlagwort]

Mettmann, Kreis. Hofacker, A., topograph. Karte des Kreises Mettmann u. der Stadtkreise Elberfeld u. Barmen. Im Auftrage der Kreisstände des Kreises Mettmann nach den Generalstabskarten, d. Katasterkarten und anderen Materialien bearb. 1 : 25,000. 4 Blatt à 64×69,5 cm. Farbdr. Berlin 883. (Vohwinkel, Kgl. Kreisausschuss des Kreises Mettmann) n. 4. 50

Mettner, Karl

Mettner, Carl, liturgische Chöre. Sammlung von Compositionen zu Bibelsprüchen und anderen geistlichen Texten für Männerstimmen. Zum Gebrauche bei liturg. Andachten, swie anderen gottesdienstlichen Feierlichkeiten in der Kirche, in Seminarien und anderen höheren Unterrichts-Anstalten überhaupt. Op. 5. hoch 4. (IV und 51 S.) Erfurt 856, Körner's Verlag.

Mettner, Carl, deutsches Liederbuch f. Schulen. Im Anschluß an die gebräuchlichsten Schul-Lesebücher zunächst an Ed. Bock's deutsches Lesebuch. In 3 Abthlgn. Für die Unter-, Mittel- u. Ober-Stufe. 2 Hfte. gr. 8. Breslau 874. F. Hirt. à n. — 30
1. Für die Unter- u. Mittelstufe. (40 S.)
2. Für die Oberstufe (58 S.)

Mettner, Carl, deutsches Liederbuch für Schulen. Im Anschluß an die gebräuchlichsten Schul-Lesebücher, zunächst an Ed. Bock's deutsches Lesebuch in der größeren und kleineren Ausgabe für evangel. Schulen, wie in der besondern Ausg. für deutsche und utraquist. Schulen beider Confessionen. Neue, erweit. Bearbeitung. 3 Hefte. gr. 8. Breslau 877, F. Hirt. brosch. in 1 Bd. **
Inhalt:
Heft 1. Für die Unterstufe. (18 S.) ** 13 Pf.
" 2. Für die Mittelstufe. (47 S.) * 25 Pf.
" 3. Für die Oberstufe. (63 S.) * 40 Pf.

Mettner, Karl, deutsches Liederbuch f. Schulen. Im Anschluß an die gebräuchlichsten Schul-Lesebücher, zunächst an F. Hirts Lesebücher f. Volksschulen. 3. Hft.: Für die Oberstufe. Neuer Abdr. 8. (68 S.) Breslau 892. F. Hirt. n. — 40

Mettner, Karl, deutsches Liederbuch f. Schulen. Im Anschl. an d. gebräuchl. Schul-Lesebücher, zun. an Ferd. Hirts deutsche Lesebücher. (In 3 Hften.) Neuer Ster.-Abdr. 8. Breslau 898. F. Hirt. n.n. — 78
1. F. d. Unterstufe. (19 S.) n.n. — 13
2. F. d. Mittelstufe. (47 S.) n. — 25
3. F. d. Oberstufe. (68 S.) n. — 40

Mettner, Karl, deutsches Liederbuch f. Schulen. Im Anschluß an die gebräuchlichsten Schul-Lesebücher, zunächst an Ferd. Hirts deutsche Lesebücher. (In 3 Abtlgn.) 2. u. 3. Hft. Neuer Ster.-Abdr. 8. Breslau 900. F. Hirt. n. — 65
2. Für die Mittelstufe. (47 S.) n. — 25
3. Für die Oberstufe. (68 S.) n. — 40

Mettner, Karl, deutsches Liederbuch f. Schulen. Im Anschluß an die gebräuchlichsten Schullesebücher, zunächst an Ferd. Hirts deutsche Lesebücher. 3 Abtlgn. Neuer Ster.-Abdr. 8. Breslau, F. Hirt. n. — 78
1. Für die Unterstufe. (18 S.) 905. n. — 13
2. Für die Mittelstufe. (47 S.) 906. n. — 25
3. Für die Oberstufe. (68 S.) 906. n. — 40

Mettner, Karl, deutsches Liederbuch f. Schulen. Im Anschluß an die gebräuchlichsten Schullesebücher, zunächst an Ferd. Hirts deutsche Lesebücher. In 3 Abtlgn.: Für d. Unter-, Mittel- u. Oberstufe. 3. Heft: Für d. Oberstufe. (68 S.) Neuer Ster.-Abdr. 8. Breslau 910. F. Hirt. — 40

— praktische Violinschule. Methodisch geordneter Uebungsstoff für den Unterricht im Violinspiel besonders für Präparanden u. Seminaristen mit Benutzung einer Sammlung von P. Löstner bearb. u. herausg. Op. 9. Cursus I. Uebungen zur Erreichung des nächsten Zieles im Seminar-Violin-Unterricht. Ebend. (858.) Fol. (69 S. u. 1 lith. Taf.) n. 1 ₰ 20 ngr.

Mettrie, de la, s.a. La Mettrie, Julien Offray de

Mettrie, de la, philosophisch. Gedank. üb. die Glückseligkeit rc. 8. Halle, Hemmerde und Schw. 751.

Mettrie, de la, der Mensch e. Maschine. Übers. v. Max Brahn, s. Bibliothek, philosophische.

— oeuvres de Médecine. 4. Berlin. 755.

Metz [Sachliches OW]

Metz 1870. Kriegsgeschichtl. Studie m. e. Karte der Umgegend v. Metz. gr. 8. (III, 132 S.) Wiesbaden 893. Leipzig, J. Werner. n. 3. —

Metz investi, ou la discipline tuant le patriotisme. Précédé d'un extrait chronologique des journaux messins, publiés pendant le siège. gr. 8. (96 S.) Luxemburg 871, (Schamburger.) *

Metz, die scharf, wider die, die sich evangelisch nennen u. doch dem Evangelio entgegen sind (1525), hrsg. v. Wilh. Lucke, s. a. Flugschriften aus den ersten Jahren der Reformation. I. 3.

Die scharf **Metz** wider die, die sich evangelisch nennen und doch dem Evangelio entgegen sind ⟨1525⟩. Hrsg. von Wilhelm Lucke. Halle a. S.: R. Haupt 1906. (S. 97–130.) 8° [F.]
= **Flugschriften** aus d. ersten Jahren d. Reformation. Bd 1, H. 3.

Metz u. die Schlachtfelder. Prakt. Führer f. Einheim. u. Touristen. M. Stadtplan u. Umgebungskarte, sow. 3 Postkarten in feinster Phototypie. 12. (93 S. m. Abb.) Metz 897. P. Müller. — 50

— — Praktischer Führer f. Einheimische u. Touristen. Mit Stadtplan u. Umgebungskarte, sowie 3 Postkarten in feinster Phototypie. 3. Aufl. 12. (59 S. m. Abbildgn.) Ebd. 900. — 50

— u. die Schlachtfelder. (Leporelloalbum.) 12. (24 Taf. in Photographieimitation.) Metz (901). P. Müller. In Decke 1. 50

Metz u. die Schlachtfelder. Prakt. Führer f. Einheimische u. Touristen. Mit Stadtplan u. Umgebungs-Karte sowie Illustr. v. Metz u. den Schlachtfeldern. 4. Aufl. (78 S.) kl. 8. Metz 906. P. Müller. n. — 75

Metz u. die Schlachtfelder. Praktischer Führer f. Einheimische u. Touristen. Mit Stadtplan, (farb.) Umgebungs- u. (farb.) Karte der Truppenaufstellgn. 14., 16. u. 18. VIII. 1870 sowie 31 Bildern v. Metz u. den Schlachtfeldern. 5., neu bearb. Aufl. (66 S.) kl. 8. Metz 910. P. Müller. —75

Metz et Thionville, martyrs à Bazaine par J. P. officier. gr. 8. (15 S.) Ebendas. 871.

Metz [Schlagwort]

— s. a.: Deutschland. Uebersichtskarte.

— s. a.: Geschichtskarten. Rothert.

— s.a. Geschichtskarten. Sammlg.

— s.a. Kriegsschauplatzkarten. Schwabenland.

— s. a.: Militärkarten.

— s.a. Radfahrerkarten.

— s.a. Westentaschen-Sammlung.

Metz, s.a. Woorl's Reisehandbücher.

Metz. Algermissen, J. L., topographische Karte der Umgebung v. Metz. Die Kriegsoperationen um Metz im Jahre 1870. 1 : 50,000. 9. Aufl. 53,5 × 73 cm. Farbendr. Leipzig 895. Basel, E. Seifert. n. 2. —

— Börner, C.: Karte der deutschen u. französischen Denkmäler u. Kriegergräber auf den Schlachtfeldern um Metz, nach den besten Quellen zusammengestellt. 1 : 50,000. Farbendr. 44,5 × 61,5 cm. Mit Text am Rande. Ebd. 891. n. 1. 50

— Börner, C., Karte der Kriegerdenkmäler auf den Schlachtfeldern um Metz, nach d. besten Quellen zusammengestellt. 1 : 50,000. 49 × 66,5 cm. Farbdr. Mit Text an den Seiten. Metz 897. P. Müller. n. 1. —

Metz. Börner, C., Karte der Krieger-Denkmäler auf den Schlachtfeldern um Metz, nach d. besten Quellen zusammengestellt. 2. verb. Aufl. 1 : 50,000. 49 × 67 cm. Farbdr. Metz 899. P. Müller. n. 1. —

— Denkmäler u. Kriegergräber auf d. Schlachtfeldern um Metz. 1 : 50,000. 14. Aufl. 45 × 62 cm. Farbendr. Leipzig 894. Basel, E. Seifert. n. 1. —

Metz. Denkmäler u. Kriegergräber auf den Schlachtfeldern um Metz. (Umschlag: Karte der Schlachtfelder um Metz m. d. Denkmälern u. Kriegergräbern.) (Jubiläums-Ausg. 1870. 1910.) 23.—25. Aufl. 1 : 50,000. 45,5×61 cm. Farbdr. Nebst Verzeichnis. (2 S.) Metz (910). R. Lupus. 1. —

Metz. Gaebler, Ed., Specialkarte von Metz u. Umgegend. 1 : 125,000. Chromolith. qu. gr. 4. Leipzig 888. Lang. — 25

Metz, Geschichte der Stadt und Festung, s. Koster, J.

Metz. Haug, Plan von Metz und Vororten. 1904. 1 : 10,000. 56×51,5 cm. Farbdr. Nebst Verzeichnis der Strassen u. Plätze. (8 S.) gr. 8. Metz, R. Lupus. n. 1. 25

— Haug, Plan v. Metz u. den Vororten. 1910. 4. vollständ. ergänzte Aufl. 1 : 10,000. 59×53,5 cm. Farbdruck. Nebst: Strassen-Verzeichnis. (4 S.) gr. 8. Metz 910. G. Scriba. 1. —

— Karte der deutschen u. französischen Denkmäler u. Kriegergräber auf den Schlachtfeldern um Metz, nach den besten Quellen zusammengestellt. 1 : 50,000. 11., vollständig ergänzte Aufl. Jubiläums-Ausg. 45 × 62 cm. Farbdr. Mit Text am Rande. Metz 898. G. Scriba. n. 1. —; auf Leinw. in Futteral n. 2. —

— — von Metz u. Umgegend. 1 : 200,000. [Aus: „Touristen-Atlas f. Süddeutschland".] 18 × 24 cm. Farbendr. Bruchsal 895. O. Katz. n. — 30; auf Leinw. n. — 40

Metz. Karte der Schlachtfelder um Metz mit deutschen u. französischen Denkmälern u. Kriegergräbern, nach d. besten Quellen zusammengestellt. 14. (vollständig ergänzte) Aufl. 1 : 50,000. 58×66 cm. Farbdr. (Mit Text auf dem Umschlag.) Metz (906). G. Scriba. n. 1. — 12. Aufl. (Umschlag: 13., vollständig ergänzte Aufl. Jubiläums-Ausg.) 45×62 cm. Farbdr. Mit Text am Rande. Metz (906). G. Scriba. n. 1. —

Metz. Karte der Umgebung v. Metz, nach den besten Quellen zusammengestellt m. genauer Angabe der deutschen u. französischen Denkmäler u. Kriegergräber auf den Schlachtfeldern um Metz. 1 : 50,000. Farbendr. 44,5 × 61,5 cm. Metz 891. Scriba. n. 1. —

— — dasselbe. Ausg. B. f. weitere Truppenübungen. 1 : 50,000. Farbendr. 51 × 69,5 cm. Ebd. 892. n. 1. 20

— — der Umgebung v. Metz, nach den besten Quellen zusammengestellt. 1 : 50,000. 5. Aufl. (Jubiläums-Ausg.) m. genauer Angabe der deutschen u. französ. Kriegsgräber u. Denkmäler auf den Schlachtfeldern um Metz. 45 × 62 cm. Farbendr. Mit Text an den Seiten. Metz 895. G. Scriba. n. 1. —

— Keller, neuer Plan v. Metz u. Umgebung m. Angabe der militär. Gebäude u. Dienststellen. Entworfen u. gezeichnet nach amtl. Quellen. 1 : 10,000. Ausg. 1895. 44,5 × 58 cm. Farbendr. Mit Strassenverzeichniss etc. an den Seiten. Ebd. 895. n. 1. 20

— Meyer, Jul., Reliefkarte der Umgebung von Metz. 1 : 50,000. 46 × 57,5 cm. Photolith. u. Farbendr. Nebst Karte der Umgebg. v. Vionville, Plänen v. Metz u. d. kaiserl. Schloss Urville auf d. Rückseite. Berlin 895. S. Schropp. In Leinw.-Karton n. 3. —

— Plan von Metz m. alphabetischem Strassenregister. 1:8333. Mit deutschen u. französ. Strassennamen. Chromolith. qu. Fol. Leipzig 887. Lang. n. 1. —

— Plan der Stadt Metz. 1 : 10,000. 26,5×28 cm. Farbdr. Mit Strassenverzeichniss etc. an den Seiten. Metz 897. P. Müller. — 30

— Plan der Stadt Metz. Ausg. 1900. 1 : 10,000. 26,5× 28 cm. Farbdr. Mit Strassenverzeichniss etc. an den Seiten. Ebd. — 30

— Plan der Stadt Metz. 1 : 10,000. 28×22,5 cm. Mit beigedrucktem Strassen-Verzeichniss. (4 S.) kl. 8. Ebd. 907. — 30

— Plan de la ville de Metz. 1 : 10,000. 28,5×23,5 cm. Farbdr. Avec la liste des rues, places, etc. (4 S.) kl. 8. Ebd. (908). — 30

— Schwabenland, F., Karte der Kriegerdenkmäler auf den Schlachtfeldern um Metz. 1 : 50,000. 52× 67 cm. Farbdr. Mit Text am Rande. Ebd. 897. n. 2. —; auf Leinw. n. 3. —

Metz. Schwabenland, F., Karte der Kriegerdenkmäler auf den Schlachtfeldern um Metz. 1 : 50,000. 4. verb. Aufl. (7.—10. Taus.) 52×66 cm. Farbdr. Mit Text am Rande. Metz 900. P. Müller. 1. —

— — Karte der Kriegerdenkmäler auf den Schlachtfeldern um Metz. 1 : 50,000. 5. Aufl. (11.—14. Taus.) 51,5×66 cm. Farbdr. Ebd. (905). 1. —; auf Leinw. 2. —

— Schwabenland, F., Karte der Kriegerdenkmäler auf den Schlachtfeldern um Metz. 1 : 50,000. 6. Aufl. (14.—16. Taus.) 51,5×66 cm. Farbdr. (Mit Text an d. Seiten.) Metz (910). P. Müller. 1.—; auf Leinw. 2.—

— — Karte v. Metz u. Umgebung. 1 : 100,000. 26× 33,5 cm. Farbdr. Ebd. 897. — 30

— — Karte v. Metz u. Umgebung. 1 : 100,000. 5. Aufl. 26×33,5 cm. Farbdr. Ebd. 900. — 30

— Schwabenland, F., Karte v. Metz u. Umgebung. 1 : 100,000. 7. Aufl. 26×33,5 cm. Farbdr. Metz 903. P. Müller. — 30; auf Leinw. n. — 50

— — Plan der Stadt Metz u. Umgebung. Ergänzt bis 1900 von Rettig. 1:10,000. 53,5×51,5 cm. Farbdr. Mit alphabet. Strassenverzeichniss, nebst Angabe d. militär. Gebäude u. Dienststellen (an d. Seiten). Ebd. 901. n. 1.25

— — Plan der Stadt Metz u. Umgebung. Ergänzt bis 1900 v. Rettig. Nachträge 1903. 1 : 10,000. 53×51 cm. Farbdr. Mit alphabet. Strassenverzeichniss, nebst Angabe der militär. Gebäude u. Dienststellen (an den Seiten). Ebd. 903. n. 1. 75

Metz — Situations-Plan des Schlachtfeldes bei — für die Gefechte am 14., 16., 18. u. 31. Aug. u. 1. Sept. 40,000. 2 Bl.

— Specialkarte der Umgebungen von Metz. 1 : 50,000. Mit Eindruck der Denkmäler u. Kriegergräber auf den Schlachtfeldern. 10. Aufl. Chromolith. Imp.-Fol. Leipzig 888. Lang. n. 1. 60

— Stotten, neuester Plan v. Metz. 1 : 8000. Revidirt u. ergänzt bis 1891. Mit alphabet. Strassenverzeichnisse u. s. w. Lith. qu. Fol. Leipzig 890. Lang. n. 1. —

— Stotten, neuester Plan v. Metz. 1 : 8000. Rev. u. ergänzt bis 1896. 33×32 cm. Lith. Mit alphabet. Strassenverzeichnisse u. s. w. (an den Seiten). Leipzig 896. G. Lang. n. 1. —

— — dasselbe u. Umgebung. 1 : 8000. Vervollständ. 1898 v. Cuno. 72,5×52,5 cm. Farbdr. Mit alphabet. Strassenverzeichniss, Angabe der militär. Gebäude u. Dienststellen u. s. w. (an den Seiten). Metz 897. Basel, E. Seifert. 1. 50; auf Leinw. n. 3. —; auf Pappe m. Oesen n. 2. 50

— Uebersichtskarte der Gemarkung Metz. Angefertigt im J. 1897 auf Grund d. Katasterpläne. 1 : 4000. 81×110 cm. Farbdr. Ebd. (899). n.n. 6. —

Metz — Accurate Vorstellung des neuesten Plans der unter französischer Bothmäſsigkeit seit dem Crambresischen Frieden 1556 stehenden Bischöflichen Hauptstadt und Vestung — so ehemalen auch die Hauptstadt im Konigreich Austrasien gewesen, in der Länge 23° 53′, in der Breite 49° 6′; an das Tagslicht gestellt und zu finden in der Homänn. Officin 1738 in Nürnberg. 1 : 7000. 1 Bl.

Metz—Coblenz, s.: Automobilkarten. Mittelbach.

Metz—Frankfurt a. M., s.: Automobilkarten. Automobil-Tourenkarte.

Metz—Heidelberg, s.: Automobilkarten. Mittelbach.

Metz—Paris, s.: Automobilkarten. Mittelbach.

Metz—Strassburg, s.: Automobilkarten. Automobil-Tourenkarte. Pharus-Auto-Strecke.

Metz [Verfasser]

Metz, s. a. Metz.

Metz, Berichte über neuere Nutzpflanzen, s. a. Berichte.

Metz u. Comp. in Berlin, Berichte über neuere Nutzpflanzen, insbesondere über die Ergebnisse ihres Anbaues in verschiedenen Theilen Deutschlands. Jahrg. 1857 u. 58. Berlin, Besselmann. gr. 8. (VIII, 64; VIII, 123 S.) 857.: n. 10 ngr.; 858.: n. 12 ngr.

Metz, bürgerl. Rechte d. Israeliten in Bayern. Erlangen 855.

Metz I., die neuen Reichsjustizgesetze in kurzer volksthümlicher Darstellung, bearb. unter Berücksicht. des Gerichtskostengesetzes, der Gebüren- und Anwaltsordnung, sowie der hess. Ausführungsgesetze, nach einem Vortrage. Ein Rathgeber zum prakt. Gebrauch, mit Formularen für Klagen, Anträge, Erklärungen zc. 1.—9. Aufl. 8. (62 S.) Darmstadt 879, Köhler's Verlag. *

Metz, (II.), der Rheinbund und die geschichtliche Berechtigung der nationalen Bewegung. Rede gehalten im Wolfseck zu Frankfurt a. M. am. 18. Juni 1861. (Nach stenograph. Aufzeichnung.) gr. 8. (16 S.) Coburg 861, Streit'sche Verlagsh.

Metz, ..., großes Engl. Zeichenbuch. od. prakt. Anleit. z. Erlernung d. Zeichnens zc. gr. Fol. Hamb. 805. Vollmer. (Herold jun.) 16 gr.

Metz, die Zukunft der inneren Kolonisation im östlichen Deutschland besonders in Pommern. (80 S.) gr. 8. Berlin 910. P. Parey. — 80

Metz, A., Der Bodensee zugefroren im Winter 1880. Nach genauen Beobachtungen beschrieben. Überlingen 1881.

Metz, A., & Co.: Haupt-Verzeichnis über Sommer- und Herbstsaaten. Berlin 1909

Metz, A., Pfarrfrauen. Pastorentöchter. Alte Jungfern. Heilbronn 1887. gr. 8.
Ist: Zeitfragen d. christl. Volkslebens. H. 88. = Bd. 12. H. 6.

Metz, Adf., die aräometrische Analyse des Bieres ohne Destillation und ohne Anwendung der Wage. gr. 8. (42 S.) München 870, Beck. *

Metz, Adf., Analyse des Reisbieres aus der „Rhein. Bierbrauerei" in Mainz. München 870. Gummi. gr. 8. (18 S.) n. 4 ngr.

Metz, Adolf [Vorr.]
s. **Bintz,** Julius: Der Einfluss der ars poetica des Horaz ...

Bismarck und das deutsche Volk von **Adolf Metz.** (Als Ms. gedr.)
Hamburg 1898: Lütcke & Wulff. (23 S.) 8°
(Hamburgische Liebhaberbibliothek.)

Metz, Adolf Zur Erinnerung an Wilhelm Wagner. Sein Lebens- und Entwicklungsgang. XXV S. Progr. Joh. G. *Hamburg* 1881

— **die Gehaltsprüfung des Glycerins durch das specifische Gewicht.** Ebend. 870. gr. 8. (20 S. mit 1 lith. Tab. in Fol.) n. 6 ngr.

Metz, *Gustav* Adolf [Prof. Lic.]: Nochmals die „Geschichte in Sessenheim". Hamburg, gedr. bei Lütcke & Wulff, 1894; 1 Bl., 32 S. 4.
Hamburg, Gelehrten-S d. Johanneums, P 1894 (734)

Metz, Adf., nochmals die „Geschichte in Sessenheim". Progr. 4. (32 S.) Hamburg 894. (Herold's Verl.) n.n. 2.50

Klopstock der Erwecker. Festrede zur Gedächtnisfeier im Verein für Kunst und Wissenschaft zu Hamburg am 11. März 1903 von Adolf Metz. Hamburgische Liebhaberbibliothek. Hamburg. 1903. 8°.

Max Müller und sein Brief an die Deutschen. Eine log. Studie von Adolf Metz. Hamburg: Herold 1900. 15 S. 8°

Metz, Adolf: Nachruf am Grabe des Directors Dr. Julius Bintz, *gest. am 20. Sept. 1891.* Hamburg, gedr. bei Lütcke & Wulff, 1892; 8—9 S. 4.
Hamburg, Gelehrten-S d. Johanneums, P 1892 (729)

Metz, Adf., die antipetrinische Rede des Apostels Paulus [Gal. 2, 14—21] dialektisch erörtert. 4. (37 S.) Hamburg 881, (Nolte.) **

Metz, Adf., vom evangelischen Religionsunterricht an höh. Schulen, s.: Vollmer, Hans.

Metz, Adf., Schiller, seine Kunst im Zusammenhange m. seiner Menschheit, s.: Schillerreden, 2, in Hamburg.

Metz, Adolfvs (geb. am 5 Febr. 1846 in Würrich Kr. Zell): Theses theologicae ... ad obtinendvm gradvm licentiati S. S. theologiae ... Bonnae, form. P. Nevsser (1869). 6 S. 8.
Bonn, Ev.-theol. Fak., Thes. v. 17 Febr. 1869

Metz, Adf., über Wesen und Wirkung der Tragödie. Eine Untersuchung. 8. (79 S.) Berlin 886, C. Duncker. *

Metz, Adf. Ueber Wesen u. Wirkung der Tragödie. 8. Berl. 886. Lpz., W. Friedrich. * 1 —

Metz, Alex. Edler v., Fecht-Buch für die Prim-Auslage. br. 8. (122 S. mit 2 Stnt. in gr. Fol.) Wien 864, (Braumüller's Sortiment.) *

Metz, Alex. Edler v., Fecht-Buch für die Prim-Auslage. Hrsg. im J. 1863: nach genauer Durchsicht neu aufgelegt im J. 1883. 8. (112 S. mit 2 Stnt.) Wien 883, (Seidel und Sohn.) *

Metz, Andreas (Würzburg), Aphorismi ex Reinholdiana theoria facultatis repraesentandi generatim, et sensualitatis speciatim. Würzburg (Fr. E. Nitribitt) 30./31. VIII. 1796. 46 S. mit Namen. (5.—) 23111
Admissi: Michael Klein, Anton Endres, Kilian Mayer, Joseph Eisemann, Peter Zilles, Franz Sauer.

Metz, Andr., über d. Begriff d. Naturphilosophie; od. d. Frage: Was hat d. Philosophie zu leisten, um in Wahrheit sich Naturph. nennen zu können? verbunden mit d. Frage: Welchen Werth hat die Naturph: sowohl überh. als insbesond. f. d. Medizin? gr. 8. (3½ B.) Würzburg 829, Strecker.

— Criticae rationis practicae, seu partis primae philosophiae practicae compend. gr. 8. Wurceb. Rienner. 800.

— Darstell. d. Hauptmomente d. Elementarlehre d. Kant. Krit. &c. od. 2e verb. und verm. Ausgab. d. Darstell. d. Kant. Systems. 2 Thle. gr. 8. Bamb. Gobhard. 802.

— kurze u. deutl. Darstellung d. Kantischen Systems, nach seinem Hauptzwecke, Gange u. innern Werthe. gr. 8. Bamb. 795. 2e verb. u. verm. Ausg. unt. d. T.: Darstell. d. Hauptmomente d. Elementarlehre d. Kantischen Kritik &c. 2 Thle. gr. 8. Ebd. 802. (Wesché in Frankf.); (a. Etlinger in Würzburg). 1 ₰

— sex mathematici argumenti dissertationes; in usum auditor. suor. edidit. 8maj. Bamb. 799. (Wesché in Frnkf.) 16 gr.

Metz, And., sex argumenti mathematici etc. 8. maj. Bamb. Göbhard. 799.

Metz, Andr., Grundr. d. Anthropologie in pragmat.-psycholog. Hinsicht. 1s Heft. Die Lehre d. anthropolog. Didaktik v. Erkenntnißvermögen. 8. Würzb. 808.

Andreas Metz

Grundriss der Anthropologie in psychischer Hinsicht, u. innerhalb der Grenze dessen, was der Philosophie zur Grundlage dient. Mit e. Vorr. über den Zweck, Umfang und Gang des akademischen Studiums überhaupt. Von Andreas Metz. 2., verb. Ausg. Würzburg: Bonitas 1821. LXXIV, 318 S. 8°

— Handbuch d. Elementar-Arithmetik, in Verbindung mit der Elementar-Algebra. gr. 8. Bamb. 804. (Wesché in Frankf.) 1 ₰ 12 gr.

Metz, And., Handb. d. Logik, z. Gebr. akad. Vorles. gr. 8. Würzb. Rienner. 801. Rthlr. Holl. D.

— **Handbuch d. Logik, z. Gebrauch akad. Vorlesungen.** gr. 8. Würzb. 802. 2e A. gr. 8. Bamb. 815. (Wesché in Frankf.) 14 gr. Holländ. Pap. 19 gr.

— institut. logicae, praeviis psychologiae empir. capitibus subjectae. 8maj. Bamb. 796. (Wesché in Frankf.); auch Etlinger in Würzb. 20 𝒢

— — De philosophorum criticorum de logica meritis atque nonnullis, quae inter illos adhuc controversa sunt, capitibus logicis commentatio academica. Qua ad disputationem publicam ex logica, mathesi et Cic. Disput. Tusc. lib. II. ab Abraham von Jacob (Würzburg) et Heinrich Kessler (Frankenheim). Würzburg (Fr. E. Nitribitt) 5. VII. 1799. 22 S. (4.—) 23112
Oppon.: Bruno Günther, Balthasar Foertsch, Gottfried Herold, Dominikus Mahlmeister.

— systema philosophiae practicae Prs. I. criticae rationis practicae. — Prs. II. de rationis purae practicae principio supremo. 8maj. Würzb. 800. Rienner. 12 𝒢

Metz, A. Theoria logarithmorum. Wirceburgi 1795. 4.

— üb. d. Werth d. Logik im Verhältniß z. Methaphysik u. Mathematik. gr. 8. Würzb. 814. Etlinger. 6 𝒢

Metz, August, aus Würzburg: Anatomie der Laubblätter der Celastrineen mit besonderer Berücksichtigung des Vorkommens von Kautschuk. *Jena: G. Fischer 1903.* (78 S.) 8°
Erlangen, Phil. Diss. v. 11. Mai 1903

Metz, August, appr. Arzt a. Laasphe, Westf.: Aus d. mediz. Klinik zu Bonn. Über Meningitis tuberculosa nach Trauma. Bonn 1906: C. Georgi. (48 S.) 8°
Bonn, Med. Fak., Ref. Schultze, Diss. v. 6. April 1906
[Geb. 17. Okt. 78 Laasphe i. W.; Wohnort: Bonn; Staatsangeh.: Preußen; Vorbildung: Gymn. Gießen Reife M. 98; Studium: Gießen 5, Leipzig 1, München 1, Bonn 2 S.; Coll. 6. April 06; Approb. 23. März 03.]

Metz, August [pr. Arzt in Eplig]: Über die therapeutischen Wirkungen des Solanins bei Nervenkrankheiten. . . . Strassburg, Druck v. E. Bauer, 1891; 45 S. 8°
Strassburg, Med. Fak., Inaug.-Diss. v. 1891

Metz, B. Über die pseudoskopische Ablenkung paralleler Linien, wenn dieselben in gewisser Weise von Querstrichen durchsetzt sind. 17 S. u. 2 Taf. Progr. *Offenbach* 1883.

METZ, Benedict Josef: Tabellen zur Berechnung des Cubik-Inhalts runder Stämme. - Fulda 1813. VIII, 100 S.

Metz, C., fünfstellige Logarithmen der Zahlen von 1—10800 u. der trigonometrischen Funktionen. Für den prakt. Gebrauch eingerichtet. Ausg. A m. vollständ. Rand-Index. (VIII, 85 S.) Lex. 8. Berlin 908. Polytechn. Buchh. A. Seydel. Geb. in Leinw. 4.—; Ausg. B ohne Rand-Index 3.—

Metz, Chr. G., d. wichtigste Sorge ein. Christen im Leben u. Sterben. 8. Erlang. Breuning. 770.

Metz, Chr. G., die wichtigste Sorge eines Christen im Leben u. Sterben. 8. Erlang. 770. (Heyder). 6 𝒢

Metz, E., die heutigen künstlichen Dünger, ihr Ankauf u. ihre Verwendg. im landwirtschaftlichen Betrieb. Für den prakt. Landwirt, sowie f. landwirtschaftl. Vereine u. Genossenschaften bearb. (IV, 54 S.) 8. Berlin 908. P. Parey. p — 60

Metz, Edouard, u. Eloi Schoué: Bericht über den Feuerwehr-Congress zu Eich bei Luxemburg, am Sonntag, den 12. November 1882. Luxemburg: Peter Brück 1882. 32 S. 8°

Metz, Edouard, u. Eloi Schoué: Feuerlöschwesen des Grossherzogthums Luxemburg. Bericht über den 2. Feuerwehr-Congress zu Diekirch, am 14. Januar 1883. Diekirch: Justin Schroell 1883. 8 S. 8°

Metz, Eduard. (geb. Aachen 18. 3. 1830): De psoriasi. Berolini (1854). (31 S.) 8°
Berlin, Med. Diss. v. 29. Aug. 1854

Metz, E[duardus] (geb. am 26 Mai 1841 in Würrich Kr. Zell): De vlceribvs ventricvli, praecipve de iis, qvae dicvntvr haemorrhagica ... Bonnae, form. F. Krvegeri [1866]. 22 S. 8.
Bonn, Med. Fak., Diss. v. [1 Juni 1866]

Metz, Emil *Robert Otto* [app. Arzt aus Aschersleben]: Über die Resultate der Radikaloperation bei Unterleibsbrüchen ... Halle a. S., Hofbuchdr. v. C. A. Kaemmerer & C., 1894; 23 S., 1 Bl. 8.
Halle, Med. Fak., Inaug.-Diss. v. 22. Juni 1894

Metz Fr. feiner Eisenguss mit Schmiedeeisenarbeiten. Musterbuch (80 T) 4° Frankfurt

Metz, Frieder., Geschichte d. Buchhandels u. d. Buchdruckerkunst. (2 Abthln.) gr. 8. (30% B.) Darmstadt 834, 35, (Heyer'sche Hofbuchh.)

Metz, Fr., Geschichte des Buchhandels u. der Buchdruckerkunst. (2 Abthll.) gr. 8. Darmstadt 834 - 36. (Heyer'sche Hofbuchh., Jonghaus.) n. $2^{2}/_{3}$ ₰

Metz, Friedr. „Grundzüge zur Witterungskunde": pg. 1—6. 4° E: Kässsler.
Landau, Progr. 1852/53

—— Musenalmanach, s. Musenalmanach.

Tafellied zum Winter St. Johannis-Feste 8534. [Unterz.:] Fr[iedr.] **Metz.** [Darmstadt 1834: Will.] 2 Bl. 8° [Kopftit.]
Ohne Noten: „Wie wir vereint in froher Runde sitzen, . . ." 100.

Metz, Friedrich Christian (Isenburg)
De Oleis in genere et speciatim de empyreumaticis, specimen inaugurale.
Giessae 21. Dez. 1781: Braun. 40 S. 4°
pro summis in medicina honoribus.

Metz, G. H.

— Abriß d. mathemat.-physikal. Erdbeschreibung. Mit 7 Kpf. gr. 8. Hildbgh. 800. Gerstenberg. 1 ₰ 8 𝒢

— skizzirte Darstell. der allgem. Weltgeschichte zu einer wiederholenden Uebersicht. 8. Braunschw. 801. Reichard. 9 𝒢

Metz, G. H., Grundlinien zu e. System d. allgem. prakt. Philosophie. gr. 8. Braunschw. 802. Reichard. (Vieweg). 15 𝒢

— Handbuch f. diejenigen, welche eine gründl. Staatskunde erwerben wollen. gr. 8. Braunschw. 801. Reichard. (Vieweg). 3 ₰

Metz, G. H., Handb. zur allgem., d. i. mathemat. u. physikal. Erdbeschreibung. 2 Bde. Mit Kpf. 8. Leipz. 798. (Brockhaus). 2 ₰ 8 𝒢

— Handb. z. allgem., d. i., mathem. u. physik. Erdbeschr. 2 Bde. 8. Leipzig, Heinsius. (Gleditsch.) 798.

— Namensverzeichn. d. vorn. Gel. u. a. Männer, d. s. um d. Wissensch. verdient gemacht haben, s. Namensverzeichniß.

METZ, GERMAN. Zur Kenntnis neuer Synthesen von Phenmiazinderivaten. Erlangen, 1894.

Metz, Gustave P. . Ueber die Synthese von Phenyloxytriazolen und über «sterische» und «chemische» Hinderung. Diss. Phil. Basel. [Mit Figuren.] 72 S. 8. Zürich, J. Leemann, 1902.

Metz, Heinr., der Militäranwärter im Examen. Ein Ratgeber u. Prüfstein f. die Beamtenlaufbahn d. Post-, Eisenbahn-, Steuer- u. Garnison-Verwaltg. (IX, 328 S.) gr. 8. Cassel 907. G. Dufayel. 3.60; geb. in Leinw. 4.—

Metz, Heinr., kurzgefaßte Satz- u. Satzzeichenlehre m. 30 Uebungsaufgaben f. Militäranwärter u. Unteroffiziere. (40 S.) 8. Cassel 906. (G. Dufayel.) n. —50

Kurzgefasste Satz- u. Satzzeichenlehre, mit 50 Übungsaufgaben u. Diktaten f. Kapitulantenschulen u. z. Selbstunterr. f. Militäranwärter. Zsgest. von Heinrich **Metz**, Kapitulantenlehrer. 2. verb. u. verm. Aufl. Cassel: G. Dufayel 1907. (69 S.) 8° [F.] 07. 10318 4

Deutsche Wortlehre und Rechtschreibung mit 100 Übungsaufgaben u. Diktaten f. Kapitulantenschulen ... Zsgest. von Heinrich **Metz**, Kapitulantenschullehrer. Cassel: G. Dufayel 1906. (144 S.) 8° [F.] 07. 9378 4

Metz, Hermann

Metz, H., innere Kolonisation in den Provinzen Brandenburg u. Pommern 1891 bis 1901, s.a. Jahrbücher, landwirtschaftliche. 31. III. Erg.-Hft.

Metz, Innere Kolonisation in Brandenburg und Pommern 1891—1901. 8°. Berlin, Parey, 1901. (Landwirtschaftl. Jahrbücher, 31.)

Innere Kolonisation in den Provinzen Brandenburg und Pommern 1891–1901. Erfahrungen u. Verfahren d. kgl. Generalkommission zu Frankfurt a/O. Unter Mitw. von Mitgliedern d. Kollegiums u. von Spezialkommissaren zsgest. u. hrsg. von H. **Metz**. *Berlin: P. Parey 1902.* (VIII, 160 S.) 4° (8°)
— **Jahrbücher**, Landwirtschaftliche. Bd 31. Erg.Bd 3. 02. 19811 3

Die Zukunft der inneren Kolonisation im östlichen Deutschland besonders in Pommern von Dr. H[ermann] **Metz**, Präsident. Berlin: Parey 1910. 30 S. 8° 10. 22,b 9

Metz, J. F., die Volksstämme der Nilagiri's, ihr soziales Leben und ihre religiösen Gebräuche, mit 1 (lith.) Karte der Nilagiri's (in 4.). Basel 857. (Bahnmaier.) 16. (126 S.) 6 ngr.

Metz, J. G., Gedichte eines deutschen Veteranen. 8. (210 S.) Luckenwalde 880, (Selbstverlag.) *

Metz, J. H. G. (Oekonom und Landwirthschafts-Lehrer) „Der Landmann, namentlich dessen ökonomische Verhältnisse aus einer dreissigjährigen Erfahrung beleuchtet und dargestellt". pg. 3—16. 4°. Morich'sche B. Schweinfurt, Progr. 1844/45

Metz, Jean Norbert: Gesetz-Entwurf über den Primär-Unterricht. Rede. Luxemburg: Peter Brück [1881]. 10 S. 12°

Metz, Joh., die Ursache der Bewegungen im Weltall. Die Voraussage der verschiedenen Häufigkeit der Sonnenflecken. Die Ursachen der Polhöhenschwankungen. (11 S.) gr. 8. Frankfurt a/M. (910). (A. Kullmann.) —15

Metz, Joh. Phil., Ulm. Dissertatio inauguralis medica sistens diabetis observationem raram. Basel; med. Diss. 1737

Metz, Jh. Sam., s. Staats-Kalender, Hamburgischer.

Metz, Jos. Edler v., Beweis des Fermat'schen Satzes. (6 S.) gr. 8. Göttingen 908. C. Spielmeyer's Nachf. —20

Metz, Joseph (Stiftsvikar) „Blicke in die älteste Geschichte des deutschen Handwerks". pg. 3—7. 4°. Stadtamhof, Joseph Mayr.
Regensburg, Progr. 1855/56

Metz, Jos., Trambahn-Gedanken. (16 S.) Lex. 8. München (904). (J. Lindauer.) n. —20

Metz, Josepha, Didi u. Konsorten, s.a. Frauen, deutscher, Gemüt u. Humor.

Josepha Metz: Didi und Konsorten. Berlin: Harmonie [1905]. 32 S. 8°
(Deutscher Frauen Gemüt u. Humor. [Bd 2.]) 10. 10171

Gedichte von Josefa **Metz**. *Berlin: E. Bloch [1903].* (88 S.) 8° [F.]
— **Original-Deklamatorium**, [Eduard Blochs]. [Lfg] 48, 49. 04. 12826

— Gedichte. 3.—6. Tauf. (126 S.) 8. Berlin (906). E. Bloch. n. 1.80; geb. n. 2.40

Metz, Josepha, im Himmelhaus, s.a. Bloch's, Ludw., Kinder-Theater.

Im Himmelhaus. Ein Kinderspiel mit Gesang von Josefa **Metz**. Orig.-Musik von Bogumil Zepler. Berlin: E. Bloch [1905]. (16 S.) 8° [F.]
— **Kinder-Theater**, Ludwig Blochs. No 103. 06. 9809

Metz, Josefa, den König drückt der Schuh. Ein Spiel in 4 Bildern. (V, 49 S. m. 1 Farbdr.) gr. 8. Leipzig 908. Haupt & Hammon. Kart. 1.60; geb. 2.30

Metz, Josefa: Armer kleiner Pierrot. 2. Aufl. Berlin, Stuttgart, Leipzig: Juncker (1908). 224 S. 8°

— Armer kleiner Pierrot. 2. Aufl. (224 S.) kl. 8. Stuttgart (908). Charlottenburg, A. Juncker Verl. 3.—; geb. n 4.—

— das letzte Rendez-vous, s.a. Blochs, Ludw., Sammlung v. Zwie- u. Dreigesprächen. 34. Hft.

Das letzte Rendez-vous. Humorist. Szene von Josefa **Metz**. Berlin: E. Bloch [1905]. (8 S.) 8° [F.]
— **Sammlung**, Ludwig Blochs, von Zwie- u. Dreigesprächen. H. 34. 06. 9900

— Ein Sommerabendspiel, s.: **Egidi, Arth.**

— auf d. Spielplatz, s.a. Bloch's, Ludw., Kinder-Theater 102.

— dasselbe, s.a. Bloch's, Eduard, Original-Deklamatorium. 48. 49

Auf dem Spielplatz. Lustiges Stücklein mit Gesang von Josefa **Metz**. Orig.-Musik von Bogumil Zepler. Berlin: E. Bloch [1905]. (18 S.) 8°
— **Kinder-Theater**, Ludwig Blochs. No 102. 06. 9808

Metz, Isaac, v. Liber Cosri ex Arabico R. Jehudae Levitae Hispani

Metz, Jul. Kurzer Abriß der Gesetze u. allgemeinen Verfügungen betr. das preußische Volksschulwesen m. besond. Berücksicht. d. Reg.-Bez. Cöslin. Vollständig umgearb. u. verm. Aufl. der v. Kahle hrsg. „Verordnungen, betr. das Schulwesen d. Reg.-Bez. Cöslin". gr. 8. (XXIV, 356 S.) Bresl. 890, F. Hirt. * 4 50; geb. ** 5 25

Kurzer Abriss der Gesetze und allgemeinen Verfügungen betreffend das Preussische Volksschulwesen mit besond. Berücks. d. Reg.Bez. Köslin. Vollst. umgearb. u. verm. Aufl. von Julius **Metz** u. Ernst Schönhardt. *Köslin: Selbstverl. v. Schönhardt (1901).* (XVI, 582 S.) 8° [F.] 01. 6009 9

Metz, Jul., 6 Gesänge für gemischten Chor zunächst für die Chorklassen der Gymnasien u. Realschulen, sowie für gemischte Gesangvereine componirt. Partitur. Neu-Ruppin 869. Petrenz. Lex.-8. (16 S.) 21 ngr.; Stimmen à 3 ngr.

Metz, Karl

Metz, Car. (geb. Aachen 1. 2. 1824):
De gastro-enteromalacia. Berolini (1848). (26 S.) 8°
Berlin, Med. Diss. v. 14. Okt. 1848

Metz, Karl, das deutsche Kunstlied. Musik-ästhet. Betrachtgn. nebst e. Anh.: Farbe u. Ton. 8. (VII, 116 S.) Leipzig 900. C. Merseburger. n. 1. 20

Metz, Karl Aug., Geist der Homöopathik, möglichst populär dargestellt, für Aerzte u. Nichtärzte. 8. Darmst. 828. (R. Weiß). (Jäger in Frankf.) 6 gr

Metz, Karl Aug., der homöopath. Hausarzt f. Stadt u. Land. Ein unentbehrl. Wegweiser z. Selbsthülfe in allen vorkomm. Krankheitsfällen, nebst e. ausführl. Angabe d. homöop. Lebensweise in schnellen wie in langwier. Krankheiten. 8. (9 B.) Frankfurt a. M. 835, Jäger'sche Buchh.

—— Haustafel d. Kennzeichen u. nothwend. Vorsichts-Maasregeln geg. d. Cholera, u. d. wirksamst. Mittel nach ausgebroch. Krankheit bis z. Ankunft d. ärztl. Hülfe. 1 Bog. gr. Fol. Frankfurt a. M. 831, Jäger.

—— gründl. u. sichere Heilung d. Rheumatismus u. d. Gicht, nebst Berichtig. d. Cadet de Vaux'schen Wasserkur, u. e. Anh. üb. d. homöopath. Behandlung d. beiden genannt. Krankheiten. 8. (12 B.) Frankfurt a. M. 831, Jäger.

— einige Ideen zu e. rationellen Medicin. 8. Darmst. 819. Will-sche Buchdruckerei.

— die Kunst, das menschl. Leben zu erhalten, vor Krankheiten zu sichern u. diese zu heilen. In e. alphabet. Darstell. aller Krankheiten u. der einfachst. Mittel, dieselben zu heilen ꝛc. gr. 8. Speyer 827. Oßwald. 18 gr

—— die Kunst, das menschl. Leben zu erhalten, vor Krankheiten zu sichern u. diese zu heilen. In e. alphabet. Darstellung aller Krankheiten, u. d. einfachst. Mittel, dies. zu heilen ꝛc., nebst e. allgem. Einleit. üb. d. Verhalten in gesund. u. krank. Tagen. gr. 8. (14½ B.) Speyer 827. [Heidelberg, Vereins-Verlag.] (?)

—— das sicherste Mittel z. Ausrottung d. sogen. Cholera asiat., richt. Arsenikalkrankheit (morbus arsenicalis). Ein Sendschreiben an sämmtl. Aerzte u. denk. Köpfe Deutschlands üb. e. ration. Prophylacticum geg. besagte Krankheitsform. gr. 12. (2 B.) Darmstadt 837, Jonghaus.

—— untrügliche Mittel z. Erkennung d. Magenbeschwerden u. Unterleibs-Krankheiten, deren Verhüt. u. Heilung. 8. (7 B.) Frankfurt a. M. 833, Jäger.

— untrügl. Mittel zur Verhütung u. Heilung aller Verschleimungen des Halses, der Lunge u. der Verdauungswerkzeuge. Nebst e. Anhange üb. die homöopath. Behandlungsart dieser Krankheit. 8. Frankf. a. M. 829. Jäger. 8 gr 2e Aufl, Ebd. 830. 8 gr

—— untrügliche Mittel z. Verhütung u. Heil. aller Verschleimungen d. Halses, d. Lunge u. d. Verdauungswerkzeuge. Nebst e. Anh. üb. d. homöopath. Behandlungsart dies. in uns. Tagen so weit verbreit. Krankheit. 1., u. 2., verb. Aufl. 8. (7½ B.) Frankfurt a. M. 830, Jäger. à

Metz, Karl Hermann Richard. Untersuchungen über die Sulfosäuren der drei Amidophenole. Jena, 1892.

Metz, Ludw., statistische Beschreibung des Regierungsbezirks Cassel. Unter Benutzung amtl. Quellen. gr. 8. (240 S.) Cassel 871, Kay. [Berlin, Verlag des statist. Büreaus.] (*M 7,50.) *

Metz, Martin [pract. Arzt aus Brandenburg a./H.]: Über Verwendbarkeit des Salols zu diagnostischen Zwecken bei Prüfung der Magenfunction .... Greifswald, Druck v. Julius Abel, 1888; 31 S. 8°
Greifswald, Med. Fak., Inaug.-Diss. v. 9. März 1888

Metz, Max, approb. Arzt aus Gera-Reuss: Ein klinischer Beitrag zur Casuistik der Carcinome und Sarcome des Oberkiefers. *Jena 1902: G. Neuenhahn.* (40 S.) 8°
Jena, Med. Diss. v. (20. März) 1902

Metz, *Karl Hermann* Richard [aus Dresden]: Untersuchungen über die Sulfosäuren der drei Amidophenole ... Jena, Frommannsche Hof-Buchdr., 1892; 58 S. 8.
Jena, Phil. Fak., Inaug.-Diss. v. 1892

Metz, Rich., Untersuchungen üb. die Sulfosäuren der drei Amidophenole. Diss. gr. 8. (56 S.) Jena 892. (H. Pohle.) n. 1. —

Metz, *Johannes* Robert *Emil* [aus Aschersleben]: Zur Histologie und Histogenese der metastatischen Leberlymphome ... Halle a. S., Hofbuchdr. v. C. A. Kaemmerer & C., 1894; 47 S., 1 Bl. 8.
Halle, Med. Fak., Inaug.-Diss. v. 10. März 1894

Metz, Robert, bacc. jur. in Leipzig: Der Umfang der Haftung des Frachtführers. *Borna-Leipzig 1903: R. Noske.* (VI, 92 S.) 8°
Leipzig, Jur. Diss. v. 1903

Metz, Rud., das Gesetz, die bürgerlichen Rechte der israelitischen Glaubensgenossen betr., vom 29. Juni 1861, erläutert. Erlangen 855. Palm u. Enke. gr. 8. (40 S.) n. 8 ngr.

Metz, Rudolf [Referendar]: Haftung für Eviktion bei Schenkung und Vermächtnis. E. Beitr. z. Lehre v. d. Eviktion ... Bonn, Druck v. K. Drobnig, 1895; 62 S., 1 Bl. 8.
Erlangen, Jur. Fak., Inaug.-Diss. v. [20. März] 1895

Metz, Rud., Paris, seine Hospitäler und Sehenswürdigkeiten. Reiseblätter zur Orientirung für Aerzte gesammelt. 18. (VIII und 108 S.) Frankfurt a. M. 857, Hermann'sche Verlagsh.

Metz, **Theodor**: Der Rheinschiffbau am deutschen Rhein und in den Niederlanden. Ein Beitr. z. Standortsfrage u. z. Wirtschaftsgeogr. Stuttgart 1912: Union. 101 S., 2 Taf. 8°
¶(Auch als: Münchener volkswirtsch. Studien. Stück 117.)
München, Staatswirtsch. Diss. v. 17. Febr. 1913, Ref. Lotz
(Nur in beschränkter Anzahl für den Austausch)
[Geb. 30. Juni 90 Düsseldorf; Wohnort: München; Staatsangeh.: Preußen; Vorbildung: Städt. Gymn. Düsseldorf Reife O. 08; Studium: Freiburg i. B. 2, München 2, Berlin 1, München 2 S.; Rig. 17. Febr. 13.] [U 13. 6353

Metz, Theodor, Gerichtsaccessist, aus Homberg a. O.: Die Strafbarkeit des Ehebruchs nach Reichsstrafrecht. *Alsfeld 1900: C. Kühl.* (31 S.) 8°
Würzburg, Jur. Diss. v. 1900

Metz, Vitus Jacobus (Romershagen)
De hysteralgiae speciebus earumque Diagnosi. Subiunctis observationibus. Dissertatio inauguralis medica.
Giessae: Schroeder 1828. 96 S.
Diss. med. 6.5.1828. vorh. 7.

Metz, W., und F. Dietrich, Fremdwörterbuch. 8. (IV, 133 S.) Fürth 887, [Eßmann.] Schmittner. cart. *

Metz, Wilhelm: Die Eingliederung der Kunstbetrachtung in den Unterrichtsstoff der höheren Mädchenschule. Altenburg 1907: H. Schoene. (S. 3—8.) 4°
Altenburg, Karolinen-S OP 1907 [4]

Der Pressprocess „Metz-Fendt". Ein Beitrag zur Zeitgeschichte. Stenographischer und aktenmässiger Bericht über die Verhandlungen vor Grossh. Bezirksstrafgericht Darmstadt am 6. und 7. August, nebst der Urtheilverkündigung vom 14. August 1869. Frankfurt a. M. 1869. 8°.

Metzburg, s.a. **Mezburg**.

Metzburg, Geo., Elementa arithmeticae vulg. 12. Vien. Wappler. 770.

— — id. lib. 12. Grätz, Tasch. 770.

— kl. Rechenbüchlein. 8. Augsb. Rieger. 787.

Metzburg, Georg Ignaz von

— Anleit. zur Mathematik. 1r—7r Thl. gr. 8. Wien, Mößl. (Kaulfuß.) 798—99. (1r Arithmetik und Algebra 20 gr. 2r Geometrie und Kegelschnitte 1 Rthlr. 4 gr. 3r Trigonometrie, prakt. Geometrie, f. logarithm. Tafeln 1 Rthlr. 12 gr. 4r Mechanik und Hydrostatik 20 gr. 5r Aerometrie und Hydraulik 16 gr. 6r Optik, Dioptrik u. Katoptrik 20 gr. 7r Astronomie 20 gr.)

— elementa Matheseos. VII Tom. c. fig. 8. maj. Vien. Geistinger.

Metzburg, G. I. de, institut. mathematicae. VIII Tmi. c. fig. 8. maj. Vien. Trattner. (Tendler.) 780. (1r 2r à 12 gr. 3r 16 gr. 4r 11 gr. 5r 8 gr. 6r 10 gr. 7r 12 gr.)

Metzburg, Georg Ignatius de. Institutiones Mathematicae in usum Tironum conscriptae. (Mit 23 Taf.) (3 Bde.)
8. Vienna 1782—1796.

G. Ign. L. B. de Metzburg institutiones mathematicae in usum tyronum conscriptae. Wien, Trattner, mit Kupf. 8. 1788.

METZBURG Georg Ignaz Frh. von. . . . Rede über die neue Einrichtung des philosophischen Studiums und den Nutzen derselben. Gehalten den 12. April 1788 . . . Baumeister, Wien 1788 1 vol. 22 S.

— Trigonometria et Algebra, c. fig. 8. maj. ibid.

Metzdorf, Geo. Wilh., Saitenspiel bei Schwerdt u. Pflug f. Geist u. Herz 2c. 8. (15 B.) Breslau 835, (G. P. Aderholz.) *

Hagbart und Signe. Musikdrama in 3 Aufz. von Richard Metzdorff. Dichtung von H. Bruns u. von d. Comp. [Text.] Braunschweig: Litolff [1897]. 31 S. 8°

Metze, O., Hauptmerkmale d. Baustile, s.: Schneider, J.

Metze, Osk., Bau u. Leben der Blüte, s.a. Einzeldarstellungen aus den Naturwissenschaften. III.

Bau und Leben der Blüte. Eine Einführung in d. Blütenbiologie von Oskar **Metze**. Mit 90 Abb. Berlin & Leipzig: H. Hillger 1906. (132 S.) 8° [F.]
= **Einzeldarstellungen** aus d. Naturwissenschaften. 3. [07. 13790

Metze, Osk., Bienenleben u. Bienenzucht, s.a. Hillger's illustr. Volksbücher 35. Bd.

Bienenleben und Bienenzucht von Oskar **Metze**. Mit 35 Ill. Berlin, Leipzig: H. Hillger [1905]. (103 S.) 8° [F.]
= **Volksbücher**, Hillgers illustrierte. Bd 35. [07. 10606

Ueber Baumanpflanzungen und deren besondern Nutzen für die Marschländer, als Mittel die Deiche zu befestigen, und Deichbrüche zu verhüten. Von Wilhelm **Metze**. Schleswig. 1826. 8°.

Metzel, zur Geschichte d. Herrenhaus-Gebäudes, s.: Schriften des Vereins f. die Geschichte Berlins. 37.

— s.a. Handbuch f. das preußische Herrenhaus.

Metzel, Handbuch für das Preuß. Herrenhaus, 3. Aufl. Berlin, 1874. kl. 8.

Metzel, die Verfassung des norddeutschen Bundes. Mit Hinweisung auf die stenograph. Protokolle der darüber im Reichstage des norddeutschen Bundes stattgefund. Berathungen u. mit alphabet. Sachregister. Berlin 867. v. Decker. 16. (136 S.) 7½ ngr.

Metzel, Zusammenstellung d. Entwurfs e. Städteordnung f. die Provinzen Preußen, Brandenburg, Pommern, Schlesien u. Sachsen, m. den verschiedenen Phasen der Berathg. im Abgeordnetenhause u. Herrenhause. gr. 4. (113 S.) Berlin 876. C. Heymann's Verl. 6. --

Metzel, Johanne, weibliche Nadelarbeiten, s. Krause, F. W. D., Methodik des Unterrichtes in den Lehrgegenständen der Volksschule.

Metzel, J., d. Schulunterr. in d. Nadelarbeiten, s.: Krause, F.

Metzel, J., der Unterricht in den Nadelarbeiten in der Erziehungsschule, s.: Krause, F.

Metzel, Ludw., die dritte Säkularfeier d. Universität zu Königsberg. gr. 8. (9¼ B.) Königsberg 844, Universit.-Buchh. *

Metzeler, Karl [aus München]: Über einige Jodderivate des Chinons. . . . München, k. Hof- u. Univ.-Buchdr. Dr. C. Wolf & Sohn, 1889; 36 S. 8°
München, Phil. Fak., Inaug.-Diss. v. 1889

Metzelthin, Thdr., Ueberblick üb. China's Volkswirtschaft, Verwaltung u. Handel. (VI, 92 S.) 8. München 901. (Berlin, S. Calvary & Co.) n. 2. 40
Sonderabdruck aus: „Beilage z. Allgem. Zeitg."

METZEN v.: Eichenschälwaldbetrieb und Mineralgerbung. - o.O. 1881. 10 S., 1 Taf.

Metzen, Heinr., Vorschule f. den Unterricht im Zeichnen. 4 Hfte. qu. Fol. Limburg 874. Ebenau's Nachf. à n. — 80
1. Gerade Linien (22 Steintaf.)
2. Geradlinige Verbindgn. u. Figuren. (30 Steintaf.)
3. Gekrümmte Linien. (24 Steintaf.)
4. Gekrümmt- u. gemischtlin. Figuren. (20 S.)

Metzen, Heinr., Zeichenhefte zum Gebrauche in Elementarschulen. 3 Hefte. 1.—3. verb. Aufl. qu. 4. (à 24 Stnt.) Limburg a. d. L. 877—79, Herz. à Heft * 20 Pf. *

Metzen, Heinr., Zeichenhefte zum Gebrauche in Elementarschulen. 3 Hefte. 4. und 5. Aufl. qu. 4. (à Heft 24 Stnt.) Limburg a. d. L. 880,84, Herz. à Heft * 20 Pf. *

Metzen, Heinr., Zeichenhefte zum Gebrauch in Elementarschulen. 3 Hefte. 6. Aufl. qu. 4. (à Heft 24 Stnt.) Limburg a. d. L. 885, Herz. à Heft * 20 Pf. *

Metzen, Jos., die Finanzverwaltung der Stadt Limburg a. d. Lahn 1706—1803. (46 S.) 8. Limburg 907. (H. A. Herz.) 1.—

Metzen, Joseph: Zur Geschichte des Limburger Franziskanergymnasiums. Limburg a. d. L. 1908: Limburger Vereinsdr. S. 3—30. 4°
Limburg a. d. L., G u. RPG P 1908 (519) [S 08. 308

Metzen, Jos., Geschichte des Gymnasiums u. Realprogymnasiums zu Limburg a. d. Lahn, s.a. Festschrift zur Einweihung des neuen Gymnasialgebäudes zu Limburg a. d. Lahn.

Metzen, Joseph: Geschichte des Gymnasiums und Realprogymnasiums zu Limburg a. d. Lahn. 54 S. 8.
Progr. Gymn. nebst Realprogymn. *Limburg a. d. Lahn* 1905.
I. Teil der Festschrift zur Einweihung des neuen Gymnasialgebäudes.

[F.] **Metzen,** Joseph [aus Limburg a. d. Lahn]: Die ordentlichen direkten Staatssteuern des Mittelalters im Fürstbistum Münster ... (Aus: Zeitschr. d. Ver. f. Gesch. u. Altertumsk. Westfalens, Bd. 53.) Münster, Regensberg'sche Buchh. u. Buchdr., 1895; 2 Bl., 95 S., 2 Bl. 8.
Münster, Phil. Fak., Inaug.-Diss. v. [6. Aug.] 1895

Metzen, Ph. Jos., leichtfaßliche Anleitung zur Construction und Aufstellung aller regulären und declinirenden Sonnenuhren auf ebenen Zifferblättern. Mit 47 in den Text gedr. Holzschn. Frankfurt a. M. 858. Sauerländer's Verlag. gr. 8. (80 S.) 12½ ngr.

Metzenberg, Alfred [aus Berlin]: Über Methylenbichlorid als Narcoticum .... Berlin. Buchdr. v. Gustav Schade (Otto Francke) (1888); 29 + 1 S. + 1 Bl. 8°
Berlin, Med. Fak., Inaug.-Diss. v. 23. Jun. 1888

Metzendorff, Johann Martin (Hamburg), De asphyxia. Diss. med. Berlin (A. Petsch) 14. V. 1827. 43 S. mit Biogr. (M.: E. Reimers.) (3.50) 23114
Oppon.: F. Wagner, E. Gabler, T. Wilke. — Gew.: Johann Heinr. Hoyer.

Metzener, Walther, a. Düsseldorf: Zur Kenntnis d. amphoteren Metalloxyde. Anhang: Über Ultramarinblau. München 1906: V. Höfling. (114 S.) 8°
München, Phil. Fak., Ref. v. Baeyer, Diss. v. 17. Juli 1906
[Geb. 5. Jan. 80 Düsseldorf; Wohnort: Düsseldorf; Staatsangeh.: Preußen; Vorbildung: Städt. Gymn. Düsseldorf Reife O. 98; Studium: Marburg 1, München 16 S.; Rig. 17. Juli 06.]

Abhandlungen aus den Johannis-Graden von Wilh. Edu. **Metzener.** Zu dessen 50jährigem Maurerjubiläum gewidmet von seiner Loge „Wilhelm zur Unsterblichkeit" zu Frankfurt a. M. Berlin 1910: Mittler & Sohn. 2 Bl. 61 S. 8°.

Wilhelm Edu. **Metzeners** Abhandlungen aus dem Mecklenburgischen Logenblatt. Zum 50jähr. Maurerjubiläum gewidmet von seiner Loge Wilhelm zur Unsterblichkeit Frankfurt a. M. Rostock 1910: Boldt. 63 S. 1 Taf. Abbild. 8°.

Metzenthin, Fr. Denkschrift des Veteranen-Jäger-Corps, bestehend aus den chemal. freiw. Jägern etc. der Kriegsjahre 1813, 14, 15, betreffend dessen Errichtung, Wehr- u. Waffendienste im Jahre 1848, sowie demnächstige Betheiligung desselben an geschichtlich-denkwürdigen Momenten u. patriotischen Akten. 8 Berlin 1853.

Metzenthin, Ernst, im Hause des Herrn. Ein Hilfsbuch f. alle Freunde des Gotteshauses, enth. erprobte Liturgien zu den Nebengottesdiensten in der evang. Kirche, auch f. die häusl. Erbaug., sowie die Ordng. f. die Prüfg. der Konfirmanden u. f. die Einsegnungsfeier nebst etl. Anweisgn. f. die Beteiligg. der Gemeinde an den kirchl. Handlgn. (48 S.) 8. Görlitz (903). R. Dülfer.
Kart. n. — 50

Metzenthin, Wilhelm, appr. Arzt: Aus d. Univ.-Frauenkl. zu Rostock. Zur Kasuistik unvermeidbarer klinischer Fehldiagnosen. ⟨Sarcoma uteri Gravidität vortäuschend.⟩ Ludwigslust 1910: Kober. 24 S. 8°
Rostock, Med. Diss. v. 12. Juli 1910, Ref. Sarwey
[Geb. 27. Dez. 82 Rostock; Wohnort: Ludwigslust; Staatsangeh.: Mecklenburg-Schwerin; Vorbildung: Realgymn. Rostock Reife O. 03; Studium: Rostock 5, München 2, Rostock 3 S.; Coll. 29. April 10; Approb. 28. Juni 09.] [U 10. 3915

Metzer, A., s.: Verzeichnis der Abiturienten des kgl. Realgymnasiums zu Wiesbaden.

Metzer, Christian: Die Verbindung zwischen Vorder- und Mitteldarm bei der Biene. Leipzig: W. Engelmann 1910. 37 S. 8° ¶(Aus: Zeitschrift f. wiss. Zool. Bd 96, H. 4.)
Erlangen, Phil. Diss. v. 17. Sept. 1910, Ref. Fleischmann
[Geb. 20. Sept. 81 Erlangen; Wohnort: Erlangen; Staatsangeh.: Bayern; Vorbildung: Gymn. Erlangen bis 99; Studium: Erlangen 9 S.; Rig. 28. Febr. 10.] [U 11. 976

Metzerich, Wilhelm von — Aus der Blumenwelt. Zweistrophen von — —. Wien, 1856. Verlag, Druck und Papier von Leopold Sommer. (36 S. kl. 8.)

v. **Metzerich,** Wilh., Gedichte. gr. 12. (X u. 122 S.) Wien 848, Gerold in Comm. n. ⅔ ₰ — 2. verm. Aufl. gr. 12. (X u. 149 S.) Wien 850, Jasper. n. 21 ngr.

Metzerich, Wilh. v., Verona und seine nächste Umgebung, s.a. Verona.

Metzerich, Wilhelm von. Verona und seine nächste Umgebung. Mit einem neuen Plane. kl. 8. Verona 1859.

Metzger [Sachliches OW]

Metzger, der frohe. Ein Liedercyclus nach bekannten Volksmelodien. gr. 16. (16 S.) Barmen 864, Bornefeld'sche Steindruckerei.

Metzger [Verfasser]

— s. a. **Mezger.**

Kapferer, Heinr.: [Gedichte.] Zum fünfundzwanzigjährigen Jubiläum des Br.·. Heinr. Kapferer und des Br.·. B. Trentowski. Im Or.·. Freiburg den 25. Mai 1861. [Unterz.:] **M[etzge]r.** Freiburg i. Br. [1861]: Poppen & S. 2 Bl. 4° [Umschlagtit.]
Tt. 2496. 2 Gedichte.

Metzger, Preis Verzeichniss, s.: Ehrhardt.

— s.: Schragen d. Gilden u. Aemter d. Stadt Riga.

Metzger, A.: Beitrag zur Käferfauna des ostfriesischen Küstenrandes und der Inseln Norderney und Juist. Emden 1867.

Metzger, A., Beiträge zur Statistik und Kunde der Binnenfischerei des Preußischen Staates. Bearb. und mit Unterstützung des königl. Ministeriums für Landwirthschaft, Domänen und Forsten hrsg. gr. 8. (VII, 148 S. mit 1 eingedr. Abbild. in Holzschn. und 2 lithogr. Taf.) Berlin 880, Springer. *

— s.: Bibliotheca historico-naturalis physico-chemica et mathematica.

Metzger, Fischerei, s. Handbuch der Forstwissenschaft.

Metzger, A., üb. Irrthümer, Missverständnisse, Namensverwechslungen, Fischerlatein u. ähnl. Dinge auf d. Gebiete d. Fischkunde u. d. Fischereiwesens. [Aus: „Abhandlgn u. Bericht d. Vereins f. Naturkunde zu Kassel".] gr. 8. (20 S.) Kassel 895. Verein f. Naturkunde. n. — 60

Metzger, A., u. N. J. C. Müller, die Nonnenraupe u. ihre Bakterien, s.a. Hefte, Mündener forstliche.

Metzger A. u. Müller N. J. C.: Die Nonnenraupe u. ihre Bakterien. Berl. 1895. 160 S. 45 kol. Tvl. (Mündener forstliche Hefte. 1. Beiheft). 612.

—— Süsswasserfischerei, s. Berichte, amtliche, über die internationale Fischerei-Ausstellung zu Berlin 1880.

Metzger, A.: Physikalische und faunistische Untersuchungen in der Nordsee während des Sommers 1871 v. –. (Berlin. 1873.) = 1. Jahresbericht der Commission zur wissenschaftl. Untersuchung der deutschen Meere in Kiel. Jg. 1, Anhang 1. Fol.

Metzger, Adolph. Über Notschlachtungen und Bakterien im Fleische notgeschlachteter Tiere. Diss. Vet.-Med. Bern. *Kopftitel:* Aus dem Institut für Hygiene und Bakteriologie der Universität Strassburg i. E. .... 72 S. 8. Strassburg i. E., Elsass-Lothr. Druckerei, Abtl. Müh & Cie., 1909.

Metzger, Albert. Lyon sous le Directoire, le Consulat et l'Empire; notes et documents. Revisés par *Joseph Vaesen*. In-12°, 190 p. et portraits. Lyon, Bâle, Genève, H. Georg.
*** Tiré à 300 exemplaires sur papier de Hollande. – Bibliothèque Lyonnaise. 1888

Metzger, Albert. Les Pensées de Mme de Warens, son biographe, le général Doppet; Mme de Warens aux Charmettes, son oratoire; Mme de Warens au Reclus, ses relations avec Wintzenried jusqu'en janvier 1754, d'après les documents inédits tirés des archives départementales de la Savoie. Avec un portrait inédit gravé d'après Largillière. In-12°, 289 p. et planches. Chambéry, imprimerie Ménard. Lyon, Bâle et Genève, H. Georg. 1888

Metzger, Alb., la république de Mulhausen 717—1798. gr. 8. (99 S. mit 1 Holzschntaf.) Mülhausen 876, Bufleb. **

Metzger, C., Anleitung zur Einrichtung und Führung der Gemeinde-Registraturen, s. Rieber, L.

Metzger, dänische Geräte zur Bodenbearbeitung in Buchensamenschlägen, s.a.: Berichte üb. Land- u. Forstwirtschaft im Auslande.

Dänische Geräte zur Bodenbearbeitung in Buchensamenschlägen. Von Oberförster Dr. Metzger in Kopenhagen. Mit 3 Taf. Berlin: Deutsche Landwirtschafts-Ges. 1906. (32 S.) 8°
— Berichte über Land- u. Forstwirtschaft im Auslande. Mitget. v. Ausw. Amt. Buchausg. St. 10.

Metzger, C., dänische Geräte zur Bodenbearbeitung in Buchensamenschlägen. (48 S. m. 8 Abbildgn. u. 8 Taf.) Lex. 8. Berlin 908. J. Springer. 1.20
Sonderabdruck aus: „Ztschr. f. Forst- u. Jagdwesen".

Metzger, Christine, Weihnachtsliturgien zum Gebrauch f. Sonntagsschulen, Jünglings-, Jungfrauenvereine u. sonstige Unterrichtszwecke. gr. 8. (92 S.) Frankfurt a/M. 902. Bonn, J. Schergens. n. — 60

Metzger, D. Ueber das Waisenhaus zu Königsberg *Königsberg.* 1804

Metzger, C. F., s. Dichter, römische.

Metzger, C. F., s. Ovid's Werke, 1.—8. Bdchn.

Metzger, Ed., das Mietrecht des bürgerl. Gesetzbuches. Kurz zusammengestellt u. erläutert. 12. (24 S.) Lahr 900. Groß & Schauenburg. n. — 20

Metzger, Edm., Schachzüge, s.: Arnstein, Frz.

Metzger, Eduard, burgerliche Baukunde in Vorlagen für Mauer- u. Zimmerwerkkunde, sowie f. die wichtigsten im Civilbau vorkommenden Arbeiten der ubrigen Gewerke. Als Unterlage f. d. Lehrvortrag wie zum Selbstunterricht. 2 Thle. Fol. — 1. Thl. Vorlegeblätter zur Mauerwerkkunde u. einigen anderen Gewerken. (XVIII S. m. 37 Taf. Abbild.) — 2. Thl. Vorlegeblatter zur Zimmerwerkkunde u. einigen, dahin einschlägigen Constructionen in Schmied- u. Gusseisen. (32 Kpfrtaf. m. beigedr. Text u. 3 Bl. Text.) Munchen 847, Literarisch-artistische Anstalt. (1: n. 4⅔ ₰ 2: n. 4 ₰ 4 ngr) n. 8 ₰ 24 ngr

— Erlebtes. Kunst u. Natur. (Gedichte.) 16. (VIII u. 328 S.) München 851, Kaiser. n. 1 ₰ 12 ngr

—— Formenlehre zur Rundbogenarchitectur mit Anwendung auf den Verband von Gewölbe und Eisenconstruction. Fol. (VIII und 16 S. mit 12 Stnt. in gr. Fol.) München 851, Kaiser. *
Bildet den 3. Bd. von des Verf.: Bürgerlicher Baukunde.

Metzger, E.: Formenlehre zur Rundbogenarchitektur. München 1861. fol.

— Gesänge u. Gedichte. 2. Bd. Mit 1 grav. Zeichng. (in qu. 4.) [Himmel u. Erde.] 16. (X u. 292 S.) München 852, Franz in Comm. n. 1⅓ ₰

Metzger, Ed., Ornamente aus deutschen Gewaechsen, z. Gebrauch f. Plastik u. Malerei entworfen; zur Anwend. auf Architectur u. Gewerke. 1—5. Hft. gr. Fol. München 841, 42, Literar.-artist. Anstalt. [1. u. 2. (15 Stnt. incl. 3 in Farbendr. u. 3 Bl. Text.), 3. (7 Stnt. incl. 4 in Farbendr.), 4. (7 Stnt. incl. 2 in Farbendr. u. 1 Bl. Text.), 5. (7 Stnt. incl. 2 in Farbendr. u. 1 Bl. Text.] à H. *

Metzger, Ed., Sammlung griech. Bau-Profile u. Beiträge z. Lehre der Profil-Zeichnung. Imp.-Fol. (10 Stnt. u. 3 Bl. Text.) München 839. (Aumüller.) *2

Metzger, E.
Münchner Wohngebäude. 2 Hefte. München. 1846. Fol. 1 Thlr. 22 Sgr.

—— architektonische Zeichnungen als Beilage zu den zwei Abhandlungen über das Erechtheum im Bd. V., 3. und VI, 1 der Abthl. der I. Classe der kgl. bayr. Akad. der Wissenschaften. Mit einem Vorworte von Friedr. Thiersch. gr. 4. (6 S. und 5 Stnt. in Imp.-Fol.) München 851, (Franz.) *

— architektonische Zeichnungen als Beilage zu den zwei Abhandlungen über das Erechtheum in Bd. V, 3 u. VI, 1 der Abth. der I. Classe d. k. b. Ak. d. Wiss. Mit einem Vorworte von Frdr. Thiersch. gr. 4. (6 S. m. 5 lith. Taf. in Imp. Fol.) Munchen 852. (Franz.) n. 12 ngr

Metzger, Emil, europäische Ansiedler in Niederländisch Ost-Indien, s.a. Sammlung gemeinverständlicher wissenschaftlicher Vorträge.

Metzger E, europäische Ansiedler in Niederländisch-Ostindien. (Samml. gemeinverständlicher wissenschaftlicher Vorträge Neue Folge 143) Hamburg 1892

Metzger, Emil, officieller Bericht üb. den vulkanischen Ausbruch v. Krakatau am 26., 27. u. 28. Aug. 1883. Aus dem Holl. übers. gr. 8. (16 S.) Halle 884. Schmidt. n. — 60

Metzger, Emil: Württemberg. Forschungsreisende ... d. 19. Jahrh., s.a. Jahresbericht d. württemberg. Vereins f. Handelsgeographie ... Nr. 7/8.

—— Württembergische Forschungsreisende u. Geographen d. 19. Jahrh. Festschrift zur Feier d. 25jähr. Regierungsjubiläums Sr. Majestät d. Königs Karl. Im Auftrage d. Württ. Vereins f. Handelsgeographie bearb. gr. 8. (IV, 188 S.) Stuttg. 889, Kohlhammer. * 3 —

— vierzig Jahre niederländischer Kolonialherrschaft in Ostindien, s.a. Zeit- u. Streitfragen, deutsche.

Metzger E, 40 Jahre niederländischer Kolonialherrschaft in Ostindien. (Zeit- und Streitfragen, Deutsche NF 77) Hamburg 1890

Metzger, Emil: Europäische Kolonisation in Holländisch Ost-Indien. ([S.-A.] Revue Coloniale Internationale.) Amsterdam 1886. 31 S. 8°.

Metzger, Emil: Das Opium in Indonesien. ([S.-A.] Revue Coloniale Internationale.) Amsterdam 1887. 32 S. 8°.

Metzger, E., d. Triangulation v. Java, s.: Oudemans, J. A. C.

Metzger, Emil, geographisch-statistisches Welt-Lexikon. 18 Lfgn. gr. 8. (VIII, 832 S. mit chromolithogr. Weltkarte.) Stuttgart 887,88, Krais. à Lfg. * 50 Pf. * geb. in Leinw. * geb. in Hlbfzbd. *

—— Geographisch-statistisches Welt-Lexikon. Verzeichnis der Erdteile, Länder, Völkerschaften, Meere, Inseln, Seen, Flüsse, Gebirge, Staaten, aller nennenswerthen Städte, Dörfer ꝛc. der ganzen Erde. Volks-(Titel-)Ausg. 26 Lfgn. gr. 8. (VIII, 832 S. m. 1 Karte.) Stuttg. 888, Krais. à Lfg. * — 30; * 7 80; geb. * 10 50

— dasselbe. Volks-(Tit.-)Ausg. (In 26 Lfgn.) 1.—10. Lfg. gr. 8. (S. 1—320.) Ebd. 890. à n. — 80

— geographisch-statistisches Welt-Lexikon. Verzeichnis der Erdteile, Länder, Völkerschaften, Meere, Inseln, Seen, Flüsse, Gebirge, Staaten, aller nennenswerthen Städte, Dörfer ꝛc. der ganzen Erde. Nach den neuesten geograph. u. statist. Materialien hrsg. Mit e. Karte d. Weltverkehrs. Unveränd. Volks-(Titel-)Ausg. 11.—26. (Schluß-)Lfg. gr. 8. (VIII u. S. 321—832.) Stuttgart 891. Krais. à n. — 30 (kplt.: n. 7. 80)
Wurde von Ernst Weller in Chemnitz übernommen.

— der Zukunftskampf der weißen u. der gelben Rasse, s.a. Sammlung gemeinverständl. wissenschaftl. Vorträge.

Metzger E, der Zukunftskampf der weissen u d. gelben Rasse. (Sammlung gemeinverständlicher wissenschaftlicher Vorträge NF 194) Hamburg 1894

Metzger, Ernst, zur Betonung der latein.-roman. Wörter im Neuenglischen m. besond. Berücksicht. der Zeit von ca. 1560 bis ca. 1660, s.a. Forschungen, anglistische. 25. Heft.

Metzger, Ernst: Zur Betonung der lateinisch-romanischen Wörter im Neuenglischen. Mit bes. Berücks. d. Zeit von c. 1560 bis c. 1660. Heidelberg: Winter 1908. 96 S. 8° ¶(Ersch. auch als: Anglist. Forschungen. H. 25.) ×)
Tübingen, Phil. Diss. v. 5. Nov. 1908, Ref. Franz
[Geb. 25. Sept. 85 Stuttgart; Wohnort: Stuttgart; Staatsangeh.: Württemberg; Vorbildung: Karls-Gymn. Stuttgart Reife M. 03; Studium: Tübingen 7 S.; Coll. 25. Juli 08.] [U 09. 3959

Metzger, Eug., Krieger-Denkmäler. 12 (photozinkotyp.) Skizzen. Fol. München 896. E. Pohl. n. 6. —

Metzger, J. A., s.: Seminar-Kalender, süddeutscher.

Metzger, Franz, aus Braunau a./Inn: 1. Zur **Kenntnis** der Reduktion der Ketone. 2. Über ein Einwirkungsprodukt von Schwefelkohlenstoff und Aetzkali auf Dibenzylketon. *München 1904: C. Wolf & Sohn.* (41 S.) 8°
Erlangen, Phil. Diss. v. 25. Febr. 1904

Metzger, Frz. Jos., s. Geschichtskalender, baier.

Metzger, Friedrich

Metzger, Fr., u. O. Ganzmann, Lehrbuch der französ. Sprache auf Grundlage der Handlung u. des Erlebnisses. Für lateinlose u. Reform-Schulen. II. Stufe. Mit 6 Bildern, 1 Plan v. Paris u. 1 Karte v. Europa. (IX, 215 S.) gr. 8. Berlin 904. Reuther & Reichard. n.n. 2. 10; geb. n.n. 2. 50
1. Stufe (v. O. Ganzmann). Ebd. 902. Geb. n. 1. 70.

Metzger, Fr., u. O. Ganzmann, Lehrbuch der französischen Sprache auf Grundlage der Handlung u. des Erlebnisses. Für Realanstalten, Reform- u. höhere Mädchenschulen. III. Stufe. Grammatik m. Übgn. (XVIII, 204 S.) 8. Berlin 907. Reuther & Reichard. Geb. nn 2. —

— — dasselbe. (Neue Aufl.) Ausg. A. Für Realanstalten, Reform- u. höh. Mädchenschulen. 1. u. 2. Stufe. 8. Ebd. Geb. nn 4. 80
1. (Für Sexta.) Mit Zeichngn. v. Hellmut Eichrodt. 3., verb. Aufl. (XII, 168 S.) 907. Geb. nn 1. 60
2. (Für Quinta u. Quarta.) Mit Zeichngn. v. Hellmut Eichrodt, sowie e. (farb.) Karte v. Europa u. e. (farb.) Plane v. Paris. 2., verb. Aufl. (VIII, 379 S.) (907.) Geb. nn 3. 20

— — dasselbe. Unter Mitwirkg. v. K. Martin. Mit Zeichngn. v. Hellmut Eichrodt. Ausg. B. Für Bürger-, Töchterschulen (Mittelschulen) u. erweiterte Volksschulen. I. u. II. Stufe. 8. Berlin, Reuther & Reichard. Geb. nn 4.10
I. (Für das 1. u. 2. Jahr.) 8., durchgeseh. Aufl. (XI, 128 S.) 910. Geb. nn 1. 60
II. (Für das 3. u. 4. Jahr.) Mit e. (farb.) Karte v. Europa u. e. (farb.) Plane v. Paris. 2., verb. Aufl. (VIII, 200 S.) 908. Geb. nn 2. 50

Unser Lehrverfahren. Ein Geleitwort z. Lehrbuch d. franz. Sprache von Fr. **Metzger** u. O. Ganzmann. 1. Stufe. Berlin: Reuther & Reichard 1900. 8° [07. 13461

METZGER, Friedrich (Regensburg): De pneumonia. (Titel nach der Urkunde) 21.6.1857 - Urk; f 69
Diss. Ingolst.-Landsh.-Mchn.

Metzger, Friedrich: Pindars Siegeslieder, s. Mezger, Friedrich

Metzger, Friedr. Carl, Blüthen für Herz und Haus. Altes und Neues in Lied und Wort. 8. (IV, 156 S.) Gunzenhausen 875. (Eichstätt, Krüll'sche Buchh.) - *

—— dramatische Gedichte. 8. (IV, 171 S.) Ansbach 871. (Eichstätt, Krüll'sche Buchh.) *

Metzger, Fr. Karl, s. Keime der Poesie.

Metzger, Friedr. Carl, deutsche Volks- und Kaiser-Bilder der Vorzeit. Dramatische Dichtungen nach alten Quellen. Mit histor. Vorberichten. 8. (XVI, 119, 85 S.) Eichstätt 878, (Krüll'sche Verlagsb.) *

Metzger, G., Melodienbuch f. den evangelischen Kindergottesdienst. Gesetzt f. Orgel, Klavier u. Harmonium. Unter Mitwirkg. v. Baruer hrsg. gr. 4. (III, 34 S.) Nebst: Textbüchlein. 12. (16 S.) Freiburg i/B. 894. C. Troemer. Geb. in Leinw. n. 1. 90

Metzger, G. C., oratio ad celebranda solemnia Augustanae Confessionis saecularia die XI. calend. Jul. MDCCCXXX in auditorio Gymnasii Augustani annuae habita. 4. Augsb. 830. Volkhart. 4 gl

Metzger, G.C.: Was bieten die Gymnasien auch für den Theil der Schüler, die sich nicht den wissenschaftlichen Studien zuwenden sollen. Rede. 14 S. –Augsburg St.A.. Prog.. 1872.

Metzger, G. J., der alte Bibelglaube u. der moderne Vernunftglaube. gr. 8. (III, 176 S.) Stuttgart 893. Chr. Belser. n. 2. —; geb. n. 2. 60

Metzger, G. J., das christliche Geistesleben u. die prinzipiellen dogmat. Voraussetzungen desselben, auf Grund der h. Schrift u. der Erfahrung aus dem Prinzip des Lebens entwickelt u. m. Bezugnahme auf verschied. theolog. Anschaugn. systemat. dargestellt. Mit e. Vorwort v. K. Leypoldt. (XIV, 245 S.) gr. 8. Stuttgart 905. (Buchh des deutschen Philadelphia-Vereins.) n. 2. 40; geb. n. 3. —

Metzger, G. J., praktischer Lehrgang der Handelskorrespondenz in deutscher und englischer Sprache. 2 Tle. gr. 8. [Stuttgart 886, Maier.] Berlin, Verlag für Sprach- und Handelswissenschaft. à Tl. *M 2.— * geb. à Tl. *M 2.60 *

Inhalt:
Tl. 1. Deutsch-englisch. (XV, 162 S.)
„ 2. Englisch-deutsch. (XV, 164 S.)

— die christliche Wahrheit, in ihrem inneren Zusammenhange aus der hl. Schrift nach Ötingers realistischer Auffassung entwickelt u. m. Bezugnahme auf die neuesten theologischen Systeme dargestellt. gr. 8. (VIII, 328 S.) Stuttgart 892. D. Gundert. n. 4. 80

Metzger, G. M., de onere probandi et causis q. litigantem ab eo immunem reddunt. 4. Nrab. Lechner. 800.

Metzger, Heinrich, approb. Arzt aus Urach: Über multiple Darmdivertikel. *Tübingen 1903: H. Laupp jr.* (16 S.) 8° Tübingen, Med. Diss. v. 1903

Metzger, Henric., Desiderium regis David ad domum Dei, h. e. psalmus 42. (hebr. 43.) in fonte expressus. Salzburg, 1776, 8°.

— — Vgl. Metzger, Kasimir.

Metzger, Heinr., Fahnen-Historik der k. u. k. österr.-ungar. Infanterie d. letzten 300 Jahre. gr. 8. (231 S.) Wiener-Neustadt 898. A. Folk. n. 2. 50

Das Gaswerk der Stadt Bromberg von 1800–1910. Denkschrift z. Erinnerung an d. Einführung d. Gasbeleuchtung in Bromberg am 1. Okt. 1860. Mit Benutzung amtl. Quellen bearb. von Heinrich **Metzger**, Stadtr. Bromberg 1910: Gruenauer. 63 S. 4° [10. 17171

Metzger, Heinr., der deutsche Hausgarten. Gemeinfaßliche Anleitung zu Garten-Anlagen, zum Gemüse- und Obstbau, u. zur Blumenzucht im freien Lande u. in Töpfen, für Besitzer kleinerer Gärten in Stadt und Land, für Landwirthe und Alle, welche sich zu Nutzen und Vergnügen mit Gartenbau und Blumistik beschäftigen. Mit 10 Holzschn. u. einem Gartenkalender. Stuttgart 859. Egersdorff. 16. (VIII, 306 S.) 18 ngr.

Metzger, Heinr., der deutsche Hausgarten. Gemeinfaßliche Anleitung zu Garten-Anlagen, zum Gemüse- u. Obstbau u. zur Blumenzucht im freien Lande u. in Töpfen, für Besitzer kleinerer Gärten in Stadt u. Land, für Landwirthe u. Alle, welche sich zu Nutzen u. Vergnügen mit Gartenbau u. Blumistik beschäftigen. 2. Aufl. Schwäb. Hall 866. Egersdorff'sche Buchh. 16. (VIII, 306 S. mit 10 eingedr. Holzschn. u. 1 Gartenkalender.) cart. 18 ngr.

Metzger, Henr., Passio et resurrectio D. n. Jesu Christi secundum Isaiam prophetam. Salzburg, 1767, 4°.

— Passio et resurrectio D. n. Jesu Chr. iuxta c. 53. Jsaiae in fontibus expensum analysi, paraphrasi, crisi. Ebendas. 1770, 4°.

Metzger, Hermann

Metzger, H., Reinhaltung der Wasserleitung durch Rohrunterbrecher. [Aus: „Techn.Gemeindeblatt: Über Vorrichtgn. zur Verhinderg. des Rücktritts unreiner Flüssigkeiten in die Wasserleitg.“] (27 S. m. Fig.) gr. 8. Berlin (907). C. Heymann. — 60

Städte-Entwässerung und Abwässer-Reinigung. Hand- u. Hilfsbuch f. techn. Gemeinde- u. Verwaltungsbeamte, von H. **Metzger**. Berlin: C. Heymann 1907. (XII, 300 S.) 8° [5.] [08. 5090

Ein neues System der Städteentwässerung v. Obering. [H.] **Motzger**, Bromberg. *Bromberg: A. Fromm 1896.* (29 S.) 1 Bd 4.(8.) [97 834

Metzger, H., was ist beim Anschluß an die Wasserleitung u. Kanalisation zu beachten? Rathschläge zur Ausführg. der Anlagen in Haus u. Hof. gr. 8. (46 S.) Thorn 893. J. Wallis. n. — 60

Metzger, J., europäische Cerealien. In botan. u. landwirthschaftl. Hinsicht bearb. Mit 20 Steindr. gr. Fol. Heidelb. 824. Winter. 6 ß 8 gl

Metzger, J. C., s.a. Mezger, Johann Konrad

Metzger, J. C., Deutlich. u. gründl. Beschreibung zweyer vortrefflichen Specificorum chymico-medicorum, davon das erste als ein metallisches Ant—Epilepticum gegen die fallende Krankheit und die Gichter, das zweyte aber als ein mineralisches Alexipharmacum wider allerhand Arten böser u. giftiger Krankheiten, und in specie gegen die Kinder-Blattern, sich als souveraine Mittel erzeigen, wie solche, zum Nutzen vieler Kranken, mit allen nöthigen Umständen, die in und bey dem Gebrauch derselben zu beobachten sind, mit allem Fleiß und auf das deutlichste entworffen werden. 144 S. Straßb. 12°.
1724

Metzger, Jh. Cph., s. Salomos hohes Lied.

Metzger, J. K., s. Mezger.

Metzger, Jh., († d. 8. Juni 1780.) elementa trigonometriae sphaericae. 8. Manh. 774.

Metzger, Joh., der Bauernspiegel od. Peter Lang, der verständige Bauer u. Bürgermeister. 12. (15⅝ B. u. Holzschn.) Frankfurt a. M. 845, Brönner. *

Metzger, Joh., der Bauernspiegel, oder: Peter Lang, der verständige Bauer und Bürgermeister. Neue Ausg. vermehrt mit einem Anhange: Verrichtungen der Haus- und Landwirthschaft in jedem Monat des Jahres. 12. (VIII und 394 S.) Frankfurt a. M. 847, Brönner. *

Metzger, Joh., der Bauernspiegel oder Peter Lang, der verständige Bauer u. Bürgermeister. Mit eingedr. Holzschn. 2. Aufl. Frankfurt a. M. 869. Winter. 8. (VIII, 312 S.) n. 15 ngr.

— Beschreib. d. Heidelberger Schlosses u. Gartens. Mit 24 in Aqua tinta v. Rordorf gest. Kpftaf. gr. 4. Heidelberg, 1829. (Mannheim, Bensheimer.) 4. 15

Metzger, J., Beschreib. d. Heidelberg. Schlosses u. Gartens. Nach gründl. Untersuchn. u. d. vorzügl. Nachrichten bearb. M. 24 in Aquatinta, v. C. Rordorf gest. Kpfrtaf. gr. 4. (14 B.) Heidelberg 829, A. Osswald.

—— (dass. engl. u. d. T.:) an historical description of the Castle of Heidelberg and its Gardens. Composed from careful researches and authentic accounts. With 24 Plates in Aqua-tinta, engraved by Rordorf. gr. 4. (11¼ B.) Heidelberg 830, (A. Osswald.)

— systemat. Beschreib. der cultivirten Kohlarten ꝛc. Mit Abbildd. gr. 8. Heidelb. 832. Oßwald. 12 ℳ

Metzger, J., systemat. Beschreibung d. kultivirt. Kohlarten mit ihren zahlreich. Spielarten, ihrer Kultur u. ökonom. Benutz., nach mehrjähr. Anbauungsversuchen bearb. Mit Abbild. (1 Stnr. gr. 4.) gr 8. (4½ B.) Heidelberg 833, A. Oßwald. Thlr.

Metzger, Joh., Marie Flink, die kleine Gemüsegärtnerin, s.a. Flink, Marie.

— Marie Flink, die kleine Gemüsegärtnerin, oder gründliche Belehrung in dem Gemüsebau. 12. (Mit Holzschn.) Ebend. 845. cart. n. ⅓ ℳ fein Papier n. ½ ℳ

(——) Marie Flink, die kleine Gemüsegärtnerin, od. gründl. Belehrung in dem Gemüsebau. Vom Verf. des „Karl Will, der kleine Obstzüchter." 1. Ausg. (8 B.) 845. * 10 Ngr., fein Pap. * 15 Ngr. u. 2. Ausg. 12. (8¼ B. m. Holzschn.) Frankfurt a. M. 847, Brönner. *

(Metzger, Joh.) Marie Flink. Die kleine Gemüsegärtnerin, oder gründliche Belehrung in dem Gemüsebau. Neue Ausg. Frankfurt a. M. 856. Brönner. 12. (XI, 175 S. m. Holzschn. im Text.) n. 7 ngr.

Metzger, Joh., Marie Flink, die kleine Gemüsegärtnerin, oder gründliche Belehrung in dem Gemüsebau. Mit eingedruckten Holzschn. 3. Aufl. Frankfurt a. M. 863. Brönner. 16. (XII, 175 S.) n. 7 ngr.

Metzger, Joh., Marie Flink, die kleine Gemüsegärtnerin, oder gründl. Belehrung in dem Gemüsebau. 3. Aufl. gr. 16. (XII und 175 S. mit eingedr. Holzschn.) Frankfurt a. M. 863, [Winter.] cart. *

Metzger, J., Marie Flink, die kleine Gemüsegärtnerin od. gründl. Belehrg. in dem Gemüsebau. Mit eingedr. Holzschn. 4. Aufl. gr. 16. (XI, 175 S.) Frankfurt a. M. 872. Winter. n. — 80

Metzger, J., Marie Flink, die kleine Gemüsegärtnerin oder gründl. Belehrung in dem Gemüsebau. 5. Aufl. 16. (VII, 175 S. mit eingedr. Holzschn.) Frankfurt a. M. 878, Winter. cart. *

—— Gartenbuch, od. Anleitung z. Erziehung aller Küchengewächse, Obstbäume u. Zierpflanzen. 2. Ausg. (25 B. u. 2 Stnt.) 843. 22½ Ngr. u. 2., verm. Aufl. 2 Lfgn. gr. 8. (29¼ B., 4 Gartenpläne u. viel. Holzschn.) Frankfurt a. M. 844, Brönner. *

—— Gartenbuch oder Anleitung zur Erziehung aller Küchengewächse, Obstbäume und Zierpflanzen. Für Gartenliebhaber, Gutsbesitzer und Gärtner. Mit einem Kalender der in jedem Monat in dem Gemüse-, Obst und Blumengarten zu verrichtenden Arbeiten. 3 Aufl. gr. 8. (VIII und 454 S. mit 4 lithogr. Gartenplänen und vielen eingedr. Holzschn.) Frankfurt a. M. 852, Brönner. Thlr.

Metzger, Joh., Gartenbuch oder Anleitung zur Erziehung aller Küchengewächse, Obstbäume und Zierpflanzen. Für Gartenliebhaber, Gutsbesitzer und Gärtner. Mit einem Kalender der in jedem Monat in dem Gemüse-, Obst- und Blumengarten zu verrichtenden Arbeiten. 4. (Titel-)Ausg. gr. 8. (VIII und 454 S. mit 4 lithogr. Gartenplänen und vielen eingedr. Holzschn.) Frankfurt a. M. (852)61, Brönner. *

—— Gartenbuch oder Anleitung zur Erziehung, Pflanzung und Pflege aller Küchengewächse, Obstbäume und Zierpflanzen. Für Gartenliebhaber, Gutsbesitzer und Gärtner. Mit einem Kalender der in jedem Monat in dem Gemüse-, Obst- und Blumengarten zu verrichtenden Arbeiten. 4., verm. Aufl. bearb. von Friedr. Jac. Dochnahl. 8. (VIII und 407 S. mit 1 lithogr. Gartenplane und vielen eingedr. Holzschn.) Frankfurt a. M. 864, [Winter.] cart. *

— Gartenbuch od. Anleitg. zur Erziehg., Pflanzg. u. Pflege aller Küchengewächse, Obstbäume u. Zierpflanzen. Für Gartenliebhaber, Gutsbesitzer u. Gärtner. Mit e. Kalender der in jedem Monat in dem Gemüse-, Obst- u. Blumengarten zu verrichtenden Arbeiten. 5. verm. Aufl. neu bearb. v. Frdr. Jac. Dochnahl. Mit e. (lith.) Gartenplane u. vielen (eingedr.) Holzschn. gr. 8. (VIII, 425 S.) Ebend. 875. n. 2. 50; geb. n. 3. —

Metzger, J., Gartenbuch. 8. Frankfurt a. M. 875. Bosel, Schwabe. * 2 60

— Gartenbuch f. Gartenliebhaber, Gutsbesitzer u. angeh. Gärtner. Als Anleit. zur Erziehung u. Behandl. d. sämmtl. Küchengewächse, Obstbäume u. Zierpflanzen. Mit e. kurzen Beschreib. üb. die Anlegung engl. Gärten, Baumschulen ꝛc. Mit 2 Steindr. gr. 8. Heidelb. 829. Oßwald. (Winter). 1 ℳ 6 ℊ

—— Gartenbuch f. Gartenliebhaber, Gutsbesitzer u. angeh. Gärtner. Als Anleit. z. Erziehung u. Behandl. d. sämmtl. Küchengewächse, Obstbäume u. Zierpflanzen. Mit e. kurzen Beschreib. üb d. Anlegung engl. Gärten, Baumschulen, Glashäuser u. dgl. Nebst e. Kalender. M. 2 Stnt. gr. 8. (25 B.) Heidelberg 829, [Vereins-Verlag.]

— Gartenbuch für Gartenliebhaber, Gutsbesitzer u. angehende Gärtner. Als Anleit. zur Erziehung u. Behandlung d. sämmtl. Küchengewächse, Obstbäume u. Zierpflanzen. Mit einer kurzen Beschreibung über die Anlegung engl. Gärten, Baumschulen, Glashäuser u. dgl. Nebst einem Monats-Kalender. 2e wohlf. Ausg. Mit 2 Steintaf. gr. 8. Heidelb. 836. Vereins-Verlag. 1 ℳ

Metzger, J., Gartenbuch f. Gartenliebhaber, Gutsbesitzer u. angeh. Gärtner. Als Anleit. z. Erzieh. u. Behandl. d. sämmtl. Küchengewächse, Obstbäume u. Zierpflanzen. Mit e. kurzen Beschreib. üb. d. Anlegung engl. Gärten, Baumschulen, Glashäuser u. dgl. Nebst e. Monats-Kalender. 2., wohlf. Ausg. gr. 8. (25 B. u. 2 Stnt.) Heidelberg 836, [C. F. Winter.] Thlr.

Metzger, J., Gesetze d. Pflanzen- u. Mineralienbildung, angewendet auf altdeutschen Baustyl. gr. Lex.-8. (1¾ B., 8 Stnt. u. Titbild.) Stuttgart 835, Schweizerbart's Vrlsh. *

—— die Getreidearten u. Wiesengräser in botan. u. ökonom. Hinsicht bearb. gr. 8. (16¼ B.) Heidelberg 841. [Frankfurt a. M., Brönner.]

— die Getreidearten und Wiesengräser in botanischer und ökonomischer Hinsicht bearb. gr. 8. Heidelberg 841, C. F. Winter, Verlagsbuchh. 1 ℛ

— s. Hand- u. Taschenbuch der eleganten Gartenkunst in Zimmern.

—— die Kernobstsorten des südl. Deutschlands nach den angestellten Untersuchungen der wandernden Gesellschaft der Wein- und Obstproducenten vom J. 1839 bis 1846. Im Namen der Gesellschaft hrsg. und mit eigenen Zusätzen vermehrt. gr. 8. (VIII und 311 S.) Frankfurt a. M. 847, Brönner. *

Metzger, Joh., das Mistbüchlein oder des Bauern Goldgrube. Mit einem Vorwort von Frhrn. v. Babo. 8. (IV und 89 S.) Frankfurt a. M. 853, Brönner.

— das Mistbüchlein oder der Bauern Goldgrube. Mit einem Vorwort von L. v. Babo. 2. Aufl. Ebend. 869. gr. 16. (IV, 89 S.) cart. n. 6 ngr.

Metzger, Joh., das Mistbüchlein oder des Bauern Goldgrube. Mit einem Vorwort von L. v. Babo. 3. Aufl., neu bearb. von Friedr. Jak. Dochnahl sen. 12. (116 S.) [Frankfurt a. M. 888, Winter.] Basel, Schwabe. cart. *

—— landwirthschaftl. Pflanzenkunde, od. prakt. Anleit. z. Kenntniß u. z. Anbau d. f. Oekonomie u. Handel wichtigen Gewächse. 2 Bde. (od. 12 Lfgn.) gr. 8. (75 B.) Heidelberg 840, 41. [Frankfurt a. M., Brönner.]

—— und L. v. Babo, Verhandlungen d. Versamml. deutscher Wein- u. Obstproduzenten ꝛc., s. Verhandlungen.
Vgl. Metzger.

— der Rheinische Weinbau, in theoret. u. prakt. Beziehung bearb. Mit 17 Steintaf. u. 1 Tab. gr. 8. Heidelb. 827. Oßwald. 1 ℛ 20 gr

—— und L. v. Babo, die Wein- und Tafeltrauben der deutschen Weinberge und Gärten, s. Babo, L. v.

—— Carl Will, der kleine Obstzüchter, s. a. Will, Carl.

— Karl Will der kleine Obstzüchter oder gründliche Belehrung in der Obstbaumzucht. Zum Gebrauch d. Jugend. Mit in den Text gedr. Figuren. 12. Frankfurt a/M. 843, Brönner. n. 1/4 ℛ

—— Karl Will der kleine Obstzüchter od. gründl. Belehrung in d. Baumzucht. Zum Gebr. der Jugend. 1. Ausg. (4 3/4 B.) 843. * 7 1/2 Ngr. u. 2. Ausg. 12. (5 B. u. eingedr. Figuren.) Frankfurt a. M. 847, Brönner. *

(—) Karl Will, der kleine Obstzüchter oder gründliche Belehrung in der Obstbaumzucht. Mit eingedr. Holzschn. Stereot.-Ausg. Frankfurt a. M. 856. Brönner. 12. (X, 108 S. u. 1 Holzschnitttaf.) 6 ngr.

— Karl Will, der kleine Obstzüchter oder gründliche Belehrung in der Obstbaumzucht. Mit eingedr. Holzschn. Neue Stereot.-Ausg. 861. — 5. Aufl. Ebend. 863. 16. (X, 108 S.) 6 ngr.

Metzger, Joh., Karl Will, der kleine Obstzüchter oder gründl. Belehrung in der Obstbaumzucht. 5. Aufl. gr. 16. (X und 108 S. mit eingedr. Holzschn.) Frankfurt a. M. 863, [Winter.] cart.

Metzger, Jh., eine Wurzel zur Aufmunterung des gottseligen Lebens, aus göttl. Erfahrung geschrieben im April 1831. 8. Augsb. (Landsh., Krüll). 3 gr

Metzger, Joh., eine Wurzel z. Aufmunterung d. gottsel. Lebens, aus göttl. Erfahrung geschrieben im April 1831. 8. (2 1/4 B.) Augsburg. (Regensburg, Manz.)

Johann Daniel Metzger

Joh[ann] Dan[iel] Metzgers [Metzger] Gerichtlich-medicinische Abhandlungen. Th. [1:] 2. Königsberg: Göbbels & Unzer 1803 - 04. 8°

[Th.1:] Ein Suppl. zu seinem kurzgefaßten System der gerichtlichen Arzneiwissenschaft. 1803.
Th.2: 1804.

Metzger, Joh(ann) Dan(iel): Gerichtlich-medizinische Abhandlungen. 136 S., gbd.

Wien: mit v. Ghelenschen Schriften 1804
(Metzger, J.D.: Kurzgefaßtes System der gerichtlichen Arzneywissenschaft. 2. verbess. Ausg. Supplement)

JB 5.313/Suppl.

. J. Dn. Metzger's med. philosoph. Anthropol. f. Aerzte u. Nichtärzte, z. Gebr. akad. Vorlesungen. *Lpz.* u. *Weissenf.*, Severin. 790. 8° 12 gr

Johann Daniel Metzger

Adversaria medica. Autore J[ohanne] D[aniele] Metzger. P. [1.] 2. Trajecti a.M.: Dufour (2: Francofurti a.M.: Esslinger) 1774-78. 1 Bd 8°

[P.1:] Continent chirurgica, physiologica, practica 1774.
P.2: Continent fere practica. 1778.

Metzger, J(ohann) D(aniel): Adversaria medica, continent chirurgica, physiologica, practica. 181 S., gbd.

Trajecti ad Mosam: Dufour
Francofurti ad Moenum: Eslinger } 1775

JB 2.155

— adversaria medica. Prs. I. et II. 8maj. Frankf. a. M. 775 —78. (Schäfer). 1 ℛ 4 gr

— physiolog. Adversarien. 1r Thl. gr. 8. Könbg. Hartung. (Unzer) 796.

Jo. Dan. Metzger progr. cont. anecdota in Avic. Regiomont. 1788. 4.

— Annalen der Staatsarzneikunde. 3 Stcke. (Fortsetz. d. Bibliothek.) 8. Züllich. 789—91. (Frommann in Jena). 1 ℛ 12 gr

— medicin.-philosoph. Anthropologie f. Nichtärzte. 8. Weißenf. 790. Böse. (Baumgärtner in Leipz.) 12 gr

Johann Daniel Metzger

Beytrag [Beitrag] zur Geschichte der Frühlings-Epidemie im Jahr 1782. Von J[ohann] D[aniel] Metzger. Königsberg & Leipzig: Hartung 1782. 78 S. 8°

— Beitrag zur Geschichte d. Frühlingsepidemie im J. 1782. 8. Königsb. 782. (Unzer). 4 gr

— Beitrag zu d. Gesch. d. Frühlingsepidemie im J. 1800. 8. Altenb. 801. Lit.-Compt. 8 gr

— Beobacht. üb. d. herrsch. Epidemie im Frühjahre. 8. Königsb. Hartung. (Unzer) 782.

— gerichtl.-medicin. Beobachtt. 2 Jahrgg. 8. Königsb. 778—80. Hartung. 1 Rthlr

— neue gerichtl.-medicin. Beobachtt. 1r Thl. 8. Königsb. 798. Unzer. 6 gr

— medicin.-gerichtl. Bibliothek, s. a. Chr. Fr. Elsner.

METZGER, J. D. u. ELSNER: Medizin. gerichtl. Biblioth. 2 Bde. *Königsb.* 786—87.

Metzger, J. Dan., Bibliothek f. Physiker, als Fortsetz. d. medic. Biblioth. 2 Bde. od. 8 Stck. 8. Königsb. Hartung. (Unzer) 788–90. (à 6 gr.) Rthlr.

— s. Chr. G. Büttner, Anweisung.

Johann Daniel Metzger

I[ohannes] D[aniel] Metzger De Callo luxuriante. [Resp.:] Levi Soberheim. Regiomonti (1793:) Hartung. 12 S.

Königsberg, Med. Diss. v. 27. Mai 1793

Metzger, Jo. Dan., resp. Przemienicki, Comm. in veterum illud, nosce te ipsum. Regiom. 4°. 1784

— curationum chirurgicarum, quae ad fistulam lachrymalem hucusque fuere adhibitae. 12. Münst. 772. Coppenrath. 4 gr

—, resp. Abr. Assur, De controversa nervorum opticorum decussatione. 16 pp. Regiom. 8°. 1794

— Entwurf e. medicina ruralis. 8. Königsb. 784. Hartung. (Unzer). 4 gr

— exercitationes acad. argumenti aut physiologici, quas ex dissertat. Regimont. penu in fasciculum collegit. 8maj. Königsb. 792. Nicolovius. (Leop. Michelsen in Lpz.) 20 gr

— Grundriß d. Physiologie. 8. Königsb. 777. 2e A. 783. Hartung. 12 gr 3e umgearb. Aufl. unt. d. T.: Physiologie in Aphorismen. 8. Ebd. 789. 16 gr N. Ausg. unt. d. T.: Die Lehre von d. Natur des Menschen in Aphorismen. 8. Ebd. 795. 16 gr

— Grunds. d. allgem. Semiotik und Therapie. 8. Königsb. Hartung. 785.

— Grundsätze d. allgem. Semiotik u. Therapie. 8. Königsb. 785. (Unzer). 8 gr

Metzger, Johann Daniel: Grundsätze der sämmtlichen Theile der Krankheitslehre. Ein Lehrbuch. 176 S., gbd.

Königsberg: Hartung 1792

JB 1.164

— Grundsätze d. sämmtl. Theile d. Krankheitslehre. gr. 8. Königsb. 792. (Unzer). 12 gr

— Handbuch der Chirurgie f. akad. Vorles. gr. 8. Jena, Akad. Buchhdl. 791.

— Handbuch der Chirurgie; zum Leitfaden akadem. Vorlesungen. gr. 8. Jena 791. (Hennings in Neisse). 1 Rthlr

— Handbuch d. Staatsarzneikunde, enth. die medicin. Polizei ꝛc. 8. Züllich. 787. Frommann in Jena. 14 gr

— historia crit. curationum chirurgicar. 8. Monast. Perrenon. (Coppenrath) 772.

Metzger, J. D., Progr. historiae sectionis in cadavero foeminae maniaco-epilepticae. Regiom. 4°. *Doering*, I, 58.

1781

Metzger, J(ohann) D(aniel): Kurzer Inbegriff der Lehre von der Lustseuche, zum Behuf akademischer Vorlesungen entworfen. 228 S., gbd.

Königsberg: Göbbels & Unzer 1800

JB 4.672

— üb. die Independenz d. Lebenskraft von den Nerven. 8. Königsb. 794.

— üb. Irritabilität u. Sensibilität, als Lebensprincipien. 8. Königsb. 794. (Unzer). 9 gr

— über Kennzeichen des Todes u. über Leichenhäuser. 8. Königsberg. Hartung (Unzer) 792.

J. Dn. **Metzger** üb. d. menschl. Kopf, in anthropolog. Rücks.; nebst ein. Bemerkk. üb. *Gall's* Hirn- u. Schädeltheorie. *Königsb.*, Göbbels. 803. 8° 12 gr

— über d. menschl. Kopf; nebst Bemerkk. über Galls Hirn- u. Schädellehre. 8. Königsb. 803. (Unzer). 12 gr

— über d. Krankheiten sämmtl. zur Oekonomie gehörend. Hausthiere. 8. Königsb. 802. (Unzer). 12 gr

Metzger, Joh. Dan., Üb. d. Krankh. sämtl. zur Ökonomie gehörender Haustiere, ein Handb. bei Vorlesungen. 8. Königsberg (02.) 04. Unzer. M. 1.50

— d. Lehre v. d. Natur d. Menschen in Aphorism. 8. Königsberg, Hartung. (Unzer) 795. (Ist eine Umarb. d. Grundr. d. Physiol. od. Physiol. in Aphorism.)

— Lehrsätze zu e. empirischen Psychologie. 8. Königsb. 805. (Unzer). 12 gr

— Materialien f. die Staatsarzneikunde u. Jurisprudenz. 2 Stcke. 8. Königsb. 792—95. (Kummer in Leipz.) 18 gr

— Materialien f. d. Staatsarzneykunde und Jurisprud. 2 Stck. 8. Königsberg, Nicolovius. 792–95. (1s 8 gr. 2s 10 gr.)

Jo. Dan. Metzger progr. nonnulla de Rabbi Mose Ben Maimon. Regiomonti 1791. 4.

— opuscul. acad., ad art. med. spectant., in acad. Regiomont. edit., fasc. I. 8. maj. Königsbg. Hartung. (Unzer) 788.

— opuscula anatomica et physiologica. 8maj. Gotha 790 Ettinger. 18 gr

Jo. Dan. Metzger oratio in memoriam semisaecularem Gottingensium de meritis Georgiae Augustae in rem litterariam praecipue medicam. Regiomont. 1787. 4.

— Physiologie in Aphorism. 8. Ebend. 789.

Johann Daniel Metzger

[Teils.] J[ohann] D[aniel] Metzger's Neue vermischte medicinische Schriften. Bd 1. Königsberg: Goebbels & Unzer 1800. 8°

Bd 1: 1800.

— vermischte medicin. Schriften. 3 Bde. 8. Königsb. 781—84. N. A. 3 Bde. 784. (Unzer). 2 Thlr.

Metzger, Joh(ann) Dan(iel): Vermischte medicinische Schriften. 2.verbess.Aufl. Bd 1, 284 S., gbd.

Königsberg: Dengel 1784

JB 2.156

Metzger, Jh. Dn., Skizze e. medicin. Encyklopädie ꝛc. 8. Königsb. 804. Unzer. 14 Gr.

— Skizze e. pragmat. Literargesch. d. Medicin. gr. 8. Königsb. 792. Nicolovius. 1 Thlr. 8 Gr. Schrbp. 1 Thlr. 16 Gr. — Zusätze u. Verbesserr. dazu 797. 14 Gr. Schrbp. 18 Gr. Compl. mit Zusätzen. (Leipz., Kummer). Hbg. Pr. 1 Thlr. 22 Gr.

Metzger, Jo. Dn., Pr. quo somnambulismum hodie solemnem perstingit. Region. 4°. Opusc. acad. Fasc. I.

1787

— System d. gerichtl. Arzneiwissenschaft. gr. 8. Königsb. 793. 4e Aufl. v. C. G. Gruner 814. 5e Aufl. verb. v. W. H. G. Remer 820. Unzer. 2 Thlr. Supplem. dazu, s. oben: medicin. Abhandll.

— System der gerichtl. Arzneywissenschaft. gr. 8. Königsb. Unzer. 805.

— — Supplem. dazu, s. dessen med. Abhandl.

Metzger, Johann Daniel: System der gerichtlichen Arzneiwissenschaft. Nach d. Tode d. Verf. verb. u. mit Zusätzen vers. von Christian Gottfried Gruner. Erw. u. bericht. von Wilhelm Hermann Georg Remer. 5. Aufl. Königsberg u. Leipzig 1820. XIV, 615 S.

Metzger, J. D.: Kurzgefaßtes System der gerichtlichen Arzneiwissenschaft. [Nebst] Suppl. Königsberg u. Leipzig 1798.

— 2. Ausg. 1798.

— 4. Ausg. Nach d. Tode d. Verf. rev., verb. von Chr. Gottfr. Gruner. 1814.

— 5. Aufl. Erw. u. berichtigt von Wilh. Herm. Ge. Remer. 1820.

— Suppl. [u. d. Tit.:] Gerichtlich-medicinische Abhandlungen. Th. [1.] 2. Königsberg 1803. 04. 2 Bde

Metzger, J. D.: Kurzgefasstes System der gerichtl. Arzneiwissenschaft. *Königsberg*, Hartung, nachher Göbels und Unzer. I—III. Ausg. 793—805. IV. Ausg. nach des Verf. Tode revidirt, verbunden mit den nöthigen Zusätzen und mit ein. Register verm., v. Ch. G. Gruner; nebst der Lebensbeschr. des Vrf. von W. G. Kelch. 813. V. Ausg. erw. u. bericht. von W. H. G. Remer. 820. gr. 8. (2 Thl.) Latein. v. J. B. Keup. *Stendal*. 794. 8.

Metzger, J(ohann) D(aniel): Kurzgefaßtes System der gerichtlichen Arzneiwissenschaft. 2.verbess.Ausg. 445 S., gbd.

Königsberg u.Leipzig: Hartung 1798

JB 5.312

Metzger, J(ohann) D(aniel): Kurzgefaßtes System der gerichtlichen Arzneywissenschaft. 2.verbess.Ausg.(nebst) Supplement, gbd.

Wien: mit v.Ghelenschen Schriften 1799-1804

JB 5.313

Johann Daniel Metzger

Kurzgefaßtes System der gerichtlichen Arzneiwissenschaft. Entworfen von J[ohann] Dan[iel] Metzger. 3., verb. Ausg. Königsberg & Leipzig: Goebbels & Unzer 1805. XII, 496 S. 8°

Johann Daniel Metzger

Kurzgefaßtes System der gerichtlichen Arzneywissenschaft. Entworfen von Johann Daniel Metzger. ... rev., verb., mit den nöthigen Zusätzen u. e. Reg. versehen von Christian Gottfried Gruner. 4., verb. u. verm. Ausg. Königsberg & Leipzig: Unzer 1814. XVI, 544 S. 8°

— systema medicinae forens. succinct. ex lat. in germ. ling. transt. J. B. Keup. 8maj. Stendal 794. Franzen u. Gr. 1 Thlr.

— tabulae ascensionum et aberration. praecipuar. utriusque hemisphaerae 350 stellar. fixar. 8. Manh. 779. Löffler. 1 Thlr. 20 Gr.

— Unterricht in d. Wundarzneikunst. gr. 8. Königsb. 798. (Unzer). 1 Thlr. 8 Gr.

— ein Wort zur Beruhigung d. Gemüther gegen d. Furcht vor e. übereilten Begräbniß. gr. 8. Königsb. 792.

Metzger, J(ohann) D(aniel): Zusätze und Verbesserungen zu seiner Skizze einer pragmatischen Literärgeschichte der Medicin. 180 S., gbd.

Königsberg: Nicolovius 1796

JB 6.675

Metzger, Joh. Kasp., Bedenken über die vornehmsten Sauerbrunnen und warmen Bäder in Deutschland. Frankfurt 1741.

— **Johann Caspar** (Bartenberg/Pfalz), De naturae et artis effectu in medendo. Diss. med. Präs. Friedrich Hoffmann. Halle/Magdeburg (Chr. Henckel) 25. IX. 1708. 40 S. (5.—) 23117
Gew.: Michael Bernhard Valentin, Friedrich Hoffmann, Johann Zeller. — Widm. v.: Friedrich Hoffmann.

— **Johann Ludwig Friedrich** (Grünbach), De hactenus praetervisa nervorum lustratione in sectionibus hydrophoborum. Diss. med. Präs. J. H. F. Autenrieth. Tübingen (Schramm) April 1802. 46 S. (3.—) 23118

Metzger, Josef: Über das Calcium und seine Legierungen. [1906.] 41 S. 8°
¶ Ausz. in: J. Liebig's Annalen d. Chemie. Bd 355. 1907.
München, Dr.-Ing.-Diss. v. 12. 2. 1906

Metzger, Joseph [aus Mainz, Volontärarzt a. d. Landes-Irrenanstalt zu Heppenheim a. d. B.]: Zur Lehre von den Degenerations-Zeichen. . . . Mainz, Druck v. Joh. Falk III., 1888; 26 S. 8°
Strassburg, Med. Fak., Inaug.-Diss. v. 1888

Metzger, Julius [prakt. Arzt aus Weisenau-Mainz]: Casuistik zu den Tumoren des äusseren Ohres . . . . Würzburg, Becker's Univ.-Buchdr., 1886; 25 S. 8°.
Würzburg, Med. Fak., Inaug.-Diss. v. 1886.

Metzger, Julius, Casuistik zu den Tumoren des äusseren Ohres. Diss. Würzburg 1886. Stahelsche Univ.-Buchh. 8°. 25 S.

Metzger, K. Karte v. Stuttgart u. Umgebung. 1 : 25,000. Photolithogr. Imp.-Fol. Stuttg. 889, Aue. * 1 50

Metzger, K., Plan von Ludwigsburg und Umgegend. 1 : 25,000. Lithogr. Imp.-Fol. Ulm 880. (Stuttgart, Metzler's Sortiment.) ** 2 50

Metzger, Karl, Anleitung zur Einrichtung u. Führung der Gemeinde-Registraturen, s.: **Rieder, L.**

Metzger, Karl Beiträge zu Aeschylus. (Die Chorlieder der Orestie.) 49 S. 8. Progr. *Schweinfurt* 1876.

Metzger: Beiträge zur Erklärung der Satiren des Horaz. 46 S.—Augsburg A., Progr. 1866

Metzger, Carl [aus Urach]: Beiträge zur Kenntnis der hydrographischen Verhältnisse des bayrischen Waldes ... Erlangen, Druck d. Univ.-Buchdr. v. E. Th. Jacob, 1892; 61 S., 1 Kte; 8.
Erlangen, Phil. Fak., Inaug.-Diss. v. 1892

[F.] **Metzger,** Carl [kgl. Preuss. Forstass. aus Hannov. Münden]: Die Grundlagen, Mittel und Ziele der forstlichen Produktion. Eine Studie üb. d. ökonom. Seite d. Forstwirtschaft ... Giessen, C. v. Münchow, Univ.-Buch- u. Steindr., 1891; 83 S. 8.
Giessen, Phil. Fak., Inaug.-Diss. v. 1891

Metzger, Karl [Prof.]: Vier Sprachwurzeln. E. Beitr. z. griech. Etymologie u. z. Sprachvergleichg. Schweinfurt, Druck v. F. J. Reichardt, 1894; 29 S. 8.
Schweinfurt, k. G, P 1894*

Metzger, Karl, gepr. Lehramtskand.: Über Zirkon- und Wolframlegierungen. 1910. 55 S. 8°
München, Dr.-Ing.-Diss. v. 2. 3. 1910

Metzger, Carl, Zusammenstellung sämmtlicher im Großherzogth. Baden z. Z. giltigen Verordnungen über die Gebühren der Sanitätsdiener für amtl. Verrichtungen und Privatleistungen. Empfohlen durch Battlehner. 8. (88 S.) Karlsruhe 874, Braun'sche Hofbuchh. *

Metzger, Kasimir, desiderium regis Davidis ad domum Dei. 8. Augsb. 776.

— — Vgl. Metzger, Heinrich.

— philologus Augustinianus. 8. Sulzb. 779.

— poësis Hebraica. 8. Augsb. 765. Ed. II. cum additionibus Cosmae Schmalfus. 8. Rom 774.

— psalmus XLII. ex fontibus explicatus. 8. Augsb. 776.

Metzger, Leop., Lehrbuch f. Pferde- u. Viehhändler. (Die Buchführg., Wechsel- u. Scheckverkehr. Die Handelskorrespondenz. Geschäftsaufsätze. Kauf- u. Tauschverträge. Zinsrechnung. Viehhandelsrecht.) (VIII, 207 S.) 8. Bonn 907. C. Georgi. 2. —

Metzger, Ludo: Zur Kenntniss der wirksamen Substanzen der Nebennieren. *Giessen 1897: v. Münchow.* (26 S. mit Taf.) 8°
Würzburg, Med. Diss. v. 1897

Metzger, Max, das Fachzeichnen, s.: Lange, Walth.

Metzger, Max. Handbuch der Holzbildhauerei, s. a. Schauplatz d. Künste u. Handwerke Bd. 13.

— Handbuch der Holzbildhauerei. Zum Gebrauche f. Holzbildhauer u. Tischler, gewerbl. u. kunstgewerbl. Schulen, Architekten u. Musterzeichner, sowie f. Dilettanten. gr. 8. (VIII, 64 S.) Mit e. Atlas, enth. 8 Taf. m. 77 Abbildgn. gr. 4. Weimar 892. B. F. Voigt. 3. 50

Metzger, Max, Hausthüren, s.: Glogner, Paul.

— **Konstruktionsarbeiten des Kunst- u. Bauschlossers. Eine Sammlg. v. Orig.-Entwürfen meist prakt. ausgef. schmiedeeis. Treppen, Vordächer, Veranden, Pavillons, Brücken, Gewächshäuser, Schaukasten, Thore, eiserner Fenster etc. etc. 10 Lfgn. Fol. (à 10 Taf. m. 28 S. Text in hoch 4 u. 67 S. Text in gr. 8.) Düsseldorf 896. 97. F. Wolfrum. à n. 5. —
(Kplt. in Mappe: 50. —)**

(B) **Metzger,** Max, Konstruktionsarbeiten d. Kunstschlossers. 896. 897. (KBL 30.) Jetzt: Leipzig, Baumgärtner.
Erm. Pr. 30. —

— Die Kunstschlosserei. Eine Darstellg. der gesamten Praxis der modernen Kunstschlosserei: Als Lehr-, Hand- u. Nachschlagebuch unter Mitwirkg. v. Karl Fischer bearb. u. hrsg. (XI, 496 S. m. 600 Abb.) Lex. 8. Lübeck (908). Ch. Coleman. Geb. nn 24. —

— **Modellbuch f. Kunstschlosser. Blattformen, Kelche, Rosetten, Voluten, Kartuschen etc. in allen Stilarten nebst Constructionen d. Schablonen f. Praxis u. Schulgebrauch. 6 Lfgn. gr. Fol. (à 10 Taf. m. 10 S. Text in Lex.-8.) Nebst Texthft. gr. 8. (23 S.) Ebd. 896. 97. à 4. — (Kplt. in Mappe: 24. —)**

(B) — **Modellbuch f. Kunstschlosser. 896. 897. Jetzt: Leipzig, Baumgärtner.**

Modellbuch für Kunstschlosser. Blattformen, Kelche, Rosetten ... in allen Stilarten nebst Construktionen d. Schablonen f. Praxis u. Schulgebr. Hrsg. v. **Max Metzger.** Architekt ... zu Lübeck. [Nebst] Text ... Düsseldorf: F. Wolfrum [1897]. 1 Bd. 8° 1 Bd 2° 4 2.
Modellbuch. (1 Bl., 60 Taf.) Text. (23 S.) [59. 138

— **Lübecker Ofenkacheln der Renaissance-Zeit. Eine Studie. [Aus: „Das Museum zu Lübeck".] gr. 8. (30 S. m. Abbildgn. u. 3 Taf.) Lübeck 900. (Lübcke & Nöhring.)** **n. 2. —**

Schablonen-Lehre für Kunstschlosser. 18 Taf., enth. d. Konstruktion von Schablonen zu allen Arten Akanthusblättern ... Für Praxis u. Schulgebr. Hrsg. von Max **Metzger**, Architekt. 1. *Düsseldorf: F. Wolfrum [1895].* 4° [Umschlagt.] (o. 1837 5

Metzger, Max, mod. schmiedeeiserne Schaufensterkonstruktionen. Ausgeführte Entwürfe tücht. Fachmänner, gesammelt u. hrsg. 25 Taf. u. ebenso viele Detailbog. m. Konstruktionsschnitten in wirkl. Grösse nebst kurzgefasstem Text. (15 S.) gr. Fol. Lübeck (904). Ch. Coleman. **In Mappe n. 15. —**

— Moderne schmiedeeiserne Schaufensterkonstruktionen. Ausgeführte Entwürfe tücht. Fachmänner, gesammelt u. hrsg. 25 Taf. u. ebenso viele Detailbog. m. Konstruktionsschnitten in wirkl. Grösse nebst kurzgefasstem Text. (15 S.) 48,5×33,5 cm. Lübeck (910). Ch. Coleman. In Halbleinw.-Mappe 15. —

— **kurzgefasste Stillehre f. Kunstschlosser. 1. u. 2. Aufl. (VI, 98 S. m. 93 Abbildgn.) 8. Ebd. (905). n.n. 1. 50**

Metzger M, kurzgefasste Stillehre für Kunstschlosser. 2. Aufl. (98 S) Lübeck (1905)

— zurück zur Natur. Eine Zusammenstellg. u. e. Vorschlag zur prakt. Verwerthg. der verschiedensten Stimmen üb. die Einführg. e. ornamentalen Naturstudiums an gewerbl. u. kunstgewerbl. Schulen als Anhaltspunkt u. Wegweiser f. Schulmänner, Künstler, Handwerker ꝛc. 8. (III, 63 S.) Dresden 891. Minden & Wolters. n. — 60

Metzger, O.

— Zur Beurteilung d. dänischen Forstwirtschaft. (Frankf. a. M. 1898). 18 S. (Særtr.). 4°.

— Form u. Wachstum d. Waldbäume im Lichte d. Darwinschen Lehre. (Frankf. a. M. 1896). 10 S. (Særtr.). 4°.

Metzger: Dänische Reisebilder. [Berl. 1896]. (79) S. (Særtr.).

Metzger: Die absoluten Schaftformzahlen d. Fichte. (Berl.) [1894]. (7) S. (Særtr.). P.

Metzger: Studien üb. den Aufbau d. Waldbäume u. Bestände nach statischen Gesetzen. (Berl.) [1894—95]. (93) S. (3 Særtr. i 1 Vol.).

Metzger: Wie können die ersten Durchforstungserträge junger Nadelholzbestände mit Gewinn verwertet werden? M. besond. Berücks. d. nordwestdeutschen Heideaufforstungen. (Berl. 1900). (16) S. (Særtr.). P.

Historische Denkmäler im Friedländischen. Hrsg. von O. H. **Metzger.** Mit 37 Orig.-Lichtbild. Friedland in Böhmen: Selbstverl. 1900. 60 S. 4°(8°) (11. 7847 11

Metzger, O. H., historische Denkmäler im Friedländischen. Mit 37 Orig.-Lichtbildern aus dem Atelier f. Photographie u. Malerei E. Hagenauer in Friedland. (61 S.) Lex. 8. Friedland 910. (Reichenberg, J. Müller.) 9. —

Metzger, Paul [aus Lauffen a. N.]: Beiträge zur chemischen Characteristik des Holzkörpers der Eiche ... Heilbronn, Druck d. Schell'schen Buchdr., 1896; 34 S., 1 Bl. 8.
München, Phil. Fak., Inaug.-Diss. v. 1896

Metzger, Paul, der Begriff des Reiches Gottes im Neuen Testament. (311 S.) gr. 8. Stuttgart 910. Verlag der ev. Gesellschaft. **3. —**

Metzger, Paul., historia sacra de gente hebraica. fol. Augsb. Wolf. 700.

Metzger, Paul, Register, s.: Gmelin, Leop., u. Karl Kraut, Handbuch d. Chemie.

Metzger, Paulus, s. M. *Reuss*, initia doctr. philosophiae.

— Theologia scholastica. IV Tom. fol. ibid. 719.

Metzger, Richard, aus Heidenheim a. Br.: Ueber Einwirkung von Quecksilberoxydsalz auf aromatische Verbindungen. *Tübingen: F. Pietzcker 1901.* (51 S.) 8°
Tübingen, Naturw. Diss. v. 1901

Metzger, Rudolf, a. Habana ⟨Cuba⟩: Aus der Königlichen Universitäts-Frauenklinik in Bonn. Das Eintreten der Menstruation. Statistik an der Hand von 4113 Geburts-Journalen. Bonn 1907: C. Georgi. (31 S.) 8°
Bonn, Med. Fak., Ref. Fritsch, Diss. v. 31. Mai 1907
[Geb. 4. Juli 78 Habana (Cuba); Wohnort: Poulheim; Staatsangeh.: Baden; Vorbildung: Gymn. Pforzheim Reife M. 99; Studium: Tübingen 4, Straßburg 2, Bonn 4 S.; Coll. 31. Mai 07; Approb. 20. Jan. 05.]

Metzger, Rud., Verzeichnis sämtlicher auf das bad. Schulwesen bezüglichen Gesetze u. Verordnungen. 8. (49 S.) Bühl 895. Konkordia. **n. — 50**

METZGER, SIGMUND. Ueber Paradibromchinolin. Würzburg, 1884.

Metzger, Sigmund [Dr., in Nürnberg]: Pyridin, Chinolin und deren Derivate. Gekrönte Preisschrift .... Braunschweig, Druck u. Verl. v. F. Vieweg u. Sohn, 1885; 1 Bl. + 91 S. 8°.
Würzburg, Phil. Fak., Inaug.-Diss. v. 1885.

Metzger, T. Der Vulkan Krakatau vor und nach dem Ausbruch 1883. Gotha 1886. 1 Bl. c. A.

Metzger, Wilhelm: Logaus Sprache. Versuch einer systematischen Darstellung des Laut- und Formenstandes in Logaus Sinngedichten. München 1904: Kastner & Callwey. (VIII, 72 S.) 8°
München, Phil. Fak., Ref. Paul, Diss. v. 14. Sept. 1904
[Geb. 6. Dez. 79 Schweinfurt; Wohnort: Schweinfurt; Staatsangeh.: Bayern; Vorbildung: Gymn. Schweinfurt Reife Juli 98; Studium: Würzburg 2, Berlin 2, München 7 S.; Rig. 6. Juni 04.]

Metzger-Wohlt, Wilh., der Direktor u. sein Kandidat. Novelle. 8. (140 S.) Leipzig 896. Berlin, J. Gnadenfeld & Co. **n. 1. 50**

— **Zahnarzt Reinbach. Roman. 8. (224 S.) Ebd. 896.** **n. 3. —**

Metzger- u. Viehhandels-Anzeiger, westdeutscher. Offizielles Organ zur Wahrg. d. Interessen d. Metzger- u. Viehhandels-Gewerbes in Westdeutschland. Hrsg. unter Mitwirkung angeseh. Fachgenossen v. Herm. Schmidt. Jahrg. 1895. 52 Nrn. (Bog.) Fol. Köln-Ehrenfeld (Hansemannstr. 31), H. Schmidt. **n. 4. —**

Metzgerschkrätzsche, Ein. Vortrag von einem Carnevalsfreunde. Köln ca. 1872. V: *Hönig, Fritz.* (STBKÖLN II, 37)

METZGES, GEORG. Ueber die Einwirkung von Schwefelsäure auf Methyl- und Aethylalkohol. Würzburg, 1881.

Metzges, Julius, über Blasenmole. Diss. Würzburg 1887, Stahelsche Univ.-Buchh. 8°. 29 S.

Metzig, Joh., gegen das Amputiren gleich nach schweren Verletzungen ein offenes Denk- und Dankschreiben dem Herrn Prof. Seutin zu Brüssel im Namen der Menschheit überreicht. Lissa 857. E. Günther. gr. 8. (4 Bl., 64 S. u. 1 lith. Taf. in 4.) 15 ngr.

Metzig, Joh., die wahre Lösung der preussischen Verfassungswirren. Dem hohen Hause der Abgeordneten empfohlen. Hamburg 863. Hoffmann & Campe. 8. (52 S.) 5 ngr.

—— die Polen-Frage im wahren Interesse Europa's im Geiste der Civilisation beantwortet. 8. (XII und 132 S.) Hamburg 863, Hoffmann und Campe.

Metzig, Joh., Suum cuique. Die rechte Antwort auf die Polen- und die grosse Zeitfrage. Zur Beherzigung für die europäischen Staatsmänner. 8. (XVI und 208 S.) Hamburg 856, Hoffmann und Campe. **

—— der modificirte Seutin'sche Verband als vollkommenes Ersatzmittel der primairen Amputationen nach schweren Verletzungen. Ein Vortrag am 20. Novbr. 1859 in einer Versammlung von Aerzten und Freunden der Wissenschaft zu Lissa gehalten. Mit Anhang: Statuten des Seutin-Vereins, gr. 8. (64 S.) Berlin 860. [Posen, Jagielski.] *

JOH. METZIG, Der modificirte Seutin'sche Verband als vollkommenes Ersatzmittel der primairen Amputationen nach schweren Verletzungen. Ein Vortrag am 20. November 1859 in einer Versammlung von Aerzten und Freunden der Wissenschaft zu Lissa gehalten. Mit Anhang: Statuten des Seutin-Vereins. Berlin 1860. Nicolai'sche Sortiments-Buchhandlung. 8°.

—— die Wiederherstellung Polens durch einen neuen europäischen Congress als Nothwendigkeit für die friedliche Zukunft Europas, für die Einigung Deutschlands, für die Ehre und Grösse Preussens und des Hauses der Hohenzollern dargethan. 8. (V und 141 S. mit 1 Stnt.) Hamburg 862, Hoffmann und Campe.

Metzig, Joh. Chr. Heinr., ein Beitrag zur Verständigung über die Reformen des preuß. Militair-Medicinal-Wesens. gr. 8. (4 B.) Lissa 845. (Günther.)

Metzig, Dr. Joh. Ch. Heinr., k. preuss. Bataillons-Arzt. Das Kleid des Soldaten, vom ärztlichen Standpunkte aus betrachtet. (1 Taf.) 8. Lippe und Leipzig 1837.

Metzig, Joh. Chr. Heinr., das Kleid d. Soldaten. Vom ärztl. Standpunkte aus betrachtet. Ein Beitr. z. Kriegs-Hygieine. gr. 8. (11 B. u. 1 Stnt.) Lissa 837, Günther'sche Buchh.

Metzig, Karl

Metzig, C., Lehrbuch der Arithmetik u. Algebra nebst Aufgabensammlung f. Baugewerkschulen u. verw. techn. Lehranst. sowie z. Selbstunterricht. 8. (VIII, 176 S.) Breslau 898. C. Morgenstern, Verl. Geb. in Leinw. n. 2.—

— dasselbe. Auflösungen u. Lösungsanleitgn. 8. (48 S.) Ebd. 900. n. 1.50

Metzig, C., Lehrbuch der Arithmetik u. Algebra nebst Aufgabensammlg. für Baugewerkschulen u. verwandte technische Lehranstalten, sowie zum Selbstunterrichte. 2. verm. u. verb. Aufl. 8. (VIII, 184 S.) Breslau 902. C. Morgenstern, Verlag. Geb. in Leinw. n. 2.—

Metzig, C., Lehrbuch der Arithmetik u. Algebra, verbunden m. e. Aufgabensammlg. v. mehr als 5800 Aufgaben f. Baugewerkschulen, Maschinenbauschulen u. anderen techn. Lehranstalten, f. Realschulen u. Mittelschulen sowie zum Selbstunterrichte. 3., verm. u. verb. Aufl. (188 S.) 8. Breslau 908. C. Morgenstern, Verl. Geb. 2.40

— dasselbe. Auflösungen u. Lösungsanleitungen. Berichtigt nach der 3. Aufl. des Lehrbuches. (56 S.) 8. Ebd. 909. 1.60

Metzing, Max, aus Danzig-Langfuhr: Studien über die Akonsäure. *Königsberg i. Pr. 1901: H. Jaeger.* (62 S.) 8°
Königsberg, Phil. Diss. v. 21. Dez. 1901

Metzing, S., Beweis d. 11. Euklidischen Grundsatzes. 8. (3 B. u. 1 Kpfrt. gr. 4.) Berlin 834, (Logier.)

Metzingen [Schlagwort]

Metzingen, s.: Deutschland. Kürschner-Polp. — Württemberg. Höhenkurvenkarte.

Metzke, Geschichte d. pomm. Pionier-Bataillons Nr. 2, s.: Troschel.

Metzke, C. C., Erzähll. für Hütekinder. 12. Züllich. 817. (Greiz, Henning). 4 gr.

Metzke, Ernst (*geb. Neiße 8. 2. 1856*): Der Dialect von Ile-de-France im XIII. und XIV. Jahrhundert. Th. 1: Vocalismus 1. Vocale). Breslau (1880). (31 S.) 8° *[Im Buchhandel 1880 bei Koebner in Breslau; collst. in: Archiv f. d. Stud. d. neuer. Sprachen. Bd 64. 65. 1880. 81.]*
Breslau, Phil. Diss. v. 24. Nov. 1880

Metzke, Ernst August (Freistadt / Schlesien), De morbis pulmonum ex mixtura formaque laesa explicandis. Specimen inaug. med. Halle (Bathe) 6. IX. 1800. 32 S. (3.50) 23119
Seinem Bruder gewidmet.

Metzke, F. A., Gewerbe-, Industrie- u. Handelsblatt, s. Gewerbe-, Industrie- u. Handelsblatt.

Metzke, Gust., das Turnen in seinen Beziehungen zwischen Schule u. Verein, s.: Vorträge f. Turnvereine. 9. Heft.

Metzke, Gustav, Übungen aus den „Fortbildungskursen im Schulturnen" d. Hamburger Lehrer-T.-V., 1910 u. 1911, 23 S., Kl.-8°.

Metzke, Hermann, aus Glogau: Über einige Arsenate des Eisenoxydes. *Rostock 1898: C. Boldt.* (62 S.) 8°
Rostock, Phil. Diss. v. [30. Juni] 1898

Metzke, Hermann [aus Thorn (Westpreussen)]: Fünf Fälle von erfolgreicher Uterustamponade bei Atonia uteri post partum .... Berlin, gedr. bei L. Schumacher, 1888; 36 S. + 1 Bl. 8°
Berlin, Med. Fak., Inaug.-Diss. v. 8. März 1888

Metzke, Jul., vom Lenz zum Herbst. Gedichte. 8. (VIII, 163 S.) Oppeln 901. G. Maske. n. 2.—; geb. n. 3.—

Metzker, Karl

Metzker, Carl [prakt. Arzt aus Schoenebeck]: Ein Fall von Gallensteinileus mit nachfolgender Laparotomie .... Würzburg, Druck d. Stahel'schen Buchdr., 1887; 22 S. [falsch pag.] + 1 Bl. 8°
Würzburg, Med. Fak., Inaug.-Diss. v 1887

Metzl, Albert: Über eine neue Methode zur Bestimmung des Antimons und zur Trennung von Zinn. – 1904. 45 S.
Diss. Wien, TH

Metzl, Heinrich

— Frieden und Kriege. Auf Grundlage der neuen Organisation nach den einschlägigen Normalien mit möglichster Kürze, Original-Textestreue und Quellenangabe bearbeitet. 1. Th. Frieden. 2. Th. Krieg. (In 1 Bd.) kl. 8. Olmütz 1871.

Metzl, Dr. Heinrich, k. k. Stabsarzt. Das Sanitäts-Wesen der k. k. österreichischen Armee. 8. Kremsier 1876.

Metzl, Heinr., Staniza. Histor. Erzählung aus den Kriegen der Serben mit den Türken 1813. gr. 8. (63 S.) Wien 847, Schmidt & Leo in Comm. n. 8 ngr

Metzl, Dr. Heinrich, k. k. Regimentsarzt: Militärärztliches Vademecum. Das k. k. österreichische Militär-Sanitätswesen im Frieden und Kriege. Auf Grundlage der neuen Organisation nach den einschlägigen Normalien mit möglichster Kürze, Original-Textestreue und Quellenangabe bearbeitet. 1. Th. Frieden. 2. Th. Krieg. (In 1 Bd.) Olmütz 1871. 8°

Metzler, s.a. **Mezler.**

Metzler, die symmetrische Function $\int x'^{\alpha} x''^{\beta} x'''^{\gamma} \ldots x^{N-([\alpha-1]+[\beta-1]+[\gamma-1]+\ldots)}$ Darmstadt 870. (Schlapp.) gr. 8. (IV, 48 S. mit 3 Tabb. in Fol.) 15 ngr.

Metzler, Adph., de medullae spinalis avium textura. Dissertatio inauguralis. 8maj. (59 S. mit 1 Stnt. in 4.) Dorpati Liv. 855. (Mitaviae, Reyher's Verlag.)

Metzler, August: Zur Kenntnis der Nebenvalenzen von Sauerstoff, Stickstoff und Schwefel in organischen Verbindungen. München 1910: Höfling. 51 S. 8°
München, Phil. Diss. v. 17. Nov. 1910, Ref. v. Baeyer
[Geb. 21. Febr. 83 Koblenz; Wohnort: Letmathe; Staatsangeh.: Preußen; Vorbildung: Realgymn. Iserlohn Reife M. 03; Studium: Staatsw. Cöln Handelshochsch. 4, Phil. München 8 S.; Rig. 17. Nov. 10.] [U 11. 3819

Metzler, C. W., Tabelle zu Zins-Berechnungen, mit deren Hülfe man leicht, sicher u. schnell zu jed. Summe, jed. Zins auf jede Zeit findet; namentl. in Thlrn. à 30 Sgr., u. 24 ggr., Thlrn. à 100 kr., Gldn. à 60 kr. u. Frcs. à 100 Cents., mit beigefügt. Reduct.-Tafn. gr. 4. (2¾ B.) Darmstadt 834, Heil.

Metzler, Eduard (Darmstadt)
Beiträge zur Lehre von der Verdauung des Leims, der leimgebenden Gewebe und des Knorpels.
Giessen: Keller 1860. 24 S. 2 Bl. Thesen.
Diss. med. 20.8.1860. vorh. 26. 7.

Metzler, F. X.

— Naturgeschichte, angewendet f. d. bürgerl. Mädchenschule zu Habsthal. 2te Aufl. 8. Freiburg 822, Herder.

Metzler, (F. X.) Versuch eines Leitfadens zur Abfassung zweckmäß. medizin. Topographien. 2e unverändr. Aufl. Mit 3 Kupfert. 8. Freib. 823, Herder.

— Versuch einer medizin. Topographie der Stadt Sigmaringen. Mit lithograph. Tabellen u. Situationsplan. 8. Freiburg 822, Herder.

METZLER, Franz Gebhard: Die Lehrweise Christi nach den Evangelien. — (1910) XXII, 198 Bl. 4° (Handschr.) Diss. 716
Diss. Wien, Univ.

Metzler, Franz Carl, Abhdl. v. d. Keichhusten. Petersb. 8°. 1790

Metzler, G., siehe: Constitution des Königr. Norwegen. — Rhederei, die Preussische.

Metzler, Gust., die preussische Rhederei, s.a. **Rhederei, die preussische.**

Metzler, Gust., die preussische Rhederei mit ihren sämmtlichen See-Schiffen. 7—12. Jahrg. 1853—58. (à ca. 50 S.) Stettin. (Saunier.) 16. 7—11.: à nn. 6 ngr; 12.: n. 10 ngr

Metzler, Gst., die Preussische Rhederei mit ihren sämmtlichen See-Schiffen im Anfange des Jahres 1859. 13. Jahrg. Stettin, Müller. (v. d. Nahmer.) 16. (3 Bl., 53 S.) n. 10 ngr

Metzler, Gustav Karl

Metzler, G. K., statistische Untersuchungen über den Einfluss der Getreidepreise auf die Brotpreise und dieser auf die Löhne, s.a. **Studien, staatswissenschaftliche.**

Metzler, Gustav Karl [Finanz-Accessist]: Statistische Untersuchungen über den Einfluss der Getreidepreise auf die Brotpreise und dieser auf die Löhne .... Jena, Gustav Fischer, 1887; 4 Bl. + 42 S. 8°.
Giessen, Phil. Fak., Inaug.-Diss. v. 1887.

Metzler, Herm., der Bogen in den Wolken. Gedichte. (46 S. m. Titelbild.) 8. Kaiserslautern 904. H. Kayser.
Geb. in Leinw. m. Goldschn. n. 2.—

Metzler, J., Johannes Falk. Vortrag, gehalten im Evangelisch-Luther. Männerverein zu Hannover. gr. 8. (31 S.) Hannover 882, Weichelt. *

Metzler JB, Stuttgart. Proben der Buchdruckerei. 8° und 4° Stuttgart 1837. 40

Metzler, Johann Benedikt (Annaberg/Sachsen), De lapsorum poenitentia, Ex Apocal. Cap. II. vers. 4 et 5. Diss. theol. Präs. Balthasar Bebel. Straßburg (März Rec. 1720. 24 S. (4.—) 23121

Metzler, Johannes [Unterarzt im Bad. Fuss-Art.-Bat. No. 14]: Zur Casuistik des Echinococcus hepatis .... Berlin, Buchdr. v. Georg Klemm (1886); 33 + 3 S. 8°.
Berlin, Med. Fak., Inaug.-Diss. v. 19. Jul. 1886.

Metzler, Johannes, zur Casuistik des Echinococcus hepatis. Diss. Berlin 1886, Mayer & Müller. 8°. 33 S.

Schwestern - Gesundheit bei der Johannistafel ▭ ausgebracht von [Karl Ludw.] M[etzle]r, gen. G[iesek]e. O. v. Wien 5793. 1 Bl. 8°
Abgedr. in: F. 1 (1876) S. 137.
Höchst selten. Gedicht. „Als dem Adam in dem Paradiese . . .“

Metzler, Karl Otto, die Hirten v. Betlehem, s.: Christbaum, geistlicher. 29. Hft.

— „Die Lourdes'grotte“ oder „Die wunderbare Heilg. e. blinden Mädchens“. Ein Schauspiel in 5 Aufzügen (u. 3 leb. Bildern; diese nach Belieben). 12. (56 S.) Paderborn 901. Bonifacius-Druckerei. —45

— die Weisen aus dem Morgenlande, s.: Dilettantenbühne, kathol.

Metzler, Ludwig: Die Entwicklung der öffentlichen Meinung über das Erbrecht im Grundbesitz in England. Altenburg, S.-A. 1905: R. Hiller. (59 S.) 8°
München, Staatswirtsch. Fak., Ref. Brentano, Diss. v. 16. Nov. 1896
[Geb. 3. Okt. 73 Darmstadt; Wohnort: Darmstadt; Staatsangeh.: Hessen; Vorbildung: Realgymn. Darmstadt Reife O. 92; Studium: München 3, Berlin Landw. H. 1, München 2 S.; Rig. 16. Nov. 96.]

Metzler, Ludw., Rumänien, seine Handelspolitik u. sein Handel 1890—1900. Mit besond. Berücksicht. der deutsch-rumän. Handelsbeziehgn. gr. 8. (66 S.) Altenburg 902. O. Bonde. n. 2. —

Metzler, Otto. Geburtsverlauf und Therapie beim engen Becken. 1891—1909. Aus der Universitäts-Frauenklinik Zürich.... Diss. Med. Univ. Zürich. (Sonderabdruck aus dem Archiv für Gynäkologie. Band 90. Heft 3.) IV+47 S. 8. Berlin, L. Schumacher, 1910.

Liebknecht, Johann Georg [Präs.] u. Philipp Mauritius Metzler (Giessen) [Resp.]
De regimine lunae nocturno, schediasma academicum.
Giessae November 1720: vidua Vulpii. (4), 28 S. 4°
pro summis in philosophia honoribus

Metzmacher, A., die Fauna des miocänen Glimmertons v. Kummer, Hohenwoos u. Bockup. (S. 166—181.) 8 Güstrow (904). (Opitz & Co.) n. — 40
Sonderabdruck aus: „Archiv d. Ver. d. Freunde der Naturgesch. in Meckl."

Metzmacher, Albertina, Anleitung zur Erteilung des Handarbeitsunterrichts in Elementarschulen. 8. (83 S.) Bonn 882, Habicht's Buchh. cart. *

Metzmacher, Casim., Poesis Hebraica publicae disputationi submissa. Innsbruck. 1765. Rom, 1774 (2. Aufl.). 8°.

Metzmacher, Fel., Reformen im Schankkonzessionswesen. (19 S.) 8. Berlin (908). C. Heymann. nn — 25
Sonderabdruck aus: „Preuß. Verwaltgsbl."

Metzmacher, Heinr., das Kreuz Christi u. die Arbeit der Christen. Eine dreifache Reihenfolge v. Predigten. 8. (200 S.) Köln 893. J. P. Bachem. Geb. 2. 50

Metzmacher, Hermann, Rektor u. Nachm.-Prediger in Hundisburg: Weiter- bezw. Umbildungen der Pestalozzischen Grundsätze durch Harnisch, quellengemäss dargelegt. *Greifswald 1901: J. Abel.* (100 S.) 8° [F.]
Leipzig, Phil. Diss. v. [27. Juli] 1901

Metzmacher, Jacob (geb. am 2 Febr. 1844 in Buschbell Ldkr. Köln): Ueber Morbus Basedowii ... Bonn, Druck v. J. F. Carthaus [1871]. 26 S., 1 Bl. 8.
Bonn, Med. Fak., nachträgl. erschienene Diss. v. 18 Juli 1870

Metzmacher, Wilhelm [aus Essen '(Ruhr)']: Über die von Wölfler angegebene Methode der Lippenplastik ... Greifswald, Druck v. J. Abel, 1892; 34 S. 8.
Greifswald, Med. Fak., Inaug.-Diss. v. 3. Aug. 1892

Metzner, A., Blicke in das Leben d. Menschheit. Ein Versuch, rc. I. Bdchn. 8. (10¾ B.) Barmen 837. (Elberfeld, Schönian'sche Buchh.)

Metzner, A., die Stempel-Steuer. Sammlung der wichtigsten Bestimmungen für den Geschäftskreis der Verwaltungs-Behörden und für den bürgerl. Verkehr aus dem Stempel-Gesetze vom 7. März 1822 und den dazu ergangenen Verordnungen, Deklarationen rc. in ihrer prakt. Anwendung durch Beispiele erläutert, nebst Stempel-Tarif und Stempel-Tabelle. Ein Handbuch für Beamte der Civil- und Militair-Verwaltung, Gewerbetreibende, Kapitalisten rc. gr. 8. (X und 189 S.) Berlin 857, Mittler und Sohn.

Metzner, A., wie ich mich auf meine Prüfung vorbereitete. Vortrag, geh. im Verein d. Beamten d. kgl. sächs. Staatseisenbahnen. [Aus: „Zwanglose Hfte. f. Lernende im Eisenbahndienste".] gr. 8. (27 S.) Dresden 895. W. Baensch. — 90

Metzner, Alfr., Handbuch f. Ansichtskartensammler, s.: Scheer, Emil.

Metzner, Alf., Handkatalog für den österreichischen Volks- und Bürgerschullehrer. 3. Aufl. (Für 60 Schüler.) 12. (116 S.) Wien 880, Pichler's Wwe. und Sohn. geh. *
Für 100 Schüler (136 S.) *
Für 150 Schüler (168 S.) *

Metzner, Alf., Handkatalog f. den österreichischen Volks- u. Bürgerschullehrer (f. 100 Schüler). 4. Aufl. 12. (148 S.) Wien 885. Pichler's Wwe. & Sohn. geb. n. 1. 60

Metzner, Alf., Handkatalog f. den österr. Volks- u. Bürgerschullehrer. (Für 100 Schüler.) 6. Aufl. (1896—97.) 12. (148 S) Wien 896. A. Pichler's Wwe. & Sohn. Geb. in Leinw. n. 1. 60

— Jubiläums-Büchlein v. unserem geliebten Kaiser Franz Josef I. 1848. 1898. [Aus: „M., Österreichs Regenten rc."] 8. (28 S. m. Bildn.) Teschen 898. C. Feitzinger. — 20

— Katalog der Ansichtskarten des Auslandes (ausschliesslich Oesterreich-Ungarn u. der Schweiz.) Hrsg. u. bearb. im Auftrage des Centralverbandes f. Ansichtskartensammler. gr. 8. (156 S.) Nordhausen 898. A. Metzner. 2. —
Sonderabdruck aus: „Centralblatt f. Ansichtskartensammler".

Metzner, Alf., Österreichs Regenten in Wort u. Bild. E. Lehr- u. Lesebuch f. Schule u. Haus. 2., verm. Aufl. 8. (XIV, 192 S.) Teschen 894. C. Feitzinger.
Kart. n. 2. —; geb. in Leinw. m. Goldschn. n. 3. 60

— — Oesterreichs Regenten in Wort und Bild. Ein Lehr- und Lesebuch für Schule und Haus. II. Band Die Habsburg-Lothringer. Mit sechs Porträts. 2. bedeutend vermehrte Auflage. 8. (126 S.) Cart. Teschen: Feitzinger 1898. 1.30

— — Jubiläums-Ausgabe. I. u. II. Bd. Zweite, bedeutend vermehrte Auflage. 8. (I. Band. Die Habsburger. 1282—1740.) Mit 23 Porträts. 192 S. (II. Band. Die Habsburg-Lothringer. 1740 bis jetzt.) Mit 6 Porträts. 126 S.) 8. In eleg. Lnwdbd. mit Goldschnitt 3.50
Teschen: Feitzinger 1898.

Metzner, Alfons, Der Schönschreibunterricht im Dienste des deutschen Sprachunterrichtes. 8. (89 S.) geh. 60 kr.
Wien: A. Pichler's Wwe. & Sohn 1881.

— Sprachstoffe f. die Volks- u. Bürgerschule. E. zun. d. Schönschreibunterrichte verwendbare Sammlg. v. Rechtschreibstoffen, Fremdwörtern, Stab- u. Stimmreimen, verschwist. Wortpaaren, Sprossformen, sinnverw. Wörtern, bildl. u. sprichwörtl. Redensarten u. Sprichwörtern, bearb. u. auf Wunsch d. Bez.-Lehrerconferenz in Teschen hrsg. 2., verm. Aufl. (v. „Der Schönschreibunterr. im Dienste des deutschen Sprachunterrichts"). gr. 8. (III, 98 S.) Ebd. 896. n. 1. 20

Metzner, Alfr., Reklame im Buchhandel. Beobachtgn. u. Anreggn. (30 S.) 8. Berlin (909). Verlag d. „Buchhändler-Warte". 1.—

Metzner, Antonie, die sich selbst belehrende Köchin, oder allgem. deutsches Kochbuch für bürgerl. Haushaltungen. 2e verb. Aufl. Mit Abbildd. (auf 2 Taf.) 8. Quedlinburg 834. Basse. 7/12 ℛ — 3e verb. Aufl. Mit Abbildd. 8. Ebd. 835. 7/12 ℛ — 4e verb. Aufl. Mit 2 Taf. Abbildd. 8. Ebd. 836. 7/12 ℛ geb. 2/3 ℛ — 5e verb. Aufl. Mit Abbildd. 8. Ebd. 838. 7/12 ℛ geb. 2/3 ℛ — 6e Aufl. 8. Ebd. 840. 7e Aufl. 840. 7/12 ℛ geb. 2/3 ℛ

Metzner, Antonie, die sich selbst belehr. Köchin, od. allgem. deutsches Kochbuch f. bürgerl. Haushaltungen. Nach vieljähr. Erfahrnn. bearb. 4—8., verb. Aufl. 8. (4. u. 5. A. à 10½ B., 6—8. A. à 17 B. u. jede 2 Taf. Abbild.) Quedlinburg 836—41, Basse. à

Metzner, Antonie, die sich selbst belehrende Köchin, oder allgemeines deutsches Kochbuch für bürgerliche Haushaltungen. 8. verb. Aufl. Mit Abbildungen. 8. Quedlinburg 841, Basse. 7/12 ℛ — geb. 2/3 ℛ — 9. verb. Aufl. 8. Ebend. 844 auch 846. geb. 2/3 ℛ

Metzner, Antonie, die sich selbst belehrende Köchin, od. allgem. deutsches Kochbuch für bürgerl. Haushaltungen. Nach vieljähr. Erfahrungen bearb. 9., verb. Aufl. 8. (17 B. u. Abbild.) Quedlinburg 846, Basse.

Metzner, Antonie, die sich selbst belehrende Köchin, od. allgem. deutsches Kochbuch für bürgerliche Haushaltungen. 10. verb. Aufl. Mit Abbildungen. 8. (XIV u. 247 S. m. 2 lith. Taf.) Quedlinburg 848, Basse. 2/3 ℛ

Metzner, August: Der erziehliche Wert der Amateurphotographie. S. 3—12. 8. Progr. K. k. deutsches Staats-Gymn. *Olmütz* 1906.

Metzner, C. E.: Denkschrift über die Hebung der deutschen Leinen Industrie und des Handels, als der unbedingt wichtigsten für das Vaterland. Berlin Febr. 1850. 14 S. 8.

Metzner, Edmundus: De carcinomate medullari. Halis (1857): Orphanotropheum. 13 [vielmehr: 31] S. 8°
Halle-Wittenberg, Med. Diss. v. 24. Okt. 1857
Geb. Maihen [Meyhen] bei Naumburg 30. 5. 1832. V.
Verf. erlebte die Diplomerneuerung 1907 als Marine-Generalarzt a. D. in Halle a. d. S., vgl. Anh. Nr. 425.

Metzner, Emil, Oberlehrer u. Religionslehrer am Königl. Gymn. in Graudenz: Beiträge zur Geschichte der Einführung des Christentums in Preußen. I. Die Identität des Abtes Gottfried von Lekno mit Christian, dem ersten Bischof von Preußen. II. Die Beziehungen Christians zu Konrad von Masovien. Graudenz 1906: Jalkowski. (63 S.) 8°
Würzburg, Theol. Fak., Ref. Merkle, Diss. v. 15. Okt. 1906
[Geb. 6. Sept. 69 Willenberg b. Marienburg; Wohnort: Graudenz; Staatsangeh.: Preußen; Vorbildung: Gymn. Thorn Reife O. 92; Studium: Lyzeum Pelplin 9, Univ. Breslau 3 S.; Rig. 26. Mai 06.]

Metzner, F., über Feuerlösch- u. Versicherungswesen. Vortrag, gehalten am 15. Aug. 1869 zu dem 1. thüring. Feuerwehrtage in Jena. Gera 869. Kanitz' Sort. gr. 8. (14 S.) 1⅓ ngr.

Metzner, F., Hat die Feuerwehr eine Berechtigung, von den Assekuranz-Gesellschaften Beiträge zu fordern? Entgegnung auf diese in „Wallmann's Versicherungs-Zeitung" enthaltene Frage. gr. 16. (28 S.) Stuttgart 878, Kitzinger. *

— Ueber Landes-Feuerversicherungsanstalten als Entgegnung auf die Resolution der Leipziger Handelskammer vom 2. Juni 1869. Gera 869. Griesbach. br. 8. (16 S.) n. 2 ngr.

—— der Werth der Landesfeuerversicherungen im Schwindel der freien Concurenz des Feuerversicherungswesens. Ein Wort an die Gemeinden und Feuerwehren. 8. (IV, 59 S.) Chemnitz 871, Hager.

Metzner Felix: Schopenhauers System im Zusammenhang mit seiner Persönlichkeit dargestellt. II. 1904 PN 1687 Diss. Wien. Univ. 100

Metzner, Friedr. Osk., das Erzgebirge und seine Bedeutung für die Kulturentwickelung Sachsens. Festrede, bei der Feier des Geburtstages Sr. Maj. des Königs Albert im königl. Seminar zu Plauen gehalten. 8. (29 S.) Annaberg 881, Graser. *

Metzner, Frdr. Osc., Führer durch das ges. Vogtland. 2. u. 3. Tl. 4., verm. Aufl. 8. Annaberg, Graser. à n. 1.—
2. D. Saal-Thal u. Gebiet d. Elster von Elsterberg bis Gera. 4., verm. Aufl. (96 S. m. Abb., 4 Taf. u. 1 Karte.) Plauen 896.
3. D. obere Vogtland u. d. Uebergangstouren nach d. Erzgebirge. 4., verm. Aufl. (XII, 96 S. m. Abb., 1 Panorama u. 1 Karte.) 898.

Metzner, Friedr. Osk. Landeskunde vom Königr. Sachsen. Festschrift zum 800jähr. Regierungs-Jubiläum d. Hauses Wettin. gr. 8. (V, 69 S. m. 13 eingedr. Fig. u. 1 Karte.) Langens. 889, Beyer u. Söhne. * — 50

Metzner, Friedr. Osc., Plauen und Umgebung. Ein Führer für Einheimische und Fremde. 8. (VII, 72 S. mit 1 chromolithogr. Plan.) Plauen 887, Neupert's Verlag. *

—— das Saal-Thal und Gebiet der Elster von Elsterberg bis Gera. 2. Thl. des Führers durch das gesammte Vogtland. 3. verm. Aufl. 8. (VIII, 107 S. mit Uebersichts- und Wegekarte.) Ebendas. 888. *

—— das obere Vogtland und die Uebergangstouren nach dem Erzgebirge. 3. Thl. des Führers durch das gesammte Vogtland. 3. verm. Aufl. 8. (VIII, 80 S. mit 1 chromolithogr. Karte.) Ebendas. 889. *

— vogtländische Wanderungen, ein Führer durch das gesammte Vogtland. 8. (VIII, 160 S.) Plauen 879. Neupert. cart. n. 1. 50

—— vogtländische Wanderungen. Ein Führer durch das gesammte Vogtland. 2. verm. Aufl. 12. (VIII, 226 S.) Plauen 882, Neupert. cart. ℳ 2.; geb. *

— vogtländische Wanderungen. Gesammt-Ausgabe des Führers durch das gesammte Vogtland. 3., verm. Aufl. 8. (VIII, 72; VIII, 107 u. VIII, 80 S. m. 1 chromolith. Karte.) Ebd. 889. cart. n. 2. 50; geb. n. 3. —

Metzner, Fritz, prakt. Arzt in Berlin: Die Beziehungen zwischen Rhodanausscheidung im Speichel und der Syphilisinfektion. *Leipzig 1903: A. Edelmann.* (42 S.) 8°
Leipzig, Med. Diss. v. (14. März) 1903

Metzner, Heinrich, Deutsch-amerikanische Dichtung, m. besond. Berücksichtigung d. Turnliedes, 1909, 30 S., 8°.

Metzner, Heinrich, Geschichte des (Nordamerikanischen) Turnerbundes, Indianapolis, Indiana 1872, 109 S., 8°.

Metzner, Hermann [pract. Arzt aus Dessau]: Beitrag zur Kenntnis der primären Nierengeschwülste .... Halle a. S., Hofbuchdr. v. C. A. Kaemmerer & Co., 1888; 30 S. + 1 Bl. 8°
Halle, Med. Fak., Inaug.-Diss. v. 3. Aug. 1888

Metzner, Hermann, Beiträge zur Kenntniss der primären Nierengeschwülste. Diss. Halle 1888, Lippertsche Buchh. 8°. 30 S.

Metzner, Hermannus: De insigni quodam partu trigemino. Accedunt tabulae II lithographicae. Halis Saxonum (1851): Ploetz. 14 S., 2 Taf. 8° (4°)
Halle-Wittenberg, Med. Diss. v. 18. Sept. 1851
Geb. Maihen [Meyhen] bei Naumburg a. d. S. 6. 6. 1827. V.
Verf. erlebte die Diplomerneuerung 1901 als Sanitätsrat in Halle a. d. S., vgl. Anh. Nr. 414.

Metzner, Hermann [aus Merseburg a. S.]: Ueber Phenacetylmalonester ... Halle a. S., Buchdr. O. Thiele, 1897; 2 Bl., 37 S., Bl. 8.
Halle, Phil. Fak., Inaug.-Diss. v. 23. Jan. 1897

Metzner, J. (Hrsg.), s. Radlerin, Die.

Metzner, J. Chr., resp. J. G. **Berger,** De somno meridiano. 13 l. Vitemb. 4°. 1706

Metzner, J. J.: De maiori Frequentia apoplexiae in eruditis ..., s. Alberti, Michael [Praes.]

Metzner, Joh. Gtfr., die fünf Hauptstücke d. Christenthums mit Luthers Erklär., sowohl d. Sprache, wie d. Inhalte nach, zeitgemäß verbess. u. überarb. 8. (2 B.) Schwedt 836. (Berlin, Heymann.)
25 Expl. nur * 1 Thlr. 12 Gr.

Metzner, Joh. Gottfr., neuer Katechismus oder die Hauptstücke der Religion, wie sie von Christus dargestellt wird. Ein Entwurf als Versuch zur Herstellung eines zeit- und schriftgemäßen Katechismus, der für die gesammte Menschheit brauchbar wäre. gr. 8. (31 S.) Leipzig 870, H. Fritzsche. [Alfr. Krüger.] *

Metzner, Joh. Gottfr., neuer Katechismus oder die Hauptstücke der Religion, wie sie von Christus dargestellt wird. Ein Entwurf als Versuch zur Herstellung eines zeit- u. schriftgemäßen Katechismus, der für die gesammte Menschheit brauchbar wäre. Leipzig 870. (Keßler.) gr. 8. (31 S.) n. 3 ngr.

Metzner, Joh. Gttfr., Leitfaden zum Religionsunterricht in protestant. Volksschulen, größtentheils nach J. A. Rolands Unterredungen üb. die Hauptstücke des Katechismus Luthers bearb. u. für einen 2jähr. Lehrcurs. bestimmt. 8. (10¾ B.) Eibenstock 845, Seidel. Thlr. *

Metzner, Joh. Gfried., deutsche Sprachlehre mit den Wörterklassen und der Rection der Wörter in Reimen, nebst ausführl. Regeln über die Interpunction. Zum Gebrauch für Schulen und zur Selbstbelehrung. 8. (VIII und 156 S.) Leipzig 859, Werner.

—— Verzeichniß od. kurzer Inbegriff d. gangbarsten Münzen, nebst e. Uebersicht verschied. Maße u. Gewichte, vorzügl. derjen., welche in Preußen u. Sachsen am gebräuchlichsten sind, sammt d. großen u. kleinen Einmaleins u. d. röm. Zahlen. Zum allgem., besond. aber z. Gebr. f. höh. Lehranstalten, Gewerb- u. Handelsschulen ꝛc. gr. 8. (7¼ B.) Schwedt 837. (Berlin, Heymann.)
Vgl. Metzner.

Metzner, Joh. Gttfr., Vorbereitungsbüchlein z. Kopf- u. Tafelrechnen, od. das Wissenswürdigste des neuen sächs. Münzfußes, der Maße, Gewichte ꝛc. Zum Gebrauche f. Volksschulen sowie z. Selbstbelehrung. gr. 12. (2 B.) Grimma 842, Verlags-Comptoir.

— Johann Jakob (Schneeberg/Meißen), De his qui ex mentis imbecilitate delinquunt. Präs. Augustin Leyser. Wittenberg (Schlomach) 6. V. 1732. 31 S. (4.—) 23123

Metzner, Jos., Dichter-Spenden, gesammelt. 8. (III, 160 S.) Bamberg 883. Züberlein. n. 1. 50

Metzner, Jos., Fabiola. Ein Lebensbild aus der Zeit d. Kaisers Honorius. Für Pensionate u. höhere Töchterschulen dramatisch bearb. 8. (VII, 93 S.) Bamberg 871. Züberlein in Comm. n. 1. —

— Geschichte d. Ernestinums u. Ottonianums zu Bamberg. Als Fortsetzg. der Geschichte d. Ernestin. Klerikalseminars v. L. Schmitt bearb. gr. 8. (97 S.) Bamberg 885. (Schmidt.) n. 1. —

Metzner, Jos., Herzensfrühling. Gedichte. 2. Aufl. Bamberg 868. Reindl. 16. (VI, 105 S.) 9 ngr.

Metzner, Jos., Ernst v. Mengersdorf, Fürstbischof v. Bamberg. Die Weihbischöfe Jakob Feucht u. Johann Ertlin. Biographische Skizzen. gr. 8. (VIII, 71 S.) Bamberg 886. (Schmidt.) n. 1. —

Metzner, Jos. Friedrich Nausea aus Waischenfeld, Bischof von Wien. 108 S. 8. Progr. Bamberg 1884.

—— Friedrich Nausea aus Waischenfeld, Bischof von Wien. gr. 8. (108 S.) Regensburg 884, Manz. *

— Friedrich Nausea aus Waischenfeld, Bischof v. Wien. gr. 8. (108 S.) Regensburg 884. Verlags-Anstalt. n. 1. 40

Metzner, Karl

Metzner, Carl *Ferdinand* [app. Arzt aus Nieder-Vellmar]: Ueber einen Fall von Struma mit multiplen Knochen-Metastasen. Aus d. patholog. Institut d. Univ. Marburg)' ... M. 4 Text-Abb. ... Marburg, Univ.-Buchdr. '(R. Friedrich)', 1894; 36 S., 1 Bl. 8.
Marburg, Med. Fak., Inaug.-Diss. v. 27. Aug. 1894

Metzner, Karl, a. Kottbus: Die Methodik des geographischen Unterrichtes im Lichte der Herbartischen Didaktik. Historisch entwickelt, begründet und erläutert an Darbietungen dieser Richtung. Jena 1905: Frommann. (80 S.) 8°
Jena, Phil. Fak., Ref. Rein, Diss. v. 14. Juni 1905
[Geb. 22. Dez. 76 Kottbus; Wohnort: Kottbus; Staatsangeh.: Preußen; Vorbildung: Gymn. Guben Reife O. 97; Studium: Göttingen 5, Berlin 3, Leipzig 1 S.; Rig. 19. Dez. 04.]

Metzner, Max, Die sociale Fürsorge im Bergbau, unter besonderer Berücksichtigung Preussens, Sachsens, Bayerns u. Oesterreichs. 8°. Jena, G. Fischer, 1911. (Abhandl. d. staatswiss. Seminars zu Jena, Bd. 10, Heft 3.)

Metzner, Oskar

Metzner, O., Plauen i/V. u. die vogtländische Schweiz, s.a. Städtebilder u. Landschaften aus aller Welt.

— Plauen i. V. u. die vogtl. Schweiz. Ein Führer f. Einheimische u. Fremde. Ausg. B. 5. Aufl. Mit Illustr., Stadtplan u. Karte der Umgegend. 8. (IV, 64 S.) Ebd. (902). n. — 75

Metzner, Osk., Plauen i. V. Ein Führer f. Einheimische u. Fremde. Ausg. A. 5. Aufl. Mit Illustr., Stadtplan u. Karte der Umgegend. 8. (IV, 38 S.) Annaberg (902). Graser. n. — 60

— vogtländische Wanderungen. Ein Führer durch das gesamte Vogtland. Mit Karten u. Illustr. 5. Aufl. 8. (XVI, 201 S.) Ebd. 903. n. 2. 50

Metzner, Otto

Metzner, O. [Zeichenl.]: Gedächtnisrede auf den Zeichenlehrer Dr. Hermann Berge, geh. am 25. Nov. 1891. Berlin, Druck v. C. H. Müller, 1892; 28—30 S. 4.
Berlin, Luisenst. OR, OP 1892 (101)

[F.] Botanisch-Gärtnerisches Taschenwörterbuch. E. Leitf. z. richt. Benenng u. Aussprache latein. Pflanzennamen. M. e. Anh. enth. d. bildl. Darstellg d. verschied. Formen u. Zssetzgn aller Pflanzen-Organe. Von R(einhold) **Metzner.** *Berlin: R. Oppenheim 1896.* (xII, 286 S.) 1 Bd 8.
[96. 8004

Metzner, R., botanisch-gärtnerisches Taschenwörterbuch. Leitf. zur richt. Uebersetzung u. Aussprache der latein. Pflanzennamen. 12. (XII, 286 S.) Berlin 896. [G. Schmidt.] P. Parey. Geb. n. 2. 50

Metzner, R., botanisch-gärtnerisches Taschenwörterbuch. Ein Leitfaden zur richt. Benenng. u. Aussprache latein. Pflanzennamen. 2., verm. u. verb. Aufl. Mit e. Anh.: enth. die bildl. Darstellg. der verschiedenen Formen u. Zusammensetzgn. aller Pflanzen-Organe. (VIII, 322 u. 44 S.) kl. 8. Berlin 907. P. Parey. Geb. in Leinw. 3. 50

Metzner, Richard, Dr. iur., aus Berlin: Die Staatstheorie des John Locke nach seinem zweiten Traktat 'Ueber die bürgerliche Regierung'. Ein Beitrag zur Geschichte d. politischen Ideen. *Berlin 1903: W. Pilz.* (74 S.) 8°
Heidelberg, Phil. Diss. v. 1903

Metzner, Rudolf. Untersuchungen an Megastoma entericum Grassi aus dem Kaninchendarm. Von R' M' (Prof. ... [in] Basel). Mit einer Tafel. ⟨Separat-Abdruck aus: «Zeitschrift für wissenschaftliche Zoologie.» (Bd.) 70. [Heft] 2.⟩ II S. + S. 299—320. 8. Leipzig, Wilhelm Engelmann, 1901.

Metzroth u. Witte. Anleitung zum richtigen u. freien Gebrauch d. amtlichen Turnleitfadens. 8. (90 S.) Elberf. 889, (Bädeker). * — 80
—— dass. — 2. Aufl. 8. (107 S.) Berl. 891, Hertz. cart. * 1 —

Metzroth, N.: Die Flucht der heiligen Familie,
s. Wiltberger, August

Metzroth, N. Das schulpflichtige Kind. Ratgeber f. Eltern. gr. 8. (VIII, 88 S.) Mainz 892, Kirchheim. — 90

Metzsch, v., Auszug aus der Geschichte des königl. sächs. 1. Jäger-Bataillons Nr. 12. (26 S. m. 2 Bildnissen u. 2 eingedr. Skizzen.) 8. Freiberg 905. Craz & Gerlach. — 50

Metzsch, A von [Übers.]
s. Thackeray, Anna Isabella: Elisabeth. 1864.

Metzsch, Alma v., was ich Olga erzählte. Erzählungen u. Mährchen für Kinder von 8—14 Jahren. Leipzig 866. H. Schultze. 8. (III, 218 S. mit 8 lith. u. color. Bildern.) cart. 1 ₰

Metzsch, C., Der auf drei Ehrensäulen ruhende Bosische Ritterstamm. 1708. fol.

Metzsch, H. A. v., die Vorschriften der königl. sächsischen Strafproceßordnung vom 11. Aug. 1855 betreffend das Verfahren in gerichtsamtl. Untersuchungen unter Berücksicht. der strafproceßrechtl. Verordnungen und Entscheidungen bis zum Ende des J. 1858 bearb. Bevorwortet von F. Schwarze. gr. 8. (XII und 71 S.) Leipzig 859, Barth. *

Metzsch, K. M. v., Schmuck u. Geschmeide der deutschen Frau. Studien u. prakt. Winke. gr. 8. (84 S.) Leipzig 900. W. Diebener. n. 1. —

Metzsch, Méta de. Fleurs des champs, s.a. Bibliothèque française.

Metzsch, Méta de, Fleurs des champs. Nouvelles pour des jeunes filles choisies. gr. 8. (III, 188 S.) Leipzig 872, Baumgärtner's Buchh.

Metzsch, Méta de, Lectures pour le premier âge. 16. (VI, 138 S.) Leipzig 875, Baumgärtner's Buchh.

—— Michael the Miner. A tale for young girls. Adapted for the use of schools. gr. 16. (85 S.) Ebendas. 872.

METZSCH[IN], URSULA ELIS. Bächlein Aus dem Wasserreichen Strom Des Heiligen Psalter-Buchs, Oder Der Psalter Davids, In Teutsche Reim-Art übersetzet und gebracht. Von . . . Ursula Elisabeth Metzschin gebohrner von Breittenbach, Ambts-Hauptmannin, etc. Zu Dero Gedächtnis und Ehren In offentlichen Druck gegeben. Guben, J. H. Hofmann [1708]. 4°. 4 Bl. 251 S. Unbedeut. fleckiger, schöner Pgtbd. d. Z. mit (etwas späterem?) braunem Rsch.
Nach dem im Besitz der Familie von Breittenbach aufbewahrten Manuskript von dem Gubener Pastor ANDREAS CLEEMANN herausgegeben.

Metzsch, W., s. Metzsch-Schilbach, Wolf

Metzsch, Wolfgang v.: „Von Schreibtisch und Werkstatt",
s. Stein, Philipp.

Metzsch-Reichenbach, Karl

Metzsch-Reichenbach, Carl v., die interessantesten alten Schlösser, Burgen u. Ruinen Sachsens. gr. 8. (VIII, 329 S. m. 46 Abbildgn.) Dresden 902. W. Baensch. Geb. in Leinw. 6. —

Metzsch-Reichenbach, Carl v., die interessantesten alten Schlösser u. Burgen Sachsens. Unter teilweiser Mitwirkg. v. Wilh. Vogel. 2. Aufl. (VIII, 448 S. m. 88 Abb.) gr. 8. Dresden 910. W. Baensch. 5. —; geb. in Leinw. 6. —

Metzsch-Schilbach, Wolf v., s.: Briefwechsel e. deutschen Fürsten m. e. jungen Künstlerin.

Metzsch-Schilbach, Wolf v., Prinz Friedrich August, Herzog zu Sachsen. Ein Lebensbild. 8. (68 S. m. Abbildgn.) Berlin 901. K. Siegismund. n. 1. —

Metzsch, W. v., Friedrich August III., König v. Sachsen. Ein Lebensbild. (VIII, 247 S. m. Abbildgn.) gr. 8. Berlin 906. K. Siegismund. Geb. in Leinw. n. 4. —

Friedrich August III. König von Sachsen. Ein Lebensbild von W[olf] v. **Metzsch**[-Schilbach]. 2. Aufl. Berlin: K. Siegismund 1906. (VII, 246 S.) 8° [F.]
[07. 9939 II

Metz-Schilbach, Wolf v., Nitschewo. Schauspiel aus der russ. Gesellschaft. (III, 88 S.) gr. 8. Hannover (907). A. Sponholtz Verl. 2. —

Metzu's, Gabr., Biographie und Charakteristik, s. Lemcke, C.

Metzung, A., De Polybii librorum XXX—XXXIII fragmentis ordine collocandis. Diss. 1871. 82 S.

Metzung, August Beiträge zur hellenistisch-römischen Geschichte der Jahre 170—133 v. Chr. 24 S. **Progr.** *Saargemünd* 1876.

Schinkel's Meubel-Entwürfe etc. Herausgeg. von L. Lohde. Berlin 1835. In 1 Bd. gr. q. Fol. Blatt 1—7.
— — Dasselbe. Blatt 1—13.

Meubel-Journal, s. Möbel.

Meubel-Journal, pariser, 1—12. Hft. ½ Fol. (à 4 lith. u. ill. Bl.) St. Gallen 841, 42, Tribelhorn. à *

Meubles und Geräthschaften, neumodische pariser, Litr. A—D. gr. 4. (à 6 Bl., Kpfrst.) Leipzig 836—40, Baumgärtners Buchh. à *

Meubles, Londn. u. Paris., od. Samml. v. Zeichn. der neuest. Meubl., Muster rc. 16—116 Heft. m. K. gr. 4. Leipz. Ind. Comt. 804—10 (à 1 Rthlr.)

Meubles, Londner u. Pariser, od. Sammlung von Zeichnungen d. neuesten Meuble-Muster. 126 Hft. m. K. gr. 4. Leipz. Ind. Comt. 815.

Meuchelmord, der, des Banquiers Cotentin in Paris, e. Criminalgesch. nach d. Acten dargestellt. gr. 8. Coblenz, Pauli. 810.

Meuchelmord, Der, Johann Hahns mitleidig beweinet. Leipzig 1726. V: *Henrici, Chn Frdr.* (JL)

Meuchelmord, Der an ... Hauptmann von Tamm verübte, psychologisch beleuchtet ... Schleswig 1827. V: *Lindenfels, J. B. von.* (GGr)

Meuchelmord, d., v. Wallhausen, v. J. A. Becker. 8. Coblenz, Pauli u. C. 806.

Meuchelmörder, Der. Quedlinburg 1820. V: *Müller, Heinrich.* (GGr VI, 401, 37) (Zeitschr. f. Büch. N. F. 15, 1923, S. 116)

Meuchelmörder, der, vom Verf. d. „Albert v. Reinstein." 2 Thle. 8. Quedlinb. 820. Basse. 2 ₰

Meuchelmörder, der, oder: Der Fluch der bösen That! Posse in 1 Aufzuge. Frei nach d. Französ. Vaudeville: L'assassin, von Alex. Cosmar. (Aus Both's Bühnen-Repertoir.) schmal gr. 4. Berlin 834. (Hayn.) ¼ ₰

Meuchelmörderin, die, nebst der Beichte meiner Sünden. Aus den Pap. der Giftmischerin v. Ur****s. Ein wahrer Roman, v. ihr selbst geschrieben. 8. Erfurt, Henningś. 803.

Meuchelmörderin, Die, nebst der Beichte ihrer Sünden ... Ein wahrer Roman ... Berlin 1804. V: *Ursinus* [?]. (KY)

Meuchelmörderin, Die, nebst der Beichte ihrer Sünden. Aus den Papieren der Giftmischerin U***s. Ein wahrer Roman von ihr selbst geschrieben ... Berlin 1804. V: *Arnold, Theodor Ferdinand Cajetan.* (BGE I, 324)

Meuder (D. E. F.). Analysis antimonii, physico-chemico-rationalis. Dresden und Leipzig 1738. 8.

Meuder, Ernst Ludwig (Dresden), Spicilegium de pedum ulceribus. Diss. med.-chir. Präs. Friedrich Ludwig Kreysig. Wittenberg (Tzschiedrich) 24. II. 1802. 20 S. (3.—) 23125
Gew.: Friedrich Adalbert Marcus, Friedrich Ludwig Kreysig.

— Heinrich Wilhelm (Dresden), De calumniatoribus metallicis (Von den Bergschändern). Diss. metall.-jur. Präs. Ernst Gottfr. Christ. Klügel. Wittenberg (Tzschiedrich) 22. VII. 1803. 19 S. (3.—) 23126

Meuder, Hnr. Wlh., († d. .. Juli 1813.) s. J. Jameson, mineralog. Reisen.

— Johann Christian Carl (Dresden), De scirrho eiusque medela. Diss. chir. Präs. Georg Rudolph Boehmer. Wittenberg (A. Chr. Charisius) 19. VIII. 1800. 32 S. (3.—) 23127
Gew.: Christian Friedrich Geyer, Christian Heinrich Woydt, Carl Ludwig Cauer, Johann Daniel Weiss.

Meudt [Schlagwort]

Meudt, s.: Preussen. Messtischblätter.

Meuerer, Johs., Marienlob. Kantate üb. die Festzeiten der Muttergottes f. Soli (Sopran u. Alt), gemischten Chor m. Klavier- od. Orchesterbegleitg. (event. zur Aufführg. m. leb. Bildern), komp. v. M. Textbuch. (8 S.) 8. Fulda 904. A. Maier. n. — 10

Meuersieck, das kaufmännische Rechnen u. der Rechenunterricht. Chemnitz
Schul-/Univ.-Schrift 1865

Meuger, Josef Prof., Geometrische Formenlehre in Verbindung mit dem Freihandzeichnen. Für die I. Classe der Realschulen. Herausgeg. unter Mitwirkung des Professors Andel. 8. Mit 44 Holzschnitten. (58 S.) geh. 40 kr. Wien: Hölder 1882.

Meukel, Leonhard, a. Lauingen a. D., z. Z. Rechtsprakt. am Kgl. Landgericht München I: Die Notifikationspflicht beim Wechsel. München 1907: H. Beck. (59 S.) 8°
Erlangen, Jur. Fak., Ref. Sehling, Diss. v. 25. Nov. 1907
[Geb. 9. Dez. 82 Lauingen a. D. (Bayern); Wohnort: München; Staatsangeh.: Bayern; Vorbildung: Ludwigs- u. Theresien-Gymn. München Reife 03; Studium: München 8 S.; Rig. 25. Juli 07.]

Meuleman, J., De Zenone Citeo. Diss. 1868. 86 S. 1.50

Meulen, L. van der, die Separatisten. Novelle. 2 Bde. 8. (31⅓ B.) Leipzig 845, C. L. Fritzsche.

Van der Meulen, P. H.: Zur Kenntniss einiger Derivate der Camphersäure und Hemipinsäure.
Haag 1896. 41 S. 8°.
Basel. Phil. Diss. 1896/97.

Meulen Rz., R. van der, die Naturvergleiche in den Liedern m. Totenklagen der Litauer. (XI, 169 S.) gr. 8. Leiden 907. A. W. Sijthoff. nn 5. —

Meulenbergh, Pet(rus) Joh(annes) Mathias [!]: De ruptura perinaei. Halis Saxonum (1853): Schmidt. 32 S. 8°
Halle-Wittenberg, Med. Diss. v. 10. Nov. 1853
Geb. Süsterseel (Kr. Heinsberg; Rheinprov.) 14. 1. 1828. V.

Meulenhoff's Künstler-Kalender f. d. J. 1907. I. Jahrg. Rembrandt v. W. R. Valentiner, m. Buchschmuck v. J. G. Veldheer. (68 S. m. Abbildgn.) 4. Amsterdam, Meulenhoff & Co. n. 2. 50

(**Meuli**, A[nton].) Antwort des Kleinen Rates als Vertreter des Kantons Graubünden auf die Klage des Hofes Camana (Gemeinde Safien) betreffend Genossenschaftsgut. (An das hohe Schweizerische Bundesgericht, Lausanne. Chur, den 14. Oktober 1910.) 42 S. 8. Chur, Manatschal Ebner & Cie., 1910.

Meuli, Anton. Die Entstehung der autonomen Gemeinden im Oberengadin. Ein Beitrag zur Rechtsgeschichte Graubündens. II + 103 S. 8. Chur, Sprecher & Valer, 1902.

([Erweiterte Ausg. einer ungedruckten] im Dezember 1901 approbierten Diss. Jur. Leipzig.)

Ausg. A: 31. Jahresbericht der Historisch-antiquar. Gesellschaft von Graubünden. Jahrg. 1901. [Beilage 1.]

Ausg. B: sep.

Meuli, Joh., die Veränderungen v. Puls u. Temperatur bei elevirten Gliedern. Mit 3 (lith.) Taf. gr. 8. (44 S.) Leipzig 882. (Chur, Hitz.) n. 1. 80

Meuli-Hilty, Joh., das rationelle Schlafen. Eine hygienisch-physiolog. Abhandlung. gr. 8. (21 S.) Bonn 886, Strauss. *

Aus: Pflüger's Archiv für die gesammte Physiologie, besonders abgedruckt.

Meuly, G[eorg]. Geschichte der Bezirksschule Seon, 1860—1910. Jubiläumsschrift, im Auftrag der Schulpflege hrg. von G. M', Rektor. [Mit 1 Tabelle und illustriertem Umschlag.] 47 S. 8. Seengen, Melliger, 1910. [fr. —. 50]

Meumann, C. G. E., die Druckerei wollener Stoffe. Ein Handbuch für Färber, Drucker und Fabrikanten. Nach eigenen Erfahrungen bearb. 8. (IV und 88 S.) Stettin 855, (Saunier.) **

Meumann, C. G. E., die Druckerei wollener Stoffe. Ein Handbuch für Färber, Drucker u. Fabrikanten. Nach eigenen Erfahrungen bearb. 855. nn. 25 ngr. — (Neue Ausg.) Stettin 856. Graßmann. 8. (2 Bl., 88 S.) 12 ngr.

Meumann, Ernst, s.: Archiv f. die gesamte Psychologie.

— Einführung in die Ästhetik der Gegenwart, s.a. Wissenschaft u. Bildung.

Einführung in die Ästhetik der Gegenwart. Von Dr. E[rnst] **Meumann**, Prof. Leipzig: Quelle & Meyer 1908. (151 S.) 8° [F.]

— **Wissenschaft** u. Bildung. 30.

Meumann, Ernst, die Entstehung der ersten Wortbedeutungen beim Kinde. gr. 8. (69 S.) Leipzig 902. W. Engelmann. n. 1. 20

Sonderabdruck aus: „Philosophische Studien".

— **Die Entstehung der ersten Wortbedeutungen beim Kinde. 2., verm. Aufl. (IV, 100 S.) gr. 8. Leipzig 908. W. Engelmann.** 2. —

— **über einige Grundfragen der Psychologie der Uebungsphänomene im Bereiche des Gedächtnisses, s.: Ebert, E.**

— **Haus- u. Schularbeit. Experimente an Kindern der Volksschule. (IV, 64 S.) gr. 8. Leipzig 904. J. Klinkhardt.** n. 1. 20

— **Intelligenz u. Wille. (VII, 293 S.) gr. 8. Leipzig 908. Quelle & Meyer.** 3.80; geb. in Leinw. 4. 40

— s.: **Monographien, pädagogische.**

Meumann, E[rnst Friedrich Wilhelm]. Über Ökonomie und Technik des Lernens. Von Dr. E. Meumann, Professor an der Universität Zürich. Separat-Abdruck aus: «Die Deutsche Schule», Jahrg. 7, 1903, Heft 3—7. IV + 102 S. 8. Leipzig, Julius Klinkhardt. [M. 1. 50]

— **Ökonomie u. Technik des Gedächtnisses. Experimentelle Untersuchgn. üb. das Merken u. Behalten. 2., sehr verm. Aufl. der Schrift: Über Ökonomie u. Technik des Lernens. (V, 290 S. m. 1 Abbildg.) gr. 8. Leipzig 908. J. Klinkhardt.** 3.80; geb. in Leinw. 4. 40

— **s.: Pädagogik, die experimentelle.**

— s.: Psychologie, die, in Einzeldarstellungen.

— **s.: Sammlung v. Abhandlungen zur psychol. Pädagogik.**

Meumann, E.: Das Schulkind..., s. Hösch-Ernst, Lucy

— **s.: Schulkind, das, in seiner körperl. u. geist. Entwicklung.**

— **die Sprache des Kindes,** s.a. **Abhandlungen, hrsg. von der Gesellschaft f. deutsche Sprache in Zürich. VIII.**

Meumann, E[rnst] F[riedrich] W[ilhelm]. Die Sprache des Kindes. II + 82 S. 8. Zürich, Zürcher & Furrer, 1903. [fr. 2. —]

Abhandlungen hrg. von der Gesellschaft für deutsche Sprache in Zürich. (Heft) 8.

Meumann, Ernst: Untersuchungen zur Psychologie und Aesthetik des Rhythmus ... (Aus: Wundt, Philos. Studien, Bd. x.) Leipzig, W. Engelmann, 1894; 113 S. 8.

Leipzig, Phil. Fak., Hab.-Schr. v. 30. Apr. 1894

Meumann, Ernst: Der Verzug des Schuldners nach dem Recht des Bürgerlichen Gesetzbuches für das Deutsche Reich. *Magdeburg 1898: Faber.* (52 S.) 8°

Erlangen, Jur. Diss. v. 30. Juli 1897

— **Vorlesungen zur Einführung in die experimentelle Pädagogik u. ihre psychologischen Grundlagen. 2 Bde. gr. 8. Leipzig 907. W. Engelmann.** 13.—; geb. 15. 50

I. (XVIII, 555 S.) 7.—; geb. 8.25.
II. (VIII, 467 S.) 6.—; geb. 7.25.

— s.: **Zeitschrift f. experimentelle Pädagogik.**

Meumann, F., der Kampf um Christum ein Zeuge für Christum, s. **Zeitfragen des christlichen Volkslebens.**

Meumann, Friedr. 1789. Am Vorabend der französischen Revolution, s. **Zeitfragen d. christlichen Volkslebens.**

Meumann, Glieb. Aug., Prolegomena zu e. System des Vermögensrechts, s.a. **Studien zur Erläuterg. des bürgerl. Rechts. 12. Hft.**

Meumann, Gottlieb August. Prolegomena zu einem System des Vermögensrechts von Dr. Gottlieb August Meumann, ... Privatdocent an der Universität Genf. Abteilung 1. VIII + 208 S. 8. Breslau, M. & H. Marcus, 1903. [M. 6. —]

Studien zur Erläuterung des bürgerlichen Rechts hrg. von Dr. Rudolf Leonhard... Heft 12...

Meumann, R., Tagesanbruch auf d. Blauen Bergen od. Abraham Halea, d. Erstling d. Badaga. 8. (20 S. m. Bild.) Basel 897. Missionsbuchh. n. — 10

Meumann, R., Tagesanbruch auf den blauen Bergen od. Abraham Halea, der Erstling der Badaga. 2. Aufl. 8. (20 S. m. Abb.) Basel 900. Missionsbuchh. n. — 10

Meumann, Richard, Kammergerichtsreferendar: Der dingliche Vertrag. Gräfenhainichen 1905: W. Hecker. (69 S.) 8° Rostock, Jur. Fak., Ref. Bernhöft, Diss. v. 20. Mai 1905
[Geb. 16. Dez. 80 Berlin; Wohnort: Berlin; Staatsangeh.: Preußen; Vorbildung: Luisenstädt. Gymn. Berlin Reife O. 00; Studium: Freiburg i. B. 1, Würzburg 2, Berlin 4 S.; Rig. 7. Okt. 04.]

Meumann, Th., Einst und Jetzt. Predigt über 2. Kor. 5, 17, am 8. Juli 1879 bei der Missions-Feier zu Braunschweig gehalten. gr. 8. (14 S.) Braunschweig 879, (Grüneberg's Buchh.) *

Meumann, Th., Einst u. Jetzt. Predigt über 2. Kor. 5, 17, am 8. Juli 1879 bei der Missions-Feier zu Braunschweig geh. gr. 8. (14 S.) Braunschweig 879. (Wollermann.) n. — 20

Meumayr, K. (Hrsg.), s. Beiträge zur Paläontologie von Österr.-Ung. und der angrenzenden Gebiete.

Meunier, C., Leitfaden f. den methodischen Unterricht in der Botanik, s.: Müller, J. P.

Meunier: Über Mängel d. Rechenunterr. Lennep. 1863
Schul-/Univ.-Schrift

Meunier, C., Rechenbuch für Elementar- und höhere Schulen, nach den neuen Maßen bearb. 1.—3. Thl. 8. Remscheid 870, Krumm. [1. Thl. (40 S.) * 30 Pf.; 2. Thl. (IV, 116 S.) * 75 Pf.; 3. Thl. (240 S.) * M 1,50.] *

Meunier, C., Uebungsbuch für den ersten Unterricht in der französischen Sprache. 1. Cursus. 1. Aufl. 1848. und 2. Aufl. gr. 12. (VIII und 131 S.) Elberfeld 851. [Iserlohn,] Bädeker.

Meunier, C., Uebungsbuch für den ersten Unterricht in der französischen Sprache. 2. Cursus. 8. (271 S.) Iserlohn 856, Bädeker.

Meunier, C., Uebungsbuch für den ersten Unterricht in der französischen Sprache. 1. Cursus. 3., verb. und verm. Aufl. 8 (VIII und 166 S.) Iserlohn 858, Bädeker.

Meunier, Ch., Anleitung zur Landschaftsmalerei in Wasserfarben. 8. (53 S.) Berlin 879, C. L. Th. Müller. *

Meunier, Charles

Meunier, Ch., der Feinschmecker. Kochrezepte f. den verwöhntesten Gaumen: Für Frühstücke, Gabelfrühstücke, Dinés u. Soupers. 8. (157 S. m. 2 Bildern.) Regensburg 892. Verlagsbureau. n. 2. —

Meunier, Ch., der Feinschmecker. Nur Kochrezepte f. den verwöhntesten Gaumen als: Frühstücke, Gabelfrühstücke, Dejeuner u. Soupers. Neue Ausg. 3. (Umschlag-)Aufl. (157 S. m. Titelbild.) 8. Gotha [892] 905. P. Hartung. 2. —; geb. 3. —

Meunier, Charles, der Feinschmecker. Ausgesucht feine Rezepte f. verwöhnte Zungen. Hrsg., vermehrt u. neu bearb. v. Rich. Gollmer. 4. Aufl. (170 S.) gr. 8. Gotha (909). P. Hartung. 3. —; geb. in Leinw. 4. —

Meunier, E., die Brandursachen in den Fabriken. Deutsch von A. F. Elsner. Berlin 866. (Grieben.) gr. 8. (IX, 246 S. mit 8 Steintaff. in 4.) n.n. 2 ℛ 10 ngr

Meunier, E., die Brandursachen in den Fabriken. Deutsch von A. F. Elsner. Ausschließlich berecht. Uebersetzung. 2. Aufl. gr. 16. (VII, VIII, 365 S. mit 1 Stnt. in Imp.-Fol.) Berlin 877, (Grieben.) *

Meunier, E., die Familie des Admirals. Erzählung f. junge Mädchen. Genehmigte Uebersetzung von F. v. Barmen. Mit 4 Kunstdr.-Bildern u. Einbandzeichnung von W. Roegge jr. (204 S.) 8. Cöln 905. J. P. Bachem. n. 2. —; geb. in Leinw n. 2. 50

Meunier, Konstantin

Constantin **Meunier**. Gedächtnis-Ausstellung veranstaltet durch Keller & Reiner. (Berlin 1906: H. Feyl & Co.) (32 S.) 8° [F.] [16. Juni 1907] 11

Meunier, Stanislas

Meunier, St., cours de géologie comparée professée au muséum d'histoire naturelle. gr. 8. (XI, 315 S.) Paris 874. Didot & Co. n. 4. 80

Meunier, Stanislas, Kain, s.: Lutz' Kriminal- u. Detektiv-Romane.

Meunier, Stanislas, Note über den krystallisirten Enstatit aus dem Meteoreisen von Deesa. Lex.-8. (3 S.) Wien 870, (Gerold's Sohn.)
Aus: Sitzungsberichte der k. Akademie der Wissenschaften, besonders abgedruckt.

Meunier, Winand Hubert

Meunier, W. H., die Alkoholfrage auf der Kanzel. Eine Sammlg. v. geistl. Vorträgen üb. die Trunksucht. (133 S.) gr. 8. Trier 909. Paulinus-Druckerei. 2.—; geb. 2. 50

Meunier, W. H., das kirchliche Begräbnißwesen m. besond. Berücksicht. der Erzdiöcese Köln. gr. 8. (VIII, 158 S.) Düsseldorf 900. L. Schwann. n. 2. 50; kart. n. 3. —

Meunier, W. H., die Lehre vom Predigtthema. gr. 8. (IV, 108 S.) Paderborn 892. F. Schöningh. n. 1. 50

Meunier, W. H., die Lehrmethode im Katechismus-Unterricht. Ein Beitrag zur heut. Bewegg. auf dem Gebiete der Katechetik. (XI, 310 S.) 8. Köln 905. J. P. Bachem. n. 4. —

— Schule u. Elternhaus. Eine Sammlg. geistl. Vorträge über die Unterstützg. der schulamtl. Wirksamkeit seitens der Eltern. (VIII, 120 S.) 8. Mainz 904. Druckerei Lehrlingshaus. n. 1. 20

— das Werk der heil. Kindheit Jesu. Eine Sammlg. v. geistl. Vorträgen über u. f. den Kindheitsverein. (VIII, 172 S.) gr. 8. Köln (903). J. P. Bachem. n. 2. —

Meunier, W[inand] H[ubert]: Das Werk der heil. Kindheit Jesu. Eine Sammlung von geistl. Vorträgen über u. für d. Kindheitsverein. Von –. 2. Aufl. Köln: Bachem (1908). 144 S. 8°

Meunier-Katalog. (10 u. 33 S. m. Abbildgn. u. 2 Taf.) kl. 8. Brüssel (906). M. Grauert. — 50

Meunier-Mappe. Hrsg. vom Kunstwart. (18 Bl. u. V S. Text mit Bildnis u. 1 Abbildg.) Fol. München (906). G. D. W. Callwey. 6. —

Meurdrac, Jungfer Maria, mitleidende und leichte Chymie. 8. Frankf. 753.

Meurer [Sachliches OW]

Meurer, Der Hamburgische Burgemeister Heinrich, beider Rechte Licentiat, oder Darstellung und Beurtheilung seiner öffentlichen Wirksamkeit . . . Hamburg 1836. V: *Bartels, Johann Hnr.* (Ky) (Schr)

Meurer, Hnr., der Hamburgische Burgemeister, beider Rechte Licentiat, oder Darstellung u. Beurtheilung seiner öffentl. Wirksamkeit. Eine biograph. Skizze aus den letzten 30 Jahren des 17. Jahrhund. als Beitrag zur Hamburg. Geschichte jener Zeit. (Von Jh. Hnr. Bartels.) gr. 8. Hamburg 836. Aug. Campe. 1 1/2 ₰ Nachtrag dazu 1/4 ₰

Meurer [Verfasser]

Meurer (Hrsg.), s. Zeitschrift, Juristische ...

Meurer, A. v., zur neuen Kirchen-Ordnung. Warnung besonders für die Landgemeinden Schleswig-Holsteins, hervorgerufen durch die Reisestudien des Past. Jeß in Itzehoe. 2. Aufl. Altona 868. Hammerich. gr. 8. (16 S.) n. 4 ngr

Nur Priester-Herrschaft, nichts Anderes! Zur Beleuchtung der vom Herrn Pastor Jess in Itzehoe veröffentlichten Beleuchtung meiner Warnung v. A. von **Meurer.** Altona. 1868. 8°.

Meurer, A., De Dec. Magni Ausoni genere dicendi quaestiones. *Diss.* 1878. 40 S.

Meurer, Albert: Das deutsche Tischlergewerbe. M. Gladbach 1910. 55 S. 8° ¶(Ersch. vollst. im Volksvereins-Verl., M. Gladbach.)

Münster, Rechts- u. staatsw. Diss. v. 10. Juni 1910, Ref. Schmöle, v. Heckel

[Geb. 8. Jan. 78 Hundsangen; Wohnort: Münster i. W.; Staatsangeh.: Preußen; Vorbildung: Gymn. Hadamar Reife O. 02; Studium: Theol. u. Phil. Fulda Phil.-theol. Lehranst. 3, Jura München 2, Tübingen 1, Münster 6 S.; Rig. 18. Juli 09.] [U 10. 3749

Meurer, *Andreas* [Dr.]: Die Lehre von den deutschen Satzzeichen, systemat. dargest. u. auf d. Klassen Sexta bis Tertia verteilt. ([Umschlagt.:] „Die Regeln über die Satzzeichen im Deutschen.") Aachen, Druck v. A. Jacobi & C., 1896; VI, S. 8.

Aachen, st. RG m. h. Handels-S, OP 1896 (470)

Meurer, C., s. Festschrift f. H. v. Burckhard.

Meurer, C., u. E. Niepmann, Richtlinien f. den grammatischen Unterricht im Lateinischen. (Progr.) (40 S.) 8. Bonn 908. (H. Behrendt.) 1. —

Meurer, C. F.

— Auswahl aus meinen Predigten. 1e Liefer. gr. 8. Glogau 824. Neue Güntersche B. 16 gr

Meurer, C. F., ein wahrhaft christl. od. echt evangel. Gottesdienst. Eine Predigt über die Epistel am XI. Sonnt. nach Trinit. gehalten. 8. Glogau 822. Güntersche B. 3 gr

Meurer, Chrn., d. bayerische Amortisationsrecht u. seine Reform. gr. 8. (106 S.) München 899. C. H. Beck. n. 2. —
Sonderabdruck aus: „Blätter f. administr. Praxis".

— Aufbesserungsrecht u. Aufbesserungspolitik auf dem Gebiet des bayerischen Pfründewesens. gr. 8. (IV, 84 S.) Stuttgart 900. F. Enke. n. 2. 80

Meurer, Chrn., der Begriff und Eigenthümer der heiligen Sachen, zugleich eine Revision der Lehre von den jurist. Personen und dem Eigenthümer des Kirchenguts. 2 Bde. gr. 8. Düsseldorf 885, F. Bagel. *

Inhalt:

Bd. 1. Die Rechtsgebiets-, Begriffs- und allgemeine Eigenthumslehre. (IX, 347 S.) *ℳ 7.—.

" 2. Die specielle Eigenthumslehre. (VIII, 455 S.) *ℳ 9.—.

Meurer, Chrn. Der Begriff u. Eigenthümer d. heil. Sachen. 2 Bde. gr. 8. Düsseld. 885. Frankf. a. M., Jaeger's Verlag. * 16 —

Meurer, Christian: Der Begriff der heiligen Sachen und des Kirchenguts. Düsseldorf: F. Bagel (1885). (98 S.) 8°
(Teil d. ebenda 1885 erschien. Werkes: „Der Begriff und Eigenthümer der heiligen Sachen, zugleich eine Revision der Lehre von den juristischen Personen und dem Eigenthümer des Kirchenguts".)

Breslau, Jur. Fak., Hab.-Schr. v. 14. März 1885

Meurer, Chrn., der Begriff des kirchlichen Strafvergehens nach den Rechtsquellen des Augsburgischen Bekenntnisses in Deutschland zur Reformationszeit. gr. 8. (III, 108 S.) Leipzig 883, Veit und Comp. *

Meurer, Chrn. Das landesherrliche Ehescheidungsrecht. gr. 8. (III, 84 S.) Freib. i. Br. 891, J. C. B. Mohr. * 2 —
Aus: Archiv f. öffentl. Recht, besonders abgedruckt.

Meurer, C., Die Haager Friedenskonferenz. (2 Bde.) 1. Bd. Das Friedensrecht der Haager Konferenz. (VIII, 391 S.) gr. 8. München, J. Schweitzer Verl. 15. —
1905

— Die Haager Friedenskonferenz. II. (Schluss-) Bd.: Das Kriegsrecht der Haager Konferenz. (XIII, 689 S.) Lex. 8. München 907. J. Schweitzer Verl. 26. —
Bd. I. Ebd. 905. 15.—.

Meurer, Christian, das Gehaltsrecht der Pfarrer in Preußen nach der Gesetzgebung vom 26. V. 1909. (III, 96 S.) gr. 8. Stuttgart 910. F. Enke. 3. —

— Grundfragen aus dem Entwurf e. bayerischen Kirchengemeindeordnung u. der Bericht des Referenten der Abgeordnetenkammer. (67 S.) Lex. 8. München 909. J. Schweitzer Verl. 3. —

Meurer, Christian: Kirchenstiftung und Kirchengemeinde. Nach d. Entwurf e. bayerischen Kirchengemeindeordnung von Christian Meurer, Prof., Würzburg. München & Berlin: Schweitzer 1910. 60 S. 8°

Meurer, Christian: Bayerisches Kirchenstiftungsrecht. Von Christian Meurer, ... o. ö. Prof. ... an d. Univ. Würzburg. Stuttgart: F. Enke 1899. (VIII, 376 S.) 1 Bd 4°. (8°)
= Meurer, Ch.: Bayerisches Kirchenvermögensrecht. Bd 1.

— bayerisches Kirchenvermögensrecht. (In 3 Bdn.) 1. u. 2. Bd. gr. 8. Ebd. n. 26. —
1. Bayerisches Kirchenstiftungsrecht. (VIII, 376 S.) 899. n. 10. —
2. Bayerisches Pfründerecht. (XIV, 679 S.) 901. n. 16. —

Meurer, Ch., Bayerisches Kirchenvermögensrecht. 2. Bd. Bayerisches Pfründerecht. gr. 8. (XIV, 679 S.) Stuttgart, F. Enke. 1900 16. —

Meurer, Christian, die Genfer Konvention u. ihre Reform. (VII, 67 S.) Lex.-8. München 906. J. Schweitzer Verl. n. 3. —

Meurer, Christian. Die neue Genfer Konvention vom 6. Juli 1906. Mit dem Text der K' und des Schlussprotokolls im französischen Original und in deutscher Übersetzung. ⟨Sonderabdruck aus: Zeitschrift für Völkerrecht und Bundesstaatsrecht, hrg. von Professor Dr. Josef Kohler (Jahrg. 1906 Bd. 1 Heft 6).⟩ IV + 72 S. ⟨S. 521—578 + 597—610⟩. gr.-8. Breslau, J. U. Kern, 1907. [M. 2.—]

Das Kriegsrecht der Haager Konferenz von Christian **Meurer**, Prof., Würzburg. München: J. Schweitzer 1907. (XIII, 689 S.) 8°
— **Meurer**: Die Haager Friedenskonferenz. Bd 2. 07. 38-8

Meurer, Ch., Luftschiffahrtsrecht. [Aus: „Annalen des Deutschen Reiches".] (III, 41 S.) Lex.-8. München, J. Schweitzer Verl. 1909 1. 50.

Die Juristischen Personen nach Deutschem Reichsrecht. Von Christian **Meurer**, Prof., Würzburg. (Festgabe f. Joh. Friedr. R' v. Schulte z. 50j. Doktorjub. überr. von d. rechts- u. staatswiss. Fak. d. Univ. Würzburg.) *Stuttgart: F. Enke 1901.* (X, 358 S.) 8° [J.] 01. 10856

— Das Problem der Gehaltsaufbesserung auf dem Pfründegebiet, s.a. Festschrift f. Hugo v. Burckhard.

Meurer, Christian, Das Problem der Gehaltsaufbesserung auf dem Pfründegebiet. Stuttgart 1910. 8°.
Aus: Festschrift f. Hugo v. Burckhard.

—— Völkerrechtliche Schiedsgerichte. Ein populär-wissenschaftl. Vortrag. gr. 8. (40 S.) Würzb. 890, Hertz. * 1 —

Meurer, Christian, Dr., ö. o. Prof. d. Rechte, z. Z. Rektor d. Univ.: **Übersicht** über die Arbeiten der Haager Friedenskonferenz, insbesondere das Abkommen zur friedlichen Erledigung internationaler Streitfälle vom 29. Juli 1899. (Enthält außerdem. Chronik.) *Würzburg 1903: H. Stürtz.* (S. 1—60.) 8° *(Eine erschöpfende Darst. d. gesamten Verhandl. erscheint demnächst in einem besond. Werke: Die Haager Friedenskonferenz.)
Würzburg, Festrede zur Feier d. 321j. Bestehens d. Univ. 1903

Meurer, Chr., das Verhältniss der Schiller'schen zur Kant'schen Ethik. gr. 8. (55 S.) Freiburg i. Br. 880, Herder'sche Verlagsh.

— das Verhältniss der Schiller'schen zur Kant'schen Ethik. 2. Ausg. gr. 8. (55 S.) Leipzig 886. Fock. n. 1. —

Meurer, Chrn., das Zehnt- u. Bodenzinsrecht in Bayern. gr. 8. (VI, 136 S.) Stuttgart 898. F. Enke. n. 4. —

Meurer, Chrstn. Friedr., die Lehre von d. Wiedersehen in d. Ewigkeit, aus d. Schrift entwickelt u. dargest. in vier Predigten. Ein Trostbüchl. f. Betrübte u. Trauernde u. e. Erinnerungsbüchl. f. Dogmatiker. gr. 8. (4½ B.) Glogau 835, Günther'sche Buchh.

— **Christoph Johann** (Königsee/Thüringen), De tutela legitima irregulari, matri et aviae competente. Diss. jur. Präs. Rudolph Christoph Henne. Erfurt (Hering) 30. VIII. 1736. 18 S. (4.—) 23131
Gew.: Hermann Paul Juch.

Meurer, D., Von der Succession in Lehn- und Stammgütern unter dem hohen und niedern teutschen Adel. 1. Stück. 8°. Leipzig, Weidmann's Erben, 1781.

Meurer, Edwin, Predigt an der 250jährigen Jubelfeier der Friedenskirche zu Jauer, geh. in Anwesenheit Sr. kaiserl. u. königl. Hoh. des Kronprinzen Friedrich Wilhelm am 31. X. 1906. (8 S. m. 2 Abbildgn.) 8. Jauer (906). Hellmannsche Buchh. n.n. — 20

Aus der Vergangenheit der Stadt Jauer. Von Edwin **Meurer**, Pastor. Jauer: (Guercke in Komm.; [Hellmann] 1901). 62 S. 8° A 12. 3669

Meurer, F.: Eisenbahn von Dresden nach Tharandt. Kassel. 4°

Meurer, F., Schmetterlinge der Umgegend v. Rudolstadt in systemat. Reihenfolge nebst Notizen über die Fundorte, die Erscheinungszeit der Schmetterlinge u. Raupen, die Nahrungspflanzen etc. 8. (IV, 107 S.) Rudolstadt 874. Müller. n. 1. 60; cart. n. 2. —

Meurer, Frz., die Mosel- u. Saarweine in ihren ausgezeichneten gesundheitsfördernden Eigenschaften bei Gesunden u. in ihren heilkräftigen Wirkungen bei Kranken. Auf Grund einer mehr als 30jähr. Erfahrung. Zum Nutzen für Gesunde u. Kranke, für Aerzte u. Nichtärzte, für Weinhändler u. Weinproducenten beschrieben. Trier 866. Lintz' Verlag. gr. 8. (103 S.) n. 15 ngr

Meurer, Franz [aus Westfalen]: Untersuchungen zur Lösung der Frage über das Vorhandensein specifischer Secretionsnerven für die Nierenabsonderung. . . . Greifswald, Druck v. Julius Abel, 1889; 40 S. 8°
Greifswald, Med. Fak., Inaug.-Diss. v. 16. Okt. 1889

— **Franz** (Rhein), De vi atque potestate graviditatis in morbis. Diss. med.-chir. Berlin (Nietack) 7. V. 1835. 32 S. mit Biogr. (M.: C. Meurer.) (2.—) 23132
Oppon.: F. Nuesse, J. B. Weidgen, J. Staub.

— **Friedrich** (Pretzsch), De vitandis in praescribendo mercurio sublimato corrosivo vitiis. Diss. med. Präs. Carl Gottlob Kuehn. Leipzig (Staritz) 24. II. 1826. 31 S. (3.—) 23133
Gew.: Gottlob August Mangelsdorf, Gottfr. Adolph Mangelsdorf.

Meurer, H., Johannes Heinrich Beckmann, Bischof von Osnabrück, Doctor der Theologie, päpstl. Geheimkämmerer, Ritter des Guelphen-Ordens. Kurze Lebensbeschreibung, zum Andenken an den Entschlafenen zusammengestellt. gr. 8. (48 S.) Osnabrück 878, (Wehberg.) *

Meurer, H., der katholische Bischof, dessen Würde, Rechte und Weihe. 8. (89 S.) Münster 856, Theissing'sche Buchh.

Meurer, H. (II.), über Erziehung und Erziehungsvereine. Allen Kinderfreunden, insbesondere den Müttern und Vätern gewidmet. 8. (III, 112 S.) [Münster 880, Nasse'sche Verlagsh.] Paderborn und Münster, F. Schöningh. *

Meurer, H., das Hollandsgehen mit besond. Rücksicht auf die Lage der Heuerleute im Osnabrückischen. Auszügliche Umarbeitung einer gekrönten Preisschrift. gr. 8. (VII, 87 S.) Osnabrück 871, Rackhorst'sche Buchh.

—— Jesuiten und Jesuitismus. Zur richt. Würdigung der Jesuiten und ihrer Gegner und zur Förderung der Wahrheit für Freund und Feind bearb. gr. 8. (IV, 319 S.)
881. Paderborn/Münster

Meurer, H., Ilias latine f. Quinta. gr. 8. (IV, 88 u. 102 S.) Weimar 893. H. Böhlau. n. 1. 40

Meurer, H., Lehrbuch der Geographie. 3., gänzlich umgearb. und vielfach erweit. Aufl. des Leitfadens für den Unterricht in der Geographie. 2 Lfgn. gr. 8. (1. Lfg. 368 S. mit 1 Eisenbahnkarte.) Münster 866, Theissing'sche Buchh. *

—— Lehrbuch der Geographie. gr. 8. (XVI und 905 S. mit 1 lithogr. Eisenbahnkarte in qu. Fol.) Münster 867, Theissing'-Buchh. *

Meurer, H., Leitfaden für den Unterricht in der Geographie. Mit 1 (lith.) Eisenbahn-Karte (in Fol.) 8. (X u. 270 S.) Münster 850, Theissing. ⅓ ₰

— Leitfaden für den Unterricht in der Geographie. 2., verm. Aufl. gr. 8. (VII und 272 S. mit 1 lithogr. Eisenbahn-Karte in qu. Fol.) Münster 853, Theissingsche Buchh. -

— Leitfaden beim Unterrichte in der Geographie für Gymnasien und Realschulen. 3. umgearb. Aufl. gr. 8. (IV, 364 S.) Münster 869, Theissing'sche Buchh. *

Meurer, H., griechisches Lesebuch mit Vokabular. 1. Tl.: Für Unter-Tertia. gr. 8. (IV, 187 S.) Leipzig 882. Teubner. n. 1. 60

Meurer, H., griechisches Lesebuch m. Vokabular. 2. Tl.: Für Ober-Tertia. gr. 8. (III, 164 S.) Leipzig 883. Teubner. n. 1. 50 (1. u. 2.: n. 3. 10)

Meurer, H., griechisches Lesebuch m. Wortschatz. 1. Tl.: Für Unter-Tertia, 2., nach den neuen Lehrplänen umgearb. Aufl. gr. 8. (IV, 216 S.) Leipzig 896. B. G. Teubner. Geb. in Leinw. n. 2. —

Meurer, H. (I.), lateinisches Lesebuch mit Vocabular. 3 Thle. gr. 8. Weimar, Böhlau. *

Inhalt:

Thl. 1. Für Sexta. (IV, 96 S.) 880. * 65 Pf.; 2. verb. und 3. unveränd. Aufl. (IV, 128 S.) 883,84. * ℳ 1.
" 2. Für Quinta. (IV, 168 S.) 880. * ℳ 1,20.; 2. verb. Aufl. (III, 214 S.) 883. * ℳ 1,60.
" 3. Für Quarta. (III, 136 S.) 884. * ℳ 1.

Meurer, H., lateinisches Lesebuch mit Vokabular. 1.—3. Tl. gr. 8. Weimar, Böhlau. *

Tl. 1. Für Sexta. 4. und 5. unveränd. und 6. durchges. Aufl. (IV, 128 S.) 885—88. * ℳ 1.—.
" 2. Für Quinta. 3. unveränd. Aufl. (IV, 215 S.) 885. und 4. durchges. Aufl. (IV, 224 S.) 887. * ℳ 1.60.
" 3. Für Quarta. 2. Aufl. (IV, 128 S.) 887. * ℳ 1.—.

Meurer, H. Lateinisches Lesebuch m. Vokabular. 1.—3. Tl. [Unveränd. Neudrucke.] gr. 8. Weim., Böhlau. * 3 60

1. Für Sexta. 7. Aufl. (IV, 128 S.) 889. * 1 —.
2. Für Quinta. 6. Aufl. (IV, 224 S.) 891. * 1 60.
3. Für Quarta. 3. Aufl. (IV, 136 S.) 889. * 1 —.

— lateinisches Lesebuch m. Wortschatz. 1. u 2. Tl. gr. 8. Ebd. n. 2. 75

1. Für Sexta. 8., völlig umgearb. Aufl. (IV, 88 u. 50 S.) 894. n. 1. 25
2. Für Quinta. 7., völlig umgearb. Aufl. (IV, 96 u. 96 S.) 894. n. 1. 50

— latein. Lesebuch m. Wortschatz. I. u. III. Tl. Neubearbeitg. gr. 8. Weimar, H. Böhlau's Nachf. n. 2. 50

I. Für Sexta. 9. Aufl. (IV, 160 S.) 896. n. 1. —
III. Für Quarta. 4. Aufl. (IV, 228 S.) 897. n. 1. 50

Meurer, H., lateinisches Lesebuch u. Wortschatz. 1. u. 2. Tl. gr. 8. Weimar, H. Böhlau's Nachf. n. 2. 50

1. Für Sexta. 10. unveränd. Aufl. (IV, 160 S.) 898. n. 1. —
2. Für Quinta. 8. Aufl. Neubearbeit. (IV, 216 S.) 899. n. 1. 50

Meurer, H., lateinisches Lesebuch mit Wortschatz. 3. Tl. Für Quarta. 5. Aufl. (IV, 228 S.) gr. 8. Weimar 902. H. Böhlau's Nachf. n. 1. 50

Meurer, H., lateinisches Lesebuch m. Wortschatz. 1. u. 2. Tl. 8. Weimar, H. Böhlau's Nachf. 2. 50

1. Für Sexta. 11. Aufl. Neubearb. v. K. Walter. (IV, 160 S.) 907. 1. —
2. Für Quinta. 9. Aufl. Hrsg. v. K. Walter. (V, 216 S.) 909. 1. 50

— Lobe den Herrn, meine Seele! (Psalm 145.) Ein Gebet- und Erbauungsbuch für kathol. Christen. 8. (VIII und 436 S. mit 1 Stahlst. und lithogr. Ttl.) Münster 856, Theissingsche Buchh. Vlnp.

— Odyssea latine f. Sexta. gr. 8. (IV, 80 u. 104 S.) Ebd. 898. n. 1. 40

— das heilige Opfer. Ein Gebetbuch für die Jugend, insbesondere für Diener am Altare. 8. (XVI und 184 S. mit 1 Stahlst. und lithogr. Ttl.) Münster 856, Theissingsche Buchh. Vlnp.

— das Bisthum Osnabrück mit besonderer Berücksichtigung seiner Verhältnisse seit der Säkularisation vom J. 1803. gr. 8. (54 S.) Münster 856, Theissingsche Buchh.

— Pauli sextani liber. gr. 8. (72 S.) Ebendas. 887. *
Wortschatz dazu (74 S.) *
Begleitschreiben dazu (24 S.) *

— Pauli sextani liber. Ed. altera. gr. 8. (IV, 172 S. m. 1 eingedr. Skizze.) Ebd. 900. n. 1. 50

Meurer, H., Peripateticorum philosophia moralis secundum Stobaeum enaratur. Gel. 1859. 16 S. 4°. 1.—

— kurze Uebersicht der Geographie für Volksschulen und Vorbereitungs-Klassen. Ebend. 853. gr. 8. (IV, 76 S.) 5 ngr.

Meurer, H., Wortschatz zu Pauli sextani liber. 1887. 74 S.

Meurer, Hans: Über das Verhalten des Entladungsfunkens von Kondensatorkreisen im Magnetfelde bei Atmosphärendruck und im Vakuum. Leipzig: Barth 1908. 27 S. 8° ¶ (Aus: Annalen d. Physik. Folge 4, Bd 27.)

Straßburg, Math.-naturwiss. Diss. v. 29. Juni 1908, Ref. Braun

[Geb. 29. März 83 Cöln; Wohnort: Cöln; Staatsangeh.: Preußen; Vorbildung: Gymn. Siegburg Reife O. 04; Studium: München 2, Berlin 1, Straßburg 6 S.] [U 09. 3872

Meurer, Hans Chr., die Sandsteinziegel-Industrie, s.: Klee, Heinr.

Meurer, Hnr. II., Abhandl. von d. Blitze u. d. Verwahrungsmitteln dagegen. 4. Trier 791. (Eichenberg in Frankf. a. M.) 9 gr

Meurer, Hnr. I., († ...) jurist. Abhandll. u. Beobachtt. 1e Samml. 8. Leipz. 780. Weidmann. 10 gr

— Abhandl. von den feurigen Lufterscheinungen; nebst angehängten Sätzen. 8. Trier 793.

— die Feuerlehre, entworfen nach dem gegenwärt. Zustande der Wissenschaft. 8. Trier 790.

— Diss. inaug. jur. de ratione diversitatis quae inter jurium in res et jurium in personas intuit. acquisitionis intercedit. 4. Götting. 779. Dieterich. 2 gr

— Sätze aus d. Naturlehre. 4. Trier 788 u. 89.

— von d. Succession in Lehen- u. Stammgütern ꝛc. unt. d. hohen u. niedern Adel. 1s Stck. 8. Leipz. 781. Weidmann. 10 gr

Meurer, Herm., Peripateticorum philosophia moralis secundum Stobaeum. 4. (16 S.) Weimar 859, (Kühn.) *

Meurer, Hermann: Zum Regiments-Jubiläum. Beitrag z. Gesch. d. Regiments 'Grossherzog v. Sachsen' ‹1807-1834› von Prof. Dr. –. Weimar: H. Böhlaus Nachf. 1902. (28 S.) 8°
Aus: Weimarische Zeitung. 1902, No 250. 251

Meurer, J., ein Kulturprogramm. Der Kreislehrerverein als kulturelle Zentrale des Kreises. (10 S.) kl. 8. Hachenburg (908). C. Bungeroth. — 30

Meurer, J., s. Morier's sämmtl. Werke.

Meurer, Johannes Daniel: De motu corporis humani medico sanitatis conservandae et restituendae praecipuo actu.
Erfurt, Med. F., Diss. 1733

Meurer, J[ulius]: Östl. Ober-Österreichische- und Ennsthaler Alpen. Touristen-Karte v. –. 1893. Massst. 1:130,000. [Nebst] Verzeichnis d. Touristen-Stationen u. Schutz-Hütten ... Wien: Artaria & Co. 1893; Lith. Th. Bannwarth. (1 Kartenbl. 44x59 cm mit Legende, 5 Bl.) 8° [kol.]
= Meurer: Artaria's Touristenkarten d. Österr. Alpen. Bl. 3.

Meurer, Julius: Salzburg-Berchtesgadener- Alpen, Loferer u. Leoganger Steinberge, Kitzbüheler Berge. ‹Salzburg, Berchtesgaden, Kitzbühel, Chiemsee.› Bearb. von –. Mass-Stab. 1:130000. [Nebst] Verzeichniss d. Touristen-Stationen u. Schutz-Hütten ... Wien: Artaria & Co. 1900; Lith. Th. Bannwarth. (1 Kartenbl. 56x52 cm mit Legende, 6 Bl.) 8° [kol.]
= Meurer: Artaria's Touristenkarten d. Österr. Alpen. Bl. 1.

—— **Oesterreichs Alpenbahnen im J. 1880. Sommer-Fahrordnungen und Reiseführer für prakt. Touristen und Vergnügungs-Reisende. 16. (LXIV, 96 S. mit 1 lithogr. Karte in 4.) Wien 880, Perles.** *
Nicht weiter erschienen.

Meurer, Jul. (Red.), s. Alpenzeitung, Österreichische.

— **u. Jos. Rabl, der Bergsteiger im Hochgebirge. Alpintourist. Schildergn. nach den Berichten hervorrag. Hochtouristen. Zusammengestellt u. erläutert. gr. 8. (VIII, 264 S. m. 33 Abbildgn.) Wien 893. A. Hartleben. n. 5. —**

Meurer, Jul., Bergtouren in den Dolomit-Alpen (Bruneck, Cortina d'Ampezzo, Auronzo, S. Martino di Castrozza, Bozen) m. d. Stationen, Gebirgstouren, Übergängen u. Distanzen zusammengest. 2., rev. u. erweit. Aufl. gr. 8. (15 S.) Wien 898. Artaria & Co. n. — 50

Meurer, Jul., s.: Burgen u. Schlösser in Osterreich.

Meurer, J. Distanz- und Reisekarte der östlichen Alpengebiete Oesterreichs. (Salzburg, Erzh. Oesterreich, Steiermark, Kärnten, Krain und das Berchtesgadener Land.) 1:360 000. Wien 1887. 1 Bl. c. L. Ff.

Meurer, Julius, Distanz- und Reisekarte der östlichen Alpengebiete Oesterreichs. Maßstab 1:360.000. II. Auflage. 1896. Mit einem Verzeichnisse hervorragender und wichtiger Fahr-Routen, Touristen-Stationen, Touren und Berg-Partien. Gr.-Quer-Folio. Chromo-Lithographie. Aufgespannt auf Leinwand in Carton-Deckel Wien: Artaria & Co. 1896. 2.40

Meurer, J. Distanz- und Reisekarte von Tirol, Vorarlberg, Pinzgau und den Dolomiten. 1:360 000. Wien 1888. 1 Bl. c. L. Ff.

Meurer, Jul., Führer durch die Dolomiten. 4. Aufl. 8. (VII, 228 S m. 2 chromolith. Karten.) Augsburg 885. Amthor. geb. n. 4. —

Meurer, Jul., illustr. Führer auf der Brennerbahn, durch die Zillerthaler u. Stubaier Alpen u. durch die östl. bayerisch-tirolerischen Kalkalpen. (München — Bozen.) Mit 45 Illustr. u. 10 Karten. 12. (200 S.) Wien 900. A. Hartleben. Geb. in Leinw. n. 5. 40

Meurer, J., illustrirter Führer durch die Dolomiten. Mit 47 Holzschn.-Illustr., 1 Karte, 9 Kärtchen und 1 Routen- u. Übersichtskärtchen. 8. (XII, 321 S.) Wien 890. Hartleben. geb. n. 5. 40

—— illustrirter **Führer durch die Hochalpen Österreich's. 3. Thl.: Illustrierter Führer durch die Alpen von Salzburg, Ober-Österreich, Steiermark, Kärnten, Krain, Küstenland und Berchtesgadener Land.** 12. (XXII, 256 S. mit 56 Holzschn.-Illustr., 12 Kärtchen, 4 Panoramen und 1 Distanzkarte.) Wien 887, Hartleben. geb. *

— **illustr. Führer durch d. Ortler-Gruppe m. Stilfserjochstrasse, Sulden, Tonale-Passstrasse etc. M. 22 Illustr. u. 3 Karten. 12. (VIII, 215 S.) Wien 896. A. Hartleben. Geb. in Leinw. n. 5. 40**

Meurer, Julius, Illustrirter Führer durch die Ostalpen. I. Westlicher Theil. Das Gebiet von Bregenz und der Stilfserjochstrasse bis zum Krimmler Tauern und Sextenthal und vom Starnbergersee bis zum Gardasee. Tirol, Vorarlberg, Bairisches Hochland Mit 56 Illustrationen, 29 Karten, 1 Uebersichtskarte, 1 Routenkarte und 1 Plan. (A Hartleben's Illustrirter Führer. Nr. 44.) 8. (XVI, 428 S.) Bädeker-Einband Wien: Hartleben 1892 4.—

Meurer, Julius, Illustrirter Führer durch die Ostalpen. II. Oestlicher Theil, umfassend: Die Alpen östlich vom Krimmler Tauern und Sextenthal. Niederösterreichische, oberösterreichische, Salzburger, streirische, Kärntner, Krainer, östliche Tiroler, küstenländische, ostbayrische und ostitalienische Alpenländer. Mit 40 Illustrationen, 22 Karten, 1 Uebersichtskarte, 1 Routenkarte und 2 Plänen. 8. (XII, 420 S.) Baedeker-Einband. (A. Hartleben's Illustr. Führer. Nr. 48) 4.
Wien: Hartleben 1893.

—— illustrirter **Führer durch Österreich-Ungarn.** 1. Thl.: Illustrirter Führer durch Österreich mit Ausschluss von Galizien und der Bukowina. 8. (XII, 340 S. mit 63 Holzschn.-Illustr. und 34 Karten und Plänen.) Ebendas. 888. geb. *

— **illustrirter Führer durch Ost-Tirol m. dem Pinzgau u. den Dolomiten. Mit 6 Lichtdr.-Bildern, 83 Holzschn.-Illustr., 8 Kärtchen, 1 Plan, 3 Panoramen u. 1 Distanzkarte. 8. (XX, 371 S.) Wien 886. Hartleben. geb. n. 5. 40**

Illustrirter Führer durch das Pusterthal und die angrenzenden Dolomitthäler sowie d. südl. Glockner-, Venediger- u. Zillerthaleralpen. '(Bozen-Lienz.)' Von Julius **Meurer.** M. 37 Ill. u. 11 Kt. *Wien, Pest, Leipzig: A. Hartleben 1898.* (VIII, 183 S., 11 Kt., 37 Taf.) 1 Bd 8. (98. 7134

— **s.: Führer, illustr., auf den k. k. österr. Staatsbahnen.**

— **illustr. Führer durch ganz Tirol u. Vorarlberg.** s.a. **Hartleben's, A., illustr. Führer. 55.**

Meurer, J., Illustrierter Führer durch ganz Tirol und Vorarlberg. 8°. (XVI, 488 S. mit 4 Karten) geb. K 8.—
Wien: Hartleben 1902.

— illustrirter Führer durch West-Tirol und Vorarlberg. Umfassend das österreich. Gebiet westlich von der Linie: Scharnitz-Pass — Zirl — Innsbruck — Brenner-Pass — Bozen — Ala. 8. (XVI, 288 S. mit 6 Lichtdr.-Bildern, 56 Holzschn.-Illustr. und 6 Karten.) Wien 885, Hartleben. geb. *

— kleiner illustrirter Führer durch die Dolomiten. 12. (134 S. m. 8 Illustr., 8 Karten u. 1 Routenkarte.) Wien 893. A. Hartleben. Geb. in Leinw. n. 2. 25

Meurer, Julius, Kleiner illustrirter Führer durch Salzburg und das Berchtesgadener Land. Mit 24 Illustrationen, 7 Karten und einem Panorama. 8. (VII, 142 S.) Bädeker-Einband. (Illustrirter Führer. Nr. 35) 1.—
Wien: Hartleben 1889.

Meurer, Julius, Kleiner illustrirter Führer durch Salzburg und das Berchtesgadenerland. 2. Auflage. Mit 25 Illustrationen, 5 Karten und 2 Panoramen. (Hartleben's illustrirter Führer Nr. 35. 2. Aufl.) 8. (VIII, 189 S.) Geb. Wien: Hartleben 1897 1.50

— kleiner illustr. Führer durch Wien u. Umgebungen, s.a. Hartleben's, A., illustr. Führer. 34.

Meurer, Julius, Kleiner illustrirter Führer durch Wien und Umgebungen. Mit 30 Illustrationen, einem Plan von Wien und einem Kärtchen vom Semmering. 8. (VIII, 95 S.) Bädeker-Einbd. (Illustr. Führer Nr. 34) 1. -
Wien: Hartleben 1889.

— kleiner illustrirter Führer durch Wien u. Umgebungen. Mit 44 Illustr., 2 Plänen v. Wien, 2 Planskizzen u. 1 Kärtchen der Semmeringbahn. 3. Aufl. 12. (IV, 104 S.) Wien 893. A. Hartleben. Geb. in Leinw. n. 2. 25

— kleiner illustr. Führer durch Wien u. Umgebgn. M. 44 Illustr., 2 Plänen v. Wien, 2 Planskizzen u. 1 Kärtchen der Semmeringbahn. 4. Aufl. 12. (VIII, 108 S.) Wien 895. A. Hartleben. Geb. in Leinw. n. 2. 25

— dasselbe. Mit 144 Illustr., 1 Plan v. Wien, 2 Planskizzen u. 1 Kärtchen der Semmeringbahn. 5. Aufl. 12. (VIII, 111 S.) Ebd. 897. Geb. n. 2. 70

Meurer, Julius, Kleiner illustrirter Führer durch Wien und Umgebungen. Mit 41 Illustrationen, zwei Plänen von Wien, zwei Planskizzen und einem Kärtchen der Semmeringbahn. 2. Aufl. 8. (VIII, 108 S.) Baedeker-Einband. (Hartleben's Illustrirter Führer. Nr. 34. Zweite Auflage) 1.20
Wien: A. Hartleben 1891.

Meurer, Julius. Auf dem Gipfel des Matterhorns. [Illustriert. A.] fol. (Leipzig und Berlin 1895.)

— a handy illustrated guide to Vienna and its environs. With 41 engravings, 2 maps of Vienna, 2 sketch maps, and a little map of the Semmering railway. 12. (VIII, 104 S.) Ebd. 891. Geb. in Leinw. n. 3. —

Meurer, Jul., a handly illustrated guide to Vienna and environs. With 43 illustr.; maps of Vienna and the Semmering; and plans of Schönbrunn and Laxenburg. 2. ed. Revised and enlarged. (VIII, 124 S.) kl. 8. Wien 906. A. Hartleben. Geb. n. 3. —

— petit guide illustré dans Vienne et ses environs. Avec 41 gravures, 2 plans de Vienne, 2 petits plans et une petite carte du chemin de fer du Semmering. 12. (VIII, 102 S.) Ebd. 891. Geb. in Leinw. n. 3. —

Meurer, Jules, Petit guide illustré dans Vienne et ses environs. Avec 42 gravures, un plan de Vienne, deux petits plans et une petite carte du chemin de fer du Semmering. Deuxieme Édition. 8. (IV, 400 S.) [A. Hartleben's Illustirter Führer Nr 39, 2. Aufl.] Bädeker-Einband Wien: Hartleben 1898. 1.65

Meurer, Jul., Handbuch des alpinen Sport. Mit 7 (eingedr. Holzschn.-)Abbild. und 1 (chromolithogr.) Karte der Alpen. 8. (VIII, 319 S.) Wien 882, Hartleben's Verlag. geb. *

Meurer, Jul., Karte der Schutzhäuser, Clubhütten, Alpenwirthshäuser und tourist. Stationen in den österr. u. deutschen Alpen. 1:1200000. Mit alphab. Tabelle der Schutzhäuser. ... Wien, Artaria & Co., 1887. qu.-Fol. Lith. (M. 0,80.)

Meurer, J., Karte der Schutzhäuser, Clubhütten, Alpenwirthshäuser und touristische Stationen in den österr. und deutschen Alpenländern. II. Auflage. Massstab 1 : 1,200.000. Chromolithographie in 3fachem Farbendruck. Folio. Gefalzt Wien: Artaria 1892. --.40

— — Karte der Schutzhütten, Clubhäuser, Alpenwirthshäuser und touristischen Stationen in den österreichischen und deutschen Alpen. Mit alphabetischer Tabelle der Schutzhäuser. Lithogr., gefalzt. Ebd. d. —.40. 1887.

— Katechismus für Bergsteiger rc., s.a. Weber's, J. J., illustr. Katechismen Nr. 140.

— Katechismus f. Bergsteiger, Gebirgstouristen, Alpenreisende. 12. (VIII, 261 S. m. Abbildgn.) Leipzig 892. J. J. Weber. Geb. in Leinw. n. 3. —

Meurer, Jul., der russisch-japanische Krieg in seinen Rückwirkungen auf den Weltfrieden. Mit besond. Bezugnahme auf die Frage der Gestaltg. u. Beschaffenheit der Zukunfts-Flotten (Panzer-Linienschiffe oder Kleinschiffe) u. der zukünft. Weltmachtsstellung der europ. Grossstaaten. Auf Grundlage eigener Beobachtgn. zur Kriegszeit in Japan zusammengestellt. (Umschlag: 2. Aufl.) (110 S.) Lex.-8. Halle 905. Gebauer-Schwetschke. n. 2. —

— u. Max Kuntze, Madonna di Campiglio, Arco, Riva u. der Garda-See, s.a. Touristenführer.

Meurer, Julius, Madonna di Compiglio, Arco, Riva und Garda-See. Mit Touren in die Brenta-Dolomiten und in die Presanella-Adamello-Gruppe. Mit Beiträgen über Geologie, Flora, Fauna und Klima von Dr. Max Kuntze. Herausgegeben vom Oesterr. Touristen-Club. Mit Karten und zahlreichen Abbildungen. 8. (VIII, 160 S.) In Lnwd. geb. 2.—
Wien: Lechner 1889.

Meurer, Jul., spiritisch-philosophische Reflexionen über den menschlichen Geist. Mit Bezug auf Materialismus und dogmat. Christianismus. gr. 8. (VII, 263 S.) Leipzig 871, Hartknoch. *

Meurer, Jul., Reisekarte der östlichen Alpengebiete Oesterreichs. Salzburg, Erzherzogthum Oesterreich, Steiermark, Kärnten, Krain und das Berchtesgadener Land. Lithographische Beikarten: Schutzhütten und Touristenstationen und Karten der Gebirgsgruppen, gefalzt in Carton. Wien, Artaria & Cie. fl. 2.40 1887

Meurer, Jul., Reisekarte v. Tirol, Voralberg, Pinzgau u. den Dolomiten, unter Zugrundelegung v. A. Steinhauser's Karte bearb. 1:360 000. Chromo-lith. Imp.-Fol. Wien, Artaria & Co. In Carton mit Distanz-Angabe fl. 2.40; ohne Angabe der Distanzen fl. 1.20.
1886

—— illustrirter Special-Führer durch die Ortler-Alpen. Mit 35 Illustr., 4 Lichtdr.-Bildern und 3 Karten. 8. (XIV, 287 S.) Wien 881, Hartleben's Verlag. geb. *

Meurer, Jul., und Gust. Freytag, Special-Karte der Ortler-Alpen. 1 : 50,000. Chromolithogr. Imp.-Fol. Nebst 2 lithogr. Karten in 4. Wien 884, Hartleben's Verlag.
In Leinw.-Carton * 1 80

— **Tiroler Stationen- u. Touren-Tabellen. Mit Zusammenstellg. der Gebirgsgruppen u. höchsten Gipfel, Wagentouren, Alpenpässe u. neuen Höhencoten. gr. 8. (II, 43 S.) Wien 899. Artaria & Co. n. 1. 50**

Meurer, Julius: Artara's Touristenkarte der Österreichischen Alpen. Neubearb. u. mit Distanzen u. Tourentab. vers. von –. Gez. von R. Maschek sen. 1: 130.000. In 11 Bl. Bl. 1. Wien: Artaria & Co. 1900; Lith. Th. Bannwarth. 8° [kol.]

Meurer, Julius: Umgebung von Maria Zell-Weichselboden-Eisenerz (Hochschwab-Oetscher.) Touristen-Karte bearb, v. –. Massst. 1: 130.000. Ausgabe 1900. [Nebst] Verzeichniss d. Touristen-Stationen u. Schutz-Hütten ... Wien: Artaria & Co. 1900; Lith. Th. Bannwarth. (1 Kartenbl. 45x59 cm mit Legende, 8 Bl.) 8° [kol.]
= Meurer: Artaria's Touristenkarten d. Öster. Alpen. Bl.4.

— Vienne et ses environs, s.a. Guide illustré Hartleben. Nr. 39.

Meurer, J.: Vienne et ses environs. 3. Aufl. [Hartlebens ill. Führer. Nr. 39.] 8° (VIII, 102 S. u. 38 Tafeln)
Wien: Hartleben 1910.

— **Weltreisebilder. Mit 116 Abbildgn. im Text u. auf Taf. sowie e. Weltkarte. (VIII, 898 S.) gr. 8. Leipzig 906. B. G. Teubner. Geb. in Leinw. n. 9. —**

Meurer, Karl

Meurer. Car. (geb. Haan bei Elberfeld 15. 6. 1832): De oculi accommodatione. Berolini (1856). (28 S.) 8°
Berlin, Med. Diss. v. 9. Aug. 1856

Meurers, Carl, approb. Arzt aus Köln a. Rh.: **Beitrag zur geburtshilflichen Bedeutung der Frakturenbecken.** *Heidelberg 1904: J. Hörning.* (36 S.) 8°
Heidelberg, Med. Diss. v. 1904

Meurer, Karl [Übers.]
s. Irving, W. Die Eroberung Granada's. 1829.

Meurer, Carl, über Krankheiten der Circulationsorgane bei Glaukom. Inaugural-Dissertation. gr. 8. (43 S.) Würzburg 884. (Wiesbaden, Bergmann.) **

Meurer, Karl, französisches Lesebuch. 2 Thle. gr. 8. Leipzig, Fues's Verlag. *
Inhalt:
Thl. 1. Für Quarta und Untertortia der Gymnasien, Progymnasien, Realgymnasien und Realprogymnasien. Mit einem Wörterbuch. (X, 134 S.) 883. cart. *M 1,10.
» 2. Insbesondere für Sekunda und Prima der Gymnasien, Realgymnasien und ähnliche Schulen. Mit biographisch-litteraturgeschichtl. Einleitungen und einem Anhang: Coup d'oeil sur la littérature française depuis le siècle de Louis XIV. (XVI, 384 S.) 884. cart. *M 2,80.

Meurer, Karl. Französisches Lesebuch f. Gymnasien, Realgymnasien u. ähnliche Schulen. 2 Tle. gr. 8. Lpz. 890, Reisland. geb. ** 4 40
1. Für Quarta, Unter- u. Obertertia. Mit e. Wörterb. 3. Aufl. (XII, 204 S.) ** 1 60.
2. Für Sekunda u. Prima. Mit biographisch-litteraturgeschichtl. Einleitgn. u. e. Anh.: Coup d'oeil sur la littérature française depuis le siècle de Louis XIV. 2. verb. Aufl. (VI, 384 S.) ** 2 80.

Meurer, Karl, französisches Lesebuch. Für die mittl. Klassen d. Gymnasien, Realgymnasien u. ähnl. Schulen. M. e. Wörterbuch. 5. Aufl. gr. 8. (XI, 204 S.) Leipzig 894. O. R. Reisland. Geb. n.n. 1. 60

Meurer, Karl, französisches Lesebuch. 1. u. 2. Tl. gr. 8. Leipzig, O. R. Reisland. Geb. n.n. 4. 60
1. Für die mittleren Klassen der Gymnasien, Realgymnasien u. ähnl. Schulen. Mit e. Wörterbuch. 6. Aufl. (XI, 204 S) 901. n.n. 1. 60
2. Für Sekunda u. Prima der Gymnasien, Realgymnasien u. ähnl. Schulen. Mit biographisch-litteraturgeschichtl. Einleitgn. u. e. Anh.: Coup d'oeil sur la littérature française depuis le siècle de Louis XIV. 3., verb. Aufl. (XVI, 384 S.) 896. n. 3. —

Meurer, C[arl], u. E[mil] Niepmann: Richtlinien für den grammatischen Unterricht im Lateinischen. Bonn: Georgi 1908. 40 S. 8°
Bonn, st. G u. RG m. R i. E. OP 1908 (561) [S 08. 309

Meurer, Karl, s.: Shakespeare f. Schulen.

Meurer, Karl, Shakespeare-Lesebuch. 8. Köln 879. Leipzig, H. Bredt. * 1 20
Wörterbuch dazu * — 40

Meurer, Karl, Shakspere-Lesebuch. Als erste Stufe der Shakspere-Lectüre für höhere Lehranstalten ausgewählt, mit erklär. Anmerkungen und einem Abriss der Shakspere-Grammatik versehen. 8. (104 S.) Köln 879, Römke und Comp. *
Wörterbuch dazu (36 S.) *

—— Shakespeare-Lesebuch. Als erste Stufe der Shakespeare-Lektüre f. höhere Lehranstalten ausgewählt, m. erklär. Anmerkgn. u. e. Abriss der Shakespeare-Grammatik versehen. 2. (Titel-)Aufl. gr. 8. (104 S.) Lpz. 890, H. Bredt. * 1 —
Wörterbuch dazu (36 S.) — 30

—— der Sprachgebrauch in Shakspere's Merchant of Venice, s.a. Festschrift zur Feier des 50jähr. Bestehens des f. Friedrich-Wilhelms-Gymnasiums zu Köln.

Meurer, K. Der Sprachgebrauch in Shakspere's Merchant of Venice grammatisch dargestellt. Köln, Fr. Wilh.-G., 1875. (Festschrift.) 32 S. 4. Progr.

—— englische Synonymik. Für den Schulgebrauch zusammengestellt und erläutert. 16. (168 S.) Köln 878, Römke und Comp. *

— englische Synonymik. Für den Schulgebrauch zusammengestellt u. erläut. 16.(168S.) Ebend. 879. n. 1. 50

Meurer, Karl, englische Synonymik für Schulen. Mit Beispielen, etymolog. Angaben unter Berücksichtigung des Französischen. Nebst einem engl., deutschen und französ. Wortregister. 2. gänzlich neubearb. Aufl. gr. 8. (VIII, 136 S.) [Köln 885, Roemke und Comp.] Leipzig, H. Bredt. *

—— Englische Synonymik f. Schulen. Mit Beispielen, etymolog. Angaben u. Berücksicht. d. Französischen. Nebst e. engl., deutschen u. französ. Wortregister. 3. (Titel-) Aufl. gr. 8. (VIII, 136 S.) Ebd. 890. * 1 50

— englische Synonymik f. Schulen. Mit Beispielen, etymolog. Angaben u. Berücksicht. des Französischen. Nebst e. engl., deutschen u. französ. Wortregister. 3. sehr verb. Aufl. gr. 8. (IV, 120 S.) Leipzig 899. H. Bredt. n. 1. 50; geb. n. 1. 90

Meurer, Karl, englische Synonymik für Schulen. Mit Beispielen, etymolog. Angaben u. Berücksicht. des Französischen. Nebst e. engl., deutschen u. französ. Wortregister. 4. verb. Aufl. (IV, 120 S.) gr. 8. Leipzig 906. H. Bredt. n. 1. 50; geb. n. 2. —

—— französische Synonymik. Für den Schulgebrauch zusammengestellt und erläutert. 16. (115 S.) Ebendas. 878. *

—— französische Synonymik. Mit Beispielen und etymolog. Angaben. Für die oberen Klassen höherer Schulen bearb. 2. gänzlich umgearb., sehr verm. Aufl. 8. (VIII, 170 S.) Köln 881, Römke und Comp. *

—— französische Synonymik. Mit Beispielen, etymolog. Angaben und zwei Wortregistern. Für die oberen Klassen höherer Schulen bearb. 3. sehr verb. und verm. Aufl. gr. 8. (VIII, 177 S.) Ebendas. 885. *

— französische Synonymik. M. Beispielen, etymolog. Angaben u. 2 Wortregistern. Für d. oberen Klassen höh. Schulen bearb. 4., neubearb. Aufl. gr. 8. (VIII, 184 S.) Leipzig 896. H. Bredt. n. 2. —

Meurer, Karl, französische Synonymik. Mit Beispielen, etymolog. Angaben u. 2 Wortregistern. Für die oberen Klassen höherer Schulen bearb. 5. sehr verb. Aufl. (VIII, 185 S.) 8. Leipzig 907. H. Bredt. n. 2.—; geb. n. 2.40

— englisches Vokabularium u. Einführung in die Konversation. Mit kurzen Aussprachebezeichngn., zahlreichen sachl., grammat. u. synonym. Anmerkgn. u. m. Berücksicht. d. Französischen. Ausg. A. Für die mittleren u. oberen Klassen höherer Lehranstalten u. f. den Selbstunterricht. gr. 8. (VIII, 160 S.) Köln 883. Warnitz & Co. n. 2. —

— sachl. geordn. englisches Vokabularium m. bes. Berücksicht. d. Konversation nebst Phraseologie u. Sprechübgn. üb. Vorkommnisse d. tägl. Lebens. Anleitg. zum englisch Sprechen. Nach d. Fordergn. d. neuen preuss. Lehrpläne f. höh. Lehranst. bearb. (VIII, 176 S.) Berlin 897. F. A. Herbig. n. 1. 50; geb. n. 1. 80

— sachlich geordnetes englisches Vokabularium m. besond. Berücksicht. der Konversation nebst Phraseologie u. Sprechübungen üb. Vorkommnisse des tägl. Lebens. Anleitung zum englisch Sprechen. Nach den Fordergn. der neuen Lehrpläne f. höh. Lehranstalten bearb. 2. verb. Aufl. (VIII, 176 S.) 8. Berlin 902 F. A. Herbig. n. 1. 50

Sachlich geordnetes französisches Vokabularium m. Phraseologie u. Sprechübgn üb. Vorkommnisse d. tägl. Lebens. Anleitg z. französ. Sprechen. M. bes. Berücks. d. Wortschatzes d. Ploetz'schen Unterrichtsbücher ... bearb. v. Prof. Dr. Karl Meurer, Oberl. ... zu Köln. *Berlin: F. A. Herbig 1896.* (XII, 180 S.) 1 Bd 8. [97. 6163]

Sachlich geordnetes französisches Vokabularium mit Phraseologie und Sprechübungen über Vorkommnisse des täglichen Lebens. Anleitg z. französ. Sprechen. M. bes. Berücks. d. Wortschatzes d. Ploetz'schen Unterrichtsbücher u. nach d. Fordergn d. neuen preuss. Lehrpläne f. alle Klassen höherer Lehranst. bearb. v. Prof. Dr. Karl Meurer, Oberl. .. zu Köln. 2. verb. Aufl. *Berlin: F. A. Herbig 1897.* (XII, 180 S.) 1 Bd 8. [98. 10439]

— sachlich geordnetes französisches Vokabularium m. Phraseologie u. Sprechübungen üb. Vorkommnisse des täglichen Lebens. Anleitung zum französisch Sprechen. Mit besond. Berücksicht. des Wortschatzes der Ploetz'schen Unterrichtsbücher u. nach den Fordergn. der neuen preuss. Lehrpläne f. alle Klassen höh. Lehranstalten bearb. 3. verb. Aufl. 8. (XII, 180 S.) Berlin 902. F. A. Herbig. n. 1. 50; geb. n. 1. 80

Meurer, Karl, sachlich geordnetes französisches Vokabularium m. Phraseologie u. Sprechübungen üb. Vorkommnisse des täglichen Lebens. Anleitung zum französisch Sprechen. Mit besond. Berücksicht. des Wortschatzes der Ploetz'schen Unterrichtsbücher u. nach den Fordergn. der neuen preuß. Lehrpläne f. alle Klassen höherer Lehranstalten bearb. 4. verb. Aufl. (XII, 180 S.) 8. Berlin 907. F. A. Herbig. Geb. nn 1. 80

Meurer, Karl. Kurzgefaßte französ. Wiederholungs-Grammatik. Nebst e. Synonymik, e. Verslehre, e. Abriß der französ. Litteraturgeschichte u. m. Anmerkgn. versehenen Musterstücken zum Übersetzen aus dem Deutschen u. dem Französischen. Mit besond. Berücksicht. der schriftl. u. mündl. Prüfgn. Für die oberen Klassen der Gymnasien, Realgymnasien, Oberrealschulen, Militärschulen u. Lehrerinnen-Bildungsanstalten. 12. (IV, 107 S.) Lpz. 890, H. Bredt. cart. * 1 —

Meurer, Karl, kurzgefaßte französische Wiederholungs-Grammatik. Nebst e. Synonymik, e. Verslehre, e. Abriß der französ. Litteraturgeschichte u. m. Anmerkgn. versehenen Musterstücken zum Übersetzen aus dem Deutschen u. dem Französischen. Mit besond. Berücksicht. der schriftl. u. mündl. Prüfgn Für die Sekunda u. Prima der Gymnasien, Realgymnasien, Oberrealschulen, Militärschulen u. f. Lehrerinnen-Bildungsanstalten. 2, verb. Aufl. 12. (IV, 107 S.) Leipzig 894. H. Bredt. Kart. n. 1. —

— kurz gefaßte französ. Wiederholungs-Grammatik. Nebst e. Synonymik, e. Verslehre, e. Abriß der französ. Literaturgeschichte u. m. Anmerkgn. versehenen Musterstücken zum Uebersetzen aus dem Deutschen u. dem Französischen. Mit besond. Berücksicht. der schriftl. u. mündl. Prüfgn. Für die Sekunda u. Prima der Gymnasien, Realgymnasien, Oberrealschulen, Militärschulen u. für Lehrerinnen-Bildungsanstalten. 3., sehr verb. Aufl. (IV, 106 S.) kl. 8. Leipzig 906. H. Bredt. Kart. n. 1. —

— Synchronistische Zusammenstellung der wichtigsten Notizen über Shakespeare's Leben. Mit einer Stammtafel Shakespeare's. Cöln, Fr. Wilh.-G., 1882. 30 S. 4. Progr.

Meurer, Karl Friedrich

Meurer, Karl [Übers.]

s. Cooper, J.F.: Sämmtliche Werke. 1828 – 1833.

Meurer, Carl Friedrich [Übers.]
s. Cooper, J.F.: Sämmtliche Werke. 1835 - 1850.

Meurer, Karl F., s. Jugend-Bibl. d. Auslandes, 148 u. 156 Bdchen.

Meurer, Karl Viktor

Meurer, K. V. Larivey's Les esprits als Quelle zu Molière's Avare unter Berücksichtigung der Aulularia des Plautus. Diss. Jena 1873. 35 S.

Meurer, Konr. Nikl., († d. 5. Juli 1777.) Beweis des Lehrsatzes, daß die Bekehrung des Menschen nicht von seinem freien Willen, sondern allein von Gottes mächtiger Gnade abhänge. 8. Berl. 755.

Meurer, M. Italienische Flachornamente aus der Zeit der Renaissance. Nach Originalaufnahmen in natürlicher Grösse. Carlsruhe 1876. Fol.

Meurer, M., italienische Flachornamente aus der Zeit der Renaissance. Intarsien, Flachreliefs, eingelegte Marmorarbeiten etc. Zum Gebrauche für Architecten und Handwerker, sowie als Vorlagen für kunstgewerbl. und Zeichenschulen. Nach Orig.-Aufnahmen in natürl. Grösse hrsg. 10 Hefte. qu. gr. Fol. (à 12 Stnt.) Karlsruhe 879, Veith. à Heft * ℳ 5. *

Meurer, M., Catalog der plastischen Pflanzenformen v. M. Eine Sammlg. v. Modellen nach der Natur in Relief- und Rundformen zum Gebrauche an techn. Kunstschulen. hoch 4. (19 S. m. 11 Taf.) Dresden 899. (G. Kühtmann.) n. 2.—

Meurer, M., italienische Majolica-Fliesen aus dem Ende des 15. und Anfang des 16. Jahrh., nach Orig.-Aufnahmen hrsg. 3 Lfgn. gr. Fol. (à Lfg. 8 Chromolithogr.) Berlin 880, Wasmuth. In Mappe *

— Italienische Majolika-Fliesen aus dem Ende des 15. u. Anfang des 16. Jahrh. Nach Orig.-Aufnahmen hrsg. (24 farb. Taf. m. VII S. Text.) 50×33,5 cm. Berlin 886. E. Wasmuth. In Mappe 50.—

Meurer's, M., Pflanzenbilder. Ornamental verwerthbare Naturstudien f. Architekten, Kunsthandwerker, Musterzeichner pp. 1.—8. Hft. Fol. (80 Lichtdr.-Taf. m. 2 Bl. deutschen, engl. u. französ. Erklärgn.) Dresden 896—898. G. Kühtmann. à Hft. n. 6.—

— Pflanzenbilder. Ornamental verwerthbare Naturstudien für Architekten, Kunsthandwerker, Musterzeichner pp. 1. Serie. 9. u. 10. Hft. Fol. (20 Lichtdr.-Taf. m. VI S. deutschen, engl. u. französ. Text.) Ebd. 899. à n. 6.—; (kplt. in Mappe n. 60.—)

— dasselbe. 2. Serie. 1.—6. Hft. Fol. (à 10 Taf.) Ebd. (901). à n. 6.—

— Pflanzenformen. Vorbildl. Beispiele zur Einführg. in d. ornamentale Studium d. Pflanze. Mit erläut. Texte. Z. Gebr. f. Kunstgewerbe- u. Bauschulen, techn. Hochschulen u. höh. Unterrichtsanst., sow. f. Architekten u. Kunsthandwerker. Fol. (IV, VIII, 64 S. m. 85 z. Tl. farb. Taf. in Lith., Photolith. u. Lichtdr. u. IV, IV, V, VI, X u. 172 S. Erläutergn. m. Abb. u. 3 Taf.) Ebd. 895. In Mappe n. 68.—; Taf. m. deren Text aufgez., d. übr. Text geb. n.n. 88.—

Meurer M. Pflanzenformen. Vorbildliche Beispiele zur Einführung in das ornamentale Studium der Pflanze. (85 T mit Text) fol Dresden 1895

Meurer, M. Das Studium der Naturformen an kunstgewerblichen Schulen. Vorschläge zur Einführg. e. vergleich. Unterrichts. Lex.-8. (44 S.) Berl. 889, Wasmuth. * 1 —

— d. Ursprungsformen d. griechischen Akanthusornamentes u. ihre natürl. Vorbilder. [Aus: „Jahrb. d. k. deut. archäolog. Institutes".] Für Architekten, Kunsthandwerker u. techn. Kunstschulen. Lex.-8. (IV, 43 S. m. Abb.) Berlin 896. G. Reimer. Kart. n. 1. 60

Meurer, M., die Ziele u. Bedingungen d. Naturformenstudiums an technischen Kunstschulen u. meine Bestrebgn. auf diesem Gebiete. Ein Vortrag, geh. in Cassel. 12. (39 S.) Dresden 894. G. Kühtmann. n. — 60

Meurer, Marie, der kleine Ko aus Kiautschau. In 10 (farb.) Bildern m. Text (auf der Rückseite). gr. 4. Langensalza (903). H. Beyer & Söhne, Geb. n. 2. —

Meurer, Mor., Altarschmuck, s.a. Beck, Mart. Eug., Musterblätter.

Meurer, Mor., Altarschmuck. Ein Beitrag zur Paramentik in der evangel. Kirche. Leipzig 867, Dörffling & Franke. gr. 8. (VII, 99 S.) n. 15 ngr

Meurer, M., Bericht über die im Juli 1863 in Hohenstein bei Chemnitz stattgefundene Ausstellung von kirchlichen Kunst- und Gewerbserzeugnissen. Im Auftrage des Ausstellungs-Comité erstattet. Hohenstein 863. (Leipzig, Dörffling & Franke.) gr. 8. (36 S.) n. 6 ngr

—— Bericht über die im Juli 1863 in Hohenstein bei Chemnitz stattgefundene Ausstellung von kirchl. Kunst- und Gewerbserzeugnissen. Im Auftrage des Ausstellungs-Comité erstattet. gr. 8. (36 S.) Hohenstein 864. Leipzig, Dörffling und Franke.

Meurer, M., vergleichende Formenlehre des Ornamentes u. der Pflanze. 280 zum Tl. farb. Taf. 75,5×100 cm. Berlin 909. A. Frisch. 600.—

— dasselbe, m. besond. Berücksicht. der Entwicklungsgeschichte der architektonischen Kunstformen. (XII, 596 S. m. Abbildgn.) 36×26 cm. Dresden 909. G. Kühtmann. Geb. 60.—

Meurer, Mor., der Kirchenbau vom Standpunkte und nach dem Brauche der lutherischen Kirche. Geistlichen, Kirchenpatronen und Kirchenvorständen zur Orientirung dargeboten. gr. 8. (VIII, 302 S.) Leipzig 877, Dörffling und Franke. *

– J. Bugenhagen's Leben,
s. Leben, Das, der Altväter der lutherischen Kirche.

– Nikol. Hausmann's Leben,
s. Leben. Das, der Altväter der lutherischen Kirche.

—— Luther's Leben, s.a. Leben der Altväter der lutherischer Kirche.

Meurer, Mor., Luthers Leben aus den Quellen erzählt. 1.—14. Heft. Jedes mit 3 Abbildungen. 8. Dresden 842—46, Naumann. à n. 1/6 ₰

— dass. (ohne Kpfr.) 1.—3. Bd. 8. Ebend. 843, 45. 1.—2. à n. 5/12 ₰ — 3. n. 2/3 ₰

— Luther's Leben f. christliche Leser insgemein aus den Quellen erzählt. [Auszug aus dessen größerm Werk.] 5 Hfte. 8. (XII u. 332 S. m. 2 Stahlst., 6 Lith. u. 1 lith. Facsimile v. Luthers Handschrift.) Ebd. 849. 50. (1 u. 2. à n. 1/4 ₰ 3—5. n. 2/3 ₰) n. 1 1/6 ₰

Meurer, Mor., Luther's Leben aus den Quellen erzählt. 2. überarb. Aufl. 2 Abthlgn. Lex. 8. (XXIV u. 780 m. Portr. in Stahlst.) Dresden 851. 52, Naumann. (1: 1 ₰ 6 ngr 2: 1 ₰ 9 ngr) 2 1/2 ₰

— Luthers Leben für christliche Leser insgemein aus den Quellen erzählt. [Auszug aus dem größeren Werke desselben Verf.] 2. Aufl. Neue illustr. Ausg. Mit Luthers (phot.) Portrait u. 20 (lith.) Bildern von Ludw. Richter u. A. Karst. Leipzig 869. J. Naumann gr. 8. (XXVII, 323 S.) In engl. Einb. n. 2 ₰

— Luther's Leben aus den Quellen erzählt. 3. überarb. Aufl. [Größere Ausg.] 2 Hälften. gr. 8. (XXIII, 763 S.) Leipzig 870. (à Hälfte *M 4.) * geb. *

— Luthers Leben aus den Quellen erzählt. Jugend- und Volksausg. 3. von neuem durchgeseh. Aufl. mit Luther's (photolithogr.) Porträt und 20 Bildern (Holzschntaf.) von Ludw. Richter und A. Karst. 8. (XVI, 345 S.) Leipzig 878, J. Naumann. *M 5.; geb. *

— Philipp Melanchthon's Leben, s.a. Leben, das, der Altväter der luther. Kirche.

— Philipp Melanchthon's Leben für christliche Leser insgemein aus den Quellen erzählt. gr. 8. (XV und 188 S. mit Melanchthon's Bildniß nach Luc. Cranach in Stahlst.) Leipzig und Dresden 860, Naumann. *

Philipp Melanchthon's Leben für christliche Leser insgemein aus den Quellen erzählt von Moritz Meurer. Mit Melanchthon's Bildniß nach Lucas Cranach. 2. Aufl. Leipzig 1869. 8°

– Friedrich Mykonius Leben, s. Leben, Das, der Altväter der lutherischen Kirche.

— Luthers letzte Lebenstage, Tod u. Begräbniß. A. d. Quellen erzählt. gr. 8. (6 B. u. 2 Stnt.) Dresden 845, Naumann.*

Meurer, Mor., Katharina Luther geb. v. Bora. gr. 8. (VIII und 155 S. mit einem lithogr. Titelbld. nach Richter.) Dresden 854, Naumann. *

— Katharina Luther geb. v. Bora. 2. Aufl. 8. (IX, 180 S. mit 1 Stahlst.) Leipzig 873, J. Naumann. * geb. *

Meurer, Mor., Moses d. Knecht Gottes. Eine Samml. geistl. Reden, gehalt. in d. Schullehrersemin. zu Weißenfels. gr. 8. (10 1/4 B.) Waldenburg 836. (Leipzig, C. H. Reclam.) *

— s. Pilger, der, aus Sachsen.

Meurer, Mor., die St. Katharinenkirche zu Callenberg, nach ihrem im J. 1859 vollendeten Neubaue beschrieben. gr. 8 (94 S. nebst einer Ansicht der neuen Kirche in Stahlst.) Leipzig 859, (Dörffling und Franke.) *

— der Tag zu Schmalkalden u. d. Schmalkald. Artikel. Eine reformationsgeschichtl. Denkschr. z. Erinnerung an d. J. 1537. gr. 8. (11 1/4 B.) Leipzig 837, C. H. Reclam.

— kurze Uebersicht der Geographie für Volksschulen und Vorbereitungs-Klassen. gr. 8. (IV und 76 S.) Münster 853, Theissingsche Buchh.

Meurer, M[oritz]: Wandtafeln zur vergleichenden Formenlehre des Ornamentes und der Pflanze von –. Berlin: Selbstverl.: Frisch in Komm. 1909. 250 Bl. 2°

Meurer, Noah

— tract. de alluvione, insulis etc., od. v. Wasserrecht. 4. Ebend. 733.

Meurer, Noah, Nachr. v. Contracten u. schriftl. Verbind. 4. Nürnb. Felsecker. 730.

Meurer, Noah: Tr. jurid. de successione ab intestato; od. vollkommener Unterricht von Erbschaften wenn kein Testament vorhanden ist. *Nürnb.* 729. 4.

Meurer, Noah, Tract. v. Testament. und Codicill. 4. Nürnb. Felsecker. 730. Rthlr.

— historische und literarische Unterhaltungen, theils selbst verfaßt, theils herausgegeben. 8. Coburg, Meusel und S. 818.

— Unterr. v. Erbschaften u. Erbgerecht. 4. Ebend. 729.

Meurer, Reinhard: Über die regulatorische Aufnahme anorganischer Stoffe durch die Wurzeln von Beta vulgaris und Daucus Carota. Leipzig: Borntraeger 1909. 65 S. 8° ¶(Aus: Jahrbücher f. wissensch. Botanik. Bd 46, H. 4.)
Leipzig, Phil. Diss. v. 19. April 1909, Ref. Pfeffer, Chun
[Geb. 15. April 79 Dresden; Wohnort: Dresden; Staatsangeh.: Sachsen; Vorbildung: Gewerbeakad. Chemnitz Reife M. 99; Studium: Dresden Techn. Hochsch. 2, Erlangen 1, Straßburg 1, Leipzig 4 S.; Rig. 12. Nov. 08.] [U 09. 3021

Meurer, Thdr., Brautkranz. 8. (VIII, 126 S.) Leipzig 884, Fues's Verlag. *M 2.; geb. **

Meurer, Thdr., Siebenundfünfziger, s. Reise-Bibliothek rheinische.

Meurer's, W., Pflanzenbilder. Ornamental verwerthbare Naturstudien f. Architekten, Kunsthandwerker, Musterzeichner pp. II. Serie. 7.—10. Hft. (Je 10 Taf.) Fol. Dresden (903). G. Kühtmann. à n. 6.—

Meurer, Waldemar, a. Köln: Über Augen bei Tiefsee-Seesternen. Köln 1907: M. Du Mont Schauberg. (32 S.) 8°
Bonn, Phil. Fak., Ref. Ludwig, Diss. v. 5. März 1907
[Geb. 6. Aug. 81 Cöln; Wohnort: Cöln; Staatsangeh.: Preußen; Vorbildung: Realgymn. Cöln Reife O. 01; Studium: München 3, Bonn 2, Rom 1, München 2, Bonn 3 S.; Rig. 6. Febr. 07.]

Meurer, Wilh. Herm., zur Erinnerung an Friedrich Ludwig Mallet, weil. Dr. theol. u. Pastor prim. an St. Stephani zu Bremen. Eine biograph. Charakteristik des Verstorbenen aus dessen hinterlassenen Briefen u. Schriften. Bremen 866. Müller. gr. 8. (VII, 174 S. mit lith. Portr. in Tondr.) 22 1/2 ngr

Meurer, W. H.: Zur Orientierung über den Bekenntnisstand der niederrheinischen Kirche. 54 S. 8° – Rinteln, Progr. 1871.

Meurer, Wilh. Herm., zur Orientirung üb. den Bekenntnißstand der niederhessischen Kirche. Eine kirchenrechtl. Studie. gr. 8. (54 S.) Rinteln 871. Bösendahl. n. — 50

Meurer, Wilh. Herrm., ein Wort üb. Lehrfreiheit in d. evangel.-protest. Kirche. Zugleich als Beitr. zu e. allseit., unbefang. Würdigung d. Schrift d. Dr. J. W. Bickell: über d. Verpflichtung d. evangel. Geistlichen auf d. symbol. Schriften, mit besond. Beziehung auf d. Kurhess. Kirchenrecht. gr. 8. (5 B.) Kassel 839, (Appel.)

Meurer, Wlh. Herrm., zweites Wort über Lehrfreiheit in der evangel.-protestant. Kirche. Zugleich als Beitrag zur Kritik der 2. Aufl. der Bickell'schen Schrift: über die Verpflichtung der evangelischen Geistlichen auf die symbolischen Schriften, Cassel 1840. gr. 8. Rinteln 841, literar.-artist. Verlags-Institut. (Bösendahl.) 5/8 ℳ

v. Meurers, Ludw. (geb. Cöln a. Rh. 21. 6. 1849): Die hämorrhagische Diathese und ihr Vorkommen bei Recurrens. Berlin (1873). (31 S.) 8°
Berlin, Med. Diss. v. 23. Jan. 1873

Sechs Gesänge zu Ehren des allerheiligsten Altarssakraments f. dreistimm. Frauenchor mit Orgelbegleitung von Peter Meurers. Op. 7. Partitur & Stimmen. Paderborn: Junfermann [1904]. (Getr. Pag.) 4° [F. u. Ant.]

8 Offertorien zu den Hauptfesten des Kirchenjahres f. vierstimm. Männerchor u. obligater Orgelbegleitung comp. von Pet. Meurers. Op. 6. Partitur & Stimmen. Paderborn: Junfermann [1904]. (Getr. Pag.) 4°

Meurers, Petrus Henricus (geb. am 27 Nov. 1823 in Köln): De Kyesteinio ... Bonnae, typ. C. Krüger 1853. 29 S., 1 Bl. 8.
Bonn, Med. Fak., Diss. v. 19 Aug. 1853

Meuret, Ernst [app. Arzt aus Tübingen]: Zur Diagnose der Tumoren in der hinteren Schädelgrube ... Tübingen, Druck v. H. Laupp jr. 1894; 23 S. 8.
Tübingen, Med. Fak., Inaug.-Diss. v. 1894

Meurin, Geschichte der preußischen Eisenbahntruppen, s.: Hille.

Meurin, F., s.a. Plebanus, Em.

Meurin, F., Handbuch zur Berechnung d. Procentsätze bei Anwendung des Stempels nach d. Gesetze v. 7. März 1822 zu Actien, Assecuranz-Policen, Auctionen, Erbschaften rc. 8. Berl. 822. Boicke. (Recht). 12 gr.

Meurin, L., Titi, e. Schwarzwaldmär. (107 S. m. Abbildgn.) 8. Freiburg i/B. (903). (Thalia-Verlag.) Berlin, Bankdirektor Meurin. Geb. in Leinw. m. Goldschn. n. 2. 50

(S) Meurin, L., Titi. 903. (KVK 34.) Jetzt: Karlsruhe, J. Gutsch. Erm. Pr. 1. 50

de Meuron, Louis, s. *Description* du Val-de-Travers.

Meuron. Maximilien de M' (1785–1868). Njbl. s.a. [Hofmeister, Rudolf Heinrich].

Meuron, Maxim. de. Fr. Meyer-Schulthess, Landschaftsmaler. [Zürich 1873.] V (Meuron): *Hofmeister, Rud. Hnr.* (Meyer-S.): *Meyer-Ott, Wilh.* (Cat. d. Stadtbibl. Zürich. Zürich 1864—97.)

Meuron, Samuel: Legati plenipotentiarii i d e a. 32 S.– Basel, Jur. Diss. v. 28. Okt. 1724.

Meurs, Diss. de differentia passionis hystericae a reliquis morbis convulsivis. Duisb. 4°.
1780

Meurs, P. A. van, De Sophoclis Oedipo tyranno. Diss. 1835. 44 S. 1.—

Meursinge, A., Handboek van het Mohammedaansche Regt in de Maleische taal; naar vorspronkelyke Maleische en Arabische Werken van Mohammed. Regtsgeleerden bewerkt. gr. 8. Amsterdam 844, Jh. Müller. n. 3⅔ ℳ

Meursinge, Alb., Specimen e litteris orientalibus, exhiben Sojutii librum de interpretibus Korani, ex Ms. cod. Bibliothecae Leidensis editum et annotatione illustratum. 4maj (30¼ B.) Lugduni Batav. 839, Luchtmans. (Lipsiae, T. O Weigel.) Thlr.

Meursius, Johannes, Verf. von: Elegantiae latini sermonis [Pseud.] s.a. Chorier, Nicolas.

— Die Frauenzimmerschule. Rom 1792. Bei Seraph Cazzovulva. (Faksimiliertes, illustriertes Titelblatt.) Zweites Titelblatt (Druck): Die Frauenzimmerschule in sieben Gesprächen nach Meursius. 8°. Illustriertes Titelblatt. 428 S., 1 Blatt für die Numerierung, 1 Blatt weiß. Luxuriöser Ganzlederband.
Erster und wortgetreuer Nachdruck der Ausgabe 1792; 1908 (angeblich in Leipzig) erschienener Privatdruck in 650 numer. Expl. mit den sieben Kupfern des Originals.
Preuß. Staatsbibliothek xg 6382 secr.
Verb. d. Ldg. I Berlin 38 J. 475/21.

MEURSIUS. Die Gespräche der Aloisia Sigaea. Deutsche Übertragung von Dr. H. Conrad. Erschienen im Insel-Verlag, Leipzig 1903.
Auf der Rückseite des Schutztitelblattes steht: »Diese deutsche Ausgabe von Meursius, Elegantiae latini sermonis seu Aloisia Sigaea Toletanae satira de arcanis, amoris et veneris, ist als Privatdruck des Verlages in einer einmaligen Auflage von 1200 Expl. hergestellt. Ein Nachdruck wird niemals veranstaltet werden.« — Haupttitel rot gedruckt. Ganzlederband. Gr. 8°. XI S. für 2 Titelblätter und Einleitung, 1 S. weiß, 295 S. Text, 1 S. für den Namen des Druckers (Drugulin!).

MEURSIUS, De orchestra sive de saltationibus veterum. (*Gronovii* thesaurus graecar. antiquitatum.)
Bartholomäus p. 17.

Jo. Meursius de puerperio Graecorum syntagma ed. Jo. Geo. Franz. Lips. 1785. 8.

Meurstein, Georg. Gründlicher ... Beweis, dass die Calvinisch-Reformirten weder Verwandte der Augsburgischen Confession sind, noch mit Recht dafür gehalten werden können. O. O. 1723. H: *Neumeister, Erdmann.* (schr)

Meurtre, le, de Pontoise, s. Eche.

Meusberger, Karl: Das Tote Meer. I. Teil. 40 S. 8. II. Teil. S. 41 bis 106. 8. III. Teil. Schluß. S. 107—181. 8.
Progr. K. k. Gymn. *Brixen* 1907. 1908. 1909.

Meusburger, H. Quatenus Cicero in oratione pro Milone observaverit praecepta rhetorica. 18 S. 8. Progr. *Ried* 1882.

Meusburger, J., Quatenus Cicero in oratione de imperio Cn. Pompei observaverit praecepta rhetorica. Pr. 1882. 12 S. 1.20

Meusburger (Karl), Das Tote Meer. T. 1—3. Brixen 1907—09. 181 S.
Brixen, k. k. Gymn. P 1907—09

Meusch, Rechenbuch f. gewerbl. Fortbildungsschulen, s.: Müller, L. Th.

Mensch, C., Deutschlands Trauertage. Gedichte aus allen Gauen unseres Vaterlandes in 3 Abtlgn.: „Deutschlands Trauer", „Der königliche Dulder hat vollendet", Deutschlands Hoffnung". Dazu ein Anhang, enthaltend die testamentar. Aufzeichnungen Kaiser Wilhelms I., sowie die Proklamationen Kaiser Friedrichs III. und Wilhelms II. (Pracht-Ausg.) 8. (VIII, 164 S. mit den Bildnissen der drei Kaiser.) Danzig 888, Kafemann.

Schulausg., ohne Anhang (VIII, 149 S.)

—— Wilhelm II., deutscher Kaiser u. König v. Preußen. Ein Lebensbild f. Deutschlands Jugend, Volk u. Heer. gr. 8. (17 S.) Frankf. a. M. 889, Gestewitz. — 30

Meusch, Hans, a. Leissling: Die Finanzwirtschaft der Stadt Weissenfels a. S. im 19. Jahrhundert. Ein Beitrag zur Gemeinde-Finanzstatistik. Halle a. S. 1906: C. A. Kaemmerer. (IX, 99 S.) 8°

Halle, Phil. Fak., Ref. Waentig, Diss. v. 20. Juni 1906

[Geb. 2. Aug. 80 Rothenberga, Kr. Eckartsberga; Wohnort: Leissling a. S.; Staatsangeh.: Preußen; Vorbildung: Latein. Hauptsch. Halle Reife O. 99; Studium: Halle 1, Jena 3, Halle 4 S.; Rig. 2. Febr. 06.]

Meusch, Hans, die Finanzwirtschaft der Stadt Weissenfels a. S. im 19. Jahrh. Ein Beitrag zur Gemeinde-Finanzstatistik. (VII, 272 S.) gr. 8. Halle 907. C. A. Kaemmerer & Co. 5. —

Meusch, K., Festschrift zum 50jährigen Jubiläum des Lokal-Gewerbevereins Höchst a. M. verbunden m. der Generalversammlung des Gewerbevereins f. Nassau am 28., 29. u. 30. V. 1899. Im Auftrage des Vorstandes bearb. gr. 8. (38 S. m. 1 Taf.) Höchst 899. Hoefer. n. — 50

Meusch, Karl, Aufgaben aus der Invaliditäts- u. Altersversicherung. Als Anh. zu jedem Rechenbuche hrsg. 8. (14 S.) Frankfurt a/M. 891. Jaeger's Verl. n.n. — 10; Auflösungen (8 S.) n.n. — 15

Meusch, Karl, Aufgaben aus d. Invaliditäts- u. Altersversicherung. Als Anh. zu jedem Rechenbuche hrsg. 2., verb. Aufl. 8. (14 S.) Frankfurt a/M. 895. Jaeger's Verl. n. — 10

Meusch, Carl, Lesefrüchte. Eine Sammlg. v. Aussprüchen bedeut. Schulmänner üb. die verschiedenen Unterrichtsgegenstände u. deren Behandlg. in der Volksschule. 2. [Titel-] Aufl. (IV, 206 S.) gr. 8. Arnsberg [890] 908. J. Stahl. Geb. in Leinw. 1.50

—— Lesefrüchte. [Eine Sammlg. v. Aussprüchen bedeutender Schulmänner üb. die verschiedenen Unterrichtsgegenstände u. deren Behandlg. in der Volksschule.] gr. 8. (IV, 206 S.) Hilchenbach 890, Wiegand. * 2 —; geb. * 2 50

Meuschel, Richard, Rechtsprakt. a. Kitzingen: Bankverwahrungsvertrag und Bankkonkurs. Borna-Leipzig 1906: R. Noske (IX, 65 S.) 8° [J.]

Würzburg, Jur. Fak., Ref. Mendelssohn-Bartholdy, Diss. v. 9. Juni 1906

[Geb. 11. Jan. 81 Kitzingen; Wohnort: Kitzingen; Staatsangeh.: Bayern; Vorbildung: Gymn. Würzburg Reife Juli 99; Studium: Würzburg 6, Berlin 2 S.; Rig. 2. Mai 06.]

Meuschen, Fr. Chr., († ...) s. ***Museum*** Geversianum.

Meuschen, Johann Gerhard

Meuschen, J. Gerh., eröffn. Bahn des Christenth. 8. Frankf. 716.

Johann Gerhard Meuschen
1680–1743

Joh[annis] Gerhardi Meuschens (Meuschen)Christliches Bedencken [Bedenken] von der Reformation der Universitäten und Schulen... Sampt e. Vorr. von denen promotoribus studii pietatis. Hamburg: Liebezeit & Heyl 1707. 192 S. 8°

Angeb.an: Kurze und deutliché Vorstellung der edlen Probier-Kunst. Nürnberg 1718.

— ceremon. election. et coronat. pontificis rom. 4. ibid. 732.

— **Johann Gerhard,** De concursu statuum imperii circa negotium pacis schediasma quo ordinum jura longa imperii observantia, ... Jena (G. Chr. Troebert) 1718. 112 S. (6.—) 23146
Gew.: Friedrich von Hamrath.

MEUSCHEN, J. G., Greuel der jesuitischen Bosheit und des ganzen Pabstthums. Amsterdam, Hendrich Bruyn (Frankfurt) 1711. Rar!
Weller, fing. Druckorte, I. p. 62.

— d. Kunst, großmüthig zu sterben, in Leichenpredigten. 4. Cob. Ahl. 735.

— Moralien über d. Passion, od. Leidensgesch. Christi u. d. Harm. d. 4 Evangel. 4. Frankf. Brönner. 7.6.

Meuschen, J. Gerh., postilla mystica evang. d. Sonn- u. Fest-tags-Evangelien. 4. Frankf. a. M. 755. Brönner. 2 ℳ 8 𝒮

— geistl. Reden, bey Hochfürstl. Vermählungsfeyer gehalt. gr. 8. Nürnb. 740.

Jo. Gerhard Meuschen diss. philos. de ritu salutandi sternutantes. Kilon. 1704. 4.

MEUSCHEN, JOH. GERH., Courieuse Schau-Bühne durchläuchtigst-gelahrter Dames als Kayser- König- Chur- und Fürstinnen auch anderer hohen durchläuchtigen Seelen aus Asia, Africa und Europa, voriger und itziger Zeit, allen hohen Persohnen zu sonderbarer Gemühts-Ergötzung geöffnet. Franckf. und Lpz. 1706.

— novum testamentum ex talmude et antiquitatib. hebraeor. illustr. cur. Scheidii etc. 4. Lips. Hilscher. 736.

Meuschen, Jo[hann] Gerhardus: Monimentum piis manibus ... [Trauergedicht zur Beisetzung auf Christophorus **Francke**, Prof. d. Theol., † 11. Febr. 1704, beigesetzt am 24. Febr. 1704.] — Kiloni (1704): Reuther. 2 Bl. 4°

— vitae summor. dign. et eruditione viror. IV Tmi. 4. Cob. Ahl. 735—41.

Meuschke, Jul., Reform d. Wiesenbaues auf Grund der Petersen'schen Wiesenbaumethode. Mit 10 lith. Taf. Abbildgn. (in gr. 8. u. qu. u. gr. Fol.) gr. 8. (IV, 28 S.) Leipzig 872. Schmidt & Günther. n. 2. 40

MEUSCHL, Robertus: Anima rationalis et intellectiva est immediata corporis humani forma. — (1885) 130 S. 4° (Handschr.) Diss. 435
Diss. Wien, Univ.

Meuschner, J. C.

—— u. A. J. Bartels. Die Lehren der Neuen Kirche [Swedenborg]. Mit den heil. Schriften bewiesen in Rücksicht auf die Angriffe v. John Holdemann. Hrsg. v. der deutschen Synode der neuen Kirche. 12. (43 S.) (Ebd.) 890. [* — 50] * — 60

Meuschner, J. C. Das Verhältniß Gottes zu Seiner Kirche u. die Neue Kirche der [illegible] 12. (52 S.) Vineland, N. Y. 890. (Berl., Siegismund.) [* — 50] * — 60

Meuse, s. *Choiseul-Meuse.*

v. Meusebach, ..., s. Alban 2c.

Meusebach, Frhr. Karl Hartwig Greg. v., Fischartstudien. Mit einer Skizze seiner literar. Bestrebungen hrsg. von Camillus Wendeler. gr. 8. (333 S.) Halle 879, Niemeyer. *

Meusebach, † Karl Hartwig Gregor Frhr. v., tugendhafftor Jungfrauen u. Jungengesellen Zeit-Vertreiber. Ein weltl. Lieder-Büchlein des 17. Jahrh. aus v. M.'s Sammlg. in der Berliner öffentl. Bibliothek. Nachweisgn. der Quellen, aus denen die 201 Lieder geschöpft sind. Als Beitrag zur Geschichte d. deutschen Volksliedes hrsg. v. Hugo Hayn. 12. (24 S.) Köln 890. Teubner. n. 1. 50

Meusel, Alfred: Die Quellen des libellus de ortu et autoritate Imperii Romanii" des Enea Silvio de Piccolomini ⟨Pius II.⟩ Breslau: M. & H. Marcus 1905. (42 S.) 8°
Breslau: Phil. Fak., Ref. Kampers, Diss. v. 2. Juni 1905
[Geb. 8. Febr. 81 Dyhernfurth, Kr. Wohlau; Heimatsort: Ohlau; Staatsangeh.: Preußen; Vorbildung: Gymn. Ohlau Reife M. 00; Studium: Breslau 4. Berlin 2, Greifswald 3 S.; Rig. 14. Dez. 04.]

Meusel, Alfr., Enea Silvio als Publicist, s.a. **Untersuchungen zur deutschen Staats- u. Rechtsgeschichte. 77. Hft.**

Enea Silvio als Publicist. Von Dr. phil. Alfred **Meusel**. Breslau: M. & H. Marcus 1905. (82 S.) 8°
= **Untersuchungen** z. Deutschen Staats- u. Rechtsgeschichte. H. 77.

Meusel, Christian (Merseburg/Sachs.), De balneis veterum valetudinis caussa adhibitis occasione loci Horat. L. I. ep. XV. v. V. VI. VII. Diss. Präs. Adam Brendel. Wittenberg (Meyer) 11. IV. 1712. 32 S. (4.—) 23147

Meusel, Ed., das Atomvolumen in chemischen Verbindungen. gr. 8. (127 S.) Liegnitz 894. E. Scholz. n. 4. —

Meusel, Ed., darf wissenschaftl. Raumchemie noch weiter d. Raummass ignorieren? gr. 8. (32 S.) Liegnitz 898. E. Scholz. n. 1. —

Die Materie der chemischen Elemente und das Wesen der chemischen Reaktion. Von Dr. phil. Eduard **Meusel**. Liegnitz: Seyffarth 1910. 64 S. 8°

— Monismus (Der) der chemischen Elemente. Liegnitz, 1894. 8vo. III.

Meusel, Ed., die Quellkraft der Rhodanate u. die Quellung als Ursache fermentartiger Reaktionen. gr. 8. (36 S.) Gera 883. Reisewitz. n. 1. 50

MEUSEL, E.
Die Quellkraft der Rhodonate und die Quellung als Ursache fermentartiger Reactionen. Gera, 1886.

MEUSEL, E. Substitutions- und Oxydationsproducte von Cymol und Cumol. Göttingen, 1867.

Meusel, Ed., die Zusammensetzung der chemischen Elemente, theoretisch u. experimentell unter Beweis gestellt. gr. 8. (VII, 88 S.) Liegnitz 902. C. Seyffarth. n. 3. —

Meusel, F., Aufgaben f. das Zifferrechnen in Stadt- u. Landschulen. 1. Hft. Die 4 Species in reinen od. unbenannten Zahlen. 8. (1¾ B.) Grünberg 846, Levysohn. *

—— Facitbuch zu d. Aufgaben f. d. Zifferrechnen in Stadt- u. Landschulen. 1. Hft.: Die 4 Species in reinen od. unbenannten Zahlen. 8. (¾ B.) Grünberg 846, Levysohn.

Meusel, Frdr., s.: Marwitz, Friedrich August Ludwig v. der.

Meusel, Friedr. Alex., Gottesfurcht und Weisheit. Predigt über Psalm CXI, 10 am Stiftungsfeste der königl. sächs. Landesschule zu Grimma den 14. Septbr. 1853 gehalten. gr. 8. (20 S.) Grimma 853, Werl.

Meusel, Fritz, a. Berlin: Burkes Schriften gegen die französische Revolution ⟨1790—97⟩. Wittenberg 1904: Herrosé & Ziemsen. (52 S.) 8° ¶ (Teil einer Arbeit, die im Verlage der Weidmannschen Buchhandlung in Berlin ersch.)
Heidelberg, Phil. Fak., Ref. Marcks, Diss. v. 3. Okt. 1904
[Geb. 30. März 81 Berlin: Wohnort: Berlin; Staatsangeh.: Preußen; Vorbildung: Köllnisches-Gymn. Berlin Reife O. 98; Studium: Berlin 2, Leipzig 4. Heidelberg 2 S.: Rig. 27. Juli 04.]

Meusel, Georgius, Wechselburgensis: Curae Propertianae. *Lipsiae 1902: O. Schmidt.* (74 S.) 8°
Leipzig, Phil. Diss. v. [16. Okt.] 1902

Meusel, Günther, Referendar: Die Ausübung der durch §§ 325, 320 BGB. gewährten Befugnisse im Fall eines Vertrags auf Leistung an einen Dritten. Schweidnitz 1910: Heege. VIII, 30 S. 8°
Breslau, Jur. Diss. v. 10. Dez. 1910, Ref. Schott, Leonhard
[Geb. 8. Aug. 80 Rybnik; Wohnort: Strehlen; Staatsangeh.: Preußen; Vorbildung: Gymn. Myslowitz Reife O. 06; Studium: Jena 3, München 1, Breslau 2 S.; Rig. 19. Nov. 09.] [U 11. 631

Meusel, Heinrich

Meusel, H., Berthold v. Regensburg, s.: Sammlung theologischer u. sozialer Reden u. Abhandlungen.

Meusel, H., coniecturae Caesarianae. [Aus: „Lexicon Caesarianum".] gr. 8. (XVII, 182 S.) Berlin 893. W. Weber. n. 4. —

Meusel, Heinr., Hauptregeln der latein. Syntax, s.: Harre, Paul.

Meusel, H., lexicon Caesarianum. Fasc. I—VII. Lex.-8. (1344 Sp.) Berlin 884—86. W. Weber. à n. 2. 40

Meusel, H., lexicon Caesarianum. Fasc. 2—10. Lex.-8. (1. Bd. (VIII, 1544 Sp.; 2. Bd. Sp. 1—400.) Berlin 885—88, W. Weber. à Fasc. *ℳ 2.40 *
Fasc. 1. Ebendas. 1884. *ℳ 2.40.

Meusel, H. (I.). Lexicon Caesarianum. Fasc. XI—XVII. Lex.-8. (2. Bd. Sp. 401—2064.) Berl. 892, W. Weber.
XI.—XVI. Fasc. à * 2 40; XVII. Fasc. * 1 60; * 16 —
Fasc. I—X. Ebd. 1884—88. * 24 —.

— lexicon Caesarianum. Fasc. XVII—XIX. Lex.-8. (2. Bd. XI S. u. Sp. 1633—2430, 13 u. 94 S.) Ebd. 892. 893. n. 6. 60 (Vol. II. 2 partes kplt.: n. 25. 80; 2 voll. kplt.: n. 45. —; geb. in 3 Halbfrzbde. n. n. 52. 50)

Meusel, H., lateinische Schulgrammatik, s.: Harre, Paul.

Meusel, Henr., utri Verrinarum codici major fides habenda sit palimpsesto Vaticano an regio Parisiensi. Dissertatio inauguralis. gr. 4. (37 S.) Berolini 876. (Jena, Deistung's Buchh.) *

— lateinische Wortkunde, s.: Harre, Paul.

Meusel, J. Lehrb. d. Statistik. 2. Ausg. Leipzig 1794.

Meusel, Johann Georg

— Anl. z. Kenntn. d. Europ. Staatengesch. gr. 8. Leipz. Fritsch. 800.

— Anleit. zur Kenntniß der Europ. Staatenhistorie. 8. Leipz. 775. 2e A. 782. 3e A. 788. 4e Aufl. unt. d. T.: Anleit. zur Kenntniß d. Europ. Staatengeschichte. 800. 5e u. fortgesetzte Aufl. Ebd. 816. Hahn. 2 ℛ 8 ℊ

Meusel, Jh. Geo., († d. 19. Sept. 1820.) literar. Annalen d Geschichtskunde in u. außer Deutschland. (Fortsetz. d. histor Litt.) 8 Stcke. gr. 8. Bayr. 785—87. (Grau). 2 ℛ

– s. **Apollodori.**

Meusel, Johann Georg. Archiv für Künstler und Kunstfreunde. Bd. 1 und 2. Dresden 1805—1808. 8°.

— Archiv f. Künstler u. Kunstliebhaber. (Eine Fortsetz. d. neuer Miscellancen ꝛc.) 2 Bde. in 8 Hftn. Mit Kpf. gr. 8. Dresd 803—8. Walther. 4 ℛ 22 ℊ

— Beitrr. zur Erweiterung der Geschichtskunde. 2 Thle. gr. 8 Augsb. 780—82. v. Jenisch u. St. 2 ℛ

– s. **Betracht.** über die histor. Schriften.

— **Bibliotheca**, vide Bch. Ghf. **Struve.**

— französ. Biographien. (Aus den Vies des hommes illustres de la France, u. aus der Histoire de l'Acad. des inscriptions et belles lettres mit Ant. Rudolph übersetzt.) 1r Thl. gr. 8. Halle 770. Gebauer. 1 ℛ 18 ℊ

– s. **Biographie**, italien.

– s. **Bielfeld**,...., Staatskunst.

– s. **Cavlus**, Abhandu.

– s. **Commentarii** de libris minoribus.

Meusel, Joh. Geo., das gelehrte Teutschland, s.a. **Hamberger**, Geo. Chrstph.

— das gelehrte Deutschland, od. Lexicon der jetzt lebenden deutschen Schriftsteller; angefangen v. G. C. Hamberger, fortges. von Meusel. 4e verm. u. verb. Ausg. 4 Thle. gr. 8. Lemgo 783, 84. Meyer. 5 ℛ — 1r bis 9r Nachtrag. (5r u. 7r jeder in 2 Abtheill.) 786—806. Ebd. 23 ℛ 18 ℊ — Anhang, od. Verzeichniß aller anonymen Schriften u. Aufsätze in dieser 4n Aufl. (v. J. S. Ersch). 1s—3s Verzeichniß. gr. 8. Ebd. 788—96. 1 ℛ 20 ℊ — 5e Aufl. 1r—12r Bd. gr. 8. Ebd. 796—806. 23 ℛ 12 ℊ 13r—18r Bd. (A. u. d. T.: 10r—15r Nachtrag zur 4n Ausg., u. unt. d. T.: Das gelehrte Deutschland im 19. Jahrh., nebst Supplement zur 5n Ausg. desjenigen im 18n. 1r—6r Bd. gr. 8. Ebd. 808—21. 12 ℛ 20 ℊ 19r—22 Bd. 1e u. 2e Abtheil. bearb. v. J. W. S. Lindner u. (19r—21r) hrsgg. v. J. S. Ersch. Auch u. d. T.: Das gelehrte Deutschland im 19. Jahrh., nebst Supplem. desjenigen im 18. Jahrh. 7r—10r Bd. 1e u. 2e Abtheill. (19r Bd. 1 ℛ 16 ℊ 20r Bd. 2 ℛ 12 ℊ 21r Bd. 3 ℛ 22r Bd. 1e Abtheil. 2 ℛ 12 ℊ 2e Abtheil. 3 ℛ 12 ℊ) gr. 8. Ebd. 824—32. 12 ℛ 4 ℊ (1r—16r Bd. 796—812. Hbg. Pr. 20 ℛ 8 ℊ 17r—22r Bd. 1e u. 2e Abtheil. 19 ℛ) (Vgl. Hamberger.)

Meusel, J. G., das gelehrte Deutschland, od. Lexikon der jetzt lebenden deutschen Schriftsteller. 5te Aufl. 15r u. 16r Bd. gr. 8. Lemgo, Meyer. 811 u. 12. Rthlr.

— — daßelbe auch unt. d. Titel:
12r—13r. Nachtrag f. die Besitzer d. 4ten Aufl. (12r 1 Rthlr. 18 gr. 13r 1 Rthlr. 8 gr.)

— — dasselbe auch unt. d. Titel:
Das gelehrte Deutschland, od. Lexikon ꝛc. im 19. Jahrhundert. 3r—4r.

— — das gelehrte Teutschland, oder Lexicon der jetzt lebenden deutschen Schriftsteller. Angefangen von Hamberger und fortges. v. Meusel. 17r und 18r Bd. 5te Ausg. gr. 8. Lemgo, Meyer. 820 und 821. (17r Bd. 2 Rthlr. 20 Gr. 18r Bd. 3 Rthlr.)
Auch unter folgenden Titeln:
Teutschland, das gelehrte. 14r und 15r Nachtrag zu der 4ten Ausg. welcher das neunzehnte Jahrhundert und die Supplemente des 18ten zur 5ten Aufl. enthält.
Teutschland, das gelehrte, im 19ten Jahrh. nebst Supplementen zur 5ten Ausg. desjenigen im 18ten. 5r und 6r Bd.

Meusel, (J. G.,) das gelehrte Deutschland od. Lexicon der jetzt lebenden teutschen Schriftsteller. (Angefangen v. G. C. Hamberger.) 19r—21r Bd. 5e verb. Ausg. A. u. d. T.: das gelehrte Deutschland im 19. Jahrh., nebst Supplem. zur 5n Ausg. desjenigen im 18n 7r—9r Bd., bearb. v. J. W. S. Lindner u. herausg. v. J. S. Ersch. gr. 8. Lemgo 824—27, Meyer. 19r Bd. 1 Rthl. 16 gr. 20r Bd. 2 Rthl. 12 gr. 21r Bd. 3 Rthl.

Meusel, Jh. Geo., das gelehrte Teutschland, oder Lexicon der jetzt lebenden teutschen Schriftsteller. Fortges. von J. W. S. Lindner; nach dessen Tode fortgesetzt von mehrern Gelehrten. 23r Bd. 5e durchaus verb. u. verm. Ausg. A. u. d. T.: Das gelehrte Teutschland im 19. Jahrh., nebst Supplementen zur 5n Ausg. desselben im 18. Jahrh. 11r Bd. gr. 8. Lemgo 834 Meyer. n. 2 ℛ

— **Johann Georg**, De praecipuis commerciorum in Germania epochis. Prolusio qua ad audiendam orationem. Erlangen (Kunstmann) 29. IV. 1780. 16 S. (4.50) 23148

– s. **F. K. Fulda**, Samml.

— Gesch. v. Frankr. 4 Thle. (od. d. allgem. Welthist. 36r—39r Th.) gr. 4. Halle, Gebauer. 772—76.

— — Ausz. a. s. Gesch. v. Frankr. 5 Bde. (od. 16r—20r Bd. d. A. d. Allg. Welthist.) gr. 4. Ebend. 777—79. (à 1 Rthlr. 20 gr.)

— d. Geschichtsforscher. s. Geschichtsforscher.

– s. **G. Chr. Hamberger**, gelehrtes Deutschland.

— — (Göttingen), De veterum poetarum interpretatione disputatio. Präs. Christ. Adolph Klotz. Halle (Curt) 10. XI. 1766. 40 S. (5.—) 23149

— über Kaiser Joseph II., einige Vorlesungen. 8. Leipz. 790. Weidmann. 12 gr.

— deutsches Künstler-Lexicon, od. Verzeichniß d. jetzt lebenden deutschen Künstler 2c. 2 Thle. gr. 8. Lemgo 778—89. Meyer. 1 ℛ 16 gr. 2e umgearb. A. 3 Bde. gr. 8. Ebd. 808—14. 5 ℛ 12 gr.

— deutsches Künstlerlexikon, od. Verzeichniß d. jetzt lebenden deutschen Künstler. 3r B. 2te Auflage. gr. 8. Ebend. 813.

— s.a. Lebensbeschreibb. merkwürd. Personen.

(Meusel, J. G.) Lebensbeschreibungen merwürdiger Personen dieses und des vorigen Jahrhunderts. 8. Breslau 1774. 2,00.

— Lehrbuch der Statistik. 8. Leipz. 792. 2e A. 794. 3e A. 804. 4e umgearb., verm. u. mit d. Literatur bereicherte Ausg. gr. 8. Ebd. 817. Hahn. 2 ℛ 20 gr.

— Leitfaden zur Geschichte der Gelehrsamkeit. 3 Abtheill. gr. 8. Leipz. 799—800. G. Fleischer. 4 ℛ

— s. Lepicié, krit. Verzeichniß.

Meusel, Jh. Geo., Lexicon der v. 1750—1800 verstorbn. deutschen Schriftsteller. 1r—15r Bd. gr. 8. Leipz. 802—16. Gr. Fleischer. 42 ℛ 12 gr.

— Lexikon der vom J. 1750—800 verstorbenen deutschen Schriftsteller. 11r—15r Bd. gr. 8. Leipz. Gerh. Fleischer. 811—16. (11r 2 Rthlr. 16 gr. 12r 3 Rthlr. 8 gr. 13r 3 Rthlr. 8 gr. 14r 2 Rthlr. 16 gr. 15r 2 Rthlr. 16 gr.)

— histor. Literatur, (in Gesellschaft einiger Gelehrten,) f. d. J. 1781—85 zu 12 Stücken, u. f. 1785. 1r u. 2r Bd. gr. 8. Erlang., Palm. (Jahrg. 1781—84 zu 12 Stcken. à 8 gr. 785. à 2 Bde. à 16 gr.) 17 ℛ 8 gr. Fortsetz., s. dessen Annalen 2c.

— neueste Literatur d. Geschichtskunde. 1r—6r Thl. gr. 8. Erf. 778—89. Keyser. 2 ℛ 12 gr.

— Literatur der Statistik. gr. 8. Leipz. 790. 1r u. 2r Nachtrag 793 u. 97. 2e umgearb. Aufl. 2 Bde. gr. 8. Ebd. 806, 7. (Hahn). 5 ℛ

— Literat. d. Statistik. 2 Bde. gr. 8. Leipz. Fritsch. 806—807.

— Magazin, f. Gesch., Statist. u. Literat. 1s Bdch. 8. Zürich, Gröner. 798.

— Magazin f. Geschichte, Statistik u. Literatur. 1s Bdchn. 8. Zürich 802. Geßner. 20 gr.

— historisch-literar. Magazin. 4 Thle. gr. 8. Bayr. 785—86. (Grau). 2 ℛ

— hist. lit. Magazin. 4 Thle. gr. 8. Bayr. Lübeck. 785—87. (à 12 gr.)

— histor., literar., bibliograph. Magazin; errichtet von e. Gesellschaft literar. Freunde in u. außerhalb Deutschland. 1s—4s Stck. gr. 8. Zürich 788—90. Ziegler u. S. 3 ℛ 5s—8s Stck. gr. 8. Chemn. 792—94. (Starke). 2 ℛ 6 gr.

— hist. lit. statist. Magazin. 1r Thl. gr. 8. Zürich, Geßner. 802.

— neues hist. lit. bibliogr. Magazin. 1s—4s Stck. gr. 8. Zurich, Ziegler. 788—790. (I. 12 gr. II—IV. à 20 gr.)

— — desselb. 5s—8s Stck. gr. 8. Chemn. Hoffmann. (Starke.) 792—94. (V. VI. à 12 gr. VII. VIII. 1 Rthlr. 6 gr.)

— Miscellaneen artist. Inhalts. 30 Hfte. gr. 8. Erf. 779—87. Keyser. 5 ℛ — Neue Miscellaneen, s. unten Museum.

Meusel, Johann Georg. Neue Miscellaneen artistischen Inhalts für Künstler und Kunstliebhaber. (Fortsetzung des neuen Museums für Künstler und Kunstliebhaber.) 1.—14 Stück. 3 Bde. Leipzig 1795—1803. 8°.

— Museum f. Künstler u. Kunstliebhaber, od. Fortsetz. der Miscellaneen. 1s—18s Stck. gr. 8. Manh. 786—92. Schwan u. u. G. 6 ℛ 4 gr.

— neues Museum f. Künstler u. Kunstliebhaber. 4 Stcke. Mit Kpf. gr. 8. Leipz. 794, 95. Voß. 2 ℛ 16 gr. Fortsetz. unt. d. T.: neue Miscellaneen artist. Inhalts. 14 Stücke. Mit Kpf. gr. 8. Leipz. 795—803. Gr. Fleischer. 7 ℛ (Fortsetz., s. oben Archiv 2c.)

— vermischte Nachrr. u. Bemerkk. histor. u. literar. Inhalts. 8. Erlang. 816. Palm u. E. 20 gr.

Meusel, J. G., vermischte Nachrichten und Bemerkungen historisch. und literarischen Inhalts. 8. Erlangen, Palm und Enke. 818.

— s. Plutarch, der Britische.

— de Theocriti et Virgilii poësi bucolica; epistola ad J. N. Eyring. 4. Götting. 766.

— s. B. G. Struve, Bibl. histor.

— s. R. P. Tassin, gel. Geschichte.

— s. Thomas, ..., Lobschrift.

— historische u. literar. Unterhaltungen, theils selbst verfaßt, theils hrsgg. 8. Coburg 818. Meusel u. S. 1 ℛ

— hist. Untersuchungen. 1r Bd. in 3 Stck. m. K. gr. 8. Nurnb. Grattenauer. 778—80.

— histor. Untersuchungen. 1r Bd. in 3 Stcken. Mit Kpf. gr. 8. Nürnb. 779—80. (Eichhorn; a. Lauffer in Leipz.) 2 ℛ

— über die Vereinigung der beiden evangel. Religionsparteien. 8. Erlang. 818. Palm u. E. 6 gr.

— Diss. I. et II. de Lucani Versalibus. 4. Halle 767, 68.

— Verzeichniß, s. Verzeichniß.

— s. Welthistorie, allgem. 36r—39r Thl.

Johann Gottlob Meusel

Operationis hydrosarcoceles et hydro- haematoceles Historia. Gottingae (1804:) Literis Grapianis. 18 S. 8°

Göttingén, Med. Diss. v. 12. Juni 1804

Meusel, Jul., was uns treiben müsse, das begonnene Werk d. Gustav-Adolph-Stiftung eifrig fortzusetzen. Predigt am 10. Juni 1846 zu Lunzenau gehalten. gr. 8. (1½ B.) Delitzsch 846, Gebr. Eißner. *

Meusel, Karl

Meusel, Carl, s.: Handlexikon, kirchliches.

Meusel, Karl Heinrich

Meusel, Carl Heinr., das neue Gesangbuch für die evangelisch-lutherische Landeskirche Sachsens. Vortrag über den Entwurf desselben, gehalten auf der Dresdner Pastoralconferenz am 7. Septbr. 1881. gr. 8. (42 S.) Dresden 881, v. Zahn und Jaensch. *

Meusel. Otto. s.: Francke's, A. H., Briefe.

Meusel, Otto, Lic. theol.: Die Stellung der Sprüche Salomos in der israelitischen Litteratur- und Religionsgeschichte. *Leipzig 1900: Pöschel & Trepte.* (75 S.) 8° [F.]
Schleiz, fürstl. G, OP 1900 (768)

Meusel, Otto, die Stellung der Sprüche Salomos in der israelitischen Litteratur- u. Religionsgeschichte. Progr. gr. 8. (75 S.) Leipzig 900. (Schleiz, F. Lämmel.) n. 1. —

Meusel, Richard: Was verdankt Schiller seinem Kantstudium? Kiel, Druck v. L. Handorff, 1897; 1—16 S. 4.
Kiel, st. HM, P 1897**

Meusel, Walther, aus Breslau: Über Acetphenylglycin-o-carbonsäure. *Halle a. S. 1900: O. Thiele.* (51 S.) 8°
Halle, Phil. Diss. v. 1900

Meuselbach, August

Meuselbach, A., Elternabende, s.a. Für Schule u. Lehrer.

Elternabende. Vortrag von A[ugust] **Meuselbach** in Halle a. S. Eilenburg: Offenhauer [1910]. 46 S. 8°
Aus: Die Wacht.
(Für Schule u. Lehrer. H. 1.) [11. 1464

Meuselwitz [Schlagwort]

Meuselwitz, s.: Geologische Karten. Preussen 131.

Meuselwitz, s.: Preussen. Messtischblätter.

MEUSENDIEK, B. M., Körperkultur des Weibes. München 1906. 8°. (Mk. 3,80.) (1 Mk. 80 Pfg. J. Frank, Würzb., 1910.)
Prakt. hygienische u. ästhet. Winke.

Meuser, Adf., kurzgefaßte Anthropologie für einfache und erweiterte Volksschulen, Fortbildungsklassen und Präparandenanstalten. gr. 8. (V, 60 S. mit 5 in den Text eingedr. Holzschn.) Mannheim 874, Bensheimer. *

Meuser, Adf., kurzgefaßte Anthropologie für Volks- und Fortbildungsschulen. 2. umgearb. Aufl. gr. 8. (IV, 43 S. mit 5 in den Text eingedr. Holzschn.) Mannheim 882, Bensheimer. *

— kleine Schulgeographie des deutschen Reiches. gr. 8. (VI, 104 S.) 873. Mannheim *

— Wesen und Einfluß der philanthropischen Schule. Historisch-pädagogische Studie. gr. 8. (VIII, 80 S.) Mannheim. 880.

Meuser, F. X., s. Maimbourg, L., Geschichte des Abfalls der griech. von der latein. Kirche.

Meuser, Heinr., Erzählungen aus der Geschichte des Alterthums. Ein Lesebuch für die Jugend. Mit einer Vorrede von J. W. Schaefer. 8. (XIV und 506 S.) Bremen 847, [Kühtmann und Comp.] *

— Erzählungen aus der Geschichte des Mittelalters. Ein Lesebuch für die Jugend. 8. (XII und 484 S.) Bremen 851, Kühtmann und Comp.

Meuser's H., Hülfsbuch beim Unterricht in der deutschen Sprache. Für Volksschulen u. die unteren Klassen höherer Lehranstalten. 3., größtentheils umgearb. u. verb. Aufl. Von H. Plate. Bremen 868. Kühtmann & Co. 8. (VI, 188 S.) n. 9 ngr.

Meuser's, H., Hülfsbuch beim Unterricht in der deutschen Sprache. Für Volksschulen und die unteren Klassen höherer Lehranstalten. 4. verb. Aufl. von H. Plate. gr. 8. (III, 188 S.) [Bremen 880, Kühtmann und Comp.] Norden, Fischer Nachf. *

Meuser, H., methodischer Leitfaden für den Unterricht in der deutschen Sprache in Volksschulen, ein Aufgaben- u. Uebungsbuch f. Schüler. 1. Hft. 8. (7¾ B.) Bremen 842, Schünemann's Verl. *

— dass. 2. Hft. (Auch unabhängig von dem ersten zu gebrauchen.) 8. (11¼ B.) Ebds. 842.

— Lesebuch für Volksschulen. Zum Gebrauch beim Lese- und Sprachunterricht, wie auch beim Unterricht in der Natur-, Erd- und Himmelskunde und der Geschichte. 1. Aufl. 1848. und 2. Aufl. 8. (VIII und 384 S.) Bremen 851, Kühtmann und Comp. *

Meuser, S.: Der deutsche Unterricht auf den unteren und mittleren Gymnasialklassen. 24 S. – Bochum Progym. Progr. 1871.

Meusezahl, C., Steppchen Capito oder die Reise in das Land der Dickköpfe. Zur heiteren Unterhaltung der muntern Jugend Lex.-8. (48 S. mit 20 in Farben gedr. lithogr. Bildern.) Poeneck 860, Thalmann.

Meusing, W.
Leichtfassliche Anleitung zu stöchiometrischen Rechnungen für angehende Chemiker und Pharmaceuten. Mit Vorrede von J. B. Trommsdorff. Erfurt, 1824. 8vo.

Meuser, Wilhelm [Oberl.]: Analyse et critique de l'Art poétique de Boileau ... Bad-Ems, Druck v. H. Ch. Sommer, 1892; 3—16 S. 4.
Bad-Ems, RPG, P 1892**

Meuser, *Wilhelm*: Nachruf zum ehrenden Andenken des am 28. August 1895 verstorbenen Oberlehrers Heinrich Hess. 4 (S. 22—24).
In Umwandlung zu einer Rsch. begriffn. Rprg. *Bad-Ems* 1896. Nicht im Tauschverkehr
Progr.

Meuser, Wilhelm [app. Arzt]: '[Aus d. medicin. Poliklinik in Jena.]' Ueber Neuritis nach Verletzungen ... Jena, Univ.-Buchdr. G. Neuenhahn, 1896; 27 S. 8.
Jena, Med. Fak., Inaug.-Diss. v. [22. Juli] 1896

Meusnier, Georges, die französische Juwelierkunst im J. 1900. Eine Sammlg. v. 168 Stücken auf 32 Lichtdr.-Taf. Fol. Stuttgart (901). J. Hoffmann. In Mappe n. 26. —

MEUSNIER de Querlon, Jean Gabr. (geb. 15. April 1702 zu Nantes, † 17. April 1780 zu Paris, geschätzter Journalist, Kritiker u. Kommentator wissensch. u. aesthet. Werke), Psaphione oder die Courtisane von Smyrna, ein antikes Sittengemälde. Deutsch von Franz Unger. Coethen-Anhalt, Robert Schumann, 1902. 8°. Illustr. Umschl. (Mk. 3—.) (1 Mk. 80 Pfg. Adolf Weigel, c. 1908.)
69 S. (incl. Vortit., Hauptit. u. 1 Bl. Vorw. d. Uebersetzers, de dato Wien—München, 1. III. 1902), 1 leere S., 1 weisses Blatt (nur: Druck von Robert Schumann, Cöthen).

Meuß, die Flotte Frankreichs, s.: Batsch, C. F.

Meuß, Ed., Ansprache und Gebet bei der gottesdienstlichen Einleitung des 50jähr. Jubelfestes der Universität Breslau am 3. Aug. 1861 in der St. Elisabethkirche. gr. 8. (15 S.) Breslau 861, Dülfer. Thlr. *

— die Fürbitte des Gekreuzigten für die Urheber seines Leidens. Predigt am Sonntage Invocavit im akadem. Gottesdienste zu Breslau gehalten. gr. 8. (15 S.) Breslau 860, Dülfer. *

Meuß, Ed., die gottesdienstlichen Handlungen v. individueller Bedeutung in der evangelischen Kirche, s.: Zimmer's Handbibliothek der praktischen Theologie.

Meuss, Eduardus: Παραφρασιών Jesu Christi usu ecclesiae publico receptorum historia. Vratislaviae: C. Dülfer (1865). (27 S.) 8° *[Buchausg. ebenda.]*
Breslau, Ev.-theol. Fak., Antr.-Progr. als ord. Prof. v. 12. Jan. 1865

Meuss, Eduardus: In parabolam Jesu Christi de oeconomo injusto denuo inquiritur. Vratislaviae: F. Hirt 1857. (92 S.) 8° *[Buchausg. ebenda.]*
Breslau, Ev.-theol. Fak., Antr.-Progr. als außerord. Prof. v. 2. Mai 1857

Meuß, Ed., Leben und Frucht des evangelischen Pfarrhauses vornehmlich in Deutschland. 8. (VII, 158 S.) Bielefeld 877, Velhagen und Klasing. *

Meuß, Ed., Lebensbild d. evangelischen Pfarrhauses vornehmlich in Deutschland. Ein Beitrag zur Kulturgeschichte u. Pastoraltheologie. 2. Aufl. v. „Leben u. Frucht d. evangel. Pfarrhauses". gr. 8. (X, 431 S.) Bielefeld 884. Velhagen & Klasing. n. 4. —; geb. n. 5. —

Meuß, Ed., unsere Stellung zur Schrift im Angesicht der heutigen Wissenschaft von der Schrift. Vortrag, auf der Pastoral-Conferenz zu Liegnitz am 1. Juni 1887 gehalten. 8. (47 S.) Breslau 887, Köhler. *

— das Weihnachtsfest u. die Kunst. Vortrag. Breslau 866. Mälzer. 8. (52 S.) n. 7½ ngr.

— das Weihnachtsfest und die Kunst. Ein Vortrag. 2. (Titel-) Aufl. 8. (52 S.) Gera (866)76, Reisewitz. *

Meuß, Ed., Wodurch haben wir in der Gegenwart, besonders als Theologen, uns der Wahrheit unseres Christenglaubens zu versichern? Vortrag, auf der Pastoral-Conferenz zu Liegnitz am 8. Juni gehalten, in theilweise erweiterter Gestalt hrsg. 8. (47 S.) Breslau 881, Köhler. *

Hans Meuss, H. Nerong Nachf., Hamburg: Verzeichnis verkäuflicher Münzen und Medaillen. (No. 4—6 ... Münzen, Medaillen, Orden etc. [Kopft.]) No. 1—6. [Nebst] Nachtr. zu 2—4. — (Hamburg 1908—09: Grefe & Tiedemann.) 8°

Meuss, Henricus *(geb. Breslau 8. 6. 1861)*: De ἀπαγωγῆς actione apud Athenienses. Vratislaviae (1884). (34 S.) 8° *[Im Buchhandel 1884 bei Köhler in Breslau.]*
Breslau, Phil. Diss. v. 7. Juni 1884

Meuss, Heinrich, Prof. Dr.: Mitteilungen über die Lehrerbibliothek. 1. Zur Geschichte der Bibliothek. II. Ältere Drucke der Bibliothek. Hirschberg 1905: Tageblatt. Buchdr. (S. 3—30.) 4°
Hirschberg, k. G OP 1905 (227)

Meuss, Heinrich, Prof. Dr.: Weitere Mitteilungen über die Lehrerbibliothek. Lutherdrucke u. and. kleine Schriften d. Reformationszeit. Hirschberg 1906: O. Dold. (S. 3—16.) 4° ¶ (Forts. d. P-Beil. 1905.)
Hirschberg Schl., k. G OP 1906 (237)

Meuss, Heinrich Der sogenannte Neid der Götter bei Herodot. 4 (21 S.). **Progr.** Ritter-Akad. *Liegnitz* 1888 (181)

Meuss, Heinr., der sogenannte Neid der Götter bei Herodot. 4. (21 S.) Liegnitz 888, (Reisner'sche Buchh.) *

Meuss, Heinrich, Dr.: Tyche bei den attischen Tragikern. *Hirschberg 1899: Tageblatt-Buchdr.* (S. 3—17.) 4°
Hirschberg i. Schl., k. G, OP 1899 (197)

Das Königliche Oberlausitzer Lehrerseminar zu Reichenbach in den ersten 50 Jahren seines Bestehens. 1858–1908. Mit 6 Bild. u. 1 Pl. (Verf.: Johannes **Meuß**.) Breslau: F. Hirt (1908). (148 S.) 8° [ß.] Ld. 1910

Meussburger H.: Quatenus C. in oratione pro Milone observaverit praecepta rhetorica. 20. Ried 82. **Progr.**

Meussdoerffer, Eduard, aus Kulmbach: Einwirkung der Chloressigsäuren auf aromatische primäre Hydrazine. Erlangen 1904: Junge & Sohn. (87 S.) 8°
Erlangen, Phil. Fak., Ref. Fischer, Diss. v. 20. Sept. 1904
[Geb. 14. Febr. 81 Kulmbach; Staatsangeh.: Bayern; Vorbildung: R.-Gymn. Nürnberg Reife 99; Studium: Erlangen 7 S.; Rig. 20. Sept. 04.]

Meußdoerffer, Franz, a. Kulmbach: Die rechtliche Bedeutung der Fakturaklauseln. Erlangen 1908: Junge & Sohn. (VIII, 64 S.) 8°
Erlangen, Jur. Fak., Ref. Sehling, Diss. v. 29. Juli 1908
[Geb. 3. Febr. 86 Kulmbach; Wohnort: Kulmbach; Staatsangeh.: Bayern; Vorbildung: Altes Gymn. Nürnberg Reife 04; Studium: Erlangen 5, München 1, Paris 1, Kiel 1 S.; Rig. 10. Juli 08.]

Meusser, A: Ueber Kobalt- und Nickel-Jodat. (Studien über die Löslichkeit der Salze. 8) Berlin 1901 (Mittheil. a. d. Physik.-Techn. Reichsanst.)

Meusser, A: Metallchlorate. (Studien über die Löslichkeit der Salze. 10) Berlin 1902 (Mittheil. a. d. Physik.-Techn. Reichsanst.)

Meusser, Adolf: Ueber Appendicitis und Typhlitis mit cachiertem und ungewöhnlichem Verlauf. *Jena: G. Fischer 1897.* (68 S.) 8°
Jena, Med. Diss. v. [22. Aug.] 1897

Meusser, Adolf, aus Spremberg (Lausitz): Zur Kenntnis der Erythronsäuren. Abbau des Isosaccharins. *Berlin (1901): E. Ebering.* (37 S.) 8°
Berlin, Phil. Diss. v. 16. Jan. 1901

Meusser, Ph. Wlh.

— Antrittspredigt in der Hauptkirche zu Spremberg gehalten. 8. Lübben 805. Gotsch. 3 gr.

Meusser, Ph. Wlh., moral. Exempelbuch des N. Testam., od. die christl. Tugendlehre in Gleichnißreden. gr. 8. Leipz. 804. Barth. 1 ₰ 12 gr.

Meuten, Anton, a. Cöln: Bodins Theorie von der Beeinflussung des politischen Lebens der Staaten durch ihre geographische Lage. Bonn 1904: C. Georgi. (61 S.) 8°
Bonn, Phil. Fak., Ref. v. Bezold, Diss. v. 11. Nov. 1904
[Geb. 14. Sept. 78 Hamburg; Heimatsort: Cöln; Staatsangeh.: Preußen; Vorbildung: Städt. Gymn. Cöln Reife O. 98; Studium: Bonn 2, München 1, Berlin 1, Bonn 5 S.; Rig. 24. Febr. 04.]

Meuterei, die, auf der preußischen Bark „Adolph Werner." Verklarung abgelegt vor dem Amte zu Bremerhaven (am 7. Novbr. 1853) von Capitain Chr. Heinr. Bunck und seiner Mannschaft. Bremen 853. J. G. Heyse. 8. (22 S.) 5 ngr.

Meuterei, e. kleine, s.: Bibliothek interessanter Erzählungen.

Meuterei, e. kleine, s.: Erzählungen aus Heimat u. Ferne.

Meuth, Dr. (kgl. Kantonsarzt) „Wie wäre in Bayern die Landwirthschaft am sichersten zu heben, und was könnten die Gewerbschulen dazu beitragen?" pg. 3—8. 4°. Gg. Ritter.
Zweibrücken, Progr. 1836/37

Meuth, C., Anleitung zur Fleischbeschau. Nach d. Erfahrn. d. Distrikts-Thierarztes Ant. Obermayer in Kaiserslautern, f. Physiker, Polizei-Beamte, Thierärzte u. Fleischbeschauer bearb. gr. 8. (10½ B.) Mannheim 833, (Löffler.)

Meuth, C., über das Fieber im Allgemeinen u. dessen besond. Formen. 8. Mainz 822. Kupferberg. 7 gr.

Meuth, C., Jahresschrift f. Lehrer, s. Jahresschrift.

Meuth, Herm., die Dampfmaschine u. Gas- u. Ölmaschinen, s.: Perry, John.

Meuth, Hermann: Kinetik und Kinetostatik des Schubkurbelgetriebes. 1905. 75 S., 6 Taf. 8° ¶ Aus: Dinglers Polytechn. Journal. Jg. 86. Bd 320.
Karlsruhe, Dr.-Ing.-Diss. v. 18. 3. 1905

Meuth, J. W., über die Vorsehung Gottes im Lichte des Glaubens u. der Vernunft. Zur Förderung wahrer Seelenruhe u. Tröstung im Leiden. Mainz 865. Haas. 8. (IV, 80 S.) 5 ngr.

Meutzel, C., Lexicon plantarum polyglotton universale. Cum figuris. 7. 5. f 1 rthlr. 12 gr.

Meutzner, das sächsische Wasserrecht, s.: Bibliothek des Verwaltungsbeamten. Bd. 4.

Meutzner, G., Eine lat. Abhdlg. über Horat. Od. I, 28. Pr. 1848. 24 S. 4°.

Meutzner, Karl Frdr. Ghold.

Meutzner, Carl Frdr. Ghold., commentatio de Lysiae oratione περὶ τοῦ σηκοῦ. gr. 4. (28 S.) Lipsiae 800. (Plauen. Hohmann.) n. 1. 20

Meutzner: De interpolationis apud Demosthenem obviae vestigiis quibusdam. 24 S. – Plauen G. u. R., Progr. 1871.

Meutzner, Ludwig Rudolf, bacc. jur., Ref. in Plauen: An welchen Gegenständen entsteht das gesetzliche Pfandrecht des Vermieters, des Verpächters und des Gastwirts? Borna-Leipzig 1906: R. Noske. (x, 72 S.). 8°
Leipzig, Jur. Fak., Diss. v. 18. April 1906
[Geb. 31. Juli 79 Schindlers Werk b. Bockau i. Erzgeb.; Wohnort: Plauen i. V.; Staatsangeh.: Sachsen; Vorbildung: Gymn. Schneeberg i. E. Reife O. 99; Studium: Freiburg i. B. 1, Leipzig 6 S.; Rig. 29. Jan. 03.]

Meutzner, Paul [Prof. Dr. Rekt.]: *Bericht über die Feier des 50jährigen Bestehens der Anstalt.* Annaberg, Buchdr. v. C. O. Schreiber, 1894; 36—39 S. 4.
Annaberg, k. RG nebst PG, OP 1894 (550)

—, *Bericht über die fünfzigjährige Jubelfeier der Anstalt.* 4 (S. 36—39).
Progr. Kgl. Rg. nebst Prg. *Annaberg* 1894 (550).

Meutzner, Paul, Lehrbuch der Physik im Anschluss an Prof. Weinholds physikalische Demonstrationen und Vorschule der Experimentalphysik. Ein Leitfaden für den physikal. Unterricht an höheren Lehranstalten. gr. 8. (XVIII, 286 S. mit zahlr. Holzschn.) Leipzig 887, Fues. geb. *

Meutzner, Paul. Lehrbuch der Physik im Anschluss an Prof. Weinholds physikalische Demonstrationen u. Vorschule der Experimentalphysik. Ein Leitfaden f. den physikal. Unterricht an höheren Lehranstalten. 2. verb. Aufl. gr. 8. (XX, 286 S. m. Holzschn.) Lpz. 890, Reisland. * 2 25; geb. ** 2 50

Meutzner, Paul, Lehrbuch d. Physik im Anschluss an Prof. Weinhold's physikal. Demonstrationen u. Vorschule d. Experimentalphysik. E. Leitfaden f. d. physikal. Unterricht an höh. Lehranst. 3., verb. Aufl. gr. 8. (XX, 286 S. m. Holzschn.) Leipzig 894. O. R. Reisland. Geb. n.n. 2. 50

Meutzner, Paul, Lehrbuch der Physik im Anschluss an Prof. Weinhold's physikal. Demonstrationen u. Vorschule der Experimentalphysik. Ein Leitfaden f. den physikal. Unterricht an höh. Lehranstalten. 4. umgearb. Aufl. gr. 8. (XVI, 286 S. m. Holzschn. u. 2 Taf.) Leipzig 899. O. R. Reisland. Geb. n.n. 2.50

Meutzner, Paul, Lehrbuch der Physik im Anschluss an Prof. Weinholds physikal. Demonstrationen u. Vorschule der Experimentalphysik. Ein Leitfaden f. den physikal. Unterricht an höh. Lehranstalten. 5. Aufl. (XVI, 286 S. m. Holzschn. u. 2 Taf.) gr. 8. Leipzig 903 O. R. Reisland. Geb. n. 2. 80

—— Leitfaden f. den chemischen u. mineralogischen Unterricht an Gymnasien. Mit 27 Holzschn. gr. 8. (VII, 69 S.) Ebd. 889. * 1 —

Meutzner, Paul [Prof. Dr. Rekt.]: Rede zur Feier des fünfzigjährigen Bestehens der Schule am 23. September 1893. Annaberg, Buchdr. v. C. O. Schreiber, 1894; 3—13 S. 4.
Annaberg, k. RG nebst PG, OP 1894 (550)

— Übersicht des Besuches der Schule und der einzelnen Klassen beim Abschlufs des Jahresberichts, seit Bestehen der Schule. 4 (S. 21—22 der Schuln.). Kgl. Rg. nebst Prg. *Annaberg* 1895 (560).
Progr.

Meutzner, P.: Untersuchungen im Gebiete des logarithm. Potentiales. 1874. 8°
Diss. Leipzig

Meutzner, Paul Untersuchungen hygienischer Verhältnisse des neuen Gebäudes der Fürsten- und Landesschule St. Afra. 31 S.
Progr. Fürst. *Meissen* 1884.

Meutzner, Paul Verzeichnis aller Lehrer, welche im Jahrzehnt 1884—1893 an der Anstalt gewirkt haben. 4 (S. 28).

Meuwsen, A(dolf), a. Witten a. d. Ruhr: Zwei Fälle von Luxatio humeri retroglenoidalis. Bonn 1906: J. Trapp. (33 S.) 8°
Bonn, Med. Fak., Ref. Bier, Diss. v. 7. März 1906
[Geb. 11. Juni 76 Elbach, Hessen-Nassau; Wohnort Witten; Staatsangeh.: Preußen; Vorbildung: Gymn. Dillenburg Reife M. 97; Studium: Bonn 4, Gießen 2, Berlin 1, Bonn 2 S.; Coll. 7. März 06; Approb. 2. Dez. 02.]

Mevakif, s.: Adhad-ed-din-el-igi.

Meyer A G. Eisenbauten ihre Geschichte u Ästhetik. (191 S 28 T) 4° Esslingen 1907

Meyer M W, eine Amerikafahrt 1492 und 1892. (Slg. d. Urania 18) Berlin 1893

Meyert, Ernst, e. Jahr zu Pferde. Reisen in Paraguay. 2. Aufl. gr. 8. (151 S.) Wandsbeck 883. Mencke & Co. n. 4. 50

Mevert, Ernst, der König von Münster. Hamburg 869. Hoffmann & Campe. gr. 8. (160 S.) n. 1 ₰

— die letzten Mierowinger. Sittenroman aus jüngster Vergangenheit. 3 Bde. 8. (239, 226 u. 215 S.) Ebend. 883. n. 12. —

Mevert, Ernst, die neuen Nibelungen. Zeitroman. 4 Bde. 8. (1118 S.) Hamburg 864, Hoffmann und Campe.

Mevert, Ernst: Reisebriefe aus Paraguay. ([S.-A.] Export. 1882. No 43—18.) Wandsbeck 1832. 18 S. 8°.

— Reisebriefe aus Paraguay. [Aus: „Export".] gr. 8. (18 S.) Ebend. 883. n. — 75

Mevert, Ernst, die Zernagorassen. Gedicht. 8. (152 S.) Bremen 860, Geisler. * —

Meves s.a. Mewes

Meves, das Gewerbe im Umherziehen nach der Bundes- u. preußischen Landes-Gesetzgebg. bearb. gr. 8. (VIII, 187 S.) Berlin 872. Guttenberg. n. 2. 80

Meves, s. Jahrbuch d. Entschdgn.

—— die Konkurs-Ordnung für das Deutsche Reich vom 10. Febr. 1877. gr. 8. (IV, 198 S.) Ebendas. 881. *

— d. Reform d. Militär-Strafprozessordnung u. ihre Litteratur. [Aus: „Das Recht".] gr. 8. (27 S.) München 897. Seitz & Schauer. n. — 50

Meves, Sachregister, s.: Jahrbuch der Entscheidungen auf dem Gebiete des Zivil- usw. Rechts.

Meves' neuer Spiritusberechner. Tabellen zur Verwandlung des Gewichts des Spiritus in Liter und Literprocente auf Grundlage der neuen Maß- und Gewichtsordnung für das deutsche Reich. Zum Gebrauch für Brennerei-Inhaber, Zoll- und Steuerbeamte, Kaufleute rc. 1.—3. Aufl. 1872—74, und 4., unter Ersetzung des Pfundes durch das Kilo als Gewichtseinheit vollständig neubearb. Aufl. gr. 16. (56 S.) Berlin 875, Wiegandt, Hempel und Parey. *

Meves' neuer Spiritus-Berechner. Tabellen zur Verwandlung des Gewichts des Spiritus in Liter und Literprozente auf Grundlage der neuen Maß- und Gewichtsordnung für das Deutsche Reich. 5. durchgeseh. Aufl. 8. (58 S.) Berlin 879, [Wiegandt, Hempel und Parey.] Parey. *

Meves' Spiritus-Berechner nach den neuesten Bestimmungen. 6., umgearb. Aufl. 12. (54 S.) Berlin 891. P. Parey. n. 1. —

Meves, s. Warneyer's Jahrbuch der Entscheidungen. A.

Meves, die Civil-Prozeß-Ordnung und die Zwangsvollstreckung in das unbewegliche Vermögen nach jetzt geltendem preußischen Recht. gr. 8. (XII, 536 S.) Breslau 881, Maruschke und Berendt. *

Meves, C. F., Vorlegeblätter zum Zeichnen für den ersten Unterricht. 1. und 2. Heft. 16. (à 42 lithogr. Bl.) Reval 849, Kluge's Verlag. à Heft 15 Ngr.

Meves, D. v., Vocabularium der gebräuchlichsten Wörter u. Ausdrücke der russischen u. deutschen Sprache. 16. (VII, 112 S.) Riga 876. Kymmel. n. — 80

Meves, Dem. Wass. v., die litterärischen Gäste in Rußland. Leitfaden. Dorpat 867. (Arensburg, Cupel.) gr. 8. (XI, 243 S.) n.n. 1 ₰

— die vaterländische Sprache. Leitfaden zum ersten Unterricht im Lesen u. Schreiben für die Schulkinder der balt. Provinzen. 1. Jahrg. Arensburg 868. (Riga, Deubner.) gr. 8. (232 S.) geb. n. 1 ₰ 4 ngr

Meves, E. Ausgewählte Lieder Béranger's in deutsche Verse übertragen und mit Erläuterungen versehen. Glogau, ev. G., 1884. 74 S. 4. Progr.

Meves, Ernst: Racine: Athalia, Aufzug I. und II. Probe einer metrischen Übersetzung. 4 (33 S.). Ev. G. *Gross-Glogau* 1888 (173). Progr.

Meves, *Ernst* [Oberl. Dr.]: Zwei Reden gehalten zur Schulfeier des 27. Jan. und des 2. Sept. 1890. Gross-Glogau, Druck v. Gloganer Druckerei-Ver., *1891;* 21 S. 4°
Gross-Glogau, k. Ev. G, OP 1891 (181)

Meves, Eug., Wie erkälten wir uns? und Licht in das völlige Dunkel der Entstehungs-Ursachen von Diphtheritis, Bräune, Katarrhen und anderen Erkältungs-Krankheiten. Volksverständliches. 2. verm. Aufl. gr. 8. (34 S.) Berlin 882, (Neuenhahn.) *

—— dass. — Schutz gegen Krankheiten. Volksverständliches [neue Ansichten]. 3. wesentlich verm., neu bearb. Aufl. gr. 8. (46 S.) (Ebendas.) 882. *

Meves, *Johann* Friedrich [app. Arzt, Assist. am anat. Inst. in Kiel]: Aus d. anatom. Institut in Kiel. Über eine Art der Entstehung ringförmiger Kerne und die bei ihnen zu beobachtenden Gestalten und Lagen der Attractionssphäre ... M. e. Taf. Kiel, Druck v. L. Handorff, 1893; 22 S., 1 Bl., 1 Taf. 8.
Kiel, Med. Fak., Inaug.-Diss. v. [18. Juli] 1893

Meves, Frdr., üb. e. Art der Entstehung ringförmiger Kerne u. die bei ihnen zu beobachtenden Gestalten u. Lagen der Attractionssphäre. Diss. gr. 8. 22 S. m. 1 Taf.) Kiel 893. (Leipzig, G. Fock.) n. 1. 20

Meves, Friedrich [Dr.]: (Aus d. anatom. Institut zu Kiel.) Über die Entwicklung der männlichen Geschlechtszellen von Salamandra maculosa ... Hierzu 5 Taf. (Aus: Arch. f. mikr. Anat., Bd. 48.) Bonn, F. Cohen, 1896; 1 Bl., 83 S., 5 Taf. 8.
Kiel, Med. Fak., Hab.-Schr. v. [18. Mai] 1896

Meves, Johann Ernst (Danzig), De limitibus defensionis in bello defensivo. Diss. Jur. Naturae. Präs. Jakob Friedrich Ludwig. [Halle] (Chr. A. Zeitler) 22. VI. 1706. 26 S. (4.—) 23151
Gew.: Andreas Borckmann, Daniel Schlief, Johann Albert Rosenberg, Johann Gottfried von Diesseldorf. — Widm. v.: Jakob Friedrich Ludwig.

— — De limitibus defensionis in bello defensivo, Von Denen Grentzen der Vertheidigung, in einem zur Beschützung zu führenden Kriege. Diss. jur. Präs. Jakob Friedrich Ludwig. Halle/Magdeburg (Hendel) 22. VI. 1706. 1747. (4.—) 23152
Widm. v.: Jakob Friedrich Ludwig.

Meves, Oskar

Meves, s.: Archiv f. Strafrecht.

Meves, O., die strafrechtlichen Bestimmungen in der deutschen Gewerbeordnung vom 21. Juni 1869 erläutert, s.a. Gesetzgebung, die, des Deutschen Reiches mit Erläuterungen.

Meves O, strafrechtl. Bestimmungen i. d. Gesetz üb. Kauffahrteischiffe, in d. Seemannsordnung u i. d. Strandungsordnung. M. Erläut. (Gesetzgeb. d. DR. III, 1) Erlangen 1877

Meves, O., die strafrechtlichen Bestimmungen im Gesetz, betr. die Nationalität der Kauffahrteischiffe **ꝛc. erläutert.**
s.: Gesetzgebung Die, d. Deutschen Reiches, m. Erläuterungen

Meves O, die strafrechtlichen Bestimmungen im Gesetz über das Postwesen. (Gesetzgebung des Deutschen Reichs III, 1) Erlangen 1877

Meves, strafrechtl. Bestimmgn. in d. Ges. betr. Postwesen v. 10. VI. 69. Erlangen 875.

— die strafrechtlichen Bestimmungen in dem Gesetz üb. das Postwesen d. Deutschen Reiches vom 28 Oktbr. 1871 erläutert,
s.: Gesetzgebung Die, d. Deutschen Reiches, m. Erläuterungen

— das Gesetz üb. die Wechselstempelsteuer vom 10. Juni 1869,
s.a. Gesetzgebung Die, d. Deutschen Reiches, m. Erläuterungen

Meves O, Gesetz über die Wechselstempelsteuer vom 10.6.69 mit Erläuterungen. (Gesetzgebung des Deutschen Reichs III, 1) Erlangen 1877

Mewes, Osc.: Gesetze über Markenschutz **u. Wechselstempelsteuer, strafrechtliche Bestimmungen über das Postwesen, in den seerechtlichen Gesetzen u. in der Gewerbeordnung. (Erlangen 1877.)**

(in: Die Gesetzgebung des Dt. Reiches mit Erl. hrsg. von Bezold. Th. 3, Bd 1.)

Meves O, das Reichsgesetz über Markenschutz vom 30. November 1874 mit Erläuterungen. (Gesetzgebung des Deutschen Reiches III, 1) Erlangen 1874

Meves, O., Schutz der Waarenbezeichnungen. Nach dem Gesetz vom 12. Mai 1894 bearb. 12. (XVII, 280 S.) Berlin 894. H. W. Müller. Kart. n. 3. 50

— die Strafgesetz-Novelle eingeleitet u. kommentirt, s.a. Gesetzgebung, die, des Deutschen Reiches mit Erläuterungen.

Meves O, die Strafgesetznovelle vom 26. Februar 1876 nebst Sachregister zum Reichs-Straf-Gesetzbuch m. Erläuterungen. (Gesetzgebung d.D.R.III, 2) Erlangen 1876

— die Straf-Prozeß-Ordnung für das Deutsche Reich vom 1. Febr. 1877. gr. 8. (VII, 312 S.) Breslau 882. Maruschke & Berendt. n. 6. —

Meves, Strafrecht f. d. Deut. Reich. Breslau 884.

Meves, O., das Strafverfahren nach der deutschen Strafprozeßordnung vom 1. Febr. 1877. gr. 8. (IV, 190 S.) Berlin 879, C. Heymann's Verlag. *

—— das Strafverfahren nach der deutschen Strafprozeß-Ordnung vom 1. Febr. 1877. 2. und 3. verm. Aufl. gr. 8. (IV, 219 S.) Berlin 880, C. Heymann's Verlag. *

Meves, Rud., das Urheberrecht (Die Gesetze zum Schutze des geist. u. des gewerbl. Eigentums u. das Gesetz gegen den unlauteren Wettbewerb), s.a. Handbibliothek, juristische.

Das Urheberrecht. Die Gesetze z. Schutze d. geistigen u. d. gewerbl. Eigentums u. d. Gesetz gegen d. unlauteren Wettbewerb, erl. durch d. Rechtsprechung von Rudolf **Meves**. Leipzig: Roßberg 1907. (VIII, 243 S.) 8° [F.]
— **Handbibliothek**, Juristische. Bd 108. [07. 8340

— Theodor, I. Ueber Oxyäthylendisulfonsäure und eine neue Bildung der Isäthionsäure. II. Untersuchung einiger Salze der Cyanessigsäure. Diss. Leipzig (L. Schnauss) (25. II. 1867). 17 Seiten. (—.—) **23153**

Meves, Wilhelm, aus Zwickau i. S.: Über die Einwirkung von Cyan auf aromatische Amine. *Dresden 1899: Lehmann.* (58 S.) 8°
Rostock, Phil. Diss. v. [3. Mai] 1899

Meves, Wilh., die Grösse und Farbe der Augen aller europäischen Vögel, sowie der in der palaearctischen Region vorkommenden Arten in systemat. Ordnung nach Carl J. Sundevall's Versuch einer natürl. Aufstellung der Vogelklasse. gr. 8. (IV, 74 S.) Halle 888. (Leipzig, Graubner und Larsen.) *

Meves, Wilh., s.: Heinrich Julius, des Herzogs v. Braunschweig, Comödia, Schwank vom dreimal geprellten Wirte.

Um's Jahr 1400 im Radauthale (bei Bad Harzburg). Dramat. Scherz von Wilhelm **Meves**. Harzburg: R. Stolle [um 1900]. (2 Bl.) 8° [Umschlagt. F.] [08. 189

—— kurzer Leitfaden zum Präpariren von Vogelbälgen und zum Conserviren und Ausstopfen der Vögel. 12. (28 S.) (Ebendas.) 888. *

Meves, Wilh. Des großen Königs Rekrut. Vaterländische Oper in 3 Aufzügen. Musik v. Max Clarus. (Textbuch.) 8. (54 S.) Braunschw. 889, Bruhn's Verlag. * — 50

Meville, Henri de

Méville, H. de, s.: Almanach, deutsch-nautischer.

— auf Back u. Schanze. Skizzen u. Federzeichngn. aus dem Seemannsleben. Mit Abbildgn. u. Zierstücken. gr. 8. (VIII, 109 S.) Rostock (902). C. J. E. Volckmann. n. 1. 80; geb. n. 2. 50

— um die Erde m. S. M. S. „Leipzig" zur Flaggenhissung in Angra-Pequena. Nach Tagebüchern u. m. 46 Illustr. v. E. Kohlhauer. gr. 8. (VII, 155 S.) Berlin (900). K. Siegismund. n. 3. —; geb. in Leinw. n. 4. —

Méville, H. de, die Handelsmarine u. ihre Laufbahnen. Ein Handbuch alles Wissenswerten über die Handelsflotte. Nebst e. Anh.: Auszug aus der neuen deutschen Seemannsordng. Mit 5 Farbendr. nach Aquarellen von Hans Bohrdt u. Willy Stöwer, zahlr. Vollbildern u. Textillustr., techn. Zeichnungen v. der Hand des Verf., Signalflaggen-Tafel, Karten der Dampfer-Linien der Hamburg-Amerika-Linie, des norddeutschen Lloyd u. a. 1. u. 2. Aufl. (VII, 192 S.) gr. 8. Rostock 903. 907. C. J. E. Volckmann Nachf. Geb. n. 3. 50

Deutsche Kriegsflotte. (Verf.: H. de **Méville**.) *Berlin: Imprimatur [1901].* (1 gefalt. Bl.) 8° [Umschlagt. F.]
= **Flugbogen**. No 2. [01. 8427

Méville, H. de (Nauticus), Motor-Jachten, s.a. Küster's autotechnische Bibliothek.

Motor-Jachten, ihre Einrichtung u. Handhabung von H[enri] de **Méville** (Nauticus). Mit 34 Abb. u. 2 Taf. Berlin: R. C. Schmidt & Co. 1908. (104 S.) 8°
= **Bibliothek**, Autotechnische. Bd 32. [08. 2040]

Méville, H. de, volle Segel, s.a. **Eckstein's Reisebibliothek.**

[F.] Volle Segel. Marinegeschichten v. H. de Meville. 1.—4. Taus. **Berlin**: R. Eckstein Nf. (1897). (126 S., 1 Bl.) 1 Bd 8°
= Reisebibliothek, Ecksteins. No 177.

– Taschenbuch der Navigation f. Motorbootführer, s.a Bibliothek, autotechnische.

Méville, H. de: Taschenbuch der Navigation für Motorbootführer. Berlin 1909. (Autotechn. Bibl. Bd 35) R. C. Schmidt

Mevius [Sachliches OW]

Mevius, Carl Friedrich von, der Vergessenheit entrissen . . . Altona u. Leipzig 1797. V: *Biel(e)feld, Detlef Frdr.* (LS) (GGr)

Mevius [Verfasser]

Mevius, Dav.: Synoptica tractatio de arrestis ex jurisconsultorum scriptis et Germaniae legibus moribusque collecta. Rostochii 1646.
— [Ed. nova u. d. Tit.:] Tractatus jur. de arrestis . . . Sedini 1866.
— [Ed. nov.] Lipsiae 1718.

Mevius, Dav., de arrestis. 4. Lips. 734.

— Bedenken üb. d. Fragen, so d. Zust., Abforder., u. verweig. Abfolge d. Bauersleute ⁊c. 4. Stett. (Horvath, Potsd.) 733.

Mevius, Dav.: Ein kurzes Bedenken über die Fragen so v. d. Zustand, Abforderung u. verwiederter Abfolge d. Bauersleute vorzukommen. *Stettin.* (656.) 721. 4.

Mevius, David. Rechtlich Bedencken von Contributions- und Exemptions-Sachen. 4°. Zelle, Hoffmann, 1697, 1721.

Mevius, David., Rechtlich Bedencken vom Zustand der Bauersleute. 4°. Stralsund 1656. 4°. Stettin, Kunckel, 1734.

Mevius, Dav.: Commentarior in jus Lubecense libb. V. c. praef. *Wolfg. Ad. Schöpfii. Ulm*, Stettin. 744. Fol. (4 Thl.)

— consilia posthuma, cur. Ott. Phil. Zaunschliffern. fol. Königsb. 717.

— decisiones s. codex mevianus. III Tmi. fol. Königsb. 703.

Mevius, Dav.: Jurisdictionis summi tribunalis regii, quod est Vismariae . . . super causis praecipuis de anno 1653. ad annum 1670. ad istud delatis, repraesentatae. Ed. 2., ex mss. autoris nona parte aucta. Francofurti et Stralesundi 1675.
— Ed. 5. [u. d. Tit.:] Decisiones super causis praecipuis ad summum tribunal regium Vismariense delatis. Francofurti ad M. 1705.
— Ed. 7. Just. Henn. Boehmer praem. proloquium de collectionibus usu et auctoritate decisionum. T. (1.) 2. 1740. 2 Bde

— decisiones sup. caussis praecip. ad tribunal regium Wismar. del. ed. L. I. F. Hoepfner. II Vol. 4. maj. Frcf. Varrentrapp. (Hahn, Hannov.) 791—94.

— discussio levaminum inopiae debitorum. 4. Lips. 718.

— **Commentar über die Bremischen Constitutiones, von wucherlichen Contracten. 4°. Stettin 1673. 4°. Erff., Ritschel, 1710. — Nebst den Bedencken von Contributionen. 4°. Erff., Ritschel, 1729.**

— Comment. v. wucherlich. Contracten. 4. Erf. Weber. 720.

— Nachdenken v. Bauersleuten u. ihr. Abforder. 4. Stettin. 720.

— Repertorium Mevianum, quo Dav. Mevii decisiones juxta ordinem Pandectarum exhibentur. o. O. u. J.

— resolutiones juris illustres c. Heroldi. 4. Halae. 721.

Mevius, L., wie ist der Unterricht in der Naturgeschichte zu erteilen?, s.: Abhandlungen, pädagogische.

Mevius, W., Lehrbuch der astronomischen Geographie, s.: Wetzel, Eduard.

Mevius, W., Methodik des Unterrichts im Rechnen u. in der Raumlehre. (Methodik des Volks- u. Mittelschulunterrichts. In Verbindg. m. namhaften Schulmännern u. unter Mitwirkg. v. E. Friedrich hrsg. v. Herm. Gehrig.) (IV, 144 S. m. 63 Fig.) gr. 8. Leipzig 905. B. G. Teubner. n. 1. 80

Methodik des Unterrichts im Rechnen und in der Raumlehre. Von W. **Mevius**, Sem.Oberl. Mit 63 Fig. Leipzig & Berlin: B. G. Teubner 1905. (IV, 144 S.) 8° [F.]
= **Methodik** d. Volks- u. Mittelschulunterrichts. 2, 1. [04. 1319]

— Naturgeschichte in Lebensgemeinschaften, s.: Kahnmeyer, L., u. H. Schulze.

Mevs, Wilhelm [aus Port au Prince a/Haiti]: Zur Legation des Bischofs Hugo von Die unter Gregor VII. . . . Greifswald, Druck v. F. W. Kunike (1887); 2 Bl. + 41 S. 8°
Greifswald, Phil. Fak., Inaug.-Diss. v. 3. Dez. 1887

Mevs, Wilh., zur Legation des Bischofs Hugo v. Die unter Gregor VII. Inaugural-Dissertation. gr. 8. (42 S.) Greifswald 887, Scharff Nachf. *

Mewaldt, Joh., Maximus Planudes u. die Textgeschichte der Biographien Plutarchs. (11 S.) Lex.-8. Berlin 906. (G. Reimer.) n. — 50
Sonderabdruck aus: „Sitzungsber. d. preuss. Akad. d. Wiss."

Mewaldt, Ioannes, Posnanius: De Aristoxeni Pythagoricis Sententiis et Vita Pythagorica. (*Vimariae 1904: R. Wagner iun.*) (56 S.) 8° ¶ (Soll fortgesetzt werden.)
Berlin, Phil. Diss. v. 23. Juli 1904

Mewald, Joa., de Aristoxeni Pythagoricis sententiis et vita Pythagorica. Diss. (57 S.) 8. Berlin 904. (Mayer & Müller.) n. 1. 20

Mewers, Io(annes) Frid(ericus) Aug(ustus): De hydrophobia. [Praeses:] C[hristianus] H[enricus] Theodorus Schreger. Halae (1824): Grunert. 32 S. 8°
Halle-Wittenberg, Med. Diss. v. 17. Nov. 1824
Geb. Berlin 24. 7. 1793. V. [auch in Schreger's Progr.]

Mewes, F. W., Worte der Mahnung für die Mission. 4. (31 S.) Ferdinandshof i. Pom. 878. (Berlin, Beck's Verlag.)

Mewes, G., die kaufmänn. Buchführung — einf. u. dopp. — f. d. Unterricht an Handelsschulen, z. Selbsterlerng. u. z. prakt. Gebrauch bei Einrichtg. u. Führg. v. Geschäftsbüchern, unt. Berücksicht. d. allgem. deutschen Handels-Gesetzbuches. gr. 8. (60 S.) Cüstrin II 896. Selbstverl. n. 1. 50

Mewes, H.

—— das Gewerbe im Umherziehen nach der Bundes- und preussischen Landes-Gesetzgebung bearb. gr. 8. (VIII, 187 S.) Berlin 872, Guttentag. *

Mewes, H., das Regulativ für die Gemeinde-Einkommensteuer in der Stadt Berlin. Durch das vollständ. Gesetz vom 11. Juli 1822, die Gesetze vom 18. Juni 1840 u. 1. Mai 1851, sowie nach den in Bezug auf Staats- u. Communal-Einkommensteuern ergangenen Rescripten etc. ergänzt. Berlin 869. (Rubenow.) gr. 8. (39 S.) baar 2½ ngr.

Mewes, H.: Über den Wert des Codex Blandinus vetustissimus für die Kritik des Horaz. — Berlin. — Friedr.-Werdersches G. — 24 S.

Mewes, K., Einführg. in d. Wesen d. Grammatik u. in d. Lehre v. d. Partikeln d. deutschen Sprache. gr. 8. (IX, 108 S.) Magdeburg 895. Heinrichshofen's Sort. n. 1. 80

Mewes, Karl: Ist Platons Kriton auch in philosophischer Hinsicht ein wichtiger Dialog? Magdeburg, Druck v. E. Baensch jun., 1890; 1 Bl., 29 S. 8°
Magdeburg, RG, OP 1890

— Leiden u. Freuden e. kriegsfreiw. hallenser Studenten v. Regiment Nr. 86 in d. Kriegsjahren 1870—1871. Nach d. Tagebuche u. Briefen an d. Eltern dargest. M. d. Bildnis d. Kaiserin u. 2 Karten. gr. 8. (X, 383 S.) Magdeburg 898. Leipzig, E. Schmidt. Geb. in Leinw. n. 5. —

Mewes, Oskar, s. Meves, Oskar

Mewes, R., Ueber die Dampfkesselfrage. Halle a. S. 1898. Fol.

Mewes, Rud., Dampfturbinen, deren Entwickelung, Bau, Leistung u. Theorie, nebst Anh. über Gas-Druckluftturbinen. (XII, 298 S. m. 375 Abbildgn. u. 1 Taf.) gr. 8. Berlin 904. M. Krayn. n. 7. 50; geb. n. 8. 70

— Dr. Eugen Dühring als wissenschaftl. Gladiator u. Plagiator. Nach Tatsachenmaterial. (46 S.) gr. 8. Berlin (N.W. 21, Pritzwalkerstr. 14) (903). R. Mewes. n. — 75

Mewes, Rud., d. Fortpflanzungs-Geschwindigkeit d. Schwerkraftstrahlen u. der. Wirkungsgesetze. gr. 8. (92 S. m. Abb.) Berlin 896. Fischer's technolog. Verl. n. 2. —

Mewes, R: Die Fortpflanzungs-Geschwindigkeit der Schwerkraftstrahlen und deren Wirkungsgesetze. 2. Aufl. Berlin 1896

Mewes, Rud. Kraft u. Masse, Bildner des Kosmos. (Identität der Naturkräfte.) I. Thl. gr. 8. (XVI, 66 S.) Berl. 892, Expedition der Immaterialgüter. * 2 —

Mewes, Rud., Kraft u. Masse, Bildner des Kosmos. (Identität der Naturkräfte.) 2 Thle. gr. 8. Berlin, A. Friedländer. n. 6. —; in 1 Lederbd. n. 8. —
1. (XVI, 66 S.) 892. n. 2. —. — 2. (IV, 160 S.) 894. n. 4. —.

Mewes, Rud., die Kriegs- u. Geistesperioden im Völkerleben u. Verkündigung des nächsten Weltkrieges. Eine astrologisch-physiolog. Skizze. 8. (61 S.) Berlin 897. R. Mewes. n. — 50

Licht-, Elektricitäts- u. X-Strahlen. E. Beitr. z. Erkl. d. Röntgenschen Strahlen. Von Rudolf **Mewes**, Ing. u. Phys. '(Vf. v. 'Kraft u. Masse')'. 2. Aufl. *Berlin: M. Krayn 1896.* (54 S.) 1 Bd 8. [97. 2433

— Licht-, Elektrizitäts- u. X-Strahlen. Beitrag zur Erklärg. der Aetherwellen. 2., bedeutend erweit. Aufl. gr. 8. (III, 131 S.) Berlin 899. M. Krayn. n. 2. 50

— d. elementare Physik d. Aethers (Kraft u. Masse). 2 Tle. [Titel-Ausg. v.: „M., Kraft u. Masse".] gr. 8. Ebd. 896. n. 5. —
1. (XVI, 66 S.) (892.) Einzelpr. n. 2. —
2. (IV, 160 S.) (894.) Einzelpr. n. 4. —

Mewes, R.: Die elementare Physik des Aethers (Kraft und Masse). T. 1. 2. Berlin 1896

Mewes, Rud., Theorie u. Praxis der Grossgasindustrie. I. Bd. 1. Hälfte. Geschichtliche Entwicklg. der Prinzipien der Mechanik u. Physik. — Grundgesetze der Thermodynamik. (XX, 403 S. m. Fig. u. 6 Taf.) Lex. 8. Leipzig (910). H. L. Degener. 18.—; geb. in Halbbuckram 20.—; in Halbsaff. 21. —

— s.: Turbine, die.

— Uebereinstimmung der Spannungs-, Volumen- u. Temperaturgesetze der Stoffe m. den Absorptions- bezw. Emissionsgesetzen der Aetherschwingungen. gr. 4. (19 S.) Berlin 900. R. Mewes. n. 1. —
Sonderabdruck aus: „Verhandlgn. d. Ver. zur Beförderung des Gewerbfleisses".

— Warnung für u. vor Rom. Erläuterungen zu A. Springer's Drama „Des Vaters Fluch". (29 S.) gr. 8. Berlin (NW. 21, Pritzwalkerstr. 14) (903). R. Mewes. n. — 30

Warnung für und vor Rom. Erläuterungen zu A. Springer's Drama 'Des Vaters Fluch'. Hrsg. von Rudolf **Mewes**. 2. verm. Aufl. *Berlin: R. Mewes [1903].* (32 S.) 8° [F.] [04. 1904

Zur Wehr gegen das Kaiserl. Patentamt. Zum Kampf für die deutschen Erfinder. Von Rudolf **Mewes**, Ingenieur, Berlin. *Berlin: R. Mewes [1902].* (80 S.) 8° [F.] [02. 5558

Mewes, W., ornithologische Beobachtungen, grösstentheils im Sommer 1869 auf e. Reise im nordwestlichen Russland gesammelt, der königl. Akademie der Wissenschaften zu Stockholm mitgetheilt den 14. Juni 1871, später, zum Zwecke dieser Übersetzg. m. Nachrichten versehen, die theils früher in schwed. Sprache erschienen, theils f. diese Arbeit niedergeschrieben wurden. Ins Deutsche übertr. v. Frau Mewes, geb. Lappe. Bearb. u. m. Anmerkgn. versehen v. E. F. v. Homoyer. gr. 8. (108 S.) Wien 886. (Braunschweig, Schulbuchh.) n.n. 2. —

Mewes, W., lateinisches Lesebuch, s. Geyer, P.

—— poetisches Lesebuch, s. Bonnell's lateinische Uebungsstücke.

Mewes, W., poetisches Lesebuch, s.: Geyer, P.

Mewes, W., Übungsbuch zum Übersetzen aus dem Deutschen in das Lateinische, s. Geyer, P.

— latein. Ubungsstücke, s.: Bonnell.

Mewes, W., lateinische Übungs-Stücke, s.: Geyer, P.

Mewes, Wilhelm [aus Mahlpfuhl (Prov. Sachsen)]: **Ueber einfach- und gemischt-halogen-substituirte Acetessigester sowie über ihr Verhalten zu Natriumalkoholat** . . . . Jena, Druck v. Julius Hossfeld, 1887; 33 + 1 S. 8°
Jena, Phil. Fak., Inaug.-Diss. v. 1887

Mewes, Wilhelm, über einfach- und gemischt-halogensubstituirte Acetessigester sowie über ihr Verhalten zu Natriumkoholat. Diss. Jena 1887, G. Neuenhahn. 8°. 33 S.

Mewes, Wilh., Bodenwerte, Bau- u. Bodenpolitik in Freiburg i. Br. während der letzten 40 Jahre, s.a. Abhandlungen, volkswirtschaftl., der bad. Hochschulen. VII, 3.

Mewes, Wilh., Bodenwerte, Bau- und Bodenpolitik in Freiburg i. Br. während der letzten 40 Jahre (1863—1902). Mit einem Vorwort von Carl Johs. Fuchs. gr. 8°. Karlruhe, G. Braunsche Hofbuchdr., 1905. (Volkswirtschaftl. Abhandlgen. d. bad. Hochschulen, Bd. 7, Heft 3.)

Mewes, Guil(elmus): • De Thucydidei operis libri octavi indole atque auctoritate. 75 [vielmehr: 76] S. 4° (2°)
Halle-Wittenberg, Phil. Diss. v. 8. Juli 1865
Geb. Freienwalde a. d. Oder (Kr. Oberbarnim) [19.4.] 1843. V.
Deutsche Bearb. ersch. u. d. T.: Untersuchungen über das achte Buch der Thukydideischen Geschichte. Brandenburg 1868: Müller. 40 S. 4° Ritterakad., Progr.

Mewes, Wilh., moderne Kunstverglasungen, zumeist m. Benutzung v. Kathedral-Opalescentglas. Vorbilder im Geschmack der Neuzeit f. Architekten, Kunstglaser, Glasmaler u. Kunstgewerbezeichner. 3 Serien. gr. Fol. Berlin, M. Spielmeyer. In Mappe à n. 15.—
1. 10 Lichtdr.-Taf. u. 1 farb. Taf. Nebst e. Einführg., sowie e. Anleitung zur Ausführung. (VI S.) (899.)
2. 10 Lichtdr.-Taf. u. 2 farb. Taf. Nebst e. Anleitung f. die Werkstatt. (IV S.) (900.)
3. 9 Lichtdr.-Taf. u. 3 farb. Taf. Nebst e. Anleitung zur Ausführung. (V S.) (901.)

Mewes: Untersuchungen über das achte Buch der thukydideischen Geschichte. 40 S.–Brandenburg Ri.A.. Progr. 1868

Mewes, Wilh., Untersuchungen über das achte Buch der Thukydideischen Geschichte. Brandenburg 868. Müller. 4. (40 S.) 7½ ngr.

Mewes, W. Über den Wert des codex blandinius vetustissimus für die Kritik des Horaz. 24 S. Progr. Fr. Werd. G. Berlin 1882

—— über den Wert des Codex Blandinius vetustissimus für die Kritik des Horaz. 4. (24 S.) Berlin 882, [Weidmann'sche Buchh.] Gaertner's Verlag. *

– s. Zeitschrift f. Sauerstoff- u. Stickstoff-Industrie.

Mewis, A., Preis-Tabellen für alle Getreide-Sorten von 1 Pfund bis 2000 Pfund. Ein Hülfsbuch für Landwirthe und Getreidehändler. 1. Aufl. (55 S.) 1873. * 75 Pf., und 2. nach dem neuen Münzsystem bearb. Aufl. 8. (64 S.) Prenzlau 874, Vincent. *

Mewis, A., Preis-Tabellen für alle Getreide-Sorten von 1 Pfund bis 2000 Pfund. Ein Hülfsbuch für Landwirthe und Getreidehändler. 3. und 4. verm. und verb. Aufl. 12. (III, 74 S.) Prenzlau 881,84, Vincent'sche Buchh. *

— **Preis-Tabellen** f. alle Getreide-Sorten von 1 Pfund bis 2000 Pfund. Ein Hülfsbuch f. Landwirthe u. Getreidehändler. 5. Aufl. gr. 16. (III, 74 S.) Prenzlau 890. Vincent. n. 1. —; cart. n. 1. 20

—— Rathgeber beim Ein- und Verkauf nach dem Gewicht von 1 Gramm bis 100 Pfund, im Preise von 10 Pf. pro 100 Pfund bis 100 Mark pro 100 Pfund. Ein unentbehrl. Hülfsbuch für Jedermann, besonders für Hausfrauen, Kauf- und Geschäftsleute. Bearb. nach dem neuen Münz-System. gr. 16. (IV, 46 S.) Prenzlau 875, Mieck. *

Mewis, A., drei Schülerhefte zum Gebrauch beim deutschen Sprach-Unterricht, s.: Stoffel, J.

Mewis, A., deutsche Sprachschule, s.: Stoffel, J.

—— Sprachstoffe für die ein- und zweiklassige Volksschule, s. Stoffel, J.

Mewis, Alb. Deutsche Buchführung f. mittlere u. kleine Geschäfte. 8. (62 S.) Schneidemühl 889. (Lpz., Giegler's Sort.) — 50

Mewis, Christian [prakt. Arzt]: Ueber puerperale Erkrankungen in der Strassburger Entbindungsanstalt. Strassburg, Buchdruckerei von R. Schultz u. Comp., Berger-Levrault's Nachfolger, 1874. 8. 63 S. u. 19 Taf.

Mewis, F. A., ausführliche Anleitung zur rationellen Aufzucht der Seidenraupe, s.: Bolle, Joh.

Mewis, Felix, Zempelburgensis: De Senecae philosophi studiis litterarum. Regimonti 1908: Hartung. (79 S.) 8°
Königsberg, Phil. Fak., Ref. Roßbach-Wünsch-Jeep, Diss. v. 24. März 1908
[Geb. 14. April 85 Zempelburg; Wohnort: Königsberg i. Pr.; Staatsangeh.: Preußen; Vorbildung: Gymn. Schneidemühl Reife O. 04; Studium: Berlin 4, Königsberg 4 S.; Rig. 4. Febr. 08.]

Mewis, Marianne, Bröms. Roman. (381 S.) 8. Dresden 910. E. Reißner. 5.—; geb. n 6. —

Mewis, Marianne, die Einfältigen. Kleine Geschichten in Vers u. Prosa. (V, 272 S.) 8. Berlin 904. F. Fontane & Co. n. 3. —; geb. n. 4. —

Marianne **Mewis.** Die Grenzwarte. Ein Metzer Roman aus überwundener Zeit. Berlin: F. Fontane & Co. 1905. (272 S.) 8° [F.] [05. 10.60

— Mette's Kinder, s.: Novellen, deutsche.

— Der große Pan. Roman. (461 S.) 8. Dresden 908. E. Reißner. 5.—; geb. 6. —

Marianne **Mewis.** Der Sonntagsmann. Novellen. *Berlin: F. Fontane & Co. 1903.* (359 S.) 8° [F.] [03. 15709

Mewlana Abdurrahman Dschami, der Frühlingsgarten. ت کن .ها رستان کی لاا اس Aus d. Pers. übertragen von Ottocar Maria Freih. v. Schlechta-Wssehrd. (Text u. Uebersetzung.) gr. 8. (XVI. 153 u. 117 S.) Wien 846. (Braumüller.) n. 3⅔ ₰

Mewlânâ Dschelâl-ed-din Rûmi, Doppelverse, s.: Mesnewi.

Mews, Karl, a. Essen ⟨Ruhr⟩: Die Geschichte der Essener Gewehrindustrie. Ein Beitr. z. Geschichte d. rheinisch-westfäl. Industrie. Essen-R. 1909: Fredebeul & Koenen. 95 S. 8°
Münster, Phil. Diss. v. 23. Juni 1909, Ref. Spannagel
[Geb. 15. Dez. 84 Cöln; Wohnort: Münster i. W.; Staatsangeh.: Preußen; Vorbildung: Oberrealsch. Essen Reife O. 04; Studium: Bonn 5, Münster 2 S.; Rig. 23. Dez. 08.] [U 09. 3603

Mews, P., wie das Kind das Rechnen lernt!, s.: Kinderbeschäftigungen nach Fröbel. 2.

Mexiko [Sachliches OW]

Mexico in Bezug auf Dt. Colonisation. Von G. v. S. — Bln: Central-Verein für die Dt. Auswanderungs- und Colonisations-Angelegenheit 1852. 36 S. (Vortrag in der öffentl. Sitzung des Centralvereins für die dt. Auswanderungs- und Colonisationsangelegenheit.)

Mexico. Historische Skizze von einem k. k. Offizier. gr. 8. (41 S.) Wien 864, Geitler. *

Mexico. Beschreibung der Staaten Durango, Jalisco, Zacatecas, Sinaloa, San Luis Potosi u. Queretáro. Hrsg. v. der Deutschen Kolonialgesellschaft. Lex.-8. (89 S.) Berl. 889, C. Heymann. * — 50

— und der Erzherzog Ferdinand Max. gr. 8. (14 S.) Wien 864, Markgraf und Müller. *

Mexico und die Mexicaner. London [1852]. V: *Sartorius, Chn.* (EB)

Mexiko [Schlagwort]

Mexiko, s.a. Amerika.

Mexiko, s.a. Eisenbahnkarten.

Mexiko, s.a. Hand- u. Reisekarten. 63.

Mexicanam — Mappa Geographica Regionem — et Floridam terrasque adjacentes, ut et Anteriores Americae Insulas cursus itidem et Reditus Navigantium versus flumen Missisipi et alias colonias ob oculos ponens, cura et sumptibus Tobia Conradi Lotteri, Geographi et Chalcographi Aug. Vindel. 1 : 9,000,000. 1 Bl.

Mexicani — Regni — seu novae Hispaniae, Floridae, Novae Angliae, Carolinae, Virginiae, et Pensylvaniae nec non Insularum, Archipelagi, Mexicani in America Septentrionali accurata Tabula exhibita à Joh. Bapt. Homanno. Noribergae 1712? 1 : 9,000,000. 1 Bl

Mexin, S[alomon]. Der Mädchenhandel. 8.
Ausg. A: Diss. Jur. Freiburg i. Ue. 80 S. Basel, Buchdr. Emil Birkhäuser, 1904.
Ausg. B: Social- und kriminalpolitische Studie. (Diss. Jur. Fr' i. Ue.) 81 S. Basel, Basler Buch- und Antiquariatsh., 1904. [fr. 1. 50]

Mexin, S., der Mädchenhandel. Social- u. kriminalpolit. Studie. (80 S.) 8. Basel 904. Basler Buch- u. Antiquariatshandlg. vorm. A. Geering. n. 1. 20

Mexique, Le, l'empire et l'intervention. Leipzig 1869. V: *Fischer, Augustin.* (BrVV)

Mexique, l'empire et l'intervention. Leipzig 869. Brockhaus' Sort. gr. 8. (VI, 55 S.) n. 15 ngr.

Mey

— s. a. **Mai, Malus, May.**

Mey, A., über den Zusammenhang zwischen Gewitterzügen u. Niederschlagsgebieten, s.: Veröffentlichungen des kgl. preuss. meteorologischen Instituts. Nr. 218. (Süring, R.)

Mey, Alfred: Experimentelle Beiträge zur Kenntnis der optischen Konstanten der Halogenverbindungen einiger Schwermetalle. O. O. u. J. (45 S.) 8°
Leipzig, Phil. Fak., Ref. Wiener-Des Coudres, Diss. v. 28. Aug. 1906
[Geb. 6. Juni 81 Neugersdorf i. S.; Wohnort: Neugersdorf; Staatsangeh.: Sachsen; Vorbildung: Realgymn. Zittau Reife O. 00; Studium: Leipzig 12 S.; Rig. 3. Juli 06.]

Mey, Änne, Burgschimmelchen. Eine Erzählg. f. die lieben Kleinen. Hrsg. im Auftrage des Vereins kathol. deutscher Lehrerinnen. 12. (160 S.) Münster 902. Alphonsus-Buchh. Kart. n. 1.—

Mey, Aenne, Burgschimmelchen. Eine Erzählg. f. die lieben Kleinen. 2. Aufl. Für die Unterstufe. (Jugend-Bücherei des Vereins kathol. deutsch. Lehrerinnen.) (160 S.) 12. Münster 904. Alphonsus-Buchh. Geb. n. — 80

— Dämmerstündchen bei der Märchenfee. Märchen u. Erzählgn. (III, 164 S. m. Abbildgn.) 8. Münster 904. Alphonsus-Buchh. Geb. n. 1. 50

Mey, Anne, Burgschimmelchens Lust u. Leid. Erzählung. Mit 4 Bildern v. W. Roegge jr. (144 S.) 8. Cöln (907). J. P. Bachem. 2.—; geb. in Leinw. 2. 50

— dasselbe, s.: Jugend-Bücherei des Vereins katholischer deutscher Lehrerinnen.

Mey, Aug., Bilder aus dem Hamburger Hafen. 8. (VII, 146 S.) Hamburg (899). Eckardt & Messtorff. n. 1. 50

Mey, Bened., Barabbas, s.: Dilettantenbühne, kathol.

Mey, Bened. Er ist verrückt. Lustspiel in 1 Aufzug. 12. (24 S.) Paderb. 892, Bonifacius-Druckerei. — 30

Mey, Bened. (Jos. Platz), der Esel
v. Schönau, s. Dilettantenbühne, Kathol.

— d. erste Gesellenverein in Elberfeld od.: D. Handelshaus Albert. Schauspiel in 4 Akten. 8. (162 S.) Münster 895. A. Russell. n. 1. —

Mey. Bernhard. Tierarzt aus Berlin: Das Pittylen, seine Wirkung und Anwendung in der Tierheilkunde. (Aus dem pharmakol. Institut der Königl Tierärztl. Hochschule zu Berlin. Vorstand: Prof. Regenbogen.) Berlin 1908. 44 S 8°. [5. XII. 08.]
Bern. Vet.-med. Diss. 1908/09.

Mey, Bernh., das Pittylen, seine Wirkung u. Anwendg. in der Tierheilkunde. (Aus dem pharmakol. Institut der königl. tierärztl. Hochschule zu Berlin. (43 S.) 8. Berlin 908. M. Günther. — 60

— das Postgeheimniß, s.: Dilettantenbühne, kathol.

Mey, C. Specialkarte der Umgegend v. Halle a. S. 1 : 60,000. Chromolithogr. qu. Fol. Lpz. 889, Pfeffer. * 1 20

Mey E u W Schimmelpfeng, e. Briefwechs. (d. Auskunftsw. betr.) Leipzig-Berlin 1892

Mey, Eduard: Die natürliche Bestimmung des Waldes und die Streunutzung. Ein Wort der Mahnung an die Gebildeten. Dürkheim 1869.

Mey, Edgar, üb. profuse Magenblutungen u. Hydrops anasarka als initiale Symptome d. Magencarcinoms. Diss. gr. 8. (39 S.) Cassel 891. (Jurjew [Dorpat], E. J. Karow.) n. 1. —

Mey, Friedrich, s. Aloisius Gonzaga spreto fortiter et gloriose mundo sociis Jesu se iungens.

Mey, Gottfried Adolph (Zuschendorf/Meißen), Ad decision. el. Saxon. XVIII. d. a. 1746. Diss. Präs. Heinrich Gottfried Bauer. Leipzig (Büttner) 25. IV. 1776. 8 S. (4.—) 23160

Mey, Gust., a biblia das escolas ou historia resumida do antigo e do novo testamento. Obra novamento refundida para uso das escolás catholicas. Illustr. com numerosas gravuras intercaladas no texto o com dois mappas da terra santa. Versão portugueza pelo Manuel de Azevedo Araujo e Gama. 8. (XVI, 258 S.) Freiburg i/B. 894. Herder. n. — 80; geb. in Halbleinw. n.n. — 92

Mey, Gust., a biblia das escolas ou historia resumida do antigo e do novo testamento. Obra novamente refundida para uso das escolas catholicas. Illustrada com numerosas gravuras intercaladas no texto e com dois mappas da terra santa. Versão portuguesa pelo Manuel de Azevedo Araujo e Gama. 2. ed. 8. (XVI, 258 S.) Freiburg i/B. 899. Herder. n. — 80; Kartonnage n.n.n. — 12

Mey, Gust., A biblia das escolas ou historia resumida do Antigo e do Novo Testamento. Obra novamente refundida par uso das escolas catholicas. Versão portuguesa pelo Manuel de Azevedo Araujo e Gama. 4. ed. (XIV, 258 S. m. Abbildgn. u. 2 Karten.) 8. Freiburg i/B. 905. Herder. n. — 80; Kartonnage n.n.n. — 12

— biblische Geschichte f. kathol. Volksschulen, s.: Schuster, J.

Mey, G., vollständige Katechesen f. die untere Klasse der katholischen Volksschule. Zugleich e. Beitrag zur Katechetik. 2. Aufl. gr. 8. (LI, 367 S.) Freiburg i. B. 872. Herder. n. 3. —

Mey, G., vollständige Katechesen für die untere Klasse der katholischen Volksschule. Zugleich ein Beitrag zur Katechetik. 3. verb. und verm. Aufl. (L, 395 S.) 1877: 4. Aufl. gr. 8. (XLIV, 383 S.) Freiburg i. Br. 879, Herder'sche Verlagsh. *

Mey, G., vollständige Katechesen für die untere Klasse der katholischen Volksschule. Zugleich ein Beitrag zur Katechetik. 5. Aufl. gr. 8. (XLVIII, 407 S.) Freiburg i. Br. 884, Herder'sche Verlagsh. *

Mey, G., vollständige Katechesen f. die untere Klasse der katholischen Volksschule. Zugleich e. Beitrag zur Katechetik. 6. Aufl. gr. 8. (XLVIII, 407 S.) Freiburg i/Br. 886. Herder. n. 3. —

Mey, G. Vollständige Katechesen f. die untere Klasse der katholischen Volksschule. Zugleich e. Beitrag zur Katechetik. Mit e. Anh.: „Der erste Beichtunterricht". 7. u. 8. neu durchgeseh. Aufl. 8. (XVI, 484 S.) Freib. i. Br. 890,92, Herder. * 3 —; geb. in Hlbfrz. * 4 50

Mey, G., vollständige Katechesen f. d. unt. Klasse d. kathol. Volksschule. Zugl. e. Beitrag z. Katechetik. M. e. Anh.: „D. erste Beichtunterr." 10., neu durchgeseh. Aufl. gr. 8. (XVI, 493 S.) Freiburg i/B. 898. Herder. n. 3. —; geb. in Halbfrz. n. 4. 50

— vollständige Katechesen f. die untere Klasse der katholischen Volksschule. Zugleich e. Beitrag zur Katechetik. Mit e. Anh.: „Der erste Beichtunterricht". 11., neu durchgeseh. Aufl. gr. 8. (XV, 509 S.) Freiburg i/B. 902. Herder. n. 3. —; geb. in Halbfrz. n. 4. 50

— vollständige Katechesen f. die untere Klasse der kathol. Volksschule. Zugleich e. Beitrag zur Katechetik. Mit e. Anh.: „Der erste Beichtunterricht". 12. Aufl. (XV, 509 S.) 8. Freiburg i/B. 906. Herder. n. 3. —; geb. in Halbfrz. n. 4. 50

— practische leerwijze voor het onderricht in den katechismus, voor kinderen van 7—10 jaren. Naar de 7. hoogduitsche uitgave door J. M. Vincent. 2 deele. gr. 8. (XII, 243 u. VI, 310 S.) Freiburg i/B. 894. Herder. n. 4. 40; in 1 Halbfrzbd. n. 5. 80

—— Libretto da messa per i devoti fanciulli. Tradotto dal tedesco di Franc. Chiminello. Con vignette di Lod. Glötzle. 12. (111 S.) Ebendas. 884. *
geb. *

— libretto da messa per i devoti fanciulli. Tradotto dal tedesco dal Francesco Chiminello. Con vignette di Lodovico Glötzle. Ed. 2. 16. (111 S.) Ebend. 886. n. — 60; geb. in Halbleinw. n. — 80; in Leinw. n. 1. —

Mey, G., librito de misa dedicado á los niños piadosos. Obra escrita en aleman. Con grabados de Luis Glötzle. 12. (115 S.) Freiburg i. Br. 888, Herder'sche Verlagsh. 60 Pf.; geb. *

— librito de misa dedicado à los niños piadosos. Obra escrita en alemán. Con grabados de Luis Glötzle. 16. (144 S.) Ebd. 890. — 60; geb. n. — 80

Mey, Gust., librito de misa, dedicado á los niños piadosos. Obra escrita en alemán. Con grabados de Luis Glötzle. 3. ed. 16. (144 S.) Freiburg i/B. 891. Herder. — 60; geb. n. — 80

— librito de miso dedicado à los niños piadosos. Obra escrita en alemán por M. 4. ed. castellana mejorada y aumentada por un padre de la compañia de Jesús. 16. (148 S. m. 43 Abb.) Ebd. 896. — 48; geb. in Halbleinw. n. — 68; in Leinw. m. Goldschn. n. 1. 08

— Librito de misa dedicado á los niños piadosos. 5. ed. castellana mejorada y aumentada por un padre de la compañía de Jesús. 16. (148 S. m. Abbildgn. u. 1 Farbdr.) Ebd. 901. Geb. in Halbleinw. n. — 68

— Librito de misa, dedicado á los minos piadosos. 6. ed. (VIII, 148 S. m. Abbildgn. u. 1 Farbdr.) 16. Freiburg i/B. (908). Herder. — 40; kart. — 60; geb. in Leinw. — 72; m. Goldschn. 1. —; in Ldr. m. Goldschn. 1. 40

—— Meß-Andacht für fromme Kinder. Auszug aus dem „Meßbüchlein". Mit (eingedr. Holzschn.-)Bildern von Ludw. Glötzle. 16. (42 S.) Ebendas. 883. *
geb. **

—— dass. — 2. Aufl. 16. (42 S.) Ebendas. 884. *
geb. **

—— Meß-Andacht für fromme Kinder. Auszug aus dem „Meßbüchlein". 3. und 4. Aufl. 12. (42 S. mit Bildern von Ludwig Glötzle.) Ebendas. 886,88. *
geb. ** 25 Pf. und **

—— Meßandacht für fromme Kinder. Auszug aus dem „Meßbüchlein". Mit Bildern v. Ludw. Glötzle. 5. Aufl., in kleinem Format. 24. (IV, 42 S.) Ebd. 891. * — 20; geb. in Kalbldr.-Imitation ** — 30 geb. in Hlbleinw. ** — 25

— dasselbe. Böhmische Ubersetzg. M. Bildern v. Ludw. Glötzle. 16. (42 S.) Ebd. 894. n. — 25; geb. n. — 33

— Meß-Andacht f. fromme Kinder. Auszug aus dem „Meßbüchlein". Mit Bildern v. Ludw. Glötzle. 6. Aufl., in kleinem Format. 16. (42 S.) Ebd. 894. n. — 20; geb. in Kalbldr.-Pap. n.n. — . 25; in Halbleinw. n.n. — 25

— Meß-Andacht f. fromme Kinder. Auszug aus dem „Meßbüchlein" v. M. M. Bild. v. Ludw. Glötzle. 8. Aufl. 16. (42 S.) Ebd. 898. n. — 20; geb. in Halbleinw. od. Ldr.-Imitation n. — 25

— Meß-Andacht f. fromme Kinder. Auszug aus dem „Meßbüchlein" v. M. Mit Bildern v. Ludw. Glötzle. 10. Aufl. 32. (42 S. m. farb. Titelbild.) Ebd. (902). Geb. in Halbleinw. od. Ldr.-Imitation n. — 25

— Meß-Andacht f. fromme Kinder. Auszug aus dem „Meßbüchlein" v. M. Mit Bildern v. Ludw. Glötzle. 11. Aufl. (42 S. m. farb. Titelbild.) 32. Ebd. (904). Geb. in Halbleinw. oder Ldr.-Imitation. n. — 25

— Meßandacht f. fromme Kinder. Auszug aus dem „Meßbüchlein". Mit Bildern v. Ludw. Glötzle. 12. Aufl. (II, 42 S.) 16. Ebd. (908). — 20; kart. od. geb. — 25

Mey, G., Meßbüchlein für fromme Kinder. Mit Bildern von Ludw. Glötzle. 1.—3. Aufl. gr. 16. (111 S. mit eingedr. Holzschn.) Freiburg i. Br. 874, Herder'sche Verlagsh. geb. *
Feine Ausg. mit Einleitung (XLIV S.) geb. *

—— Meßbüchlein für fromme Kinder. Mit (eingedr. Holzschn.-) Bildern von Ludw. Glötzle. 4. Aufl. (111 S.) 1877; 5. und 6. Aufl. gr. 16. (112 S.) Ebendas. 877,79. 40 Pf.; cart. *

—— Meßbüchlein für fromme Kinder. Mit (eingedr. Holzschn.-) Bildern von Ludw. Glötzle. 7. und 8. Aufl. 16. (112 S.) Ebendas. 881,82. *
geb. **

—— dass. — 8. Aufl. (Ausg. mit Einleitung.) 16. (XLIV, 112 S.) Ebendas. 882. cart. *

Mey, G., Meßbüchlein für fromme Kinder. Mit eingedr. (Holzschn.-)Bildern von Ludw. Glötzle. 9. Aufl. 16. (108 S.) Freiburg i. Br. 884, Herder'sche Verlagsh. *
geb. **

—— Meßbüchlein für fromme Kinder. 10. und 11. Aufl. 12. (108 S. mit Bildern von Ludw. Glötzle.) Ebendas. 885,87. *
geb. in Halbleinw. **
geb. in Leinw. mit Goldschn. **
Holländische Uebersetzung des Vorstehenden, s. Misboekje.

—— dass. — Mit einer Einleitung über Zweck, Einrichtung und Gebrauch des Büchleins. 12. (XLIV, 108 S.) Ebendas. 887.
geb. in Halbleinw. mit Goldtitel **

—— Meßbüchlein f. fromme Kinder. Mit Bildern v. Ludw. Glötzle. 12.—14. Aufl. in kleinem Format. 24. (IV, 140 S.) Ebd. 890—92. * — 30; geb. von ** — 40 bis ** 1 —

— Meßbüchlein f. fromme Kinder. Mit Bildern v. Ludw. Glötzle. 15. Aufl., in kleinem Format. 16. (140 S.) Ebd. 894. n. — 30; geb. in Kalbldr.-Pap. n.n. — 40; in Leder-Imitation n.n. — 50; in Halbleinw. n.n. — 40

— Meßbüchlein f. fromme Kinder. M. Bild. v. Ludw. Glötzle. 17. Aufl. 32. (140 S.) Ebd. 897. n. — 30; kart. n.n. — 40; geb. in Halbleinw. n.n. — 40; in Leinw. m. Goldschn. n.n. — 80; Ausg. m. Einleitg. (4. Aufl.) (LXVIII, 140 S.) Geb. in Halbleinw. n.n. — 70; Einleitg. allein n. — 20

— dasselbe. Polnische Ubersetzg. 16. (156 S. m. 1 Farbdr.) Ebd. (900). Geb. n. — 65

— Meßbüchlein f. fromme Kinder. Mit Bildern v. Ludw. Glötzle. 23. Aufl. 16. (140 S. m. farb. Titelbild.) Ebd. 902. n. — 30; geb. n. — 40

— Meßbüchlein f. fromme Kinder. Mit Bildern von Ludw. Glötzle. 25. Aufl. (140 S.) 16. Ebd. (905). n. — 30; geb. n. — 40

Mey, Gust., Meßbüchlein f. fromme Kinder. Mit Bildern v. Ludw. Glötzle. 28. Aufl. (144 S.) 16. Freiburg i/B. (909). Herder. Geb. — 40; in Leinw. — 55

— misboekje voor godvruchtige kinderen, met 43 Gravuren. Naar het Hoogduitsch in het Nederlandsch vertaald en bewerkt door J. H. Wijnen. 3. Uitgave, 16. (VIII, 162 S.) Ebd. 893. n. — 50; geb. in Halbleinw. n. — 70; in Leinw. m. Goldschn. n. 1. 30

— Misboekje voor godvruchtige kinderen. Naar het hoogduitsch in het nederlandsch vertaald en bewerkt door J. H. Wijnen. 4. uitg. (X, 161 S. m. 43 Abbild. u. farb. Titelbild.) 16. Ebd. (908). — 50; geb. in Leinw. — 80

—— s.a. Religionsunterricht, der, f. die ersten Schuljahre.

— d. Religionsunterricht f. d. ersten Schuljahre nach d. Katechesen v. M. 12. (51 S.) Ebd. 893. n. — 20

— der Religionsunterricht für die ersten Schuljahre nach den Katechesen. (Neuer Abdr.) 12. (51 S.) Ebd. 901. Kart. n.n. — 25

— der Religionsunterricht f. die ersten Schuljahre nach den Katechesen v. M. (50 S.) kl. 8. Ebd. (904). n. — 20; Kartonnage n.n.n. — 05

Mey, Gust. Der Religionsunterricht für die ersten Schuljahre, nach den Katechesen v. M. Freiburg i. B. Herder [1907].

Mey, H. v. Karte der Umgebung v. Aachen u. Burtscheid, auf Grund der Generalstabskarte u. sonst vorhandener Spezial-Karten u. Pläne nach der Natur bearb. 1886 – 1890. 1 : 25,000. Lithogr. Imp.-Fol. Aachen 890, (Barth). ** 4 —

Mey, Heinr., zur Kenntniss d. Hämoglobingehaltes d. Blutes beim Typhus exanthematicus. Diss. gr. 8. (28 S.) Jurjew (Dorpat) 891. (E. J. Karow.) n. 1. —

Mey, J. H., Charakterzüge, Anekdoten u. besondere Lebensumstände d. heil. Elisabeth, während ihres Aufenthaltes auf Wartburg. 8. Cassel 822. Luckhardt. 10 gl

Mey, J. H. Vaterlandskunde: histor.-topogr. Bemerkungen über die Stadt Eisenach u. ihre nächsten Umgebungen. 8. Eisenach 1821. 2.25.

Mey, J. H. Zeit- u. Regentengeschichte der Stadt u. des Fürstenthums Eisenach 1070 – 1825. 8. Eisenach 1826.

MEY, Johann Jakob: Anweisung zur wilden Baumzucht für das kleine Nutzholz in der Landwirthschaft, wie auch von Anpflanzung und gehöriger Abholzung der Weiden, als der 3. Theil der physikalisch-ökonomischen Baumschule zum Besten der Landwirthe deutlich und handleitend abgefasst. - Stettin 1792. 60 S., 1 Taf.

Mey, K. G., Jugendbilder. gr. 8. Eisenach 843, Bärecke. 1⅓ ß

Mey, Karl, aus Wandersleben (Kr. Erfurt): Über das Kathodengefälle der Alkalimetalle. *Berlin (1902): G. Schade.* (35 S.) 8° Berlin, Phil. Diss. v. 22. Dez. 1902

Mey, Karl Günther

Mey, Carolus Güntherus: Quae in Platonis Phaedone de immortalitate animi proferentur sententiae, earumque sit ordo, quae ratio ita declaretur ut etiam dicta nonnulla difficiliora ad eam rem pertinentia tractentur.
Halle-Wittenberg, Phil. Diss. v. 7. Apr. 1827
Geb. [Eisenach 21. 12. 1804]
Ms. fehlt.

Mey, Kurt

Mey, Curt, der Meistergesang in Geschichte u. Kunst. Erklärung der Tabulaturen, der techn. Ausdrücke u. der Gebräuche der Meistersinger, nebst Erläutergn. zum Verständnis der „Meistersinger v. Nürnberg" R. Wagners. Mit wesentl. Benützg. der Nürnberger Chronik v. Chrph. Wagenseil u. anderer Quellen. gr. 8. (IV, 126 S.) Karlsruhe 892. (Th. Ulrici.) n. 2. —

Mey, Curt, der Meistergesang in Geschichte und Kunst. Ausführliche Erklärg. der Tabulaturen, Schulregeln, Sitten u. Gebräuche der Meistersinger, sowie deren Anwendg. in Rich. Wagners „Die Meistersinger v. Nürnberg". Mit 2 Fcsm.-Beilagen nach Hans Sachs u. Hans Vogel. 2., auf Grund handschriftl. Quellenforschgn. u. anderer Studien gänzlich umgearb. u. wesentlich verm. Aufl. gr. 8. (XVI, 392 S.) Leipzig 901. H. Seemann Nachf. n. 10. —

— die Musik als tönende Weltidee. Versuch e. Metaphysik der Musik. 1. Tl.: Die metaphys. Urgesetze der Melodik. gr. 8. (X, 398 S.) Ebd. 901. n. 10. —

Mey, M. E., und Rud. Thum, neue französische Grammatik für den Kaufmann sowie für Gewerbtreibende. Zum Gebrauch in Handels-, Gewerb- und Realschulen sowie zum Selbstunterricht. 1. Aufl. 1871, und 2. verb. Aufl. br. 8. (VIII, 268 S.) Leipzig 875, Spamer. *

Mey, M. F., und Rud. Thum, neue französische Grammatik für den Kaufmann und Gewerbtreibende. Zum Gebrauch in Handels- und Gewerbschulen, sowie zum Selbstunterricht. Alle Beispiele und Uebungssätze sind der Geschäftssprache entnommen, so dass die Grammatik sogleich in die Handelskorrespondenz einführt. 3. verb. Aufl. gr. 8. (VIII, 270 S.) Leipzig 881, Spamer. * geb. *

—— dass. — 4. verb. Aufl. gr. 8. (VIII, 261 S.) Leipzig 884, Gloeckner. *ℳ 2,25.; geb. *

Mey, M. E., u. Rud. Thum, neue französische Grammatik f. den Kaufmann u. f. Gewerbtreibende. Zum Gebrauch in Handels- u. Gewerbschulen, sowie zum Selbstunterricht. Alle Beispiele u. Uebungssätze sind der Geschäftssprache entnommen, so dass die Grammatik zugleich in die Handelskorrespondenz einführt. 5. Aufl. gr. 8. (VIII, 261 S.) Leipzig 886. Gloeckner. n. 2. 25; geb. n. 2. 75

Mey, M. E., und Rud. Thum, neue französische Grammatik für den Kaufmann und für Gewerbtreibende. Zum Gebrauch in Handels- und Gewerbschulen, sowie zum Selbstunterricht. Alle Beispiele und Übungssätze sind der Geschäftssprache entnommen, so dass die Grammatik zugleich in die Handelskorrespondenz einführt. 5. Aufl. gr. 8. (VIII, 261 S.) Leipzig 887, Gloeckner. *ℳ 2.25; geb. *

Mey, M. E., u. R. Thum, neue französische Grammatik f. den Kaufmann u. f. Gewerbtreibende. Zum Gebrauch in Handels- und Gewerbschulen, sowie zum Selbstunterricht. 6. Aufl. gr. 8. (VIII, 261 S.) Leipzig 889. Gloeckner. n. 2. 25; geb. n. 2. 75

Mey, Max, zur Aetiologie u. Therapie der Lungenschwindsucht. gr. 8. (26 S.) Leipzig 875. Hirschfeld in Comm. — 75

Mey Oscar: Ueber die Darstellung binärer Formen auf den Normcurven .... Greifswald, Druck v. F. W. Kunike, 1886; 2 Bl. + 40 S. 8°. Königsberg, Phil. Fak., Inaug. Diss. v. 14. [handschr. 15.] Okt. 1886.

Mey, Oscar, über die Darstellung binärer Formen auf den Normcurven. Diss. Königsberg i. Pr. 1886, Gräfe & Unzer. 8°. 40 S.

Mey, Osc., die Berliner Gemeindeschule u. die Sozialdemokratie. Eine pädagog. Skizze. gr. 8. (32 S.) Berlin 893. Bibliograph. Bureau. n. — 50

Mey, Osc., Kraftbedarf mechanischer Webstühle unter besond. Berücksicht. der Baumwoll-, Jute-, Leinen-, Segeltuch-, Kammgarn-, Tuch- u. Buckskin-Branche. Ein Hilfsbuch f. mechan. Webereien, Webstuhlfabriken, Webschulen u. Weberei-Techniker. Auf Grund v. üb. 400 dynamometr. Versuchen bearb. gr. 8. (V, 72 S. m. Abbildgn. u. 8 Tab.) Dresden 892. G. Kühtmann. n. 6. —

(B) Mey, O., Kraftbedarf mechan. Webstühle. 892. (KBL 28.) Jetzt: Leipzig, H. A. L. Degener.

— die Schulen u. der organische Bau der Volksschule in Frankreich m. Berücksicht. der neuesten Reformen. gr. 8. (IV, 226 S.) Ebd. 893. n. 3. —

Mey, Osc., Frankreichs Schulen in ihrem organischen Bau u. ihrer historischen Entwicklung, m. Berücksicht. der neuesten Reformen. 2., vollst. umgearb. u. wesentlich verm. Aufl. gr. 8. (XII, 222 S.) Leipzig 901. B. G. Teubner. n. 4. 80

Mey, Otto, das Schach-Spiel, seine Erlernung und seine Gesetze, wie sie seit hunderten von Jahren von allen schachspielenden Völkern befolgt und anerkannt worden sind. Nebst einigen Abbild. (auf einer Holzschntaf.) und 25 ausführl. Schach-Spielen. 8. (36 S.) Königsberg 872, (Beyer.) **

Moy, Paul, a. Reval: Aus d. med. Klinik in Tübingen. Blutdruck und Filtratstickstoff bei chronischer interstitieller Nephritis. Cassel 1908: Weber & Weidemeyer. (29 S.) 8°
Tübingen, Med. Fak., Ref. Romberg, Diss. v. 9. Juli 1908
[Geb. 8. Juli 85 Reval; Wohnort: Reval; Staatsangeh.: Rußland; Vorbildung: Petri-Realsch. Reval Reife O. 03; Studium: Petersburg 4, Marburg 3, Königsberg 1, Tübingen 3 S.; Rig. 9. Juli 08.]

Meybaum, A. F., die Wunder des Galvanismus in seiner Einwirkung auf die Vegetation, od. auf Versuche begründete Vorschläge u. Anweisungen, das elektrische Fluidum in großem Maßstabe bei dem Ackerbau anzuwenden ꝛc. 8. (32 S.) Halberstadt 847, Lindequist u. Schönrock. n. ½ ℛ

Moybom, H., Walbeckische Chronica d. i. Bericht von dom Goschlocht dor Grafon zu Walbeck etc. Helmstadt 1619. 4. — 2. Aufl. vermehrt von C. F. Dingolstädt u. C. Abel. Helmstädt 1749. 4.

Meyboom, H., deutsche u. internationale Rekordlisten. s Borchard, Heinr., das Training des Schwimmers.

Meyboom, Lud. Suson Petrus

—— de ideis et rebus in facto positis, in re christiana apte conjunctis. Comment. 8maj. (14¼ B.) Groningae 840, Wolters. (Lipsiae, Friese.)

Meyboom, Lud. Suson Petr., de Francisi Hemsterhusii meritis in philosophiae loco de Deo hominisque c. Deo conjunct. explicando. Comment. 8maj. (13¼ B.) Groningae 840, Wolters. (Lipsiae, Friese.)

Meybord, Bernhard. Geschichte des Plattdütschen Volksfest-Vereins von NY und Umgegend ... NY, 1892.

Meybrinck, Ernst

Meybrinck, E., die Auffassung der Antike bei Jaques Milet, Guido de Columna u. Benoit de Ste-More, s. a. Ausgaben u. Abhandlungen aus dem Gebiete der romanischen Philologie.

Meybrinck, Ernst [aus Erfurt]: Die Auffassung der Antike bei Jacques Milet, Guido de Columna und Benoit de Ste-More, mit besonderer Berücksichtigung der Kampfscenen und religiösen Gebräuche .... (Ausg. u. Abh. a. d. Geb. d. roman. Philol. Heft LIV.) Marburg, Druck v. Joh. Aug. Koch, 1886; 69 S. 8°.
Marburg, Phil. Fak., Inaug.-Diss. v. 31. Mai 1886.

Meybrinck, *Ernst* [Dr.]: Auswahl französischer Synonyma für die höhere Mädchenschule. Kiel, Druck v. H. Flencke, 1894; 1—28 S. 4.
Kiel, st. HM, P 1894**

Meybrink, (Aug. Frdr.), (E.) Zimmermann, M. Reichenheim, Berichte über die Pariser Gewerbe-Ausstellung im J. 1849. Veröffentlicht von den Aeltesten der Kaufmannschaft in Berlin. gr. 4. (40 S.) Berlin 850. (Springer.) 6 ℛ

Meybrink, F. C., der vollkommene Weinkellermeister od. gründl. Anleitung zur Behandlg. d. Weine für Weinbergbes., Gastwirthe ꝛc. nebst ein. Anh. zur Fertigung v. Obstweinen u. abgezogenen Branntweinen auf kaltem Wege. 8. (3 B.) Weißensee 845, Großmann.

Meybrink, Zimmermann, Reichenheim, M. Berichte uber die Pariser Gewerbe-Ausstellung im Jahre 1849. Berlin 1850. 4.

Meyburg, August, approb. Arzt aus Greiz i. Vogtl.: Über das Verhalten des Rückenmarks bei Frakturen der Wirbelsäule. *Halle a. S. 1901: C. A. Kaemmerer & Co.* (41 S.) 8°
Halle, Med. Diss. v. 23. März 1901

Meyburg, Heinrich (geb. am 7 März 1853 in Jülich): Ueber Milzbrand . . . Bonn, Druck v. C. Georgi 1875. 3 Bl., 31 S. 8.
Bonn, Med. Fak., Diss. v. 24 Juli 1875

Meycke, Cph. And.

— De auditoribus jurisconsultorum programma. Altona. 1739. 4. P.

— Ad leg. tab. de jure crediti perseqvendi adversus confessum et judicatum confessio. Altonæ. 1764. 4. P. (Progr.).

— Diss. juridica de differentiis juris naturalis et civilis. Altonæ. 1740. 4. P. (Progr.).

— De felicitate hominum ingenio qvæsita. Altonæ. 1751. 4. P. (Progr.).

— De jure matrimonii, qvale Romulus invexit. Altonæ. 1768. 4. P. (Progr.).

— De jure Weichbildico diss. epistolaris. Altonæ. 1743. 4. P. (Progr. i Anledn. af B. L. V. v. Schomburgs Fødselsdag).

— De diverso modo ferendi leges sub regibus et libera republica Romana ad L. 2 § I. De or. jur. prolusio. Altonæ. (1753). 4. P.

— Observationes nonnullæ de defectu actuum sine sollemnitate juris explicatorum. Altonæ. 1759. 4. P. [Resp. Jac. Frid. Hoppe].

— De regni Germanici origine diss. Altonæ. 1743. 4. P. [Resp. Gottfr. Schütze].

— Exercitatio juris naturalis de possessione ejusque effectibus. Altonæ. 1769. 4. P. (Progr.).

— Diss. de naturali principio usucapionis et præscriptionis. (Altonæ). 1754. 4. P. [Resp. Tob. Axel Ambrosius].

MEYCKE, CPH. AND., Oratio inaug. de singulari summi numinis providentia circa jurisprudentiam Romanam. Hamburg. 1739. 4. P. (Progr.).

— De vero sensu legis XII. tab. paterfamilias uti legasit. Altonæ. (1758). 4. P. (Progr.).

— De tabula Marliani, in qua leges Romuli recensentur. Altonæ. 1747. 4. P. (Progr.).

— Diss. jur. inaug. de tentamine concordiæ inter litigantes optimo minuendarum litium remedio. Kilonii. 1748. 4. [Praes. Jo. Car. Henr. Dreyer].

— Theses ex jure naturæ et gentium deprompta. Altonæ. 1765. 4. (Progr.).

— Theses juridicæ. Altonæ. 1755. 4. P. (Progr.).

— Theses juris naturæ et gentium. Altonæ. 1757. 4. (Progr.). — Bergis. 1762. 4. (Progr.).

Meydam, T. Die militairischen Verhältnisse der Schweiz. Berlin 1856. 8°.

v. Meydel, L., Elemente des antiken Ornaments in 24 Vorlegeblättern. qu. gr. 16. Dresden 845, Naumann. n. 1/3 ₰

Meydell, J. G. Beurtheilung der Feldzüge seit der französischen Revolution (Dänisch). Christiania 1835.

Meydenbauer, A., das photographische Aufnehmen zu wissenschaftlichen Zwecken, insbesondere das Messbild-Verfahren. 1. Bd.: Die photograph. Grundlagen u. das Messbild-Verfahren m. kleinen Instrumenten. gr. 8. (VIII, 200 S. m. Fig.) Berlin 892. Unte's Kunst- u Verlags-Anstalt. n. 4. 50; geb. n. 6. 50

Meydenbauer, A., Kant oder Laplace? Kosmologische Studie. gr. 8. (IV, 56 S.) Marburg 880, Elwert'sche Verlagsh. *

Meydenbauer, A. Porta nigra zu Trier. Photogrammetrische Aufnahme. Berlin 1888. gr. Fol.

Meydenbauer, A. Die St. Elisabeth-Kirche in Marburg. 7 Blatt in Lichtdruck. Hierzu: Erläuternde Bemerkungen über das photogrammetrische Aufnahme-Verfahren. Berlin 1885. Fol.

Das Denkmäler-Archiv. Ein Rückblick z. 20jähr. Bestehen d. Kgl. Meßbild-Anst. in Berlin. (Verf.: A[lbrecht] Meydenbauer.) o.O. (1905). (21 S.) 4°(2°) [Kopft.] fos. 5555 4

Meydenbauer, Hans: Vigens ecclesiae disciplina. *Gräfenhainichen (1897): C. H. Schulze & C.* (VIII, 54 S.) 8°
Berlin, Jur. Diss. v. 12. Okt. 1897

Meydenbauer, Hans, die Stadt Düsseldorf u. ihre Verwaltung im Ausstellungsj. 1902. Festschrift, im Auftrage des Oberbürgermeisters verf. gr. 4. (246 S. m. Abb. u. Taf.) Düsseldorf 902. (A. Bagel.) Geb. n. 5.—

Freimaurerisches Liederbuch zsgest. von Theo Meyder auf Wunsch der Hanselmann ▭. F. & A. M. No 208. Cincinnati o. O. u. J.: Schob. 59 Gesänge mit Noten.

Meye, Bruno: Ueber Puerperal-Eclampsie. Halle (1869): Plötz. 29 S. 8°
Halle-Wittenberg, Med. Diss. v. 6. Nov. 1869
Geb. Annarode (Gebirgskr. Mansfeld) 13. 5. 1844. V.

Meye, Heinr., die Steinbildwerke v. Copán u. Quiriguá. Aufgenommen v. H. M., historisch erläutert u. beschrieben v. Jul. Schmidt. gr. Fol. (20 Lichtdr.-Taf. m. 26 Bl. Text u. 1 lith. Plan.) Berlin 883. Asher & Co. In Mappe. n.n. 50. —

Meye, Otto, Diplom-Ingenieur a. Mötzlich b. Halle a. S.: Über Diphenyloxypropiophenon und über kristallinisch-flüssige Nitroverbindungen. Halle a. S. 1908: C. A. Kaemmerer & Co. (29 S.) 8°
Halle, Phil. Fak., Ref. Volhard, Diss. v. 16. Juni 1908
[Geb. 26. März 79 Mötzlich; Wohnort: Halle a. S.; Staatsangeh.: Preußen; Vorbildung: Oberrealsch. Halle a. S. Reife O. 99; Studium: Leipzig 2, Techn. Hochsch. Karlsruhe 5, Dresden 5, Univ. Halle 3 S.; Rig. 22. April 08.]

Meye, Robertus Samuelis: Abscessus pelvis subperitonaealis casus duo. Halis Saxonum (1863): Ploetz. 35 S. 8°
Halle-Wittenberg, Med. Diss. v. 22. Dez. 1863
Geb. Annarode bei Eisleben 4. 1. 1840. V.

Meye, Rudolf, aus Halberstadt: Die politische Stellung Jonathan Swifts. *Leipzig 1903: E. Glausch.* (VII, 113 S.) 8°
Leipzig, Phil. Diss. v. [10. Febr.] 1903

Meyen, A., die Kunstkammer und Sammlung für Völkerkunde im Neuen Museum. 1. Aufl. 1860. und 2., verb. und verm. Aufl. 8. (109 S.) Berlin 861, Vogel and Comp. (Leipzig, Mittler.)

Meyen, A., die königlichen Museen zu Berlin, s. Grieben's Reise-bibliothek.

—— das Neue Museum zu Berlin, s. Grieben's Reise-Bibliothek.

Meyen, E., über Bülow-Cummerow: Preußen, seine Verfassung, seine Verwaltung, sein Verhältniß zu Deutschland. (Abdr. aus der „Eisenbahn.") 16. Leipzig 842, Binder. (Bamberg.) n. 1/6 ₰

Meyen, E. Die Minoritäts-Wahlen in Berlin am 17. Juli 1849. Nach möglichst genauen Ermittelungen herausgegeben. Buchdruckerei der Reform. 1 Bl. Fol.
Flugblatt. Berlin, 17. Juli 1849.

Meyen, E. (Red.), s. Reform, Die berliner.

Meyen, Ed., s.: Bedeutung, die, der Feldbahn f. intensive Wirtschaftsbetriebe.

Meyen, Ed., Heinrich Leo, d. verhallerte Pietist. Ein Litteraturbrief. Allen Schülern Hegel's gewidmet. gr. 8. (2¾ B. Leipzig 839, Otto Wigand.

– s. Zeitung, Demokratische.

– s. Zeitung, Literarische.

Meyen, Franz Julius Ferdinand

Meyen F. J. F. Anatomie und Physiologie der Gewaechse. Haarlem, 1836. 4°.

Meyen, F. J. F., Beyträge z. Botanik, s. a. Acta nova, Academ. Caes.-Leopold.-Carol. Vol. XVI. Suppl. I.

Meyen (F. J. F.). Beitraege zur Botanik ges. auf einer Reise um die Erde . . . Breslau, 1834–43. 3 vols. 4°.
After the author's death the botany was worked up by J. T. C. Ratzeburg, J. Vogel, A. Grisebach, C. G. Nees von Esenbeck, J. von Flotow, J. F. Klotsch, and W. G. Walpers.

Meyen F. J. F.: Beiträge z. Botanik, gesammelt auf einer Reise um die Erde. Nach dessen Tode v. den Mitgliedern d. Akademie fortgeführt u. bearb. Bresl. u. Bonn 1843. (24) 512 S. 13 Tvl. (4 kol.). 4°.
(Verh. d. kais. Leop.-Car. Ak. d. Naturf. Bd. 19. Suppl. 1). 58.

Meyen, Frz. J. F., Beiträge zur Zoologie, s.a. Acta, nova, acad. Caes. Leop.-Carol. T. XVI. Suppl. 1.

Meyen F. J. F.: Beiträge z. Zoologie, gesammelt auf einer Reise um die Erde; u. W. Erichson's u. H. Burmeister's Beschreibungen u. Abbildungen d. v. M. auf dieser Reise gesammelten Insekten. Bresl. u. Bonn. 1834. 312 S. 41 Tvl. (27 kol.). 4°.
(= Verhandl. d. kais. Leop.-Carol. Akad. d. Naturforscher. Bd. 16. Suppl. 1). 58.

— Beiträge zur Zoologie, gesammelt auf einer Reise um die Erde, u. W. Erichson's u. H. Burmeister's Beschreibungen u. Abbildd. der von Hrn. Meyen auf dieser Reise gesammelten Insekten. Mit 41 Kpfr.- u. Steintaf. gr. 4. Bonn 835. (Weber.) n. 8 ₰ — Vgl. Acta nova Acad. Caes Leopold. XVI. Supplement 1.

Meyen, F. J. F. Einige Bemerkungen über die Identität der Flötzformation in der alten und in der neuen Welt. (Aus dem Act. Ac. nat. cur.) Breslau. 1834. 4.

Meyen, F. J. F., Bemerkungen über die klimatischen Verhältnisse des südlichen Chinas. (Bei der Akad. eingegangen den 11. Mai 1835.) (Acta Acad. Caes. Leop. Carol. Nat. Cur. Vol. XVII. P. II.)

Meyen, Fr. Jul. Ferd., üb. d. Bewegung d. Säfte in d. Pflanzen. Ein Schreiben an d. k. Acad. d. Wissenschaften z. Paris. gr. 8. Berlin, 1834. G. Reimer. — 5

—— über d. Bewegung d. Säfte in d. Pflanzen. Ein Schreiben an d. Kgl. Acad. d. Wissenschn. zu Paris. Deutsch bearb. u. mit Anmerkn. verseh. gr. 8. (1¼ B.) Berlin 834, Sander.

Meyen, F. J. F., über d. neuesten Fortschritte d. Anatomie u. Physiologie d. Gewächse. Eine von d. Teyler schen Gesellschaft zu Haarlem im J. 1835 gekr. Abhandl gr. 4. (41 B. u. 20 Stnt.) Haarlem 836. (Amsterdam, Müller.)

—— Grundriss d. Pflanzengeographie, mit ausführl. Untersuchungen üb. d. Vaterland, den Anbau u. d. Nutzen d vorzüglichsten Culturpflanzen, welche d. Wohlstand d. Völker begründen. gr. 8. (30½ B. u. 1 Taf.) Berlin 836, Haude u. Spenersche Buchh.

Meyen (F. J. F.), Ueber Identität der Flötzformation in der alten und in der neuen Welt. (Sep.-Abdr.) 1834. 4. (Ohne Druckort).

—— Jahresbericht üb. d. Resultate d. Arbeiten im Felde d. physiolog. Botanik von d. J. 1837—39. gr. 8. Berlin Nicolaische Buchh. [837. (12 B.) 838. * 1⅓ Thlr., 38. (10 B.) 839. * 1⅙ Thlr., 39. (12 B.) 840. * 1⅓ Thlr.]

— Observationes botanicae in itinere circum terram institutae, s. Acta nova phys.-med. Acad. Caes. Leopold. Carol. XVIII. et XIX. Suppl. I.

— Pflanzen-Pathologie, s.a. Nees v. Esenbeck, Chr. G., Handbuch d. Pflanzen-Pathologie.

Meyen F. J. F.: Pflanzen-Pathologie. Lehre v. dem kranken Leben u. Bilden d Pflanzen. Nach dem Tode d. Verfs. zum Druck besorgt v. C. G. Nees v. Esenbeck. Berl. 1841. 330 S.
(= Handbuch d. Pflanzen-Pathologie u. Pflanzen-Teratologie. Herausg. v. C. G. Nees v. Esenbeck. 1. Bd.).

Meyen, Franz Julius Ferdinand (Tilsit), De primis vitae phaenomenis in fluidis formativis et de circulatione sanguinis in parenchymate. Diss. med. Berln (Brueschke) 2. X. 1826. 29 S. mit Biogr. (M.: H. von Rnitz.) (3.—) 23164
Oppon.: Brandt, Bahn, Schulzen. — Gew.: Johann Wiebel.

— de primis vitae phaenomenis in fluidis formativis et de circulatione sanguinis in parenchymate. Diss. inaug. 4maj. Berl. 826. Hirschwald. 5 gr

—— Phytotomie. M. 14 Kpfrt. (Fol.) 8. (24 B.) Berlin 830, Haude u. Spener.

—— Reise um d. Erde, ausgeführt auf d. Kgl. Preuss. Seehandlungs-Schiffe Prinzess Louise, command. v. Capit. W. Wendt, in d. J. 1830, 1831 u. 1832. 1. u. 2. Thl. Histor. Bericht. gr. 4. Berlin, Sander. [1. (63 B., 1 Abbild. d. Feuerberges v. Maipu, 1 ill. Karte, qu. gr. Fol. u. Tabn.) 834. 5 Thlr. 12 Gr., 2. (52½ B., 1 Plan v. Canton, qu. ½ gr. Fol., 2 Stnt. u. 1 Tab.) 835. 4 Thlr. 12 Gr.]

Meyen, F. J. F., Reise um die Erde, ausgeführt auf dem Königl. Preuss. Seehandlungs-Schiffe „Prinzess Louise", commandirt von Capitain W. Wendt, in den Jahren 1830—1832. Th. 1 u. 2: Historischer Bericht. Th. 3: Zoologischer Bericht. Berlin 1834, 1835. Breslau und Bonn 1834.

—— über d. Secretions-Organe d. Pflanzen. Eine v. d. k. Societät d. Wissensch. zu Goettingen im Dec. 1836 gekr. Preisschr. gr. 4. (13 B. u. 9 Kpfrt.) Berlin 837, Morin

—— neues System d. Pflanzen-Physiologie. 3 Bde. gr. 8. Berlin, Haude u. Spenersche Buchh. [1. (28 B. u. 6 Kpfrt.) 837., 2. (35½ B. u. 3 Kpfrt.) 838. à 2⅓ Thlr., 3. (40 B u. 6 Kpfrt.) 839. 3 Thlr.]

—— anatom.-physiolog. Untersuchungen üb. d. Inhalt d. Pflanzen-Zellen. gr. 8. (6 B.) Berlin 828, Hirschwald.

—— Untersuchungen üb. d. Natur parasit. Geschwülste im menschl. Körper, insbesond. üb. d. Mark- u. Blutschwamm. 8. (6¼ B. u. 1 Tab.) Berlin 828, Hirschwald.

—— noch einige Worte üb. d. Befruchtungsakt u. d. Polyembryonie bei d. höhern Pflanzen. gr. 8. (3⅛ B. u. 2 Stnt.) Berlin 840, Haude u. Spenersche Buchh.

— Joachim (Friedland/Mecklenburg), De injuriis quae non faciendo fiunt. Diss. jur. Präs. Augustin Leyser. Wittenberg (Eichsfeld) Sept. 1734. 20 S. (4.—) 23165

Meyen, Johann Jakob

— Anweis. zur wilden Baumzucht für das kleine Nutzholz in d. Landwirthschaft 2c. Als 2r Thl. sr. ökonom.-phys. Baumschule. Mit 1 Kpft. 8. Frankf. u. Leipz. 792. (anonym). — Dass. unt. seinem Namen. 8. Stettin 793. 2e Aufl. 796. Leich. 6 gr

Meyen, Jh. Jak., († d. 8. März 1797.) Auflösung d. Preisfrage: Wie kommt es, daß die Oekonomie bisher so wenig Vortheile von d. Physik u. Mathematik gewonnen hat? 8. Berl. 770.

— s.a. Baumschule, phys.-ökonom.

Meyen, J. J., physikal.-ökonom. Baumschule. 2 Thle. Mit Kpf. 8. Stettin, 1791. 2. Aufl. 1795. Frankfurt u. Leipzig, 1792. (Berlin, Nicolai.) — 15

Meyen J. J.: Physikalisch-ökonomische Baumschule. 2 Th. in 1. Stettin 1793. (13) 208, 60 S. 2 Tvl.
(Th. 2 m. Sœrtit.: Anweis. z. wilden Baumzucht ... se 575).

Meyen, J. J., physical. ökonom. Baumschule u. Anweis. zur wilden Baumzucht od. 2r Thl. ders. 8. Stettin, Leich. 795. 96.

— Betrachtt. üb. die Aussprache des Sylbenmaaßes, besond. d. griech. u. latein. Sprache. Berl. 782.

— Franklin, der Philosoph u. Staatsmann, in 5 Ges. gr. 8. St. Kaffke. 787.

— Franklin, der Philosoph u. Staatsmann, in 5 Gesängen. 8. Stettin 787. Nicolai in Berl. 8 gr

MEYEN, Johann Jakob 1731 - 1797
Franklin der Philosoph und Staatsmann. In fünf Gesängen. von Johann Jacob Meyen ...
Alt-Stettin: Struck. 1787. 130 S. 8°.
Bibliothek der Hochschule für bildende Künste Berlin-Charlottenburg
Sabin 48668. Palmer.

— unbekannte, wie auch zu wenig bekannte Wahrheiten d. Mathematik, Physik u. Philosophie u. deren Anwendung 2c.; e. Monatsschrift. Nov., Decbr. 1787. Jan. — März 1788. 8. Stettin, Kaffke. 1 ß 20 gr

— unbekannte 2c. Wahrheiten der Mathematik, Physik und Philos. u. deren Anwend. besond. in Pommern. 9 Stck. m. K. gr. 8. Ebend. 787. 88.

Meyen, M. (Hrsg.), s.a. Bankgeschäft, Das.

Meyen, M., das Bankgeschäft. E. Anleitg. bei Erlerng. desselben. 8. (VIII, 88 S.) Berlin 896. Haude & Spener. Geb. in Leinw. n. 2.—

— **Maximilian Eduard** (Berlin), De Diana Taurica et Anaitide. Diss. Berlin (Schade) 14. III. 1835. 49 S. u. Biogr. (M.: Schicks.) (2.—) 23166
Oppon.: Adolph Schmidt, Carl Chambeau, Armin Taeuber.

Meyen, Otto v., Gräfin Rodenstein. Schauspiel in 4 Aufzügen. (99 S.) 8. Meiningen 906. (Brückner & Renner.) n.n. 2. 50

Meyenberg [Sachliches OW]

Meyenberg, Franz; Geschichte. Hannover 1791. V: *Brackebusch, Joh. Gg Ludw.* (Ky)

Meyenbergs, Franz, Geschichte, ein Roman, 8. Hannover, 791. Ritscher. 15 sgl.

Meyenberg [Verfasser]

Meyenberg, Alb., aus der Apostelschule. Eine Studie üb. die Pädagogik Christi. Progr. gr. 4. (79 S.) Luzern 899. (Räber & Co.) n.n. 1. 20

— Einheit in der Vielheit katholischer Arbeit. 2. Aufl. 12. (68 S.) Stans 900. H. v. Matt & Co. n. — 50

Meyenberg, A[lbert]. Ferien-Bilder. Mosaiken von einer Reise zum Eucharistischen Kongress in Köln. Verb. SA. aus «Schweiz. Kirchenztg.» [Jahrg. 1909 u. 1910.] 2. Aufl. 208 S. 8. Luzern, Räber & Cie., 1910. [fr. 2. 20]

Meyenberg, A., Flugblätter über grundsätzliche Fragen. Repetitionen über das Sechstagewerk. (11 S.) gr. 8. Luzern 905. Räber & Co. n. — 15

— Brennende Fragen. 2. 3. u. 5. Heft. 8. Ebd. 3. 95
2. Ob wir Ihn finden? Gedankenwanderungen durch Großwelt u. Steinwelt, Innenwelt u. Außenwelt. 1.—4. unveränd. Aufl. (216 S.) 907—10. 1.50; geb. 2. 50
3. Ist die Bibel inspiriert? Orientierende Wandergn. durch die Gebiete der modernen Bibelfragen. (144 S.) 907. 2. Aufl. (201 S.) 907. 1. 70
5. Eine Weile des Nachdenkens üb. die Seele. Homiletisch-philosophische Betrachtgn. f. gebildete Christen. 4. Aufl. (55 S.) 910. — 75
Heft 1 u. 4 d. T.: Fragen, brennende. Ebd. 905. — 90: Heft 4 ist noch nicht erschienen.

— die katholische Moral als Angeklagte. Ein Bild aus der kathol. Sittenlehre. 1. u. 2. Aufl. 12. (à 208 S.) Ebd. 901. n. 1. —

Meyenberg, A[lbert]. Die katholische Moral als Angeklagte. Ein Bild der katholischen Sittenlehre. 208 S. 8. Stans, Hans von Matt & Co., 1901. [fr. 1. —]

— die Pflicht der Anteilnahme der Katholiken an Wissenschaft u. Kunst, s.: Fragen, brennende. 1. Heft.

— Sicherheit u. Weitherzigkeit katholischer Gottes- u. Weltanschauung, s.: Katholisches f. Jedermann. 6. Bdchn.

— homiletische u. katechetische Studien im Geiste der Hl. Schrift u. des Kirchenjahres. 2 Lfgn. gr. 8. (1. Lfg. XV, 304 S.) Luzern 903. Räber & Co. Für vollständig n. 11. —

Homiletische und katechetische Studien im Geiste d. hl. Schrift u. d. Kirchenjahres von A[lbert] Meyenberg, Prof. 6. Aufl. Lfg f. Luzern: Räber 1908. 8°

— dasselbe. Ergänzungswerk. Series thematica: 1. Bd. Religiöse Grundfragen. (In 2 Lfgn.) 1. Lfg. (XII, 656 S.) gr. 8. Ebd. 908. 8. —

— Homiletische u. katechetische Studien im Geiste der Hl. Schrift u. des Kirchenjahres. 7. m. der 6. gleichlaut. Aufl. 3 Lfgn. (XVI, 956 S.) gr. 8. Ebd. 910. 11. —; geb. 13. 20

Meyenberg, A[lbert]. Wartburgfahrten. Wanderbücher aus Innen- und Aussenwelt. [Mit Illustrationen und 3 Tafeln.] 456 S. 8. Luzern, Räber & Cie., 1908. [fr. 6. 75, geb. 7. 90]

Meyenberg, A[lbert]. Wartburgfahrten. Wanderbücher aus Innen- und Aussenwelt. 2. Aufl. [Mit Illustrationen und 3 Tafeln.] 456 S. 8. Luzern, Räber & Cie., 1909. [fr. 6. 75, geb. 7. 90]

Meyenberg, A[lbert]. Eine Weile des Nachdenkens über die Seele. Homiletisch-Philosophische Betrachtungen für gebildete Christen. 8. Luzern, Räber & Cie. [fr. —. 95]
(Broschüren-Sammlung der «Schweizerischen Kirchenzeitung»... Nr. 3.)
[1. Aufl.] IV + 52 S. 1904. — 3. Aufl. IV + 55 S. 1905.

— dasselbe, s.a. Broschüren-Sammlung der schweiz. Kirchenzeitung. Nr. 3.

— Zusätze zum Kollegheft. Ausschnitte aus krit. u. exeget. Arbeiten, Vorlesgn. u. Vorträgen. (129 S.) 8. Ebd. 910. 1. 50

Meyenberg, Alexander [aus Hannover]: Über die Reduktionsprodukte einiger Oxy- und Amidobenzoesäuren ... München, Druck v. V. Höfling, 1894; 71 S. 8.
München, Phil. Fak., Inaug.-Diss. v. 1894

Meyenberg, E.: Ein Wort zur Ehre der Tugend und Wahrheit, veranlasst durch die dem Kanton Aargau gewiedmeten Neujahrsschriften. [Aarau] 1816. 8°

Meyenberg, E.: Ein Wort an die Schweizer am ersten Tag des Jahrs 1816. Bern 1816. 8°

Meyenberg, Franz, Geschichte. 8. Hannov: Hahn. 791.

Meyenberg, Friedrich Gabriel (Ülzen/Lüneburg), De haemorrhoidibus haereditariis. Diss. med. Präs. Michael Alberti. Halle/Magdeburg (Hendel) 12. XII. 1727. S. 1—16. (3.—) 23167

Meyenberg, Herm., Carinen. Vier Novellen. 12. (261 S.) Alfeld 856. (Hildesheim, Gerstenberg'sche Buchh.) *

Meyenberg, Herm., Gedenklieder aus dem Kriegs-Jahre 1870. 8. (32 S.) Hildesheim 870. Nolte & Schneidler in Comm. — 40

Meyenberg, Jh. Hnr., († ...) s. **R. Larbner**, Vertheidigung d. Wunder.

Meyenberg, Stephan [app. Arzt aus Hannover]: Ueber das Verhalten der Milz bei croupöser Pneumonie ... München, J. F. Lehmann, 1892; 15 S. 8.
München, Med. Fak., Inaug.-Diss. v. 1892

Meyenberger, Joh[ann], prakt. Arzt in [und von] Wyl, St. Gallen: Ueber Leistenblasenbrüche. Wyl J. Meyerhans Dr. 1893. 65 S., 1 Tab., 1 Bl., 1 Taf. 8°.
Zürich, Med. Diss. [v. 27. Oct. 1893].

Meyenburg, Ernst von. Die Kunstsammlung des Johann Konrad Dienast ‹1741—1824›. 4.
Oeffentliche Kunst-Sammlung in Basel. 61. Jahres-Bericht (1908). Neue Folge. 5.... Mit einer Beilage [sowie 3 Illustrationen] und einer [Porträt-]Tafel: Dr. E' von M': Die Kunsts' des J' K' D'.... Basel, Emil Birkhäuser. 1909. S. 21—41.

Meyenburg, Ernst von: Ambrogio Lorenzetti. Ein Beitrag zur Geschichte d. sienesischen Malerei im 14. Jh. *Zürich 1903: J. Frey.* (80 S.) 8°
Heidelberg, Phil. Diss. v. 1903

Meyenburg, Friedrich

Meyenburg, F. v., üb. d. Einwirkg. v. Chlorkohlenoxyd auf Dimethyl- u. Diaethylmetaaminophenol. 1. Tl. Habilitationsschrift. gr. 8. (61 S. m. 1 Taf.) Tübingen 895. (H. Laupp.) n. 1. 50

von Meyenburg, Friedrich [aus Zürich]: I. Über eine neue Synthese von Derivaten des Isindazols. II. Ueber Synthesen einiger alkylierten Tricarballylsäuren ... Heidelberg, Univ.-Buchdr. v. J. Hörning, 1891; 56 S. 8.
Heidelberg, Naturw.-math. Fak., Inaug.-Diss. v. [28. Juli] 1891

Meyenburg-Rausch, Frz. Anselm v., Lebenserinnerungen, s.a. Neujahrsblatt d. histor.-antiquar. Vereins u. d. Kunstvereins in Schaffhausen.

Meyenburg-Rausch, Franz Anselm von. Lebenserinnerungen des Burgermeisters F. A. von M.-Rausch (1785–1859). ([Hrg.] von Pfr. C[arl] A[ugust] Bachtold.) 2 Halften. (Njbl. Schaffhausen 1896 *u.* 1897.) 4. (Schaffhausen.) Schoch 1896
1. Halfte. Mit Portrat[-Tafel] in Lichtdruck. (Njbl. ... 1896.)
2. Halfte. Mit zwei Portrats [Tafeln] in Lichtdruck. (Njbl. ... 1897.)

[Meyenburg-Rausch, Franz Anselm von.] Versuch einer Darstellung der Staatsumwalzung des Kantons Schaffhausen im Jahre 1831, nebst einem Rückblicke auf dessen frühere politische Zustande. [SA.] 8. Zürich 1838.

v. Meyendorf, Baron Geo., Reise von Orenburg nach Buchara im J. 1820. Revidirt v. A. Jaubert. Nach d. französ. Original bearb. von Karl Herm. Scheidler. gr. 8. Jena 826. Bran. 1 ℔

Meyendorff, v., die Pferdezucht Rußlands, s.a. Abhandlungen über Pferdezucht und Pferderennen.

Meyendorff, Baron v.: Die Pferdezucht Russlands. Ins Deutsche übertr. von C. G. Mit e. Kt. Berlin 1863. 130 S.

Meyendorff, Fr[iedrich Freiherr] von. aus Livland: Einfluss des jugendlichen Alters auf die strafrechtliche Zurechnung. Zür. D. Bürkli Dr. 1862. 47 S. 8⁰
Zürich, Jur. Diss. v. 10. Dec. 1862.

Peter von **Meyendorff.** Ein russischer Diplomat an den Höfen von Berlin und Wien. Politischer und privater Briefwechsel 1826—1863. Hrgg. v. Otto Hoetzsch. Bd. 1—3. Berlin. 1923. 8°

v. Meyendorff, Frhrr. Rhld. Jh., († d. 16. Nov. 1776.) Versuch von einigen Betrachtt. üb. das Kriegswesen überhaupt, u. die Einrichtung e. guten Regiments insonderheit, z. Anleit. f. junge Officiere entworfen. 2 Thle. gr. 8. Riga 764.

Urkundliche Geschichte der Familie v. Pentz. Von F. v. **Meyenn**, Archivrath. Bd 1. 2. *Schwerin i. M. 1891–1900: Bärensprung.* 2 Bde 8° [F.] [24. 3011

Meyenn, F. v., urkundliche Geschichte der Familie v. Pentz. 1. Bd. Lex.-8. (X, 261 u. 395 S. m. 1 farb. u. 5 lith. Taf.) Schwerin 891. (Stiller.) n.n. 10. —

Meyenn, F. v., urkundliche Geschichte der Familie v. Pentz. 2. Bd. gr. 8. (XX, 612 u. 48 S. m. 2 Taf. u. 8 Stammtaf.) Schwerin 900. (Stiller.) n. 11. —
1. Bd. Ebd. 891. n.n. 10. —.

Meyenschein, Adam

Meyenschein, A., die ländlichen Genossenschaften im Reg.-Bez. Cassel. Im Auftrag der Landwirtschaftskammer zu Cassel bearb. I. Die Raiffeisenschen Genossenschaften. gr. 8. (VIII, 199 S.) Kassel 899. E. Röttger. n. 2. 50

Die ländlichen Genossenschaften im Kampfe mit der wirtschaftlichen Not. Vortrag von Pfarrer A. **Meyenschein**, geh. 1898 in Meiningen. (Neuwied a. Rh.: Raiffeisen-Dr. [1903].) (14 S.) 8° [F.]
= **Raiffeisen-Bibliothek.** Bd 8. [03. 370

Raiffeisens Leben. Vortrag geh. auf d. Rechnerkursus zu Kassel 1902 von Pfarrer [A.] **Meyenschein**. (Neuwied a/Rh.: Raiffeisen-Dr. 1902.) (10 S.) [Kopft. F.] [03. 370

Meyenschein, [Adam]: Raiffeisens Leben. Vortrag geh. 1902 von Pfarrer –. Hrsg. v. Generalverband ländl. Genossensch. f. Deutschland. Neuwied: Landw. Zentral-Darlehnskasse f. D. [1909]. 17 S. 8⁰
(Raiffeisen-Bibliothek. Bd 17.)

Meyenschein: *Friedrich Wilhelm Raiffeisen*, ein Erzieher d. deutschen Landvolkes. Vortr. Berl. 1898. 16 S. (Saertr.). P.

Raiffeisen in Hessen. Festgabe z. Verbandsjubiläum 1907. Im Auftr. d. hess. Verbandes ländl. Genossenschaften bearb. von A. **Meyenschein**, Pfarrer. Cassel: Hess. Verband ländl. Genossensch. 1907. (VIII, 288, II. S.) 8° [F.] [07. 13168

Raiffeisen im Kampf anno 05. Vortrag. geh. zu Coblenz 1906 von Pfarrer A. **Meyenschein**. Neuwied: Landw. Central-Darlehnskasse f. D. (1906). (21 S.) 8° [F.]
= **Raiffeisen-Bibliothek.** 12. [07. 4616

Meyensteck, Gotthard Heinrich. Abhandlung vom Seeprotest von der Verklerung ... a. d. Latein. ... Rostock u. Leipz. 1804. Ü: *Koppe, Joh. Chn.* (KY) (MGT) S. a. Nr. 4743.

MEYENTHAL, Friedrich, oder der relegirte Student. Eine wahre Geschichte. Mit Titelkpf. (Endner sc.) u. drast. Titelvign. (Fridrich del. & sc.). Kopenhagen u. Leipzig, bey Faber u. Nitschke, 1787. 8⁰. (1/2 Rthl. H. W. Schmidt, Halle; jetzt theurer!)
Tit., 1 Bl. Vorber., 170 S. (S. 77 kleine Schäferscene.) — Selten!

Meyenthal, Friedrich, od. der relegirte Student. 8. Kopenh. Faber. (Schubothe.) 787.

Meyer, Jungfer; eines jüd. Frauenzimmers Begebenheiten, v. ihr selbst beschrieben, (herausgg. v. Jh. Balth. Kölbele). 2 Thle. 8. Frankf. ... Je A. 771. Andreä. 14 gl

Meyer, Herr. Hamburger komischer Kalender. Hrsg. von Wilh. Marr. gr. 4. (12 S. mit eingedr. Holzschn.) Hamburg 851, Verlags-Comptoir.

– Vgl. Meier. – Herr Meier.

Meyer von Bramstedt, Professor, Handschrift für seine Freunde. O. O. 1841. V: *Campe, Elise geb. Hoffmann.* (GGr)

Meyer, Das Buch, Hauptmann des Königs von Preussen, welches beschreibt den Zug zu den Franken gen Nürnberg. Windsheim 1757. V: *Richter, Christoph Gottlieb.* (ML)

Meyer, De Chasper, geht z' Liecht. Komische Szene. (2 Herren, 1 Dame.) Elgg [1905]. H: *Huggenberger, Alfred.* (BBullschw 14, S. 174)

Meyer, Eleonore, oder das Opfer der Verführung, 8. Prag, 789. Schönfeld. 8 gl.

Meyer, Herrn Kirchenratssekretär Friedrich, Dr. theol. zum 1. März 1909. O. O. [1909]. V: *Nüesch, Alexander.* (zuwzür 1910)

Meyer, Dem Br. Heinr. Fr., bey abermaliger Übernahme des Hammers aus inniger Liebe und Verehrung geweihet von der Brüderschaft der g. u. v. St. Joh.-Loge zur Wahrheit und Freundschaft am Stiftungs- u. Joh.-Feste. Fürth, den 12. Juni 5831. »nicht eitles leeres Wortgepränge ...« Fürth [1831]. V: *Zwinger.* (wolfstieg I, 876)

MEYER, Der kranke Herr —! In 2 Teilen. O. O. u. J. (um 1910). Kl. 8°. 16 S.
Verb. d. Ldg. I Berlin 23. 12. 09 und 19. 2. 10: 20 J. 1570/09.

Johann **Meyer.** o. O. u. J. 8°, geb. in 4° [Kopft.]

(Meyer. Johann Ludwig M', Kirchenrath. geb. 1782 – gest. 1852.) Njbl. s. [Hottinger, Johann Jacob *III*].

Meyer, Leonore, od. das Opfer d. Verführung. 8. Prag 789. Schönfeld. 6 gl.

Meyer, der Banquier Louis, vor den Assisen. Vollständig wortgetreuer stenograph. Bericht über die öffentlich-mündlichen Verhandlungen vor dem Stadtschwurgericht zu Berlin in der Untersuchungssache wider den Königl. Telegraphen-Assistenten Jank, den Banquier Louis Meyer etc. wegen Verraths telegraphischer Depeschen. Braunschweig 855. Westermann. gr. 8. (2 Bl., 252 S.) n. 16 ngr.

Meyer muß reisen. Humoristisch-satyrische Reise-Abenteuer eines Berliners. Erster Ausflug: Meyer in Hamburg. Mit Illustr. (Holzschn. im Text) von D. Peters. Hamburg 853. Berendsohn. 8. (72 S.) 7½ ngr.

— — Zweiter Ausflug: Meyer in Constantinopel. Mit zahlreichen Illustr. (Holzschn. im Text). Ebend. 854. 8. (72 S.) n. 10 ngr.

Meyer, s.a. Maier. – Mayer. – Meier

Meyer, s.: ABC der landärztlichen Praxis.

—, Diss. Analecta ad artem obstetriciam. Fref. ad V. 4°. 1784

Meyer, ..., über d. Anbau u. Benutzung d. Lucerne. 8. Dortm. 796. Mallinkrodt. 2 gl.

Meyer, Dr. Ueber die Anlage und innere Einrichtung eines allgemeinen Gefangenhauses für Inquisiten. *Hamburg.* 1804

Meyer, (I.,) Anleitung z. Unterdrückung u. Verminder. d. Duwocks, f. d. Landwirth in d. Marschen d. Königr. Hannover. gr. 8. (2 B.) Hannover 832, Hahn.

Meyer, ..., (Oekonomie-Rath,) Anleit. zur Unterdrückung u. Verminderung d. Duwocks für d. Landwirth in d. Marschen d. Königr. Hannover. gr. 8. Hannov. 833. (832.) Hahn. 3 gl.

Anreden an die Brüder Lehrlinge. Gehalten in der Freymaurerloge J[osua] z[um] C[orallenbaum] z[u] R[endsburg. Vom Br. **Meyer.**] Gedr. mit Schriften eines Maurers. o. O. 1773. 60 S. 8°
Auszug in: Almanach od. Taschen-Buch f. Frmr. 1 (1776) Bl. 58—61.
Kl. 906. KB.

Meyer, der Antheil d. Reichsorgane an d. Reichsgesetzgebung. Jena 889.

— Anweis. zur Rechenkunst. Ebend.

Meyer, Anzeigepflicht des Versicherungsnehmers beim Abschluss des Versicherungsvertrages nach See- u. Binnenversicherungsrecht. Hamburg 897.

Meyer, Hauptm. Dr., ..., s. Archiv für die Offiziere.

– Aristoteles und die Kunst. 17 S. 4° Schwerin, Schul-/Univ.-Schrift 1864

Aufgaben in Militärischer Geländebeurtheilung aus Kuhn's Aufnahmeprüfung f. d. Kriegs-Akademie bearb. u. erl. von **Meyer**, Oberlt. im Kgl. Sächs. 13. Inf.-Reg. Nr. 178. 2., verm. u. verb. Aufl. *Berlin: Liebel 1902.* (IV, 54 S.) 8° [ß.]

Meyer, s.: Aus uns. Mäßigkeitsarbeit.

Meyer (II.) und **Heintzeler,** katechetische Bearbeitung der Württembergischen Kinderlehre, s. Heintzeler.

Meyer (Gen.-Major), die Befestigung großer Landes-Hauptstädte. Berlin 859. Mittler & Sohn. Lex.-8. (XI, 278 S. u. 12 lith. Pläne in Fol.) n. 3 Thlr 10 ngr.

Meyer: Beitrag z. Culturgeschichte d. St. Osnabrück. 15 S. – Osnabrück, R. G., Progr. 1868.

Meyer, Bemerkungen üb. d. Fassung der Strafurtheile. Berlin 891.

Meyer Bericht über den naturgeschichtlichen Unterricht. 24 S.
Liegnitz, R., Progr. 1844

Meyer, Beschlagnahme, s. Guttentags Sammlg. dtscher. Reichsges.

Meyer, zum Bildungskampf unserer Zeit. Bonn 875.

Meyer, (I.), Bis hieher hat uns der Herr geholfen! Predigt am Jahresschlusse gehalten zu München am 31. Decbr. 1856. gr. 8. (15 S.) München 857, Kaiser. *

Meier's British Chronicle, continued by G. Wolbrecht. A universal Revieu of British Literature. Vol. I—V. ... Leipzig ... (Melzer.) 3 Thlr

— britsh Chronicle, a universal Review of britsh Literature. Vol. I. et II.. Lex. 8. Gotha 826 u. 27, Bibliograph. Inst.

Meyer's, ..., British Chronicle, a universal Review of british Literature. Vol. I—IV. Lex.-8. Gotha u. Hildburgh. 826—30. (Leipz., Wolbrecht). (à 3 Thlr) 18 Thlr

Meyer, (J.) (III.), British Chronicle, a universal Review. of british Literature etc. Vol. III and IV. (à 26 No. od. Hfte.) Lex.-8. Gotha 828, [Hildburghausen,] Bibliograph. Instit.

—— the same. Vol. V and VI. (à 26 No. od. Hfte.) Lex.-8. Leipsic 830, (Kayser.)
Vol. I. II. Gotha, [Hildburghausen,] Bibliogr. Inst. 1826. 27. 8 Thlr.

— Comptoir-Handbuch. 5 Lieferr. 8. Gotha 827. (Hennings). 3 ℳ

Meyer, krit. u. vergleich. Darstellung der Strafverfolgung u. Voruntersuchung nach d. kantonalen Gerichtsorganisationen u. Strafprozessordnungen. Leipz. 897.

Meyer, Systematische Darstellung aller Erfahrungen in der Naturlehre. Band 1 bis 4. Aarau 1804. 4.

Meyer, Entwickelung des modernen Stadtbürgerthums. Hamb. 890.

Meyer, Entwickelung d. deut. Univers. Hamburg 874.

Meyer, Erinnerungen aus 1870/71. Hrsg. zu d. Hirschberger Feier d. Schlacht b. Weißenburg am 4. Aug. 1870, begangen durch d. in Hirschberg garnisonir. Jäger-Bataillon v. Neumann (1. Schles.) Nr. 5. gr. 8. (31 S.) Görlitz 895. (R. Rother.) n. — 40

Meyer, staatsrechtl. Erörterungen üb. d. Reichsverfassung. Leipz. 872.

Meyer, (II.,) Etwas üb. d. bayer. Lyceen. gr. 8. (2 B.) München 830, Lindauer.

Meyer: Noch etwas üb. den Fruchtwechsel u. Futterbau, z. Vieh-Vermehrung, Dünger-Vermehrung u. Früchte-Vermehrung. Ein Beitrag z. Bergens Anleitung ... Berl. 1804. 50 S. P.

– Ex- und Im porteur, s. Meyer & Bilitz

– De Aristoph. fabulis. Brl., Schul-/Univ.-Schrift 1863

Meyer's Fahrtenplan für Basel und die anschliessenden Linien. Sommer-Dienst 1881. In-16, 20 S. Basel, Druck von Franz Wittmer. — 20

Meyer's Fahrplan für Basel und anschliessende Linien. 14. Jahrg. Sommerdienst 1890. In-12°. 60 S. Basel, F. Meyer-Burger. — 20

Meyer's Fahrplan für Basel und anschliessende Linien. 14. Jahrg. Winterdienst 1890/91. In-12°. 60 S. Basel, F. Meyer-Burger. — 20

Meyer's Fahrplan für Basel und anschliessende Linien. 15. Jahrg. Sommerdienst 1891. In-12°. 76 u. 48 S. Basel, F. Meyer-Burger. — 25

Meyer's Fahrplan für die Schweiz, Baden u. Elsass-Lothringen. 23. Jahrgang. Sommerdienst 1899. Nr. 45. Gültig vom 1. Juni an. Nach den offiziellen Bekanntmachungen d. Verwaltungen zusammengestellt. Mit einem Eisenbahnkärtchen. Kl. 8°. 164 S. Basel, Buchdruckerei J. Frehner. — 30

Meyer's Fahrplan f. d. Schweiz, Baden u. Elsass-Lothringen. 24. Jahrg. Sommerdienst 1900. Gültig vom 1. Juni an. Mit 1 Eisenbahnkärtchen. In-12°. 176 S. Basel, Buchdruckerei J. Frehner. — 30

Meyer, Festpredigt in d. Stadtkirche zu Darmstadt, s.: Aus d. Verhandlgn. d IX. Generalversammlung d. Evang. Bundes.

Meyer. Die windschiefe Fläche. 13 S.
Potsdam, Progr. 1853

– Über die Flexion der Adjektiva im Deutschen.
Schul-/Univ.-Schrift 1863

Meyer's Forstwirtschaft, s. Meyer, Gustav

Meyer, d. Fortbildungsschule in unserer Zeit. Berlin 873.

[F.] Zur Frage der Landesbefestigung. F. d. Offiziere d. Hauptwaffen bearb. v. **Meyer**, Hauptm. in d. 1. Ing.-Inspect. ... *Berlin: E. S. Mittler & Sohn 1898.* (4 Bl., 88 S.) 1 Bd 8. (y8. 3493)

Meyer, d. Frage d. Schöffengerichts, geprüft an d. Aufgabe d. Geschwornen. Erlangen 873.

Meyer, Die soziale Frage in der Kirchengeschichte. Vortrag im 4. sozialen Ausbildungskursus in Hannover. Hamburg, 1907. 23 S.

Meyer (I.), hamburger Gedichte. Humoristische Schilderungen aus dem Leben und Treiben Hamburgs und anderer schönen Gegenden. Zum Vortrage für fröhliche Leute. 8. (III und 103 S. nebst Illustr. mit 8 lithogr. Federzeichnungen vom Verf.) Hamburg 854, (Trupp.) *

Meyer, ..., Geschichte d. Fürstenth. Altenburg. 8. Altenb. (Hennings in Neisse). 10 gr

Meyer, Geschichte d. Bergwerksverfassg. u. d. Bergrechte d. Harzes im Mittelalter. Eisenach 818.

Sächsische Geschichte im Rahmen der deutschen Geschichte. Für d. Kapitulanten-Unterr. zsgest. von **Meyer**, Oberlt. im 13. Kgl. Sächs. Inf.-Reg. Nr. 178. *Berlin: Liebel 1902.* (16 S.) 8° [F.]

– Geschichte des Märkischen Turngaues, s. Pott

Meyer und Finkelnburg. Gesetz betreffend den Verkehr mit Nahrungsmitteln, Genussmitteln und Gebrauchsgegenständen vom 14. Mai 1879. Berlin 1880

[F.] Gesichtspunkte für die Lösung taktisch-strategischer Aufgaben durchgef. an den in d. letzten Jahren bei den Aufnahmeprüfgn z. Kriegsakad. gestellten Prüfgsarbeiten. Von **Meyer**, Pr.-Lt. im Kgl. Sächs. 9. Inf.-Reg. No 133. *Berlin: Liebel 1896.* (VIII, 49 S., 2 kl. Bl.) 1 Bd 8. (y8. 4013)

— Gesichtspunkte für die Lösung taktisch-strategischer Aufgaben. Nachtrag 1900 (Deckblätter). gr. 8. (12 S.) Ebd. 900. n. — 20; zum Hauptwerk kostenlos.

— dasselbe, durchgeführt an den in den letzten Jahren bei den Aufnahmeprüfungen zur Kriegs-Akademie gestellten Prüfungsarbeiten. 2., verm. u. neubearb. Aufl. gr. 8. (VIII, 75 S.) Ebd. 902. n. 2. —

Meyer (II.), Grabrede bei der Beerdigung des selig vollendeten königl. Oberkonsistorialrathes Hrn. Dr. Christian Ernst Nikol. v. Kaiser, gesprochen auf dem Kirchhofe zu München am 5. Oktbr. 1855. gr. 8. (12 S.) München 855, Kaiser.

Meyer (Dekan), Grabrede bei der Beerdigung des selig vollendeten Herrn Geheimeraths Dr. Gthilf. Heinr. v. Schubert, gehalten auf dem Kirchhofe zu München den 4. Juli 1860. München 860. Giel. gr. 8. (11 S.) n. 2 ngr

—— Grabrede bei der Beerdigung des selig vollendeten Hrn. Geheimeraths Dr. Gthilf. Heinr. v. Schubert, gehalten auf dem Kirchhofe zu München den 4. Juli 1860. gr. 8. (11 S.) München 860, [Gummi.] *

Meyer (I.), Grabrede bei der Beerdigung des Pfr. Wilh. Seydel zu München am 28. April 1868. gr. 8. (11 S.) München 868, Beck. *

Meyer, Grabrede bei der Beerdigung des Pfr. Wilh. Seydel zu München am 28. April 1868. München 868. Gummi. gr. 8. (11 S.) n. 2 ngr

– Groschenatlas für Krieg und Frieden, s. Meyer, J.

Meyer, Grundzüge d. internat. Strafrechts. Leipz. 877.

Meyer's Hand-Atlas in 100 Karten, red. von L. Ravenstein. Neue Ausg. Leipzig. Bibliogr. Inst., 1875. Kupferst. 50×40 cm. (à Bl. 60 Pf.)
Deutschland: 8—11. Oro-hydrogr. Karte. — 8. Nordwestl. Deutschland. — 9. Nordöstl. Deutschland. — 10. Südwestl. Deutschland. — 12. Politische Übersichtskarte. — 13. Eisenbahnkarte mit 4 Textill. Eisenbahnstatistik. — 14. Nordwestl. Deutschland. — 15. Nordostl. Deutschland. — 16. Sudwestl. Deutschland. — 17. Südöstl. Deutschland.
Deutsches Reich.: 18. Preussen, Übersichtskarte. — 19. Prov. Ost- u. Westpreussen. — 20. Provinz Brandenburg. — 21. Prov. Pommern. — 22. Prov. Posen. — 23. Prov. Schlesien. — 24. Prov. Sachsen (mit Anhalt u. d. Thüring. Staaten). — 25. Prov. Hannover (mit Braunschweig, Lippe u. Bremen). — 26. Prov. Schleswig-Holstein (mit Lauenburg u. Hamburg). — 27. Prov. Westfalen (mit Hohenzollern). — 28. Prov. Hessen-Nassau. — 29. Rheinprovinz (mit Luxemburg u. Limburg). — 30. Kgr. Sachsen. — 31. Thüringen. — 32. Oldenburg u. Bremen. — 33. Mecklenburg-Schwerin u. M.-Strelitz. — 34. Nordwestl. Bayern. — 35. Nordostl. Bayern. — 36. Sudwestl. Bayern. — 37. Südostl. Bayern. — 38. Elsass-Lothringen, Württemberg, Baden u. Rheinpfalz. — 39—46. Oesterreich-Ungarn.

Meyers Hand-Atlas. 2. neubearbeitete und vermehrte Auflage mit 112 Kartenblättern, 9 Textbeilagen und Register aller auf den Karten verzeichneten Namen. Leipzig und Wien. 1899. Biblgraphisches Institut erscheint in 88 Lieferungen à fl. —.18

— Hand-Atlas der neuesten Erdbeschreibung. (In 50 Liefgn.) 1—36. Liefg. Ebend. 862—64. gr. Fol. Jede Liefg. (à 2 color. Karten.) 7½ ngr.

Meyer's, (H. J.), Handatlas der neuesten Erdbeschreibung. 37—50. Liefg. Hildburghausen 865—66. Bibliographisches Institut. gr. Fol. (28 Karten in Stahlst. u. color. mit 10 S. Text.) Jede Liefg. 7½ ngr; compl. in Mappe 12 ₰ 15 ngr; geb. n. 15 ₰

—— dass. — 1.—10. Suppl.-Lfg. Fol. (à Lfg. 2 Karten.) Ebendas. 864—72. à Lfg.

—— dass. — Redig. von L. Ravenstein. Neue bericht. Ausg. von 1867. 10 Lfgn. gr. Fol. (100 Karten in Stahlst. und ill. und XII S. Text.) Ebendas. 867,68. à Lfg. 1 Thlr. 7½ Ngr. compl. in Mappe. geb. *

—— dass. — Revid. Ausg. 1872. Fol. Ebendas. In Mappe geb.

— — Auszug in 30 Karten. 15 Liefgn. Ebend. 865,66. gr. Fol. (30 Karten in Stahlst. u. color. mit 10 S. Text.) Jede Liefg. 7½ ngr; cplt. cart. 4 ₰
Hiervon sind auch Ausg. für Oesterreich u. für Süddeutschland u. die Schweiz zu gleichem Preise zu haben. Die Ausg. für Norddeutschland (32 Karten) erschien in 16 Liefgn. à 7½ ngr u. kostet cart. 4 ₰ 7½ ngr.

— — Auszug in 60 Karten. gr. Fol. Ebend. 868. (60 Blatt in Kpfrst. u. color. u. III, 12 S. Text.) geb. n. 8 ₰

Meyer's geographischer Handatlas. 2. Aufl. Leipzig, 1900. 210 S. mit 112 Karten.

Dasselbe. 3. Aufl. Ebd., 1905. 244 S. mit 115 Karten.

Meyer, (J.), grosser u. vollständ. Hand-Atlas der neuesten Erdbeschreibung f. die gebildeten Stände etc. 1—118. Lfg. Fol. Hildburghausen 843—47, Bibliograph. Institut. (Leipzig, Gebhardt u. Reisland. Frankfurt a. M., Meidinger.) à Lfg. Thlr. *

—— grosser und vollständiger Hand-Atlas der neuesten Erdbeschreibung für die gebildeten Stände. 119—133. Lfg. (à 1 Bl. in Kpfrst.) Fol. Hildburghausen 849—51, Bibliographisches Institut. (Leipzig, Gebhardt und Reisland.) à Lfg. * 3½ Ngr. *
1—118. Lfg. Ebendas. 1843—47. * 13 Thlr. 23 Ngr.

— grosser Handatlas über alle Theile der Erde in 170 Karten. 134—167. Liefg. (à 1 color. Karte in Stahlst.) Hildburghausen 854—56. Bibliograph. Institut. (Leipzig, Gebhardt u. Reisland.) Fol. Jede Liefg. n. 3⅓ ngr

Meyer, J., grosser Hand-Atlas über alle Theile der Erde in 170 Karten. 168—171. (letzte) Liefg. Hildburghausen 860. Bibliograph. Institut. gr. Fol. Jede Liefg. (à 1 color. Karte in Stahlst.) n. 3⅓ ngr

Meyer's kleiner Hand-Atlas. Mit Benutzg. d. Kartenmaterials aus Meyer's Konversations-Lexikon zusammengestellt in 100 (farb.) Kartenblättern u. 9 Textbeilagen. 17 Lfgn. Lex.-8. Lpz. 892, Bibliograph. Institut. à Lfg. * — 50; * 8 50 geb. in Hlbfrz. * 10 —

Meyer's (H. J.) Hand-Lexikon des allgemeinen Wissens in einem Bde. mit vielen Karten der Astronomie, Geographie, Geognosie etc. 30 Lfgn. und Nachtrag. br. 8. (VII, 1746 S., Nachtrag 62 S., mit 4 Taf. und 20 chromolithogr. Karten in br. 8. und qu. 4.) Hildburghausen [Leipzig] 871,72, Bibliograph. Institut. geb. in 2 Bde. in Lnwnd. * geb. in 1 Bd. in Halbfrz. *

Meyer's, [H. J.], Hand-Lexikon des allgemeinen Wissens. Mit technolog. und wissenschaftl. Abbildungen (Holzschntaf.) und vielen (chromolithogr.) Karten der Astronomie, Geographie, Geognosie, Statistik und Geschichte. 2. Aufl. 24 Lfgn. oder 2 Thle. 8. (IV, 2165 S.) Leipzig 878, Bibliographisches Institut. à Lfg. * 50 Pf. * geb. * ℳ 15., * ℳ 16. und *

— dasselbe. 3. Aufl. [In 2 Tln. oder 40 Lfgn.] 1—15. Lfg. 8. (1. Bd. S. 1—800.) Ebend. 882. à — 30

Meyer's Hand-Lexikon d. allgemeinen Wissens, m. technolog. u. wissenschaftl. Abbildgn. (Holzschntaf.) u. vielen (lith. u. chromolith.) Karten der Astronomie, Geographie, Geognosie, Statistik u. Geschichte. 3. Aufl. 16—40. [Schluss-]Lfg. 8. (S. 801—2128.) Leipzig 883. Bibliograph. Institut. à — 30 (cpl.: 12. —; geb. 15. —)

Meyer's Hand-Lexikon des allgemeinen Wissens, mit technolog. und wissenschaftl. Abbild. und vielen Karten der Astronomie, Geographie, Geognosie, Statistik und Geschichte. 3. umgearb. und verm. Aufl. Revid. Neudr. 2 Hälften. 8. (VI, 2125 S. mit Tab.) Leipzig 885, Bibliograph. Institut. geb. in Hlbfrz. *

—— **Hand-Lexikon des allgemeinen Wissens. 4. Aufl. 2 Tle. oder 40 Lfgn. Lex.-8. (1460 S. mit über 100 Illustr.-Taf., Karten und statist. Beilagen.) Ebendas. 888. à Lfg. 30 Pf. geb. in 1 Bd. geb. in 2 Bdn. ***

Meyer's Hand-Lexikon des allgemeinen Wissens. In 1 Bd. 5., gänzlich umgearb. Aufl. 8. (1703 S.) Leipzig 893. Bibliograph. Institut. Geb. in Halbfrz. n. 10. —

Meyer's Hand-Lexikon d. allgemeinen Wissens. In 1 Bd. 5., gänzl. umgearb. Aufl. Neuer Abdr. 8. (1703 S.) Leipzig 896. Bibliograph. Institut. Geb. in Leinw. n. 6. —

Meyer's Haushaltungsbuch, s.: Haushaltungsbuch.

Meyer's deutsches Jahrbuch 1871,2 und 1879 80. Hildburghausen, Leipzig 1872. 80

—— **deutsches Jahrbuch. Hrsg. von Otto Dammer. 1. Jahrg. 8. (XII, 1020 S.) Ebendas. 872. ***

Meyer's Deutsches Jahrbuch. Herausgegeben von Otto Dammer. Jahrgang 1. 2. Abdruck. Hildburghausen 1872.

—— **dass. — Hrsg. von Max Wirth. 2. Jahrg. 8. (VIII, 901 S.) Ebendas. 873. ***

— deutsches Jahrbuch für die politische Geschichte u. die Kulturfortschritte der Gegenwart. 1879—1880. Mit 16 Abbildungen u. Plänen (in eingedr. Holzschn.). 8. (VIII, 1003 S.) Ebend. 880. geb. n. 6. —

Meyer, s.: Jahrbuch der internat. Vereinigung für Rechtswissenschaft u. Volkswirtschaftslehre.

Meyer, d. neue Jahrhund. 8. Frankf. Körner. 802.

— — Historisch-geographischer Kalender auf das Jahr 1897. Zusammengestellt von Karl Bührer. Mit über 600 Landschafts- und Städteansichten, Architekturbildern, historischen Porträts, Autographen und Wappenbildern. (In Form eines Blockkalenders) 1.16
Leipzig: Bibliographisches Institut 1896.

Meyer's Historisch-geographischer Kalender auf das Jahr 1898. Zusammengestellt von Karl Bührer. Mit über 600 Landschafts- und Städteansichten, Architekturbildern, historischen Porträts, Autographen, Münzen- und Wappenbildern, sowie Abbildungen merkwürdiger Gegenstände und einer Jahres-Uebersicht (auf dem Rückdeckel). In Form eines Blockkalenders 1.14
Leipzig: Bibliographisches Institut 1897.

Meyer's Historisch-geographischer Kalender auf das Jahr 1899. III. Jahrgang. Mit über 600 Landschafts- und Städteansichten, Architekturbildern, Porträts, Autographen, Münzen- und Wappenbildern, sowie Abbildungen merkwürdiger Gegenstände und einer Jahres-Uebersicht (auf dem Rückdeckel). In Form eines Blockkalenders 1.20
Leipzig: Bibliographisches Institut 1898.

Meyer's historisch-geographischer Kalender 1911. (Abreißkalender.) (365 u. 6 S. m. Abbildgn.) gr. 8. Leipzig, Bibliographisches Institut. 1.75; Liebhaberausg. 2. 25

Meyer. Karte der Umgegend v. Mainz. 1 : 25,000. Ausg. 1889. Chromolithogr. Imp.-Fol. Mainz 889, v. Zabern.
Auf Leinw. ** 5 50

Karte der Umgegend von Mainz aufgenommen u. gezeichnet von **Meyer**, Sec.Lt im 2ten Nassauischen Inf.Rgt No 88. Neue rev. Aufl. 1906. (1: 25,000. Mainz: V. v. Zabern 1906; Lith. F. Wirtz, Darmstadt.) (1 Kartenbl. 79×54 cm.) [Kopft.] [kol.] [c6. 10176

Meyer, arithmetischer Kinderfreund. Halle, Dreyßig.

— Konversations-Lexicon, s.a. Konversations-Lexicon.

„Meyers Konversations-Lexikon. Eine Encyklopädie des allgemeinen Wissens. 1. Auflage Leipzig 1840—1852.

Meyer's Conversations-Lexicon. XXIII. Bd. 4—21. Liefg. — 2. Abth.: XII. Bd. 16—21. Liefg.; XIV. Bd. 1. Thl.: 20. Liefg.; 2. Thl.: 1—18. Liefg. — Supplem.-Bd. I.: Liefg. 1—25; II.: Liefg. 1—25; III.: Liefg. 1—25; IV.: Liefg. 1—25; V.: Liefg. 1—24; VI.: Liefg. 1—22. Hildburghausen 853—55. Bibliograph. Institut. (Leipzig, Gebhardt u. Reisland.) Lex.-8. Jede Liefg. mit Stahlst. u. Karten n. 7 ngr.

Meyer's Konversations-Lexikon. Dritte Auflage. 16 Bde. Jahres-Supplemente Bd. 1—5 und 1 Bd. Schlüssel. Leipzig 1874—1884. 4°.

— Konversations-Lexikon. 3. Aufl. (In 240 Lfgn.) 1—148 Lfgn. Lex.-8. (1. Bd. 998, 2. Bd. 1026, 3. Bd. 1018, 4. Bd. 1034, 5. Bd. 1030, 6. Bd. 1040, 7. Bd. 1040, 8. Bd. 1016, 9. Bd. 1051 S. u. 10. Bd. S. 1—256 m. Holzschntaf. u. chromolith. Karten.) Ebend. 874—76. à — 50

— Konversations-Lexikon. Eine Encyklopädie des allgemeinen Wissens. 3., gänzlich umgearb. Aufl. 149—258 (Schluß-)Lfg. Lex.-8. (10. Bd. S. 257—1052, 11. Bd. 1052, 12. Bd. 1024, 13. Bd. 1027, 14. Bd. 1036, 15. Bd. 1080 u. 16. Bd. 1103 S. m. Holzschntaf. u. chromolith. Karten.) Ebend. 877—79. à — 50; Pracht-Ausg. 16 Bde. geb. à n. 24. —

— dasselbe. 3., gänzlich umgearb. Aufl. 17. Bd. Jahres-Suppl. 1879—1880. 16 Hfte. Lex.-8. (XIV, 1034 S. mit 3 Holzschntaf. u. 7 chromolith. Karten.) Ebend. 880. à — 50

— dasselbe. Jahres-Suppl. (2. Bd.) 1880—1881. Lex.-8. (XII, 1032 S. mit eingedr. Holzschn. u. 7 chromolith. Karten.) Ebend. 880. 81. 8. —; geb. in Leinw. n. 9. 50; in Hlbfrz. n. 10. —

— dasselbe. Jahres-Suppl. (3. Bd.) 1881—1882. Lex.-8. (XII, 1062 S. mit eingedr. Holzschn., Holzschntaf. u. chromolith. Karten.) Ebend. 882. 8. —; geb. in Leinw. n. 9. 50; in Hlbfrz. n. 10. —

— Konversations-Lexikon. 4. Jahres-Suppl. 1882—1883. 16 Hfte. Lex.-8. (XII, 1040 S. m. Holzschn. u. chromolith. Karten.) Ebend. 883. à — 50

— dasselbe. 5. Jahres-Suppl. 1883—1884. [Mit Generalregister.] 16 Hfte. Lex.-8. (XII, 1042 S. m. Holzschn. u. 8 chromolith. Karten.) Ebend. 884. à n. — 50

— — 4. gänzlich umgearbeitete Aufl. Mit geographischen Karten, naturwissenschaftlichen und technologischen Abbildungen. 1.—16. Bd. Ergänzungen und Nachträge. 17.—19. Bd. (19 Bde.)
8. Leipzig 1885—1892.

— dasselbe. 4., gänzlich umgearb. Aufl. Mit 3000 Abbildgn. im Texte, 550 Illustr.-Taf., Karten u. Plänen, davon 80 Aquarelldrucke. (In 256 Lfgn.) 1—88. Lfg. gr. 8. (1. Bd. 1024, 2. Bd. 1020, 3. Bd. 1028, 4. Bd. 1024, 5. Bd. 1024 S. u. 6. Bd. S. 1—512.) Ebend. 885. 86. à — 50

— Konversations-Lexikon. Eine Encyklopädie des allgemeinen Wissens. 4., gänzlich umgearb. Aufl. Mit geograph. Karten, naturwissenschaftl. u. technolog. Abbildgn. 89.—256. Lfg. Lex.-8. (8. Bd. 1028 S.; 9. Bd. 1028 S.; 10. Bd. 1044 S.; 11. Bd. 1028 S.; 12. Bd. 1028 S.; 13. Bd. 1028 S.; 14. Bd. 1052 S.; 15. Bd. 1044 S.; 16. Bd. 1024 S.) Ebd. 887—890. à — 50; in Halbfrz. geb. à Bd. 10. — (16 Bde. geb. in Schweinsldr.: n. 200. —)

— dasselbe. 257.—272. (Schluß-)Lfg. Ergänzungen u. Nachträge. Register. Lex.-8. (17. Bd. 1059 S. m. 17 Illustr.-Beilagen u. 127 Abbildgn. im Text.) Ebd. 890. à n. — 50 (17. Bd. geb. in Halbfrz. n. 10. —; in Schweinsldr. n. 12. 50)

— Konversationslexikon. Eine Encyklopädie d. allgemeinen Wissens. 4., gänzlich umgearb. Aufl. Mit geograph. Karten, naturwissenschaftl. u. technolog. Abbildgn. 273.—288. Lfg. (18. Bd.) Jahres-Suppl. 1890/91. Lex.-8. (XVI, 1012 S.) Ebd. 891. à n. — 50 (18. Bd. kplt. geb. in Halbfrz.: n. 10. —; in Schweinsldr. n. 12. 50)

— dasselbe. 289.—304. Lfg. (19. Bd.) Jahres-Suppl. 1891/92. Lex.-8. (XIV, 1018 S.) Ebd. 892. à n. — 50 (19. Bd. kplt. geb. in Halbfrz.: n. 10. —; in Schweinsldr. n. 12. 50)

[F.] Meyers **Konversations-Lexikon.** E. Nachschlagewerk d. allgem. Wissens. 5., gänzlich neubearb. Aufl. . . . Bd 1—17. *Leipzig & Wien: Bibliogr. Inst. 1893—97.* 17 Bde 4.(8.)
I. A bis Aslaug. 1893. (2 Bl., 1020 S., 79 Taf.)
II. Asmanit bis Biostatik. 1895. (2 Bl., 1056 S., 74 Taf.)
III. Biot bis Chemikalien. 1894. (2 Bl., 1052 S., 50 Taf.)
IV. Chemillé bis Dingelstedt. 1895. (2 Bl., 1030 S., 62 Taf.)
V. Dinger bis Ethicus. 1894. (2 Bl., 1038 S., 64 Taf.)
VI. Ethik bis Gaimersheim. 1895. (2 Bl., 1052 S., 60 Taf.)
VII. Gain bis Grosskophta. 1895. (2 Bl., 1068 S., 70 Taf.)
VIII. Grosskreuz bis Hübbe. 1895. (2 Bl., 1058 S., 49 Taf.)
IX. Hübbe-Schleiden bis Kausler. 1896. (2 Bl., 1060 S., 45 Taf.)
X. Kaustik bis Langenau. 1896. (2 Bl., 1060 S., 50 Taf.)
XI. Langenbeck bis Mauri. 1896. (2 Bl., 1076 S., 49 Taf.)
XII. Mauria bis Nordsee. 1867. (2 Bl., 1060 S., 75 Taf.)
XIII. Nordseekanal bis Politesse. 1896. (2 Bl., 1060 S., 98 Taf.)
XIV. Politik bis Russisches Reich. 1897. (2 Bl., 1076 S., 55 Taf.)
XV. Russisches Reich '(Geschichte)' bis Sirte. 1897. (2 Bl., 1060 S., 92 Taf.)
XVI. Sirup bis Turkmenen. 1897. (2 Bl., 1128 S., 101 Taf.)
XVII. Turkos bis Zz. 1897. (2 Bl., 1138 S., 80 Taf.) [98. 4480 Go

Meyers Konversations-Lexikon. Ein Nachschlagewerk d. allgem. Wissens. 5., gänzlich neubearb. Aufl. Mit mehr als 10,500 Abb. im Text u. auf 1095 Bildertaf., Karten u. Pl. Neuer Abdr. (Luxus-Ausg.) Bd 1-18. *Leipzig & Wien: Bibliogr. Inst. 1895-98.* 17 Bde 4° 8°: [K.]

1. A bis Aslang. 1895 — 2 Asmanit bis Biostatik 1894
3 Biot bis Chemikalien 1895 — 4 Chemillé bis Dingelstedt 1894
5 Dinger bis Ethicus 1895 — 6 Ethik bis Gaimersheim 1894
7. Gain bis Grosskophta 1896 — 8 Grosskreuz bis Hubbe 1896
9 Hubbe-Schleiden bis Kausler 1896 — 10 Kaustik bis Langenau 1896
11 Langenbeck bis Mauri 1897 — 12 Mauria bis Nordsee 1897
13. Nordseekanal bis Politesse 1896 — 14 Politik bis Russisches Reich 1897
15 Russ. Reich (Gesch.) bis Sirte 1897 — 16 Sirup bis Turkmenen 1897
17 Turkos bis Zz 1897 — 18 Ergänzungen u. Nachtr. Reg. 1898

– – Bd 19 - 21. Ebd. 1899 - 1901.
19. Jahres-Suppl. 1898 - 1899. 1899.
20. Jahres-Suppl. 1899 - 1900. 1900.
21. Jahres-Suppl. 1900 - 1901. 1901.

— dasselbe. Ein Nachschlagewerk des allgemeinen Wissens. 5., gänzlich neubearb. Aufl. Mit ungefähr 10000 Abbildgn. im Text u. auf 950 Bildertaf., Karten u. Plänen. 1.—7. Bd. Lex.-8. (1020, 1056, 1054, 1036, 1040, 1052, 1068 S.) Ebd. 893. 894. Geb. in Halbfrz. à 10. —; auch in Halbbdn. à 4. — od. in je 16 Hftn. à — 50

— Konversations-Lexikon. Ein Nachschlagewerk des allgem. Wissens. 5., gänzl. neubearb. Aufl. M. mehr als 10,500 Abb. im Text u. auf 1095 Taf., Karten u. Plänen. 8.—17. (Schluß-) Bd. Lex.-8. (1056, 1060, 1060, 1076, 1060, 1060, 1076, 1060, 1128 u. 1138 S.) Ebd. 895—98. Geb. in Halbfrz. à 10. —
Jeder Band erschien auch in 16 Hftn. à — 50 u. in 2 Halbbdn. à 4. —.

— dasselbe. M. mehr als 11,000 Abb. im Text u. auf 1144 Bildertaf., Karten u. Plänen. 18. Bd. Ergänzungen u. Nachträge. — Register. Lex.-8. (1085 S.) Ebd. 898. Geb. in Halbfrz. 10. —
Erschien auch in 16 Hftn. à — 50 u. 2 Halbbdn. à 4. —.

Meyer's Konversations-Lexikon. Ein Nachschlagewerk des allgemeinen Wissens. 5., gänzlich neubearb. Aufl. Mit mehr als 11,600 Abbildgn. im Text u. auf 1188 Bildertaf., Karten u. Plänen. 19. Bd. Jahres-Suppl. 1898—1899. Lex.-8. (1048 S. m. 30 [4 farb. Taf.] u. 8 farb. Karten.) Leipzig 899. Bibliograph. Institut. n. 8.—; geb. in Halbfrz. n. 10.—; auch in 16 Hftn. (Hft. 289—304) à — 50

— dasselbe. 20. Bd., [2.] Jahres-Suppl. 1899/1900. Lex.-8. (1028 S. m. Abb., 14 [2 farb.] Taf. u. 2 farb. Karten.) Ebd. 900. 901. n. 8.—; geb. in Halbfrz. 10.—; auch in 16 Hftn. (Hft. 305—320) à n. — 50

— dasselbe. 21. Bd. [3.] Jahres-Suppl. 1900—1901, m. Gesamtverzeichnis der in den Suppl.-Bdn. [Bd. 18—21] enth. Artikel. Lex.-8. (1042 S. m. Abb., 14 [2 farb.] Taf. u. 2 farb. Karten.) Ebd. 901. n. 8.—; geb. in Halbfrz. n. 10.—; auch in 16 Hftn. (Hft. 321—336) à n. — 50

Meyer: Großes Konversations-Lexikon. 6. Aufl. Leipzig und Wien
Bd 1—23. 1902—1912
Bd 24. Jahressupplement 1911—1912. 1913
Kriegsnachtrag. T. 1. 1916
Kriegsnachtrag. T. 2. 1917
Kriegsnachtrag. T. 3. 1920

— großes Konversations-Lexikon. Ein Nachschlagewerk des allgemeinen Wissens. 6., gänzlich neubearb. u. verm. Aufl. Mit mehr als 11,000 Abbildgn. im Text u. auf üb. 1400 Bildertaf., Karten u. Plänen, sowie 130 Textbeilagen. (In 20 Bdn.) 1. Bd. Lex.-8. (VIII, 904 S.) Ebd. 902. Geb. in Halbfrz. 10 —; Prachtausg. 12. —; auch in 320 Lfgn. à — 50

Meyer's großes Konversations-Lexikon. Ein Nachschlagewerk des allgemeinen Wissens. 6., gänzlich neubearb. u. verm. Aufl. Mit mehr als 11000 Abbildgn. im Text u. auf über 1400 Bildertaf., Karten u. Plänen sowie 130 Textbeilagen. 2.—15. Bd. (914, 924, 908, 912, 908, 904, 908, 906, 906, 908, 909, 928, 928 u. 928 S.) Lex.-8. Leipzig 903—906. Bibliograph. Institut. Geb. in Halbfrz. à 10. —; Prachtausg. à 12. —; auch in je 16 Lfgn. à — 50

— großes Konversations-Lexikon. Ein Nachschlagewerk des allgemeinen Wissens. 6., gänzlich neubearb. u. verm. Aufl. Mit mehr als 16800 Abbildgn. im Text u. auf üb. 1500 Bildertaf., Karten u. Plänen sowie 160 Textbeilagen. 16.—20. (Schluß-) Bd. (952, 952, 952, 1024 u. 1055 S.) Lex. 8. Ebd. 907. 08. Geb. in Halbfrz. à 10. —; Prachtausg. à 12. —; auch in je 16 Lfgn. à — 50

— dasselbe. Mit mehr als 17600 Abbildgn. im Text u. auf 1610 Bildertaf., Karten u. Plänen sowie 180 Textbeilagen. 21. Bd. Ergänzungen u. Nachträge. (1031 S. m. 87 Karten u. Taf.) Lex. 8. Ebd. 909. Geb. in Halbfrz. 10. —; Prachtausg. 12. —

— dasselbe. Mit mehr als 18400 Abbildgn. im Text u. auf 1690 Bildertaf., Karten u. Plänen sowie 190 Textbeilagen. 22. Bd. Jahres-Suppl. 1909—1910. (964 S. m. 83 Karten u. Taf. u. 10 Beilagen. Lex. 8. Ebd. 910. Geb. in Halbfrz. 10. —; Prachtausg. 12. —

Meyers Großes Konversations-Lexikon. Ein Nachschlagewerk d. allgem. Wiss. 6., gänzl. neubearb. u. verm. Aufl. Mit mehr als 11000 Abb. u. über 1400 Bildertaf., Karten u. Pläne̶n sowie 130 Textbeil. Bd 1. Neuer Abdr. Leipzig & Wien: Bibl. Inst. 1905. 8° [F.] 08. 1678, 2

— kleines Konversations-Lexikon. 5., umgearb. u. verm. Aufl. Mit üb. 100 Beilagen, Karten u. Bildertaf. in Holzschn., Kpfrst. u. Chromodr. 66 Hfte. Lex.-8. (1. Bd. 748 S.; 2. Bd. 736 S.; 3. Bd. 789 S.) Ebd. 892. 893. à Hft. — 30; à Bd. geb. in Halbfrz. 8. —

Meyer's kleines *Konversations-Lexikon*. 5. umgearb. u. verm. Aufl. Neuer Abdr. 3 Bd. Leips. u. Wien 1893. Tvl. (sorte og kol.). Kt. 4°.

Meyer: Kleines Konversations-Lexikon. 5. Aufl. Neuer Abdr. Bd 1—3. Leipzig und Wien 1895

— kleines Konversations-Lexikon. 6., gänzl. umgearb. u. verm. Aufl. M. üb. 160 Karten u. Bildertaf. in Holzschn., Kpfrst. u. Farbendr. u. 100 Textbeilagen. 1.—34. Hft. Lex.-8. (1. Bd. 883 S. u. 2. Bd. S. 1—224.) Leipzig 898. Bibliograph. Institut. à Hft. — 30 (1. Bd. kplt. geb. in Halbfrz.: 10. —)

— kleines Konversations-Lexikon. 6., gänzlich umgearb. u. verm. Aufl. Mit 168 Karten u. Bildertaf. in Holzschn., Kpfrst. u. Farbendr. u. 88 Textbeilagen. 35.—80. (Schluß-) Hft. Lex.-8. (2. Bd. S. 225—884 u. 3. Bd. 872 S.) Ebd. 899. à — 30; (à Bd. kplt. geb. in Halbfrz. 10. —)

Meyer's kleines Konversations-Lexikon. 7., gänzlich neubearb. u. verm. Aufl. In 6 Bdn. Mehr als 130000 Artikel u. Nachweise m. etwa 520 Bildertaf., Karten u. Plänen, sowie etwa 100 Textbeilagen. 1.—21. Heft. (1. Bd. VI, 1040 S. u. 2. Bd., S. 1—48.) Lex.-8. Leipzig 906. Bibliograph. Institut. à — 50 (1. Bd. geb. in Halbfrz. 12. —)

— kleines Konversations-Lexikon. 7., gänzlich neubearb. u. verm. Aufl. (In 6 Bdn.) Mehr als 130000 Artikel u. Nachweise m. 639 Bildertaf., Karten u. Plänen, sowie 127 Textbeilagen. 22.—120. (Schluß-)Heft. (2. Bd. S. 49—960, 3. Bd. 1024 S., 4. Bd. 1024 S., 5. Bd. 992 S. u. 6. Bd. 1052 S.) Lex. 8. Leipzig 907—09. Bibliograph. Institut. à — 50 (Jeder Bd. geb. in Halbfrz.: 12.—)

— neues Conversations-Lexikon, s. a. Konversations-Lexikon.

Meyer's (,J.) (I.), neues Conversations-Lexicon. Eine Real-Encyklopädie für alle Stände. Mit über 300 in Stahl gest. Illustr., Karten, Portr. und Ansichten. (In 15 Bdn. oder 300 Heften.) 1. Bd. 1. Heft. A — Ablösung. Lex.-8. (IV und S. 1—64 mit 1 Stahlst.) Hildburghausen 856, Bibliographisches Institut. Thlr. *

Meyer, (J.), Conversationslexicon f. d. gebildeten Stände. In Verbindung mit Staatsmännern, Gelehrten, Künstlern u. Technikern herausgegeben. (Mit Bildn. der bedeutendsten Menschen aller Zeiten, Ansichten der merkwürdigsten Orte, Städte-Plänen, Karten rc.) Lex.-8. (à Lfg. ca. 4 B. Text.) Hildburghausen 840—47, Bibliograph. Institut. (Leipzig, Gebhardt u. Reisland; Frankfurt a. M., Meidinger.) à Lfg. *

Bd. 1. 12 Lfgn.
" 2. 16 Lfgn.
" 3. 18 "
" 4. 4 Abthlgn. (Abthl. 1—3. à 18 Lfgn., Abthl. 4. 22 Lfgn.)
" 5., 6. à 18 Lfgn.
" 7. 4 Abthlgn. (Abthl. 1—3. à 18 Lfgn., Abthl. 4. 25 Lfgn.)
" 8—10. à 18 Lfgn.
" 11. Abthl. 1. Lfgn. 1—15. Abthl. 2. 1. Bd. 1. u. 2. Lfg.

—— Conversationslexikon für die gebildeten Stände. In Verbindung mit Staatsmännern, Gelehrten, Künstlern und Technikern hrsg. (Mit Bildn., Ansichten, Städte-Plänen, Karten rc.) Lex.-8. (à Lfg. ca. 4 Bog. Text.) Hildburghausen 847—52, Bibliographisches Institut. (Leipzig, Gebhardt und Reisland.) à Lfg.

Abtheilung I.
Bd. 11. Lfg. 16—18.
" 12., 13. à 18 Lfgn.
" 14. 20 Lfgn.
" 15—18. à 21 Lfgn.
" 19. 2 Thle. 38 Lfgn.
" 20., 21. à 21 Lfgn.
" 22. 20 Lfgn.
" 23. 21 Lfgn.
Abtheilung II.
Bd. 1. Lfg. 3—18.
" 2. 18 Lfgn.
" 3., 4. à 20 Lfgn.
" 5—9. à 21 Lfgn.
" 10. 20 Lfgn.
" 11., 12. 21 Lfgn.
" 13. 22 Lfgn.
" 14. 2 Thle. 38 Lfgn.
Supplemente.
Bd. 1—3. à 25 Lfgn.

— Conversations-Lexicon für die gebildeten Stände. VIII. Bd. 12—18. Lfg. IX—XIII. Bd. à 18 Lfgn. XIV. Bd. 20 Lfgn. XV—XVIII. Bd. à 21 Lfgn. XIX. Bd. 1. Abth. 25 Lfgn. XIX. Bd. 2. Abth. 23 Lfgn. XX u. XXI. Bd. à 21 Lfgn. XXII. Bd. 1—20. Lfg. XXIII. Bd. 1—3. Lfg. — II. Abth. I u. II. Bd. à 18 Lfgn. III u. IV. Bd. à 20 Lfgn. V—IX. Bd. à 21 Lfgn. X. Bd. 20 Lfgn. XI. Bd. 21 Lfgn. XII. Bd. 1—15. Lfg. XIII. Bd. 22 Lfgn. XIV. Bd. 1—19. Lfg. XV. Bd. 1—20. Lfg. Mit Stahlstichen u. Charten. Lex. 8. Ebd. 847—52. à Lfg. n. 7 ngr

Meyer's (,J.) (I.), Conversations-Lexicon für die gebildeten Stände. 4—6. (letzter) Supplement-Band. Lex.-8. Hildburghausen 854—55, Bibliographisches Institut. [Bd. 4. (25 Lfgn.) 5. (24 Lfgn.) 6. (22 Lfgn.) à Lfg. ca. 4 Bog. Text mit Stahlst. und Karten. à Lfg. * 7 Ngr.] *

Der Preis des vollständ. Werkes ist * 260 Thlr. S. 33.

Meyer, der weibliche Körper in ungefähr ¼ Lebensgröße. Anatomische Darstellg. der sämtl. Organe. (28 Sp. m. zerlegbarem Modell.) 49×19,5 cm. Fürth (903). G. Löwensohn. Kart. n. 3.—

—— grosser und vollständiger Kriegs- und Friedens-Atlas. Enthaltend: Die Staaten der ganzen Erde nach den neuesten polit. Abgrenzungen etc. 1—37. Lfg. gr. Fol. (à Lfg. 3 lithogr. und ill. Bl.) Hildburghausen 849—52, Bibliographisches Institut. (Leipzig, Gebhardt und Reisland.) à Lfg. * 10 Ngr. *

—— grosser und vollständiger Kriegs- und Friedens-Atlas. Enthaltend: Die Staaten der ganzen Erde nach den neuesten polit. Abgrenzungen etc. 38—48. (letzte) Lfg. gr. Fol. (à Lfg. 3 lithogr. und ill. Bl.) Hildburghausen 853—56, Bibliographisches Institut. à Lfg. * 10 Ngr. *
1—37. Lfg. Ebendas. 1849—52. * 12 Thlr. 10 Ngr.

— Kriegs- und Friedens- oder grosser Zeitungs-Atlas in 148 Karten von allen Staaten der Erde nach den neuesten politischen Abgrenzungen. 38—48. (letzte) Liefg. (à 3 lith. u. in Stahl gest. col. Karten.) Hildburghausen 853—56. Bibliograph. Institut. (Leipzig, Gebhardt u. Reisland.) gr. Fol. Jede Liefg. n. 10 ngr

— das Leben Shakspeare's; nebst e. Literärgeschichte u. Beurtheilung seiner dramat. Werke. Mit Shakspeare's Bildn. 12. Gotha 824. Hennings. 8 gr

Meyer: Kosmische Messungen. 42 S. und Fgt.–Bunzlau, Progr. 1868

Meyer, innere Mission u. Schule. Vortrag, geh. auf der Kreislehrerkonferenz zu Georgsmarienhütte am 23. Oktbr. 1890. gr. 8. (14 S.) Osnabrück 890. Hoppenrath. n. — 40

Meyer, d. Mitwirkg. d. Parteien im Strafprozess. Erl. 873.

Meyers Monatshefte: 1852 1856? New York, NY

Meyers Monatshefte, dt-anisene Zeits f Lit, Kunst u Gesell. Ed: Hermann J. Meyer. 7v. NY, 1853-56.

Meyer, Hauptm., Musterblätter [nebst Erläuterungen] für das militairische Situations-Zeichnen [Pläne und Croquis]. Nach den neuesten Bestimmungen der topograph. Abtheilung des Generalstabes. qu. 4. (2 S. mit 4 Stnt.) Neisse 875, Graveur's Verlag. *

Meyer, Musterblätter für das militairische Zeichnen von Terrain u. Situation auf Plänen, Meßtischaufnahmen u. bei Anfertigung von Croquis. [Mit Erläuterung über Farbengebrauch, Terraindarstellungsarten, Truppeneinzeichnung rc.] In Berücksichtigung der „Musterblätter für die topographischen Arbeiten der preußischen Landesaufnahme 1876" [sowie der Nachträge] zusammengestellt. 4., gänzlich umgearb. u. verm. Aufl. qu. 4. (5 Steintaf. m. 9 S. Text.) Neiße 880. Graveur. n. 1. 25

Meyer, Musterblätter für das militairische Zeichnen von Terrain und Situation auf Plänen, Meßtischaufnahmen und bei Anfertigung von Croquis. [Mit Erläuterung über Farbengebrauch, Terraindarstellungsarten, Truppeneinzeichnung rc.] In Berücksicht. der „Musterblätter für die topograph. Arbeiten der preuß. Landesaufnahme 1876" [sowie der Nachträge] zusammengestellt. 2.—4. gänzlich umgearb. und verm. Aufl. (5 Stnt. mit 9 S. Text.) 1876—80; 6. gänzlich umgearb. und verm. Aufl. qu. 4. (5 Stnt. mit 10 S. Text.) Neiße 883, Graveur's Verlag. *

Meyer, Musterblätter f. das militairische Zeichnen v. Terrain u. Situationen auf Plänen, Meßtischaufnahmen u. bei Anfertigung v. Croquis. [Mit Erläuterg. üb. Farbengebrauch, Terraindarstellungsarten, Truppeneinzeichng. rc.] In Berücksicht. der „Musterblätter f. die topograph. Arbeiten der preuß. Landesaufnahme 1876" [sowie der Nachträge] zusammengestellt. 6. Aufl. qu. 4. (10 S. m. 5 Steintaf.) Neisse 883. Graveur's Verl. n. 1. 25

— Nachr. v. Altenburg. 8. Altenb. (Hennings in Neisse). 21 gr

Meyer, Diss. de spirituosorum noxa et utilitate. Hal. 4°. 1742

Meyer: D. de spirituosorum noxa et utilitate. 4°. Hal. 1743.

Meyer, Diss. de pica et malacia. Erf. 4°. 1702

Meyer (III.), und Fournier, eine Parthie Piquet, s. Theater, das, des Auslandes.

Meyer, e. Parthie Piquet, s.: Universal-Bibliothek.

—— Predigt am Gedächtniß-Gottesdienste der selig vollendeten Königin Therese von Bayern, gehalten in der protest. Stadtpfarrkirche zu München am 6. Novbr. 1851. gr. 8. (14 S.) München 854, Kaiser. *

Meyer, Principien d. gerecht. Besteuerung in Finanzwissenschaft. Berl. 884.

Meyer, Rede, geh. bei der Enthüllg. d. Moltke-Denkmals in Parchim am 2. Octbr. 1876. 8. (14 S. m. 1 Photogr.) Berlin 876. Staude. — 30

Meyer, (I.), Rede beim Gedächtnißgottesdienste des verewigten Königs Maximilian II. von Bayern, gehalten am 16. März 1864 in der protestant. Stadtpfarrkirche zu München. gr. 8. (13 S.) München 864, Kaiser. *

—— Rede beim Trauergottesdienste zum Gedächtniß des vollendeten Königs Ludwig I. von Baiern, gehalten am 11. März 1868 in der protestant. Stadtpfarrkirche zu München. gr. 8. (14 S.) München 868, Kaiser. *

Meyer, ..., Reductionstabellen z. Vergleichung der im Clevischen Gelde bestimmten Waarenpreise gegen Preuß. Thaler, Silbergroschen u. Pfennige. 4. Cöln 824. Dumont-Schauberg. 8 gl.

Meyer, d. Reichsgründung u. d. Grossherzogthum Baden. Heidelb. 896.

Meyers Reisebücher s.a. Alpen. Deutsche A'.

— Reisebücher, s.a. Berlepsch.

Meyers Reisebücher s.a. Griechenland....

Meyer's Reisebücher. s. a. F. Hey'l, Rheinlande od. West-Deutschland. 1874.

Meyers Reisebücher s.a. Schwarzwald – Schweiz.

—— **Reisebücher.** Ägypten, Palästina u. Syrien. 2. Aufl. Mit 11 Karten, 17 Plänen u. Grundrissen, 45 Textbildern. 12. (XVI, 507 S.) Ebd. 889. geb. * 12 —

Meyer's Reisebücher. Ägypten. Unter- u. Ober-Ägypten bis zum 2. Katarakt. 3. Aufl. Mit 10 Karten, 19 Plänen u. Grundrissen, 43 Textbildern. 12. (XII, 312 S.) Leipzig 895. Bibliograph. Institut. Geb. in Leinw. n. 7. 50

— dasselbe. **Aegypten.** Unter- u. Oberägypten, Obernubien u. Sudân. 4. Aufl. Mit 10 Karten, 20 Plänen u. Grundrissen, 43 Textbildern. (XII, 304 S.) 12. Ebd. 904. Geb. n. 7. 50

— Ägypten. Unter- u. Oberägypten, Obernubien u. Sudan. 5. Aufl. Mit 11 Karten, 31 Plänen u. Grundrissen u. zahlreichen Abb. (XIV, 437 S.) 909. Geb. in Leinw. 9. —

— Reisebücher. Deutsche Alpen. (1. Bd.) Westlicher Theil: Bayerisches Hochland — Nord-Tirol — Vorarlberg — Ötzthaler Alpen — Brennerbahn — Süd-Tirol. Von Heinr. Noë. Mit 4 (chromolith.) Stadtplänen, 16 (chromolith.) Karten, 11 Panoramen (in Stahlst.) u. 14 Ansichten in Stahlst. 8. (LIV, 501 Sp. u. S.) Ebend. 877. n. 7. —

— dasselbe. (2. Bd.) Oestlicher Thl. Salzburg-Berchtesgaden, Hohe Tauern, Pusterthal u. Dolomiten, Salzkammergut, Ober- u. Nieder-Oesterreich, Steiermark, Kärnten, Krain. Mit 9 (chromolith.) Karten u. 3 (lith.) Stadt-Plänen, 8 Panoramen u. 21 Ansichten in Stahlst. 8. (649 Sp.) Ebend. 878. geb. n. 5. —

Meyer's Reisebücher. Deutsche Alpen. 2 Tle. 2. Aufl. 12. Leipzig 886. Bibliograph. Institut. geb. à n. 3. 50

1. **Bayerisches Hochland, Algäu, Vorarlberg, Nordtirol, Brennerbahn, Ötzthaler-, Stubaier- u. Ortlergruppe, Bozen, Meran, Vintschgau, Südtirol: Brenta-, Presanella- u. Adamellogruppe, Gardasee. Mit 17 Karten, 3 Plänen u. 12 Panoramen. (XII, 312 S.)**
2. Salzburg-Berchtesgaden, Salzkammergut, Giselabahn, Hohe Tauern, Unterinnthal, Zillerthal, Brennerbahn, Pusterthal u. Dolomite, Bozen. Mit 16 Karten, 3 Plänen u. 7 Panoramen. (XII, 319 S.)

— dasselbe. Deutsche Alpen. 1. u. 3. Tl. 12. Ebd. geb. n. 7. — (1—3.: n. 10. 50)

1. **Bayerisches Hochland, Algäu, Vorarlberg, Nordtirol, Brennerbahn, Ötzthaler-, Stubaier- und Ortler-Gruppe, Bozen, Meran, Vintschgau, Südtirol: Brenta-, Presanella- u. Adamellogruppe, Gardasee. 3. Aufl. Mit 17 Karten, 3 Plänen u. 12 Panoramen. (IV, XII, 339 S.) 890. n. 3. 50**
3. **Wien, Ober- und Nieder-Österreich, Salzburg und Salzkammergut, Steiermark, Kärnten, Krain, Kroatien, Istrien u. Dalmatien. 2. Aufl. Mit 11 Karten, 4 Plänen u. 6 Panoramen. (XII, 331 S.) 887. n. 3. 50**

— dasselbe. Deutsche Alpen. 1. u. 2. Tl. 12. Ebd. Geb. n. 7. 50

1. Bayrisches Hochland, Algäu, Vorarlberg, Nordtirol, Brennerbahn, Ötzthaler-, Stubaier- u. Ortlergruppe, Bozen, Meran, Vintschgau, Südtirol: Brenta-, Presanella- u. Adamellogruppe, Gardasee. 4. Aufl. Mit 23 Karten, 4 Plänen u. 12 Panoramen. (XII, 356 S.) 893. n. 4. —
2. Salzburg-Berchtesgaden, Salzkammergut, Giselabahn, Hohe Tauern, Unterinnthal, Zillerthal, Brennerbahn, Pusterthal u. Dolomite, Bozen. 3. Aufl. Mit 20 Karten, 2 Plänen u. 7 Panoramen. 12. (XII, 351 S.) 891. n. 3. 50

Meyers Reisebücher. Deutsche Alpen. Th. 2. Salzburg-Berchtesgaden, Salzkammergut, Giselabahn, Hohe Tauern, Unterinnthal, Zillerthal, Brennerbahn, Pusterthal und Dolomite, Bozen. 4. Auflage. Mit 26 Karten, 5 Plänen und 7 Panoramen. Leipzig u. Wien 1895. XII, 355 S. 8°.

Meyers Reisebücher Deutsche Alpen. Th. 1. Bayerisches Hochland, Algäu, Vorarlberg, Nordtirol, Brennerbahn, Oetzthaler-, Stubaier- und Ortlergruppe, Bozen, Meran, Vintschgau, Südtirol: Brenta-, Presanella- und Adamellogruppe, Gardasee. 5. Aufl. Mit 23 Karten, 4 Plänen und 12 Panoramen. Leipzig und Wien 1896. XII, 368 S. 8°.

Meyer's Reisebücher. Deutsche Alpen. 3 Tle. 12. Ebd. Geb. in Leinw. n. 12. 50

1. **Bayerisches Hochland, Algäu, Vorarlberg; Tirol: Brennerbahn, Ötzthaler-, Stubaier- u. Ortler-Gruppe, Bozen,** Schlern u. Rosengarten, **Meran, Brenta- u. Adamellogruppe; Bergamasker Alpen, Gardasee. 6. Aufl. Mit 24 Karten, 4 Plänen u. 12 Panoramen. (XII, 374 S.) 898. Geb. n. 4. 50**
2. **Salzburg-Berchtesgaden, Salzkammergut, Giselabahn, Hohe Tauern, Unterinnthal, Zillerthal, Brennerbahn, Pusterthal u. Dolomiten, Bozen. 5. Aufl. M. 26 Karten, 5 Plänen u. 7 Panoramen. (XII, 360 S.) 897. Geb. n. 4. —**
3. **Wien, Ober- u. Nieder-Österreich, Salzburg u. Salzkammergut, Steiermark, Kärnten, Krain, Kroatien u. Istrien. 3. Aufl. Mit 13 Karten, 7 Plänen u. 6 Panoramen. (XII, 295 S.) 895. Geb. n. 4. —**

— Reisebücher. Deutsche Alpen. 3 Tle. 12. Ebd. Geb. in Leinw. n. 16. —

1. Bayerisches Hochland, Algäu, Vorarlberg; Tirol: Brennerbahn, Ötzthaler-, Stubaier- u. Ortlergruppe, Bozen, Schlern u. Rosengarten, Meran, Brenta- u. Adamellogruppe; Bergamasker Alpen, Gardasee. 7. Aufl. Mit 25 Karten, 4 Plänen u. 14 Panoramen. (XII, 404 S.) 901. n. 5. —
2. Salzburg-Berchtesgaden, Salzkammergut, Gieselabahn, Hohe Tauern, Unterinnthal, Zillerthal, Brennerbahn, Pusterthal u. Dolomiten. Bozen. 6. Aufl. Mit 26 Karten, 5 Plänen u. 7 Panoramen. (XII, 392 S.) 900. n. 4.50
3. Wien, Ober- u. Nieder-Österreich, Salzburg u. Salzkammergut, Steiermark, Kärnten, Krain, Kroatien u. Istrien. 5. Aufl. Mit 13 Karten, 7 Plänen u. 6 Panoramen. (XII, 362 S.) 902. n. 6.50

— Reisebücher. Deutsche Alpen. 1. u. 2. Tl. 12. Ebd. Geb. à n. 5. —

1. Bayerisches Hochland, Algäu, Vorarlberg; Tirol: Brennerbahn, Oetztaler-, Stubaier- u. Ortler Gruppe, Bozen, Schlern u. Rosengarten, Meran, Brenta- u. Adamellogruppe, Bergamasker Alpen, Gardasee 9. Aufl. Mit 26 Karten. 5 Plänen u. 15 Panoramen. (XII, 362 S.) 905.
2. Salzburg-Berchtesgaden, Salzkammergut, Giselabahn, Hohe Tauern, Unterinntal, Zillertal, Brennerbahn, Pustertal u. Dolomiten, Bozen. 9. Aufl. Mit 28 Karten, 5 Plänen u. 9 Panoramen. (XII, 342 S.) 906.

— Alpen, deutsche, 1. Tl.: Bayerisches Hochland, Algäu, Vorarlberg; Tirol: Brennerbahn, Ötztaler-, Stubaier- u. Ortler-Gruppe, Bozen, Schlern u. Rosengarten, Meran, Brenta- u. Adamellogruppe; Bergamasker Alpen, Gardasee. 11. Aufl. (XII, 384 S. m. 28 Karten, 5 Plänen u. 15 Panoramen.) 910. Geb. 5.50

— dasselbe. 2. Tl.: Salzburg-Berchtesgaden, Salzkammergut, Giselabahn, Hohe Tauern, Unterinntal, Zillertal, Brennerbahn, Pustertal u. Dolomiten, Bozen. 10. Aufl. Mit 29 Karten, 7 Plänen u. 10 Panoramen. (XII, 374 S.) 909. Geb. 5. —

— dasselbe. 3. Tl.: Wien, Ober- u. Nieder-Osterreich, Salzburg u. Salzkammergut, Steiermark, Kärnten, Krain, Kroatien u. Istrien. 6. Aufl. Mit 13 Karten, 9 Plänen u. 6 Panoramen. (XII, 364 S.) 907. Geb. 5. —

—— —— Berlin und seine Umgebung. 8. (221 Sp. mit 1 chromolithogr. Plan von Berlin in gr. Fol.) Ebendas. 878. cart.

Aus: Meyer's Reisebuch für Nord-Deutschland, besonders abgedruckt.

Meyer's Reisebücher. Dresden u. die Sächsische Schweiz. Mit 8 Karten, 6 Plänen u. Grundrissen. Vereinsbuch des Gebirgsvereins für die Sächsisch-Böhmische Schweiz. 12. (XII, 278 S.) Leipzig 888. Bibliograph. Institut. cart. n. 2. —

—— —— Dresden u. die Sächsische Schweiz. 2. Aufl. Mit 8 Karten, 7 Plänen u. Grundrissen. Vereinsbuch d. Gebirgsvereins f. die sächs. Schweiz. 12. (XII, 288 S.) Ebd. 891. cart. * 2 —

— dasselbe. Dresden u. die Sächsische Schweiz. 3. Aufl. Mit 8 Karten, 7 Plänen u. Grundrissen u. 2 Panoramen. Vereinsbuch des Gebirgsvereins f. die Sächs. Schweiz. 12. (XII, 272 S.) Ebd. 894. Kart. n. 2. —

— dasselbe. Dresden u. d. Sächs. Schweiz. 4. Aufl. M. 9 Karten, 8 Plänen u. Grundrissen u. 2 Panoramen. Vereinsbuch d. Gebirgsvereins f. d. Sächs. Schweiz. 12. (XII, 276 S.) Ebd. 896. Kart. n. 2. —

— dasselbe. Dresden, sächsische Schweiz u. Lausitzer Gebirge. 5. Aufl. Mit 9 Karten, 8 Plänen u. 3 Panoramen. Vereinsbuch des Gebirgsvereins f. die sächs. Schweiz. 12. (XII, 268 S.) Ebd. 900. Kart. n. 2. —

— dasselbe. Dresden, sächsische Schweiz u. Lausitzer Gebirge. 7. Aufl. Mit 12 Karten, 9 Plänen u. 4 Panoramen. Vereinsbuch des Gebirgsvereins f. die sächs. Schweiz. (XII, 243 S.) 12. Ebd. 905. Kart. n. 2. —

— Dresden, sächsische Schweiz, böhmisches Mittelgebirge u. Lausitzer Gebirge. 8. Aufl. Mit 13 Karten, 9 Plänen u. 4 Panoramen. Vereinsbuch des Gebirgsvereins f. die sächs. Schweiz. (XII, 247 S.) 908. Kart. 2. —

Mayer's Reisebücher. Griechenland und Kleinasien. 4. Aufl. 1892. Mit 8 Karten, 16 Plänen und Grundrissen und 2 bildlichen Darstellungen. — Aegypten. Unter- und Oberägypten bis zum zweiten Kataract. 3. Aufl. 1895. Mit 10 Karten, 19 Plänen und Grundrissen, 43 Textbildern. — Türkei, Rumänien, Serbien, Bulgarien. 5. Aufl. 1898. Mit 6 Karten, 26 Plänen und Grundrissen und 1 Panorama. (3 Bde.)
8. Leipzig und Wien 1892—1898.

— dasselbe. Griechenland u. Kleinasien. 5. Aufl. Mit 13 Karten, 23 Plänen u. Grundrissen u. 2 bildl. Darstellgn. 12. (X, X, 338 S.) Ebd. 901. Geb. in Leinw. n. 7.50

— dasselbe. Griechenland u. Kleinasien. 6. Aufl. Mit 12 Karten, 21 Plänen u. Grundrissen u. 3 bildl. Darstellgn. (XII, X, 336 S) 12. Ebd. 906. Geb. n. 7.50

— Reisebücher. Harz. 5. umgearb. Aufl. Mit 1 Panorama. (Stahlst. in 4.) 1 (chromolith.) Uebersichtskarte u. 15 Routennetzen (in eingedr. Holzschn) 16. (XII, 173 S.) Ebend. 873. n. 2. —

—— —— Wegweiser durch den Harz. 6. Aufl. 16. (VIII, 206 S. mit 1 Panorama in Stahlst., 1 Reisekarte, 3 Wegekarten und 14 Routen-Netzen.) Ebendas. 877. cart. *

— dasselbe. Harz. 7. Aufl. Mit 1 (lith.) Panorama (in 4.), 1 (lith. u. color.) Reisekarte (in Fol.) u. 3 lith. Wegekarten. 16. (X, 216 S.) Ebend. 880. cart. n. 2. —

Meyer's [H. J.], Reisebücher. Der Harz. 7. Aufl. (X, 216 S. mit 6 Karten und 1 Panorama.) 1883; 8. Aufl. 12. (X, 216 S. mit 6 Karten, 10 Reiseplänchen und 1 grossen Spezialkarte vom Harz.) Ebendas. 884. cart. *

— dasselbe. Der Harz. 8. Aufl. Mit 6 Karten, 10 Reiseplänchen u. e. grossen Spezialkarte vom Harz. 12. (X, 216 S.) Ebend. 884. cart. n. 2. —

—— dass. — Der Harz. Vereinsbuch des Harz-Klubs. 9. Aufl. 12. (X, 226 S. mit 6 Karten und 1 grossen Spezialkarte vom Harz.) Ebendas. 887. cart. *

— dasselbe. Der Harz. 10. Aufl. Mit 7 Karten u. e. Brockenpanorama. Vom Harz-Klub durchgesehen. gr. 16. (XIV, 234 S.) Ebd. 889. cart. n. 2. —

—— —— Der Harz. 11. Aufl. Mit 10 Karten u. e. Brockenpanorama. Vom Harz-Klub hrsg. gr. 16. (XIV, 250 S.) Ebd. 891. cart. * 2 —

— dasselbe. Der Harz. 12. Aufl. Mit 15 Karten u. Plänen u. 1 Brocken-Panorama. 12. (XII, 264 S.) Ebd. 893. Kart. n. 2. —

— dasselbe. Der Harz. 14. Aufl. M. 19 Karten u. Plänen u. e. Brocken-Panorama. 12. (XII, 251 S.) Ebd. 897. Kart. n. 2. —

Meyers Reisebücher. Der Harz. 15. Aufl. Mit 20 Karten und Plänen und einem Brocken-Panorama. Leipzig und Wien 1899. XII, 260 S. 8°.

* Meyer. Der Harz. 15. Auflage. Leipzig 1900.

— dasselbe. Der Harz. Grosse Ausg. Mit 21 Karten u. Plänen u. 1 Brocken-Panorama. 16. Aufl. 12. (XII, 264 S.) Ebd. 901. Geb. n. 2.50

— dasselbe. Kleine Ausg. Mit 5 Karten u. 5 Plänen. 16. Aufl. 12. (XII, 264 S.) Ebd. 901. Kart. n. 1.50

— dasselbe. Der Harz. Grosse Ausg. Mit 21 Karten u. Plänen u. 1 Brocken-Panorama. 18. Aufl. (XII, 262 S.) 12. Ebd. 905. Geb. n. 2. 50

— dasselbe. Kleine Ausg. Mit 5 Karten u. 1 Routenskizze. 18. Aufl (VIII, 80 S.) 12. Ebd. 905. Kart. n. 1. —

— Harz, der. Grosse Ausg. Mit 23 Karten u. Plänen u. 1 Brocken-Panorama. 20. Aufl. (XII, 266 S.) 909. Geb. 2. 50

— dasselbe, kleine Ausg. Mit 5 Karten u. 1 Routenskizze. 20. Aufl. (VIII, 80 S.) 909. Kart. 1. —

— dasselbe. Der Hochtourist in den Ostalpen v. L. Purtscheller u. H. Hess. 2 Bde. 12. (Mit je 2 farb. Karten.) Ebd. 894. Geb. in Leinw. à n. 3. —
1. Bayrische u. Nordtiroler Kalkalpen, Nord-Rhät. Alpen, Ötzthaler-Alpen, Ortler- u. Adamello-Alpen. (X, 218 S.)
2. Salzburger Kalkalpen, Oberösterreich.-Steir. Alpen, Zillerthaler Alpen, Hohe u. Niedere Tauern, Dolomit-Alpen. (VIII, 275 S.)

— dasselbe. Der Hochtourist in den Ostalpen. Von L. Purtscheller u. H. Hess. 2 Bde. Neue [Titel-] Ausg. 12. Ebd. (894) 897. Geb. à n. 3. —
1. Bayrische u. Nordtiroler Kalkalpen, Nord-Rhätische Alpen, Ötzthaler Alpen, Ortler- u. Adamello-Alpen. (X, 218 S. m. 7 Karten.)
2. Salzburger Kalkalpen, Oberösterreich-Steirische Alpen, Zillerthaler Alpen, Hohe u. Niedere Tauern, Dolomit-Alpen. (X, 275 S. m. 7 Karten.)

— dasselbe. Der Hochtourist in den Ostalpen. Von L. Purtscheller u. H. Hess. 3 Bde. 2. Aufl. 12. Ebd. 899. Geb. n. 13. —
1. Bayrische u. nordtiroler Kalkalpen, nord-rhätische Alpen, Ötzthaler Alpen, Ortler- u. Adamello-Alpen. Mit 16 Karten. (X, 384 S.) n. 5. —
2. Salzburger u. Berchtesgadener Kalkalpen, oberösterreich. u. steirische Alpen, Zillerthaler Alpen, Hohe u. Niedere Tauern. Mit 14 Karten. (VIII, 262 S.) n. 4. —
3. Dolomit-Alpen, karnische Alpen, südöstliche Kalkalpen. Mit 19 Karten. (XII, 238 S.) n. 4. —

— dasselbe. Der Hochtourist in den Ostalpen. Von L. Purtscheller u. H. Hess. 3 Bde. 3. Aufl. 12. Ebd 903. Geb. n. 15. —
1. Bayrische u. nordtiroler Kalkalpen, nord-rätische Alpen, Oetztaler Alpen, Ortler- u. Adamello-Alpen. Mit 17 Karten. (X, 400 S.) n. 6. —
2. Kaisergebirge, Salzburger u. Berchtesgadener Kalkalpen, oberösterr. u. steirische Alpen, Zillertaler Alpen, Hohe u. Niedere Tauern. Mit 17 Karten. (VIII, 314 S.) n. 4. 50
3. Dolomit-Alpen, karnische Alpen, südöstliche Kalkalpen. Mit 19 Karten. (VIII. 296 S.) n. 4. 50

— Hochtourist, der, in den Ostalpen v. L. Purtscheller u. H. Hess. 1. Bd. Bayerische u. Nordtiroler Kalkalpen, Nord-Rätische Alpen, Ötztaler Alpen, Ortler- u. Adamello-Alpen. 4. Aufl. (X, 476 S.) Geb. 6. —

— — Italien in fünfzig Tagen v. Th. Gsell-Fels. Mit 7 (chromolith.) Karten, 18 (chromolith.) Plänen u. Grundrissen (in gr. 16., qu. 8., qu. 4. u. qu. Fol.) gr. 16. (XXXVI, 744 S.) Ebend. 875. geb. n. 9. —

— dasselbe. Italien in sechzig Tagen von Th. Gsell-Fels. 2. Aufl. Mit 6 (chromolith.) Karten, 18 (chromolith.) Plänen u. Grundrissen. gr. 16. (XIV, X, 846 S.) Ebend. 878. geb. n. 9. —

— dasselbe. Italien in 60 Tagen v. Th. Gsell-Fels. 2. Aufl. Mit Nachträgen bis 1883. Mit 6 Karten, 18 Plänen u. Grundrissen. 12. (XIV, 846 S.) Ebend. 883. geb. n. 9. —

— dasselbe. 3. Aufl. 2 Bde. 12. (XII, 459 u. VI, 465 S. m. 14 Karten, 25 Plänen u. Grundrissen. Ebend. 885. geb. n. 10. —

— dasselbe. Italien in 60 Tagen von Th. Gsell-Fels. 3. Aufl. Neue durchgeseh. Ausg. 2 Bde. Mit 14 Karten, 25 Plänen u. Grundrissen. 12. (XII, 459 u. VI, 465 S.) Ebd. 888. geb. n. 10. —

— dasselbe. Italien in 60 Tagen v. Th. Gsell Fels. 4. Aufl. Mit 16 Karten, 32 Plänen u. Grundrissen. gr. 16. (X, VIII, 636 S.) Ebd. 891. Geb. n. 9. —

— dasselbe. Italien in 60 Tagen v. Th. Gsell Fels. 5. Aufl. 2 Tle. in 1 Bd. 12. (VIII, X, 347 u. VIII, 330 S. m. 16 Karten, 32 Plänen u. Grundrissen.) Ebd. 895. Geb. in Leinw. n. 9. —

— dasselbe. Italien in 60 Tagen von Th. Gsell Fels. 6. Aufl. 2 Tle. in 1 Bde. Mit 22 Karten, 38 Plänen u. Grundrissen. 12. (X, 348 u. VIII, 334 S.) Ebd. 900. Geb. in Leinw. n. 9. —

— dasselbe. Italien in 60 Tagen v. Th. Gsell Fels. 8. Aufl. 2 Tle. in 1 Bde. Mit 21 Karten, 40 Plänen u. Grundrissen. (X, 346 u. VIII, 328 S.) 12. Ebd. 905. Geb. n. 9. —

— Italien in 60 Tagen in neuer Bearbeitg. Von Gsell Fels. 9. Aufl. 2 Tle. in 1 Bde. Mit 22 Karten, 41 Plänen u. Grundrissen. (X, 348 u. VIII, 326 S.) 908. Geb. 9. —

— — London, England u. Schottland v. E. G. Ravenstein. 2. Aufl. 9 (chromolith.) Karten (in qu. 4.) u. 35 (chromolith.) Pläne (in 8., qu. u. gr. Fol.) v. E. G. Ravenstein, 36 Ansichten in Stahlst. v. Plato Ahrens, 5 (eingedr.) Ansichten in Holzschn. gr. 8. (XIV, 695 S.) Ebend. 871. geb. n. 6. —

— — London, England, Schottland u. Irland. Von E. G. Ravenstein. 3. umgearb. Aufl. Mit 11 lith. u. chromolith. Karten, 45 (lith.) Plänen u. Grundrissen (in 8., qu. 4. u. qu. Fol.) 1 (lith.) Panorama (in qu. Fol.) u. 36 Ansichten (in Stahlst.) 8. (XVI, 913 Sp.) Leipzig 876. bibliogr. Institut. geb. n. 7. 50

— dasselbe. Mittel-Italien v. Th. Gsell-Fels. 4. Aufl. Mit 6 Karten, 21 Plänen u. Grundrissen, 4 Ansichten in Stahlst. u. 30 Ansichten in Holzschn. 8. (X, 1122 Sp. u. S.) Ebend. 886. geb. n. 10. —

Meyer's Reisebücher. Das Mittelmeer u. seine Küstenstädte. Mit 14 Karten u. 38 Plänen u. Grundrissen. 12. (VIII, X, 209 S.) Leipzig 902. Bibliograph. Institut. Geb. in Leinw. n. 6. —

— dasselbe. Das Mittelmeer u. seine Küstenstädte. 2. Aufl. Mit 18 Karten u. 42 Plänen u. Grundrissen. (XII, 255 S.) 12. Ebd. 904. Geb. n. 6. —

— Mittelmeer, das, u. seine Küstenstädte, Madeira u. Kanar. Inseln. 4. Aufl. Mit 23 Karten, 52 Plänen u. 1 Flaggentaf. (XII, 282 S.) 910. Geb. 6. 50

Meyers Reisebücher. Nord-Deutschland. 13 Karten und 26 Stadtpläne von L. Ravenstein, 2 Gebirgspanoramen und 26 Ansichten in Stahlstich von Plato Ahrens. (Reduction Berlepsch.) kl. 8. Hildburghausen 1870.

Meyer's Reisebücher. Nord-Deutschland. 2. Auflage. Hildburghausen 1874. 8.

— Reisebücher. Nord-Deutschland. 2. umgearb. Aufl. 8. (XIV, 1010 Sp. mit 29 lithogr. und chromolithogr. Karten, 28 lithogr. Plänen und Grundrissen, 2 Panoramen und 90 Ansichten in Stahlst. und eingedr. Holzschn. in 8., qu. 4. und qu. Fol.) Ebendas. 875. geb.

— dasselbe. Nord-Deutschland. Oestlicher u. westl. Thl. 8., umgearb. Aufl. 8. Ebend. 878. geb. à n. 5. —
Oestlicher Thl.: Berlin u. Potsdam — Königr. Sachsen — Böhmische Bäder — Riesengebirge — Schlesien — Posen — Preussen — Pommern — Ostseebäder — Rügen. Mit 13 Karten, 17 Plänen u. Grundrissen, 1 Panorama u. 68 Ansichten. (XVI, 668 S. u. Sp.)
Westlicher Thl.: Hamburg — Mecklenburg — Schleswig-Holstein — Kopenhagen — Nordseebäder — Hannover — Westfalen — Hessen — Harz — Thüringen. Mit 20 Karten, 15 Plänen u. Grundrissen, 1 Panorama u. 31 Ansichten. (VIII, 565 S. u. Sp.)

— dasselbe. Nordseebäder u. Städte der Nordseeküste. Mit 25 Karten, 18 Plänen u. 2 Abbildgn. 12. (X, 297 S.) Ebd. 901. Geb. in Leinw. n. 4. —

— dasselbe. Nordseebäder u. Städte der Nordseeküste. 2. Aufl. Mit 25 Karten, 19 Plänen u. 1 Abbildg. (X, 299 S.) 12. Ebd. 904. Geb. n. 4. 50

— Nordseebäder u. Städte der Nordseeküste. 3. Aufl. Mit 25 Karten, 25 Plänen, 1 Abbildg. u. 1 Flaggentaf. (X, 298 S.) 907. Geb. 4. 50

— — Norwegen, Schweden und Dänemark von Yngvar Nielsen. 4. umgearb. Aufl. gr. 16. (XII, 456 S. mit 14 chromolithogr. Karten und 5 chromolithogr. Plänen.) Ebendas. 879. geb. *
3. Aufl. vgl.: Nielsen, Yngvar.

— dass. — Norwegen, Schweden von Yngvar Nielsen. 5. umgearb. Aufl. 12. (XIV, 370 S. mit 19 Karten und 7 Plänen.) Ebendas. 887. geb. *

— dasselbe. Norwegen, Schweden u. Dänemark v. Yngvar Nielsen. 6. Aufl. Mit 19 Karten u. 7 Plänen. 12. (XIV, 378 S.) Ebd. 893. Geb. n. 6. —

— dasselbe. Norwegen, Schweden u. Dänemark v. Yngvar Nielsen. 7. Aufl. Mit 21 Karten u. 9 Plänen. 12. (XIV, 385 S.) Ebd. 899. Geb. n. 6. —

— dasselbe. Norwegen, Schweden u. Dänemark v. Yngvar Nielsen. 8. Aufl. Mit 24 farb. Karten u. 14 Plänen. (XIV, 393 S.) 12. Ebd. 903. Geb. n. 6. 50

— Norwegen, Schweden u. Dänemark. 9. Aufl. Mit 28 Karten u. 17 Plänen. (XVI, 451 S.) 907. Geb. 6. 50

— — Ober-Italien. Mit 10 (lith u. chromolith.) Karten (in qu. 4. u. qu. Fol.,) 31 (chromolith.) Plänen u. Grundrissen (in qu. 4. u. qu. Fol.) v. L. Ravenstein, 20 Ansichten in Stahlst., 1 Panorama (eingedr. Holzchn.) v. Plato Ahrens u. 69 Ansichten in (eingedr.) Holzschn. 8. (XII, 1158 S.) Ebend. 872. geb. n. 10. —

— — dass. — 2. umgearb. und verm. Aufl. 8. (XII, 1455 Sp. mit 10 chromolithogr. Karten in qu. 4., Fol. und qu. Fol., 38 lithogr. und chromolithogr. Plänen und Grundrissen in 8. und qu. Fol., 20 Ansichten in Stahlst., 1 Panorama und 64 Ansichten in Holzschn.) Ebendas. 874. geb.

— dasselbe. Ober-Italien von Th. Gsell-Fels. 3., verm. Aufl. 2 Bde. Mit 11 Karten, 40 Plänen u. Grundrissen (lith. u. chromolith.), 21 Ansichten in Stahlst. u. 64 Ansichten in Holzschn. 8. (X, 910 u. VI, 804 S.) Ebend. 878. geb. n. 12. —

— dasselbe. Ober-Italien v. Th. Gsell-Fels. 4. Aufl. Mit 6 Karten, 29 Plänen u. Grundrissen, 15 Ansichten in Stahlst., 1 Panorama u. 45 Ansichten in Holzschn. 8. (XII, 1140 Sp. u. S.) Ebend. 884. geb. n. 10. —

— dasselbe. Ober-Italien u. die Riviera v. Th. Gsell Fels. 5. Aufl. Mit 12 Karten, 34 Plänen u. Grundrissen, 12 Ansichten in Stahlst. u. 35 Ansichten in Holzschn. 12. (XII, 1008 Sp. u. S.) Ebd. 892. Geb. in Leinw. n. 10. —

— dasselbe. Ober-Italien u. d. Riviera v. Th. Gsell Fels. 6. Aufl. M. 15 Karten, 36 Plänen u. Grundrissen, 6 Ansichten in Stahlst. u. 35 Ansichten in Holzschn. 8. (XII, 1022 S. u. Sp.) Ebd. 898. Geb. n. 10. —

— dasselbe. Oberitalien u. Mittelitalien (bis vor die Tore Roms) v. Th. Gsell Fels. 7. Aufl. Mit 15 Karten u. 48 Plänen u. Grundrissen. (XII, 452 S.) 12. Ebd. 903. Geb. n. 8. —

— Oberitalien u. Mittelitalien (bis vor die Tore Roms.) Von Gsell Fels. In neuer Bearbeitg. 8. Aufl. Mit 16 Karten u. 50 Plänen u. Grundrissen. (XII, 460 S.) 907. Geb. 8. —

— dasselbe. Der Orient. Hauptrouten durch Ägypten, Palästina, Syrien, Türkei, Griechenland. 1. u. 2. Tl. 12. Ebend. 881. 82. geb. n. 20. —
1. Ägypten. Mit 8 Karten, 11 Plänen u. Grundrissen, 42 Textbildern. (XXXIV, 316 S.) n. 7. 50
2. Syrien, Palästina, Griechenland u. Türkei. Mit 8 Karten, 20 Plänen u. Grundrissen. (XII, 628 S.) n. 12. 50

— dasselbe. Oesterreich-Ungarn nebst angrenzenden Theilen der unteren Donauländer, von Bayern u. Ober-Italien. 2., umgearb. Aufl. Mit 18 (chromolith.) Karten, 18 Plänen u. Grundrissen, 2 Panoramen (in Stahlst.). 8. (XXII, 538 S.) Ebend. 879. geb. n. 6. —
1. Aufl. vgl. Wien.

— dasselbe. Österreich u. das angrenzende Ungarn. 6., umgearb. Aufl. Mit 21 Karten, 23 Plänen u. Grundrissen, 6 Panoramen. 12. (XII, 308 S.) Ebd. 894. Geb. n. 5. —

— dasselbe. Oesterreich-Ungarn, Bosnien u. Herzegovina. 7., verm. Aufl. Mit 25 Karten, 27 Plänen u. 6 Panoramen. (XII, 372 S.) 12. Ebd. 903. Geb. n. 6. —

— Österreich-Ungarn, Bosnien u. Herzegowina. 8. verm. Aufl. (XII, 404 S. m. 28 Karten, 37 Plänen u. 6 Panoramen.) 910. Geb. 7. —

— dasselbe. Ostseebäder u. Städte der Ostseeküste. Mit 12 Karten u. 16 Plänen. 12. (XII, 300 S.) Ebd. 899. Geb. n. 3. —

— dasselbe. Ostseebäder u. Städte der Ostseeküste. 3. Aufl. Mit 17 Karten, 21 Plänen u. 1 Flaggentafel. (XII, 332 S.) 12. Ebd. 906. Geb. n. 4. —

— Ostseebäder u. Städte der Ostseeküste. 4. Aufl. (XII, 369 S. m. 22 Karten, 27 Plänen u. 2 Taf.) 910. Geb. 4. 75

— dasselbe. Palästina u. Syrien. 3. Aufl. Mit 8 Karten u. 13 Plänen u. Grundrissen. 12. (X, 253 S.) Ebd. 895. Geb. in Leinw. n. 7. 50

— dasselbe. Palästina u. Syrien. 4. Aufl. Mit 9 Karten, 16 Plänen u. Grundrissen u. 1 Abbildg.) (X, 274 S.) 12. Ebd. 904. Geb. n. 7. 50

— Palästina u. Syrien. 4. Aufl. Mit Berichtiggn. u. Nachträgen bis 1907. Mit 9 Karten, 16 Plänen u. 1 Abbildg. (X S., X Bl. u. 274 S.) 907. Geb. 7. 50

— — Paris und Nord-Frankreich. 2. Aufl. 8. (XX, 826 Sp. mit 7 chromolithogr. Karten, 30 lithogr. Plänen, 33 Ansichten in Stahlst. und 1 Stahlst.-Panorama.) Ebendas. 878. geb. *
1. Aufl. Ebendas. 1867. *ℳ 6.

— dasselbe. Paris u. Nord-Frankreich. 3. Aufl. Mit 6 Karten u. 29 Plänen. 12. (XX, 367 u. 22 S.) Ebd. 889. geb. n. 6. —

— dasselbe. Paris u. Nord-Frankreich. 4. Aufl. Mit 10 Karten u. 30 Plänen. 12. (XII, VI, VIII, 352 u. XXIII S.) Ebd. 900. Geb. in Leinw. n. 6. —

— Paris u. Nordfrankreich. 5. Aufl. Mit 11 Karten u. 41 Plänen. (XII, 400 u. XXIV S.) 909. Geb. 6. —

— — Neuestes Reisehandbuch für Thüringen, s. Meyers Reisebücher. Thüringen.

— — Die Rheinlande von Basel bis Holland. v. Hey'l & Berlepsch. 2. Aufl. v. „West-Deutschland." Illustr. Ausg. Mit 30 (lith. u. chromolith.) Karten u. 16 Stadtplänen (in 8., 4. u. Fol.) v. L. Ravenstein, 8 Panoramen (in Stahlst. u. qu. Fol.) u. 54 Ansichten (in Stahlst.) v. P. Ahrens. gr. 8. (XVI, 1032 S.) Ebend. 871. geb. n. 7. 50

— — dasselbe. Ausg. II. Mit 20 (lith. u. chromolith.) Karten u. Plänen (in 8., 4. u. Fol.) v. L. Ravenstein u. 15 Ansichten (in Stahlst.) gr. 8. (XIV, 1032 S.) Ebend. 871. geb. n. 4. 50

— — dasselbe. 3. Aufl. Mit 20 (lith. u. chromolith.) Karten, 16 Plänen (in 8., 4. u. Fol.) 8 Panoramen (in Stahlst. u. qu. Fol.) u. 46 Ansichten (in Stahlst.) gr. 8.) (1084 S.) Ebend. 874. n. 8. —

— dasselbe. Rheinlande von Ferd. Hey'l. 4. Aufl. Mit 16 (chromolith.) Karten, 22 (chromolith.) Plänen, dem Panorama vom Niederwald u. dem Rheinpanorama von Mainz bis Koblenz (in Stahlst.). 8. (XII, 476 S.) Ebend. 879. geb. n. 5. —

— dasselbe. Rheinlande v. Ferd. Hey'l. 5. Aufl. Mit 16 Karten, 12 Plänen, dem Panorama vom Niederwald u. dem Rheinpanorama v. Mainz bis Koblenz. 12. (XII, 332 S.) Ebend. 884. geb. n. 3. 50

— dasselbe. Rheinlande v. Ferd. Hey'l. 6. Aufl. Mit 20 Karten, 13 Plänen u. 2 Panoramen. 12. (XII, 336 S.) Ebd. 888. geb. n. 4. —

— dasselbe. Rheinlande. Von Ferd. Hey'l. 8. Aufl. M. 20 Karten, 17 Plänen u. 7 Panoramen. 12. (XII, 312 S.) Ebd. 896. Geb. n. 4. —

— 9. Auflage. Leipzig u. Wien 1899. XII, 355 S. 8°.

— dasselbe. Rheinlande. 10. Aufl. Mit 21 Karten, 19 Plänen u. 7 Panoramen. 12. (XII, 324 S.) Ebd. 902. Geb. in Leinw. n. 5. —

— dasselbe. Rheinlande. 11. Aufl. Mit 21 Karten, 20 Plänen u. 7 Panoramen. (XII, 332 S.) 12. Ebd. 905. Geb. n. 5. —

— Rheinlande. 12. Aufl. Mit 21 Karten, 29 Plänen u. 7 Panoramen. (XII, 359 S.) 908. Geb. 5. —

— — Riesengebirge.

— — Wegweiser durch das Riesengebirge und die Grafschaft Glatz. Von D. Letzner. 1. und 2. Aufl. 1869,71. *ℳ 1,50., und 3. verm. Aufl. gr. 16. (X, 285 S. mit 2 lithogr. und color. Uebersichts-, 3 lithogr. Specialkarten in gr. 16. und qu. 4., 1 Panorama in 2 eingedr. Holzschn. und 5 lithogr. Routennetzen in qu. gr. 4.) Ebendas. 876. cart.

— dass. — Riesengebirge und die Grafschaft Glatz von D. Letzner. 6. Aufl., bearb. unter Mitwirkung des Riesengebirgs-Vereins. 12. (XII, 242 S. mit 6 Karten und 1 Panorama.) Ebendas. 887. cart. *

— dasselbe. Riesengebirge u. die Grafschaft Glatz von D. Letzner. 7. Aufl., bearb. unter Mitwirkung des Riesengebirgs-Vereins. gr. 16. (XII, 248 S. m. 7 Karten u. 1 Panorama.) Ebd. 890. cart. n. 2. —

— — Riesengebirge u. die Grafschaft Glatz v. D. Letzner. 8. Aufl. Bearb. unter Mitwirkg. d. Riesengebirgs-Vereins. Mit 7 Karten u. 2 Panoramen. 12. (XII, 259 S.) Ebd. 892. cart. * 2 —

— dasselbe. Riesengebirge u. die Grafsch. Glatz v. D. Letzner. 9 Aufl. Bearb. unter Mitwirkg. d. Riesengebirgs-Vereins. Mit 7 Karten, 1 Stadtplan u. 2 Panoramen. 12. (XII, 267 S.) Ebd. 894. Kart. n. 2. —

Meyers Reisebücher. Riesengebirge und die Grafschaft Glatz von D. Letzner. 10. Aufl. Bearbeitet unter Mitwirkung der Gebirgs-Vereine. Mit 9 Karten, 2 Stadtplänen und 2 Panoramen. Leipzig u. Wien 1896. XII, 288 S. 8°.

— dasselbe. Riesengebirge u. d. Grafsch. Glatz v. D. Letzner. 11. Aufl. Bearb. unt. Mitwirkg. d. Gebirgs-Vereine. M. 9 Karten, 2 Stadtplänen u. 2 Panoramen. 12. (XIV, 266 S.) Ebd. 898. Kart. n. 2. —

Meyers Reisebücher. Riesengebirge und die Grafschaft Glatz von D. Letzner. 12. Aufl. Bearbeitet unter Mitwirkung der Gebirgs-Vereine. Mit 12 Karten. 2 Stadtplänen und 2 Panoramen. Leipzig u. Wien 1900. XIV, 289 S. 8°.

— dasselbe. Riesengebirge u. die Grafsch. Glatz v. D. Letzner. 13. Aufl. Bearb. unter Mitwirkg. der Gebirgs-Vereine. Mit 13 Karten, 3 Plänen u. 2 Panoramen. 12. (XIV, 274 S.) Ebd. 902. Kart. n. 2. —

— dasselbe. Riesengebirge u. die Grafschaft Glatz. 15. Aufl. Bearb. unter Mitwirkg. der Gebirgs-Vereine. Mit 15 Karten, 6 Plänen u. 2 Panoramen. (XIV, 274 S.) 12. Ebd. 906. Kart. n. 2. —

— Riesengebirge u. die Grafsch. Glatz. 16. Aufl. Bearb. unter Mitwirkg. der Gebirgs-Vereine. Mit 17 Karten. 8 Plänen u. 2 Panoramen. (XIV, 282 S.) 909. Kart. 2. —

— dasselbe. Riviera, Südfrankreich, Corsica, Algerien u. Tunis v. Th. Gsell Fels. 4. Aufl. v. „Südfrankreich". M. 25 Karten u. 30 Plänen. 12. (XII, 504 S.) Ebd. 897. Geb. n. 10. —

— dasselbe. Riviera, Südfrankreich, Corsica, Algerien u. Tunis v. Th. Gsell Fels. 5. Aufl. Mit 24 Karten u. 30 Plänen. 12. (XII, 416 S.) Ebd. 902. Geb. in Leinw. n. 7.50

— dasselbe. Riviera, Südfrankreich, Korsika, Algerien u. Tunis v. Th. Gsell Fels. 6. Aufl Mit 25 Karten u. 29 Plänen. (XII, 428 S.) 12. Ebd. 904. Geb. n. 7. 50

— Riviera, Südfrankreich, Korsika, Algerien u. Tunis. 8. Aufl. (XII, 430 S. m. 27 Karten u. 36 Plänen.) 910. Geb. 7. 50

— — Rom und Mittel-Italien 1. Ausg. 1871, Neue bis Ende 1871 ergänzte Ausg. 1872, und 2. Aufl. 2 Bde. 8. Ebendas. 875. geb.

Inhalt:

Bd. 1. Mittel-Italien und die römische Campagna. (XIV, 715 Sp. mit 5 lithogr. und chromolithogr. Karten und 6 Plänen in 4. und qu. Fol. von L. Ravenstein, 6 Ansichten in Stahlst. von Plato Ahrens und 19 Ansichten in eingedr. Holzschn.)

» 2. Rom. (IX, 1000 Sp. mit 49 lithogr. und chromolithogr. Plänen in qu. 4. und qu. Fol. von L. Ravenstein, 16 Ansichten in Stahlst., 1 chromolithogr. Panorama in gr. Fol. von Plato Ahrens und 39 Ansichten in eingedr. Holzschn.)

— dasselbe. Rom u. die Campagna v. Th. Gsell-Fels. 3. Aufl. Mit 4 Karten, 49 Plänen u. Grundrissen, 18 Ansichten u. 1 Panorama in Stahlst. u. 47 Ansichten in Holzschn. 8. (XII, 1255 Sp.) Ebend. 883. geb. n. 14. —

— dasselbe. Rom u. die Campagna v. Th. Gsell-Fels. 3. Aufl. Neue bericht. Ausg. Mit 4 Karten, 49 Plänen u. Grundrissen, 18 Ansichten u. 1 Panorama in Stahlst. u. 47 Ansichten in Holzschn. 8. (XII, 1255 S. u. Sp.) Ebd. 887. geb. n. 14. —

— dasselbe. Rom u. d. Campagna v. Th. Gsell Fels. 4. Aufl. M. 5 Karten. 47 Plänen u. Grundrissen, 63 Ansichten. 8. (XIII S. u. 1232 Sp.) Ebd. 895. Geb. in Leinw. n. 13. —

— dasselbe. Rom u. die Campagna v. Th. Gsell Fels. 5. Aufl. Mit 6 Karten, 53 Plänen u. Grundrissen, 61 Ansichten. 8. (XV S. u. 1256 Sp.) Ebd. 901. Geb. n. 13. —

Meyer's Reisebücher. Rom u. die Campagna v. Th. Gsell Fels. 6. Aufl. Mit 6 Karten, 53 Plänen u. Grundrissen, 61 Ansichten. (XVI S. u. 1146 Sp.) 12. Leipzig 906. Bibliograph. Institut. Geb. n. 12. 50

— — Schwarzwald.

Meyer's, [H. J.], Reisebücher. Wegweiser durch Schwarzwald, Odenwald, Bergstrasse und Heidelberg. 16. (XVI, 182 S. mit 7 lithogr. und chromolithogr. Karten, 4 Plänchen und 1 Routennetz.) Leipzig 877, Bibliographisches Institut. cart. *

— dasselbe. Schwarzwald, Odenwald, Bergstrasse u. Heidelberg. 2. Aufl. Mit 8 Karten, 4 Plänen u. 1 Routennetz. 16. (VIII, 191 S.) Ebend. 880. cart. n. 2. —

— dass. — Schwarzwald, Odenwald, Bergstrasse, Heidelberg und Strassburg. 3. Aufl. 12. (VIII, 202 S. mit 10 Karten, 5 Plänen und 1 Routennetz.) Ebendas. 883. cart. *

— dasselbe. Schwarzwald, Odenwald, Bergstrasse, Heidelberg u. Strassburg. 3. Aufl. Bericht. Abdr. Mit 10 Karten, 5 Plänen u. 1 Routennetz. 12. (VIII, 202 S.) Ebend. 886. cart. n. 2. —

— dass. — 4. Aufl. 12. (X, 224 S. mit 11 Karten und 7 Plänen.) Ebendas. 887. cart. *

— dasselbe. Schwarzwald, Odenwald, Bergstrasse, Heidelberg u. Strassburg. 5. Aufl. gr. 16. (X, 237 S. m. 11 Karten u. 8 Plänen.) Ebd. 890. cart. n. 2. —

— dasselbe. Schwarzwald, Odenwald, Bergstrasse, Heidelberg u. Strassburg. 6. Aufl. Mit 11 Karten u. 9 Plänen. 12. (XII, 244 S.) Ebd. 893. Kart. n. 2. —

— dasselbe. Schwarzwald, Odenwald, Bergstrasse, Heidelberg u. Strassburg. 7. Aufl. M. 13 Karten u. 9 Plänen. 12. (XII, 248 S.) Ebd. 896. Kart. n. 2. —

Meyers Reisebücher. Schwarzwald. Odenwald. Bergstrasse. Heidelberg und Strassburg. 8. Aufl. Mit 15 Karten und 9 Plänen. Leipzig u. Wien 1899. XII, 272 S 8°

— dasselbe. Schwarzwald, Odenwald, Bergstrasse, Heidelberg u. Strassburg. 9. Aufl. Mit 16 Karten u. 9 Plänen. 12. (XII, 276 S.) Ebd. 902. Kart. n. 2. —

— dasselbe. Schwarzwald, Odenwald, Bergstrasse, Heidelberg u. Strassburg. 11. Aufl. Mit 19 Karten u. 10 Plänen. (XII, 263 S.) 12. Ebd. 906. Kart. n. 2. —

— Schwarzwald, Odenwald, Bergstrasse, Heidelberg u. Strassburg. 13. Aufl. (XII, 287 S. m. 22 Karten, 10 Plänen u. 1 Panorama.) 910. Geb. 2. 50

— — Schweiz.

Meyer's Reisebücher. Wegweiser durch die Schweiz. 3. umgearb. Aufl. Mit 2 (chromolith.) Uebersichtskarten (in 4. u. gr. Fol.,) 2 (lith.) Specialkarten (in 4.) u. 5 Routennetzen (in eingedr. Holzschn.) 16. (VIII, 224 S.) Ebend. 875. n. 2. —

— — Wegweiser durch die Schweiz. 4. umgearb. Aufl. gr. 16. (X, 280 S. mit 2 Uebersichtskarten, 2 Specialkarten und 5 Routennetzen.) Ebendas. 879. cart. *

— — Schweiz v. H. A. Berlepsch. 6. Aufl. Rev. Abdr. f. 1871. Ausg. II. 10 (chromolith.) Karten (in qu. 4. u. gr. Fol.) u. 5 (chromolith.) Stadt-Pläne (in qu. 4.) v. L. Ravenstein, 21 Panoramen (in eingedr. Holzschn.) v. Plato Ahrens. gr. 8. (XX, 815 S.) Ebend. 871. geb. n. 5. —; illustr. Ausg. m. 15 (chromolith.) Karten, 6 (chromolith.) Stadt-Plänen, 31 Panoramen (in eingedr. Holzschn.) u. 35 Ansichten (in Stahlst.) (818 S.) 873. geb. n. 8. 50

— — dasselbe. 8. umgearb. verm. Aufl. Mit 18 Karten (lith. u. color.) u. 7 (lith.) Stadt-Plänen (in qu. 4.) 29 Panoramen u. 22 Ansichten in Stahlst. (in 8. u. qu. Fol.) 8. (852 S.) Ebend. 874. geb. n. 9. —

— — Schweiz. Von H. A. Berlepsch. 8. Aufl. 8. (X, 818 Sp. mit 18 chromolithogr. Karten in qu. 4. und gr. Fol., 6 chromolithogr. Stadtplänen in qu. 4. von L. Ravenstein, 29 Panoramen in Kpfrst. in qu. 4., 22 Ansichten in Stahlst. von Plato Ahrens und eingedr. Holzschn.) Ebendas. 875. geb.

In französischer Sprache. 3. Aufl. 1871. geb. ℳ 9.

— dasselbe. Schweiz. 9. Aufl. Mit 23 (lith. u. chromolith.) Karten u. 7 (lith.) Stadt-Plänen, 29 Panoramen u. 22 Ansichten in Stahlst. 8. (XIV, 909 S. u. Sp.) Ebend. 877. geb. n. 9. —

— dass. — Schweiz. 10. Aufl. 12. (XII, 416 S. mit 21 Karten, 8 Stadtplänen und 28 Panoramen.) Ebendas. 881. geb. *

— dasselbe. Schweiz. 11. Aufl. Mit 21 Karten, 8 Plänen u. 26 Panoramen. 12. (XII, 364 S.) Ebend. 886. geb. n. 5. —

— dasselbe. Schweiz. 12. Aufl. Mit 21 Karten, 8 Plänen u. 27 Panoramen. 12. (XII, 384 S.) Ebd. 890. geb. n. 5. —

— dasselbe. Schweiz. 13. Aufl. Mit 21 Karten, 9 Plänen u. 27 Panoramen. 12. (XII, 390 S.) Ebd. 892. Geb. n. 6. —

Meyers Reisebücher. Schweiz. 14. Aufl. Mit 21 Karten, 10 Plänen und 27 Panoramen. In-16°. XII, 403 S. Leipzig und Wien, Bibliograph. Institut. 1895. 8 —

Meyers Reisebücher: Schweiz. 14. Aufl. Bis 1897 berichtigter Abdruck. Mit 21 Karten, 10 Plänen u. 27 Panoramen. In-16°. XII, 403 S. u. 64 S. Anzeigen. Leipzig, Bibliographisches Institut. 1897. Leinw. 8 —

— dasselbe. Schweiz. 15. Aufl. M. 23 Karten, 10 Plänen u. 27 Panoramen. 12. (XII, 398 S.) Ebd. 898. Geb. n. 6. —

Meyers Reisebücher. Schweiz. 16. Aufl. Mit 25 Karten, 10 Plänen und 29 Panoramen. Leipzig u. Wien 1900. XII, 408 S. 8°.

— dasselbe. Schweiz. 17. Aufl. Mit 28 Karten, 12 Plänen u. 29 Panoramen. 12. (XII, 416 S.) Ebd. 902. Geb. n. 5. —

— dasselbe. Schweiz. 19. Aufl. Mit 32 Karten, 12 Plänen u. 29 Panoramen. (XII, 420 S.) 12. Ebd. 906. Geb. n. 6. 50

— Schweiz. 21. Aufl. (XII, 440 S. m. 34 Karten, 15 Plänen u. 29 Panoramen.) 910. Geb. 7. —

— — Süd-Deutschland, Tirol u. Vorarlberg, Salzburg u. Salzkammergut. 2. umgearb. Aufl. Mit 28 Karten (Stahlst. u. color.,) 13 (lith.) Plänen u. Grundrissen (in 4.,) 5 Panoramen u. 53 Ansichten (in Stahlst.) 8. (XIV, 914 S. m. eingedr. Holzschn.) Ebend. 873. n. 7. 50

— dasselbe. Süd-Deutschland. Bayern, Würtemberg, Nordtirol, Salzburg u. das Berchtesgadener Land, Giselabahn u. Gastein. 3. Aufl. Mit 23 (chromolith.) Karten, 17 Plänen u. Grundrissen (lith. u. eingedr. Holzschn.), 9 Panoramen (in Stahlst.) u. 64 Ansichten (in Stahlst. u. eingedr. Holzschn.). 8. (XIV, 925 S. u. Sp.) Ebend. 877. geb. n. 7. 50

— dasselbe. Süd-Deutschland, Nordtirol, Arlbergbahn, Giselabahn, Salzburg-Berchtesgaden, Salzkammergut, Wien, Prag u. die böhm. Bäder. 4. Aufl. Mit 21 Karten, 24 Plänen u. Grundrissen u. 8 Panoramen. 12. (XII, 372 S.) Ebend. 886. geb. n. 5. —

— dasselbe. Süd-Deutschland u. Teile von Österreich-Ungarn. 5. Aufl. Mit 28 Karten, 26 Plänen u. Grundrissen u. 8 Panoramen. 12. (IV, XII, 419 S.) Ebd. 890. geb. n. 5. —

— dasselbe. Süddeutschland, Salzkammergut, Salzburg u. Nordtirol. 6. Aufl. Mit 28 Karten, 29 Plänen u. Grundrissen u. 5 Panoramen. 12. (XII, 364 S.) Ebd. 894. Geb. n. 4. —

— dasselbe. Süddeutschland, Salzkammergut, Salzburg u. Nordtirol. 7. Aufl. M. 31 Karten, 33 Plänen u. Grundrissen u. 8 Panoramen. 12. (XII, 384 S.) Ebd. 897. Geb. n. 5. —

— dasselbe. Süddeutschland, Salzkammergut, Salzburg u. Nordtirol. 8. Aufl. Mit 35 Karten, 38 Plänen u. Grundrissen u. 9 Panoramen. 12. (XII, 423 S.) Ebd. 901. Geb. n. 5. 50

— dasselbe. Süddeutschland, Salzkammergut, Salzburg u. Nordtirol. 9. Aufl. Mit 34 Karten, 36 Plänen u. Grundrissen u. 8 Panoramen. (XII, 412 S.) 12. Ebd. 905. Geb. n. 5. 50

— Süddeutschland, Salzkammergut, Salzburg u. Nordtirol. 10. Aufl. Mit 38 Karten, 40 Plänen u. Grundrissen u. 7 Panoramen. (XII, 439 S.) 909. Geb. 6. —

—— —— Süd-Frankreich und seine Kurorte. Von Gsell-Fels und Berlepsch. 8. (XXVII, 748 Sp. mit 18 lithogr. und chromolithogr. Karten in 8., qu. und hoch 4. und qu. Fol. und 21 chromolithogr. Stadtpläne von L. Ravenstein, 5 Panoramen und 25 Ansichten in Stahlst., in 8. und 4. von Plato Ahrens.) Ebendas. 868. geb.

— — Süd-Frankreich u. die Kurorte der Riviera di Ponente v. Th. Gsell-Fels. Mit 18 (lith. u. chromolith.) Karten. 21 (lith.) Stadtplänen. 5 Panoramen u. 25 Ansichten in Stahlst. (in 8., qu. 4. u. qu. Fol.) 8. (XXVII, 748 Sp.) Ebend. 875. geb. n. 9. —

—— —— Süd-Frankreich nebst den Kurorten der Riviera di Ponente, Corsica und Algier von Th. Gsell-Fels. 2. Aufl. 8. (XIV, 841 Sp. mit 21 chromolithogr. Karten, 24 lithogr. Stadtplänen, 5 Panoramen und 20 Ansichten in Stahlst.) Ebendas. 878. geb. *

— dasselbe. Süd-Frankreich, nebst den Kurorten der Riviera di Ponente, Corsica u. Algier von Th. Gsell-Fels. 2. Aufl. Mit Nachträgen bis 1880. Mit 21 (chromolith.) Karten, 24 (lith.) Stadtplänen, 5 Panoramen u. 20 Ansichten (in Stahlst.). 8. (XIV, 841 S. u. Sp.) Ebend. 880. geb. n. 10. —

— dasselbe. Süd-Frankreich nebst den Kurorten der Riviera di Ponente, Corsica u. Algier v. Th. Gsell-Fels. 2. Aufl. Neu durchgesehen bis 1883. Mit 21 Karten, 24 Stadtplänen, 17 Ansichten u. 5 Panoramen. 8. (XIV, 841 Sp.) Ebend. 883. geb. n. 10. —

— dasselbe. Süd-Frankreich, nebst den Kurorten der Riviera di Ponente, Corsica u. Algier, v. Th. Gsell-Fels. 3. Aufl. Mit 22 Karten, 26 Plänen u. 5 Panoramen. 8. (XII, 675 S. u. Sp.) Ebd. 887. geb. n. 8. 50

— — Thüringen.

Meyer's Reisebücher No. V. Neuestes Reisehandbuch für Thüringen von H. Schwerdt und Alex. Ziegler. Mit 6 Karten, 3 Stadteplänen, 18 Illustrationen und 3 Gebirgspanoramen. Hildburghausen 1864. XVIII, 775 S. 8°.

— — Thüringen v. H. Schwerdt u. A. Ziegler. 2. Aufl. Mit 11 (chromolith.) Karten (in qu. 4.) u. 3 (chromolith.) Stadtplänen (in qu. 4.) v. L. Ravenstein, 4 Gebirgspanoramen (in Stahlst. gr. Fol.) u. 19 Ansichten (in Stahlst.) v. Plato Ahrens. gr. 8. (XLII, 755 S. m. eingedr. Holzschn. Ebend. 871. geb. n. 6. —

— dasselbe. Thüringen von H. Schwerdt. 3., umgearb. Aufl. Mit 12 (chromolith.) Karten, 6 (lith.) Stadtplänen u. 4 Gebirgspanoramen (in Stahlst.). 8. (XII, XXII, 766 S. u. Sp.) Ebend. 879. geb. n. 7. 50

— — Wegweiser durch Thüringen v. Anding u. Radefeld. 5. verm. Aufl. Mit 1 (lith.) Uebersichtskarte (in gr Fol.) u. 6 (eingedr.) Routenkärtchen. gr. 16. (X, 226 S.) Ebend. 871. n. 1. 50

—— —— Wegweiser durch Thüringen von Anding und Radefeld. 6. umgearb. Aufl. gr. 16. (X, 226 S. mit 1 chromolithogr. Uebersichtskarte in qu. gr. Fol. und 8 lithogr. und chromolithogr. Routen- und Specialkärtchen in gr. 16. und qu. 4.) Ebendas. 875.

Vgl.: Berlepsch, H. A. — Hey'l, Ferd.

Meyers Reisebücher. Wegweiser durch Thüringen von Anding u. Radefeld. 7., umgearb. Aufl. Mit 1 (chromolith.) Uebersichtskarte u. 8 Routen- u. Specialkärtchen. Rev. Abdr. 1877. gr. 16. (X, 213 S.) Leipzig 880. Bibliograph. Institut. cart. n. 2. –

—— dass. — Thüringen von Anding und Radefeld. Bearb. unter Mitwirkung des Thüringerwald-Vereins. 8. Aufl. (X, 242 S. mit 12 Karten.) 1885; 9. Aufl. 12. (X, 266 S. mit 16 Karten und Plänen.) Ebendas. 888. *

— dasselbe. Thüringen von Anding und Radefeld. 10. Aufl. Bearb. unter Mitwirkg. des Thüringerwald-Vereins. Mit 16 Karten u. Plänen u. 1 Panorama. 12. (X, 271 S.) Ebd. 890. cart. n. 2. —

—— —— Thüringen v. Anding u. Radefeld. 11. Aufl. Bearb. unter Mitwirkg. d. Thüringerwald-Vereins. Mit 16 Karten u. Plänen u. 1 Panorama. 12. (X, 275 S.) Ebd. 892. cart. * 2 —

— dasselbe. Thüringen v. Anding u. Radefeld. 12. Aufl. Bearb. unter Mitwirkg. des Thüringerwald-Vereins. Mit 14 Karten, 4 Plänen u. 1 Panorama. 12. (XII, 276 S.) Ebd. 894. Kart. n. 2. —

Meyers Reisebücher. Thüringen von Anding und Radefeld. 13 Aufl. Bearbeitet unter Mitwirkung des Thüringerwald-Vereins. Mit 15 Karten, 6 Plänen und 1 Panorama. Leipzig u Wien 1896. XI, 300 S. 8°.

— dasselbe. Thüringen. Von Anding u. Radefeld. 14. Aufl., bearb. unt. Mitwirkung d. Thüringerwald-Vereins. M. 14 Karten, 4 Plänen u. 1 Panorama. 12. (XII, 272 S.) Ebd. 898. Kart. n. 2. —

Meyers Reisebücher. Thüringen und der Frankenwald. 15. Aufl. Bearbeitet unter Mitwirkung des Thüringerwald-Vereins. Mit 15 Karten, 9 Plänen und 1 Panorama. Leipzig u. Wien 1900. XII, 284 S. 8°.

— dasselbe. Thüringen u. der Frankenwald. 16. Aufl., bearb. unter Mitwirkung des Thüringerwald-Vereins. Grosse Ausg. Mit 15 Karten, 10 Plänen u. 2 Panoramen. 12. (XII, 288 S.) Ebd. 902. Geb. in Leinw. n. 2. 50

— dasselbe. Kleine Ausg. Mit 6 Karten u. 8 Plänen. 12. (XII, 288 S.) Ebd. 902. Kart. n. 1. 50

— dasselbe. Thüringen u. Frankenwald. 18. Aufl., bearb. unter Mitwirkung des Thüringerwald-Vereins. Grosse Ausg. Mit 16 Karten, 11 Plänen u. 2 Rundsichten. (XII, 292 S.) 12. Ebd. 906. Geb. n. 2. 50

— dasselbe. Kleine Ausg. Mit 5 Karten u. 7 Plänen. (XII, 292 S.) 12. Ebd. 906. Kart. n. 1. 50

— Thüringen u. Frankenwald. 20. Aufl., bearb. unt. Mitwirkg. des Thüringerwald-Vereins. Grosse Ausg. (XII, 315 S. m. 19 Karten, 19 Plänen u. 2 Panoramen.) 910. Geb. 2. 75

— dasselbe. Kleine Ausg. (XII, 315 S. m. 5 Karten u. 18 Plänen.) 910. Geb. 1. 75

—— dass. — Türkei und Griechenland, untere Donauländer und Kleinasien. 2. Aufl. 12. (XII, 659 S. mit 9 Karten, 27 Plänen und Grundrissen.) Ebendas. 888. geb. *

— dasselbe. Türkei u. Griechenland, untere Donauländer u. Kleinasien. 2 Bde. 4. Aufl. 12. Ebd. 892. Geb. n. 14. —

1. Untere Donauländer u. Türkei. Mit 5 Karten, 19 Plänen u. Grundrissen u. 1 Panorama. (X, 399 S.)
2. Kleinasien u. Griechenland. Mit 8 Karten, 16 Plänen u. Grundrissen u. 2 bildl. Darstellgn. (VIII, 304 S.)

— dasselbe. Türkei, Rumänien, Serbien, Bulgarien. 5. Aufl. M. 6 Karten, 26 Plänen u. Grundrissen u. 1 Panorama. 12. (X, 414 S.) Ebd. 898. Geb. n. 7. —

— dasselbe. Türkei, Rumänien, Serbien, Bulgarien. 6. Aufl. Mit 10 Karten, 30 Plänen u. Grundrissen, 1 Panorama u. 2 Abbildgn. 12. (XII, 384 S.) Ebd. 902. Geb. in Leinw. n. 7. 50

— Türkei, Rumänien, Serbien, Bulgarien. 7. Aufl. Mit 13 Karten, 36 Plänen u. Grundrissen, 1 Panorama u. 3 Abb. (XII, 392 S.) 908. Geb. 7. 50

— — Unter-Italien v. Th. Gsell-Fels. Mit 6 (chromolith.) Karten (in qu. 4., Fol. u. qu. Fol.) 24 (lith. u. chromolith.) Plänen u. Grundrissen (in 8. u. qu. Fol.) 11 Ansichten (in Stahlst.) u. 61 (in eingedr. Holzschn.) 8. (XVI, 710 S.) Ebend. 873. geb. n. 7. —

—— —— Unter-Italien und Sicilien von Th. Gsell-Fels. 2. Aufl. 2 Bde. 8. (XVI, 796; VIII, 802 Sp. mit 14 chromolithogr. Karten, 48 lithogr. Plänen und Grundrissen, 20 Ansichten in Stahlst. und 69 in Holzschn.) Ebendas. 877. geb. *

— dasselbe. Unter-Italien u. Sizilien von Th. Gsell-Fels. 3. Aufl. Mit 17 Karten, 42 Plänen u. Grundrissen, 14 Ansichten in Stahlst. u. 27 in Holzschn. 8. (XIV, 935 Sp. u. S.) Ebd. 889. geb. n. 10. —

— dasselbe. Unteritalien u. Sizilien v. Th. Gsell Fels. 4. Aufl. Mit 20 Karten u. 31 Plänen u. Grundrissen. 12. (XII, 380 S.) Ebd. 902. Geb. in Leinw. n. 7.—

— Unteritalien u. Sizilien in neuer Bearbeitg. Von Gsell Fels. 5. Aufl. Mit 21 Karten u. 37 Plänen u. Grundrissen. (XII, 372 S.) 909. Geb. 7. —

— — Wegweiser durch ..., s. hier unter dem geographischen Begriff.

— Weltreise. Mit 27 Karten, 39 Plänen u. 1 Flaggentaf. (XII, 516 S.) 907. Geb. 25. —

—— —— Wien. Führer durch die Kaiserstadt und auf den besuchtesten Routen durch Oesterreich-Ungarn unter besond. Berücksicht. der Welt-Ausstellung. 8. (X, 589 Sp. mit 10 chromolithogr. Karten in qu. 4., 28 lithogr. Plänen und Grundrissen, 26 Ansichten in Stahlst. und Holzschn.) Ebendas. 873. geb.

Meyers Reisebücher Th 3. Wien, Ober- und Nieder-Oesterreich, Salzburg und Salzkammergut, Steiermark, Karnten, Krain, Kroatien und Istrien. 3 Aufl. Mit 13 Karten, 7 Planen und 6 Panoramen. Leipzig u. Wien 1895. XII, 295 S. 8°.

— 4. Auflage. Leipzig u. Wien 1899. XII. 346 S. 8°.

Meyer, über Rheumatismus. 8. Hannover, Hahn. 820.

– (Hrsg.), s. Rodbertus-Jagetzow: Briefe und sozialpolitische Aufsätze.

Meyer: Die Rübenschnitzeltrocknung ..., s. Büttner.

(Meyer): Sammlung von Zeichnungen landwirthschaftlicher Geräthe. (Hohenheim 1844) Fol.

Meyer, v. Üb. Sanitäts-Anstalten i. Orient u. üb. d. Stellung d. dortigen Ärzte Erlangen 1840.

Meyer, kleiner Schnellschreiber. Nach Audoyer's Methode. qu. gr. 8. (16 lith. Bl.) Berlin 835, Winckelmann u. Söhne.

Meyer's Schreibtisch-Wochen-Kalender f. Aerzte auf d. J. 1903. Mit Terminkalender, m. den Wochenlisten zum Ausschreiben der Besuche, sowie m. den Tabellen u. Zusammenstellgn. f. den tägl. Gebrauch am Schreibtisch. Fol. (122 u. 23 S.) Halberstadt, H. Meyer. Geb. 2. —

Meyer's Schreibtisch-Wochen-Kalender f. Aerzte auf d. J. 1907. Mit Terminkalender, m. den Wochenlisten zum Ausschreiben der Besuche, sowie m. den Tabellen u. Zusammenstellgn. f. den tägl. Gebrauch am Schreibtisch. (II, 120 u. 23 S.) 4. Halberstadt, H. Meyer. Geb. n.n. 2. —

Meyer's Schreibtisch-Wochen-Kalender f. Ärzte f. d. J. 1911. Mit Terminskalender, m. den Wochenlisten zum Ausschreiben der Besuche, sowie m. den Tabellen u. Zusammenstellgn. f. den tägl. Gebrauch am Schreibtisch. (II, 66 u. 24 S.) 34×24 cm. Halberstadt, H. Meyer. Geb. nn 2. —

Meyer, ..., die Schule d. Eleganz z. Posse in 3 A. 8. Berl. 804. Schüppel. 20 gr

Meyer, d. Schwankungen in d. Bedarf an Handarbeit in d. deut. Landwirthschaft. Jena 893.

Meyer, ..., s. W. Scott Werke. (Gotha).

— Sprachführer. Ebd.
Arabisch. Konversations-Wörterbuch v. Mart. Hartmann. 3. Aufl. (XII, 347 S.) 7×11 cm. (909.) Geb. 3. —
Neugriechisch. Konversations-Wörterb. v. Joh. K. Mitsotakis. Neue Ausg. (VI, 385 S.) 11×7,3 cm. (909.) Geb. in Leinw. 3. —
Portugiesisch. Konversations-Wörterbuch m. Berücksicht. des Brasilischen. Von C. G. Kordgien u. C. Michaëlis de Vasconcellis. Neue Ausg. (VI, 517 S.) 11,7×7,3 cm. (909.) Geb. in Leinw. 3. 50
Schwedisch. Konversations-Wörterb. v. Erik Sellin. 4. Neubr. (VI, 428 S.) 16. (910.) Geb. in Leinw. 3. —
Türkisch. Konversations-Wörterbuch v. Wilh. Heintze. 2., verb. u. verm. Aufl. Neue Ausg. (VI, 353 S.) 7×11 cm. (909.) Geb. 3. —

Meyer, Kircher u. A., Staatsrecht d. Thüring. Staaten. Freib. 884.

Meyer, Die deutschen Städte. Th. 1.: Ursprung und Verfassungsentwickelung bis zur Ausbildung der Stadtfreiheit. Progr. Wollin 1873. 4. . . . . (1866.)

v. Meyer. Standrede bei dem Sarge seiner Excellenz des Herrn Reichsgrafen Henckel v. Donnersmarck, Gouverneurs von Königsberg. 8. Königsberg, s. a. (1793.)

— Studium d. öff. Rechts u. d. Staatswissensch. in Deutschl. Jena 875.

Meyer, Symbolae ad comparationem linguarum. Pr. 1828. 22 S. 4°.

MEYER und WOLF: Taschenbuch der deutschen Vögelkunde oder kurze Beschreibung aller Vögel Deutschlands. - Frankfurt a. M. 1810-1822. 3 Tl. - 1. Tl.: Die Landvögel. - 2. Tl.: Sumpf- und Wasservögel. - 3. Tl. u. d. T.: Zusätze und Berichtigungen zu Meyers und Wolfs Taschenbuch der deutschen Vögelkunde nebst kurzer Beschreibung derjenigen Vögel, welche ausser Deutschland in den übrigen Teilen von Europa vorkommen. Von Bernhard Meyer

Meyer's Terminkalender für Gerichtsvollzieher auf die J. 1888 und 1889. Mit vielen, den prakt. Dienst erleichternden Beilagen. 6. und 7. Jahrg. à Jahrg. 2 Thle. kl. 8. (XVI, 96, 218; XVI, 96, 240 S.) Halberstadt, H. Meyer's Buchdr. geb. à Jahrg. *
geb. in 2 Thle. à Jahrg. *

Meyer's (IV.) Termin-Kalender f. Gerichtsvollzieher auf d. J. 1890—1893. 8.—11. Jahrg. 12. (à Jahrg. ca. XVI, 468 S.) Halberst., Meyer's Buchdruckerei. geb. à Jahrg. * 2 50

Meyer's Termin-Kalender f. Gerichtsvollzieher auf d. J. 1894. Mit vielen den prakt. Dienst erleicht. Beilagen. 12. Jahrg. 12. (XVI S., Schreibkalender, VIII, 193 u. 63 S.) Halberstadt, H. Meyer. Geb. in Leinw. n.n. 2. 50

Meyer's Termin-Kalender f. Gerichtsvollzieher auf d. J. 1899. M. vielen d. prakt. Dienst erleicht. Beilagen. Red. v. A. Brüggemann. 17. Jahrg. 12. (XVI S., Tagebuch, 7, 258 u. 68 S.) Halberstadt, H. Meyer. Geb. in Leinw. n. 2. 50

Meyer's Termin-Kalender f. Gerichtsvollzieher auf d. J. 1900. Mit vielen den prakt. Dienst erleichternden Beilagen. Red. v. Brüggemann. 18. Jahrg. 12. (XVI S., Tagebuch, 7, 133 u. 70 S.) Halberstadt, H. Meyer. Geb. in Leinw. 2. 50.

— Termin-Kalender für Gerichtsvollzieher auf d. J. 1903. Mit vielen den prakt. Dienst erleichternden Beilagen. 21. Jahrg. 12. (XVI S., Tagebuch, 8 u. 340 S.) Ebd. Geb. in Leinw. n. 2. 50

Meyer's Terminkalender f. Gerichtsvollzieher auf d. J. 1905. Mit vielen den prakt. Dienst erleichternden Beilagen. 23. Jahrg. (XV S, Schreibkalender, VII. u. 360 S.) kl. 8. Halberstadt, H. Meyer. Geb. in Leinwdbd. 2. 50; in 2 Tln. geb. u. kart. 2. 75.

Meyer's Terminkalender f. Gerichtsvollzieher auf d. J. 1906. Mit vielen den prakt. Dienst erleichternden Beilagen. 24. Jahrg. (Schreibkalender, u. 360 S.) kl. 8. Halberstadt, H. Meyer. Geb. in Leinwdbd. 2. 50; in 2 Tln. geb. u. kart. 2. 75.

— Termin-Kalender f. Gerichtsvollzieher auf d. J. 1907. Mit vielen den prakt. Dienst erleichternden Beilagen. 25. Jahrg. (XV S., Schreibkalender, VII u. 364 S.) kl. 8. Ebd. Geb. in Leinw. n. 2. 50

— Terminkalender f. Gerichtsvollzieher auf d. J. 1908. Mit vielen den prakt. Dienst erleichternden Beilagen. 26. Jahrg. (Schreibkalender u. 367 S.) kl. 8. Halberstadt, H. Meyer. Geb. in Leinw. 2. 50.

Meyer's Terminkalender f. Gerichtsvollzieher auf d. J. 1909. Mit vielen den prakt. Dienst erleichternden Beilagen. 27. Jahrg (XV S., Schreibkalender, III, 373 S. u. 15 Bl.) kl. 8. Halberstadt, H. Meyer. Geb. 2. 50.

— Termin-Kalender f. Gerichtsvollzieher auf d. J. 1911. Mit vielen den prakt. Dienst erleichternden Beilagen. 22. Jahrg. Neu bearb. v. Löffler. (XV S., Schreibkalender, III, 417 S. u. 8 Bl.) kl. 8. Ebd. Geb. in Leinw. 2. 50

—— Universum od. Abbildung u. Beschreibung d. Sehenswürdigsten u. Merkwürdigsten d. Natur u. Kunst auf d. ganzen Erde. 1. u. 2. Bd. (à 12 Lfgn.) 1—7. Aufl. qu. 4. (27 B. u. 93 Kpfr.) Hildburghausen 833—35, Bibliogr. Instit. à L.
Auch unt. d. Umschlags-T.: Meyer's Universum, ein belehrendes Bilderwerk f. alle Stände.

—— Universum, od. Abbildung u. Beschreibung des Sehenswürdigsten u. Merkwürdigsten der Natur u. Kunst auf der ganzen Erde. 3—11. Bd. à 12 Lfgn. (à Lfg. 4 Stahlst. u. Text.) qu. 4. Hildburghausen 835—46, Bibliograph. Institut. (Leipzig, Gebhardt u. Reisland; Frankfurt a. M., Meidinger.) (à Lfg. * 7 Ngr., à Bd. * 2 Thlr. 24 Ngr.) *
1. u. 2. Bd. Ebendas. 1833, 34. à * 2 Thlr. 24 Ngr.

— Universum. XII—XIV. Bd. à 12 Lfgn. qu. 4. (12: 186 S. m. 49 Stahlst. 13: 190 S. m. 49 Stahlst. 14: 250 S. m. 49 Stahlst.) Ebd. 847—52. à Lfg. n. 7 Ngr; à Bd. n. 2 Thlr 24 Ngr

—— Universum, oder: Abbildung und Beschreibung des Sehenswürdigsten und Merkwürdigsten der Natur und Kunst auf der ganzen Erde. 12—14. Bd. à 12 Lfgn. (à Lfg. 4 Stahlst. und Text.) qu. 4. Hildburghausen 849—52, Bibliographisches Institut. (Leipzig, Gebhardt und Reisland.) à Lfg. * 7 Ngr. *

— Universum. XV—XIX. Bd. (à 12 Liefgn.) Hildburghausen (853—58.) Bibliograph. Institut. (Leipzig, Gebhardt u. Reisland.) qu. 4. Jede Liefg. mit 4 Stahlst. nebst erläut. Text n. 7 ngr

—— Universum. XVII. Bd. 12. Lfg., XVIII—XXI. Bd. à 12 Lfgn. qu. 4. Hildburghausen 857—61, Bibliographisches Institut. [XVII. Bd. 12. Lfg. (S. 189—206 mit 4 Stahlst.) XVIII. (175 S. mit 48 Stahlst.) XIX. (152 S. mit 48 Stahlst.) XX. (174 S. mit 48 Stahlst.) XXI. (186 S. mit 48 Stahlst.)] à Lfg. * 7 Ngr. *

—— dass. — Alphabetisches Inhalts-Verzeichniß zu Bd. I. bis XVIII. qu. 4. (15 S.) Ebendas. 859. *

—— dass. — Für 1861 und 1862. Hrsg. von Herm. J. Meyer. à Jahrg. 20 Hefte. (à 4 Stahlst. mit ca. 12 S. Text.) hoch 4. Ebendas. 861. 62. à Heft * 7 Ngr. *

—— Universum für 1863. Hrsg. von Herm. J. Meyer. 3. Bd. 20 Hefte. (à Lfg. 4 Stahlst. mit ca. 12 S. Text.) hoch 4. Hildburghausen 863, Bibliographisches Institut. à Heft * 7 Ngr. *

— — ein Volksbuch, enthltd. Abbildung und Beschreibung des Sehenswerthesten u. Merkwürdigsten in Natur u. Kunst. Octavausg. in 5 Bdn. (à 12 Liefgn.) 1. Bd. Ebend. (858.) Lex.-8. Jede Liefg. von ca. 1 Bgn. Text u. 4 Stahlst. n. $3\frac{1}{2}$ ngr

— — Ein Volksbuch enth. Abbildungen u. Beschreibungen des Sehenswerthesten u. Merkwürdigsten an Natur u. Kunst. Oktavausg. 1—15. Bd. à 12 Liefgn. Ebend. 859—63. Lex.-8. Jede Liefg. (à 3—4 Stahlst. u. Text.) n. $3\frac{1}{2}$ ngr

— — 16. Bd. 4. Folge 1. Bd. 20 Liefgn. Ebend. 864. Lex.-8. (324 S. u. 67 Stahlst.) Jede Liefg. n. $3\frac{1}{3}$ ngr

Meyer: Der mathem. Unterricht auf dem Gymnasium. 13 S.–Bunzlau, Progr. 1861

Meyer, Ueber die geognostischen Verhältnisse des Lüneburger Gypsflötzes und dessen Beziehung zur dortigen Saline. (Hannov. Magazin Stück 22 und 23.) 1823. 4.

— deutsches Verkehrslexikon. E. Nachschlagebuch üb. Post-, Telegraphen-, Eisenbahn- u. Schiffahrtsstationen. Nach amtl. Quellen. 8. (XX, 197 S.) Ebd. 895. Kart. n. 1. 50

Meyer's deutsches Verkehrslexikon, neue Ausg., s.: Post-, Telegraphen-, Eisenbahn- u. Schiffahrtsstations-Verzeichnis d. Deutschen Reichs.

Meyer u Kolbe, Versuche über die gärungshemmende Wirkung der Salicylsäure und anderer aromatischer Säuren. Leipzig 1875

Meyer, (Apotheker Dr.,) Verzeichniß Röm. Kaisermünzen aus d. 1n, 2n u. 3n Jahrh. n. Christi Geb., welche d. 16. April 1831 bei Widenhub, nicht weit von Waldkirch, in e. Topfe in d. Erde vergraben, entdeckt wurden. Mit e. kurzen Einleit. über das Geschichtl. d. Fundes. gr. 4. St. Gallen 831. (Huber). 12 gr

Meyer's Volks- u. Jugendbibliothek „Nach der Arbeit". 1. u. 2. Bd. 8. Krefeld, G. Hohns. Geb. n. 2. 50

1. Die Burenfamilie v. Klaarfontain. Eine Geschichte aus dem Burenleben im Kaplande Südafrikas. Der Jugend u. dem Volke erzählt. Von W. O. v. Horn. Mit e. Anh.: Aus der Geschichte der Buren. (139 S.) 900. — 90
2. China u. die Chinesen. Bilder aus dem Reich der Mitte. Nach den besten Quellen für das Volk u. die reifere Jugend zusammengestellt. Von Hans Meyer. (269 S.) 900. n. 1. 60

— Volksbibliothek für Länder-, Völker- und Naturkunde. 102 Bde. Mit Kupfern und Karten. Ebend. (853—56.) 16. Jeder Bd. (à 14—16 Bgn.) n. 4 ngr

Meyer, Volksbildung u. Wissenschaft in Deutschland während d. letzten Jahrhunderte. Berlin 873.

— Volksbücher. Nr. 1—142. 16. Ebend. 886. à n. — 10

1. Minna v. Barnhelm od. das Soldatenglück. Ein Lustspiel in 5 Aufzügen v. G. E. Lessing. (89 S.)
2. 3. Faust. Eine Tragödie v. Goethe. 1. Tl. (130 S.)
4. 5. Wilhelm Tell. Schauspiel in 5 Aufzügen v. Schiller. (103 S.)
6. 7. Das Käthchen v. Heilbronn od. die Feuerprobe. Ein großes histor. Ritterschauspiel von H. v. Kleist. (91 S.)
8. Der Tartüff od. der Betrüger. Character-Komödie in 5 Aufzügen v. Molière. Übers. v. Adf. Laun. (65 S.)
9. 10. Hamlet. Ein Trauerspiel in 5 Akten v. Shakespeare. (124 S.)
11. Antigone. Eine Tragödie v. Sophokles. Übers. v. H. Viehoff. (41 S.)
12—14. Ausgewählte Gedichte v. N. Lenau. (164 S.)
15. Das Fräulein v. Scuderi. Erzählung aus dem Zeitalter Ludwig XIV. v. E. T. H. Hoffmann. (65 S.)
16. Hermann u. Dorothea v. Goethe. (58 S.)
17. 18. Die Räuber. Ein Schauspiel in 5 Akten v. Schiller. (122 S.)
19. 20. Michael Kohlhaas. Eine Erzählung von Heinr. v. Kleist. Hrsg. v. H. Kurz. (93 S.)
21. 22. Der Geisterseher. Aus den Papieren d. Grafen v. O**. Von Schiller. (110 S.)
23. 24. Die Leiden d. jungen Werther v. Goethe. (109 S.)
25—27. Laokoon od. üb. die Grenzen der Malerei u. Poesie. Von G. E. Lessing. Hrsg. v. Frz. Bornmüller. (188 S.)
28—33. Flegeljahre. Eine Biographie v. Jean Paul. (447 S.)
34—38. Lichtenstein. Eine romant. Sage v. Wilh. Hauff. (339 S.)
39. Emilia Galotti. Ein Trauerspiel in 5 Aufzügen v. G. E. Lessing. Hrsg. v. Frz. Bornmüller. (72 S.)
40. 41. Romeo u. Julie. Ein Trauerspiel in 5 Aufzügen v. Shakespeare. Übers. v. W. Jordan. (88 S.)
42. 43. Zriny. Ein Trauerspiel in 5 Aufzügen v. Th. Körner. (84 S.)
44. 45. Don Karlos, Infant v. Spanien. Ein dramat. Gedicht in 5 Akten v. Schiller. Hrsg. v. H. Kurz. (191 S.)
46. Meister Martin d. Küfner u. seine Gesellen. Eine Erzählg. v. E. T. A. Hoffmann. Hrsg. v. H. Kurz. (59 S.)
47. Der Teufelssumpf. Eine Erzählg. v. George Sand. Übers. v. A. Cornelius. (72 S.)
48. 49. Götz v. Berlichingen m. der eisernen Hand. Ein Schauspiel in 5 Akten v. Goethe. Hrsg. v. Heinr. Kurz. (99 S.)
50. Der Kaufmann v. Venedig. Ein Schauspiel in 5 Aufzügen v. Shakespeare. Übers. v. Karl Simrock. (76 S.)

51. 52. Paul u. Virginie. Eine Erzählg. v. Bernardin de Saint-Pierre. Übers. v. Karl Eitner. (104 S.)

53. 54. Arne. Eine Novelle v. Björnson. Übers. v. Edm. Lobedanz. (96 S)

55. 56. Die Verschwörung d. Fiesko zu Genua. Ein republikan. Trauerspiel in 5 Aufzügen v. Schiller. Hrsg. v. Heinr. Kurz. (107 S.)

57. Egmont. Ein Trauerspiel in 5 Aufzügen v. Goethe. Hrsg. v. Heinr. Kurz. (80 S.)

58. 59. Othello, der Mohr v. Venedig. Ein Trauerspiel in 5 Aufzügen v. Shakespeare. Übers. v. Wilh. Jordan. (100 S.)

60. 61. Die Bettlerin vom Pont des Arts. Eine Erzählg. v. Wilh. Hauff. (100 S.)

62. 63. Nathan der Weise. Ein dramat. Gedicht in 5 Aufzügen v. G. E. Lessing. Hrsg. v. Frz. Bornmüller. (135 S.)

64. 65. Kabale u. Liebe. Ein bürgerl. Trauerspiel in 5 Akten v. Schiller. Hrsg. v. Heinr. Kurz. (99 S.)

66—68. Oberon. Ein Gedicht in 12 Gesängen v. Wieland. Hrsg. v. H. Kurz. (196 S.)

69—71. Der hinkende Teufel. Von Lesage. Übers. v. Levin Schücking. (240 S.)

72. Legenden v. Rübezahl. Von Joh. K. A. Musäus. (76 S.)

73. 74. Erzählung von Heinr. v. Kleist. Hrsg. v. Heinr. Kurz. (152 S.)

75. 76. Wallenstein. Ein dramat. Gedicht v. Schiller. 1. Tl.: Wallensteins Lager. Die Piccolomini. Hrsg. v. Heinr. Kurz. (124.)

77. 78. Dasselbe. 2. Tl.: Wallensteins Tod. Hrsg. v. Heinr. Kurz. (127 S)

79. Julius Cäsar. Ein Trauerspiel in 5 Aufzügen v. Shakespeare. Übers. v. Heinr. Viehoff. (79 S.)

80. Iphigenie auf Tauris. Ein Schauspiel in 5 Aufzügen v. Goethe. Hrsg. v. Heinr Kurz (63 S.)

81—84. Der Oberhoff. Aus „Münchhausen". Von Karl Immermann. (296 S.)

85. Der neue Pygmalion. Eine Erzählg. v. Karl Immermann. (47 S.)

86. Der zerbrochene Krug. Ein Lustspiel von Heinr. v. Kleist. Hrsg. v. Heinr. Kurz. (67 S.)

87. 88. Dichtungen v. G. G. Byron. Der Korsar. — Lara Übers. v. W. Schäffer u. A. Strodtmann. (91 S.)

89. 90. Torquato Tasso. Ein Schauspiel in 5 Aufzügen v. Goethe. Hrsg. v. Heinr. Kurz. (95 S.)

91. Erzählungen v. Schiller. Der Verbrecher aus verlorener Ehre. Eine großmüt. Handlg. aus der neuesten Geschichte. Merkwürdiges Beispiel e. weibl. Rache. Spiel d. Schicksals. Hrsg. v. Heinr. Kurz. (72 S.)

92. Peter Schlemihls wundersame Geschichte von Adb. v. Chamisso. Hrsg. v. Heinr. Kurz. (60 S.)

93. 94. Colomba. Eine Novelle v. Prosper Mérimée. Uebers. v. Ad. Laun. (131 S.)

95. 96. Novellen v. Wilh. Hauff. Jud Süß. — Othello. (111 S.)

97. 98. Franz der Champi. Eine Erzählg v. George Sand. Übers. v. Aug. Cornelius. (135 S.)

99. Über Anmut u. Würde. Eine Abhandlg. v. Schiller. Hrsg. v. Heinr. Kurz. (56 S.)

100. 101. Der Cid. Nach span. Romanzen v. Herder. Hrsg. v. Heinr. Kurz. (131 S)

102. Medea. Ein Drama in 5 Akten v. Euripides. Übers. v. Jak. Mähly. (43 S.)

103—105. Die Wahlverwandtschaften. Ein Roman v. Goethe. Hrsg. v. Heinr. Kurz. (228 S.)

106—108. Faust. Eine Tragödie in 5 Akten v. Goethe. 2. Tl. Hrsg. v. Heinr. Kurz. (207 S.)

109. Die gelehrten Frauen. Ein Lustspiel in 5 Akten v. Molière. Übers. v. Adf. Laun. (60 S.)

110—113. Robinson Crusoe. Eine Erzählg. v. Defoe. Übers. v. Karl Altmüller. (283 S.)

114. König Ödipus. Eine Tragödie v. Sophokles. Übers. v. Heinr. Viehoff. (48 S.)

115—120. Siebenkäs. Ein Roman v. Jean Paul. (455 S.)

121—124. Das verlorene Paradies. Ein Gedicht in 12 Gesängen v. Milton. Übers. v. K. Eitner. (286 S.)

125. 126. König Richard III. Ein Trauerspiel in 5 Aufzügen v. Shakespeare. Übers. v. Wilh. Jordan. (111 S.)

127. 128. Maria Stuart. Ein Trauerspiel in 5 Aufzügen v. Schiller. Hrsg. v. Heinr. Kurz. (127 S.)

129. Erzählungen v. E. T. A. Hoffmann. Der unheimliche Gast. — Don Juan. Hrsg. v. Heinr. Kurz. (155 S.)

130. 131. Erzählungen v. Wilh. Hauff. Die Sängerin. — Die letzten Ritter v. Marienburg (106 S.)

132. 133. Dramen v. G. G. Byron. Manfred. — Kain. Übers. v. W. Grüzmacher. (103 S.)

134. 135. Bauern-Novellen v. Björnson. Thrond. Eine gefährl. Freierei. Der Vater. Aus dem Stifte Bergen. Ein fröhl. Bursch. Übers. v. Edm. Lobedanz. (107 S.)

136. Ausgewählte Novellen v. Prosper Mérimée. Die etrur. Vase. Der Abbé Aubain. Mateo Falcone. Eine Vision Karl XI. Die Erstürmg. der Redoute. Übers. v. Ad. Laun. (63 S.)

137. 138. Die Karawane. Von Wilh. Hauff. (93 S.)

139. 140. Der Scheik von Alessandria u. seine Sklaven. Märchen v. Wilh. Hauff. (87 S.)

141. 142. Das Wirtshaus im Spessart. Märchen v. Wilh. Hauff. (144 S.)

—— Volksbücher. Nr. 1—644. 16. Ebendas. 886—88. à Nr. *

Inhalt, in alphabetischer Folge:

Nr. 508—510. Althaus, Thdr., Märchen aus der Gegenwart. (184 S.)
„ 349. 350. Arnim, Ludw. Achim v., die Ehenschmiede. Der tolle Invalide. Fürst Ganzgott und Sänger Halbgott. 3 Novellen. (100 S.)
„ 530. 531. —— Isabella von Ägypten, Kaiser Karls V. erste Jugendliebe. Eine Erzählung. (129 S.)
„ 533. 534. Äschylos, Orestie. Agamemnon. Das Totenopfer. Die Eumeniden. Tragödien-Trilogie. Übers. von A. Oldenberg. (112 S.)
„ 237. —— der gefesselte Prometheus. Ein Trauerspiel. Übers. von A. Oldenberg. (32 S.)
„ 298. 299. Beaumarchais, Figaros Hochzeit oder ein toller Tag. Ein Lustspiel in 5 Aufzügen. Aus dem Französ. von Fr. Dingelstedt. (99 S.)
„ 343. 344. Beer, Mich., Struensee. Ein Trauerspiel in 5 Aufzügen. (126 S.)
„ 412—414. Biernatzki, J. C., die Hallig, oder die Schiffbrüchigen auf dem Eiland in der Nordsee. Eine Novelle. (192 S.)
„ 513—517. —— der braune Knabe oder die Gemeinden in der Zerstreuung. Eine Novelle. (322 S.)
„ 53. 54. Björnson, Arne. Eine Novelle. Übers. von Edm. Lobedanz. (96 S.)
„ 134. 135. —— Thrond. Eine gefährliche Freierei. Der Vater. Aus dem Stifte Bergen. Ein fröhlicher Bursch. Bauern-Novellen. Übers. von Edm. Lobedanz. (107 S.)
„ 408. —— zwischen den Schlachten. Schauspiel in 1 Akt. Aus dem Norweg. von Edm. Lobedanz. (31 S.)
„ 307. Blum, Karl, ich bleibe ledig. Ein Lustspiel in 3 Aufzügen [nach der Idee des Alberto Nota]. (75 S.)
Nr. 368—370. Blumauer, Aloys, Virgils Aneis, (164 S.)
„ 467. Börne, Ludw., vermischte Aufsätze [Auswahl]. (59 S.)
„ 234. —— aus meinem Tagebuche. (66 S.)
„ 235. 236. Brentano, Clemens, Gockel, Hinkel und Gackeleia. Ein Märchen. (83 S.)
„ 460. —— Geschichte vom braven Kasperl und dem schönen Annerl. (34 S.)
„ 564—572. —— Märchen. 2 Tle. (335; 367 S.)
„ 381—383. Aus Bülow's Novellenbuch. I. Shakespeare-Novellen. (174 S.)
„ 384—386. —— dass. — II. Spanische Novellen. (236 S.)
„ 387—389. —— dass. — III. Französische Novellen. (220 S.)
„ 390—392. —— dass. — IV. Italienische Novellen. (208 S.)
„ 473. 474. —— dass. — V. Englische Novellen. (82 S.)
„ 475. 476. —— dass. — VI. Deutsche Novellen. (107 S.)
„ 272. 273. Bürger, G. A., Gedichte. (118 S.)
„ 300. 301. —— wunderbare Reisen und Abenteuer des Frhrn. v. Münchhausen. (84 S.)
„ 87. 88. Byron, G. G., der Korsar. Lara. Dichtungen. Übers. von W. Schäffer und A. Strodtmann. (91 S.)
„ 159. —— [Mazeppa, der Gjaur.] Dichtungen. Übers. von W. Schäffer und A. Strodtmann. (63 S.)

„ 132. 133. — Manfred. Kain. Dramen. Übers. von W. Grüzmacher. (103 S.)
„ 188. 189. — [Die Insel. Beppo. Die Braut von Abydos.] Poetische Erzählungen. Übers. von W. Schäffer und A. Strodtmann. (96 S.)
„ 398. 399. — Childe Harolds Pilgerfahrt. Ein Gedicht in 4 Gesängen. Übers. von A. H. Janert. (136 S.)
„ 192—194. — Don Juan. Ein Gedicht in 6 Gesängen. Übers. von W. Schäffer. (204 S.)
„ 451. 452. — Sardanapal. Ein Trauerspiel in 5 Akten. Übers. von W. Grüzmacher. (95 S.)
„ 512. Calderon de la Barca, Gomez Arias. Ein romant. Schauspiel in 3 Akten. Übers. von Mor. Rapp. (66 S.)
„ 334. — das Festmahl des Belsazar. Fronleichnamsspiel. Übers. von Ludw. Braunfels. (40 S.)
„ 576. 577. Cervantes Saavedra, Miguel de, neue Zwischenspiele. Deutsch von Herm. Kurz. (134 S.)
„ 263—269. Chamisso, Adb. v., Gedichte. (427 S.)
„ 93. — Peter Schlemihls wundersame Geschichte. Hrsg. von Heinr. Kurz. (60 S.)
„ 163. 164. Chateaubriand, F. R., [Atala. René.] Erzählungen. Übers. von M. v. Andechs. (104 S.)
„ 418. — der Letzte der Abenceragen. Eine Erzählung. Übers. von M. v. Andechs. (46 S.)
„ 573. 574. Collin, Heinr. Jos. v., Regulus. Ein Trauerspiel in 5 Akten. (88 S.)
„ 195. 196. Dante, die göttliche Komödie. I. Die Hölle. Übers. von Karl Eitner. (128 S.)
„ 197. 198. — dass. — II. Das Fegefeuer. (128 S.)
„ 199. 200. — dass. — III. Das Paradies. (128 S.)
„ 110—113. Defoe, Robinson Crusoe. Eine Erzählung. Übers. von Karl Altmüller. (283 S.)
„ 643. 644. Diderot, D., Erzählungen. Übers. von H. Merkens. (101 S.)
„ 479—483. Droste-Hülshoff, Annette Freiin v., lyrische Gedichte. (327 S.)
„ 323. — die Judenbuche. Ein Sittengemälde aus dem gebirgigten Westfalen. (47 S.)
„ 439. — die Schlacht im Loener Bruch. Erzählendes Gedicht. (62 S.)
„ 551—555. Eichendorff, Jos. Frhr. v., Ahnung und Gegenwart. Ein Roman. (328 S.)
„ 540. 541. — aus dem Leben eines Taugenichts. Novelle. (98 S.)
„ 544. 545. — Gedichte. (359 S.)
„ 542. 543. — Julian. Robert und Guiscard. Lucius. Erzählende Gedichte. (95 S.)
„ 549. 550. — das Marmorbild. Das Schloß Dürande. Novellen. (90 S.)
„ 633—635. — kleinere Novellen. (259 S.)
„ 618. Ellissen, Adf., chinesische Gedichte. Metrisch bearb. (32 S.)
„ 619. — neugriechische Gedichte. Metrisch bearb. (36 S.)
„ 575. Euripides, Hippolyt. Ein Trauerspiel in 5 Akten. Übers. von J. Mähly. (43 S.)
„ 539. — Iphigenie in Aulis. Ein Trauerspiel in 5 Akten. Übers. von Schiller. (60 S.)
„ 342. — Iphigenia bei den Tauriern. Ein Trauerspiel. Übers. von J. Mähly. (44 S.)
„ 102. — Medea. Ein Drama in 5 Akten. Übers. von J. Mähly. (43 S.)
„ 616. 617. Feuchtersleben, Ernst Frhr. v., zur Diätetik der Seele. (120 S.)
„ 452—455. Fichte, Joh. Glieb., Reden an die deutsche Nation. (206 S.)
„ 285. Fouqué, Friedr. Baron de la Motte, Undine. Eine Erzählung. (78 S.)
„ 501—506. — der Zauberring. Ein Ritter-Roman. (429 S.)
„ 494—496. Gaudy, Frz. Frhr. v., venezianische Novellen. (197 S.)
„ 231—233. Gellert, Chr. F., Fabeln und Erzählungen. (176 S.)
Nr. 638—640. Goldsmith, O., der Landprediger von Wakefield. Ein Roman. Übers. von K. Eitner. (216 S.)
„ 224. Goethe, Clavigo. Ein Trauerspiel in 5 Akten. Hrsg. von Heinr. Kurz. (47 S.)
„ 57. — Egmont. Ein Trauerspiel in 5 Aufzügen. Hrsg. von Heinr. Kurz. (80 S.)
„ 2. 3. — Faust. Eine Tragödie. 1. Tl. (130 S.)
„ 106—108. — dass. — 2. Tl. Hrsg. von Heinr. Kurz. (207 S.)
„ 216. 217. — ausgewählte Gedichte. Hrsg. von Heinr. Kurz. (160 S.)
„ 48. 49. — Götz v. Berlichingen mit der eisernen Hand. Ein Schauspiel in 5 Akten. Hrsg. von Heinr. Kurz. (99 S.)
„ 16. — Hermann und Dorothea. (58 S.)
„ 80. — Iphigenie auf Tauris. Ein Schauspiel in 5 Aufzügen. Hrsg. von Heinr. Kurz. (63 S.)
„ 434. — die Laune des Verliebten. Die Geschwister. 42 S.)
„ 201—207. Wilhelm Meisters Lehrjahre. Ein Roman in 8 Büchern. Hrsg. von Heinr. Kurz. (547 S.)
„ 431. — die Mitschuldigen. Ein Lustspiel in Versen und 3 Akten. (42 S.)
„ 186. 187. — Reineke Fuchs. Ein Gedicht in 12 Gesängen. Hrsg. von Heinr. Kurz. (119 S.)
„ 258—263. — italienische Reise. (348 S.)
„ 394. — Stella. Ein Schauspiel für Liebende. (44 S.)
„ 432. 433. — die natürliche Tochter. Ein Trauerspiel in 5 Aufzügen. (86 S.)
„ 89. 90. — Torquato Tasso. Ein Schauspiel in 5 Aufzügen. Hrsg. von Heinr. Kurz. (95 S.)
„ 103—105. — die Wahlverwandtschaften. Ein Roman. Hrsg. von Heinr. Kurz. (228 S.)
„ 23. 24. — die Leiden des jungen Werther. (109 S.)
„ 208. — und Schiller. Xenien. (48 S.)
„ 338. 339. Grabbe, Chr. D., Napoleon oder die Hundert Tage. Ein Schauspiel in 5 Aufzügen. (131 S.)
„ 278—283. Grimmelshausen, der abenteuerliche Simplicissimus. Eine Lebensbeschreibung in 5 Büchern. (448 S.)
„ 425—427. Hagedorn, F. v., Fabeln und Erzählungen. (162 S.)
„ 60. 61. Hauff, Wilh., die Bettlerin vom Pont des Arts. Eine Erzählung. (100 S.)
„ 601. 602. — das Bild des Kaisers. Eine Erzählung. (99 S.)
„ 130. 131. — Erzählungen. Die Sängerin. — Die letzten Ritter von Marienburg. (106 S.)
„ 137. 138. — die Karawane. Märchen. (96 S.)
„ 34—38. — Lichtenstein. Eine romant. Sage. (339 S.)
„ 415—417. — der Mann im Mond nebst Kontroverspredigt. (223 S.)
„ 604—607. — Memoiren des Satan. (291 S.)
„ 95. 96. — Novellen. Jud Süß. — Othello. (111 S.)
„ 600. — Phantasien im Bremer Ratskeller. Ein Herbstgeschenk für Freunde des Weines. (56 S.)
„ 139. 140. — der Scheik von Alessandria und seine Sklaven. Märchen. (37 S.)
„ 141. 142. — das Wirtshaus im Spessart. Märchen. (144 S.)
„ 286—288. Hebel, J. P., Schatzkästlein des rheinischen Hausfreundes. (207 S.)
„ 410. Heine, Heinr., Atta Troll. Ein Sommernachtstraum. (74 S.)
„ 243—245. — Buch der Lieder. (174 S.)
„ 411. — Deutschland. Ein Wintermärchen. (70 S.)
„ 246. 247. — neue Gedichte. (110 S.)
„ 485. 486. — die Nordsee. Das Buch Le Grand. (100 S.)
„ 248. 249. — Romanzero. (140 S.)
„ 250. — Reisebilder. I. Die Harzreise. (66 S.)
„ 100. 101. Herder, der Cid. Nach span. Romanzen. Hrsg. von Heinr. Kurz. (131 S.)
„ 321. 322. Herder, J. G. v., über den Ursprung der Sprache. Von der Akademie der Wissenschaften zu Berlin im J. 1770 gekrönte Preisschrift. (102 S.)
„ 461—464. — Volkslieder [Stimmen der Völker in Liedern]. (307 S.)
„ 441—443. Hippel, Thdr. Glieb. v., über die Ehe. (212 S.)
„ 610. 611. Hoffmann, E. T. A., Doge und Dogaresse. Spielerglück. Zwei Erzählungen. (86 S.)
„ 608. 609. — Erzählungen. [Rat Krespel. Die Bergwerke zu Falun. Der Zusammenhang der Dinge.] (115 S.)
„ 199. — Erzählungen. Der unheimliche Gast. — Don Juan. Hrsg. von H. Kurz. (155 S.)
„ 15. — das Fräulein von Scuderi. Erzählung aus dem Zeitalter Ludwigs XIV. (65 S.)
„ 153. — das Majorat. Eine Erzählung. Hrsg. von H. Kurz. (75 S.)
„ 46. — Meister Martin der Küfner und seine Gesellen. Eine Erzählung. Hrsg. von H. Kurz. (59 S.)
„ 161. 162. — der goldne Topf. Ein Märchen aus der neuen Zeit. Hrsg. von H. Kurz. (84 S.)
„ 581. Holberg, L. v., Hexerei oder blinder Lärm. Ein Lustspiel in 5 Akten. Aus dem Dän. von Rob. Prutz. (67 S.)
„ 308. — Jeppe vom Berge oder der verwandelte Bauer. Ein Lustspiel in 5 Akten. Aus dem Dän. von R. Prutz. (43 S.)
„ 620. — der politische Kanngießer. Ein Lustspiel in 5 Akten. (58 S.)
„ 520. — die Maskerade. Ein Lustspiel in 3 Akten. Aus dem Dän. von R. Prutz. (58 S.)
„ 190. 191. Hölderlin, Friedr., Gedichte. (123 S.)
„ 471. 472. — Hyperion oder der Eremit in Griechenland. (138 S.)
Nr. 637—639. Holmes, O. W., der Professor am Frühstückstische. Deutsch von O. Büchmann. (184 S.)
„ 251—256. Homers Ilias. Im Versmaß der Urschrift übers. von F. W. Ehrenthal. (482 S.)
„ 211—215. — Odyssee. Im Versmaß der Urschrift übers. von F. W. Ehrenthal. (339 S.)
„ 585—588. Hufeland, Chrph. Wilh., die Kunst, das menschliche Leben zu verlängern. (311 S.)
„ 302—307. Humboldt, W. v., Briefe an eine Freundin. (463 S.)
„ 28—33. Jean Paul, Flegeljahre. Eine Biographie. (447 S.)
„ 144—148. — der Komet oder Nikolaus Marggraf. Eine kom. Geschichte. (360 S.)
„ 115—120. — Siebenkäs. Ein Roman. (455 S.)
„ 340. 341. Iffland, A. W., die Jäger. Ein ländl. Sittengemälde in 5 Aufzügen. (108 S.)
„ 635. 636. — die Mündel. Ein Schauspiel in 5 Aufzügen. (106 S.)
„ 395. 396. — der Spieler. Ein Schauspiel in 5 Aufzügen. (94 S.)
„ 623. 624. — Verbrechen aus Ehrsucht. Ein Familiengemälde in 5 Akten. (83 S.)
„ 81—84. Immermann, Karl, der Oberhof. Aus „Münchhausen". (396 S.)
„ 85. — der neue Pygmalion. Eine Erzählung. (47 S.)
„ 428—430. — Tristan und Isolde. Ein Gedicht in Romanzen. (238 S.)
„ 477. 478. — Tulifäntchen. Ein Heldengedicht in 3 Gesängen. (86 S.)
„ 180. Irving, Washington, Sagen von der Alhambra. Uebers. von Adf. Strodtmann. (52 S.)
„ 310—314. Jung's, Joh. Heinr., [genannt Stilling] Leben. Eine wahrhafte Geschichte, von ihm selbst erzählt. (352 S.)
„ 325. Kant, Imman., von der Macht des Gemüts, durch den bloßen Vorsatz seiner krankhaften Gefühle Meister zu sein. Hrsg. und mit Anmerkungen versehen von C. W. Hufeland. (31 S.)
„ 73. 74. Kleist, Heinr. v., Erzählungen. Hrsg. von Heinr. Kurz. (152 S.)
„ 465. 466. — die Familie Schroffenstein. Ein Trauerspiel in 5 Aufzügen. (99 S.)
„ 160. — Prinz Friedrich von Homburg. Ein Schauspiel in 5 Akten. Hrsg. von A. Kurz. (72 S.)
„ 178. 179. — die Herrmannsschlacht. Ein Drama in 5 Akten. Hrsg. von H. Kurz. (91 S.)
„ 6. 7. — das Käthchen von Heilbronn oder die Feuerprobe. Ein großes histor. Ritterschauspiel. (91 S.)
„ 19. 20. — Michael Kohlhaas. Eine Erzählung. Hrsg. von H. Kurz. (93 S.)
„ 86. — der zerbrochene Krug. Ein Lustspiel. Hrsg. von Heinr. Kurz. (67 S.)
„ 351. 352. — Penthesilea. Ein Trauerspiel. (108 S.)
„ 599. Klinger, F. M. v., Sturm und Drang. Ein Schauspiel in 5 Aufzügen. (62 S.)
„ 294—297. Knigge, Adph. Frhr. v., über den Umgang mit Menschen. (384 S.)
„ 626. 627. Kopisch, Aug., ausgewählte Gedichte. (87 S.)
„ 583. 584. — Karnevalsfest auf Ischia. Entdeckung der Blauen Grotte. (83 S).
„ 143. Körner, Thdr., Erzählungen. (59 S.)
„ 176. — Leier und Schwert. Kriegs- und Freiheitslieder. (44 S.)
„ 42. 43. — Zriny. Ein Trauerspiel in 5 Aufzügen. (84 S.)
„ 274—277. Kortum, C. A., die Jobsiade. Ein kom. Heldengedicht in 3 Tln. (316 S.)
„ 171. Kotzebue, Aug. v., die deutschen Kleinstädter. Ein Lustspiel in 4 Akten. (71 S.)
„ 257. — die beiden Klingsberg. Ein Lustspiel in 4 Aufzügen. (76 S.)
„ 526. 527. — Menschenhaß und Reue. Ein Schauspiel in 5 Aufzügen. (87 S.)

„ 534. 535. —— Pagenstreiche. Eine Posse in 5 Aufzügen. (86 S.)
„ 156. 157. Lenau, N., die Albigenser. Erzählende Dichtung. (100 S.)
„ 614. 615. —— Faust. Don Juan. (126 S.)
„ 12—14. —— ausgewählte Gedichte. (164 S.)
„ 154. 155. —— Savonarola. Erzählende Dichtung. (116 S.)
„ 69—71. Lesage, der hinkende Teufel. Übers. von Levin Schücking. (240 S.)
„ 39. Lessing, G. E., Emilia Galotti. Ein Trauerspiel in 5 Aufzügen. Hrsg. von Frz. Bornmüller. (72 S.)
„ 241. 242. —— Gedichte. (163 S.)
„ 25—27. —— Laokoon oder über die Grenzen der Malerei und Poesie. Hrsg. von Frz. Bornmüller. (188 S.)
„ 1. —— Minna von Barnhelm oder das Soldatenglück. Ein Lustspiel in 5 Aufzügen. (89 S.)
„ 62. 63. —— Nathan der Weise. Ein dramat. Gedicht in 5 Aufzügen. Hrsg. von Frz. Bornmüller. (125 S.)
„ 209. 210. —— Miß Sara Sampson. Ein Trauerspiel in 5 Aufzügen. Neu hrsg. von Frz. Bornmüller. (87 S.)
„ 348. —— ein Vade Mecum für den Hrn. Samuel Gotth. Lange, Pastor in Laublingen. In diesem Taschenformate ausgefertigt. (44 S.) Berlin 1754.
335. Lope de Vega, Kolumbus. Ein Volksschauspiel in 3 Akten. Übers. von Max Rapp. (72 S.)
Nr. 400. Luther, Dr. Martin, Tischreden. I. Von Gottes Wort und Werk. (64 S.)
„ 641. 642. Lyriker, griechische. Übers. von J. Mähly. (107 S.)
„ 578. 579. —— römische. Ausgewählte Gedichte von Horaz, Catull, Tibull, Properz, Ovid, Martial. Übers. von Jak. Mähly. (116 S.)
„ 484. Matthison, Friedr. v., Gedichte. (68 S.)
„ 592—594. Meinhold, W., Maria Schweidler, die Bernsteinhexe. Der interessanteste aller bisher bekannten Hexenprozesse, nach einer defekten Handschrift ihres Vaters, des Pfarrers Abraham Schweidler in Koserow auf Usedom, hrsg. (204 S.)
„ 528. 529. Mendelssohn, Moses, Phädon oder über die Unsterblichkeit der Seele. (186 S.)
„ 93. 94. Mérimée, Prosper, Colomba. Eine Novelle. Übers. von Ad. Laun. (131 S.)
„ 136. —— ausgewählte Novellen. Die etrurische Vase. Der Abbé Aubain. Mateo Falcone. Eine Vision Karls XI. Die Erstürmung der Redoute. Übers. von Ad. Laun. (63 S.)
„ 121—124. Milton, das verlorene Paradies. Ein Gedicht in 12 Gesängen. Übers. von K. Eitner. (268 S.)
„ 109. Molière, die gelehrten Frauen. Ein Lustspiel in 5 Akten. Übers. von Adf. Laun. (60 S.)
„ 165. —— der Misanthrop. Ein Schauspiel in 5 Akten. Übers. von Adf. Laun. (59 S.)
„ 8. —— der Tartüff oder der Betrüger. Charakter-Komödie in 5 Aufzügen. Übers. von Adf. Laun. (65 S.)
„ 422—424. Möser, Justus, patriotische Phantasien (Auswahl). (171 S.)
„ 595. 596. Müllner, Adf., die Schuld. Ein Trauerspiel in 4 Akten. (83 S.)
„ 72. Musäus, Joh. K. A., Legenden von Rübezahl. (76 S.)
„ 325—330. —— Volksmärchen. 3 Bdchn. (132; 102; 132 S.)
„ 621. 622. —— dass. — IV. Der Schatzgräber. — Melechsala. — Die Entführung. (132 S.)
„ 497. 498. †Novalis [Friedr. v. Hardenberg], Heinrich v. Ofterdingen. Ein Roman. (148 S.)
„ 469. 470. Oehlenschläger, Adam Glob., Correggio. Ein Trauerspiel in 5 Aufzügen. (91 S.)
„ 315—320. Pestalozzi, Joh. Heinr., Lienhard und Gertrud. Ein Buch für das Volk. (403 S.)
„ 630. 631. Platen, Aug. Graf. v., die Abbassiden. Ein Gedicht. (87 S.)
„ 269. 270. —— Gedichte. (147 S.)
„ 293. Puschkin, Boris Godunof. Ein historisch-dramat. Gedicht. Aus dem Russ. von J. Löwe. (60 S.)
„ 172. Racine, Athalia. Eine Tragödie in 5 Aufzügen. Übers. von Adf. Laun. (63 S.)
„ 409. —— Britannicus. Ein Schauspiel in 5 Aufzügen. Aus dem Französ. von Adf. Laun. (60 S.)
„ 440. —— Phädra. Ein Trauerspiel in 5 Aufzügen. Übers. von Schiller. (56 S.)
„ 436. Raimund, Ferd., der Bauer als Millionär oder das Mädchen aus der Feenwelt. Romantisches Orig.-Zaubermärchen mit Gesang in 3 Akten. (64 S.)
„ 437. 438. —— der Verschwender. Orig.-Zaubermärchen in 3 Aufzügen. (83 S.)
„ 435. Raupach, Ernst, der Müller und sein Kind. Volksschauspiel in 5 Aufzügen. (54 S.)
„ 51. 52. Saint-Pierre, Bernardin de, Paul und Virginie. Eine Erzählung. Übers. von Karl Eitner. (104 S.)
„ 511. Sallet, Friedr. v., schön Ira. Ein Märchen. (52 S.)
„ 487—490. —— Laien-Evangelium. (292 S.)
„ 97. 98. Sand, George, Franz der Champi. Eine Erzählung. Übers. von Aug. Cornelius. (135 S.)
„ 47. —— der Teufelssumpf. Eine Erzählung. Übers. von A. Cornelius. (72 S.)
„ 356—358. Schlegel, A. W. v., englisches und spanisches Theater. (176 S.)
„ 353—355. —— griechisches und römisches Theater. (188 S.)
„ 468. Schleiermacher, Friedr., Monologe. Eine Neujahrsgabe. (60 S.)
„ 99. Schiller, v., über Anmut und Würde. Eine Abhandlung. Hrsg. von Heinr. Kurz. (56 S.)
„ 184. 185. —— die Braut von Messina oder die feindlichen Brüder. Ein Trauerspiel mit Chören. Hrsg. von Heinr. Kurz. (83 S.)
„ 346. 347. —— über naive und sentimentalische Dichtung. (86 S.)
„ 44. 45. —— Don Karlos, Infant von Spanien. Ein dramat. Gedicht in 5 Akten. Hrsg. von Heinr. Kurz. (191 S.)
„ 91. —— Erzählungen. Der Verbrecher aus verlorener Ehre. Eine großmüt. Handlung aus der neuesten Geschichte. Merkwürdiges Beispiel einer weiblichen Rache. Spiel des Schicksals. Hrsg. von Heinr. Kurz. (72 S.)
„ 55. 56. —— die Verschwörung des Fiesko zu Genua. Ein republikan. Trauerspiel in 5 Aufzügen. Hrsg. von Heinr. Kurz. (107 S.)
„ 169. 170. —— ausgewählte Gedichte. Hrsg. von Heinr. Kurz. (150 S.)
„ 21. 22. —— der Geisterseher. Aus den Papieren des Grafen v. O**. (110 S.)
„ 151. 152. Schiller, v., die Jungfrau von Orleans. Eine romant. Tragödie in 5 Aufzügen. Hrsg. von Heinr. Kurz. (115 S.)
„ 64. 65. —— Kabale und Liebe. Ein bürgerl. Trauerspiel in 5 Akten. Hrsg. von Heinr. Kurz. (99 S.)
„ 127. 128. —— Maria Stuart. Ein Trauerspiel in 5 Aufzügen. Hrsg. von Heinr. Kurz. (127 S.)
„ 456. —— der Neffe als Onkel. Ein Lustspiel in 3 Aufzügen. Aus dem Französ. des Picard. (48 S.)
„ 17. 18. —— die Räuber. Ein Schauspiel in 5 Akten. (122 S.)
„ 4. 5. —— Wilhelm Tell. Schauspiel in 5 Aufzügen. (103 S.)
„ 612. 613. —— Turandot, Prinzessin von China. Ein tragikom. Märchen in 5 Aufzügen nach Gozzi. (86 S.)
„ 75. 76. —— Wallenstein. Ein dramat. Gedicht. 1. Tl.: Wallensteins Lager. — Die Piccolomini. Hrsg. von Heinr. Kurz. (124 S.)
„ 77. 78. —— dass. — 2. Tl.: Wallensteins Tod. Hrsg. von Heinr. Kurz. (127 S.)
„ 491—493. Leben und Gesinnungen von Chrn. Friedr. Dan. Schubart. Von ihm selbst, im Kerker aufgesetzt. (232 S.)
„ 405. Schwab, Gust., Doktor Faustus. Aus den Deutschen Volksbüchern wieder erzählt. (72 S.)
„ 401. 402. —— Fortunat und seine Söhne. Aus den deutschen Volksbüchern wieder erzählt. (103 S.)
„ 447. 448. —— Griseldis. Robert der Teufel. Die Schildbürger. Aus den deutschen Volksbüchern wieder erzählt. (84 S.)
„ 403. 404. —— die vier Heymonskinder. Aus den deutschen Volksbüchern wieder erzählt. (108 S.)
„ 449. 450. —— Hirlanda. Genovefa. Das Schloß in der Höhle Xa Xa. Aus den deutschen Volksbüchern wieder erzählt. (96 S.)
„ 284. —— die schöne Melusina. Aus den deutschen Volksbüchern wieder erzählt. (83 S.)
„ 406. 407. —— Kaiser Octavianus. Herzog Ernst. Aus den deutschen Volksbüchern wieder erzählt. (120 S.)
„ 309. —— kleine Sagen des Altertums. (72 S.)
„ 445. 446. —— der gehörnte Siegfried. Die schöne Magelone. Der arme Heinrich. Aus den deutschen Volksbüchern wieder erzählt. (82 S.)
„ 330. 331. Scott, Walter, das Fräulein vom See. Eine epische Dichtung. Übers. von Heinr. Viehoff. (140 S.)
„ 359. 360. Seume, Joh. Gfr., mein Leben. (107 S.)
„ 499. 500. —— mein Sommer 1805. (154 S.)
„ 222. 223. Shakespeare, Antonius und Cleopatra. Ein Trauerspiel in 5 Aufzügen. Übers. von Karl Simrock. (103 S.)
„ 79. —— Julius Cäsar. Ein Trauerspiel in 5 Aufzügen. Übers. von Heinr. Viehoff. (79 S.)
„ 374. 375. —— Coriolan. Ein Trauerspiel in 5 Aufzügen. Übers. von Heinr. Viehoff. (111 S.)
„ 556. 557. —— Cymbelin. Ein Schauspiel in 5 Aufzügen. Übers. von Wilh. Jordan. (110 S.)
„ 562. 563. —— Ende gut, Alles gut. Ein Lustspiel in 5 Aufzügen. Übers. von Karl Simrock. (87 S.)
„ 9. 10. —— Hamlet. Ein Trauerspiel in 5 Akten. (124 S.)
„ 356—329. —— König Heinrich IV. Ein Schauspiel in 5 Aufzügen. 2 Tle. Übers. von Heinr. Viehoff. (91: 98 S.)
„ 419. 420. —— König Heinrich VIII. Ein Schauspiel in 5 Aufzügen. Übers. von Heinr. Viehoff. (95 S.)
„ 50. —— der Kaufmann von Venedig. Ein Schauspiel in 5 Aufzügen. Übers. von Karl Simrock. (76 S.)
„ 149. 150. —— König Lear. Ein Trauerspiel in 5 Aufzügen. Übers. von Wilh. Jordan. (104 S.)
„ 518. 519. —— verlorne Liebesmüh'. Ein Lustspiel in 5 Aufzügen. Übers. von Karl Simrock. (83 S.)
„ 158. —— Macbeth. Ein Trauerspiel in 5 Aufzügen. Übers. von Wilh. Jordan. (75 S.)
„ 58. 59. —— Othello, der Mohr von Venedig. Ein Trauerspiel in 5 Aufzügen. Übers. von Wilh. Jordan. (100 S.)
„ 125. 126. —— König Richard III. Ein Trauerspiel in 5 Aufzügen. Übers. von Wilh. Jordan. (111 S.)
„ 40. 41. —— Romeo und Julie. Ein Trauerspiel in 5 Aufzügen. Übers. von Wilh. Jordan. (88 S.)
„ 218. —— ein Sommernachtstraum. Ein Lustspiel in 5 Aufzügen. Übers. von Karl Simrock. (63 S.)
„ 421. —— der Sturm. Ein Schauspiel in 5 Aufzügen. Übers. von Frz. Dingelstedt. (66 S.)
„ 345. —— viel Lärm um Nichts. Ein Lustspiel in 5 Aufzügen. Übers. von Karl Simrock. (76 S.)
„ 558. 559. —— was ihr wollt. Ein Lustspiel in 5 Aufzügen. Übers. von Frz. Dingelstedt. (83 S.)
„ 177. —— die lustigen Weiber von Windsor. Ein Lustspiel in 5 Aufzügen. Übers. von Karl Simrock. (79 S.)
„ 560. 561. —— wie es euch gefällt. Ein Lustspiel in 5 Aufzügen. Übers. von Frz. Dingelstedt. (84 S.)
„ 220. 221. —— Wintermärchen. Ein Schauspiel in 5 Aufzügen. Übers. von Karl Simrock. (92 S.)
„ 219. —— die Zähmung der Keiferin. Ein Lustspiel in 5 Aufzügen. Übers. von Karl Simrock. (75 S.)
„ 522. 523. Shelley, Percy Bysshe, die Cenci. Ein Trauerspiel in 5 Aufzügen. Aus dem Engl. von A. Strodtmann. (82 S.)
„ 581. —— Lyrische Gedichte. Alastor. Aus dem Engl. von A. Strodtmann. (71 S.)
Nr. 582. Shelley, Percy Bysshe, Königin Mab. Ein Gedicht. Aus dem Engl. von A. Strodtmann. (68 S.)
„ 603. Smith, H., nachgelassene Denkwürdigkeiten über mich selbst. Aus dem Engl. von Adf. Strodtmann. (58 S.)
„ 580. Sophokles, der rasende Ajas. Ein Trauerspiel. Übers. von Heinr. Viehoff. (44 S.)
„ 11. —— Antigone. Eine Tragödie. Übers. von Heinr. Viehoff. (41 S.)
„ 324. —— Elektra. Ein Schauspiel. Übers. von Heinr. Viehoff. (47 S.)
„ 292. —— Ödipus auf Kolonos. Ein Trauerspiel. (56 S.)
„ 114. —— König Ödipus. Eine Tragödie. Übers. von Heinr. Viehoff. (48 S.)
„ 397. —— Philoktetes. Ein Trauerspiel. Übers. von Heinr. Viehoff. (48 S.)
„ 444. —— die Trachinierinnen. Ein Trauerspiel. Übers. von Heinr. Viehoff. (40 S.)
„ 167. 168. Sterne, L., Yoricks empfindsame Reise. Übers. von Karl Eitner. (124 S.)
„ 585—591. Stieglitz, Heinr., Bilder des Orients. (488 S.)

„ 174. 175. Tegnér, Esaias, die Frithjofs-Sage. Übers. von Heinr. Viehoff. (111 S.)
„ 371—373. Tennyson, ausgewählte Dichtungen. Übers. von Adf. Strodtmann. (164 S.)
„ 290. 291. Tieck, Ludw., der Alte vom Berge. Eine Novelle. (88 S.)
„ 289. —— die Gemälde. Eine Novelle. (72 S.)
„ 332. 333. —— Shakespeare-Novellen. [Das Fest zu Kenelworth. — Dichterleben.] (120 S.)
„ 238—240. Töpffer, R., Rosa und Gertrud. Eine Genfer Novelle. Aus dem Französ. von Karl Eitner. (194 S.)
„ 393. Törring, Agnes Bernauer. Ein Trauerspiel in 5 Aufzügen. (56 S.)
„ 597. Blütenstrauß französischer und englischer Poesie. Deutsch von Heinr. Viehoff. Hrsg. von Vikt. Kiy. (64 S.)
„ 271. Voß, Joh. Heinr., Luise. Ein ländl. Gedicht in 3 Idyllen. (75 S.)
„ 376—380. Waldau, Max [Rich. Geo. Spiller v. Hauenschild], aus der Junkerwelt. Ein Roman. (398 S.)
„ 457. 458. Wieland, Clelia und Sinibald oder die Bevölkerung von Lampeduse. Ein Gedicht in 10 Büchern. (104 S.)
„ 166. —— poetische Erzählungen. [Musarion. Geron der Adelige.] Hrsg. von H. Kurz. (69 S.)
„ 182. 183. —— Gandalin oder Liebe um Liebe. Ein Gedicht in 8 Büchern. Hrsg. von H. Kurz. (84 S.)
„ 66—68. —— Oberon. Ein Gedicht in 12 Gesängen. Hrsg. von H. Kurz. (196 S.)
„ 459. —— Pervonte oder die Wünsche. Ein Gedicht in 3 Tln. (46 S.)
„ 598. —— Schach Lolo. Der Vogelsang. Sixt und Klärchen. Hann und Gulpenheh. Poetische Erzählungen und Märchen. (58 S.)
„ 532. —— das Wintermärchen. Das Sommermärchen. (72 S.)
„ 173. Zachariä, J. F. W., der Renommist. Ein kom. Heldengedicht. (55 S.)
„ 365. Zschokke, Heinr., kriegerische Abenteuer eines Friedfertigen. Eine Novelle. (42 S.)
„ 366. 367. —— der Feldweibel. Die Walpurgisnacht. Das Bein. Drei Novellen. (103 S.)
„ 361. 362. —— der tote Gast. Eine Novelle. (95 S.)
„ 181. —— Novellen. I. [Das Abenteuer der Neujahrsnacht. Das blaue Wunder.] (74 S.)
„ 363. 364. —— kleine Ursachen. Eine Novelle. (90 S.)

— Volksbücher. Nr. 148—800. 16. Ebd. 887—890. à Nr. n. — 10

Inhaltsübersicht in alphabet. Ordnung:

Althaus, Th., Märchen aus der Gegenwart. (184 S.) (Nr. 508—510.)
Arnim, L. A. v., die Ehenschmiede. Der tolle Invalide. Fürst Ganzgott u. Sänger Halbgott. 3 Novellen. (100 S.) (Nr. 349. 350.)
— Isabella v. Ägypten, Kaiser Karl's V. erste Jugendliebe. Eine Erzählg. (122 S.) (Nr. 530. 531.)
Aeschylos, Orestie. Agamemnon. Das Totenopfer. Die Eumeniden. Tragödien-Trilogie. Übers. v. A. Oldenberg. (112 S.) (Nr. 533. 534.)
— der gefesselte Prometheus. Ein Trauerspiel. Übers. v. A. Oldenberg. (82 S.) (Nr. 227.)
Beaumarchais, Figaro's Hochzeit od. ein toller Tag. Ein Lustspiel in 5 Aufzügen. Aus dem Franz. v. Fr. Dingelstedt. (99 S.) (Nr. 298. 299.)
Beer, M., Struensee. Ein Trauerspiel in 5 Aufzügen. (126 S.) (Nr. 343. 344.)
Biernatzki, J. C., die Hallig, od. die Schiffbrüchigen auf dem Eiland in der Nordsee. Eine Novelle. (192 S.) (Nr. 412—414.)
Biernatzki, J. C., der braune Knabe od. die Gemeinden in der Zerstreuung. Eine Novelle. (322 S.) (Nr. 513—517.)
Björnson, zwischen den Schlachten. Schauspiel in 1 Akt. Aus dem Norweg. v. Edm. Lobedanz. (31 S.) (Nr. 408.)
Blum, K., ich bleibe ledig. Ein Lustspiel in 3 Aufzügen [nach der Idee d. Alberto Nota]. (75 S.) (Nr. 507.)
Blumauer, A., Virgil's Aeneis. (164 S.) (Nr. 368—370.)
Börne, Ludw., vermischte Aufsätze [Auswahl]. (59 S.) (Nr. 467.)
— aus meinem Tagebuche. (68 S.) (Nr. 234.)
Brehm, die Bären. (147 S.) (Nr. 757. 758.)
— die Haushunde. (130 S.) (Nr. 759. 760.)
— Löwe u. Tiger. (80 S.) (Nr. 756.)
— die Menschenaffen. (103 S.) (Nr. 754. 755.)
Brentano, Cl., Gockel, Hinkel u. Gackeleia. Ein Märchen. (88 S.) (Nr. 235. 236.)
— Geschichte vom braven Kasperl u. dem schönen Annerl. (34 S.) (Nr. 460.)
— Märchen. 2 Tle. (335 u. 267 S.) (Nr. 564—572.)
Büchner, G., Danton's Tod. Ein Trauerspiel in 3 Akten. (83 S.) (Nr. 703. 704.)
Aus Bülow's Novellenbuch. I. Shakespeare-Novellen. (174 S.) (Nr. 381—383.)
— dasselbe. II. Spanische Novellen. (236 S.) (Nr. 384—386.)
— dasselbe. III. Französische Novellen. (220 S.) (Nr. 387—389.)
— dasselbe. IV. Italienische Novellen. (208 S.) (Nr. 390—392.)
— dasselbe. V. Englische Novellen. (82 S.) (Nr. 473. 474.)
— dasselbe. VI. Deutsche Novellen. (107 S.) (Nr. 475. 476.)
Bürger, G. A., Gedichte. (118 S.) (Nr. 272. 273.)
— s.: Münchhausen.
Burns, Rob., Lieder u. Balladen. Aus dem Engl. v. K. Bartsch. (232 S.) (Nr. 748—750.)
Byron, G. G., Dichtungen. [Mazeppa, der Giaur]. Übers. v. W. Schaeffer u. A. Strodtmann. (63 S.) (Nr. 169.)
— poetische Erzählungen. [Die Insel. Beppo. Die Braut v. Abydos.] Übers. v. W. Schäffer u. A. Strodtmann. (96 S.) (Nr. 188. 189.)
— Childe Harold's Pilgerfahrt. Ein Gedicht in 4 Gesängen. Übers. v. A. H. Janert. (136 S.) (Nr. 398. 399.)
— Don Juan. Ein Gedicht in 6 Gesängen. Übers. v. W. Schäffer. (204 S.) (Nr. 192—194.)
— Sardanapal. Ein Trauerspiel in 5 Akten. Übers. v. W. Grisymacher. (95 S.) (Nr. 451. 452.)
Calderon de la Barca, Gomez Arias. Ein romant. Schauspiel in 3 Akten. Übers. v. Mor. Rapp. (86 S.) (Nr. 512.)
— das Festmahl d. Belsazar. Fronleichnamsspiel. Übers. v. Ludw. Braunfels. (40 S.) (Nr. 234.)
Cäsar, Gajus Jul., Denkwürdigkeiten vom gallischen Krieg. Übers., sowie m. Einleitg. u. Anmerkgn. versehen v. Karl Blümel. (316 S.) (Nr. 773—776.)
Cervantes Saavedra, M. de, Leben u. Thaten d. scharfsinnigen Edlen Don Quichotte v. la Mancha. Übers. v. Ludw. Tieck. 4 Bde. (296, 303, 311 u. 339 S.) (Nr. 777—793.)
— neue Zwischenspiele. Deutsch v. Herm. Kurz. (134 S.) (Nr. 576. 577.)
Chamisso, A. v., Gedichte. (427 S.) (Nr. 263—268.)
Chateaubriand, F. R., der Letzte der Abencerragen. Eine Erzählg. Übers. von M. v. Andechs. (46 S.) (Nr. 418.)
— Erzählungen. [Atala. René.] Übers. von M. v. Andechs. (104 S.) (Nr. 163. 164.)
Claudius, Matth., ausgewählte Werke. Neu hrsg. u. erläutert v. Thelnert-Mickley. (176 S.) (Nr. 681—683.)
Collin, H. J. v., Regulus. Ein Trauerspiel in 5 Akten. (88 S.) (Nr. 573. 574.)
Dante, die göttliche Komödie. I. Die Hölle. Übers. v. K. Eitner. (128 S.) (Nr. 195. 196.)
— dasselbe. II. Das Fegefeuer. (128 S.) (Nr. 197. 198.)
— dasselbe. III. Das Paradies. (128 S.) (Nr. 199. 200.)
Diderot, Denis, Erzählungen. Übers. u. m. e. biographisch-litterar. Einleitg. versehen v. Heinr. Merkens. (102 S.) (Nr. 613. 614.)
Droste-Hülshoff, Annette Freiin v., Bilder aus Westfalen. Bei uns zu Lande auf dem Lande. (60 S.) (Nr. 691.)
— lyrische Gedichte. (327 S.) (Nr. 479—483.)
— die Judenbuche. Ein Sittengemälde aus dem gebirgigten Westfalen. (47 S.) (Nr. 323.)
— die Schlacht im Loener Bruch. Erzählendes Gedicht. (62 S.) (Nr. 439.)
Eichendorff, Jos. v., Ahnung u. Gegenwart. Ein Roman. (328 S.) (Nr. 551—555.)
— Gedichte. (359 S.) (Nr. 544—548.)
— Julian. Robert u. Guiscard. Lucius. Erzählende Gedichte. (95 S.) (Nr. 542. 543.)
— aus dem Leben e. Taugenichts. Novelle. (98 S.) (Nr. 540. 541.)
— das Marmorbild. Das Schloß Dürande. Novellen. (90 S.) (Nr. 549. 550.)
— kleinere Novellen. [Viel Lärm um nichts. Eine Meerfahrt. Die Entführung. Die Glücksritter. Libertas u. ihr Freier.] (260 S.) (Nr. 632—635.)
Ellissen, A., chinesische Gedichte. Metrisch bearb. v. A. E. (32 S.) (Nr. 618.)
— neugriechische Gedichte. Metrisch bearb. (36 S.) (Nr. 619.)
Euripides, Hippolyt. Ein Trauerspiel in 5 Akten. Übers. v. J. Mähly. (43 S.) (Nr. 575.)
— Iphigenie in Aulis. Ein Trauerspiel in 5 Akten. Übers. v. Schiller. (60 S.) (Nr. 539.)
— Iphigenia bei den Tauriern. Ein Trauerspiel. Übers. v. Jak. Mähly. (44 S.) (Nr. 342.)
Feuchtersleben, E. v., zur Diätetik der Seele. (120 S.) (Nr. 616. 617.)
Fichte, J. G., Reden an die deutsche Nation. (208 S.) (Nr. 453—455.)
Fouqué, Frdr. de la Motte, Undine. Eine Erzählg. (78 S.) (Nr. 285.)
— der Zauberring. Ein Ritterroman. (422 S.) (Nr. 501—506.)
Aus den Werken Friedrich's d. Großen. Von Heinr. Merkens. (88 S.) (Nr. 796. 797.)
Der Froschmäusekrieg. Aus dem Griech. übers. u. m. Einleitg. u. Anmerkgn. v. Arth. u. Hellmuth Gürich. (31 S.) (Nr. 721.)
Garschin, W., s.: Novellen, russische.
Gaudy, Frz. v., Venezianische Novellen. (197 S.) (Nr. 494—496.)
Gellert, Chr. F., Fabeln u. Erzählungen. (176 S.) (Nr. 231—233.)
Goldsmith, O., der Landprediger v. Wakefield. Ein Roman. Übers. v. Karl Eitner. (216 S.) (Nr. 638—640.)
Goethe, Clavigo. Ein Trauerspiel in 5 Akten. Hrsg. v. H. Kurz. (47 S.) (Nr. 224.)
— ausgewählte Gedichte. Hrsg. v. H. Kurz. (160 S.) (Nr. 216. 217.)
— die Laune d. Verliebten. Die Geschwister. (42 S.) (Nr. 434.)
— aus meinem Leben. Dichtung u. Wahrheit. 4 Tle. (222, 246, 228, 123 S.) (Nr. 669—680.)
— Wilhelm Meister's Lehrjahre. Ein Roman in 8 Büchern. Hrsg. v. H. Kurz. (547 S.) (Nr. 201—207.)
— die Mitschuldigen. Ein Lustspiel in Versen u. 3 Akten. (42 S.) (Nr. 431.)
— Reineke Fuchs. Ein Gedicht in 12 Gesängen. Hrsg. v. H. Kurz. (119 S.) (Nr. 186. 187.)
— italienische Reise. (348 S.) (Nr. 258—262.)
— Stella. Ein Schauspiel f. Liebende. (44 S.) (Nr. 394.)
— die natürliche Tochter. Ein Trauerspiel in 5 Aufzügen. (86 S.) (Nr. 432. 433.)
— u. Schiller, Xenien. (48 S.) (Nr. 208.)
Grabbe, Chr. D., Napoleon od. die Hundert Tage. Ein Schauspiel in 5 Aufzügen. (131 S.) (Nr. 338. 339.)
Grimmelshausen, v., der abenteuerliche Simplicissimus. Eine Lebensbeschreibg. in 5 Büchern. (448 S.) (Nr. 278—283.)
Guntram, K., Dorfgeschichten. [Ein Hochzeitstag. Störfranzel. Aus den Bergen. Emmerenzia. Onje, der Zigeuner.] (204 S.) (Nr. 658—660.)
Hagedorn, F. v., Fabeln u. Erzählungen. (162 S.) (Nr. 425—427.)
Hauff, W., das Bild des Kaisers. Eine Erzählg. (99 S.) (Nr. 601. 602.)
— der Mann im Mond nebst Kontroverspredigt. (222 S.) (Nr. 415—417.)
— Memoiren d. Satan. (391 S.) (Nr. 604—607.)
— Phantasien im Bremer Ratskeller. Ein Herbstgeschenk f. Freunde d. Weines. (56 S.) (Nr. 600.)

Hebel, J. P., Schatzkästlein d. rheinischen Hausfreundes. (207 S.) (Nr. 286—288.)

Heine, Heinr., Atta Troll. Ein Sommernachtstraum. (74 S.) (Nr. 410.)

— Buch der Lieder. (174 S.) (Nr. 243—245.)

— Deutschland. Ein Wintermärchen. (70 S.) (Nr. 411.)

— neue Gedichte. (110 S.) (Nr. 246. 247.)

— aus den Memoiren d. Herren v. Schnabelewopski. (59 S.) (Nr. 654.)

— Florentinische Nächte. (67 S.) (Nr. 655.)

— die Nordsee. Das Buch Le Grand. (100 S.) (Nr. 485. 486.)

— Reisebilder. I. Die Harzreise. (66 S.) (Nr. 250.)

— Romanzero. (140 S.) (Nr. 248. 249.)

Herder, J. G. v., über den Ursprung der Sprache. Von der Akademie der Wissenschaften zu Berlin im J. 1770 gekrönte Preisschrift. (102 S.) (Nr. 321. 322.)

— Volkslieder [Stimmen der Völker in Liedern]. (307 S.) (Nr. 461—464.)

Hippel, Th. G. v., über die Ehe. (212 S.) (Nr. 441—443.)

Hoffmann, E. T. A., Doge u. Dogaresse. Spielerglück. Zwei Erzählgn. (80 S.) (Nr. 610. 611.)

— Erzählungen. [Rat Krespel. Die Bergwerke zu Falun. Der Zusammenhang der Dinge.] (115 S.) (Nr. 608. 609.)

— das Majorat. Eine Erzählg. Hrsg. v. H. Kurz. (75 S.) (Nr. 153.)

— der goldne Topf. Ein Märchen aus der neuen Zeit. Hrsg. v. H. Kurz. (84 S.) (Nr. 161. 162.)

Holberg, L. v., Hexerei od. blinder Lärm. Ein Lustspiel in 5 Akten. Aus dem Dän. v. Rob. Prutz. (67 S.) (Nr. 521.)

— Jeppe vom Berge od. der verwandelte Bauer. Ein Lustspiel in 5 Akten. Aus dem Dän. v. R. Prutz. (43 S.) (Nr. 308.)

— der politische Kannegießer. Ein Lustspiel in 5 Akten. Aus dem Dän. v. R. Prutz. (58 S.) (Nr. 620.)

— die Maskerade. Ein Lustspiel in 3 Akten. Aus dem Dän. v. R. Prutz. (58 S.) (Nr. 520.)

Hölderlin, Frdr., Gedichte. (123 S.) (Nr. 190. 191.)

— Hyperion od. der Eremit in Griechenland. (138 S.) (Nr. 471. 472.)

Holmes, O. W., der Professor am Frühstückstische. Deutsch v. O. Brückmann. (184 S.) (Nr. 627—629.)

Homer's Ilias. Im Versmaß der Urschrift übers. v. F. W. Ehrenthal. (432 S.) (Nr. 251—256.)

— Odyssee. Im Versmaß der Urschrift übers. v. F. W. Ehrenthal. (339 S.) (Nr. 211—215.)

Hufeland, Chr. W., die Kunst, das menschliche Leben zu verlängern. (311 S.) (Nr. 535—538.)

Humboldt, Wilh., v., Briefe an e. Freundin. (463 S.) (Nr. 302—307.)

Ibsen, H., die Wildente. Ein Schauspiel in 5 Akten. Deutsch v. G. Morgenstern. (114 S.) (Nr. 770. 771.)

Jean Paul, der Komet od. Nikolaus Markgraf. Eine kom. Geschichte. (360 S.) (Nr. 144—148.)

— des Feldpredigers Schmelzle Reise nach Flätz. (66 S.) (Nr. 650.)

Iffland, A. W., die Jäger. Ein ländl. Sittengemälde in 5 Aufzügen. (108 S.) (Nr. 310. 311.)

— die Mündel. Ein Schauspiel in 5 Aufzügen. (106 S.) (Nr. 625. 626.)

— der Spieler. Ein Schauspiel in 5 Aufzügen. (94 S.) (Nr. 395. 396.)

Iffland, A. W., Verbrechen aus Ehrsucht. Ein Familiengemälde in 5 Akten. (83 S.) (Nr. 623. 624.)

Immermann, K., Tristan u. Isolde. Ein Gedicht in Romanzen. (228 S.) (Nr. 428—430.)

— Tulifäntchen. Ein Heldengedicht in 3 Gesängen. (86 S.) (Nr. 477. 478.)

Jokai, M., Novellen. Deutsch v. Ludw. Wechsler. (236 S.) (Nr. 712—714.)

Irving, W., Sagen v. der Alhambra. Übers. v. Adf. Strodtmann. (52 S.) (Nr. 180.)

— die Legende v. der Schlafhöhle. Dolph Heyliger. Nach Washington Irving. Aus dem Engl. v. Adf. Strodtmann. (108 S.) (Nr. 651. 652.)

Jung's [genannt Stilling], Joh. Heinr., Leben. Eine wahrhafte Geschichte, v. ihm selbst erzählt. (352 S.) (Nr. 310—314.)

Kant, J., Kritik der reinen Vernunft. [Abdr. der 2. Aufl. v. 1787.] Mit e. Einleitg. üb. Kant's Leben u. Werke v. Rob. Zimmermann. (643 S.) (Nr. 761—769.)

— von der Macht d. Gemüts, durch den bloßen Vorsatz seiner krankhaften Gefühle Meister zu sein. Hrsg. u. m. Anmerkgn. versehen v. C. W. Hufeland. (31 S.) (Nr. 325.)

Kleist, H. v., Prinz Friedrich v. Homburg. Ein Schauspiel in 5 Akten. Hrsg. v. A. Kurz. (72 S.) (Nr. 160.)

— die Herrmannsschlacht. Ein Drama in 5 Akten. Hrsg. v. H. Kurz. (91 S.) (Nr. 178. 179.)

— Penthesilea. Ein Trauerspiel. (102 S.) (Nr. 251. 252.)

— die Familie Schroffenstein. Ein Trauerspiel in 5 Aufzügen. (99 S.) (Nr. 465. 466.)

Klinger, F. M. v., Sturm u. Drang. Ein Schauspiel in 5 Aufzügen. (62 S.) (Nr. 599.)

Knigge, A. v., über den Umgang m. Menschen. (264 S.) (Nr. 294—297.)

Kopisch, A., ausgewählte Gedichte. (88 S.) (Nr. 636. 637.)

— Karnevalsfest auf Ischia. Entdeckung der Blauen Grotte. (83 S.) (Nr. 583. 584.)

Körner, Th., der grüne Domino. Ein Lustspiel in Alexandrinern in 1 Aufzug. (30 S.) (Nr. 700.)

— Erzählungen. (59 S.) (Nr. 143.)

— Leier u. Schwert. Kriegs- u. Freiheitslieder. (44 S.) (Nr. 176.)

— der Nachtwächter. Eine Posse in Versen u. 1 Aufzug. (32 S.) (Nr. 657.)

— der Vetter aus Bremen. Ein Spiel in Versen u. 1 Aufzug. (31 S.) (Nr. 656.)

Korolenko, W., s.: Novellen, russische.

Kortum, C. A., die Jobsiade. Ein kom. Heldengedicht in 3 Tln. (316 S.) (Nr. 274—277.)

Kotzebue, A. v., die deutschen Kleinstädter. Ein Lustspiel in 4 Akten. (71 S.) (Nr. 171.)

— die beiden Klingsberg. Ein Lustspiel in 4 Aufzügen. (76 S.) (Nr. 257.)

— Menschenhaß u. Reue. Ein Schauspiel in 5 Aufzügen. (87 S.) (Nr. 526. 527.)

— Pagenstreiche. Eine Posse in 5 Aufzügen. (86 S.) (Nr. 524. 525.)

La Bruyère, die Charaktere od. die Sitten im Zeitalter Ludwig's XIV. Aus dem Franz. v. Karl Eitner. (379 S.) (Nr. 743—747.)

Lenau, N., die Albigenser. Erzählende Dichtg. (116 S.) (Nr. 156. 157.)

— Faust. Don Juan. (126 S.) (Nr. 614. 615.)

— Savonarola. Erzählende Dichtg. (116 S.) (Nr. 154. 155.)

Lessing, G. E., Hamburgische Dramaturgie. (486 S.) (Nr. 725—731.)

— Gedichte. (163 S.) (Nr. 241. 242.)

— Miß Sara Sampson. Ein Trauerspiel in 5 Aufzügen. Neu hrsg. v. Frz. Bornmüller. (87 S.) (Nr. 209. 210.)

— ein Vade Mecum f. den Hrn. Samuel Gotth. Lange, Pastor in Laublingen. In diesem Taschenformate ausgefertigt. Berlin 1754. (44 S.) (Nr. 348.)

Lichtenberg, G. Chr., Bemerkungen vermischten Inhalts. (262 S.) (Nr. 665—668.)

Lope de Vega, Kolumbus. Ein Volksschauspiel in 3 Akten. Übers. v. Max Rapp. (72 S.) (Nr. 335.)

Luther, Mart., Tischreden. I. Von Gottes Wort u. Werk. (64 S.) (Nr. 400.)

— dasselbe. II. Von der Sünde. Vom freien Willen. (64 S.) (Nr. 715.)

— dasselbe. III. Von guten Werken. Vom Gebet. (50 S.) (Nr. 716.)

— dasselbe. IV. Vom Teufel u. seinen Werken. — Von Anfechtungen. (184 S.) (Nr. 751—753.)

Lyriker, griechische. Übers. von Jak. Mähly. (107 S.) (Nr. 641. 642.)

— römische. Ausgewählte Gedichte v. Horaz, Catull, Tibull, Properz, Ovid, Martial. Übers. v. Jak. Mähly. (116 S.) (Nr. 578. 579.)

Maistre, X. de, der Aussätzige v. Aosta. Übers. u. eingeleitet v. Wilh. Ungewitter. (31 S.) (Nr. 724.)

Matthison, Frdr. v., Gedichte. (68 S.) (Nr. 484.)

Meinhold, W., Maria Schweidler, die Bernsteinhexe. Der interessanteste aller bisher bekannten Hexenprozesse, nach e. defekten Handschrift ihres Vaters, des Pfarrers Abraham Schweidler in Koserow auf Usedom. (204 S.) (Nr. 592—594.)

Mendelssohn, Moses, Phädon od. üb. die Unsterblichkeit der Seele. (156 S.) (Nr. 528. 529.)

Molière, der Misanthrop. Ein Schauspiel in 5 Akten. Übers. v. Ad. Laun. (59 S.) (Nr. 165.)

Möser, Just., patriotische Phantasien (Auswahl). (171 S.) (Nr. 422—424.)

Müllner, A., die Schuld. Ein Trauerspiel in 4 Akten. (83 S.) (Nr. 595. 596.)

Münchhausen's, Frhr. v., wunderbare Reisen u. Abenteuer. Deutsch v. G. A. Bürger. (84 S.) (Nr. 300. 301.)

Musäus, Volksmärchen. 3 Bdchn. (132, 102 u. 132 S.) (Nr. 225—230.)

— dasselbe. IV. (Der Schatzgräber. Melechsala. Die Entführung.) (132 S.) (Nr. 621. 622.)

Nathusius, Marie, Tagebuch e. armen Fräuleins. Abgedruckt zur Unterhaltung u. Belehrung f. junge Mädchen. (128 S.) (Nr. 794. 795.)

Novalis [F. v. Hardenberg], Heinrich v. Ofterdingen. Ein Roman. (148 S.) (Nr. 497. 498.)

Novellen, russische. [Vier Tage. Von W. Garschin. Die rote Blume. Von W. Garschin. Drei Todesarten. Von Graf Leo Tolstoy. Der alte Glöckner. Von W. Korolenko.] Übers. v. A. Berger. (56 S.) (Nr. 653.)

Oehlenschläger, A. G., Correggio. Ein Trauerspiel in 5 Aufzügen. (91 S.) (Nr. 469. 470.)

Pestalozzi, J. H., Lienhard u. Gertrud. Ein Buch f. das Volk. (403 S.) (Nr. 315—320.)

Petöfi, A., Gedichte. Aus dem Ungar. v. Max Farkas. (190 S.) (Nr. 645—647.)

Platen, A. v., die Abbassiden. Ein Gedicht in 9 Gesängen. (87 S.) (Nr. 630. 631.)

— Gedichte. (147 S.) (Nr. 269. 270.)

Puschkin, v., Boris Godunof. Ein histor.-dramat. Gedicht. Aus dem Russ. v. F. Löwe. (60 S.) (Nr. 293.)

Racine, Athalia. Eine Tragödie in 5 Aufzügen. Übers. v. Ad. Laun. (63 S.) (Nr. 172.)

— Britannicus. Ein Schauspiel in 5 Aufzügen. Aus dem Franz. v. Ad. Laun. (60 S.) (Nr. 409.)

— Phädra. Ein Trauerspiel in 5 Aufzügen. Übers. v. Schiller. (56 S.) (Nr. 440.)

Raimund, F., der Bauer als Millionär od. das Mädchen aus der Feenwelt. Romantisches Orig.-Zaubermärchen m. Gesang in 3 Akten. (64 S.) (Nr. 436.)

— der Verschwender. Orig.-Zaubermärchen in 3 Aufzügen. (83 S.) (Nr. 437. 438.)

Raupach, E., der Müller u. sein Kind. Volksschauspiel in 5 Aufzügen. (54 S.) (Nr. 435.)

Sagen d. klassischen Altertums, s.: Schwab, G.

Sallet, F. v., Laien-Evangelium. (292 S.) (Nr. 487—490.)

— Schön Irla. Ein Märchen. (52 S.) (Nr. 511.)

Saphir, M. G., Album geselliger Thorheiten. (67 S.) (Nr. 720.)

— Genrebilder. Jokoses u. Sentimentales. (63 S.) (Nr. 717.)

— humoristische Vorlesungen. (104 S.) (Nr. 718. 719.)

Schenkendorf, M. v., Gedichte. (88 S.) (Nr. 336. 337.)

Schiller, die Braut v. Messina od. die feindlichen Brüder. Ein Trauerspiel m. Chören. Hrsg. von H. Kurz. (83 S.) (Nr. 184. 185.)

— über naive u. sentimentalische Dichtung. (86 S.) (Nr. 346. 347.)

— ausgewählte Gedichte. Hrsg. v. H. Kurz. (150 S.) (Nr. 169. 170.)

— die Jungfrau v. Orleans. Eine romant. Tragödie in 5 Aufzügen. Hrsg. v. H. Kurz. (115 S.) (Nr. 151. 152.)

— der Neffe als Onkel. Ein Lustspiel in 3 Aufzügen. Aus dem Franz. d. Picard. (48 S.) (Nr. 456.)

— Turandot, Prinzessin v. China. Ein tragikom. Märchen in 5 Aufzügen nach Gozzi. (86 S.) (Nr. 612. 613.)

Schlegel, A. W. v., englisches u. spanisches Theater. (176 S.) (Nr. 356—358.)

— griechisches u. römisches Theater. (188 S.) (Nr. 353—355.)

Schleiermacher, Frdr., Monologe. Eine Neujahrsgabe. (60 S.) (Nr. 468.)

Schubart, Chr. Frdr. D., Leben u. Gesinnungen. Von ihm selbst, im Kerker aufgesetzt. (232 S.) (Nr. 491—493.)

Schulze, E., die bezauberte Rose. Ein Gedicht in 3 Gesängen. (71 S.) (Nr. 772.)

Schwab, G., Doktor Faustus. Aus den deutschen Volksbüchern wiedererzählt. (72 S.) (Nr. 405.)

— Fortunat u. seine Söhne. Aus den deutschen Volksbüchern wiedererzählt. (103 S.) (Nr. 401. 402.)

— Griseldis. Robert der Teufel. Die Schildbürger. Aus den deutschen Volksbüchern wiedererzählt. (84 S.) (Nr. 447. 448.)

— die vier Heymonskinder. Aus den deutschen Volksbüchern wiedererzählt. (108 S.) (Nr. 403. 404.)

— Hirlanda. Genovefa. Das Schloß in der Höhle Xa Xa. Aus den deutschen Volksbüchern wiedererzählt. (96 S.) (Nr. 449. 450.)

— die schöne Melusina. Aus den deutschen Volksbüchern wiedererzählt. (88 S.) (Nr. 284.)

— Kaiser Octavianus. Herzog Ernst. Aus den deutschen Volksbüchern wiedererzählt. (120 S.) (Nr. 406. 407.)

— Sagen d. klassischen Altertums. I. Die Argonautensage. (71 S.) (Nr. 693.)

— dasselbe. II. Herkules u. die Herakliden. (83 S.) (Nr. 694. 695.)

— dasselbe. III. Bellerophontes. Theseus, Oedipus. Die Sieben gegen Theben. Die Epigonen. Alkmäon u. das Halsband. (92 S.) (Nr. 696. 697.)

— dasselbe. IV. Kleine Sagen d. Altertums. (72 S.) (Nr. 309.)

— dasselbe. V. Die Sagen Troja's, von seiner Erbaug. bis zu seinem Untergang. (336 S.) (Nr. 732—736.)

— dasselbe. VI. Die letzten Tantaliden. (50 S.) (Nr. 737.)

— dasselbe. VII. Die Sagen v. Odysseus. (174 S.) (Nr. 738—740.)

— dasselbe. VIII. Die Sagen v. Äneas. (112 S.) (Nr. 741. 742.)

— der gehörnte Siegfried. Die schöne Magelone. Der arme Heinrich. Aus den deutschen Volksbüchern wiedererzählt. (82 S.) (Nr. 445. 446.)

Schweidler, Maria, die Bernsteinhexe, s.: Meinhold, W.

Scott, W., das Fräulein vom See. Eine epische Dichtung. Übers. v. Heinr. Viehoff. (140 S.) (Nr. 330. 331.)

Seume, J. G., mein Leben. (107 S.) (Nr. 359. 360.)

— mein Sommer 1805. (154 S.) (Nr. 499. 500.)

Shakespeare, Antonius u. Cleopatra. Ein Trauerspiel in 5 Aufzügen. Übers. v. Karl Simrock. (103 S.) (Nr. 222. 223.)

Shakespeare, Coriolan. Ein Trauerspiel in 5 Aufzügen. Übers. v. Heinr. Viehoff. (111 S.) (Nr. 374. 375.)

— Cymbelin. Ein Schauspiel in 5 Aufzügen. Übers. v. Wilh. Jordan. (110 S.) (Nr. 556. 557.)

— Ende gut, Alles gut. Ein Lustspiel in 5 Aufzügen. Übers. v Karl Simrock. (87 S.) (Nr. 562. 563.)

— König Heinrich IV. Ein Schauspiel in 5 Aufzügen. 2 Tle Übers. v. Heinr. Viehoff. (91 u. 98 S.) (Nr. 326—329.)

— König Heinrich VIII. Ein Schauspiel in 5 Aufzügen. Übers. v. Heinr. Viehoff. (95 S.) (Nr. 419. 420.)

— viel Lärm um Nichts. Ein Lustspiel in 5 Aufzügen. Übers v. Karl Simrock. (76 S.) (Nr. 345.)

— König Lear. Ein Trauerspiel in 5 Aufzügen. Übers. v. Wilh Jordan. (104 S.) (Nr. 149. 150.)

— Verlorne Liebesmüh'. Ein Lustspiel in 5 Aufzügen. Übers v. Karl Simrock. (83 S.) (Nr. 518. 519.)

— Macbeth. Ein Trauerspiel in 5 Aufzügen. Übers. v. Wilh Jordan. (75 S.) (Nr. 168.)

— ein Sommernachtstraum. Ein Lustspiel in 5 Aufzügen. Übers v. Karl Simrock. (63 S.) (Nr. 218.)

— der Sturm. Ein Schauspiel in 5 Aufzügen. Übers. von Frz. Dingelstedt. (66 S.) (Nr. 421.)

— was ihr wollt. Ein Lustspiel in 5 Aufzügen. Übers. von Frz. Dingelstedt. (83 S.) (Nr. 558. 559.)

— die lustigen Weiber v. Windsor. Ein Lustspiel in 5 Aufzügen. Übers. v. Karl Simrock. (79 S.) (Nr. 177.)

— Wie es euch gefällt. Ein Lustspiel in 5 Aufzügen. Übers. v. Frz. Dingelstedt. (84 S.) (Nr. 560. 561.)

— Wintermärchen. Ein Schauspiel in 5 Aufzügen. Übers. v. Karl Simrock. (92 S.) (Nr. 220. 221.)

— die Zähmung der Keiferin. Ein Lustspiel in 5 Aufzügen. Übers. v. Karl Simrock. (75 S.) (Nr. 219.)

Shelley, P. B., die Cenci. Ein Trauerspiel in 5 Aufzügen. Aus dem Engl. v. A. Strodtmann. (82 S.) (Nr. 522. 523.)

— lyrische Gedichte. Alastor. Aus dem Engl. v. A. Strodtmann. (71 S.) (Nr. 581.)

— Königin Mab. Ein Gedicht. Aus dem Engl. v. A. Strodtmann. (68 S.) (Nr. 582.)

Smith, H., nachgelassene Denkwürdigkeiten über mich selbst. Aus dem Engl. v. A. Strodtmann. (58 S.) (Nr. 603.)

Sophokles, der rasende Ajas. Ein Trauerspiel. Übers. von Heinr. Viehoff. (44 S.) (Nr. 580.)

— Elektra. Ein Schauspiel. Übers. v. Heinr. Viehoff. (47 S.) (Nr. 324.)

— Oedipus auf Kolonos. Ein Trauerspiel. (56 S.) (Nr. 292.)

— Philoktetes. Ein Trauerspiel. Übers. von Heinr. Viehoff. (48 S.) (Nr. 397.)

— die Trachinierinnen. Ein Trauerspiel. Übers. v. Heinr. Viehoff. (40 S.) (Nr. 444.)

Sterne, L., Yorick's empfindsame Reise. Übers. v. Karl Eitner. (124 S.) (Nr. 167. 168.)

Stieglitz, H., Bilder d. Orients. (488 S.) (Nr. 585—591.)

Tasso, Torqu., das befreite Jerusalem. Übers. v. J. D. Gries. (508 S.) (Nr. 684—690.)

Tegnér, E., die Frithjofs-Sage. Übers. v. Heinr. Viehoff. (111 S.) (Nr. 174. 175.)

Tennyson, ausgewählte Dichtungen. Übers. v. A. Strodtmann. (164 S.) (Nr. 371—373.)

Tieck, Ludw., der Alte vom Berge. Eine Novelle. (88 S.) (Nr. 290. 291.)

— der Aufruhr in den Cevennen. Eine Erzählung. (247 S.) (Nr. 661—664.)

— die Gemälde. Eine Novelle. (72 S.) (Nr. 289.)

— des Lebens Überfluß. Eine Novelle. (60 S.) (Nr. 692.)

— Shakespeare-Novellen. [Das Fest zu Kenelworth. — Dichterleben.] (120 S.) (Nr. 332. 333.)

Till Eulenspiegel. Bearb. u. m. Einleitg. u. Anmerkgn. versehen v. R. Michel. (112 S.) (Nr. 710. 711.)

Tolstoy, L., s.: Novellen, russische.

Töpffer, R., Rosa u. Gertrud. Eine Genfer Novelle. Aus dem Franz. v. K. Eitner. (194 S.) (Nr. 238—240.)

Törring, Agnes Bernauer. Ein Trauerspiel in 5 Aufzügen. (56 S.) (Nr. 393.)

Varnhagen v. Ense, K. A., Fürst Blücher v. Wahlstadt. (374 S.) (Nr. 705—709.)

— Fürst Leopold v. Anhalt-Dessau. (180 S.) (Nr. 798—800.)

Viehoff, Heinr., Blütenstrauß französischer u. englischer Poesie. Hrsg. v. Vikt. Kiy. (64 S.) (Nr. 597.)

Voltaire, philosophische Aufsätze. Übers. v. Axel Winckler. (112 S.) (Nr. 648. 649.)

Von-Wisin, Denis, der Landjunker. Ein Lustspiel in 5 Aufzügen. Aus dem Russ. übertr. v. Frdr. Fiedler. (83 S.) (Nr. 698. 699.)

Voß, J. H., Luise. Ein ländl. Gedicht in 3 Idyllen. (75 S.) (Nr. 271.)

Waldau, Max, [Rich. G. Spiller v. Hauenschild], aus der Junkerwelt. Ein Roman. (398 S.) (Nr. 376—380.)

Werner, Z., Martin Luther oder: Die Weihe der Kraft. (155 S.) (Nr. 722. 723.)

Wieland, Clelia u. Sinibald od. die Bevölkerung v. Lampeduse. Ein Gedicht in 10 Büchern. (104 S.) (Nr. 457. 458.)

— poetische Erzählungen. [Musarion. Geron der Adelige.] Hrsg. v. H. Kurz. (69 S.) (Nr. 166.)

— Gandalin od. Liebe um Liebe. Ein Gedicht in 8 Büchern. Hrsg. v. H. Kurz. (84 S.) (Nr. 182. 183.)

— Pervonte od. die Wünsche. Ein Gedicht in 3 Tln. (46 S.) (Nr. 459.)

— Schach Lolo. Der Vogelsang. Sixt u. Klärchen. Hann u. Gulpenheh. Poetische Erzählgn. u. Märchen. (58 S.) (Nr. 598.)

— das Wintermärchen. Das Sommermärchen. (72 S.) (Nr. 532.)

Zachariä, J. F. W., der Renommist. Ein kom. Heldengedicht. (65 S.) (Nr. 173.)

Zschokke, H., kriegerische Abenteuer e. Friedfertigen. Eine Novelle. (42 S.) (Nr. 365.)

Zschokke, H., der Feldweibel. Die Walpurgisnacht. Das Bein. 3 Novellen. (108 S.) (Nr. 366. 367.)

— der tote Gast. Eine Novelle. (95 S.) (Nr. 361. 362.)

— das Goldmacherdorf. Eine anmut. u. wahrhafte Geschichte f. Schule u. Haus. (140 S.) (Nr. 701. 702.)

— Novellen. I. [Das Abenteuer der Neujahrsnacht. Das blaue Wunder.] (74 S.) (Nr. 181.)

— kleine Ursachen. Eine Novelle. (90 S.) (Nr. 363. 364.)

— **Volksbücher.** Nr. 801—1076. 16. Ebd. à Nr. — 10

Inhaltsübersicht in alphabetischer Ordnung:

Andersen, H. C., Bilderbuch ohne Bilder. Deutsch v. J. Regehr. (47 S.) 891. (Nr. 860.)

Archenholz, J. W. v., Gemälde der preußischen Armee vor u. in dem siebenjährigen Kriege. Bearb. u. m. Einleitg. u. Anmerkgn. versehen v. Joh. Wagner. (32 S.) 891. (Nr. 840.)

Ariosto, Lod., der rasende Roland. Übers. v. J. D. Gries. 2 Tle. (640 u. 631 S.) 893. (Nr. 947—962.)

Arndt, Ernst Mor., Gedichte. (68 S.) 891. (Nr. 825. 826.)

— meine Wanderungen u. Wandelungen m. dem Reichsfrhrn. Heinrich Karl Friedrich v. Stein. (216 S.) 891. (Nr. 827—829.)

Arnim, L. Achim v., u. Klemens Brentano, des Knaben Wunderhorn. Alte deutsche Lieder. 3 Bde. (364, 393 u. 294 S.) 894. (Nr. 1041—1064.)

Bechstein, Ludw., deutsches Märchenbuch. (202 S.) 894. (Nr. 1069—1071.)

Bellamy, Edw., mit geschlossenen Augen. Ein Schiffbruch. Aus dem Engl. v. Ottmar Dittrich. (52 S.) 894. (Nr. 1040.)

— ein Rückblick. 2000—1887. Aus dem Engl. v. Johs. Hoops. (268 S.) 891. (Nr. 830—833.)

Bismarck's, Fürst, Reden. Ausgewählt u. erläutert v. Frdr. Purlitz. (280 S.) 891. (Nr. 807—810.)

Brehm. Die Fische. Ein Blick auf das Leben der Gesamtheit. Aus Brehms Tierleben. (75 S.) 894. (Nr. 1027.)

— Die Insekten. Ein Blick auf das Leben der Gesamtheit. Aus Brehms Tierleben. (56 S.) 894. (Nr. 1025.)

— Kriechtiere u. Lurche. Ein Blick auf das Leben der Gesamtheit. Aus Brehms Tierleben. (63 S.) 894. (Nr. 1026.)

— Die Pferde u. Esel. Aus Brehms Tierleben. (76 S.) 894. (Nr. 1056.)

— Die Säugetiere. Ein Blick auf das Leben der Gesamtheit. Aus Brehms Tierleben. (59 S.) 894. (Nr. 1015.)

— Die Vögel. Ein Blick auf das Leben der Gesamtheit. Aus Brehms Tierleben. (66 S.) 894. (Nr. 1016.)

Brentano, Klemens, s.: Arnim, L. Achim v.
Bret Harte, s.: Harte, Bret.
Caballero, Fernan, andalusische Novellen. Aus dem Span. v. Hans Müller. (175 S.) 891. (Nr. 849—851.)
Calderon de la Barca, Don Pedro, der Arzt seiner Ehre. Schauspiel in 3 Aufzügen. Übers. v. J. D. Gries. (94 S.) 891. (Nr. 921. 922.)
— das Leben e. Traum. Schauspiel in 3 Aufzügen. Übers. v. J. D. Gries. (98 S.) 891. (Nr. 906. 907.)
— der wunderthätige Magus. Schauspiel in 3 Aufzügen. Übers. v. J. D. Gries. (96 S.) 891. (Nr. 923. 924.)
— der Richter v. Zalamea. Schauspiel in 3 Aufzügen. Übers. v. J. D. Gries. (90 S.) 891. (Nr. 908. 909.)
Coppée, Francois, Novellen. Aus dem Franz. v. L. Feil. (103 S.) 891. (Nr. 912. 913.)
Daudet, Alph., Fromont jun. u. Risler sen. Pariser Sittenbild. Von der französ. Akademie gekröntes Werk. Ins Deutsche übers. v. Frdr. Bremer. (312 S.) 891. (Nr. 855—858.)
Dickens, Charles, David Copperfield. Aus dem Engl. v. M. Schleferdecker. 2 Tle. (603 u. 566 S.) 891. (Nr. 861—876.)
Eberhard, A. G., Hannchen u. die Küchlein. Eine Idylle. (96 S.) 893. (Nr. 979. 980.)
Einhard, Leben Kaiser Karls d. Großen. Deutsch v. Frdr. Purlitz. (48 S. m. 1 Stammtaf.) 891. (Nr. 854.)
Erckmann-Chatrian, Erlebnisse e. Rekruten v. 1813. Erzählung. Aus dem Franz. übertr. v. K. Schade. (208 S.) 891. (Nr. 817—819.)
— Waterloo. Fortsetzung der Erlebnisse e. Rekruten v. 1813. Erzählg. Aus dem Franz. v. O. Goldschmidt. (266 S.) 894. (Nr. 1060—1063.)
Farkas. Ungarische Volkslieder. Übertr. v. Max Farkas. (148 S.) 891. (Nr. 843. 844.)
Fischart, Joh., das Jesuitenhütlein. Satirisches Gedicht. (14 S.) 894. (Nr. 1055.)
Forster, Geo., Ansichten vom Niederrhein, v. Brabant, Flandern, Holland, England u. Frankreich im Apr., Mai u. Junius 1790. (582 S.) 891. (Nr. 926—933.)
Fränkel, Ludw., Ludwig Uhlands Leben u. Werke. (60 S.) 894. (Nr. 1038.)
Gerhardt, Paul, ausgewählte Dichtungen. (130 S.) 892. (Nr. 936. 937.)
Gewerbeordnung f. das Deutsche Reich. Textausg. m. Anmerkgn. u. Sachregister. Von e. prakt. Juristen. (164 S.) 894. (Nr. 1057—1059.)
Gherardi del Testa, Gold u. Flitter. Lustspiel in 2 Akten. Deutsch v. J. Kalau vom Hofe. (67 S.) 891. (Nr. 917.)
Goldoni, Carlo, der wahre Freund. Ein Lustspiel in 3 Akten. Deutsch v. J. Kalau vom Hofe. (87 S.) 891. (Nr. 841. 842.)
Grimm, Brüder, Kinder- u. Hausmärchen. (208 S.) 894. (Nr. 1009—1011.)
Gyllembourg, Th., Konrad u. Hanna. Eine Alltagsgeschichte. Aus dem Dän. von M. v. Andechs. (187 S.) 893. (Nr. 996—998.)
Hammer, Jul., Schau um dich u. schau in dich. Dichtungen. (80 S.) 894. (Nr. 1072.)
Harte, Bret, die Erbschaft v. Deblow Marsh. Aus dem Engl. v. Ottmar Dittrich. (64 S.) 891. (Nr. 898.)
— Kapitän Jims Freund. Aus dem Engl. v. Ottmar Dittrich. (46 S.) 891. (Nr. 899.)
— ein fahrender Ritter der Foot-Hills. Aus dem Engl. v. Ottmar Dittrich. (42 S.) 893. (Nr. 972.)
Hebbel, Frdr., ausgewählte Gedichte. (172 S.) 894. (Nr. 1030—1032.)
— Mutter u. Kind. Ein Gedicht in 7 Gesängen. (76 S.) 894. (Nr. 1033.)
— die Nibelungen. Ein Trauerspiel in 3 Abtlgn. (222 S.) 894. (Nr. 1012—1014.)
Humboldt, Alex. v., Ansichten der Natur m. wissenschaftlichen Erläuterungen. (435 S.) 891. (Nr. 834—839.)
Humor, deutscher, s.: Merkens.
Jacobsen, J. P., Novellen. (Frau Fönß. — Morgens.) Aus dem Dän. v. G. Morgenstern. (67 S.) 891. (Nr. 897.)
Ibsen, Henrik, die Frau vom Meer. Ein Schauspiel in 5 Akten. Deutsch v. Fritz Schulze. (116 S.) 894. (Nr. 1023. 1024.)
— Gespenster. Ein Familiendrama in 3 Akten. Deutsch v. G. Morgenstern. (92 S.) 893. (Nr. 945. 946.)
Ibsen, Henrik, Nora od.: Ein Puppenheim. Schauspiel in 3 Aufzügen. Aus dem Dänisch-Norweg. v. Charles Kirschenstein. (95 S.) 891. (Nr. 895. 896.)
— Rosmersholm. Ein Schauspiel in 4 Akten. Deutsch v. Ernst Brausewetter. (111 S.) 891. (Nr. 852. 853.)
— Stützen der Gesellschaft. Schauspiel in 4 Akten. Deutsch v. G. Morgenstern. (118 S.) 891. (Nr. 910. 911.)
— ein Volksfeind. Schauspiel in 5 Akten. Deutsch v. G. Morgenstern. (128 S.) 891. (Nr. 918. 919.)
Kennan, George, russisches Gefängnisleben. Aus dem Engl. v. Ottmar Dittrich. (160 S.) 891. (Nr. 915. 916.)
— Sibirien u. das Verbannungssystem. Aus dem Engl. v. Ottmar Dittrich. (618 S.) 891. (Nr. 886—893.)
Kirchenlieder. 80 der schönsten Kirchengesänge. (122 S.) 893. (Nr. 970. 971.)
Klee, Gthold., Tiecks Leben u. Werke. (95 S.) 894. (Nr. 1028. 1029.)
Körner, Theod., die Gouvernante. Eine Posse in 1 Aufzug. (32 S.) 893. (Nr. 999.)
Le Grand, Marc-Antoine, der König v. Schlaraffenland. Zauberspiel. Aus dem Franz. v. Volkmar Müller. (56 S.) 894. (Nr. 1076.)
Lennep, Jak. van, Novellen. Aus dem Holl. übers. v. Geo. Gärtner. (Das Gottesurteil. — Die beiden Admirale.) (90 S.) 891. (Nr. 938. 939.)
Luther, Mart., Tischreden. V. Vom Ehestande. (123 S.) 891. (Nr. 801. 802.)
— dasselbe. VI. Von verschiedenen Gegenständen. (87 S.) 891. (Nr. 803. 804.)
Maistre, Xavier de, die Gefangenen im Kaukasus. Aus dem Franz. übers. v. E. Walter. (43 S.) 892. (Nr. 935.)
— die Reise um mein Zimmer. Aus dem Franz. übers. v. Eugenie Walter. (70 S.) 891. (Nr. 859.)
Mendelssohn-Bartholdy, Fel., Reisebriefe aus den J. 1830 bis 1832. (259 S.) 891. (Nr. 882—885.)
Mendheim, Max, Hauffs Leben u. Werke. (67 S.) 894. (Nr. 1019.)
Merkens. Deutscher Humor. Schwänke u. Erzählgn. aus älterer Zeit. Ausgewählt u. erneuert v. Heinr. Merkens. (140 S.) 891. (Nr. 805. 806.)
Nacht, 1001. Eine Auswahl aus der schönsten morgenländ. Märchensammlg. 2 Bde. (299 u. 284 S.) 894. (Nr. 1001—1008.)
Das Patentgesetz u. die Musterschutzgesetze des Deutschen Reiches. Textausg. m. Einleitg., Anmerkgn. u. Sachregister. Von e. prakt. Juristen. (75 S.) 893. (Nr. 1000.)
Pellico, Silvio, meine Kerkerhaft. Aus dem Ital. v. J. Kalau vom Hofe. (220 S.) 894. (Nr. 1034—1036.)
Petersen, Marie, Prinzessin Ilse. Ein Märchen aus dem Harzgebirge. (43 S.) 891. (Nr. 914.)
— die Irrlichter. (110 S.) 893. (Nr. 975. 976.)
Puschkin, A. S., Dramen. Aus dem Russ. v. Frdr. Fiedler. (Der geizige Ritter. — Mozart u. Salieri. — Der steinerne Gast. — Die Russalka.) (66 S.) 891. (Nr. 920.)
— poetische Erzählgn. Aus dem Russ. v. Frdr. Johannsen. (Der Springbrunn zu Bachtschisarai. — Der eherne Reiter.) (35 S.) 891. (Nr. 940.)
Sachs, Hans, drei Fastnachtspiele. (Das heiße Eisen. — Das Narrenschneiden. — Der tote Mann.) (60 S.) 894. (Nr. 1073.)
— ausgewählte Gedichte. (108 S.) 894. (Nr. 1074. 1075.)
Sand, George, Lelia. Aus dem Franz. v. Frdr. Bremer. (526 S.) 893. (Nr. 963—969.)
Schiller, Frdr. v., Geschichte des Abfalls der vereinigten Niederlande v. der spanischen Regierung. (380 S.) 894. (Nr. 1064—1068.)
— Geschichte d. dreißigjährigen Krieges. (482 S.) 891. (Nr. 811—816.)
Schleiermacher, F., über die Religion. Reden an die Gebildeten unter ihren Verächtern. (375 S.) 891. (Nr. 877—881.)
Schmid, Chrph. v., Genoveva. Eine der schönsten u. rührendsten Geschichten des Altertums, neu erzählt f. alle guten Menschen, besonders f. Mütter u. Kinder. (123 S.) 893. (Nr. 977. 978.)
— die Ostereier. Eine Erzählg. für Kinder u. Kinderfreunde. (55 S.) 891. (Nr. 905.)
— der Weihnachtsabend. Eine Erzählg. zum Weihnachtsgeschenke f. Kinder. (75 S.) 892. (Nr. 934.)
Schopenhauer, Arth., Aphorismen zur Lebensweisheit. (264 S.) 891. (Nr. 845—848.)
Schullerus, A., Gellert's Leben u. Werke. (44 S.) 894. (Nr. 1020.)
Souvestre, Emile, am Kamin. Erzählgn. Aus dem Franz. von L. v. Arnsbach. (67 S.) 891. (Nr. 900.)
Spitta, K. J. Ph., Psalter u. Harfe. Geistliche Lieder. (150 S.) 894. (Nr. 1017. 1018.)
Staël-Holstein, Anne Germaine Baronin v., Deutschland. Aus dem Franz. übers. 2 Bde. (367 u. 359 S.) 893. (Nr. 981—990.)
Strafgesetzbuch f. das Deutsche Reich. Textausg. m. Anmerkgn. u. Sachregister. Von e. prakt. Juristen. (152 S.) 894. (Nr. 1021. 1022.)
Tacitus, Cornel., Germania. Übers. v. Karl Blümel. (76 S.) 892. (Nr. 925.)
Twain, Mark, Skizzen. Aus dem Engl. v. H. Löwe. (327 S.) 893. (Nr. 991—995.)
Uhland, Ludw., dramatische Dichtungen. (160 S.) 893. (Nr. 973. 974.)
— Gedichte. (327 S.) 893. (Nr. 941—944.)
Volkslieder, ungarische, s.: Farkas.
Voltaire, Geschichte Karls XII., Königs v. Schweden. (263 S.) 891. (Nr. 901—904.)
Wechselordnung, allgemeine deutsche, u. Wechselstempelsteuergesetz. Textausg. m. Anmerkgn. u. Sachregister. Von e. prakt. Juristen. (56 S. m. 4 Formularen.) 894. (Nr. 1037.)
Werner, Zacharias, der 24. Februar. Ein Trauerspiel in 1 Akt. (48 S.) 891. (Nr. 894.)
Wolzogen, Karoline v., Schillers Leben. (339 S.) 891. (Nr. 820—824.)
Zimmer, Hans, Theodor Körner's Leben u. Werke. (44 S.) 894. (Nr. 1039.)

— Volksbücher. Nr. 1077—1230. gr. 16. Leipzig, Bibliograph. Institut. à Nr. —10

Inhaltsübersicht in alphabetischer Ordnung:

Arndt, E. M., der Rhein, Deutschlands Strom, aber nicht Deutschlands Grenze. (62 S.) 895. (Nr. 1096.)
Balzac, Honoré de, Malaga. (La fausse Maîtresse.) Novelle. Aus d. Franz. v. Carl Bömly. (63 S.) 898. (Nr. 1203.)
Bendt, Frz., technische Aufsätze I. D. Kraftübertragg. u. ihre Methoden. — Die elektr. Bahnen. — D. Akkumulator. — Die Elektrochemie. (48 S.) 896. (Nr. 1136.)
— Dasselbe. II. Die Hertzschen Versuche. — Teslas Versuche. — Schwachstrom u. Starkstrom. — Die Ozeantelegraphie. — Die Herstellg. d. elektr. Glühlampe. (58 S.) 898. (Nr. 1191.)
Bersezio, Vittorio, eine Seifenblase. Lustsp. in 3 Aufzgn. Aus d. Ital. v. Johs. Scherpe. (67 S.) 895. (Nr. 1095.)
Brehm, d. Rinder. [Aus: „B., Tierleben".] (103 S.) 897. (Nr. 1189. 1190.)
Burnett, Frances Hodgson, der kleine Lord Fauntleroy. Roman. Aus d. Engl. v. A. Weil. (184 S.) 896. (Nr. 1117—1119.)
Castelnuovo, Enrico, Teresinas Zopf. Giovanninos Bein. Erzählgn. Aus dem Ital. v. Johs. Scherpe. (73 S.) 896. (Nr. 1160.)
Coppée, François, die Rivalinnen. Novelle. Aus d. Franz. v. Loth. Schmidt. (56 S.) 897. (Nr. 1181.)
Csiky, Greg., d. geschiedene Frau. Roman. Aus d. Ung. v. Osk. v. Krücken. (224 S.) 898. (Nr. 1200—1202.)
Daudet, Alph., Skizzen. Aus dem Franz. v. Carl Bömly. (50 S.) 896. (Nr. 1159.)

Dickens, Charles, d. Heimchen am Herde. Aus d. Engl. v. E. Spitta. (112 S.) 897. (Nr. 1178. 1179.)

— die Sylvesterglocken. Aus d. Engl. v. E. Spitta. (99 S.) 898. (Nr. 1219. 1220.)

— der Weihnachtsabend. E. Gespenstergeschichte. Aus d. Engl. v. E. Spitta. (93 S.) 896. (Nr. 1157. 1158.)

Farina, Salvatore, Pikbube. D. Tyrann im Seebade. Erzählungen. Aus d. Ital. von E. v. Hopffgarten. (118 S.) 898. (Nr. 1198. 1199.)

Geijerstamm, Hansson, Hedberg, Hedenstjerna, Lagerlöf, Rust Roest (Sophie Elkon) u. Strindberg, schwedische Novellen. Übers. v. E. Brausewetter. (110 S.) 897. (Nr. 1185. 1186.)

Gesetzbuch, bürgerliches, f. das Deutsche Reich nebst Einführungsgesetz. Textausg. m. Sachregister. I. Allgem. Teil. Recht der Schuldverhältnisse, Sachenrecht. (308 S.) 897. (Nr. 1161—1165.)

— Dasselbe. II. Familienrecht, Erbrecht, Einführungsgesetz. (359 S.) 897. (Nr. 1166—1170.) (Kplt.: in 1 Bd. geb. n. 1. 50)

Grabbe, Chr. D., Don Juan u. Faust. E. Tragödie in 4 Akten. F. d. Bühne bearb. v. Karl Lindau. (75 S.) 896. (Nr. 1108.)

Habberton, John, Helenens Kinderchen. Aus d. Engl. von O. Nessille. (134 S.) 897. (Nr. 1176. 1177.)

Harte, Bret, ein Geheimnis d. Telegraphenhügels. Aus d. Engl. v. Ottmar Dittrich. (54 S.) 897. (Nr. 1180.)

Hepp, Carl, der Prior v. San Marco. Ein Drama in 5 Akten. (108 S.) 898. (Nr. 1211. 1212.)

Hoffmann, E. Th. A., die Elixire d. Teufels. (338 S.) 896. (Nr. 1138—1142.)

— Lebensansichten d. Katers Murr, nebst fragmentarischer Biographie d. Kapellmeisters Johannes Kreisler in zufäll. Makulaturblättern. (484 S.) 898. (Nr. 1221—1226.)

Jahn, Frdr. Ludw., deutsches Volkstum. (284 S.) 896. (Nr. 1132—1135.)

Immermann, Karl, das Trauerspiel in Tirol. Dramat. Gedicht in 5 Aufzügen m. Benutzg. des Trauerspiels „Andreas Hofer". Für d. Bühne bearb. v. Karl Lindau. (98 S.) 895. (Nr. 1106. 1107.)

Kennan, George, Zeitleben in Sibirien u. Abenteuer unter d. Korjaken u. and. Stämmen in Kamtschatka u. Nordasien. Aus d. Engl. v. Ottmar Dittrich. (384 S.) 898. (Nr. 1192—1196.)

Korolenko, Wladimir. Der blinde Musiker. Studie. Aus d. Russ. v. G. Mandelkern. (133 S.) 895. (Nr. 1085. 1086.)

Longfellow, Henry Wadsworth, Evangeline, e. Liebessang aus Akadien. Aus dem Engl. v. Arnold Osk. Meyer. (61 S.) 898. (Nr. 1197.)

Ludwig, Otto, aus d. Regen in d. Traufe. Erzählg. (82 S.) 898. (Nr. 1217. 1218.)

— der Erbförster. Ein Trauersp. in 5 Aufzgn. (90 S.) 896. (Nr. 1127. 1128.)

— die Heiterethei. Erzählg. (264 S.) 898. (Nr. 1213—1216.)

— die Makkabäer. E. Trauerspiel in 5 Akten. (85 S.) 896. (Nr. 1125. 1126.)

— Maria. Eine Novelle. (96 S.) 898. (Nr. 1204. 1205.)

— das Fräulein von Scuderi. Schauspiel in 5 Aufzgn. nach E. T. A. Hoffmanns Erzählg. (115 S.) 897. (Nr. 1174. 1175.)

— zwischen Himmel u. Erde. Erzählg. (216 S.) 896. (Nr. 1129—1131.)

Luther, Mart. An den christl. Adel deutscher Nation v. des christl. Standes Besserg. (98 S.) 895. (Nr. 1099. 1100.)

Marggraff, Herm., Fritz Beutel. Eine Münchhauseniade. (428 S.) 896. (Nr. 1109—1114.)

Maupassant, Guy de, Novellen. Aus dem Franz. v. Adf. Heilborn. (67 S.) 897. (Nr. 1182.)

Mikszáth, Koloman, Erzählgn. Aus dem Ung. von Andor v. Spóner. (143 S.) 897. (Nr. 1187. 1188.)

Mont, Pol de, Idyllen. Nach dem Vläm. v. Alb. Möser. (108 S.) 896. (Nr. 1115. 1116.)

Neumayr's Erdgeschichte, aus, 2. Aufl. Die Erde im Weltraume. (122 S.) 895. (Nr. 1091. 1092.)

Niemann, Aug., der französ. Feldzug 1870—1871. Militär. Beschreibg. (400 S. m. 2 Abbildgn.) 896. (Nr. 1120—1124.)

Pasqué, Ernst, das Urbild d. Fidelio. Erzählg. (55 S.) 896. (Nr. 1093.)

Poe, Edgar Allen, Novellen. Aus dem Amerikan. übers. v. Hedw. Loewe. (114 S.) 898. (Nr. 1229. 1230.)

Ranke, Johs., Diluvium u. Urmensch. Aus R., Der Mensch. 2. Aufl. (184 S.) 895. (Nr. 1101—1103.)

Ratzel, Frdr., Grundzüge d. Völkerkunde. Aus R., Völkerkunde. 2. Aufl. (172 S.) 895. (Nr. 1088—1090.)

Reichsgesetz zur Bekämpfg. d. unlaut. Wettbewerbes. Textausg. m. Anmerkgn. u. Sachreg. Von e. prakt. Juristen. (23 S.) 896. (Nr. 1137.)

Reichsverfassung. Text-Ausg. m. Anmerkgn. u. Sachreg. Von e. prakt. Juristen. (58 S.) 895. (Nr. 1094.)

Rückert, Frdr., Liebesfrühling. (233 S.) 897. (Nr. 1171—1173.)

Sealsfield, Charles. Die Virey u. d. Aristokraten, od. Mexiko im J. 1812. Roman. 2 Bde. (288 u. 255 S.) 895. (Nr. 1077—1084.)

Swift, Jonathan, Gullivers Reise nach Lilliput. Aus dem Engl. übers. v. W. Wolf. (78 S.) 896. (Nr. 1156.)

Thackeray, W. M., der Jahrmarkt des Lebens. Ein Roman ohne Helden. Aus d. Engl. v. O. Hallbauer. 2 Bde. (471 u. 508 S.) 896. (Nr. 1143—1155.)

Theuriet, André, Erzählungen. Aus d. Franz. v. Ernst Dietze. (Die Tabakspfeife. Die Aurikel. Die Forelle.) (40 S.) 895. (Nr. 1087.)

Tieck, Ludw., der Geheimnisvolle. Novelle. (108 S.) 895. (Nr. 1097. 1098.)

Turgenjeff, J. S., Neuland. Roman. Aus dem Russ. von Ottmar Dittrich. (365 S.) 898. (Nr. 1206—1210.)

Urhebergesetze, die, u. Litteraturkonventionen d. Deutschen Reichs. Textausg. m. Anmerkgn. u. Sachregister. V. e. prakt. Juristen. (104 S.) 896. (Nr. 1104. 1105.)

Verga, Giovanni, sizilian. Dorfgeschichten. Aus d. Ital. v. E. v. Hopffgarten. (Sizilian. Bauernehre. Jeli der Hirt. Nedda. Das Waisenkind.) (86 S.) 897. (Nr. 1183. 1184.)

Zschokke, Heinr., Tantchen Rosmarin, od.: Alles verkehrt. Erzählg. (96 S.) 898. (Nr. 1227. 1228.)

— **Volksbücher.** (Hrsg. v. Hans Zimmer.) Nr. 1231—1334. gr. 16. Ebd. à Nr. —10

Inhaltsübersicht in alphabetischer Ordnung:

Alexis, Willib., die Hosen des Herrn v. Bredow. Vaterländischer Roman. (326 S.) (902.) (Nr. 1329—1333.) Geb. in Leinw. n. —90

Braga, Alberto, Dorfgeschichten. Aus dem Portugies. v. L. Ey. (60 S.) (901.) (Nr. 1258.)

Brehm, die Elefanten. [Aus: „B.'s Tierleben".] (80 S.) (901.) (Nr. 1255.)

— die Wild- u. Hauskatzen. [Aus: „B.'s Tierleben".] (79 S.) (901.) (Nr. 1278.)

Corneille, Pierre, Cinna. Trauerspiel in 5 Aufzügen. Aus d. Französ. v. Frdr. Schieferdecker. (86 S.) (899.) (Nr. 1246. 1247.)

Darwin, Charles, die Abstammung des Menschen u. die geschlechtliche Zuchtwahl. Aus dem Engl. von Paul Seliger. 2 Bde. (524 S. m. 26 Abbildgn. u. 524 S. m. 52 Abbildgn.) (902.) (Nr. 1311—1328.) In 2 Leinw.-Bdn. à n. 1. 40

— die Entstehung der Arten durch natürliche Zuchtwahl od. die Erhaltung der bevorzugten Rassen im Kampfe ums Dasein. Aus dem Engl. v. Paul Seliger. 2 Bde. (337 u. 368 S.) (901.) (Nr. 1292—1301.)

Duden, Konr., orthographisches Wörterverzeichnis der deutschen Sprache. Nach den f. Deutschland, Österreich u. die Schweiz gült. amtl. Regeln. (129 S.) (902.) (Nr. 1289. 1290.) Geb. in Leinw. n. —50

Ferrari, Paolo, Medizin f. e. krankes Mädchen. Lustspiel in 1 Akt. Aus d. Ital. v. L. Jüngst. (41 S.) (901.) (Nr. 1268.)

Gogol, Nikolaj Wassiljewitsch, Erzählungen. Aus dem Russ. v. H. Tykocinsky. (294 S.) (899.) (Nr. 1231—1233.)

— der Revisor. Lustspiel in 5 Aufzügen. Aus dem Russ. v. W. Moderow. (92 S.) (901.) (Nr. 1256. 1257.)

Habberton, John, anderer Leute Kinder. Aus dem Engl. v. O. Nessille. (248 S.) (901.) (Nr. 1264—1267.)

Halévy, Ludovic, eine Heirat aus Liebe. Novelle. Aus dem Franz. v. Burgh. Aßmus. (44 S.) (902.) (Nr. 1309.)

Halm, Frdr. (Eligius Frhr. v. Münch-Bellinghausen), der Fechter v. Ravenna. Trauerspiel in 5 Akten. (78 S.) (902.) (Nr. 1334.)

Handelsgesetzbuch. Textausg. m. Anmerkgn. u. Sachregister. Von e. prakt. Juristen. (406 S.) (901.) (Nr. 1273—1277.)

Hebbel, Frdr., Judith. Ein Trauerspiel in 5 Akten. (88 S.) (899.) (Nr. 1236. 1237.)

— Maria Magdalena. Ein bürgerl. Trauerspiel in 3 Akten. (72 S.) (899.) (Nr. 1238.)

Hersch, Herm., die Anna-Lise. Schauspiel in 5 Akten. (64 S.) (901.) (Nr. 1279.)

Invalidenversicherungsgesetz. Textausg. m. Einleitg., Anmerkgn. u. Sachregister. Von e. prakt. Juristen. (166 S.) (899.) (Nr. 1248—1250.)

Koehlich, Rich., Handbuch des gesammten Radfahrwesens. Ein kurzgefaßtes Kompendium f. den prakt. Gebrauch. Mit 1 Taf. in Holzschn., 25 Textbildern u. e. Anh.: „Die Motor-Zwei- u. Dreiräder". (127 S.) (901.) (Nr. 1271—1272.)

Maistre, Xavier de, die junge Sibirierin. Erzählung. Aus dem Franz. von Ludov. W. v. Ahlen. (77 S.) (901.) (Nr. 1288.)

Meyer, Hans, das deutsche Volkstum. [Aus: „M., das deutsche Volkstum".] (74 S.) (901.) (Nr. 1263.)

Meyer, M. Wilh., die Kometen u. Meteore. [Aus: „M., Weltgebäude".] (119 S.) (901.) (Nr. 1269. 1270.)

Mikszáth, Koloman, des Feldzeugmeisters Tod u. Servus, Vetter Paul! 2 Novellen. Aus dem Ung. v. Andor v. Spóner. (71 S.) (902.) (Nr. 1310.)

Novellenbuch, modernes französisches. Aus dem Franz. v. Max. Kohn. (118 S.) (902.) (Nr. 1307. 1308.)

Pu-ssung-ling, chinesische Novellen. Übers. v. Lie-te-schun, bearb. u. hrsg. v. Gust. Gast. (88 S.) (901.) (Nr. 1253. 1254.)

Reichsgesetze, die, üb. das Urheber- u. Verlagsrecht vom 19. VI. 1901. Textausg. m. Anmerkgn. u. Sachregister. Von e. prakt. Juristen. (54 S.) (902.) (Nr. 1291.)

Renan, Ernest, das Leben Jesu. Aus dem Franz. v. Paul Seliger. (343 S.) (902.) (Nr. 1302—1306.)

Ruppius, Otto, der Pedlar. Roman aus dem amerikan. Leben. (263 S.) (899.) (Nr. 1239—1242.)

— das Vermächtnis des Pedlar. Roman aus dem amerikan. Leben. Folge des Romans: „Der Pedlar". (284 S.) (901.) (Nr. 1259—1262.)

Schmid, Chrph. v., Rosa v. Tannenburg. Eine Geschichte des Altertums, für Eltern u. Kinder erzählt. (144 S.) (899.) (Nr. 1234. 1235.)

Stifter, Adb., Bergkristall. Erzählg. (62 S.) (901.) (Nr. 1251.)

— Brigitta. Erzählung. (70 S.) (901.) (Nr. 1252.)

Tábori, Rob., das Leben in Fortsetzungen. Roman. Aus dem Ung. v. Andor v. Spóner. (176 S.) (901.) (Nr. 1280—1282.)

Thode, Henry, die deutsche bildende Kunst. [Aus: „H. Meyer, das deutsche Volkstum".] (126 S.) (901.) (Nr. 1283. 1284.)

Tillier, Claude, mein Onkel Benjamin. Roman. Aus dem Franz. v. A. Burkhart. (244 S.) (899.) (Nr. 1243—1245.)

Twain, Mark, Erzählungen u. Plaudereien. Aus dem Engl. v. H. Löwe. (207 S.) (901.) (Nr. 1285—1287.)

— **Volksbücher.** (Hrsg. v. Hans Zimmer.) Nr. 1271. 1272 u. 1335—1466. gr. 16. Ebd. à Nr. —10

Benedix, Roder., das bemooste Haupt od.: Der lange Israel. Schauspiel in 4 Aufzügen. (70 S.) (905.) (Nr. 1421.)

— der Prozeß. Die Hochzeitsreise. Zwei Lustspiele. (70 S.) (905.) (Nr. 1422.)

— die relegierten Studenten. Lustspiel in 4 Aufzügen. (101 S.) (905.) (Nr. 1401. 1402.)

— Doktor Wespe. Lustspiel in 5 Aufzügen. (94 S.) (905.) (Nr. 1403. 1404.)

Daudet, Alphonse, Tartarin v. Tarascon. Aus dem Franz. v. C. G. Lohse. (122 S.) (904.) (Nr. 1385. 1386.)

Gerstäcker, Frdr., Herrn Mahlhubers Reiseabenteuer. (136 S.) 901. (Nr. 1357. 1358.)

— Mississippi-Bilder. (175 S.) 903. (Nr. 1359—1361.)

Goltz, Bogumil, zur Geschichte u. Charakteristik des deutschen Genius. Eine ethnographische Studie. Kritisch durchgeseh. Ausg. m. Einleitg. u. Anmerkgn. v. Hans Zimmer. (431 S.) (906.) (Nr. 1432—1437.)

Grillparzer, Frz., die Ahnfrau. Trauerspiel in 5 Aufzügen. (102 S.) 903. (Nr. 1350. 1351.)

— ein Bruderzwist in Habsburg. Trauerspiel in 5 Aufzügen. (106 S.) 903. (Nr. 1372. 1373.)

— ein treuer Diener seines Herrn. Trauerspiel in 5 Aufzügen. (83 S.) 903. (Nr. 1362. 1363.)

— die Jüdin v. Toledo. Historisches Trauerspiel in 5 Aufzügen. (72 S.) 903. (Nr. 1371.)

— Libussa. Trauerspiel in 5 Aufzügen. (92 S.) 904. (Nr. 1381. 1382.)

— des Meeres u. der Liebe Wellen. Trauerspiel in 5 Aufzügen. (82 S.) 903. (Nr. 1364. 1365.)

— König Ottokars Glück u. Ende. Trauerspiel in 5 Aufzügen. (111 S.) 903. (Nr. 1369. 1370.)

— Sappho. Trauerspiel in 5 Aufzügen. (77 S.) 903. (Nr. 1354.)

— der arme Spielmann. Novelle. (56 S.) 903. (Nr. 1374.)

— der Traum, ein Leben. Dramat. Märchen in 4 Aufzügen. (92 S.) 903. (Nr. 1352. 1353.)

— das goldene Vlies. Dramat. Gedicht in 3 Abtlgn. (168 S.) 903. (Nr. 1366—1368.)

— Weh dem, der lügt! Lustspiel in 5 Aufzügen. (75 S.) 903. (Nr. 1349.)

Grundbuchordnung, die, f. das Deutsche Reich vom 24. III. 1897. Textausg. m. Einleitg., Anmerkgn. u. Sachregister. Von e. prakt. Juristen. (56 S.) (904.) (Nr. 1383.)

Halm, Frdr. (Eligius Frhr. v. Münch-Bellinghausen), der Sohn der Wildnis. Dramatisches Gedicht in 5 Akten. (89 S.) 903. (Nr. 1343. 1344.)

Hugo, Vict., Notre-Dame v. Paris. Roman. Aus dem Franz. v. Eugenie Walter. 2 Bde. (276 u. 316 S.) (906.) Nr. 1423—1431.)

Kalisch, Dav., ein gebildeter Hausknecht. — Haussegen. — Doktor Peschke. 3 Possen. (106 S.) 903. (Nr. 1355. 1356.)

Koehlich, Rich., Handbuch des gesamten Radfahrwesens. Ein kurzgefaßtes Kompendium f. den prakt. Gebrauch. (Neue Aufl.) Neu bearb. u. erweitert von Adph. Schulze. Mit 1 Taf. in Holzschn., 17 Textbildern u. e. Anh.: „Die Motorfahrräder". (124 S.) (906.) (Nr. 1271. 1272.) Geb. — 50

Konkursordnung f. das Deutsche Reich vom 10. II. 1877 u. das Gesetz, betr. die Anfechtung von Rechtshandlungen e. Schuldners außerhalb des Konkursverfahrens vom 21. VII. 1879, beide in der Fassg. vom 17. V. 1898, nebst den damit zusammenhäng. reichsgesetzl. Bestimmgn. Textausg. m. Einleitg., Anmerkgn. u. Sachregister. Von e. prakt. Juristen. (160 S.) (905.) (Nr. 1399. 1400.)

Kügelgen, Wilh. v., Jugenderinnerungen e. alten Mannes. (572 S.) 903. (Nr. 1335—1342.)

Leixner, Otto v., das Apostelchen. Humoristischer Roman. Neue durchgeseh. Ausg. (160 S.) (906.) (Nr. 1465. 1466.)

Lohmeyer, Jul., Künstlerfestspiele. (70 S.) (904.) (Nr. 1384.)

Mörike, Eduard, Gedichte. (212 S.) (906.) (Nr. 1457—1459.)

— Mozart auf der Reise nach Prag. Novelle. (75 S.) (906.) (Nr. 1450.)

— Maler Nolten. Novelle in 2 Tln. (Nach der Orig.-Ausg. v. 1832.) (477 S.) (906.) (Nr. 1443—1449.)

Multatuli (Eduard Douwes Dekker), Max Havelaar od. Die Kaffeeversteigerungen der niederländischen Handelsgesellschaft. Aus dem Holl. übers. v. Paul Seliger. (428 S.) 903. (Nr. 1375—1380.)

Reuter, Fritz, Dörchläuchting. (282 S.) (905.) (Nr. 1394—1397.)

— Ut mine Festungstid. (276 S.) (905.) (Nr. 1390—1393.)

— Woans ick tau 'ne Fru kamm. Ut de Franzosentid. Twei lust. Geschichten. (243 S.) (905.) (Nr. 1387—1389.)

— Kein Hüsung. (140 S.) (906.) (Nr. 1460. 1461.)

— Läuschen un Rimels. Plattdeutsche Gedichte heiteren Inhalts in mecklenburgisch-vorpommerscher Mundart. (409 S.) (906.) (Nr. 1437—1442.)

— ut mine Stromtid. 3 Tle. (270, 263 u. 307 S.) (905.) (Nr. 1405—1416.)

Riffert, Jul., das Spiel vom Fürsten Bismarck od. Michels Erwachen. Vaterländisches Festspiel in 3 Abtlgn. (60 S.) 903. (Nr. 1348.)

Thamm, Melch., Femgericht u. Hexenprozesse. (180 S.) 903. (Nr. 1345—1347.)

Tschechow, A. P., Mübe. Die Fürstin. Rothschilds Geige. Drei Skizzen. Aus dem Russ. v. S. W. Mierzinski. (48 S.) (905.) (Nr. 1398.)

Wychgram, Jak., die deutsche Dichtung u. das deutsche Volkstum. [Aus: „Hans Meyer, das deutsche Volkstum".] (183 S.) (906.) (Nr. 1462—1464.)

Zimmer, Hans, die deutsche Erziehung u. die deutsche Wissenschaft. [Aus: „Hans Meyer, das deutsche Volkstum".] (277 S.) (905.) (Nr. 1417—1420.)

Zivilprozeßordnung f. das Deutsche Reich nebst Einführungsgesetz vom 30. I. 1877 in der Fassung der Reichsgesetze vom 17. V. 1898 u. 5. VI. 1905. Textausg. m. Einleitg., Anmerkgn. u. Sachregister. Von e. prakt. Juristen. (413 S.) (906.) (Nr. 1451—1456.)

Meyer's Volksbücher. (Hrsg. v. Hans Zimmer.) Nr. 1467—1604. 16. Leipzig, Bibliographisches Institut. à Nr. — 10

Balzac, Honoré de, die Messe des Atheisten. — Honorine. — Pierre Grassou. 3 Novellen. Aus d. Franz. v. Gisela Etzel. (146 S.) (910.) (Nr. 1592. 1593.)

Baer, Karl, Handbuch der Photographie. Mit 12 Abb. im Text u. 1 Taf. in Kpfr.-Ätzg. (156 S.) (908.) (Nr. 1525. 1526.)

Brachvogel, Alb. Emil, Narziß. Ein Trauerspiel in 5 Akten. (83 S.) (909.) (Nr. 1559. 1560.)

Christaller, Hanna, Leibeigen. Kolonialnovelle. (115 S.) (908.) (Nr. 1501. 1502.)

Cooper, James Fennimore, der Letzte der Mohikaner. Eine Erzählg. aus d. J. 1757. Aus dem Engl. v. Paul Seliger. (454 S.) (909.) (Nr. 1567—1572.)

Dickens, Charles, die Pickwickier. Humoristischer Roman. Aus d. Engl. v. Hedw. Schaarschmidt-Löwe. 2 Bde. (478 u. 468 S.) (909.) (Nr. 1573—1584.)

Dittrich, Max, Feldmarschall Graf Moltke. (104 S.) (908.) (Nr. 1503. 1504.)

Erzählungen, neugriechische, v. Lambros Asteris, Argyris Heftaliotis, Andr. Karkawitzas, Kostas Pasoiris u. J. Blachojannis. Übers. v. Karl Dieterich. (152 S.) (910.) (Nr. 1594. 1595.)

Freiligrath, Ferd., Gedichte. Kritisch durchgeseh. Auswahl m. Einleitg. u. Anmerkgn. v. Hans Henning. (376 S.) (907.) (Nr. 1467—1471.)

Gudrun. Aus d. Mittelhochdeutschen v. Karl Simrock. (280 S.) (910.) (Nr. 1585—1588.)

Gutzkow, Karl, Uriel Acosta. Trauerspiel in 5 Aufzügen. (98 S.) (909.) (Nr. 1555. 1556.)

— Der Königsleutnant. Lustspiel in 4 Aufzügen. (109 S.) (909.) (Nr. 1551. 1552.)

— Das Urbild des Tartüffe. Lustspiel in 5 Aufzügen. (100 S.) (909.) (Nr. 1553. 1554.)

— Zopf u. Schwert. Lustspiel in 5 Aufzügen. (98 S.) (909.) (Nr. 1557. 1558.)

Hackländer, Frdr. Wilh., europäisches Sklavenleben. 3 Bde. (368, 380 u. 400 S.) (908.) (Nr. 1505—1519.)

— Wachtstubenabenteuer. (442 S.) (909.) (Nr. 1545—1550.)

Hebbel, Frdr., Agnes Bernauer. Ein deutsches Trauerspiel in 5 Aufzügen. (101 S.) (910.) (Nr. 1598. 1599.)

— Gyges u. sein Ring. Eine Tragödie in 5 Akten. (100 S.) (910.) (Nr. 1600. 1601.)

Heinemann, Karl, Goethes Leben u. Werke. (74 S.) (908.) (Nr. 1522.)

Helmolt, Hans F., deutsche Geschichte im Lichte deutschen Volkstums. [Aus: Hans Meyer, „Das deutsche Volkstum".] (188 S.) (907.) (Nr. 1472—1474.)

Kirchhoff, Alfr., die dtschn. Landschaften u. Stämme. [Aus: H. Meyer, „Das deutsche Volkstum".] (164 S.) (908.) (Nr. 1498 bis 1500.)

Köstlin, Heinr. Adf., die deutsche Tonkunst. [Aus: Hans Meyer, „Das deutsche Volkstum".] (96 S.) (908.) (Nr. 1523. 1524.)

Kürnberger, Ferd., ausgewählte Novellen. (180 S.) (910.) (Nr. 1602—1604.)

Meyer, Jos., ausgewählte Aufsätze. (Aus seinem „Universum".) I. Bd. (111 S. m. Bildnis.) (908.) (Nr. 1527. 1528.)

— dasselbe. II. Bd. (115 S.) (909.) (Nr. 1529. 1530.)

Mikszáth, Koloman v., eine Abgeordnetenwahl in Ungarn od. Die Kabale v. Körtvélyes. Aus dem Ung. v. Andor v. Sponer. (104 S.) (910.) (Nr. 1596. 1597.)

Mogk, Eug., die deutschen Sitten u. Bräuche. [Aus: Hans Meyer, „Das deutsche Volkstum".] (117 S.) (909.) (Nr. 1561. 1562.)

Nibelungenlied, das. Übers. v. Karl Simrock. (292 S.) (907.) (Nr. 1475—1478.)

Nieritz, Gust., der Kantor v. Seeberg od. Pelzmütze u. Gesangbuch. Eine Volks- u. Jugenderzählg. (112 S.) (907.) (Nr. 1479. 1480.)

— Alexander Menzikoff od. Die Gefahren des Reichtums. Eine wahre Geschichte. (128 S.) (907.) (Nr. 1481. 1482.)

— Der Paukendoktor. Der Kreuzturm zu Dresden. Zwei Erzählgn. (69 S.) (907.) (Nr. 1483.)

Reuter, Fritz, Hanne Nüte un de lütte Pudel. 'Ne Vagel- un Minschengeschicht. (214 S.) (908.) (Nr. 1492—1494.)

— Schurr-Murr. Eine Sammlg. kleinerer Erzählgn. (258 S.) (909.) (Nr. 1563—1566.)

Scheckgesetz, das, vom 11. III. 1908. Textausg. m. Einleitg., Anmerkgn., e. Anhang der bürgerlich-rechtl. u. handelsrechtl. Vorschriften üb. die „Anweisgn." u. e. Sachregister. Von e. prakt. Juristen. (50 S.) (909.) (Nr. 1544.)

Schindler, Wilh., Skizzen aus d. Elbsandsteingebirge. (222 S.) (909.) (Nr. 1531—1533.)

Schmidt, Erich, Heinrich v. Kleist. (56 S.) (908.) (Nr. 1497.)

Seelmann, Wilh., Fritz Reuters Leben u. Werke. (82 S.) (908.) (Nr. 1495. 1496.)

Sienkiewicz, Henryk, Quo vadis? Eine Erzählg. aus der Zeit Neros. Aus dem Poln. v. Sidonie Leiblinger-Rothenberg. 2 Bde. (392 u. 332 S.) (909.) (Nr. 1534—1543.)

Stahr, Adf., Weimar u. Jena. 2 Bde. (258 u. 201 S.) (907.) (Nr. 1484—1490.)

Walter's v. der Vogelweide Gedichte. Aus dem Mittelhochdeutschen v. Karl Simrock. (230 S.) (910.) (Nr. 1589—1591.)

Wildermuth, Ottilie, Brüderchen u. Schwesterchen. Das Bäumlein im Walde. 2 Geschichten f. Kinder. (60 S.) (908.) (Nr. 1401.)

— Emmas Pilgerfahrt. Bärbeles Weihnachten. Krieg u. Frieden. 3 Erzählgn. f. Kinder. (100 S.) (908.) (Nr. 1520. 1521.)

— d. kantonalen Vorschriften üb. d. schweiz. Handelsregister u. d. Wechselvollstreckung. Zürich 885.

Meyer, ..., s. Vorübungen zum Briefschreiben 2c.

– Welt-Adressenbuch der Industriellen ..., s. Meyer & Bilitz

—— Worte am Grabe des selig vollendeten Hrn. Minist.-R. und Kabinets-Prediger Dr. Ludw. Friedr. v. Schmidt. Gesprochen auf dem Friedhofe zu München. gr. 8. (8 S.) München 857, Kaiser.

Meyer i Choquet Zasady Algebry tłómaczył professor Wrześniowski. 8. Warschau 846, Orgelbrand. $1\frac{1}{2}$ ℛ︀ napap. dob. $1\frac{2}{3}$ ℛ︀

— über den Zeitpunkt der Anwendung der Bestimmungen der Grundbuchgesetze in der Prov. Hannover. gr. 8. (12 S.) Hannover 878. Helwing's Verl. n. — 50

—— Zeitungs-Atlas für Krieg und Frieden, enth. eine vollständ. Sammlung der neuesten Karten aller Länder und Staaten der Erde, mit den Plänen und Grundrissen ihrer Hauptstädte und Festungen, besond. zum bequemen Gebrauch für Zeitungsleser. (31 Lfgn.) Imp.-4. (123 in Kpfr. gest. und ill. Karten à Lfg. mit 1 Bl. Text.) Hildburghausen 849—52, Bibliographisches Institut. (Leipzig, Gebhardt und Reisland.) (à Lfg. * 4 Ngr.) *

—— Zeitungs-Atlas für Krieg und Frieden in 120 Karten, enthaltend eine vollständige Sammlung der neuesten Karten aller Länder und Staaten der Erde, mit den Plänen und Grundrissen ihrer Hauptstädte und Festungen. Neue, vielfach verm. und verb. Ausg. (36 Lfgn.) (à Lfg. 4 in Stahlst. gest. und ill. Karten mit 3 Bl. Text mit in Stahl gest. Ttl.) Imp.-4. Hildburghausen 853—56, Bibliographisches Institut. (à Lfg. * 4 Ngr.) *

— neuester Zeitungs-Atlas für Alte und Neue Erdkunde in 120 Karten. Neue vielfach verm. u. verb. Ausg. 32—36. (letzte) Liefg. (à 4 color. Karten in Stahlst.) Ebend. (855, 56.) Imp.-4. Jede Liefg. n. 4 ngr.

Meyer, A., tägliche Abendandachten nach der Ordnung des Kirchenjahres. Hausandachtsbuch f. luther. Gemeinden. 4. Aufl. gr. 8. (692 S.) Stavenhagen (899). Beholtz. Geb. in Leinw. n. 3. —; m. Goldschn. 4. 50; in Ldr. m. Goldschn. n. 7. 50

Meyer, A., zwei Abhandlungen über Verwertg. v. Fallobst u. Mostobst. 8. (11 S.) Aarau 900. E. Wirz. n. n. — 70

Meyer, A. Rationelle Bereitung von Obstmost nach vollständig neuer Behandlung mit 2 Abbildgn. Kl. 8°. 20 S. Aarau, Emil Wirz. 1900. — 80

Meyer, A., histor. Bericht üb. d. Quellen d. bäuerl. Schuldenzustandes im Fürstenth. Paderborn, nebst Angabe d. z. Abhülfe dienl. u. erwünschten Mittel. Mit e. authent. Uebersicht d. Kornpreise u. Abgaben-Verhältnisse d. beiden letzten Jahrhunderte belegt. (Und e. Etymologie der Wörter feudum u. allodium, u. Vehm-Gericht.) gr. 8. ($9\frac{3}{4}$ B.) Paderborn 836, [Crüwell.]

Meyer, A., quelques développements d'analyse combinatoire. (Mit 1 Tab.) kl. Fol. Bruxelles 838. (Muquardt.) n. $1\frac{1}{2}$ ℛ︀

Meyer, A. Das Schlachtfeld Düppel. fol. Berlin 1864. 0.50. — bunt. 0.75.

Meyer, A., und J. W. Myski, das Geburtstags-Kränzchen, } s. Myski, J. W.
—— —— das Polterabend-Kränzchen, }

Meyer, A., unser Glaube. Vortrag, geh. am 1. VII. 1904 zu Dieringhausen. (Flugblatt der Vereinigg. der Freunde des evangel. Gemeindeblattes f. Rheinland u. Westfalen an der Agger.) 2. Taus. (39 S.) gr. 8. Bonn 905. (Gummersbach, E. Krüger.) n. — 30

— die Hämorrhoiden. 8. Hamb. Kratsch. 806.

Meyer, A., Das Haus der Barmherzigkeit „Alexander-Asyl" zu Sarata, Odessa 1891

Meyer, A. (II.), Hausandachtsbuch für die lutherischen Gemeinden Mecklenburgs. Tägliche Abendandachten, nach der Ordnung des Kirchenjahres. gr. 8. (V, 666 S.) Stavenhagen 886, (Beholtz.) geb. *
2. Aufl. u. d. T.:

Meyer, A., Hausandachtsbuch für lutherische Gemeinden. Tägliche Abendandachten nach d. Ordng. d. Kirchenjahres. 2. Aufl. gr. 8. (V, 646 S.) Stavenhagen 888. Beholtz. geb. n. 2. 25; m. Goldschn. n. 3. 50

Meyer, A., Hausandachtsbuch f. lutherische Gemeinden. Tägliche Abendandachten nach der Ordng. des Kirchenjahres. 3. Aufl. gr. 8. (VI, 642 S.) Stavenhagen 891. C. Beholtz. Geb. in Leinw. n. 3. —; m. Goldschn. 4. 50; in Leder m. Goldschn. n. 7. 50

Meyer, A., Karte von Deutschland, der Schweiz und Ober-Italien. Berlin, J. Abelsdorff, 1866. Lith. u. kolor. gr. Fol.

Meyer, A., Kriegs-Karte von Nord- und Mittel-Deutschland. Berlin, J. Abelsdorff. [1866?] ($\frac{1}{6}$ ℛ︀.) . . . . (Br. Mus.)

Meyer, A., neuester Märchenschatz. Orig.-Märchen. gr. 8. (160 S. m. 3 Farbendr.-Bild.) Berlin 896. A. Weichert. Geb. in Halbleinw. 2. —; in Leinw. 2. 20

Meyer, A. Neue Nematoden unter den Parasiten ceylonesischer Säugetiere u. eine Oxyuris, eine neue Schmarotzerspezies in Julus (Ceylon). Anatom.-histolog. Untersuchungen. Mit 1 Taf. In-8° 35 S. Basel. These. 1896.

Meyer, A., Pfarrhausgeister. Lustspiel in 1 Akt. (31 S.) 8. Altenburg 909. St. Geibel. p — 40

Meyer, A., neuester Plan von Berlin u. Umgegend. Mit Angabe des von Sr. Maj. dem Könige genehmigten Bebauungs-Plans, sowie aller Sehenswürdigkeiten der Residenz, nebst alphabet. Verzeichniss der Strassen, Plätze, Thore u. bemerkenswerthen Gebäude. Im Maassstabe 1 : 14,000. Lith. Berlin 864. J. Abelsdorff. Imp.-Fol. 5 ngr.
color. mit Text (16 S. in 8.) $7\frac{1}{2}$ ngr.; cart. 10 ngr.

– Das Polterabend-Kränzchen, s. Myski, J. W.

Meyer, A. Das Schlachtfeld von Alsen. fol. Berlin 1864. 0.50

Meyer, A. Die Schlachtfelder der Festung Fredericia. fol. Berlin 1864. 0.50. — bunt 0.75.

Meyer, A., Specialkarte der westdeutschen Grenzländer ... M. 1 : 500000. 2. Ausg. [Berlin 1870.] 2 Bll. . . . . (Br. Mus.)

Meyer, A., Studie üb. die Konstitution des Portland-Cementes. (Deutsch u. französisch.) (43 S.) hoch 4. Stuttgart 902. Freiburg i/B., J. Bielefeld. n. 4. 50
Sonderabdruck aus: „Baumaterialienkunde".

Meyer, A. (I.), Tabellen zur schnellen und sicheren Berechnung der Reisekosten für Staatsbeamte und Angehörige der Armee nach Kilometer und Reichswährung a) bei Dienstreisen auf Eisenbahnen oder Dampfschiffen, b) bei Dienstreisen nicht auf Eisenbahnen oder Dampfschiffen. schmal Fol. (10 S.) Berlin 875, C. Heymann's Verlag. *

v. Meyer, A., der Tempel Aesculaps. Drama. gr. 8. (Prag) 820. (Widtmann). ...

Meyer, A. Über die Laplace'sche Theorie der Ebbe und Flut. I. Teil. 32 S. Progr. Rg. Essen 1876.

– Kurzer Überblick der in der Kieler Bucht von uns beobachteten wirbellosen Tiere, s. Meyer, Heinrich Adolph

Meyer, A. und Kahmann, G. Uebersichtskarte der Stadt Ballenstedt. 1890/91. Quedlinburg. 1 Bl. c. Photolithogr.

— die land- u. forstwirthschaftliche Unfallversicherung im Herzogth. Oldenburg. Für den pract. Gebrauch der Betheiligten, insbesondere der Gemeindevorsteher u. Landwirthe, bearb. 12. (IV, 64 S.) Oldenburg 889. Hintzen. n. 1. —

– (Red.), s. Vereinsblatt für deutsches Versicherungswesen.

Meyer, A. (II.), Vorlesungen über Wahrscheinlichkeitsrechnung. Deutsch bearb. von Eman. Czuber. gr. 8. (XI, 554 S.) Leipzig 879, Teubner. *

Meyer, A. (Hrsg.), s. Weltbürger, Der.

Meyer, A., Wörterbuch zu Dr. med. Schüßlers medizin. Schriften nebst Anleitg. f. den Gebrauch der biochemischen Hausapotheke. 2. verm. u. verb. Aufl. (2. Tausend.) (IV, 64 S.) 8. Oldenburg i/Gr. (Steinweg 81) 907. Selbstverlag. nn — 50

Meyer, A. A., s.a. Meyer, A. F.

Meyer, A. A. Contribution à la connaissance des: 1° Dérivés homologues du Benzène. 2° Naphtylamines nitrées. 3° Diazonaphtalèneimides. In-8°. 62 S. Basel (Georg & Co.). These. 1895.

Meyer, A. C. F. Origin and progress of the dramatic art in France. Diss. Rostock 1872. 48 S.

Meyer, A. Cl., Gedichte u. humoristische Erzählungen in erzgebirgischer Mundart. 12. (VIII, 136 S. m. Bildnis.) Chemnitz (900). A. Seyffert. n. 1. —; kart. n. 1. 25

Meyer, A. E. G.

Meyer (II.), die aeriae domus in der Archytasode des Horaz, s.a. Festschrift dem Hrn. Conrect. Dr. Heussi dargebracht.

Meyer, A. E. G., Die aeriae domus in der Archytasode des Horaz. Pr. 1877. 16 S.

Meyer, A. F., die Arche Noah's. Tierbilder m. Gedichten v. M. (Ausgestanzt.) qu. gr. 4. (14 S. m. z. Tl. farb. Bildern.) Nürnberg 894. Th. Stroefer. n. — 75

— gute Bekannte. Ein Bilderbuch m. Reimen. gr. 4. (15 farb. S. m. eingedr. Text.) Ebd. 894. n. 1. 20

Meyer A. F., General Bum-Bum. Bilderbuch m. lust. Gedichten. gr. 4. (15 S. m. z. Tl. farb. Bild.) Nürnberg 895. Th. Stroefer. — 75

— Musjö Clown, s.: Barrett, V. E.

— komische Clowns. Gezeichnet v. Vernon Barrett. (Ausgestanzt.) gr. 4. (10 farb. S. m. eingedr. Text.) Nürnberg 894. Th. Stroefer. n. 1. 50

— lustige Clowns. M. humorist. Reimen. schmal Fol. (16 S. m. z. Tl. farb. Bild.) Ebd. 895. — 75

— Robinson Crusoe. Nach Daniel Defoe. gr. 4. (14 S. m. z. Tl. farb. Bildern.) Ebd. 893. n. — 75

Meyer, A. F., deutsches Elementarbuch. Methodisch geordnete Uebungssätze, Regeln u. Uebungsaufgaben f. den deutschen Sprachunterricht in der 1. Klasse der Vorschulen höherer Lehranstalten [Septima]. Bearb. unter Zugrundelegg. der neuen Bestimmgn. üb. die deutsche Rechtschreibg. gr. 8. (V, 49 S.) Trier 883. Lintz. cart. n. — 70

Meyer, A. F., deutsches Elementarbuch. Methodisch geordnete Uebungssätze, Regeln u. Uebungsaufgaben f. den deutschen Sprachunterricht auf der untersten Stufe des grammat. Unterrichts höh. Lehranstalten. Ergänzung zum Lesebuche. Bearb. unter Zugrundelegg. der neuen Bestimmgn. üb. die deutsche Rechtschreibg. 2. erweit. Aufl. (V, 56 S.) 8. Trier 904. J. Lintz. Kart. n. — 60

— im Freien. Ausgestanzt. qu. 8. (16 S. m. z. Tl. farb. Illustr.) Ebd. 893. n. — 40

—— die Frei- und Ordnungsübungen des „Neuen Leitfadens für den Turnunterricht in den preußischen Volksschulen" übersichtlich zusammengestellt und in Uebungsgruppen geordnet. Ein Hülfsbüchlein für Anfänger im Turnunterricht. 16. (99 S.) Celle 880, Literar. Anstalt.

— unsere Freunde. Poesie u. Prosa. 2 Tle. gr. 4. (à 40 S. m. z. Tl. farb. Abbildgn.) Ebd. 893. Kart. à n. 2. 50; in 1 Bd. kart. n. 4. 50

— zoologischer Garten, s.: Stroefer, Th.

— gute Gefährten. 4. (14 z. Tl. farb. S. m. eingedr. u. illustr. Text auf Pappe.) Nürnberg 894. Th. Stroefer. n. 2. 80

Meyer, A. F., Die Gerät- und Gerüstübungen des „Neuen Leitfadens für den Turnunterricht in den preußischen Volksschulen", übersichtlich zsgest. u. in Übungsgruppen geordnet, Celle u. Leipzig 1882, 96 S., 16°.

— angenehme Gesellschaft! Tiergeschichten f. artige kleine Leute. Poesie u. Prosa. 2 Tle. gr. 4. (à 38 S. m. z. Tl. farb. Abbildgn.) Ebd. 894. Kart. à n. 2. 50; in 1 Bd. n. 4. 50

— Guckkasten f. artige kleine Leute. Ein lust. Bilderbuch m. Gedichten. qu. gr. 4. (14 S. m. z. Tl. farb. Abbildgn.) Ebd. 893. n. — 75

Meyer, A. F., Hülfsbuch f. den Unterricht in der deutschen Sprache, s.: Herrmann, W.

— Laterna magica. Große Ueberraschgn. in lust. Bildern m. Gedichten. gr. 4. (12 farb. S. m. eingedr. u. 2 S. illustr. Text.) Ebd. 894. n. 1. 50

Meyer, A. F., Leitfaden für den geographischen Unterricht. Zum Gebrauche in Volksschulen hrsg. 8. (42 S.) Celle 870, Schulze'sche Buchh.

— unsere Lieblings-Tiere. (Ausgestanzt.) gr. 4. (10 farb. S. m. eingedr. Text.) Ebd. 894. n. 1. 50

Meyer, A. F., Liederbuch, s. Kebing, C.

— mein Mal-Büchlein. Mit Gedichten u. Reimen v. A. F. M. qu. 4. (20 S. m. z. Tl. farb. Abbildgn.) Ebd. 893. n. — 75

— große Menagerie. Tiergeschichten. qu. Fol. (28 S. m. z. Tl. farb. Bild.) Ebd. 895. Geb. 6. —

Meyer, A. F., Peter's weltberühmtes Museum. Gedichte u. Reime. Ausgestanzt. gr. 4. (16 S. m. z. Tl. farb. Illustr.) Nürnberg 892. Th. Stroefer. n. 1. 20

— St. Odilia. die Legende vom Leben u. Wirken der hl. Patronin des Elsasses. Nach den 10 Wandgemälden in der St. Odilien-Kapelle des Klosters St. Odilien dargestellt. 2. verb. Aufl. Mit e. Anh.: Niedermünster. 8. (58 S.) Straßburg 902. L. Beust. n. — 80

— „Palette". Ein lust. Mal- u. Zeichenbuch. Mit Reimen v. A. F. M. (Ausgestanzt.) br. 8. (14 S. m. z. Tl. farb. Abbildgn.) Ebd. 894. n. — 50

— in Pelz u. Flaum. Prachtgestalten aus dem Tierreiche. Text v. A. F. M. 2 Tle. gr. 4. (à 30 S. m. z. Tl. farb. Illustr.) Ebd. 892. Kart. à n. 2. 50; in 1 Bd. kart. n. 4. 50

— eine lustige Reise! Ein Bilderbuch f. art. Kinder m. Gedichten. qu. gr. 4. (15 S. m. z. Tl. farb. Bild.) Ebd. 895. 1. 50

— Reise um die Welt. Gedichte v. A. F. M. qu. gr. 4. (15 S. m. z. Tl. farb. Abbildgn.) Ebd. 893. n. 1. 50

— Ringel, Ringel, Rosenkranz. In Bildern m. Gedichten v. M. qu. gr. 4. (14 z. Tl. farb. S. m. eingedr. Text.) Ebd. 894. n. — 75

—— Anton Rüstig, s. Volks- und Jugend-Bibliothek, elsaß-lothringische.

— Schau-Schau! Ein lust. Bilderbuch f. art. Kinder m. Gedichten. qu. gr. 4. (16 S. m. z. Tl. farb. Illustr.) Ebd. 893. n. 1. 50

— der Schaukelstuhl. Spielzeug u. Bilderbuch m. lust. Reimen. (Ausgestanzt.) gr. 4. (14 z. Tl. farb. S. m. eingedr. Text.) Ebd. 894. n. 1. 50

— Hänschen's Schießgewehr. Gedichte v. A. F. M. (Ausgestanzte Flinte.) schmal Fol. (19 S. m. z. Tl. farb. Abbildgn.) Ebd. 893. n. — 75

Meyer, A. F., deutsches Schullieberbuch, s.: Märtens, W.

—— kleine deutsche Sprachlehre. Die einfachsten zum Unterrichte in der Muttersprache nöthigen Regeln für Volksschulen zusammengestellt. 1. Aufl. 1871, und 2. verb. Aufl. 8. (16 S.) Celle 875, Schulze'sche Buchh.

— kleine deutsche Sprachlehre. Die einfachsten zum Unterrichte in der Muttersprache nöth. Regeln f. Volksschulen zusammengestellt. 2. verb. Aufl. 8. (16 S.) Celle 876. Schulze'sche Buchh. n. — 20

—— die Stabübungen des „Neuen Leitfadens für den Turnunterricht in den preuß. Volksschulen", übersichtl. zusammengestellt und in Uebungsgruppen geordnet. Ein Hülfsbüchlein für Anfänger im Turnunterricht. 16. (80 S.) Celle 881, Literar. Anstalt. *

— meine Staffelei. Malbuch m. Reimen. gr. 8. (20 S. m. z. Tl. farb. Bild.) Ebd. 895. — 75

— s.: Stroefer's Malbuch f. die Jugend.

— s.: Stroefer's lustige Menagerie.

— allerlei Tiere. Ein Bilderbuch m. Reimen v. M. (Ausgestanzt.) schmal Fol. (14 z. Tl. farb. S. m. eingedr. Text.) Nürnberg 894. Th. Stroefer. n. — 75

—— deutsches Uebungsbuch für Volksschulen. Unter Berücksicht. der ministeriellen „Allgemeinen Bestimmungen vom 15. Octbr. 1872" in 2 Heften. 8. Hannover 878, Helwing's Verlag. *
Inhalt:
Heft 1. Der Stoff der Mittelstufe. (VI, 48 S.) * 30 Pf.
" 2. Der Stoff der Oberstufe. (63 S.) * 60 Pf.

— mein Wiegenpferd. Spielzeug u. Bilderbuch m. lust. Reimen. (Ausgestanzt.) gr. 4. (14 z. Tl. farb. S. m. eingedr. Text.) Ebd. 894. n. 1. 50

— unsers Lieblings Zeitvertreib. Ein Bilderbuch f. kleine starke Leute m. Reimen v. M. 4. (14 farb. Taf. auf Pappe m. eingedr. u. 2 S. illustr. Text.) Ebd. 894. n. 2. 80

Meyer, A. L., Fürst Bismarck und seine Verdienste um Wiederaufrichtung des deutschen Reiches. Rede, gehalten am 22. März 1881 im Prüfungssaale der höheren Bürgerschule zu Freiburg i. Schl. 8. (19 S.) Freiburg i. Schl. 881, (Heiber.) *

Meyer, A. L., De causis quibusdam convulsionum imprimis vero animi affectibus immoderatis occasionalibus. 24 pp. Gryph. 4°. 1773

Meyer, A. L., neuestes vollständ. Kochbuch. 2 Bde. gr. 8. Hannov. 821—23. Helwing. 1 ⅔ 18 gr

Meyer, A. W., s.: Kalender f. Eisenbahn-Techniker.

Meyer, Abrahamson

— Abhandl. u. Beobachtt. über einige Krankheiten d. Augen. 8. Hamb. 785.

Meyer, Abrahamson, der Arzt f. Frauenzimmer, oder Unterr., wie sie sich bei mehrern Krankheiten, wobei sie Schaamhaftigkeit halber Bedenken tragen, sich d. Arzt zu entdecken, zu verhalten haben. 8. Posen 818. Kühn. 16 gr

— der Arzt f. Hypochondristen, f. hysterische Frauenzimmer, wie auch f. diejenigen, welche an Mangel der Eßlust, Verdauung, langwierigen Diarrhöen, Blähungen u. am Sodbrennen leiden. 8. Posen 817. Kühn. 10 gr

— Diss. inaug. Cautelae anthelminthicorum in paroxysmis verminosis observationibus illustrata. 4. Götting. 783. Dieterich. 2 gr

Meyer, Abrahamson, gründl. u. faßl. Unterricht f. diejenigen, welche mit der Gicht 2c. behaftet sind. 2e A. 8. Posen 816. Kühn. 12 gr

Meyer, Abrah., Unters. üb. die Ursachen d. großen Sterblichk. unter Schwangern 2c. 8. Hamb. Bohn. 806.

— Untersuchung über d. Ursachen der großen Sterblichkeit unter Schwangern 2c. 8. Hamb. 806. (Campe). 3 gr

— — über das männliche Unvermögen. 8. Posen, Kühn. 819.

— wie können Personen, welche mit d. fließenden od. blinden Hämorrhoiden behaftet sind, davon gründl. geheilt werden? 8. Hamb. ... 2e Aufl. 8. Ebd. 806. Kratsch. 8 gr (Posen 810.) N. A. 815. (Centr.-Compt. in Leipz.) 8 gr

— — Wie können Personen, welche mit den fließenden oder blinden Hämorrhoiden behaftet sind, davon gründlich geheilt werden? 8. Ebend. (in Comm.) 816.

Meyer, A., Wie können Personen, d. mit d. fließ. od. blind. goldnen Ader behaftet sind, gründlich geheilt werden. 8. Berlin, Schöne. 807.

Meyer, Ad., s.a. Meyer, Arthur

Meyer, Ad., Shakspeare's Verletzung der historischen und natürlichen Wahrheit. Ein Vortrag. gr. 8. (32 S.) Schwerin 863, Hildebrand.

Vortrag des Vorsitzenden, Rechtsanwaltes Ad. Meyer, in der Versammlung des Nationalliberalen Vereins zu Altona am 6. Juli 1874. (Altona.) o. J. 8° [Kopft.]

Meyer, Adalb., Karte vom Thüringer Wald nach den neuesten und besten Hülfsquellen bearb. 1:200,000. Fol. Berlin 878, Neumann. *

Meyer, Adb., Karte vom Thüringer Wald, nach den neuesten und besten Hülfsquellen bearb. 1:200,000. (2. Aufl.) Revid. 1877. Chromolithogr. und color. Imp.-Fol. Berlin 877, Neumann. *

Thüringer Wald. — Meyer, Adb. Karte vom Thüringer Wald, nach d. neuesten u. besten Hilfsquellen bearb. 1:200,000. 3. Aufl. Chromolithogr. qu. gr. Fol. Berl. 889, Schropp. * 2 —
Mit Grenzcolorit * 2 50

Meyer, Ad., Plan von Quedlinburg, gefertigt im Juni 1879. Chromolithogr. Fol. Quedlinburg 879, Huch. * 1 —

Meyer, Adb., Schul-Karte der Prov. Brandenburg. 1:1,200,000. 4. Berlin 875, A. Abelsdorff. *

Meyer, Adalb., Situations-Zeichnen-Schule. Nach den Musterblättern des königl. preuß. Generalstabes bearb. 1. u. 2. Heft. Berlin 867. Neumann. qu. 4. (1. Heft 8 Steintaff. mit 16 S. Text in 8., u. 2. Heft 6 Steintaff.) Jedes Heft in Mappe n. 12½ ngr.

Meyer's, A., Special-Karte des deutschen Reichslandes Elsass and Lothringen nach den zu Versailles abgeschlossenen Friedenspraeliminarien, und der neuesten amtl. Kreis-Eintheilung. Rev. von Rud. Lindner. 1:500,000. Fol. Berlin 871, J. Abelsdorff. — 50

Einige Nachrichten über die Kirche zu Bosau v. [Adalbert Tuisko Friedrich] Meyer. Eutin. 1871. 8°

Meyer, Adam Anton (Bayreuth), De vera indole feudi et officii nobilis. Exercit. jur. feudal. Präs. Caspar Achat Beck. Jena (Heller) 27. XI. 1722. Editio noviss. 1751. 40 S. (4.—) 23168
Widm. v.: Caspar Achat Beck.

— **Adam Heinrich** (Zschopau), Quaedam de recto emeticorum usu. Diss. med. Leipzig (G. T. Hoehm) 27. VI. 1832. 18 S. (3.—) 23169

Meyer, Adf. (I.), theoretisch-praktische Anleitung zum Binden der französischen Wörter bei der Aussprache. [I. Regeln für die Bindung der französischen Wörter bei der Aussprache und für die französ. Interpunction. — II. Französisches Lesebuch für die Oberklassen höherer Lehranstalten mit Angabe der Fälle der Wortbindung.] gr. 8. (V, LVI, VIII, 256 S.) Hannover 876, Rümpler. *

Meyer, Adolf [Apotheker aus Heppenheim a. d. B.]: Beiträge zur Anatomie der Artocarpeen ... Darmstadt, Druck d. L. C. Wittich'schen Hofbuchdr., 1897; 1 Bl., 41 S., 1 Taf. 8.
Heidelberg, Naturw.-math. Fak., Inaug.-Diss. v. [7. Apr.] 1897

Meyer, Adf. (I.), anatomische Charakteristik officineller Blätter und Kräuter. gr. 4. (53 S.) Halle 882, Niemeyer. *
Aus: Abhandlungen der naturforschenden Gesellschaft zu Halle, besonders abgedruckt.

Matthias Claudius. Ein christliches Lebensbild v. Adolf Meyer. Nebst einem Anhange, enth. eine Auswahl des Schönsten und Besten aus Claudius Schriften. Hrgg. vom christl. Vereine im nördl. Deutschland. Eisleben u. Leipzig 1876. 8°

Meyer, Adf. (II.), Matthias Claudius. Ein christl. Lebensbild. Nebst einem Anhang, enth. eine Auswahl des Schönsten und Besten aus Claudius' Schriften. Hrsg. vom christl. Vereine im nördl. Deutschland. 8. (III, 180 S.) Eisleben 877, Christl. Verein. geb.

Meyer, Adolf [cand. med. aus Crefeld]: Die Entstehung der Placenta marginata ... Würzburg 1890: Stürtz. 31 S. u. 1 Taf. 8°
Würzburg, Med. Fak., Inaug.-Diss. v. 1890

Meyer, Ad[olf], approb. Arzt aus Cassel: Ueber einen Fall von Angina Ludovici. *München 1900: Kastner & Lossen.* (27 S.) 8°
München, Med. Diss. v. 1900

Meyer, Adf., Formenlehre u. Syntax d. französ. u. deutschen Thätigkeitswortes. gr. 8. (V u. S. 30–343.) Hannover 896. F. Cruse. n. 3. —

Meyer, Adf., Gebetbüchlein für unsere Kinder in Schule u. Haus. Nebst einem Anhang enthltd. eine liturg. Weihnachtsfeier für Schulen u. Familien. Leipzig 867. J. Naumann. 8. (VI, 62 S.) n. 5 ngr.

Meyer, Adf., Geburtstags-Glückwünsche f. kleine u. große Kinder. 12. (47 S.) Mülheim a/R. 898. J. Bagel. — 25

Meyer, Adf., Gedichte. (IV, 95 S.) 8. Dresden (907). E. Pierson. 1.50; geb. n 2.50

Meyer, A[dolf]. Haltung, Fütterung und Pflege des Gebrauchspferdes. Mit einer farbigen Tafel [nebst Legende] und 7 Abbildungen im Text [sowie 2 Vignetten]. IV + 88 S. 8. Aarau, Emil Wirz, 1905. [cart. fr. 1.50]

Meyer, Adph., Paul Henckel, Gedenkblatt f. seine Freunde. gr. 8. (4 S.) Wien 875. (Berlin, Mittler & Sohn.) n. 1. —

Meyer, Adf., in's hl. Land. Reisebilder v. der großen Festfahrt nach Jerusalem im Oktober u. November 1898. [Aus: „Feierstunden".] gr. 8. (III, 63 S.) Berlin 899. U. Meyer. Mit Goldschn. n. 1. —

— christliche Lebensbilder. 1. Bdchn. Zwickau 869. (Döhner.) 8. (159 S.) n. 5 ngr

Meyer, Adf., christliche Lebensbilder. 2. Bdchn. 8. (VII, 196 S.) Zwickau 870. (Döhner.) n. — 50

Meyer, Adf., Lehrplan f. den Zeichenunterricht an der gewerblichen Fortbildungsschule zu Stade, s.: Schlumbohm, Heinr.

Meyer, Adf., französ. Lesebuch, s.: Ebener, Gfr.

Meyer, Adf., französisches Lesebuch f. die Oberklassen höherer Lehranstalten m. Angabe der Fälle der Wortbindung. gr. 8. (XVIII, 256 S.) Hannover 886. [Wolff & Hohorst.] C. Meyer. n. 2. —; geb. n. 2. 40

Meyer, Adolph. Lieder aus der Heimat. 30 beliebteste und bekanntesteSchweizer Volks- und National-Lieder ⟨zum Teil mit beigefügtem hochdeutschen Text⟩ für eine mittlere Stimme mit Begleitung der Guitarre oder Laute, gesetzt von A' M'.... [Umschlag illustriert.] 61 S. 4. Leipzig und Zürich, Gebrüder Hug & Co., [1910]. fr. 3.—

Die Medaillen der Familie Rantzau v. Adolph Meyer. Mit 1 Taf. Wien 1885. 8°
Separatabdruck aus Bd. 16 der Numismatischen Zeitschrift, 1884.

Meyer, A. Die Münzen der Stadt Dortmund. Wien (1883).

Meyer, Adf. (II.), die Münzen der Stadt Dortmund. gr. 8. (122 S. mit 7 lithogr. Taf.) Wien 884. (Berlin, Stargardt.) **

Meyer, Adf., die Münzen der Stadt Dortmund. [Nachtrag.] [Aus: „Numismat. Zeitschr."] gr. 8. (16 S.) Wien 888. (Berlin, Mittler & Sohn.) n. 3. — (Hauptwerk m. Nachtrag: n. 12. —)

— die Münzen u. Medaillen der Familie Eggenberg. Mit 2 Taf. [Aus: „Numismat. Zeitschr."] gr. 8. (54 S.) Ebd. 888. n. 3. —

— die Münzen u. Medaillen der Herren Rantzau. Mit 2 Taf. u. 2 Holzschn. Nebst Nachtrag: Die Medaillen der Familie Rantzau. Mit 1 Taf. [Aus: „Numismat. Ztschr."] gr. 8. (22 u. 8 S.) Wien 882 u. 885. Berlin, Mittler & Sohn. n. 4. —

—— die Münzen der Freiherren Schutzbar, genannt Milchling [Burgmilchling]. 2 Hefte nebst Nachtrag: Münzgeschichtliches zu den Burgmilchling'schen Ausprägungen von C. F. Gebert. gr. 8. (8; 7 S.; Nachtrag 6 S. mit 7 Abbild.) Ebendas. 882,84. *
Vorstehende zwei Schriften sind aus: Numismatische Zeitschrift, besonders abgedruckt.

Meyer, Adf., nur gebildete Laien als Strafrichter! (23 S.) 8. Wiesbaden 906. P. Plaum. n. — 60

Meyer, Adolf, Referendar: Die Pflicht zur Entgegennahme von Willenserklärungen. Berlin: Brückmann 1909. VIII, 52 S. 8°
Heidelberg, Jur. Diss. v. 3. Juni 1909, Ref. Endemann
[Geb. 27. Nov. 86 Berlin; Wohnort: Berlin; Staatsangeh.: Preußen; Vorbildung: Wilhelms-Gymn. Berlin Reife M. 04; Studium: Straßburg 1, Freiburg i. B. 2, Berlin 4 S.; Rig. 8. März 09.] [U 09. 1858

Meyer, Adolph: Prägungen Brandenburg-Preussens, betreffend dessen afrikanische Besitzungen und Aussenhandel 1681—1810. Mit 3 photo-lithographischen Tafeln. Berlin 1885. 28 S. 8°.

Meyer, Adolf [aus Bremen]: Das Recht an der Wasserquelle ... (Umgearbeitete gekr. Preisschrift.) Göttingen, Druck d. Univ.-Buchdr. v. W. F. Kästner, 1895; 2 Bl., 48 S. 8.
Göttingen, Jur. Fak., Inaug.-Diss. v. [6. Juli] 1895

— Regeln für die Bindung der französischen Wörter bei der Aussprache u. f. die französische Interpunktion. gr. 8. (III, 56 S.) Ebd. 886. n. — 40

Meyer, Adolf, Neue Schule des kommentmäßigen akademischen Schlägerfechtens, m. Abb., Leipzig 1906, 66 S., Gr.-8°.

Meyer, Adf., neue Schule des kommentmässigen akademischen Schlägerfechtens. 2. Aufl. (66 S. m. 45 Abb.) gr. 8. Leipzig 910. Röder & Schunke. Kart. 1. 75

Uebersichts-Plan der Stadt Quedlinburg. Aufgenommen u. gez. durch d. Vermessungsbur. von Ad[olf] **Meyer** in Quedlinburg. Abgeschlossen im J. 1902. Masst. 1:4,000. *(Quedlinburg: Ch. F. Vieweg) 1902; Dr. von L. Koch, Halberstadt.* (1 Kartenbl. 73 × 67 cm.) 8° [kol.] [03. 8047

Meyer, A., die Unfruchtbarkeit d. Kühe. (Ein populäres Schriftchen f. Landwirte u. Viehzüchter.) 8. (21 S. m. 5 Fig.) Aarau 897. E. Wirz. Kart. — 65

Meyer, A., die Unfruchtbarkeit der Kühe. 2. verb. Aufl. m. Abbildgn. 8. (21 S.) Aarau 899. E. Wirz. Kart. n. — 75

Meyer, A[dolf]. Die Unfruchtbarkeit der Kühe, deren Ursachen und Abhilfe. Nach dem praktischen Standpunkte erörtert. (4te, stark umgearbeitete Aufl.) [Mit Figuren.] II + 35 S. 8. Aarau, Emil Wirz, 1907. [fr. 1.—]

Meyer, Adolf. Ein antikirchliches Viergestirn am Anfang des 20. Jahrhunderts. Appell an Kirchenfeinde und Kirchenfreunde. Von Dr. phil. A' M'-Steinmann, Pfarrer zu Albligen.... 83 S. 8. Bern, Gustav Grunau, 1906. [fr. —. 80]

Meyer, Adolf. Ein antikirchliches Viergestirn am Anfang des 20. Jahrhunderts. Appell an Kirchenfeinde und Kirchenfreunde. Von Dr. phil. A' M'-Steinmann, Pfarrer zu Albligen.... 2. (unveränderte) Aufl. 83 S. 8. Bern, Gustav Grunau, 1906. [fr. —. 80]

– (Hrsg.), s. Volksfreund, Der. Buffalo 1840.

Meyer, Ad[olf], med. pract. von Zürich: Über das Vorderhirn einiger Reptilien. Mit zwei lithographischen Tafeln. (S. A. aus: Zeitschrift f. wissensch. Zoologie. Bd LV S. 63—133). Leipz. W. Engelmann 1892. 73 S., Taf. IV, V. 8°.
Zürich, Med. Diss. [v. 16. Dec. 1892].

— die Vormundschaft nach dem bürgerlichen Gesetzbuch unter Berücksicht. der in Baden ergangenen Ausführungs- u. Vollzugsbestimmungen. Textausg. m. Anmerkgn. u. Erläutergn. Bearb. f. Gemeindebehörden (Gemeindewaisenräte) u. Gerichtsschreibereibeamte. (VI, 122 S.) kl. 8. Ebd. (906). Geb. in Leinw. n. 2. —

Meyer, Adolf, die Vormundschaft nach dem Bürgerl. Gesetzbuch. Ermäß. Pr. n. 1. —.

— Albrecht v. Wallenstein [Waldstein], Herzog v. Friedland, u. seine Münzen. Hierzu 7 (Lichtdr.-)Taf. gr. 8. (108 S.) Ebend. 886. n. 9. —

Meyer, Adf., Wesen u. Geschichte der Theorie vom Mikro- u. Makrokosmos, s. a. Studien, Berner zur Philosophie. XXV.

Meyer, Adolf [von Bern]: **Wesen und Geschichte der Theorie vom Mikro- und Makrokosmus.** Bern 1900. IV, 122 S. 8°. (Berner Studien zur Philosophie, Bd. 25.)
Bern. Phil. Diss. 1899/1900.

Wesen und Geschichte der Theorie vom Mikro- und Makrokosmus. Von Dr. Adolf **Meyer**, von Bern. *Bern: C. Sturzenegger 1900.* (122 S.) 8° = Studien, Berner, z. Philosophie u. ihrer Gesch. Bd 25.

Meyer, Adf., was muß man in Baden vom Dienstboten-Gesetz wissen? Die wichtigsten Bestimmgn. üb. das in Baden gelt. Gesinderecht. Für bad. Dienstherrschaften u. Dienstboten bearb. (44 S.) 8. Karlsruhe (905). F. Gutsch. n. — 60

Meyer, Adolf Bernhard

Meyer, A. B., Abbildungen von Vogel-Skeletten, hrsg. mit Unterstützung der Generaldirection der königl. Sammlungen für Kunst u. Wissenschaft in Dresden. 1—3. Lfg. Fol. (S. 1—24 m. 31 Lichtdr.-Taf.) Dresden 879 u. 82. (Leipzig, Voss' Sort.) Subscr.-Pr. à n. 20. —; Einzelpr. à n. 27. —

Meyer, A. B, Abbildungen v. Vogel-Skeletten, hrsg. m. Unterstützg. der Generaldirection der königl. Sammlgn. f. Kunst u Wissenschaft in Dresden. 4—11. Lfg. gr. 4. (S. 25—564 m. 80 Lichtdr.-Taf.) Dresden 883 - 86. (Berlin, Friedländer & Sohn.) Subscr.-Pr. à n.n. 15. —; Einzelpr à n.n. 20. —

Meyer, A. B., Abbildungen v. Vogel-Skeletten, hrsg. mit Unterstützung der Generaldirection der königl. Sammlgn. f. Kunst u. Wissenschaft. 12. u. 13. Lfg. gr. 4. (20 Lichtdr.-Taf. m. Text, 1. Bd. XV u. S. 65—71 u. 2. Bd. S. 1—8.) Dresden 889. (Berlin, Friedländer & Sohn.) à n.n. 20. —

Meyer, A. B., **Abbildungen** v. Vogel-Skeletten, hrsg. m. Unterstützg. der Generaldirection der kgl. Sammlgn. f. Kunst u. Wissenschaft. 14.—18. Lfg. gr. 4. (50 Lichtdr.-Taf. m. Text. 2. Bd. S. 9—55.) Dresden 890—892. (Berlin. R. Friedländer & Sohn.) Subskr.-Pr. à n.n. 15. —; Ladenpr. à n.n. 20. —

Meyer, A. B., Abbildungen v. Vogel-Skeletten. Hrsg. m. Unterstützg. der Generaldirection d. kgl. Sammlgn. f. Kunst u. Wissenschaft in Dresden. 19.—24. Lfg. gr. 4. (61 Lichtdr.-Taf. m. Text, 2. Bd. XXI u. S. 55—120.) Berlin 895. 97. R. Friedländer & Sohn. Subskr.-Pr. à n.n. 15. —; Einzelpr. à n.n. 20. —

— s.: **Abhandlungen u. Berichte** des königl. zoologischen u. anthropolog.-ethnograph. Museums zu Dresden.

Meyer, A. B., u. A. **Unterforcher,** die Römerstadt Agunt bei Lienz in Tirol. Eine Vorarbeit zu ihrer Ausgrabg. Mit 1 Karte, 3 Taf., 2 Bildnissen u. 6 Textabbildgn. (XI, 251 S.) Lex. 8. Berlin 908. R. Friedländer & Sohn. 18. —

Album von Papúa-Typen. Hrsg. von A[dolf] B[ernhard] **Meyer,** [Hofrat, Direktor zu Dresden], u. R[ichard Heinrich Robert] Parkinson. [1.] 2. Dresden: Stengel & Markert 1894—1900. 4°
1. Neu Guinea u. Bismarck Archipel. 54 Taf. 1894.
2. Nord Neu Guinea, Bismarck Archipel, Deutsche Salomo Inseln. 53 Taf. 1900.
[Nebent.:] Album of Papúa-Types . . .

— u. R. **Parkinson,** Album v. Papúa-Typen. Neu Guinea u. Bismarck-Archipel. Etwa 600 Abbildgn. auf 54 Taf. in Lichtdr. gr. 4. (15 S.) Dresden 894. Stengel & Markert. In Mappe. n. 30. —

— u. R. Parkinson, Album v. Papúa-Typen. II. Nord-Neu-Guinea, Bismarck-Archipel, deutsche Salomo-Inseln. Etwa 550 Abbildgn. auf 53 Taf. in Lichtdr. Nebst Text in deutscher u. engl. Sprache. gr. 4. (VII, 13 S.) Dresden 900. Stengel & Co. In Mappe n. 50. — I. Ebd. 894. n. 30. —.

— **Album** v. Philippinen-Typen. Ca. 250 Abbildgn. auf 32 Taf. in Lichtdr. gr. 4. (10 S.) Dresden 885. W. Hoffmann. In Mappe. n.n. 50. —

— u. A. **Schadenberg, Album** v. Philippinen-Typen. Nord-Luzon: Negritos, Tingianen, Bánaos, Ginaanen, Silipanen, Calingas, Apoyáos, Kianganen, Igorroten u. Ilocanen. Ueber 600 Abbildgn. auf 50 Taf. in Lichtdr. gr. 4. (19 S. Text.) Ebd. 891. In Mappe. n. 40. —

Meyer, A. B., Album v. Philippinen-Typen. III. Negritos, Manguianen, Bagobos. Etwa 190 Abbildgn. auf 37 Taf. in Lichtdr. Mit Text in deutscher u. engl. Sprache. (22 S.) 4. Dresden 904. Stengel & Co. In Mappe 40. — (I—III: n.n. 130. —)

— u. K. M. **Heller, Aepyornis-Eier.** Mit 1 Doppeltaf. in Lichtdr. Imp.-4. (8 S.) Ebd. 901. n. 4. —

MEYER, A. B.: Ein hennenfedriger (thelyider) Auerhahn. - Dresden 1894/95. 4 S., 1 Taf. - (Abh. u. Ber. d. Kgl. zool. u. anthropol. - ethnogr. Museums zu Dresden Nr. 3)

— e. hennenfedriger (thelyider) **Auerhahn.** [Aus: „Abhandlgn. u. Berichte des k. zoolog. u. anthropolog.-ethnograph. Museums zu Dresden".] gr. 4. (4 S. m. 1 farb. Taf.) Berlin 894. R. Friedländer & Sohn. n. 4. —

— **unser Auer-, Rackel- u. Birkwild u. seine Abarten.** Mit 1 Atlas v. 17 color. Taf. (in Imp.-Fol.). Fol. (XII, 95 S.) Wien 887. Künast. n.n. 220. —

— s.: Aus d. 22. Jahresversammlg. d. deutschen ornitholog. Gesellschaft.

— neuer **Beitrag** zur Kenntniss der Vogelfauna v. Kaiser Wilhelmsland, besonders vom Huongolfe, nebst Bemerkgn. üb. andere papuan. Vögel u. e. Liste aller bisher v. Kaiser Wilhelmsland registrirten. [Aus: „Abhandlgn. u. Berichte d. k. zoolog. u. anthropolog.-ethnograph. Museums zu Dresden".] gr. 4. (33 S. m. 1 Taf. u. 1 Karte in Lichtdr.) Ebd. 893. n. 8. —

— — **Beiträge zur Kenntniss der melanesischen, mikronesischen und papuanischen Sprachen,** s. **Gabelentz,** Geo. v. der.

Meyer, Adolf Bernhard, von Hamburg: Beiträge zur Lehre von der elektrischen Nervenreizung. Zürich 1867: Zürcher u. Furrer. 35 S. 8°
Zürich, Med. Diss. [v. 6. Febr. 1867].

— neue **Beiträge** zur Kenntniss d. Nephrit u. Jadeït. [Aus: „Abhandlgn. u. Berichte d. kgl. zoolog. u. anthropolog.-ethnograph. Museums zu Dresden".] Imp.-4. (42 S. m. 2 Lichtdr.-Taf.) Ebd. 891. n. 9. —

Meyer, Adf. Bernh., einige Bemerkungen über den Werth, welcher im Allgemeinen den Angaben in Betreff der Herkunft menschlicher Schädel aus dem ostindischen Archipel beizumessen ist. gr. 8. (10 S.) Wien 874. (Berlin, Friedländer und Sohn.) *
Aus: Mittheilungen der anthropolog. Gesellschaft in Wien, besonders abgedruckt.

— Bericht üb. einige neue Einrichtungen des königl. zoolog. u. anthropologisch-ethnograph. Museums in Dresden, s.: Abhandlungen u. Berichte des königl. zoolog. etc. Museums zu Dresden. Nr. 5.

— Bericht üb. einige neue Einrichtungen d. zoolog. u. anthropolog. Museums zu Dresden. [Eiserne Schränke u. Pulte, Entfettungsapparat, Schädel- u. Vogelständer.] Mit 6 Taf. in Lichtdr. [darunter 1 Doppeltaf.]. [Abhandlgn. u. Berichte d. k. zoolog. u. anthropologisch-ethnograph. Museums zu Dresden 1886/87, hrsg. v. A. B. Meyer, Nr. 1.] gr. 4. (14 S.) Berlin 887. Friedländer & Sohn. n. 8. —

— 2. Bericht üb. einige neue Einrichtungen des königl. zoologischen u. anthropologisch-ethnographischen Museums in Dresden. [Abhandlgn. u. Berichte d. k. zoolog. u. anthropolog.-ethnograph. Museums zu Dresden 1892/93, Nr. 1.] Imp.-4. (27 S. m. 20 Taf. in Photolith. u. Lichtdr.) Ebd. 893. n. 22. —
(1 u. 2.: n. 30. —)

— u. L. W. Wiglesworth, Bericht üb. d. v. d. Herren P. u. F. Sarasin in Nord-Celébes gesammelten Vögel. [Aus: „Abhandlgn. u. Berichte d. k. zoolog. u. anthropolog.-ethnograph. Museums zu Dresden".] gr. 4. (20 S.) Ebd. 895. n. 3. —

— — dasselbe. Bericht üb. d. 5.—7. Vogelsammlung d. Herren P. u. F. Sarasin aus Celébes. [Aus: „Abhandlgn. u. Berichte d. k. zoolog. u. anthropolog.-ethnograph. Museums zu Dresden".] Imp.-4. (III, 16 S.) Ebd. 896. n. 3. — (1.—7.: n. 6. —)

— amerikanische Bibliotheken u. ihre Bestrebungen. (VIII, 80 S. m. 1 Vollbild.) Lex.-8. Berlin 906. R. Friedländer & Sohn. n. 3. –

– u. L. W. Wiglesworth

— — the birds of Celebes and the neighbouring islands. 2 vols. With 45 plates (42 coloured) and 7 coloured maps. gr. 4. (XXXII, 962 S.) Ebd. 898. n.n. 240. —

— — dasselbe. Introduction (Travel and literature. — Seasons and winds in the East Indian archipelago. — Migration of birds in the East Indian archipelago. — Variation. — Geographical distribution.) [Aus d. Hauptwerk.] gr. 4. (XXXII, 130 S.) Berlin 898. R. Friedländer & Sohn. n. 20. —

— u. W. Foy, Bronzepauken aus Südost-Asien,
— u. R. Parkinson, Schnitzereien u. Masken vom Bismarck-Archipel u. Neu-Guinea,
} s. a. Publikationen aus d. kgl. ethnograph. Museum zu Dresden.

Bronzepauken aus Südost-Asien. Hrsg. m. Unterstützg d. Generaldir. d. Kgl. Sammlgn f. Kunst u. Wiss. zu Dresden v. Dr. A[dolf] B[ernh.] Meyer, Geh. Hofrath ..., u. Dr. Willy Foy, Assist. am Kgl. Ethnogr. Mus. M. 13 Taf. in Lichtdr. *Dresden: Stengel & C. 1897.* (V, 24 S., 13 Taf.) 1 Bd gr. 2.
— Museum, Königl. Ethnographisches, zu Dresden. Bd XI. (98. 2303)

— u. O. Richter, Celebes I, Sammlung der Herren Dr. Paul u. Dr. Fritz Sarasin, m. e. Anh.: Die Bogen-, Strich-, Punkt- u. Spiralornamente v. Celebes, s. a. Publikationen aus dem kgl. ethnograph. Museum zu Dresden. XIV.

A[dolf] B[ernhard] Meyer & O. Richter, Celebes. 1. *Dresden: Stengel & Co. 1903.* gr. 2°
= Publikationen aus d. Königl. Ethnogr. Museum zu Dresden. Bd 14.
(04 6410)

Meyer, Adf. Bernh., Charles Darwin u. Alfred Russel Wallace. Ihre ersten Publicationen über die „Entstehung der Arten" nebst einer Skizze ihres Lebens u. einem Verzeichniß ihrer Schriften. Mit Autorisation hrsg. Erlangen 870. Besold. gr. 8. (XXII, 56 S.) n. 15 ngr.

Meyer, A. B., the distribution of the Negritos in the Philippine Islands and elsewhere. gr. 8. (VII, 92 S.) Dresden 899. Stengel & Co. n.n. 9. —

— üb. d. Ei e. unbekannten Chlamydodera v. Deutsch Neu Guinea. [Aus: „Abhandlgn. u. Berichte d. k. zoolog. u. anthropologisch-ethnograph. Museums zu Dresden".] gr. 4. (2 S. m. 1 farb. Taf.) Berlin 895. R. Friedländer & Sohn. n. 3. —

— über zwei Eichhörnchenarten v. Celebes. [Aus: „Abhandlgn. u. Berichte d. k. zoolog. u. anthropolog.-ethnograph. Museums zu Dresden".] Imp.-4. (8 S.) Ebd. 898. n. 1. —

—— Gedächtnißrede auf James Cook, s. a. Sammlung gemeinverständlicher wissenschaftlicher Vorträge.

Meyer AB, Gedächtnisrede auf James Cook. (Sammlung gemeinverständlicher wissenschaftlicher Vorträge 385) Berlin 1882

—— über den Giftapparat der Schlangen, insbesondere über den der Gattung Callophis [Gray]. gr. 8. (29 S. mit 2 lithogr. Taf.) Berlin 869, Dümmler's Verlag. *
Aus: Monatsbericht der k. Akademie der Wissenschaften, besonders abgedruckt.

—— das Gräberfeld von Hallstatt. Anlässlich eines Besuches daselbst. gr. 4. (17 S. mit 3 Lichtdr.-Taf.) Dresden 885, W. Hoffmann. *

— Gurina im Obergailthal [Kärnten]. Ergebnisse der im Auftrage der Anthropolog. Gesellschaft zu Wien im J. 1884 vorgenommenen Ausgrabgn. Eine Vorstudie zu weiterer Localforschg. Mit 14 Taf. in Lichtdr. Imp.-4. (VIII, 104 S.) Ebend. 885. 20. —

— Hauptverzeichniss, s.: Abhandlungen u. Berichte des königl. zoolog. u. anthropolog.-ethnograph. Museums zu Dresden. IX. 2. Beiheft.

— zwei Hauwaffen v. Matty, bei Neu Guinea. [Aus: „Abhandlgn. u. Berichte d. k. zoolog. u. anthropolog.-ethnograph. Museums zu Dresden".] gr. 4. (6 S. m. 1 Taf.) Ebd. 895. n. 3. —

— das Hemmungsnervensystem des Herzens. Kritisches u. Experimentelles. Eine vergleichend physiolog. Studie. Berlin 869. A. Hirschwald. gr. 8. (VIII, 95 S.) n. 20 ngr.

—— die Hirschgeweih-Sammlung im königl. Schlosse Moritzburg bei Dresden. Fol. (14 S. mit 81 Lichtdr.-Taf.) Dresden 883. (Berlin, Friedländer und Sohn.) In Mappe **

—— dass. — [Ausg. in Cabinet-Format.] Ebendas. 883. In Mappe *

— dasselbe. Neue Folge. Fol. (III, 11 S. m. 31 Lichtdr.-Taf.) Ebd. 887. In Mappe. n.n. 80. —

—— s. a. Jahresbericht der ornithologischen Beobachtungsstationen im Königr. Sachsen.

— u F. Helm, V. Jahresbericht (1889) der ornithologischen Beobachtungsstationen im Königr. Sachsen. Nebst e. Anh.: Die sonst. Landesfauna betr. Beobachtgn. gr. 4. (IV, 80 S.) Ebd. 890. n.n. 8. —

— — VI. Jahresbericht (1890) der ornithologischen Beobachtungsstationen im Königr. Sachsen. Nebst e. Anh.: Die sonst. Landesfauna betr. Beobachtgn. u. e. Verzeichnisse der bis jetzt im Königr. Sachsen beobachteten Vögel m. Angaben über ihre sonst geograph. Verbreitg. Mit e. (farb.) Vegetationskarte der Erde. Imp.-4. (IV. 135 S.) Berlin 892. Friedländer & Sohn. n.n. 12. —

Meyer, A. B., Index zu L. Reichenbach's ornithologischen Werken. gr. 8. (VII, 150 S.) Berlin 879, (Friedländer und Sohn.) geb. **

— Lung-Ch'uan-Yao oder altes Seladon-Porzellan, nebst e. Anh. über damit in Verbindg. steh. Fragen. Mit 3 color. Lichtdr.-Taf. u. 24 Holzschn. im Text. [Abhandlgn. u. Berichte d. k. zoolog. u. anthropolog.-ethnograph. Museums zu Dresden 1888/89, hrsg. v. A. B. Meyer, Nr. 3.] Imp.-4. (III, 41 S.) Berlin 889. Friedländer & Sohn. n. 12. —

— u. A. Schadenberg, d. Mangianenschrift v. Mindoro. Spec. bearb. v. F. W. Foy. [Aus: „Abhandlgn. u. Berichte d. kgl. zoolog. u. anthropolog.-ethnograph. Museums zu Dresden".] Imp.-4. (34 S. m. Abb. u. 4 Lichtdr.-Taf.) Berlin 895. R. Friedländer & Sohn. n. 10. —

— Masken v. Neu-Guinea u. dem Bismarck-Archipel, } s.: Publikationen aus dem königl. ethnograph. Museum zu Dresden.
— die Philippinen. II. Negritos, }

— u. J. Jablonowski, 24 Menschenschädel von der Oster-Insel. Imp.-4. (IV, 108 S. m. 4 Abbildgn. u. 7 Taf.) Ebd. 901. n. 24. —
4 Sonderabdrucke aus: „Abhandlgn. u. Berichte der königl. zoolog. u. anthropolog.-ethnograph. Museums zu Dresden".

—— die Minahassa auf Celebes, s. Sammlung gemeinverständl. wissenschaftl. Vorträge.

Meyer AB, die Minahassa auf Celebes. (Slg wiss. Vortr. 262) Berlin 1876

– u. O. Richter

— — ethnograph. Miscellen, s. Abhandlungen u. Berichte des königl. zoolog. etc. Museums zu Dresden. Nr. 6.

— Foy, u. O. Richter, ethnographische Miscellen. I. Mit 3 Taf. in Lichtdr. u. 15 Textfig. in Zinkogr. Imp.-4. (II, 150 S.) Ebd. 901. n. 22. —

—— s. Mittheilungen aus dem k. zoologischen Museum zu Dresden.

— über einige europäische Museen u. verwandte Institute, s.: Abhandlungen u. Berichte des königl. zoolog. etc. Museums zu Dresden. X. 1.

Über Museen des Ostens der Vereinigten Staaten von Nord Amerika. Reisestudien von A[dolf] B[ernhard] Meyer. 1. 2. Berlin: R. Friedländer & Sohn 1900–01. 4°
= Abhandlungen u. Berichte d. Kgl. Zool. u. Anthropol.-Ethnogr. Museums zu Dresden. Bd. 9, No 1; Bd 9, Beih. [07. 1166 9

— über Museen des Ostens der Vereinigten Staaten v. Nord-Amerika. Reisestudien. I u. II. Imp.-4. Berlin, R. Friedländer & Sohn. n. 38. —
I. (72 S. m. Abbildgn.) 900. n. 16. —
II. (VI, 101 S. m. 59 Abbildgn.) 901. n. 22. —
Sonderabdrucke aus: „Abhandlgn. u. Berichte d. kgl. zoolog. u. anthropologisch-ethnograph. Museums zu Dresden".

— dasselbe, s. Abhandlungen u. Berichte des kgl. zoolog. etc. Museums zu Dresden. Beil.-Hft.

— Nekrolog auf Karl Gottlieb Henke. Imp.-4. (4 S.) Berlin (900). R. Friedländer & Sohn. n. 1. —
Sonderabdruck aus: „Abhandlgn. u. Berichte des königl. zoolog. u. anthropolog.-ethnograph. Museums zu Dresden".

— Nekrolog auf Theodor Kirsch. [Abhandlungen u. Berichte d. k. zoolog. u. anthropologisch-ethnograph. Museums zu Dresden 1888/89, Nr. 5.] Imp.-4. (7 S. m. Portr. in Lichtdr.) Ebd. 889. n. 2. —

— zur Nephritfrage (Neu-Guinea, Jordansmühl u. a., Alpen), s.: Abhandlungen u. Berichte des königl. zoolog. etc. Museums zu Dresden. Nr. 4.

—— die Nephritfrage kein ethnologisches Problem. Vortrag, gehalten zu Dresden im März 1883. gr. 8. (24 S.) Berlin 883, Friedländer und Sohn. *

Meyer, A. B., Ueber die Namen Papua, Dajak und Alfuren. (Aus d. Jahrg. 1882 d. Sitzb. d. phil.-hist. Classe d. k. Akad. d. Wissensch. Cl. Bd. 1. Heft. S. 537 besonders abgedruckt.) gr. 8. (18 S.) In Comm. geh. 18 kr.
Wien 882. (Gerold's Sohn.)

— zwei neue Paradiesvögel. [Aus: „Abhandlgn. u. Berichte d. k. zoolog. u. anthropologisch-ethnograph. Museums zu Dresden".] gr. 4. (11 S. m. 17 Fig. u. 2 farb. Taf.) Berlin 895. R. Friedländer & Sohn. n. 8. —

– u. A. Schadenberg

— — die Philippinen. I. Nord-Luzon: Tingianen, Bánaos, Ginaanen, Silipanen, Apoyáos, Kianganen, Igorroten, Irayas u. Ilocanen, s.: Publikationen aus dem ethnograph. Museum zu Dresden.

– – II. Negritos, s. Publikationen aus dem ethnograph. Museum zu Dresden.

— e. neue Phloeomys-Art. [Aus: „Abhandlgn. u. Berichte d. k. zoolog. u. anthropolog.-ethnograph. Museums zu Dresden".] gr. 4. (2 S.) Ebd. 895. n. 1. —

Meyer, Adf. Bernh., Probe der Mafoor'schen Sprache. [Aus: „Sitzungsber. d. k. Akad. d. Wiss."] Lex.-8. (10 S.) Wien 874. Gerold's Sohn in Comm. n. — 20

——. s. Publicationen aus dem königl. ethnographischen Museum zu Dresden.

—— Publicationen des königl. ethnographischen Museums zu Dresden. Hrsg. mit Unterstützung der Generaldirection der königl. Sammlungen für Kunst und Wissenschaft zu Dresden. I—III. Fol. Leipzig, Naumann und Schroeder. In Mappe *
Inhalt:
I. Bilderschriften des ostindischen Archipels und der Südsee. (III, 8 S. mit 6 Taf. in Lichtdr.) 881. In Mappe * ℳ 20.
II. Jadeït- und Nephrit-Objecte. A. Amerika und Europa. (S. 1—36 mit 2 Taf. in Lichtdr., wovon 1 color.) 883. In Mappe * ℳ 30.
III. —— dass. — B. Asien, Oceanien und Afrika. (S. 37—69 mit 5 Taf. in Lichtdr.) 883. In Mappe * ℳ 30.

—— **Publikationen** des königl. ethnographischen Museums zu Dresden. Hrsg. mit Unterstützung der Generaldirection der königl. Sammlungen für Kunst und Wissenschaft zu Dresden. IV.—VI. Fol. Leipzig. [Naumann und Schroeder.] Klinkhardt. In Mappe * 1

Inhalt:

IV. Alterthümer aus dem ostindischen Archipel und angrenzenden Gebieten, unter besond. Berücksicht. derjenigen aus der hinduischen Zeit. (34 S. mit 19 Taf. Lichtdr., darunter 4 in Chromolichtdr. und 1 Karte.) 884. *ℳ 90.—.

V. Seltene Waffen aus Afrika, Asien und Amerika. Hrsg. von A. B. Meyer und M. Uhle. (6 S. mit 10 Taf. Lichtdr.) 885. *ℳ 30.—.

VI. Uhle, M., Holz- und Bambus-Geräthe aus Nord-West-Neu-Guinea [hauptsächlich gesammelt von A. B. Meyer] mit besond. Berücksicht. der Ornamentik. (14 S. mit 7 Taf. Lichtdr.) 886. *ℳ 30.—.

I.—III. Ebendas. 1881—83. *ℳ 80.—.

— **Publicationen** aus dem königl. ethnographischen Museum zu Dresden. Hrsg. mit Unterstützung der Generaldirection der königl. Sammlgn. f. Kunst und Wissenschaft zu Dresden. VI. Fol. Leipzig 886. Klinkhardt. In Mappe. n. 30. — (I—VI.: n. 230. —)

Ging an Karl W. Hiersemann in Leipzig über, herabg. von n. 230. — auf n. 170. —.

Die erschienenen 6 Hfte. einzeln:

I. Meyer, A. B., Bilderschriften d. Ostindischen Archipels u. der Südsee. Mit 6 Lichtdrucktaf. 881. Früher n. 20. —; jetzt n. 15. —

II. Meyer, A. B., Jadeit- u. Nephrit-Objecte. A.: Amerika u. Europa. Mit 2 Lichtdrucktaf. (davon eine color.). 881. Früher n. 30. —; jetzt n. 22. 50

III. — Jadeit- und Nephrit-Objecte. B.: Asien, Oceanien u. Afrika. Mit 4 Lichtdrucktaf. 883. Früher n. 30. —; jetzt n. 22. 50

IV. — Alterthümer aus dem ostindischen Archipel u. angrenz. Gebieten, unter besond. Berücksicht. derjenigen aus der Hinduischen Zeit. Mit 19 Lichtdrucktaf. (davon 4 in Chromolichtdr.) und 1 Karte. 884. Früher n. 90. —; jetzt n. 65. —

V. — u. M. Uhle, seltene Waffen aus Afrika, Asien und Amerika. Mit 10 Lichtdrucktaf. 885. Früher n. 30. —; jetzt n. 22. 50

VI. Uhle, M., Holz- u. Bambusgeräthe aus Nord-West-Neu-Guinea (hauptsächl. ges. v. A. B. Meyer), mit besond. Berücksicht. d. Ornamentik. Mit 7 Lichtdrucktaf. 886. Früher n. 30. —; jetzt n. 22. 50

Meyer, A. B., u. L. W. Wiglesworth, e. zweite **Sammlung** v. Vögeln v. d. Talaut-Inseln. [Aus: „Abhandlgn. u. Berichte d. k. zoolog. u. anthropolog.-ethnograph. Museums zu Dresden".] gr. 4. (9 S.) Ebd. 895. n. 9 —

— **Säugethiere** v. Celebes- u. Philippinen-Archipel. I. M. 9 color. u. 6 Lichtdr.-Taf. [Aus: „Abhandlgn. u. Berichte d. k. zoolog. u. anthropolog.-ethnograph. Museums zu Dresden".] gr. 4. (VIII, 36 S.) Ebd. 896. n. 30. —

— **Säugethiere** vom Celébes- u. Philippinen-Archipel. II. Celébes-Sammlungen der Herren Sarasin. Anh.: Jablonowski, J., Die löffelförmigen Haare der Molossi. Imp.-4. (VIII, 556 S. m. 11 [8 farb.] Taf.) Berlin 899. R. Friedländer & Sohn. n. 24.—
I. Ebd. 896. n. 30. —.

—— über künstlich deformirte **Schädel** von Bórneo und Mindanáo im königl. anthropologischen Museum zu Dresden, nebst Bemerkungen über die Verbreitung der Sitte der künstl. Schädel-Deformirung. Gratulationsschrift an Rud. Virchow. gr. 4. (35 S. mit 1 Lichtdr.-Taf.) Leipzig 881, Teubner. *

— e. brauner **Tschimpanse** im Dresdner zoologischen Garten. [Aus: „Abhandlgn. u. Berichte d. k. zoolog. u. anthropolog.-ethnograph. Museums zu Dresden".] Imp.-4. (8 S. m. 1 farb. Taf.) Ebd. 896. n. 4. 50

A[d.] B[ernh.] **Meyer** und R. Parkinson: Schnitzereien und Masken vom Bismarck Archipel und Neu Guinea. M. 19 [vielm. 18] Taf. in Lichtdr. *Dresden: Stengel & C. 1895.* (2 Bl., 28 S., 18 Taf.) 1 Bd 2.
— **Publicationen** aus d. Kgl. Ethnogr. Museum zu Dresden. Bd x. '94. 513

– Dass., s.a. Publikationen aus dem ethnograph. Museum zu Dresden.

Meyer Bernhard Adolf. Dr.: Über die Mafoorsche und einige andere Papua-Sprachen auf Neu-Guinea. S. 77. 50 . . . . — 80
Separatabdruck

—— über die **Mafoor'sche** und einige andere Papúa-Sprachen auf Neu-Guinea. Lex.-8, (60 S.) Wien 874, (Gerold's Sohn.) *

— Sprachprobe der Mafoorschen Sprache. Nachtrag. S. 78. 525 . . . . vgr.
Separatabdruck

— d. **Stinkdachs** der Philippinen (Mydaus Marchei Huet). [Aus: „Abhandlgn. u. Berichte d. k. zoolog. u. anthropolog.-ethnograph. Museums zu Dresden".] gr. 4. (4 S.) Ebd. 895. n. 1. 20

Meyer, A. B., die alten **Strassenzüge** d. Obergailthales [Kärnten] und seiner Nachbarschaft. Dargestellt nach den mit Unterstützg. der königl. preuss. Akademie d. Wissenschaften zu Berlin v. Hrn. F. C. Keller ausgeführten Localforschgn. Ein Nachtrag zu d. Verf. „Gurina im Obergailthal" [Dresden 1885]. Mit 1 Karte in Lichtdr. Imp.-4. (S. 105—112.) Dresden 886. W. Hoffmann. 4. —

— eine neue **Tarsus-Art**. [Aus: „Abhandlgn. u. Berichte des k. zoolog. u. anthropolog.-ethnograph. Museums zu Dresden".] gr. 4. (2 S.) Berlin 894. R. Friedländer & Sohn. n. 1. —

—— **Uebersicht** der von mir auf Neu-Guinea und den Inseln Jobi, Mysore und Mafoor im J. 1873 gesammelten Amphibien. gr. 8. (17 S.) Berlin 874, (Friedländer und Sohn.) *
Aus: Monatsbericht der k. Akademie der Wissenschaften, besonders abgedruckt.

—— **Verzeichniss** der von mir im Ostindischen Archipel gesammelten Reptilien und Batrachier, s.a. Abhandlungen und Berichte des Zoologischen Museums zu Dresden.

— **Verzeichniss** der von mir in den J. 1870—1878 im ostindischen Archipel gesammelten Reptilien und Batrachier. [Abhandlgn. u. Berichte d. k. zoolog. u. anthropologisch-ethnograph. Museums zu Dresden 1886/87, hrsg. v. A. B. Meyer, Nr. 2.] gr. 4. (16 S.) Berlin 887. Friedländer & Sohn. n. 2. 40

Meyer, A. B., u. F. Helm, **Verzeichniss** der bis jetzt im Königr. Sachsen beobachteten Vögel, nebst Angaben üb. ihre sonstige geographische Verbreitung. Mit e. (farb.) Vegetations-Karte der Erde. [Aus: „M. u. H., VI. Jahresbericht der ornitholog. Beobachtungsstationen etc."] Imp.-4. (71 S.) Berlin 892. R. Friedländer & Sohn n.n. 8. -

— neue **Vögel** aus dem ostindischen Archipel. [Aus: „Abhandlgn. u. Berichte des k. zoolog. u. anthropolog.-ethnograph. Museums zu Dresden".] Imp.-4. (4 S. m. 1 farb. Taf.) Ebd. 894. n. 4. 50

Meyer Adolf Bernhard: Über neue und ungenügend bekannte Vögel von Neu-Guinea und den Inseln der Geelvinksbai. 1. Mitteilung. S. 69. I. 74 . . . . vgr.
— — 2. Mitteilung. S. 69. I. 808 . . . . vgr.
— — 3. Mitteilung. S. 69. I. 986 . . . . vgr.
— — 4. Mitteilung. S. 69. I. 433 . . . . vgr.
— — 5. Mitteilung. S. 70. I. 110 . . . . vgr.
— — 6. Mitteilung. S. 70. I. 290 . . . . vgr.
— — Alphabetischer Index dieser 6 Mitteilungen. S. 70. I. 479 . . . . vgr.
Separatabdruck

— über neue u. ungenügend bekannte **Vögel** v. Neu-Guinea u. den Inseln der Geelvinksbei. [1—6. Mittheilg.] [Aus: „Sitzungsber. d. k. Akad. d. Wiss."] Lex.-8. Wien 874. (Gerold's Sohn.) n. 2. —
1—4.: (à 17 S.) à n. — 30 — 5. (20 S.) n. — 30 — 6. (39 S.) n. — 50

— alphabetischer Index zu den 6 Mittheilungen: Ueber neue u. ungenügend bekannte Vögel v. Neu-Guinea u. den Inseln der Geelvinksbai. [Aus: „Sitzungsber. d. k. Akad. d. Wiss."] Lex.-8. (17 S.) Wien 875. (Gerold's Sohn.) n.n. — 30

— u. L. W. Wiglesworth, neue Vögel v. Celébes. [Aus: „Abhandlgn. u. Berichte des k. zoolog. u. anthropolog.-ethnograph. Museums zu Dresden".] gr. 4. (3 S.) Berlin 894. R. Friedländer & Sohn. n. 1. 50

— üb. Vögel v. Neu Guinea u. Neu Britannien. [Aus: „Abhandlgn. u. Berichte d. kgl. zoolog. u. anthropol.-ethnogr. Museums zu Dresden".] gr. 4. (17 S.) Ebd. 891. n. 2. 40

– u. L. W. Wiglesworth

— — eine Vogelsammlung v. Nordost-Celébes u. d. Inseln Peling u. Banggai. [Aus: „Abhandlgn. u. Berichte d. kgl. zoolog. etc. Museums zu Dresden".] Imp.-4. (20 S. m. 1 Karte.) Ebd. 896. n. 5. —

— die Wanderungen d. Rosenstaares (Pastor roseus L.) nach Europa, speciell die Wandergn. im J. 1889. [Aus: „IV. Jahresbericht (1888) der ornitholog. Beobachtungsstationen im Königr. Sachsen".] Imp.-4. (12 S.) Ebd. 889. n.n. 1. —

Meyer, Agnes, Pechvogel oder Glückspilz, s. a. Eckstein's humoristische Bibliothek Nr. 97.

Pechvogel oder Glückspilz. Humorist. Roman von Agnes Meyer. 1.–4. Taus. Berlin: R. Eckstein Nachf. [1899]. (143 S.) 8⁰
Bibliothek. Ecksteins humoristische. No 97.

Meyer, Alb. Friedrich

Meyer, A. F., Ehevertrag u. Testament. 2. verm. u. verb. Aufl. (32 S.) 8. Pforzheim, Selbstverlag. 1909. 1. —

Meyer, A. F., Ehevertrag u. Testament. 3. verm. u. verb. Aufl. (32 S.) 8. Pforzheim. Leipzig, Fritzsche & Schmidt. 1909. 1. —

Meyer, Alb. Frdr., Ehevertrag u. Testament nebst Auszug aus d. Erbrecht m. Reichs-Erbschaftssteuergesetz u. Ueberleitungsgesetze der älteren ehelichen Güterstände Deutschlands in das Reichsrecht. 4. verb. u. verm. Aufl. (119 S.) 8. Freiburg i/B. 910. P. O. Ritter. (Leipzig, Fritzsche & Schmidt.) 1. 50

Meyer, Alb. Frdr., hat der Ehevertrag e. Wert f. mich? u. Wie mache ich mein Testament? (32 S.) 8. Lörrach 904. (Leipzig, Fritzsche & Schmidt.) n. 1. —

Meyer, A. F., Hat der Ehevertrag e. Wert f. mich? u. Wie mache ich mein Testament? (32 S.) 8. Lörrach. Selbstverlag. 1904. 1. —

— Nachlaß-Verzeichnis nach dem bürgerl. Gesetzbuch §§ 1519 m. Testamentsverkündung, Auseinandersetzung, Erbschein u. nachlaßgerichtl. Zeugnis v. der Sterbfallsanzeige bis zur Ladung — in Aktenform —, nebst Auszügen aus Rechtspolizeigesetz, Rechtspolizeiordng., freiwill. Gerichtsbarkeitsgesetz, Gesetz betr. die Ueberleitg. der ehel. Güterstände des älteren Rechts in das Reichsrecht vom 4. VIII. 1902. Kostenverordng. u. e. Sammlg. v. Entscheidgn. verschied. Gerichtshöfe u. Erlasse gr. Justizministeriums, ferner e. Geschäftskalender f. gr. Notariate. (VI, 288 S.) gr. 8. Lörrach 903. C. R. Gutsch. Geb. in Leinw. n. 4. —

— wie die Zwangsversteigerung v. Grundstücken im Wege der Zwangsvollstreckung nach dem Gesetz vom 24. III. 1897 betrieben wird. Mit 15 Formularen u. Festsetzg. des geringsten Gebots bei Gesamt- u. Einzel-Hypotheken. 2. Aufl. (24 S.) 8. Lörrach (903). Leipzig, Fritzsche & Schmidt. n. 1. —

Meyer, *Karl* Albert: Ein Beitrag zu dem Rechenunterricht an höheren Lehranstalten. Grossenhain, Druck v. Starke & Sachse, *1891;* 1 Bl., 42 S. 8⁰
Grossenhain, R m. PG, OP 1891 (562)

Meyer, Albert. Das Getreidemonopol in der Schweiz. Von Dr. A' M' in Zürich. Sonderabdruck aus der «Zeitschrift für Socialwissenschaft». Band 12. Heft 1. 1909. 7 S. 8. Leipzig, A. Deichert.

Meyer, Albert [Oberl.]: Die Grundlehren der ebenen Trigonometrie nach den neuen preussischen Lehrplänen. Cöthen, Druck v. P. Schettlers Erben, *1893;* 3—21 S., 2 Taf. 4.
Cöthen, herz. Friedrichs-R nebst VS, OP 1893 (677)

Meyer, Albert, stud. jur.: Der Inhalt der Prokura gemäß der §§ 48—53 des neuen Handelsgesetzbuches. Borna-Leipzig 1910: Noske. IX, 64 S. 8°
Leipzig, Jur. Diss. v. 16. Juni 1910
[Geb. 4. Juli 84 Andermatt; Wohnort: Andermatt; Staatsangeh.: Schweiz; Vorbildung: Gymn. Zug Reife Aug. 05; Studium: München 1, Bern 4, Leipzig 4 S.; Rig. 19. Febr. 10.] [U 10. 2800

— Albert (Dessau), Über die neueren und neuesten Methoden des qualitativen und quantitativen Nachweises freier Salzsäure im Mageninhalt. Diss. med.-chir. Berlin (G. Schade) 29. IV. 1890. 39 S. u. Biogr (1.50) 23170
Oppon.: Hugo Dammholz, Erich Kallius, Leopold Kuttner. — Gew.: C. A. Ewald.

Meyer, Albert, approb. Arzt aus Münster ⟨O.-Els.⟩: Ueber Pulsionsdivertikel des Oesophagus. *Straßburg 1903: C. Müh & Co.* (40 S.) 8°
Straßburg, Med. Diss. v. 1902

Meyer, Alb., d. Verbrechen in ihrem Zusammenhang m. d. wirtschaftl. u. sozialen Verhältnissen im Kanton Zürich, s. a. Studien, staatswissenschaftl.

Meyer, Albert, von Fällanden (Kt. Zürich): Die Verbrechen in ihrem Zusammenhang mit den wirtschaftlichen und sozialen Verhältnissen im Kanton Zürich. [Erschien zugleich in: Staatswissenschaftliche Studien, hg. v. Ldw. Elster. Bd V, Heft 5]. Jena: G. Fischer 1895. VI, 98 S., 9 Tabellen. 8⁰
Zürich, Jur. Diss. [v. 11. Mai 1895].

Meyer, Albert. Walthari. Ausgewählte Stücke aus dem St. Galler Festspiel [1903, Text von Michael Bühler und Georg Luck], für Pianoforte allein mit Gesang. Componirt von A' M'. [Mit illustriertem Umschlag.] 23 S. 4. St. Gallen, Comm. Zweifel-Weber ⟨Gebr. Hug & C⁰, St. G'⟩, [1905]. fr. 2. —

Meyer, Albr. Aug., über d. hamburg. Intestat-Erbrecht. gr. 8. (3½ B.) Hamburg 836, (Perthes-Besser u. Mauke.) *

Meyer, Alexander

Meyer, das Aktienrecht. Buch II, Abschn. 3 u. 4 des Handelsgesetzbuchs vom 10. V. 1897. Mit Erläutergn. Berlin 899.

Meyer, Alex., das Aktienrecht. Buch II Abschn. 3 u. 4 des Handelsgesetzbuchs v. 10. V. 1897. Mit Einleitg., kurzen Erläutergn. u. Sachregister hrsg. 3. Aufl. der Ausg. des Reichsgesetzes vom 18. VII. 1884. gr. 16. (III, 124 S.) Berlin 900. F. Vahlen. Kart. n. 1.20

Meyer, Alex., über Altersversicherung der Arbeiter, s.a. Zeitfragen, volkswirthschaftliche.

Meyer, Alex., Ueber Altersversicherung der Arbeiter. Vortrag, gehalten in der Berliner volkswirtschaftlichen Gesellschaft am 14. Januar 1888. (Volkswirtsch. Zeitfragen, Heft 74.) 8°. Berlin 1888.

Meyer, Alex, Referendar in Elberfeld: Begriff und Schutz des Kredits im Bürgerlichen Gesetzbuch. *Leipzig 1904: W. Wigand.* (115 S.) 8°
Leipzig, Jur. Diss. v. 1904

Meyer, A., s.: Beiträge, kritische, zur herrschenden Wirthschaftspolitik.

Meyer, Alex., s.: Bericht d. Reichstags-Kommission zur Vorberathg. d. Entwurfs e. Gesetzes z. Bekämpfg. d. unlaut. Wettbewerbes.

Meyer, Alex., Bericht über die auf Veranlassung der ständigen Deputation des volkswirthschaftlichen Congresses am 4. Aug. 1866 zu Braunschweig abgehaltene Versammlung. Im Auftrage der ständ. Deputation erstattet. [Aus Vierteljahrschrift für Volkswirthschaft u. Kulturgeschichte.] Berlin 866. Herbig. gr. 8. (30 S.) 5 ngr.

Meyer, Alex., die Erschliessung des Luftraumes in ihren rechtlichen Folgen. Ein Vortrag. (47 S.) gr. 8. Frankfurt a/M. (909). Gebr. Knauer. 1.50

Meyer, Alex., Jäger-Vademecum. gr. 16. (VI, 208 S.) Berlin 877, [Wiegandt, Hempel und Parey.] Parey. *

Meyer, Alex, Referendar beim Kgl. Oberlandesgericht in Cöln: Zur Lehre von der Gefahrtragung für die Unmöglichkeit der Leistung beim gegenseitigen Vertrage, insbesondere beim Arbeitsvertrage. Bonn 1906: C. Georgi. (54 S.) 8°
Bonn, Jur. Fak., Diss. v. 12. März 1906
[Geb. 6. Nov. 78 M.-Gladbach: Wohnort: Bonn; Staatsangeh.: Preußen; Vorbildung: Gymn. M.-Gladbach Reife O. 97: Studium: Innsbruck 2, Freiburg i. B. 1, München 1, Bonn 4 S.]

— A., Die Luftschiffahrt in kriegsrechtlicher Beleuchtung. (60 S.) Lex.-8. Frankfurt a. M., Gebr. Knauer. 1909. 1. 50.

— Reichsgesetz z. Bekämpfg. d. unlauteren Wettbewerbes v. 27. Mai 1896. M. Einleitg., erläut. Anmerkgn. u. Sachregister. Nebst d. Gesetz z. Schutz der Waarenbezeichngn. u. Ausführungsbestimmgn. dazu. 2. u. 3. Abdr. gr. 16. (IV, 96 S.) Berlin 896. F. Vahlen. Kart. n. 1. —

Meyer, Alex., Reichsgesetz, betreffend die Kommanditgesellschaften auf Aktien und die Aktiengesellschaften. Vom 18. Juli 1884. Textausg. mit Einleitung, Anmerkungen und Sachregister. 1. und 2. Aufl. 16. (IV, 116 S.) Berlin 884, Vahlen. cart. *

Meyer, Alexander [aus Oderfeld bei Barbis]: Untersuchung über das Benzylcyanid. . . . Göttingen, Druck d. Univ.-Buchdr. v. W. Fr. Kästner, 1880; 37 + 1 S. 8°
Göttingen, Phil. Fak., Inaug.-Diss. v. 8. Dez. 1888

Meyer, Alex., Untersuchung über das Benzylcyanid. Inaug.-Diss. gr. 8. (37 S.) Göttingen 889. (Vandenhoeck & Ruprecht's Verl.) n. — 80

Aus guter alter Zeit. Berliner Bilder u. Erinnerungen von Alexander Meyer. (Hrsg. von A. Meyers Wwe u. s. Kindern. Mit e. Vorw. von Prof. Richard M[oritz] Meyer.) Stuttgart & Leipzig: Deutsche Verlags-Anst. 1909. (VIII, 217 S.) 8° [F.] [08, 18334

Meyer, Alfons

Auction. Auktion Schweiz. Münzen und Medaillen ..., Zürich. ... 17. und ... 18. April (1905).... Illustrierte Kataloge ... durch die Auktionatoren H[einrich] Messikommer zur «Meise» und A[lphons] Meyer.... [Katalog, mit 4 Tafeln.] 55 S. 8. Zürich, Fritz Amberger, 1905.

Meyer, Alfred, med. pract., Zürich: Aus dem Röntgenlaboratorium von Dr. Gustav Baer, Zürich. Beitrag zur Kenntnis der Längsfracturen der Patella. (Mit 2 Tafeln.) Leipzig 1906. 39 S. 8°. S.-A. aus „Deutsche Zeitschrift f. Chirurgie Bd. 85." [29. X. 06.]
Zürich. Med. Diss. 1906/1907.

Meyer, Alfred. Beitrag zur Kenntnis der Längsfrakturen der Patella. Diss. Med. Univ. Zürich. ⟨Mit 2 Tafeln.⟩ [Sep.-Abdr. aus: Deutsche Zeitschrift für Chirurgie, Band 85.] *Kopftitel:* Aus dem Röntgenlaboratorium von Dr. Gustav Baer, Zürich. 39 S. 8. Leipzig, August Pries, 1906.

Meyer, Alfred, appr. Arzt a. Berlin: Aus d. Tübinger Univ.-Augenklinik. Beiträge zur pathologischen Anatomie der hämorrhagischen Retinalapoplexie durch Venenverschluss mit nachfolgendem Glaukom. Tübingen: F. Pietzcker 1907. (25 S.) 8°
Tübingen, Med. Fak., Ref. Schleich, Diss. v. 1. Okt. 1907
[Geb. 26. März 80 Berlin; Wohnort: Berlin; Staatsangeh.: Preußen; Vorbildung: Prinz-Heinrich-Gymn. Berlin Reife O. 99; Studium: Berlin Techn. Hochsch. 3, Univ. 5, Tübingen 5 S.; Coll. 1. Aug. 07; Approb. 31. März 07.]

Meyer, Alfr. die deutschen Börsensteuern 1881—1900, s.a. Studien, Münchener volkswirtschaftliche.

Meyer, Alfred: Die deutschen Börsensteuern 1881—1900, ihre Geschichte und ihr Einfluß auf das Bankgeschäft. *Stuttgart 1902: Union.* (X, 74 S.) 8° ¶ (= Münchener volkswirtsch. Studien, Stück 52.]
München, Staatswirtsch. Diss. v. 1902

Meyer, Alfred, Referendar in Hagen i. W.: Das deutsche internationale Eheschließungsrecht nach dem Einführungsgesetz zum Bürgerlichen Gesetzbuch Art. 11 und 13. Leipzig 1904: W. Wigand. (46 S.) 8°
Leipzig, Jur. Fak., Diss. v. 2. Nov. 1904
[Geb. 28. Febr. 77 Porta Westf.; Wohnort: Minden i. W.; Staatsangeh.: Preußen; Vorbildung: Gymn. Minden Reife O. 96; Studium: Bonn 3 u. 4 S., [dazwischen 4 jährige Unterbrechung des Studiums behufs kaufmännischer Ausbildung]; Rig. 4. Dez. 03.]

Meyer, Alfred: Ein Fall von rechtsseitiger Hydronephrose, verursacht durch ein vom Uterus ausgehendes Fibrosarcom. *Heppenheim a. d. Bergstr. 1898: A. Allendorf.* (31 S.) 8°
Leipzig, Med. Diss. v. 24. Jan. 1898

Meyer, Alfr., zur Frage der Aufhebung der Generalkommissionen. (28 S.) Lex. 8. Berlin 909. Deutsche Landbuchh. 1. —
Sonderabdruck aus: „Archiv f. innere Kolonisation". Bd 1, H. 3.

Meyer, Alfred, Gerichtsassessor a. Greifswald: Die ausserkontraktliche Haftung des Geschäftsherrn für schadenstiftende Handlungen seiner Gehülfen gemäss § 831 BGB. Greifswald 1907: H. Adler. (VIII, 31 S.) 8° [F.]
Greifswald, Jur. Fak., Ref. Pescatore, Diss. v. 23. Juli 1907
[Geb. 18. Juli 77 Greifswald; Wohnort: Greifswald; Staatsangeh.: Preußen; Vorbildung: Gymn. Greifswald Reife O. 96; Studium: Greifswald 7 S.; Rig. 21. Dez. 06.]

Meyer, Alfr., Max Jähns als militärischer Schriftsteller, s.: Jähns, Max, geschichtliche Aufsätze.

Meyer, Alfred. Zur Casuistik der Atropinintoxikation. Aus dem Solothurn. Kantonsspital in Olten.... Separatabdruck aus dem Correspondenz-Blatt für Schweizer Aerzte, [Jahrg. 35,] 1905, Nr. 17. [2 S.] gr.-8. [Basel, Schweighauser.]

Meyer, Alfr.: Der Krieg im Zeitalter des Verkehrs u. der Technik, s.a. Aus Natur u. Geisteswelt.

Der Krieg im Zeitalter des Verkehrs und der Technik. Von Alfred Meyer, Hauptm. im Inf.Regt Nr 133. Mit 3 Abb. u. 2 Taf. Leipzig: Teubner 1909. 138 S. 8°
(Aus Natur u. Geisteswelt. Bdch. 271.)

Meyer, Alfred, a. Wolkenstein im Erzgeb.: Das kulturhistorische in „Le mystère du siège d'Orléans". Leipzig: Dr. Seele & Co. 1906. (193 S.) 8°
Leipzig, Phil. Fak., Ref. Birch-Hirschfeld u. Wülker, Diss. v. 3. Nov. 1906
[Geb. 8. Apr. 82 Wolkenstein (Erzgeb.); Wohnort: Wolkenstein; Staatsangeh.: Sachsen; Vorbildung: Realgymn. Annaberg Reife O. 02; Studium: Leipzig 7 S.; Rig. 6. Febr. u. 2. Aug. 06.]

Meyer, Alfr., Rechenbuch f. die mittleren Lehranstalten. 1.—3. Tl. 8. Riga, N. Kymmel. Kart. 3. 40
1. Die Rechnungen m. unbenannten, einfach benannten u. mehrfach benannten ganzen Zahlen. (96 S.) 907. Kart. — 80
2. Die Rechnungen m. gewöhnlichen Brüchen u. Dezimalbrüchen. Verhältnisse u. Proportionen. (112 S.) 908. Kart. 1. 20
3. Das praktische Rechnen. (126 S.) 908. Kart. 1. 40

— dasselbe f. die Vorbereitungsklassen der mittleren Lehranstalten. 1.—3. Heft. 8. Ebd. 907. 1. 80
1. Die Zahlenreihe 1—20. (40 S.) — 40
2. Die Zahlenreihe 1 bis 100. (61 S. m. Abb.) Kart. — 60
3. Die Zahlenreihe 1 bis 1000 u. 1 bis 1000000. (88 S.) Kart. — 80

Meyer Alfred: Untersuchungen über akute Nierenentzündung. S. 75. III. 47 . . . . . . 1.20
Separatabdruck

Meyer, Alfr., Untersuchungen über acute Nierenentzündung. Lex.-8. (23 S. mit 2 lithogr. Taf. Abbild.) Wien 877, (Gerold's Sohn.) *
Aus: Sitzungsberichte der k. Akademie der Wissenschaften, besonders abgedruckt.

Meyer, Alfr. Ghold., Reinhold Begas, s.a. Künstler-Monographien.

[F.] Reinhold Begas. Von Alfred Gotthold Meyer. M. 117 Abb. nach Skulpt., Gemälden u. Zeichngn. *Bielefeld & Leipzig: Velhagen & Klasing 1897.* (2 Bl., 128 S.) 1 Bd 4.(8.)
= Künstler-Monographien. [Bd] 20. [97. 2818

Reinhold Begas. Von Alfred Gotthold Meyer. Mit 129 Abb. Verm. Ausg. *Bielefeld & Leipzig: Velhagen & Klasing 1901.* (130 S.) 4°(8°) [F.]
= Künstler-Monographien. 20. [01. 9531

Meyer, Alfr. Ghold., Reinhold Begas, } s.a. Künstler-
— Canova, } Monographien.

Canova. Von Alfred Gotthold Meyer. M. 98 Abb. nach Skulpturen u. Zeichngn. Bielefeld & Leipzig: Velhagen & Klasing 1898. (1 Bl., 115 S., 1 Portr.) 1 Bd 4° (8°)
Künstler-Monographien. [Bd] 36.

— die Certosa bei Pavia, s.a. Baukunst, die. II. 2.

Die Certosa bei Pavia von Alfred Gotthold Meyer. Berlin & Stuttgart: W. Spemann [1900]. (20 S., 7 Taf.) 2°
Baukunst, Die. Ser. 2, H. 2.

Meyer, Alfr. Ghold., lombardische Denkmäler des 14. Jahrh. Giovanni di Balduccio da Pisa u. die Campionesen. Ein Beitrag zur Geschichte der oberitalien. Plastik. Mit 19 Text-Illustr. u. 13 Vollbildern in Lichtdr. gr. 4. (XIV, 139 S.) Stuttgart 893. Ebner & Seubert. Geb. n. 18. —

Meyer, Alfred Gotthold (Hrsg.), s. Dobbert, Eduard: Reden und Aufsätze ...

Meyer, Alfr. Ghold., Donatello, s.a. Künstler-Monographien.

Donatello. Von Alfred Gotthold Meyer. Mit Portr. u. 140 Abb. nach Skulpturen. *Bielefeld & Leipzig: Velhagen & Klasing 1903.* (131 S.) 4°(8°) [F.]
= Künstler-Monographien. 65. [04. 7319

Donatello. By Alfred Gotthold Meyer. Transl. by P[aul] G. Konody. With 140 ill. *Bielefeld & Leipzig: Velhagen & Klasing 1904.* (159 S.) 4°(8°)
— Monographs on artists. 8. [04. 3463

— dasselbe, s.a. Monographs on artists, VIII.

Donatello von Alfred Gotthold Meyer. Mit Portr. u. 140 Abb. 2. Aufl. Bielefeld & Leipzig: Velhagen & Klasing 1908. (132 S.) 4°(8°) [F.]
= Künstler-Monographien. No 65. [08. 10413

— Eisenbauten. Ihre Geschichte u. Aesthetik. Nach des Verf. Tode zu Ende geführt von Wilh. Frhr. v. Tettau. Mit e. Geleitwort v. Jul. Lessing, 93 Abb. im Text u. 27 Taf. in Tonätzg. (XII, 191 S.) Lex. 8. Esslingen 907. P. Neff. 15.—; geb. 16. —

— Oberitalienische Frührenaissance. Bauten u. Bildwerke d. Lombardei. 1. Thl. D. Gothik d. Mailänder Domes u. d. Übergangsstil. M. 10 Lichtdr.-Taf. u. 80 Abb. im Text. hoch 4. (IV, 145 S.) Berlin 897. W. Ernst & Sohn. n. 12. —

— oberitalienische Frührenaissance. Bauten u. Bildwerke der Lombardei. 2. Thl. Die Blüthezeit. hoch 4. (VII, 294 S. m. 146 Abbildgn. u. 14 Taf.) Berlin 900. W. Ernst & Sohn. n. 24. —; geb. in Halbfrz. n. 28. 50; (kplt. n. 36. —; geb. n. 44. —)

Meyer, Alfred Gotthold [aus Berlin]: Das venezianische Grabdenkmal der Frührenaissance . . . Berlin, *gedr. i. d. Reichsdr.*, 1889; 48 S. 4°
Leipzig, Phil. Fak., Inaug.-Diss. v. 22. Aug. 1889

Die Hundertjahrfeier der Koeniglichen Technischen Hochschule zu Berlin. 18.—21. Oct. 1899. (Verf.: Alfred G. Meyer.) — Berlin 1900: (Hermann). 210 S. 4° 1.

— gesammelte Reden u. Aufsätze. (V, 212 S. m. Bildnis.) Lex.-8. Berlin 905. Edm. Meyer. n. 3. 50; kart. n. 4. —; geb. in Halbperg. n. 5. —

— Studien zur Geschichte der plastischen Darstellungsformen. I. gr. 4. Leipzig 894. W. Engelmann. n. 2. 40
Zur Geschichte der Renaissance-Herme. [Hermen in Holzschnitt- u. Kupferstich-Folgen.] (28 S. m. 1 Taf.)

— Tafeln zur Geschichte der Möbelformen. I. Serie. Schemel. Stuhl. (Ausg. f. Lehrzwecke.) gr. Fol. (10 Taf.) Mit Text. gr. 8. (66 S.) Leipzig (902). K. W. Hiersemann. n. 10. —; Bibliotheksausg. (Taf. gebrochen) n. 10. —

— Tafeln zur Geschichte der Möbelformen. II. Serie. Bank. Sofa. (Ausg. f. Lehrzwecke.) (10 Taf.) gr. Fol Mit Text. (87 S.) gr. 8. Leipzig (904). K. W. Hiersemann. n. 10. —; Bibliotheksausg. (Taf. gefaltet) 10. —; erhöhter Pr. v. 1. VII. 1904 ab à n. 15. —

Meyer, Alfr. Ghold., Tafeln zur Geschichte der Möbelformen. III. Serie. Bett. Wiege. (Ausg. f. Lehrzwecke.) (10 Taf.) gr. Fol. Mit Text. (88 S.) 8. Leipzig 905. K. W. Hiersemann. n. 15. —; Bibliotheksausg. (Taf. gefaltet) n. 15. —

— Tafeln zur Geschichte der Möbelformen. Begonnen v. M. Fortgef. v. Rich. Graul. IV.—IX. XI. u. XII. Serie. (Ausg. f. Lehrzwecke.) 8. Leipzig, K. W. Hiersemann. à 15. —; Bibliotheksausg. (Taf. gefaltet) à 15. —

IV. Tischformen. (10 Taf.) 49×66 cm. Mit Text. (62 S. m. Abb.) 907.
V. Truhen. (10 Taf.) 49×66 cm. Mit Text. (54 S. m. Abb.) 907.
VI. VII. Schrankformen. (20 Taf.) 48,5×66,5 cm. Mit Text. (89 S. m. Abb.) 909.
VIII. Spiegel u. Rahmen. (10 Taf.) (62 S. m. Abb.) 909.
IX. Uhren. (10 Taf.) (56 S. m. Abb.) 909.
XI. XII. Mobiliar von 1780—1840. Empire u. Biedermeyerstil. (20 Taf.) 49×66 cm. Mit Text. (62 S. m. Abb.) 908.

Meyer, Alfred G[otthold]: Das Werden d. deutschen Volkes u. d. deutschen Reiches ... *Berlin-München 1897.*
in: Erinnerungen an meine Schuljahre. [98. 3280

Meyer, Alfred Gustav: Der Flacianismus in der Grafschaft Mansfeld in den Jahren 1571—1574. Ein Beitrag zur Geschichte der religiösen Polemik in Deutschland vom Interim bis zur Concordienformel. Halle (1873): o. Dr. 64 S. 8°

Halle-Wittenberg, Phil. Diss. v. 4. März 1873

Geb. Berlin 27. 10. 1849. V.

Im Buchhandel Berlin (Schönebeck: Berger) 1873.

Meyer, Alfr. Gust., der Flacianismus in der Grafschaft Mansfeld in den J. 1471—1574. Inaugural-Dissertation. gr. 8. (64 S.) Berlin 873. (Schönebeck, Berger.) n 1. —

Meyer, Alfred G[ustav]: [Geh. Regierungsrat Direktor a. D. Rudolf Foss † 4. Januar 1904.] S. 24 der Schuln. 4.
Progr. Luisenstädtisches Realgymn. *Berlin* 1904 (109).

Meyer, Alfr. G., Geschichts-Tabellen. Zahlen und Uebersichten für Real- und höhere Bürgerschulen. Mit besond. Berücksicht. der deutschen und der brandenburgisch-preuss. Geschichte bearb. 2 Tle. gr. 8. Berlin 887, Gaertner's Verlag. cart. *

Inhalt:
Tl. 1. Für die unteren Klassen. (24 S.) * 40 Pf.
» 2. Für die oberen Klassen. (84 S.) * 80 Pf.

Meyer, Alfr. G., Geschichts-Tabellen. Zahlen u. Übersichten für Real- u. höhere Bürgerschulen. Mit besond. Berücksicht. der deutschen u. der brandenburgisch-preuss. Geschichte bearb. 2. Aufl. 2 Tle. gr. 8. Berlin 889. Gaertner. cart. n. 1. 20
1. Für die unteren Klassen. (24 S.) n. — 40
2. Für die oberen Klassen. (84 S.) n. — 80

Meyer, Alfr. G., Geschichts-Tabellen. Zahlen u. Übersichten f. Real- u. höhere Bürgerschulen. Mit besond. Berücksicht. der deutschen u. der brandenburgisch-preuss. Geschichte bearb. 3. Aufl. 2 Tle. gr. 8. Berlin 892. R. Gaertner. Kart. n. 1. 20
1. Für die untere Stufe. (24 S.) n. — 40
2. Für die obere Stufe. (84 S.) n. — 80

Geschichts-Tabellen. Zahlen u. Übersichten. M. bes. Berücks. d. deutschen u. d. brandenburg.-preuss. Gesch. bearb. v. Prof. Dr. Alfred G. Meyer, Dir. d. 5. Städt. Realsch. zu Berlin. 4. Aufl. Nach d. Bestimmgn der neuen Lehrpl. *Berlin: R. Gaertner 1893.* (81 S.) 1 Bd 8. [98. 7155

Meyer, Alfr. G., Geschichts-Tabellen. Zahlen u. Uebersichten f. Real- u. höh. Bürgerschulen. M. bes. Berücksicht. d. deutschen u. brandenburgisch-preuss. Geschichte. I. Tl. Für d. unt. Stufe. 3. Aufl. Neuer Abdr. gr. 8. (24 S.) Berlin 897. R. Gaertner. Kart. n. — 40

— vor 25 Jahren. Feldzugsbriefe e. Kriegsfreiwilligen. gr. 8. (63 S.) Leipzig 896. Dürr'sche Buchh. n. 1. —

Meyer, Alfr. G., u. L. Nagel, Leitfaden f. den Unterricht in der deutschen Grammatik. (31 S.) 8. Leipzig 905. Dürr'sche Buchh. n. — 30

— u. Louis Nagel, deutsches Lesebuch f. Realschulen u. verwandte Lehranstalten im Anschluß an die preußischen Lehrpläne v. 1891. 3 Tle. gr. 8. Leipzig 895. Dürr'sche Buchh. Geb. in Halbleinw. n. n. 7. 35
1. Unterstufe. 1. Tl. f. die Klasse VI. (288 S.) n. n. 2. —
2. Unterstufe. 2. Tl. f. die Klassen V u. IV. (383 S.) n. n. 2. 75
3. Oberstufe. Gedichtsammlung f. die Klassen III bis I. (335 S.) n. n. 2. 60

— — dasselbe. Oberstufe. Prosaheft Nr. 1 u. 2 f. die Klasse III, resp. f. die Klassen II u. I. gr. 8. (127 u. 125 S. m. 1 Holzschn.) Ebd. 895. Kart. à n. n. 1. 25

— u. Louis Nagel, deutsches Lesebuch f. Realschulen u. verw. Lehranst. im Anschluß an d. preuß. Lehrpläne v. 1891. Oberstufe. Gedichtsammlung f. d. Klassen III bis I. 2. Aufl. gr. 8. (335 S.) Ebd. 896. Geb. n. n. 2. 60

— — dasselbe. Oberstufe. Prosaheft. Nr. 1 u. 2. 2. Aufl. gr. 8. Ebd. Kart. à n. n. 1. 25
1. Für d. Klasse III. (127 S.) 898.
2. Für d. Klassen II u. I. (123 S. m. 1 Taf.) 899.

— — dasselbe. Prosaheft 3 f. d. Klasse III, in Verbindg. m. d. Herausgebern d. Gesamtwerkes bearb. v. P. Weise. gr. 8. (163 S.) Ebd. 895. Geb. in Halbleinw. n. n. 1. 65

— — dasselbe. Prosaheft Nr. 4 f. d. Klassen II u. I. gr. 8. (168 S. m. 2 Kartenskizzen.) Ebd. 896. Geb. in Halbleinw. n. n. 1. 65

— — dasselbe. Prosaheft 5 f. d. Klasse III, in Verbindg. m. d. Herausgebern d. Gesamtwerkes bearb. v. J. Buzello. gr. 8. (155 S.) Ebd. 897. Geb. n. 1. 50

— — dasselbe. Ausg. A. 2. Aufl. Unterstufe. 1. Tl. f. d. Klasse VI. gr. 8. (288 S.) Ebd. 897. Geb. n. n. 2. —

— — dasselbe. Ausg. B. Unterstufe. 1.—3. Tl. gr. 8. Ebd. Geb. n. n. 7. —
1. F. d. Klasse VI. 2. Aufl. (288 S.) 897. n. 2. —
2. F. d. Klasse V. (311 S.) 895. n. n. 2. 50
3. F. d. Klasse IV. (320 S.) 895. n. n. 2. 50

— — deutsches Lesebuch für Realschulen u. verwandte Lehranstalten im Anschluß an die preuß. Lehrpläne von 1891. Oberstufe. Gedichtsammlung f. die Klassen III—I. 3. Aufl. gr. 8. (335 S.) Ebd. 900. Geb. n. 2. 60

— — dasselbe Ausg. B. Unterstufe. 1.—3. Tl. gr. 8. Ebd. Geb. in Halbleinw. n. 7. —
1. Für die Klasse VI. 3. Aufl. (288 S.) 901. n. 2. —
2. Für die Klasse V. 2. Aufl. (311 S.) 900. n. 2. 50
3. Für die Klasse IV. 2. Aufl. (320 S.) 901. n. 2. 50

— — dasselbe in Anschluß an die preuß. Lehrpläne von 1901. Unterstufe. 2 Tle. u. Oberstufe. gr. 8. Ebd. 902. Geb. in Halbleinw. n. 6. 40
Unterstufe. 1. Für die Klasse VI. Ausg. A. 4. Aufl. (288 S.) n. 2. —
Unterstufe. 2. Für die Klassen V u. IV. 3. Aufl. (392 S.) n. 2. 75
Oberstufe. Prosaheft 3 für die Klasse III, in Verbindg. m. den Herausgebern des Gesamtwerkes bearb. v. P. Weise. 2. durchgeseh. Aufl. (163 S.) n. 1. 65

— — deutsches Lesebuch f. höhere Lehranstalten im Anschluß an die preußischen Lehrpläne v. 1901, insbesondere f. Real-, Oberrealschulen u. Realgymnasien. Oberstufe. Gedichtsammlung f. die Klassen III—I. 4. Aufl. gr. 8. (364 S.) Ebd. 902. Geb. in Halbleinw. n. 2. 80

— — dasselbe. Ausg. C. Unterstufe. 3 Tle. gr. 8. Ebd. 903. Geb. in Halbleinw. n. 7. —
1. Für die Klasse VI. 5. Aufl. (288 S.) n. 2. —
2. Für die Klasse V. (317 S.) n. 2. 50
3. Für die Klasse IV. (334 S.) n. 2. 50

— — deutsches Lesebuch f. höh. Lehranstalten in Anschluß an die preußischen Lehrpläne v. 1901, insbesondere f. Real-, Oberrealschulen u. Realgymnasien. Ausg. A. Unterstufe. 2 Tle. gr. 8. Ebd. 903. Geb. in Halbleinw. n. 4. 75
1. Für die Klasse VI. 5. Aufl. (288 S.) n. 2. —
2. Für die Klassen V u. IV. 4. Aufl. (393 S.) n. 2. 75

— — dasselbe. Ausg. B. Unterstufe. 1. u. 2. Tl. gr. 8. Ebd. Geb. in Halbleinw. n. 4. 50
1. Für die Klasse VI. 4. Aufl. (288 S.) 903. n. 2. —
2. Für die Klasse V. 3. Aufl. (317 S.) 903. n. 2. 50

Meyer, Alfr. G., u. Louis Nagel, Anhang zur Gedichtsammlung des deutschen Lesebuches f. höh. Lehranstalten, insbesondere f. Real-, Oberrealschulen u. Realgymnasien. (Ausg. für Besitzer alter Aufl.) gr. 8. (S. 336—366.) Leipzig 902. Dürr'sche Buchh. n. — 20

— — dasselbe. Gedichtsammlung f. die Mittelstufe (Klasse III—I der Realschulen). 5. Aufl. (364 S.) gr. 8. Ebd. 903. Geb. in Halbleinw. n. 2. 80

— — dasselbe. 1., 3. u. 5. Prosaheft. gr. 8. Ebd. Kart. n. 4. 40
1. Für Unter-Tertia (Klasse III der Realschulen). 3. Aufl. (127 S. m. 1 Abbildg.) 903. n. 1. 25
3. Für Unter-Tertia (Klasse III der Realschulen), in Verbindg. m. den Herausgebern des Gesamtwerkes bearb. v. P. Welse. 2. Aufl. (163 S.) 903. n. 1 65
5. Für Unter-Tertia (Klasse III der Realschulen), in Verbindg. m. den Herausgebern des Gesamtwerkes bearb. v. J. Buzello. 2. Aufl. (155 S.) 903. n. 1. 50

Meyer, Alfr. G., u. L. Nagel, deutsches Lesebuch f. höh. Lehranstalten in Anschluß an die preußischen Lehrpläne v. 1901, insbesondere f. Real-, Oberrealschulen u. Realgymnasien. 6. Prosaheft. 8. Leipzig [Dürr'sche Buchh.] O. R. Reisland. Geb. in Leinw. 3. 50
6. Prosaheft f. Unter-Tertia bis Unter-Sekunda (= III—I der Realschulen), im Anschluß an das Gesamtwerk hrsg. v. P. Welse u. Th. Lorentzen. 2. Aufl. (416 S.) 911.

— — dasselbe. Gedichtsammlung f. die Mittelstufe (Klasse III—I der Realschulen). 8. Aufl. (376 S.) 8. Ebd. 909. Geb. 2. 80

Meyer, Alfr. G., u. Louis Nagel, deutsche Prosalektüre. 2 Hfte. gr. 8. Leipzig 895. Dürr'sche Buchh. Kart. à n.n. 1. 25
1. F. d. Klasse Untertertia höh. Lehranst. (d. Klasse III d. Realschulen.) (127 S. m. 1 Abb.)
2. F. d. Klassen Obertertia u. Secunda höh. Lehranst. (d. Klassen II u. I d. Realschulen). (123 S. m. 1 Abb.)

Meyer, Alfred *Gustav* [Dr., Rekt.]: Deutsche Prosalektüre in den Mittelklassen höherer Lehranstalten. Berlin, R. Gaertners Verlagsbuchh., 1890; 22 S. 4°
Berlin, V. st. HB, OP 1890 (112)

Meyer, Alfred G. Der deutsche Unterricht in Tertia. 31 S. **Progr.** Fr. Werd. OR. *Berlin* 1882.

Meyer, Alfr. G., der deutsche Unterricht in Tertia. 4. (31 S.) Berlin 882, [Weidmann'sche Buchh.] Gaertner's Verlag. *

Meyer, Alfr. Rich., s.a. **Thurandt, Alfons.**

Meyer, Alfr. Rich., Ahrenshooper Abende. Fünf lyr. Pastelle. (5 S.) 8. Berlin(-Wilmersdorf) (907). A. R. Meyer. — 30

— Barnim. Ein Finale aus dem Frauengefängnis. (92 S.) 8. München-(Schwabing) (908). E. W. Bonsels & Co. 2.—; geb. 3. —

— Berlin. Ein impressionist. Sonettenkranz. (16 S.) gr. 8. Berlin 907. Verlag Neues Leben. — 50

— **Colombine. Ein Sommernachtstraum. (15 S.) schm. 8. Göttingen 904. L. Horstmann. n. — 50**

Colombine. Ein Sommernachtstraum von Alfred Richard **Meyer.** 2. Aufl. Berlin: O. Janke 1906. (22 S.) 8° [F.] [06. 13096

— Gerasselt. (94 S.) 8. Leipzig (906). G. Müller-Mann. n. 1. —

— Hurrah das Regiment! Ein lust. Offiziers-, Studenten- u. Theater-Fiasko. (87 S.) 8. Leipzig (909). G. Müller-Mann. 1. —

— Nachtsonette. Ein Reigen der Leidenschaft. (Privatdruck.) (16 S.) 8. Wilmersdorf (907). A. R. Meyer. In Perg.-Umschlag 6. —

MEYER, Alfred Richard. Triole. Das Tagebuch der Margot B..... Wien, Karl Konegen (Ernst Stülpnagel), 1909. 8°.
Verb. d. Ldg. Berlin 23. 12. 09 und 19. 2. 10.

— Triole. Das Tagebuch der Margot B..... (87 S.) kl. 8. Wien 910. C. Konegen. 1. 50
Im Deutschen Reich verboten.

Vicky. Verse von Alfons Thurandt [d. i. Alfred Richard **Meyer**]. Braunschweig: Selbstverl.; F. Bartels Nachf. in Komm. [1902]. (15 Bl.) 8° [07. 6680

Meyer, Aloys, a. Twistringen in Hannover: **Aus der Königl.** chirurgischen Klinik zu Kiel. Kasuistischer Beitrag zu der Lehre von den Faltungsfrakturen. Kiel 1906: Schmidt & Klaunig. (19 S.) 8°
Kiel, Med. Fak., Ref. Helferich, Diss. v. 20. Febr. 1906
[Geb. 10. Juni 81 Twistringen, Hannover; Wohnort: Twistringen; Staatsangeh.: Preußen; Vorbildung: Gymn. Vechta Reife M. 00; Studium: München 1, Freiburg i. B. 1, Kiel 4, Berlin 1, Kiel 2 S.; Coll. 19. Dez. 05; Approb. 23. Nov. 05.]

Meyer. Aloys. practischer Arzt in Triengen (Luzern): Aus dem Kinderspital zu Basel. Spina bifida occulta. Mit einer tabellarischen Uebersicht. Basel 1906. 44 S. 8°.
Basel. Med. Diss. 1905/1906.

Meyer, Aloys. Spina bifida occulta. Aus dem Kinderspital zu Basel. Diss. Med. Basel. Mit einer tabellarischen Uebersicht. 44 S. 8. Basel, Buchdr. ... des «Basler Volksblatt», 1906.

Meyer, Amand Beiträge zu den Beweisen des pythagoräischen Lehrsatzes. 66 S. u. 6 Taf. 8. **Progr.** *Metten* 1877.

Meyer, Amand, Hauptpunkte der geschichtlichen Entwicklung und Begründung der christlichen Zeitrechnung. Landshut, 1871, Programm.

Meyer, Amand: Hauptpunkte der geschichtlichen Entwicklung und Begründung der christlichen Zeitrechnung.
A. Griechische Zeitrechnung. B. Römische Zeitrechnung. C. Über die Zeit der jüdischen Paschafeier. D. Bedeutung der Feste überhaupt, insbesondere des christlichen Osterfestes. E. Die Quartodezimaner und die sogenannten Osterstreitigkeiten. F. Verschiedenheit der bei den Lateinern und Alexandrinern angewandten Principien zur Osterberechnung. G. Cyklen. H. Ostercyklus des h. Hippolytus. I. Der LXXXIVjährige Cyklus. K. Der XIXjährige Cyklus. L. Einiges über den immerwährenden julianischen Kalender. M. Verbesserung des julianischen Kalenders durch Gregor XIII.
39 S. 4°– Metten, Progr. 1871.

— Der pythagoräische Lehrsatz bewiesen durch reguläre Dreiecke.
51 S. u. 4 Taf. 8. Progr. *Metten* 1878.

BRIEFE eines jungen Reisenden durch Liefland, Kurland und Deutschland an seinen Freund Hrn. Hofrath K— (von *Andreas Meyer*). 2 Thle. Erlangen b. Walther. 1777. 8°, 2 Alph. (Im British Museum.)
„S. 248 wird von einem schönen Bauernmädchen erzählt, das in der Akademie zu Dresden aufgestellt wurde, um das Original zur Venus Urania abzugeben: „Auch nicht eine sehr ansehnliche Belohnung, die ihr angeboten wurde, konnte sie, ungeachtet ihrer Armuth, dahin bringen, sich nackend auszuziehen, um sich in der Stellung, wie man es verlangte, sehen zu lassen. Das Interesse kämpfte lange mit ihrer Schamhaftigkeit und endlich bat sie, ihr die Augen zu verbinden; wobey sie demungeachtet, da sie das letzte Gewand ausziehen mußte, ihr Gesicht hinter ihrer Hand verbarg u. zu weinen anfing." (Handschriftl. Notiz.)
Anon.-Lex. I. p. 263 (nach Engelmann, Meusel u. Adelung).

— — s.a. Briefe...

— Diss. theol. Christus verus deus ex I. Joh. V. 20. contra Bensonum. 4. Erlang. 764.

Meyer, Andreas (geb. am 4 Mai 1845 in Kuchenheim Rgbz. Köln): Entwickelungsgeschichte von Atherurus ternatus '(Blume)' als Beitrag zur Morphologie und Anatomie der Araceen ... Bonn, gedr. bei J. F. Carthaus 1867. 24 S., 1 Bl. 8.
Bonn, Phil. Fak., Diss. v. [27 Nov.] 1867

Meyer, Andr., († d. 22. Sept. 1807.) biograph. u. literar. Nachr. von den Schriftstellern, die gegenwärtig in Anspach u. Baireuth leben. 2 Abtheill. gr. 8. Erlang. 782. Palm. 1 ß

Meyer, A., die deutsche Post im Weltpostverein u. im Wechselverkehr. Erläuterungen zum Weltposthandbuch u. zum Handbuch f. den Wechselverkehr. Nach dem Stande v. 15. VI. 1901 bearb. gr. 8. (VIII, 337 S.) Berlin 901. J. Springer. n. 5.—

Meyer, A[ndreas]. Die deutsche Post im Weltpostverein und im Wechselverkehr. Erläuterungen zum Weltposthandbuch und zum Handbuch für den Wechselverkehr. Nach dem Stande vom 15. Juni 1901 bearb. von A. Meyer, Kaiserlicher Postinspector.... VIII + 337 S. 8. Berlin, Julius Springer, 1902. [M. 5. —]

Meyer, A., die deutsche Post im Weltpostverein u. im Wechselverkehr. Erläutergn. zum Weltposthandbuch u. zum Handbuch f. den Wechselverkehr. 2., verm. u. veränd. Aufl., nach dem Stande vom 15. VII. 1908 bearb. v. H. Herzog. (XII, 416 S.) gr. 8. Berlin 908. J. Springer. 5.60; geb. in Leinw. n 6.60

Wasserkarte von Hamburg und Umgebung, insbes. d. Entwässerungsgebiete d. Alster u. Bille. Nach d. Messtischblättern gezeichnet. Vermessungsbureau d. Bau-Deput. Hamburg 1900. Andreas Meyer, Ober-Ing. Gest. von H. Feldtmann. Massst. 1 : 100,000. *Hamburg 1900: F. W. Kähler.* (1 Kartenbl. 50×56 cm mit Legende.) gr. 2° [kol.] [... 4333

And. Meyer: wie soll ein junges Frauenz. sich würdig bilden? *Erl.*, (Walther) Breuning. (772-77.) 5e A. 786. 8° 6 gl

— Wie soll ein junges Frauenzimmer sich würdig bilden? 8. Leipz. 772. 2e Aufl. 8. Erlang. 773. 3e A. 775. 4e A. 777. 5e A. 786. 6e A. 818. Heyder. 8 gl

— — dasselbe. 8. Wien, Gerold. 783.

Meier, Andr., Wie soll ein junges Frauenzimmer sich würdig bilden? 8. Erl. Walther. 786.

Meyer, A., wie soll e. jung. Frauenzimm. sich würdig bilden? 8. Prag, Diesbach. (Breuning, Erlang.) 786.

Mayer, A., wie soll ein junges Frauenzimmer sich würdig bilden? 6te verb. Aufl. 8. Erlangen, Heyder. 818.

MEYER, A[NDRES] O[TTO]

— u. H. Diekmann, die Algebra, in katechet. Gedankenfolge dargestellt; für Lehrer u. durch sich selbst Lernende, zum stufenweisen Einführen u. Eingehen in diese Wissenschaft. 8. Altona 818. Hammerich. 1 ß 16 gl

Meyer, A. O., Anleit. zur Geometrie in sokrat. heuristisch. Form mit Ungeübt. im Denken, für Schullehrer rc. 2 Thle. m. K. 8. Altona, Hammerich. 803-5. (à 1 Rthlr. 4 gr.)

— Anleit. zur Trigonometrie in sokratisch-heurist. Form, für solche, die sich selbst darin unterrichten wollen rc. 8. Altona 815. Hammerich. 20 gl

Meyer, A. O., und H. Diekmann, neue Dithmarsische Rechenschule zum stufenweisen Unterricht der Bürger- und Landjugend. 2 Abtheilungen. 8. Hamburg, Hoffmann und Campe. 820. Rthlr..

Meyer, Anna [aus Stolikamsk, Russland]: Statistischer Beitrag zur Epidemiologie des Keuchhustens. Bern 1900. 36 S. 8°. (S.-A. aus Zeitschrift für schweiz. Statistik, 1900.)
Bern. Med. Diss. 1899/1900

Meyer, Antoine: Luxemburgische Gedichte und Fabeln nebst einer grammatischen Einleitung und einer Wörtererklärung der dem Dialekt mehr oder weniger eigenartigen Ausdrücke, von Gloden. Brüssel [1845]. – XXXVIII, 204 S. 12°

Meyer, Antoine: Jong vum Chrek op de Lezeburger Parnassus. Léwen 1832. 18 S. 12°

Meyer, Antoine: Oilzegt-Kläng. Lüttich 1853. 108 S. 12°

Meyer, Antoine: Rėgelbüchelchen vum Letzeburger orthograf; en ûress als prôv, d'Fraechen aus dem Hâ, a Versen. Lüttich 1854. 34 S. 12°

Meyer, Antoine: E Schrek ob de Lezeburger Parnassus. Luxemburg: J. Lamort 1829. 53 S. 12°

Meyer, Antoine: Vorlesungen über Wahrscheinlichkeitsberechnung von Dr. A. Meyer. Deutsch bearbeitet von Emmanuel Czuber. Leipzig 1879. – XII, 554 S. 8°

Meyer, Anton, Med.-Pract.: Die Behandlung der Meningitis cerebrospinalis epidemica mit dem von Kolle-Wassermann hergestellten Meningococcenheilserum. (13 Fälle). Leipzig 1909: Georgi. 34 S. 8°
Leipzig, Med. Diss. v. 16. Febr. 1909, Ref. Curschmann
[Geb. 18. März 80 Essen-Holsterhausen; Wohnort: Carlsfeld b. Brehna; Staatsangeh.: Preußen; Vorbildung: Gymn. Essen Reife Juli 02; Studium: Greifswald 5, München 1, Berlin 4 S.; Coll. 26. Febr. 09.] [U 09. 2831

Meyer, Anton, Referendar: Der Beistand der Mutter. ⟨B.-G.-B. §§ 1687—1695⟩. Freiburg i. B.: Hammerschlag & Kahle 1909. 91 S. 8°
Heidelberg, Jur. Diss. v. 30. Aug. 1909, Ref. Heinsheimer
[Geb. 8. Jan. 85 Bremen; Wohnort: Bremen; Staatsangeh.: Bremen; Vorbildung: Gymn. Bremen Reife O. 04; Studium: Freiburg i. B. 3, Berlin 3, Göttingen 2 S.; Rig. 11. Juni 09.] [U 10. 1943

v. Meyer, Ant., s. Bergier, der Deist.

Meyer, A., Lehrbuch der deutschen Stenographie nach dem System v. Frz. Xav. Gabelsberger. Für Schulen u. zum Selbstunterricht bearb. 2., verb. Aufl. gr. 8. (VIII, 36 S. m. 47 autogr. Taf.) Leipzig 882. Klinkhardt. n. 1. 50

Meyer, A., Lehrbuch der deutschen Stenographie nach dem System v. Frz. Xav. Gabelsberger. Für Schulen u. zum Selbstunterricht bearb. Schlüssel. 2 Tle. 2., verb. Aufl. gr. 8. Leipzig 882. Klinkhardt. à n. — 60
1. Übertragung der Aufgaben in stenographische Schrift. (27 S.)
2. Übertragung der stenographischen Lese- u. Schreibübungen in Kurrentschrift. (23 S.)

Meyer, A., Lehrbuch der deutschen Stenographie nach dem System v. F. X. Gabelsberger. Für Schulen u. zum Selbstunterricht. 3. Aufl. gr. 8. (VIII, 83 S.) Leipzig 884. Klinkhardt. n. 1. 50

Meyer, A., Lehrbuch der deutschen Stenographie nach dem System v. Frz. Xav. Gabelsberger. 4., verb. Aufl. gr. 8. (VIII, 83 S., wovon 47 autogr.) Leipzig 887. Klinkhardt. n. 1. 50

— dasselbe. 4. u. 5. Aufl. Schlüssel. 1. u. 2. Tl. gr. 8. Ebd. 887. à n. — 60
1. Die Übertragung d. Aufgaben in stenograph. Schrift. (24 S.)
2. Die Übertragung der stenographischen Lese- u. Schreibübungen in Kurrentschrift. (23 S.)

Meyer, A. (I.). Lehrbuch der deutschen Stenographie nach dem System v. Frz. Xaver Gabelsberger. Für Schule u. zum Selbstunterricht bearb. 6. verb. Aufl. gr. 8. (VIII, 36 S. m. 47 lithogr. Taf.) Lpz. 891, Klinkhardt. * 1 50
Schlüssel dazu 2 Tle. Ebd. 1887. * 1 20.

Meyer, A., Lehrbuch der deutschen Stenographie nach dem System v. Frz. Xav. Gabelsberger. Für Schulen u. zum Selbstunterricht bearb. 7., verb. Aufl. gr. 8. (VIII, 36 u. 47 S.) Leipzig 893. J. Klinkhardt. n. 1. 50

— dasselbe. Schlüssel. 1. Tl. gr. 8. Ebd. 894. n. — 60
Die Übertragung der Aufgaben in stenographische Schrift. (24 S.)

Meyer, A., Lehrbuch d. deutschen Stenographie nach d. System v. Frz. Xav. Gabelsberger. F. Schulen u. z. Selbstunterricht bearb. 8., verb. Aufl. gr. 8. (VIII, 39 u. 47 autogr. S.) Leipzig 895. J. Klinkhardt. n. 1. 50

— dasselbe. Für Schul-, Vereins- u. Selbstunterricht. 10. Aufl., bearb. nach d. Wiener Beschlüssen (1895) v. Gabelsberger Stenographenverein zu Chemnitz (gegründet 1851). gr. 8. (IX, 40 u. 48 S.) Ebd. 896. n. 1. 50

— dasselbe. Schlüssel. 2 Tle. gr. 8. (à 23 S.) Ebd. à n. — 60
1. Die Übertragg. d. Aufgaben in stenograph. Schrift. 897.
2. Die Übertragg. d. stenograph. Lese- u. Schreibübgn. in Kurrentschrift. 896.

Meyer, A., Lehrbuch der deutschen Stenographie nach dem System v. Frz. Xav. Gabelsberger. Für Schul-, Vereins- u. Selbstunterricht. 11. u. 12. Aufl., bearb. nach d. Wiener Beschlüssen (1895) vom Gabelsberger Stenographenverein zu Chemnitz (gegründet 1851). gr. 8. (à IX, 40 u. 48 S.) Leipzig 898. 899. J. Klinkhardt. n. 1. 50; geb. n.n. 1. 75

Meyer, Ant., Lehrbuch der deutschen Stenographie nach dem System v. Franz Xaver Gabelsberger. Für Schul-, Vereins- u. Selbstunterricht. 15. Aufl., im Auftrage des ersten Gabelsbergerschen Stenographenvereins zu Chemnitz nach d. Berl. Beschlüssen vollst. umgearb. von Otto Lessig. gr. 8. (IV, 66 S.) Leipzig 902. J. Klinkhardt. n. 1. —

Meyer, Ant., Lehrbuch der deutschen Stenographie nach dem System v. Franz Xaver Gabelsberger. Schlüssel, nebst e. Anh.: „Winke u. Ratschläge f. Kursusleiter". Im Auftrage des 1. Gabelsbergerschen Stenographenvereins zu Chemnitz hrsg. v. Otto Lessig. gr. 8. (16 u. 14 S.) Leipzig 902. J. Klinkhardt. n. — 40

Meyer, Ant., Lehrbuch der deutschen Stenographie nach dem System v. Frz. Xaver Gabelsberger. Für Schul-, Vereins- u. Selbstunterricht. 20. Aufl., im Auftrage des 1. Gabelsbergerschen Stenographenvereins zu Chemnitz nach den Berliner Beschlüssen vollst. umgearb. v. Otto Lessig. (IV, 66 S.) 8. Leipzig 906. L. Klinkhardt. n. 1. —; geb. n. 1. 30

Meyer, A., Lehrbuch der deutschen Stenographie nach dem System v. Franz Xaver Gabelsberger. Für Schul-, Vereins- u. Selbstunterricht. 24. Aufl., im Auftrage des 1. Gabelsbergerschen Stenographenvereins zu Chemnitz nach den Berliner Beschlüssen vollständig umgearb. v. Otto Lessig. (IV, 66 S.) 8. Leipzig 909. J. Klinkhardt. 1.—; geb. n 1. 30

Meyer, Ant., Vorlegeblätter zur Erlernung einer leichten, gefälligen, gleichmäßigen, rein deutschen und englischen Currentschrift. 2 Hefte. 16. (à 8 lithogr. Bl.) Chemnitz 858, (Focke.) à Heft * 5 Ngr. *
Heft 1. Deutsche Currentschrift.
„ 2. Englische Currentschrift.

Meyer, Ant. Andr., s. 1) Erklärung d. Rechte d. Menschen. 2) Geschichte gegenwärt. Zeit.

Meyer, Anton Johann Heinrich

— s. auch Hnr. Meyer.

— s. D'Arlincourt, der Brauerkönig.

Meyer, Ant. Jh. Hnr., dramat. Blüthen zur geselligen Unterhaltung. 16. Hamburg 837. Niemeyer. $^{2}/_{3}$ ₰

Meyer, (Ant. Joh.) Heinr., dramat. Spiele zur gesell. Unterhaltung auf d. Lande auf d. J. 1834 u. 35. 1. u. 2. Bdchn. 16. Wismar, Schmidt u. v. Cossel. [1. (23 B.) 1 Thlr. 16 Gr., 2. (18 B.) 1 Thlr. 6 Gr.]

— dramat. Spiele zur geselligen Unterhaltung auf dem Lande auf d. Jahr 1834. 1s Bdchn. (Inhalt: Eine Stunde im Vorzimmer. Lustsp. in 1 Aufz. — Der Mann von vier Frauen. Lustsp. in 2 Aufzz. — Das Carneval zu Schöpsendorf. Fastnachtsposse in 1 Aufz. — Philipp, ein Drama in 1 Aufz.) 16. Wismar 834. Schmidt u. v. Cossel. $1^{1}/_{3}$ ₰ — dass. auf das Jahr 1835. 2s Bdchn. (Inhalt: Der Liebe Zorn. — Zwei Körbe, u. doch eine Heirath — Der Brief ohne Unterschrift. — Der Herr Gevatter. 4 Lustsp., jedes in 1 Aufz.) 16. Ebd. 835. $1^{1}/_{4}$ ₰

Meyer, Arn.: Über die Klassenanzahl derjenigen ternären quadratischen Formen, durch welche die Null rational darstellbar ist. Berlin 1885. 4°

Meyer, Arn.: Über einen Satz von Dirichlet. Berlin 1888. 4°

Meyer, Arn.: Zur Theorie der unbestimmten ternären quadratischen Formen. Zürich 1871.

Meyer, zur Theorie der unbestimmten ternären u. quadratischen Formen. 37 Stn. gr. 8. Bern, in Commiss. bei Huber & Co. *1872.* 1. —

Meyer, Arnold, die Auferstehung Christi. Die Berichte üb. Auferstehg., Himmelfahrt u. Pfingsten, ihre Entstehg., ihr geschichtl. Hintergrund u. ihre religiöse Bedeutung. (Lebensfragen, Schriften u. Reden, hrsg. v. Heinr. Weinel.) (VII, 368 S.) 8. Tübingen 905. J. C. B. Mohr.
— Lebensfragen. [4.] n. 3.—; geb. n.n. 4.—

— dasselbe, s.a. Lebensfragen.

Meyer, Arnold [aus Bremen]: Über einen Fall von coordinatorischem Stimmritzenkrampf auf hysterischer Basis . . . Würzburg 1890: Richter. 35 S. 8°
Würzburg, Med. Fak., Inaug.-Diss. v. 1890

Die moderne Forschung über die Geschichte des Urchristentums. Vortrag geh. auf d. 1. religionswiss. Kongr. in Stockholm 1897 von Arnold **Meyer**, Prof. in Bonn. Freiburg i. B., Leipzig & Tübingen: J. C. B. Mohr 1898. (VIII, 94 S.) 8°
— [**Sammlung** gemeinverständl. Vorträge u. Schriften aus d. Geb. d. Theol. u. Religionsgeschichte. 8.] [98. 9377

— s.: **Fragen, praktische, des modernen Christentums.**

— das Leben nach dem Evangelium Jesu, s.a. Sammlung gemeinverständl. Vorträge u. Schriften a. d. Gebiete der Theologie.

Meyer, Arnold. Das »Leben nach dem Evangelium Jesu«. (Referat, erstattet in den [= Sep.-Abdr. aus den] Verhandlungen der Asketischen Gesellschaft in Zürich im Jahre 1905.) IV + 44 S. 8. Tübingen, J. C. B. Mohr, 1905. [M. —. 75]
(Sammlung gemeinverständlicher Vorträge und Schriften aus dem Gebiet der Theologie und Religionsgeschichte. [Heft] 44.)

Meyer, A., das geistige Leben des Studenten ausserhalb des Fachstudiums. (Vortrag, geh. vor der Freistudentenschaft Zürich am 9. XI. 1908.) (23 S.) gr. 8. München 909. Bavaria-Verlag. — 60

MEYER, Arnold (Sankt Gallen): De medicina populari. (Titel nach der Urkunde)
19.6.1845 - Urk; F 66
Diss.Ingolst.-Landsh.-Mchn.

Jesu Muttersprache. Das galiläische Aramäisch in s. Bedeutg f. d. Erklärg der Reden Jesu u. der Evangelien überhaupt. Von Lic. Arnold **Meyer**, Privatdoc. . . . in Bonn. *Freiburg i. B. & Leipzig: J. C. B. Mohr 1896.* (XIII S., 1 Bl., 176 S.) 1 Bd 8. [96. 1688

Meyer, Arnoldus [Vesaliensis]: Theses theologicae . . . ad licentiati in theologia evangelica honores impetrandos . . . Bonnae, typ. C. Georgi, typogr. acad., *1891;* 2 Bl. 8°
Bonn, Ev.-theol. Fak., Thes. v. 6. Aug. 1891

— **Was uns Jesus heute ist, s.a. Volksbücher, religionsgeschichtl. V, 4.**

Meyer, Arnold. Was uns Jesus heute ist. Von Professor D. A' M'- Zürich. 1.—10. Tausend. IV + 56 S. 8. Tübingen, J. C. B. Mohr, 1907. (M. —.50, cart. —.75; für Abt. —.40, cart. —.65; Feine Ausg. geb. 1. 50)
(Religionsgeschichtliche Volksbücher für die deutsche christliche Gegenwart. Hrg. von Lic. theol. Friedrich Michael Schiele-Tübingen. V. Reihe. Heft 4...)

Meyer, Arnold, wer hat das Christentum begründet, Jesus od. Paulus?, s.a. Lebensfragen. 19.

Meyer, Arnold. Wer hat das Christentum begründet, Jesus oder Paulus? Von D. A' M', o. Professor ... in Zürich. VIII + 104 S. 8. Tübingen, J. C. B. Mohr, 1907. [M. 1. 20]
(Lebensfragen. Schriften und Reden, hrg von Heinrich Weinel. [Band] 19.)

— theol. Wissenschaft u. kirchl. Bedürfnisse, s.a. Sammlung gemeinverständl. Vorträge u. Schriften a. d. Gebiet der Theologie.

Theologische Wissenschaft und kirchliche Bedürfnisse. Ein erw. Vortrag von Arnold **Meyer**, Prof. in Bonn. Tübingen & Leipzig: J. C. B. Mohr 1903. (92 S.) 8°
— **Sammlung** gemeinverständl. Vorträge u. Schriften aus d. Geb. d. Theol. u. Religionsgeschichte. 31. [03. 9597

Meyer, Arnold Osk., Clemens VIII u. Jakob I. v. England. (41 S.) Lex.-8. Rom 904. Loescher & Co. n.n. 1.60
Sonderabdruck aus: „Quellen u. Forschgn. a. ital. Archiven u. Bibliotheken".

Meyer, Arnold Oskar: Die englische **Diplomatie** in Deutschland zur Zeit Eduards VI. und Mariens. *Breslau: M. & H. Marcus in Komm. (1900).* (VIII, 111 S.) 8°
Breslau, Phil. Diss. v. 7. Juli 1900

Meyer, Arnold Oskar, Dr. phil.: England und die katholische Kirche vom Regierungsantritt Elisabeths bis zur Gründung der Seminare. Roma 1908: Tip. dell' unione cooperativa editrice. (101 S.) 8° ¶ (Erscheint vollst. unter d. Titel: „England und die katholische Kirche unter Elisabeth" in der Bibliothek d. Preuss. Histor. Instituts zu Rom.)
Breslau, Phil. Fak., Hab.-Schr. v. 7. Mai 1908
(Nicht für den Austausch)

Meyer, Arnold Osk., der britische Kaisertitel zur Zeit der Stuarts. (9 S.) Lex. 8. Rom 907. Loescher & Co. nn — 60
Sonderabdruck aus: „Quellen u. Forschgn. a. italien. Archiven".

— **Studien zur Vorgeschichte der Reformation, s.a. Bibliothek, hist.**

Studien zur Vorgeschichte der Reformation. Aus schlesischen Quellen. Von Dr. Arnold Oskar **Meyer**. *München & Berlin: R. Oldenbourg 1903.* (XIII, 179 S.) 8° [J.]
— **Bibliothek, Historische.** Bd 14. [03. 9169

— **s.: Urteil, e. italien., üb. Deutschland u. Frankreich um 1660.**

Meyer, Arnulf, Kgl. Amtsgerichtssekretär a. Schwarzenbach a. d. Saale: Das Relativgeschäft, ein Rechtsgeschäft, das sich auf ein Sondervermögen bezieht. Würzburg 1905: P. Scheiner. (61 S.) 8°
Würzburg, Jur. Fak., Ref. Mayer, Diss. v. 20. Apr. 1905
[Geb. 2. März 73 Schwarzenbach; Wohnort: Nürnberg; Staatsangeh.: Bayern; Vorbildung: Gymn. Wiesbaden Reife O. 92; Studium: Lausanne 2, München 3, Würzburg 3 S.; Rig. 1. März 05.]

Meyer, Arnulf, das Relativgeschäft, e. Rechtsgeschäft, das sich auf e. Sondervermögen bezieht. (VII, 61 S.) gr. 8. Würzburg 905. Gnad & Co. n. 1.20

Bayreuther Übergangsrecht. Von Dr. Arnulf **Meyer**, Amtsrichter. Erlangen: Mencke 1910. 44 S. 8° [11. 3080

Meyer, Arnulf, Wechselrecht u. Wechselprozeßrecht, s.: Fuchsberger, Otto, die Entscheidungen des Reichsgerichts etc. 2. Tl.

Meyer, Arth., angina ulcero-membranosa sive necrotica u. ihre Erreger (Plaut-Vincentsche Angina), s.: Sammlung klinischer Vorträge.

Angina ulcero-membranosa sive necrotica und ihre Erreger. ⟨Plaut-Vincentsche Angina.⟩ Von Dr. Arthur **Meyer**, Berlin. Leipzig: J. A. Barth 1908. (54 S.) 8° [Umschlagt.]
— **Sammlung** klinischer Vorträge. N. F. No 476/477. [08. 8033

Meyer, Arth., Atlas d. officinellen Pflanzen, s.: Berg, O. C.

Meyer, Arthur [aus Sondershausen]: Ueber den Bau und die Bestandtheile der Chlorophyllkörner der Angiospermen. (Separatabdruck des zweiten Abschnittes der bei Arthur Felix in Leipzig erschienenen Abhandlung des Verfassers: Das „Chlorophyllkorn in chemischer, morphologischer und biologischer Beziehung.") 1883. 4. 23 S. u. 1 Taf.

Meyer, Arth., das Chlorophyllkorn in chemischer, morphologischer u. biologischer Beziehung. Ein Beitrag zur Kenntniss d. Chlorophyllkornes der Angiospermen u. seiner Metamorphosen. Mit 3 Taf. in Farbendr. gr. 4. (VII, 91 S.) Leipzig 883. Felix. n. 9. —

Meyer, Arthur [Marchicus]: De compositione Theogoniae Hesiodeae . . . . Berolini, Berliner Buchdr.-Actien-Ges., 1887; 2 Bl. + 102 S. + 1 Bl. 8°.
Berlin, Phil. Fak., Inaug.-Diss. v. 23. Febr. 1887.

Meyer, Arth., de compositione theogoniae Hesiodeae. Diss. inaug. gr. 8. (102 S.) Berlin 887. (Mayer & Müller.) n. 2. —

— wissenschaftliche Drogenkunde. Ein illustr. Lehrbuch der Pharmakognosie u. e. wissenschaftl. Anleitg. zur eingeh. botan. Untersuchg. pflanzl. Drogen f. Apotheker. 2 Tle. gr. 8. Berlin, R. Gaertner. n. 32. —; geb. in 1 Bd. n.n. 36. —
1. (XVI, 302 S.) 891. n. 12. —. — 2. (VIII, 491 S. m. 387 Abbildgn.) 892. n. 20. —.

Meyer, Artur, cand. med. a. Essen a. d. Ruhr: Aus d. med. Klinik d. Kaiser-Wilhelms-Univ. Straßburg i. E. ⟨Dir. Prof. Dr. Moritz.⟩ Ein Fall von Lungengangrän bei Typhus abdominalis nebst einer Uebersicht über die Bedeutung des Eberth'schen Bacillus bei komplikatorischen Erkrankungen des Respirationsapparates. Straßburg i. E. 1908: C. u. J. Goeller. (31 S.) 8°
Straßburg, Med. Fak., Ref. Moritz, Diss. v. 7. Febr. 1908
[Geb. 5. April 83 Essen; Wohnort: Essen; Staatsangeh.: Preußen; Vorbildung: Gymn. Essen Reife O. 02; Studium: Bonn 3, Straßburg 3, Königsberg 1, Straßburg 4 S.; Coll. 12. Dez. 07; Approb. 07.]

— die Grundlagen u. die Methoden für die mikroskopische Untersuchung v. Pflanzenpulvern. Eine Einführg. in die wissenschaftl. Methoden der mikroskop. Untersuchg. von Gewürzen, pflanzl. Arzneimitteln, Nahrungsmitteln, Futtermitteln, Papieren, Geweben u. s. w. Zum Gebrauche in den Laboratorien der Hochschulen u. zum Selbstunterrichte. Für Nahrungsmittelchemiker, Apotheker, Techniker u. s. w. Lex.-8. (V, 258 S. m. 18 Abbildgn. u. 8 Taf.) Jena 901. G. Fischer. n. 6. —

—— Handbuch der qualitativen und chemischen Analyse anorganischer und organischer Substanzen, nebst Anleitung zur volumetr. Analyse. Bearb. für Apotheker und Gerichtschemiker, sowie zum Gebrauch beim Unterricht in chem. Laboratorien. gr. 8. (IV, 208 S. mit in den Text eingedr. Holzschn. und 3 Tab.) Berlin 884, Gaertner's Verlag. *
geb. *

— Handbuch d. qualitativen chem. Analyse, 2. Aufl., s.: Schaer, Ed., u. Paul Zenetti, Anleitg. zu analytisch-chem. Uebungsarbeiten.

MEYER, ARTHUR.
Eine neue einfache Methode das specifische Gewicht fester und flüssiger Körper zu bestimmen. St. Petersburg, 1855. 8vo.

Meyer, Arthur [app. Arzt]: Ueber den Nachweis und die Entstehung der Produkte der Eiweissverdauung, sowie über ihr Schicksal im Organismus ... Heidelberg, Buchdr. C. Pfeffer, *1897*; 41 S. 8.
Heidelberg, Med. Fak., Inaug.-Diss. v. [17. Febr.] 1897

— botanische Practica. I. Practicum. Erstes mikroskop. Practicum. E. Einführg. in d. Gebrauch d. Mikroskopes u. in d. Anatomie d. höh. Pflanzen. Zum Gebrauche in d. botan. Laboratorien u. z. Selbstunterrichte. Für Botaniker, Chemiker, Pharmaceuten, Studierende d. höh. Lehramtes, Zoologen. gr. 8. (VI, 100 S. m. 29 Abb.) Jena 898. G. Fischer. n. 2. 40; geb. n. 3. —

Meyer, Arth., botanische Praktika. I. u. II. Praktikum. Lex.-8. Jena, G. Fischer. n. 9. 50; geb. n. 11. 20
I. Erstes mikroskop. Praktikum. Eine Einführg. in den Gebrauch des Mikroskopes u. in die Anatomie der höh. Pflanzen. Zum Gebrauche in den botan. Laboratorien u. zum Selbstunterrichte. Für Botaniker, Chemiker, Pharmazeuten, Studierende des höh. Lehramtes, Zoologen. 2. umgearb. Aufl. (VI, 221 S. m. 82 Abbildgn.) 907. n. 5. —; geb. n. 6. —
II. Practicum der botan. Bakterienkunde. Einführung in die Methoden der botan. Untersuchung u. Bestimmung des Bakterienspezies. Zum Gebrauch in botan., bakteriolog. u. techn. Laboratorien sowie zum Selbstunterrichte. Mit 1 farb. Taf. u. 31 Abbildgn. im Text. (VII, 157 S.) 903. n. 4. 50; geb. n. 5. 20

Practicum der botanischen Bakterienkunde. Einführung in d. Methoden d. botan. Untersuchung u. Bestimmung d. Bakterienspecies. Zum Gebr. in botan., bakteriolog. u. techn. Laboratorien sowie z. Selbstunterr. Von Dr. Arthur **Meyer**, Prof., Marburg. Mit 1 Taf. u. 31 Abb. *Jena: G. Fischer 1903.* (VII, 157 S.) 4°(8°)
— **Meyer**: Botanische Practica. 2. [03. 8984

Meyer, Arthur, Referendar: Die amtliche Schiffsbesichtigung nach dem öffentlichen Seerecht des deutschen Reiches. Greifswald 1908: Abel. 59 S. 8°
Greifswald, Jur. Diss. v. 18. Okt. 1908, Ref. Sartorius
[Geb. 28. Juli 84 Moeser b. Burg; Wohnort: Bärfelde b. Königsberg i. N.; Staatsangeh.: Preußen; Vorbildung: Gymn. Königsberg i. N. Reife M. 04; Studium: Tübingen 3, München 1, Greifswald 3 S.; Rig. 21. Juli 08.]
[U 09. 1463

— Über Tonsillotomie, ihre Indikationen, Methoden, Gefahren, s. a. Sammlung klinischer Vorträge.

Über Tonsillotomie, ihre Indikationen, Methoden, Gefahren. Von Dr. Arthur **Meyer**, Arzt in Berlin. Leipzig: Barth 1910. 42 S. 8° (4°) [Umschlagt.]
(Sammlung Klinischer Vorträge. N.F. Nr 570/571.)

Orientirende Untersuchungen über Verbreitung, Morphologie und Chemie des Volutins. Von Arthur **Meyer**. Mit 1 Taf. *Leipzig: A. Felix 1904.* (S. 113–152.) 4°
— **Zeitung**, Botanische. Jg. 62, Abt. 1, H. 7. [04. 9081

MEYER, Arthur: Untersuchungen über die Stärkekörner. Wesen und Lebensgeschichte der Stärkekörner der höheren Pflanzen. - Jena 1895. 318 S., 9 Taf.

Meyer, Arthur [app. Arzt aus Treya]: Aus d. patholog. Institut zu Kiel. Ueber die embolische Verschleppung von Leberzellen durch die Blutbahn. . . . Kiel, Druck v. Schmidt & Klaunig, 1888; 17 + 1 S. + 1 Bl. 8°
Kiel, Med. Fak., Inaug.-Diss. v. 8. Dez. 1888

Meyer, Arth., üb. die embolische Verschleppung von Leberzellen durch die Blutbahn. gr. 8. (17 S.) Kiel 888. (Lipsius & Tischer.) n. — 80

Meyer, Aug., das Büchlein vom christlichen Ehestande. Gekrönte Preisschrift. Hrsg. vom evangel. Verein zu Hannover. 2. Aufl. 8. (32 S.) Hannover 876. Feesche. n. — 25; Velinpap. geb. m. Goldschn. n. 1. —

Meyer, (Aug.) Darstellung aus dem Gebiete der Natur der Kunst u. d. Alterthums, enthaltend Rheingegenden, Kirchen rc. 1s Heft. Med.-Fol. (Köln 821, Du-Mont-Schaubera.) Rthlr.

Meyer, Aug., Excursionsflora d. Grossherzogth. Oldenburg. Ein Taschenbuch zu botan. Excursionen f. Schulen u. zum Selbstbestimmen nach der analyt. Methode bearb. 8. (XLV, 266 S.) Oldenburg 872. Schulze. n. 3. 75

Meyer, August [aus Barth in Neu-Vorpommern]: Über einen Fall von Ophthalmoplegia bilateralis perfecta bei Tabes dorsalis. . . . Berlin, Buchdr. v. Gustav Schade (Otto Francke) (1890); 29 + 1 S. + 1 Bl. 8°
Berlin, Med. Fak., Inaug.-Diss. v. 11. Jul. 1890

Meyer, August [Dr. med. aus Rothenburg o/Tauber]: Über einen seltenen Fall von multipler symmetrischer Lipomatose. Rothenburg o/Tbr, Druck d. J. P. Peter'schen Buchdr., 1893; 1 Bl., 21 S. 8.
Erlangen, Med. Fak., Inaug.-Diss. v. 1893

Meyer, Aug., Geschichte d. Stadt Lauterburg. M. e. Gemarkungskarte. 8. (VIII, 204 S. m. Abb.) Weißenburg 898. R. Ackermann. n. 2.—; geb. n.n. 2. 75

Meyer, Aug., neues schlesw.-holstein. Liederbuch, s. Liederbuch.

Meyer, Augustus (geb. am 1 Mai 1835 in Radevormwald): De pachymeningitide cerebro-spinali interna ... Bonnae, typ. expr. P. Neusser 1861. 2 Bl., 56 S. 8.
Bonn, Med. Fak., Diss. v. 15 Aug. 1861

Meyer, August (geb. am 10 Sept. 1860 in Schönecken Rgbz. Trier): '(Aus d. pharmakol. Institut.)' — Experimentelle Studien über den Einfluss des Ozons auf das Gehirn ... Bonn, Univ.-Buchdr. v. C. Georgi 1883. 40 S., 1 Bl. 8.
Bonn, Med. Fak., Diss. v. 7 März 1883

Meyer, Augustus Joannes Theodorus: Symbolae ad morbum Brightii. Halis Saxonum (1846): Colbatzki. 46 S. 8°
Halle-Wittenberg, Med. Diss. v. 23. Dez. 1846
Geb. Ludwigslust (Mecklenb.) [28. 6.] 1823. V.
Verf. erlebte die Diplomerneuerung 1896 als Oberstabsarzt a. D. und praktischer Arzt in Freiburg im Breisgau; vgl. Anh. Nr. 400.

Meyer, Aug., die Verkehrs-Vorschriften der Eisenbahnen. 8. (III, 190 S.) Oldenburg 889. Hintzen. n.n. 1. 30

Meyer, August, Referendar in Brakel i. W.: Die Wirkungen der Legitimation der unehelichen Kinder nach gemeinem und nach heutigem bürgerlichen Rechte. Borna-Leipzig 1907: R. Noske. (VIII, 32 S.) 8°
Leipzig, Jur. Fak., Diss. v. 29. Jan. 1907
[Geb. 4. Jan. 81 Brakel, Kr. Höxter; Wohnort: Brakel; Staatsangeh.: Preußen; Vorbildung: Gymn. Theodorianum Paderborn Reife O. 01; Studium: Innsbruck 1, München 1, Kiel 1, Münster 3 S.; Rig. 1. Aug. 04.]

Meyer, **Aug. Ed.**, Diss. inaug. de variolis modificatis. 8maj. Dorpat 827.

Meyer, Aug. F., das Wassergesetz f. d. Königr. Sachsen vom 12. III. 1909. Nebst der Ausführungsverordng. vom 21. IX. 1909, der Dienstanweisg. vom 21. X. 1909 u. sonst., auf das Gebahren m. dem Wasser bezügl. Gesetzvorschriften, Verordngn., Anleitgn. usw. (XII. (384 S. gr. 8. Leipzig 910. W. Engelmann. 6.—; geb. in Leinw. 7. —

Meyer, August Ferdinand = Brunold, Fr. [Autorname].

— **August Hermann** (Borna), Über die Gastrotomie. Diss. med. Präs. Justus Radius. Leipzig (L. Schnauss) 18. VIII. 1862. 38 S. u. Biogr. (M.: H. Koehler.) (1.50) 23176
Gew.: Johann August Meyer (Vater). — Oppon.: Carl Liebe, Carl Schmidt, Adolph Zimmermann.

Meyer, August Johann Theodor, s. Meyer, August

Meyer, Aug. Leber., das Alter der Erde. gr. 4. (21 S.) Löwenberg i. Schl. 871. (Berlin, Calvary & Co.) n. 1 —

Meyer, Aug. Leber., die Entstehung der Gebirge und insbesondere die Bildung der Silicatgesteine nach dem jetzigen Standpunkte der Wissenschaft. gr. 4. (32 S.) Freiburg i. S. 875. (Berlin, Calvary und Comp.) *

—— Vulkane und Erdbeben mit Rücksicht auf ihre wahrscheinlichen Ursachen. 4. (21 S.) Ebendas. 873. *

— **Vulkane u. Erdbeben m. Rücksicht auf ihre wahrscheinlichen Ursacheu.** 4. (21 S.) Löwenberg 873. Ebend. n. 1. 20

Meyer, August Ludwig (Hrsg.), s. Windthorst, Ludwig: Ausgewählte Reden.

Meyer, Augustus Orthobius: De argumentis quibus Leibnitzius usus est ad impugnandam Spinozae doctrinam.
Halle-Wittenberg, Phil. Diss. v. 21. Dez. 1858
Geb. [Geibsdorf (Kr. Lauban) 8. 1. 1834]
Ms. fehlt.

Meyer, August Robert Eduard, s. Meyer, Eduard

Meyer, August Wilhelm [Wirkl. Name], s.a. Wilhelmi, August [Pseud.]

JACOB, Vetter, der jüngere (d. i. *August Wilh. Meyer*), Meppen Bocksbarts, Freyherrn von Bocksbartsberg Abentheuer und Weiber. (Komische Romane von dem Verfasser der drei Männer im Feuerofen, Bd. 1—2.) Mit 1 Kpfr. Leipzig, b. Salomo Linke. 1800. 8°. (1 2/3 Rthl.)
Anzeige des Verlegers, Jubilate-Messe 1800. — Kayser hat nur Th. 1. (1 Rthlr.)

WILHELMI, Aug. (d. i. *Aug. Wilh. Meyer*, Arzt in Paris), Abentheuerliche Begebenheiten eines Hofmeisters in Paris während der Revolution. 2 Bde. 1799. 8°. Selten!

BEGEBENHEITEN, Abenteuerliche, eines Hofmeisters in Paris während der Revolution. Nach *Lesuire* von A. Wilhelmi (d. i. Aug. Wilh. Meyer). 3 Thle. Leipzig (W. Nauck) 1800. 8°.
Goedeke VII, 667, 277, 4.

Gil Blas
— —, Der polnische, oder Johann Lapunsky lustige und seltsame Begebenheiten (von *August Wilhelmi* [ps.] = *Aug. Wilh. Meyer*). Leipzig 1798.
Anon.-Lex. II. p. 224 hat durch Druckf. „Lapensky".

— der Brudermörder, ein sich im vorigen Jahre ereigneter u. entschiedener Criminalfall rc. 8. Osnabr. 784.

Meyer, A. W.: Rechtl. Erörter. d. Frage: Ob die Osnabrück. Retrakt-Verordn. auch bei röm. u. deutsch. Servituten anwendbar sei? u. s. w. *Bingen*, Zülicher. 788. (3 Gr.)

— rechtl. Erörterung d. Frage: Ob die Osnabrück. Retrakt-Verordnung auch bei röm. u. deutschen Servituten anwendbar sei? rc. 8. Lingen 788. Jülicher. 3 gl.

— Frage: Wie muß ein angehend. Rechtsgelehrter studiren? 8. Götting. 786.

MOLIERE, Jean-Baptiste *Poquelin*, genannt —. — Stanislaus Hornknopf. Lustspiel in einem Aufzuge, in Knittelversen. Frey nach d. Französ.: Le Cocu imaginaire des *Molière*, von August Wilhelmi (d. i. Aug. Wilh. Meyer). Rostock und Leipzig, Stiller, 1805. 8°. 80 S.

Vgl. Allg. Lit.-Ztg. 1807. Nr. 66. Sp. 527 ff. (Goedeke VII, 658, 241, 3.)

Meyer, Aug. Wlh., von dem Juramento dandorum et respondendorum etc., nebst e. Theorie d. Anwend. d. Gesetze. 8. Götting. 780. Vandenhöck u. R. 3 gl.

Meier, von d. iuramento dandorum et respondendor. sowohl überh. als insbes. in Osnabrück. gr. 8. Gött. Vandenhök. 781.

Wilhelmi, August (= August Wilhelm Meyer). Kyau's Leben und lustige Einfälle; neu erzählt. Leipzig, Sal. Lincke, 1797. 8°. IV, 288 S. Br. d. Z., ub.

G. V, 531: 70, 3. Nicht bei H.-G. Erstausgabe der Meyerschen Sammlung, deren Hauptquelle neben anderen Vorlagen (z. B. Langbein) die Sammlung Cregangers ist

— commentatio de nullitate sententiarum sanabili et non sanabili. 4. Götting. 777.

— **August Wilhelm** (Osnabrück), De determinanda legitimae quantitate. Diss. jur. Göttingen (Rosenbusch) 9. VII. 1776. 28 S. (—.—) 23178

LAPUNZKYS, Johann, lustige Streiche und seltsame Begebenheiten. 2 Bde. Mit einem Titelkupfer (Stoelzel sc.) Leipzig, Sommer, 1812. 12°. 3 nicht gezeichnete Bl., 190, 246 S.

Seltene, weder von Goedeke V, 531, 70, 8, noch von Hayn-Gotendorf IV, 31, erwähnte Ausgabe.

[Verfasser: A. W. Meyer, ps. Wilhelmi.]

— von d. Theorie des Rechts, deren Eintheilung u. Verhältniß zur Praxis. 8. Rinteln 788. (Jülicher in Lingen). 7 gl.

— s. Wilhelm u. Walter.

Meyer, August Guil. Ferd. (Braunschweig)

Dissertatio inauguralis medica sistens cogitata quaedam de Febre sic dicta Puerperali. Adnexa historia morbi punctione sanati.

Giessae 1804. 36 S.

Diss. med. 4. Sept. 1804. vorh. 26.

Meyer, August Wilh. Ferd.: De Poena legibus Rom. adv. vindictam privatam sancita ..., s. Eisenhart, Ernst Ludwig August

Meyer, Auguste, Dichten u. Denken. Gedichte. 8. (VI, 143 S.) Stuttgart 886. Deutsche Verlags-Anstalt. n. 3. —; geb. m. Goldschn. n. 4. 50

Meyer, Axel. Hygiene der kinderlosen Ehe. 8. (73 S.) Berl. 891, [Fried u. Comp.] H. Steinitz Verlag. 2 —

— dasselbe, s. a. Buch, das, der jungen Ehe.

— dasselbe. 5. Taus. gr. 8. (74 S.) Ebd. 891. n. 2. —

Meyer, Axel, Hygiene der kinderlosen Ehe. 6. u. 7. Taus. gr. 8. (90 S.) Berlin (900). H. Steinitz. n. 2. —

Meyer, B., über die Ausschließung der Advocaten von den Verhandlungen vor den Aemtern und über das untergerichtl. Verfahren im Fürstenthum Lippe überhaupt. 8. Detmold u. Lemgo 844, Meyer'sche Hofbuchh. 1/6 ₰

Meyer, B., über die Ausschließung der Advocaten von den Verhandlungen vor den Aemtern u. über das untergerichtliche Verfahren im Fürstenthum Lippe überhaupt. 8. (2 1/4 B.) Lemgo 844, Meyer'sche Hofbuchh.

Meyer, B., einige Bemerkk. üb. die Schrift: Können die Juden ohne Nachtheil f. d. Staat bei ihrer jetzigen Verfassung bleiben? 8. Bresl. 804. Barth. 4 gl.

Meyer, B: Der neue Sicherheits-Röhrenkessel, Patent J. G. Schmidt. Vortrag. (Berlin 1878)

– Ueber stationäre elektrische Strömung in leitenden Flächen und über den galvanischen Leitungswiderstand d. Psilomelan. Göttingen; Vandenhoeck & Ruprecht 1880. 34 S. mit 1 Steindrucktaf. 8°

Meyer, B., zwei Uhren u. kein Geld im Sack; e. Lstspl. in 5 Aufz. 8. Duisb. ... Bädeker in Essen. 6 gl.

—— Versuch eines Entwurfs von Grundzügen zu einer Reform des Justizwesens im Fürstenthum Lippe. Zunächst z. Begründung eines an die Ständeversammlung von 1845 gerichteten Antrags auf eine zweckmäßigere Justizverfassung bestimmt. 8. (2 1/4 B.) Detmold 845, Meyer'sche Hofbuchh.

– Der Vielfach- oder Multiplex-Apparat. Berlin: Burmester und Stempell. 8°

Meyer, B. A., Gedichte u. Briefe üb. d. Erziehung d. Menschen, f. Eltern, Lehrer u. Erzieher, wie auch f. d. erwachs. Jugend. 8. (20 1/2 B.) Oldenburg 838, (Schulzesche Buchh.) *

Meyer, B. W., turnerische Ideale, s.: Vorträge f. Turnvereine.

— **Benedikt** (Bernburg), Entozoorum natura et indole. Diss. med.-physiol. Berlin (Nietack) 15. IX. 1832. 35 S. u. Biogr. (M.: M. Lipmann.) (3.—) 23179

Oppon.: P. Cwiclitz, E. Kurtze, H. Meyer. — Gew.: Meyer Calm, Salomon Herz, J. Loewenherz.

Meyer, Bened., die Wurmkrankheiten des Menschen mit Versuchen an lebenden Thieren. (Gekrönte Preisschrift.) gr. 8. (V und 137 S.) Zerbst 854(55). [Leipzig,] Wallerstein.

Meyer, Bened., die Wurmkrankheiten des Menschen mit Versuchen an lebenden Thieren. 2. (Titel-)Aufl. gr. 8. (V und 137 S.) Leipzig (855)58, [Klinkhardt.]

Meyer, Bened., die Wurmkrankheiten des Menschen mit Versuchen an lebenden Thieren. 855. — 2. (Titel-)Aufl. Leipzig 858. Wallerstein. gr. 8. (V, 137 S.) 25 ngr.

Meyer, *Benjamin* [aus Thann '(O.-E.)']: Sepher Sechel tob, Grammatik der hebräischen Sprache, nach d. Karlsruher Hs. z. ersten Male hrsg. u. m. Einl. & Anm. versehen ... Krakau, Druck v. J. Fischer, 1894; 1 Bl., 32, 56 S. 8.

Strassburg, Phil. Fak., Inaug.-Diss. v. 1894

Meyer, Benj. Ferd. Guil. (geb. Landsberg a. W. 30. 8. 1832): De dentium carie. Berolini (1856). (29 S.) 8°

Berlin, Med. Diss. v. 9. Mai 1856

Meyer, Benno (geb. am 11 Dez. 1839 in Elberfeld): Ueber Hysterie ... Bonn, Druck v. F. Krüger 1867. 30 S., 1 Bl. 8.
Bonn, Med. Fak., nachträgl. erschienene Diss. v. [28 Juli 1866]

Meyer, Bernh., Abschieds-Predigt über Offenbarung 3, 11. Gehalten am Sonntage Reminiscere den 21. Febr. 1869 zu St. Michael in Prag. Prag 869. (Tempsky.) gr. 8. (8 S.) n. 2 ngr

— Bernhard, De mercurialium in morbis venereis actione et usu commentatio. Marburg (Libr. acad.) (6. IV.) 1790. 108 S. (5.50) 23180
Widm. v.: E. G. Baldinger.

Meyer, B., de mercurialium in morbis venereis actione et usu. 8. Marb. Krieger. (a. Pott in Lausanne). 790.

– s. Anleitung, Allgemeine, Kranke zu examinieren.

Meyer, Bernh., Antritts-Predigt, s. Benesch, J.

Meyer, Bernh., Beitrag zur Kenntniß der radikalen Gerechtigkeitspflege mit einem Blick auf den gegenwärtigen politischen Zustand der Schweiz. 8. (IV u. 147 S.) Schaffhausen 851, Hurter. ½ Thlr

— kurze Beschreib. d. Vögel Liev- u. Ehstlands. Mit 1 ill. Kpft. gr. 8. Nürnb. 815. Schrag. 1 Thlr 18 Gr

Meyer. Bernhard. Erlebnisse des B' Ritter von M' [1810–1874], weiland Staatsschreiber und Tagsatzungs-Gesandter des Cantons Luzern .... Von ihm selbst verfasst und abgeschlossen. Hrg. von dessen Sohn Bernhard Ritter von Meyer. 2 Bände. 8. Wien & Pest 1875.
Band 1. Die dem Portrat des Verstorbenen [Tafel].
Band 2. ([Mit] Anhang: Die europaische Diplomatie und der Sonderbund.)

Meyer, Bernh. Ritter v., Erlebnisse des Bernhard Ritter v. Meyer, weil. Staatsschreiber und Tagsatzungs-Gesandter des Cantons Luzern, nachmal. k. k. österreich. Hof- und Ministerialrath, Secretär des Ministerrathes rc. rc. Von ihm selbst verfaßt und abgeschlossen. Hrsg. von dessen Sohn. 2 Bde. Mit dem Portr. des Verstorbenen (in Stahlst.). gr. 8. (VIII, 891; IV, 275 S.) [Wien 875, Sartori.] Regensburg, Manz. *

Meyer, Bernh., Friedensklänge vom Teutoburger Walde. Ein Wort zur Versöhng. v. Religion u. Wissenschaft u. e. Werk zur Herbeiführg. religiöser Eintracht d. deutschen Volkes. 8. (253 S.) Detmold 884. Meyer. n. 3. 60; geb. n. 4. —

– s. Gärtner, Ph. Gf.: Ökonomisch-technische Flora der Wetterau.

Meyer, Bernh., Gedichte. (22 S.) 8. Leipzig 907. Modernes Verlagsbureau. 1. —

Gedichte v. Bernhard **Meyer.** Berlin-Leipzig: C. Wigand 1907. (22 S.) 8°

Meyer, B. v., die sociale Gefahr der Arbeiterfrage rc., s. a. Stimmen, katholische.

Meyer, B. von, Die sociale Gefahr der Arbeiterfrage und die Möglichkeit der Abwendung. 8°. Wien 1868.

Meyer. Colonatsrecht d. Fürstenth. Lippe. 2 Bde. Detmold 854–55.

Meyer, Bernh., das Colonatsrecht, mit besonderer Rücksicht auf dessen geschichtliche Entwickelung und jetzigen Zustand im Fürstenthum Lippe. 1. Bd.: Geschichtliche Entwickelung der Colonatsverfassung rc. — 2. Bd., eine Sammlung von gerichtlichen Erkenntnissen, Gutachten rc. als Anhang zum 1. Bde. enthltd. Lemgo 855. Meyer. gr. 8. (1. Bd.: XIV, XVI, 514 S.; 2. Bd.: XVI, 479 S.) Jeder Bd. n. 2 Thlr.

Meyer, Bernh., Ornithologie, Liev- u. Esthlands, siehe Germann, G. A.

—— Predigt über Hebr. 4, 14—16. Gehalten am Himmelfahrtstage den 30. Mai 1867 zu Pilsen. 8. (12 S.) Pilsen 868, (Maasch.) *

— Predigt über Lucas 11, 9—13. Gehalten am Sonntage Rogate den 6. Mai 1866 in der deutschen evangel. Pfarrkirche zu St. Michael in Prag. Nr. 1 u. 2. Prag 867. (Tempsky.) gr. 8. (12 u. 16 S.) Jede Nr. n. 4 ngr

— — Predigt über Lucas 18, 1–8. Gehalten am 20. Sonntage nach Trinitatis den 14. October 1866 in der deutschen evangelischen Pfarrkirche zu St. Michael in Prag. Nr. 11. gr. 8. (12 S.) Ebds. in Comm. 1867. 20 kr.

-- Predigt über Lucas 19, 1—10. Gehalten am 10. Sonntage nach Trinitatis den 5. Aug. 1866 in der deutschen evangel. Pfarrkirche zu St. Michael in Prag. (Nr. 3.) Ebend. 867. gr. 8. (15 S.) n. 4 ngr

— Predigt über Evangel. Johannis 5, 19—29. Gehalten am 6. Sonntage nach Trinitatis den 8. Juli 1866 in der deutschen evangel. Pfarrkirche zu St. Michael in Prag. (Der ganzen Sammlung Nr. 4.) Ebend. 867. gr. 8. (16 S.) n. 4 ngr

—— Predigt über Röm. 14, 17—19. Gehalten am 2. Adventssonntage den 9. Decbr. 1866 in der deutschen evangel. Pfarrkirche zu St. Michael in Prag. [Der ganzen Sammlung Nr. 5.] gr. 8. (13 S.) (Ebendas.) 868. *

— Predigt über Hebr. 13, 7. Gehalten am 1. Novbr. 1867 in der deutschen evangel. Pfarrkirche zu St. Michael in Prag. [Der ganzen Sammlung Nr. 6.] Ebend. 868. gr. 8. (16 S.) n. 4 ngr

— Predigt über 1. Cor. 15, 51—58. Gehalten am Ostersonntage den 21. April 1867 in der deutschen evangel. Pfarrkirche zu St. Michael in Prag. [Der ganzen Sammlung Nr. 7.] Ebend. 868. gr. 8. (15 S.) n. 3 ngr

— Predigt über Evang. Joh. 14, 15—21. Gehalten am Pfingstsonntage, den 20. Mai 1866 in der deutschen evangel. Pfarrkirche zu St. Michael in Prag. [Der ganzen Sammlung Nr. 8.] Ebend. 868. gr. 8. (15 S.) n. 3 ngr

— Predigt über Apostelgeschichte 24, 16. Gehalten am 18. Sonntage nach Trinitatis am 18. Septbr. 1866 in der deutschen evangel. Pfarrkirche zu St. Michael in Prag. [Der ganzen Sammlung Nr. 9.] Ebend. 868. gr. 8. (11 S.) n. 3 ngr

— Predigt über 1. Petri 4, 7—11. Gehalten am Sonntage Exaudi den 28. Mai 1865 in der deutschen evangel. Pfarrkirche zu St. Michael in Prag. [Der ganzen Sammlung Nr. 10.] Ebend. 868. gr. 8. (14 S.) n. 3 ngr

— zwei Predigten. Gehalten in der deutschen evangel. Pfarrkirche zu St. Michael in Prag. [Der ganzen Sammlung Nr. 11 u. 12.] Ebend. 870. gr. 8. (22 S.) n. 5 ngr

Meyer, Bernh. (II.), Reise nach Worms zur Feier der Enthüllung des Lutherdenkmals am 24.—26. Juni 1868. 8. (14 S.) Detmold 868, Meyer'sche Hofbuchh. *

Meyer, Bernh., Reiseskizzen von Offenbach nach Hamburg. Frankfurt a. M. 1831. 8.

Meyer, Bernh., Reiseskizzen. gr. 12. (6 B.) Frankfurt a. M. 831, Sauerländer.

(Meyer, Bernh. R. v.) Rückblick auf die jüngste Entwicklungs-Periode Ungarns. (Unveränderter Abdruck, ausgegeben von der k. k. Universitäts-Buchhandlung Georg Szelinski im Jahre 1903.) 8. Wien 1857.

— — Vgl. Mayer

Meyer, Bhrd. u. Jh. Wolf II., Taschenbuch der deutschen Vögelkunde, od. kurze Beschreib. aller Vögel Deutschlands. 2 Thle. Mit 74 illum. Kpf. gr. 8. Frankf. a. M. 809, 10. Fr. Wilmanns. 10 ß

Meyer, (B.,) Zusätze u. Berichtigungen zu Meyers u. Wolfs Taschenb. der deutschen Vögelkunde, nebst kurzer Beschreib. derjenigen Vögel, welche außer Deutschl. in den übrigen Theilen v. Europa vorkommen als 3r Thl. jenes Taschenb. Mit einer vollst. Registratur üb. das ganze Werk. 8. Frankf. 822, Brönner.

Meyer, Bernhard [aus Riga]: Untersuchungen ueber die Entwickelung einiger parasitischer Pilze bei saprophytischer Ernaehrung. . . . Berlin, Druck v. Gebr. Unger (Th. Grimm), 1888; 35+1 S. u. 4 Taf. 8°
Erlangen, Phil. Fak., Inaug.-Diss. v. 1888

Meyer, Bernhard. Votum der Gesandtschaft von Luzern, abgegeben auf der Tagsatzung in Zürich den 31. August 1846 in der Angelegenheit der von den hohen Ständen Luzern, Uri, Schwyz Unterwalden ..., Zug, Freiburg und Wallis gemeinschaftlich gefassten Konferenzbeschlüsse, von B' M'.... 8. Luzern 1846.

Meyer, Bernhard. Votum und Replik der Gesandtschaft von Luzern in der s. g. Sonderbundsfrage, eröffnet auf der Tagsatzung zu Bern den 19. und 20. Heumonat 1847 von B' M'.... Nebst der Protestation der sieben kathol. Konferenzstände. 8. Luzern 1847.

— s. Wolf, Joh.: Naturgeschichte der Vögel Deutschlands.

Meyer, Bernhard Adolf, s. Meyer, Adolf Bernhard

— **Bernh. Christoph** (Lemgo), De jure circa lateraria vulgo Vom Ziegelbrennerey-Recht. Meditament. jur. Präs. Friedrich Ulrich Pestel. Rinteln (J. G. Enax) 18. VIII. 1746. 30 S. (—.—) 23161

Meyer, Bertha, zur ersten Erziehung. Ein Wort an Frauen u. Mütter. Berlin 869. (Goldammer.) 8. (20 S.) 2½ ngr.

Meyer, Bertha, ein Erziehungshaus im Geiste Pestalozzi's u. Fröbel's. Die Anwendung des Fröbel'schen Systems in der Familie. 8. (61 S.) Zürich 882. Schmidt. n. — 60

Meyer, Bertha, Gesundheitslehre f. die weibliche Jugend, insbesondere zum Gebrauch beim Unterricht in Fortbildungsschulen. 2. Aufl. gr. 8. (32 S.) Berlin 891. L. Oehmigke's Verl. n. — 30

Meyer, Bertha. Die Gesundheitspflege d. Kindes. Leitfaden f. angeh. Erzieherinnen im Anschluß an das Lehrbuch: „Bau d. menschl. Körpers" v. A. Fiedler u. J. Blochwitz. 1. u. 2. (Titel-)Aufl. 8. (132 S.) Berl. 890,91, Oehmigke's Verlag. * 1 ...

— die Gesundheitspflege d. Kindes. Leitfaden f. Mütter u. Erzieherinnen im Anschluß an das Lehrbuch: „Bau d. menschl. Körpers" v. A. Fiedler u. J. Blochwitz. 2. (Titel-)Aufl. 8. (132 S.) Ebd. 892. n. 1. —

— das Kind in den ersten Lebensjahren, } s. a. Victoria-
— Wöchnerin u. Wochenkind, } Bibliothek.

Meyer, Bertha, das Kind in den ersten Lebensjahren. gr. 8. (51 S.) Berlin 872. Staude. n. — 80

Meyer B, Olga-Bibliothek für die Frauen des württ. Volkes. 10 H in 1 Bd Berlin 1879

Meyer, Berta, a. Denzlingen (Baden): Die Sprache des Mistére du viel Testament. Ein Beitrag zur historischen Grammatik des Mittelfranzösischen, nach Laut- und Formenlehre dargestellt. Darmstadt 1907: G. Otto. (117 S.) 8°
Heidelberg, Phil. Fak., Ref. Neumann, Diss. v. 27. Mai 1907
[Geb. 19. März 74 Denzlingen; Wohnort: Mannheim; Staatsangeh.: Baden; Vorbildung: Realgymn. Karlsruhe Reife M. 03; Studium: Heidelberg 7 S.; Rig. 20. Febr. 07.]

— von der Wiege bis zur Schule an der Hand Friedr. Fröbel's. 8. (VIII, 197 S.) Ebend. 874. n. 2. 50

Meyer, Bertha, von der Wiege bis zur Schule an der Hand Friedrich Fröbel's. 2. verm. und verb. Aufl. 8. (VII, 180 S.) Berlin 877, Staude. *

— von der Wiege bis zur Schule an der Hand Friedr. Fröbel's. 3. bedeutend verm. und verb. Aufl. Mit dem (Lichtdr.-)Bildniß der Verf. 8. (XVI, 416 S.) Berlin 884, Staude. * geb. *

Meyer, B., das Kind in den ersten Lebensjahren, } s. Victoria-Bibliothek.
— Wöchnerin und Wochenkind, }

Meyer, Betsy. Conrad Ferdinand Meyer. In der Erinnerung seiner Schwester Betsy Meyer. IV + 248 S. 8. Berlin, Gebr. Paetel, 1903. ([M. 4. —,] geb. M. 5. —)
[Sep.-Ausg. aus: Deutsche Rundschau. Jahrg. 29, Hefte 9 - 11.]

Conrad Ferdinand Meyer. In der Erinnerung seiner Schwester Betsy **Meyer**. 2. Aufl. *Berlin: Gebr. Paetel 1903.* (246 S.) 8° [F.]

Meyer, Bruno, das Aesthetische als Erziehungsmittel und Unterrichtsgegenstand. Vortrag, gehalten in Berlin am 16. Jan. 1867. br. 8. (30 S.) Berlin 868, F. Duncker. [Stuttgart, Krabbe.] *

Meyer, Bruno, üb. Augenblicks- u. Reihenaufnehmen. Zu Beilagen nach Ottomar Anschütz. [Aus: „Deutsche Photographen-Zeitg."] gr. 8. (33 S. m. 1 Taf. in Photograv. u. 1 Taf. in Lichtdruckdr.) Weimar 892. Verlag d. Deutschen Photographen-Zeitg. n. 1. 25

— die Beziehungen der Gewerbezeichenschule zur Kunstindustrie, s. a. Sammlung gemeinverständl. wissenschaftl. Vorträge.

Meyer B, die Beziehungen der Gewerbezeichenschulen zur Kunstindustrie und zur Volksbildung. (Sammlung gemeinverständl. wissenschaftl. Vorträge 109) Berlin 1870

Meyer, Bruno (Ludov. Julius Boguslaus) (geb. Kempen in Posen 28. 6. 1840): De Niobidarum compositione. (Pars I.) Berolini (1864). (37 S.) 8°
¶ Fortsetzung bis 1899 nicht erschienen.
Berlin, Phil. Diss. v. 6. Aug. 1864

— s.: Deutschlands Kunstschätze.

Meyer, Bruno, s. a. Dürer, 4 Holzschnittfolgen.

Vier Holzschnittfolgen phototypisch nachgebildet in der Grösse der Originale. Mit einführendem Text von **Bruno Meyer.** Charlottenburg und Berlin 1887. Fol.

—— s. Dürer, Albr. Marienleben.

Meyer, Bruno, Entwurf e. Gesetzes, betr. d. Urheberrecht an Werken der Photographie. Amtlicher Text, nebst erläut. Bemerkgn. gr. 8. (16 S.) Weimar 902. Verlag der deutschen Photographen-Zeitg. — 30

— zur Frage des Photographie-Schutzes, s.: Photographen-Bibliothek, deutsche. X.

Meyer, Bruno, Führer durch die Literatur der Gesundheitspflege f. Freunde e. naturgemäßen Lebensweise in Verbindg. m. solchen hrsg. 2., verm. Aufl. 16. (72 S.) Rudolstadt 884. Hartung & Sohn. n. — 25

Meyer, Bruno (II.). Führer durch die Literatur d. Gesundheitspflege, Naturheilkunde — Vegetarismus — Seelendiätetik. 3. sehr verm. Aufl. 2 Hefte. 12. (156 S.) Rudolst. 891, Bruno Meyer. ** — 50

Meyer, Bruno (I.), Glasphotogramme für den kunstwissenschaftlichen Unterricht, im Projectionsapparat zu gebrauchen. 1. Verzeichniss [Nr. 1—4000]. Mit einer Einleitung und einer reich illustr. Abhandlung über „Projectionskunst". gr. 4. (XXXII, 128 Sp.) Karlsruhe 883, Selbstverlag. **
Ausg. auf Schreibpap. **
Ausg. auf Büttenpap. **

Meyer, Bruno. Neue Holbeiniana vor und von der Holbeinausstellung zu Dresden. II: Hans Holbein der Sohn. [A.] 8. [Leipzig 1871.]

— zum Kulturkampf um die Sittlichkeit. (39 S.) gr. 8. Frankfurt a/M. 906. J. D. Sauerländer. n. — 50
Sonderabdruck aus: „Mutterschutz".

— s.: Kunstblätter, photographische.

— die bildenden u. reproduzierenden Künste im 19. Jahrh., s. a. Am Ende des Jahrhunderts. 20. Bd.

Die bildenden und reproduzierenden Künste im neunzehnten Jahrhundert. Von Bruno Meyer. T. 1. Berlin: S. Cronbach 1901. 8°
Am Ende d. Jahrhunderts. Bd 20.

Meyer, Bruno, das lebende Modell, s.: Jan, Herm. Ludw. v., u. H. Hildenbrand.

Meyer, Bruno, biographische Notizen, s. Deutschlands Kunstschätze.

Meyer, Bruno, aus der ästhetischen Pädagogik. 6 Vorträge. gr. 8. (IV, 256 S.) Berlin 873. Paetel. n. 5. 40

Meyer, Bruno, Der Personalkredit des ländlichen Kleingrundbesitzes innerhalb des Herzogtums Oldenburg. Schriften d. Vereins f. Sozialpol., Bd. 74. gr. 8°. Leipzig 1896.

Meyer, Bruno (I.). Ein photographischer Rechtsfall v. principieller Bedeutung. Ein Beitrag zur Frage d. Urheberrechtsschutzes. gr. 8. (20 S.) Weimar 892, Verlag d. Deutschen Photographen-Zeitung. * — 75
Vorstehende 3 Schriften sind aus: Deutsche Photographen-Zeitg., besonders abgedruckt.

– Referat über den ethischen Bund. s. Zusammenkunft, Die Eisenacher.

— Sachverständige u. D.R.P. 64806, s.: Photographen-Bibliothek, deutsche. VIII.

Deutschlands Seegefahren. Der Verfall d. deutschen Flotte u. ihr geplanter Wiederaufbau. Mit 9 Taf. Von Bruno **Meyer**, Kapitän-Lt. a. D. 16.–17. Taus. *München: J. F. Lehmann 1898.* (55 S.) 8° [15.]
— Flug-Schriften hrsg. vom All-Deutschen Verband. H. o.

— weibliche Schönheit. Kritische Betrachtgn. üb. die Darstellg. des Nackten in Malerei u. Photographie, m. maler. Aktstudien v. Herm. Ludw. v. Jan u. e. Einleitg. v. Ludw. Schrank. (X, 228 S.) gr. 8. Stuttgart 904. Klemm & Beckmann. Geb. in Leinw. 15. —

— dasselbe, m. 260 maler. Aktstudien in Farbendr. v. René Le Bègue, Egbert Falk, W. Hartig u. a. u. e. Einleitg. v. Ludw. Schrank. 2., bedeutend verm. u. verb. Aufl. 2 Bde. (XVI, VII, 376 S.) Lex.-8. Stuttgart (905). [Klemm & Beckmann.] Verlag f. Kunst u. Schönheit. Geb. in Leinw. 30. —; auch in 25 Lfgn. à 1. —

— das neue photographische Schutzgesetz nach dem Regierungs-Entwurfe, s.: Photographen-Bibliothek, deutsche. IX.

Meyer, Bruno, Referendar: Das fiduziarische Sicherungsgeschäft. Greifswald 1908: J. Abel. (43 S.) 8°
Greifswald, Jur. Fak., Ref. Stampe, Diss. v. 20. Jan. 1908
[Geb. 27. Juli 80 Möser, Kr. Jerichow I; Wohnort: Behrfelde b. Königsberg (N.-M.); Staatsangeh.: Preußen; Vorbildung: Gymn. Königsberg (N.-M.) Reife O. 04; Studium: Tübingen 3, Erlangen 1, Greifswald 3 S.; Rig. 19. Nov. 07.]

Meyer, Bruno, Studien u. Kritiken. gr. 8. (XII, 480 S.) Stuttgart 877. Spemann. n. 8. —

Meyer, Bruno, was nun? Ein Beitrag zur Duell-Frage. gr. 8. (44 S.) Berlin 896. Verl. „Helios". n. — 60

MEYER, Rechtsanwalt Dr. Bruno. Welche Mittel gewährt das gegenwärtige Recht im Kampfe gegen sittenlose Schriften, Abbildungen und Darstellungen? Vortrag. Berlin, Verlag der Geschäftsstelle der deutschen Sittlichkeitsvereine (A. Dartsch), 1902. 8°. 19 S.

Meyer, Bruno, welche Mittel gewährt das gegenwärtig geltende Recht im Kampfe gegen sittenlose Schriften, Abbildungen u. Darstellungen? Vortrag, geh. im hamburg. Verein zur Hebg. der öffentl. Sittlichkeit. gr. 8. (19 S.) Berlin 902. (Leipzig, H. G. Wallmann.) n. — 30

– Der ethische Wert der Welt des Schönen, s. Zusammenkunft, Die Eisenacher.

— wie u. was lernt der moderne Künstler durch die Geschichte der Kunst? Rede, geh. am 20. April 1874 zum Antritt der kunstgeschichtl. Professur an der polytechn. Schule zu Karlsruhe. gr. 8. (40 S.) Karlsruhe 874. Braun. n. 1. —

Meyer, C., s.a. Meyer, Karl

Meyer, C., Briefe dem Bade Eilsen gewidmet. Rinteln 857. Bösendahl. 8. (VIII, 144 S.) n. 24 ngr.

Meyer, C.: I. E i n w i r k g . d. Bernsteinsäurechloryd auf Acetanilid. II. z. Kenntniss d. Anhydrobasen. 1878.

Meyer, C: Der F. G. L.-Fahrkarten-Druckapparat der Felten & Guilleaume-Lahmeyerwerke, A.-G. Vortrag. (o. O.) 1910

Meyer, C., Führer durch Rostock u. nächste Umgebung. 12. (16 S. m. 1 Plan.) Rostock 893. C. Meyer. n. — 50

Meyer, C. (I.), Gesetz-Buch oder die wichtigsten Bestimmungen der preußischen Gesetze, Vorschriften und Verordnungen für alle Stände. Alphabetisch geordnet und mit Formularen versehen. 2. Aufl. Nebst Anhang, enth. die wichtigsten Gesetze für den norddeutschen Bund. gr. 8. (IV, 442 S.) Torgau 868. (Halle, Herrmann.) *

—— dass. — oder die wichtigsten Bestimmungen der Gesetze, Vorschriften und Verordnungen des preuß. Staates und norddeutschen Bundes. Alphabetisch geordnet und mit Formularen zu Prozeßschriften versehen. 3., mit Rücksicht auf die neueste Gesetzgebung bericht. und verm. Aufl. gr. 8. (542 S.) Halle 870—72, Herrmann. à Lfg. 30 Pf.

Meyer, C. (II.), Gesetzbuch für Nichtjuristen, enth.: die wichtigsten Bestimmungen der preuß. Gesetze, Vorschriften und Verordnungen bis auf die neueste Zeit, das Stempel- und Postgesetz, sowie die Militär-Instruction für den einjährigen Dienst. Für Geschäftsleute, Gewerbetreibende, Kaufleute 2c. Alphabetisch geordnet und mit Formularien versehen. gr. 8. (415 S.) Torgau 867, (Schneider.) *

Meyer, C., die wichtigsten Gesetze im norddeutschen Bundesgebiete. Alphabetisch geordnet u. zusammengestellt. Torgau 868. Halle, Herrmann. gr. 8. (24 S.) n. 5 ngr

Meyer, C. (II.), „Halte, was du hast!" Predigt am Reformationsfest, den 1. Novbr. 1868. gr. 8. (14 S.) Breslau 869, (Dülfer's Verlag.)

Meyer, C., (Ingenieur,) s. Ingenieur-Journal.

Meyer, C. (II.), Lehrbuch d. Geometrie f. Gymnasien. I. Curs. gr. 8. (3 B.) Potsdam 836, Riegel.

—— Lehrbuch d. Geometrie f. Gymnasien. M. Holzschnn. 3 Thle. gr. 8. Potsdam, Riegel.
Thl. 1. Planimetrie. 1. Aufl. (11½ B.) 837., 2. A. (11¾ B.) 840 à 14 Gr.
: 2. Stereometrie. (7¾ B.) 839. 12 Gr.
: 3. Algebraische Geometrie. Trigonometrie. (9 B.) 840. 12 Gr.

Meyer, C. (I.), Lehrbuch der Geometrie f. Gymnasien. 1. Thl. Planimetrie. 3. Aufl. 843. u. 4. Aufl. gr. 8. (à 11 B.) Potsdam 846, Riegel's Verl. a

Meyer, C., Lehrbuch der Geometrie für Gymnasien. 1. Thl. Planimetrie. 3. Aufl. gr. 8. Potsdam 843, Riegel's Verl. 7/12 ℛ — 4. Aufl. gr. 8. Ebend. (846) 847. 7/12 ℛ

Meyer, C. (I.), Lehrbuch d. Geometrie f. Gymnasien. 2. Thl. Stereometrie. 2. Aufl. gr. 8. (7 B.) Potsdam 843, Riegel's Vrl. Thlr.

Meyer, C., Lehrbuch der Geometrie für Gymnasien u. andere Lehranstalten. 1. Thl.: Planimetrie. 5. verm. Aufl. gr. 8. (VIII u. 173 S.) Potsdam 850, Riegel's Verlag. 1/2 ℛ — 6. verm. Aufl. gr. 8. (VIII u. 173 S. m. eingedr. Holzschn.) Ebd. 852. 1/2 ℛ — 2. Thl.: Stereometrie. 3. verm. Aufl. gr. 8. (IV u. 120 S. m. eingedr. Holzschn.) Ebd. 852. 1/2 ℛ — 3. Thl.: Algebraische Geometrie. Trigonometrie. 2. verb. u. verm. Aufl. gr. 8. (IV u. 154 S. m. eingedr. Holzschn.) Ebd. 852. 1/2 ℛ (1—3: 1 7/12 ℛ)

Meyer, C., Lehrbuch der Geometrie für Gymnasien und andere Lehranstalten. 1. Thl.: Planimetrie. 8. Aufl. Mülheim a. d. R. 856. Bagel. gr. 8. (VIII, 179 S. mit Holzschn. im Text.) n. 17½ ngr
2. u. 3. Thl. 852. jetzt Ebend.

Meyer, C., Lehrbuch der Geometrie für Gymnasien und andere Lehranstalten. Mülheim a. d. R. Bagel. gr. 8.
1. Thl.: Planimetrie. 9. Aufl. 861. (VII, 190 S. m. Holzschn.) n. 17½ ngr
3. Thl.: Algebraische Geometrie. Trigonometrie. 3. verb. u. verm. Aufl. 863. (IV, 148 S. m. Holzschn.) n. 15 ngr

Meyer, C., Lehrbuch der Geometrie für Gymnasien u. andere Lehranstalten. 1—3. Thl. Mülheim a. d. R., Bagel. gr. 8. n. 1 ℛ 17½ ngr
1. Thl. Planimetrie. 10. Aufl. (VIII, 191 S. mit eingedr. Holzschn.) 866. n. 17½ ngr
2. Thl. Stereometrie. 5. Aufl. (IV, 140 S. mit eingedr. Holzschn.) 866. n. 15 ngr
3. Thl. Algebraische Geometrie. Trigonometrie. 3., verb. u. verm. Aufl. (IV, 148 S. mit eingedr. Holzschn.) 868. n. 15 ngr

Meyer, C. (II.), Lehrbuch der Geometrie für Gymnasien und andere Lehranstalten. 3 Thle. gr. 8. Leipzig, C. A. Koch's Verlag. *
Inhalt:
Thl. 1. Planimetrie. 11.—12. Aufl. Hrsg. von H. C. E. Martus. (VIII, 188 S. mit eingedr. Holzschn.) 870—75. *ℳ 1,75.
- 2. Stereometrie. 6. Aufl. (IV, 140 S. mit eingedr. Holzschn.) 877. *ℳ 1,50.
- 3. Algebraische Geometrie. Trigonometrie. 4. verb. und verm. Aufl. (144 S. mit eingedr. Holzschn.) 875. *ℳ 1,50.

Meyer, C. (II.), Lehrbuch der Geometrie für Gymnasien und andere Lehranstalten. Hrsg. von H. C. E. Martus. 1. Tl.: Planimetrie. 13. Aufl. gr. 8. (VIII, 188 S.) Leipzig 881, C. A. Koch's Verlagsh. *
2. und 3. Thl. Ebendas. 1875,77. à *ℳ 1.50.

Meyer, C., Lehrbuch der Geometrie für Gymnasien und andere Lehranstalten. Hrsg. von H. C. E. Martus. 1. Tl.: Planimetrie. 14. Aufl. gr. 8. (VIII, 188 S.) Leipzig 885, C. A. Koch's Verlagsh. *
2. und 3. Tl. Ebendas. 1875,77. à *ℳ 1.50.

Meyer, C., Lehrbuch der Geometrie f. Gymnasien u. andere Lehranstalten. Hrsg. v. H. C. E. Martus. 1. u. 2. Tl. gr. 8. Leipzig, C. A. Koch. n. 3. 30
1. Planimetrie. 15. Aufl. (VIII, 188 S.) 891. n. 1. 80
2. Stereometrie. 7. Aufl. (IV, 130 S. m. Fig.) 892. n. 1. 50

Nekrolog über Br. J. C. Meyer-Hoffmeister geboren den 17. Oct. 1807 in Zürich, gestorben den 29. Nov. 1881 in Zürich gehalten in der Trauerloge der Modestia cum libertate im Or.·. Zürich am 28. Jan. 1882 von C. Meyer. Zürich 1882: Schiller & Co. 25 S. 8⁰ [Umschlagtit.]

(Meyer, C.): R e c h t s g u t a c h t e n in Sachen der Gebrüder v. Lien zu Münster wider die v. Schilgen'sche Vermögens-Administration daselbst. Münster 1817.

—— neuester Volksadvokat ein Gesetzbuch, enth. die wichtigsten Bestimmungen der Gesetze, Vorschriften und Verordnungen des deutschen und preuß. Reichs. Alphabetisch geordnet und mit Formularen zu Proceßschriften versehen. Ein Rathgeber für Jedermann. 3., mit Rücksicht auf die neueste Gesetzgebung bericht. und verm. Aufl. gr. 8. (542 S.) Halle 872, Herrmann.

Meyer, C., neuester Volksadvokat, e. Gesetzbuch, enth. die wichtigsten Bestimmgn der Gesetze, Vorschriften u. Verordngn. d. deutschen u. preuß. Reichs. Alphabetisch geordnet u. m. Formularen zu Proceßschriften versehen. Ein Rathgeber f. Jedermann. 3. m. Rücksicht auf die neueste Gesetzgebg. bericht. u. verm. Aufl. gr. 8. (542 S.) Halle 876. Herrmann. 3. 74

Meyer, C., der unübertreffliche Whist-, Boston- u. L'Hombrespieler. Eine prakt. Anleitung, diese Spiele nach allen Regeln der Kunst zu erlernen u. zu spielen. Für Anfänger u. Geübte. Nebst Karten- u. anderen leicht auszuführ. Kunststücken zur Unterhaltung. Berlin 865. Mode's Verlag. 8. (144 S.) 15 ngr

Meyer, C. (I.), der unübertreffliche Whist-, Boston- und l'Hombrespieler. Eine prakt. Anleitung diese Spiele nach allen Regeln der Kunst zu erlernen und zu spielen. Für Anfänger und Geübte. Nebst Karten- und anderen leicht auszuführenden Kunststücken zur Unterhaltung. 2.—5. Aufl. (154 S.) 1874—77. ℳ 2.; 6. verb. Aufl. 8. (156 S.) Berlin 878, Mode's Verlag.

Meyer, C., der unübertreffliche Whist-, Boston- u. L'Hombre-Spieler. Eine prakt. Anleitg., diese Spiele nach allen Regeln der Kunst zu erlernen. Für Anfänger u. Geübte. Nebst Karten- u. anderen leicht auszuführ. Kunststücken zur Unterhaltg. 9., verb. Aufl. 8. (IV, 156 S.) Berlin 891. S. Mode's Verl. 1. 50

Meyer, C. (I.), Wochenspruchsammlung nach d. Evangelien geord., nebst e. Anh. v. Festliedern u. Luther's klein. Katechismus, z. Gebr. f. Mittelklassen d. Stadt- u. Landschulen. 8. (4 B.) Anclam 838, Dietze.

Meyer, C. A., s.a. Meyer, Karl Anton

— C. A. Contribution à la connaissance I. „Des Dérivés oxyazoiques." II. „De la Transposition de l'Hydrazobenzène." III. „Des Oxycétones aromatiques." In-8⁰. 47 p. Bâle. Thèse. 1895.

Meyer, C. A.: Das Preuss. Erbrecht. Ein populärer Rathgeber f. Erben u. alle diejenigen, welche sich wegen Erbschaften in Processe einlassen müssen. *Berlin*, Hayn. 831. 8. (6 Gr.)

—— Handbuch d. Gesetze u. Verordnungen üb. d. Bauwesen, in polizeil. u. rechtl. Hinsicht. gr. 8. (4¼ B.) Berlin 829, Natorff u. Comp.

—— Handbüchlein d. Gesetzgebung üb. d. Verpflichtung zur Entricht. d. Gewerbesteuer u. das Gewerbe-Steuer-Wesen überh. 8. (5 B.) Berlin 831, Natorff u. Comp.

Meyer, C. A., der vorsichtige Kapitalist, Negoziant u. Geld-Geschäftsmann; od. d. gerichtl. Rathgeber in Geldgeschäften aller Art. 8. (7½ B.) Berlin 829, Mittler. Thlr.

Meyer (C. A.). Von dem Nutzen der systematischen Botanik in der Haushaltungskunst. Greifswalde, 1772. 8°.

—— der Rechtsfreund f. d. Bürger, Haus- u. Familienvater in gerichtl. u. außergerichtl. Besitz-, Bau-, Mieth-, Ehe-, Erbes- u. Familien-Angelegenheiten. Mit Formularen. 8. (11 B.) Berlin 829, Natorff u. Comp.

Meyer, C. A.: Das Preuss. Schuldenrecht, od. d. gerichtl. Rathgeber f. Schuldner u. alle, welche wegen Schulden sich in Processe einlassen müssen. *Berlin*, Natorff u. Comp. 829. 8. (12 Gr.)

—— das Preuß. Schuldnerrecht, od. d. gerichtl. Rathgeber f. Schuldner u. alle, welche wegen Schulden sich in Prozesse einlassen müssen. 8. (5 B.) Berlin 829, Natorff u. Comp.

Meyer, C. A., Versuch einer neuen Darstellung des Unterschieds zwischen Gicht u. Rheumatismus durch Hindeutungen auf das Grundwesen dieser Krankheit. 8. Hannover, Hahn. 820.

— das Preuß. Vormundschaftsrecht. Zur Selbstbelehrung für Vormünder u. Bevormundete. gr. 8. Berl. 824. Natorff u C. 14 gr

—— das Preuß. Vormundschaftsrecht. Zur Selbstbelehr. f. Vormünder u. Bevormundete. gr. 8. (5½ B.) Berlin 829, Natorff u. Comp.

Meyer, C. A. J., s. Meyer, Karl Johann Albrecht

Meyer, C. D., Der Pferdearzt oder gründliche Anweisung zu richt. Kenntnis der gemeinsten Pferdekrankheiten etc. Leipzig 793.

Meyer C. D.: Der Pferdearzt ... Leipz. 1793. 104 S.

Meyer, C. D., der Pferdearzt, od. gründl. Anweis. zur richtigen Kenntniß der Pferdekrankheiten; nebst bewährten Heilmitteln. 8. Leipz. 793. Schwickert. 6 gr

Meyer, C. F., s.a. Meyer, Karl Friedrich

– s.a. Meyer, Karl Joseph

– s.a. Meyer, Klemens Friedrich

– s.a. Meyer, Konrad Ferdinand

Meyer, C. F., Hero und Leander. 1858. 32 S.

Meyer, C. F., neue Zeichnungen für Goldarbeiter. I. Lfg. hoch 4. (6 Kpfrt. u. 1 B.-Text.) Berlin 844, Heymann. *

Meyer, C. F., neue Zeichnungen für Goldarbeiter. 1.—3. Heft. à 4 Blätt. Zeichnungen. hoch 4. Berlin 844, 45, Heymann. à n. ½ ℳ

Meyer, C. F. E., s. Meyer, Christian Friedrich Ernst

Meyer, C. Ferd.. s. Meyer, Konrad Ferdinand

Meyer, C. Fr., s.a. Meyer, Karl Friedrich

Meyer, C. Fr., und A. Koch, Atlas zu Caesars bellum gallicum, für die Schule bearb. gr. 8. (18 lithogr. Karten in qu. gr. 4. mit 17 S. Text.) Essen 879, Bädeker. *

Meyer, C. Fr., u. A. Koch, Atlas zu Caesar's bellum gallicum, f. die Schule bearb. 2., verb. Aufl. gr. 8. (19 S. m. 14 Taf.) Essen 889. Baedeker. n. 1. 20

Meyer, C. Fr., Atlas zur deutschen Geschichte. 16 (chromolith.) Karten. qu. gr. 4. Nebst Text. gr. 8. (4 S.) Essen 879. Baedeker. n. 2. 80; geb. n. 3. 60

Meyer, C. Fr., Bilder u. Gedichte, s. Bilder.

Meyer, C. G. L., s. Meyer, K. G. L.

Meyer, C. G. S., Gedichte. Pasewalk 853. Braune. 8. (VIII, 120 S.) n. 20 ngr.

Meyer, C. H. G., s. Meyer, Karl Heinrich Gottlieb

Meyer, C. J., s. Meyer, Karl Joseph

Meyer, C. J. A., s. Meyer, Karl Johann Albrecht

Meyer, C. J. C., drei Predigten. gr. 8. Götting. 779. Vandenhöck u. R. 3 gr.

Meyer, C. J. U., s. Meyer, Karl Johann Albrecht

Meyer, C. Jos. Heliogabalus und Alexander Severus. Aus dem Französ. 8. Münster 1779.

Meyer, C. Jul., s. Meyer, Kaspar Julius

Meyer, (C. N. T.,) Abendunterhaltungen eines Vaters im Kreise seiner Familie, oder lehrreiche Erzählungen aus der Länder-, Natur- u. Menschen-Geschichte. Für die Jugend bearb. Mit 8 color. Kupf. 8. Leipz. 822, Ernst Fleischer.

Meyer, C. O., über die Art der durch Punkte und Tangenten bestimmten Kegelschnitte. Königsberg 862. Gräfe & Unzer in Comm. 4. (17 S.) n. 6 ngr.

Meyer, C. Th., und M. H. Meyer, constructive Aufgaben über die Kegelschnitte. Abgedr. aus der axonometr. Projectionslehre. Leipzig 855. Haessel. gr. 8. (71 S. u. 7 lith. Taf. in Fol.) n. 1 thlr.

Meyer, C. Th., u. M. H. Meyer, Lehrbuch der Axonometrie oder der gesammten isometr., monodimetr. u. anisometr. Projectionslehre. 1. Lfg. Mit 14 lith., zum Theil color. Taf. (in Imp. 4. u. qu. Fol.) u. 38 in den Text eingedr. Holzschnitten. gr. 8. (X S. u. S. 1—86.) Leipzig 852, O. A. Schulz. n. 1 thlr.

— Lehrbuch der Axonometrie oder der gesammten isometrischen, monodimetrischen und anisometrischen Projectionslehre. 2. Liefg. Mit 9 lith. Taf. (in 4.) u. 58 in den Text eingedr. Holzschn. Leipzig 853. O. A. Schulz. gr. 8. (S. 87—184.) n. 1 thlr.

— Lehrbuch der axonometrischen Projectionslehre. 3. Liefg. des Lehrbuches der Axonometrie nebst Anhang. Mit 19 lith. Taf. (in 4.) Leipzig 855. Häffel. gr. 8. (S. 185—306. u. Anh. 71 S.) n. 2 thlr.

Meyer, C. Th., und M. H. Meyer, Lehrbuch der axonometrischen Projectionslehre. 4. Liefg. Leipzig 863. Haessel. gr. 8. (IV, S. 307—412 u. 9 lith. Taf. in gr. 4.) n. 2 thlr.

Meyer, C. Th., u. Fritz Voellmy, Radirungen aus Basel u. Umgebung. gr. Fol. (12 Bl. m. 1 Bl. Text.) Basel 896. R. Reich. In Mappe n.n. 35. —

Meyer, C. W., s. a. Meyer, Karl Waldemar

Meyer, C. W., Überwindung der Gottesidee. (37 S.) gr. 8. Frankfurt a/M. (Moltke-Allee 90) (807). Selbstverl. — 70

Meyer, C. W. H. R., s. Meyer, Karl Wilhelm Heinrich Rudolf

Meyer, Cäcilie, s. Meyer, Zäzilie

Meyer, Carl, s. Meyer, Karl

Meyer, Carl A. W., s. Meyer, Karl A. W.

Meyer, Carl Anton, s. Meyer, Karl Anton

Meyer, Carl Ed., s. Meyer, Karl Ed.

Meyer, Carl F., s. Meyer, Karl F.

Meyer, Carl Ferdinand, s. Meyer, Karl Ferdinand

Meyer, Carl Friedrich, s. Meyer, Karl Friedrich

Meyer, Carl Gottlob, s. Meyer, Karl Gottlob

Meyer, Carl Gustav, s. Meyer, Karl Gustav

Meyer, Carl Gustav Edmund, s. Meyer, Edmund

Meyer, Carl Heinrich Gottlieb, s. Meyer, Karl Heinrich Gottlieb

Meyer, Carl Hermann, s. Meyer, Hermann

— s. Meyer, Karl Hermann

Meyer, Carl Joseph, s. Meyer, Karl Joseph

Meyer, Carl Robert Johannes, s. Meyer, Karl Robert Johannes

Meyer, Carl Wilhelm Heinrich Rudolf, s. Meyer, Karl Wilhelm Heinrich Rudolf

Meyer, Carlos, aus Trinidad de Cuba: Das **Ordrekonnossement** als Traditionspapier. *Jena 1903: A. Kämpfe.* (61 S.) 8°
Jena, Jur. Diss. v. (27. Okt.) 1903

Meyer, Caroline, s. Meyer, Karoline

Meyer, Caesar, aus Bromberg: Die **Naturalobligationen** im Bürgerlichen Gesetzbuch. *Berlin 1901: J. Sittenfeld.* (57 S.) 8° [J.]
Rostock, Jur. Diss. v. [10. Dez.] 1901

Meyer, Caspar Julius, s. Meyer, Kaspar Julius

Meyer, Chr., Augsburg, s. Studien, Tübinger, z. Rechtsgeschichte.

Meyer, Chr., der Farmer d. Hinterwaldes. Bilder aus dem Farmerleben im Westen der Vereinigten Staaten v. Nord-Amerika. 8. (42 S.) Philadelphia 871. (Schäfer & Koradi.) n. 1. —

Meyer, Chr., Nürnberg, s. Studien, Tübinger.

Meyer, Chr. Glo., s. 1) Jos. *Karo*, sententiae. 2) Massoreth. 3) Mose, die 5 Bücher. 4) Rede des Ober-Land-Rabbiners J.

Meyer, Chrn., Adel u. Ritterschaft im deutschen Mittelalter, s. a. Sammlung gemeinverständlicher wissenschaftlicher Vorträge.

Meyer Chr, Adel und Ritterschaft im deutschen Mittelalter. (Sammlung wissenschaftlicher Vorträge NF 103) Hamburg 1890

— das Aufkommen der deutschen Stadtfreiheit im Mittelalter, s. a. Broschüren, Frankfurter zeitgemäße.

Meyer, Chrn, Das Aufkommen der deutschen Stadtfreiheit im Mittelalter. Studie zur Geschichte der modernen Gesellschaft. Frankfurt a. M. 1890. 8.
Ist: Frankf. zeitgem. Broschüren. Bd. 11. H. 11.

Meyer, Christian, s.: Aus der letzten Zeit der Republik Polen.

Meyer, Chrn., Bayern vor 100 Jahren. Personen u. Zustände in Bayern im Zeitalter des Napoleonismus. gr. 8. (51 S.) München 900. J. Palm. n. 1.—

Beiträge zur Ältesten Verfassungs- und Gewerbegeschichte der Stadt Augsburg. Von Christian Meyer, Staats-Archivar a. D. München: Selbstverl. 1904. (88 S.) 8° [Umschlagt. J.] [03. 886; 6

— Beiträge zur ältesten Verfassungs- u. Gewerbegeschichte der Stadt Augsburg. (88 S.) gr. 8. München 904. (Leipzig, R. Uhlig.) n. 2.—

Meyer, Christian. Berliner Berichte aus der Zeit des ersten schlesischen Krieges (enthaltend die Berichte des Reichsfreiherrn Friedrich Christoph v. Geuder, genannt Rabensteiner, an den Prinzen von Oranien. 1740—1742.) (Aus: „Zeitschrift für preussische Geschichte und Landeskunde". 17. Jahrg., Nr. 1—4.) gr. 8. Berlin 1880.

— Briefe aus der Zeit des 1. schlesischen Krieges. Hrsg. u. erläutert. gr. 8. (314 S.) Leipzig 902. (H. Dege.) n. 5.—

Meyer, C., s. Broschüren, Frankfurter.

— Chronik der Familie Fugger vom J. 1599. Hrsg. u. erläutert. Mit 4 Autotyp., 1 Zinkogr. u. 2 Stammtaf. gr. 8. (XXVII, 95 S.) München 902. (Leipzig, H. Dege.) n. 3.—

— Chronik der Stadt Weißenburg i. B. (IV, 58 S.) gr. 8. München 904. Staats-Archivar a. D. Dr. Chr. Meyer. n. 1.—

Die Deutschen der Provinz Posen gegenüber dem polnischen Aufstand im Jahre 1848. Von Christian Meyer. [Staatsarchivar a. D.]. *München: Selbstverl. 1904.* (142 S.) 8° [Umschlagt. J.] [04. 3064

— die Deutschen der Prov. Posen gegenüber dem polnischen Aufstand. im J. 1848. (Neue [Titel-]Ausg.) (142 S.) gr. 8. Lissa 905. F. Ebbecke. n. 1.50

— Dorf u. Bauerhof in Deutschland in alter u. neuer Zeit, s. a. Broschüren, Frankfurter zeitgemäße. 29, X.

Dorf und Bauernhof in Deutschland in alter und neuer Zeit. Von Dr. Ch[ristian] Meyer, Staatsarchivar a. D. Hamm ⟨Westf.⟩: Breer & Thiemann 1910. 36 S. 8° [Umschlagt.]
(Frankfurter zeitgemässe Broschüren. Bd 29, H. 10.) [10. 15731

— zwei Dramen im Hause Zollern, s. a. Sammlung gemeinverständl. wissenschaftl. Vorträge.

Zwei Dramen im Hause Zollern. Von Dr. Christian Meyer. *Hamburg: Verlagsanst. u. Dr. A.-G. 1900.* (32 S.) 8° [J.]
— Sammlung gemeinverständl. wiss. Vorträge. N. F. H. 345. [00. 8063

— s.: Ehenheim, Michel v., Familienchronik.

Die 'Ehre' im Lichte vergangener Zeit. Von Dr. Christian Meyer, Staats-Archivar a. D. München: Selbstverl. 1904. (46 S.) 8° [Umschlagt. J.] [08. 14090 II

— die „Ehre" im Lichte vergangener Zeit. (46 S.) gr. 8. München 904. (Leipzig, R. Uhlig.) n. 1.—

— die Entwickelung modernen Stadtbürgerthums, s.: Zeit- u. Streitfragen, deutsche.

Die Erhebung Bayerns zum Königreich. Von Dr. Christian Meyer, Staatsarchivar. München: Selbstverl. 1906. (89 S.) 8° [J.] [06. 1300

— Die Erhebung Oesterreichs, insbesondere Tirols, im J. 1809. Mit e. Anh.: Aus Deutschlands trübsten Tagen. (157 S.) gr. 8. Dresden-Blasewitz 909. [R. v. Grumbkow.] E. Leonhardi. 3.—

— Bayreuther Erinnerungen. Bilder aus der markgräfl. Zeit. 1. Tl. Zwei Dramen im Hause Hohenzollern. Der letzte Markgraf v. Bayreuth. Die Lieblingsschwester Friedrich des Großen. (71 S. m. Abbildgn.) gr. 8. München 906. M. Steinebach. n. 1. 80

— biographische u. kulturgeschichtliche Essays. gr. 8. (VI, 415 S.) München 901. (Leipzig, J. Werner.) n. 6.—

Meyer, Chrn., s.: Forschungen, hohenzollerische.

Meyer, Chrn., Friedrich der Große und der Netzedistrikt. gr. 8. (101 S.) Posen 883. (Breslau, Koebner.) *

— Friedrich der Große u. der Netzedistrikt. 2., verm. u. verb. Aufl. (118 S.) gr. 8. München 906. M. Steinebach. n. 2.—

— aus dem Gedenkbuch d. Ritters Ludwig d. Älteren v. Eyb, Hofmeister u. Rath des Markgrafen Albrecht Achilles v. Ansbach. gr. 8. (XVI, 110 S.) Ansbach 890. Brügel & Sohn. 4. 50

— Zur Geschichte des deutschen Adelstandes. (64 S.) gr. 8. München, M. Steinebach. 1906. 1. 50.

— zur Geschichte des deutschen Arbeiterstandes. (31 S.) gr. 8. Ebd. 906. n. 1.—

— Geschichte der Stadt Augsburg, s. a. Studien, Tübinger, f. schwäbische u. deutsche Rechtsgeschichte. I, 4.

Meyer, Christian. Geschichte der Stadt Augsburg. VIII + 130 S. 8. Tübingen, H. Laupp, 1907. M. 2. 60 ⟨im Abt.⟩ (im Einzelverkauf 3. 20)
Tübinger Studien für Schwäbische und Deutsche Rechtsgeschichte. Hrg. von F(riedrich) Thudichum. Nr. 4: Band 1. Heft 4.
Darin S. 1/8. 9. 17. 38 f. 65 f. 68/70. 88 f. 96 etc. die Schweiz und Schweizer betr.

Meyer, Christian, Zur Geschichte des deutschen Bauernstandes. 8⁰. München, Steinbach, 1906.

— Geschichte Frankens, s. a. Sammlung Göschen.

Geschichte Frankens. Von Dr. Christian Meyer. Leipzig: Göschen 1909. 153 S. 8°
(Sammlung Göschen. 434.) A 12. 1307 II

— Geschichte der Burggrafsch. Nürnberg u. d. späteren Markgrafschaften Ansbach u. Bayreuth, s. a. Studien, Tübinger, f. schwäbische u. deutsche Rechtsgeschichte.

Geschichte der Burggrafschaft Nürnberg und der späteren Markgrafschaften Ansbach und Bayreuth. Von Dr. Christian Meyer, Staats-Archivar a. D. Tübingen: H. Laupp 1908. (VIII, 184 S.) 8°
= Studien, Tübinger, f. schwäb. u. deutsche Rechtsgesch. No 5 = Bd 2, H. 1.

Meyer, Chrn., Geschichte des Landes Posen. gr. 8. (III, 483 S.) Posen 881. Jolowicz. n. 12. —

—— Geschichte der Prov. Posen. gr. 8. (XI, 371 S.) Gotha 891, F. A. Perthes. * 6 —
Geschichte der europäischen Staaten. 30.

— die Gesellenfrage im Mittelalter, s.a. Broschüren, Frankfurter zeitgemäße. XXV. 12.

Die Gesellenfrage im Mittelalter. Zur Geschichte d. deutschen Arbeiterstandes. Von Dr. Christian Meyer, Staatsarchivar. Hamm i. W.: Breer & Thiemann 1906. (25 S.) 8° [Umschlagt. J.]
= Broschüren, Frankfurter Zeitgemässe. N. F. Bd 25, H. 12.

Meyer, Christian (Hrsg.), s. Geuder, Friedrich Christoph: Briefe aus der Zeit des ersten Schlesischen Krieges.

— die geschichtlichen Grundlagen d. heutigen deutschen Bauernstandes, s.a. Zeit- u. Streitfragen, deutsche.

Meyer, Christian,
— Die geschichtlichen Grundlagen des heutigen deutschen Bauernstandes. (Deutsche Zeit- u. Streitfragen, N. F. Heft 104.) gr. 8°. Hamburg 1892.

Meyer, geschichtl. Grundlagen d. heutigen deut. Bauernstandes. Hamburg 893.

—— Hardenberg u. seine Verwaltung der Fürstenthümer Ansbach u. Bayreuth. gr. 8. (159 S. m. Bildnis u. 1 Karte.) Bresl. 892. Chrn. Meyer's Selbstverlag. 3 —

Meyer, Christian (Hrsg.), s.a. Hauschronik, Die, der Familie Holl ...

— Die Hauschronik der Familie Holl (1487—1646), insbesondere die Lebensaufzeichnungen des Elias Holl, Baumeisters der Stadt Augsburg. (89 S.) gr. 8. München 910. (F. Klüber's Nachf.) 2. —

—— Die Herkunft der Burggrafen v. Nürnberg, der Ahnherren d. deutschen Kaiserhauses. gr. 8. (80 S. m. 1 Lichtdr.) Ansbach 889, Brügel u. Sohn. 1 50
Vgl.: Schmid, Ludw. Die Könige v. Preussen sind Hohenzollern, nicht Abenberger.

– (Hrsg.), s. Holl, Elias: Selbstbiographie.

— Ulrich v. Hutten u. Frz. v. Sickingen, s.a. Sammlung gemeinverständl. wissenschaftl. Vorträge.

Meyer C, Ulrich v Hutten und Fr v Sickingen. (Sammlung gemeinverständlicher wissenschaftlicher Vorträge NF 86) Hamburg 1889

Aus vier Jahrhunderten deutscher Geschichte. Von Dr. Christian Meyer. Staatsarchivar a. D. München: Selbstverl. 1903. (VI, 415 S.) 8° [J.]

— aus vier Jahrhunderten deutscher Geschichte. (VI, 415 S.) gr. 8. München 903. (Leipzig, R. Uhlig.) n. 3. —; erh. Pr. n. 4. —

—— Stadt u. Stift Köln im Zeitalter der Reformation, s.a. Sammlung gemeinverständlicher wissenschaftlicher Vorträge.

Meyer Ch, Stadt und Stift Köln im Zeitalter der Reformation. (Sammlung gemeinverständlicher wissenschaftlicher Vorträge NF 153) Hamburg 1892

— altreichsstädtische Kulturstudien. (III, 267 S. m. 7 Taf.) gr. 8. München 906. M. Steinebach. n. 4. —

— Stadt u. Stift Köln im Zeitalter der Reformation, — die unehrlichen Leute in älterer Zeit, } s.a. Sammlung gemeinverständl. wissenschaftl. Vorträge.

Meyer Ch, die unehrlichen Leute in älterer Zeit. (Sammlung gemeinverständlicher wissenschaftlicher Vorträge NF 193) Hamburg 1894

— s.: Losberg, des westfälischen Stabsoffiziers Frdr. Wilh. v., Briefe vom russischen Feldzug d. J. 1812.

Meyer, Christian. Ueber Metachlornitro- und Metachloramidosulfobenzole. (Tübingen) Hamm, 1883.

— Oesterreich u. d. Aufklärg. d. 18. Jahrh., s.a. Sammlung gemeinverständl. wissenschaftl. Vorträge.

[J.] Oesterreich und die Aufklärung des achtzehnten Jahrhunderts. Von Dr. Christian Meyer in München. *Hamburg: Verlagsanst. u. Dr. A.-G. 1886.* (44 S.) 8.
= Sammlung gemeinverständl. wiss. Vorträge. N. F. Ser. 11. H. 250.

Meyer, Christian: Preußens innere Politik in Ansbach und Bayreuth ..., s.a. Hardenberg, Karl August von: Denkschrift.

— Preussens innere Politik in Ansbach u. Bayreuth, s.a. Studien, historische. 49. Hft.

Meyer, Christian, Dr., Staatsarchivar a. D. Preussens innere Politik in Ansbach und Bayreuth in den Jahren 1792—1797. Enthaltend die Denkschrift des Staatsministers August Karl von Hardenberg. (Aus:) „Historische Studien." 49. Heft. 8. Berlin 1904.

— s. Quellen u. Forschungen zur deutschen insbes. hohenzollerischen Geschichte.

— s.: Quellen zur alten Geschichte d. Fürstenth. Bayreuth.

— Quellen zur Geschichte der Stadt Baireuth. Mit e. Plan der Stadt Baireuth nach e. Zeichng. vom J. 1621. gr. 8. (III, XVI, 248 S.) Bayreuth 893. (C. Gießel.) n. 5. —

— s.: Quellen zur Geschichte d. Stadt Hof.

— Quellen zur Geschichte d. Stadt Kulmbach u. d. Plassenburg. M. e. Ansicht: Kulmbach im 17. Jahrh. gr. 8. (III, 314 S.) München (Kanalstr. 47) 895. Selbstverlag. n. 5. —

— Reformation, Antireformation u. Aufklärung in Oesterreich. (70 S.) gr. 8. München 904. (Leipzig, R. Uhlig.) n.n. 1. 50

— s.: Selbstbiographien, ausgew., a. d. 15.—18. Jahrh.

—— Eine deutsche Stadt (Augsburg) im Zeitalter d. Humanismus u. der Renaissance, s.a. Sammlung gemeinverständlicher wissenschaftlicher Vorträge.

Meyer, Christian: Eine deutsche Stadt im Zeitalter des Humanismus und der Renaissance. (Sammlung gemeinverständlicher wissenschaftlicher Vorträge. N. F. Heft 122.) Hamburg 1891. 36 S. 8°.

Meyer, Chrn. (II.), das Stadtbuch von Augsburg, insbesondere das Stadtrecht vom J. 1276, nach der Originalhandschrift zum ersten Male hrsg. und erläut. gr. 8. (XXXVI, 364 S. mit 1 lithogr. Facs. der Handschrift in qu. Fol.) Augsburg 872, Butsch. *

Kulturgeschichtliche Studien. Gesammelte Aufsätze von Dr. Christian **Meyer**. *Berlin: Allgem. Ver. f. Deutsche Litt. 1903.* (304 S.) 8° [F.]
— **Verein**, Allgemeiner, f. Deutsche-Litteratur. Abt. 28, [3.] (03. 203)

— kulturgeschichtliche Studien. Gesammelte Aufsätze. 2. Aufl. gr. 8. (V, 304 S.) Berlin 903. Allgem. Verein f. deutsche Litteratur. n. 5.—; geb. in Halbfrz. od. Leinw. n. 6.50

— aus e. Tagebuche des 16. Jahrh., s. a. Sammlung gemeinverständl. wissenschaftl. Vorträge.

Meyer Chr, aus einem Tagebuche des 16. Jahrhunderts. (49 S) (Sammlung gemeinverständlicher wissenschaftlicher Vorträge NF 305) Hamburg 1898

Meyer, Chrn., s. Urkundenbuch der Stadt Augsburg.

— s.: Widmann's, Enoch, Chronik der Stadt Hof.

Meyer, Christian, wie Bayern e. moderner Staat wurde. [Aus: „Aus vier Jahrhunderten deutscher Geschichte".] (61 S.) 8. München [Försterstr. 22] 903. Staatsarchivar a. D. Dr. Chr. Meyer. n.n. —50

– (Hrsg.), s. Zeit, Aus der letzten, der Republik Polen.

— die letzten Zeiten der freien Reichsstadt Augsburg u. ihr Uebergang an die Krone Bayerns. (63 S.) gr. 8. München 906. M. Steinebach. n. 1.20
Verm. u. verb. Sonderdr. a.: „Ztschr. d. histor. Ver. f. Schwaben u. Neuburg".

– (Hrsg.), s. Zeitschrift für Geschichte und Landeskunde der Provinz Posen.

– (Hrsg.), s. Zeitschrift für deutsche Kulturgeschichte.

— **Christian David** (Reinstadt / Bernburg), De inflammationibus infantum internis generatim. Diss. med. Berlin (Th. Brüschcke) 9. XI. 1819. 28 S. mit Biogr. (3.50) 23187

Meyer, Christian Friedrich

Meyer C. F.: Abhandlung üb. die Waldhut in ökonom., forstwirthschaftlicher u. polit. Hinsicht bearb. Coburg u. Leipz. 1807. 356 S.

MEYER, Christian Friedrich: Abhandlungen über die Waldhut in ökonomischer, forstwirtschaftlicher und politischer Hinsicht. - Coburg, Leipzig 1807. XVI, 356 S.

Meyer, Chr. Fr., Abhandl. über die Waldhuth, in ökonom., forstwissenschaftl. u. polit. Hinsicht. 8. Coburg u. Leipz. 807. Sinner. 1 Rthlr.

— Anleit. eines Systems zur Kenntniß u. Verbesser. der freyen technischen, w. a. höhern Landwirthschaft rc. 1r Thl. 1r und 2r Band. gr. 8. Berlin, Lange. 805. (1r 2 Rthlr. 2r 2 Rthlr. 12 gr.)

— Ans. einer Reise durch das Clev. u. einem Th. Hollands. gr. 12. Ebend. 794.

— Ansichten e. Reise durch das Clevische u. einen Theil Hollands mit e. ökonom. Beobacht. im J. 1794. gr. 12. Düsseld. 797. Dänzer. (Barth in Leipz.) 12 gr.

Meyer, Chrn. Frdr., die Behandlung u. Benutzung der mit Waldholz oder nicht mit Waldholz bestockten [öden] Grundflächen Deutschlands im Interesse der Forst- u. Landwirthschaft sowie der Gewerbe. gr. 8. (XIV u. 414 S.) Nürnberg 852, Riegel & Wießner. Subscr.-Pr. n. n. 1½ Rthlr.

— einige Bemerkk. zum Begriff des ersten National-Vermögens, die Verbesserung d. vegetabil. Frucht-Production mit der damit verbund. ökonom. Viehzucht eines Landes. gr. 8. Berl. 820. (Maurers B.) 4 gr.

Meyer, C. F., Einige Bemerkungen zum Begriff d. s ersten National-Vermögens die Verbesserung der vegetabilischen Frucht-Production mit der damit verbundenen ökonomischen Viehzucht eines Landes. gr. 8. Berlin, Schade. 820.

— einige Bemerkk. an u. für die Güterbesitzer, für die freie Landwirthschaft zum Unterr. u. Verbesser. d. so nützl. speciellen Gemeinheitsseparationen rc. 8. Berl. 806. Späth. 4 gr.

— Bemerkk. üb. die Landwirthschaft bei Berlin. 8. Berl. 801. Belitz. 2 gr.

Meyer, Chr. Fr., Nähere Bemerkungen zur Uebersicht der Landwirthschaft in der Mark Brandenburg. 8°. Berlin, Belitz, 1803.

— chemische Beobachtt. u. Versuche üb. d. Zubereitung des Zuckers aus einheim. Pflanzen. 8. Düsseld. 799. Dänzer. (Barth in Leipz.) 3 gr.

— ökonom. Beobachtt. u. Versuche über die Kultur u. Zubereitung des Zuckers aus der weißen Mangold-Rübe (Beta cicla Linn.) 8. Berl. 801. (Hinrichs in Leipz.) 9 gr.

— ökon. Betr. u. Versuche über die Kultur u. Zubereitung des Zuckers aus der weißen Mangoldrübe. 8. Berl. (Hinrichs in Leipz.) 802.

MEYER, Christian Friedrich: Naturgetreue Darstellung der Entwickelung, Ausbildung und des Wachsthums der Pflanzen und der Bewegung und Functionen ihrer Säfte mit vorzüglicher Hinsicht auf Holzgewächse. - Leipzig 1808

Meyer, C. F., Darstellungen zu e. System d. freien theoretisch-praktischen, wie auch höhern Landwirthschaft, für Regierungen, Güterbesitzer u. Oekonomiewesenverwalter. 1r Bd. 1r u. 2r Thl. gr. 8. Berlin, Petsch. (in Comm.) 812.

MEYER, Christian Friedrich: Deduction des Begriffes Endzweck und Umfang eines allgemeinen deutschen Forst- und Jagdrechts. - Jena 1803. 36 S. (Hdschr.) - Diss. Phil. Fak.

Meyer, C. F., die Declinations- u. Genus-Regeln d. latein. Sprache f. Sexta u. Quinta in Reimen; f. Quarta u. Tertia in Prosa; u. als Anh. d. Rectionslehre d. deutsch. Sprache f. Sexta u. Quinta e. Gymnasiums abgetheilt. 8. (5½ B.) Magdeburg 834, Heinrichshofen.

Deutsch-evangelisch in Oesterreich. Ansprache geh. zu Hagen in W. 1902 von Superint. [Christian Friedrich] Meyer in Zwickau. Leipzig: C. Braun 1902. (11 S.) 8°

— — über die Einschränkungen der freyen Landwirthschaft. gr. 8. Berlin. 805. Jetzt Reimer.

Festpredigt in der Stadtkirche zu Darmstadt, geh. am 29. Sept. 1896 v. Superintend. [Christian Friedr.] **Meyer**, Zwickau i. S. *Leipzig: C. Braun 1896.* (15 S.) 8.
— **Flugschriften** d. Evangel. Bundes. [No] 129. '(Reihe XI, 9.)' (96. 736)

Meyer, C. F., über den Fruchtwechsel u. Futterbau zur Vieh-, Früchte- u. Düngervermehrung. gr. 8. Berl. Lange. 805.

— über d. Fruchtwechsel u. Futterbau zur Vieh-, Früchte- u. Düngervermehrung. gr. 4. Berl. 805. (Reimer). 8 gr.

Meyer, C. F.: „Ueber die gesunkenen Getreidepreise, oder wie kann man sie zum Besten der Landwirthe wieder emporbringen?" Leipzig 1821 (Lauffer).

Meyer, Chrstn. Friedr. (I.), deutsche Grammatik f. Gymnasien. 8. (16 B.) Magdeburg 839, Creutz'sche Buchh.

Meyer, Chrn. Frdr., Handwörterbuch teutscher sinnverwandter Ausdrücke. 5 Hfte. gr. 8. (XXVIII u. 406 S.) Leipzig 849, Brockhaus. (à n. 12 ngr) n. 2 rf

Meyer, Chrn. Friedr., Handwörterbuch deutscher sinnverwandter Ausdrücke. 2. (Titel-)Aufl. Leipzig (849.) 853. Brockhaus. Lex.-8. (XXVIII, 406 S.) n. 1 rf. 10 ngr.

Meyer, Chrn. Friedr. (II.), Handwörterbuch deutscher sinnverwandter Ausdrücke. 2. Aufl. 1853. und 3. Aufl. gr. 8. (XXVIII und 406 S.) Leipzig 856, Brockhaus. *

Meyer, Chrn. Friedr., Handwörterbuch deutscher sinnverwandter Ausdrücke. 4. (Titel-)Aufl. 5 Hefte. gr. 8. (XXVIII und 406 S.) Leipzig (849)60, Brockhaus. à Heft * 8 Ngr. *
geb. *

Meyer, Chrn. Friedr., Handwörterbuch deutscher sinnverwandter Ausdrücke. 5. Aufl. Lex.-8. (XXVIII und 406 S.) Leipzig 863, Brockhaus. 1 Thlr. 10 Ngr.; geb. *

— die niedere u. höhere Landwirthschaft, theoret. u. prakt. für Regierungen, Güterbesitzer u. Oekonomiewesen, Verwalter ꝛc. 2 Thle. 8. Berl. 815. 2e Aufl. gr. 8. Ebd. 816. Maurer. (Heinemann in Stolp.) 4 rf 12 gr — 3r Thl. gr. 8. Ebd. Maurers B. 1 rf 16 gr

— — derselben 3r Theil. gr. 8. Ebend. 817.

—— Leitfaden z. Unterricht in d. deutsch. Sprache, zunächst f. höh. Töchterschulen bearb. 8. (7 B.) Magdeburg 839, Creutz'sche Bh.

— — (Jüterbog), Observationes de cautela socini et quando illa sit inutilis. Präs. Christoph Ludw. Crell. Wittenberg (Scheffler) Aug. 1741. 28 S. (4.—) 23191
Widm. v.: Gottfried Wagener, Theodor Gotthilff Bahrdt (dtsch.), Johann Ehrenfried Quandt (dtsch.), Carl Friedrich Richter, G. C. Aland (dtsch.), Christian Gottlob Schuberth (dtsch.), J. F. Dennewitz.

— **Christian Friedrich** (Berlin), Problema jurid. an et quatenus adfectus humani in foro considerentur. Präs. Jakob Friedrich Ludwig. Halle / Magdeburg (Chr. Henckel) 16. I. 1706. 46 S. (5.—) 23188

— — Dasselbe. Halle/Magdeburg (Chr. Henckel) 16. I. 1706. 1736. 46 S. (5.—) 23189

— — **Problema jurid. an et quatenus adfectus humani in foro considerentur, Von denen Würckungen der menschlichen Willens-Neigungen in denen äusserlichen Handlungen. Präs. Jakob Friedrich Ludwig. Halle/Magdeburg (Hendel) 16. I. 1706. 1747. 48 S. (5.—)** 23190

Aus den Verhandlungen der XI. General-Versammlung des Evangelischen Bundes zu Magdeburg v. 3. bis 6. Okt. 1898. Die Sammlung der Evangelischen. Vortr. geh. am 5. Okt. v. Superint. [Christian Friedrich] Meyer, Zwickau. *Leipzig: C. Braun 1898.* (24 S.) 8.
= Flugschriften d. Evangel. Bundes. [No] 156. [98. 9835

MEYER, Christian Friedrich: Der frühere und dermalige Stand der staatswirthschaftlichen, forstlichen und rechtlichen Verhältnisse bei den Waldungen und Jagden in Deutschland und namentlich bei den dasigen Reichsforsten. - Nürnberg 1851. - 2 Tl. i. 1 Bd. XXX, 285 S. u. XXX, 274 S.

Meyer, Chrn. Frdr. Der frühere und dermalige Stand der staatswirthschaftl. forstlichen und rechtlichen Verhältnisse bei den Waldungen und Jagden in Deutschland und namentlich bei den dasigen Reichsforsten. Entworfen in 2 Thln. gr. 8°. Nürnberg, Riegel u. Wiessner, 1851.

MEYER, Christian Friedrich: System einer auf Theorie und Erfahrung gestützten Lehre über die Einwirkung der Naturkräfte auf die Erziehung, das Wachsthum und die Ernährung der Forstgewächse, insbesondere über die Tragbarkeit und Fruchtbarkeit des Bodens, nebst einer sicheren und gründlichen Anleitung, die Bestand- und Gemengtheile des Bodens anzugeben und die für jeden Boden angemessene Holzart zu bestimmen. - Leipzig, Coburg 1806. 408 S.

— System einer auf Theorie u. Erfahrung gestützten Lehre üb. die Einwirkung der Naturkräfte auf die Produktion, den Wachsthum u. Ernährung der Forstgewächse ꝛc. 8. Coburg 806. Sinner. 1 rf 12 gr

Meyer, Christian Friedrich: Versuch einiger Naturbeobachtungen des gebürgigten Süderlands der Grafschaft Mark Westphalens, worin das Wasser, die Luft . . . betrachtet werden. Zur Beförderung der Naturkenntnisse, der Oekonomie, der Fabrikken, Manufakturen, Handlung, Künste, Gewerbe und Bergbaukunde Heft 1. 2. Düsseldorf 1798 u. 1799. 1 Bd. 87; 92 S. 8°

— Versuch einiger Naturbeobachtt. des gebirgigen Süderlandes d. Grafschaft Mark, Westphalens. 1s, 2s Hft. gr. 8. Düsseld. 799. Dänzer. (Barth in Leipz.) 16 gr

—— die Vor- u. Nachsylben d. hochdeutschen Sprache. 8. (14 B.) Magdeburg 835, Creutz'sche Buchh.

Meyer, Chr. Friedr. (II.), Zeitschrift f. d. Forst- u. Jagdwesen, s. a. Zeitschrift.

— Zeitschrift f. das Forst- u. Jagdwesen, für Cameral- u. Forstbeamte, Forst- u. Jagdliebhaber. 1r, 2r u. 3r Jahrg. gr. 8. Münch. Fleischmann. 813—15. 1
(1r u. 2r Jahrg. jeder v. 12 Heften à 5 Rthlr. 8 gr. 3r Jahrg. v. 4 Heften 4 Rthlr.)

– (Hrsg.). s. Zeitschrift. Neue, für das Forst- und Jagdwesen . . .

— Zuruf an meine Nachbaren u. Freunde üb. d. a. d. Lande ꝛc. zu erleidend. Servitut u. Einschränkung der freien Landwirthsch. gr. 8. Berlin, Lange. 805.

— Zuruf an meine Nachbarn und Freunde über die auf dem Lande etc. zu erleidende Servitut und Einschränkung der freien Landwirthschaft. gr. 8°. Berlin (Reimer) 1805.

Meyer, [Christian Friedrich Ernst]: [Lebensbild des am 4. April 1902 entschlafenen Professors a. D. Dr. Ludwig Hölscher.] (Aus: Archiv für das Studium der neueren Sprachen u. Litteraturen 109 (1902) S. 1—4.) 1903. S. 19—21. 4.
Progr. Ev. Friedrichs-Gymn. *Herford* 1902 (410).

Meyer, Ernst *Christian Friedrich* Philologische Miscellen. I. 8 (26 S.). **Progr.** Ev. Friedrichs-G. *Herford* 1893 (357).

1. Hom. ε 230. 2. Cic. pr. Dei. § 8. 3. Cic. Verr. IV 67. 4. Cic. Tusc. V 19. 55. 5. Liv. I 14. 8. 6. Xen. Hell. 2. 3. 12. 7. *ἑοῖ(ν)* bei Homer. 8. Schreibart des Diphthongen *ου* mit Spiritus resp. Koronis auf dem *υ*. 9. *χἡμεῖς* (— *καὶ ἡμεῖς*) Ilias 2. 238. 10. *τάν*, *τάρα*. 11. Pythia nicht Nomen, sondern Adjektiv. 12. Vokative *Τιθραύστα*, *'Ιστάσπα*, *'Αρίσπα*, Aeacidā, Cecropidā, Anchisa. 13 Sueton Tib. 12. quoquam — in ullum locum Cic. Verr. II 21. 52. Lucret. IV 502. 14. Ovid. Met. 5. 18. 15. Curt. 9. 1. 8. 16. Cic. pr. Dei. § 24. 17. Cic. Verr. V § 148. 18. *ἐλήλουθα* bei Homer. 19. *Πάτροκλος* decl. bei Homer. 20. spero c. inf. fut. pass. 21. *αυ* zusammengezogen in *α* und *η*. 22. per me stat ut (Plin. ep. 10. 22. 2). 23. Kleinere Bemerkungen zur griech. Grammatik. 24. *Μέντωρ* im homer. Wörterbuch* von Seiler-Capelle. 25. Liv. 22. 23. 7. 26. Hom. N 294. 27. *ἰδὲ* und *λαβὲ* bei Homer. 28. *ἡμισέων*. Hom. 24. 464. 29. Hom. Il. XVIII. 139. 30. Augment bei Homer. 31. Wörter fremder Sprachen im präpositionalen Verhältnis werden so konstruiert, wie es die Gesetze ihrer Sprache erfordern.

Meyer, *Christian Friedrich* Ernst: Philologische Miscellen. II. Teil. 4 (S. 3—20). **Progr.** Ev. Friedrichs-G. *Herford* 1897

I. Wann muſs statt des negativen quisquam, ullus das positive quivis, quilibet, omnis (cunctus) eintreten? Quintil. X 1. 60. II. Παρατίθημι und προκείμενα bei Homer. III. Liv. 31. 17. 3. IV. Genet. Plur. δαιτῶν bei Homer. V. Horat. Od. 2. 17. 21. VI. ti wie si gesprochen. VII. Hervorhebung eines Begriffs im Satze.

Meyer, Chrstn. Ludw., sichere Heilung d. Wassersucht, gegründet auf e. neue Theorie u. durch pract. Fälle erläutert u. bewiesen. gr. 8. (4½ B.) Schleiz 836, [Ilmenau,] Richel. (Leipzig, Rein'sche Buchh.)

— Christian Ludwig (Braunschweig), De strumis earumque causis atque medela. Diss. med. Hannover (L. Pockwitz) 16. VII. 1817. 24 S. (3.50) 23192
Gew.: Friedrich Albert Meyer (Vater).

Gedichte eines schleswig'schen Predigers, die Frucht seiner mehrjährigen unfreiwilligen Muße, mit dem Lebenslauf des Verfassers und erklärenden Anmerkungen v. Christian Wollesen **Meyer**. Westheim. 1862. 8°.

Meyer, Claus, s. M e y e r , Klaus

Meyer, Clemens, s. M e y e r , Klemens

Meyer, Clemens Friedrich, s. M e y e r , Klemens Friedrich

Meyer, Conrad, s. M e y e r , Konrad

Meyer, Conrad Ferdinand, s. M e y e r , Konrad Ferdinand

Meyer, Conrad Theodor, s. M e y e r , Konrad Theodor

Meyer, Curt Richard, s. M e y e r , Kurt Richard

Meyer, D., u. J. de Lucenay, Materialien zum Uebersetzen ins Französische, siehe: de Lucenay, J.

Meyer, D. A. Vide: Brentano, L.: Ueber Einigungsämter.

— D. F. A. A. Dramen, kleine Romane und prosaische Rhapsodien, 8. Leipzig, 790. Dyck. 20 sgl.

– (Hrsg.), s. R a f f : Naturgeschichte für Kinder.

Meyer, Daniel [cand. med. aus Hamburg]: Über Blutcysten des Halses. . . . Altona, Druck v. H. W. Köbner & Co., 1889; 28 S. 8°
Würzburg, Med. Fak., Inaug.-Diss. v. 1889

M e y e r. Daniel *s.* M i t t e l und Hauptresultate aus den meteorologischen Beobachtungen .... (Neuchâtel 1838.)

Meyer, D., Verzeichniss Röm. Kaisermünzen aus d. I., II. u. III. Jahrh. nach C. G., welche am 16. April 1831 bei Widenhub, nicht weit v. Waldkirch, in e. Topf in d. Erde vergraben entdeckt wurden. Mit e. kurzen Einleit. üb. d. Geschichtliche d. Fundes. gr. 4. (10 B.) St. Gallen 831, (Huber u. Comp.)

M e y e r , David: „Arcana et Curiositates Oeconomicae, das ist curieuse Geheimnisse, die Haushaltung betreffende, allen Hausvätern und Hausmüttern höchst nöthig zu wissen und nützlich zu gebrauchen". Leipzig 1708.

– – Vgl. M e i e r

— — (Glogau/Schlesien), De signis ex forma pupillae. Diss. med. Berlin (F. Nietack) 7. IX. 1831. 26 S. u. Biogr. (2.50) 23197
Oppon.: W. Fraenkel, H. Hirschfeld, L. Frank. — Gew.: J. C. H. Juengken, E. Beer.

— David (Berlin), De cerebri tumoribus. Diss. path.-anat. Berlin (Brüschcke) 16. III. 1829. 24 S. mit Biogr. u. 1 Taf. (3.—) 23196
Oppon.: E. Gabler, C. Hoetensleben, J. Fromm. — Gew.: L. B. Berend, A. Benda.

Meyer, D[iethelm], und **Neidhart**, L[eo]. Abschiedsfeier von der alten Kirche zu Weinfelden (2. Februar 1902). Predigten. ([Mit Ansicht, nebst Gedicht von] Aug[ust] Keller.) 20 S. 8. Weinfelden, Werner Schläpfer, 1902.

Meyer, Diethelm, Margarethe Blarer. E. Lichtgestalt aus d. Zeitalter d. Reformation. gr. 8. (30 S.) Zürich 898. F. Schultheß. — 60

[F.] Margaretha Blarer. Eine Lichtgestalt aus d. Zeitalter d. Reformation. Von Diethelm **Meyer**, Pfarrer in Dynhard. *Zürich: F. Schulthess 1899.* (30 S., 1 Bl.) 1 Bd 8. (98. 11371

Meyer, Diethelm, siehe: *Zimmermann.*

Meyer, Diedr., s.: Arbeiten der agrik.-chem. Versuchsstation Halle a. S. der Landwirtschaftskammer f. die Prov. Sachsen.

— s.: Bericht, 7., üb. die Versuchswirtschaft Lauchstädt d. Landwirtschaftskammer f. die Prov. Sachsen.

Meyer, D., die Futterrationen vom wissenschaftlichen u. praktischen Standpunkte, s.: Schneidewind, W.

— Der Hackfruchtbau, s.a. Bibliothek der gesamten Landwirtschaft.

Der Hackfruchtbau. Von Diedrich **Meyer**. Hannover: M. Jänecke 1907. (vi, 87 S.) 8° [F.]
— **Bibliothek** d. gesamten Landwirtschaft. Bd 17. (08. 10,87 7

Meyer, D., s.: Ingenieurwerke in u. bei Berlin.

Die Kalk- und Magnesiadüngung. Von Dr. D[iedrich] **Meyer**, Stellvertr. d. Vorstehers d. agrikulturchem. Versuchsstation Halle a. S. Berlin: Parey 1910. vi, 108 S. 8° (10. 5613

Meyer, Diedrich, aus Arsten: **Die Kalkverbindungen der Ackererden und die Bestimmung des assimilierbaren Kalkes im Boden.** *Halle a. S. 1900: H. John.* (51 S.) 8° ¶ (Erscheint vollst. in: Landw. Jahrbücher.)
Halle, Phil. Diss. v. 19. Mai 1900

Meyer, Diedrich, a. Norden: Schiller und das Fremdwort. 1. Das Fremdwort in Schillers Gedichten. Göttingen 1908: Lax, Hildesheim. 71 S. 8° ¶(Nur e. Teil d. Arbeit, d. Rest soll später ersch.)
Göttingen, Phil. Diss. v. 18. Aug. 1908, Ref. Schröder
[Geb. 18. Febr. 82 Norddeich; Wohnort: Norddeich; Staatsangeh.: Preußen; Vorbildung: Gymn. Norden Reife O. 02; Studium: Leipzig 3, Heidelberg 1, Berlin 1, Göttingen 8 S.; Rig. 5. März 08.] [U 09. 1382

– (Hrsg.), s. Technik und Wirtschaft.

— Die künstliche Trocknung der wasserreichen Futtermittel, s.a. Bibliothek der gesamten Landwirtschaft.

Die künstliche Trockuung der wasserreichen Futtermittel und ihre wirtschaftliche Bedeutung. Von Diedrich **Meyer**. Hannover: M. Jänecke 1908. (IV, 130 S.) 8° [F.]
= **Bibliothek** d. gesamten Landwirtschaft. Bd 40. [08. 1100] 7

— der Weizen u. seine Backfähigkeit, s.: Schneidewind, W.

Meyer, Dietr. Karl Ant. Ludw. Wilh. Fr., kleiner Beichtspiegel für evangelische Geistliche. Stuttgart 854. S. G. Liesching. 16. (VIII, 103 S.) 7½ ngr

A Life-contrast. By Aroda Reym [d. i. Dora **Meyer**]. Vol. 1. 2. *Hamburg: Jürgensen & Becker 1895.* 2 Bde 8° [94. 9148 6

Ueber Alter und sittlich-religiösen Charakter der ältern und eigentlichen Freimaurerei. Sendschreiben an Herrn Dr. Aug. Knobel, ordentl. Prof. der Theologie in Giessen. Auf Anlass der deistenriecherischen Hengstenbergischen Angriffe auf dieselbe von Jannes Jambres Misipporus, Freimaurer [d. i. vermutlich E. Meyer-Bremen]. Bremen: Starck 1855. 47 S. 8⁰
cf. FZ. 9 (1855) S. 312—319 (W. Keller). 353 359 (F. S. Lucius); Bh. 8 (1865) S. 81 bis 84, 92—94, 100—102 (J. G. Findel).
Tt. 1745. Frmrei ist ursprünglich schon christlich. Die Schrift bezweckt, Hengstenbergs Angriffe von der „ältern u. eigentlichen Frmrei" der Gr. L. L. auf die übrigen Logenverbände abzuleiten, die Verf. als „moderne" u. nicht vollberechtigte Mrei bezeichnet. Aus einer hs. Widmung des Verf. in einem Exempl. der Prov.-L. von Niedersachsen zu Hamburg an G. M. Redslob geht hervor, dass letzterer nicht Verf. war. Vgl. auch Bd 1 Nr 7690.

Meyer, E., Amoretten u. Figuren. Motive f. Decorations-, Porzellan- u. Leder-Maler, Zeichner, Lithographen, Elfenbeinschnitzer, Bildhauer u. Modelleure. 28 (lith.) Taf. 2. Aufl. 7 Lfgn. Fol. (à 4 Taf.) Berlin 885. Claesen & Co. à n. 4. — (cplt. in Mappe: n. 30. —)

Meyer, E., Amoretten u. decorative Frauengestalten. 1.—3. Lfg. gr. Fol. (13 farb. Taf.) Berlin 891. Hessling & Spielmeyer. à n. 8. —

— Amoretten-Studien f. das Kunstgewerbe. 12 Lfgn. gr. Fol. (60 Taf.) Leipzig 893. (G. Hedeler.) Subskr.-Pr. à n. 4. 80; Ladenpr. kplt.: n. 64. —

Meyer, E., u. H. Rieder, Atlas der klinischen Mikroskopie des Blutes. 2. Aufl. (Unter Mitwirkg. v. G. Maurer.) (16 farb. Taf. u. 44 S. Text m. Fig.) Lex.8. Leipzig 907. F. C. W. Vogel. In Leinw.-Mappe 15. —

Meyer, E.
Einige chemische Beobachtungen und Versuche über die Zubereitung des Zuckers aus einheimischen Pflanzen, welche als Zuckersurrogate statt der ostindischen Zuckerpflanze dienen können. Düsseldorf, 1799.

Meyer, E., die Bildung der Schöffen- u. Schwurgerichte nach den Vorschriften des Gerichtsverfassungsgesetzes vom 27. Jan. 1877 u. des dazu gehörigen preußischen Ausführungs-Gesetzes vom 24. April 1878. Zum Handgebrauche insbesondere für Gemeinde-Vorsteher zusammengestellt. 8. (15 S.) Hoya 879. (Hannover, Helwing's Sort.) n.n. — 25

Meyer, E., Die jüngeren Braunkohlenvorkommen im östlichen Teile des Regierungsbezirks Merseburg (Südabhang des Fläming und Gegend von Bitterfeld). Halle a. S., 1907. 6 S.

Meyer, E., Die dementia praecox, s.: Klinik, Berliner.

Meyer, E., Die Entwicklung der Ueberlieferung üb. die lykurg. Verfassung. I. S.-A. 1886. 21 S. —.75
— — II. S.-A. 1887. 32 S. —.90

Meyer, E. v.: Die Explosiv-Körper...,
s.a. Bolley, P.: Handbuch d. chem. Technologie.

Meyer E v, die Explosivkörper und die Feuerwerkerei. (Handbuch der chemisch. Technologie von Bolley VI, 3 II) Braunschweig 1874

Meyer, E. v: Zur Frage der Gewinnung von Alkohol aus Fäkalien. Cöthen Anh. 1904

Meyer, E. Decorative Frauengestalten u. Amoretten. 1.—3. Lfg gr. Fol. (12 farb. Taf.) Berl. 891, [Claesen u. Comp.] Hessling u Spielmeyer. à Lfg. * 8 —; * 24 —

– Vom Grase, s. Unterhaltungen, Königsberger naturwissenschaftliche.

Meyer, E. Das Indium. Leipzig. 1868.

Meyer, E. Land-Transport-Wagen f. Verwundete. Hannover 1874.

Meyer, E., Lesebuch f. d. 8. Schuljahr, s.: Kobmann, G.

Mosaik. Gedichte von E. **Meyer**. Revid. u. verm. Ausg. Basel 1892: Vereinsbuchdr. (39 S.) 8⁰

Meyer, E. Die Pelasger in Attika und auf Lemnos. S.-A. 21 S.

– (Hrsg.), s. Revue générale d'ophtalmologie.

Meyer, E. v., das Schießpulver, die Explosivkörper u. die Feuerwerkerei, s. Handbuch der chem. Technologie.

– – s. Upmann, J.

Meyer, E., Schuldbrief, s. Beiträge, Zürcher.

Meyer, E., die Spermatogenese bei den Säugethieren, s.: Mémoires de l'Académie impériale des sciences de St.-Pétersbourg.

Meyer, E. Die Spermatogenese bei den Säugethieren. St. Petersburg 1880. 4.

Meyer, E., Stadterweiterungen in rechtlicher Beziehung. gr. 8. (VII, 99 S. m. 4 Zeichngn.) Berlin 898. C. Heymanns Verl. n. 2. —

– Die kinetische Theorie der Gase, s. Meyer, Oskar Emil

— Der Ursprung des Odysseusmythus mit einem Anhang üb. Todtendienst u. Heroenc S.-A. 1895. 48 S. 1

— E., Der Ursprung des Tribunats und die Gemeinde der vier Tribus. S.-A. 18[illegible] 24 S.

– Wie freundlich uns die Natur entgegenkommt, s. Unterhaltungen, Königsberger naturwissenschaftliche.

– Über Zweckmäßigkeit in der Natur, s. Unterhaltungen, Königsberger naturwissenschaftliche.

Gesänge bei der 92sten Stiftungs-Feier der g. v. u. v. St. Johannis-Loge zum rothen Adler den 14. Mai 1865 von [E. C.] Meyer. [Hamburg 1865]: Kümpel. 2 Bl. 8° [Umschlagtit.]
8 Lieder ohne Noten.

Zinkeisen, Edu.: **Tafellied zur Feier des Tages am Montag, den 11. Mai 1896. [Von E. C. Meyer.] Hamburg [1896]: Altschwager. 2 Bl. 8° [Umschlagtit.]**
Ohne Noten. E. Zinkeisen zu seinem 70. Geburtstag dargebracht.

Meyer, E. F., s. Meyer, Christian Friedrich

Meyer, E. H., Spargelbau u. Konservegemüse nach Braunschweiger Methode. gr. 8. (IV, 48 S.) Berlin 900. P. Parey. n. 1. —

– s. Sylvaneion.

Meyer, E. H. F. G., s. Meyer, Ernst Heinrich Friedrich

Meyer, E. H. T., s. Meyer, Ernst Heinrich Friedrich

Meyer, E. H. Wilh., Teilungsverbot, Anerbenrecht u. Beschränkg. der Brautschätze beim bäuerl. Grundbesitze Lippes. E. volkswirtschaftl. Untersuchg. gr. 8. (IV, 111 S.) Berlin 895. Puttkammer & Mühlbrecht. n. 2. —

Meyer, E. J., kritischer Kommentar zu der eschatologischen Rede Matth. 24. 25. 1. Thl.: Die Einleitung. gr. 8. (XI und 182 S.) Frankfurt a. O. 857, Trowitzsch und Sohn.

— über das Verhältniß Jesu und seiner Jünger zum alttestamentlichen Gesetz. Eine in der Form eines Commentars zu Matth. 5, 17. gegebene Untersuchung. Magdeburg 853. Heinrichshofen. gr. 8. (3 Bl., 138 S.) 20 ngr

Meyer, E. P., Quaest. grammat. ad Scauri artem restituendam spectantes. Diss. 1885. 70 S. 1.50

Meyer, E. R., Schleiermachers u. C. G. v. Brinkmanns Gang durch die Brüdergemeine. (VIII, 288 S.) gr. 8. Leipzig 905. F. Jansa. n. 4. —; geb. n. 5. —

Meyer, E. Schwedeler-
s. **Schwedeler-Meyer.**

Meyer, Eberhard, aus Hannover: Über die **Condensation** des Harnstoffs mit Glyoxal und des Glykolurils mit Formaldehyd. *o. O. [1904].* (39 S.) 8°
Heidelberg, Naturw.-math. Diss. v. 1904

Meyer, Ed. (I.), erbauliche Betrachtungen f. christl. Bergleute, besond. zum Vorlesen in den Zechenhäusern bestimmt. gr. 8. (11 B.) Osterode 846, Sorge. *

Meyer, Ed., Christian IV. und sein Geschlecht. Historische Novelle. Mit Genehmigung des Verf. in's Deutsche übertragen von Aug. Marahrens. Lüchow 861. Saur. 8. (461 S.) n. 1 ℛ︀ 10 ngr

Meyer, Ed., das Eimbeckische Haus in Hamburg. Eine Monographie. Mit 3 lith. Abbildgn. Hamburg 868. Maukes Söhne. gr. 8. (X, 141 S.) n. 1 ℛ︀

Meyer, Ed., poetisches Vermächtniß. 16. (VII, 152 S.) Hamburg 876. Grädener. n. 2. —; geb. m. Goldschn. n. 3. —

Meyer, Dr. Ed. Ad., Die Feinde des Menschenlebens. 8. (VI, 227 S.) 1.80
Wien: Kravani 1894.

— — Die Wasserheilanstalt, wie sie sein soll. (47 S.) —.80
Wien: Kravani 1894.

Meyer, Edgar, aus Bonn: Über die **Absorption** der ultravioletten Strahlung in Ozon. *Berlin (1903): G. Schade.* (46 S.) 8°
Berlin, Phil. Diss. v. 18. März 1903

Meyer, Edg., über die Struktur der γ-Strahlen. (S. 647 bis 862 m. 2 Abb.) Lex. 8. Berlin 910. G. Reimer. — 50
Sonderabdr. a.: „Sitzungsber. d. preuss. Akad. d. Wiss."

Meyer, Edmund, Gerichtsrefer.: Die **Aneignung** nach **deutschem** bürgerlichen Rechte. Gelsenkirchen 1910: Schmidt & Schubert. 119 S. 8°
Marburg, Jur. Diss. v. 21. Juni 1910, Ref. Leonhard
[Geb. 20. Jan. 86 Gelsenkirchen; Wohnort: Wattenscheid; Staatsangeh.: Preußen; Vorbildung: Gymn. Gelsenkirchen Reife O. 05; Studium: Straßburg 1, München 2, Berlin 2, Marburg 2 S.; Rig. 22. Febr. 10.] [U 10. 3110

Meyer, Edm., üb. Autoscopie u. Oesophagoscopie. [Aus: „Allg. med. Centralzeitg."] gr. 8. (8 S.) Berlin 895. O. Coblentz. n. 1. —

Meyer, (Car. Gust.) Edmund. (geb. Berlin 20. 11. 1840): De Aristophanearum fabularum commissionibus. Berolini (1863). (42 S.) 8°
Berlin, Phil. Diss. v. 7. Jan. 1863

Meyer, Edm., die Indikation endolaryngealer u. äusserer chirurgischer Operationen bei Kehlkopfgeschwülsten im Kindesalter. (7 S.) Lex.-8. Berlin 904. A. Hirschwald. n. — 40
Sonderabdruck aus: „Charité-Annalen".

Meyer, (Edm[und]). Isaac Iselin. ([Biographie. 1., einzige] Hälfte. 1728–1765.) Progr. 4. Berlin 1873.

Meyer, Dr. Edm., Oberlehrer Isaac Iselin. Programm der Kön. Realschule zu Berlin. 35 Stn. 4. „enthält werthvolle Daten für die Geschichte der Schweiz."

Meyer, Edm., die Krankheiten der oberen Luftwege, s.: Schmidt, Mor.

Meyer, Edm., Leitfaden der Geschichte in Tabellenform, f. preussische höhere Lehranstalten hrsg. I. u. II. gr. 8. Berlin 890. Weidmann. n. 2. 70
I. Alte Geschichte. (IV, 104 S.) n. 1. 20. — II. Mittelalter. (IV, 130 S.) n. 1. 50.

Meyer, Edm., Leitfaden der Geschichte in Tabellenform f. preuss. höhere Lehranstalten. III. Neue Zeit. gr. 8. (IV, 196 S.) Berlin 892. Weidmann. n. 2. 20 (kplt.: n. 4. 90)

Meyer, Ed. Liederstrauss. Vaterländisches Volksliederbuch für Schule und Haus. Methodisch geordnet und mit Rücksicht auf das Auswendigsingen bearbeitet. Kl. in-8°. VIII u. 248 S. Frauenfeld, J. Huber's Verlag. 1892. Lwd. 1 —

Meyer, Edm., Liederstrauß. Vaterländisches Volksliederbuch f. Schule u. Haus. Methodisch geordnet u m. Rücksicht auf das Auswendigsingen bearb. 2., durchgeseh. Aufl. 12. (VIII, 248 S.) Frauenfeld 893. J. Huber's Verl. Geb. in Leinw. n.n. 1. —

Meyer, Edm., Liederstrauß. Vaterländ. Volksliederbuch f. Schule u. Haus. Method. geordn. u. m. Rücksicht auf d. Auswendigsingen bearb. 3. Aufl. 12. (VIII, 248 S.) Frauenfeld 897. J. Huber.
Geb. in Leinw. n.n. — 90

Über die Passio Sanctorum Quatuor Coronatorum. Von Edm. Meyer. Wissenschaftliche Beilage zum Programm des Königl. Louisen-Gymnasiums. Berlin 1886. 27 S. 4°.

ROMAN, Der deutsche, um 1800. Familien-, Ritter- und Räuber-Romane. (10. Antiquariats-Cat. von *Edm. Meyer* in Berlin W. 35, mit interess. Einleitung [S. 3—22] von Fedor v. Zobeltitz u. Abbildgn.) 1908. — *A. E.:* Druck von F. A. Lattmann, Goslar. 8°.
Enth. über 300 Nrn. mit gepfefferten Preisen.

Meyer, Edm., Tabelle der unregelmäßigen französischen Verba. Ein Anhang zu Grammatik und Lexikon. Mit einem alphabet. Verzeichniß der unregelmäß. Verba und einem Index der anomalen Verba. 8. (IV, 67 S.) Berlin 876, Gärtner. *

Meyer, Edm. [Dr., Prof.]: Untersuchungen über die Schlacht im Teutoburger Walde. 1. [Erschien vollst. im gl. Verl. 1893.] Berlin, R. Gaertner, 1893; 55 S. 8.
Berlin, k. Luisen-G, OP 1893 (63)

— Untersuchungen üb. die Schlacht im Teutoburger Walde. gr. 8. (232 S.) Berlin 893. R. Gaertner. n. 6. —

Meyer, Edmund Victor [aus Berlin]: Beiträge zur chirurgischen Behandlung der akuten Peritonitis .... Berlin, Buchdr. v. Gustav Schade (Otto Francke) (1887); 29 + 1 S. + 1 Bl. 8°.
Berlin, Med. Fak., Inaug.-Diss. v. 23. Apr. 1887.

Meyer, Edmund Victor, Beiträge zur chirurgischen Behandlung der akuten Peritonitis. Diss. Berlin 1887, Mayer & Müller. 8°. 29 S.

Meyer, Eduard

— Aegypten zur Zeit der Pyramidenerbauer, s. a. Sendschriften der deutschen Orient-Gesellschaft.

Aegypten zur Zeit der Pyramidenerbauer. Von Eduard **Meyer**. Vortrag, geh. in d. Deutschen Orientgesellsch. 1908. Mit 10 Abb. u. 17 Taf. Leipzig: J. C. Hinrichs 1908. (43 S.) 8°
— **Sendschriften** d. Deutschen Orient-Gesellschaft. No 5. (08. 7363

Meyer, (Augustus Rob.) Eduard. (geb. Lemgo 1818): De morbosis urinae alterationibus. Berolini (1841). (31 S.) 8°
Berlin, Med. Diss. v. 14. Aug. 1841

— Über die **Anfänge** des Staats u. sein Verhältnis zu den Geschlechtsverbänden u. zum Volksthum. (31 S.) Lex. 8. Berlin 907. G. Reimer. 1. —

— das erste Auftreten der **Arier** in der Geschichte. (6 S.) Lex. 8. Ebd. 908. — 50

— Die **Bedeutung** der Erschliessung des alten Orients f. die geschichtliche Methode u. f. die Anfänge der menschlichen Geschichte überhaupt. (S. 648—668.) Lex. 8. Ebd. 908. — 50
3 Sonderabdr. a.: „Sitzungsber. d. preuss. Akad. d. Wiss."

Meyer, Ed[uard], Dr.: Bericht über die Entwickelung der Schule von 1852—1902. *Mülheim-Ruhr 1903: E. Marks.* (S. 1—12.) 4°
Mülheim a. d. Ruhr, Luisen-S (st. HM), P 1903, Jubiläumsausgabe**

— Humanistische u. geschichtliche **Bildung**. Vortrag, geh. in der Vereinigg. der Freunde des humanist. Gymnasiums in Berlin u. der Prov. Brandenburg am 27. XI. 1906. (41 S.) 8. Berlin 907. Weidmann. — 60

Meyer, Ed., gegen L. Börne, den Wahrheit-, Recht- u. Ehrvergeßnen Briefsteller aus Paris. gr. 8. (1 B.) Altona 831, Hammerich.

—— Nachträge zu d. Beurtheilung d. Börne'schen Briefe aus Paris. gr. 8. (1 B.) Ebds. 832.

— **Isokrates'** zweiter Brief an Philipp u. Demosthenes' zweite Philippika. (S. 758—779.) Lex. 8. Berlin 909. G. Reimer. 1. —
Sonderabdr. a.: „Sitzungsber. d. preuss. Akad. d. Wiss."

Aegyptische Chronologie von Eduard **Meyer**. Mit 7 Taf. [Nebst] Nachträge. Berlin: Akad. d. Wiss. 1904–08. 2 Bde 4°
Aus: Abhandlungen d. Kgl. Preuß. Akad. d. Wiss. 1904. 1907. (08. 3992

Meyer, Eduard, ägyptische Chronologie. (212 S. m. 7 Taf. u. 4 Tab.) Lex.-8. Berlin 904. (G. Reimer.)
Kart. n. 11. 50
Sonderabdruck aus: „Abhandlgn. d. preuss. Akad. d. Wiss."

— **Nachträge** zur ägyptischen Chronologie. (46 S. m. 1 Tab.) Lex. 8. Ebd. 908. 2. 50
Sonderabdr. a.: „Abhandlgn. d. preuss. Akad. d. Wiss."
Hauptwerk Ebd. 904. Kart. 11. 50.

— Der **Diskus** v. Phaestos u. die Philister auf Kreta. (S. 1022—1029 m. Abb.) Lex. 8. Berlin (909). G. Reimer. — 50
Sonderabdr. a.: „Sitzungsber. d. preuss. Akad. d. Wiss."

Meyer. Eduard (geb. Brunau bei Kreuzburg in Schles. 1819): De eclampsia parturientium. Berolini (1844). (27 S.) 8°
Berlin, Med. Diss. v. 7. Okt. 1844

Meyer, Ed., d. Entstehg. d. **Judenthums.** E. histor. Untersuchg. gr. 8. (VIII, 243 S. m. 1 Taf.) Halle 896. M. Niemeyer. n. 6. —

Meyer, Ed., d. wirtschaftl. Entwickelg. d. **Altertums.** Ein Vortrag, geh. auf d. 3. Versammlg. deutscher Historiker in Frankfurt a. M. am 20. Apr. 1895. [Aus: „Jahrb. f. Nationalökonomie u. Statistik".] gr. 8. (IV, 72 S.) Jena 895. G. Fischer. n. 1. 50

Meyer, Ed., Forschungen zur alten Geschichte. 1. Bd. Zur älteren griech. Geschichte. gr. 8. (VI, 325 S.) Halle a/S. 892. M. Niemeyer. n. 8. —

Meyer, Ed., Forschungen z. alten Geschichte. 2. Bd. Zur Geschichte des 5. Jahrh. v. Chr. gr. 8. (VIII, 554 S.) Halle 899. M. Niemeyer. n. 15. —
1. Bd. Ebd. 892. n. 8. —.

Meyer, Ed[uard], Direktor: Frauenbildung und höhere Mädchenschule. Mülheim-Ruhr 1904: Jul. Bagel. (S. 1—8.) 4°
Mülheim a. d. Ruhr, Luisenschule P 1904**

Meyer, Der Freiheitskrieg der Bataven unter Civilis. Pr. 1856. 90 S. 4°.

Meyer, Ed., der Freiheitskrieg der Bataven unter Civilis. Hamburg 856. (Perthes-Besser u. Mauke.) gr. 4. (90 S.) n. 24 ngr.

— **Gedächtnisrede** auf Eberhard Schrader. (15 S.) Lex. 8. Ebd. 909. 1. —
Sonderabdr. a.: „Abhandlgn. d. preuss. Akad. d. Wiss." 1909.

Meyer, E., Geschichte d. alten Aegyptens, s. a. **Geschichte,** allgemeine, in Einzeldarstellungen.

Meyer, Gesch. d. alten Aegyptens. M. e. Einleitg.: Geographie d. alten Aegyptens, Schrift u. Sprache s. Bewohner v. Dümichen. Berl. 887.

Geschichte des alten Aegyptens. Von Eduard **Meyer.** Mit Illustrationen. Berlin. 1887. = Allgemeine Geschichte in Einzeldarstellungen, hrgg. v. W. Oncken. Hauptabth. I. Th. 1. 8°.

Meyer, Ed. (II.), Geschichte des Alterthums. 1. Bd.: Geschichte des Orients bis zur Begründung des Perserreichs. gr. 4. (XIX, 647 S.) Stuttgart 884, Cotta'sche Buchh. *

— **Geschichte** des Alterthums. 2. Bd Geschichte des Abendlandes bis auf die Perserkriege. gr. 8. (XVI, 880 S.) Stuttgart 893. J. G. Cotta Nachf. n. 15. —
(1 u. 2.: n. 27. —)

— **Geschichte** des Alterthums. 3.—5. Bd. gr. 8. Stuttgart, J. G. Cotta Nachf. n. 36. —
3. Das Perserreich u. die Griechen. 1. Hälfte: Bis zu den Friedensschlüssen v. 448 u. 446 v. Chr. Mit 1 Karte. (XIV, 691 S.) 901. n. 13. —
4. Dasselbe. 3. Buch: Athen (vom Frieden v. 446 bis zur Capitulation Athens im J. 404 v. Chr.) (X, 666 S.) 901. n. 12. —
5. Dasselbe. 4. Buch: Der Ausgang der griech. Geschichte. (VIII, 584 S.) 902. n. 11. —
Bd. 1 u. 2. Ebd. 884. 893. n. 27. —.

— **Geschichte** des Altertums. I. Bd. 2 Hälften. gr. 8. Stuttgart, J. G. Cotta Nachf. 19. 50; geb. in Halbfrz. 28. 50
I, 1. 3. Aufl. Einleitung. Elemente der Anthropologie. (XII, 252 S.) 910. 4.50; geb. in Halbfrz. 6. —
2. Aufl. (XII, 250 S.) 907.
I, 2. 2. Aufl. Die ältesten geschichtl. Völker u. Kulturen bis zum 16. Jahrh. (XXVIII, 894 S.) 909. 15. —; geb. in Halbfrz. 17. 50

Meyer, E., Geschichte des Königreich Pontos. Hab. 1879. 109 S.

Meyer, Ed., Geschichte des Königreichs Pontos. gr. 8. (VII, 109 S.) Leipzig 879. Engelmann. n. 2. —

— **Geschichte** von Troas. gr. 8. (VII, 112 S. mit 1 chromolithogr. Karte in qu. 4.) Ebendas. 877. *

Meyer, Ed. (II.), Geschichte des hamburgischen Schul- u. Unterrichtswesens im Mittelalter. gr. 8. (31 B.) Hamburg 843, Meißner. *

Meyer, Ed. (II.), Handbuch der Augenheilkunde. Ins Deutsche übertragen und bearb. von W. Block. gr. 8. (VI, 562 S. mit 244 in den Text gedr. Holzschn.) Berlin 875, Peters. *

Meyer, Ed., Handbuch der Augenheilkunde. Deutsch von W. Block. 2., vom Verfasser verm. u. verb. Aufl. Mit 244 in den Text gedr. Holzschn. Lex.-8. (XVI, 587 S.) Berlin 879. Peters. n. 10. —

Meyer, Ed. (I.), Handbuch der Augenheilkunde. 3. vom Verf. verm. und verb. Aufl. gr. 8. (XVI, 592 S. mit 244 in den Text gedr. Holzschn.) Berlin 883, H. Peters. *

Meyer, Ed., Handbuch der Augenheilkunde. 4. vom Verf. verm. u. verb. Aufl. Mit 244 Holzschn. gr. 8. (XVIII, 602 S.) Berlin 886. H. Peters. n. 10. —

— **Theopomps Hellenika.** Mit e. Beilage üb. die Rede an die Larisaeer u. die Verfassg. Thessaliens. (X, 291 S. m. 1 farb. Karte.) gr. 8. Halle 909. M. Niemeyer. 8. —

Meyer, (Friedr. Ludw.) Eduard (geb. Lüdersen 30. 3. 1859): Ueber Infection durch todtfaule Früchte. Berlin (1883). (41 S.) 8°
Berlin, Med. Diss. v. 19 März 1883

— die **Israeliten** u. ihre Nachbarstämme. Alttestamentliche Untersuchgn. Mit Beiträgen v. Bernh. Luther. (XVI, 576 S.) gr. 8. Halle 906. M. Niemeyer. n. 14. —

Meyer, Eduard, Lehrbuch der Physik m. Einschluß der Chemie f. höh. Mädchenschulen, s.: Knops, Karl.

— Lehr- u. Übungsbuch f. den Unterricht in der Mathematik, s.: Knops, Karl.

Meyer, Eduard, aus Bad Nauheim: Ueber Löslichkeitsbeeinflussungen und Gleichgewicht und Reaktionsgeschwindigkeit in heterogenen Systemen. *Heidelberg 1901: K. Rössler.* (63 S.) 8°
Heidelberg, Naturw.-math. Diss. v. 1901

— die **Mosesagen** u. die Lewiten. (13 S.) Lex.-8. Berlin (G. Reimer). n. — 50
Sonderabdruck aus: „Sitzungsber. d. preuss. Akad. d. Wiss."

— Nachträge zu d. Beurtheilung der Börne'schen Briefe aus Paris. gr. 8. Altona 832. Hammerich. 3 gr

— u. Rud. **Braun,** Rechenbuch f. höhere Mädchenschulen. Nach Westrick & Heines Rechenbüchern bearb. 1.—6. Heft. 8. Münster 910. Aschendorff. Geb. 6. 40
1. Für Klasse X der höh. Mädchenschule. (IV, 64 S. m. Fig.) Geb. — 80
2. Für Klasse IX der höh. Mädchenschule. (II, 66 S.) Geb. — 80
3. Für Klasse VIII der höh. Mädchenschule. (IV, 87 S. m. Fig.) Geb. 1. 10
4. Für Klasse VII der höh. Mädchenschule. (IV, 103 S.) Geb. 1. 15
5. Für Klasse VI der höh. Mädchenschule. (IV, 96 S. m. Fig.) Geb. 1. 15
6. Für Klasse V der höh. Mädchenschule. (IV, 124 S.) Geb. 1. 40

— — dasselbe. Auflösungen zu d. schriftl. u. teilweise zu d. mündl. Aufgaben. (Für die 1. Aufl. des Rechenbuches.) (92 S.) 8. Ebd. 910. 1. 20

— Die Schlacht v. Pydna. (S. 779—803.) Lex. 8. Ebd. 909. 1. —
Sonderabdr. a.: „Sitzungsber. d. preuss. Akad. d. Wiss."

Meyer, Eduard, kleine Schriften. Zur Geschichtstheorie u. zur wirtschaftl. u. polit. Geschichte des Altertums. (VII, 555 S.) gr. 8. Halle 910. M. Niemeyer. 12. —

Meyer, Eduard, Schweinezucht, s.: May.

Meyer, Eduard, Schweine-Zucht u. -Haltung, s.: Bücherei, landwirtschaftliche. 1.

Meyer, Eduard, Schweinezucht, s.: Thaer-Bibliothek. (May.)

Meyer, Ed., Set-Typhon. Eine religionsgeschichtl. Studie. gr. 8. (63 S.) Leipzig 875. Engelmann. n. 1. 60

[F.] Die Sklaverei im Altertum. Vortr., geh. in d. Gehe-Stiftg zu Dresden am 15. Jan. 1898 v. Dr. Eduard Meyer, Prof. an d. Univ. Halle a. S. *Dresden: v. Zahn & Jaensch 1898.* (49 S.) 1 Bd 8.
— Vorträge, Staatswiss., u. Jahrb. d. Gehe-Stiftung zu Dresden. [H. 16.] [98. 11370

Meyer, Eduard: Wilhelm Spitta, Director der vicekönig-lichen Bibliothek in Kairo. Nekrolog. SA. aus d. Centralblatt f. Bibliothekswesen. Leipzig o. J.

—— Studien z. Göthe's Faust. gr. 8. (20¾ B.) Altona 846, 47, Hammerich.

Sumerier und Semiten in Babylonien. Von Eduard Meyer, [Prof., Berlin]. Mit 9 Taf. Berlin: Akad. d. Wiss. 1906. (125 S.) 4°
Aus: Abhandlungen d. Kgl. Preuss. Akad. d. Wiss. 1906. [07. 2041

— **Eduard** (Oberschwedeldorf/Glatz/Schlesien), De tabe dorsuali. Diss. med. Berlin (G. Schade) 5. VI. 1847. 31 S. mit Biogr. (M.: Th. Epstein.) (2.50) 23198
Oppon.: G. Schulte zu Cranwinkel, Q. Haanen, H. Wedel. — Gew.: A. Bruck, seinen Eltern (Vater: Hirsch Meyer).

— zur Theorie u. Methodik d. Geschichte. Geschichts-philosophische Untersuchgn. gr. 8. (VIII, 56 S.) Halle 902. M. Niemeyer. n. 1. 20

— Untersuchungen zur Geschichte der Gracchen. [Aus: „Festschrift zur 200jähr. Jubelfeier der Univ. Halle".] gr. 4. (33 S.) Halle 894. M. Niemeyer. n. 1. 60

Meyer, Eduard, stud. iur. a. Zürich: Die Wechselbereicherungs-klage ⟨Art. 83 der Wechselordnung⟩. Borna-Leipzig 1907: R. Noske. (VIII, 37 S.) 8°
Leipzig, Jur. Fak., Diss. v. 1. Juli 1907
[Geb. 11. Apr. 84 Zürich; Wohnort: Zürich; Staatsangeh.: Schweiz; Vorbildung: Gymn. Zürich Reife M. 02; Studium: Lausanne 1, Zürich 2, Leipzig 4 S.; Rig. 1. Juli 07.]

Julius Wellhausen und meine Schrift: Die Entstehung des Judenthums. E. Erwiderg v. Eduard Meyer. *Halle a. S.: M. Niemeyer 1897.* (26 S.) 1 Bd 8. [98. 2460

Meyer, Ed(uard) Erwin. Ideal-Buchhaltung für Handwerker, Handel- und Gewerbetreibende. Leitfaden für den Unterricht an gewerblichen Lehranstalten, sowie für die Praxis der Gewerbetreibenden und Kleinkaufleute. IV + IV + 60 S. 8. Aarau, Eduard Erwin Meyer (Druck Emil Wirz), 1903. (fr. —. 95)

Meyer E. Ideal-Buchhaltung für Handwerker, Handel- und Gewerbetreibende. 1. Leitfaden. 2. Auflage. 1904. — 2. Geschäftsgang einer mechanischen Schreinerei mit Möbelhandlung. 1903. — 3. Journal. — 4. Kontobuch. — 5. Inventar. — 6. Bilanztabelle in Mappe. 4° Aarau 1903. 04

Meyer, Ed. Erwin, Ideal-Buchhaltung f. Handwerker, Handel- u. Gewerbetreibende. Leitfaden f. den Unterricht an gewerbl. Lehranstalten sowie f. die Praxis der Gewerbetreibenden u. Kleinkaufleute. 8., verm. u. verb. Aufl. 14—17. Taus. Abteilung: Tischler, Möbelhändler u. verschiedene Detailgeschäfte. (95 S.) gr. 8. Nebst: Vorlage f. den Schüler. (Aufgaben-Heft.) (11 S.) schmal gr. 8. Aarau 905. E. E. Meyer. n. 2. —

— dasselbe. 5. verb. Aufl. 25. Taus. Abteilung: Maler, Gipser, Tapezierer u. verwandte Gewerbe. (111 S. m. Fig.) gr. 8. Ebd. (906). n. 2. —; geb. in Leinw. n. 3. —

Meyer, Ed. Erwin, Ideal-Buchhaltung f. Haus- u. Privatwirtschaft. Ein Führer zum Volkswohl u. Leitfaden f. den Unterricht an Seminarien, Real-, Sekundar-, gewerbl. u. hauswirtschaftl. Fortbildungs-Schulen, sowie f. das private Rechnungswesen, m. Beiträgen v. W. Foerster, Karl Hilty, Wolff u. A. VII. Aufl. der Idealbuchhaltg. 28.—40. Taus. (134 S.) gr. 8. Aarau (908). E. E. Meyer. 2. 40; geb. 3. —

— dasselbe f. Vereine u. Gesellschaften m. wohltätigen, geselligen, religiösen, wissenschaftlichen, künstlerischen od. andern idealen Zwecken. Leitfaden f. den Unterricht an Seminarien, Real-, Sekundar- u. gewerbl. Schulen, sowie f. das Rechnungswesen der Vereine u. Gesellschaften. 6. Aufl. 25.—28. Taus. (76 S.) gr. 8. Ebd. (907). 2. —; geb. in Leinw. n. 3. —

Meyer, Eduard Lorenz, u. Oscar Louis Tesdorpf

Meyer, Ed. Lorenz u. Osc. L. Tesdorpf. Hamburgische Wappen u Genealogien. Lex.-8. (XVI, XXVI, 496, VIII S. m. 24 schwarzen u. 50 farb. Taf.) Hamb. 890, (Boysen u. Maasch). [** 25 —] ** 36 —

Meyer, E. L. u. O. L. Tesdorpf, Hamburg. Wappen u. Genealogien. Mit color. Wappentfln. für alle hier aufgeführten Familien. Hamburg 1891. Roy. 8.

⊙ Ed. Lorenz Meyer's Wappenbuch der Hamburgischen Deputationen 1860—1896. Im Selbstverlage des Verfassers. (Hamburg. 1896.) 8°.

Meyer, Eduard. Simon (geb. Sandersleben in Anh. 13. 11. 1838): De perforatione foetus et sectione caesarea. Berolini (1860). (32 S.) 8°
Berlin, Med. Diss. v. 13. Okt. 1860

von Meyer, Edward [von Frankfurt a. M.]: Beziehung der Tuberculose zur Onychia maligna .... (Sep.-Abdr. aus Virchow's Archiv ... 108. Bd. 1887.) Berlin, *Druck u. Verl. v. Georg Reimer,* 1887; 20 S. 8°.
Heidelberg, Med. Fak., Inaug.-Diss. v. 1887.

Meyer, Edward: Machiavelli and the Elizabethan Drama ... (Erschien vollst. als Bd 1 von: Litterarhist. Forsch. hrsg. v. J. Schick u. M. v. Waldberg.) Weimar, E. Felber, 1897; 1 Bl., 34 S., 1 Bl. 8.
Heidelberg, Phil. Fak., Inaug.-Diss. v. [13. Mai] 1897

Meyer, Edward, Machiavelli and the Elizabethan drama, s. a. Forschungen, litterarhistor.

Machiavelli and the Elizabethan drama. Von Edward Meyer. *Weimar: E. Felber 1897.* (XII, 180 S., 1 Bl.) 1 Bd 8.
— Forschungen, Litterarhistorische. Bd 1. [96. 3213

Meyer, Ehregott: „Frachtbuch für Kaufleute und Spediteure und alle, die es einst werden wollen, oder Unterricht über alles, was der Kaufmann und Spediteur bei Absendung und Empfang der Güter zu beobachten hat", Weimar 1801. — Vorh.: Bibl. der Industrie- und Handelskammer Leipzig.

Meyer, Ehregott, Frachtbuch für Kaufleute u. Spediteure, u. Alle, die es werden wollen. 8. Weim. 801. (Henning in Greiz). 1 ₰ 6 ℊ

Meyer, Ehregott: „Der Kaufmann auf den Messen und Märkten, oder Unterricht für alle Mess- und Marktfiranten, sowohl für Ein- als Verkäufer, wie sie sich auf diesen Stand vorzubereiten, was sie auf den Messen und Märkten zu ihrem Vortheile, zum guten Ein- und Verkauf der Waaren, und überhaupt zur besseren Führung aller Mess- und Marktgeschäfte zu beobachten haben; nebst einer kurzen Geschichte der vornehmsten deutschen Messen, Angabe der bürgerlichen Einrichtungen in den Messstädten und einem alphabetischen Register aller Messen und der mehresten Märkte, welche in Deutschland und einigen angränzenden Ländern jährlich gehalten werden", größtenteils nach eigenen Erfahrungen bearbeitet, 2 Teile, Weimar 1802. — Vorh.: Com. Bibl. Hamburg.

— der Kaufmann auf den Messen, auf Märkten &c., od. Unterricht für alle Meß- u. Marktfieranten &c., nebst einer Geschichte u. Verzeichniß d. vornehmst. deutschen Messen &c. 8. Weim. 803. 3 ₰ 2e Aufl. unt. d. T.: der Meß-Kaufmann, oder Anleit., die Messen mit Nutzen zu beziehen. 2 Thle. 8. Ebd. 805. (Henning in Greiz). 1 ₰ 12 ℊ

MEYER, Ehregott, Verf. des kleinen Tabletkrämers u. a. m., Unsere Kaufmanns-Töchter und Weiber. Oder über deren Erziehung, häusliches u. gesellschaftl. Leben, u. den Einfluß, den sie auf Familien- u. Handlungswohl haben. 2 Thle. Mit 2 TKpfrn. von Penzel. Leipzig (Gräff) 1806. (Ein Vortitel hat nur: „Unsere Kaufmanns-Töchter". Von etc. Ibid. 1806—7.) 8°. Zahm.

I: XL u. 328 S. Dedic. (an Charlotte Georgine Luise Friederike, regier. Herzogin zu Sachsen-Hildburghausen) u. Einleit. sind dat.: Neustadt bei Coburg, 27. Apr. 1806. II: Tit. u. 350 S.
Noch ein dritter Theil erschienen? (Laut Anzeige des Verlegers: „3 Thle. Ldpr. 4½ Rthlr.")

— unsere Kaufmannstöchter. 2 Thle. 8. Lpz. 807. (Wienbrack). 3 ₰

Meyer, Ehregott: „Kunst, sich glücklich als Kaufmann oder Fabrikant zu etabliren, oder Belehrungen für junge Kaufleute und Fabrikanten, welche sich etabliren und diesen sehr wichtigen Schritt nicht zu ihrem und anderer Menschen Unglück thun wollen; größtentheils nach mehrjährigen Beobachtungen mitgetheilt", Berlin 1803 (Gebr. Gädicke).

Meyer, Ehregott, die Kunst, sich glückl. als Kaufmann oder Fabrikant zu etabliren &c. 8. Weim. (Gädicke in Berlin). 803.

Meyer, Ehregott, die Kunst, sich glückl. als Kaufmann oder Fabrikant zu etabliren &c. 8. Weim. 803. (Henning in Greiz). 1 ₰ 16 ℊ

— Meßkaufmann, od. Anleit., die Messen mit Nutzen zu beziehen. 2 Thle. 8. Ebend. 805.

— die zerbrochene Schachtel. 8. Leipz. 810. Hinrichs. 1 ₰ 8 ℊ

TABLET-KRAMER, Der kleine (Roman von *Ehregott Meyer*). 2 Bdchn. Leipzig, Gräff, 1804—5. 8°. (3 Rthl.)

— der kleine Tablett-Krämer. 1s, 2s Bdchn. 8. Leipz. 804, 5. (Wienbrack). 3 ₰

— Wegweiser f. Eltern u. Jünglinge bei der Wahl eines Erwerbzweiges für die Letzteren. 8. Weim. 802. (Henning in Greiz). 1 ₰ 12 ℊ

Meyer, Ehreg., Cölestine, od. so geht es in der Welt. 8. Leipz. 811. Hinrichs. 21 ℊ

Meyer, Elard Hugo

Meyer, El. Hugo, s.: Festschrift zur 50jähr. Doktorjubelfeier Karl Weinholds.

—— s. Grimm, Jac., deutsche Mythologie.

Meyer, Elard Hugo [Bearb.]
s. Grimmelshausen, H.J.Chr.: Der abenteuerliche Simplicius Simplicissimus. 1878.

Meyer, Elard Hugo, Homer u. die Ilias. gr. 8. (VII, 258 S.) Berlin 887. Oppenheim. n. 4. 50; geb. n. 6. —

Meyer, Elard Hugo. Die eddische Kosmogonie. Ein Beitrag zur Geschichte der Kosmogonie d. Altertums u. d. Mittelalters. gr. 8. (VII, 118 S.) Freib. i. Br. 891, J. C. B. Mohr. * 3 60

Meyer. Elard Hugo, Johann Martin Lappenberg. Eine biograph. Schilderung. Hamburg 867. Mauke Söhne. gr. 8. (184 S.) 1 ₰

Meyer, Elard Hugo, indogermanische Mythen. I. Gandharven-Kentauren. gr. 8. (II, 243 S.) Berlin 883, Dümmler's Verlagsh. *

— indogermanische Mythen. II. Achilleis. gr. 8. (VIII, 710 S.) Berlin 887. Dümmler's Verl. n. 14. —
(I. u. II.: n. 19. —)

Meyer, Elard Hugo, Mythologie der Germanen. Gemeinfasslich dargestellt. (XII, 526 S.) gr. 8. Strassburg 903. K. J. Trübner. n. 8. 50; geb. in Leinw. n. 10. —

—— Germanische Mythologie, s. Lehrbücher der germanischen Philologie.

Meyer, Elard Hugo, Germanische Mythologie. Berlin 1891. 8.
A. u. d. T.: Lehrbücher der germanischen Philologie. I.

Meyer, Elard Hugo, Über die Rolandssage. Bremen 1868. 4.
Progr. Hauptschule Bremen.

(Meyer, Elardus Hugo): *[Specimen quaestionum de poësi joculatoria Rhenana saeculi duodecimi.] 59 S. 4°
Halle-Wittenberg, Phil. Diss. v. 27. Juli 1860
Geb. Bremen 6. 10. 1837. V.

Meyer, Elard Hugo, der abenteuerliche Simplicius Simplicissimus. Ein Lebensbild aus dem 30jähr. Kriege. Nach Christoffel v. Grimmelshausen frei bearb. Mit 3 Bildern (Holzschntaf.) von H. Lüders. 8. (X, 230 S.) Bremen 875, Nordwestdeutscher Volksschriften-Verlag. geb. *

Meyer, Elard Hugo, der abenteuernde Simplicius Simplicissimus. Ein Lebensbild aus dem 30jähr. Kriege. Nach Christoffel v. Grimmelshausen frei bearb. Mit 3 (Holzschn.-)Bildern v. H. Lüders. 2. sorgfältig durchgeseh. Jugendausg. 8. (X, 225 S.) Bremen 876. Nordwestdeutscher Volksschriften-Verl. geb. n. 4. —

— dasselbe. (Volks-Ausg.) 8. (VI, 194 S.) Ebend. 876. n. 1. —

— Dasselbe. Illustriert. 3. Auflage. Bremen

Meyer, Elard Hugo, der deutsche Volksaberglaube d. Gegenwart, s.: Wuttke, Adf.

— Badische Volkskunde, s.a. Zur deutschen Volkskunde.

— badische Volkskunde. [Aus: „Alemannia".] gr. 8. (23 S.) Bonn 894. P. Hanstein. n. — 50

— deutsche Volkskunde. M. 17 Abb. u. 1 (farb.) Karte. gr. 8. (VIII, 362 S.) Straßburg 898. K. J. Trübner, Verl. n. 6. —; geb. in Leinw. n.n. 6. 50

— Badisches Volksleben im 19. Jahrh. gr. 8. (XII, 628 S.) Straßburg 900. K. J. Trübner. n. 12. —; geb. in Leinw. n. 13. —

Meyer, Elard Hugo, Völuspa. Eine Untersuchung. gr. 8. (IV, 299 S.) Berlin 889. Mayer & Müller. n. 6. 50

—— Walther v. der Vogelweide identisch mit Schenk Walther v. Schipfe. Eine auf Urkunden gestützte Untersuchung. gr. 8. (IV und 79 S.) Bremen 863, Müller. *

Meyer, Elli, approb. Aerztin aus Gotha: Ueber Gasansammlungen in der Peritonealhöhle mit besonderer Berücksichtigung der Fälle von Gasansammlung im freien Cavum. *Leipzig 1904: B. Georgi.* (29 S.) 8°
Leipzig, Med. Diss. v. (12. Juli) 1904

Meyer, Em., Bleiche, Färberei, Druck und Appretur, s.a. Weltausstellung, internationale, 1878 in Paris.

Meyer, E: Bleiche, Färberei, Druck und Apprêt (Schweiz). Zürich 1879

Meyer, Eman., Aufgaben f. d. Unterricht in d. Buchführg. an Mädchen-Fortbildungs-Schulen, Frauen-Arbeits-Schulen, Mädchen-Sonntags-Schulen u. ähnl. Anstalten. 8. (IV, 18 S.) Nürnberg 892. F. Korn. n. — 20

Meyer, Eman., Aufgaben f. den Unterricht im kaufmännischen Rechnen. (Effekten-, Wechsel- u. Warenrechngn.) Mit Übersichten üb. fremde Münzen, Masse u. Gewichte, Wechselkurs-Notiergn., Effekten-Umrechnungssätze, Umsatzsteuer, Bestimmgn. üb. den Geschäftsverkehr m. der Reichsbank u. Warennotiergn. gr. 8. (VIII, 72 S.) Nürnberg 901. F. Korn. Geb. in Leinw. n. 1. 20

Meyer, E., Buchführung, s.: Kaufmann, der deutsche.

Meyer, E., Buchführung u. Wechselkunde f. Baugewerkschulen, s.: Koller E., u. J. M. Lotter, Lesebuch f. Baugewerkschulen.

— die einfache u. doppelte Buchhaltg., s.: Reischle, M.

— Einführg. in d. Buchhaltung. gr. 8. (48 S.) Ebd. 897. n. — 45
Auch unt. d. Titel:

— Einführg. in d. Buchhaltung. M. vielen Beispielen u. Aufgaben. Für d. 8. Schulj. gr. 8. (48 S.) Ebd. 897. n. — 45

— Einführung in die Buchhaltung. Mit vielen Beispielen u. Aufgaben. 2. Aufl. gr. 8. (48 S.) Nürnberg 900. F. Korn. n. — 45

Meyer, Eman., Einführung in die Buchhaltung. Mit vielen Beispielen u. Aufgaben. 4. Aufl., bearb. v. Ed. Glück. (48 S.) 8. Nürnberg 907. F. Korn. — 50

Meyer, Emanuel. Die Fürnehmsten Biblischen Geschichten ... Umständlich beschrieben ... Und Jedermann zur heilsamen Betrachtung vorgestellet ... Basel, Brandmüller, 1714. *Frontispiz*, 7 Bl. 726 S. 12 Bl. *Mit vielen Holzschnittvignetten im Text, einige C M gezeichnet.*

Meyer, Eman., Lese- u. Hilfsbuch f. Baugewerk-Schulen, s.: Koller, E.

— Wechselkunde f. Fortbildungs-Schulen. 3. Aufl. gr. 8. (16 S.) Ebd. 901. n. — 20

— Wechselkunde f. Fortbildungsschulen. 5. Aufl. (16 S.) 8. Nürnberg 905. F. Korn. n. — 20

— Wechsel- u. Scheckkunde f. Fortbildungs- u. Handelsschulen. 7. verm. Aufl., bearb. v. Eduard Glück. (32 S.) 8. Ebd. 909. nn — 35

Meyer, Frau Emanuele L. M., die Hygiene im Leben des Weibes. Ein Vademecum durch alle Phasen des Frauenlebens von der Kindheit bis ins Greisenalter. (VIII, 184 S. m. Abb. u. Bildnis.) kl. 8. Ulm 910. J. Ebner. Geb. in Leinw. 2. 50

Meyer, Emil [aus Hannover]: Über die Affinität der Vitriolmetalle zum Wasser .... Hannover, Buchdr. v. Arn. Weichelt, 1886; 59 S. 8°.
Tübingen, Naturwiss. Fak., Inaug.-Diss. v. 1886.

Meyer, Emil, über die Affinität der Vitriolmetalle zum Wasser. Diss. Tübingen 1886, Fues' Sort. 8°. 59 S.

Meyer, Emil *Paul* [pr. Arzt aus Barmen]: Beitrag zur Ätiologie der fibrinösen Pneumonie m. kurzer Erörterg v. Lungenentzündgn, d. nach e. Sturz ins Wasser entstanden ... Leipzig, Druck v. A. Th. Engelhardt, 1895; 30 S., 1 Bl. 8.
Leipzig, Med. Fak., Inaug.-Diss. v. 27. Juli 1895

Meyer, Emil: Beiträge zur Auxochromtheorie. 1910. 87 S. 8°
Stuttgart, Dr.-Ing.-Diss. v. 7. 7. 1910

[Meyer, Emil]: 1. *Beiträge zur Kenntniss der organischen Basen. 91 S. 4°
2. *[lat. Uebers. von S. 1—37:] Nonnulla de basibus organicis quae arte gignuntur. 31 S. 4°
Halle-Wittenberg, Phil. Diss. v. 4. Dez. 1855
Geb. [Glogau 2. 9. 1832]
Vom Verf. ersch. deutsch: Ueber Cyanäthyl und eine neue Bildung des Aethylamin. In: Journal f. prakt. Chemie. Bd 68. Leipzig 1856. S. 279—295.

Meyer, Emil, Bericht über den Getreide-, Oel- und Spiritus-Handel in Berlin und seine internationalen Beziehungen in den J. 1856, 58—60, 64—69, 71—73, 75—80. Berlin. 4.

Meyer, Emil, Bericht über den Getraide-, Oel- u. Spiritus-Handel in Berlin im Jahre 1858. Als Mscr. gedr. Berlin 859. (Springer's Buchhdlg.) gr. 4. (18 S.) nn. 12½ ngr.

—— dass. — Im J. 1859. (Als Mscr. gedr.) gr. 4. (18 S.) Berlin 860, (Schotte und Comp.) **

Meyer, Emil, Bericht üb. d. Getreide-, Oel- u. Spiritushandel in Berlin u. s. internat. Beziehgn. im J. 1897. Fol. (35 S.) Berlin (Michaelkirchstr. 20) 898. Selbstvorlag. n. 2. —

Meyer, Emil: Bestimmungen und Usancen im Getreide-, Oel- und Spiritushandel an der Berliner Productenbörse. Berlin 1872.

Meyer, Emil [app. Arzt aus Karlsruhe '(Baden)']: Über die Beziehungen zwischen Rachitis und Osteochondritis syphilitica ... Freiburg i. B., Univ.-Buchdr. v. Ch. Lehmann, 1892; 45 S. 8.
Freiburg i. B., Med. Fak., Inaug.-Diss. v. 1892

Meyer, Emil, Ernst. Neuester Briefsteller f. glückl. u. unglückl. Liebende. Enth. 100 Musterbriefe f. alle Verhältnisse, welche in Bezieh. auf Liebe u. Gegenliebe d. edlern Art Statt finden können; so wie e. Anleit. z. Briefschreiben überhaupt u. e. Anh., welcher Denkblätter d. Liebe in Stammbuchversen, Sentenzen rc. darbringt. gr. 12. (8½ B.) Berlin 836, Amelang.

Meyer, E., d. Heimatskunde als Grundlage d. erdkundl. Unterrichtes, s. a. Sammlung pädagog. Vorträge.

Die Heimatskunde als Grundlage des erdkundlichen Unterrichtes. M. e. Stoffverteilgspl. v. E[mil] **Meyer**, Hauptl. in Duisburg. *Bonn. Berlin, Leipzig: F. Soennecken [1898].* (35 S.) 8.
— **Sammlung** pädagogischer Vorträge. Jg. XI. H. 3. [98. 3360

Meyer, Emil: Aus der Universitäts-Augenklinik zu Giessen. Zur Casuistik der Erkrankungen des Auges bei Pemphigus. M. 1 Taf. *Giessen 1898: v. Münchow.* (32 S. mit Taf.) 8°
Giessen, Med. Diss. v. 1898

Meyer, Emil, von Ermatingen (Thurgau): **Lac de Bret.** Beiträge zur Biologie des Lac de Bret mit spezieller Berücksichtigung des Phytoplanktons. [Mit Tafeln u. e. Karte.] Frauenfeld 1904. 52 S. 8°. [22. XII. 03.]
Lausanne. Thèse sc. 1904/1905.

Meyer, Emil. Lac de Bret. Beiträge zur Biologie des Lac de Bret, mit spezieller Berücksichtigung des Phytoplanktons. [Mit 1 Figur und 5 Tafeln.] Diss. Phil. Lausanne. VIII + 52 S. 8. Frauenfeld, Huber & Co., 1904.

—— **le Mercure galant, ou Recueil de lettres à l'usage des amans heureux ou malheureux. Cont. cent lettres modèles pour toutes sortes d'aventures galantes et d'intrigues d'amour noble, ainsi qu'une instruction pour écrire des lettres en général et un supplement de feuilles d'album, sentences, poëmes, etc. Trad. de l'Allemand par Henri Laborde. gr. in-12. (8½ B.) Berlin 836, Amelang.**

Meyer, Emil Heinrich, Referendar: Die staats- und völkerrechtlichen Ideen von Peter Dubois. Leipzig [1908]: Herrmann. 119 S. 8° ¶(Ersch. auch als: Arbeiten aus d. jur.-staatswiss. Seminar d. Univ. Marburg. H. 7.)
Marburg, Jur. Diss. v. 30. Sept. 1908, Ref. Schücking.
[Geb. 6. Mai 86 Wiesbaden; Wohnort: Wiesbaden; Staatsangeh.: Preußen; Vorbildung: Gymn. Wiesbaden Reife O. 04; Studium: Lausanne 1, München 2, Berlin 1, Marburg 2 S.; Rig. 29. Mai 08.] [U 09. 3135

Meyer, E. H., Die staats- u. völkerrechtl. Ideen v. Peter Dubois, s. a. Arbeiten a. d. jurist.-staatsw. Seminar Marburg, 7. Heft.

Die staats- und völkerrechtlichen Ideen von Peter Dubois von Dr. Emil Heinrich **Meyer**, Ref. Marburg a. L.: A. Ebel 1908. (119 S.) 8°
— **Arbeiten** a. d. jurist.-staatswissenschaftl. Seminar d. Kgl. Univ. Marburg. H. 7. [08. 17012

Meyer, Emil L. Vereinfachte Buchführung zur Vermögens-Verwaltung f. Capitalisten, vervollständigt durch e. Anleitg. zur Steuer-Erklärg. v. Paul Brenken. Lex.-8. (115 S.) Hannov. 892, König u. Ebhardt. (Lpz., Mylius.) * 2 50

Meyer, Enno [aus Ostfriesland]: Ueber die Einwirkung von Aethylenbromid auf Paratoluidin .... Berlin, Buchdr. v. Gustav Schade (Otto Francke) (1887); 28 S. + 1 Bl. 8°.
Berlin, Phil. Fak., Inaug.-Diss. v. 9. Aug. 1887.

Meyer, Enno, über die Einwirkung von Aethylenbromid auf Paratoluidin. Diss. Berlin 1887, Mayer & Müller. 8°. 28 S.

Meyer, Erich, Dr., Assistent der II. medizinischen Klinik: Über Diabetes insipidus und andere Polyurien. Naumburg a. S. 1905: Lippert & Co. (70 S.) 8° ¶[Aus: Archiv f. klin. Medizin 1905, Bd 82.]
München, Med. Hab.-Schr. v. 1905
(Nicht für den Austausch)

Meyer, Erich, Eifersucht der Seelen. Roman. 8. (304 S.) Berlin 893. O. Janke. n. 4. —

Meyer, Erich, Arzt aus Berlin: **Der Eiweissgehalt der Frauenmilch.** *Berlin (1902): G. Schade.* (30 S.) 8°
Berlin, Med. Diss. v. 2. Mai 1902

Meyer, Erich, d. Entwickelg. d. französischen Litteratur seit 1830. gr. 8. (V, 292 S.) Gotha 898. F. A. Perthes. n. 5. —; geb. n. 6. —

Meyer, Erich, s.: **Ergebnisse** der inneren Medizin u. Kinderheilkunde.

Meyer, Erich, approb. Arzt aus Salzuflen: **Aus d. Universitäts-Augenklinik zu Kiel. Über Evacuatio bulbi.** *Kiel 1900: H. Fiencke.* (15 S.) 8°
Kiel, Med. Diss. v. [11. Jan.] 1900

Meyer, Erich, das Faltungsgebiet des Flämings bei Wittenberg u. Coswig i. Anhalt u. der Nachweis seiner zweimaligen Vereisung. (S. 312—340 m. Abb., 6 Taf., 1 farb. Karte u. 2 Bl. Erklärgn.) Lex. 8. Berlin (N. 4, Invalidenstr. 44) 910. Vertriebsstelle der kgl. geolog. Landesanstalt. nn 2. —
Sonderabdr. aus: „Jahrb. d. kgl. preuss. geol. Landesanst."

Meyer, Erich, die Gräfin v. Lafayette, s. a. Biographien bedeutender Frauen. IV.

Die Gräfin von Lafayette. Ein Frauenbildniss aus d. 17. Jh. Frankreichs von Erich **Meyer**. Leipzig: E. Haberland [1905]. (256 S.) 8°.
— **Biographien** bedeutender Frauen. 4. [06. 7860

— **Maria**, Landgräfin v. Hessen, geborene Prinzessin v. England. Ein Beitrag zur Sittengeschichte des 18. Jahrh. gr. 8. (VII, 361 S.) Gotha 894. F. A. Perthes. n. 6. —; geb. n. 7. —

Meyer, Erich, Naturerkennen u. ethisch-religiöses Bedürfnis. Ein Wort an jeden Denklustigen, in erster Linie an die deutsche Frau. gr. 8. (VIII, 83 S.) Königsberg 902. Gräfe & Unzer, Buchh. n. 1. 40

Meyer, Erich, Naturerkennen u. ethisch-religiöses Bedürfnis. Ein Wort an jeden Denklustigen, in erster Linie an die deutsche Frau. 2. unveränd. [Titel-]Aufl. (VIII, 83 S.) gr. 8. Königsberg [902] 906. Gräfe & Unzer, Buchh. n. 1. 40

Meyer, Erich, Neuland, s.: Bredow, Maria v.

Meyer, Erich. Das Recht der Gegenwart. Roman. 8. (276 S.) Berl. 891, Janke. * 4 —

Meyer, Erich, appr. Arzt a. Timmerlah: Die Resultate in der Behandlung akuter infektiöser chirurgischer Erkrankungen durch Stauungshyperämie. Halle a. S. 1907: C. A. Kaemmerer & Co. (52 S.) 8°
Halle, Med. Fak., Ref. v. Bramann, Diss. v. 21. Febr. 1907
[Geb. 23. Dez. 79 Timmerlah in Braunschweig; Wohnort: Halle a. S.; Staatsangeh.: Braunschweig; Vorbildung: Neues Gymn. Braunschweig Reife O. 00; Studium: Göttingen 5, Leipzig 2, Halle 3 S.; Coll. 13. Febr. 07; Approb. 1. Okt. 06.]

Meyer, Erich: Über das Verhalten und den Nachweis des Schwefelwasserstoffes im Blute. *Halle a. S. 1898: C. A. Kaemmerer & C.* (36 S.) 8°
Halle, Med. Diss. v. 20. Juli 1898

Meyer, Erich, aus Königsberg i. Pr.: Der Teutoburger Wald ⟨Osning⟩ zwischen Bielefeld und Werther. *Berlin 1903: A. W. Schade.* (36 S.) 8°
Göttingen, Phil. Diss. v. [19. Dez.] 1903

Meyer, Erich, der Teutoburger Wald (Osning) zwischen Bielefeld u. Werther. Diss. (36 S.) gr. 8. Berlin 903. (Göttingen, Vandenhoeck & Ruprecht.) n. 1. —

Meyer, Erich: Benjamin Constant's Wallstein. Ein Beitrag zur Geschichte der Wechselbeziehungen der deutschen und französischen Litteratur. *Weimar 1898: Hof-Buchdr.* (17 S.) 4°
Weimar, Wilhelm-Ernstisches G. OP 1898 (715)

Meyer, Erik, s. Meyer-Helmund, Erik.

Meyer, Ernst (Bearb.), s. A s s m a n n , Wilhelm: Abriß der allgemeinen Geschichte. . . auf geographischer Grundlage.

Meyer, Ernst (Bearb.), s. A s s m a n n , Wilhelm: Handbuch der allgemeinen Geschichte.

Meyer, *Ernst Richard Ludwig* [app. Arzt]: Ueber Ausscheidungstuberkulose der Niere ... Göttingen, Druck d. Univ.-Buchdr. v. W. F. Kästner, 1894; 39 S. 8.
Göttingen, Med. Fak., Inaug.-Diss. v. [23. Mai] 1894

Meyer, E., üb. Ausscheidungstuberkulose der Niere. Diss. gr. 8. (39 S.) Göttingen 894. (Vandenhoeck & Ruprecht.) n. — 80

Meyer, Ernst, aus Hannover: Ueber den **Bakteriengehalt** der Jll oberhalb der Einmündung der Strassburger Schmutzwässer. *Strassburg i. E.: J. Singer 1901.* (28 S.) 8°
Strassburg, Med. Diss. v. 1901

Meyer, Ernst: Beitrag zur Casuistik der primären Muskelangiome. *Berlin (1898): E. Ebering.* (27 S.) 8°
Berlin, Med. Diss. v. 27. Mai 1898

Meyer, Ernst, Dr., Assistenzarzt d. psychiatr. Klinik zu Tübingen: **Beitrag** zur Kenntniss der acut entstandenen Psychosen und der katatonischen Zustände. *Berlin 1899: L. Schumacher.* (124 S.) 8°
Tübingen, Med. Hab.-Schr. v. 1900
(Nicht für den Austausch)

Meyer, Ernst [prakt. Arzt aus Schweidnitz]: **Klinischer Beitrag** zur Lehre vom Wund-Starrkrampf . . . . Breslau, Th. Schatzky Buchdr. (1887); 36 S. + 2 Bl. 8°.
Breslau, Med. Fak., Inaug.-Diss. v. 4. März 1887.

Meyer, Ernst (I.), klinischer Beitrag zur Lehre vom Wund-Starrkrampf. Inaugural-Dissertation. gr. 8. (36 S.) Breslau 887, (Köhler.) *

Meyer, Ernst, approb. Arzt: **Anatomische Beiträge** zur Lehre von der Darmatrophie. *Bonn 1900: C. Georgi.* (44 S.) 8°
Bonn, Med. Diss. v. [1. Aug.] 1900

Meyer-Detmold, Ernst, Bernhard II. Edelherr zur Lippe. Festgedicht in sechs Gesängen und sechs lebenden Bildern. 8. (34 S.) Detmold 884, Hinrichs'sche Hofbuchh. *

Meyer, Ernest., de Brunone I., archiepiscopo Coloniensi, Lotharingiae duce quaestiones VII. Berlin 867. Mittler & Sohn. 8. (36 S.) n. 8 ngr.

Meyer, Ernst, a. Hannover: **Darstellung der syntaktischen Erscheinungen in dem angelsächsischen Gedicht „Christ und Satan". Rostock 1907: Eichemeyer & Fett. (110 S.) 8°**
Rostock, Phil. Fak., Ref. Lindner, Diss. v. 18. Mai 1907
[Geb. 26. Nov. 83 Berlin; Wohnort: Rostock; Staatsangeh.: Preußen; Vorbildung: Realgymn. Hannover Reife O. 03; Studium: Göttingen 3, Rostock 3 S.; Rig. 16. Mai 07.]

Meyer, Ernst, über den Einfluss der Alkoholika auf die sekretorische u. motorische Tätigkeit des Magens. (24 S.) gr. 8. Jena 904. G. Fischer. n. — 80
Sonderabdruck aus: „Klin. Jahrb."

Meyer, E[rnst Friedrich Heinrich August Karl]: Die neuesten Entdeckungen auf dem Gebiete der Sprachwissenschaft. 39 S., 1 S. ung. 8. **Progr.** Realgymn. *Duisburg-Ruhrort* 1906 (606).
I. Das zentrale Problem der Sprachwissenschaft. II. Die Gesetze der Sprachschöpfung. III. Die physische Seite der Sprachschöpfung. IV. Die psychische Seite der Sprachschöpfung. V. Die neuen großen Aufgaben der Sprachwissenschaft. VI. Die Schöpfungsprinzipien im Universum.

Meyer, Ernst: Aus d. anat. u. zool. Inst. d. Univ. Münster. Über die Entwicklung der Blindschleiche ⟨Anguis fragilis L.⟩ vom Auftreten des Proamnion bis zum Schlusse des Amnion. Mit 8 Fig. im Text und 2 lith. Taf. Leipzig: W. Engelmann 1910. S. 447—487. 8° ¶ (Aus: Zeitschrift f. wiss. Zool. Bd 94.)
Münster, Phil. Diss. v. 8. April 1910, Ref. Ballowitz
[Geb. 29. Juni 84 Detmold; Wohnort: Münster i. W.; Staatsangeh.: Preußen; Vorbildung: Gymn. Detmold Reife M. 04; Studium: Berlin 6, Münster 2 S.; Rig. 6. Okt. 08.] [U 10. 3788

M e y e r, Ernst. Ueber die Erkrankungen der Macula lutea der Netzhaut. Diss. gr. 8. (64 S. m. 1 Farbentaf.) Zür. 889. (Wiesb., Bergmann.) * 2 —

Meyer, E. [Dr.]: Zur körperlichen Erziehung der Jugend. Doberan, Druck v. H. Rehse & Co., 1889; 48 S. 4°
Doberan, grossh. G Friderico-Francisceum, OP 1889 (611)

Meyer, Ernst, a. Wustrow, Prov. Han.: Aus d. Königl. Psychiatr. u. Nervenklinik zu Kiel: Über einen Fall von Stirnhirnabscess. Kiel 1907: C. Bohnstorff. (23 S.) 8°
Kiel, Med. Fak., Ref. Siemerling, Diss. v. 13. Juni 1908
[Geb. 3. Febr. 80 Wustrow; Wohnort: Wustrow; Staatsangeh.: Preußen; Vorbildung: Gymn. Salzwedel Reife O. 02; Studium: Leipzig 5, Kiel 5 S.; Coll. 15. Mai 07; Approb. 1. Juni 08.]

Meyer, (Franz) Ernst (Adolph) (geb. Elze in Hann. 27. 4. 1845): Ueber Fibromyome des Uterus. Berlin (1871). (32 S.) 8°
Berlin, Med. Diss. v. 30. Dez. 1871

Meyer, Ernst [prakt. Arzt aus Gebweiler]: Ueber puerperale Fieberpsychosen . . . . Gebweiler, Druck v. J. Dreyfus, 1888; 55 + 1 S. 8°
Strassburg, Med. Fak., Inaug.-Diss. v. 1888

M e y e r, E r n s t, über puerperale Fieberpsychosen. Diss. Strassburg i. Els. 1888, Trübners Buchh. u. Antiqu. (E. d'Oleire). 8°. 55 S.

Meyer, Ernst, Galileo Galilei. Ein histor. Trauerspiel in 5 Acten. 16. (III und 187 S.) Leipzig 862, Purfürst. [Haynel.] *

MEYER, ERNST VON. Ueber die in Steinkohlen eingeschlossenen Gase. Leipzig, 1872.

MEYER, ERNST VON.
* Geschichte der Chemie von den ältesten Zeiten bis zur Gegenwart. Zugleich Einführung in das Studium der Chemie. Leipzig, 1889. pp. xi–466, 8vo.
An ably written condensed history covering the entire period of chemistry, and amplifying specially the progress since Lavoisier.

Meyer, Ernst v., Geschichte der Chemie von den ältesten Zeiten bis zur Gegenwart. Zugleich Einführg. in das Studium der Chemie. gr. 8. (XI, 466 S.) Leipzig 889. Veit & Co. n. 9. —

MEYER, ERNST VON.
Geschichte der Chemie . . . Zweite verbesserte und vermehrte Auflage. Leipzig, 1894. 8vo.

Meyer, Ernst v., Geschichte der Chemie von den ältesten Zeiten bis zur Gegenwart. Zugleich Einführg. in das Studium der Chemie. 2., verb. u. verm. Aufl. gr. 8. (XIV, 522 S.) Leipzig 895. Veit & Co. n. 10. —; geb. in Halbfrz. n. 12. —

Meyer, Ernst v., Geschichte der Chemie von den ältesten Zeiten bis zur Gegenwart. Zugleich Einführg. in das Studium der Chemie. 3., verb. u. verm. Aufl. (XVI, 576 S.) gr. 8. Leipzig 905. Veit & Co. n. 11. —; geb. in Leinw. n. 12. —

Meyer, Ernst, prakt. Arzt aus Magdeburg: Die Geschwülste des Corpus callosum. *Leipzig 1903: B. Georgi.* (62 S.) 8°
Leipzig, Med. Diss. v. (27. Nov.) 1903

Über die Gesetze der simultanen Assoziation und das Wiedererkennen. Von Dr. phil. Ernst **Meyer**. Leipzig: Quelle & Meyer 1910. IV, 92 S. 8°
(Untersuchungen z. Psychologie u. Philosophie. Bd 1, H. 3.) [11. 1961]

(**Meyer, Ernst.**) Das Gordon Bennett-Wettfliegen ... 1. bis 3. Oktober 1909. [Mit Beilagen.] Erweiterter Separatabdruck aus der Zürcher Wochen-Chronik, [Band 11, No. 41]. Mit 25 Illustrationen und 1 Karte. 8. Zürich, Orell Füssli, (1909). [fr. 1. —]
Das G' B'-W' in Zürich.... [1. Aufl.] 83 S.
Das G' B'-W', die Konferenz des internationalen Luftschifferverbandes und die damit verbundenen int' Wettfliegen zu Zürich.... 2. erweiterte und nach Angaben vom Organisations-Komitee des Schweizer. Aeroklubs berichtigte Aufl. 91 S.

Meyer, Ernst, und Viereck, Ludwig. Die beiden letzten Jahrhunderte des Mittelalters ... *s.* Assmann, W[ilhelm]. ... Geschichte des Mittelalters .... 2. umgearbeitete Aufl. .... Abteilung 3.... Braunschweig 1890.

Meyer, *Ernst Rudolf* Zum Investiturgesetz Gregors VII. 4 (S. 3—15 = S. 77—89).
In: Festschrift z. Einweihung der neuen Gebäude des Kgl. Friedrichs-Kolleg. *Königsberg Pr.* 1892.
Nicht im Tauschverkehr.
Progr.

Meyer, Ernst v., s.: Journal f. praktische Chemie.

Meyer, Ernst: Zur Kenntnis der Thiotolyltoluidine. 1902. 47 S. 8° ¶ Vgl. Journal f. prakt. Chemie. Bd 176. N. F. Bd 68. 1903. Dresden, Dr.-Ing.-Diss. v. 25. 7. 1902

Meyer, Ernst v., s. Kolbe, Herm., ausführliches Lehr- und Handbuch der organischen Chemie.

Meyer, Ernst, approb. Arzt aus Gerabronn, derzeit Volontärarzt d. Frauenklinik: Aus d. Tübinger Universitäts-Frauenklinik. Über Kolpotomieen. *Tübingen: F. Pietzcker 1899.* (23 S.) 8°
Tübingen, Med. Diss. v. 1899

Meyer, Ernst: Die rationalen ebenen Kurven 4ter Ordnung und die binäre Form 6ter Ordnung .... Königsberg, Hartungsche Buchdr. (1888); 2 Bl. + 40 S. + 1 Bl. 8°
Königsberg, Phil. Fak., Inaug.-Diss. v. 3. März 1888

Meyer, Ernst (II.), die rationalen ebenen Kurven 4. Ordnung und die binäre Form 6. Ordnung. Inaugural-Dissertation. 8. (40 S.) Königsberg i. Pr. 888. (Koch's Antiqu.) **

Meyer, [Ernst], Prof.: [Lebensbild des verstorbenen Prof. Dr. Ludwig Hölscher]. *Herford 1903: Gebr. Heidemann.* (S. 19—21.) 4° [F. u. Ant.] ¶ (Abdr. aus: Archiv f. d. Studium d. neueren Sprachen u. Litt. Bd 109, S. 1ff.)
Herford, ev. Friedrichs-G, P 1902 (410)

— aus Justus Liebigs Lehr- u. Wanderjahren. Ein Gedenkblatt zu seinem 100. Geburtstage. (16 S. m. 1 Bildnis.) gr. 8. Leipzig 903. J. A. Barth. n. — 60

Meyer, Ernst, aus Rinteln: Die gereimten Liebesbriefe des deutschen Mittelalters. *Marburg 1898: C. L. Pfeil.* (110 S.) 8°
Marburg, Phil. Diss. v. [27. Febr.] 1899

Meyer, Ernst, die gereimten Liebesbriefe des deutschen Mittelalters. Mit e. Anh.: Ungedruckte Liebesbriefe aus der Dresdener Handschrift M. 68. gr. 8. (110 S.) Marburg 899. N. G. Elwert's Verl. n. 2. —

Meyer, Ernst (I.), über rothe und blasse quergestreifte Muskeln. Inaugural-Dissertation. gr. 8. (19 S.) Göttingen 875. (Vandenhoeck und Ruprecht's Verlag.) *

Nachklang. Was ihm die Liebe sang! Als Gabe f. d. Volk aus Ernst **Meyer**'s (aus Detmold) Nachlass ausgewählt u. hrsg. von Alfred Kellermann. 1. Aufl. 1902. Dessau: E. Vollmar 1902. (18 S.) 8°

— Dr. Rupp und der Gust.-Ad.-Verein. Keine Streitschrift. gr. 8. Ebend. 846. n. 8 ngl

Meyer, Ernst, Dr. Rupp und der Gustav-Adolf-Verein. Keine Streitschrift. gr. 8. (56 S.) Königsberg 847, Gebr. Bornträger. *

—— abermals Dr. Rupp und der Gustav-Adolf-Verein. Keine Streitschrift. gr. 8. (72 S.) Königsberg 847, Gebr. Bornträger. *

Meyer, Ernst, appr. Arzt a. Berlin: Ueber den heutigen Stand der Behandlung der Prostatahypertrophie. Leipzig 1908: B. Georgi. (64 S.) 8°
Leipzig, Med. Fak., Ref. Trendelenburg, Diss. v. 26. Mai 1908
[Geb. 29. Dez. 72 Cöthen; Wohnort: Charlottenburg; Staatsangeh.: Preußen; Vorbildung: Französisches Gymn. Berlin Reife O. 94; Studium: München 7, Berlin 8 S.; Coll. 5. Juni 08; Approb. 1. April 06.]

Meyer, Ernst: Tabellarische Übersicht über den Stand der Berechtigungen Januar 1899 nach Schularten und Klassenstufen geordnet. 4 (2 Bl.). **Progr.** Rg. zu St. Johann *Danzig* 1899. (43)

Meyer, Ernst, Dir. Dr.: Tabellarische Übersicht über den Stand der Berechtigungen Januar 1900 nach Schularten und Klassenstufen geordnet. *Danzig 1900: A. W. Kafemann.* (2 ungez. S.) 4° ¶ [Vgl. Progr. 1899.]
Danzig, RG zu St. Johann, OP 1900 (44 [vielm. 43])

Meyer, E., die Ursachen der Geisteskrankheiten. (VIII, 246 S.) gr. 8. Jena 907. G. Fischer. 4.50; geb. 5.50

—— und H. Kolbe, Versuche über die gährungshemmende Wirkung der Salicylsäure und anderer aromatischer Säuren. gr. 8. (21 S.) Leipzig 875. Barth. *
Aus: Journal für praktische Chemie, besonders abgedruckt.

Meyer, Ernst, was ihm die Liebe sang! Nachklang. Als Gabe f. das Volk aus M.'s Nachlaß ausgewählt u. hrsg. von Alfr. Kellermann. gr. 8. (19 S.) Dessau 902. (Dresden-Blasewitz, A. Kellermann.) —25

Meyer, Ernst, Widukind. Ein histor. Trauerspiel in 5 Acten. 8. (100 S.) Detmold 859, (Meyer'sche Hofbuchh.) Thlr. *

— Widukind. Historisches Schauspiel in 5 Akten. Zum 1. Male aufgeführt am Hoftheater zu Detmold am 23. II. 1869. 2. verb. Aufl., nebst Widmungsgedicht an Ferd. Freiligrath. 12. (150 S.) Detmold 899. Ebd. n. 1.—

Meyer, Ernst, Kammergerichtsreferendar: **Wie sind die von Justinian rezipierten Entscheidungen betreffend die pictura und scriptura ⟨L. 9 § 1, 2 D de acquirendo rerum dominio 41, 1⟩ nach heutigem bürgerlichen Recht zu beurteilen? Berlin 1904: G. Bernstein. (89 S.) 8°**
Leipzig, Jur. Fak., Diss. v. 31. Dez. 1904
[Geb. 27. Okt. 83 Berlin; Wohnort: Berlin; Staatsangeh.: Preußen; Vorbildung: Wilhelms-Gymn. Berlin Reife O. 01; Studium: Freiburg i. B. 1, Berlin 1, München 1, Berlin 3 S.; Rig. 4. Okt. 04.]

Meyer, Ernst, Rechtsanw.: Die Wirksamkeit mündlicher Abänderungen eines schriftlichen Mietvertrages über Grundstücke nach geltendem Recht. Borna-Leipzig 1909: Noske. VII, 40 S. 8°
Rostock, Jur. Diss. v. 10. April 1909, Ref. Bernhöft
[Geb. 26. Nov. 76 Bergen b. Celle; Wohnort: Hannover; Staatsangeh.: Preußen; Vorbildung: Gymn. Zerbst Reife O. 96; Studium: München 4, Göttingen 3 S.; Rig. 10. März 09.] [U 09. 3672

— über die antiseptischen Wirkungen der Salicylsäure u. Benzoësäure in Bierwürze u. Harn, s.: Kolbe, H.

— Über Zersetzungsweiser vierfach alkylierter Ammoniumverbindungen, s.: Abhandlungen der kgl. sächsischen Gesellschaft der Wissenschaften. Mathem.-phys. Kl. 31, IV.

Meyer, Ernst A., deutsche Gespräche. Mit phonet. Einleitg. u. Umschrift. (IV, 105 S.) 8. Leipzig 906. O. R. Reisland. n. 1.50; kart. n. 1.80

— englische Lautdauer. Eine experimental-phonet. Untersuchg. (IV, 111 S.) gr. 8. Upsala (908). (Leipzig, O. Harrassowitz.) n.n. 2.—

Meyer, Ernst Arthur, approb. Arzt aus Greifenhagen: **Aus d. medizin. Klinik zu Heidelberg. Casuistischer Beitrag zur Lehre von der Chorea chronica progressiva ⟨Huntingtons Chorea, Chorea hereditaria⟩.** *Heidelberg 1899: J. Hörning.* (23 S.) 8°
Heidelberg, Med. Diss. v. [20. Febr.] 1899

Meyer, Ernst A[ugust]: **Beiträge zur deutschen Metrik.** *Marburg 1897: (R. Friedrich).* (IV, 55 S. mit Taf.) 8°
Marburg, Phil. Diss. v. [20. Mai] 1898

Meyer, Ernst Christian Friedrich, s. Meyer, Christian Friedrich Ernst

Meyer, Ernst Christopher

Meyer, Ernst C., a. Madison, Wisconsin ⟨U. S. A.⟩: **Wahlamt und Vorwahl in den Vereinigten Staaten von Nord-Amerika. Leipzig: R. Voigtländer 1908. (52 S.) 8°**
¶ (Erscheint vollst. in: „Beiträge zur Kultur- und Universalgeschichte H. 5.)
Leipzig, Phil. Fak., Ref. Lamprecht-Stieda, Diss. v. 15. Jan. 1908
[Geb. 21. April 78 Cedarburg (Wisconsin); Wohnort: Madison; Staatsangeh.: Vereinigte Staaten; Vorbildung: Univ. Wisconsin B. Sc. Juni 01; Studium: Wisconsin 2, Leipzig 3, Berlin 2, Leipzig 1 S.]

Meyer, Ernst C., Wahlamt u. Vorwahl in den Vereinigten Staaten v. Nord-Amerika, s.a. Beiträge zur Kultur- u. Universalgeschichte.

Wahlamt und Vorwahl in den Vereinigten Staaten von Nord-Amerika. Ein Beitrag z. Verfassungsgeschichte d. Union, insbes. z. Geschichte d. jüngsten Verfassungsreformen von Dr. Ernst C. **Meyer**. Leipzig: R. Voigtländer 1908. (XXX, 210 S.) 8°
— **Beiträge** z. Kultur- u. Universalgeschichte. H. 5. 1907. [08, 9091]

— Ernst Friedrich (Grünhain), Observationum de poenis illarumque finibus ex placitis juris naturae recto aestimandis specimen I. Präs. Carl Friedrich Triller. Wittenberg (J. Tzschiedrich) 21. VIII. 1790. 10 S. (4.75) 23199

Meyer, Ernst Friedrich Heinrich August Karl, s. Meyer, Ernst

Meyer, Ernst Heinrich Fr.

Meyer, E. De historia legum maritimarum medii aevi celeberrimarum. D. Göttingen 1824.

Meyer, (Ernst Heinr. Fr.,) de historia legum maritimarum medii aevi celeberrimarum. Dissert. inaug. historico-juridica. 4 maj. Gottingae 825, Bremen, Heyse.)

Meyer, Ernst Heinrich Friedrich

— über Behandlung der Naturwissenschaften, s.: Unterhaltungen, Königsberger.

Meyer, E(rnst H. F.), über die Beständigkeit der Arten, besonders im Pflanzenreich, s. Unterhaltungen, königsberger naturwissenschaftliche.

— s. K. F. Burdach, Physiologie.

— s. Dröge, J. F., zwei pflanzengeographische Documente.

Meyer, Er. H. F., die Entwickelung der Botanik in ihren Hauptmomenten, gelesen in der physikal.-ökonom. Gesellschaft zu Königsberg am 7. Decbr. 1843. gr. 8. Königsberg 844, Gebr. Bornträger. 1/4 Thlr. — s. auch: Unterhaltungen, Königsberger, naturwissenschaftl. 1. Heft.

Meyer, Ernst, Vergleichende Erklärung eines bisher noch ungedruckten Pflanzen-Glossars. Königsberg 1837. 4.

Meyer, E. H. F., Botanische Erläuterungen zu Strabons Geographie u. einem Fragment des Dikäarchos. 1852. 212 S. 1.50

Meyer, Ernst H(einr.) F(riedr.), botanische Erläuterungen zu Strabons Geographie u. einem Fragment des Dikäarchos. Ein Versuch. 8. (VIII u. 114 S.) Königsberg 852, Gebr. Bornträger. n. 28 ngr

— Flora der Provinz Preussen, s.: Patze, C.

Meyer, Ernst H. F., Geschichte der Botanik. Studien. 1—4. Bd. Königsberg 853—57. Bornträger. 8. n. 9 Thlr. 20 ngr.
1. Bd. 853. (X, 406 S.) n. 2 Thlr. — 2. Bd. 855. (X, 431 S.) n. 2 Thlr. 6 ngr. — 3. Bd. 856. (XVI, 554 S.) n. 2 Thlr. 24 ngr. — 4. Bd. 857. (VIII, 451 S.) n. 2 Thlr. 20 ngr.

MEYER (E. H. F.). Geschichte der Botanik. Koenigsb. 1854-7. 4 vols. 8°.
Unfinished, owing to the author's death, but very valuable so far as it extends.

—— Geschichte der Botanik. Studien. 1—3. Bd. gr. 8. Königsberg, Gebr. Bornträger. [1. (X und 406 S.) 854. * 2 Thlr., 2. (X und 431 S.) 855. * 2 Thlr. 6 Ngr., 3. (XVI und 554 S.) 856. * 2 Thlr. 24 Ngr.] *

—— de Houttuynia atque Saururels disseruit. 8maj. (4⅛ B. u. 1 Kpfrt.) Regiomonti 827. (Lipsiae, Voss.)

— E. H. F., Nicolai Damasceni de plantis libri duo Aristoteli vulgo adscripti. 1841. 180 S. 1.50

Meyer (E. H. T.). Damasceni de plantis . . . Aristoteli vulgo adscripti. Lips. 1841. 8°.

— Junci generes Monographiae. Specimen. 8. Götting. 819, Bayer.

— Nachrichten über einige vegetabilische Eroberer in Südamerika, s. Unterhaltungen, Königsberger, naturwissenschaftl., 2. Heft.

—— Preussens Pflanzengattungen, nach Familien geordnet. gr. 12. (12 B.) Königsberg 839, Gräfe u. Unzer.

Meyer, Ern. H. F., Commentariorum de plantis Africae australioris, quas per octo annos collegit observationibusque manuscriptis illustr. Jo. Franc. Drège. Vol. I. Fasc. I. II. 8maj. (14¼ u. 10½ B.) Lipsiae 835, 37, Voss. à Thlr. *

Meyer, Ern., de plantis Labradoricis libri tres. 8. (15 B.) Lipsiae 830, Voss.

— synopsis juncorum rite cognitorum ad inaugur. ejusdem plant. generis monographiam. 8maj. Gotting. 822, Vandenhoeck et R.

— Synopsis Luzularum rite cognitarum, cum additamentis quibusdam ad Juncorum synopsin prius editam. 8maj. Gottingae 823, Vandenhöck et R.

MEYER, Ernst: Das Überwallen abgehauener Baumstümpfe. - Königsberg 1844. 18 S.

– Die Verteilung der Nahrungspflanzen auf der Erde, s. Unterhaltungen, Königsberger naturwissenschaftliche.

Meyer, Ernst Jul., Feststunden brüderlicher Gemeinschaft. Ephoralansprachen u. Festreden. gr 8. (VI, 94 S.) Leipzig 871. Teubner. n. 1. 20

Meyer, Ernst Julius Jacob: Versuch einer medicinischen Topographie und Statistik der Haupt- und Residenz-Stadt Dresden. Nebst einem Grundrisse von Dresden und drei Tafeln mit graphischen Darstellungen. Stolberg am Harz und Leipzig 1840. XX, 350 S. 4°.

Meyer, Ernst Jul. Jac., Versuch e. medicin. Topographie u. Statistik d. Haupt- u. Residenz-Stadt Dresden. gr. 4. (46½ B., 1 Grundr. v. Dresden u. 3 Taf. graph. Darstellungen.) Stolberg a. H. 840. (Nordhausen, Büchting.)

Meyer, Er. Jul. Jak., Versuch einer medicin. Topographie und Statistik der Haupt- und Residenz-Stadt Dresden. Nebst 1 Grundriß von Dresden u. 3 Tafeln mit graphischen Darstellungen. gr. 4. Stolberg a. H. 840. Schmidt. 5 ℳ

Meyer, Ernst Richard Ludwig, s. Meyer, Ernst

Meyer, Ernst Rudolf, s. Meyer, Ernst

Meyer, Ernst Teja, Flotten-Tabellen u. Gedanken dazu. Scheinwerfer-Blitze auf die engl. Flotte. (Deutscher thu die Augen auf!!!) gr. 8. (15 S.) Rostock 901. C. J. E. Volckmann. n. — 50
Sonderabdruck aus: „Meer u. Küste".

— los v. England! Flotten-Tabellen u. Gedanken dazu. Scheinwerfer-Blitze auf die engl. Flotte. 2.—4. Aufl. gr. 8. (à 29 S.) Ebd. 902. n. — 50

— s. a. Rückblicke, maritime.

Meyer, Ernst Teja. Maritime Rückblicke. Die Marine-Verhältnisse in den Jahren 1820—38. Aus den hinterlassenen Papieren eines preussischen Generals. Herausgegeben von . . . . .
8. Rostock 1901.

— Sigrid, e. Frühlingstraum. Eine Liebesgeschichte. 8. (98 S. m. Titelbild.) Rostock 908. C. J. E. Volckmann. n. 1. 50; geb. in Leinw. n. 2. 50

Meyer, Erwin, aus Hannover: Über das α-Chinolylhydrazin und seine Derivate. *Berlin (1900): G. Schade.* (49 S.) 8°
Berlin, Phil. Diss. v. 11. Juni 1900

Meyer, Eugen, von Schöfflisdorf ([Kt.] Zürich): Der römischrechtliche Begriff der Naturalobligation im Schweizerischen Obligationenrecht unter Berücksichtigung anderer moderner Gesetzgebungen. Zürich 1892: Lohbauer. 143 S., 1 Bl. Thesen. 8°
Zürich, Jur. Diss. [v. 15. Juli 1892].

Meyer, Eugen [pract. Arzt]: Kritisch-historische Betrachtungen über Tabes dorsalis. Strassburg, Buchdruckerei von R. Schultz & Comp., 1880. 8. 101 S.

Meyer, Eug., die Hauptprüfung v. Spirituslokomobilen 1902, s. a. Arbeiten der deutschen Landwirtschafts-Gesellschaft. 78. Hft.

Die Hauptprüfung von Spirituslokomobilen 1902. Prüfungsbericht erstattet von Prof. Dr. Eugen Meyer-Charlottenburg. *Berlin: Deutsche Landwirtsch.-Ges. 1903.* (55 S.) 8° [J.]
— Arbeiten d. Deutschen Landwirtsch.-Gesellschaft. H. 78. [illegible]

Meyer, Eugen [aus Ingenheim '(Pfalz)']: Der Philosoph Franz Hemsterhuis ... Breslau, Schles. Buchdr., Kunst- u. Verl.-Anst. v. S. Schottlaender, 1893; 33 S. 8.
Erlangen, Phil. Fak., Inaug.-Diss. v. Juli 1892

Meyer, Eug., der Philosoph Franz Hemsterhuis. gr. 8. (33 S.) Breslau 893. (W. Koebner.) n. 1. —

— Humes u. Berkeleys Philosophie der Mathematik, vergleichend u. kritisch dargestellt, s. a. Abhandlungen zur Philosophie u. ihrer Geschichte.

Meyer, Eugen [aus Bielefeld '(Westf.)']: Humes und Berkeleys Philosophie der Mathematik, vergleichend u. krit. dargest. ... (Erscheint erweitert in: Abh. z. Philos. u. ihrer Gesch. hrsg. v. B. Erdmann.) Halle a. S., Druck v. E. Karras, 1894; 2 Bl., 37 S., 1 Bl. 8.
Halle, Phil. Fak., Inaug.-Diss. v. 26. Mai 1894

Meyer, Eug., Untersuchgn. üb. Härteprüfung u. Härte, s. a. Mitteilungen üb. Forschungsarbeiten auf dem Gebiete des Ingenieurwesens.

Meyer E, Untersuchungen über Härteprüfung und Härte. (61 S) (Mitteilungen über Forschungsarbeiten 65) 4° Berlin 1909

Meyer, Eugen, aus Neustadt a. H., Rechtspraktikant am kgl. Landger. München I: Die Zusatzpatente des Reichspatentgesetzes. *München 1899: Kastner & Lossen.* (52 S.) 8°
Erlangen, Jur. Diss. v. 23. Juni 1899

Meyer, Eulogius [Pseud.], s. Meyer, Wilhelm Ferdinand

Meyer, F., s. a. Reyme, Paul.

Meyer, F., Abhandlung üb. d. Pferde-Influenza, auch Brustfell- od. Lungenentzündung genannt. Zur Belehr. f. Oekonomen, Pferdebesitzer u. angeh. Thierärzte. gr. 8. (3 B.) Potsdam 841, (Stuhr'sche Buchh.)

Meyer, F. (I.), Anleitung zu taktischen, topographischen oder strategischen und statistischen Recognosciren des Terrains sowohl im Kriege als im Frieden. Ein Leitfaden für den Unterricht in Militair-Bildungs-Anstalten und zum Selbstunterricht für Officiere. gr. 8. (IV und 131 S. mit 1 Tab. in qu. gr. 4.) Leipzig 863, A. Winter.

Meyer, F., s.: Antonopoulos, Stamatios, üb. d. Exterritorialität d. Ausländer in d. Türkei.

Meyer, 10 Aufgaben in militär. Geländebeurteilung aus Kuhns Aufnahmeprüfg. f. d. Kriegsakademie., bearb. u. erläut. Ausg. A. Ohne Karten. gr. 8. (IV, 44 S.) Berlin 896. Liebel. n. 1.50;
Ausg. B. M. 7 Karten n.n. 3.60

Meyer, 10 Aufgaben in militärischer Geländebeurteilung, aus Kuhn's Aufnahmeprüfg. f. die Kriegsakademie bearb. u. erläutert. Nachtrag 1900 (Deckblätter). gr. 8. (7 S.) Berlin 900. Liebel. n. — 20; zum Hauptwerk kostenlos.

— — 2. Aufl. 14 Aufgaben, ohne Krt. 1901.

— dasselbe. 2. verm. u. verb. Aufl. gr. 8. (VII, 54 S.) Ebd. 902. n. 1.50

Meyer, F. Costumes suisses dessinés d'après nature en 1835 par F. Meyer. [Umschlagtit.] Zürich. Lesezirkel Hottingen [um 1925]
21 farb. Taf. 8°.
Neudruck. Unvollständig.

Meyer, F. Zur Erinnerung an Professor Prediger. Clausthal. 1895.

Meyer, F., s.: Fleischbeschau- u. Trichinenschau-Kalender.

Meyer, F. Handbuch für die Veteranen- und Krieger-Vereine des bayer. Veteranen- u. Krieger-Bundes. München 1909. 153 S.

Meyer, F., das Buch Hiob, f. die Gemeinde metrisch übersetzt u. erklärt. (111 S.) gr. 8. Jurjew (Dorpat) 905. (Riga, Jonck & Poliewsky.) n. 2.20

— F., siehe: *Jahrbuch, Basler.*

Meyer, F: Karte der Zuckerfabriken Deutschlands. 2. Aufl. Magdeburg 1879. Fol.

Auf der Landstrasse. Leiden u. Freuden e. fahrenden Landmessers. Von Paul Reyme [d. i. F. Meyer]. T. 1. *Liebenwerda: R. Reiss in Komm. 1899.* 8° [F.] [00. 9996 3

Meyer, F. Das Lesebedürfnis des Volkes und dessen Befriedigung. Weimar 1891.

Kleine Mechanik. Zugleich Anleitung z. Gebr. d. vereinigten Hebel-, Wagen- u. Rollenapparats nebst schiefer Ebene. Von F. Meyer, Lehrer in Duisburg. Elberfeld: Baedeker 1903. (32 S.) 8° [F.] [03. 238

Meyer, F., kleine Mechanik. Zugleich Anleitg. zum Gebrauche des vereinigten Hebel-, Wagen- u. Rollenapparats nebst schiefer Ebene. (32 S. m. Abbildgn.) 8. Elberfeld 903. A. Martini & Grüttefien. n. — 40

– (Hrsg.), s. Rüegg, Heinrich: Saatkörner.

– (Hrsg.), s. Selection of American prose-writers.

Meyer, F., Selection of American prose-writers. Für den Schulgebrauch hrsg. (144 S.) 8. Leipzig 909. G. Freytag. — Wien, F. Tempsky. Geb. 1.50

Meyer, F., deutsche Sitte. Eine Dorfgeschichte in sechs Gedichten nach den gleichnamigen Bildern C. Engel's. Berlin 866. Herrmann. 8. (17 S.) 7½ ngr

[—. Schweizer Volkstrachten] o. O. u. J.
17 Bl. in kol. Lithogr. 8°.
Nachdrucke nach F. Meyer: Costumes Suisses en miniature. 1835.
Unvollständig.

Meyer, F., die vorzügl. Wirkungen d. Friedens u. die Pflichten, wozu sie uns auffordern. 2 Predigten. gr. 4. Hannov. 815. Hahn. 6 gr

Meyer F. A.: Der wohlfeil, geschwind u. sicher heilende Pferd- u. Vicharzt ... Wien 1797. 95 S. Fig.
— — 4. Aufl. Pesth 1816. 129 S. Fig.

– (Hrsg.), s. Recensionen, Berliner, auf dem Gesamtgebiet der Literatur und Kunst, der Musik und des Theaters.

Meyer, F. Andr.

—— Karte für die Einsegelung in die Elbe ... Entw. unter Zugrundelegung der im J. 1866 Seitens der Section für Strom- und Hafenbau durch F. A. Meyer ausgeführten Vermessung der Elbmündungen. ... ... 1868. . . . . (Br. Mus.)
——, —— Herausg. im Auftrage des Senats. Zusammengestellt ... [wie oben] ... 1875. . . . . (Br. Mus.)

Meyer, F. A., Reisebericht einer von Hamburg nach Paris u. London ausgesandten Commission über künstliche centrale Sandfiltration zur Wasserversorgung von Städten, s.: Grahn, E.

Meyer, F. Andr., Die Unterelbe. Bl. 1—3. Aufgemessen, sondirt und zusammengetragen. ... 1865—1867. . . . . (Br. Mus.)

Meyer, F. Andr., d. städt. Verbrennungsanstalt f. Abfallstoffe am Bullerdeich in Hamburg. [Aus: „Deutsche Vierteljahrsschr. f. öffentl. Gesundheitspfl."] gr. 8. (30 S. m. 10 Taf.) Braunschweig 897. F. Vieweg & Sohn. n. 1.50

Meyer, F. Andr., die städtische Verbrennungsanstalt f. Abfallstoffe am Bullerdeich in Hamburg. 2., nach e. 5jährig. Betriebe der Anstalt völlig neu bearb. Aufl. gr. 8. (XI, 39 S. m. 13 Taf.) Braunschweig 901. F. Vieweg & Sohn. n. 3.—

Meyer, F. Andr., das Wasserwerk der freien u. Hansestadt Hamburg unter besond. Berücksicht. der in den J. 1891—1893 ausgeführten Filtrationsanlage. Imp.-4. (36 S. m. 35 Abbildgn. u. 4 Taf.) Hamburg 894. O. Meissner's Verl. n. 6.—

v. Meyer, F. F., s. Fresenius, Jh. Ph., auserles. heil. Reden.

Meyer, F. G., die Pflanzenwelt Deutschlands, s.: Graebner, Paul.

Meyer, F. G., neues Uebungsmagazin; e. Versuch z. Erleichterung d. Unterrichts in d. deutschen Orthographie ꝛc. 1r Thl. 8. Wittenb. 806. Zimmermann. 1 ₰ 12 gr

Meyer, F. Geo., Unterr. von allen im gemein. Leben vorkomm. Handlungen od. Notarius. 8. Lübeck 781. Iversen. 12 gr

Meyer, F. H: Apparate zur trockenen Destillation des Holzes sowie zur Essigsäure-Fabrikation. Hannover (1897?)

Meyer, F. H., Aus der Havanna. Erfahrungen und Ansichten über die Fabrikation der echten Cigarren. Nebst Mittheilungen über Tabacksbau u. Tabackshandel, sowie nützlichen Winken für Fabrikanten zur Erzielung eines vorzüglichen und den Havanna-Cigarren gleichkommenden Fabrikats. Bremen 854. Kühtmann u. Co. in Comm. 8. (54 S.) verklebt n. 1 ₰. 10 ngr

Meyer, F. H., aus der Havanna. Erfahrungen u. Ansichten über die Fabrikation der ächten Cigarren. Nebst Mittheilungen über Tabaksbau u. Tabakshandel, sowie nützlichen Winken für Fabrikanten zur Erzielung eines vorzüglichen u. den Havanna-Cigarren gleichkommenden Fabrikats. 2. (Titel-)Aufl. Bremen (854) 868. Kühtmann & Co. gr. 16. (IV, 54 S.) n. 15 ngr.

Meyer, F. H., aus der Havanna. Erfahrungen und Ansichten über die Fabrikation der ächten Cigarren. Nebst Mittheilungen über Tabaksbau und Tabakshandel, sowie nützlichen Winken für Fabrikanten zur Erzielung eines vorzügl. den Havanna-Cigarren gleichkomm. Fabrikats. 3. (Titel-)Ausg. gr. 16. (III, 54 S.) Bremen (868)78, [Kühtmann und Comp.] Fischer. *

Meyer, F. H., aus der Havanna. Erfahrungen u. Ansichten über die Fabrikation der ächten Cigarren. Nebst Mittheilungen über Tabacksb u u. Tabackshandel, sowie nützlichen Winken für Fabrikanten zur Erzielung eines vorzüglichen u. den Havanna-Cigarren gleichkommenden Fabrikats. 3. (Titel-)Ausg. gr. 16. (III, 54 S.) Norden (1868) 878. Fischer Nachf. n. 1. —

Meyer, F. H., aus der Havanna. Erfahrungen u. Ansichten üb. die Fabrikation der ächten Cigarren. Nebst Mittheilgn. üb. Tabacksbau u. Tabackshandel, sowie nützl. Winken f. Fabrikanten zur Erzielg e. vorzügl. u. den Havanna-Cigarren gleichkomm. Fabrikats. 5. Aufl. 8. (IV, 53 S.) Norden 884. Fischer Nachf. n. 1.

Meyer, F. Herm., die Organisation und der Geschäftsbetrieb des deutschen Buchhandels. gr. 4. (VI S. und 160 S.) Leipzig 866, Waldow. *
Aus: Archiv für Buchdruckerkunst, besonders abgedruckt.

Meyer, F. Herm., die Organisation u. der Geschäftsbetrieb d. deutschen Buchhandels. 2. umgearb. Aufl. gr. 8. (152 S.) Leipzig 874. Waldow. n. 4. —

—. — 2. Aufl. Leipzig 1885. . . . . (88:)

Meyer, F. Herm., s. Publikationen des Börsen-Vereins der deutschen Buchhändler.

Meyer, F. Herm., Studentica. Leben und Sitten deutscher Studenten früherer Jahrhunderte. Meist aus literar. Seltenheiten und Curiosen geschöpft. Als Anhang: Die Studenten. Ein Lustspiel von Chrph. Stymmel. (Geschrieben 1545.) In den Versmaaßen des Orig. zum ersten Male verdeutscht. 8. (IV und 100 S.) Leipzig 857, Hartung.

Meyer, F. J. F., s. Meyen, Franz Julius Ferdiand

— s. Meyer, Franz Johann Friedrich

Meyer, F. J. L., s.a. Meyer, Friedrich Johann Lorenz

Meyer, F. J. L. Eidg.-katholisches Kirchenregiment auf d. J. 1761. Luzern. 2 Bde.

Meyer, F. L., de juramento in litem affectionis etc. 8maj. Götting. 805. Brose. 3 ℛ

Meyer, F. R., le petit Allemand ou méthode nouvelle et très facile pour apprendre l'Allemand en peu de jours, sans maître et sans connaître les règles grammaticales de la langue allemande. 16. (6¼ B.) Hanau 843, libr. Edler.

Meyer, F. R., le petit allemand ou méthode nouvelle et très-facile pour apprendre la langue allemande sans maître et sans connaître les règles grammaticales. Avec enseignement de la prononciation. 4. éd. gr. 16. (IV, 96 S.) Metz 878. Scriba. n. — 80

Meyer, F.-R., le petit Allemand ou méthode nouvelle et très-facile pour apprendre la langue allemande sans maître et sans connaître les règles grammaticales. Avec enseignement de la prononciation. 5. éd., revue, corrigée et mise à l'ortographe nouvelle allemande. 12. (IV, 96 S.) Metz 886. Scriba. n. — 80

Meyer, F.-R., Le petit Allemand ou méthode nouvelle et très facile pour apprendre la langue allemande sans maître et sans connaître les règles grammaticales. Avec enseignement de la prononciation. 6. éd. revue, corrigée et mise à l'orthographie nouvelle allemande. 12. (IV, 96 S.) Metz 897. G. Scriba. n. — 80

—— der kleine Franzose, od. die Kunst, die franz. Sprache, ohne Lehrer, auf eine leichte u. ganz faßl. Art in einigen Tagen richtig sprechen zu lernen. 1. Aufl. (5 B.) 843. u. 2. Aufl. 16. (6 B.) Hanau 844, Edler'sche Buchh. à

Meyer, F. R., der kleine Franzose, oder: Die Kunst die französ. Sprache, ohne Lehrer, auf eine leichte Art in einigen Tagen ꝛc. vollkommen richtig sprechen zu lernen. 3. Aufl. 16. (IV und 96 S.) Hanau 846, Edler'sche Buchh.

—— etwas Licht üb. dresdner Kunst-Zustände, veranlaßt durch die von Herrn C.* u. O.* hrsg. Schrift, u. der Oeffentlichkeit gewidmet. 12. (1⅓ B.) Dresden u. Leipzig 843, (Arnoldische Buchh.)

Meyer, Felix, neues Altes. Gedichte. 12. (VII, 296 S.) Bremen 885. Heinsius. n. 4. —; geb. n. 5. —

Meyer, Felix, appr. Arzt aus Magdeburg: Ueber die **Bedeutung** des Kochens und Kauens Kohlehydrathaltiger Nahrungsmittel für die Verdauung. *Würzburg 1900 [vielm. 1901/02]: A. Boegler.* (20 S.) 8°
Würzburg, Med. Diss. v. 1900

Meyer, Fel., s.: Blätter f. vergleichende Rechtswissensch. u. Volkswirtschaftslehre.

Meyer, Felix, aus Teuchern: Einwirkung von ammoniakalischer Kupferoxydullösung auf Diazoniumsalze. *Halle a. S. 1900: O. Thiele.* (31 S.) 8°
Halle, Phil. Diss. v. 14. Dez. 1900

Der Entwurf eines einheitlichen Wechselgesetzes nebst Begründung. Im Auftr. d. Aeltesten d. Kaufmannschaft von Berlin verf. von Dr. Felix **Meyer**, Kammerger.R. in Berlin. (In 2 Lfgen.) Leipzig: Deichert 1909. 434 S. 4°(8°)
(Meyer: Das Weltwechselrecht. Bd 2.) [11. 10516

Meyer, Felix [Arzt aus Hamburg]: Aus d. medic. Poliklinik zu Kiel. Ein Fall von Akromegalie ... *Hamburg*, Druckerei d. Hamb. Fremdenbl., 1894; 16 S. 8.
Kiel, Med. Fak., Inaug.-Diss. v. [30. Apr.] 1894

Meyer, Fel., zur Frage der freien Arztwahl. Eine Entgegug. auf die Reden des Herrn D. H. D. Blinckmann, geh. in den Bürgerschafts-Sitzgn. am 11. u. 25. V. 1904. Im Auftrage der Ortsgruppe Hamburg des Leipziger Verbandes. (77 S.) 8. Hamburg (904). (L. Gräfe.) n. — 75

— s.: **Handelsgesetze, die, des Erdballs.**

— s.: Jahrbuch der internat. Vereinigung f. vergleichende Rechtswissenschaft u. Volkswirtschaftslehre.

– Justinian auf der Durchreise,
s. Wallner, E.: Deutsche Festspielhalle.

– Die Kaiserkrönung,
s. Wallner, E.: Deutsche Festspielhalle.

Meyer, Felix (Hamburg)
Ueber Leben und Dichten des Marner.
Berlin: Schade 1873. 55 S.
Diss. phil. Giessen 17.12.1872. vorh. 7.

Corporation des commerçants de Berlin. Loi universelle sur le change. Des différentes législations qui régissent actuellement les effets de commerce, et de leur unification. Mémoire présenté à la demande des Doyens des commerçants de Berlin par le Dr Félix **Meyer**, Conseiller à la Cour d'Appel à Berlin. Berlin: J. Springer 1906. (v, 197 S.) 4°(8°) [07. 3043

Meyer, Felix (geb. Berlin 27. 7. 1841): De phosphoro veneno. Berolini (1866). (32 S.) 8°
Berlin, Med. Diss. v. 4. Apr. 1866

– Prolog zu einem Juristenfeste,
s. Wallner, E.: Deutsche Festspielhalle.

– Prosa contra Poesie,
s. Wallner, E.: Deutsche Festspielhalle.

– Carnevalistisches Reserve-Landwehr-Offizier-Festspiel, s. Wallner, E.: Deutsche Festspielhalle.

Meyer, F., die Rheinsagen, s.: **Wallner, E.**, deutsche Festspiel-Halle.

– Die erste Ronde,
s. Wallner, E.: Deutsche Festspielhalle.

– Die deutsche Sage in der deutschen Spinnstube,
s. Wallner, E.: Deutsche Festspielhalle.

– Die Verlobung,
s. Wallner, E.: Deutsche Festspielhalle.

Meyer, Fel., am Vorabend des XX. Jahrh. Rückblick auf das XIX. Jahrh. 12. (31 S.) Leipzig 899. P. Friesenhahn. n. 1. —

Die geltenden Wechselrechte in vergleichender Darstellung. Im Auftr. d. Aeltesten d. Kaufmannschaft von Berlin verf. von Dr. Felix **Meyer**, Kammerger.R. in Berlin. (In 3 Lfgen.) Leipzig: Deichert 1909. VI, 757 S. 4°(8°)
(Meyer: Das Weltwechselrecht. Bd 1.) [11. 10515

— Weltwechselrecht. Die Verschiedenheiten der gelt. Wechselrechte u. deren Vereinheitlichg. Denkschrift, im Auftrage der Aeltesten der Kaufmannschaft v. Berlin verf. (Hrsg. v. der Korporation der Kaufmannschaft v. Berlin.) (VII, 189 S.) Lex.-8. Berlin 906. J. Springer. n. 4. —; französ. Ausg. (VII, 197 S.) n. 4. —

Meyer, Felix. Das Weltwechselrecht. Im Auftrage der Aeltesten der Kaufmannschaft von Berlin verfasst von Dr. F' M'... in B'. 2 Bände. 8. Leipzig, A. Deichert, 1909.
Band 1 *a. u. d. T.:* Die geltenden Wechselrechte in vergleichender Darstellung. (2 Lieferungen.) VI + 757 S. [M. 20. 50]
Band 2 *a. u. d. T.:* Der Entwurf eines einheitlichen Wechselgesetzes, nebst Begründung. (2 Lieferungen.) IV + 434 S. [M. 11. 50]

Meyer, Fel., Wirtschaft u. Recht der Herero. Auf Grund e. in der „Internationalen Vereinigg. f. vergleich. Rechtswissenschaft u. Volkswirtschaftslehre" am 30. I. 1905 geh. Vortrages. (105 S.) gr. 8. Berlin 905. J. Springer. n. 2. —
Sonderabdruck aus: „Jahrb. d. Internat. Vereinigg. f. vergleich. Rechtswiss. u. Volkswirtschaftslehre zu Berlin".

– Der Zukunftsjurist,
s. Wallner, E.: Deutsche Festspielhalle.

Meyer, Ferd. (I.), lutherische Antwort auf vier katholische Fragen nebst einer einleitenden Erörterung über das Schriftprincip der luther. Kirche. gr. 8. (23 S.) Hannover 872, Helwing's Verlag. *

[Meyer. Ferdinand.] (Der Brand von Bern 1405. [Mit 1 Tafel.]) Njbl. Hülfges. Zürich 1830. 4. [Zürich.]

Meyer, Ferd., Daniel Chodowiecki, der Peintre-Graveur. Im Lichte seiner u. unserer Zeit dargestellt. Mit 18 Illustr. u. dem Portr. d. Künstlers. gr. 8. (VI, 116 S.) Berlin 888. Mückenberger. n. 6. —

Meyer, Ferdinand, a. Frankfurt a. M.: Ueber Diazoverbindungen der Pyrazol- und Diphenylreihe. Heidelberg 1908: K. Rössler. (54 S.) 8°
Heidelberg, Naturw.-math. Fak., Ref. Curtius, Diss. v. 20. Juli 1908
[Geb. 29. Sept. 82 Frankfurt a. M.; Wohnort: Frankfurt a. M.; Staatsangeh.: Preußen; Vorbildung: Klinger-Oberrealsch. Frankfurt a. M. Reife O. 01; Studium: Heidelberg 10, Marburg 2 S; Rig. 17. Juli 07.]

[Meyer. Ferdinand.] (Johann Gottfried Ebel. M. D. geb. in Züllichau 1764. gest. in Zürich 1830. [Mit 1 Porträt-Tafel.]) Njbl. Stadtbibl. Zürich 1833. 4. [Zürich.]

Meyer, Ferdinand, prakt. Arzt in Münster (Kt. Luzern):
Ein Fall von angeborenem grossen Blasendivertikel. Mit 2 Tafeln und 1 Zeichnung im Text. Leipzig 1905. 25 S. 8°. S.-A. a. d. Centralbl. f. d. Krankh. d. Harn- u. Sexual-Organe Bd. 16.
Basel. Med. Diss. 1904/1905.

Meyer, Ferdinand. Ein Fall von angeborenem grossen Blasendivertikel. Diss. Med. Basel. Mit 2 Tafeln und 1 Zeichnung im Text. ([Sep.-Abdr. aus:] Centralbl[att] f[ür] d[ie] Krankh[eiten] d[er] Harn- u. Sex[ual]-Organe. Bd. 16.) 26 S. 8. Leipzig, Georg Thieme, 1905.

Meyer, Ferdinand: „Gegenschrift zu dem von Herrn Regierungsrath Callenberg herausgegebenen Commentar über das K. K. Decret d. d. 12. December 1808 die Aufhebung der Leibeigenschaft betreffend. Vorzüglich in Bezug auf die Frage: Ob die Hand- und Spanndienste, die die vormaligen Münsterischen eigenbehörigen Colonen ihren Gutsherren leisten müssen, durch obiges Decret aufgehoben seien, oder nicht", Münster 1811 (Waldeck). — Vorh.: Westfäl. Landesbibl. Dortmund — He. 754.

Meyer, Fd., († d. 16. Mai 1819.) Gegenschrift zu Callenbergs Commentar, üb. das k. k. Dekret, d. d. 12. Decbr. 1808, die Aufhebung der Leibeigenschaft betr. rc. 8. Münst. 812. Waldeck. 6 g?

Meyer, Ferd., die evangel. Gemeinde in Locarno, ihre Auswanderung nach Zürich u. ihre weitern Schicksale. Ein Beitr. z. Gesch. d. Schweiz im 16. Jahrh. Nach bisher meist unbenutzten handschriftl. Quellen. 2 Bde. gr. 8. (34½ u. 27½ B.) Zürich 836, Höhr. à 2¼ Thlr.

Meyer. Ferd. Die ascetische Gesellschaft zu Zürich. Festschrift zum hundertjähr. Jubilaeum. Zürich 1868.

Meyer, Ferd., Handbuch für Postmarkensammler für den permanenten Gebrauch bestimmt. Vollständiges Verzeichniss u. Beschreibung aller amtlich ausgegebenen Postmarken, sowie sämmtlicher Privatmarken. Mit vielen erläut. u. belehrenden Notizen u. Erklärungen. Hrsg. von G. Zechmeyer. gr. 8. (XV, 656 S.) Nürnberg 881. Zechmeyer. n.n. 5. —; geb. n.n. 6. —

— dasselbe. 1. Nachtrag. gr. 8. (IV, 71 S.) Ebend. 882. n.n. 1. 50

Meyer, Ferd., Handbuch f. Postmarkensammler. 2–5. Nachtrag. gr. 8. Nürnberg, Zechmeyer. n.n. 8. 45 (Hauptwerk u. 1—4. Nachtr.: n.n. 14. 95)
2. (15 Bl.) 882. n.n. 1. 50
3. Rev. v. P. Kloss. (VIII, 52 Bl.) 883. n.n 1. 75
4. Zusammengestellt v. P. Kloss. (97 Bl.) 884. n.n. 2. 50
5. Zusammengestellt v. P. Kloss. (99 Bl.) 886. n.n. 2. 70

Meyer's, F., Handbuch f. Postmarkensammler. 6. Nachtrag, die bis Ende 1887 hrsg. Postmarken enth. Nach dem v. ihm f. den „Philatelist" bearb. „Neues f. den Sammler" zusammengestellt v. P. Kloss. gr. 8. (232 S.) Nürnberg 888. Zechmeyer. n.n. 3. 15

— dasselbe. 7. Nachtrag, die im J. 1888 bis Ende 1889 hrsg. Postmarken enth. gr. 8. (17 B.) Ebd. 890. n.n. 3. 50 (Hauptwerk m. 1.—7. Nachtrag: n.n. 21. 60)

Meyer's, F., Handbuch f. Postmarkensammler. 8. Nachtrag. Die im J. 1890 u. bis zu Ende 1891 ausgegebenen Postmarken enth. Nach dem v. ihm f. den „Philatelist" bearb. „Neues f. den Sammler" zusammengestellt v. P. Kloss. gr. 8. (18¼ Bog.) Nürnberg 892. G. Zechmeyer. n.n. 3. 90 (Hauptwerk m. 1.–8. Nachtrag: n.n. 25. 50)

[Meyer, Ferdinand.] (Leben des Reformator[s] der italiänischen Schweiz, Johann Beccaria, † 1580. [Mit 1 Tafel.]) Njbl. Stadtbibl. Zürich 1835. 4. [Zürich.]

Meyer, Ferd. Die Lebensversicherung als Mittel der Schuldentilgung. D. W. V. Z. 8. 226.

Meyer, Ferdinand: Die Lebensversicherung als Mittel zur Schuldentilgung. Berlin 1908: E. S. Mittler & Sohn. (44 S.) 8° ¶ (Aus: „Zeitschrift f. d. ges. Versicherungs-Wissenschaft" Bd 8, 1908.)
Heidelberg, Phil. Fak., Ref. Rathgen, Diss. v. 10. April 1908
[Geb. 22. Sept. 81 Freren (Hannover); Wohnort: Olpe; Staatsangeh.: Preußen; Vorbildung: Gymn. Meppen Reife O. 02; Studium: Tübingen 1, Berlin 1, Innsbruck 1, Berlin 2, Göttingen 3, Heidelberg 2 S.; Rig. 5. Juli 07.]

Meyer, Ferd., Lehrbuch des Stossfechtens. (VIII, 112 S. m. 26 Abbildgn.) 8. Wien 908. A. Hartleben. Geb. in Leinw. n. 3. —

—— die Lehre von der Unfehlbarkeit des römischen Pabstes in ihrem Zusammenhange mit dem kathol. Traditionsprincipe gegenüber dem protestant. Schriftprincipe. Vortrag gehalten in Alfeld am 17. Jan. 1872. gr. 8. (29 S.) Alfeld 872. (Hannover, Helwing's Verlag.) *

Meyer, Ferd., Liederbuch f. kathol. Mittelschulen, s.: Schrader, F.

Meyer, Ferd., berühmte Männer Berlins u. ihre Wohnstätten. I. u. II. Nach urkundl. Quellen bearb. gr. 8. Berlin 875. 76. Weile. n. 4. 75
1. Vom 16. Jahrh. bis zur Zeit Friedrich's d. Großen. (VIII, 196 S.) n. 2. 50
2. Friedrich d. Großen Zeitalter. (182 S.) n. 2. 25

Meyer, Ferd., berühmte Männer Berlins u. ihre Wohnstätten. II. u. III. Nach urkundlichen Quellen bearb. gr. 8. Berlin 877. Weile. n. 4. 75 (I—III.: n. 7. —)
II. Friedrichs des Großen Zeitalter. (III, 182 S.) n. 2. 50
III. Die Kriegshelden Friedrichs des Großen. (V, 160 S.) n. 2. 25

— dasselbe. Neue Ausg. 9 Lfgn. gr. 8. (à 48 S.) Ebend. 877. à n. — 50

[Meyer, Ferdinand.] (Die Pest in der Schweiz in den Jahren 1564 bis 1566. [Mit 1 Tafel.]) Njbl. Hülfsges. Zürich 1839. 4. [Zürich.]

Meyer, Ferd. (II.), das Berliner Schuhmachergewerk. Denkschrift zum 600jähr. Jubiläum desselben am 2. Juni 1884. Im Auftrage des Gewerks verfaßt. gr. 8. (III, 151 S.) Berlin 884, F. Luckhardt. *

Meyer, Ferd. Der Berliner Tiergarten v. der ältesten Zeit bis zur Gegenwart. gr. 8. (159 S. m. Abbildgn.) Berl. 892, Buchh. der Deutschen Lehrer-Zeitg. * 1 50

Meyer, F.: Vorträge, sieben.

— **Ferdinand August** (Vlothovia / Westfalen), De morborum psychicorum curatione generaliora quaedam. Diss. med. Berlin (F. Nietack) 30. IX. 1830. 42 S. u. Biogr. (M.: L. Antze.) (3.50) 23200
Oppon.: G. Wallwueller, G. Schwalbe, F. Kuntze.

Meyer, Ferd[inand] C., aus Hannover: Ueber die Einwirkung von Phenylisocyanat auf Aminocrotonsäureester. *Rostock 1900: C. Hinstorff.* (43 S.) 8°
Rostock, Phil. Diss. v. [20. Dez.] 1899

Meyer, Ferdinand Johann Lorenz,
s. Meyer, Friedrich Johann Lorenz

Meyer, Fl., französische Fibel f. deutsche Schulen. gr. 8. (IV, 76 S.) Köln 885. Du Mont-Schauberg. n. — 60

Meyer, Fl., französische Fibel f. deutsche Schulen. 2. Aufl. gr. 8. (IV, 77 S.) Köln 887. Du Mont-Schauberg. geb. n. — 60

Meyer, Fl. Französische Fibel f. deutsche Schulen. 3. Aufl. gr. 8. (IV, 77 S.) Köln 891, Du Mont-Schauberg. cart. * — 60

Meyer, Fl., französische Fibel f. deutsche Schulen. 4. Aufl. gr. 8. (IV, 77 S.) Köln 894. M. Du Mont-Schauberg. Kart. n. — 60

Meyer, Fl., französische Fibel f. deutsche Schulen. 5. Aufl. 8. (IV, 77 S.) Köln 897. M. Du Mont-Schauberg. Kart. n. — 60

Meyer, Fl., französische Fibel f. deutsche Schulen. 7. Aufl. gr. 8. (IV, 77 S.) Köln 902. M. Du Mont-Schauberg. Kart. n. — 60

Meyer, Fl., französische Fibel f. deutsche Schulen. 9. Aufl. (IV, 77 S.) 8. Cöln 906. M. Du Mont-Schauberg. Kart. n. — 60

— erstes deutsches Lese- u. Übungsbuch f. die reichsländischen Schulen d. französischen Sprachgebietes. Nach seinem Tode hrsg. gr. 8. (VI, 185 S.) Strassburg 893. P. E. Lindner's Verl. Geb. n.n. 1. —

Meyer, Fr. Anlage einer allgemeinen Wasserversorgung der Stadt Zürich. Zürich 1860.

Meyer, Fr. (II.), die Gebühren-Ordnung für Rechtsanwälte vom 7. Juli 1879 erläutert. gr. 8. (X, 127 S.) Berlin 879, C. Heymann's Verlag. *
Vgl.: Justizgesetzgebung, die, des Deutschen Reichs.

Meyer, Fr., die Gebühren-Ordnung f. Rechtsanwälte vom 7. Juli 1879. Erläutert. 2. Aufl. gr. 8. (XI, 166 S.) Berlin 884. C. Heymann's Verl. n. 4. —

Meyer, Fr., die Gebühren-Ordnung f. Rechtsanwälte vom 7. VII. 1879. Erläutert v. M. 3. Aufl., vollst. neu bearb. v. Rich. Irmler. gr. 8. (XV, 160 S.) Berlin 899. C. Heymann's Verl. n. 4. —; geb. n. 5. —

—— Auch ernste Gedanken, s. Flugschrift des sächs. Landesvereins d. Evangel. Bundes. — Glaube u. Cultur. — Das gute Recht d. Evangelischen Bundes.

—— und C. Finkelnburg, Gesetz betreffend den Verkehr mit Nahrungsmitteln, Genußmitteln und Gebrauchsgegenständen. Vom 14. Mai 1879. Mit Erläuterungen hrsg. gr. 8. (IV, 179 S.) Berlin 880, Springer. *

Meyer, Fr. (II.) und C. Finkelnburg, das Gesetz betr. den Verkehr mit Nahrungsmitteln, Genußmitteln und Gebrauchsgegenständen vom 14. Mai 1879, sowie die auf Grund desselben erlassenen Verordnungen. Mit Erläuterungen hrsg. 2. verm. Aufl. 8. (VI, 227 S.) Berlin 885, Springer. cart. *

—— Gewerbe-Ordnung für das deutsche Reich vom 21. Juni 1869 in ihrer jetzigen Geltung und Gestalt unter Berücksicht. der Ergänzungs-Reichsgesetze. gr. 8. (IV, 94 S.) Potsdam 881. (Berlin, Bahr.) *

Meyer, Fr., Leitfaden zur Geschichte der Religion des Alten Testamentes für die obern Klassen der Volksschule. 8. Zürich, Fr. Schulthess. — 30
1874. eingebunden — 45

— — 2. Aufl. Ebd. 1876.

Meyer, F., Leitfaden zur Geschichte der Religion des a. Testamentes. Für die obern Klassen der Volksschule. 3 Aufl. 8. Zürich, F. Schulthess. cart. —. 45
1876

Meyer, F. (II.), Leitfaden zur Geschichte der Religion des Alten Testamentes für die oberen Klassen der Volksschulen. 3. und 4. durchgeseh. Aufl. 8. (IV, 80 S.) Zürich 879, Schultheß. **

Meyer, F., Leitfaden zur Geschichte der Religion des Alten Testamentes für die oberen Klassen der Volksschulen. 5. und 6. durchges. Aufl. 8. (IV, 80 S.) Zürich 881,84, Schultheß. **

—— die Rechtsanwalts-Ordnung vom 1. Juli 1878 erläutert. gr. 8. (XII, 150 S.) Ebendas. 879. *
Vgl.: Justizgesetzgebung, die, des Deutschen Reichs.

Meyer, Fr., die Rechtsanwalts-Ordnung f. das Deutsche Reich vom 1. Juli 1878, erläutert. 2., sehr verm. Aufl., hrsg. v. G. Meyer. gr. 8. (XII, 164 S.) Berlin 893. C. Heymanns Verl. n. 4. —; geb. n.n. 5. 25

Meyer, Fr. (I.), Sammlung neuer Stickmuster. 1. Jahrg. 1831. Fol. (12 Stnt. u. 1 Bl. Erklär.) Aarau. (Zürich, Orell, Füssli u Comp.)

Meyer, Fr., Samml. neuer Stickmuster. 1r Jahrg. 1831. qu. gr. Fol. Aarau. (Zürich, Orell). 2 ₰ 8 gr — 2s Hft. 1833. gr. qu. Fol. Ebd. 833. Meyer. (Ebd.) 1 ₰ 8 gr

Meyer, Fr., der sichere Schnellrechner. Übersichtliche Tabellen f. den Ein- u. Verkauf v. Waren, von $^1/_{10}$ Pfennig aufsteigend bis zu 3 Mark, f. Stück, Kilo, Pfund, Meter 2c. von $^1/_{10}$ bis 1000. Ferner Zinsberechng. von 1—50000 Mark zu $^1/_4$, $^1/_2$, $^3/_4$ 2c. bis zu 6 Prozent pro 1 Jahr, 1 Monat, 1 Tag, nebst Wechsel-Stempeltarif. Genau u. zuverlässig berechnet. gr. 16. (191 S.) Oberhausen 886. Spaarmann. geb. 1. —

Meyer, Fr., der sichere Schnellrechner. Übersichtliche Tabellen f. den Ein- u. Verkauf von Waren, von $^1/_{10}$ Pfennig aufsteigend bis zu 3 Mark, f. Stück, Kilo, Pfund, Meter 2c. von $^1/_{10}$ bis 1000. Ferner Zinsberechng. von 1—50,000 Mark zu $^1/_4$, $^1/_2$, $^3/_4$ u. s. w. bis zu 6 Prozent pro 1 Jahr, 1 Monat, 1 Tag; nebst Wechsel-Stempeltarif. Genau u. zuverlässig berechnet. 2. Aufl. gr. 16. (191 S.) Styrum 892. A. Spaarmann. Kart. 1. —

Meyer, Fr., der sichere Schnellrechner. Uebersichtliche Tabellen f. d. Ein- u. Verkauf v. Waren v. $^1/_{10}$ Pfennig aufsteig. bis zu 3 Mark, f. Stück, Kilo, Pfund, Meter 2c. von $^1/_{10}$ bis 1000. Ferner Zinsberechng. v. 1—50,000 Mark zu $^1/_4$, $^1/_2$, $^3/_4$ u. s. w. bis zu 6 Prozent pro 1 Jahr, 1 Monat, 1 Tag; nebst Wechsel-Stempeltarif. Genau u. zuverlässig berechnet. 4. Aufl. gr. 16. (191 S.) Styrum 896. A. Spaarmann. Kart. 1. —

[F.] Der sichere Schnellrechner. Übersichtl. Tabellen f. d. Ein- u. Verkauf von Waren, von $^1/_{10}$-Pfennig aufsteigend bis zu 3 Mark ... Ferner Zinsberechng ... nebst Wechsel-Stempeltarif. Genau u. zuverlässig berechnet v. Fr. **Meyer**. 4. Aufl. *Styrum a. d. R. & Leipzig: A. Spaarmann [1896?].* (191 S.) 1 Bd 8. [95. 2168

Meyer, Fr., neue Stickmuster. 26 Heft. (12 lithogr. Blätter.) qu. gr. Fol. Aarau 833. Meyer. 1 1/3 ₰

Meyer, Fr. De personificationis quae dicitur usu taciteo. 29 S.
Progr. *Göttingen* 1884.

Meyer, Fr. August

— Beschreib. d. Schwefelwassers zu Hasede, unweit Hildesheim. 8. Hildesh. 776.

— Diss. inaug. de obstructione. 4. Götting. 767.

— de Ozaena (venerea) comment. ad virum illustr. Mederer etc. 8maj. Hamb. 785. Hoffmann. (Campe). 3 gr

Meyer, Fr. Aug., Diss. inaug. med. sistens processum digestionis. 8maj. Dorpat 803.

Meyer, Fr. Aug., († d. 8. Febr. 1805.) werden die Neigungen u. Leidenschaften einer Säugenden durch die Milch dem Kinde mitgetheilt? 8. Hamb. 781. Hoffmann. (Campe). 3 gr

Meyer, Fr. Gust., Vergl. Meyer, Gust.

Meyer, Fr. Gust., die Lehre von den Fracturen. gr. 8. (21 B.) Berlin 843, Förstner.

Meyer, Fr. Ulr. Th., fünf Confirmationsreden. gr. 8. ($4^3/_4$ B.) Lübeck 843, v. Rohden'sche Buchh. Thlr.

Meyer, Frz., Anekdoten v. Friedrich d. Gr. Aus authent. Quellen gesammelt. 1—5. Hft. 8. Quedlinburg, Basse. [1. u. 2. 1. Aufl. (à 4¼ B. u. 3 Bild.) 839., 2. A. (à 4 B. u. 2 Bild.) 840., 3. u. 4. (à 4 B. u. 2 Bild.) 839, 40., 5. (3¼ B. u. 2 Bild.) 840. à ⅓ Thlr.]

Meyer, Frz., Anekdoten von Friedrich dem Großen. Aus authent. Quellen gesammelt. 1. und 2. Heft. 3. Aufl. 16. (192 S.) Quedlinburg 851, Basse. à Heft 5 Ngr.

Meyer, Frz., Anekdoten von Friedrich dem Großen. Aus authent. Quellen gesammelt. 3. Aufl. 3—5. Heft. Quedlinburg 853. Basse. 16. (93; 95; 78 S.) Jedes Heft 5 ngr.

Meyer, Frz. Anwendung der Topologie auf die Gestalten der algebraischen Curven. München, 1878.
Diss.

Meyer F. Anwendungen der Topologie auf die Gestalten der algebr. Curven, spec. der rationalen Curven 4. u. 5. Ordnung. 1879. 4.

Meyer, Frz. (I.), Anwendungen der Topologie auf die Gestalten der algebraischen Curven, speciell der rationalen Curven 4. und 5. Ordnung. Inauguraldissertation. gr. 4. (15 S. mit 2 Stnt.) Magdeburg 880. (Berlin, Mayer und Müller.) *

Meyer, Frz. Apolarität und rationale Curven. Tübingen, 1883.

Meyer, Franz *Hermann Friedrich Carl* [aus Pommern]: Ueber Azobenzoldisulfonamid, Hydrazobenzoldisulfonamid und Benzidindisulfonamid ... Greifswald, Druck v. J. Abel, 1891; 30 S. 8.
Greifswald, Phil. Fak., Inaug.-Diss. v. 23. Dez. 1891

Meyer, Franz, a. Hannover: Statistische Beiträge zur Kenntnis des Diabetes melitus [!]. Göttingen 1906: L. Hofer. (21 S., 4 Tab.) 8°
Göttingen, Med. Fak., Ref. Bendix, Diss. v. 17. Okt. 1906
[Geb. 13. März 78 Hannover; Wohnort: Göttingen; Staatsangeh.: Preußen; Vorbildung: Gymn. Altona Reife M. 98; Studium: Göttingen 5, Heidelberg 1, Göttingen 6 S.; Coll. 30. Juli 06; Approb. 28. Apr. 04.]

Meyer, Franz: Bericht üb. d. gegenwärt. Stand d. Invariantentheorie. *Berlin 1892.*
in: **Jahresbericht** d. Deutschen Mathematiker-Vereinigung. Bd 1.
[98. 2409

Meyer, Frz., rein-geometrische Beweise einiger fundamentaler Kegelschnittssätze. gr. 8. (22 S.) Tübingen 885, Fues. *
Aus: Korrespondenzblatt für die Gelehrten- und Realschulen Württembergs, besonders abgedruckt.

Meyer, Franz (geb. Posen 7. 9. 1858): Zur Diagnose des Aneurysma Arcus Aortae. Berlin 1881. (31 S.) 8°
Berlin, Med. Diss. v. 15. Aug. 1881

— Franz (Bremen), De eo, quod justum est circa munerum suffragiorum, ubi de Calculo Minervae. Disput. jur. Präs. Heinrich Coccejus. Frankfurt/Oder (Chr. Zeitler) Mai 1705. 45 S. (5.50) 23201

Meyer, Frz. (II.), ein Fall von Echinococcus multilocularis. Inaugural-Dissertation. gr. 8. (36 S.) Göttingen 881, (Vandenhoeck und Ruprecht's Verlag.) *

Meyer, Frz., das Gesundheitsbuch. Hrsg. v. der St. Josef-Bücherbruderschaft in Klagenfurt. (282 S. m. Abbildgn. u. 6 farb. Taf.) 8. Klagenfurt 905. Buch- u. Kunsth. des St. Josef-Vereines. n. 1.—; geb. n. 1.50

Meyer, Fr., Handwerkerschutz u. Arbeitsbedingungen bei Vergebung öffentlicher Arbeiten mit besonderer Berücksichtigung des deutschen Baugewerbes und seiner Tarifverträge. Diss. 8°. Hannover 1910.

Meyer, Franz, Kgl. Militär-Bauinsp.: Handwerkerschutz und Arbeitsbedingungen bei Vergebung öffentlicher Arbeiten, mit besonderer Berücksichtigung des deutschen Baugewerbes und seiner Tarifverträge. Bonn: Georgi 1910. 120 S. 8°
Hannover, Dr.-Ing.-Diss. v. 7. 3. 1910

Meyer (Umschlag: Mayer), **Frz.**, der kleine Hausarzt. Wie sich der Mensch vor mancherlei Krankheiten hüten kann u. soll u. wie er sich unbeschadet der nöth. ärztl. Untersuchg. u. Behandlg., beziehungsweise Leitung, bei denselben verhalten u. im nöth. Falle sich helfen kann u. soll. 8. (176 S. m. Abb.) Klagenfurt 897. (A. Raunecker.) n.n. — 60

Meyer, Frz., der kleine Hausarzt. Wie sich der Mensch vor mancherlei Krankheiten hüten kann u. soll u. wie er sich unbeschadet der nöt. ärztl. Untersuchg. u. Behandlg., beziehungsweise Leitg., bei denselben verhalten u. im nöt. Falle sich helfen kann u. soll. 2. Aufl. (200 S. m. Abb.) 8. Klagenfurt 907. Buch- u. Kunsth. des St. Josef-Vereines. —80; geb. 1.20

Meyer, Frz. Zur Lehre vom Unendlichen. Tübingen, 1889.

Meyer, Frz. Lieder e. betrogenen Kranken. 12. (31 S.) Berl. 889, Gerstmann's Verlag. * — 80

Meyer, Frz., der Name Meyer u. seine Zusammensetzungen. (Osnabrück 870. Rackhorst.) gr. 4. (22 S.) n. 5 ngr.

Meyer, Franz, Appr. Arzt a. Wilhelmshaven, Oberarzt b. Inf.-Reg. Nr. 174: Über Morphium-Scopolamin-Narkosen. Strassburg i. E. 1910: Müh. 80 S. 8°
Straßburg, Med. Diss. v. 27. Juli 1910, Ref. Madelung
[Geb. 24. Sept. 81 Varel; Wohnort: Metz; Staatsangeh.: Preußen; Vorbildung: Gymn. Wilhelmshaven Reife O. 02; Studium: Berlin K.-W.-A. 11 S.; Coll. 11. Juli 10; Approb. 30. Mai 08.] [U 10. 4053

Friedrich von Nerly. Eine biogr.-kunsthist. Studie von Franz **Meyer**, wiss. Hilfsarb., Jena. Hierzu 14 Abb. Erfurt: (K. Villaret) 1908. (100 S.) 8°
Aus: Mitteilungen d. Ver. f. d. Gesch. u. Altertumskunde von Erfurt. 28. 1907 [illegible]

Meyer, Frz. Sammlung mathematischer Arbeiten. Heft 1—XV. Tübingen, 1883—1888.

Meyer, Frz. Über den gegenwärtigen Stand der Invariantentheorie. Berlin, 1892.

— Über Toluylbenzoesäure und ihre Homologen, s. Meier

Meyer, Frz., zum Verständnisse über Staats-Papiergeld, Banknoten u. Staats-Schuldenwesen. Aus Anlaß der Papiergeldfrage vor den bayerischen Kammern. München 860. Giel. gr. 8. (83 S.) 15 ngr.

Meyer, Frz., zum Verständnisse über Staats-Papiergeld, Banknoten und Staats-Schuldenwesen. Aus Anlaß der Papiergeldfrage vor den bayer. Kammern. gr. 8. (83 S.) München 860, [Gummi.]

Meyer, Franz [aus Frankfurt a. Main]: Aus d. physiolog. Institut zu Bonn. Ueber die elementare Zusammensetzung des Hundeharnes nach Fleischnahrung ... Bonn, Univ.-Buchdr. v. C. Georgi, 1893; 23 S. 8.
Bonn, Med. Fak., Inaug.-Diss. v. [22.] Juli 1893

Meyer, Frz., alphabetische Zusammenstellung der gesetzlichen und reglementären Bestimmungen in Beziehung auf die im Großherzogth. Sachsen-Weimar-Eisenach der Zeit bestehende allgemeine Einkommensteuer als Leitfaden in der betr. Gesetzgebung für die Steuerpflichtigen und die Steuervertheiler des Landes, so wie zur Geschäfts-Erleichterung für die Beamten bei den betr. Behörden. Weimar 854. Böhlau. 8. (87 S.) n. 10 ngr.

Meyer, Franz Andreas, aus Hamburg: Zur **Kenntnis des** 3.-Methyl-4, 5.diamino-2, 6.dioxy-pyrimidins. *Berlin (1903): G. Schade.* (36 S.) 8°
Berlin, Phil. Diss. v. 24. März 1903

Meyer, Franz Anton von

— Diana u. Endymion; e. Ballet. 8. Brünn 775.

— die Dichterin, oder Wissenschaft ist schön, Vernunft ist noch schöner; e. Lstspl. in 1 Aufz. 8. Prag, Wien u. Leipz. 785.

— Julchen, oder Väter seht nach euern Kindern; e. Schspl. in 1 Aufz. 8. Prag, Wien u. Leipz. 784.

v. Meyer, Frz. Ant., Candace; e. äthiop. Trspl. in 5 Aufz. 8. Wien 772.

v. Meyer, Frz. Ant., Lebensregeln in Versen u. 6 Abschnitten. 8. ... 770.

— Ruhr, die Gottheit v. Rehestät; e. Schäferspl. in 1 Aufz. 8. Wien 773.

— die Pflanzschule des menschl. Herzens, od. die Grundlage der Erziehung. 8. Brünn 775.

Meyer, (Franciscus Eduardus) Mauritius *(geb. Breslau 1. 2. 1797)*: De discrimine compositionis chemicae atque mixtionis mechanicae praesertim in metallorum compositionibus cum metallis. Vratislaviae (1827). (104 S.) 8° *(Verf war aktiver Artillerieoffizier.)*
Breslau, Phil. Diss. v. 1. Febr. 1827

Meyer, Franz Eduard Moritz.
Feuerwerkerei (Die) in ihrer Anwendung auf Kunst, Wissenschaft und Gewerbe. Leipzig, 1833. 8vo.

Grundzüge der Militairchemie. Leipzig, 1834.

Meyer, Franz Ernst Adolph, s. Meyer, Ernst

Meyer, Franz Hermann Friedrich Carl, s. Meyer, Franz

— **Franz Jakob Theodor** (Lübeck), Utrum ad judicium de miraculis requiratus universae naturae accurata cognitio. Präs. Franz Volkmar Reinhard. Wittenberg (A. Chr. Charisius) 30. IX. 1779. 43 S. (5.50) 23202
Gew.: Johann Caspar Lindenberg, Heinrich von der Hude, Franz Bernhard Rodde.

Meyer, Franz Johann Friedrich: „Bergrechtliche Beobachtungen bey ergangenen gerichtlichen Erkenntnissen und Informationen vor den oberharzischen Bergämtern. Nebst einigen Abhandlungen. I. Vom Rechte des Aelteren im Felde, in dem Falle, wenn dessen Gang aus seiner Stunde gewichen ist. II. Von den Stolln-Gerechtigkeiten. III. Von dem bergrechtlichen Unterschied zwischen einem Gange und einem Flötze. IV. Vom Rechte der Kuxe. V. Vom Zehenden und dessen Veräußerungen nach den ältesten Bergrechten", Leipzig 1803 (Weygand). — Vorh.: Verein zur Wahrung der bergbaulichen Interessen Essen-Ruhr — Kh. 97 — und Preuß. Oberbergamt Dortmund — E. h. 132.

Meyer, F. J. F., Versuch einer Geschichte der Bergwerksverfassung und der Bergrechte des Harzes im Mittelalter. Ein Beitrag zur Geschichte der Deutschen. Mit einem Anhange von Urkunden. Eisenach, 1817. 218 S.

Meyer, Franz Johann Friedrich: „Versuch einer Geschichte der Bergwerksverfassung und Bergrechte des Harzes im Mittelalter. Ein Beytrag zur Geschichte der Deutschen. Mit einem Anhange von Urkunden." Eisenach 1817 (Bärecke). — Vorh.: Oberlandesgericht Celle — Mg. 173; Preuß. Oberbergamt Dortmund — E. h. 124; Verein zur Wahrung der bergbaulichen Interessen, Essen-Ruhr — Kh. 164.

Meyer, Fr. J. F.: Versuch e. Gesch. d. Bergwerksverfassung u. Bergrechte d. Harzes im Mittelalter. *Essen*, Bärecke. 818. gr. 8. (1 Thl.)

Meyer, Franz Sales

Meyer, Fr. Sales, die Bau- u. Kunstarbeiten d. Steinhauers, s.: Krauth, Thdr.

Meyer, Frz. Sales, die Dekorationsmalerei, s.: Eyth, Karl.

— das Einfamilienhaus, s: Krauth, Thdr.

— die Festdekoration, s.: Bischoff, Eug.

— d. Feuerwerkerei als Liebhaberkunst, s.a. Seemann's Kunsthandbücher.

— FS, die Feuerwerkerei als Liebhaberkunst. (270 S) (Seemann's Kunsthandbücher 12) Leipzig 1898

Meyer, Frz. Sales, architektonische Formenlehre, s.: Bischoff, E.

Meyer, F. S. (Hrsg.), s. Formenlehre, Architektonische.

Meyer, Frz. Sales, ornamentale Formenlehre. Eine systemat. Zusammenstellung des Wichtigsten aus dem Gebiete der Ornamentik zum Gebrauch für Schulen, Musterzeichner, Architekten und Gewerbetreibende. (In 30 Heften mit ca. 300 Stnt.) 1.—15. Heft. Fol. (16 Bl. Text mit 130 Stnt.) Leipzig 883,84, Seemann. à Heft *ℳ 2,50. *

Meyer, Frz. Sales, ornamentale Formenlehre, eine systemat. Zusammenstellung des Wichtigsten aus dem Gebiete der Ornamentik zum Gebrauch für Schulen, Musterzeichner, Architekten und Gewerbetreibende. 16.—30. (Schluss-)Heft. Fol. (à Heft 10 Stnt. mit 1 Bl. Text.) Leipzig 885,86, Seemann. à Heft *ℳ 2.50. *
1.—15. Heft. Ebendas. 1883,84. à *ℳ 2.50.

— u. Frdr. **Ries,** die Gartenkunst in Wort u. Bild. Mit 300 Abbildgn. u. Plänen im Text. (XII, 484 S.) 4. Leipzig 904. C. Scholtze. n. 25.—; geb. n. 27.—

— A handbook of art smithing for the use of practical smiths, designers of ironwork, technical and art schools, architects, etc. Translated from the 2. and enlarged German edition. With an introduction to the English edition by J. Starkie Gardner. Containing 214 illustrations. gr. 8. (VIII, 207 S.) New York (896). (Leipzig, Seemann & Co.) Geb. in Leinw. n. 4.—

Meyer, Frz. Sales, a handbook of ornament, systematically arranged for the use of architects, decorators, handicraftsmen and all classes of art students. Translated from the 4th revised German edition. gr. 8. (XV, 580 S. m. 300 Taf. im Text, enth. 3000 Illustr.) Leipzig 893. E. A. Seemann. Geb. in Leinw. n. 10. 50

— Handbook of ornament. A grammar of art industrial and architectural designing in all its branches for practical as well as theoretical use. 300 plates and numerous illustrations in the text. 4. ed. gr. 8. (XIV, 548 S.) Leipzig 898. Seemann & Co. Geb. in Leinw. n. 12. 50

— systematisch geordnetes Handbuch der Ornamentik, s.a. Seemann's Kunsthandbücher. I.

—— systematisch-geordnetes Handbuch der Ornamentik zum Gebrauche für Musterzeichner, Architekten, Schulen und Gewerbetreibende, sowie zum Studium im Allgemeinen. 1. und 2. unveränd. Aufl. [In 9 Lfgn.] gr. 8. (VIII, 615 S. mit Fig.) Ebendas. 888. *ℳ 9.—.; geb. *

Gr. bad. Kunstgewerbeschule in Karlsruhe. Systematisch geordnetes Handbuch der Ornamentik z. Gebr. f. Musterzeichner, Architekten ... hrsg. v. Franz Sales Meyer, Prof. ... in Karlsruhe. M. vielen auf 300 Taf. zsgest. u. in d. Text gedr. Abb. 5. durchges. Aufl. *Leipzig: E. A. Seemann 1895.* (VIII, 615 S.) 1 Bd 8.
— Kunsthandbücher, Seemanns. Bd I. [94. 7161]

— Handbuch der Liebhaberkünste, } s.a. Seemann's
— Handbuch der Schmiedekunst, } Kunsthandbücher.

Meyer, Franz Sales. Handbuch der Liebhaberkünste. Zum Gebrauche für alle, die einen Vorteil davon zu haben glauben. Mit 248 Abbildungen im Text. (Seemanns kunstgewerbliche Handbücher V.) Leipzig 1889. 8°.

Meyer, F. S: Handbuch der Liebhaberkünste zum Gebrauche für alle, die einen Vorteil davon zu haben glauben. Leipzig 1890

— Handbuch der Liebhaberkünste. Zum Gebrauche f. Alle, die e. Vorteil davon zu haben glauben. 3., umgearb. Aufl. gr. 8. (X, 334 S. m. Abbildgn.) Ebd. 902. n. 6. —; geb. in Leinw. n. 7. —

—— Handbuch der Liebhaberkünste, Ergänzung, s. Vorbilder f. häusliche Kunstarbeiten.

Meyer, Frz. S., Handbuch d. Liebhaberkünste, } s.a. Seemann's
— Handbuch der Ornamentik, } Kunsthandbücher.
— Handbuch der Schmiedekunst, }

—— Handbuch der Schmiedekunst zum Gebrauche für Schlosser und Kunstschmiede, gewerbliche und kunstgewerbliche Schulen, Architekten und Musterzeichner. gr. 8. (VI, 204 S. mit 196 in den Text gedr. Abbild.) Ebendas. 888. * geb. *

Handbuch der Schmiedekunst. Z. Gebr. f. Schlosser u. Kunstschmiede ... Hrsg. v. Franz Sales Meyer, Prof. ... in Karlsruhe. 2. verm. Aufl. M. 214 in d. Text gedr. Abb. *Leipzig: E. A. Seemann 1893.* (IV, 218 S.) 1 Bd 8.
— Kunsthandbücher, Seemanns. Bd II. [94. 7164]

— s.a. Karlsruhe, die Haupt- u. Residenzstadt.

— d. Haupt- u. Residenzstadt Karlsruhe. E. Führer f. deren Gäste m. Plan u. Abb. Im Auftr. d. Stadtrats verf. 2. Taus. 12. (VIII, 106 S.) Karlsruhe 195. Macklot. Geb. in Leinw. n.n. — 75

— dasselbe. Ein Führer f. deren Gäste m. 32 Ansichten, e. Kärtchen d. Umgegend u. e. Stadtplan. Im Auftrage d. Stadtrats verf. 3. u. 4. Taus. 12. (VIII, 118 S.) Ebd. 898. Geb. n. 1. —

— das Malerbuch, s.: Eyth, Karl.

— s.: Meisterwerke der deutschen Glasmalerei-Ausstellung, Karlsruhe.

— Musterbuch moderner Schmiedeeisen-Arbeiten einfacher Art. 1.-3. Reihe. (Je 100 T) 4° Karlsruhe 1888-91

— Musterbuch moderner Schmiedeeisen-Arbeiten einfacher Art. 100 Taf. m. Motiven zu Geländern, Füllgn., Kreuzen, Wandarmen u. Leuchtern. Zum Gebrauch f. Schlosser u. Bautechniker, sowie f. gewerbl. Schulen hrsg. 4. (1 Bl. Text.) Karlsruhe 888. A. Bielefeld's Hofbuchh. In Mappe. n. 6. —

—— Musterbuch moderner Schmiedeeisen-Arbeiten einfacher Art. 100 Taf. m. Motiven zu Geländern, Füllungen, Kreuzen, Wandarmen, Leuchtern u. s. w. Zum Gebrauch f. Schlosser u. Bautechniker, sowie f. gewerbl. Schulen hrsg. 2. Reihe. 4. (1 Bl. Text.) Karlsr. 889, Bielefeld's Hofbuchh. In Mappe * 6 —

— Musterbuch moderner Schmiedeeisen-Arbeiten einfacher Art. 100 Taf. m. Motiven zu Thoren, Geländern, Thür- u. Oberlicht-Füllgn. Zum Gebrauch f. Schlosser u. Bautechniker, sowie f. gewerbl. Schulen hrsg. 3. Reihe. 4. (1 Bl. Text.) Karlsruhe 892. A. Bielefeld's Sort. In Mappe. n. 6. — (1—3.: n. 18. —)

— Musterbuch moderner Schmiedeeisen-Arbeiten einf. Art. 100 Taf. m. Motiven zu Geländern, Füllung, Kreuzen, Wandarmen u. Leuchtern. Zum Gebrauch f. Schlosser u. Bautechniker sow. f. gewerbl. Schulen. 2. Aufl. 1. Reihe. 4. (IV S. Text.) Karlsruhe 898. A. Bielefeld. In Mappe n. 6. —

— d. Schlosser d. Neuzeit, }
— d. Schlosserbuch, } s.: Krauth, Thdr.
— das Schreinerbuch, }

— s.a. Vorbilder f. häusliche Kunstarbeiten.

— Vorbilder für häusliche Kunstarbeiten. (72 T) 4° [VS] Leipzig 1889

— d. Zimmermann, s.: Bischoff, Eug.

— d. Zimmermannsbuch, s.: Krauth, Thdr.

Meyer, Franz Xaver

Meyer, Frz. X., s.: Festreden an der Schlachtfeier in Sempach.

Meyer, Franz Xaver: Festreden an der Schlachtfeier in Sempach vom 7. Juli 1902, s. Felber, Johann

Meyer, Frz. Xav., der neue u. der alte Glaube. Eine Antwort an die freie Vereinigg. Gleichgesinnter in Luzern. (32 S.) 8. Luzern 907. Baeßler, Dregler & Co. — 20

Meyer, Frederick Brotherton

Meyer, F. B., Abraham od.: Der Gehorsam d. Glaubens. Aus dem Engl. übers. v. Gräfin Elisabeth Groeben. gr. 8. (IV, 260 S. m. Abbildgn.) Berlin 890. Deutsche evangel. Buch- u. Tractat-Gesellschaft. n. 2. 40; geb. n. 3. —

Meyer, F. B., Abraham, od. D. Gehorsam d. Glaubens. Aus d. Engl. übers. v. Gräfin Elisab. Groeben. Mit 9 Bild.) 2. Aufl. 8. (IV, 272 S.) Berlin 898. Deutsche evang. Buch- u. Tractat-Gesellschaft. n. 2. 40; geb. n.n. 3. —

— u. O. **Stockmayer,** Ansprachen an Reichsgottesarbeiter auf der 14. Allianzkonferenz in Blankenburg i. Thür. 31. VIII. 1899. gr. 8. (4 S.) Blankenburg i/Th. 899. Verlag des ev. Allianzblattes. — 05
Sonderabdruck aus: „Allianz-Konferenz".

Meyer, F. B., unsre Bestimmung. (Einzig berechtigte deutsche Uebersetzg. v. What are we good for? (16 S.) 8. Striegau 906. Th. Urban. n. — 20

Meyer, F. B., die Beziehungen des Hl. Geistes zur Gemeinde Christi, s.: Für Dich.

Die Beziehungen des Heiligen Geistes zur Gemeinde Christi. Von F[rederick] B[rotherton] **Meyer.** Pastor in London. *(Berlin: Deutsche Ev. Buch- u. Tract. Ges. [1901].)* (16 S.) 8° [Kopft. F.]
= Für Dich! No 18. [09. 7:40

— unser Bibellesen. gr. 16. (20 S.) Neuwied 897. Verlag d. Knaben-Erziehungs-Anstalt d. Evang. Brüdergemeine. n. — 10

— Blätter vom Baum meines Lebens. Erinnerungen aus dem Tagewerk e. Geistlichen. 8. (VII, 168 S. m. Bildnis.) Berlin 899. Deutsche ev. Buch- u. Tractatgesellschaft. n. 1. 20; geb. n. 2. —

— Bürden u. was man m. ihnen machen soll. 2. Aufl. 12. (16 S.) Lichtenthal bei Baden-Baden 900. Christl. Kolportage-Verein. n. — 04

— Christus im Buche Jesaias. Einz. berecht. v. Verf. genehm. deutsche Ausg. gr. 8. (VI, 289 S.) Kassel 897. E. Röttger. n. 3. —; geb. n. 4. —; ermäß. Pr. n. 2. —; geb. n. 3. —

— Christus lebt in mir! Deutsche Uebertragg. v. Carl Krause. 12. (16 S.) Konstanz 895. C. Hirsch. — 05

— David, Hirte, Sänger u. König. Vom Verf. autoris. Übersetzg. v. C. F. 8. (261 S. m. Abbildgn.) Cassel 900. J. G. Oncken Nachf. 2. 25; geb. 2. 80

Meyer, F. B., durch Feuer erprobt. Betrachtungen üb. die 1. Epistel Petri. Uebers. v. Gräfin Elis. Groeben. gr. 8. (VIII, 375 S.) Berlin 893. Deutsche Evangel. Buch- u. Tractat-Gesellschaft. n. 3. 60

Durch Feuer erprobt [Tried by fire]. Betrachtungen über d. erste Epistel Petri. Von Rev. F[rederick] B[rotherton] **Meyer.** Übers. von Gräfin Elisabeth Groeben. 2. Aufl. Berlin: Deutsche Ev. Buch- u. Traktat-Ges. 1908. VIII, 329 S. 8° [10. 13733 11

— d. tägliche Einerlei, d. ständ. Eintönigkeit. Deutsche Uebertragg. v. Carl Krause. 12. (15 S.) Ebd. 895. — 05

— Elias u. das Geheimniß seiner Macht. 2. Aufl. gr. 8. (IV, 164 S.) Anklam 889. (Leipzig, Buchhandlg. d. Vereinshauses.) n. 2. — u. n. 2. 40; geb. n. 2. 50 u. n. 3. —; Pracht-Ausg. n. 4. —

— das Erfülltwerden m. dem Hl. Geist, s.a. Für Dich.

Das Erfülltwerden mit dem Heiligen Geist. Von F[rederick] B[rotherton] **Meyer.** Pastor in London. *Berlin: Deutsche Ev. Buch- u. Tract.-Ges. [1901].* (16 S.) 8° [F.]
= Für Dich! No 19. [09. 7 41

— der Friedens-König. (16 S.) 8. Ebd. (905). n. — 20

— Führer auf d. Sorgenwege. Deutsche Uebertragg. v. Carl Krause. 12. (16 S.) Ebd. 895. — 05

— das Fundament des Werkes des Hl. Geistes in der Versöhnung am Kreuze, s.a. Für Dich.

Das Fundament des Werkes des Heiligen Geistes in der Versöhnung am Kreuze. Von F[rederick] B[rotherton] **Meyer,** Pastor in London. *Berlin: Deutsche Ev. Buch- u. Tract.-Ges. [1901].* (15 S.) 8° [F.]
= Für Dich! No 17. [09. 7:41

— das Geheimnis des Sieges üb. die Sünde. 2. Aufl. 12. (14 S.) Lichtenthal b. Baden-Baden 899. Christl. Kolportage-Verein. n. — 04

Göttliche Geheimnisse im christlichen Leben. Von F[rederick] B[rotherton] **Meyer.** Pastor in London. Autor. Uebers. von H[edwig] v. R[edern]. *Berlin: Deutsche Ev. Buch- u. Tract.-Ges. [1900].* (IV, 89 S.) 8° [F.] [09. 8,01

— der Hl. Geist im Leben JEsu Christi, s.a. Für Dich.

Der Heilige Geist im Leben Jesu Christi. Von F[rederick] B[rotherton] **Meyer,** Pastor in London. *Berlin: Deutsche Ev. Buch- u. Tract.-Ges. [1901].* (14 S.) 8° [F.]
= Für Dich! No 16. [09. 7:40

— ohne Geld. (13 S.) 8. Ebd. (905). n. — 20

Ohne Geld und umsonst [Some deeper things, Ausz.]. Von F[rederick] B[rotherton] **Meyer,** Pastor in London. Striegau: R. Urban (1905). (13 S.) 8° [F.] [06. 6379

— die Gemächer des Königs. 16. Neumünster 895. Vereinsbuchh. G. Ihloff & Co. n. — 04

— Die Geschichte Josephs d. Patriarchen. Aus dem Engl. übers. v. Gräfin Elisabeth Groeben. 8. (IV, 255 S. m. 9 Bildern.) Berl. 892, Deutsche Evangel. Buch- u. Tractat-Gesellschaft. * 2 40 geb. ** 3 —

— die Geschichte Josephs des Patriarchen. Aus dem Engl. übers. v. Gräfin Elisab. Groeben. 2. Aufl. gr. 8. (V, 216 S. m. 9 Bildern.) Berlin 900. Deutsche ev. Buch- u. Tractat-Gesellschaft. n. 2. 40; geb. n. 3. —

— gesucht, erlöst, getragen! Mit Genehmigg. des Verf. ins Deutsche übertr. v. G. Holtey-Weber. 1.—3. Aufl. (159 S.) kl. 8. Barmen 904. E. Müller. Kart. n. 1. —; geb. n. 1. 50

— Gesucht, erlöst, getragen! Mit Genehmigg. des Verf. ins Deutsche übertr. v. G. Holtey-Weber. 5. Aufl. 7. Taus. (159 S.) kl. 8. Barmen 908. E. Müller. Kart. 1.—; geb. 1. 50

F[rederick] B[rotherton] **Meyer,** (Pastor in London). Getröstet, daß wir Tröster würden [Some deeper things, Ausz.]. Striegau: R. Urban 1905. (7 S.) 8° [Umschlagt. F.] [06. 6380

— Weltüberwindender Glaube. (Einzig berecht. Übersetzg. v. The soul's wrestle with doubt.) (120 S. m. Bildn.) kl. 8. Striegau 908. Th. Urban. 1.20; geb. 2. 25

Neue Gnade. Von F[rederick] B[rotherton] **Meyer.** (Einzig berecht. deutsche Ausg. von F. B. Meyer A castaway. The filling of the holy spirit. Noteradikation.) Striegau: R. Urban [1906]. (45 S.) 8° [F.] [07. 9941 2

— d. gegenwärt. Gnadenstand. Autor. deutsche Uebertragg. von Rob. v. Zwingmann. 8. (IV, 98 S.) Ebd. 895. Geb. 1. 20

Der gegenwärtige Gnadenstand [The present tenses of the blessed life] von Rev. F[rederick] B[rotherton] **Meyer**, London. Autor. deutsche Uebertr. von Dr. Rob. v. Zwingmann. Konstanz & Emmishofen: C. Hirsch [Berlin: Deutsche Ev. Buch- u. Traktat-Gesellsch. 1904.] (98 S.) 8° [F.] [06. 3977

— d. zukünftige Gnadenstand. Autor. deutsche Uebertragg. von Rob. v. Zwingmann. 8. (IV, 99 S.) Ebd. 895. Geb. 1. 20

Der zukünftige Gnadenstand [The future tenses of the blessed life] von Rev. F[rederick] B[rotherton] **Meyer**, London. Autor. deutsche Uebertr. von Dr. Rob. v. Zwingmann. Konstanz & Emmishofen: C. Hirsch [Berlin: Deutsche Ev. Buch- u. Traktat-Gesellsch. 1904.] (99 S.) 8° [F.] [06. 3976

An Seiner Hand [Some deeper things, Ausz.]. Von F[rederick] B[rotherton] **Meyer**, Pastor in London. Striegau: R. Urban (1905). (16 S.) 8° [F.] [06. 6380

— der Hl. Geist arbeitet in uns, s. a. Für Dich.

Der Heilige Geist arbeitet in uns. Von F[rederick] B[rotherton] **Meyer**, Pastor in London. *Berlin: Deutsche Ev. Buch- u. Tract.-Ges. [1901].* (16 S.) 8° [F.]
— Für Dich! No 22. [01. 7016

— „d. Herr ist mein Hirte". D. Hirten Psalm. Allein bercht. Uebersetzg. aus d. Engl. v. R. v. Zwingmann. 8. (V, 102 S.) Ebd. 895. Geb. 1. 20

'Der Herr ist mein Hirte'. Der Hirten-Psalm [The Shepherd Psalm] von F[rederick] B[rotherton] **Meyer**. Allein berecht. Übers. aus d. Engl. von R[obert] v. Zwingmann. 2. Aufl. Berlin: Deutsche Evang. Buch- u. Traktat-Gesellsch. [1904]. (VI, 112 S.) 8° [F.] [06. 3610

Verborgene Herrlichkeit [Some deeper things, Ausz.]. Von F[rederick] B[rotherton] **Meyer**, Pastor in London. Striegau: R. Urban (1905). (16 S.) 8° [F.] [06. 6639

— Hindernisse. Aufklärungen f. ehrl. Zweifler. [Aus: „Die Lebenskunst".] (29 S.) 8. Ebd. (909). — 20

Jakob, der Gotteskämpfer oder Israel, ein Fürst Gottes. Die Gesch. Jakobs wiedererzählt [Israel a prince with god: the story of Jacob retold] von F[rederick] B[rotherton] **Meyer**, Pastor in London. Autor. Uebers. von E[mmy] v. Feilitzsch. Mit 9 Bild. *Berlin: Deutsche Ev. Buch- u. Tract.-Ges. 1901.* (219 S.) 8° [F.] [00. 9140

— „Ich gelobe!" Gedanken üb. d. Gelübde d. Jugendbundes f. entschiedenes Christentum. (32 S. m. Bildn.) kl. 8. Friedrichshagen-Berlin (908). Jugendbd.-Buchh. — 20

— Jeremia, e. Priester u. Prophet. Autoris. Übersetzg. v. Herm. Liebig. 8. (264 S. m. Abbildgn.) Cassel 901. J. G. Oncken Nachf. 2. 25; geb. n. 2. 80

Jesus lebt! Von F[rederick] B[rotherton] **Meyer**, London. Autor. deutsche Ausg. (von In the secret of his presence. A faithful creator. The blessed death.) Striegau: R. Urban [1906]. (45 S.) 8° [F.] [07. 9941 2

— das Innewohnen JEsu u. des Hl. Geistes, s. a. Für Dich.

Das Innewohnen Jesu und des Heiligen Geistes. Von F[rederick] B[rotherton] **Meyer**, Pastor in London. *Berlin: Deutsche Ev. Buch- u. Tract.-Ges. [1901].* (16 S.) 8° [F.]
— Für Dich! No 21. [01. 7015

— Josua u. d. Land d. Verheißg. Uebers. von Gräfin Elisabeth Groeben. gr. 8. (IV, 275 S. m. 9 Bildern.) Berlin 896. Deutsche evang. Buch- u. Tractat-Gesellschaft. n. 2. 70

— Jünglinge! laßt euch nicht hinreißen! Ein Wort f. junge Männer. Aus dem Engl. von R. v. Z. 12. (16 S.) Gernsbach (891). Lichtenthal b. Baden-Baden, Christl. Kolportage-Verein. n. — 04

Gottes Kanäle [Some deeper things, Ausz.]. Von F[rederick] B[rotherton] **Meyer**, Pastor in London. Striegau: R. Urban (1905). (14 S.) 8° [F.] [06. 6380

Verborgene Kraft für den Wandel im Licht (Some deeper things). Von F[rederick] B[rotherton] **Meyer**, Pastor in London. (Autor. deutsche Übers.) Striegau: R. Urban 1905. (108 S.) 8° [F.] [06. 6398

— „christliches Leben". Autor. deutsche Uebertragg. v. Rob. v. Zwingmann. 8. (IV, 100 S.) Konstanz 895. C. Hirsch. Geb. 1. 20

'Christliches Leben' [Christian Living] von F[rederick] B[rotherton] **Meyer**. Autor. deutsche Uebertr. von Dr. Rob. v. Zwingmann. Konstanz & Emmishofen: C. Hirsch [Berlin: Deutsche Evang. Buch- u. Traktat-Gesellsch. 1904]. (100 S.) 8° [F.] [06. 3613

— Die Lebenskunst. Ins Deutsche übertr. v. R. U. (117 S. m. Bildn.) kl. 8. Striegau (908). Th. Urban. 1. 20

— das Licht u. d. Leben d. Menschen. Betrachtgn. üb. Joh. 1—12. Uebers. von C. F. 8. (VIII, 315 S.) Gütersloh 899. C. Bertelsmann. n. 3. —; geb. n. 3. 60

Meyer, F B . Lichtstrahlen aus Gottes Wort. Ein Gang durch die Bibel in täglichen Betrachtungen von F. B. Meyer. Übersetzung des Englischen Our daily Homily von M[aria] K[ober]-G[obat]. 5 Bändchen. 8. Basel, Kober. (Jedes Bändchen br. fr. 1. 50, geb. fr. 2. 50)

Bändchen 1: 1 Buch Mose bis Ruth. IV + 286 S. 1899.
Bändchen 2: 1 Samuel bis Hiob. 244 S 1900.
Bändchen 3: Psalmen bis Hohelied. 208 S. 1900.
Bändchen 4: Die Propheten. 252 S. 1901.
Bändchen 5: Das Neue Testament. 262 S. 1901.

Ewige Liebe [Love of the uttermost]. Auslegungen von Johannes 13–21 von F[rederick] B[rotherton] **Meyer**, Pastor in London. Übers. von C. F[ischer]. Berlin: Deutsche Ev. Buch- u. Tractat-Gesellsch. [1906]. (330 S.) 8° [F.] [07. 8433

Lieben, wie Gott liebt [Some deeper things, Ausz.]. Von F[rederick] B[rotherton] **Meyer**, Pastor in London. Striegau: R. Urban (1905). (16 S.) 8° [F.] [06. 6383

Der Erlösten Lobopfer. Von F[rederick] B[rotherton] **Meyer**. *Striegau: R. Urban 1903.* (8 S.) 8° [Umschlagt. F.] [04. 2633

Meyer, F. B., der Erlösten Lobopfer. (Neue Aufl.) (8 S.) 8. Striegau 907. Th. Urban. — 10

Macht Jesus zum König! Von F[rederick] B[rotherton] **Meyer**. *Striegau: R. Urban 1903.* (8 S.) 8° [Umschlagt. F.] [04. 2634

Macht Jesus zum König! Von F[rederick] B[rotherton] Meyer. 2. Aufl. Striegau: R. Urban 1904. (8 S.) 8° [Umschlagt. F.] [05. 1512 2

Macht Jesus zum König! Von F[rederick] B[rotherton] Meyer. 3. Aufl. Striegau: R. Urban 1905. (8 S.) 8° [Umschlagt. F.] [06. 1512 2

Macht Jesus zum König! Von F[rederick] B[rotherton] **Meyer**. 4. Aufl. Striegau: T. Urban 1907. (8 S.) 8° [Umschlagt. F.] [08. 6433 2

F[rederick] B[rotherton] **Meyer**. Mit Jesu gestorben. *Striegau: R. Urban 1903*. (8 S.) 8° [Umschlagt. F.] [04. 2630

F[rederick] B[rotherton] **Meyer**. Mit Jesu gestorben. 3. Aufl. Striegau: R. Urban 1907. (8 S.) 8° [Umschlagt. F.] [07. 9944 2

— **Moses, d. Knecht Gottes. Autor. Uebersetzg. v. Gräfin Elis. Groeben. Mit 9 Bild. gr. 8. (VII, 350 S.) Berlin 895. Deutsche evang. Buch- u. Tractat-Gesellschaft. n. 3. —; geb. in Leinw. n.n. 4. —**

Osterglocken. 9 Ansprachen in Deutschland geh. von F[rederick] B[rotherton] **Meyer**, Pastor in London. (Vorr.: H[edwig] v. R[edern].) *Berlin: Deutsche Ev. Buch- u. Trakt.-Ges. 1903.* (54 S.) 8° [F.] [03. 2074

— **Paulus, e. Knecht Jesu Christi. Autor. Uebersetzg. v. Herm. Liebig. 8. (256 S. m. Bild.) Hamburg 898. Cassel, Verlagshaus d. deutschen Baptisten, J. G. Oncken Nachf. 2. 25; geb. n. 2. 80**

— **sieben Reden üb. das Wirken des heiligen Geistes. Geh. im Saale des christl. Vereins junger Männer zu Berlin im Oktbr. 1900. 12. (III, 108 S.) Berlin 901. Deutsche ev. Buch- u. Tractat-Gesellschaft. n. 1. —**

— **7 Regeln für's tägl. Leben. Deutsche Uebersetzg. v. Carl Krause. 12. (16 S.) Konstanz (894). C. Hirsch. n.n. — 05**

Ruhe für die Müden. Von F[rederick] B[rotherton] **Meyer**. *Striegau: R. Urban 1903.* (8 S.) 8° [Umschlagt. F.] [04. 2655

Ruhe für die Müden. Von F[rederick] B[rotherton] **Meyer**. 3. Aufl. Striegau: R. Urban 1906. (8 S.) 8° [Umschlagt. F.] [07. 9945 2

— **Sacharja, der Prophet der Hoffnung. Autor. Uebersetzung v. G. Holtey-Weber. gr. 8. (IV, 168 S. m. Bildnis.) Hagen 902. O. Rippel. n. 1. 50; geb. n. 2. 50**

(B) — Sacharja. 902. (KVL 32.) Jetzt: Neukirchen, Buchh. d. Erziehungsvereins.

Der Prophet Samuel. Von F[rederick] B[rotherton] **Meyer**, Pastor, London. Berlin: Deutsche Ev. Buch- u. Traktat-Gesellsch. 1905. (208 S.) 8° [F.] [06. 5976

— **Schritte z. seligen Leben. Autor. Uebersetzg. von H. v. R. 8. (IV, 74 S.) Berlin 898. Deutsche ev. Buch- & Tractat-Gesellschaft. n. 1. —**

Schritte zum seligen Leben [Steps to the blessed life]. Von F[rederick] B[rotherton] **Meyer**, Pastor in London. Autor. Übers. von H[edwig] v. R[edern]. 2. Aufl. *Berlin: Deutsche Ev. Buch- u. Tract.-Ges. 1901.* (80 S.) 8° [F.] [02. 7148

— **„Selig seid ihr!" Die Seligpreisgn. der Bergpredigt ausgelegt. Mit Genehmigg. des Verf. ins Deutsche übertr. v. G. Holtey-Weber. (VII, 168 S.) 8. Kreuznach 904. [Ch. Steffen]. Bielefeld, Antiquariat d. Anstalt Bethel. Geb. in Leinw. n. 3. —; erm. Pr. 2. —**

'Selig seid ihr!' [Blessed are Ye!] Die Seligpreisungen d. Bergpredigt ausgelegt von F[rederick] B[rotherton] **Meyer**, Pastor in London. Mit Genehmigung d. Verf. ins Deutsche übertr. von G. Holtey-Weber, Pastor. (2. Taus.) Kreuznach: Ch. Steffen 1904. (168 S.) 8° [F.] [05. 5950

Meyer, F. B., „Selig seid Ihr!" Jetzt: Gotha, Missionsbuchh. P. Ott.

Selig sind die Toten [The Blessed Death]. Von F[rederick] B[rotherton] **Meyer**. Striegau: R. Urban [1906]. (16 S.) [Umschlagt. F.] [07. 9946 2

— **Seligkeit im Erdenwandel. Aus d. Engl. v. C. F. gr. 8. (III, 92 S.) Gütersloh 897. C. Bertelsmann. n. 1. 20; geb. n. 1. 80**

Sieg für den Aufrichtigen. Ein Wort an junge Männer von F[rederick] B[rotherton] **Meyer**. *Striegau: R. Urban [1903].* (7 S.) 8° [F.] [04. 2656

Sieg für den Aufrichtigen. Ein Wort an junge Männer von F[rederick] B[rotherton] **Meyer**. 14. bis 20. Taus. Striegau: R. Urban [1905]. (7 S.) 8° [Umschlagt. F.] [06. 11313 2

— **Sieg f. den Aufrichtigen. Ein Wort an junge Männer. 21.—30. Taus. (7 S.) kl. 8. Striegau (907). Th. Urban. — 05**

Sieg für den Aufrichtigen. Ein Wort an junge Männer von F[rederick] B[rotherton] **Meyer**. 31. bis 40. Taus. Striegau: R. Urban [1907]. (7 S.) 8° [F.] [07. 11381

— **Sonnenschein! (12 S.) 8. Ebd. (906). n. — 10**

— **e. heiliger Tempel. Hilfsreiche Worte üb. d. Keuschheit. Jungen Männern gewidmet. Autor. Uebersetzg. v. Carl Krause. gr. 8. (18 S.) Leipzig 896. Hannov.-Münden, R. Werther. n. — 25**

— **ein hl. Tempel. Hilfreiche Worte üb. die Keuschheit. Jungen Männern gewidmet. Autoris. Uebersetzg. v. Carl Krause. 2. Aufl. (16 S.) gr. 8. Münden 903. R. Werther. n. — 20**

— **das Thun des Willens Gottes, s. a. Für Dich.**

Das Thun des Willens Gottes. Ansprache geh. in Blankenburg in Thür. 1901 von F[rederick] B[rotherton] **Meyer**, Pastor in London. *Berlin: Deutsche Ev. Buch- u. Tract.-Ges. [1901].* (12 S.) 8° [F.]
— **Für Dich!** No 23. [02. 7047

— **die schöne Thür des Tempels. Eine Bibelstunde, geh. auf der 15. Allianz-Konferenz Blankenburg i. Thür. 1900. gr. 8. (10 S.) Blankenburg i/Th. 900. Verlag des ev. Allianzblattes. — 10**
Sonderabdruck aus: „Bericht d. Allianz-Konferenz".

Umgeben von Gottes Schutz. Von F[rederick] B[rotherton] **Meyer**. Striegau: R. Urban 1904. (8 S.) 8° [Umschlagt. F.] [05. 1303 2

Umgeben von Gottes Schutz. Von F[rederick] B[rotherton] **Meyer**. 2. Aufl. Striegau: T. Urban 1907. (8 S.) 8° [Umschlagt. F.] [08. 6434 2

— **In Verantwortung des Glaubens. Der alte besser als der neue. (72 S.) 8. Striegau 908. Th. Urban. — 60**

— **voll heiligen Geistes. 2. Aufl. 12. (15 S.) Lichtenthal bei Baden-Baden 899. Christl. Kolportage-Verein. n. — 04**

Vom Kreuz bis zum Thron. Betrachtungen von F[rederick] B[rotherton] **Meyer**, London. Ins Deutsche übertr. von G[ustav] Holtey-Weber, Pastor. 2. Aufl. Barmen: E. Müller [1905]. (104 S.) 8° [F.] [06. 7336

Waffen des Lichtes. Von F[rederick] B[rotherton] **Meyer**. Striegau: R. Urban [1905]. (8 S.) 8° [F.] [06. 11314 2

— **der Weg in das Allerheiligste. Erläuterungen der Epistel an die Ebräer. Uebers. v. Gräfin Elisab. Groeben. 8. (VIII, 358 S.) Berlin (900). Deutsche ev. Buch- u. Tractat-Gesellschaft. n. 3. —; geb. n.n. 4. —**

Der Weg zum Frieden [Some deeper things, Ausz.]. Von F[rederick] B[rotherton] **Meyer**, Pastor in London. Striegau: R. Urban (1905). (24 S.) 8° [F.]

— Weltschöpfung u. Welterlösung. 9 Vorträge üb. die Anfänge des Alten u. des Neuen Testaments, geh. in der Christuskirche in London. (77 S.) 8. Barmen 906. Buchh. des Johanneums. n. 1. —

— wie man die Bibel lesen muß. Autoris. Uebersetzg. von H. v. R. 12. (16 S.) Berlin 899. Deutsche ev. Buch- u. Tractat-Gesellschaft. n. — 20

— dasselbe, s.a. Für Dich. 14.

Des Königs Wille. Betrachtungen über d. Bergpredigt von F[rederick] B[rotherton] **Meyer**, Pastor in London. Einzig berecht. Uebers. von G[ustav] Holtey-Weber. Barmen: E. Müller 1907. (230 S.) 8° [F.]

— freundliche Winke f. junge Mädchen. 2. Aufl. 12. (18 S.) Lichtenthal bei Baden-Baden 900. Christl. Kolportage-Verein. — 04

— wo steckt mein Fehler. Aus dem Engl. von R. v. Z. 2. Aufl. 12. (16 S.) Lichtenthal b. Baden-Baden 899. Christl. Kolportage-Verein. n. — 04

— woran fehlts bei mir? Deutsche Uebertragg. v. Carl Krause. 12. (16 S.) Konstanz 895. C. Hirsch. — 05

Meyer, F. B., goldene Worte als Rat u. Hilfe f. christliche junge Mädchen. Deutsche Uebertragg. von Carl Krause. 12. (15 S.) Konstanz 895. C. Hirsch. — 05

— neun Worte aus Joh. 15 f. Reichs-Gottesarbeiter, s.a. Für Dich.

Neun Worte aus Joh. 15 für Reichs-Gottesarbeiter. Von F[rederick] B[rotherton] **Meyer**, Pastor in London. *(Berlin: Deutsche Ev. Buch- u. Tract.-Ges. [1901].)* (16 S.) 8° [Kopft. F.]
— Für Dich! No 20.

Würdig für den Dienst des Meisters von F[rederick] B[rotherton] **Meyer**, Pastor in London. Autor. Übers. von J. Morjan. *Barmen: E. Müller [1903].* (130 S.) 8° [F.]

Würdig für den Dienst des Meisters. Von F[rederick] B[rotherton] **Meyer**, Pastor, London. Berecht. Uebers. 2. durchges. Aufl. Barmen: E. Müller [1904]. (126 S.) 8° [F.]

Meyer, Frederick L(ouis): Ein Beitrag zur Kenntnis des Fenchons. *Göttingen 1897: E. A. Huth.* (50 S.) 8°
Göttingen, Phil. Diss. v. [14. Aug.] 1897

Meyer, Fridol., s.: Zukunft, die.

Meyer, Friedrich, s.a. Meyer, Johann Friedrich Ernst

Meyer, Frdr., Abschiedspredigt, geh. an D. 14. p. f. Trinit. den 26. Aug. 1883 in der St. Pauli-Kirche zu Chemnitz. gr. 8. (10 S.) Chemnitz 883. Focke. n. — 30

Meyer, Frdr., zehn Ansprachen u. Eröffnungsreden bei Generalversammlungen des evangel. Bundes, s.: Wintzingerode, Graf.

—— Antrittspredigt über 1. Corinther, Kap. 3, Vers 11—15, gehalten am 31. Octbr. 1880. gr. 8. (18 S.) Barmen 880, (Wiemann.) **

— Antrittspredigt, üb. Luc. 11, 23 am D. 15. p. f. Trinit. den 2. Septbr. 1883 geh. in der Marienkirche zu Zwickau. gr. 8. (12 S.) Zwickau 883. Bär. n. — 40

Meyer, Frdr., pädagog. Aphorismen. Gesammelt u. hrsg. (200 S.) 8. Aarau 909. E. E. Meyer. Geb. in Lw. 1. 20

— Luthers bleibende Bedeutung, s.a. Luthervorträge, Würzburger.

Luthers bleibende Bedeutung. Vortrag 1903 zu Würzburg geh. von D. Friedrich **Meyer**, Superint. in Zwickau. *München: J. F. Lehmann 1903.* (22 S.) 8° [F.]
— Luther-Vorträge, Würzburger. 7.

Meyer, Friedrich, prakt. Arzt aus Hettstedt ⟨Prov. Sachsen⟩: **Beitrag zur Therapie des Galen.** *Berlin (1899): G. Schade.* (29 S.) 8° ¶ (Enthält d. Übers. von Galen, θεραπευτική μέθοδος, II, 1—4.)
Berlin, Med. Diss. v. 8. Aug. 1899

Meyer, Friedrich [app. Arzt aus Stettin]: Aus d. Augustahospital zu Berlin. Beiträge zur Statistik der Zungencarcinome und deren operativen Behandlung. ... Kiel, Druck v. Schmidt & Klaunig, 1888; 77 + 1 S. + 1 Bl. 8°
Kiel, Med. Fak., Inaug.-Diss. v. 19. Dez. 1888

Meyer, Friedr. (I.), Beiträge zur Statistik der Zungencarcinome nebst deren operativen Behandlung. Inaugural-Dissertation. gr. 8. (77 S.) Kiel 888, Lipsius und Tischer. *

Meyer, Frdr., Bemerkungen auf einer Reise durch Thüringen, Franken, die Schweiz, Italien, Tyrol u. Baiern im Jahre 1816. 1. (einziger) Thl. Mit Kpfrn. Berlin u. Stettin 1818. gr. 8. . . . .

Meyer, Fr., Bemerkungen auf einer Reise durch Thüringen, die Schweiz, Italien, Tyrol u. Baiern im J. 1816. Mit Kupfern. gr. 8. Berlin, Nicolai. 818.

MEYER, Friedrich: Land- und forstwirthschaftlicher Betriebsunfall. - München 1893. 24 S., 3 Bl. - Diss. Univ. Erlangen 1893

Meyer, Frdr., land- u. forstwirtschaftlicher Betriebsunfall. gr. 8. (V, 24 S.) München 893. J. Schweitzer, Verl. n. — 60

Meyer, Frdr., die evangel. Bewegung in Österreich, s.a. Flugschriften des Evangel. Bundes.

Die evangelische Bewegung in Oesterreich. Von Fr[iedrich] **Meyer**, Superint. in Zwickau i. Sachsen. Leipzig: C. Braun 1899. (19 S.) 8°
= Flugschriften d. Evangel. Bundes. [No] 163. (Reihe XIV, 7.)

Meyer, Fr. (II.), die Bayer. Bierbrauerei, wie solche in d. vorzügl. Brauereien in Bayern dermalen betrieben wird, dann die mit d. Bierbrauerei verbund. Brantwein-Brennerei, Fruchtessig-Siederei u. das e. Brauer Nöthige üb. d. Hopfen u. den Hopfenbau. Ein Lehrb. rc. 1. Aufl. 830. 1 Thlr., 2. A. (à 13½ B. u. 5 lith. Zeichn.) gr. 8. Ansbach 832, Dollfuß.

– – 3., umgearb. u. verm. Aufl. Ebd. 1839.

Meyer, Friedr. (I.), die bayer. Bierbrauerei, wie solche in d. vorzügl. Brauereien in Bayern dermalen betrieben wird, dann d. Branntweinbrennerei u. Essigfabrikation, soweit solche mit d. Bierbrauerei verbunden erscheinen, so wie d. Nöthige üb. d. Hopfen u. Hopfenbau. 3., durchaus umgearb. u. verm. Aufl. gr. 8. (15⅛ B.) Ansbach 839. [Nürnberg, Korn'sche Buchh.]

Meyer, Frdr., die bayerische Bierbrauerei in allen ihren Theilen u. wie solche in den vorzüglichsten Bierbrauereien im Königreich Bayern dermalen betrieben wird; dann die Branntweinbrennerei u. Essigfabrikation, soweit solche mit der Bierbrauerei verbunden erscheinen, so wie das Nöthige über den Hopfen u. den Hopfenbau. Mit Nachrichten über die hallymetrische Bierprobe von Fuchs u. die optisch-aräometrische Bierprobe von Steinheil. 4. gänzl. umgearb., verb. u. verm. Aufl. gr. 8. (XII u. 296 S. m. 1 lith. Taf. in Fol.) Nürnberg 847, Korn. 1 ₰ 6 ngr

Friedrich Meyer's Buchhandlung, ... Leipzig. Antiquariats-Katalog No. 36: Bibliothek Max Büdinger, Wien. Abteilung 1. Oesterreich-Ungarn und die Schweiz. IV + 32 S. 8. (Altenburg, Oskar Bonde, [1902].)

— Christentum u. Germanen, s.: Beiträge zur Weiterentwicklung der christlichen Religion. 6. Heft.

Meyer, F., das Christentum der Kinder. Biblische Betrachtg. üb. Mark. 10, 13—16. 12. (15 S. m. Titelbild.) Barmen (899). Wupperthaler Traktat-Gesellschaft. n. — 15

Das Christentum der Kinder. Biblische Betrachtungen über Mark. 10, 13-16 von Pastor F[riedr.] Meyer zu Barmen-Wupperfeld. Barmen: Wupperth. Trakt-Ges. [1901]. (15 S.) 8°
= [Schriften d. Wupperthaler Traktatgesellschaft.] No 702.

Meyer, Henr[icus] Frid[ericus]: De condemnatione in quantum debitor facere potest seu de beneficio competentiae ex iure Romano. Halis (1846): Ploetz. 59 S. 8°
Halle-Wittenberg, Jur. Diss. v. 30. Nov. 1846
Geb. [Danzig 18. 10. 1826]

— Deutsch-evangelisch in Oesterreich. Ansprache, geh. bei der XV. Generalversammlg. des evangel. Bundes zu Hagen i. W. am 8. X. 1902. gr. 8. (11 S.) Leipzig 902. Buchh. des ev. Bundes von C. Braun. n.n. — 10

Meyer, Friedr., von den Diakonissen und ihrem Beruf. Mit einem Anhang: Von der Meditation oder Betrachtung des göttl. Wortes und Von der Behandlung der bibl. Geschichte in den Kleinkinderschulen. Zur Unterweisung von Diakonissenschülerinnen und Probeschwestern. 16. (32 S.) Ansbach 879. (Würzburg, Stuber.) *

Meyer, Frdr., v. den Diakonissen u. ihrem Beruf. Mit e. Anh.: Von der Meditation od. Betrachtg. d. göttl. Wortes u. Von der Behandlg. der bibl. Geschichte in den Kleinkinderschulen. Zur Unterweisg. v. Diakonissenschülerinnen u. Probeschwestern dargeboten. 3. unveränd. Abdr. 12. (92 S.) München 892. C. H. Beck. n. — 80

Meyer, Frdr., durch Christus zum Vater! Festpredigten. gr. 8. (IV, 185 S.) Leipzig 897. G. Wigand. n. 3. —; geb. n. 4. —

Meyer, Friedr. (II.), Elemente der Arithmetik und Algebra. 2. Aufl. gr. 8. (VIII, 228 S. mit 13 in den Text eingedr. Holzschn.) Halle 885, Schmidt. *

Meyer, Frdr., Elemente der Arithmetik u. Algebra. 5. Aufl. Mit 13 Holzschn. gr. 8. (VIII, 228 S.) Halle 885. Schmidt. n. 2. 50

Meyer, Friedrich, appr. Arzt a. Heilbronn a. N.: Aus der chirurg. Universitätsklinik in Kiel. Über ein cystisches Embryom des Testikels. Kiel 1906: H. Fiencke. (35 S.) 8°
Kiel, Med. Fak., Ref. Helferich, Diss. v. 16. Jan. 1906
[Geb. 13. Okt. 81 Heilbronn a. N.; Wohnort: Heilbronn; Staatsangeh.: Württemberg; Vorbildung: Karls-Gymn. Heilbronn Reife Juni 99; Studium: Straßburg 2, Kiel 4, München 2, Kiel 2 S.; Coll. 19. Dez. 05; Approb. 1. Aug. 05.]

Meyer, Friedrich. Erzählungen zur Gemütsbildung unserer Kinder und zur Verwendung im Sprachunterricht an der Unterstufe der Volksschule. Methodisch bearb. von Fr M', Lehrer. [Mit Vignetten.] VIII + 127 S. 8. Leipzig-Aarau-Stuttgart, Edward Erwin Meyer, (1906). [geb. fr. 2. —]

— des evangelischen Bundes Arbeit soll m. Christus sammeln. Festpredigt, bei der XVII. Generalversammlg. des evangel. Bundes zu Dresden in der Kreuzkirche am 4. X. 1904. geh. (20 S.) 8. Leipzig 904. (C. Braun.) n. — 30

Meyer, Friedrich, cand. med.: Ein Fall von Jodkaliexanthem. (Mit histologischem Befund). Leipzig 1910: Lehmann. 29 S. 8°
Leipzig, Med. Diss. v. 28. Jan. 1910, Ref. Hoffmann
[Geb. 1. Jan. 84 Lierheim; Wohnort: Berlin; Staatsangeh.: Bayern; Vorbildung: Gymn. Neuburg a. D. Reife M. 03; Studium: München 4, Erlangen 1, Kiel 1, Berlin 2, Leipzig 2 S.; Coll. 19. Febr. 10.] [U 10. 3030

Meyer, Friedrich [cand. med. aus Frenke, Hannover]: Ein Fall von Thrombosis venae centralis retinae ... München, kgl. Hofbuchdr. Kastner & Lossen, 1897; 21 S. 8.
München, Med. Fak., Inaug.-Diss. v. 1897

— Festpredigt bei der Einweihung der evangel. Kirche zu Turn in Böhmen, am 17. X. 1905 üb. 1. Petri 2, 4—9 geh. (18 S.) 8. Leipzig 905. (C. Braun.) n. — 15

— Festpredigt, am 11. Novbr. 1883 zur Feier der 400jähr. Wiederkehr d. Geburtstages Dr. Martin Luther's üb. 1. Cor. 15, 10 geh. gr. 8. (15 S.) Ebend. 883. n. — 40

Meyer, Frdr., die Förderung der evangel. Bewegung in Österreich. Ansprache bei der 21. Generalversammlg. des Evang. Bundes in Braunschweig am 6. X. 1908. (14 S.) 8. Leipzig 908. Halle, Verl. d. Evangel. Bundes. nn — 10

— dasselbe, s. a. Aufgaben, deutsch-evangelische, im Auslande u. in Österreich.

Zur Förderung der evangelischen Kirche in Österreich. Vortrag, geh. auf d. 23. Gen.-Versamml. d. Ev. Bundes von Geh. Kirchenrat D. [Friedrich] Meyer, Zwickau. Halle: Ev. Bund 1910. 9 S. 8°
[Umschlagt.] [11. 9199

Meyer, Friedrich, appr. Arzt aus Hackenrode: Die intrakanalikuläre Form der Hodentuberkulose. Untersuchungen mit Weigert's Elastin-Färbung. *Würzburg 1902: A. Borst.* (19 S.) 8°
Würzburg, Med. Diss. v. 1902

Meyer, Frdr., Führer durch das Invalidenversicherungsgesetz vom 13. VII. 1899. 12. (68 S.) Berlin 899. Deutscher Verlag. — 75; m. vollständ. Text des Gesetzes u. ausführl. Sachregister. (68 u. 86 S.) 1. 50

— dasselbe. 3. ergänzte Aufl. 12. (80 S.) Ebd. 900. — 75

Der deutsch-evangelische Geist als Kraftquelle und Wegweiser für die wirtschaftliche Betätigung unseres Volkes. Vortrag geh. in Danzig 1906 von Kirchenrat D. [Friedrich Meyer, Zwickau. Leipzig: C. Braun in Komm. 1906. (16 S.) 8° [F.] [06 1364

Meyer, F., Geschäftsgang e. Kolonialwaren-Detail-Geschäfts. (11 S.) kl. 8. Elberfeld (Wülfingstr. 7), 904. Oberlehrer Meyer. n. — 30; Erläutergn. dazu. (32 S. m. 4 Taf. u. 1 Formular.) 905. n. — 80

— Glaube u. Cultur, s.: Flugschrift d. sächsischen Landesvereins d. Evangel. Bundes.

Der Gustav-Adolf-Verein ein Mitarbeiter Gottes. Pred. über 1. Cor. 3, 9 geh. bei d. Jahresfeier des Hauptver. d. Gustav-Adolf-Stiftung d. Prov. Sachsen in Nordhausen 28. Juni 1899 von Fr[iedrich] **Meyer**, Superint. in Zwickau. *Halle a/S: (E. Strien) 1899.* (13 S.) 8° [F.]
— **Monatsblatt** d. Gustav-Adolf-Vereins f. d. Prov. Sachsen. Jg. 11, [Beil.]

Meyer, Friedrich, appr. Arzt a. Oberbauerschaft, Kr. Lübbecke i. W.: Aus der Universitäts-Frauenklinik zu Gießen. Ueber Häufigkeit der Dammrisse und Prognose der primären Naht. Gießen 1907. (42 S.) 8°

Gießen, Med. Fak., Ref. Pfannenstiel, Diss. v. 3. Mai 1907

[Geb. 15. Nov. 59 Oberbauerschaft, Kr. Lübbecke i. W.; Wohnort: Detmold; Staatsangeh.: Preußen; Vorbildung: Gymn. Warburg Reife O. 01; Studium: Marburg 6, Gießen 3 S.; Coll. 30. Jan. 07; Approb. 20. Apr. 05.]

Meyer, Frdr., der Fuldaer Hirtenbrief u. die Thatsachen, s.: Schriften f. das Evangelische Volk.

— ich muß wirken. Predigt an d. Jahresfeier d. Leipziger evang. Missionsvereins am 21. Sonntag n. Tr. (3. Novbr. 1895) in d. Thomaskirche zu Leipzig geh. gr. 8. (15 S.) Leipzig 895. Buchh. d. Evang. Bundes v. C. Braun. n. — 20

— der Jesuitenorden u. die deutsche Volksseele. Vortrag, geh. bei der XVI. Generalversammlg. des evangel. Bundes in Ulm a. D. am 29. IX. 1903. (15 S.) gr. 8. Ebd. 903. n.n. — 10

Meyer, Fridericus Stephanus: Interpretatio legis I § 12 ad Sc. Tertullianum et Orficianum, 38, 17. et cap. X XI de iureiurando, 2, 24. Halae (1872): Hendel. 47 S. 8°

Halle-Wittenberg, Jur. Diss. v. 1. Juli 1872

Geb. Liegnitz 17. 6. 1849. V.

Verf. erlebte das Jubeldiplom 1922 als Justizrat, Rechtsanwalt und Notar in Frankfurt a. M.

– Invalidenversicherungsgesetz, s. Ott

[F.] **Meyer,** Friedrich [Dr.]: Jugenderziehung im Mittelalter, dargest. nach d. altfranzös. Artus- u. Abenteuerromanen. Solingen, gedr. bei B. Boll, 1896; 1 Bl., 28 S. 8.
Solingen, st. R m. PG, OP 1896 (513)

— Kampf u. Sieg d. Christen, s.: Predigt-Bibliothek, moderne.

Katalog der Goethe-Bibliothek Friedrich **Meyer** u. einer Sammlung von Bildnissen, Handzeichnungen u. Radierungen Goethes u. aus d. Goethekreis. Zum Teil aus d. Besitz d. Fräulein Louise Göchhausen. Originalportr. Goethes von Gerhard v. Kügelgen. Versteigerung ... durch C. G. Boerner. (Leipzig: Boerner 1910.) 81 S. 8°
[10. 7602 7

Meyer, Frdr., Katechismusübung f. Kirche, Schule, Familie u. Genossenschaften. 8. (VIII, 56 S.) Nördlingen 888. München, Beck. cart. n.n. — 35

— Katechismusübungen f. Kirche, Schule, Familie u. Genossenschaften. 2. Aufl. 12. (VIII, 56 S.) Ebd. 891. Kart. n.n. — 45

— die Kirche u. d. moderne Zeit. Ansprache bei d. Eröffng. der sächs. kirchl. Konferenz am 8. IV. 1898 in Chemnitz. [Aus: „Neues sächs. Kirchenbl."] 8. (25 S.) Ebd. 898. n. — 40

Meyer, Friedr. (II.), Complimentirbuch, s. a. Complimentirbuch.

Meyer, Fr., neues Complimentirbuch. Eine Anweisung, in Gesellschaften höflich u. angemessen zu reden u. sich anständig zu betragen. Enthalt.: Wünsche, Anreden u. kleine Gedichte &c. Nebst den nöthigsten Anstands- u. Bildungsregeln. Ferner: eine Blumensprache, eine Auswahl der vorzüglichsten Aufsätze in Stammbücher, poetische Liebeserklärungen u. Polterabendscherze. Ein Buch des guten Tons u. der feinen Lebensart. 17. rechtmäß. Aufl. 8. (VIII u. 128 S.) Quedlinburg 850, Ernst. — 18. rechtmäß. Aufl. 8. (VIII u. 128 S.) Ebd. 851. — 19. rechtmäß. Aufl. 8. (VIII u. 128 S.) Ebd. 852. 5/12 ꝛ

Meyer, Fr., neues Complimentirbuch. Eine Anweisung, in Gesellschaften höflich und angemessen zu reden und sich anständig zu betragen. Enthltd.: Wünsche, Anreden &c. Nebst den nöthigsten Anstands- und Bildungsregeln &c. Ferner: eine Blumensprache, eine Auswahl der vorzüglichsten Aufsätze in Stammbücher, poetische Liebeserklärungen und Polterabendscherze. 20. rechtmäß. Aufl. 854. — 21. Aufl. 855. — 22. Aufl. Quedlinburg 857. Ernst. 8. (VIII, 128 S.) 12½ ngr

Meyer, Fr., neues Complimentirbuch. Eine Anweisung, in Gesellschaften höflich u. angemessen zu reden u. sich anständig zu betragen. Enth.: Wünsche, Anreden u. kleine Gedichte bei Neujahrs-, Geburts- u. Hochzeitstagen; &c. Nebst den nöthigsten Anstands- u. Bildungsregeln &c. 23. Aufl. 859. — 24. Aufl. 860. — 25. rechtmäßige Aufl. Quedlinburg 861. Ernst. 8. (VIII, 128 S.) 12½ ngr

Meyer, Fr., neues Complimentirbuch. Eine Anweisung, in Gesellschaften höflich u. angemessen zu reden u. sich anständig zu betragen &c. 26. u. 27. rechtmäß. Aufl. Quedlinburg 867. Ernst'sche Buchh. 8. (VIII, 128 S.) 12½ ngr

—— neues Complimentirbuch. Ausführliche Anweisung, in Gesellschaften höflich und angemessen zu reden und sich anständig zu betragen. Enth. Glückwünsche und Anreden bei Neujahrs-, Geburts- und Namenstagen &c., Gedichte für Liebende, Hochzeitsgedichte, Heirathsanträge &c. Nebst den nöthigen Anstands- und Bildungsregeln als: Reinlichkeit und Pflege des Körpers, Ausbildung des Blickes und der Mienen, Haltung des Körpers &c. Ferner: Blumensprache, Stammbuchaufsätze, Toaste und Trinksprüche nebst Polterabendscherzen. 27.—29. verm. und verb. Aufl. 8. (VIII, 128 S.) Ebendas. 870—75.

Meyer, Fr., neues Complimentirbuch. Ausführliche Anweisg., in Gesellschaften höflich u. angemessen zu reden u. sich anständig zu betragen. Enthaltend Glückwünsche u. Anreden bei Neujahrs-, Geburts- u. Namenstagen &c., Gedichte f. Liebende, Hochzeitsgedichte, Heirathsanträge &c. Nebst den nöthigsten Anstands- u. Bildungsregeln. Ferner Blumensprache, Stammbuchaufsätze, Toaste u. Trinksprüche nebst Polterabendscherzen. 31. verm. u. verb. Aufl. 8. (VIII, 128 S.) Quedlinburg 877. Ernst. 1. 25

Meyer, Fr., neues Complimentirbuch. Ausführliche Anweisung, in Gesellschaften angemessen u. höflich zu reden u. sich anständig zu betragen. Enth.: Glückwünsche u. Anreden bei Neujahrs-, Geburts- u. Namenstagen &c. Nebst den nöthigen Anstands- u. Bildungsregeln als: Reinlichkeit u. Pflege des Körpers, Ausbildung des Blickes u. der Mienen &c. Ferner: Blumensprache, Stammbuchaufsätze, Toaste u. Trinksprüche nebst Polterabendscherzen. 33., verm. u. verb. Aufl. 8. (VIII, 128 S.) Quedlinburg 881. Ernst. 1. 25

—— neues Complimentirbuch. Ausführliche Anweisung, in Gesellschaften höflich und angemessen zu reden und sich anständig zu betragen. Enthaltend Glückwünsche und Anreden bei Neujahrs-, Geburts- und Namenstagen, zu Verlobungen, Hochzeiten, Kindtaufen, Gevatterschaften; bei Beförderungen; Anreden beim Tanze und in Gesellschaften, mit darauf passenden Antworten, Gedichte für Liebende, Hochzeitsgedichte, Heirathsanträge; Beileidsbezeigungen; Schemata zu Einladungskarten und Anzeigen für öffentliche Blätter; Muster zu Geschäftscircularen; Regeln beim Briefschreiben mit den nöthigsten Titulaturen. Nebst den nöthigsten Anstands- und Bildungsregeln, als: Reinlichkeit und Pflege des Körpers; Ausbildung des Blickes und der Mienen; Haltung des Körpers; Wahl der Kleidung; Complimente; Ausdruck, Ton und Vortrag; Verhalten in Gesellschaften, bei Tafel, im Concert und Theater, auf Reisen; vom Umgang mit Vornehmen und Großen, sowie mit dem schönen Geschlecht 2c. Ferner: Taufnamendeutung, Stammbuchaufsätze, Toaste und Trinksprüche, nebst Polterabendscherzen. 34. verm. und verb. Aufl. 8. (VIII, 128 S.) Ebendas. 884.

Meyer, Fr., neues Complimentirbuch. 34., verm. Aufl. 8. (VIII, 128 S.) Quedlinburg 888. Ernst. 1. 25

Meyer, Fr., neues Complimentirbuch für Anstand und Feinsitte. Oder Anweisung, in Gesellschaften, bei Geburts- und Hochzeitstagen und beim Tanz höflich zu reden und sich anständig zu betragen. Nebst 20 der neuesten Anstands- und Bildungsregeln wie auch Blumensprache und Stammbuchsaufsätze. Ein nützl. Buch für Jünglinge und Jungfrauen. 28. Aufl. 8. (VIII, 128 S.) Quedlinburg 871, Ernst'sche Buchh.
—— dass. — Ein nützl. Buch für Frauen und Jungfrauen. 30. Aufl. 8. (128 S.) Ebendas. 873.

Meyer, Fr. (I.), neues Complimentirbuch für Anstand und Feinsitte. Oder Anweisung in Gesellschaften, bei Geburts- und Hochzeitstagen und beim Tanz höflich zu reden und sich anständig zu betragen. Nebst 20 der neuesten Anstands- und Bildungsregeln, wie auch Blumensprache und Stammbuchsaufsätze. Ein nützl. Buch für Jünglinge und Jungfrauen. 31. und 32. Aufl. 8. (VIII, 128 S.) Quedlinburg 877,79, Ernst'sche Buchh.

Meyer, Fr. (II.), neues Complimentirbuch für Anstand und Feinsitte, oder Anweisung, in Gesellschaften, bei Geburts- und Hochzeitstagen und beim Tanz höflich zu reden und sich anständig zu betragen. Nebst den neuesten Anstands- und Bildungsregeln, wie auch einer Anleitung zur Briefschreibekunst. Ein nützl. Buch für Jünglinge und Jungfrauen. 33. verm. und verb. Aufl. 8. (VIII, 128 S.) Quedlinburg 881, Ernst'sche Buchh.

Meyer, Fr. (II.). Neues Complimentierbuch f. Anstand u. Feinsitte. 35. Aufl. 8. (VIII, 128 S.) Halberst. 891, Ernst. 1 25

—— neues Complimentirbuch f. Anstand u. feine Sitte, od. die Anweisung, in Gesellschaften, bei Tafel, bei Geburts- u. Hochzeitstagen u. beim Tanz höflich zu reden u. sich anständig zu betrag. Nebst Blumensprach- u. Stammbuchsaufsätzen. 15. Aufl. (8½ B.) 843. u. 16., verb. Aufl. 8. (8 B.) Quedlinburg 846, Ernst'sche Buchh.

Meyer, Frdr., Confirmandenbüchlein. Frankfurt a. M. 870 Alt. 8. (VIII, 132 S.) geb. n. 6 ngr

Meyer, Friedr. (III.), das königl. bayerische Ulanen-Regiment König 1863—1888. 4. (197 S.) Ansbach 888, Eichinger. geb. *
Kleine Ausg. gr. 8. geb. *

— die gegenwärtige Lage der evangelischen Kirche gegenüber den römischen Bestrebungen. Vortrag. gr. 8. (36 S.) Leipzig 890. Buchhandlg. d. Evangel. Bundes. n. — 25

— die Lage des Protestantismus im Deutschen Reiche. Ansprache, geh. auf der XVIII. Generalversammlg. des Evangel. Bundes in Hamburg am 9. X. 1905. (24 S.) 8. Leipzig 905. (C. Braun.) n. — 40

— die evangel. Landeskirche u. die evangel. Bewegung in Oesterreich. Vortrag, geh. bei der XIII. Generalversammlg. des Evangel. Bundes zu Halberstadt am 2. X. 1900. gr. 8. (11 S.) Leipzig (900). Buchh. des ev. Bundes v. C. Braun. n.n. — 10

—— Lebensläufe selig heimgegangener Schwestern des Diakonissenhauses Neuendettelsau. Ihren noch pilgernden Genossinnen zu Trost und Nacheiferung dargereicht. 12. (XI, 300 S.) Nördlingen 884, Beck'sche Buchh. *
geb. *

Meyer, Friedrich, Oberlehrer: Herbarts Lehre vom Interesse und ihre Bedeutung für den Unterricht, insbesondere für den naturwissenschaftlichen. Borna-Leipzig 1909: Noske. 40 S. 8°
Erlangen, Phil. Diss. v. 16. Juni 1909, Ref. Hensel
[Geb. 11. März 80 Kassel; Wohnort: Cöln; Staatsangeh.: Preußen; Vorbildung: Realgymn. Potsdam Reife O. 99; Studium: Berlin 6, Freiburg i. B. 1 S.; Rig. 14. Mai 09.] [U 09. 845

— im Lichte d. Evangeliums. Konferenzansprachen. gr. 8. (III, 176 S.) Ebd. 898. n. 3. —

—— Litaneienbüchlein. Zum Gebrauch für evangel. Christen zusammengestellt. 12. (X, 170 S.) Leipzig 881, J. Naumann. + ℳ 1,50.; geb. *

— Luther, der Reformator auch der Zukunft, s. a. Flugschriften des Evangel. Bundes.

Luther, der Reformator auch der Zukunft. Von Fr[iedrich] Meyer, Superint. in Zwickau. Leipzig: C. Braun 1900. (22 S.) 8°
= Flugschriften d. Evangel. Bundes. 168.

— Luther in Worms u. auf der Wartburg — das Ideal des deutschen Mannes. Vortrag, geh. bei d. 20. Generalversammlg. des Evangel. Bundes in Worms am 30. IX. 1907. (18 S.) Halle 907. Verl. des ev. Bundes. nn — 10

Luther in Worms und auf der Wartburg – das Ideal d. deutschen Mannes. Vortrag geh. bei d. 20. Generalversammlung d. Ev. Bundes in Worms 1907 von Kirchenrat D. [Friedrich] Meyer. (Leipzig: C. Braun in Komm. [1907].) (18 S.) 8° [Kopft. F.] (07. 17073 8

— — (Reinstadt/Bernburg/Anhalt), De menstruatione eiusque anomaliis. Diss. med. Berlin (Brüschcke) 25. I. 1826. 51 S. mit Biogr. (M.: L. Phau.) (3.50) 23204
Oppon.: E. Gabler, F. de Carnall, F. Lauffher. — Seinem Bruder gewidmet.

Meyer, F., die goldene Mitte im Christenstande. 12. (15 S. m. Titelbild.) Barmen 898. Wupperthaler Traktat-Gesellschaft. n. — 10

— die goldene Mitte im Christenstande. 12. (15 S. m. 1 Abbildg.) Ebd. 899. n. — 10

Meyer, Friedrich [Oberl.]: Mitteilungen aus dem mathematischen Lehrplan des Stadtgymnasiums zu Halle a. S. *Halle a. S., Druck v. E. Karras, 1891;* 35 S., 1 Taf. 4°
Halle a. S., Stadt-G, OP 1891 (230)

MEYER, Friedrich: Die Nadelhölzer einschließlich Gingko. - Stuttgart, Ludwigsburg 1852. 174 S.

— Friedrich (Bayreuth), De operatione cataractae. Specimen inaug. Erlangen (Kunstmann) 1. IX. 1810. 31 S. (3.50) 23203

Führer durch das Invalidenversicherungsgesetz vom 13. Juli 1899 von Landesrat Friedrich Meyer. 4. erg. Aufl. Berlin: Deutscher Verl. 1907. (87 S.) 8° [J.]

— Parität. Ansprache bei der Begrüßungsversammlung des Evangel. Bundes am Abend des 9. X. 1899 in Nürnberg. gr. 8. (9 S.) Leipzig (899). Buchh. des ev. Bundes v. C. Braun. n.n. — 10

—— Die Passion unsers HErrn JEsu Christi in Gottesdiensten f. die Fastenzeit. Mit e. Notenbeigabe. 8. (VII, 248 S.) Gütersloh 892, Bertelsmann. * 2 —; geb. * 2 40

Meyer, Frdr., die Passion unsers HErrn JEsu Christi in Gottesdiensten f. die Fastenzeit. Mit e. Notenbeigabe. 2. Aufl. (VII, 248 S.) 8. Gütersloh 908. C. Bertelsmann. 1.50; geb. 2. —

—— Passionsblumen für stille Stunden in der Fastenzeit. Einfältigen Liebhabern des heil. Kreuzes JEsu dargeboten. gr. 16. (160 S.) Gütersloh 878, Bertelsmann. * ℳ 1,50.; geb. *

Meyer, Frdr., Passionsblumen f. stille Stunden in der Fastenzeit. Einfältigen Liebhabern des hl. Kreuzes Jesu dargeboten. 2. Aufl. (160 S.) kl. 4. Gütersloh 903. C. Bertelsmann. n. 1. 50; geb. n. 2. —

— Psalterium, das ist erbauliche Erklärung etlicher Psalmen f. Kranke u. Sterbende. 16. (122 S.) Neuendettelsau 889. (Leipzig, Hinrichs' Verl.) cart. n. 1. —

— der Protestantismus in Oesterreich, s. a. Flugschriften des Evangel. Bundes.

Der Protestantismus in Oesterreich. Von F[riedrich] Meyer, Superint. in Zwickau. *Leipzig: C. Braun 1900.* (23 S.) 8° [J.]
— Flugschriften d. Evangel. Bundes. 175.

— das gute Recht d. Evangelischen Bundes, s.: Flugschrift d. sächsischen Landesvereins d. Evangel. Bundes.

— Drei Reden zur Zeitlage, s.: Everling.

Reiseskizzen aus Deutschland, Dänemark und Schweden v. Friedrich Meyer. Nürnberg. 1835. 8°.

— d. Sammlg. d. Evangelischen, s.: Aus d. Verhandlgn. d. XI. Generalversammlg. d. Evang. Bundes.

Schlusswort bei der Generalversammlung des Evangelischen Bundes in Hamburg vom 8. bis 12. Okt. 1905 ... von Kirchenrat [Friedrich] Meyer, Zwickau. Leipzig: C. Braun in Komm. 1905. (8 S.) 8° [J.]

— Schlußwort bei der XIV. Generalversammlg. des evangel. Bundes in Breslau, geh. am 10. X. 1901. gr. 8. (7 S.) Leipzig (901). (Buchh. des ev. Bundes von C. Braun.) n.n. — 10

Meyer, Friedrich, Gerichtsassessor in Dessau: Die Schuldenhaftung des Erben nach § 27 des Handelsgesetzbuchs. Borna-Leipzig 1904: R. Noske. (51 S.) 8°
Leipzig, Jur. Diss. v. 1904

— — (Treptow a. d. Tollense), Über Schussverletzungen des Auges. Diss. med.-chir. Berlin (G. Lange) 18. III. 1876. 31 S. u. Biogr. (3.—) 23205
Oppon.: M. Hensoldt, L. Müller, P. Lindenau. — Seinen Eltern gewidmet.

Meyer, Frdr., Strafgesetzbuch für den norddeutscher Bund. Vom 31. Mai 1870. Erläutert mit Benutzung der Entwürfe, der Motive derselben, der Verhandlungen des Reichstags u. der Reichstags-Kommissionen, sowie unter Vergleichung mit den bisher. Partikularrechten, namentlich dem preuss. Berlin 870. Kortkampf. gr. 8. (1. Heft 96 S.) 1 ₰ 15 ngr.

Meyer, Frdr., Strafgesetzbuch f. das deutsche Reich vom 15. Mai 1871. Text-Ausg., m. Hinweisen auf die analogen Bestimmgn. der früheren Strafgesetzbücher v. Preußen, Baiern, Sachsen ꝛc., kurzen Anmerkgn., den betreff. Einführungs-Gesetzen u. e. Zusammenstellg. der neben dem Strafgesetzbuche gelt. strafrechtl. Bestimmgn. anderer Reichs-Gesetze. 2. Aufl. gr. 8. (LXVI, 212 S.) Berlin 871. Kortkampf. n. 2.

— Strafgesetzbuch für das Deutsche Reich v. 15.5.71. (Reichsges. Deutsche) Berlin 1872

— dasselbe. 3. Aufl. 8. (XXVI, 300 S.) Ebend. 872. n. 2. 50

—— dass. — 2 Thle. 4. Ausg. 8. Ebendas. 875. *
Inhalt:
Thl. 1. Das Strafgesetzbuch. Mit kurzen Anmerkungen, Hinweisen auf die analogen Bestimmungen der früheren Strafgesetzbücher von Preußen, Baiern, Sachsen, Württemberg, Baden, den Thüring. Staaten, Hessen, dem Code pénal. (LVI, 132 S.) * ℳ 1,80.
2. Einführungs-Gesetze und Zusammenstellung der neben dem Strafgesetzbuche geltenden strafrechtl. Bestimmungen anderer Reichsgesetze. (XIV, 150 S.) * ℳ 1,20.

Über Goethes letzte Tage. Verschollene Dokumente aus meiner Goethe-Sammlung. Den Teilnehmern d. Bibliophilentages am 29. Nov. 1908 überreicht von Friedrich Meyer. Leipzig 1908: E. Herrmann sen. 4 Bl. 8°

Meyer, Friedrich: Die Technik der Verbrennung und Energie-Gewinnung aus städtischen Abfallstoffen. Leipzig: Leineweber 1910. 24 S. 4° ¶ Aus: Gesundheit. Jg. 35; auch als Buch.
Berlin, Dr.-Ing.-Diss. v. 26. 2. 1909

Meyer, Fr., der gute Ton im gesellschaftl. Verkehr. Ein Komplimentierbuch, enth. Anstands- u. Bildungsregeln f. Jünglinge u. Jungfrauen jeden Standes. 36., vollst. umgearb. Aufl. (v. M., Komplimentierbuch.) 8. (VIII, 136 S.) Leipzig 897. Ernst. 1. 25

Meyer, Fr., der gute Ton im gesellschaftlichen Verkehr. Ein Komplimentierbuch, enth. Anstands- u. Bildungsregeln f. Jünglinge u. Jungfrauen jeden Standes. 37. vollst. umgearb. Aufl. 8. (VIII, 136 S.) Leipzig (900). Ernst. 1. 25

Meyer, Frdr., guter Ton u. feine Sitte in allen Lebenslagen. Wie man sich gute Manieren u. gewandtes Benehmen aneignet, das Plaudern u. die Kunst der Unterhaltg. erlernt u. e. flotter Gesellschafter wird. 38. vollständig umgearb. Aufl. (VIII, 136 S.) 8. Leipzig (907). Ernst. 1. 25

Religiöse Unklarheit - Roms Bundesgenossin. Vortrag geh. auf d. 17. Generalvers. d. Ev. Bundes in Dresden ... 1904 von D. Friedrich Meyer, Superint. in Zwickau i. S. Leipzig: C. Braun 1904. (16 S.) 8°

Meyer, Frdr., unseres Vereines Arbeit ist e. Gang nach Jesu Herberge. Predigt üb. Joh. 1, 35—39, z. Jahresfeier d. Leipziger Hauptvereins der Gustav Adolf-Stiftg. am 3. Juli 1895 in d. St. Annenkirche zu Annaberg geh. gr. 8. (16 S.) Annaberg 895. (Dresden, F. Sturm & Co.) n. — 20

Meyer, Friedrich *Theodor* [aus Tangermünde]: Untersuchungen über Aether der Dioxyazobenzole, nebst einigen Versuchen über die Schwefelkohlenstoffderivate der drei isomeren Phenetidine ... Heidelberg, Univ.-Buchdr. v. Ph. Wiese, 1895; 2 Bl., 53 S., 1 Bl. 8.
Heidelberg, Naturw.-math. Fak., Inaug.-Diss. v. [18. März] 1895

Meyer, Friedrich, approb. Tierarzt aus Uchte i. Hann.: Aus d. Großh. Institute f. Pathol. Anatomie, Tierhygiene u. Fleischbeschau zu Gießen. Untersuchungen über die multiple Necrose der Leber des Rindes. *Wolgast 1903: E. Hoffmann.* (44 S.) 8°
Gießen, Veterinär-med. Diss. v. 1903

Meyer, Friedrich, aus Coswig: Der Ursprung des jesuitischen Schulwesens, ein Beitrag zur Lebensgeschichte des heiligen Ignatius. *Gräfenhainichen 1904: C. Schulze & Co.* (56 S.) 8°
Berlin, Phil. Diss. v. 30. Jan. 1904

Verzeichnis einer Goethe-Bibliothek von Friedrich Meyer, (Buchhändler, Leipzig). (Mit 1 Faks.) Leipzig: Dyk 1908. (XI, 707 S.) 8° [illegible]

Meyer, Frdr., Verzeichnis e. Heinrich-Heine-Bibliothek. Mit e. Fcsm. u. 2 Beilagen. (V, 176 S.) gr. 8. Leipzig 905. Dyk. n. 4 50; erh. Pr. n. 6. —

— Verzeichnis e. H. Heine-Bibliothek. Namen- u. Sachregister. (S. 177—224.) gr. 8. Ebd. 910. 6. — Hauptwerk Ebd. 905 6. —.

— Via dolorosa. Betrachtungen üb. den Schmerzensweg JEsu. 16. (V, 94 S. m. 1 Kpfrst.) Neuendettelsau 884. (Nürnberg, Löhe.) n. — 90

Meyer, Friedrich. Gerold Vogel (1836–[1899]). (Ein Zünfter von echtem Schrot und Korn.) Gedenkschrift. (Hrg. vom Sechseläuten-Centralcomité Zürich.) [Mit Porträt-Tafel.] 8. Zürich 1900.

Meyer, Frdr., Gerold Vogel. (Ein Zünfter v. echtem Schrot u. Korn.) Gedenkschrift. 8. (53 S. m. 1 Bildnis.) Zürich 900. (C. Schmidt.) n. 1. —

Meyer, Frdr., Richard Wagner u. seine Stellung zur Vergangenheit u. „Zukunft." Eine literär- u. musik-historische Studie. Thorn 859. Lambeck. gr. 8. (VII, 76 S.) n. 10 ngr.

— s.: Wartburg, die.

Meyer, Friedrich *Wilhelm Gottfried August* Welchen Wert hat für uns noch jetzt die klassische Tragödie der Franzosen? 8 (17 S.) Progr. Rg. z. heil. Geist *Breslau* 1892 (211).

Meyer, Friedr. (I.). Welchen Wert hat f. uns noch jetzt die klassische Tragödie der Franzosen? Progr. gr. 8. (17 S.) Bresl. 892. (Lpz., Fock.) * — 60

Meyer, Frdr., in Gottes Welt. Ein Jahrgang Predigten üb. Texte aus d. Evangelien. gr. 8. (VII, 565 S.) München 902. (J. F. Lehmann's Verlag.) n. 6. —; geb. n. 7. —

Meyer, Frdr. (Hausbesitzer in d. St. Anna-Vorstadt), einige Worte über die gegenwärtige *Noth der Hausbesitzer* u. den bevorstehenden Häuserbankerott, nebst Vorschlägen, um denselben abzuwenden. München 1833. Gedr. bei George Jaquet. 8°. 19 S. Cart.

Für den Wunderglauben. Von Pastor F[riedrich] Meyer zu Barmen-Wupperfeld. Barmen: Wupperthaler Trakt.-Ges. [1899]. (16 S.) 8°

—— das Zeichen des Menschensohnes. Predigt über Matth. 24, 30 an der allgemeinen Friedensfeier [18. Juni 1871] gehalten in der Kirche zu Dohna. gr. 8. (12 S.) Pirna 871. (Diller und Sohn.) *

Meyer, Friedr. Adf., Characterzüge aus dem Leben des Grafen Carl Hahn-Neuhaus. Hamburg 858. (Gaßmann.) 12. (87 S.) n. 15 ngr.

Meyer, Friedr. Adf., Characterzüge aus dem Leben des Grafen Carl Hahn-Neuhaus. 12. (87 S.) Hamburg 858, (J. F. Richter.) *

Meyer, Friedrich Albrecht Anton

Meyer, F. Alb. Ant., Abhandlung von der Wurmkrankheit. Siehe Chabert.

Meyer, Fr. Albr. Ant., († d. 29. Nov. 1795.) zoolog. Annalen vom J. 1793. Mit Kpf. gr. 8. Weim. 794. Ind.-Compt. 1 ß 12 gl

— zoolog. Archiv. 2 Thle. Mit Kpf. gr. 8. Leipz. 796. Dyck. 1 ß 8 gl

— — aus demselben ist abgedruckt: Vers. über das vierfüßige Säugthier Ale'em der heil. Schrift. gr. 8. Ebend. 796.

— Beitrag z. Geschichte der Angusturarinde. 8. Götting. 793. Dieterich. 4 gl

— Beyträge z. Gesch. der Angusturarinde. 8. Gött. Dieterich. 793.

Meyer, Fr. Albr. Ant., kurze Beschreib. e. Spinnen in d. Göttinger Gegend. 8. Götting. 790.

– (Übers.), s. Briefe über einige mineralogische Gegenstände.

– (Übers.), s. Chabert, Philibert: Abhandlung von den Wurmkrankheiten der europäischen Haustiere ...

— Diss. inaug. med.-therapeutica de cortice Augusturae. 8 Götting. 790. Dieterich. 2 gl

— Dramen, kleine Romane u. prosaische Rhapsodien. 8. Leipz. 790. Dyck. 16 gl

– s. Magazin, Deutsches.

— Magazin f. d. Thiergeschichte u. Thierarzneikunde. 2 Stücke. Mit Kpf. 8. Götting. 790—94. Dieterich. 17 gl

– (Übers.), s. Monro, Alexander: Versuch einer Abhandlung über vergleichende Anatomie.

— über Nachtheile, die aus falschen Begriffen von Gesundheit entspringen; nebst e. Anzeige sr. Vorlesungen v. Ostern bis Michaelis 1791. 8. Götting. 791.

— gemeinnütz. Naturgeschichte d. giftigen Insekten. 1r Thl. Die Panzerflügel rc. 8. Götting. 792.

— s. Portefeuille, das.

– (Bearb.), s. Raff, Georg Chr.: Naturgeschichte für Kinder. 5. Aufl. 1813.

— über die Selbstbeobachtung beim Studium d. Naturgeschichte. Götting. 794. Dieterich. 2 gr.

– (Übers.), s. Smeathmann, Heinr.: Sendschreiben über die Termiten Afrikas ...

— synopsis reptilium. 8. Götting. 795. Vandenhöck u. R. 2 gr.

— Tentamen monographiae generis meleos. 8. Götting. 793. Vandenhöck u. R. 2 gr.

— tentamen ordinum insectorum. 4. Götting. 791.

– (Hrsg.), s. Thunberg, Karl Peter: Characteres generum insectorum.

— systemat. Uebersicht d. neuest. zoolog. Entdeckungen in Neu-Holland u. Afrika. gr. 8. Leipz. 793. Dyck. 12 gr.

— Versuch e. vollständ. Naturgeschichte d. Hausthiere. 8. Götting. 792. Dieterich. 14 gr.

— Versuch üb. das vierfüß. Säugthier Re'em der heil. Schrift. Ein Beitrag zur Naturgesch. d. Einhorns. gr. 8. Leipz. 796. Dyck. 12 gr.

Meyer, Friedrich Albrecht Anton: Medizinische Versuche. 207 S., gbd.

Leipzig: Dyk 1792

JB 2.312

– (Übers.), s. White: Beiträge zur Naturgeschichte von England.

Friedrich August Meyer
† 1805

Friedrich August Meyers [Meyer]Beschreibung des Schwefelwassers zu Hasede unweit Hildesheim. Hildesheim; Hamburg: Brandt in Komm. 1776. VIII, 111 S. 8°

Gesänge bei der Säcular-Feier der ehrw. St. Johannis-Loge zum rothen Adler in Hamburg am 14. Mai 1874. Von F[riedr.] A[ug.] Meyer. Hamburg [1874]: Kümpel. 2 Bl. 8° [Umschlagtit.]
8 Lieder ohne Noten.

Geschichte der St. Johannis-Loge „Zum Rothen Adler" in Hamburg während des ersten Jahrhunderts ihres Bestehens. Hs. f. Brr. Von Friedr. Aug. Meyer. Nebst einem Vorw. von Wilh. Gabr. Lembcke. Hamburg 1874: Kümpel. 62 S. 8°
[Umschlagtit:] Hundertjährige Geschichte der Loge zum rothen Adler. Hamburg 1874.
Nebst Verzeichn. der Mitgl. der Loge von 1774—1874.

Cantate zum Stiftungsfeste der Loge zum rothen Adler am 16. Mai 1858. Gedichtet von F[riedr.] A[ug.] Meyer. Comp. von Bernh. Wagner. [Hamburg 1858: Appel.] 2 Bl. 8° [Kopftit.]
Ohne Noten: „Der grosse Tempel der Natur . . ."

Schwesternlied bei der Säcular-Feier der ehrw. St. Johannis-Loge zum rothen Adler am 14. Mai 1874. Von F[riedr.] A[ug.] Meyer. Hamburg [1874]: Kümpel. 2 Bl. 8° [Umschlagtit.]
Ohne Noten: „Die Liebe schlang das heiligste der Bande . . ."

Schwesternlied bei der Säcular-Feier der ehrw. St. Joh.-Loge zu den drei Rosen am 23. Jan. 1870 von F[riedr.] A[ug.] Meyer. Hamburg [1870]: Wulff. 2 Bl. 8° [Umschlagtit.]
Ohne Noten: „Die Liebe schlang das heiligste der Bande . . ."

Meyer, Friedrich August Albert, s. Meyer, Albert

Meyer, Frid. Detl., Specimen inaug. de dysenteria Bordesholmensi autumnali 1798. Kiliae Hols. 1799. P.

Meyer, F. D., dissert. de dysenteria Bordesholmensi autumnali. 4. Kiel. akadem. Bhdl.

Meyer, F. D., Diss. de dysenteria Bordesholemensi autumnali 1798. 8. Kiel 799. Hesse. 3 gr.

Meyer, Fr[iedrich] [Ernst]. Das erste Bündnis der schweizerischen Urkantone. Separat-Abdruck aus dem Geschichtsfreund, Band 63. II + 38 S. 8. Stans, Ad. & P. von Matt, [1908].

Meyer, Fr. Ernst, Schuldbrief u. Gült nach den schweizerischen Zivilgesetzbuch-Entwürfen v. 1900 u. 1904, s.a. Beiträge, Zürcher, zur Rechtswissenschaft. IX.

Meyer, Fr[iedrich] Ernst, von Zürich: Schuldbrief und Gült nach den schweizerischen Zivilgesetzbuch-Entwürfen von 1900 und 1904. Zürich 1905. 2 + 194 S. 8°. Zürcher Beiträge zur Rechtswissenschaft Heft IX. [9. XII. 05.]
Zürich. Jur. Diss. 1905/1906.

Meyer, Fr[iedrich] Ernst. Schuldbrief und Gült nach den schweizerischen Zivilgesetzbuch-Entwürfen von 1900 und 1904. 8. Zürich, Schulthess & Co., 1905.
Ausg. A: Diss. Rechtsw. Univ. Zürich. II + 194 S.
Ausg. B: 194 S. (fr. 4.20.) — Zürcher Beiträge zur Rechtswissenschaft .... [Heft] 9.

— **Friedrich Gustav** (Palaeomarchicus), De tumorum genu natura variisque speciebus. Diss. chir.-pathol. Berlin (Nietack) 12. VIII. 1833. 38 S. u. Biogr. (M.: Leue.) (2.50) 23206
Oppon.: L. Begasse, Em. Wagner, G. Kleinau. — Gew.: J. L. Truestedt, F. Frick.

Meyer, Friedrich Johann Lorenz

v. Meyer, Fr. Jh. Lor., Blick auf die Domkirche in Hamburg. Mit Kpf. gr. 8. Hamb. 804. Nestler. 8 gl

MEYER, Ferd. Joh. Lorenz, Briefe aus der Hauptstadt und dem Innern Frankreichs, geschrieben im Sommer 1801. 2 Bde. Tübingen 1801. 8°. (9 Mk. L. Rosenthal, 1910.)

— Briefe aus d. Hauptstadt u. dem Innern Frankreichs unt. d. Consular-Regierung. 2 Thle. gr. 8. Stuttg. 802. 2e A. Tübing. 803. v. Cotta. 2 ₰ 12 gl

Briefe aus der Hauptstadt und dem Innern Frankreichs. Von F[riedrich] J[ohann] L[orenz] Meyer. Bd. 1. 2. — Tübingen: Cotta 1802. 8°

Meyer, (F. J. L.) Brief-Fragmente vom Taunus, Rhein, Neckar u. Main. 8. Hamb. 822, Perthes u. B.

– (Übers.), s. Dacier, Joseph: Lobrede auf Klopstock.

— Darstellungen aus Italien. Mit Kpf. 8. Berl. 792. Voß. 1 ₰ 16 gl. Velinp 2 ₰ 8 gl

Meyer, Friedr. Joh. Lor. v., Darstellungen aus Russland's Kaiserstadt u. ihrer Umgegend bis Gross-Nowgorod. Im Sommer 1828. gr. 8. (30 B., 1 Stndr. u. Ttl.- u. Schluss-Vign.) Hamburg 829, [Nestler u. Melle.]

Darstellungen aus Norddeutschland v. [Friedrich Johann Lorenz] Meyer, Domherrn. 1. Ausflug aus Hamburgs Trümmern im Herbst 1814. 2. Sommerreise in Holstein 1815. Mit Kupfern. Hamburg. 1816. 8°.

Meyer, F. J. L., Domherr, Darstellungen aus Norddeutschland. Mit Kupfr. gr. 8. Hamburg, Hoffmann und Campe. 816.

Meyer, Friedr. Joh. Lor., russische Denkmäler. In d. J. 1828 u. 1835 gesammelt. 2 Bde. Petropolis. — Moscovia. gr. 8. (52½ B., M's. Bildn. u. 1 Ttlbild.) Hamburg 837, Perthes-Besser u. Mauke.

— **Friedrich Johann Lorenz** (Hamburg), De dignitatibus in capitulis ecclesiarum cathedralium et collegiatarum. Diss. inaug. Göttingen (J. Chr. Dieterich) 11. V. 1782. 40 S. (4.50) 23207

Fragmente aus Paris im IVten Jahr der französischen Republik. Von Friedrich Johann Lorenz Meyer. Th. [1.] 2. — Hamburg: Bohn 1797. 8°

— Fragmente aus Paris im IV. Jahre der französ. Republik. gr. 8. Hamb. 797. 2e verm. A. 798. (Campe). 3 ₰ Velp. 5 ₰ — Dass. ins Französ. übers. von General Dumouriez. 8. Ebd. 797.

— Fragmente aus Paris im IV. Jahre d. franz. Republik. gr. 8. Hamb. Bohn. 798.

Velinp

— — Fragmente aus Paris. gr. 8. Hamburg. 798. Jetzt Hoffmann u. Campe.

— Klopstocks Gedächtnißfeier 1803. Mit Kpf. gr. 8. u. 4. Hamb. 803. Nestler. 12 gl u. 1 ₰

— Joh. Arnold Günther; ein Lebensgemälde. 8. Hamb. 810. Bohn. (Campe). 1 ₰

– (Hrsg.), s. Günther, Johann Arnold: Erinnerungen aus den deutschen Kriegs-Gegenden ...

– s. Mainz nach der Wiedereinnahme durch die Deutschen im Jahre 1793.

(Meyer, F. J. L.) Mainz nach der Wiedereinnahme durch die Deutschen im Sommer 1793. 8. s. l. 1793. 1.00.

– (Hrsg.), s. Nachrichten, Halbjährliche, von den Verhandlungen und Preisaufgaben der Hamburger Gesellschaft zur Beförderung der Künste und nützlichen Gewerbe.

– (Übers.), s. Pius VI. und sein Pontifikat.

— über Hamburgs Quarantaineanstalten an d. Elbmündung. 8. Hamb. 800.

§ SKIZZEN zu einem Gemälde von Hamburg (von *Friedr. Joh. Lorenz Meyer*). 2 Bde. Hamburg 1800—2. 8°. „1801—2" hat der Cat. d. Provinzial-Bibl. f. Schleswig-Holstein, laut Anon.-Lex. IV. p. 91.

Skizzen zu einem Gemälde von Hamburg. Von dem Verfasser der Darstellungen aus Italien (d. i.: Friedrich Johann Lorenz Meyer.) Bd. 1 - 2. Heft 1 - 6. Hamburg. 1801—1802. 8°.

— Skizzen zu e. Gemälde von Hamburg. 1r Bd. 6 Hfte. Mit Kpf. gr. 8. Hamb. 801—4. Nestler. 4 ₰ 4 gl

— über Telegraphie u. über Errichtung e. telegraph. Correspondenz zwischen Hamburg u. Kuxhaven. gr. 8. Hamb. 798.

– (Hrsg.), s. Verhandlungen und Schriften der Hamburgischen Gesellschaft zur Beförderung der Künste und nützlichen Gewerbe.

v. Meyer, Fr. Jh. Lor., Verzeichniß d. von d. Hamburger Gesellschaft rc. veranstalteten 2n, 3n, 4n u. 5n Ausstellungen v. Kunstwerken, Modellen rc. in d. J. 1791—92, 94 u. 97. gr. 8. Hamb.

— Verzeichniß d. von d. Hamburger Gesellschaft z. Beförderung d. Kunst u. Gewerbe gesammelt. Bücher u. Kunstwerke. gr. 8. Hamb. 790.

– (Übers.), s. Villers, Karl Franz Dominik von: Aufruf an die französischen Offiziere der Armee von Hannover ...

Meyer, Friedrich Karl

Meyer, Friedr. Carl, Bellona Orientalis. Zwölf polit. Hymnen. Nebst einem Schluß-Hymnus Bellona Occidentalis. gr. 8. (X und 286 S.) Braunschweig 859, Vieweg und Sohn. *

geb. *

Meyer, Friedr. Karl, die noch lebenden keltischen Völkerschaften, Sprachen und Litteraturen in ihrer Geschichte und Bedeutung. Vortrag gehalten im wissenschaftl. Verein am 31. Jan. 1863. gr. 8. (51 S.) Berlin 863, Hertz. *

Meyer, Friedrich Ludwig Eduard, s. Meyer, Eduard

Meyer, Friedrich Ludwig Wilhelm (Hrsg.), s. Archiv, Berlinisches, der Zeit und ihres Geschmacks.

– s. Autor, Der. 1784.

— Beiträge, der vaterländ. Bühne gewidmet. (Inhalt: Der Schutzgeist. — Wie gewonnen, so zerronnen. — Der Schriftsteller. — Die Prüfung). 8. Berl. 793. Unger. 1 ℛ

– s. Blendwerk, Das, nach Marmontels fausse magie.

– (Übers.), s. Buchanan, John Lane: Reise durch die westlichen Hebriden während der Jahre 1782-90.

– (Übers.), s. Burg, Die, von Otranto.

– (Übers.), s. Cazotte, Jacques: Biondetta.

– (Übers.?), s. Diderot, Denis: Die Verräter.

– (Übers.), s. Dupaty, Emanuel: Das Soldatengefängnis.

– s.a. Elmine.. 1793.

ELMINE, oder die Blume, die nimmer welkt; nach *(Charles Franç. Philibert) Masson de Blamont* (von Friedr. Ludw. Wilh. Meyer). O. O. u. J. (1793).
Anon.-Lex. II. p. 19 (nach Kayser u. Meusel); ebd. das Original (nach Adelung): Elmine ou la fleur qui ne se flétrit jamais. Berlin 1790.

– s. Freier, Der seltene.

– (Übers.), s. Gabalis, Graf von.

– (Übers.), s. Hamilton, George: Cap. Edwards Reise um die Welt in den Jahren 1790-1792.

– (Übers.), s. Hodge, William: Reisen durch Ostindien während der Jahre 1780-83.

– s. Jeder fege vor seiner Tür.

– s. Imogen.

– s. Kronau und Albertine.

– (Übers.), s. Lecointre, Laurent: Verbrechen, welche sieben Mitglieder des vormaligen Wohlfahrts- und Sicherheitsausschusses begingen.

– s. Marivaux, Pierre Carlet de Chamblain de: Die Versuchung.

– (Übers.), s. Moore, Joh.: Tagebuch während eines Aufenthalts in Frankreich von August bis Dezember 1792.

– s. Prüfung und Frauengeduld.

– s. Rache, Die väterliche.

– s. Reue, Die, vor der Hochzeit.

Meyer, Fr. Ldw. Wlh., Schauspiele. (Enthalt.: Der Abend d. Morgenländers. 10 gℓ — Spiel bringt Gefahr. 10 gℓ — Vertrauen. 4 gℓ — Der Glückswechsel. 4 gℓ — Der Verstorbene, 4 gℓ). 8. Altona 810. Hammerich. 1 ℛ 8 gℓ

– s. Schriftsteller.

Friedr. Ludw. Schröder. Beitrag zur Kunde des Menschen und des Künstlers von F[riedr.] L[udw.] W[ilh.] Meyer. Th. 1. 2. Hamburg: Hoffmann & Campe 1819. 8⁰
1. 404 S.
2. Abth. 1. 2.
1. 416 S.; 2. 260 S.

Meyer, Fr. Ldw. Wlh., Friedr. Ldw. Schröder. Beitrag zur Kunde d. Menschen u. d. Künstlers. 2 Thle. gr. 8. Hamb. 819. Campe. 5 ℛ 12 gℓ N. wohlf. Ausg. 822. 2 ℛ Velp. 3 ℛ

[Dasselbe.] Neue, wohlfeilere Ausg. Hamburg: Campe 1823. 8⁰
cf. Theano. 1821 S. 12—16, 24—25.
Kl. 4078. T. 2, 1 S. 406—413 handelt von der Frmrei u. Schröders Zugehörigkeit zum Bunde.

– s.a. Spiele des Witzes und der Phantasie.

Meyer, Fr., Spiele d. Witzes u. der Phantasie. Mit 1 Vign. 8. Berl. 793. Vieweg in Braunschw. 16 gℓ

– s. Theaterstücke, Neue. 1782.

– s. Treue und Undank.

– (Übers.), s. Übersicht einiger Veranlassungen der französischen Revolution.

– Unterricht für Lehrlinge,
s. Schröder, Friedrich Ludwig

– s. Wie gewonnen, so zerronnen.

HOLSTEIN. — Hexenprocesse in Holstein im 17. Jahrhundert aus Akten .... gezogen (von *Frdr. Marquard Meyer*). O. O. u. J. (1799).
Anon.-Lex. VI. p. 217 (nach Lübker-Schröder).

Meyer, F. M., Menschenverstand. Ueber u. gegen die 95 Thesen des Archidiakonus Harms. Mit Rücksicht auf seine hrsgg. Jubelpredigten. gr. 8. Schlesw. 818. (Koch). 12 gℓ

— üb. u. geg. die 95 Thesen d. Archidiak. Harms. 8. Schlesw. 818.

Meyer, Friedrich Martin Wolfgang, s. Meyer, Wolfgang

Meyer, Friedrich Stephan, s. Meyer, Friedrich

Meyer, Friedrich Theodor, s. Meyer, Friedrich

Meyer, Friedrich Wilhelm

Meyer, F. W., die Berechng. elektrischer Anlagen auf wirtschaftl. Grundlagen. (XIX, 279 S. m. 49 Fig.) 8. Berlin 908. J. Springer. 7.—; geb. in Leinw. n 8. —

Meyer, F[riedrich]W[ilhelm]: Berechnung elektrischer Hochspannungsanlagen auf wirtschaftstheoretischen Grundlagen. Berlin: Springer 1907. 134 S. 8° ¶ Erw. u. d. T.: Die Berechnung elektrischer Anlagen auf wirtschaftlichen Grundlagen. 1908.
Karlsruhe, Dr.-Ing.-Diss. v. 29. 1. 1907

Meyer, F. W., Der Rhein-Leine Kanal und das Projekt des Ems-Hunte-Kanals. Hameln, 1907. 11 S. mit 1 Karte.

Meyer, Friedrich Wilhelm Gottfried August, s. Meyer, Friedrich

Meyer, Friedrich Wolfgang Oskar, s. Meyer, Wolfgang

Meyer, Fritz, Referendar: Das Ausschlagungsrecht der Erbeserben nach § 1952 BGB. Borna-Leipzig 1910: Noske. VIII, 35 S. 8°
Heidelberg, Jur. Diss. v. 20. April 1910, Ref. Heinsheimer
[Geb. 28. März 84 Hamm i. W.; Wohnort: Düsseldorf; Staatsangeh.: Preußen; Vorbildung: Realgymn. Düsseldorf Reife O. 05; Studium: Genf 1, Berlin 2, Bonn 3 S.; Rig. 29. Juli 09.] [U 10. 1944

Meyer, Fritz, die Bauchfelltuberkulose. (Bericht über 101 in den letzten 12 Jahren an der chirurg. Universitätsklinik zur Behandlg. gekommene Fälle u. Ergebnisse der Literatur.) (44 u. 18 S.) gr. 8. Berlin 910. E. Ebering. 1. 50

Meyer, Fritz, approb. Arzt aus Westrup b. Ankum: Aus d. chirurg. Klinik zu Kiel. Ueber die Endresultate der operativen Behandlung tuberkulöser Lymphome. *Kiel 1902: P. Peters.* (31 S.) 8°
Kiel, Med. Diss. v. [5. Juni] 1902

Meyer, Fritz, Führer durch die Violinliteratur. Geschichte der Violine u. des Bogens. Berühmte Geiger u. Geigen, Porträts u. Abbild. Musikal. Aphorismen. Gebräuchlichste Fremdwörter in d. Musik. (XX, 224 S. m. 8 Taf.) 8. Leipzig (910). Bosworth & Co. 2.—; geb. 2. 60

Meyer, F., Jugenderinnerungen e. alten Zürchers, s. a. Neujahrsblatt, 73., zum Besten des Waisenhauses in Zürich.

Meyer, F(ritz). Jugenderinnerungen eines alten Zürchers <1833—1842>. [Illustriert.] IV + 47 S. 4. Zürich, Berichthaus, Komm. Füsi & Beer. 1910. [fr. 3. 60]
Neujahrsblatt auf das Jahr 1910. Zum Besten des Waisenhauses in Zürich.... Stück 73.

Meyer, Fritz, die neuen Justizgesetze für das Deutsche Reich, nebst den Einführungs-Gesetzen. Mit Anmerkungen für den prakt. Gebrauch. I. Civilprozeß-Ordnung. 1.—3. Lfg. gr. 8. (XXXII, S. 1—168 mit 2 Tab. in qu. gr. 4.) Liegnitz 877, Cohn. à Lfg. * *M.* 1. *
Nicht weiter erschienen.

Meyer, Fritz, zur Kenntnis d. Hunsrücks, s. a. Forschungen zur deutschen Landes- u. Volkskunde, Bd. 11.

Meyer, Fritz: Zur Kenntnis des Hunsrücks. M. 1 Kt. *Stuttgart 1898: Union Deutsche Verlagsges.* (34 S. mit Kt.) 8° ¶ (= Forschungen zur deutschen Landes- und Volkskunde, Bd 11 H. 3.)
Giessen, Phil. Diss. v. 1898

Zur Kenntnis des Hunsrücks. Von Dr. Fritz **Meyer** in Gernsheim a. Rh. M. 1 Kt. *Stuttgart: J. Engelhorn 1898.* (34 S., 1 Kt.) 8.
— **Forschungen** z. deutschen Landes- u. Volkskunde. Bd 11. H. 3. [98. 3865

Meyer, Fritz, s.: Schulbibliothek franz. u. engl. Prosaschriften. (Tales and stories from American authors.)

Meyer, Fritz. Die Stände, ihr Leben u. Treiben, dargestellt nach den altfranzös. Artus- u. Abenteuerromanen, s. a. Ausgaben u. Abhandlungen aus dem Gebiete der roman. Philologie.

Meyer, Fritz [aus Neustrelitz]: Die Stände, ihr Leben und Treiben, dargestellt aus den afrz. Artus- und Abenteuerromanen. . . . (Aus: Ausg. u. Abh. a. d. Geb. d. roman. Phil.) Marburg, Druck v. Joh. Hamel, 1888; 2 Bl. + 79 + 1 S. 8°
Marburg, Phil. Fak., Inaug.-Diss. v. [12 Sept.] 1889

Meyer, Fritz, zwei Studien zur neuen Civilproceß-Ordnung. [1. Die Handelsgerichte. — 2. Die Winkeladvokatur.] gr. 8. (32 S.) Liegnitz 876. Cohn. — 75

Tales and stories from American authors. Für d. Schulgebr. hrsg. von Dr. Fritz **Meyer**, Prof., Lübeck. Berlin: Weidmann 1908. (IX, 115 S.) 8°
— **Schulbibliothek** franz. u. engl. Prosaschriften aus d. neueren Zeit. Abt. 2, Bdch. 49. [08. 9301

Meyer, Fritz: Untersuchungen über die Toxicität des Urines und Milzextractes bei Carcinom. *Berlin (1897): G. Schade.* (37 S.) 8°
Berlin, Med. Diss. v. 12. Okt. 1897

Grammatisches Wörterbuch der englischen Sprache von F[ritz] Meyer, Prof., Lübeck. Hannover-List, Berlin: Meyer 1909. IV, 185 S. 8° [10. 9335 7

— dasselbe der französ. Sprache. (IV, 334 S.) kl. 8. Ebd. 910. Geb. in Leinw. 2. 50

Meyer, Fritz: Zusammenstellung der von 1898—1907 in der deutschen ärztlichen Literatur beschriebenen Fälle von Fabrikvergiftungen. Würzburg 1908: Staudenraus. 49 S. 8°
Würzburg, Med. Diss. v. 12. Dez. 1908, Ref. Lehmann
[Geb. 8. Juli 82 Keinheubach; Wohnort: Mainz; Staatsangeh.: Bayern; Vorbildung: Gymn. Würzburg Reife Juli 02; Studium: Würzburg 7, München 3 S.; Coll. 16. Juli 08: Approb. 11. Dez. 07.] [U 09. 4133

Meyer, Fürth, Rechenbuch. 2 Thle. u. Nachtr. 8. Leipz. 810. Fr. Bruder. 2 *ℳ* 6 *𝒢*

Meyer, G., s.a. Meyer, Georg Friedrich Wilhelm

Meyer, G., landwirtschaftl. Baukunde, s.: Schubert.

Meyer, G., über die Bildung v. Helium aus der Radiumemanation, s.: Himstedt, F.

— Enteigng. v. Grundeigent, s. Guttentag's Sammlg.

Meyer, G. (I.), Erinnerungen aus dem Leben und Sterben des seligen Vaters Jobstharde zu Wüsten im Fürstenth. Lippe-Detmold. Für dessen Angehörige und Freunde geschrieben. 8. (47 S.) Düsselthal 870. (Barmen, Buchh. der evangel. Gesellschaft.) *

Meyer, G., Erinnerungen aus dem Leben u. Sterben des sel. Vaters Jobstharde zu Wüsten im Fürstenthum Lippe-Detmold. Für dessen Angehörige u. Freunde geschrieben. Düsselthal 870. (Barmen, Klein.) 8. (47 S.) n. 3 ngr

— De Xenophontis Hellenicorum auctoris in rebus scribendis fide et usu, s. Meyer, Wilhelm

Meyer, G., siehe: *Gartenfreund.*

— G., s. Guttentag's Sammlung.

Meyer, G., Jahresbericht über das gymnastisch-orthopädische Institut zu Wismar. Nebst 1 lith. Taf. (in qu. Fol.) gr. 8. (39 S.) Wismar 851, Hinstorff. 1/6 ℛ

Meyer, G. v., aus mittlern und neuern Jahrhunderten. Histor. Vorträge und Aufsätze. X und 259 S. 8. Zürich, F. Schulthess. 1876. 5. —

Meyer, G. [Dr., Assist. am physik. Inst.]: Ueber die electromotorischen Kräfte zwischen Glas und Amalgamen. . . . (Aus: Annalen d. Phys. u. Chem. N. F. Bd. 40.) Leipzig, Johann Ambrosius Barth, 1890; 29 S. 8°
Freiburg i. B., Phil. Fak., Hab.-Schr. v. 1890

Meyer, G., Lehrbuch der schönen Gartenkunst. Mit besonderer Rücksicht auf die praktische Ausführung von Garten, Parkanlagen u. s. w. bearb. Berlin 860. Riegel's Verlag. (Ernst & Korn.) Fol. (224 Sp. mit Holzschn. u. 24 lith. Taf.) n. 6 ℛ 20 ngr

Meyer, G. Lehrbuch der schönen Gartenkunst. Mit besonderer Rücksicht auf die praktische Ausführung von Gärten und Parkanlagen. Mit 24 Tafeln. Berlin 1862. Fol.

Meyer, G. (H.), Lehrbuch der schönen Gartenkunst. Mit besond. Rücksicht auf die prakt. Ausführung von Gärten und Parkanlagen. 2. verm. und verb. Aufl. gr. Fol. (VIII, 251 S. mit 96 eingedr. Holzschn. und 25 chromolithogr. und lithogr. Taf.) Berlin 873, Ernst und Korn. *

Meyer, G., Lehrbuch d. schönen Gartenkunst. Mit bes. Rücksicht auf d. prakt. Ausführg. v. Gärten u. Parkanlagen. 3., durchges. Aufl. gr. Fol. (VIII S. u. 252 Sp. m. 96 Holzschn. u. 26 z. Tl. farb. Taf.) Berlin 895. W. Ernst & Sohn. Kart. n. 26. —

Meyer, G., Lehrbuch der schönen Gartenkunst, Ergänzg., s.: Bertram, M., die Technik der Gartenkunst.

Meyer, G. Panorama vom Rigi-Kulm, in Farbendruck (15 Farben) ausgeführt von d. lithographischen Kunstanstalt von C. Knüsli in Zürich. Länge: 20 M. 20, Höhe: 23 Cm. ohne Rand. Zürich, J. Wurster & Cie. 1879.
In Carton-Kapsel gerollt 10 —

Meyer, G., der Pferdestall, s.: Thaer-Bibliothek. (Engel, Frdr.)

Meyer, (G.,) gemeinnütz. Rechenknecht, od. Hülfs-Buch bei d. Ein- u. Verkauf ꝛc. 2c m. Interesse-Tab. v. Aufl. 8. Leipz., Lauffer.

Meyer, G., gemeinnütziger Rechenknecht, od. sicheres Hülfsbuch beym Ein- u. Verkauf zum Gebrauch f. Jedermann, besonders aber für Hausfrauen, Oekonomen ꝛc. 2te Aufl. 8. Leipzig, Lauffer. 820.

Meyer, G. (H.), das Rechnen in den untern Klassen der Elementarschule. 1. und 2. Heft. 8. (IV und 54 S.) Schaffhausen 858, Schalch. à Heft * 2⅓ Ngr. *

Meyer, G., Sachregister, s.: Annalen d. Physik u. Chemie.

[F.] Sammlung der für d. Stadtkreis Hagen u. d. Amt Hagen erlassenen Lokal-Polizei-Verordnungen u. Orts-Statute, sowie der damit im Zusammenhang stehenden Gesetze u. Regierungs-Polizei-Verordnungen. Zsgest. v. G. Meyer. *Hagen i. W.: Selbstr. 1896.* (1 Bl., x, 275 S.) 1 Bd 8.
[97. 7531 Mr

Meyer, G., Sammlung auserles. Recepte, s. Wenzel, K.

Meyer, G. Die Schuld der deutschen Landwirthschaft an niedrigen Getreidepreisen durch Erzeugung minderwerthiger Getreidearten. Berlin 1897.

Meyer, G., Taschenbuch d. neuesten ärztlichen Erfahrungen aus allen Zweigen d. Arzneiwissenschaft. 3. Bdchn. gr. 12. Nördlingen, Beck'sche Buchh. [1. (4½ B.) 842. 15 Ngr., 2. (6⅚ B.) 44. 20 Ngr., 3. (6⅔ B.) 46. 18 Ngr.]

Meyer, G., Taschenbuch der neuesten ärztlichen Erfahrungen aus allen Zweigen der Arzneiwissenschaft. 4. Bdchn. gr. 8. (292 S.) Nördlingen 849, Beck. 1⅙ ℛ (1—4: 2 ℛ 28 ngr Herabges. Pr. 1⅙ ℛ)

Meyer, G., erdmagnetische Untersuchgn. im Kaiserstuhl. gr. 8. (40 S. m. 4 Taf.) Freiburg i/B. (902). (Tübingen, J. C. B. Mohr.) n. 3. —
Sonderabdruck aus: „Berichte der naturforsch. Gesellsch. zu Freiburg i. B."

Meyer (G.), Die geologischen Verhältnisse der Umgebung von Dahme (Mark) und ihre Beziehungen zur Landwirtschaft. Beiträge zur geol. agronom. Untersuchung des östlichen Flämings. (Beilage zum Jahresbericht der Landwirtschaftsschule zu Dahme über das Schuljahr 1901/1902.) Berlin 1902. 8. Mit 1 geolog.-agronom. Karte u. Abb. im Text.

Meyer, G., der Viehstall, s.: Engel, F.

— Der Viehstall, s.: Thaer-Bibliothek. (Engel, Frdr.)

Meyer, G. A., Kurze Angaben über die Bergwerksgesellschaft Hibernia zu Herne in Westfalen und die von ihr auf der Weltausstellung in Lüttich 1905 ausgestellten Gegenstände. Organisation des Rettungswesens unter besonderer Berücksichtigung der auf der Zeche Shamrock I, II neuerdings ausgeführten Versuche. Vortrag, gehalten auf dem Internationalen Kongreß für Berg-, Hütten-, Maschinenwesen und Geologie in Lüttich vom 25. Juni bis 1. Juli 1905. Essen-Ruhr, 1905. 28 S. mit 9 Abb.

Meyer, G. A., Die jüngste Entwicklung der Atmungsapparate unter besonderer Berücksichtigung der auf der Zeche Shamrock I, II neuerdings ausgeführten Versuche. Bericht, erstattet an das Königliche Oberbergamt zu Dortmund. Essen-Ruhr, 1905. 40 S. mit 37 Abb.

Meyer, G. A., und F. Hagemann, Entwurf einer Anweisung zur Einrichtung und Unterhaltung von Grubenwehren. Bearb. im April 1908 auf Grund der im Juni 1899 erschienenen Anweisung zur Einrichtung und Unterhaltung von Rettungstruppen für die Zechen der Bergwerksgesellschaft Hibernia von G. A. Meyer. Berlin, 1908. 36 S.

Meyer, G. C., s. Meyer, Georg Konrad

Meyer, G. F., s.a. Meier, Georg Friedrich

– s.a. Meyer, Gustav Ferdinand

– s.a. Meyer, Gustav Friedrich

Meyer, G. F., Deutschlands Zukunft oder Niemand kann zwei Herrn dienen. Betrachtung, veranlaßt durch die Wahl des Ministers Gagern (beziehungsweise zum „prov. Präsidenten") und anderer Minister zu Abgeordneten, an den verfassungschaffenden Volkstag in Frankfurt; gleichzeitig zur Beherzigung aller Mitgewählten. Worms, Rahke. 1848. 16 S. 8°.

Meyer, G. Fr., s.a. Meier, Georg Friedrich

Meyer, G. Fr., zur Geschichte der Zuckerfabrikation. (25 Jahre ohne Knochenkohle.) (VIII, 116 S. m. 35 Abb.) gr. 8. Braunschweig 905. E. Appelhans & Co. n. 4. —

Meyer, G. Fr., unter d. rothen Kreuz. Erlebn. im Feldzuge 1870/71. M. d. Abb. d. Lazareth-Stationen in d. Schule v. Donchery, in d. Post zu Rethel, d. Gräber d. Officiere d. 2., 3. u. 4. Garde-Regiments zu St. Marie aux Chênes u. d. Dorfes Annêt vor Paris. gr. 8. (23 S.) Braunschweig 895. (A. Hafferburg.) — 75

Meyer, G. K. F., Gesänge üb. die Evangelien u. Episteln des ganzen Jahrs, zur Beförder. d. häusl. Andacht. 8. Braunschw. 788. Schulbuchh. 1 ß

— — Vgl. Meier

Meyer, G. L. (Red.), s. Zeitschrift des schweizerischen Gartenbauvereins.

Meyer, G. M., G. F. Handel. Eine biographische Charakteristik. Berlin 857. Trautwein'sche Buchhdlg. 8. (IV, 62 S.) 12 ngr.

Meyer, Gabriel. G' Meyers des Stadtschreibers zu Aarau Berichte über die Einführung der Reformation in Aarau und die beiden Kappelerkriege. [Mitgeteilt] Von Dr. jur. Walther Merz. 4. Lenzburg 1894.
Beilage zum „Monatsblatt der evangelisch-reformierten Landeskirche des Kantons Aargau".

Meyer, Georg [wirkl. Name], s. Bendler, Georg [Pseud.]

Meyer, Georg, s.a. Meyer, Georg Hermann von

Meyer, Geo., s.: Abhandlungen, staats- u. völkerrechtl.

Meyer, Georg, Dr.: Der Ablaut im Altenglischen. *Anklam 1903: R. Poettcke Nachf.* (40 S.) 8° [F.]
Anklam, G, OP 1903 (154)

Meyer, Georg. Ueber einige künstliche und natürliche Alkaloide. Kiel, 1880.

Meyer, Geo., als deutscher Seecadett um die Welt. 8 (116 S.) Berlin 893. E. Rentzel. n. 1. —

Meyer, Geo., prakt. Anleitg. zur Erlerng. der doppelt. u. einfach. Buchführg. f. Handelsschulen, Kaufleute, Handwerker u. Gewerbetreibende. gr. 8. (52 S.) Braunschweig 901. Theye & Bode. n. 1. —

Meyer, Geo., der Antheil der Reichsorgane an der Reichsgesetzgebung. [Aus: „Festgabe der jurist. Facultät in Jena zum 50jähr. Doctorjubiläum Rud. v. Gneist's".] gr. 8. (98 S.) Jena 889. Fischer. n. 2. 40

Meyer, Geo., s.: Archiv f. gerichtliche Schriftuntersuchungen u. verwandte Gebiete.

Meyer, Geo., Aufgaben f. den Rechen-Unterricht, s.: Buchenau, F.

Meyer, Georg, Arzt aus Linden, Bez. Breslau: Die Behandlung der Oberschenkelbrüche mit frühzeitigen Bewegungen. *Greifswald 1904: H. Adler.* (37 S.) 8°
Greifswald, Med. Diss. v. 15. März 1904

Meyer, Geo. (III.), Beitrag zur Kenntniss des Culm in den südlichen Vogesen, s. Abhandlungen zur geologischen Specialkarte von Elsass-Lothringen.

Meyer, Georg [aus Bad Rehburg in Hannover]: Weitere Beiträge zur Kenntnis der Krystallisation des Serumeiweisses ... Würzburg, F. Scheiner, kgl. bayer. Hoflief., 1896; 30 S. 8.
Würzburg, Med. Fak., Inaug.-Diss. v. 1896

Meyer, Geo. (IV.), s. Benfey, Thdr. Kleinere Schriften. Register.

*[Meyer, Georg Wilhelm]: Bericht über die am 23. November 1907 an der Klosterschule zu Ilfeld gehaltene Erinnerungsfeier an jüngst verstorbene frühere Angehörige der Anstalt. 1907. [Nachwort von von [Rudolf] Mücke. 1908.] 54 S. 8.
S. 40ff. Verzeichnis der Verstorbenen, deren Nekrologe in den Jahren 1899—1906 verlesen sind.
Progr.

— G[eorg], Ueber die Bestimmung der mittleren Anomalie in Ellipsen und Hyperbeln, deren Excentricität der Einheit sehr nahe kommt. (Mittheil. nach Vorlesungen von W. Klinkerfues.) Freiburg 1887.

Über die Beziehungen des adenoiden Gewebes zu bösartigen Geschwülsten. Von Georg **Meyer**, Gotha. *Leipzig: Breitkopf & Härtel 1903.* (24 S.) 8° — Sammlung klinischer Vorträge. N. F. No 359. [03. 2964

Meyer, Georg: Ein geplanter Bibliotheksbau für das Pädagogium Ilfeld 1780. Göttingen 1908: Hofer. S. 3—28. 4°
Ilfeld, k. Kloster-S OP 1908 (399) [S 08. 311

Meyer, Georg: Christian Gottlob Heynes Briefwechsel mit Johannes v. Müller über Ilfeld. Göttingen 1910: Hofer. S. 1—44. 4°
Ilfeld, k. Kloster-S OP 1910 (420) [S 10. 292

Meyer, Georg [Dr.]: Über periodische Dezimalbrüche. Bremen, A. Guthe, Buchdr., 1896; 28 S. 8.
Bremen, R beim Doventhor, OP 1896 (741)

Meyer, Georg: Ueber die Entstehung und Ausbildung des allgemeinen Stimmrechts. ([Enthält ausserdem:] Chronik der Universität.) *Heidelberg 1897: J. Hörning.* (45 S.) 4°
Heidelberg, Rede am Geburtstage d. Grossherzogs Karl Friedrich am 22. Nov. 1897

Meyer, Geo., die soziale Entwickelung d. Menschengeschlechtes. Vortrag. gr. 8. (18 S.) Straßburg i/E. 890. Heitz. n. — 30

— Erdkunde, Geographie u. Geologie, ihre Beziehungen zu einander u. zu anderen Wissenschaften. gr. 8. (23 S.) Ebd. 889. n. — 50

Meyer, Geo., staatsrechtliche Erörterungen über die deutsche Reichsverfassung. gr. 8. (V, 82 S.) Leipzig 872, Serig'sche Buchh. *

MEYER, Georg (Hannover): Ein Fall von Mischgeschwulst beider Nieren.- München: Kastner & Callwey 1910. 37 S.
26.11.1910 - Chr 1910/11,24; U 11.3692
Diss. Ingolst.-Landsh.-Mchn.

Meyer, Georg: Die Franzosen im Kloster Ilfeld nach der Schlacht bei Jena. Göttingen 1909: Hofer. S. 3—28. 4°
Ilfeld, k. Kloster-S OP 1909 (415) [S 09. 323

Meyer, landwirtschaftliche Geflügelzucht, s.a. Arbeiten der Landwirtschaftskammer f. die Prov. Ostpreußen. Nr. 25.

Landwirtschaftliche Geflügelzucht von [Georg] Meyer, Geflügelzucht-Instruktor. Königsberg i. Pr.: Gräfe & Unzer 1909. 16 S. 8°
(Arbeiten d. Landwirtschaftskammer f. d. Provinz Ostpreußen. Nr 25.)

[F.] Das starke Geschlecht. Zwei Novellen v. Georg Bendler [d. i. Georg **Meyer**]. *Berlin: F. Fontane & C. 1898.* (2 Bl., 262 S., 1 Bl.) 1 Bd 8. [98. 6631

— d. Gesetze betr. Beschlagnahme von Lohnforderungen. Text m. Anmkgn. Berlin 900.

Meyer, Geo., die wissenschaftl. Grundlagen der Graphologie. gr. 8. (81 S. m. 31 Taf.) Jena 901. G. Fischer. n. 5. —

Meyer, G., Grundzüge des norddeutschen Bundesrechtes. Leipzig 868. Serig. gr. 8. (VIII, 180 S.) n. 1 ß

Meyer, Geo. (II.), Grundzüge des Eisenbahn-Maschinenbaues. 1. und 2. Thl. gr. 8. Berlin 883, Ernst und Korn. à Thl. *ℳ 9,50. *

Inhalt:

Thl. 1. Die Lokomotiven. (XI, 354 S. mit 473 eingedr. Holzschn. und 3 lithogr. Taf.)

» 2. Die Eisenbahnwagen. (XIII, 326 S. mit 433 eingedr. Holzschn. und 4 lithogr. Taf.)

Meyer, Geo. (II.), Grundzüge des Eisenbahn-Maschinenbaues. 3. (Schluss-)Thl.: Gleiskreuzungen, Ausweichungen, Centralisirung und Sicherung von Weichen und Signalen, Drehscheiben, Schiebebühnen, mechan. Anlagen der Wasserstationen. gr. 8. (XII, 347 S. mit 650 Holzschn.) Berlin 886, Ernst und Korn. *

1. und 2. Thl. Ebendas. 1883. à *ℳ 9.50.

Meyer, Geo. (II.). Grundzüge d. Eisenbahn-Maschinenbaues. 4. Thl.: Betriebsmittel f. Nebenbahnen, Kleinbahnen u. a. neuere Transport-Einrichtgn. gr. 8. (XIII, 377 S. m. 410 Holzschn.) Berl. 892, Ernst u. Sohn. * 9 50

1.—3. Thl. Ebd. 1883 -86. à * 9 50.

Meyer, Georg, Referendar: Haftung des Vertreters ohne Vertretungsmacht aus dem Vertragsschlusse nach gemeinem Recht und Bürgerlichem Gesetzbuch. Berlin 1905: W. Pilz. (IX, 58 S.) 8°

Rostock, Jur. Fak., Ref. Bernhöft, Diss. v. 5. März 1905

[Geb. 27. Nov. 82 Frankfurt a. O.; Wohnort: Mittelwalde, Schlesien; Staatsangeh.: Preußen; Vorbildung: Gymn. Glatz i. Schl. Reife O. 01; Studium: Freiburg i. B. 1, München 1, Heidelberg 1, Berlin 1, Breslau 2 S.; Rig. 7. Febr. 05.]

Die Hebammengesetze in Preußen. Gesetze, Verordnungen u. Entscheidungen f. d. prakt. Gebr. zsgest. von Georg **Meyer**, Rechtsanw. in Halle. Halle a. S.: Waisenhaus 1907 (1906). (73 S.) 8° 1.6. 13306

Meyer, Georg (geb. am 2 März 1856 in Königsberg Pr.): Der mitteldevonische Kalk von Paffrath ... Bonn, Univ.-Buchdr. v. C. Georgi 1879. 75 S., 1 Bl. 8.

Bonn, Phil. Fak., Diss. v. 15 Mai 1880

Meyer, Georg [aus Griesen]: Die Karier, eine ethnographisch-linguistische Untersuchung .... Göttingen, Druck d. Univ.-Buchdr. v. E. A. Huth, 1885: 4 + 28 S. 8°.

Königsberg, Phil. Fak., Inaug.-Diss. v. 5. Nov. 1885.

Meyer, Geo. (IV.), die Karier, eine ethnographisch-linguist. Untersuchung. Inaugural-Dissertation. gr. 8. (26 S.) Göttingen 885. (Königsberg i. Pr., Koch's Antiqu.) **

Meyer, Georg [app. Arzt aus Berlin]: Zur Kenntniss der spontanen Herzruptur (Aus d. patholog. Institut zu München.) ... Leipzig, Druck v. J. B. Hirschfeld, 1888; 32 S. 8°

München, Med. Fak., Inaug.-Diss. v. 1888

— die Korallen d. Doggers v. Elsass-Lothringen, s.: Abhandlungen zur geologischen Specialkarte v. Elsass-Lothringen.

—— rugose Korallen als ost- und westpreussische Diluvialgeschiebe. gr. 4. (15 S. mit 1 lithogr. Taf.) Königsberg 881. (Berlin, Friedländer und Sohn.) *

Aus: Schriften der physikalisch-ökonom. Gesellschaft zu Königsberg, besonders abgedruckt.

Meyer, Geo., s.: Kunstdenkmäler, die, der Prov. Hannover.

Meyer, Geo., Die Lebenstragödie eines Arbeiters. Mit einem Vorwort von Adf. Levenstein. 8⁰. Berlin, Morgen-Verlag, 1909.

Meyer, Geo., die Lebenstragödie e. Tagelöhners. (Mit Vorwort v. Adf. Levenstein.) (173 S.) 8. Berlin (909). E. Frowein. 2.50

Meyer, Geo., Lehrbuch des deutschen Staatsrechtes. gr.8. (X, 640 S.) Leipzig 878. Duncker & Humblot. n. 12.—

Meyer, Geo., Lehrbuch d. deutschen Staatsrechts. 2. Aufl. gr. 8. (IX, 725 S.) Leipzig 885. Duncker & Humblot. n 13. —

—— Lehrbuch d. deutschen Staatsrechts. 3. Aufl. gr. 8. (IX, 734 S.) Lpz. 891, Duncker u. Humblot. * 14 —; geb. * 16 —

— Lehrbuch d. deutschen Staatsrechtes. 4. Aufl. gr. 8. (XII, 772 S.) Leipzig 895. Duncker & Humblot. n. 14. —; geb. n. 16. —

— Lehrbuch des deutschen Staatsrechtes. 5. Aufl. gr. 8. (XII, 813 S.) Leipzig 899. Duncker & Humblot. n. 15. —; geb. n. 17. —

— Lehrbuch des deutschen Staatsrechtes. Nach dem Tode des Verf. in 6. Aufl. bearb. v. Gerh. Anschütz. (XII, 893 S.) Lex.-8. Leipzig 905. Duncker & Humblot. n. 16. 60; geb. n. 19. —

Meyer, Geo. (I.), Lehrbuch des deutschen Verwaltungsrechtes. Im Anschluss an das Lehrbuch des deutschen Staatsrechtes von demselben Verf. bearb. 2 Thle. gr. 8. Leipzig, Duncker und Humblot.

Inhalt:

Thl. 1. Allgemeine Lehren. Innere Verwaltung. (XIII, 575 S.) 883. *ℳ 12.

» 2. Auswärtige Verwaltung. Militärverwaltung. Finanzverwaltung. Mit einem alphabet. Sachregister über Thl. 1 und 2. (IX, 395 S.) 884. *ℳ 8.

— Lehrbuch des deutschen Verwaltungsrechtes. Im Anschluss an das Lehrbuch des deutschen Staatsrechtes v. demselben Verf. bearb. 2. Aufl. 2 Tle. gr. 8. Ebd. n. 22. —; geb. in Halbfrz. n. 26. —

1. Allgemeine Lehren. Innere Verwaltung. (XIV, 669 S.) 893. n. 14 —; geb. n. 16. —

2. Auswärtige Verwaltung. Militärverwaltung. Finanzverwaltung. Mit e. alphabet. Sachregister üb. Tl. I u. II. (IX 429 S.) 894. n. 8. —; geb. n 10. —

— Lehrbuch des deutschen Verwaltungsrechtes. Nach dem Tode des Verf. in 3. Aufl. bearb. v. Frz. Dochow. (XIV, 762 S.) gr. 8. Leipzig 910. Duncker & Humblot. 17.40; in Halbldr. 20. —

—: Nachträge und Berichtigungen zu den Programmen von 1903 bis 1905. S. 90—91. 4. — Nachträge und Berichtigungen zu dem 1906 erschienenen Verzeichnis ... S. 47—48. 4.
Progr. Kgl. Klosterschule *Ilfeld* 1906 (378). 1908 (399)

—: Nachträge zu den Programmen von 1903. 1906 und 1908. S. 47—48. 4. Progr. Kgl. Klosterschule *Ilfeld* 1909 (415).

— Nachträge zu den Programmen von 1903 und 1906. S. 61—62. 4.
Progr. Kgl. Klosterschule *Ilfeld* 1910 (420)

Meyer, Geo., quibus temporibus Thucydides historiae suae partes scripserit. Dissertatio inauguralis philologica. gr. 4. (25 S.) Nordhusae 880. (Jena, Deistung.) n. — 60

Meyer, Georg Quo tempore Thucydides historiae suae partes scripserit 25 S. Progr. *Ilfeld* 1880.

— das Recht der Beschlagnahme v. Lohn- u. Gehaltsforderungen, s. a. Guttentag's Sammlung deutscher Reichsgesetze. Nr. 55.

Meyer, Ge.: Das Recht der Beschlagnahme von Lohn- u. Gehaltsforderungen. Auf Grundlage der Reichsgesetze vom 21. Juni 1869 u. 29. März 1897 u. der Civilprozeßordnung mit Einl. u. Anm. dargestellt. Berlin 1900.
(Guttentag'sche Sammlung Dt. Reichsgesetze. Nr 55.)

Meyer, G., Das Recht der Beschlagnahme von Lohn- und Gehaltsforderungen. Auf Grundlage der Reichsgesetze vom 21. Juni 1869 und 29. März 1897 und der Zivilprozeßordnung mit Einleitung, Anmerkungen und Sachregister dargestellt. 2. Aufl. Berlin, 1904. 159 S.

Das Recht der Beschlagnahme von Lohn- und Gehaltsforderungen. Auf Grundlage d. Reichsgesetze v. 21. Juni 1869 u. 29. März 1897 u. d. Zivilprozeßordnung mit Einl., Anm. u. Sachreg. dargest. von Georg Meyer, Rechtsanw., Berlin. 2. verm. Aufl. Berlin: J. Guttentag 1905. (159 S.) 8° [F.]
— Sammlung, Guttentag'sche, Deutscher Reichsgesetze. No 55.

— — 3. Aufl. Ebd. 1908.

Meyer G, das Recht der Beschlagnahme von Lohn- u Gehaltsforderungen. 4. Aufl. (202 S) (Guttentag 55) 16° Berlin 1910

— das Recht der Expropriation. Ebend. 868. gr. 8. (VIII, 334 S.) n. 1 Rthlr 20 ngr.

Rede bei der Gedächtniß-Feier für weiland Seine Majestät den in Gott ruhenden Kaiser und König Friedrich in der Aula der Königlichen Technischen Hochschule zu Berlin am 30. Juni 1888 geh. von dem zeitigen Rektor Georg Meyer. 1888. 12 S. 4°

Rede bei der Gedächtniß-Feier für weiland Seine Majestät den in Gott ruhenden Kaiser und König Wilhelm in der Aula der Königlichen Technischen Hochschule zu Berlin am 22. März 1888 von dem zeitigen Rektor Georg Meyer. 1888. 15 S. 4°

— die Reichsgründg. u. das Grossherzogt. Baden, s. a. Festgabe zur Feier d. 70. Geburtstages d. Grossherzogs Friedrich v. Baden.

Meyer, Georg. Die Reichsgründung und das Grossherzogthum Baden. 8. Heidelberg 1896.

—— die Reorganisation der Innungen. Vortrag, gehalten im Gewerbeverein zu Jena. gr. 8. (16 S.) Jena 879, Neuenhahn. **

Meyer, G[eorg]. Schulgesetz und Schulreform. (Korreferat von G. M' ... [gehalten an der Kantonal-Lehrerkonferenz des Kantons Schaffhausen 1910]. 26 S. 8. [Schaffhausen, H. Meier & Cie., 1910.]

Meyer, Geo., der Schutz der Waarenbezeichnungen nach dem Reichsgesetze vom 12. Mai 1894. Für die Bedürfnisse der Gewerbetreibenden, sowie der Patent- u. Rechtsanwälte dargestellt. 8. (VIII, 64 S.) Berlin 894. J. J. Heine. n. 1. —

Meyer, Georg: Über die Schwankungen in dem Bedarf an Handarbeit in der deutschen Landwirtschaft und die Möglichkeit ihrer Ausgleichung ... Jena, G. Fischer, *1893*; 2 Bl., 100 S. 8.
Jena, Phil. Fak., Inaug.-Diss. v. 1893

— Ueber die Schwankungen in dem Bedarf an Handarbeit in der deutschen Landwirtschaft und die Möglichkeit ihrer Ausgleichung. (Staatswiss. Studien, Bd. 5, Heft 1.) gr. 8°. Jena, G. Fischer, 1893.

— Dass., s.a. Studien, Staatswissenschaftliche.

Meyer, Georg [aus Hannover]: Ueber Spätentwickelung Imbeziller ... München, Buchdr. Kastner & Lossen, 1896; 1 Bl., 44 S. 8.
München, Med. Fak., Inaug.-Diss. v. 1896

— d. Staat u. d. erworb. Rechte, s. a. Abhandlungen, staats- u. völkerrechtl.

Meyer, Georg: Der Staat und die erworbenen Rechte. Leipzig 1895.

— das Staatsrecht d. Großherzogth. Sachsen-Weimar-Eisenach, s.: Handbuch d. öffentlichen Rechts der Gegenwart. Bd. 3. Halbbd. 2. Abth. 2.

Meyer, Georg [Dr.]: Der gegenwärtige Stand der Thukydideischen Frage. Nordhausen, Druck v. C. Kirchner's Buchdr. (Inh.: F. C. Schmülling), 1889; S. 1—42; 4°
Ilfeld, k. Kloster-S, OP 1889 (297)

— die staatsrechtliche Stellung der deutschen Schutzgebiete. gr. 8. (VI, 233 S.) Leipzig 888. Duncker & Humblot. n. 5. —

—— das Studium des öffentlichen Rechtes und der Staatswissenschaften in Deutschland. Akademische Antrittsrede. gr. 8. (30 S.) Jena 875, [Dufft.] Fischer. *

Meyer, Geo., zur Theorie der quadratischen u. kubischen Reste. Inaugural-Dissertation. gr. 8. (49 S.) Greifswald 879. (Göttingen, Vandenhoeck & Ruprecht.) n. 1. —

Meyer, Georg, Prof. Dr.: Der Um- und Neubau des Klosters Ilfeld 1859—1884. Göttingen 1904: L. Hofer. (S. 1—14.) 4°
Ilfeld, k. Klosterschule OP 1904 (362)

—— Ueber den Unterschied zwischen Naturgesetz u. Sittengesetz. Gedanken üb. die Stellg. d. Menschen in der Natur. gr. 8. (34 S.) Straßb. i. E. 891, Heitz. * — 60

Meyer, Georg [aus Starkenbach]: Ueber die thermische Veränderlichkeit des Daniellschen Elements und des Accumulators .... Leipzig, Druck v. Metzger & Wittig, 1888; 27 + 1 S. u. 1 Taf. 8°
Göttingen, Phil. Fak., Inaug.-Diss. v. 26. Jul. 1887

Meyer, Geo., üb. die thermische Veränderlichkeit d. Daniell'schen Elements u. d. Accumulators. Inaug.-Diss. gr. 8. (27 S. m. 1 Taf.) Leipzig 888. (Göttingen, Vandenhoeck & Ruprecht's Verl.) n. 1. —

Meyer, Geo. (I.), die Verleihung des Königsbannes und das Dingen bei markgräflicher Huld. gr. 8. (46 S.) Jena 881, Fischer. *

Meyer, Georg [Wilhelm]: Verzeichnis der Ilfelder Lehrer und Schüler von Ostern 1853 bis Ostern 1903. S. 3—71, 2 Taf. Abb. 4. Nachträge S. 50. 4. S. 45—46. 4.
Progr. Kgl. Klosterschule *Ilfeld* 1903 (358). 1905 (364). 1907 (380)

Meyer, Georg, Prof. Dr.: Verzeichnis der Lehrer und Schüler des Ilfelder Pädagogiums von 1800 bis vor Ostern 1853. Göttingen 1906: L. Hofer. (S. 3—71.) 4°
Ilfeld, k. Kloster-S OP 1906 (378)

Meyer, Georg, von Wilchingen [Kt. Schaffhausen]: Über das V o r k o m m e n des Leberzuckers in Krankheiten. [S. A. aus: Untersuchungen zur Naturlehre des Menschen und der Thiere; herausgegeben von Jac. Moleschott. Bd IV. S. 178-212. Frkf. a. M.: Meidinger 1858]. Frkf. a. M. 1858: Osterrieth. 39 S. 8°
Zürich, Med. Diss. v. 10. März 1858.

M e y e r, Georg. Das parlamentarische Wahlrecht von Georg Meyer. Nach des Verfassers Tode hrg. von Georg Jellinek. VIII + 736 S. 8. Berlin, O. Haering (*Umschlag:* Wien, Manz), 1901. [M. 16. —]

Meyer, Georg [Dr.]: Wann hat Kleon den thrakischen Feldzug begonnen? *Nordhausen, C. Kirchners Buchdr., 1896;* 1—13 S. 8.
Ilfeld, k. Kloster-S, Festschr. 1896

Meyer, Geo., wann hat Kleon d. thrakischen Feldzug begonnen? [Aus: „Festschrift z. Feier d. 350jähr. Bestehens d. kgl. Klosterschule Ilfeld".] gr. 8. (15 S.) Nordhausen 896. (Leipzig, Buchh. G. Fock.) n. — 40

Meyer, Geo., Weichen u. Kreuzungen, s.: Loewe, Ferd.

Meyer, G., über Wundheilung u. Wundbehandlung, s.: Sammlung klinischer Vorträge, Nr. 416.

Über Wundheilung und Wundbehandlung von G[eorg] **Meyer,** Gotha. Leipzig: Breitkopf & Härtel 1906. (19 S.) 8°
— **Sammlung** klinischer Vorträge. N. F. No 416. [16. 4908

Meyer, Georg August, s. M e y e r, Georg

Meyer, Georg C., a. Erlach (Bayern): Über den Aminoäthyläther und Methylaminoäthyläther. Jena 1904: H. Costenoble. (36 S.) 8°
Jena, Phil. Fak., Ref. Knorr, Diss. v. 12. Juli 1905
[Geb. 10. Sept. 77 Erlach, Bez. Ochsenfurt; Wohnort: Erlach; Staatsangeh.: Bayern; Vorbildung: Neues human. Gymn. Würzburg Reife Juli 98; Studium: Würzburg 4, Genf 1, Jena 3 S.; Rig. 15. Juli 04.]

Meyer, Georg Carl, s. M e y e r, Georg Karl

Meyer, Georg Chr. Ludwig

— Predigt unter freiem Himmel zu Burgdorf gehalten am ersten Sonntage nach d. Brande. Nebst e. kurz. Beschreib. desselben. gr. 8. Hannov. 809. Hahn. 2 gr

Meyer, Geo. Chr. Ldw., über d. Tod f. die Brüder, Charaktergüte, künftige Erndte u. Hoffnung. 8. Hannov. 795. Hahn. 8 gr

— **Georg Christian** (Lüneburg), De indole unionis prolium genuina. Diss. jur. Präs. Georg Heinrich Ayrer. Göttingen (E. Luzac) 1. V. 1756. 28 S. (4.—) 23209
Gew.: August Wilhelm von Schwicheldt.

Meyer, Geo. Frdr., Worms u. Rom oder lose Denkmal-Kränze. Eine größtentheils kurz vor dem fünfwöchentl. unseligen Bürgerkrieg zum Abschluß gekommene Dichtung. Zürich 868. (Mannheim, Bensheimer.) gr. 8. (III, 189 S.) n. 28 ngr.

Meyer, Georg Friedrich Wilhelm: B e i t r ä g e zur chorographischen Kenntniss des Flussgebiets der Innerste in den Fürstenthümern Grubenhagen und Hildesheim, mit bes. Rücks. auf die Veränderungen, die durch diesen Strom in der Beschaffenheit des Bodens ... bewirkt worden sind. Th. 1. 2. Göttingen 1822: (Herbst). 8°
[Nebent.:] Meyer: Die Verheerungen der Innerste im Fürstenthume Hildesheim. Eine von d. kgl. Soc. d. Wiss. in Göttingen gekrönte Preisschr. (= Meyer: Flora des Königr. Hannover. Anl. 1.)

Meyer, Geo. Fr. Wlh., Beitrr. zur chorograph. Kenntniß des Flußgebiets der Innerste in d. Fürstenth. Grubenhagen u. Hildesheim, mit besond. Rücksicht auf die Veränderungen, die durch diesen Strom in der Beschaffenheit d. Bodens u. in der Vegetation bewirkt worden sind. Mit 1 ill. Kpf. u. 1 Taf. in Steindr. 2 Thle. gr. 8. Götting. 822. (Vandenhöck u. R.) 3 ß 4 gr

M e y e r, Geo. Friedr. Wilh., **Chloris Hanoverana,** od. nach d. natürl. **Familien** geordn. **Uebersicht der im Königr. Hannover wildwachs. sichtbar blühenden Gewächse u. Farn, nebst e. Zusammenstellung ders.** nach ihrer Benutz. im Haushalte, in d. landwirthschaftl. Gewerben u. in d. Künsten. gr. 4. (95½ B.) Göttingen 836, Vandenhoeck u. Rupreclit. Thlr.

MEYER, Georg Friedrich Wilhelm: Flora des Königsreichs Hannover, oder Schilderung seiner Vegetation, nach ihrem Gehalte an Gewächsen, deren Verbreitungs- und Vertheilungszustande, und deren geschichtlichem Verhalten, in Anwendung auf die Beförderung des Volkswohlstandes. - Göttingen 1842-1850. H. 1-4, 2 Taf. -Bd.

—— **Flora des Königr. Hannover, oder Schilderung seiner Vegetation, nach ihrem Gehalte an Gewächsen, deren Verbreitungs- und Vertheilungs-Zustande und deren geschichtl. Verhalten, in Anwendung auf die Beförderung des Volkswohlstandes.** I. Thl., II. Thl. 1. Abthl. und III. Thl. 1—3. Heft. gr. Fol. Mit Atlas von 16 ill. Kpfrt. in Imp.-Fol. Göttingen 812—46. (Hannover, Hahn'sche Hofbuchh.) **
I n h a l t:
Thl. I., II. 1. Abthl. Begründender Theil, enth. eine Ansicht des Einflusses der Natur auf den Menschen und das volkswirthschaftl. Leben. (XII und 231 S.)
III. 1—3. Heft. Beschreibender Theil, enth. die vollständ. Naturbeschreibungen der im Königr. wildwachsenden und im freien Felde angebaueten Gewächse; nebst ihren in Kpfr. gest. Abbildungen. (V und 165 S.)

Meyer (G. F. W.). Flora der Koenigsreich Hannover . . . Goettingen, 1842–54. fol.

Meyer, Geo. Friedr. Wilh., **Flora Hanoverana excursoria, enth. die Beschreibungen der phanerogam. Gewächse Norddeutschlands in den Flussgebieten der Ems, Weser und Unterelbe geordnet nach natürlichen Familien unter Angabe der Wohn- und Standorte, der Bodenbeschaffenheit, der Begrenzung der Gesammtverbreitung etc. Nebst einer speciellen Nachweisung ihrer gewerbl. Benutzung in pharmaceutisch-medicin., techn., ökonom. und forstl. Beziehung.** 8. (XLVIII und 686 S.) Göttingen 849, Vandenhoeck und Ruprecht. Thlr. *

Meyer, Ge. Frdr. Wilh., Über die Natur der Schachtelhalme, m. e. Monographie der deutschen Arten v. Equisetum. M. 3 Kpfrt. Göttingen 1837. gr. 8.

— Nebenstunden meiner Beschäftigungen im Gebiete der Pflanzenkunde. 1r Thl. Auch u. d. T.: Die Entwickelung, Metamorphose u. Fortpflanzung der Flechten, in Anwend. auf ihre systemat. Anordnung u. zur Nachweisung d. allgem. Ganges der Formbildung in den untern Ordnn. cryptogam. Gewächse. Mit 1 doppelten ill. Kpft. u. 1 Vign. gr. 8. Götting. 825. Vandenhöck u. R. 2 ß 20 gr

— primitiae florae Essequeboensis, adjectis descript. centum circiter stirpium novarum. Mit 2 Kpft. 4maj. Götting. 818. Dieterich. 4 ß 12 gr

Meyer, Georg Heinrich Karl Ernst, s. M e y e r, Georg

Meyer, Georg Hermann von, s.a. Meyer, Hermann

Meyer, Hermann: Anleitung zu den Präparirübungen. Für den Gebrauch der Studirenden. 165 S., gbd.

Leipzig: Engelmann 1848

JB 640

Meyer, G. Herm., Anleitung zu den Präparirübungen. Für den Gebrauch von Studirenden. 2., umgearb. und verb. Aufl. Lex.-8. (VIII und 216 S. mit eingedr. Holzschn.) Leipzig 864, Engelmann.

Meyer, Geo. Herm., Anleitung zu den Präparirübungen. Für den Gebrauch v. Studirenden. 3. verb. Aufl. Mit 5 (eingedr.) Fig. in Holzschn. gr. 8. (VIII, 219 S.) Leipzig 873. Engelmann. 3. 75

Meyer, Geo. Herm., kleiner anatomischer Atlas zum Gebrauch für Real-, Mittel- und Volksschulen. 164 Abbildungen (in Holzschn.) mit Erklärungen. gr. 8. (74 S.) [Stuttgart 877, Meyer und Zeller's Verlag.] Kaiserslautern, Tascher's Buchh. cart. *

Meyer, G. H. v., die Bedeutung d. Athmungsprozesses f. das Leben d. thierischen Organismus, s.a. Sammlung gemeinverständlicher wissenschaftlicher Vorträge.

Meyer GHv, die Bedeutung des Atmungsprozesses für das Leben des tierischen Organismus. (Sammlung wissenschaftlicher Vorträge 448) Berlin 1884

Meyer, G. H. v., Die Bedeutung des Atmungsprozesses für das Leben des tierischen Organismus. Berlin 84. (Verlags-Anstalt, Hamburg.) M. —.60

— über die Bedeutung d. Nervensystems. Ein populärer Vortrag. gr. 8. (36 S.) Stuttgart 874. Meyer & Zeller. n. 1. —

Meyer, G. H., über die Bedeutung des Nervensystems. gr. 8. Stuttgart 874. Kaiserslautern, Tascher's Buchh. *

Meyer, G. H., anatom. Beschreibung d. Bauchfells d. Menschen. Mit e. Anh. üb. d. Verhalten d. Bauchfells bei Brüchen. gr. 12. (1½ B. u. 3 Stat.) Berlin 839, A. Hirschwald.

Meyer, Herm. v., die thierische Eigenwärme u. deren Erhaltung, s.a. Sammlung gemeinverständl. wissenschaftl. Vorträge.

— — Die tierische Eigenwärme und deren Erhaltung. Ebd. 91. M. —.60

—— die Entstehung unserer Bewegungen, s.a. Sammlung gemeinverständl. wissenschaftl. Vorträge.

Meyer GH, die Entstehung unserer Bewegungen. (Sammlung gemeinverständlicher wissenschaftlicher Vorträge 59) Berlin 1868

—— die richtige Gestalt des menschlichen Körpers in ihrer Erhaltung und Ausbildung für das allgemeine Verständniß. gr. 8. (IV, 184 S. mit 88 eingedr. Holzschn.) Stuttgart 874, Meyer und Zeller's Verlag. *

Meyer. G. Herm., die richtige Gestalt der Schuhe. Eine Abhandlung aus der angewandten Anatomie für Aerzte und Laien geschrieben. Zürich 858. Meyer u. Zeller. gr. 8. (IV, 31 S. mit Holzschn. im Text.) n. 12 ngr.

—— die menschliche Hand, s. Vorträge, akademische.

Meyer, G. H. v., William Harvey, der Reformator der Physiologie, s.a. Sammlung gemeinverständl. wissenschaftl. Vorträge.

Meyer GHv, William Harvey, der Reformator des Physiologie. (Sammlung gemeinverständlicher wissenschaftlicher Vorträge 337) Berlin 1880

—— die wechselnde Lage des Schwerpunktes in dem menschlichen Körper. Ein Beitrag zur plast. Anatomie. gr. 4. (27 S. mit eingedr. Holzschn. und 7 Stat.) Leipzig 863, Engelmann.

—— Lehrbuch der Anatomie des Menschen. 2., verb. Aufl. Lex.-8. (XVI und 752 S. mit 356 eingedr. Holzschn.) Leipzig 861, Engelmann. *

—— Lehrbuch der Anatomie des Menschen. 3. verb. und verm. Aufl. gr. 8. (XVI, 806 S. mit 371 eingedr. Holzschn.) Leipzig 871, Engelmann. *

— Lehrbuch der Anatomie d. Menschen. 3. verb. u. verm. Aufl. Mit 371 (eingedr.) Holzschn. gr. 8. (XVI, 806 S.) Leipzig 873. Engelmann. n. 14. —

Meyer, G. Herm., Lehrbuch der physiologischen Anatomie des Menschen. 2 Thle. Lex.-8. (XIX und 646 S. mit 235 eingedr. Holzschn.) Leipzig 855(56,) Engelmann. *

—— der Mensch als lebendiger Organismus. Ein Hülfsbuch für Lehrer, Seminare und höhere Lehranstalten, sowie zum Selbstunterricht für Jedermann. Mit 172 (eingedr.) Abbild. in Holzschn. (VIII, 330 S.) 1877. *ℳ 8.; 2. wohlf. (Titel-)Aufl. gr. 8. (VIII, 330 S.) [Stuttgart 879, Meyer und Zeller's Verlag.] Kaiserslautern, Tascher's Buchh. *

Meyer, G. Herm. v., Missbildungen des Beckens unter dem Einflusse abnormer Belastungsrichtung. Imp.-4. (48 S. mit 5 photolithogr. Taf. und 11 Holzschn.) Jena 886, Fischer. *

Meyer, Georg. Herm. (geb. Frankfurt a. M. 1815): De musculis in ductibus efferentibus glandularum. Berolini (1837). (34 S.) 8°
Berlin, Med. Diss. v. 2. Dez. 1837

Meyer, H. v., die Ortsbewegung der Thiere, s.a. Sammlung gemeinverständlicher wissenschaftlicher Vorträge.

— — Die Ortsbewegung d. Tiere. S.-A. (48 S.) Hamb. 90. Verl.-Anst. M. 1.—

Meyer, Geo. Herm., die Phrenologie vom wissenschaftl. Standpunkte aus beleuchtet. gr. 8. (4½ B.) Tübingen 844, Laupp'sche Buchh.

— — Fossile Säugetiere (pferdeartige). [Nova Acta. XVI. II.] Leipzig 33. Engelmann. M. 6.—

—— über Sinnestäuschungen, s.a. Sammlung gemeinverständlicher wissenschaftlicher Vorträge. 7. Heft.

Meyer GH, über Sinnestäuschungen. (Sammlung wiss. Vorträge 7) Berlin 1866

—— unsere Sprachwerkzeuge und ihre Verwendung zur Bildung der Sprachlaute, s.a. Bibliothek, internationale wissenschaftliche.

Meyer GHv, unsere Sprachwerkzeuge und ihre Verwendung zur Bildung der Sprachlaute. (Bibliothek, Internationale wissenschaftliche 42) Leipzig 1880

Meyer GH, Statik und Mechanik des menschlichen Fusses. Jena 1886

— die Statik u. Mechanik d. menschlichen Knochengerüstes. Mit 43 (eingedr.) Fig. in Holzschn. gr. 8. (VIII, 402 S.) Leipzig 873. Engelmann. n. 8. 50

—— Stimm- und Sprachbildung, s. a. Sammlung gemeinverständlicher wissenschaftlicher Vorträge.

— Stimm- und Sprachbildung. (Sammlung wissenschaftl. Vorträge 128) Berlin 1871

—— Studien über den Mechanismus des Fusses in normalen und abnormen Verhältnissen. 1. Heft: Ursache und Mechanismus der Entstehung des erworbenen Plattfusses, nebst Hinweisung auf die Indikationen zur Behandlung desselben. gr. 8. (VII, 52 S.) Jena 883, Fischer.

—— Studien über den Mechanismus des Fusses in normalen und abnormen Verhältnissen. 2. Heft: Statik und Mechanik des menschlichen Fusses. Nach neuen Untersuchungen. gr. 8. (VIII, 119 S.) Ebendas. 886. *
1. Heft. Ebendas. 1883. * ℳ 1.60.

—— Untersuchungen üb. die Physiologie der Nervenfaser. gr. 8. (20½ B.) Tübingen 843, Laupp'sche Buchh.

Meyer, Georg I[sidor]: Beitrag zur Kenntnis der Abschmelz-Sicherungen. 1906. 44 S., 4 Taf. 8° ¶ Vollst. bei Oldenbourg in München u. d. T.: Zur Theorie der Abschmelzsicherungen.
Berlin, Dr.-Ing.-Diss. v. 11. 5. 1906

Meyer, Geo. J., zur Theorie der Abschmelzsicherungen. (IV, 103 S. m. 26 Abbildgn.) gr. 8. München 906. R. Oldenbourg. n. 3. —

Meyer, Georg Karl

— Georg Carl (Verden), De animae sede in corpore humano. Diss. inaug. Helmstedt (Typ. Acad.) 25. I. 1808. 40 S. (4.50) 23208
Gew.: Johanna Sophia Meyer.

Meyer, Georg Konrad, Ref. in Roßwein: Der Differenz- und der Registereinwand in Theorie und Praxis. Borna-Leipzig 1905: R. Noske. (VIII, 94 S.) 8° [F.]
Leipzig, Jur. Fak., Diss. v. 21. Okt. 1905
[Geb. 16. Mai 80 Olbernhau; Wohnort: Dresden-Blasewitz; Staatsangeh.: Sachsen; Vorbildung: Gymn. Chemnitz Reife O. 99; Studium: Leipzig 6 S.; Rig. 23. Juli 03.]

Meyer, Geo. Konr., der neue Mensch; e. Wochenschrift. 1r Bd. 1—26 Hft. (od. 1—13s Stck.) 8. Flensb. 796, 97. (Bechtold in Altona). 1 ℔ 16 ß

Meyer, Georg Leonhard, approb. Arzt aus Waizendorf: Zur Ätiologie und Kasuistik der Spontanen Uterusruptur. *Würzburg 1903: A. Horst.* (31 S.) 8°
Würzburg, Med. Diss. v. 1903

Meyer, Georg Ludwig

Meyer, G. L., f. meine Konfirmandinnen rc. 8. Hannover, Helwing. 808.

Meyer, Georg S. [aus Hannover]: Über den Einfluss von Zug- und Druck-Kräften auf die thermoelectrischen und magnetischen Eigenschaften der Metalle ... Strassburg i. E., Buchdr. C. Goeller, 1895; 48 S., 1 Bl., 3 Taf. 8.
Strassburg, Math.-naturw. Fak., Inaug.-Diss. v. 1895

Meyer, Georg Wilhelm, s. Meyer, Georg

Meyer, George, die sociale Bedeutung der Medicin. Rückblicke u. Ausblicke. gr. 8. (IV, 40 S.) Berlin 900. A. Hirschwald. n. 1. —

Meyer, George, s.: Bedeutung, die soziale, des Rettungswesens.

Meyer, G. Beitr. z. Gesch. d. Samariter- u. Rettungswesens. Münch. 1897.

Meyer, George, s.: Bericht üb. den I. internationalen Kongress f. das Rettungswesen zu Frankfurt a. M.

— s.: Bericht über die vom Komitee f. Krebsforschg. am 15. X. 1900 erhobene Sammelforschung.

— über die Beziehungen d. adenoiden Gewebes zu bösartigen Geschwülsten, s.: Sammlung klinischer Vorträge.

— s.: Cancer.

Meyer, George. Die Diener. Festsch z Feier d dt-anischen Tages in Milw. Wis. am 6.Okt. 1890 ... Milwaukee. 1890.

— der Einfluss der Zentrale der Berliner Rettungsgesellschaft auf die Krankenversorgung Berlins. Mit 1 Plan u. 4 Kurven im Text. (48 S.) gr. 8. Jena 905. G. Fischer. n. 1. 80
Sonderabdruck aus: „Klin. Jahrb."

Meyer, George, sanitäre Einrichtungen in London m. bes. Berücksicht. d. Rettungs- u. Kranken-Transportwesens. M. 7 Abb. (auf 4 Taf.). [Aus: „Deutsche Vierteljahrsschr. f. öffentl. Gesundheitspflege."] gr. 8. (VII, 69 S.) Braunschweig 898. F. Vieweg & Sohn. n. 2. —

— über schwere Eiterkokken-Infektion (sogenannte „Blutvergiftung), s.: Sammlung klinischer Vorträge.

— Die Entwickelung des Rettungswesens im Deutschen Reiche. Festschrift, dargeboten den Teilnehmern am I. internationalen Kongress f. Rettungswesen in Frankfurt a. M. Pfingsten 1908 vom Organisations-Komitee des Kongresses. (XVI, 192 S.) 8. Berlin 908. A. Hirschwald. 3. —

Meyer, George, die ausserdeutschen medicinischen Facultäten, sowie die mit ihnen verbundenen klin. Anstalten, medicin. und naturwissenschaftl. Institute und Sammlungen. 8. (106 S.) Leipzig 888, G. Thieme. *
Aus: Dr. Paul Börner's Reichs-Medicinal-Kalender, besonders abgedruckt.

Meyer, George (geb. Berlin 13. 7. 1860): Ein Fall von Carcinoma hepatis idiopathicum. Berlin (1882). (30 S.) 8°
Berlin, Med. Diss. v. 17. Juni 1882

— s.: Führer, medicinischer, durch Berlin. — Guide médical de Berlin.

— dasselbe, s.: Guide, medical, through Berlin.

Meyer, George (Hrsg.), s. Handbuch der Krankenversorgung und Krankenpflege.

— s. a. Hilfe, erste ärztliche, bei plötzl. Erkrankungen u. Unfällen.

Meyer, G. Erste ärztl. Hilfe b. plötzl. Erkrank. u. Unglücksfällen. Berlin 1903.

— s.: Kalender, deutscher, f. Krankenpflegerinnen u. Krankenpfleger.

— s.: Krankenpflege-Kalender, deutscher.

— Krankentransport. (S.-A.)

— zur Organisation des Rettungswesens. gr. 8. (40 S.) Jena 901. G. Fischer. n. 1. 20
Sonderabdruck aus: „Klin. Jahrbuch".

— Rettungs-Gesellschaften u. Samariter-Unterr. im vor. Jahrhundert. Nebst Unfallstatistiken v. 1758 u. s. w. Beitrag zur Geschichte des Samariter- u. Rettungswesens. [Aus: „Der Samariter".] gr. 8. (16 S. m. 1 Fksm.) München 897. Seitz & Schauer. n. — 50

Ⓢ — Rettungsgesellschaften — Samariter- u. Rettungswesen. 897. (KBL 30.) Jetzt: Heidelberg, J. Hörning.

Meyer, G. Rettungswesen. Wien 1895. (S.-A.)

— das Rettungs- u. Krankenbeförderungswesen im Deutschen Reiche, s. a. Jahrbuch, klinisches. 3. Erg.-Bd.

Das Rettungs- und Krankenbeförderungswesen im Deutschen Reiche. Nach d. Material d. auf Anregung d. Zentral-Komitees f. d. Rettungswesen in Preußen von d. deutschen Bundesregierungen erhobenen Umfrage im Auftr. d. Zentral-Komitees bearb. v. Gen.Sekr. Prof. Dr. George Meyer, Berlin. Mit 10 Kurventaf. u. 4 Karten. Jena: G. Fischer 1906. (287 S.) 8°
— Jahrbuch, Klinisches. Erg.Bd 3. [07. 1379 10

— d. Samariter- u. Rettungswesen im Deutschen Reiche. Im Auftr. d. Vorstandes d. deutschen Samariterbundes nach amtl. Quellen bearb. gr. 8. (46 S. m. 1 farb. Karte.) Ebd. 897. n. 1. —

Meyer, G. D. Samariter- u. Rettungswesen i. Deutsch. Reiche. München 1897. — 2. Teil. 1900.

— Üb. d. Transport v. Personen m. inner. Erkrankgn. Leipz. 1895. (S.-A.)

— s.: Verhandlungen des Comités f. Krebsforschg.

— s.: Veröffentlichungen d. Komitees f. Krebsforschg.

— s.: Zeitschrift f. Krebsforschung.

Meyer, Georges, von Winterthur: Der Verzug des Gläubigers im schweizerischen Obligationenrecht. Affoltern a. A. 1906. VI + 102 S. 8°. [23. II. 06.]
Zürich. Jur. Diss. 1905/1906.

Meyer, Georges. Der Verzug des Gläubigers im schweizerischen Obligationenrecht. Diss. Jur. Univ. Zürich. VI + 102 S. 8. Affoltern a. A., J. Weiss, 1906.

Meyer, Gerhard, Festgruss des Mstrs. v. St. (der Loge Albrecht Wolfgang in Stadthagen) zum 13. October 1877. gr. 4. 2 Bl.
Abgedr. Bauhutte 1877, S. 329 und Hamb. Logenblatt, Nr. 100, S. 793.

Festgruss. Unseren hochverehrten Schwestern zur Sylvester-Feier gewidmet von Gerh. Meyer. [Stadthagen: 1877.] 2 Bl. 4° [Lithogr.] [Umschlagtit.]
Tt. 2543. Gedicht: „Wir öffneten heut' uns're stillen Hallen, . . ."

Meyer, Gerhard, a. Riestedt: Zur Kenntnis der Kondensationsvorgänge beim Salicylaldehyd. Kiel 1907: H. Fiencke. (54 S.) 8°
Kiel, Phil. Fak., Ref. Harries, Diss. v. 19. Jan. 1907
[Geb. 5. Apr. 79 Riestedt b. Ülzen; Wohnort: Riestedt; Staatsangeh.: Preußen; Vorbildung: Realgymn. Johanneum Lüneburg Reife O. 99; Studium: Göttingen 4, Berlin 4, Kiel 5 S.; Rig. 20. Dez. 06.]

Neujahrsgruss. [Unterz.:] Gerh. Meyer. [Stadthagen 1896.] 1 Bl. 8° [Kopftit.]
Gedicht: „Wie wir am Grabe stehn des alten Jahres, . . ."

Meyer, Gerh., kleine Reisebilder. 8. (146 S.) Hamburg 878, O. Meißner. *
geb. mit Goldschn. *

Meyer, Gerh., Pyrmonter Tage in Wahrheit u. Sage. 8. (111 S.) Hamburg 886. O. Meißner's Verl. geb. n. 2 50

Meyer, Gerh. Henr., de Euripidis Bacchabus. Dissert. inaug. 8 maj. (3¼ B.) Gottingae 833. (Osnabrück, Rackhorst.)

— Gerhard Heinrich (Osnabrück), De Euripidis Bacchabus. Diss. inaug. Göttingen (C. E. Rosenbusch) (9. III.) 1833. 60 S. (4.50) 23210
Gew.: J. H. B. Fortlage, B. R. Abeken, G. Gruner. — Oppon.: Beutler, J. H. W. Tiemann.

Meyer, Gerold, s. Meyer v. Knonau, Gerold.

Meyer, Gertraut, die Gesänge von dem ewigen Leben der Seele in Christo. 8. (VIII, 188 S.) Leipzig 887, Selbstverlag der Verfasserin, Nürnbergerstr. 56, I. *ℳ 2.40.; geb. **

Tanzspiele und Singtänze. Gesammelt von Gertrud Meyer. Leipzig: B. G. Teubner 1907. (52 S.) 8° [F.] [07. 6681

Meyer, Gertr., Tanzspiele u. Singtänze. 2. Aufl. (67 S.) kl. 8. Leipzig 908. B. G. Teubner. Kart. 1. —

— Volkstänze. (IV, 50 S.) 15,5×21,5 cm. Ebd. 909. Kart. 1. 20

Meyer, Ghelf., s.: Schriftstellerhaus.

Meyer, Gotthelf Loth. (geb. Glogau 31. 12. 1841): De neonatorum tetano. Berolini (1864). (30 S.) 8°
Berlin, Med. Diss. v. 8. Aug. 1864

Meyer, Gottfried [aus Halle a./S.]: Beiträge zur Anatomie der auf Java kultivierten Cinchonen. Basel (Halle a./S.) 1900. 33 S. 1 Tab. 8°.
Basel. Phil. Diss. 1900/1901.

Meyer, Gfr., Beiträge zur Anatomie der auf Java kultivirten Cinchonen. gr. 8. (33 S. m. 8 Abbildgn. u. 1 Tab.) Stuttgart 900. E. Schweizerbart. n. — 80
Sonderabdruck aus: „Zeitschrift f. Naturwissenschaft".

Meyer, Gottfried von: Der Kluge und Erfahrne Sorgfältig- und Nutzbahre Haus-Halter, Welcher unterweiset, Wie in denen meinsten Orten Teutschlandes, ... III. Mit dem Wein- Hopffen-Bau- und Bierbrauen, samt verschiedenen andern darzu gehörigen Vortheilen umzugehen. ... Franckfurt & Leipzig: Albrecht 1731. 667 S. -- 3°

Meyer, Gf., sorgfältiger u. nutzbarer Hausvater. m. K. 8. Frankfurt. 731.

Meyer, G(ottfried), aus Burghof i. Hannover: Ein Myxom des linken Herzohrs. Beitrag zur Kenntnis d. primären Herzgeschwülste. *Bonn 1900: C. Georgi.* (39 S.) 8°
Bonn, Med. Diss. v. [1. Aug.] 1900

— **Gottfried** (Berlin), De tertiana, febris genium universum manifestante. Diss. med. Präs. Georg Ernst Stahl. Halle/Magdeburg (Chr. Henckel) Febr. 1706. 56 S. (5.50) 23211

Meyer, Gottlob

— Abbildung und Beschreibung der neuesten Verbesserungen an den Saug- u. Druckpumpen für Brunnen, Feuerspritzen u. a. Wasserhebmaschinen, so wie auch für Maschinen, die bestimmt sind, dicke Flüssigkeiten in die Höhe zu heben. 2e verm. Aufl. Mit 5 Tafeln Abbildd. 8. Quedlinburg 835. Basse. 7/12 ℛ

—— Beschreib. u. Abbild. d. neuesten Erfindungen u. Verbessern. in Betreff d. Wasserleitungsröhren, insbes. d. thönernen, nebst gründl. Anweis., sie anzufertigen, anzulegen u. in bestem Stande zu erhalten. M. 19 Abbild. 8. (3 B.) Quedlinburg 831, Basse.

Meyer, Gtlo., Beschreibung u. Abbild. d. neuesten Verbesserungen an d. Saug- u. Druckpumpen f. Brunnen-Feuerspritzen u. and. Wasserhebmaschinen, sowie auch f Maschinen, die bestimmt sind, dicke Flüssigkeiten in d. Höhe zu heben. 1. Aufl. (4 B. u. 64 Abbild.) 831. 16 Gr., 2., verm. A. (5 B. u. 5 Taf. Abbild.) 8. Quedlinburg 835, Basse. Thlr.

—— die neuesten Erfahrungen u. Verbessern. in d. Anlegung u. im Bohren d. artes. Brunnen, u. Darleg. d. großen Vortheile ders. Nebst Beschreib. u. Abbild. aller z. Bohren erforderl. Werkzeuge u. Vorrichtungen. M. 92 Abbild. (auf 2 Bog. in Stndr.) 8. (7 B.) Quedlinburg 833, Basse.

Meyer G.: Die Kunst ohne alle Anleitung regelmässig reiten zu lernen u. seine Pferde selbst zu heilen ... Erfurt 1803. 114 S. 4 Tvl.

— die Kunst, ohne alle Anleitung regelmäßig reiten zu lernen u. seine Pferde selbst zu heilen. Ein Hülfsbuch f. Liebhaber d. Pferde ꝛc. Mit Kpf. 8. Erf. 803. N. A. 808. Hennings. 16 gr

Meyer G.: Der Passagier zu Pferde, ein Noth- u. Hülfsbüchlein f. Reisende ... Erfurt 1805. 58 S. P.

Meyer, Glo., der Passagier zu Pferde. Ein Noth- u. Hülfsbüchlein f. Reisende, um ihre Pferde gesund zu erhalten ꝛc. 8. Erf. ... 2e A. 811. Müller. (Leipz., Weygand). 12 gr

Meyer, Glo. Wlh., († d. 19. Mai 1816.) Apologie der geschichtl. Auffassung d. histor. Bücher, besonders d. Pentateuchs, im Gegensatz gegen die blos mythische Deutung ꝛc. d. A. Test. 8. Sulzb. 811. v. Seidel. 8 gr

— de Chrysostomo, literarum sacrarum interprete. Particula I—V. p. I. 8maj. part. II—IV. 4. Nürnb. 809—16. (v. Ebner). 18 gr

Meyer, Glo. Wlh., de Chrysostomo literar. sacrarum interprete. 8maj. Nürnb. 809. Lechner. 4 gr

Meyer, Gottl. Guil., de Chrysostomo literarum sacrarum interprete. Particula I—IV. p. I. gr. 8. part. II—IV. 4. Norimbergae, Lechner. 809—16. (p. I. 6 Gr. p. II—IV. à 4 Gr.)

Meyer, Gottlob Wilh., Entwickelung des Paulinischen Lehrbegriffs. Ein Beitrag zur Kritik des christl. Religionssystems. Altona. 1801.

— Gedanken über das, worauf es bei d. Kanzelberedsamkeit unserer Tage vorzügl. ankommt. 8. Altd. u. Nürnb. 808.

— Geschichte d. Schrifterklär. seit d. Wiederherstell. d. Wissensch. 5 Bde. (od. Gesch. d. Künste u. Wissensch. ꝛc. 11te Abtheil. Theologie, IV. Gesch. d. Exegese.) gr. 8. Götting. Röwer. 802-8. (1r 1 Rthlr. 8 gr. 2r 2 Rthlr. 3r u. 4r à 1 Rthlr. 18 gr. 5r 3 Rthlr.)

— Grundriß e. Hermeneutik des Alt. u. N. Testam. gr. 8. Götting. 802. Röwer. 4 gr

— commentatio de notione orci apud Hebraeos, cum exegesi locorum huc pertinentium. 8. Lübeck 793.

— Diss. foederis cum Jehova notionem in V. T. scriptis frequentissime obviam illustrans. 8. Götting. 797.

— Predigten f. gebildete Leser. gr. 8. Götting. Dieterich. 803.

— Predigten f. fromme Verehrer Jesu. gr. 8. Nürnb. 812. Campe. 16 gr

— zwei Predigten bei Veränderung s. Amts gehalten. 8. Nürnb. 805. Monath u. K. 4 gr

— neue christl. Religionsvorträge. gr. 8. Götting. Röwer. 805.

— neue Samml. christl. Religionsvorträge. gr. 8. Götting. 805. Röwer. 1 ℛ 8 gr

Meyer, G. W., Synodalreden ꝛc. s. a. Synodalreden.

— Synodalreden, gehalten von protestant. Districtsdecanen. 1r Bd. Sulzb. Seidel. 813.

— commentatio, libror. symbolicor. eccles. nostrae utilitatem et historiam subscriptionis eorundem exponens, a S. Vener. Theolog. Ord. praemio ornata. 4. Götting. 796. Dieterich. 6 gr

— Versuch e. Hermeneutik des A. Testam. 2 Thle. gr. 8. Lübeck 799, 800. (Leipz. 812. Barth). 3 gr, 6 gr

— Versuch einer Hermeneutik des Alt. Test. 2 Thle. gr. 8. Lübeck, Niemann u. Comp. 799-800. (1r 1 Rthlr. 16 gr. 2r 2 Rthlr. 8 gr.)

Meyer, Guido von

v. Meyer, (G.,) Corpus juris confoederat. german, s. a. Corpus.

Meyer. Guido v.: Corpus juris confoederationis Germanicae oder vollständige Sammlung der Quellen des deutschen Bundesrechts, vom Lüneviller Frieden bis zu den neuesten Bundesgesetzen. Frankfurt a. M. 1822.
Th. 1. Europäisch-germanischer Codex.
„ 2. Rein-germanischer Codex.

— 2. Aufl. [u. d. Tit.:] Staats-Acten für Geschichte und öffentliches Recht des Deutschen Bundes. (Corpus Juris Confoederationis Germanicae.) Th. 1. 2. 1833.

— 3. Aufl. [u. d. Tit.:] Corpus Juris Confoederationis Germanicae oder Staatsacten… Erg. u. bis auf die neueste Zeit fortgef. von Heinr. Zöpfl. 4 Bde
Th. 1. Staatsverträge. 1858.
„ 2. Beschlüsse der Deutschen Bundesversammlung. 1859.
„ 3. Protokolle u. Beschlüsse der Deutschen Bundesversammlung. 1869.
Reg. zu Bd 1. 2. 1861.

v. Meyer, corpus juris confoederat. german. od. Staatsact f. Gesch. und öffentl. Recht d. deut. Bundes, fortges. v. Zoepfl. 3 Bde. Frankfurt. 859—67. (83. —).

v. Meyer, (Legationsrath) die Grundgesetze des deutschen Bundes, oder Deutsche Bundes- und Schluß-Acte, nach Ordnung der Bundesacte vereinigt; nebst den wichtigsten Territorial-Bestimmungen u. den organischen Gesetzen d. Bundes. gr. Lex.-8. Frankfurt a. M. 845, Boselli. n. 2/3 ₰

Meyer, Guido v., Reise durch d. Schweiz, d. südl. Frankreich, Italien, Tyrol u. Baiern. Tageblätter v. Sommer u. Herbst 1835. 1. Bd. 8. (26 B.) Frankfurt a. M. 837. Sauerländer.

Meyer, G. v., Repertorium zu den Verhandlungen d. deutschen Bundesversammlung in einer systematischen Uebersicht. 1s—3s Heft. gr. 8. Frankf. a. M., Boselli. 820. (1s H. 18 Gr. 2s H. 1 Thlr. 2 Gr. 3s H. 18 Gr.)

v. Meyer, Guido: Repertorium zu d. Verhandl. d. deutschen Bundesversammlung in e. system. Uebers. *Frkf., a. M.*, Boselli. 1—3s H. 820—21. gr. 8. (2 Thl. 14 Gr.)

— Repertorium zu den Verhandlungen d. deutschen Bundesversammlung in einer systemat. Uebersicht. 4s Heft. gr. 8. Frankf. 822, Boselli. 20 gr. Alle 4 Hefte.

Meyer, Guido v.: Repertorium zu den Verhandlungen der deutschen Bundesversammlung in einer system. Uebersicht. Frankfurt a. M.
Bd 1. [einz.] Die Verhandlungen von Eröffnung der Bundesversammlung im Jahre 1816 bis zur letzten Sitzung des Jahres 1819. 1822.

—— lyrische Versuche. 8. (12 B.) Frankfurt a. M. 835. [Leipzig, Kersten.]

— lyrische Versuche. 8. Frankfurt 835. Schmerber. 1 1/4 ₰

Meyer, Gust., s.a. Meyrink, Gust.

Meyer, Gust. (geb. Treptow an d. Toll. 31. 8. 1841): Ueber Aneurysma. Berlin (1868). (32 S.) 8°
Berlin, Med. Diss. v. 23. Dez. 1868

Meyer, G., rec. die Aussprache des Latein nach physiolog.-histor. Grundsätzen von E. Seelmann. S.-A. 1885. 16 S. —.75

Meyer, Gustav, approb. Arzt aus Kirchhuchtingen ⟨Bremen⟩: Aus d. Augenklinik zu Kiel. Ein Beitrag zu den Ursachen und der Verhütung der Blindheit. *Kiel 1899: H. Fiencke.* (22 S.) 8°
Kiel, Med. Diss. v. [24. Juni] 1899

Meyer, Gustav: Beiträge zur Kenntnis des Topinamburs. *Berlin: Gebr. Borntraeger 1897.* (15 S. mit Taf.) 8° * (Aus: Berichte der Deutschen Botanischen Gesellschaft, Bd 14.) [Umschlagt.]
Erlangen, Phil. Diss. v. 7. Juli 1897

Meyer, Gustav [app. Arzt, aus Hannover]: Ueber Brucheinklemmung im Kindesalter … Göttingen, Druck d. Dieterich'schen Univ.-Buchdr., 1897; 38 S. 8.
Göttingen, Med. Fak., Inaug.-Diss. v. [30. März] 1897

Meyer, Gust., üb. Brucheinklemmung im Kindesalter. Diss. gr. 8. (38 S.) Göttingen 897. Vandenhoeck & Ruprecht.) n. 1. 20

Meyer, G., Chemie u. landwirtschaftl. Nebengewerbe, s. a. Pagel, A.

Meyer, G., Chemie u. landwirtschaftl. Nebengewerbe. Leitfaden f. den Unterricht an landwirtschaftl. Lehranstalten. Zugleich 12. vollst. neubearb. Aufl. v. Pagels Chemie. (Sammlung landwirtschaftl. Lehrbücher.) (VIII, 181 S. m. 37 Abb.) 8. Leipzig 909. H. Voigt. Geb. in Lw. 2. —

Meyer, Gust. (geb. Berlin 22. 11. 1816): De conjunctiva oculi humani, imprimis palpebrarum. Berolini (1830). (37 S.) 8°
Berlin, Med. Diss. v. 11. Sept. 1839

Meyer, Gust. (II.), Denkschrift über die Kosten der Binnenschiffahrt. gr. 8. (III, 118 S.) Hannover 881, (Schmorl und v. Seefeld.) *
Aus: Zeitschrift des Architekten- und Ingenieur-Vereins zu Hannover, besonders abgedruckt.

Meyer, G., Il dialetto delle cronache di Cipro. 1875 85 S.

Meyer, G., Ueber den Einfluss des Hochtons auf den griech. Vocalismus. S.-A. O. J. 30 S

Meyer, Gustav [aus Wiesbaden]: Ueber den Einfluss der Influenza auf den weiblichen Sexualapparat … Strassburg, Buchdr. C. Goeller, 1890; 46 + 1 S. 8°
Strassburg, Med. Fak., Inaug.-Diss. v. 1890

Meyer, G., Der Einfluss des Lateinischen auf die albanesische Formenlehre. S. A. 1895. 9 S. 4°. —.75

Meyer, Gust., Elsass u. Lothringen. Eine volkswirthschaftliche Studie. 8. (25 S.) Bielefeld 870. Thiele & Co. — 75

— u. E. Häseler, Erd- u. Felsarbeiten. Erdrutschgn. Stütz- u. Futtermauern,	s.: Handbuch d. Ingenieurwissenschaften.
— u. L. v. Willmann, Vorarbeiten, Erd-, Grund-, Strassen- u. Tunnelbau,	

Meine Erinnerungen an das Glogauer Ev. Gymnasium ⟨1805–1877⟩. Von Gustav **Meyer**. (Glogau: Glogauer Druckerei [1908].) 134 S. 8° [09. 6132

Meyer, Gust., Essays u. Studien zur Sprachgeschichte u. Volkskunde. gr. 8. (VII, 412 S.) Berlin 885. Oppenheim. n. 7. —; geb. n. 8. —

Meyer, Gust. Essays u. Studien zur Sprachgeschichte u. Volkskunde gr. 8. Berl. 885. Straßb., Trübner Verlag. * 7 —; geb. * 8 —

— — 2. Bd. Straßburg: Trübner 1893. VI, 380 S. 8°

— G., Etymologisches. S.-A. O. J. 9 S.
— — S.-A. 1891. 12 S.

— Forstwirtschaft. s.a. Unterrichtsbücher, Landwirtschaftliche. 5.

MEYER, Gustav: Forstwirtschaft. - Berlin 1893. 93 S. - 2. Aufl. ebd. 1899. 98 S. - 3. Aufl. ebd. 1904. VI, 106 S. - 6. Aufl. u. d. T.: Die Forstwirtschaft in ihren Hauptteilen. ebd. 1918. VI, 108 S. - 7. Aufl. ebd. 1930. 118 S. Aufl. 2-7 bearb. v. Eduard Berlin. - (Landwirtsch. Unterrichtsb. Bd. 5)

Meyer's Forstwirtschaft. 2. Aufl., bearb. v. Berlin. (Landwirtschaftliche Unterrichtsbücher.) 8. (IV, 98 S.) Berlin 899. P. Parey. Geb. in Leinw. n. 1. 20

[G.] Meyers Forstwirtschaft. 3. Aufl. bearb. von Berlin, Forstrat zu Arnsberg. Berlin: P. Parey 1904. (VI, 106 S.) 8° [F.]
— Unterrichtsbücher, Landwirtschaftliche. [5.] [05. 6066

Meyer, Gustav [aus Bramsche '(Prov. Hannover)']: Über den Gehalt der Kartoffeln an Solanin und über die Bildung desselben während der Keimung ... Leipzig, Druck v. J. B. Hirschfeld, 1895; 16 S., 1 Bl. 8.
Erlangen, Phil. Fak., Inaug.-Diss. v. 30. Jan. 1895

Meyer, Gust. (II.), zur Geschichte der indogermanischen Stammbildung und Declination. gr. 8. (V, 89 S.) Leipzig 875, Hirzel. *

Meyer, Gustav, Referendar: Die Gleichstellung des Erbbaurechts mit den Grundstücken nach dem bürgerlichen Gesetzbuche. Rostock 1909: Winterberg. 82 S. 8°
Rostock, Jur. Diss. v. 30. April 1909, Ref. Matthiaß
[Geb. 6. Juni 84 Herford; Wohnort: Dortmund; Staatsangeh.: Preußen; Vorbildung: Gymn. Herford Reife O. 02; Studium: Freiburg i. B. 1, Leipzig 3, Bonn 2 S.; Rig. 15. Okt. 08.] [U 09. 3673

Meyer, Gust., griechische Grammatik, s. a. Bibliothek indogerman. Grammatiken.

Griechische Grammatik von Gustav **Meyer.** 3. verm. Aufl. *Leipzig: Breitkopf & Härtel 1896.* (XVIII, 715 S.) 1 Bd 8.
— Bibliothek d. indogerman. Grammatiken. Bd 3. [97. 8647 Ee

Meyer, Gust., kurzgefasste albanesische Grammatik m. Lesestücken u. Glossar. gr. 8. (XII, 105 S.) Leipzig 888. Breitkopf & Härtel. n. 2.50

— Zur neugriechisch. Grammatik. S.-A. 1893. 28 S.

Meyer, Gust., d. Grundbau unt. Ausschluss d. Druckluftgründgn., s. a. Fortschritte d. Ingenieurwissenschaften.

Meyer G, der Grundbau unter Ausschluss der Druckluftgründungen. (60 S) (Fortschritte der Ingenieur-Wissenschaften I, 2) Leipzig 1896

Meyer, Gust., Handbuch d. wundärztl. Klinik, mit besond. Rücksicht auf allgem. Chirurgie u. d. chirurg. Operationen. Nach ihrem gegenwärt. wissenschaftl. Standpunkte u. nach d. Erfahrn. d. bewährt. Wundärzte Deutschlands, Frankreichs, Englands etc. systemat. bearb. unt. Mitwirk. mehr. Civil- u. Militair-Aerzte. 1. u. 2. Bd. gr. 8. Berlin, Herbig.
Bd. 1. Die Lehre von der Entzündung u. deren Ausgängen, die Helkologie u. die Traumatologie. (33 B.) 840. 2 Thlr. 8 Gr.
- 2. Die Lehre v. d. Missbildungen, Degenerationen, Pseudoorganosen u. Dermatosen. (35 B.) 841. 2 Thlr. 12 Gr.

— Jahresbericht über Thukydides f. 1877—1887. II. A. u. B. S.-A. 1894—96. 124, 88 S.

Meyer Dr. G.: Imberios und Margarona. Ein mittelgriech. Gedicht herausgegeben (1046 Verse mit einem Vorworte) Prag, Kleins. 76. Progr.

Meyer, Gust., Lehrbuch der Botanik f. Landwirtschaftsschulen u. and. höh. Lehranst. 8. (VI, 210 S. m. 285 Abb.) Berlin 896. P. Parey. Geb. in Leinw. n. 2.—

Lehrbuch der Botanik für Landwirtschaftsschulen und andere höhere Lehranstalten. Von Dr. Gustav **Meyer**, Rektor zu Dahme. 2., neubearb. Aufl. Mit 291 Textabb. *Berlin: P. Parey 1901.* (218 S.) 8° [F.]
— Unterrichtsbücher, Landwirtschaftliche. [23.] [01. 8785

— **Leitfaden der Botanik f. landwirtschaftl. Winterschulen u. Landwirte.** (Landwirtsch. Unterrichtsbücher.) 8. (VI, 161 S. m. 248 Abb.) Ebd. 899. Geb. in Leinw. n. 1.50

Leitfaden der Botanik für landwirtschaftliche Winterschulen und Landwirte. Von Dr. Gustav **Meyer**, eh. Oberl. zu Dahme. 2. Aufl. Mit 243 Textabb. Berlin: P. Parey 1905. (VII, 175 S.) 8°
— Unterrichtsbücher, Landwirtschaftliche. [36.] [05. 6075

Meyer, Gust. (I.), über eine neue Methode der Anlage und des Betriebes geneigter Ebenen für Schiffstransporte. Ein Beitrag zur Canalfrage. gr. 8. (IV, 54 S. mit 2 Kpfrt. in gr. Fol.) Berlin 877, Ernst und Korn. *

Meyer, Gust., Muster-Rezepte der gebräuchlichsten Mittel f. die Privat-Rezeptur. Anleitung zum rationellen Verschreiben v. Rezepten unter besond. Berücksicht. v. Geschmack u. Aussehen der Medicamente bei Vermeidg. chem. Verstösse. Unter freundl. Mitwirkg. v. B. Lehnerdt, Karl Ebert, W. Wiesenthal. (V, 104 S.) kl. 8. Berlin 910. H. Meusser.
Geb. in Leinw. 2.—; durchsch. n 2.50

Meyer, Gustavus *(geb. Groß-Strehlitz in Schles. 25. 11. 1850)*: De nominibus Graecis compositis. Part. 1. Vratislaviae (1871). (29 S.) 8° *[Im Buchhandel 1871 bei Maruschke & Berendt in Breslau. Forts. in: Studien z. griech. u. lat. Gramm. hrsg. v. G. Curtius Bd 5. 6. 1872. 73.]*
Breslau, Phil. Diss. v. 6. Apr. 1871

Meyer, Gust. (II.), de nominibus Graecis compositis. Partic. I. Dissertatio inauguralis philologica. gr. 8. (29 S.) Breslau 871, Maruschke und Berendt. *

—— **die mit nasalen gebildeten praesensstämme des griechischen. mit vergleichender berücksicht. der andern indogerman. sprachen.** gr. 8. (VIII, 120 S.) Jena 878, Dufft. *

Meyer, Gustav: Über Produkte der Addition von Halogenwasserstoff und Halogenen an ungesättigte Ketone. Halle a. S. 1908: Kaemmerer. 65 S. 8°
Halle, Phil. Diss. v. 3. Sept. 1908, Ref. Volhard
[Geb. 30. Nov. 80 Hannover; Wohnort: Magdeburg; Staatsangeh.: Preußen; Vorbildung: Domgymn. Magdeburg Reife O. 00; Studium: Berlin Techn. Hochsch. 1, Univ. 4, Halle 5 S.; Rig. 25. Febr. 08.] [U 09. 1681

Meyer, Gust.: Prozeß des Legationsraths a. D. Grafen Herm. v. Arnim vor dem Kammergericht am 2. Nov. 1877. Nach stenogr. Aufzeichnungen. Berlin 1877.

Meyer, Gust. (geb. Meseritz Dez. 1819): De uteri inter partum spasmis. Berolini (1844). (37 S.) 8°
Berlin, Med. Diss. v. 13. Mai 1844

Meyer Gustav, Dr.: Albanesische Studien: 1. Die Pluralbildungen der albanesischen Nomina. S. 101. 83 . . . vgr.
— — 2. Die albanesischen Zahlwörter. S. 107. 84 . . . vgr.
— — 3. Lautlehre der indogermanischen Bestandteile des Albanesischen. S. 125/11 vgr.
Separatabdruck

— Albanesische Studien: 4. Das griechisch-südrumänisch-albanesische Wortverzeichnis des Kavalliotis, herausgegeben und erklärt. S. 132 12 . . . K 2.60
— — 5. Beiträge zur Kenntnis der in Griechenland gesprochenen albanesischen Mundarten. S. 134 7 . . . 2.40
— — 6. Beiträge zur Kenntnis verschiedener albanesischer Mundarten. S. 136 12 . . . 2.50
Separatabdruck

—— albanesische Studien. I und II. Lex.-8. Wien, (Gerold's Sohn.) *
Inhalt:
I. Die Pluralbildungen der albanesischen Nomina. (108 S.) 883. *M 1,60.
II. Die albanesischen Zahlwörter. (82 S.) 884. *M 1,40.
Aus: Sitzungsberichte der k. Akademie der Wissenschaften, besonders abgedruckt.

Meyer, Gust. Albanesische Studien. III.: Lautlehre der indogerman. Bestandtheile d. Albanesischen. Lex.-8. (95 S.) Wien 892, (Tempsky). * 2 —
Aus: Sitzungsber. d. k. Akad. d. Wiss., besonders abgedruckt.
I. u. II. Ebd. 1883,84. * 3 —.

Meyer, Gust., albanesische Studien. IV—VI. [Aus „Sitzungsber. d. k. Akad. d. Wiss."] Lex-8. Wien (C. Gerold's Sohn.) n. 7.50 (I—VI: n. 12.50)
IV. Das griechisch-südrumänisch-albanes. Wortverzeichniss d. Kavalliotis, hrsg. u. erklärt. (127 S.) 896. n. 2.60
V. Beiträge zur Kenntniss d. in Griechenland gesprochenen albanes. Mundarten. (106 S.) 896. n. 2.40
VI. Beiträge zur Kenntniss verschied. albanes. Mundarten. (114 S.) 897. n. 2.50

— Neugriechische Studien: 1. Versuch einer Bibliographie der neugriechischen Mundartenforschung. S. 130 4 . . . . vgr.
Meyer Gustav, Dr.: Neugriechische Studien: 2. Die slawischen, albanischen und romänischen Lehnworte im Neugriechischen. S. 130 5 . . . . vgr.
— — 3. Die lateinischen Lehnworte im Neugriechischen. S. 132 3 . . . . vgr.
— — 4. Die romanischen Lehnworte im Neugriechischen. S. 132 6 . . . . vgr.
Separatabdruck

— neugriechische Studien. I u. II. [Aus: „Sitzungsber. d. k. Akad. d. Wiss."] Lex.-8. Ebd. 894. à n. 2. —
I. Versuch e. Bibliographie der neugriechischen Mundartenforschung. (104 S.)
II. Die slavischen, albanischen u. rumänischen Lehnworte im Neugriechischen. (104 S.)

— neugriechische Studien. III u. IV. [Aus: „Sitzungsber. d. k. Akad. d. Wiss."] Lex.-8. Ebd. 895. n. 3. 90 (I—IV: n. 7. 90)
III. D. latein. Lehnworte im Neugriechischen. (84 S.) n. 1. 70
IV. D. roman. Lehnworte im Neugriechischen. (106 S.) n. 2. 20

— Türkische Studien: 1. Die griechischen und romanischen Bestandteile im Wortschatze des Osmanisch-Türkischen. S. 128 1 . . . . vgr.
Separatabdruck

— türkische Studien. I. Die griech. u. roman. Bestandtheile im Wortschatze d. Osmanisch-Türkischen. [Aus: „Sitzungsber. d. k. Akad. d. Wiss."] Lex.-8. (96 S.) Wien 893. (F. Tempsky.) n. 2. —

Meyer, Gust., d. Submissionswesen. Verdingg., Abschluß u. Abwickelg. v. Submissions-Verträgen. E. Ratgeber für alle Unternehmer, die sich an öffentl. Bauten beteiligen wollen. 8. (60 S.) Berlin 895. Polytechn. Buchh. n. 5. —

Meyer, Gust. (I.), und Wilh. Hinrichs, der eiserne Ueberbau der Warthe-Brücke bei Posen im Zuge der Posen-Kreuzburger Eisenbahn. gr. Fol. (16 S. mit 8 Kpfrt.) Berlin 877, Ernst und Korn. *
Aus: Zeitschrift für Bauwesen, besonders abgedruckt.

Meyer, Gustav, Dr.: Das Verhältnis der Entwicklungstheorie in Schellings Naturphilosophie zum Darwinismus und die Bedeutung beider Systeme für die Konzentration. Görlitz 1906: Görlitzer Nachrichten u. Anzeiger. (S. 3—10.) 4°
Görlitz, st. RG P 1906 (266)

Die geologischen Verhältnisse der Umgebung von Dahme (Mark) und ihre Beziehungen zur Landwirtschaft. Beiträge z. geol.-agron. Untersuchung d. östl. Flämings von Dr. Gustav Meyer, Oberl. zu Dahme. Mit 1 Karte. *Berlin: P. Parey 1902.* (27 S.) 8° [F.] (03. 1049)

—— s. Volkslieder, griechische.
Vgl.: Abel, Carl. Offener Brief.

— u. E. Häseler, Erd- u. Felsarbeiten. Erdrutschgn. Stütz- u. Futtermauern, — u. L. v. Willmann, Vorarbeiten, Erd-, Grund-, Strassen- u. Tunnelbau, s.: Handbuch d. Ingenieurwissenschaften.

— Vorarbeiten f. Eisenbahnen, s.: Oberschulte, L.

Meyer, Gust., im Vorexamen. 700 Fragen aus dem Gebiete der anorgan. Chemie f. Examenskandidaten sowie zur Selbstprüfung u. Uebg. (91 S.) 12. Hildesheim 904. L. Steffen. Geb. in Leinw. n. 1. 50

— dasselbe. 1300 Fragen aus dem Gebiete der anorgan. u. organ. Chemie, Botanik u. Gesetzeskunde, f. Examenskandidaten, sowie zur Selbstprüfg. u. Uebg. entworfen. (179 S.) 12. Ebd. 906. Geb. in Leinw. n. 2. 50

— Vorschriften für d. Annahme u. Ausbildg. v. techn. Subalternbeamten im preuß. Civil- u. Militärdienst. Auf Grund amtl. Materials bearb. 8. (III, 67 S.) Berlin 898. O. Elsner. Kart. n. 2. —

—— Herr Prof. v. Wilamowitz-Möllendorf und die griechischen Dialekte. gr. 8. (28 S.) Leipzig 878, Breitkopf und Härtel.

Meyer, Gust. (III.), über die antiseptische Wirksamkeit des Jodoforms. Inaugural-Dissertation. gr. 8. (19 S.) Göttingen 882, (Vandenhoeck und Ruprecht's Verlag.) *

Meyer, Gust., die Wölbung der Gerdaubrücke bei Uelzen. — Ritter, über die Berechnung eiserner Dach- u. Brücken-Constructionen. (30 Sp. m. Abbildgn. u. 1 Taf.) gr. 4. Hannover (865). Leipzig, H. A. L. Degener. n. 1. —
Sonderabdruck aus: „Ztschr. d. Architecten- u. Ingenieur-Ver. f. d. Kgr. Hannover".

— etymologisches Wörterbuch der albanesischen Sprache, s.: Sammlung indogermanischer Wörterbücher.

Meyer, Gust. Ed., der Geburtstag Kaiser Wilhelm's II. in der Schule. Ein deklamator. Festspiel mit Gesang. gr. 8. (12 S.) Danzig 889. Kafemann. n. — 10

—— Der Geburtstag Kaiser Wilhelms II. in der Schule. Ein deklamator. Festspiel m. Gesang. gr. 8. (12 S.) Ebd. 889,91. * — 10

Meyer, G. E., u. Walth. Hardt, zur Geburtstagsfeier Sr. Maj. des Kaiser Wilhelms II. in der Schule. Festreden, Festspiele, Gedichte u. Einzelvorträge. 3., sehr verm. Aufl. gr. 8. (IV, 78 S.) Danzig 902. A. W. Kafemann. n. 1. —; Schülerheft. (IV, 53 S.) n. — 50

Meyer, G. E., u. Walth. Hardt, zur Geburtstagsfeier Sr. Maj. des Kaisers Wilhelm II. in der Schule. 2. Bd. Festreden, Festspiele u. Gedichte. (III, 82 S.) gr. 8. Danzig 903. A. W. Kafemann. n. 1. —; Schülerheft. (III, 57 S.) n. — 50

— — dasselbe. III. Bd. 3 Festreden, 7 Festspiele, 6 Vorträge u. 17 Gedichte. (88 S.) gr. 8. Ebd. 906. n. 1. —

—— Das Gedächtnis Kaiser Wilhelms I. am 9. u. 22. März in der Schule. 5 deklamator. Festspiele u. 17 Einzelvorträge. gr. 8. (31 S.) Danzig 889, Kafemann. * — 20

Meyer, Gust. Ed. Die Gedächtnisfeier Kaiser Friedrichs III. am 15. Juni u. 18. Oktbr. Für die Schule bearb. gr. 8. (37 S.) Danzig 889, Kafemann. * — 20

Meyer, G. E., die vaterländischen Gedenktage, in Verbindung m. Gesang u. Gedicht als angewandte Geschichte f. die Hand d. Lehrers bearb. 8. (VIII, 116 S.) Danzig 893. F. Axt. n. 1. 20

— die Grundgedanken der biblischen Geschichten u. Sonntags-Evangelien nach ihrer Stellung im göttlichen Heilsplane, im Anschluß an Bibelkunde, Katechismus u. Lied. Ein Leitfaden f. Lehrer u. e. Wiederholungsbuch f. angeh. Lehrer, als Handbuch f. die Schule bearb. 2., verb. Aufl. 8. (VII, 115 S.) Danzig 890. Axt. n. 1. —; geb. n. 1. 20

Meyer, G. E., die Grundgedanken der bibl. Geschichten alten u. neuen Testamentes nach ihrem religiös-sittlichen Inhalte, nebst Angabe d. verwandten religiösen Stoffes, e. Leitfaden f. Lehrer u. e. Wiederholungsbuch f. angeh. Lehrer. 8. (88 S.) Danzig 883. (Axt.) n. 80

Meyer, G. E., Dr. Mart. Luthers kleiner Katechismus mit übersichtlicher Anordnung der Hauptgedanken und des verwandten religiösen Lehrstoffes, zum Schulgebrauch bearb. 8. (48 S.) Danzig 886, Axt. *

Meyer, Gust. Ed., Diss. inaug. med. quaedam de morbo leproso inter rusticos Esthonos endemico. 8maj. Reval 824.

Meyer, G. E., zur Silberhochzeit des Kaiserpaares, s.: Hardt, W.

Meyer, G. E., zum 100jährigen Todestage der Königin Luise, s.: Hardt, Walth.

Meyer, Gust. Ferd., Vorlesungen üb. die Theorie der bestimmten Integrale zwischen reellen Grenzen, m. vorzügl. Berücksicht. der v. P. Gust. Lejeune Dirichlet im Sommer 1858 gehaltenen Vorträge über bestimmte Integrale. Mit in den Text gedr. Holzschn. gr. 8. (XVIII, 628 S.) Leipzig 871. Teubner. n. 12. —

Meyer, Gust. Ferd., über Bernoulli'sche Zahlen. Inaugural-Dissertation. gr. 8. (56 S.) Göttingen 859, (Vandenhoeck und Ruprecht's Verlagsbuchh.) **

Plattdeutsche Kinderreime aus Schleswig-Holstein für Eltern und Kinder. Mit Zustimmung des Kieler Prüfungs-Ausschusses für Jugendschriften ausgewählt u. hrgg. v. Gustav F[riedrich] Meyer. Kiel und Leipzig. 1908. 8°

Plattdeutsche Kinderreime aus Schleswig-Holstein. Für Eltern u. Kinder ... ausgew. u. hrsg. von G[ustav] F. Meyer, [Lehrer in Kiel]. Kiel & Leipzig: Lipsius & Tischer 1908. (132, IV S.) 8° [F.] 08. 16,60 B

Meyer, Gustav Julius

Meyer, G. J., zur Geschichte der neuenhäuser Kirche vor Celle. Eine Festgabe, der Gemeinde zur Feier ihres hundertjähr. Bestehens am 30. Decbr. 1851 dargebracht. gr. 8. (48 S.) Celle 851, Schulze'sche Buchh. *

Meyer, Gust. Jul., ihr seid Bürger u. Gottes Hausgenossen. Predigt üb. Eph. 2, 19—22, gehalt. am Jubelfeste der Neuenhäuser Gemeinde, den 30. Decbr. 1851. 8. (22 S.) Celle 852, Schulze. 1/8 ₰

Meyer, Gust. W., der elektrische Betrieb v. Fernschnellbahnen. Unter Benutzg. e. vor der Technical Society of New York geh. Vortrages. gr. 8. (III, 63 S.) Halle 902. W. Knapp. n. 1. 50

— Tabellen der Elektrotechnik, s.: Paul.

Meyer, H., s.a. Meyer, Georg Hermann von

Meyer, H. (III.), s. Meyer-Hermann, H.

Meyer, H. Abhandlung über Roland. Bremen, Hauptschule, 1868. 22 S. 4. Progr.

Meyer, H., deutsche Aufsätze f. Volksschulen, s.: Wörmer, A.

Meyer, H. Beiträge zur Frage des rheumatisch-infectiösen Ursprungs der Chorea minor. Beobachtungen aus d. Kinderspital zu Basel. In-8⁰. 61 S. Basel (1894). These.

– (Bearb.), s. Bonafous, Matth.: Über die Kultur des Maulbeerbaums.

Meyer, H., dreißig Choräle für gemischten Chor. Detmold 869. Klingenberg. qu. 4. (III, 32 S.) 10 ngr

– (Übers.), s. Dembour, A.: Die Metall-Ektypographie.

— H. Über Elektrosynthese von Fettsäuren. In-8⁰. 39 S. Bern. These. 1897.

Meyer, H.. über die Erinnerung. (53 S.) gr. 8. Bonn 908. P. Hanstein. 1. —

Meyer H u J Heim, der Etikettenschatz. (48 T) [VS] Wien 1888-92

Meyer, H., Farben-Harmonie zur leichten Uebersicht f. Maler, Lithographen, Druckereien, Architekten, Decorateure u. alle mit Farben od. farbigen Stoffen arbeitende Gewerbe. 3. Hft., enth. Anwendungs-Taf. Wissenschaftlich zusammengestellt u. hrsg. gr. 4. (3 farb. Taf. m. 1 Bl. Erklärg.) Wien 887. (Heim.) n. 6. —

Meyer, H. (I.), der Führer durch Hamburg u. Altona u. deren Umgebungen, nebst e. kurzen Angabe aller Merkwürdigkeiten, f. Fremde, die ihren Aufenthalt zweckmäßig u. angenehm benutzen wollen. Deutsch u. Franz. 5., verm. Aufl. M. 1 Plane d. Stadt u. 50 Abbild. v. Kleidertrachten. 16. (...) Hamburg ..., Schuberth u. Comp.

Ohne Plan
Mit ill. Ansichten

Meyer, H. (I.), Generalregister zu Aug. Friedr. Adr. Diel's „systemat. Beschreibung d. vorzügl. in Deutschland vorhand. Kernobstsorten." Bd. 1—21. Frankfurt a. M. 799—821 (819). Bd. 22—27. (Forts. 1—6. Hft.) Stuttgart 821—32. 8. (3½ B.) Braunschweig 834, J. H. Meyer.
Vgl. Diel, A. F. A.

(F) Meyer-Bremen, H., Lieben, Glauben, Hoffen. Lieder des Südens. 8°. (111 S.) K 2 —
Meran: Ellmenreich 1904.

MEYER, H., Hamburg und Altona nebst Umgegend. Topographisch-statistisch-historiches Handbuch für Einheimische und Fremde. Mit 1 neuem Plan der Stadt. Hamburg und Itzehoe: Niemeyer [1836].

—— Hamburg u. Altona nebst Umgegend. Topograph.-statist.-histor. Handb. f. Einheimische u. Fremde. 16. (33¾ B. u. 1 ill. Plane.) Hamburg 836, [Schuberth u. Comp.]

Ohne Plan

Meyer, H., Hamburg u. das Hamburger Gebiet in seinem gegenwärt. Zustande, nebst e. kurzen Ueberblicke Altona's u. der zunächstliegenden holstein. Dörfer. Auch mit d. Umschlagstitel: Der Fremdenführer ꝛc. Mit 1 Grundr. d. Stadt u. d. Portr. Adolphs IV. v. Schauenburg. 16. Hamb. 828. Christiani. 1 ß

Meyer, H. (II.), Hamburg u. d. Hamburg. Gebiet in seinem gegenwärt. Zustande, nebst e. kurzen Ueberblick Altona's u. der zunächst liegenden holstein. Dörfer. — A. m. d. Umschlags-T.: Der Fremdenführer ꝛc. M. 1 Grundr. d. Stadt, u. d. Portr. Adolph IV. v. Schauenburg. 16. (24 B.) Hamburg 828. (Berlin, Trautwein.)

Meyer, H., u. P. Meyer, Handbuch f. Schornsteinfeger. 1. Tl. (110 S. m. 7 Taf.) 8. Groß-Strehlitz 906. A. Wilpert. Geb. in Leinw. n. 2. 50

Meyer, H., u. P. Meyer, Handbuch f. Schornsteinfeger. 2. Tl. (112 S.) 8. Nebst: Atlas, enth. 20 Bl. Vorlagen f. Schornsteinfeger. 32×25 cm. Groß-Strehlitz 908. A. Wilpert. Geb. in Leinw. u. geh. 4.—; Atlas allein 2. —
1. Tl. Ebd. 908. Geb. 2.50.

Meyer, H., Handkarte zu Guthe's Schul-Wandkarte von Hannover. 1 : 1,210,000. gr. 4. Cassel 871, Fischer. — 30

Meyer, H., ein Hexenproceß aus dem 17. Jahrhundert. Aus den Acten dargestellt. Hannover 867. Schmorl & v. Seefeld. gr. 8. (19 S.) n. 4 ngr.

— s. Jahrbuch f. vergleich. Rechtswiss.

Meyer, H. Illustration of the two most renowned specimens of old English ballad-poetry with a short introductory inquiry into the nature of English and Scottish ballads in general. Aschersleben, R., 1868. 27 S. 4. Progr.

—— und B. Zauleck, Leitfaden für Sonntagsschulen. Vertheilung des bibl. Unterrichtsstoffes. Im Auftrage des Bremer Sonntagsschul-Vereins zusammengestellt und den deutschen Sonntagsschulen dargereicht. gr. 16. (44 S.) Bremen 878, Müller's Verlagsh.

Meyer-Bremen, H., Lieben, Glauben, Hoffen. Lieder des Südens. (VII, 111 S.) 8. Meran 904. F. W. Ellmenreich. n. 2. —

Meyer, H. u. L. Tiesmeyer, Liederbuch f. Sonntagsschulen. 16. (IV, 112 S.) Bremen 875. (Barmen, Klein.) n. — 50

Meyer, H. (II.), und L. Tiesmeyer, Liederbuch für Sonntagsschulen. 1.—3. Aufl. 16. (IV, 112 S.) Bremen 875—79, (Valett und Comp.) *

Meyer, H., und L. Tiesmeyer, Liederbuch für Sonntagsschulen. 4.—6. Aufl. 16. (IV, 112 S.) Bremen 880—84, (Valett und Comp.) *

Meyer, H. (I.). Litteraturkunde. 8. (20 S.) Hannov. 891, (Feesche). cart. ** — 40

— Nochmals Hannibals Alpenübergang. Eine Antikritik. Pr. 1864. 18 S. u. Karte. 4°. 1.

Meyer, H. (I.), die Nutzbarmachung der in der Tiefebene belegenen Wasserkräfte. 1. und 2. Abdr. gr. 8. (31 S. mit 4 autogr. Taf. in qu. Fol.) Oldenburg 878, Bültmann und Gerriets.

Meyer, H. und Gottlieb, R, Die experimentelle Pharmakologie als Grundlage der Arzneibehandlung. Gr.-8°. (ill. XVI, 483 S. mit 1 Tafel) K 14.40
Wien: Urban & Schwarzenberg 1910.

—— Picture of Hamburgh. Being a guide through Hamburgh, Altona and the environs, for strangers, who wish to spend their time usefully and agreably. Translated by J. Aubrey. 16. (... u. 1 Plane.) Hamburgh ..., Schuberth and Comp.
Mit ill. Ansichten

Meyer, H. (II.), Rede bei d. feierlichen Grundsteinlegung z. d. neuen Kirche in Fürstenberg am 11. Aug. 1845 gehalten. gr. 8. (1 B.) Neustrelitz, Barnewitz. *

Meyer, H. (III.), gründl. Regeln d. Orthographie, f. Schulen. 8. (2 B.) Magdeburg 828, Rubach.

— Sozialprinzip, s. Frage, d. soziale.

Der gegenwärtige Stand der Entwicklungslehre dargest. von Dr. phil. H. Meyer. Bonn: P. Hanstein 1908. (112 S.) 8° (08. 1311)

Meyer, H. (III.), topograph.-statist. Uebersicht d. Regierungs-Bezirks Gumbinnen, nach amtl. Quellen bearb. gr. 4. (33¼ B.) Insterburg 839. (Königsberg, Gräfe u. Unzer; Bon.) *

Meyer, H., s.: Untersuchungen, chem. u. medicin.

Meyer, H., von Aegypten nach Kanaan. Ein Programm f. Jugendbund-, Jünglingsvereins- od. Gemeindefeste. Gespräche m. Chor- u. Gemeindegesängen in 3 Tln. f. 10 Personen. (8 S.) 8. Bremen (908). Buchh. u. Verlag des Traktathauses. — 20

— was kann der Lehrer zur Hebung des Volksgesanges thun? 8. (15 S.) Hildesheim (902). H. Helmke. n. — 40

Meyer, H., s. Wegweiser, kurzer, durch Hamburg.

—— kurzer Wegweiser durch Hamburg u. Altona, nebst Umgegenden. Zunächst f. Fremde. 16. (..., 1 Plane d. Stadt u. 1 Kpfrt.) Hamburg ..., Schuberth u. Comp.

Meyer, H.: Wein- und Liqueur-Etiketten .... Halberstadt: Selbstverl. 1900. 33 S. — 121*

Meyer, H., welchen Fehlern begegnet der Lehrer im Gesangunterricht u. wie beseitigt er dieselben. 8. (16 S.) Hildesheim 897. H. Helmke. n. — 40

(Meyer, H. v.) Aus großer Zeit. Der Krieg gegen Frankreich 1870—71. 2. Aufl. Tübingen 1887. 8°.

Meyer H A, Elfenbein. (56 S) Hamburg 1889

Meyer, H. C., s. Orientalia.

Meyer, H. Ch. W., Gutachten über die Lokal-Schulaufsicht, f. Schriften des Liberalen Schulvereins Rheinlands und Westfalens.

Meyer's, H. E., neuester deutscher Briefsteller. Ein Musterbuch zur Abfassung aller in den allgemeinen Landesverhältnissen und Geschäftsleben vorkommenden Briefe, Documente und Aufsätze. Ein Hand- und Hülfsbuch für Personen jeden Standes. Mit drei Zugaben über den Gebrauch der Lese- und Interpunktions-Zeichen, Erklärung vieler in der deutschen Sprache vorkommenden fremden Wörter, Kunstausdrücke u. Abkürzungen, und Belehrung über die Behandlung der Federn. 18. Aufl. Einbeck 853. Ehlers. 8. (128 S.) 7½ ngr.

Meyer's, H. E., neuester deutscher Briefsteller. Ein Musterbuch zur Abfassung aller in den allgemeinen Lebensverhältnissen u. Geschäftsleben vorkommenden Briefe, Documente u. Aufsätze. Ein Hand- u. Hülfsbuch für Personen jeden Standes. Mit 2 Zugaben. 20. Aufl. Einbeck 859. Ehlers. 8. (128 S.) 7½ ngr.

Meyer's, H. E., neuester deutscher Briefsteller. Ein Musterbuch zur Abfassung aller in den allgemeinen Lebensverhältnissen u. Geschäftsleben vorkommenden Briefe, Documente u. Aufsätze. Mit 3 Zugaben über den Gebrauch der Lese- u. Interpunktionszeichen rc. 25. verb. Aufl. Einbeck 868. Ehlers. gr. 16. (120 S.) 9 ngr.

Meyer, H. E., Der Proselyt aus dem Judenthum. Kiel. U. A.

Meyer, H. Ed., über das summarische Verfahren nach zürcherischem Rechte. gr. 8. (5¼ B.) Zürich 844, (Meyer u. Zeller.) *

Meyer, H. H., der Geist in seiner Unabhängigkeit von d. Körper u. d. Sinnenwelt überhaupt. gr. 8. (10 B.) Oldenburg 838, Schulzesche Buchh.

—— neue Postille, od. Predigten auf alle Sonn- u. Festtags-Evangelien e. Kirchenjahres. I. Thl. gr. 8. (45⅓ B.) Oldenburg 838, Schulzesche Buchh.

—— der Staat aus zwei Elementen, d. polit. u. religiösen bestreb., dargestellt. gr. 8. (7 B.) Oldenburg 836, Schulzesche Buchh.

Meyer, H. J.

– Handatlas der neuesten Erdbeschreibung, s. Meyer.

– Handlexikon des allgemeinen Wissens, s. Meyer.

– Deutsches Jahrbuch, s. Meyer.

– (Neues) Konversations-Lexikon, s. Meyer.

Meyer, H. J., Merkwürdigkeiten Thüringens 2c., s. Merkwürdigkeiten 2c.

– Reisebücher, s. Meyer.

– Universum, s. Meyer.

– Wegweiser durch die Schweiz, s. Meyer's Reisebücher.

Meyer, H. J. H. (Red.), s. Erzähler, Der. 1837.

H. Lohalm Meyer bibliographia physico-medica, das ist: historische Abhandlung derer vornehmsten physicalischen und medicinischen Bücher, welche von uralten Zeiten her bis auf uns geschrieben sind etc. Lüneburg 1704. 12.

Meyer, H. P., prakt. Lehrbuch der gesammt. Landwirthschaft, allen Orten gewidmet. 8. Grätz 793. Ferstl. 16 gr.

Meyer, H. Th. Matth., geograph. Charakterbilder, s.: Daniel, H. A.

Meyer, H. Th. Matth., Einführung in die deutsche Litteratur. Nach method. Grundsätzen in 3 Kursen hrsg. 8. (64 S.) Hamburg 890. O. Meissner's Verl. cart. n. — 60

— s.: Handels- u. Wirtschaftsgeographie.

— Handels- u. Wirtschaftsgeographie v. Südamerika, s.: Heinemann, Fr.

Meyer, H. Th. Matth., u. Geo. Vollers, Schulbauprogramm, nach dem Entwurfe des Schulbauten-Ausschusses der hamburg. Schulsynode bearb. gr. 4. (84 S. m. 75 Abb.) Hamburg 901. L. Voß. n. 2. —

— u. Geo. Vollers, Schulbauprogramm, nach dem Entwurfe des Schulbauten-Ausschusses der hamburg. Schulsynode bearb. 2. Aufl. (89 S. m. 82 Abbildgn.) 4. Ebd. 904. n. 4. —

— die Schulstätten der Zukunft. (IV, 78 S. m. 28 Abbildgn.) Lex.-8. Hamburg 903. L. Voss. n. 1. 50

Meyer, H. Th. Matth., Sport u. Schule, s. a. Abhandlungen, pädagog., N. F. I.

[F.] Sport und Schule. Von H. Th. Matth. Meyer, Seminarl. in Hamburg ... *Bielefeld: A. Helmich [1897].* (28 S.) 8.
— Abhandlungen, Pädagogische. N. F. Bd I. H. 6. [98. 2014

Meyer, Hans, s. a. Hansemeier.

– s. a. Meyer, Hans H. J.

—— s. a. Meyer, Johs.

— Über die Additivität der Atomwärmen. S. 109. IIa. 405 . . . . —.10
Separatabdruck

Meyer, Hans, für u. wider d. Alkohol. Ein Vortrag. gr. 8. (20 S.) Marburg 895. N. G. Elwert's Verl. n. — 40

Meyer, Prof. Dr. Hans. Für und wider den Alkohol. Vortrag. Berlin 1899. 2. Aufl. 20 S. 8°. Mk. —.40.

— Über die Alkylierung der Pyridone. S. 115. IIb. 780 . . . . vgr.
Separatabdruck

— Über Alkylwanderungen in der Pyridinreihe. S. 115. IIb. 1129 . . . . vgr.
Separatabdruck

— Über a-Cyanpyridin. S. 111. IIb. 98 . . . . vgr.
Separatabdruck

— Über Aminopyridinkarbonsauren. S. 111. IIb. 762 . vgr.
Separatabdruck

Meyer, Hans, Analyse u. Konstitutionsermittelung organischer Verbindungen. (XXVI, 700 S. m. 164 Fig.) gr. 8. Berlin 903. J. Springer. n. 16. —; geb. in Leinw. n. 18. —

Meyer, Hans, Analyse u. Konstitutionsermittelung organischer Verbindungen. 2., verm. u. umgearb. Aufl. (XXXII, 1003 S. m. 235 Fig.) gr. 8. Berlin (909). J. Springer. 28.—; geb. in Halbldr. n 31. —

— Über Anemonin. 1. Mitteilung. S. 105. IIb. 264 . vgr.
Separatabdruck

Meyer, Hans, approb. Arzt aus Bremen ⟨Fr. Hansast.⟩: Aus d. Kgl. Chirurg. Klinik. Über traumatische Aneurysmen als Komplikation der Knochenbrüche. *Kiel 1902: Schmidt & Klaunig.* (25 S.) 8°
Kiel, Med. Diss. v. [23. Dez.] 1902

— und Schlegl Karl: Über Anhydride aromatischer Sulfosäuren. S. 121. IIb. 1521 vgr.
Separatabdruck

– u. R. Turnau

— — Über Anilide und Anisidide von aromatischen Keton- und Aldehydsäuren (mit 1 Textfigur). S. 118. IIb. 851 . . . . vgr.
Separatabdruck

Meyer, Hans, Anleitg. zur quantitativen Bestimmg. d. organ. Atomgruppen. gr. 8. (VIII, 115 S. m. Abb.) Berlin 897. J. Springer. Geb. n. 3. —

— Anleitung zur quantitativen Bestimmg. der organischen Atomgruppen. 2., verm. u. umgearb. Aufl. (XI, 202 S. m. Fig.) gr. 8. Ebd. 904. Geb. in Leinw. n. 5. —

— Über Arecolin und Arecaidin. S. 110. IIb. 1061 . . . . vgr.
Separatabdruck

Meyer, Hans, la première ascension du Kilimandjaro, übers. durch L. Derriey, s.: Schulbibliothek französ. u. engl. Prosaschriften aus der neueren Zeit.

— Über die Äther des Kynurins. S. 115. IIb. 79 vgr.
Separatabdruck

Meyer-Cassel, Hans, s.: Aus deutschen Landen.

— Über disubstituierte Azetessig- und Malonsäureester. S. 115. IIb. 86 . . . . . . vgr.
Separatabdruck

— Über Azidimetrie der Oxyaldehyde. S. 112. IIb. 146 . . . . . vgr.
Separatabdruck

— Über reziproke sterische Beeinflussungen. S. 114. IIb. 89 . . . . vgr.
Separatabdruck

— Über sterische Behinderungen bei alkylsubstituierten Cinchoninsäuren. S. 115. IIb. 113 . . . . vgr.
Separatabdruck

— u. Robert Beer

— — Beiträge zur Kenntnis des Erdnußöls (mit 2 Textfiguren). S. 122. IIb. 367 . vgr.
Separatabdruck

Meyer, Hans, Beiträge zur Kenntniss des Stoffwechsels im Organismus der Hühner. Inaugural-Dissertation. gr. 8. (33 S.) Königsberg 877, (Beyer's Verlag.) *

Meyer, Hans, Beiträge zur Kenntnis des Stoffwechsels im Organismus der Hühner. In.-Diss. Königsberg 79.

Meyer, *Hans* Bemerkungen aus dem Zeitalter der schönen Wissenschaften. 4 (29 S.). **Progr.** G. z. gr. Kloster *Berlin* 1886 (51)

— Bemerkungen aus dem Zeitalter der schönen Wissenschaften, s. Meyer, Hans Georg

Meyer Hans: Neue Beobachtungen über Chloridbildungen mittels Thionylchlorid. S. 110. IIb. 682 . . . . vgr.
Separatabdruck

Meyer, Hans, Arzt u. Zahnarzt a. Schwerin i. M.: Aus d. chir. Klinik zu Rostock. Bericht über 90 Friedens-Schußverletzungen. Rostock 1900: Adler. 84 S. 8°
Rostock, Med. Diss. v. 11. März 1909, Ref. Müller
[Geb. 29. Dez. 78 Deetzbüll; Wohnort: Bremerhaven; Staatsangeh.: Preußen; Vorbildung: Gymn. Schwerin Reife M. 98; Studium: Rostock 2, Tübingen 3, Greifswald 1, Berlin K. W. A. 4 S.; Coll. 21. Jan. 09; Approb. 5. April 05.]
[U 09. 3719

Meyer, Hans, der richtige Berliner in Wörtern u. Redensarten. 6. Aufl. (XVIII, 169 S.) gr. 8. Berlin 904. H. S. Hermann. Geb. in Leinw. n. 3. —

Der richtige Berliner in Wörtern und Redensarten von Hans **Meyer**, Prof. am grauen Kloster. 6. Aufl. Berlin: H. S. Hermann 1904. (XVIII, 172 S.) 8° [F.] [s.6. 8700 II

Meyer, Hans, der richtige Berliner in Wörtern u. Redensarten. 7. Aufl., besorgt v. Siegfr. Mauermann. (XX, 199 S.) gr. 8. Berlin 911. H. S. Hermann. Geb. in Leinw. 3. —

— und Soyka Walter: Über das Candelillawachs. S. 122. IIb. 30 . . . . vgr.
Separatabdruck

— Über das Cantharidin. 1. Mitteilung. S. 106. IIb. 80 vgr.
Separatabdruck

— und Hönigschmid Otto: Über Caryophyllin. S. 114. IIb. 9 . . . . vgr.
Separatabdruck

Meyer, Hans, China u. die Chinesen, s.a. Meyer's Volks- u. Jugendbibliothek „Nach der Arbeit". 2. Bd.

China und die Chinesen. Bilder aus d. Reich d. Mitte. Nach d. besten Quellen f. d. Volk u. d. reifere Jugend zsgest. von Hans **Meyer**. *Krefeld: G. Hohns 1900.* (269 S.) 8° [F.]
— Arbeit, Nach der. Bd 2. [os. 734

Meyer, Hans, a. Haasel, Prov. Brandenburg: Die Brüder Contessa. Berlin: R. Schröder 1906. (241 S.) 8°
München, Phil. Fak., Ref. Muncker, Diss. v. 20. Nov. 1905
[Geb. 3. Mai 80 Haasel; Wohnort: Hirschberg i. Schl.; Staatsangeh.: Preußen; Vorbildung: Kgl. Gymn. Oels i. Schl. Reife O. 01; Studium: Berlin 3, München 6 S.; Rig. 20. Nov. 05.]

Meyer, Hans, die Brüder Contessa. Ihr Leben u. ihre Werke. Ein Beitrag zur Kenntnis der Unterhaltungs-Literatur der klass. Epoche. (241 S.) gr. 8. Berlin 906. R. Schröder. (Cöpenick, R. Schön.) n. 4.50

— Über eine neue Darstellungsmethode für Amide substituierter Malon- und Azetessigsäuren. S. 115. IIb. 1061 . . . . vgr.
Separatabdruck

— und Staffen Friedrich: Über Derivate der Isocinchomeronsäure und das α. β'-Diaminopyridin. 2. Mitteilung über Diamine der Pyridinreihe. S. 121. IIb. 1475 vgr.
Separatabdruck

— und Tropsch Hans: Über Derivate der Lutidinsäure und das αγ-Diaminopyridin. 3. Mitteilung über Diamine der Pyridinreihe. S. 122. IIb. 1449 . . . . vgr.
Separatabdruck

— Über neue Derivate des Anthrachinons. 1. Mitteilung über Zweikernchinone. S. 117. IIb. 895 . . . . vgr.
Separatabdruck

Meyer Hans: Über einige Derivate der Pikolinsäure und die Überführung derselben in α-Amidopyridin. S. 103. IIb. 128 . . . . vgr.
Separatabdruck

Meyer Hans und **Steiner** Karl: Über Derivate der Pyromellithsäure und über isomere Benzolpolykarbonsäureimide. S. 122. IIb. 1619 . . . . vgr.
Separatabdruck

— Über stickstoffhaltige Derivate des Cantharidins. 3. Mitteilung über das Cantharidin (mit 1 Textfigur). S. 109. IIb. 739 . . . . vgr.
Separatabdruck

Meyer, H., die Diaspora der deutschen evangel. Kirche in Rumänien, Serbien u. Bulgarien. Mit 65 in den Text gedr. Abbildgn. u. e. Karte in Farbendr. gr. 8. (VIII, 480 S.) Potsdam 901. E. Stein. n. 10. —; geb. n. 12. —

— Über Diäthylanthranilsäure. S. 113. IIb. 118 vgr.
Separatabdruck

— u. Hans Tropsch

— — Über Dinikotinsäure und deren Abbau zu ββ'-Diaminopyridin und über das αα'-Diaminopyridin. 4. Mitteilung über Diamine der Pyridinreihe. S. 122. IIb. 1467 vgr.
Separatabdruck

— Über die Einwirkung von Ammoniak auf die Laktone. S. 108. IIb. 470 . . . . vgr.
Separatabdruck

— Über die Einwirkung von Diazomethan auf Aldehydsäuren und Aldehyde. S. 114. IIb. 831 . . . . vgr.
Separatabdruck

— Über die Einwirkung von Diazomethan auf Pyridone und Oxypyridinkarbonsäuren. S. 114. IIb. 867 . . . . vgr.
Separatabdruck

— und Turnau R.: Über die Einwirkung von Thionylchlorid auf Chinaldinsäure. S. 116. IIb. 90 . . . . vgr.
Separatabdruck

Meyer, Hans, die Eisenbahnen im tropischen Afrika. Eine kolonialwissenschaftl. Studie. Mit e. Eisenbahnkarte v. Afrika. gr. 8. (X, 186 S.) Leipzig 902. Duncker & Humblot. n. 4. 80; geb. in Leinw. n. 6. —

MEYER, HANS. Ueber Electrosynthese von Fettsäuren. (Bern) München, 1896.

— die Entwickelung unsrer Kolonien. (Nach e. Vortrag, geh. im „Verein f. Erdkunde" zu Leipzig.) 8. (36 S.) Leipzig 893. G. Lang. n. — 50

Meyer, Hans, Dr.: Der Entwicklungsgedanke bei Aristoteles. Bonn: Haustein 1909. 154 S. 8° ¶(Ersch. auch als Buch ebd.)
München, Phil. Hab.-Schr. v. 1909
(Nicht für den Austausch) [U 09. 3543

Meyer, Hans, der Entwicklungsgedanke bei Aristoteles. (III, 154 S.) gr. 8. Bonn 909. P. Hanstein. 3. —

Zur Erinnerung an das Sommer-Johannisfest zugleich fünfzigjähriges Jubiläum der Brr. Conr. Meyer-Hoffmeister und Leonh. v. Muralt-Hirzel gefeiert in der Loge Modestia cum libertate Zürich, den 15. und 16. Juli 1876. [Unterz.:] Hans Meyer. [Zürich 1876.] 54 S. 8°
Festbericht. Festrede von R. Ottensoser, die Mahnung enthaltend, bei der Klarheit des reinsten Lichtes, die mrische Arbeit auf die rechte Art zu beginnen.

— Über isomere Ester von o-Aldehydsäuren. S. 113. IIb. 122 . . . . vgr.
Separatabdruck

— Über isomere Ester aromatischer Ketonsäuren. S. 113. IIb. 789 . . . . vgr.
Separatabdruck

— Über Esterbildung und Betaine. S. 112. IIb. 38 . vgr.
Separatabdruck

— Über Esterbildung bei Pyridinpolykarbonsäuren. S. 110. IIb. 508 . . . . vgr.
Separatabdruck

— Über Esterifizierungen mittels Schwefelsäure. Vorläufige Mitteilung. S. 112. IIb. 674 vgr.
Separatabdruck

— Über Esterifizierungen mittels Schwefelsäure. 2. Mitteilung (mit 1 Textfigur). S. 113. IIb. 925 . . . . vgr.
Separatabdruck

Meyer, Hans, appr. Arzt aus Markt-Redwitz: Ein Fall von traumatischem Aneurysma der Arteria ulnaris bei hoher Teilung der Arteria brachialis. München 1904: C. Wolf & Sohn. (14 S.) 8°
München, Med. Fak, Ref. v. Angerer, Diss. v. 28. Sept. 1904
[Geb. 25. März 81 Markt-Redwitz, Oberfranken; Wohnort: Markt-Redwitz; Staatsangeh.: Bayern; Vorbildung: Gymn. Bayreuth Reife Juli 99; Studium: München 10 S.; Coll. 20. Juli 04; Approb. 23. Juni 04.]

Meyer, Hans, preußische Festspiele f. Schulen. 8. (VII, 112 S.) Berlin 889. Springer. n. 1. 60

— Zur Frage nach der Konstitution des Kohlenstoffmoleküls. S. 122. IIb. 1423 . . vgr.
Separatabdruck

Meyer, Hans, die Frau als Mutter. Schwangerschaft, Geburt u. Wochenbett sowie Pflege u. Ernährung der Neugeborenen in gemeinverständl. Darstellg. 1. u. 2. Aufl. 8. (à VIII, 283 S. m. Abbildgn.) Stuttgart 899. 900. F. Enke. n. 3. 60; geb. in Leinw. n. 4. 20

Meyer, Hans: Fremdkörper in den Luftwegen. Ein klinisch-statistischer Beitrag. *Freiburg (Baden) 1897: E. Kuttruff.* (55 S.) 8°
Jena, Med. Diss. v. [17. Dez.] 1897

Meyer, Hans, das bayerische Gebührengesetz m. e. Anh., enth. die m. dem Gebührengesetz im Zusammenhang steh. Gesetze, Verordgn. u. Bekanntmachgn. Auf Grund der Fassg. des Gesetzes vom 13. VII. 1910 erläutert in Verbindg. m. Frdr. Degel. (X, 633 S.) gr. 8. München 910. F. Gais. Geb. in Leinw. 7. —

Meyer, Hans, Gerichts- u. Prozeß-Praxis. Ein Handbuch des Zivil- u. Straf-Prozesses für gerichtl. Beamte u. Rechtsanwälte, e. Wegweiser für Jedermann im Verkehr m. Gerichten. Mit Beispielen für Gesuche, Klagen, Anträge, Kostenberechngn. usw. Unter Mitwirkg. von A. Armleder, O. Böttcher, E. Buselmeyer u. a. hrsg. 1.—8. Lfg. (1. Bd. S. 1—272.) Lex.-8. München 904. 905. Bickel's Söhne. à n.n. — 65

— Gerichts- u. Prozeß-Praxis. Ein Handbuch des Zivil- u. Strafprozesses f. gerichtl. Beamte u. Rechtsanwälte, e. Wegweiser f. Jedermann im Verkehr m. Gerichten. Mit Beispielen f. Gesuche, Klagen, Anträge, Kostenberechngn. usw. Unter Mitwirkg. v. A. Armleder, O. Böttcher, E. Buselmeyer u. a. hrsg. 9.—16. Lfg. (1. Bd. S. 273—528.) Lex. 8. München 905. 06. Bickel's Söhne. à nn — 65

Meyer, Hans, ostafrikanische Gletscherfahrten. Forschungsreisen im Kilimandscharo-Gebiet. Mit 3 Karten, 20 Taf. in Heliograv. u. Lichtdr. u. 19 Textbildern. gr. 8. (XIV, 376 S.) Leipzig 890. Duncker & Humblot. n. 20. —; geb. n. 23. —; auch in 10 Lfgn. à n. 2. —; Prachtausg. geb. n. 32. —

— ostafrikanische Gletscherfahrten. Die Ersteigg. des Kilimandscharo u. Forschungsreisen im Kilimandscharo-Gebiet. Neue, kleinere Ausg. Mit 2 Karten, 20 Taf. in Heliograv. u. Lichtdr. u. 19 Textbildern. gr. 8. (XVI, 310 S.) Leipzig 893. Duncker & Humblot. Geb. in Leinw. n. 12. —

Meyer, Hans, in d. Hoch-Anden v. Ecuador: Chimborazo, Cotopaxi etc. Reisen u. Studien. Mit 3 farb. Karten u. 138 Abbildgn. auf 37 Taf. (II, 14, 552 S.) Lex.-8. Nebst: Bilder-Atlas. 24 Grossquart-Taf. in farb. Lithogr. nach Gemälden von Rud. Reschreiter u. 20 Taf. m. 40 Bildern in Lichtdr. nach Originalen verschiedener Forscher u. Künstler. Dazu e. Vorwort u. 12 Bl. textl. Erläutergn. (V, 24 S.) Fol. Berlin 907. D. Reimer. Geb. in Leinw. u. in Leinw.-Mappe n. 80. —; Text allein n. 15. —; Bilderatlas allein n. 75. —

— und Mally Josef: Über Hydrazinderivate der Pyridinkarbonsäuren (mit 1 Textfigur). S. 121. IIb. 983 . . . . vgr.
Separatabdruck

Meyer, Hans: Die Igorroten. (Anhang zu: Meyer, Eine Weltreise. S. 503–543.) Leipzig 1885. 39 S. 8°.

— Die Isomeren des Cantharidins. 2. Mitteilung. S 107. IIb. 737 . . . . vgr.
Separatabdruck

— s.: Kalender, hessischer.

MEYER, Hans (München): Zur Casuistik kombinierter Herzklappenerkrankungen. Ein Beitrag zur Frage über die Inconstanz des diastol. Herzgeräusches bei Insufficienz der Semilunarklappen der Aorta.- München: Kastner & Callwey 1903. 31 S.
23.7.1903 - Chr 1903/04,16; Jv 1903/04,328
Diss.Ingolst.-Landsh.-Mchn.

— Zur Kenntnis der Aminosäuren. S. 109. IIb. 685 vgr.
Separatabdruck

— Zur Kenntnis des Anemonins. 2 Mitteilung über Anemonin. S. 108. IIb. 345 . vgr.
Separatabdruck

Meyer, Hans [cand. chem. aus Timmel [!] '(Prov. Hannover)']: Zur Kenntnis der Benzimidazole der Naphtalinreihe '(Naphtimidazole.)' ... Erlangen, Druck d. Univ.-Buchdr. v. E. Th. Jacob, 1897; 25 S. 8.
Erlangen, Phil. Fak., Inaug.-Diss. v. 28. Jan. 1897

Meyer, Hans: Zur Kenntnis von Eis und Schnee des Kilimandscharo. in: Wissenschaftliche Veröffentlichungen des Vereins für Erdkunde zu Leipzig. Bd 1. S. 287–291. Leipzig 1891. 8 S. 8°.

— Huh A.: Zur Kenntnis der aromatischen Fluorverbindungen und über die Bestimmung des Fluors in denselben. S. 119. IIb. 749 . . . . vgr.
Separatabdruck

— und Brod Leo: Zur Kenntnis der Montansäure. S. 122. IIb. 545 vgr.
Separatabdruck

— Zur Kenntnis der o-Benzoylbenzoesäure (mit 2 Textfiguren). S. 113. IIb. 131 . . vgr.
Separatabdruck

– u. Hans Tropsch

— — Zur Kenntnis der Polymerie bei Pyridinkarbonsäurechloriden. S. 123. IIb. 381 vgr.
Separatabdruck

Meyer, Dr. H. Der Kilimandscharo. (Eine provisorische Skizze). Gotha 1887. 1 Bl. c. L. Sch. u. NC.

— der Kilimandjaro. Reisen u. Studien. Mit 4 Taf. in Farbendr., 16 Taf. in Lichtdr., 20 in Buchdr., 2 farb. Orig.-Karten u. 103 Textbildern. hoch 4. (XVI, 436 S.) Berlin 900. D. Reimer.
Geb. in Leinw. n. 25 —

Meyer, Hans, s. a. Kolonialreich, das deutsche.

Meyer, H. Das deutsche Kolonialreich. Eine Länderkunde der deutschen Schutzgebiete unter Mitarbeit von J. Passarge, L. Schultze, W. Sievers und G. Wegener. Herausgegeben von H. Meyer. Leipzig und Wien.
I. Band: Ostafrika und Kamerun. 1909.
II. „ Togo, Südwestafrika, Schutzgebiete in der Südsee und Kiautschougebiet. 1910.

— Über die Konstitution des Phenolphtaleins. S. 108. IIb. 67 vgr.
Separatabdruck

— Die Konstitutionsbestimmung der isomeren Orthoketonsäurederivate S. 116. IIb. 117 . . . . vgr.
Separatabdruck

Meyer, Hans, bacc. iur., Kammergerichtsref.: Die Kündigung des Gewerbegehülfenverhältnisses. Berlin 1906: E. Ebering (58 S.) 8°
Leipzig, Jur. Fak., Diss. v. 29. März 1906
[Geb. 13. Nov. 81 Berlin; Wohnort: Charlottenburg; Staatsangeh.: Preußen; Vorbildung: Sophien-Gymn. Berlin; Studium: Berlin 6 S.; Rig. 24. Dez. 04.]

Meyer, Hans, die graphische Kunst. Rede, zur Feier des allerhöchsten Geburtstages Sr. Maj. des Kaisers u. Königs am 26. I. 1908 in der öffentl. Sitzg. der königl. Akademie der Künste geh. (18 S.) gr. 8. Berlin 908. E. S. Mittler & Sohn. — 60

— Landschaften u. Städtebilder. Ein Malbuch. Mit Lithogr. nach farb. Zeichngn. (24 z. Tl. farb. Bl.) qu. gr. 8. Nürnberg (904). Th. Stroefer. Kart. 2. 50

— Deutsche Landwirtschaftsbilder. Orig.-Steinzeichngn. (12 farb. Bl.) 34×42 cm. Berlin (907). Grauert & Zink. à Bl. 1. —

Meyer, Hans, Lehrbuch der Geschichte

— dasselbe f. d. oberen Klassen höh. Lehranst., s.: Hofmann, Frdr.

Meyer, Hans (II.), Lehrbuch der Geschichte für die unteren und mittleren Klassen höherer Lehranstalten. 3 Hefte. gr. 8. Berlin, Springer. cart. **
Inhalt:
Heft 1. Alte Geschichte. Mit einem Abriß der alten Geographie. (IV, 84 S.) 888. * 80 Pf.
„ 2. Deutsche Geschichte im Mittelalter. (49 S.) 888. ** 50 Pf.
„ 3. Deutsche Geschichte in der neueren Zeit. (III, 67 S.) 889. * 60 Pf.

Meyer, Hans, Lehrbuch der Geschichte f. die unteren u. mittleren Klassen höherer Lehranstalten. 1. Hft. Alte Geschichte. Mit e. Abriß der alten Geographie. 2. Aufl. gr. 8. (IV, 80 S.) Berlin 893. J. Springer. Kart. n. — 80

Meyer, Hans, Lehrbuch d. Geschichte f. d. unt. u. mittl. Klassen höh. Lehranstalten. 4 Hfte. gr. 8. Berlin, J. Springer. Kart. n. 2. 80
1. Alte Geschichte. M. e. Abriß d. alten Geographie. 4. Aufl. (IV, 79 S.) 897. n. — 80
2. Deutsche Geschichte im Mittelalter. 2. Aufl. (III, 52 S.) 894. n. — 50
3. Dasselbe v. d. Reformation bis zu Friedrich d. Großen. 2. Aufl. (IV, 35 S.) 894. n. — 50
4. Dasselbe von Friedrich d. Großen bis zur Gegenwart. 2. Aufl. (III, 39 S.) 894. n. — 50

— dasselbe f. die unteren u. mittleren Klassen höh. Lehranstalten. 2. Hft. Deutsche Geschichte im Mittelalter. 3. Aufl. gr. 8. (III, 52 S.) Berlin 899. J. Springer. Kart. n.n. — 50

Lehrbuch der Geschichte für die unteren und mittleren Klassen höherer Lehranstalten von Dr. Hans **Meyer**, Prof. (in Berlin). 5. Aufl. H. 1. *Berlin: J. Springer 1900.* 8° [F.] (05. 917

Lehrbuch der Geschichte für die unteren und mittleren Klassen höherer Lehranstalten von Dr. Hans Meyer, Prof. am grauen Kloster, Berlin; 6. Aufl. H. 1. Berlin: J. Springer 1903. 8° [F.] (05. 41)

— Lehrbuch der Geschichte für die unteren u. mittleren Klassen höherer Lehranstalten. 1. u. 3. Heft. 8. Berlin, J. Springer. Kart. n.n. 1. 30
1. Alte Geschichte. Mit e. Abriß der alten Geographie. 7. Aufl. (IV, 80 S.) 905. Kart. n. — 80
3. Deutsche Geschichte von der Reformation bis zu Friedrich dem Großen. 5. Aufl. (III, 35 S.) 901. Kart. n.n. — 50

Meyer, Hans, Lehrbuch der Geschichte f. die unteren u. mittleren Klassen höh. Lehranstalten. 1. Heft. Alte Geschichte. Mit e. Abriß der alten Geographie. 8. Aufl. (IV, 80 S.) 8. Berlin 908. J. Springer. Kart. — 80

— Magnetisierungszahlen einiger organischer Verbindungen und Bemerkungen über die Unabhängigkeit schwach magnetischer Flüssigkeiten von Feldstärke und Dissoziation. S. 113 IIa. 807 . . . . —.30
Separatabdruck

Meyer, Hans, approb. Arzt: Ueber **Mastdarmpolypen.** *Leipzig 1904: B. Georgi.* (52 S.) 8°
Leipzig, Med. Diss. v. (17. Juni) 1904

– u. Karl Steiner

— — Über die Mellithsäure. S. 122. IIb. 1703 . . . . vgr.
Separatabdruck

— Über eine allgemein anwendbare Methode zur Darstellung von Chloriden der organischen Säuren (mit 1 Textfigur). S. 110. IIb. 316 . . . . vgr.
Separatabdruck

— [1]) Mitteilungen aus dem Institut für Radiumforschung. 48. Über die Lebensdauer von Uran und Radium. S. 122. IIa. 1065 . . . . —.40
— —[1]) 50. Bemerkungen über die Löslichkeit von Radiumemanation und anderen Gasen in Flüssigkeiten (mit 4 Textfiguren) S. 122. IIa. 1281 . . . . —.70
Separatabdruck

Meyer, Hans [app. Arzt aus Hamburg]: Aus d. chirurg. Klinik zu Kiel. Über Nephrectomien bei Nierentuberkulose ... Kiel, Druck v. H. Fiencke, 1896; 13 S. 8.
Kiel, Med. Fak., Inaug.-Diss. v. [7. Apr.] 1896

— Über Nitrile der Pyridinreihe. S. 111. IIb. 717 . . . . vgr.
Separatabdruck

— und Steiner Karl: Notiz zur Bestimmung des Alkyls am Stickstoff. S. 122. IIb. 1619 . . . . vgr.
Separatabdruck

— und Beer Robert: Über das Öl von *Datura Stramonium.* S. 121. IIb. 19 . . . vgr.
Separatabdruck

— und Eckert A.: Über das fette Öl und das Wachs der Kaffeebohnen S. 119. IIb. 591 vgr.
Separatabdruck

Meyer, H., üb. Pflege u. Ernährung der Neugeborenen. 8. (96 S.) Zürich 887. Meyer & Zeller. n. 1.—

Meyer, Hans, üb. Pflege u. Ernährg. d. Neugeborenen. 2., billige [Titel-]Ausg. 12. (96 S.) Zürich (887) 896. A. Raustein. Kart. n. —50

— Über das vermeintliche Phenylhydrazon der Salizylsäure S. 116. IIb. 129 . . vgr.
Separatabdruck

— Zur Psychologie der Gegenwart, s.a. Görres-Gesellschaft zur Pflege der Wissenschaft im katholischen Deutschland.

Zur Psychologie der Gegenwart von Dr. H. **Meyer** (München). Koln: Bachem in Komm. 1909. 104 S. 8°
(Görres-Gesellschaft z. Pflege d. Wissenschaft im kath. Deutschland. Vereinsschrift. 1909, 1.) loq. 6949

— Über α α'-substituierte Pyridinkarbonsäuren. S. 113. IIb. 869 . vgr.
Separatabdruck

— u. Robert Beer

— — Über die Perkinsche Reaktion S. 122. IIb. 31 . vgr.
Separatabdruck

— Über Säureamidbildung und Esterverseifung durch Ammoniak. S. 114. IIb. 1179 vgr.
Separatabdruck

— Über Säureanilide, Anilsäuren und Pseudoanilide S. 116. IIb. 107 . . . . . . vgr
Separatabdruck

— Über Säurechloride der Pyridinreihe (mit 1 Textfigur). S. 110. IIb. 9 . . . . . vgr.
Separatabdruck

—— über die von geraden Linien und von Kegelschnitten gebildeten Schaaren von Isothermen; sowie über einige von speciellen Curven dritter Ordnung gebildete Schaaren von Isothermen. Inaugural-Dissertation. gr. 4. (60 S. mit 14 Stnt.) Zürich 879. (Göttingen, Vandenhoeck und Ruprecht's Verlag.) *

— zum Schneedom d. Kilimandscharo. 40 Photogr. aus Deutsch-Ostafrika m. Text. Fol. (23 S.) Berlin 888. (H. J. Meidinger.) geb. 30.—
Ermässigt auf 20.—.

Meyer, Hans, das Merkel'sche Schwimmbad in Esslingen a. N. (50 S. m. Abbildgn. u. 1 Taf.) Lex. 8. Esslingen (907). P. Neff. 1.—

— s. a. Stadttheater, das neue, in Giessen.

Meyer H, das neue Stadttheater in Giessen. (52 S) 4° Giessen 1907

— und Ritter Wolfgang: Über die Sulfonierung der Pyridinbasen. S. 123. IIb. 867 vgr.
Separatabdruck

— u. Robert Beer

— — Über eine neue Synthese des Carbostyrils S. 122. IIb. 565 . . . . vgr.
Separatabdruck

— — und Lasch Grete, Dr.: Eine neue Synthese des Cumarins (mit 1 Textfigur). S. 122. IIb. 966 . . . . vgr.
Separatabdruck

— Über Tetrabromphenolphtalein. S. 109. IIb. 119 . . . . vgr.
Separatabdruck

Meyer, Hans, d. Insel Tenerife. Wandergn. im canar. Hoch- u. Tiefland. M. 4 Orig.-Karten u. 33 Textbild. gr. 8. (VIII, 328 S.) Leipzig 896. S. Hirzel. n. 8.—; geb. n. 10.—

Meyer, Hans: Die Insel Tenerife. Wanderungen im canarischen Hoch- und Tiefland. Mit 4 Originalkarten und 33 Textbildern. Leipzig 1896. VIII, 328 S. 8°.

Meyer, Hans [Basel]: Untersuchungen über einige Flagellaten. Genève 1897. 46 S. 2 Taf. 8°. (Separatabdruck aus der Revue Suisse de Zoologie, Bd. 5.)
Basel. Phil. Diss. 1897/98.

Meyer, Hans: Ueber die Urbewohner der Canarischen Inseln. in: Festschrift fur Adolf Bastian. S. 63—78. Berlin 1896. 16 S. 4°.

Meyer, H[ans], I. Assistenzarzt der geburtshülflich-gynäkologischen Klinik [von Nänikon, Kt. Zürich]: Ueber die Verdoppelungen der Gebärmutter und ihre Complicationen mit Schwangerschaft und einseitiger Atresie. Zür. J. Schabelitz Dr. 1883. 75 S., 1 Taf. 8°.
Zürich. Med. Diss. [v. 16. März 1883].

— s.: Vorträge, 3, v. der Limburger Generalversammlung.

Meyer, Hans, approb. Arzt aus Halle a. S.: Über die rechte Wanderniere und ihre Beziehungen zu den ausführenden Gallenwegen. *Halle a. S. 1902: C. A. Kaemmerer & Co.* (53 S.) 8°
Halle, Med. Diss. v. 19. Febr. 1902

Meyer, Hans, e. Weltreise. Plaudereien aus e. zweijähr. Erdumsegelg. Mit 120 Abbildgn. u. Plänen, e. Erdkarte u. e. Anh.: „Die Igorroten". gr. 8. (544 S.) Leipzig 885 Bibliograph. Institut. geb. n.n. 6.—

Meyer, Hans: Wilhelm d. Große, s. Krause, Theodor

— Wilhelm II., Deutscher Kaiser u. König v. Preußen. Dem deutschen Volke in Schule, Haus u. Heer gewidmet. gr. 8. (68 S. m. 2 Portr.) Langensalza 888. Schulbuchhandlg. n. —50

— dasselbe. 2., sehr verm. u. bis auf die Gegenwart fortgeführte Aufl. gr. 8. (VIII, 212 S. m. 1 Titelbilde, 2 Vollbildern u. 10 Text-Illustr.) Ebd. 889. n. 2.—

Meyer, Hans, Wilhelm II., deutscher Kaiser u. König v. Preußen. Ein Lebens- u. Charakterbild dem deutschen Volke in Haus u. Heer gewidmet. Mit 1 Titelbilde, 2 Vollbildern u. 11 Text-Illustr. 4., stark verm. Aufl. gr. 8. (VIII, 464 S.) Langensalza 892. Schulbuchh. n. 4.—

— Zivilprozeßordnung m. Gerichtsverfassungsgesetz. Für den prakt. Gebrauch in Verbindung m. mehreren deutschen Justizsekretären bearb. (VII, 656 S.) gr. 8. Straubing 910. C. Attenkofer's Verl. 6.40; geb. in Leinw. 7.—

— Boudy Richard und Eckert Alfred: Über Zweikernchinone der Anthrachinonreihe (mit 3 Textfiguren). S. 121. Hb. 1911 . . . . vgr.
Separatabdruck

Meyer, H[ans Georg], Bemerkungen aus dem Zeitalter der schönen Wissenschaften. gr. 4. (29 S.) Berlin 886, Gaertner's Verlag. *

Eros und Psyche. Ein Gedicht von Hans Georg Meyer. Berlin: K. Siegismund 1899. (110 S.) 4° (8°)

Meyer, Hans Geo., Eros u. Psyche. Ein Gedicht. 4. Aufl. gr. 8. (119 S.) Berlin 900. K. Siegismund. n. 3. —; geb. in Leinw. n. 4. —

Meyer, Hans Geo., Gedichte. gr. 8. (IV, 81 S.) Berlin 873. Springer's Verl. n. 2. —

[3.] Gedichte v. Hans Georg Meyer. *Berlin: K. Siegismund 1898.* (V, 153 S.) 1 Bd 8. [58. 1633]

Meyer, Hans Geo., Gedichte. 3. Aufl. (243 S.) 8. Berlin 911. K. Siegismund. Geb. in Leinw. 3. 50

Meyer, Hans Georg: Leibniz und Baumgarten als Begründer der deutschen Aesthetik. Halle (1874): Plötz. 49 S. 8°
Halle-Wittenberg, Phil. Diss. v. 17. Juni 1874
Geb. Berlin 11. 11. 1849. V.
Im Buchhandel Halle: Reichardt 1874.

— Leibniz u. Baumgarten als Begründer der deutschen Aesthetik. Inaugural-Dissertation. gr. 8. (49 S.) Halle 874. Reichardt. — 60

Meyer, Hans H., u. R. Gottlieb, die experimentelle Pharmakologie als Grundlage der Arzneibehandlung. Ein Lehrbuch f. Studierende u. Ärzte. (XVI, 483 S. m. 61 Abbildgn. u. 1 farb. Taf.) Lex. 8. Wien 910. Urban & Schwarzenberg. 12.—; geb. n 13. 50

Meyer, Hans H. J.

Meyer, Hans, die Strassburger Goldschmiedezunft von ihrem Entstehen bis 1681, s.a. Forschungen, staats- und socialwissenschaftliche.

Meyer, Hans H. J.: Die Strassburger Goldschmiedezunft von ihrem Entstehen bis 1681. Ein Beitrag zur Gewerbegeschichte des Mittelalters. Leipzig, Duncker & Humblot, 1881. 8. 84 S.

Meyer, Hans, s.a. Volkstum, das deutsche.

— das deutsche Volkstum, s.a. Meyer's Volksbücher.

Meyer, Hans H. J. Das dte Volkstum. Unter d Mitarbeit v Dr. Hans Helmholtz. Lpz, Wien. 1898.

— H, das deutsche Volkstum. (679 S 30 T) Leipzig 1898

Meyer, H: Das deutsche Volkstum. 2. Aufl. T. 1. 2. Leipzig und Wien 1903

Meyer, Hans M[artin]: Gründungsgeschichte der Karthause „St. Margarethental" im mindern Basel. Basel 1905. 88 S. 8°.
Basel. Phil. Diss. 1904/1905.

Meyer, Hans M[artin]. Gründungs-Geschichte der Karthause «St. Margarethental» im mindern Basel. Diss. Phil. Basel. [Mit 1 Tafel.] 88 S. 8. Basel, Buchdr. des «Basler Volksblattes», 1905.

Meyer, Harry: Ausmessung eines Sternhaufens in der Vulpecula. *Breslau (1902): Grass, Barth & Co.* (42 S.) 4°
Breslau, Phil. Diss. v. 21. März 1902

Meyer, Heinrich, s.a. Meyer, Anton Johann Heinrich

— s.a. Meyer, Heinrich Christoph

— s.a. Meyer, Johann Heinrich

Meyer, Heinr., s.a. Meyer-Benfey, Heinr.

Meyer, H., und C. A. Böttiger, Zwei Abhandlungen über den Raub der Cassandra auf einem alten Gefäfse. Mit 3 Kupf. Weimar 794. 4.

Meyer, Heinr., Adressbuch der Buchdruckereien von Mitteleuropa; der Stein-, Kupfer- und Stahlstichdruckereien, der Schrift- u. Stereotypengiesser, xylographischen Institute, Pressen- und Druckmaschinenbauer, Farbefabrikanten, sowie der mechanischen Papierfabriken in Deutschland. Braunschweig 854. J. H. Meyer. gr. 8. (VI, 210 S.) n. 1 ₰.

Meyer, Heinr., Adreß-Buch f. den Regierungsbezirk Düsseldorf, umfassend die 13 Kreise: Düsseldorf, Elberfeld, Solingen, Neuß, Crefeld, Grevenbroich, Geldern, Kempen, Cleve, Gladbach, Rees, Lennep u. Duisburg. br. 8. (30½ B.) Elberfeld 846, Bädeker. *

Meyer, Hnr., s.a. Alpenstrassen, Die römischen, in der Schweiz.

Meyer, H., Die röm. Alpenstrassen in der Schweiz. Gel. 1861. 23 S. m. 2 Taf. 4°.

Meyer, H[einrich] / [1802–1871]. Die Römischen Alpenstrassen in der Schweiz. [Mit 2 Tafeln.] (Mittheil. Ant. Ges. Zürich ....) 4. Zürich 1861.
Ausg. A. (Mittheil. ... Band 13, Abth. 2, Heft 4.)
Ausg. B. (Mittheil. ... [Njbl.] 25.) — *Anonym.*

— Heinrich, Ueber die Altar-Gemälde von Lucas Cranach in der Stadt-Kirche zu Weimar. Weimar (Landes-Industrie-Compt.) 1813. 6 S. (4.—) 23212

Meyer, Heinr., Anlage u. Ausstattung v. Turnplätzen u. Turnhallen, s.a. Volks-Turnbücher, deutsche. Hft. 31. 32.

Meyer, H.: Anlage und Ausstattung von Turnplätzen und Turnhallen für das Schul- und Vereinsturnen. Leipzig 1905. 57 S. (Deutsche Volks-Turnbücher. 31—32.)

— (Hrsg.), s. Anthologia veterum Latinorum epigrammatum et poematum.

Meyer, H. (I.), Beschreibung der in der Schweiz aufgefundenen Gallischen Münzen,
—— erster Nachtrag zu den Inscriptiones confoederationis helveticae latinae von Th. Mommsen,
} s.a. Mittheilungen der antiquarischen Gesellschaft in Zürich.

Meyer, H[einrich] I. Beschreibung der in der Schweiz aufgefundenen Gallischen Münzen. Mit (2 Beilagen [von] Heinrich Schreiber. [2 Textabbildungen und]) drei Tafeln. (Mittheil. Ant. Ges. Zürich. Band 15, Heft 1.) 4. Zürich 1863.

Meyer, H., ein Besuch im britischen Museum. Nebst einigen Mittheilungen über London. In Briefen. Zürich 855. Orell, Füßli u. Co. 16. (VIII, 216 S.) n. 1 ₰. 10 ngr.

Meyer, H[einrich] I. Die Bracteaten der Schweiz. Nebst Beiträgen zur Kenntniss der schweizerischen Münzrechte während des Mittelalters. Mit drei Münztafeln. 4. Zürich 1845.
Ausg. A. (Mittheil. Ant. Ges. Zürich. Band 3, Heft 2.)
Ausg. B. Aus den Mittheilungen ... besonders abgedruckt.

Meyer, H. (I.), die Bracteaten der Schweiz. Nebst Beiträgen z. Kenntniss der schweizerischen Münzrechte während des Mittelalters. Roy.-4. (11 B. u. 3 Münztaf.) Zürich 845, Meyer u. Zeller.
Aus: Mittheilungen der antiquar. Gesellschaft etc., besond. abgedruckt.

Meyer, H., die Chanson des Saxons Johann Bodels in ihrem Verhältnis zum Rolandslied u. zur Karlamagnussaga, s. a. Ausgaben u. Abhandlungen aus dem Gebiete der romanischen Philologie.

Meyor, H. Die Chanson des Saxons Johann Bodels in ihrem Verhältnisse zum Rolandsliede und zur Karlamagnussaga. Diss. Marburg 1882. 39 S.

Meyer, H., die römischen Alpenstrassen in der Schweiz, — Beschreibung gallischer Münzen, — Die Denare u. Bracteaten der Schweiz, } s. a. Mittheilungen der antiquarischen Gesellschaft in Zürich.

Meyer, H[einrich] Z. Die Denare und Bracteaten der Schweiz. Neue Bearbeitung. Mit drei Münztafeln. (Mittheil. Ant. Ges. Zürich. Band 12, Heft 2.) 4. Zürich 1858.
(Fortsetzung und Umarbeitung [der] beiden früheren Schriften [des gleichen Verfassers]: Die ältesten Münzen von Zürich ... Z. 1840 u. Die Bracteaten der Schweiz ... Z. 1845.)

Meyer Heinrich Über einige Derivate der Dimethyl -a-Resorzylsäure. 8. 96. II: 58 . vgr. Separatabdruck

Meyer, H., das französ. Decimalsystem in Hinsicht auf Münzen rc. 8. Halberst. Büreau f. Lit. u. K. 809.

Meyer, Hnr. I., das französ. Decimalsystem in Hinsicht auf Münzen, Maaße u. Gewichte, in Vergleichung mit denjenigen, so bish. in d. Städten d. Königr. Westphalen rc. üblich gewes. sind. 8. Halberst. 809. (Vogler in Potsd.) 12 g̊.

Meyer, Heinrich. Durch das Herz der Schweiz in 10 Tagen. Führer in Form von Tagesrezepten von H' M' in Frankfurt am Main. Mit einer Übersichtskarte. VI + 56 S. 8. Frankfurt a. M., Gebrüder Fey, 1907. [M. 1. —]

Meyer, H[einrich]. Einrichtung und Betrieb einer Seidenstoff-Fabrik. Deutsche Ausgabe des Vortrages: «L'organisation d'une fabrique de soieries», gehalten am ersten internationalen Wirtschaftskurs in Lausanne 1907 von H. M'... 30 S. 8. Zürich, Komm. Rascher & Co., Druck Juchli & Beck, [1908]. [fr. 1. —]

Meyer, Heinrich [aus Wiesbaden]: Über multiple Embolie der Darmgefässe mit nekrotisirender Entzündung des ganzen Dünn- und Dickdarmes bei hochgradiger Atheromatose der Aorta ... Würzburg, Becker's Univ.-Buchdr., 1896; 112 S. 8.
Würzburg, Med. Fak., Inaug.-Diss. v. 1896

Meyer, Heinr., moderne Entwürfe. Eine Serie origineller Illustr., Embleme, Allegorien etc. üb. Künste, Wissenschaften, Handel, Industrien, Gewerbe, Sport etc. in decorativem Style. 1. Serie. 1.—4. Hft. gr. 4. (à 6 lith. Taf.) Wien 890. (Thiel & Schkerl.) à n. 4. —

Meyer, Heinr., moderne Entwürfe. Eine Serie origineller Illustr., Embleme, Allegorien etc. üb. Künste, Wissenschaften, Handel, Industrien, Gewerbe, Sport etc. in decorativem Style. 1. Serie. 5. Hft. gr. 4. (6 lith. Taf.) Wien 891. (Thiel & Schkerl.) n. 4. —
(I, 1—5.: n. 20. —)

Meyer, Heinr. (I.), Fabeln u. Bilder. Lithogr. kl. qu. 4. (40 Bl.) Zürich 841, Schulthess.

Meyer, Heinrich, a. Hamburg: I. Über Fluorescein und die Nichtexistenz des β-Dinitro-p-dibrombenzols. II. Über Derivate des Orthonitromandelsäurenitrils. Weida i. Th. 1907: Thomas & Hubert. (57 S.) 8°
Leipzig, Phil. Fak., Ref. Beckmann-Hantzsch, Diss. v. 23. Juli 1907
[Geb. 3. Juni 82 Hamburg; Wohnort: Hamburg; Staatsangeh.: Hamburg; Vorbildung: Realgymn. Hamburg Reife M. 00; Studium: T.H. Hannover 6, Univ. Erlangen 2, Leipzig 3 S.; Rig. 4. Juni 07.]

Meyerus, Henr., Fragmenta orator. romanorum, s. a. Fragmenta.

Meyer, Henr., Oratorum Romanorum Fragmenta ab Appio inde Caeco et M. Porcio Catone usque ad Q. Aurelium Symmachum. 8 maj. (19 B.) Turici 832, Orell, Fuessli et Soc.

Meyer, Heinrich, Medizinalpraktikant a. d. freien u. Hansestadt Lübeck: Aus d. chirurg. Klinik zu Kiel. Gangrän nach Frakturen, unter besonderer Berücksichtigung eines Falles nach Fraktura cruris supramalleollaris. Kiel 1907: Schmidt & Klaunig. (20 S.) 8°
Kiel, Med. Fak., Ref. Helferich, Diss. v. 15. Juli 1908
[Geb. 22. Dez. 81 Lübeck; Wohnort: Lübeck; Staatsangeh.: Lübeck; Vorbildung: Realgymn. d. Katharineums Lübeck Reife O. 02; Studium: Freiburg i. B. 1, München 2, Leipzig 2, Berlin 1, München 2, Kiel 2 S.; Coll. 26. Juli 07; Approb. 1. Juli 08.]

Meyer, Hnr. II., s. Gesangbuch, christl. rc.

Meyer, Heinrich. Geschichte der bildenden Künste bei den Griechen von ihrem Ursprunge bis zum höchsten Flor. 2 Abtheilungen in einem Bande 8°. Dazu 1 Band Abbildungen 4°. Theil 3. Geschichte der bildenden Künste bei den Griechen und Römern. Mit einer Vorrede von F. W. Riemer. 1 Band 8°. Dresden 1824—1836. 8°.

Meyer, (Heinr.,) Gesch. d. bildend. Künste bei d. Griechen. 1e bis 3e Abthlg. gr. 8. Dresden 824, Walther. 2 Rthl. 12 gr. Schrbp. 3 Rthl. Dies. mit 31 Kupf.

Meyer, Heinr. (II.), Geschichte d. bildenden Kunst bei d. Griechen u. Römern. 3. Thl. — A. u. d. T.: Geschichte d. bild. Künste rc. Zeit ihres Abnehmens. Hrsg. mit e. Vorr. v. F. W. Riemer. gr. 8. (34 B.) Dresden 836, [Walther'sche Vrlsbh.]
1. u. 2. Thl. (3 Abthl.) Ebendas. 1824, 25. 8 Thlr. 12 Gr. — 3 Thle. m. 31 Kpfrtaf. zus. genomm. hrbgs. Pr. * 4 Thlr.

Meyer, H[einrich] Z. Geschichte der XIten und XXIsten Legion. [Mit 1 Karte und 4 Tafeln.] (Mittheil. Ant. Ges. Zürich. Band 7. Heft 6.) 4. (Zürich 1853.)

Meyer, Heinrich: Die Grundlagen der Erbschaftsansprüche nach BGB. Jena 1910: Vopelius. 104 S. 8°
Jena, Jur. Diss. v. 23. März 1910, Ref. Danz
[Geb. 15. Aug. 85 Hamburg; Wohnort: Hamburg; Staatsangeh.: Hamburg; Vorbildung: Gymn. Rudolstadt Reife O. 06; Studium: München 2, Berlin 2, Jena 3 S.; Rig. 15. Febr. 10.] [U 10. 2258

— archäolog. Hefte, s. K. A. Böttiger.

Meyer, H. The infancy of the English drama. Hagen, R., 1873. 19 S. 4. Progr.

Meyer, Henricvs (geb. am 16 Febr. 1832 in Köln): De artis scenicae apvd Britannos initiis ... Bonnae, form. H. B. Koenig 1860. 3 Bl., 32 S., 1 Bl. 8. ¶ Erschien 1873 in engl. Bearb. als Progr. d. Realsch. I Ordn. in Hagen: The Infancy of the English Drama.
Bonn, Phil. Fak., Diss. v. 8 Aug. 1860

Meyer, Heinrich Z s. Inscriptiones confoederationis Helveticae Latinae.... [Pars 2a.] Zürich 1865.

Meyer, Heinrich, Diplomirter Chemiker von Zürich: Zur Kenntnis der Phtaleïne. Zür. J. Schabelitz Dr. 1896. 64 S., 1 Bl. 8°.
Zürich, Phil. Diss. [v. 13. Juni 1896].

Meyer, Heinr. [approb. Arzt aus Osnabrück]: Knochenabscesse .... Kiel, Druck v. Schmidt & Klaunig, 1887; 21 + 1 S. + 1 Bl. 8°.
Kiel, Med. Fak., Inaug.-Diss. v. 20. Jun. 1887.

Meyer, Heinr. (I.), Knochenabscesse. Inaugural-Dissertation. gr. 8. (21 S.) Kiel 887, (Lipsius und Tischer.) *

[Meyer, Heinrich Z.] ...das Leben des Hofraths Heinrich Meyer von Zürich (1760–1832). [Mit 1 Porträt-Tafel.] Njbl. Künstlerges. Zürich 1852. 4. [Zürich.]

[Meyer, Heinrich Z.] ...das Leben des Malers Johann Konrad Zeller (1807 1856). [Mit 2 Tafeln.] Njbl. Künstlerges. Zürich 1857. 4. [Zürich.]

[Meyer, Heinrich Z.] 1. Lebensbeschreibung von David Hess (1770–1843). [Von H. M. Mit 2 Tafeln.] — 2. Dietrich Meier ([d. i. Meyer.] 1572–16[5]8), seine Söhne und Enkel aus Zürich. [Von Carl Wilhelm Hardmeyer. Mit 1 Tafel.] Njbl. Künstlerges. Zürich 1844. 4. [Zürich.]

Meyer, Heinr., über Lehranstalten zu Gunsten der bildenden Künste zur Feier des 100jährigen Geburtstages des Verf. abgedruckt aus den Propyläen von Goethe u. m. Vorwort u. Anmerkungen begleitet von Chr. Schuchardt. Weimar 860. Böhlau in Comm. gr. 8. (VIII, 32 S.) 7½ ngr.

— s. Mädchen, die, als Soldaten.

Meyer, H[einrich] Z. Die ältesten Münzen von Zürich oder Zürichs Münzgeschichte im Mittelalter. Mit zwei Münztafeln. Zürich.
Ausg. A. (Mittheil. Ant. Ges. Zürich. Band 1, Heft 7.) 4. 1840 (*Umschlag*: 1848)
Ausg. B. 8. 1840.

Meyer, H. (II.), die ältesten Münzen v. Zürich, od. Zürichs Münzgeschichte im Mittelalter. gr. 16. (4¾ B. u. 2 Taf.) Zürich 840, Meyer u. Zeller.

[Meyer, Heinrich Z.] Das Münzkabinet der Stadt Zürich. 2 Hefte. [Je Mit 1 Tafel.] Njbl. Stadtbibl. Zürich 1862 *u.* 1863. 4. Zürich.

Meyer, H., erster Nachtrag zu den Inscriptiones confoederationis helveticae latinae von Th. Mommsen, s. Mittheilungen der antiquarischen Gesellschaft in Zürich.

Meyer, Heinr. (II.), das Nünnlein von Nimtschen oder Dr. Luther's Brautfahrt. Dramat. Gedicht. gr. 8. (14 S.) Minden 883, Bruns' Verlag. *

Meyer, H[einrich]. L'organisation d'une fabrique de soieries. Conférence faite au premier Cours international d'expansion commerciale, à Lausanne 1907, par H. M', Directeur de l'école de tissage de soie à Zurich. 30 p. 8. Zurich, Impr. Juchli & Beck (Rascher & Cie., ... libraires-éditeurs), 1907. [fr. 1. —]

Meyer, H., die Ortsnamen des Kantons Zürich, s. a. Mittheilungen der antiquarischen Gesellschaft in Zürich.

Meyer, H[einrich] Z. Die Ortsnamen des Kantons Zürich. Aus den Urkunden gesammelt und erläutert. (Mittheil. Ant. Ges. Zürich. Band 6, Heft 3.) 4. (Zürich 1848.)

Meyer, H.: Die Ortsnamen des Kantons Zürich. Aus den Urkunden gesammelt und erläutert. Zürich 1849. 111 S. 4°.

[Meyer, Heinrich Z.] (Johann Heinrich Pestalozzi, geb. den 12. Jan. 1746, gest. den 27. Febr. 1827. [Mit 1 Porträt-Tafel.]) Njbl. Waisenh. Zürich 1847. 4. [Zürich.]

– (Hrsg.), s. Quintilianus, M. Fabius: Ad Victorium Marcellum institutionum oratoriarum libri XII.

Meyer, H.: Über den Raub der Cassandra, s. a. Blanchini, Fr.

— über d. Raub d. Cassandra, s. a. K. A. Böttiger.

Meyer, H. und Böttiger, C. A. Ueber den Raub der Cassandra auf einem alten Gefässe von gebrannter Erde. Zwey Abhandlungen. Nebst drey Kupfertafeln. Weimar 1794. 4°. 2 Exemplare.

— u. K. A. Böttiger, üb. d. Raub d. Cassandra a. e. alt. Gefäße v. gebrannt. Erde, m. K. gr. 4. Weimar, Industr. Comt. 794.

— Reductionstabelle d. preuß. Cour. gegen französ. Geld rc. Fol. Halberst. 808. (Vogler in Potsd.) 3 gr.

Meyer, H., le mont Rigi représenté en 15 different. Vues coloriées, dessinées p. H. Fuessli et H. Keller, avec une description en allemand et en français. gr. fol. Zürch, Orell et Comp. Rthlr.

Meyer, Heinr., de rechte Schaul. Erzählung aus dem niederdeutschen Bauernleben. (100 S.) 8. Hamburg 906. Gutenberg Verlag Dr. E. Schultze. n. 1. 50; geb. n. 2. 50

Meyer, Heinr. (II.), kleine Schriften zur Kunst, s. a. Litteraturdenkmale, deutsche, des 18. und 19. Jahrh.

Meyer, Heinrich. Kleine Schriften zur Kunst. Heilbronn 1886. 8°.

Meyer, H. Die amerikanische Seidenindustrie und die Seidenindustrie auf der Weltausstellung in Chicago 1893. Bern 1894.

Meyer, Heinrich, Gerichtsass. zu Frankfurt a. M.: ('Setzt der Alimentationsanspruch unehelicher Kinder gegen ihren Erzeuger die Bedürftigkeit der Ersteren und die Leistungsfähigkeit des Letzteren voraus?' Nach gemeinem Rechte.) *(Frankfurt a. M.) 1899: (H. Maus).* (37 S.) 8°
Tübingen, Jur. Diss. v. 1899

Meyer, Heinr., die Sprache der Buren. Einleitung, Sprachlehre u. Sprachproben. gr. 8. (XVI, 106 S.) Göttingen 901. Berlin, F. Wunder. n. 2.—

Meyer, Heinrich [aus Frille b. Minden i/W.]: Zur Sprache der jüngeren Teile der Chronik von Peterborough. Ms. Bodl. Laud 636 (früher E. 80). . . . Jena, Frommannsche Buchdr. (Hermann Pohle), 1889; VIII + 109 S. 8°
Freiburg i. B., Phil. Fak., Inaug.-Diss. v. 1889

Meyer, Heinr., zur Sprache d. jüngeren Teile d. Chronik v. Peterborough. Ms. Bodl. Laud 636 (früher E. 80). gr. 8. (VIII, 109 S.) Leipzig 898. Buchh. G. Fock. n. 2. 50

Meyer, Heinrich [aus Liebenburg]: Die alte Sprachgrenze der Harzlande ... (Soll fortges. werden.) Göttingen, Druck d. Dieterich'schen Univ.-Buchdr., 1892; 46 S., 1 Bl. 8.
Göttingen, Phil. Fak., Inaug.-Diss. v. [17. Okt.] 1892

Meyer, Heinr., die alte Sprachgrenze der Harzlande. Diss. gr. 8. (46 S.) Göttingen 892. (Vandenhoeck & Ruprecht.) n. 1. —

[Meyer, Heinrich Z.] Jakob Stampfer, Medailleur des 16. Jahrhunderts. [Mit 2 Tafeln.] (Njbl. Waisenh. Zürich 1869.) 4. [Zürich.]

Meyer, Heinrich. Ueber die von Pseudocumolsulfamid sich ableitenden Sulfamin- und Oxysäuren. Rostock, 1883.

— Tabelle zur richtigen Vergleichung d. franzöſ. Geldes nach d. von d. königl. weſtphäl. Regierung beſtimmt. Zahlenwerthe 2c. Fol. (Halberſt. 808.) (Vogler in Potsd.) 4 gl.

— Tabellen-Kalender auf 100 Jahre. Fol. Braunſchw. 792.

Meyer, Heinr. (II.), Taschenbuch für Handel und Schifffahrt, s. Taschenbuch.

Meyer, Heinrich III., Theater. 1r Bd. (Inh.: Die Abentheuer des Königs Stanislaus. — Der Brief u. das Armband. — Die beiden Schwiegerſöhne). 8. Hamb. 820. Herold jun. 1 Rthlr 12 gl

— Ueberſicht der Geſchichte d. Kunſt bei den Griechen, deren bekannteſten Werke u. Meiſter, ſo wie d. noch vorhand. u. darauf Bezug habend. Denkmale. Nebſt den gleichzeit. Weltbegebenheiten u. d. wichtigſten Erſcheinungen im Gebiete d. Wiſſenſchaften, Lit. u. Poeſie. gr. Fol. Dresd. 826. Walther.

Meyer, Heinrich, aus Hannover: Über Umformungen des Methylhexylenketons. *Hannover (1900): A. Grimpe.* (61 S.) 8°
Göttingen, Phil. Diss. v. [12. Aug.] 1900

Meyer, Heinr., üb. Umformungen des Methylhexylenketons. Diss. gr. 8. (61 S.) Hannover (900). (Göttingen, Vandenhoeck & Ruprecht.) n. 1.40

— — (Bremen), De usuris, licitis ultra quincunces. Diss. Jur. Präs. Heinrich Bodin. Halle (Chr. A. Zeitler) 17. VI. 1701. (5.—) 23213
Widm. v.: Hoffmanns sämtl. Tischgenossen (dtsch.), C. A. Hake, R. D. Hake, P. D. (dtsch.).

—— Geschichte der 11. und 21. Legion, } s.a. Mittheilungen der an-
—— die Votivhand, } tiquarischen Gesellschaft in Zürich.

Meyer, H[einrich] I. Die Votivhand. Eine römische Bronze von Aventicum. ([Nebst] Anhang [über] Terracottenfiguren aus Panticapaeum in der Krimm.) [Mit 1 Abbildung und 1 Tafel.] Mittheil. Ant. Ges. Zürich. Band 11. Heft 2. 4. Zürich 1856.

—ſ. Winckelmanns Werke.

— Wortregister, s.: Sammlung der griechischen Dialekt-Inschriften. IV. 2.

Meyer, Heinrich Adolph

Meyer, H. A., biologische Beobachtungen bei künstlicher Aufzucht des Herings der westlichen Ostsee. Im Anschluss an die Abhandlung VII im IV.—VI. Jahresberichte der Kommission zur wissenschaftl. Untersuchung der deutschen Meere in Kiel. [Mittheilungen aus der Kommission zur wissenschaftl. Untersuchung der deutschen Meere in Kiel I.] gr. 8. (20 S.) Berlin 878, [Wiegandt, Hempel und Parey.] Parey. *

— Beobachtungen über das Wachsthum des Herings im westlichen Theile der Ostsee, Berlin 1878, s. in:
3. Jahresbericht der Commission zur wissenschaftlichen Untersuchung der deutschen Meere in Kiel. Jg. 4, 5 und 6.

Erinnerungen an Heinrich Christian Meyer — Stockmeyer —. Für die Familie gesam. v. Heinrich Adolf Meyer. Mit Einleitung v. Victor Böhmert. (Als Manuscript gedruckt.) Hamburgische Liebhaberbibliothek. Hamburg. 1900. 8°.

Meyer, H. A., und K. **Möbius**, Fauna der Kieler Bucht. 1. Bd. A. u. d. T.: Die Hinterkiemer oder Opisthobranchia der Kieler Bucht. Fol. (XXXVIII und 100 S. mit 26 Stnt., wovon 20 in Buntdr.) Leipzig 865, Engelmann. *

—— und K. **Möbius**, Fauna der Kieler Bucht. 2. Bd.: Die Prosobranchia und Lamellibranchia der Kieler Bucht. Nebst einem Supplement zu den Opistobranchia. Fol. (XXIV, 139 S. mit 24 lithogr. und chromolithogr. Taf. in Fol. und qu. Fol.) Leipzig 872, Engelmann. cart. *
1. Bd. Ebendas. 1865. * M 20.

Meyer, H. A., zur Physik des Meeres. Beobachtungen über Meeresströmungen, Temperatur und specif. Gewicht des Meerwassers während der Nordseefahrt vom 21. Juli bis 9. Septbr. 1872. Fol. (41 S. mit 1 Kpfrt., 1 Stnt., 2 Tab. in Fol. und 1 lithogr. Karte in gr. Fol.) Berlin 874, Wiegandt, Hempel und Parey. *
Aus: Jahresberichte der Kommission zur Untersuchung der deutschen Meere in Kiel, besonders abgedruckt.

Periodische Schwankungen des Salzgehaltes im Oberflächenwasser in der Ostsee und Nordsee, Berlin 1884, s. in:
4. Bericht der Commission zur wissenschaftlichen Untersuchung der deutschen Meere in Kiel. Jg. 7 bis 11, Abth. 2.

Meyer, Hnr. Adlf, Periodische Schwankungen des Salzgehaltes im Oberflächenwasser in der Ostsee und Nordsee. Kiel 1864. Fol. . . . . [illegible]

Kurzer Ueberblick der in der Kieler Bucht von uns beobachteten Wirbellosen Thiere, als Vorläufer einer Fauna derselben. Von Heinrich Adolph **Meyer** und Karl **Möbius**. Abgedruckt aus dem 28. Jg. (1862, 1) von „Troschel's Archiv für Naturgeschichte". Hamburg. 1862. 8°.

Meyer, H. A., Untersuchungen über physikalische Verhältnisse des westlichen Theiles der Ostsee. Ein Beitrag zur Physik des Meeres. Fol. (VII, 204 S. mit eingedr. Holzschn. und 6 Stnt., wovon 1 Chromolithogr. in Fol. und qu. gr. Fol.) Kiel 871, Schwers'sche Buchh. *

Liederbuch, zum Gebrauch der s. e. g. u. v. Loge Hercynia zum flammenden Stern im Or. von Goslar gesamm. von dem dep. Meister der s. e. g. u. v. Loge zum stillen Tempel im O. v. Hildesheim [d. i. Heinr. Andr. **Meyer**] im Jahre 1808. [Braunschweig: Vieweg 1808.] 136 S. 8°
Tt. 2312. Ohne Noten.

Maurerisches Liederbuch, zum Gebrauche der L. zum stillen Tempel im Or. zu Hildesheim, gesamm. von [Heinr. Andr.] **Meyer**. Braunschweig: 1805. 8°
Kl. 1643b.

[Andere Ausg. u. d. Tit.:]
Maurerisches Liederbuch, zum Gebrauch der sehr ehrw. ger. und vollk. □ zum stillen Tempel im Or. von Hildesheim gesamm. von [Heinr. Andr.] **Meyer**. Hildesheim, im Jahre 5808. Braunschweig [1808]: Vieweg. 136 S. 8°
Kl. 1654, Tt. 2312. 95 Lieder ohne Noten.

Meyer, Heinr. Aug., das Pistolen-Duell, welches zwischen dem Ingenieur-Lieut. v. Leithold u. dem O.-L.-G.-Referendar Schade am 30. Aug. 1844 bei Königsberg in Preußen stattfand. Aus den Untersuchungs-Acten vollständig dargestellt. 8. (3½ B.) Danzig 845, Weber. *

Meyer, Heinr. Aug. Wilh., kritisch exegetisches Handbuch über den Brief an die Galater; — den Brief Paulus an die Römer; — die Briefe an die Philipper, Kolosser und an Philemon, s. Testament, das neue.

Meyer, H. A. W., kritisch exegetisches Handbuch über das Evangelium des Johannes, s. Testament, das neue.

Meyer, Heinr. Aug. Wilh., s. a. Kommentar, kritisch-exegetischer, üb. das Neue Testament.

Meyer, H. A. W., kritisch exegetischer Kommentar über das neue Testament, s. a. Testament, das neue, von H. A. W. Meyer.

Meyer, Heinr. Aug. Wilh., kritisch exegetischer Kommentar über das Neue Testament. 1. Abthl. 1. und 2. Hälfte, 2., 4. und 6.—16. Abthl. gr. 8. Göttingen, Vandenhoeck und Ruprecht's Verlag.

Inhalt:

Abthl. 1. 1. Hälfte. Kritisch exegetisches Handbuch über das Evangelium des Matthäus. 5., verb. und verm. Aufl. (VIII und 623 S.) 864. 2 Thlr.

» 1. 2. Hälfte. Kritisch exegetisches Handbuch über die Evangelien des Markus und Lukas. 5., verb. und verm. Aufl. (X und 617 S.) 867. 2 Thlr.

» 2. Kritisch exegetisches Handbuch über das Evangelium des Johannes. 4., verb. und verm. Aufl. (VI und 586 S.) 862. 2 Thlr.

» 4. Kritisch exegetisches Handbuch über den Brief des Paulus an die Römer. 4., verm. und verb. Aufl. (VIII und 556 S.) 865. 1 Thlr. 18 Ngr.

» 6. Kritisch exegetisches Handbuch über den 2. Brief an die Korinther. 4., verb. und verm. Aufl. (VI und 337 S.) 862. 1 Thlr. 6 Ngr.

» 7. Kritisch exegetisches Handbuch über den Brief an die Galater. 4., verb. und verm. Aufl. (VIII und 288 S.) 862. 1 Thlr.

» 8. Kritisch exegetisches Handbuch über den Brief an die Epheser. 4., verb. und verm. Aufl. (IV und 317 S.) 867. 1 Thlr.

» 9. Kritisch exegetisches Handbuch über die Briefe Pauli an die Philipper, Kolosser und an Philemon. 3., verb. und verm. Aufl. (VII und 376 S.) 865. 1 Thlr. 6 Ngr.

Abthl. 10. Kritisch exegetisches Handbuch über die Briefe an die Thessalonicher von Glieb. Lünemann. 3., verb. und verm. Aufl. (246 S.) 867. 24 Ngr.

» 11. Kritisch exegetisches Handbuch über die Briefe an Timotheus und Titus von Joh. Ed. Huther. 3., verb. und verm. Aufl. (VI und 362 S.) 866. 1 Thlr. 6 Ngr.

» 12. Kritisch exegetisches Handbuch über den 1. Brief des Petrus, den Brief des Judas und den 2. Brief des Petrus von Joh. Ed. Huther. 3., verb. und verm. Aufl. (VIII und 404 S.) 867. 1 Thlr. 12 Ngr.

» 13. Kritisch exegetisches Handbuch über den Hebräerbrief von Glieb. Lünemann. 3., verb. und verm. Aufl. (VI und 437 S.) 867. 1 Thlr. 15 Ngr.

» 14. Kritisch exegetisches Handbuch über die drei Briefe des Apostel Johannes von Joh. Ed. Huther. 3. Aufl. (305 S.) 868. 1 Thlr.

» 15. Kritisch exegetisches Handbuch über den Brief des Jakobus von Joh. Ed. Huther. 2., verb. und verm. Aufl. (VIII und 218 S.) 863. 24 Ngr.

» 16. Kritisch exegetisches Handbuch über die Offenbarung Johannis von Friedr. Düsterdieck. 2., verm. und verb. Aufl. (VIII und 583 S.) 865. 2 Thlr.

—— dass. — Erste Lieferungsausg. 57 Lfgn. gr. 8. Göttingen 864—67, Vandenhoeck und Ruprecht's Verlag. à Lfg. * 10 Ngr. *

Vgl. XIII. Bd. 1. Abthl. S. 570: Kommentar, kritisch-exegetischer.

Meyer, Heinr. Aug. Wilh., kritisch-exegetischer Kommentar über das neue Testament. 2.—7., 9. und 15. Abthl. gr. 8. Göttingen, Vandenhoeck und Ruprecht's Verlag. *

Inhalt:

Abthl. 2. Kritisch-exegetisches Handbuch über das Evangelium des Johannes. 5., verb. und verm. Aufl. (X, 684 S.) 869. *ℳ 6.

» 3. Kritisch-exegetisches Handbuch über die Apostelgeschichte. 4., verb. und verm. Aufl. (VIII, 572 S.) 870. *ℳ 6.

» 4. Kritisch-exegetisches Handbuch über den Brief des Paulus an die Römer. 5. verb. und verm. Aufl. (VIII, 660 S.) 872. *ℳ 7.

» 5. Kritisch-exegetisches Handbuch über den 1. Brief an die Korinther. 5., verb. und verm. Aufl. (VIII, 492 S.) 870. *ℳ 4,80.

» 6. Kritisch-exegetisches Handbuch über den 2. Brief an die Korinther. 5., verb. und verm. Aufl. (VI, 372 S.) 870. *ℳ 3,60.

» 7. Kritisch-exegetisches Handbuch über den Brief an die Galater. 5. verb. und verm. Aufl. (VI, 322 S.) 870. *ℳ 3.

» 9. Kritisch-exegetisches Handbuch über die Briefe Pauli an die Philipper, Kolosser und an Philemon. 4. verb. und verm. Aufl. Mit einer Biographie von dem Sohne des Entschlafenen. (XVIII, 451 S.) 874. *ℳ 5.

» 15. Kritisch-exegetisches Handbuch über den Brief des Jakobus von Joh. Ed. Huther. 3., verb. und verm. Aufl. (VIII, 232 S.) 870. *ℳ 2,40.

—— dass. — 2. Lieferungsausg. 60 Lfgn. gr. 8. Ebendas. 870,71. à Lfg. *ℳ 1. *

Meyer, Heinr. Aug. Wilh., kritisch exegetischer Kommentar über das neue Testament. 1., 8., 10.—13. und 16. Abthl. gr. 8. Göttingen, Vandenhoeck und Ruprecht's Verlag. *

Inhalt:

Abthl. 1. 1. Hälfte: Kritisch-exegetisches Handbuch über das Evangelium des Matthäus. 6. revid. und verb. Aufl. (VI, 614 S. mit dem phototyp. Portr. des Verf.) 876. — 2. Hälfte: Kritisch exegetisches Handbuch über die Evangelien des Markus und Lukas. 6. Aufl., neu bearb. von Bernh. Weiss. (VIII, 608 S.) 878. à *ℳ 8.

» 8. Kritisch exegetisches Handbuch über den Brief an die Epheser, bearb. von Woldemar Schmidt. 5. verb. Aufl. (321 S.) 878. *ℳ 4.

» 10. Lünemann, Glieb., kritisch exegetisches Handbuch über die Briefe an die Thessalonicher. 4. verm. und verb. Aufl. (241 S.) 878. *ℳ 3.

» 11. Huther, Joh. Ed., kritisch-exegetisches Handbuch über die Briefe an Timotheus und Titus. 4. verb. und verm. Aufl. (VIII, 382 S.) 876. *ℳ 5.

» 12. —— kritisch exegetisches Handbuch über den 1. Brief des Petrus, den Brief des Judas und den 2. Brief des Petrus. 4. verm. und verb. Aufl. (VI, 426 S.) 877. *ℳ 5,40.

» 13. Lünemann, Glieb., kritisch exegetisches Handbuch über den Hebräerbrief. 4. verb. und verm. Aufl. (436 S.) 878. *ℳ 5,60.

» 16. Düsterdieck, Friedr., kritisch exegetisches Handbuch über die Offenbarung Johannis. 3. verm. und verb. Aufl. (VI, 594 S.) 877. *ℳ 8.

Meyer, Heinr. Aug. Wilh., kritisch exegetischer Kommentar über das Neue Testament. 1. Abthl. 1. Hälfte, 2—7., 14. und 15. Abthl. gr. 8. Göttingen, Vandenhoeck und Ruprecht's Verlag. *

Preis des compl. Werkes (16 Abthlgn.) (*ℳ 98.) * geb. in 15 Ldrbde. *

Inhalt:

Abthl. 1. 1. Hälfte: Meyer, Heinr. Aug. Wilh., kritisch exegetisches Handbuch über das Evangelium des Matthäus. 7. Aufl., neu bearb. von Bernh. Weiss. (XII, 579 S. mit dem Lichtdr.-Portr. des Verf.) 883. *ℳ 8.; geb. *ℳ 9,60.

» 2. —— kritisch exegetisches Handbuch über das Evangelium des Johannes. 6. Aufl., völlig umgearb. von Bernh. Weiss. (VIII, 695 S.) 880. *ℳ 8.; geb. *ℳ 9,60.

» 3. —— kritisch exegetisches Handbuch über die Apostelgeschichte. 5. Aufl., neu bearb. von H. H. Wendt. (VIII, 543 S.) 880. *ℳ 7.; geb. *ℳ 8,60.

» 4. —— kritisch exegetisches Handbuch über den Brief des Paulus an die Römer. 6. Aufl., umgearb. von Bernh. Weiss. (VI, 666 S.) 881. *ℳ 8.; geb. *ℳ 9,60.

» 5. —— kritisch exegetisches Handbuch über den 1. Brief an die Korinther. 6. Aufl., neu bearb. von Geo. Heinrici. (X, 479 S.) 881. *ℳ 6.; geb. *ℳ 7,60.

» 6. —— kritisch exegetisches Handbuch über den 2. Brief an die Korinther. 6. Aufl., neu bearb. von Geo. Heinrici. (VIII, 406 S.) 883. *ℳ 5.; geb. *ℳ 6,60.

» 7. —— kritisch exegetisches Handbuch über den Brief an die Galater. 6. Aufl., neu bearb. von Friedr. Sieffert. (X, 350 S.) 880. *ℳ 4,60.; geb. *ℳ 6,20.

» 14. Huther, Joh. Ed., kritisch exegetisches Handbuch über die 3 Briefe des Apostel Johannes. 4. verb. und verm. Aufl. (VI, 314 S.) 880. *ℳ 4.

» 15. —— kritisch exegetisches Handbuch über den Brief des Jacobus. 4. Aufl., umgearb. von Willibald Beyschlag. (VI, 242 S.) 882. *ℳ 3. 14. und 15. Abthl. geb. in 1 Bd. *ℳ 8,60.

Meyer, Heinr. Aug. Wilh., kritisch exegetischer Kommentar über das Neue Testament. 1. Abthl. 2. Hälfte, 2.—5., 7.—9. und 11.—16. Abthl. gr. 8. Göttingen, Vandenhoeck und Ruprecht's Verlag. *

Inhalt:

Abthl. 1. 2. Hälfte: Weiss, Bernh., kritisch exegetisches Handbuch über die Evangelien des Markus und Lukas. 7. Aufl., neu umgearb. (X, 654 S.) 885. *ℳ 8.—; geb. *ℳ 9.60.

» 2. —— kritisch exegetisches Handbuch über das Evangelium des Johannes. 7. Aufl. (VIII, 716 S.) 886. *ℳ 8.—; geb. *ℳ 9.60.

» 3. Wendt, Hans Hinrich, kritisch exegetisches Handbuch über die Apostelgeschichte. 6. resp. 7. Aufl., neu bearb. (VI, 564 S.) 888. *ℳ 7.40.; geb. *ℳ 9.—.

» 4. Meyer, Heinr. Aug. Wilh., kritisch exegetisches Handbuch über den Brief des Paulus an die Römer. 7. Aufl., umgearb. von Bernh. Weiss. (VI, 680 S.) 885. *ℳ 8.—; geb. *ℳ 9.60.

» 5. Heinrici, Geo., kritisch exegetisches Handbuch über den 1. Brief an die Korinther. 7. Aufl., neu bearb. (XII, 516 S.) 888. *ℳ 7.—; geb. *ℳ 8.60.

» 7. Sieffert, Friedr., kritisch exegetisches Handbuch über den Brief an die Galater. 7. Aufl., neu bearb. (XIII, 377 S.) 886. *ℳ 5.—; geb. *ℳ 6.60.

» 8. Schmidt, Wold., kritisch exegetisches Handbuch über den Brief an die Epheser. 6. verb. Aufl. (VI, 328 S.) 886. *ℳ 4.—; geb. *ℳ 5.60.

» 9. Franke, A. H., kritisch exegetisches Handbuch über die Briefe an die Philipper, Kolosser und Philemon. 5. Aufl., neu bearb. (VI, 539 S.) 886. *ℳ 6.60.; geb. *ℳ 8.20.

» 11. Weiss, Bernh., kritisch exegetisches Handbuch über die Briefe Pauli an Timotheus und Titus. 5. Aufl., neubearb. (VI, 400 S.) 885. *ℳ 5.40.; geb. *ℳ 7.—.
» 12. Kühl, Ernst, kritisch exegetisches Handbuch über die Briefe Petri und Judae. 5. Aufl., umgearb. (VI, 442 S.) 887. *ℳ 6.—.; geb. *ℳ 7.60.
» 13. Weiss, Bernh., kritisch exegetisches Handbuch über den Brief an die Hebräer. (V, 369 S.) 888. *ℳ 5.40.; geb. *ℳ 7.—.
» 14. —— kritisch exegetisches Handbuch über die drei Briefe des Apostels Johannes. (5. Aufl.) (VI, 211 S.) 888. *ℳ 3.40.
» 15. Huther, Joh. Ed., kritisch exegetisches Handbuch über den Brief des Jacobus. 5. Aufl., neubearb. von Willib. Beyschlag. (VIII, 240 S.) 888. *ℳ 3.40.; 14. und 15. Abthl. geb. in 1 Bd. *ℳ 8.40.
» 16. Düsterdieck, Friedr., kritisch exegetisches Handbuch über die Offenbarung Johannis. 4. verb. Aufl. (VI, 574 S.) 887. *ℳ 9.—.; geb. *ℳ 10.60.
1. Abthl. 1. Hälfte. *ℳ 8.—.; 6. Abthl. *ℳ 5.—.; 10. Abthl. *ℳ 3.—. Ebendas. 883—88. — Das ganze Werk, auf einmal bezogen [anstatt *ℳ 102.60] *ℳ 70.—.; geb. *ℳ 94.—.

— Kommentar üb. das Neue Testament. 6. Lfgs.-Ausg. 70 Lfgn. gr. 8. (1. Lfg. 7 B.) Göttingen 890. Vandenhoeck u. Ruprecht's Verl. à n. 1.—

Meyer's, Heinr. Aug. Wilh., kritisch exegetischer Kommentar üb. das neue Testament. 1. Abthl. 2 Hälften; 4. u. 6. Abthl. gr. 8. Gött., Vandenhoeck u. Ruprecht. * 28 40; geb. * 34 40
1. Abthl. 1. Hälfte: Das Matthäus-Evangelium. 8. Aufl., neu bearb. v. Bernh. Weiss. (IV, 540 S.) 890. * 7 —; geb. * 8 50. — 2. Hälfte: Die Evangelien d. Markus u. Lukas. 8. Aufl., neu bearb. v. Bernh. Weiss u. Johs. Weiss. (IV, 666 S.) 892. * 8 —; geb. * 9 50.
4. Abthl. Der Brief an die Römer. 8. Aufl., neu bearb. v. Bernh. Weiss. (III, 617 S.) 891. * 8 —; geb. * 9 50.
6. Abthl. Der zweite Brief an die Korinther. 7. Aufl., bearb. von C. F. Geo. Heinrici. (VI, 418 S.) 890. * 5 40; geb. * 6 90.
2., 3., 5., 7—16. Abthl. Ebd. 1878—88. * 73 60; compl. [* 102] * 75 ; geb. * 97 50. — Auch in 70 Lfgn. à * 1 .

Meyer, Heinr. Aug. Wilh., kritisch exegetischer Kommentar üb. das Neue Testament. 1. Abth. 2. Hälfte, 2., 4., 10. u. 11. Abth. gr. 8. Göttingen, Vandenhoeck & Ruprecht. n. 38.80; geb. n. 46.60
Der Preis des Kommentars bei Abnahme sämmtlicher 16 Bände beträgt jetzt n. 75 —; geb. n. 97.50.
1. II. Die Evangelien d. Markus u. Lukas. 8. Aufl., neu bearb. v. Bernh. Weiss u. Johs. Weiss. (IV, 666 S.) 892. n. 8.—; geb. n. 9.60
2. Das Johannes-Evangelium. 8. Aufl., neu bearb. v. Bernh. Weiss. (III, 635 S.) 893. n. 8.—; geb. n. 9.60
4. Der Brief an die Römer. 8. Aufl., neu bearb. v. Bernh. Weiss. (III, 617 S.) 891. n. 8.—; geb. n. 9.60
10. Die Thessalonicherbriefe. 5. u. 6. Aufl. Völlig neu bearb. v. W. Bornemann. (VIII, 708 S.) 894. n. 9—; geb. in Halbfrz. n. 10.50
11. Die Briefe Pauli an Timotheus u. Titus. Neu bearb. v. Bernh. Weiss. 6. Aufl., besorgt v. Johs. Weiss. (VI, 409 S.) 894. n. 5.80; geb. n. 7.30

Meyer, Hnr. Aug. Wlh., libri symbolici ecclesiae lutheranae. 8maj. Götting. 830. Vandenhöck u. R. 1 ꝶ 12 gr

Meyer, Hnr. Aug. Wlh., s. Testament, das Neue, Griechisch.

Meyer, H(einrich) B(ernhard): Hof- und Zentralverwaltung der Wettiner in der Zeit einheitlicher Herrschaft über die meißnisch-thüringischen Lande 1248—1379. *Leipzig 1902: B. G. Teubner.* (IX, 38 S.) 8° ¶[Erschien vollst. 1902 in: Leipz. Studien aus d. Geb. d. Gesch., Bd 9, H. 3.]
Leipzig, Phil. Diss. v. [18. Sept.] 1902

Meyer, H. B., Hof- u. Zentralverwaltung der Wettiner in der Zeit einheitl. Herrschaft über die meissnisch-thüring. Lande 1248—1379, s. a. Studien, Leipziger, aus dem Gebiet der Geschichte. IX. 3.

– – Leipzig: Teubner 1902. XI, 151 S. 8°
(= Leipziger Studien aus dem Gebiete der Geschichte. Bd 9, H. 3.)

Meyer, Heinrich Christoph

Meyer, (Heinr.,) Albrecht der Krieger, Markgr. zu Brandenb., ein hist. Gemälde. 8. Erl. 792, Palms Verl., B. Rthlr.

Meyer, Heinr. Albrecht der Krieger, Alcibiades, Markgraf zu Brandenburg. 8. Erlangen 1792. — 8. Nürnberg 1793.

Meyer, H. Cph., Blümchen a. Engl. Gärten (Gedichte). 8. Nürnb. Felsecker. 793.

— Blümchen aus engl. Gärten; e. Geschenk f. Deutschlands Eltern u. Kinder. 8. Nürnb. 793. Felssecker. 14 gr

– s. Briefe, Vertraute, über das Fürstentum Bayreuth ...

Meyer, Hnr. Cph., s. 1) Engländer, die, in Deutschland. 2) Hartmuth.

– s. Sittengemälde, Kleine, nach englischen Urbildern entworfen.

— Heinrich Ernst Ludwig (Westen/Hannover), De opii usu in inflammationibus. Diss. med. Göttingen (Barmeier) 21. VI. 1800. 18 S. (4.—) 23214
Gew.: Heinrich Ernst Ludwig Meyer (Vater).

Meyer, Heinrich Friedrich, s. Meyer, Friedrich

Meyer, Heinrich Gerhard, s. Meyer, Hinrich Gerhard

Meyer, Henricus Josephus (geb. am 15 Aug. 1811 in Düren): De morbis glandularum salivalium capitis ... Bonnae, typ. C. Georgii 1840. 3 Bl., 42 S., 1 Bl. 8.
Bonn, Med. Fak., Diss. v. 29 Jan. 1840

Meyer, Heinrich Wilhelm

Meyer, H. W., Prinz Ernst u. Prinzessin Adelheid von Sachsen-Altenburg, s.: Volger, Frz.

Meyer, Heinr. Wilh., zum Gedächtniß des Hochsel. Fürsten Adolph Georg zu Schaumburg-Lippe. Eine Zusammenstellg. der bemerkenswerthesten Ereignisse u. Kundgebgn. aus der Zeit vom 8.—15. Mai 1893. gr. 8. (28 S.) Bückeburg 893. G. Frommhold. n. -- 50

Meyer, Heinr. Wilh., Kaiser Wilhelms Tod und der Regierungs-Antritt Kaiser Friedrichs. Eine Zusammenstellung der denkwürd. Ereignisse vom 7. bis 22. März 1888 mit Einschluß aller amtl. Kundgebungen, Reden und Proclamationen. gr. 8. (48 S.) Hannover 888, Kollmann. *

Meyer, Helmuth, welches ist die Aufgabe u. die zweckmäßigste Einrichtung eines pädagogischen Vereins? Ein Conferenz-Vortrag mit einigen Erweiterungen herbg. Schwerin 867. Hildebrand. 8. (21 S.) 3 ngr.

Meyer, Herbert

— Bestandteile e. Grundstücks, s. Festgabe f. Dahn.

Meyer, Herbert, Referendar: Die Einkindschaft. *Breslau (1900): Grass, Barth & Co.* (XIII, 112 S.) 8°
Breslau, Jur. Diss. v. 12. März 1900

Meyer, Herb., die Einkindschaft. Diss. gr. 8. (XIII, 112 S.) Breslau (900). (M. & H. Marcus.) n. 2.—

— Entwertung u. Eigentum im deutschen Fahrnisrecht. Ein Beitrag zur Geschichte des deutschen Privatrechts u. des Judenrechts im Mittelalter. gr. 8. (XVII, 314 S.) Jena 902. G. Fischer. n. 10.—

Meyer, Herb., die rechtl. Natur der nur scheinbaren Bestandteile e. Grundstücks (§ 96 B. G. B.), s.: Festgabe f. Felix Dahn.

Meyer, Herb., das Publizitätsprinzip im deutschen bürgerlichen Recht, s.a. Abhandlungen zum Privatrecht u. Zivilprozeß des Deutschen Reiches. XVIII, 2.

Das Publizitätsprinzip im deutschen bürgerlichen Recht. Von Dr. Herbert Meyer, Prof., Breslau. München: C. H. Beck 1909. XII, 104 S. 8°
(Abhandlungen z. Privatrecht u. Zivilprozeß d. Deutschen Reiches. Bd 18, H. 2.)

Meyer, Herbert, Dr.: Neuere Satzung von Fahrnis und Schiffen. *Jena: G. Fischer 1903.* (XIII, 142 S.) 8°
Breslau, Jur. Hab.-Schr. v. 7. Febr. 1903
(Nicht für den Austausch)

— s. Turnerschafter, der.

Meyer, Hermann, s.a. Meyer, Georg Hermann von

— Abhandl. über die in ꝛc. Gebirgsbildung bis jetzt gefund. Reptilien, s. Dunker, Wlh., Monographie der norddeutschen Wealdenbildung.

Meyer, Herm. v. Abweichungen von der Fünfzahl bei den Echiniden, nachgewiesen durch einen vierzähligen Cidariten und durch einen sechszähligen Galeriten. (Aus Act. Acad. Nat. Cur.) Bonn. 1835. 4.

THOM, Herm. (d. i. *Herm. Meyer*), Amoretten, Heitere Boudoirgeschichten. Leipzig 1889. 8°. (60 Pfg. Adolf Weigel, 190*.)

Meyer, *Carl* Hermann [aus Erfurt]: Das Amylenhydrat. E. pharmakolog. Studie ... Magdeburg, Druck v. Friese & Fuhrmann, 1893; 1 Bl., 61 S., 1 Bl. 8.
Halle, Med. Fak., Inaug.-Diss. v. 20. Apr. 1893

Meyer, Herm., Anleitung zur Prozeßpraxis nach der Civilprozeßordnung vom 30. Jan. 1877 in Beispielen an Rechtsfällen. 1.—8. Abdr. gr. 8. (XVI, 332 S.) Berlin 879, Vahlen. *M 6.; geb. *

Meyer, Herm., Anleitung zur Prozeßpraxis nach der Civilprozeßordnung vom 30. Januar 1877 in Beispielen an Rechtsfällen. 2., umgearb. Aufl. [In der Reihe der Abdrücke der 9.] 8. (XII, 415 S.) Berlin 888. Vahlen. n. 6. —; geb. n. 7. —

Meyer, Herm., Anleitung zur Prozeßpraxis nach der Civilprozeßordnung vom 30. Jan. 1877 in Beispielen an Rechtsfällen. 3., gänzlich umgearb. Aufl. (In der Reihe der Abdrücke der 10.) gr. 8. (IX, 369 S.) Berlin 893. F. Vahlen. n. 6. —; geb. n. 7. —

[J.] Anleitung zur Prozesspraxis nach der Civilprozessordnung v. 30. Jan. 1877 in Beispielen an Rechtsfällen hrsg. v. Hermann **Meyer,** Oberlandesgerichtsr. in Breslau. 4. verb. Aufl. '(In d. Reihe d. Abdrücke der 11.)' *Berlin: F. Vahlen 1896.* (XI, 388 S.) 1 Bd 8. 97·104

Meyer, Herm., Anleitung zur Prozeßpraxis in Beispielen an Rechtsfällen. 5. auf Grund des bürgerl. Gesetzbuchs u. der Civilprozeßordng. vom 20. V. 1898 umgearb. Aufl. (In der Reihe der Abdrücke der 12.) 8. (XII, 384 S.) Berlin 899. F. Vahlen. n. 6.—; geb. n.n. 7.—

— dasselbe. 6. verb. Aufl. (In der Reihe der Abdrücke der 13.) 8. (IX, 395 S.) Ebd. 902. n. 6.—; geb. n.n. 7.—

Meyer, Herm., Anleitung zur Prozeßpraxis, in Beispielen an Rechtsfällen hrsg. 7. verb. Aufl. (In der Reihe der Abdrücke der 14.) (IX, 389 S.) 8. Berlin 906. F. Vahlen. n. 6.—; geb. n.n. 7.—

Meyer, Herm., Anleitung zur Prozeßpraxis, in Beispielen an Rechtsfällen hrsg. 8. m. Rücksicht auf die Reichsgesetze vom 1. VI. 1909 u. 22. V. 1910 umgearb. Aufl. (In der Reihe der Abdrücke der 15.) (IX, 387 S.) 8. Berlin 910. F. Vahlen. 6.50; geb. n 7.50

Meyer, Hermann. Die Arbeiterbewegung in der schweizerischen Maschinen-Industrie im Jahre 1905. Im Auftrag und an Hand der Akten des Vereins schweizerischer Maschinen-Industrieller verfasst von Dr. H' M' .... 70 S. 8. Zürich ... 1906.
Ausg. A: Zürich, Februar 1906. Z', Buchdr. Berichthaus, 1906.
Ausg. B: [Z', Febr. 1906.] Z', Albert Müller's Verlag, 1906. [fr. —. 50]

Meyer, Hermann, prakt. Arzt in Charlottenburg: Ein Beitrag zur Exarticulatio interilio-abdominalis. *Leipzig 1902: A. Edelmann.* (24 S.) 8°
Leipzig, Med. Diss. v. (26. Juli) 1902

Meyer, Hermann, approb. Arzt aus Frenke: Aus d. psychiatr. u. Nervenklinik zu Kiel. Casuistischer Beitrag zur Lokalisation der amnestischen und sensorischen Aphasie. (Ein Fall von Tumor d. linken Schläfenlappens.) *Kiel 1903: P. Peters.* (21 S.) 8°
Kiel, Med. Diss. v. [20. Apr.] 1903

— Beiträge zu Eryon, e. Geschlechte fossiler langschwänz. Krebse. — Abweichung von der Fünfzahl bei Echinideen, s. Acta nova phys.-med. Acad. Caes. Leopold. Carol. XVIII.

Meyer, Herm. v. Beiträge zu Eryon, einem Geschlechte fossiler langschwänziger Krebse. (Aus Act. Ac. Nat. Cur.) Bonn. 1836. 4.

—— u. Theod. Plieninger, Beiträge zur Paläontologie Württemberg's, enthalt. die fossilen Wirbelthierreste aus den Triasgebilden m. besond. Rücksicht auf die Labyrinthodonten des Keupers. Imp.-4. (17 B. u. 12 Stnt.) Stuttgart 844, Schweizerbart'sche Buchh. *

— s.a. Beiträge zur Petrefaktenkunde.

Meyer, H. v. Beiträge zur Petrefactenkunde. 2 Hefte. (Aus den Act. Ac. Nat. Cur. Vol. XV. P. II. und Vol. XVI. P. II.) Bonn. 1830 und 1833. 4.

— — Beiträge zur Petrefactenkunde. [Gnathosaurus subulatus, Conchiosaurus clavatus, Knochen und Zähne aus dem Muschelkalk, Knochen aus dem bunten Sandstein, Aptychus ovatus und Aptychus überhaupt.] (Aus den Abh. d. Senkenberg. Ges. Vol. 1. Heft. 1.) Frankfurt. a. M. 1833. 4.

Meyer, Herm. Bemerkungen üb. die Fassg. der Strafurtheile. gr. 16. (56 S.) Berl. 891, Vahlen. * — 80

Meyer, Hermann [August]: Die Berichte des preußischen Gesandten Eickstedt. Ein Beitrag zur Politik der deutschen Kleinstaaten während des siebenjährigen Krieges. 34 S., 1 Portr. 8. **Progr.** Realschule in Eilbeck zu *Hamburg* 1906 (912).
Gotha. Darmstadt. Mannheim. Stuttgart. Ansbach. Bayreuth. Regensburg. München. Karlsruhe. Kassel. Weimar. Leipzig. Braunschweig. Halberstadt.

Meyer, Herm., die Berichte d. preuss. Gesandten Eickstedt. Ein Beitrag zur Politik der deutschen Kleinstaaten während des 7jähr. Krieges. Progr. (34 S. m. 1 Bildnis.) gr. 8. Hamburg 906. (Herold.) n. 2.—

Meyer, H. v. Ueber die Beschaffenheit des Stosszahnes von Elephas primigenius in der Jugend. — Palaeomeryx eminens. — Ctenochasma Römeri. (Aus d. Palaeontogr. von Meyer und Dunker.) Cassel. 1851. 4.

Meyer, H. v. Beschreibung der fossilen Decapoden, Fische, Batrachier und Säugethiere aus den tert. Süsswassergebilden des nördlichen Böhmens. (Aus d. II. Vol. der Palaeontographica v. Meyer und Dunker.) Cassel. 1851. 4.

Meyer, Herrmann: Bogen und Pfeil in Central-Brasilien ... (Vorarbeit zu e. gröss. Buche.) Leipzig, Druck v. Bibliograph. Inst., *1895*; VI, 54 S., 1 Bl., 4 Taf., 1 Kt. 8.
Jena, Phil. Fak., Inaug.-Diss. v. 1895

Meyer, Herm., Bogen u. Pfeil in Central-Brasilien. Ethnograph. Studie. M. 4 Taf. nach Zeichnungen v. Sütterlin, Sörling, Lischka u. Larsen u. 1 Karte. gr. 8. (VI, 56 S.) Leipzig 895. (K. W. Hiersemann.) n. 4. —

– Die niederrheinische Braunkohlenindustrie und ihre wirtschaftliche Organisation (Braunkohlenbrikettverkaufsverein).
Berlin 1910. 166 S. mit 2 Tab. u. 1 Taf.

Meyer, Hermann: Die rheinische Braunkohlenindustrie und ihre wirtschaftliche Organisation. Diss. Bonn 1910

Meyer, Herm. v. Brief an H. Bronn [Archegosaurus.] (Aus Leonhard's und Bronn's Jahrb.) Stuttgart. 1854. 8.

Meyer, Herm., die Einkommensteuerprojekte in Frankreich bis 1887. (XII, 190 S.) gr. 8. Berlin 905. C. Heymann. n. 4. —

Meyer, Hermann, Gerichtsassessor aus Halberstadt: Die Eigentumsverhältnisse an einem in eine offene Handelsgesellschaft eingebrachten Grundstück und die Eigentumsverhältnisse an diesem Grundstück bei Auflösung der Gesellschaft. *Halberstadt 1902: C. Doelle & Sohn.* (59 S.) 8°
Jena, Jur. Diss. v. (4. Juni) 1902

Meyer, Hermann (Frankfurt)
Ueber die Elaidinsäure.
[In: Annalen der Chemie u. Pharmacie, Bd 35, S. 174 ff.]
Dr. phil. Giessen 21.3.1840.

Meyer, Herm. (IV.), die Fabrikation des Mehls und seiner Neben-Produkte, s. Taschenbibliothek, deutsche bautechnische.

Meyer, H. D. Fabrikation d. Mehls u. s. Nebenprodukte. Leipzig 1884.

Meyer, Hermann [aus Neuenburg]: Ueber einen Fall von Eisensplitter in der Netzhaut ... München, Buchdr. v. M. Ernst, 1892; 19 S. 8.
München, Med. Fak., Inaug.-Diss. v. [18. März] 1892

Meyer, Herm. von, Zur Fauna der Vorwelt. Abthlg. I—IIII. Mit 21 Stnt. Frankfurt a. M. 1845—1860. Imp.-Fol. . . . . (D.)

Meyer, Herm. v., zur Fauna der Vorwelt. Fossile Säugethiere, Vögel u. Reptilien aus dem Molasse-Mergel von Oeningen. Roy.-Fol. (15½ B. u. 12 Taf. Abbild.) Frankfurt a. M. 845, Schmerber'sche Buchh. *

—— dass. 2. Abthl. Die Saurier des Muschelkalkes m. Rücksicht auf die Saurier aus buntem Sandstein u. Keuper. 1. Lfg. Roy.-Fol. (5 B. u. 12 Stnt.) Ebds. 847. *

—— zur Fauna der Vorwelt. II. Abthl.: Die Saurier des Muschelkalkes mit Rücksicht auf die Saurier aus buntem Sandstein und Keuper. 2. Lfg. Roy-Fol. (S. 21—40 und 11 Stnt.) Frankfurt a. M. 847, Schmerber'sche Buchh. *
I. Abthl. und II. Abthl. 1. Lfg. Ebendas. 1845—47. * 12 Thlr. 15 Ngr.

Meyer, Herm. v., zur Fauna der Vorwelt. II. Abth. Die Saurier des Muschelkalkes mit Rücksicht auf die Saurier aus buntem Sandstein u. Keuper. 4—7. u. Schluss-Liefg. Frankfurt a. M. 853—55. Schmerber. gr. Fol. (IX, S. 61—167. u. 31 lith. Taf.) n. 19 *Thlr.* 15 *ngr.*
4—6. Liefg. à n. 4 *Thlr.* 15 *ngr*; 7. Liefg. n. 6 *Thlr.*

Meyer, Herm. v., Zur Fauna der Vorwelt. II. Abthl.: Die Saurier des Muschelkalkes mit Rücksicht auf die Saurier aus buntem Sandstein und Keuper. 3—7. (letzte) Lfg. Imp.-Fol. (VIII und S. 41—167 mit 49 Stnt.) Frankfurt a. M. 852—55, [Keller.] *

—— dass. — III. Abthl.: Saurier aus dem Kupferschiefer der Zechsteinformation. Mit Abbildungen. Imp.-Fol. (VII und 28 S. mit 9 Stnt.) Ebds. 856. **
I. Abthl. und II. Abthl. 1. und 2. Lfg. [Ebendas.] 1845—47. * 17 Thlr.

Meyer, Herm. v., zur Fauna der Vorwelt. IV. Abthl.: Reptilien aus dem lithographischen Schiefer des Jura in Deutschland und Frankreich. 2 Lfgn. Imp.-Fol. (VIII und 142 S. mit 21 Stnt.) Frankfurt a. M. 859. 60, Keller. à Lfg. * 12 Thlr. *
I—III. Abthl. Ebendas. 1845—56. * 49 Thlr.

Meyer, Herm. v. Fossile Fische aus dem Tertiärthon von Unter-Kirchberg an der Iller. (Aus d. Palaeontogr. von Meyer u. Dunker.) Cassel. 1861. 4.

Meyer, Hermann, aus Lehrte bei Hannover: Die Begriffe Form und Zahl bei Pestalozzi im Zusammenhange mit seinen pädagogischen Ideen und in ihrer Beziehung zu Kant. *Straßburg i. E. 1904: C. Müh & Co.* (61 S.) 8°
Straßburg, Phil. Diss. v. 1903

Meyer, Hermann, a. Stirpe: Zur Frage der sekundären concentrischen Hyperostose der Schädeldachknochen bei Volumensabnahme des Hirns. Würzburg 1908: Verlagsdruckerei. (19 S.) 8°
Würzburg, Med. Fak., Ref. Rieger, Diss. v. 22. Juli 1908
[Geb. 4. März 81 Stirpe; Wohnort: Würzburg; Staatsangeh.: Preußen; Vorbildung: Gymn. Gütersloh Reife O. 02; Studium: Freiburg i. B. 4, Würzburg 6 S.; Coll. 15. Jan. 08; Approb. 3. Aug. 07.]

Meyer, Herm. aus der Fremde. Klänge der Heimat. (IV, 136 S.) 8. Dresden 906. E. Pierson. n. 2. —; geb. n. 3. —

Meyer, Herm. v., neue Gattungen fossiler Krebse aus Gebilden vom bunten Sandstein bis in d. Kreide. Gez. u. beschrieben. Roy.-4. (4½ B. u. 4 Taf.) Stuttgart 840, Schweizerbart'sche Vrlsh. *

Meyer, Gebühren der Gerichte, Advocaten u. Gerichtsvoigte in bürgerlichen Proceß- u. Mahnsachen in der Prov. Hannover, Gebühren der Advocaten in Strafsachen u. Gebühren der Zeugen u. Sachverständigen. gr. 8. (30 S.) Celle 876. Schulze'sche Buchh. n. — 60

Meyer, Herm.: Das Preußische Grundbuchrecht im gemeinrechtlichen Theile Hannovers, bes. in der Uebergangszeit, mit e. Anh. Hannover 1873.

Meyer, *Karsten* Hermann [app. Arzt aus Nindorf bei Drochtersen (Prov. Hannover)]: Aus d. Anschar-Krankenhause in Kiel. Ueber eine durch Operation mit Erfolg entfernte, zweifelhafte Geschwulst des Quercolons ... Kiel, Druck v. P. Peters, 1896; 22 S., 1 Bl. 8.
Kiel, Med. Fak., Inaug.-Diss. v. [15. Juni] 1896

Meyer, Herm., das preußische Grundbuchrecht im gemeinrechtlichen Theile Hannover's besonders in der Uebergangszeit m. e. Anh., enth. die Grundbuchgesetze vom 5. Mai 1872 u. 28. Mai 1873. das hannov. Gesetz vom vom 14. Dezbr. 1864 u. die Justizministerialverfügg. vom 24. Septbr. 1873. gr. 8. (X, 288 S.) Hannover 874. Helwing's Verl. n. 5. —

[Meyer, Hermann.] Zwei Gutachten der Handelskammer: Ausdehnung des Arbeiterinnenschutzes auf die kaufmännischen Bureaux? — Aufhebung des Güterdienstes im Bahnhof Enge? 16 S. 8. Zürich, Arnold Bopp. 1907. [fr. —. 60]
Wirtschaftliche Publikationen der Zürcher Handelskammer. Heft 7. Dezember 1907.

Meyer, Herm., die neuere Gymnastik und deren therapeutische Bedeutung. Lex.-8. (31 S.) Zürich 857, Meyer und Zeller's Verlag. *
Aus: Monatsschrift des wissenschaftlichen Vereins in Zürich, besonders abgedruckt.

Meyer, Hermann von, aus Leipzig z. Zt. Referendar in Eibenstock: Die zivilrechtliche **Haftung** der Aufsichtsratsmitglieder der Aktiengesellschaft nach dem neuen Handelsgesetzbuche vom 10. Mai 1897. *Borna-Leipzig 1903: R. Noske.* (04 S.) 8° [F.]
Leipzig, Jur. Diss. v. 1903

(M[eyer], H[ermann].) Das Haus „Im Berg", seine Bewohner und Gäste in den Jahren 1830–1850. (Ein Rückblick ... gewidmet ... Frau Anna Joh. Elisab. Meyer ... zu ihrem 70. Geburtstage den 7. Oktober 1879.) 4. [Zürich.]

Meyer, Herm. v., das Herz. Ein populärer Vortrag. gr. 8. (26 S.) Zürich 880. Schmidt. n. — 80

Meyer, Herm. v., **Homoeosaurus Maximiliani und Rhamphorhynchus (Pterodactylus) longicaudus, 2 fossile Reptilien aus dem Kalkschiefer von Solenhofen im Naturalienkabinet des Herzogs Maximilian von Leuchtenberg zu Eichstädt.** Roy.-4. (28 S. und 2 Stnt.) Frankfurt a. M. 847, Schmerber'sche Buchh. *

— Hermann (Ballenstedt/Anhalt), De aëris in venas ingressu in operationibus chirurgicis. Diss. med. Berlin (Nietack) 17. V. 1834. 28 S. u. Biogr. (M.: R. Meyer.) (3.50) 23216
Oppon.: S. Levinstein, L. Meyer, M. Simion. — Seinen Eltern gewidmet.

Der Justizreform-Entwurf an der Hand von Beispielen erl. von Hermann **Meyer**, Oberlandesger.R. in Breslau. Berlin: F. Vahlen 1908. (52 S.) 8° [F.] 08. 12893

Meyer, H., Kaiserin-Augusta-Verein f. deutsche Töchter u. Kaiserin-Augusta-Stiftung. Hrsg. v. Kaiserin-Augusta-Verein f. deutsche Töchter. gr. 8. (V, 56 S. m. 4 Abb.) Berlin 900. E. S. Mittler & Sohn. n. 1. —

Meyer, Herm. (I.), Katechismus der Nationalökonomie. Handbüchlein für Staatsbürger. gr. 8. (35 S.) Königsberg 882, Beyer's Verlag. *

—— zur genaueren Kenntniss der Substantia spongiosa der Knochen. Lex.-8. (20 S.) Stuttgart 882, Cotta'sche Buchh. *
Aus: Beiträge zur Biologie, als Festgabe dem Anatomen und Physiologen Th. L. W. v. Bischoff gewidmet, besonders abgedruckt.

Meyer, Herm., die Kriege Friedrichs des Großen 1740—1763, s. a. Sammlung belehr. Unterhaltungsschriften f. d. deutsche Jugend.

Die Kriege Friedrichs des Großen 1740–1763. Aus Urkunden, Briefen, Tagebüchern u. nachträgl. Aufzeichnungen von Augenzeugen beider Parteien dargest. von (Dr.) Hermann **Meyer**(-Hamburg). Mit Karten u. 1 Titelbild. T. 1. 2. Berlin: H. Paetel 1904–05. 2 Bde 8° [F.]
1. Die beiden schles. Kriege von 1740–42 u. 1744–45. 1904.
2. Der siebenjährige Krieg. 1905.
= **Sammlung** belehrender Unterhaltungsschriften f. d. deutsche Jugend. Bd 14. 15. 07. 12045

Meyer, Herm., die Krisis in der Branntwein-Produktion Norddeutschlands u. der Weg zur Besserung. gr. 8. (20 S.) Posen 886. (Türk.) n. — 60

— aus meiner Kuriosen-Sammlung. (83 S.) gr. 8. Hannover (903). Helwing. n. 2. —

:— s. v. Lacépède, Alter d. Natur.

—— die Landgüterordnung für Westfalen und die Kreise Rees, Essen, Duisburg und Mülheim a. d. Ruhr vom 30. April 1882, erläutert. 8. (81 S.) Berlin 882, Vahlen. *

– Über die Laterne des Aristoteles. 1849.

Meyer, Hermann, Volontairarzt an d. pathol.-anat. Abth. d. Stadtkrankenhauses zu Dresden: Das primäre **Lebercarcinom.** *Leipzig (1900): A. Edelmann.* (33 S.) 8°
Leipzig, Med. Diss. v. (4. Mai) 1900

Meyer, Herm., Lehrbuch der allgemeinen mechanischen Technologie der Metalle, s.: Grundriss des Maschinenbaues. 11.

Meyer, Herm., üb. die Lepra u. die zur Einschränkung derselben geplanten Einrichtungen seitens der Gesellschaft zur Bekämpfung der Lepra in Kurland. gr. 8. (16 S.) Riga 894. (A. Stieda's Verl.) n. — 40

Meyer, Herm., Lupold v. Bebenburg, s. a. Studien u. Darstellungen aus dem Gebiete der Geschichte. VII, 1. 2.

Lupold von Bebenburg. Studien zu s. Schriften. Ein Beitrag z. Geschichte d. staatsrechtl. u. kirchenpolit. Ideen u. der Publizistik im 14. Jh. Von Dr. Hermann Meyer. Freiburg i. Br.: Herder 1909. XIV, 240 S. 8°
(Studien u. Darstellungen aus d. Geb. d. Geschichte. Bd 7, H. 1/2.)

– – Vgl. Meyer: Textkritische Studien ...

Meyer, Herm., über das Milchsäureferment u. sein Verhalten gegen Antiseptica. Inaugural-Dissertation. gr. 8. (66 S.) Dorpat 880. (Karow.) n. 1. —

Meyer, Herm., Der Niedererzgebirge-Turngau, Kurzer Rückbl. auf dess. Entstehung, Zusammensetzung u. Tätigkeit, Lugau 1900, 15 S., 8°.

— Hermann von, Ueber Nordlicht-Erscheinungen und das Nordlicht vom 7. bis 8. Januar 1831 in Frankfurt am Main, mit besonderer Rücksicht auf Form und Färbung, beobachtet von —.

Meyer, Hermann, von Zürich: Über die obligatio ex promissione hominis. Zürich 1861: Bürkli. 15 S. 8°
Zürich, Jur. Diss. [v. 18. Nov. 1860].

v. Meyer, Herm. II., Palaeologica zur Geschichte der Erde u. ihrer Geschöpfe. gr. 8. Frankf. 832. Schmerber. 3 ℳ 18 ℛ (35¼ B.)

—— und Wilh. Dunker, Palaeontographica, s. Palaeontographica.

Meyer, Herm. I., Personalie Jesu Christi, kürzl. verfaßt u. am stillen Freitage Anno 1748 d. 12. April abgelesen. 8. Norden 805.

Meyer, Hermann *August* [aus Hannover]: Der Plan eines evangelischen Fürstenbundes im siebenjährigen Kriege ... Celle, Druck v. Schweiger & Pick, 1893; 85 S., 1 Bl. 8.
Bonn, Phil. Fak., Inaug.-Diss. v. 23. Dez. 1893

Meyer, Herm., der Plan e. evangelischen Fürstenbundes im siebenjährigen Kriege. Diss. gr. 8. (85 S.) Celle 893. (Bonn, H. Behrendt.) n. 1. —

Meyer, Herm., Predigt über Matth. 10, 34. Gehalten am 3. Sonntage nach Epiphanias in Aurich. 8. (1 B.) Leer 843, Prätorius u. Seyde. *

Meyer, Herrmann: Die Privatkolonien von Dr. Herrmann Meyer in Rio Grande do Sul (*Neu Württemberg* und Xingu). (Lpz. '01.) 26 S.

(Meyer, Herrmann): Die Privatkolonien von Dr. Herrmann Meyer in Rio Grande do Sul (Südbrasilien). — (Lpz 1901: Bibliographisches Inst.) 26 S. mit 4 Kt. 4°

Meyer, Herm., Protokoll u. Urtheil im Civil- u. Strafprozeß. 8. (VII, 104 S.) Berlin 885. Vahlen. n. 2. —

— Protokoll u. Urtheil im Civil- u. Strafprozesse. 2. umgearb. Aufl. 8. (VIII, 159 S.) Ebd. 900. Kart. n. 2. 50

— Protokoll u. Urteil im Zivil- u. Strafprozesse. 8. Aufl. (VIII, 167 S.) 8. Ebd. 909. Kart. 2. 80

—— der Prozeßgang nach der Civilprozeßordnung vom 30. Jan. 1877 an einem Rechtsfalle dargestellt. 1.—7. Abdr. gr. 8. (IV, 58 S.) Berlin 878,79, Vahlen. *
S.-Abdr. aus: Beiträge zur Erläuterung des deutschen Rechts.

— der Prozeßgang nach der Civilprozeßordnung vom 30. Jan. 1877 an einem Rechtsfalle dargestellt. [Aus: „Gruchot's Beiträge XXII."] 7. Abdr. gr. 8. (IV, 58 S.) Ebend. 879. n. 1. 20

Meyer, Herm., d. Prozeßgang nach d. Civilprozeßordng. v. 30. Jan. 1877 an e. Rechtsfalle dargest. 9., bericht. Abdr. gr. 8. (IV, 59 S.) Ebd. 895. n. 1. 20

Der Prozeßgang an einem Rechtsfalle dargest. von Hermann Meyer, Oberl.Ger.R., Breslau. 10., nach d. Prozeßnovelle u. d. BGB. umgearb. Abdr. Berlin: F. Vahlen 1905. (70 S.) 8° [F.] [07. 1531

Meyer, Herm. v. Pterodactylus [Rhamphorhynchus] Gemmingi aus dem Kalkschiefer von Solenhofen. (Aus d. Palaeontogr. von W. Dunker u. H. v. Meyer.) Cassel. 1846. 4.

Meyer, Hermann von, Eine bemerkenswerthe Regenbogenbildung. (Aus: Archiv für Chemie und Meteorologie, B. 2, H. 3.)

— meine Reise nach Brasilien, s. a. Verhandlungen d. deutschen Kolonial-Gesellschaft.

Dr. Hermann Meyer. Meine Reise nach Brasilien. Vortrag ... *Berlin: D. Reimer 1897.* (165—194 S.) 8.
— Kolonial-Gesellschaft, Deutsche, Abt.: Berlin-Charlottenburg. Verhandlungen 1896/97. H. 5. [98. 313

Meyer, Herrmann: Meine Reise nach den deutschen Kolonien in Rio Grande do Sul 1898--1899. Gedruckt als „Reisebrief" für seine Freunde. Leipzig 1899. (II). 125 S. 8°.

Meine Reise nach den deutschen Kolonien in Rio Grande do Sul 1898–1899. Von Dr. Herrmann Meyer. Leipzig: Meyer 1899. 125 S. 8° [01. 14998 B

—— über die Reptilien und Säugethiere der verschiedenen Zeiten der Erde. Zwei Reden. gr. 8. (150 S.) Frankfurt a. M. 852, [Keller.] *

— Reptilien aus der Steinkohlen-Formation in Deutschland. Mit 16 (lith.) Taf. Abbildgn. Cassel 858. Fischer. gr. Fol. (X, 127 S.) n. 16 ℛ.

Meyer, H. v. Ueber fossile Reste von Ochsen, deren Arten und das Vorkommen derselben. (Aus d. Act. Acad. Nat. Cur.) Bonn. 1832. 4.

— — Über fossile Reste von Ochsen. [Nova Acta. XVII. 1.] Ebd. 35. M. 8.—

Meyer, Hermann von. Fossile Saeugethiere, Voegel und Reptilien aus dem Molasse-Mergel von Oeningen. Mit zwoelf Tafeln Abbildungen. fol. Frankfurt am Main 1845.
Zur Fauna der Vorwelt. [Abtheilung 1.]

—— Saurier aus der Kreidegruppe in Deutschland und der Schweiz. (Mit 2 Taff.) in Palaeontographica. Bd. 6. 1856.

— — Ueber fossile Saurierknochen aus dem Orenburgischen Gouvernement. (Aus d. Bull. de la Soc. Imp. d. Natur. à Moscou.) 1858. 8.

Meyer, Hermann [aus Hildesheim]: Der dingliche Schutz des Legatars gegen Veräusserung der legierten Sache bei Singularvermächtnissen nach römischem Rechte .... Göttingen, Druck d. Univ.-Buchdr. v. E. A. Huth, 1887; 49 S. 8°
Göttingen, Jur. Fak., Inaug.-Diss. v. 15. Dez. 1887

Meyer, Herm., der dingliche Schutz d. Legatars gegen Veräusserung der legierten Sache bei Singularvermächtnissen nach römischem Rechte. Inaug.-Diss. gr. 8. (49 S.) Göttingen 887. (Vandenhoeck & Ruprecht's Verl.) n. 1. 20

Meyer, H. v., das Sehen u. der Blick, s. a. Sammlung gemeinverständlicher wissenschaftlicher Vorträge.

Meyer Hv, das Sehen und der Blick. (Samml. wissensch. Vortr. 402) Berlin 1882

Meyer, Herm., die schweizerische Sitte der Fenster- u. Wappenschenkung vom XV. bis XVII. Jahrh. Nebst Verzeichniss der Züricher Glasmaler von 1540 an u. Nachweis noch vorhandener Arbeiten derselben. Eine kulturgeschichtl. Studie. gr. 8. (XX, 384 S.) Frauenfeld 884. Huber. n. 5. —

Meyer, H., Praktische Streifzüge auf dem Gebiete der Erbenhaftung. (47 S.) 8. Berlin, F. Vahlen. 1904. 1. —

Meyer, Hermann: Textkritische Studien zu den Schriften von Lupold von Bebenburg. Freiburg i. B.: Herder 1908. 45 S. 8° ¶ (Ersch. vollst. als: Studien u. Darstellungen aus d. Gebiete d. Geschichte. Bd 7, H. 1/2. 1909.)
München, Phil. Diss. v. 9. März 1907, Ref. Grauert, v. Heigel
[Geb. 1. April 83 Soest; Wohnort: Paderborn; Staatsangeh.: Preußen; Vorbildung: Gymn. Paderborn Reife O. 02; Studium: Phil. u. Theol. Paderborn bisch. phil.-theol. Fak. 2, Theol. Münster 1, Paderborn 3, Phil. München 4 S.; Rig. 9. März 07.] [U 09. 3488

— — Vgl. Meyer: Lupold von Bebenburg.

—— Tabelle üb. d. Geologie, zur Vereinfachung ders., u. z. naturgemässen Classification d. Gesteine. gr. 8. (8 B. incl. 1¼ B. gr. 4.) Nürnberg 833, Schrag.

Meyer, Herm., die Theorie der Buchhaltung. Der kaufmänn. Welt gewidmet. 8. (21 S.) Leipzig 884. Glöckner. cart. n. — 75

Meyer, Hermann [app. Arzt aus Bremke]: 31 Totalexstirpationen des Uterus. Aus d. Göttinger Frauenklinik ... Göttingen, Druck d. Dieterich'schen Univ.-Buchdr., 1894; 30 S., 1 Bl. 8.
Göttingen, Med. Fak., Inaug.-Diss. v. [28. Juni] 1894

Meyer, Herm., 31 Totalexstirpationen des Uterus. Diss. gr. 8. (31 S.) Göttingen 894. Vandenhoeck & Ruprecht. n. — 80

Meyer, Hermann, von Andelfingen, Kanton Zürich: Zur Toxicologie des Broms. Zür. Zürcher u. Furrer Dr. 1870. 1 Bl., 36 S., 1 Bl. Thesen. 8°.
Zürich, Med. Diss. [v. 27. Juli 1870].

Meyer, Hermann: Geologische Untersuchungen am Nordostrande des Surettamassives im südlichen Graubünden. Mit 7 Abb. u. 3 Taf. Freiburg i. B. 1909: Wagner. 48 S. 8° ¶ (Aus: Berichte d. naturf. Gesellsch. zu Freiburg. Bd 17.)
Freiburg i. B., Phil. Diss. v. 1909, Ref. Deecke
[Geb. 19. Okt. 85 Kottbus; Wohnort: Kottbus; Staatsangeh.: Preußen; Vorbildung: Gymn. Kottbus Reife O. 04; Studium: Berlin 1, Freiburg i. B. 7 S.; Rig. 6. März 09.] [U 09. 1035

Meyer, Hermann Ritter von: Über die Veresterung der Acetaminoisophtalsäure.
Diss. Prag, 1908/1909

—— das Verfahren vor den Amtsgerichten nach der Civilprozeßordnung vom 30. Jan. 1877 an einem Rechtsfalle dargestellt. 1.—7. Abdr. gr. 8. (32 S.) Ebendas. 879. *
aus: Beiträge zur Erläuterung des deutschen Rechts, besonders abgedruckt.

Meyer, wie liquidirt man d. Prozesskosten. 2. Abdr. Berlin 880.

—— Wie liquidirt man die Prozeßkosten gegen den Gegner? Darstellung des Kostenfestsetzungsverfahrens, nebst erläuterter Ausg. der Gebührenordnung für Rechtsanwälte, mit Tabellen und alphabet. Register. Zum prakt. Gebrauche hrsg. 1. und 2. Abdr. gr. 8. (VIII, 101 S.) Ebendas. 881. *

—— der Zahlungsbefehl vom 1. Octbr. 1879 ab. Gemeinverständliche Darstellung des Mahnverfahrens nach der neuen Civilprozeßordnung. 1.—9. Abdr. gr. 16. (34 S.) Ebendas. 879. *

Meyer, d. Zahlungsbefehl. Darstellg. d. Mahnverf. 9. Aufl. Berl. 880.

—— die fossilen Zähne u. Knochen, s.a. Museum Senckenbergianum, Suppl. z. Bd. 1.

v. Meyer, H. Die fossilen Zähne und Knochen in der Gegend von Georgensgemünd in Bayern. Frankfurt a/M., 1834.

—— über den Zeitpunkt der Anwendung der Bestimmungen der Grundbuchgesetze in der Prov. Hannover. gr. 8. (12 S.) Ebendas. 873. *

— die Zustellung der Beschlüsse u. Verfügungen von Amtswegen. gr.8. (VIII, 62 S.) Ebend. 882. n. 1. 20

Meyer, Hermann August, s. Meyer, Hermann

— Hermann Friedrich (Emden/Ostfriesland[Hannover]), De balneis nonnulla. Diss. med. Berlin (Friedländer) 31. XII. 1836. 32 S. mit Biogr. (M.: G. Kleinhuis.) (3.50) 23217
Oppon.: A. Schiele, M. Kuess, F. Quenstedt. — Gew.: Johann von Wiebel, Joh. Gottfr. David Schiele.

Meyer, Herm. Heinr., Kirche u. Sekten. Blicke in das sektirerische Wesen, sowie in das kirchliche u. geistliche Leben unsrer Tage, mit besonderer Rücksicht auf die kirchlichen Zustände in Ostfriesland. Emden 859. Woortmann jun. gr. 8. (VIII, 311 S.) n. 1 *ℛ*

Meyer, Herm. Heinr., das Nöthigste aus der Deutschen Sprachlehre für Fortbildungsschulen. Hannover 854. Helwing. 8. (32 S.) 2½ *ngr.*

Meyer, Hermann Maximilian Paul, s. Meyer, Paul

Meyer, Herm. Pet., Diss. de punctura vesicae urinariae in ischuria vesicali adhibenda. 28 pp. Marb. 4°. *Haller*, Bibl. chir. II, 115.

1727

Meyer, Hermann Wilhelm: Das staufische **Burggrafentum.** Ein Beitrag zur Geschichte d. deutschen Reichsverwaltung im 12. u. 13. Jahrhundert. *Leipzig 1900: Metzger & Wittig.* (50 S.) 8°
Leipzig, Phil. Diss. v. [8. Apr.] 1900

Meyer, Hieronymus s. Meyer, Johann Rudolf II, und Meyer, Hieronymus.

Meyer, H[ieron.] H[einr.], Das Vaterland bedarf unsers Beistandes! wir können und müssen diesen Beistand ihm leisten. Predigt gehalten zu Nortorf am Sonnt. Septuag. 1808. Kiel. P.

Meyer, Hinrich Gerh., üb. Religionsunterricht, insbesondere: Entwurf zu einem Plane für den Religionsunterricht in der Volksschule nach den Bedürfnissen unserer Zeit. gr. 8. (42 S.) Oldenburg 850, Schmidt. n. 4 *ngr.*

—— der Volksschullehrer von heute. Ein Wort an Alle, insbesond. an meine Collegen. 8. (30 S.) Oldenburg 848, Schmidt.

Meyer, Hirsch, s. Hirsch, Meyer.

[F.] Herrn Geheimen Justizrat und Professor Dr. **Albert** Friedrich Berner in Berlin bringt zur Feier seines fünfzigjährigen Doktorjubiläums am 2. Juli 1892 ihre Glückwünsche dar die Juristenfakultät in Tübingen. — Beigefügt ist e. Abhandlg üb. d. Anfang d. Ausführung '(eine strafrechtl. Untersuchg)' v. Dr. Hugo **Meyer**, sowie e. Abhandlg üb. d. Strafrechtstheorien Kants u. seiner Nachfolger im Verhältnis zu d. allg. Grundsätzen d. krit. Philosophie v. Dr. Hermann **Seeger**. Tübingen, gedr. bei H. Laupp jr., 1892; 1 Bl., 46 S., 1 Bl., 38 S., 1 Bl. 8.

Meyer, Hugo (I.). Der Anfang der Ausführung. Eine strafrechtl. Untersuchg. gr. 8. (46 S.) Tüb. 892, Laupp. * 1 —

Meyer, Hugo, Anleitung zur Bearbeitung meteorologischer Beobachtungen f. die Klimatologie. gr. 8. (IX, 187 S. m. Fig.) Berlin 891. J. Springer. n. 4. —

Meyer, Hugo, Anti-Fidelbey. Ein offenes Schreiben an den Verf. der „Judenhetze in Bremen." 8. (40 S.) Bremen 863, Strack. *

Meyer, Hugo, Beiträge zur Pensionsversicherung. (VIII, 172 S.) gr. 8. Jena 903. G. Fischer. n. 6. —

Tübinger Bilder. [Verf.: Hugo v. **Meyer**, Prof., Tübingen.] Mit Abb. nach Zeichn. von Gustav Adolf Cloß. *Tübingen: H. Laupp (1894).* (35 S.) 8° [F.] [04. 10t31]

Meyer, Hugo (I.), die Bluthochzeit oder: Paris vor 300 Jahren. Historischer Roman. 26 Hefte. 8. Berlin 873, Verlags-Comtoir. à Heft 30 Pf.

Meyer, Hugo (III.). Die Cholera u. deren sichere Heilung. 12. (16 S.) Bonn 892, Selbstverlag d. Verf. — 15

Meyer, Hugo (geb. am 17 Nov. 1848 in Kuchenheim): Ueber den Einfluss einiger flüchtigen Stoffe auf die Zahl der farblosen Zellen im Kreislauf ... Bonn, Druck v. P. Neusser 1874. 2 Bl., 30 S., 1 Bl. 8.
Bonn, Med. Fak., Diss. v. 21 Nov. 1874

Meyer, Hugo, die Eisenbahn eine Heerstraße. Ein Vorschlag. (Als Mscr. gedr.) gr. 8. (20 S.) Magdeburg [und Leipzig 852, Gebr.] Baensch.

Meyer, Hugo, die Frage d. Schöffengerichts geprüft an der Aufgabe der Geschwornen. gr. 8. (54 S.) Erlangen 873. Deichert. n. 1. —

Meyer, Hugo, Grundzüge des Strafrechts nach der deutschen Gesetzgebung unter Berücksicht. ausländ. Rechte, s.a. Bibliothek, internationale wissenschaftliche.

Meyer H, Grundzüge des Strafrechts. (Bibliothek, internationale wiss. 29) Leipzig 1877

—— Hamlet u. die Blutrache. Ein Vortrag. 8. (32 S.) Lpz. 892, Deichert Nachf. * — 60

Meyer, Hugo, Jahrbuch f. den Radfahrer-Rennsport bis Ende 1888. gr. 8. (38 S.) Leipzig 889. L. Weber (Sport-Verlag). n. 1. —; geb. n. 1. 25

— Lehrbuch d. deutschen Strafrechts. gr. 8. (XX, 722 S.) Ebend. 875. n. 10. 80

— Lehrbuch des deutschen Strafrechts. 2., durchgearb. Aufl. gr. 8. (XVIII, 783 S.) Erlangen 877. Deichert. n. 12. —

Meyer, Hugo (I.), Lehrbuch des deutschen Strafrechts. 3. umgearb. Aufl. 4 Lfgn. gr. 8. (XII, 725 S.) Erlangen 882, Deichert. à Lfg. *ℳ 3. * geb. **

Meyer, Hugo, Lehrbuch des deutschen Strafrechts. 4. umgearb. Aufl. 2 Hälften. gr. 8. Erlangen, Deichert'sche Verlagsh. Nachf. [1. Hälfte. (S. 1—506.) 886. *ℳ 9.—.; 2. Hälfte. (XVI, S. 507—1043.) 888. *ℳ 7.—.] *

Meyer, Lehrbuch des deut. Strafrechts. 5. Aufl. Leipzig 894.

— Lehrbuch des deutschen Strafrechts. 5., völlig umgearb. Aufl. gr. 8. (XII, 784 S.) Ebd. 895. n. 12. —

Meyer, Hugo, Lehrbuch des deutschen Strafrechts. 5., völlig umgearb. Aufl. Schluss-Abth. gr. 8. (XII u. S. 497—784.) Leipzig 895. A. Deichert Nachf. Nachberechng. n. 1. —; kplt. n. 12. —

Meyer, Hugo, Lehrbuch des deutschen Strafrechts. 6. völlig umgearb. Aufl. von Philipp Allfeld. (XIV, 669 S.) gr. 8. Leipzig 907. A. Deichert Nachf. n. 11. 50; geb. n.n. 13. —

—— die Mitwirkung der Parteien im Strafproceß. Ein Beitrag zur Beurtheilung des Entwurfs einer deutschen Strafproceßordnung. gr. 8. (70 S.) Ebendas. 873. *

Meyer, Hugo, Referendar: Das Namenrecht im Falle der Annahme an Kindesstatt nach dem Bürgerlichen Gesetzbuch für das Deutsche Reich. *Greifswald 1903: F. W. Kunike.* (XI, 40 S.) 8°
Greifswald, Jur. Diss. v. [8. Mai] 1903

Meyer, Hugo: Die Niederschlags-Verhältnisse von Deutschland, insbesondere von Norddeutschland, in den Jahren 1876—1885. Hamburg 1889. 45 S.
= Aus dem Archiv der Deutschen Seewarte. Jahrg. 11. No. 6. 4°.

Meyer, H. (II.), der Fall Otto vor dem Schwurgericht zu Halle, s. Fall Otto, der.

Meyer, Hugo, der Fall Otto vor dem Schwurgerichte zu Halle, verhandelt am 27. Mai 1867. Halle 867. Pfeffer. 8. (40 S.) n. 10 ngr.

—— Die Parteien im Strafprozeß. gr. 8. (29 S.) [Erlangen 889.] Lpz., Deichert Nachf. * — 75

Meyer, Hugo, die Privat-Feuer-Versicherung in Preußen. Zusammenstellung d. betreff. Gesetze, Verordnungen, Rechtssprüche u. technischen Gutachten. Berlin 853. C. Heymann. gr. 8. (XX, 332 S.) n. 1 ℛ 10 ngr.

Meyer, Hugo: Das Norddeutsche Strafrecht. E. Beurtheilung des Entwurfs eines Strafgesetzbuchs für den Norddeutschen Bund. Halle 1869.

— das Strafverfahren gegen Abwesende, geschichtlich dargestellt u. vom Standpunkte des heutigen Rechts geprüft. Berlin 869. G. Reimer. gr. 8. (XII, 355 S.) 1 ℛ 15 ngr.

Meyer, Hugo, über stationäre elektrische Strömung in leitenden Flächen u. über den galvanischen Leitungswiderstand des Psilomelan. Inaugural-Dissertation. gr. 8. (34 S. m. 1 Steintaf.) Göttingen 880. (Vandenhoeck & Ruprecht.) n. 1. 20

— That- u. Rechtsfrage im Geschworenengericht, insbesondere in der Fragestellung an die Geschworenen. Berlin 860. G. Reimer. gr. 8. (XII, 280 S.) 1 ℛ 5 ngr.

— siehe a. Versicherungs-Verein.

Meyer, H. Der Versicherungsverein. Ein Wort zur Beherzigung für alle deutschen Feuervers.-Gesellschaften. Magdeburg 1852.

[F.] Karl Georg von Waechter. Rede, bei d. Gedächtnissfeier desselben am 20. Jan. 1898 in d. Aula d. Univ. Tübingen geh. v. Hugo **Meyer,** Prof. d. Rechte. *Leipzig: A. Deichert 1898.* (43 S.) 1 Bd 8. (98. 98)6

—— Die Willensfreiheit u. das Strafrecht. Ein Vortrag. 8. (29 S.) Lpz. 890, Deichert Nachf. * — 60

Meyer, Hugo, Ueber die Witterungsverhältnisse Göttingens. (Nachrichten von d. Kgl. Ges. d. W. u. d. G.-A.-Univ. zu Göttingen. Göttingen 1883.

Meyer, Hugo Christof Heinr., aus alter Burschenzeit. 8. (263 S.) Breslau 908. Schles. Buchdruckerei usw. n. 2.—; geb. n. 3.—

Aus alter Burschenzeit. Von Hugo Christof Heinrich **Meyer.** *Breslau: S. Schottländer 1903.* (263 S.) 8° [F.] [illegible]

-- Heinrich Schaumberger u. Rud. Köselitz, Dichter u. Illustrator. Mit Illustr. aus H. Schaumberger's Werken. gr. 8. (136 S.) Wolfenbüttel 901. J. Zwißler. Kart. n. 1. 60

Meyer's, J., Adressen-Buch von Wien u. der österreichisch-ungarischen Monarchie 877. Im ganzen über 400,000 Adressen, darunter ca. 49,000 protokollirte Firmen. Mehr als 10,000 Orte. Lex.-8. (XXXIV, 1075 S.) Wien 877. Expedition von Meyer's Adressen-Buch. (Leipzig, Haessel.) cart. 18. —

Meyer, (J.), grosser und vollständiger Auswanderungs-Atlas für Nordamerika. In 45 Bl. 1—6. Lfg. Fol. (24 lithogr. und ill. Bl.) Hildburghausen 849—50, Bibliographisches Institut. (Leipzig, Gebhardt und Reisland.) à Lfg. * 10 Ngr. Thlr. *

Meyer, I. de, kort begrip van het oude en nieuwe Testament, ten gebruike van jonge kinderen. 2. uitgave, mit printen versierd, herzien en meer uitgebreid. 12. (VIII, 108 S.) Freiburg i/B. 894. Herder. n.n. — 40; geb. in Halbleinw. n. — 48

Meyer, I. de, kort begrip van het Oude en Nieuwe Testament, ten gebruike van jonge kinderen. 3. uitgave, met printen versierd, herzien en meer uitgebreid. 12. (X, 108 S.) Freiburg i/B. 899. Herder. Geb. in Halbleinw. n. — 48

Meyer, I. de, Kort begrip van het Oude en Nieuwe Testament, met printen versierd, ten gebruike van jonge kinderen. 4. uitgave, herzien en meer uitgebreid. (X, 108 S.) kl. 8. Freiburg i/B. 906. Herder. Geb. in Halbleinw. n. — 48

Meyer, J., e. Beitrag zur Lösung d. Währungsproblems. gr. 8. (210 S.) Berlin 887. Puttkammer & Mühlbrecht. n. 4. —

Meyer, J., Beiträge zur Geschichte des reichsfreiherrlich von Crailsheimschen Hauses. Als Manuscript gedruckt. Ansbach 1889. 8.

Meyer, J., siehe: *Beiträge, thurgauische.*

– British Chronicle, s. Meyer.

Meyer, J. (II.), der aufricht. Destillateur u. Liqueurfabrikant. Mit e. Sachverzeichnisse u. ein. gründl. Unterr. zur kalten Destillation, zur Rum-, Eau de Cologne- u. Schnellessigfabrikation, so wie z. Anfertigung einiger and. Artikel. 8. (13 B.) Berlin 835, Schumann. (?)

—— und (L.) Bechstein, s. Donau-Ansichten.

—— Europa in Bildern, e. Samml. d. berühmt. u. schönsten Ansichten uns. Welttheils nach d. Natur gez. v. Schmidt, Fuessli, Stanley, Keller rc. — in Tuschmanier gest. v. Jazet, Hausherr rc., in Linienmanier v. Wagner, Duttenhofer, Geisler rc. I. Bd. 1—6. Lfg. Jede m. ca. 3 Kpfrt. qu. Fol. (à ca. 1 B. Text.) Hildburghausen 834, 35, Bibliogr. Instit. à Lfg.

– Ex- und Im porteur, s. Meyer & Bilitz.

—— und H. Stähelin, die päpstliche Fahne der Stadt Frauenfeld von 1512, s. Beiträge, Thurgauische, zur vaterländischen Geschichte.

Meyer, J. Ferdinando Augusto, Archiepisc. Colon., quum gymnas. inviseret, die XVI. Cal. Sept. a. 1830. (Carmen Alcaicum). 4 S. . . . .
Düren, Progr. 1830

Meyer, J. (I.), der practische Fischzüchter oder der rationelle Fischzucht-Betrieb nach den neuesten Erfahrungen. Mit 35 meist vom Verf. gezeichneten (eingedr.) Abbild. in Holzschn. 8. (VII, 112 S.) [Stuttgart 877, Schickhardt und Ebner.] Berlin, Parey. (*M 2,40.) *

Meyer, J. (II.), neues Fremdwörterbuch, od. Samml., Erklär. u. Verdeutschung der aus fremden Sprachen entlehnten, im deutschen häufiger od. seltener vorkomm. Wörter, Kunst- u. Gewerbsausdrücke u. Redensarten. Mit Angabe d. Aussprache u. Betonung. Ein Hülfsb. f. Geschäftsleute, Beamte, so wie f. Lesefreunde überh., die alter od. neuer Sprache nicht kundig sind. gr. 8. (14 B.) Chur 834, Kellenberger.

Meyer, J. (I.), neues Fremdwörterbuch. Mit Angabe d. Aussprache u. Betonung. (A—Z.) gr. 8. (31 B.) Chur 836, [Grubenmann'sche Buchh.]

Meyer, J., das Geld. Eine national-ökonom. Studie. gr. 8. (III, 117 S.) Wien 872. Faesy & Frick. n. 2. 40

– Astronomische und physikalische Geographie. Zürich 1852.

Meyer, J., Geschichte der Genfer Konvention, s. a. Schriften der Vereine vom Rothen Kreuz. 1. Hft.

Meyer, J . Geschichte der Genfer Konvention. Im Auftrage des Central-Komites vom Rothen Kreuz bearbeitet. VIII + 64 S. 8. Berlin, Carl Heymann, 1901. [M. 1. —]

Schriften der Vereine vom Rothen Kreuz. Hrg. von Oberstabsarzt Dr. G Pannwitz. Heft 1.

Meyer, J. (Hrsg.), s. Globus.

— Groschen-Atlas für Krieg und Frieden in 180 Karten, enthltd. eine vollständige Sammlung der neuesten Karten aller Länder und Staaten der Erde, mit den Plänen und Grundrissen ihrer Hauptstädte und Festungen, ferner eine Sammlung der besten physikalischen und Himmels-Karten etc. Entw. mit Benutzung aller neuen Entdeckungen und Forschungen, nach zuverlässigen Aufnahmen u. Angaben u. s. w. 1—67. Liefg. (à 2 color. Karten in Stahlst.) Hildburghausen 853—55. Bibliograph. Institut. (Leipzig, Gebhardt u. Reisland.) Imp.-4. Jede Liefg. n. 2 ngr.

– Großer und vollständiger Handatlas der neuesten Erdbeschreibung, s. Meyer.

Meyer, J. (I.), Handbuch des Fischerei-Sport. Prakt. Leitfaden zur Fischkunde, zum Betriebe der Angel- und Netzfischerei wie der Fischzucht. Nebst Anhang über Fischfeinde, Naturgeschichte, Fang und Zucht der Krebse. Auf Grund der neuesten Erfahrungen bearb. 8. (XVI, 272 S. mit 95 in den Text gedr. Abbild.) Wien 881, Hartleben's Verlag. geb.
(Hartleben's Sportbibliothek Bd. 3)

J. Meyers's Karte des alten Nord-Frieslandes bis an das Jahr 1240, mit Angabe der jetzigen Lage der Inseln. Tondern u. Westerland. o. J. Farbendruck. 1 Bl. Fol. 31,5×38,5 cm.

Meyer's, J., Karte des alten Nord-Frieslandes bis an das J. 1240 mit Angabe der jetzigen Lage der Inseln. Lithogr. qu. Fol. Tondern 880, Dröhse. * — 80

Meyer, J., Commentar zu den Bundesgesetzen üb. polizeiliche Massregeln gegen Viehseuchen. Ein Leitfaden f. die Ausübung der Viehseuchenpolizei in der Schweiz f. Polizeibeamte, Tierärzte, Fleischschauer, Viehinspectoren, Marktaufseher u. s. w. 16. (X, 294 S.) Winterthur 890. (Geschw. Ziegler.) n. 2. —; geb. n. 2. 50

– Neues Konversations-Lexikon, s. Meyer.

– Konversations-Lexikon für die gebildeten Stände, s. Meyer.

– Großer und vollständiger Kriegs- und Friedens-Atlas, s. Meyer.

Meyer, J., Lesebuch f. Mittelklassen, s.: Bruns, J.

Meyer, J., das Licht in sn. besond. Beziehungen zur Natur überhaupt u. zum menschl. Organismus insbesondere. gr. 4. Bresl. 812. W. G. Korn. 8 gr

Meyer, J., das Münzwesen auf einheitlicher Grundlage. gr. 8. (80 S.) Berlin 875. Puttkammer & Mühlbrecht. n. 1. 20

—— deutsche Parlaments-Chronik, s. Parlaments-Chronik.

—— Pfennig-Atlas. 1—13. Lfg. Jede m. 4. gest. ill. Karten. qu. kl. 8. Hildburghausen (834—36), Bibliogr. Instit. à L.
Gratis dazu gegeben wird: Brückner, G., neuestes Handbuch d. Erdbeschreib., 1—3. Lfg. gr. 8. (B. 1—12.) Ebendas. 836, 36., apart à Lfg. 4 Gr.

Meyer, J., Pharmacopoea oeconomica. Anleitung zur Kostenersparniss bei dem Arznei-Verordnen für Gemeinde-, Gewerks- und Vereins-Aerzte nach den Erfahrungen des Berliner Gesundheitpflege-Vereins ausgearb. Berlin 855. G. Reimer. 16. (48 S.) 5 ngr.

-- J. Relief-Karte des Schlachtfeldes Spichern. 1 : 50000. 20,5 × 25,5 cm. Farbendr. M. 1 Skizze u. Text an d. Seite u. 2 farb. Bildnissen. Zürich, Hofer & Burger. Lwd. 2 50
1895.

— Relief-Karte des Schlachtfeldes Wörth. 1 : 50000. 21,5 × 25 cm. Farbendr. M. 1 Skizze u. Text an d. Seite u. 2 farb. Bildnissen. Ebd. Lwd. 2 50
1895.

Meyer, J.: Sammlung physikalischer Aufsätze, besonders die böhmische Naturgeschichte betreffend. 3 Vol. Dresden 1791-1793. 8°

Meyer, (J.) (Hl.), Schul-Atlas d. neuesten Erdbeschreibung. Entworfen, mit Benutzung d. neuesten geograph. Entdeckungen u. Forschungen, nach d. Lehrbüchern v. Stein, Cannabich, Hassel etc. 1—9. Lfg. Jede m. 3 gest. ill. Karten. qu. gr. 4. Hildburghausen 830—34, Bibliogr. Institut. à L. Thlr.

—— allgem. Städte-Atlas. I. Abthl. Europa. 1. Bd. 1. u. 2. Lfg. Jede m. 8 gest. Grundrissen v. mehr. Ansichten umgeben. qu. gr. Fol. Hildburghausen 833, 34, Bibliogr. Institut. à L.
Der dazu gehörige Text wird noch erwartet.

Meyer, J. (I.), Stimmen aus Frankreich. 1830. (Gedichte.) 1. Hft. gr. 8. (6 B.) Strassburg, Treuttel u. Würtz.

Meyer, J., Stoff zu Sprachübungen, s.: Bruns, J.

MEYER, J.: Die Süßwasserfische Mitteleuropas. - Berlin 1879. IV, 124 S.

Meyer, J., medizinisches Taschenlexikon in 8 Sprachen (deutsch, englisch, französisch, italienisch, japanisch, russisch, spanisch, ungarisch). Unter Mitwirkung v. Finigan, Fernand Lévy, Galli u. a. bearb. u. hrsg. (XXVIII, 788 S.) kl. 8. Wien 909. Urban & Schwarzenberg. Geb. in Ldr. 20.—

—— Universal-Atlas d. neuesten Erdbeschreibung f. d. gebild. Stände, besond. zum bequemen Gebrauch f. Geschäftsmänner, Zeitungsleser u. Reisende. Entworfen, mit Benutzung d. neuest. geograph. Entdeckungen u. Forschungen, nach d. Lehrbüchern v. Stein, Cannabich, Hassel etc. (In 21 Lfgn. Jede m. 4 gest. ill. Karten.) 1—14. Lfg. Hildburghausen 830—36, Bibliogr. Institut. à L.

– Universum, s. Meyer.

—— Volksbibliothek für Länder-, Völker- und Naturkunde. Mit Kpfrn. und Karten. 1—102. Bd. 16. (à Bd. mit ca. 224 S. mit 1—2 Stahlst. oder Karten.) Hildburghausen 853—56, Bibliographisches Institut. à Bd. * 4 Ngr. *

Meyer, J., zur Währungsfrage. gr. 8. (96 S.) Berlin 880. Puttkammer & Mühlbrecht. n. 2. —

Meyer, J., Wasserpredigten, oder 6 Predigten, gehalten im Jahre 1845, mit Hinsicht und Rücksicht auf eine Ueberschwemmung, theils während, theils nach derselben, und herausg. im Jahre 1853, zur Erinnerung für die Gemeinde. Oldenburg, Schulze. gr. 8. (IV, 43 S.) 7½ ngr.

——— Kosmische Weltansichten. Berlin 1886. 8.

Meyer, J. Ueber die Wichtigkeit des Religions-Unterrichts und das mögliche Gedeihen desselben an Gymn. 21 S. . . . .
Progr. Düren 1830

Meyer, J., s. Zeitschrift für vaterländische Geschichte und Alterthumskunde.

– Zeitungsatlas für Krieg und Frieden, s. Meyer.

Meyer, J. A. F.

Meyer, J. A., gemeinnütz. Naturgesch. d. giftigen Insekten. 8. Berl. 793. Rottmann. 12 gl

Meyer, J. B., was haltet ihr von Christus? Sieben Fastenpredigten u. e. Osterpredigt. Gehalten in der Stadtpfarrkirche zu St. Jakob. gr. 8. (54 S.) Straubing 874. Attenkofer. n. — 70

Meyer, J. C., s.a. Meyer, Johann Karl

– s.a. Meyer, Johann Konrad

Meyer, J. C., über die Einführung des Entwickelungsunterrichts in Preuß. Elementarschulen, als die Grundlage e. glückl. Zukunft f. Preußen. 8. Königsb. 811. Nicolovius. 16 gl

Meyer, J. C., und Fr. Schmidt, Flora des Fichtelgebirges. Herausg. für Botaniker, Forst- u. Landwirthe. Mit 2 Tabellen. Augsburg 854. Rieger. 8. (VI, 162 S.) 24 ngr.

– J. B. Basedows Leben, Charakter und Schriften, s. Meier, Johann Chr.

— Lehrbuch d. Tugend- u. Religionslehre f. die Jugend. 8. Stendal 801. Franzen u. G. 12 gl

— Nachr. v. d. Garnisonschule zu Elbingen rc. 8. Stendal 805. Franzen u. G. 9 gl

— s. Religionsvorträge rc.

— verein. Wünsche aller rechtschaffen. Schulmänner, die vermuthl. 2440 gedeihen woll. 3 St. 8. Hamburg, Hoffmann. 782. 83.

Meyer, J. C. A., Darstell. d. neuen Preuß. Gerichtsordnung, s. Darstellung.

— Instruction f. höhere u. niedere Reichsbeamte, m. Tabellen. gr. 4. Ebend. 810.

Meyer, J. C. F., was fordern die Medicinalordnungen von d. Apothekern? 8. Berl. 803. Reimer. 20 gl

Meyer, J. C. Fr.

J.. C.. F.. Meyer: comment. in qua loctrina Stoicor. eth. cum christ. comparatur. Gött., Vandenhöck u. Ruprecht. 823. gr 8° 18 gl

Meyer, (J. C. Fr.,) Commentatio, in qua doctrina stoicorum ethica cum christiana comparatur. 8 maj. Gottingae 824, Vandenhöck et R.

Meyer, J. C. H., s. Meyer, Johann Karl Heinrich

Meyer, J. Ch., s.a. Meyer, Johann Christian Friedrich

Meyer, J. Ch., Antwortenheft. Resultate nebst Zwischen-Resultaten, Ausrechnungen und Anmerkungen zu der Aufgaben-Sammlung über Wechselrechnungen, Waarenrechnungen und Conto-Correnten. gr. 8. (IV und 160 S.) Hannover 857, Hahn'sche Hofbuchh.

Meyer, J. Ch., Aufgaben-Sammlung über Wechselrechnungen, Waarenrechnungen und Conto-Correnten. Zum Gebrauch für Handelsschulen bearb. u. herausg. Mit einer Einleitung von Th. Wittstein. Hannover 856. Hahn. gr. 8. (XXVIII, 291 S.) 25 ngr.

— — Antwortenheft. Resultate nebst Zwischen-Resultaten. Ausrechnungen u. Anmerkungen. Ebend. 857. gr. 8. (IV, 160 S.) 20 ngr.
Vgl.: Kra, Berichtigungen rc.

Meyer, J. Ch., Berechnung der Staatspapiere u. Actien für Handels-, höhere Bürger-, Real- u. Gewerbschulen, so wie zum Selbstunterrichte. (1. Abth.) Hannover 859. Hahn. gr. 8. (14 S.) 2½ ngr.

— — 2. Abth. Auflösungen nebst Anweisung zur Berechnung. Ebend. 859. gr. 8. (23 S.) 4 ngr.

Meyer's, J. Ch., gemeinnütziges Lehrbuch der einfachen u. doppelten Buchführung, Wechsellehre, Wechselrechnung rc. nebst vielen Coursblättern u. einer vollständigen Münz-, Maaß- u. Gewichtstabelle aller Länder der Erde. Für Gewerbtreibende, Kaufleute, Oeconomen u. Lehrer, sowie für den Unterricht auf Schulen. Mit einem Vorwort von Fritz Hurtzig. 1. Aufl. 1865. 12 ngr. u. 2., verm. u. verb. Aufl., mit Berücksichtigung des allgemeinen deutschen Handelsgesetzbuches. Hannover 866. Meyer. gr. 8. (VIII, 156 S.) cart. 18 ngr.

Meyer's, J. Ch., gemeinnütziges Lehrbuch der Buchführung, Wechsellehre, Wechsel- u. Waarenberechnung, Staatspapiere Actien, Contocorrente f. Kaufleute u. Industrielle, sowie f. Handels- u. Realschulen. 3. Aufl., die deutsche Reichswährg. basirt u. nach den neuesten Usancen bearb. gr. 8. (IV, 150 S.) Hannover 875. Meyer. geb. 3. —

Meyer, J. Ch., Lehrbuch der einfachen u. doppelten Buchführung, der Börsengeschäfte, Wechsellehre u. d. kaufmännischen Rechnens f. das Waren- u. Bankgeschäft, sowie f. Aktiengesellschaften. Unter Hinweis auf die Bestimmgn. d. allgemeinen deutschen Handelsgesetzbuches zum Selbstunterrichte, f. Handels- u. Realschulen bearb. 4. Aufl. gr. 8. (IV, 168 S.) Hannover 886. Meyer. n. 2. 40

—— Rechenbuch für den Schulgebrauch bearb. (In 4 Heften.) 1. Heft: Die vier Grundrechnungen mit unbenannten und gleichbenannten ganzen Zahlen. gr. 8. (IV und 64 S.) Hannover 858, Hahn'sche Hofbuchh. *

—— Antwortenheft dazu. Resultate nebst Zwischen-Resultaten, Ausrechnungen und Anmerkungen. 1. Heft. gr. 8. (28 S.) Ebendas. 858. *

—— Rechenbuch für den Schulgebrauch bearb. 2. Heft: Die vier Grundrechnungen mit ungleich benannten Zahlen nebst der Zeitrechnung, den gemeinen Brüchen und Decimalbrüchen. gr. 8. (VIII und 184 S.) Hannover 858, Hahn'sche Hofbuchh. *

—— Antwortenheft. Resultate nebst Zwischen-Resultaten, Ausrechnungen und Anmerkungen zu dem Rechenbuche für den Schulgebrauch. 2. Heft. gr. 8. (102 S.) Ebendas. 858. *

Meyer, J. Chr. Fr., s. Meyer, Christian Friedrich

Meyer, J. D.

— de la codification en général et de celle de l'Angleterre en particulier en une série de lettres adressées à C. P. Cooper. gr. 8. 830. (Leipz., W. Vogel). 2 ℛ 16 gℛ

Meyer, J. D., esprit, origine et progrès des institutions judiciaires des principaux pays de l'Europe. V Tom. gr. 8. Haag u. Amsterd. 819—22. (Brüssel, Frank). 11 ℛ 16 gℛ

Meyer, (J. D.,) Esprit, origine et progrés etc. Tom. V. gr. 8. Amsterdam 822, (Barth in Leipz.)

J. D. Meyer, Angenehmer und nützlicher Zeitvertreib mit Betrachtung curioser Vorstellung allerhand kriechender, fliegender und schwimmender auf dem Land und im Wasser sich befindender und nährender Thiere usw. Nürnberg 1748. (Über Fische der Pegnitz.)

Meyer, J. D. H., das 3. Jubelfest der Einführung der Reformation in die Stadt Osnabrück. Beschreibung der Feier, nebst einigen an dem Feste gehaltenen Vorträgen. gr. 8. (7⅛ B. u. 1 Taf.) Osnabrück 843, Rackhorst'sche Buchh.

Meyer, J. D. H., Periclis apud Thucydidem oratio funebris explanata. 8 maj. (3½ B.) Osnabrugi 832, Rackhorst.

Meyer, J. E., deutsches ABC- u. Lesebuch, od. Lese- u. Denkübungen beim ersten Unterr. d. Kinder in Stadt- u. Landschulen. 6., verb. Aufl. 8. (6 B. u. ½ B. ill. Bilder.) Hamburg 835, Herold'sche Buchh.

Meyer, J. E., deutsches A B C- u. Lesebuch, od. Lese- u. Denkübungen beim ersten Unterrichte der Kinder in Stadt- u. Landschulen. 7., verb. Aufl. m. Bildern. 8. (6 B. u. 4 Holzschnittt.) Hamburg 843, Herold'sche Buchh. *

Meyer, J. E., deutsches ABC- und Lesebuch, oder: Lese- und Denkübungen beim ersten Unterricht der Kinder in Stadt- und Landschulen. 8., verb. Aufl. mit Bildern. 8. (96 S. und 4 Holzschnt.) Hamburg 848, Heroldsche Buchh.

– – Vgl. Meyer, Johann Chr.

Meyer, J. F., Alphabete, lithogr. von H. C. Krüger. (1 Bl. in Fol.) Berlin 847, Winckelmann und Söhne.

Meyer, J. F., calligraphischer Leitfaden nach Audoyer, Carstairs u. Favarger entworfen. 4. (12 lith. Bl.) Berlin 844, Wolff u. Comp.

Meyer, J. F., Sammlung europäischer Schrift-Alphabete ält. u. neuerer Zeit. 1. u. 2. Hft. qu. gr. 8. (à 15 lith. Bl.) Berlin 831, 32, Winckelmann u. Söhne. à

—— Schreib-Schule nach method. Grundsätzen entworfen. 1. u. 2. Hft. qu. gr. 8. Berlin, Winckelmann u. Söhne.
Hft. 1. Deutsch. (24 lith. Bl.) 831. 6 Gr.
- 2. Englisch. (24 lith. Bl.) 832. 6 Gr.

– (Hrsg.), s. Udalricus: Epistola de coelibatu cleri.

Meyer, J. F. Unterricht zur praktischen Geometrie. Theil I—V. Göttingen, 1802—1809.

—— calligraphische Vorschule, verbunden mit orthograph. Uebungen f. die untern Klassen höherer Bürgerschulen. 4. (10 lith. Bl.) Berlin 844. [C. H. Schultze.]

Meyer, J. F., calligraphische Vorschule, verbunden mit orthograph. Uebungen für die unteren Klassen höherer Bürgerschulen. 4. (16 lithogr. Blätter.) Berlin 844, Wolff u. Comp. 1/3 ℛ

—— Wahrheit u. Dichtung. Erzählungen f. die reifere Jugend. 8. (17 B. u. 8 ill. Bild.) Berlin 843, Winckelmann u. Söhne.

Meyer, J. F. L., s. M e y e r , Friedrich Johann Lorenz

Meyer, J. Fr., De spiritibus animalibus ex foro medico proscribendis. 36 pp. Frcf. ad V. 4°.
1723

Meyer, J. Frz., analytische Geometrie der Ebene u. des Raumes, für höhere Lehranstalten bearb. gr. 8. (VI, 166 S. m. eingedr. Holzschn.) Hannover 881. Holwing's Verl. n. 3. —

—— Hauptsätze aus der ebenen Trigonometrie. gr. 8. (14 S.) Ebendas. 880. *

Meyer, J. Frz., s. Stegemann, M., Grundriss der Differential- und Integral-Rechnung.

Meyer, J. G.

— Anfangsgründe d. Rechenkunst. 2 Thle. Halle, Dreißig. 21 gr

— Anleit. zum Kopfrechnen. Ein Handbuch f. Lehrer. 8. Halle 800. Kümmel. 16 gr

Meyer, J. G., praktische Anleitung zu der nützlichsten Anlage, Pflege u. Unterhaltung der Gemüse-, Obst-, Landschafts- u. Blumengärten od. die Kunst ca. 600 Sorten der neuesten, wichtigsten u. ertragreichsten Gemüse, Obstbäume, Fruchtsträucher u. Blumengewächse auf e. leichte u. sehr einfache Weise selbst zu erziehen. Nach den neuesten Erfahrgn. u. Verbessergn. der Zeit. gr. 8. (147 S.) Leipzig 872. M. Schäfer. n. 1. —

— Anweis. zum Schönschreiben. Halle, Dreißig. 20 gr

Meyer, J. G., die Anzucht neuer Obstsorten aus Samen. Praktische Anleitung durch die Saat von Obstkernen unveredelt eine Menge der neuesten u. schönsten Obst- u. Beerenfrüchte wurzelächt in allen Formen zu erziehen. Berlin 870. Wiegandt & Hempel. 8. (IV, 59 S.) n. 10 ngr.

Meyer, J. G., über die Bearbeitung des Hanfs u. Flachses 2c. s. a. Cellische Nachrichten 26.

Meyer, J. G. H., über d. Bearbeitung des Hanfs u. Flachses 2c. Mit 8 Kpf. gr. 4. Hannov. 819. Hahn. 1 ℛ 4 gr

Meyer J., Bodenkde u. Düngerlehre n. d. neuesten Forschgn. d. Chemie 1858. 2.76

J. G. **Meyer**, Bodenkunde und Düngerlehre. Erlangen 1858.

Meyer, J. G., die landwirthschaftliche Buchführung für den mittleren Bauernstand u. den größeren Gutsbesitzer. Mit dem liniirten Schreibbuch, dem Erndte-, Fruchtvorräthe-, Viehstand-, Düngregister u. einem Haus-Notizbuch für den Landwirth. Leicht verständliche, praktisch dargestellte Anleitung zur Führung landwirthschaftlicher Bücher. Für Landwirthe, Gutsbesitzer, Gutsverwalter 2c., sowie zum Lehrvortrag an landwirthschaftlichen Fortbildungs- u. Landschulen. Frankfurt a. M. 859. Sauerländer's Verlag. gr. 4. (VII, 132 S.) 1 ℛ 5 ngr.

Meyer, J. G., die kaufmännische Buchhaltung für Handelsgärtner nach süd- und norddeutschem Münzfuße. Leicht verständl., prakt. Anleitung die kaufmänn. einfache Buchführung in sehr kurzer Zeit selbst gründlich zu erlernen und auf alle Geschäftsverhältnisse des Samen- und Pflanzenhandels anzuwenden. Für Kunst- und Handelsgärtner, Samenhändler, Guts- und Gartenbesitzer 2c. gr. 8. (63 S.) Hamburg 864, Kittler.

Meyer, J. G. L., († ...) Devalvationstabelle. 8. Halle 808. Kümmel. 6 gr

M e y e r , J. G., Grammaticae universalis elementa. Brunsv. 796. 8. s. M e y e r , Johann Heinrich

— die höchsten Erträge der Kartoffel durch den Anbau der neuesten, wichtigsten u. ertragreichsten Varietäten. Ihre Kennzeichen, rationelle Kultur, Krankheiten 2c. Für Landwirthe, Gärtner, Guts- u. Gartenbesitzer 2c. Hamburg 865. Kittler. gr. 8. (45 S.) 7½ ngr.

—— die höchsten Erträge der Obstbaumzucht oder rationelle Kultur, Eigenschaften, Kennzeichen und Benützung der für Deutschland passendsten, von den Pomologenversammlungen zu Naumburg, Gotha und Berlin ganz besonders empfohlenen, Obst- und Beerenfrüchte. Leicht verständl. Anweisung zur Anzucht, Pflanzung und Pflege von ca. 170 der prachtvollsten und nützlichsten, gegen klimat. Verhältnisse am wenigsten empfindl. und selbst für mehr rauhe Gegenden taugl. Obst- und Beerenfrüchte, welche sich nach langer Erfahrung als die besten bewährten. Für Gärtner, Landwirthe 2c. gr. 8. (V und 137 S. mit 12 eingedr. Holzschn.) Hamburg 862, Kittler. *

Meyer, J. G.: Die höchsten Erträge der Weinberge und Rebfelder. 5 Weinbriefe an die Weingärtner und Weinbergbesitzer in Württemberg und den weintreibenden Gegenden in Süddeutschland und der Schweiz. Eine ernste Mahnung für die Einführung einer bessern und zweckmäßigen Kultur des Weinstocks und der Anlage der Weinberge. Stuttgart: Koch 1863. 29 S. -- 36. Frei 100*

[F.] (J. G.) **Meyer's** immerwährender Garten-Kalender. Prakt. Anleitg, die in allen Monaten des Jahres ... vorkommenden Arbeiten u. Verrichtgn rechtzeitig auszuführen. 3., durchges. Aufl. *Berlin: P. Parey 1898.* (IV, 202 S.) 1 Bd 8.
= **Thaer-Bibliothek.** Bd 8. [98. 9681]

(J. G.) **Meyer's** immerwährender Garten-Kalender. Prakt. Anleitung, die in allen Monaten d. Jahres in dem Landschafts- ... garten ... vorkommenden Arbeiten u. Verrichtungen rechtzeitig auszuführen. 4., vollst. neu bearb. Aufl. Berlin: P. Parey 1908. (199 S.) 8° [F.]
= **Thaer-Bibliothek.** [8.] [08. 16160]

Meyer, J. G., neuester immerwährender Garten-Kalender, s. a. Thaer-Bibliothek.

— neuester immerwährender Garten-Kalender. Leicht verständl. prakt. Anleitung, die in allen Monaten des Jahres in den Landschafts-, Blumen-, Gemüse- 2c. Gärten, in der Reb- u. Baumschule, der Blumen-, Gemüse-, u. Frucht-Treiberei 2c. vorkommenden Arbeiten u. Verrichtungen rechtzeitig u. sorgfältig auszuführen. Nach den neuesten Verbesserungen u. den Fortschritten der Gegenwart für Gärtner-, Guts- u. Gartenbesitzer 2c. Stuttgart 869. G. Weise. br. 8. (190 S.) 18 ngr.

Meyer, J. G: Neuster immerwährender Garten-Kalender. 2. Aufl. Berlin 1877

— die Gemeinde-Baumschule. Ihr Zweck u. Nutzen, ihre Anlage, Pflege u. Unterhaltung. Für Gemeinde-Verwaltungen, Schullehrer, Baumwärter 2c. Breslau 870. Trewendt. 8. (VII, 70 S.) 7½ ngr.

— die vollständige Gemüse-Samenzucht mit besond. Rücksicht auf die Verbesserg. u. Vervollkommng. dieser Gewächse u. der Anzucht neuer Gemüse-Sorten 2c. Für Gärtner, Samenhändler u. Landwirthe. 8. (VIII, 191 S.) Quedlinburg 871. Ernst. 1. 50

— die Gemüse- u. Fruchttreiberei u. die Kultur der Frühgemüse auf freien Beeten. 8. (V, 81 S.) Berlin 870. Wiegandt, Hempel & Parey. n. 1. 50

—— die Goldgrube. Neuester immerwährender Kalender für Haus- und Landwirthschaft. Leicht verständl. prakt. Anweisung die monatlich in allen Zweigen der Landwirthschaft, der Haus-, Stall- und Düngerwirthschaft ꝛc. bei der Kultur der Oel-, Gespinnst-, Farben-, Gewürz- und anderer Handelspflanzen, der Waldwirthschaft ꝛc. vorkommenden Arbeiten und Verrichtungen rechtzeitig und sehr sorgfältig auszuführen. Mit einer kurzen Belehrung über die Wartung und Pflege der landwirthschaftl. Hausthiere in gesunden und kranken Tagen und ihrer richt. Zucht mit Trächtigkeits-Kalender u. s. w. Nach den neuesten Verbesserungen und dem Fortschritt der Gegenwart für alle Landwirthe, Gutsbesitzer, Gutsverwalter ꝛc. gr. 8. (III, 186 S.) Würzburg 870, Stahel'sche Buchh. *

— die neuesten, wichtigsten u. ertragreichsten landwirthschaftlichen Handelsgewächse. Biwitz, Schirmraps, Großkörniger Leindotter ꝛc. Ihre rationelle Kultur, Eigenschaften, Kennzeichen u. Benützung für Landwirthe, Gärtner, Gutsbesitzer ꝛc. Berlin 862. Nauck. gr. 8. (114 S.) 17 ngr.

— vollständ. Interessentabellen z. Gebr. d. Kapitalisten, Banquiers u. Comptoiristen u. Receveurs ꝛc. gr. 4. Halle 810. Kümmel. 12 ℛ

Meyer, J. G., vollständ. Interessentabellen zum Gebrauch f. Capitalisten, Banquiers, Comtoiristen ꝛc. nebst d. Reduction in preußisch. Courant. 4. Halle, Kümmel. 811. — 12

— Lehrbuch der Handelswissenschaft. Für Kaufleute, Handelszöglinge, Gewerbtreibende u. gewerbl. Fortbildungsschulen. Stuttgart 866. Nitzschke. gr. 8. (VIII, 431 S.) 1 ℛ 10 ngr.

—— Lehrbuch der Handelswissenschaft für Kaufleute, Handelszöglinge, Gewerbtreibende und gewerbliche Fortbildungsschulen. 2. Ausg. Vermehrt durch einen Anh.: Das Decimalsystem und die Decimalrechnung von einem tücht. Fachmann. gr. 8. (VIII, 441 S.) Stuttgart 870, Nitzschke. ℳ 3.; geb.

— die goldenen Lehren der Landwirthschaft. Vollständige Beantwortung der Frage: Wie gewinnt man die reichsten Ernten von allen Früchten? Für Landwirthe, Guts- u. Gartenbesitzer, Gärtner ꝛc. Breslau 867. Kern's Verlag. gr. 8. (VI, 176 S.) 22½ ngr.

—— die wichtigsten Lehren der Landwirthschaft und der Agricultur-Chemie. Die Pflanzen, der Boden und die Düngung nach den neuesten Fortschritten der Gegenwart. Für Landwirthe, Guts- und Gartenbesitzer und die landwirthschaftl. Bildungsschulen. 8. (IV, 103 S.) Quedlinburg 871, Ernst'sche Buchh. *

MEYER, J. G.: Die landwirthschaftlichen Obst- und Waldbäume und Sträucher zu der Anlage von Holz- und Waldbeständen. Ihre Kultur, Eigenschaften und Benützung. Leicht verständliche praktische Anleitung zur zweckmäßigsten Anzucht der Obst-, Waldbäume und Sträucher etc. ... Für Landwirthe, Gärtner, Gemeinde- und Gutsverwaltungen. - Erlangen 1861. XII, 104 S., 1 Taf. - (Der rationelle Pflanzenbau Tl. 9)

— der Obstbaumschnitt u. die französische Obstbaumzucht. Die Erziehg. der Obstbäume, ihre Pflege, Unterhaltg. u. Krankheiten. Mit e. Verzeichniß der vorzüglichsten u. werthvollsten Obstsorten. Nach den neuesten Verbessergn. u. Erfahrgn. Für Gärtner, Baumschulen-, Guts- u. Gartenbesitzer, Obstzüchter u. Landwirthe. Mit 16 in den Text gedr. Holzschn. gr. 8. (V, 139 S.) Berlin 871. Springer's Verl. 2. 25

J. G. Meyer, Obst- und Beerenfrüchte. Erlangen 1859.

Meyer, J. G., der rationelle Pflanzenbau. 1. Thl. A. u. d. T.: Die Lehre von der Entwässerung des Bodens (Drainirung) für Landwirthe, Gärtner, Guts- und Gartenbesitzer ꝛc. Mit 4 (lithogr.) Taf. Zeichnungen und einem Anhang über das „Nivelliren." Lex.-8. (XI und 60 S.) Erlangen 856(57,) Enke's Vrlgsh. *

Meyer, J. G., der rationelle Pflanzenbau. 1—4. Thl. Erlangen 857, 58. Enke. gr. 8. n. 5 ℛ 6 ngr.
1. Thl.: Die Lehre von der Entwässerung des Bodens (Drainirung) für Landwirthe, Gärtner, Guts- u. Gartenbesitzer ꝛc. Mit 4 (lith.) Taf. Zeichnungen und einem Anhang über das „Nivelliren" ꝛc. (XI, 60 S.) n. 16 ngr.
2. Thl.: Populäre praktische Geometrie u. die Gutstaration. Leicht verständliche Anleitung, ohne mathemat. Vorkenntnisse alle, gewöhnlich vorkommenden Vermessungen, Theilungen, Nivellirungen, mit einfachen Instrumenten selbst auszuführen ꝛc. Für Land- u. Forstwirthe ꝛc. Mit 14 (lith.) Taf. Zeichnungen; einer Uebersicht der wichtigsten europäischen Längen-, Flächen- u. Körpermaße, reducirt auf preuß. Maß u. pariser Linien, mit e. Taf. Maße in natürl. Größe. (XIV, 207 S.) n. 1 ℛ 18 ngr.
3. Thl.: Bodenkunde und Düngerlehre. Anleitung zu der Erkennung, Untersuchung und Verbesserung von Grund und Boden. — Eintheilung, Wirkung, Werth und nützliche Anwendung aller bis jetzt bekannten Düngerstoffe, nach den neuesten Forschungen der Chemie, für das prakt. Bedürfniß leicht verständlich dargestellt. Für Landwirthe, Gärtner, Gutsbesitzer, Gutsverwalter ꝛc., überhaupt für Alle, die ihren Grundbesitz bleibend verbessern und demselben den größtmöglichsten Ertrag zu entziehen wünschen. Mit 1 lith. Taf. (VIII, 259 S.) n. 1 ℛ 16 ngr.
4. Thl.: Die landwirthschaftlichen Nutz- u. Handelspflanzen. Ihre Kultur, Eigenschaften, Nutzen und Anwendung ꝛc. 1. Abth. A. Die Lehre von der Bearbeitung des Bodens. B. Allgemeine Pflanzenkultur. Mit 2 (lith.) Taf. Zeichnungen landwirthschaftl. Kulturgeräthe (in qu. Fol.). (XII, 244 S.) n. 1 ℛ 16 ngr.

— — der rationelle Pflanzenbau. 5—9. Thl. Erlangen 859—61. Enke. gr. 8. n. 8 ℛ 20 ngr.
5. Theil: Die landwirthschaftlichen Nutz- u. Handelspflanzen. Ihre Kultur, Eigenschaften, Nutzen u. Anwendung mit besonderer Rücksicht auf die neuesten, ertragreichen u. werthvollsten landwirthschaftlichen Produkte, nach den neuesten Entdeckungen, Verbesserungen u. dem Fortschritte der gegenwärtigen Zeit zur praktischen Nutzanwendung. Für Landwirthe, Gärtner, Gutsbesitzer, Gutsverwalter ꝛc. 2. Abth.: C. Specielle Pflanzenkultur. (XXIV, 392 S.) n. 2 ℛ 8 ngr.
6. Theil: Obst- u. Beerenfrüchte. Ihre Kultur, Eigenschaften, Nutzen u. Anwendung mit besonderer Rücksicht auf die neuesten, ertragreichsten u. werthvollsten Produkte, nach den neuesten Entdeckungen, Verbesserungen u. dem Fortschritte der gegenwärtigen Zeit. Für Gärtner, Landwirthe, Gutsbesitzer ꝛc. Mit 1 lith. Taf. (in Fol.) (XXIV, 419 S.) n. 2 ℛ 10 ngr.
7. Theil: Die Gemüsepflanzen. Ihre Kultur, Eigenschaften, Nutzen u. Anwendung mit vollständiger Samenzucht, Treiberei der Gemüse u. besonderer Rücksicht auf die neuesten u. ertragreichsten Produkte. Für Gärtner, Landwirthe, Gutsbesitzer ꝛc., für Gärtner- u. landwirthschaftliche Lehranstalten ꝛc. Mit 1 lith. Taf. (in Fol.) (XXVIII, 376 S.) n. 2 ℛ 8 ngr.
8. Theil: Die bildende Gartenkunst in Verbindung mit der Nutzgärtnerei. Leicht verständliche Anleitung zur nützlichsten Anlage verschiedener Gärten u. zur Verschönerung des Wohnsitzes mit theoretisch-praktischer Anleitung zum Planzeichnen. Für Gärtner, Gärtner-Lehranstalten, Guts- u. Gartenbesitzer ꝛc. Mit 1 lith. Taf. (in 4.) (X, 166 S.) n. 1 ℛ 2 ngr.
9. Theil: Die landwirthschaftlichen Obst-, Waldbäume u. Sträucher zu der Anlage von Holz- u. Waldbeständen. Ihre Kultur, Eigenschaften u. Benützung. Leicht verständliche, praktische Anleitung zur zweckmäßigsten Anzucht der prachtvollsten Obst-, Waldbäume u. Sträucher ꝛc. Für Landwirthe, Gärtner, Gemeinde- u. Gutsverwaltungen ꝛc. Mit 1 (lith. u.) illum. Taf. (in Fol.) (XII, 104 S.) n. 22 ngr.

— gemeinnütz. Rechenknecht, die Berechnung von 1—1000 Stck. zu 1 Pf. bis 1 ℛ — nützl. Waarenberechnung in Centnern, Steinen, Pfunden, Lothen, desgl. Maas- u. Gewichtstabellen enthalten. 8. Halle 806. 2e A. 8. Leipz. 819. 3e A. (verm. v. W. Lauffer.) Ebd. 833. Lauffer. 6 ℛ (NB. Eine neue Ausg., in Quedlinb. 831 erschienen, ist ein unveränderter Abdruck d. frühern Aufl.)

— gemeinnütz. Rechenknecht, d. Berechnung von 1—1000 Stück 2c. 8. Halle, Dietlein. 806.

Meyer, J. G., gemeinnütz. Rechenknecht, die Berechnung von 1 bis 1000 Stück zu 1 pf. bis 1 Thlr. — nützliche Waarenberechnung in Centnern, Steinen, Pfunden, Lothen, desgleichen Maas- u. Gewichts-Tabellen enthaltend. N. A. 8. Leipzig, Lauffer. 819.

—— gemeinnütz. Rechenknecht, od. sicheres Hülfsbuch bei d. Ein- u. Verkauf u. bei verschied. and., oft vorkomm. Berechnungen. Zum Gebr. f. Jedermann. 8., mit Reductions- u. Intressen-Tabn. verm. Aufl. 12. (5½ B.) Leipzig 833, Lauffer.

Meyer, J. G., gemeinnütz. Rechenknecht, die Berechnung von 1 bis 1000 Stück, von 1 Pfen. bis 1 Thlr., nützl. Waarenberechn. in Centnern, Steinen, Pfunden u. Lothen, desgl. Maaß- u. Gewichts-Tabn. enthalt. Neue, verbess. Aufl. 8. (7¼ B.) Quedlinburg 831, Ernst. Thlr.

— neu entworf. Rechentafeln. 3 Liefer. gr. 8. Halle 800—5. Hendel. (1e Liefer. 1 ₰ 8 gr 2e 1 ₰ 8 gr 3e auch bess. als Tafeln z. Kopfrechnen. 1 ₰ 8 gr) 4 ₰

—— Ulmer Spargelgärtner. Anleitung zur nützlichsten und zweckmäßigsten Anlage und Behandlung der Spargelländer, mit einer Anzucht junger Spargelpflanzen aus Samen zu sogenannten Riesenspargeln, und einer Anweisung zum Treiben des Spargels für Gärtner, Guts- und Gartenbesitzer, Gutsverwalter und Landwirthe. gr. 8. (26 S. mit 1 Stnt.) Berlin 862, Nauck.

Meyer, J. G: Ueber die Verarbeitung des Hanfs und Flachses im ungerotteten Zustande durch Maschinen. Bd 1. Stück 2. Hannover 1819

— Vergleichungstabellen der Franken u. Centimen mit d. preuss. Courant, Gold u. Convent.-Geld. 3te nach den neuesten Dekreten verbess. Aufl. 8. Ebend. 812. — 4

— vollständ. Vergleichungstabellen des Preuß. Courants u. Geldes, d. Maaße u. Gewichte mit d. Französ. 2c. 2 Hfte. gr. 8. Halle ... 3e A. 809. Kümmel. 14 gr — 2s Hft. A. u. d. T.: Vergleichungstabellen d. Berliner Schlächter-, Kramer- u. Apotheker-Gewichts 2c. 8 gr

— vollständ. Vergleichungstabellen d. im ehemal. Königr. Westphalen coursirenden Münzsorten mit Franken u. Centimen. 8. Ebend. geb. — 6

— der Weinstock, vitis vinifera L., seine rationelle Kultur, Eigenschaften u. Benützung mit besonderer Rücksicht auf die Kecht'sche Methode. Leicht verständliche Anleitung zur zweckmäßigsten u. nützlichsten Kultur des Weinstocks in Weinbergen u. auch in Gärten 2c. Für Weingärtner, Gärtner, Landwirthe 2c. Mit 1 (lith.) schwarzen u. 1 color. Taf. (in 8. u. Fol.) Erlangen 861. Enke. gr. 8. (VI, 119 S.) n. 24 ngr

—— der rationelle Wiesen- und Futterbau, die goldene Lehre der Landwirthschaft. Anleitung zur zweckmäß. und nützl. Anlage, Pflege und Verbesserung der Wiesen und Weiden und dem Anbau der neuesten und wichtigsten Futtergewächse 2c. Für Landwirthe, Gärtner, Gutsbesitzer 2c. gr. 8. (36 S. mit 1 Holzschntaf. in qu. 4.) Berlin 862, Nauck. *

Meyer, J. G. F., s. Mittheill. von Predigervereinen.

Meyer, J. G. Heinr., Ritter Rudolf Brun, Bürgermeister von Zürich, zur Zeit des Eintritts dieser Stadt in den ewigen Bund der Vierwaldstätte, Mai 1351. Ein Abriß der Geschichte seines Lebens u. seiner Zeit, zur Erinnerung an das 500jähr. Jubiläum hrsg. 8. (48 S.) Zürich 851, Meyer & Zeller. n. 6 ngr

— — Vgl. Meyer, Johann Heinrich

Meyer, J. G. Heinr., deutsche Uebungsstücke zum Uebersetzen in das Französ. für Industrieschulen, Gymnasien und Seminarien gesammelt und hrsg. gr. 8. (IV und 151 S.) Zürich 849, Schultheß.

Meyer, J. G. H., deutsche Uebungsstücke zum Uebersetzen in das Französische für Industrieschulen, Gymnasien und Seminarien gesammelt und hrsg. 2., umgearb. und verm. Aufl. gr. 8. (IV und 176 S.) Zürich 864, Schultheß.

Meier, (J. H.,) über weibl. Bildung durch öffentl. Anstalten, insonderheit durch die am 9ten Jan. 1806 in Lübeck eröffnete Bildungsanstalt f. Töchter bei ihrem Uebertritt in das dritte Jahrzehend. 8. Lübeck 826, Aschenfeld.

Meyer, J. H., Eisenbahn-Zeitung, s. Eisenbahn-Zeitung.

Meyer, J. H. Vide: Handwerker (Der).

— vollständ. Lehrbuch der kaufmännischen Arithmetik. gr. 8. Bremen 821, (Hannover, Helwing.)

Meyer, J. H., vollständ. Lehrbuch d. kaufmänn. Arithmetik. gr. 8. Hannov. 831. Helwing. 1 ₰ 8 gr

[———] Fasciculus pl. rar. et exot. priori auctior ex hort. kleiniano dantisci. [Gedani], 1724. 8°.

Meyer (J. H.). Pl. rariorum et exot. in horto kleiniano. (Fasc. i.) Gedani, 174[7–]8. 8°.

Meyer, J. H., Versuch ein. Grundrisses d. Physiologie 2c. s.
s. Meyer, Johann Karl Heinrich

Meyer, J. H. C., s. Auszüge aus d. neuest. militär. Schriften 2c.

Meyer, J. J., vollkomm. Anweisung od. erprobtes Rezept z. Bereit. e. neuen Lackes z. Ueberziehen gedruckt. od. geschrieb. Kunst-Gegenstände, welcher ganz durchsichtig ist, u. selbst d. feinsten Schriftzüge in d. reinsten Klarheit erhält. Ein versieg. Couvert. Aachen 839, [Düsseldorf,] Roschütz u. Comp.

Meyer, J. J., physikalisch-ökonomische Baumschule. 2 Thle. m. K. 8. Stettin. (Fr. Bruder, Leipz.)

Meyer, J. J. Einige Erinnerungen aus dem Leben des Oberst J. J. Meyer von Zürich. Zürich 1820. 12.

Meyer, J. J. (I.), Erwiederung auf d. Schrift: Bemühungen d. Jesuiten, v. Hurlebusch. gr. 8. (1½ B.) Braunschweig 831, Vieweg.

Meyer, J. J. (II.), die Influenza od. Grippe d. J. 1833 in ihrem Wesen, ihrer Verbreit. u. Heilung. Zur ärztl. Belehr. f. Jedermann. gr. 8. (1 B.) Potsdam 833, Vogler.

Meyer, (J. J.,) die neuen Straßen durch d. Canton Graubünden. In 30 Blättern, von Chur üb. den Splügen bis z. Comersee, u. üb. d. Bernhardino bis Bellinzona, dargestellt, u. nach d. Natur gezeichnet. In Aquatinta geäzt v. Hegi, Rordorf, Meichelt u. Bodmer, mit e. Einleit. u. Erklärr. v. J. G. Ebel. Nebst 1 Wegcharte. gr. qu. 4. (21 B., 37 Kupfet. incl. 6 Bl. Umrisse, u. 1 Vign.) Zürich 826, Orell. 9 Rthl. 20gr. ill.

Meyer, J. J. H., kurze Geschichte d. Boltenhäger Kapellenbaues actenmäßig dargestellt. Nebst e. lith. Abbildg. der Kapelle (in 4.) gr. 8. (79 S.) Wismar 873. (Hinstorff.) n. 1. —

Meyer, J. L., Geneal.-histor. Beschreibung des Reichs-Gräflichen, Freyherrlichen u. uhralten Adel-Geschlechts von der Schulenburg. Salzwedel 1741. 4.

Meyer, J. L., s. Erker, die, der Stadt St.-Gallen.

Meyer, J. M., Entwickel. des Paulin. Lehrbegr. gr. 8. Altona, Hammerich. 801.

Meyer, J. Matth., fernerer Beitrag z. Philologie, bei Erklär. d. Stelle: Philip. II. 6—8 4. Dessau 782. Gel. Hdl. 4 gr

Meyer, J. N. v., einige neue Beobachtungen üb. d. Wesen d. Cholera morbus, aus d. Erfahrung geschöpft in besond. Bezieh. auf d. Haare als Leiter d. Contagiums, f. Aerzte u. Nichtärzte. M. 1 Stnzeichn. gr. 12. (2¼ B.) Wien 831, Tendler.

Meyer, J. N. v., über Sanitäts-Anstalten im Orient u. üb. d. Stellung d. dort. Aerzte. Vorgetragen in d. 18. Versamml. deutsch. Naturforscher u. Aerzte in Erlangen am 18. Sept. 1840. gr. 8. (1½ B.) Erlangen, Ferd. Enke. *

Meyer, J. P., die heilige Fastenzeit. Erklärung der kirchl. Anordnungen, Gebräuche und Segnungen während derselben. Zehn Vorträge. 12. (VI und 86 S.) Bonn 861, [Cohen und Sohn.]

Meyer, J. P.: Die väterliche Gewalt bei verschiedenen Völkern. 17 S. – Trier, Progr. 1870.

Meyer, I. P. A., de raminatione humana. 8. Erlang. Breuning. 792. — 5

Meyer, J. P. A., de ruminatione humana. 8. Erlang. 792. (Heyder.) 3 gr

Meyer, J. W.

— — Anleitung zur Rechtserlernung für Deutsche. Die Schul- und Universitäts-Studien umfassend. gr. 8. Eisenach, Bärecke. 818.

– Primitiae florae Essequeboensis, s. Meyer, Georg Friedrich Wilhelm

Jakob Meyer
1735 - 1795

Jacob Meyers [Meyer] Abhandlung von den gewöhnlichsten Zahn-Krankheiten und denen dagegen dienlichen, durch lange Erfahrung geprüften Hülfsmitteln. Hanau 1778: Stürner. 32 S. 8

Meyer, J[acob] / [1789-1867]. Aufforderung der Religion zu Gaben der Liebe für das ... Griechenvolk .... Predigt über 2. Cor. IX. Cap. 12-14 v., gehalten am Pfingstfest 1826. 8. Zürich 1826.

Meyer, Jacob [app. Arzt aus Lübeck]: Aus d. Laboratorium d. pharmakognost. Sammlung in Kiel. Beitrag zur Kenntnis der Wirkung des Nicotin. . . . Kiel, Druck v. A. F. Jensen, 1891; 18 S., 1 Bl. 8°
Kiel, Med. Fak., Inaug.-Diss. v. [17. Febr.] 1891

Meyer, Jacob, approb. Arzt aus Frankfurt a. Main: Casuistische Beiträge zur chirurgischen Behandlung der Gehirnabscesse. *Freiburg i. B. 1899: Ch. Lehmann's Nachf.* (55 S.) 8°
Freiburg i. B., Med. Diss. v. 1899

Meyer, J[acob] // [1799-1865]. Geologische Briefe aus und über die Schweiz. Mit steter Rücksicht auf die allgemeinen Naturverhältnisse der Erde .... 2. Ausg. 8. Leipzig 1858.
1. Ausg. s. Meyer, J[acob] //. Physik der Schweiz .... Leipzig 1854.

Meyer, J., geologische Briefe aus und über die Schweiz. Mit steter Rücksicht auf die allgemeinen Naturverhältnisse der Erde. Zum bessern Verständniß des Landes für alle Besucher desselben. 2. (Titel-)Ausg. gr. 8. (X und 866 S.) Leipzig (854)58, O. Wigand. *

Meyer, J. (II.), die Erde in ihrem Verhältniß zum Firsternhimmel, zur Sonne und zum Mond, s. Bildungs-Halle.

Meyer, J., die Erde in ihrem Verhältniß zum Sonnensystem und als planetarisches Individuum, oder: Versuch einer astronomischen und physikalischen Geographie. Nach den besten Hülfsquellen zum Selbstunterricht bearb. gr. 8. (XVI und 727 S. mit 5 schwarzen und 1 ill. Stnt.) Zürich 847, Meyer und Zeller.
Eine wohlf. Ausg. erschien u. d. T.:
— Lehrbuch der astronomischen und physikalischen Geographie, oder: Die Erde in ihrem Verhältniß zum Sonnensystem und als planetarisches Individuum. Nach den besten Hülfsquellen zum Selbstunterrichte bearb. Neue wohlf. Ausg. gr. 8. (XVI und 732 S. mit 6 Kpfrt.) Zürich 852, Meyer und Zeller.

Meyer, Jacobus: De rarissimis duobus exemplis suppurationis cerebri, adnotationibus nonnullis adspersis necessariis. Cum tabulis duabus lithographicis. Halis (1832): Baentsch. 18 S., 2 Taf. 8° (4°)
Halle-Wittenberg, Med. Diss. v. 21. Mai 1832
Geb. Breslau 1810. V.

— Grundzüge der physikalischen Geographie der Schweiz. Leipzig 857. Weber. gr. 8. (VIII, 56 S. mit Holzschn. im Text.) n. 7½ ngr

— Himmel und Erde oder das Verhältniß der Erde zum Firsternhimmel, zur Sonne und zum Mond. Ein Lehrbuch für Schule und Haus. Mit 90 Abbildgn. 2. (Titel-)Aufl. Leipzig (853.) 855. O. Wigand. gr. 8. (XIV, 343 S. u. 10 lith. Taf. in 4. u. Fol.) n. 1 ₰ 20 ngr
1. Aufl., vgl. Bildungshalle rc.

Meyer, Jac[ob]. Der dritte aargauische Katholiken-Tag zu Frick (am 2. August 1908). Ein Erinnerungsblatt, den Teilnehmern gewidmet von Fürsprech Jak. M'.... [Mit 2 Porträt-Tafeln und 1 Vignette.] 120 S. 8. Laufenburg, Joh. Binkert, (1908).

Meyer, J., Land, Volk und Staat der schweizerischen Eidgenossenschaft, s.a. Volksbibliothek, schweizerische.

Meyer, J[acob] //. Land, Volk und Staat der Schweizerischen Eidgenossenschaft. Geschildert von Dr. J. M'. 2 Bände. 8. Zürich 1861.
[Schweizerische Volksbibliothek. Band 29–30.]

Meyer, J., Land, Volk u. Staat der schweizerischen Eidgenossenschaft. 2 Bde. Zürich 861. Schultheß. 16. (867 S.) n. 1 ₰ 15 ngr

Meyer, Dr. J. Land, Volk und Staat der schweizerischen Eidgenossenschaft; mit einem kurzen Orts- und Bevölkerungs-Lexikon der Schweiz, nach der amtlichen Bevölkerungsaufnahme vom 10. December 1860 bearbeitet. (2 Bde.) 8. Zürich 1861—1862.

— Lehrbuch der astronomischen u. physikalischen Geographie od. die Erde in ihrem Verhältniß zum Sonnensystem u. als planetarisches Individuum. Nach den besten Hülfsquellen zum Selbstunterricht bearb. Mit 6 Kpfrtaf. Neue wohlf. (Titel-) Ausg. (v.: Die Erde in ihrem Verhältniß z. Sonnensystem rc.) gr. 8. (XVI u. 732 S.) Zürich (847) 852, Meyer & Zeller. 1 ₰ 18 ngr

Meyer, J[acob] H. Lehrbuch der astronomischen und physikalischen Geographie.... Nach den besten Hülfsquellen zum Selbstunterrichte bearbeitet. Mit 6 Kupfertafeln. Neue wohlfeile Ausg. [Mit Anhang.] 8. Zürich 1852.

—— Naturbilder aus dem Schweizerlande, s.a. Weber's illustrirte Reisebibliothek.

Meyer, [Jacob] H. Naturbilder aus dem Schweizerlande. Von J. M' von Wiedikon. Mit 40 in den Text gedruckten Abbildungen. 8. Leipzig 1856.
Weber's Illustrirte Reise-Bibliothek. (No. 9.)

Meyer, Jakob: O b s e r v a t i o n e s miscellaneae ex philosophia morali. (Resp.: Joh.Jakob Bachofen). 9 S.–
Basel, Jur.Diss.v.2.Sept.1760.

Meyer, Jacob [aus Linz a. Rhein]: Oxydation des Milchzuckers und der Maltose.... Würzburg, Köhl & Hecker'sche Buchdr., 1889; 24 S. 8
Würzburg, Phil. Fak., Inaug.-Diss. v. 1889

Meyer, J[acob] H. Physik der Schweiz. Mit steter Rücksicht auf die allgemeinen Naturverhältnisse der Erde. 8. Leipzig 1854.

2. Ausg. s. Meyer, J[acob] H. Geologische Briefe aus und uber die Schweiz.... Leipzig 1858

— Physik der Schweiz. Mit steter Rücksicht auf die allgemeinen Naturverhältnisse der Erde. Leipzig 854. O. Wigand. gr. 8. (X, 366 S.) 2 ₰.

Meyer, Jak., Predigt zur Feier des 1000jährigen Jubiläums der Einweihung der Pfarrkirche in Hochdorf, gehalten den 11. Oktbr. 1868. Luzern 869. Gebr. Räber. 8. (19 S.) 3 ngr.

Jacob Meyer's deutsches Rechenbüchlein. Allen Gewerbs- und Handelsleuten auch Buchhaltungen und Rechenstuben nütz und dienstlich geschrieben. Basel. 16. 1616.

— — 1700. — 16.

Meyer, Jacob [aus d. Rheinprovinz]: Aus d. chirurg. Klinik zu Greifswald. Ueber Teratome der Kreuz- und Steissbeingegend... Greifswald, Druck v. J. Abel, 1896; 26 S. 8.
Greifswald, Med. Fak., Inaug.-Diss. v. 10. März 1896

Meyer, Iacobus: Theses ... loco dissertationis de encephalitide mox edendae. Halae (1832): Schimmelpfennig. 2 Bl. 8°
Halle-Wittenberg. Med. Thesen v. 25. Aug. 1832
Geb. [Altona (Holstein) 7. 3. 1808]

MEYER, JAC. HENR., De cognitione symbolica exercitatio philosophica. Altonae. 1748. 4. P. [Praes. Godofr. Profe].

Meyer, Jac. Sim., der kluge Speculant, s. Fort u. Meyer, kleine Hülfsbibliothek rc.

MEYER, JOH. HERM., Wer Jesum nicht als seinen Erretter und Seligmacher annehmen will, musz ihn als seinen Richter kennen lernen. Eine Predigt am 4. Advents-Sonntage nachdem der Thurm der St. Nicolaikirche von einem Wetterstrahl getroffen war. Kiel. 1790. P.

Meyer, Jean: B e s c h r e i b u n g der im Grossherzogthum Luxemburg vorkommenden Orchideen. Luxemburg: V. Bück 1864. 22 S. 8°

Meyer, Jean Jacques, la chronique Strasbourgeoise. Publiée pour la première fois d'après le manuscrit de la collection Heitz par Rod. Reuss. Lex.-8. (VIII, 170 S.) Strassburg 873. Noiriel. n. 3. —

Meyer, Jep Heinr. (geb. Fahrgaard in Schlesw.-Holstein 6. 7. 1846): Ein Beitrag zur Literatur der Fremdkörper in den Speisewegen aus eigner Praxis. Berlin (1881). (30 S.) 8°
Berlin, Med. Diss. v. 3. Dez. 1881

Meyer, Jerem., Belsazars Gesicht, od. Babels letzte Tage. gr. 8. (1¼ B.) Burgdorf 832. (Leipzig, Köhler.)

Meyer, Jeremias, Belsazars Gesicht oder Babels letzte Tage. Gedicht. gr. 8. Burgdorf 832. Langlois. 1/6 ₰

Meyer, Jerem., Reiseskizzen zur Warnung f. Amerika-Lustige. 8. (1¾ B.) Bern 844, Huber u. Comp.

Meyer, Jerem., wie Hr. Jh. Schmidt die Pestalozzische Anstalt leitet; e. Seitenstück zu d. Buche: Wie Gertrud ihre Kinder lehrt! gr. 8. Stuttg. 822. Metzler. 1 ₰

Meyer, Immanuel Ferdinand

Meyer, Immanuel: Einleitung in die Geschichte der speciellen Pathologie und Therapie. Berlin 1812. XVI, 463 S.

(Meyer, Immanuel: Versuch e. kritischen Geschichte d. Entzündungen. Thl 1.)

Immn. Meyer encyclopadisch scientifische Literatur der Medicin. Der encyklopädischen Literatur von Traug. Wilb. Krug 7. Heft. Züllichau 1805. 8. — (Friedr. Aug. Benjam. Puchelt) Zusätze und Berichtigungen in Krug encykl. scientif. Lit. 10. Heft. Züllichau 1819. 8.

Meyer, Immanuel: Über die Natur der Entzündung. E. historisch-kritischer Versuch. Berlin 1810. 133 S.

— über die Natur d. Entzündung; e. histor.-krit. Versuch. gr. 8. Berl. 810. Hitzig. (Dümmler). 12 gr

Meyer, J., Repertorium d. gesammt. medicinisch. Literatur. 2 Thle. 8. Berl. Realschule in Commiss. 809.

— Repertorium d. gesammt. medicin. Literatur. 2 Thle. 8. Berl. 809. (Reimer). 2 ₰ 12 gr

• — Repertorium d. gesammten medizinisch. Literatur. 2 Thle. 8. Berl. Wittich. 809.

Meyer, Imm. Fd., († d. 24. Nov. 1813.) Versuch e. systemat. Encyklopädie d. gesammt. Medicin; nebst e. Abhandl. über d. Studium der Medicin. 1r Bd. gr. 8. Berl. 807. Schüppel. 1 ₰ 8 gr

— Versuch e. krit. Gesch. d. Entzündungen. 1r Bd. (Einleit. in die Gesch. d. speciellen Pathologie u, Therapie.) gr. 8. Berl. 812. Maurers B. 1 ₰ 20 gr

Meyer, Jos. Theod.

Meyer J. Th. De transformatione functionum ultraellipticarum. 1866. 4.

Meyer, Joa. Theod., de transformatione functionum ultraellipticarum. Dissertatio inauguralis mathematica. Königsberg 867. (Akademische Buchh. von Schubert & Seidel.) gr. 4. (28 S.) n. 10 ngr

Meyer, Joachim

Variae Lectiones ad Livii lib. XXIV. XXV., quas Fabri, defunctus Gymnasii Norimb. Rector, e codice Bambergensi enotavit. Edid. D. Joach Meyer, G. P. — 1847. Ibid. — S. 3—14. [S. Nr. 775]
Progr. Nürnberg.

Variae Lectiones ad Livii lib. XXVI. XXVII., quas Fabri, defunctus Gymnasii Norimb. Rector, e codice Bambergensi enotavit. Edid. D. Joach. Meyer, G. P. — 1848. Norimb., Campe. — S. 3—17.
Progr. Nürnberg.

Schillers Wilhelm Tell auf seine Quellen zurückgeführt und sprachlich erläutert von Joachim Meyer, P. — 1840. Ebend. — S. 1—45.
Progr. Nürnberg.

Meyer, Joach., Schillers Wilhelm Tell. Auf seine Quellen zurückgeführt u. sachl. u. sprachl. erläutert. gr. 4. (6 B.) Nürnberg 840, Campe'sche Buchh.

Meyer, Joach., Schillers Wilhelm Tell. Auf seine Quellen zurückgeführt und sachlich u. sprachlich erläutert. Nürnberg 858. Lotzbeck. gr. 4. (45 S.) 10 ngr

Meyer, Joach., Schillers Wilhelm Tell auf seine Quellen zurückgeführt u. sachlich u. sprachlich erläutert. Nach d. Verf. Tod neu hrsg. u. m. Anhängen versehen v. Hugo Barbeck. gr. 4. (48 S.) Nürnberg 875. Hoerdegen. 1. 80

Meyer, Joach., Schillers Wilhelm Tell auf seine Quellen zurückgeführt und sachlich und sprachlich erläutert. Nach des Verf. Tode neu hrsg. und mit Anmerkungen versehen von Hugo Barbeck. gr. 4. (48 S.) Nürnberg 876, Heerdegen.

* *Joachim Friedrich Meyer* Königl. Pohln. und Churf. Sächs. Hofoptik. Kurzer Unterricht von der Beschaffenheit und dem Gebrauch der Vergrösserungsgläser und Teleskopien. Mit Kupfern. Dresden und Leipzig bey Friedrich Heckel, in 4. 16 Bog. mit 7 Kupfertafeln. 1742.

Meyer, Johann, s.a. Meyer, Johannes

Meyer, Joh., op'n Amtsgericht. Schwank in 1 Aufzuge. 8. (28 S.) Hamburg 880. J. F. Richter. n. 1. —

In de Arn' (In der Ernte) oder Pächter Voss sin Arn'beer. Ein plattdeutsches Singspiel in 1 Akt von Johann **Meyer**. Musik von Leon Jessel. Kiel 1004: (H. Fiencke). (31 S.) 8° [F.] 07. 1993 9

Meyer, Johann: Der Briefwechsel des Plinius und Traian als Quelle römischer Kaisergeschichte. (Colmar): Strassburger Dr. u. Verlagsanst. Filiale Colmar 1908. 69 S. 8°
Straßburg, Phil. Diss. v. 2. Dez. 1905, Ref. Neumann
[Geb. 12. Aug. 82 Schlettstadt; Wohnort: Schlettstadt; Staatsangeh.: Elsaß-Lothringen; Vorbildung: Gymn. Schlettstadt Reife Sommer 01; Studium: Straßburg 10 S.] [U 09. 3844

— — De comitibus principibus, Vulgo Von Gefürsteten Graffen. Diss. jur. Präs. Jeremias Eberh. Linck. Wittenberg (Chr. Gerdes) 10. XI. 1708. (5.—) 23219
Gew.: Jo. Baptist von Klinglin von Jeremias Eberh. Linck. — Jeremias Eberhard Linck von Jo. Balthasar Wernher.

— **Johann** (Regensburg), Disput. Jur., qua selectas conclusiones forenses. Präs. Jo. Balthas. Wernher. Wittenberg/Sachs. (Chr. Schrödter) Sept. 1707. (6.—) 23218
Widm. v.: Jo. Balthas. Wernher.

Dichter un Buern oder Im Rektoratsgarten zu Otterndorf. Plattdeutsches Volksstück mit Gesang in 2 Akten von Johann **Meyer**. Musikarrangement von C. W. Prase u. J. Maas. Kiel 1892: (H. Fiencke). (53 S.) 8° [F.] [06. 14000

Meyer, Joh. Dichter un Buern od. im Rektoratsgarten zu Otterndorf. Plattdeutsches Volksstück m. Gesang in 2 Akten. Musikarrangement v. C. W. Prase u. J. Maas. 8. (VII, 55 S.) Kiel 892, (Lipsius u. Tischer). * 2 —

Söben Ehl in Boddermelk. Tanzlied aus dem Theaterstück „In Fritz Reuter sinen Gaard'n" v. Johann **Meyer**. Für 1 Singstimme mit Begleitung des Pianoforte componirt v. Claudius Serpenthien. Kiel. o. J. Fol.

— Johann, Einiges über die Explosion schlagender Wetter am Wilhelm-Schachte der k. k. priv. Kaiser Ferdinands-Nordbahn in Polnisch-Ostrau, dem durch dieselben entstandenen Grubenbrand und die Bewältigungsarbeiten im Speciellen mit L. von Bremen'schen Athmungsapparaten. Mit 1 Tafel. 4°. (51 S.) Mähr.-Ostrau, Prokisch. fl. 1.80.
4857.

Meyer, Johann, approb. Arzt aus Großbüttel: Zwei Fälle von Gummabildung in der Leber. *Kiel 1902: Schmidt & Klaunig.* (15 S.) 8°
Kiel, Med. Diss. v. [3. Nov.] 1902

Festspiel zur Einweihungs-Feier der „Deutschen Reichshallen" in Kiel v. Johann **Meyer**. Kiel. 1893. 8°.

Zweites Festspiel zur Feier des Allerhöchsten Geburtstages Sr. Maj. Wilhelm II. Deutschen Kaisers u. Königs v. Preußen. Von Johann **Meyer**. Kiel 1894: (Fiencke). 31 S. 8° [11. 10418

Zweites Festspiel zur Feier des Allerhöchsten Geburtstages Sr. Maj. Wilhelm II., Deutschen Kaisers u. Königs von Preussen. Von Johann **Meyer**. Zuerst aufgeführt zu Kiel 1891. Kiel 1894: (H. Fiencke). (31 S.) 8° [F.] [07. 19956 9

Festspiel mit Musik in 1 Akt. Zur Feier des 90. Geburtstages Wilhelms I. v. Johann **Meyer**. Kiel. (1887.) 8°.

Festspiel zur Feier der silbernen Hochzeit des Herrn Geh. Medicinalraths Prof. Dr. [Friedrich] v. Esmarch u. Ihrer Durchl. Prinzessin Henriette zu Schleswig-Holstein. Kiel am 28. Febr. 1897. (Verf.: Johann **Meyer**.) (Kiel 1897.) (47 S.) 8° [F.] [07. 19935 9

Festspiel mit Musik in 1 Akt zur Feier der Vermählung des Prinzen Heinrich von Preussen mit der Prinzessin Irene von Hessen und bei Rhein v. Johann **Meyer**. Kiel. (1888.) 8°.

In Fritz Reuter sinen Gaard'n oder Hinstörp, noch en Dahler! Plattdeutsches Charakterbild m. Gesang in 2 Akten nach e. wahren Begebenheit von Johann **Meyer**. Musik von Claudius Serpenthien. Kiel 1896. 46 S. 8° [11. 3653

Meyer, Joh., Gedichte, s.: Heinemann, Joh., Joh. Meyer.

⊙ Ditmarscher Gedichte. Plattdeutsche Poesien in Ditmarscher Mundart v. Johann **Meyer**. Bd. 1. 2. Hamburg. 1858—59. 8°

Meyer, Joh., Ditmarscher Gedichte. Plattdeutsche Poesien in ditmarscher Mundart. 1. Bd. Hamburg 858. Hoffmann u. Campe. 8. (3 Bl., 234 S.) 25 ngr

Meyer, Joh., Ditmarscher Gedichte. Plattdeutsche Poesien in ditmarscher Mundart. 2. Bd. Hamburg 858. Hoffmann & Campe. 8. (2 Bl., 215 S.) 25 ngr

Meyer, Johann, hochdeutsche Gedichte. 2. Aufl. 8. (VIII, 745 S.) Kiel (886), Lipsius und Tischer. geb. mit Goldschn. *

Hochdeutsche Gedichte v. Johann Meyer. 2. Aufl. Kiel. (1887.) 8°.

Hochdeutsche Gedichte von Johann **Meyer**. 3. Aufl. Kiel: Lipsius & Tischer [um 1892]. 745 S. 8°

Lyrische Gedichte v. Johann Meyer. Schleswig. 1856. 8°.

Meyer, Joh., plattdeutsche Gedichte in ditmarscher Mundart. 1. und 2. Aufl. 8. (355 S.) Hamburg 876, J. F. Richter. *

Meyer, Joh., plattdeutsche Gedichte in dithmarscher Mundart. 3. Aufl. 8. (IV, 741 S.) Kiel 886, Lipsius & Tischer. geb. m. Goldschn. n. 6. —

Ein goldener Ring ist gefunden. Schwank in 2 Akten von Johann **Meyer**. Kiel 1892: (H. Fiencke). (56 S.) 8° [F.]

Meyer, Joh., Gröndunnersdag bi Eckernför. Eine episch-lyr. Dichtg. in ditmarscher Mundart. 8. (V, 127 S.) Leipzig 873. Brauns. n. 1. 60; geb. n. 2. 40

Gröndunnersdag bi Eckernför. Eine episch-lyr. Dichtung in ditmarscher Mundart von Johann **Meyer**. 2. Aufl. Kiel 1899: (Fiencke). 78 S. 8°

— Gröndunnersdag bi Eckernför. Eine episch-lyr. Dichtung in ditmarscher Mundart. 2. Aufl. 12. (V, 78 S.) Kiel 899. (Lipsius & Tischer.) n. 1. 50

„Günd achter de Blompütt." Plattdeutsches Gedicht v. Joh. Meyer. Für 1 Singstimme mit Pianoforte componiert v. Claudius) Serpenthien. Leipzig. o. J. Fol.

Hau mutt he hebben! Plattdeutsches Volksstück mit Gesang in 2 Akten von Johann **Meyer**. Musik von Leon Jessel, mit e. Einlage im 1. Akt von E. Gurlitt. Kiel 1903: (H. Fiencke). (47 S.) 8° [F.]

—— plattdeutscher Hebel, s. a. Hebel, plattdeutscher.

—— plattdeutscher Hebel. Eine freie Uebersetzung der Hebel'schen alemann. Gedichte. 1. und 2. Aufl. 8. (VII, 290 S.) Ebendas. 876,78. geb. mit Goldschn. *

— ich hatt' e. Kameraden. Melodrama in 1 Akt. Musik v. verschiedenen Componisten. gr. 8. (10 S.) Ebd. 893. n. — 50

Ich hatt' einen Kameraden. Melodrama in 1 Akt von Johann **Meyer**. Ouvertüre von Carl Meyer. Zum 1. Male aufgeführt im Kieler Tivoli-Theater 1893. Kiel 1895: H. Fiencke. (14 S.) 8° [F.]

— Kleinigkeiten. 32. (102 S.) Ebend. 878. geb. mit Goldschn. n. 1. 50

— dasselbe. 2. Aufl. 32. (V, 116 S.) Ebend. 879. geb. m. Goldschn. n. 2. —

Kleinigkeiten v. Johann Meyer. 3. Aufl. Hamburg. o. J. 8°.

Meyer, Johann: Aus der medizinischen Universitäts-Poliklinik zu Bonn. Ueber Complication der Masern mit Pemphigus acutus. *Bonn 1898: J. Bach Wwe.* (37 S.) 8°
Bonn, Med. Diss. v. [23.] Juli 1898

Im Kruge zu Tolk. Genrebild mit Gesang in 2 Akten aus d. Zeit d. schleswig-holst. Erhebung von Johann **Meyer**. Musik von C. W. Prase. Kiel 1893: (H. Fiencke). (44 S.) 8° [F.]

Im Kruge zu Tolk. Genrebild mit Gesang in 2 Akten aus d. Zeit d. schleswig-holstein. Erhebung von Johann **Meyer**. Musik von C. W. Prase. [Neue Aufl.] (Kiel: Lipsius & Tischer [1906].) (47 S.) 8° [F.]

Meyer, Joh., Lätitia. Festspiel mit Gesang in 1 Akt. Musik, arrangirt u. componirt v. L. Frdr. Witt. Zur Feier d. Allerhöchsten Geburtstages Sr. Maj. Wilhelm II., Deutschen Kaisers u. Königs v. Preußen, am 26., 27. u. 30. Jan. 1889 aufgeführt im Stadttheater zu Kiel. gr. 8. (III, 47 S.) Kiel 889. (Lipsius & Tischer.) n. 2. —

Sechs kleine plattdeutsche Lieder v. Johann Meyer. Für 1 Singstimme mit Pianofortebegleitung componirt u. dem Dichter hochachtungsvoll gewidmet v. Cornelius Gurlitt. Op. 218. Kiel. o. J. Fol.
Nr. 1: Vaderhus un Moderprak.
Nr. 2: Regen, Regen, rusch.
Nr. 3: Vörjahr.
Nr. 4: In'n Harst.
Nr. 5: Min Buerdeern.
Nr. 6: Nerrn inn Gaard'n.

— uns' ole Modersprak. Schwank in 3 Acten. 8. (VIII, 91 S.) Ebend. 880. n. 1. —

Uns' ole Modersprak. Schwank in 3 Acten von Johann **Meyer**. 2. Aufl. Kiel 1896: (H. Fiencke). (67 S.) 8° [F.]

Meyer, Joh., zur Pflege des weiblichen Körpers im Wochenbett. (30 S.) kl. 8. Jurjew (Dorpat) 905. (C. Glück.) n. — 80

— Theodor Preußer. Eine Episode aus dem Kampf bei Eckernförde. Drama in 2 Akten. gr. 8. (VI, 54 S. m. 2 Beilagen.) Ebd. 888. n. 2. —

Meyer, Joh., Prolog zur 50jähr. Jubelfeier d. schleswig-holstein. Erhebung am 24. III. 1898. Nebst Andeutgn. f. e. dazu aufzustell. Schlußbild. gr. 4. (3 S.) Kiel 898. (Lipsius & Tischer.) n. — 10

Rinaldo Rinaldini. Plattdeutscher Schwank mit Gesang in 3 Akten von Johann **Meyer**. Musik von C. W. Prase u. Claudius Serpenthien. Kiel 1892: (H. Fiencke). (62 S.) 8° [F.]

In Schaapstedt in't Weerthshus! Lied aus dem Theaterstück „In Fritz Reuter sinen Gaard'n" v. Johann Meyer. Für 1 Singstimme mit Begleitung des Pianoforte componirt v. Claudius Serpenthien. Kiel. o. J. Fol.

Schleswig-Holstein, meerumschlungen! En lütt Festspeel to de föfftigjährige Erhebungsfier an'n veeruntwintigsten März 1898. [Verf.: Johann **Meyer**.] (Kiel 1898.) (31 S.) 8° [F.]

Meyer, Jh. l., die großen u. seligen Thaten der Gnade, in d. Historie einiger Wiedergeburten in d. Schweiz. 8. Zürich 759. Füßli. 12 gr

—— To Termin. [Zum Termin.] Schwank m. Gesang u. Tanz in 1 Akt. Musik v. Karl Meyer. gr. 8. (V, 36 S.) Ebd. 890. * 1 50

To Termin. (Zum Termin.) Schwank mit Gesang u. Tanz in 1 Akt von Johann **Meyer**. Musik von Carl Meyer. 3. Aufl. Kiel 1904: (H. Fiencke). (45 S.) 8° [F.]

Meyer, Jh. H., Unterricht in d. Rechenkunst, zum Theil für Schüler, die sich ferner üben wollen. 8. Coesfeld 805.

Meyer, Joh., Unterricht üb. d. Zucht, Fütterung, Pflege u. Stallungen d. Schweine. gr. 12. (4 B.) Aarau u. Thun 840, Christen.

En lütt Waisenkind. Plattdeutsches Volksstück mit Gesang in 2 Akten von Johann **Meyer**. Musik von Witt, Serpenthien u. Baldamus. Kiel 1892: (H. Fiencke). (51 S.) 8° [F.] [o6. 14104

Meyer, Jh. III., († d. 17. Jan. 1751.) närrische Welt in ihrer Narrheit, od. entdeckte Quellen der Atheisterei. 4. Bresl. 752. 16 ℊ

Johann **Meyer's** Sämtliche Werke. Bd 1–8. Kiel & Leipzig: Lipsius & Tischer 1906. 8 Bde 8° [F.]
1. Hochdeutsche lyr. Gedichte. 2. Plattdeutsche lyr. Gedichte.
3. Plattdeutscher Hebel. 4. Hoch- u. plattdeutsche epische Dichtungen.
5. Märchen u. Rätsel. 6. Hochdeutsche dramat. Dichtungen.
7. Plattdeutsche dramat. Dichtungen. 8. Hoch- u. plattdeutsche Prologe u. andere Gelegenheitsgedichte. [07. 1532 8

Meyer's Joh., sämtliche Werke. 8 Bde. (XVI, 244; VII, 172; VIII, 155; IV, 275; III, 194; III, 464; III, 488 u. XIII, 460 S. m. Bildnis.) 8. Kiel 906. Lipsius & Tischer. In 5 Leinw.-Bdn. n. 15.—

Meyer, Jh. Andr. Geo., Beitrag zur endl. Entscheidung d. Frage: Inwiefern haben die Lehren u. Vorschriften d. N. Testam. eine blos locale u. temporelle Bestimmung ꝛc. Eine Preisschr. gr. 8. Hannov. 806. Helwing. 1 ß 4 ℊ

Meyer, J. A. G., de charismate τῶν γλωσσῶν. Hannov. 1797. 8.

— de charismate Τῶν Γλῶσσων, cujus praesertim. Act. II. et I Cor. XIV. mentio sit commentatio etc. 8maj. Hannov. 797. Hahn. 6 ℊ

— Miscellen theolog.-naturphilosoph. Inhalts; oder krit. Darstell. d. neuern Bearbeit. einiger d. ergiebigst. Gebiete d. Naturwissenschaften; aus d. theolog. u. naturphilosoph. Standpunkte. 1r physikal. Thl. Auch u. d. T.: Ueber Elementarstoffe u. Grundkräfte d. Natur, in besond. Beziehung auf Licht, Wärme, Elektricität ꝛc. gr. 8. Hannov. 811. Helwing. 1 ß 6 ℊ

Meyer, J. A. G., Natur-Analogien, od. d. vornehmsten Erscheinn. d. animal. Magnetismus in ihrem Zusammenhange mit d. Ergebnissen d. gesammten Naturwissenschaften, mit besond. Hinsicht auf d. Standpunkte u. Bedürfnisse heutiger Theologie. gr. 8. (30 B.) Hamburg 839, Fr. Perthes.

Meyer, J. A. G., über den Sinn und Werth der vornehmsten hochzeitlichen Symbole verschied. Völker alter u. neuer Zeit. gr. 8. Hannover, Hellwing. 818.

MEYER, J. A. G., Ueber Sinn u. Werth der vornehmsten hochzeitlichen Symbole verschiedener Völker aller Zeiten. Hannover 1818. 8⁰. (2 Mk. 40 Pfg. Max Harrwitz, 1891.)

— Stellen d. Profan-Scribenten d. Griechen u. Römer, die zur Bestätigung d. Christenheit dienen. Eine Preisschrift mit Zusätz. 8. Hannov. 805. Hahn. 1 ß 16 ℊ

— Versuch einer Vertheidigung d. Geschichte Jesu u. der Apostel; allein aus griech. u. röm. Profanscribenten. Eine von d. theolog. Gesellschaft zu Haag gekrönte Preisschr. gr. 8. Hannov. 805. Helwing. 1 ß 16 ℊ

Meyer, Joan. Anton (geb. Brakel 1809): De cholera Asiatica. Berolini (1838). (35 S.) 8°
Berlin, Med. Diss. v. 6. Dez. 1838

Meyer, Johann Arthur [aus Berlin]: Einiges zur Casuistik der Hodensarcomatose m. bes. Berücks. ihres Verlaufes u. ihrer Metastasenbildg ... München, J. G. Weiss'sche Buchdr., 1893; 24 S. 8.
München, Med. Fak., Inaug.-Diss. v. 1893

Meyer, Joh. B., die Approvisionirung des europäischen Fleischmarktes in ihren Beziehungen zur österreichisch-ungarischen Landwirthschaft. Nebst einer Monographie der Refrigeratoren. Ein Beitrag zur Lösung der Rinderpestfrage. gr. 8. (69 S.) Wien 879. Hölder. n. 1. 60

– (Hrsg.), s. Revue, Österreichisch-ungarische.

Meyer, Joh. Bapt., der gute Beichtvater. gr. 12. (5 B.) Coblenz 833, Hergt.

—— wohlzubeherzigende Worte in uns. Zeit, gesprochen in einer Predigt üb d. Evangel. vom Unkraut unt. d. Waizen (Matth. 13, 23—30). 8. (1 B.) Trier 834, Wagener.

Meyer, Johann Carl, s. Meyer, Johann Karl

Meyer, Johann Carl Heinrich, s. Meyer, Johann Karl Heinrich

Meyer, Johann Chr.

— vergl. Meier.

Meyer, J. C., deutsches ABC, od. Lese- u. Denkübungen beym ersten Unterr. d. Kinder ꝛc. 8. Hamb. Gundermann. 807.

Meyer, Jh. Chr. II., deutsches ABC, oder Lese- u. Denkübungen beim ersten Unterricht d. Kinder ꝛc. 8. Hamb. ... 2e A. 807. (Herold jun.) 8 ℊ N. A. 8. Ebd. 816. (Leipz., Cnobloch). 4 ℊ

Meyer, (J. C.,) deutsches ABC, u. Lesebuch. 4e Aufl. 8. Hamb. 822, Gundermann. (Cnobloch in L.)

– – Vgl. Meyer, J. E.

— Abriß schöner Seelen. ... 775.

Meyer, Jh. Chr. I., († 1794.) die Herrlichkeit des Annabergischen Tempels. 8. (Leipz.) 776. (W. Nauck). 8 ℊ

Meyer, J. C., die Herlichk. des Annabergischen Tempels. 8. Leipzig. Sommer. 776.

MEYER, Johann Christian Friedrich: Die Behandlung und Benutzung der mit Waldholz oder nicht mit Waldholz bestockten (öden) Grundflächen Deutschlands im Interesse der Forst- und Landwirthschaft sowie der Gewerbe.- Nürnberg 1852. XIV,412 S.

Meyer J. C. F.: Naturgetreue Darstellung d. Entwikkelung, Ausbildung u. d. Wachsthums d. Pflanzen ... m. vorzüglicher Hinsicht auf Holzgewächse. Leipz. 1808. (12) S. og S. 1-320 (Slutn. mgl.). 2 Tvl.

Meyer, J. Ch., naturgetreue Darstell. d. Entwickelung, Ausbildung u. d. Wachsthums d. Pflanzen, u. d. Bewegung u. Funktionen ihrer Säfte, mit vorzügl. Hinsicht auf Holzgewächse. Mit Kpf. gr. 8. Leipzig, 1808. (Nauck.) 2. 7⅙

Meyer, J. C. F., Darstell. der Entwickelung, Ausbildung ꝛc. der Pflanzen, mit Kupf. gr. 8. Leipzig, Sommer. 808. Rthl.

– Formulare zu den Forstinstruktionen als 3. Th. d. Forstdirektionslehre. S. St. o. A. 136 S. 30 Tab. 4⁰.

* Meyer, J. C. F., Formulare zu den Forstinstruktionen als 3r Theil d. Forstdirektionslehre, mit 30 Tabellen. gr. 4. Würzb. Stabel. 810.

MEYER, Johann Christian Friedrich: Forstdirektionslehre nach den Grundsätzen der Regierungspolitik und Forstwissenschaft. - Würzburg 1810. 2 Tl. i. 1 Bd. Insges. XXVIII, 654 S. - Formulare zu den Forstinstruktionen als dritter Theil der Forstdirektionslehre. ebd. 1810. 136 S., 30 Tab. 2. unveränd. Aufl. ebd. 1819

Meyer, Jh. Chr. Fr., Forstdirektionslehre, nach d. Grundsätzen d. Regierungspolitik u. Forstwissenschaft. Mit 2 Planzeichnn. u. Tabb. 3 Thle. gr. 4. Würzb. 810. Stahel. 10 Rthlr. 16 Gr. 819. Hbg. Pr. 8 Rthlr. (3r Thl. A. u. d. T.: Formular zu d. Forstinstruktionen rc. Mit 30 Tabb. 2 Rthlr. 16 Gr.)

Meyer, J. C. F., Forstdirektionslehre nach d. Grundsätzen der Regierungspolitik u. Forstwissenschaft. Mit zwey Planzeichnungen und Tabellen. 3 Theile. 2te unveränd. Aufl. gr. 4. Würzburg, Stahel. 819.

Meyer, J. Ch. F.: „Forstdirectionslehre nach den Grundsätzen der Regierungspolitik und Forstwissenschaft; nebst Formularen zu den Forstinstructionen. Mit Plänen und Tabellen", 3 Teile, Würzburg 1810 (Stahel); neue Auflage ebenda 1820. — Vorh.: beide Aufl. UB Würzburg.

— **Johann Christian Wilhelm** (Engtera/Osnabrück), Commentatio, qua jus excommunicandi ecclesiae vindicatur. Göttingen (V. Bossiegel) (Jan.) 1753. 23 S. (—.—) 23223
Gew.: Arnold Meyer (Vater).

— **Johann Christoph** (Regensburg), De specie domus, luth. Von der Haus-Ehre, Psalm. LXVIII. V. 13. Exeget.-phil. diss. Präs. Joh. Leonh. Reckenberger. Jena (Fickelscherr) Juli 1737. 36 Seiten. (5.50) 23224
Widm. v.: Joh. Leonh. Reckenberger.

— **Johann Clamor** (Hameln / Hannover), De cautionibus circa veritatis studium observandis. Diss. Präs. Conr. Fried. Ern. Bierling. Rinteln (J. G. Enax) 4. VI. 1740. 40 S. (—.—) 23225
Widm. v.: Justus Henning Behrens, Justus Friedrich Bierling, Wolrad Ludw. Wilh. Dohm (Oppon.), Joh. Henr. Friedrich Steuber (dtsch., Oppon.).

Meyer, Johann Conrad, s. Meyer, Johann Konrad

— **Johann Eberhard** (Osnabrück), De necessitate tarditatis vel celeritatis in exequendo. Disput. inaug. Präs. Johann von Schultzen Szulecki. Frankfurt/Oder (Chr. Zeitler) 6. XI. 1700. 58 S. (—.—) 23227

Meyer, Joan. Ferd. (geb. Unseburg in d. Prov. Sachs. 14. 10. 1827): De chloroformii effectu physiologico eiusque usu therapeutico. Berolini (1854). (31 S.) 8°
Berlin, Med. Diss. v. 9. Mai 1854

Meyer, Joh Fr., Reaktion u. Volksschule. Dreißig Jahre preuß. Schulgeschichte. 1840—1870. Auf Grund amtl. Dokumente u. zeitgenöss. Urteile bearb. gr. 8. (188 S.) Leipzig 882. Siegismund & Volkening. n. 1. 60

Meyer, Jh. Frz. Fr. Ant., († d. 1. Aug. 1794.) Briefwechsel zwischen ihm u. d. Abt J. F. W. Jerusalem. 8. Coburg 789.

Meyer, Joh.Friedrich v. (Hrsg.), s. Abraham Ibn Ezra: Das Buch Jezira.

Meyer, Joh. Friedr. v., zur Aegyptologie. gr. 8. (4½ B. u. 2 Stnt.) Frankfurt a. M. 840. [Leipzig, Kersten.]

— — Frankfurt a. M.: Schmerber 1840.

Meyer, Joh. Friedr. v. (Hrsg.), s. Arnd, Johann: Sechs Bücher vom wahren Christenthum.

Meyer, J.F.v. (Hrsg.), s. Arnd, Johann: Paradiesgärtlein.

Meyer, J. Fr. v., Bibeldeutungen. 8. Frankf. am M. Hermann. 812.

— s. Biblia. Hrsg. von Johann Friedrich von Meyer.

Meyer, Joh. Fr. von, Blätter für höhere Wahrheit; aus Beyträgen von Gelehrten, ältern Handschriften u. seltenen Büchern, mit besonderer Rücksicht auf Magnetismus. 1ste u. 2te Samml. mit 1 Abbildung in Steindruck. 8. Frankf. a. M., Bronner. 819. u. 20. à 1 Thlr. 16 Gr.

v. Meyer, (J. Fr.,) Blätter f. höhere Wahrheit; aus ältern u. neuern Handschriften u. seltenen Büchern rc. 3e Samml. A. u. d. T.: Der Vorhof. 8. Frankf. 822, Hermann.

— — 4. Sammlung. A. u. d. T.: Stufen des Heiligthums. Frankfurt: Hermann 1822. 8°

— dess. 5e Samml. — A. u. d. T.: Lehrstimmen. 8. Frankf. 824, Hermann.

— dess. 6e Samml. A. u. d. T.: Erkenne dich selbst. Ein Ruf der Wahrheit u. des Heils rc. 8. Frankf. 825, Hermann.

— dess. 7e Samml. — A. u. d. T.: Feyerstunden. 8. Frankf. 825, Hermann.

— dess. 8e Samml. — A. u. d. T: Bilderschriften. 8. Frankf. 826, Hermann.

— Dass. 9e Samml. od. neue Folge. 1e Samml. Palmen. Mit 1 Steindr. 8. Berl. 831. Oehmigke. 1 Rthlr. 16 Gr.

Meyer, Joh. Friedr. v., Blätter f. höhere Wahrheit. 9—11. od. neue Folge 1—3. u. letzte Samml. Mit e. Register üb. d. ganze Werk. 8. Berlin, Oehmigke. à
Samml. 9. Palmen. (25 B. u. 1 Stnt.) 830.
" 10. Typik. (25 B. u. 1 Stnt.) 831.
" 11. Welt u. Vorwelt. (25¼ B. u. 1 Stnt.) 832.
1—8. Samml. Frankfurt a. M., [Kettembeil.] 1818—27. à 1 Thlr. 16 Gr.

Meyer, Joh. Friedr. v., Blätter für höhere Wahrheit. Auswahl in zwei Bänden aus den 11 Bänden des sel. Verfassers. Nebst einer biographischen Einleitung. Stuttgart 853. J. F. Steinkopf. 8. (XL, 420; IV, 451 S.) 2 Rthlr. 22½ Gr.

Alchymistische Briefe. Von d. Verf. der Chymischen Versuche zur nähern Erkäntniß des ungelöschten Kalchs, ([d. i.] Johann Friedrich Meyer) an den Hrsg. gegenwärtiger Briefe ([d. i. Johann Gerhard Reinhard] Andreae). Hannover 1767: Schlüter. 61 S. 8°

Meyer, J. F., alchymist. Briefe. Hannover, Schmidt. 770.

– (Übers.), s. Cicero, Marcus Tullius: Von der Weissagung und vom Schicksale [De divinatione, dt.]

– (Übers.), s. Cicero, Marcus Tullius: Von der Natur der Götter.

— commentat. de diis ac deabus Graecor. ac Romanor. δαδουχοις specimen. 8maj. Frankf. a. M. 790. Andreä. 5 gl

– (Übers.), s. Dutens, Louis: Lebensbeschreibung.

v. Meyer, J. F.: De eo, quod interest inter tutelam et cur. aetatis. nec non inter impuberes et minores jure Rom. ac Germ. *Gott.* 792. 4. (gr. 8.)

— Comm. de eo, quod interest inter tutelam et curam aetatis etc. 4. maj. Gött. Dieterich. 792.

Meyer, J. F. s. a. Gemeinheitsaufhebung etc.

Meyer, J. Fr.: Von d. Gemeinheits-Aufhebung u. Verkoppelung in den Churbraunschw.-lüneb. Ländern. *Göttingen*, Vandenhoeck u. Ruprecht. 784. gr. 8. (18 Gr.)

Meyer, Johann Friedrich: „Ueber die Gemeinheitstheylung. und zwar von den Grundsätzen, wornach zu theylen und von der Verfahrungsart des Verfassers bey den von ihm besorgten Theylungen", 3 Teile in 3 Bänden (3. Teil a. u. d. T.: „Grundsätze und Anleitung zum Bonitiren, wie auch zu andern bey der Gemeinheitstheylung und den Veranschlagungsgeschäften vorkommenden Arbeiten"), Celle 1801—1805. — Vorh.: Bibl. des Kammergerichts Berlin — Ec. 1305 — und des Oberlandesgerichts Celle — Md. 736.

Meyer J. F.: Ueber die Gemeinheitstheilung ... 3 Th. (2 Vol.). Celle 1801-05. (710) S.
(Th. 3 o. m. Sertit.)

Meyer, Jh. Fr. H., über die Gemeinheitstheilung, u. zwar von d. Grundsätz., wonach zu theilen. 1r—3r Thl. Celle 802—5. Schulze. 5 ₰ 12 gl Holl. P. 6 ₰ 12 gl (3r Thl. Auch u. d. T.: Grundsätze u. Anleit. zu bonitiren. 2 ₰ 12 gl Holl. P. 3 ₰

– (Hrsg.), s. Golgatha und Scheblimini.

Meyer J. F.: Grundsätze u. Anleitung z. Bonitiren u. zu andern bei der Gemeinheits-Theilung u. den Veranschlagungs-Geschäften vorkommenden Arbeiten. Celle 1805. 344 S.
(=: Ueber die Gemeinheitstheilung ... Th. 3).

Meyer, J. F.: „Grundsätze und Anleitung zum Bonitiren, wie auch zu andern bey der Gemeinheitstheilung und den Veranschlagungsgeschäften vorkommenden Arbeiten", Celle 1805 (Schulze).

Meyer, J. F.: „Grundsätze und Anleitung zum Bonitiren ....", Celle 1827 (Schulze).

— Grundsätze zur Verfertigung und Beurtheilung richtiger Pachtanschläge. 4⁰. Hannover, Hahn (c. 1800).

Meyer, J. F.: Grundsätze z. Verfert. u. Beurtheil. richt. Pachtanschläge üb. alle Zweige d. Landwirthschaft; f. Domainenkammern, Gutsbesitzer u. Pachtbeamte; nebst den dazu dienl. Mustern. *Hannover*, Hahn. 804. 4. (3 Thl. 16 Gr.)

Meyer, Johann Friedrich: „Grundsätze zur Verfertigung und Beurtheilung richtiger Pacht-Anschläge über alle Zweige der Landwirthschaft für Domainen-Cammern, Gutsbesitzer und Pachtbeamte, nebst dazu dienlichen Mustern", Hannover 1806 (Hahn); 2. Auflage mit einer Vorrede von Albrecht Daniel Thaer, ebenda 1809. — Vorh.: Oberlandesgericht Celle — Tc. 784.

J. F. v. **Meyer** (Hades; e. Beitrag z. Theorie d. Geisterkunde; nebst Anhängen. *Frkf. a. M.*, Hermann. B. 810. 8⁰ 9 gl)

Die beyden Hauptschriften der Rosenkreuzer, die Fama und die Confession. Kritisch geprüfter Text mit Varianten und dem seltenen Latein. Orig. der zweyten Schrift. Nebst Einl. und angehängtem Verzeichniss einiger andern Rosenkreuzerschriften. [Hrsg. von J. Friedr. v. Meyer.] Frankfurt a. M.: Brönner 1827. XII, 95 S. 8⁰
Kl. 2432. Selten.

Meyer, Johann Friedrich: „Ueber Herrendienste und deren Aufhebung", Celle 1803 (Schulze). — Vorh.: Bibl. des Oberlandesgerichts Celle — Md. 634.

—— Hesperiden. — Poet. Schriften. — 1. u. 2. Buch. gr. 12. (11¹/₆ B. u. 1 Musikbeil.) Kempten 836, Dannheimer.

—— dass. — Prosa. Schriften. 1. u. 2. Samml. gr. 12. (à 9 B.) Ebds. 836, 37.

—— prosod. Hülfsbuch, od. von d. Sylbenmaaß, d. Versarten, d. Reim u. d. Declamation im Deutschen. 2., verb. u. verm. Aufl. gr. 12. (8¹/₂ B.) Kempten 836, Dannheimer.

– s. Jasodeva.

—— das Buch Jezira, die älteste kabalist. Urkunde d. Hebräer. Nebst d. 32 Wegen d. Weisheit. Hebräisch u. Deutsch, mit Einleit., erläut. Anmerkn. u. e. punktirten Glossarium d. rabbin. Wörter. gr. 4. (5¹/₂ B.) Leipzig 830, Reclam.

—— Inbegriff d. christl. Glaubenslehre. Nebst d. Geschichte d. Israelit. Volks, u. e. Ueberblick d. christl. Kirchengesch. gr. 8. (21 B.) Kempten 832, Dannheimer.

v. Meyer, Joh. Frdr., Inbegriff der christlichen Glaubenslehre. Nebst d. Geschichte des israelitischen Volks u. einem Ueberblick der christl. Kirchengeschichte. 2. verb. u. verm. Ausg. 12. (X u. 378 S.) Kempten 847, Dannheimer. 1¹/₃ ₰

MEYER, Joh. Friedr. v., Kallias. 2 Bdchn. Leipzig, Voß, 1794. 8⁰.
Meusel's in Coburg Lhbiblcat. 1807. no. 3977—78.

— — Dasselbe (?), (anonym), tit.: Kallias und Damon oder merkwürdige Schicksale zweier Liebenden. 2 Bde. Mit Titelkpfrn. Leipzig: F. A. Brockhaus, 1804. 8⁰. (2 Mk. 50 Pfg. H. Lesser, Breslau, 1875; jetzt theurer!)
Anon.-Lex. II. (nach Kayser, Engelmann u. Brockhaus' Verlags-Cat.).

— s. Kallias u. Damon.

—— krit. Kränze. gr. 8. (25¹/₂ B.) Berlin 830, Reimer.

— kritische Kränze. gr. 8. Berl. 831. Reimer. 1 ₰ 16 gl

– (Bearb.), s. Lambert: Die Weissagungen und Verheißungen der Kirche Jesu Christi ...

v. Meyer, Jh. Fr. II., Laura, Blätter aus ihrem Tagebuche. 8. Heidelb. 801. Mohr, 16 gGr

— Ehrenfrieds Lehrabende. gr.8. Frankf. 816. Hermann. 16 gGr

— der Lichtbote; e. Monatsschrift. 12 Hfte. gr. 8. Frankf. 806. Hermann. 4 Thlr

– (Hrsg.), s. Memoiren eines Reisenden, der ausruht.

— Popiel, König v. Polen, nach Andr. Gryphius. gr. 8. Frkf. a. M. 803. Körner. 3 gGr

— Preisschrift über d. Anlagen der Schwemmwiesen im Lüneburgischen rc.; hrsgg. v. A. Thaer. Mit 5 Kpf. 8. Hannov., Hahn. 1 Thlr

Meyer, Jh. Fr. III., gekrönte Preisschrift von d. Unterschieden zwischen Tutel u. Curatel, Unmündigen u. Minderjähr., nach röm. u. deutsch. Recht. Eine Schrift f. d. Juden deutsch bearb. u. berichtigt v. Verfass. 8. Frankf. a. M. 803. Körner. 12 gGr

— die heil. Schrift, in berichtigt. Uebersetzung, s. Biblia.

—— die heilige Schrift in berichtigter Uebersetzung, s. Schrift.

Meyer, v., von dem Sylbenmaaße, den Versarten rc. 8. Osnabr. Blothe. 805.

Meyer, Jh. Fr., dramatische Spiele. 8. Frankf. 800.

— dramat. Spiele. 8. Ebend. 802.

—— der Tempel Salomo's. Gemessen u. geschildert. M. 1 Stndr. 8. (3½ B.) Berlin 830, Oehmigke.
Aus dess. „Blätter f. höh. Wahrheit," 9. Samml., abgedruckt.

Der Tempel Salomonis. Gemessen und geschildert von Joh. Friedr. v. Meyer. Mit 1 Steindr. Berlin: Oehmigke 1831. 8°
Kl. 8879.
[Kayser: Vollst. Bücher-Lexikon. 4 (1834) S. 100.]

– Theses philosophicae, s. Seidler, Johann Wilhelm.

— Tobias. Ein episches Gedicht in 7 Gesängen. 8. Frkf. a. M. 800. Körner. 16 gGr Schrbp. 20 gGr 2e verb. Ausg. Mit 7 lith. Zeichnn. gr. 12. Kempt. 831. Dannheimer. 1 Thlr 16 gGr (9 B.)

Unpartheyisches Urtheil über den Inhalt der beiden Tractätchen Sarsena und Antisarsena, in Beziehung auf die Freimaurerei. Von Joh. Friedr. Meyer. Deutschland [Leipzig: Engelmann] 1819. 60 S. 8° [Umschlagtit.]
Recens: EzJALZ. 1823 Nr 66 (S. II.)
Kl. 2002. Gegen die Frmrei gerichtet.

Meyer, Johann Friedrich: Chymische Versuche zur näheren Erkenntniß des ungelöschten Kalchs, der elastischen und electrischen Materie, des allerreinsten Feuerwesens, und der ursprünglichen allgemeinen Säure. Nebst einem Anhange von den Elementen. 446 S., gbd.

Hanover u.Leipzig: Schmidt 1764

Meyer, Jh. Fr. I., chemische Versuche zur Erkenntniß d. ungelöschten Kalks. 4. Hannov. 770. 2e A. Ebd. ... Hahn. 1 Thlr 8 gGr

Meyer, Johann Friedrich.
Chymische Versuche zur näheren Erkenntniss des ungelöschten Kalchs, der elastischen und elektrischen Materie des allerreinsten Feuerwesens und der ursprünglichen allgemeinen Säure [acidum pingue] nebst einem Anhange von den Elementen. Hannover und Leipzig, 1764. pp. 418-[xxviii], 8vo.
Zwote nach dem eigenhändig verbesserten Exemplar des Verfassers und mit dessen alchimistischen Briefen vermehrte Ausgabe. Hannover: Schmidt 1770. 418, 48 S. 8°

— Wahrnehmungen einer Seherin, s. a. Wahrnehmungen.

Wahrnehmungen e. Seherin; h. v. J. F. v. Meyer. *Hamb.*, Perthes. 827–28. 2 Thle. gr 8° 4 Thlr 12 gGr

Meyer, Johann Friedrich Ernst

Meyer, Jh. Fr. E., Anleit. zum Uebersetzen aus d. Latein. in in d. Griechische, nach Parallel-Stellen; als Stoff zu e. heurist. Unterricht in d. Syntax d. griech. Sprache. 8. Halberst. 829. Brüggemann. 12 gGr

Meyer, Joh. Fr. E., Anleitung zum Uebersetzen aus d. Latein. in d. Griech. nach Parallel-Stellen, als Stoff zu e. heurist. Unterrichte in der Syntax d. griech. Sprache. 8. (11 B.) Halberstadt 829. [Leipzig, Weinedel.]

Meyer, Joh. Fr. Ernst, Anleitung z. Uebersetzen aus d. Latein. in d. Griechische nach Parallel-Stellen, als Stoff zu e. heurist. Unterr. in d. Syntax d. griech. Sprache. 8. (11 B.) Leipzig 837, Weinedel.

—— über d. Begriff d. Bildung, mit prakt. Andeutungen f. d. Schule. — Amphion u. Zethus, e. Gleichniß. Progr. 4. (3⅓ B. u. 2 Abbildn.) Eutin 840, Griem. (Hamburg, Niemeyer.) •

Meyer, J. F. E., Ueb. den Begriff der äsop. Fabel. Pr. 1847. 29 S. 4°.

—— eutinische Bilder, s. a. Bilder.

Eutinische Bilder. (Verf.: Johann Fr. Ernst Meyer?) Eutin. 1850. 8°

Meyer, Joh. Friedr. Ernst, Göthe über Art und Unart, Freud' und Leid der Jugend und ihrer Erzieher, mit Illustrationen fremder und eigener Hand. gr. 8. (140 S.) Eutin 851, Wölckers. Thlr.

– (Hrsg.), s. Kempis, Thomas a: De imitatione Christi. 1845.

Meyer, Joh. Friedr. Ernst, der Lebensberuf, eine Mosaik-Arbeit. gr. 8. (72 S.) Eutin 851, Wölckers.

Meyer, J. F. E., De aliquot locis Virgilianis. (Georg. II, 475 sqq. Aen. I—III). Pr. 1842. 16 S. 4°.

Meyer, J. F. E., über die Noth der Gelehrtenschule bei der Ueberfüllung derselben m. Lehrgegenständen u. über Vereinfachung des Unterrichts. Vortrag, gehalt. in d. 9. Versamml. norddeutsch. Schulmänner zu Schleswig. gr. 8. (1½ B.) Schleswig 842, Taubst.-Institut. (Leipzig, Hermann.)

Meyer, Joannes **Fridericus** Ernestus: Dissertatio philosophico-critica Observationes quasdam in doctrinam de synonymis latinis continens.
Halle-Wittenberg, Phil. Diss. v. 26. Mai 1821
Geb. [Athenstedt (Kr. Halberstadt) 25. 9. 1791]
Ms. fehlt. Verf. wurde abwesend promoviert. Promot.-Datum nach den Acta.

—— Pestalozzi als Mensch, Staatsbürger, Dichter und Erzieher mit seinen eigenen Worten geschildert, Lesefrüchte aus seinen Werken. gr. 4. (40 S.) Eutin 850, Völckers. **

Meyer, J. F. E. Symbolae ad comparationem linguarum. Halberstadt, G., 1828. 22 S. 4. Progr.

Meyer, J. F. E. Uebersicht des protestantisch-deutschen Unterrichts- und Erziehungswesens seit den siebenziger Jahren des vorigen Jahrhunderts. Eutin, vereinigte Gelehrten- und Bürgersch., 1849. Progr.

—— Uebersicht des protestantisch-deutschen Unterrichts- und Erziehungswesens seit den siebenziger Jahren des vorigen Jahrhunderts. gr. 4. (26 S.) Eutin 849, Völckers. **

Meyer, J. F. E., De epithetorum ornantium vi et natura deque eorum usu apud Graecorum et Latinorum poetas. Pr. 1837. 83 S. 4°. 1.50

—— Commentatio de Epithetorum ornantium vi et natura deque eorum usu apud Graecor. et Latinor. poetas. 4maj. (4½ B.) Utini 837. (Lubecae, de Rohden.) *

Meyer, Joh. Geo., Hermann Credner's Elemente der Geologie. V. philosoph. u. pädagog. Gesichtspunkte besprochen. gr. 8. (21 S.) Straßburg 897. J. H. E. Heitz. n. — 60

— **Johann Georg** (Borkendorf/Schlesien), De febre hectica. Diss. med. Berlin (A. Petsch) 25. IX. 1830. 32 S. mit Biogr. (2.50) 23231

Meyer, Joh. Geo., Schloß Hausburg. Erzählung aus den Harzer Bergen. (135 S.) 8. Braunschweig 907. K. Pfantuch. 1.50; geb. 2.20

Meyer, J. G. Am Krankenlager deutscher Wissenschaft. Kritische Bemerkgn. zur neuesten naturwissenschaftl. Gesellschaftslehre. (23 S.) 8. Leipzig (905). G. H. Wigand. n. — 30

— Kronos od. Seele u. Welt. gr. 8. (42 S.) Leipzig 896. W. Friedrich. n. 1. —

— Kronos od. Seele u. Welt. 2. Aufl. (42 S.) gr. 8. Ebd. (905). n. 1. —

— die Kulturgeschichte im Lichte der Darwin'schen Lehre, s. a. Vorträge u. Abhandlungen, gemeinverständliche darwinist. 10. Hft.

Die Kulturgeschichte im Lichte der Darwin'schen Lehre. Von Dr. J[ohann] G[eorg] **Meyer**, Freienwalde a. O. Odenkirchen: W. Breitenbach 1904. (87 S.) 8° [F.]
= **Vorträge**, Gemeinverständliche Darwinist., u. Abhandl. H. 10. [06. 9346

Meyer, Joh. Geo., der neue Schlemihl. Roman in 2 Büchern. (280 S.) 8. Berlin (906). Verlag Continent. n. 3.60; geb. n. 5. —

— **Staat u. Gesellschaft. Gemeinverständliche Betrachtgn. im Lichte der Entwickelungslehre. (60 S.) gr. 8. Leipzig (905). G. H. Wigand.** n. 1.20

— das natürliche System der Wissenschaften. E. Einleitung in d. Wissenschaftslehre. gr. 8. (33 S.) Straßburg 899. J. H. E. Heitz. n. 1. —

Meyer, Joh. Geo., Telaëtia od. der Weltknoten. gr. 8. (147 S.) Leipzig 894. W. Friedrich. n. 3. —

Meyer, J. G., Zeit u. Ewigkeit. Eine gemeinverständl. philosoph. Studie. (32 S.) Lex. 8. Straßburg 909. J. H. E. Heitz. 1. —

Meyer, Joh(ann) Gottfried: Untersuchungen über die Personentarifreform vom 1. Mai 1907. ⟨Berechnung der Rentabilität des Personenverkehrs in Preußen.⟩ Berlin 1909: G. Schade. 113 S. 8°
Leipzig, Phil. Diss. v. 10. Nov. 1909, Ref. Bücher, Stieda
[Geb. 20. Mai 78 Amsterdam; Wohnort: Berlin; Staatsangeh.: Braunschweig; Vorbildung: Oberrealsch. Halberstadt Reife O. 98; Studium: Techn. Hochschulen Dresden 3. Berlin 8. Univ. Berlin 1. Leipzig 2 S.] [U 10. 3196

— **Johann Gottlob** (Leipzig), De metaschematismo morborum. Präs. Jo. Ernst Hebenstreit. Leipzig Oppon.: E. Franke, E. Rudolph, F. Reishaus. — Gew.: C. Friedr. Schilling. (Langenheim) 27. X. 1747. 40 S. (5.—) 23232

v. Meyer, Jh. Gto., († 1788.) s. Nachr. von d. polit. u. ökonom. Verfassung d. Bayreuth.

Meyer. (Joh. Heinr.,) allgem. Anleit. zur Berechnung der Leibrenten u. Anwartschaften. 2 Thle. gr. 8. Koppenhagen 823, Brummer.

Meyer, J[ohann] H[einrich] *I* [1755–1829]. Der Bergfall bey Goldau im Canton Schwytz, am Abend des zweyten Herbstmonats 1806. Mit zwey radirten Blättern. 8. Zürich 1806.
Ausg. in-8°, ohne die 2 Blätter, nur mit der Erklärungs-Tafel dazu.

Meyer, J. H., Biographie von Ludw. Heß. 8. Zürich, Orell, Füßli u. Comp. 800.

Meier, J. H., Biographieen berühmter Schweizer, s. a. Volksbibliothek, schweizerische.

Meyer, J[ohann] H[einrich] *II* [1804–1877]. Biographieen berühmter Schweizer. Bearb. von J. H. Meier. 8. Zürich 1862.
[Schweizerische Volksbibliothek. Band 31.]

Meyer, J[ohann] Heinr[ich] *II.* Blätter aus der Geschichte von Küsnach [Ct. Zürich]. Gesammelt und hrg. von J. Heinr. M. ⟨Als Manuscript gedruckt.⟩ ⟨Mit einem lithographirten Plane.⟩ ([1., einziges] Heft.) 8. Zürich 1863.

Meyer, J[ohann] Heinr[ich] *II.* Ritter Rudolf Brun, Bürgermeister von Zürich, zur Zeit des Eintritts dieser Stadt in den ewigen Bund der Vierwaldstätte, Mai 1351. Ein Abriss der Geschichte seines Lebens und seiner Zeit, zur Erinnerung an das fünfhundertjährige Jubiläum herausgegeben. 8. Zürich 1851.

— — Vgl. Meyer, J. G. Heinrich

Meyer, I. H., Grammaticae universae elementa. 8. Braunschw. Schulbhdl. 796.

Meyer, J[ohann] H[einrich] *II.* Erzaehlungen aus der Schweizergeschichte und Züge aus dem Leben merkwürdiger Eidgenossen. [Mit 1 Vignette und 5 Tafeln.] 8. Lichtensteig 1833.

Meyer, J. Heinr., Erzählungen aus d. Schweizer-Geschichte u. Züge aus d. Leben merkwürd. Eidgenossen. 2., verb. u. verm. Aufl. gr. 8. (19 B. u. 7 Abbild.) St. Gallen 838, Scheitlin.

Meyer, J. H., Erzählungen aus der Schweizer-Geschichte. Züge aus dem Leben merkwürd. Eidgenossen. 3. gänzlich umgearb. Aufl. 1. Lfg. gr. 8. (S. 1—112.) Zürich 871. Schultheß. 1. 20

Meyer, J. H., Erzählungen aus der Schweizer-Geschichte. Züge aus dem Leben merkwürdiger Eidgenossen. 3. gänzlich umgearb. Aufl. 5 Lfgn. gr. 8. (547 S.) Zürich 872, Schultheß. à Lfg. ℳ 1,20. Illustrirte Ausg. *

Meyer, J[ohann] H[einrich] Z. Heinrich Freudweiler (1755–1795). Ein Beytrag zu den Biographien schweizerscher Künstler. [Mit 1 Vignette und 1 Porträt-Tafel.] 8. [Zürich] 1796.

Meyer, Jh. Hnr. II., Heinrich Freudweiler; e. Beitrag zu d. Biographien Schweizer-Künstler. Mit 1 Portr. 8. Zürich 796. Geßner. 6 gl

— die Gegend von Goldau vor u. nach d. Bergfall rc. Mit Kpf. 4. Zürich 806. Orell. 16 gl illum. 1 ℛ 16 gl

— — dasselbe a. m. franz. Text zu nehmlichen Preisen.

Meyer, Jh. Hnr. III., († d. 3. März 1801.) Gerechtigkeit über die Ungerechtigkeit gegen Knigge in d. Lit.-Zeitg. 8. Hamb. 793. Bohn. (Campe). 8 gl

– s. Gesangbuch für die Garnisongemeinde zu Halberstadt.

Meyer, Joh. Heinr. (I.), Gutenbergs-Album 1840, s. Gutenbergs-Album.

—— Handbuch d. Stereotypie. Lex.-8. (6¼ B. u. 8 Stnt.) Braunschweig 838, J. H. Meyer.

Meyer, Jh. Hnr. IV., neuer Haus- u. Volksfreund, s. Chr. Karl André, Nationalkalender.

Meyer, Jh. Hnr.: Haus- u. Volksfreund, s. National-Kalender für die deutschen Bundesstaaten.

Meyer, Johann Heinrich Z. Ludwig Hess (1760–1800). Landschaftsmahler. ([Mit] Verzeichniss von Hessens in Kupfer geäzten Blattern [und 1 Vignette].) 8. Zürich 1800.

Meyer, Joh. Heinr. (II.), Journal f. Buchdruckerkunst rc., s. Journal rc.

– Kalender für die deutschen Bundesstaaten, s. National-Kalender für die deutschen Bundesstaaten.

[Meyer, Johann Heinrich Z.] ... das Leben und die Charakteristik von Johann Heinrich Lips von Zürich (1758–1817). [Mit 1 Porträt und 1 Tafel.] Njbl. Künstlerges. Zürich 1818. 4. [Zürich.]

[Meyer, Johann Heinrich Z.] ... das Leben des Malers Heinrich Maurer von Zürich (1774–1822). [Mit 1 Porträt und 1 Tafel.] Njbl. Künstlerges. Zürich 1824. 4. [Zürich].

—— Haus- und Volksfreund,
—— Kalender f. d. deutsch. Bundesstaaten,
—— National-Kalender,
} s. National-Kalender.

Meyer, J. H. Mahlerische Reise in die Italienische Schweiz, mit geäzten Blättern. Zürich 1793. 4°.

— malerische Reise in die italien. Schweiz. Mit 12 Kpf. längl. 4. Zürich 798. Orell. 2 ℛ 12 gl

— relation succinte de l'écroulement du Goldau, II feuill. avec texte. Zürich, Orell. 1 ℛ illum. 3 ℛ

Meyer, Jh. Hnr. I., Religionsvorträge für Landgemeinden u. ländl. Gottesverehrung. gr. 8. Erf. 790. Keyser. 14 gl

Meyer, J. H., Religionsvortr. für Landgemeinen rc. gr. 8. Erfurt, Keyser. 791. Rthlr.

Meyer, J[ohann] H[einrich] Z. Die Ruinen von Unterwalden. in Zwölf geäzten Blettern und einer Charte, nach der Natur gezeichnet im Julius 1800. [Mit erläuterndem Text und 1 Vignette.] quer-8. Zürich 1801.

— die Ruinen von Unterwalden. Eine histor. Darstellung m. K. 4. Ebend. 802.

Meyer, J[ohann] H[einrich] Z. Les ruines d'Unterwalde . en dix planches, dessinées d'après nature. [Avec texte explicatif.] 8-obl. Zurich 1801.

Meyer, Joh. Heinr. (II.), Schiffbarmachung des Rheinfalls bei Schaffhausen. Roy.-Fol. (1 B. u. 4 Stnt.) St. Gallen 840, (Huber u. Comp.) •

Meyer, Joh. Heinr., Ueber das Studium der Philosophie, ein Programm zur Anzeige seiner Vorlesungen von Ostern bis Michaelis 1792. Kiel. P.

– (Hrsg.), s. Tageblatt, Newarker.

Meyer, Joh(ann) Heinrich, aus Werden a. d. Ruhr: Die bühnenschriftstellerische Tätigkeit des Freiherrn Wolfgang Heribert v. Dalberg. *Heidelberg [1904]: C. Pfeffer.* (76 S.) 8° Heidelberg, Phil. Diss. v. 1904

— über d. Verdienst d. Christenthums um den Staat u. die Vaterlandsliebe. 8. Erf. 793. Keyser. 16 gl

— Verf. einer neuen Grundleg. zur allgem. Rechtslehre. gr. 8. Leipzig. Schmidt. 796.

– (Bearb.), s. Wilkinson, Tate: Eigens niedergeschriebene Merkwürdigkeiten aus seinem Leben.

Etwas zur Probe (von *Joh. Heinr. Chrn. Meyer*). Göttingen 1770. Anon.-Lex. II. p. 72 (nach Meusel u. Kayser).

Meyer, Johann Heinrich Christoph

— Briefe über Rußland. 2 Thle. 8. Götting. 775, 77. 1 ℛ 16 gl

Meyer, J. H. C., Lieut. des chur-hannover. Inft.-Reg. Sachsen-Gotha. Briefe über Russland. (2 Bde.) 8. Göttingen 1778—1779.

Meier, J. H. C., Briefe üb. Rußland. 2 Thle. 8. Gött. Gel. Handl. 779.

Meyer, Briefe üb. Rußland. 2 Thle. 8. Stendal, Franzen. 779.

— s. Deutschheit, die neue.

Meyer, Jh. Hnr. Chr., († d. 16. Nov. 1783.) etwas zur richtigen Beurtheilung v. Palästina. 8. Götting. 773.

Meyer, Jh. Hnr. Chr., s. Lucille u. Cleon.

— s. Presten, Erläuterung.

Windhorst: Rede, bey Gelegenheit des Absterbens des Brs Windhorst, in der Loge zum goldnen Circul [in Göttingen] gehalten von J[oh.] H[einr.] C[hristoph] Meyer am 16ten Oct. Göttingen 1776: Dieterich. 8 S. 4° [Umschlagtit.]
Abgedr. in: Preston, W.: Erl. d. Frmrei. 2. Aufl. 1780 S. 165—170.
Kl. 1333. Üb. den Tod als Tröster u. Lehrer.

— Joh. Hermann (Erlach/Schönberg), Diss. ordin. Ex Jure Nat. et Gentium an traditio necessaria sit ad transferendum dominium. Präs. Heinrich Coccejus. Heidelberg 25. XI. Rec. 1715. 8 S. (3.50) 23233

Meyer, Johann Jakob

— Am Strand gefunden. Gedichte. (VII, 97 S.) 8. Dresden (909). E. Pierson. 1.50; geb. n 2.50

Asanka, Sudschata, Tangara und andere Dichtungen. Von Johann Jakob Meyer. *Leipzig: Lotus-Verl. [1903].* (202 S.) 8° [F.] [04. 11733
— Meyer: Dichtungen. [1.]

Meyer, Joh. Jak., Asanka, Sudschata, Tangara u. andere Dichtungen. (202 S.) gr. 8. Leipzig (903). [Lotus-Verlag]. Berlin, R. Singer & Co. n. 4.—; geb. n. 5.—

(5· Meyer, Joh. Jak., Ajanta—Kavayasamgratha. 903. (KBL 34.) Jetzt: Wien, Verlags-Anstalt Pallas. Ladenpreise aufgeh.

— s.: Dāmodaragupta's Kuṭṭanīmatam.

Meyer, Joh. Jak., s.: Daṇḍiṇ's Daçakumâracaritam.

(Johann Jakob Meyers Dichtungen. [1.]) Leipzig: Lotus-Verlag [1903]. 8° [F.] [04. 6614

— Felicie. Liebes- u. Wanderlieder. (IX, 185 S.) 8. Dresden (906). E. Pierson. n. 2.50; geb. n. 3.50

Meyer, Johann Jakob.s.a. Kâvyasaṃgraha.

Kâvyasaṃgraha, Erotische und esoterische Lieder. Metr. Übersetzungen aus indischen u. anderen Sprachen von Johann Jakob Meyer. *Leipzig: Lotus-Verl. (1903).* (221 S.) 8° [Ant. u. F.] [04. 3438
= Meyer: Dichtungen. 2.

— Kâvyasaṃgraha. Erotische u. esoter. Lieder. Metrische Uebersetzgn. aus ind. u. anderen Sprachen. (VII, 223 S.) gr. 8. Leipzig (903). [Lotus-Verlag]. Berlin, R. Singer & Co. n. 4.—; geb. n. 5.—

— Vom Land der 1000 Seeen. Eine Abhandlg. üb. die neuere finn. Literatur u. e. Auswahl aus modernen finn. Novellisten. (X, 650 S.) gr. 8. Leipzig 910. G. Wigand. 12.—; geb. 13.50

Meyer, J. J. (III.), mahlerische Reise auf d. neuen Kunst-Strasse aus d. Etschthal im Tyrol üb. d. Stilfser-Joch durch das Veltlin längs d. Comersee nach Mayland, r.. 36 (37) Kpfr. (in Aqua tinta), nebst 1 (lith.) Wegekarte v. H. Keller. (Mit deutscher u. franz.. Erklär.) qu. Fol. Zürich 831—33, (Orell, Füssli u. Comp.)

— s.: Schelmenbücher, altindische.

Meyer, Joh. Jac.: „Vollständige Vergleichs-Tabellen der ehemals im Ruhr-Departement und noch in den angränzenden Ländern gebräuchlichen Münzen, Maasse und Gewichte mit den neuen Metrischen. Ausgeführt nach den Vorschriften des Regierungs-Commissaire Bürger Jollivet", 2 Teile, Köln XII (1804). — Vorh.: Bibl. des Kammergerichts Berlin — Oe. 2515.

Meyer, J. J. I., vollständ. Vergleichungstabellen der ehemals am Niederrhein gebräuchl. Maaße u. Gewichte, mit d. neuen metrischen. 2 Thle. gr. 8. Cöln 804. Keil. 1 ℛ 8 gl

—— Voyage pittoresque dans le Canton des Grisons en Suisse, vers le lac Majeur et le lac de Come, sur les grandes routes nouvellement construites à travers les Cols de Splugen et de Bernhardin, en 32 plchs. Accomp. d'une introduction et explication par J. G. Ebel. Avec 1 Carte routière de H. Keller, qu. Fol. (44 B., 4 Erklärungsbl., in Kpfrst. u. Ttlvign.) Zurich 827, (Orell, Fussli u. Comp.)
Dieses Werk ist auch in deutscher Sprache, Ebendas., zu gleichem Preise erschienen.

Meyer, Joh. Jos., theoret. Leitfaden d. Reitkunst, nebst d. nöthigsten Bemerkungen üb. Behandl. u. Pflege d. Pferdes im Stalle. Zur Selbstbelehr. f. Dilettanten u. z. Wiederholung d. Schulunterr. gr. 16. (8 B. u. d. Verf. Bildn.) Güns 834, Reichard.

Meyer, Jh. Jos., theoret. Leitfaden der Reitkunst, nebst den nöthigsten Bemerkungen über Behandlung u. Pflege des Pferdes im Stalle. Mit des Verfass. Bildniß. br. gr. 16. Güns 834. (Leipzig, Volckmar.) n. 2/3 ℛ

Meyer, Jh. Karl, Anweis., ohne Nachtheil f. d. Gesundheit Tabak zu rauchen rc. 8. Pirna 804. Friese. 9 gl

Meyer, Anweis. Tabak zu rauchen rc. 8. Grätz, Ferstl in Commiss.

— der Rathgeber vor, bei u. nach dem Baden, oder Anweis. zur Benutzung aller Arten v. Bädern. 12. Pirna (805.) Friese. 12 gl

— Johann Carl (Dahlen/Meiß.), De fumi nicotianae suctu. Diss. med. Präs. Christian Gotthold Eschenbach. Leipzig (J. Franz) 20. XII. 1803. 35 S. (4.—) 23221
Gew.: Johann Jakob von Uckermann.

— Diss. inaug. de fumi nicotiani suctu. 8. Leipz. 804.

Johann Karl Friedrich Meyer

Was fordern die Medicinal-Ordnungen von den Apothekern? Von Johann Carl Friedrich Meyer. Berlin: Realschulbuchh. 1803. VIII,224 S. 8°

Meyer, Johann Karl Heinrich

Meyer, J. C. H., Grundriß d. Physiologie d. menschl. Körpers, zum Gebrauch d. Vorles. gr. 8. Berlin, Realschule. 805.

Meyer, Jh. Karl Hnr., Grundriß d. Physiologie d. menschl. Körpers, z. Gebrauch bei Vorless. gr. 8. Berl. 805. Reimer. 1 ℛ 16 𝒢

— **Jo. Carl Heinr.** (Stettin), Delirii febrilis meletemata. Diss. med. Halle (Bathe) 20. IX. 1797. 50 Seiten. (5.—) 23222
Gew.: Johann Carl Friedrich Meyer (Vater).
Auch: Salzb. med. chir. Zt. 1801, II, p. 225.

Meyer, Joh. Konrad, s. a. Meyer-Hoffmeister, Joh. Konr.

— **Joh. Conr.**, Tractatio de clysmatibus. Göttingen (J. D. G. Brose) 1786. 27 S. (4.50) 23226

Meyer, Johann Leonhard

— s. Alex. Adam, Handbuch ꝛc.

— Antrittsrede über d. Zweck, Nutzen u. die Nothwendigkeit d. öffentl. Erziehung. 8. Heilbr. 802. Claß. 6 𝒢

— Progr. explicatio nova loci obscuri et perquam difficilis, qui in libro Koheletis cap. III. 18—22. legitur. 4. Heilbr. 802.

— Gedächtniß der Apollonia Magdalene Freifrau v. Blonay, geb. v. Angelbeck. 4. Erlang. 800. (4 Bog.)

— Gedächtniß der Petronelle Josephe Klüber, geb. Zeiger 1796. 4. Erlang. 797. (3 Bog.)

Klüber, Petronelle Christiane Josephe (geb. *Zeizer*, geb. 22. März 1774 zu Tutoecoryn, e. holländ. Etablissement an der Küste von Madura in Ostindien, † 19. Dezbr. 1796 zu Erlangen). — *Meyer*, Joh. Leonh. („der Weltweisheit Dr."), Gedächtnis (!) der weil. hochwohlgeb. Frau —, der besten Gattinn Sr. .... Magnificenz des zeitigen Prorektors d. kgl. preuss. Friedrich-Alexanders Universität, ..., D. *Joh. Ludw. Klüber*, k. preuss. Hofrath u. o. ö. Lehrer d. Rechte. Erlangen, am 19. Jan. 1797. Gedr. b. Joh. Augustin Hilpert. 4°. 24 S. Schwarz cart.

Meyer, Jh. Lhrd., († d. 23. Oct. 1806.) Lehrbuch d. römisch. Alterthümer, f. höhere Lehranstalten, Gymnasien u. zum Selbstgebrauche. Mit 5 Kpf. gr. 8. Erlang. 796. 2e A. (nur neues Titelblatt). 806. 3e A. Ebd. 814. Heyder.

Meyer, J. L., Lehrbuch der röm. Alterthümer. Mit Kupf. Erlangen 797. 8. 18 gr. Eb. 806. 8. 1 rthl. Ausg. 5. Eb. 822. 8. 1 rthl.

Meyer, J. Ld., Lehrbuch d. Röm. Alterthümer f. Gymnasien u. Schulen. m. K. gr. 8. Erlang. Walther. 806.

Meyer, J. L., Lehrbuch d. röm. Alterthümer f. Schulen. 3te Aufl. m. K. gr. 8. Erlang. Heyder. 813.

Meyer, J. L., Lehrbuch der röm. Alterthümer f. Gymnasien u. Schulen. Mit 6 Kupf. 4te Aufl. gr. 8. Erlangen, Heyder. 816.

Meyer, (J. L.,) Lehrbuch d. röm. Alterthümer f. Gymnasien u. Schulen. 5e Aufl. mit 6 Kupf. gr. 8. Erlangen 822. Heyder.

Meyer, Joh. Leonh., Lehrbuch d. röm. Alterthümer, f. höhere Lehranstalten, Gymnasien u. zum Selbstgebr. 6., verb. Aufl. gr. 8. (20½ B.) Erlangen 830, Heyder.

— Progr. ad juris jurandi solemnia Friderico II. Würtemb. duci etc. in locum libri Koheletis cap. XI. 1—6. Heilbr. 803.

[Meyer, Johann Ludwig *II*: 1782–1852.] Das Bad bey Weissenburg. 2 Abtheilungen. [*je* Mit 1 Abbildung und 1 Tafel.] (Njbl. Schw. Garten Zürich 1822 *u*. 1823.) 4. [Zürich.]

[Meyer, Johann Ludwig *II*.] Die Bäder von Blumenstein, Limpach und Thalgut im Canton Bern. [Mit 1 Tafel und 1 Karte.] (Njbl. Schw. Garten Zürich 1824.) 4. [Zürich.]

[Meyer, Johann Ludwig *II*.] Beschreibung des Habspurger-oder Schinznacherbades im Canton Aargau. 3 Abtheilungen. [*je* Mit 1 Abbildung und 1 Tafel.] (Njbl. Schw. Garten Zürich 1813 *u*. 1814 *u*. 1815.) 4. [Zürich.]

[Meyer, Johann Ludwig *II*.] Beschreibung der Bäder von Leuk im Canton Wallis. 2 Abtheilungen. [*je* Mit 1 Abbildung und 1 Tafel.] (Njbl. Schw. Garten Zürich 1816 *u*. 1817.) 4. [Zürich.]

[Meyer, Johann Ludwig *II*.] Beschreibung des Fideris-Bades im Prettigau, Canton Graubündten. [Mit 1 Abbildung und 1 Tafel.] (Njbl. Schw. Garten Zürich 1818.) 4. [Zürich.]

[Meyer, Johann Ludwig *II*.] Beschreibung des Gurnigel-Bades im Canton Bern. 2 Abtheilungen. [*je* Mit 1 Abbildung und 1 Tafel.] (Njbl. Schw. Garten Zürich 1820 *u*. 1821.) 4. [Zürich.]

[Meyer, Johann Ludwig *II*.] Beschreibung des Heilbades zu Pfeffers im Kanton Bündten. [Mit 1 Abbildung und 1 Tafel.] (Njbl. Schw. Garten Zürich 1810.) 4. [Zürich.]

[Meyer, Johann Ludwig *II*.] Beschreibung des Stachelberger- und des Wichler-Heilbades im Canton Glarus. [Mit 1 Abbildung und 1 Tafel.] (Njbl. Schw. Garten Zürich 1819.) 4. [Zürich.]

[Meyer, Johann Ludwig *I*. und Meyer, Johann Ludwig *II*.] Beschreibung der Heilbäder zu Baden im Kanton Aargäu. [2 Teile. *je* Mit 1 Abbildung und 1 Tafel.] (Njbl. Schw. Garten Zürich 1808 *u*. 1809.) 4. [Zürich.]

[Meyer, Johann Ludwig *II*.] Beschreibung des neuentdeckten Heilwassers zu Ehrlosen, nebst einigen Bemerkungen über das innere Gyrenbad. [Mit 1 Abbildung und 1 Tafel.] (Njbl. Schw. Garten Zürich 1812.) 4. [Zürich.]

[Meyer, Johann Ludwig *II*.] Beschreibung des Sauerbrunnens bey St. Moritz im Ober-Engadin – Canton Bündten. [Mit 1 Abbildung und 1 Tafel.] (Njbl. Schw. Garten Zürich 1811.) 4. [Zürich.]

[Meyer, Johann Ludwig *II*.] (Antistes Johann Jakob Breitinger 1575–1645 und die Aufnahme Fremder in Zürich während des dreissigjährigen Krieges. [2 Theile. *je* Mit 1 Tafel.]) Njbl. Hülfsges. Zürich 1846 *u*. 1847. 4. [Zürich.]

[Meyer, Johann Ludwig *II*.] Ueber die Dampf- und Gas-Bäder zu Baden mit einigen Notizen über Schinznach im Canton Aargau. [Mit 1 Abbildung und 1 Tafel.] (Njbl. Schw. Garten Zürich 1828.) ⟨Fortsetzung des Neujahrsblattes von 1827.⟩ 4. [Zürich.]

[Meyer, Johann Ludwig *II*.] Ueber die Dampf- und Qualm-Bäder zu Baden im Canton Argau. [Mit 1 Abbildung und 1 Tafel.] (Njbl. Schw. Garten Zürich 1827.) 4. [Zürich.]

[Meyer, Johann Ludwig *II*.] (Das Erdbeben von Basel 1356. [Mit 1 Tafel.]) Njbl. Hülfsges. Zürich 1828. 4. [Zürich.]

WILDENSPUCH (Canton Zürich). — Meyer, Joh. Ludw., Schwärmerische Gräuelscenen oder Kreuzigungsgeschichte einer religiösen Schwärmerinn in Wildenspuch, Cantons Zürich. Mit beygefügter Darstellung sämmtlicher in diesen Criminal-Process verwick. Personen usw. Nach d. Criminal-Acten bearbeitet. 2. verb. u. verm. Ausg. Mit 1 (meist fehlenden) Tafel. Zürich 1824. Gr. 8⁰. XII u. 335 S. (4 Mk., ohne die Tafel, F. Waldau, Fürstenwalde, 1909:)

Meyer, (J. L.,) schwärmerische Gräuelscenen, oder Kreuzigungsgeschichte einer religiösen Schwärmerin in Wildespuch, Cantons Zürich. Ein merkwürd. Beitrag zur Geschichte des religiösen Fanatismus. 2e Ausg. Mit 7 Bildn. gr. 8. Zürich 824, Orell.

Meyer, Johann Ludwig *II.* Schwärmerische Gräuelscenen oder Kreuzigungsgeschichte einer religiösen Schwärmerinn in Wildenspuch, Cantons Zürich. Mit beygefügter Darstellung.... Ein merkwürdiger Beytrag zur Geschichte des religiösen Fanatismus. Nach den Criminal-Acten bearbeitet. 2. verbesserte und bedeutend vermehrte Ausg. ⟨Mit (sieben) lithographirten Bildnissen [auf 1 Tafel].⟩ 8. Zürich 1824.

Meyer, Johann Ludwig *II.* Die schwärmerischen Gräuelscenen in Wildenspuch, Cantons Zürich. Mit beygefügter Darstellung der Verhältnisse sämtlicher in dieselben verwickelter Personen ... und ihrer endlichen Beurtheilung.... [Mit 2 Tafeln.] 8. Zürich 1823.

[Meyer, Johann Ludwig *II.*] (Antistes Ludwig Lavater, geb. 1527. gest. 1586. [Mit 1 Porträt-Tafel.]) Njbl. Chorh. Zürich 1832. 4. [Zürich.]

Meyer, Joh.Ludwig: Ad l(egem) 2 C. de rescind.vend. (C.4,44,2). 7 S.– Basel, Jur.Diss.v. 13.Sept.1774.

Meyer, Joh.Ludwig: De privilegiis seu juribus singularibus viduarum. 6 S. – Basel, Jur.Diss.v. 23.Okt.1772.

[Meyer, Johann Ludwig *I*: 1750–1808.] J(ohann) J(acob) Scheuchzer (1672–1733). [Mit 3 Tafeln.] Njbl. Chorh. Zürich 1796. 4. [Zürich.]

[Meyer, Johann Ludwig *II.*] (Johann Conrad Eschers Verdienste um die Linthgegend. [Mit 1 Porträt und 1 Tafel.]) Njbl. Hülfsges. Zürich 1824. 4. [Zürich.]

Meyer, Joh. Mart., Schaffhausen: Dissertatio inauguralis medica de indole ac praeservatione purpurae, praecipue puerperarum.
Basel, Med. Diss. 1767

Meyer, Joh. Math., die drei Hauptpflichten der evangel. Prediger. Synodalpredigt gehalten in der protestant. Hauptkirche zu Nördlingen den 18. Juli 1844. gr. 8. (1 B.) Nördlingen, Beck'sche Buchh.

Meyer, Joh. Mathias, Predigt beim Beginn der Aerndte gehalten d. 22. Juli 1847 zu Nördlingen. gr. 8. (14 S.) Nördlingen 847, Beck. 2 ngr

—— Predigt zum Gedächtniß des am 18. Febr. 1546 selig vollendeten Reformators Dr. Mart. Luther, gehalten d. 18. Febr. 1846 in d. protestant. Hauptkirche zu Nördlingen. gr. 8. (1 B.) Nördlingen, Beck'sche Buchh.

—— wozu soll uns der Name Jesus am ersten Tage des neuen Jahres dienen? Predigt, gehalten am Neujahrsfeste 1845 in der Hauptkirche zu Nördlingen. gr. 12. (1 B.) Nördlingen, Beck'sche Buchh.

Meyer, Johann Michael
— Beschreib. seiner auf d. Wallfischfange nach Spitzbergen gethanen Reise u. in die Straße Davis. 8. Straßb. 767.

***Meyer* oder *Mayer*, Jh. Mich., († d. 13. Mai 1793.) Diss. inaug. de difficili in observationes anatomicas epicrisi. 4. Erlang. 773.**

Meyer, Johann Ph.

Meyer, J. Ph., Ober-Ehnheim am Fuße d. Vogesen, in medizin.-topograph. Rücksicht. gr. 8. (19 B. u. 2 Ansichten.) Straßburg 841, Levrault.

(Meyer, Joh[ann] Rudolf *I* [1739–1813].) Beschreibung eines neuverfertigten Reliefs, welches eine der interessantesten Schweizergegenden nach der Natur darstellt. (Aarau 1803.) 8. *o. O.*

Meyer, Johann Rudolph, Jr.
Systematische Darstellung aller Erfahrungen in der Naturlehre entworfen.
Vol. I and II: Systematische Darstellung aller Erfahrungen über allgemeine verbreitete Potenzen von Ludwig von Schmidt, genannt Phiseldeck. 2 vols.
Vol. III: Systematische Darstellung aller Erfahrungen über die einzelnen Metalle in zwei Bänden, von Karl Albrecht Kielmann. Aarau, 1807. 3 vols., 4to. Vol. I: pp. xxxii–543 and eleven plates. II: pp. iv–420 and plates 12–17. III: pp. xxxiv–498 and one plate.

This is an ambitious attempt to present a summary of all facts based on experiments with the known elementary bodies. Vol. II treats of light, heat, electricity, galvanism, magnetism, oxygen, hydrogen, water, nitrogen, carbon and atmospheric air; vol. III, of the metals and their known combinations with the preceding and with each other. The whole is very systematically arranged; and certainly gives an excellent view of chemical knowledge at the time. The work abounds in citations and bibliographical data. Historical notes accompany each metal.

Meyer, J. R., systemat. Darstellungen aller Erfahrungen in d. Naturlehre, bearbeit. v. mehreren Gelehrten. 1r Thl. in 3 Bde. 4. Arau, Sauerländer. 806. (I. 1r Bd. 3 Rthlr. 8 gr. 2r 2 Rthlr. 16 gr. 3r 4 Rthlr. 12 gr.) 1
Schreibp. (I. 1r 4 Rthlr. 8 gr. 2r 3 Rthlr. 12 gr. 3r 6 Rthlr.) 1

— — desselb. 3n Thls 1r Bd. 4. Ebend. 808.
Schreibp.

Meyer, Jh. Rud., system. Darstellung aller Erfahrr. in der Naturlehre, in 3 Bdn, M. 27 Kpf. 4. Aarau 806—8. 10 ₰ 12 gl Schrbp. 13 ₰ 20 gl Dass. 3 Bde. M. 27 Kpf. Stettin in Ulm. 8 ₰ (1r Thl. 1r u. 2r Bd. A. u. d. T.: Systemat. Darstellung aller Erfahrr. über allgem. verbreit. Potenzen v. Ldw. Schmidt-Phiseldeck. Mit 17. Kpf. 806, 7. 3 ₰ 8 gl Schrbp. 4 ₰ 12 gl. 3n Thls. 1r Bd. A. u. d. T.: K. A. Kielmann, Systemat. Darstellung aller Erfahrr. üb. die Metalle. Mit 1 Kpft. 4. Ebd. 808. 3 ₰ Schrbp. 4 ₰) Vergl. L. Schmidt-Phiseldeck, Darstell.

Meyer, Johann Rudolph.
Reise auf die Eisgebirge des Kantons Bern ... Aarau 1813. H: *Zschokke, Johann Heinrich Dan.* (Ky) (BrMm)

— Reise auf d. Eisgebirge d. Kantons Basel u. Ersteigung ihrer höchsten Gipfel im Sommer 1812. (Hrsgg. v. Zschokke.) Mit 1 Karte. 8. Aarau 813. Sauerländer. 5 gl

Meyer, Joh[ann] Rudolf *II* [1768–1825], und Meyer, Hieronymus. Reise auf den Jungfrau-Gletscher und Ersteigung seines Gipfels. Von Joh. R' M' und H' M'... im Augustmonat 1811 unternommen. SA. 8. [Aarau 1811.]

— Reise auf d. Jungfraugletscher u. Ersteigung seines Gipfels. gr. 8. Aarau 813. Sauerländer. 18 gl

—üb. d. moderne Reislaufen, d. helvet. Geſellſchaft zu Aarau vorgeleſen. 8. Baſel 796. (Rottmann). 16 gl

(Meyer, J[ohann] Rudolf I.) An die Subscribenten meines Schweizer-Atlasses. (Aarau den 6ten Juny 1801.) 8. *o. O.*

Meyer, J[ohann] Rudolf I. Übersicht des hohen kaiserlichen Stammhauses Habsburg und der umliegenden Gegenden, wie solche in dem nach der Natur verfertigten Relief dargestellt sind.... 8. *o. O.* 1804.

Meyer, Johann Rudolph Joseph

Meyer, J. R. de Joseph., richt. Berechn. der verſchied. Längen-Maße einiger Städte u. Länder. gr. Fol. Th. Ehrenbreitſt. Gehra. 793.

— theoret. Einleit. in die prakt. Münzwiſſenſchaft u. Prüfung d. Goldes u. Silbers. 4. Solothurn 776. Mit n. Titelbl. Frkf. a. M. 786. Brönner. 2 ℔

— theor. Einleit. in d. prakt. Münzwiſſenſch. u. Prüfung des Goldes u. Silbers. 4. Deſſau. (Brönner, Frankf.) 785.

— theoret. Einleit. in d. prakt. Waaren- u. Wechſelrechnung ꝛc. a. Anw. z. doppelt. Buchhalt. 4. Ebend. 782.

— theoret. Einleit. in die prakt. Waaren- u. Wechſel-Handlung ꝛc. auch Anweiſ. z. doppelt. Buchhalt. 4. Hanau 782. (Brönner in Frankf. a. M.) 2 ℔

— **Jo. Sebastian** (Braunschweig), De variis controversiis in argumento possessionis et juramentorum. Diss. jur. Präs. Jo. Paul Kress. Helmstedt (P. D. Schnorr) 13. IX. 1732. 76 S. (4.50) 23236
Widm. v.: Jo. Paul Kress.

MEYER, Joh. Tobias: Gründlicher und ausführlicher Unterricht zur praktischen Geometrie. - Göttingen 1777-1794. 4 Tl.

Unterricht zur practiſchen Rechenkunſt, zu geometriſchen, perſpectiviſchen und optiſchen Zeichnungen und Berechnungen, nützlich für Anfänger und Liebhaber dieſer Wiſſenſchaften (ehemals durch Schübler und Roſs verfaſst, nunmehro aber umgeändert, und mit Zuſätzen vermehrt) von *J. T. M.* (*J. Tob. Meyer*), Nürnb. und Leipz. Weigel und Schneider. 272 S. 23 Kupſt. gr. 8. 1786.

Meyer, Johannes, s. Meyer, Karl Robert Johannes

Meyer, Johs., die Abweichungen der neuen v. der alten Rechtſchreibung, nebſt Übungsaufgaben, Diktaten u. e. Wörterverzeichnis. Für den Schul- u. Selbſtunterricht bearb. 8. (32 S.) Hannover 902. C. Meyer. — 15

— dasſelbe. 2. u. 3. durchgeſeh., 4. ſter. u. 6.—9. unveränd. Aufl. (10.—45. Tauſ.) 8. (à 32 S.) Ebd. 902. n. — 20

Die Abweichungen der neuen von der alten Rechtschreibung nebst Übungsaufgaben, Diktaten u. e. Wörterverzeichnis... von Johannes **Meyer**, Rektor. 16.–20. unveränd. Abdr. *Hannover, Berlin: C. Meyer 1903.* (32 S.) 8° [F.] 03. 7

Die Abweichungen der neuen von der alten Rechtschreibung nebst Übungsaufgaben, Diktaten u. e. Wörterverzeichnis. Für d. Schul- u. Selbstunterr. bearb. von Johannes **Meyer**, Rektor. 23. verb. u. nach d. neuesten amtl. Wörterverz. von 1903 abgeänd. Aufl. *Hannover, Berlin: C. Meyer 1904.* (32 S.) 8° [F.] 04. 9

Meyer, Johs., die Abweichungen der neuen v. der alten Rechtſchreibung, nebſt Uebungsaufgaben, Diktaten u. e. Wörterverzeichnis. Für den Schul- u. Selbſtunterricht bearb. 25. nach dem neueſten amtl. Wörterverzeichnis v. 1903 abgeänd. Aufl. 113.—114. Tauſ. (32 S.) 8. Hannover 905. C. Meyer. n. — 20

Meyer, Johs., die Abweichungen der neuen v. der alten Rechtſchreibg., nebſt Uebungsaufgaben, Diktaten u. e. Wörterverzeichnis. Für den Schul- u. Selbſtunterricht bearb. 28., nach dem neueſten amtl. Wörterverzeichnis v. 1903 abgeänd. Aufl. (119.—120. Tauſ.) (32 S.) 8. Hannover 910. C. Meyer. p — 20

Meyer, Johs., Anfangsgründe der deutſchen Sprachlehre, ſ.: Götzinger, M. W.

Meyer, Johs., Archiv f. die Praxis d. Volksſchullehrers. 1. Bd. gr. 8. Hannover 892. C. Meyer. n. 3. —
Muſter-Lehrproben aus allen Unterrichtsgebieten der deutſchen Volksſchule, ausgewählt u. hrsg. (IV, 315 S.)

Meyer, Johs., s.: Bahnen, neue.

Meyer, Johs., die früheren Beſitzer v. Arenenberg, Königin Hortenſe u. Prinz Ludwig Napoleon. Nach den Quellen bearb. (185 S. m. 6 Taf. u. 1 Stammtaf.) Lex.-8. Frauenfeld 906. Huber & Co. n. 3. 20
Sonderabdruck aus: „Schriften des Vereins für Geſchichte des Bodenſees u. ſeiner Umgebg."

Meyer, Johannes. Die früheren Besitzer von Arenenberg, Königin Hortense und Prinz Ludwig Napoleon. Nach den Quellen bearbeitet. 2., stark vermehrte Aufl. Mit [Aktenbeilagen, 2 Illustrationen und] 16 Vollbildern [Tafeln]. VIII + 437 S. 8. Frauenfeld, Huber & Co., 1908. [fr. 5. 50, geb. 6. 50]
1. Aufl. s. in: Schriften des Vereins für Geschichte des Bodensees und seiner Umgebung. Heft 35. Lindau i. B. 1906. S. 123—307. [Als Sep.-Abdr. fr. 4.—]: P4

Die früheren Besitzer von Arenenberg, Königin Hortense und Prinz Ludwig Napoleon. Nach d. Quellen bearb. von Dr. Johannes **Meyer** in Frauenfeld. 3., durchges. Aufl. Mit 16 Vollbild. Frauenfeld: Huber & Co. 1908. (437 S.) 8° [F.] 08. 16819

— d. allgem. Beſtimmungen v. 15. Oktbr. 1872, betr. d. Volksſchul-, Präparanden- u. Seminar-Weſen, ſowie d. Beſtimmungen v. 31. Mai 1894 üb. d. Mädchenſchulweſen, d. Lehrerinnenbildg. u. -Prüfgn., erläut. u. ausgelegt durch d. Hauptinhalt d. bis z. 1. Juli 1894 erlaſſ Miniſterial-Verfüggn. gr. 8. (216 S.) Langenſalza 895. Schulbuchh. 1. 50

— Bilder aus der Geſchichte des deutſchen Volkes. Für Schule u. Haus nach den Meiſterwerken deutſcher Geſchichtſchreibg. bearb. 1. Bd. Deutſche Stammesgeſchichte. — Deutſche Kaiſergeſchichte. 10 Lfgn. gr. 8. (606 S. m. Abbildgn.) Gera 894. Th. Hofmann. à n. — 50
(1. Bd. kplt.: n. 5. —; geb. n. 6. —)

— Bilder aus d. Geſchichte d. deutſchen Volkes. Für Schule u. Haus nach d. Meiſterwerken deutſcher Geſchichtſchreibg. bearb. 2. Bd. Deutſche Fürſten- u. Ländergeſchichte. — Deutſche Reformationsgeſchichte. gr. 8. (564 S. m. Abb.) Gera 895. Th. Hofmann. n. 4. 50
(1. u. 2.: n.n. 9. 50; Einbde. à n.n. 1. —)
Erſchien auch in 9 Lfgn. à n. — 50.

Meyer, Johs. (I.), Bilder aus der Kirchengeſchichte, nebſt dem Hauptſächlichſten aus der Bibelkunde und einer Beſchreibung des heil. Landes. Für Bürger- und Volksſchulen bearb. Mit 3 (eingedr.) Karten vom Schauplatze der heil. Geſchichte. Zugleich ein Ergänzungsheft zu des Verf. Schulbuche: Die heil. Geſchichte in bibl. Geſchichten, kleine Ausg., ſowie zu ähnlichen bibl. Geſchichten. gr. 8. (96 S.) Leipzig 880, Siegismund und Volkening. *

— s.: Blätter f. die Fortbildung des Lehrers u. der Lehrerin.

Meyer, J. (II.), die Burgen bei Weinfelden, s.a. Berichte, Thurgauische, zur vaterländischen Geschichte.

Meyer, Johannes. Die Burgen bei Weinfelden. (SA.) 8. Frauenfeld 1888.

Meyer, Johannes: Die Bürgerschule für Mädchen und die mit ihr verbundenen Anstalten: Frauenschule und Lehrerinnenseminar. Crefeld (1909): Hohns. S. 3—16. 4°
Krefeld, st. Bürger-S f. M P 1909 [58] [S 09. 324

Meyer, Johs., O. Praed., Buch der Reformacio Predigerordens, s.a. Quellen u. Forschungen zur Geschichte des Dominikanerordens in Deutschland. 2. u. 3. Heft.

Iohannes **Meyer** Ord. Praed. Buch der Reformacio Predigerordens Buch I—III. Hrsg. von Benedictus Maria Reichert. Leipzig: Harrassowitz 1909. XXIII, 109 S. 8°
(Quellen u. Forschungen z. Geschichte d. Dominikanerordens in Deutschland. H. 2.) [09. 8133

— Einführung in August Hermann Niemeyers Leben u. Lehre, s.: Klassiker, die, der Pädagogik.

Meyer, J.: Einführung in die deutsche Literatur. Berlin
Bd 1. Die älteste Zeit. Die mittelhochdeutsche Zeit. 1905
Bd 2. Von Luther bis Klopstock. 1905
Bd 3. Die Vorklassiker. 1907
Bd 4. Herder. Die Stürmer und Dränger. Goethe. Johann Peter Hebel. 1908
Bd 5. Johann Christoph Friedrich Schiller. Die Romantiker. 1909
Bd 6. Von der jüngeren Romantik bis zur Literaturrevolution 1882/83. Von Josef Karlmann Brechenmacher. 1913

— Einführung in die deutsche Literatur. Dichtungen in Poesie u. Prosa, erläutert f. Schule u. Haus. Mit Unterstützg. namhafter Schulmänner unter Benutzg. des gleichnam. Werkes v. Lüben u. Nacke hrsg. Zugleich e. Geschichte der deutschen Literatur von den ältesten Zeiten bis zur Gegenwart. 1. u. 2. Bd. gr. 8. Berlin, Gerdes & Hödel. n. 13. 20; geb. n. 15. 20
1. Die älteste Zeit. — Die mittelhochdeutsche Zeit. (XVI, 656 S.) 905. n. 6. —; geb. n. 7. —
2. Von Luther bis Klopstock. (XVI, 766 S.) 906. n. 7. 20; geb. n. 8. 20

— Einführung in die deutsche Literatur. Dichtungen in Poesie u. Prosa, erläutert f. Schule u. Haus. Mit Unterstützg. namhafter Schulmänner unter Benutzg. des gleichnam. Werkes v. Lüben u. Nacke hrsg. Zugleich e. Geschichte der deutschen Literatur von den ältesten Zeiten bis zur Gegenwart. 3.—5. Bd. gr. 8. Leipzig, R. Haupt. 25.—; geb. 28. —
3. Die Vorklassiker. (XIII, 846 S.) Berlin 907. 8.—; geb. 9. —
4. Herder. Die Stürmer u. Dränger. Goethe. Johann Peter Hebel. (XV, 828 S.) Berlin 908. 8.—; geb. 9. —
5. Johann Christoph Friedrich Schiller. — Die Romantiker. (XV, 852 S.) Berlin 909. 9.—; geb. 10. —
Bd. 1 u. 2 jetzt Ebd. 905. 06. 13.20; geb. 15.20.

Meyer, Johannes: Emendationes et observationes in Athenaei novissimam editionem. Regensburg, Druck d. Nationalen Verlagsanst., 1897; 39 S. 8.
Regensburg, k. Neues G, P 1897*

Meyer, Johannes: Spicilegium emendationum et observationum in novissimam Athenaei editionem. *Ratisbonae 1898: „Nationale Verlagsanst.“* (37 S.) 8° [= Programm des Neuen Gymnasiums Regensburg 1897.] [Umschlagt.]
Erlangen, Phil. Diss. v. 11. Dez. 1897

Meyer, Johannes, Die geschichtliche Entwickelung des Handfertigkeitsunterrichtes. gr. 8⁰. Berlin 1853.

—— die geschichtliche Entwicklung des Handfertigkeit-Unterrichtes. Eine histor. Studie. gr. 8. (113 S.) Berlin 883, Th. Hofmann. *

—— die nationale Erziehung, s.a. Sammelmappe, pädagogische.

Meyer, Johs., die nationale Erziehung. Eine pädagog. Monographie. [Pädagog. Sammelmappe. 29. Heft.] 8. (86 S.) Leipzig 879, Siegismund und Volkening. *

Meyer, J.: Die nationale Erziehung. Eine pädagogische Monographie. 2. Aufl. Leipzig 1879. 86 S.

— Die Fortbildung der aus der Volksschule entlassenen Mädchen, s.a. Magazin, pädagogisches.

Meyer, Johannes: Die Fortbildung der aus der Volksschule entlassenen Mädchen. Ein Beitrag z. gegenwärt. Stand d. Mädchenfortbildung u. Vorschläge z. Errichtung v. obligatorischen Mädchenfortbildungsschulen. — Langensalza: Beyer 1910. 45 S. 8° (Pädagog. Magazin. 410.)
Aus: Deutsche Blätter f. erziehenden Unterricht. 1909/10.

Meyer, Johs. (I.), die soziale Frage und die Schule, s.a. Zeit- und Streitfragen, pädagogische.

Meyer, Johs., Die soziale Frage und die Schule. 8⁰. Gotha 1888.

Kleiner Führer durch Geschichte, Leben und Hauptschwierigkeiten der deutschen Sprache. Von Johannes **Meyer**, Rektor, Krefeld, u. Dr. Oskar Rückert, Oberl., Unna. Hannover-List & Berlin: C. Meyer 1907. (171 S.) 8° [F.] [08. 14090 7

— u. Johs. **Prinzhorn**, Dr. Martin Luthers Gedanken üb. Erziehung u. Unterricht. Eine Festgabe zu dem 400jähr. Geburtstage Luthers. gr. 8. (XIV, 310 S.) Hannover 883. Meyer. n. 5. —; geb. n. 6. —

— u. Arnold **Thelen**, Gegenüberstellung der Unterschiede zwischen der alten u. neuen Rechtschreibung. (Vor-Puttkamersche — Puttkamersche — neue Rechtschreibg.) Für Bureaubeamte sowie f. alle, die die neue Rechtschreibg. in kürzester Zeit erlernen wollen. 1.—15. Taus. 8. (à 72 S.) Ebd. 902. n. — 50

— u. Arnold **Thelen**, Gegenüberstellung der Unterschiede zwischen der alten u. der neuen Rechtschreibung. (Vor-Puttkamersche — Puttkamersche — neue Rechtschreibg.) Für Bureaubeamte sowie für alle, die die neue Rechtschreibung in kürzester Zeit erlernen wollen. 16. u. 17. Taus. (72 S.) 8. Hannover 903. C. Meyer. n. — 50

Meyer, Johannes. Geschichte der deutschen Besiedelung des Hegaus und Klettgaus, zumal in deren schaffhauserischen Bestandteilen, von der Einwanderung der Schwaben bis zur Gründung des Klosters Allerheiligen, ca. 298—1050. [Mit 1 Figur und 1 Karte.] Separatabdruck aus den Schriften des Vereins für Geschichte des Bodensees. Heft 30. 1901. S. 33 ff. II + 86 S. gr.-8. [Frauenfeld, Huber & Co.]

Meyer, Johs., biblische Geschichte f. einfache Schulverhältnisse. Nach method. Grundsätzen bearb. 8. (68 S.) Leipzig 886. Siegismund & Volkening. n. — 30; cart. n. — 35

Meyer, Johs., Geschichte des schweizerischen Bundesrechtes. 1. Bd.: Die alte Zeit bis 1798. gr. 8. (VIII, 531 S.) Winterthur 878. Westfehling. n. 4. 80

Meyer, Johs., Geschichte d. schweizerischen Bundesrechtes. 2. Bd.: Die Zeit von 1798 bis 1874. gr. 8. (VIII, 483 S.) Winterthur 875. Westfehling in Comm. n. 4. 80
Der 1. Bd. erscheint später.

— dasselbe. Suppl.: Uebersicht des aus der neuen Bundesverfassung von 1874 erwachsenen Bundesrechtes. gr. 8. (IV, 95 S.) Ebend. 881. n. 1. 60 (1 u. 2 mit Suppl.: n. 11. 20)

Meyer, Gesch. d. schweiz. Bundesrechtes. 2 Bde. u. Suppl. Winterthur 882.

—— die heilige Geschichte in biblischen Geschichten für evangelische Volksschulen. Nach Maßgabe der ministeriellen „Allgemeinen Bestimmungen vom 15. Oktbr. 1872" bearb. Kleine Ausg. Ohne Anhang. 8. (188 S.) Leipzig 880, Siegismund und Volkening. *

— die heilige Geschichte in biblischen Geschichten für evangelische Volksschulen. Nach Maßgabe der ministeriellen „Allgemeinen Bestimmungen vom 15. Oktbr. 1872" bearb. Große Ausgabe. Mit einem Anh.: enth. Bilder aus der Kirchengeschichte, nebst dem Hauptsächlichsten aus der Bibelkunde u. einer Beschreibung des heil. Landes, sowie 3 (lith. u. color.) Karten vom Schauplatz der heil. Geschichte. gr. 8. (188 u. 96 S.) Ebend. 880. n. 1. —

— die heilige Geschichte in biblischen Geschichten f. die Mittel- u. Oberstufe evangelischer Volksschulen. Nach method. Grundzügen bearb. 2. Aufl. Mit 3 (lith. u. color.) Karten vom Schauplatz der heil. Geschichte. gr. 8. (224 S.) Ebend. 883. n. — 70

Meyer, Johannes. Geschichte des Schlosses Kastell. (Erweiterung des Vortrages, der den 8. Oktober 1894 zu Tägerweilen gehalten wurde von Dr. J. M.) Mit drei Ansichten [wovon 2 Tafeln] und einem Porträt in Phototypie. Separat-Abdruck aus den Thurgauischen Beiträgen, Heft 43. VI + 120 S. 8. Frauenfeld, F. Müller, 1903.

— vaterländische Geschichte, s.: Rübenkamp, W.

Meyer, Johs., Hamburg wie's weint u. lacht. Erzählgn. aus dem Volksleben. 1.—4. Lfg. 8. (S. 1—192.) Hamburg 888. Schardius. à — 30

MEYER, J., Hamburg wie's weint und lacht. Erzählungen aus dem Volksleben. Hamburg 1889. 8°. (Mk. 2—.) (1 Mk. C. Kirsten, Hamb., 1909.)

— Der Handfertigkeits-Unterricht in der Schule. 8°. Berlin 1881.

—— der Handfertigkeits-Unterricht und die Schule, s. a. Zeit- und Streitfragen, deutsche.

Meyer J. der Handfertigkeitsunterricht u die Schule. (Zt- u Strtfr. 147. 48) Berlin 1881

—— die Provinz Hannover. Natur- und Lebensbilder zur näheren Kenntnis des hannov. Landes und seiner Bewohner. Heimatkunde für Haus und Schule. 9 Lfgn. gr. 8. (V, 551 S.) Hannover 881,82, Meyer. *

— die Prov. Hannover. 6. Aufl. gr. 8. (24 S.) Ebd. 895. n. — 10

Meyer, Johannes (Hrsg.), s. a. Hannover, Die Provinz, in Geschichts-, Kultur- und Landschaftsbildern.

— die Prov. Hannover in Geschichts-, Kultur- u. Landschaftsbildern. In Verbindg. m. C. Diercke, A. Ebert, E. Görges, F. Günther, W. Hering, L. Rosenbusch, H. Steinvorth u. a. hrsg. 2., vollständig umgearb. u. verm. Aufl. (In ca. 10 Lfgn.) 1. u. 2. Lfg. gr. 8. (S. 1—256 m. Fig. u. 1 Taf.) Hannover 886. Meyer. Subscr.-Pr. à n. 1. —

—— die Provinz Hannover in Geschichts-, Kultur- und Landschaftsbildern. In Verbindung mit C. Diercke, A. Ebert, E. Görges, F. Günther, W. Hering, L. Rosenbusch, H. Steinvorth hrsg. 2. vollständ. umgearb. und wesentl. verm. Aufl. gr. 8. (XII, 1686 Sp. mit 83 Abbild. im Text, 5 Vollbildern und 1 Doppelbild, sowie mit 1 Karte der Provinz Hannover von C. Diercke.) Hannover 888, Meyer. * geb. **
Die Ausgabe erfolgte in 12 Lfgn. zum Subscr.-Pr. à *ℳ 1.—.

— kleine Heimatskunde der Prov. Hannover. Zugleich ein Ergänzungsheft zu der Weltkunde für Volks- u. Mittelschulen v. Hüttmann, Jastram, Marten, sowie zu dem Realienbuch für Volksschulen v. Hüttmann, Marten, Renner. gr. 8. (40 S.) Hannover 879. Helwing's Verl. n.n. — 25

—— Heimatskunde der Provinz Hannover. Für die Hand der Schüler bearb. 2. umgearb. Aufl. Zugleich ein Ergänzungsheft zu der Weltkunde für Volks- und Mittelschulen von Hüttmann, Jastram, Marten, sowie zu dem Realienbuch für Volksschulen von Hüttmann, Marten, Remer. Ausg. mit der neuen Kreiseinteilung. gr. 8. (40 S.) Hannover 885, Helwing's Verlag. *

— Heimatskunde der Provinz Hannover. Für die Hand der Schüler bearb. 3., verb. Aufl. 8. (48 S.) Hannover 888. Helwing's Verl. n. — 25

— Heimatskunde der Prov. Hannover. Für die Hand der Schüler bearb. 4., verb. Aufl. Zugleich e. Ergänzungshft. zu der Weltkunde f. Volks- u. Mittelschulen v. Hüttmann, Jastram, Marten, sowie zu dem Realienbuch f. Volksschulen v. Hüttmann, Marten, Renner. 8. (48 S.) Hannover 892. Helwing's Verl. n.n. — 25; m. Karte der Prov. Hannover n. — 35; Karte allein n. — 12

— Heimatskunde d. Prov. Hannover. Für d. Hand d. Schüler bearb. 5., verb. Aufl. Zugl. e. Ergänzungsheft zu d. Weltkunde f. Volks- u. Mittelschulen v. Hüttmann, Marten, Renner, Feddeler, sowie zu dem Realienbuch f. Volksschulen v. Hüttmann, Marten, Renner. gr. 8. (48 S.) Hannover 896. Helwing. n.n. — 25; m. 1 farb. Karte n. — 35

— Heimatskunde der Prov. Hannover. Für die Hand der Schüler bearb. 6. verb. Aufl. Zugleich e. Ergänzungsheft zu der Weltkunde f. Volks- u. Mittelschulen von Hüttmann, Marten, Renner, Feddeler, sowie zu dem Realienbuch f. Volksschulen von Hüttmann, Marten, Renner. gr. 8. (48 S.) Hannover 900. Helwing. n.n. — 25; m. 1 farb. Karte n. — 35

— Heimatkunde der Prov. Hannover. Für die Hand der Schüler bearb. 7. umgestalt. u. erweit. Aufl., bearb. v.

A. Beuermann. (64 S. m. 15 Abbildgn.) 8. Hannover 906. Helwing. n.n. — 40; m. farb. Karte n.n. — 50

— Heimatkunde der Prov. Hannover. Für die Hand der Schüler bearb. 8. Aufl., bearb. v. A. Beuermann. (64 S. m. 16 Abbildgn.) 8. Hannover 910. Helwing. nn — 40; m. (farb.) Karte nn — 50

—— Hülfsbuch für den evangelischen Religionsunterricht, s. a. Sammelmappe, pädagogische.

Meyer, Johs., Hülfsbuch für den evang. Religionsunterricht, enth. Bilder aus der Kirchengeschichte, die Bibelkunde, die Beschreibung des heil. Landes, das Kirchenjahr u. die Perikopen, die Geschichte des Kirchenliedes u. die Ordnung des Gottesdienstes. Nach method. Grundsätzen bearb. Mit 3 (lith. u. color.) Karten vom Schauplatze der heil. Geschichte. gr. 8. (152 S.) Leipzig 880. Siegismund & Volkening. n. — 80

— der Hintergrund in Pestalozzis Lienhard u. Gertrud. Öffentlicher Vortrag. 8. (36 S.) Frauenfeld 900. (Huber & Co.) n. — 50
Sonderabdruck aus: „Sonntagsblatt d. Thurgauer Zeitung".

[F.] Das Hohenzollern-Buch. Bilder a. d. Gesch. unseres Herrscherhauses. E. vaterländ. Lehr- u. Leseb. f. Schule u. Haus v. Johannes Meyer, Rektor ... in Crefeld. Bd 1—3. *Langensalza: F. G. L. Gressler 1891.* 3 Bde 8.

1. D. Grosse Kurfürst. — Friedrich d. Grosse. (VIII, 324 S. 1 Portr.)
2. König Friedrich Wilhelm II. — König Friedrich Wilhelm IV. (IV. 330 S., 3 Portr.)
3. Kaiser u. König Wilhelm I. — Kaiser u. König Wilhelm II. (IV, 384 S., 3 Portr.)

[98. 1857

— das Hohenzollern-Buch. Bilder aus der Geschichte uns. Herrscherhauses. Ein vaterländ. Lehr- u. Lesebuch f. Schule u. Haus. 3 Bde. gr. 8. Langensalza 897. Schulbuchh. à 4. —; geb. à 5. 40

1. Der Große Kurfürst — Friedrich der Große. (VIII, 324 S. m. 1 Bildn.)
2. König Friedrich Wilhelm II. — König Friedrich Wilhelm IV. (IV, 336 S. m. 3 Bildn.)
3. Kaiser u. König Wilhelm I. — Kaiser u. König Wilhelm II. (IV, 384 S. m. 2 Bildn.)

Meyer, Johs., s.: Jahrbuch, pädagogisches.

— das christliche Kirchenjahr u. die Perikopen. Bedeutung, Geschichte, Sitten u. Gebräuche der Sonn- u. Festtage, sowie Zusammenhang der evangel. Perikopen. Für Schule u. Haus bearb. gr. 8. (78 S.) Hannover 880. Meyer. n. 1. —

Meyer, Johs. (I.), Küssenberg im badischen Klettgau. 8. (40 S. mit 2 Stnt. in Tondr. und chromolithogr. Titel.) Schaffhausen 866, Brodtmann'sche Buchh. cart.

Meyer, Johs. (I.), biblisches Lehr- und Lesebuch für mehrklassige Volks- und Bürgerschulen, Mittelschulen und höhere Mädchenschulen. Nach method. Grundsätzen bearb. 1. und 2. Tl. gr. 8. Leipzig 884, Siegismund und Volkening. *
geb. *

Inhalt:

Tl. 1. Abgerundete Einzelbilder, nebst Bibelsprüchen, Liederversen und Gebeten für die Unterstufe. Zugleich eine Vorstufe zu des Verf. Schulbuche: „Die heilige Geschichte in biblischen Geschichten für die Mittel- und Oberstufe evangelischer Volksschulen". (80 S. mit 18 Abbild.) * 40 Pf.; geb. * 60 Pf.

" 2. Lebens- und Geschichtsbilder, nebst Bibelsprüchen und Bibellesestücken für die Mittelstufe. (191 S. mit 2 lithogr. und color. Karten.) * 60 Pf.; geb. * 85 Pf.

—— Lehr- und Übungsbuch für den Unterricht in der deutschen Rechtschreibung. Auf Grundlage des amtl. Orthographiebuches für Volks- und Bürgerschulen, sowie für die unteren Klassen der Gymnasien, Realschulen und höheren Töchterschulen bearb. 1.—4. verb. Aufl. gr. 8. (60 S.) Hannover 880, Meyer. *

—— Lehr- und Übungsbuch für den Unterricht in der deutschen Rechtschreibung. Nach method. Grundsätzen für Volks- und Bürgerschulen, sowie für die unteren Klassen der Gymnasien, Realgymnasien und höheren Töchterschulen bearb. 5. vollständ. umgearb. Aufl. gr. 8. (64 S.) Hannover 885, Meyer. *

— Lehr- u. Übungsbuch f. den Unterricht in der deutschen Rechtschreibung. Nach method. Grundsätzen für Mittel-, Bürger- u. gehobene Volksschulen, sowie f. die entsprech. Klassen der höh. Lehranstalten bearb. Ausg. A in 1 Hefte. 16. verb. Aufl. Nach der amtl. Neuregelg. der Rechtschreibg. gr. 8. (68 S.) Hannover 902. C. Meyer. n. — 30

— dasselbe. In 4 Stufen f. Mittel-, Bürger- u. gehobene Volksschulen, sowie f. die entsprech. Klassen der höheren Lehranstalten bearb. Ausg. B in 2 Hftn. gr. 8. Ebd. 902. n. — 80

1. (56 S.) n. — 30. — 2. (96 S.) n. — 50.

— dasselbe. In 5 Stufen f. Mittel-, Bürger- u. gehobene Volksschulen, sowie f. die entsprech. Klassen der höheren Lehranstalten bearb. Ausg. B in 2 Heften. 2. durchgeseh. Aufl. 8. Ebd. 904. n. — 80

1. (56 S.) — 30. — 2. (104 S.) Kart. — 50.

— Lehr- u. Uebungsbuch f. den Unterricht in der deutschen Rechtschreibg. Nach method. Grundsätzen f. Mittel-, Bürger- u. gehobene Volksschulen, sowie f. die entsprech. Klassen der höh. Lehranstalten bearb. Ausg. A in 1 Hefte. 19. Ster.-Aufl. (IV, 68 S.) 8. Ebd. 906. Kart. n. — 30

— Lehr- u. Übungsbuch f. den Unterricht in der deutschen Rechtschreibung. Nach method. Grundsätzen f. Mittel-, Bürger- u. gehobene Volksschulen, sowie f. die entsprech. Klassen der höh. Lehranstalten bearb. Ausg. A in 1 Hefte. 22. (Ster.-)Aufl. (II, 66 S.) 8. Hannover 909. C. Meyer. — 30

Meyer, Johs., Lehr- u. Übungsbuch f. den Unterricht in der deutschen Rechtschreibung. In 5 Stufen f. Mittel-, Bürger- u. gehobene Volksschulen, sowie f. die entsprech. Klassen d. höheren Lehranstalten bearb. Ausg. B in 2 Heften. 5. (Ster.-)Aufl. 8. Hannover 910. C. Meyer. — 80

1. (56 S.) — 30. —. 2. (104 S.) — 50.

Meyer, Johs., die preuß. Lehrerprüfungen. Ein Wegweiser f. die Fortbildung d. Lehrers im Amte. 1. Tl. A. u. d. T.: Die 2. Prüfung. E. prakt. Wegweiser f. d. Vorbereitg. zur 2. Volksschullehrerprüfg. 2., vollst. umgearb. Aufl. gr. 8. (VIII, 128 S.) Gera 897. Th. Hofmann. n. 1. 40; geb. n.n. 1. 80

— die preußischen Lehrerprüfungen. Ein Wegweiser f. die Fortbildg. des Lehrers im Amte. 1. Tl. Die 2. Prüfg. Ein prakt. Wegweiser f. die Vorbereitg. zur 2. Lehrerprüfg. Nebst e. Anh., enth. die Bestimmgn. üb. Ausbildg. u. Prüfg. der Turn-, Zeichen- u. Musiklehrer an höh. Lehranstalten sowie der Taubstummenlehrer. 3., nach der neuen Ordng. der 2. Lehrerprüfg. v. 1. VII. 1901 umgearb. Aufl. gr. 8. (VIII, 187 S.) Leipzig 902. Th. Hofmann. n. 2. —; geb. in Leinw. n. 2. 40

Meyer, Johannes: Ausführlicher Lehrplan für die Städtische Bürgerschule für Mädchen ‹9 stufige parität. Mädchen-Mittelschule› in Krefeld. — Essen: Baedeker 1900. 251 Sp. 4°

— ausführlicher Lehrplan für eine Halbtagsschule. [Getheilte einklass. Volksschule.] Mit Berücksicht. der ministeriellen „Allgemeinen Bestimmungen vom 15. Oktbr. 1872" bearb. gr. 8. (80 S.) Leipzig 878. Siegismund & Volkening. n. — 75

— u. Heinr. Free, ausführl. Lehrplan f. e. dreiklassige Volksschule. Nach Maßgabe der „Allgemeinen Bestimmgn. vom 15. Okt. 1872" u. unter steter Berücksicht. der neueren Bestrebgn. auf dem Gebiete der Methodik bearb. gr. 8. (86 S.) Leipzig 884. Siegismund & Volkening. n. 1. —; geb. n. 1. 20

Meyer, J. (III.), und Heinr. Free, ausführlicher Lehrplan für eine zweiklassige Volksschule, s. a. Sammelmappe, pädagogische, Heft 85.

—— und Heinr. Free, ausführlicher Lehrplan für eine zweiklassige Volksschule. Nach Maßgabe der „Allgemeinen Bestimmungen vom 15. Oktbr. 1872" und unter steter Berücksicht. der neueren Bestrebungen auf dem Gebiete der Methodik bearb. gr. 8. (77 S.) Leipzig 884, Siegismund und Volkening. *
geb. *

— Lehrpläne für die einfache Volksschule. [Halbtagsschule, einklass., zwei- u. dreiklass. m. 2 Lehrern, sowie dreiklass. Schule.] Nach Maßgabe der ministeriellen „Allgemeinen Bestimmungen vom 15. Oktbr. 1872" bearb. gr. 8. (VIII, 135 S.) Hannover 879. Meyer. n. 2. —

—— methodischer Leitfaden für den Unterricht in der deutschen Rechtschreibung. gr. 8. (VIII, 107 S.) Leipzig 881, Dürr'sche Buchh. *

Meyer, Johs. (I.), methodischer Leitfaden für den Unterricht in der Rechtschreibung. Nach den preuß., bayer., sächs. und württemberg. Regeln bearb. 2. umgearb. und verm. Aufl. gr. 8. (XVI, 164 S.) Leipzig 886, Dürr'sche Buchh. *

— methodischer Leitfaden f. den Unterricht in der Rechtschreibung. Nach den preuß., bayr., sächs. u. württemberg. Regeln bearb. 3., verm. Aufl. gr. 8. (XVI, 180 S.) Leipzig 892. Dürr'sche Buchh. n. 1. 80; geb. n. 2. 5

— method. Leitfaden f. d. Unterr. in d. Rechtschreibung. 4., völlig umgearb. Aufl. Nach d. preuß., bayer., sächs. u. württemberg. Regeln einger. gr. 8. (XVI, 190 S.) Leipzig 899. Dürr'sche Buchh. n. 1. 80; geb. n. 2. 25

— methodischer Leitfaden f. den Unterricht in der Rechtschreibung. In 3 Stufen bearb. 5. verb. Aufl. gr. 8. (XVI, 235 S.) Leipzig 902. Dürr'sche Buchh. n. 2. 20; geb. n. 2. 60

— methodischer Leitfaden f. den Unterricht in der Rechtschreibung. In 5 Stufen bearb. 6., verb. Aufl. (XVIII, 281 S.) gr. 8. Leipzig 905. Dürr'sche Buchh. n. 3. —;
geb. n. 3. 60

— Methodischer Leitfaden f. den Unterricht in der Rechtschreibg. In 5 Stufen bearb. 7., verb. Aufl. (XX, 240 S.) gr. 8. Leipzig 909. Dürr'sche Buchh. 3.—;
geb. 3. 60

—— Lesebuch der Erdkunde f. Schule u. Haus. Abgerundete Charakterbilder aus der Länder- u. Völkerkunde. Nach den besten u. neuesten Quellen bearb. 3 Bde. gr. 8. Gotha 890, Behrend. * 16 —
geb. ** 20 —
1. Bilder aus der allgemeinen Geographie u. aus den außereuropäischen Erdteilen. (VIII, 660 S.) * 8 —; geb. ** 7 50.
2. Bilder aus Europa m. Ausschluß d. Deutschen Reiches. (VI, 506 S.) * 4 50; geb. ** 5 65.
3. Bilder aus dem Deutschen Reiche. (VI, 608 S.) * 5 50; geb. ** 6 85.
Neue (Titel-)Ausg. u. d. T.: Meyer: Aus allen Weltteilen.

Meyer, Johs., poetisches Lesebuch für Gymnasien, Real- und höhere Bürgerschulen. Eine Auswahl von Fabeln, Balladen, Romanzen, poet. Erzählungen, Idyllen &c. Zugleich als poet. Anh. zu Götzingers deutschem Lesebuch für die untern Classen. gr. 8. (XII, 160 S.) Schaffhausen 878, Baader. *

Meyer, J: Aus der deutschen Literatur. Berlin
Bd 1. Die älteste Zeit. Die mittelhochdeutsche Zeit. 1905
Bd 2. Von Luther bis Klopstock. 1906
Bd 3. Die Vorklassiker. 1907
Bd 4. Herder. Die Stürmer und Dränger. Goethe. Johann Peter Hebel. 1908
Bd 5. Johann Christoph Friedrich Schiller. Die Romantiker. 1909
Bd 6. Von der jüngeren Romantik bis zur Literaturrevolution 1882/83. Von Josef Karlmann Brechenmacher. 1913

— I. Aus der deutschen Literatur. Dichtungen in Poesie u. Prosa, ausgewählt f. Schule u. Haus. Mit Unterstützg. namhafter Schulmänner aus den Quellen zusammengestellt. — II. Einführg. in die deutsche Literatur. Dichtungen in Poesie u. Prosa, erläutert f. Schule u. Haus. Mit Unterstützg. namhafter Schulmänner unter Benutzg. des gleichnam. Werkes v. Lüben u. Nacke hrsg. Zugleich eine Geschichte der deutschen Literatur von den ältesten Zeiten bis zur Gegenwart. 1.—46. Lfg. (I. 1. Bd. XII, 512, 2. Bd. 336 S.; 3. Bd. S. 1—208 u. II. 1. Bd XVI, 656, 2. Bd. XVI, 766 S. u. 3. Bd. S. 1—304.) gr. 8. Berlin 904—906. Gerdes & Hödel. à n. — 50

— dasselbe. 1. u. 2. Bd. gr. 8. Ebd. n. 8 80; geb. n. 10.80
1. Die älteste Zeit. — Die mittelhochdeutsche Zeit. (XII, 512 S.) 905. n. 4. 80; geb. n. 5. 80
2. Von Luther bis Klopstock. (XII, 336 S.) 906. n. 4. —;
geb. n. 5. —

— I. Aus der deutschen Literatur. Dichtungen in Poesie u. Prosa, ausgewählt f. Schule u. Haus. Mit Unterstützg. namhafter Schulmänner aus den Quellen zusammengestellt. — II. Einführung in die deutsche Literatur. Dichtungen in Poesie u. Prosa, erläutert f. Schule u. Haus. Zugleich e. Geschichte der deutschen Literatur von den ältesten Zeiten bis zur Gegenwart. Unter Benutzg. des gleichnam. Werkes v. Lüben u. Nacke m. Unterstützg. namhafter Schulmänner hrsg. 47.—115. Lfg. (I. 3. Bd. XIII u. S. 209—571; 4. Bd. XII, 608 u. 5. Bd. XII, 582 S.; II. 3. Bd. XIII u. S. 305—846; 4. Bd. XV, 828 u. XV, 852 S.) gr. 8. Berlin 906—09. [Gerdes & Hödel.] Leipzig, R. Haupt. à Lfg. — 50

— dasselbe. Dichtungen in Poesie u. Prosa, ausgewählt f. Schule u. Haus. Mit Unterstützg. namhafter Schulmänner aus den Quellen zusammengestellt. 3.—5. Bd. gr. 8. Ebd. 17.60; geb. 20. 60
3. Die Vorklassiker. (XI, 571 S.) Berlin 907. 5.60; geb. 6. 60
4. Herder. Die Stürmer u. Dränger. Goethe. Johann Peter Hebel. (XII, 608 S.) Berlin 908. 6.—; geb. 7. —
5. Johann Christoph Friedrich Schiller. — Die Romantiker. (XII, 582 S.) Berlin 909. 6.—; geb. 7. —
Bd. 1 u. 2 jetzt Ebd. 905. 06. 8.80; geb. 10. 80

— deutsche Litteraturkunde f. mittl. u. höh. Mädchenschulen. M. steter Beziehg. auf d. Lektüre bearb. gr. 8. (VIII, 184 S.) Ebd. 897. n.n. 1. 40;
geb. in Leinw. n.n. 1. 60

— deutsche Literaturkunde f. mittlere u. höhere Mädchenschulen. Mit steter Beziehung auf die Lektüre bearb. 2., verb. u. bis auf die Gegenwart fortgeführte Aufl. Mit 20 Dichter-Bildnissen. (135 S.) gr. 8. Leipzig 903. Dürr'sche Buchh. n. 1. 60; geb. n. 2. —

-- Deutsche Literaturkunde f. den Schulgebrauch. Mit steter Beziehg. auf die Lektüre bearb. 4. verb. u. bis auf die Gegenwart fortgeführte Aufl. Mit 22 Dichter-Bildnissen. (136 S.) gr. 8. Leipzig 909. [Dürr'sche Buchh.] Berlin, Union, Zweigniederlassg. Geb. 2. —

Ortsgesetze der Stadt Lingen. Eine Sammlung von Statuten, Verordnungen u. sonst. Bestimmungen, welche f. d. Stadtbezirk Lingen erlassen sind. Hrsg. von J[ohannes] Meyer, Bürgerm. *Lingen 1903: R. van Acken.* (VI, 136 S.) 8° [F.] [04. 4316 7

—— Dr. Martin Luthers Pädagogik. Eine systematisch-krit. Darstellung. gr. 8. (IV, 48 S.) Hannover 884, Meyer. *
Aus: Meyer, J., und J. Prinzhorn, Dr. M. Luthers Gedanken über Erziehung und Unterricht, besonders abgedruckt.

Meyer, Johannes. Buchhändler Andreas Pecht, ein Opfer napoleonischer Gewalt-Herrschaft. SA. 4. Lindau i. B. 1889.

Meyer, Johs., Buchhändler Andreas Pecht, ein Opfer napoleonischer Gewalt-Herrschaft. [Aus: „Schriften d. Vereins f. Geschichte d. Bodensees".] 4. (28 S.) Lindau 890. (Stettner.) n. — 60

Meyer, Johannes (geb. Berlin 18. 2. 1853): Ueber Placentarpolypen. Berlin (1880). (30 S.) 8°
Berlin, Med. Diss. v. 24. Juli 1880

— die zweite Prüfung. Praktische Winke für die Vorbereitung zur 2. Lehrerprüfung, nebst einer Anzahl von Themen aus abgehaltenen Prüfungen. gr. 8. (39 S.) Berlin 882. Th. Hofmann. n. — 50

Meyer, Johs., Regeln u. Wörterverzeichnis f. die neue deutsche Rechtschreibung. Auf Grund des amtl. Regelbuches f. Volks-, Mittel- u. Fortbildungsschüler bearb. gr. 8. (44 S.) Hannover 902. C. Meyer. n. — 25

— evangelisches Religionsbuch, s.: Gottschalk, Herm.

Meyer, Johs., der schaffhauser Richtebrief, s. a. Richtebrief.

Meyer, Johs., der Schaffhauser Richtebrief. Die ältesten Satzungen der Stadt aus dem J. 1291. Schaffhausen 857. Brodtmann. 16. (55 S.) 10 ngr.

Meyer, Johannes, a. Leipzig: William Godwins Romane. Ein Beitrag zur Geschichte des englischen Romans. Weida i. Th. 1906: Thomas & Hubert. (78 S.) 8°
Leipzig, Phil. Fak., Ref. Wülker u. Birch-Hirschfeld, Diss. v. 20. Dez. 1906
[Geb. 7. Juli 82 Leipzig; Wohnort: Leipzig; Staatsangeh.: Sachsen; Vorbildung: Realgymn. Leipzig Reife O. 02; Studium: Marburg 1, Leipzig 7 S.; Rig. 20. Nov. 06.]

— -- St. Pauli, wie es leibt und lebt. Ein heiteres culturhistorisches Lebensbild. Ebd. 1891. 8°. (1 Mk. der Vorige.)

— s.: Schulmann, der deutsche.

—— Zum Sedanfeste, s. John, F. A.

Meyer, Johs., Soziales aus Bibel u. Kirchengesch., s.: Stisser, Karl.

— Spiegel neudeutscher Dichtung. Eine Auswahl aus den Werken leb. Dichter. Mit e. geschichtl. Einführg. u. biograph. Notizen. (318 S.) 8. Leipzig 905. Dürr'sche Buchh. n. 3. —; geb. n. 3. 60

—— deutsches Sprachbuch. 2 Tle. gr. 8. Hannover, Meyer. *
Inhalt:
Tl. 1. Lehr- und Übungsbuch für den Unterricht in der deutschen Rechtschreibung. Nach method. Grundsätzen für Bürger- und gehobene Volksschulen, sowie für die unteren Klassen der Gymnasien, Realgymnasien und höheren Töchterschulen bearb. 6. verb. Aufl. (S. 1—64.) 887. * 30 Pf.
2. Deutsche Sprachlehre. Ein Lehr- und Übungsbuch für Mittel-, Bürger- und gehobene Volksschulen, sowie für die entsprechenden Klassen der Gymnasien, Realgymnasien und höheren Töchterschulen. Nach method. Grundsätzen bearb. (IV, S. 65—228.) 888. * ℳ 1.20.

Meyer, Johs. (II.). Deutsches Sprachbuch. 1. Heft: Lehr- u. Übungsbuch für den Unterricht in der deutschen Rechtschreibg. Nach method. Grundsätzen f. Mittel-, Bürger- u. gehobene Volksschulen, sowie f. die entsprech. Klassen der Gymnasien, Realgymnasien u. höheren Töchterschulen bearb. 8. verb. Aufl. gr. 8. (64 S.) Hannov. 890, Meyer. * — 30
2. Heft. Ebd. 1888. * 1 20.

— deutsches Sprachbuch. 1. Tl. Lehr- u. Übungsbuch f. den Unterricht in der deutschen Rechtschreibg. Nach method. Grundsätzen f. Mittel-, Bürger- u. gehobene Volksschulen, sowie f. die entsprech. Klassen der Gymnasien, Realgymnasien, Realschulen u. höheren Mädchenschulen bearb. 10., durchges. Aufl. gr. 8. (64 S.) Hannover 894. C. Meyer. n. — 30

— deutsches Sprachbuch. 1. Tl. Lehr- u. Übungsbuch f. d. Unterr. in d. deutschen Rechtschreibg. Nach method. Grundsätzen f. Mittel-, Bürger- u. gehob. Volksschulen, sow. f. d. entsprech. Klassen d. Gymnasien, Realgymnasien, Realschulen u. höh. Mädchenschulen bearb. 12. u. 13., unveränd. Aufl. gr. 8. (II, 65 S.) Hannover 897. C. Meyer. n. — 30

— dasselbe. Für Bürger-, Mittel- u. höh. Mädchenschulen bearb. 4. bis 6., umgearb. Aufl. gr. 8. (VIII, 158 S.) Ebd. 899. Kart. n. 1. 20

— deutsches Sprachbuch. 1. Tl. Lehr- u. Übungsbuch f. den Unterricht in d. deutschen Rechtschreibg. Nach method. Grundsätzen f. Mittel-, Bürger- u. gehob. Volksschulen, sowie f. die entsprech. Klassen der Gymnasien, Realgymnasien, Realschulen u. höh. Mädchenschulen bearb. 14. u. 15. Ster.-Aufl. gr. 8. (64 S.) Hannover 900. C. Meyer. n. — 30; kart. n. — 50

— dasselbe f. Bürger-, Mittel- u. höhere Mädchenschulen bearb. Ausg. A in 1 Hfte. 7.—9. verb. Aufl. gr. 8. (VIII, 200 S.) Ebd. 901. Geb. n. 1. 20

— dasselbe. Ausg. B in 4 Hftn. Unter Mitwirkg. v. Roßbach bearb. 1.—3. Hft. gr. 8. Ebd. n. 1. 50
1. (40 S.) 902. n. — 25. — 2. (96 S.) 903. n. — 50. — 3. (140 S.) 903. n. n. — 75.

— deutsches Sprachbuch. Für Bürger-, Mittel- u. höhere Mädchenschulen bearb. Ausg. A in 1 Hefte. 19.—21. durchgeseh. Aufl. (VIII, 200 S.) 8. Hannover 906. C. Meyer. Kart. n. 1. 20

— dasselbe. Ausg. B in 4 Heften. Unter Mitwirkung von Roßbach bearb. 8. Ebd. n. n. 2. 50
1. 3. unveränd. Aufl. (II, 42 S.) 906. n. — 25
2. 3. Ster.-Aufl. (II, 98 S.) 906. n. — 50
3. 3. verb. Aufl. (II, 146 S.) 906. Kart. n. — 75
4. (II, 156 S.) 903. n. 1. —

— Deutsches Sprachbuch. Für Mittelschulen u. verwandte Lehranstalten bearb. Ausg. A in 1 Hefte. 27. (Ster.-)Aufl. (VIII, 216 S.) 8. Hannover 910. C. Meyer. Geb. 1. 20

— dasselbe. Ausg. B in 4 Heften. Unter Mitwirkg. v. Roßbach bearb. 8. Ebd. 2. 50
I. 7. (Ster.-)Aufl. (II, 42 S.) 910. p — 25
II. 8. (Ster.-)Aufl. (II, 102 S.) 910. — 50
III. 7. (Ster.-)Aufl. (II, 158 S.) 910. — 75
IV. Bearb. v. Meyer u. Rückert. 2., neu bearb. Aufl. (II, 171 S.) 907. 1. —

— dasselbe. Ausg. C in 3 Heften. Nach den ministeriellen Bestimmgn. v. 8. II. 1910 bearb. 1. Heft. (100 S.) 8. Ebd. 911. Geb. — 60

—— deutsches Sprachbuch für höhere allemannische Volksschulen. 1. und 2. Cursus. gr. 8. (XX und 287 S.) Schaffhausen 866, Brodtmann'sche Buchh. à Cursus 12 Ngr.

— des Kindes erstes Sprachbuch. Zugleich e. Vorstufe zu des Verf. Schulbüchern: Deutsches Sprachbuch, Ausg. A, u. kleines deutsches Sprachbuch, Ausg. A. gr. 8. (40 S.) Ebd. 902. n. — 25

— des Kindes erstes Sprachbuch. Zugleich e. Vorstufe zu des Verf. Schulbüchern: Deutsches Sprachbuch. Ausg. A, u. kleines deutsches Sprachbuch, Ausg. A. 3. Tauf. (40 S.) gr. 8. Hannover 903. C. Meyer. n. — 25

—— kleines deutsches Sprachbuch. Lehr- und Übungsstoffe für Rechtschreibung und Sprachlehre. Für die Kinder der Volksschule bearb. gr. 8. (112 S.) Ebendas. 888. *

— kleines deutsches Sprachbuch. F. d. Schulgebr. bearb. 2., umgearb. Aufl. gr. 8. (VIII, 120 S.) Ebd. 898. Kart. n.n. — 75

— kleines deutsches Sprachbuch. Für mehrklass. Volksschulen bearb. Ausg. A in 1 Hfte. 3., verb. u. nach der neuen Rechtschreibg. abgeänd. Aufl. gr. 8. (VIII, 128 S.) Ebd. 902. Kart. n.n. — 60

— dasselbe. Ausg. B in 3 Hftn. Unter Mitwirkg. v. Cremer u. Osterhorn bearb. 1. u. 2. Hft. gr. 8. Ebd. n. — 65
1. (40 S.) 902. n. — 25. — 2. (88 S.) 903. n. — 40.

— kleines deutsches Sprachbuch. Für mehrklass. Volksschulen bearb. Ausg. A in 1 Hefte. 4. durchgeseh. Aufl. (VIII, 128 S.) gr. 8. Ebd. 904. Kart. n. — 60

— dasselbe. Ausg. B in 3 Heften. Unter Mitwirkung von Cremer u. Osterhorn bearb. 8. Ebd. 906. n. 1. 15
I. 6. unveränd. Aufl. (II, 42 S.) — 25. — II. 5. Ster.-Aufl. (II, 90 S.) — 40. — III. 4. Ster.-Aufl. (II, 122 S.) — 50.

— Kleines deutsches Sprachbuch. Für mehrklass. Volksschulen bearb. Ausg. A in 1 Hefte. 7., durchgeseh. Aufl. (VIII, 136 S.) 8. Ebd. 909. Kart. nn — 60

— dasselbe. Ausg. B in 3 Heften. Unter Mitwirkg. v. Cremer u. Osterhorn bearb. 8. Ebd. 1. 15
I. 13. u. 14. Aufl. (II, 42 S.) 910. p — 25
II. 12. u. 13. (Ster.-)Aufl. (II, 90 S.) 910. — 40
III. 9. u. 10. (Ster.-)Aufl. (II, 122 S.) 910. — 50

— dasselbe. Ausg. C in 3 Heften. In neuer Anordng. u. vereinfachter Bearbeitg. 8. Ebd. 909. Kart. — 90
I. (32 S.) Kart. — 20. — II. (52 S.) Kart. — 30.
III. (73 S.) Kart. — 40.

—— deutsche Sprachstoffe. Ein Lehr- und Übungsbuch für Rechtschreibung und Sprachlehre. Unter Berücksichtigung des „2. Lesebuches für Volksschulen von H. F. Flügge" bearb. gr. 8. (112 S.) Ebendas. 888. *

—— deutsche Sprachübungen. Method. geordnete Aufgaben für Rechtschreibung und Sprachlehre. Für die Kinder der Volksschule bearb. gr. 8. (64 S.) Ebendas. 888. *

— deutsche Sprachübungen. Für einfache Schulverhältnisse hrsg. Ausg. B in 2 Hftn. Unter Mitwirkg. von Rheinen u. Sander bearb. gr. 8. Ebd. n. — 65
1. (40 S.) 902. n. — 25. — 2. (80 S.) 903. n. — 40.

— deutsche Sprachübungen. Für ein- bis dreiklass. Volksschulen bearb. Ausg. A in 1 Hefte. 3. durchgeseh. Aufl. (II, 74 S.) 8. Ebd. 904. n. — 40

— Ausg. B in 2 Heften. Unter Mitwirkg. v. Rheinen u. Sander bearb. 8. Ebd. — 65
1. 3. unveränd. Aufl. (II, 42 S.) 905. n. — 25
2. 2. durchgeseh. Aufl. (II, 82 S.) 904. n. — 40

— Deutsche Sprachübungen. Für ein- bis dreiklass. Volksschulen bearb. Ausg. A in 1 Hefte. 4., durchgeseh. Aufl. (II, 82 S.) 8. Ebd. 909. — 40

— dasselbe. Ausg. C in 2 Heften. In neuer Anordng. u. vereinfachter Bearbeitg. 8. Ebd. 909. Kart. — 55
I. (32 S.) — 20. — II. (80 S.) — 35.

Meyer, Johs. (II.), Stereoscopbilder aus Hamburgs Ecken und Winkeln. Das Leben und Treiben in und aus den Gängen und Höfen Hamburgs humoristisch dargestellt und theils plattdeutsch erzählt. 8. (XI und 380 S.) Hamburg 866, J. F. Richter. *

Meyer, Johannes, Turnen, Ausflüge und Jugendspiele, 1891, 2 S., 8°.

Meyer, Johs., sprachliche Übungen im Anschluß an das Lesebuch. Ausg. A. Vorstufe. Im Anschluß an das „Erste Lesebuch f. Volksschulen" v. Flügge-Dageförde bearb. unter Mitwirkg. v. H. Hanker. (32 S.) 8. Hannover 908. C. Meyer. — 20

— dasselbe. Ausg. A—Hauptstufe. Im Anschluß an das „Zweite Lesebuch f. Volksschulen" v. Flügge-Dageförde bearb. unter Mitwirkg. v. H. Hanker. (80 S.) 8. Ebd. 909. — 40

— dasselbe. Ausg. B in 3 Heften. 8. Ebd. — 90
I. Im Anschluß an die Unterstufe des „Hannoverschen Lesebuches f. mehrklass. Volks- u. Bürgerschulen" v. Dorenwell, Kappey u. Koch bearb. unter Mitwirkg. v. H. Hanker. (32 S.) 908. — 20
II. Im Anschluß an die Mittelstufe des „Hannoverschen Lesebuches f. mehrklass. Volks- u. Bürgerschulen" v. Dorenwell, Kappey u. Koch bearb. unter Mitwirkg. v. H. Hanker. (52 S.) 909. — 30
III. Im Anschluß an die Oberstufe des „Hannoverschen Lesebuches f. mehrklass. Volks- u. Bürgerschulen" v. Dorenwell, Kappey u. Koch bearb. unter Mitwirkg. v. H. Hanker. (73 S.) 909. — 40

— zur Umgestaltung des grammatischen Unterrichts in der Volksschule, s. a. Zeit- u. Streit-Fragen, pädagogische.

Zur Umgestaltung des Grammatischen Unterrichtes in der Volksschule. Von Johannes **Meyer**. 2. verb. Aufl. Hannover & Berlin: C. Meyer 1905. (60 S.) 8° [F.]

Meyer, Johs., klinische Untersuchungen üb. das Verhalten der Ovarien während der Menstruation. gr. 8. (55 S.) Dorpat 883. (Karow.) n. 1. —

Meyer, Johs., poetisches Vaterlandsbuch f. Schule u. Haus, s. a. Spamer's, Otto, neue Volksbücher.

— poetisches Vaterlandsbuch f. Schule u. Haus. 1. u. 2. Bd. 8. Leipzig 878—82. Spamer. à n. 1. 60; geb. à n. 2. —
1. Chronologisch geordnete Sammlung der schönsten historischen Dichtungen von den ältesten Zeiten deutscher Geschichte bis zum Auftreten des Großen Kurfürsten. Zur Pflege nationaler Gesinnung zusammengestellt, sowie mit Einleitungen, Zeittafeln u. Anmerkungen versehen. Mit 12 Text-Illustr. u. 1 Titelbilde. (XIV, 266 S.)
2. Chronologisch geordnete Sammlung der schönsten historischen Dichtungen. Vom Auftreten des Großen Kurfürsten bis auf unsre Tage. Zur Pflege nationaler Gesinnung zusammengestellt, sowie mit Einleitungen, Zeittafeln u. Anmerkungen versehen. Mit 20 Text-Illustrationen u. einem Titelbilde. (X, 224 S.)

—— poetisches Vaterlandsbuch für Schule und Haus. Chronologisch geordnete Sammlung der schönsten histor. Dichtungen. 2 Bde. 8. Leipzig, Spamer. à Bd. *M 1,60. * cart. à Bd. *M 2. *
Inhalt:
Bd. 1. Von den ältesten Zeiten deutscher Geschichte bis zum Auftreten des Großen Kurfürsten. Zur Pflege nationaler Gesinnung zusammengestellt, sowie mit Einleitungen, Zeittafeln und Anmerkungen versehen. (XIV, 266 S. mit 12 Text-Illustr. und 1 Titelbilde.) 881.
2. Vom Auftreten des Großen Kurfürsten bis auf unsre Tage. Zur Pflege nationaler Gesinnung zusammengestellt, sowie mit Einleitungen, Zeittafeln und Anmerkungen versehen. (X, 244 S. mit 20 Text-Illustr. und 1 Titelbilde.) 883.

— deutsche Volksbücher, s.: Schwab, Gust.

Meyer, Johannes: Was soll unsere Tochter werden? Vierzig Berufe, die den Schülerinnen der Bürgerschule für Mädchen zugänglich sind. Crefeld (1910): Hohns. 7 S. 4°
Krefeld, st. Bürger-S f. M m. Lehrerinnen-Sm P 1910 [57] [S 10. 203

— aus allen Weltteilen. Abgerundete Charakterbilder aus der Länder- u. Völkerkunde. Für Schule u. Haus. (Neue Titel-Ausg. d. Lesebuches der Erdkunde.) 32 Lfgn. gr. 8. Gotha 892. 893. Wiesbaden, E. Behrend. à n. — 50
1. Bd. Bilder aus der allgemeinen Geographie u. aus den außereuropäischen Erdteilen. (VIII, 660 S. m. 1 Karte.) n. 6.
2. Bd. Bilder aus Europa m. Ausschluß des Deutschen Reiches. (VI, 564 S.) n. 4. 50
3. Bd. Bilder aus dem Deutschen Reiche. (6?8 S.) n. 5. 50

— Kaiser Wilhelm II. Eine Festgabe zu Kaisers Geburtstag. Mit den Bildnissen d. Kaisers u. d. Kaiserin. 1.—15. Aufl. 8. (32 S.) Langensalza 889. Schulbuchhandlung. n. — 20

— Kaiser Wilhelm II. Eine Festgabe zu Kaisers Geburtstag. Mit den Bildnissen d. Kaisers u. der Kaiserin. 16. u. 17. Aufl. 8. (32 S.) Langensalza 889. Schulbuchhandlg. n. — 20

*—— Wilhelm II., Deutscher Kaiser u. König v. Preußen. Ein Lebens- u. Charakterbild, dem deutschen Volke in Haus u. Heer gewidmet. 2. sehr verm. u. 3. bis auf die Gegenwart fortgeführte Aufl. gr. 8. (VIII, 212 S. m. 1 Titelbilde, 2 Vollbildern u. 10 Text-Illustr.) Langensalza 889,91, Schulbuchh. * 2 —; geb. * 2 75

*—— dass. — Mit 1 Titelbilde, 2 Vollbildern u. 11 Text-Illustr. 4. stark verm. Aufl. gr. 8. (VIII, 464 S.) Ebd. 892. * 4 —
* Erschien auch u. d. Namen Hans Meyer.

—— vollständiges Wörterverzeichnis nach der neuen deutschen Rechtschreibung. Ein unentbehrl. Rathgeber für Lehrer, Seminaristen und Präparanden, überhaupt für alle Kreise des Lebens, in denen nach der neuen Orthographie geschrieben wird. gr. 8. (79 S.) Hannover 880, Meyer. *

— vollständiges Wörterverzeichnis nach der neuen deutschen Rechtschreibung. Ein unentbehrlicher Ratgeber für alle Kreise des Lebens, insbesondere für Lehrer, Seminaristen u. Präparanden. Nach den preußischen u. sächs. Regeln zusammengestellt. 2., sehr vermehrte Aufl. gr. 8. (96 S.) Hannover 881. Meyer. n. — 60

— s.: Zeit- u. Streitfragen, pädagogische.

Meyer, Joh. Die drei Zelgen. Ein Beitrag zur Geschichte des alten Landbaues. In-4°, 60 S. Frauenfeld, J. Huber. *1880*. 2 —
*** Beilage zum Programm d. thurgauischen Kantonsschule, 1879—80.

Meyer, Joh(annes) Aug(ust): Aus d. staatsw. Seminar d. Landesuniversität. Direktor: Prof. Dr. jur. et phil. Magnus Biermer. Die wirtschaftlichen Verhältnisse des Grund und Bodens der Stadt Gießen in den letzten 25 Jahren. (Mit 1 Plane d. Stadt.) *Gießen 1903: Bonifacius-Druckerei, Paderborn.* (VI, 82 S.) 8°
Gießen, Phil. Diss. v. 1903

Meyer, Joh(annes) Aug(ust), approb. Arzt aus Geseke i. W., z. Z. Assist. am anat. Inst.: Aus d. anat. Institut zu Giessen. Über Zerfallsvorgänge an Ovarialeiern von Lacerta agilis. Mit 10 Fig. *Wiesbaden: J. F. Bergmann 1901.* (26 S.) 8°
¶(Aus: Anat. Hefte, Abth. 1, H. 58.)
Giessen, Med. Diss. v. 1901

Meyer, Johs. Sigism., Tabellen zur Verwandlung der auf die Hamburger Ruthe gegründeten Längen- und Flächenmaaße in die bezüglichen metrischen und der metrischen Längen- und Flächenmaaße in die bezüglichen Hamburger Maaße. gr. 8. (41 S.) Schleswig 879. (Kappeln, Kock.) cart. **

Meyer, John

—— Ixion, König der Lapithen. Festspiel f. Radfahrer-Vereiniggn. in 1 Aufzuge. gr. 8. (18 S.) Ebd. 891. * — 50

Meyer, John, Arion's Rettung. Parodistisches Festspiel f. Gesang-Vereine in 1 Aufzuge. gr. 8. (24 S.) Berne (Oldenburg) 890. B. Bessin. n. — 50

—— Themis auf der Flucht. Mythologisches Festspiel f. Radfahrer-Vereiniggn. in 1 Aufzuge. gr. 8. (24 S.) Ebd. 890. * — 50

Meyer, John L. Gesch d Theol Seminars d Ref Kirche in d VS ... Hanover, Pa. 1831.

— — Vgl. Mayer

Meyer, Jonas, s. Jos. Frank, Annalen.

Meyer, Jonas [V. D. M. aus Pratteln, Baselland]: Die Hölle im Islam. Basel 1901. 90 S. 8°.
Basel. Phil. Diss. 1901/1902.

Meyer, Jonas. Die Hölle im Islam. Diss. Phil. Basel. 90 S. 8. Basel, Fr. Reinhardt, 1901.

Jon. Meyer semiologia mortis Celsiana. Francof. ad Viadr. 1804. 8. (Ad libr. II. c. 6.)

Meyer, Jorge Alberto [aus Lagos (Brasilien)]: Über einen Fall von multiplen Stenosen bei primärer Darmtuberkulose .... Heidelberg, Carl Winter's Univ.-Buchh., 1886; 31 S. 8°.
Heidelberg, Med. Fak., Inaug.-Diss. v. 1886.

Meyer, Jorge Alberto, über einen Fall von multiplen Stenosen bei primärer Darmtuberkulose. Inaugural-Dissertation. gr. 8. (31 S.) Heidelberg 886, C. Winter's Universitäts-Buchh. [* 80 Pf.] *

Die Amtsinstruction für die K. K. Öffentliche und Universitäts-Bibliothek in Prag, bespr. v. J[osef] **Meyer,** Custos d. k. k. Univ.-Bibl. Wien. *Wien: A. Holder 1898.* (58 S.) 1 Bd 8. [58. 139

Meyer, Jos., ausgewählte Aufsätze, s.: Meyer's Volksbücher.

Meyer, Jos., ein Beitrag zur Valuta-Regulirung in Oesterreich-Ungarn. 8. (37 S.) Wien 877, (Manz'sche Hofbuchh.) *

Meyer, Jos., Belehrungen üb. Schwangerschaft, Geburt u. Wochenbett, in Briefen e. Arztes an e. Dame. 8. (4½ B.) Berlin 837, Lüderitz'sche Vrlsb. Thlr.

MEYER, Joseph (Hirschberg): Über einen Fall von Ruptur des Oesophagus.- München: Knorr & Hirth 1882. 16 S.
15.12.1882 - Urk (Titel: De oesophagi ruptura.); Chr 1882/83,17
Diss.Ingolst.-Landsh.-Mchn.

Meyer, Joseph [aus Coblenz]: Ein Fall von Selbstmord mit Kalium chloricum ... Berlin, Buchdr. v. G. Schade, *1893;* 29 S., 1 Bl. 8.
Berlin, Med. Fak., Inaug.-Diss. v. 11. Aug. 1893

—— Gedächtnißhülfe f. anatom. Studien. Ein Leitfaden bei Vorbereitn. u. Repetitorien üb. diese Wissenschaft. 16. (6¼ B.) Berlin 837, Heymann.

Meyer, Jos., Handels-Register des königl. Handelsgerichts zu Cöln. Verzeichniß der in das Firmen-, Gesellschafts- u. Prokuren-Register des königl. Handelsgerichts zu Cöln erfolgten Eintragungen. Zusammengestellt auf Grund der amtl. Register. Cöln 865. W. Greven's Buchh. Lex.-8. (IV, 136 S.) cart. n. 1 *℔* 10 *ngr.*

— Joseph (Danzig), Memoria Thomae Sydenham. Diss. med. Halle (Gebauer) 13. VI. 1833. 30 S. u. Biogr. (M.: Fr. Blau.) (2.50) 23239
Gew.: Ed. Aug. Bartels, Jos. Jac. Meyer (Vater).

Meyer, Josef [Übers.]
s. Shakespeare, William: Shakespeare's Sämmtliche Schauspiele. 1827.

Meyer, Joseph. (geb. Stralsund 11. 7. 1808): Systema amphibiorum lymphaticum disquisitionibus novis examinatum. Berolini (1845). (VI, 39 S.) 4°
Berlin, Med. Diss. v. 29. Aug. 1845

(Meyer, Joseph Rudolf Valentin.) Das Pekulat. Eine wahrhafte Staatsgeschichte und karakteristisches Gemälde der Aristokratie aus der Republik Luzern. 8. Sursee 1831 (**Umschlag:* 1832).

Meyer, Isaac Salomon (Red.), s. Nessel, Die.

Meyer, Isidorus *(geb. Grätz in Pos. 16. 8. 1831)*: De Joannis Christiani Reilii in physiologia dignitate. Vratislaviae (1857). (40 S.) 8°
Breslau, Med. Diss. v. 26. Juni 1857

Meyer, Isidor [app. Arzt, Berlin]: Über einseitige Hallucinationen m. bes. Berücks. e. Falles v. einseit. Gehörshallucinationen. '(Aus d. Poliklinik f. Nervenkrankheiten d. Hrn. Prof. Mendel.)' ... Berlin, Buchdr. v. G. Schade, *1896;* 30 S., 1 Bl. 8.
Leipzig, Med. Fak., Inaug.-Diss. v. 1. Juni 1896

Meyer, Isidor (geb. Schlochau in Westpr. 21. 1. 1847): Die Lehre von der Entstehung der Herztöne. Berlin (1880). (30 S.) 8°
Berlin, Med. Diss. v. 7. Aug. 1880

Meyer, Jula, Einquartierg. Eine Stiefmutter. 2 Erzählgn. (60 S.) 8. Straßburg 907. J. Singer. 1.—

Meyer, Jules, die Aggregatzustände der Körper. (Ueber die physikal. Eigenschaften der chem. Körper.) I. Thl. Chemische Aequivalente. — Die Dichtigkeit der Körper. (Gase, Dämpfe, Flüssigkeiten u. feste Körper.) (166 u. III S. m. 9 Taf.) gr. 8. Luxemburg 900. (V. Bück.) n. 5.—

Meyer, Julius

Meyer, Jul., die Allotropie d. chemischen Elemente. (66 S. m. 8 Abb.) Lex. 8. Stuttgart 910. F. Enke. 2.40
Sonderabdr. a.: „Sammlg. chem. u. chem.-techn. Vortr."

Meyer, Jul. (II.). Angriff u. Vertheidigung moderner Panzer-Befestigungen. Erste durchgreif. takt. Untersuchg. üb. das Auftreten mobiler Panzer im Feld- u. Festungskrieg. Für Offiziere aller Waffen. Mit 6 Karten u. Plänen. 1. u. 2. Aufl. gr. 8. (IV, 213 S.) Aarau 892, Sauerländer u. Comp. * 4 80

Meyer, Jul., Angriff u. Vertheidigung moderner Panzer-Befestigungen. Erste durchgreif. takt. Untersuchg. üb. das Auftreten mobiler Panzer im Feld- u. Festungskrieg. Für Offiziere aller Waffen. Mit 6 Karten u. Plänen. gr. 8. (IV, 213 S.) Aarau 892. H. R. Sauerländer & Co. n. 4. 80;
in franz. Sprache (IV, 231 S.) 893. n. 5. —

Meyer, Jul. (II.), Ansbach eine Heimstätte der Dichtkunst. Zu Ehren der General-Versammlung des Gesammtvereines der deutschen Geschichts- und Alterthumsvereine. 8. (75 S.) Ansbach 885, Brügel und Sohn. *

Meyer, Jul., Anstich-Lieder. Gesammelt u. hrsg. in Verbindg. m. Walth. Biermann u. Walth. Lemme. Gewidmet allen fröhl. deutschen Burschen. 8. (X, 96 S.) Leipzig-R. 901. A. Hoffmann. Geb. in Leinw. n. 2.—

Meyer, Julius. Attaque et défense des fortifications cuirassées modernes. Avec 6 cartes et planches. Gr. in-8°. 232 p. Aarau, H. R. Sauerländer & Co. 1893. 6 —

Meyer, Jul., Die Ausbildung und Stellung der Handlungsgehilfin in Berlin. Ein Ratgeber für die kaufmännische Laufbahn junger Mädchen. Auf Grund einer Enquête unter den Mitgliedern des kaufmännischen u. gewerbl. Hilfsvereins für weibliche Angestellte verfasst. 8°. Berlin, J. J. Heine, 1892.

Meyer, Julius: Die Ausbildung und Stellung der Handlungsgehilfin in Berlin. Ein Rathgeber ... Auf Grund e. Enquête unter d. Mitgl. d. kaufmänn. u. gewerbl. Hilfsvereins f. weibl. Angestellte verf. — Berlin: Heine [1893]. 58 S. 8°

Meyer, Jul., die Bedeutung der bakteriologischen Diagnose bei Infektionskrankheiten. (23 S.) 8. Leipzig 903. B. Konegen. n. 1.—
Sonderabdruck aus: „Reichs-Medizinal-Anzeiger".

Die Bedeutung der Lehre von der chemischen Reaktionsgeschwindigkeit für die angewandte Chemie. Von Privatd. Dr. Julius Meyer, München. Leipzig: Akad. Verlagsges. 1908. IV, 64 S. 8°

Meyer, J. Die Bedeutung mobiler Panzer für die schweizerische Landesbefestigung. Eine allgemein verständliche Betrachtung über die taktische Leistungsfähigkeit Gruson'scher Panzer und Schnellfeuer-Geschütze. Mit 2 lithograph. Skizzen. Gr. in-8°. 53 S. Aarau, H. R. Sauerländer. 1891. 1 60

— — In franz. Sprache (III, 57 S.) * 1 60

Meyer, Jul., Bedingungen u. Usanzen bei dem Ein- u. Verkauf von Waaren, Wechseln u. Effecten, mit Hinzufügung des Tarifs f. den Ein-, Aus- u. Durchfuhrzoll sämmtl. im Königr. der Niederlande im Handel vorkomm. Waaren, nebst e. tabellar. Uebersicht der verschied. Münz-, Maass- u. Gewichts-Verhältnisse. — A. u. d. Tit.: Conditiën en usantiën bij den in- en verkoop van goederen, wissels en effecten enz. (Deutsch u. Holländisch.) gr. 8. (10 B.) Amsterdam 842. (Leipzig, Weber.) *

Meyer, Julius [pr. Arzt aus Bühl '(Ob.-Els.)']: Experimenteller Beitrag zur Lehre von der Acetonurie ... Strassburg i. E., Buchdr. C. Goeller, 1895; 63 S. 8.
Strassburg, Med. Fak., Inaug.-Diss. v. 1895

Meyer, Jul., Beitrag zur Geschichte der Ansbacher u. Bayreuther Lande. gr. 8. (V, 221 S.) Ansbach 885. Brügel & Sohn. n. 1. —; geb. m. Goldschn. n. 2. —

Meyer, Jul., die Burggrafen v. Nürnberg im Hohenzollern-Mausoleum zu Heilsbronn in Wort u. Bild. gr. 8. (V, 152 S. m. 20 Taf.) Ansbach 897. C. Brügel & Sohn. n. 3. 60

Meyer, Jul., Corregio. gr. 8. (XII, 512 S.) Leipzig 871. Engelmann. n. 8. —

Meyer, Jul., die Einführung der Reformation in Franken. Denkschrift zum Gedächtnis an den 350. Jahrestag des Todes Markgraf Georg des Frommen. Lex.-8. (25 S. m. Bildnis.) Ansbach 893. C. Brügel & Sohn. n. 1. —

Die Einführung der Reformation in Franken. Denkschrift z. Gedächtnis an d. 450. Jahrestag d. Todes Markgraf Georg d. Frommen. Von Dr. Julius Meyer, K. b. Oberl.Ger.R. Mit e. Abb. d. Markgrafen. *Ansbach: C. Brugel & Sohn 1898.* (25 S.) 4° [F.] [01. 1911 2

Meyer, J.: Einführung in die Thermodynamik auf energetischer Grundlage. Halle a. S. 1905

Meyer, Jul., Einführung in die Thermodynamik auf energetischer Grundlage. (VIII, 216 S.) gr. 8. Halle 906. W. Knapp. n. 8. —

Meyer, J. Emploi des cuirassements mobiles dans les fortifications sur territoire suisse. Gr. in-8°. 58 p. Aarau, H. R. Sauerländer. 1891. 1 60

Meyer, Jul., Erinnerungen an die Hohenzollernherrschaft in Franken. 8. (VI, 276 S. m. 20 Abbildgn.) Ansbach 890. Brügel & Sohn. geb. 4. 50

Meyer, Julius. Die Feldverschanzung. Teil 1: Grundzüge der Führung. Aus den Kriegslehren grosser Feldherren. Mit 8 Karten und 20 Clichés im Text. 136 S. 8. Bern, Haller, 1906. [fr. 3. 50]
Wurde nicht fortgesetzt.

Meyer, Jul., u. J. Silbermann, d. Frau in Handel u. Gewerbe, s. a. Existenzkampf, der, d. Frau im modernen Leben.

Meyer, Jul., u. Silbermann, J., Die Frau im Handel und Gewerbe. (Der Existenzkampf der Frau im modernen Leben, Heft 7.) gr. 8°. Berlin 1895.

Meyer, Jul., s. a. Gemälde-Galerie, die, der königl. Museen zu Berlin.

Gemälde-Galerie der Königlichen Museen zu Berlin. Mit erläuterndem Text von Julius Meyer und Wilhelm Bode. Herausgegeben von der General-Verwaltung. Ausgabe der Vorzugs-Drucke No. 12. Berlin. Fol.

Meyer, Jul. (II.), zur Geschichte der Herkunft Caspar Hauser's. gr. 8. (27 S.) Würzburg 878, Stahel'sche Buchh.

Meyer, Jul., zur Geschichte u Kritik der modernen deutschen Kunst. Gesammelte Aufsätze. Hrsg. v. Conr. Fiedler. gr. 8. (XXXII, 274 S. m. Bildn.) Leipzig 895. F. W. Grunow. n. 5. —; geb. n. 7. 50

Meyer, Jul., Geschichte der modernen französischen Malerei seit 1789 zugleich in ihrem Verhältniß zum politischen Leben, zur Gesittung u. Literatur. 2 Abthlgn. Leipzig, Seemann. gr. 8. [1. Abthl. (X u. S. 1—290 mit 13 Holzschn.) 866. n. 2 Thlr. 12 ngr., 2. Abthl. (VIII, u. S. 291—794. mit 18 in Holzschn. ausgeführten Abbildgn.) 867. n. 2 Thlr. 28 ngr] n. 5 Thlr. 10; geb. n. 6 Thlr.

Meyer, Jul., Geschichte v. Uffenheim, s.: Bullnheimer, J. A.

---- Hohenzollerndenkmale in Heilsbronn. 8. (36 S.) Ebd. 890. * — 50

— Juchheidi! Neue durst. Lieder. 12. (VII, 274 S.) Ebd. (899). n. 3. —; geb. in Leinw. n. 4. —

Meyer, Julius, aus Posen-Jersitz: Zur Constitution der Pulegensäure. *Hildesheim 1900: A. Lax.* (55 S.) 8°
Göttingen, Phil. Diss. v. [9. Mai] 1900

Meyer, Jul., zur Constitution der Pulegensäure. Diss. gr. 8. (55 8.) Hildesheim 900. (Göttingen, Vandenhoeck & Ruprecht.) n. 1. 30

Meyer, Jul. (I.), s. a. Künstler-Lexikon, allgemeines.

Meyer, Dr. Jul., Allgem. Künstlerlexicon. Unter Mitwirkung der namhaftesten Fachgelehrten des In- u. Auslandes. 2. gänzlich umgearb. Aufl. von Nagler's Künstler-Lexikon. Leipz. 1870—80 — Bd. 1: Aa—Andreani. Bd. 2: Andreas—Barbiere. Bd. 3 (noch unvoll).

Meyer, Julius. Allgemeines Künstler-Lexikon. Unter Mitwirkung der namhaftesten Fachgelehrten des In- und Auslandes herausgegeben. Zweite gänzlich umgearbeitete Auflage von Nagler's Künstler-Lexikon. 3 Bde. (unvollendet). Leipzig 1872—1885. 8°.

Meyer, Jul. (II.), das Leben Jesu für das deutsche Volk bearb. von Dav. Friedr. Strauß und die Stellung der Gegenwart zum Christenthum. gr. 8. (VII und 92 S.) Leipzig 865, Brockhaus. *

Meyer, Jul. (III.), durstige Lieder. Mit einer Titelzeichnung von G. Sundblad, in Holz geschn. von H. Rothe-Kretzschmar. 1.—3. Aufl. br. 8. (IV, 96 S.) Leipzig 876, Bidder. *
cart. mit Goldschn. *

—— dass. — Ausg. für Livland 2c. mit Kraķenliedern. br. 8. (141 S.) Ebendas. 876. *
cart. mit Goldschn. *

— durftige Lieder. Mit e. Titelzeichng. v. G. Sundblad, in Holz geschn. v. H. Rothe-Kretzschmar. 4. unveränd. [Titel-]Aufl. 8. (VIII, 96 S.) Leipzig [876.] (900). R. Maeder. n. 1.50; geb. n. 2.50; m. Krakenlieder (VIII, 144 S.) n 2.50; geb. n. 3.50

— Metz, durch Panzerfronten verteidigt. Ein Vorschlag zur takt. Reform des Festungskrieges. Mit 3 (farb.) Plänen u. 1 (farb.) Reliefkarte der Umgebg. v. Metz. Lex.-8. (VII, 127 S.) Frauenfeld 894. J. Huber, Verl. n. 4.80

Meyer, Jul. (II.), authentische Mittheilungen über Caspar Hauser. Mit Genehmigung der k. bayer. Staatsministerien der Justiz und des Innern zum erstenmale aus den Gerichts- und Administrativ-Acten zusammengestellt und mit Anmerkungen versehen. 8. (XII, 611 S.) Ansbach 872, Seybold. *

Meyer, Julius (geb. Berlin 26. 2. 1820): De morbis false recteque dignoscendis. Berolini (1843). (32 S.) 8°
Berlin, Med. Diss. v. 29. Juli 1843

Meyer, Julius (geb. Konitz in Westpr. 27. 3. 1844): De natura morbi hypochondriaci. Berolini (1867). (31 S.) 8°
Berlin, Med. Diss. v. 17. Aug. 1867

Meyer, Jul., Onoldina. I.—III. Bd. IV, 167; IV, 155 u. VII, 144 S. m. Abb. u. Taf.) 8. Ansbach 908—11. C. Brügel & Sohn. à Bd. 1.20

Meyer, Julius: Die Phasentheorie und ihre Anwendung. Stuttgart 1906

— die Phasentheorie u. ihre Anwendung. (50 S. m. 23 Abbildgn.) Lex.-8. Stuttgart 906. F. Enke. n. 1.20
Sonderabdruck aus: „Sammlg. chem. u. chem.-techn. Vortr."

Meyer, Jul., 890 arithmet. Progressions-Tabellen in Preuss. Thlr., Sgr. u. Pfen., zum Gebr. aller Rechnungs-Arten. gr. 8. (26¼ B.) Cleve 824, (Char.)

Meyer, Julius [app. Arzt]: Über Psychosen in Folge von Masturbation. ... Strassburg, Buchdr. v. A. Dusch & Comp., 1890; 96 S. 8°
Strassburg, Med. Fak., Inaug.-Diss. v. 1890

Meyer, Jul. Über die Quellen in Plutarchs Lebensbeschreibungen des Themistokles und Aristides für die Zeit der Perserkriege. 14 S. Progr. *Allenstein* 1882.

— der Rathgeber, od. Noth- u. Hülfs-Tabellen zum fertigen Rechnen in Preuss. Thlrn., Sgr., Pfen.; nebst Reductions-Tabn. d. verschied. deutsch., franz. u. niederländ. Geldsorten geg. Preuss. Cour. 8. (3 B.) Cleve 830. Char.

Meyer, Jul., neuer praktischer Rechenknecht beim Ein- u. Verkauf v. Getreide u. anderen Waaren, worin man, wenn der Preis v. 25 Pfennigen bis 500 Reichsmark per 1000 Kilogrammes, 2,5 Pfennigen bis 50 Reichsmark per 100 Kilogrammes, 1,25 Pfennig bis 25 Reichsmark per 50 Kilogrammes = 1 Ctr. angegeben ist, ausgerechnet findet, wieviel ½ bis 1000 Kilogrammes, auch ¼, ½, ¾ u. 1 Centner zu stehen kommen. 8. (104 S.) Erfurt 875. Bußjäger. n. 1.—

Meyer, Julius, aus Berlin, Referendar im Bezirk d. Kgl. Kammergerichts zu Berlin: Über das Recht dritter Personen, den Delaten zur Erklärung über die Annahme der Erbschaft durch den Richter der freiwilligen Gerichtsbarkeit zu nötigen. Ein Beitrag zur Lehre von d. Erbschaftsantritt in hist. Entwickelung. *Berlin 1900: 'Gutenberg'.* (32 S.) 8° [F.]
Erlangen, Jur. Diss. v. 16. Mai 1899

Meyer, Jul., die Schwanenordens-Ritterkapelle bei St. Gumbertus in Ansbach. 8. (V, 59 S. m. 9 Taf.) Ansbach 900. C. Brügel & Sohn. n. —50

Meyer, Jul. (III.). Ansbach's Sehenswürdigkeiten m. Beschreibg. 8. (XVI, 80 S. m. 1 Abbildg.) Ansbach 890, Brügel u. Sohn. * —60

Meyer, Julius, Gerichts-Assessor a. Hannover: Der Selbstmord sowie Anstiftung und Beihilfe zum Selbstmord. Hannover 1907: H. Ahlfeld. (VII, 52 S.) 8° [F.]
Rostock, Jur. Fak., Ref. Wachenfeld, Diss. v. 5. Nov. 1907
[Geb. 7. Juli 74 Hannover; Wohnort: Hannover; Staatsangeh.: Preußen; Vorbildung: Gymn. Hannover Reife O. 94; Studium: Med. Tübingen, Göttingen, zus. 3 S., Jura Berlin, Göttingen, zus. 6 S.; Rig. 31. Mai 07.]

Meyer, Julius, Dr., aus Posen: Aus d. chemischen Institut d. Universität Breslau. Studien über Schwefel und Selen und über einige Verbindungen dieser Elemente. *Hildesheim 1903: A. Lax.* (65 S.) 8°
Breslau, Phil. Hab.-Schr. v. 28. Juli 1903
(Nicht für den Austausch)

Meyer, Julius [aus Berlin]: Tic rotatoire ... Freiburg i. B., Buchdr. E. Kuttruff, 1896; 31 S. 8.
Freiburg i. B., Med. Fak., Inaug.-Diss. v. 1896

Meyer, Jul., Tirol, s.: Projections-Vorträge 54. Heft.

MEYER, Julius (Ansbach): Ursprung und Entwicklung des Tischtitels nach gemeinem und bayerischem Rechte.- Innsbruck: Aufschlager 1858. 32 S.,1 Bl.
14.8.1858 - Urk (Titel: De titulo mensae.); F 49
Diss. Ingolst.-Landsh.-Mchn.

Meyer, Jul., beschreibendes Verzeichniss der Gemälde in den königl. Museen zu Berlin. 2. Aufl. Unter Mitwirkung von L. Scheibler und W. Bode bearb. 8. (X, 595 S. mit 1 lithogr. Grundriss.) [Berlin 883, Weidmann'sche Buchh.] Stuttgart, Spemann. cart. **

Meyer, Julius. Beschreibendes Verzeichniss der Gemälde. Zweite Auflage. Mit Nachtrag und Anhang (Verzeichniss der im Vorrat der Galerie befindlichen sowie der an andere Museen abgegebenen Gemälde). 3 Bde. Berlin 1883—1886. 8°.

Meyer, Jul. (III.), aus 17 Zungen. Lieder und Gedichte verdeutscht. 8. (XI, 240 S.) Leipzig 874, (Steinacker.) *

Sammlung praktischer Winke für den Infanterie-Schießlehrer von [Julius Alfred Hermann] Meyer, Hauptm. im Inf.Rgt. no 139. Berlin: Voss 1904. (72 S.) 8° [F.]
= [Sammlung militärwissenschaftl. Handbücher. Bd 1.] [o6. 9386

Sammlung praktischer Winke für den Infanterie-Schießlehrer von [Julius Alfred Hermann] Meyer, Hauptm. im Inf.Regt No 139. Berlin: Voss 1904 (1905). (72 S.) 8° [F.]
— Sammlung militärwissenschaftl. Handbücher. Bd 1. [o8. 7470 11

'Επιστολὴ πρὸς τὴν τιμιωτάτην καὶ σοφωτάτην Ἀδελφότητα τῶν θεοσοφῶν, τὸν ἀπὸ τοῦ Ῥοδίνου καὶ χρυσέου Σταυροῦ, μετ' εὐσεβείας καὶ ἁπλότητος ἐκδόθεισα ὑπ' ἀγνοριστού τινος ἱκετός. [Von Jul. Aug. Meyer.] Ἐν ἔτει,αψ' πά. [Hildesheim: 1781.] 4 Bl. 4° [Umschlagtit.]
Deutsche Übers. in: Kalender f. d. Prov.-Loge v. Mecklenburg. 9 (1833) S. 93—100.
Kl. 2648. Sehr selten. Schreiben der Loge St. Alban z. wahren u. echten Feuer in Hildesheim an die „Theosophen des Rosen- u. güldnen Kreuzes", die Bitte, um „Zulassung zur Anschauung des Lichts in die Finsternis" enthaltend.

Notiz, wie ein Fremder über den H. Orden der Freymaurer der Wahrheit gemäß denken müsse. [Von Jul. Aug. Meyer. Hildesheim] 1789. 32 S. 8°
Kl. 518. Selten. D. Notiz ist vor der neuen Verbindung mit der großen ▭ in London geschrieben. Grebes Angabe (Gesch. d. Frmrei i. Hildesheim. 1812 S. 63), daß Joh. Andr. Meyer Verf. sei, beruht auf Irrtum.

Meyer, Julius Simon (geb. Posen 3. 2. 1814): De endocarditide. Berolini (1839). (25 S.) 8°
Berlin, Med. Diss. v. 12. Okt. 1839

Meyer, Jürgen (Hrsg.), s. Auch, Jak.: Handbuch f. Land-Uhrmacher, deren Gehilfen u. Lehrlinge.

Meyer, J. (II.), die Grundlehren der Uhrmacherkunst, s.a. Schauplatz, neuer, der Künste und Handwerke. 262. Bd.

Meyer J. die Grundlehren der Uhrmacherkunst. 2. und 3. Auflage. (Schauplatz der Künste und Handwerke 262) Weimar 1874. 91

Meyer, Jürgen. Die Grundlehren der Uhrmacherkunst. 3. verm. u. verb. Aufl. Mit 4 Taf., enth. 28 Abbildgn. 8. (VIII, 101 S.) Weimar 891, Voigt. 1 50

Meyer, Jürgen Bona. Die Abgrenzung der Schulpflicht. — Die Fortbildungs- und Haushaltungsschulen für Mädchen, s.a. Schriften d. Liberalen Schulvereins Rheinlands u. Westfalens.

Die Abgrenzung der Schulpflicht. Referat d. Prof. Dr. Jürgen Bona **Meyer** nebst Verhandlung auf d. Gen.-Versamml. d. Lib. Schulver. zu Köln ... 1888. Bonn: E. Strauß 1889. (30 S.) 8° [F.]
= **Schriften** d. Liberalen Schulvereins Rheinlands u. Westf. No 15. (c6. 5376

Ad avdiendam orationem de ordinvm vniversitatis nexv pro aditv mvneris prof. ord. in ordine phil. vniversitatis Fridericiae Gvilelmiae Rhenanae d. IX m. Ian. ... habendam ... invitat Jvergen Bona **Meyer** ... Einladungsschrift. — Kants Ansicht über die Psychologie als Wissenschaft. Bonnae, form. C. Georgi 1869. 1 Bl., 36 S. 4. ¶ Erschien zugleich selbständig bei Marcus in Bonn. — Wiederholt in des Verf. Buch: Kants Psychologie, Berlin 1870 Abschn. VI.

Meyer, Jürgen Bona, die Behandlung der Schule auf den letzten Provinzial-Synoden Rheinlands u. Westfalens. [Schriften des liberalen Schulvereins Rheinlands u. Westfalens Nr. 2.] gr. 8. (157 S.) Bonn 882. Strauß. n. 1. 60

Meyer, Jürgen Bona, Bericht, s.: Zur Volksschullesebuchsfrage.

—— gesetzliche Bestimmungen, Ministerial-Erlasse und Regierungs-Verordnungen über die Lokal-Schulaufsicht in Preußen, s.a. Schriften des liberalen Schulvereins Rheinlands und Westfalens.

Gesetzliche Bestimmungen, Ministerial-Erlasse und Regierungs-Verordnungen über die Lokal-Schulaufsicht in Preußen, insbes. mit Rücks. auf Rheinland u. Westfalen. Zsgest. von Jürgen Bona **Meyer**. Bonn: E. Strauß 1883. (92 S.) 8° [F.]
= **Schriften** d. Liberalen Schulvereins Rheinlands u. Westf. No 7. (c6. 5368

Meyer, Jürgen Bona, zum Bildungskampf unserer Zeit. gr. 8. (XVIII, 404 S.) Bonn 875. A. Marcus. n. 6. —

—— Gegen den Entwurf e. Volksschulgesetzes. Ein Mahnruf an Preußens deutsches Gewissen. gr. 8. (72 S.) Bonn 892, F. Cohen. — 75

Meyer, Juergen Bona: Zur Erinnerung an Adolf Held, gesprochen im Bonner Bildungsverein. Bonn 1880. 8°

Erinnerungen aus der Frankonenzeit 1849–51. Von Jürgen Bona **Meyer**. Bonn 1895: Georgi. 16 S. 8° [Umschlagt.] (n. 1896

Meyer, J. B., Fichte, Lassalle und der Socialismus, s.a. Zeit- und Streit-Fragen, deutsche.

— Fichte, Lassalle u. d. Socialismus. Berlin 878.

Meyer JB. Fichte, Lassalle und der Sozialismus. (Zeit- und Streitfragen 110-111) Berlin 1879

— die Fortbildungsschule in unserer Zeit, s.a. Zeit- u. Streit-Fragen, deutsche.

Meyer, Jürgen Bona, Die Fortbildungsschule in unserer Zeit. gr. 8°. Berlin 1873.

Meyer, Jürgen Bona, die Abgrenzung der Schulpflicht, — die Fortbildungs- u. Haushaltungsschulen f. Mädchen, } s.a. Schriften des Liberalen Schulvereins Rheinlands u. Westfalens.

Meyer, Jürgen Bona, u. [Richard] Stegemann: Die Fortbildungs- u. Haushaltungsschulen für Mädchen. Referat u. Korreferat nebst Verhandlung. — Bonn: Strauß 1889. 57 S. 8° (Schriften d. liberalen Schulvereins Rheinlands u. Westfalens. 17.)

– (Hrsg. u. Übers.), s. Friedrich II., König von Preußen: Pädagogische Schriften und Äußerungen.

Meyer, Jürgen Bona, zum Gedächtniß Kaiser Friedrichs. 8. (40 S.) Bonn 888, Strauß. *

Meyer, Jürgen Bona, Gedanken über eine zeitgemäße Entwicklung der deutschen Universitäten. gr. 8. (XIV und 97 S.) Hamburg 860, O. Meißner.

—— die Gemeinschaft der Facultäten. Rede zum Eintritt in die philosoph. Facultät der Rhein. Friedrich-Wilhelms-Universität gehalten am 9. Jan. 1869. 8. (81 S.) Bonn 869, (Marcus.) *

— der Gesetzentwurf betr. die Verbesserung d. Volksschulwesens als Beweis f. die Dringlichkeit e. Schulgesetzes, s.: Schriften d. liberalen Schulvereins Rheinlands u. Westfalens.

—— der alte und der neue Glaube. Betrachtungen über David Friedr. Strauß' Bekenntniß. 8. (80 S.) Ebendas. 878. *

—— Glück und Verdienst. Rede, zur Feier des 90. Geburtstages Sr. Maj. des Kaisers an der königl. Rheinischen Friedrich-Wilhelms-Universität zu Bonn am 22. März 1887 gehalten. 8. (28 S.) Ebendas. 887. *

—— Grundzüge der Schulreform unserer Zeit. Mit Rücksicht auf die Geschichte des Schulwesens in Hamburg. gr. 8. (XX und 322 S.) Hamburg 861, O. Meißner. *

—— die Idee der Seelenwanderung. Vortrag gehalten im wissenschaftl. Verein zu Berlin. gr. 8. (62 S.) Hamburg 861, O. Meissner.

—— der Kampf um die Schule. Historisch-pädagog. Erörterungen über die Fragen: Staatsschule oder Kirchenschule? Religionsunterricht oder Staatsschule? gr. 8. (III, 108 S.) Bonn 882, Strauß. *

— der Mainzer Katholikentag, der Fall Harnack u. die Gottlosigkeit unserer Universitäten, s.a. Zeit- u. Streitfragen, deutsche.

Meyer JB, der Mainzer Katholikentag, der Fall Harnack und die Gottlosigkeit unserer Universitäten. (Zeit- und Streitfr. NF 106) Hamburg 1893

— Leitfaden zur Geschichte der Philosophie zum Gebrauche bei Vorlesungen u. zum Selbststudium. gr. 8. (IX, 137 S.) Bonn 882. Marcus. n. 2. 50

— Luther als Schulbefreier, s.a. Zeit- u. Streitfragen, deutsche.

Meyer JB, Luther als Schulbefreier. (Zeit- u Streitfragen 197) Berlin 1884

Meyer, J(ürgen) B(ona) (geb. Hamburg 25. 10. 1829): De principiis Aristotelis in distributione animalium adhibitis. Berolini (1854). (42 S.) 8°
Berlin, Phil. Diss. v. 17. Juni 1854

—— Probleme der Lebensweisheit, Betrachtungen. 1. und 2. Aufl. gr. 8. (VI, 369 S.) Berlin 887, Allgem. Verein für deutsche Literatur. *M 6.—.; geb. *

— Kant's Psychologie dargestellt u. erörtert. Berlin 869. Hertz. gr. 8. (X, 312 S.) n. 1 ℛ 26 ngr.

Meyer, Jürgen Bona, über Fichte's Reden an die deutsche Nation. 8. (66 S.) Hamburg 862, O. Meissner.

—— zur Reform der deutschen Hochschule. Festrede, zur Feier des Geburtstages König Friedrich Wilhelms III. an der königl. rhein. Friedrich-Wilhelms-Universität zu Bonn am 3. Aug. 1887 gehalten. 8. (47 S.) Bonn 887, Strauß. *

—— Religions-Bekenntniß und Schule. Eine geschichtl. Darstellung und Kritik. gr. 8. (XII und 307 S.) Berlin 863, Th. C. F. Enslin. *

— Arthur Schopenhauer als Mensch u. Denker, s.a. Sammlung gemeinverständlicher wissenschaftlicher Vorträge.

Meyer JB, Arthur Schopenhauer als Mensch und Denker. (Sammlung gemeinverständlicher wissenschaftlicher Vorträge 145) Berlin 1872

—— s. Schulüberbürdungsfrage, die.

— Seelenkunde u. Kinderzucht, s.: Sammlung pädagogischer Vorträge.

Meyer, Juergen Bona, Die Simultanschule. Rede. Hückeswagen (1883). 8°.

—— die Simultan-Schulfrage, s.a. Zeit- und Streit-Fragen, deutsche.

Meyer JB, die Simultanschulfrage. (Zeit- und Streitfragen 127-28) Berlin 1880

— Staat u. Kirche im Streit um die Schule in Hamburg. Hamburg 861. O. Meißner. 8. (XI, 84 S.) 9 ngr.

— die Stellung der Philosophie zur Zeit u. zum Universitätsstudium. Rede. 8. (30 S.) Bonn 886. Strauß. n. 1. —

— Zum Streit über Leib und Seele. Worte der Kritik. Sechs Vorlesungen, am Hamburger akadem. Gymnasium gehalten. Hamburg 856. Perthes-Besser u. Mauke. gr. 8. (XII, 130 S.) n. 20 ngr.

— stille Stunden. Wolfenbüttel 868. Voigt? 16. (VII, 164 S.) 15 ngr.

—— stille Stunden. 16. (VII, 164 S.) Wolfenbüttel 870, Voigt.

— Temperament u. Temperamentsbehandlung, s.: Sammlung pädagogischer Vorträge.

Meyer, Jürgen Bona, Aristoteles Thierkunde. Ein Beitrag zur Geschichte der Zoologie, Physiologie und alten Philosophie. gr. 8. (X und 520 S.) Berlin 855, G. Reimer.

— deutsche Universitäts-Entwicklung, s.a. Zeit- u. Streitfragen, deutsche.

Meyer, Jürgen Bona, Deutsche Universitäts-Entwicklung. Vorzeit, Gegenwart und Zukunft. Berlin 1875. 8.
Ist: Deut. Z.- u. Str.-Fr. Jhg. 3. H. 48. . . . . (D.; LHK.)

Meyer, Jürgen Bona, Vaterlandsliebe, Parteigeist u. Weltbürgerthum im Deutschen Reich, s.a. Zeit- u. Streitfragen, deutsche.

Meyer, Jürgen Bona, Vaterlandsliebe, Parteigeist und Weltbürgerthum im Deutschen Reich. Hamburg 1893. 8.
Ist: Deut. Zeit- u. Streitfr. N. F. H. 105. . . . . (D.)

Meyer, Jürgen Bona, s.: Vereinsblatt des liberalen Schulvereins Rheinlands u. Westfalens.

— die angebliche sittliche Verwilderung der Jugend unserer Zeit u. die behauptete Mitschuld d. Schule, s.a. Schriften d. liberalen Schulvereins Rheinlands u. Westfalens.

Die angebliche sittliche Verwilderung der Jugend unserer Zeit und die behauptete Mitschuld der Schule. Berichte d. Herren Prof. Dr. Jürgen Bona **Meyer**-Bonn u. Gewerbeschul-Dir. [Wilhelm] Köhler-Bielefeld u. Verhandlung auf d. Generalversamml. d. Liberalen Schulvereins zu Duisburg am 4. Mai 1884. Bonn: E. Strauß 1884. (72 S.) 8° [J.]
= **Schriften** d. Liberalen Schulvereins Rheinlands u. Westf. No 9. 106. 5370

—— Volksbildung und Wissenschaft in Deutschland, s.a. Sammlung gemeinverständl. wissenschaftl. Vorträge. 14. Heft.

Meyer, Jürgen Bona, Volksbildung und Wissenschaft in Deutschland während der letzten Jahrhunderte. Berlin 1866. 8.
Ist: Sammlung gemeinverst. wiss. Vortr. 14.
——, —— 2. Aufl. Ebda 1869. 8.
——, —— 3. Aufl. Ebda 1873. 8.

— Voltaire und Rousseau in ihrer socialen Bedeutung dargestellt. Berlin 856. G. Reimer. 8. (VII, 184 S.) 20 ngr.

— Wahrheitskampf, Gelehrtenzwist u. Parteizwist, s.a. Zeit- u. Streit-Fragen, deutsche.

Meyer JB, Wahrheitskampf, Gelehrtenzwist und Parteizwist. (Zeit- und Streitfragen, Deutsche, Neue Folge 65) Hamburg 1890

—— Weltelend und Weltschmerz. Eine Rede gegen Schopenhauer's und Hartmann's Pessimismus gehalten im wissenschaftl. Verein zu Berlin. gr. 8. (26 S.) Bonn 872, Marcus. *

— Der Wert und die Ehre der Arbeit. 8°. Bonn 1879.

—— der Wunderschwindel unsrer Zeit. gr. 8. (100 S.) Bonn 878, Cohen und Sohn. *

– (Hrsg.), s. Zeitfragen. – Deutsche Zeit- und Streitfragen.

— **philosophische Zeitfragen. Populäre Aufsätze. Bonn 870. A. Marcus. gr. 8. (XV, 434 S.) n. 2 ℛ**

— philosophische Zeitfragen. Populäre Aufsätze. 2. verb. u. verm. Aufl. gr. 8. (XVIII, 466 S.) Ebend. 874. n. 7. —

—— s. Zur Volksschullesebuchsfrage.

— **Justin (Hadeln), De sacerdote Androgyno, Seu Quaestione: Num Androgynus salva conscientia possit fungi Ministerio Ecclesiastico? Präs. Jo. Fried. Mayer. Greifswald (D. B. Starck) 30. III. 1705. (4.50) 23240**

Meyer, Justine, Ritte auf dem Pegasus. (VI, 136 S.) 8. Aarau 905. H. R. Sauerländer & Co. n. 1.60; geb. in Leinw. n. 2.40

Meyer, Justinian Eduard, prakt. Arzt aus Bellershausen ⟨Mittelfranken⟩: Über 2 Fälle von multiplen cartilaginären Exostosen in röntgographischer Darstellung. *Würzburg 1900: Verlagsdruckerei.* (37 S.) 8°
Würzburg, Med. Diss. v. 1900

Meyer, K., Naturlehre (Physik u. Chemie) f. höhere Mädchenschulen, Lehrerinnen-Seminarien u. Mittelschulen. 2., verb. Aufl. gr. 8. (VI, 220 S. m. 286 Abbildgn.) Leipzig 902. G. Freytag. Geb. in Leinw. n. 2.20

Meyer, K., Naturlehre (Physik u. Chemie) für höhere Mädchenschulen, Lehrerinnen-Seminarien u. Mittelschulen. 3., verb. u. verm. Aufl. (VI, 242 S. m. 318 Abbildgn.) gr. 8. Leipzig 904. G. Freytag. Geb. in Leinw. n. 2.20

Meyer, K., Naturlehre (Physik u. Chemie) f. höh. Mädchenschulen. Lehrerinnen-Seminare u. Mittelschulen. 5., verb. u. verm. Aufl. (258 S. m. 338 Abb.) 8. Leipzig 908. G. Freytag. — Wien, F. Tempsky. Geb. 3. —

— dasselbe. Ausg. B. Für höh. Mädchenschulen. Nach den Ausführungsbestimmgn. üb. die Neuordng. des höh. preuss. Mädchenschulwesens vom 12. XII. 1908. (272 S. m. 340 Abb.) 8. Ebd. 910. Geb. 3. —

— dasselbe. Ausg. C: Für Mittelschulen. 2 Tle. 8. Ebd. 910. Geb. in Leinw. 3.50
1. Physik. (169 S. m. 271 z. Tl. farb. Abb.) Geb. 2. —
2. Chemie. (117 S. m. 77 Abb.) Geb. 1.50

Meyer, K., u. H. Wührmann, Präparationen zu den biblischen Geschichten. Handbuch für Lehrer u. Erzieher, vom Standpunkt d. freien Protestantismus aus bearb. gr. 8. (VIII, 247 S.) Bern 889. Bessin. n. 2. —

— Rechenbuch, s.: **Menzel, J.**

Meyer, K., landwirtschaftliches Rechenbuch. Nebst e. Anh., enth. Muster f. einfache Buchführung u. geschäftl. Aufsätze. Schülerheft. 2. Aufl. 8. (32 S.) Straßburg i/E. 890. Schmidt. n. — 40

— **dasselbe. Lehrerheft. 8. (8 S.) Ebd. 890. n. — 20**

Meyer, K. (I.). Landwirtschaftliches Rechenbuch. Nebst e. Anh., enth. Muster f. einfache Buchführg. u. geschäftliche Aufsätze. Schülerheft. 4. Aufl. 8. (32 S.) Straßb. i. E. 891, [Schmidt] Bull. * — 40
—— dass. — Lehrerheft. 8. (8 S.) Ebd. 890. * — 20

Meyer, K., landwirtschaftliches Rechenbuch. Nebst e. Anh., enth. d. Arbeiter-Versicherg., Muster f. einfache Buchführg. u. geschäftl. Aufsätze. Schülerheft. 7. Aufl. 8. (40 S.) Straßburg 898. F. Bull. n. — 40

— **landwirtschaftliches Rechenbuch. Nebst e. Anh., enth. die Arbeiter-Versicherg., Muster f. einfache Buchführung u. geschäftl. Aufsätze. Schülerheft. 9. Aufl. (42 S.) 8. Straßburg 903. F. Bull. n. — 40**

Meyer, K.: Die Tertiär-Fauna der Azoren und Madeiren. Zürich. 1864. 8°

Meyer, K. Viehversicherung. Allg. Beschreibung und Statistik der Schweiz. Herausg. von *Max Wirth.* Bern 1871.

Meyer, K. F. Th., die provenzalische Gestaltung der m. dem Perfectstamm gebildeten Tempora d. Lateinischen, s. a. Ausgaben u. Abhandlungen aus dem Gebiete der romanischen Philologie.

Meyer, K. F. T. Die provenzalische Gestaltung der mit dem Perfectstamm gebildeten Tempora des Lateinischen. Nach den Reimen der Trobadors. Diss. Marburg 1883. 35 S.

Meyer, K. Fr., das Augsburg. Glaubensbekenntniß im Auszuge, nebst geschichtl. Einleit. u. erläut. Anmerkn., wodurch hauptsächl. d. Unterscheidungs-Lehren d. kathol. u. evangel.-protestant. Kirche näher bezeichnet werden, in gemeinfaßl. Sprache f. Jedermann, f. Schulen u. besond. zum Confirmanden-Unterr., zunächst auch als Beitrag z. Feier d. Reformations-Jubelfestes am 25. Juni 1830 mitgetheilt. 5—8., verm. Aufl. (à 3 B.) 8. Hannover, Hahn. n

Meyer, K. Fr., das Augsb. Glaubensbekenntniß im Auszuge, nebst geschichtl. Einleitung u. erläutert. Anmerkk., wodurch hauptsächlich die Unterscheidungslehren d. kathol. u. evangel.-protestant. Kirche bezeichnet werden, in gemeinfaßl. Sprache für Jedermann, f. Schulen u. besonders z. Confirmanden-Unterricht rc. 8e Aufl. 8. Hannov. 830. Hahn. 2 gl

Meyer, K. G. L.

Meyer, C. G. L., Bemerkungen zur Civil-Proceß-Gesetzgebung. Mit Rücksicht auf die Schrift des Prof. v. Bar: „Recht u. Beweis im Civilprocesse. Leipzig 1867." Berlin 867. Mittler & Sohn. gr. 8. (III, 58 S.) 9 ngr.

Meyer, (C. G. L.), die Preußische Hypotheken- und Subhastations-Gesetzgebung. Ihre Principien, ihre Mängel und deren Abhülfe. Berlin 854. (Leipzig,) Veit u. Co. gr. 8. (2 Bl., 100 S.) 15 ngr.

— die Schrift in ihrer Bedeutung nach preußischem Rechte, mit Rücksicht auf das römische und gemeine, das österreich. und französ. Recht. Berlin 855. (Leipzig,) Veit u. Co. gr. 8. (60 S.) n. 10 ngr.

Meyer, C. G. L., Versuch e. Prüfung d. Lehre vom Thatbestand u. d. Thäterschaft, der Verbrechen im Allgem. u. des Verbrechens d. Tödtung insbesond. nach d. Grundsätzen d. preuß. Rechts. gr. 8. (6 B.) Berlin 836, Veit u. Comp.

Meyer, K. J. Ueber die Brennlinien, welche durch Zurückwerfung des Lichtes von Curven der zweiten Ordnung entstehen. 26 S. . . .
Potsdam, Progr. 1838

Meyer, K. W., Aufsatzregeln f. die oberen Klassen höherer Schulen. 8. (VII, 66 S.) Hannover 887. Schmorl & v. Seefeld. cart. n. 1. —

Meyer, K. W., die moderne Berechtigungsjagd auf unseren höheren Schulen. Ernste pädagogisch-militärische Bedenken. gr. 8. (112 S.) Hannover 885. Norddeutsche Verlagsanstalt. n. 2. —

Meyer, K. W. Einweihung der Leibniz-Realschule I. O. zu Hannover. 14 S. Progr. Leibn. Rg. *Hannover* 1879.

(Meyer, K. W.) Mitteilungen über die Schulfeier des Lutherfestes. S. 4—12. Progr. Leibn. Rg. *Hannover* 1884.

— die Pflege d. Idealen auf unseren höheren Schulen, s. a. Zeit- u. Streitfragen, deutsche.

Meyer KW, die Pflege des Idealen auf unseren höheren Schulen. (Zeit- und Steitfragen 196) Berlin 1884

Meyer, Karl

Meyer, Carl, Der Aberglaube des Mittelalters und der nächstfolgenden Jahrhunderte. Basel, Pädagogium 1876. Progr.

Meyer, Carl, der Aberglaube d. Mittelalters u. der nächstfolgenden Jahrhunderte. gr. 8. (VIII, 382 S.) Basel 884. Schneider. n. 6. 40

Meyer, Karl [aus Heinde]: Meister Altswert. Eine literarische Untersuchung. . . . Einbeck, Druck v. Adolf Lämmerhirt, 1889; 47 + 1 S. 8°
Göttingen, Phil. Fak., Inaug.-Diss. v. 16. Jan. 1889

Meyer, Karl, Meister Altswert. Eine literar. Untersuchg. Inaug.-Diss. gr. 8. (47 S.) Einbeck 889. (Göttingen, Vandenhoeck & Ruprecht's Verl.) n. 1. —

Meyer, Carl, approb. Arzt aus Gr. Burgwedel: Aus d. Augenklinik in Jena. Zur pathologischen Anatomie der Eisensplitterverletzungen des Auges. *Jena 1901: A. Kämpfe.* (32 S.) 8°
Jena, Med. Diss. v. (28. März) 1901

Meyer, Karl, Anweisung f. schriftliche Arbeiten aus dem Geschäfts- u. Verkehrsleben. Zum Gebrauch in Fortbildungsschulen aller Art, in Seminaren u. Präparanden-Anstalten u. in Oberklassen d. Volks- u. Bürgerschulen. gr. 8. (32 S.) Hannover 890. C. Meyer. n. — 30

Meyer, Carl, Kgl. Reg.-Baumeister: Die Augustiner-Klosterkirche zu Ravengiersburg. Berlin: Wasmuth 1908. 78 S. 4° ¶ Auch als: Beiträge zur Bauwissenschaft. H. 12. 1909. Danzig, Dr.-Ing.-Diss. v. 20. 3. 1908

Meyer, Carl, die Augustiner-Kloster-Kirche zu Ravengiersburg, s. a. Beiträge zur Bauwissenschaft. 12. Heft.

Meyer C, die Augustiner-Klosterkirche zu Ravengiersburg. (78 S) (Beiträge zur Bauwissenschaft 12) 4° Berlin 1909

Meyer, C[arl]. Basel zur Zeit der Freischarenzüge und des Sonderbunds. [Ausschnitt aus: Basler Jahrbuch 1902. — Mit Vignette.] S. 45—106. 8. [Basel, Basler Druck- und Verlags-Anstalt, 1902.]

Meyer, [Karl], Stadtbaurat: Die provisorischen Bauten (Schulpavillons) und das Bauprogramm des Neubaues. Bromberg 1904: O. Grunwald. (S. 6—8.) 4° [F.]
Bromberg, st. R i. E. P 1904 (207)

Meyer, Karl, Dr. med.: Die klinische Bedeutung der Eosinophilie. Von der Med. Fak. d. Univ. Rostock preisgekrönte Arbeit. Berlin: S. Karger 1904. (106 S.) 8°
Rostock, Med. Fak., Ref. Martius, Diss. v. 15. Okt. 1904
[Geb. 27. Mai 79 Pankow; Wohnort: Rostock; Staatsangeh.: Preußen; Vorbildung: Gymn. Berlin Reife M. 99; Studium: Berlin 7, Rostock 2 S.; Coll. 16. Juni 04; Approb. 15. Juni 04.]

Meyer, Karl, die klinische Bedeutung der Eosinophilie. Von der medizin. Fakultät der Universität Rostock preisgekrönte Arbeit. (106 S.) Lex.-8. Berlin 905. S. Karger. n. 3. 50

Meyer, Karl, appr. Arzt a. Picher i. M.: Die Behandlung der Beckenendlagen durch die äußere Wendung. Rostock 1907: Adlers Erben. (37 S.) 8°
Rostock, Med. Fak., Ref. Büttner, Diss. v. 20. Febr. 1907
[Geb. 26. Okt. 82 Neu-Gülze i. M.; Wohnort: Picher i. M.; Staatsangeh.: Mecklenburg; Vorbildung: Gymn. Schwerin i. M. Reife O. 01; Studium: Leipzig 5, München 1, Rostock 3 S.; Coll. 11. Okt. 06; Approb. 17. Aug. 06.]

Meyer, Karl. von Zürich: Die Behandlung der Blennorhoe [!] des Thränenkanales. Zür. F. Walder u. S. Dr. 1860. 60 S., 2 Bl. 8°.
Zürich. Med. Diss. v. 20. Febr. 1860.

Meyer, Karl [med. pract. aus Hirslanden-Zürich]: Beitrag zur Melaena vera neonatorum. Ein neuer Fall von Ulcus oesophagi neon. Zürich 1902. 52 S. 8°.
Zurich. Med. Diss. 1901/1902.

Meyer, Carl. Beitrag zur Melaena vera neonatorum. Ein neuer Fall von Ulcus œsophagi neon. Diss. Med. Univ. Zürich ... von Karl Meyer.... *Kopftitel:* Aus der Universitätsfrauenklinik Zürich. 52 S. 8. Zürich, Emil Cotti's Wwe., 1902.

Meyer, Carl [app. Arzt, aus Bückeburg]: Beiträge zur Geschichte der Pseudoleukaemie. . . . Göttingen, Druck d. Dieterichschen Univ.-Buchdr. W. Fr. Kaestner, 1889; 60 S. 8°
Göttingen, Med. Fak., Inaug.-Diss. v. 6. Jun. 1889

Meyer, Carl, Beiträge zur Geschichte der Pseudoleukämie. Inaug.-Diss. gr. 8. (60 S.) Göttingen 889. (Vandenhoeck & Ruprecht's Verl.) n. 1. 40

Meyer, Karl, Beiträge zur Geschichte u. Sage der Goldenen Aue. gr. 16. (49 S.) Roßla 871. (Nordhausen, Haacke.) n. — 40

Meyer, Carl [aus Hamburg]: Beiträge zur Kenntnis der Sulfocamphylsäure und Isolauronolsäure ... München, Druck v. V. Höfling, 1895; 49 S. 8.
München, Phil. Fak., Inaug.-Diss. v. 1895

Meyer, Carl [Lenzburg. Schweiz]: Beiträge zur acuten Nephritis. Strassburg, Univ.-Buchdr. v. J. H. Ed. Heitz. 1874. 8. 56 S. u. 1 Taf.

Meyer, [Karl] (Stadtbaurat): Beschreibung des Neubaues. (Umschlagtitel: Beschreibung des neuen Gebäudes der Anstalt.) S. 3—8. 4. Progr. Städt. Realschule i. E. *Bromberg* 1908 (230).

Meyer, Stadtbaurat: Beschreibung des Neubaues. Bromberg 1908: Krahl. S. 7—8. 4°
Bromberg, st. R i. E. P 1908 (230) [S 08. 310

Meyer, Karl: John Gower's beziehungen zu Chaucer und könig Richard II. . . . Bonn, Univ.-Buchdr. v. Carl Georgi, 1889; 78 + 1 S. + 1 Bl. 8°
Bonn, Phil. Fak., Inaug.-Diss. v. 8. März 1889

Meyer, Carl, med. pract., von Lengnau bei Baden: Über Blasenektopie. ⟨Aus dem Kinderspital Zürich.⟩ Zürich 1908. 34 S. 8°. [26. III. 08.]
Zürich. Med. Diss. 1907/08.

Meyer, Carl. Über Blasenektopie. Diss. Med. Univ. Zürich ... von K' M'.... *Kopftitel:* Aus dem Kinderspital Zürich. 34 S. 8. Zürich, Gebr. Leemann & Co., 1908.

Meyer, Karl (II.), Chronik der Grafschaft Hohnstein-Clettenberg-Lohra. Urkundliche Nachrichten über den Kreis Nordhausen und über die in ihm liegenden Oerter. gr. 8. (60 S.) Nordhausen 875, (Haacke.) *

Meyer, Karl, Chronik des landräthl. Kreises Sangerhausen. gr. 8. (138 S.) Nordhausen 892. F. Eberhardt. n. 1. —

Meyer, Carl, von Krummenau ([Kt.] St. Gallen): Kritische und vergleichende Darstellung der Strafverfolgung und Voruntersuchung nach den kantonalen Gerichtsorganisationen und Strafprozessordnungen.
Herisau 1897: Schläpfer. XV, 196 S. 8°
Zürich, Jur. Diss. [v. 18. Nov. 1897].

Meyer, Carl, kritische u. vergleich. Darstellg. d. Strafverfolgung u. Voruntersuchg. nach d. kantonalen Gerichtsorganisationen u. Strafprozessordngn. Im Entwurf v. schweizer. Juristenverein im Septbr. 1896 preisgekrönt, seither umgearb. u. m. dessen Subvention hrsg. gr. 8. (XV, 196 S.) Leipzig 897. Buchhandlung G. Fock. n. 3. —

Meyer, Car. (geb. Meseritz 7. 9. 1825): Descriptio ossis frontis macrocephali. Berolini (1850). (26 S.) 8°
Berlin, Med. Diss. v. 15. Okt. 1850

Meyer, Carl, die Dietrichssage in ihrer geschichtl. Entwicklung. Basel 868. Georg. gr. 8. (III, 55 S.) n. 16 ngr.

Meyer, Karl: Ueber den Einfluss verschieden hohen Wassergehalts des Bodens in den einzelnen Vegetationsstadien bei verschiedener N-Düngung auf die Entwickelung des Göttinger begrannten Squarehead-Winterweizens. Göttingen 1908. 90 S. 8°
Göttingen, Phil. Diss. v. 22. Mai 1909, Ref. Seelhorst
[Geb. 31. Mai 81 Bennien; Wohnort: Bennien; Staatsangeh.: Preußen; Vorbildung: Gymn. Gütersloh Reife O. 02; Studium: Freiburg i. B. 2, Göttingen 1, Berlin 1, Göttingen 4 S.; Rig. 29. Juli 08.] [U 09. 1383

Meyer, Carl (III.), I. Einwirkung von Bernsteinsäurechlorid auf Acetanilid. II. Zur Kenntniss der Anhydrobasen. Inaugural-Dissertation. gr. 8. (30 S.) Hannover 878. (Göttingen, Vandenhoeck und Ruprecht's Verlag.) *

Meyer, Carl, üb. den Eisengehalt der Leberzellen des Rinderfoetus, Kalbes u. erwachsenen Rindes. Inaug.-Diss. gr. 8. (88 S. m. 1 Taf.) Dorpat 890. (Karow.) n. 2. —

Meyer, C., die histor. Entwicklung der Handelsmarke in der Schweiz, s. a. Abhandlungen zum schweizer. Recht. 6. Hft.

Meyer, C[arl]: Die historische Entwicklung der Handelsmarke in der Schweiz. Bern 1905. 86 S. 8°. Abhandl. z. schweizer. Recht. Heft 6.
Bern. Jur. Diss. 1904/1905.

Meyer, C[arl]. Die historische Entwicklung der Handelsmarke in der Schweiz. 8. Bern, Stämpfli & Cie., 1905.
Ausg. A: Diss. Jur. Bern ... von C. M'. [Mit Figuren.] IV + 86 S.
Ausg. B: Von Dr. jur. C. M', Fürsprecher in Romanshorn. [Mit Figuren und 5 Tafeln.] IV + 88 S. [fr. 2. 40.] — Abhandlungen zum schweizerischen Recht, hrg. von Dr. Max Gmür, Professor.... Heft 6.

Meyer, Carl, med. pract. von Zürich: Aus dem Privatlaboratorium des Privatdocenten Dr. Hanau in Zürich. Ueber einen Fall von Fremdkörperperitonitis mit Bildung riesenzellenhaltiger Knötchen durch Einkapselung von Cholesterintafeln. mit Bemerkungen über die verschiedenen Riesenzellenarten. [S. A. aus: Beiträge z. pathol. Anatomie u. z. allg. Pathologie — Ziegler. Bd 13, S. 76—102]. Jena G. Fischer 1893. 1 Bl., 27 S., 1 Taf. 8°.
Zürich. Med. Diss. [v. 17. April 1893].

Meyer, Carl (geb. Damme in Oldenb. 18. 2. 1848): Ein Fall von Ulcus simplex in Verbindung mit Carcinom. Berlin (1874). (31 S.) 8°
Berlin, Med. Diss. v. 11. Aug. 1874

Meyer, Carl (I.), eine Festfahrt zu Heinrich Simon's Denkmal. 8. (55 S.) Coburg 863, Streit's Verlag. *
Aus: Oppenheim's Jahrbücher für Politik und Literatur, besonders abgedruckt.

Zum dritten August 1902. Festschrift zur Feier der hundertjährigen Zugehörigkeit des ehemaligen Stiftes Stoppenberg und der in der jetzigen Bürgermeisterei Stoppenberg gelegenen Gemeinden zum preußischen Staate. Der Schuljugend d. Bürgermeisterei Stoppenberg gewidmet von Carl Meyer, Bürgermeister in Stoppenberg. Caternberg-Stoppenberg: Grewer & Co. (1902). (45 S.) 8° [F.] [03. 9996

Fest-Schrift zur 36. Haupt-Versammlung des Harzvereins für Geschichte u. Altertumskunde zu Nordhausen 1903. Im Auftr. d. Nordhäuser Orts-Ver. verf. u. hrsg. von Karl Meyer, Volksschull. zu Nordhausen. *Nordhausen: Selbstverl. 1903.* (76 S.) 8° [F.] [04. 3439

Meyer, C. (I.), das zürcherische Feuerversicherungswesen. Eine Sammlung der im Kanton Zürich über die Feuerversicherung und die Feuerpolizei besteh. Gesetze, Verordnungen, Kreisschreiben etc. Mit Anmerkungen. 8. (IV und 112 S.) Zürich 864, Schultheß.

Meyer, K., das zürcherische Feuerversicherungswesen. Eine Sammlung der im Kanton Zürich über die Feuerversicherung und die Feuerpolizei bestehenden Gesetze, Verordnungen, Kreisschreiben etc. Mit Erläuterungen. 2. stark verm. Aufl. 8. (XVI, 218 S.) Zürich 886. Schultheß. *

Meyer's, Karl, Führer üb. d. Kyffhäusergebirge. 4., verm. u. verb. Aufl. d. Buches: Die ehemal. Reichsburg Kyffhausen, einzigen auf selbstständ. urkundl. Forschgn. beruhende Geschichte derselben. 12. (VIII, 164 S. m. 1 Titelbilde, 1 Karte, 6 Plänen u. 3 Abbildgn.) Nordhausen 890. Eberhardt. cart. n. 1. —

Meyer, Karl, Führer über das Kyffhäuser-Gebirge. VI. verm. u. verb. Aufl. des Buches „Die ehemal. Reichsburg Kyffhausen", der einz. auf selbstständ. urkundlichen Forschungen beruh. Geschichte derselben. Mit 2 Karten, 1 Titelbilde, 4 Plänen u. 6 Abbildgn. (VIII, 158 S.) 12. Nordhausen 896. F. Eberhardt. n. — 75

Meyer, Karl: Geschichte des Nordhäuser Branntweins. Festschrift zur Erinnerung an das 400jährige Bestehen der Nordhäuser Kornbranntwein-Industrie 1507-1907, hrsg. und der Vereinigung der Nordhäuser Kornbranntweinfabrikation e. V. gewidmet. Nordhausen: Selbstverl. 1907. 60 S. -- 51*

Meyer, Karl, Geschichte d. Nordhäuser Branntweins. Festschrift zur Erinnerg. an das 400jähr. Bestehen d. Nordhäuser Kornbranntwein-Industrie 1507—1907. (60 S.) 8. Nordhausen 907. (G. Wimmer.) — 80

Geschichte der Bürgermeisterei Stoppenberg, der in ihr liegenden Güter und Werke, sowie des ehemaligen freiweltlichen adligen Damenstiftes Stoppenberg von Carl Meyer, Bürgermeister. 2., völlig umgearb. u. wesentl. erw. Aufl. *Essen: H. L. Geck 1900.* (459 S.) 8° [F.] [03. 13387 5

Meyer, C. Urkundliche Geschichte der goldenen Aue. Nordhausen, 1876.

—— Urkundliche Geschichte des Augustiner-Marienknechts-Klosters Himmelgarten. kl. 8. (80 S.) Ebd. 892. — 75

Meyer, Carl, Goethe und seine italienische Reise, s. a. Sammlung gemeinverständlicher wissenschaftlicher Vorträge.

Meyer C, Goethe und s. italienische Reise. (Slg wiss. Vortr. NF I, 22) Hamburg 1886

Meyer, Karl, Referendar in Hirschberg: Die Haftung des Verkäufers für eine Verschlechterung der Kaufsache nach Abschluß des Kaufvertrages nach dem Rechte des Bürgerlichen Gesetzbuches. *Greifswald 1903: J. Abel.* (104 S.) 8°
Breslau, Jur. Diss. v. 7. März 1903

Meyer, Carl (I.), Handbuch für Geschworne, s. Handbuch.

— Heimatskunde f. die Schulen des Kreises Grafschaft Hohenstein. Als Leitfaden f. den ersten Unterricht in der heimatl. Geographie u. Geschichte. (56 S.) 8. Ellrich 897. (Nordhausen, C. Haacke.) n. — 30

— Heimatskunde für die Schulen der Stadt Nordhausen, s. a. Harbort, L.

— Heimatskunde f. die Schulen der Stadt Nordhausen. Als Leitfaden f. den Unterricht in der heimatl. Geographie u. Geschichte. 8. verb. u. verm. Aufl. (64 S.) 8. Nordhausen 903. (C. Haacke.) n. — 35
Die 7. Aufl. war v. L. Harbort u. K. Meyer bearb.

– – 8. verb. u. verm. Aufl. Nordhausen: Selbstverl. 1903. 64 S. 8°

Meyer, Karl, Heimatskunde f. die Schulen des Kreises Sangerhausen. Als Leitfaden f. den ersten Unterricht in der heimatl. Geographie u. Geschichte bearb. gr. 8. (64 S.) Nordhausen 899. (C. Haacke.) n. — 40

– – Nordhausen: Selbstverl. 1899. 64 S. 8°

Meyer, Karl, die Burg Hohnstein, — d. Kloster Ilfeld, — d. Burg Questenberg u. d. Questenfest, } s. a. Geschichte der Burgen u. Klöster d. Harzes.

[F.] Die Burg Hohnstein. Nach urkundl. Quellen v. Karl **Meyer.** *Leipzig: B. Franke 1897.* (1 Bl., 64 S.) 1 Bd 8.
= **Geschichte** der Burgen u. Klöster des Harzes. [Bd] II. [97. 3393

[F.] Das Kloster Ilfeld. Nach d. Urkunden d. Klosters v. Karl **Meyer.** *Leipzig: B. Franke 1897.* (1 Bl., 108 S.) 1 Bd 8.
= **Geschichte** der Burgen u. Klöster des Harzes. [Bd] III. [97. 3392

Meyer, Karl [aus Berlinchen]: In welchen Punkten seiner Oberfläche ruht ein durch einen Halbkreis entstandenes, homogenes schweres Halbellipsoid, und was für Gleichgewicht findet in ihnen statt? . . . Erlangen, Druck d. Univ.-Buchdr. v. Junge & Sohn, 1887; 38 S. u. 1 Taf. 8°
Erlangen, Phil. Fak., Inaug.-Diss. v. 1887

Meyer, Carl, Bauinspektor: Johanneum zu Lübeck. Beschreibung der Schulgebäude. Lübeck 1907: M. Schmidt. (S. 3—25.) 4°
Lübeck, Johanneum RG u. R OP 1907 (901)

Meyer, Carl, a. Heerse i. Lippe: Zur Kasuistik der Duodenalstenose infolge eines alten Duodenalgeschwüres ⟨spez. bei Erwachsenen⟩. München 1905: Kastner & Callwey (24 S.) 8°
München, Med. Fak., Ref. v. Bollinger, Diss. v. 30. Nov. 1904
[Geb. 22. Aug. 80 Pomplam, Kr. Lehe; Wohnort: Heerse; Staatsangeh.: Preußen; Vorbildung: Gymn. Detmold Reife M. 99; Studium: Marburg 4, Freiburg i. B. 1, Kiel 1, München 3 S.; Coll. 30. Nov. 04; Approb. 8. Juli 04.]

Meyer, Carl, Königin der Nordsee Sylt in Wort u. Bild. Illustrierter Führer durch Westerland u. die Insel. Taschenbuch f. Badegäste, m. Ortsplan u. Inselkarte, Eisenbahn- u. Dampfschiffsfahrplänen, Fahrpreisen u. Taxen, Flut-Tabellen, Wohnungs- u. Adressen-Listen, Telephon-Verzeichnis etc. (143 S.) schmal 8. Leipzig (Amthor). n. — 50

Meyer, Carl, Königin der Nordsee Sylt in Wort u. Bild. Illustrierter Führer durch Westerland u. die Insel. Taschenbuch f. Badegäste, m. Ortsplan u. Inselkarte, Eisenbahn- u. Dampfschiffs-Fahrplänen, Fahrpreisen u. Taxen, Flut-Tabellen, Telephon-Verzeichnis. Ausg. 1909. (136 S.) 19,5×11 cm. Westerland a/Sylt, Buchdr. C. Meyer. — 50

Meyer, Karl, die Konkursordnung f. das deutsche Reich, nebst den zugehör. Einführungsgesetzen u. das Reichsgesetz, betr. die Anfechtung v. Rechtshandlgn. e. Schuldners außerhalb des Konkursverfahrens in der Fassung der Bekanntmachung v. 20. V. 1898. Handausg. m. Erläutergn., ausführl. Sachregister u. e. Anh., enth. die konkursrechtl. Bestimmungn. des Genossenschaftsgesetzes u. des Gesetzes, betr. die Gesellschaften m. beschr. Haftg., e. vergleich. Zusammenstellg. der Paragraphenfolge der alten u. neuen Konkursordng. u. Formulare. 8. (VII, 459 S.) München 899. J. Schweitzer Verl.
Geb. in Leinw. n. 6. —

Meyer, C., die ehemalige Reichsburg Kyffhausen. Ein Beitrag zur Geschichte der goldenen Aue. Roßla 868. (Nordhausen Haacke.) 8. (III, 65 S.) n.n. 6 ngr.

– Kyffhäuser-Sagen-Strauß, s. Meyer: Kyffhäuser Sagenstrauß.

Meyer, Carl: Die Landschaft Ossians. Jena 1906: B. Vopelius. (VII, 120 S.) 8°
Jena, Phil. Fak., Ref. Keller, Diss. v. 1. März 1906
[Geb. 13. Okt. 62 Lauenau; Wohnort: Lauenau; Staatsangeh.: Preußen; Vorbildung: Realgymn. Hannover Reife O. 99; Studium: Jena 9 S.; Rig. 2. Aug. 05.]

Meyer, Karl, Lehrbuch der Arends'schen Stenographie f. Anfänger (auch z. Selbstunterricht). 4. (12 autogr. S.) Freiburg i/B. 896. (J. Waibel.) n.n. — 75

— Loki und sein Mythenkreis. Basel, Pädagogium 1880. Progr.

Meyer, Carl (II.), der Muth in Sachen des Glaubens. Ein Wort zum Krieg und zum Frieden. gr. 8. (V und 91 S.) Frauenfeld 865, Huber. *

Meyer, Carl, von Obergösgen (Ct. Solothurn): Ueber die Molekulargrösse einiger anorganischer Körper. Zürich 1880: Zürcher u. Furrer. 58 S. 8°
Zürich, Phil. Diss. [v. 29. Jan. 1880].

Meyer, Carl, Die Nibelungensage. Basel, Pädagogium 1873. Progr.

Meyer, Karl, die Nibelungensage. 4. (40 S.) Basel 873. Schneider. n. 1. 60

Niedersachswerfen in Geschichte und Sage. Von Karl **Meyer,** Nordhausen. Nordhausen: Selbstverl. 1904. 14 S. 8°

Meyer, C., Normal-Zeichenbuch mit eingedruckten Vorzeichnungen. Nr. 1—3. Wolfenbüttel (853.) Holle. 4. Jede Nr. mit 16 lith. Bl. 3 ngr.

Meyer, C., Normal-Zeichenbuch m. eingedruckten Vorzeichnungen Nr. 1—7. qu. 4. (à 32 Steintaf.) Wolfenbüttel 875. Holle's Nachf. à — 30
1. Elementarheft. — 2. Geräthschaften. — 3. Blätter u. Blumen. — 4. Theile d. menschl. Körpers. — 5. Köpfe. — 6. Arabesken. — 7. Thiere.

— der Parzival Wolframs v. Eschenbach, s.a. Vorträge, öffentliche, geh. in der Schweiz.

Meyer C. der Parzival Wolfram's v Eschenbach. (Vortrage, Öffentliche VII, 9) Basel 1883

[F.] Die Burg Questenberg und das Questenfest. Nach urkdl. Quellen v. Karl Meyer. *Leipzig: B. Franke [1898].* (48 S.) 1 Bd 8.
— Geschichte d. Burgen u. Klöster d. Harzes. [Bd] IV. [98. 6390

– Dass., s.a. Geschichte ...

Ein Rückblick auf die Geschichte der preuss. Landes- und Gemeindeverwaltung. Vortrag, geh. ... durch d. Bürgermeister [Karl] Meyer in Stoppenberg. (Borbeck [nach 1898]: Siebeck.) 27 S. 8°

Meyer, Carl (III.), Nach dem Sacramento. Reisebilder eines Heimgekehrten. gr. 8. (IV und 365 S.) Aarau 855, Sauerländer's Verlag.

— Kyffhäuser-Sagen-Strauß. 12. (X, 192 S.) Nordhausen 891. Frankenhausen, C. Werneburg. Kart. n. 1. —

Meyer, Karl, Kyffhäuser-Sagen-Strauß. 12. (X, 192 S.) Nordhausen 1891. F. Eberhardt. Kart. n. 1. —

Meyer, K., das geistliche Schauspiel des Mittelalters, s.a. Vorträge, öffentliche, geh. in der Schweiz.

Meyer, Karl (Dr.) Das geistliche Schauspiel des Mittelalters. Basel, H. Richter. 1879. 1 25

Meyer, Karl (Dr. u. Prof. in Basel). Das geistliche Schauspiel d. Mittelalters. In-8°. Basel, Schweighauser. 1879. 1 —

Meyer, Carl, die Schreckenstage v. Kimberley. Tagebuchblätter aus Kimberley, beschrieben in der Zeit der Belagerg. durch die Buren 1899—1900. 1.—5. Taus. gr. 8. (à 100 S. m. Bildnis.) Berlin (900). Buchh. der Berliner ev. Missionsgesellschaft. n. 1. —

Meyer, Carl. Das grosse Spannort. (3205 Meter.) [Mit einer Tafel. SA.] 8. [Bern 1876.]

Meyer, C., Sprache u. Sprachdenkmäler der Longobarden, s.: Bibliothek der ältesten Litteratur-Denkmäler.

Meyer, Carl, a. Detmold: Die Technik der Gestaltendarstellung in den Novellen Theodor Storms. Novellen der Frühzeit. 1847—1872. Kiel 1907: Schmidt & Klaunig. (133 S.) 8°
Kiel, Phil. Fak., Ref. Kauffmann, Diss. v. 14. Jan. 1908
[Geb. 2. März 83 Detmold; Wohnort: Detmold O. 02; Staatsangeh.: Lippe-Detmold; Vorbildung: Gymn. Leopoldinum Detmold Reife O. 02; Studium: Kiel 1, Heidelberg 2, Berlin 1, Kiel 5 S.; Rig. 13. Juli 07.]

Meyer, Karl, die Technologie des Maschinentechnikers. (XI, 311 S. m. 377 Fig.) gr. 8. Berlin 908. J. Springer. Geb. in Leinw. 8. —

Meyer, Carl, a. Straßburg i. Els.: Temperaturverlauf bei Typhus abdominalis. Straßburg i. Els. 1907: C. Müh & Cie. (25 S.) 8°
Straßburg, Med. Fak., Ref. v. Krehl, Diss. v. 7. Juli 1907
[Geb. 24. Mai 81 Colmar i. E.; Wohnort: Straßburg i. E.; Staatsangeh.: Elsaß-Lothringen; Vorbildung: Lyzeum (Gymn.) Straßburg Reife M. 01; Studium: Straßburg 11 S.; Coll. 7. März 07; Approb. 16. Dez. 06.]

Meyer, Karl, Textbuch u. Repertorium biblischer Texte zu Casual-Predigten u. Reden. 2. verb. Aufl. gr. 8. (X u. 314 S.) Halle 852, Buchhandlung des Waisenhauses. 1⅙ ₰

Meyer, Karl, Textbüchlein od. Repertorium bibl. Texte zu Casual-Predigten u. Reden. gr. 8. (22 B.) Halle 839, Buchhandlung d. Waisenhauses.

Meyer, Carl: Zur Theorie des logarithmischen Potentials. Berlin: Trenkel 1909. 67 S. 8°
Leipzig, Phil. Diss. v. 17. Juli 1909, Ref. Hölder, Neumann
[Geb. 4. Juli 81 Ottensen; Wohnort: Hamburg; Staatsangeh.: Hamburg; Vorbildung: Wilhelm-Gymn. Hamburg Reife O. 00; Studium: Straßburg 3, Leipzig 8 S.; Rig. 14. Mai 09.] [U 09. 3022

Meyer, Karl, appr. Arzt: Ueber den Tod in der Morphium-Scopolamin-Narkose nebst einem Beitrag und Sectionsbericht. Leipzig 1907: B. Georgi. (28 S.) 8°
Leipzig, Med. Fak., Ref. Boehm, Diss. v. 27. Juni 1907
[Geb. 27. Dez. 72 Hardegsen; Wohnort: Leipzig; Staatsangeh.: Preußen; Vorbildung: Gymn. Göttingen Reife M. 95; Studium: Kiel 1, Breslau 1, Jena 1, Erlangen 2, Rostock 4, Bonn 1 S.; Coll. 6. Juli 07; Approb. 22. Nov. 02.]

– (Hrsg.), s. Tuberkulose-Kalender.

Meyer, Karl, Unsere Turnerkneipe, wie sie sein soll, oder Ernst und Scherz auf der Turnerkneipe, Ansbach, 48 S., kl.-8°.

— Uebungsbuch f. schriftl. Arbeiten in Fortbildungsschulen. 4 Hfte. 4. u. Fol. Ebd. 889. n.n. — 74
1. 2. 4. (9 u. 15 S.) à n. — 12. — 3. Fol. (15 S.) n. — 20. 4. (26 Formulare.) n.n. — 30.

Meyer, Karl (II.). Übungsbuch f. schriftliche Arbeiten in Fortbildungsschulen. 4 Hefte. Ebd. ** 1 10
1. Heft. 2. Aufl. 4. (28 S.) 891. ** — 15; 2. Heft. 2. Aufl. 4. (28 S.) 892. ** — 15; 3a. 2. Aufl. Fol. (24 S.) 891. ** — 25; 3b. 2. Aufl. Fol. (24 S.) 891. ** — 25; 4. Heft. 4. (26 Formulare.) 889. ** — 30.

Meyers, Karl, Übungsbuch f. schriftliche Arbeiten in Fortbildungsschulen. 1. Hft., 2. Hft., 3. Hft. a. u. b., 4. Hft. 2., verm. Aufl. 4. Hannover, C. Meyer. n.n. 1. 30
1. (28 S.) 891. n.n. — 15. — 2. (28 S.) 892. n.n. — 15. — 3a. (17 S.) 891. n.n. — 25. — 3b. (16 S.) 891. n.n. — 25. — 4. (23 Kouverts u. Formulare.) 892. n.n. — 50.

Meyer's, Karl, Übungsbuch f. schriftliche Arbeiten in Fortbildungsschulen. 1. u. 4. Hft. Hannover, C. Meyer. n.n. — 65
1. 4. Aufl. 4. (28 S.) (902.) n.n. — 15
4. Postheft. 3. verm. Aufl. gr. 8. (25 Formulare.) (901.) n.n. — 50

Meyer's, Karl, Uebungsbuch f. schriftl. Arbeiten in Fortbildungsschulen. (In 4 Heften.) Heft 1 u. 3b. 5. Aufl. (28 S.) 8. Hannover, C. Meyer. n.n. — 40
1. 5. Aufl. (28 S.) (906.) n.n. — 15
3b. 3. Aufl. (20 S.) (903.) n.n. — 25

Meyer's, Karl, Übungsbuch f. schriftliche Arbeiten in Fortbildungsschulen. 4. Heft. 4., verm. Aufl. (26 Formulare.) gr. 8. Hannover (909). C. Meyer. In Umschlag nn — 50

Meyer, Carl (III.), Untersuchungen über das Leben Reinmars v. Zweter und Bruder Wernhers. gr. 8. (120 S.) Basel 866, Georg. *

Meyer, Carl, Oberassistenzarzt der geburtshülflich-gynaecologischen Klinik in Zürich [von Winterthur, Kt. Zürich]: Die Uterusfibroide in der Schwangerschaft, unter der Geburt und im Wochenbett. Zür. Zürcher u. Furrer Dr. 1887. 82 S. 8°.
Zürich, Med. Diss. [v. 30. April 1887].

Meyer, Carl, über d. Verhältniß d. Kunst zum Kultus. Ein Wort an alle gebild. Verehrer d. Religion u. d. Kunst. 8. (4½ B.) Zürich 837, Höhr.

Meyer, K., Walter v. der Vogelweide, s.a. Vorträge, öffentliche.

Meyer, Carl. Walther von der Vogelweide. Vortrag, gehalten... zu Basel am 15. December 1874 von Dr. K' M'. 8. Basel 1875. I.
(Oeffentliche Vorträge gehalten in der Schweiz. Band 3. Heft 7.)

Meyer's, Karl, Zeichenhefte f. Stadt- u. Landschulen. 2 Hfte. 1.—5. Tauf. 4. Hannover 897. C. Meyer. n.— 22
1. Bearb. v. Karl Pacyna. (10 Bl.) n. — 12
2. Zeichnen nach Wandtafeln. (10 Bl. Papier.) n. — 10

— Zeichenhefte f. Stadt- u. Landschulen. 1. Heft. Bearb. von Karl Pacyna. 31.—33. Tauf. (10 Bl.) gr. 8. Ebd. 905. n. — 12

Meyer, Karl A. W.

Meyer, Carl A. W.: Nüchterne Betrachtungen über die Zukunft der deutschen Kredit-Genossenschaften. Hannover 1904.

Meyer, Carl A. W.: Das Wesen und die Bedeutung der Genossenschaftsbanken. Hannover 1903. Aus: Der Kreditverein.

Meyer, Karl Albert, s.a. Meyer, Albert

— Carl Albert (Geithain), De pneumonia biliosa. Diss. med. Leipzig (Fr. Andrae) 25. V. 1841. 35 S. (3.—) 23182
Gew.: Johann Franz Leberecht Zenker, Gustav Goerner.

Meyer, Karl Anton

Meyer, Carl Ant., das Alyssum minutum u. d. zunaechst verwandten Arten, monograph. bearb. u. durch Abbildn. erlaeut.; nebst e. Uebersicht d. Arten d. Gattung Psilonema. gr. 4. (3 B. u. 2 Stnt.) St.-Petersburg 840. (Leipzig, Voss.) **

Meyer, C. A., kleine Beiträge zur nähern Kenntniss der Flora Russland's. Imp.-4. (24 S.) St. Petersburg 850, Leipzig, Voss. **
Aus: Mémoires de l'Acad. impér. des sciences, sciences naturelles. Tom. VII., besonders abgedruckt.

—— einige Bemerkungen ueb. d. natürl. Familie d. Polygonaceae. 1. Artikel. Versuch e. naturgetr. Anordn. d. Gattungen dies. Familie. gr. 4. (2⅓ B. u. 1 Stnt.) St.-Petersburg 840. (Leipzig, Voss.) **
Vorstehende Schriften sind aus den: Mémoires de l'Acad. Imp. des sc. VI. Sér. math., phys. et nat. T. VI., besond. abgedruckt.

—— de Cirsiis Ruthenicis nonnullis commentatio botanica. 4maj. (18 S.) Petropoli 848. (Lipsiae, Voss.) **
Aus: Mémoires de l'Acad. impér. des sciences, sciences naturelles. Tom. VI., besonders abgedruckt.

Meyer, C. A., über einige Cornus-Arten, aus der Abtheilung Phelycrania. gr. 4. (4½ B.) St. Petersburg 845. (Leipzig, Voss.) **
Aus: Mémoires de l'Académie imperiale etc. Sciences natur. T. V, besond. abgedruckt.

—— et F. E. L. Fischer, Enumeratio plantarum novarum a Schrenk lectarum, s. Enumeratio.

— florula provinciae Wiatka, siehe: Beiträge zur Pflanzenkunde des Russ. Reichs, 5. Lfg.

***Meyer*, Karl Ant., s. a *Ledebour*, Karl Fr., Flora Altaica. T. III.**

— u. F. E. L. Fischer, Sertum Petropolitanum, s.: Fischer, F. E. L.

Meyer, C. A., Sertum Petropolitanum, s. Sertum.

Meyer, C(arl) A(nton), Versuch einer Monographie der Gattung Ephedra, durch Abbildungen erläutert. (Aus den Mémoires des sciences nat. T. V. besonders abgedr.) gr. 4. (76 S. m. 8 Taf. in Fol.) Petersburg 847. (Leipzig, Voss.) baar 1 ß

— Verzeichniss der von Kolenati im mittlern Theile des Caucasus etc. gesammelten Pflanzen, siehe: Beiträge zur Pflanzenkunde des Russ. Reichs, 6. Lfg.

—— Verzeichniss der im J. 1838 am Saisang-Nor u. am Irtysch gesammelten Pflanzen, s. Bongard, H. G.

Meyer, Carl Ant., Verzeichniss d. Pflanzen, welche währ. der, auf Allerhöchst. Befehl, in d. J. 1829 u. 1830 unternomm. Reise im Caucasus u. in d. Provinzen am westl. Ufer d. caspischen Meeres gefunden u. eingesamm. worden sind. Bericht, abgestattet an d. Kaiserl. Acad. d. Wissenschn. in St. Petersburg, in ihrer Sitzung v. 30. März (11. April) 1831. gr. 4. (30¼ B.) St. Petersburg. (Leipzig, Voss.)

—— über die Zimmtrosen, insbesond. über die in Russland wildwachsenden Arten derselben. gr. 4. (39 S.) St. Petersburg 847. (Leipzig, Voss.) **
Letztere zwei wurden aus: Mémoires de l'Acad. impér. des sciences etc. Tome V. und VI., besonders abgedruckt.

Meyer, Karl Ed.

Meyer, Carl Ed. Heinrich Lang. Lebensbild eines freisinnigen Theologen. In-8°, 160 S. Basel, Chr. Krüsi *1879*. 1 —

Meyer, Karl F.

Meyer. C[arl] F., Tierarzt aus Basel. Pathologist in the Veterinary Bacteriological Division of the Department of Agriculture, Transvaal, Pretoria: Über die durch säurefeste Bakterien hervorgerufene diffuse Hypertrophie der Darmschleimhaut des Rindes. (Enteritis hypertrophica bovis specifica). ⟨Aus dem Institut zur Erforschung der Infektionskrankheiten der Universität Bern. Direktor: Prof. Kolle.⟩ [Mit einer Abbildung im Text.] Jena 1908. II + 107 S. und drei Tafeln. 8°. S.-A. aus den Arbeiten aus dem Institut zur Erforschung von Infektionskrankheiten in Bern. Heft 2. [2. I. 09.]
Zürich. Vet.-med. Diss. 1908/09

Meyer, C[arl] F . Über die durch säurefeste Bakterien hervorgerufene diffuse Hypertrophie der Darmschleimhaut des Rindes. ⟨Enteritis hypertrophica bovis specifica.⟩ Diss. Vet.-Med. Univ. Zürich ... von K. F. M'.... ⟨Mit Tafel 1—3 und 1 Abbildung im Text.⟩ [Sep.-Abdr. aus: Arbeiten aus dem Institut zur Erforschung der Infektionskrankheiten in Bern.... Heft 2.] *Kopftitel:* Aus dem Institut zur E' der I' der Universität Bern.... IV + 107 S. 8. Jena, Gustav Fischer, 1908.

Meyer, Karl F. Th. (Hrsg.), s. Reclus, Onésime: En France.

Meyer, Karl Ferdinand

Meyer: Ein diophantisches Problem. 14 S.–Potsdam, Progr. 1867

Meyer, Carl Ferdinand: Aus der medicinischen Klinik zu Greifswald. Ueber Sulfoxysmus mit besonderer Berücksichtigung eines in der hiesigen medicinischen Klinik beobachteten Falles. *Greifswald 1898: C. Sell.* (35 S.) 8°
Greifswald, Med. Diss. v. 28. Juli 1898

Meyer, Karl Franz

Meyer, K. Fr., Aachen der Monarchen-Kongreß im Jahr 1818. Mit 6 Urkunden und topogr. Karte. 8. (Aachen, Mayer in C. auch Du Mont-Schauberg in Cölln.) 819.

— Aachen, der Monarchen-Kongreß im Jahr 1818. Mit 6 Urkunden u. topograph. Karte. 8. Aachen 829. (Mayer). 1 ℛ

Meyer, Karl Frz., Aachen, der Monarchen-Kongreß im Jahre 1818. Mit 6 Urkunden u. topograph. Karte. (N. Ausg.?) 8. Aachen 840. Mayer. 1 ℛ

— histor. Abhandl. üb. d. Gesellsch. d. Aachener Bogenschützen. Cöln u. Aachen, Du-Mont-Schauberg. 7 ℊ

Meyer, Karl Franz: Historische Abhandlung über die Gesellschaft der Aachener Bogenschützen. Aachen, 1802, 48. S.

— histor. Abhandl. üb. d. großen Reliquien in d. ehemal. Kronstifts-, nunmehr hohen Domkirche zu Aachen. 8. Aachen, (Mayer). 6 ℊ

— histor. Gedanken üb. d. Stadt Aachen'schen-Fabriken in Hinsicht d. Alterthums. 8. Aachen. 807. Mayer. 8 ℊ

Meyer, Karl Frz., Aachensche Geschichte, überhaupt als Beitrr. z. Reichs allgem. ꝛc. Historie üb. d. königl. Stuhl, u. d. Stadt Aachen, v. ihrem Ursprunge bis auf gegenwärt. Zeiten ꝛc. M. Kpf. Fol. Aachen 781.

Meyer, Karl Franz: Aachensche Geschichten in 3 Bücher abgetheilt, samt e. Aachenschen Münz-Sammlung in Kupferstichen. Buch 1. [einz.] Mülheim a. Rh. 1781.

Meyer, Karl Friedrich, s.a. M e y e r , Friedrich

Alten-Stettin. Nach d. Orig. gez. von Prof. Dr. C[arl] F[riedrich] **Meyer,** lith. von O. Kempny. Berlin [1906]: B. Gisevius. (1 Kartenbl. 44×21 cm.) [ed. ... 9

Meyer, C[arl] Fr[iedrich], Prof. Dr.: Zur **Behandlung** 'Deutschlands' im erdkundlichen Unterricht (der Realgymnasien). *Stettin 1899: R. Grassmann.* (S. 3—24.) 4°
Stettin, Friedrich-Wilhelms-S ⟨RG nebst VS⟩, P 1899 (159 [vielm. 158])

Die B u c h h e i d e bei Stettin. Nach d. Messtischblättern d. Kgl. Landesaufnahme gez. von Prof. Dr. Carl Fr[iedrich] Meyer. Nebst e. prakt. Führer. Hrsg. im Auftr. d. Buchheide-Vereins zu Stettin. Aufl. 1902. (Massst. 1: 33, 333.) Stettin: H. Saran 1902. (1 Kartenbl. 57x44 cm mit Legende, 16 S.) 8° [kol.]

Die Buchheide bei Stettin im Maßstabe von 1 : 33.333. Mit genauen Höhenlinien u. Höhenangaben. Nach d. Meßtischblättern d. kgl. Landesaufnahme entworfen u. gezeichnet von Prof. Dr. Carl Fr[iedrich] **Meyer.** (Nebst e. prakt. Führer.) Hrsg. unter Mitw. d. Buchheide-Ver. (11. Aufl. 1905/6.) Stettin: H. Saran 1905. (1 Kartenbl. 56×44 S., 20 S.) 8° [lith.] [kol.] [05. 11936

— — (Hohenlohe-Gleichen), De effectu confessionis corpore delicti adhuc incerto. Exercitat. jur. Präs. Frd. Gottlieb Zoller. Leipzig (Loeper) 1. V. 1779. 22 S. (4.—) 23185
Gew.: Philipp Heinrich, Heinrich August, Ludwig Friedrich Carl, Christian Albert Ludwig, Christian Friedrich Carl von Hohenloh-Gleichen.

Meyer, Carl Friedrich [gew. II. Arzt der Basler Heilstätte Davos-Dorf]: **Über den Einfluss des Lichtes im Höhenklima auf die Zusammensetzung des Blutes.** Basel 1900. 35 S. 3 Taf. 8°.
Basel. Med. Diss. 1899/1900.

Meyer, Carl Frdr., über den Einfluss des Lichtes im Höhenklima auf die Zusammensetzung des Blutes. Diss. gr. 8. (35 S. m. 3 Taf. graph. Darstellgn.) Basel 900. (Akadem. Buchhandlg. C. F. Lendorff.) n. 1.10

Grosse K a r t e von Misdroy bis Dievenow, Lebbin u. Cammin. Nach d. Messtischblättern d. Kgl. Pr. Landesaufnahme bearb. von Prof. Dr. Carl Fr[iedr.] Meyer. Unter Mitw. d. Stettiner Touristen-Clubs. Neue durchges. 3. Aufl. 1896. Ergänzt 1900. Massst. 1:42,500. Stettin: H. Saran (1900). (1 Kartenbl. 49 x 39 cm.) 8° [kol.]
[Umschlagt.:] Neue Wanderkarte von Misdroy bis Dievenow.

Meyer, C. Fr. Karte der Umgegend von Stettin. 1 : 100,000. Steindr. 22,5×16 cm. Stettin 892, Wittenhagen. — 15

— — (Dahme), Capita juris lecta de marito rerum uxoris utensilium emtore. Präs. Christian Gottlieb Hommel. Wittenbg. (J. Chr. Tzschidrich) 22. X. 1779. (4.—) 23184

Meyer, C. F., De moderatione inculpatae tutelae ad orationem Ciceronis Milonianam. Diss. 1783. 34 S. 4°. 1.—

— Carl Friedrich, De moderatione inculpatae tutelae ad orationem Ciceronis milonianam. Diss. inaug. Präs. Jos. Lud. Ern. Püttmann. Leipzig (Sommer) 26. VI. 1783. 34 S. (4.—) 23183
Gew.: Johann Jakob von Uckermann.

Meyer, Carolus Fridericus ⟨geb. am 4 Aug. 1803 in Lübbecke bei Minden a. d. W.⟩: Dissertatio . . . exhibens tineae pathologiam . . . Bonnae, typ. H. Knirenschildt (1829). 3 Bl., 38 S., 1 Bl. 4.
Bonn, Med. Fak., Diss. v. 4 Juli 1829

Grosser P l a n v. Stettin. Nebst kurzer Erläuterung u. Führung durch Stadt und Umgegend. Bearb. u. gez. v. Prof. Dr. Carl Fr. Meyer. 5. Aufl. Stettin: H. Saran 1900. (22 S., 1 Karte 80x39 cm) 8° [Umschlagt.]

Grosser Plan von Stettin. Nebst kurzer Erl. u. Führer durch Stadt u. Umgegend. Bearb. u. gez. von Prof. Dr. Carl Fr[iedr.] **Meyer.** Neu erw. 6. Aufl. *Stettin: H. Saran 1901.* (1 Kartenbl. 82×58 cm, 30 S.) 8° [Umschlagt.] [05. 6553 9

Meyer, C. Fr. Stettin im J. 1693, nach der schwed. Landesvermessung reducirt u. m. Andeutg. der späteren Anlagen versehen. 1:23,000. Steindr. 36,5×44,5 cm. Stettin 892, F. Wittenhagen. ** — 30

Meyer, C. F., Stettin zur Schwedenzeit. Stadt, Festung und Umgegend am Ende des 17. Jahrh. mit besond. Berücksicht. der Belagerung von 1677. gr. 8. (III, 128 S. mit 1 Karte und 2 Plänen.) Stettin 886, (Saunier.) **

[Meyer, Carl Friedrich]: *Die Theilungen im Reiche der Franken. [Nebst Atlas.] 146 S. 4° (2°), Atlas: 15 Taf. quer-2°
Halle-Wittenberg, Phil. Diss. v. 18. Dez. 1876
Geb. [Quedlinburg 17. 12. 1840]

Meyer, Karl Fr. Die Teilungen im Reiche der Karolinger. I. Teil. Von 768—843. 51 S. **Progr.** Fr. Wi. Rg. *Stettin* 1877.

Meyer, Carl Friedr., das Wort des Apostels Gal. 6. 10: Lasset uns Gutes thun an Jedermann, allermeist aber an des Glaubens Genossen! u. der evangel. Verein der Gustav-Adolf-Stiftung ꝛc. 8. (2 B.) Hannover 845, Hahn'sche Hofbuchh.

Meyer, Karl Gottlob

Meyer, [Carolus Gottlob]: * Commentatio de Eusebii histor. ecclesiasticae libri II. capite 25. 15 Bl. 4°

Halle-Wittenberg, Phil. Diss. v. 13. Sept. 1825

Geb. [Meissen 18. 3. 1800]

Ersch. nach Engelmann-Preuß: Hal. Sax. 1825. 8° Exemplar nicht nachweisbar.

Meyer, Karl Gustav

Meyer, Carl Gust., Jedermann Stenograph!, s.: Reuter-Bibliothek. 166. Bd.

Meyer, Karl Gustav — Monographie der Stadt Kaadan und deren Geschichte seit ihrer muthmaßlichen Gründung bis zur neuesten Zeit. Nebst einer Topographie des k. k. Bezirksamtes Kaadan beziehungsweise der hiezu gehörigen Katastral-Gemeinden. Nach den bewährtesten Quellen bearbeitet von — —. Leitmeritz, 1857. Gedruckt bei C. W. Medau. (VI. 109 S. 8.)

Cheruskia. Ein Schauspiel von Karl Heinrich Meyer. Berlin-Leipzig: C. Wigand 1909. 100 S. 8°

Meyer, Karl Heinr., Cheruskia. Ein Schauspiel. (100 S.) 8. Leipzig 909. Modernes Verlagsbureau. 2. --

Meyer, Karl Heinrich Gottlieb

Meyer, Carl Heinr. Gtl., gründl. u. treue Anweis. z. Obstbaumzucht f. Gärten u. d. freie Feld. Zur Beförder. e. allgemeineren Obstbaues, insonderheit f. d. Bürger u. Landmann. 4 Hfte. Mit 68 lith. Abb. 8. Hof, 1826—29. Grau. 1. 15

Meyer, (C. H. G.,) gründl. u. treue Anweisung zur Obstbaumzucht f. Gärten u. das freie Feld. Zur Beförderung eines allgemeineren Obstbaues, insonderheit für den Bürger u. Landmann. 3 Hefte. Mit 54 lithograph. Abbildd. 8. Hof 826—27, Grau.

Meyer, Carl Heinr. Gtli., gründliche u. treue Anweisung zur Obstbaumzucht f. Gärten u. d. freye Feld. 4. (letzt.) Hft. — A. u. d. T.: Vollständ. Anweis. z. richt. Behandl. u. vortheilhaft. Benütz. d. Obstfrüchte. 8. (9 B. u. 2 lith. Taf.) Hof 829, Grau.
1—3. Hft. Ebendas. 1826, 27. 1 Thlr. 2 Gr.

— Beschreibung des großen Brandes in Hof, am 4. Sept. 1823, nebst Auszug aus der Geschichte der Stadt, u. Predigt beim ersten Gottesdienst nach dem Brandunglück. Mit 1 Plan d. Stadt. gr. 8. Hof 824, Grau.

Meyer, Karl Heinr. Glieb., Beschreibung d. großen Brandes in Hof am 4. Septbr. 1823 nebst vorangeschicktem Auszug aus der Geschichte der Stadt u. beigefügter Predigt beim ersten Gottesdienst in der Hospitalkirche nach dem Brandunglück. Mit dem lith. Plane der Stadt u. dem neuen Bauplane. (lith. qu. 4.) 2. unveränd. Aufl. gr 8. (29 S.) Hof 873. Grau & Co. -- 75

Meyer, C. H. G., das Christenthum nach d. Katechismus Dr. Luthers, in kurzer Erläuterung dess. u. d. Beweisstellen aus heil. Schrift in e. neuen Auswahl. Ein Religionsb. z. Selbstunterr. u. z. Erbauung. gr. 8. (11½ B.) Hof u. Wunsiedel 837, (Grau.) •

— — (Leipzig, Bösenberg.) [Kayser.]

—— katechet. Handbuch z. Erläuter. d. kleinen Katechismus Dr. Luthers, nach Anleit. d. Bibelsprüche, die der im Königr. Bayern eingeführte prot. Katechismus enthält. 1. Bd. 1. Abthl. — A. u. d. T.: Katechet. Einleitung in d. Hauptstücke d. kleinen Katechismus Dr. Luthers nach Anweis. d. heil. Schrift. gr. 8. (6 B.) Weißenstadt 841. (Bayreuth, Buchner'sche Bh.) *

— d. Obstfrüchte. In vergleichender Zusammenstell. u. in ihren charakterist. Unterschieden beschrieben. 1. Abth. Steinobst. 3 Hfte à 12 ill. Abb. d. Früchte in natürl. Grösse. gr. 8. 1. Hft. Hof, 1830. Grau. 2. u. 3. Hft. Nürnberg, 1831 u. 34. Riegel u. Wiessner. à — 22½

—die Obstfrüchte. In vergleichend. Zusammenstellung u. in ihr. charakterist. Unterschieden beschrieben 1e Abthl. das Steinobst. 1s Heft. Birnen. Mit 12 Abbildd. d. Früchte. gr. 8. Hof 830. Grau. 18 ℊ 2s Hft. Die Zwetschen u. Pflaumen. Mit 12 Abbildd. 831. 16 ℊ

— die Obstfrüchte. 1e Abthl. 3s Heft. Zwetschen u. Pflaumen. Mit 12 illum. Abbildd. d. Früchte in natürl. Größe. gr. 8. Hof 834 (Grau.) ⅔ ℛ — 1s u. 2s Heft 830, 31. (à ⅔ ℛ) 1⅓ ℛ

Meyer, C. H. G., Predigt, zum Gedächtnisse Ihr. Majest. Caroline, verwittw. Königin von Bayern, im Trauergottesdienste am 30. Nov. 1841 gehalten. Nebst den zu dieser Gedächtnißfeier f. d. protest. Kirchen des Königr. verordn. Gebeten. gr. 8. (1 B.) Bayreuth 842, (Buchner'sche Buchh.)

—— Predigtbuch f. d. häusliche Erbauung. Ein Jahrg. Sonn- u. Feiertags-Betrachtungen. 2 Bde. gr. 8. (13¾ u. 14½ B.) Hof 838, 39, (Grau.) à * ⅔ Thlr. •

— Predigtbuch für die häusl. Erbauung. Ein Jahrgang Sonn- und Feiertags-Betrachtungen. 1r u. 2r Bd. gr. 8. Leipzig 838, 39. (Bösenberg.) (à n. ⅔ ℛ) 1⅓ ℛ

— Predigtentwürfe üb. die in Sachsen 1817 vorgeschrieb. Texte. Auch u. d. T.: Samml. wichtiger Aussprüche Jesu, welche d. Stellen d. gewöhnl. evangel. Predigttexte vertreten. 8. Hof 817. Grau. 16 ℊ

Maximilian I. Joseph, König von Bayern: Eine Rede für die Feyer des Nahmenstages unseres allerhöchstverehrten Königs Maximilian in einer Versammlung der beyden Freymaurerlogen zu Hof, gehalten von Carl Heinrich Gottlieb Meyer. Hof 1811: Mintzel. 31 S. 8°.

— sehet euch vor vor d. falschen Propheten. Predigt üb. d. Fürsten v. Hohenlohe. gr. 8. Zwickau 822. Schumann. 3 ℊ

Meyer, Karl Hermann, s.a. Meyer, Hermann

Meyer, Karl H[ermann], Referendar in Hannover: Beiträge zur Lehre von der Wiederverheiratung im Falle der Todeserklärung. Borna-Leipzig 1907: R. Noske. (VIII, 70 S.) 8° [F.]

Leipzig, Jur. Fak., Diss. v. 8. April 1907

[Geb. 11. Dez. 80 Harburg a. d. E.; Wohnort: Hannover; Staatsangeh.: Preußen; Vorbildung: Gymn. Georgianum Lingen (Ems) Reife M. 00; Studium: Freiburg i. B. 1, Kiel 1, Berlin 1, Göttingen 3 S.; Rig. 12. Jan. 05.]

Meyer, Car. Herm. (geb. Bünde in Westf. 21. 3. 1823): De talipede varo et nova correctione machinae Stromeyeriannae. Berolini (1846). (31 S.) 8°
Berlin, Med. Diss. v. 28. März 1846

Meyer, Karl Jh. Albr., s. a. Ankunft d. Deutschen.

[MEYER, Karl Johann Albrecht] 1755 -
Die Ankunft der Deutschen aus Amerika. Ein Lustspiel in einem Aufzuge den Hochlöbl. Anspach- und Bayreuthischen Infanterie-Regimentern gewidmet.
Hof: Vierling. 1784. 55 S. 8°.
Landesbibliothek Coburg
Frankfurt-Leipziger Meßkatalog, Michaelismesse 1784, S. 947 u. Sabin 42725: ohne Verfasser. Palmer.

— s. 1) Beitrr. z. Voigtländ. Polizei. 2) Darstell. d. n. Preuß. Gerichtsordnung

Meyer, C.A.J., Darstell. der neuen preuß. Gerichtsordn. 2c. gr. 8. Hof, Grau. 797.

– s. Demolierung, Die, des Hirtenhauses.

Meyer, Karl Jh. Albr., gesammelte Nachrr. v. d. Kometen, d. 1790 erscheinen soll. 8. Hof 790.

Meyer, Karl Joseph

— üb. d. Aderlassen. 8. Jnspr. 799. Wagner. 4 gr (a. Würzb., Köl). 3 gr

Meyer, Karl Joseph: Uiber das Aderlassen. 54 S., gbd.

Wien: Schnapp 1799

JB 6.584

Meyer, Karl Joseph (Bearb.):

s.: Arnemann, Justus: Praktische Arzneimittellehre. Nach der letzten von (Ludwig August) Kraus verm.und verbess.Aufl.als vollständige Erläuterung der neuesten Oesterreichischen Pharmakopöe vom Jahre 1820. Bd 1 - 3. Wien: 1823 - 1824

JB 1.456

Meyer, Karl Joseph (Hrsg.):

s.: Blätter, Pharmakologische, zur Mittheilung und Besprechung des Neuesten und Wissenswerthesten aus dem Gebiete der Arzneimittellehre. Bd (1), N.F.H.1. Güns: 1840 - 1842

JB 6.164

— Handbuch auserles. Arzneivorschriften, f. Aerzte u. Wundärzte. gr. 8. Wien 806. Ant. Doll. 1 rß

Meyer, Carl Jos., Handbuch d. Pharmakologie, als Erläuterung aller in d. österr. Pharmakopöe v. J. 1836 enth. Arzneymittel. Mit besond. Rücksicht auf and. Dispensatorien, vorzugsweise auf d. k. k. österreich. Militär- u. kgl. preuss. Landes-Pharmakopöe. Zum Gebr. f. Aerzte, Wundärzte u. Apotheker. 1. Aufl. (27 B.) 835., 2., verb. u. verm. Aufl. gr. 8. (24 B.) Güns 838, [Reichard u. Söhne.] à

Meyer, Karl Joseph: Handbuch der Pharmakologie als Erläuterung aller in der österr. Pharmakopöe vom J.1834 enthaltenen Arzneymittel. 414 S., gbd.

Güns: Reichard 1835 - 1836
Suppl., Abth.1: Meyer, K.J.: Vollständiges Rezept-Taschenbuch... 1836

JB 1.510

Meyer, Karl Joseph: Handbuch der Pharmakologie als Erläuterung aller in der österr. Pharmakopöe vom Jahre 1836 enthaltenen Arzneymittel. 2.verm.Aufl. 368 S., gbd.

Güns: Reichard 1838 - 1844
Suppl.: Meyer, K.J.: Vollständiges Rezept-Taschenbuch... 1844

JB 1.511

— systemat. Handbuch z. Erkenntniß u. Heilung d. Blutflüsse. 2 Bde. gr. 8. Wien 804, 5. Schaumburg u. C. 3 rß

Meyer, Karl Joseph: Vollständiges Rezept-Taschenbuch zur neuesten österr.Pharmakopöe. Abth.1, 682 S., gbd.

Güns: Reichard 1836
(Meyer, K.J.: Handbuch der Pharmakologie... Suppl., Abth.1)

JB 1.510/Suppl./1

Meyer, Karl Joseph: Vollständiges Rezept-Taschenbuch zur neuesten österr.Pharmakopöe. 2.verm.Aufl. 586 S., gbd.

Güns: Reichard 1844
(Meyer, K.J.: Handbuch der Pharmakologie... 2.verm.Aufl. Suppl.)

JB 1.511/Suppl.

Meyer, Karl Jos., vollständ. Recept-Taschenbuch zur neuesten österr. Pharmakopöe. Für Aerzte und Wundärzte. Supplement zu dessen Handbuch der Pharmakologie als Erläuterung der österr. Pharmakopöe von 1834. 2. verm. u. verb. Aufl. 8. Güns 844, Reichard u. Söhne. (Leipzig, Volckmar.) In Leinw. geb. 1¾ rß

Meyer, C. J., Samml. medic. pract. Beobachtungen a. d. Klinik. zu Wien, mit Bemerk. und Bewilligung des Hofr. v. Frank. gr. 8. Wien, Camesina. 802.

Meyer, Karl Jos., Samml. medicin.-prakt. Beobacht. aus d. Klinik zu Wien, Mit Bemerkk. u. Bewilligung d. Hofr. v. Frank. gr. 8. Wien 802. (Heubner). 2 rß 16 gr

Meyer, Karl Joseph: Sammlung medizinisch-praktischer Beobachtungen aus der Clinik zu Wien, mit Bemerkungen herausgegeben. 720 S., gbd.

Wien: Camesina 1803

JB 2.379

Die Gefahren, welche unserem Volke aus dem Niedergange der sittlichen Lebensauffassung drohen. Superint. a. D. [Karl Julius] Meyer, Oberfarnstedt. Seelsorge an Seelsorgern. Superint. [Ludwig Karl Julius] Müller, Calbe a. M. Vorträge geh. auf d. Deutschen Pfarrertage zu Stettin 1902. Dieskau: Pfarrverein (1902). (30 S.) 8° [ʒ.]
= Arbeit, Aus d., d. Verbandes Deutscher Pfarrvereine. H. 1. 105. 665

Meyer, Karl Robert Johannes

Meyer, (Carl) R(obert) Johannes, Referendar in Hamburg: Über die geschichtliche Entwicklung des Aufgebotsverfahrens im Deutschen Rechte. Hamburg 1907: Berngruber & Henning. (VIII, 28 S.) 8°
Heidelberg, Jur. Fak., Ref. Schroeder, Diss. v. 1907
[Geb. 14. März 82 Hamburg; Wohnort: Hamburg; Staatsangeh.: Hamburg; Vorbildung: Vitzthumsches Gymn. Dresden Reife O. 01; Studium: München 1, Berlin 2, Heidelberg 5 S.; Rig. 6. März 05.]

Meyer, Karl Theodor, s.a. Meyer, Theodor

Meyer-Basel, Karl Thdr., 4 Orig.-Steinzeichngn., s.: Steinzeichnungen deutscher Maler. Nr. 6.

Meyer, Karl Waldem., deutsches Lesebuch für höhere Lehranstalten, — dasselbe für Vorschulen höherer Lehranstalten, } s.: Koths, R.

Meyer, C. W., grammatische Regeln u. Beispiele als Anh. zum latein. Elementarbuch I. von Dr. Hennings. Kiel 870. Halle, Buchh. des Waisenhauses. gr. 8. (III, 16 S.) n. 2 ngr.

Meyer, K. W., grammatische Regeln und Beispiele als Anhang zum latein. Elementarbuch I von Hennings. gr. 8. (III, 16 S.) Kiel 870, Homann. *

Meyer, K. W., grammatische Regeln u. Beispiele als Anh. zum latein. Elementarbuch I v. Hennings. 2. verb. Aufl. gr. 8. (16 S.) Halle 875. Buchh. d. Waisenh. n. — 25

—— grammatische Regeln und Beispiele, zunächst zur 1. Abthl. [Sexta] des latein. Elementarbuches von Hennings. 3. verb. Aufl. gr. 8. (III, 18 S.) Halle 881, Buchh. des Waisenhauses. *

— grammatische Regeln u. Beispiele, zunächst zur 1. Abteilg. [Sexta] d. latein. Elementarbuches von Hennings. 4., verb. Aufl. gr. 8. (23 S.) Halle 888. Buchhandlg. d. Waisenhauses. n. — 30

— der evangel. Religionsunterricht auf den höheren Schulen. Ein freies Wort ernster Mahnung an Eltern u. Lehrer. 8. (75 S.) Hannover 878. Hahn. n. 1. —

Meyer, Karl Wilhelm

Meier, K. W. und G. F. Wagner, Gedichte. 8. Berlin, Himburg. 788.

Meyer, Karl Wilh., u. G. F. Wagner, Gedichte. 8. Berl. 788. (Reimer). 12 gl

Meyer, Karl Wilhelm Heinrich Rudolf

Meyer, Car. Guil. Hein. Rud. (geb. Potsdam 6. 1. 1829): De curvis dirimentibus, quibus datae efficiantur causticae. Berolini (1855). (41 S.) 8°

Berlin, Phil. Diss. v. 29. Dez. 1855

Meyer, Karoline

Meyer, Caroline, geb. Dessau, Erzählungen für die reifere Jugend. Mit 8 (color.) Kpfrn. Altona 869. Verl.-Bureau. br. 8. (III, 224 S.) geb. 1 thl 10 ngr.

Meyer, Caroline, dramatische Gelegenheits- und Festspiele für die Jugend zur Aufführung im häusl. Kreise. 16. (III und 156 S.) Hamburg 863, B. S. Berendsohn. cart.

Meyer, C., das Kind der Hexe, s.: Hausbibliothek, neue, f. Stenographen. 3. Bd.

Meyer, Caroline, d. Kind d. Hexe, s.: Verein f. Verbreitg. guter Schriften. Bern.

— Schreib-Lesefibel für die Bürger- u. Volksschule. Hamburg 867. B. S. Berendsohn. 8. (IV, 108 S.) cart. n. 6 ngr.

— Schreiblesefibel. 3. Aufl. gr. 16. (116 S. m. eingedr. Holzschn.) Hamburg 876. Berendsohn. n. — 60

Meyer, C. (L.), Schreiblesefibel. 4. und 5. Aufl. gr. 16. (116 S. mit eingedr. Holzschn.) Hamburg 880,82, Berendsohn. cart. *

Meyer, Karsten Hermann, s. Meyer, Hermann

Meyer, Kaspar Julius

Meyer, C(aspar) Jul(ius). Jubelfeier der Translation der Reliquien des Heiligen Synesius, Stadt- und Landpatron von Bremgarten. Beschrieben von K. Jul. M'.... Beigegeben sind die Zwei Festpredigten des Hochw. Hrn. Prof. Fr. Jos. Weissenbach. 8. Solothurn 1853.

Beigabe s. Weissenbach, F[ranz] Jos[eph]. Die Verehrung der Heiligen ... Solothurn 1854.

Meyer, K. Jul., Jubelfeier der Translation der Reliquien des heil. Synesius, Stadt- und Landpatron von Bremgarten. Beigegeben sind die zwei Festpredigten des Hrn. Prof. Jos. Weissenbach. Solothurn 853. Scherer. gr. 8. (1 Bl., 37 S.) n. 4 ngr.

Meyer, Klaus

Meyer, Claus, s.: Maler, deutsche.

Meyer's, Claus, Werke. 12 Photograv. nach d. Originalen des Meisters. Biographischer Text von W. v. Lübke. Fol. (1 Bl. Text.) München 890. Frz. Hanfstaengl Kunstverl., A.-G. In Mappe. n. 60. —

Meyer, Klemens (Hrsg.), s. Sammlung auserlesener und seltener Werke aus d. 18. Jh. für Viola u. Klavier.

Meyer, Klemens Friedrich

Meyer, Clemens Frid. (geb. Arolsen 15. 5. 1824): De Theotiscae poëseos verborum consonantia finali inde a primis ejus vestigiis usque ad medium XIII. saeculum. Berolini (1845). (56 S.) 8°

Berlin, Phil. Diss. v. 6. Dez. 1845

Meyer, Clem. Fr., de Theotiscae poëseos verborum consonantia finali (Homoeoteleuto, Reim) inde a primis ejus vestigiis usque ad medium saeculum XIII. gr. 8. Berlin 846, Gärtner. (Amelang'sche Sortb.) n. 1/3 thl

Meyer, Clem. Friedr., die Statistik des ethischen Volkszustandes. Ein Beitrag zur Theorie der Staatenkunde. gr. 8. (98 S. und 1 graph. Darstellung.) Mitau 851, Reyher'sche Vrlgsh.

—— historische studien. I. Thl.: Studien über deutsche geschichte, art und kunst. gr. 8. (X und 116 S.) Mitau 851, Reyher'sche Vrlgsh.

Meyer, Klem. Frdr., Historische Studien. Nr. 2. Dietrich von Bern, eine historisch-mythologische Untersuchung. Mitau u. Leipzig 1851. 8. . . . . (D.)

Meyer, Konrad, aus Alfeld a. L.: 1. Über das Amid der Acetessigsäure. 2. Beiträge zur Kenntnis der Isoxazole. *Kiel 1903: P. Peters.* (68 S.) 8°

Kiel, Phil. Diss. v. [21. Febr.] 1903

(**Meyer**, Konrad.) Beleuchtung der Mobiliarassekuranz. Hrsg. von Julius Freimund. 16 S. 8. Zürich, Druck v. Gebr. Lohbauer. 1871. —. 20

Meyer, K. Betrachtungen üb. eine staatliche, obligatorische Fahrhabe-Versicherung im Kanton Zürich. 2. u. 3. Aufl. In-8°. Zürich, J. Herzog. 1879. — 30

Meyer, K. u. Häderli, H. Festschrift zur 50jährigen Stiftungsfeier des Kranken- und Begräbniss-Vereins zum Kreuz in Zürich im Jahre 1883. In-8°, 63 S. Zürich, Buchdr. Lohbauer. 1883.

Meyer, Conr. (geb. Zürich 30. 4. 1813): De fissuris hominis mammaliumque congenitis. Accedit fissurae buccalis congenitae cum fissurae tubae Eustachii et tympani complicatae descriptio. Berolini (1835). (44 S.) 2°

Berlin, Med. Diss. v. 20. Aug. 1835

– – Berolini: Eichler 1835.

Meyer, Konrad: De fissuris hominis mammaliumque congenitis. Accedit fissurae buccalis congenitae cum fissurae tubae Eustachii et tympani compilatae descriptio. Diss. 48 S., gbd., 4 Taf.

Berolini: typ.Sittenfeld 1835

JB 6.333

Meyer, Conr., de Fissuris hominis mammaliumque congenitis. Accedit Fissurae buccalis congenitae c. Fissurae tubae Eustachii et tympani complicatae descriptio. Roy.-Fol (13½ B. u. 4 Kpfrt.) Berolini 835, [Thome.] Thlr. *

Meyer, Conrad. Gedichte in Schweizerdeutscher Mundart von K' M'. 3. Aufl. VI + 96 S. 8. Zürich....

Ausg. A, Orig.-Ausg.: Zürich, Caesar Schmidt, 1899. [fr. 1.50]
Ausg. B, Neu-(Titel-)Ausg.: Z', Schweizer Druck- und Verlagshaus. [1908]. [geb. fr. 2. —]

Meyer, Conrad. Johannes Girsberger von Zürich (1808–1880). Stifter des Kranken- und Begräbnissvereins z. Kreuz. Ein Lebensbild von K' M'. [Mit Porträt-Tafel.] 8. ([Zürich] 1883.)

(Theil 1) *der* Festschrift zur fünfzigjährigen Stiftungsfeier des Kranken- und Begräbniss-Vereines zum Kreuz in Zürich im Jahre 1883.

Meyer, Konr., Jeremia, d. Prophet, s.a. Für Gottes Wort u. Luthers Lehr'. II, 6.

Jeremia, der Prophet. Von Lic. Konrad **Meyer**, Studiendir., Bonn. Gütersloh: Bertelsmann 1909. 32 S. 8°
(Für Gottes Wort u. Luthers Lehr! Reihe 2, H. 6.) 09. 11068

Meyer, Konr., Jubellieder. gr. 16. (88 S.) Zürich 849, Meyer und Zeller. *

Meyer, Konrad. Kampfgespräch des Sonntags mit dem Werktag. In-8°, 7 S. Zürich, Druck von J. J. Ulrich. 1880.

Meyer, Conr., über die Lage der Zucker-Industrie zur Zeit des Abschlusses der Brüsseler Konvention im Febr./März 1902. gr. 8. (35 S.) Berlin 902. Herm. Walther. n. — 50

[Meyer, Conrad.] Lebensbild des Joseph Utzinger. Kirchenpfleger von Bülach. Geboren 20. Dezember 1821, gestorben 24. Februar 1879. [SA.] 8. [Bülach 1879.]

Meyer, Konr., Lieder der Armuth. Zürich (856.) Höhr. 16. (46 S.) n. 7 *ngr.*

Meyer, Konrad, Lieder der Armuth. 2. verm. Aufl. 58 Stn. 12. Glarus, J. Vogel. 1872. 1. —

— K. Lieder der Armuth. 2. verm. Aufl. Zürich Selbstverlag d. Verfassers. 1872.

Meyer, Konr.: Die schweiz. Mobiliarversicherungsgesellschaft auf Gegenseitigkeit. Jubilaeums-Schrift. Zürich 1876.

Meyer, Konrad, aus Belzig: **Der Prolog des Johannesevangeliums.** Nach d. Evangelium erklärt. *Naumburg a. S. 1902: Lippert & Co.* (37 S.) 8° ¶ [Erschien vollst. 1902 bei Deichert in Leipzig.]
Greifswald, Theol. Diss. v. 2. Juni 1902

Meyer, K., der Prolog des Johannesevangeliums. Nach dem Evangelium erklärt. gr. 8. (III, 101 S.) Leipzig 902. A. Deichert Nachf. n. 1. 40

(Meyer, Kd., Inspector) Regeln u. Beispiele der Brandschadens-Ausmittlung bei Mobiliar-Versicherungen Eine Belehrung für Versicherte. 30 Stn. 8 Zürich, Orell Füssli & Co. 1874.

Meyer, Konr., Regeln und Beispiele der Brandschadens-Ausmittlung bei Mobiliar-Versicherungen. Eine Belehrung für Versicherte. 2. verm. Aufl. 8. (39 S.) Zürich 884, Orell, Füssli und Comp. *
1. Aufl. erschien im Selbstverlage des Verfassers.

Meyer, Konr., die Schulreise. Eine Jugendschrift. 2. Aufl. 16. (44 S.) Zürich 871. Herzog. — 30

Meyer, Konr., die Schulreise. Eine Jugendschrift. 3. Aufl. 12. (49 S.) Zürich 879. Herzog. cart. n. — 40

— die Schulreise. Eine Jugendschrift. 4. Aufl. 12. (50 S.) Zürich 900. A. Müller's Verl. Kart. n. — 50

– Die menschliche Sterblichkeit ..., s. Meyer, Rudolf

Meyer, Konrad, a. Zapel ⟨Mecklenburg-Schwerin⟩: **Zur Syntax des Participium Praesentis im Althochdeutschen.** **Marburg** 1906: J. A. Koch. (92 S.) 8°
Marburg, Phil. Fak., Ref. Vogt, Diss. v. 25. Nov. 1906
[Geb. 23. Juli 81 Kölzow, Meckl.; Wohnort: Zapel, Meckl.-Schw.; Staatsangeh.: Mecklenburg-Schwerin; Vorbildung: Gymn. Fridericianum Schwerin Reife O. 01; Studium: Rostock 2, Berlin 3, Marburg 6 S.; Rig. 25. Juli 06.]

[Meyer, Conrad.] Traktätchen in Knittelversen. Ein Fastnachtsbüchlein für das Volk von Julius Freimund. 1. [einziges] Heft. Gedruckt in diesem Jahr. 8. Pfäffikon [1853].

Meyer, Konr. Die Wort- und Satzstellung bei Sallust. I. 26 S.
Progr. Päd. *Magdeburg* 1880.

Meyer, Konr., der Zeugniszweck des Evangelisten Johannes. Nach seinen eigenen Angaben dargestellt. (VI, 110 S.) gr. 8. Gütersloh 906. C. Bertelsmann. n. 2. —; geb. n. 2. 80

Meyer, Konr. Whrd., Transparentspiegel, od. Beschreib. eines neuen u. nützl. Instruments, f. Zeichner, Kupferstecher 2c. Mit Kpf. 8. Zurich. 788, 2e A. 789. (Bremen, Müller). 2 ℛ.

Meyer, Konrad Ferdinand

Meyer, Conr. Ferd., das Amulet, s.a. Bibliothek, stenographische, des Allgemeinen schweizerischen Stenographen-Vereines.

Meyer, Conr. Ferd., das Amulet. Eine Novelle. 16. (148 S.) Leipzig 878, Haessel. *

Meyer, Conr. Ferd., das Amulet. Novelle. 4. Aufl. (Taschenausg.) 12. (118 S.) Leipzig 889. Haessel. n. 2. —; geb. n. 3. —

Meyer, Conr. Ferd., das Amulet. Novelle. 5. Aufl. 8. (118 S.) Leipzig 896. H. Haessel. n. 2. —; geb. n. 3. —

Meyer, Conr. Ferd., das Amulet. Novelle. 6. Aufl. 8. (118 S.) Leipzig 899. H. Haessel Verl. n. 2. —; geb. in Leinw. n. 3. —

Meyer, Conr. Ferd., das Amulet. Novelle. 8. Aufl. (118 S.) kl. 8. Leipzig 903. H. Haessel Verl. 2. —; geb. 3. —

– – 10. Aufl. Ebd. 1910. 118 S. 8°

Meyer, Conr. Ferd., Balladen. 8. (III und 145 S.) Leipzig 867, Haessel.

– Thomas a Becket the Saint,
s. Meyer: Thomas a Becket the Saint.

Meyer, Conr. Ferd, Angela Borgia. Novelle. 1.—5. Aufl. 12. (244 S.) Leipzig 891. 892. H. Haessel. n. 4. —; geb. in Leinw. 5. —; in Halbfrz. 7. —

— Angela Borgia. Novelle. 6. Aufl. 8. (244 S.) Ebd. 895. n. 4. —; geb. n. 5. —

Angela Borgia. Novelle von Conrad Ferdinand Meyer. 8. Aufl. Leipzig: Haessel 1898. 244 S. 8° [10. 6542 10

Meyer, Conr. Ferd., Angela Borgia. Novelle. 8.—10. Aufl. 8. (à 244 S.) Leipzig 899. H. Haessel Verl. n. 4. —; geb. in Leinw. n. 5. —

Angela Borgia. Novelle von Conrad Ferdinand Meyer. 13. Aufl. *Leipzig: H. Haessel 1901.* (244 S.) 8° [F.] [01. 14906 2

Meyer, Conrad Ferdinand. Angela Borgia. Novelle. 14. Aufl. II + 244 S. 8. Leipzig, H. Haessel, 1902. [M. 4. —, geb. M. 5. —]

Angela Borgia. Novelle von Conrad Ferdinand Meyer. 15. Aufl. *Leipzig: H. Haessel 1902.* (244 S.) 8° [F.] [04. 390 11

Meyer, Conrad Ferdinand. Angela Borgia. Novelle. 23. Aufl. II + 244 S. 8. Leipzig, H. Haessel, 1907. [M. 4. —, geb. 5. —]

Meyer, Conrad Ferdinand. Angela Borgia. Novelle. 25. Aufl. II + 244 S. 8. Leipzig, H. Haessel, 1907. [M. 4. —, geb. 5. —]

Angela Borgia. Novelle von Conrad Ferdinand Meyer. 27. Aufl. Leipzig: Haessel 1909. 244 S. 8° [10. 7370 5

Meyer, Conrad Ferdinand. Briefe C' F" Meyers. Nebst seinen Rezensionen und Aufsätzen hrg. von Adolf Frey. Mit vier Bildern und acht Handschriftproben [sowie Umschlag-Vignette]. 2 Bände. 8. Leipzig, H. Haessel, 1908. [M. 16. —, geb. 20. —]

Band 1. [Mit 1 Porträt-, 1 Ansichts- und 8 Facsimile-Tafeln.] XII + 466 S. — Band 2. [Mit 1 Porträt- und 1 Ans'-Tafel.] IV + 536 S

Meyer, Conr. Ferd., Briefwechsel, s.: Franzois, Louise v.

Briefwechsel zwischen Conrad Ferdinand Meyer u. Gottfried Keller. Den Teilnehmern am Jahresessen des Leipziger Bibliophilen-Abends gewidmet v. G. W. Sorgenfrey. 23. Mai 1908. (Mit 2 Faksimiles. Leipzig. 1908.) 8°

Meyer, Conr. Ferd.: Dichtungen und Novellen. Leipzig 1889. 8 Bde.

—— Engelberg. Eine Dichtung. 16. (111 S.) Ebendas. 872. cart. mit Goldschn. *

—— Engelberg. Eine Dichtung. 2. Aufl. 8. (112 S.) Leipzig 886, Haessel. *ℳ 2.—.; geb. *

— Engelberg. Eine Dichtg. 3. Aufl. (Taschenausg.) 12. (111 S.) Ebd. 889. n. 2. —; geb. n. 3. —

— Engelberg. Eine Dichtg. 4. Aufl. 8. (112 S.) Ebd. 894. n. 2. —; geb. in Leinw. n. 3. —

— Engelberg. Eine Dichtg. 5. Aufl. 8. (112 S.) Ebd. 898. n. 2. —; geb. n. 3. —

Engelberg. Eine Dichtung von Conrad Ferdinand Meyer. 10. Aufl. Leipzig: Haessel 1903. 112 S. 8° A12. 11669 10

— Engelberg. Eine Dichtg. 14. Aufl. (112 S.) kl. 8. Ebd. 906. 2.—; geb. 3. —

Meyer, Conrad Ferdinand. Engelberg. Eine Dichtung. 15. Aufl. 112 S. 8. Leipzig, H. Haessel, 1907. [M. 2. —, geb. 3. —]

Engelberg. Eine Dichtung von Conrad Ferdinand Meyer. 17. Aufl. Leipzig: Haessel 1909. 112 S. 8° [10. 7371 5

Meyer, Conr. Ferd., Gedichte. 8. (VIII, 335 S.) Leipzig 882, Haessel. *ℳ 5.; geb. *

— Gedichte. 2. Aufl. Mit dem (Lichtdr.-)Bildniß d. Dichters. 8. (XI, 351 S.) Ebend. 883. n. 3. —; geb. n. 4. —

— Gedichte. 3., verm. Aufl. Mit dem (Lichtdr.-)Bildnis d. Dichters. 8. (XI, 363 S.) Ebd. 887. n. 4. —; geb. n. 5. —

—— Gedichte. 4. u. 5. verm. Aufl. 12. (XII, 393 S. m. Portr. in Lichtdr.) Ebd. 891,92. * 4 —; geb. in Leinw. 5 —

— Gedichte. 4.—6., verm. Aufl. 8. (XII, 397 S. m. Bildnis.) Ebd. 891—894. n. 4. —; geb. n. 5. —

[F.] Gedichte v. Conrad Ferdinand Meyer. 7. Aufl. *Leipzig: H. Haessel 1895.* (XII, 397 S.) 1 Bd 8. [97. 1114

— Gedichte. 9. Aufl. 8. (XV, 397 S.) Ebd. 898. n. 4. —; geb. n. 5. —

— Gedichte. 13. Aufl. 8. (XV, 397 S.) Ebd. 899. n. 4. —; geb. n. 5. —

– – 14. Aufl. Ebd. 1899. XV, 397 S. 8°

Meyer, Conrad Ferdinand. Gedichte. 22. Aufl. XVI + 402 S. 8. Leipzig, H. Haessel, 1902. [M. 4. —, geb. M. 5. —]

Meyer, Conrad Ferdinand. Gedichte. 30. Aufl. XVI + 402 S. 8. Leipzig, H. Haessel, 1905. [M. 4. —, geb. 5. —]

— Gedichte. 37. Aufl. (XV, 401 S.) kl. 8. Ebd. 907. 4.—; geb. 5. —

– – 46. Aufl. Ebd. 1909. XV, 401 S. 8°

— die Geschichte des Erstlingswerks, s.: Franzos, Karl Emil.

Meyer, Conr. Ferd. Der Heilige. Novelle. 1. u. 2. Aufl. In-8°, 235 p. Leipzig, H. Hässel. 4 — *1880.*

—— der Heilige. Novelle. 2.—4. Aufl. 8. (235 S.) Ebendas. 880—84. *ℳ 3.; geb. *

—— der Heilige. Novelle. 5.—8. Aufl. 8. (235 S.) Leipzig 866—88, Haessel. *ℳ 3.—.; geb. *

— der Heilige. Novelle. 6. Aufl. 8. (235 S.) Ebend. 886. n. 3. —; geb. n. 4. —

— der Heilige. Novelle. 7.—9. Aufl. 8. (235 S.) Ebd. 887—889. n. 3. —; geb. 4. —

— der Heilige. Novelle. 11. u. 12. Aufl. 8. (235 S.) Leipzig 892. 894. H. Haessel. n. 4. —; geb. in Leinw. n. 5. —; in Halbfrz. n. 7. —

— der Heilige. Novelle. 16. Aufl. 8. (235 S.) Ebd. 898. n. 4. —; geb. n. 5. —

— der Heilige. Novelle. 19. u. 20. Aufl. 8. (à 235 S.) Ebd. 899. n. 4. —; geb. in Leinw. n. 5. —

Meyer, Conrad Ferdinand. Der Heilige. Novelle. 27. Aufl. II + 236 S. 8. Leipzig, H. Haessel, 1902. [M. 4. —, geb. M. 5. —]

Der Heilige. Novelle von Conrad Ferdinand Meyer. 29. Aufl. *Leipzig: H. Haessel 1902.* (235 S.) 8° [F.] [04. 8134 4

Meyer, Conrad Ferdinand. Der Heilige. Novelle. 44. Aufl. II + 236 S. 8. Leipzig, H. Haessel, 1907. [M. 4. —, geb. 5. —]

– – 52. Aufl. Ebd. 1909. 235 S. 8°

—— die Hochzeit des Mönchs. Novelle. 8. (165 S.) Ebendas. 884. *M 2.; geb. *

—— die Hochzeit des Mönchs. Novelle. 2. und 3. Aufl. 8. (165 S.) Ebendas. 885,86. *

— die Hochzeit d. Mönchs. Novelle. 4. Aufl. (Taschenausg.) 12. (165 S.) Ebd. 889. n. 2. —; geb. n. 3. —

— die Hochzeit d. Mönchs. Novelle. 5. Aufl. 12. (165 S.) Ebd. 893. n 2. —; geb. in Leinw. n. 3. —

— die Hochzeit d. Mönchs. Novelle. 6. Aufl. 8. (165 S.) Ebd. 896. n. 2. —; geb. n. 3. —

– – 9. Aufl. Ebd. 1900. 165 S. 8°

Die Hochzeit des Mönchs. Novelle von Conrad Ferdinand Meyer. 11. Aufl. *Leipzig: H. Haessel 1902.* (165 S.) 8° [F.] [09. 6966 11

Meyer, Conrad Ferdinand. Die Hochzeit des Mönchs. Novelle. 12. Aufl. IV + 166 S. 8. Leipzig, H. Haessel, 1903. [M. 2. —, geb. M. 3. —]

— Die Hochzeit des Mönchs. Novelle. 16. Aufl. (165 S.) kl. 8. Ebd. 905. 2.—; geb. 3. —

— Georg Jenatsch. Eine alte Bündnergeschichte. 8. (407 S.) Ebend. 876. n. 6. —

— Georg Jenatsch. Eine alte Bündnergeschichte. 2 Bde. 2., durchgeseh. Aufl. 8. (à 210 S.) Ebend. 878. n. 6. —

—— Jürgen Jenatsch. Eine Bündnergeschichte. 3. Aufl. 8. (352 S.) Ebendas. 882. *M 6.; geb. *

—— dass. — 4. und 5. Aufl. 8. (352 S.) Ebendas. 883. * geb. *

—— Jürg Jenatsch. Eine Bündnergeschichte. 6.—12. Aufl. 8. (352 S.) Ebendas. 885—88. *M 4.—.; geb. *

— Jürg Jenatsch Eine Bündnergeschichte. 9. Aufl. 8. (352 S.) Ebend. 886. n. 3. —; geb. n. 4. —

— Jürg Jenatsch. Eine Bündnergeschichte. 10.—14. Aufl. 8. (352 S.) Ebd. 887—890. n. 4. —; geb. n. 5. —

—— Jürg Jenatsch. Eine Bündnergeschichte. 13.—17. Aufl. 8. (352 S.) Ebd. 889—92. * 4 —; geb. 5 —

— Jürg Jenatsch. Eine Bündnergeschichte. 16.—20. Aufl. 8. (352 S.) Ebd. 891—894. n. 4. —; geb. in Leinw. n. 5. —; in Halbfrz. n. 7. —

— Jürg Jenatsch. E. Bündnergeschichte. 28. Aufl. 8. (352 S.) Ebd. 898. n. 4. —; geb. n. 5. —

— Jürg Jenatsch. Eine Bündnergeschichte. 38. Aufl. 8. (352 S.) Ebd. 899. n. 4. —; geb. n. 5. —

– – 36. Aufl. Ebd. 1899. 352 S. 8°

– – 47. Aufl. Ebd. 1902. 352 S. 8°

Meyer, Conrad Ferdinand. Jürg Jenatsch. Eine Bündnergeschichte. 50. Aufl. II + 352 S. 8. Leipzig, H. Haessel, 1902. [M. 4. —, geb. M. 5. —]

Meyer, Conrad Ferdinand. Jürg Jenatsch. Eine Bündnergeschichte. 80. Aufl. II + 352 S. 8. Leipzig, H. Haessel, 1907. [M. 4. —, geb. 5. —]

– – 94. Aufl. Ebd. 1909. 352 S. 8°

Meyer, Conrad Ferdinand. Jürg Jenatsch, eine Bündnergeschichte. (100. Aufl.) ([Mit Porträt und Buchschmuck von] Georg Belwe.) IV + 236 S. gr.-8. Leipzig, H. Haessel, (1910). [M. 22. —, geb. 30. —]

– König und Heiliger. Novelle. Leipzig: Haessel 1882. III, 235 S. 8°

—— König und Heiliger. Novelle. 3. Aufl. 8. (III, 235 S.) Ebendas. 882. *M 3.; geb. *

—— das Leiden eines Knaben. Novelle. 1. und 2. Aufl. 8. (99 S.) Ebendas. 883. *M 2.; geb. *

—— Das Leiden eines Knaben. Novelle. 3. Aufl. (Taschenausg.) 12. (101 S.) Ebd. 889. * 2 —; geb. * 3 —

Das Leiden eines Knaben. Novelle von Conrad Ferdinand Meyer. 4. Aufl. Leipzig: H. Haessel 1907. (101 S.) 8° [F.] [08. 9370 11

Conrad Ferdinand Meyer. Bd 1–9. *Leipzig: H. Haessel 1900.* 9 Bde 8° [Umschlagt. F.]

1. 2. Novellen. Bd 1. 2 10. Aufl. 3. Jürg Jenatsch. 39. Aufl.
4. Der Heilige. 22. Aufl. 5. Die Versuchung d. Pescara. 14. Aufl.
6. Angela Borgia. 12. Aufl. 7. Gedichte. 16. Aufl.
8. Huttens letzte Tage. 15. Aufl. 9. Engelberg. 7. Aufl. [00. 9692

— Novellen. 1. u. 2. Bd. 8. (354 u. 404 S.) Ebend. 885. à n. 4. —; geb. à n. 5. —

— Novellen. 2 Bde. 2. u. 3. Aufl. 8. (354 u. 404 S.) Ebd. 888. 889. à Bd. n. 4. —; geb. n. 5. —

—— Novellen. 2 Bde. 3.—5. Aufl. 8. (354; 404 S.) Ebd. 889—92. à Bd. * 4 —; * 8 —; geb. à Bd. 5 —; 10 —

— dasselbe. Taschenausg. Mit C. F. Meyer's Bildnis (in Lichtdr.). 2 Bde. 12. (118, 95, 142, u. 165, 101, 136 S.) Ebd. 891. Geb. in Leinw. m. Goldschn. n. 9. —

— Novellen. 2 Bde. 6. Aufl. 8. (III, 354 u. III, 404 S.) Ebd. 892. à n. 4. —; geb. à n. 5. —

— Novellen. 2 Bde. 10. Aufl. 8. (III, 354 u. III, 404 S.) Ebd. 898. à n. 4. —; geb. à n. 5. —

— Novellen. 13. Aufl. 2 Bde. 8. (III, 354 u. III, 404 S.) Ebd. 899. à n. 4. —; geb. à n. 5. —

Novellen von Conrad Ferdinand Meyer. 14. Aufl. Bd. 1. 2. Leipzig: H. Haessel 1899. 2 Bde 8°

Novellen von Conrad Ferdinand Meyer. Bd. 1. 2. Leipzig: H. Haessel 1902. 2 Bde 8°
1. 22. Aufl. 2. 21. Aufl.

Meyer, Conrad Ferdinand. Novellen. 2 Bände. 8. Leipzig, H. Haessel, 1902. [je M. 4. —, geb. M. 5. —]
Band 1: 24. Aufl. IV + 354 S. – Band 2: 23. Aufl. IV + 404 S.

— Novellen. 2 Bde. 39. bezw. 37. Aufl. (III, 354 u. III, 404 S.) kl. 8. Ebd. 907. 06. à 4.—; geb. à 5. —

Meyer, Conrad Ferdinand. Novellen. 2 Bände. 8. Leipzig, H. Haessel, 1906—1907. [*je* M. 4. —, geb. 5. —]
Band 1: 40. Aufl. IV + 354 S. 1907. — Band 2: 38. Aufl. VI + 404 S. 1906.

N o v e l l e n von Conrad Ferdinand Meyer. Bd 1. 2. Leipzig: Haessel 1909–1910. 8°
1. 50. Aufl. 1910. 2. 46. Aufl. 1909.

—— kleine Novellen. 1.—4. Bd. 8. Ebendas. 882. à Bd. * geb. à Bd. ℳ 1,40.; in 1 Bd. *
Inhalt:
Bd. 1. Das Amulet. 3. Aufl. (105 S.)
„ 2. Der Schuß von der Kanzel. 3. Aufl. (85 S.)
„ 3. Plautus im Nonnenkloster. (56 S.)
„ 4. Gustav Adolfs Page. (84 S.)

—— Zwei Novellen. (Plautus im Nonnenkloster. Gustav Adolf's Page.) 2. Aufl. (Taschenausg.) 12. (142 S.) Ebd. 889. * 2 —; geb. * 3 —

— zwei Novellen. Plautus im Nonnenkloster. Gustav Adolfs Page. 3. Aufl. 8. (142 S.) Ebd. 898. n. 2. —; geb. n. 3. —

— 2 Novellen. (Plautus im Nonnenkloster. Gustav Adolfs Page.) 5. Aufl. (142 S.) kl. 8. Ebd. 903. 2.—; geb. 3. —

– – 6. Aufl. Ebd. 1908. 142 S. 8°

—— Gustav Adolf's Page, s. Novellenschatz, neuer, deutscher.

—— s. Reitler, Ant., zu des Dichters 60. Geburtstage.

—— die Richterin. Novelle. 1. und 2. Aufl. 8. (136 S.) Ebendas. 885. * ℳ 2.—.; geb. *

—— Die Richterin. Novelle. 3. Aufl. (Taschenausg.) 12. (136 S.) Ebd. 889. * 2 —; geb. * 3 —

— die Richterin. Novelle. 4. Aufl. 8. (136 S.) Ebd. 899. n. 2. —; geb. n. 3. —

Die Richterin. Novelle von Conrad Ferdinand Meyer. 7. Aufl. *Leipzig: H. Haessel 1902.* (136 S.) 8° [F.] :04. 3066 11

— Die Richterin. Novelle. 9. Aufl. (136 S.) kl. 8. Ebd. 905. 2.—; geb. 3. —

– – 12. Aufl. Ebd. 1910. 136 S. 8°

— Romanzen u. Bilder. gr. 16. (IV, 123 S.) Ebend. 871. n. 1. —

– Der S c h u ß von der Kanzel. Novelle. S.-A. Zürich: Orell & Füßli 1877.

— dasselbe, s. a. Bibliothek, neue stenographische.

—— Der Schuß v. der Kanzel. Novelle. 4. Aufl. (Taschenausg.) 12. (95 S.) Ebd. 889. * 2 —; geb. * 3 —

— der Schuß v. d. Kanzel. Novelle. 5. Aufl. 8. (95 S.) Ebd. 898. n. 2. —; geb. n. 3. —

— Der Schuß v. der Kanzel. Novelle. 8. Aufl. (95 S.) kl. 8. Ebd. 905. 2.—; geb. 3. —

—— denkwürdige Tage. Zwei Novellen. [Der Schuß von der Kanzel. — Das Amulet.] 8. (195 S.) Ebendas. 878.

— denkwürdige Tage. Zwei Novellen. [Der Schuß von der Kanzel. — Das Amulet.] 2. Aufl. 8. (195 S.) Ebend. 878. n. 3. —

— Huttens letzte Tage. Eine Dichtg. 8. (VIII, 126 S.) Ebend. 871. n. 1. 50

Meyer, C. Ferd., Huttens letzte Tage. 2. Aufl. 16. (VII, 139 S.) Leipzig 872. Haessel. cart. m. Goldschn. n. 2. —

—— Hutten's letzte Tage. Eine Dichtung. 3. Aufl. (VIII, 180 S.) 1881; 5. Aufl. 8. (VIII, 170 S.) Ebendas. 884. * geb. *

— dasselbe. 4. Aufl. gr. 4. (VIII, 187 S.) Ebend. 882. n. 16. —; geb. n. 20. —

— Huttens letzte Tage. Eine Dichtg. 5. Aufl. 8. (VIII, 170 S.) Ebend. 884. n. 3. —; geb. n. 4. —

—— Huttens letzte Tage. Eine Dichtung. 6. Aufl. 8. (VIII, 170 S.) Ebendas. 887. * ℳ 3.—.; geb. *

— Hutten's letzte Tage. Eine Dichtg. 7. Aufl. (Taschenausg.) 12. (VIII, 170 S.) Ebd. 889. n. 2. —; geb. n. 3. —

— Huttens letzte Tage. 8. u. 9. Aufl. 8. (VIII, 170 S.) Ebd. 891. 894. n. 3. —; geb. in Leinw. n. 4. —

Meyer, Conr. Ferd., Huttens letzte Tage. Eine Dichtg. 10. Aufl. 8. (VIII, 170 S.) Leipzig 896. H. Haessel. n. 3. —; geb. in Leinw. n. 4. —

– – 12. Aufl. Ebd. 1898. VIII, 170 S. 8° [BTD.]

— Huttens letzte Tage. Eine Dichtg. 13. Aufl. 8. (VIII, 170 S.) Ebd. 899. n. 3. —; geb. n. 4. —

Meyer, Conrad Ferdinand. Huttens letzte Tage. Eine Dichtung. 20. Aufl. VIII + 170 S. 8. Leipzig, H. Haessel, 1901. [M. 3. —, geb. M. 4. —]

— Huttens letzte Tage. Eine Dichtg. 33. Aufl. (VIII, 170 S.) kl. 8. Ebd. 906. 3.—; geb. 4. —

Meyer, Conrad Ferdinand. Huttens letzte Tage. Eine Dichtung. 34. Aufl. VIII + 170 S. 8. Leipzig, H. Haessel, 1907. [M. 3. —, geb. 4. —]

– – 41. Aufl. Ebd. 1909. VIII, 170 S. 8°

Meyer, Conr. Ferd., Thomas à Becket the Saint. A novel. Translated from the german by M. v. Wendheim. 8. (243 S.) Leipzig 885. Haessel. n. 3. —; geb. n. 4. —

—— die Versuchung der Pescara. Novelle. 1.—3. Aufl. 8. (222 S.) Ebendas. 887, 88. * ℳ 4.—.; geb. *

—— Die Versuchung d. Pescara. Novelle. 4. Aufl. 8. (222 S.) Lpz. 889, Haessel. * 4 —; geb. 5 —

– – 6. Aufl. Ebd. 1890.

— die Versuchung d. Pescara. Novelle. 9. Aufl. 8. (222 S.) Ebd. 897. n. 4. —; geb. n. 5. —

— die Versuchung des Pescara. Novelle. 11. Aufl. 8. (222 S.) Ebd. 899. n. 4. —; geb. n. 5. —

Meyer, Conrad Ferdinand. Die Versuchung des Pescara. Novelle. 17. Aufl. II + 222 S. 8. Leipzig, H. Haessel, 1901. [M. 4. —, geb. M. 5. —]

Die Versuchung des Pescara. Novelle von Conrad Ferdinand **Meyer.** 20. Aufl. Leipzig: H. Haessel 1903. (222 S.) 8° [F.] [06. 5614 11

— Die Versuchung des Pescara. Novelle. 25. Aufl. (222 S.) kl. 8. Ebd. 906. 4.—; geb. 5.—

Meyer, Conrad Ferdinand. Die Versuchung des Pescara. Novelle. 29. Aufl. II + 222 S. 8. Leipzig, H. Haessel, 1907. [M. 4.—, geb. 5.—]

— — 35. Aufl. Ebd. 1909. 222 S. 8°

Die Versuchung des Pescara. Novelle von Conrad Ferdinand **Meyer.** 39. Aufl. Leipzig: Haessel 1910. 222 S. 8° [11. 13856 B

Meyer, Konrad Theodor

Schwarzenau, Christoph Ludwig [Präs.] u. Conr. Theod. Meyer (Marburg) [Resp.]
Disputatio de Sacra Scriptura.
Giessae 1716. 4°
Meyer wurde am 4. 5. 1716 immatr.

Meyer, Kr. F., s. Meyer, Karl Franz

Meyer, Kuno. s.: Anecdota from Irish manuscripts.

Meyer, Kuno, s.: Archiv f. celtische Lexikographie.

Meyer, Kuno: Beiträge zur Verfassungs- u. Verwaltungsgeschichte Herfords unter den Kurfürsten Friedrich Wilhelm und Friedrich III. Göttingen 1908: (Velhagen & Klasing, Bielefeld). 116 S. 8° [Umschlagt.] ¶ (Ersch. auch in: Jahresbericht 23 d. Histor. Vereins f. d. Grafsch. Ravensberg. 1909.)
Göttingen, Phil. Diss. v. 17. Dez. 1908, Ref. Lehmann
[Geb. 15. März 83 Osnabrück; Wohnort: Krefeld; Staatsangeh.: Preußen; Vorbildung: Gymn. Krefeld Reife O. 03; Studium: Marburg 3, Tübingen 2, Göttingen 5 S.; Rig. 24. Juli 08.] [U 09. 1384

— Contributions of Irish lexicography. Vol. I. part. I. (XXXI, 574 S.) gr. 8. Halle 906. M. Niemeyer. n. 20.—
[Erscheint in dieser Form nicht weiter.]
(Archiv für celt. Lexikogr. Suppl.)

— s.: Festschrift, Whitley Stokes gewidmet.

s.: Literaturen u. Sprachen, die romanischen.

Meyer, Kuno, Peredur ab Efrawc, edited with a glossary by K. M. gr. 8. (IV, 83 S.) Leipzig 887. Hirzel. n. 2. 80

— s.: Zeitschrift f. celtische Philologie.

Meyer, Kurt: Die Baugeschichte des Doms zu Brandenburg a. H. [1910.] 61 S., 1 Taf. 4° ¶ Teilweise in: Zeitschrift f. Geschichte d. Architektur. Jg. 1. 1907/08.
Berlin, Dr.-Ing.-Diss. v. 11. 3. 1910

Meyer, Kurt, a. Berlin: Über die Diffusion in Gallerten. Braunschweig: F. Vieweg 1905. (20 S.) 8°
Straßburg, Med. Fak., Ref. Hofmeister, Diss. v. 3. Dez. 1905
[Geb. 19. Jan. 82 Berlin; Wohnort: Straßburg i. E.; Staatsangeh.: Preußen; Vorbildung: Friedrichsgymn. Berlin Reife M. 99; Studium: Berlin 7, Straßburg 2 S.; Coll. 20. Juli 05; Approb. 10. Juni 05.]

Meyer, Kurt, Referendar: Die Geltung der Bestimmungen über den gegenseitigen Vertrag im Gesellschaftsrecht des Bürgerlichen Gesetzbuches. Bielefeld 1910: Siedhoff. VI, 57 S. 8°
Leipzig, Jur. Diss. v. 4. April 1910
[Geb. 3. Juli 87 Bielefeld; Wohnort: Bielefeld; Staatsangeh.: Preußen; Vorbildung: Gymn. Bielefeld Reife O. 05; Studium: Grenoble 1, München 3, Bonn 1, Münster 1 S.: Rig. 5. März 10.] [U 10. 2801

Meyer, Kurt

Meyer, Kurt Werner Rudolf, Referendar aus Cüstrin: Der Spediteur und seine Pflichten. *Borna-Leipzig 1903: R. Noske.* (VII, 111 S.) 8°
Leipzig, Jur. Diss. v. 1903

Meyer, Kurt, der Spediteur u. seine Pflichten. Eine Abhandlg. (VII, 111 S.) gr. 8. Berlin 903. Struppe & Winckler. n. 3.—

Meyer, Kurt H(einrich), a. Dorpat: Untersuchungen über Halochromie. Weida i. Th. 1907: Thomas & Hubert. (44 S.) 8°
Leipzig, Phil. Fak., Ref. Hantzsch-Beckmann, Diss. v. 10. Dez. 1907
[Geb. 29. Sept. 83 Dorpat (Livland); Wohnort: Wien; Staatsangeh.: Preußen; Vorbildung: Gymn. Philippinum Marburg Reife O. 01; Studium: Marburg 2, Freiburg i. B. 2, London 1, München 1, Marburg 3, Leipzig 4 S.]

Meyer, Kurt Richard

MEYER, Curt Richard (Bockwen): Ueber die Verbindung von Nervenresection mit Nervendehnung bei Gesichtsschmerz.- Neusalza: Oeser 1885. 19 S.
3.2.1885 - Urk (Titel: De extentione nervorum cum resectione in curanda trigemini neuralgia coniungenda.); Chr 1884/85,20 (= Mayer)
Diss. Ingolst.-Landsh.-Mchn.

Meyer, Kurt Werner Rudolf, s. Meyer, Kurt

Meyer, L. [Pseud.], s. Albertini, Laura v.

Meyer, L. (II.), s. a. Meyer v. Schauensee, L.

Meyer, L. Aachen u. seine Umgebungen. Nebst e. latein. Ode u. 1 topogr. Karte. 8. Cöln 818. (Mayer in Aachen). 12 gr.

Meyer, L., s.: Archiv f. Psychiatrie u. Nervenkrankheiten.

Meyer, L. (II.), die Bewölkung in Württemberg mit Zugrundlegung der Beobachtungen von 1878—82 und mit besond. Berücksicht. meteorologischer Gebiete. Lex.-8. (81 S. mit 1 lithogr. Karte.) Stuttgart 884, Cotta'sche Buchh. *

Meyer, L. (II.), einfache Darstellung des Streites. Aus dem Französ. übers. gr. 8. (54 S.) Straßburg 861, Wwe. Berger-Levrault und Sohn.

Meyer, L.: De virginum exercitationibus gymnicis apud veteres. 10 S. – Clausthal. Progr. 1872.

— kleine Geographie für Schulen. Celle 857. Schulze. gr. 8. (51 S.) n. 5 ngr.

Meyer, L., kleine Geographie f. die Unterklassen höherer Lehranstalten. 2., gänzlich umgearb. u. verb. Aufl. gr. 8. (50 S.) Celle 871. Schulze. — 50

Meyer, L., Geographie für höhere Lehranstalten. 3. Aufl. gr. 8. (VII, 199 S.) Celle 878, Capaun-Karlowa'sche Buchh. *

Meyer, L., Geographie für höhere Lehranstalten. 4. Aufl. gr. 8. (VII, 199 S.) Celle 880. Capaun-Karlowa. n. 1. 80

Meyer, L., Geographie für die Mittelklassen höherer Lehranstalten. Celle 855. Capaun-Karlowa. gr. 8. (VI, 218 S.) n. 20 ngr.

Meyer, L., Geographie für die Mittelclassen höherer Lehranstalten. 2., sehr verm. u. verb. Aufl. Celle 868. Karlowa's Verl. gr. 8. (VII, 200 S.) n. 12 ngr.

— L., Zur Germania des Tacitus. S.-A. 1871. 20 S.

Meyer, L., s.: Jahrbuch, deutsches meteorologisches. (Württemberg.)

Meyer, L. (Laura v. Albertini), Lehrbuch der Graphologie. Lex.-8. (VI, 248 S. m. eingedr. Schriftproben.) Stuttgart 895. Union. n. 5.—; geb. n. 6.—

Meyer, L. (Laura v. Albertini), Lehrbuch der Graphologie. 2. verm. u. verb. Aufl. Lex.-8. (VIII, 262 S. m. 1 Taf.) Stuttgart 900. Union. n. 5.—; geb. in Leinw. n. 6.—

Meyer, L. (Laura v. Albertini), Lehrbuch der Graphologie. 4. Aufl. (VIII, 281 S. m. Fksms. u. 1 Taf.) Lex. 8. Stuttgart (909). Union. 5.—; geb. in Leinw. 6.—

Meyer, L. (I.), Milchspeise für die lieben Kleinen zur Veredlung des Herzens und Schärfung des Verstandes. gr. 8. (90 S.) Magdeburg 847, Heinrichshofen'sche Buchh.

Meyer, L., zur Reform des evangel. Religionsunterrichts in den Volksschulen Bayerns d. d. Rh. (61 S.) gr. 8. München 903. (M. Kellerer.) n. 1.—

Meyer, L. C., die Buchdruckerkunst in Augsburg bei ihrem Entstehen. Eine Denkschrift z. Feier d. vierten Säkular-Festes d. Erfind. Guttenbergs. Von den Buchdruckern u. Buchhändlern Augsburgs gewidmet. gr. Lex.-8. (6½ B. u. Holzsch.) Augsburg 840, (Kollmann'sche Buchh.) *

Meyer, L. C., s. Gedenk-Buch des Regensburger Liederkranzes.

Meyer, L. F., über „Eiweissmilch", s.: Finkelstein, H.

Meyer, L. F., der Spanier als Kaufmann, oder prakt. Handbuch zur Führung d. spanischen Correspondenz. gr. 8. Hamburg 841. (Schuberth u. Comp.) n. 2 ℳ

Meyer, L. R., Verzeichniss der in der Schweiz einheimischen Rhynchoten. (Hemiptera Linn.) 1. Hft. Die Familie der Capsini. Lex.-8. (7½ B. u. 7 ill. Stnt.) Solothurn 843, Jent u. Gassmann. Thlr. *

Meyer's, L. W., neuester deutscher Briefsteller. Ein Musterbuch zur Abfassung aller in den allgemeinen Lebensverhältnissen u. Geschäftsleben vorkommenden Briefe, Dokumente u. Aufsätze. Ein Hand- u. Hülfsbuch für Personen jeden Standes. Kassel 861. (Meßner.) 8. (96 S.) 4½ ngr.

Meyer, Leo, An im Griechischen, Lateinischen u. Gothischen. Ein Beitrag zur vergleich. Syntax der indogerman. Sprachen. gr. 8. (64 S.) Berlin 880. Weidmann. n. 2.—

Meyer, Leo, griechische Aoriste. Ein Beitrag zur Geschichte des Tempus- und Modusgebrauchs im Griechischen. gr. 8. (189 S.) Berlin 879, Weidmann'sche Buchh.

Meyer, Leo, Bemerkungen zur ältesten Geschichte der griechischen Mythologie. gr. 8. (III und 72 S.) Göttingen 856, Vandenhoeck und Ruprecht's Vrlgsh. *

Meyer, Leo, Bemerkungen zur ältesten Geschichte der griechischen Mythologie. Göttingen 857. Vandenhoeck u. Ruprecht. gr. 8. (2 Bl., 72 S.) n. 10 ngr.

Meyer, Leo, über die vierte Bitte des Vaterunsers. Vortrag, am 22. Jan. 1886 in der Aula der Universität zu Dorpat gehalten. gr. 8. (22 S.) Dorpat 886, Karow. *

Meyer, Leo, appr. Arzt a. Ansbach: Aus d. chirurg. Univ.-Kinderklinik in München. ⟨Prof. Dr. Herzog.⟩ Ueber einen Fall von Myelomeningocele lumbosacralis. ⟨Mit 2 Abb.⟩ München 1904: B. Heller. (24 S.) 8°
München, Med. Fak., Ref. v. Angerer, Diss. v. 3. Jan. 1905
[Geb. 29. Mai 81 Ansbach: Wohnort: Ansbach; Staatsangeh.: Bayern; Vorbildung: Gymn. Ansbach Reife Juli 99; Studium: München 5, Heidelberg 1, Berlin 1, München 2 S.; Coll. 30. Nov. 04; Approb. 14. Juli 04.]

Meyer, Leo, über die Flexion der Adjectiva im Deutschen. Eine sprachwissenschaftl. Abhandlung. gr. 8. (69 S.) Berlin 863, Weidmann'sche Buchh. *

Meyer, Leo, Über Fremdwörter, insbes. die slavischen Fremdwörter im Deutschen. Vortrag. Dorpat 1873. 8.
Sep.-Abdr. aus: Sitz.-Berr. d. gel. esthn. Ges.. (D.)

Meyer, Leo, vergleichende Grammatik der griechischen und lateinischen Sprache. 1. Bd. gr. 8. (VI und 449 S.) Berlin 861, Weidmann'sche Buchh. *

—— vergleichende Grammatik der griechischen und lateinischen Sprache. 2. Bd. 1. und 2. Thl. gr. 8. [2. Bd. 1. Thl. (IV und S. 1—320.) 863., 2. Bd. 2. Thl. (VI und S. 321—628.) 865.] Berlin, Weidmann'sche Buchh. à Thl. * 1 Thlr. *
1. Bd. Ebendas. 1861. * 1 Thlr. 10 Ngr.

— vergleichende Grammatik der griechischen u. lateinischen Sprache. 1. Bd. 1. Hälfte. 2. Aufl. gr. 8. (VI, 640 S.) Ebend. 882. n. 9.—

Meyer, Leo, vergleichende Grammatik der griechischen u. lateinischen Sprache. 1. Bd. 2. Hälfte. 2. Aufl. gr. 8. (VIII u. S. 641—1270.) Berlin 884. Weidmann. n. 9.— (1. Bd. cplt.: 18.—)

Meyer, L., Grundzüge der deutschen Militärverwaltung. Zugleich als 2. Aufl. des gleichnam. Werkes von R. de l'Homme de Courbière. gr. 8. (XI, 414 S.) Berlin 901. E. S. Mittler & Sohn. n. 8.—; geb. in Leinw. n.n. 9.25

Grundzüge der Deutschen Militärverwaltung. Von Dr. L[eo] Meyer, Wirkl. Geh. Kriegsrat. Zugleich als 3. Aufl. d. gleichnam. Werkes von R[ené] de l'Homme de Courbière. Berlin: E. S. Mittler & Sohn 1908. (XV, 446 S.) 8° [F.] 108. 12596

Meyer, Leo, Handbuch der griechischen Etymologie. 4 Bde. gr. 8. Leipzig, S. Hirzel. n. 60.—; geb. n.n. 68.40
1. Wörter m. dem Anlaut α, ε, ο, η, ω. (656 S.) 901. n. 14.—; geb. n.n. 16.—
2. Wörter m. dem Anlaut ι, αι, ει, οι, υ, αυ, ευ, ου, κ (auch ξ), π (auch ψ), τ. (859 S.) 901. n. 20.—; geb. n.n. 22.40
3. Wörter m. dem Anlaut γ, β, δ, ζ, χ, φ, ϑ. (488 S.) 901. n. 12.—; geb. n. 14.—
4. Wörter m. dem Anlaut σ, ν, μ ϱ, λ. (608 S.) 902. n. 14.—; geb. n.n. 16.—

Meyer, Leo: (Ueber die Herkunft der Professoren der Universität Dorpat). in: Sitzungsberichte der gelehrten estnischen Ges. zu Dorpat für 1886. Dorpat 1887: Mattiesen; Lpg: Köhler in Komm. S. 1—27.

— der Infinitiv der homerischen Sprache, ein Beitrag zu seiner Geschichte im Griechischen. Inaug.-Dissert. Gottingen 856. Dieterich. 8. (51 S.) n. 8 ngr.

Meyer, Leo, aus Cörlin: Zur Kenntnis des Diphenylins. *Berlin (1900): E. Ebering.* (45 S.) 8°
Berlin, Phil. Diss. v. 13. Aug. 1900

Meyer, Leo, über das Leben nach dem Tode. Vortrag, am 23. Jan. [4. Febr.] in der Aula der Universität zu Dorpat geh. gr. 8. (21 S.) Dorpad 882. Karow. n. — 80

— Etymologische Mitteilung. S.-A. 1890. 6 S.

Meyer, L., s.: Reimchronik, livländische.

Meyer, Leo, die gothische Sprache: Ihre Lautgestaltung, insbesond. im Verhältniss zum Altind., Griech. und Latein. gr. 8. (XVI, 780 S.) Berlin 869, Weidmann'sche Buchh. *

Meyer, Leo. Über den Untergang der Welt u. das jüngste Gericht. Vortrag, in der Aula der Universität Dorpat am 27. [15.] u. 30. [18.] März 1889 geh. gr. 8. (37 S.) Dorpat 889, Karow. * 1 60

—— gedrängte Vergleichung der griechischen und lateinischen Declination. gr. 8. (III und 111 S.) Berlin 862, Weidmann'sche Buchh.

Acht estnische Volkslieder aus Herders Nachlaß und dreizehn aus Wielands Teutschem Merkur ⟨1787⟩ nebst mehreren alten Hochzeitsgedichten in estnischer Sprache. (Hrsg.: Leo Meyer.) Dorpat: (K. F. Koehler in Leipzig in Komm.) 1896. (S. 237—317.) 8° [F.]
— Verhandlungen d. gelehrten Estn. Gesellschaft zu Dorpat. Bd 16, H. 4.
06. 8095 2

Dreissig V o r t r ä g e gehalten in den Jahresversammlungen der Gelehrten Estnischen Gesellschaft zu Dorpat am 30.(18.) Jan. der Jahre 1870 bis 1899 von Leo Meyer. Dorpat 1899: (C. Mattiesen). (Getr. Pag.) 8°

Meyer, Leon: Gedenkblätter an Leo Meyer, 29. April 1873. 5. September 1888. Luxemburg: V. Bück [1888]. IX, 110 S. 8° [Enthält Meyers Schriften.]

Meyer, Leonhard [aus Wassermungenau]: Die Exstirpation der malignen Brustwandtumoren mit Eröffnung der Pleurahöhle. . . . Würzburg, Druck d. Ferdinand Röhrl'schen Buchdr., 1890; 47 S. 8°
Erlangen, Med. Fak., Inaug.-Diss. v. 9. März 1890

Meyer's, Leop., handy combination. Telegraph cyphers (in compliance with the decision of London Telegraph conference of June—July 1903). 1000000 words all of 10 letters, arranged in alphabetical order. (23 S.) 8. Hamburg (906). (C. Boysen.) n. 5. —

MEYER, LEOP., De fuco vesiculoso atque de Jodo quædam, quod continet. Diss. inaug. Kiliæ. 1830. 4. P.

Meyer, Leop., der Menstruationsprozess u. seine krankhaften Abweichungen. Für Studierende und Aerzte, nach Vorlesungen, geh. an der Kopenhagener Universität im Herbstsemester 1889, dargestellt. gr. 8. (VI, 143 S.) Stuttgart 890. Enke. n. 4. —

Meyer, Leopold: Mykologische Studien an Preßhefen. – 1910. 42 S.
Diss. Wien, TH

— **Levin Bened.** (Kargowa/Preußen), De ascitis origine et curatione. Diss. med. Halle (Bathe) o. J. 51 S. (—.—) 23241
Gew.: Aaron Joël, Elias Meyer.

Meyer, Lor., Anleitung z. Selbst-Anfertigen v. Inventarien, Vormundschaftsrechnungen u. Theilungs-Rezessen f. Rechnungs-Beamte, Scribenten u. Vormünder leicht faßl. u. vorschriftsmäßig dargest. gr. 4. (6¼ B.) Culmbach 839. (Nördlingen, Beck'sche Buchh.)

Meyer, Lothar, Akademie od. Universität? Den deutschen Forst- u. Landwirthen gewidmet. gr. 8. (34 S.) Breslau 874. Maruschke & Berendt. n. -- 75

Meyer, Lothar, chemische Analyse der Heilquellen zu Bad Landeck (Preussisch-Schlesien). Hrsg. von Langner. gr. 8. (26 S.) Breslau 863, Gosohorsky's Buchh. *

Meyer, Loth., Anleitung z. rationellen Betriebe der Ernte, s.: Löbe, William.

Die Atome und ihre Eigenschaften v. Dr. Lothar **Meyer**, o. Prof. . . . a. d. Univ. Tübingen. 6. Aufl. *Breslau: Maruschke & Berendt 1896.* (XVIII, 171 S., 1 Taf.) 1 Bd 8.
— **Meyer**, L.: Die modernen Theorien d. Chemie. Buch 1. [96. 1689

MEYER, LOTHAR, UND KARL SEUBERT.
Die Atomgewichte der Elemente aus den Originalzahlen neu berechnet. Leipzig, 1883. · pp. x–245, 8vo.
This work was published shortly after one having a similar aim by Prof. F. W. Clarke, of the U. S. Geological Survey.

— u. Karl **Seubert**, die Atomgewichte der Elemente, aus den Originalzahlen neu berechnet. gr. 8. (X, 245 S.) Leipzig 883. Breitkopf & Härtel. n. 6 —

—— —— die Atomgewichte der Elemente. Zum Gebrauche im Laboratorium berichtigt abgedruckt. gr. 8. (2 S.) Ebendas. 884. **
Ausg. in Plakatformat (2 Bl. in gr. Fol.) *
Aus: Die Atomgewichte der Elemente, aus den Originalzahlen neu berechnet, besonders abgedruckt.

Meyer, Loth., über die neuere Entwickelung der chemischen Atomlehre. [Vorgetragen zu Plochingen, den 25. Jan. 1885.] gr. 8. (24 S.) Tübingen 886, Franz Fues. *
Aus: Mathematisch-naturwissenschaftliche Mittheilungen, besonders abgedruckt.

Meyer, Lothar, Grundzüge der theoretischen Chemie. gr. 8. (XI, 206 S. m. 2 lith. Taf.) Leipzig 890. Breitkopf & Härtel. n. 4. —; geb. n. 5. 20

Meyer, Loth., Grundzüge der theoretischen Chemie. 2. Aufl. gr. 8. (XII, 206 S. m. 2 lith. Taf.) Leipzig 893. Breitkopf & Härtel. n. 4. —; geb. n.n. 5. 50

Meyer's, Loth., Grundzüge der theoretischen Chemie. 3. Aufl. Neu bearb. v. E. Rimbach. gr. 8. (XI, 253 S. m. Fig. u. 1 lith. Taf.) Leipzig 902. Breitkopf & Härtel. n. 5. —; geb. n. 6. 50

Meyer's, Loth., Grundzüge d. theoret. Chemie. 4. Aufl. Neu bearb. v. E. Rimbach. (XI, 287 S. m. Fig. u. 1 lith. Taf.) gr. 8. Leipzig 907. Breitkopf & Härtel. 5.—; geb. in Halbfrz. n 6. 50

Meyer, Lothar [aus Ostrowo]: Zur Kenntniss des Phenazons Rostock, C. Boldt'sche Hof-Buchdr., 1894; 41 S. 8.
Rostock, Phil. Fak., Inaug.-Diss. v. [28. Juli] 1894

—— Mathematik und Naturwissenschaften in der Einheitsschule, s. Schriften des deutschen Einheitsschulvereins.

—— Probleme der Atomistik. Heidelberg 1896. 8.

—— Die Reform der höheren Schulen, s. Schriften d. Deutschen Einheitsschulvereins.

Meyer, Lothar, a. Slawentzitz (Schlesien): Der ewige Roggenbau (Immergrün), seine Bedingungen und seine Rentabilität. Auf Grund sechsjährigen Anbaues in Klein-Eichholz und sonstiger Erfahrungen. (Neudamm: J. Neumann 1907.) (72 S.) 8° [F.]
Berlin, Phil. Fak., Ref. Orth, Diss. v. 29. Juni 1907
[Geb. 31. Juli 65 Slawentzitz (Oberschlesien); Wohnort: Groß-Lichterfelde W.; Staatsangeh.: Preußen; Vorbildung: Johannes-Gymn. Breslau Reife M. 83; Studium: Halle 1, Berlin 1, Heidelberg 1, Landw. Hochsch. Berlin 3 S.; Rig. 30. Mai 07.]

Meyer, Lotharius *(geb. Varel in Oldenb. [19. 8.] 1830)*: De sanguine oxydo carbonico infecto. Vratislaviae (1858). (12 S.) 4°
Breslau, Phil. Diss. v. 5. Juli 1858

Meyer, Loth., Skizzen v. e. landwirtschaftlichen Reise in Nord-Frankreich, Süd-England u. den Kanal-Inseln. 8. (70 S.) Schöneberg-Berlin [F. Telge]. Berlin, Deutsche Tageszeitung. 1899. n. 1. 20
Sonderabdruck aus: „Illustr. landwirtschaftl. Zeitung". 1899.

Meyer, Lothar, u. Karl **Seubert**, das natürliche System der Elemente. Nach d. zuverlässigsten Atomgewichtswerthen zusammengestellt. Imp.-Fol. (4 Tabellen.) Leipzig 889. Breitkopf & Härtel. n. 1. 50

— u. **Karl Seubert**, d. natürliche System d. Elemente. Nach d. zuverlässigsten Atomgewichtswerthen zusammengest. 2. Aufl. Wandtafel. 4 Blatt à 45,5 × 73,5 cm. Lith. Leipzig 896. Breitkopf & Härtel. n. 1. 50

– D. natürl. S y s t e m d. chem. Elemente, s.a. O s t w a l d ' s , W., Klassiker d. exakten Wissenschaften.

— und D M e n d e l e j e f f , das natürliche System der chemischen Elemente. (134 S) (Ostwald's Klassiker der exakten Wissenschaften 68) Leipzig 1895

— Die modernen Theorien der Chemie und ihre Bedeutung für die chemische Statik. 1.-3. Auflage Breslau 1864. 72. 78

—— die modernen Theorien der Chemie und ihre Bedeutung für die chemische Statik. gr. 8. (VI und 148 S.) Breslau 864, Maruschke und Berendt. *.

—— die modernen Theorien der Chemie und ihre Bedeutung für die chemische Statik. 2. umgearb. und sehr verm. Aufl. 2 Hälften. gr. 8. Ebendas. 872. [1. Hälfte. (XVI, S. 1—240.) *ℳ 5.; 2. Hälfte. (VIII, S. 241—364 mit 1 Stnt. in qu. Fol.) *ℳ 3,50.] *

Meyer, Lothar, die modernen Theorien der Chemie u. ihre Bedeutg. f. die chem. Statik. 3. umgearb. Aufl. 1. Hälfte. gr. 8. (176 S.) Berlin 876. n. 4. —

Meyer, Loth., die modernen Theorien der Chemie u. ihre Bedeutung für die chemische Statik. 3., umgearb. Aufl. Mit 1 lith. Taf. (in qu. Fol.). 2. Hälfte. gr. 8. (XXVIII u. S. 177—351.) Breslau 876. Maruschke & Berendt. n. 5. — (cplt.: n. 9. —)

— dasselbe. 4., umgearb. Aufl. 1. u. 2. Thl. gr. 8. Ebend. 880. 81. à n. 5. —
1. Die Atome. (VI, 188 S. m. 1 Steintaf.)
2. Die Statik der Atome. (VII, S. 189—377.)

— die modernen Theorien der Chemie u. ihre Bedeutung f. die chemische Mechanik. 4. umgearb. Aufl. 3. Buch. Dynamik der Atome. gr. 8. (XXVII u. S. 377—607.) Breslau 883. Maruschke & Berendt. n. 7. — (cplt.: n. 17. —)

—— dass. — 5. Aufl. gr. 8. (XXIX, 626 S. mit 1 Stnt.) Ebendas. 884. *

Meyer, Loth., d. modernen Theorien d. Chemie u. ihre Bedeutg. f. d. chem. Mechanik. 6. Aufl. I. Buch. Die Atome u. ihre Eigenschaften. gr. 8. (XVIII, 171 S. m. 1 graph. Taf.) Breslau 896. Maruschke & Berendt. n. 5. 60

– Geschichtl. Uebersicht d. Weiterentwickelg. d. Lehre v. den Triaden der Elemente, s. Ostwald's, W., Klassiker d. exakten Wissenschaften.

Meyer, Lothar. Die Zukunft der deutschen Hochschulen und ihrer Vorbildungsanstalten. Breslau 1873.

— die Zukunft der deutschen Hochschulen u. ihrer Vorbildungs-Anstalten. gr. 8. (60 S.) Ebend. 874. n. 1. —

D'r Neuveu. Lustspiel in 1 Aufz. in elsäss. Mundart von Louis Meyer. Straßburg: Schlesier & Schweikhardt 1911. 47 S. 8° [10. 18009

Meyer, Louis, hinterlassene Schriften. gr. 8. (X, 201 S.) Berlin 871. Gerschel. 3. --

Meyer, L[ouis], approb. Tierarzt, geboren in Neunkirchen (Reg.-Bez. Trier), z. Zt. Assistent am Schlachthofe daselbst: Aus dem Institut für Seuchenlehre der Kgl. tierärztlichen Hochschule in Stuttgart. (Vorstand: Professor Dr. Zwick.) Über das Verhalten des Kuheuters gegenüber künstlicher Infektion mit Rinder- und Menschentuberkelbazillen, zugleich ein Beitrag zur Kenntnis der Beziehungen zwischen Menschen- und Rindertuberkulose. Mit 6 Kurven. Jena 1906. 78 S. 8°. S.-A. a. d. Zeitschr. f. Tiermedicin 1906. [21. VII. 05.]
Bern. Vet.-med. Diss. 1905/1906.

Meyer, L[ouis]. Über das Verhalten des Kuheuters gegenüber künstlicher Infektion mit Rinder- und Menschentuberkelbazillen, zugleich ein Beitrag zur Kenntnis der Beziehungen zwischen Menschen- und Rindertuberkulose. Diss. Vet.-Med. Bern. Mit 6 Kurven. Sonderabdruck aus der Zeitschrift für Tiermedizin [Band 10,] 1906. *Kopftitel:* Aus dem Institut für Seuchenlehre der Kgl. tierärztlichen Hochschule in Stuttgart. ⟨Vorstand: Professor Dr. Zwick.⟩ 78 S. 8. Jena, Gustav Fischer, 1906.

– (Red.), s. Zeitschrift für Geflügel- und Singvögelzucht.

Meyer, Louise, s. Meyer, Luise

Meyer, Lucian, s. Meyer, Luzian

Meyer, Ludwig (Übers.), s. Alison, Archibald: Geschichte Europas ...

Meyer, Ludwig [app. Arzt aus St. Petersburg]: Beitrag zur Casuistik der Bronchiektasie ... München, kgl. Hof- u. Univ.-Buchdr. v. Dr. C. Wolf & Sohn, 1895; 21 S. 8.
München, Med. Fak., Inaug.-Diss. v. 1895

Meyer, Ludwig, aus Wiesbaden: Beitrag zur Statistik der Totalexstirpation bei Uteruscarcinom. *Bonn 1902: C. Georgi.* (51 S.) 8°
Bonn, Med. Diss. v. [7. März] 1902

– (Bearb.), s. Bereaud: Das Irrenhaus zu Dijon.

Meyer, L., Der palatinische Berg. S.-A. 1882. 85 S. m. Abbild.

Meyer, Edw., Biographie v. Ludw. Heß, Landschaftsmaler. Nebst Bildn. 8. Zürich 1800. Orell 16 gl

Meyer, Ludw., Camellien. Novelletten-Kranz. 1. Bd. Breslau 856. Graß, Barth u. Co. 12. (VII, 322 S.) n. 1 ₰. 10 ngr.

Meyer, Ludovicus: De cognoscenda et curanda Chorea St. Viti. [Praeses:] Carolus Henricus Dzondi. Halae (1828): Gebauer. 24 S. 8°
Halle-Wittenberg, Med. Diss., nachgeliefert von dem am 29. Juli 1828 auf Thesen promovierten Verf.
Geb. [Zerbst 1804. Nicht im KB Zerbst]

Meyer, Ludw., Charlotte Corday, s. Ducange, Vict.

Meyer, Ludwig, von Bern, Arzt in Wattenwyl (Bern): Aus der chirurgischen Privatklinik von Dr. F. de Quervain in Chaux-de-Fonds. Über Darmverengerungen nach unblutiger oder blutiger Reposition eingeklemmter Brüche. Leipzig 1905. 71 S. 8°. [7. VII. 04.]
Bern. Med. Diss. 1901/1905.

Meyer, Ludwig. Über Darmverengerungen nach unblutiger oder blutiger Reposition eingeklemmter Brüche. Diss. Med. Bern. [Sep.-Abdr. aus: Archiv für klinische Chirurgie. Band 76.] *Kopftitel:* Aus der chirurgischen Privatklinik von Dr. F[ritz] de Quervain in Chaux-de-Fonds. IV + 71 S. 8. Leipzig. J. B. Hirschfeld, 1905.

Meyer, Ludwig [Hrsg.]
s. Diezmann, Johann August: Nachtseiten der Gesellschaft. 1844.

Meyer, Ludw., Elementar-Geographie. Zur Wiederhol. d. Wissenswerthesten aus d. Erdbeschreibung f. d. Schüler in d. unt. Klassen d. Gymnasien. Lex.-8. (2 B.) Clausthal 841, Schweigersche Buchh. Thlr.

Meyer, Ludwig, prakt. Arzt aus Berlin: Aus Prof. Dr. L. Landau's Frauenklinik, Berlin. Ein Fall von Adenocystoma papilliferum vulvae und ein Fall von Flimmerepithelcyste des Sulcus interlabialis vulvae, ein Beitrag zur Genese der Vulvacysten aus embryonaler Verlagerung von Entodermepithel. *Leipzig 1903: B. Georgi.* (55 S.) 8°
Leipzig, Med. Diss. v. (19. Febr.) 1903

– (Übers.), s. Féréal, V.: Die Geheimnisse der Inquisition.

— **Ludwig** (Reinstadt / Bernburg), De fuco crispo seu lichene carrageno. Diss. med. Berlin (Nietack) 2. XII. 1835. 29 S. u. Biogr. (M.: L. Phau.) (2.50) 23242
Oppon.: M. R. Wilgenroth, L. Harting, C. Kenkel. — Gew.: Em. Osann.

Meyer, Ludw., d' g'stohlene Gäns, s.a. Volksschriften, elsässische.

D' g'stohlene Gäns. Lustspiel in 1 Aufzug in elsäss. Mundart von Ludwig Meyer, Zabern. Straßburg: Heitz [1909]. 31 S. 8°
(Elsässische Volksschriften. 70.)

Meyer, Ludw., die allgemeine progressive Gehirnlähmung, eine chronische Meningitis. Eine klinische Abhandlung. gr. 8. (IV und 159 S. mit 1 Stnt. in qu. gr. Fol.) Berlin 858, Th. Chr. Friedr. Enslin. *
Aus den „Charité-Annalen" besonders abgedruckt.

— schwärmerische Gräuelscenen, oder Kreuzigungsgeschichte einer religiösen Schwärmerin in Wildespuch, Kantons Zürich. Ein merkwürd. Beitr. z. Geschichte d. religiösen Fanatismus. 8. Zürich 823. Schultheß. 14 gGr. 2e A. Mit 7 Bildn. gr. 8. Eb. 824. Orell. 1 ß

Hymnus zum 22. Febr. 1861. [Unterz.:] L[udw.] M[eyer]. [Magdeburg 1861]: Baensch. 1 Bl. 8° [Kopftit.]
Ohne Noten: „Dir, Herr der Welten, ..."

Hymnus am 100jährigen Stiftungsfeste der □ F[erdinand] z[ur] G[lückseligkeit]. 23. Febr. 1861. [Unterz.:] L[udw.] **Meyer.** [Magdeburg 1861: Baensch.] 1 Bl. 8° [Kopftit.]
Ohne Noten: „Zu Dir, zu Dir steht unsre Hoffnung, . . ."

—— das Irrenhaus zu Dijon rc., s.a. Bereaud.

Meyer, Ludw., das Irrenhaus zu Dijon, s.a. Bühnenfreund, der.
—— dass. — s.a. Kühling's, A., Volks-Schaubühne.

Meyer, Ludw., das Irrenhaus zu Dijon. Od.: Der Wahnsinnige. Melodrama in 3 Aufz. nach d. Franz. des Bereaud frei bearb. 2. Aufl. 8. (11 B.) Leipzig 843, Otto Wigand.*

—— illustrirte Jugendzeitung, s. Jugendzeitung.

Meyer, Ludwig *Joseph* [app. Arzt aus Montjoie]: Aus d. Universitätsaugenklinik in München. Zur Casuistik der direkten Verletzungen des Auges durch Holzsplitter ... München, *Druck v. J. Stercken, Aachen*, 1896; 47 S. 8.
München, Med. Fak., Inaug.-Diss. v. 1896

Meyer, L., die römischen Katakomben, s.a. Sammlung gemeinverständlicher wissenschaftlicher Vorträge.

Meyer, L., Die röm. Katakomben. 1882. 72 S.

Meyer L, die römischen Katakomben. (Slg wiss. Vorträge 387-88) Berlin 1882

— Leben u. Ende d. beiden Brüder, Jakob u. Rudolph Ruegg v. Verschen (Kanton Zürich). 8. Zürich. 818.

Meyer, Ludw., Lernstücke für Volksschulen. 8. (56 S.) Wittstock 868, Rother. *

Meyer, Ludw., Lernstücke für Volksschulen. Religion — Geschichte — Rechtschreiben — Rechnen. 2., verm. Aufl. Mit Berücksichtigung der ministeriellen Rechtschreibungsregeln. 8. (IV, 68 S.) Wittstock 880. Rother. n. — 40

Meyer, L., siehe: Nachtseiten der Gesellschaft.

—— Nachtseiten der Gesellschaft, s. Diezmann, J. A.

Meyer, Ludw. (geb. Bielefeld 26. 12. 1826): Observationes quaedam in tuberculosin. Berolini (1852). (31 S.) 8°
Berlin, Med. Diss. v. 2. Okt. 1852

— —, Ludw., Die Periode der Hexenprozesse.
Der reiche Inhalt dieses Werkes gliedert sich folgendermassen: I. Astrologie, Chiromantie, Physiognomik, Geomantie — Alchemie — Die 3 Naturreiche — Medicin. Aberglaube — Reste des Heidenthums — Vorzeichen — Kirchl. Wunderglaube — Tagwählerei — Gemeiner Aberglaube. II. Zauberei. — Divinationen und Beschwörungen — Hexenprocesse. III. Die Geisterwelt.
„Eine höchst willkommene, reiche Materialiensammlung über diese Nachtseite des geistigen Culturlebens, die um so dankenswerther ist, als gerade das Mittelalter nach dieser Seite noch wenig erforscht wurde. Das Buch ist für ein grösseres Publicum berechnet, und wird in weiten Kreisen geistige Anregung und Belehrung gewähren." Neue preuss. Zeitung.
Mit dem obigen Titel erschien von Meyer ebd. 1876 ein Programm von 51 S. in 4to. (1 frc. 50 Pfg. Georg & Co., Basel, 1908.)

– – Vgl. Meier

Meyer, Ludw. Die Provinzial-Irrenanstalt zu Göttingen. Zur Erinnerg. an ihre Eröffng. vor 25 Jahren. gr. 8. (75 S. m. eingedr. Abbildgn. u. 1 Plan.) Gött. 891, Vandenhoeck u. Ruprecht. * 2 —
Vgl.: Festschrift.

Rede des Br. [Ludw.] Meyer gegen die Streichung des § 165. Alin. 1. der Bundes-Statuten [der Gr. Nat. Mutterl. in Berlin]. Magdeburg 1875.
cf. FZ. 30 (1876) S. 73—75 (Fl.), abgedr. in: Z. 6 (1876) S. 42—43.

– (Red.), s. Revue des Auslandes.

Meyer, L., Pompejanische Spaziergänge. S.-A. 1888. 68 S.

– (Übers.), s. Suberwick, Mme de: Die Geheimnisse der Inquisition.

Meyer, L., Tibur. Eine röm. Studie, s.a. Sammlung gemeinverständl. wissenschaftl. Vorträge.

Meyer, L., Tibur, eine römische Studie. 1888. 80 S.

Meyer L, Tibur. Eine röm. Studie. (Slg wiss. Vorträge 413-14) Berlin 1883

Trauer-Marsch [Märsche Nr 1. 2] für Pianoforte, Violine u. Violoncell. Zum ersten Male in der Loge Harpocrates zu Magdeburg am 2. Dec. 1871 zur Trauerfeier gespielt. Sämmtlichen Logen gewidmet von Ludw. Meyer. [Nebst 2 Bl. Beil.] Magdeburg: Heinrichshofen [1871]. 2° [Kpfrst.] [Umschlagtit.]
(Op. 19—22.)
[1.] 7 S.; [2.] 7 S.
[N. Ausg. u. d. Tit.:]

Trauer-Märsche [Nr 3] für Pianoforte, Violine u. Violoncell. Zum ersten Male in der Loge Harpocrates zu Magdeburg am 2. Dec. 1871 zur Trauerfeier gespielt. Sämmtlichen Logen gewidmet von Ludw. Meyer. [Nebst 2 Bl. Beil.] Magdeburg: Heinrichshofen [1871]. 7 S. 2° [Lithogr.] [Umschlagtit.]
(Op. 23.)

– (Übers.), s. Vidocq: Die wahren Geheimnisse von Paris.

Meyer, Ldw., der Watten-Fabrikant, s. Bühnen-Repertoir, Bd. X.

Zur Gedächtnissfeier für Se. Hoheit den Hochverehrten Durchlauchtigsten Herzog Joseph von Sachsen-Altenburg und für die seit dem 7. April 1861 in den ewigen Osten eingegangenen Brr. unserer Loge [d. i. Archimedes zu den drei Reissbretern] ist vom Br. [Friedr. Franz] v. Broke die Abhaltung einer Trauerloge angeordnet worden, welche Sonntag, den 12. Dec. 1869, Statt finden soll. [Unterz.:] [Ludw. Aug.] Meyer. [Altenburg 1869: Hofbuchdr.] 1 Bl. 8⁰ [Kopftit.]
Einladung.

Meyer, Ludw. F., Säuglingsernährg. u. Säuglingsstoffwechsel, s.: Langstein, Leo.

(Meyer, L[udwig] F[riedrich].) Darstellung des Rekursfalles des C(aspar) Späni und der Mitglieder der vereinigten Verbände des eidgenössischen Personals zu Handen der hohen Bundesversammlung. (1904 März 16.) 27 S. 8. Luzern, C. J. Bucher, 1904.

Meyer, Ludw. Heinr., Weser-Lieder. gr. 8. (5⅛ B.) Hannover 844, Hahn'sche Hofbuchh.

Senckenberg, Henr. Christn. (Präs.) u. Ludw. Jac. Meyer (Bingenhemo-Wetteraus) (Resp.)
Disquisitio juridica de montibus pietatis vulgo von Leyh-Häusern.
Giessae März 1739: Jo. Müller. (6), 56 S. 4⁰

Meyer, Ludw. Jak. (Bingenhemo-Wetteraus)
Dissertatio inauguralis juridica de montibus pietatis vulgo von Leyh-Häusern.
Giessae 23. April 1739: Eb. Henr. Lammers. (6), 56 S. 4⁰
pro summis in utroque jure honoribus rite consequendis.

Meyer, Ludwig Joseph, s. Meyer, Ludwig

— Ludwig Julius (Marienwerder/Westpr.), De cura cataractae secundaria. Diss. med.-chir. Berlin (Nietack) 14. II. 1834. 38 S. u. Biogr. (M.: A. Arge.) (2.50) 23243
Oppon.: H. Bamberger, C. Burckhardt, F. Rhein. — Gew.: C. Angelstein, S. Marx.

Meyer, Luise, geb. Hoche, verehelicht gewesene Aston, siehe: Aston, Luise.

Meyer, Luise, die Entwickelung des Naturgefühls bei Goethe bis zur italienischen Reise einschließlich. (131 S.) gr. 8. Münster 906. H. Schöningh. n. 2. —

Meyer, Louise, der Liebe Recht u. Sieg. 2 Bde. gr. 12. (18 B.) Leipzig 830, Focke.

Meyer, Luzian

Meyer, Lucian [aus Fegersheim, U.-Els.]: Der Einspruch wider die Ehe nach französischem Recht (Opposition au mariage). Strassburg, Druck von Ed. Hubert & E. Haberer, 1884. 8. 40 S.

Meyer, M., Aktuelles aus Medizin u. Hygiene. Medizinische Reformgedanken. I.—IX. Heft. gr. 8. Leipzig, E. Demme. 5. 25
I. 1. Die Umwertg. des bisherigen Krankheitsbegriffes. 2. Säurenaturen. 3. Wetterlage u. Gesundheit. 4. Wissenschaftl. Bedenken bezüglich der Geldreinigg. an den Kassen. (31 S.) 909. — 60
II. 1. Ein Besuch bei e. 103jährigen. 2. Wesen u. Behandlg. der Gallensteinkrankheit. 3. Das Rätsel der Genickstarre. (35 S. m. 1 Abb.) 909. 80
III. Ist d. Typhus e. Infektionskrankheit? (23 S.) 909. — 60
IV. 1. Die Darmreinigg. als Heilfaktor. 2. Die Beziehgn. zwischen Darmtätigkeit u. lokaler Krankheit. 3. Ein Beitrag zur Behandlg. der Lungenentzündg. (36 S.) 909. — 80
V. 1. Die Bedeutung der Abkühlung u. der Feuchtigkeit f. die Entstehung v. Krankheiten. 2. Über d. Wesen der Erkältg. (29 S.) 909. 50
VI. 1. Haarschwund u. Glatze. 2. Haarschwund u. Kopfbedeckg. 3. Kopfarbeit u. Gehirnkollämie. (23 S.) 909. 40
VII. 1. Welche Nahrung braucht der Mensch? 2. Appetit u. Esslust. 3. Die Reform d. Geselligkeit. 4. Suggestion u. Herdentrieb. (30 S.) 909. 80
VIII. Wodurch entstehen die Krebsleiden u. wie sind sie zu behandeln? (19 S.) 910. — 30
IX. 1. Unsichtbare Gifte. 2. Erschöpfungszustände. 3. Nervosität in der Armee. (24 S.) (910.) — 45

Der Apostolat der XII und des Paulus v. M. Meyer. Siehe in: 6. Bericht über d. höh. Mädchenschule zu Kiel. Kiel. 1893. 4⁰.

Meyer, M.: „Beiträge zur genaueren Kenntnis des Eisenhüttenwesens in Schweden", Berlin 1829. — Vorh.: Preuß. Oberbergamt Dortmund — F. I. 11.

Meyer, M. [pr. Arzt in Lixheim] Die corticale Epilepsie und ihre Behandlung durch die Trepanation ... Strassburg, Univ.-Buchdr. v. J. H. Ed. Heitz (Heitz & Mündel), 1889; 1 Bl., 34 S. 8⁰
Strassburg, Med. Fak., Inaug.-Diss. v. 1889

Meyer, M., s. Schick, E., Katechismus der prakt. Arithmetik.

— M, s. Theodosiani libri XVI.

– Versuch einer Entwickelung der relativen Ansichten des Zunftwesens, s. Mayer, Markus

— Die Verwässerung d. Organismus u. ihre schädl. Folgen f. d. Gesundheit. (25 S.) 8. München 909. Verl. der ärztl. Rundschau. — 90

Meyer, M. H., und C. Th. Meyer, Lehrbuch der axonometrischen Projectionslehre. 4. Lfg. gr. 8. (IV und S. 307—412 mit 9 Stnt. in Imp.-4.) Leipzig 863, Haessel. In Couvert. *
1.—3. Lfg. Ebendas. 1852—55. * 4 Thlr.

Meyer, M. H. E., s. Meier, Moritz Hermann Eduard

— M. Friedrich (Schönburg/Hartenstein), De tussi convulsiva. Diss. med. Präs. Christian Gotthold Eschenbach. Leipzig (Staritz) 1. III. 1822. 39 S. (2.50) 23245

Meyer, Magdalena, Klein-Gretel. Bilder aus dem elsäss. Dorfleben. Mit 6 Voll- u. 27 Textbildern nach Gemälden u. Zeichngn. v. Theophil Schuler, sowie 14 Textbildern v. W. Kalweit. Mit Geleitwort v. Grünberg. 1.—3. Taus. (176 S.) 8. Konstanz (910). Christl. Buch- u. Kunstverlag C. Hirsch. Geb. in Leinw. 2. —

Meyer, Marie, Album poétique dédié à la première jeunesse pour l'instruction d'enfants de 7 à 11 ans, avec un mot de préface de W. Stieffelius. 860. — 2. édition. Berlin 862. Plahn. 8. (VIII, 136 S.) n. 15 ngr.

Meyer, Marie, Album poétique dedié à la première jeunesse pour l'instruction d'enfants de 7 à 11 ans. Avec un mot de préface de W. Stieffelius. 8. (VIII und 136 S.) Berlin 861, Plahn'sche Buchh. *

Meyer, Mario, Album poétique dédié à la première jeunesse pour l'instruction d'enfants de sept à onze ans, avec un mot de préface de W. Stieffelius. 3. édit. Berlin 868. Plahn'sche Buchh. 8. (VIII, 136 S.) cart. n. 15 ngr.

Meyer, Marie, Album poétique dédié à la première jeunesse pour l'instruction d'enfants de 7 à 13 ans. Avec un mot de préface de Past. W. Stieffelius. 4e édit. 1871, et 5e édit. 8. (VIII, 142 S.) Berlin 874, Plahn'sche Buchh. geb. *

Meyer, Marie, Album poétique dédié à la première jeunesse. Avec un mot de préface de Past. W. Stieffelius. Edit. illustrée par Louise Thalheim. gr. 8. (VIII, 142 S. mit 6 Chromolithogr.) Berlin 878, Plahn'sche Buchh. geb.

Mayer, Mario, album poétique dedié à la première jeunesse pour l'instruction d'onfants do 7 à 13 ans. Avec un mot do préfaco de W. Stieffelius. 6. éd. 8. (VIII, 142 S.) Berlin 883. Plahn. cart. n. 1. 50

Meyer, Mario (Marie Senz), album poétiquo dédié à la premièro jeunesse. Avec un mot de préface de W. Stieffelius. 6. éd. 8. (VIII, 143 S.) Berlin 889. Plahn. Geb. in Leinw. n. 1. 50

Mayer, Marie. Album poétique dedió à la première jeunesse pour l'instruction d'enfants de 7 à 13 ans. Avec un mot de préfaco de W. Stieffelius. 7. édit. 8. (VIII, 143 S.) Borl. 891, Plahn. cart. * 1 50

Meyer, M.: Über Jugendspiele in den höheren Mädchenschulen. Königsberg 1893. 52 S. m. Abb. Königsberg, Städt. höh. Töchterschule P 1893.

Meyer, Marie, über Jugendspiele in den höheren Mädchenschulen, m. Abb., Königsberg i. Pr. 1893, 18 S., 8°.

Meyer, Frl. Martha, s.: Folkart, M.

Meyer, M[artin]. Anleitung zur Ausübung der Fleischbeschau. Im Auftrag der Sanitätsdirektion des Kantons Aargau nach den Bestimmungen der kantonalen Verordnung und Instruktion über Fleischbeschau und Fleischverkauf vom 30. u. 31. März 1894, bearb. von M. M', Kantonstierarzt. IV + 55 S. 8. [Bremgarten.] Buchdr. des «Bremgarter Volksblatt» — *Aufdruck:* Aarau, Verl. Emil Wirz —, 1903. [cart. fr. 1. —]

Meyer, Mart., Aphorismen zur Moralphilosophie. (III, 301 S.) gr. 8. Berlin (906). H. Seemann Nachf. 3. —

Meyer, Mart., die Arbeiten des Bautischlers. Fussboden-Konstruktionen, Tore für Ställe, Scheunen u. Remisen; Zimmer- u. Haustüren, Schiebetüren, Türen f. Kirchen u. Schulen, Windfänge, Beschläge u. s. w. Eine Sammlung der gebräuchlichsten Konstruktionen m. Einzelheiten im Stile der Gothik u. Renaissance. Zum Gebrauch f. Ausführende u. Studierende d. Baufachs. 2 Hefte. (à 30 Taf.) 4. Lübeck (905.) Ch. Coleman. à n. 3. —

Meyer, Mart., moderne gothische Architekturen. Eine Sammlg. v. Entwürfen u. Zeichngn. ausgeführter Bauten nebst Einzelheiten in größerem Maßstabe. Backsteinbauten, Schlosser- u. Kunstschmiedearbeiten, innere Ausbauten u. Bautischlerarbeiten. 12 Lfgn. gr. 4. Leipzig 901. 902. Baumgärtner. Je 3 Lfgn. n. 9. —; in 1 od. in 3 Leinw.-Mappen n. 36. —

1—6. I. Abth. Backsteinbauten. (60 Taf. m. 4 S. Text.) In Mappe n. 18. —
7—9. II. Abth. Schlosser- u. Kunstschmiedearbeiten. (Taf. 61—90 m. 3 S. Text) In Mappe n. 9. —
10—12. III. Abth. Innere Ausbauten u. Bautischlerarbeiten. (Taf. 91—120 m. 3 S. Text.) In Mappe n. 9. —

Lfg. 1—3 erschienen ursprünglich im Verlage v. Kanter & Mohr in Berlin.

Meyer M. Moderne gotische Architekturen. (120 T) 4° Leipzig (1903)

Meyer, Mart., innerer Ausbau. I. Abtlg. D. Bau hölz. Treppen. E. Sammlg. d. gebräuchlichsten Konstruktionen m. Ausstattgn. nach Entwürfen u. ausgef. Arbeiten im Stile d. Gothik u. deutschen Renaissance. Zum Gebrauch f. Ausführ. u. Studier. des Baufachs zusammengest. gr. 4. (32 autogr. Taf.) Deutsch-Krone 896. F. Ziebarth. In Mappe n. 5. —

— innerer Ausbau. II. Abth. I. u. II. Serie. Die Arbeiten des Bautischlers. Eine Sammlung der gebräuchlichsten Konstruktionen m. Einzelheiten im Stile der Gothik u. Renaissance. Zum Gebrauch f. Ausführende u. Studierende des Baufachs zusammengestellt. gr. 4. (à 30 autograph. Taf.) Deutsch-Krone 900. F. Ziebarth. Kart. à n. 6. —

I. Fussboden-Konstruktionen, Thore f. Ställe, Scheunen u. Remisen; Zimmer- u. Hausthüren, Schiebethüren, Thüren f. Kirchen u. Schulen, Windfänge, Beschläge u. s. w.
II. Wandtäfelungen. Einfache Fenster und Doppelfenster. Schiebefenster. Schaufenster. Getäfelte Beschläge u. s. w.

I. Abth. Ebd. 896. n. 5. —.

— der Bau hölzerner Treppen. Eine Sammlung der gebräuchl. Konstruktionen. Zeichnungen u. Einzelheiten nach Entwürfen u. ausgeführten Arbeiten im Stile der Gotik, der Renaissance u. der mod. Richtg., zum Gebrauch f. Ausführende u. Studierende des Baufaches bearb. 2. neubearb. Aufl. (40 photolith Taf. m. IV S. Text.) 4. Leipzig (904). C. Scholtze. Kart. n. 10. —

— **Martin** (Berlin), Bursitis praepatellaris und deren Behandlung. Diss. med.-chir. Berlin (G. Schade) 11. VII. 1890. 30 S. u. Biogr. (1.50) 23244
Oppon.: Hermann Hammerstein, Richard Cassirer, Hans Friedländer. — Gew.: Seinen Eltern (Vater: Hermann Meyer).

Eisenkonstruktion des Hochbaues. 30 Bl. Vorlagen. Zsgest. von Martin **Meyer**, Baugewerksch.-Oberl. *Deutsch-Krone: F. Ziebarth 1900.* (1 Bl., 30 Bl. Taf.) 4° [Ꝼ. u. Ant.] [os. 8495 10

Meyer, Mart., zur älteren Geschichte Corveys u. Höxters, s. a Beiträge zur Geschichtsforschung.

Meyer, Martin: Zur älteren Geschichte Corveys und Höxters. Abschnitte 1 bis III, Tl 2 ... [= Beitr. z. Geschichtsforsch. hrsg. v. G. v. Below, 1.] Paderborn, Druck v. F. Schöningh, 1893; 3 Bl., 54 S., 2 Bl. 8.
Münster, Phil. Fak., Inaug.-Diss. v. [18. Febr.] 1893

Meyer, Martin [pr. Arzt]: Die bleibenden Kennzeichen der rezenten Syphilis ... Königsberg i. Pr., Buch- u. Steindr. E. Erlatis, *1897;* 46 S., 2 Bl., 1 Taf. 8.
Königsberg, Med. Fak., Inaug.-Diss. v. 16. Juli 1897

Meyer, Mart., d. bleibenden Kennzeichen der rezenten Syphilis. Diss. gr. 8. (46 S. m. 1 Taf.) Königsberg 897. (W. Koch.) n. 1. —

MEYER, Mart.: Londorpius suppletus et continuatus. T. I—IV. in II. Vol. *Frkf.* 719. fol.

Meyer, Martin, aus Berlin: Ludwig Feuerbachs Moralphilosophie in ihrer Abhängigkeit von seinem Anthropologismus und seiner Religionskritik. *Berlin (1899): G. Schade.* (83 S.) 8°
Berlin, Phil. Diss. v. 5. Aug. 1899

Meyer, Martin, Rechtsanw.: Die rechtliche Stellung des Spediteurs gegenüber dem Verfolgungsrechte des Verkäufers oder Einkaufskommissionärs aus § 44 der Konkursordnung. Lübeck 1909: Werner & Hörnig. 59 S. 8°
Leipzig, Jur. Diss. v. 24. Aug. 1909
[Geb. 23. März 78 Lübeck; Wohnort: Lübeck; Staatsangeh.: Lübeck; Vorbildung: Katharineum Lübeck Reife O. 98; Studium: Heidelberg 3, Berlin 1, Kiel 4 S.; Rig. 17. Nov. 06.] [U 10. 2802

— Thüren u. Fenster. Vorlegeblätter üb. Konstructionen. 4. (18 Taf.) Ebd. 895. Kart. n. 2. 50

Meyer, M. Architektonische Vorlage-Blätter, zum Entwerfen v. Fassaden u. der inneren Ausbauten u. s. w. und zur Benutzg. beim Zeichenunterricht an Bau-, Gewerbe- u. Fortbildungs-Schulen zusammengestellt. 1.—9. Heft. hoch 4. (à Heft 10 Taf.) Lpz. 892, Scholtze. à Heft * 1 50; * 13 50

Meyer, M., architektonische Vorlage-Blätter zum Entwerfen v. Fassaden u. der inneren Ausbauten u. s. w. u. zur Benutzg. beim Zeichenunterricht an Bau-, Gewerbe- u. Fortbildungs-Schulen. 12 Hfte. hoch 4. (à 10 Taf.) Leipzig 892. 893. K. Scholtze. à n. 1. 50 (kplt. in Mappe: n. 18. —)

Meyer, Mart. Carl, Dr. Mart. Luthers Jugend, Wirken u. Ende, als Ehrengedächtniß dessen Verehrern in den mittlern Ständen zum 18. Febr. 1846 gewidmet. 8. (8½ B., 2 ℓ. Bildn. u. Facsim.) Gotha 846, Henning'sche Buchh. *

Meyer, Martinus. Der Nixenbrunnen. Ein Walthermärchen. Zur Erinnerg. an die Enthüllungsfeier d. Waltherdenkmals in Bozen. 16. (30 S.) Innsbr. 889, Wagner. 60

Meyer, Mart., Sagen-Kränzlein aus Tirol. 8. (IV und 252 S. mit 1 Holzschnt.) Wien 855(56,) Hartleben's Verlagsexpedition.

Meyer, Martinus, Sagen-Kränzlein aus Tirol. 2. verm. und verb. Aufl. 8. (IV, 364 S. mit 6 Bildern.) Innsbruck 884, Wagner'sche Universitäts-Buchh. *

Meyer, Martinus. Sagen-Kränzlein aus Tirol. 3. Aufl. [Mit Titel-Bild.] IV + 398 S. 8. Innsbruck, Wagner, 1905. [M. 3. —, geb. 4. —]
Darin S. 304/6 u. 321—396: Vom Riesen Ortler u. Vintschgauer-Sagen.

Meyer, Martinus, Schlern-Sagen u. Märchen. 12. (VIII, 268 S.) Innsbruck 891. Wagner. n. 3. 20

Meyer, Mart., Ulrich von Starkenberg. Ein Drama in 5 Akten. 8. (VIII und 186 S. mit 1 Holzschnt.) Innsbruck 858, (Pfaundler.) *

Meyer, Math., de assecurationibus mercatorum tractatus. 4. Brem. 739.

— — denuo editus. Bremae 1739.

Meyer, Math., die drei Hauptpflichten der evangel. Prediger. Synodalpredigt gehalten in der protestant. Hauptkirche zu Nördlingen den 18. Juli 1844. gr. 8. Nördlingen 844, Beck'sche Buchh. $^1/_{12}$ ₰

— wozu soll uns der Name Jesus am ersten Tage des neuen Jahres dienen? Predigt, gehalten am Neujahrsfeste 1845 in der Hauptkirche zu Nördlingen. gr. 12. Ebend. 845. $^1/_{12}$ ₰

— — Vgl. Meier

Meyer, Max, s.a. Meyer, Maximilian

Meyer, Max [pract. Arzt in Schmiegel]: Die Antiseptik in der Geburtshülfe zur Prophylaxis des Kindbettfiebers . . . : Breslau, Druck v. Grass, Barth & Comp. (W. Friedrich) 1888; 30 S. + 1 Bl. 8°
Breslau, Med. Fak., Inaug.-Diss. v. 23. März 1888

Meyer, Max, die Antiseptik in der Geburtshülfe zur Prophylaxis d. Kindbettfiebers. Inaug.-Diss. gr. 8. (28 S.) Breslau 888. (Köhler.) n. 1. —

Meyer, Max, appr. Arzt: Die diagnostische Bedeutung des Zitterns bei der multiplen Sklerose. Berlin: Karger 1909. 66 S. 8° ¶(Aus: Monatsschrift f. Psychiatrie u. Neurol. Bd 25.)
Berlin, Med. Diss. v. 9. Juli 1909, Ref. Ziehen
[Geb. 10. Febr. 84 Gelsenkirchen; Wohnort: Berlin; Staatsangeh.: Preußen; Vorbildung: Gymn. Wesel Reife O. 03; Studium: Straßburg 5, München 3, Berlin 2 S.; Coll. 12. Dez. 08; Approb. 14. Juni 09.] [U 09. 77

Meyer, Max, Zahnarzt: Beiträge zur Kenntnis der Reparationsprozesse bei Hirudineen. Halle a. d. S. 1904: F. Karras. (30 S.) 8°
Leipzig, Phil. Fak., Ref. Chun u. Pfeffer, Diss. v. 11. Nov. 1904
[Geb. 1. Juni 70 Bentheim, Hannover; Wohnort: Leipzig; Staatsangeh.: Preußen; Vorbildung: Gymn. Rheine i. W. Reife f. Prima; Studium: Leipzig Zahnheilkunde, später Naturwiss. 12 S.; Rig. 28./29. Juli 04.]

Meyer, Max, die Blinddarmentzündung, ihre Entstehung, Verhütung u. Behandlung nach neueren Gesichtspunkten. (28 S.) gr. 8. München 906. Verlag der ärztl. Rundschau. n. 1. 20

Meyer, Max, Bruderliebe. Schauspiel in 4 Aufzügen. (V, 58 S.) 8. Dresden (907). E. Pierson. 1. 50

— Die unmoderne Ehe. Schwank in 3 Aufzügen. (V, 89 S.) 8. Ebd. (907). 1. 50

— Erkältung. Neue Gesichtspunkte zu ihrer Verhütg. (22 S.) 8. München 905. Seitz & Schauer. n. — 60

— das wichtigste Gebot während der Schwangerschaft. Eine Mahng. an weite Kreise. (18 S.) 8. Ebd. (904). n. — 50

Meyer, Max, die Gesundheitsstörungen vom Darm aus. Ihre Verhütg. u. Behandlg. (44 S.) gr. 8. München 904. Verlag der ärztl. Rundschau. n. 1. 20

Meyer, die Haarkrankheiten. Ihre Entstehg., Verhütg. u. Behandlg. gr. 8. (32 S.) München 902. Verlag der ärztl. Rundschau. n. 1. 20

— die Haarkrankheiten, speziell die Entstehung der Glatze; ihre Verhütg. u. Behandlg. 2. verm. u. verb. Aufl. (36 S.) gr. 8. Ebd. 904. n. 1. 20

— Haarschwund u. Glatze, ihre Verhütung u. Behandlung. 3.—4. Aufl. (48 S.) gr. 8. Ebd. 906. n. 1. 20

Meyer, Max, Katechismus d. Logarithmen, s. a. Weber's illustr. Katechismen. 93.

Meyer, Max, Katechismus der Logarithmen. Mit 3 Taf.: der natürlichen, Brigg'schen Logarithmen u. solcher der trigonometrischen Zahlen u. 7 in den Text gedr. (Holzschn.-) Abbildgn. 8. (VIII, 180 S.) Leipzig 880. Weber. geb. n. 2. —

Meyer, Max: Zur Kenntnis des essentiellen Intentionstremors. Heidelberg 1908: Straus. 46 S. 8°
Heidelberg, Med. Diss. v. 1909, Ref. v. Krehl
[Geb. 29. März 84 Frankfurt a. M.; Wohnort: Frankfurt; Staatsangeh.: Preußen; Vorbildung: Goethe-Gymn. Frankfurt Reife O. 02; Studium: Heidelberg 5, München 2, Heidelberg 3 S.; Coll. 11. Febr. 08; Approb. 18. März 09.] [U 09. 1969

Meyer, M[ax]. Des Volkes Klage über die Richtung der jetzigen Zeit im Verhältniss des Staates zum christlichen Glauben. 8. Zürich 1839.

Meyer, Max *Friedrich* [aus Danzig]: Über Kombinationstöne und einige hierzu in Beziehung stehende akustische Erscheinungen ... Hamburg & Leipzig, L. Voss, 1896; 55 S., 1 Bl. 8.
Berlin, Phil. Fak., Inaug.-Diss. v. 13. Juni 1896

— **Atypische Krankheitsbilder.** (38 S.) 8. München 905. Seitz & Schauer. n. 1. —

— eine einfache erfolgreiche Methode zur Beseitigg. der Fettleibigkeit. (18 S.) 8. Ebd. (904). n. — 50

Meyer, Max [aus Gotha]: Aus d. Syphilidoklinik. Oedema indurativum ... Würzburg, A. Boegler'sche Buchdr., 1895; 30 S. 8.
Würzburg, Med. Fak., Inaug.-Diss. v. 1895

Meyer, Max, der Apostel Paulus als armer Sünder. Ein Beitrag zur paulin. Hamartologie. (58 S.) gr. 8. Gütersloh 903. C. Bertelsmann. n. 1. —; geb. n. 1. 50

— **die Schlaflosigkeit.** Neue Gesichtspunkte zu ihrer Verhütg. (40 S.) 8. Ebd. 905. n. — 80

— Auf Sommerwohnung. Schwank in 4 Aufzügen. (V, 89 S.) 8. Ebd. 909. 1. 80

Meyer, Max, Pastor in Gottberg, Pr. Pommern: Die Sünde des Christen nach Pauli Briefen an die Korinther und Römer. *Gütersloh (1902): C. Bertelsmann.* (80 S.) 8° [F.]
Greifswald, Theol. Diss. v. 8. Febr. 1902

— Jesu Sündlosigkeit, s.a. Zeit- u. Streitfragen, biblische. II, 8.

Jesu Sündlosigkeit. ⟨Hebr. 4, 15.⟩ Von lic. Max **Meyer,** Pastor in Gottberg. Gr.Lichterfelde-Berlin: E. Runge 1906. (27 S.) 8° [F.]
— **Zeit-** u. Streit**fragen**, Bibl., z. Aufklär. d. Gebildeten. Ser. 2. H. 8. [07. 16163]

Meyer, Max, Tierfreund u. Hundesperre. (23 S.) gr. 8. Leipzig 906. Thüringische Verlags-Anstalt. n. — 60

— **Unhygienisches im Alltagsleben.** (20 S.) 8. Ebd. (904). n. — 50

Meyer, Max [aus Berlin]: Untersuchung der algebraischen Integrirbarkeit der linearen homogenen Differentialgleichungen vierter Ordnung mit Hilfe von Differentialinvarianten ... Berlin, Buchdr. M. Niethe, *1893;* 2 Bl., 48 S. 8.
Berlin, Phil. Fak., Inaug.-Diss. v. 6. Febr. 1893

Meyer, Max, Untersuchung der algebraischen Integrirbarkeit der linearen homogenen Differentialgleichungen 4. Ordnung m. Hilfe v. Differentialinvarianten. Diss. gr. 8. (46 S.) Berlin 893. (Mayer & Müller.) n. 1. 20

Meyer, M[ax]. Der Werth des geschriebenen Wortes. Antwort auf „die Zuschrift des Dr. Anton Henne" an das Züricherische Volk. 8. [Zürich 1839.]

Meyer, M., Gottes Zulassung u. Vorsehung. 2 Predigten z. Verteidigg. d. christl. Glaubens an e. göttl. Weltleitg., geh. am 10. u. 12. nach Trinitatis zu St. Marien in Stolp. (31 S.) 8. Gütersloh 908. C. Bertelsmann. — 50

Meyer, Max Friedrich, s. Meyer, Max

Meyer, Max Wilhelm

– E. Amerikafahrt 1492 u. 1892, s. Sammlung populärer Schriften, hrsg. v. der Gesellschaft Urania zu Berlin.

—— u. P. Schwahn. Das Antlitz der Erde, s.a. Sammlung populärer Schriften, hrsg. v. der Gesellschaft Urania.

Meyer MW und P Schwahn, das Antlitz der Erde. 2. Auflage. (Sammlung populärer Schriften der Gesellschaft Urania 9) Berlin 1892

Meyer, M. Wilh. (Urania-Meyer), im Bannkreise der Vulkane. Ihre Entwicklungsgeschichte in Reiseschildergn. dargestellt. 4., verm. Aufl. des Werkes „Von St. Pierre bis Karlsbad". (XII, 363 S. m. 102 Abbildgn. u. 1 farb. Taf.) gr. 8. Berlin 907. Allgemeiner Verein f. deutsche Literatur. 7.—; geb. 8. 50
(Allgemeiner Verein für Deutsche Literatur. 29,4.)

– Die physische Beschaffenheit des Planeten Mars u. die Frage seiner Bewohnbarkeit nach dem Zeugniss seiner hervorragendsten Beobachter, s.a. Sammlung populärer Schriften, hrsg. v. der Gesellschaft Urania zu Berlin.

Meyer MW, die physische Beschaffenheit des Planeten Mars und die Frage seiner Bewohnbarkeit. (Sammlung populärer Schriften der Urania 23) Berlin 1894

Meyer, M. W., von den ersten und letzten Dingen im Universum. s.a. Vorträge, öffentl.

— **M. Wilhelm.** Von den ersten und letzten Dingen im Universum. 8°. Basel, Schweighauser. 1877.
Oeffentliche Vorträge, Band IV, Heft 7.

Meyer, Max Wilhelm, aus Braunschweig: Ueber Doppelsterne. Abriss einer aus den Quellen geschöpften Geschichte derselben; Mittheilung einiger am Aequatoreal zu Zürich erhaltenen Bestimmungen und Untersuchung der Bewegung von Σ 634 oder 19 Camel. [S. A. aus: Vierteljahrsschrift der Naturforsch. Ges. in Zür., Bd 19. S. 331—388]. Zür. Zürcher u. Furrer Dr. 1875. 60 S., 1 Bl. 8°.
Zürich, Phil. Diss. [v. 30. April 1875].

— Die Entstehung der Erde, s.a. Sammlung belehrender Unterhaltungsschriften f. die deutsche Jugend.

Die Entstehung der Erde. Von M[ax] Wilhelm **Meyer,** vorm. Dir. d. Urania, Berlin. Mit 2 Ill. Berlin: H. Paetel 1907. (VIII, 159 S.) 8° [F.]
— **Sammlung** belehrender Unterhaltungsschriften f. d. deutsche Jugend. Bd 21. [08. 1:688]

Meyer, M. Wilh., die Entstehung der Erde und des Irdischen. Betrachtungen und Studien in den diesseit. Grenzgebieten unsrer Naturerkenntniß. 1. und 2. Aufl. gr. 8. (X, 400 S. mit 2 Abbild.) Berlin 888, Allgem. Verein für deutsche Literatur. *ℳ 5.—.; geb. *

[F.] Die Entstehung der Erde und des Irdischen. Betrachtgn u. Studien in d. diesseit. Grenzgebieten unserer Naturerkenntniss. Von Dr. M[ax] Wilhelm **Meyer,** Dir. d. Ges. Urania zu Berlin. 3. neubearb. Aufl. *Berlin: Allg. Ver. f. Dt. Litt. 1897.* (XII, 427 S., 1 Bl., 1 Taf.) 1 Bd 8.
(Allg. Verein f. Deutsche Litteratur. Abt. 13. [No 3.]) [97. 5865]

Meyer, M. W: Die Entstehung der Erde und des Irdischen. 5. Aufl. Berlin 1904

— **Erdbeben u. Vulkane.** 1.—15. Aufl. (111 S. m. Abb.) 8. Stuttgart (908—10). Franckh. 1.—; geb. 2. —

Meyer, M. W: Erdbeben und Vulkane. 4. Aufl. Stuttgart 1908

Erdbeben und Vulkane von Dr. M[ax] Wilh. **Meyer.** Mit zahlr. Abb. 17. Aufl. Stuttgart: Kosmos (1908). (109 S.) 8° [F.] [08. 17283]

Meyer, M. Wilh., ägyptische Finsternis. Meine Reise nach Assuan zur Beobachtg. der totalen Sonnenfinsternis vom 30. VIII. 1905. 1. u. 2. Aufl. (à 125 S. m. Abbildgn. u. 4 farb. Taf.) 8. Stuttgart (906). Franckh. n. 2. —; geb. n. 3. —

Ägyptische Finsternis. Meine Reise nach Assuan z. Beobachtung d. totalen Sonnenfinsternis v. 30. Aug. 1905 von Dr. M[ax] Wilh. **Meyer.** Mit zahlr. Abb. u. 4 Taf. Stuttgart: Kosmos [1906]. (125 S.) 8° [F.]

— Ägyptische Finsternis. Meine Reise nach Assuan zur Beobachtg. d. totalen Sonnenfinsternis v. 30. VIII. 1905. Mit zahlr. Abb. im Text u. 4 farb. Taf. 3. u. 4. Aufl. (125 S.) 8. Ebd. (908). 2.—; geb. 3.—

– Die Geschichte der Urwelt, s.a. Sammlung populärer Schriften, hrsg. v. der Gesellschaft Urania zu Berlin.

Meyer MW, die Geschichte der Urwelt. Wanderung durch vorsintflutliche Landschaften. (Sammlung populärer Schriften der Gesellschaft Urania 2) Berlin 1891

— die Gesetze der Bewegungen am Himmel u. ihre Erforschung, s.a. Hillger's illustr. Volksbücher. Nr. 1.

Meyer, M[ax] Wilhelm. Die Gesetze der Bewegungen am Himmel und ihre Erforschung. Mit 13 Illustrationen. 96 S. 8. Berlin-Eisenach-Leipzig, Hermann Hillger, (1904). (M. —. 30)
Hillgers illustrierte Volksbücher. Band 1.
Darin S. 3—17: Das Äquatoreal »(Emile) Plantamour« auf der Sternwarte zu Genf.

— s.: Himmel u. Erde.

— Vom Himmel u. v. der Erde. Ein Weltgemälde in Einzeldarstellgn. Mit mehr als 180 Abbildgn. (327 S.) gr. 8. Stuttgart 908. Deutsche Verlags-Anstalt. Geb. in Leinw. 7.—

— populäre Himmelskunde, s.a. Diesterweg, Adph.

Meyer, M. Wilh. Populäre Himmelskunde. Die jüngsten Resultate der astronom. Forschg. in ihren Beziehgn. zu Vergangenheit u. Zukunft des Weltgebäudes. 2. (Titel-)Aufl. v. „Selbstbiographisches vom Himmel". 8. (164 S.) Lpz. 890, Reinboth. * 1 50

— der Kampf um d. Nordpol, s.a. Sammlung populärer Schriften, hrsg. v. d. Gesellschaft Urania zu Berlin.

Der Kampf um den Nordpol. Nach s. gleichnam. Urania-Vortr. bearb. v. Dr. M[ax] Wilhelm **Meyer**. M. Ill. *Berlin: H. Paetel 1897.* (SA. a. d. Monatsschr. 'Himmel u. Erde'. Jg. IX. H. 8—10.) (46 S.) 1 Bd 4.(8.)
— **Sammlung** populärer Schriften hrsg. v. d. . . . Urania. No 47.

– Die Kinder der Sonne, s.a. Sammlung populärer Schriften, hrsg. v. der Gesellschaft Urania zu Berlin.

— Die Kinder der Sonne. (Sammlung popul. Schriften der Urania 4) Berlin 1891

Meyer, M. Wilh., die Kometen u. Meteore, s.a. Meyer's Volksbücher.

— Kometen u. Meteore. 1.—12. Aufl. (104 S. m. Abb.) 8. Stuttgart (907—09). Franckh. 1.—; geb. 2.—

Kometen und Meteore. Von Dr. M[ax] Wilh. **Meyer.** Mit zahlr. Abb. Stuttgart: Kosmos (1907). (104 S.) 8° [F.]

Meyer, M. Wilh., die Königin des Tages u. ihre Familie. Unterhaltungen über unser *Planetensystem* u. das Leben auf anderen Erdsternen. Mit Titelbild u. 3 Text-Illustr. Wien u. Teschen, K. Prochaska, o. J. (1885). 8°. Eleg. Srnb. m. Goldpr.
X S. (incl. roth u. schwarz gedr. Tit.), 366 S. (jede mit Zierleiste) u. 1 Bl. Splendide Ausstattung. Bildet einen Theil der Prochaska'schen Salon-Bibliothek.

MEYER, M. Wilhelm
(F) Die Königin des Tages und ihr Reich. Astronomische Unterhaltungen über unser Planetensystem und das Leben auf anderen Erdsternen. Von Dr. M. Wilhelm **Meyer**. Mit 4 Abbildungen. 2. Auflage. (Salon-Bibliothek.) Teschen. Wien. Leipzig. [1900.] Prochaska. 8°. II, 412 S. Geb. K 6.80

– Kraft u. Stoff im Universum u. die Ziele der astronomischen Wissenschaft, s.a. Vorträge, Öffentliche, gehalten in der Schweiz.

Meyer, Wilh., (Assist. d. Sternwarte zu Genf). Kraft und Stoff im Universum u. die Ziele d. astronomischen Wissenschaft. 8°. Basel, Schweighauser's Verlag. 1878.
*** Vorträge gehalten in der Schweiz. V. 3.

—— die Lebensgeschichte der Gestirne in Briefen an eine Freundin. Eine populäre Astronomie der Fixsterne. 8. (VIII, 224 S. mit 46 Textillustr., 2 Taf. und 1 Titelbilde.) Jena 887, Mauke. *M 4.—.; geb. *

—— Die Lebensgeschichte der Gestirne in Briefen an e. Freundin. Eine populäre Astronomie der Fixsterne. Mit 46 Textillustr., 2 Taf. u. 1 Titelbild. 2. Aufl. 8. (VIII, 224 S.) Jena 889, Mauke. * 4 —; geb. * 5 —

– die Lebensgeschichte der Gestirne in Briefen an e. Freundin. E. populäre Astronomie d. Fixsterne. 3., verb. Aufl. gr. 8. (VI, 209 S. m. 48 Illustr.) Leipzig 898. H. Haacke. n. 4. —; geb. n.n. 5. —

– Illustrirter Leitfaden der Astronomie, Physik u. Mikroskopie in Form e. Führers durch die Urania zu Berlin, s.a. Sammlung populärer Schriften, hrsg. v. der Gesellschaft Urania zu Berlin.

Meyer MW, illustrierter Leitfaden der Astronomie, Physik und Mikroskopie in Form eines Führers durch die Urania zu Berlin. (Samml. d. Urania 12) Berlin 1892

– die populär-wissenschaftl. Litteratur u. die Weltenschöpfer, s.a. Sammlung populärer Schriften, hrsg. v. d. Gesellschaft Urania zu Berlin.

— die popul.-wissensch. Litteratur u die Weltenschöpfer. (S. d. Urania 32) Berlin 1895

— u. Maxim **Gorki**, im zerstörten Messina. (Den Einbd. zeichnete Karl Walser.) (118 S. u. 32 S. Abbildgn.) Lex. 8. Berlin 909. J. Ladyschnikow Verl. 6.—; geb. 7.50

— Der Mond. Unsere Nachbarwelt. 1.—6. Aufl. (98 S. m. Abbildgn.) 8. Ebd. (909. 10). 1.—; geb. 1.80

— Mußestunden e. Naturfreundes. Skizzen u. Studien üb. himml. u. ird. Dinge. 1. u. 2. Aufl. gr. 8. (IV, 376 S. m. 32 Illustr.) Berlin 891. Allgemeiner Verein f. Deutsche Litteratur. n. 6. —; geb. n. 7. —

— die Naturkräfte. Ein Weltbild der physikal. u. chem. Erscheingn. Mit 474 Abbildgn. im Text u. 29 Taf. in Farbendr., Holzschn. u. Aetzg. (XVI, 671 S.) 8. Leipzig 903. Bibliograph. Institut. Geb. in Halbfrz. n.n. 17. —; auch in 15 Lfgn. à n. 1. —

– Parallelen. s.a. Sammlung populärer Schriften, hrsg. v. der Gesellschaft Urania zu Berlin.

Meyer MW, Parallelen. Betrachtungen über die einheitlichen Züge im Naturgeschehen. (Sammlung populärer Schriften der Gesellschaft Urania 17) Berlin 1893

— die Rätsel der Erdpole. 1.—3. Aufl. (à 90 S. m. Abbildgn.) 8. Stuttgart (906). Franckh. n. 1. —; geb. n. 2. —

Die Rätsel der Erdpole. Von Dr. M[ax] Wilh. **Meyer.** Mit zahlr. Abb. Stuttgart: Kosmos (1906). (90 S.) 8° [F.]

— Die Rätsel der Erdpole. 4.—9. Aufl. (90 S. m. Abb.) 8. Ebd. (907. 08). 1.—; geb. 2. —

Meyer Max Wilh. Nouvelles recherches sur le systeme de Saturne. 1883.

— e. Reise durch d. Weltenraum, s.: Trombolt, Sophus.

—— s. Sammlung populärer Schriften, hrsg. v. d. Gesellschaft Urania zu Berlin.

— die Schweiz, s.a. Museum, stereoskopisches. 3. u 4. Ser.

Meyer, M[ax] Wilhelm. Die Schweiz I. ⟨Gotthardstrasse⟩ u. II. ⟨Die Gletscherwelt des Rhonetales⟩. je 10 Original-Aufnahmen mit erläuterndem Text von Dr. M. W' M'. je 12 S. + 10 Tafeln, in Umschlag, 8. Prag, M. Schulz, [1904]. je M. —. 50
(Phot. [und] Erläuternder Text von Dr. M. W' M'.)
Das Stereoskopische Museum. Redigiert von Prof. Dr. Siegfried Lederer. Serie 3 u. 4.

—— Selbstbiographisches vom Himmel. Darstellung der jüngsten Resultate der astronom. Forschung in ihren Beziehungen zu Vergangenheit und Zukunft des Weltgebäudes. gr. 8. (VII, 164 S.) Leipzig 877, [Schloemp.] 2. Senf. *
2. Ausg. *

— kosmographisches Skizzenbuch. Die Forschungen unserer Zeit über die Einrichtung des Weltgebäudes. 8. (VIII, 368 S.) Leipzig 879. Brockhaus. n. 6. —; geb. n. 7. 50

— Sonne u. Sterne. 1.—5. Aufl. (à 106 S. m. Abbildgn.) 8. Stuttgart (905. 906). Franckh. n. 1. —; geb. n. 2. —

Meyer, M. Wilh., Sonne u. Sterne. 6.—16. Aufl. (106 S. m. Abbildgn.) 8. Stuttgart (907—10). Franckh. 1.—; geb. 2. —

Sonne und Sterne. Von Dr. M[ax] Wilh. Meyer. Mit zahlr. Abb. 15. Aufl. Stuttgart: Kosmos [1908]. (106 S.) 8° [F.] {08. 17216}

— Spaziergänge durch das Reich der Sterne. Astronomische Feuilletons. 8. (V, 321 S.) Wien 885. Hartleben. n. 4. —; geb. n. 5. 40

— Der neue Stern. Eine Novelle in Gesprächen. 1.—3. Aufl. (83 S. m. Abbild.) 8. Ebd. 907. 1.—; geb. 2. —

—— auf der Sternwarte, s. Universal-Bibliothek Nr. 2305.

Meyer M W, der Untergang d. Erde u d. kosmisch. Katastrophen. (389 S) Berlin 1902

— der Untergang der Erde u. die kosmischen Katastrophen. Betrachtgn. üb. die zukünft. Schicksale unserer Erdenwelt. 2. Aufl. gr. 8. (VIII, 389 S.) Berlin 902. Allgem. Verein f. Deutsche Litteratur. n. 6. —; geb. in Leinw. od. Halbfrz. n. 7. 50
(Allgemeiner Verein für Deutsche Literatur. 28, 1.)

Meyer, M. W: Der Untergang der Erde und die kosmischen Katastrophen. 3. Aufl. Berlin 1902

– Die Urania zu Berlin, s.a. Sammlung populärer Schriften, hrsg. v. der Gesellschaft Urania zu Berlin.

Meyer M W, d. Urania zu Berlin. Bericht d. Direktors. (Slg d. Urania 5) Berlin 1891

– Von der Erde bis zum Monde, s.a. Sammlung populärer Schriften, hrsg. v. der Gesellschaft Urania zu Berlin.

— Von der Erde bis zum Monde. (Samml. pop. Schr. d. Urania 1) Berlin 1891

Von St. Pierre bis Karlsbad. Studien über d. Entwicklungsgeschichte d. Vulkane von Dr. M. Wilhelm Meyer, vorm. Dir. d. Urania zu Berlin. Mit 92 Ill. u. 1 Titelbilde. Berlin: Allg. Ver. f. Deutsche Litt. 1903. (XI, 346 S.) 8° [F.]
— Verein, Allgemeiner, f. Deutsche Litteratur. Abt. 29, [4.] {04. 1900 4}

Von St. Pierre bis Karlsbad. Studien über d. Entwicklungsgesch. d. Vulkane. Von Dr. M[ax] Wilhelm Meyer, vormals Dir. d. Gesellsch. Urania zu Berlin. Mit 92 Ill. u. 1 Titelbilde. 3. Aufl. *Berlin: Allgem. Ver. f. Deutsche Litt. 1904.* (XI, 346 S.) 8° [F.]
— Verein, Allgemeiner, f. Deutsche Litteratur. Abth. 29, [4.] {04. 1198}

– Von St. Pierre bis Karlsbad, 4. Aufl. 1907, s. Meyer: Im Bannkreise d. Vulkane.

— Die Welt der Planeten. 1. u. 2. Aufl. (104 S. m. Abb.) 8. Stuttgart (910). Franckh. 1.—; geb. 1. 80

— Die Welt der Sonnen, wie sie ist, wie sie vergehen u. wiedergeboren werden wird. (Sonne u. Sterne. 15. Aufl. — Weltuntergang. 20. Aufl. — Weltschöpfung. Neue durchgeseh. Ausg.) (VIII, 106, 95 u. 95 S. m. Abbildgn.) 8. Ebd. (908). Geb. in Leinw. 3. 60

— kosmische Weltansichten. Astronomische Beobachtgn. u. Ideen aus neuester Zeit. gr. 8. (IV, 323 S. m. 1 photogr. Taf.) Berlin 886. Verein f. deutsche Literatur. n 5. —

— kosmische Weltansichten. Astronomische Beobachtgn. u. Ideen aus neuester Zeit. 2. Aufl. 8. (IV, 323 S. m. 1 photogr. Taf.) Berlin 886. Allg. Verein f. deutsche Literatur. n. 5. —; geb. n. 6. —

Meyer M W, kosmische Weltansichten aus neuester Zeit. 2. Auflage. Berlin 1887

— Bewohnte Welten. Mit Abbild. nach Orig.-Zeichngn. v. C. Baworowski, Fr. Bergen, G. Dunzinger u. a. Umschlag nach e. Aquarell v. Paul Weinhold. 1.—20. Taus. (94 S.) 8. Leipzig (909. 10). Th. Thomas. 1.—; geb. 1. 60

[F.] Das Weltgebäude. E. gemeinverständl. Himmelskunde v. Dr. [Max] Wilhelm Meyer, Dir. d. 'Urania' zu Berlin. 14 Lfgn ... Heft 1. *Leipzig & Wien: Bibliogr. Inst. 1897. 8.* {97. 3806}

— das Weltgebäude. E. gemeinverständl. Himmelskunde. M. 287 Abb. im Text, 10 Karten u. 31 Taf. in Farbendr., Heliograv. u. Holzschn. v. Th. Alphons, H. Harder, W. Kranz u. a. gr. 8. (XII, 677 S.) Leipzig 898. Bibliograph. Institut. Geb. in Halbfrz. n. 16. —
Erschien auch in 14 Lfgn. à n. 1. —

— das Weltgebäude. Eine gemeinverständl. Himmelskunde. Stenographischer Auszug, m. Genehmigg. des Verf. u. des Verlags bearb. v. F. Brüggemann. (110 S.) gr. 8. Berlin (903). Frz. Schulze. n. 1. 50; geb. n. 2. —

— Das Weltgebäude. Eine gemeinverständl. Himmelskunde. Mit 291 Abbildgn. im Text, 9 Karten u. 34 Taf. in Farbendr., Ätzg. u. Holzschn. 2. umgearb. Aufl. 14 Lfgn. (XII, 691 S.) Lex. 8. Leipzig 908. Bibliograph. Institut. 14. —; geb. in Halbfrz. n 16. —

— Weltkatastrophen, s. a. Sammlung belehrender Unterhaltungsschriften f. die deutsche Jugend.

Weltkatastrophen. Betrachtungen über d. zukünftigen Schicksale unserer Erdenwelt. Von M[ax] Wilhelm Meyer, vorm. Dir. d. Urania, Berlin. Berlin: H. Paetel 1907. (193 S.) 8° [F.]
= Sammlung belehrender Unterhaltungsschriften f. d. deutsche Jugend. Bd 22. {08. 1869}

— Weltschöpfung. Wie die Welt entstanden ist. 1.—8. Aufl. (à 93 S. m. Abbildgn.) 8. Stuttgart (904—906). Franckh. n. 1. —; geb. n. 2. —

Weltschöpfung. Wie die Welt entstanden ist, von Dr. M[ax] Wilhelm **Meyer** (Urania-Meyer). Mit zahlr. Abb. Neu durchges. Ausg. Jubiläums-Ausg. Stuttgart: Kosmos 1907. (95 S.) 8° [F.] [ol. 17917]

— **Weltschöpfung. Wie die Welt entstanden ist.** Neu durchges. Ausg. Jubiläums-Ausg. (95 S. m. Abbildgn.) 8. Stuttgart (910). Franckh. 1.—; geb. n 1. 80

— **Vom Weltuntergange.** Neue Bearbeitg. v.: Wie kann die Welt einmal untergehen? (96 S. m. Abbildgn.) 8. Ebd. (910). 1.—; geb. 2. —

– Die W e r k e d. Wassers, betrachtet auf e. Nordlandfahrt, s.a. S a m m l u n g populärer Schriften, hrsg. v. der Gesellschaft Urania zu Berlin.

Meyer M W, die Werke des Wassers. (Slg popul. Schr. der Urania 3) Berlin 1891

— Wie ich der Urania-Meyer wurde. Eine Geschichte f. alle, die etwas werden wollen. (135 S. m. 17 Abbild.) 8. Hamburg 908. H. Grand. 2.—; geb. 2. 80

— **wie kann die Welt einmal untergehen? (Umschlag: Weltuntergang.) 1.—12. Aufl. (à 93 S. m. Abbildgn.) 8. Ebd. (904—906).** n. 1. —; geb. n. 2. —

Meyer, M. Wilh., Wie kann die Welt einmal untergehen? 13. Aufl. Stuttgart [1906]. 8°.

— **Wie kann die Welt einmal untergehen? (Umschlag: Weltuntergang.) 13.—20. Aufl. (95 S. m. Abbildgn.) 8. Ebd. (907—09).** 1.—; geb. 2. —

Wie kann die Welt einmal untergehen? Von Dr. M[ax] Wilh. **Meyer.** Mit zahlr. Abb. 20. Aufl. Stuttgart: Kosmos [1908]. (93 S.) 8° [F.] [Umschlagt.:] Dr. M. W. Meyer. Weltuntergang. [ol. 17918]

– Das W u n d e r l a n d der neuen Welt, s.a. S a m m l u n g populärer Schriften, hrsg. v. der Gesellschaft Urania zu Berlin.

— Das Wunderland der neuen Welt. (Sammlung der Urania 30) Berlin 1894

Meyer, Maximilian: **Katalog** der Schülerbibliothek ⟨Prima, Obersecunda, Untersecunda⟩. Zum Gebrauch d. Schüler zsgest. *Konitz 1900: Th. Kämpf Nachf.* (46 S.) 8°
Konitz, k. G, P 1900 (32)

Meyer, Maximilianus, Ienensis: De Plauti Persa. Lipsiae 1907: B. G. Teubner. (S. 145—191.) 8° ¶(Aus: Commentationes phil. Jen. vol. VIII, 1.)
Jena, Phil. Fak., Ref. Goetz, Diss. v. 2. Juli 1907
[Geb. 27. Juni 83 Jena; Wohnort: Jena; Staatsangeh.: Sachsen-Weimar; Vorbildung: Gymn. Jena Reife O. 02; Studium: Heidelberg 1, Jena 7 S.; Rig. 15. Febr. 07.]

S t a t i s t i k der Frauenorganisationen im Deutschen Reiche. Bearb. im Kaiserl. Statist. Amte. Verf.: (Maximilian Meyer.) Berlin: Heymann 1909. 70 S. 4°
(Reichs-Arbeitsblatt. Sonderh. 1.)

Meyer, Maximilian, a. Halle a. S.: **Statistik der Streiks und Aussperrungen im In- und Auslande. Halle a. S. 1907 (S. Geibel & Co., Altenburg). (39 S., 2 Taf.) 8° ¶(Erscheint vollst. bei Duncker & Humblot, Leipzig.)**
Halle, Phil. Fak., Ref. Conrad, Diss. v. 4. April 1907
[Geb. 19. Okt. 76 Halle a. S.; Wohnort: Halle; Staatsangeh.: Preußen; Vorbildung: Gymn. Rudolstadt Reife M. 01; Studium: Halle 5, Freiburg i. B. 2, Leipzig 2, Berlin 1, Halle 2 S.; Rig. 20. Nov. 06.]

Meyer, Max, Statistik des Streiks u. Aussperrungen im In- u. Auslande. (253 S. m. 2 Taf.) gr. 8. Leipzig 907. Duncker & Humblot. 5. 60

Meyer, Maximilian. Städtischer Tierarzt in Wiesbaden: Untersuchungen über die Konjunktivalreaktion auf Tuberkulose beim Rind. ⟨Aus dem pathologischen Institut des Städtischen Krankenhauses zu Wiesbaden. Prosektor: Prof. Herxheimer.⟩ Seesen a. Harz 1908. 54 S. 8°. [13. XI. 08.]
Bern Vet.-med. Diss. 1908/09.

Meyer, Maximilian. Untersuchungen über die Konjunktivalreaktion auf Tuberkulose beim Rind. Diss. Vet.-Med. Bern. *Kopftitel:* **Aus dem Pathologischen Institut des Städtischen Krankenhauses zu Wiesbaden.... 54 S. 8. Seesen a. Harz, H. Hofmann, 1908.**

MEYER, Meinolph (Niedermtudorf/Westf.): Über Knochen- und Gelenk-Deformitäten nach multiplen Exostosen.- München: Bayer. Landeszeitung 1882. 25 S.
17.7.1882 - Urk (Titel: De deformitatibus ossium et articulationum exostitibus multiplicibus ortis.); Chr 1882/83,16
Diss.Ingolst.-Landsh.-Mchn.

M e y e r, M[einrad]. Biographie de Claude-Antoine de Duding (1685–1745), Evêque et Comte de Lausanne.... [F.] 8. Fribourg 1844.

M e y e r. M[einrad]. Histoire de la commanderie et de la paroisse de Saint Jean à Fribourg. ⟨Traduit de l'allemand par B D .⟩ [F.] 8. [Fribourg 1850.]

— **Metelius (Ratzeburg / Lauenburg),** Die Tugendlehre Spinoza's. Diss. phil. Flensburg (J. B. Meyer) 1885. 81 S. (3.—) 23246
Gew.: Seinem Vater.

Meyer, Meyer Jac. (geb. Berlin 24. 2. 1820): De induratione telae cellulosae neonatorum. Berolini (1843). (32 S.) 8°
Berlin, Med. Diss. v. 6. Sept. 1843

Meyer, Michael, Referendar in Magdeburg: **Zur Lehre vom Irrtume nach heutigem Recht.** Halberstadt 1905: **H. Meyer.** (IX, 70 S.) 8°
Leipzig, Jur. Fak., Diss. v. 14. Febr. 1905
[Geb. 31. Juli 81 Blankenburg a. H.; Wohnort: Blankenburg; Staatsangeh.: Preußen; Vorbildung: Gymn. Blankenburg Reife O. 00; Studium: Berlin 3, München 1, Halle 2 S.; Rig. 31. Juli 03.]

Meyer, Moritz. s.a. M e y e r , Franz Eduard Moritz

M e y e r, Mor., B e i t r ä g e z. genaueren Kenntniss d. Eisenhüttenwesens in Schweden. M. 5 lith. Karten u. Zeichn. (gr. Fol.) gr. 8. (22½ B. u. 1 Tab.) Berlin 829, Reimer.

Meyer, Dr. Moriz, k. preuss. Hauptm. Beschreibung eines neuen E n t f e r n u n g s m e s s e r s, zur Anwendung beim Aufnehmen und Recognosciren. (Mit 1 Taf.) 8. Berlin, Posen und Bromberg 1837.

M e y e r, Mor., B e s c h r e i b u n g e. neuen Entfernungsmessers z. Anwend. beim Aufnehmen u. Recognosciren. gr. 8. (1 B. u. 1 Zeichn.) Berlin 837. Mittler.

Meyer, Mor., die Electricitat in ihrer Anwendung auf praktische Medicin. Berlin 854. Hirschwald. gr. 8. (1 Bl., XIII, 167 S.) n. 1 ℛ.

Meyer, Mor., die Electricitat in ihrer Anwendung auf practische Medicin. 2. gänzlich umgearb. u. verm. Aufl. Berlin 861. Hirschwald. gr. 8. (XX, 373 S. mit Holzschn.) n. 2 ℛ

Meyer, Mor., die Electricität in ihrer Anwendung auf practische Medicin. 3. gänzlich umgearb. u. verm. Aufl. Berlin 868. A. Hirschwald. gr. 8. (XX, 424 S. mit eingedr. Holzschn.) n. 2 ℛ 20 ngr.

Meyer, Mor., die Electricität in ihrer Anwendung auf die practische Medicin. 4., gänzlich umgearb. u. verm. Aufl. Mit 28 (eingedr.) Holzschn. u. 1 Kpfrtaf. gr. 8. (XX, 632 S.) Berlin 883. Hirschwald. n. 14. —

M e y e r, Mor., E r f a h r u n g e n üb. d. Fabrikation u. Haltbarkeit d. eisernen u. bronzenen Geschützes. gr. 8. (9 B.) Leipzig 831, Barth. Thlr.
Aus d. „Journal f. techn. u. oekonom. Chemie, hrsg. v. Erdmann," abgedruckt.

—— **E r f a h r u n g e n üb. Fabrikation u. Haltbarkeit d. eisernen u. bronz. Geschützes. 2., verm. u. theilweise umgearb. Aufl. gr. 8. (10 B. u. 3 Kpfrt.) Leipzig 836, Barth.**

M e y e r, Moriz. Die Erwerbsbeschraenkungen der toten Hand im Luzernerrecht. Historisch-dogmatische Studie. Diss. Jur. Bern. IV + 94 S. 8. Arbon, A. Hensenberger-Grob, 1910.

—— die Feuer-Lösch-Anstalten in Paris u. Mailand im Vergleiche mit d. unseren. Ein Wort z. Beherzig. f. Behörde u. Bürgerschaft. M. 2 Stndr. (gr. 4.) gr. 8. (2 B.) Berlin 832, Schlesinger.

—— die Feuerwerkerei in ihrer Anwendung auf Kunst, Wissenschaft u. Gewerbe. Nach neuen Versuchen bearb. gr. 8. (3¼ B.) Leipzig 833, Barth.

Meyer, Mor. (I.). Der internationale Geldmarkt (1889—1891). Eine wirthschafts- u. finanzstatist. Studie. gr. 8. (IV, 144 S.) Minden i. W. 892, Bruns. 3 —

Meyer, Mor., Geschichte der preussischen Handwerkerpolitik. Nach amtl. Quellen. 1. Bd. A. u. d. T.: Die Handwerkerpolitik d. Grossen Kurfürsten u. König Friedrich's I. [1640—1713.] gr. 8. (XII, 626 S.) Minden 884. Bruns. n. 12. —

Meyer, Mor., Geschichte der preussischen Handwerkerpolitik. Nach amtl. Quellen. II. Bd. Lex.-8. Minden 888 Bruns. n. 10. — (1. u. 2.: n. 22. —)
Die Handwerkerpolitik König Friedrich Wilhelm's I. [1713—1740.] (VIII, 394 S.)

— Gold- od. Doppelwährung? Im Anschluß an die Silber-Enquête beantwortet. 1. u. 2. Aufl. gr. 8. (56 S.) Berlin 894. (T. Trautwein.) n. 1. 50

Meyer, Mor., Gold- od. Doppelwährung? In gemeinfaßl. Weise beantwortet. 3., erweit. Aufl. gr. 8. (64 S.) Berlin (sw., Krausenstr. 2) 895. Selbstverlag. n. 1. —

—— Grundzüge d. Militair-Chemie. 8. (16¾ B.) Berlin 834, Schlesinger.

Meyer, M. Handbuch der Geschichte der Feuerwaffen-Technik. (Mit) Nachtr. Berlin 1835—36. 8°. Dass. franz. u. d. T.: Manuel historique de la technologie des armes à feu, von M. Rieffel. Paris 1837.

—— Handbuch d. Geschichte d. Feuerwaffen-Technik. gr. 8. (19 B.) Berlin 835, Schlesinger'sche Buchh.

—— (dass.) Nachtrag z. Handbuche d. Geschichte d. Feuerwaffen-Technik. gr. 8. (4 B.) Berlin 836, (Mittler.)
Aus dem: Archiv f. d. Offiziere d. k. preuß. Artillerie rc., besond. abgedruckt.

—— Handbuch d. Technologie f. Artillerie-Offiziere. gr. 8. (14⅛ B.) Berlin 835, Mittler. *

Meyer, Mor. (II.), der Handel New-York's im J. 1855. Eine Uebersicht der Bewegungen des New-Yorker Effecten- und Waaren-Marktes, nebst ausführlichen Berichten über den Geschäftsgang in allen anderen Städten der Union und einer statistischen Aufstellung des Gesammt-Handels der Vereinigten Staaten im J. 1855, nebst einem Verzeichniss der bedeutendsten Eisenbahnen der Union etc.; einer tabellarischen Uebersicht der Finanzen der Vereinigten Staaten Regierung etc.; einer Liste aller Banken und einem Verzeichniss der hervorragendsten deutschen Handelshäuser in der Union. Lex.-8. (73 S. mit 1 Tab. in Fol.) New-York 856. (Bremen, Heyse's Verlag.) **

Meyer, Mor. (II.), der Handel New-Yorks im J. 1860. Enthaltend eine Uebersicht der Bewegungen des new-yorker Geld-, Effecten- und Waaren-Marktes. Jahres-Berichte aller übrigen bedeutenden Handelsplätze der Vereinigten Staaten. Gesammt-Handel der Union, begleitet von zahlreichen statist. Tabellen etc. Imp.-4. (66 S.) New-York 861. (Philadelphia, Schäfer und Koradi.) *

Meyer, M., s.: Kind, mein, von der Wiege bis zur Schule.

Meyer, Mor., Congress-Gesetze über Emission von Anleihen u. Papiergeld. Vom J. 1847 bis zum 2. März 1867. New-York 867. (Bremen, Geisler.) gr. 8. (72 S.) n. 2 ₰

— — Lehrbuch der Pyrotechnik. Hrsg. von C. Hoffmann. Mit 1 Taf. Berlin 1840. 231 S.

—— Lehrbuch d. Pyrotechnik. Vollendetes Manuscript aus seinem Nachlasse. Hrsg. u. mit e. Nachtr. vers. v. C. Hoffmann. gr. 8. (15 B. u. 1 Bl. Zeichnn.) Berlin 840, Heymann.

Meyer, Mor., Lehrbuch der Pyrotechnik. gr. 8. Berlin 840, Heymann, ist der Preis 1 ₰ 12 ngl

Meyer, Mor. (III.), s. Meyerheim-Album.

Meyer, Dr. M., Die neuere Nationalökonomie in ihren Hauptrichtungen auf historischer Grundlage und kritisch dargestellt. Berlin 1880. 8°.

Meyer, Mor., die neuere Nationalökonomie, in ihren Hauptrichtungen auf historischer Grundlage u. kritisch dargestellt. 2. Aufl. gr. 8. (VIII, 183 S.) Berlin 881. Stuhr. n. 3. —

— dasselbe. 3. Aufl. gr. 8. (XI, 256 S.) Minden 882. Bruns. n. 4. 25

— die neuere Nationalökonomie in ihren Hauptrichtungen, auf histor. Grundlage u kritisch dargestellt. 4. Aufl. 8. (XII, 227 S.) Ebend. 885. n. 4. 25

— — Ergänzende Notizen zu den Vorträgen der Artillerie-Technik. Berlin 1837. 178 S.

—— ergänzende Notizen zu d. Vorträgen üb. Artillerie-Technik. gr. 8. (11¼ B.) Berlin 837, Mittler.
Dess., Vorträge üb. Artillerie-Technik. gr. 8. Berlin 833, Schlesinger'sche Buchh. 5 Thlr. 16 Gr.

Meyer, Moritz. Die Opfer der Gerechtigkeit am Tage des Vaterlandes. Eine Bettagspredigt, gehalten ... zu Schönenwerd von Moriz M.... Zum Besten der Brandbeschädigten zu Lostorf und Woschnau. 8. Aarau 1831.

Meyer, Mor., die Opfer der Gerechtigkeit, am Tage des Vaterlandes. Eine Bergpredigt. 8. Aarau 834. Christen. 1/12 ₰

Meyer, M. Die Pfandbriefe der Hypothekenbanken. Berlin 1901.

Die Pfandbriefe der Hypotheken-Banken. Von Prof. Dr. M[oritz] **Meyer**. [Berlin]. 2. Aufl. *Berlin: W. T. Bruer 1901.* (47 S.) 8° [F.] [illegible]

Meyer, Moritz [Referendar b. Amtsger. Ehrenbreitstein]: Die Prozessfähigkeit Minderjähriger ... Göttingen, Druck d. Univ.-Buchdr. v. W. F. Kästner, 1894; 37 S. 8.
Göttingen, Jur. Fak., Inaug.-Diss. v. [20. Dez.] 1894

— Pyrotechnie raisonnée, ou application de la chimie; trad. de l'allemand par T. Hippert. gr. in-8. Bruxelles 836. (Mayer et Somerhausen: Aix la-Chapelle, Mayer.) n. 1⅙ ₰

—— Pyrotechnie raisonnée, ou applicat. de la chimie; trad. de l'allem. p. T. Hippert. gr. in-8. (10 B.) Bruxelles 836. (Aix-la-Chapelle, Mayer.) *

Meyer, Max. Die Reform der direkten Steuern in Oesterreich. gr. 8°. Wien, A. Hölder, 1895.

— s.: Reich, das, der Kindheit.

— s.: Rundschau, finanzielle.

— Moritz (Berlin), De rupturis uteri et vaginae una cum duobus casibus rupti in partu uteri et ruptae vaginae. Diss. obstetr.-med. Halle / Sachs. (Semmler) 18. IV. 1844. 36 S. u. Biogr. (3.—) 23247
Part. advers. susc.: Fr. Meyer, Ed. Brasche. — Gew.: J. Jcel, Ely Joachim Meyer (Vater).

—— die Schiller-Feier in den Vereinigten-Staaten Nord-America's. Eine Beschreibung der in New-York und anderen Städten der Union am 10. Novbr. 1859, dem 100jähr. Geburtstage Schiller's begangenen Festlichkeiten, Vorfeier und Nachfeier. gr. 4. (16 S.) New-York 859. (Philadelphia, Schäfer und Koradi.) *

Meyer, Maur. (geb. Friedland in d. Lausitz 31. 12. 1804): De acologiae chirurgicae systemate. Acc. descriptio nonnullorum instrumentorum inventorum in tab. lith. delineatorum. Berolini (1827). (38 S.) 4°
Berlin, Med. Diss. v. 27. Nov. 1827

Meyer, M., de Acologiae chirurgicae systemata. Dissertat. inaug. Accod. descriptio nonnullor. instrumentor. inventor. in tab. lith. 4 maj. (4½ B.) Berolini 827, Laue.

— — (Friedland/Preußen), De acologiae chirurgicae systemate. Diss. chir. Berlin (A. Petsch) 27. XI. 1827. 38 S. mit Biogr. u. 1 Taf. (3.—) 23248
Oppon.: Neumann, S. Liebinger, Fr. J. Behrend. — Gew.: Michael Meyer, Abraham Meyer, Jakob Meyer.

Meyer, Mor. (I.), Technik und Nationalökonomie. Ein Wort über das Studium und die Stellung der Nationalökonomie an den techn. Hochschulen. gr. 8. (18 S.) Berlin 879, Stuhr'sche Buchh. *

Meyer, Moritz (ed). Ein Verzeichnis der am 10. Nov 1859, diesem denkwürdigen Tage, in NY bestehenden dten Institute, Vereine, Ztngen. Druckereien, bedeutenden Handelsfirmen ... (Die Schiller Feier). NY, 1859.

Meyer, Mor. (II.), der Freiherr vom Stein und die Monumenta Germaniae historica. gr. 8. (31 S.) Berlin 875, Weber. *
Aus: National-Zeitung, besonders abgedruckt.

—— Vorträge üb. d. Artillerie-Technik nach d. heutigen Standpunkte d. Wissenschaft. 1. Thl. — A. u. d. T.: Vorträge üb. d. Kriegs-Feuerwerkerei. gr. 8. (32 B.) Berlin 833, Schlesinger.

—— dass. 2. Thl. — A. u. d. T.: Vorträge üb. d. Artillerie-Gewerbe. gr. 8. (38½ B.) Ebds. 833.

Meyer, M. Vorträge über die Kriegs-Feuerwerkerei. (Mit) Erg. Bd. Berlin 1833—37. 8°.

— die Wahl Alexander III. u. Victor IV. [1159]. Ein Beitrag zur Geschichte der Kaiserspaltg. unter Kaiser Friedrich I. gr. 8. (120 S.) Göttingen 871. Breithaupt. n. 1. 60

Meyer, Mor. (II.), die Wahl Alexander III. und Victor IV. [1159]. Ein Beitrag zur Geschichte der Kirchenspaltung unter Kaiser Friedrich I. gr. 8. (120 S.) Göttingen 871, Rente'sche Buchh. *

Meyer, M., die Wertpapiere der deutschen Börsen als Kapitalanlagen. Kritisches Handbuch f. Bankiers, Industrielle, Rentner etc. I. Tl.: Festverzinsliche Papiere. (VII, 130 S.) kl. 8. Berlin (N. 4, Chausseestr. 20) 906. Prof. Dr. M. Meyer. Kart. n. 3.—

Moses Meyer

De Tabe dorsuali. Gottingae 1830: Dieterich. 35 S. 8°

Göttingen, Med. Diss. v. 1830

Meyer, N(athan), approb. Arzt aus Stargard i. W.-Pr.: Carcinom und eitrige Thrombose des Ductus thoracicus als Beitrag zur Frage des 'retrograden Transportes.' *Pr. Stargard 1900: E. Timm.* (22 S.) 8°
Leipzig, Med. Diss. v. (25. Sept.) 1900

Meyer, N[athan] (geb. Hansfelde in Posen [11. 3. 1843]): Ueber die physiologische Wirkung der Arsenik-Verbindungen. Berlin (1873). (32 S.) 8°
Berlin, Med. Diss. v. 15. Aug. 1873

Meyer, Nikolaus

– s.a. Langbein, N. [Pseud.]

— Bardele. Gedichte aus d. Zeit d. Kriegs für deutsche Freiheit. gr. 12. Bremen. 813. Heyse. 10 gr

Meyer, Nicol., Bardale. 12. Bremen, Heyse. 814.

Meyer, N[iclaus]. Biel und Magglingen als Fremdenstation. Schweiz. Jura. [Mit Illustrationen und 11 Tafeln.] 8. Biel 1890.

Meyer, Nikol. l., Blüthen. 2 Thle. (1r Momente, Briefe aus Victors Nachlaß. 2r. Gedichte.) 8. Bremen 804. Heyse 1 rf 12 gr

— s. N. Collard, Abhandl.

– (Hrsg.), s. Dichtungen, Altdeutsche.

Meyer, N., Eros. Poet. Taschenbuch auf 1831. 12. (14¾ B.) Lemgo 830, Meyer.

Meyer, Nikol. l., Eros; poetisches Taschenbuch f. 1831. 12. Lemgo 831. Meyer. 1 rf 12 gr

— Gedichte, mit dessen Portr. 8. Brem. 814. Heyse. 1 rf 16 gr

— Geschichte e. durch d. Kaiserschnitt glücklich beendigten Entbindung. Mit Kpf. gr. 8. Frankf. a. M. 821. Varrentrapp. 12 gr

-- s. Handlungsgesellschaften, von.

(Meyer, Nic.:) Von Handlungs-Gesellschaften, ihrer Auseinandersetz., Gesellschafts- u. d. Gesellschafter Particular-Gläubigern. Nebst e. correct. Abdr. d. Frankf. Wechsel-Ordn. *Frankf.*, Varrentrapp. 824. gr. 8. (1 Thl.)

(Meyer, Nicol.): „Von Handlungs-Gesellschaften, ihrer Auseinandersetzung, Gesellschafts- und der Gesellschafter Particular-Gläubigern. Nebst einem correcten Abdruck der frankfurter Wechsel-Ordnung", Frankfurt a. M. 1825 (Varrentrapp). — Vorh.. Com. Bibl. Hamburg.

Meyer, N., Henning, der Hahn, s. Henning.

LEONORE. Roman .... (von *Nicolaus Meyer*). O. O. 1830. Anon.-Lex. III. p. 46 (nach Goedeke).

BÜRGER. — Viktor (d. i. *Nicol. Meyer*, 1775—1855), Leonore, Ein Roman nach der *Bürger*'schen Ballade. Leipzig 1830. 8°. 264 S. (4 Mk., geles. Expl., Max Jaeckel, Potsdam, c. 1907; 2 Mk. 40 Pfg. Taussig, Prag, 1904.) Goedeke VII, 54, 15.

Nikolaus Meyer
1775 - 1855

Nicolaus Meyer: Prodromus anatomiae murium. Ienae (1800): Prager. 40 S. 8°
Jena, Med. Diss. v. 27. Juni 1800

— prodromus anatomiae murium, et Loderi observ. imperforationis vaginae, c. tab. aen. 4. Lpz. 803. Kummer. 6 gr

LANGBEIN, N. (d. i. *Nicolaus Meyer* in Minden), Neueste Schwänke und Erzählungen. Bremen u. Aurich, bey Joh. Heinr. Müller, 1809. 8°.
— — Dasselbe. Neue Auflage. Ebd. 1823. 8°. (Citirt Heinsius.)

NICOLAUS MEYER, Historische Skizze über Entstehen und Entwickelung der Westphälischen Gesellschaft zur Beförderung vaterländischer Cultur. Ihrem beständigen Vorstande ... Herrn C. G. Richter zur Feier des fünfzigjährigen Jubiläums ... am 30. April 1846 gewidmet. Minden, Gedruckt bei J. H. Fickert. 4°.

Meyer, N., Sonntagsblatt, s. Sonntagsblatt.

— Commentatio de statuis et colossis Rolandinis, von den Roland-Säulen, ... iterum curate excusa. Halae Magdob. 1739. 4. . . . . (D.)

— Schillers Todtenfeier auf d. Theater zu Bremen. 8. Bremen, Heyse. 4 gr

Meyer, Nicol. U. üb. die Ursache d. Erstickungstodes d. Kinder in u. gleich nach d. Geburt. (Aus Siebolds Journal besonders abgedr.) gr. 8. Frankf. 823. Varrentrapp. 5 gr

Meyer, Nikol., Victor. 8. Bremen 811. Heyse. 18 gr

Meyer, O., chemische Experimente, s.: Peters, Th.

Meyer, O. [aus Schnederstadt bei Bremen]: Ein Fall von Keratitis parenchymatosa mit Sectionsbefund .... Göttingen, Druck d. Univ.-Buchdr. v. W. Fr. Kastner, 1887; 30 S. 8°.
Göttingen, Med. Fak., Inaug.-Diss. v. 4. März 1887.

Meyer, O., ein Fall v. Keratitis parenchymatosa mit Sectionsbefund. Inaug.-Diss. gr. 8. (30 S.) Göttingen 887 (Vandenhoeck & Ruprecht's Verl.) n. — 60

Meyer, die Hauptverhandlung (ausgeschl. Revisions-Instanz) nach der Mil.Str.Ger.O. v. 1./12. 98. §§ 260². 273. 390. Eine Zusammenstellung der hauptsächlichsten, einzelnen Rechte u. Pflichten des Vorsitzenden, Verhandlungsführers u. des Gerichts nebst Inhalt des Protokolls. 2. Aufl. gr. 8. (45 S.) Königsberg 900. (Gräfe & Unzer.) n. 1. 20

Die Hauptverhandlung (ausgeschl. Revisions-Instanz) nach d. Mil.Str. Ger. O. vom 1./12. 98 §§ 260². 273. 390. Eine Zusammenstellung d. hauptsächl., einzelnen Rechte u. Pflichten d. Vorsitz., Verhandlungsführers u. d. Gerichts nebst Inhalt d. Protokolls von [O.] **Meyer**, Oberkriegsger.R. 2. Aufl. Selbstverl. *Königsberg i. Pr. 1900: M. Liedtke.* (45 S.) 8° [J.] [ot. 9st 10

Meyer, O., u. G. Wallis, der Kanarienvogel. Handbuch f. Züchter u. Liebhaber. 8. (VIII, 110 S.) Duderstadt 884. Haensch. n. 1. 20

Meyer, O. (II.), Lern- und Wiederholungsbuch für den Unterricht in der Geographie. 2. vollständ. umgearb. Aufl. gr. 8. (IV, 127 S.) Bielefeld 888, Helmich. * 75 Pf.; geb. *

Meyer, O., der Segen der Trauer um unsere Lieben. Predigt am 13. Sonntag nach Trinitatis (13. IX. 1908.) (8 S.) 8. Tübingen 908. G. Schnürlen. — 20

Meyer, O. A., s. Meyer, Oskar Emil

Meyer, O. E. A., über die Erziehung der Jugend. 1. Heft. gr. 8. (32 S.) Göttingen 847, Dieterichsche Buchh. *

Meyer, Oskar, appr. Arzt a. Rübeland i. H.: Über multiple Adenome des Rectum und des Dickdarms. Halle a. S. 1905: C. A. Kaemmerer & Co. (38 S.) 8°
Halle, Med. Fak., Ref. v. Bramann, Diss. v. 27. Juli 1905
[Geb. 24. Nov. 81 Rübeland i. H.; Wohnort: Rübeland; Staatsangeh.: Braunschweig; Vorbildung: Gymn. Blankenburg a. H. Reife O. 00; Studium: Tübingen 1, Berlin 1, Kiel 2, München 3, Halle 3 S.; Coll. 22. Juli 05; Approb. 16. Juni 05.]

Meyer, Oscar [Kammerger.-Ref.]: Bedeutung und Wert der Dreiteilung der strafbaren Handlungen für das Deutsche Reichsrecht.... Berlin, Druck v. A. Seydel & Cie., *1891;* VII, 61 S., 1 Bl. 8°
Berlin, Jur. Fak., Inaug.-Diss. v. 15. Apr. 1891

Meyer, Oskar, appr. Arzt a. Lübeck: Aus der Kgl. chirurgischen Universitäts-Klinik zu Kiel. Beitrag zur Casuistik der acuten Beckenosteomyelitis. Kiel 1904: H. Fiencke. (38 S.) 8°
Kiel, Med. Fak., Ref. Helferich, Diss. v. 19. Okt. 1904
[Geb. 12. Sept. 80 Lübeck; Wohnort: Lübeck; Staatsangeh.: Lübeck; Vorbildung: Gymn. Katharineum Lübeck Reife O. 99; Studium: Heidelberg 4, Kiel 1, Berlin 2, Kiel 4 S.; Rig. 29. Sept. 04; Approb. 14. Juli 04.]

Meyer, Osc., die Börse, Giftbaum od. nationales Wirtschaftsinstrument? Eine Erörterg. zur Börsenreform. (32 S.) gr. 8. Berlin-Schöneberg 907. Verlag der „Hilfe". — 20

Meyer, Oscar (geb. am 16 Juli 1844 in Hamburg): Quaestiones Homericae. Spec. prius ... Bonnae, form. C. Georgi (1867). 2 Bl., 25 S., 1 Bl. 8. ¶ Erschien vollständig 1868 bei Cohen & Sohn in Bonn.
Bonn, Phil. Fak., Diss. v. 16 Nov. 1867

Meyer, Osc., Quaestiones Homericae. gr. 8. (142 S.) Bonn 868, Cohen und Sohn. *

Meyer, (Paul) Osc. (geb. Berlin 4. 6. 1856): Zur Statistik über Affection der serösen Häute bei Nierenerkrankungen. Berlin (1881). (32 S.) 8°
Berlin, Med. Diss. v. 15. Aug. 1881

Meyer, Osc., das Stoß- u. Hiebfechten zu Fuß u. zu Pferde. Ein Leitfaden bei der Ertheilung des Unterrichts in der Fechtkunst. Mit erläut. Zeichnungen (auf 6 lith. Taf. in gr. 4.) 2., verb. Aufl. Koblenz 863. Bädeker. 8. (VIII, 55 S.) 7½ ngr

Meyer, Oscar *August* [aus Steimel (Rheinpr.)]: **Celluläre Untersuchungen an Nematoden-Eiern ... (Aus: Jenaische Zeitschr. f. Naturw., Bd. XXIX, N. F. XXII.) Jena, G. Fischer,** 1895; 1 Bl., 20 S., 1 Bl., 2 Taf. 8.
Würzburg, Phil. Fak., Inaug.-Diss. v. 1895

Meyer, Osc., das Voltigiren als Vorbereitung und in Verbindung des Waffengebrauchs zu Pferde. Ein Leitfaden zur Ertheilung des Unterrichts für Lehrer der Gymnastik sowie insbesond. für Kavallerie-Offiziere. 2., verb. Aufl. 8. (VII und 45 S. mit erläut. Zeichnungen auf 7 Steint. in qu. gr. 4.) Koblenz 863, Bädeker.

Meyer, Oskar August, s. Meyer, Oskar

Meyer, Oskar Bertold, a. Würzburg: Über einige Eigenschaften der Gefäßmuskulatur mit besonderer Berücksichtigung der Adrenalinwirkung. München 1906: R. Oldenbourg. (49 S.) 8°
Würzburg, Med. Fak., Ref. Kunkel, Diss. v. 3. Jan. 1907
[Geb. 8. März 80 Würzburg; Wohnort: Würzburg; Staatsangeh.: Bayern; Vorbildung: Neues Gymn. Würzburg Reife Juli 00; Studium: Würzburg 9, München 1 S.; Coll. 29. Nov. 05; Approb. 24. Nov. 05.]

Meyer, Oskar Emil

Meyer, O. A., De mutua fluidorum frictione. (Inaug.-Diss.) Regiomonti 1860. 4°. brosch. (20 S.)

— Ueber die Reibung der Flüssigkeiten. (Poggendorff's Ann., Bd. CXIII.) [o. O. u. J.]

Meyer, Oscarus Aemilius: De gasorum theoria. Vratislaviae: M. Maelzer 1866. (15 S.) 8° *[Buchausg. ebenda]*
Breslau, Phil. Fak., Antr.-Progr. als außerord. Prof. v. 23. Juni 1866

Meyer, Osc. Aemil., de gasorum theoria. Dissertatio inauguralis mathematico-physica. Breslau 866. Mälzer. gr. 8. (15 S.) n. 6 ngr

Meyer, Osk. Emil, die kinetische Theorie der Gase. In elementarer Darstellung mit mathematischen Zusätzen. gr. 8. (XV, 338 S.) Breslau 877. Maruschke & Berendt. n. 8. —

MEYER, OSKAR EMIL.
Kinetische (Die) Theorie der Gase. In elementarer Darstellung mit mathematischen Zusätzen. Breslau, 1877. 8vo.
Zweite umgearbeitete Auflage. Breslau, 1894. 8vo.

Meyer, Osk. Emil, die kinetische Theorie der Gase. In elementarer Darstellg. m. mathemat. Zusätzen. 2., umgearb. Aufl. 1. Hälfte. gr. 8. (144 u. 64 S.) Breslau 895. Maruschke & Berendt. n. 5. —

Meyer, Osk. Emil, die kinetische Theorie der Gase. In elementarer Darstellung m. mathemat. Zusätzen. 2. umgearb. Aufl. 2. Hälfte. gr. 8. (XVI u. S. 145—352 u. 65—128.) Breslau 899. Maruschke & Berendt. n. 7.—; (kplt. n. 12.—)

Ueber die Wittwen- und Waisen-Versorgungs-Anstalt der Universität Breslau. Von Oskar Emil **Meyer**. Breslau 1879. (5 Bl.) 8° [F.]

Jacques Balmat und der Montblanc. Vortrag geh. in d. Sekt. Breslau d. D. u. Ö. Alpenvereins 1907 von Oskar-Erich **Meyer**. (Breslau 1908: A. Stenzel.) (20 S.) 8°
—**Jahresbericht** d. Sekt. Breslau d. Deutschen u. Österr. Alpenvereins. 10, Beil. [08. 4664 2

Meyer, Osk.-Erich, die Lieder des leisen Lebens. (90 S.) 8. München 910. R. Piper & Co. 2.—

— Sucht u. Sehnen. Ein Buch Gedichte. (142 S.) 8. Breslau 908. E. Wohlfarth. 2.80

Meyer, Oswald, Dr., Assistenzarzt: Aus der Münchener Universitäts-Kinderklinik. ⟨Direktor: Geheimrat Prof. Dr. v. Ranke.⟩ Beiträge zur Kenntnis der Hysterie im Kindesalter. Berlin: S. Karger [1905]. (S. 174—220) 8° [Kopft.]
¶ Aus: Jahrbuch für Kinderheilkunde N. F. 62, H. 1.
München, Med. Fak., Ref. v. Bauer, Diss. v. 27. Juli 1904
[Geb. 1. Aug. 78 Berlin; Wohnort: Berlin; Staatsangeh.: Preußen; Vorbildung: Friedr.-Gymn. Berlin Reife O. 97; Studium: Heidelberg 1, Berlin 3, Kiel 1, Berlin 4 S.; Coll. 27. Juli 04; Approb. Berlin 20. Dez. 02.]

Meyer, Oswald [aus Glindenberg]: Über Cumyl- und Cymylchlorphosphin und einige Derivate derselben ... Rostock, Univ.-Buchdr. v. Adler's Erben, 1893; 45 S., 1 Bl. 8.
Rostock, Phil. Fak., Inaug.-Diss. v. [3. Aug.] 1893

Meyer, Oswald: Über die Eigenschaften von Zinkblech und dessen bleibende Zustandsänderungen bei verschiedener Legur. – 1904.
Diss. Wien, TH

Meyer, Oswald: Über den Nachweis von Pyridinbasen in dem Teer der Kohle von Messel bei Darmstadt. 1893. 53 S. 8°
Karlsruhe, Dipl.-Diss. v. 30. 1. 1892

Meyer, Oswald. Ueber den Nachweis von Pyridinbasen in dem Teer der Kohle von Messel bei Darmstadt. (Karlsruhe) Rostock, 1893.

Meyer, Osw., Nord u. Nebel. Lieder u. Balladen. (87 S.) 8. Berlin (904). C. A. Schwetschke & Sohn. n. 1.80; geb. n. 2.50

Meyer, Osw., üb. die Schwankungen d. Zerreissungskoeffizienten, welche bei Zugversuchen m. dem Materiale e. Charge Flusseisen erhalten werden. (9 S.) gr. 8. Stuttgart (905). (Freiburg i/B. J. Bielefeld.)
Sonderabdruck aus „Baumaterialienkunde." —80

— Versuche, betr. die Klarlegung des Einflusses, welchen die Querschnittsform der Probestäbe auf die Ergebnisse v. Zugversuchen ausübt, nebst Betrachtgn. üb. die Ungleichförmigkeit der Materialien. (33 S. m. Fig. u. 7 Tab.) gr. 8. Stuttgart 905. (Freiburg i/B., J. Bielefeld.) 2.50
Sonderabdruck aus „Baumaterialienkunde".

Meyer, Osw., über den Zusammenhang v. Zug- u. Druck-Diagrammen bei Stahl, Eisen u. Kupfer. (16 S. m. 4 Taf.) Stuttgart 905. (Freiburg i/B., J. Bielefeld.)
Sonderabdruck aus: „Baumaterialienkde." 2.—

Meyer, Othmar, der Sprech- u. Leseunterricht auf phonetischer Grundlage. Progr. (130 S.) gr. 8. Solothurn 904. (A. Lüthy.) n.n. 2.—

Meyer, Othmar. Der Sprech- und Leseunterricht auf phonetischer Grundlage. Beilage zum Jahresbericht der Kantonsschule Solothurn 1903/1904. II + 130 S. 8. Solothurn, Zepfel, 1904.

Meyer, Ott., s. Meyer-Ott, W.

Meyer, Otto, approb. Arzt aus Edenkoben ⟨Rheinpfalz⟩: Ueber die Behandlung bösartiger Eierstocksgeschwülste. *Strassburg i. E. 1900: C. & J. Goeller.* (81 S.) 8°
Strassburg, Med. Diss. v. 1900

Meyer, Otto, Bericht üb. Gruppe 14 der schweizerischen Landesausstellung Zürich 1883: Kurzwaaren. gr. 8. (17 S.) Zürich 884. Orell Füssli & Co. Verl. n. —50

Meyer, Otto [aus Frankfurt a. M.]: Ueber Besonderheiten im Verlauf des Ulcus molle ... Berlin, Druck v. E. Ebering, *1897;* 34 S., 1 Bl. 8.
Berlin, Med. Fak., Inaug.-Diss. v. 11. Mai 1897

Die Arbeitsvermittlung in der Stadt Halle a. S. (Verf.: Dr. Otto **Meyer**, Hilfsarb. d. Statist. Amts.) Halle a. S.: Gebauer-Schwetschke 1907. VI, 63 S. 8°
(Beiträge z. Statistik d. Stadt Halle a. S. H. 1.)

Die Ergebnisse der Wohnungszählung vom 11. Mai 1908 in Halle a. S. (Verf.: Dr. Otto **Meyer**, Hilfsarb. d. Statist. Amts.) Halle a. S. 1908. Gebauer-Schwetschke. VI, 67 S. 8°
(Beiträge z. Statistik d. Stadt Halle a. S. H. 4.)

Meyer, Otto [pr. Arzt aus Rudolstadt]: Ein Fall von sympathischer Ophthalmie nach subconjunctivaler Bulbusruptur ... Jena, Univ.-Buchdr. G. Neuenhahn, 1896; 28 S. 8.
Jena, Med. Fak., Inaug.-Diss. v. [16. Juni] 1896

Meyer, Otto (II.), ein Fall von Verdoppelung der Allantois und der äusseren Genitalien, s. Schriften der naturforschenden Gesellschaft in Danzig.

Meyer, Otto, Rechtskand.: Der Falscheid, sein Wesen und seine Bedeutung. (Berlin [1910]: Imberg & Lefson.) 59 S. 8°
Heidelberg, Jur. Diss. v. 11. Febr. 1910, Ref. v. Lilienthal
[Geb. 5. Juni 86 Berlin; Wohnort: Berlin; Staatsangeh.: Preußen; Vorbildung: Friedrichs-Werdersche Oberrealsch. Berlin Reife O. 06; Studium: Berlin 6, Heidelberg 1 S.; Rig. 7. Dez. 09.] [U 10. 1945

Meyer, Otto, Gesetz über die Enteignung v. Grundeigentum, s.a. Guttentag's Sammlung preuß. Gesetze. Nr. 37.

Meyer, Otto, Gesetz über die Enteignung von Grundeigentum. Vom 1. Juni 1871. M. e. Anh., enth. d. Baufluchtliniengesetz, Ministerialverordn. u. d. enteignungsrechtl. Vorschriften d. Gesetzes betr. Herstell. u. Ausbau d. Wasserstrassen. Text-Ausg. m. Anmerk. u. Sachreg. Berlin 1905. 8°
(Guttentag'sche Sammlung Preuss. Gesetze. Nr 37)

Meyer, Otto *(geb. Glogau 1. 11. 1860)*: Ueber den Glycogengehalt embryonaler und jugendlicher Organe. Breslau 1884. (30 S.) 8° *[Im Buchhandel 1884 bei Köhler in Breslau.]*
Breslau, Med. Diss. v. 6. Okt. 1884

Meyer, Otto, üb. den Glycogengehalt embryonaler u. jugendlicher Organe. gr. 8. (30 S.) Breslau 884. (Köhler.) n. 1.–

Meyer, Otto [app. Arzt aus Bergedorf]: Die Herzfehlerzellen und ihre pathognomonische Bedeutung ... Jena, Druck v. A. Kämpfe, 1893; 30 S., 1 Bl. 8.
Jena, Med. Fak., Inaug.-Diss. v. [7. März] 1893

Meyer, Otto, a. Hannover: Kondensationen mit Benzoylameisensäureäthylester. Würzburg 1906: C. J. Becker. (61 S.) 8°
Tübingen, Naturw. Fak., Ref. Wislicenus, Diss. v. 20. Dez. 1905
[Geb. 23. Sept. 77 Hannover; Wohnort: Tübingen; Staatsangeh.: Preußen; Vorbildung: Apothekerprüf. mit 1; Studium: Göttingen 4, Tübingen 5 S.; Coll. 20. Dez. 05.]

Meyer, Otto, die Lehrerbildung, s. a. Morgenröte, die. I, 3.

Die Lehrerbildung. Von Otto Meyer, Lehrer in Braunschweig. Osterwieck/Harz: Zickfeldt 1909. 69 S. 8°
(Die Morgenröte. Bd 1, H. 3.)

Meyer, Otto, Abbenrode a. H.: Die Maßnahmen gegenüber der Arbeitslosigkeit in Halle a. S. Halle a. S. 1907: Gebauer-Schwetschke. (VIII, 49 S.) 8° ¶ (Erscheint vollst. im gleichen Verlage.)
Halle, Phil. Fak., Ref. Conrad, Diss. v. 20. Juni 1907
[Geb. 22. Juli 80 Abbenrode a. H., Kr. Halberstadt; Wohnort: Halle a. S.; Staatsangeb.: Preußen; Vorbildung: Latina Halle Reife M. 99; Studium: Leipzig 1, Marburg 3, Halle 7 S.; Rig. 23. Febr. 07.]

Die Massnahmen gegenüber der Arbeitslosigkeit in Halle a. S. Von Dr. Otto **Meyer**. Mit 2 Taf. Halle a.S.: Gebauer-Schwetschke 1907. (VIII, 126 S.) 4°(8°) [07. 12413 3

Meyer, Otto. Der praktische Obstbaumzüchter. 8. (66 S. u. 6 Taf.) Minden 891, Köhler. * — 75

Meyer, Otto (II.), praktischer Obstbaumzüchter. Ein Handbuch für Baumschulen-Besitzer und Liebhaber der Obstbaumzucht. 8. (66 S. mit erläut. Abbild. [6 Stnt.].) Minden 888, Köhler.

Meyer, Otto: Aus d. Chir. Klinik zu Kiel. Eitrige Thrombose der Pfortader nach Appendicitis. Kiel 1910: Schmidt & Klaunig. 26 S. 8°
Kiel, Med. Diss. v. 27. Juni 1910, Ref. Anschütz
[Geb. 3. Mai 84 Oldenburg i. Gr.; Wohnort: Lübeck; Staatsangeb.: Oldenburg; Vorbildung: Gymn. Oldenburg Reife O. 04; Studium: Kiel 2, Heidelberg 1, Kiel 3, München 1, Kiel 3 S.; Coll. 8. März 10; Approb. 8. Juni 10.] [U 10. 2457

Meyer, Otto [dipl. Chemiker von Herisau (Kt. Appenzell A. Rh.)]: Versuche zur quantitativen Bestimmung der bei der Zersetzung der Eiweisskörper durch Säuren entstehenden Basen. Zürich 1900. 50 S. 8°.
Zürich. Phil. Diss. II. S. 1899/1900.

Meyer, Otto Der geometrische Zeichenunterricht in Quinta, VI. 8 S. 8. **Progr.** *Schwetz* 1885.

Meyer, Otto Emil. An den Wassern des Niagara. Eine Geschichte aus zwei Weltteilen von O' E' M' [von Herisau, in Zürich]. VIII + 640 S. 8. Dresden, E. Pierson, [1906]. (M. 5. —)

Meyer, Ottokar Emil, s. M e y e r , Oskar Emil.

Meyer, P. Die pädagogische Bedeutung der Lehre von dem Seelenvermögen kritisch betrachtet. 24 S. **Progr.** G. *Crefeld* 1880.

Meyer, P., der Diktatstoff nach dem Lehrplan der Berliner Gemeindeschulen, s.: Herbst, L.

Meyer, P., Handbuch f. Schornsteinfeger, s.: Meyer, H.

Meyer, P., s.: Herzen, rühmende, regsame Hände.

Meyer, P., Quaestiones Strabonianae. Diss. 1879. 24 S.

— **P.**, Die ägyptischen Urkunden und das Eherecht der römischen Soldaten. 81 S. **S.-A.** 1.—

Meyer, P. De vita Constantini eusebiana. S. 23—28. G. **Crefeld* 1883. **Progr.**

Meyer, Paul, s.a. M e y e r , Paul Martin

Meyer, Paul, die Anzeigepflicht d. Versicherungsnehmers b. Abschluss d. Versicherungsvertrages nach See- u. Binnenversicherungsrecht. Habilitations-Schrift. gr. 8. (85 S.) Hamburg 897. H. Seippel. n. 2.—

Meyer, Paul: Der Ausbruch des ersten punischen Krieges. (Berlin 1908: Ebering.) 82 S. 8°
Berlin, Phil. Diss. v. 19. Dez. 1908, Ref. E. Meyer
[Geb. 3. Okt. 86 Berlin; Wohnort: Gr.-Lichterfelde; Staatsangeh.: Preußen; Vorbildung: Luisen-Gymn. Berlin Reife O. 05; Studium: Berlin 7 S.; Rig. 12. Nov. 08.] [U 09. 334

Meyer, P[aul]. Die Aussprache des *c* und *t* im klassischen Latein und ihre Einführung in die heutige Schulpraxis; ein Reformvorschlag. Vortrag, gehalten an der 41. Jahresversammlung des Vereins schweizerischer Gymnasiallehrer. Separatabdruck aus dem 32. Jahresheft... . II + 37 S. 8. Aarau, H. R. Sauerländer & Co., [1902].

Meyer Paul (I.), Joh. Seb. Bach, s.a. Vorträge, öffentliche, gehalten in der Schweiz.

Meyer, Paul. Johann Sebastian Bach (1685-1750). Vortrag. 8. Basel 1887.
(Oeffentliche Vorträge gehalten in der Schweiz. Band 9. Heft 6.)

Meyer, Paul [app. Arzt aus Weimar]: **Die Bedeutung des** Verschlusses der Gehirnarterien ... Jena, Druck v. B. Engau, 1895; 53 S. 8.
Jena, Med. Fak., Inaug.-Diss. v. [11. März] 1895

Meyer, Paul, approb. Arzt aus Gütersloh: **Beitrag zur Casuistik** der primären Lungensarcome. *München 1900: Kastner & Lossen.* (27 S.) 8°
München, Med. Diss. v. 1900

Beiträge zu Ciceros Briefen an Atticus. — Von Paul Meyer, G.-P. — 1900, Hof, Mintzel'sche Druckerei. — P. 1—40. — (Dem ausgezeichneten Schüler des Hofer Gymnasiums (1844 - 1848), dem um das Gymnasialschulwesen hochverdienten Lehrer und Gelehrten, Herrn Dr. phil. et jur. Iwan Ritter von Müller, K. Geheimrat, o. ö. Professor der klassischen Philologie und der Pädagogik an der Universität München, zur Feier seines siebzigsten Geburtstages dargebracht.)
Progr. Hof, K. Gymn.

Meyer, Paul, Prof.: **Beiträge** zu Ciceros Briefen an Atticus. *Hof (1900): Mintzel.* (39 S.) 8° ¶ (Forts. u. Ergänzung d. P-Beil. Bayreuth 1887: De Ciceronis in epistolis ad Atticum sermone.)
Hof, k. humanist. G, P u. Festschr. 1900*

Meyer, Paul (geb. Berlin 9. 1. 1857): Beiträge zu den Functionen der Hirntheile des Frosches. Berlin (1881). (20 S.) 8
Berlin, Med. Diss. v. 2. Aug. 1881

Meyer, Paul, a. Biebrich a. Rh.: Beiträge **zur Kenntnis des** p-Homosalicylaldehyds, des p-Homosaligenins und der p-Homosalicylsäure. Marburg 1905: R. Friedrich. (52 S.) 8°
Marburg, Phil. Fak., Ref. Zincke, Diss. v. 21. Juni 1905
[Geb. 23. Nov. 81 Biebrich; Wohnort: Biebrich; Staatsangeb.: Preußen; Vorbildung: Realprogymn. Biebrich, Realgymn. Wiesbaden Reife O. 00; Studium: Marburg 2, München 1 S., dann Marburg; Rig. 20. Dez. 04.]

Meyer, Paul, s. Bibliothek des litterarischen Vereins in **Stuttgart LXXV.**

Meyer, Paul, Bürgerkunde f. die höheren Schulen Deutschlands. (VII, 120 S.) 8. Leipzig 910. Quelle & Meyer. Geb. in Leinw. 1. 20

Meyer, Paul, Die cognomina auf — anus griechischen Stammes auf den römischen Inschriften. I. Teil. Bern 1886. **Progr.**

Meyer, Paul: Über die Differenzierung der Tuberkelbazillen verschiedener Herkunft auf gallehaltigen Nährböden. Hildesheim 1910. 38 S.
Giessen, Vet.-med. Diss. v. 1910.

Meyer, Paul, d. Doppelkraft d. Lichtes u. ihre Metamorphose. Ein monistisch-antimaterialist. Natursystem. gr. 8. (IV, 273 S.) Leipzig 896. O. Mutze. n. 5.—; geb. n. 6.—

Meyer, Paul, Droyßig 1852—1902. Eine Festschrift zum 50jähr. Bestehen der Droyßiger Anstalten am 1. X. 1902. In Gemeinschaft m. früheren u. jetz. Mitgliedern des Lehrerkollegiums hrsg. Mit 24 Abbildgn. im Text, 8 Taf., sowie e. Grundriß u. e. farb. Lageplan. gr. 8. (168 S.) Breslau 902. F. Hirt. Geb. in Leinw. n. 3.—

Meyer, Paul, die Ehe im Lichte des Spiritualismus u. der Theosophie. (15 S.) 8. Lorch 904. K. Rohm. n. — 20

Meyer, Paul, die Ehe im Lichte des Spiritualismus u. der Theosophie. Mit e. Anh.: Glücklicher Ehestand. Von Hufeland. 2. Aufl. (30 S.) kl. 8. Lorch 908. K. Rohm. — 20

Meyer, Paul: Der Einfluss des Asparagins auf den Eiweissansatz bei Wiederkäuern ... Bonn, Druck v. K. Drobnig, 1896; 50 S., 1 Bl., 6 Bl. Tab. 8.
Heidelberg, Naturw.-math. Fak., Inaug.-Diss. v. [19. Jan.] 1897

Meyer, Paul, approb. Arzt aus Stendal: Über die Eiweisszersetzung unter dem Einfluss des elektrischen Glühlichtbades. *Halle a. S. 1902: C. A. Kaemmerer & Co.* (28 S.) 8°
Halle, Med. Diss. v. 5. März 1902

Meyer, Paul, Dir.: Entstehung und Entwicklung der Droyßiger Anstalten. Nach d. amtl. Aktenmaterial ... bearb. *Breslau: F. Hirt 1902.* (S. 5—109.) 8° [F.]
Droyßig, k. ev. Lehrerinnen-Sm, Festschr. 1902

Das Erbrecht des Bürgerlichen Gesetzbuchs für das Deutsche Reich. Ein Lehrbuch von Prof. Dr. Paul **Meyer**. (Lfg 1—3.) *Marburg: N. G. Elwert 1901(—02).* (238 S.) 8° [F.]
[Diese 3 Lieferungen wurden aus d. Buchhandel zurückgezogen u. durch e. 2. Aufl. ersetzt.] [04. 1165

Das Erbrecht des Bürgerlichen Gesetzbuchs für das Deutsche Reich. Ein Lehrbuch von Prof. Dr. Paul **Meyer**, Privatd., Marburg. Lfg 1—4. ⟨Lfg 1—3 in 2. Ausg.⟩ *Marburg: N. G. Elwert 1904.* 8° [F.] [04. 1166

Meyer, Paul, das Erbrecht des bürgerlichen Gesetzbuches f. das Deutsche Reich. Ein Lehrbuch. 5 Lfgn. (IV, 372 S.) gr. 8. Marburg 904. N. G. Elwert's Verl. n. 7. 10

— Das Erbrecht des bürgerlichen Gesetzbuchs f. das Deutsche Reich. Ein Lehrbuch. 6. Lfg. (S. 373—468.) gr. 8. Marburg 910. N. G. Elwert's Verl. 2. —

Meyer, Paul, Études histologiques sur le labyrinthe membraneux et plus spécialement sur le limaçon chez les reptiles et les oiseaux. gr. 8. (V, 191 S. mit 5 lithogr. und chromolithogr. Taf. in gr. 4. und qu. gr. 4.) Strassburg 876, Trübner. *

Meyer, P., die Fortsetzer Hermann's von Reichenau, s.: Studien, historische.

Meyer, *Paul*: Fridericum Augustum Ducem Saxoniae et Luisam Antoinettam Mariam Theresiam Archiducem Austriae faustissimas nuptias celebrantes pro summa sua pietate et observantia optimis ominibus prosequitur Regia schola Grimensis. Fol. (12 S.). Kgl. Sächs. Fürsten- u. Landessch. *Grimma* 1891.
Latein. u. deutsches Festgedicht. Nicht im Tauschverkehr.

Progr.

Meyer, Paul, cand. jur. a. Kahla S.-A.: Die Girozahlung. Kahla 1905: J. Beck. (V, 46 S.) 8°
Jena, Jur. Fak., Ref. Rosenthal, Diss. v. 25. Mai 1905
[Geb. 4. Nov. 75 Kahla; Wohnort: Kahla; Staatsangeh.: Herzogtum S.-Altenburg; Vorbildung: Gymn. Eisenberg Reife 97; Studium: Jena 2, Straßburg 1, Halle 1, Straßburg 1, Jena 5 S.; Rig. 7. März 05.]

Meyer, P., Goethe u. das klassische Altertum, s.a. Aus dem Goethejahr.

Meyer, P(aul): Goethe und das klassische Altertum. (Festrede.) *Leipzig 1900: B. G. Teubner.* (11 S.) 8° [F.] ¶ [Erschien auch in: Aus dem Goethejahr. Leipzig 1900.]
Hildesheim, k. G Andreanum, OP 1900 (330)

Meyer, Paul: Die Götterwelt Homers. Göttingen 1907: L. Hofer. (S. 3—26.) 4°
Ilfeld, k. Kloster-S OP 1907 (380)

— Handbuch für Schornsteinfeger, s. Meyer, H.

Meyer, Paul, das Handelsgesetzbuch, s.: Berliner, Manfr.

Meyer, Paul, nach 50 Jahren. Eine Anwaltskomödie mit zahlreichen Akten in 1 Aufzuge. Festspiel zum 17. deutschen Anwaltstage in Hannover. Septbr. 1905. (45 S.) 8. Hannover (905). Helwing. n. 1. 20

Meyer, Paul: Die Idee des ewigen Friedens bei Kants Zeitgenossen. *Berlin: Weidmann 1903.* (12 S.) 4°
Berlin, Luisenstädt. G, OP 1903 (68)

Meyer, Paul, die Idee des ewigen Friedens bei Kants Zeitgenossen. Progr. (12 S.) gr. 4. Berlin 903. Weidmann. n. 1. —

(**Meyer**, Paul): Von dem 350jährigen Jubelfeste der Königlich Sächsischen Fürsten- und Landesschule zu Grimma am 23. und 24. September 1900. *(Grimma 1900: F. Bode.)* (96 S.) 8°
Grimma, Fürsten- u. Landes-S, Festbericht 1900**

Meyer, Paul [aus Angerburg in Ostpreussen]: Die Kaltwasserbehandlung bei Abdominaltyphus .... Berlin, Buchdr. v. Gustav Schade (Otto Francke) (1887); 29 + 1 S. + 1 Bl. 8°.
Berlin, Med. Fak., Inaug.-Diss. v. 30. Jul. 1887.

Meyer, Paul, die Kaltwasserbehandlung bei Abdominaltyphus. Diss. Berlin 1887, Mayer & Müller. 8°. 29 S.

Meyer, Paul, die motorische Kraft. Grundzüge einer Theorie der Bewegung. (145 S. m. Fig.) gr. 8. Berlin 906. F. Schneider & Co. n. 2. 50

Meyer, P., Lehrbuch d. Lateinischen f. Anfänger. 2 Tle. gr. 8. Bern, W. Kaiser. Geb. n.n 4. 70
1. (XIV, 142 S.) 892. n.n. 2. 50. — 2. (X, 114 S.) 893. n.n. 2. 20

Meyer, Paul, A. G: Listen über elektrotechnische Jnstrumente und Apparate. Berlin 1896—1908

Meyer, Paul, A. G: Listen über elektrotechnische Jnstrumente und Apparate. Berlin 1908—1912

Meyer, Paul: Das Ludwigslied und Otfrids Evangelienbuch. Eine sprachwissenschaftliche Vergleichung. Hamburg 1904: Lütcke & Wulff. (18 S.) 4°
Hamburg, R in Eimsbüttel P 1904 (854)

Meyer, Paul, Memoiren des Kneipgenies Batzke, genannt Klumpatsch, einstigen Kaufmanns, jetzigen Sonnenbruders. Satyrische Reminiscenzen nach Orig.-Notizen bearb. 16. (30 S. mit eingedr. Holzschn.) Magdeburg 868, Volksbuchhandlung.

Meyer, Paul [aus Köthen]: Über die Messung homogener Magnetfelder durch transversalen Druck und die Dimagnetisierungskonstante des Manganstahles. ... Heidelberg, *Druck v. Paul Schettler's Erben in Cöthen*, 1889; 22 S. + 1 Bl. u. 1 Taf. 8°
Heidelberg, Phil. Fak., Inaug.-Diss. v. [29. Mai] 1889

—— Mikro-Photographien nach pathologisch-anatomischen Präparaten, s. Recklinghausen, F. v.

Meyer, Paulus [Hamburgensis]: De Mæcenatis oratione Dione ficta ... Berolini, C. Heymann, 1891; 2 Bl., 95 S. 8.
Berlin, Phil. Fak., Inaug.-Diss. v. 15. Dez. 1891

Meyer, Paul (II.). De Maecenatis oratione a Dione ficta. Diss. gr. 8. (93 S.) Berl. 891, C. Heymann. * 1 50

Meyer, Paul [aus Leipzig]: Über Orthodibromphenylhydrazin ... Würzburg, P. Scheiner's Buchdr., 1892; 24 S. 8.
Würzburg, Phil. Fak., Inaug.-Diss. v. 1892

Meyer, Paul, A. G.: Preisliste über elektrotechnische Instrumente und Apparate. Berlin 1904

Meyer, Paul, A.-G: Preisliste über elektrische Meßinstrumente und Apparate. Berlin 1910

Meyer, Paul [Dr.]: Samuel Pufendorf. E. Beitr. z. Geschichte seines Lebens. Grimma, Druck v. J. Schiertz, 1894; 2 Bl., 31 S., 1 Portr. 4.
Grimma, Fürsten- u. Landes-S, P 1895 (550)

— **Samuel Pufendorf. E. Beitrag zur Geschichte s. Lebens. Progr. gr. 4. (31 S.) Grimma 894. (G. Gensel's Verlag.)** n. 1. —

— **dasselbe. Nebst: Pufendorf. (Wissenschaftl. Beilage d. Leipziger Zeitung. 1894. Nr. 131.) gr. 4. (31 u. 4 S. m. Bildnis.) Ebd. 895.** n. 1. 25

Meyer, Paul, Rand-Bemerkungen üb. Politik. I. Etwas Polnisches. gr. 8. (14 S.) Berlin 901. Herm. Walther. n. — 50

Meyer, Paul [approb. Arzt aus Göttingen]: Ueber spontane Resorption von Cataracta senilis .... Berlin, Hermann Peters, 1887; 38 S. 8°.
Göttingen, Med. Fak., Inaug.-Diss. v. 21. Jan. 1887.

Meyer, Paul, Rinderrassen u. Käsefabrikation in Frankreich. Bericht, erstatt. an d. kgl. preuß. Ministerium f. Landwirtschaft, Domänen u. Forsten üb. e. Studienreise nach Frankreich. [Aus: „Milch-Zeitg."]. gr. 8. (III, 112 S. m. 23 Abb.) Bremen 897. Leipzig, M. Heinsius Nachf. n. 2. 40

Meyer, Paul, A. G: Sammelmappe betreffend elektrotechnische Meßinstrumente und Schalttafelapparate. Berlin 1906—1908

Meyer, Paul, lateinische Schulgrammatik. Syntax. gr. 8. (X, 69 S.) Bern 898. K. J. Wyß. Kart. n. 1. 50

Meyer, Paul, lateinische Schulgrammatik. Formenlehre. 3., durchgeseh. u. verb. Aufl. (VIII, 83 S.) 8. Bern 906. (Stämpfli & Co.) Kart. n.n. 1. 60

— dasselbe. Syntax. 2., durchgeseh. u. vielfach veränd. Aufl. (IX, 74 S.) 8. Bern 908. K. J. Wyß. Kart. 1. 50

Meyer, Paul. Lateinische Schulgrammatik. Formenlehre. 4. durchgesehene Aufl. VIII + 83 S. 8. Bern, Stämpfli & Cie., 1910. [geb. fr. 1. 80]

De Ciceronis in epistolis ad Atticum sermone. — Von Paul Meyer, Stdl. — 1887, Bayreuth, Th. Burger. S. 3—60.
Progr. Bayreuth. K. Gymn.

Meyer, Paul, aus Metz: Über die 7-Teilung der Lemniscate. *Braunschweig 1900: F. Vieweg & Sohn.* (23 S.) 8°
Strassburg, Math.-naturw. Diss. v. 1900

Meyer, Paul, die Staldenschule, s. a. Neujahrs-Blatt der litterarischen Gesellschaft Bern. 1905.

Meyer, Paul. **Die Staldenschule. Ein Beitrag zur Geschichte der stadtbernischen Primarschulen. [Mit 1 Tafel.] II + 72 S. 4. Bern, K. J. Wyss, 1904. [fr. 2. 50]**
Neujahrs-Blatt der Literarischen Gesellschaft Bern auf das Jahr 1905.

Meyer, *Paul* Straboniana. 4 (34 S.).
Progr. Fürsten- u. Landessch. *Grimma* 1890 (531)
I. Für wen wollte Str. schreiben? II. Str. war gewifs ein weitgereister Mann. III. Str. hat seine Geographica nicht selbst herausgegeben.

Meyer, Paul (I.). Straboniana. gr. 4. (34 S.) Grimma 890, (Gensel). * 1 —

Meyer, Paul, A. G: Taschenpreisliste über elektrotechnische Instrumente und Apparate. Berlin 1908

— **P., Das gemeinschaftliche Testament des bürgerlichen Gesetzbuchs. Eine geschichtlich-dogmat. Abhandlg. (V, 64 S.) gr. 8. Marburg, N. G. Elwert's Verl. 1908.** 1. 20.

Meyer. Paul Der Triumphzug des Germanicus 4 (S. 85—92).
In: Einladungsschrift zu der Einweihung des neuen Gebäudes der Fürsten- u. Landessch. *Grimma* 1891.
II Strabos Bericht über den Triumphzug des Germanicus.
Nicht im Tauschverkehr. **Progr.**

Meyer, Paul, der Triumphzug d. Germanicus. [Aus: „Einladungsschrift z. Einweihg. d. neuen Gebäudes d. Fürsten- u. Landesschule zu Grimma".] gr. 4. (8 S.) Grimma 891. (G. Gensel.) n. — 50

Meyer, Paul s. Tschudi, Aegidius. Des Schweizerchronisten Aeg' T' Bericht über die Befreiung der Waldstätte. München 1910.

Meyer, Paul. Übungsbuch zur lateinischen Formenlehre. 3. durchgesehene und verbesserte Aufl. IV + 150 S. 8. Bern, Stämpfli & Cie., 1906. [cart. fr. 2. 70]

— Übungsbuch zur lateinischen Formenlehre. 4. durchgeseh. u. verb. Aufl. (IV, 150 S.) 8. Bern 910. (Stämpfli & Co.) Kart. nn 2. 40

Meyer, Paul (II.), Übungsbuch zum Übersetzen aus dem Deutschen in das Griechische für Obertertia im Anschluß an die gebräuchlichsten Grammatiken. gr. 8. (IV, 138 S.) Leipzig 888, Teubner.

Meyer, P. Übungssätze zur lateinischen Syntax. Gr. 8°. 69 S. Bern, K. J. Wyss. *1898.* cart. 1 60

Meyer, Paul. Übungssätze zur lateinischen Syntax. Zusammengestellt von Dr. P' M', Rektor ... in Bern. 2., etwas vermehrte Aufl. IV + 71 S. 8. Bern, K. J. Wyss, 1908. [cart. fr. 1. 60]

Meyer. Paul. von Zürich: Untersuchung über die Frage der Echtheit des Briefwechsels Cicero ad Brutum sowol vom historischen als vom sprachlichen Gesichtspunkt aus. Stuttg. Hammer u. Liebich Dr. [Berl. Mayer u. Müller Comm.] 1881. VIII. 210 S. 8°.
Zürich. Phil. Diss. I. S. [v. 5. März 1881].

—— **Untersuchung über die Frage der Echtheit des Briefwechsels Cicero ad Brutum sowol vom historischen als vom sprachlichen Gesichtspunkt aus. Inaugural-Dissertation. gr. 8. (VIII, 210 S.) Stuttgart 881. (Berlin, Mayer und Müller.)** *

Meyer, Paul, Untersuchungen über die Frage der Echtheit des Briefwechsels Cicero ad Brutum sowohl vom historischen als vom sprachlichen Gesichtspunkt aus. Inaugural-Dissertation. gr. 8. (VIII, 210 S.) Stuttgart 881. (Knapp.) n. 2. 40

Meyer, *Hermann Maximilian* Paul [aus Magdeburg]: Metrische Untersuchungen über den Blankvers John Dryden's ... Halle a. S., Druck v. Wischan & Wettengel, 1897; 84 S., 1 Bl. 8.
Halle, Phil. Fak., Inaug.-Diss. v. [3. Apr.] 1897

Meyer, Paul, approb. Arzt aus Essen: Aus d. kgl. Universitäts-Frauen-Klinik zu Marburg. Ueber Ursachen, welche das Stillen verbieten, insbesondere das Stillen nach schweren Blutverlusten in der Geburt. *Marburg 1901: F. Sömmering.* (41 S.) 8°
Marburg, Med. Diss. v. 13. Juni 1901

Meyer, Paul *Heinrich* [Referendar in Hamburg]: Vertragsvollziehung als Vertragsreproduction ... Marburg, Univ.-Buchdr. '(R. Friedrich)', 1893; 40 S. 8.
Marburg, Jur. Fak., Inaug.-Diss. v. [9. Aug.] 1893

Meyer, P[aul]. Verzeichnis der Belegstellen zu meinem «Übungsbuch der lateinischen Formenlehre», 4. Aufl. Bern ... 1910. 26 S. 8. Bern, Stämpfli & Cie., 1911. [fr. 1. —]

— d. Wahrheit d. Christenthums. Auf pantheist. Grundlage dargest. gr. 8. (III, 175 S.) Ebd. 896. n. 3. —; geb. n. 4. —

Meyer, P[aul]. Wünsche und Anträge bezüglich des Unterrichts in der lateinischen Sprache an den bernischen deutschen Gymnasien, Progymnasien und Sekundarschulen. Referat zu Handen der Tit. Kommission zur Beratung der Revision der Unterrichtspläne für die Mittelschulen des Kantons Bern, ausgearbeitet für die Hauptversammlung des bernischen Mittellehrervereins vom 19. Dezember 1903 in Bern. 12 S. 8. Bern, Stämpfli & Cie., 1903.

Meyer, Paul Constantin, s. Meyer, Paul Konstantin

Meyer, Paul Emil Wilhelm, s. Meyer, Paul

Meyer, Paulus Ericus [Berolinensis]: Quaestiones grammaticae ad Scauri artem restituendam spectantes .... Jenae, typ. A. Neuenhahni, 1885; 70 S. 8°.
Jena, Phil. Fak., Inaug.-Diss. v. 1885.

Meyer, Paul Erich, quaestiones grammaticae ad Scauri artem restituendam spectantes. Dissertatio inauguralis. gr. 8. (70 S.) Jena 885, (Neuenhahn.) *

Meyer, Paul Ernst, Tierarzt aus Barmen: Aus dem Zoologischen Institut der Universität Bern. Die Kiemenhöhle und das Kiemengerüst bei den Labyrinthfischen. Ein klassisches Beispiel von der Variationsfähigkeit der Organe. [Mit 10 Fig. auf 5 Taf.] Elberfeld 1904. 40 S. 8°. [21. VIII. 04.]
Bern, Phil. Diss. 1904/1905.

Meyer, Paul Ernst. Die Kiemenhöhle und das Kiemengerüst bei den Labyrintfischen. Ein klassisches Beispiel von der Variationsfähigkeit der Organe. Diss. Phil. Bern. [Mit 4 Tafeln.] *Kopftitel:* Aus dem Zoologischen Institut der Universität Bern. 40 S. 8. (Elberfeld, Fastenrath & Schöpp, 1904.)

Meyer, Paul Ernst: Studien über die Oberhautgebilde des Vogelfußes. (Berlin: G. Schade 1908.) 31 S. 8°
Berlin, Phil. Diss. v. 19. Dez. 1908, Ref. F. E. Schulze
[Geb. 28. Juni 79 Crimmitschau; Wohnort: Solingen; Staatsangeh.: Preußen; Vorbildung: Oberrealsch. Barmen-Wupperfeld Reife O. 05; Studium: Bonn 2, Berlin 5 S.; Rig. 3. Dez. 08.] [U 09. 235

Meyer, Paul Heinrich, s. Meyer, Paul

Meyer, Paul Joachim (geb. Berlin 19. 1. 1853): Ueber das Glycocoll und seine Derivate mit besonderer Berücksichtigung substituirter Glycocollamide (Oxaethylenharnstoffe). Berlin (1877). (84 S.) 8°
Berlin, Phil. Diss. v. 17. März 1877

Meyer, Paul Karl Ludwig, s. Meyer, Paul

Meyer, Paul Konstantin

Meyer, Paul Constantin: Erforschungsgeschichte und Staatenbildungen des Westsudan. 1. Erforschungsgeschichte, Litteratur, Charakter d. Landes u. seiner Bewohner ... [Erschien vollst. als Ergänzungsheft 121 von: Petermann's Mitteil. aus J. Perthes' geogr. Anst.] Gotha, Druck d. Engelhard-Reyherschen Hofbuchdr., 1897; 2 Bl., 24 S. 4.
Leipzig, Phil. Fak., Inaug.-Diss. v. [25. März] 1897

Meyer, Paul Const., Erforschungsgebiete u. Staatenbildungen des Westsudan, s. a. Petermann's, A., Mitteilungen. 121. Ergänzungsheft.

Erforschungsgeschichte und Staatenbildungen des Westsudan m. Berücks. seiner historischen, ethnolog. u. wirthschaftl. Verhältnisse. Von Dr. Paul Constantin **Meyer.** M. 4 Kt. auf 1 Taf. *Gotha: J. Perthes 1897.* (1 Bl., 107 S., 1 Kt.) 4.
— **Mittheilungen,** Dr. A. Petermanns, aus J. Perthes' Geogr. Anstalt. Ergänzgsh. No 121. [97. 4529

Meyer, Paul Louis August Friedrich, s. Meyer, Paul

Meyer, Paul Martin

— P. M., Διοίκησις und ἴδιος λόγος. S.-A. 1893. 32 S. 4°.

Meyer, Paul M., das Heerwesen der Ptolemäer u. Römer in Ägypten. gr. 8. (X, 231 S.) Leipzig 900. B. G. Teubner. n. 8. —

Meyer, Paul *Martin* [Dr. phil.]: Der römische Konkubinat nach den Rechtsquellen und den Inschriften ... (Erscheint vollst. im gl. Verl.) Leipzig, Druck v. B. G. Teubner, 1895; 35 S. 8.
Berlin, Jur. Fak., Inaug.-Diss. v. 3. Juli 1895

Meyer, Paul, der römische Konkubinat nach den Rechtsquellen u. d. Inschriften. gr. 8. (VII, 196 S.) Leipzig 895. B. G. Teubner. n. 5. —

Die Libelli aus der decianischen Christenverfolgung. Von Prof. Paul M[artin] **Meyer.** Mit 2 Taf. Berlin: Akad. d. Wiss.; G. Reimer in Komm. 1910. 34 S. 4°
Aus: Abhandlungen d. Kgl. Preuss. Akad. d. Wiss. v. Jahre 1910. Anh. [11. 9156

— s. Papyri, Griechische, im Museum des oberhessischen Geschichtsvereins zu Gießen.

— zum Ursprung des Kolonats. Lex.-8. (3 S.) Leipzig 902. Dieterich. n. — 40
Sonderabdruck aus: „Beiträge zur alten Geschichte".

Meyer, Paul Oskar, s. Meyer, Oskar

Meyer, Paulus. Wölfe im Schafsfell — Schafe im Wolfspelz! Enthüllungen üb. die Judenmission u. d. Abrechng. m. Prof. Strack. gr. 8. (X, 94 S.) Leipzig 893. E. Rust. n 1. 50

Meyer, Peter [aus Crefeld]: Ueber Amido- und Oxyphenanthrenchinone. — Bonn, Univ.-Buchdr. v. Carl Georgi, 1886; 30 S. u. 1 Taf. 8°.
Freiburg i. B., Phil. Fak., Inaug.-Diss. v. 1886.

Meyer, Peter, über Amido- und Oxyphenanthrenchinone. Diss. Freiburg i. B. 1886, Fr. Wagnersche Univ.-Buchh. 8°. 30 S. mit einer Tafel.

Meyer, Peter [Dr.]: Bemerkungen zu Friedrichs des Grossen Schrift de la littérature allemande. M.Gladbach, Komm.-V. v. R. Hoster, 1892; 69—77 S. 8.
M.Gladbach, G. Festschr. 1892

Meyer, Peter, a. Strackholt (Ostfriesland): Beweis eines von Euler entdeckten Satzes, betreffend die Bestimmung von Primzahlen. Straßburg i. E. 1906: C. & J. Goeller. (29 S.) 8°
Straßburg, Math.-naturwiss. Fak., Ref. Weber, Diss. v. 1906
[Geb. 7. Febr. 82 Strackholt; Wohnort: Strackholt; Staatsangeh.: Preußen; Vorbildung: Gymn. Aurich Reife O. 02; Studium: Straßburg 3, Berlin 2, Straßburg 3 S.]

Meyer, Peter: Die Einführung des Direktors am 2. März 1903. S. 3—8. 4. Progr. Kgl. Gymn. *Münstereifel* 1903 (528).

Meyer, Peter [app. Arzt aus Schottburg]: Aus d. patholog. Institut zu Kiel. Zwei Fälle von metastatischer Hauttuberkulose. . . . Kiel, Druck v. H. Fiencke, 1889; 11 S. ; 1 Bl. 8°
Kiel, Med. Fak., Inaug.-Diss. v. 26. Febr. 1889

Meyer, Peter (II.). Zwei Fälle v. metastatischer Hauttuberkulose. Diss. gr. 8. (16 S.) Kiel 889, (Lipsius u. Tischer). * — 80

– Aus d. Gebiete jenseits d. Unterrichtsmethodik, s.a. Abhandlungen, Pädagogische.

[F.] Aus dem Gebiete jenseits der Unterrichtsmethodik. Von Dr. Peter **Meyer,** Gymn.-Prof. in München-Gladbach ... *Bielefeld: A. Helmich [1897].* (13 S.) 8.
= Abhandlungen, Pädagogische. N. F. Bd 1. H. 5. (98. 1011)

Meyer, Pet., s.: Gymnasium.

Meyer, *Peter* [pr. Arzt aus Westpreussen]: Zur Casuistik der Drusenbildung in der Glaslamelle der Aderhaut ... Greifswald, Buchdr. C. Sell, 1896; 25 S., 1 Bl. 8.
Greifswald, Med. Fak., Inaug.-Diss. v. 1. Aug. 1896

— Kunsthandwerk u. gesunder Menschenverstand, s.a. Sammlung gemeinverständl. wissensch. Vorträge.

[F.] Kunsthandwerk und gesunder Menschenverstand. E. Vortr. v. Prof. Dr. Peter **Meyer** in München-Gladbach. M. 10 Abb. *Hamburg: Verlagsanst. u. Dr. A.-G. 1899.* (43 S.) 8.
= Sammlung gemeinverständl. wiss. Vorträge. N. F. Ser. 13. H. 307. (99. 1094)

— über Nachhilfe an Schüler, s.a. Abhandlungen, pädagogische. VI. 2.

Über Nachhilfe an Schüler. Von Dr. Peter **Meyer,** Prof. in M.-Gladbach. *Bielefeld: A. Helmich [1901].* (53 S.) 8° [F.]
= Abhandlungen. Pädagogische. N. F. Bd 6, H. 2. (01. 1039)

Meyer, Pet. (I.). Des Aristoteles Politik u. die Ἀθηναίων πολιτεία. Nebst e. Litteratur-Übersicht. 8. (72 S.) Bonn 891, Fr. Cohen. * 1 20

Meyer, Peter Quaestionum lactantianarum part. prima. 8 S. *Jülich* 1878.
Progr.

Meyer, Peter Quaestiones Platonicae I. [I. De dialogorum Platonicorum ordine et tempore prolusio critica. II. De Cratylo Platonico quaestiones selectae. 1. De ὀνόματος, ῥήματος, λόγου notionibus. 2. De Cratyli p. 385 B sq. 3. De Cratyli p. 387 C. 4. Antisthenica. III. Corollarium criticum.]. 4 (25 S.).
Progr. G. mit R.-Parallel-Kl. *M. Gladbach* 1889 (417).

Meyer, Petrvs (geb. am 7 Febr. 1853 in Köln): Ὁ θυμός apvd Aristotelem Platonemqve ... Bonnae, form. P. Nevsser (1876). 2 Bl., 71 S. 8. ¶ Erschien zugleich selbständig bei Neusser in Bonn m. d. Zusatz: Commentatio praemio publico ornata.
Bonn, Phil. Fak., Diss. v. 20 Mai 1876

Meyer, Petrus, ὁ θυμός apud Aristotelem Platonemque. Commentatio praemio publico ornata. gr. 8. (III, 65 S.) Bonn 876. Neusser. n. 1. 60

– Volksschule u. mod. Lehrgelüste, s.a. Abhandlungen, Pädagogische.

[F.] Volksschule und moderne Lehrgelüste. Von Dr. Peter **Meyer,** Gymn.-Prof. in M.-Gladbach ... *Bielefeld: A. Helmich [1897].* (15 S.) 8.
= Abhandlungen, Pädagogische. N. F. Bd II. H. 3. (98. 1020)

Meyer, Pet. Jos., Geschichte d. königl. Gymnasiums zu Trier vom 9. Febr. 1561 bis Ostern 1883. gr. 8. (56 S.) Trier 884. Paulinus-Druckerei. n. — 80

Meyer, Petrvs Iosephvs, progymn. Sarloisiensis rector (geb. 1830 in Horbach bei Aachen): Aeschyli Prometheus vinctvs qvo in loco agi videatvr ... Bonnae, form. C. Georgi (1861). 1 Bl., 41 S. 8. ¶ Erschien zugleich selbständig bei Lempertz in Bonn.
Bonn, Phil. Fak., Diss. v. 27 Mai 1861

Meyer, Ph., die Hauptturkunden f. die Geschichte der Athosklöster, grösstentheils zum ersten Male hrsg. u. m. Einleitgn. versehen. gr 8. (VIII, 303 S.) Leipzig 894. J. C. Hinrichs' Verl. n. 10. —

Meyer, Ph., die theolog. Litteratur der griech. Kirche im 16. Jahrh., s.: Studien zur Geschichte der Theologie u. der Kirche. III. 6.

Meyer, Philipp, Hannover u. der Zusammenschluß der deutschen evangelischen Landeskirchen im 19. Jahrh., s.a. Forschungen zur Geschichte Niedersachsens.

Hannover und der Zusammenschluss der deutschen evangelischen Landeskirchen im 19. Jahrhundert. Zugl. e. Beitrag z. Geschichte d. kirchl. deutschen Einheitsbewegung. Mit 3 Anlagen von D. Philipp **Meyer,** Oberkonsist.R. in Hannover. Hannover & Leipzig: Hahn 1906. (51 S.) 8° [F.]
= Forschungen z. Geschichte Niedersachsens. Bd 1, H. 3. (06. 9760 6)

Meyer, Philipp [approb. Arzt aus Krieschow, Prov. Brandenburg]: Ueber Knorpelbildung im Oesophagus .... Freiburg i. B., Buchdr. zum Gutenberg v. F. Thiergarten, 1887; 26 S. 8°.
Freiburg i. B., Med. Fak., Inaug.-Diss. v. 8. Jun. 1887.

Meyer, Philipp, über Knorpelbildung im Oesophagus. Diss. Freiburg i. B. 1887, Fr. Wagnersche Univ.-Buchh. 8°. 26 S.

Meyer, Phil. (geb. Ratibor 1798): Signa nonnulla ex naso atque olfactu. (Berolini 1820.) (43 S.) 8°
Berlin, Med. Diss. v. 11. Aug. 1820

Meyer, Philipp Anton Guido von

v. Meyer, Ph. Ant. Guido, s.a. Corpus Constitutionum Germaniae.

Meyer, Ph. Ant. Guido v.: Corpus constitutionum Germaniae, oder die sämmtl. Verfassungen der Staaten Deutschlands. Lfg 1. 2. [Mehr nicht ersch.] Frankfurt a. M. 1845.

Meyer, P. A. G. v., s.a. Corpus juris Confoederationis Germanicae.

Meyer, Philipp Anton Guido v., grossh. mecklenb. Legationsrath etc. Corpus Juris Confoederationis Germanicae oder Staatsacten für Geschichte und öffentliches Recht des deutschen Bundes. Nach officiellen Quellen herausgegeben. Ergänzt und bis zur Auflösung des deutschen Bundes fortgeführt von Dr. Heinrich **Zoepfl**, grossherzoglich-badischem Hofrathe etc. 3. Th Protokolle und Beschlüsse der deutschen Bundesversammlung.
gr. 8. Frankfurt a. M. **1869.**

— s. W. Irwing, Gesch. d. Reisen Columbus.

Meyer, Ph. A.G. v. (Hrsg.), s.a. Kriegsverfassung des deutschen Bundes ... 1828.

Meyer, Phil. Ant. Guido v., Kriegsverfassung d. deutschen Bundes, bestehend aus XXIV organ. Artikeln u. X Abschnitten näheren Bestimmungen in 97 Paragraphen, vollständ. erlassen am 11. Juli 1822, u. Bundesbeschluß d. Uebernahme d. Festungen Mainz, Luxenburg rc. betreffend, v. 28. Juli 1825. gr. 8. (2⅓ B. u. 12 Tab.) Frankfurt a. M. 828, (Boselli.)
Aus d. „Corp. jur. Conf. German." abgedruckt.

— Repertorium zu d. Verhandll. d. deutschen Bundesversamml. in einer systemat. Uebersicht. 16—46 Heft. gr. 8. Frankf. a. M. 820—22. Boselli. 3 ℳ 10 g.

—— Staats-Acten f. Geschichte u. öffentliches Recht d. Deutschen Bundes. Nach officiell. Quellen hrsg. (2 Thle.) gr. 8. (64 B. u. 6 Tab. qu. gr. Fol.) Frankfurt a. M. 833, (Boselli.)
Ist die 2. Aufl. d. „Corpus jur. Confoederat. Germ.," vgl. dieses.

Meyer, Phil. Ant. Guido v., Taschenbibliothek d. neuesten Reisen u. Länderentdeckungen rc., s. Taschenbibliothek.

— **Philipp Christian** (Fallingbostel/Hannover), De asthmate eiusque speciebus. Göttingen (J. Chr. Dieterich) 6. V. 1779. 60 S. (5.50) 23249
Gew.: Johann Friedrich Meyer (Vater).

Meyer, Philipp Eduard, Referendar in Bremen: **Rechtsgeschäft** (im Gegensatz zu Rechtshandlung) nach gemeinem Recht und Bürgerlichem Gesetzbuch. *Borna-Leipzig 1903: R. Noske* (X, 84 S.) 8°
Leipzig, Jur. Diss. v. 1903

— **Philipp Heidenrich** (Osnabrück), Diversae diversarum controversiarum theses. Duisburg (J. Sas) Okt. 1720. 20 S. (—.—) 23250
Widm. v.: Joh. Hildeb. Withof, J. E. M. L.

Meyer, Philipp J.

Meyer, Ph. J., die Töchter des Cid, s. Jahrbuch deutscher Bühnenspiele.

Meyer, Pius. Die Genossenschafts-Bewegung in Südtirol, in ihrer Geschichte, ihrer Gestaltung und ihren Erfolgen dargestellt von P' M' [aus Luzern], Cassier des Agricultur- und Gewerbe-Sindicat's in Trient. Separatabdruck aus der I. öst.-ung. Consum-Vereins-Zeitung. 36 S. 8. (Wien,) Verlag der I. öst.-ung. C'-V'-Z'; I. K. Buchdr.- etc.-Genossenschaft in Korneuburg, 1902.

Meyer, Proc., s. Deklinationen.

Meyer, R. (Red.), s. Auf Wacht an der Mosel.

Meyer, R., Gedichte. 8. Danzig 826. Gwert. 1 ℳ

Meyer, (R.,) Gedichte. 8. Danzig 826, (Leipz., Rein.)

Meyer, s.: Jahrbuch d. internat. Vereinigung f. vergleich. Rechtswissenschaft.

Meyer, R., et Ardant, Le mouvement agraire. 8°. Berlin 1889.

Meyer, R, s. Personalsteuern.

Meyer, R., die Roßkastanien. Ihre vortheilhafte Benutzung und Anwendung zur Wein-, Bier-, Essig- rc. Bereitung, zur Branntweinbrennerei, zum Färben, Gerben und Waschen, zur Darstellung von Pottasche, Gerbe-Extract, Frankfurter-Schwarz rc. so wie als Surrogat für vieles Andere, und insbesond. ihre Benutzung als Viehfutter. Eine gemeinnützige Schrift für Fabrikanten, Gewerbtreibende rc. 8. (58 S. mit 2 Stnt. Abbild. in qu. 4.) Quedlinburg 857, Basse.

**Meyer, R.* Die rechtliche Stellung des Versicherungsunternehmers nach dem V. V. G. D. München 1910.

Meyer, R., u. H. Reichel, Weltgeschichte in Poesie. Sammlung histor. Gedichte. gr. 8. (144 S.) Wittenberg 884. Herrosé Verl. cart. n. — 75

— R., Das Zeitverhältnis zwischen der Steuer u. dem Einkommen u. seinen Theilen. Ein Beitrag zum österreich. Steuerrechte u. zur Lehre vom Einkommen. gr. 8. (X, 186 S.) Wien, Manz. 1901. 3. 60.

Meyer, R. A., s. Meyer, Richard Moritz

Meyer, R. J., Bibliographie der seltenen Erden. Ceriterden, Yttererden u. Thorium. (79 S.) **gr. 8. Hamburg 905. L. Voss.** n. 2. —

de Meyer, R. J.: „Theoretische Einleitung in die practische Münzwissenschaft und eine genaue Prüfung und Kenntniss des Goldes und Silbers", Solothurn 1776. Neue Aufl. Frankfurt a. M. 1783. 4°.

Meyer, R. Johannes, s. Meyer, Karl Robert Johannes

Meyer, R. O: Fabrik für Heizungs- und Lüftungsanlagen. Berlin (1907?) Fol.

Meyer, Ralph: Ex libro Chronicorum quaecumque ad eruendam Psalterii historiam literariam et illustrandum eius usum sacrum Psalmorum titulis caeterisque additamentis significatum proficere possunt colliguntur et examinantur. Halis Saxonum 1880: o. Dr. 39 S. 8°
Halle-Wittenberg. Phil. Diss. v. [20. März] 1880
Geb. Magdeburg 12. 1. 1856. V.
Hall. gekrönte theol. Preisschrift v. 1879.

Meyer, Raphael. Einführung in das ältere Neuhochdeutsche zum Studium der Germanistik gr. 8. (VII, 99 S.) Leipzig 894. O. R. Reisland. n. 1. 60

Meyer, Raph., s.: Kierkegaard, Sören, u. s. Verhältnis zu ihr.

Meyer, Raph., Leben des hl. Johann v. Gott u. Notizen üb. seinen Orden, s.: Propaganda-Schriften, kathol.

– (Hrsg.), s. Zeuthen, Hieronymus Georg: Geschichte der Mathematik im 16. und 17. Jahrhundert.

Meyer, Rhold., aus den Papieren eines Früh-Vollendeten. Gedichte lyr. u. philosoph. Inhalts. (VII, 79 S.) 8. Dresden (907). E. Pierson. 1.50; geb. n 2.50

Meyer, Remigius. Briefe eines Baslers an seinen Stiefvater während des Vilmerger Krieges von 1712. Nebst einem Briefe des spanischen Gesandten (L[orenzo] V[erzuso Marquese]) Beretti-Landi an Prof. Jak[ob] Christoph Iselin und einem Verzeichniss von Schriften über den Zwolferkrieg, die bei [Gottlieb Emanuel von] Haller nicht erwähnt sind. Vorgetragen in der historischen Gesellschaft den 28. November und 19. December 1867. [SA.] 8. [Basel 1875.]

Meyer, Remigius. Zur Entstehungsgeschichte des ewigen Bundes der Eidgenossen: Die Chronik des weissen Buchs von Obwalden, zusammengestellt und verglichen mit den Berichten der übrigen Chronisten. Vorgetragen den 5. Februar 1857. [A.] 8. [Basel 1857.]

[Meyer, Remigius.] Tabellen für die allgemeine Weltgeschichte. Regententafel. Tabelle für die Schweizergeschichte. 8. Basel.
[1. Aufl.] 1858. – 2. Aufl. 1863.
3. Aufl. 1870. – 4 Aufl. 1879.

Meyer, Remigius, Vorder-Indien. Basel, Realgymnasium 1870.
Progr.

Meyer, Remig., die Waldstätte vor dem ewigen Bunde von 1291 u. ihr Verhältniß zum Hause Habsburg. 8. (3¼ B.) Basel 844, Schweighausersche Buchh.

Meyer, Renatus: Über einige Bestandteile der Rinde von Terminalia Chebula Retz. Zur Kenntnis glykosidhaltiger Extrakte. Straßburg 1909: Du Mont Schauberg. 67 S. 8°
Straßburg, Math.-naturwiss. Diss. v. 12. Dez. 1908, Ref. Schär
[Geb. 23. Okt. 83 Straßburg; Wohnort: Straßburg; Staatsangeh.: Elsaß-Lothringen; Vorbildung: Protest. Gymn. Straßburg bis Obersekunda M. 00; Studium: Straßburg 4 S.] [U 09. 3873

Meyer, Renward, Sammlung der kantonalen Vorschriften üb. das schweizerische Handelsregister u. die Wechselvollstreckung [Exekution u. Prozeß]. gr. 8. (200 S.) Zürich 885. Schultheß. n. 2. 40

Meyer, Renward, das schweizerische Wechselkonkordat als geltendes Recht der Kantone Aargau, Basel-Stadt, Bern, Luzern, Solothurn u. Schaffhausen. Erläutert mit steter Berücksicht. des heutigen Standes der Gesetzgebung, Wissenschaft u. Praxis. 2. umgearb. u. bedeutend verm. Aufl. Luzern 868. Schiffmann. 8. (XVIII, 196 S.) 24 ngr.

Meyer, R. (ehem. Präsid. d. Gesetzgebungskommission d. Kant. Luzern). Schweiz. Wechselkonkordat oder d. schweiz. Wechselgesetz. 2 verb. Aufl. Luzern, C. F. Prell. 1878.

— die schweizerische Wechsel-Ordnung nach dem neuen Obligationenrecht m. Erläuterungen. 3. Aufl. 16. (XXVI, 222 S.) Luzern 883 Prell. n. 2. —; geb. n. 2. 50

Meyer, Rich., s.: Abhandlungen aus den Gebieten der Mathematik, Physik etc.

Meyer, Rich., über Bestrebungen und Ziele der wissenschaftlichen Chemie, s. a. Sammlung gemeinverständlicher wissenschaftlicher Vorträge.

MEYER, RICHARD.
Ueber Bestrebungen und Ziele der wissenschaftlichen Chemie. Vortrag gehalten am 30 Januar, 1879. Berlin, 1880. pp. 52, 12mo.
Sammlung gemeinverständlicher wissenschaftlicher Vorträge, herausgegeben von Rud. Virchow und Fr. von Holtzendorff. xv Serie, Heft 342.

—— Einleitung in das Studium der aromatischen Verbindungen. gr. 8. (VIII, 228 S.) Leipzig 882, C. F. Winter'sche Verlagsh. *
Aus: Erlenmeyer, E., Lehrbuch der organischen Chemie, besonders abgedruckt.

—— s. Erlenmeyer's Lehrbuch d. organischen Chemie.

Meyer, Richard, approb. Arzt aus Riestedt, Kreis Uelzen: Aus d. chirurg. Klinik zu Kiel. Neun Fälle von Blasentumoren. *Kiel 1900: H. Fiencke.* (33 S.) 8°
Kiel, Med. Diss. v. [7. Febr.] 1900

Meyer, Rich. Das Färben u. Bedrucken der Gewebe, s. a. Sammlung gemeinverständlicher wissenschaftlicher Vorträge.

Meyer R. das Färben u Bedrucken d. Gewebe. (S. w. Vortr. NF 135) Hamburg 1891

—— Künstlich (Die) erzeugten organischen Farbstoffe. . . . *See* Bolley's Handbuch der chemischen Technologie, Vol. v (Bibl., p. 325).

—— die künstlich erzeugten organischen Farbstoffe; neuere Entwickelung der Theerfarbenindustrie, s. Handbuch der chemischen Technologie.

Meyer, Rich., s.: Jahrbuch d. Chemie.

—— die Industrie der Theerfarbstoffe, s. a. Sammlung gemeinverständlicher wissenschaftlicher Vorträge.

MEYER, RICHARD.
Industrie (Die) der Theerfarbstoffe. Berlin, 1881. 8vo.
Sammlung gemeinverständlicher wissenschaftlicher Vorträge.

— und P Jacobson, Lehrbuch der organischen Chemie. In 2 Bdn Bd 1 und 2. Abteilung 1 und 2. Leipzig 1891-96

Meyer, Richard. Mittheilungen über Quellwasser-Untersuchungen Aus dem chemischen Laboratorium der Kantonsschule in Chur. SA. 8. [Chur 1882.]

Meyer, Richard [aus Berlin]: Ueber Oxydationen von Chinolinderivaten. . . . Berlin, Buchdr. v. Gustav Schade (Otto Francke) (1890); 50 S. + 1 Bl. 8°
Berlin, Phil. Fak., Inaug.-Diss. v. 9. Aug. 1890

Probleme der organischen Chemie. Von Prof. Dr. **Richard Meyer.** ⟨Vortrag, geh. bei d. Preisvertheilung in der Aula der Herzogl. Technischen Hochschule zu Braunschweig am 11. Dec. 1901.⟩ 8 S. 4° ¶ Aus: Naturwiss. Rundschau. Jg. 17. 1902. ***Br***

— d. chemische Synthese, s. a. Sammlung gemeinverständl. u. wissenschaftl. Vorträge.

[F.] Die chemische Synthese. Ihre Bedeutg f. d. Wissenschaft u. d. Leben. Von Dr. Richard **Meyer**, Prof. in Braunschweig. *Hamburg: Verlagsanst. u. Dr. A.-G. 1896.* (29 S.) 8.
— Sammlung gemeinverständl. wissensch. Vorträge. N. F. Ser. 10. H. 238. 96. 1076

– Teerfarbstoffe, s. Handbuch der chemischen Technologie.

Meyer, Richard, Referendar: Die verfassungs- und verwaltungsrechtliche Tragweite der Worte „nach Art. 4" im dritten Absatz des Art. 11 der deutschen Reichsverfassung. Greifswald 1907: J. Abel. (45 S.) 8° [F.]
Greifswald, Jur. Fak., Ref. Stoerk, Diss. v. 23. März 1907
[Geb. 2. Dez. 79 Neustettin; Wohnort: Greifswald; Staatsangeh.: Preußen; Vorbildung: Kgl. Wilhelms-Gymn. Stettin Reife O. 99; Studium: Halle 2, Berlin 1, Greifswald 4 S.; Rig. 5. Febr. 06.]

MEYER, RICHARD. Ueber die intramolekularen Umlagerungen in der Cymol- und Cuminreihe. (München) Leipzig, 1886.

Meyer, R.: Die chem. Verarbeitung ...,
s. Bolley, P.: Handbuch d. chem. Technologie.

Meyer, R., chemische Verarbeitung der Pflanzen- u. Thierfasern, s.: Handbuch der chemischen Technologie.

—— die aromatischen Verbindungen, s. Erlenmeyer, E., Lehrbuch der organischen Chemie.

Ueber Ziele und Aufgaben der Elektrochemie. Von Prof. Dr. Richard Meyer. ⟨Vortrag, geh. bei d. öffentl. Preisvertheilung in der Aula der Herzogl. Technischen Hochschule zu Braunschweig am 14. Dec. 1894.⟩ 18 S. 8⁰ ¶ Aus: Naturwiss. Rundschau. Jg. 10. 1895. *Br*

Meyer, Rich. E., das Indium. gr. 8. (60 S.) Leipzig 868, (Quandt und Händel.) *

Meyer, Richard Moritz

Meyer, Rich. M., Betrieb u. Organisation der wissenschaftl. Arbeit, s. a. Zeitfragen, volkswirthschaftliche.

Meyer RM, Betrieb und Organisation der wissenschaftlichen Arbeit. (63 S) (Zeitfragen, Volkswirtschaftliche 151. 152) Berlin 1897

Betrieb und Organisation der wissenschaftlichen Arbeit. Von Richard M. Meyer ... *Berlin: L. Simon 1898.* (63 S.) 8.
— Zeitfragen, Volkswirthschaftl. II. 151/52. (Jg. 19. H. 7/8.) [98. 3491

— deutsche Charaktere. gr. 8. (XI, 280 S.) Berlin 897. E. Hofmann & Co. n. 5. 50; geb. n.n. 7. —

Meyer, Rich. M., die 100 besten Gedichte der deutsch. Sprache. (Lyrik.) Ausgewählt v. M. (XVI, 103 S.) 16. Berlin 909. W. Weicher. — 75; geb. in Leinw. 1.20; in Ldr. m. Goldschn. 2. —

Meyer, Rich. M., Gestalten u. Probleme. (VII, 311 S.) gr. 8. Berlin 905. G. Bondi. n. 4. —; geb. n. 5. —

— Goethe, s. a. Geisteshelden, Bd. 13—15.

Meyer, Rich. M.: Goethe. (Geisteshelden 13—15.) Berlin: Hofmann 1895.

[F.] Goethe. Von Richard M. Meyer ... M. 3 Bildn. 2. Aufl. *Berlin: E. Hofmann & C. 1898.* (XXXII, 747 S., 2 Portr., 1 Portr.-Taf.) 1 Bd 8.
— Geisteshelden. Bd 13—15. (Sammlg III. Bd 1—3.) [98. 3491

Goethe. Von Richard M[oses] Meyer. Mit 2 Bildn. u. 1 Hs. 3. verm. Aufl. Bd 1—3. Berlin: E. Hofmann & Co. 1905. 3 Bde 8° [F.]
— Geisteshelden. Bd 13—15. [05. 1988

— s.: Goethe u. seine Freunde im Briefwechsel.

Meyer, Rich. M., Grundlagen d. mitteldeutschen Strophenbaus, s.: Quellen u. Forschungen zur Sprach- u. Culturgeschichte der germanischen Völker.

Meyer, Rich. M., Grundriß der neuern deutschen Litteraturgeschichte. gr. 8. (XV, 258 S.) Berlin 902. G. Bondi. n. 6. —; geb. in Leinw. n. 7. —

Meyer, Richard M[oritz]. Grundriss der neueren deutschen Literaturgeschichte. 2., vermehrte Aufl. XII + 312 S. 8. Berlin, Georg Bondi, 1907. [M. 5. —, geb. 6. —]

— s.: Immermann, Karl.

— Kriterien der Aneignung. (45 S.) Lex.-8. Leipzig 906. B. G. Teubner. n. 1. 60
Sonderabdruck aus: „Jahrbb. f. d. klass. Altertum, Gesch. u. deut. Lit."

— Franz Grillparzers Libussa, s.: Dichter, deutsche, des 19. Jahrh.

— die deutsche Litteratur des 19. Jahrh., s. a. Jahrhundert, das 19., in Deutschlands Entwicklung. III.

Meyer RA, die deutsche Litteratur des 19. Jahrhunderts. (966 S 8 T) (Das 19. Jahrhundert in Deutschlands Entwicklung 3) Berlin 1900

Die deutsche Litteratur des Neunzehnten Jahrhunderts von Richard M. Meyer. 2. Aufl. *Berlin: G. Bondi 1900.* (XXI, 960 S.) 8° [F.]
— Jahrhundert, Das Neunzehnte, in Deutschlands Entwicklung. Bd 3. [00. 1130

Meyer, Richard M[oritz]. Die deutsche Literatur des Neunzehnten Jahrhunderts. 3. umgearbeitete Aufl. 10. bis 13. Tausend. [Mit 9 Porträt-Tafeln.] XX + 928 S. 8. Berlin, Georg Bondi, 1906. [M. 10. —, geb. 12. 50]
Das Neunzehnte Jahrhundert in Deutschlands Entwicklung. Unter Mitwirkung ... Hrg. von Paul Schlenther. Band 3 ...
Auch die Schweiz (in Text und 1 Tafel: Gottfried Keller) betr. 1. Aufl. 1. bis 4. Tausend. [Mit 8 Porträt-Tafeln.] XX + 968 S. 1900: Loescaal

Die deutsche Literatur des neunzehnten Jahrhunderts von Richard M[oritz] Meyer. 4. Aufl. T. 1. 2. Berlin: Bondi 1910. 8°
(Das Neunzehnte Jahrhundert in Deutschlands Entwicklung. Bd 3.) [10. 13363 4

Die Meisterstücke der deutschen Lyrik. Ausgew. von Richard M[oritz] Meyer. 1. Berlin: Weicher (1909). 8° [09. 17331

— Die Meisterstücke der vorgoethischen Lyrik, s. a. Meisterstücke, die, der deutschen Lyrik. II.

Die Meisterstücke der vorgoethischen Lyrik. Mit Einl. u. Anm. von Richard M[oritz] Meyer. Berlin: Weicher 1910. XXI, 155 S. 8°
(Meyer: Die Meisterstücke d. deutschen Lyrik. 2.) [10. 14733

— Die Meisterstücke des deutschen Volks- u. Kirchenliedes, s. a. Meisterstücke, die, der deutschen Lyrik. I.

Die Meisterstücke des deutschen Volks- und Kirchenliedes. Mit Einl. u. Anm. von Richard M[oritz] Meyer. Berlin: Weicher 1909. XXI, 149 S. 8°
(Meyer: Die Meisterstücke d. deutschen Lyrik. 1.) [09. 17331

Meyer, Richard Moritz (Vorr.), s. Meyer, Alexander: Aus guter alter Zeit.

Meyer, Rich. M., die altgermanische Poesie, nach ihren formelhaften Elementen beschrieben. gr. 8. (XX, 549 S.) Berlin 889. Hertz. n. 10. —

Meyer, Rich. Moritz (geb. Berlin 5. 7. 1860): Die Reihenfolge der Lieder Neidharts von Reuenthal. Berlin (1883). (100 S.) 8°
Berlin, Phil. Diss. v. 21. Juli 1883

Altgermanische Religionsgeschichte. Von Richard M[oritz] Meyer. Leipzig: Quelle & Meyer 1910. XX, 645 S. 8° [10. 6918

— 400 Schlagworte. gr. 8. (95 S.) Leipzig 900. B. G. Teubner. n. 2. —
Sonderabdruck aus: „Jahrbb. f. das class. Altertum, Geschichte u. deutsche Litteratur u. f. Pädagogik".

— Deutsche Stilistik, s. a. Handbuch des deutschen Unterrichts an höheren Schulen, III. 1.

Deutsche Stilistik. Von Dr. Richard M[oritz] **Meyer**, Prof., Berlin. München: C. H. Beck 1906. (XI, 237 S.) 4°(8°)
— **Handbuch** d. deutschen Unterrichts an höh. Schulen. Bd 3, T. 1. [06. 6980

— Jonathan Swift u. G. Ch. Lichtenberg. Zwei Satiriker d. 18. Jahrh. gr. 8. (IX, 84 S.) Berlin 886. Hertz. n. 1. 60

Meyer, Richard M.: Tulifäntchen. *Hamburg & Leipzig 1896.*
in: **Immermann**, Karl. E. Gedächtnisschr. z. 100j. Geburtst. d. Dichters. [96. 1949

Meyer, Richard Moses, s. Meyer, R. Moritz.

Meyer, Rob., Atlas der normalen Histologie der weiblichen Geschlechtsorgane, s.: **Moraller**, Frz., u. E. **Hoehl**.

Meyer, Robert, aus Zürich: Aus dem Hygien.-Bakteriologischen Laboratorium des eidg. Polytechnikums. Vorstand: Prof. Dr. O. Roth. Beitrag zur Frage der Selbstreinigung der Flüsse speziell derjenigen der Töss. Mit einer Tafel. Zürich 1907. 56 S. 8°. [8. IV. 07.]
Zürich. Phil. Diss. II. S. 1906/1907.

Meyer, Robert. Beitrag zur Frage der Selbstreinigung der Flüsse, speziell derjenigen der Töss. Diss. Phil. [II.] Univ. Zürich. [Mit 1 Tafel.] *Kopftitel:* Aus dem Hygien.-Bakteriologischen Laboratorium des eidg. Polytechnikums. Vorstand: Prof. Dr. O[tto] Roth. 56 S. 8. Zürich-Selnau, Gebr. Leemann & Co., 1907. N 5180[17]—

Meyer, Robert, aus Riegel ⟨Breisgau⟩: Über Derivate des s-Jodpseudocumols mit mehrwertigem Jod. *Freiburg i. B.: Speyer & Kaerner 1901.* (34 S.) 8°
Freiburg i. B., Phil. Diss. v. 1901

Meyer, Robert [app. Arzt aus Hannover]: Ein Fall von statischem Reflexkrampf. . . . Strassburg, Univ.-Buchdr. v. J. H. Ed. Heitz (Heitz & Mündel), 1889; 44 S. 8°
Strassburg, Med. Fak., Inaug.-Diss. v. 1889

Meyer, Rob., über epitheliale Gebilde im Myometrium des foetalen u. kindlichen Uterus einschliesslich des Gartner'schen Ganges. Mit 36 Abbildgn. im Text u. auf 11 Taf. gr. 8. (IV, 154 S.) Berlin 899. S. Karger. n. 5.—

Meyer, Rob., das Gesetz betr. die direkten Personalsteuern, s.: Personalsteuern, die direkten.

Meyer, Rob., das Leben d. Trobadors Gaucelm Faidit. gr. 8. (60 S.) Heidelberg 876. (Berlin, Mayer & Müller.) n. 1. 50

Meyer, Rob., deutsches Lesebuch f. höh. Lehranstalten, s.: **Kohts**, R.

Robert **Meyer**, Spengler und Bienenzüchter, Künten ⟨Aargau, Schweiz⟩. Illustrierter Preiscourant über Geräte für Bienenzucht, Haushaltung und Landwirtschaft. II + 25 S. 8. ⟨Aarau, H. R. Sauerländer & Co., [1903].⟩

Meyer, Rob., die Principien der gerechten Besteuerung in der neueren Finanzwissenschaft. gr. 8. (IX, 413 S.) Berlin 884. Hertz. n. 8. —

Meyer, Robert, appr. Arzt a. Bremen: Ueber Recurrenslähmung im Kindesalter. Leipzig 1906: B. Georgi. (32 S.) 8°
Leipzig, Med. Fak., Ref. Curschmann, Diss. v. 23. Juli 1906
[Geb. 23. April 77 Bremen; Wohnort: Berlin; Staatsangeh.: Bremen; Vorbildung: Gymn. Bremen Reife O. 96; Studium: München 1, Berlin 8, Würzburg 3 S.; Coll. 2. Aug. 06; Approb. 2. Jan. 02.]

Meyer, Rob., soll u. kann die Hauszinssteuer in e. Mietsteuer u. e. Hausgrundsteuer zerlegt werden? (S. 29—71.) Lex.-8. Wien (905). W. Braumüller. n. 1. 20
Sonderabdr. a.: „Ztschr. f. Volkswirtschaft, Sozialpolitik etc."

Meyer, Rob., das Wesen des Einkommens. Eine volkswirthschaftl. Untersuchung, nebst einem Anhang. gr. 8. (VIII, 298 S.) Berlin 887, Hertz. *ℳ 6.—.; geb. *

Meyer, das Wesen d. Einkommens. Volkswirthschaftl. Untersuchg. Berl. 888.

Meyer, Robert, Referendar: Das Wesen des Urkundenstempels. Stuttgart 1908: Deutsche Verlagsgesellschaft. (50 S.) 8° ¶ (Aus: „Finanz-Archiv" Jg. 25 Bd 1.)
(Nicht für den Austausch, lag nicht vor.)
Rostock, Jur. Fak., Ref. Hübner, Diss. v. 15. Febr. 1908
[Geb. 27. Sept. 84 Berlin; Wohnort: Berlin; Staatsangeh.: Preußen; Vorbildung: Askanisches Gymn. Berlin Reife O. 03; Studium: Genf 1, Berlin 5 S.; Rig. 15. Okt. 07.]

MEYER, Robert
(F) **Das Zeitverhältnis zwischen der Steuer und dem Einkommen und seinen Theilen.** Ein Beitrag zum österreichischen Steuerrechte und zur Lehre vom Einkommen von Dr. Robert **Meyer**. Wien. 1901. Manz. Gr.-8°. IV, 186 S. K 3.60

Meyer, Rodolfo J., s. Meyer, Rudolph J.

Meyer, Rodolphe, s. Meyer, Rudolf

Meyer, Rosa, geb. Jacob, jüdisches Leben. Den Oppenheim'schen Bildern aus dem altjüd. Familienleben nachgedichtet. (23 S.) gr. 8. Rendsburg 903. H. Möller. n. — 50

Meyer, Rose, u. Helene **Schneidewin**, die Wohlfahrts-Einrichtungen Magdeburg's. Das Material ist gesammelt v. der Ortsgruppe Magdeburg des allgemeinen deutschen Frauenvereins. gr. 8. (VI, 75 S.) Magdeburg 902. (Heinrichshofen's Sort.) n. 1. 25

Meyer, Rose, u. Helene **Schneidewin**, die Wohlfahrts-Einrichtungen Magdeburg's. Nachtrag. (16 S.) 8. Magdeburg 903. (Heinrichshofen's Sort.) n. — 25
Hauptwerk. Ebd. 902. n. 1. 25.

Meyer, Rud., die **Actien-Gesellschaften**. Handbuch f. Banquiers, Actionaire u. Geschäftsleute. Wochen-Anzeiger f. Börse u. Geschäftswelt Central-Europa's. 1. Abth.: Die Banken. A. Die deutschen Banken. 1—47. Hft. u. 1. u. 2. Suppl. Hft. Lex.-8. (à ca. 64 S.) Berlin 872—75. A. Schindler. à n. 1. —

Meyer, Rud. (I.), die **Actien-Gesellschaften**. Handbuch für Banquiers, Actionaire und Geschäftsleute, Wochen-Anzeiger für Börse und Geschäftswelt Central-Europa's. 1. Abthl.: Die Banken. A. Die deutschen Banken. 1.—47. Heft. Lex.-8. (à Heft ca. 64 S.) Berlin 873,74, A. Schindler. à Heft *ℳ 1. *
—— dass. — 1. und 2. Suppl.-Heft. Lex.-8. (48; 40 S.) Ebendas. 875. à Heft *ℳ 1. *

Meyer, Rud. (I.), die **Actiengesellschaften**. Handbuch für Banquiers, Actionaire und Geschäftsleute. I. Abthl.: Die Banken. A. Die deutschen Banken. 2. Ausg. 1.—3. Heft. Lex.-8. (74; 63; 64 S.) Berlin 875, [A. Schindler.] Bahr. à Heft *ℳ 1. *

Meyer, Rud., die ländliche Arbeiterfrage in Deutschland. gr. 8. Berlin 873, Bahr.

Meyer, Rud., Die ländliche Arbeiterfrage in Deutschland. Socialismus. Auswanderung. Mittel gegen beide. gr.-8°. Berlin, Schindler, 1873.

Meyer, Rudolf, aus Gut Müncheberg i. Mark: **Aetiologisches über die Gastroptose.** *Berlin (1898): G. Schade.* (37 S.) 8°
Berlin, Med. Diss. v. 30. Sept. 1898

— die Berliner Banken. Handbuch für Banquiers, Actionaire und Geschäftsleute. Lex.-8. (559 S.) Ebendas. 873. *

Meyer, Rudolf [Referendar in Wiesbaden]: **Bedeutung und Charakter der Kompensationserklärung . . . Wiesbaden, Druck v. R. Bechtold & C., 1895; VIII, 31 S. 8.**
Erlangen, Jur. Fak., Inaug.-Diss. v. 1895

Meyer, Rud. Die Behandlung der Cholera asiatica im züricherischen Kantonsspital in der Epidemie d. J. 1867 in Zürich. Eine therapeut. Skizze f. Ärzte. gr. 8. (28 S.) Zür. 892, Art. Institut Orell Füssli, Verlag. · 1 —

Meyer, Rudolf [app. Arzt aus Osnabrück]: Über die operative Behandlung der Retroflexion des Uterus durch Anheftung desselben resp. seiner Adnexe an der vorderen Bauchwand. . . . Osnabrück, Druck v. J. G. Kisling, 1889; 19 S. 8°
Würzburg. Med. Fak., Inaug.-Diss. v. 1889

Meyer, Rud. (geb. Neuenkirchen in Oldenb. ... 2. 1856): Ein Beitrag zur Kenntniss der Phenylessigsäure. Berlin 1885. (40 S.) 8°
Berlin, Phil. Diss. v. 25. März 1885

Meyer, Rudolf, med. pract. von Zürich: Aus dem pathologischen Institut Zürich. Ein Beitrag zur Kenntnis der Sehnenflecke des Herzens. Zür. Zürcher u. Furrer Dr. 1896. 41 S. 8°.
Zürich. Med. Diss [v. 30. Jan. 1896].

Meyer, Rud., die **Blaufarben- u. Ultramarin-Fabrikation.** 8. (3½ B. u. 1 Taf. Abbild.) Quedlinburg 845, Basse.

Meyer, Rud., die beiden Canaletto. Antonio Canale und Bernardo Bellotto. Versuch einer Monographie der radirten Werke beider Meister. gr. 8. (IV, 99 S.) Dresden 878, (v. Zahn und Jaensch' Verlag.) *
geb. *

Meyer, Rud., Herr Dr. Carneval. Scherzspiel in 1 Aufzg. gr. 8. (16 S.) Görbersdorf (896). (Jena, H. Haerdle.) — 60

Meyer, Rodolphe, **la crise internationale de l'industrie et de l'agriculture. gr. 8. (128 S.) Berlin 885. Bahr.** n. 3. —

Meyer, Rudolf [app. Arzt aus Salzhausen b/Lüneburg]: **Ueber den Cysticerkus cellulosae des Gehirns.** 10 in d. Göttinger Medizin. Klinik beobacht. Fälle . . . Göttingen, Druck d. Dieterich'schen Univ.-Buchdr., 1894; 35 S., 1 Tab. 8.
Göttingen, Med. Fak., Inaug.-Diss. v. [9. Juni] 1894

Meyer, Rud., üb. den Cysticerkus cellulosae des Gehirns. 10 in der Göttinger medizin. Klinik beobachtete Fälle. Diss. gr. 8. (35 S. m. 1 Tab.) Göttingen 894. (Vandenhoeck & Ruprecht.) n. — 80

— neueste **Darstellung** der Bleiweiß- u. Bleizucker-Fabrikation, m. Benutzung der neuesten Erfindungen u. Verbesserungen. Enthalt.: Alle ältern u. neuern, sowie mehrfache, noch nicht bekannte eigenthümliche u. vortheilhafte Fabrikationsmethoden. 8. (5 B. u. 2 Taf. Abbild.) Quedlinburg 845, Basse.

Meyer, Rud., Darstellung der bürgerlichen Oeconomie, oder: Ueber die Natur, Erhaltung und Vermehrung des bürgerl. Wohlstandes, nebst Anweisung zur Buchhaltung. 8. (IV und 122 S.) Quedlinburg 847, Ernst'sche Buchh.

— der **Emancipationskampf** des vierten Standes. 1. und 2. Bd. à 2 Abthlgn. gr. 8. Berlin 874,75, A. Schindler. [1. Bd. 1. Abthl. (S. 1—188.) *M 4.; 2. Abthl. (S. 189—422.) *M 4,50. — 2. Bd. 1. Abthl. (S. 1—271.) *M 5,40.; 2. Abthl. (VIII, S. 273—789.) *M 10,50.] *

— dasselbe. Volks-Ausgabe. gr. 8. (152 S.) Ebend. 874. n. 1. 50

Meyer, R., Der Emancipationskampf des vierten Standes. 1. Bd. 2., verm. Aufl. gr. 8. (X, 532 S.) Berlin 882. Bahr. n. 14. —; geb. n. 16. —

Meyer, Dr. Rudolf. von Erlenbach: Ueber die Endocarditis ulcerosa. Zür. Zürcher u. Furrer Dr. 1870. 1 Bl., 78 S. m. 1 Tab. 8°.
Zürich. Med. Fac., Habilitationsschrift.

Meyer, Rud. (II.), über die Endocarditis ulcerosa. [Die geschwürige Herzhautentzündung.] gr. 8. (78 S. mit 1 Stnt. in qu. Fol.) Zürich 870, Schmidt. *

Meyer, Rud., Die bedrohliche Entwickelung des Socialismus und die Lehre Lassalle's. gr.-8°. Berlin, Schindler, 1873.

— s. a. Flugblätter (Sozialpolitische).

— Sozialpolitische Flugblätter. 1-7 in 1 Bd Berlin 1874

— die Geister d. Natur. 8. Constanz 812. Wallis. 1 ₰ 3 gr

Rdf. **Meyer**: die Geister d. Natur. (*Constanz*, Wallis. 820.) Ein neues Werk, nicht e. 2e Ausg. *Aar.*, Sauerländer. 829. 8° 1 ₰ 20 gr

Meyer, Rud., in Mülheim a. d. Ruhr.
Gesteinsbohrmaschinen.

Meyer, Rud., politische Gründer u. die Corruption in Deutschland. gr. 8. (204 S.) Leipzig 877. Bidder. n. 4. —

— Handbuch der Papiertapeten-Fabrikation. 8. (7 B. u. 1 Taf. Abbild.) Quedlinburg 845, Basse.

— s. a. Heimstätten- u. andere Wirthschaftsgesetze.

Meyer, Rudolf,
— Heimstätten u. andere Wirthschaftsgesetze der Vereinigten Staaten von Amerika, von Canada, Russland, China, Indien, Rumänien, Serbien u. England. Hrsg. mit einleitenden und erläuternden Abhandlungnn. Mit bisher noch ungedruckten Briefen Jefferson's und Entwurf zu einem neuen Agrarrecht. gr. 8°. Berlin, H. Bahr, 1883.

Meyer, Dr. Rudolph, Hundert Jahre conservativer Politik und Literatur. I. Literatur. Gr.-8. (XIX, 336 S.) 3.15
Wien: „Austria" 1895.

— Der Capitalismus fin de siècle. gr. 8°. Wien, Verlagsbuchh. „Austria", 1893.

Meyer, Rud., der **Capitalismus fin de siècle.** gr. 8. (VIII, 487 S.) Wien 894. Verlagsbuchh. „Austria". n. 7. —

Meyer, Rudolf In Ketten und Banden. Ein plautinisches Schönbartspiel, übersetzt von R. M. 4 (31 S.) Leibniz-G. *Berlin* 1886 (62). **Progr.**

Meyer, Rud., in Ketten und Banden. Ein plautin. Schönbartspiel, übersetzt von R. M. gr. 4. (31 S.) Berlin 886, Gaertner's Verlag. *

Meyer, Rud., Colonisation von Arbeitslosen. Ein neues Landwirthschafts-System. gr. 8. (56 S.) Wien 896. „Austria". n.n. 1.30

—— die neueste Literatur zur socialen Frage. 1. und 2. Abthl. gr. 8. Berlin 873, A. Schindler. [1. Abthl. (IV, 57 S.) *M 1,20.; 2. Abthl. (45 S.) *M 1.] *

Meyer, Rudolf: [Hermann Johannes Müller, Direktor des Luisenstädtischen Gymnasiums tritt in den Ruhestand.] S. 13–14. 4. **Progr.** Luisenstädtisches Gymn. *Berlin* 1909 (74).

Meyer, Rudolf, von Erlenbach, Cant. Zürich: Zur Pathologie des Hirnabscesses. Zürich 1867: Zürcher u. Furrer. 99 S., 1 Bl. Thesen. 8°
Zürich, Med. Diss. [v. 20. Febr. 1867].

Meyer, Rud., zur Pathologie des Hirn-Abscesses. Zürich 867. Schabelitz'sche Buchh. gr. 8. (100 S.) n. 16 ngr.

—— der zuverlässige Rechenknecht bei dem Ein- und Verkauf. Oder: Vollständig ausgerechnete Preistabellen, welche nachweisen wieviel 1/8 bis 400 Stück, Pfund, Centner, Ellen, Maß und dergl. kosten, wenn der Preis eines Stückes so und soviel ist. 4. (Titel-)Aufl. 8. (366 S.) Quedlinburg 850, Basse.

Meyer, Rudolph, **Reise auf die Eisgebirge des Kantons Bern**, u. Ersteigung ihrer höchst. Gipfel, im Sommer 1812, herausg. von Heinr. Zschokke. Mit 1 Charte. gr. 8. Aarau, Sauerländer. 814.

— — dieselbe; auf den Jungfraugletscher u. Ersteigung seines Gipfels. gr. 8. Ebend. 813.

Meyer, Rud. (II.), **s.a.Rgvidhânam.**

Meyer. [illegible]

Meyer, Rud., die zukünftige Richtung unserer Handelspolitik. (45 S.) gr. 8. Bonn 904. F. Cohon. n. 1. —

Meyer, Rudolf [aus Schönecken]: Aus d. med. Klinik in Bonn. Ueber den Sauerstoffverbrauch und die Kohlensäureausscheidung bei den verschiedenen Formen der Anämie ... Bonn, Buchdr. J. Bach Wwe., 1892; 26 S., 1 Bl. 8.
Bonn, Med. Fak., Inaug.-Diss. v. [12.] Aug. 1892

— Das Sinken der Grundrente und dessen mögliche sociale und politische Folgen. gr. 8°. Wien, Verlagsbuchhdlg. „Austria", 1894.

— Der Socialismus in Dänemark. gr.-8°. Berlin, Schindler, 1874.

—— der **Socialismus** in Dänemark. gr. 8. (45 S.) Berlin 875, [A. Schindler.] Bahr. *

Die menschliche Sterblichkeit unter dem Titel Todten-Tanz, in LXI Original-Kupfern, von Rudolf und Conrad Meyern ... abermal herausgegeben; nebst neuen, dazu dienenden, moralischen Versen und Ueberschriften. Hamburg und Leipzig 1750 [i.e. 1759].

23 cm. xviii, 144 pages.

— — [Dasselbe:] Die menschliche Sterblichkeit unter dem Titel Todten-Tanz, in LXI Original-Kupfern, von Rudolf und Conrad Meyern, berühmten Kunstmahlern in Zürich, abermal herausgegeben; nebst neuen, dazu dienenden, moralischen Versen und Ueberschriften. Hamburg und Leipzig. 1759. 4°. XVIII, 144 S. mit 61 fast seitengroßen Kupfern. Benutzter und restaurierter marmor. Pbd. d. Z., Rücken erneuert.
Londhamp 2072. Minns Coll. 444. Douce p. 133. FdF. 454 (mit Datum „1750 [i. e. 1759]."). Diese etwa 100 Jahre nach dem Erstdruck erschienene Neuausgabe des berühmten Totentanzes der beiden Meyer — 26 Stiche sind von Rudolf —, die übrigen 35 Stiche von Conrad Meyer — ist neben der Tatsache, daß die Abdrucke der Kupfer noch sehr gut sind, auch literarisch wichtig.

Meyer, R., (✝ ...) d. menschliche Sterblichkeit, od. Todtentanz 2c. in 61 Originalkpf. 4. Zürich 759. Orell. 1 ₰ 8 gr

—— charakterist. Thierzeichnungen z. unterhalt. Belehr. f. Jung u. Alt. (Mit Tillkpfr. v. Disteli.) gr. 8. (15 B.) Zürich 833, Orell, Füßli u. Comp.

Meyer, Rudolf, (a. Detmold, Lippe): **Untersuchungen über den feineren Bau des Nervensystems der Asteriden** (Asterias rubens). Mit 2 Tafeln. Aus dem zoologischen Institut der Universität Rostock. Leipzig: W. Engelmann 1905. (53 S.) 8° ¶(Aus: Zeitschrift f. wissenschaftl. Zoologie Bd 81, H. 1.)
Rostock, Phil. Fak., Ref. Seeliger, Diss. v. 15. Mai 1905
[Geb. 10. April 82 Detmold; Wohnort: Berlin; Staatsangeh.: Preußen; Vorbildung: Realgymn. Bielefeld Prima-Reife O. 99; Studium: Berlin 7, Rostock 5 S.; Rig. 18. Mai 05.]

Meyer, Rudolf [aus Glogau]: Untersuchungen über die Wirkung des Argentum-Caseïns im Vergleich zu der des Argentum nitricum und des Aethylendiaminsilberphosphates. '(Aus d. Laboratorium d. dermatolog. Abtheilg d. städt. Hospitals zu Allerheiligen in Breslau.)' ... Breslau, Druck v. P. Cohn, *1894*; 2 Bl., 39 S., 1 Bl. 8.
Breslau, Med. Fak., Inaug.-Diss. v. 6. Dez. 1894

Meyer, Rud., Untersuchgn. üb. d. Wirkg. d. **Argentum-Caseïns** im Vergleich zu der des Argentum nitricum u. d. Aethylendiaminsilberphosphates. Diss. gr. 8. (40 S.) Breslau 894. (Schletter.) n. — 50

— **Ursachen** der amerikanischen Concurrenz. Ergebnisse e. Studienreise der Herren: Grafen Géza, Andrassy, Géza u. Imre Széchényi, Ernst Hoyos, Baron Gabr. Gudonus u. Rud. Meyer durch die Vereinigten Staaten. Mit 1 Verkehrskarte der Union. gr. 8. (VI, 825 S.) Berlin 883. Bahr. n. 13.50

Meyer, Dr. Rudolf, Zur Valuta-Frage. 8. (80 S.) —.40
Wien: „Austria" 1894.

—— neues einfachstes u. vortheilhaftestes **Verfahren** der Vergoldung, Versilberung, Verplatinirung, Verkupferung u. Verzinnung, ohne Galvanismus u. Apparate, durch bloßes Eintauchen des zu vergoldenden 2c. Gegenstandes in eine Flüssigkeit. 8. (6 B. u. 1 Taf. Abbild.) Quedlinburg 845, Basse.

Meyer, R., die Verhandlungen der 1. Generalversammlung d: deutschen Vereins ländlicher Arbeiter am 16. u. 17. Mai 1873 zu Berlin. Hrsg. im Auftrage des geschäftsführ. Ausschusses. gr. 8. (78 S.) Danzig 874. Kafemann. 1. 50

— Was heißt conservativ sein? Reform oder Restauration? gr. 8. (19 S.) Ebendas. 872.

— was heißt conservativ sein? Reform od. Restauration? gr. 8. (19 S.) Ebend. 873. — 50

— eine andere Welt. Charakterbild in 1 Aufzug. 8 (80 S.) Berlin (896). Ebd. — 75

— Die Wirkung der Maassregelungen der Socialdemokratie. gr.-8⁰. Berlin, Aug. Schindler, 1875. (Social-polit. Flugblätter, Lfg. 2.)

— die Central-Landschaft für die preußischen Staaten und ihr Kritiker Geh. Ober-Reg.-R. a. D. Noah. gr. 8. (III, 63 S.) Berlin 872, Königsmann.

Meyer, Rudolf, Gerichtsreferendar in Duisburg: Das kaufmännische Zurückbehaltungsrecht im Vergleich mit dem Pfandrecht. Borna-Leipzig 1908: R. Noske. (VIII, 41 S.) 8° [J.]
Leipzig, Jur. Fak., Diss. v. 14. Aug. 1908
[Geb. 20. Dez. 79 Millingen. Kr. Rees; Wohnort: Duisburg; Staatsangeh.: Preußen; Vorbildung: Gymn. Emmerich Reife O. 01; Studium: Freiburg i. B. 1, München 1, Leipzig 1, Münster 3 S.; Rig. 27. Juli 06.]

Meyer, Rud. Adelb., französische Lieder aus der Florentiner Handschrift Strozzi-Magliabecchiana Cl. VII. 1040, s. a. Zeitschrift f. roman. Philologie, Beihefte. 8.

Meyer, Rudolf Adalbert, Lektor an der Universität Paris: Französische Lieder aus der Florentiner Handschrift Strozzi-Magliabecchiana. Cl. VII. 1040. Versuch einer Kritischen Ausgabe. Teil 1 metrische und sprachliche Untersuchungen. Halle a. S. 1906: E. Karras. (VII, 41 S.) 8° ¶ (Erscheint vollst. als Nr. 8 der Beihefte zur Zeitschrift für romanische Philologie, Halle a. S., M. Niemeyer.)
Straßburg, Phil. Fak., Ref. Gröber, Diss. v. 5. Nov. 1904
[Geb. 9. Aug. 80 München; Wohnort: Paris; Staatsangeh.: Bayern; Vorbildung: Gymn. Göttingen Reife O. 98; Studium: Göttingen 4, Straßburg 3 S.]

— Manet u. Monet. (S. 87—76 m. Abbildgn. u. 12 Taf., 36,5×27,5 cm. München (908). F. Hanfstaengl. 6. —
Sonderabdruck aus: „Die Kunst uns. Zeit".

Meyer, Rudolf Ernst Wilhelm, s. Meyer, Rudolf

Meyer, Rudolf Hermann, s. Meyer, Rudolf

Meyer, Rudolph J.

Meyer, Rodolfo J., S. J., el hombre tal cual es. Primeras lecciones de la ciencia de los santos. Traducción del inglés por el Manuel Peypoch, S. J. (VIII, 294 S.) kl. 8. Freiburg i/B. (910). Herder. 1.92; geb. in Leinw. 2. 40

Meyer, Rud. J., S. J., erste Unterweisungen in der Wissenschaft der Heiligen. 1. u. 2. Bdchn. (Aszetische Bibliothek.) kl. 8. Freiburg i/B., Herder. 5.20; geb. in Leinw. 6. 60
1. Der Mensch, so wie er ist. Nach dem Engl. m. Genehmigg. des Verf. ins Deutsche übers. v. Jos. Jansen, S. J. 907. 2.20; geb. 2. 80
2. Aus dem Engl. übers. v. Jos. Jansen, S. J. Die Welt, in der wir leben. (XVI, 459 S.) 909. 3.—; geb. 3. 80

MEYER, Rupert (Nymphenburg): De remediis narcoticis. (Titel nach der Urkunde)
19.11.1860 - Urk; F 70
Diss. Ingolst.-Landsh.-Mchn.

Meyer, S (Marburg)
Ueber die actio de in rem verso.
[lt. Dekanatsbuch nur handschriftlich eingereicht.]
Dr. jur. Giessen 1877.

Meyer, S., Arbeit u. Handwerk im Talmud. gr. 8. (46 S.) Berlin 878. Benzian. n. 1. —

Meyer, S., Auferstehung im ersten Jahre des Heils. Ein Cyclus von Gedichten. 16. (IV und 55 S.) Breslau 848, [Hainauer.] *

Meyer, S., Auferstehung im ersten Jahre des Heils. Ein Cyklus von Gedichten. 16. (IV u. 55 S.) Breslau 848, Schuhmann. n. 1/3 Rthlr.

Meyer, S., braunschweigische Fibel, s.: Baumgarten, H.

Zur 100. Geburtstagsfeier Kaiser Wilhelms I. Festpredigt geh. am 20. März 1897 v. Dr. S. **Meyer**, Distrikts-Rabbiner. Regensburg: 'Laubhütte' (1897). (13 S.) 1 Bd. 8⁰

Nachgelassene Gedichte v. Dr S. **Meyer**. Im Auftrage seiner Freunde ges. u. gesichtet v. Carl Biberfeld. (Als Ms. gedr.) *(Breslau: E. Peterson 1897.)* (XII, 147 S., 1 Portr.) 1 Bd 8. [98. 1038

Meyer, S., das allgemeine deutsche Handelsgesetzbuch erläutert, s.: Makower, H.

Meyer, S. Zum Jubelfeste Sr. Königl. Hoheit d. Prinz-Regenten Luitpold. Festpredigt, geh. am 70. Geburtsfeste Sr. K. H., 12. März 1891. 12. (20 S.) Regensb. 891, (Bauhof). * — 20

Meyer, S., mysteriös oder der krumme Moses. Humoristische Erzählg. aus dem Leben e. jüd. Landgemeinde. 8. (126 S.) Regensburg 887. (Bauhof.) n. 1. 50; geb. n. 2. —

Meyer, S., mysteriös od. Der krumme Moses. Humorist. Erzählg. aus dem Leben e. jüd. Landgemeinde. 2. Aufl. (122 S.) 8. Frankfurt a/M. 909. Sänger & Friedberg. 2. —

Meyer, S., und J. Hobann, der Traum des Mediziners, s. Hobann, J.

— S., Völkerrecht und Humanität in der orientalischen Frage und die Israeliten in der Türkei, Serbien und Rumänien. Ein Beitrag zur Culturgeschichte des 19. Jahrhunderts. Berlin 1877.

— ein Wort an Heinrich v. Treitschke. gr. 8. (37 S.) Berlin 880. (Stuhr.) n. — 60

Meyer, Dr. S. (Red. d. jüd. „Presse"), Zurückweisung des 3. judenfeindl. Artikels des Herrn Prof. *Heinr. v. Treitschke*. Berlin, Stuhr, 1880. 8°. 20 S. Beibd.

Meyer, Sally (geb. am 17 Aug. 1854 in Danzig): Beiträge zur Geschichte der fideicommissarischen Substitutionen, insbesondere der bürgerlichen Familienfideicommisse in Deutschland ... Bonn, Univ.-Buchdr. v. C. Georgi (1878). 2 Bl., 46 S., 1 Bl. 8.
Bonn, Jur. Fak., Diss. v. 8 Aug. 1878

Meyer, Salomo (geb. Oerlinghausen in Lippe 8. 10. 1833): De tuberculosis pulmonalis diagnosi. Berolini (1857). (31 S.) 8°
Berlin, Med. Diss. v. 15. Aug. 1857

Meyer, Dr. Salomon, Zur Reform d. ung. Strafprocesses. Eine Codificationsstudie. 8 (168 S.) Wien, Manz'sche Hof-Verl.- u. Univ.-Buchh. 2 fl 50 kr.
1885.

Meyer, Sam., der rechte Gebrauch des Wortes. Wahl-Predigt, geh. in der Synagoge zu Hannover, d. 2. Aug. 1845. gr. 8. (1½ B.) Hannover 845, Hahn'sche Hofbuchh.

Meyer, Samuelis *(geb. Glogau [24. 6.] 1821)*: De morbis e cultura et conditione sociali profectis. Vratislaviae (1846). (35 S.) 8°
Breslau, Med. Diss. v. 31. Okt 1846

Meyer, Sebastian: Ein kurzer Begriff von Hans Knüchel, s.a. Begriff, Ein kurzer, von Hans Knüchel

— — s.a. Flugschriften aus den ersten Jahren der Reformation. I, 6.

Meyer, Sebastian. Ein kurzer Begriff von Hans Knüchel ⟨1523⟩. ⟨[Von] S' M'.⟩ Hrg. von Alfred Götze. S. 211—252 ⟨42 S.⟩. 8. Halle a. S., Rudolf Haupt, 1906. (M. 1. —)
(Flugschriften aus den ersten Jahren der Reformation, hrg. von Otto Clemen. Band 1, Heft 6.)

Contra Delitzsch! Die Babel-Hypothesen widerlegt. Von S[eligmann] Meyer, Distriktsrabbiner in Regensburg. H. 1. *Frankfurt a. M.: J. Kauffmann 1903.* 8°

Meyer, S., contra Delitzsch! Die Babel-Hypothesen widerlegt. 1. Heft. Mit e. Briefe des Hrn. Professor Friedrich Delitzsch an den Verf. 2. Aufl. 2. u. 3. Tausend. (60 S.) schmal gr. 8. Frankfurt a/M. 903. J. Kauffmann. n. 1. —

— dasselbe. 2. Heft. (48 S.) gr. 8. Ebd. 903. n. 1. —

Meyer, Semi: Durchschneidungs-Versuche am Nervus Glosso-pharyngeus ... Kosten, Druck v. S. Meyer, *1896*; 31 S. 8.
Berlin, Med. Fak., Inaug.-Diss. v. 5. Juni 1896

Meyer, Semi, der Schmerz, s.a. Grenzfragen des Nerven- u. Seelenlebens. 47. Heft.

Der Schmerz. Eine Untersuchung d. psycholog. u. physiolog. Bedingungen d. Schmerzvorganges. Von Dr. med. Semi Meyer. Wiesbaden: J. F. Bergmann 1906. (79 S.) 8°
= Grenzfragen d. Nerven- u. Seelenlebens. H. 47.

— Uebung u. Gedächtnis, s.a. Grenzfragen des Nerven- u. Seelenlebens. 30. Heft.

Übung und Gedächtnis. Eine physiol. Studie von Dr. med. Semi Meyer in Danzig. *Wiesbaden: J. F. Bergmann 1904.* (64 S.) 8°
= Grenzfragen d. Nerven- u. Seelenlebens. 30.

Meyer, Siebrand

— kurze Erörterung d. ehemal. Religionswesens d. Deutschen, wie auch der in d. Indiculo superstitionum et paganiarum Lipsinensi taxirten Sachen. 8. Leipz. 756. Langenheim. 6 gr.

Der Grafen von Oldenburg und Delmenhorst Geschlechts-Register ... ausgefertigt v. Siebrand Meyer. Leipzig. 1751. 8°

Meyer, Sibrand, († ...) Rustringische Merkwürdigkk.; nebst e. Anh. v. e. alten Hauptlieblingsgeschlechtern. 8. Leipz. 751. Langenheim. 5 gr.

Meyer, Siegbert: (I.) Einwirkung von Phosgen auf die Amide und Aminsäureester zweibasischer Säuren. (II.) Versuche zur Synthese substituierter Chinazolinderivate. (III.) Einwirkung von Phosphorpentachlorid auf Iso-Rosindon. *Erlangen 1898: E. Th. Jacob.* 154 S. 8°
Erlangen, Phil. Diss. v. 2. Febr. 1898

SIEGMEY (d. i. *Siegbert Meyer*). Gulasch. Pikantes Wiener Frühstück. Illustrirt. Leipzig 1878. 8°.
In der Art des „Bilderbuches für Hagestolze".

Siegmey (d. i. *Siegbert Meyer*). Die Päpstin. Höchst seltsame Historie, so im 9. Jahrhundert passirt ist. Mit possirlichen Bildern geschmückt von Bruder Guthknecht. 3. Aufl. Berlin 1879. (Ed. I. 1876.) Gr. 8°. (Mk. 4,50.) (2 Mk., Orig.-Cart., Bernh. Liebisch, Lpz., 1909.)

Meyer, Siegbert [Siegmey], „Quousque tandem Catilina". (In 4 Abthlgn.) I. Die Catilinarische Verschwörung. Culturhistor. Roman. Illustrirt von H. Albrecht. gr. 8. (145 S. mit eingedr. Chemitypien.) Leipzig 879, Hartknoch. *

Meyer, Siegbert [Siegmey], „Quo usque tandem Catilina". (In 4 Abthlgn.) I. Die Catilinarische Verschwörung. Culturhistorischer Roman. Illustrirt von H. Albrecht. gr. 8. (154 S. m. eingedr. Chemitypien.) Leipzig 879. Wartig's Verl. n. 5. —

Meyer, Siegfried: Eigentumserwerb an Wertpapieren. *Bernburg 1897: A. Meyer.* (48 S.) 8°
Erlangen, Jur. Diss. v. 13. Nov. 1897

Was ist absurd? Beantwortet von Siegfried Meyer. *(Berlin: [Selbstv.] 1897.)* (6 Bl.) 1 Bd 8.

Meyer, Siegfr. Benjamin (Nordhausen)
Scorbuti consideratio medica.
Giessae [26.] Juni 1732: E. H. Lammers. 35, (1) S. 4°
pro gradu doctoris rite obtinendo

Meyer, Siegismundus *(geb. Glogau 9. 6. 1825)*: De situ viscerum abnormi. Vratislaviae (1847). (36 S.) 8°
Breslau, Med. Diss. v. 22. Dez. 1847

— Siegmund, die Aufhebung der Gewerbefreiheit. Streit- u. Fehdeschrift gegen die Wiederherstellung der Zunft in Oesterreich. 2. Auflage. 8°. (106 S.) Wien, Bermann & Altmann. fl. —.60. 4317.

[J.] Poetische Festgaben. Kostüm-Aufführgn, lebende Bilder etc. f. Familienfeste u. s. w. Original-Dichtgn m. Ill. v. Sophie Meyer. *Mülheim a. d. R.: J. Bagel [1893].* (2 Bl., 125 S.) 1 Bd 8.

Meyer, Sophie, Frühlingsgrüsse, s.: Universal-Malvorlagen. Nr. 81.

Meyer, Sophie, Holzmalerei-Vorlagen. 1. und 2. Sammlung. Fol. (à 6 Chromolithogr. mit 1 Bl. Text in 8.) Düsseldorf 882,83, A. Bagel's Verlag.
In Mappe à Sammlung M 6.

—— für fleißige Kinder. 4. (16 Chromolithogr. mit eingedr. Text.) Ebendas. 884. cart.

Meyer, Sophie, Polterabend- u. Hochzeits-Gedichte für Damen, s.: Gedanus, A.

Meyer, Sophie, das erste Schuljahr. Vortrag, geh. auf dem 3. Lehrerinnentage zu Braunschweig am 17. IV. 1903. (16 S.) gr. 8. Braunschweig 903. E. Appelhans & Co.
Sonderabdruck aus: „Neues braunschw. Schulbl." n. — 30

— Tischlein deck' dich. Neues Puppenkochbuch, geschrieben u. gezeichnet. Mit 7 kolor. Abbildgn. 12. (32 S.) Ebend. 884. cart. n. — 50

— was Ihr wollt. 6 Blatt (farb.) Vorlagen f. häusl. Kunst. Fol. Düsseldorf 887. A. Bagel. In Mappe. 6. —

— des Hauses Zier. Vorlagen f. Malerei auf Porzellan u. Fayence. Fol. (6 Chromolith.) Ebend. 884. In Mappe. 6. —

Meyer, Sophie Frieder. Elis., s. † May, Sophie.

MEYER, Stefan
Über die Additivität der Atomwärmen von Dr. Stefan Meyer. (Aus den Sitzungsberichten der kaiserl. Akademie der Wissenschaften in Wien. Mathem.-naturw. Classe; Bd. CIX. Abth. II.a. Mai 1900.) [Wien. 1900. In Comm. Gerold's Sohn.] Gr.-8°. 6 S. K —.10

— Über die durch den Verlauf der Zweiphasenkurve bedingte maximale Arbeit (mit 2 Textfiguren). S. 111. IIa. 36 . . . . —.20
Separatabdruck

— über die durch den Verlauf der Zweiphasencurve bedingte maximale Arbeit. gr. 8. (6 S. m. 2 Fig.) Wien 902. (C. Gerold's Sohn.) n. — 20

MEYER, Stefan
Über Atommagnetismus und Molecularmagnetismus von Dr. Stefan Meyer. (Aus den Sitzungsberichten der kaiserl. Akademie der Wissenschaften in Wien. Mathem.-naturw. Classe; Bd. CIX. Abth. II.a. April 1900.) [Wien. 1900. In Comm. Gerold's Sohn.] Gr.-8°. 6 S. K —.10

MEYER, Stefan
Bestimmung einiger Magnetisierungszahlen von Dr. Stefan Meyer. (Mit 1 Textfigur.) (Aus den Sitzungsberichten der kaiserl. Akademie der Wissenschaften in Wien. Mathem.-naturw. Classe; Bd. CIX. Abth. II.a. Mai 1900.) [Wien. 1900. In Comm. Gerold's Sohn.] Gr.-8°. 5 S. K —.20

Meyer, Stef., Bestimmg. d. Magnetisirungszahlen von Flüssigkeiten, s.: Jäger, Gust.

MEYER, Stefan
Volumenometrische Bestimmung des specifischen Gewichtes von Yttrium, Zirkonium und Erbium von Dr. Stefan Meyer. (Mit 1 Textfigur.) (Aus den Sitzungsberichten der kaiserl. Akademie der Wissenschaften in Wien. Mathem.-naturw. Classe; Bd. CVIII. Abth. II.a. Juni 1899.) [Wien. 1899. In Comm. Gerold's Sohn.] Gr.-8°. 4 S. fl. —.05

MEYER Stefan
Über die magnetischen Eigenschaften der Elemente von Dr. Stefan Meyer. Aus den Sitzungsberichten der kaiserl. Akademie der Wissenschaften in Wien. Mathem.-naturw. Classe; Bd. CVIII. Abth. II.a. März 1899. Wien. 1899. In Comm. Gerold's Sohn. Gr.-8°. 14 S. fl. —.15

— Über die Fortpflanzungsgeschwindigkeit eines mechanischen Impulses in gespannten Drähten (mit 5 Textfiguren). S. 105. IIa. 1015 . . . . —.60
Separatabdruck

— über die Fortpflanzungsgeschwindigkeit e. mechanischen Impulses in gespannten Drähten. [Aus: Sitzungsber. d. k. Akad. d. Wiss."] gr. 8. (9 S.) Wien 896. (C. Gerold's Sohn.) n. — 60

— Zur Kenntnis der Magnetisierungszahlen seltener Erden. S. 117. IIa. 965 . . . . —.30
Separatabdruck

Meyer, Stef., zur Kenntnis der Magnetisierungszahlen seltener Erden. (6 S.) gr. 8. Wien 908. A. Hölder. — 30

MEYER, Stefan
Über Krystallisation im magnetischen Felde (I. Mittheilung) von Dr. Stefan Meyer. Mit 2 Tafeln. Aus den Sitzungsberichten der kaiserl. Akademie der Wissenschaften in Wien. Mathem.-naturw. Classe; Bd. CVIII. Abth. II.a. Mai 1899. Wien. 1899. In Comm. Gerold's Sohn. Gr.-8°. 8 S. fl. —.20

MEYER, Stefan
Magnetisierungszahlen seltener Erden von Dr. Stefan Meyer. (Aus den Sitzungsberichten der kaiserl. Akademie der Wissenschaften in Wien. Mathem.-naturw. Classe; Bd. CX. Abth. IIa. Juni 1901.) Wien. 1901. In Comm. Gerold's Sohn. Gr.-8°. 19 S. K —.40

MEYER, Stefan
Magnetisirungszahlen anorganischer Verbindungen von Dr. Stefan Meyer. (Mit 1 Tafel.) Aus den Sitzungsberichten der kaiserl. Akademie der Wissenschaften in Wien. Mathem.-naturw. Classe; Bd. CVIII. Abth. IIa. Juli 1899. Wien. 1899. In Comm. Gerold's Sohn. Gr.-8°. 38 S. fl. —.35

Meyer, Steph., Magnetisierungszahlen einiger organischer Verbindungen u. Bemerkungen üb. die Unabhängigkeit schwach magnetischer Flüssigkeiten v. Feldstärke u. Dissoziation. (11 S.) gr. 8. Wien 904. (A. Hölder.) n. — 30
Sonderabdruck aus: „Sitzungsber. d. k. Akad. d. Wiss."

— und Heß Viktor F., Dr.: Mitteilungen aus dem Institut für Radiumforschung. 2. Über die Erreichung der Sattigungswerte bei Ionisation durch α-Strahlen (mit 7 Textfiguren). S. 120. IIa. 187 . . . . —.75
— — — 17. Zur Definition der Wiener Radiumstandardpräparate (mit 4 Textfiguren). S. 121. IIa. 66 . . . . 1.20
Separatabdruck

— und Paneth Fritz, Dr.: Mitteilungen aus dem Institut für Radiumforschung. 23. Über die Intensität der α-Strahlung von Uran (mit 1 Textfigur). S. 121. IIa. 190 . . . . —.50
Separatabdruck

— und Przibram Karl, Dr.: Mitteilungen aus dem Institut für Radiumforschung. 24. Über einige neue Erscheinungen bei der Beeinflussung von Gläsern und Mineralien durch Becquerelstrahlung (mit 1 Textfigur). S. 121. IIa. 163 . . . . —.40
— — — 58. Über die Verfärbung von Salzen durch Becquerelstrahlen und verwandte Erscheinungen. S. 123. IIa. 653 . . . . —.40
Separatabdruck

— Notiz über das magnetische Verhalten von Europium, Samarium und Gadolinium. S. 111. IIa. 38 . . . . —.10
Separatabdruck

— Notiz üb. das magnetische Verhalten v. Europium, Samarium u. Gadolinium. gr. 8. (4 S.) Ebd. 902. n.n. — 10
Vorstehende 9 Abhandlungen sind aus: „Sitzungsber. d. k. Akad. d. Wiss." besonders abgedruckt.

— über die Radioaktivität der Quellen der böhmischen Bädergruppe, s.: Mache, Heinr.

— über die Radioaktivität einiger Quellen der südlichen Wiener Thermenlinie, s.: Mache, Heinr.

Ueber Radium- und Poloniumstrahlung von Dr. Stefan Meyer und Dr. Egon Ritter von Schweidler. (Mit 2 Tafeln und 3 Textfiguren.) (Aus den Sitzungsberichten der kaiserl. Akademie der Wissenschaften in Wien. Mathem.-naturw. Classe; Bd. CIX. Abth. II. a. März 1900.) Wien. 1900. In Comm. Gerold's Sohn. Gr.-8°. 11 S K —.80

Meyer Stephan, Dr.: Über den Sitz der Potentialdifferenzen in Tropfelektroden und im Kapillarelektrometer (mit 5 Textfiguren). S. 105. IIa. 139 . . . . K —.80
Separatabdruck

— üb. d. Sitz des Potentialdifferenzen in Tropfelektroden u. im Capillarelektrometer. [Aus: „Sitzungsber. d. k. Akad. d. Wiss."] gr. 8. (22 S. m. 5 Fig.) Ebd. 896. n. — 80

— die magnetische Susceptibilität des Wassers, s.: Jäger, Gust.

Meyer Stephan, Dr., und **Schweidler** Egon Ritter von, Dr.: Untersuchungen über radioaktive Substanzen. 2. Über die Strahlung des Uran (mit 7 Textfiguren). S. 113. II a. 1067 . . . . . K —.60
— — — 3. Über zeitliche Änderungen der Aktivität (mit 1 Textfigur). S. 114. II a. [illegible] . . —.30
— — — 4. Zur Kenntnis des Aktiniums (mit 2 Textfiguren). S. 114. II a. 1147 . . —.30
— — — 5. Über Radioblei und Radium-Restaktivitäten (mit 3 Taf. und 5 Textfiguren). S. 114. II a. 1195 . . . . . —.90
— — — 6. Über Radium F (Polonium) (mit 4 Textfiguren). S. 115. II a. [illegible] . . —.95
— — — 7. Über die aktiven Bestandteile des Radiobleis (mit 4 Textfiguren). S. 115. II a. [illegible] . . . . . —.60
— — — 9. Einige Versuche über die Absorption der α-Strahlung in Aluminium (mit 9 Textfiguren). S. 115. II a. [illegible] 1.05
— — — 8. Über ein radioaktives Produkt aus dem Aktinium (mit 2 Textfiguren). S. 116. II a. 315 . . . . . —.40
— — — 10. Über die Zerfallskonstante von Radium D. S. 116. II a. [illegible] . . —.50
Separatabdruck

Meyer, St. und **Schweidler**, E. R. v., Untersuchungen über radioaktive Substanzen. I. Über den Einfluß von Temperaturänderungen und über die durch Pechblende induzierte Aktivität. [Aus: Sitzungsber. d. kais. Akad. d. Wiss., mathem.-naturw. Klasse.] Gr.-8°. (ill. 28 S. mit 1 Tafel.) † K —.80
Wien: Gerold 1904.

Meyer, St. und **Schweigler**, E. R. v., Untersuchungen über radioaktive Substanzen. II. Über die Strahlung des Uran. [Aus: Sitzungsber. d. k. Akad. d. Wiss., mathem.-naturw. Klasse.] Gr.-8°. (ill 23 S.) † K —.60
Wien: Gerold 1904.

Meyer, St. und **Schweigler**, E. R. v., Untersuchungen über radioaktive Substanzen (III. Mitteilung). Über zeitliche Änderungen der Aktivität. [Aus: Sitzungsber. d. k. Akad. d. Wiss., mathem.-naturw. Klasse.] Gr.-8°. (ill. 9 S.) K —.30
Wien: Gerold 1905.

Meyer, St. und **Schweidler**, E. R. v., Untersuchungen über radioaktive Substanzen. (4. Mitteilung.) [Aus: Sitzungsber. d. k. Akad. d. Wiss., mathem.-naturw. Klasse.] Gr.-8°. (ill. 12 S.) †
Wien: Gerold 1905.

Meyer, St. und **Schweidler**, E. R. v., Untersuchungen über radioaktive Substanzen. (5. Mitteilung.) [Aus: Sitzungsber. d. k. Akad. d. Wiss., mathem.-naturw. Klasse.] Gr.-8°. (ill. 25 S. mit 3 Tafeln.) † K —.90
Wien: Gerold 1905.

Meyer, St. und **Schweidler**, E. R. v., Untersuchungen über radioaktive Substanzen. (VI. Mitteilung.) Über Radium F (Polonium). [Aus: Sitzungsber. d. k. Akad. d. Wiss., mathem.-naturw. Klasse. Bd. CXV.] Gr.-8°. (ill. 26 S.) † K —.95
Wien: Hölder 1906.

Meyer, St. und **Schweidler**, E. R. v., Untersuchungen über radioaktive Substanzen. (VII. Mitteilung.) Über die aktiven Bestandteile des Radiobleis. [Aus: Sitzungsber. d. k. Akad. d. Wiss., mathem.-naturw. Klasse. Bd. CXV. Abt. IIa.] Gr.-8°. (15 S.) † K —.60
Wien: Hölder 1906.

Meyer, St. und **Schweidler**, E. R. v., Untersuchungen über radioaktive Substanzen. (VIII Mitteilung.) Über ein radioaktives Produkt aus dem Aktinium. [Aus: Sitzungsber. d. k. Akad. d. Wissensch., mathem.-naturw. Klasse.] Gr.-8°. (ill. 8 S. † K —.40
Wien: Hölder 1907.

Meyer, St. und **Schweidler**, E. R. v., Untersuchungen über radioaktive Substanzen. (IX. Mitteilung.) Einige Versuche über die Absorption der α-Strahlung in Aluminium. [Aus: Sitzungsber. d. k. Akad. d. Wiss., mathem.-naturw. Klasse. Bd. CXV. Abt. II a.] Gr.-8°. (ill. 26 S.) † K 1.05
Wien: Hölder 1906.

Meyer, St. und **Schweidler**, E. R. v., Untersuchungen über radioaktive Substanzen. (X. Mitteilung.) [Aus: Sitzungsber. d. k. Akad. d. Wiss., mathem.-naturw. Klasse. CXVI. Bd.] Gr.-8°. (13 S.) † K —.50
Wien: Hölder 1907.

— über das Wachstum der Kristalle, s.: Vorträge des Vereines zur Verbreitung naturw. Kenntnisse in Wien. 48. Jhrg. 6. Hft.

Meyer, Susanne Luise, Dichtungen u. Aphorismen. (IV, 111 S.) kl. 8. Dresden (909). E. Pierson. 1.50; geb. n 2.50

Meyer, Dr. Th., Beobachtungen über das geschichtete electrische Licht sowie über den merkwürdigen Einfluss des Magneten auf dasselbe. Berlin 1858. 4°.

Meyer, T., und H. **Geißler**: Beobachtungen über das Phänomen der Schichtung im electrischen Licht. Bonn 1857

Meyer, Th., „In der Diaspora". — Geschichte der ev.-luth. Kirchspiels Nikolajew-Cherson. Odessa: Druck v. A. Schultze 1902 UBT

Meyer, Th., Das Erbe Luthers in Rußland

Meyer, Th. Zur Geschichte der Gemeinde St. Dionys. Ein geschichtl. Versuch. gr. 8. (V, 242 S.) Lüneb. 891, Herold u. Wahlstab. * 2 50

Meyer, Th., die Grundsätze der Sittlichkeit und des Rechts, s. Encyclica, die.

—— Das Winsener Schatzregister. Hrsg. u. m. geschichtl. Erläutergn. versehen. gr. 8. (III, 192 S.) Ebd. 891. * 2 —

Meyer, Th. Ernst, Leitfaden zum Unterrichtskursus f. Werkmeister, Monteure, Maschinisten u. Heizer. 3. verb. Aufl. (III, 41 S. m. Abbildgn.) gr. 8. Leipzig 907. O. Leiner. 1.—; geb. 1.80

Meyer, Thdr., die Arbeiterfrage u. die christlich-ethischen Socialprincipien, s.a. Frage, d. sociale, beleuchtet durch d. Stimmen aus Maria-Laach.

Meyer, Th., Die Arbeiterfrage und die christlich-ethischen Sozialprinzipien. Freiburg i. Br., 1891. 125 S.

Meyer, d. Arbeiterfrage u. d. christl. ethischen Prinzipien. 3. Aufl. Freiburg 892.

Meyer, Th., Die Arbeiterfrage und das christlich-ethische Sozialprincip. gr. 8°. Freiburg i. Br., Herder, 1891. 3. Aufl. gr. 8°. Freiburg 1895. (Die soziale Frage beleuchtet durch die „Stimmen aus Maria Laach", Heft 1.)

Meyer, Th., Die Arbeiterfrage und das christlich-ethische Socialprinzip. 4. Aufl. 8°. Freiburg i. B., Herder, 1904. (Die sociale Frage beleuchtet durch die „Stimmen aus Maria Laach", I.)

Meyer, Theodor [geb. zu Amthal, Kreis Thorn, Prov. Westpreussen]: Ueber Aetzungen mit Chromsäure . . . . Wurzburg, Paul Scheiner's Buchdr., 1888; 24 S. 8°
Würzburg, Med. Fak., Inaug.-Diss. v. 1888

Meyer, Theodor, über Aetzungen mit Chromsäure. Diss. Würzburg 1888, Stahelsche Univ.-Buchh. 8°. 24 S.

Meyer, Theodor [aus Rospentek]: Ein Beitrag zur Aetiologie der Myome . . . Halle a/S., Plötz'sche Buchdr., 1897; 21 S., 3 Bl. 8.
Halle, Med. Fak., Inaug.-Diss. v. 5. März 1897

Meyer, Th.: Über zweidimensionale Bewegungsvorgänge in e. Gas, das m. Ueberschallgeschwindigkeit strömt, s. Mitteilungen üb. Forschungsarbeiten auf dem Gebiete des Ingenieurwesens. 62. Heft.

Meyer, Theodor, a. Bevensen: Ueber zweidimensionale Bewegungsvorgänge in einem Gas, das mit Ueberschallgeschwindigkeit strömt. Berlin 1908 (A. W. Schade). (46 S.) 8° ¶ (Aus: Mitteilungen über Forschungsarbeiten auf d. Gebiete d. Ingenieurwesens.)
Göttingen, Phil. Fak., Ref. Prandtl, Diss. v. 29. Jan. 1908
[Geb. 1. Juli 82 Bevensen, Kr. Uelzen; Wohnort: Bevensen; Staatsangeh.: Preußen; Vorbildung: Gymn. Johanneum Lüneburg Reife O. 01; Studium: Jena 3, Berlin 4, Göttingen 5 S.; Rig. 8. Mai 07.]

— **Erich Nikutowski, Hans v. Volkmann u. Fritz v. Wille,** Bilder vom Rhein u. aus der Eifel. 25 Zeichnungen. u. Orig.-Lithographien. 4. Düsseldorf (904). Berlin, Fischer & Franke. Geb. n. 6. —

Meyer, Theodor, Prof.: Die Lüneburger Chronik des Propstes Jakob Schomaker herausgegeben. Lüneburg 1904: von Stern'sche Buchdr. (XVII, 216 S.) 8°
Lüneburg, Johanneum OP 1904 (365)

Meyer, Thdr., die Fabrikation v. Sulfat u. Salzsäure, s.a. Monographien üb. chemisch-technische Fabrikationsmethoden. 6. Bd.

Die Fabrikation von Sulfat und Salzsäure. Von Dr. Theodor **Meyer**. Mit 23 Abb. Halle: W. Knapp 1907. (IX, 102 S.) 8°
— **Monographien** über chem.-techn. Fabrikationsmethoden. Bd 6. [07. 6689 3

Meyer, Theodor [app. Arzt aus Bückeburg]: Aus d. medicin. Klinik zu Kiel. Ein Fall von progressiver Paralyse ... Kiel, Druck v. P. Peters, 1896; 12 S., 1 Bl. 8.
Kiel, Med. Fak., Inaug.-Diss. v. [4. Juni] 1896

Meyer, Theod. Vide: Frage (Die sociale) beleuchtet durch die „Stimmen aus Maria-Laach".

Meyer, Theodor, appr. Arzt a. Halberstadt: Ueber Gelenkkörper mit besonderer Berücksichtigung derjenigen, die entstanden sind durch Absprengung vom Condyl. int. fem. Leipzig 1904: B. Georgi. (40 S.) 8°
Leipzig, Med. Fak., Ref. Trendelenburg, Diss. v. 4. Nov. 1904
[Geb. 28. Okt. 73 Halberstadt; Wohnort: Lippstadt; Staatsangeh.: Preußen; Vorbildung: Domgymn. Halberstadt Reife O. 95; Studium: Halle 13 S.; Coll. 21. Nov. 04; Approb. 19. Apr. 02.]

Meyer, Theodor, Dr. med. et jur.: Geschichte des römischen Ärztestandes. Kiel 1907: L. Handorff. (85 S.) 8° ¶ (Soll vollst. u. d. T.: „Geschichte des ärztlichen Standes" erscheinen.)
Jena, Med. Fak., Hab.-Schr. v. 1907

Meyer, Thdr., S. J., Institutiones iuris naturalis seu philosophiae moralis universae secundum principia S. Thomae Aquinatis, s.a. Philosophia Lacensis.

Meyer, Thdr., institutiones juris naturalis seu philosophiae moralis universae secundum principia S Thomae Aquinatis ad usum scholarum adornavit Th. M. Pars I. Jus naturae generale, continens ethicam generalem et jus sociale in genere. gr. 8. (XX, 498 S.) Freiburg i/Br. 885. Herder. n 6. —

Meyer, Thdr., S. J., Institutiones iuris naturalis seu philosophiae moralis universae secundum principia S. Thomae Aquinatis ad usum scholarum adornavit M. Pars II. Ius naturae speciale. (Philosophia Lacensis.) gr. 8. (XXVI, 852 S.) Freiburg i/B. 900. Herder. n. 9. —; geb. in Halbfrz. n. 11. —; (kplt. n. 15. —; geb. n. 18. 60)

Institutiones juris naturalis seu philosophiae moralis universae secundum principia S. Thomae Aquinatis ad usum scholarem adornavit Theodorus **Meyer** S. J. (2. ed. em.) P. 1. Friburgi Brisg.: Herder 1906. 8°
— **Philosophia** Lucensis. 1. [06. 3309. 6

Meyer, Theodor [aus Unnau]: Ueber die Kegel des Pappus und des Hachette. Berlin, Druck und Verlag von W. & S. Loewenthal. 1884. 8. 27 S.
Diss. Straßburg

Meyer, *Theodor* [Prof. Dr.]: Das Kirchenlied. E. ästhet. Untersuchg ... Heilbronn, Druck d. Schell'schen Buchdr., 1892; 1—28 S. 4.
Schönthal, k. ev.-theol. Sm, P 1892 (579)

Meyer-Basel, Thdr., s.: **Landschaft, deutsche.**

Meyer, Theodor [Dr.]: Über das sphärische Polarsystem und seine Anwendung auf das Tetraeder. Saarbrücken, Druck v. Gebr. Hofer, 1890; S. 3—9; 4°
Saarbrücken, k. GwS u. GwVS, OP 1890 (479)

Meyer, Thdr., Theodorus Priscianus u. d. röm. Medizin. (VI, 352 S.) 8. Jena 909. G. Fischer. 7.—; geb. 8. —

Meyer, zwei Reden, geh. am Sarge des seligen Geh. Kirchenrath Wallroth, großherzogl. Hofpredigers u. Superintendenten des Fürstenth. Lübeck, am 10. April 1876. gr. 8. (21 S.) Eutin 876. Struve. — 40

Meyer, Thdr., s.: Schomaker, Jak., Lüneburger Chronik.

— die christlich-ethischen Sozialprinzipien u. die Arbeiterfrage, s.: Frage, die soziale, beleuchtet durch die „Stimmen aus Maria-Laach". 1. Hft.

Meyer, Theodor: Das Tangential-Kammersystem für Schwefelsäure-Fabrikation. Offenbach 1904.

Das Tangential-Kammersystem für Schwefelsäure-Fabrikation ⟨D.R.P. No 101376⟩ von Dr. Theodor **Meyer**. 2., neu bearb. Aufl. Mit 9 Abb. Halle a. S.: W. Knapp 1907. (51 S.) 8° [07. 10319

Meyer, Theodor: The Tangent System of Sulphuric Acid Manufacture. Engl. von C. Glaser. Offenbach a. M. (1904)

– (Red.), s. Tapezierer-Zeitung, Allgemeine.

Meyer, Theod., Untersuchungen üb. das Carcinom d. Leber u. einiger anderer pathologisch-anatom. Abnormitäten desselben Organes. Inaugural-Dissertation. gr. 8. (4 B. u. 1 Stnt.) Basel 843, Schweighausersche Buchh.

Meyer, Theod[or], Dr. med.: Das ärztliche Vertragsverhältnis. Berlin: C. Heymann 1905. (52 S.) 8°
Rostock, Jur. Fak., Ref. Bernhöft, Diss. v. 25. Apr. 1905
[Geb. 9. Mai 73 Bückeburg; Wohnort: Kiel; Staatsangeh.: Preußen; Vorbildung: Gymn. Bückeburg Reife O. 91; Studium: Kiel 7 S.; Rig. 29. Nov. 04.]

Das Stilgesetz der Poesie. Von Dr. Theodor A. **Meyer**, Prof. am ev. theol. Sem. Schönthal. *Leipzig: S. Hirzel 1901.* (XI, 231 S.) 8° [F.] [01. 10026

Meyer, Thdr. B., Zahnschmerzen und deren homöopathische Heilung oder genaue Anweisung wie Jedermann Zahnweh schnell, sicher u. dauernd heben kann. Mitau 858. Neumann. 16. (45 S.) 9 ngr.

Meyer, Theodor Bernard. 1852-1902. Festsch z Erinng an die 50-jhr Gründungs-Feier d dt-kath St. Marien Gmde zu Racine, Wis. Racine, 1902.

Meyer, Theophil, die doppelte Buchführung. Prakt. Anleitung zur leichten und schnellen Erlernung derselben nach einer höchst einfachen neuen Unterrichts-Methode. gr. 8. (107 S.) Berlin 884, Mode's Verlag.

Meyer, U. T., die deutschen Klassiker u. das Kirchenlied. Eine Betrachtg. gr. 8. (44 S.) Emden 888. Schwalbe. n. — 60

Meyer, U. T., Lieder. 8. (IV und 104 S.) Bonn 851, Wittmann. *

Meyer, Ubbo T., aus dem Leben. Gedichte. 8. (VIII, 200 S.) Emden 898. W. Haynel. Geb. in Leinw. n. 3. —

Meyer, Ulfilas: Die magnetische Rotationsdispersion im ultraroten Teil des Spektrums bei Steinsalz, Sylvin und Flußspat. Braunschweig 1909: Vieweg. 27 S. 8°
Berlin, Phil. Diss. v. 14. Aug. 1909, Ref. Rubens
[Geb. 19. März 85 Berlin; Wohnort: Berlin-Friedenau; Staatsangeh.: Preußen; Vorbildung: Friedrichs-Werdersche Oberrealsch. Berlin Reife M. 04; Studium: Berlin 9 S.; Rig. 24. Juni 09.] [U 09. 236

Meyer, Ulrich, Der Aufstieg des Verbandes schweizerischer Konsumvereine. Grütlikalender, 1910.

Meyer's, Ulr., Bücherei. Nr. 1—21. kl. 8. Berlin, U. Meyer. à n. — 30
Algenstaedt, Luise, der Reisepaß. Eine Hofgeschichte. Um die Ehre. 3 Erzählgn. Mit 3 Bildern v. Werner Zehme. (80 S.) (905.) (Nr. 14.)
Bittrich, Max, Tuchmachers Käthe u. ihre Abenteuer im 30jährigen Kriege. Nach alten Tagebuch- u. Chronikblättern wiedererzählt. (77 S. m. Abbildgn.) (905). (Nr. 12.)
Boyesen, H. H., Fiedelhans u. Krüppelhans. 2 norweg. Erzählgn. (80 S.) (905). (Nr. 18.)
Brunner, Karl, im Silberkranz. Eine Festgabe zum 27. II. 1906. Dem deutschen Volke dargeboten. 1.—33. Taus. (Je 77 S. m. Abbildgn.) (906). (Nr. 21.) Kart. — 30
Elbe, A. v. der, Heimgefunden. Erzählung aus der norddeutschen Heide. (77 S. m. Abbildgn.) (903). (Nr. 1.)
Gründler, Ad., das Leben Friedrich Schillers. Zur 100jähr. Wiederkehr seines Todes dem deutschen Volke erzählt. (224 S. m. Abbildgn.) (905). (Nr. 9—11.)
Justus, Th., wider einander. Erzählung. Mit 4 Bildern von R. de Witt. (79 S.) (905.) (Nr. 13.)
Klaußmann, A. Osk., matte Wetter. Eine Bergmannsgeschichte. (79 S. m. Abbildg.) (903.) (Nr. 3.)
Krause, H. v. (C. v. Hellen), Dorothees Geheimnis. Erzählung. (78 S.) (905). (Nr. 19.)
— Tina. Erzählung. (76 S.) (903.) (Nr. 5.)
Meister, Frdr., späte Heimfahrt. — Auf dem Wrack. 2 Seegeschichten. (91 S.) (905.) (Nr. 15.)
— Kapitän Hinsdorfs lange Fahrt. Erzählung. (78 S. m. Abbildgn.) (903.) (Nr. 4.)
Niese, Charlotte, Meister Ludwigsen. — Herrn Meiers Hund. 2 Erzählgn. (69 S. m. Abbildgn.) (904.) (Nr. 7.)
Neulecke, A., im Tode treu. Geschichtliche Erzählg. (80 S.) (905.) (Nr. 16.)
Schrill, Ernst, die goldene Feder. — Hellserum. 2 Erzählgn. (79 S.) (905.) (Nr. 17.)
Sohnrey, Heinr., die Jungfernauktion. — Als die Großmutter sterben wollte. 2 Dorfgeschichten. (77 S.) (904.) (Nr. 6.)
Villinger, Hermine, eine Gewitternacht u. anderes. 5 Erzählgn. (77 S.) (905.) (Nr. 20.)
Werner, R. v., auf blauem Wasser. Seebilder. (77 S. m. Abbildgn.) (904.) (Nr. 8.)
Westkirch, Luise, in der Joachimsklamm. Erzählung. (79 S. m. Abbildgn.) (903.) (Nr. 2.)

Meyer's, Ulr., Bücherei. Nr. 1. 4 u. 22—30. kl. 8. Berlin, U. Meyer. à — 30
Bittrich, Max, Schatzgräber. Geschichten v. ernsten u. heiteren Leuten. Mit 3 Illustr. (79 S.) (907.) (Nr. 29.)
Dombrück, Pet., Pit Breuer. Eine Erzählg. Mit 3 Illustr. v. Karl Storch. (78 S.) (907.) (Nr. 26.)
Elbe, A. v. der, heimgefunden. Erzählg. aus der norddeutschen Heide. Mit 5 Bildern v. W. Claus. 6.—10. Tauf. (77 S.) (908.) (Nr. 1.)
Liliencron, A. v., heiße Arbeit unter heißer Sonne. Bilder aus dem südwestafrikan. Feldzug. (78 S.) (907.) (Nr. 22.)
Meister, Frdr., im Kampf m. Sklavenfängern. Aus den Erinnergn. e. alten Marineoffiziers. Illustriert v. Karl Storch. (80 S.) (907.) (Nr. 28.)
— Kapitän Hinborfs lange Fahrt. — „Mann üb. Bord!" Erzählungen. Illustriert v. H. Storch. 6.—10. Tauf. (80 S.) (909.) (Nr. 4.)
Muusmann, Karl, Gefangener Nr. 113. Erzählung. Autoris. Übersetzg. aus dem Dän. v. Bernh. Mann. (160 S.) (907.) (Nr. 24. 25.)
Niese, Charlotte, Leute v. Abseits. Kleine Geschichten. Illustriert v. M. Mänike. (80 S.) (907.) (Nr. 30.)
Peter, Joh., Geschichten aus dem Böhmerwald. Illustriert v. M. Mänike. (79 S.) (907.) (Nr. 27.)
Schanz, Frida, Feldmohn. Ernstes u. Heiteres. (76 S.) (907.) (Nr. 23.)

Meyer, Ulr., s.: Jugendheim, das.

Meyer, Ulr., aus Nordafrika, Frankreich u. Italien. Heitere u. ernste Schildergn. 8. (128 S. m. Bildnis.) Bern 899. (Zürich, Buchh. des schweiz. Grütlivereins.) n. 1.—

Meyer's, Ulr., Sammlung guter Geschichten. 1. u. 2 Bd. [Titel-Ausg. v. Meyer's Bücherei Nr. 1—8.] (77, 79, 79, 78 u. 77, 69, 77 u. 76 S. m. Abbildgn. u. je 2 Farbdr.) kl. 8. Berlin [903. 904] 904. U. Meyer. Geb. in Leinw. à 1. 20

Meyer, Ulr., s.: Sonntagsbote f. d. Jugend.

— s.: Speckter, Otto, neues Fabelbuch.

Meyer, V., homöopathischer Führer für Deutschland und das Ausland. Enth. die Verzeichnisse der homöopath. Aerzte und Anstalten Deutschlands, Englands etc. Leipzig 856. Reclam sen. 8. (VI, 100 S.) 21 ngr.

Meyer, V., homöopathischer Führer für Deutschland u. das gesammte Ausland. 2. verm. u. verb. Aufl. Leipzig 860. Haynel. (Purfurst.) 8. (VII, 164 S.) n. 25 ngr.

Meyer, W., allgemeiner Hausarzt für Stadt und Land, s. Hausarzt.

— neues Repertorium zur homöopathischen Arzneimittellehre, s. Repertorium.

Meyer, Veit (bearb.u.Hrsg.):

s.: Braun, Jonathan: Ueber Onanie, Beischlaf, männliches und weibliches Unvermögen, venerische Krankheit, regelwidrige Monatsreinigung und weißen Fluß... 5.verm.und verbess.Aufl. Mit Hinzufügung des homöopathischen Heilverfahrens bearb. Leipzig: 1850

JB 4.579

Meyer, Vict. Ergebnisse u. Ziele der stereochemischen Forschg. Vortrag, geh. in der Sitzg. der deutschen chem. Gesellschaft zu Berlin am 18. Jan. 1890. gr. 8. (92 S.) Heidelb. 890, C. Winter. * 2 40

Meyer, Vict., guide pratique pour l'analyse qualitative. — Tabellen zur qualitativen Analyse, } s.: Treadwell, F. P.

Meyer: Tile Kolup (der falsche Friedrich) und die Wiederkunft eines ächten Friedrich. Kaisers der Deutschen. 106 S. 8°—Wetzlar. Progr. 1868

Meyer, Vict., Tile Kolup [der falsche Friedrich] und die Wiederkunft eines ächten Friedrich, Kaisers der Deutschen. Historische Studie. gr. 8. (IV, 106 S.) Wetzlar 868. Königsberg, Meyer und Comp.

Meyer, Victor, und Paul **Jacobson**: Lehrbuch der organischen Chemie. Leipzig
Bd 1. Allgemeiner Theil. Verbindungen der Fettreihe. 1893
Bd 2. Cyclische Verbindungen. Naturstoffe.
Th. 1. Einkernige isocyclische Verbindungen. 1895—1902
T. 2. Mehrkernige Benzolderivate. 1901—1903
2. Aufl.
Bd 1. Allgemeiner Teil. Verbindungen der Fettreihe. Bearb. von P. Jacobson und R. Stolzner.
T. 1. Allgemeiner Teil. Die aliphatischen Kohlenwasserstoffe und ihre einwertigen Abkömmlinge. 1907
T. 2. Die mehrwertigen Abkömmlinge der aliphatischen Kohlenwasserstoffe, Cyanverbindungen und Kohlensäurederivate. 1913

Meyer, Vict., u. Paul **Jacobson,** Lehrbuch der organischen Chemie. (In 2 Bdn.) 1. Bd. 1. Hälfte. gr. 8. (336 S. m. Holzst.) Leipzig 891. Veit & Co. n. 7. 50

— u. Paul **Jacobson,** Lehrbuch der organischen Chemie. 1. Bd. Allgemeiner Theil. — Verbindungen der Fettreihe. 2. Hälfte. 2 Abthlgn. gr. 8. Leipzig, Veit & Co. n. 18. 50 (1. Bd. kplt.: n. 26. —; geb. in Halbfrz. n. 28. 50)
1. Abth. (S. 337–576.) 891. n. 5. 50
2. Abth. (XX u. S. 577—1128 m. 1 Tab.) 892. n. 13. —

— dasselbe. 2. Bd. 1. Abth. gr. 8. (320 S. m. Holzst.) Ebd. 895. n. 7. 20

— u. Paul **Jacobson, Lehrbuch der organischen Chemie.** 2. Bd. 2. Abth. gr. 8. (S. 321—576 m. Holzst.) Leipzig 896. Veit & Co. n. 6. — (I—II. 2.: n. 39. 20)

— u. Paul **Jacobson,** Lehrbuch d. organischen Chemie. II. Bd. Cyclische Verbindgn. — Naturstoffe. 1. Thl. Einkernige isocycl. Verbindgn. 3. Abth. Die Gruppe der hydroaromat. Verbindgn. ist in Gemeinschaft m. P. Jacobson bearb. von Carl Harries. gr. 8. (XX u. S. 577—1076.) Leipzig 902. Veit & Co. n. 13. 80; (II. Bd., 1. Thl. kplt. n. 27.—; geb. in Halbfrz. n. 30.—)

— — dasselbe. II. Bd. 2. Thl. I. Abth. (Die Gruppe der mehrkern. Benzolderivate ist in Gemeinschaft m. P. Jacobson bearb. v. Arnold Reissert.) gr. 8. (S. 1—288.) Ebd. 901. n. 7. 50

— u. Paul **Jacobson,** Lehrbuch der organischen Chemie. II. Bd. Cyclische Verbindgn. — Naturstoffe. 2. Thl. Mehrkernige Benzolderivate. In Gemeinschaft m. P. Jacobson bearb. v. Arnold Reissert. 2. Abth. (XIV u. S. 289—664.) gr. 8. Leipzig 903. Veit & Co. n. 10. — (II, 2.: n. 17. 50; geb. in Halbfrz. n. 20. 50; I—II, 2.: n. 70. 50)

— — dasselbe. 2. Aufl. Hrsg. v. Paul Jacobson. I. Bd. Allgemeiner Tl. — Verbindungen der Fettreihe. Neu bearb. v. Paul Jacobson u. R. Stelzner. 1. Tl. Allgemeiner Tl. — Die aliphat. Kohlenwasserstoffe u. ihre einwert. Abkömmlinge. I. Abtlg. (S. 1—448 m. Fig.) gr. 8. Ebd. 906. n. 10. 80

— u. Paul **Jacobson,** Lehrbuch der organ. Chemie. 2. Aufl. Hrsg. v. Paul Jacobson. I. Bd. Allgemeiner Tl. — Verbindungen der Fettreihe. Neu bearb. v. Paul Jacobson u. R. Stelzner. 1. Tl. II. Abtlg. u. 2. Tl. I. u. II. Abtlg. gr. 8. Leipzig, Veit & Co. 38. 20
1. II. Allgemeiner Tl. — Die aliphat. Kohlenwasserstoffe u. ihre einwert. Abkömmlinge. II. Abtlg. (XVI u. S. 449—1060 m. Fig.) 907. 17. 20
2. I. Die mehrwert. Abkömmlinge d. aliphat. Kohlenwasserstoffe — Cyanverbindungen u. Kohlensäurederivate. 1. Abtlg. (S. 1—288 m. Fig.) 909. 7. 50
2. II. Dasselbe. 2. Abtlg. (S. 289—800.) 910. 13. 50

Meyer, Vict., Märztage im Kanarischen Archipel. Ein Ferien-Ausflug nach Teneriffa u. La Palma. gr. 8. (96 S.) Leipzig 893. Veit & Co. n. 2. --

— aus Natur u. Wissenschaft. Wanderblätter u. Skizzen. 8. (XI, 206 S.) Heidelberg 892. C. Winter. n. 4. —; geb. in Leinw. n. 5. —

Meyer, Vict., Probleme d. Atomistik. Vortrag, geh. in d. 2. allgem. Sitzg. d. 67. Versammlg. deutscher Naturforscher u. Ärzte zu Lübeck am 18. Septbr. 1895. 1. u. 2. Aufl. 8. (45 S.) Heidelberg 896. C. Winter. n. 1. —

Meyer, V. Chemische Probleme der Gegenwart. Vortrag. Heidelberg, 1889.

Meyer, Vict., chemische Probleme der Gegenwart. Vortrag. 1. u. 2. Aufl. gr. 8. (46 S.) Heidelberg 890. C. Winter. n. 1. —

MEYER, VICTOR.
Chemische Probleme der Gegenwart, Vortrag gehalten in der ersten allgemeinen Sitzung der 62. Versammlung Deutscher Naturforscher und Aerzte am 18 September, 1889, zu Heidelberg. Zweite Auflage. Heidelberg, 1890. pp. 46, 8vo.

Meyer, Vict., **Tabellen zur qualitativen Analyse,** s.: **Treadwell, F. P.**

Meyer, Vict., die Thiophengruppe. gr. 8. (XIX, 301 S.) Braunschweig 888. Vieweg & Sohn. n. 11. —

—— pyrochemische Untersuchungen, s. Langer, C.

Meyer, Victor J., a. Berlin: Ueber den Thioharnstoff und seine Verbindungen mit den Salzen zweiwertiger Metalle. (Berlin 1905: A. W. Schade.) (58 S.) 8°
Berlin, Phil. Fak., Ref. Nernst, Diss. v. 9. Dez 1905
[Geb. 29. Juli 82 Berlin; Wohnort: Berlin; Staatsangeh.: Preußen; Vorbildung: Wilhelms-Gymn. Berlin Reife O. 01; Studium: Freiburg i. B. 1, Berlin 7 S.; Rig. 30. Nov. 05.]

— **Vitus** (Dresden), De haemospasia seu de aëre expanso variis morbis adhibito. Diss. med. Leipzig (Ph. Reclam) 4. III. 1842. 23 S. (2.50) 23252
Seinen Eltern gewidmet.

— **Volchard** (Bremen/Sachs.), De jurisdictione delegata eiusque et mandatae differentiis diss. Marburg/Hessen (Bayrhofer) 27. II. 1783. 44 S. (5.—) 23253

Meyer, W., s.a. Meyer, Max Wilhelm

Meyer, W., s. Meyer-Lübke, W.

— W, in Hildesheim. Photograph. Abbildungen physikal. Apparate. qu 16° Hildesheim

— Aphorismen über Religion, Kirche und Staat, s. Mejer, Wilhelm

Meyer, W.: Beiträge zur Kritik des Horazscholiasten Porphyrion. 45 S. 8°.– München M., Progr. 1870.

Meyer. W., Die Berliner Centones der Laudes dei des Dracontius. Gel. 1890. 40 S. m 2 Taf. 4°. 1.20

Meijer, W., Benedicti Despinozae philosophiae brevis commentatio. Studio veritatis addictis. (20 S.) gr. 8. Haag (905.) (M. Nijhoff.) n.n. — 85

— Eutharsos, s. Mejer, Wilhelm

Meyer, W., Radewin's Gedicht üb. Theophilus. Nebst Untersuchungen üb. die Theophilssage u. die Arten der gereimten Hexameter. 1873. 72 S. 1.20

Meyer, W., Zu Catull's Gedichten. S.-A. 1890. 12 S.

Meyer, W., Hosianna! Ausgewählte bibl. Erzählungen für die Kinderstube und Kleinkinderschule, mit 21 (eingedr.) Orig.-Holzschn. von A. Gaber, in der Sprache der Kleinen übertragen und hrsg. gr. 8. (98 S.) Hannover 866, Meyer. cart. *

Meyer, W., Hosianna! Ausgewählte biblische Erzählungen für die Kinderstube und Kleinkinderschule, wie auch für die untere Stufe der Schule. In die Sprache der Kleinen übertragen und hrsg. 2. verm. Aufl. gr. 8. (111 S. mit 26 Holzschn. von A. Gaber.) Hannover 887, Meyer. cart. *

Meyer, W., Merkbüchlein f. d. Gerätturnen in höheren Lehranstalten. Übungsstoff in streng method. Anordng. f. die einzelnen Klassen in Vierteljahrespensen. 16. (VIII, 91 S.) Hof 893. R. Lion. Kart. n. — 60

Meyer, W., Merkbüchlein f. das Gerät-Turnen in höheren Lehranstalten sowie zum Gebrauch an Mittelschulen. Übungsstoff in streng method. Anordng. f. die einzelnen Klassen in Vierteljahresaufgaben. 2., verb. u. verm. Aufl. Mit 72 Orig.-Abbildgn., entworfen von Rud. Teubner. 16. (VIII, 138 S.) Hof 900. R. Lion. Kart. n. — 80

— Pitra Mone und die byzantinische Strophik. Ak. 1896. 18 S.

Meyer, W., Nachlese zu den Spruchversen des Menander und anderer. Ak. 1890. 27 S.

— Die rhythmische latein. Prosa u. L. Havet, „La prose métrique de Symmaque et les origines du cursus". S.-A. 1893. 27 S. 1.— 1.20

Meyer, W. v., Reisen in Süd-Afrika während der Jahre 1840 u. 1841. Beschreibung des jetzigen Zustandes der Colonie des Vorgebirges der Guten-Hoffnung. Nebst Abbild. einer Löwenjagd. gr. 8. (14¼ B.) Hamburg 843, Erie. *

Meyer, W., Aurelii Symmachi relationes. 1872. 64 S.

Meyer, W., Eine Sammlung von Sentenzen des Publilius Syrus. 1872. 24 S.

– (Hrsg.), s. Spinoza, Baruch de: Briefe.

Meyer, W., über die Stellung der deutschen Turnerei (S. Abdr. a. d. Preuß. Jb., Bd. 114, H. 1), Berlin 1903, 16 S., 4°.

Meyer, W. Le système de Saturne. Déterminations des dimensions et des anneaux de la planète, des orbites de six satellites et de la masse de Saturne d'après des observations faites à Genève avec l'équatorial Plantamour pendant l'opposition de 1881. In-4°, avec 2 pl., 192 p. Genève-Bâle, Georg. 1893. 10 —

— W., Des Lucas Fruterius Verbesserungen zu den Fragmenta poetarum veterum Latinorum a. 1564. S.-A. 1878. 12 S. — 60

— W., Melanchthons Vorlesung über Ciceros Officia. S.-A. 1894. 86 S.

Meyer, W., Caesur im Hendekasyllabus. — Ueber die weibliche Caesur des klassischen lateinischen Hexameters und über lateinische Caesuren überhaupt. S.-A. 1890. 37 S. 1.20

Meyer, W. Chr., prakt. chymische Tabellen f. Aerzte, Apotheker u. Liebhaber d. Chemie ꝛc. 1r Thl. gr. Fol. Erf. u. Gotha 805. Hennings. 14 gr.

Meyer, W. Ch. Praktisch-chemische Tabellen, zur leichten Uebersicht bei Untersuchung der natürlichen Körper in chemisch-physikalischer Hinsicht. 1. Vol. Erfurt. 1806. Folio.

Meyer, W. Chr.
Praktische chemische Tabellen für Aerzte, Apotheker und Liebhaber der Chemie, zur leichtern Uebersicht der natürlichen, einfachen und zusammengesetzten Körper. Gotha, 1806. Fol.

Meyer, W. D., über unricht. Stellung öffentl. Diener, insbesond. d. Richter. gr. 8. (1½ B.) Rostock 831, [Oeberg.]

Meyer, W. Elogius, s. Meyer, Wilhelm Ferdinand

Meyer's, W. F., Posthandbuch. Ein Hilfsbuch f. den Verkehr m. den Post- u. Telegraphenanstalten des In- u. Auslandes. Bearb. u. hrsg. Jahrg. 1906. (VIII, 127 S.) gr. 8. Hamburg-Eimsbüttel, O. Kaven. n. 1.50

Kiel und Umgegend. W. H. Meyer lec. 1 : 80000. Kiel. o. J. Farbendruck. 1 Bl. Imp.-Fol.. 53/68,5 cm.

Meyer, W. H., Plan der Stadt Kiel mit dem Stadterweiterungsplan nach dem Entwurfe des Stadtbaumeisters Martens. Fol. Kiel 870, Universitäts-Buchh. *

Meyer, W. H. Osnabrücker Stein- und Trass-Fabrik. 1873. 4. Aut.

Meyer, W. H. Thdr., Beobachtungen über das geschichtete electrische Licht sowie über den merkwürdigen Einfluss des Magneten auf dasselbe nebst Anleitung zur experimentiellen Darstellung der fraglichen Erscheinungen. Mit 1 Lithogr. u. 3 (lith. u.) color. Taf. Berlin 858. J. Springer. gr. 4. (29 S.) n. 27½ ngr.

Meyer, W. H. Theod. Ueber das elektrische Licht und den Einfluss des Magnetismus auf dasselbe. Berlin 1858. 4.

Meyer, Waldemar: Die Einordnung der Frau in die kirchliche Gemeindeverwaltung. Vortr.—Halle: Strien 1908. 22 S. 8°
Aus: Deutsch-evangel. Blätter. 1908. II. 7.

Meyer, Waldemar. Die Pfarrvereine nach Anlaß, Zweck u. Mitteln. Vortrag. 8. (29 S.) Lpz. 892, Fr. Richter. • — 40

Meyer, Wald., die Wahlfreiheit d. Willens, in ihrer Nichtigkeit dargelegt. gr. 8. (IX, 218 S.) Gotha 886. F. A. Perthes. n 4. —

Meyer, Waldemar Lothar [app. Arzt]: Über Muskelinterposition bei Frakturen als Ursache von Pseudarthrosenbildung ... (Aus: Beitr. z. klin. Chir., Bd XVI Heft II.) Tübingen, H. Laupp'sche Buchh., 1896; 3 Bl., 24 S. 8.
Tübingen, Med. Fak., Inaug.-Diss. v. 1896

Meyer, Walther [aus Halberstadt]: Über den physikalisch-optischen Bau der Augen vom Schaf und Hund ... Rostock, C. Boldt'sche Hof-Buchdr., 1897; 42 S., 4 Taf. 8.
Rostock, Phil. Fak., Inaug.-Diss. v. [10. März] 1897

Meyer, Walter, Gerichtsref. aus Köln a. Rh.: Die verschiedene Behandlung der teilbaren und unteilbaren Obligationen.
Köln 1899: Ph. Amsel. (59 S.) 8°
Erlangen, Jur. Diss. v. 23. Nov. 1898

Meyer, Walt., s. a. Bibliographie, altpreussische.

Altpreussische Bibliographie für die Jahre 1896 und 1897. Im Auftrage des Vereins für die Geschichte von Ost- und Westpreussen. Zsgest. von Bibliothekar Dr. Walter Meyer. Königsberg in Pr.: F. Beyer 1898. (37 S.) 8°
Aus: Altpreuss. Monatsschrift Bd 35. H. 7/8.

Meyer, Walter, aus Hannover: Über die Charakterzeichnung in der altfranzösischen Heldendichtung Raoul de Cambrai.
Kiel 1900: H. Fiencke. (82 S.) 8°
Kiel, Phil. Diss. v. [3. März] 1900

Meyer ⟨Mejer⟩, **Walther,** Tierarzt: Aus d. Chir. Klinik d. Tierärztl. Hochsch. zu Dresden. Über die Epulis bei unseren Haustieren. Mit 3 Abb. Dresden 1910: (Walther). 37 S. 8°
Leipzig, Veterinär-Med. Diss. v. 16. Juli 1910, Ref. Röder
[Geb. 1. Jan. 84 Berlin; Wohnort: Witzenhausen; Staatsangeh.: Preußen; Vorbildung: Leibniz-Gymn. Berlin Reife M. 04; Studium: Berlin Tierärztl. Hochsch. 9 S.; Coll. 30. Juli 10; Approb. 11. Dez. 09.] [U 10. 3031

Meyer, Walter, Referendar: Der Inhalt des kaufmännischen Zurückbehaltungsrechts. Leipzig: Veit 1910. VIII, 58 S. 8° ¶(Ersch. auch als Buch ebd.)
Leipzig, Jur. Diss. v. 19. Febr. 1910
[Geb. 29. Aug. 84 Dresden; Wohnort: Dresden; Staatsangeh.: Sachsen; Vorbildung: Kgl. Gymn. Dresden-N. Reife O. 04; Studium: Lausanne 1, Berlin 2, Leipzig 4 S.; Rig. 1. Febr. 08.] [U 10. 2803

Meyer, Walt., der Inhalt des kaufmännischen Zurückbehaltungsrechts. (VIII, 58 S.) gr. 8. Leipzig 910. Veit & Co. 1.80

Meyer, Walther, Lipsiensis: Quaestiones Terentianae. *Lipsiae 1902: E. Freter.* (85 S.) 8°
Leipzig, Phil. Diss. v. [26. Apr.] 1902

Meyer, Walther [di Herzogenbuchsee]: Usurpazioni austriache nell' autonomia della Toscana durante la dominazione lereno-absburghese. Berna 1902. 87 p. 8°.
Bern. Phil. Diss. 1901/1902.

Meyer, Walther. Usurpazioni austriache nell' autonomia della Toscana durante la dominazione loreno-absburghese. Tesi Fil. Berna. [Con stemma.] 89 p. 8. Berna, Fratelli Fischer, 1902.

Meyer, Walter [aus Königsberg in Preussen]: Das Werk des Kanzlers Gislebert von Mons besonders als verfassungsgeschichtliche Quelle betrachtet .... Königsberg i. Pr., Druck v. Emil Rautenberg, 1888; 104 S. 8°
Jena, Phil. Fak., Inaug.-Diss. v. 1888

Meyer, Walter, das Werk des Kanzlers Gislebert von Mons besonders als verfassungsgeschichtliche Quelle betrachtet. Diss. Jena 1888, G. Neuenhahn. 8°. 104 S.

Meyer, Walter Ernst, Referendar: Die Haftung des Verkäufers vor Gefahrübergang beim Verkauf einer Speziessache. Berlin: Unger [1909]. 44 S. 8°
Heidelberg, Jur. Diss. v. 13. Juli 1909, Ref. Endemann
[Geb. 27. Okt. 86 Berlin; Wohnort: Wusterhausen a. D.; Staatsangeh.: Preußen; Vorbildung: Sophien-Gymn. Berlin Reife O. 05; Studium: Berlin 3, München 1, Berlin 2 S.; Rig. 6. Mai 09.] [U 09. 1859

Meyer, Werner [pr. Arzt aus Burgdorf '(Hannover)']: Aus d. Laboratorium d. pharmakognost. Sammlung in Kiel. Beitrag zur Kenntnis der Wirkung des Bromcyan ... Kiel, Druck v. A. F. Jensen, 1896; 22 S., 1 Bl. 8.
Kiel, Med. Fak., Inaug.-Diss. v. [24. Febr.] 1896

Meyer, Werner [aus Langlingen]: Aus dem Physiolog. Institut der Tierärztlichen Hochschule in Dresden. (Geh. Med.-Rat Prof. Dr. Ellenberger.) Beiträge zur Kenntnis der Anatomie und Histologie der lateralen Nasendrüse. Mit zwei Tafeln. Dresden (a. d. Umschlag: Zürich) 1903. 66 S. 8°. [12. IX. 03.]
Zürich, Phil. Diss. II. S. 1903/1904.

Meyer, Werner. Beiträge zur Kenntnis der Anatomie und Histologie der lateralen Nasendrüse. Diss. Phil. [II.] Univ. Zürich. Mit [2 Figuren und] zwei Tafeln. *Kopftitel:* Aus dem Physiologischen Institut der Tierärztlichen Hochschule in Dresden ⟨Geh. Med.-Rat... (W[ilhelm]) Ellenberger⟩. 66 S. 8. Zürich (Dresden, Buchdr. Arthur Schönfeld,) 1903.

Meyer, Werner Theodor, a. Hamburg: Die Anatomie von Opisthoteuthis depressa ⟨Ijima und Ikeda⟩. Mit 6 Tafeln und 16 Figuren im Text. Leipzig: W. Engelmann 1906. (93 S.) 8° ¶(Aus: Zeitschrift f. wissensch. Zoologie Bd 85 H. 2.)
Leipzig, Phil. Fak., Ref. Chun-Pfeffer, Diss. v. 17. Dez. 1906
[Geb. 21. Mai 83 Hamburg; Wohnort: Hamburg; Staatsangeh.: Hamburg; Vorbildung: Gelehrtensch. d. Johanneums Hamburg Reife O. 01; Studium: Freiburg i. B. 3, Leipzig 6 S.; Rig. 20. Febr. 06.]

Meyer, Wern. Th., Cephalopoda, s.: Fauna, die, Südwest-Australiens. II, 14—23.

Meyer, Wilhelm, s.a. Meyer, Max Wilhelm

Meyer, Wilh. (IV.), s.a. Meyer-Markau, Wilh.

Meyer, Wilhelm (Hrsg.), s. Abailard, Pierre: Planctus.

Meyer, Wilh., gesammelte Abhandlungen zur mittellateinischen Rythmik. 2 Bde. (VII, 374 u. III, 403 S.) gr. 8. Berlin 905. Weidmann. à n. 8.—

Meyer, Wilhelm, aus Bockenheim-Frankfurt a. M.: Aus d. pharmakol. Institut d. Universität Würzburg. Über electrolytische Abscheidung der Schwermetalle Quecksilber, Kupfer, Silber und Eisen aus dem Harn. *Würzburg 1898 [vielm. 1900/1901]: Berlinger.* (19 S.) 8°
Würzburg, Med. Diss. v. 1898

Meyer, Wilh., Bad Aibling, seine Umgebung u. Kurmittel. Führer durch das Mangfalltal, in die Vorberge u. in das Wendelsteingebiet. Hrsg. vom Kur- u. Verschönerungs-Verein Bad Aibling. In dessen Auftrag bearb. Mit 41 Bildern, 1 Umgebungskarte, 1 Reliefkarte des Wendelsteingebietes u. 1 Ortsplan v. Bad Aibling. (119 S.) 20,5×12,5 cm. Aibling (908). (J. N. Cortolezis.) 1.—

Meyer, Wilh., Anfang u. Ursprung der lateinischen u. griechischen rhythmischen Dichtung. gr. 4. (186 S.) München 885. (Franz' Verl.) n.n. 5.60
Sonderabdruck aus: Abh. d. k. bayer. Akademie der Wissenschaften.

Meyer, Wilh., Anleitg. zur Volks-Stenographie f. d. allgem. Gebrauch. 4. Aufl. gr. 8. (4 S.) Leipzig 898. (J. H. Robolsky.) n. —40

Der Berliner Annalist von 1434. Von Wilhelm **Meyer** ⟨aus Speyer⟩, Prof. in Goettingen. [Göttingen: Dieterich in Komm. 1895.] 16 S. 8° [Kopft.]
Aus: Nachrichten d. K. Gesellsch. d. Wiss. zu Göttingen. Phil.-hist. Kl. 1895. H. 3. [11. 3478

Meyer, *Wilhelm* [app. Arzt]: '[Aus d. medicin. Klinik zu Jena.]' Über Anurie und Pseudoanurie bei Hysterie ... Jena, Univ.-Buchdr. G. Neuenhahn, 1895; 28 S. 8.
Jena, Med. Fak., Inaug.-Diss. v. [30. Mai] 1895

Meyer, Wilh., die Arundel-Sammlung mittellatein. Lieder, s.a. Abhandlungen der kgl. Gesellschaft d. Wissenschaften zu Göttingen. Philol.-histor. Kl. XI, 2.

Die Arundel-Sammlung mittellateinischer Lieder. Von Wilhelm Meyer aus Speyer, Prof. in Göttingen. Berlin: Weidmann 1908. 52 S. 4°
(Abhandlungen d. Kgl. Gesellschaft d. Wiss. zu Göttingen. Phil.-hist. Kl. N. F. Bd 11, Nr 2.)

Meyer, Wilhelm [app. Arzt aus Wolfenbüttel]: Ueber die Behandlung der Enteroanastomose mit dem Murphy-Knopf ... Leipzig-Reudnitz, Druck v. M. Hoffmann, 1895; 23 S., 4 Bl. 8.
Leipzig, Med. Fak., Inaug.-Diss. v. 27. Juli 1895

Meyer, Wilhelm. Beitrag zur Kenntnis der durch Streptokokken verursachten Euterentzündung der Kühe. Aus dem pathologisch-anatomischen Institut der Tierärztlichen Hochschule zu Hannover.... Diss. Vet.-Med. Bern. (Sonder-Abdruck aus dem Archiv f. wissensch. u. prakt. Tierheilkunde. Band 36. 1910.) IV + 51 S. 8. Berlin, L. Schumacher, 1910.

Meyer, Wilhelm [k. Militärvetorinär]: Aus d. Institut f. ambulator. Klinik der k. b. thierärztlichen Hochschule zu München. Beitrag zur motorischen Trigeminus-Paralyse beim Pferde. Mit 7 Abbildungen. (S.-A. aus Monatsh. f. prakt. Tierheilkunde. Bd. 15. H. 1. 2.) Stuttgart 1903. 25 S. 8°. [19. IX. 03.]
Zürich. Vet.-med. Diss. 1903/1904.

Meyer, Wilhelm. Beitrag zur Motorischen Trigeminus-Paralyse beim Pferde. Diss. Vet.-Med. Univ. Zürich. Mit 7 Abbildungen. *Kopftitel:* Aus dem Institut für ambulatorische Klinik der k. b. thierärztlichen Hochschule zu München. — [Sep.-Abdr. aus: Monatshefte für praktische Thierheilkunde, Band 15, Heft 1/2.] II + 25 S. 8. Stuttgart, Union Deutsche Verlagsgesellschaft, 1903.

Meyer, Wilh(elm), aus Cleve: **Beiträge zur vergleichenden Anatomie der Caryophyllaceen und Primulaceen.** ⟨Mit 7 Fig.⟩ *Hildesheim 1899: A. Lax.* (74 S.) 8°
Göttingen, Phil. Diss. v. [29. Sept.] 1899

Meyer, Wilh., Beiträge zur vergleichenden Anatomie der Caryophyllaceen u. Primulaceen. Diss. gr. 8. (74 S. m. 7 Fig.) Hildesheim 899. (Göttingen, Vandenhoeck & Ruprecht.) n. 1.80

— **philologische Bemerkungen zu Aventins Annalen u. Aventins Lobgedicht auf Albrecht IV. von 1507, zum ersten Male hrsg. gr. 4. (69 S.) München 886. (Franz' Verl.)** n.n. 2. —
Sonderabdruck aus: Abh. d. k. bayer. Akademie der Wissenschaften.

Meyer, Wilh., über die Beobachtung d. Wortaccentes in der altlateinischen Poesie. gr. 4. (120 S.) München 884. (Franz' Verl.) n.n. 3.60
Sonderabdruck aus: Abh. d. k. bayer. Akademie der Wissenschaften.

Meyer, Wilhelm. Die Beschiessung der Stadt Zürich durch die helvetischen Truppen im September 1802. (Aus: „Züricher Taschenbuch auf das Jahr 1858“.) 8. Zürich 1858.

Meyer, Wilh., s. Bibliothek des litterarischen Vereins in Stuttgart CLIII.

Kaufmännischer Briefsteller. Eine leichtfaßl., klare Einführung in d. Wesen d. Handelskorrespondenz in allen ihren Zweigen. Für d. Selbstunterricht verf. von **Wilhelm Meyer**. *Charlottenburg: A. Michow; (Berlin: Tessaro-Verl. [1902].)* (96 S.) 8° [F.]
— **Volksbücher.** 16.

M[eyer], W[ilhelm]. Briefwechsel des Grafen (Jean Joseph Casimir de) Montvallat oder Erinnerungen an die französische Emigration von 1792 bis 1797. Hrg. von W° M°. 8. Zürich 1868.

Das Turiner Bruchstück der ältesten irischen Liturgie. Von **Wilhelm Meyer** aus Speyer, Prof. in Göttingen. *[Göttingen: Dieterich in Komm.] 1903.* (S. 163–214.) 8°
Aus: Nachrichten d. K. Ges. d. Wiss. zu Göttingen. Phil.-hist. Kl. 1903, H. 2.

Meyer, Wilhelm: Die Buchstaben-Verbindungen d. sogen. gothischen Schrift,
s.a. Abhandlungen d. königl. Gesellschaft der Wissenschaften zu Göttingen. Philol.-histor. Classe.

Die Buchstaben-Verbindungen der sogenannten gothischen Schrift. Von **Wilhelm Meyer** aus Speyer, Prof. in Göttingen. M. 5 Taf. *Berlin: Weidmann 1897.* (124 S., 5 Taf.) 4.
— **Abhandlungen d. Kgl. Gesellschaft d. Wissenschaften zu Göttingen.** Phil.-hist. Klasse. N. F. Bd 1. No 6.

Meyer, Wilh., s.: Catalogus codicum manuscriptorum bibliothecae regiae Monacensis.

Meyer, Wilh. (V.), Charley. Eine Novelle. 16. (101 S.) [Bremen 888, Rocco.] Leipzig, Rauert und Rocco. geb. mit Goldschn. *
— **dass. — s. Novellen, norddeutsche.**

Meyer, Wilh., italienische Chrestomathie, s.: Büeler, G.

Dienstalter und Laufbahn der Richter und Staatsanwälte in Preussen. Auf Grund d. amtl. Veröff. zsgest. von **Wilhelm Meyer**, Oberstaatsanw.Sekr. *Berlin: C. Heymann 1891.* (154 S.) 8° [F.]
— **Terminkalender** f. d. Justizbeamten. 1895. Beilage.

— **dasselbe, s. Termin-Kalender f. die Justizbeamten in Preußen** etc.

Dienstalter und Laufbahn der Richter und Staatsanwälte in Preussen. Auf Grund d. amtl. Veröffentl. u. privater Mitth. zsgest. von **Wilhelm Meyer**, Kanzleirath. 3. Bearb. ⟨Abgeschl. Anf. Sept. 1896.⟩ *Berlin: C. Heymann 1896.* (164 S.) 8° [F.]

Meyer, Wilh., Dienstalter u. Laufbahn d. Richter u. Staatsanwälte in Preußen. Auf Grund d. amtl. Veröffentlichgn. u. privater Mittheilgn. zusammengest. 4. Bearbeitg. (Abgeschl. Anfang Septbr. 1898. gr. 16. (VI, 166 S.) Berlin 898. C. Heymann's Verl. n. — 60

Meyer, Wilh. (aus Speyer), zwei antike *Elfenbeintafeln* der Kgl. Staats-Bibliothek in München. Festgabe zum 50jähr. Jubiläum des deutschen archäolog. Instituts in Rom. Im Auftrage der k. bayer. Akad. d. Wiss. verfasst. Mit 3 prächt. Lichtdrucktaf. München 1879. 4°. 84 S. Expl. auf gross. Papier m. dem Autograph d. Verf. auf d. Umschlag. Cart.*)

— **zwei antike Elfenbeintafeln der k. Staats-Bibliothek in München. [Aus: „Abhandlgn. d. k. Akad. d. Wiss.“] gr. 4. (84 S. m. 3 Lichtdr.-Taf.) München 879. Franz in Comm.** n.n. 4. —

Index scholarum ... per sem. aest. a d. XV. m. Apr. usque ad d. XV. m. Aug. a. 1888 hab. — Insunt epistulae imperatorum romanorum ex collectione canonum Avellana a Guilelmo Meyer Spirensi editae. (I.) Gottingae ... (1888); 32 S. + 1 Bl. 4°

Index scholarum publice et privatim in academia Georgia Augusta per sem. hib. a d. XV. m. Oct. 1888 usque ad d. XV. m. Mart. a. 1889 hab. — Insunt epistulae imperatorum romanorum ex collectione canonum Avellana a Wilhelmo **Meyer** Spirensi editae. (II.) Gottingae, offic. acad. Dieterichiana typ. expr. Wilh. Fr. Kaestner (1888); 51 + 1 S. + 1 Bl. 4°

Meyer, Wilh., epistulae imperatorum romanorum ex collectione canonum Avellana editae. [I.] gr. 4. (22 S.) Göttingen 888. (Dieterich's Verl.) n. — 80

— **dasselbe. [II.] gr. 4. (41 S.) Ebd. 888.** n. — 80

[Meyer, Wilhelm.] Die kriegerischen Ereignisse in Italien im Jahre 1848. Mit einer gedrängten historischen Einleitung. (3 Lieferungen.) 8. Zürich 1848(–1849).
[1. Aufl.] [Mit 1 Portrait-Tafel.]
2., unveränderte Aufl.

[Meyer, Wilhelm.] Die kriegerischen Ereignisse in Italien im Jahre 1849. Fortsetzung der „Kriegerischen Ereignisse in Italien im Jahr 1848“. 8. Zürich 1850.

Meyer, Wilhelm, approb. Arzt aus Ratzeburg i. Lbg.: **Aus d. Kgl. Universitäts-Kinderklinik zu München. Ein Fall von congenitaler Ectopia vesicae urinariae.** *Kiel 1903: H. Fiencke.* (23 S.) 8°
Kiel, Med. Diss. v. [27. Aug.] 1903

Meyer, Wilhelm *Ernst Bernhard* [aus Pöhlen]: **Ueber einen Fall von Endocarditis ulcerosa mit Embolie der Arteria basilaris ... Berlin, Buchdr. v. G. Schade,** *1892;* **29 S., 1 Bl. 8.**
Berlin, Med. Fak., Inaug.-Diss. v. 2. Apr. 1892

Meyer, Wilhelm [app. Arzt aus Hildesheim]: **Aus d. patholog. Institute zu Kiel. Ueber einen Fall von Krebs beider Ovarien und des Uterus** ... Kiel, Druck v. P. Peters, 1896; 13 S., 1 Bl. 8.
Kiel, Med. Fak., Inaug.-Diss. v. [4. Febr.] 1897

MEYER, Wilhelm (Bremen): Ueber einen Fall von nicht puerperaler Osteomalacie.- München: Ernst 1889. 28 S.,1 Bl.,1 Taf.
7.6.1889 - Chr 1888/89,20; Jv 1889/90,226
Diss. Ingolst.-Landsh.-Mchn.

Meyer, Wilhelm, approb. Arzt aus Wilhelmshaven: **Ein Fall von** Cylinderepithelcarcinom des Oesophagus. *Tübingen 1903: G. Schnürlen.* (17 S.) 8°
Tübingen, Med. Diss. v. 1903

Meyer, Wilh., Nürnberger Faustgeschichten. [Aus: „Abhandlgn. d. k. b. Akad. d. Wiss."] gr. 4. (80 S.) München 895. (G. Franz' Verl) n.n. 2. 50

Meyer, Guilelmus: De Xenophontis Hellenicorum auctoris in rebus scribendis fide et usu. Halis (1867): Ploetz. 44 S. 8°
Halle-Wittenberg, Phil. Diss. v. 6. Dez. 1867
Geb. Reinberg (Kr. Grimmen; Pommern) 31. 1. 1841. V.
Hall. gekrönte philos. Preisschrift v. 1867.

Meyer, Wilhelm, a. Bremen: **Flexionslehre der ältesten schottischen Urkunden** 1385—1440. Halle a. S. 1907: E. Karras. (32 S.) 8° ¶(Erschien vollst. als: Studien z. engl. Philologie H. 29. 1907.)
Göttingen, Phil. Fak., Ref. Morsbach, Diss. v. 10. Febr. 1907
[Geb. 6. Sept. 77 Bremen; Wohnort: Bremen; Staatsangeh.: Bremen; Vorbildung: Realgymn. Vegesack Reife O. 02; Studium: Berlin 4, Göttingen 5 S.; Rig. 7. Nov. 06.]

– Flexionslehre der ältesten schottischen Urkunden 1385-1440, s.a. Studien zur englischen Philologie. 29. Heft.

Flexionslehre der ältesten schottischen Urkunden 1385-1440. Von Wilhelm **Meyer**. Halle a. S.: M. Niemeyer 1907. (XIII, 102 S.) 8°
— **Studien** z. englischen Philologie. H. 29. [07. 9948 3

Meyer, Wilhelm (Hrsg.), s.a. Fragmenta Burana.

— **Fragmenta Burana.** gr. 4. (190 S. m. 15 z. Tl. farb. Taf.) Berlin 901. Weidmann. n. 14. —
Sonderabdruck aus: „Festschrift zur Feier d. 150jähr. Bestehens d. kgl. Gesellsch. d. Wiss. zu Göttingen".

Wilhelm Meyer: Geschichte der Grafen von Ratzeburg und Dannenberg. Kap. 1: Geschichte der Grafen von Ratzeburg v. Heinrich von Badewide bis Bernhard I. (Schwerin i. M.) 1910. 8°
Berlin, Phil. Diss.

— die Geschichte des Kreuzholzes vor Christus. [Aus: „Abhandlgn. d. k. b. Akad. d. Wiss."] gr. 4. (66 S.) Ebend. 881. n.n. 2. —

Meyer, Wilh., Gewichtstabellen f. rechtwinklige Prismen, Cylinder u. Kugeln aus Gusseisen, Schmiedeeisen u. Stahl, Bronce u. Messing. gr. 8. (X, 95 S.) Graz 886. Moser. geb. n. 3. —

Meyer, Wilhelm: **Über die Gipfelzeit bei isotonischen und isometrischen Doppelzuckungen.** *Würzburg 1897: C. Grosselfinger.* (19 S.) 8°
Würzburg, Med. Diss. v. 1897

Meyer, Wilhelm [aus Braunschweig]: **Die Gotteslehre des Gregor von Nyssa. E. philosoph. Studie aus d. Zeit d. Patristik** ... Halle a. S., Druck v. E. Karras, 1894; 38 S. 8.
Jena, Phil. Fak., Inaug.-Diss. v. 1894

Meyer, Wilh., die Gotteslehre des Gregor v. Nyssa. Eine philosoph Studie aus der Zeit der Patristik. gr. 8. (38 S.) Leipzig 894. G. Fock. n. 1. —

Meyer, Wilhelm [aus Ovenstedt i./W.]: **Guts- und Leibeigentum in Lippe seit Ausgang des Mittelalters. E. Beitr. z. Geschichte d. Grundentlastg u. Bauernbefreiung** ... Halle, *Frommannsche Buchdr. in Jena,* 1896; 40 S., 1 Bl. 8.
Halle, Phil. Fak., Inaug.-Diss. v. [8. Okt.] 1896

Hallelujah! 100 neue zwei- u. dreistimmige geistl. Gesänge f. alle Festtage d. Kirchenjahres sowie f. bes. Gelegenheiten komp. von Wilhelm **Meyer**, Kantor, & J. L. Wilhelm Sauer, Organist in Altruppin. Potsdam: A. Stein 1901. (IV, 146 S.) 8°

Meyer, Wilh., u. J. L. Wilh. Sauer, Hallelujah! 100 neue 2- u. 3stimm. geistl. Gesänge, f. alle Festtage des Kirchenjahres sowie f. besondere Gelegenheiten komponiert u. Kirche, Schule u. Haus dargereicht. 2. Aufl. 8. (II, IV, 146 S.) Potsdam (902). A. Stein. n.n. — 50; kart. n.n. — 70

Meyer, Wilh. (II.), **Harmonielehre. Elementarer Lehrgang für Seminarien und Präparanden-Anstalten, sowie zum Selbstunterricht.** gr. 8. (VI, 210 S.) Hannover 886, Hahn'sche Buchh. *

[Meyer, Wilhelm.] Johann Konrad Hotz, später Friedrich Freiherr von Hotze (1739–1799), K. K. Feldmarschalllieutenant. Von dem Verfasser der „Kriegerischen Ereignisse in Italien". 8. Zürich 1853.

Meyer, Wilhelm [prakt. Arzt aus Erlangen]: **Ein Ischio-Kiphopagus tetrapus** .... Erlangen, Druck d. Univ.-Buchdr. v. Junge & Sohn, 1888; 21 S. u. 1 Taf. 8°
Erlangen, Med. Fak., Inaug.-Diss. v. 1888

Meyer, Wilh., Kampfesmühe — Siegesfreude. 18 Predigten zumeist üb. Texte der Eisenacher Evangelien. (IV, 130 S.) gr. 8. Leipzig 911. A. Deichert Nachf. 1.80; geb. n 2. 60

Ein Kapitel spätester Metrik. Von Wilhelm **Meyer** aus Speyer, Prof. in Göttingen. *[Göttingen: Dieterich in Komm.] 1903.* (S. 215–235.) 8°
Aus: Nachrichten d. K. Ges. d. Wiss. zu Göttingen. Phil.-hist. Kl. 1903, H. 2. [03. 3304 7

Meyer, Wilhelm: **Zur Kenntnis einiger anorganischer Colloïdsubstanzen.** *Halberstadt 1897: H. F. Wolf.* (19 S.) 8°
Heidelberg, Naturw.-math. Diss. v. [28. Okt.] 1897

Meyer, Wilhelm, aus Kaiserslautern: [1.] **Ueber die Constitution der beiden isomeren Mononitroorcine.** [2.] **Oxydationsprodukte von β-Amidoorcin.** *Erlangen 1903: E. Th. Jacob.* (45 S.) 8°
Erlangen, Phil. Diss. v. 12. Nov. 1902

[Meyer, Wilhelm.] Kriegsthaten von Zürchern in ausländischem Dienste. 6 Hefte. (Njbl. Feuerw. Zürich 1871–1876.) 4. (Zürich.)
Heft 1 u. 2. (Die vier Schweizerregimenter des ersten Napoleon in Italien und Spanien. [je Mit 1 Tafel und 1 Karte.]) (Njbl ... 1871 u. 1872.)
Heft 3. (Schicksale der vier Schweizerregimenter in Napoleons Diensten 1812 in Russland [und bis zu den neuen] Militarcapitulationen von 1815 [Mit 1 Porträt-Tafel und 2 Karten auf 1 Tafel.]) (Njbl ... 1873.)
Heft 4. Johann Rudolf Werdmüller, Feldmarschall-Lieutenant (1614–1677. Auszug [aus einer] handschriftlichen Biographie des Dekans Otto Anton Werdmüller [Mit 1 Plan im Text und 1 Porträt-Tafel]). (Njbl ... 1874.)
Heft 5. Der Dienst in Holland [Mit 1 Porträt-Tafel und 1 Karte.] (Njbl ... 1875.)
Heft 6. Die Zürcher im siebenjährigen Kriege. [Mit 1 Porträt-Tafel und 1 Karte.] (Njbl ... 1876.)

Escher. — **Meyer,** Wilhelm. Aus dem Leben des Generallieutenants Hans Conrad ..... (Aus: „Zürcher-Taschenbuch auf das Jahr 1862".) 8. Zürich 1862.

Meyer, Wilh., aus dem Leben der Landärzte, s.a. Neujahrsblatt der Zürcherischen Hülfsgesellschaft, 106.

Meyer, Wilh[elm]. Aus dem Leben der Landärzte. Im Auftrage der Zürcherischen Hülfsgesellschaft verfasst von Dr. med. Wilh. M'. [Mit 1 Tafel.] 43 S. 4. Zürich, Schulthess & Co. (Komm. Fäsi & Beer, 1906). [fr. 2. 50]

106. Neujahrsblatt der Zürcherischen Hülfsgesellschaft auf das Jahr 1906.

— die Legende des h. Albanus, des Protomartyr Angliae, in Texten vor Beda, s. a. Abhandlungen der kgl. Gesellschaft der Wiss. zu Göttingen. Philolog.-histor. Kl. VIII, 1.

Die Legende des h. Albanus, des Protomartyr Angliae in Texten vor Beda. Von Wilhelm Meyer aus Speyer. *Berlin: Weidmann 1904.* (81 S.) 4°

— Abhandlungen d. Königl. Gesellschaft d. Wiss. zu Göttingen. Philol.-hist. Kl. N. F. Bd 8, No 1.

Meyer, [Wilhelm]. Leichenrede auf S. Gn. den Hochwürdigsten Herrn Bischof Leonhard Haas (1833—1906, B' von Basel und Lugano) von ... Subregens M' gehalten in der Pfarrkirche zu Horw den 19. Mai 1906. [Mit Porträt-Tafel.] 16 S. 8. Luzern, Räber & Cie, 1906.

Meyer, Wilh., Liederbuch für Schul- und Volksgesang in Worten und Weisen. Als Grundlage des Gesangunterrichts in Bürger- und Landschulen und mit Berücksichtigung des spätern Alters eingerichtet und herausg. 1. Thl. Schulliederbuch in 4 Heften. Hannover 854. Hahn. gr. 8. 1¾ ngr.

Inhalt: 1. Heft: 75 Lieder u. 9 Kanons für die unterste Gesangstufe. (42 S.) 2½ ngr.
2. „ 70 Lieder u. 10 Kanons. (48 S.) 2½ ngr.
3. „ 75 Lieder u. 10 Kanons. (64 S.) 3¾ ngr.
4. „ 1. Hälfte. 51 Lieder u. 5 Kanons. — 2. Hälfte. 47 Lieder und 5 Kanons. (VI, 98 S.) Jede Hälfte 2½ ngr.

Meyer, Wilh., Liederbuch für Schul- u. Volksgesang in Worten u. Weisen. Als Grundlage des Gesangunterrichts in Bürger- u. Landschulen u. mit Berücksichtigung des spätern Alters eingerichtet u. herausg. 1. Thl. Schulliederbuch in 4 Heften. 2. verb. Aufl. Hannover. 860—62. Hahn. 8.

Inhalt: 2. Heft: 73 Lieder u. 10 Kanons. (48 S.) 2½ ngr.
3. Heft: 73 Lieder u. 10 Kanons. (64 S.) 3¾ ngr.
4. Heft. 1. Hälfte: 51 Lieder u. 5 Kanons. (48 S.) 2½ ngr.;
„ 2. Hälfte: 57 Lieder u. 5 Kanons. (64 S.) 3 ngr.

Meyer, Wilh. (II.), Liederbuch für Schul- und Volksgesang in Worten und Weisen. Als Grundlage des Gesangunterrichts in Bürger- und Landschulen und mit Berücksicht. des spätern Alters eingerichtet und hrsg. II. Thl. oder 5. Heft: Deutsche Sängerwarte. Eine Sammlung patriot. Lieder in Worten und Weisen. 8. (IV und 80 S.) Hannover 860, Hahn'sche Hofbuchh.
1—4. Heft. Ebendas. 1854. 13⅓ Ngr.

— dass, — (des Schulliederbuches 4. Heft.) 2. Aufl. 1862. und 3., verm. Aufl. 8. (68 S.) Ebendas. 867.

Meyer, Wilh., Liederbuch für Schul- u. Volksgesang in Worten u. Weisen. Als Grundlage des Gesangunterrichts in Bürger- u. Landschulen u. mit Berücksichtigung des späteren Alters eingerichtet u. herausg. 2. Heft. 3., verb. Aufl. Hannover 865. Hahn'sche Hofbuchh. 8. (48 S.) 2½ ngr.

Meyer, Wilh., Liederbuch für Schul- und Volksgesang in Worten und Weisen. Als Grundlage des Gesangunterrichts unter Berücksicht. des spätern Alters. 5 Hefte. 8. Hannover, Hahn'sche Buchh.

Inhalt:
Heft 1. 82 Lieder und 9 Kanons für die unterste Gesangstufe. 3. verb. Aufl. (48 S.) 872. (25 Pf.) 30 Pf.
„ 2. 73 Lieder und 10 Kanons. 4. Aufl. (48 S.) 873. (25 Pf.) 30 Pf.
„ 3. 71 Lieder und 10 Kanons. 3. Aufl. (64 S.) 868. (38 Pf.) 40 Pf.
„ 4. 73 Lieder und 6 Kanons. 3. Aufl. (68 S.) 867. 30 Pf.
„ 5. 69 Lieder mit 5 Kanons. 3. verb. Aufl. (72 S.) 871. (38 Pf.) 40 Pf.

Meyer, Wilh. (III.), Liederbuch für Schul- und Volksgesang in Worten und Weisen. 1. Thl.: Schulliederbuch in 5 Heften. 3. und 4. Heft. 4. verb. Aufl. 8. (à Heft 64 S.) Hannover, Hahn'sche Buchh. à Heft 40 Pf.

Inhalt:
Heft 3. 74 Lieder und 8 Kanons. 879.
„ 4. 74 Lieder und 5 Kanons. 878.
1. Thl. 1., 2. und 5. Heft. 1871—73. ℳ 1.; 2. Thl. Ebendas. 1860. 50 Pf.

Meyer, Wilh., Liederbuch für Schul- u. Volksgesang in Worten u. Weisen. 1. Thl. Schulliederbuch in 5 Hftn. 3. u. 4. Hft. à 74 Lieder u. Kanons. 4., verb. Aufl. 8. (à 64 S.) Hannover 879. Hahn. à — 40

[Meyer, Wilhelm.] Friedrich Meyer-Schulthess (1792–1870), Landschaftsmaler *s.* [Hofmeister, Rudolf Heinrich.] Maximilien de Meuron .... [Zürich.]

Meyer, Wilh., 6 leichte Motetten zu den christlichen Hauptfesten, nach Sprüchen der Agende f. die evangel. Landeskirche u. Psalm 23 f. 2 u. 3stimm. Kinder- u. Frauenchor komponiert. Op. 105. (39 S.) 8. Berlin-Gr.-Lichterfelde (904). Ch. F. Vieweg. — 30

Der Neubau der Höheren Töchterschule der Stadt Stettin. Bericht erstattet bei Gelegenheit d. Einweihungs-Feier am 6. April 1894. (Verf.: [Wilhelm] Meyer, Stadtbaurath.) ([Stettin] 1894.) (4 Bl., 2 Taf.) 4° [S.]

Meyer, Wilh., Ortsbeschreibung u. Geschichte der Gemeinde Dübendorf. gr. 8. (VI, 197 S. m. Bildnis, 1 Abbildg. u. 1 graph. Darstellg.) Zürich 898. (Art. Institut Orell Füßli.) n. 4. —

Meyer, Guilelmus, Voehlensis: De Homeri patronymicis. Gottingae 1907: Dieterich. (72 S.) 8°

Göttingen, Phil. Fak., Ref. Schwartz-Wackernagel, Diss. v. 21. Febr. 1907

[Geb. 28. Juni 83 Vöhl; Wohnort: Vöhl; Staatsangeh.: Preußen; Vorbildung: Gymn. Corbach Reife O. 02; Studium: Gießen 1, Göttingen 6, Berlin 1, Göttingen 2 S.; Rig. 19. Dez. 06.]

Meyer, Wilh., Physik f. Mittelschulen u. verwandte Lehranstalten. (VI, 382 S. m. 188 [1 farb.] Fig.) 8. Frankfurt a/M. 910. F. B. Auffahrt. Geb. in Leinw. 2. 25

Meyer, Wilh., Petri Abaelardi planctus I—VI. [Aus: „Roman. Forschgn."] gr. 8. (19 S.) Erlangen 890. Junge. n. 1. —

— u. Wilh. Brambach, Petri Abaelardi planctus virginum Israel super filia Jeptae Galaditae. gr. 8. (18 S.) München 885. (Kaiser.) n. — 80

Meyer, Wilhelm, a. Witten: Die Porphyre des Westfälischen Diluviums. Stuttgart: E. Schweizerbart 1907. (27 S.) 8°
¶ (Aus: Centralblatt für Mineralogie Jahrg. 1907 No. 5 u. 6.)

Münster, Phil. Fak., Ref. Buß, Diss. v. 15. April 1907

[Geb. 26. Mai 84 Witten; Wohnort: Witten; Staatsangeh.: Preußen; Vorbildung: Realgymn. Witten Reife O. 02; Studium: Münster 8 S.; Rig. 12. Dez. 06.]

Meyer, Wilh. (II.), Post- und Telegraphen-Handbuch nach den neuesten Abänderungen des Postgesetzes und der Post- und Telegraphen-Ordnung. Enthaltend: 1) Post- und Telegraphen-Tarif, nebst den Versendungsbedingungen für den inneren Verkehr Deutschlands, sowie für den Verkehr mit dem Auslande. 2) Wechselstempel-Tarif, nebst den wichtigeren Bestimmungen des Wechselstempel-Gesetzes. 3) Statistischen Gebühren-Tarif, nebst Gesetz. 4) Verzeichniß der Straßen von Berlin, nebst Angabe des Postbezirks. Nach amtl. Quellen bearb. gr. 8. (100 S.) Hannover 880, Hahn'sche Buchh. *

—— dass. — Anhang. Enthaltend: 1. Tabellen zur Berechnung des Frankos bezw. der Versicherungsgebühr für Packete ohne und mit Werthangabe und für Briefe mit Werthangabe bei Versendungen innerhalb Deutschlands und im Verkehr mit Oesterreich-Ungarn. 2. Verzeichniß der Zonensätze zwischen Berlin, Barmen, Elberfeld, Braunschweig, Bremen, Breslau, Celle, Chemnitz, Cöln [Deutz], Dresden, Frankfurt a. M., Göttingen, Hamburg, Altona, Harburg, Hannover, Hildesheim, Königsberg i. Pr., Leipzig, Lüneburg, Osnabrück und Stettin zc. und fast sämmtl. deutschen Postanstalten, sowie der bedeutenderen Postanstalten in Oesterreich-Ungarn. Nach amtl. Quellen bearb. gr. 8. (208 S.) Ebendas. 880. *

Meyer, Wilhelm. Religiöse und sittliche Probleme für junge studierende Männer von W' M', Kanonikus und Professor der Theologie. 39 S. 8.

Jahresbericht für die Höhere Lehranstalt zu Luzern für das Schuljahr 1906/07. Beilagen: I.... Luzern, J. Schills Erben, 1907.

Meyer, Wilhelm. Religiöse und sittliche Probleme für junge studierende Männer. 84 S. 8. Luzern, Räber & Cie. [fr. —. 60]

[1. Aufl Sep.-Ausg. der] Beilage zum Jahresbericht der höhern Lehranstalt in Luzern für das Schuljahr 1906/1907. (1907.)

2. Aufl. (1908.)

— s.: Reuter, Fritz, Klaus Groth u. Brinckmann, Briefe an Eduard Hobein.

Ein Merowinger Rythmus über Fortunatus und altdeutsche Rythmik in lateinischen Versen. Von Wilhelm **Meyer** aus Speyer, Prof., Göttingen. ([Berlin: Weidmann] 1908.) (S. 31–81.) 8°

Aus: Nachrichten d. K. Gesellsch. d. Wiss. zu Göttingen. Phil.-hist. Klasse. 1908. 08. 4633 7

Meyer, Wilhelm, aus Zürich: Zwei Rückbildungsformen des Carcinoms. Zür. E. Kiesling Dr. 1854. 30 S. 1 Bl. 8°.

Zürich, Med. Diss. v. 11. Febr. 1854.

— die Urbinatische Sammlung von Spruchversen des Menander, Euripides u. Anderer. [Aus: „Abhandlgn. d. k. b. Akad. d. Wiss."] gr. 4. (53 S.) München 880. Franz in Comm. n.n. 1. 60

– Über Lauterbachs u. Aurifabers Sammlungen d. Tischreden Luthers,
s.a. Abhandlungen d. königl. Gesellschaft der Wissenschaften zu Göttingen. Philol.-histor. Classe.

Über Lauterbachs und Aurifabers Sammlungen der Tischreden Luthers. Von Wilhelm **Meyer** aus Speyer, Prof. in Göttingen. *Berlin: Weidmann 1896.* (43 S.) 4.

— Abhandlungen d. Kgl. Gesellschaft d. Wissenschaften zu Göttingen. Phil.-hist. Klasse. N. F. Bd 1. No 2. 96. 1743

Meyer, Wilh. (II.), die Sammlungen der Spruchverse des Publilius Syrus. Darin XVI neugefundene Verse. gr. 8. (68 S.) Leipzig 877, Teubner. *

Meyer, Wilh. (II.). Der accentuirte Satzschluss in der griechischen Prosa vom IV. bis XVI. Jahrh. gr. 8. (28 S.) Gött. 891, (Deuerlich). * 1 —

Meyer, Wilhelm, aus Zürich: Die schicksale des lateinischen neutrums im romanischen. Halle a S. E. Karras Dr. 1883. 176 S. 8°.

Zürich, Phil. Diss. [v. 14. März 1883].

— die Schicksale d. lateinischen Neutrums im Romanischen. gr. 8. (176 S.) Halle 883. Niemeyer. n. 3. 60

(M[eyer], W[ilhelm].) Die Schlacht bei Frastenz im Jahr 1499. [SA.] 8. [Zürich 1864.]

Meyer, Wilh., die Schlacht bei Zürich am 25. u. 26. Septbr. 1799. Mit e. Vorwort v. Gerold Meyer v. Knonau u. 1 Croquis d. Operations-Gebietes. gr. 8. (XXII, 42 S.) Zürich 886. Schultheß. n. 1. 80

Meyer, Wilh., die 2. Schlacht bei Zürich am 25. u. 26. IX. 1799, s.a. Vor hundert Jahren. III.

Die zweite Schlacht bei Zürich am 25. und 26. September 1799. Von Wilhelm Meyer (geb. 1797, gest. 1877). Mit e. Vorw. v. G[erold] Meyer von Knonau. Mit 1 Planskizze. Zürich: F. Schulthess 1899. (XXVIII, 39 S.) 8°
= Jahren, Vor hundert. (3.)

Meyer-Rinteln, Wilh., die Schöpfung der Sprache. (XVI, 256 S.) gr. 8. Leipzig 905. F. W. Grunow. n. 5. —

Meyer, Wilh. (II.), Schulliederbuch für Stadt und Land. Für die Unter-, Mittel- und Oberstufe. 2 Hefte. 8. Hannover 887, Meyer. *

Inhalt:
Heft 1. 40 Lieder für die Unterstufe und 49 Lieder nebst 8 Kanons für die Mittelstufe. 3. völlig umgearb. Aufl. (34 S.) * 40 Pf.
" 2. 76 Lieder nebst 6 Kanons für die Oberstufe. 4. völlig umgearb. Aufl. (64 S.) * 45 Pf.

Meyer, Wilh., über Calderons Sibylle des Orients. Festrede, gehalten in der öffentlichen Sitzung der k. b. Akademie der Wissenschaften zu München zur Feier ihres 120. Stiftungstages am 28. März 1879. gr. 4. (28 S.) München 879. (Franz.) n.n. — 80

– Die Spaltung des Patriarchats Aquileja,
s.a. Abhandlungen d. königl. Gesellschaft der Wissenschaften zu Göttingen. Philol.-histor. Classe.

Die Spaltung des Patriarchats Aquileja. Von Wilhelm **Meyer** aus Speyer, Prof. in Göttingen. *Berlin: Weidmann 1898.* (37 S.) 4.

— Abhandlungen d. Kgl. Gesellschaft d. Wissenschaften zu Göttingen. Phil.-hist. Klasse. N. F. Bd 2. No 6. 98. 3866

—— Die athenische Spruchrede d. Menander u. Philistion. gr. 4. (71 S.) Münch. 891, (Franz' Verlag). * * 2 10

Aus: Abhandlgn. d. k. bayer. Akad. d. Wissensch., besonders abgedruckt.

Meyer, Wilhelm. Der Chronist Werner Steiner, 1492—1542. Ein Beitrag zur Reformationsgeschichte von Zug. (Diss. Phil. Freiburg, Schweiz. Separatabzug aus Band 65 des Geschichtsfreundes ....) IV + II + X + 149 S. 8. Stans, Ad. & P. von Matt, 1910.

— Henricus Stephanus über die Regii Typi Graeci, s.a. Abhandlungen der kgl. Gesellsch. der Wissensch. in Göttingen. Phil.-hist. Kl. N. F. VI. 2.

Henricus Stephanus über die Regii Typi Graeci. Von Wilhelm Meyer aus Speyer, Prof. in Göttingen. Mit 2 Taf. Berlin: Weidmann 1902. (32 S.) 4°
= Abhandlungen d. Königl. Gesellschaft d. Wiss. zu Göttingen. Phil.-hist. Kl. N. F. Bd 6, No 2.

Meyer, Wilhelm: Die Teilnahme an fahrlässig begangenen Handlungen. *Malstatt-Burbach (1897): A. Spiess.* (59 S.) 8°
Erlangen, Jur. Diss. v. 28. Mai 1897

— Uebungsbeispiele üb. die Satzschlüsse der latein. u. griechischen rythmischen Prosa aus den Gesammelten Abhandlgn. zur mittellatein. Rythmik. (32 S.) gr. 8. Berlin 905. Weidmann. n. — 60

Meyer, Wilh. (geb. Berlin 26. 5. 1856): Untersuchungen über den Bacillus des Abdominaltyphus. (Aus dem Leichenhause des städt. allgem. Krankenhauses zu Berlin.) Berlin (1881). (37 S.) 8°

Berlin, Med. Diss. v. 12. Sept. 1881

Meyer, Wilh. Ueber den Ursprung des Motett's (Nachrichten von der Königl. Gesellschaft der Wissensch. zu Göttingen, philolog.-histor. Klasse 1898. Heft 2.) Göttingen 1898.

Meyer, Wilh., der Gelegenheitsdichter Venantius Fortunatus, s.a. Abhandlungen d. kgl. Gesellschaft der Wissensch. zu Göttingen. Phil.-hist. Kl. IV. 5.

Der Gelegenheitsdichter Venantius Fortunatus. Von Wilhelm Meyer aus Speyer, Prof. in Göttingen. *Berlin: Weidmann 1901.* (140 S.) 4°(8°)
— Abhandlungen d. Königl. Gesellschaft d. Wiss. zu Göttingen. Phil.-hist. Kl. N. F. Bd 4, No 5. (01. 6580

Meyer, Wilh. (I.), Vita Adae et Evae. Hrsg. und erläutert. gr. 4. (66 S.) München 879, (Franz'sche Buchh.) **
Aus: Abhandlungen der k. bayer. Akademie der Wissenschaften, besonders abgedruckt.

Meyer, Wilh., Volks-Liederbuch. Auserlesene ältere u. neuere Volkslieder u. Nationalgesänge d. In- u. Auslandes m. ihren eigenthüml. Sangweisen. Für den vierstimm. Männerchor. gr. 8. (X, 294 S.) Ebend. 873. 2. 40

— Volks-Liederbuch. Auserlesene ältere u. neuere Volkslieder u. Nationalgesänge des In- u. Auslandes mit ihren eigenthümlichen Sangweisen. Für den vierstimmigen Männerchor. 2., verm. Aufl. gr. 8. (IV, 336 S.) Ebend. 877. 2. 40

Meyer, Wilh. Vorschlag zu einem Differenzial-Regulator. Graz 1877. 4.

Meyer, Wilh., Wandern, Spiel und Sport, Ein praktisches Handbuch für jedermann, m. Abb., M.-Gladbach, 290 S., 8°.

Meyer, Wilh., warum u. wie die Schweizer Katholiken das Werk der inländischen Mission unterstützen wollen. Hrsg. bei der Zentralstelle des schweizer. kathol. Volksvereins in Luzern. (48 S.) kl. 8. Luzern 906. H. v. Matt & Co. n. — 20

Meyer, Wilhelm. Warum und wie die Schweizer Katholiken das Werk der inländischen Mission unterstützen sollen. Hrg. bei der Zentralstelle des Schweizerischen katholischen Volksvereins in Luzern von W' M' .... 3. Aufl. 10.—15. Tausend. II + 48 S. 8. Stans, Hans von Matt & Cie., 1906. [fr. —. 25]

Meyer, Wilh., was können wir tun gegen die Verweltlichung der Konfirmation? Predigt üb. Off. Joh. 3,20, geh. am 2. Sonntag nach Epiphanias 1910 in der St. Michaeliskirche zu Braunschweig. (7 S.) 8. Braunschweig 910. J. Neumeyer. — 20

Meyer, Wilh., das Wesen und die innere Wahrheit des Christenthums im Gegensatze zu den wissenschaftlichen und kirchlichen Bestrebungen unserer Zeit. Leipzig 858. O. Wigand. gr. 8. (X, 323 S.) n. 1 ₰. 20 ngr.

—— nationale Wettspiele. Ein Wort an das ganze deutsche Volk. 8. (48 S.) Ebendas. 888. *

Wie ist die Auferstehung Christi dargestellt worden? Von Wilhelm Meyer aus Speyer, Prof. in Göttingen. *[Göttingen: Dieterich in Komm.] 1903.* (S. 236—254.) 8°
Aus: Nachrichten d. K. Ges. d. Wiss. zu Göttingen. Phil.-hist. Kl. 1903, H. 2. (03. 5115 7

Meyer, Wilh. (III.). Das 10 Pfg.-Theater als künftige Volksbühne. gr. 8. (16 S.) Berl. 892, Deutsche Schriftsteller-Genossenschaft. * — 50

Meyer, Wilhelm, Gerichtsref. aus Burgsteinfurt: Das Zusammentreffen mehrerer von einander unabhängiger Thätigkeiten verschiedener Personen zur Herbeiführung desselben verbrecherischen Erfolges. *Münster 1900: Akt.-Ges. 'Der Westfale'.* (39 S.) 8°
Erlangen, Jur. Diss. v. 30. Okt. 1899

Meyer, Wilh[elm] A[nton] J[osef], a. Menden (Kr. Iserlohn): Descartes' Entwicklung in der Erklärung der tierischen Lebenserscheinungen. Gießen 1907: v. Münchow. (91 S.) 8°
Gießen, Phil. Fak., Ref. Siebeck, Diss. v. 13. Mai 1907
[Geb. 17. Apr. 74 Menden (Kr. Iserlohn); Wohnort: Geseke i. W.; Staatsangeh.: Preußen; Vorbildung: Gymn. Brilon Reife O. 93; Studium: Münster 4, Philos.-theol. Lehranstalt Paderborn 4 S.; Rig. 2. März 07.]

Meyer, Wilhelm Ernst Bernhard, s. Meyer, Wilhelm

Meyer, Wlh. Fd., († d. 18. Mai 1805.)

EROS, dichterische und witzige Aufsätze (von *Wilh. Ferd. Elogius Meyer*, geb. 1784 in Breslau, † das. 18. Mai 1805 als Dr. philos.). Berlin 1805. 8°.

Meyer, W. Elog., Eros. Eine Sammlung dichterischer und witziger Aufsätze. 8. Berlin, Maurer. 806. Kuhn.

Meyer, Eulog., (Wlh. Ferd. Meyer,) Eros. Eine Samml. dichter. u. witziger Aufsätze. 8. Berl. 806. Maurers B. 14 g

Meyer, Eulog., (Wlh. Ferd. Meyer), Horribunda; e. Drama in 3 Akt. 8. Berl. 805. Maurers B. 8 g

Meyer, Wilhelm Franz

Meyer, W. Frz., Apolarität u. rationale Curven. Eine systemat. Voruntersuchg. zu e. allgemeinen Theorie der linearen Räume. gr. 8. (XIV, 406 S.) Tübingen 883. Fues. n. 12. —

Meyer, W. Frz., s.: Archiv der Mathematik u. Physik.

— Zur algebraischen Behandlung eines v. Staudtschen Fundamentalsatzes der Geometrie der Lage. S. 116. IIa. (Wien, 1907) . . . . —.90
Separatabdruck

— Zur algebraischen Behandlung e. v. Staudtschen Fundamentalsatzes der Geometrie der Lage. (32 S.) gr. 8. Wien 907. A. Hölder. — 90
Sonderabdr. aus: „Sitzungsber. d. k. Akad. d. Wiss."

Meyer, W. Frz., Bericht üb. die Fortschritte der projektiven Invariantentheorie im letzten Vierteljahrhundert, s.: Jahresbericht der deutschen Mathematiker-Vereinigung.

— Differential- u. Integralrechnung, s.a. Sammlung Schubert. X.

— Differential- u. Integralrechnung, s.a. Sammlung Schubert. XI.

Differential- und Integralrechnung von W. Franz Meyer in Königsberg i. Pr. Bd 1. *Leipzig: G. J. Göschen 1901.* 8°
— Schubert, Sammlung. 10. (01. 11777 10

Meyer, W. Franz (Hrsg.), s. Encyklopädie der mathematischen Wissenschaften ...

— s.: Encyclopédie des sciences mathématiques.

— Allgemeine Formen- u. Invariantentheorie, s.a. Sammlung Schubert. XXXIII.

Allgemeine Formen- und Invariantentheorie. Von W[ilhelm] Fr[anz] Meyer, Königsberg i. Pr. Bd 1. Leipzig: Göschen 1909. VIII, 376 S. 8°
(Sammlung Schubert. 33.) (09. 12626 7

— s.: Grundlehren der Mathematik f. Studierende u. Lehrer.

Meyer, W. Frz. Projektive Invariantentheorie, s. Jahresbericht der deutschen Mathematiker-Vereinigung.

Meyer, W. Frz., zur Lehre vom Unendlichen. Antrittsrede zur Übernahme der ausserordentl. Professur der Mathematik an der Universität Tübingen, geh. am 28. Juni 1888. gr. 8. (24 S.) Tübingen 889. Laupp, n. — 80

Meyer W. F.: Zur Theorie der Drehungen und Quaternionen. S. 116. Ha. 185. . — 50
Separatabdruck

— Zur Theorie der Drehungen u. Quaternionen. (16 S.) gr. 8. Wien 907. A. Hölder. — 50
Sonderabdr. aus: „Sitzung-ber. d. k. Akad. d. Wiss."

Meyer, Wilh. M., s.: Meyer, M. Wilh.

Stammbaum der Nachkommen des weiland Oberjäger Johann Wilhelm Meyer. Aufgest. Ostern 1914 v. W(ilhelm) W(aldemar) Meyer. (Schleswig. 1904.) . Fol.

Meyer, Willi

Meyer, Willy (geb. am 24 Juli 1858 in Minden Westf.): Die Behandlung der Skoliose nach Sayre'schem Princip mit Zuhülfenahme von Jacken aus plastischem Filz. Nach Beobachtungen in d. chirurg. Klinik und Poliklinik zu Bonn ... Bonn, Univ.-Buchdr. v. C. Georgi 1880. 37 S., 1 Bl. 8. ¶ In Komm. bei Körber & Freytag in Minden.
Bonn, Med. Fak., Diss. v. 7 Aug. 1880

Meyer, Willy, die Behandlung der Skoliose nach Sayre'schem Princip mit Zuhülfenahme von Jacken aus plastischem Filz. Nach Beobachtungen in der chirurgischen Klinik u. Poliklinik zu Bonn. Inaugural-Dissertation. gr. 8. (37 S.) Bonn 880. (Minden, Körber & Freytag.) n. 1. 20

Meyer, Willy: Einfluß der Lehrlingshaltung im Handwerk auf die Binnenwanderungen. Potsdam 1907: Krämer. (82 S.) 8° [F.]
Greifswald, Phil. Fak., Ref. Oldenberg, Diss. v. 14. Dez. 1907
[Geb. 25. April 74 Berlin; Wohnort: Potsdam; Staatsangeh.: Preußen; Vorbildung: Gymn. Königsberg i. d. Neumark Reife M. 95; Studium: Theol. Berlin 1, Greifswald 1, Berlin 3, Greifswald 2, Phil. Greifswald 2, Berlin 4, Gießen 1, Greifswald 3 S.; Rig. 8. Aug. 07.]

Meyer, Willy [aus Haltern '(Westf.)']: Zwei Fälle von periostalem Sarkom der Orbita ... Würzburg, Etlinger's Buchdr., 1892; 22 S. 8.
Würzburg, Med. Fak., Inaug.-Diss. v. 1892

MEYER, Willy: Die Harzgänge im Blatte der Abietineen nach ihrer Anatomie und ihre Verwertung zur Taxologie. - Königsberg 1883. 35 S. - Diss. Univ. Königsberg

Meyer, Willy, die Untersuchung der Genußmittel, s. a. Zeit- u. Streitfragen, genossenschaftl. 6.

Die Untersuchung der Nahrungs- und Genussmittel. Nach Vorträgen auf d. Unterverbandstagen bearb. z. Gebr. f. Consum-Vereine von Nahrungsmittelchem. Dr. Willy Meyer, Görlitz. Berlin: J. Guttentag 1902. (24 S.) 8°
= Zeit- u. Streitfragen, Genossenschaftliche. H. 6.

Meyer, **William Harvey**, Reform d. Physiologie. Berlin 80. Habel. M. —.60

Meyer, Wm. Heinr. Stettin's Aktien-Gesellschaften. 8. (VI, 167 S.) Stettin 889, (Saunier). * 1 50

Meyer, Wm. Heinr., Stettin in alter und neuer Zeit. 10 Lfgn. gr. 8. (295 S. mit 13 Taf.) Stettin 887, Hessenland. [à Lfg. * 60 Pf.] *M 3.50.; geb. *

Meyer, Willibald [cand. med. aus Berlin]: Ueber Entstehung, Verlauf und Häufigkeit der Genitaltuberkulose des Weibes ... Nürnberg, F. Haffner's Buchdr., 1896; 40 S. 8.
München, Med. Fak., Inaug.-Diss. v. 1896

Meyer, Wolfgang, Dr.: Aus der Abiturienten-Matrikel des Johanneums 1804—27. Hamburg 1906: Lütcke & Wulff. (53 S.) 8°
Hamburg, Gelehrten-S d. Johanneums P 1906 (906)

Meyer, Wolfg., aus der Abiturienten-Matrikel des Johanneums 1804—27. Progr. (53 S.) Lex.-8. Hamburg 906. (Herold.) n.n. 2. 50

Meyer, *Friedrich Martin* Wolfgang [aus Leipzig]: Bestimmung des spezifischen Gewichts von in Wasser löslichen Salzen ... Leipzig-R., Druck v. O. Schmidt, 1896; 36 S., 1 Bl. 8.
Leipzig, Phil. Fak., Inaug.-Diss. v. [28. März] 1896

— **Wolfgang (Friedrich Martin Wolfgang)** (Leipzig), Bestimmung des spezifischen Gewichts von in Wasser löslichen Salzen. Diss. Leipzig-R. (O. Schmidt) 1896. 36 S. u. Biogr. (1.50) 23254

Meyer, *Fridericus* Wolfgangus *Oscarus* [Hamburgensis]: De codice Plutarcheo Seitenstettensi eiusque asseclis Accedunt lectiones Seitenstettensis ... Lipsiae, typ. I. B. Hirschfeldi, 1890; 2 Bl., 78 S., 1 Bl. 8°
Leipzig, Phil. Fak., Inaug.-Diss. v. [25. Okt.] 1890

Meyer, Wolfg., Friedrich Ludwig Jahn, s. a. Sammlung belehrender Unterhaltungsschriften f. die deutsche Jugend. 13. Bd.

Friedrich Ludwig Jahn. Ein Lebensbild aus großer Zeit von Wolfgang **Meyer**. Mit 1 Titelbild. Berlin: H. Paetel 1904. (IX, 173 S.) 8° [F.]
— **Sammlung** belehrender Unterhaltungsschriften f. d. deutsche Jugend. Bd 13.
[05. 6381]

Meyer, Wolfg., ausgewählte Kapitel üb. Chemie. (I. u. II. Tl.) kl. 8. Berlin, H. Meusser. Kart. 3. 20
(I.) Anorganische Chemie. (131 S.) 908. Kart. 2. —
(II.) Organische Chemie. (47 S.) 909. Kart. 1. 20

Meyer, Wolfgang. Der Prozeß F. L. Jahns, Nach ungedr. Briefen (S. Abdr. a. d. Preuß. Jahrbüchern, Bd. 138, H. 2), Berlin 1909, 36 S., 8°.

Meyer, Wolfg. Alex., Hypatia v. Alexandria. Ein Beitrag zur Geschichte d. Neuplatonismus. gr. 8. (52 S.) Heidelberg 886. Weiss' Verl. n. 1. 40

—— Sein und Schein. Gedichte. 12. (67 S.) Heidelberg 888, Petters. M 1.50.; geb. *

—— Trotzköpfchen, s. Universal-Bibliothek Nr. 2466.

Meyer, Wolfg. Alex., wie ich's sah! Erzählungen. 8. (VII, 264 S.) Stuttgart 895. Deutsche Verlags-Anstalt. n. 3. —; geb. n.n. 4. —

Meyer, Wolfg. Alex., wie ich's sah! Erzählungen. (Neue wohlf. [Titel-]Ausg.) 8. (V, 264 S.) Stuttgart [895.] 899. Deutsche Verlags-Anstalt. n. 1. —; geb. n. 1. 25

Meyer, Zäzilie
Meyer, Frau Cäcilie, s. a.: Heele, Magdalena.

Meyer, Cäcilie, leuchtender Mohn. Gedichte. (IV, 88 S. m. Bildnis.) 8. Dresden 904. E. Pierson. n. 1.50

— Leuchtender Mohn. Gedichte. 2. Aufl. (IV, 88 S. m. Bildnis.) 8. Dresden (907). E. Pierson. 1.50; geb. n 2.50

Meyer-am Rhyn, Jost. Zürich [1898]. V: *Abt*, *Rom.* (Zuwachsverz. der Bibliotheken in Zürich 1898 ff.)

Meyer-am Rhyn, Jost, 1834—1898. [Zürich 1898.] V: *Rahn*, *Joh. Rud.* (Zuwachsverz. d. Bibliotheken in Zürich 1898 ff.)

Meyer-Hoffmeister, Johann Konrad, s. a. Neujahrsblatt, 55., zum Besten d. Waisenhauses in Zürich.

Meyer. Johann Konrad M'-Hoffmeister, Med. Dr. (1807–1881). Njbl. Zürich 1892 s. [Wyss, Hans von].

Meyer-Hoffmeister, Johann Konrad, Med. Dr. Zürich 1892. V: *Wyss*, *Hans v.* (Berl)

(Meyer von Knonau. Gerold M' von K' 1509–1531.) Njbl. s. [Stolz, Johann Jacob].

Meyer-Ahrens, [Conrad]. Das Schwefelbad Alveneu im Albulathal.... Von Dr. M'-A', mit Originalbeiträgen von Chr[istian] G[regor]) Brügger.... Auszug aus der...Balneographie der Schweiz von Dr. M'-A'. 8. Zurich 1860.

Meyer-Ahrens, Dr. C., die altrömischen Bäder in der Schweiz, zu Pompeji und Rom. (Illustrirte Schweiz. 1872, Nr. 46 u. ff.) Bern, Dalp'sche Buchh. 1872.

Meyer-Ahrens, Conr., die Bergkrankheit oder der Einfluß des Ersteigens großer Höhen auf den thierischen Organismus. Leipzig 854. Brockhaus. gr. 8. (XI, 139 S.) 24 ngr.

Meyer-Ahrens, Cd., die Blüten des Kossobaumes, die Rinde der Musenna und einige andere abessinische Mittel gegen den Bandwurm. Zugleich als kleiner Beitrag zur medizin. Geographie Afrika's. gr. 8. (IV und 91 S.) Zürich 851. Schulthess.

Meyer-Ahrens, (Conrad). und Wiel, Josef. Bonndorf & Steinamühle. zwei klimatische Curstationen auf dem Schwarzwalde. ([Mit Anhang: Necrolog über] Dr. Meyer-Ahrens [sowie 5 Tafeln und 1 Karte].) 8. Bonndorf, Freiburg i. B. 1873.

—— und Jos. Wiel, Bonndorf und Steinamühle, zwei klimat. Curstationen auf dem Schwarzwalde. 8. (82 S. mit 4 Chromolithogr. und 2 lithogr. Karten in 4.) Freiburg i. Br. 873, Wagner'sche Buchh. *

Meyer-Ahrens, [Conrad], et Keiser-Muos, [Caspar]. Le nouvel établissement de Schönfels sur la montagne de Zoug. [Avec 1 planche.] 8. Zurich 1870.

Meyer-Ahrens, Conrad s. Farnbühl...im Entlebuch. Luzern 1866 u. 1878 u. 1882.

Meier-Ahrens, (auch Meyer-Ahrens), Geschichte d. schweizer. Medizinalwesens. N. d. Quellen bearb. 1. Thl. Vom Anfang d. histor. Kenntniß bis geg. d. Ende d. 18. Jahrh. (1. Hft. — A. u. d. T.: Geschichte d. zürcher. Medizinalunterrichts v. sein. frühesten Spuren, bis z. J. 1782.) gr. 12. (5⅙ B.) Zürich 838, (Orell, Füßli u. Comp.) *

—— dass. — 2. Thl. 1. Hft. — A. u. d. T.: Geschichte d. zürcher. Medizinalunterrichtes, v. d. Gründung d. medizin. Institutes bis z. Gründ. d. Hochschule. Nebst e. Anh., enth. d. Gesch. einiger in dies. Zeitraume z. Erweiterung u. Ausbreitung d. ärztl. Kenntnisse benutzten Hülfs-Anstalten. 8. (9 B.) Basel 840, Schabelitz.

Meier-Ahrens Geschichte des Züricherischen Medicinalwesens. Nach den Quellen bearbeitet. 1. Theil. Vom Anfange der historischen Kenntniss bis gegen das Ende des 18. Jahrhunderts. [Geschichte des Züricherischen Medicinalunterrichtes von seinen frühesten Spuren bis zum Jahre 1782. Nebst einem Anhange enthaltend einen kurzen Abriss der Geschichte einiger zur Erweiterung u. Ausbreitung der ärztlichen Kenntnisse benutzten Hülfsanstalten.] Zürich 1838. 12. — 2. Theil. 1. Heft: [Geschichte des Züricherischen Medicinalunterrichtes, von der Gründung des medicinischen Institutes bis zur Gründung der Hochschule. Nebst einem Anhange, enthaltend die Geschichte einiger in diesem Zeitraume zur Erweiterung und Ausbreitung der ärztlichen Kenntnisse benutzten Hülfsanstalten.] Basel 1840. 12.

Meyer-Ahrens, [Conrad]. Bad Gurnigel...im Kanton Bern.... Nebst einem Anhang enthaltend Die Phanerogamen-Flora der Umgebungen von G'.... [Mit 1 Tafel.] 8. Brugg 1868.

Meyer-Ahrens, [Conrad]. Das Gurnigelbad im Kanton Bern. Auszug aus der... Balneographie der Schweiz von Dr. M'-A'. [Mit 1 Tafel.] 8. Zürich 1860.

Meyer-Ahrens, Conr., die Heilquellen und Kurorte der Schweiz. In historischer, topographischer, chemischer u. therapeutischer Beziehung geschildert. 2 Theile. Zürich 860. Orell, Füßli & Co. gr. 8. (XVI, 936 S.) 4 ₰ 15 ngr

Meyer-Ahrens, die Heilquellen u. Kurorte der Schweiz u. einiger der Schweiz zunächst angrenzenden Gegenden der Nachbarstaaten. 2., umgearb. u. sehr verm. Ausg. Zürich 867. Orell, Füßli & Co. Lex.-8. (VIII, 812 S. mit 5 Stahlst.) n. 4 ngr

Meyer-Ahrens, Konr. Die Heilquellen zu Schuls und Tarasp. Zürich 1860.

— Die Heilquellen zu Tarasp und Schuls im Unter-Engadin. Zürich 1860.

— Interlaken im Berner-Oberland namentlich als klimatischer u. Molken-Kurort. Bern 869. Dalp. gr. 8. (IX, 81 S.) n. 8 ngr

—— geschichtl. Notizen üb. d. erste Auftreten d. Lustseuche in d. Schweiz u. d. geg. d. weitere Ausbreit. d. Krankheit in d. Schweiz u. namentl. im Canton Zürich getroff. Maasregeln, nebst einigen Notizen üb. d. Aussatz. gr. 8. (7½ B.) Zürich 841, (Schulthess.)
Aus: Schweiz. Zeitschrift f. Natur- u. Heilkunde, neue Folge, III. 1. 2., verb. abgedruckt.

Meyer-Ahrens, Conrad. St. Moritz im Oberengadin, seine Heilquellen und Kuranstalten. Mit einem Originalbeitrag über das Klima von Chr[istian] G[regor] Brügger.... Besonderer Abdruck aus dem... Werke: Die Heilquellen und Kurorte der Schweiz... von Dr. C. M'-A'. 8. Zürich 1860.

— u. Dr. Keiser-Muos, das neue Kur- u. Pensionshaus Schönfels auf dem Zugerberg. Ebend. 869. gr. 8. (42 S. mit 1 Steintaf.) 7½ ngr

—— der Stich in den Jahren 1564 und 1565 im Zusammenhange mit den übrigen Epidemieen der Jahre 1562—1566 dargestellt. gr. 8. (IV und 182 S.) Zürich 848, Schulthess. *

— u. Chr. Gr. **Brügger**, die Thermen von Bormio in physikalisch-chemischer, therapeutischer, klimatologischer u. geschichtlicher Beziehung. Zürich 869. Orell, Füssli & Co. Lex.-8. (135 S.) 15 ngr

Meyer-Ahrens, Konr. Über die Verbreitung des Kretinismus in der Schweiz. 1849?

Meyer-Altenburg, C. H., die Einführbarkeit der Spaten-Cultur in den größern landwirthschaftl. Betrieb. Eine von dem Centralausschusse der Königl. Hannov. Landwirthschafts-Gesellschaft zu Celle veranlaßte und gekrönte Preisschrift. Mit 1 (lith.) Taf. Abbildgn. interessanter landwirthschaftl. Geräthe (in Fol.). Celle 855. Capaun-Karlowa. Lex.-8. (47 S.) n. 15 ngr

—— ein Pfund Stickstoff kaum einen Groschen! Oder F. A. v. Fellenberg-Ziegler's Erfahrungen über die Behandlung und Aufbewahrung des Stalldüngers, beleuchtet. gr. 8. (VIII und 37 S.) Braunschweig 856, Vieweg und Sohn. *

Meyer-Altenburg, C. H., ein Pfund Stickstoff kaum einen Groschen. Oder F. A. v. Fellenberg-Ziegler's Erfahrungen über die Behandlung und Aufbewahrung des Stalldüngers beleuchtet. 2. Aufl. gr. 8. (VIII und 37 S.) Braunschweig 859, Vieweg und Sohn. Thlr. *

— die Vorzüge der Minorats-Erbfolge in sittlicher, materieller u. national-ökonomischer Hinsicht. Cassel 853. J. G. Luckhardt. 12. (46 S.) 7½ ngr

Meyer-Altona, Ernst, die Sculpturen des Strassburger Münsters, s. Studien zur deutschen Kunstgeschichte.

Meyer-Altona, Ernst: Die Sculpturen des Strassburger Münsters bis 1789 ... (Th. 1.) Strassburg, Universitätsdr. v. J. H. E. Heitz, 1894; 1 Bl., 58 S. 8.
Strassburg, Phil. Fak., Inaug.-Diss. v. 1894

Meyer-Altwegg, H[einrich]. Zur Frage der körperlichen Erziehung in der Primarschule. ⟨Vortrag, gehalten am 21. Juni im Turnlehrer-Verein Basel.⟩ Separatabdruck aus den Basler Nachrichten, der Nummern 180—184, vom 4.—8. Juli 1905. 23 S. 8. ([Basel,] Basler Berichthaus.)

Meyer-Balte, s. Volk, das deutsche.

Meyer-Baeschlin, Jos., u. J. **Lepori**, Architektur, Baukonstruktionen u. Baueinrichtung in nordamerikan. Städten. Berichte d. schweizer Delegierten üb. die Weltausstellg. in Chicago, 1893. gr. 8. (44 S.) Bern 894. (Zürich, A. Raustein.) n. 1. —

— — Vgl. Meyer - Boeschlin

Meyer-Basel, Karl Theodor, s. Meyer

Meyer-Basel, Theodor, s. Meyer

Meyer-Benfey, Heinrich: Das Christentum und die neue Ethik. (Berlin) [um 1909]. 8° (Flugblätter d. Deutschen Bundes f. Mutterschutz. No 5.)

Josef Freiherr von Eichendorff. Von Heinrich **Meyer**-Benfey. Göttingen: F. Kronbauer 1908. (26 S.) 8° [F.] [illegible] 7

Meyer-Benfey, Heinrich: Die sittlichen Grundlagen der Ehe. — Berlin: Selbstverl. d. Bundes 1909. 27 S. 8° (Schriften des Deutschen Bundes f. Mutterschutz. Nr 16.)
Aus: „Die neue Generation", Jg 5 H. 7.

Meyer-Benfey, Heinr. (Heinr. Meyer), die sittlichen Grundlagen der Ehe. Ein Beitrag zur Begründg. e. Sexualethik. (126 S.) 8. Jena 909. E. Diederichs. 1. 50

— Heinrich Heine. Der Dichter des Buchs der Lieder. Neue Heine-Litteratur. Zwei Vorarbeiten. (VIII, 60 S.) 8. Berlin 907. Priber & Lammers. 1. —

Meyer-Benfey, Heinr. (Heinr. Meyer), Herder u. Kant. (Der deutsche Idealismus u. seine Bedeutg. f. die Gegenwart.) (114 S.) 8. Halle 904. Gebauer-Schwetschke. n. 1. 20

Meyer-Benfey, Heinr., die moderne Litteratur u. die Sittlichkeit. gr. 8. (49 S.) Leipzig 902. H. Seemann Nachf. n. — 75

Meyer-Benfey, Heinr. (Heinr. Meyer), Lucinde u. lex Heinze. Ein Rückblick v. der Jahrhundertwende. (60 S.) gr. 8. Leipzig 903. Berlin, H. Seemann Nachf. n. — 75

— Friedrich Naumann. Seine Entwicklg. u. seine Bedeutg. f. die deutsche Bildg. der Gegenwart. (X, 193 S.) kl. 8. Göttingen 904. Vandenhoeck & Ruprecht. n. 2. 40; geb. n. 3. —

(S) — Friedrich Naumann. 904. (KBL 34.) Erm. Pr. 1.— ; geb. 1.25

— s.: Naumann-Buch.

— moderne Religion. Schleiermacher. Maeterlinck. 8. (IV, 194 S.) Leipzig 902. E. Diederichs. n. 3. —

— s.: Tolstoj-Buch.

— Mittelhochdeutsche Übungsstücke. (XI, 191 S.) gr. 8. Halle 909. M. Niemeyer. 3.60; geb. in Leinw. 4. 20

Meyer-Bergwald, Anna, s. Mayer - Bergwald

Meyer & Bilitz, Ex- u. Importeur. Enth. ca. 60,000 Adressen der Ex- u. Import-Firmen aller grossen Industrie-, Haupt-, Handels- u. See-Städte der Staaten aller fünf Welttheile. Bearb. auf Grundlage authentischer Consulats- u. Privat-Berichte mit Hinzufügung statistischer Daten über Production, Handel, Ein- u. Ausfuhr u. Benennung der Artikel, die von den angeführten Firmen ex- oder importirt werden. Lex.-8. (8, 254 S.) Wien 879. Verlag von Meyer & Bilitz' Welt-Adressenbuch. cart. n. 12. —

— Welt-Adressenbuch der Industriellen, Kaufleute, Gewerbetreibenden, Advocaten, Notare, Grossgrundbesitzer, Banken u. Credit-Institute, Versicherungs-Gesellschaften, Verkehrs-Anstalten, Behörden, öffentl. Institute u. Gebäude, Privat-Anstalten, Lehranstalten u. Vereine der grösseren Städte, Handels-Geografie, statist. Daten über Einwohnerzahl, Industrie, Producten- u. Waaren-Ex- u. Import etc. etc.. der Post-, Eisenbahn-, Dampfschiff- u. Telegrafen-Stationen der bekannteren Länder u. vollständ. Orts- u. Waaren-Registern. 1—5. 7. 12. 13. 16—19. Bd. Lex.-8. Ebend. 879—82. cart. n. 122. —

1. Wien u. Umgebung. (XXVIII, 787 S.) 4. Ausg. n. 10. -
2. Nieder-Oesterreich, Ober-Oesterreich u. Salzburg. (XXII, 253 S.) 4. Ausg. n. 8. —
3. Steiermark, Kärnthen, Krain. (XIII, 143 S.) 4. Ausg. n. 8. —
4. Tirol, Vorarlberg, Küstenland, Triest, Dalmatien. (XIII, 110 S.) 4. Ausg. n. 8. —
5. Böhmen, Mähren, Schlesien, Galizien, Bukowina. (XLII, 694 S.) 4. Ausg. n. 10. —
7. Baiern. (XVI, 704 S.) n. 16. —
12. Königreich Sachsen u. sächs. Fürstenthümer [Weimar-Eisenach, Coburg-Gotha, Meiningen-Hildburghausen, Altenburg, Reuss, ältere u. jüngere Linie, Schwarzburg-Rudolstadt, Schwarzburg-Sondershausen u. die Kreise Schmalkalden, Schleusingen u. Ziegenrück.] (XXXI, 695 S.) n. 16. —
13. Hamburg, Bremen, Lübeck, Schleswig-Holstein, Hannover, Oldenburg, Braunschweig, Mecklenburg etc. (XXVIII, 1029 S.) n. 18. —
16. Schlesien u. Posen. (XVIII, 412 S.) n. 8. —
17. Preussisch-Sachsen u. Anhalt. 7. Jahrg. (XXI, 354 S.) n. 8. —
18. Ost- u. West-Preussen. 7. Jahrg. (XXII, 286 S.) n. 6. —
19. Pommern. 7. Jahrg. (XIV, 168 S.) n. 6. —

— dasselbe. Band Oesterreich-Ungarn. 1878—1879. Lex.-8. (VII, 1287 S.) Ebend. 880. cart. n. 30. —

Meyer und Bilitz, Welt-Adressenbuch der Industriellen, Kaufleute, Gewerbetreibenden, Advocaten, Notare, Grossgrundbesitzer, Banken und Credit-Institute, Versicherungs-Gesellschaften, Verkehrs-Anstalten, Behörden, öffentl. Institute und Gebäude, Privat-Anstalten, Lehranstalten und Vereine der grösseren Städte, Handels-Geografie, statist. Daten über Einwohnerzahl, Industrie, Producten- und Waaren-Ex- und Import etc. etc., der Post-, Eisenbahn-, Dampfschiff- und Telegrafen-Stationen der bekannteren Länder und vollständ. Orts- und Waaren-Registern. 1.—19. und 27. Bd. Lex.-8. Wien 880—84, Meyer und Bilitz.
1.—19. Bd. zusammen bezogen ** 1

Inhalt:

Bd. 1. Wien und Umgebung. (884 S.) *ℳ 10.
» 2. Nieder-Oesterreich, Ober-Oesterreich und Salzburg. (XXII, 253 S.) *ℳ 6.
» 3. Steiermark, Kärnthen, Krain. (XIII, 143 S.) *ℳ 6.
» 4. Tirol, Vorarlberg, Küstenland, Triest, Dalmatien. (XIII, 110 S.) *ℳ 6.
» 5. Böhmen, Mähren, Schlesien, Galizien, Bukowina. (XLII, 694 S.) *ℳ 12.
» 6. Ungarn, Croatien und Slavonien, Siebenbürgen, Bosnien, Herzegowina. (XCIII, 667 S.) *ℳ 10.
» 7. Bayern. (XVI, 704 S.) *ℳ 14.
» 8. Baden. (XVIII, 230 S.) *ℳ 6.
» 9. Württemberg und Hohenzollern. (XVIII, 250 S.) *ℳ 6.
» 10. Hessen-Kassel, Hessen-Darmstadt, Nassau, Frankfurt, Homburg. (XLIII, 420 S.) *ℳ 8.
» 11. Elsass-Lothringen. (XXI, 190 S.) *ℳ 6.
» 12. Königr. Sachsen und sächs. Fürstenthümer [Weimar-Eisenach, Coburg-Gotha, Meiningen-Hildburghausen, Altenburg, Reuss, ältere und jüngere Linie, Schwarzburg-Rudolstadt, Schwarzburg-Sondershausen und die Kreise Schmalkalden, Schleusingen und Ziegenrück]. (755 S.) *ℳ 16.
» 13. Hamburg, Bremen, Lübeck, Schleswig-Holstein, Hannover, Oldenburg, Braunschweig, Mecklenburg etc. (1103 S.) *ℳ 18.
» 14. Rheinpreussen, Westphalen, Birkenfeld, Detmold, Luxemburg. (849 S.) *ℳ 18.
» 15. Berlin und Brandenburg. (1082 S.) *ℳ 12.
» 16. Schlesien und Posen. (XVIII, 412 S.) *ℳ 8.
» 17. Preussisch-Sachsen und Anhalt. (XXI, 354 S.) *ℳ 8.
» 18. Ost- und West-Preussen. (XXII, 286 S.) *ℳ 6.
» 19. Pommern. (XIV, 168 S.) *ℳ 6.
» 27. Russland. (V, 704 S.) *ℳ 20.

Meyer und Bilitz, Welt-Adressbuch der Industriellen, Kaufleute, Gewerbetreibenden, Advocaten, Notare, Grundbesitzer, Banken und Credit-Institute, Versicherungs-Gesellschaften, Verkehrs-Anstalten, Behörden, öffentl. Institute und Gebäude, Privat-Anstalten, Lehr-Anstalten und Vereine der grösseren Städte, Handels-Geographie, statist. Daten über Einwohnerzahl, Industrie, Producten- und Waaren-Ex- und Import etc., der Post-, Eisenbahn-, Dampfschiff- und Telegraphen-Stationen, sammt vollständ. Orts- und Waaren-Register. 20.—31. Bd. gr. 8. Berlin und Wien, Meyer und Bilitz. cart. [*ℳ 200.—.] *
20.—30. Bd. zusammen bezogen [*ℳ 100.—.] *

Inhalt:

Bd. 20. Schweiz. (49 S.) 886. [*ℳ 10.—.] *ℳ 5.—.
» 21. Frankreich. (76 S.) 886. [*ℳ 20.—.] *ℳ 5.—.
» 22. Belgien. (51 S.) 886. [*ℳ 10.—.] *ℳ 5.—.
Bd. 23. Niederlande [Holland]. (46 S.) 886. [*ℳ 10.—.] *ℳ 5.—.
» 24. Grossbritannien und Irland. (123 S.) 886. [*ℳ 20.—.] *ℳ 5.—.
» 25. Dänemark, Schweden und Norwegen. (50 S.) 886. [*ℳ 10.—.] *ℳ 5.—.
» 26. Italien, Spanien und Portugal. (50 S.) 886. [*ℳ 10.—.] *ℳ 5.—.
» 27. Russland. [Grosse Ausg., in russ. Sprache.] (770 S.) 886. [*ℳ 20.—.] *ℳ 10.—.
—— dass. — [Kleine Ausg., in deutscher Sprache.] (278 S.) 887. [*ℳ 10.—.] *ℳ 5.—.
» 28. Türkei, Griechenland, Serbien, Rumänien und Bulgarien. (60 S.) 886. [*ℳ 20.—.] *ℳ 5.—.
» 29. Amerika. (141 S.) 886. [*ℳ 20.—.] *ℳ 5.—.
» 30. Asien, Afrika und Australien. (49 S.) 886. [*ℳ 10.—.] *ℳ 5.—.
» 31. Ex- und Importfirmen, Banquiers, Spediteure, Fabrikanten und Grossisten aller fünf Welttheile. (2600 S.) 887. *ℳ 30.—.
1.—19. Bd. (Deutschland und Oesterreich-Ungarn.) Ebendas. 1880—84. zusammen bezogen *ℳ [100.—.] *ℳ 30.—.

Meyer-Bonn, Jürgen Bona, s. Meyer

Meyer-Baeschlin, J., und J. **Laporl**: Architektur, Baukonstruktionen und Baueinrichtung in nordamerikanischen Städten. Bern 1894

– – Vgl. Meyer - Baeschlin

Meyer-Bremen, s. Meyer

Meyer-Brenner, Emma. Johann Fatio. Trauerspiel. 106 S. 8. Basel, Emil Birkhäuser, 1902. [fr. 2. —]

Meyer-Brenner, Emma. Gedichte. VIII + 147 S. 8. Basel, Comm. Helbing & Lichtenhahn, 1905. [fr. 2. —]

(M[eyer]-B[urkhard], F[riedrich].) Erinnerungen an Ferdinand Zehender (1829–1885), Rektor der höhern Töchterschule ... in Zürich. ⟨SA.⟩ 8. Zürich 1885.

Meyer-Bürkli, M. A., Seiden-Industrie, s. **Weltausstellung, internationale, 1878, in Paris.**

Meyer-Bürkli, M. A: Seidenwaaren (Schweiz). Zürich 1879

Meyer-Cassel, Hans, s. Meyer

Meyer-Charlottenburg, Eugen, s. Meyer

Meyer-Delius, Heinrich: Beitrag zur Theorie des Mehrphasen-Wechselstrom-Kompound-Motors. 1908. 55 S., 17 Taf. 8°
Hannover, Dr.-Ing.-Diss. v. 23. 12. 1907

Meyer-Delius, Hugo, approb. Arzt aus Durango i. Mexiko: **Aus d. med. Klinik d. Universität Freiburg i. B. Ein Fall von Lymphosarkom des Mediastinums mit Metastasen an der Schädelbasis.** *Freiburg i. B. 1901: Ch. Lehmann's Nachf.* (42 S.) 8°
Freiburg i. B., Med. Diss. v. 1901

Meyer-Detmold, Ernst, s. Meyer

Meyer-Dür, [Rudolf]. Ein Blick über die schweizerische Orthoptern-Fauna. Vorgetragen in der Versammlung des bernischen entomologischen Vereins am 20. Februar 1859. (N. Denkschr. Schweizer. Ges. für Naturwiss. Band 17.) 4. (Zürich 1860.)

Meyer-Dür, [Rudolf]. Verzeichniss der Schmetterlinge der Schweiz. Abtheilung 1: Tagfalter. Mit Berücksichtigung ihrer klimatischen Abweichungen .... Bearb. von M'-D'. [Mit 1 Tafel.] (N. Denkschr. Schweizer. Ges. für Naturwiss. Band 12.) 4. (Zürich 1852.)
Andere Abtheilungen s. La Harpe. J[ean-Jacques] C[harles] De. Faune Suisse. Lépidoptères. (Zürich 1853–1864.)

Meyer-Edward, Manfred, Referendar in Darmstadt: **Systematische Darstellung des Fruchterwerbs nach den Paragraphen 953—957 B.G.B.** Darmstadt 1908: G. Otto. (VII, 60 S.) 8°
Gießen, Jur. Fak., Ref. Biermann, Diss. v. 14. Aug. 1908
[Geb. 30. Juni 82 München; Wohnort: Darmstadt; Staatsangeh.: Hessen; Vorbildung: Gymn. Büdingen Reife O. 03; Studium: Heidelberg 1, Bonn 1, München 1, Berlin 1, Gießen 2 S.; Rig. 26. Juni 08.]

Meyer-Eigen, Gräfin Übermuth. Lustsp. in 4 Aufzgn. gr. 8. (102 S.) Graz 896. H. Wagner. n. 1.20

Meyer-Elbing, Osc., Führer durch das neue Kurhaus in Wiesbaden. Mit Abb. nach Aufnahmen des Hofphotogr. Conr. H. Schiffer. (16 S.) 23×33 cm. Wiesbaden 908. Moritz & Münzel. 1.—

— Wiesbaden, Schlangenbad, Langenschwalbach, s.: Grieben's Reiseführer.

Meyer von Fällanden, d. Verbrechen im Zusammenhange mit d. wirtschaftl. Verhältnissen in Zürich. Jena 895.

Meyer-Foerster, Elsbeth, also sprach — e. Frau. Liebesnovellen. 12. (241 S.) Berlin 900. C. Duncker. n. 3.—

Meyer-Foerster, Elsbeth, d. Drama e. Kindes. Erzählg. 8. (94 S.) Berlin 895. S. Fischer, Verl. n. 1.—

Meyer-Foerster, Elsbeth, die Freundin aus Russ.-Polen. Bauernrache. Novellen. (83 u. 87 S.) 8. Berlin (904). C. Duncker. n. 2.—

[Ant. u. F.] Elsbeth Meyer-Foerster. Meine Geschichten. *Berlin: S. Fischer 1897.* (2 Bl., 210 S., 1 Portr.) 1 Bd 8. [97. 3591

— Käthe, s.: Universal-Bibliothek.

— Frau Kleemann. Roman. 8. (142 S.) Ebd. 900. n. 2.50

— junge Menschen. 8. (318 S.) Leipzig 898. Max Spohr. n. 3.50; geb. n. 4.50

— junge Menschen. 8. (313 S.) Leipzig 898. [M. Spohr.] E. Fiedler. n. 3.50

— das Pflegekind. Roman. 8. (265 S.) Berlin 899. C. Duncker. n. 3.—

— Theatermädel u. andere Novellen, s. a. Eckstein's moderne Bibliothek.

Theatermädel u. andere Novellen von Elsbeth Meyer-Förster. 1. bis 10. Taus. *Berlin: R. Eckstein Nachf. [1902].* (96 S.) 8°
— Bibliothek, Ecksteins Moderne. No 22. [03. 13600

Meyer-Förster, Wilh., s. a.: Gregorow, Samar.

Meyer-Förster, Wilh., Alltagsleute. Roman. 8. (299 S.) Berlin 898. F. Fontane & Co. n. 3.50; geb. n. 5.—

Meyer-Förster, Wilh., Alltagsleute. Roman. 3. Aufl. (304 S.) 8. Stuttgart 905. Deutsche Verlags-Anstalt. n. 3.50; geb. in Leinw. n.n. 4.50

Alt-Heidelberg. Schauspiel in 5 Aufz. von Wilhelm Meyer-Förster. *Berlin: A. Scherl (1903).* (108 S.) 8° [F.]
— Woche, Die. Sonderheft 2. [04. 10061 4

Alt-Heidelberg. Schauspiel in 5 Aufz. von Wilhelm Meyer-Förster. (61.–80. Taus.) *Berlin: A. Scherl (1903).* (108 S.) 8° [F.]
— Woche, Die. Sonderheft 2. [03. 5833

— Derby. Sportroman. 8. (264 S.) Stuttgart 898. Deutsche Verlags-Anstalt. n. 3.—; geb. in Leinw. n. 4.—

— Derby. Sportroman. 3.—5. Aufl. (à 262 S.) 8. Stuttgart 902—904. Deutsche Verlags-Anstalt. n. 3.—; geb. n.n. 4.—

— Eldena. Roman. 8. (265 S.) Stuttgart 900. J. G. Cotta Nachf. n. 3.—; geb. n. 4.—

— s. a. Elschen auf der Universität.

Elschen auf der Universität. Vom Verfasser der 'Saxo-Saxonen' [d. i. Wilhelm Meyer-Foerster.] 7. Aufl. Leipzig: H. W. Th. Dieter 1898. (2 Bl., 155 S.) 1 Bd 8°

Elschen auf der Universität. Vom Verf. der 'Saxo-Saxonen' [d. i. Wilhelm Meyer-Förster]. 8. Aufl. *Leipzig: H. W. Th. Dieter [1899].* (157 S.) 8° [F.] [99. 10706 11

— Elschen auf der Universität. Mit Illustr. v. K. Egersdörfer. 9.—20. Tauf. (128 S.) gr. 8. Stuttgart (903). Franckh. n. 2.—; geb. n. 3.—
Die ersten Aufl. erschienen anonym.

— die Fahrt um d. Erde. Roman. 8. (256 S.) Ebd. 897. n. 3.—; geb. n.n. 4.—

— die Fahrt um die Erde. Roman. Neue illustr. Ausg. m. 25 Bildern v. Adf. Wald. 2.—8. Tauf. (Je 170 S.) 8. Stuttgart (903). Deutsche Verlags-Anstalt. n. 2.—; geb. n. 3.—

— Heidenstamm. Roman. 1. u. 2. Aufl. 8. (à 332 S.) Stuttgart 901. Deutsche Verlags-Anstalt. n. 3.—; geb. in Leinw. n. 4.—

— Heidenstamm. Roman. 6.—11. Aufl. (à 332 S.) 8. Ebd. 902—907. n. 3.—; geb. n.n. 4.—

— Heidenstamm. Roman. 12. u. 13. Aufl. (332 S.) 8. Stuttgart 909. Deutsche Verlags-Anstalt. 3.—; geb. n 4.—

— Karl Heinrich, s. a. Sammlung deutscher u. ausländischer Dichtungen in Gabelsbergerscher Stenographie.

— Karl Heinrich. Erzählung. Illustriert v. Adf. Wald. 1.—16. Aufl. 8. (à 204 S.) Ebd. 900. 902. n. 3.—; geb. n.n. 4.—

— dasselbe. 17.—21. Tauf. (Jubiläums-Ausg.) 8. (204 S. m. Bildn.) Ebd. 902. n. 3.—; geb. in Leinw. n.n. 4.—

— Karl Heinrich. Erzählung. Illustriert v. Adf. Wald. 22.—24. Tauf. (204 S. m. Bildnis.) 8. Ebd. 905. n. 3.—; geb. n.n. 4.—

— Karl Heinrich. Erzählung. Illustr. v. Adf. Wald. 25.—27. Tauf. (204 S. m. Bildn.) 8. Ebd. 909. 3.—; geb. n 4.—

— Lena S. Roman. 2.—8. Tauf. (Je 284 S.) Ebd. 903. n. 3.—; geb. n.n. 4.—

Die Saxo-Saxonen. Roman von Samar Gregorow [d. i. Wilhelm Meyer-Förster]. Ill. von Hans Stubenrauch. 83. bis 92. Taus. *Berlin: R. Eckstein Nachf. [1902].* (64 S.) 8° [F.]

— Süderssen. Roman. 2.—4. Aufl. 8. (à 234 S.) Ebd. 902. 903. n. 3.—; geb. in Leinw. n.n. 4.—

— Süderssen. Roman. 5. Aufl. (234 S.) Ebd. 903. n. 3.—; geb. n.n. 4.—

Meyer-Frommhold, Carl, das Preußenbuch. Sammlung v. Gedichten zur preußisch-deutschen Geschichte. Im Auftrage der freien Lehrer-Vereinigg. f. Kunstpflege zu Berlin hrsg. (XII, 271 S.) 8. Leipzig (909). J. Klinkhardt. Geb. in Leinw. 2.60

Meyer-Griffith, H. W. G., englisch-deutsches Taschenwörterbuch, s: Loebell, W. v.

Der Liebeskampf. Oper in 2 Bildern. Dichtung u. Musik von Erik Meyer-Helmund. Vollst. Klavier-Auszug mit Text. *Berlin: A. Fürstner (1892).* (89 S.) 4° [F.]

Meyer-Helmund, Erik. Der Liebeskampf. Oper in zwei Bildern. Textbuch. kl. 8. (24 S.) Berl. 892, Fürstner. * — 25

Meyer-Helmund, Erik, der Liebeskampf. Oper in 2 Bildern. Dichtung u. Musik v E. M.-H. Textbuch. 8. (16 S.) Berlin 893. A. Fürstner. n. — 25

Meyer-Helmund, Erik, aus tollen u. ernsten Tagen. Gedichte. 8. (84 u. II S.) St. Petersburg 898. (K. L. Ricker.) n. 3.—

Meyer-Helmund, Erik, aus tollen u. ernsten Tagen. Gedichte. 8. (85 u. VI S.) Berlin 900. H. Steinitz. n. 2.—

Meyer-Hermann, H. Der Kampf d. Evangelischen Bundes gegen Rom u. seine Wirksamkeit in der evangel. Kirche. Ein Mahnwort an alle Protestanten. 12. (61 S.) Barmen 890, Klein. * — 75
—— dass. — s. a. Schriften f. d. evangel. Deutschland.

[Meyer-Hoffmeister, Johann Conrad.] Die Aerzte Zürichs. (Ein Beitrag zur Entwicklungsgeschichte des ärztlichen Standes in den letzten drei Jahrhunderten.) 2 [Theile. *sus.* Mit 3 Porträt-Tafeln). Njbl. Waisenh. Zürich 1871 *u.* 1872. 4. [Zürich.]

Meyer-Hoffmeister, Johann Konrad, s. Neujahrsblatt, 55., zum Besten d. Waisenhauses in Zürich.

Meyer & Holzach: Jll. Catalog von landwirthschaftlichen Geräthen. Leipzig 1879

Meyer-Housselle, Frau Charlotte, s.: Schott, Fritz.

Meyer v. Knonau, Dav., wie die Stadt Zürich in kurzer Zeit mit genugsamem u. wohlfeilem Holze zu versehen sei. 8. Zürich. 765. Orell. 12 gl Mit Kpf. 1 fl 8 kr

Die Brüder von St. Jakob a. B. Geschichte eines frm. Geheimbundes des 18. Jahrh. Von F. Meyer von Knonau. Zürich 1826.

Meyer von Knonau, Gerold

Meyer v. Knonau, (G.,) Abriß d. Erdbeschreibung u. Staatenkunde d. Schweiz. Für d. zweckmäß. Gebr. d. Kellerschen Schweizerkarte f. Schulen. gr. 8. Zürich 824, (Orell.)

Meyer v. Knonau, Gerold, Abriß d. Erd- u. Staatskunde d. Schweizerischen Eidgenossenschaft. 1. Hft. Das Land. 2., ganz umgearb. u. verm. Ausg. gr. 8. (6¼ B. u. 1 Karte, 4.) Zürich 831, Orell, Füßli u. Comp.

Meyer von Knonau, G[erold] *II* [geb. 1813]. Das Album in Schola Tigurina Studentium. [SA.] 8. [Zürich 1883.]

Meyer von Knonau, G[erold] *II.* Ein winterlicher Alpenübergang als politischer Schachzug. [SA.] 8. [Bern 1874.]

(M[eyer] v[on] K[nonau], Gerold *II*[.]) P. Ildefons von Arx (1755–1833), der Geschichtschreiber des Kantons St. Gallen. Ein Lebensbild aus der Zeit der Umwälzung. Mit einer [Porträt-] Tafel. Njbl. Hist. Ver. St. Gallen. 4. St. Gallen 1874.

—— und J. K. Vögelin, historisch-geographischer Atlas der Schweiz, s. Vögelin.

Meyer von Knonau, Gerold. Aus den eigenhändigen Aufzeichnungen von Johann Heinrich Schinz († 1800). Als Ergänzung zum Neujahrsblatt Nr. 259 (auf das Jahr 1903) hrg. durch G' M' von K'. [Mit 2 Figuren und 1 Tafel.] 33 S. 4. [Zürich,] Komm. Fäsi & Beer. [fr. 3.—]
Neujahrsblatt hrg. von der Stadtbibliothek Zürich auf das Jahr 1907. Nr. 263.

Meyer v. Knonau, Gerold, über die Bedeutung Karl's des Grossen für die Entwicklung der Geschichtsschreibung im 9. Jahrh. Zürich 867. Schulthess. gr. 8. (24 S.) n. 6 ngr

Meyer von Knonau, G., die Befreiung der Waldstätte. 8. Basel, Schweighauser. 1873. 1. 20

Meyer von Knonau, G[erold]. Zwei sizilische Bergstädte. (Separatabdruck aus der Neuen Zürcher Zeitung.) 32 S. 8. Zürich, Druckerei der N' Z' Z', 1901.

Antiquarische Gesellschaft. Inhalt: G. Meyer von Knonau, Beschreibung des Schlosses Hammertshofen im Kanton Thurgau und zwei anderer megalitischer Thürme. 12 Stn. 4. Mit 2 Stahlstichen und 1 lithogr. Plane. Zürich 1871. 2.—
(Mittheilungen. Heft XXXV.)

Meyer von Knonau, Gerold *II s.* Biedermann, A[lois] E[manuel]. Versuch einer Reconstruction des von … A. E. B' sel. … gehaltenen Vortrages …. Zürich 1885

Meyer von Knonau, Gerold *I.* Die Böcke (in Zürich). Ein Beitrag zur Zürcherischen Familien- und Sittengeschichte. [Umschlag illustriert.] 8. Zürich 1847.

Meyer von Knonau, Gerold *II.* Aus dem Briefwechsel zwischen Ulrich Hegner und Ludwig Meyer von Knonau. (SA.) 8. [Zürich 1879.]

Meyer von Knonau, Gerold. [von Zürich]: Ueber Nithards vier Bücher Geschichten. Der Bruderkrieg der Söhne Ludwigs des Frommen und sein Geschichtschreiber. Leipz. S. Hirzel 1866. 4 Bl., 152 S., 1 Karte. 4°.
(Zürich. Phil. Diss. [v. 23. Dec. 1865]).

Meyer von Knonau, Gerold s. Calvinfeier. Die Zürcher C-F'.... Zürich 1909.

Meyer v. Knonau, G., alamannische Denkmäler in der Schweiz, s.a. Mittheilungen der antiquar. Gesellschaft in Zürich.

Meyer von Knonau, Gerold *II.* Alamannische (*Umschläge:* Die Alamannischen) Denkmäler in der Schweiz. 2 Abtheilungen. (Mittheil. Ant. Ges. Zürich....) 4. Zürich 1873 *u.* 1876.
Abtheilung 1. Von G' M' von K'. [Mit 3 Tafeln.] *Ausg. A:* (Mittheil..... Band 18, Heft 3); *Ausg. B, anonym:* (Mittheil..... [Njbl.] 37.) 1873.
Abtheilung 2. ⟨Schluss....⟩ Von G. M' von K'. [Mit 4 Tafeln.] *Ausg. A:* (Mittheil..... Band 19, Heft 2); *Ausg. B:* (Mittheil..... [Njbl.] 40.) 1876.

—— die Ekkeharte von St. Gallen, s.a. Vorträge, öffentliche, gehalten in der Schweiz.

Meyer von Knonau, G., die Ekkeharte von St. Gallen. (Vorträge, Öffentliche III, 10) Basel 1876

Meyer von Knonau, Gerold *I.* Erdkunde der Schweizerischen Eidsgenossenschaft. Ein Handbuch für Einheimische und Fremde. 2 Bände. 2., ganz umgearbeitete. stark vermehrte Aufl. 8. Zürich 1838–1839.
Band 1. [Mit 1 Karte.]
Band 2. ([Mit Anhang:] Frühere und gegenwärtige politische Eintheilung der Cantone der Schweiz, mit Angabe der Bevölkerung nach den neuesten Zählungen.)
1. Aufl. s. Meyer von Knonau, Gerold *I.* Abriss der Erdbeschreibung ... der Schweiz. Zürich 1824.

Meyer v. Knonau, Gerold, Erdkunde d. schweizer. Eidsgenossenschaft. Ein Handb. f. Einheimische u. Fremde. 2 Bde. 2., ganz umgearb., stark verm. Aufl. gr. 8. Zürich, Orell, Füssli u. Comp. [1. (37 B.) 838. 1⅓ Thlr., 2. (42 B.) 839. 2 Thlr.]

Meyer v[on] Knonau, Gerold *I.* Erinnerungen an die Rigi. [SA. aus: M' von K', G'. Der Kanton Schwyz.... Umschlag illustriert.] 8. St. Gallen und Bern 1836.

—Erinnerungen an die Rigi.—Souvenirs du Rigi. 8. St. Gallen u. Bern 836, n. ¼ ₰

—— Erinnerungen an die Rigi. 8. (1 B.) St. Gallen 836, Huber u. Comp.

Meyer von Knonau, G[erold] *II.* Eine verlorene schweizerische Eroberung. [SA.] 8. [Bern 1875.]

Meyer von Knonau, Gerold *I.* Facsimile eines von Niclaus von der Flüe im Jahre 1482 an den Stand Bern gerichteten Schreibens [Tafel], mit Bemerkungen von G' von M' von K'.... (Mittheil. Ant. Ges. Zürich. Band 2, Heft 13 = Zeitschr. für vaterl. Alterthumsk. Zürich. [Jahrg. 2,] Heft [4].) 4. (Zürich 1843.)

[**Meyer von Knonau,** Gerold *II.*] Aus einer Zürcherischen Familienchronik. [Mit 1 Wappenvignette und 2 Tafeln.] 2 Abtheilungen. Njbl. Waisenh. Zürich 1875 *u.* 1876. 4. [Zürich.]

39. Neujahrsblatt. An die lernbegierige zürcher. Jugend auf d. J. 1876. Zum Besten des Waisenhauses von einer Gesellschaft herausgegeben. 39. Stück. Als Fortsetzung der Neujahrsblätter der Chorherrenstube Nr. 98. Mit 1 Abbildung. 42 Stn. 4. Zürich, gedruckt bei J. J. Ulrich.
* **Inh.:** (Prof. Dr. v. Meyer v. Knonau). Aus einer zürcher. Familienchronik. Zweite Abtheilung.
NB. Ausführliche Besprechung der zürcher. Neujahrstücke in der „Neuen Zürcher Zeitung."

Meyer von Knonau, Gerold *II.* Aus einer zürcherischen Familienchronik. Als Einleitung zu den Lebenserinnerungen von Ludwig Meyer von Knonau ⟨1769–1841⟩ neu hrg. von G' M' von K'. [Mit 1 Wappenvignette.] ([Neue, wenig veränderte Ausg. von:] Njbl. Waisenh. Zürich 1875 und 1876.) 8. Frauenfeld 1884.

Meyer v. Knonau, Gerold, aus e. zürcherischen Familienchronik. Als Einleitg. zu den Lebenserinnergn. von Ludw. Meyer v. Knonau [1769—1841] neu hrsg. gr. 8. (VI, 101 S.) Frauenfeld 884. Huber. n. 2. —

— u. G. Finsler, Festreden, bei der Feier d. 400jähr. Geburtstages Ulrich Zwingli's am 6. Jan. 1884 in der Tonhalle zu Zürich geh. gr. 8. (24 S.) Zürich 884. Schultheß. n. — 60

Meyer v. Knonau, G., zu der Frage: „Wie soll der Schweizer Geschichte studiren?" Rectoratsvortrag bei Anlaß d. Feier d. Stiftungstages d. Universität Zürich am 29. Apr. 1896. gr. 8. (21 S.) Zürich 896. Füsi & Beer. — 60

– Der Kanton Freiburg ..., s. Gemälde, Historisch-geographisch-statistische, der Schweiz. 9.

—— Gemälde d. Kanton Zürich, Nachtrag, s. Volkszählung d. Kantons Zürich.

Meyer von Knonau, G. Vortrag vor der Gesellschaft der Böcke, am 3. März 1898. Geschichte der Gesellschaft der Schildner zum Schneggen. V.: Die Gesellschaft in der zweiten Hälfte des XVII. Jahrh., nebst Notizen über die seit 1894 verstorbenen Schildner: H. Bodmer-Trümpler, H. Escher-Escher, Dr. H. Meyer-Finsler, R. Landolt, Kd. Hirzel-Gysi. 4°. 203 S. Zürich. 1899.
Nicht im Buchhandel.

Meyer von Knonau, Gerold *I.* Geschichte der Censur in Zürich. [SA.] 8. [Zürich 1859.]

Meyer von Knonau, Gerold *II.* Geschichtliches über das Lötschenthal. [SA.] 8. [Bern 1885.]

Meyer von Knonau, Gerold (Hrsg.),
s. Geschichtsquellen, Sankt Gallische.

Meyer v. Knonau, G., St. Gallische Geschichtsquellen, s.: Mittheilungen zur vaterländischen Geschichte.

Meyer v. Knonau, G. Die gegenwärtigen Zuger'schen Geschlechtsnamen. Einsiedeln 1853.

Meyer von Knonau, (G[erold] *II*). Unsere jetzigen schweizerischen Grenzen. SA. 8. Bern 1877.

Meyer von Knonau, G[erold]. Die Heiligsprechung Kaiser Karl's des Grossen, ein Moment im Kampfe zwischen Kaiserthum und Papstthum. ([Sep.-Abdr. aus:] Zürcher Taschenbuch [auf das Jahr] 1904. [Neue Folge: Jahrg. 27.]) S. 65—76. 8. [Zürich, Fäsi & Beer, 1904.]

Meyer von Knonau, Gerold *I.* Die Heldinnen des Schweizerlandes. Helvetia 1833. Lithographirt und hrg. von J J[acob] Honegger. Text von G' M' von K'.... [Mit 1 Vignette und 12 Tafeln.] fol. [Zürich.]

Meyer von Knonau, Gerold *I.* Die Heldinnen des Schweizerlandes. ... Lithographirt und hrg. von J J[acob] Honegger. 2. verbesserte Aufl. Text von G' M' von K'.... [Mit 1 Vignette und 12 Tafeln.] (4 Hefte.) fol. [Zürich.]

[Abdruck 1:] Die H' des Sch' Helvetia 1834. Lith'... Text von G' Meyer von K'... — *Text = Text der 1. Aufl.: von den Tafeln: 8 = 1. Aufl., 4 neu bearbeitet.*

[Abdruck 2:] Die H' des Sch' Helvetia 1834. Lith'... Text von G' Meyer von K'... — *Text = Text der 1. Aufl.: von den Tafeln: 2 = 1. Aufl., 8 neu bearb., 2 in dritter Bearbeitung.*

[Abdruck 3:] Die H' des Sch' Helvetia [1834]. Lith'... Text von G' Meyer von K'... — *Neudruck des Textes: von den Tafeln: 1 = 1. Aufl., 5 neu bearb., 4 in dritter und 2 in vierter Bearbeitung.*

Meyer v. Knonau, Gerold, Jahrbücher d. deutschen Reiches unter Heinrich IV. u. Heinrich V., s. a. Jahrbücher der deutschen Geschichte.

Meyer von Knonau, Gerold Jahrbücher des Deutschen Reiches unter Heinrich IV. und Heinrich V. Auf Veranlassung ... des Königs von Bayern hrg. durch die historische Commission bei der Königl. Akademie der Wissenschaften. 7 Bände. 8. Leipzig, Duncker & Humblot, 1890—1909.

Band 1: 1056 bis 1069. XXIV + 704 S. 1890. (M. 16. 80)
Band 2: 1070 bis 1077. XXII + 912 S. 1894. (M. 18. 80)
Band 3: 1077 <Schluss> bis 1084. XVI + 656 S. 1900. (M. 16. —)
Band 4: 1085 bis 1096. XVI + 558 S. 1903. (M. 14. 40)
Band 5: 1097 bis 1106. ([Mit] Register zu Band 1—5.) XIV + 516 S. 1904. (M. 13. 60)
Band 6: 1106 bis 1116. XII + 398 S. 1907. (M. 10. 40)
7. (Schluss-)Band: 1116 <Schluss> (*Umschlag:* 1117) bis 1125. ([Mit] Register zu Band 6—7.) XIV + 414 S. 1909. (M. 11. —)
Jahrbücher der Deutschen Geschichte.[13. 1-7.]

Meyer v. Knonau, Gerold. Jahrbücher d. deutschen Reiches unter Heinrich IV. u. Heinrich V. 1. Bd.: 1056 bis 1069. Auf Veranlassg. Sr. Maj. d. Königs v. Bayern hrsg. durch die histor. Kommission bei der königl. Akademie der Wissenschaften. [Jahrbücher der deutschen Geschichte.] gr. 8. (XXIV, 703 S.) Lpz. 890, Duncker u. Humblot. * 16 80

Meyer v. Knonau, Gerold, Jahrbücher des Deutschen Reiches unter Heinrich IV. u. Heinrich V. 2. Bd.: 1070 bis 1077. Auf Veranlassg. Sr. Maj. des Königs v. Bayern hrsg. durch die histor. Commission bei der königl. Akademie der Wissenschaften. gr. 8. (XXI, 911 S.) Leipzig 894. Duncker & Humblot. n. 18. 80
(1 u. 2.: n. 35. 60)

Meyer v. Knonau, Gerold, Jahrbücher d. Deutschen Reiches unter Heinrich IV. u. Heinrich V. 3. Bd.: 1077 (Schluß) bis 1084. Auf Veranlassg. Sr. Maj. des Königs von Bayern hrsg. durch die histor. Commission bei der kgl. Akademie der Wissenschaften. gr. 8. (XVI, 656 S.) Leipzig 900. Duncker & Humblot. n. 16. —; (1—3 n. 51. 60)

Meyer von Knonau, Gerold. Jahrbücher des Deutschen Reiches unter Heinrich IV. und Heinrich V. Band 4: 1085 bis 1096. Auf Veranlassung ... des Königs von Bayern hrg. durch die historische Commission bei der Königl. Akademie der Wissenschaften. XVI + 558 S. 8. Leipzig, Duncker & Humblot, 1903. (M. 14. 40)
Jahrbücher der Deutschen Geschichte....

Meyer von Knonau, Gerold. Jahrbücher des Deutschen Reiches unter Heinrich IV. und Heinrich V. Band 5: 1097 bis 1106. Auf Veranlassung ... des Königs von Bayern hrg. durch die historische Commission bei der Königl. Akademie der Wissenschaften. XIV + 516 S. 8. Leipzig, Duncker & Humblot, 1904. (M. 13. 60)
Jahrbücher der Deutschen Geschichte....

Meyer von Knonau, Gerold. Jahrbücher des Deutschen Reiches unter Heinrich IV. und Heinrich V. Band 6: 1106 bis 1116. Auf Veranlassung... des Königs von Bayern hrg. durch die historische Commission bei der Königl. Akademie der Wissenschaften. XII + 398 S. 8. Leipzig, Duncker & Humblot, 1907. (M. 10. 40)
Jahrbücher der Deutschen Geschichte....

—— aus mittleren und neueren Jahrhunderten. Historische Vorträge und Aufsätze. gr. 8. (XI, 259 S.) Zürich 876, Schulthess. *

Meyer von Knonau, [Gerold *II*]. Vor einem halben Jahrtausend: Der Minderbruder von Winterthur (Johannes Vitoduranus) und sein Geschichtswerk. <Oeffentlicher Vortrag, gehalten von Prof. M' von K'.> [A.] 4. [Bern 1872.]

(M[eyer] v[on] K[nonau, Gerold *II*].) Dr. Ferdinand Keller ([1800]-1881). [Necrolog.] SA. 8. Zürich 1881.

Meyer von Knonau, Gerold *II.* Ein Conflict zwischen der Censur der helvetischen Republik und der zürcherischen Hülfsgesellschaft, über das Neujahrsblatt auf das Jahr 1803. [SA.] 8. [Zürich 1888.]

Meyer von Knonau, G., Prof. Der Irniser Krieg von 1478. In-8°. Bern. 1887.
***** Aus dem „Jahrbuch des S. A. C.“ 1887.**

Meyer von Knonau, G[erold] *II.* Die älteste schweizerische Landkarte. SA. 8. Bern 1883.

—— Leben d. Baron Aug. v. Stael-Holstein, s. Leben ꝛc.

—— Lebensbild des heil. Notker von St. Gallen, s. a. Mittheilungen der antiquar. Gesellschaft in Zürich.

Meyer von Knonau, G[erold] *II.* Lebensbild des heiligen Notker von St. Gallen. [Mit 1 Abbildung und 2 Tafeln.] (Mittheil. Ant. Ges. Zürich....) 4. Zürich 1877.
Ausg. A. (Mittheil ... Band 19, Heft 4.)
Ausg. B. (Mittheil.... [Njbl.] 41.)

Meyer von Knonau, Gerold *II.* Lebensbild des Professors Georg von Wyss <geb. 1816, gest. 1893>. (2 Theile.) [*Je* Mit 1 Porträt-Tafel.] Separatausgabe der Neujahrsblatter LVIII und LIX <1895 und 1896> zum Besten des Waisenhauses in Zürich. 4. Zürich (1895–)1896.

— Lebensbild d. Professors Georg v. Wyß (geb. 1816, gest. 1893). [Sep.-Ausg. d. Neujahrsblätter LVIII u. LIX (1895 u. 1896) zum Besten d. Waisenhauses in Zürich.] 4. (85 u. 124 S. m. 2 Bildn.) Ebd. 896. n. 6. —

— dasselbe, s. a. Neujahrsblatt zum Besten d. Waisenhauses in Zürich.

Meyer v. Knonau, G. Lebenserinnerungen von Ludwig Meyer von Knonau. 1769 bis 1841. Frauenfeld 1883.

[Meyer von Knonau, Gerold *II.*] Lebensskizze des Oberbibliothekars Dr. (Johann) Jak(ob) Horner <gest. 1886>. – Die zürcherischen Neujahrsblatter von 1801 bis 1887, mit Registern. [Mit 1 Porträt-Tafel.] Njbl. Waisenh. Zurich 1888. 4. Zürich 1888.

— Burg Mammertshofen u. zwei andere schweizer megalith. Thürme, s. a. Mittheilungen der antiquar. Ges. in Zürich.

Meyer von Knonau, Gerold *II.* Burg Mammertshofen <Kanton Thurgau> und zwei andere schweizerische megalithische Thürme. [Mit 3 Tafeln.] (Mittheil. Ant. Ges. Zürich....) 4. Zürich 1871.
Ausg. A. (Mittheil.... Band 17, Heft 5.)
Ausg. B. (Mittheil.... [Njbl.] 35.)

Meyer, Heinrich. [Leipzig 1885.] V: *Meyer v. Knonau, Gerold.* (Cat. d. Stadtbibl. Zürich. Zürich 1864—97.)

Meyer von Knonau, G[erold] *II.* Historische Mittheilungen über das Clubgebiet (Bregaglia, Oberhalbstein nebst Bivio, Ober-Engadin). ⟨SA.⟩ 8. Bern 1880.

Meyer von Knonau, Gerold *I.* Die Schweizerischen Münzen von den ältesten Zeiten bis auf die Gegenwart. 8. Zürich 1851.
[1. Aufl.] Zusammengestellt von G' M' von K'.... ⟨SA.⟩
2. vermehrte Aufl.

Meyer v. Knonau, Gerold, die schweizerischen Münzen von den ältesten Zeiten bis auf die Gegenwart. 2., verm. Aufl. gr. 8. (32 S.) Zürich 851, Höhr. *

Meyer von Knonau, Gerold *II.* Meine Mutter [Emerentia, geb. Meyer] ⟨gestorben am 30. Januar 1871⟩. Denen, welche sie lieb hatten, gewidmet. 8. (Zürich.)

Meyer von Knonau, Notker s. Mittheilungen der antiqu. Gesellschaft.

Meyer von Knonau, G[erold] *II.* Die schweizerischen Ostalpen als einer der Kampfplätze des dreissigjährigen Krieges. [A.] 8. [Bern 1872.]

—— die Regesten der Abtei Cappel, s.a. Regesten, die, der Archive der schweizer. Eidgenossenschaft.

Meyer von Knonau, Gerold *I.* Die Regesten der ehemaligen Cistercienser-Abtei Cappel im Canton Zürich. Bearb. von G' M' von K'.... 4. Chur 1850.
(Die Regesten der Archive in der schweizerischen Eidgenossenschaft. Band 1, Heft 3.)

[Meyer von Knonau, Gerold *II.*] Die Reise der zürcherischen Gesandten nach Solothurn zur Beschwörung des französischen Bündnisses 1777. [Mit 1 Tafel.] Njbl. Stadtbibl. Zürich 1870. 4. Zürich.

— die Sage v. der Befreiung der Waldstätte, s. a. Vorträge, öffentliche, geh. in der Schweiz.

Meyer von Knonau, G[erold] *II.* Die Sage von der Befreiung der Waldstätte. Die Ausgangsstelle, das Erwachsen und der Ausbau derselben. 8. Basel 1873. 52 S.
(Oeffentliche Vorträge gehalten in der Schweiz. Band 2. Heft 8.)

Meyer von Knonau, Gerold *I s.* Sammlung. Amtliche S' der ältern Eidgenössischen Abschiede. Lucern.

— s.: Schinz, Joh. Heinr., aus den eigenhändigen Aufzeichnungen.

— Johann Heinrich Schinz, s.a. Neujahrsblatt, hrsg. v. der Stadtbibliothek Zürich. Nr. 259.

Johann Heinrich Schinz, ein zürcherischer Staatsmann und Geschichtskenner im XVIII. Jahrh. Von Gerold **Meyer** von Knonau. *Zürich: (Fäsi & Beer in Komm. [1903]).* (39 S.) 4° [F.]
— Neujahrsblatt hrsg. von d. Stadtbibliothek Zürich. No 259.

Meyer von Knonau, Gerold. Johann Heinrich Schinz, ein zürcherischer Staatsmann und Geschichtskenner im XVIII. Jahrhundert. [Mit 2 Illustrationen und 1 Porträt-Tafel.] 39 S. 4. Zürich, Art. Institut Orell Füssli (Komm. Fäsi & Beer). [fr. 3.—]
Neujahrsblatt hrg. von der Stadtbibliothek Zürich auf das Jahr 1903. Nr. 259.

(M[eyer] v[on] K[nonau, Gerold *II*].) Culturgeschichtliche Schlussfolgerungen aus patronymischen Ortsbezeichnungen. ⟨SA.⟩ 8. [Bern 1888.]

—— der Kanton Schwyz, s.a. Gemälde, histor.-geograph.-statist. d. Schweiz., 5. Hft.

Meyer von Knonau, Gerold *I.* Der Kanton Schwyz, historisch, geographisch, statistisch geschildert. Beschreibung aller in demselben befindlichen Berge, Seen, Flüsse,... Burgen und Klöster.... Ein Hand- und Hausbuch.... [Umschlag illustriert.] 8. St. Gallen und Bern 1835.
Historisch-geographisch-statistisches Gemälde der Schweiz. Heft 5.

Meyer von Knonau, Gerold *I.* Souvenirs du Rigi. Par G' M' de K'. [Couverture illustrée.] 8. St.-Gall et Berne 1836.

—— Souvenirs du Rigi. 8. (3 B.) St. Gallen 836, Huber u. Comp. *

— s.: Studien, schweizer, zur Geschichtswissenschaft.

Meyer von Knonau, G[erold] *II.* Die kritischen Tage des Gebirgskampfes im Coalitionskriege von 1799. [Mit 1 Porträt-Tafel und 2 Kartenskizzen auf 1 Tafel.] Njbl. Feuerw. Zürich 1887. 4. Zürich.
Mit Anhang: [Pestalozzi, Hans.] Chronik der schweizerischen Artillerie.

Meyer von Knonau, siehe: *Taschenbuch, Zürcher.*

— s. Urkunden, Die ältesten, von Allerheiligen.

Meyer von Knonau, G[erold] *II.* [Anton] Salomon Vögelin, der Mitbegründer des Zürcher Taschenbuches ⟨1858⟩, gestorben 17. October 1880. [SA.] 8. Zürich 1880.

— die schweizerischen historischen Volkslieder des 15. Jahrh. Vortrag. Mit e. Anh.: Fünf histor. Lieder der karoling. Epoche in deutscher Uebersetzg. Zürich 870. Staub. gr. 8. (IX, 70 S.) n. 18 ngr.

Meyer v. Knonau, G. und Fr. Vogel. Die Volkszählung im Kt. Zürich 18.—23. März 1850. Zürich 1851.

Meyer v. Knonau, G. Vortrag vor der Gesellschaft der Böcke, gehalt. 1894. Zürich.

(Meyer von Knonau, Gerold *II*, [und] Scherer, [Wilhelm].) [Christoph Martin] Wieland und (Ludwig) Meyer von Knonau. [A.] 8. [Berlin 1876.]

Georg von Wyss. (Auf d. Umschl.: Lebensbild des Prof. G. v. Wyss ⟨gest. 1893⟩.) [Verf.: Gerold **Meyer** v. Knonau.] T. 1. 2. *Zürich 1895–96: Ulrich & Co.* 2 Bde 4° [F.]
= Neujahrsblatt z. Besten d. Waisenhauses in Zürich. St. 58. 59.

Meyer von Knonau, Gerold *I.* Züge aus dem Leben des Felix Neff [1798–1829], gewesenen Pfarrers bei den evangelischen Gemeinden der Hoch-Alpen. Nach dem Französischen bearbeitet von G' M' von K'. Mit einem Vorwort von Dr. G[otthilf] H[einrich von] Schubert. 8. Erlangen 1832.

—— Züge aus d. Leben d. Anna Reinhard, Gattin d. schweizer. Reformators Ulrich Zwingli. 8. (3½ B.) Erlangen 835, Heyder.

Meyer von Knonau, Gerold, der Kanton Zürich, s.a. Gemälde der Schweiz. 1. u. 2. Bd.

Meyer von Knonau, Gerold Z. Der Kanton Zürich, historisch, geographisch, statistisch geschildert. Beschreibung aller in denselben befindlichen Berge, Seen, Flüsse, ... Burgen und Klöster ... (*2. *Aufl.:* Der C. Z., hist.-geogr.-stat. geschildert von den ältesten Zeiten bis auf die Gegenwart). Ein Hand- und Hausbuch ... [Umschlag illustriert.] 8. St. Gallen und Bern.
[1. Aufl.] 1834
2., ganz umgearbeitete und stark vermehrte Aufl. 2 Bände. 1844 1846
Historisch-geographisch-statistisches Gemälde der Schweiz. Heft (*2. *Aufl.:* Band) 1

Meyer von Knonau, Ludwig. Abschiedsworte an meine theuren Canton-mitbürger. 8. Zürich 1841.
[1. Aufl.] — 2. Aufl.

Meyer von Knonau, Ludw., Abschiedsworte an meine theuren Cantonsbürger. 2. Aufl. gr. 8. (1 B.) Zürich 841, Meyer u. Zeller.

[Meyer von Knonau, Ludwig.] (Der Ahornbaum bey Truns.) [Mit 1 Tafel. Njbl.] Stadtbibl. [Zürich] 1823. 4. [Zürich.]

Meyer von Knonau, [Ludwig]. Anrede an das von Genf wieder zurückgekommene Contingent der Truppen des Hohen Standes Zürich. Gehalten den 18. December 1792. 8. Zürich 1792.

— Bemerkk. üb. die Gebrechen d. helvet. Criminalwesens u. ihren Einfluß auf öffentl. Sicherheit u. Moralität; mit einigen Vorschlägen zu Hebung derselben. 8. Zürich 802. Orell. 8 gr.

MEYER von KNONAU, Ludwig: Entwurf, wie die Stadt Zürich in kurzer Zeit mit genugsamen Holze zu versehen sey. - Zürich 1765

Das Fabelbuch **Meyers von Knonau**, in Auswahl herausgegeben und eingeleitet von Franz Prosch. 8 (S. 3—26).
Progr. K. k. Staatsg. IV. Bezirk Wien 1891.

Meyer v. Knonau, Jh. Ludw., († ...) funfzig neue Fabeln. 8. Zürich. 744. N. A. 754. Neueste A. 771. Orell. 12 gr. Mit 4 Kpf. 1 ꝛ 8 gr.

Meyer von Knonau, Johann Ludwig.

Fünfzig neue Fabeln; mit e. krit. Vorrede ... N. A. Zürich 1771. H: *Bodmer, Johann Jacob.* (EE)

Meyer v. Knonau, J. L. [illegible] Neue Fabeln 3. A. Zürich 1757

[Meyer von Knonau, Ludwig.] Geisteszeligen und Sinnengenüsse im XIX. Jahrhundert. Mit einem Anhange über die Vereinigung der christlichen Bekenntnisse. 8. Winterthur 1822.

Meyer von Knonau, (L.) Handbuch der Geschichte d. schweizerischen Eidsgenossenschaft. 1r Bd. gr. 8. Zürich 826, Orell. 20 gr. Weiß Druckp. 1 Rthl. 3 gr. Weiß Postp. Rthlr.

Meyer v. Knonau, Ludw., Handbuch d. Geschichte d. Schweizer. Eidsgenossenschaft. 2. Bd. gr. 8. (51½ B.) Zürich 829, Orell, Füßli u. Comp.
1 Thlr. 12 Gr., wß. Pap. 1 Thlr. 21 Gr., f. wß. Postp.
1. Bd. Ebendas. 1826. 20 Gr., wß. Pap. 1 Thlr. 8 Gr., f. wß. Postp. 1 Thlr. 7 Gr.

Meyer von Knonau, Ludwig. Handbuch der Geschichte der Schweizerischen Eidgenossenschaft. 2 Bände. 8. Zürich.
[1. Ausg.] 1826-1829
2. unveränderte Ausg. 1843

[Meyer von Knonau, Ludwig.] (Salomon Hirzel, Seckelmeister des Standes Zürich, geb: 1727, gest: 1818. [Mit 1 Portrait-Tafel.]) Njbl. Stadtbibl. [Zürich] 1822. 4. [Zürich.]

Meyer v. Knonau, Ludw., Lebenserinnerungen. 1769—1841. Hrsg. von Gerold Meyer v. Knonau. Lex.-8. (IX, 519 S) Frauenfeld 883. Huber. n. 5. —

[Meyer von Knonau, Ludwig.] (Der Lindenhof [und die] Zürcherischen Frauen.) [Mit 1 Tafel. Njbl.] Stadtbibl. Zürich 1824. 4. [Zürich.]

Meyer von Knonau, Ludwig s. [Maurer, Hans Rudolf.] Kurze Geschichte der Schweiz. Zürich 1816.

[Meyer von Knonau, Ludwig.] (Paulus Usteri, geb: ... 1768, starb ... 1795. [Mit 1 Portrait-Tafel.]) Njbl. Stadtbibl. Zürich 1829. 4. [Zürich.]

[Meyer von Knonau, Ludwig.] (Die Verfolgungen gegen die Waldenser.) [Mit 1 Tafel. Njbl.] Stadtbibl. Zürich 1825. 4. [Zürich.]

Meyer-Krafft, Hans, „Gut Deutsch!" 3 Erzählgn. (83 S.) 8. Leipzig 903. Modernes Verlagsbureau. 2. —

'Gut Deutsch'! 3 Erzählungen von Hans **Meyer-Krafft**. Berlin-Leipzig: C. Wigand 1900. (83 S.) 8° [F.] 03. 5518

Meyer-Kramer, Rudolf. Jakob Burckhardt und Gottfried ⟨und Johanna⟩ Kinkel. Ungedruckte Briefe. Hrg. von R. M.-K. [A.] 8. (Stuttgart, Leipzig 1899.)

Meyer-Kraus, B. Wappenbuch der Stadt Basel. Lieferung 1. In-4°. 10 Tafeln in Farbendruck und 4 S. Text. 4556. 8 —
** Erscheint in 8 Lieferungen mit zusammen circa 960 Wappenabbildungen.

Meyer-Kraus, B., Wappenbuch der Stadt Basel. (In 8 Lfgn.) 1. u. 2. Lfg. gr. 4. (10 Chromolith. m. 3 S. Text u. chromolith. Titelbl.) Basel 880. Bahnmaier. à n. 8. —

Meyer-Kraus, B., Wappenbuch der Stadt Basel. gr. 4. (78 Chromolith. m. 4 Bl. Text.) Basel 883. Detloff. geb. m. Goldschn. n. 80. —

Meyer[-Kraus], Heinrich. Standrede, bei der Hinrichtung der Giftmischerin Frau Anna Maria Buser ... den 14. Mai 1840, gehalten. 8. Liestal 1840.

Meyer-Lübke [illegible] Die Betonung im [illegible] S. 143/2 [illegible] 1 65
Separatabdruck

Meyer-Lübke, Wilh., die Betonung im Gallischen. gr. 8. (71 S.) Wien 901. (C. Gerold's Sohn.) n. 1.60
Sonderabdruck aus: „Sitzungsber. d. k. Akad. d. Wiss."

— Einführung in das Studium d. roman. Sprachwissenschaft, s. a. Sammlung roman. Elementarbücher. 1. 1.

Meyer-Lübke, W[ilhelm]. Einführung in das Studium der Romanischen Sprachwissenschaft. X + 224 S. 8. Heidelberg, Carl Winter, 1901. (br. M. 5. —, geb. M. 6. —)
Sammlung Romanischer Elementarbücher. ... Hrg. von Dr. W. Meyer-Lübke... I. Reihe: Grammatiken. (Band) 1....

Meyer-Lübke, W[ilhelm]. Einführung in das Studium der Romanischen Sprachwissenschaft. 8. Heidelberg, Carl Winter.
[1. Aufl.] X + 224 S. 1901. (M. 5. —, geb. 6. —)
2. neubearbeitete Aufl. XVI + 277 S. 1909. (M. 5.60, geb. 6.40)
Sammlung Romanischer Elementarbücher (*2. *Aufl.:* Elementar- und Handbücher). ... Hrg. von W. (*1. *Aufl.:* Dr. W.) M'-L'.... I. Reihe: Grammatiken. (Band) 1....

— Historische Grammatik der französischen Sprache, s. a. Sammlung romanischer Elementar- u. Handbücher. I, 2.

Historische Grammatik der französischen Sprache. Von W[ilhelm] Meyer-Lübke. 1. Heidelberg: C. Winter 1908. 8°
— Sammlung roman. Elementar- u. Handbücher. Reihe 1. Bd 2, 1. [08.17819

Meyer-Lübke, Wilh, italienische Grammatik. gr. 8. (XIV, 338 S.) Leipzig 890. Reisland. n. 12. —

Meyer-Lübke, Wilh., Grammatik der italienischen Sprache, s.: d'Ovidio, Francesco.

Meyer-Lübke, Wilhelm. Grammatik der Romanischen Sprachen. 4 Bände. 8. Leipzig, O. R. Reisland (*Band 1:* ⟨R. Reisland⟩), 1890—1902.
Band 1 *a. u. d. T.:* Romanische Lautlehre. XX + 564 S. 1890. (br. M. 16.—, geb. M. 18.—)
Band 2 (Abteilung 1 u. 2) *a. u. d. T.:* Romanische Formenlehre. XX + 672 S. (1893 u.) 1894. (br. M. 19.—, geb. M. 21.—)
Band 3 *a. u. d. T.:* Romanische Syntax. XXII + 816 S. 1899. (br. M. 24.—, geb. M. 26.—)
Band 4 *a. u. d. T.:* Register zur Romanischen Grammatik. VI + 340 S. 1902. [M. 10.—]

—— Grammatik der romanischen Sprachen. 1. Bd.: Lautlehre. gr. 8. (XX, 564 S.) Lpz. 890, [Fues]. Reisland. * 16 —

Meyer-Lübke, Wilh., Grammatik der romanischen Sprachen. 2. Bd.: Formenlehre. 2 Abthlgn. gr. 8. Leipzig, O. R. Reisland. n. 19. — (I u. II.: n. 35. —)
1. (S. 1—400.) 893. n. 11. —. — 2. (XIX u. S. 401—672.) 894. n. 8. —.

Meyer-Lübke, Wilh., Grammatik der romanischen Sprachen. 3. u. 4. Bd. gr. 8. Leipzig, O. R. Reisland. n. 34. —; (kplt. n. 69. —)
3. Syntax. (XXI, 816 S.) 899. n. 24. —
4. Register z. roman. Grammatik. (VI, 340 S.) 902. n. 10. —

Meyer-Lübke, W., Zur Kenntnis des Altlogudoresischen. [Aus: Sitzungsber. d. k. Akad. d. Wiss. 145, Bd. V.] Gr.-8°. (76 S.) † K 1.70
Wien: Gerold 1902.

— s.: Literaturen u. Sprachen, die romanischen.

— s.: Monatsschrift, germanisch-romanische.

Romanische Namenstudien von Wilhelm **Meyer-Lübke.** 1. Wien: C. Gerold's Sohn in Komm. 1904. 8°
— Sitzungsberichte d. Kais. Akademie d. Wiss. in Wien. Philos.-hist. Kl. Bd 149, 2. [05.10000 9

— romanische Namenstudien. I. Die altportugies. Personennamen germanischen Ursprungs. (102 S.) gr. 8. Wien 904. (A. Hölder.) n. 2. 40
Sonderabdruck aus: „Sitzungsber. d. k. Akad. d. Wiss."

Meyer-Lübke, W., Ueber o und u im Lateinischen. — Mamphur. Gel. 1891. 10, + 8 4°. 1.20

— s.: Sammlung romanischer Elementarbücher.

Romanische Syntax von Wilhelm **Meyer-Lübke.** *Leipzig: O. R. Reisland 1899.* (XXI, 815 S.) 8°
= Meyer-Lübke: Grammatik d. roman. Sprachen. Bd 3. [-0. 433

— die vorromanischen Volkssprachen der romanischen Länder, s.: Windisch, E.

— s.: Wörter u. Sachen.

Meyer-Lutz, H., Geldlose Zukunft. Einzige Lösung der socialen Frage. 8°. Berlin-Charlottenburg, H. Kurtzig, 1908.

Meyer-Markau, Wilhelm

— u. H. Giese, Auslese aus deutschen Dichtern. Eine Ergänzg. zu jedem Lesebuche. Mit Tellkarte u. 7 Bildern. (288 S.) kl. 8. Duisburg 908. Dietrich & Hermann. Kart. nn — 50

– Das entschleierte Bild des Volksschullehrers, s. Sammlung pädagogischer Vorträge.

Meyer-Markau, Wilh., Erzählungen, s. Volksbibliothek des Lahrer Hinkenden Boten.

—— Fremdwort und Schule, s. Zeit- und Streitfragen, pädagogische.

—— das Fremdwort in der deutschen Sprache. gr. 8. (52 S.) Gotha 887, Behrend. *
Aus: Fremdwort und Schule, besonders abgedruckt.

— Sprachliche Heimatkunde, s.: Sammlung pädagogischer Vorträge. XVIII, 4/5.

— Heimatluft. Duisburger Geschichten. Buchschmuck v. W. Jagau. (V, 65 S.) 8. Duisburg 907. Dietrich & Hermann. nn — 50; geb. 1. —

Meyer-Markau, Wilh., sozialdemokrat. Jugendschriften, s. a. Sammlung pädagog. Vorträge. XI. 12.

Sozialdemokratische Jugendschriften v. W(ilh.) Meyer-Markau. Bonn, Berlin, Leipzig: F. Soennecken [1898]. (1 Bl., 36 S., 1 Bl.) 8°
= Sammlung pädagogischer Vorträge. Bd XI. H. 12.

—— Kehr als Seminardirektor. Erinnerungen. 3. Aufl. 8. (IV, 112 S.) [Leipzig 885, Unflad.] Hilchenbach, Wiegand. [*M 1.20.] *

– Wilhelm Kehr, s. Sammlung pädagogischer Vorträge.

— der Lehrer Leumund. Urschriftliche Worte zeitbürt. deutscher Schriftsteller, Dichter u. Gelehrten üb. Lehrer u. Schule, eingeholt. u. hrsg. 1. u. 2. Taus. gr. 8. (216 S.) Duisburg 892. (C. ten Hompel.) n. 2. 50; geb. n.n. 3. —

— dasselbe. 2. Aufl. gr. 8. (228 S.) Bielefeld 893. A. Helmich. n. 2. 50; geb. n.n. 3. 25

Meyer-Markau, Wilh., der Parzival Wolframs v. Eschenbach. Eine Abhandlung. Mit dem Wappen Wolframs v. Eschenbach in Holzschn. gr. 8. (VIII, 147 S.) Magdeburg 882. Heinrichshofen's Verl. n. 2. 50

Meyer-Markau, Wilh., vom Religionsunterrichte, s. a. Sammlung pädagogischer Vorträge. XV. 3.

Vom Religionsunterrichte (in unsern Volksschulen). Nebst e. Briefwechsel über d. Religionsunterr. mit d. Kultusminister D. Dr. [Robert] Bosse. Von Wilhelm Meyer-Markau. Minden i. W.: C. Marowsky (1905). (41 S.) 8°
— Sammlung pädag. Vorträge. Bd 15, H. 3. [05.15169

Meyer-Markau, Wilh., s.: Sammlung pädagog. Vorträge.

Niederrheinische Sprachbilder. Unter Mitw. niederrhein. Gelehrten, Forscher u. Sammler in zwanglosen Heften hrsg. von Wilhelm **Meyer**-Markau. H. 1. (Unsere hochdeutsche Sprache in ihrem Duisburger Alltagsgewande. Ein Vortrag d. Hrsg.) [Mehr nicht erschienen.] *Duisburg: J. Ewich 1893.* (36 S.) 8° [F.]

— unsere hochdeutsche Sprache in ihrem Duisburger Alltagsgewande, s.: Sprachbilder, niederrheinische.

Meyer-Markau, Wilh., und die Dornen gingen mit auf. Ein Roman. (262 S. m. Titelbild.) 8. Duisburg 908. J. Ewich. Geb. in Leinw. 5. —

– Was uns eint, s. Sammlung pädagogischer Vorträge.

Meyer-Merian, Theodor

Meyer-Merian, Th., Dienen u. Verdienen, s.a. Verein f. Verbreitung guter Schriften, Bern. Nr. 11.

Meyer-Merian, Thdr., Dienen u. Verdienen. Eine Dienstbotengeschichte. Leipzig 865. Weber. 8. (IV, 206 S.) n. 24 ngr.

(M[eyer-]M[erian, Theodor].) Im Engadin. [A.] 4. Leipzig 1857.

— Friedli „im Boden". Das verzauberte Haus, s.a. Verein f. Verbreitung guter Schriften, Zürich. 46.

Meyer-Merian, Theodor. Friedli «im Boden» — Das verzauberte Haus. Erzählungen. 52 S. 8. Zürich, Jacques Bollmann, Mai 1902. fr. —. 10
Verein für Verbreitung guter Schriften. (Zürich) No. 46. 1902.

Meyer-Merian, Th., der Schweizerische Hausbote, s.a. Hausbote.

Meyer-Merian, Thdr., der schweizerische Hausbote. Ein schweizer. Volksbuch. Neue (Titel-) Ausg. 4 Thle. in 1 Bde. Mit 182 Holzschn. nach Zeichnungen von Walthard, Schnorr u. A. gr. 8. (VI, 152; 158, 156 u. 156 S.) Basel 877. Schneider. cart. 2. 40

— Us der Heimet. Ein neues Büscheli Wintermayeli. Basel 861. Georg. 16. (106 S.) n. 10 ngr.

Meyer-Merian, Th., Samuel Henzi, s. Bibliothek vaterländischer Schauspiele.

— Johanna oder Himmel und Erde aus dem Leben eines Weibes. Eine Erzählung. Leipzig 858. Weber. 8. (2 Bl., 219 S.) n. 1 rℓ.

—— Kienseppli oder Almosen und Wohlthaten. Eine Erzählung. 8. (251 S.) Berlin 854(55,) Springer.
Vgl.: Haus- und Familienschatz, neuer.

— Kienseppli oder Almosen und Wohlthaten. Eine Erzählung. Berlin 855. J. Springer. 8. (251 S.) 18 ngr.
Vgl.: Volks-Bibliothek, allgem. Deutsche, — Haus- und Familienschatz.

— die Lichtfreunde. Eine Thier-Comödie. Berlin 856. J. Springer. 16. (40 S.) 7½ ngr.

— alte u. neue Liebe od. die Mühle von Stansstad, s.a. Bibliothek vaterländ. Schauspiele. 22.

Meyer-Merian, Theod(or). Alte und neue Liebe oder die Mühle von Stansstad. Drama in fünf Akten. IV + 104 S. 8. Aarau, H. R. Sauerländer & Co.. 1909. (fr. 1.—)
Bibliothek vaterländischer Schauspiele. (Bändchen) 22. 5. Aufl.

— Mareili oder das Bettelmädchen auf dem Letthofe. Leipzig 860. Weber. 8. (IV, 331 S.) n. 1 rℓ 7½ ngr.

—— die Nachbarn. Ein städt. Sittenbild aus der Gegenwart. 16. (III und 80 S.) Basel 864, Bahnmaier's Verlag. geb. mit Goldschn.

—— s. Oser, Friedr.

— der verlorne Sohn. Eine Handwerkergeschichte für Jedermann. Berlin 853. J. Springer. 8. (3 Bl., 265 S.) n. 24 ngr.; Velinp. geb. n. 1 rℓ. 10 ngr.

— der Strauß. Ein Idyll. Basel 856. Schweighauser'sche Verlhdlg. 16. (79 S.) 9 ngr.

— u. J. J. Balmer-Rinck, sicherer Wegweiser zu einer guten u. gesunden Wohnung. Zwei Preisschriften gekrönt u. herausg. von der Gesellschaft des Guten u. Gemeinnützigen in Basel. Basel 860. Bahnmaier. gr. 8. (64 S.) 7½ ngr.

Meyer-Merian, Thdr., Arnold von Winkelried. Trauerspiel in 5 Acten. Winterthur 861. Lücke. 8. (133 S.) 15 ngr.

Meyer-Merian, Theod. Arnold von Winkelried. Winterthur 1861.

— entschwundne Zeiten. Nachgelassene Erzählgn. u. Bilder, herausg. von Frdr. Oser. Basel 869. Georg. 8. (V, 375 S.) n. 1 rℓ 6 ngr.

Meyer-Meyrink, Gust., s.: Meyrink, Gust.

Meyer-Nägeli, E., u. A. Schellenberg, die Einführung neuer u. Verbesserung bestehender Industrien in der Schweiz. Die Kammgarnweberei. Zwei gekrönte Preisschriften, hrsg. auf Veranlassg. d. Centralcomités der schweizer. Landesausstellg. in Zürich 1883. gr. 8. (28 S.) Frauenfeld 884. Huber. n. 1. —

Meyer-Nägeli, E. Die Einführung der Kammgarnweberei, speciell der Rohweberei in der Schweiz. Frauenfeld 1884.

Meyer v. Oberstad, Jos. Rud. Val., († 1808.) s. Vorstellung armer Staaten.

Meyer-Ochsner, H. Das Haus „Im Berg", seine Bewohner und Gäste in den Jahren 1830—50, In-8°, 38 S. Ohne Ort und Jahreszahl. *1879.*
*** Nicht im Buchhandel.

Meyer-Ott, W.

Meyer, Ott. Kriegsthaten von Zürichern in ausländischen Diensten. 6 Hfte. (.., 32, 23, .., 29, 22) 4. M. Krtn. u. Plän. [Neujahrsblatt der Feuerwerkergesellschaft No. 66–71.] Zürich 1871–76.

67. Neujahrsblatt der Feuerwerker-Gesellschaft in Zürich. 1872. Zürich, Druck v. Orell, Füssli & Co. 32 Stn. 4. Mit 1 Portrait u. 1 Plane. 2.—
Inhalt: (Meyer-Ott) Kriegsthaten von Zürchern in ausländischem Dienste. Zweites Heft.

68. **Neujahrsblatt** herausgegeben von der Feuerwerker-Gesellschaft in Zürich auf d. J. 1873. 23 Stn. 4. mit Portr. u. Schlachtenplänen. Zürich, Druck von Orell, Füssli & Co. 2. —
Inhalt: (Meyer-Ott) Kriegsthaten von Zürchern in ausländischem Dienste.

(**Meyer-Ott, W.**) Kriegsthaten Zürcher Offiziere in ausländischen Diensten. IV. Biographie des F.-M.-Lt. Johann Rudolph Werdmüller. [Neujahrsblatt 69.] 4. Zürich 1874. 2 fr.

70. **Neujahrsblatt**, herausg. v. d. Feuerwerker-Gesellschaft in Zürich auf das J. 1875. 29 Stn. gr. 4. Mit einem photolithogr. Portrait und einem Plane. Zürich, Druck v. Orell-Füssli u. Co.
* Inh.: (Meyer-Ott) Kriegsthaten von Zürchern in ausländischem Dienste. 5. Heft: Der Dienst in Holland.

Meyer-Ott, W. Kriegsthaten Zürcher Offiziere in ausländischen Diensten. V. Biographie des Gen-Maj. Hans Felix Werdmüller. [Neujahrsblatt LXXI.] 4. Zürich 1876.

71. **Neujahrsblatt**, herausg. von der Feuerwerker-Gesellschaft in Zürich auf das J. 1876. 22 Stn. gr. 8. Mit einem Portrait und einer Karte. Zürich, Druck von Orell Füssli & Co.
* Inh.: (Meyer-Ott.) Kriegsthaten von Zürchern in ausländischem Dienste. 6. Heft. Die Zürcher im siebenjährigen Kriege.

Meyer-Ott, Wilhelm. Erlebnisse und Beobachtungen am 6. September 1839 (in Zürich). ([Hrg. von] F[riedrich] Meyer-Burkhard, Dr. theol. [Mit 1 Abbildung.] Separat-Abdruck aus dem «Zürcher Taschenbuch» 1910.) II + 104 S. 8. [Zürich, Beer & Co., 1910.]

[**Meyer-Pestalozzi**, Johann Ludwig III. 1782–1852.] Beschreibung des Gyrenbades im Turbenthal im Canton Zurich. [Mit 1 Abbildung und 1 Tafel.] (Njbl. Schw. Garten Zurich 1826.) 4. [Zurich.]

[**Meyer-Pestalozzi**, Johann Ludwig III.] Beschreibung des Nydelbades im Canton Zurich. [Mit 1 Abbildung und 1 Tafel.] (Njbl Schw. Garten Zurich 1825.) 4. [Zurich.]

[**Meyer-Pestalozzi**, Johann Ludwig III.] Einige Notizen über das Heilbad bei Lostorf Canton Solothurn. [Mit 1 Abbildung und 1 Tafel.] (Njbl Schw Garten Zurich 1831.) 4. [Zürich.]

(**M[eyer]-R[ahn], H[ans].**) Zur Interpretation der «zeitgenössischen Kunst» in der Stiftungsurkunde der Gottfried Keller-Stiftung. [Sep.-Abdr. aus: Neue Zürcher Zeitung. Beilage zu Nr. 330, 27. Novbr. 1904.] 3 S. 8. [Zürich, Buchdr. der N' Z' Z'.]

— **Renward.** Die schweizerische Wechselordnung nach dem neuen Obligationenrecht mit Erläuterungen. 3. Aufl. In-16°, XXVI und 224 S. Luzern, Proll. 1883. br. 2 40

Meyer-Riefstahl, Rud., das Luxembourg-Museum in Paris. (36 S. m. Abb. u. 12 Taf.) 36,5×27 cm. München (908). F. Hanfstaengl. 8. —
Sonderabdruck aus: „Die Kunst uns. Zeit".

Meyer-Rinteln, Wilhelm, s. Meyer

Meyer-Rotermund, Kurt, die hl. Sünderin. Drama in 1 Aufzuge. (11 S.) 8. Braunschweig 910. F. Bartels Nachf. (Nur direkt.) 1. —

Meyer-Rüegg, Hans. Die Frau als Mutter. Schwangerschaft, Geburt und Wochenbett sowie Pflege und Ernährung der Neugeborenen in gemeinverständlicher Darstellung von Dr. H' M'-R' ... in Zürich. 3. umgearbeitete Aufl. Mit 43 Abbildungen. XII + 318 S. 8. Stuttgart, Ferdinand Enke, 1907. [M. 4. —, geb. 5. —]

Meyer-Rüegg, Hans. Die Geburtshilfe des Praktikers. Mit 154 in den Text gedruckten Abbildungen. XII + 292 S. 8. Stuttgart. Ferdinand Enke, 1910. [M. 8. —, geb. 9. —]

Meyer-Rüegg, Hans. Kompendium der Frauenkrankheiten, von Dr. med. H' M'-R', ... Zürich. Mit 143 Figuren. VIII + 310 S. 8. Leipzig, Veit & Comp., 1905. [geb. M. 5. —]

— Uterusruptur bei Myom-Nekrose. (8 S.) gr. 8. Leipzig 910. B. Konegen. 1.
Sonderabdruck aus: „Der Frauenarzt".

Meyer von Schaffhausen. Schiffbarmachung des Rheinfalls bei Schaffhausen. St. Gallen. 1810. Folio. 1½ Thlr.

Meyer, F. B. v. Schauensee, üb. d. moderne Reislaufen. 8. Basel. (Kottman, Bamb.) 797.

Meyer v. Schauensee, F. Bernard, Denkschrift über das neue eidgenössische Zollgesetz. Gekrönte Preisschrift und von der gemeinnützigen Gesellschaft von Genf zum Druck verordnet. 8. (VI und 114 S.) Schaffhausen 851, Hurter'sche Buchh. *

Meyer v. Schauensee, Frz. Jos., eidgenössisch-kathol. Kirchenregiment rc. in zwei Theile abgesondert u. zusammengetragen auf d. J. 1761. 8. Lucern 761. 1e—4e Fortsetz. auf d. J. 1762—65. 8. Ebd. 762—65.

Meyer v. Schauensee, Louise, der Knabe vom Berg, s.a. Bibliothek kathol. Volksschriften.

Meyer v. Schauensee, Louise, der Knabe vom Berg. Erzählung. gr. 16. (IV und 348 S.) Stuttgart 861, Gebr. Scheitlin.

Meyer v. Schauensee, Louise, der alte Soldat. Ein Sturm auf dem Vierwaldstätter-See, s.: Volksschriften, Münchener.

—— der alte Soldat. Erzählung. 8. (112 S.) Köln 865, Bachem.

Meyer von Schauensee, L., der alte Soldat, s.a. Erzählungen aus dem illustr. schweizerischen Unterhaltungsblatt.

Meyer v. Schauensee, L. Der alte Soldat. Erzählung. Autoris. Uebertragung in Stolze'sche Stenographie. gr. 8. (46 autogr. S.) Wetzikon b. Zürich 891. (Lpz., Robolsky.) * * — 50
Aus: Illustr. schweiz. Unterhaltungsblatt, besonders abgedruckt.

Meyer v. Schauensee, Luise, der alte Soldat, s.a. Verein f. Verbreitung guter Schriften, Zürich. Nr. 56.

Meyer von Schauensee, Louise. Der alte Soldat. Erzählung von L' M' von Sch'. ⟨Mit gütiger Erlaubnis der Erben der verstorbenen Verfasserin.⟩ 79 S. 8. Zürich, Jacques Bollmann, November 1904. fr. —. 15
Verein für Verbreitung guter Schriften. (Zürich) No. 56. 1904.

Meyer v. Schauensee, L., ein Sturm auf dem Vierwaldstätter See, s.a. Bachem's Novellen-Sammlung.

—— Ein Sturm auf d. Vierwaldstätter See. [In Stolzescher Stenographie.], s. Bebie, Herm. Aus helvetischen Landen. 3. 4. Bd.

Meyer v. Schauensee, Luise, d. Sturm auf d. Vierwaldstättersee. s.a. Nimm u. lies.

Meyer v. Schauensee, Louise, ein Sturm auf dem Vierwaldstätter-See, s.a. Verein f. Verbreitg. guter Schriften, Zürich. Nr. 36.

—— ein Sturm auf dem Vierwaldstätter-See. Eine Erzählung. 4. Abdr. 16. (57 S.) Stuttgart 861, Gebr. Scheitlin.

Meyer v. Schauensee, Louise, ein Sturm auf dem Vierwaldstätter-See. Eine Erzählung. 5. Aufl. 16. (VI, 73 S.) Stuttgart 871, Risch. [Hofmann und Hohl.] (90 Pf.) geb. mit Goldschn. *

(Meyer von Schauensee, [Placid].) Zur Anwendung des (luzernerischen K St G B.,) § 119 ⟨Blutschande⟩, § 125 Ziff. 1 u. 3 ⟨Verführung zur Unzucht⟩ und § 189 litt. c ⟨Schändung⟩. ⟨Aus der Rechtsprechung des luzernerischen Obergerichts.⟩ (Sonderabdruck aus der Monatsschrift für Kriminalpsychologie und Strafrechtsreform.... Jahrg. 3. 1906.) II S. + S. 422 –425. 8. (Heidelberg, Carl Winter.)

Meyer v[on] Schauensee, Placid. Bemerkungen zum Entwurf des luzernischen Kriminalstrafgesetzes, wie dasselbe aus der Beratung des Grossen Rates vom 19. März 1905 hervorgegangen. Von Dr. Plazid M' v. Sch', Oberrichter in Luzern. Sonderabdruck aus «Der Gerichtssaal». Band 68. Heft 2. II S. + S. 121—133. 8. Stuttgart, Ferdinand Enke, [1906].

Meyer v. Schauensee, Plazid. (Dr.) Das luzernerische Dekret betreffend Einführung des Bundesgesetzes über das Obligationenrecht vom 14. Juni 1881, vom 11. Oktober 1882. Kritische Bemerkungen. Gr. in-8°, 2 Bogen. Luzern, C. F. Prell, 1883. — 60

Meyer von Schauensee, Pl[acid]. Zur Frage der Einführung von Handelsgerichten im Kanton Luzern. Separatabdruck aus der Zeitschrift des bern. Juristenvereins Bd. 40 ..., 1904, Heft 10. 4 S. 8. [Bern, Büchler & Co.]

Meyer von Schauensee, Pl[acid]. Zur Frage der «Geistig Minderwertigen». Speziell mit Rücksicht auf das über diese Frage für den diesjährigen deutschen Juristentag in Innsbruck erstattete Gutachten des Herrn Professor [Wilhelm] Kahl ⟨Berlin⟩ ⟨Verhandlungen des 27. deutschen Juristentages, Bd. 1 ..., Berlin 1904 ...⟩. 18 S. 8. Luzern, J. Eisenring, [1904].

Meyer v. Schauensee, Placid, zur Geschichte u. Kritik des Stooß'schen Entwurfes f. e. schweizerisches Strafgesetz. gr. 8. (113 S.) Luzern 897. Geschw. Doleschal's Nachf. (Für Österreich-Ungarn: Wien, M. Perles.) n. 2. 40

(Meyer von Schauensee, Pl[acid].) Homosexualität und Kontrasexualität. (Sonderabdruck aus der Monatsschrift für Kriminalpsychologie und Stafrechtsreform.... Jahrg. 7.) II S. + S. 428—431. 8. (Heidelberg, Carl Winter, 1910.)

Meyer von Schauensee, Placid. Zur juristischen Methodologie. Von Dr. Plazid M' von Sch' ... in Luzern. (Sonderabdruck aus der Monatsschrift für Kriminalpsychologie und Strafrechtsreform.... Hrg. von Prof. Dr. med. Gustav Aschaffenburg.... [Jahrg. 5, 1908.]) II S. + S. 337–345. 8. (Heidelberg, Carl Winter.)

(Meyer von Schauensee, Pl[acid].) Ueber die Namensführung des Luzernerischen Patriziats. [Sep.-Abdr. aus dem Luzerner Tagblatt 1901, № 29, Februar 5.] 7 S. 8. (Luzern, H. Keller, 1901.)

Meyer von Schauensee, Placid. § 115 des Luzerner Kriminalstrafgesetzbuches ⟨Gotteslästerung⟩ in Beziehung auf Art. 49 der schweizerischen Bundesverfassung ⟨Glaubens- und Gewissensfreiheit⟩. Von Obergerichtsvizepräsident Dr. Plazid M' von Sch'.... (Sonderabdruck aus «Der Gerichtssaal». Band 76. Heft 1—3.) II S. + S. 198—205. 8. [Stuttgart, F. Enke, 1910.]

Meyer von Schauensee, Plazid. [1.] Casimir Pfyffer von Altishofen. geb.... 1794 gest. am 11. November 1875; [2.] Eduard Pfyffer von Altishofen, geb.... 1782 – gest. am 11. December 1834. Separat-Abdruck aus der „Allgemeinen deutschen Biographie". 8. Leipzig 1887.

Meyer von Schauensee, Pl[acid]. Zur Rechtsnatur der luzernerischen Gült. Separatabdruck aus der Zeitschrift für schweizerisches Recht. N. F. Bd. 22 [1903, Heft 1]. S. 151—158. 8. [Basel, R. Reich.]

Meyer von Schauensee, Pl[acid]. Aus der Rechtsprechung des luzernischen Obergerichts. Jahrg. 1903. Referent: Oberrichter Dr. Pl. M' von Sch'. ([Nr.] 1—10.) Separatabdruck aus der Zeitschrift des bern. Juristenvereins ..., Band 39, 1903, Heft 3 u. 6 u. 8 u. 9 und 10. 7 u. 6 u. 7 u. 8 S. 8. [Bern, Büchler & Co.]
Forts. s. im Band 40, 1904 der oben genannten Zeitschrift.

(Meyer von Schauensee, Pl[acid]. [Recensionen von: 1.] von Muralt, Joh[annes]. Die parlamentarische Immunität in Deutschland und der Schweiz ... 1902 ... [und 2.] Veith, Max, Der rechtliche Einfluss der Kantone auf die Bundesgewalt ... 1902.) Separat-Abdruck [*d. i.* Ausschnitt] aus der Kritischen Vierteljahresschrift für Gesetzgebung und Rechtswissenschaft. (III. F[olge,] Bd. 9. H. 1.) 1903. II S. + S. 137—146. 8. Tübingen und Leipzig, J. C. B. Mohr.

Meyer von Schauensee, Placid. Die Strafrechtsreform in Deutschland und der Schweiz. Gedanken und Erfahrungen von Dr. Plazid Meyer von Schauensee, Oberrichter in Luzern.... 68 S. 8. Berlin, Puttkammer & Mühlbrecht, 1903. [M. 1. 60]

Meyer von Schauensee, Placid. Zum Streit über die Strafrechtstheorie. Von Dr. Plazid M' von Sch', Oberrichter in Luzern. Sonderabdruck aus «Der Gerichtssaal». Band 68. Heft 5 u. 6. II S. + S. 403—417. 8. Stuttgart, Ferdinand Enke, [1906].

Meyer von Schauensee, Placid. Todesstrafe und Strafrechtseinheit in der Schweiz. Von Dr. Plazid M' von Sch'.... (Sonderabdruck aus der Monatsschrift für Kriminalpsychologie und Strafrechtsreform.... Jahrg. 7.) II S. + S. 601—606. 8. Heidelberg, Carl Winter, [1910].

Meyer von Schauensee, Pl[acid]. Was ist Namensbestandteil? Zugleich ein Beitrag zur Interpretation, eventuell Revision der Art. 7 und 9 des Bundesgesetzes über Zivilstand und Ehe, speziell mit Rücksicht auf einige Luzerner Patriziernamen. Separatabdruck aus dem Schweiz. Zentralblatt für Staats- und Gemeinde Verwaltung. Nr. 11 u. 12 ⟨2. Jahrg.⟩ vom 21. August und 4. September 1901. 20 S. 8. Zürich, Art. Institut Orell Füssli.

Meyer-Schlatter, A[lfred]. Physiologie der Atmung und die Krankheiten der Atmungsorgane: Lungenkatarrh, Bronchitis, Lungenschwindsucht. IV + 48 S. 8. Basel, Kampf-Verlag; Kreuzlingen, Druck J. H. Welti, [1905].

Meyer-Schlatter, A[lfred]. Vortrag über Verdauung, Magen- und Darmstörungen. Verhütung und Behandlung nach den neuesten Forschungsergebnissen. II + 15 S. 8. Kreuzlingen, Druck J. H. Welti (**Umschlag:* Kampf-Verlag, Bern), [1905].

Meyer, F., & Schwabedissen: Preisverzeichniß der Maschinenfabrik. Herford i. W. (1897?)

Meyer-Schwartau, Wilh., der Dom zu Speier u. verwandte Bauten (die Dome zu Mainz u. Worms, die Abteikirchen zu Limburg a. Hardt, Hersfeld u. Kauffungen etc.). Aufgenommen u. dargestellt. Mit Unterstützg. des Ministeriums der geistl., Unterrichts- u. Medizinal-Angelegenheiten. Mit 32 Taf. u. zahlreichen in den Text gedr. Abbildgn. (Königl. techn. Hochschule zu Berlin. Louis Boissonnet-Stiftg. 1883.) Fol. (X, 170 S.) Berlin 893. J. Springer. Kart. n. 50.—

M[eyer-] St[adler]. A[line]. Meine erste Pariser-Reise. 8. [Zürich 1880.]

[Meyer-Stadler. Hans.] (Wolfgang Amadeus) Mozart (1756–1791). ([Nach] Notizen des Pfarrer [Leonhard] Stierlin [ausgeführt von H' M'-St'. Mit 1 Porträt-Tafel.]) Njbl. AMusikges. Zürich 1866. 4. Zürich.

Meyer-Staffelde, G., die Futter-Möhre und deren Cultur. Stettin 853. Nagel. gr. 8. (30 S.) n. 8 ngr.

Meyer-Steineg, Theod., die Entwicklung der medizin. Geschichts-Wissenschaft in den letzten Dezennien. (5 S.) Lex. 8. Leipzig 910. B. Konegen. 1.—
Sonderabdruck aus: „Reichs-Med.-Anzeiger".

Meyer-Steinmann, Adf., ein antikirchliches Viergestirn am Anfang des 20. Jahrh. Appell an Kirchenfeinde u. Kirchenfreunde. 1. u. 2. (unveränd.) Aufl. (Je 83 S.) gr. 8. Bern 906. G. Grunau. n. —65

Meyer-Suter, B[ertha]. D'Wiehnacht bim Samichlaus und bi de Waldmännlene. Kleine Aufführung für sechs Kinder. [Mit Melodien.] 27 S. 8. Zürich, Orell Füssli, [1909]. [fr. —.75]

Meyer v. Waldeck, Friedr., die Erbin von Glengary. Schauspiel in 5 Aufzügen. (Den Bühnen gegenüber Mscr.) Leipzig 866. Brockhaus. 8. (99 S.) n. 15 ngr.; geb. mit Goldschn. n. 25 ngr.

Meyer v. Waldeck, Frdr., Goethe's Märchendichtungen. gr. 8. (VII, 252 S. m. 1 Tab.) Heidelberg 879. C. Winter. n. 4. 50; geb. n. 6. —

Meyer v. Waldeck, F., Russland, s. a. Wissen, das, der Gegenwart.

Meyer von Waldeck. Friedrich: Russland. Einrichtungen, Sitten und Gebräuche. Abth. 1. Das Reich und seine Bewohner. Mit 27 Vollbildern und 51 in den Text gedruckten Abbildungen. Abth. 2. Staatsverwaltung und Landesvertheidigung. Kirche und Geistlichkeit. Die Nation und ihre Stände. Mit 18 Vollbildern und 31 in den Text gedruckten Abbildungen. Leipzig und Prag 1884 und 1886. 2 Bde. XI. 270; VIII. 235 S. 8°.

Meyer von Waldeck, Friedr., poetische Schriften. 1. Thl. Blätter aus dem Gedenkbuche eines Bergmanns. Mitau 854. Reyher. 8. (VII, 165 S.) 25 ngr.

Meyer v. Waldeck, Frdr., unter dem russischen Scepter. Aus den Erinnergn. e. deutschen Publicisten. gr. 8. (VIII, 313 S.) Heidelberg 894. C. Winter. n. 6. —; geb. in Leinw. n. 7. —

Meyer-Wedell, Frau Lilli, über die Brauchbarkeit d. sogenannten Pankreasreaktion nach Cammidge, s.: Schumm, Otto u. C. Hegler.

— u. O. **Schumm,** über die v. J. Tsuchiya angegebene Methode zur Bestimmung v. Eiweiss im Harn, s.: Mitteilungen aus den Hamburg. Staatskrankenanst. IX, 12.

Meyer-Wellentrup, A., Lebensheimer Aufsätze, s. a. Volks-Erziehungs-Schriften, Lebensheimer. Nr. 4. 5.

Lebensheimer Aufsätze. (Positive Vorschläge zum Heil des Staates) von A. Meyer-Wellentrup, Inst.-Dir. in Uetersen. (Elberfeld: Baedeker in Komm.) 1902. (IV, 112 S.) 8°
= Volks-Erziehungs-Schriften, Lebensheimer. No 4-5.

Meyer-Westfeld, Detlev, approb. Arzt aus Hannover: **Ein Beitrag zur Kasuistik des Cysticercus racemosus des Gehirns.** *Kiel 1903: Schmidt & Klaunig.* (33 S.) 8°
Kiel, Med. Diss. v. [23. März] 1903

Das Dotations-, Pensions- und Reliktengesetz für die Preussischen Volksschullehrer. Mit zahlr. erl. Anm. u. 5 Tab. versehen von J. **Meyer-Wimmer.** 2. verb. u. verm. Aufl. *Langensalza: F. G. L. Gressler 1901.* (IV, 99 S.) 8° [F.]
[01. 7944]

Meyer-Wimmer, J., das Dotations-, Pensions- u. Reliktengesetz f. die preussischen Volksschullehrer. Mit zahlr. erläut. Anmerkgn. u. 5 Tab. 2. verb. u. verm. Aufl. 8. (IV, 100 S.) Langensalza 901. Schulbuchh. 1. 20

Das Dotations-, Pensions- und Reliktengesetz für die Preussischen Volksschullehrer. Mit zahlr. erl. Anm. u. 5 Tab. von J. **Meyer-Wimmer.** 3. verb. u. verm. Aufl. Langensalza: F. G. L. Greßler 1906. (IV, 99 S.) 8° [F.]
[06. 19...] 3

Meyer-Wimmer, J., das Dotations-, Pensions- u. Reliktengesetz f. die preussischen Volksschullehrer. Mit zahlreichen erläut. Anmerkgn. u. 5 Tab. 3. verb. u. verm Aufl. (6.—7. Tausf.) (IV, 100 S.) kl. 8. Langensalza 906. Schulbuchh. n. 1. 20

Meyer-Wimmer, J., deutsche Kulturgeschichte, s.: Dreyer, Frdr.

Meyer-Wirz, C(arl) [in Zürich]: Klinische Studie über Eklampsie. (S.-A. a. d. Archiv f. Gynäkologie. Bd. 71, H. 1.) Berlin 1904. 120 S. 8°. [15. II. 04.]
Zürich. Med. Hab.-Schr. 1903 1904.

Meyer-Wirz, C[arl]. Klinische Studie über Eklampsie. Habilitations-Schrift [Med. Univ. Zürich]. ⟨Sonder-Abdruck aus dem Archiv für Gynäkologie, Bd. 71, Heft 1.⟩ II + 120 S. 8. Berlin, L. Schumacher, 1904.

Meyer-Zeller, E[rnst] H[ermann]. Jos Ammann von Zürich. 1539–1591. Ein Beitrag zu seiner Biographie. SA. 8. Zürich 1879.

MEYER-ZSCHOKKE, J. H.: Die Holzindustrie in Chicago in Beziehung auf Stil, Bearbeitung, Werkzeug, Material und Arbeitsverhältnisse zur Zeit der Weltausstellung in Chicago. Bericht des schweizer. Deligirten über die Weltausstellung in Chicago 1893. - Bern, Zürich 1894. 68 S.

Meyer-Zschokke, J. L., d. Holzindustrie in Chicago in Beziehg. auf Stil, Bearbeitg., Werkzeug, Material u. Arbeitsverhältnisse zur Zeit d. Weltausstellung in Chicago. Bericht des schweizer. Delegierten üb. die Weltausstellg. in Chicago, 1893. gr. 8. (68 S.) Bern 894. (Zürich, A. Raustein.) n. 1. 20

Meyer-Zschokke, Jakob Ludwig

Meyer-Zschokke, J. L., das vorbereitende technische Zeichnen. 1. Tl. Lehrgang f. gewerbl. Bildungsanstalten, Gewerbe- u. Handwerkerschulen, gewerbl. Zeichen- u. Fortbildungsschulen. (Ausg. f. Lehrer.) 4. (20 S. m. 12 Taf.) Aarau 898. H. R. Sauerländer & Co. Geb. in Leinw. n. 3. 60; Schülerheft. (12 Taf.) 899. n. —40

Meyer-Zschokke. Das vorbereitende technische Zeichnen. 1. Teil. 2. Aufl. Schülerheft. 4°. 12 Tabellen. Aarau, H. R. Sauerländer & Co. — 60
1899.

Meyer-Zschokke, J[acob] L[udwig]. Das vorbereitende technische Zeichnen. Teil 2: Das projektive Zeichnen und technische Skizzieren. Lehrgang für gewerbliche Bildungsanstalten ... und Fortbildungsschulen, 1901. 17 S. 4. Aarau, H. R. Sauerländer & Co., 1901. [fr. —. 80]
Vorläufige Ausg. des Textes.

Meyer-Zschokke, J[acob] L[udwig]. Das vorbereitende technische Zeichnen. Teil 2: Das projektive Z' und technische Skizzieren. Lehrgang für gewerbliche Bildungsanstalten ... und Fortbildungsschulen. [Neudruck.] 17 S. 4. Aarau, H. R. Sauerländer & Co., [1905]. [fr. —. 80]
Unveränderter Neudruck, mit Umschlag, der vorläufigen Ausg. des Textes von 1901.

Meyer-Zschokke, J. L., das vorbereitende technische Zeichnen. II. Tl. Das projektive u. techn. Skizzieren. Lehrgang f. gewerbl. Bildungsanstalten, Gewerbe- u. Handwerkerschulen, gewerbl. Zeichen- u. Fortbildungsschulen. (17 S. m. Fig.) Lex. 8. Aarau (907). H. R. Sauerländer & Co. — 80

Meyer zum Gottesberge, Aug(ust), approb. Arzt: Über Jacksonsche Epilepsie. *Bonn 1900: C. Georgi.* (30 S.) 8°
Bonn, Med. Diss. v. 14. Nov. 1900

Meyer zur Capellen, Fritz [aus Winkelshütten]: Mathematische Theorie der transversalen Vibrationen eines Stabes von veränderlichem Querschnitt .... Marburg, *Druck v. Metzger & Wittig in Leipzig,* 1888; 20 S + 1 Bl. 8°
Marburg, Phil. Fak., Inaug.-Diss. v. [11. Apr.] 1888

Meyer zur Capellen, Fritz, mathematische Theorie des transversalen Vibrationen eines Stabes von veränderlichem Querschnitt. Diss. Marburg 1888, N. G. Elwertsche Univ.-Buchh. 8°. 20 S.

Meyerbeer. – Giacomo Meyerbeer.

—— s. Gumprecht, Otto, musikalische Lebens- und Charakterbilder.

Meyerbeer, Giacomo. Jenny Lind. Fragmente aus dem Tagebuche eines alten Musikers. Für Freunde der Tonkunst. Wien 1847. V: *Lyser, Johann Peter.* (Hirth: Lyser 1911, S. 457 f.) (Zeitschr. f. Büch. N. F. 15, 1923, S. 116)

Meyerbeer, Giacomo. Jenny Lind. Fragmente aus dem Tagebuche eines alten Musikers für Freunde der Tonkunst. gr. 16. (32 S.) Wien 847. (Leipzig, Fr. Fleischer, Verlag.)

(Meyerbeer, Giacomo M' 1791–1864.) Njbl. Zurich s. [Weber, Heinrich Z].

Meyerbeer, Giacomo, Dinorah od. die Wallfahrt nach Ploërmel, Dichtung v. Jules Barbier u. Michel Carré, s.a. Universal-Bibliothek.

Dinorah oder Die Wallfahrt nach Ploërmel. Kom. Oper in 3 Aufz. von Giacomo **Meyerbeer**. Dichtung von Jules Barbier u. Michel Carré. ([Übers. von] Johann Christoph Grünbaum.) Vollst. Buch. Durchgearb. u. hrsg. von Carl Friedr. Wittmann. *Leipzig: Ph. Reclam jun. [1901].* (128 S.) 8° [F.]
= **Opernbücher.** Bd 47.
(Universal-Bibliothek. 4215.) [01. 9769

Meyerbeer, Giac., s.a. Hugenotten, die. (Textbuch.)

Meyerbeer, G., die Hugenotten oder die St. Bartholomäusnacht, s.a. Breitkopf und Härtel's Text-Bibliothek Nr. 14.

— dasselbe, s.a. Lucas' Operntexte.

– Die Hugenotten, s.a. Universal-Bibliothek.

Scribe. — Die Hugenotten. Große Oper in fünf Aufzügen, nach dem Französischen des —. Musik von Meyerbeer. Wien, 1855. Gedr. bei A. Pichler's Witwe und Sohn. (52 S. 8.)

Scribe. Die Hugenotten. Große Oper in 5 Aufzügen, nach dem Französischen des — — Musik von Meyerbeer. Wien, 1857. Gedr. bei A. Pichlers Witwe & Sohn. (52 S. 8.)

Meyerbeer, Giacomo, die Hugenotten od. Die St. Bartholomäusnacht, s.a. Hendel's Operntexte.

Die Hugenotten [Les Huguenots] oder Die St. Bartholomäusnacht. Große Oper in 5 Akten von Eugen Scribe. Musik von Giacomo **Meyerbeer**. Halle a. S.: Hendel [1909]. 77 S. 8°
(Hendels Operntexte. 14.) [10. 6169

— der Kreuzritter in Egypten, s.: Mode's, G., Operntextbibliothek.

Krönungsmarsch aus der Oper 'Der Prophet'. Von Giacomo **Meyerbeer**. Für Violine u. Klavier arrang. von Emil Kross. (Leipzig: Bosworth & Co. 1900.) (7, 3 S.) 4° [Kopft.]
(Bosworth Edition. Alte u. neue Meister. Sect. C. No 7.)
(Blätter u. Blüten. Violon & Piano. No 72.) [07. 6897

– Der Nordstern, s.a. Mode's Opern-Text-Bibliothek.

Scribe. Der Nordstern. Oper in drei Akten von — —. Musik von Meyerbeer. Für das k. k. Hoftheater nächst dem Kärntnerthore. Wien, 1856. Gedr. bei A. Pichlers Witwe & Sohn. (77 S. 1 Bl. 8.)

—— der Prophet, s.a. Breitkopf und Härtel's Text-Bibliothek Nr. 15.

– Der Prophet, s.a. Universal-Bibliothek.

Scribe Eugene. Der Prophet. Oper in fünf Akten. Nach dem Französischen des — —. Deutsch bearbeitet von Louis Rellstab. Musik von Giacomo Meyerbeer. kl 8. (Falz. 48 S.) Wien. Druck von Pichler's Wwe. und Sohn. 1854.

Meyerbeer, Giacomo, der Prophet. Oper in 5 Acten. Nach dem Franz. d. Eug. Scribe. Musik v. G. M. (Textbuch.) Neue, rev. Aufl. 8. (54 S.) Wien 893. A. W. Künast. — 50

— Der Prophet, s.a. Hendel's Operntexte.

Der Prophet [Le Prophète]. Oper in 5 Akten von Eugen Scribe. Musik von Giacomo **Meyerbeer**. Halle a. S.: Hendel [1909]. 60 S. 8°
(Hendels Operntexte. 15.) [10. 6170

Meyerbeer, G., Robert der Teufel, s.a. Breitkopf und Härtel's Text-Bibliothek Nr. 229.

Meyerbeer, Giacomo. Robert der Teufel, s.a. Lucas' Operntexte.

– Robert der Teufel, s.a. Mode's Opern-Text-Bibliothek.

—— Robert der Teufel, s.a. Starcke, H., die Inscenirung und Charakteristik deutscher, italienischer und französischer Opern.

– Robert der Teufel, s.a. Universal-Bibliothek.

— Robert der Teufel. Große romant. Oper in 5 Acten aus dem Franz. d. Scribe u. Delavigne. Musik v. G. M. (Textbuch.) 8. (38 S.) Ebd. 893. — 50

Robert der Teufel. Oper in 5 Akten. Text v. Eugène Scribe u. Germain Delavigne. '(Deutsche Uebs. theilweise v. Theodor Hell [d. i. Carl Gottl. Theod. Winkler].)' Musik v. Giacomo **Meyerbeer**. Clavier-ausz. m. Text. Nach d. Part. bericht. u. neu bearb. v. Richard Kleinmichel. *Leipzig: B. Senff [1898].* (377 S.) 1 Bd 4.(8.) [98. 2725

— Robert der Teufel, s.a. Hendel's Operntexte.

Robert der Teufel [Robert-le-Diable]. Oper in 5 Akten von Eugen Scribe. Musik von Giacomo **Meyerbeer**. Halle a. S.: Hendel [1909]. 51 S. 8°
(Hendels Operntexte. 16.) [10. 8271

Meyerbeer's Leben, s. Schucht, J.

v. Meyerberg, Meyer, Aug., († d. 23. März 1688), s.a. Fr. Adelung.

Meyerberg, Augustin Frh. v., u. seine Reise nach Russland, s.a. Adelung, Fr. v.

Meyerberg, Aug. Freiherr v., und seine Reise nach Russland . . . St. Petersburg 1827. V: *Adelung, Frdr.* (Cat. d. Stadtbibl. Zürich. Zürich 1864—97.)

Meyercluwen, Adriaan. Ueber das Acenaphten. Tübingen, 1874.

Meijere, J. C. H. de, d. Dipteren d. Semon'schen Sammlg., s.: Denkschriften d. medicin.-naturwissenschaftl. Gesellschaft zu Jena, 8. Bd. 3. Lfg.

Meijere, J. C. H. de, die Echinoidea der Siboga-Expedition. (Siboga-Expeditie XLIII.) (252 S. m. 23 Taf. u. 23 Bl. Erklärgn.) Imp. 4. Leiden 904. Buchh. u. Druckerei vorm. E. J. Brill. n.n. 31. 50

Meyeren, Albertus de: De elephantiasi, nec non de casu quodam elephantiasis penis et scroti. Halae (1865): Ploetz. 31 S. 8°
Halle-Wittenberg, Med. Diss. v. 28. Jan. 1865
Geb. Gross-Bodungen (Kr. Worbis) 30. 11. 1839. V.

Meyeren, Friedrich von (Johann Friedrich Theophil) (Tastung / Eichsfeld), De accuratiore phthisis nerveae diagnosi. Diss. med. Berlin (J. Fr. Starck) 11. IV. 1825. 26 S. mit Biogr. (M.: Chr. Müller.) (3.—) 23255
Oppon.: G. Heim, A. Hildebrandt, T. de Meyeren. — Gew.: Carl von Meyeren (Vater).

Meyeren, G. von, s. Meyern, Gustav von

Meyeren, Gottlieb von

— **Theophil von (Carl August Theophil Theodor)** (Tastung/Eichsfeld), De eclampsiae diagnosi atque prognosi. Diss. pathol. Berlin (J. Fr. Starck) 9. IV. 1825. 31 S. mit Biogr. (M.: Chr. Müller.) (3.—) 23256
Oppon.: Heim, Hildebrandt, Rothkehl. — Gew.: Carl von Meyeren (Vater).

Meyeren, v., s.: Entscheidungen d. kgl. preuß. Oberverwaltungsgerichts.

Meyeren, Glieb. v., d. Regelg. d. Arbeitszeit in Bäckereien u. Konditoreien. Erläutert v. M. 2., unveränd. Aufl. gr. 8. (34 S.) Berlin 896. C. Heymann's Verl. n. — 60

Meyeren, G. v., das Reichsgesetz betr. Kaufmannsgerichte m. den preuß. Ausführungsbestimmungen, s.a. Taschen-Gesetzsammlg.

Das Reichsgesetz [Gesetz] betr. Kaufmannsgerichte vom 6. Juli 1904 mit d. Preuß. Ausführungsbestimmungen. Erl. von G[ottlieb] v. Meyeren, Geh. Reg.R. Berlin: C. Heymann 1905. (XX, 168 S.) 8° [J.]
= Taschen-Gesetzsammlung. 62. [05. 13218

Meyeren, Theophil von, s. Meyeren, Gottlieb von

Meyerfeld, Frz. Wilh. Ludw. v., die Lehre von d. Schenkungen, nach röm. Recht. 1. Bd. u. 2. Bd. 1. Abthl. gr. 8. Marburg, Elwert'sche Univ.-Buchh. [1. (27½ B.) 835. 2⅓ Thlr., 2. 1. (10 B.) 837. ⅚ Thlr.]
[Mehr nicht erschienen.]

Meyerfeld, Frz. Guil. Lud.: De quibusdam, quae de dote actione reddenda sint, Disputatio. (accedd. notae ad Fragmentor. Vatican.; item ad hujus libri: *Hasse*, Güterrecht der Ehegatten I. — locos quosdam.) — 8. *Marburgi*. (Krieger's V. H. in Cassel.) 826. 8.

Meyerfeld, (F. G. L.,) de quibusdam quae de dote actione reddenda sint, scilicet praemissa generali definitone dotis; de rebus aestimatis in dotem datis; de promissa dote; etc. 8. Marb. 827, (Krieger.)

—— Disputatio de quibusdam, quae de dote actione reddenda sint, scilicet, praemissa generali definitione dotis, de rebus aestimatio in dotem datis etc. 8. (7 B.) Marburgi 837, Elwert.

Meyerfeld, Julius [aus Aachen]: Ein Beitrag zur Kenntnis der Einwirkung von Phosphorpentachlorid auf Anile zweibasischer Säuren . . . Bonn, Univ.-Buchdr. v. C. Georgi, 1893; 46 S., 1 Bl. 8.
Bonn, Phil. Fak., Inaug.-Diss. v. 16. Juni 1893

Meyerfeld, Max, Robert Burns. Studien zu seiner dichter. Entwicklg. gr. 8. (VIII, 138 S.) Berlin 899. Mayer & Müller. n. 3. —

Meyerfeld, Max: Quellenstudien zu Robert Burns. *Berlin: Mayer & Müller 1898.* (29 S.) 8° ¶ (Enthält nur einen Theil der eingereichten Arbeit.)
Berlin, Phil. Diss. v. 30. Juli 1898

Meyerfeld, Max, von Sprach' u. Art der Deutschen u. Engländer. Kritische Worte u. Wortkritik. (112 S.) 8. Berlin 903. Mayer & Müller. n. 1. 50

Meyerfeld, W. A., Abhandl. d. Lehen- u. Erbfolge d. Allodification 2c. in Westphalen betr. gr. 8. Marburg 810. Krieger. 4 gGr.

— Bemerkk. zu Wehrs Unterr. für Lehenbesitzer in Westphalen. gr. 8. Marb. 810. Krieger. 3 gGr.

(Meyerfeld, Wilh. Aug. v.,) Lebensgeschichte d. Kurf.-Hess. Geheimenraths W. A. v. M., von ihm selbst geschrieben bis zum 15. Nov. 1832. 8. ... Hanau 834, (König.)

Meyerhans, Walter. Das Sondergut der Ehefrau im heutigen schweizerischen Privatrechte und im Entwurfe zum schweizerischen Civilgesetzbuch. Diss. Staatsw. Univ. Zürich. II + 66 + IV S. 8. Horgen, Schläpfer & Co., 1903.

Meyerhans, Walt., das Sondergut d. Ehefrau im heutigen schweizerischen Privatrechte u. im Entwurfe zum schweizerischen Civilgesetzbuch. Diss. (66 u. IV S.) gr. 8. Horgen 903. (Zürich, C. M. Ebell.) n. 1. 50

Meyerhardt, Sally [aus Krojanke (W.-Pr.)]: Studien über die hygienische Bedeutung des Kupfers ... Würzburg, Etlinger's Buchdr., 1890; 72 S. 8°
Würzburg, Med. Fak., Inaug.-Diss. v. 1890

Meyerheim, F. E., architekton. Denkmäler d. Altmark Brandenburg, s. Strack, J. H.

Meyerheim, Friedrich Eduard. Eine Selbstbiographie des Meisters, ergänzt von Paul Meyerheim, eingeleitet von Ludw. Pietsch. Mit einem Vorworte von Berthold Auerbach, u. dem Bildniß Ed. Meyerheims, nach Paul Meyerheim, radirt von E. Forberg. gr. 8. (4 u. 50 S.) Berlin 880. Mitscher. n. 1. 50

Meyerheim, Georg, a. Massow (Pommern): Über Kohlensuboxyd. (Berlin 1907: G. Schade.) (35 S.) 8°
Berlin, Phil. Fak., Ref. Fischer, Diss. v. 12. Okt. 1907
[Geb. 6. Dez. 84 Massow; Wohnort: Berlin; Staatsangeh.: Preußen; Vorbildung: Dorotheenstädt. Realgymn. Berlin Reife O. 03; Studium: Berlin 9 S.; Rig. 18. Juli 07.]

Meyerheim, Martin: Beiträge zur Kenntnis der Entwicklung der Schneidezähne bei Mus decumanus. *Leipzig 1898: Pöschel & Trepte.* (44 S. mit Taf.) 8°
Leipzig, Phil. Diss. v. [9. Juni] 1898

Meyerheim, Paul, ABC. 27 aquarellirte Orig.-Zeichnungen. In Farben-Holzschn. ausgeführt von Kaeseberg u. Oertel, mit Reimen von J. Trojan. gr. 4. (27 Blatt.) Berlin 880. Mitscher. cart. n. 7. 50

Meyerheim, Paul, ABC. 27 aquarellirte Orig.-Zeichnungen. In Farben-Holzschn. ausgeführt von Kaeseberg und Oertel, mit Reimen von J. Trojan. gr. 4. (27 Bl.) Berlin 880, Stilke. cart. *

MEYERHEIM, P. *ABC.* Siebenundzwanzig aquarellierte Original-Zeichnungen von PAUL MEYERHEIM. In Farben-Holzschnitt ausgeführt von Kaeseberg und Oertel, mit Reimen von J. TROJAN. Berlin, G. Stilke, [c. 1890]. Mit Frontispiz (a. d. Or.-Karton wiederholt), 1 Vignette und 25 Tafeln zum ABC. Gr.-4°. Farbig illustr. Or.-Karton. 40.—
★ Tadelloses Ex. der seltenen Originalausg. des schönen Werkes.

Meyerheim, Paul, ABC. 27 aquarellirte Orig.-Zeichngn. In Farben-Holzschn. ausgeführt v. Kaeseberg u. Oertel, m. Reimen v. J. Trojan. 2. Aufl. gr. 4. (28 Bl.) Berlin 883. Mitscher. cart. n. 7. 50

Meyerheim, Paul, s.: Aus Studienmappen deutscher Meister.

Meyerheim, Paul, aus Krefeld: Ueber das **Bandenspektrum** des Wasserdampfes. *Bonn 1904: S. Foppen.* (38 S.) 8°
Bonn, Phil. Diss. v. 2. März 1904

Meyerheim, Paul, Adolf v. Menzel. Erinnerungen. Mit 1 Bilde in Dreifarbendr., 11 Lichtdr. u. 1 Fksm. (159 S.) 8. Berlin 906. Gebr. Paetel. n. 5. —; geb. in Leinw. n. 6. —

Meyerheim P und JFW Wegener, Tierbilder zum Zeichnen, Kolorieren und Ausschneiden. I. Serie. Ausgabe A. qu 8° Leipzig

—— zwölf Thier- und Arbeitsbilder. Für die Hand des Kindes im Hause und Kindergarten. [Sep.-Ausg. aus: „Georgens' Mutter- und Kindergartenbuch".] Fol. (12 Chromolithogr. mit Text auf Carton.) Leipzig 882, Leipziger Lehrmittelanstalt von Dr. Osk. Schneider. In Futteral *

MEYERHEIM. *Zwölf* (!) *Tier- und Arbeitsbilder* von Paul Meyerheim für die Hand des Kindes im Haus und Kindergarten. Separat-Ausgabe aus „Georgens Mütter- und Kindergartenbuch". Leipzig, Central-Verlag von Unterrichts- u. Beschäftigungs-Material (Dr. Richter) [c. 1885]. 14 Tafeln in doppelseit. Zwei- bis Dreifarbendruck, lith. von C. Römer, nach Meyerheim. Folio. In farb. illustr. Original-Schuber. 40.—
Interessantes Werk mit je einer ganzseitigen Darstellung von Tieren oder Gewerben, die Rückseite enthält den dazugehör., von Illustr. umgebenen Text, eine Tafel m. Einführungen. Alles auf starkem Karton. Obiger Titel auf dem Schuber. — In so guter Erhaltung sehr selten.

Meyerheim, Hugo, Lehrbuch der einfachen, doppelten italienischen u. amerikanischen Buchführung in Versen zum Selbstunterricht. (Dr. Ludw. Huberti's mod. kaufmänn. Bibliothek.) gr. 8. (VIII, 80 S.) Leipzig (900). Dr. L. Huberti. Geb. in Leinw. n. 2. 75
(Ludw. Huberti's moderne kaufmännische Bibliothek.)

Meyerheim-Album in (10) Photographien. Berlin (858). Haase u. Co. 4. 3 ₰. 22½ ngr.; einzelne Bl. à 12 ngr.

Meyerheim-Album mit Gedichten von Mor. Meyer. 3. Ausg. 4. (10 Photogr. mit 10 Bl. Text.) Berlin 861, Schauer. ** Ausg. in gr. 4. geb. **

Meyerheine, A., kurze Beschreibung der Stadt Erfurt und ihrer Umgebungen. Album für Einheimische und Fremde. 12. (60 S. mit 6 lithogr. Ansichten und 1 Grundriß in 4.) Erfurt 847, (Loës.) *

Meyerheine, A., s. Panorama. Bilder aus der Wirklichkeit.

Meyerheine, A., und Ignaz Bernh. Montag, 24 Schulvorschriften, s. Montag, Ignaz Bernh.

Meyerheine, Ernestus: De angina polyposa. [Praeses:] Curtius **Sprengel.** Halae (1823): Grunert. 23 S. 8°
Halle-Wittenberg, Med. Diss. v. 1. Sept. 1823
[Beigedr.:] Sprengel, Curtius: Antiquissimum regis Aegyptii Pheronis ἀνάθημα. (1823).
Geb. Magdeburg [24. 7.] 1792. [V. in Sprengel's Progr.]

Meyerheine, (Theod.) Ern. (geb. Bismark in d. Altm. 19. 4. 1827): De zinci sulphurici effectu nonnulla. Berolini (1851). (24 S.) 8°
Berlin, Med. Diss. v. 23. Juni 1851

Meyerhof, A. [wirkl. Name], s. Ferdy, Hans [Pseud.]

Meyerhof, Leonie [wirkl. Name], s.a. Hildeck, Leo [Pseud.]

— Abendsturm. Schauspiel in 5 Akten. 8. (115 S.) Frankfurt a/M. 899. (K. Scheller.) n. 1. —

Meyerhof-Hildeck, Leonie, das Ewig-Lebendige. Roman. 1. u. 2. Aufl. (à 243 S.) 8. Stuttgart 905. J. G. Cotta Nachf. n. 2. 50; geb. in Leinw. n. 3. 50

Leo Hildeck [d. i. Leonie **Meyerhof**]. Herbstbeichte. Ein Liebesroman. *Berlin & Leipzig: Schuster & Loeffler 1900.* (284, IV S.) 8° [F.]

Töchter der Zeit. Münchner Roman von Leonie **Meyerhof-Hildeck.** *Stuttgart & Berlin: J. G. Cotta Nachf. 1903.* (301 S.) 8° [F.]

— Wollen u. Werden. Roman. 2. [Titel-]Aufl. (269 S.) 8. Dresden [897] (904). H. Minden. n. 3. —; geb. n. n. 4. —

— das Zaubergewand. D. Beichte e. Frau. 8. (222 S.) Dresden-Blasewitz 897. H. Minden. n. 2. —; geb. n. n. 3. —

Meyerhof, M., über die ansteckenden Augenleiden Aegyptens, ihre Geschichte, Verbreitung u. Bekämpfung. Vortrag, geh. am 24. III. 1909. (36 S.) gr. 8. Kairo 909. F. Diemer Nachf. 1. 60

Meyerhof, Max: Zur Morphologie des Diphtheriebacillus. *München 1898: R. Oldenbourg.* (38 S. mit Taf.) 8°
Strassburg, Med. Diss. v. 1898

Meyerhof, O[scar], Referendar: Der Dienst-Mietevertrag nach dem BGB. *Rostock 1903: C. Hinstorff.* (118 S.) 8° [F.]
Rostock, Jur. Diss. v. [8. Juni] 1903

Meyerhof, Otto: Beiträge zur psychologischen Theorie der Geistesstörungen. T. 3. Die Psychologie des Wahns. Göttingen: Vandenhoeck & Ruprecht 1910. S. 1—11, 170—236. 8° ¶ (Ersch. vollst. in: Abhandlungen d. Fries'schen Schule. N. F. Bd 3, H. 2. Auch als Buch ebd.)
Heidelberg, Med. Diss. v. 9. Mai 1910, Ref. Nißl
[Geb. 12. April 84 Hannover; Wohnort: Berlin; Staatsangeh.: Preußen; Vorbildung: Gymn. Berlin Reife O. 03; Studium: Freiburg i. B. 1, Berlin 2, Straßburg 2, Berlin 3, Heidelberg 2 S.; Coll. 7. Dez. 09; Approb. 10. Febr. 10.] [U 10. 2077

Beiträge zur psychologischen Theorie der Geistesstörungen von Otto Meyerhof. Göttingen: Vandenhoeck & Ruprecht 1910. 244 S. 8°
Aus: Abhandlungen d. Fries'schen Schule. Bd 3. [10. 10330 10

Über Goethes Methode der Naturforschung. Ein Vortrag von Otto Meyerhof. Mit 1 Taf. Göttingen: Vandenhoeck & Ruprecht 1910. 55 S. 8°
Aus: Abhandlungen d. Fries'schen Schule. N. F. Bd 3, H. 2. [11. 1929

MEYERHOF, PHIL. IGN. (autor), Disp. med. inaug. theses qvasdam sistens de febre qvartana. Kiliæ. 1730. 4. P. [Præs. Wilh. Huld. Waldschmiedt].

Meyerhof-Hildeck, Leonie, s. Meyerhof

Meyerhofer O, das rote Kreuz auf Eisenbahnen. (4 Bl 32 T) qufol München 1877

Meyerhofer, R., mathematisch-technisches Lehr- u. Handbuch in 5 Thln. Zum Selbstunterricht f. specielle Zwecke d. pract. Lebens. (In ca. 12 Lfgn.) 1. Thl. Von der gemeinen u. allgemeinen Arithmetik. 1. Lfg 8. (48 S.) Straßburg 876. Schneider. n. — 75

Meyerhofer, R., mathematisch-technisches Lehr- u. Handbuch in 5 Thln. Zum Selbstunterricht u. für specielle Zwecke des practischen Lebens bearb. u. hrsg. 2—10. Lfg. u. Ergänzungs-Lfg. zum 2. Thl. 8. (1. Thl. S. 49—240, 2. Thl. S. 1—199 m. 2 Steintaf. u. 3. Thl. S. 1—48.) Mannheim 877—79. Schneider. n. 6. 90; 18 Steintaf. dazu n. — 64 (1—9. u. Ergänzungs-Lfg. m. Steintaf. n. 8. 19)

Meyerhofer, R., mathematisch-technisches Lehr- und Handbuch in 4 Thln. Zum Selbstunterricht und für specielle Zwecke des prakt. Lebens bearb. und hrsg. Mannheim. (Karlsruhe, Selbstverlag des Verf.) geb. *
Inhalt:
Thl. 1. Arithmetik und Algebra. (240 S.) 877. geb. *M 3.
„ 2. Geometrie und ebene Trigonometrie. (200 S. mit 18 Fig.-Taf.) 878. geb. *M 3.
„ 3. Darstellende Geometrie und Stereometrie. (112 S. mit 20 Fig.-Taf.) 879. geb. *M 2.

Meyerhofer, S., Geisteserhebung des frommen Christen bey seiner Gottesverehrung. Wien, Bauer. 811.

— — dasselbe, mit latein. Lettern. Ebend. 811.

Meyerhofer, (S.,) Geisteserhebung des frommen Christen bei seiner Gottesverehrung. Mit 1 Holzschn. 12. Reiße 825, (Leipz., Central-Compt.)

Meyerhöfer, Rudolf, Gewerbliches Rechnen. Lehrbuch für allgemeine und fachliche gewerbliche Fortbildungsschulen. Wien 1903. Verlag von A. Pichler's Witwe und Sohn. Preis kartoniert 1 K.

Meyerhoff, s. a. Meierhoff.

Meyerhoff, Ern. Theod.: Theses theologicae. * Exemplar nicht nachweisbar.
Berlin, Theol. Thes. v. 25. März 1831

Meyerhoff, Geo., corpus juris civilis f. das Deutsche Reich u. Preußen. Mit Erläutergn. I. Bd., 1. Thl., II. Bd. u. III. Bd., 1. u. 2. Thl. 8. Berlin, C. Heymann. n. 23. —
I. 1. Bürgerliches Recht. (Allgemeiner Tl. — Recht der Schuldverhältnisse, Abschn. 1. Tit. 1—§ 269.) (224 S.) 902. 2. —
II. Handelsrecht. (XI, 667 S.) 900. Geb. in Leinw. 6. —
III. 1. Civilprozeßrecht. (XVI, 608 S.) 900. Geb. in Leinw. 5. —
2. Freiwillige Gerichtsbarkeit. (Freiwillige Gerichtsbarkeit. — Grundbuchrecht. — Verfahren in Agrarsachen. — Kosten- u. Stempelwesen.) (XXII, 1100 S.) 902. Geb. in Leinw. 10. —

Meyerhoff, Geo, Corpus juris civilis f. das Deutsche Reich u. Preußen. Mit Erläutergn. III. Bd 3. Thl. 8. Berlin 904. C. Heymann. Geb. in Leinw. n. 7. —
3. Konkurs u. Immobiliar-Zwangsvollstreckung. (XXIII, 698 S.)

— das richterliche Dezernat in Konkurs- u. Immobiliar-Zwangsvollstreckungssachen. (XII, 194 S.) 8. Ebd. 904. Kart. n. 1. —

Meyerhoff, H., Gesetz üb. die Landwirthschaftskammern vom 30. Juni 1894. Unter Berücksicht. der Begründg. des Gesetzentwurfes u. der Landtagsverhandlgn. erläutert. gr. 8. (III, 64 S.) Trier 894. F. Lintz. n. 1. 20

Meyerhoff, H., die Kontrollvereine f. die Rheinprovinz, s.: Veröffentlichungen der Landwirtschaftskammer f. d. Rheinprovinz. (Hanien, J.)

Meyerhoff, J., homöopath. Hausbedarf, od. genaue Angabe, wie man d. Arzte seine Krankheit zu berichten hat. Nebst Anweis. d. Diät, der zu genießenden Speisen u. sonstigen Verhaltens. Lex.-8. (½ B.) Bremen 834, Geisler.

Meyerhoff, J., homöopath. Hausbedarf, oder genaue Angabe, wie man dem Arzte seine Krankheit zu berichten hat. Nebst Anweisung der Diät u. sonstigen Verhaltens. 2. verb. Aufl. Bremen 845, Geisler. n. 1/12 ℔

Meyerhoff, Jac. (geb. Bremen 20. 3. 1767): De vestimentorum vi et efficacia, deque optima ratione vestitus, praesertim virilis, apte instituendi; adjecta descriptione vestis virilis novae originis germanicae, quae propositis conditionibus quam maxime respondeat, simulque subjuncto prodromo litterario de omni re vestiaria. Berolini: Maurer 1815. (VI, 29 S.) 4°
Berlin, Med. Diss. v. 26. Aug. [vielmehr Sept.] 1815

Meyerhoff, J., de vestimentorum vi et efficacia deque optima ratione vestitus etc. Cum tab. aen. 4. Berl. 816. Maurers B. 8 ℔

Meyerhoff, Johann Heinrich Jakob

— Nachr. v. d. Zustande d. Kloster- u. Stadtschule zu Holzminden. gr. 8. Götting. 806.

Meyerhoff, J. H. J., De Phoenicum in antiquissima Graecia vestigiis. Gekr. Pr. 1744. 31 S. 4°. 1.25

Meyerhoff, Jh. Hnr. Jak., († d. 28. Febr. 1812.) comm. de Phoenic. in antiquiss. Graecia vestigiis 4maj. Götting. 794. Dieterich. 4 gr.

Meyerhooff, J. H. J., Commentatio de Phoenicum in antiquissima Graecia vestigiis. Götting. 795. 4. (31 S.)

Meyerhoff, Isidor, approb. Arzt aus Giessen: Aus d. pathol. Institut zu Giessen. Die Lipome des Rückenmarks. (Mit 1 Taf.) *Giessen 1901: E. Ottmann.* (36 S.) 8°
Giessen, Med. Diss. v. 1901

Meyerhoff, Julius [aus Siegen in Westf.]: Aus d. patholog. Institut zu Giessen. Ueber Krebs und Tuberculose der Speiseröhre ... Giessen, grossh. Hof- u. Univ.-Dr. C. v. Münchow, 1894; 31 S. 8.
Giessen, Med. Fak., Inaug.-Diss. v. 1894

Meyerhoff, Leonie, s. Meyerhof

Meyerhoff, Max, approb. Arzt aus Berlin: Ein Fall von Ruptur des schwangeren Nebenhornes. *Straßburg i. E. 1902: C. & J. Goeller.* (42 S.) 8°
Straßburg, Med. Diss. v. 1902

Meyerhoff, Maximil. Hugo Eduard. (geb. Berlin 11. 7. 1843): De rheumatismo articulorum acuto maximeque ejus therapia. Berolini 1867. (32 S.) 8°
Berlin, Med. Diss.
nachgeliefert v. dem am 7. Juni 1866 auf Grund gedruckter Thesen promov. Verf.

Meyerhoff, Thdr., die Waldenser in unsern Tagen. Ein Beitrag zur kirchl. Statistik. .. Berlin ... Richtersche Buchh. 1/6 Rthlr.

Meyerhoffer, Wilh.

Meyerhoffer, W., die chemisch-physikal. Beschaffenheit der Heilquellen. Vortrag, geh. auf der 74. Versammlg. deutscher Naturforscher u. Ärzte zu Karlsbad. gr. 8. (32 S. m. 1 Abbildg.) Hamburg 902. L. Voss. n. 1. —

Meyerhoffer W.: Über ein neues Doppelsalz und seine Existenzbedingungen in Berührung mit Wasser (mit 3 Textfiguren). S. 101. Hb. 90 . . . . vgr.
Separatabdruck

Gleichgewichte der Stereomeren. Von W[ilhelm] **Meyerhoffer**, weil. Prof. Dr. Mit e. Begleitwort von Prof. Dr. J[akobus] H[enricus] van't Hoff u. 28 Fig. Leipzig & Berlin: B. G. Teubner 1906. (71 S.) 8° [06. 15904]

Meyerhoffer, Wilhelm [aus Rumänien]: Über die gesättigten Lösungen der Verbindungen von Cuprichlorid mit Kaliumchlorid. . . . (Aus: Zeitschr. f. phys. Chem. V. Bd. 2. H. 1890.) Leipzig, Wilhelm Engelmann, 1890; 40 S. + 1 Bl. 8°
Leipzig, Phil. Fak., Inaug.-Diss. v. 27. Febr. 1890

Meyerhoffer, W., die Phasenregel u. ihre Anwendungen. gr. 8. (V, 72 S. m. 18 Holzschn.) Wien 893. F. Deuticke. n. 1. 50

— Über kryohydratische Quintupelpunkte (mit 3 Textfiguren). S. 102. Hb. 90 . . vgr.
Separatabdruck

— Über eine Regel bezüglich der Zahl der gesättigten Lösungen bei Doppelsalzsystemen (mit 1 Taf.). S. 102. Hb. 90 . . . . vgr.
Separatabdruck

— Über reziproke Salzpaare. I. Abhandlung. S. 104. Hb. 90 vgr.
Separatabdruck

Meyerhoffer, W. Stereochemie, s.a. Hoff, J. H. van't.

Meyerhoffer, W. Stereochemie. Leipzig. 1892.

— Physikal.-chem. Tabellen, s.: Landoldt u. Börnstein.

Meyerhoffer, W., Untersuchgn. üb. d. Bildungsverhältnisse d. ocean. Salzablagergn., s.: Hoff, J. H. van't.

Meyerhold, Florentin Alexander [aus Sosnowice (Russ. Polen)]: Ein Beitrag zur Kenntnis der sauren Reaktion des Muskels ... Erlangen, Druck d. Univ.-Buchdr. v. E. Th. Jacob, 1892; 32 S. 8.
Erlangen, Med. Fak., Inaug.-Diss. v. 18. Juli 1891

Meyerholz, Burghard, Glückauf! Lieder e. jungen Wanderburschen. 12. (X, 142 S. m. Abbildgn.) Ballenstedt 899. E. Luppe. Kart. n. 1.50; geb. in Leinw. m. Goldschn. n. 2.50

Meyerholz, Burghard, Glückauf! Lieder e. jungen Wanderburschen. 1. Thl. (Neue Aufl.) (99 S. m. Abbildgn. u. e. Panorama.) 8. Hannover (904). Quedlinburg, H. Schwanecke.) Geb. in Leinw. n. 1. 50; m. d. 2. Thl., Harzvögelchen in 1 Halbleinw.-Bd. n. 3. —

— Harzvögelchen. Ein Frühlingstraum in Liedern. (46 S. m. 1 Abb.) 8. Ebd. (904). Geb. in Leinw. n. 1. 50

— mit Schellengeläut' u. Peitschengeknall'. Übermütige Schlittenfahrt durchs Leben. Illustriert v. R. Block. 8. (81 S.) Braunschweig (902). Verlag Hercynia. 1. —

— Veilchen. Zum Strauß' gebunden. gr. 8. (72 S.) Ebd. (902). Geb. in Leinw. 2. —

(G) Meyerholz, B., Veilchen. 902. (KBL 32.) Jetzt: Quedlinburg, H. Schwanecke. Erm. Pr. 1. 50

Meyerholz, Charles, zwei Beiträge z. Verfassungsgeschichte der Vereinigten Staaten, s.a. Beiträge zur Kultur- u. Universalgeschichte.

Zwei Beiträge zur Verfassungsgeschichte der Vereinigten Staaten. Von Charles **Meyerholz**. Leipzig: R. Voigtländer 1908. (240 S.) 8°
[Ein T. erschien als Inaug.-Diss. Leipzig 1907.]
— **Beiträge** z. Kultur- u. Universalgeschichte. H. 6. [08. 13730]

Meyerholz, Charles, A. M.: Die Federal-Konvention vom Jahre 1787. Ein Beitrag zur Verfassungsgeschichte der Vereinigten Staaten. Leipzig: R. Voigtländer 1907. (82 S.) 8° ¶[— Beiträge zur Kultur- und Universalgeschichte H. 6.]
Leipzig, Phil. Fak., Ref. Lamprecht-Brandenburg, Diss. v. 1. April 1908
[Geb. 26. Aug. 76 Wapello, Iowa; Wohnort: Wapello; Staatsangeh.: Vereinigte Staaten; Vorbildung: Univ. Iowa B. Ph. April 02; Studium: Harvard 4, Leipzig 3 S.]

Meyerholz, F., Jugendfreund, s.: Munderloh, H. F.

Meyerholz, Frdr., Erkenntnisbegriff u. Erkenntniserwerb, s.a. Bibliothek, pädagogische.

Erkenntnisbegriff und Erkenntniserwerb. Eine Natorp-Studie. Von Friedrich **Meyerholz**. Hannover-List [&] Berlin: C. Meyer 1908. (68 S.) 8° [F.]
— **Bibliothek**, Pädagogische. Bd 24. [08. 27455]

Meyerholzner, Joh. Mich., Anleitung für Catecheten. 8. (53 S.) Landshut 866, Thomann'sche Buchh.

Meyerhooff, s. Meyerhof

Meyerin, Rosine, Leben, od. die glückl. Folgen e. guten Verhaltens, m. 3 K. 8. Nrnbg. Schneider u. W. 793.

Meyerinck, v., die Thätigkeit der Truppen während der Berliner Märztage d. J. 1848, s.a. Beiheft zum Militär-Wochenblatt.

Meyerinck, v., Generallieut. z. D. Die Thätigkeit der Truppen während der Berliner Märztage des Jahres 1848. Beihft. z. „Milit.-Wochenblatt". — Berlin 1891.

Meyerinck, Hans v., prakt. Maßregeln zur Bekämpfg. der Arbeitslosigkeit. E. kurze Darstellg. d. bisher angew. Mittel u. Reformvorschläge f. Deutschland. gr. 8. (VI, 127 S.) Jena 896. G. Fischer. n. 2. 50

[F.] von Meyerinck, Hans [Dr., Kgl. preuss. Major a. D.]: Praktische Massregeln zur Bekämpfung der Arbeitslosigkeit. E. kurze Darstellg d. bisher angewandten Mittel u. Reformvorschläge für Deutschland ... (Erschien vollst. 1896 bei G. Fischer in Jena.) Halle a. S., *Druck v. A. Kämpfe in Jena*, 1897; 1 Bl., 84 S. 8.
Halle, Phil. Fak., Inaug.-Diss. v. [8. März] 1897

Meyerinck, Hub. v., allerlei heitere u. ernste Erlebnisse d. Offiziere, Unteroffiziere u. Husaren d. Garde-Husaren-Regts. währ. d. Feldzuges 1870 u. 1871. gr. 8. (IV, 188 S.) Berlin 898. R. Schröder. Mannschafts-Ausg. n. 1. —; Offiziers-Ausg., geb. in Leinw. n. 4. —

Meyerinck, Hub. v., das königl. preußische Garde-Husaren-Regiment u. seine Abstammung von der Garde-Normal-Husaren-Escadron des leichten Garde-Cavallerie-Regiments u. dem ostpreußischen National-Cavallerie-Regiment 1811—1869. Potsdam 869. Döring. gr. 4. (IV, 223 S. mit 1 Chromolith.) n. 3 ℳ

Meyerinck, R. v., s.: Gallerie edler Hunde-Racen.

— das Jagdschloß Königswusterhausen,
— das Jagdschloß Letzlingen u. die sich daran knüpfenden Jagdverhältnisse der Haide vom Jahre 1855 bis auf die neueste Zeit,
} s.: Bibliothek für Jäger u. Jagdfreunde.

MEYERINCK, R. v.: Naturgeschichte des in Deutschland vorkommenden Wildes mit Angabe der Schiesszeiten, Jagdarten, Waidmännischen Ausdrücke und Fährten. Ein Handbuch für Jäger und Jagdfreunde. - Leipzig 1876. VII, 168 S. - 2. verb. u. verm. Aufl. ebd. 1879. VII, 209 S., 8 Taf. - 3. Aufl. u. d. T.: Naturgeschichte des Wildes für Jäger etc. ebd. 1898. 217 S.

Meyerinck, R. v., Naturgeschichte d. in Deutschland vorkommenden Wildes, m. Angabe der Schießzeiten Jagdarten, weidmänn. Ausdrücke u. Fährten. Ein Handbuch f. Jäger u. Jagdliebhaber. gr. 8. (VII, 168 S.) Leipzig 876. Schmidt & Günther. n. 2. 40; geb. n. 3. --

— Naturgeschichte des in Deutschland vorkommenden Wildes, mit Angabe der Schießzeiten, Jagdarten, waidmännischen Ausdrücke u. Fährten. Ein Handbuch für Jäger u. Jagdfreunde. 2., verb. u. verm. Aufl. Mit 8 (Holzschntaf.-)Taf. Abbildungen. 8. (VII, 209 S.) Leipzig 879. Schmidt & Günther. n. 2. 40

Meyerinck, R. v., Naturgeschichte des in Deutschland vorkomm. Wildes m. Angabe d. Schießzeiten, Jagdarten, waidmänn. Ausdrücke u. Fährten. E. Handbuch f. Jäger u. Jagdfreunde. 3., verb. u. verm. Aufl. M. 8 Taf. Abb. u. d. Portr. d. Verf. gr. 8. (VIII, 217 S.) Leipzig 898. H. Schmidt & C. Günther. n. 2. 40; geb. n. 3. —

Meyerinck's, Rich. v., Biographie, s.: Schmidt, H.

Meyeringh. Ernst Friedrich: Ueber die Behandlung von Oberschenkel-Fracturen durch permanente Extension mit Gewichten. Halle (1872): Plötz. 30 S. 8°
Halle-Wittenberg. Med. Diss. v. 1. Aug. 1872
Geb. Dedemsvaart (Holland) 28. 11. 1848. V.

Meyeringh. F., das Asyl Steenbeck. Ein Zeugniß der innern Mission aus Holland. Herausg. vom rhein. Provinzialausschusse für innere Mission. 854. (VII, 88 S.) — 2. Aufl. Mit 1 (lith.) Plane des Asyls Steenbeck. Bonn 856. Marcus. gr. 8. (XV, 120 S.) n. 20 ngr

Meyeringh, F., Ein Wort an und über die Jünglings- und Gesellenvereine. 8°. Hamburg 1858.

Meyerlin, Theatrum diviu. regim. 4. Bas. Flick.

Meyermann, Bruno

Meyermann, Br., Aktinometrie der Sterne der B. D. bis zur Grösse 7.5 in der Zone 0° bis + 20° Deklination, s.: Abhandlungen d. königl. Gesellschaft d. Wissenschaften zu Göttingen. Math.-physikal. Klasse. VI, 6. (Schwarzschild, K.)

Meyermann, Bruno: Resultate aus den Beobachtungen des veränderlichen Sternes δ Cephei. *Göttingen 1902: F. Haensch.* (50 S.) 8°
Göttingen, Phil. Diss. v. [14. März] 1903

Meyermann, Bruno, Resultate aus den Beobachtungen des veränderlichen Sternes δ Cephei. Diss. (50 S.) gr. 8. Göttingen 902. (Vandenhoeck & Ruprecht.) 1. 20

— Vermessung der Umgebung des Orionnebels, s.a. Abhandlungen der königl. Gesellschaft der Wissenschaften zu Göttingen, Math.-physik. Klasse. N. F. IV, 5.

Vermessung der Umgebung des Orionnebels. Von Dr. Br[uno] Meyermann. (Mit 1 Taf.) Berlin: Weidmann 1906. (47 S.) 4°
= Abhandlungen d. Kgl. Gesellschaft d. Wissensch. zu Göttingen. Math.-phys. Kl. N. F. Bd 4, No 5. [06. 12604

Vermessung der Umgebung des Orionnebels. Von Dr. Br[uno] Meyermann. Mit 1 Taf. Göttingen 1906: Dieterich. (47 S.) 4°
Aus: Abhandlungen d. Kgl. Gesellsch d. Wiss. zu Göttingen. Math.-physik. Kl. N. F. Bd 4, No 5.
= Mitteilungen, Astronom., d. kgl. Sternwarte zu Göttingen. T. 12. [06 9308

Meyermann, Geo., Göttinger Hausmarken u. Familienwappen. Nach den Siegeln des Göttinger städt. Archivs bearb. Mit 607 Abbildgn. auf 25 Taf. (IV, 97 S.) gr. 8. Göttingen 904. L. Horstmann. n. 3. 50

Gründliche Nachricht von dem an die Stadt Lübeck Anno 1359 verpfändeten Dominio et Advocatia der Herrschaft und Vogtey Mölln, aus Original-Diplomatibus und Urkunden völlig erwiesen. Mit Anhang. Additamentum. 3 Karten und 8 Tabellen. (v. Meyern.) o. O. 1740. Fol.

Meyern, Friedrich Wilhelm von,
s. Meyern, Wilhelm Friedrich von

Meyern, Gust. v., Altes u. Neues. 16. (VII, 388 S.) Leipzig 872. E. J. Günther. n. 5. 25; geb. m. Goldschn. n. 6. --

— Balladen vom Elsaß. 8. (VIII, 92 S.) Stuttgart 876. Cotta. n. 1. 50.

Meyern, G. v., Teuerdank's Brautfahrt, s.a. Romanbibliothek der Gartenlaube.

Meyern, Gust., Teuerdank's Brautfahrt. Romantisches Zeitbild aus dem 15. Jahrhundert. 8. (IV, 352 S.) Leipzig 878. Keil. 4. 50

– Das Ehrenwort, s. Universal-Bibliothek.

Meyern, G. v., das Haus der Posa. Leipzig 874. Gera, Koehler. 3 —

— das Haus der Posa. Historisches Schauspiel in 5 Aufzügen. 8. (VI, 143 S.) Leipzig 874. Weber. n. 3. —

Meyern, Gust. v., ein Kaiser. Politisch-dramatische Studie in 4 Aufzügen. Gotha 857. Scheube. 16. (173 S.) n. 28 ngr.

Meyern, Gust. v., ein Kaiser. Politisch-dramat. Studie in 4 Aufzügen. 2. (Titel-)Aufl. gr. 16. (173 S.) [Gotha] (857)61. Leipzig, Grunow. * 20 Ngr.; geb. *

– Die Cavaliere, s. Universal-Bibliothek.

— ein Kind d. Elsaß. Drama in 3 Aufzügen. 16. (93 S.) Leipzig 873. E. J. Günther. n. 1. 20

—— die Malteser, s. Universal-Bibliothek Nr. 749.

— ein Märchen aus unseren Tagen. 16. (66 S.) Constanz 875. Fritz. n. 1. --; geb. m. Goldschn. n. 1. 80

v. Meyern, Gust., Monatsmärchen, Bilder u. politische Gedichte. 8. (VI u. 105 S.) Leipzig 850, Brockhaus. n. 16 ngr.

— Heinrich v. Schwerin. Schauspiel aus dänisch-deutscher Geschichte in 5 Aufzügen. Berlin 858. A. Duncker. 16. (136 S.) 15 ngr.

— das Welfenlied. Berlin 854. A. Duncker. 16. (IV, 274 S.) n. 1 rthl. 5 ngr.

- Zeitgedichte. 16. (41 S.) Berlin 870. Lipperheide. -- 50

Meyern, Joh., Gedanken v. der Rechtmäßigkeit d. 6ten Zinsthalers. 4. Schwabach. (Wolf in Augsb.) 733.

Meyern, Wilhelm Friedrich von, s.a. Dya-Na-Sore.

Dya-Na-Sore, oder Die Wanderer. Eine Geschichte aus dem Samskritt [!], übers. [Von Friedr. Wilh. v. Meyern.] Bd 1—3. Wien & Leipzig: Stahel 1787—1791. 8° [Kupfertit.]
1. 1787. 414 S. 2 Kpfr. [Dasselbe.] 2. verb. Aufl. 1791. 496 S. 2 Kpfr.
2. 1789. 476 S. 2 Kpfr.
3. 1791. 666 S. 2 Kpfr.

[Dasselbe.] Neue Aufl. Th 1—5. Leipzig: Schaumburg & Co. 1800. 8°
1. 432 S. 1 Kpfr.; 2. 471 S.; 3. 492 S.; 4. 464 S.; 5. 550 S.

[Dasselbe.] 3. vollst. Orig.-Aufl. Tl 1—5. [Hrsg. von E. v. Feuchtersleben.] Wien: Klang 1840—1841. 16°
cf. Berliner allg. Anzeigen liter. Inhalts. 1788 Nr 26; ALZ. 1788 Nr 103; Allg. deutsche Bibl. 85 (1789) S. 443; 95 (1790) S. 171; 107 (1792) S. 445; Allg. Uebersicht d. Wissensch. u. Künste i. d. k. k. Staaten. 1789 H. 11. 12; Oberdeutsch. ALZ. 1798 Nr 105; Jahrb. d. neuen Literat. 1801 S. 408; L. 23 (1864) S. 27.
Kl. 3964, Tt. 2662, TB. 60, 288. Theosophischer-frmrischer Roman. Nach dem Mrischen Jahrbuche 1802 S. 151 ist Dallera Verf.

Meyern, W. Fr., hinterlassene kleine Schriften. Hrsg. m. Vorwort u. Biographie Meyern's von Ernst Freih. v. Feuchtersleben. 3 Bde. 16. Wien 842, Klang. (Leipzig, Herbig.) [1. (18 B. m. Facsim.) 2. u. 3. (44 B.)]

Meyern-Hohenberg, v., Offizier der k. u. k. Kriegs-Marine, s.: Was soll ich werden?

Meyern-Hohenberg, v., wie werde ich See-Officier?, s.: Berufsarten des Mannes. 2.

MEYERN-HOHENBERG, M. G. Freiherr von
Lawn-Tennis von M. G. Freiherrn von Meyern-Hohenberg. Triest. 1900. Schimpff. 8°. XI, 291 S. Geb. fl. 2.—

MEYERN-HOHENBERG, M. G. Freiherr von
Lawn-Tennis von M. G. Freiherrn von Meyern-Hohenberg. 2. Auflage. Triest. 1900. Schimpff. 8°. XI, 291 S. Geb. K 4.—

Meyern-Hohenberg, M. G. Frhr. v., Lawn-Tennis. Zählblätter (scoring-sheets) zum Gebrauche bei Matches u. Turnieren. 3. Aufl. Fol. (20 Bl. m. Text auf dem Umschlag.) Triest (902). F. H. Schimpff. Kart. n. 1,60

Meyern-Hohenberg, M. G. Frhr. v., Lawn-Tennis. 3. u. 4. Aufl. (à XIII, 292 S.) kl. 8. Triest 904. F. H. Schimpff. Geb. in Leinw. n. 3. —

Meyerowitz, Arth., der Schloßteich in Königsberg u. seine Benutzung. Im Anschluß an den Zivilprozeß Maschke c/a Königsberg. (20 S.) gr. 8. Königsberg 904. Gräfe & Unzer, Buchh. n. — 60

Meyerowitz, Dav., geb. Niumoxt bei Kowno in Russl. 5. 4. 1829: De luxatione patellae in partem superiorem congenita. Berolini (1857). 32 S. 8°
Berlin, Med. Diss. v. 16. Nov 1857

Meyerowitz, Felix, prakt. Arzt: Aus der Königl. Chirurg. Universitätsklinik zu Königsberg i. Pr. Ueber Skoliose bei Halsrippen. Tübingen 1905: H. Laupp jr. (22 S.) 8°
¶ (Aus: Beiträge z. klin. Chirurgie. Bd 40, H. 1.)
Königsberg, Med. Fak., Ref. Garrè, Diss. v. 25. März 1905
[Geb. 6. Dez. 81 Königsberg i. Pr.; Wohnort: Königsberg; Staatsangeh.: Preußen; Vorbildung: Altstädtisches Gymn. Königsberg i. Pr. Reife O. 00; Studium: Freiburg i. B. 1, Königsberg 8 S.; Coll. 24. März 05; Approb. 28. Jan. 05.]

Meyerowitz, Louis [aus Königsberg i/Pr.]: Ueber einige β-Ketoaldehyde. . . . München, Druck v. M. Ernst, 1889; 42 S. 8°
München, Phil. Fak., Inaug.-Diss. v. 1889

Meyerowitz, Thdr., mikroskopische Untersuchungen üb. die normalen Hornhautzellen u. deren Veränderungen bei der traumatischen Keratitis. Inaugural-Dissertation. gr. 8. (60 S.) Königsberg 875. (Leipzig, Kessler.) n. 4. —

Meyers Geschichte, oder mein Verlust bey Habelschwerdt, meist in Briefen, 8. Erfurt, 780. Keyser. 5 sgl.

Meyer's ..., s. Meyer: ...

v. Meyern, kluger u. erfahrener Hausvater. 8. Nürnb. 765. Felßecker. 12 ℛ

Meyers, Alfr., der Jude. Nach der 5. Aufl. des engl. Orig. Allen Freunden des Reiches Gottes dargeboten. gr. 12. (VI und 270 S.) Frankfurt a. M. 855(56,) Brönner. *

Meyers, Alfr., Moses u. Samuel. Ein Gespräch. Aus dessen Schrift: Der Jude. 3. Aufl. Berlin 860. (Beck.) 8. (79 S.) n. 5 ngr.

Meijers, F[riedrich] S[alomon], Prakt. Arzt aus Amsterdam: Ueber das Vorkommen von Staphylokokkus pyogenes aureus bei den sogenannten skrofulösen Augenentzündungen. *Amsterdam: M. J. Portielje 1898.* (43 S.) 8°
Jena, Med. Diss. v. (5. Aug.) 1898

Meyers, J., neue Menschen. Die jüngsten Ziele u. Wege der Volksbildg. (31 S.) kl. 8. Essen (910). Fredebeul & Koenen. p — 25

Meyers, Jacques: Die biblische Geschichte in unsern Primärschulen. Wichtigkeit, Stoffvertheilung und methodische Behandlung, von einem Priester der Diöcese.
Luxemburg: J. Hary 1882. 4,41 S. 16°

Meyers, Jacques: Guido Görres. Beiträge zur Geschichte seines Lebens und Wirkens. Luxemburg: Joseph Beffort 1896. 76 S. 4°

– (Hrsg.), s. Schulfreund, Der.

Meyers, Jacques: Das Schulwesen im Grossherzogthum Luxemburg unter der Regierung Wilhelm's I. Ein Beitrag zur Geschichte des Schulwesens in unserm Lande.
Luxemburg: Jos. Beffort 1889. 48 S. 8°

Meyers, Jacques: Die deutschen Volksschriftsteller der Gegenwart. Rosegger und seine schriftstellerische Bedeutung. Vortrag gehalten in der Lesegesellschaft zu Luxemburg.
Luxemburg: Jos. Beffort 1899. 11 S. 4°

Meyers, Jean: Pocken und Schutzpocken in Esch an der Alzette (1881-82) nebst zwei Abhandlungen über die eitrige Brustfellentzündung und die Brucheinklemmungen.
Luxemburg: Theoph. Schroell 1882. 20,24 S. 8°

Meyers, Joh., Andenken der abgeschiedenen Seelen an die hinterlassenen Verwandten und Bekannten, nach Vernunft und Schrift. Bresl. 754. 8. 747. 8.

Meyers, Michel: Die Sage vom ewigen Juden und ihre Verwertung in der deutschen Literatur. Eine literarische Studie. Separat-Abdruck aus dem Programm der Industrie- und Handelsschule am Athenäum zu Luxemburg für das Schuljahr 1895-1896. Luxemburg: V. Bück 1896. 41 S. 4°

Meyers, Paul, Referendar: Erwerb der Staatsangehörigkeit durch Anstellung. Berlin: Zentralstelle f. Kunst u. Liter. in Heer u. Marine 1910. 63 S. 8°
Erlangen, Jur. Diss. v. 9. Juli 1910, Ref. Rieker
[Geb. 18. Mai 85 Krefeld; Wohnort: Ahrweiler; Staatsangeh.: Preußen; Vorbildung: Gymn. Bonn Reife M. 04; Studium: Bonn 6 S.; Rig. 18. Jan. 10.]
[U 10. 734

Meyers, Petrus, De symboli apostolici titulo, origine et antiquissimis ecclesiae temporibus auctoritate diss. theologica. Trier, Gall, 1849. gr. 8°. VIII, 210 S., 3 Mk.

Meyersahm, Hans, Dr.: Xenophons Hellenika als Geschichtsquelle im Unterricht. Hadersleben 1905: W. L. Schütze. (47 S.) 8°
Hadersleben, k. G OP 1905 (330)

Meyers, Willibrord: Theses S. Scripturae, et Theologiae dogmatico-scholasticae quas Jesu Christo jugi hostiae in Ecclesia, et Sacerdoti in aeternum secundum ordinem Melchisedech devotissime consecratas Praeside illarum ex S. Scriptura eximio viro et domino D. Antonio Oembs ... Praeside illarum e Theologia dogmatico-scholastica eximio viro ac domino D. Quintino Werner ... praevie examine pro consequendo utroque biblici et theologici Baccalaureatus gradu in antiquissima et celeberrima Universitate Trevirorum publice propugnabat Willibrordus Meyers ex Wahl, Patriae Luxemburgensis, S. Scripturae, Theologiae formatae, et Ss. Canonum auditoris. Anno 1771. Die 7 Maji secundas manè a 9 ad 10: primas post prandium â medio 3 ad medium 4. Augustae Trevirorum [1771]. 14 S. 4°

Meyersahm, Hans [Oldenburgensis-Holsatus]: Deorum nomina hominibus imposita. . . . Kiliae, ex offic. H. Fiencke, 1891; 2 Bl., 87 S., 1 Bl. 8°
Kiel, Phil. Fak., Inaug.-Diss. v. [8. Aug.] 1891

Meyersahm, Otto *Bertram Heinrich* [app. Arzt aus Kiel]: Aus d. chirurg. Klinik zu Kiel. Über die blutige Reposition subcutaner, nicht einzurichtender Fracturen ... Kiel, Druck d. „Nord-Ostsee-Zeitg", 1891; 13 S., 1 Bl. 8.
Kiel, Med. Fak., Inaug.-Diss. v. [10. Aug.] 1891

Meyersahm, Otto, üb. die blutige Reposition subcutaner, nicht einzurichtender Fracturen. Diss. gr. 8. (13 S.) Kiel 891. (Gnevkow & v. Gellhorn.) n. — 80

Meyersberg Paul, Dr.: Reduktion des Dimethyl-Trimethylenglykols (Propan-1,3-diol-2,2-dimethyl) mittels rauchender Jodwasserstoffsäure. S. 113 Hb. [illegible] ver.
Separatabdruck

Meyersburg, F., über die neuen preußischen Verwaltungsgesetze mit besond. Rücksicht auf die Prov. Hannover. Ein Vortrag, gehalten im Verein für Kunst und Wissenschaft zu Celle am 24. März 1884. gr. 8. (31 S.) Celle 884, Capaun-Karlowa'sche Buchh. *

Meyersburg, Fr., Erläuterungen des hannoverschen Höferechts. Im Auftrage des Landes-Directoriums zu Hannover unter Mitwirkung von André. 1.—4. Aufl. gr. 8. (92 S.) Hannover 875, Meyer. ℳ 1.; geb. *

Meyersburg, Fr., kritische Erörterungen über einzelne Abschnitte des Hannoverschen Civilproceß-Verfahrens. Hannover 862. C. Rümpler. gr. 8. (63 S.) n. 10 ngr

Meyersburg, Fr., Gutachten über den Entwurf erster Lesung einer allgemeinen deutschen Civilproceßordnung, mit besond. Berücksichtigung der hannoverschen bürgerl. Proceßordnung. Auf Erfordern dem Königl. Justizministerio in Hannover von dem Ausschusse der Anwaltskammer in Celle erstattet. Mit einem Inhaltsverzeichniß herdg. Celle 866. Schulze'sche Buchh. gr. 8. (VIII, 80 S.) n. 16 ngr

Meyersfeldt, Fried. Christian von (Delmenhorster Adel), Diss. acad. de inutili legum, doctorum, et brocardicorum allegatione. Präs. Heinr. Ernst Kestner. Rinteln (H. A. Enax) 29. XI. 1710. 30 S. (—.—) 23263

Meyersieck, Aug., Aufgaben zum elementaren Rechnen als Vorbereitung des kaufmännischen Rechnens. Chemnitz 865. Focke. gr. 8. (51 S.) n. 8 ngr.

Meyersieck, Aug., Aufgaben zum elementaren Rechnen als Vorbereitg. d. kaufmänn. Rechnens. 2. unveränd. Aufl. gr. 8. (IV, 48 S.) Chemnitz 871. Focke. n. — 80

Meyersieck, Aug., Aufgaben zum elementaren Rechnen als Vorbereitung des kaufmänn. Rechnens. 2. veränd. Aufl. gr. 8. (IV, 48 S.) Chemnitz 871, Focke. *

Meyersieck, Aug. Leitfaden f. den Unterricht in der doppelten Buchhaltung m. Beispielen zur Berechnung v. Gewinn u. Verlust. 2. Aufl. 4. (16 S.) Chemnitz 892, Focke. * — 60

— 4 Tabellen zur Umrechnung der Preise alter sächsischer Maasse, in die Preise der neuen Maasse. 16. (8 S.) Ebend. 872. — 15

Meyersieck, Aug., Unterlagen in Briefen, Rechnungen u. Dispositionen zur Bearbeitung der Buchhaltung eines Manufacturwaaren Fabrikationsgeschäftes. Chemnitz 861. Focke. gr. 8. (2 Bl., 40 S.) 6 ngr.

Meyersieck, Aug., Unterlagen in Briefen, Rechnungen und Dispositionen zur Bearbeitung der Buchhaltung eines Manufacturwaaren-Fabrikationsgeschäftes. 5. Aufl. gr. 8. (IV, 36 S.) Chemnitz 888, Focke. *

Meyersieck, Gotthard Heinrich

— Abhandl. v. See-Protest; aus d. Latein. 8. Rost. 803. Stiller. 5 gr

Meyersieck, Gotthard Heinrich. Abhandlung vom See-Protest. Von der Verklarung. Aus dem Lateinischen übersetzt. Rostock und Leipzig 1804. Ü: *Koppe, Johann Christian.* (KGBerlin I, 773)

Meyersieck, Gthd. H.: Abhandl. v. Seeprotest, v. d. Verklärung; aus d. Lat. (v. J. Ch. Koppe). *Rostock*, Stiller. 804. 8. (8 Gr.)

Meyersiek, G. S., de protestu maritimo. 4. Götting. 803. Dieterich. 6 gr

Meyersiek, G. S., s. Meyersieck, Gotthard Heinrich

Meyersohn, B., das Björnson'sche Drama Ueber unsere Kraft (I. Tl.) vom medizinischen Standpunkte. Vortrag, geh. am 19. IX. 1910 im Konzertsaal des Großherzogl. Hoftheaters (zugleich zur Erinnerg. an Björnson). (27 S.) 8. Schwerin 910. L. Davids. — 60

Meyersohn, Mor. (geb. Schneidemühl 24. 3. 1849): Zur Casuistik der Pulmonalklappenleiden. Berlin (1872). (32 S.) 8°
Berlin, Med. Diss. v. 1. Aug. 1872

Meyersohn, Oscar, a. Rackwitz ⟨Posen⟩: Auslegung des § 2080 B.G.B. Ein Beitrag zur Lehre vom Subjekt des Anfechtungsrechts bei Verfügungen von Todes wegen. Berlin 1908: W. Pilz. (43 S.) 8° [F.]
Erlangen, Jur. Fak., Ref. Binder, Diss. v. 25. April 1908
[Geb. 17. Dez. 82 Rackwitz; Wohnort: Charlottenburg; Staatsangeh.: Preußen; Vorbildung: Kreuzgymn. Dresden Reife M. 02; Studium: Leipzig 1, Freiburg i. B. 1, Berlin 6 S.; Rig. 11. März 08.]

Meyersohn, Siegbert: Typische F r a k t u r e n bei Skiläufern.
Freiburg, Med. F., Diss. 1910

Meyersohn, Sigmund, Arzt aus Schubin: Zur Casuistik der embryonalen Drüsengeschwülste der Niere. *Würzburg 1901: A. Boegler.* (25 S.) 8°
Würzburg, Med. Diss. v. 1901

Meyerson, Hieronim: Aus d. Kgl. chir. Klin. zu Breslau. Über die entzündlichen Bauchdeckentumoren im Gefolge der Appendicitis. o. O. [1909]. 17 S. 8° ¶ (Aus: Beiträge z. klin. Chir. Bd 60, H. 1.)
Breslau, Med. Diss. v. 23. Jan. 1909, Ref. Küttner
[Geb. 18. Dez. 82 Czenstochau; Wohnort: Czenstochau; Staatsangeh.: Rußland; Vorbildung: Gymn. Czenstochau Reife M. 02; Studium: Warschau 6, Breslau 4 S.; Rig. 21. Jan. 09.] [U 09. 567

Meyerson, S., üb. Knochenblasenbildung in der Nase, nebst e. Falle v. empyematöser Knochenblase. [Aus: „Monatsschr. f. Ohrenheilkde."] gr. 8. (4 S.) Berlin 893. O. Coblentz. n. 1. —

Die Meyerstaun Gazette und Wahrer Republikaner: 1845 – 1853
[illegible] 1845 – 49, 1849 – 53
Meyerstown, PA

Meyerstein, Eduard, s.: Gutachten üb. Handelsgebräuche, erstattet v. der Handelskammer zu Berlin.

Meyerstein, Ephr., Sternberg, Corruption u. Kriminalpolizei. 1.—20. Tauf. gr. 8. (31 S.) Berlin 900. Fussinger. — 30

— dasselbe. 2., stark verm. Aufl. 21.—40. Tauf. gr. 8. (34 S.) Ebd. (900). — 30

Meyerstein, M., Beschreibung des Spectrometers, eines neuen Instrumentes zur Bestimmung der Refractions- und Dispersions-Verhältnisse. (Abdruck aus Poggendorff's Ann., Bd. XCVIII.) Göttingen 1856.

— Dr., Preisverzeichniss der astronomischen und physikal. Werkstatte von —. Göttingen 1866.

Meyerstein, M., das Spectrometer. Ein neues Instrument zur Bestimmung der Brechungs- u. Zerstreuungs-Verhaltnisse verschiedener Medien, so wie auch zum Gebrauche bei allen goniometrischen Messungen. Mit 1 Steindrtaf. (in 4.) Göttingen 861. Deuerlich. gr. 8. (17 S.) n. 8 ngr.

Meyerstein, M., das Spectrometer. Ein neues Instrument zur Bestimmg. der Brechungs- u. Zerstreuungs-Verhältnisse verschied. Medien, so wie dessen Anwendg. auf goniometr. Messgn. u. Polarisations-Untersuchgn. 2. Aufl. Mit 2 Steindrucktaff. (in gr. 8. u. qu. 4.) Göttingen 870. Deuerlich. gr. 8. (24 S.) n. 10 ngr.

Meyerstein, Der Magnetische Theodolith. (Extra-Abdruck aus Carl's Repertorium für Experimental-Physik, VIII. Band.) München 1872.

— Verzeichniss von Instrumenten und Apparaten. (Lithographirt.) Göttingen.

Meyerstein, Richard, approb. Arzt aus Hannover: Aus d. Laboratorium d. Herrn Prof. Mendel. Ein Fall von einer beim Menschen seltenen Cysticercenform im Kleinhirn eines Kindes. *Leipzig 1902: B. Georgi.* (40 S.) 8°
Leipzig, Med. Diss. v. (21. Juli) 1902

— Rudolph (Minden / Hannover), De pertussi. Diss. med. Göttingen (Baier) 1831. 43 S. (—.—)
23265

Meyerstein, Wilhelm: Das Carcinom des Wurmfortsatzes. Mit einer Zeichnung im Text. München 1905: Kastner & Callwey. (38 S.) 8°
München, Med. Fak., Ref. v. Bollinger, Diss. v. 18. Okt. 1905
[Geb. 18. Mai 81 Posen; Wohnort: Posen; Staatsangeh.: Preußen; Vorbildung: Friedr.-Wilh.-Gymn. Posen Reife O. 00; Studium: Heidelberg 1, Berlin 3, München 6 S.; Coll. 18. Okt. 05; Approb. 18. Okt. 05.]

Meyerstrasse, August. Das Zungenspielen des Rindes, mit besonderer Berücksichtigung seiner Bedeutung für die tierzüchterische Praxis. Aus dem zootechnischen Institut der Universität Bern.... Diss. Vet.-Med. Bern. [Mit 4 Tafeln.] 90 S. 8. Neustadt-Rübenberge, W. Sicius, 1910.

Meyerwisch, Franc. Henr. Guil. (geb. Berlin 20. 1. 1836): De variis vitrorum ocularium generibus eorumque usu ophthalmiatrico. Berolini (1861). (32 S.) 8°
Berlin, Med. Diss. v. 29. Apr. 1861

Meyfart (=Meifart), Johann Matthäus

— — Des Hn. *Joh. Matthäi Meyfarts,* seel. („berühmt-gewesenen Dr. der H. Schrifft etc."), Drey Nützliche Tractat: Der erste vom Jüngsten Gericht: Der andere vom Himlischen Jerusalem: Der dritte vom Höllischen Sodoma. Auf historische Weise aus denen klaren Stellen der heiligen Schrifft u. dann auch aus denen Betrachtungen so wol alter als neuer Lehrer der Christlichen Kirche, bey diesen betrübten Läufften (im 30 jähr. Krieg), allen Christen zur Warnung u. Lehr beschrieben, u. jetzo in diese Form zusamm gebracht, auch von viel Fehlern, die in den vorigen Auflagen mit eingeschlichen waren, u. offtmals wider den Verstand lieffen, mit Fleiß gesäubert. Mit curiosem emblemat. Titelkupfer. Nürnberg, in Verlegung Joh. Andreä Endters seel. Sohn u. Erb. MDCCX. (1710.) Gr. 8°. (4 Mk. 15 Pfg. L. Rosenthal, 1886; jetzt theurer!)
Titel (roth u. schwarz), 10 Bll. Vorr. des Verlegers u. des Verfassers (letztere dat.: Coburg, den Tag Matthiä 1632), 1312 fortlaufend pag. Seiten, 15 Bll. Reg., 1 Bl. Druckf. Die 2te Abth. beginnt mit S. 441, die 3te mit S. 849. — Diese Gesammtausgabe ist nicht häufig.

Meyfart, drei nützliche Tractate. Der erste vom jüngsten Gericht, der andere vom himmlischen Jerusalem, der dritte vom höllischen Sodoma, aus den klaren Stellen der Heiligen Schrift u. dann auch aus den Betrachtungen sowohl alter als neuer Lehrer der christlichen Kirche, bei diesen betrübten Läuften allen Christen zur Warnung u. Lehr beschrieben. Neue Ausg. gr. 8. (VIII, 751 S.) Hermannsburg 881. Missionshausdruckerei. n. 2. 80; geb. n.n. 3. 60

Meyfart. Drei nützliche Tractate. Der 1. vom jüngsten Gericht, der 2. vom himml. Jerusalem, der 3. vom höll. Sodoma, aus den klaren Stellen der hl. Schrift 2c. Neue Ausg. (2. Aufl.) gr. 8. (VIII, 751 S.) Hermannsburg 889, Missionshandlung.
[* 2 80; geb. * 3 80] * 1 50; geb. * 2 50

Meyfarth, Georg, Amtstierarzt a. Dresden, z. Z. Schlachthofdirektor in Glauchau: Aus dem Veterinärinstitut der Universität Leipzig. ⟨Professor Dr. Eber.⟩ Über Ovarialtuberkulose der Kuh. Mit 8 Abbildungen. Berlin: R. Schoetz 1907. (72 S.) 8°
Leipzig, Phil. Fak., Ref. Eber-Kirchner, Diss. v. 4. März 1907
[Geb. 13. Nov. 65 Dresden; Wohnort: Glauchau; Staatsangeh.: Sachsen; Vorbildung: Kreuz-Gymn. Dresden Primareife Dez. 86; Studium: Tierärztl. Hochsch. Dresden 3, Leipzig 9 S.; Rig. 1.—3. Aug. 06.]

Meyfarth, Heinrich, appr. Arzt a. Falkenberg: Aus der medizinischen Klinik zu Marburg. Die Sahli'sche Probesuppe. Marburg 1906: R. Friedrich. (34 S.) 8°
Marburg, Med. Fak., Ref. Brauer, Diss. v. 23. Aug. 1906
[Geb. 25. Sept. 81 Falkenberg b. Homberg, Bez. Cassel; Wohnort: Marburg; Staatsangeh.: Preußen; Vorbildung: Gymn. Fridericianum Laubach Reife O. 00; Studium: Göttingen 1, Marburg 5, München 1, Marburg 3 S.; Coll. 24. Juli 06; Approb. 1. Apr. 06.]

Meyfarth, J. Ch. F. Unterricht für die Unteroffiziere der Inf. Gießen 1805. 148 S.

Meyfarth, J. C. F., Unterr. für Unteroffiziere der Infanterie. Nebst e. Erklär. d. militär. Kunstausdrücke u. Wörter aus fremden Sprachen 2c. 8. Gießen 805. Heyer. 8 gl

Meyfelds, Er., und Ennerts, Kunst zu kochen. 2 Bde. 8. Rinteln. Hahn. 792.

Meyfeldt, Chr. J. G. H., daß diejenige Meinung: wenn man die Engel als unvollständige Geister ansieht, die vernünftigste sey. Jena 759. 4.

Meyhöfer, f.: General-Bericht üb. d. öffentl. Gesundheitswesen d. Reg.-Bez. Köln.

Meyhöfer, über die Gesundheitsverhältnisse der Stadt Görlitz, s. Abhandlungen der naturforsch. Gesellschaft zu Görlitz.

Meyhoefer, zur Reform des preußischen Hypothekenwesens. Eine Beleuchtung der in der Sitzungsperiode des Landtages vom Jahre 1857 von einer Kommission des Herrenhauses aufgestellten Verbesserungsanträge, verbunden mit eigenen Vorschlägen zur Aenderung des Hypothekenwesens nebst angehängtem Gesetzentwurfe. Berlin 858. C. Heymann. 8. (27 S.) n. 6 ngr.

Meyhöfer, H. Das Zündnadel- und Chassepotgewehr. 4 Hefte. 8. Königsberg 1870

Meyhöfer, Heinr., über Embolie der Arteria centralis retinae. Inaugural-Dissertation. gr. 8. (80 S.) Königsberg 873. (Leipzig, Kessler.) *

Meyhoffer, Johann, von Chavannes de Bogis, Canton de Vaud: Ueber acute Tuberculosis der Lungen. Zürich 1855: Kiesling. 81 S., 1 Bl. 8°
Zürich, Med. Diss. v. 12. Mai 1855.

Meyhoeffer, Franc. Frid. (geb. Schakummen in Ostpr. 25. 2. 1830): De pneumatosi chronica intestinali. Berolini (1853). (31 S.) 8°
Berlin, Med. Diss. v. 1. Nov. 1853

Ahasver und andere Novellen von Nina **Meyke.** *Berlin: A. Schall [1900].* (221 S.) 8° [F.]
— Verein d. Bücherfreunde. [9, 7.] [00. 10089

Apostel der Freiheit. Roman von Nina Meyke. Berlin: Verein d. Bücherfreunde [1908]. 528 S. 8°
(Verein d. Bücherfreunde. Jg. 18, 4.) [BTD 10.1009.]

Meyke, Nina, Apostel der Freiheit. Roman. (528 S.) 8. Berlin (909). A. Schall. 4.—; geb. 5.—

— Funken unter Asche. Roman. 8. (366 S.) Leipzig (901). P. List. n. 5.—; geb. in Leinw. n. 6.—

— der Götze Gold. Roman. 8. (344 S.) Ebd. (900). n. 3.—; geb. 4.—

— Helden der Pflicht, s.: Veröffentlichungen des Vereins der Bücherfreunde. 8. Jahrg. 3. Bd.

— auf einsamer Höhe. Roman. 2 Bde. 8. (290 u. 311 S.) Leipzig (899). P. List. n. 6. —; geb. 8. —

— Namenlos. Roman. 2 Bde. (279 u. 267 S.) 8. Leipzig (907). P. List. 5.—; geb. 7. —

— Wera Sibirjakowa. Roman. 2 Bde. 8. (206 u. 215 S.) Ebd. 899. n. 5. —; geb. 7. —

— zwei Welten. Roman in 2 Bdn. 8. (302 u. 382 S.) Berlin 902. A. Schall. n. 6. —; geb. in Leinw. n. 8. —

Zwei Welten. Roman in 2 Bden von Nina Meyke. Bd 1. 2. *Berlin: A. Schall [1903].* 2 Bde 8° [F.]
— [Verein d. Bücherfreunde. Jg. 12, 1. 2.]

Meyke, Wilhelm: Beiträge zur Ermittelung einiger Hopfen-Surrogate im Biere. 44 S. 8°
Dorpat, Mag. Diss. 1878

Meyke. W.: Beiträge zur Ermittlung einiger Hopfensurrogate im Bier. D. Libau. 1878.

Meykow, O., Grundriss der Institutionen des römischen Rechts. gr. 8. (V, 69 S.) Dorpat 880. (Karow.) n. 1. 20

Meykow. Grundr. d. Institutionen d. röm. Rechts. Dorpat 881.

Meylan, A. (Red.), s. Almanach de la Suisse romande pour l'année 1876.

Meylan, A., flore de l'Helvetie. Costumes suisses avec une introduction. gr. 16. (8 S. m. 14 Chromolith.) Bern 876. Haller. 5. —

Meylan, A., la maladie du plumet. qu. 4. (10 Stnt.) Bern 870, Huber und Comp. *

— la milice. qu. 4. (32 Steintaf. m. Text.) Bern 873. Huber & Co. n. 1. 50

— messieurs nos soldats en ville et en campagne. qu 4. (27 S. m. eingedr. Holzschn.) Ebend. 875. n. 1. 30

Meylan. A[uguste] *II.* Jean Jacques Rousseau. Sein Leben und seine Werke. Biographische, kritische und historische Studie nebst bisher noch ungedruckten Aktenstücken und einem Portrait J. J. Rousseau's [Tafel]. [Aus dem Französischen übersetzt.] 8. Bern 1878.
Zur hundertjahrigen Gedachtnissfeier

Meylan, A. J. J. Rousseau, sein Leben und seine Werke. In's Deutsche übertragen von *Gustav v. Reymond.* Mit Portrait. 8°, 152 S. Bern, Haller. 1878. 2 —

— Jean Jacques Rousseau, sa vie et ses oeuvres. Étude biographique, critique et historique, accompagnée de documents officiels et inédits. Avec un portrait de J. J. Rousseau (Holzschntaf.). 8. (IV, 133 S.) Ebend. 878. n. 2. —

— souvenirs comiques de l'armée de l'Est en Suisse. qu. 4. (28 Steintaf.) Ebend. 871. n. 1. 50

Meylan. A[uguste] *II.* Souvenirs comiques de l'Armée de l'Est en Suisse. [Illustré.] 3e éd. 8-obl. (Berne) 1871.

Meylan, Charles, contributions à la flore bryologique du Jura, s.: Mémoires de l'herbier Boissier Nr. 18.

— une excursion bryologique à la Dôle et au Colombier de Gex, s.: Mémoires de l'herbier Boissier. Nr. 22.

Une excursion bryologique à la Dôle et au Colombier de Gex par Charles Meylan. Genève & Bâle: Georg & Cie 1900. (S. 75–80.) 8°
— Mémoires de l'Herbier Boissier. No 22, B.

Meylan, Edmond s. Tonneau, Alfred, et Meylan, Edmond.

Meylan, [Mlle] F[anny] Th[éodora]. La coéducation des Sexes. Etude sur l'Education supérieure des femmes aux Etats-Unis. [Par] F. Th. M', Licenciée-ès-lettres de l'Université de Lausanne. [Avec 1 carte et 4 tableaux.] II + 181 p. 8. Bonn, Charles Georgi, 1904. [M. 3. —]

Meylan, G. F., Geschichte des Handels der Europäer in Japan. Ins Deutsche übertragen von F. W. Dieberich. Leipzig 861. (Voigt & Günther. 8. (XI, 233 S.) n. 1 Thlr 10 ngr

Meylan-Faure, H., Les épithètes dans Homère. Diss. 1899. 127 S. 2.—

Der Sänger. Eine Auswahl der besten neueren und älteren Lieder gesam. u. hrgg. v. August Meyler. Husum. 1830. 8°.

PANSA von Mancha, Don Ambrosio, des Jüng. („weyland unpartheiisch. gelehrt. Zeitungsschreibers, jetzig. wohlbestalten Correktors, ordentl. Mitgliedes und beständigen Zeitungsvorlesers von sechs politischen Tabagien etc.", d. i. *Meyling*), wohlgemeintes Messgeschenk, mit des Setzers Noten. (Satir. Kpfrvign.. J. W. M(eil) del., Glassbach sc.) Graptomaniacum. O. J. (1757). 8°. 110 S. (5 Mk., schönes Expl., Friedr. Klüber, 1908.)
Jahrzahl nennt Weller, Lex. p. 411, ohne Angabe des wirklichen Verfassers.
Seltenes, satyr. Curiosum, gewidm. „Allen preshaften, insbesondere neu angehenden Schriftstellern":
„Die sich drey Finger taub geschrieben,
Die Stirn und Nase wund gerieben,
Sechs Nächte schlaflos hingebracht;
Zwey Dutzend Federn ganz zerbissen,
Neunmahl den Bogen durchgerissen,
Eh sie den Titel ausgemacht."
Sehr spaßhaft die zahlreichen scherzhaften Büchertitel, sämmtl. fingirt (auch im Anhang 11 Nrn.), welche Hayn vor Abfassung s. Bibliogr. d. scherzhaften Cataloge entgangen sind.

Meyling, Jh. Mt., († ...) s. Leben u. Schriften verstorb., besond. auswärt. Gelehrter.

(Meyll, Pierre.) Relation de la solennité du 2 février 1847. Contenant le discours de M. le Doyen [Jean-Pierre] Aeby. 8. Fribourg.

Meylon, s. Meylan

Meymund, A., hannoversche Skizzen. 8. (IV, 226 S.) Hannover (900). O. Borgmeyer. n. 2. 50; geb. in Leinw. n. 3. —

— vergangene Tage. Roman aus der Zeit König Georg V. 8. (V, 237 S.) Ebd. (900). n. 2.50; geb. in Leinw. n. 3. —

Meymund, Kurt, Zimmergärtnerei, s. Hillger's illustr. Volksbücher.

Zimmergärtnerei von Kurt Meymund, Obergärtner. Mit 64 Ill. Berlin, Leipzig: H. Hillger [1904]. (89 S.) 8° [F.]
— Volksbücher, Hillgers illustrierte. Bd 14.

Meyn, Dr. Ludewig, Lebensabriss u. Schriftenverzeichniss desselben, s.: Berendt, G.

Meyn, Stadterweiterungen in rechtlicher Beziehung f. Preussen. Berlin 893.

Meyn, A. S. A., s. Mitteilungen aus dem Gebiete der Medizin ...

Meyn, Adolf [pr. Arzt aus Uetersen in Holst.]: Ein Fall von „Noma" ... München, J. F. Lehmann, 1893; 17 S. 8. München, Med. Fak., Inaug.-Diss. v. 1894

Meyn, Adph., die Liebe v. Zigeunern stammt —. Dichtung. (111 S.) kl. 8. Hamburg 908. F. Kriebel. 1. 80; geb. in Leinw. 2. 50

Meyn, Andr(eas) Ludw(ig) Adolph: Die Asphyxie in ihren staatsärztlichen und klinischen Beziehungen. Zur Erinnerung an das den 5.October 1843 gefeierte 50jährige Doctorjubiläum des Herrn Etatsraths Pfaff. 172 S., gbd.

Kiel: Bünsow 1843

JB 5.355

Meyn, Andr. Ludw. Ad., die Asphyxie, in ihren staatsärztlichen u. klinischen Beziehungen. gr. 8. (11⅛ B.) Kiel 843. [Naeck.]

Meyn, E., Generalregister, s.: Entscheidungen des Reichsgerichts in Zivilsachen.

Meyn, E. Die preußischen Rentenguts-Gesetze. Zur Einführg. in das prakt. Verständnis derselben. Mit dem Texte der beiden Rentengutsgesetze vom 27. Juni 1890 u. 7. Juli 1891. gr. 8. (III, 55 S.) Berl. 892, Parey. * 1 —

(Meyn, Elise,) Muster-Blätter f. Stickerei, s. Muster-Blätter etc.

Meyn, Frdr., Geschichte u. Kritik d. Wiesenbaues. Ein Beitrag zur allgemeinen Landwirthschaftslehre. gr. 8. (III, 66 S.) Heidelberg 876. C. Winter. n. 1. 60

Meyn, Frdr., Grundzüge des Wiesenbaues u. der Drainage. Zum Gebrauch beim Unterricht an landwirthschaftlichen Lehranstalten bearb. Mit 9 (eingedr.) Holzschn. gr. 8. (VIII, 142 S.) Heidelberg 880. C. Winter. n. 2. 40

— landwirthschaftliche Probleme u. Fundamentalsätze vom Gesichtspunkt der Wirthschaftspolitik u. der Volkswirthschaft aus beleuchtet. gr. 8. (VIII, 177 S.) Jena 878. Fischer. n. 3. 60

Meyn, J. H. C., die deutsche Bundesacte, s. Bundesacte.

Meyn, J. L., physikal.-ökon. Baumschule. 2 Thle. m. K. 8. Alt-Brandenb. Leich.

Meyn, Johann Christoph (Schossovia/Pommern), De successione adoptivorum in feuda. Diss. jur. feudal. Präs. Ernst Friedrich Knorr. Halle/Magdeburg (J. Fr. Grunert) 20. X. 1753. 26 S. (4.—) 23266

Meyn, Juliane, Theaterstücke, s.: Faust, Rich.

Meyn, Ludwig

— fünf Stunden Abenteuer. Lustspiel in 5 Acten nach einem altengl. Muster des Sam. Tuke. Kiel 866. Schwers'sche Buchh. 16. (126 S.) 15 ngr.

Meyn, L., am Anfang schuf Gott Himmel u. Erde. Briefe an eine Freundin über die natürliche Geschichte der Schöpfung. gr. 8. (260 S.) Schleswig 878. Bergas. n. 6. —

Meyn, L., der Asphalt u. seine Bedeutung f. den Straßenbau großer Städte. gr. 8. (IV, 92 S.) Halle 872. Buchh. d. Waisenh. n. 1. 20

Meyn, L., Aufklärungen über den Guano-Handel für den deutschen Landmann. gr. 8. (115 S.) Itzehoe 867. (Altona, Mentzel.) * *

Meyn, L., Aufklärungen über den Guano-Handel für den deutschen Landmann. Itzehoe 867. (Hamburg, Mentzel.) gr. 8. (115 S.) n.n. 9 ngr.

Meyn, Ludw., geognostische Beobachtungen in den Herzogthümern Schleswig und Holstein. Lex.-8. (65 S.) Altona 848. (Kiel, Schröder und Comp.) Thlr. *
Aus: Jahresberichte der II. Versammlung deutscher Land- und Forstwirthe 2c., besonders abgedruckt.

Meyn, L. (II.), geognostische Beschreibung der Insel Sylt und ihrer Umgebung, s. Abhandlungen zur geologischen Specialkarte von Preussen und den Thüringischen Staaten.

Geologisch-topographische Beschreibung der Hamburger Hallig v. L[udwig] Meyn. Hierzu 1 Karte. ⟨Abdruck a. d. Zeitschr. d. Deutschen Geologischen Gesellschaft. Jg. 1872.⟩ [Berlin. (1872.)] 8°

Meyn, Ludw., die Bodenverhältnisse der Prov. Schleswig-Holstein, s. Abhandlungen zur geologischen Specialkarte von Preussen und den Thüringischen Staaten.

Die Bodenverhältnisse der Provinz Schleswig-Holstein v. Ludewig Meyn. Als Erläuterung zu dessen Geologischer Uebersichtskarte von Schleswig-Holstein. Mit Anmerkungen sowie dem Schriftenverzeichnisse und Lebensabrisse des Verfassers v. G. Berendt. Berlin. 1882. 4°

Meyn, L[udwig]: Zur Chronologie der Paroxysmen des Hekla. 8° Aus: Zeitschrift d. dt. geolog. Ges. Jg. 1854.

Die Erdfälle. Ein Beitrag zu der Agenda geognostica für die nord-deutsche Ebene. Von Ludewig Meyn. (Aus der Zeitschrift der deutschen geologischen Gesellschaft. 1850. Heft 4.) o. O. (1850.) 8°

Meyn, Ldw., Gedichte. 8. Kiel 843. Bünsow. ½ ꝛf

Meyn, Ludw., Gedichte. 8. (7½ B.) Kiel 843. [Naeck.]

(Ludwig Meyn:) Ditmarscher Gedichte von Johann Meyer. (Itzehoe. 1859.) 8°, geb. in 4° Kopft. Sonderabdruck aus den „Itzehoer Nachrichten". 1859, Nr. 33.

Meyn, L., zur Geologie der Insel Helgoland. Kiel 864. Akademische Buchhdlg. gr. 8. (25 S.) n. 5 ngr.

—— zur Geologie der Insel Helgoland. gr. 8. (25 S.) Kiel 864. [G. v. Maack's Verlag.] *

Meyn, L. Holsteinische Geschiebe. I. Asphalt in Granit. (Schulprogramm.) Kiel. 1846. 4.

—— schleswig-holsteinischer Haus-Kalender auf die J. 1876 —1878. 8.—10. Jahrg. gr. 8. (à Jahrg. ca. 192 S.) Garding, Lühr und Dircks. à Jahrg. *
—— dass. — auf die J. 1879 und 1880. 11. und 12. Jahrg. Hrsg. von H. Keck. 16. (à Jahrg. ca. 204 S. mit Holzschn.) Ebendas. à Jahrg. *

—— schleswig-holsteinischer Haus-Kalender für 1881—1885. 13.—17. Jahrg. Hrsg. von H. Keck. 16. (à Jahrg. ca. 150 —180 S. mit eingedr. Holzschn.) Garding, Lühr und Dircks. à Jahrg.

Meyn, L[udw.] schleswig-holsteinischer Haus-Kalender auf die J. 1886—1889. 18.—21. Jahrg. 16. (à Jahrg. 180—190 S. mit eingedr. Holzschn.) Garding, Lühr und Dircks. à Jahrg. *

Meyn's, L., schleswig-holsteinischer Haus-Kalender auf d. J. 1890—1893. 22.—25. Jahrg. 12. (48, 133; 180; 181; 177 S. m. Bild.) Garding, Lühr u. Dircks. 22.—24. Jahrg. à * — 40
25. Jahrg. * — 50

Meyn's, L., schleswig-holsteinischer Haus-Kalender auf d. J. 1895. 27. Jahrg. 12. (177 S.) Garding, H. Lühr & Dircks. n. — 50

Meyn's, L., schleswig-holsteinischer Haus-Kalender auf d. J. 1899. 31. Jahrg. 12. (179 S.) Garding, H. Lühr & Dircks. n. — 50

Meyn's, Ludw., schleswig-holsteinischer Haus-Kalender auf d. J. 1903. 35. Jahrg. 12. (177 S.) Garding, H. Lühr & Dircks. n. — 50

Meyn's, Ludw., schleswig-holsteinischer Haus-Kalender f. 1907. Hrsg. v. Wilh. Lobsien. 39. Jahrg. (181 S. m. Abbildgn.) kl. 8. Garding, H. Lühr & Dircks. — 50

Meyn's, L., schleswig-holsteinischer Haus-Kalender f. 1911. Hrsg. v. Wilh. Lobsien. 43. Jahrg. (179 S. m. Abb.) kl. 8. Garding, H. Lühr & Dircks. — 50

—— Holstein und Lauenburg. Hamburg und Lübek. Ein Führer durch Stadt und Land. 8. (VIII und 96 S. mit 7 lithogr. Karten, wovon 2 in Farbendr., und 1 Meilenzeiger.) Kiel 847, Akademische Buchhandlung.

Der Jura in Schleswig-Holstein v. L[udwig] Meyn. ⟨Abdruck a. d. Zeitschrift d. Deutschen Geol. Gesellschaft. Jg. 1867.⟩ [Berlin.] 1867. 8°

Meyn. Geognostische Karte der Insel Sylt. Berlin. 1876.

Geologische Karte der Insel Sylt und ihrer nächsten Umgebungen. Geologisch bearb. durch Ludewig Meyn. 1:100 000. (Berlin 1876.) Farbendruck. 1 Bl. Imp.-Fol., 73,5/62,5 cm (beschn.)

Meyn, Ludewig, aus dem Leben u. aus der Natur. Gesammelte Aufsätze. Hrsg. v. J. Meyn. gr. 8. (VIII, 126 S. m. Lichtdr.-Bild.) Garding 886. Lühr & Dircks. n. 1. 50; geb. 2. 50

Meyn, L. Lebensversicherung für den Landmann. Itzehoe 1873.

— norddeutsches Lesebuch, s.: Keck, H.

— vaterländisches Lesebuch, s.: Keck, H.

Neue allgemeine und wohlfeile Methode der höchsten Wiesen-Cultur. Erfunden v. Asmus Petersen. Beschrieben v. Ludewig Meyn. Mit Abbildungen. Wismar und Ludwigslust. 1861. 8°.

Meyn, L., neue allgemeine u. wohlfeile Methode der höchsten Wiesen-Cultur. Erfunden von A. Petersen. Mit Abbildgn. (auf 1 lith. Taf. in Fol.). Wismar 861. Hinstorff. 8. (32 S.) n. 10 ngr.

Om Peru-Guano og dens sande Betydning for Landbruget i Resten af dette Aarhundrede af Ludwig Meyn. Flensborg. 1872. 8°

—— die natürlichen Phosphate und deren Bedeutung für die Zwecke der Landwirthschaft. 8. (VI, 162 S.) Leipzig 873, Kürsten. [Halle, Buchh. des Waisenhauses.] *

—— das Salz im Haushalte der Natur und des Menschen, s. Bücher der Natur.

Silurische Schwämme und deren eigenthümliche Verbreitung, ein Beitrag zur Kunde der Geschiebe v. Ludwig Meyn. (Abdruck a. d. Zeitschrift d. Deutschen Geologischen Gesellschaft. Jg. 1873. [Berlin.] 1873.) 8°

—— landwirthschaftliches Taschenbuch auf die J. 1862—68. 16. (à Jahrg. ca. 212—315 S.) Itzehoe. (Altona, Schlüter.) geb. à Jahrg. *

— s.a. Taschenbuch, schleswig-holstein. landwirthschaftl.

—— schleswig-holsteinisches landwirthschaftl. Taschenbuch auf die J. 1869—1875. 9.—15. Jahrg. gr. 16. (à Jahrg. 240—277 S.) Itzehoe. (Altona, Schlüter.) à Jahrg. geb. *

—— schleswig-holsteinisches landwirthschaftliches Taschenbuch auf die J. 1876—1880. 16.—20. Jahrg. gr. 16. (à Jahrg. ca. 290—320 S.) Itzehoe. (Altona, Schlüter's Sortiment.) Jahrg. 1876—1878 geb. à *
Jahrg. 1879 und 1880 geb. à *

—— schleswig-holsteinisches landwirthschaftliches Taschenbuch auf die J. 1881—1885. 21.—25. Jahrg. gr. 16. (à Jahrg. ca. 300—330 S.) Itzehoe. (Altona, Schlüter'sche Buchh.) geb. à Jahrg. **

Meyn, L[udw.], schleswig-holsteinisches landwirthschaftl. Taschenbuch auf die J. 1886—1889. 26.—29. Jahrg. gr. 16. (à Jahrg. ca. 310 S.) Itzehoe 888. (Altona, Schlüter.) geb. à Jahrg. **

—— schleswig-holsteinisches landwirthschaftl. Taschenbuch auf d. J. 1890—1893. 30.—33. Jahrg. gr. 16. (300; 310; 306; 308 S. m. 1 Karte.) Itzehoe. (Altona, Schlüter.) geb. à Jahrg. ** 1 80

— schleswig-holsteinisches landwirthschaftl. Taschenbuch auf d. J. 1895. 35. Jahrg. gr. 16. (304 S. m. 1 Karte.) Itzehoe. (Altona, Schlüter.) Geb. n.n. 1. 80

— schleswig-holsteinisches landwirthschaftl. Taschenbuch auf d. J. 1898. 38. Jahrg. 12. (301 S. m. 1 Karte.) Itzehoe. (Altona, Schlüter.) Geb. in Leinw. n. 1. 80

— dasselbe, Fortsetzg., s.: Taschenbuch.

Meyn, Ludw. Ueber die fossile Thierwelt des einfachen Mikroskopes, und deren geogn. Bedeutung. (Aus allg. Monatsschr. f. Wiss. u. Literatur.) 1853. 8.

Meyn, L., geologische Uebersichtskarte der Prov. Schleswig-Holstein, bearb. unter Zugrundelegung der Liebenow'schen topograph. Karte. 1 : 300,000. Hrsg. von der königl. preuss. geolog. Landesanstalt. 1881. Chromolithogr. Imp.-Fol. Mit Text. Lex.-8. (52 S. mit Meyn's photolithogr. Portr.) Berlin 882, Schropp'sche Hof-Landkartenh. * 10 —

Meyn, Ludw., die nachhaltige Vertilgung des Duwocks. Ein Mittel zur Vermehrung der Milch-, Fett-, und Fleisch-Production. Weimar 854. Böhlau. gr. 8. (55 S. m. Holzschn. im Text.) n. 10 ngr

Meyn, L., die richtige Würdigung d. Peru-Guano in der Landwirthschaft f. den Rest d. Jahrhunderts. gr. 8. (VIII, 60 S.) Halle 872. Buchh. d. Waisenh. n. 1. —

Meyn, Rich., die absoluten mechan., calorischen, magnet., elektrodynam. u. Licht-Maass-Einheiten, nebst deren Ableitgn., wichtigsten Beziehgn. u. Messmethoden, m. e. Anh. nichtmetr. Maasse, zum Gebrauche f. Ingenieure, Techniker, Lehranstalten, sow. f. e. gebild. Publicum in gedrängter Kürze bearb. gr. 16. (VII, 44 S.) Braunschweig 897. F. Vieweg & Sohn. n. 1. —

Meynard, Louis. L'épître de Saint-Paul aux Éphésiens. Thèse. In-8°, 82 p. Genève (Bâle, H. Georg). 1884.

Meyncke, Gust., Quaestiones Valerianae. Bonn 865. Weber. gr. 8. (56 S.) n. 15 ngr

Meyncke, G., Die Pariser Tibull-Excerpte. S.-A. 1870. 24 S.

Meyndt, Geo., äuß afer Gemien. E Sanyspäl ä vaar Beldern (Rechesdirferesch). 12. (21 S.) Hermannstadt 901. W. Krafft. n.n. — 21

Meyndt, J. G., Beiträge zur Geschichte der älteren Beziehungen zwischen Deutschland u. Ungarn nebst e. Anh. Züge aus dem ungar. Culturleben im 11. Jahrh. Leipzig 870. E. Fleischer. gr. 8. (III, 88 S.) n. 16 ngr

Meyne, J. C., Nachr. v. d. seit 1797. organis. Garnisonsschule z. Elbing. 8. Elend. Franzen. 805.

Meyne, Joh., moderne Ansichten üb. Gott u. die Welt, sowie üb. die Unsterblichkeit der Seele u. die in Folge dessen nothwendig werdende Begründung der Lehren der Moral auf nicht-religiöser Basis. gr. 8. (17 S.) Oedenburg 893. (Leipzig, Literar. Anstalt A. Schulze.) n. — 40

Die staatsrechtliche Stellung des preussischen Kriegsministers von Dr. jur. Arthur **Meynen**. Breslau: Korn 1910. VI, 38 S. 8°
(Zeitschrift f. Völkerrecht u. Bundesstaatsrecht. Bd 4, Beih. 2.) [illegible] 3

Meynen, Paul F. W., Turnen u. Sport an deutschen Hochschulen, s.: Fehrmann, Arymund.

Meynen, Walth., das belgische Bankwesen. (VIII, 130 S.) gr. 8. Berlin 910. F. Siemenroth. 3. —

Meynen W. Geschichte des belgischen Bankwesens. (47 S.) Berlin 1910

Meyner, Giebt es keine Richter mehr in Berlin? Erwiderung dem Dr. Guttstädt auf die Angriffe gegen den Hilferuf an den deutschen Reichstag. gr. 4. (4 S.) Chemnitz 877. (Berlin, Grieben.)

Meyner, giebt es keine Richter mehr in Berlin? Erwiderung dem Dr. Guttstadt auf die Angriffe gegen den Hilferuf an den deutschen Reichstag. gr. 4. (4 S.) Chemnitz 877. (Leipzig, Grieben.) n. — 20

— II. Hilferuf an den hohen deutschen Reichstag um Aufhebung des Impfzwanges. Lex.-8. (61 S.) Ebend. 877. n. 1. —

Meyner, vierter Hilferuf an den hohen deutschen Reichstag, Petition um Aufhebung des Impfzwanges. Nebst einem Anhang: Uebersichtl. Tabellen von Daten, welche auf Pocken und Pockenimpfung Bezug haben, von Meyner und C. Löhnert. gr. 8. (92 S.) Dresden 881, Reinhardt. *

Meyner, A. M.: Geschichte der Schützengilde zu Wittenberg von ihrem Ursprunge bis auf die neueste Zeit aus archivarischen und anderen zuverlässigen Quellen geschöpft. Wittenberg, 1850. 2962

Meyner, A. M., Geschichte d. Stadt Wittenberg aus archivalischen u. andern zuverlässigen Quellen geschöpft u. bearb. gr. 8. (9½ B.) Dessau 845. (Wittenberg, Zimmermann'sche Buchh.) *

Meyner, C. W., prakt. Anleit. z. Branntweinbrennen, Destilliren, z. Thierarzneiwissenschaft u. zu mehrern and. Hauswirthschaftskünsten; e. gemeinnütz. Handb. in 12 Abschn. 8. Schmölln 811. Autor. (Leipz., Rein). 1 ℛ 8 gr

Meyner, C. W., prakt. Anleitung z. Branntweinbrennen. 8. Schmölln. (Leipz. Rein in Comm.) 813.

Meyner, (C. W.,) vortheilhaftes Haus- u. Familienbuch f. Dorfschultheissen, Schöppen rc. 8. Zwickau 817. Liter.-Cptr.

— vortheilhaftes Haus- u. Familienbuch für Dorfschultheißen, Schöppen rc. 8. Zwickau 817. Fr. Weber in Ronneb. 20 gr

Meyner, E. A. Die Cholera. Ratschläge zur Verhütg. u. Abwehr auf naturgemäßem Wege. [Der Hausdoctor, 1. Jahrg., Nr. 30—32.] gr. 8. (24 S.) Berl. 892, Deutsches Druck- u. Verlagshaus (Falten). — 50

Meyner, E. A. Was wir wollen. Ein Wort gegen die Allopathie u. f. die Naturheilmethode. 8. (V, 71 S.) Lpz. 892, M. Hesse. * 1 —

Meyner, E. W., s. Meyner, C. W.

Meyner, Frdr., ornamentale Details der modernen Architektur. (39 Taf. m. III S. Text.) 29,5×39,5 cm. Berlin (909). Schöneberg, Kanter & Mohr. Kart. 6. —

Meyner, Fr., die plastischen Zierformen sämtlicher Stilepochen. I. Tl. Figur u. Ornament des Altertums [Assyrien, Persien, Ägypten, Griechenland u. Rom]. Ein Ideenschatz f. Architekten, Bildhauer, Zeichner. Schulen etc. Eine Sammlg. f. Liebhaber. 57 Taf. m. ca. 1500 Fig. u. Ornamenten. 5 Lfgn. (IV S. Text.) 32.5×42 cm. Leipzig 908. Klinkhardt & Biermann. à 4. —; Leinw.-Mappe 2. —

Meyner, Hans, aus Chemnitz i. Sachsen: **Der Kohlehydratverbrauch bei Uranvergiftungen.** *Würzburg 1898: P. Scheiner.* (26 S.) 8°
Würzburg, Med. Diss. v. 1898

Meyner, Hermann, s. Meynert

Meyner, Johann Fr.

Meyner, J. F.: Ein Beytrag zur Geschichte der Erziehungs-Thorheiten des 17. Jahrhunderts. In einer Beschreibung der vormals bey der Stadtschule begangenen Gregorienfeste. Gotha 1787. 64 S.

—Beitr. z. Geschichte d. Erziehungsthorheiten des 17. Jahrh. 8. Gotha 787. Ettinger. 4 gr

— kurzer Entwurf e. Geschichte d. Fürstenthums Altenburg. 8. Altenb. 789. (Hennings in Neiße). 10 gr

— kurzer Entwurf einer Geschichte d. Fürstenth. Altenburg. 8. Altenburg, Richter. (Acad. Bchhdl. in Jena) 789.

Meyner, Jh. Fr., Nachr. v. Altenburg, aus Urkunden bew. Schriftst. u. geschrieb. Samml. 1r Bd. 1r—3r Abschn. 8. Altenb. 781, 82. Richter. 21 gr

Meyner, Joh. Fr., Nachr. von Altenburg, aus Urkund. bew. Schriftst. und geschrieb. Samml. 1r Bd. 1r-3r Abschn. 8. Altb. Richter. 786.

— Nachr. von Altenburg, hist. und statist. Inh. 8. Ebend. (Acad. Bchhdl. in Jena) 786.

—Nachrr. v. Altenburg, histor. u. statist. Inhalts. 8. Altenb. 786. (Hennings in Neiße). 21 gr

—Staffel d. Kultur, auf welcher d. Deutschen in 5 Jahrhundert. standen, aus Vergleich. d. deutschen u. engl. Sprache gefunden. gr. 8. Altenb. 797. (Hennings in Neiße). 9 gr

Meyner, Max, Untersuchungen üb. den Bildungsgang d. Sonnensystems. Beiträge zur anorganischen Kosmogonie. gr. 8. (28 S.) Weimar 873. Böhlau. n. -- 80

Meyner, Richard [Thierarzt aus Delitzsch]: Anatomie und Histologie zweier neuer Taenien, Arten des subgenus Bertia. Taenia '(Bertia)' mucronata n. sp. und Taenia '(Bertia)' conferta n. sp. E. Beitr. z. Kenntniss d. Cestoden ... (Aus: Zeitschr. f. Naturw., Bd. 68.) Halle a. S., Gebauer-Schwetschke'sche Buchdr., 1895; 1 Bl., 105 S., 1 Bl., 2 Taf. m. 2 Erl.-Bl. 8.
Leipzig, Phil. Fak., Inaug.-Diss. v. [25. Mai] 1895

Meyner, Rich., zwei neue Taenien aus Affen. Ein Beitrag zur Kenntniss d. Cestoden. [Aus: „Zeitschr. f. Naturwiss."] gr. 8. (106 S. m. 2 Taf. u. 2 Bl. Erklärgn.) Leipzig 895. C. E. M. Pfeffer. n. 2. 80

Meyner, Th., d. Mädchen-Waisenschule in Majaweram, s.: Palmzweige aus d. ostind. Missionsfelde.

Meyner, Th., die gegenwärtigen Unruhen in Indien u. ihre Bedeutung f. die Mission. Vortrag, geh. auf dem Missions-Lehrkursus in Greiz. (16 S.) 8. Leipzig 909. Verlag der ev.-luther. Mission. — 10

Meynert, Dora von Stockert - , s. Stockert - Meynert

Meynert, Herm., Abriß der Geschichte des österreichischen Kaiserstaates, seiner Völker und Länder. Für Gymnasien und Realschulen bearb. Wien 856. Gerold. gr. 8. (VIII, 192 S.) n. 16 ngr

Meynert, Herm., Abriß der Geschichte des österreichischen Kaiserstaates, seiner Völker u. Länder. Für Gymnasien u. Realschulen bearb. 2., umgearb. Aufl. Wien 866. Gerold's Sohn. gr. 8. (VIII, 172 S.) n. 16 ngr

Meynert, H. (Red.), s. Actionair.

Meynert, Herm., Anton, König v. Sachsen; sein Leben u. sein Sterben. Eine kurze biographische Skizze. 8. (2 B. u. König A's. Portr.) Leipzig 836, [C. L. Fritzsche.]

Meynert, Herm., Anton, König von Sachsen; sein Leben und sein Sterben. Eine kurze biographische Skizze. Mit d. Portr. des höchstl. Königs. 8. Leipzig 836. Meser. 1/6 Thlr

Meynert, Herm., Chronik der Stadt Wien u. ihrer Bürger, v. den frühesten Zeiten bis auf die Gegenwart. Mit 3 Stahlst. 1—3. Lfg. gr. 8. (S. 1—144.) Wien 852, Gerold in Comm. à n. 7 ngr

– (Hrsg.), s. Faust. 1854.

Meynert, Dr. H., Kaiser Franz I. Wien 1871. 8.

Meynert, Herm., Kaiser Franz I. Zur Geschichte seiner Regierg. u. seiner Zeit. Nach Originalmittheilgn. u. ungedruckten Quellen. gr. 8. (X, 400 S.) Wien 872. Hölder. n. 10. 40

—— Franz I., Kaiser v. Oesterreich, u. sein Zeitalter. Ein Charakterbild aus d. Gegenwart. 1. Aufl. (21 B. u. Portr. F. I. nach Krafft, gest. v. C. Mayer.) Neue, mit e. Nachworte üb. d. Tod d. hochsel. Kaisers verm. Ausg. (21¼ B.) 8. Leipzig 834, Friese. à

— Franz I. Kaiser von Oesterreich, und sein Zeitalter. Ein Charakterbild aus der Gegenwart. Mit d. Portr. des Kaisers nach P. Krafft. 8. Leipzig 834. Friese. 1¾ Thlr — Neue, mit e. Nachworte über den Tod des hochsel. Kaisers verm. Ausg. 8. Ebd. 835. 1¾ Thlr

Meynert, Herm. Franz II. und sein Zeitalter. (21¼ B.) 8. Leipzig 1834. 5,25.

— s. Galetti's, Jh. G. A., allgemeine Weltkunde.

— neueste Geographie u. Staatskunde des Kaiserth. Oesterreich, nach der gegenwärtigen Verfassung u. nunmehrigen politisch-gerichtlichen Eintheilung; nebst einer Geschichtsskizze sowohl der Monarchie überhaupt, als jedes einzelnen Kronlandes. Mit Benützung amtlicher Nachweisungen, handschriftlicher Mittheilungen u. der besten Hilfsquellen bearb. gr. 8. (VI u. 532 S.) Wien 851, Gerold. n. 2 Thlr

Meynert, Herm., Geschichte der k. k. österreichischen Armee, ihrer Heranbildung u. Organisation, sowie ihrer Schicksale, Thaten u. Feldzüge, von der frühesten bis auf die jetzige Zeit. 1. Bd. A. u. d. T.: Geschichte des Kriegswesens u. der Heeresverfassung in den verschiedenen Ländern der österreichischen Monarchie vor Einführung d. stehenden Heere. gr. 8. (XVI u. 167 S.) Wien 852, Gerold in Comm. n. 1 Thlr

— Geschichte der k. k. österreichischen Armee, ihrer Heranbildung und Organisation, so wie ihrer Schicksale, Thaten und Feldzüge, von der frühesten bis auf die neuere Zeit. 2—4. Bd. Wien 854. Gerold in Comm. gr. 8. Jeder Band n. 1 Thlr.

2. Bd.: Geschichte des Kriegswesens und der Heeresverfassung in der österreich. Monarchie, zur Zeit Kaiser Maximilian's I. und bis zum 30jähr. Kriege. (VII, 194 S.)
3. Bd.: Geschichte des Kriegswesens und der Heeresverfassung in der österreich. Monarchie während des 30jähr. Krieges u. bis zum Tode des Kaisers Leopold I. (VII, 202 S.)
4. Bd.: Geschichte des Kriegswesens und der Heeresverfassung in der österreich. Monarchie vom Tode des Kaisers Leopold I. bis auf die gegenwärtige Zeit. (VIII, 222 S.)

Meynert, Herm., Geschichte der Ereignisse in der österreichischen Monarchie während der Jahre 1848 und 1849 in ihren Ursachen und Folgen. (Mit vielen Aktenstücken und Urkunden jener Epoche.) (Zugleich Supplementband zu des Verfassers „Geschichte Oesterreichs, seiner Völker und Länder".) Wien 853. Gerold. gr. 8. (VI, 730 S.) 3 Thlr. 15 ngr

Meynert Hermann, Dr., Geschichte der Ereignisse in der Oesterreichischen Monarchie während der Jahre 1848 und 1849 in ihren Ursachen und Folgen. Mit vielen Aktenstücken und Urkunden jener Epoche. (Zugleich Supplement zu dessen Geschichte Oesterreichs, seiner Völker und Länder.) 8. Lieferung 1—7. (S. 1—336.) Wien und Leipzig 1853. Hartleben. (Das Werk ist auf 15 Lieferungen berechnet, à zu 3 Bogen Text. Das Heft 20 kr. CM.)

Meynert Herm. Dr. Geschichte der Ereignisse in der Oesterreichischen Monarchie während der Jahre 1848, 1849 in ihren Ursachen und Folgen. Heft 8—15. (S 337—780. Schluß). 8. Wien und Leipzig 1853. Hartleben.

Meynert, Dr. Hermann. Geschichte des Kriegswesens und der Heerverfassung in Europa. I. Bd. Vom frühen Mittelalter bis zur Einführung der Feuerwaffen. II. Bd. Von der Einführung der Feuerwaffen bis zum dreissigjährigen Kriege. III. Bd. Die Zeit des dreissigjährigen Krieges. Vom Ende des dreissigjährigen bis zum Ende des siebenjährigen Krieges. Von der Beendigung des siebenjährigen Krieges bis auf die Gegenwart. (3 Bde.) 8. Wien 1868, 1869.

— Geschichte des Kriegswesens u. der Heerverfassungen in Europa seit dem frühen Mittelalter bis auf die Gegenwart. Nach Orig.-Documenten u. anderen Quellen bearb. 24 Liefgn. Wien 868. Beck'sche Univ.-Buchh. gr. 8. (1. Bd. 424 S., 2. Bd. 441 S. u. 3. Bd. 463 S.) Jede Liefg. n. 10 ngr

— kurzgefaßte Geschichte Oesterreichs, seiner Völker u. Länder, von der ältesten bis auf die neueste Zeit; mit einer allgem. geschichtlichen Einleitung. Für Jünglinge gebildeter Stände, zur Selbstbelehrung, wie auch zum Lehrvortrage f. den öffentlichen u. häuslichen Unterricht, f. Erziehungs-Anstalten, Gymnasien, Bürger- u. Hauptschulen bearb. 2. verm. Aufl. gr. 8. (347 S.) Wien 851, Gerold. n. 1 ℛ

Meynert, Dr Hermann Geschichte Oesterreichs, seiner Völker und Länder etc. (6 Bde.) 8. Pest 1843—1847.

— Geschichte Oesterreich's, seiner Völker und Länder, und der Entwickelung seines Staatenvereines, von den ältesten bis auf die neuesten Zeiten. Mit Stahlst., Karten, Tabellen 2c. (In 36 Liefg.) 1.—56. Liefg. Lex.-8. (Mit Stahlst. u. Tab.) Pesth 843—46, Hartleben. (Leipzig, Frohberger's Separ.-Conto.) à 1/4 ℛ

— Geschichte Oesterreich's, seiner Völker u. Länder, u. der Entwickelung seines Staatenvereines, von den ältesten bis auf die neuesten Zeiten. Mit Stahlst., Karten, Tabellen 2c. 57—67. Lfg. gr. 8. (VI. Bd. 1. Abth. VI S. u. S. 129—304. VI. Bd. 2. Abth. XXXII u. 472 S. m. 2 Stahlst.) Pesth 847. (Leipzig, Hartleben.) à 1/4 ℛ (cmplt. 16 3/4 ℛ)

– s.a. Geschichte des sächsischen Volkes.

—— Geschichte d. sächs. Volkes von d. ältesten bis auf d. neuesten Zeiten. Nach d. best. Quellen u. für alle Stände bearb. (In 13 Hftn.) M. 10 Portr. in Kpfrst. gr. 8. (45 B.) Leipzig 833—35, Meser'sche Vrls.-Expedition.

— Handbuch der Geographie und Staatskunde von Oesterreich nach dem gegenwärtigen Bestande und der jetzigen politisch-gerichtlichen Eintheilung, nebst geschichtlichen Abrissen der einzelnen Kronländer. Zum Selbstunterrichte, wie auch zum Lehrvortrage. (2., durchaus umgearb., berichtigte und verm. Aufl. der „österreichischen Vaterlandskunde".) Mit einem Ortsregister. Wien 853. Hartleben. gr. 8. (IV, 249 S.) 1 ℛ.

—— Handbuch der allgemeinen Weltgeschichte. Ein Leitfaden für den Selbstunterricht wie auch für den Lehrvortrag. gr. 8. (IV und 560 S. mit 1 Holzschn.) Wien 853, Hartleben's Verlags-Expedition.

—— Herbstblüthen aus Wien. Gesammelt in d. Spätmonaten 1830. 8. (16 1/4 B.) Leipzig 832, [Böhme.]

Meynert, Herm., Herbstblüthen aus Wien. Gesammelt in d. Spätmonaten 1830. 8. Leipz. 832. Hartmann. 1 ℛ 9 gr.

Meynert, Dr. Hermann — Das Herz König Rudolph I. und die Habsburger-Gruft des ehemaligen Klosters zum heiligen Kreuz in Tuln. Ein Beitrag zur Monumental-Geschichte des durchlauchtigsten Hauses Habsburg. Von — —. Wien, 1856. Druck und Verlag von J. B. Wallishausser. (IV. 62 S. 8.)

Meynert, Herm., und Jul. Schütz, Janus, s. Janus.

Meynert, Herm., Kaiser Joseph II. Ein Beitrag zur Würdigung des Geistes seiner Regierung. Nach archivalischen Quellen. Wien 862. Seidel & Sohn. gr. 8. (VIII, 208 S.) n. 1 ℛ 10 ngr

Meynert, Herm., Corallenzweige. — Erzählungen, Novellen u. Phantasiestücke. 8. (21 1/4 B.) Leipzig 833, [Böhme.]

Meynert, Herm., Corallenzweige. — Erzählungen, Novellen u. Phantasiestücke. 8. Leipz. 833. (832.) Hartmann. 1 ℛ 12 gr.

—— Kriegsscenen, s. Kriegsscenen.

Meynert, Herm., das Kriegswesen der Ungarn in seiner geschichtlichen Entwickelung bis zur Errichtung des stehenden Heeres. Mit Benützung ungedruckter Quellen. gr. 8. (VIII, 235 S.) Wien 876, Hölder.

—— das königliche Krönungsceremoniel in Ungarn. Lex.-8. (VII und 64 S. mit 1 Abbild. der Krone des heil. Stephan in Holzschn.) Wien 867, Beck'sche Universitäts-Buchh.

—— Landmanns-Zeitung, s. Landmanns-Zeitung.

Meynert, Dr. Hermann — Lehrbuch der Weltgeschichte und Geographie für Untergymnasien und Realschulen. Von — —. Wien, 1856. Mechitharisten-Buchdruckerei. (96 S. 8.)

Meynert, Dr. Hermann — Lehrbuch der Weltgeschichte, in steter Verbindung mit der Geographie. Für Untergymnasien und Realschulen bearbeitet von — —. Erster Band. Das Alterthum. Wien, 1856. Gedr. bei den P. P. Mechitharisten. (190 S. 8.)

Meynert, Dr. Hermann — Lehrbuch der Weltgeschichte, in steter Verbindung mit der Geographie. Für Untergymnasien und Realschulen bearbeitet von — —. 2ter Band. Das Mittelalter. Wien, 1856. Gedr. bei den P. P. Mechitharisten. (191 S. 8.)

Meynert, Dr. Hermann — Lehrbuch der Weltgeschichte, in steter Verbindung mit der Geographie. Für Untergymnasien und Realschulen bearbeitet von — —. 3ter Band. Die neue Zeit. Wien, 1856. Gedr. bei den P. P. Mechitharisten. (122 S. 8.)

—— Lehrbuch der Weltgeschichte in steter Verbindung mit der Geographie. Für Untergymnasien und Realschulen bearb. 3 Bde. gr. 8. Wien 856, (Seidel.) **

Inhalt:

Thl. 1. Das Alterthum. (190 S.) * 12 Ngr.
" 2. Das Mittelalter. (191 S.) * 12 Ngr.
" 3. Die Neuzeit. (122 S.) * 8 Ngr.

—— Leitfaden der Geschichte des deutsch-ungarischen Kriegswesens in Verbindung mit dem Entwicklungsgange der Monarchie von der frühesten Zeit bis auf die Gegenwart. Zum Selbstunterrichte und als Lehrbuch für Militär- und Bürgerschulen. 8. (XII, 88 S.) Ebendas. 869. *

Meynert Herm. Dr. Siehe: Lese-Kabinet, belletristisches.

Meynert Hermann Dr. Siehe: Militär-Kalender, Oesterreichischer...

– neues Militär-Conversations-Lexikon für das kaiserliche u. königliche Heer. 1. u. 2. Liefg. Ebend. 869. 8. (S. 1—128 S.) n. 8 ngr.

Meynert, Dr. Hermann. Neues Militär-Conversations-Lexikon für das kaiserl. und königl. Heer. kl. 8. Wien 1870.

– neues Militär-Conversations-Lexikon f. das kaiserl. u. königl. Heer. gr. 8. (318 S.) Ebend. 871. n. 4. —

Meynert H. neues Militar-Konversations-Lexikon f. d. Kais. u Kgl. Heer. Wien 1872

– Fata Morgana. Erzählungen, Novellen u. Phantasiestücke. 3 Bde. 8. (779 S.) Leipzig 847, Melzer (jetzt: Braunschweig, Westermann.) 3 ℛ (C. F. Schmidt. Herabgef. Pr. n. 1/2 ℛ)

(——) sächs. National-Encyklopädie, s. National-Encyklopädie.

Meynert, Herm., Nordlichter. Erzählungen, Novellen und Fantasiestücke. 6 Thle. gr. 16. Pesth 843, Hartleben. (Leipzig, Frohberger.) 3 3/4 ℛ

—— dresdner Omnibus, s. Omnibus.

—— Rautenblätter. Gesammelte neuere Erzählungen u. Novellen. 2 Bdchn. 8. (30 1/4 B.) Pesth 845, Hartleben's Verlags-Exped.

—— österreichische Vaterlandskunde für Schule und Haus, oder: Neueste Erdbeschreibung und Statistik der österreich. Monarchie nach ihrem gegenwärt. Zustande; nebst geschichtl. Abrissen der einzelnen Kronländer. gr. 8. (IV und 234 S.) Wien 851, (Gerold, Verlag.) *

Meynert, Dr. H. Allgemeine Weltgeschichte. Lief. 1. u. 2. 8. (S. 1—160.) Wien und Leipzig, Hartleben 1853.

Meynert H. Allgemeine Weltgeschichte. Ein Leitfaden für den Selbstunterricht, wie auch für den Lehrvortrag. 8. 3—7. Lfrg. (S. 161—560. Schluß.) Wien und Leipzig 1853. Hartleben. 2 fl. 40 kr.

—— allgemeine Weltkunde, s. Galletti, J. G. A.

JANUS (d. i. *Herm. Günther Meynert* in Karlsruhe), Charaktergemälde von Dresden, grau in grau; für Alle, welche die Elbresidenz bewohnen oder kennen zu lernen wünschen, aufgestellt v. —. Pössneck, Ernst Vogler (Leipzig, Hartmann) 1833. 8°. Orig.-Lwdb. (1 2/3 Rthl.) (In Breslau, Kgl. Bibl.: Hist. Germ. V. 8° 337 h.) (2 Mk. Bibliogr. Bureau, Berlin, 1895; jetzt theurer!)

Tit., 1 Bl. Widm. („dem Brückenmännchen, als Dresdens Wahrzeichen"). 352 S. (incl. 2 Bll. Inh. der 48 Cap.), 2 Bll. Druckf. u. Bücher-Anzeigen. — Stellenweise derbe u. unverblümte Wahrheiten enthaltend, u. a.: Ueb. das Dresdner Essen (wird gehörig geschimpft), Kneipen-Manie, Juden, Vogelwiese, Tanzböden, öffentl. Mädchen, Theater u. Musik etc. etc.

Meynert, Thdr., der Bau der Gross-Hirnrinde und seine örtlichen Verschiedenheiten nebst einem patholog.-anatom. Corollarium. gr. 8. (68 S. mit 5 lithogr. Taf. in qu. gr. 4. und qu. Fol.) Neuwied 868, Heuser's Verlag.
Aus: Vierteljahrsschrift für Psychiatrie, besonders abgedruckt.

Meynert, Th., der Bau der Gross-Hirnrinde u. seine örtlichen Verschiedenheiten, nebst e. pathologisch-anatom. Corollarium. gr. 8. (68 S. m. 3 lith. Taf.) Neuwied 872. Heuser's Verl. n. 2. 25

Meynert, Thdr., die anthropologische Bedeutung der frontalen Gehirnentwickelung, nebst Untersuchungen über den Windungstypus des Hinterhauptlappens der Säugethiere und patholog. Wägungsresultaten der menschl. Hirnlappen. gr. 8. (48 S.) Wien 887, Deuticke. *
Aus: Jahrbücher für Psychiatrie, besonders abgedruckt.

— Beiträge zur Kenntnis der zentralen Projektion der Sinnesoberflächen (mit 2 Taf.). S. 60. II. 547 . . . . vgr.
Separatabdruck

Meynert, Thdr., Beiträge zur Kenntniss der centralen Projection der Sinnesoberflächen. Lex.-8. (20 S. mit 2 chromolithogr. Taf. in qu. gr. 4.) Wien 870, (Gerold's Sohn.) *
Aus: Sitzungsberichte der k. Akademie der Wissenschaften, besonders abgedruckt.

Meynert, Thdr., die acuten [hallucinatorischen] Formen des Wahnsinns u. ihr Verlauf. gr. 8. (16 S.) Wien 881. Toeplitz & Deuticke. n. – 60

– über Fortschritte im Verständniss der krankhaften psychischen Gehirnzustände. [Aus: „Psychiatr. Centralbl."] gr. 8. (54 S.) Wien 878. Braumüller. n. 1. 60

Meynert, Thdr., Gedichte. (VIII, 143 S.) 8. Wien 905. W. Braumüller. n. 2. —

—— Gehirn u. Gesittung. Vortrag in der Versammlg. der Naturforscher u. Ärzte in Cöln. Septbr. 1888. gr. 8. (42 S.) Ebd. 889. * 1 20

—— s. Jahrbücher für Psychiatrie.

Meynert, Th., zur Mechanik d. Gehirnbaues. Ein Vortrag, geh. in der Naturforscher-Versammlg. zu Wiesbaden u. in der Wiener anthropolog. Gesellschaft. gr. 8. (20 S.) Wien 874. Braumüller. n. 1. 20

—— Mechanik der Physiognomik. Vortrag, gehalten in der zweiten allgemeinen Sitzung der 60. Naturforscher-Versammlung in Wiesbaden. gr. 8. (28 S.) Wien 888, Braumüller. *

—— Naturexperimente am Gehirn. Vortrag, geh. in der Wanderversammlg. d. psych. Vereins in Graz am 5. Octbr. 1891. gr. 8. (13 S.) Wien 892, Deuticke. * — 60
Aus: Jahrbb. f. Psychiatrie, besonders abgedruckt.

Meynert, Thdr., Psychiatrie. Klinik der Erkrankungen d. Vorderhirns, begründet auf dessen Bau, Leistgn. u. Ernährg. 1. Hälfte. Mit 64 Holzschn. u. 1 (chromolith.) Taf. gr. 8. (X, 288 S.) Wien 884. Braumüller. n. 12. —

—— Sammlung v. populär-wissenschaftlichen Vorträgen üb. den Bau u. die Leistungen d. Gehirns. gr. 8. (VIII, 255 S.) Wien 892, Braumüller. * 5 —

— Skizzen üb. Umfang u. wissenschaftliche Anordnung der klinischen Psychiatrie. [Aus: „Psychiatr. Centralbl."] gr. 8. (38 S.) Ebend. 876. n. 1. 20

Meynert Theodor, Dr., Studien über die Bedeutung des zweifachen Rückenmarkursprunges aus dem Großhirn (mit 1 Taf.). S. 60. II. 47 . . . . vgr.
Gegenstandsdruck

—— Studien über die Bedeutung des zweifachen Rückenmarkursprunges aus dem Grosshirn. Lex.-8. (16 S. mit 1 lithogr. Taf. in gr. 4.) Wien 870, (Gerold's Sohn.) *
Aus: Sitzungsberichte der k. Akademie der Wissenschaften, besonders abgedruckt.

— Studien über das pathologisch-anatomische Material der Wiener Irren-Anstalt. Neuwied 868. Heuser. gr. 8. (24 S. mit 2 Steintaff.) 7⅓ ngr.

— Neue Studien über die Associationsbündel des Hirnmantels (mit 4 Taf.). S. 101. III. 91 . . . . 1.40
Gegenstandsdruck

Meynert, Thdr. Neue Studien üb. die Associationsbündel d. Hirnmantels. Lex.-8. (20 S. m. 4 Taf.) Wien 892, (Tempsky). * 1 50
Aus: Sitzungsber. der k. Akad. d. Wiss., besonders abgedruckt.

—— neue Untersuchungen über Grosshirnganglien und Gehirnstamm. gr. 8. (8 S.) Wien 881, Toeplitz und Deuticke. *
Aus: Anzeiger der Akademie der Wissenschaften, besonders abgedruckt.

—— Klinische Vorlesungen üb. Psychiatrie auf wissenschaftlichen Grundlagen. Für Studirende u. Aerzte, Juristen u. Psychologen. Mit e. Holzsch. u. e. Taf. gr. 8. (XII, 304 S.) Wien 890, Braumüller. * 8 —

—— die Windungen der convexen Oberfläche des Vorder-Hirnes bei Menschen, Affen und Raubthieren. gr. 8. (32 S. mit 23 eingedr. Holzschn.) Berlin 877, Hirschwald. *
Aus: Archiv für Psychiatrie und Nervenkrankheiten, besonders abgedruckt.

—— Das Zusammenwirken der Gehirntheile. gr. 8. (18 S.) Berl. 890, Hirschwald. * — 60
Aus: Verhandlgn. d. X. internationalen medicin. Congresses, besonders abgedruckt.

Meynier, Jean Henri

– s.a. André, K. H.

– s.a. Bescherer, W.

– s.a. Gottschalk, Wilhelm

– s.a. Jerrer, Georg Ludwig

– s.a. Iselin, K. L. oder L. K.

– s.a. Krone, Wilhelm

– s.a. Renner, Karl Ludwig

– s.a. Sanguin, Johann Fr.

– s.a. Selchow, Felix

– s.a. Selchow, J. H.

– s.a. Sternau, Felix

– s.a. Sternberg, Julius

– s.a. Steube, J. H.

Meynier, J. Hnr., nouvel ABC, s. J. J. *Meynier*.

Meynier, I. H., nouvel ABC, ou nouvelle méthode etc. 8. Nrnb. Bieling. (B. Fleischer in Leipz. in Comm.) 792.

— l'Ami des enfans et des adolescens. s. *Berquin*.

Meynier, J. H., l'Ami des enfans et des adolescens par Berquin. Accomp. de l'explication des mots etc. II Tom. Nouv. edition. 8. St. Gallen, Huber. 813.

— Anekdoten aus d. Französ. Literärgesch. E. Lehrb. z. Uebung im Uebersetzen aus d. Französ. ins Deutsche, u. aus d. Deutschen ins Französ. 2 Thle. gr. 8. Lpz. 805. (W. Rauck). 21 gr.

— Anekdoten, a. d. franz Literärgesch. E. Lehrb. z. Ueb. im Uebers. a. d. Franz. ins Deutsche, u. a. d. Deutsch. ins Franz. 2 Thle. gr. 8. Leipz. Sommer. 805.

Anleitung zur Aetzkunst besonders in Crayon und Tuschmanier hrsgg. v. Johann Heinrich Meynier. (Mit 11 Tafeln.) Hof 1804.

— grammatikal. Anleit. z. Uebersetzen aus dem Deutschen in d. Französ. 8. Erlang. 804. 2e A. 806. Palm. 20 gr.

— theoret. prakt. Anleit. z. Zeichnen u. Tuschen d. Landschaften, s. Anleitung u. setze hinzu: (v. J. H. Meynier).

— Anweis., wie Silhouetten auf e. leichte Art, mit sehr geringen Kosten 2c. auf Goldgrund hinter Glas zu verfertigen sind, s. Anweisung, u. setze hinzu: (v. J. H. Meynier).

— Aufgaben f. die Anfänger d. franz. Sprache. 8. Nürnb. Monath 777.

— lehrreich. Aufgab. üb. d. ganz. franz. Wörterb. 2c. 8. Nürnb. Bieling. (B. Fleischer in Leipz.) 798.

— leichte geograph. Aufsätze z. Uebung im Uebersetzen. aus dem Deutschen ins Französ.; mit untergelegter französ. Phraseologie. 8. Bayr. 805. Grau; auch (Leipz., Dyck). 1 rthl.

Meynier, J. H., Aufsätze zur Ueb. im Uebers. a. d. Deutsch. ins Franz. 2c. 8. Bayr. Lübeck. 805. Rthlr.

• — Aufsätze z. Uebung im Uebersetzen; ist jetzt Verlag d. Dyk'schen Buchh. in Leipz.

– (Hrsg.), s. Barthélemy, Jean Jacques: Ouvrage de feu.

Meynier, J. H., s. Berquin, l'ami des enfants.

Meynier, Jh. H., s. *Berquien* et Jauffret, Théâtre.

JERRER, Geo. Ludw. (d. i. *Joh. Heinr. Meynier*), Neue Bilder-Geographie für die Jugend. .... Mit vielen Kpfrn. Nürnberg, Campe, 1818. Gr. 8°.
Ersch. IV. 1. 1827. Sp. 167. — Enth. u. a. folg. Darstellgn. in Kpfst.: Fandango, Lieblingstanz der Spanier; Carneval der Italiener.

— — Dasselbe. 2. Aufl. Ebd. 1819. Gr. 8°. (1 Mk. 20 Pfg., etw. fleckig. Expl., Erras, Frf. a. M., c. 1880.)

— — Dasselbe. 3. Aufl. Ebd. 1822. Gr. 8°. (2 Rthl.)
Ersch., l. c.

– s.a. Briefmuster, Neue französische.

— neue franz. Briefmuster. 2 Thle. 8. Hof, Grau. 805—806. (1r 16 gr. 2r 1 Rthlr 8 gr.)
(hat a. d. Titel: Nouveaux Modèles de lettres françoises etc.)

– (Bearb.), s. Chapuset, Johann Karl: Sammlung deutsch-französischer Gespräche.

— Correspondant français, s. a. Briefmuster.

— Correspondant françois ou modèles de lettres françoises. 8. ibid. 806.

— le Correspondant français.
Auch unt. d. Titel:
Neu franz. Briefmuster. 1r u. 2r Thl. neue Aufl. 8. Hof, Grau. 811. (1r 16 gr. 2r 1 Rthlr. 8 gr.)

— Deutschland, od. d. reisende Kaufmann. Ein lehrreich. geogr. Spiel f. die Jugend. Mit 50 Karten. 12. Nürnb. 797. N. Ausg. mit Schlesien u. Böhmen verm. 8. Ebd. 803. Bieling. 20 gr

— Dictionnaire allem.-franç. gr. 8. Erl. Palm. 802.

— — Auch d. franz. deutsch. Theil.

Meynier, J. H., Dictionnaire allem.-franç. etc., s. Memmert, J. Fr.

— Erzähll. f. Kinder z. Erweckung e. feinern moral. Gefühls u. z. Bildung milderer Sitten. Mit Kpf. 12. Nürnb. 811. N. A. 817. Campe. 1 Rthlr 8 gr

— Erzählungen f. Kinder zur Erweckung eines feinern moral. Gefühls u. z. Bildung milderer Sitten, mit K. 12. Nürnb. Campe 812.

– (Hrsg.), s. Florian, Jean Pierre Claris de: Fables. – Numa Pompilius. 1801.

— Fortuna, od. merkwürd. Reisebegebenheiten zu Wasser u. zu Lande, f. die Jugend. 2e Aufl. Mit 6 ill. Kpf. 8. Nördl. 827. Beck. 1 Rthlr

— Frankreich; nebst den dazu gekomm. Ländern, nach fr. ältern u. neuern Eintheilung. Mit 2 Landkart., 25 Spielk. u. 250 Loosen. 8. Nürnb. 803. Bieling. 20 gr

– (Hrsg.), s. Freydig, Daniel: Veränderungen der regel- und unregelmäßigen Zeitwörter in der französischen Sprache.

— kleine Geschichten zur Besserung u. Veredlung jugendl. Herzen. Mit Kpf. 12. Nürnb. 813. N. A. 820. Campe. 1 Rthlr 8 gr

— — kleine Geschichten zur Besserung und Veredlung jugendl. Herzen. N. A. Neue Aufl. 12. Ebend. 819.

— franz. Gespräche üb. Gegenst. d. gemein. Lebens, z. Uebersetz. a. d. Franz. ins Deutsche. 8. Nürnb. Grattenauer. 801.

— — dieselben, z. Uebers. a. d. Deutsch. ins Franz. 8. Ebd.

– s. Gespräche in französischer, deutscher, englischer und italienischer Sprache.

— vermischte Gespräche z. Uebersetzen aus d. Französ. in d. Deutsche, u. aus d. Deutschen in d. Französ. 2 Thle. 8. Nürnb. 801. (Lauffer in Leipz.) 8 gr

— Grammaire franç. theor. Th. 8. Nürnb. Bieling. 798.

— Großbritannien; ein geograph. Spiel für d. Jugend. Mit 1 Karte, 20 Spielkarten u. 200 Loosen. 8. Nürnb. 803. Bieling. 16 gr

— Handbuch z. ersten Unterricht in d. französ. Sprache. gr. 8. Nürnb. 799. N. A. gr. 8. Leipz. 819. Lauffer. 12 gr

— Histoire de la guerre de trente ans, par Fr. Schiller en deux parties. Ein Lesebuch f. Schulen u. zum Privatunterricht in d. franz. Sprache, mit deutschen Noten. 8. Coburg, Sinner. 813.

– (Bearb.), s. Jauffret, Louis François: Les voyages de Rolando.

— historisch-chronolog. Kartenspiel für die Jugend. (Mit 191 Kartenblättern.) 12. Nürnb. 800. Bieling. (Fr. Fleischer in Leipz.) 1 Rthlr

Meynier, J. H., Conversations- und Zeitungslexicon f. alle Stände. gr. 8. Nürnberg, Campe. 821.

– s. Kunst, Die, zu tuschen und mit Wasserfarben zu malen.

— Leitfaden z. ersten Unterr. in d. französ. Sprache, od. Uebersetzung sämmtl. Uebungsstücke d. Meidingerschen Grammatik, s. a. J. V. Meidinger, Uebersetzung seiner Uebungsstücke.

— — Leitfaden zum ersten Unterrichte in der franz. Sprache, oder Uebersetzung sämmtl. Uebungsstücke der Meidingerschen Grammatik, sowohl der Original-Edition, als der von Lugino und Sanguin umgearb. Ausgabe. 2te Auflage. gr. 8. Linz, akadem. Buchhandl. (Leipzig, Schmidt.) 816.

— unterhalt. Lesebuch für Franzosen, die deutsch lernen wollen; bestehend in Auszügen aus d. vorzügl. klass. Schriftstellern d. Franzosen. Nebst beigefügter Uebersetzung. gr. 8. Lpz. 808. N. A. 814. (W. Nauck). 21 gr

— unterhaltendes Lesebuch f. Franzosen, welche Deutsch lernen wollen. N. Aufl. 8. Leipz. Sommer. 816.

— unterhaltendes französ. Lesebuch. 2 Bde. gr. 8. Leipz. 808. N. A. 815. (W. Nauck). 21 gr

— unterhaltendes französisches Lesebuch. 2 Bde. gr. 8. Lpz. Sommer. 808.

— unterhaltendes franz. Lesebuch, nebst e. Anhange, welcher e. genaue Kenntniß d. franz. Literatur mittheilt. 2 Bde. gr. 8. Ebend. 815.

– s. L e t t r e s , Nouvelles, françaises sur toutes sortes de sujets.

– (Hrsg.), s. L i l l e , Jacques de: Malheur et pitié. – Œuvres.

– (Hrsg.), s. M e y n i e r , Jean Jacques: La grammaire française ... 1798. – Praktische französische Sprachlehre.

Meynier, J. Hnr., nouv. modèles de lettres franç., s. a. Briefmuster.

— nouv. modèles de lettres franç. Ime. P. 8. Hof, Grau. 805.

— le Monde corporel. (ist dess. bild. Vorstell. sinnl. Gegenst. franz.) 8. Augsb. Stage. 796.

— le monde corporel, représentée en 360 figures; en taille touce. (ist dessen bildl. Vorstellungen sinnl. Gegenst. franz.) 2te Aufl. 8. Augsb. Stage.
illum.

— le monde sensible, réprésenté par 360 figures, s. unten: bildl. Vorstellung.

— neue Französ. Muster, s. Briefmuster.

Nachrichten, Geheime, von der Hochzeitnacht Heinrich des Unvermögenden von Kastilien u. ihren Folgen. (Aus d. Französ. des *Jean Henri Meynier* [1764—1825] übers. von H. Schneider.) Mit freier Titelvign. Leipzig, b. Monath u. Kussler (in Nürnberg), 1790. 8°. 176 S. (3 Bücher.) (6 Mk. Taussig, 1906.)

§ — — Dasselbe. Frankfurt u. Leipzig 1791. 8°. (In München P. o. germ. 998 m.)

– Dass., s.a. N a c h r i c h t e n ...

— neuer Orbis pictus in deutscher u. französ. Sprache. Mit vielen ill. Kpf. gr. 8. Nürnb. 812. N. Aufl. 818, 22 u. 23. Campe. 1 ₰ 12 gr

Meynier, J. H., neuer Orbis Pictus in deutscher u. franz. Sprache. 3e verb. Aufl. Mit illum. Kpfr. gr. 8. Nürnberg 834. Campe 1 1/2 ₰

– (Bearb.), s. P l a t , Georg Philipp: Häusliche französisch-deutsche Gespräche.

– s. R i n a l d o s Reisen durch Deutschland.

— Rußland; e. geograph. Lottospiel f. Kinder u. Erwachsene; nebst histor.-geograph. Geschichte dies. Reichs. 8. Nürnb. 803. Bieling. 16 gr

— Samml. verm. Briefe z. Uebersetzen ins Französ.; mit untergelegten französ. Phrasen ꝛc. 8. Nürnb. 791. (Fr. Fleischer in Leipz.) 16 gr

– (Hrsg.), s. S c h i l l e r , Friedrich von: Histoire de la guerre de trente ans.

– (Übers.), s. S e i l e r , Georg Fr.: Das kleine biblische Erbauungsbuch.

— prakt. französ. Sprachlehre, s. J. J. Meynier.

— prakt. französ. Sprachlehre. 8. Ebend. (B. Fleischer, Leipz.) 796.

— Uebersetz. sämmtl. Uebungsstücke in Meidinг. prakt. Grammat. gr. 8. Linz, akadem. Buchh. (a. Liebeskind in Leipz.) 806.

— Uebungen üb. d. gewöhnl. Gallicismen ꝛc. 8. Nürnb. 793. Monath u. K. 18 gr

– (Übers.), s. V a l e n c i e n n e s , G. P.: Praktische Anleitung zu Linear- und Luftperspectiv für Zeichner und Maler.

— Versuch e. Anleit. z. Aetzkunst. Mit Kpf. gr. 8. Hof 804. Grau. 1 ₰ 4 gr

– (Übers.), s. V i o l e t : Anweisung zur Miniaturmalerei.

— Vocabularspiel ꝛc. Leipz. B. Fleischer in Com. 797.

— neues Vocabularspiel, durch welches Kinder in kurzer Zeit viel französ. deutsche u. latein. Wörter erlernen können. 8. Nürnb. 799. Bieling. (Fr. Fleischer in Leipz.) 12 gr

— 360 bildl. Vorstellungen sinnl. Gegenstände. Französ., italien. u. deutsch. 8. Augsb. 796. 2e A. 360. bildl. Vorstellungen ꝛc. 8. Ebd. 806. 1 ₰ illum. 1 ₰ 12 gr

MEYNIER, J. H. *Dreyhundert und sechzig Vorstellungen sinnlicher Gegenstände*, nebst ihren Namen, Eigenschaften, und Bestimmungen in französischer, italiänischer und deutscher Sprache. Ein Buch für Kinder zu leichter Erlernung der französischen und italiänischen Sprache, von Johann Heinrich Meynier ... Zweyte verbesserte und mit dem Italiänischen vermehrte Ausgabe. Leipzig, Stagesche Buchhandlung, [c. 1810]. 5 Bl. 212 S. und 15 Tafeln mit handkol. Kupfern (360 Abb. in 90 Rechtecken auf 15 Taf.) 8°. Einfacher Hldr. d. Z. 48.—
Entzückend illustr. Werk mit dt.-frz.-ital. Paralleltext. — Die ersten 5 Bll. etwas wurmlöcherig. Einträge auf d. Vorsatzbl. u. den Rückseiten der 2 letzten Kupfer.

— 360 bildl. Vorstellungen sinnl. Gegenstände. Franz italienisch u. deutsch. 2te Aufl. 8. Leipz. (Augsburg, Stage.)
Schreibp. illum.

— 360 bild. Vorstell. sinnl. Gegenst. n. ihr. Nam., Eigenschaften ꝛc. f. Kind. m. K. 8. Augsb. Stage. 806.
m. ill. K.

— neues Würfel- od. Zauberbuch ꝛc. Nürnb. (Fr. Fleischer in Leipz.) 9 gr

– s. Z e i c h n e n b u c h , Neues theoretisch-praktisches.

Meynier, Jean Jacques

Meynier, Jh. Jak. († d. 9. Oct. 1783.) nouvel ABC, ou nouvelle methode etc. 8. Nürnb. 763. Neue verm. Ausg. von Jh. H. Meynier 8. Ebd. 792. Bieling. (Leipz., Fr. Fleischer). 5 gr

Meynier, Jean Jacques (Hrsg.), s. A r n a u l d , Antoine: Grammaire générale et raisonnée...

— l'école des jeunes poëtes français. 8. Erlang. 768.

— évènements mémorables du monde littéraire. 8. Nürnb. 771.

— deutsch-französ. Gespräche, sinnreiche Einfälle u. französ. Briefe, besonders f. junge Handelsleute. 8. Nürnb. 778.

— la Grammaire française réduite à ses vrais principes, ouvrage raisonné, nach d. Grundsätzen d. Peplier, od. d. auf wahren Gründen ruhende französ. Grammatik; mit 200 Aufgaben, 50 Gesprächen, sinnreichen Einfällen, Briefen rc. 2 Thle. 8. Erlang. u. Nürnb. 767. Als 2e Aufl.: Lehrr. u. verbess. Aufgaben, mit hinlängl. französ. Wörtern u. Redensarten rc. 8. Ebd. 776. 3e A. 783. 4e Ausg., hrsgg. v. J. H. Meynier. 8. Ebd. 798. Bieling. (Fr. Fleischer in Leipz.) 8 gl

— Grammaire française réduite a ses vrais principes. 8. Nürnb. 781. N. A. v. J. H. Meynier. 8. Ebd. 798. Bieling. (Fr. Fleischer in Leipz.) 9 gl (Ist eine neue Aufl. d. In Thls. obig. Grammatik).

Meynier, L. I., grammaire génér. et rais. 8. Erl. 746.

— le Raconteur de nouvelles, servant d'avantcoureur aux évènemens mémorables. 8. Nürnb. 756—62

M., J. J., Allgemeine Sprachkunst, das ist: Einleitung in alle Sprachen. Erlangen 763. 8. Verf. ist Meynier.

— allgem. Sprachkunst, die Einleitung in alle Sprachen. 8. Nürnb. 783.

— prakt. französ. Sprachlehre in Beispielen rc. 8. Umgearb. u. hrsgg. v. J. H. Meynier. 8. Nürnb. 796. Bieling. (Leipz., Fr. Fleischer). 16 gl

— etymolog. Tabellen d. französ. Sprache mit kl. Aufgaben z. Anwendung d. etymolog. u. vieler syntakt. Regeln rc. Fol. Nürnb. 775.

Meynier, Magdal. Luise, kleine dramat. Kinderromane, z. Bildung u. Veredlung d. jugendl. Herzens. 2 Thle. 8. Coburg 802. Sinner. 1 ₰ 16 gl

— Kinderspiele in Erzähll. u. Schauspielen z. Bildung d. Herzens. 8. Coburg 801. Sinner. 1 ₰

— mythol. Unterhalt. f. Deutschl. gebild. Töcht. 1s u. 2s Bdch. 8. Leipz. Gräff. 804. 5. (à 12 gr.)

— mytholog. Unterhaltt. f. Deutschlands gebildete Töchter. 1s u. 2s Bdchn. 8. Leipz. 804. 5. (Wienbrack). 1 ₰

Meyns, Friedrich, a. Bergedorf, Referendar am Amtsgericht zu Bergedorf: Die rechtliche Grundlage der gemeinrechtlichen Haftung ex recepto und der Haftung des Gastwirts gegenüber dem Gaste in Beziehung auf Schaden an eingebrachten Sachen nach B.G.B. Bergedorf 1906: Ed. Wagner. (33 S.) 8° [F.]
Erlangen, Jur. Fak., Ref. Binder, Diss. v. 6. Okt. 1906
[Geb. 20. April 83 Bergedorf; Wohnort: Bergedorf; Staatsangeh.: Hamburg; Vorbildung: Johanneum Hamburg Reife O. 02; Studium: Marburg 4, Tübingen 1, Kiel 2 S.; Rig. 24. Juli 06.]

Anonym: „Meynung, Dass in Münz-Sachen die Proportion zwischen Silber und Gold 13½ Marck Silber gegen 1 Marck Gold seyn solle. Nota, oder Gegenmeynung, Dass die Proportion zwischen Silber und Gold . . . . auf der Oesterreichischen Conventionsmässigen Proportion . . . . bestehe", 1760. — Vorh.: StB Nürnberg.

Die Meynungen der Babet. Eine Wochenschrift. T. 1. 2. Wien: Baderische Buchhandlung 1774-75. 8°
Hrsgeg.: Joh. Rautenstrauch.

Meyr, Bernardin, St. Ulrich und Afra. 222 Daten aus der Geschichte ihres Lebens und ihrer Kirche. 12. (V, 64 S.) Augsburg 888, Literar. Institut von Dr. M. Huttler. *

Meyr, Frz., die „Proporzlehre" der gelben Blätter (II. Thl.), nebst Glossen. [Aus: „Histor.-polit. Blätter".] gr. 8. (30 u. 16 S.) München 894. (Freiburg i/B., Lorenz & Waetzel.) n. — 60

v. Meyr, Geo. Karl, Samml. d. kurpfalz bair. allgem. u. besondern Landesverordn. in 2 Bänden, v. Justiz-, Finanz-, Landschafts-, Mauth-, Accis-, Landkultur u. vermischten Sachen. Fol. Münch. 784.

Meyr, Ignaz, Anleitung zur Wahl der Kurorte. Praktische Rathschläge f. Aerzte u. Kurbedürftige. Mit e. Karte der Heilquellen u. Kurorte Mitteleuropa's 8. (X, 287 S. m. 1 lith. Karte in gr. Fol.) Wien 871. Braumüller. n. 3. 20

Meyr, Ign., Anleitung zur Wahl der Curorte. Praktische Rathschläge für Aerzte u. Curbedürftige. 2., umgearb. Aufl. Mit einer (lith.) Karte der Heilquellen u. Curorte Mitteleuropa's. 8. (X, 275 S.) Wien 880. Braumüller. n. 4. —

Meyr, Ign., Beiträge zur Augenheilkunde. Lex. 8. (44 S. m. 1 lith. Taf.) Wien 850, Braumüller. n. 12 ngr

Meyr, Ign., Compendium der Augenheilkunde. gr. 8. (X und 334 S. mit 1 Holzschn.) Wien 852, Braumüller. *

Meyr, Ign., Compendium der Augenheilkunde. 2., gänzlich umgearb. und verm. Aufl. gr. 8. (IV und 347 S. mit in den Text gedr. Holzschn.) Wien 866, Braumüller. *

—— Compendium der Augenheilkunde. 3. umgearb. und verm. Aufl. gr. 8. (VI, 356 S. mit 16 eingedr. Holzschn.) Ebendas. 871. *

Meyr, Ign., traité des eaux minérales d'Elöpatak en Transylvanie. Wien 862. Braumüller in Comm. 8. (72 S.) n. 12 ngr

Meyr, Melchior, Herzog Albrecht. Dramatische Dichtung. 8. (160 S.) Stuttgart (861)62. [Kröner.] 24 Ngr.; geb. Thlr. *

Meyr, Melchior. Biographisches. Briefe. Gedichte. Aus seinem Nachlasse u. aus der Erinnerg. hrsg. von Max Graf v. Bothmer u. Moriz Carriere. 8. (XV, 392 S.) Leipzig 874. Brockhaus. n. 5. —; geb. n. 6. —

— vier Deutsche. Roman aus den letzten Jahrzehnten. 3 Bde. Stuttgart 861. Gebr. Mäntler. (Kröner.) 8. (1222 S.) 3 ₰ 10 ngr

Meyr, Melch., Duell u. Ehre. Roman. 2 Bde. Leipzig 870. Dürr'sche Buchh. 8. (211 u. 222 S.) 2 ₰ 7½ ngr

— Emilie. Drei Gespräche über Wahrheit, Güte u. Schönheit. Stuttgart 863. Bruckmann. 8. (176 S.) 22½ ngr

—— Emilie. Drei Gespräche über Wahrheit, Güte und Schönheit. 8. (176 S.) Stuttgart 863. [Leipzig, Fues' Verlag.]

— Ende gut, alles gut.

— dasselbe, s. a. Universal-Bibliothek.

Meyr, Melch., Ende gut, alles gut, s. a. Volksbibliothek des Lahrer hinkenden Boten.

Meyr, Melch., Ende gut, alles gut, s. a. Bibliothek der Gesamtlitteratur.

Ende gut, alles gut. Erzählung aus d. Ries von Melchior **Meyr**. Mit e. Vorbemerkung u. d. Bilde d. Dichters. *Halle a. d. S: O. Hendel [1903].* (IV, 98 S.) 8° [F.]
— **Bibliothek** d. Gesamtlitteratur d. In- u. Auslandes. No 1699. [04. 1366

—— Erzählungen. 8. (XII und 310 S.) Hannover 867, Rümpler.

— —, Erzählungen. Stuttgart 1872. 8.

— neue Erzählungen aus dem Ries. Berlin 860. J. Springer. 8. (344 S.) 1 ß 6 ngr

Meyr, Melch., Erzählungen aus dem Ries. br. 8. (XII und 396 S.) Berlin 855(56,) Springer.

— Erzählungen aus dem Ries. 3 Bde. 2. Aufl. Leipzig 868. Brockhaus. 8. [1. Bd. (IX, 348 S.) 1 ß 15 ngr, 2. Bd. (V, 474 S.) 2 ß, 3 Bd. (III, 445 S.) 2 ß] 5 ß 15 ngr; geb. 6 ß 15 ngr

Meyr, Melchior, Erzählungen aus dem Ries. Neue Folge. gr. 8. Hannover 870. Leipzig, Eckstein Nachf. 4 50

—— dass. — Neue Folge. (Der schwarze Hans. Georg.) gr. 8. (IV, 409 S.) Hannover 870, Rümpler. (M 4,50.)
Vgl.: Bahuber, Karl v., deutsches Volksleben.

Meyr, Melchior, Erzählungen aus dem Ries. 3. Aufl. 4 Bde. 8. (X, 299; 409; 389 u. VI, 392 S.) Leipzig 875. Brockhaus. n. 24. —; geb. n. 27. —

Meyr, Melch. Erzählungen aus dem Ries. 4. Aufl. 4 Bde. 8. (V, 299; V, 409; V, 389; VII, 392 S.) Lpz. 892, Brockhaus. à Bd. * 3 —; * 12 —; geb. à Bd. * 4 —; * 16 —
Auch einzeln unt. folgenden Titeln:
1. Ludwig u. Annemarie. Ende gut, alles gut.
2. Die Lehrersbraut. Der Sieg des Schwachen.
3. Regine. Gleich u. Gleich.
4. Der schwarze Hans. Georg.

— Erzählungen aus dem Ries. Mit e. Vorbemerkg. u. dem Bilde des Dichters. (VIII, 96, 148, 120 u. 98 S.) 8. Halle (903). O. Hendel. Geb. in Leinw. n. 2. 50

— dasselbe, s.a. Hesse's, Max, Volksbücherei.

— dasselbe. Gesamtausg. in 4 Bdn. Hrsg. u. eingeleitet v. Otto Weltzien. Mit e. Abbildg. des Meyr-Denkmals in Nördlingen. (XVI, 235, 317, 299 u. 291 S.) kl. 8. Leipzig 904. M. Hesse. In 2 Leinw.-Bdn. n. 3. 60

Melchior **Meyr**, Erzählungen aus dem Ries. Gesamtausg. in 4 Bden. Hrsg. u. eingeleitet von Otto Weltzien. Mit e. Abb. d. Meyr-Denkmals in Nördlingen. Bd 1/2. 3/4. Leipzig: M. Hesse [1904]. 2 Bde 8° [F.]
1. Ludwig u. Annemarie. Ende gut, alles gut.
2. Die Lehrersbraut. Der Sieg des Schwachen.
3. Regine. Gleich u. Gleich. 4. Der schwarze Hans. Georg. [06. 8330 2

Meyr, Melch., Erzählungen aus dem Ries. (Ludwig u. Annemarie. Ende gut — alles gut.) Mit Bildern u. Buchschmuck v. Hans Röhm. (VI, 282 S.) 8. München 906. C. H. Beck. Geb. in Leinw. n. 3. 50

Meyr, Melch., die Fortbauer nach dem Tode. Leipzig 869 Brockhaus. 8. (XI, 129 S.) n. 20 ngr

— die Fortbauer nach dem Tode. 2., aus dem Nachlasse verm. Aufl. 8. (XIV, 174 S.) Ebend. 875. n. 2 50; geb n. 3. 50

— Gedanken üb. Kunst, Religion u. Philosophie. Aus seinem Nachlasse hrsg. v. Max Graf v. Bothmer u. Moriz Carriere. 8. (XIV, 351 S.) Ebend. 874. n. 5. —; geb. n. 6. —

—— Gedichte. 8. (XXXIII und 368 S.) Berlin 856(57,) Springer.

[——] Gespräche mit einem Grobian, s. Gespräche.

— Gleich u. Gleich. Erzählung aus dem Ries. Leipzig 867. Keil. 8. (XI, 247 S.) 27 ngr

— Gleich u. Gleich, s.a. Bücherei, deutsche.

Gleich und Gleich. Eine Erzählung aus d. Ries von Melchior **Meyr**. Berlin: H. Neelmeyer [1906]. (152 S.) 8° [F.]
— **Bücherei**, Deutsche. Bd 60. [07. 5730

— Gott u. sein Reich. Philosophische Darlegung der freien göttlichen Selbstentwickelung zum allumfassenden Organismus. Stuttgart 860. Gebr. Mäntler. (Kröner.) gr. 8. (XXIX, 317 S.) n. 1 ß 10 ngr

Meyr, Melch., der schwarze Hans. Georg. Erzählungen aus dem Ries. 4. (Titel-)Aufl. 8. (VII, 392 S.) Leipzig 892. F. A. Brockhaus. n. 3. —; geb. n. 4. —

—— Karl der Kühne. Historische Tragödie. 8. (172 S.) Stuttgart 862, Kröner.

– Die Lehrersbraut,
s.a. Universal-Bibliothek.

— die Lehrersbraut. Der Sieg d. Schwachen. Erzählungen aus dem Ries. 4. (Titel-)Aufl. 8. (V, 409 S.) Ebd. 892. n. 3. —; geb. n. 4. —

— die Lehrersbraut, s.a. Bibliothek d. Gesamtlitteratur.

Die Lehrersbraut. Erzählung aus d. Ries von Melchior **Meyr**. Mit e. Vorbemerkung (von H[ans] M[arshall]) u. d. Bilde d. Dichters. *Halle a. S.: O. Hendel (1903).* (IV, 143 S.) 8° [F.]
(Bibliothek d. Gesamtlitteratur d. In- u. Auslandes. No 1673. 1674.) [03. 10130

— ewige Liebe. Roman. 2 Theile. Braunschweig 864. Westermann. 8. (591 S.) n. 2 ß 20 ngr

– Ludwig u. Annemarie,
s.a. Universal-Bibliothek.

Meyr, Melchior, Ludwig u. Annemarie, s.a. Verein für Verbreitg. guter Schriften. Zürich.

— Ludwig u. Annemarie, s.a. Volksbibliothek des Lahrer hinkenden Boten.

— Ludwig u. Annemarie. Ende gut, alles gut. Erzählungen aus dem Ries. 4. (Titel-)Aufl. 8. (V, 299 S.) Ebd. 892. n. 3. —; geb. n. 4. —

— Ludwig u. Annemarie, s.a. Bibliothek der Gesamtlitteratur.

Ludwig und Annemarie. Erzählung aus d. Ries von Melchior **Meyr**. Mit e. Vorbemerkung (von H[ans] M[arshall]) u. d. Bilde d. Dichters. *Halle a. S.: O. Hendel (1903).* (IV, 96 S.) 8° [F.]
(Bibliothek d. Gesamtlitteratur d. In- u. Auslandes. No 1662.) [03. 10046

— Novellen. Stuttgart 863. Cotta. 8. (2 Bl., 504 S.) 1 Thlr 24 ngr.

— Regine, s.a. Universal-Bibliothek.

— Regine, s.a. Volksbücher, Wiesbadener, Nr. 48.

— Regine. Gleich u. Gleich. Erzählungen aus dem Ries. 4. (Titel-)Aufl. 8. (V, 399 S.) Ebd. 892. n. 3. —; geb. n. 4. —

Meyr, Melch. (geb. 28. Juni 1810 zu Oehringen im Ries, † 22. April 1871 zu München), die *Religion* u. ihre jetzt gebotene Fortbildung. 40 Briefe. Leipzig, Brockhaus (m. Signet). 1871. 8°. Srsb.
VI—171 S. Vorw. Mor. Carrière's ist dat.: München, im Mai 1871.

— die Religion d. Geistes. Religiöse u. philosoph. Gedichte. 8. (XLII, 240 S.) Ebend. 871. n. 3. —; geb. m. Goldschn. n. 4. —

Meyr, Melch., über d. poet. Richtungen uns. Zeit: Heine, Platen, Uhland, Rückert das „junge Deutschland." 8. (10¼ B.) Erlangen 838, Heyder.

Meyr, Melch., Franz v. Sickingen. Historisches Drama in 5 Aufzügen. [Den Bühnen gegenüber als Mscr. gedr.] 8. (XII u. 98 S.) Berlin 851. (Herz.) n. 12 ngr

— Der Sieg des Schwachen.

— dasselbe, s.a. Universal-Bibliothek.

— der Sieg des Schwachen, s.a. Volksbücher, Wiesbadener.

Meyr, Melchior
Der Sieg des Schwachen. Erzählung. Aus dem Ries. Stuttgart 1858.
In: Hausblätter. Bd 3.

— der Sieg d. Schwachen. Erzählung. Mit e. Bilde (Holzschntaf.) v. H. Lüders. 8. (137 S.) Bremen 874. Nordwestdeutscher Volksschriften Verl. 1 —

— der Sieg des Schwachen, s.a. Bibliothek der Gesamtlitteratur.

Der Sieg des Schwachen. Erzählung aus d. Ries von Melchior Meyr. Mit e. Vorbemerkung (von H[ans] M[arshall]) u. d. Bilde d. Dichters. *Halle a. S.: O. Hendel (1903).* (IV, 120 S.) 8° [F.]
(Bibliothek d. Gesamtlitteratur d. In- u. Auslandes. No 1687—88.) (o). 10036

— dasselbe, s.a. Erzählungen, klassische, der Weltlitteratur. 12. Bd.

(F) Meyr, M., Der Sieg des Schwachen. [Klassische Erzählungen der Weltliteratur. Bd. 12. Sammlung Prochaska.] 8°. (172 S.) geb. K 1.—
Teschen: Prochaska 1905.

— der heiße Soldat und andere Geschichten, s.: Bibliothek Langen, kleine, 62. Bd.

Meyr, Melch., An das deutsche Volk u. seine Führer. Ein Votum über die deutsche Verfassungsfrage. (Abdr. des Vorworts zu der 2. Ausgabe des politischen Romans: „Vier Deutsche.") Stuttgart 862. Kröner. 8. (24 S.) 3 ngr

— dramatische Werke. Mit einem Vorwort: Die Gefahr u. das Heil des deutschen Dramas. Hannover 868. Rümpler. 8. (XXII, 242 S.) 1 Thlr 7½ ngr

—, Wilhelm u. Rosina, e. ländl. Gedicht. 8. (17½ B.) München 835, Franz.

— zwei Kammern oder Eine? Was verlangen die Zustände und Aufgaben der größern deutschen Staaten, insbesond. des preußischen? gr. 8. (40 S.) Berlin 848, Deckersche geheime Ober-Hofbuchdr.

— Zwei Kammern oder Eine? Was verlangen die Zustände u. Aufgaben der größern deutschen Staaten, insbesondere des Preußischen? gr. 8. (40 S.) Berlin 852, Decker. 6 ngr

Meyré, J. J., siehe: *Velosport, Der schweizerische.*

Meyrick, Llewelyn, Abbildung u. Beschreib. alter Waffen etc., s.a. Abbildung etc.

Meyrick, Llewelyn. Abbildung und Beschreibung von alten Waffen und Rüstungen, welche in der Sammlung von Llewelyn Meyrick zu Goodrick-Court in Herefordshire aufgestellt sind. Aus dem Englischen übersetzt und herausgegeben von Gustav Fincke. Berlin 1836. 4°.

Meyrin, G.: Die Wünschbarkeit der Zentralisierung des Einkaufs einiger Hauptartikel durch die Zentralstelle. Basel: Verband schweiz. Konsumvereine 1900.

Meyringer, P., Anbetung am Grabe Jesu. 8. Münch. 814. Weber. 1 fl

Meyrink, Gust. (Gust. Meyer-Meyrink) contra Gustav Frenssen. Jörn Uhl u. Hilligenlei. Umschlagzeichng. v. O. Gulbransson, Buchschmuck v. André Lambert. 1.—6. Taus. (Je 35 S.) gr. 8. München 908. A. Langen. — 60

Meyrink, Gust. (Gust. Meyer), Orchideen. Sonderbare Geschichten. (148 S.) 8. München 904. A. Langen. n. 2. —; geb. n. 3. —

Meyrink, Gustav (Mitarb.), s. Der Roman der XII.

— Wachsfigurenkabinett. Sonderbare Geschichten. Buchschmuck v. André Lambert. 1.—4. Taus. (VII, 233 S.) 8. München 908. A. Langen. 4.—; geb. in Halbfrz. 6.—

Meyrose, Louis, Stilübungen f. die Mittelklassen der Volksschule methodisch geordnet. 1—4. Hft. 8. Gera 873. Issleib & Rietzschel. à n. — 25
1. Der einfache Satz. (32 S.)
2. Der zusammengezogene Satz. (32 S.)
3. Der zusammengesetzte Satz. (40 S.)
4. Vermischte Beispiele aus den verschiedenen Satzarten nebst Uebungsstoff zur Nachbildg. u. zu Diktaten sowie Stoffe zu Aufgaben ohne Andeutung der Form. (44 S.)

Meyrose, Louis, Uebungsbuch für den Anschauungs- u. ersten Sprachunterricht synthetisch-analytisch geordnet. Schleiz 864. Hübscher. gr. 8. (45 S.) n. 2½ ngr

Meyrose, Louis, Uebungsbuch für den Anschauungs- u. ersten Sprachunterricht synthetisch-analytisch geordnet. 2., verm. u. verb. Aufl. Schleiz 866. Hübscher's Buchh. 8. (48 S.) n. 2½ ngr

— Uebungsbuch f. den Anschauungs- u. ersten Sprachunterricht. 3. Aufl. 8. (36 S.) Schleiz 874. Lämmel. n. — 30

Meyrswalden, s.: Kralik v. Meyrswalden.

Meys, J: Katalog über Milchentrahmungsmaschinen, Milchcentrifugen, Butterfässer u. a. Hennef a. d. Sieg (1897?)

Meys, J: Jll. Kataloge der neuesten verbesserten landwirthschaftlichen Maschinen. Hennef a. d. Sieg 1896—(1897?)

Meys, J: Neue patentierte Milch-Entrahmungsmaschine für Handbetrieb. Hennef a. d. Sieg (1896?)

(Meysel, Anton.) Handbuch der musikalischen Litteratur oder allgemeines systematisch geordnetes Verzeichniss der bis zum Ende des Jahres 1815 gedruckten Musikalien, auch musikalischen Schriften und Abbildungen mit Anzeige der Verleger und Preise. Leipzig 1817. — Nachtrag I. Leipzig, Meysel, 1818. Nachtrag II—VIII. Leipzig, Hofmeister, 1819—1825. Nachtrag IX. Leipzig, Whistling, 1826.
[Die Fortsetzung s. unter Whistling].

Meysel, Anton Dietrich (Leipzig), Quadriga observationum forensium. Präs. August Friedrich Schott. Leipzig (Langenheim u. Klauburth) 21. III. 1780. 14 S. (4.50) 23267

Meysel, Emil, die weiße Wand, s.: Zentraltheater.

Meysen, Johann Leonhard (Jülich), De exceptione scti Macedoniani quam una cum corollariis divina auxiliante gratia. Diss. jur. Präs. Franz Gabriel Hamm u. Johann Peter Wirtz. Köln (Typogr. Univers.) April 1775. 15 S. (—.—) 23268

Meysenbough, C. Wilh. Frhr. v. Unvorgreifliches Project wie eines Potentaten Einnahm um ein grosses erhöhet, das Commercium gefördert und ein zulänglicher Credit zuwege gebracht werden möge. 8°. Frankfurt und Leipzig 1760.

Meysenbougk, Carl Wilhelm von (Hessischer Adel), De supremo juris dictionis dominio speciminis academici ergo conscripta. Diss. Marburg / Hessen (J. J. Kürsner) 1700. 42 S. (5.50) 23269

Meysenbug, Emil v., Servius. Blätter f. jurist. Kritik. 1. Hft. gr. 8. (11 B.) Berlin 854, Nicolai. Thlr.

Meysenbug, Emil v., zur Vollendung der Erkenntnißlehre, mit besonderer Rücksicht auf Hegel. Berlin 855. Allgemeine deutsche Verlagsanstalt. 8. (125 S.) 22½ ngr.

DE MEYSENBUG, H. O. Aemil.: Diss. de Christianae religionis vi et effectu in jus civile speciatim in ea, quae Institutiones in I. libro tractant. *Gott.* 828. 4.

Meysenbug, Herm. Frhr. v., Erinnerungen e. alten Fünfundfünfzigers aus der Zeit des deutsch-französ. Krieges der J. 1870/71. (VII, 130 S.) gr. 8. Berlin 910. E. S. Mittler & Sohn. 1.50

Meysenbug, Malwida v., gesammelte Erzählungen. gr. 8. (III, 223 S.) Zürich 885. Verlags-Magazin. n. 3. 20

Meysenbug, Malwida v., Erzählungen aus der Legende u. Geschichte f. die reifere Jugend. gr. 8. (VII, 136 S.) Gera 889. Hofmann. n. 1. 40; geb. n. 2. —

Meysenbug, Malwida v., Individualitäten. 8. (V, 579 S.) Berlin 901. Schuster & Loeffler. 6. —; geb. 7. 50

Meysenbug, Malwida v., d. Lebensabend e. Idealistin. Nachtrag zu d. „Memoiren e. Idealistin". M. 1 Lichtdr. nach dem Original von Frz. v. Lenbach. 8. (VIII, 475 S.) Berlin 898. Schuster & Loeffler. 6. —; geb. 7. 50

— der Lebensabend e. Idealistin. Nachtrag zu den „Memoiren e. Idealistin". Mit 1 Lichtdr. nach dem Original von Frz. v. Lenbach. 2. Aufl. 8. (VIII, 475 S.) Ebd. 899. 6. —; geb. 7. 50

Meysenbug, Malwida v., der Lebensabend e. Idealistin. Nachtrag zu den „Memoiren e. Idealistin". Mit e. Lichtdr. nach dem Original v. Frz. v. Lenbach. 4.—6. Aufl. (VIII, 491 S.) 8. Berlin 903—905. Schuster & Loeffler. n. 6. —; geb. n. 7. 50

Meysenbug, Malwida v., der Lebensabend e. Idealistin. Nachtrag zu den „Memoiren e. Idealistin". Mit e. Lichtdr. nach dem Original von Frz. v. Lenbach. 7. Aufl. (VIII. 491 S.) 8. Berlin 906. Schuster & Loeffler. 6.—; geb. 7. 50

— dasselbe. Volksausg. (VII, 491 S.) 8. Ebd. (910). 4.—; geb. 5. —

Himmlische und irdische Liebe. Roman von Malwida v. Meysenbug. (Vorr.: Gabriel Monod.) Berlin & Leipzig: Schuster & Loeffler 1905. (194 S.) 8° [05. 11178

Himmlische und irdische Liebe. Roman von Malwida v. **Meysenbug.** (Vorr.: Gabriel Monod.) 2. Aufl. Berlin & Leipzig: Schuster & Loeffler 1905. (194 S.) 8° [07. 7093 4

Meysenbug, Malwida v.: Memoiren einer Idealistin. 3. Aufl. Bd 1-3. — Leipzig: Unflad 1887. 8°

— — 4. Aufl. Bd 1-3. — Berlin u. Leipzig: Schuster u. Löffler 1899.

Meysenbug, Malwida v.: Memoiren einer Idealistin. 8. Aufl. Bd 1—3. [Nebst] Nachtr. Bln & Lpz. '04[—08].

— — Volksausg. (Nachruf v. Gabriel Monod.) Bd 1-3 (in 1 Bd) ib. [1907.] Getr. Pag.

1. Aufl. 1876. — 1.-3. Aufl. erschien anonym. — Bd. 1 erschien zuerst in franz. Sprache: 1869.

(M[eysenbug]. M[alwida von].) Mémoires d'une idéaliste. ⟨Entre deux révolutions.⟩ 1830-1848. 8. Genève et Bâle 1869.

— Der hl. Michael u. andere Erzählungen. (Neue | Titel-Ausg. v.: Gesammelte Erzählgn.) (III, 223 S.) 8. Ebd. [885] 907. 3.—; geb. 4.

— Phädra. Ein Roman v. der Verf. der „Memoiren e. Idealistin". 3 Bde. 8. (186, 152 u. 219 S.) Leipzig 885. Reißner. n. 8 —; in 1 Bd. geb. n. 9. —

Phädra. Roman von Malwida v. **Meysenbug**. 2. Aufl. Mit e. Vorw. von Gabriel Monod. Berlin & Leipzig: Schuster & Loeffler 1907. (XI, 574 S.) 8° [07. 9491]

Eine Reise nach Ostende (1849). Von Malwida v. **Meysenbug**. Berlin & Leipzig: Schuster & Loeffler 1905. (165 S.) 8° [05. 11279]

Eine Reise nach Ostende (1849) von Malwida v. **Meysenbug.** 2. Aufl. (Vorr.: Gabriel Monod.) Berlin & Leipzig: Schuster & Loeffler 1905. (165 S.) 8°

— Stimmungsbilder. 3. u. verm. Aufl. 8. (388 S.) Ebd. 900. 4. —

— Stimmungsbilder. 4. u. verm. Aufl. (497 S.) 8. Ebd. 905. n. 6. —; geb. n. 7. 50

Freiherr Karl Rivalier von Meysenbug, kurfürstlich hessischer Staatsminister. Von Hermann Frh v. **Meysenbug-Lauenau**. Erw. SA. aus 'Hessenland', Zeitschr. f. hess. Gesch. u. Lit. Jg 14, No 9–15. *(Kassel: F. Scheel [1900].)* (24 S.) 4° [F.] [00. 9043]

Meyßner, Erich, s.: Formularbuch f. die freiwillige Gerichtsbarkeit.

Meywald, Georg, SACRA // EPIGRAMMATA, // quibus // Anniversarias // Omnium Evangeliorum // & Epistolarum, // Diebus Dominicis & Festis usitatorum // Pericopas, //Frequentionibus Carminum Generibus, // Latine & Germanice, // pura perspicuaque brevitate, // summatim expressas; // Adolescentiae Scholasticae Bono, // cum pro Ecercitio Pietatis; // tum & Styli Metrici Tirocinio, // tanquam piam, jucundam // Captuique hujus AEtatis perquam idoneam // Materiam // Luci publicae // commisit // M. Georgius Meywald /// Scholae Lignic. Conrector. // LIGNITII, // Typis CHRISTOPH. WAEZOLDI. - 72 Blatt (nicht paginiert).

B. S. T. 8°.453.

Meywerck, J. C. [Pseud.], s.a. Knigge, Adolph Franz Friedrich Ludwig von

Über Friedrich Wilhelm den Liebreichen und meine Unterredung mit Ihm. Von J. C. Meywerk, Chur-Hannöverschem Hofenmacher. Frankfurt und Leipzig 1788. 8°.

Meywerth, Geo. Aug., s. *Ulpianus* de edendo.

Papier | Fördert gute Waldnutzung
FSC® C083411

Kolibri 360 GmbH
Ferdinand-Jühlke-Straße 7
99095 Erfurt, Deutschland
produktsicherheit@kolibri360.de